건설안전
기사 필기

시대에듀

합격에 윙크[Win-Q]하다

Win-Q

[건설안전기사] 필기

Always with you

사람이 길에서 우연하게 만나거나 함께 살아가는 것만이 인연은 아니라고 생각합니다.
책을 펴내는 출판사와 그 책을 읽는 독자의 만남도 소중한 인연입니다.
시대에듀는 항상 독자의 마음을 헤아리기 위해 노력하고 있습니다.
늘 독자와 함께하겠습니다.

자격증 • 공무원 • 금융/보험 • 면허증 • 언어/외국어 • 검정고시/독학사 • 기업체/취업
이 시대의 모든 합격! 시대에듀에서 합격하세요!
www.youtube.com → 시대에듀 → 구독

PREFACE 머리말

건설안전기사는 건설재해예방계획 수립, 작업환경의 점검 및 개선, 유해·위험방지 등의 안전에 관한 기술적인 사항을 관리하며 건설물이나 설비작업의 위험에 따른 응급조치, 안전장치 및 보호구의 정기점검, 정비 등의 직무를 수행합니다.

건설안전기사는 종합 또는 전문건설업체의 현장 안전관리자 및 기타 정부기관의 안전 관련 부서로 진출할 수 있습니다. 건설재해는 다른 산업재해에 비해 빈번히 발생할 뿐 아니라 다양한 위험요소가 상호 연관된 복합적인 상태에서 발생하기 때문에 전문적인 안전관리자를 필요로 합니다. 또한 건설경기 회복에 따른 건설재해의 증가, 구조조정으로 인한 안전관리자의 감소, 산업안전보건법에 의한 채용의무 규정, 경제성(재해에 따른 손실비용은 안전관리에 따른 비용에 몇 배의 간접비가 따름) 등 증가 요인으로 인하여 건설안전기사의 인력수요는 증가 주세에 있습니다.

건설안전기사 필기시험 합격을 위해 본서는 최근 기출문제 출제경향, 빨간키(빨리보는 간단한 키워드) 핵심요약, 핵심이론과 빈출문제, 최근 6개년 기출(복원)문제와 해설 등으로 구성하였습니다.

핵심이론과 빈출문제에 수록된 내용을 완벽하게 숙지하고 중요사항 암기·체계적 이해와 집중을 기본으로 6개년 기출문제를 풀어본다면, 합격에 한 발짝 더 가까이 다가갈 수 있을 것입니다.

여러분 모두 수험생활 동안 만나게 되는 어려움과 유혹을 이겨내고 합격이 이끄는 삶을 통해 건설안전기사 자격을 취득하길 기원합니다.

감사합니다.

기계기술사 박 병 호

시험안내

개요
건설업은 공사기간 단축, 비용 절감 등의 이유로 사업주와 건축주들이 근로자의 보호를 소홀히 할 수 있기 때문에 건설현장의 재해요인을 예측하고 재해를 예방하기 위하여 건설안전분야에 대한 전문지식을 갖춘 전문인력을 양성하고자 자격제도를 제정하였다.

수행직무
건설재해예방계획 수립, 작업환경의 점검 및 개선, 유해·위험방지 등의 안전에 관한 기술적인 사항을 관리하며 건설물이나 설비작업의 위험에 따른 응급조치, 안전장치 및 보호구의 정기점검, 정비 등의 직무를 수행한다.

시험일정

구 분	필기원서접수 (인터넷)	필기시험	필기합격 (예정자)발표	실기원서접수	실기시험	최종 합격자 발표일
제1회	1.13~1.16	2.7~3.4	3.12	3.24~3.27	4.19~5.9	6.13
제2회	4.14~4.17	5.10~5.30	6.11	6.23~6.26	7.19~8.6	9.12
제3회	7.21~7.24	8.9~9.1	9.10	9.22~9.25	11.1~11.21	12.24

※ 상기 시험일정은 시행처의 사정에 따라 변경될 수 있으니, www.q-net.or.kr에서 확인하시기 바랍니다.

시험요강
❶ 시행처 : 한국산업인력공단
❷ 관련 학과 : 대학과 전문대학의 산업안전공학, 건설안전공학, 토목공학, 건축공학 관련 학과
❸ 시험과목
   ㉠ 필기 : 1. 산업안전관리론 2. 산업심리 및 교육 3. 인간공학 및 시스템안전공학 4. 건설시공학 5. 건설재료학 6. 건설안전기술
   ㉡ 실기 : 건설안전 실무
❹ 검정방법
   ㉠ 필기 : 객관식 4지 택일형 과목당 20문항(과목당 30분)
   ㉡ 실기 : 복합형[필답형(1시간 30분, 60점) + 작업형(50분 정도, 40점)]
❺ 합격기준
   ㉠ 필기 : 100점을 만점으로 하여 과목당 40점 이상, 전 과목 평균 60점 이상
   ㉡ 실기 : 100점을 만점으로 하여 60점 이상

INFORMATION

합격의 공식 Formula of pass | 시대에듀 www.sdedu.co.kr

검정현황

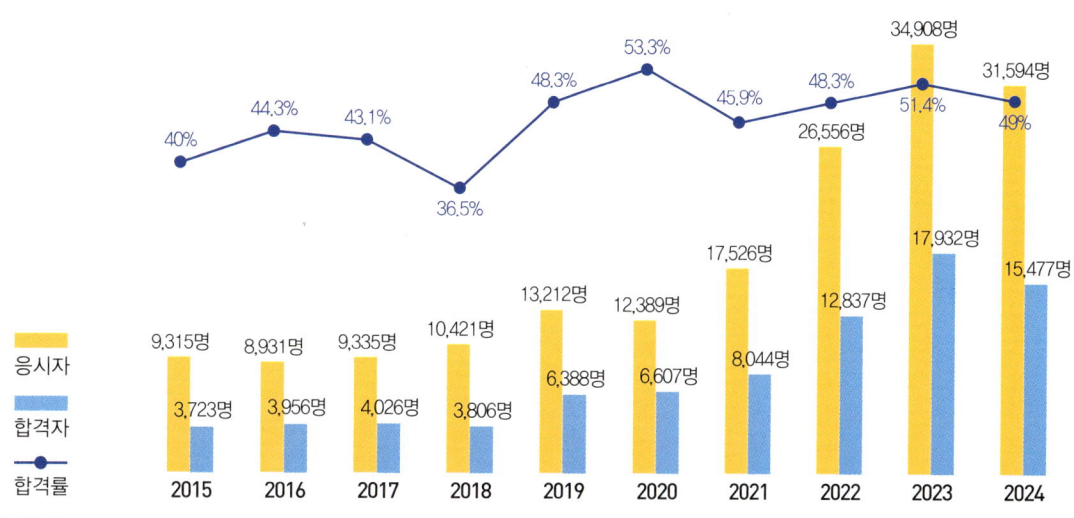

필기시험

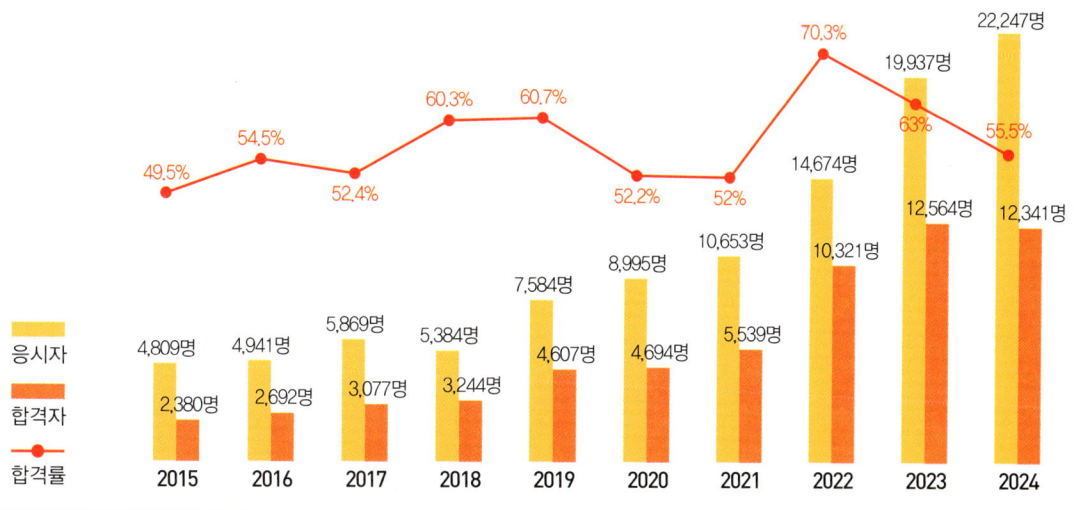

실기시험

시험안내

출제기준

필기과목명	주요항목	세부항목	
산업안전 관리론	안전보건관리 개요	• 기업경영과 안전관리 및 안전의 중요성 • 산업재해 발생 메커니즘 • 사고예방 원리 • 안전보건에 관한 제반이론 및 용어해설 • 무재해운동 등 안전활동 기법	
	안전보건관리 체제 및 운영	• 안전보건관리조직 형태 • 안전업무 분담 및 안전보건관리규정과 기준 • 안전보건관리 계획 수립 및 운영 • 안전보건 개선계획	
	재해 조사 및 분석	• 재해조사 요령 • 원인분석	• 재해 통계 및 재해 코스트
	안전점검 및 검사	• 안전점검	• 안전검사·인증
	보호구 및 안전보건표지	• 보호구	• 안전보건표지
	안전 관계 법규	• 산업안전보건법령 • 건설기술진흥법령 • 시설물의 안전 및 유지관리에 관한 특별법령 • 관련 지침	
산업심리 및 교육	산업심리이론	• 산업심리 개념 및 요소 • 직업적성과 인사심리	• 인간관계와 활동 • 인간행동 성향 및 행동과학
	인간의 특성과 안전	• 동작특성 • 집단관리와 리더십	• 노동과 피로 • 착오와 실수
	안전보건교육	• 교육의 필요성 • 교육의 분류	• 교육의 지도 • 교육심리학
	교육방법	• 교육의 실시방법 • 안전보건교육	• 교육대상
인간공학 및 시스템 안전공학	안전과 인간공학	• 인간공학의 정의 • 인간-기계체계	• 체계설계와 인간요소
	정보입력표시	• 시각적 표시장치 • 촉각 및 후각적 표시장치	• 청각적 표시장치 • 인간요소와 휴먼에러
	인간계측 및 작업공간	• 인체계측 및 인간의 체계제어 • 작업공간 및 작업자세	• 신체활동의 생리학적 측정법 • 인간의 특성과 안전
	작업환경관리	• 작업조건과 환경조건	• 작업환경과 인간공학
	시스템 위험분석	• 시스템 위험분석 및 관리	• 시스템 위험분석기법
	결함수 분석법	• 결함수 분석	• 정성적, 정량적 분석
	위험성 평가	• 위험성 평가의 개요	• 신뢰도 계산
	각종 설비의 유지관리	• 설비관리의 개요 • 보전성 공학	• 설비의 운전 및 유지관리

필기과목명	주요항목	세부항목	
건설시공학	시공일반	• 공사시공방식 • 공사현장관리	• 공사계획
	토공사	• 흙막이 가시설 • 흙파기	• 토공 및 기계 • 기타 토공사
	기초공사	• 지정 및 기초	
	철근콘크리트공사	• 콘크리트공사 • 거푸집공사	• 철근공사
	철골공사	• 철골작업공작	• 철골 세우기
	조적공사	• 벽돌공사 • 석공사	• 블록공사
건설재료학	건설재료 일반	• 건설재료의 발달 • 건설재료의 분류와 요구 성능 • 새로운 재료 및 재료 설계 • 난연재료의 분류와 요구 성능	
	각종 건설재료의 특성, 용도, 규격에 관한 사항	• 목 재 • 시멘트 및 콘크리트 • 미장재 • 도료 및 접착제 • 기타 재료	• 점토재 • 금속재 • 합성수지 • 석 재 • 방 수
건설안전기술	건설공사 안전개요	• 공정계획 및 안전성 심사 • 지반의 안전성 • 건설업 산업안전보건관리비 • 사전안전성검토(유해위험방지 계획서)	
	건설공구 및 장비	• 건설공구 • 안전수칙	• 건설장비
	양중 및 해체공사의 안전	• 해체용 기구의 종류 및 취급안전	• 양중기의 종류 및 안전수칙
	건설재해 및 대책	• 떨어짐(추락)재해 및 대책 • 무너짐(붕괴)재해 및 대책 • 떨어짐(낙하), 날아옴(비래)재해 대책 • 화재 및 대책	
	건설 가시설물 설치기준	• 비 계 • 거푸집 및 동바리	• 작업통로 및 발판 • 흙막이
	건설 구조물공사 안전	• 콘크리트 구조물공사 안전 • 철골공사 안전 • PC(Precast Concrete)공사 안전	
	운반, 하역작업	• 운반작업	• 하역작업

구성 및 특징

핵심이론

필수적으로 학습해야 하는 중요한 이론들을 각 과목별로 분류하여 수록하였습니다.
시험과 관계없는 두꺼운 기본서의 복잡한 이론은 이제 그만! 시험에 꼭 나오는 이론을 중심으로 효과적으로 공부하십시오.

10년간 자주 출제된 문제

출제기준을 중심으로 출제 빈도가 높은 기출문제와 필수적으로 풀어보아야 할 문제를 핵심이론당 1~2문제씩 선정했습니다. 각 문제마다 핵심을 찌르는 명쾌한 해설이 수록되어 있습니다.

과년도 기출문제

지금까지 출제된 과년도 기출문제를 수록하였습니다. 각 문제에는 자세한 해설이 추가되어 핵심이론만으로는 아쉬운 내용을 보충 학습하고 출제경향의 변화를 확인할 수 있습니다.

최근 기출복원문제

최근에 출제된 기출문제를 복원하여 가장 최신의 출제경향을 파악하고 새롭게 출제된 문제의 유형을 익혀 처음 보는 문제들도 모두 맞힐 수 있도록 하였습니다.

최신 기출문제 출제경향

Win-Q [건설안전기사] 필기

2021년 2회
- 안전모의 시험성능기준 항목
- 명예산업안전감독관의 업무
- 교육지도의 5단계
- 방어적 기제
- 평균치를 이용한 설계
- 실효온도(Effective Temperature)
- 용접작업 시 주의사항
- 거푸집 해체를 위한 검사
- 석재의 화학적 성질
- 아스팔트 프라이머
- 콘크리트 타설 시 안전수칙
- 강관비계의 조립 간격

2021년 4회
- 안전보건관리담당자의 선임
- 귀마개와 귀덮개의 종류와 등급
- ERG이론에서 인간의 기본적인 3가지 욕구
- 학습목적의 3요소
- MPL(Maximum Permissible Limit, 최대허용기준)
- Q10효과
- 알루미늄 거푸집(Aluminum Form)
- 공사계약방식의 분류
- 블리딩 현상
- 듀리졸(Durisol)
- 붕괴위험방지를 위한 굴착면의 기울기 기준
- 록잭(Rock Jack)공법

2022년 1회
- 산업안전보건위원회에 관한 사항
- 재해조사 시 유의사항
- 리더십의 유형
- 생체리듬(Biorhythm)의 종류
- 시각적 식별에 영향을 주는 요소
- HAZOP 분석기법의 장점
- 네트워크 공정표에 사용되는 용어
- 철근의 부식방지대책
- 점토의 성질
- 마감재료의 성능기준
- 가설통로의 설치기준
- 법면 붕괴에 의한 재해예방조치

2022년 2회
- 보험급여의 종류
- 안전대 충격흡수장치의 동하중시험 성능기준
- 운동에 대한 착각현상
- 피츠(Fitts)의 법칙
- OWAS의 평가요소
- 경계 및 경보신호의 설계지침
- 스팬의 캠버(Camber)값
- 소요 블록의 수량 산정법
- 건축용 접착제의 성능기준
- 목재의 역학적 성질
- 가설구조물의 특징
- 터널공사 시 발파작업 안전대책

TENDENCY OF QUESTIONS

합격의 공식 Formula of pass | 시대에듀 www.sdedu.co.kr

2023년 1회
- TBM(Tool Box Meeting)
- 재해발생이론의 단계
- 5관 활용 교육효과(이해도)
- 매슬로의 안전욕구 5단계 이론
- 안전색채와 기계장비 또는 배관의 연결
- PHA의 식별된 4가지 사고 카테고리
- 석공사에서의 대리석 붙이기
- 철골구조의 내화피복
- 도막방수에 사용되는 재료
- 프리플레이스트 콘크리트에 사용되는 골재
- 철골작업을 중지하여야 하는 기준
- 인력운반 작업에 대한 안전 준수사항

2023년 2회
- 직계식 안전조직의 특징
- 방독마스크의 선정방법
- 비공식 집단의 특징
- 카운슬링(Counseling)의 순서
- 지브가 없는 크레인의 정격하중
- 와이어로프의 구성요소
- 속 빈 콘크리트 블록의 기본 블록치수
- 고층 건축물 시공 시 적용되는 거푸집
- 시멘트 클링커 화합물
- 건축용 코킹재료의 일반적인 특징
- 철골 건립기계 선정 시 사전 검토사항
- 신품 추락방지망의 기준 인장강도

2024년 1회
- 재해 코스트 계산방식
- 도급인의 안전조치 및 보건조치
- 아담스(Adams)의 형평이론
- 인간의 정보처리순서
- 에너지대사율과 작업강도
- 인간-기계 시스템 설계과정 6단계
- 흙막이 공법 선정 시 고려사항
- 비산먼지 발생사업 신고 적용대상 규모기준
- 비닐수지 접착제의 특징
- 실리카시멘트(Silica Cement)의 특징
- 공사 종류와 규모별 안전관리비 계상기준
- 굴착면의 기울기 기준

2024년 2회
- 안전보건관리 규정의 작성
- 안전보건표지 제작 시 유의사항
- 부주의 발생의 외적 조건
- 시행착오설에 의한 학습법칙
- 진동작업에 사용되는 기계·기구
- 옥스퍼드(Oxford) 지수
- 석재 사용상 주의사항
- 백화현상 방지 대책
- 크리프 계수
- 미장공사의 바탕조건
- 지게차 헤드가드의 구비조건
- 지반조사의 목적

이 책의 목차

빨리보는 간단한 키워드

PART 01 | 핵심이론

CHAPTER 01	산업안전관리론	002
CHAPTER 02	산업심리 및 교육	094
CHAPTER 03	인간공학 및 시스템안전공학	156
CHAPTER 04	건설시공학	230
CHAPTER 05	건설재료학	339
CHAPTER 06	건설안전기술	416

PART 02 | 과년도 + 최근 기출복원문제

2019년	과년도 기출문제	506
2020년	과년도 기출문제	589
2021년	과년도 기출문제	672
2022년	과년도 기출문제	758
2023년	과년도 기출복원문제	814
2024년	최근 기출복원문제	866

빨리보는 간단한 키워드

빨간키

#합격비법 핵심 요약집   #최다 빈출키워드   #시험장 필수 아이템

CHAPTER 01 산업안전관리론

■ 위험(리스크, Risk)
- 잠재적인 손실이나 손상을 가져올 수 있는 상태나 조건
- 재해 발생 가능성과 재해 발생 시 그 결과의 크기의 조합(Combination)으로 위험의 크기나 정도
- 리스크의 3요소 : 사고 시나리오(S_t), 사고발생확률(P_t), 파급효과 또는 손실(X_t)
- 리스크 조정기술 4가지 : 위험 회피(Avoidance), 위험 감축(Reduction), 위험 전가, 위험 보류(Retention)
- 리스크 공식 : 피해의 크기 × 발생확률
- 리스크 개념의 정량적 표시방법 : 사고 발생빈도 × 파급효과

■ 건설기술진흥법령상 안전관리계획을 수립해야 하는 건설공사
- 제1종 시설물 및 제2종 시설물의 건설공사(유지관리를 위한 건설공사 제외)
- 지하 10[m] 이상을 굴착하는 건설공사(굴착 깊이 산정 시 집수정(물저장고), 엘리베이터 피트 및 정화조 등의 굴착 부분 제외)
- 폭발물을 사용하는 건설공사로서 20[m] 안에 시설물이 있거나 100[m] 안에 사육하는 가축이 있어 해당 건설공사로 인한 영향을 받을 것이 예상되는 건설공사
- 10층 이상 16층 미만인 건축물의 건설공사
- 10층 이상인 건축물의 리모델링 또는 해체공사
- 수직증축형 리모델링
- 천공기가 사용되는 건설공사(높이가 10[m] 이상인 것만 해당)
- 항타 및 항발기가 사용되는 건설공사
- 타워크레인이 사용되는 건설공사
- 가설구조물을 사용하는 건설공사
- 발주자가 안전관리가 특히 필요하다고 인정하는 건설공사
- 해당 지방자치단체의 조례로 정하는 건설공사 중에서 인·허가기관의 장이 안전관리가 특히 필요하다고 인정하는 건설공사

■ 제조물책임법에 명시된 결함의 종류
　설계상의 결함, 표시상의 결함, 제조상의 결함

산업재해의 기본원인 또는 인간과오의 4요인(4M)
- Man : 동료, 상사 등, 본인 이외의 사람
- Machine : 기계설비의 고장, 결함
- Media : 인간과 기계를 연결하는 매개체인 작업정보, 작업방법 및 작업환경 등
- Management : 법규준수, 단속, 점검, 지휘감독, 교육훈련

재해의 4가지 분류방법
통계적 분류, 상해 정도별 분류, 상해 종류에 의한 분류, 재해형태별 분류

기인물과 가해물
- 기인물 : 재해의 근원이 되는 기계·장치나 기타의 물(物) 또는 환경
- 가해물 : 직접 사람에게 접촉되어 위해를 가한 물체

근로손실일수의 산출
- 사망 및 영구 전 노동 불능(신체장애등급 1~3급)의 근로손실일수는 7,500일로 환산한다.
  - 사망자의 평균기준연령 : 30세
  - 근로 가능 기준연령 : 55세
  - 사망에 따른 근로손실 기준년수 : (55세 - 30세)년 = 25년
  - 연간 근로기준일수 : 300일
  - 사망으로 인한 근로손실 산출일수 : 300 × 25 = 7,500일
- 신체장애등급 중 14급은 근로손실일수를 50일로 환산한다.
- 영구 일부 노동 불능은 신체장애등급에 따른 근로손실일수 + 비장애등급손실에 300/365을 곱한 값으로 환산한다.
- 일시 전 노동 불능은 휴업일수에 300/365을 곱하여 근로손실일수를 환산한다.

산업재해 통계지표
- 재해율 = $\dfrac{\text{재해자수}}{\text{상시근로자수}} \times 100$

- 사망만인율 = $\dfrac{\text{사망자수}}{\text{상시근로자수}} \times 10{,}000$

- 요양재해율 = $\dfrac{\text{요양재해자수}}{\text{산재보험 적용 근로자수}} \times 100$

- 연천인율 = $\dfrac{\text{연간 재해자수}}{\text{연평균 근로자수}} \times 10^3$

- 도수율 = $\dfrac{\text{재해 발생건수}}{\text{연근로시간수}} \times 10^6 = \dfrac{\text{연천인율}}{2.4}$

- 환산도수율 = 도수율 × 0.12

- 강도율 = $\dfrac{근로손실일수}{연근로시간수} \times 10^3$

- 환산강도율 = 강도율 × 100

- 평균강도율 = $\dfrac{강도율}{도수율} \times 1{,}000$

- 환산재해율 = $\dfrac{환산\ 재해자수}{상시근로자수} \times 100$

종합재해지수(FSI)
- 재해의 빈도와 상해의 강약도를 혼합하여 집계하는 지표
  $$FSI = \sqrt{도수율 \times 강도율} = \sqrt{FR \times SR}$$

세이프 티 스코어(Safe T Score)
- 안전에 관한 과거와 현재의 중대성 차이를 비교할 때 사용되는 통계방식
- 과거와 현재의 안전성적을 비교 평가하는 지표이며, 단위는 없다.
- Safe T Score = $\dfrac{현재\ 도수율 - 과거\ 도수율}{\sqrt{\dfrac{과거\ 도수율}{현재\ 근로총시간수} \times 10^6}}$

- Safe T Score 평가기준
  - (−)2 이하 : 과거보다 좋아짐
  - (−)2~(+)2 : 별 차이 없음
  - (+)2 이상 : 과거보다 나빠짐

아담스(E. Adams)의 사고연쇄성이론
- 1단계 : 관리구조의 결함
- 2단계 : 작전적 에러(Operational Error)
- 3단계 : 전술적 에러(불안전한 행동 및 불안전 상태)
- 4단계 : 사고
- 5단계 : 상해, 손해

하인리히의 도미노이론(하인리히의 재해 발생 5단계)
- 1단계 : 사회적 환경 및 유전적 요소
- 2단계 : 개인적 결함
- 3단계 : 불안전한 행동 및 불안전한 상태
- 4단계 : 사고
- 5단계 : 재해

하인리히의 재해코스트
- 재해의 발생 = 물적 불안전 상태 + 인적 불안전 행위 + 잠재적 위험의 상태
  = 설비적 결함 + 관리적 결함 + 잠재적 위험의 상태
- 재해 구성 비율 = 1 : 29 : 300의 법칙
- 재해손실 코스트 산정
  1 : 4의 법칙(직접손실비 : 간접손실비 = 1 : 4)

하인리히의 사고예방대책의 기본원리 5단계
- 1단계 안전조직 : 안전활동방침 및 계획 수립(안전관리규정 작성, 책임·권한 부여, 조직 편성)
- 2단계 사실의 발견 : 현상 파악, 문제점 발견(사고 점검·검사 및 사고조사 실시, 자료 수집, 작업분석, 위험 확인, 안전회의 및 토의, 사고 및 안전활동 기록의 검토)
- 3단계 분석·평가 : 현장조사
- 4단계 시정책의 선정 : 대책의 선정 또는 시정방법 선정(기술적 개선, 안전관리 행정업무의 개선, 기술교육을 위한 훈련의 개선)
- 5단계 : 시정책 적용(Adaption of Remedy)

시몬즈(Simonds)의 재해 발생 코스트
- 총재해코스트 : 보험 코스트 + 비보험 코스트
- 보험코스트 : 산재보험료(사업장 지출), 산업재해보상보험법에 의해 보상된 금액, 영구 전 노동 불능 상해, 업무상의 사유로 부상을 당하여 근로자에게 지급하는 요양급여 등
- 비보험 코스트
  - 비보험 코스트 : (A × 휴업상해건수) + (B × 통원상해건수) + (C × 응급조치건수) + (D × 무상해사고건수)
    ※ A, B, C, D는 비보험 코스트 평균치
  - 비보험 코스트 항목 : 영구 부분 노동 불능 상해, 일시 전 노동 불능 상해, 일시 부분 노동 불능 상해, 응급조치(8시간 미만 휴업), 무상해사고(인명손실과 부관), 소송관계비용, 신규작업자에 대한 교육훈련비, 부상자의 직장 복귀 후 생산 감소로 인한 임금비용 등

3E 대책
- 제창자 : 하비(J. H. Harvey)
- 별칭 : 재해 예방을 위한 시정책 3E, 하비 3E
- 3E : Education(교육), Engineering(기술), Enforcement(독려)
- 하인리히의 사고 예방원리 5단계 중 'Adaption of Remedy' 단계와 연관된다.

무재해운동의 기본이념 3대 원칙
무의 원칙, 참가의 원칙, 선취의 원칙

▌ 재해예방의 4원칙
- 원인계기의 원칙(원인연계의 원칙)
- 손실우연의 원칙
- 대책선정의 원칙
- 예방가능의 원칙

▌ 위험예지훈련의 4라운드(4R)
현상 파악 → 본질 추구 → 대책 수립 → 목표 설정

▌ 브레인스토밍의 4원칙
비판금지, 자유분방, 대량발언, 수정발언

▌ TBM활동의 5단계 추진법의 순서
도입 → 점검 정비 → 작업 지시 → 위험예지훈련 → 확인

▌ 안전행동실천운동(5C운동)
Correctness(복장 단정), Clearance(정리정돈), Cleaning(청소·청결), Concentration(전심전력), Checking(점검 확인)

▌ 안전모의 종류
- AB종 : 물체의 낙하 또는 비래(날아옴) 및 추락에 의한 위험을 방지·경감시키기 위하여 사용되는 안전모
- AE종 : 물체의 낙하 또는 비래에 의한 위험을 방지 또는 경감하고, 머리 부위 감전에 의한 위험을 방지하기 위하여 사용되는 안전모
- ABE종 : 물체의 낙하 또는 비래 및 추락에 의한 위험을 방지 또는 경감하고, 머리 부위 감전에 의한 위험을 방지하기 위하여 사용되는 안전모

▌ 절연장갑의 등급별 최대 사용전압과 적용 색상

등급	최대 사용전압[V]		색상
	교류(실횻값)	직류	
00	500	750	갈색
0	1,000	1,500	빨간색
1	7,500	11,250	흰색
2	17,000	25,500	노란색
3	26,500	39,750	녹색
4	36,000	54,000	등색

▌ 방독 마스크의 정화통 색상과 시험가스

종 류	색 상	시험가스
유기화합물용	갈 색	사이클로헥산, 다이메틸에테르, 아이소부탄
할로겐용	회 색	염소 가스 또는 증기
황화수소용		황화수소
사이안화수소용		사이안화수소
아황산용	노란색	아황산 가스
암모니아용	녹 색	암모니아 가스

▌ 방음용 귀마개와 귀덮개의 종류와 등급
- 귀마개 1종(EP-1 ; Ear Plug-1) : 저음~고음 차음
- 귀마개 2종(EP-2 ; Ear Plug-2) : (주로) 고음 차음(회화음 영역인 저음은 차음하지 않음)
- 귀덮개(EM ; Ear Muff)

▌ 크레인 작업 시작 전 점검사항
- 권과방지장치, 브레이크, 클러치 및 운전장치의 기능
- 주행로의 상측 및 트롤리가 횡행하는 레일의 상태
- 와이어로프가 통하고 있는 곳 및 작업장소의 지반 상태

▌ 고소작업대 작업 시작 전 점검사항
- 비상정지장치 및 비상하강방지장치 기능의 이상 유무
- 과부하방지장치의 작동 유무(와이어로프 또는 체인구동방식의 경우)
- 아웃트리거 또는 바퀴의 이상 유무
- 작업면의 기울기 또는 요철 유무
- 활선작업용 장치의 경우 홈·균열·파손 등 그 밖의 손상 유무

▌ 컨베이어 작업 시작 전 점검사항
- 원동기 및 풀리기능의 이상 유무
- 이탈 등의 방지장치기능의 이상 유무
- 비상정지장치 기능의 이상 유무
- 원동기·회전축·기어 및 풀리 등의 덮개 또는 울 등의 이상 유무

안전인증대상 기계·설비, 방호장치, 보호구

기계·설비(9품목)	프레스, 전단기 및 절곡기, 크레인, 리프트, 압력용기, 롤러기, 사출성형기, 고소작업대, 곤돌라
방호장치(9품목)	프레스 및 전단기 방호장치, 양중기용 과부하방지장치, 보일러 압력방출용 안전밸브, 압력용기 압력방출용 안전밸브, 압력용기 압력방출용 파열판, 절연용 방호구 및 활선작업용 기구, 방폭구조 전기기계·기구 및 부품, 가설기자재, 산업용 로봇 방호장치
보호구(12품목)	안전모(추락 및 감전 위험방지용), 안전화, 안전장갑, 방진 마스크, 방독 마스크, 송기 마스크, 전동식 호흡보호구, 보호복, 안전대, 보안경(차광 및 비산물 위험방지용), 용접용 보안면, 방음용 귀마개 또는 귀덮개

자율안전확인대상 기계·설비, 방호장치, 보호구

기계·설비(10품목)	연삭기 또는 연마기(휴대형은 제외), 산업용 로봇, 혼합기, 파쇄기 또는 분쇄기, 식품가공용 기계(파쇄·절단·혼합·제면기만 해당), 컨베이어, 자동차정비용 리프트, 공작기계(선반, 드릴기, 평삭·형삭기, 밀링만 해당), 고정형 목재가공용 기계(둥근톱, 대패, 루타기, 띠톱, 모따기 기계만 해당), 인쇄기
방호장치(7품목)	아세틸렌 용접장치용 또는 가스집합 용접장치용 안전기, 교류아크용접기용 자동전격방지기, 롤러기 급정지장치, 연삭기 덮개, 목재 가공용 둥근톱 반발 예방장치와 날 접촉 예방장치, 동력식 수동대패용 칼날 접촉 방지장치, 가설기자재(안전인증 대상 제외)
보호구(3품목)	안전모(안전인증대상 안전모 제외), 보안경(안전인증대상 보안경 제외), 보안면(안전인증대상 보안면 제외)

안전검사대상

안전검사(15품목)	프레스, 전단기, 크레인(정격 하중 2[ton] 미만은 제외), 리프트, 압력용기, 곤돌라, 국소 배기장치(이동식 제외), 원심기(산업용만 해당), 롤러기(밀폐형 구조 제외), 사출성형기(형 체결력 294[kN] 미만 제외), 고소작업대(화물자동차 또는 특수자동차에 탑재한 고소작업대로 한정), 컨베이어, 산업용 로봇, 혼합기, 파쇄기 또는 분쇄기

금지표지의 종류

출입금지, 보행금지, 차량통행금지, 사용금지, 탑승금지, 금연, 화기금지, 물체이동금지

경고표지의 종류

- 마름모형(◇) : 인화성 물질 경고, 산화성 물질 경고, 폭발성 물질 경고, 급성독성 물질 경고, 발암성·변이원성·생식독성·전신독성·호흡기과민성 물질 경고
- 삼각형(△) : 방사성 물질 경고, 고압전기 경고, 매달린 물체 경고, 낙하물 경고, 고온 경고, 저온 경고, 몸균형상실 경고, 레이저광선 경고, 위험장소 경고

지시표지의 종류

보안경 착용, 방독 마스크 착용, 방진 마스크 착용, 보안면 착용, 안전모 착용, 귀마개 착용, 안전화 착용, 안전장갑 착용, 안전복 착용

안내표지의 종류

녹십자표지, 응급구호표지, 들것, 세안장치, 비상용 기구, 비상구, 좌측 비상구, 우측 비상구

출입금지표지의 종류

허가 대상 유해물질 취급, 석면 취급 및 해체·제거, 금지유해물질 취급

CHAPTER 02 산업심리 및 교육

■ 산업안전심리의 5대 요소
동기, 기질, 감정, 습성, 습관

■ 연구기준의 요건
- 적절성 : 의도된 목적에 부합하여야 한다.
- 신뢰성 : 반복 실험 시 재현성이 있어야 한다.
- 무오염성 : 측정하고자 하는 변수 이외의 다른 변수의 영향을 받아서는 안 된다.
- 민감도 : 피실험자 사이에서 볼 수 있는 예상 차이점에 비례하는 단위로 측정해야 한다.

■ 인간의 행동특성에 관한 Lewin(레빈)의 식
$B = f(P \cdot E)$
- B : Behavior(인간의 행동)
- f : Function(함수)
- P : Personality(인간의 조건인 자질 또는 소질, 개체 : 연령, 경험, 성격(개성), 지능, 심신 상태 등)
- E : Environment(심리적 환경 : 작업환경(조명, 온도, 소음), 인간관계 등)

■ 주의의 수준(의식수준의 단계)

단계	의식 모드	의식 작용	행동 상태	신뢰성	뇌파 형태
Phase 0	무의식, 실신	없음(Zero)	수면·뇌발작	없음(Zero)	델타파
Phase I	• 정상 이하, 의식수준의 저하 • 의식 둔화(의식 흐림)	부주의(Inactive)	피로, 단조로움, 졸음	0.9 이하	세타파
Phase II	• 정상(느긋한 기분) • 의식의 이완 상태	수동적(Passive)	안정된 행동, 휴식, 정상작업	0.99~0.99999	알파파
Phase III	• 정상(분명한 의식) • 명료한 상태	능동적(Active), 위험 예지, 주의력 범위 넓음	판단을 동반한 행동, 적극적인 행동	0.999999 이상	알파파~베타파
Phase IV	과긴장, 흥분 상태	주의의 치우침, 판단정지	감정 흥분, 긴급, 당황, 공포 반응	0.9 이하	베타파

- **욕구 5단계(Maslow)**
  - 1단계 : 생리적 욕구
  - 2단계 : 안전에 대한 욕구
  - 3단계 : 사회적 욕구
  - 4단계 : 존경의 욕구
  - 5단계 : 자아실현의 욕구

- **위생-동기이론 또는 2요인이론(허즈버그, Herzberg)**
  - 위생요인 : 거짓 동기(불충족 시 불만족), 불만족요인
  - 동기요인 : 참동기(충족 시 만족), 만족요인

- **데이비스(Davis)의 동기부여이론**
  - 경영의 성과 = 인간의 성과 × 물적인 성과
  - 인간의 성과(Human Performance) = 능력(Ability) × 동기유발(Motivation)
    - 능력(Ability) = 지식(Knowledge) × 기능(Skill)
    - 동기유발(Motivation) = 상황(Situation) × 태도(Attitude)

- **프렌치(French)와 레이븐(Raven)이 제시한, 리더가 가지고 있는 세력(권한)의 유형**
  합법적 권한, 보상적 권한, 전문성의 권한, 강압적 권한, 준거적 권한

- **리더십과 헤드십의 비교**

구 분	리더십	헤드십
권한의 근거	개인능력(밑으로부터 동의)	법적이며 공식적(위로부터 위임)
권한의 행사	선출된 리더	임명된 헤드
지휘의 형태	민주주의적	권위주의적
상사와 부하의 관계	개인적	지배적
상사와 부하의 사회적 간격	좁다.	넓다.

- **생체리듬(Biorhythm)의 종류**
  - 육체적 리듬(P) : 일반적으로 23일을 주기로 반복되며, 신체적 컨디션의 율동적 발현(식욕, 활동력 등)과 밀접한 관계를 갖는 리듬
  - 감성적 리듬(S) : 일반적으로 28일을 주기로 반복되며 주의력, 예감 등과 관련된 리듬
  - 지성적 리듬(I) : 일반적으로 33일을 주기로 반복되며 상상력, 사고력, 기억력 또는 의지, 판단 및 비판력 등과 깊은 관련성을 갖는 리듬

▌ 생체리듬의 특징
- 생체상의 변화는 하루 중에 일정한 시간 간격을 두고 교환된다.
- 안정일(+)과 불안정기(-)의 교차점을 위험일이라고 한다(각각의 리듬이 (+)에서 (-)로 변화하는 점이 위험일이다).
- 생체리듬에서 중요한 점은 낮에는 신체활동이 유리하며, 밤에는 휴식이 더욱 효율적이라는 것이다.
- 몸이 흥분한 상태일 때는 교감신경이 우세하고, 수면을 취하거나 휴식을 할 때는 부교감신경이 우세하다.
- 주간에 상승하는 생체리듬 : 체온, 혈압, 맥압, 맥박수, 체중, 말초운동기능 등
- 야간에 상승하는 생체리듬 : 수분, 염분량 등

▌ 기술교육의 형태 중 존 듀이(Dewey)의 사고과정 5단계
- 1단계 : 시사를 받는다(Suggestion).
- 2단계 : 머리로 생각한다(Intellectualization).
- 3단계 : 가설을 설정한다(Hypothesis).
- 4단계 : 추론한다(Reasoning).
- 5단계 : 행동에 의하여 가설을 검토한다.

▌ 하버드학파의 교수법
- 1단계 : 준비(Preparation)
- 2단계 : 교시(Presentation)
- 3단계 : 연합(Association)
- 4단계 : 총괄(Generalization)
- 5단계 : 응용(Application)

▌ 기술교육(교시법)의 4단계
준비(Preparation) → 일을 하여 보임(Presentation) → 일을 시켜 보임(Performance) → 보습지도(Follow up)

CHAPTER 03 인간공학 및 시스템안전공학

■ **인간-기계시스템의 설계원칙**
- 인체특성에 적합한 설계 : 인간의 특성을 고려한다.
- 양립성에 맞게 설계 : 시스템을 인간의 예상과 양립시킨다.
- 배열을 고려한 설계 : 표시장치나 제어장치의 중요성, 사용 빈도, 사용 순서, 기능에 따라 배치하도록 한다.

■ **피츠(Fitts)의 법칙**
- 인간에 제어 및 조정능력을 나타내는 법칙이다.
- 인간의 행동에 대한 속도와 정확성 간의 관계를 설명한다.
- 시작점에서 목표점까지 얼마나 빠르게 닿을 수 있는지를 예측한다.
- 표적이 작고 이동거리가 길수록 이동시간이 증가한다.
- 관련된 변수 : 표적의 너비, 시작점에서 표적까지의 거리, 작업의 난이도(Index of Difficulty)
- 이동시간 : $MT = a + b\log_2\left(\dfrac{D}{W} + 1\right)$

  (여기서, a, b : 작업의 난이도에 따른 실험상수, D : 시작점에서 표적까지의 이동거리, W : 표적의 너비, 폭)

■ **통제표시비(C/D비 : Control-Display Ratio)**
- 통제기기와 표시장치의 이동비율
- 통제기기의 움직인 거리와 이동요소의 움직이는 거리(표시장치의 지침과 활자 등)의 비
- 통제표시비(C/D비) 설계 시 고려하여야 하는 5가지 요소 : 계기의 크기, 공차, 목측거리(목시거리), 조작시간, 방향성
- C/D비가 작을수록 이동시간이 짧다.

■ **조종구(Ball Control)에서의 C/D비 또는 C/R비(조종-반응비, Control-Response Ratio)**

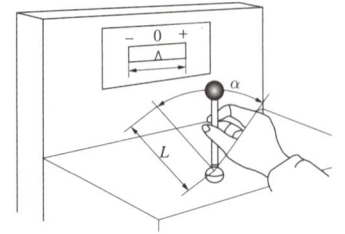

$$C/R = \dfrac{(\alpha/360°) \times 2\pi L}{\text{표시장치의 이동거리}}$$

(α : 조종장치의 움직인 각도, L : 통제기기의 회전반경(지레 길이))

- 회전하는 조종장치가 선형표시장치를 움직이는 경우이다.
- X가 조종장치의 변위량, Y가 표시장치의 변위량일 때 X/Y로 표현된다.

- Knob C/R비는 손잡이 1회전 시 움직이는 표시장치 이동거리의 역수로 나타낸다.
- 최적의 조종반응비율은 조종장치의 조종시간과 표시장치의 이동시간이 교차하는 값이다.
- 연속제어조종장치에서 정확도보다 속도가 중요하다면 C/R비를 1보다 낮게 조절하여야 한다.
- C/R비가 작을수록 민감한 제어장치이다.
- 조종장치의 저항력 : 탄성저항, 점성저항, 관성, 정지 및 미끄럼마찰 등

음압[dB(A)]과 허용노출시간[T]

[dB(A)]	90	95	100	105	110	115
T	8H	4H	2H	1H	30분	15분

- 90[dB(A)] 정도의 소음에 오랜 시간 노출되면 청력장애를 일으키게 된다.

실효온도의 종류

Oxford지수, WBGT지수(습구 글로브온도), Botsball지수

공기의 온열조건 4요소

대류, 전도, 복사, 온도

신체의 열교환 과정

- 인체와 환경 사이에서 발생한 열교환 작용의 교환경로 : 대류, 복사, 증발 등
- 신체 열함량 변화량 $\Delta S = (M-W) \pm R \pm C - E$
  (여기서, M : 대사 열발생량, W : 수행한 일, R : 복사 열교환량, C : 대류 열교환량, E : 증발 열발산량)
- 인간과 주위의 열교환 과정을 나타내는 열균형 방정식에 적용되는 요소 : 대류, 복사, 증발

불안전한 행동을 유발하는 상황에서의 위험처리기술

- 위험 전가(Transfer)
- 위험 보류(Retention)
- 위험 감축(Reduction)

정량적 표시장치의 특징

- 정량적 표시장치의 눈금수열로 가장 인식하기 쉬운 것은 '1, 2, 3, …'이다.
- 정확한 값을 읽어야 하는 경우 일반적으로 아날로그 표시장치보다 디지털 표시장치가 유리하다.
- 연속적으로 변화하는 양을 나타내는 데에는 일반적으로 디지털 표시장치보다 아날로그 표시장치가 유리하다.
- 전력계에서와 같이 기계적 또는 전자적으로 숫자가 표시된다.
- 표시장치에 숫자를 설계할 때 권장되는 표준 종횡비(Width-height Ratio)는 약 3 : 5이다(한글의 경우 1 : 1).

■ 정성적 표시장치의 특징
- 연속적으로 변하는 변수의 대략적인 값이나 변화 추세, 변화율 등을 알고자 할 때 사용된다.
- 정성적 표시장치의 근본자료 자체는 정량적인 것이다.
- 색채부호가 부적합한 경우에는 계기판 표시구간을 형상 부호화하여 나타낸다.
- 형태성 : 복잡한 구조 그 자체를 완전한 실체로 지각하는 경향이 있기 때문에, 이 구조와 어긋나는 특성은 즉시 눈에 띈다.

■ 형상 암호화된 조종장치

다회전용	단회전용	이산멈춤위치용

■ 정보량(H, 단위 : [bit])
- 실현 가능성이 같을 때, 정보량 $H = \log_2 N$ (N : 대안의 수)
- 실현 가능성이 다를 때, 정보량 $H_i = \sum p_i \log_2 \left(\dfrac{1}{p_i}\right)$ (여기서, p_i : 대안 i의 실현 확률)
- 코드의 설계 시 정보량을 가장 많이 전달할 수 있는 조합 : 다양한 크기와 밝기를 동시에 사용하는 조합
- 한 자극 차원에서의 절대 식별수에 있어 순음의 경우 평균 식별수는 5 정도 된다.

■ 청각적 표시장치 지침에 관한 지침
- 신호는 최소한 0.5~1초 동안 지속한다.
- 신호는 배경소음과 다른 주파수를 이용한다.
- 소음은 양쪽 귀에, 신호는 한쪽 귀에 들리게 한다.
- 300[m] 이상 멀리 보내는 신호는 800[Hz] 전후의 주파수를 사용한다.

■ 원인 차원의 휴먼에러 분류에 적용하는 라스무센(Rasmussen)의 정보처리모형에서 분류한 행동의 3분류
- 숙련기반행동(Skill-based Behavior)
- 지식기반행동(Knowledge-based Behavior)
- 규칙기반행동(Rule-based Behavior)

■ 인체측정치의 응용원리(인체측정자료의 설계응용원칙)
조절식 설계 → 극단치 설계 → 평균치 설계

▎ 조절식 설계원칙(가변적 설계원칙)
- 5~95[%]의 90[%] 범위를 수용대상으로 설계(인체계측자료의 응용원칙에 있어 조절범위에서 수용하는 통상의 범위는 5~95[%tile] 정도)
- 인체계측치 이용 시 만족비율 95[%]의 조절 가능한 범위치수(제2.5백분위수에서 제97.5백분위수의 범위)를 적용
- 크기나 모양을 조절 가능하게 하는 설계
- 여러 사람에 맞추어 조절할 수 있게 하는 조절식 설계
- 안락도 향상, 적용범위의 증대
- 적용 : 입식 작업대, 의자 높이, 책상 높이, 자동차 좌석 등

▎ 극단치 설계원칙(극단적 설계원칙)
- 5[%] 또는 95[%]의 설계
- 인체계측 특성의 최고나 최저의 극단치로 설계
- 거의 모든 사람들에게 편안함을 줄 수 있는 경우가 있다.
  예 제어버튼의 설계에서 조작자와의 거리를 여성의 5백분위수를 이용하여 설계한다.
- 최대집단치 설계원칙
  - 정규분포의 95[%] 이상의 최대치를 적용하는 설계
  - 큰 사람을 기준으로 한 설계는 인체측정치의 95[%tile]을 사용한다.
  - 적용 : 출입문의 크기, 통로, 탈출구, 비상구, 비상문, 강의용 책걸상의 너비, 버스 천장 높이, 버스 내 승객용 좌석 간의 거리, 위험구역의 울타리, 그네의 줄, 와이어로프의 사용중량 등
- 최소 집단치 설계원칙
  - 정규분포의 5[%] 이하의 최소치를 적용하는 설계
  - 적용 : 좌식 작업대의 높이, 선반의 높이, 강의용 책걸상의 깊이, 버스·지하철 손잡이, 조작자와 제어버튼 사이의 거리, 조종장치까지의 거리, 조작에 필요한 힘, 비상벨의 위치설계 등

▎ 평균치 설계원칙(평균적 설계원칙)
- 정규분포의 5~95[%] 사이의 가장 분포가 많은 구간을 적용하는 설계
- 일반적인 경우에 보편적으로 적용하는 설계
- 적용 : 일반적인 제품, 공구, 안내데스크, 은행의 접수대, 슈퍼마켓의 계산대, 공공장소의 의자, 공원의 벤치, 화장실의 변기 등

▎ 웨버(Weber)법칙 : 인간이 감지할 수 있는 외부의 물리적 자극 변화의 최소 범위는 기준이 되는 자극의 크기에 비례하는 현상을 설명한 이론
- 웨버법칙은 주어진 자극에 대해 인간이 갖는 변화감지역을 표현하는 데 이용된다.
- 웨버(Weber)비 = $\dfrac{\Delta I}{I}$ (여기서, ΔI : 변화감지역, I : 표준자극)

- 웨버법칙의 특징
  - Weber비는 분별의 질을 나타낸다.
  - Weber비가 작을수록 분별력은 높아진다.
  - 변화감지역(JND)이 작을수록 그 자극 차원의 변화를 쉽게 검출할 수 있다.
  - 변화감지역(JND)은 사람이 50[%]를 검출할 수 있는 자극 차원의 최소 변화이다.

신체동작의 유형
- 내선(Medial Rotation) : 몸의 중심선으로의 회전
- 외선(Lateral Rotation) : 몸의 중심선으로부터의 회전
- 내전(Adduction) : 몸의 중심선으로의 이동
- 외전(Abduction) : 몸의 중심선으로부터의 이동
- 굴곡(Flexion) : 신체 부위 간의 각도 감소
- 신전(Extension) : 신체 부위 간의 각도 증가

동작경제의 원칙
신체 사용에 관한 원칙, 작업장 배치(Layout)에 관한 원칙, 공구 및 설비 디자인에 관한 원칙

에너지대사율과 작업강도

작업 구분	가벼운 작업	보통 작업	중(重) 작업	초중(超重) 작업
RMR값	0~2	2~4	4~7	7 이상

휴식시간(R)
- $R = T \times \dfrac{E-W}{E-R'}$

  (여기서, T : 총작업시간, E : 작업의 에너지소비율[kcal/분], W : 표준에너지소비량 또는 평균에너지소비량, R' : 휴식 중 에너지소비량)

- 이 식은 다른 조건이 주어지지 않은 경우 $T=60$, $W=5$(남성) 또는 $W=4$, $R'=1.5$로 하여, $R = 60 \times \dfrac{E-5}{E-1.5}$ 또는 $R = 60 \times \dfrac{E-4}{E-1.5}$ 의 식으로 표현되기도 한다.

욕조곡선
고장의 발생빈도를 도표화한 것을 고장률곡선이라고 하며, 욕조모양의 곡선을 보이기 때문에 욕조곡선(Bathtub Curve)이라고도 한다. 고장률을 제품수명주기 단계(초기, 정상가동, 마모)별로 나타내어 '제품수명특성곡선'이라고도 한다.

■ 직렬시스템의 신뢰도와 수명

- 직렬시스템의 신뢰도 : $R_s = R_1 \times R_2 \times \cdots \times R_n = \prod_{i=1}^{n} R_i$

- 직렬시스템의 수명 : $\text{MTTFs} = \text{MTTF} \times \frac{1}{n}$ (여기서, MTTF : 구성요소의 수명, n : 구성요소의 수)

■ 병렬시스템의 신뢰도와 수명

- 병렬시스템의 신뢰도 : $R_s = 1 - (1-R_1)(1-R_2)\cdots(1-R_n) = 1 - (F_1)(F_2)\cdots(F_n)$

$$= 1 - \prod_{i=1}^{n} F_i = 1 - \prod_{i=1}^{n}(1-R_i)$$

- 병렬시스템의 수명 : $\text{MTTFs} = \text{MTTF} \times \left(1 + \frac{1}{2} + \cdots + \frac{1}{n}\right)$

  (여기서, MTTF : 구성요소의 수명, n : 구성요소의 수)

■ PHA의 식별된 4가지 사고 카테고리

- 범주Ⅰ 파국적 상태(Catastrophic) : 부상 및 시스템의 중대한 손해를 초래하는 상태
- 범주Ⅱ 중대 상태(위기 상태)(Critical) : 작업자의 부상 및 시스템의 중대한 손해를 초래하거나 작업자의 생존 및 시스템의 유지를 위하여 즉시 수정조치를 필요로 하는 상태
- 범주Ⅲ 한계적 상태(Marginal) : 작업자의 부상 및 시스템의 중대한 손해를 초래하지 않고, 대처 또는 제어할 수 있는 상태
- 범주Ⅳ 무시 가능 상태(Negligible) : 작업자의 생존 및 시스템의 유지가 가능한 상태

■ 위험성평가 매트릭스 분류(MIL-STD-882B)와 위험 발생빈도

구 분	레 벨	파국적	위기적	한계적	무시 가능	연간 발생확률
자주 발생하는(Frequent)	A	고	고	심 각	중	10^{-1} 이상
가능성이 있는(Probable)	B	고	고	심 각	중	$10^{-2} \sim 10^{-1}$
가끔 발생하는(Occasional)	C	고	심 각	중	저	$10^{-3} \sim 10^{-2}$
거의 발생하지 않은(Remote)	D	심 각	중	중	저	$10^{-6} \sim 10^{-3}$
가능성이 없는(Improbable)	E	중	중	중	저	10^{-6} 이상

■ 고장발생확률(β)과 고장의 영향

- $\beta = 1$: 실제 손실
- $0.1 \leq \beta < 1$: 예상되는 손실
- $0 < \beta < 0.1$: 가능한 손실
- $\beta = 0$: 영향 없음

위험성 분류
- Category Ⅰ 파국적 고장(Catastrophic)
- Category Ⅱ 중대 고장(위기 고장)(Critical)
- Category Ⅲ 한계적 고장(Marginal)
- Category Ⅳ 무시 가능 고장(Negligible)

논리기호(사상기호)와 명칭

기본사상	결함사상	통상사상	생략사상	전이기호
○	▭	⌂	◇	△

FT도에 사용되는 게이트

AND게이트	OR게이트	부정게이트	우선적 AND게이트
			a_i a_j a_k

조합 AND게이트	위험지속게이트	배타적 OR게이트	억제게이트

유해위험방지계획서 제출대상 사업 : 다음의 어느 하나에 해당하는 사업으로서 전기 계약용량이 300[kW] 이상인 경우
- 금속가공제품 제조업(기계 및 가구 제외)
- 비금속 광물제품 제조업
- 기타 기계 및 장비 제조업
- 자동차 및 트레일러 제조업
- 식료품 제조업
- 고무제품 및 플라스틱제품 제조업
- 목재 및 나무제품 제조업
- 기타 제품 제조업
- 1차 금속 제조업
- 가구 제조업
- 화학물질 및 화학제품 제조업
- 반도체 제조업
- 전자부품 제조업

■ HAZOP기법에서 사용하는 가이드워드
- As well as : 성질상의 증가
- More/Less : 정량적인 증가 또는 감소
- No/Not : 디자인 의도의 완전한 부정
- Other than : 완전한 대체
- Part of : 성질상의 감소
- Reverse : 디자인 의도의 논리적 반대

■ 보전관리지표(보전효과측정 평가요소)
- 평균고장률(λ) : $\lambda = \dfrac{N}{t}$ (여기서, N : 설비 고장건수, t : 설비 가동시간)
- MTBF $= \dfrac{총가동시간}{고장건수} = \dfrac{1}{\lambda}$ (여기서, λ : 평균고장률)
- 직렬시스템의 MTBFs $= \dfrac{1}{n\lambda}$ (여기서, λ : 평균고장률, n : 구성 부품수)
- 병렬시스템의 MTBFs $= \dfrac{1}{\lambda} + \dfrac{1}{2\lambda} + \cdots + \dfrac{1}{n\lambda}$ (여기서, λ : 평균고장률, n : 구성 부품수)
- MTTF $= \dfrac{총가동시간}{고장건수}$
- 직렬시스템의 MTTF$_S$ = MTTF $\times \dfrac{1}{n}$ (여기서, n : 구성부품수)
- 병렬시스템의 MTTF$_S$ = MTTF $\times \left(1 + \dfrac{1}{2} + \cdots + \dfrac{1}{n}\right)$ (여기서, n : 구성부품수)
- MTTR $= \dfrac{고장수리시간}{고장횟수}$
- 가용도(Availability) : $A = \dfrac{MTTF}{MTTF + MTTR} = \dfrac{MTBF}{MTBF + MTTR} = \dfrac{MTTF}{MTBF}$ (여기서, A : 가용도)
- 제품단위당 보전비 $= \dfrac{총보전비}{제품수량}$

■ 설비종합효율 = 시간 가동률 × 성능 가동률 × 양품률
- 시간가동률 = (부하시간 - 정지시간)/부하시간
- 성능가동률 = 속도가동률 × 정미가동률
- 정미가동률 = (생산량 × 기준주기시간)/(부하시간 - 정지시간)
- 양품률 = 양품수량/전체 생산량

■ TPM 중점활동
- 5가지 기둥(기본활동) : 설비효율화 개별개선활동, 자주보전활동, 계획보전활동, 교육훈련활동, 설비초기관리활동
- 8대 중점활동 : 5가지 기둥(기본활동) + 품질보전활동, 관리부문 효율화활동, 안전·위생·환경관리활동

■ 자주보전 7단계
- 1단계 : 초기 청소
- 2단계 : 발생원, 곤란 부위 대책 수립
- 3단계 : 청소·급유·점검기준의 작성
- 4단계 : 총점검
- 5단계 : 자주점검
- 6단계 : 정리정돈
- 7단계 : 자주관리의 확립

CHAPTER 04 건설시공학

■ **생산수단 5M**

　Men(사람), Methods(방법), Materials(재료), Machines(기계), Money(자금)

■ **BOT방식(Build-Operate-Transfer Contract)** : 도급자가 자금을 조달하고 설계, 엔지니어링, 시공의 전부를 도급받아 시설물을 완성하고 그 시설을 일정기간 운영하는 것으로, 운영 수입으로부터 투자자금을 회수한 후 발주자에게 그 시설을 인도하는 방식
- 사회간접자본(SOC ; Social Overhead Capital)의 민간투자 유치에 많이 이용되고 있다.
- 수입을 수반한 공공 또는 공익 프로젝트(유료도로, 도시철도, 발전소 등)에 많이 이용되고 있다.

■ **설계시공일괄입찰도급(턴키도급, Turn-key Base)** : 주문받은 건설업자가 대상 계획의 기업, 금융, 토지 조달, 설계, 시공 등을 포괄하는 도급계약방식(주문자가 필요로 하는 모든 것을 조달하여 주문자에게 인도하는 방식)
- 책임소재를 일원화할 수 있다.
- 공사기간을 단축할 수 있다.
- 공사비를 절감할 수 있다.
- 입찰업체들의 과다경쟁이 나타난다.
- 턴키 수주자들의 이익이 감소될 수 있다.
- 입찰 참여업체가 제한될 수 있고 참여업체 간 담합 가능성이 생길 수 있다.

■ **비용구배**
- 단위당 증가하는 비용(증분비용)
- 비용구배 = $\dfrac{\text{특급비용} - \text{정상비용}}{\text{정상시간} - \text{특급시간}}$

■ **콘크리트 구조물의 비파괴검사법**
- 슈미트해머법(표면경도시험법)
- 초음파탐상검사(UT ; Ultrasonic Testing)
- 슈미트해머법과 초음파법 병행법
- 방사선투과법(RT ; Radiography Testing)
- 인발법
- 육안검사(외관검사) : 눈으로 외관 상태를 검사한다.

강구조물의 비파괴검사법
- 초음파탐상검사(UT ; Ultrasonic Testing)
- 방사선투과법(RT ; Radiography Testing)
- 자기분말탐상법(MT ; Magnetic Particle Testing)
- (액체)침투탐상검사(PT ; Liquid Penetrant Testing)
- 육안검사(외관검사)

흙입자의 입경 분류
- Clay(진흙) : 0.005~0.001[mm]
- Silt(실트) : 0.005~0.05[mm]
- Sand(모래) : 0.05~0.02[mm]

흙의 상대정수
- 흙의 간극비(공극비, Void Ratio, e) : $e = \dfrac{공기 + 물의\ 체적}{흙의\ 체적} = \dfrac{간극의\ 체적}{토립자의\ 체적} = \dfrac{V_v}{V_s}$

- 간극률(공극률, Prosity, n) : $n = \dfrac{간극의\ 체적}{흙\ 전체의\ 체적} = \dfrac{V_v}{V} \times 100[\%]$

- 함수비(Water Content, w) : $w = \dfrac{물의\ 무게}{토립자의\ 무게} = \dfrac{W_w}{W_s} \times 100[\%]$

- 함수율(Ratio of Moisture, w') : $w' = \dfrac{물의\ 무게}{흙\ 전체의\ 무게} = \dfrac{W_w}{W} \times 100[\%]$

- 포화도(Degree of Saturation, S_r) : $S_r = \dfrac{물의\ 체적}{간극의\ 체적} = \dfrac{V_w}{V_v} \times 100[\%]$

상대정수의 상호관계
- 간극비(e)와 간극률(n)의 관계 : $e = \dfrac{n}{1-n}$, $n = \dfrac{e}{1+e}$

- 함수비(w)·토립자(W_s)의 무게·흙 전체의 무게(W)의 관계 : $W_s = \dfrac{W}{1+\dfrac{w}{100}}$

- 물의 무게(W_w)·함수비(w)·흙 전체의 무게(W)의 관계 : $W_w = \dfrac{w \cdot W}{100+w}$

- 포화도(S)·간극비(e)·비중(G_s)·함수비(w)의 상관관계 : $S \cdot e = G_s \cdot w$

■ 압밀과 다짐

압밀(Consolidation)	다짐(Compaction)
점토지반에서 하중을 가해 흙속의 간극수를 제거하는 것이다. 하중을 받는 점토지반에서 물과 공기가 빠져나가 흙입자 간 간격이 좁아진다.	사질지반에서 외력으로 공기를 제거하여 압축시키는 것이며 밀도, 지지력, 강도 등을 증가시킨다.
• 점토에서 발생 • 흙 중의 간극수를 배제하는 것 • 장기압밀침하 • 침하량이 비교적 큼 • 소성변형 발생	• 사질지반에서 발생 • 흙 중의 공극을 제거하는 것 • 단기적 침하 발생 • 흙의 역학적 물리적 성질 개선 • 탄성적 변형 발생

■ 점토질과 사질지반의 비교

구 분	사 질	점 토
투수계수	크다.	작다.
가소성	없다.	크다.
압밀속도	빠르다.	느리다.
내부마찰각	크다(40~45°).	없다(0°).
점착성	없다.	크다.
전단강도	크다.	작다.
동결 피해	적다.	크다.
불교란시료	채취가 어렵다.	채취가 쉽다.

■ 흙의 연경도 시험(아터버그 한계시험)

- 액체 상태의 흙이 건조되어 가면서 액성, 소성, 반고체, 고체 상태의 경계선과 관련된 시험
- 스웨덴의 아터버그(Atterberg)가 제시한 시험방법에 따라 세립토의 성질을 나타내는 지수인 아터버그 한계(Atterberg Limits : 흙의 연경도 변화 한계)를 구한다.
- 액성한계시험은 소성 상태와 액성 상태 사이의 한계를 알기 위한 시험이다.
- 소성한계시험은 흙속에 수분이 거의 없고 바삭바삭한 상태의 정도를 알아보기 위해 실시하는 시험이다.
- 액성한계(LL ; Liquid Limit) : 액체 상태에서 소성 상태로 변할 때의 함수비
- 소성한계(PL ; Plastic Limit) : 흙이 소성 상태에서 반고체 상태로 바뀔 때 함수비
- 수축한계(SL ; Shrinkage Limit) : 시료를 건조시켜서 함수비를 감소시키면 흙은 수축해서 부피가 감소하지만, 어느 함수비 이하에서는 부피가 변화하지 않는데, 이때의 최대 함수비를 수축한계라고 한다.

■ 토공기계

- 벌개작업용 토공기계 : 불도저, 레이크도저
- 굴착용 토공기계 : 파워셔블, 백호, 클램셸, 드래그라인, 로더, 트렌처, 스크레이퍼, 리퍼, 준설선, 불도저
- 싣기(적재, 성토)용 토공기계 : 파워셔블, 백호, 클램셸, 트렉터셔블, 스크레이퍼, 벨트콘베이어, 준설선
- 운반용 토공기계 : 불도저, 트렉터셔블, 스크레이퍼, 덤프트럭, 벨트컨베이어, 지게차, 준설선
- 땅끝 손질용 토공기계 : 불도저, 모터그레이더, 스크레이퍼
- 함수비 조절용 토공기계 : 스태빌라이저, 모터그레이더, 살수차

- 다지기용 토공기계 : 로드롤러, 타이어롤러, 탬핑롤러, 진동롤러, 진동컴팩터, 래머, 불도저
- 정지(整地)(흙깔기)용 토공기계 : 불도저, 모터그레이더, 스크레이퍼
- 도랑파기용 토공기계 : 트랜치, 백호
- 말뚝박기용 토공기계 : 디젤해머

■ 지반개량 공법의 분류
- 사질 지반의 지반개량 공법 : 웰 포인트 공법, 바이브로 플로테이션 공법, 동다짐공법, 진동부유공법, 다짐말뚝공법, 다짐모래말뚝공법(컴포저 공법), 그라우팅공법(약액주입공법), 폭파다짐공법, 전기충격 공법, 전기·화학적 공법, 석회안정처리공법, 이온교환공법, 치환공법, 샌드드레인공법, 페이퍼드레인 공법, 여성토공법 등
- 점토질 지반의 지반 개량공법 : 샌드드레인공법, PBD 공법, 치환공법, 압밀공법, 생석회말뚝(Chemico Pile) 공법, 침투압공법, 전기침투공법(전기탈수법, 전기화학적 고결방법), 동결공법, 페이퍼드레인(Paper Drain) 공법 등
- 강제압밀공법 또는 강제압밀탈수공법 : 프리로딩공법, 페이퍼드레인공법, 샌드드레인공법 등
- 연약지반의 지반 개량공법 : 수위저하법, 샌드드레인공법, 웰 포인트 공법, 성토공법, 그라우팅공법, JSP 등
- 지반 개량을 위한 지정공법 : 샌드드레인공법, 페이퍼드레인공법, 치환공법 등
- 지반 개량 지정공사 중 응결공법 : 시멘트처리공법, 석회처리공법, 심층 혼합처리공법 등
- 배수공법
  - 강제배수공법 : 웰 포인트 공법, 전기침투공법, 깊은 우물(Deep Well) 공법 등
  - 지하수가 많은 지반을 탈수하여 건조한 지반으로 만들기 위한 공법 : 웰 포인트 공법, 샌드드레인공법, 깊은 우물(Deep Well) 공법, 석회말뚝공법
  - 지하수처리에 사용되는 배수공법 : 집수정(집수통)공법(Sump Pit Method), 웰 포인트 공법, 전기침투 공법

■ 기초와 지정
- 기초(Foundation) : 기둥, 벽 등 구조물로부터 작용하는 하중을 지반 또는 지정에 전달시키기 위해 설치된 건축물 최하단부의 구조부로, 건물의 상부 하중을 지반에 안전하게 전달시키는 구조 부분이다.
- 지정 : 기초를 안전하게 지지하거나 지반의 내력을 보강하기 위하여 기초 하부에 제공되는 지반다짐으로, 지반 개량 및 말뚝박기 등을 한 부분이다.

■ 말뚝 표기기호 : PHC-A·450-12의 경우 각 기호의 의미
- PHC : 말뚝의 명칭(원심력 고강도 프리스트레스트 콘크리트말뚝)
- A : 말뚝의 종류(A종)
- 450 : 말뚝의 바깥지름(450[mm])
- 12 : 말뚝 길이(12[m])

현장타설 콘크리트말뚝

- 지반굴착으로 인한 공벽의 붕괴를 방지하기 위해 철근 콘크리트를 채워 넣는 강관인 강관케이싱 설치 후 내부에 철근 콘크리트를 시공하는 방식
- 미리 제작된 말뚝 대신 현장에서 굴착기계로 정해진 깊이까지 지반을 천공하고 철근망을 삽입 후 콘크리트를 타설, 형성하는 말뚝공법
- 별칭 : 피어지정, 피어기초, 제자리 콘크리트말뚝
- 특 징
  - 경제성, 안정성, 시공성이 좋기 때문에 대형 교량을 지지하는 다양한 기초형식으로 널리 적용된다.
  - 기둥의 수직, 수평을 맞추기 쉽다.
  - 기둥의 위치 변경이 용이하다.
  - 시공장비가 대형이다.
  - 외부에 사용된 강관케이싱은 콘크리트 타설을 위한 거푸집 역할을 수행하기 때문에 해상조건에서는 회수되지 못하고 현장에 그대로 남는다.
  - 시공 시 안정액을 사용하기 때문에 환경오염 발생의 문제가 있다.
  - 현장에서 콘크리트를 타설하기 때문에 균일한 품질관리가 어렵다.
  - 별도의 양생기간을 필요로 하여 공사기간이 길어진다.

RCD공법(Reverse Circulation Drill Method)

- 리버스 서큘레이션 드릴로 대구경의 구멍을 파고 철근망을 삽입한 후 콘크리트를 타설하여 현장타설 말뚝을 만드는 공법
- 별칭 : 역순환공법
- 특 징
  - 현장타설 말뚝공법 중 가장 대구경이며 깊은 심도의 시공이 가능하다.
  - 유연한 지반부터 암반까지 모두 굴착 가능하다(모래, 점토, 실트층, 세사층, 암반층에 사용 가능하다).
  - 지름은 0.8~3.0[m], 굴착심도는 30~70[m]로 심도 60[m] 이상의 말뚝을 형성한다.
  - 지하수위보다 2[m] 이상 물을 채워 정수압($20[kN/m^2]$)으로 공벽을 유지한다.
  - 수압에 의해 공벽면을 안정시킨다.
  - 굴착 심도가 깊고 효율이 양호하다.
  - 케이싱이 불필요하고 수상(해상)작업이 가능하다.
  - 시공속도가 빠르고, 유지비가 비교적 경제적이다.
  - 다량의 물이 필요하다.
  - 정수압 관리가 어렵고 적절하지 못하면 공벽 붕괴의 원인이 된다.
  - 드릴파이프 지경보다 큰 호박돌이 존재할 경우 굴착이 곤란하다.

SCW 공법(Soil Cement Wall Method)
- 다축 오거를 사용하여 지반을 천공하고 선단으로부터 시멘트 밀크 혼합액을 분출시켜 굴착토와 혼합하여 소일 시멘트 벽을 조성하는 공법
- 차수성이 높고 점성토에서도 비교적 양질의 벽체 형성 가능(차수성이 특수공법보다 좋음)
- 저소음, 저진동, 벽 두께, 벽 길이를 자유롭게 시공 가능
- 철근, H형강, 강관, 시트 파일 등을 압입시공하여 보강

CIP 공법(Cast in Place Prepacked Pile Method)
- 지반 천공장비를 사용, 소정의 심도까지 천공하여 토사를 배출시킨 후 공 내에 H-Pile 또는 철근망을 삽입하고 콘크리트 또는 모르타르(Mortar)를 타설하는 주열식 현장타설 말뚝으로 가설 흙막이, 물막이 연속벽체 등으로 사용하는 공법
- 특 징
  - 지하수 없는 경질지층에 적합하다.
  - 주열식 강성체로서 토류벽 역할을 한다.
  - 강성이 MIP, PIP, SCW보다 우수하다.
  - 소음 및 진동이 작다.
  - 협소한 장소에도 시공이 가능하다.
  - 굴착을 깊게 하면 수직도가 떨어진다.

PIP 공법(Packed in Place Method)
- 스크루오거로 굴착 후 흙과 오거를 끌어올리면서 오거 선단을 통해 모르타르를 주입하여 제자리 말뚝을 형성하는 공법
- 특 징
  - 오거를 인발한 후 철근망 또는 H형강 삽입한다.
  - 비교적 연약지반에 사용한다.

잠함 기초(케이슨 기초)
- 수상이나 지상에서 미리 제작한 속이 빈 콘크리트 또는 강재구조물을 자중이나 적재하중을 가하여 지지층까지 침하시킨 후 그 바닥을 콘크리트로 막고 모래, 자갈 또는 콘크리트 등으로 속채움을 하여 설치하는 기초
- 별칭 : 케이슨 기초
- 잠함 기초가 적합한 경우
  - 수심 25[m] 이하 수중에 기초를 시공할 경우
  - 중간층에 자갈층 등이 존재하여 말뚝 시공이 곤란한 경우
  - 대규모 수평하중이 작용하는 구조물인 경우
  - 상부 구조가 장대교량 등으로 강성이 크고 지진에 대한 안정성이 요구되는 경우

- 특 징
  - 수직 방향, 수평 방향의 하중에 대하여 비교적 신뢰성이 높은 지지력을 보인다.
  - 지지층을 확인할 수 있어 확실한 시공이 가능
  - 지지력에 대해서 단면 치수, 근입 깊이 등을 조절할 수 있어 유연한 설계 가능
  - 연약한 지반이나 수심이 깊은 곳에서도 시공 가능(연약한 곳에서는 초기 침하에 주의)
  - 시공 시 진동이나 소음이 작음
  - 우기 시 시공이 가능하므로 합리적인 공정관리가 가능
  - 시공 시 인접 구조물에 대한 영향은 양압력에 의한 경우가 많음
  - 경사지에서 시공 시 편압에 주의를 요함
  - 공기는 비교적 길다.
  - 노동집약적 시공이므로 안전관리에 각별한 주의를 기울여야 함
  - 관련 설비가 고정식이 많아 경비가 높고, 소규모 기초에는 비경제적임

거푸집의 강도 및 강성에 대한 구조계산 시 고려할 사항
작업하중(수직하중, 수평하중), 충격하중, 콘크리트 측압, 콘크리트 자중 등

시스템 거푸집(System Form)

벽체 전용	갱폼, 클라이밍폼, 오토클라이밍폼, 슬라이딩폼, 슬립폼, 무폼타이 거푸집, 일회용 리브라스 거푸집
바닥 전용	플라잉폼, 와플폼, 덱플레이트폼
벽체 + 바닥용	터널폼, 트레블링폼
무지주공법	보우빔, 페코빔

워커빌리티(Workability)
- 반죽질기(컨시스턴시)에 의한 부어넣기의 난이도 정도 및 재료분리에 저항하는 정도
- 시공공정에 있어 재료의 분리를 발생시키지 않고, 시공법에 따른 정당한 연도를 가지는 작업성에 관련된 콘크리트의 성질
- 별칭 : 시공성, 시공연도
- 특 징
  - 정성적인 것을 정량적으로 표시하기가 어렵다.
  - 콘크리트 강도변화를 가장 작게 주고 시공연도를 조절하는 방법은 모래, 자갈을 증감하는 것이다.
- 콘크리트의 워커빌리티(Workability)를 측정하는 시험방법 : 슬럼프시험, 흐름시험, 캐리볼관입시험, 비비시험, 리몰딩시험, 다짐계수시험 등

▌ 컨시스턴시(Consistency)

- 반죽이 되거나 진 정도
- 수량에 의해서 변화하는 유동성의 정도
  - 시멘트 풀, 모르타르 또는 콘크리트의 성질
  - 흙의 변형, 유동에 대한 저항 정도
- 별칭 : 연경도, 점조도, 반죽질기, 끈기도
- 단위수량의 다소에 따른 콘크리트의 연도를 나타내는 것으로 콘크리트의 전단저항 및 유동속도에 관계한다.
- 보통 슬럼프시험에 의한 슬럼프값으로 표시한다.
- 컨시스턴시의 한계 : 흙의 액상체, 소성체, 반고체, 고체 등의 함수비 경계로 각각 액성한계, 소성한계, 수축한계라고 한다. 이 중에서 가장 선호되는 흙은 강도가 가장 높은 소성한계에 있는 흙이다.
- 컨시스턴시에 영향을 미치는 요인
  - 단위수량이 많을수록 커진다.
  - 콘크리트의 온도가 낮을수록 커진다.
  - 잔골재율이 작을수록 커진다.
  - 공기연행량이 많아지면 커진다.

▌ ALC(Autoclaved Lightweight Concrete)

- 포화증기 양생 경량 기포 콘크리트
- 오토클레이브(Auto Clave)에 포화증기에서 양생한 경량기포 콘크리트
- 석회에 시멘트와 기포제(AL Powder)를 넣어 다공질화한 혼합물을 고온고압(온도 약 180[℃], 압력 10[kg/cm^2])에서 증기 양생시킨 경량 기포 콘크리트의 일종
- 특 징
  - ALC의 3대 특징 : 경량성, 내화성, 단열성
  - 규산질, 석회질 원료를 주원료로 하여 기포제와 발포제를 첨가하여 만든다.
  - 주원료는 생석회, 시멘트 등의 석회질 원료, 규사, 규석, 플라이애시 등의 규산질 원료 및 기포제(발포제)로 사용되는 알루미늄 분말 등이 있다.
  - 제반 물리적 특성은 일반적으로 비중과 밀접한 관계가 있다.
  - 오토클레이브 내에서 고온, 고압 상태로 양생된다.
  - 다공질이어서 가공 시 톱을 사용할 수 있다.
  - 중성화방지를 위한 대책이 필요하다.
  - 흡수율이 높다.
  - 동해에 대한 저항성이 낮으므로 동해에 대해 방수·방습처리가 필요하다.
  - 압축강도가 작아서 구조재로서는 부적합하다.

■ 쌓기방식에 따른 조적공사의 분류

- 길이쌓기 : 길 방향으로만 쌓는 방식이다.
- 마구리쌓기 : 마구리가 보이는 방향으로 쌓는 방식이다. 벽돌을 내쌓기할 때 일반적으로 이용되는 쌓기 방식으로, 가장 튼튼한 쌓기방식이다.
- 영식쌓기 : 한 켜는 길이로 쌓고 다음 켜는 마구리 쌓기로 하는 방식이다. 통줄눈이 생기지 않고 모서리 벽 끝에 이오토막을 사용하는 가장 튼튼한 쌓기방식이다. 벽돌쌓기에서 도면 또는 공사시방서에서 정한 바가 없을 때에는 영식쌓기를 적용한다.
- 화란식쌓기 : 기본은 영식과 같지만 길이 켜에서 벽이나 모서리 부분에 칠오토막을 사용하며 영식에 비해서 시공이 간편한 방식이다. 모서리가 튼튼하게 시공되므로 가장 많이 사용되는 방식이다.
- 불식쌓기 : 매 켜에 길이쌓기와 마구리쌓기가 번갈아 나오는 방식의 벽돌쌓기 방식이며 온장 외에 반절, 이오토막, 칠오토막을 사용하여 모서리를 맞춘다. 내부에 통줄눈이 많이 생긴다.
- 미식쌓기 : 치장벽돌을 사용하여 벽체의 앞면 5~6켜까지는 길이쌓기로 하고 그 위 한 켜는 마구리 쌓기로 하여 본 벽돌벽에 물려 쌓는 방식이다.
- 통줄눈쌓기 : 블록과 같이 사춤 모르타르나 수직 보강재(철근)를 하여야 하는 경우의 쌓기방식이다.
- 공간쌓기 : 주벽체와 안벽체 사이에 단열재나 배관, 배선이 설치되는 경우 사이를 띄어 쌓는 방식이다.
- 내민켜매달아쌓기 : 외장 쌓기면의 모서리, 문설주, 이니방부 등을 입체적으로 내밀어 쌓는 방식이다.
- 영롱쌓기
  - 벽돌 벽면에 구멍을 내어 쌓는 방식으로 장식적인 효과를 내는 쌓기방식
  - 개구부 아치 쌓기나 구멍이 얼기설기 개방감이 있는 벽면을 구성하는 쌓기방식
- 옆세워쌓기 : 마구리를 세워 쌓는 방식이다.

■ 벽돌의 치수

- 표준형 (점토)벽돌의 치수 및 허용차

구 분	길 이	너 비	두 께
치수[mm]	190	90	57
	205	90	75
허용차[mm]	±5.0	±3.0	±2.5

- 표준형 내화벽돌 보통형의 기본치수[mm] : 230 × 114 × 65
- 내화벽돌 줄눈의 표준 너비 : 6[mm]

CHAPTER 05 건설재료학

■ 목재의 치수표시
- 제재 치수 : 제재 시 톱날의 중심 간 거리로 표시하는 목재의 치수이며 일반재, 구조재, 수장재에 사용된다.
- 제재 정치수 : 제재하여 나온 목재 자체의 정미 치수이며 일반재에 사용된다.
- 마무리 치수(Finishing Size) : 제재목을 치수에 맞추어 깎고 다듬어 대패질로 마무리한 치수이며 창호재, 가구재 등에 사용되며 마무리 치수보다 3.5[cm] 더 크게 주문한다.

■ 목재의 조직(구조)
- 수심 : 나무의 중심으로 색깔이 진하다.
- 춘재(Spring Wood) : 봄과 여름에 생긴 세포로 이루어진 부분이다.
  - 세포는 크고 세포막은 얇고 연하다.
  - 거칠고 색이 엷다.
- 추재(Autumn Wood) : 가을과 겨울에 생긴 세포로 이루어진 부분이다.
  - 추재의 세포막은 춘재의 세포막보다 두껍고 조직이 치밀하다.
  - 세포는 작고 세포막은 두껍고 치밀하다.
  - 조직이 치밀하고 색이 짙다.
- 나이테(연륜, Annual Ring) : 춘재와 추재의 한 쌍의 너비를 합한 것
  - 횡단면상에 나타나는 동심원 조직이다.
  - 목재의 성질을 판별하는 주요 요소이다.
  - 연륜밀도가 클수록 강도가 크다.
  - 침엽수보다 활엽수에서 더 확실하게 나타난다.
  - 연중 기후의 변화가 없는 열대지방에서는 형성되지 않거나 명확하지 않다.
- 심재
  - 수심의 주위에 둘러져 있는 생활기능이 줄어든 세포의 집합이다.
  - 심재가 변재보다 신축 등 변형이 작다.
  - 일반적으로 심재가 변재보다 단단하여 강도가 크다.
  - 심재가 변재보다 내후성, 내구성이 크다.

- 변 재
  - 심재 외측과 수피 내측 사이에 있는 생활세포의 집합이다.
  - 수액의 통로이며 양분의 저장소이다.
  - 변재가 심재보다 다량의 수액을 포함하고 있어 비중이 작다.
  - 심재보다 수축이 크다.

목재의 방부법
- 침지법 : 크레오소트유와 같은 방부제 용액에 담가서 공기(산소)를 차단하여 방부처리하는 방법이다.
- 표면탄화법 : 균에게 양분을 제공하는 목재 표면의 3~10[mm] 정도를 태워서 방부처리하는 방법이다.
- 가압주입법 : 압력용기 속에 목재를 넣어서 처리하는 방법으로 가장 신속하고 효과적이다.
- 도포법 : 목재를 충분히 건조시킨 후 솔 등으로 약제(크레오소트유, 콜타르 칠, 아스팔트 방부칠 등)를 도포 및 뿜칠하여 방부처리하는 가장 간단한 방법이다.

점토소성제품(타일) 재료의 종류
- 토기 : 소성온도 900[℃], 흡수율 20[%], 불투명 유색이며 기와벽돌 토관으로 사용된다.
- 도기 : 소성온도 1,300[℃], 흡수율 10[%], 불투명 백색이며 실내벽용으로 사용된다.
- 석기 : 소성온도 1,400[℃], 흡수율 5[%], 불투명 유색이며 외부 바닥용으로 사용된다.
- 자기 : 소성온도 1,450[℃], 흡수율 1[%], 반투명 백색이며 주로 바닥용으로 사용된다.
- 콘크리트 재료 관련 제반 계산식
- 물-시멘트비(W/C비) = $\dfrac{물무게}{시멘트무게}$
- 골재의 공극률 = $\dfrac{절대건조밀도 - 단위용적질량}{절대건조밀도} \times 100[\%]$
- 골재의 표면건조 포화상태의 비중 = $\dfrac{표면건조 포화 상태의 시료중량}{표면건조포화 상태의 시료중량 - 시료의 수중 중량}$
- 골재의 절대건조상태의 비중 = $\dfrac{절대건조 상태의 시료중량}{표면건조포화 상태의 시료중량 - 시료의 수중 중량}$
- 골재의 흡수율 = $\dfrac{표면건조포화 상태의 시료중량 - 절대건조 상태의 시료중량}{절대건조 상태의 시료중량} \times 100[\%]$
  = $\dfrac{표건 중량 - 절건 중량}{절건중량} \times 100[\%]$
- 표면수율 = $\dfrac{습윤 상태의 모래의 중량 - 표건중량}{표건중량} \times 100[\%]$ = $\dfrac{표면수포함자갈중량 - 표건중량}{표건중량} \times 100[\%]$
- 크리프 계수 = $\dfrac{크리프변형량}{초기탄성변형량}$

- KS L 5201에 정의된 포틀랜드시멘트의 종류

1종	보통 포틀랜드시멘트
2종	중용열 포틀랜드시멘트
3종	조강 포틀랜드시멘트
4종	저열 포틀랜드시멘트
5종	내황산염 포틀랜드시멘트

강재 탄소의 함유량이 0[%]에서 0.8[%]로 증가함에 따른 제반 물성 변화
- 증가 : 경도, 인장강도, 항복점, 비열, 전기저항
- 감소 : 연성, 전성, 신율, 용접성, 비중, 열팽창계수, 열전도율

합성수지의 분류
- 열가소성 수지 : 메타크릴수지(아크릴수지), 플루오린수지, 셀룰로이드, (폴리)염화비닐수지(PVC), 초산비닐수지, 폴리스티렌수지(PS), 폴리아마이드수지, 폴리에틸렌수지(PE), 폴리우레탄수지(PU), 폴리카보네이트수지(PC), 폴리프로필렌수지(PP) 등
- 열경화성 수지 : 멜라민수지, 실리콘수지, 알키드수지, 에폭시수지, 요소수지, 우레탄수지, 페놀수지, 폴리에스테르수지, 푸란수지

도료별 특성
- 유성 페인트 : 건조시간이 길고 내알칼리성이 떨어진다.
- 수성 페인트 : 광택이 없고 내마모성이 작다.
- 수지성 페인트 : 내산, 내알칼리성이 우수하다.
- 알루미늄 페인트 : 분리가 적고 솔질이 용이하다.

석재의 화학적 성질
- 석재는 공기 중의 탄산가스나 약산의 빗물에 의해 침식한다.
- 석재의 융해는 공기오염에 의한 빗물의 영향이 크다.
- 일반적으로 규산분을 많이 함유한 석재는 내산성이 크고, 석회분을 포함한 것은 내산성이 적다.
- 조암광물 중 장석, 방해석 등은 산류의 침식을 쉽게 받는다.
- 산류를 취급하는 곳의 바닥재는 황철광, 갈철광 등을 포함하지 않아야 한다.
- 응회암, 사암은 대리석보다 내화성이 좋다.

암석의 분류

- 화성암(Igneous Rock) : 마그마가 지표에 분출되거나 지각에 관입하여 냉각·고결된 암석
- 퇴적암(Sedimentary Rock) : 풍화·침식된 암석이나 생물의 유해가 쌓여 굳어진 암석
- 변성암(Metamorphic Rock) : 높은 압력·온도로 인해 화학성분의 가감이나 교대가 일어난 암석

암석의 분류	해당 암석
화성암	• 심성암 : 화강암, 화강섬록암, 섬록암, 섬장암, 몬조니암, 반려암, 감람암, 회장암, 킴벌라이트, 페그마타이트 • 반심성암 : 아폴라이트, 석영반암, 섬록반암, 섬장반암, 유문반암, 휘록암 • 화산암 : 흑요암, 조면암, 유문암, 응회암, 안산암, 현무암, 행인상현무암, 부석, 암재
퇴적암	• 쇄설성 퇴적암 : 역암, 사암, 미사암, 이암, 혈암(셰일), 응회암 • 화학적 퇴적암 : 석회암, 석고, 암염, 처트, 철광층 • 유기적 퇴적암 : 석회암, 백악, 규조토, 처트, 석탄, 아스팔트
변성암	• 파쇄암 : 압쇄암, 슈도타킬라이트, 안구편마암 • 광역변성암 : 점판암, 천매암, 편암, 편마암, 규암, 각섬암, 대리암 • 접촉변성암 : 혼펠스 • 기타 변성암 : 사문암

스트레이트 아스팔트(Straight Asphalt)

- 석유계 아스팔트로 점착성, 방수성은 우수하지만 연화점이 비교적 낮고, 내후성 및 온도에 의한 변화 정도가 커 지하실 방수공사 이외에 사용하지 않는다.
- 신장성, 점착성, 방수성이 풍부하다.
- 연화점이 비교적 낮고 온도에 의한 변화가 크다.
- 주로 지하실 방수공사에 사용되며, 아스팔트 루핑의 제작에 사용된다.

CHAPTER 06 건설안전기술

▎시설물의 종류

- 제1종 시설물 : 공중의 이용편의와 안전을 도모하기 위하여 특별히 관리할 필요가 있거나 구조상 안전 및 유지관리에 고도의 기술이 필요한 대규모 시설물로서 다음의 어느 하나에 해당하는 시설물 등 대통령령으로 정하는 시설물
  - 고속철도 교량, 연장 500[m] 이상의 도로 및 철도 교량
  - 고속철도 및 도시철도 터널, 연장 1,000[m] 이상의 도로 및 철도 터널
  - 갑문시설 및 연장 1,000[m] 이상의 방파제
  - 다목적댐, 발전용댐, 홍수전용댐 및 총저수용량 1천만[ton] 이상의 용수전용댐
  - 21층 이상 또는 연면적 5만[m^2] 이상의 건축물
  - 하구둑, 포용저수량 8천만[ton] 이상의 방조제
  - 광역상수도, 공업용수도, 1일 공급능력 3만[ton] 이상의 지방상수도
- 제2종 시설물 : 제1종시설물 외에 사회기반시설 등 재난이 발생할 위험이 높거나 재난을 예방하기 위하여 계속 관리할 필요가 있는 시설물로서 다음의 어느 하나에 해당하는 시설물 등 대통령령으로 정하는 시설물
  - 연장 100[m] 이상의 도로 및 철도 교량
  - 고속국도, 일반국도, 특별시도 및 광역시도 도로터널 및 특별시 또는 광역시에 있는 철도터널
  - 연장 500[m] 이상의 방파제
  - 지방상수도 전용댐 및 총저수용량 1백만[ton] 이상의 용수 전용댐
  - 16층 이상 또는 연면적 3만[m^2] 이상의 건축물
  - 포용저수량 1천만[ton] 이상의 방조제
  - 1일 공급능력 3만[ton] 미만의 지방상수도
- 제3종 시설물 : 제1종 시설물 및 제2종 시설물 외에 안전관리가 필요한 소규모 시설물

▎공사 종류와 규모별 안전관리비 계상기준(2025년 1월 1일부터 적용)

구 분	5억원 미만	5억원 이상 50억원 미만 비율(X)	5억원 이상 50억원 미만 기초액(C)	50억원 이상	영 별표 5에 따른 보건관리자 선임대상 건설공사의 적용비율[%]
건축공사	3.11[%]	2.28[%]	4,325,000원	2.37[%]	2.64[%]
토목공사	3.15[%]	2.53[%]	3,300,000원	2.60[%]	2.73[%]
중건설공사	3.64[%]	3.05[%]	2,975,000원	3.11[%]	3.39[%]
특수건설공사	2.07[%]	1.59[%]	2,450,000원	1.64[%]	1.78[%]

■ 공사 진척에 따른 산업안전보건관리비의 최소 사용기준

공정률	50[%] 이상 70[%] 미만	70[%] 이상 90[%] 미만	90[%] 이상
최소 사용기준	50[%]	70[%]	90[%]

■ 안전율(S)
- 안전율 : $S = \dfrac{기준강도}{허용응력} = \dfrac{파괴응력도}{허용응력도} = \dfrac{극한강도}{허용응력} = \dfrac{인장강도}{허용응력} \left(= \dfrac{극한하중}{최대설계하중} = \dfrac{파괴하중}{최대하중} \right)$
- 안전율의 선택값(작은 것 → 큰 것) : 정하중 < 반복하중 < 교번하중 < 충격하중(상기와 같이 하중 중에서 안전율을 가장 취하여야 하는 힘의 종류는 충격하중이다)
- 안전율 산정공식(Cardullo) : $S = abcd$ (a : 극한강도/탄성강도 또는 극한강도/허용응력, b : 하중의 종류(정하중은 1이며 교번하중은 극한강도/피로한도, c : 하중속도(정하중은 1, 충격하중은 2), d : 재료조건)

■ 유해 · 위험방지를 위한 방호조치를 하지 아니하고는 양도 · 대여 · 설치 또는 사용에 제공하거나 양도 · 대여를 목적으로 진열해서는 아니 되는 기계 · 기구(유해 · 위험방지를 위한 방호조치가 필요한 기계 · 기구(산업안전보건법 시행령 별표 20)) : 예초기, 원심기, 공기압축기, 금속절단기, 지게차, 포장기계(진공포장기, 래핑기로 한정)

■ 건설공사 유해위험방지계획서 제출대상 공사
- 다음의 건축물 또는 시설 등의 건설 · 개조 또는 해체의 공사
  - 지상높이가 31[m] 이상인 건축물 또는 인공 구조물
  - 연면적 3만[m^2] 이상인 건축물
  - 연면적 5천[m^2] 이상인 시설 : 문화 및 집회시설(전시장 및 동물원 · 식물원은 제외), 판매시설, 운수시설(고속철도의 역사 및 집배송시설은 제외), 종교시설, 의료시설 중 종합병원, 숙박시설 중 관광숙박시설, 지하도 상가, 냉동 · 냉장 창고시설
- 연면적 5천[m^2] 이상인 냉동 · 냉장 창고시설의 설비공사 및 단열공사
- 최대 지간 길이(다리의 기둥과 기둥의 중심 사이의 거리)가 50[m] 이상인 다리의 건설 등 공사
- 터널의 건설 등 공사
- 다목적댐, 발전용댐, 저수용량 2천만[ton] 이상의 용수 전용댐 및 지방상수도 전용댐의 건설 등 공사
- 깊이 10[m] 이상인 굴착공사

■ 와이어로프(Wire Rope)
- 와이어로프의 구성요소 : 소선, 스트랜드, 심강
- 와이어로프의 안전율(S) : $S = \dfrac{NP}{Q}$

  (여기서, N : 로프의 가닥수, P : 와이어로프의 파단하중, Q : 안전하중)

- 와이어로프의 안전율(S) 기준
  - 근로자가 탑승하는 운반구를 지지하는 경우 : $S=10$ 이상
  - 화물의 하중을 직접지지 하는 경우 : $S=5$ 이상
  - 훅, 새클, 클램프, 리프팅 빔의 경우 : $S=3$ 이상
  - 그 밖의 경우 : $S=4$ 이상
- 와이어로프의 지름 감소에 대한 폐기기준 : 공칭지름의 7[%] 초과 시 폐기
- 와이어로프의 호칭 : 꼬임의 수량(Strand 수)×소선의 수량(Wire 수)
- 로프에 걸리는 하중(장력) : $w = w_1 + w_2 = w_1 + \dfrac{w_1 a}{g}$

  (w_1 : 정하중, w_2 : 동하중, a : 권상 가속도, g : 중력 가속도)

■ 와이어로프의 꼬임

- 양중기에 사용하는 와이어로프에서 한 꼬임(스트랜드)에서 끊어진 소선의 수가 10[%] 이상일 경우에는 사용하지 말아야 한다.
- 보통 꼬임(Ordinary Lay)
  - S꼬임, Z꼬임 등이 있다.
  - 스트랜드의 꼬임방향과 로프의 꼬임 방향이 반대이다.
  - 로프의 변형이나 하중을 걸었을 때 저항성이 크다.
  - 킹크의 발생이 작다.
  - 로프의 끝이 자유로이 회전하는 경우나 킹크가 생기기 쉬운 곳에 적당하다.
  - 취급이 용이하다.
  - 선박, 육상 작업 등에 많이 사용된다.
  - 소선의 외부 길이가 짧아서 마모되기 쉽다.
- 랭꼬임(Lang's Lay)
  - 스트랜드의 꼬임 방향과 로프의 꼬임 방향이 같다.
  - 소선의 접촉 길이가 길다.
  - 내마모성, 유연성, 내피로성이 우수하다.
  - 수명이 길다.
  - 꼬임의 풀기가 쉽다.
  - 로프의 끝이 자유로이 회전하는 경우나 킹크가 생기기 쉬운 곳에 부적당하다.

■ 지게차의 안정 모멘트 관계식

$M_1 < M_2$, $W_a < G_b$

(여기서, M_1 : 화물의 모멘트, M_2 : 지게차의 모멘트, W : 화물의 중량, a : 앞바퀴의 중심부터 화물의 중심까지의 최단거리, G : 지게차 자체 중량, b : 앞바퀴의 중심부터 지게차 중심까지의 최단거리)

지게차의 안정도
- 작업 또는 주행 시 안정도 이하로 유지해야 한다.
- 주행과 하역작업의 안정도가 다르다.
- 전후 안정도와 좌우 안정도가 다르다.
- 안정도는 등판능력과는 무관하다.
- 지게차의 전후 안정도(S_{fr}) : $S_{fr} = \dfrac{h}{l} \times 100[\%]$ (여기서, h : 높이, l : 수평거리)
  - 무부하·부하 상태에서 주행 시 전후 안정도는 18[%] 이내이어야 한다.
  - 부하 상태에서 하역작업 시의 전후 안정도 : 5[ton] 미만의 경우는 4[%] 이내, 5[ton] 이상은 3.5[%] 이내
- 좌우 안정도
  - 무부하 상태에서 주행 시의 지게차의 좌우 안정도(S_{tr})는 $S_{tr} = 15 + 1.1V[\%]$ 이내이어야 한다.
    (여기서, V : 구내 최고속도[km/h])
  - 부하 상태에서 하역작업 시의 좌우 안정도는 6[%] 이내이어야 한다.

강관비계의 조립 간격

구 분	수직 방향	수평 방향
단관비계	5[m]	
틀비계(높이 5[m] 미만 제외)	6[m]	8[m]

달기구의 안전계수
- 근로자가 탑승하는 운반구를 지지하는 달기 와이어로프 또는 달기 체인의 경우 : 10 이상
- 화물의 하중을 직접 지지하는 달기 와이어로프 또는 달기 체인의 경우 : 5 이상
- 훅, 섀클, 클램프, 리프팅 빔의 경우 : 3 이상
- 그 밖의 경우 : 4 이상

달비계의 (재사용하는) 달기 체인의 사용금지 기준
- 달기 체인의 길이가 달기 체인이 제조된 때의 길이의 5[%]를 초과한 것
- 링의 단면 지름이 달기 체인이 제조된 때의 해당 링의 지름의 10[%]를 초과하여 감소한 것
- 균열이 있거나 심하게 변형된 것

달비계의 와이어로프의 사용금지 기준
- 이음매가 있는 것
- 와이어로프의 한 꼬임에서 끊어진 소선의 수가 10[%] 이상인 것(필러선 제외, 비자전로프의 경우에는 끊어진 소선의 수가 와이어로프 호칭지름의 6배 길이 이내에서 4개 이상이거나 호칭지름 30배 길이 이내에서 8개 이상)
- 지름의 감소가 공칭지름의 7[%]를 초과하는 것
- 심하게 변형되거나 부식된 것
- 꼬인 것
- 열과 전기충격에 의해 손상된 것

▌ 철골보 인양 시 준수해야 할 사항
- 철골보의 두 곳을 매어 인양시킬 때 와이어로프의 내각은 60° 이하이어야 한다.
- 인양 와이어로프의 매달기 각도는 양변 60°를 기준한다.
- 클램프는 수평으로 두 군데 이상의 위치에 설치하여야 한다.
- 클램프로 부재를 체결할 때는 클램프의 정격용량 이상 매달지 않아야 한다.
- 인양 와이어로프는 훅의 중심에 걸어야 한다.

▌ 건립 중 강풍에 의한 풍압 등 외압에 대한 내력이 설계에 고려되었는지 확인하여야 하는 철골 구조물
- 이음부가 현장용접인 구조물(건물)
- 높이 20[m] 이상인 건물
- 기둥이 타이플레이트(Tie Plate)인 구조물
- 구조물의 폭과 높이의 비가 1 : 4 이상인 구조물
- 이음부가 현장용접인 건물
- 연면적당 철골량이 50[kg/m^2] 이하인 구조물
- 단면 구조에 현저한 차이가 있는 구조물

▌ 철골작업을 중지하여야 하는 기준
- (10분간의 평균)풍속이 초당 10[m] 이상인 경우
- 강우량이 시간당 1[mm] 이상인 경우
- 강설량이 시간당 1[cm] 이상인 경우

▌ 압쇄기를 사용한 건물 해체 순서
슬래브 → 보 → 벽체 → 기둥

▌ 운반의 3조건
- 운반(취급)거리는 최소화시킬 것
- 손이 가지 않는 작업기법일 것
- 운반(이동)은 기계화할 것

▌ 신품 추락방지망의 기준 인장강도[kg]

구 분	그물코 5[cm]	그물코 10[cm]
매듭 있는 방망	110	200
매듭 없는 방망	-	240

■ 폐기 추락방지망의 기준 인장강도[kg]

구 분	그물코 5[cm]	그물코 10[cm]
매듭 있는 방망	60	135
매듭 없는 방망	–	150

■ 근로자가 추락으로 인한 부상을 당하지 않기 위한 지면으로부터 안전대 고정점까지의 높이(H) :

$H = l_1 + \Delta l_1 + \dfrac{l_2}{2}$ (여기서, l_1 : 로프의 길이, Δl_1 : 로프의 늘어난 길이, l_2 : 근로자의 신장)

CHAPTER 01	산업안전관리론	회독 CHECK 1 2 3
CHAPTER 02	산업심리 및 교육	회독 CHECK 1 2 3
CHAPTER 03	인간공학 및 시스템안전공학	회독 CHECK 1 2 3
CHAPTER 04	건설시공학	회독 CHECK 1 2 3
CHAPTER 05	건설재료학	회독 CHECK 1 2 3
CHAPTER 06	건설안전기술	회독 CHECK 1 2 3

PART 01

핵심이론

#출제 포인트 분석   #자주 출제된 문제   #합격 보장 필수이론

CHAPTER 01 산업안전관리론

제1절 안전보건관리의 개요

핵심이론 01 안전의 기본과 제조물책임(PL)

① 안전보건의 개요
  ㉠ 안전 관련 용어
    • 안전 : 위험을 제어하는 기술
    • 위험(리스크, Risk) : 잠재적인 손실이나 손상을 가져올 수 있는 상태나 조건
      - 재해 발생 가능성과 재해 발생 시 그 결과의 크기 조합(Combination)으로 위험의 크기나 정도
      - 리스크의 3요소 : 사고 시나리오(S_t), 사고 발생확률(P_t), 파급효과 또는 손실(X_t)
      - 리스크 조정기술 4가지 : 위험 회피, 위험 감축, 위험 전가, 위험 보류
      - 리스크 공식 : 피해 크기 × 발생확률
      - 리스크 개념의 정량적 표시방법 : 사고 발생빈도 × 파급효과
    • 안전관리 : 재난이나 그 밖의 각종 사고로부터 사람의 생명·신체 및 재산의 안전을 확보하기 위한 모든 활동으로, PDCA 사이클의 4단계 반복에 의해 안전관리 수준을 향상시킨다.
      - P : Plan(계획)   - D : Do(실행)
      - C : Check(확인) - A : Action(조치)
    • 준사고(Near Accident, 아차사고)
      - 사고가 일어나더라도 손실을 전혀 수반하지 않는 재해
      - 인적·물적 피해가 모두 발생하지 않는 사고
      - 인적·물적 피해가 없는 사고
    • 안전사고
      - 고의성이 없는 불안전한 행동과 불안전한 상태가 원인이 되어 일을 저해하거나 능률을 저하시키며, 직간접적 또는 인적·물적 손실을 가져오는 것
      - 생산공정이 잘못되었다는 것을 암시하는 잠재적 정보지표
    • 재해 : 사고의 결과로 일어난 인명과 재산의 손실
    • 중대재해(Major Accident) : 산업재해 중 사망 등 재해 정도가 심하거나 다수의 재해자가 발생한 경우로서 고용노동부령으로 정하는 재해
      - 사망자가 1명 이상 발생한 재해
      - 3개월 이상의 요양이 필요한 부상자가 동시에 2명 이상 발생한 재해
      - 부상자 또는 직업성 질병자가 동시에 10명 이상 발생한 재해
    • 산업재해 : 노무를 제공하는 사람이 업무에 관계되는 건설물·설비·원재료·가스·증기·분진 등에 의해, 작업 또는 그 밖의 업무로 인하여 사망 또는 부상당하거나 질병에 걸리는 것
  ㉡ 안전보건개선계획서 중점개선항목 : 시설, 기계장치, 작업방법
  ㉢ 안전보건관리 규정에 포함되는 사항
    • 안전 및 보건에 관한 관리조직과 그 직무에 관한 사항
    • 안전보건교육에 관한 사항
    • 작업장의 안전 및 보건 관리에 관한 사항
    • 사고조사 및 대책 수립에 관한 사항
    • 그 밖에 안전 및 보건에 관한 사항
  ㉣ 안전관리 근본이념의 목적
    • 기업의 경제적 손실예방
    • 생산성 향상 및 품질 향상
    • 사회복지의 증진
  ㉤ 안전수칙에 포함되는 사항
    • 각종 설비의 동작 순서 강조
    • 작업대 또는 기계 주위의 청결 및 정리정돈 철저
    • 작업자의 복장, 두발 및 장구 등에 대한 규제
  ㉥ 안전관리 관련 사항
    • 게리(Gary) : 1906년 미국 U.S. Steel 회사의 회장으로서 '안전제일(Safety First)'이란 구호를 내걸고 사고예방활동을 전개한 후 안전에 대한 투자가 결국 경영상 유리한 결과를 가져온다는 사실을 알리는 데 공헌한 사람

- 안전관리의 평가척도로서 도수척도로 나타내는 것이 효과적인 것은 중앙값이다.
- (산업안전 측면에서) 인사관리의 목적 : 사람과 일의 관계 정립

② 안전보건관리계획
  ㉠ 안전보건관리계획의 개요
    - 타 관리계획과 균형이 있어야 한다.
    - 안전보건의 저해요인을 확실히 파악해야 한다.
    - 계획의 목표는 점진적인 높은 수준으로 한다.
    - 경영층의 기본 방향을 명확하게 근로자에게 나타내야 한다.
    - 안전에 관한 기본방침을 명확하게 해야 할 임무는 사업주에게 있다.
  ㉡ 건설기술진흥법상 안전관리계획을 수립해야 하는 건설공사(건설기술진흥법 시행령 제98조)
    - 해당 건설공사가 유해위험방지계획을 수립하여야 하는 건설공사에 해당하는 경우에는 해당 계획과 안전관리계획을 통합하여 작성할 수 있다(원자력시설공사는 제외).
    - 1종 시설물 및 2종 시설물의 건설공사(유지관리를 위한 건설공사 제외)
    - 지하 10[m] 이상을 굴착하는 건설공사(굴착 깊이 산정 시 집수정(물저장고), 엘리베이터 피트 및 정화조 등의 굴착 부분 제외)
    - 폭발물을 사용하는 건설공사로서 20[m] 안에 시설물이 있거나 100[m] 안에 사육하는 가축이 있어 해당 건설공사로 인한 영향을 받을 것이 예상되는 건설공사
    - 10층 이상 16층 미만인 건축물의 건설공사
    - 10층 이상인 건축물의 리모델링 또는 해체공사
    - 수직증축형 리모델링
    - 천공기가 사용되는 건설공사(높이가 10[m] 이상인 것만 해당)
    - 항타 및 항발기가 사용되는 건설공사
    - 타워크레인이 사용되는 건설공사
    - 가설구조물을 사용하는 건설공사
    - 발주자가 안전관리가 특히 필요하다고 인정하는 건설공사
    - 해당 지방자치단체의 조례로 정하는 건설공사 중에서 인·허가기관의 장이 안전관리가 특히 필요하다고 인정하는 건설공사
  ㉢ 안전관리계획을 제출받은 발주청 또는 인·허가기관의 장은 안전관리계획의 내용을 검토하여 안전관리계획을 제출받은 날부터 20일 이내에 건설업자 또는 주택건설등록업자에게 그 결과를 통보해야 한다.
  ㉣ 안전관리계획 검토결과의 판정
    - 적정 : 안전에 필요한 조치가 구체적이고 명료하게 계획되어 건설공사의 시공상 안전성이 충분히 확보되었다고 인정될 때
    - 조건부 적정 : 안전성 확보에 치명적인 영향을 미치지는 아니하지만 일부 보완이 필요하다고 인정될 때
    - 부적정 : 시공 시 안전사고가 발생할 우려가 있거나 계획에 근본적인 결함이 있다고 인정될 때
  ㉤ 발주청 또는 인·허가기관의 장은 안전관리계획서 사본 및 검토결과를 건설업자 또는 주택건설등록업자에게 통보한 날부터 7일 이내에 국토교통부장관에게 제출해야 한다.
  ㉥ 국토교통부장관은 제출받은 안전관리계획서 및 계획서 검토결과가 다음의 어느 하나에 해당하여 건설안전에 위험을 발생시킬 우려가 있다고 인정되는 경우에는 안전관리계획서 및 계획서 검토결과의 적정성을 검토할 수 있다.
    - 건설업자 또는 주택건설등록업자가 안전관리계획을 성실하게 수립하지 않았다고 인정되는 경우
    - 발주청 또는 인·허가기관의 장이 안전관리계획서를 성실하게 검토하지 않았다고 인정되는 경우
    - 그 밖에 안전사고가 자주 발생하는 공종이 포함된 건설공사의 안전관리계획서 및 계획서 검토결과 등 국토교통부장관이 정하여 고시하는 사항에 해당하는 경우
  ㉦ 시정명령 등 필요한 조치를 하도록 요청받은 발주청 및 인·허가기관의 장은 건설업자 및 주택건설등록업자에게 안전관리계획서 및 계획서 검토결과에 대한 수정이나 보완을 명해야 하며, 수정이나 보완조치가 완료된 경우에는 7일 이내에 국토교통부장관에게 제출해야 한다.

◎ 안전관리계획의 수립 기준에 포함되어야 하는 사항 (건설기술진흥법 시행령 제99조)
- 건설공사의 개요 및 안전관리조직
- 공정별 안전점검계획(계측장비 및 폐쇄회로 텔레비전 등 안전 모니터링 장비의 설치 및 운용계획 포함)
- 공사장 주변의 안전관리대책(건설공사 중 발파·진동·소음이나 지하수 차단 등으로 인한 주변 지역의 피해방지대책과 굴착공사로 인한 위험 징후 감지를 위한 계측계획 포함)
- 통행 안전시설의 설치 및 교통 소통에 관한 계획
- 안전관리비 집행계획
- 안전교육 및 비상시 긴급조치계획
- 공종별 안전관리계획(대상 시설물별 건설공법 및 시공절차 포함)

③ 제조물책임법에 명시된 결함의 종류 : 설계상의 결함, 표시상의 결함, 제조상의 결함
   ㉠ 설계상의 결함 : 제조업자가 합리적인 대체설계를 채용하였더라면 피해나 위험을 줄이거나 피할 수 있었음에도 불구하고 대체설계를 채용하지 않아 해당 제조물이 안전하지 못하게 된 결함
   ㉡ 표시상의 결함 : 제조업자가 합리적인 설명·지시·경고·기타의 표시를 하였더라면 해당 제조물에 의하여 발생될 수 있는 피해나 위험을 줄이거나 피할 수 있었음에도 불구하고 이를 하지 않은 결함
   ㉢ 제조상의 결함 : 제조업자의 제조물에 대한 제조·가공상 주의의무를 이행하였는지에 관계없이 제조물이 원래 의도한 설계와 다르게 제조·가공됨으로써 안전하지 못하게 된 결함

10년간 자주 출제된 문제

1-1. 산업안전보건법령상 중대재해에 해당되지 않는 것은?
① 사망자가 2명 발생한 재해
② 부상자가 동시에 7명 발생한 재해
③ 직업성 질병자가 동시에 11명 발생한 재해
④ 3개월 이상의 요양이 필요한 부상자가 동시에 3명 발생한 재해

1-2. 다음 중 안전보건관리계획의 개요에 관한 설명으로 틀린 것은?
① 타 관리계획과 균형이 있어야 한다.
② 안전보건의 저해요인을 확실히 파악해야 한다.
③ 계획의 목표는 점진적으로 낮은 수준의 것으로 한다.
④ 경영층의 기본 방향을 명확하게 근로자에게 나타내야 한다.

1-3. 건설기술진흥법상 안전관리계획을 수립해야 하는 건설공사에 해당하지 않는 것은?
① 15층 건축물의 리모델링
② 지하 15[m]를 굴착하는 건설공사
③ 항타 및 항발기가 사용되는 건설공사
④ 높이가 21[m]인 비계를 사용하는 건설공사

1-4. 제조물책임(PL ; Product Liability)에서 제품손해배상의 대상이 아닌 것은?
① 제조 결함
② 보전 결함
③ 설계 결함
④ 경고 결함

| 해설 |

1-1
중대재해
- 사망자가 1명 이상 발생한 재해
- 3개월 이상의 요양이 필요한 부상자가 동시에 2명 이상 발생한 재해
- 부상자 또는 직업성 질병자가 동시에 10명 이상 발생한 재해

1-2
계획의 목표는 점진적인 높은 수준으로 한다.

1-3
안전관리계획을 수립해야 하는 건설공사(건설기술진흥법 시행령 제98조)
- 1종 시설물 및 2종 시설물의 건설공사(유지관리를 위한 건설공사 제외)
- 지하 10[m] 이상을 굴착하는 건설공사(굴착 깊이 산정 시 집수정(물저장고), 엘리베이터 피트 및 정화조 등의 굴착 부분 제외)
- 폭발물을 사용하는 건설공사로서 20[m] 안에 시설물이 있거나 100[m] 안에 사육하는 가축이 있어 해당 건설공사로 인한 영향을 받을 것이 예상되는 건설공사
- 10층 이상 16층 미만인 건축물의 건설공사
- 10층 이상인 건축물의 리모델링 또는 해체공사
- 수직증축형 리모델링
- 천공기가 사용되는 건설공사(높이가 10[m] 이상인 것만 해당)
- 항타 및 항발기가 사용되는 건설공사
- 타워크레인이 사용되는 건설공사
- 가설구조물을 사용하는 건설공사
- 발주자가 안전관리가 특히 필요하다고 인정하는 건설공사
- 해당 지방자치단체의 조례로 정하는 건설공사 중에서 인·허가기관의 장이 안전관리가 특히 필요하다고 인정하는 건설공사

1-4
제조물책임법에 명시된 결함의 종류에는 설계상의 결함, 표시상의 결함, 제조상의 결함 등이 있다. 경고 결함은 표시상의 결함에 해당된다.

정답 1-1 ② 1-2 ③ 1-3 ④ 1-4 ②

핵심이론 02 | 안전관리조직

① **안전관리조직의 개요**
  ㉠ 사고방지와 산업안전관리를 체계적으로 시행하기 위하여 1차적으로 취할 조치는 안전조직의 구성이다.
  ㉡ 안전관리조직의 목적
  - 조직적인 사고예방활동
  - 위험제거기술의 수준 향상
  - 재해방지기술의 수준 향상
  - 재해예방률의 향상
  - 단위당 예방비용의 절감
  - 조직 간 종적·횡적 신속한 정보처리와 유대 강화
  ※ 목적이 아닌 것 : 기업의 재무제표 안정화, 재해 손실의 산정 및 작업 통제, 기업의 손실을 근본적으로 방지 등
  ㉢ 안전관리조직 구성 시 고려해야 할 사항(안전관리조직의 구비조건)
  - 회사의 특성과 규모에 부합되게 조직되어야 한다.
  - 기업의 규모를 고려하여 생산조직과 밀접한 조직이 되도록 한다.
  - 조직구성원의 책임과 권한이 서로 중첩되지 않도록 한다.
  - 조직을 구성하는 관리자의 책임과 권한이 분명해야 한다.
  - 조직의 기능을 충분히 발휘할 수 있도록 제도적 체계가 갖추어져야 한다.
  - 안전에 관한 지시나 명령이 작업현장에 전달되기 전에 스태프의 기능이 발휘되도록 해야 한다.

② **안전관리조직의 종류**
  ㉠ 직계식 안전조직(Line형 안전조직) : 경영자의 지휘와 명령이 위에서 아래로 하나의 계통이 되어 신속히 전달되며, 100명 이하의 소규모 기업이나 사업장에 적합한 조직 유형이다.
  - 안전관리자가 체계적으로 선임되지 않은 사업장에 알맞다.
  - 명령과 보고가 간단명료하다.
  - 각종 지시 및 조치사항이 신속하게 이루어진다.
  - 안전에 관한 명령 지시나 개선조치가 철저하고 빠르다.
  - 안전업무가 생산현장 라인을 통하여 시행된다(모든 명령은 생산계통을 따라 이루어진다).

- 안전에 관한 명령과 지시는 생산라인을 통해 신속하게 전달된다.
- 생산라인의 관리감독자는 주로 안전보다 생산에 관심을 가질 수 있다.
- 적합한 사업장의 예 : 40명이 근무하는 사출성형제품의 생산공장
- 안전지식과 기술 축적이 힘들다.
- 전문적인 지식과 기술이 부족하여 직장의 실태에 즉각 대응하는 대책 수립이 어렵다.
- 조직의 규모가 커지면 적용하기 어렵다.

ⓒ 참모식 안전조직(Staff형 안전조직) : 안전보건에 관한 전문가를 두고 계획, 조사, 검토 등을 행하며 100~500명(또는 1,000명 이내)의 중규모 기업이나 사업장에 적합한 조직 유형으로 테일러(Taylor)가 제창한 기능형 조직에서 발전되었다.
- 안전을 전담하는 부서가 있다(생산조직과는 별도의 조직과 기능을 갖고 활동).
- 스태프의 주된 역할(경영자에 대한 조언과 자문역할) : 안전관리계획안 작성, 실시계획 추진, 정보 수집과 주지·활용
- 스태프 스스로 생산라인의 안전업무를 행하는 것은 아니다.
- 생산부문은 안전에 대한 책임과 권한이 없다.
- 안전 정보의 수집이 빠르고 전문적이다.
- 안전에 관한 기술의 축적이 용이하다.
- 안전계획 입안의 전문화가 가능하다(안전전문가가 안전계획을 세워 문제해결방안을 모색하고 조치).
- 사업장의 특수성에 적합한 기술연구를 전문적으로 할 수 있다.
- 안전업무가 표준화되어 있어 직장에 정착하기 쉽다.
- 안전과 생산을 별도로 취급하기 쉽다.
- (생산부문에 협력하여 안전명령을 전달·실시하므로) 생산라인과의 견해 차이로 안전 지시가 용이하지 않다.
- 권한 다툼이나 조정 때문에 통제 수속이 복잡해지며 시간과 노력이 소모된다.

ⓒ 직계-참모식 안전조직(Line-Staff형 혼합 안전조직) : 라인형과 스태프형의 장점을 취한 절충식 조직형태이며 1,000명 이상의 대규모 기업이나 사업장에 적합한 조직 유형이다.

- 안전활동과 생산업무가 유리될 우려가 없기 때문에 균형을 유지할 수 있어 이상적인 조직형태이다.
- 가장 중점적으로 고려하여야 할 사항은 조직을 구성하는 관리자의 권한과 책임을 명확히 하는 것이다.
- 라인의 관리감독자에게도 안전에 관한 책임과 권한이 부여된다.
- 안전 스태프는 안전에 관한 기획·입안·조사·검토 및 연구 등을 행한다.
- 안전계획·평가·조사는 스태프에서, 생산기술의 안전대책은 라인에서 실시한다.
- 전 근로자가 안전활동에 참여할 기회가 부여된다.
- 조직원 전원을 자율적으로 안전활동에 참여시킬 수 있다.
- 안전은 전체 종업원의 직접 참여로 이루어진다.
- 안전활동과 생산이 상호 연관을 가지고 운용된다.
- 생산부서와 협조체제를 잘 이룰 수 있다(생산기능과 협조가 잘 이루어진다).
- 안전업무에 관한 계획 등은 전문기술자에 의해 추진되고, 집행은 생산에서 행한다.
- 안전에 대한 기술 축적이 가능하고, 안전 지시 및 전달이 신속하고 정확하다.
- 신기술 개발 축적과 안전에 대한 조언이 용이하다.
- 안전활동이 생산과 분리되지 않으므로 운용이 쉽다.
- 라인 각 계층에 안전업무를 겸임시킬 수 있다.
- 스태프의 월권행위가 나타날 수도 있다.
- 라인이 스태프에 의존하거나 활용하지 않는 경우가 있다.
- 명령계통과 조언 권고적 참여가 혼동되기 쉽다.
- 안전에 관한 응급조치, 통제수단이 복잡하다.

ⓔ 프로젝트(Project) 조직
- 과제중심의 조직(과제별로 조직을 구성)이다.
- 특정과제를 수행하기 위해 필요한 자원과 재능을 여러 부서로부터 임시로 집중시켜 문제를 해결하고, 완료 후 다시 본래의 부서로 복귀하는 형태이다.
- 시간적 유한성을 가진 일시적이고 잠정적인 조직이다.
- 플랜트, 도시 개발 등 특정한 건설과제를 처리한다.
- 목적지향적이고 목적 달성을 위해 기존의 조직에 비해 효율적이며 유연하게 운영될 수 있다.

ⓜ 관료주의 조직
- 인간을 조직 내의 한 구성원으로만 취급한다.
- 인간의 가치, 욕구 등과 같은 인적 요소를 무시한다.
- 개인의 성장이나 자아실현의 기회가 주어지기 어렵다.
- 사회적 여건이나 기술 변화에 신속하게 대응하기 어렵다.
- 새로운 사회와 기술적 변화에 효과적으로 적응하기 어렵다.
- 이론적 조직과 실제 조직 간에 불일치하는 경향이 있다.

ⓑ 매트릭스형 조직
- 조직기능과 사업 분야를 크로스하여 구성된 조직형태이다.
- Two Boss System이다.
- 중규모 형태의 기업에서 시장 상황에 따라 인적 자원을 효과적으로 활용하기 위한 형태이다.

10년간 자주 출제된 문제

2-1. 다음 중 안전조직을 구성할 때 고려해야 할 사항으로 가장 적합한 것은?

① 회사의 특성과 규모에 부합된 조직으로 설계한다.
② 기업의 규모와 관계없이 생산조직과 분리된 조직이 되도록 한다.
③ 조직구성원의 책임과 권한이 서로 중첩되도록 한다.
④ 안전에 관한 지시나 명령이 작업현장에 전달되기 전에는 스태프의 기능을 반드시 축소해야 한다.

2-2. 직계식 안전조직의 특징이 아닌 것은?

① 명령과 보고가 간단명료하다.
② 안전 정보의 수집이 빠르고 전문적이다.
③ 각종 지시 및 조치사항이 신속하게 이루어진다.
④ 안전업무가 생산현장 라인을 통하여 시행된다.

2-3. 안전관리조직의 형태 중 참모형 안전조직의 특징으로 가장 거리가 먼 것은?

① 안전을 전담하는 부서가 있다.
② 100명 이하의 기업에 적합하다.
③ 생산 부분은 안전에 대한 책임과 권한이 없다.
④ 생산라인과의 견해 차이로 안전 지시가 용이하지 않으며, 안전과 생산을 별개로 취급하기 쉽다.

2-4. 안전보건관리조직 중 라인-스태프(Line-Staff)의 복합형 조직의 특징으로 옳은 것은?

① 명령계통과 조언 권고적 참여가 혼동되기 쉽다.
② 생산부분은 안전에 대한 책임과 권한이 없다.
③ 안전에 대한 정보가 불충분하다.
④ 안전과 생산을 별도로 취급하기 쉽다.

| 해설 |

2-1
② 기업의 규모를 고려하여 생산조직과 밀접한 조직이 되도록 한다.
③ 조직구성원의 책임과 권한이 서로 중첩되지 않도록 한다.
④ 안전에 관한 지시나 명령이 작업현장에 전달되기 전에 스태프의 기능이 발휘되도록 해야 한다.

2-2
안전 정보의 수집이 빠르고 전문적인 조직은 참모식(Staff) 조직이다.

2-3
참모형 안전조직은 100~500명 정도의 중기업에 적합하다.

2-4
직계-참모식 안전조직(Line-Staff형 혼합 안전조직)의 특징
- 라인형과 스태프형의 장점을 취한 절충식 조직형태이며, 1,000명 이상의 대규모 기업이나 사업장에 적합한 조직유형이다.
- 안전활동과 생산업무가 유리될 우려가 없기 때문에 균형을 유지할 수 있어 이상적인 조직형태이다.
- 가장 중점적으로 고려하여야 할 사항은 조직을 구성하는 관리자의 권한과 책임을 명확히 하는 것이다.
- 라인의 관리감독자에게도 안전에 관한 책임과 권한이 부여된다.
- 안전 스태프는 안전에 관한 기획·입안·조사·검토 및 연구 등을 행한다.
- 스태프의 월권행위가 나타날 수도 있다.
- 라인이 스태프에 의존하거나 활용하지 않는 경우가 있다.
- 명령계통과 조언 권고적 참여가 혼동되기 쉽다.
- 안전에 관한 응급조치, 통제 수단이 복잡하다.

정답 2-1 ① 2-2 ② 2-3 ② 2-4 ①

제2절 재해 및 안전점검

핵심이론 01 | 재해의 개요

① 재해조사
  ㉠ 재해조사의 목적
    - 동종 및 유사 재해 재발방지(주된 목적)
    - 재해 발생원인 및 결함 규명
    - 재해예방자료 수집
  ㉡ 재해조사 시 유의사항
    - 사실을 있는 그대로 수집한다.
    - 조사는 2인 이상이 실시한다.
    - 사람, 기계설비, 양면의 재해요인을 모두 도출한다.
    - 책임 추궁이나 책임 소재 파악보다 재발방지 목적을 우선으로 하는 기본적인 태도를 갖는다.
    - 조사자가 전문가라도 단독으로 조사하거나 사고 정황을 추정하면 안 된다.
    - 조사는 현장이 변경되기 전에 실시한다.
    - 재해조사는 재해 발생 직후에 현장 보존에 유의하면서 행하며 물적 증거를 수집한다.
    - 피해자 및 목격자 등 많은 사람으로부터 사고 시의 상황을 수집한다.
    - 목격자 증언 등 사실 이외 추측의 말은 신뢰성이 떨어지므로 참고만 한다.
    - 조사는 신속하게 행하고 긴급조치하여 2차 재해방지를 도모한다.
    - 2차 재해예방과 위험성에 대한 보호구를 착용한다.
    - 재해 장소에 들어갈 때에는 예방과 유해성에 대응하여 해당하는 적정한 보호구를 반드시 착용한다.
    - 과거의 사고경향, 사례조사 기록 등을 참조한다.
    - 작성사례 : A 사업장에서 지난 해 2건의 사고가 발생하여 1건(재해자수 : 5명)은 재해조사표를 작성·보고하였지만, 1건은 재해자가 1명뿐이어서 재해조사표를 작성하지 않았으며, 보고도 하지 않았다. 동일한 사업장에서 올해 1건(재해자수 : 3명)의 재해로 인하여 재해조사 중 지난해 보고하지 않은 재해를 인지하게 되었다면, 이 경우 지난해와 올해의 재해자수는 각각 5명, 4명으로 기록되어야 한다.
  ㉢ 사고조사의 본질적인 특성
    - 우연 중의 법칙성
    - 필연 중의 우연성
    - 사고의 재현 불가능성
  ㉣ 재해조사 발생 시 정확한 사고원인을 파악하기 위해 재해조사를 직접 실시하는 자 : 현장관리감독자, 안전관리자, 노동조합 간부 등(사업주는 아니다)
  ㉤ 일반적인 재해조사 항목 : 사고의 형태, 기인물 및 가해물, 불안전한 행동 및 상태 등
  ㉥ 산업재해조사표 작성 시 상해의 종류 : 중독, 질식, 청력장애, 찰과상 등(감전, 유해물 접촉 등은 아니다)
  ㉦ 산업재해조사표의 작성방법
    - 휴업 예상일수는 재해 발생일을 제외한 3일 이상의 결근 등으로 회사에 출근하지 못한 일수를 적는다.
    - 같은 종류의 업무 근속기간은 현 직장에서의 경력(동일·유사 업무 근무 경력) 이외에도 과거 직장의 경력까지 모두 적는다.
    - 고용형태는 근로자가 사업장 또는 타인과 명시적 또는 내재적으로 체결한 고용계약형태를 적는다.
    - 근로자 수는 사업장의 최근 근로자 수를 적는다(정규직, 일용직·임시직 근로자, 훈련생 등 포함).
  ㉧ 산업재해 발생의 배경
    - 작업환경과 개인 잘못 간의 연쇄성
    - 재해 관련 직간접적 비용 발생의 법칙성
    - 물적 원인과 인적 원인 발생 상호 간의 관계성
    - 준사고와 중대사고의 발생 비율 간의 법칙성

② **재해사례연구(Accident Analysis and Control Method)**
  ㉠ 재해사례연구의 개요
    - 재해사례연구 시 파악해야 할 내용 : 재해의 발생형태, 상해의 종류, 손실금액 등(재해자의 동료수는 아님)
    - 재해사례연구법에서 활용하는 안전관리 열쇠 중 작업과 관계되는 것 : 작업 순서, 작업방법 개선, 이상 시 조치 등
    - 산업재해 통계에서 사람의 신체 부위 중 팔, 손 부위가 가장 많은 상해를 입는다.
    - 산업재해 분석 시 기본사항 : 재해형태(사고유형), 기인물, 가해물
  ㉡ 재해사례연구의 주된 목적
    - 재해요인을 체계적으로 규명하여 이에 대한 대책을 세우기 위해

- 재해방지의 원칙을 습득해서 이것을 일상 안전보건 활동에 실천하기 위해
- 참가자의 안전보건활동에 관한 견해나 생각을 깊게 하고, 태도를 바꾸게 하기 위해

ⓒ 재해사례연구 시 유의해야 할 사항
- 과학적이어야 한다.
- 신뢰성 있는 자료 수집이 있어야 한다.
- 논리적인 분석이 가능해야 한다.
- 현장 사실을 분석하여 논리적이어야 한다.
- 객관적이고 정확성이 있어야 한다.
- 안전관리자의 객관적 판단을 기반으로 현장조사 및 대책을 설정한다.
- 재해사례연구의 기준으로는 법규, 사내규정, 작업표준 등이 있다.

ⓒ 재해사례연구의 진행단계 : 재해상황 파악 → 사실 확인 → 문제점 발견 → (근본적) 문제점 결정 → 대책 수립
- 사례연구의 전제조건 : 재해상황 파악(발생 일시 및 장소 등 재해상황의 주된 항목에 관해서 파악)
- 제1단계(사실 확인) : 재해가 발생할 때까지의 경과 중 재해와 관계있는 사실 및 재해요인으로 알려진 사실을 객관적으로 확인한다.
- 제2단계(문제점 발견) : 파악된 사실로부터 판단하여 각종 기준(관계법규, 사내규정 등)을 적용하여 이 기준과의 차이 또는 문제점을 발견한다.
- 제3단계(근본적인 문제점 결정) : 재해의 중심이 된 문제점에 관하여 어떤 관리적 책임 결함이 있는지를 여러 가지 안전보건의 키(Key)에 대하여 분석한다.
- 제4단계 : 대책 수립

③ 산업재해의 원인
ⓐ 직접 원인 : 시간적으로 사고 발생에 가장 가까운 원인으로 물적 원인과 인적 원인으로 구별된다.
- 물적 원인(불안전한 상태) : 물(物) 자체의 결함, 생산라인의 결함(생산공정의 결함), 사용설비의 설계 불량, 생산공정의 결함, 결함 있는 기계설비 및 장비, 불안전한 방호장치(방호장치의 결함), 방호장치 미설치, 부적절한 보호구, 작업환경의 결함(조명 및 환기 불량 등의 환경 불량), 불량한 정리정돈(주변 환경의 미정리), 경계표시 결함, 위험물질 방치 등
- 인적 원인(불안전한 행동) : 보호구 미착용(후 작업), 부적절한 도구 사용, 안전장치의 기능 제거, 위험물취급 부주의, 불안전한 속도 조작·인양, 불안전한 운반, 권한 없이 행한 조작, 불안전한 상태 방치, 감독 및 연락의 불충분, 위험 장소 접근 등
  - 안전수단이 생략되어 불안전한 행위가 나타나는 경우 : 의식 과잉이 있는 경우, 피로하거나 과로한 경우, 작업장의 환경적인 분위기, 조명·소음 등 주변환경의 영향이 있는 경우, 작업에 익숙하다고 생각할 때 등
  - 불안전한 행동을 유발하는 요인 중 인간의 생리적 요인 : 근력, 반응시간, 감지능력 등
  - 불안전한 행동을 유발하는 요인 중 인간의 심리적 요인 : 주의력 등
  - 불안전한 행동예방을 위한 수정조건(소요시간 짧은 순서) : 지식 - 태도 - 개인행위 - 집단행위
  - 불안전한 행동의 예
    ⓐ 위험한 장소에 접근한다.
    ⓑ 불안전한 조작을 한다.
    ⓒ 방호장치의 기능을 제거한다.
    ⓓ 작업자와의 연락이 불충분하였다.

ⓑ 간접원인 : 재해의 가장 깊은 곳에 존재하는 기본원인으로 기초원인과 2차 원인으로 구별된다.
- 기초원인
  - 관리적 원인 : 안전수칙의 미제정, 작업량 과다, 정리정돈 미실시, 작업준비의 불충분, 안전장치의 기능문제
  - 학교 교육적 원인 제거 등
- 2차 원인
  - 신체적 원인
  - 정신적 원인
  - 기술적 원인 : 구조와 재료의 부적합, 생산공정의 부적절(부적당), 건설·설비의 설계 불량, 점검·정비·보존 불량
  - 안전교육적 원인 : 안전교육의 부족, 안전지식의 부족, 안전수칙의 오해, 경험과 훈련의 미숙 등

ⓒ 관리적 측면에서 분류한 재해 발생의 원인 : 기술적 원인, 교육적 원인, 작업관리상 원인 등(인적 원인은 관리적 측면에서 분류한 재해의 발생원인에 해당되지 않는다)

② 산업재해의 기본원인 또는 인간과오의 4요인(4M) : Man, Machine, Media, Management
  • Man : 동료, 상사 등 본인 이외의 사람
    - 심리적 원인 : 망각, 걱정거리, 무의식 행동, 위험감각, 지름길 반응, 생략행위, 억측판단, 착오 등
    - 생리적 원인 : 피로, 수면 부족, 신체기능, 알코올, 질병, 나이 먹는 것 등
    - 직장의 원인 : 직장의 인간관계, 리더십, 팀워크, 커뮤니케이션 등
  • Machine : 기계설비의 고장, 결함
    - 기계설비의 설계상 결함
    - 위험방호의 불량
    - 본질 안전화의 부족(인간공학적 배려 부족)
    - 표준화의 부족
    - 점검·정비의 부족
  • Media : 인간과 기계를 연결하는 매개체인 작업 정보, 작업방법 및 작업환경 등
    - 작업 정보의 부적절
    - 작업자세, 작업동작의 결함
    - 작업방법의 부적절
    - 작업 공간의 불량
    - 작업환경 조건의 불량
  • Management : 법규준수, 단속, 점검, 지휘·감독, 교육훈련
    - 관리조직의 결함
    - 규정·매뉴얼이 제대로 갖추어져 있지 않고, 철저하지 못함
    - 안전관리 계획의 불량
    - 교육·훈련 부족
    - 부하에 대한 지도·감독 부족
    - 적성 배치의 불충분
    - 건강관리의 불량

④ 직접원인(불안전 상태와 불안전 행동)을 제거하기 위한 안전관리의 시책
  ㉠ 적극적 대책
    • 위험의 최소화 설계
    • 경보장치 설치
    • 안전장치 장착
    • 위험공정 배제
    • 위험물질의 격리 및 대체
    • 위험성평가를 통한 작업환경 개선
  ㉡ 소극적 대책 : 보호구 사용

⑤ 재해의 4가지 분류 방법 : 통계적 분류, 상해 정도별 분류, 상해 종류에 의한 분류, 재해형태별 분류
  ㉠ 통계적 분류 : 재해예방의 방침을 결정하기 위해, 포괄적으로 재해를 통계하기 위해 사용하는 방법으로 강도율, 천인율, 빈도율 등에 사용된다.
    • 사망 : 업무로 인해서 목숨을 잃게 되는 경우
    • 중상해 : 부상으로 인하여 8일 이상의 노동 상실을 가져 온 상해 정도
    • 경상해 : 부상으로 1일 이상 7일 이하의 노동 상실을 가져 온 상해 정도
    • 무상해 사고 : 응급처치 이하의 상처로 작업에 종사하면서 치료를 받는 상해 정도
  ㉡ 상해 정도별 분류(ILO) : 산업재해의 정도를 부상의 결과로 생긴 노동기능의 저하 정도에 따라 구분하는 방법이다.
    • 사망 : 안전사고로 죽거나 사고 시 입은 부상의 결과로 일정기간 이내에 생명을 잃은 것(노동손실일수 7,500일)
    • 영구 전 노동 불능 상해 : 부상의 결과로 근로의 기능을 영구적으로 잃는 상해 정도(신체장애등급 1~3급)
    • 영구 일부 노동 불능 상해 : 부상의 결과로 신체의 일부가 영구적으로 노동기능을 상실한 상해 정도(신체장애등급 4~14급)
    • 일시 전 노동 불능 상해 : 의사의 진단으로 일정기간 정규노동에 종사할 수 없는 상해 정도로, 휴업일수에 300/365을 곱한다(완치 후 노동력 회복).
    • 일시 일부 노동 불능 상해 : 의사의 진단으로 일정기간 정규노동에는 종사할 수 없으나 휴무 상해가 아닌 일시 가벼운 노동에 종사할 수 있는 상해 정도
    • 응급조치 상해 : 응급처치 또는 자가치료(1일 미만)를 받고 정상작업에 임할 수 있는 상해 정도
    ※ 중상해는 ILO에서 규정한 산업재해의 상해 정도별 분류에 해당하지 않는다.
  ㉢ 상해 종류에 의한 분류 : 상해형태, 즉 인적 측면의 재해형태에 의한 분류방법이다.
    • 골절 : 뼈가 부러진 상해
    • 뇌진탕 : 머리를 세게 맞았을 때 장해로 일어난 상해

- 동상 : 저온물 접촉으로 생긴 상해
- 부종 : 국부의 혈액순환 이상으로 몸이 퉁퉁 부어오르는 상해
- 시력장해 : 시력이 감퇴 또는 실명된 상태
- 익사 : 물에 빠져 호흡하지 못해 사망
- 자상(찔림) : 칼날 등 날카로운 물건에 찔린 상해
- 절단 : 신체 부위가 절단된 상해
- 좌상(타박상) : 타박·충돌·추락 등으로 피부 표면보다는 피하조직 또는 근육부를 다친 상해
- 중독, 질식 : 음식·약물·가스 등에 의한 중독이나 질식된 상태
- 찰과상 : 스치거나 문질러서 벗겨진 상해
- 창상(베임) : 창, 칼 등에 베인 상해
- 청력장애 : 청력이 감퇴 또는 난청이 된 상태
- 피부병 : 직업과 연관되어 발생 또는 악화되는 피부질환
- 화상 : 화재 또는 고온물 접촉으로 인한 상해
- 기타 : 상기의 항목으로 분류 불능 시 상해 명칭을 기재(산소결핍이나 이상온도 노출은 상해의 종류별 분류에 해당되지 않는다)

㉣ 재해형태별 분류 : 인적, 물적 측면이 모두 포함된 재해형태에 의한 분류방법이다.
- 감전 : 전기 접촉이나 방전에 의해 사람이 충격을 받은 경우
- 낙하 : 물건이 주체가 되어 사람이 상해를 입는 경우
- 붕괴 : 적재물 비계 건축물이 무너진 경우
- 도괴(무너짐) : 토사, 석재물, 구조물, 가설물 등이 전체적으로 허물어져 내리거나 주요 부분이 꺾여 무너지는 사고유형
- 무리한 동작 : 무거운 물건을 들다가 허리를 삐거나 부자연스러운 자세 또는 동작의 반동으로 상해를 입은 경우
- 비래 : 구조물, 기계 등에 고정되어 있던 물체가 중력, 원심력, 관성력 등에 의하여 고정부에서 이탈하거나 설비 등으로부터 물질이 분출되어 사람을 가해하는 사고유형(예 작업 중 연삭기의 숫돌이 깨져 숫돌의 파편이 날아가 작업자의 안면을 강타한 사고)
- 유해물 접촉 : 유해물 접촉으로 중독되거나 질식된 경우
- 이상온도 접촉 : 고온이나 저온에 접촉한 경우
- 이상온도 노출 : 고온이나 저온에 노출된 경우
- 전도(넘어짐) : 사람이 평면상으로 넘어진 경우(과속, 미끄러짐 포함)
- 전복 : 차나 배 등이 뒤집힌 경우
- 충돌 : 사람이 정지물에 부딪친 경우
  - 사람이 정지되어 있는 구조물 등에 부딪혀 발생하는 재해
  - 재해자 자신의 움직임·동작으로 인하여 기인물에 부딪히거나, 물체가 고정부를 이탈하지 않은 상태로 움직임 등에 의하여 발생한 재해
- 추락(떨어짐) : 사람이 인력(중력)에 의하여 건축물, 구조물, 가설물, 수목, 사다리 등의 높은 장소에서 떨어지는 재해의 발생 형태
  예 건설현장에서 착용하는 안전모 턱끈의 기능은 대단히 중요한데, 턱끈을 올바르게 매지 않아서 머리 부분의 피해를 가장 크게 입을 수 있는 사고의 형태는 추락이다.
- 파열 : 용기 또는 장치가 물리적인 압력에 의해 파열한 경우
- 폭발 : 압력의 급격한 발생 또는 개방으로 폭음을 수반한 팽창이 일어난 경우
- 화재 : 연소로 인한 경우로, 관련 물체는 발화물을 기재함
- 협착(끼임) : 물건에 끼인 상태, 말려든 상태(예 작업자가 일을 하다가 회전기계에 손이 끼어서 손가락이 절단된 재해)

- 기계적 에너지에 의한 재해는 크게 정적 형태와 동적 형태로 구분된다.
  - 정적 형태 : 낙하, 붕괴, 추락 등
  - 동적 형태 : 충돌
- 동작에 따른 사고 유형 분류
  - 사람의 동작에 의한 유형 : 전도, 추락, 충돌
  - 사람의 동작에 의하지 않은 유형 : 도괴, 비래

⑥ 기인물과 가해물
㉠ 기인물 : 재해의 근원이 되는 기계·장치나 기타의 물(物) 또는 환경
예 기계작업에 배치된 작업자가 반장의 지시를 받기 전에 정지된 선반을 운전시키면서, 변속치차의 덮개를 벗겨내고 치차를 저속으로 운전하면서, 급유하려고 할 때 오른손이 변속치차에 맞물려 손가락이 절단되었다면 기인물은 선반이다.

ⓒ 가해물 : 직접 사람에게 접촉되어 위해를 가한 물체
  예 작업자가 보행 중 바닥에 미끄러지면서 상자에 머리를 부딪쳐 머리에 상해를 입었다면 가해물은 상자이다.
ⓒ 2가지 이상의 재해 발생형태가 연쇄적으로 발생된 경우 발생형태의 올바른 분류
  • 재해자가 구조물 상부에서 전도로 인하여 추락하여 두개골 골절이 발생한 경우는 추락으로 분류한다.
  • 재해자가 전도로 인하여 기계의 동력전달 부위 등에 협착되어 신체 부위가 절단된 경우는 협착으로 분류한다.
  • 재해자가 전도 또는 추락으로 물에 빠져 익사한 경우는 추락으로 분류한다.
  • 재해자가 전주에서 작업 중 전류 접촉으로 추락한 경우 상해결과가 골절인 경우는 추락으로 분류한다.
ⓒ 사고의 유형, 기인물, 가해물의 복합 문제

재해내용	사고 유형	기인물	가해물
건설현장에서 근로자가 비계에서 마감작업을 하던 중 바닥으로 떨어져 머리가 바닥에 부딪쳐 사망하였다.	추 락	비 계	바 닥
근로자가 운전작업을 하던 도중에 2층 계단에서 미끄러져 계단을 굴러 떨어져 바닥에 머리를 다쳤다.	전도·전락	계 단	바 닥
작업자가 계단에서 굴러 떨어져 땅바닥에 머리를 다쳤다.	전 도	계 단	땅바닥
공구와 자재가 바닥에 어지럽게 널려 있는 작업 통로를 작업자가 보행 중 공구에 걸려 넘어져 통로 바닥에 머리를 부딪쳤다.	전 도	공 구	바 닥
근로자가 25[kg]의 제품을 운반하던 중에 제품이 발에 떨어져 신체장해 14등급의 재해를 당하였다.	낙 하	제 품	제 품
근로자가 벽돌을 손수레에 운반 중 벽돌이 떨어져 발을 다쳤다.	낙 하	벽 돌	벽 돌
보행 중 작업자가 바닥에 미끄러지면서 주변 상자에 머리를 부딪쳐 머리에 상처를 입었다.	전 도	바 닥	상 자
작업자가 무심코 걷다가 크레인에 매달린 짐에 정통으로 부딪쳐 사망하였다.	충 돌	크레인	매달린 짐

재해내용	사고 유형	기인물	가해물
작업자가 불안전한 작업대에서 작업 중 추락하여 지면에 머리가 부딪쳐 다쳤다.	추 락	작업대	지 면
미끄러운 기름이 흘어진 복도 위를 걷다가 넘어져 기계에 머리를 다쳤다.	전 도	기 름	기 계
근로자가 작업대 위에서 전기공사 작업 중 감전에 의하여 지면으로 떨어져 다리에 골절상해를 입었다.	낙 하	전 기	지 면

⑦ 사고 발생의 종류
  ⓐ 일반적인 사고 발생의 종류
    • 집중형 : 단순자극형이라고도 하며 재해가 일어난 장소나 그 시점에 일시적으로 요인이 집중하여 재해가 발생하는 사고유형
    • 연쇄형 : 어떤 요소가 원점이 되어 다음 요소가 발생, 연쇄적으로 진전하는 유형
    • 혼합형 : 집중형과 연쇄형이 혼합된 형태의 사고유형

집중형	단순연쇄형
복합연쇄형	혼합형

  ⓑ 에너지 접촉형태에 따른 사고 발생의 종류

에너지접근형	에너지충돌형
에너지폭주형	에너지분포형

- 에너지접근형 : 사람이 에너지 활동영역에 접근하여 일어나는 유형
- 에너지충돌형 : 사람이나 물체가 물체와 충돌하여 일어나는 유형
- 에너지폭주형 : 에너지가 폭주하여 일어나는 유형
- 에너지분포형 : 에너지가 사람 주위로 분포되어 일어나는 유형

⑧ 재해 관련 제반사항
  ㉠ 재해 발생 시 가장 먼저 해야 할 일은 재해자의 구조 및 응급조치이다.
  ㉡ 재해 발생 시 조치 순서 : (산업재해 발생) → 긴급처리 → 재해조사 → 원인 강구(원인 결정) → 대책 수립 → (대책) 실시계획 → 실시 → 평가
   - 긴급처리 : 관련 기계의 정지 → 재해자 구출 → 재해자의 응급조치 → 관계자 통보 → 2차 재해방지 → 현장 보존
   - 재해조사 : 잠재적인 재해 위험요인 색출
   - 원인 강구 : 직접원인(사람, 물체), 간접원인(관리)
   - 대책 수립 : 동종 또는 유사 재해의 방지
   - 대책 실시계획
   - 실 시
   - 평 가
  ㉢ 산업현장에서 산업재해가 발생하였을 때 긴급조치사항 : 피재기계의 정지 → 피해자의 구조 → 피해자의 응급조치 → 관계자에게 통보 → 2차 재해방지 → 현장보존
  ㉣ 경험연수 10년 내외의 경험자에게 중상재해가 많은 이유
   - 위험의 정도가 높은 업무를 담당
   - 작업에 대한 자신감 과잉으로 안전수단을 생략하기 때문
   - 고령이 되어 위험에 대비하는 능력이 감퇴하였는데도 그에 대한 자각이 없기 때문
  ㉤ 중대재해 발생 사실을 알게 된 경우 지체 없이 관할 지방고용노동관서의 장에게 보고해야 하는 사항(단, 천재지변 등 부득이한 사유가 발생한 경우는 제외) : 발생 개요, 피해상황, 조치 및 전망 등
  ※ 재해손실비용은 보고사항이 아니다.

10년간 자주 출제된 문제

1-1. 다음 중 재해조사 시 유의사항으로 가장 적절한 것은?
① 재발방지의 목적보다 책임 소재 파악을 우선으로 하는 기본적인 태도를 갖는다.
② 사람, 기계설비 재해요인 중 물적 재해요인을 먼저 도출한다.
③ 2차 재해예방과 위험성에 대한 보호구를 착용한다.
④ 조사자의 전문성을 고려하여 단독으로 조사하며, 사고 정황을 추정한다.

1-2. 재해조사 시 유의사항으로 틀린 것은?
① 조사는 현장이 변경되기 전에 실시한다.
② 목격자 증언 이외 추측의 말은 참고만 한다.
③ 사람과 설비 양면의 재해요인을 모두 도출한다.
④ 조사는 혼란을 방지하기 위하여 단독으로 실시한다.

1-3. 재해사례연구의 주된 목적 중 틀린 것은?
① 재해요인을 체계적으로 규명하여 이에 대한 대책을 세우기 위함
② 재해요인을 조사하여 책임 소재를 명확히 하기 위함
③ 재해방지의 원칙을 습득해서 이것을 일상 안전보건활동에 실천하기 위함
④ 참가자의 안전보건활동에 관한 견해나 생각을 깊게 하고, 태도를 바꾸게 하기 위함

1-4. 재해사례의 연구 순서 중 제3단계인 근본적 문제점의 결정에 관한 사항으로 옳은 것은?
① 사례연구의 전제조건으로서 발생 일시 및 장소 등 재해상황의 주된 항목에 관해서 파악한다.
② 파악된 사실로부터 판단하여 관계법규, 사내규정 등을 적용하여 문제점을 발견한다.
③ 재해가 발생할 때까지의 경과 중 재해와 관계있는 사실 및 재해요인으로 알려진 사실을 객관적으로 확인한다.
④ 재해의 중심이 된 문제점에 관하여 어떤 관리적 책임 결함이 있는지를 여러 가지 안전보건의 키(Key)에 대하여 분석한다.

1-5. 재해의 원인 중 물적 원인(불안전한 상태)에 해당하지 않는 것은?
① 보호구 미착용
② 방호장치의 결함
③ 조명 및 환기 불량
④ 불량한 정리정돈

10년간 자주 출제된 문제

1-6. 재해 발생의 주요 원인 중 불안전한 행동에 해당하지 않는 것은?
① 불안전한 속도 조작
② 안전장치 기능 제거
③ 보호구 미착용 후 작업
④ 결함 있는 기계설비 및 장비

1-7. 다음 중 재해의 원인에 있어 기술적 원인에 해당되지 않는 것은?
① 경험 및 훈련의 미숙
② 구조와 재료의 부적합
③ 점검・정비・보존 불량
④ 건물, 기계장치의 설계 불량

1-8. 다음과 같은 재해사례의 분석 내용으로 옳은 것은?

> 작업자가 벽돌을 손으로 운반하던 중 떨어뜨려 벽돌이 발등에 부딪쳐 발을 다쳤다.

① 사고유형 : 낙하, 기인물 : 벽돌, 가해물 : 벽돌
② 사고유형 : 충돌, 기인물 : 손, 가해물 : 벽돌
③ 사고유형 : 비래, 기인물 : 사람, 가해물 : 벽돌
④ 사고유형 : 추락, 기인물 : 손, 가해물 : 벽돌

|해설|

1-1
① 책임 소재 파악보다 재발방지 목적을 우선으로 하는 기본적인 태도를 갖는다.
② 사람과 기계설비의 양면의 재해요인을 모두 도출한다.
④ 조사자가 전문가여도 단독으로 조사하거나 사고 정황을 추정하면 안 된다.

1-2
조사는 2인 이상이 실시한다.

1-4
① 전제조건인 재해상황의 파악이다.
② 제2단계인 문제점의 발견이다.
③ 제1단계인 사실의 확인이다.

1-5
- 불안전한 행동(인적 원인) : 기계・기구의 잘못된 사용, 불안전한 속도 조작, 위험물 취급 부주의, 불안전한 자세 및 동작, 감독 및 연락의 부족, 복장・보호구의 잘못된 사용, 위험 장소의 접근, 안전장치 제거 등
- 불안전한 상태(물적 원인) : 불안전한 방호장치, 부적절한 복장 및 보호구, 작업환경 결함, 생산공정 결함, 시설물 배치 및 작업장 불량, 결함 있는 기계 등

1-6
결함 있는 기계설비 및 장비는 불안전한 상태(물적 원인)에 해당된다.

1-7
① 경험 및 훈련의 미숙은 안전교육적 원인에 해당된다.
기술적 원인 : 구조와 재료의 부적합, 생산공정의 부적절(부적당), 건설・설비의 설계불량, 점검・정비・보존 불량

1-8
벽돌이 낙하하여 발등에 부딪혀 발생된 사고이므로 사고유형은 낙하이며, 벽돌은 이 사고에서의 기인물이자 가해물이다.

정답 1-1 ③ 1-2 ④ 1-3 ② 1-4 ④ 1-5 ① 1-6 ④ 1-7 ① 1-8 ①

핵심이론 02 | 재해통계

① 재해통계의 개요
  ㉠ 재해통계 작성의 필요성
    • 설비상의 결함요인을 개선 및 시정하는 데 활용한다.
    • 재해의 구성요소와 분포 상태를 알아 대책을 세우기 위함이다.
    • 근로자의 행동 결함을 발견하여 안전 재교육 훈련자료로 활용한다.
    • 동종 재해 또는 유사 재해의 재발방지를 도모할 수 있다.
  ㉡ 산업재해 통계의 고려사항
    • 산업재해 통계는 활용의 목적을 이룰 수 있도록 충분한 내용을 포함해야 한다.
    • 산업재해 통계를 기반으로 안전조건, 안전조직, 상태 등을 추측해서는 안 된다.
    • 산업재해 통계 그 자체보다는 재해 통계에 나타난 경향과 성질의 활용을 중요시해야 한다.
    • 이용 및 활용가치가 없는 산업재해 통계는 작성에 따른 시간과 경비의 낭비임을 인지하여야 한다.
    • 근로시간이 명시되지 않을 경우에는 연간 1인당 2,400시간을 적용한다.
    • 사업장 단위의 재해 통계 중 재해 발생의 장기 추이 및 계절적 특징을 파악하는 데 편리한 것은 월별 통계이다.
  ㉢ 산업재해 통계의 활용용도
    • 제도의 개선 및 시정
    • 재해의 경향 파악
    • 동종 업종과의 비교
  ㉣ 재해통계를 포함한 산업재해조사보고서 작성과정 시 유의사항
    • 설비의 결함요인을 개선, 시정하는 데 활용한다.
    • 재해 구성요소와 분포 상태를 알고 대책을 수립한다.
    • 근로자의 행동 결함을 발견하여 안전교육 훈련자료로 활용한다.
  ㉤ 근로손실일수의 산출
    • 사망 및 영구 전 노동 불능(신체장애등급 1~3급)의 근로손실일수는 7,500일로 환산한다.
      - 사망자의 평균 기준연령 : 30세
      - 근로 가능 기준연령 : 55세
      - 사망에 따른 근로손실 기준년수 : (55세 - 30세)년 = 25년
      - 연간 근로 기준일수 : 300일
      - 사망으로 인한 근로손실 산출일수 : 300 × 25 = 7,500일
    • 신체장해등급별 근로손실일수

구분	사망	신체장해자등급											
		1~3	4	5	6	7	8	9	10	11	12	13	14
근로손실일수(일)	7,500	7,500	5,500	4,000	3,000	2,200	1,500	1,000	600	400	200	100	50

    • 영구 일부 노동 불능은 신체장애등급에 따른 근로손실일수 + 비장애등급손실에 300/365을 곱한 값으로 환산한다.
    • 일시 전 노동 불능은 휴업일수에 300/365을 곱하여 근로손실일수를 환산한다.

② 산업재해 통계지표
  ㉠ 재해율
    • 연간 상시 근로자 100명당 발생하는 재해자수의 비율
    • 재해율 = $\dfrac{\text{재해자수}}{\text{상시 근로자수}} \times 100$
  ㉡ 사망만인율
    • 연간 상시 근로자 1만명당 발생하는 사망재해자수의 비율
    • 사망만인율 = $\dfrac{\text{사망자수}}{\text{상시 근로자수}} \times 10{,}000$
  ㉢ 요양재해율
    • 산재보험 적용 근로자 100명당 발생하는 요양재해자수의 비율
    • 요양재해율 = $\dfrac{\text{요양재해자수}}{\text{산재보험 적용 근로자수}} \times 100$
  ㉣ 연천인율
    • 연평균 근로자 1,000명에 대한 재해자수의 비율
    • 연천인율 = $\dfrac{\text{연간 재해자수}}{\text{연평균 근로자수}} \times 1{,}000$
  ㉤ 도수율(FR ; Frequency Rate of Injury)
    • 연근로시간 1,000,000시간에 대한 재해건수의 비율
    • 도수율 = $\dfrac{\text{재해 발생건수}}{\text{연근로시간수}} \times 10^6 = \dfrac{\text{연천인율}}{2.4}$
  ㉥ 환산도수율
    • 한 근로자가 한 작업장에서 평생 동안(40년) 작업을 할 때 당할 수 있는 재해건수

- 환산도수율 : 도수율 × 0.12
ⓐ 강도율(SR ; Severity Rate of Injury) : 산업재해의 강도, 즉 재해의 경중을 나타내는 척도
- 연근로시간 1,000시간에 대한 근로손실일수의 비율
- 강도율 = $\dfrac{\text{근로손실일수}}{\text{연근로시간수}} \times 10^3$
- 만일 강도율이 2.0이라면, 근로시간 1,000시간당 2.0일의 근로손실이 발생한 것이다.
ⓞ 환산강도율
- 한 근로자가 한 작업장에서 평생 동안(40년) 작업을 할 때 당할 수 있는 근로손실일수
- 환산강도율 : 강도율 × 100
ⓩ 평균 강도율
- 재해 1건당 평균 근로손실일수
- 평균 강도율 = $\dfrac{\text{강도율}}{\text{도수율}} \times 1,000$
ⓒ 환산재해율 = $\dfrac{\text{환산재해자수}}{\text{상시 근로자수}} \times 100$

③ 안전성적 평가
㉠ 종합재해지수(FSI ; Frequency Severity Indicator)
- 재해의 빈도와 상해의 강약도를 혼합하여 집계하는 지표
- 종합재해지수(FSI)
  = $\sqrt{\text{도수율} \times \text{강도율}}$ = $\sqrt{FR \times SR}$
㉡ 세이프 티 스코어(Safe T Score)
- 안전에 관한 과거와 현재의 중대성 차이를 비교할 때 사용되는 통계방식이다.
- 과거와 현재의 안전성적을 비교 평가하는 지표이며 단위가 없다.
- Safe T Score = $\dfrac{\text{현재 도수율} - \text{과거 도수율}}{\sqrt{\dfrac{\text{과거 도수율}}{\text{현재 근로총시간수}} \times 10^6}}$
- Safe T Score 평가기준
  - (−)2 이하 : 과거보다 좋아짐
  - (−)2~(+)2 : 별 차이 없음
  - (+)2 이상 : 과거보다 나빠짐
- 과거와 현재의 안전도를 비교한 Safe T Score가 '(−)1.5'로 나타났을 때의 판정 : 과거와 별 차이가 없다.

㉢ 안전활동률(R. P. Blake)
- 안전관리활동의 결과를 정량적으로 판단하는 기준으로, 사고가 일어나기 전의 수준을 평가하는 사전평가활동이다.
- 일정기간 동안의 안전활동 상태를 나타낸 것이다.
- 안전관리활동의 결과를 정량적으로 판단하는 기준
- 안전활동률 = $\dfrac{\text{안전활동 건수}}{\text{근로시간수} \times \text{평균 근로자수}} \times 10^6$
- 안전활동 건수에 포함되는 항목 : 실시한 안전개선 권고수, 안전조치할 불안전 작업수, 불안전 행동 적발수, 불안전한 물리적 지적 건수, 안전회의 건수, 안전홍보(PR) 건수 등

④ 통계에 의한 재해원인 분석방법 또는 사고의 원인 분석방법 : 관리도, 파레토도, 특성요인도, 클로즈분석 등
㉠ 관리도(Control Chart) : 재해 발생건수 등의 추이에 대해 한계선을 설정하여 목표관리를 수행하는 재해 통계분석기법
㉡ 파레토도(Pareto Diagram) : 사고의 유형, 기인물 등 분류항목을 큰 순서대로 도표화하여 재해원인을 찾아내는 통계분석기법
㉢ 특성요인도(Cause & Effect Diagram) : 재해문제의 특성과 원인의 관계를 찾아가면서 도표로 만들어 재해 발생의 원인을 찾아내는 통계분석기법
- 별칭 : 피시본 다이어그램(Fish Bone Diagram), 어골도, 어골상, 이시가와 도표 등
- 사실의 확인단계에서 사용하기 가장 적절한 분석기법이다.
- 결과에 대한 원인요소 및 상호의 관계를 인과관계로 결부시켜 나타내는 방법이다.
- 특성요인도 작성요령
  - 머릿부분에 무엇에 대한 특성요인도를 작성할 것인가를 결정하고 기입한다.
  - 등뼈는 원칙적으로 좌측에서 우측으로 향하고 가는 화살표를 기입한다.
  - 큰 뼈는 특성이 일어나는 요인이라고 생각되는 것을 크게 분류하여 기입한다.
  - 중간 뼈는 특성이 일어나는 큰 뼈의 요인마다 다시 미세하게 원인을 결정하여 기입한다.

㉣ 크로스도(Cross Diagram) : 데이터를 집계하고 표로 표시하여 요인별 결과 내역을 교차한 크로스 그림을 작성하여 2개 이상의 문제관계를 분석하는 통계분석기법이다.

10년간 자주 출제된 문제

2-1. 총근로자 수 10,571,279명 중 업무상 사고 사망자수가 1,378명, 업무상 질병 사망자수가 1,227명일 경우 사망만인율을 계산하면 얼마인가?

① 0.25[%] ② 1.3[%]
③ 1.16[%] ④ 2.46[%]

2-2. 연평균 근로자 수가 1,100명인 사업장에서 한 해 동안 17명의 사상자가 발생하였을 경우 연천인율은 약 얼마인가?(단, 근로자가 1일 8시간, 연간 250일을 근무하였다)

① 7.73   ② 13.24
③ 15.45 ④ 18.55

2-3. 어떤 작업장의 도수율이 5라면 이 작업장의 연천인율은 얼마인가?

① 12   ② 1.2
③ 24   ④ 2.4

2-4. 500인의 근로자를 채용하고 있는 사업장에서 연간 25건의 재해가 발생하였다면 도수율은 얼마인가?(단, 1일 8시간 작업, 300일 근무함)

① 9.54   ② 12.76
③ 15.18 ④ 20.83

2-5. 상시 근로자 수가 100명인 사업장에서 1년간 6건의 재해로 인하여 10명의 부상자가 발생하였고, 이로 인한 근로손실일수는 12일, 휴업일수는 68일이었다. 이 사업장의 강도율은 약 얼마인가?(단, 1일 9시간씩 연간 290일 근무하였다)

① 0.58   ② 0.67
③ 22.99 ④ 100

2-6. Z건설의 지난해 도수율이 10.05이고, 강도율이 2.21일 때 한 근로자가 이 사업장에서 일평생 근로할 경우 예상되는 재해건수와 근로손실일수는 약 얼마인가?(단, 일평생 근로시간은 10만 시간으로 한다)

① 재해건수 : 0.11건, 근로손실일수 : 105일
② 재해건수 : 1.01건, 근로손실일수 : 221일
③ 재해건수 : 1.10건, 근로손실일수 : 105일
④ 재해건수 : 11건, 근로손실일수 : 221일

2-7. 500명의 상시 근로자가 있는 사업장에서 1년간 발생한 근로손실일수가 1,200일이고, 이 사업장의 도수율이 9일 때, 종합재해지수(FSI)는 얼마인가?(단, 근로자는 1일 8시간씩 연간 300일을 근무하였다)

① 2.0   ② 2.5
③ 2.7   ④ 3.0

2-8. 연평균 상시 근로자 수가 500명인 사업장에서 36건의 재해가 발생한 경우 근로자 한 사람이 이 사업장에서 평생 근무할 경우, 근로자에게 발생할 수 있는 재해는 몇 건으로 추정되는가?(단, 근로자는 평생 40년을 근무하며, 평생 잔업시간은 4,000시간이고, 1일 8시간씩 연간 300일을 근무한다)

① 2건   ② 3건
③ 4건   ④ 5건

|해설|

2-1

$$\text{사망만인율} = \frac{\text{사망자수}}{\text{상시 근로자수}} \times 10,000$$
$$= \frac{1,378+1,227}{10,571,279} \times 10,000 \simeq 2.46[\%]$$

2-2

$$\text{연천인율} = \frac{\text{연간 재해자수}}{\text{연평균 근로자수}} \times 10^3 = \frac{17}{1,100} \times 10^3 \simeq 15.45$$

2-3

$$\text{도수율} = \frac{\text{연천인율}}{2.4} \text{에서 연천인율} = 5 \times 2.4 = 12$$

2-4

$$\text{도수율} = \frac{\text{재해 발생건수}}{\text{연근로시간수}} \times 10^6 = \frac{25}{500 \times 8 \times 300} \times 10^6 \simeq 20.83$$

2-5

$$\text{강도율} = \frac{\text{근로손실일수}}{\text{연근로시간수}} \times 10^3$$
$$= \frac{10 \times 12 + \left(68 \times \frac{290}{365}\right)}{100 \times 9 \times 290} \times 1,000$$
$$\simeq 0.67$$

2-6

- $\text{도수율} = \frac{\text{재해건수}}{\text{연근로시간수}} \times 10^6 = \frac{\text{재해건수}}{10^5} \times 10^6 = 10.05$에서,

  $\text{재해건수} = \frac{10.05}{10} \simeq 1.01$건

- $\text{강도율} = \frac{\text{근로손실일수}}{\text{연근로시간수}} \times 10^3 = \frac{\text{근로손실일수}}{10^5} \times 10^3 = 2.21$

  에서, 근로손실일수 $= 2.21 \times 100 = 221$일

2-7

- 도수율 = 9
- $\text{강도율} = \frac{\text{근로손실일수}}{\text{연근로시간수}} \times 10^3 = \frac{1,200}{500 \times 8 \times 300} \times 10^3 = 1$
- 종합재해지수 FSI $= \sqrt{\text{도수율} \times \text{강도율}} = \sqrt{9 \times 1} = 3.0$

2-8

근로자 한 사람이 이 사업장에서 평생 근무할 경우, 이 근로자에게 발생할 수 있는 재해건수
$= \frac{36}{500} \times \left[40 + \frac{4,000}{40 \times 8 \times 300}\right] = 2.883 \simeq 3$건

정답 2-1 ④ 2-2 ③ 2-3 ① 2-4 ④ 2-5 ② 2-6 ② 2-7 ④ 2-8 ②

핵심이론 03 │ 학자별 재해발생이론과 재해발생코스트

① 아담스(E. Adams)의 사고연쇄성이론
  ㉠ 1단계 : 관리구조의 결함
  ㉡ 2단계 : 작전적 에러(Operational Error)
    • 경영자나 감독자의 행동
    • 관리자의 의사결정 오류, 감독자의 관리적 오류 등
    • 경영자가 의사결정을 잘못하거나 감독자가 관리적 잘못을 하였을 때의 단계
  ㉢ 3단계 : 전술적 에러(불안전한 행동 및 불안전한 상태)
  ㉣ 4단계 : 사고
  ㉤ 5단계 : 상해, 손해

② 하인리히(Heinrich)의 사고연쇄성이론
  재해의 직접원인은 인간의 불안전한 행동 및 불안전한 상태로 봄
  ㉠ 하인리히의 도미노이론(하인리히의 재해 발생 5단계)
    • 1단계 : 사회적 환경 및 유전적 요소
    • 2단계 : 개인적 결함
    • 3단계 : 불안전한 행동 및 불안전한 상태
      – 사고나 재해예방에 가장 핵심이 되는 요소
      – 안전관리의 핵심단계
      – 직접원인이며 아담스의 사고발생연쇄성이론의 전술적 에러와 일치한다.
      – 3단계가 발생되지 않는다면 1단계와 2단계까지 발생되어도 사고는 일어나지 않는다.
    • 4단계 : 사고
    • 5단계 : 재해
  ㉡ 하인리히의 재해코스트
    • 재해의 발생 = 물적 불안전 상태 + 인적 불안전 행위 + 잠재적 위험의 상태 = 설비적 결함 + 관리적 결함 + 잠재적 위험의 상태
    • 재해 구성 비율
      1 : 29 : 300의 법칙(중상해 : 경상해 : 무상해 = 1 : 29 : 300 ≒ 0.3[%] : 8.8[%] : 90.9[%])
      예 어떤 공장에서 330회의 전도사고가 일어났을 때, 그 가운데 300회는 무상해사고, 29회는 경상, 중상 또는 사망 1회의 비율로 사고가 발생한다.
    • 재해손실코스트 산정
      1 : 4의 법칙(직접손실비 : 간접손실비 = 1 : 4)

ⓒ 직접비와 간접비
- 직접비 : 사고의 피해자에게 지급되는 산재보상비 또는 재해보상비[직업재활급여, 간병급여, 장해급여, 상병보상연금, 유족급여(유족에게 지불된 보상비용), 사망 시 장의비용(장례비, 장제비, 장의비), 요양비(요양급여), 장해보상비, 휴업보상비, 상해특별보상비 등]
- 간접비 : 기계·설비·공구·재료 등의 물적 손실(재산손실), 기계·재료 등의 파손에 따른 재산손실비용, 동력·연료류의 손실, 설비 가동 정지에서 오는 생산손실비용, 작업 대기로 인한 손실시간임금, 작업을 하지 않았는데도 지급한 임금손실, 신규 직원 섭외비용, 신규채용비용(채용급여), 생산손실급여, 시설 복구로 소비된 재산손실비용(설비의 수리비 및 손실비), 시설 복구에 소비된 시간손실비용, 재해로 인한 본인의 시간손실비용(부상자의 시간손실비용), 관리감독자가 재해의 원인을 조사하는 데 따른 시간손실, 사기·의욕저하로 인한 생산손실비용, 입원 중의 잡비, 교육훈련비용, 기타 손실 등

ⓒ 하인리히의 사고원인의 분류
- 직접원인 : 불안전한 행동이나 불안전한 기계적 상태
- 부원인(Subcause) : 불안전한 행동을 유발하는 사유
  - 이기적인 불협조
  - 부적절한 태도
  - 지식 또는 기능의 결여
  - 신체적 부적격
  - 부적절한 기계적, 물리적 환경
- 기초원인 : 습관적, 사회적, 유전적, 관리·감독적 특성

ⓜ 하인리히의 사고예방대책의 기본원리 5단계
- 1단계(안전조직) : 안전활동방침 및 계획 수립(안전관리규정 작성, 책임·권한 부여, 조직 편성)
- 2단계(사실의 발견) : 현상 파악, 문제점 발견(사고 점검·검사 및 사고조사 실시, 자료 수집, 작업분석, 위험 확인, 안전회의 및 토의, 사고 및 안전활동 기록의 검토)
- 3단계(분석·평가) : 현장조사
- 4단계(시정책의 선정) : 대책의 선정 또는 시정방법 선정(인사조정, 기술적 개선, 안전관리 행정업무의 개선(안전행정의 개선), 기술교육을 위한 교육 및 훈련의 개선)
- 5단계 : 시정책 적용(Adaption of Remedy)

ⓗ 하인리히의 안전론
- 안전은 사고예방
- 사고예방은 물리적 환경과 인간 및 기계의 관계를 통제하는 과학이자 기술이다.

③ 버드(Bird)
ⓐ 버드의 신연쇄성(사고발생도미노)이론(사고 5단계 연쇄성 이론) : 하인리히 이론을 수정하여 인간의 불안정한 행동 및 상태를 유발시키는 기본 원인인 4M이 있다(Man, Machine, Media, Management)고 봄
- 1단계 : 관리(제어) 부족(재해 발생의 근원적인 원인)
- 2단계 : 기본원인(기원)
- 3단계 : 징후발생(직접원인)
- 4단계 : 접촉발생(사고)
- 5단계 : 상해발생(손해, 손실)

ⓑ 버드의 재해 구성 비율
1 : 10 : 30 : 600의 법칙 = 중상 또는 폐질 : 경상(물적 또는 인적 상해) : 무상해사고(물적 손실) : 무상해·무사고(위험 순간) = 1 : 10 : 30 : 600

④ 시몬즈(Simonds)의 재해발생코스트
ⓐ 총재해코스트 : 보험코스트 + 비보험코스트
ⓑ 보험코스트 : 산재보험료(사업장 지출), 산업재해보상보험법에 의해 보상된 금액, 영구 전 노동 불능 상해, 업무상의 사유로 부상을 당하여 근로자에게 지급하는 요양급여 등
ⓒ 비보험코스트
- 비보험코스트 : (A×휴업상해건수) + (B×통원상해건수) + (C×응급조치건수) + (D×무상해사고건수)
  ※ 여기서, A, B, C, D는 비보험코스트 평균치
- 비보험코스트 항목 : 영구 부분 노동 불능 상해, 일시 전 노동 불능 상해, 일시 부분 노동 불능 상해, 응급조치(8시간 미만 휴업), 무상해사고(인명손실과 무관), 소송관계비용, 신규 작업자에 대한 교육훈련비, 부상자의 직장 복귀 후 생산 감소로 인한 임금비용 등

⑤ 위버(D. A. Weaver)
  ㉠ 사고연쇄성이론
   • 1단계 : 유전과 환경
   • 2단계 : 인간의 결함
   • 3단계 : 불안전한 행동 및 불안전한 상태
   • 4단계 : 재해(사고)
   • 5단계 : 상해
  ㉡ 작전적 에러를 찾아내기 위한 질문의 유형 : What, Why, Whether(Where는 아님)
⑥ 자베타키스(Zabetakis)의 사고연쇄성이론
  ㉠ 1단계 : 개인적 요인 및 환경적 요인
  ㉡ 2단계 : 불안전한 행동 및 불안전한 상태
  ㉢ 3단계 : 에너지 및 위험물의 예기치 못한 폭주
  ㉣ 4단계 : 사고
  ㉤ 5단계 : 구호

10년간 자주 출제된 문제

3-1. 어느 사업장에서 해당 연도에 600건의 무상해사고가 발생하였다. 하인리히의 재해발생비율법칙에 의한다면 경상해의 발생 건수는 몇 건이 되겠는가?

① 29건　　② 58건
③ 300건　　④ 330건

3-2. 전년도 A건설기업의 재해 발생으로 인한 산업재해보상보험금의 보상비용이 5천만원이었다. 하인리히 방식을 적용하여 재해손실비용을 산정할 경우 총재해손실비용은 얼마인가?

① 2억원　　② 2억 5천만원
③ 3억원　　④ 3억 5천만원

3-3. 하인리히의 재해손실비의 평가방식에 있어서 간접비에 해당하지 않는 것은?

① 사망 시 장의비용
② 신규 직원 섭외비용
③ 재해로 인한 본인의 시간손실비용
④ 시설 복구로 소비된 재산손실비용

3-4. 사고예방대책의 기본원리 중 시정책의 선정에 관한 사항으로 적절하지 않은 것은?

① 기술적 개선
② 사고 조사 및 점검
③ 안전관리 행정업무의 개선
④ 기술교육을 위한 훈련의 개선

3-5. 버드의 재해구성비율이론에 따라 중상이 5건 발생한 경우 경상이 발생할 건수는?

① 150　　② 145
③ 100　　④ 50

3-6. 재해손실비의 평가방식 중 시몬즈(Simonds)방식에서 비보험코스트의 산정항목에 해당하지 않는 것은?

① 사망사고 건수　　② 무상해사고 건수
③ 통원상해 건수　　④ 응급조치 건수

3-7. 재해손실비 평가방식 중 시몬즈(Simonds)방식에서 재해의 종류에 관한 설명으로 옳지 않은 것은?

① 무상해사고는 의료조치를 필요로 하지 않는 상해사고를 말한다.
② 휴업상해는 영구 일부 노동 불능 및 일시 전 노동 불능 상해를 말한다.
③ 응급조치상해는 응급조치 또는 8시간 이상의 휴업의료조치 상해를 말한다.
④ 통원상해는 일시 일부 노동 불능 및 의사의 통원조치를 요하는 상해를 말한다.

|해설|

3-1
무상해 사고 300×2 = 600건이 발생되었으므로, 1 : 29 : 300의 법칙에 의해 경상해는 29×2 = 58건이 발생한다.

3-2
산업재해보상보험금의 보상비용이 5천만원은 직접손실비이다. 직접손실비 : 간접손실비 = 1 : 4이므로, 총재해손실비용 = 5천만원 + 5천만원×4 = 2억 5천만원

3-3
사망 시 장의비용은 직접비에 해당된다.

3-4
시정책의 선정은 사고예방대책의 기본원리 5단계 중 4단계에 해당되며, 사고조사 및 점검은 2단계 사실의 발견에 해당된다.

3-5
중상 5건이며, 중상 : 경상 : 무상해사고 : 무상해·무사고 고장 = 1 : 10 : 30 : 600이므로, 경상은 5×10 = 50건이 발생된다.

3-6
사망사고는 보험코스트의 산정항목에 해당된다.

3-7
응급조치상해는 응급조치 또는 8시간 미만의 휴업의료조치상해이다.

정답 3-1 ② 3-2 ② 3-3 ① 3-4 ② 3-5 ④ 3-6 ① 3-7 ③

| 핵심이론 04 | 안전점검

① 안전점검의 개요
  ㉠ 안전기준 : 업무를 안전하게 수행하기 위하여 필요한 시설·작업·인간의 행위 등에 대한 법규·지시·규칙 등을 모두 망라한 것
  ㉡ 안전점검 : 시설·기계·기구 등의 구조 및 설치 상태와 안전기준의 적합성 여부를 확인하는 행위
  ㉢ 안전점검 시스템의 4M : Man, Machine, Media, Management
  ㉣ 안전점검의 목적
    • 위험을 사전에 발견하여 시정한다.
    • 사고원인을 찾아 재해를 미연에 방지하기 위함이다.
    • 기기 및 설비의 결함이나 불안전한 상태의 제거로 사전에 안전성을 확보하기 위함이다.
    • 재해의 재발을 방지하여 사전대책을 세우기 위함이다.
    • 기계설비의 안전 상태 유지를 점검한다.
    • 결함이나 불안전한 조건을 제거하기 위함이다.
    • 현장의 불안전한 요인을 찾아 계획에 적절히 반영시키기 위함이다.
  ㉤ 안전점검의 대상
    • 안전조직 및 운영 실태
    • 안전교육계획 및 실시 상황
    • 운반설비
      ※ 안전점검 비대상 : 인력의 배치 실태 등
  ㉥ 안전점검 시 담당자의 자세
    • 객관적인 마음가짐으로 정확히 점검한다.
    • 체크리스트 항목을 충분히 이해하고 점검에 임한다.
    • 과학적인 방법으로 점검에 임한다.
    • 안전점검 실시 후 체크리스트에 수정사항이 발생할 경우 현장의 의견을 반영하여 개정·보완한다.
  ㉦ 일상점검의 내용
    • 작업 전 점검내용
      - 방호장치의 작동 여부
      - 안전규칙, 작업표준, 안전상의 주의점 등 근로자의 교육 상태
      - 작업자의 복장, 사용하는 기계공구, 작업하는 주변 상황에 대한 확인
      - 기계·기구 및 그 밖의 설비에 대한 작업 시작 전 점검사항 확인
    • 작업 중 점검내용
      - 안전수칙의 준수 여부
      - 품질의 이상 유무
      - 이상소음의 발생 유무
      - 개인보호구 착용 상태와 표지판 설치 상태
      - 근로자의 작업 상태와 작업수칙 이행 상태
      - 기계장치의 청소, 정비, 안전장치 부착 상태
      - 전기설비의 스위치, 조명, 배선의 이상 유무
      - 유해 위험물, 생산원료 등의 취급, 적재, 보관 상태의 이상 유무
      - 정리정돈, 청소, 복장과 자체 일상점검 상태
    • 작업 종료 후 점검내용
      - 작업 종료 시 기계 및 기구는 지정된 장소에 비치
      - 작업 후 주변 환경 정리정돈 상태
      - 작업 교대 시 작업에 관한 전반적인 사항 인수인계 상태
      - 작업구역 내에 작업자 외의 출입 통제 상태
  ㉧ 종합점검 : 정해진 기준에 따라 측정·검사를 행하고, 정해진 조건하에서 운전시험을 실시하여 그 기계의 전체적인 기능을 판단하고자 하는 점검
② 안전점검표(체크리스트, Check List)
  ㉠ 안전점검표의 판정기준 작성 적용기준
    • 안전관계법령
    • 기술지침
    • 기업의 자율적 안전기준
  ㉡ 안전점검표 포함사항 : 점검대상, 점검 부분, 점검방법, 점검항목, 점검주기 또는 기간, 판정기준, 조치사항, 시정 확인 등(검사결과는 포함사항이 아니다)
  ㉢ 안전점검표 작성 시 유의사항
    • 일정한 양식을 정하여 점검 대상을 정할 것
    • 사업장에 적합한 독자적인 내용일 것
    • 중점도가 높은 것부터 순서대로 작성할 것
    • 정기적으로 검토하여 재해방지에 실효성이 있는 내용일 것
③ 안전점검의 기준과 실시
  ㉠ 안전점검의 기준 작성 시 유의사항(고려사항)
    • 점검대상물의 위험도를 고려한다.
    • 점검대상물의 과거 재해사고 경력을 참작한다.

- 점검대상물의 기능적 특성을 충분히 감안한다.
- 최고의 기술수준보다는 점검자의 기능수준을 우선으로 하여 원칙적인 기준조항에 준수하도록 한다.

ⓒ 안전점검 시 유의사항
- 안점점검은 안전수준의 향상을 위한 본래의 취지에 어긋나지 않아야 한다.
- 안전점검의 형식, 내용에 변화를 부여하여 몇 가지 점검방법을 병용한다.
- 점검자의 능력을 감안하여 구체적인 계획 수립 후 능력에 상응하는 내용점검을 수행한다.
- 중대재해에 영향을 미치지 않는 사소한 사항이라도 제대로 조사한다.
- 불량한 요소가 발견되었을 경우 다른 동종의 설비에 대해서도 점검한다.
- 과거의 재해 발생 장소는 대책이 수립되어 그 원인이 해소되었더라도 점검대상에서 제외하면 안 된다.
- 과거에 재해가 발생한 곳은 그 요인이 없어졌는가를 확인한다.
- 점검사항, 점검방법 등에 대한 지속적인 교육을 통하여 정확한 점검이 이루어지도록 한다.
- 점검 시 특이한 사항 등을 기록, 보존하여 향후 점검 및 이상 발생 시 대비할 수 있도록 한다.
- 안전점검은 점검자의 객관적 판단에 의하여 점검하거나 판단한다.
- 잘못된 사항은 수정될 수 있도록 점검결과에 대하여 통보한다.
- 점검 중 사고가 발생하지 않도록 위험요소를 제거한 후 실시한다.
- 사전에 점검대상 부서의 협조를 구하고, 관련 작업자의 의견을 청취한다.
- 안점점검이 끝나고 강평을 할 때는 잘된 부분은 칭찬하고 결함이 있는 부분은 지적하여 시정조치하도록 한다.

ⓒ 안전점검보고서 작성내용 중 주요사항(안전점검보고서에 수록될 주요내용)
- 안전방침과 중점 개선계획
- 안전교육 실시 현황 및 추진 방향
- 작업현장의 현 배치 상태와 문제점
- 재해 다발요인과 유형분석 및 비교 데이터 제시
- 보호구, 방호장치, 작업환경 실태와 개선 제시
- 작업환경 실태 및 개선방안 등

ⓔ 안전점검 방법의 종류
- 육안점검 : 부식, 마모 등의 점검
- 기능점검 : 테스트 해머 등의 점검
- 기기점검 : 온도계, 압력계 등의 점검
- 정밀점검 : 가스검지기 등의 점검

④ 안전점검의 종류
㉠ 점검주기(시기)에 따른 안전점검의 종류 : 특별점검, 임시점검, 수시점검(일상점검), 정기점검(계획점검)
- 특별점검
  - 천재지변 발생 직후 기계설비의 수리 등을 할 경우 또는 중대재해 발생 직후 등에 행하는 안전점검
  - 기계・기구 또는 설비의 신설・변경 및 고장・수리 시에 행하는 부정기적 안전점검
  - 이상 사태 발생 시 관리자나 감독자가 기계, 기구, 설비 등의 기능상 이상 유무에 대한 점검
  - 일정 규모 이상의 강풍, 폭우, 지진 등의 기상이변이 발생한 후에도 실시하는 점검
  - 태풍, 폭우 등에 의한 침수, 지진 등의 천재지변이 발생한 경우나 이상 사태 발생 시 관리자나 감독자가 기계, 기구, 설비 등의 기능상 이상 유무에 대한 점검
  - 안전강조기간, 방화점검기간에 실시하는 점검
- 임시점검
  - 사고 발생 이후 곧바로 외부 전문가에 의하여 실시하는 점검
    예 작업장에서 목재가공용 둥근톱 기계로 작업 중 갑작스런 고장을 일으켰을 때 실시하는 점검
- 수시점검(일상점검)
  - 작업자에 의해 매일 작업 전, 중, 후에 해당 작업 설비에 대하여 수시로 실시하는 점검
  - 일상점검 중 작업 전에 수행되는 내용 : 주변의 정리정돈, 주변의 청소 상태, 설비의 방호장치점검 등
  - 작업 중 점검내용 : 품질의 이상 유무, 안전수칙의 준수 여부, 이상소음 발생 여부

- 정기점검(계획점검)
  - 일정기간마다 정기적으로 기계·기구의 상태를 점검하는 것으로 매주, 매월, 매분기 등 법적 기준에 맞도록 또는 자체 기준에 따라 해당 책임자가 실시하는 점검
  - 주기적으로 일정한 기간을 정하여 일정한 시설이나 물건, 기계 등에 대하여 점검하는 방법
ⓒ 시설물의 안전 및 유지관리에 관한 특별법상 안전점검 실시 구분 : 안전점검(정기안전점검, 정밀안전점검), 정밀안전진단, 긴급안전점검
  - 정밀안전점검 : 정기안전점검 결과 건설공사의 물리적·기능적 결함 등이 발견되어 보수·보강 등의 조치가 필요한 경우에 실시하는 점검
  - 긴급점검(긴급안전점검) : 시설물의 붕괴·전도 등으로 인한 재난 또는 재해가 발생할 우려가 있는 경우에 시설물의 물리적·기능적 결함을 신속하게 발견하기 위하여 실시하는 점검
ⓒ 외관점검 : 기기의 적정한 배치, 변형, 균열, 손상, 부식 등의 유무를 육안, 촉수 등으로 조사 후 그 설비별로 정해진 점검기준에 따라 양부를 확인하는 점검
ⓔ 작동점검 : 누전차단장치 등과 같은 안전장치를 정해진 순서에 따라 작동시키고 동작상황의 양부를 확인하는 점검
ⓜ 종합점검 : 정해진 기준에 따라 측정·검사를 행하고 정해진 조건하에서 운전시험을 실시하여 그 기계의 전체적인 기능을 판단하고자 하는 점검

10년간 자주 출제된 문제

4-1. 점검시기에 따른 안전점검의 종류가 아닌 것은?
① 정기점검 ② 수시점검
③ 임시점검 ④ 특수점검

4-2. 시설물의 안전관리에 관한 특별법상 안전점검 실시의 구분에 해당하지 않는 것은?
① 정기점검 ② 정밀점검
③ 긴급점검 ④ 임시점검

|해설|
4-1
점검주기(시기)에 따른 안전점검의 종류에는 특별점검, 임시점검, 수시점검(일상점검), 정기점검(계획점검) 등이 있다.

4-2
시설물의 안전 및 유지관리에 관한 특별법에 따른 점검의 종류 : 안전점검(정기안전점검, 정밀안전점검), 정밀안전진단, 긴급안전점검

정답 4-1 ④ 4-2 ④

제3절 무재해운동 및 보호구

핵심이론 01 무재해운동

① 무재해(Zero Accident)운동의 개요
  ㉠ 무재해운동의 정의와 목적
    • 산업재해 예방을 위한 자율적인 운동이다.
    • 근원적인 산업재해를 절감하고자 함이다.
    • 잠재적 사고요인을 사전에 발견, 파악하고자 한다.
  ㉡ 무재해운동의 기본 이념
    • 무재해운동의 추진과 정착을 위해서는 최고경영자를 포함한 현장 직원과 관리감독자의 실천이 우선시되어야 한다.
    • 위험을 발견, 제거하기 위하여 전원이 참가, 협력하여 각자의 위치에서 의욕적으로 문제해결을 실천하는 것이다.
    • 무재해운동에 있어 선취란 직장의 위험요인을 행동하기 전에 예지하여 발견, 파악, 해결함으로써 재해발생을 예방하는 것이다.
    • 무재해란 불휴재해는 물론 직장의 일체 잠재위험요인을 적극적으로 사전에 발견하여 파악, 해결함으로써 뿌리에서부터 산업재해를 없앤다는 것이다.
  ㉢ 사업장 무재해운동 추진 및 운영에 관한 규칙에 있어 특정 목표 배수를 달성하여 그 다음 배수 달성을 위한 새로운 목표를 재설정하는 경우의 무재해 목표 설정기준
    • 업종은 무재해 목표를 달성한 시점에서의 업종을 적용한다.
    • 무재해 목표를 달성한 시점 이후부터 즉시 다음 배수를 기산하여 업종과 규모에 따라 새로운 무재해 목표시간을 재설정한다.
    • 건설업의 규모는 재개시 시점에 해당하는 총공사금액을 적용한다.
    • 규모는 재개시 시점에 해당하는 달로부터 최근 일 년간의 평균 상시 근로자 수를 적용한다.
    • 창업하거나 통합·분리한 지 12개월 미만인 사업장은 창업일이나 통합·분리일부터 산정일까지의 매월 말일의 상시 근로자 수를 합하여 해당 월수로 나눈 값을 적용한다.
  ㉣ 사업장 무재해운동 적용 업종의 분류 : 건설기계관리사업, 기계장치공사, 철도궤도운수업 등(식료품관리업은 아니다)
  ㉤ 무재해로 보는 경우
    • 제3자의 행위에 의한 업무상의 재해
    • 출퇴근 중에 발생한 재해
    • 운동경기 등 각종 행사 중 발생한 재해
    • 무재해운동 시행사업장에서 근로자가 업무에 기인하여 사망 또는 4일 이상의 요양을 요하는 부상 또는 발병에 이환되지 않는 것
      ※ 요양 : 부상 등의 치료, 통원 및 입원의 경우를 모두 포함
    • 업무수행(작업시간) 중의 사고 중 천재지변 또는 돌발적인 사고로 인한 구조행위 또는 긴급 피난 중 발생한 사고
    • 작업시간 외에 천재지변 또는 돌발적인 사고가 많은 장소에서 사회통념상 인정되는 업무수행 중 발생한 사고
    • 업무상 재해 인정기준 중 뇌혈관질환 또는 심장질환에 의한 재해
    • 업무시간 외에 발생한 재해
  ㉥ 업무상의 재해 여부
    • 업무상의 재해로 보는 경우
      - 사업주가 제공한 시설물 등을 이용하던 중 그 시설물 등의 결함이나 관리 소홀로 발생한 사고
      - 사업주가 제공한 사업장 내의 시설물에서 작업 개시 전의 작업 준비, 작업 중 및 작업 종료 후의 정리정돈 과정에서 발생한 재해 등
      - 업무상 부상이 원인되어 발생한 질병
      - 근로자가 근로계약에 따른 업무나 그에 따르는 행위를 하던 중 발생한 사고
    • 업무상의 재해로 인정할 수 없는 경우 : 근로자의 고의·자해행위 또는 그것이 원인이 되어 발생한 부상
  ㉦ 무재해시간과 무재해일수의 산정기준
    • 무재해시간은 실근무자와 실근로시간을 곱하여 산정한다.
    • 실근로시간의 산정이 곤란한 경우, 건설업은 1일 10시간을 근로한 것으로 본다.
    • 실근로시간의 산정이 곤란한 경우, 건설업 이외 업종은 1일 8시간을 근로한 것으로 본다.

- 건설업 이외의 300인 미만 사업장은 실근무자와 실근로시간을 곱하여 산정한 무재해시간 또는 무재해일수를 택일하여 목표로 사용할 수 있다.
- ⊙ 산소결핍이 예상되는 맨홀 내의 작업 실시 중 사고방지대책
  - 작업 시작 전 및 작업 중 충분한 환기 실시
  - 작업 장소의 입장 및 퇴장 시 인원 점검
  - 작업장과 외부의 상시 연락을 위한 설비 설치
- ㉢ 독성물질 취급 장소에서의 안전대책 : 방독 마스크를 보급하고, 철저히 착용한다.
- ㉣ 안전대책의 우선순위 결정 시 고려해야 할 4가지 기본사항
  - 목표 달성에 대한 기여도
  - 대책의 긴급성
  - 대책의 난이성
  - 문제의 확대 가능성
- ㉠ 3E 대책
  - 제창자 : 하비(J. H. Harvey)
  - 별칭 : 재해예방을 위한 시정책 3E, 하비 3E
  - 3E : Education(교육), Engineering(기술), Enforcement(관리)
  - 하인리히의 사고예방원리 5단계 중 'Adaption of Remedy' 단계와 연관된다.
- ㉡ 시점에 의한 재해대책의 분류
  - 사전대책 : 예방대책
  - 사후대책 : 국한대책, 소화대책, 피난대책
- ㉤ 재해예방을 하는 위험워에 내한 조치
  - 위험원의 제거(조치의 강도가 가장 크다)
  - 위험원에 대한 격리
  - 위험원에 대한 방호조치
  - 보호구 착용
- ㉥ 재해예방활동의 3원칙 : 재해요인 발생의 예방, 재해요인의 발견, 재해요인의 제거·시정
② 산업안전보건법에 따른 무재해 운동의 추진에 있어 무재해 1배수 목표
  - ㉠ 무재해 1배수 목표 : 업종·규모별로 사업장을 그룹화하고 그룹 내 사업장들이 평균적으로 재해자 1명이 발생하는 기간 동안 해당 사업장에서 재해가 발생하지 않는 것이다.
  - ㉡ 무재해운동의 1배수 목표시간은 무재해운동 개시 신청 후부터 재해 발생 전일까지의 '실근로자 수×실근무시간'으로 계산한다. 사무직 또는 사무직 외의 근로자로서, 실근로시간 산정이 곤란한 자의 경우에는 1일 8시간으로, 건설현장 근로자의 경우에는 1일 10시간으로 산정한다.
  - ㉢ 목표시간의 계산방법
    - 실근로자 수×실근무시간
    - 연간 총근로시간 / 연간 총재해자수
    - (1인당 연평균 근로시간/재해율)×100
    - (연평균 근로자 수×1인당 연평균 근로시간) / 연간 총재해자수
③ 무재해운동의 기본이념 3대 원칙 : 무의 원칙, 참가의 원칙, 선취의 원칙
  - ㉠ 무의 원칙
    - 무재해, 무질병의 직장을 실현하기 위하여 모든 잠재위험요인을 사전에 적극적으로 발견·파악·해결함으로써 근원적으로 뿌리에서부터 산업재해를 제거하여 없앤다는 원칙이다.
    - 불휴재해는 물론 사업장 내의 잠재위험요인을 사전에 파악하여 뿌리에서부터 재해를 없앤다.
  - ㉡ 참가의 원칙
    - 근로자 전원이 일체감을 조성하여 참여한다는 원칙이다.
    - 잠재적인 위험요인을 발견·해결하기 위하여 전원이 협력하여 각자의 위치에서 의욕적으로 문제해결을 실천히는 것을 의미한다.
    - 전원의 범위
      - 사업주, 톱(Top)을 비롯하여 관리감독자 스태프(Staff)부터 작업자까지의 전원
      - 직장의 작업자 전원
      - 직장 소집단 활동에 의한 전원
      - (직장 내 종사하는) 근로자 가족까지 포함한 전원
      - 직접부문(현업)만이 아니라 간접부문(비현업)도 전원
      - 근로자의 가족까지 포함하여 전원
      - 협력회사, 하청회사 및 관련회사도 포함한 전원
  - ㉢ 선취의 원칙
    - 모든 잠재적 위험요소를 사전에 발견·파악하여 재해를 예방하거나 방지한다는 원칙

- 무재해, 무질병의 직장을 실현하기 위하여 위험요인을 행동하기 전에 발견하여 예방하자는 것이다.

④ 무재해운동 추진의 3대 기둥
  ㉠ 최고경영자의 경영자세 : 안전보건은 최고경영자의 무재해 및 무질병에 대한 확고한 경영자세에서 시작한다.
  ㉡ 관리감독자에 의한 안전보건의 추진 : 안전보건을 추진하는 데에는 관리감독자들의 생산활동 중에 안전보건을 실천하는 것이 중요하다.
  ㉢ 직장 소집단의 자주활동의 활발화 : 안전보건은 각자 자신의 문제이며, 동시에 동료의 문제로서 직장의 팀원과 협동·노력하여 자주적으로 추진하는 것이 필요하다.

⑤ 재해예방의 4원칙
  ㉠ 원인계기의 원칙(원인연계의 원칙)
    - 재해의 발생에는 반드시 그 원인이 있다.
    - 사고와 손실의 관계는 우연이지만, 사고와 원인의 관계는 필연적이다.
  ㉡ 손실 우연의 원칙 : 사고의 발생과 손실의 발생에는 우연적 관계가 있다.
  ㉢ 대책 선정의 원칙 : 재해예방을 위한 가능한 안전대책은 반드시 존재한다. 가장 효과적인 재해방지대책의 선정은 이들 원인의 정확한 분석에 의해서 얻어진다.
    - 기술적 대책(Engineering) : 안전설계, 작업행정 개선, 안전기준 설정, 환경설비의 개선, 점검 보존 확립 등)
    - 교육적 대책(Education) : 안전교육·훈련 등
    - 관리적 대책(Enforcement) : 적합한 기준 설정, 전 종업원의 기준 이해, 동기부여와 사기 향상, 각종 규정 및 수칙 준수, 경영자와 관리자의 솔선수범 등
  ㉣ 예방 가능의 원칙
    - 천재지변을 제외한 모든 인재는 예방이 가능하다.
    - 재해예방을 위한 가능한 대책은 반드시 존재한다.
    - 재해는 원칙적으로 원인만 제거되면 예방이 가능하다.

⑥ 안전교육훈련에 있어서의 동기부여 방법
  ㉠ 안전목표를 명확히 설정한다.
  ㉡ 결과를 알려 준다.
  ㉢ 경쟁과 협동을 유발시킨다.
  ㉣ 동기유발 수준을 유지한다.
  ㉤ 안전의 기본이념을 인식시킨다.
  ㉥ 상과 벌을 준다.

⑦ 위험예지훈련의 4라운드(4R) : 현상파악 → 본질추구 → 대책수립 → 목표설정
  ㉠ 1단계 현상파악 : 브레인스토밍을 실시하여 어떤 위험이 존재하는가를 파악한다.
  ㉡ 2단계 본질추구
    - 문제점을 발견하고 중요문제를 결정하는 단계
    - 위험의 포인트를 결정하여 지적·확인하는 단계
    - 위험요인을 찾아내고, 가장 위험한 것을 합의하여 결정
  ㉢ 3단계 대책수립 : 브레인스토밍 등을 통하여 가장 위험한 요인의 대책을 세운다.
  ㉣ 4단계 목표설정 : 가장 우수한 대책에 대하여 합의하고, 행동계획을 결정한다.

⑧ 브레인스토밍(Brainstorming)
  ㉠ 6~12명의 구성원이 타인의 비판 없이 자유로운 토론을 통하여 잠재되어 있는 다량의 독창적인 아이디어를 이끌어내고 대안적 해결안을 찾기 위한 집단적 사고기법이며 위험예지훈련에서 활용하기에 적합한 기법이다.
  ㉡ 창안자 : 오스본(Osborn)
  ㉢ 별칭 : 두뇌선풍법, 집중발상법
  ㉣ 브레인스토밍의 4원칙 : 비판금지, 자유분방, 대량 발언, 수정 발언
    - 비판금지
      - Criticism is Ruled Out
      - 타인의 의견에 대하여 비판하지 않는다.
      - 타인(동료)의 의견에 대하여 좋고 나쁨을 평가하지 않는다.
      - 타인의 아이디어를 평가하지 않는다.
    - 자유분방
      - Free Wheeling
      - 누구든 자유롭게, 마음대로, 편안하게 자신의 아이디어를 제시하거나 발언한다.
      - 지정된 표현방식을 벗어나 자유롭게 의견을 제시한다.
      - 주제와 관련이 없는 내용을 발표할 수 있다.
      - 발표 순서를 정하지 않고, 자유분방하게 의견을 발언한다.

- 대량발언
  - Quantity is Wanted
  - 최대한 많은 의견을 제시한다.
  - 주제와 무관한 사항이거나 사소한 아이디어라도 가능한 한 많이 제시하고 발언한다.
  - 한 사람이 많은 발언을 할 수도 있다.
- 수정발언
  - Combination & Improvement are Sought
  - 타인의 의견을 수정하여 발언한다.
  - 타인의 아이디어에 편승해 덧붙여서 발언한다.

⑨ 위험예지훈련법
  ㉠ 위험예지훈련의 개요
    • 전원이 참가하는 교육훈련기법이다.
    • 행동하기에 앞서 해결하는 것을 습관화하는 훈련이다.
    • 직장 내에서 적정 인원의 단위로 토의하고 생각하며 이해한다.
    • 위험의 포인트나 중점 실시 사항을 지적·확인한다.
    • 직장이나 작업의 상황 속 잠재위험요인을 도출한다.
  ㉡ 1인 위험예지훈련 : 한 사람, 한 사람의 위험에 대한 감수성 향상을 도모하기 위한 삼각 및 원포인트 위험예지훈련을 통합한 활용기법이다.
  ㉢ TBM 위험예지훈련(Tool Box Meeting)
    • 팀의 일체감, 연대감을 조성할 수 있고 동시에 대뇌구피질에 좋은 이미지를 불어 넣어 안전한 행동을 하도록 하는 방법이다.
    • 작업원 전원 상호 대화를 통하여 스스로 생각하고 납득하게 하기 위한 작업장의 안전회의 방식이다.
    • 별칭 : 즉시즉응법
    • TBM 위험예지훈련의 진행방법
      - 인원은 10명 이하로 구성한다.
      - 소요시간은 10분 정도가 바람직하다.
      - 리더는 주제의 주안점에 대하여 연구해 둔다.
      - 작업현장에서 그때 그 장소의 상황에 즉응하여 실시한다.
    • 사전에 주제를 정하고 자료 등을 준비한다.
    • 결론은 가급적 서두르지 않는다.
    • TBM 활동의 5단계 추진법 순서 : 도입 → 점검 정비 → 작업 지시 → 위험예지훈련 → 확인

  ㉣ Touch & Call
    • 서로 손을 얹고 팀의 행동구호를 외치는 무재해운동 추진기법의 하나로, 스킨십에 바탕을 두고 팀 전원이 일체감, 연대감을 느끼며, 대뇌피질에 안전태도가 형성되도록 좋은 이미지를 심어주는 기법이다.
    • 현장에서 팀 전원이 각자의 왼손을 맞잡아 원을 만들어 팀의 행동목표를 지적·확인하는 것이다.
  ㉤ 안전 확인 5지운동 : 작업 전 다섯 손가락을 펴고 안전을 인지·확인하기 위하여 이를 하나씩 꺾어 힘있게 쥐고 '무사고로 가자'는 구호를 외친 후 작업을 개시하는 방법이다. 모지·시지·중지·약지·새끼손가락은 각각 마음·복장·규정·정비·확인을 의미한다.
    • 모지(마음) : 하나, 나도 동료도 부상당하거나 당하게 하지 말자!
    • 시지(복장) : 둘, 복장을 단정히 하자!
    • 중지(규정) : 셋, 서로가 지키자 안전수칙!
    • 약지(정비) : 넷, 정비, 올바른 운전!
    • 새끼손가락(확인) : 다섯, 언제나 점검 또 점검!
  ㉥ STOP기법(Safety Training Observation Program)
    • 각 계층의 관리감독자들이 숙련된 안전관찰을 행할 수 있도록 훈련을 실시함으로써 사고 발생을 미연에 방지하여 안전을 확보하는 안전관찰훈련기법
    • 주로 현장에서 실시하는 관리감독자의 안전관찰훈련프로그램이다.
    • 듀퐁사에서 실시하여 실효를 거둔 기법이다.
  ㉦ ECR(Error Cause Removal) : 작업자 자신이 자기의 부주의 이외에 제반 오류의 원인을 생각함으로써 개선하도록 하는 과오원인 제거기법이다.
  ㉧ 안전행동실천운동(5C운동) : Correctness(복장 단정), Clearance(정리정돈), Cleaning(청소·청결), Concentration(전심전력), Checking(점검 확인)
  ㉨ 자문자답카드 위험예지훈련 : 한 사람, 한 사람이 스스로 위험요인을 발견·파악하여 단시간에 행동목표를 정하여 지적·확인을 하며, 특히 비정상적인 작업의 안전을 확보하기 위한 위험예지훈련이다.

10년간 자주 출제된 문제

1-1. 사업장 무재해운동 추진 및 운영에 관한 규칙에 있어 특정 목표 배수를 달성하여 그 다음 배수 달성을 위한 새로운 목표를 재설정하는 경우 무재해 목표 설정 기준으로 틀린 것은?

① 업종은 무재해 목표를 달성한 시점에서의 업종을 적용한다.
② 무재해 목표를 달성한 시점 이후부터 즉시 다음 배수를 기산하여 업종과 규모에 따라 새로운 무재해 목표시간을 재설정한다.
③ 건설업의 규모는 재개시 시점에 해당하는 총공사금액을 적용한다.
④ 규모는 재개시 시점에 해당하는 달로부터 최근 6개월간의 평균 상시 근로자 수를 적용한다.

1-2. 공사 규모가 70억원인 건설공사 현장에서 1일 200명의 근로자가 매일 10시간씩 근무를 하고 있다. 이 현장의 무재해운동의 1배 목표를 30만 시간이라고 할 때 무재해 1배 목표는 며칠 수에 달성하는가?(단, 일요일이나 공유일은 없는 것으로 간주하며, 이 현장의 평균 결근율은 5[%]로 가정한다)

① 1,580일 ② 1,500일
③ 158일   ④ 80일

1-3. 무재해운동의 기본이념 3원칙이 아닌 것은?

① 무의 원칙   ② 관리의 원칙
③ 참가의 원칙   ④ 선취의 원칙

1-4. 무재해운동 추진의 3대 기둥으로 볼 수 없는 것은?

① 최고경영자의 경영자세
② 노동조합의 협의체 구성
③ 직장 소집단 자주 활동의 활성화
④ 관리감독자에 의한 안전보건의 추진

1-5. 재해예방의 4원칙이 아닌 것은?

① 손실 필연의 원칙 ② 원인 계기의 원칙
③ 예방 가능의 원칙 ④ 대책 선정의 원칙

1-6. 다음 중 위험예지훈련의 4라운드에서 실시하는 브레인스토밍(Brainstorming) 기법의 특징으로 볼 수 없는 것은?

① 타인의 의견에 대하여 비평하지 않는다.
② 타인의 의견을 수정하여 발언하지 않는다.
③ 한 사람이 많은 발언을 할 수 있다.
④ 의견에 대한 발언은 자유롭게 한다.

해설

1-1
규모는 재개시 시점에 해당하는 달로부터 최근 1년간의 평균 상시 근로자 수를 적용한다.

1-2
무재해 1배 목표일수 = $\dfrac{300,000}{200 \times 10 \times 0.95} \approx 158$일

1-3
무재해운동 3원칙 : 무의 원칙, 참가의 원칙, 선취의 원칙

1-4
무재해운동을 추진하기 위한 중요한 3개의 기둥 : 집단 자주활동의 활성화, 최고경영자의 엄격한 경영자세, 관리감독자(Line)의 적극적 추진

1-5
하인리히의 재해예방 4원칙 : 손실우연의 원칙, 예방 가능의 원칙, 대책 선정의 원칙, 원인 연계의 원칙

1-6
브레인스토밍은 타인의 의견을 수정하여 발언해도 된다.

정답 1-1 ④ 1-2 ③ 1-3 ② 1-4 ② 1-5 ① 1-6 ②

핵심이론 02 | 보호구

① 보호구의 개요
  ㉠ 정의 : 외계의 유해한 자극물을 차단시키거나 그 영향을 감소하기 위하여 근로자의 신체 일부나 전부에 장착하는 것(소극적 · 2차적 안전대책)
  ㉡ 보호구의 구비요건
    • 방호성능이 충분할 것
    • 재료의 품질이 양호할 것
    • 작업에 방해되지 않을 것
    • 착용이 쉽고 착용감이 뛰어날 것
    • 겉모양과 보기가 좋을 것
  ㉢ 보호구 선택 시 유의사항
    • 사용목적에 적합한 보호구를 선택한다.
    • 제반규격에 합격하고 보호성능이 보장되는 것을 선택한다.
    • 작업행동에 방해되지 않는 것을 선택한다.
    • 착용이 용이하고, 크기 등이 사용자에게 편리한 것을 선택한다.
  ㉣ 일반적인 보호구의 관리방법
    • 정기적으로 점검하고 관리한다.
    • 청결하고 습기가 없는 곳에 보관한다.
    • 세척한 후에는 햇빛을 피하여 그늘에서 완전히 건조시켜 보관한다.
    • 항상 깨끗이 보관하고 사용 후 건조시켜 보관한다.
  ㉤ 표시 및 포함사항
    • 의무안전인증을 받은 보호구의 표시사항(안전인증제품에 표시하여야 하는 사항) : 제조자명, 제조연월, 제조번호, 형식 또는 모델명, 규격 또는 등급, 안전인증번호
    • 안전인증제품의 제품사용설명서에 포함해야 하는 사항 : 안전인증의 표시(제품명, 제조업체명, 인증번호, 인증일자, KCs표시, 안전인증의 형식과 등급), 제품용도, 사용방법, 사용 제한 및 경고사항, 점검사항과 방법, 폐기방법, 안전한 운반과 보관방법, 보증사항, 작성일자, 연락처 등
    • 보호구에 있어 자율안전확인제품에 표시하여야 하는 사항 : 형식 또는 모델명, 규격 또는 등급, 제조자명, 제조번호 및 제조연월, 자율안전확인번호

② 안전모(추락 · 감전 위험방지용)
  ㉠ 용어의 정의(보호구 안전인증 고시 제3조)
    • 모체 : 착용자의 머리 부위를 덮는 주된 물체로서 단단하고 매끄럽게 마감된 재료
    • 착장체 : 머리받침끈, 머리고정대 및 머리받침고리로 구성되어 안전모 머리 부위에 고정시켜 주며, 안전모에 충격이 가해졌을 때 착용자의 머리 부위에 전해지는 충격을 완화시켜 주는 기능을 갖는 부품
    • 턱끈 : 모체가 착용자의 머리 부위에서 탈락하는 것을 방지하기 위한 부품
    • 통기구멍 : 통풍의 목적으로 모체에 있는 구멍
    • 챙 : 햇빛 등을 가리기 위한 목적으로 착용자의 이마 앞으로 돌출된 모체의 일부
    • 내부수직거리 : 안전모를 머리모형에 장착하였을 때 모체 내면의 최고점과 머리모형 최고점의 수직거리
    • 충격흡수재 : 안전모에 충격이 가해졌을 때, 착용자의 머리 부위에 전해지는 충격을 완화하기 위하여 모체의 내면에 붙이는 부품
    • 외부수직거리 : 안전모를 머리모형에 장착하였을 때 모체 외면의 최고점과 머리모형 최고점과의 수직거리
    • 착용 높이 : 안전모를 머리모형에 장착하였을 때 머리고정대의 하부와 머리모형 최고점의 수직거리

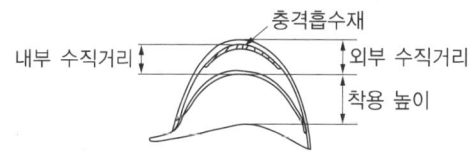

    • 수평 간격 : 모체 내면과 머리모형 전면 또는 측면 간의 거리
    • 관통거리 : 모체 두께를 포함하여 철제추가 관통한 거리

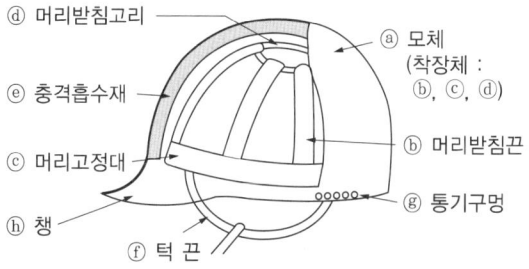

ⓒ 안전모의 종류(보호구 안전인증 고시 별표 1)
- AB종 안전모 : 물체의 낙하 또는 비래(날아옴) 및 추락에 의한 위험을 방지 또는 경감시키기 위한 것
- AE종 안전모 : 물체의 낙하 또는 비래에 의한 위험을 방지 또는 경감하고, 머리 부위 감전에 의한 위험을 방지하기 위한 것
- ABE종 안전모 : 물체의 낙하 또는 비래 및 추락에 의한 위험을 방지 또는 경감하고, 머리 부위 감전에 의한 위험을 방지하기 위한 것

ⓒ 안전모의 구조
- 모체, 착장체 및 턱끈을 가질 것
- 착장체의 머리 고정대는 착용자의 머리 부위에 적합하도록 조절할 수 있을 것
- 착장체의 구조는 착용자의 머리에 균등한 힘이 분배되도록 할 것
- 모체, 착장체 등 안전모의 부품은 착용자에게 상해를 줄 수 있는 날카로운 모서리 등이 없을 것
- 턱끈은 사용 중 탈락되지 않도록 확실히 고정되는 구조일 것
- 안전모의 착용 높이는 85[mm] 이상이고 외부수직거리는 80[mm] 미만일 것
- 안전모의 내부수직거리는 25[mm] 이상 50[mm] 미만일 것
- 안전모의 수평 간격은 5[mm] 이상일 것
- 머리받침끈이 섬유인 경우에는 각각의 폭이 15[mm] 이상이어야 하며, 교차지점 중심으로부터 방사되는 끈 폭의 총합은 72[mm] 이상일 것
- 턱끈의 최소 폭은 10[mm] 이상일 것
- AB종은 충격흡수재가 있어야 하며, 리벳(Rivet) 등 기타 돌출부가 모체의 표면에서 5[mm] 이상 돌출되지 않아야 한다. 다만, 통기목적으로 안전모에 구멍을 뚫을 수 있으며 통기 구멍의 총면적은 150[mm²] 이상, 450[mm²] 이하로 하여야 하며, 직경 3[mm]의 탐침을 통기 구멍에 삽입하였을 때 탐침이 두상에 닿지 않아야 한다.
- AE종은 금속제의 부품을 사용하지 않고, 착장체는 모체의 내외면을 관통하는 구멍을 뚫지 않고 붙일 수 있는 구조로서 모체의 내외면을 관통하는 구멍 핀홀 등이 없어야 한다.
- ABE종은 충격흡수재를 부착하되, 리벳(Rivet) 등 기타 돌출부가 모체의 표면에서 5[mm] 이상 돌출되지 않아야 한다.

ⓒ 안전모의 구비조건
- 착용자의 머리와 접촉하는 안전모의 모든 부품은 피부에 유해하지 않은 재료를 사용해야 한다.
- 고대다(高大多) : 내충격성, 내전성, 내부식성, 내열성, 내한성, 난연성, 내수성, 강도, 색의 밝기와 명도(흰색의 반사율이 가장 좋으나 청결유지 등의 목적으로 황색을 많이 사용), 피부 무해성, (대량)생산성, 외관 미려 정도, 사용편리성 등
- 저소소(低小少) : 가격, 무게

ⓜ 안전모의 시험성능기준 항목 : 내관통성, 충격흡수성, 내전압성, 내수성, 난연성, 턱끈 풀림 등

항 목	시험성능기준
내관통성	AE, ABE종 안전모는 관통거리가 9.5[mm] 이하이고, AB종 안전모는 관통거리가 11.1[mm] 이하이어야 한다.
충격흡수성	최고전달충격력이 4,450[N]을 초과해서는 안 되며, 모체와 착장체의 기능이 상실되지 않아야 한다.
내전압성	AE, ABE종 안전모는 교류 20[kV]에서 1분간 절연파괴 없이 견뎌야 하고, 이때 누설되는 충전전류는 10[mA] 이하이어야 한다.
내수성	AE, ABE종 안전모는 질량 증가율이 1[%] 미만이어야 한다.
난연성	모체가 불꽃을 내며 5초 이상 연소되지 않아야 한다.
턱끈 풀림	150[N] 이상 250[N] 이하에서 턱끈이 풀려야 한다.

- 내전압성 : 최대 7,000[V] 이하의 전압에 견디는 것(AE형, ABE형 안전모)
- 내전압성시험, 내수성시험은 AE형과 ABE형에만 실시한다.

ⓗ 부가성능의 기준
- 안전모의 측면변형방호기능을 부가성능으로 요구시, 최대측면변형은 40[mm], 잔여변형은 15[mm] 이내이어야 한다.
- 안전모의 금속용융물 분사방호기능을 부가성능으로 요구 시
  - 용융물에 의해 10[mm] 이상의 변형이 없고 관통되지 않을 것
  - 금속용융물의 방출을 정지한 후 5초 이상 불꽃을 내며 연소되지 않을 것

Ⓢ 보호구 자율안전확인 고시에 따른 안전모의 시험항목 : 전처리, 착용 높이 측정, 내관통성시험, 충격흡수성시험, 난연성시험, 내전압성시험, 내수성시험, 턱끈 풀림시험, 측면변형시험, 금속용융물분사시험
ⓞ 질량 증가율
• 질량 증가율[%]
$$= \frac{\text{담근 후 질량} - \text{담그기 전 질량}}{\text{담그기 전 질량}} \times 100[\%]$$
• AE종, ABE종 안전모의 질량 증가율은 1[%] 미만이어야 한다.

③ 안전화(보호구 안전인증 고시 별표 2)
㉠ (보호구 안전인증 고시에 따른) 산업안전보건법령상 안전인증 대상의 안전화 종류 : 가죽제 안전화, 고무제 안전화, 정전기 안전화, 발등 안전화, 절연화, 절연장화, 화학물질용 안전화
• 가죽제 안전화 : 물체의 낙하, 충격 또는 날카로운 물체에 의한 찔림 위험으로부터 발을 보호하기 위한 것
• 고무제 안전화 : 물체의 낙하, 충격 또는 날카로운 물체에 의한 찔림 위험으로부터 발을 보호하고 내수성을 겸한 것
• 정전기 안전화 : 물체의 낙하, 충격 또는 날카로운 물체에 의한 찔림 위험으로부터 발을 보호하고 정전기의 인체대전을 방지하기 위한 것
• 발등 안전화 : 물체의 낙하, 충격 또는 날카로운 물체에 의한 찔림 위험으로부터 발 및 발등을 보호하기 위한 것
• 절연화 : 물체의 낙하, 충격 또는 날카로운 물체에 의한 찔림 위험으로부터 발을 보호하고 저압의 전기에 의한 감전을 방지하기 위한 것
• 절연장화 : 고압에 의한 감전의 방지 및 방수를 겸한 것
• 화학물질용 안전화 : 물체의 낙하, 충격 또는 날카로운 물체에 의한 찔림 위험으로부터 발을 보호하고 화학물질로부터 유해위험을 방지하기 위한 것
㉡ 안전화의 등급
• 중작업용
 - 1,000[mm]의 낙하 높이에서 시험했을 때 충격과 (15.0±0.1)[kN]의 압축하중에서 시험했을 때 압박에 대하여 보호해 줄 수 있는 선심을 부착하여 착용자를 보호하기 위한 안전화
 - 광업, 건설업 및 철광업 등에서 원료 취급, 가공, 강재 취급 및 강재 운반, 건설업 등에서 중량물 운반작업, 가공대상물의 중량이 큰 물체를 취급하는 작업장으로서 날카로운 물체에 의해 찔릴 우려가 있는 장소
• 보통작업용
 - 500[mm]의 낙하 높이에서 시험했을 때 충격과 (10.0±0.1)[kN]의 압축하중에서 시험했을 때 압박에 대하여 보호해 줄 수 있는 선심을 부착하여 착용자를 보호하기 위한 안전화
 - 기계공업, 금속가공업, 운반, 건축업 등 공구 가공품을 손으로 취급하는 작업 및 차량 사업장, 기계 등을 운전·조작하는 일반작업장으로서 날카로운 물체에 의해 찔릴 우려가 있는 장소
• 경작업용
 - 250[mm]의 낙하 높이에서 시험했을 때 충격과 (4.4±0.1)[kN]의 압축하중에서 시험했을 때 압박에 대하여 보호해 줄 수 있는 선심을 부착하여 착용자를 보호하기 위한 안전화
 - 금속선별, 전기제품 조립, 화학제품 선별, 반응장치 운전, 식품가공업 등 비교적 경량의 물체를 취급하는 작업장으로서 날카로운 물체에 의해 찔릴 우려가 있는 장소
㉢ 가죽제 안전화의 일반구조와 성능시험항목
• 안전화의 발 끝 부분에 선심을 넣어 압박 및 충격으로부터 착용자의 발가락을 보호할 수 있는 구조이어야 한다.
• 착용감이 좋으며 작업 및 활동하기가 편리해야 한다.
• 겉창의 소돌기는 좌우, 전후 균형을 유지해야 한다.
• 선심의 내측은 헝겊, 가죽, 고무 또는 합성수지 등으로 감싸고, 특히 후단부의 내측은 보강되어 있어야 한다.
• 내답발성을 향상시키기 위해 얇은 금속 또는 이와 동등 이상의 재질로 된 내답판을 사용해야 한다.
• 내답판은 안전화의 손상 없이는 제거될 수 없도록 안전화 내측에 삽입되어야 한다.
• 안창은 유연하고 강해야 하며 흡습성이 있는 재질이어야 한다.

- 봉합사가 사용된 경우 그 사용목적에 적합하고 굵기 및 꼬임이 균등해야 한다.
- 가죽은 천연가죽이나 합성수지로 코팅된 인조가죽을 사용하고 두께가 균일하여야 하며 흠 등의 결함이 없어야 한다.
- 선심은 충격 및 압박시험조건에 파손되지 않고 견딜 수 있는 충분한 강도를 가지는 금속, 합성수지 또는 이와 동등 이상의 재질이어야 하며 표면이 모두 평활하고 가장자리 및 모서리는 둥글게 하고, 강재 선심인 경우에는 전체 표면에 부식방지처리를 해야 한다.
- 안전화 겉창 내면의 가장자리와 내답판 최대이격거리를 명시해야 한다.
- 성능시험항목 : 내답발성 시험, 내압박성 시험, 내충격성 시험, 박리저항 시험 등
- 성능시험 시 내전압 시험은 할 필요가 없다.

ⓔ 고무제 안전화의 일반구조(구비조건)
- 안전화는 방수 또는 내화학성의 재료(고무, 합성수지 등)를 사용하여 견고하게 제조되고 가벼우며, 착용하기 편안하고 활동하기 쉬워야 한다.
- 안전화는 물, 산 또는 알칼리 등이 안전화 내부로 쉽게 들어가지 않아야 하며, 겉창, 뒷굽, 테이프 등 기타 부분의 접착이 양호하여 물 등이 새어 들지 않도록 한다.
- 안전화 내부에 부착하는 안감·안창포 및 심지포(이하 안감 및 기타 포)에 사용되는 메리야스, 융 등은 사용목적에 따라 적합한 조직의 재료를 사용하고 견고하게 제조하여 모양이 균일해야 한다. 다만, 분진발생 및 고온작업장소에서 사용되는 안전화는 안감 및 기타 포를 부착하지 않아도 된다.
- 겉창(굽 포함), 몸통, 신울 기타 접합 부분 또는 부착 부분은 밀착이 양호하며, 물이 새지 않고 고무 및 포에 부착된 박리고무의 부풀음 등 흠이 없도록 한다.
- 선심의 안쪽은 포, 고무 또는 합성수지 등으로 붙이고, 특히 선심 뒷부분의 안쪽은 보강되도록 한다.
- 안쪽과 골씌움이 완전해야 한다.
- 부속품의 접착은 견고해야 한다.
- 에나멜을 칠한 것은 에나멜이 벗겨지지 않아야 하고, 건조가 충분하여야 하며, 몸통과 신울에 칠한 면이 대체로 평활하고, 칠한 면을 겉으로 하여 180°로 구부렸을 때 에나멜을 칠한 면에 균열이 생기지 않아야 한다.
- 사용할 때 위험한 흠, 균열, 기공, 기포, 이물 혼입, 기타 유사한 결함이 없어야 한다.

ⓜ 정전기 안전화의 일반구조
- 안전화는 인체에 대전된 정전기를 겉창을 통하여 대지로 누설시키는 전기회로가 형성될 수 있는 재료와 구조이어야 한다.
- 겉창은 전기저항 변화가 작은 합성고무를 사용해야 한다.
- 안창이 도전로가 되는 경우에는 적어도 그 일부분에 겉창보다 전기저항이 작은 재료를 사용해야 한다.
- 안전화는 착용자의 발한이나 마모로 인한 안전화 내부의 흡습, 더러워짐 등에 의해서 전기저항의 변화가 작은 안정된 재료와 구조이어야 한다.

ⓗ 발등 안전화의 일반구조
- 안전화 선심의 후단에 방호대가 3[mm] 이상 겹쳐서 발등부를 덮음으로써 선심과 방호대에 의하여 발가락과 발등을 낙하물로부터 방호하는 구조이어야 한다.
- 착용자가 보행이나 무릎을 굽혔을 때 불편하지 않는 구조이어야 한다.
- 방호대는 방호대 본체만으로 된 것과 방호대 본체를 피혁 등으로 씌운 것이 있으며, 작업 중 안전화에서 쉽게 이탈되지 않아야 한다.
- 방호대 본체의 폭은 75[mm] 이상, 길이는 85[mm] 이상이어야 한다.

ⓢ 절연화의 일반구조
- 발가락을 보호하기 위한 선심이나 강재 내답판을 제외하고는 안전화 어느 부분에도 도전성 재료를 사용해서는 안 된다.
- 안전화의 겉창은 절연체를 사용해야 한다.
- 안전화에 선심이나 강제 내답판을 사용한 경우에는 기타 다른 부분과는 완전히 절연되어야 한다.

④ 안전장갑
　㉠ 절연장갑(내전압용)
　　• 절연장갑의 등급별 최대사용전압과 적용 색상

등급	최대사용전압[V]		색상
	교류(실횻값)	직류	
00	500	750	갈색
0	1,000	1,500	빨간색
1	7,500	11,250	흰색
2	17,000	25,500	노란색
3	26,500	39,750	녹색
4	36,000	54,000	등색

　　• 일반구조 및 재료
　　　- 절연장갑은 탄성중합체(Elastomer)로 제조하여야 하며 핀홀(Pin Hole), 균열, 기포 등의 물리적인 변형이 없어야 한다.
　　　- 합성장갑(Composite Glove)은 다양한 색상 또는 형태의 고무를 여러 개 붙이거나 층층으로 포개어 합성한 장갑으로서, 여러 색상의 층들로 제조된 합성절연장갑이 마모되는 경우에는 그 아래의 다른 색상의 층이 나타나야 한다.
　　　- 미트(Mitt)는 손가락 덮개를 가진 절연장갑으로서 하나 또는 그 이상(4개 이하)의 손가락을 넣을 수 있는 구조이어야 한다.
　　　- 컨투어 장갑(Contour Glove)은 소매 끝단을 팔의 구부림을 편리하게 한 절연장갑으로서 컨투어소매장갑의 최대 길이와 최소 길이의 차이는 (50±6)[mm]이어야 한다.
　　• 성능시험의 종류 : 절연내력, 인장강도, 신장률, 영구신장률, 경년변화, 뚫림 강도, 화염억제시험, 저온시험, 내열성시험
　㉡ 안전장갑(화학물질용) : 화학물질이 피부를 통하여 인체에 흡수되지 않게 하기 위한 보호용 안전장갑
⑤ 마스크
　㉠ 면 마스크 : 먼지 등의 침입을 막기 위하여 사용하는 마스크
　㉡ 방진 마스크 : 중독을 일으킬 위험이 높은 분진이나 퓸을 발산하는 작업과 방사선 물질의 분진이 비산하는 장소에서 사용하는 마스크
　　• 방진 마스크의 구비조건(선정기준)
　　　- 착용이 용이할 것
　　　- 안면 밀착성이 좋을 것
　　　- 포집효율이 좋을 것
　　　- 시야가 넓을 것
　　　- 중량이 가벼울 것
　　　- 사용 용적이 적을 것
　　　- 흡기저항 상승률이 낮을 것
　　　- 흡·배기저항이 낮을 것(흡·배기밸브가 외부의 힘에 의하여 손상되지 않도록 흡·배기저항이 낮을 것)
　　　- 여과재는 여과성능이 우수하고 인체에 장해를 주지 않을 것
　　　- 흡기밸브는 미약한 호흡에 대하여 확실하고 예민하게 작동하도록 할 것
　　　- 배기밸브는 방진 마스크의 내부와 외부의 압력이 같을 경우 항상 닫혀 있도록 할 것. 또한, 약한 호흡 시에도 확실하고 예민하게 작동하여야 하며 외부의 힘에 의하여 손상되지 않도록 덮개 등으로 보호되어 있을 것
　　　- 연결관(격리식)은 신축성이 좋아야 하고 여러 모양의 구부러진 상태에서도 통기에 지장이 없을 것(또한, 턱이나 팔의 압박이 있는 경우에도 통기에 지장이 없어야 하며 목의 운동에 지장을 주지 않을 정도의 길이를 가질 것)
　　　- 머리끈은 적당한 길이 및 탄력성을 갖고, 길이를 쉽게 조절할 수 있을 것
　　• 방진 마스크의 등급
　　　- 특급 : 독성물질(베릴륨 등) 함유 분진 등 발생 장소, 석면 취급 장소
　　　- 1급 : 열적(금속 퓸) 또는 기계적으로 생기는 분진 등 발생 장소(기계적 분진 중 규소 등은 2급 방진 마스크 사용 무방)
　　　- 2급 : 특급, 1급 이외의 분진 등 발생 장소
　　• 포집효율 시험성능 기준

형태 및 등급		염화나트륨(NaCl) 및 파라핀 오일(Paraffin Oil) 시험[%]
분리식	특급	99.95 이상
	1급	94.0 이상
	2급	80.0 이상
안면부 여과식	특급	99.0 이상
	1급	94.0 이상
	2급	80.0 이상

- 형태에 따른 방진 마스크의 분류

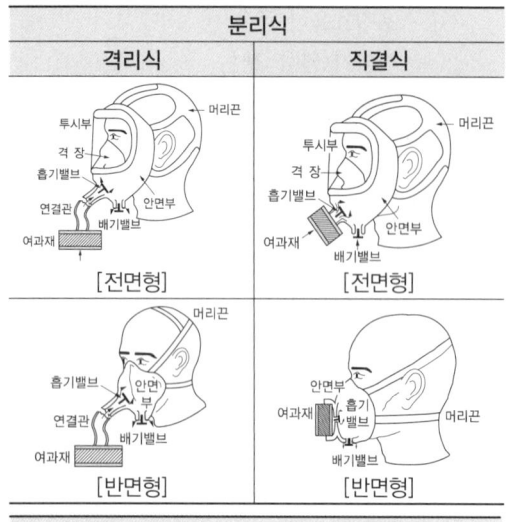

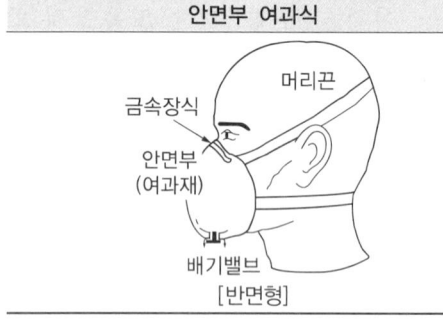

- 배기밸브가 없는 안면부 여과식 마스크는 특급 및 1급 장소에서 사용하면 안 된다.
- 산소농도 18[%] 이상인 장소에서 사용하여야 한다.

ⓒ 방독 마스크 : 흡수관에 들어있는 흡수제를 이용하여 독성 물질의 흡입을 방지하는 마스크

- 방독 마스크 관련 용어
  - 파과 : 대응하는 가스에 대하여 정화통 내부의 흡착제가 포화 상태가 되어 흡착능력을 상실한 상태
  - 파과시간 : 어느 일정농도의 유해물질 등을 포함한 공기가 일정 유량으로 정화통을 통과하기 시작하는 순간부터 파과가 보일 때까지의 시간
  - 파과곡선 : 파과시간과 유해물질 등에 대한 농도의 관계를 나타낸 곡선
  - 전면형 방독 마스크 : 유해물질 등으로부터 안면부 전체(입, 코, 눈)를 덮을 수 있는 구조의 방독 마스크
  - 반면형 방독 마스크 : 유해물질 등으로부터 안면부의 입과 코를 덮을 수 있는 구조의 방독 마스크
  - 복합용 방독 마스크 : 두 종류 이상의 유해물질 등에 대한 제독능력이 있는 방독 마스크
  - 겸용 방독 마스크 : 방독 마스크(복합용 포함)의 성능에 방진 마스크의 성능이 포함된 방독 마스크

- 방독 마스크 사용 가능 공기 중 최소산소농도 기준 : 18[%] 이상
- 주의사항 : 유해물질이 발생하는 산소결핍지역에서 방독 마스크를 착용하면 질식사망재해를 유발할 수 있으므로 갱내에 산소가 결핍되면 방독 마스크 사용을 금지한다.
- 방독 마스크의 등급
  - 고농도 : 가스 또는 증기의 농도가 2/100(암모니아는 3/100) 이하의 대기 중에서 사용하는 방독 마스크
  - 중농도 : 가스 또는 증기의 농도가 1/100(암모니아는 1.5/100) 이하의 대기 중에서 사용하는 방독 마스크
  - 저농도 및 최저농도 : 가스 또는 증기의 농도가 0.1/100(암모니아는 3/100) 이하의 대기 중인 장소에서 긴급용이 아닌 경우에 사용하는 방독 마스크
- 고농도와 중농도에서는 전면형(격리식, 직결식) 방독 마스크를 사용한다.
- 방독 마스크의 정화통 색상과 시험가스

종 류	색 상	시험가스
유기화합물용	갈 색	사이클로헥산, 다이메틸에테르, 아이소부탄
할로겐용	회 색	염소 가스 또는 증기
황화수소용		황화수소 가스
사이안화수소용		사이안화수소 가스
아황산용	노란색	아황산 가스
암모니아용	녹 색	암모니아 가스

- 유기화합물용(유기가스용) 방독 마스크의 정화통에는 활성탄(흡착제)이 들어 있다.
- 흡착제의 분자량이 적고, 끓는점이 낮을수록 파과시간이 짧다.
- 온도의 증가는 정화통의 수명을 단축시킨다.
- 활성탄의 기공 크기에 따른 흡착능력은 오염물의 농도가 높거나 액상인 경우 흡착질의 확산속도가 느리므로 큰 기공이 효과적이다.

- 방독 마스크 정화통의 성능에 영향을 주는 인자 : 흡착제의 종류, 가스의 농도, 습도, 온도, 흡착제 입자의 크기, 충전밀도 등
ㄹ) 송기 마스크 : 산소가 결핍되어 있는 장소(8[%] 이하)에서도 사용할 수 있는 마스크로, 공기 중 산소농도가 부족하고 공기 중에 미립자상 물질이 부유하는 장소에서 사용하기 적절한 보호구이다. 또한, 밀폐된 작업공간에 유해물과 분진이 있는 상태에서 작업할 때 적합하다.
- 송기 마스크의 특징 : 활동범위에 제한을 받지만, 가볍고 유효사용 기간이 길어지므로 일정한 장소에서 장시간 작업에 주로 이용하여야 한다.
- 송기 마스크의 종류 : 대기를 공기원으로 하는 전동 송풍기식 호스 마스크와 압축공기를 공기원으로 하는 에어라인 마스크가 있다.
  - 전동 송풍기식 호스 마스크
    ⓐ 송풍기는 유해공기, 악취 및 먼지가 없는 장소에 설치한다.
    ⓑ 전동 송풍기는 장시간 운전하면 필터에 먼지가 끼므로 정기적으로 점검한다.
    ⓒ 전동 송풍기를 사용할 때에는 접속전원이 단절되지 않도록 코드 플러그에 반드시 '송기 마스크 사용 중'이라는 표지를 부착한다.
    ⓓ 전동 송풍기는 통상적으로 방폭구조가 아니므로 폭발하한을 초과할 우려가 있는 장소에서는 사용을 금지한다.
    ⓔ 정전 등으로 인해 공기 공급이 중단되는 경우에 대비한다.
  - 에어라인 마스크
    ⓐ 전동 송풍기식에 비하여 상당히 먼 곳까지 송기할 수 있으며, 송기호스가 가늘고 활동하기도 용이하므로 주로 유해공기가 발생되는 장소에서 사용한다.
    ⓑ 공급되는 공기 중의 분진, 오일, 수분 등을 제거하기 위하여 에어라인에 여과장치를 설치한다.
    ⓒ 정전 등으로 인해 공기 공급이 중단되는 경우에 대비한다.
⑥ 전동식 호흡보호구(공기호흡기) : 사용자의 몸에 전동기를 착용한 상태에서 전동기 작동에 의해 여과된 공기가 호흡호스를 통하여 안면부에 공급하는 형태의 보호구

㉠ 전동식 보호구의 분류 : 전동식 방진 마스크, 전동식 방독 마스크, 전동식 후드 및 전동식 보안면
㉡ 전동식 보호구의 일반조건
- 위험·유해 요소에 대하여 적절한 보호를 할 수 있는 형태일 것
- 착용부품은 착용이 간편하여야 하고 견고하게 만들어 착용자가 움직이더라도 쉽게 탈착 또는 움직이지 않을 것
- 각 부품의 재질은 내구성이 있을 것
- 각 부품은 조립이 가능한 형태이고 분해하였을 때 세척이 용이할 것
- 전동기에 부착하는 여과재 및 정화통은 교환이 용이할 것
- 사용하는 여과재 및 정화통은 접합부 사이에서 누설이 없도록 부착해야 하고, 겸용 정화통의 경우 바깥쪽에 여과재를 장착할 것
- 호흡호스는 사용상 지장이 없어야 하고, 착용자의 움직임에 방해가 없을 것
- 착용부품 등 안면에 접촉하는 것은 인체에 무해한 재료를 사용할 것
- 전원공급장치는 누전차단회로가 설치되어 있어야 하고, 충전지는 쉽게 충전할 수 있을 것
- 본질안전방폭구조로 설계된 전동식 호흡보호구는 정상 시 및 사고 시(단선, 단락, 지락 등)에 발생하는 전기불꽃, 아크, 고온에 의하여 폭발성 가스, 증기에 점화되지 않도록 설계할 것
- 사용할 때 충격을 받을 수 있는 부품은 충격 시에 마찰 스파크가 발생되어 가연성의 가스혼합물을 점화시킬 수 있는 알루미늄, 마그네슘, 타이타늄 또는 이의 합금으로 만들어지지 않을 것
- 전동식 호흡보호구에 사용하는 금속부품은 내식성을 갖거나 부식방지를 위한 조치가 되어 있을 것
- 여과재 및 흡착제는 포집성능이 우수하고 인체에 장해를 주지 않을 것
- 전동기의 작동에 의한 공기 공급 유속과 분포가 착용자에게 통증(과도한 국부 냉각 및 눈 자극 유발)을 일으키지 않아야 하고, 정상 작동 상태에서 공기 공급의 차단이 발생하지 않을 것

- 공기 공급량을 조절할 수 있는 유량조절장치가 설치되어 있는 경우 등급이 다른 여과재 및 정화통은 사용하지 말 것(같은 등급에서의 유량조절장치는 사용할 수 있음)
- 전동식 호흡보호구의 공기 공급량을 확인하기 위해 간편하게 측정할 수 있는 유량점검장치를 공급할 것
- 전동식 호흡보호구는 물체의 낙하·비래 또는 추락에 의한 위험을 방지 또는 경감하거나 감전에 의한 위험을 방지하기 위해 착용하여야 할 경우 용도에 따라 추락 및 감전 위험방지용 안전모 또는 안전모 기준에 따를 것
- 전동식 호흡보호구는 비산물, 유해광선으로부터 눈 및 안면부를 보호하기 위해 착용하여야 할 경우 용도에 따라 차광 및 비산물 위험방지용 보안경 및 용접용 보안면 또는 보안경 및 보안면 기준에 적합할 것
- 전동식 호흡보호구는 깨끗하게 잘 정비된 상태로 보관할 것

ⓒ 전동식 보호구의 재료
- 사용 중에 접할 수 있는 온도·습도·부식성에 적합한 재료로 만들 것
- 사용자가 장시간 착용할 경우 피부와 접촉하는 재료는 인체에 유해하지 않은 재료를 사용할 것
- 사용설명서에 따라 세척, 살균이 용이하도록 만들어야 하고, 보관방법 등 구체적인 사용설명서를 제공할 것
- 착용하였을 때 안면부와 접촉하는 재료는 부드러운 소재로 이루어져야 하고, 안면부에 찰과상을 줄 우려가 있는 예리한 요철이 없도록 제작할 것
- 모든 착용부품은 탈착이 가능하며 손으로 쉽고 견고하게 조립할 수 있을 것
- 전동식 호흡보호구 작동 시 여과재 및 흡착제에서 이탈되는 입자가 발생하지 않도록 조치하여야 하고, 여과재 및 흡착제에 사용하는 재료는 인체에 유해하지 않을 것

ⓔ 전동식 보호구의 전기구성품
- 잠재적 폭발성 분위기에서 사용하도록 설계된 전동식 호흡보호구는 성능기준 및 시험방법에 만족할 것
- 전원공급장치가 충전지인 경우 유출방지형 충전지를 사용하여야 하고, 누전 시 전원차단장치의 회로를 구성하여 전원을 차단시킬 것
- 사용전압은 직류 60[V] 또는 교류 25[V](60[Hz]) 이하의 전압을 사용하여야 하고, 전동기의 팬이 반대 방향으로 회전하지 않도록 만들 것
- 장시간 사용에 따른 급격한 흡기저항 상승 및 비정상적인 작동에 의한 이상현상이 발생하기 전에 착용자에게 위험 상태를 알려 줄 수 있도록 경보장치가 작동될 것

⑦ 차광 보안경
㉠ 용어의 정의
- 접안경 : 착용자의 시야를 확보하는 보안경의 일부로서, 렌즈 및 플레이트 등을 말한다.
- 필터 : 해로운 자외선 및 적외선 또는 강렬한 가시광선의 강도를 감소시킬 수 있도록 설계된 것이다.
- 필터렌즈(플레이트) : 유해광선을 차단하는 원형 또는 변형모양의 렌즈(플레이트)이다.
- 커버렌즈(플레이트) : 분진, 칩, 액체약품 등 비산물로부터 눈을 보호하기 위해 사용하는 렌즈(플레이트)이다.
- 시감투과율 : 필터 입사에 대한 투과 광속의 비로, 분광투과율을 측정하고 다음 식에 따라 계산한다.

$$\tau_v = \frac{\int_{380[nm]}^{780[nm]} \phi(\lambda)\tau(\lambda)V(\lambda)d\lambda}{\int_{380[nm]}^{780[nm]} \phi(\lambda)V(\lambda)d\lambda}$$

여기서, τ_v : 시감투과율
$\phi(\lambda)$: 표준광에서 분광분포의 값
$\tau(\lambda)$: 파장 λ에서의 필터 입사 광속과 투자광속의 비
$V(\lambda)$: 분광투과율

- 적외선투과율 : 780[nm] 이상 1,400[nm] 이하, 780[nm] 이상 2,000[nm] 이하 영역의 평균 분광투과율로, 다음 식에 따라 계산한다.

$$\tau_A = \frac{1}{620}\int_{780[nm]}^{1,400[nm]} \tau(\lambda) \cdot d\lambda$$

$$\tau_N = \frac{1}{1,220}\int_{780[nm]}^{2,000[nm]} \tau(\lambda) \cdot d\lambda$$

여기서, τ_A : 근적외부 분광투과율
τ_N : 전적외부 분광투과율

- 차광도 번호(Scale Number) : 필터와 플레이트의 유해광선을 차단할 수 있는 능력으로 자외선, 가시광선 및 적외선에 대해 표기할 수 있으며, 다음 식에 따라 계산한다.

$$N = 1 + \frac{7}{3}\log\frac{1}{\tau_v}$$

여기서, N : 차광도 번호
τ_v : 시감투과율

ⓒ 차광 보안경의 종류
- 자외선용 : 자외선이 발생하는 장소
- 적외선용 : 적외선이 발생하는 장소
- 복합용 : 자외선 및 적외선이 발생하는 장소
- 용접용 : 산소용접작업 등과 같이 자외선, 적외선 및 강렬한 가시광선이 발생하는 장소

ⓒ 차광 보안경의 일반구조 등
- 차광 보안경에는 돌출 부분, 날카로운 모서리 혹은 사용 도중 불편하거나 상해를 줄 수 있는 결함이 없어야 한다.
- 착용자와 접촉하는 차광 보안경의 모든 부분에는 피부자극을 유발하지 않는 재질을 사용해야 한다.
- 머리띠를 착용하는 경우, 착용자의 머리와 접촉하는 모든 부분의 폭이 최소한 10[mm] 이상되어야 하며, 머리띠는 조절이 가능해야 한다.
- 차광 보안경은 의무안전인증대상 보호구에 해당되며 자율안전확인대상 보호구에는 해당되지 않는다.

⑧ 용접용 보안면
㉠ 용어의 정의
- 용접용 보안면(이하 보안면) : 용접작업 시 머리와 안면을 보호하기 위한 것으로, 통상적으로 지지대를 이용하여 고정하며 적합한 필터를 통해서 눈과 안면을 보호하는 보호구
- 자동용접필터(Automatic Welding Filter) : 용접 아크가 발생하면 낮은 수준(Light State)의 차광도에서 설정된 높은 수준(Dark State)의 차광도로 자동 변화하는 필터
- 차광속도(Switching Time) : 자동용접필터에서 용접아크 발생 시 낮은 수준(Light State)의 차광도에서 높은 수준(Dark State)의 차광도로 전환되는 시간
- 지지대(Harness) : 용접용 보안면을 머리의 제자리에 지지해주는 조립체
- 헤드밴드(Headband) : 지지대의 일부로서 머리를 감싸고 용접용 보안면을 고정하는 부분

ⓒ 용접필터의 자동변화유무에 따른 보안면의 종류 : 자동용접필터형, 일반용접필터형

ⓒ 보안면의 형태
- 헬멧형 : 안전모나 착용자의 머리에 지지대나 헤드밴드 등을 이용하여 적정 위치에 고정시켜 사용하는 형태(자동용접필터형, 일반용접필터형)
- 핸드실드형 : 손에 들고 이용하는 보안면으로 적절한 필터를 장착하여 눈과 안면을 보호하는 형태

㉣ 보안면의 일반구조
- 보안면에는 돌출 부분, 날카로운 모서리 혹은 사용 도중 불편하거나 상해를 줄 수 있는 결함이 없어야 한다.
- 착용자와 접촉하는 보안면의 모든 부분은 피부자극을 유발하지 않는 재질을 사용해야 한다.
- 머리띠를 착용하는 경우, 착용자의 머리와 접촉하는 모든 부분의 폭이 최소한 10[mm] 이상 되어야 하며, 머리띠는 조절이 가능해야 한다.
- 복사열에 노출될 수 있는 금속부분은 단열처리해야 한다.
- 필터 및 커버 등은 특수공구를 사용하지 않고 사용자가 용이하게 교체할 수 있어야 한다.
- 지지대는 보안면을 정확한 위치에 고정하고 머리 방향과 무관하게 이상 압력이나 미끄러짐 없이 편안한 착용 상태를 유지할 수 있어야 한다.
- 용접용 보안면의 내부 표면은 무광처리하고 보안면 내부로 빛이 침투하지 않도록 해야 한다.
- 보안면 투시부의 가시광선 투과성은 투명한 부시부일 경우 입사광선의 85[%] 이상을 투과하여야 하며 채색 투시부의 경우, 차광도에 따라 투과율이 결정된다.

차광도	투과율[%T]
밝음	50±7
중간 밝기	23±4
어두움	14±4

⑨ 방음용 귀마개와 귀덮개
㉠ 용어의 정의
- 방음용 귀마개(Ear-plugs) : 외이도에 삽입 또는 외이 내부·외이도 입구에 반 정도 삽입함으로써 차음효과를 나타내는 일회용 또는 재사용 가능한 방음용 귀마개

- 방음용 귀덮개(Ear-muff) : 양쪽 귀 전체를 덮을 수 있는 컵(머리띠 또는 안전모에 부착된 부품을 사용하여 머리에 압착될 수 있는 것)
- 음압수준 : 음압을 데시벨(dB)로 나타낸 것으로, 적분평균소음계 또는 소음계의 'C' 특성을 기준으로 한다.

$$음압수준[dB] = 20\log_{10}\frac{P}{P_0}$$

여기서, P : 측정음압으로서 파스칼(Pa) 단위를 사용

P_0 : 기준음압으로서 $20[\mu Pa]$ 사용

- 최소가청치 : 음압수준을 감지할 수 있는 최저 음압수준
- 상승법 : 최소가청치를 측정함에 있어 충분히 낮은 음압수준으로부터 2.5[dB] 또는 그 이하의 비율로 일정하게 순차적으로 음압수준을 상승시켜 최소가청치로 하는 방법
- 백색소음 : 20[Hz] 이상 20,000[Hz] 이하의 가청범위 전체에 걸쳐 연속적으로 균일하게 분포된 주파수를 갖는 소음
- 중심주파수 : 가청범위 대역에서 125[Hz]·250[Hz]·500[Hz]·1,000[Hz]·2,000[Hz]·4,000[Hz] 및 8,000[Hz]의 주파수
- 1/3 옥타브대역 : 중심주파수를 중심으로 한 주파수의 범위

중심주파수[Hz]	주파수의 범위[Hz]
125	112~140
250	224~280
500	450~560
1,000	900~1,120
2,000	1,800~2,240
4,000	3,550~4,500
8,000	7,100~9,000

- 1/3 옥타브대역 소음 : 백색소음을 1/3 옥타브대역 필터(1/3 옥타브대역 이외의 대역은 모두 제거시키는 것)에 통과시킨 소음
- 시험음 : 차음 성능시험에 사용하는 음
- 환경소음 : 시험장소에서 시험음이 없을 때의 소음

ⓒ 종류와 등급
- 귀마개 1종(EP-1 : Ear-plug-1) : 저음~고음 차음
- 귀마개 2종(EP-2 : Ear-plug-2) : (주로)고음 차음(회화음 영역인 저음은 차음하지 않음)
- 귀덮개(EM ; Ear-Muff)

ⓒ 귀마개의 일반구조
- 귀마개는 사용수명 동안 피부자극, 피부질환, 알레르기반응 혹은 그 밖에 다른 건강상의 부작용을 일으키지 않을 것
- 귀마개 사용 중 재료에 변형이 생기지 않을 것
- 귀마개를 착용할 때 귀마개의 모든 부분이 착용자에게 물리적인 손상을 유발시키지 않을 것
- 귀마개를 착용할 때 밖으로 돌출되는 부분이 외부의 접촉에 의하여 귀에 손상이 발생하지 않을 것
- 귀(외이도)에 잘 맞을 것
- 사용 중 심한 불쾌함이 없을 것
- 사용 중에 쉽게 빠지지 않을 것

ⓒ 귀덮개의 일반구조
- 인체에 접촉되는 부분에 사용하는 재료는 해로운 영향을 주지 않을 것
- 귀덮개 사용 중 재료에 변형이 생기지 않을 것
- 제조자가 지정한 방법으로 세척 및 소독을 한 후 육안상 손상이 없을 것
- 금속으로 된 재료는 부식방지처리가 된 것으로 할 것
- 귀덮개의 모든 부분은 날카로운 부분이 없도록 처리할 것
- 제조자는 귀덮개의 쿠션 및 라이너를 전용 도구로 사용하지 않고 착용자가 교체할 수 있을 것
- 귀덮개는 귀 전체를 덮을 수 있는 크기로 하고, 발포 플라스틱 등의 흡음재료로 감쌀 것
- 귀 주위를 덮는 덮개의 안쪽 부위는 발포 플라스틱 공기 혹은 액체를 봉입한 플라스틱 튜브 등에 의해 귀 주위에 완전하게 밀착되는 구조일 것
- 길이 조절을 할 수 있는 금속재질의 머리띠 또는 걸고리 등은 적당한 탄성을 가져 착용자에게 압박감 또는 불쾌함을 주지 않을 것

⑩ 안전대
  ㉠ 용어의 정의
   • 안전대 : 높이 또는 깊이 2[m] 이상의 추락할 위험이 있는 장소에서 작업 시 착용하여야 하는 보호구
   • 각링 : 벨트 또는 안전그네와 신축조절기를 연결하기 위한 사각형의 금속고리
   • 낙하거리
     – 억제거리 : 감속거리를 포함한 거리로서 추락을 억제하기 위하여 요구되는 총거리
     – 감속거리 : 추락하는 동안 전달충격력이 생기는 지점에서 착용자의 D링 등 체결지점과 완전히 정지에 도달하였을 때의 D링 등 체결지점과의 수직거리
   • D링 : 벨트 또는 안전그네와 죔줄을 연결하기 위한 D자형의 금속고리
   • 버클 : 벨트 또는 안전그네를 신체에 착용하기 위해 그 끝에 부착한 금속장치
   • 벨트 : 신체 지지의 목적으로 허리에 착용하는 띠모양의 부품
   • 보조죔줄 : 안전대를 U자 걸이로 사용할 때 U자 걸이를 위해 훅 또는 카라비너를 지탱벨트의 D링에 걸거나 떼어낼 때 잘못하여 추락하는 것을 방지하기 위한 링과 걸이설비 연결에 사용하는 훅 또는 카라비너를 갖춘 줄모양의 부품
   • 보조훅 : U자 걸이를 위해 훅 또는 카라비너를 지탱벨트의 D링에 걸거나 떼어낼 때 추락을 방지하기 위한 훅
   • 수직구명줄 : 로프 또는 레일 등과 같이 유연하거나 단단한 고정줄로서, 추락 발생 시 추락을 저지시키는 추락방지대를 지탱해 주는 줄모양의 부품
   • 신축조절기 : 죔줄의 길이를 조절하기 위해 죔줄에 부착된 금속의 조절장치
   • 안전그네(안전벨트) : 신체 지지의 목적으로 전신에 착용하는 띠모양의 것으로서, 상체 등 신체 일부분만 지지하는 것은 제외함
   • 안전블록 : 안전그네와 연결하여 추락 발생 시 추락을 억제할 수 있는 자동잠김장치가 갖추어져 있고 죔줄이 자동으로 수축되는 장치
   • U자 걸이 : 안전대의 죔줄을 구조물 등에 U자 모양으로 돌린 뒤 훅 또는 카라비너를 D링에, 신축조절기를 각링 등에 연결하는 걸이방법
   • 죔줄 : 벨트 또는 안전그네를 구명줄 또는 구조물 등 그 밖의 걸이설비와 연결하기 위한 줄모양의 부품
   • 지탱벨트 : U자 걸이 사용 시 벨트와 겹쳐서 몸체에 대는 역할을 하는 띠모양의 부품
   • 최대전달충격력 : 동하중시험 시 시험몸통 또는 시험추가 추락하였을 때 로드셀에 의해 측정된 최고하중
   • 추락방지대 : 신체의 추락을 방지하기 위해 자동잠김 장치를 갖추고 죔줄과 수직구명줄에 연결된 금속장치(등급 : 5종)
   • 충격흡수장치 : 추락 시 신체에 가해지는 충격하중을 완화시키는 기능을 갖는 죔줄에 연결되는 부품
   • 8자형 링 : 안전대를 1개 걸이로 사용할 때 훅 또는 카라비너를 죔줄에 연결하기 위한 8자형의 금속고리
   • 1개 걸이 : 죔줄의 한쪽 끝을 D링에 고정시키고 훅 또는 카라비너를 구조물 또는 구명줄에 고정시키는 걸이방법
   • 훅 및 카라비너 : 죔줄과 걸이설비 또는 D링 등과 연결하기 위한 금속장치
  ㉡ 안전대의 구조
   • 벨트식, 안전그네식 안전대의 사용구분에 따른 분류 : U자걸이용, 안전블록, 추락방지대
   • 안전대 부품의 재료 : 나일론, 폴리에스테르, 비닐론 등
   • 안전대의 일반구조
     – 벨트 또는 지탱벨트에 D링 또는 각링과의 부착은 벨트 또는 지탱벨트와 같은 재료를 사용하여 견고하게 봉합하고, 부착은 벤트 또는 지탱벨트 및 죔줄, 수직구명줄 또는 보조죔줄에 심블(Thimble) 등의 마모방지장치가 되어 있을 것(U자 걸이 안전대에 한함)
     – 벨트 또는 안전그네와 버클의 부착은 벨트 또는 안전그네의 한쪽 끝을 꺾어 돌려 버클을 꺾어 돌린 부분을 봉합사로 견고하게 봉합할 것
     – 죔줄 또는 보조죔줄 및 수직구명줄에 D링과 훅 또는 카라비너(이하 D링 등)와의 부착은 죔줄 또는 보조죔줄 및 수직구명줄을 D링 등에 통과시켜 꺾어 돌린 후 그 끝을 3회 이상 얽어 매는 방법(풀림방지장치의 일종) 또는 이와 동등 이상의 확실한 방법으로 하고, 부착은 벨트 또는 지탱벨트 및 죔줄, 수직구명줄 또는 보조죔줄에 심블

(Thimble) 등의 마모방지장치가 되어 있을 것
- 죔줄의 모든 금속 구성품은 내식성을 갖거나 부식방지처리를 할 것
- 벨트의 조임 및 조절 부품은 저절로 풀리거나 열리지 않을 것
- 안전대의 종류는 사용 구분에 따라 벨트식과 안전그네식으로 구분되는데, 이 중 안전그네식에만 적용하는 것은 안전블록과 추락방지대이다.
- 안전그네의 띠는 골반 부분과 어깨에 위치해야 하고, 사용자에게 잘 맞게 조절할 수 있을 것
- 안전대에 사용하는 죔줄에는 충격흡수장치를 부착할 것
- U자 걸이, 추락방지대 및 안전블록에 사용하는 죔줄에는 충격흡수장치를 부착하지 않을 것

• U자 걸이를 사용할 수 있는 안전대의 구조
- 지탱벨트, 각링, 신축조절기가 있을 것(안전그네를 착용할 경우 지탱벨트를 사용하지 않아도 됨)
- U자 걸이 사용 시 D링, 각링은 안전대 착용자의 몸통 양 측면의 해당하는 곳에 고정되도록 지탱벨트 또는 안전그네에 부착할 것
- 신축조절기는 죔줄로부터 이탈하지 않도록 할 것
- U자 걸이 사용 상태에서 신체의 추락을 방지하기 위하여 보조죔줄을 사용할 것
- 보조훅 부착 안전대는 신축조절기의 역방향으로 낙하저지기능을 갖출 것(다만, 죔줄에 스토퍼가 부착될 경우에는 이에 해당하지 않음)
- 보조훅이 없는 U자 걸이 안전대는 1개 걸이로 사용할 수 없도록 훅이 열리는 너비가 죔줄의 직경보다 작고 8자형 링 및 이음형 고리를 갖추지 않을 것

• 안전블록이 부착된 안전대의 구조
- 안전블록을 부착하여 사용하는 안전대는 신체지지의 방법으로 안전그네만 사용할 것
- 안전블록은 정격 사용 길이가 명시될 것
- 안전블록의 줄은 합성섬유로프, 웨빙(Webbing), 와이어로프일 것
- 와이어로프인 경우 최소지름이 4[mm] 이상일 것

• 추락방지대가 부착된 안전대의 구조
- 추락방지대를 부착하여 사용하는 안전대는 신체지지의 방법으로 안전그네만 사용하여야 하며 수직구명줄이 포함될 것
- 수직구명줄에서 걸이설비와의 연결 부위는 훅 또는 카라비너 등이 장착되어 걸이설비와 확실히 연결될 것
- 유연한 수직구명줄은 합성섬유로프 또는 와이어로프 등이어야 하며 구명줄이 고정되지 않아 흔들림에 의한 추락방지대의 오작동을 막기 위하여 적절한 긴장수단을 이용, 팽팽히 당겨질 것
- 죔줄은 합성섬유로프, 웨빙, 와이어로프 등일 것
- 고정된 추락방지대의 수직구명줄은 와이어로프 등으로 하며 최소지름이 8[mm] 이상일 것
- 고정 와이어로프에는 하단부에 무게추가 부착되어 있을 것

ⓒ 안전대의 등급
• 1종 : U자 걸이 전용 안전대
• 2종 : 1개 걸이 전용 안전대(안전대에 의지하지 않아도 작업할 수 있는 발판이 확보되었을 때 사용하는 2종 안전대)
• 3종 : 1개 걸이 U자 걸이 공용 안전대

ⓓ 안전대의 죔줄(로프)의 구비조건
• 내마모성이 높을 것
• 내열성이 높을 것
• 완충성이 높을 것
• 습기나 약품류에 잘 손상되지 않을 것

ⓔ 안전대의 폐기기준
• 폐기하여야 하는 로프
- 소선에 손상이 있는 것
- 페인트, 기름, 약품, 오물 등에 의해 변질된 것
- 비틀림이 있는 것
- 횡마로 된 부분이 헐거워진 것

• 폐기하여야 하는 벨트
- 끝 또는 폭에 1[mm] 이상의 손상 또는 변형이 있는 것
- 양끝의 해짐이 심한 것
- 재봉 부분의 이완이 있는 것
- 재봉실이 1개소 이상 절단된 것
- 재봉실의 마모가 심한 것

• 폐기하여야 하는 D링 부분
- 깊이 1[mm] 이상 손상이 있는 것
- 눈에 보일 정도로 변형이 심한 것

- 전체적으로 녹슬어 있는 것
- 폐기하여야 하는 훅, 버클 부분
  - 훅과 갈고리 부분의 안쪽에 손상이 있는 것
  - 훅 외측에 깊이 1[mm] 이상의 손상이 있는 것
  - 이탈방지장치의 작동이 나쁜 것
  - 전체적으로 녹슬어 있는 것
  - 변형되었거나 버클의 체결 상태가 나쁜 것

⑪ 방열복

㉠ 방열복의 종류(질량[kg]) : 방열상의(3.0), 방열하의(2.0), 방열일체복(4.3), 방열장갑(0.5), 방열두건(2.0)

㉡ 방열두건의 사용구분

차광도 번호	사용구분
#2~#3	고로강판가열로, 조고(造塊) 등의 작업
#3~#5	전로 또는 평로 등의 작업
#6~#8	전기로의 작업

㉢ 방열복의 일반구조
- 방열복은 파열, 절상, 균열이 생기거나 피막이 벗겨지지 않아야 하고, 기능상 지장을 초래하는 흠이 없을 것
- 방열복은 착용 및 조작이 원활하여야 하며, 착용상태에서 작업을 행하는 데 지장이 없을 것
- 방열복을 사용하는 금속부품은 내식성 재질 또는 내식처리를 할 것
- 방열상의의 앞가슴 및 소매의 구조는 열풍이 쉽게 침입할 수 없을 것
- 방열두건의 안면렌즈는 평면상에 투영시켰을 때에 크기가 가로 150[mm] 이상, 세로 80[mm] 이상이어야 하며, 견고하게 고정되어 외부 물체의 형상이 정확히 보일 것
- 방열두건의 안전모는 안전인증품을 사용하여야 하며, 상부는 공기를 배출할 수 있는 구조로 하고, 하부에는 열풍의 침입방지를 위한 보호포가 있을 것
- 땀수는 균일하게 박아야 하며 2[땀/cm] 이상일 것
- 박아 뒤집는 봉제시접은 3[mm] 이상일 것
- 박이시작, 끝맺음 및 특히 터지기 쉬운 곳에 대해서는 2회 이상 되돌아 박기를 할 것

10년간 자주 출제된 문제

2-1. 추락 및 감전위험방지용 안전모의 성능기준 중 일반구조 기준으로 틀린 것은?

① 턱끈의 폭은 10[mm] 이상일 것
② 안전모의 수평 간격은 1[mm] 이내일 것
③ 안전모는 모체, 착장체 및 턱끈을 가질 것
④ 안전모의 착용높이는 85[mm] 이상이고 외부 수직거리는 80[mm] 미만일 것

2-2. 안전모의 성능시험에 해당하지 않는 것은?

① 내수성시험
② 내전압성시험
③ 난연성시험
④ 압박시험

2-3. 다음 중 방진 마스크의 선정기준으로 적절하지 않은 것은?

① 분진 포집효율은 높은 것
② 흡·배기 저항은 높은 것
③ 중량은 가벼운 것
④ 시야는 넓을 것

2-4. 방독 마스크 정화통의 종류와 외부 측면 색상의 연결이 옳은 것은?

① 유기화합물 - 노란색
② 할로겐용 - 회색
③ 아황산용 - 녹색
④ 암모니아용 - 갈색

2-5. 다음 중 관련 규정에 따른 안전대의 일반구조로 적합하지 않은 것은?

① 안전대에 사용하는 죔줄은 충격흡수장치가 부착될 것
② 죔줄의 모든 금속 구성품은 내식성을 갖거나 부식방지처리를 할 것
③ 벨트의 조임 및 조절 부품은 일정 이상의 힘을 받을 경우 저절로 풀리거나 열리도록 되어 있을 것
④ 안전그네는 골반 부분과 어깨에 위치하는 띠를 가져야 하고, 사용자에게 잘 맞게 조절할 수 있을 것

|해설|

2-1
안전모의 수평 간격은 5[mm] 이상일 것

2-2
안전모의 시험성능기준(보호구 안전인증 고시 별표 1)
- 내관통성 : AE, ABE종 안전모는 관통거리가 9.5[mm] 이하이고, AB종 안전모는 관통거리가 11.1[mm] 이하이어야 한다.
- 충격흡수성 : 최고전달충격력이 4,450[N]을 초과해서는 안 되며, 모체와 착장체의 기능이 상실되지 않아야 한다.
- 내전압성 : AE, ABE종 안전모는 교류 20[kV]에서 1분간 절연파괴 없이 견뎌야 하고, 이때 누설되는 충전전류는 10[mA] 이하이어야 한다.
- 내수성 : AE, ABE종 안전모는 질량 증가율이 1[%] 미만이어야 한다.
- 난연성 : 모체가 불꽃을 내며 5초 이상 연소되지 않아야 한다.
- 턱끈 풀림 : 150[N] 이상 250[N] 이하에서 턱끈이 풀려야 한다.

2-3
방진 마스크는 흡·배기 저항이 낮아야 한다.

2-4
① 유기화합물 - 갈색
③ 아황산용 - 노란색
④ 암모니아용 - 녹색

2-5
벨트의 조임 및 조절 부품은 저절로 풀리거나 열리지 않을 것

정답 2-1 ② 2-2 ④ 2-3 ② 2-4 ② 2-5 ③

제4절 산업안전보건 관련 법규

핵심이론 01 | 개요 및 안전보건관리체제

① 산업안전보건 관계법규의 개요
  ㉠ 산업안전보건법의 목적 : 이 법은 산업 안전 및 보건에 관한 기준을 확립하고 그 책임의 소재를 명확하게 하여 산업재해를 예방하고 쾌적한 작업환경을 조성함으로써 노무를 제공하는 사람의 안전 및 보건을 유지·증진함을 목적으로 한다.
  ㉡ 산업안전보건법에서 사용되는 용어의 정의(법 제2조)
  - 산업재해 : 노무를 제공하는 사람이 업무에 관계되는 건설물·설비·원재료·가스·증기·분진 등에 의하거나 작업 또는 그 밖의 업무로 인하여 사망 또는 부상하거나 질병에 걸리는 것
  - 중대재해 : 산업재해 중 사망 등 재해 정도가 심하거나 다수의 재해자가 발생한 경우로서 고용노동부령으로 정하는 재해
  - 근로자 : 근로기준법에 따른 근로자(직업의 종류와 관계없이 임금을 목적으로 사업이나 사업장에 근로를 제공하는 사람)를 말하며 특수형태 근로종사자와 물건의 수거·배달 등을 하는 자를 포함한다.
  - 사업주 : 근로자를 사용하여 사업을 하는 자(특수형태 근로종사자로부터 노무를 제공받는 자와 물건의 수거·배달 등을 중개하는 사람을 포함)
  - 근로자대표 : 근로자의 과반수로 조직된 노동조합이 있는 경우에는 그 노동조합을, 근로자의 과반수로 조직된 노동조합이 없는 경우에는 근로자의 과반수를 대표하는 자
  - 도급 : 명칭에 관계없이 물건의 제조·건설·수리 또는 서비스의 제공, 그 밖의 업무를 타인에게 맡기는 계약
  - 도급인 : 물건의 제조·건설·수리 또는 서비스의 제공, 그 밖의 업무를 도급하는 사업주(건설공사 발주자는 제외)
  - 수급인 : 도급인으로부터 물건의 제조·건설·수리 또는 서비스의 제공, 그 밖의 업무를 도급받은 사업주
  - 관계수급인 : 도급이 여러 단계에 걸쳐 체결된 경우에 각 단계별로 도급받은 사업주 전부

- 건설공사 발주자 : 건설공사를 도급하는 자로서 건설공사의 시공을 주도하여 총괄·관리하지 아니하는 자(도급받은 건설공사를 다시 도급하는 자는 제외)
- 건설공사
  - 건설산업기본법에 따른 건설공사
  - 전기공사업법에 따른 전기공사
  - 정보통신공사업법에 따른 정보통신공사
  - 소방시설공사업법에 따른 소방시설공사
  - 국가유산수리 등에 관한 법률에 따른 국가유산 수리공사
- 안전보건진단 : 산업재해를 예방하기 위하여 잠재적 위험성을 발견하고 그 개선대책을 수립할 목적으로 조사·평가하는 것
- 작업환경측정 : 작업환경 실태를 파악하기 위하여 해당 근로자 또는 작업장에 대하여 사업주가 유해인자에 대한 측정계획을 수립한 후 시료를 채취하고 분석·평가하는 것

ⓒ 사업주, 안전보건관리책임자 및 관리감독자는 다음의 어느 하나에 해당하는 자가 안전 또는 보건에 관한 기술적인 사항에 관하여 지도·조언하는 경우에는 이에 상응하는 적절한 조치를 하여야 한다.
- 안전관리자
- 보건관리자
- 안전보건관리담당자
- 안전관리전문기관 또는 보건관리전문기관(해당 업무를 위탁받은 경우에 한정)

ⓔ 안전관리자·보건관리자 또는 안전보건관리담당자 (이하 관리자)를 정수 이상으로 증원하게 하거나 교체하여 임명할 것을 명할 수 있는 경우
- 해당 사업장의 연간재해율이 같은 업종의 평균재해율의 2배 이상인 경우
- 중대재해가 연간 2건 이상 발생한 경우(다만, 해당 사업장의 전년도 사망만인율이 같은 업종의 평균 사망만인율 이하인 경우는 제외)
- 관리자가 질병이나 그 밖의 사유로 3개월 이상 직무를 수행할 수 없게 된 경우
- 화학적 인자로 인한 직업성 질병자가 연간 3명 이상 발생한 경우
  - 직업성 질병자의 발생일 : 산업재해보상보험법 시행규칙에 따른 요양급여의 결정일
  - 직업성 질병자 발생 당시 사업장에서 해당 화학적 인자를 사용하지 않은 경우에는 그렇지 않다.
- 관리자를 정수 이상으로 증원하게 하거나 교체하여 임명할 것을 명하는 경우에는 미리 사업주 및 해당 관리자의 의견을 듣거나 소명자료를 제출받아야 한다. 다만, 정당한 사유 없이 의견진술 또는 소명자료의 제출을 게을리 한 경우에는 그렇지 않다.

ⓜ 건설기술진흥법령상 건설사고조사위원회는 위원장 1명을 포함한 12명 이내의 위원으로 구성한다.

② 안전보건관리책임자
  ㉠ 개 요
  - 관리책임자는 사업장을 실질적으로 총괄하여 관리하는 사람이며, 안전관리자와 보건관리자를 지휘·감독한다.
  - 관리책임자를 두어야 할 사업의 종류·규모, 관리책임자의 자격, 그 밖에 필요한 사항은 대통령령으로 정한다.
  - 안전보건관리책임자를 두어야 하는 사업의 종류 및 사업장의 상시근로자 수(시행령 별표 2)

사업의 종류	사업장의 상시근로자 수
- 토사석 광업 - 식료품 제조업, 음료 제조업 - 목재 및 나무제품 제조업(가구 제외) - 펄프, 종이 및 종이제품 제조업 - 코크스, 연탄 및 석유정제품 제조업 - 화학물질 및 화학제품 제조업(의약품 제외) - 의료용 물질 및 의약품 제조업 - 고무 및 플라스틱제품 제조업 - 비금속 광물제품 제조업 - 1차 금속 제조업 - 금속가공제품 제조업(기계 및 가구 제외) - 전자부품, 컴퓨터, 영상, 음향 및 통신장비 제조업 - 의료, 정밀, 광학기기 및 시계 제조업 - 전기장비 제조업 - 기타 기계 및 장비 제조업 - 자동차 및 트레일러 제조업 - 기타 운송장비 제조업 - 가구 제조업 - 기타 제품 제조업 - 서적, 잡지 및 기타 인쇄물 출판업 - 해체, 선별 및 원료 재생업 - 자동차 종합 수리업, 자동차 전문 수리업	상시 근로자 50명 이상

사업의 종류	사업장의 상시근로자 수
- 농업 - 어업 - 소프트웨어 개발 및 공급업 - 컴퓨터 프로그래밍, 시스템 통합 및 관리업 - 영상·오디오물 제공 서비스업 - 정보서비스업 - 금융 및 보험업 - 임대업(부동산 제외) - 전문, 과학 및 기술 서비스업(연구개발업 제외) - 사업지원 서비스업 - 사회복지 서비스업	상시 근로자 300명 이상
- 건설업	공사금액 20억원 이상
- 위의 사업을 제외한 사업	상시 근로자 100명 이상

ⓒ 안전보건관리책임자의 업무(법 제15조)
- 사업장의 산업재해예방계획의 수립에 관한 사항
- 안전보건관리규정의 작성 및 변경에 관한 사항
- 안전보건교육에 관한 사항
- 작업환경 측정 등 작업환경의 점검 및 개선에 관한 사항
- 근로자의 건강진단 등 건강관리에 관한 사항
- 산업재해의 원인조사 및 재발방지대책수립에 관한 사항
- 산업재해에 관한 통계의 기록 및 유지에 관한 사항
- 안전장치 및 보호구 구입 시 적격품 여부 확인에 관한 사항
- 그 밖에 근로자의 유해·위험예방조치에 관한 사항으로서 고용노동부령이 정하는 사항

③ 관리감독자
ⓐ 개 요
- 사업주는 관리감독자(사업장의 생산과 관련되는 업무와 그 소속 직원을 직접 지휘·감독하는 직위에 있는 사람)에게 산업안전 및 보건에 관한 업무로서 대통령령으로 정하는 업무를 수행하도록 하여야 한다.
- 관리감독자가 있는 경우에는 안전관리책임자 및 안전관리담당자를 각각 둔 것으로 본다.

ⓒ 관리감독자의 업무(시행령 제15조)
- 사업장 내 관리감독자가 지휘·감독하는 작업과 관련된 기계·기구 또는 설비의 안전·보건점검 및 이상 유무의 확인

- 관리감독자에게 소속된 근로자의 작업복·보호구 및 방호장치의 점검과 그 착용·사용에 관한 교육·지도
- 해당 작업에서 발생한 산업재해에 관한 보고 및 이에 대한 응급조치
- 해당 작업의 작업장 정리정돈 및 통로 확보에 대한 확인·감독
- 사업장의 다음의 어느 하나에 해당하는 사람의 지도·조언에 대한 협조
  - 안전관리자 또는 안전관리전문기관에 위탁한 사업장의 경우에는 그 안전관리전문기관의 해당 사업장 담당자
  - 보건관리자 또는 보건관리전문기관에 위탁한 사업장의 경우에는 그 보건관리전문기관의 해당 사업장 담당자
  - 안전보건관리담당자 또는 안전관리전문기관 또는 보건관리전문기관에 위탁한 사업장의 경우에는 그 안전관리전문기관 또는 보건관리전문기관의 해당 사업장 담당자
  - 산업보건의
- 위험성평가에 관한 다음의 업무
  - 유해·위험요인의 파악에 대한 참여
  - 개선조치의 시행에 대한 참여
- 그 밖에 해당 작업의 안전 및 보건에 관한 사항으로서 고용노동부령으로 정하는 사항

④ 안전관리자
ⓐ 개요(법 제17조, 시행령 제19조)
- 사업주는 사업장에 안전관리자(안전에 관한 기술적인 사항에 관하여 사업주 또는 안전보건관리책임자를 보좌하고 관리감독자에게 지도·조언하는 업무를 수행하는 사람)를 두어야 한다.
- 안전관리자를 두어야 하는 사업의 종류와 사업장의 상시근로자 수, 안전관리자의 수·자격·업무·권한·선임방법, 그 밖에 필요한 사항은 대통령령으로 정한다.
- 고용노동부장관은 산업재해 예방을 위하여 필요한 경우로서 고용노동부령으로 정하는 사유에 해당하는 경우에는 사업주에게 안전관리자를 대통령령으로 정하는 수 이상으로 늘리거나 교체할 것을 명할 수 있다.

- 대통령령으로 정하는 사업의 종류 및 사업장의 상시근로자 수에 해당하는 사업장의 사업주는 안전관리전문기관에 안전관리자의 업무를 위탁할 수 있다. 여기서, 대통령령으로 정하는 사업의 종류 및 사업장의 상시근로자 수에 해당하는 사업장이란 건설업을 제외한 사업으로서 상시근로자 300명 미만을 사용하는 사업장을 말한다.
- 안전관리자의 업무를 안전관리전문기관에 위탁한 경우에는 그 안전관리전문기관을 안전관리자로 본다.
- 사업주가 안전관리자를 배치할 때에는 연장근로·야간근로 또는 휴일근로 등 해당 사업장의 작업 형태를 고려해야 한다.
- 사업주는 안전관리업무의 원활한 수행을 위하여 외부전문가의 평가·지도를 받을 수 있다.
- 안전관리자는 업무를 수행할 때 보건관리자와 협력해야 한다.

ⓒ 안전관리자의 선임 등(시행령 제16조)
- 안전관리자를 두어야 하는 사업의 종류와 사업장의 상시근로자 수, 안전관리자의 수(시행령 별표 3)

사업의 종류
1. 토사석 광업, 2. 식료품 제조업, 음료 제조업, 3. 섬유제품 제조업(의복 제외), 4. 목재 및 나무제품 제조업 ; 가구 제외, 5. 펄프, 종이 및 종이제품 제조업, 6. 코크스, 연탄 및 석유정제품 제조업, 7. 화학물질 및 화학제품 제조업(의약품 제외), 8. 의료용 물질 및 의약품 제조업, 9. 고무 및 플라스틱제품 제조업, 10. 비금속 광물제품 제조업, 11. 1차 금속 제조업, 12. 금속가공제품 제조업 ; 기계 및 가구 제외, 13. 전자부품, 컴퓨터, 영상, 음향 및 통신장비 제조업, 14. 의료, 정밀, 광학기기 및 시계 제조업, 15. 전기장비 제조업, 16. 기타 기계 및 장비 제조업, 17. 자동차 및 트레일러 제조업, 18. 기타 운송장비 제조업, 19. 가구 제조업, 20. 기타 제품 제조업, 21. 산업용 기계 및 장비 수리업, 22. 서적, 잡지 및 기타 인쇄물 출판업, 23. 폐기물 수집, 운반, 처리 및 원료 재생업, 24. 환경 정화 및 복원업, 25. 자동차 종합 수리업, 자동차 전문 수리업, 26. 발전업, 27. 운수 및 창고업

사업장의 상시근로자 수	안전관리자의 수
상시근로자 50명 이상 500명 미만	1명 이상
상시근로자 500명 이상	2명 이상

사업의 종류
28. 농업, 임업 및 어업, 29. 제2호부터 제21호까지의 사업을 제외한 제조업, 30. 전기, 가스, 증기 및 공기조절 공급업(발전업은 제외), 31. 수도, 하수 및 폐기물 처리, 원료 재생업(제23호 및 제24호에 해당하는 사업은 제외), 32. 도매 및 소매업, 33. 숙박 및 음식점업, 34. 영상·오디오 기록물 제작 및 배급업, 35. 방송업, 36. 우편 및 통신업, 37. 부동산업, 38. 임대업(부동산 제외), 39. 연구개발업, 40. 사진처리업, 41. 사업시설 관리 및 조경 서비스업, 42. 청소년 수련시설 운영업, 43. 보건업, 44. 예술, 스포츠 및 여가 관련 서비스업, 45. 개인 및 소비용품수리업(제25호에 해당하는 사업은 제외), 46. 기타 개인 서비스업, 47. 공공행정(청소, 시설관리, 조리 등 현업업무에 종사하는 사람으로서 고용노동부장관이 정하여 고시하는 사람으로 한정), 48. 교육서비스업 중 초등·중등·고등 교육기관, 특수학교·외국인학교 및 대안학교(청소, 시설관리, 조리 등 현업업무에 종사하는 사람으로서 고용노동부장관이 정하여 고시하는 사람으로 한정)

사업장의 상시근로자 수	안전관리자의 수
상시근로자 50명 이상 1천명 미만. 다만, 부동산업(부동산 관리업은 제외)과 사진처리업의 경우에는 상시근로자 100명 이상 1천명 미만으로 한다.	1명 이상
상시근로자 1천명 이상	2명 이상

사업의 종류
49. 건설업

사업장의 상시근로자 수	안전관리자의 수
공사금액 50억원 이상(관계수급인은 100억원 이상) 120억원 미만(종합공사를 시공하는 토목공사업의 경우에는 150억원 미만)	1명 이상
공사금액 120억원 이상(종합공사를 시공하는 토목공사업의 경우에는 150억원 이상) 800억원 미만	1명 이상
공사금액 800억원 이상 1,500억원 미만	2명 이상
공사금액 1,500억원 이상 2,200억원 미만	3명 이상
공사금액 2,200억원 이상 3,000억원 미만	4명 이상
공사금액 3,000억원 이상 3,900억원 미만	5명 이상
공사금액 3,900억원 이상 4,900억원 미만	6명 이상
공사금액 4,900억원 이상 6,000억원 미만	7명 이상
공사금액 6,000억원 이상 7,200억원 미만	8명 이상
공사금액 7,200억원 이상 8,500억원 미만	9명 이상
공사금액 8,500억원 이상 1조원 미만	10명 이상
1조원 이상	11명 이상(매 2,000억원(2조원 이상부터는 매 3,000억원)마다 1명씩 추가)

- 도급인의 사업장에서 이루어지는 도급사업의 공사금액 또는 관계수급인의 상시근로자는 각각 해당 사업의 공사금액 또는 상시근로자로 본다. 다만, 도급사업의 공사금액 또는 관계수급인의 상시근로자의 경우에는 그렇지 않다.
- 같은 사업주가 경영하는 둘 이상의 사업장이 다음의 어느 하나에 해당하는 경우에는 그 둘 이상의 사업장에 1명의 안전관리자를 공동으로 둘 수 있다. 이 경우 해당 사업장의 상시근로자 수의 합계는 300명 이내(건설업의 경우에는 공사금액의 합계가 120억원(종합공사를 시공하는 토목공사업의 경우에는 150억원) 이내)이어야 한다.
  - 같은 시·군·자치구 지역에 소재하는 경우
  - 사업장 간의 경계를 기준으로 15[km] 이내에 소재하는 경우
- 도급인의 사업장에서 이루어지는 도급사업에서 도급인이 고용노동부령으로 정하는 바에 따라 그 사업의 관계수급인 근로자에 대한 안전관리를 전담하는 안전관리자를 선임한 경우에는 그 사업의 관계수급인은 해당 도급사업에 대한 안전관리자를 선임하지 않을 수 있다.
- 사업주는 안전관리자를 선임하거나 안전관리자의 업무를 안전관리전문기관에 위탁한 경우에는 고용노동부령으로 정하는 바에 따라 선임하거나 위탁한 날부터 14일 이내에 고용노동부장관에게 그 사실을 증명할 수 있는 서류를 제출해야 한다. 안전관리자를 늘리거나 교체한 경우에도 또한 같다.

ⓒ 안전관리자의 자격(시행령 별표 4) : 안전관리자는 다음의 어느 하나에 해당하는 사람으로 한다.
- 산업안전지도사 자격을 가진 사람
- 산업안전산업기사 이상의 자격을 취득한 사람
- 건설안전산업기사 이상의 자격을 취득한 사람
- 4년제 대학 이상의 학교에서 산업안전 관련 학위를 취득한 사람 또는 이와 같은 수준 이상의 학력을 가진 사람
- 전문대학 또는 이와 같은 수준 이상의 학교에서 산업안전 관련 학위를 취득한 사람
- 이공계 전문대학 또는 이와 같은 수준 이상의 학교에서 학위를 취득하고, 해당 사업의 관리감독자로서의 업무(건설업의 경우는 시공실무경력)를 3년(4년제 이공계 대학 학위 취득자는 1년) 이상 담당한 후 고용노동부장관이 지정하는 기관이 실시하는 교육(1998년 12월 31일까지의 교육만 해당)을 받고 정해진 시험에 합격한 사람. 다만, 관리감독자로 종사한 사업과 같은 업종(한국표준산업분류에 따른 대분류 기준)의 사업장이면서, 건설업의 경우를 제외하고는 상시근로자 300명 미만인 사업장에서만 안전관리자가 될 수 있다.
- 공업계 고등학교 또는 이와 같은 수준 이상의 학교를 졸업하고, 해당 사업의 관리감독자로서의 업무(건설업의 경우는 시공실무경력)를 5년 이상 담당한 후 고용노동부장관이 지정하는 기관이 실시하는 교육(1998년 12월 31일까지의 교육만 해당)을 받고 정해진 시험에 합격한 사람. 다만, 관리감독자로 종사한 사업과 같은 종류인 업종(한국표준산업분류에 따른 대분류 기준)의 사업장이면서, 건설업의 경우를 제외하고는 상시근로자 50명 이상 1천명 미만인 경우에서만 안전관리자가 될 수 있다.
- 초·중등교육법에 따른 공업계 고등학교를 졸업하거나 고등교육법에 따른 학교에서 공학 또는 자연과학 분야 학위를 취득하고, 건설업을 제외한 사업에서 실무경력이 5년 이상인 사람으로서 고용노동부장관이 지정하는 기관이 실시하는 교육(2028년 12월 31일까지의 교육만 해당)을 받고 정해진 시험에 합격한 사람. 다만, 건설업을 제외한 사업의 사업장이면서 상시근로자 300명 미만인 사업장에서만 안전관리자가 될 수 있다.
- 다음의 어느 하나에 해당하는 사람. 다만, 해당 법령을 적용받은 사업에서만 선임될 수 있다.
  - 허가를 받은 사업자 중 고압가스를 제조·저장 또는 판매하는 사업자가 선임하는 안전관리책임자
  - 허가를 받은 사업자 중 액화석유가스 충전사업·액화석유가스 집단공급사업 또는 액화석유가스 판매사업자가 선임하는 안전관리책임자
  - 도시가스사업법에 따라 선임하는 안전관리 책임자

- 교통안전관리자의 자격을 취득한 후 해당 분야에 채용된 교통안전관리자
- 화약류를 제조·판매 또는 저장하는 사업자가 선임하는 화약류 제조보안책임자 또는 화약류 관리보안책임자
- 전기사업자가 선임하는 전기안전관리자
- 전담 안전관리자를 두어야 하는 사업장(건설업 제외)에서 안전 관련 업무를 10년 이상 담당한 사람
- 종합공사를 시공하는 업종의 건설현장에서 안전보건관리책임자로 10년 이상 재직한 사람
- 건설기술 진흥법에 따른 토목·건축 분야 건설기술인 중 등급이 중급 이상인 사람으로서 고용노동부장관이 지정하는 기관이 실시하는 산업안전교육(2025년 12월 31일까지의 교육만 해당한다)을 이수하고 정해진 시험에 합격한 사람
- 국가기술자격법에 따른 토목산업기사 또는 건축산업기사 이상의 자격을 취득한 후 해당 분야에서의 실무경력이 다음의 구분에 따른 기간 이상인 사람으로서 고용노동부장관이 지정하는 기관이 실시하는 산업안전교육(2025년 12월 31일까지의 교육만 해당한다)을 이수하고 정해진 시험에 합격한 사람
  - 토목기사 또는 건축기사 : 3년
  - 토목산업기사 또는 건축산업기사 : 5년

ⓔ 안전관리자의 업무(시행령 제18조)
- 산업안전보건위원회 또는 안전 및 보건에 관한 노사협의체에서 심의·의결한 업무와 해당 사업장의 안전보건관리규정 및 취업규칙에서 정한 업무
- 위험성평가에 관한 보좌 및 조언·지도
- 안전인증대상기계 등과 자율안전확인대상기계 등 구입 시 적격품의 선정에 관한 보좌 및 지도·조언
- 해당 사업장 안전교육계획의 수립 및 안전교육 실시에 관한 보좌 및 지도·조언
- 사업장 순회점검, 지도 및 조치 건의
- 산업재해 발생의 원인 조사·분석 및 재발 방지를 위한 기술적 보좌 및 지도·조언
- 산업재해에 관한 통계의 유지·관리·분석을 위한 보좌 및 지도·조언
- 법 또는 법에 따른 명령으로 정한 안전에 관한 사항의 이행에 관한 보좌 및 지도·조언
- 업무 수행 내용의 기록·유지

⑤ 보건관리자
ⓐ 개요(법 제18조)
- 사업주는 사업장에 보건관리자(보건에 관한 기술적인 사항에 관하여 사업주 또는 안전보건관리책임자를 보좌하고 관리감독자에게 지도·조언하는 업무를 수행하는 사람)를 두어야 한다.
- 보건관리자를 두어야 하는 사업의 종류와 사업장의 상시근로자 수, 보건관리자의 수·자격·업무·권한·선임방법, 그 밖에 필요한 사항은 대통령령으로 정한다.
- 대통령령으로 정하는 사업의 종류 및 사업장의 상시근로자 수에 해당하는 사업장의 사업주는 보건관리자에게 그 업무만을 전담하도록 하여야 한다.
- 고용노동부장관은 산업재해 예방을 위하여 필요한 경우로서 고용노동부령으로 정하는 사유에 해당하는 경우에는 사업주에게 보건관리자를 대통령령으로 정하는 수 이상으로 늘리거나 교체할 것을 명할 수 있다.
- 대통령령으로 정하는 사업의 종류 및 사업장의 상시근로자 수에 해당하는 사업장의 사업주는 지정받은 보건관리 업무를 전문적으로 수행하는 기관(이하 보건관리전문기관이라 함)에 보건관리자의 업무를 위탁할 수 있다.
- 대통령령으로 정하는 사업의 종류 및 사업장의 상시근로자 수에 해당하는 사업장(시행령 제23조)
  - 건설업을 제외한 사업(업종별·유해인자별 보건관리전문기관의 경우에는 고용노동부령으로 정하는 사업)으로서 상시근로자 300명 미만을 사용하는 사업장
  - 외딴곳으로서 고용노동부장관이 정하는 지역에 있는 사업장
- 사업주가 보건관리자를 배치할 때에는 연장근로·야간근로 또는 휴일근로 등 해당 사업장의 작업 형태를 고려해야 한다.
- 사업주는 보건관리업무의 원활한 수행을 위하여 외부전문가의 평가·지도를 받을 수 있다.

ⓑ 보건관리자의 선임 등(시행령 제20조, 시행령 별표 5)
- 보건관리자를 두어야 하는 사업의 종류와 사업장의 상시근로자 수, 보건관리자의 수 및 선임방법

사업의 종류
1. 광업(광업 지원 서비스업 제외), 2. 섬유제품 염색, 정리 및 마무리 가공업, 3. 모피제품 제조업, 4. 그 외 기타 의복 액세서리 제조업(모피 액세서리에 한정), 5. 모피 및 가죽 제조업(원피가공 및 가죽 제조업 제외), 6. 신발 및 신발부분품 제조업, 7. 코크스, 연탄 및 석유정제품 제조업, 8. 화학물질 및 화학제품 제조업(의약품 제외), 9. 의료용 물질 및 의약품 제조업, 10. 고무 및 플라스틱제품 제조업, 11. 비금속 광물제품 제조업, 12. 1차 금속 제조업, 13. 금속가공제품 제조업(기계 및 가구 제외), 14. 기타 기계 및 장비 제조업, 15. 전자부품, 컴퓨터, 영상, 음향 및 통신장비 제조업, 16. 전기장비 제조업, 17. 자동차 및 트레일러 제조업, 18. 기타 운송장비 제조업, 19. 가구 제조업, 20. 해체, 선별 및 원료 재생업, 21. 자동차 종합 수리업, 자동차 전문 수리업, 22. 유해물질을 제조하는 사업과 그 유해물질을 사용하는 사업 중 고용노동부장관이 특히 보건관리를 할 필요가 있다고 인정하여 고시하는 사업

사업장의 상시근로자 수	안전관리자의 수
상시근로자 50명 이상 500명 미만	1명 이상
상시근로자 500명 이상 2천명 미만	2명 이상
상시근로자 2천명 이상	

사업의 종류
23. 2부터 22까지의 사업을 제외한 제조업

사업장의 상시근로자 수	안전관리자의 수
상시근로자 50명 이상 1천명 미만	1명 이상
상시근로자 1천명 이상 3천명 미만	2명 이상
상시근로자 3천명 미만	

사업의 종류
24. 농업, 임업 및 어업, 25. 전기, 가스, 증기 및 공기조절공급업, 26. 수도, 하수 및 폐기물 처리, 원료 재생업(20에 해당하는 사업 제외), 27. 운수 및 창고업, 28. 도매 및 소매업, 29. 숙박 및 음식점업, 30. 서적, 잡지 및 기타 인쇄물 출판업, 31. 방송업, 32. 우편 및 통신업, 33. 부동산업, 34. 연구개발업, 35. 사진 처리업, 36. 사업시설 관리 및 조경 서비스업, 37. 공공행정(청소, 시설관리, 조리 등 현업업무에 종사하는 사람으로서 고용노동부장관이 정하여 고시하는 사람으로 한정), 38. 교육서비스업 중 초등·중등·고등 교육기관, 특수학교·외국인학교 및 대안학교(청소, 시설관리, 조리 등 현업업무에 종사하는 사람으로서 고용노동부장관이 정하여 고시하는 사람으로 한정), 39. 청소년 수련시설 운영업, 40. 보건업, 41. 골프장 운영업, 42. 개인 및 소비용품 수리업(21에 해당하는 사업 제외), 43. 세탁업

사업장의 상시근로자 수	안전관리자의 수
상시근로자 50명 이상 5천명 미만. 다만, 35의 경우에는 상시근로자 100명 이상 5천명 미만	1명 이상
상시 근로자 5천명 이상	2명 이상

사업의 종류
44. 건설업

사업장의 상시근로자 수	안전관리자의 수
공사금액 800억원 이상(종합공사를 시공하는 토목공사업에 속하는 공사의 경우에는 1천억 이상) 또는 상시근로자 600명 이상	1명 이상

※ 공사금액 800억원(종합공사를 시공하는 토목공사업은 1천억원)을 기준으로 1,400억원이 증가할 때마다 또는 상시근로자 600명을 기준으로 600명이 추가될 때마다 1명씩 추가

- 대통령령으로 정하는 사업의 종류 및 사업장의 상시근로자 수에 해당하는 사업장이란 상시근로자 300명 이상을 사용하는 사업장을 말한다.

ⓒ 보건관리자의 자격(시행령 제21조, 시행령 별표 6)
- 산업보건지도사 자격을 가진 사람
- 의 사
- 간호사
- 산업위생관리산업기사 또는 대기환경산업기사 이상의 자격을 취득한 사람
- 인간공학기사 이상의 자격을 취득한 사람
- 전문대학 이상의 학교에서 산업보건 또는 산업위생 분야의 학위를 취득한 사람(법령에 따라 이와 같은 수준 이상의 학력이 있다고 인정되는 사람을 포함)

ⓔ 보건관리자의 업무(시행령 제22조)
- 산업안전보건위원회 또는 노사협의체에서 심의·의결한 업무와 안전보건관리규정 및 취업규칙에서 정한 업무
- 안전인증대상기계 등과 자율안전확인대상기계 등 중 보건과 관련된 보호구 구입 시 적격품 선정에 관한 보좌 및 지도·조언
- 위험성평가에 관한 보좌 및 지도·조언
- 물질안전보건자료의 게시 또는 비치에 관한 보좌 및 지도·조언
- 산업보건의의 직무(의사로 한정)
- 해당 사업장 보건교육계획의 수립 및 보건교육 실시에 관한 보좌 및 지도·조언
- 해당 사업장의 근로자를 보호하기 위한 다음의 조치에 해당하는 의료행위(의사나 간호사로 한정)
  - 자주 발생하는 가벼운 부상에 대한 치료
  - 응급처치가 필요한 사람에 대한 처치

- 부상·질병의 악화를 방지하기 위한 처치
- 건강진단 결과 발견된 질병자의 요양 지도, 관리
- 상기의 의료행위에 따르는 의약품의 투여
• 작업장 내에서 사용되는 전체 환기장치 및 국소 배기장치 등에 관한 설비의 점검과 작업방법의 공학적 개선에 관한 보좌 및 지도·조언
• 사업장 순회점검, 지도 및 조치 건의
• 산업재해 발생의 원인 조사·분석 및 재발방지를 위한 기술적 보좌 및 지도·조언
• 산업재해에 관한 통계의 유지·관리·분석을 위한 보좌 및 지도·조언
• 법 또는 법에 따른 명령으로 정한 보건에 관한 사항의 이행에 관한 보좌 및 지도·조언
• 업무수행내용의 기록·유지
• 그 밖에 보건과 관련된 작업관리 및 작업환경관리에 관한 사항으로서 고용노동부장관이 정하는 사항

⑥ 안전보건관리담당자
  ㉠ 개요(법 제19조, 시행령 제24조)
    • 사업주는 사업장에 안전보건관리담당자(안전 및 보건에 관하여 사업주를 보좌하고 관리감독자에게 지도·조언하는 업무를 수행하는 사람)을 두어야 한다. 다만, 안전관리자 또는 보건관리자가 있거나 이를 두어야 하는 경우에는 그러하지 아니하다.
    • 안전보건관리담당자를 두어야 하는 사업의 종류와 사업장의 상시근로자 수, 안전보건관리담당자의 수·자격·업무·권한·선임방법, 그 밖에 필요한 사항은 대통령령으로 정한다.
    • 고용노동부장관은 산업재해 예방을 위하여 필요한 경우로서 고용노동부령으로 정하는 사유에 해당하는 경우에는 사업주에게 안전보건관리담당자를 대통령령으로 정하는 수 이상으로 늘리거나 교체할 것을 명할 수 있다.
    • 대통령령으로 정하는 사업의 종류 및 사업장의 상시근로자 수에 해당하는 사업장(안전보건관리담당자를 선임해야 하는 사업장)의 사업주는 안전관리전문기관 또는 보건관리전문기관에 안전보건관리담당자의 업무를 위탁할 수 있다. 안전보건관리담당자의 업무를 안전관리전문기관 또는 보건관리전문기관에 위탁한 경우에는 그 안전관리전문기관 또는 보건관리전문기관을 안전보건관리담당자로 본다.
    • 안전보건관리담당자는 업무에 지장이 없는 범위에서 다른 업무를 겸할 수 있다.
    • 사업주는 안전보건관리담당자를 선임한 경우에는 그 선임 사실 및 업무를 수행했음을 증명할 수 있는 서류를 갖추어 두어야 한다.
  ㉡ 안전보건관리담당자의 선임 등 : 다음의 어느 하나에 해당하는 사업의 사업주는 상시근로자 20명 이상 50명 미만인 사업장에 안전보건관리담당자를 1명 이상 선임해야 한다.
    • 제조업
    • 임 업
    • 하수, 폐수 및 분뇨처리업
    • 폐기물 수집, 운반, 처리 및 원료 재생업
    • 환경 정화 및 복원업
  ㉢ 안전보건관리담당자는 해당 사업장 소속 근로자로서 다음의 어느 하나에 해당하는 요건을 갖추어야 한다.
    • 안전관리자의 자격을 갖추었을 것
    • 보건관리자의 자격을 갖추었을 것
    • 고용노동부장관이 정하여 고시하는 안전보건교육을 이수했을 것
  ㉣ 안전보건관리담당자의 업무(시행령 제25조)
    • 안전보건교육 실시에 관한 보좌 및 지도·조언
    • 위험성평가에 관한 보좌 및 지도·조언
    • 작업환경측정 및 개선에 관한 보좌 및 지도·조언
    • 건강진단에 관한 보좌 및 지도·조언
    • 산업재해 발생의 원인 조사, 산업재해 통계의 기록 및 유지를 위한 보좌 및 지도·조언
    • 산업안전·보건과 관련된 안전장치 및 보호구 구입 시 적격품 선정에 관한 보좌 및 지도·조언

⑦ 안전관리전문기관
  ㉠ 개요(법 제21조)
    • 안전관리전문기관 또는 보건관리전문기관이 되려는 자는 대통령령으로 정하는 인력·시설 및 장비 등의 요건을 갖추어 고용노동부장관의 지정을 받아야 한다.
    • 고용노동부장관은 안전관리전문기관 또는 보건관리전문기관에 대하여 평가하고 그 결과를 공개할 수 있다. 이 경우 평가의 기준·방법 및 결과의 공개에 필요한 사항은 고용노동부령으로 정한다.

- 안전관리전문기관 또는 보건관리전문기관의 지정 절차, 업무수행에 관한 사항, 위탁받은 업무를 수행할 수 있는 지역, 그 밖에 필요한 사항은 고용노동부령으로 정한다.
- 고용노동부장관은 안전관리전문기관 또는 보건관리전문기관이 다음의 어느 하나에 해당할 때에는 그 지정을 취소하거나 6개월 이내의 기간을 정하여 그 업무의 정지를 명할 수 있다.
  - 지정 취소의 경우
    ⓐ 거짓이나 그 밖의 부정한 방법으로 지정을 받은 경우
    ⓑ 업무정지 기간 중에 업무를 수행한 경우
  - 6개월 이내의 업무 정지
    ⓐ 지정 요건을 충족하지 못한 경우
    ⓑ 지정받은 사항을 위반하여 업무를 수행한 경우
    ⓒ 그 밖에 대통령령으로 정하는 사유에 해당하는 경우
- 안전관리전문기관 등의 지정 취소 등의 사유(시행령 제28조)
  - 안전관리 또는 보건관리 업무 관련 서류를 거짓으로 작성한 경우
  - 정당한 사유 없이 안전관리 또는 보건관리 업무의 수탁을 거부한 경우
  - 위탁받은 안전관리 또는 보건관리 업무에 차질을 일으키거나 업무를 게을리한 경우
  - 안전관리 또는 보건관리 업무를 수행하지 않고 위탁 수수료를 받은 경우
  - 안전관리 또는 보건관리 업무와 관련된 비치서류를 보존하지 않은 경우
  - 안전관리 또는 보건관리 업무수행과 관련한 대가 외에 금품을 받은 경우
  - 법에 따른 관계 공무원의 지도·감독을 거부·방해 또는 기피한 경우
- 지정이 취소된 자는 지정이 취소된 날부터 2년 이내에는 각각 해당 안전관리전문기관 또는 보건관리전문기관으로 지정받을 수 없다.

ⓛ 안전관리전문기관으로 지정받을 수 있는 자(시행령 제27조)
- 산업안전지도사(건설안전 분야의 산업안전지도사는 제외)
- 안전관리 업무를 하려는 법인

ⓒ 보건관리전문기관으로 지정받을 수 있는 자
- 산업보건지도사
- 국가 또는 지방자치단체의 소속기관
- 종합병원 또는 병원
- 대학 또는 그 부속기관
- 보건관리 업무를 하려는 법인

⑧ 산업보건의(법 제22조)
ⓓ 개 요
- 사업주는 근로자의 건강관리나 그 밖에 보건관리자의 업무를 지도하기 위하여 사업장에 산업보건의를 두어야 한다. 다만, 의사를 보건관리자로 둔 경우에는 그러하지 아니한다.
- 산업보건의를 두어야 하는 사업의 종류와 사업장의 상시근로자 수 및 산업보건의의 자격·직무·권한·선임방법, 그 밖에 필요한 사항은 대통령령으로 정한다.

ⓛ 산업보건의의 선임 등(시행령 제29조)
- 산업보건의를 두어야 하는 사업의 종류와 사업장은 보건관리자를 두어야 하는 사업으로서 상시근로자수가 50명 이상인 사업장으로 한다. 다만, 다음의 어느 하나에 해당하는 경우는 그렇지 않다.
  - 의사를 보건관리자로 선임한 경우
  - 보건관리전문기관에 보건관리자의 업무를 위탁한 경우
- 산업보건의는 외부에서 위촉할 수 있다.
- 사업주는 산업보건의를 선임하거나 위촉했을 때에는 고용노동부령으로 정하는 바에 따라 선임하거나 위촉한 날부터 14일 이내에 고용노동부장관에게 그 사실을 증명할 수 있는 서류를 제출해야 한다.
- 위촉된 산업보건의가 담당할 사업장 수 및 근로자 수, 그 밖에 필요한 사항은 고용노동부장관이 정한다.

ⓒ 산업보건의의 자격(시행령 제30조) : 의사로서 직업환경의학과 전문의, 예방의학 전문의 또는 산업보건에 관한 학식과 경험이 있는 사람으로 한다.

ⓔ 산업보건의의 직무 등(시행령 제31조)
- 건강진단 결과의 검토 및 그 결과에 따른 작업 배치, 작업 전환 또는 근로시간의 단축 등 근로자의 건강보호 조치

- 근로자의 건강장해의 원인 조사와 재발방지를 위한 의학적 조치
- 그 밖에 근로자의 건강 유지 및 증진을 위하여 필요한 의학적 조치에 관하여 고용노동부장관이 정하는 사항

⑨ 명예산업안전감독관
  ㉠ 개요(법 제23조, 시행령 제32조)
    - 고용노동부장관은 산업재해 예방활동에 대한 참여와 지원을 촉진하기 위하여 근로자, 근로자단체, 사업주단체 및 산업재해 예방 관련 전문단체에 소속된 사람 중에서 명예산업안전감독관을 위촉할 수 있다.
    - 사업주는 명예산업안전감독관에 대하여 직무수행과 관련한 사유로 불리한 처우를 해서는 아니 된다.
    - 명예산업안전감독관의 위촉 방법, 업무, 그 밖에 필요한 사항은 대통령령으로 정한다.
    - 명예산업안전감독관의 임기는 2년으로 하되, 연임할 수 있다.
    - 고용노동부장관은 명예산업안전감독관의 활동을 지원하기 위하여 수당 등을 지급할 수 있다.
  ㉡ 명예산업안전감독관의 업무와 위촉 가능자
    - 명예산업안전감독관의 업무
      - 사업장에서 하는 자체점검 참여 및 근로감독관이 하는 사업장 감독 참여
      - 사업장 산업재해 예방계획 수립 참여 및 사업장에서 하는 기계·기구 자체검사 참석
      - 법령을 위반한 사실이 있는 경우 사업주에 대한 개선 요청 및 감독기관에의 신고
      - 산업재해 발생의 급박한 위험이 있는 경우 사업주에 대한 작업 중지 요청
      - 작업환경측정, 근로자 건강진단 시의 참석 및 그 결과에 대한 설명회 참여
      - 직업성 질환의 증상이 있거나 질병에 걸린 근로자가 여러 명 발생한 경우 사업주에 대한 임시건강진단 실시 요청
      - 근로자에 대한 안전수칙 준수 지도
      - 법령 및 산업재해 예방정책 개선 건의
      - 안전·보건의식을 북돋우기 위한 활동 등에 대한 참여와 지원
      - 그 밖에 산업재해 예방에 대한 홍보 등 산업재해 예방업무와 관련하여 고용노동부장관이 정하는 업무
    - 위촉 가능자

위촉 가능자	해당 업무
산업안전보건위원회 구성 대상 사업의 근로자 또는 노사협의체 구성·운영 대상 건설공사의 근로자 중에서 근로자대표(해당 사업장에 단위 노동조합의 산하 노동단체가 그 사업장 근로자의 과반수로 조직되어 있는 경우에는 지부·분회 등 명칭이 무엇이든 관계없이 해당 노동단체의 대표자)가 사업주의 의견을 들어 추천하는 사람	'법령 및 산업재해 예방정책 개선 건의'를 제외한 업무
연합단체인 노동조합 또는 그 지역 대표기구에 소속된 임직원 중에서 해당 연합단체인 노동조합 또는 그 지역 대표기구가 추천하는 사람	– 법령 및 산업재해 예방정책 개선 건의 – 안전·보건의식을 북돋우기 위한 활동 등에 대한 참여와 지원 – 그 밖에 산업재해 예방에 대한 홍보 등 산업재해 예방 업무와 관련하여 고용노동부장관이 정하는 업무
전국 규모의 사업주단체 또는 그 산하조직에 소속된 임직원 중에서 해당 단체 또는 그 산하조직이 추천하는 사람	
산업재해 예방 관련 업무를 하는 단체 또는 그 산하조직에 소속된 임직원 중에서 해당 단체 또는 그 산하조직이 추천하는 사람	

  ㉢ 명예산업안전감독관의 해촉(시행령 제33조)
    - 근로자대표가 사업주의 의견을 들어 위촉된 명예산업안전감독관의 해촉을 요청한 경우
    - 위촉된 명예산업안전감독관이 해당 단체 또는 그 산하조직으로부터 퇴직하거나 해임된 경우
    - 명예산업안전감독관의 업무와 관련하여 부정한 행위를 한 경우
    - 질병이나 부상 등의 사유로 명예산업안전감독관의 업무수행이 곤란하게 된 경우

⑩ 산업안전보건위원회
  ㉠ 개요(법 제24조)
    - 사업주는 사업장의 안전 및 보건에 관한 중요 사항을 심의·의결하기 위하여 사업장에 근로자위원과 사용자위원이 같은 수로 구성되는 산업안전보건위원회(이하 위원회)를 구성·운영하여야 한다.
    - 사업주는 다음의 사항에 대해서는 위원회의 심의·의결을 거쳐야 한다.
      - 사업장의 산업재해 예방계획의 수립에 관한 사항
      - 안전보건관리규정의 작성 및 변경에 관한 사항
      - 안전보건교육에 관한 사항
      - 작업환경측정 등 작업환경의 점검 및 개선에 관한 사항

- 근로자의 건강진단 등 건강관리에 관한 사항
- 산업재해 통계의 기록 및 유지에 관한 사항
- 산업재해의 원인 조사 및 재발방지대책 수립에 관한 사항 중 중대재해에 관한 사항
- 유해하거나 위험한 기계·기구·설비를 도입한 경우 안전 및 보건 관련 조치에 관한 사항
- 그 밖에 해당 사업장 근로자의 안전 및 보건을 유지·증진시키기 위하여 필요한 사항
- 위원회는 대통령령으로 정하는 바에 따라 회의를 개최하고 그 결과를 회의록으로 작성하여 보존하여야 한다.
- 사업주와 근로자는 위원회가 심의·의결한 사항을 성실하게 이행하여야 한다.
- 위원회는 이 법, 이 법에 따른 명령, 단체협약, 취업규칙 및 안전보건관리규정에 반하는 내용으로 심의·의결해서는 아니 된다.
- 사업주는 위원회의 위원에게 직무수행과 관련한 사유로 불리한 처우를 해서는 아니 된다.
- 위원회를 구성하여야 할 사업의 종류 및 사업장의 상시근로자 수, 산업안전보건위원회의 구성·운영 및 의결되지 아니한 경우의 처리방법, 그 밖에 필요한 사항은 대통령령으로 정한다.

ⓒ 위원회를 구성해야 할 사업의 종류 및 사업장의 상시근로자 수(시행령 제34조, 별표 9)

사업의 종류	사업장의 상시근로자 수
• 토사석 광업 • 목재 및 나무제품 제조업(가구 제외) • 화학물질 및 화학제품 제조업(의약품 제외, 세제, 화장품 및 광택제 제조업과 화학섬유 제조업은 제외) • 비금속 광물제품 제조업 • 1차 금속 제조업 • 금속가공제품 제조업(기계 및 가구 제외) • 자동차 및 트레일러 제조업 • 기타 기계 및 장비 제조업(사무용 기계 및 장비 제조업은 제외) • 기타 운송장비 제조업(전투용 차량 제조업은 제외)	상시근로자 50명 이상
• 농 업 • 어 업 • 소프트웨어 개발 및 공급업 • 컴퓨터 프로그래밍, 시스템 통합 및 관리업 • 영상·오디오물 제공 서비스업 • 정보서비스업 • 금융 및 보험업 • 임대업(부동산 제외) • 전문, 과학 및 기술 서비스업(연구개발업은 제외) • 사업지원 서비스업 • 사회복지 서비스업	상시근로자 300명 이상
• 건설업	공사금액 120억원 이상(종합공사를 시공하는 토목공사업의 경우는 150억원 이상)
• 위의 사업을 제외한 사업	상시근로자 100명 이상

ⓒ 위원회의 구성(시행령 제35조)
- 근로자위원
  - 근로자대표
  - 명예산업안전감독관이 위촉되어 있는 사업장의 경우 근로자대표가 지명하는 1명 이상의 명예산업안전감독관
  - 근로자대표가 지명하는 9명(위원이 있는 경우에는 9명에서 그 위원의 수를 제외한 수) 이내의 해당 사업장의 근로자
- 사용자위원
  - 해당 사업의 대표자(같은 사업으로서 다른 지역에 사업장이 있는 경우에는 그 사업장의 안전보건관리책임자)
  - 안전관리자(안전관리자를 두어야 하는 사업장으로 한정하되, 안전관리자의 업무를 안전관리전문기관에 위탁한 사업장의 경우에는 그 안전관리전문기관의 해당 사업장 담당자) 1명
  - 보건관리자(보건관리자를 두어야 하는 사업장으로 한정하되, 보건관리자의 업무를 보건관리전문기관에 위탁한 사업장의 경우에는 그 보건관리전문기관의 해당 사업장 담당자) 1명

- 산업보건의(해당 사업장에 선임되어 있는 경우로 한정)
- 해당 사업의 대표자가 지명하는 9명 이내의 해당 사업장 부서의 장(상시근로자 50명 이상 100명 미만을 사용하는 사업장에서는 제외 구성 가능)
• 건설공사도급인이 안전 및 보건에 관한 협의체를 구성한 경우에는 위원회의 위원을 다음의 사람을 포함하여 구성할 수 있다.
- 근로자위원 : 도급 또는 하도급 사업을 포함한 전체 사업의 근로자대표, 명예산업안전감독관 및 근로자대표가 지명하는 해당 사업장의 근로자
- 사용자위원 : 도급인 대표자, 관계 수급인의 각 대표자 및 안전관리자

ⓒ 위원회의 위원장(시행령 제36조) : 위원회의 위원장은 위원 중에서 호선한다. 이 경우 근로자위원과 사용자위원 중 각 1명을 공동위원장으로 선출할 수 있다.

ⓜ 위원회의 회의 등(시행령 제37조)
• 위원회의 회의는 정기회의와 임시회의로 구분하되, 정기회의는 분기마다 위원회의 위원장이 소집하며, 임시회의는 위원장이 필요하다고 인정할 때에 소집한다.
• 회의는 근로자위원 및 사용자위원 각 과반수의 출석으로 개의하고 출석위원 과반수의 찬성으로 의결한다.
• 근로자대표, 명예산업안전감독관, 해당 사업의 대표자, 안전관리자 또는 보건관리자는 회의에 출석할 수 없는 경우에는 해당 사업에 종사하는 사람 중에서 1명을 지정하여 위원으로서의 직무를 대리하게 할 수 있다.
• 위원회는 다음의 사항을 기록한 회의록을 작성하여 갖추어 두어야 한다.
- 개최 일시 및 장소
- 출석위원
- 심의 내용 및 의결·결정 사항
- 그 밖의 토의사항

ⓑ 의결되지 않은 사항 등의 처리(시행령 제38조)
• 위원회는 다음의 어느 하나에 해당하는 경우에는 근로자위원과 사용자위원의 합의에 따라 위원회에 중재기구를 두어 해결하거나 제3자에 의한 중재를 받아야 한다.
- 위원회에서 의결하지 못한 경우
- 위원회에서 의결된 사항의 해석 또는 이행방법 등에 관하여 의견이 일치하지 않는 경우
• 상기에 따른 중재 결정이 있는 경우에는 위원회의 의결을 거친 것으로 보며, 사업주와 근로자는 그 결정에 따라야 한다.

ⓢ 회의 결과 등의 공지(시행령 제39조) : 위원회의 위원장은 위원회에서 심의·의결된 내용 등 회의 결과와 중재 결정된 내용 등을 사내방송이나 사내보, 게시 또는 자체 정례조회, 그 밖의 적절한 방법으로 근로자에게 신속히 알려야 한다.

⑪ 사업주
㉠ 개 요
• 산업안전보건법령상 건설업의 도급인 사업주가 작업장을 순회점검하여야 하는 주기는 2일에 1회 이상이다.
• 산업안전보건법령상 해당 사업장의 연간 재해율이 같은 업종의 평균재해율의 2배 이상의 경우 사업주에게 관리자를 정수 이상으로 증원하게 하거나 교체하여 임명할 것을 명할 수 있는 자는 지방고용노동관서의 장이다.

㉡ 산업안전보건법상 사업주의 의무(법 제5조)
• 산업안전법과 이 법에 따른 명령으로 정하는 산업재해 예방을 위한 기준
• 근로자의 신체적 피로와 정신적 스트레스 등을 줄일 수 있는 쾌적한 작업환경의 조성 및 근로조건 개선
• 해당 사업장의 안전 및 보건에 관한 정보를 근로자에게 제공

㉢ 다음의 어느 하나에 해당하는 자는 발주·설계·제조·수입 또는 건설을 할 때 산업안전보건법과 이 법에 따른 명령으로 정하는 기준을 지켜야 하고, 발주·설계·제조·수입 또는 건설에 사용되는 물건으로 인하여 발생하는 산업재해를 방지하기 위하여 필요한 조치를 하여야 한다(법 제5조).
• 기계·기구와 그 밖의 설비를 설계·제조 또는 수입하는 자
• 원재료 등을 제조·수입하는 자
• 건설물을 발주·설계·건설하는 자

ⓔ 산업안전보건법상 산업재해가 발생한 때에 사업주가 기록·보존하여야 하는 사항(시행규칙 제72조)
- 사업장의 개요 및 근로자의 인적사항
- 재해 발생의 일시 및 장소
- 재해 발생의 원인 및 과정
- 재해 재발방지계획

ⓜ 고용노동부령으로 정하는 산업재해에 대하여 사업주가 고용노동부장관에게 보고하여야 할 사항(법 제57조)
- 산업재해 발생 개요
- 원인 및 보고 시기
- 재발방지계획

⑫ 안전보건관리규정

㉠ 개요
- 사업주는 사업장의 안전·보건을 유지하기 위하여 안전보건관리규정을 작성하여 각 사업장에 게시하거나 갖춰 두고, 이를 근로자에게 알려야 한다.
- 산업안전보건법상 안전보건관리규정을 작성해야 할 사업의 사업주는 안전보건관리규정을 작성하여야 할 사유가 발생한 날부터 30일 이내에 작성하여야 한다. 이를 변경할 사유가 발생한 경우에도 또한 같다.

㉡ 안전보건관리규정의 작성(법 제25조)
- 사업주는 사업장의 안전 및 보건을 유지하기 위하여 다음의 사항이 포함된 안전보건관리규정을 작성하여야 한다.
  - 안전 및 보건에 관한 관리조직과 그 직무에 관한 사항
  - 안전보건교육에 관한 사항
  - 작업장의 안전 및 보건 관리에 관한 사항
  - 사고 조사 및 대책 수립에 관한 사항
  - 그 밖에 안전 및 보건에 관한 사항
- 안전보건관리규정은 단체협약 또는 취업규칙에 반할 수 없다. 이 경우 안전보건관리규정 중 단체협약 또는 취업규칙에 반하는 부분에 관하여는 그 단체협약 또는 취업규칙으로 정한 기준에 따른다.
- 안전보건관리규정을 작성하여야 할 사업의 종류, 사업장의 상시근로자 수 및 안전보건관리규정에 포함되어야 할 세부적인 내용, 그 밖에 필요한 사항은 고용노동부령으로 정한다.

㉢ 안전보건관리규정 포함 세부내용
- 위험성 감소 대책 수립 및 시행에 관한 사항
- 하도급사업장에 대한 안전·보건관리에 관한 사항
- 질병자의 근로 금지 및 취업 제한 등에 관한 사항

㉣ 안전보건관리규정의 작성 시 유의사항
- 안전·보건관리조직과 직무에 관한 사항은 해당 사업장에 적용되는 단체협약 및 취업규칙에 반할 수 없다. 이 경우 안전보건관리규정 중 단체협약 또는 취업규칙에 반하는 부분에 관하여는 그 단체협약 또는 취업규칙으로 정한 기준에 따른다.
- 안전보건관리규정을 작성하는 경우에는 소방·가스·전기·교통 분야 등의 다른 법령에서 정하는 안전관리에 관한 규정과 통합하여 작성할 수 있다.
- 규정된 기준은 법정기준을 상회할 수 있다.
- 관리자의 직무와 권한에 대한 부분은 명확하게 한다.
- 작성 또는 개정 현장의 의견을 충분히 반영시킨다.
- 정상 및 이상 시의 사고 발생에 대한 조치사항을 포함시킨다.

㉤ 안전보건관리규정을 작성하여야 할 사업장 규모별 종류
- 상시근로자 300명 이상을 사용하는 사업장 : 농업, 어업, 소프트웨어 개발 및 공급업, 컴퓨터 프로그래밍, 시스템 통합 및 관리업, 영상·오디오물 제공 서비스업, 정보서비스업, 금융 및 보험업, 임대업(부동산 제외), 전문·과학 및 기술 서비스업(연구개발업 제외), 사업지원 서비스업, 사회복지 서비스업
- 상시근로자 100명 이상을 사용하는 사업장 : 상기 사업을 제외한 사업

㉥ 사업장 안전보건관리규정 작성 및 심사에 관한 규정 중 안전조직과 관련된 사항
- 사업장을 총괄·관리하는 자를 안전보건관리 총괄책임자로 하되 안전관리의 라인-스태프형 원칙을 준수한다.
- 전담관리자를 두어야 할 사업장은 전문적인 직무사항(재해조사와 그 원인 규명 및 대책 수립 등) 등에 관한 업무분담을 위하여 스태프형 조직을 가능한 사업주 직속하에 둠을 원칙으로 한다.

㉦ 안전보건관리규정의 작성·변경 절차(법 제26조) : 사업주는 안전보건관리규정을 작성하거나 변경할 때에는 산업안전보건위원회의 심의·의결을 거쳐야 한다. 다만, 산업안전보건위원회가 설치되어 있지 아니한 사업장의 경우에는 근로자대표의 동의를 받아야 한다.

⑬ 서류의 보존(법 제164조)
　㉠ 사업주는 다음의 서류를 3년(회의록은 2년) 동안 보존하여야 한다. 다만, 고용노동부령으로 정하는 바에 따라 보존기간을 연장할 수 있다.
　　• 서류 또는 전산입력자료를 보관하는 경우
　　　– 안전보건관리책임자·안전관리자·보건관리자·안전보건관리담당자 및 산업보건의의 선임에 관한 서류
　　　– 회의록
　　　– 안전조치 및 보건조치에 관한 사항으로서 고용노동부령으로 정하는 사항을 적은 서류
　　　– 산업재해의 발생 원인 등 기록
　　　– 화학물질의 유해성·위험성 조사에 관한 서류
　　　– 작업환경측정에 관한 서류
　　• 서류로만 보관 : 건강진단에 관한 서류
　㉡ 안전인증 또는 안전검사의 업무를 위탁받은 안전인증기관 또는 안전검사기관은 안전인증·안전검사에 관한 사항으로서 고용노동부령으로 정하는 서류를 3년 동안 보존하여야 하고, 안전인증을 받은 자는 안전인증대상기계 등에 대하여 기록한 서류를 3년 동안 보존하여야 하며, 자율안전확인대상기계 등을 제조하거나 수입하는 자는 자율안전기준에 맞는 것임을 증명하는 서류를 2년 동안 보존하여야 하고, 자율안전검사를 받은 자는 자율검사프로그램에 따라 실시한 검사 결과에 대한 서류를 2년 동안 보존하여야 한다.
　㉢ 일반 석면조사를 한 건축물·설비 소유주 등은 그 결과에 관한 서류를 그 건축물이나 설비에 대한 해체·제거작업이 종료될 때까지 보존하여야 하고, 기관석면조사를 한 건축물·설비 소유주 등과 석면조사기관은 그 결과에 관한 서류를 3년 동안 보존하여야 한다.
　㉣ 작업환경측정기관은 작업환경측정에 관한 사항으로서 고용노동부령으로 정하는 사항을 적은 서류를 3년 동안 보존하여야 한다.
　㉤ 지도사는 그 업무에 관한 사항으로서 고용노동부령으로 정하는 사항을 적은 서류를 5년 동안 보존하여야 한다.
　㉥ 석면 해체·제거업자는 석면 해체·제거작업에 관한 서류 중 고용노동부령으로 정하는 서류를 30년 동안 보존하여야 한다.

⑭ 건강진단 및 근로시간(시행규칙 제197조, 법 제139조)
　㉠ 근로자에 대한 일반건강진단의 실시 시기 기준
　　• 사무직에 종사하는 근로자(공장 또는 공사현장과 같은 구역에 있지 않은 사무실에서 서무·인사·경리·판매·설계 등의 사무업무에 종사하는 근로자를 말하며, 판매업무 등에 직접 종사하는 근로자는 제외) : 2년에 1회 이상
　　• 사무직 외의 업무에 종사하는 근로자 : 1년에 1회 이상
　㉡ 유해하거나 위험한 작업 등 근로시간 제한 기간 : 1일 6시간, 1주 34시간 초과 금지

10년간 자주 출제된 문제

1-1. 다음 중 산업안전보건법에서 정의한 용어에 대한 설명으로 틀린 것은?
① '사업주'란 근로자를 사용하여 사업을 행하는 자를 말한다.
② '근로자대표'란 근로자의 과반수로 조직된 노동조합이 있는 경우에는 그 노동조합을 말한다.
③ '중대재해'란 산업재해 중 부상자 또는 직업성 질병자가 동시에 5인 이상 발생한 재해를 말한다.
④ '산업재해'란 근로자가 업무에 관계되는 건설물·설비·원재료·가스·증기·분진 등에 의하거나 작업 또는 그 밖의 업무로 인하여 사망 또는 부상하거나 질병에 걸리는 것을 말한다.

1-2. 산업안전보건법상 산업안전보건위원회의 심의·의결사항이 아닌 것은?
① 산업재해 예방계획의 수립에 관한 사항
② 근로자의 건강진단 등 건강관리에 관한 사항
③ 재해지에 관한 치료 및 재해보상에 관한 사항
④ 안전보건관리규정의 작성 및 변경에 관한 사항

1-3. 산업안전보건법령에 따른 산업안전보건위원회의 구성에 있어 사용자위원에 해당하지 않는 자는?
① 안전관리자
② 명예산업안전감독관
③ 해당 사업의 대표자가 지명한 9인 이내 해당 사업장 부서의 장
④ 보건관리자의 업무를 위탁한 경우 대행기관의 해당 사업장 담당자

10년간 자주 출제된 문제

1-4. 산업안전보건법령상 동일한 장소에서 행하여지는 사업의 일부를 도급에 의하여 행하는 사업에 있어 안전보건총괄책임자를 지정하여야 하는 사업은?

① 25인의 토사석 광업
② 25인의 제1차 금속산업
③ 100인의 선박 및 보트 건조업
④ 150인의 화합물 및 화학제품 제조업

1-5. 산업안전보건법상 안전보건총괄책임자의 직무에 해당되지 않는 것은?

① 중대재해 발생 시 작업의 중지
② 도급사업 시의 안전·보건조치
③ 해당 사업장 안전교육계획의 수립 및 실시
④ 수급인의 산업안전보건관리비의 집행 감독 및 그 사용에 관한 수급인 간의 협의·조정

1-6. 다음 중 산업안전보건법령상 안전보건관리책임자가 총괄·관리하여야 하는 업무에 해당하지 않는 것은?

① 안전보건관리규정의 작성 및 그 변경에 관한 사항
② 작업환경의 점검 및 개선에 관한 사항
③ 안전·보건을 위한 근로자의 적정배치에 관한 사항
④ 안전장치 및 보호구 구입 시의 적격품 여부 확인에 관한 사항

1-7. 산업안전보건법령상 안전관리자를 2인 이상 선임하여야 하는 사업에 해당하지 않는 것은?

① 공사금액이 1,000억인 건설업
② 상시 근로자가 500명인 통신업
③ 상시 근로자가 1,500명인 운수업
④ 상시 근로자가 600명인 식료품 제조업

1-8. 산업안전보건법상 지방고용노동관서의 장이 사업주에게 안전관리자나 보건관리자를 정수 이상으로 증원하게 하거나 교체하여 임명할 것을 명령할 수 있는 경우는?

① 사망재해가 연간 1건 발생한 경우
② 중대재해가 연간 3건 발생한 경우
③ 관리자가 질병의 사유로 3개월 이상 해당 직무를 수행할 수 없게 된 경우
④ 해당 사업장의 연간재해율이 같은 업종의 평균재해율의 1.5배 이상인 경우

1-9. 산업안전보건법령상 안전관리자가 수행하여야 할 업무가 아닌 것은?(단, 그 밖에 안전에 관한 사항으로서 고용노동부장관이 정하는 사항은 제외한다)

① 사업장 순회점검·지도 및 조치의 건의
② 해당 사업장 안전교육계획의 수립 및 안전교육 실시에 관한 보좌 및 조언·지도
③ 산업재해 발생의 원인 조사·분석 및 재발방지를 위한 기술적 보좌 및 조언·지도
④ 해당 작업의 작업장의 정리정돈 및 통로 확보에 대한 확인·감독

1-10. 산업안전보건법령상 안전보건관리규정에 포함해야 할 내용이 아닌 것은?

① 안전보건교육에 관한 사항
② 사고조사 및 대책 수립에 관한 사항
③ 안전보건관리 조직과 그 직무에 관한 사항
④ 산업재해보상보험에 관한 사항

1-11. 산업안전보건법령상 안전보건관리규정을 작성해야 하는 사업의 사업주는 안전보건관리규정을 작성해야 할 사유가 발생한 날부터 며칠 이내에 작성해야 하는가?

① 15일
② 30일
③ 60일
④ 90일

1-12. 산업안전보건법상 사업주의 의무에 해당하지 않는 것은?

① 산업재해 예방을 위한 기본 준수
② 사업장의 안전·보건에 관한 정보를 근로자에게 제공
③ 유해하거나 위험한 기계·기구·설비 및 방호장치·보호구 등의 안전성 평가 및 개선
④ 근로자의 신체적 피로와 정신적 스트레스 등을 줄일 수 있는 쾌적한 작업환경을 조성하고 근로조건을 개선

1-13. 산업안전보건법상 산업재해가 발생한 때에 사업주가 기록·보존하여야 하는 사항이 아닌 것은?

① 사업장의 개요 및 근로자의 인적사항
② 재해 발생의 일시 및 장소
③ 재해 발생의 원인 및 과정
④ 재해원인 수사요청 기록 및 근무상황일지

| 해설 |

1-1
'중대재해'란 산업재해 중 부상자 또는 직업성 질병자가 동시에 10인 이상 발생한 재해를 말한다.

1-2
산업안전보건위원회의 심의·의결사항(법 제24조)
- 사업장의 산업재해 예방계획의 수립에 관한 사항
- 안전보건관리규정의 작성 및 변경에 관한 사항
- 안전보건교육에 관한 사항
- 작업환경측정 등 작업환경의 점검 및 개선에 관한 사항
- 근로자의 건강진단 등 건강관리에 관한 사항
- 산업재해에 관한 통계의 기록 및 유지에 관한 사항
- 중대재해에 관한 사항
- 유해하거나 위험한 기계·기구·설비를 도입한 경우 안전 및 보건 관련 조치에 관한 사항
- 그 밖에 해당 사업장 근로자의 안전 및 보건을 유지·증진시키기 위하여 필요한 사항

1-3
명예산업안전감독관은 사용자위원이 아니라 근로자위원에 해당된다.

1-4
① 50인의 토사석 광업
② 50인의 제1차 금속산업
④ 50인의 화합물 및 화학제품 제조업

1-5
안전보건총괄책임자의 직무(시행령 제53조)
- 위험성평가의 실시에 관한 사항
- 산업재해 및 중대재해 발생 시 작업의 중지
- 도급 시 산업재해 예방조치
- 산업안전보건관리비의 관계수급인 간의 사용에 관한 협의·조성 및 그 집행의 감독
- 안전인증대상기계 등과 자율안전확인대상기계 등의 사용 여부 확인

1-6
안전보건관리책임자의 업무(법 제15조)
- 사업장의 산업재해예방계획의 수립에 관한 사항
- 안전보건관리규정의 작성 및 변경에 관한 사항
- 안전보건교육에 관한 사항
- 작업환경측정 등 작업환경의 점검 및 개선에 관한 사항
- 근로자의 건강진단 등 건강관리에 관한 사항
- 산업재해의 원인조사 및 재발방지대책 수립에 관한 사항
- 산업재해에 관한 통계의 기록 및 유지에 관한 사항
- 안전장치 및 보호구 구입 시 적격품 여부 확인에 관한 사항
- 그 밖에 근로자의 유해·위험예방조치에 관한 사항으로서 고용노동부령이 정하는 사항

1-7
상시근로자가 500명인 통신업의 경우 안전관리자를 1인 이상 선임한다.

1-8
안전관리자 등의 증원·교체 임명 명령(시행규칙 제12조)
- 해당 사업장의 연간재해율이 같은 업종의 평균재해율의 2배 이상인 경우
- 중대재해가 연간 2건 이상 발생한 경우(다만, 해당 사업장의 전년도 사망만인율이 같은 업종의 평균사망만인율 이하인 경우는 제외)
- 관리자가 질병이나 그 밖의 사유로 3개월 이상 직무를 수행할 수 없게 된 경우
- 화학적 인자로 인한 직업성 질병자가 연간 3명 이상 발생한 경우

1-9
안전관리자의 업무 등(시행령 제18조)
- 안전 및 보건에 관한 노사협의체에서 심의·의결한 업무와 해당 사업장의 안전보건관리규정 및 취업규칙에서 정한 업무
- 위험성평가에 관한 보좌 및 지도·조언
- 안전인증대상기계 등과 법 자율안전확인대상기계 등 구입 시 적격품의 선정에 관한 보좌 및 지도·조언
- 안전교육계획의 수립 및 안전교육 실시에 관한 보좌 및 지도·조언
- 사업장 순회점검, 지도 및 조치 건의
- 산업재해 발생의 원인 조사·분석 및 재발 방지를 위한 기술적 보좌 및 지도·조언
- 산업재해에 관한 통계의 유지·관리·분석을 위한 보좌 및 지도·조언
- 안전에 관한 사항의 이행에 관한 보좌 및 지도·조언
- 업무 수행 내용의 기록·유지
- 그 밖에 안전에 관한 사항으로서 고용노동부장관이 정하는 사항

1-10
안전보건관리규정의 작성(법 제25조)
- 안전 및 보건에 관한 관리조직과 그 직무에 관한 사항
- 안전보건교육에 관한 사항
- 작업장의 안전 및 보건관리에 관한 사항
- 사고 조사 및 대책 수립에 관한 사항
- 그 밖에 안전 및 보건에 관한 사항

1-11
안전보건관리규정의 작성(시행규칙 제25조)
안전보건관리규정을 작성해야 할 사업의 사업주는 안전보건관리규정을 작성하여야 할 사유가 발생한 날부터 30일 이내에 작성하여야 한다.

|해설|

1-12

사업주의 의무(법 제5조)
- 산업안전보건법과 이 법에 따른 명령으로 정하는 산업재해 예방을 위한 기준
- 근로자의 신체적 피로와 정신적 스트레스 등을 줄일 수 있는 쾌적한 작업환경의 조성 및 근로조건 개선
- 해당 사업장의 안전 및 보건에 관한 정보를 근로자에게 제공

1-13

산업재해 기록(시행규칙 제72조)
- 사업장의 개요 및 근로자의 인적사항
- 재해 발생의 일시 및 장소
- 재해 발생의 원인 및 과정
- 재해 재발방지 계획

정답 1-1 ③ 1-2 ③ 1-3 ② 1-4 ④ 1-5 ④ 1-6 ③ 1-7 ② 1-8 ③ 1-9 ④ 1-10 ④ 1-11 ② 1-12 ③ 1-13 ④

핵심이론 02 | 진단 및 유해위험방지조치

① 안전보건진단

ⓐ 안전보건진단의 개요(법 제47조)
- 고용노동부장관은 추락·붕괴, 화재·폭발, 유해하거나 위험한 물질의 누출 등 산업재해 발생의 위험이 현저히 높은 사업장의 사업주에게 안전보건진단기관이 실시하는 안전보건진단을 받을 것을 명할 수 있다.
- 사업주는 안전보건진단 명령을 받은 경우 고용노동부령으로 정하는 바에 따라 안전보건진단기관에 안전보건진단을 의뢰하여야 한다.
- 사업주는 안전보건진단기관이 실시하는 안전보건진단에 적극 협조하여야 하며, 정당한 사유 없이 이를 거부하거나 방해 또는 기피해서는 아니 된다.
- 안전보건진단 시 근로자대표가 요구할 때에는 해당 안전보건진단에 근로자대표를 입회시켜야 한다.
- 안전보건진단기관은 안전보건진단을 실시한 경우에는 안전보건진단 결과보고서를 고용노동부령으로 정하는 바에 따라 해당 사업장의 사업주 및 고용노동부장관에게 제출하여야 한다.
- 안전보건진단의 종류 및 내용, 안전보건진단 결과보고서에 포함될 사항, 그 밖에 필요한 사항은 대통령령으로 정한다.

ⓒ 안전보건진단의 종류 및 내용(시행령 제46조, 시행령 별표 14)

종류	진단내용
종합 진단	• 경영·관리적 사항에 대한 평가 　- 산업재해 예방계획의 적정성 　- 안전·보건 관리조직과 그 직무의 적정성 　- 산업안전보건위원회 설치·운영, 명예산업안전감독관의 역할 등 근로자의 참여 정도 　- 안전보건관리규정 내용의 적정성 • 산업재해 또는 사고의 발생 원인(산업재해 또는 사고가 발생한 경우만 해당) • 작업조건 및 작업방법에 대한 평가 • 유해·위험요인에 대한 측정 및 분석 　- 기계·기구 또는 그 밖의 설비에 의한 위험성 　- 폭발성·물반응성·자기반응성·자기발열성 물질, 자연발화성 액체·고체 및 인화성 액체 등에 의한 위험성 　- 전기·열 또는 그 밖의 에너지에 의한 위험성 　- 추락, 붕괴, 낙하, 비래(飛來) 등으로 인한 위험성 　- 그 밖에 기계·기구·설비·장치·구축물·시설물·원재료 및 공정 등에 의한 위험성 　- 법 제118조제1항에 따른 허가대상물질, 고용노동부령으로 정하는 관리대상 유해물질 및 온도·습도·환기·소음·진동·분진, 유해광선 등의 유해성 또는 위험성 • 보호구, 안전·보건장비 및 작업환경 개선시설의 적정성 • 유해물질의 사용·보관·저장, 물질안전보건자료의 작성, 근로자 교육 및 경고표시 부착의 적정성 • 그 밖에 작업환경 및 근로자 건강 유지·증진 등 보건관리의 개선을 위하여 필요한 사항
안전 진단	• 산업재해 또는 사고의 발생 원인(산업재해 또는 사고가 발생한 경우만 해당) • 작업조건 및 작업방법에 대한 평가 • 유해·위험요인에 대한 측정 및 분석 　- 기계·기구 또는 그 밖의 설비에 의한 위험성 　- 폭발성·물반응성·자기반응성·자기발열성 물질, 자연발화성 액체·고체 및 인화성 액체 등에 의한 위험성 　- 전기·열 또는 그 밖의 에너지에 의한 위험성 　- 추락, 붕괴, 낙하, 비래(飛來) 등으로 인한 위험성 　- 그 밖에 기계·기구·설비·장치·구축물·시설물·원재료 및 공정 등에 의한 위험성
보건 진단	• 산업재해 또는 사고의 발생 원인(산업재해 또는 사고가 발생한 경우만 해당) • 작업조건 및 작업방법에 대한 평가 • 유해·위험요인에 대한 측정 및 분석 　- 법 제118조제1항에 따른 허가대상물질, 고용노동부령으로 정하는 관리대상 유해물질 및 온도·습도·환기·소음·진동·분진, 유해광선 등의 유해성 또는 위험성 • 보호구, 안전·보건장비 및 작업환경 개선시설의 적정성 • 유해물질의 사용·보관·저장, 물질안전보건자료의 작성, 근로자 교육 및 경고표시 부착의 적정성 • 그 밖에 작업환경 및 근로자 건강 유지·증진 등 보건관리의 개선을 위하여 필요한 사항

• 고용노동부장관은 안전보건진단 명령을 할 경우 기계·화공·전기·건설 등 분야별로 한정하여 진단을 받을 것을 명할 수 있다.
• 안전보건진단 결과보고서에는 산업재해 또는 사고의 발생원인, 작업조건·작업방법에 대한 평가 등의 사항이 포함되어야 한다.

ⓒ 안전보건진단기관(법 제48조)
• 안전보건진단기관이 되려는 자는 대통령령으로 정하는 인력·시설 및 장비 등의 요건을 갖추어 고용노동부장관의 지정을 받아야 한다.
• 고용노동부장관은 안전보건진단기관에 대하여 평가하고 그 결과를 공개할 수 있다. 이 경우, 평가의 기준·방법 및 결과의 공개에 필요한 사항은 고용노동부령으로 정한다.
• 안전보건진단기관의 지정 절차, 그 밖에 필요한 사항은 고용노동부령으로 정한다.

ⓔ 안전보건진단기관의 지정 취소 등의 사유(시행령 제48조)
• 안전보건진단 업무 관련 서류를 거짓으로 작성한 경우
• 정당한 사유 없이 안전보건진단 업무의 수탁을 거부한 경우
• 인력기준에 해당하지 않은 사람에게 안전보건진단 업무를 수행하게 한 경우
• 안전보건진단 업무를 수행하지 않고 위탁 수수료를 받은 경우
• 안전보건진단 업무와 관련된 비치서류를 보존하지 않은 경우
• 안전보건진단 업무수행과 관련한 대가 외의 금품을 받은 경우
• 법에 따른 관계 공무원의 지도·감독을 거부·방해 또는 기피한 경우

② 안전보건개선계획
㉠ 개요(법 제49조, 시행규칙 제61조)
• 사업주는 안전보건개선계획을 수립할 때에는 산업안전보건위원회의 심의를 거쳐야 한다. 다만, 산업안전보건위원회가 설치되어 있지 아니한 사업장의 경우에는 근로자대표의 의견을 들어야 한다.
• 안전보건개선계획서에는 시설, 안전·보건관리체제, 안전·보건교육, 산업재해 예방 및 작업환경의 개선을 위하여 필요한 사항이 포함되어야 한다.

- 안전보건개선계획서 중점 개선항목 : 시설, 기계장치, 작업방법
ⓒ 안전보건진단을 받아 안전보건개선계획을 수립할 대상(법 제49조, 시행령 제49조)
  - 산업재해율이 같은 업종 평균산업재해율의 2배 이상인 사업장
  - 산업재해율이 같은 업종의 규모별 평균산업재해율보다 높은 사업장
  - 사업주가 필요한 안전조치 또는 보건조치를 이행하지 아니하여 중대재해가 발생한 사업장
  - 대통령령으로 정하는 수 이상의 직업성 질병자가 발생한 사업장(직업성 질병자가 연간 2명 이상(상시근로자 1천명 이상 사업장의 경우 3명 이상) 발생한 사업장)
  - 유해인자의 노출기준을 초과한 사업장
  - 그 밖에 작업환경 불량, 화재·폭발 또는 누출사고 등으로 사업장 주변까지 피해가 확산된 사업장으로서 고용노동부령으로 정하는 사업장
ⓒ 산업안전보건법에 따라 안전보건개선계획을 수립·시행하여야 하는 사업장에서 안전보건계획서를 작성할 때에 반드시 포함되어야 하는 사항
  - 시설의 개선을 위하여 필요한 사항
  - 안전·보건교육의 개선을 위하여 필요한 사항
  - 작업환경의 개선을 위하여 필요한 사항
ⓔ 안전보건개선계획서의 제출(법 제50조)
  - 안전보건개선계획의 수립·시행명령을 받은 사업주는 고용노동부령으로 정하는 바에 따라 안전보건개선계획서를 작성하여 고용노동부장관에게 제출하여야 한다.
  - 고용노동부장관은 제출받은 안전보건개선계획서를 고용노동부령으로 정하는 바에 따라 심사하여 그 결과를 사업주에게 서면으로 알려 주어야 한다. 이 경우 고용노동부장관은 근로자의 안전 및 보건의 유지·증진을 위하여 필요하다고 인정하는 경우 해당 안전보건개선계획서의 보완을 명할 수 있다.
  - 사업주와 근로자는 심사를 받은 안전보건개선계획서(보완한 안전보건개선계획서를 포함)를 준수하여야 한다.

③ **작업시작 전 점검사항(안전보건규칙 별표 3)**
  ㉠ 프레스 작업 시작 전 점검사항
  - 클러치 및 브레이크의 기능
  - 크랭크축·플라이휠·슬라이드·연결봉 및 연결나사의 풀림 유무
  - 1행정 1정지기구·급정지장치 및 비상정지장치의 기능
  - 슬라이드 또는 칼날에 의한 위험방지기구의 기능
  - 프레스의 금형 및 고정볼트 상태
  - 방호장치의 기능
  - 전단기의 칼날 및 테이블의 상태
  ㉡ 로봇의 작동범위 내에서 그 로봇에 관하여 교시 등(로봇의 동력원을 차단하고 행하는 것은 제외)의 작업 시작 전 점검사항
  - 외부전선의 피복 또는 외장의 손상 유무
  - 매니퓰레이터(Manipulator) 작동의 이상 유무
  - 제동장치 및 비상정지장치의 기능
  ㉢ 공기압축기 가동 작업 시작 전 점검사항
  - 공기저장 압력용기의 외관 상태
  - 드레인밸브(Drain Valve)의 조작 및 배수
  - 압력방출장치의 기능
  - 언로드밸브(Unloading Valve)의 기능
  - 윤활유의 상태
  - 회전부의 덮개 또는 울
  - 그 밖의 연결 부위의 이상 유무
  ㉣ 크레인 작업 시작 전 점검사항
  - 권과방지장치·브레이크·클러치 및 운전장치의 기능
  - 주행로의 상측 및 트롤리(Trolley)가 횡행하는 레일의 상태
  - 와이어로프가 통하고 있는 곳의 상태
  ㉤ 이동식 크레인 작업 시작 전 점검사항
  - 권과방지장치 그 밖의 경보장치의 기능
  - 브레이크·클러치 및 조정장치의 기능
  - 와이어로프가 통하고 있는 곳 및 작업장소의 지반 상태
  ㉥ 리프트(자동차정비용 리프트 포함) 작업 시작 전 점검사항
  - 방호장치·브레이크 및 클러치의 기능
  - 와이어로프가 통하고 있는 곳의 상태

Ⓢ 곤돌라 작업시작 전 점검사항
- 방호장치·브레이크의 기능
- 와이어로프·슬링와이어(Sling Wire) 등의 상태

ⓞ 양중기의 와이어로프 등(와이어로프, 달기체인, 섬유로프, 섬유벨트 또는 훅, 섀클, 링 등)의 철구를 사용한 고리걸이 작업 시작 전 점검사항 : 와이어로프 등의 이상 유무

ⓩ 지게차 작업 시작 전 점검사항
- 제동장치 및 조종장치 기능의 이상 유무
- 하역장치 및 유압장치 기능의 이상 유무
- 바퀴의 이상 유무
- 전조등·후미등·방향지시기 및 경보장치 기능의 이상 유무

ⓒ 구내운반차 작업 시작 전 점검사항
- 제동장치 및 조종장치 기능의 이상 유무
- 하역장치 및 유압장치 기능의 이상 유무
- 바퀴의 이상 유무
- 전조등·후미등·방향지시기 및 경음기 기능의 이상 유무
- 충전장치를 포함한 홀더 등의 결합 상태의 이상 유무

ⓚ 고소작업대 작업 시작 전 점검사항
- 비상정지장치 및 비상하강방지장치 기능의 이상 유무
- 과부하방지장치의 작동 유무(와이어로프 또는 체인 구동방식의 경우)
- 아웃트리거 또는 바퀴의 이상 유무
- 작업면의 기울기 또는 요철 유무
- 활선작업용 장치의 경우 홈, 균열, 파손 등 그 밖의 손상 유무

ⓣ 화물자동차 작업시작 전 점검사항
- 제동장치 및 조종장치의 기능
- 하역장치 및 유압장치의 기능
- 바퀴의 이상 유무

ⓟ 컨베이어 작업 시작 전 점검사항
- 원동기 및 풀리 기능의 이상 유무
- 이탈 등의 방지장치 기능의 이상 유무
- 비상정지장치 기능의 이상 유무
- 원동기·회전축·기어 및 풀리 등의 덮개 또는 울 등의 이상 유무

ⓗ 차량계건설기계 작업시작 전 점검사항 : 브레이크 및 클러치 등의 기능
- 용접·용단 작업 등의 화재위험작업을 할 때
  - 작업 준비 및 작업 절차 수립 여부
  - 화기작업에 따른 인근 가연성물질에 대한 방호조치 및 소화기구 비치 여부
  - 용접불티 비산방지덮개 또는 용접방화포 등 불꽃·불티 등의 비산을 방지하기 위한 조치 여부
  - 인화성 액체의 증기 또는 인화성 가스가 남아 있지 않도록 하는 환기조치 여부
  - 작업근로자에 대한 화재 예방 및 피난교육 등 비상조치 여부
- 이동식 방폭구조 전기기계·기구를 사용 작업 시작 전 점검사항 : 전선 및 접속부 상태
- 근로자가 반복하여 계속적으로 중량물 취급 작업 시작 전 점검사항
  - 중량물 취급의 올바른 자세 및 복장
  - 위험물이 날아 흩어짐에 따른 보호구의 착용
  - 카바이드·생석회(산화칼슘) 등과 같이 온도 상승이나 습기에 의하여 위험성이 존재하는 중량물의 취급방법
  - 그 밖의 하역운반기계 등의 적절한 사용방법
- 양화장치를 사용하여 화물을 싣고 내리는 작업 시작 전 점검사항
  - 양화장치의 작동 상태
  - 양화장치에 제한하중을 초과하는 하중을 실었는지 여부
- 슬링 등을 사용한 작업 시작 전 점검사항
  - 훅이 붙어 있는 슬링·와이어슬링 등의 매달린 상태
  - 슬링·와이어슬링 등의 상태(작업 시작 전 및 작업 중 수시로 점검)

④ 작업중지·시정조치·중대재해조치 등
  ㉠ 사업주의 작업중지(법 제51조) 사업주는 산업재해가 발생할 급박한 위험이 있을 때에는 즉시 작업을 중지시키고, 근로자를 작업장소에서 대피시키는 등 안전 및 보건에 관하여 필요한 조치를 하여야 한다.
  ㉡ 근로자의 작업중지(법 제52조)
    - 근로자는 산업재해가 발생할 급박한 위험이 있는 경우에는 작업을 중지하고 대피할 수 있다.

- 작업을 중지하고 대피한 근로자는 지체 없이 그 사실을 관리감독자 등(관리감독자 또는 그 밖에 부서의 장)에게 보고하여야 한다.
- 관리감독자 등은 보고를 받으면 안전 및 보건에 관하여 필요한 조치를 하여야 한다.
- 사업주는 산업재해가 발생할 급박한 위험이 있다고 근로자가 믿을 만한 합리적인 이유가 있을 때에는 작업을 중지하고 대피한 근로자에 대하여 해고나 그 밖의 불리한 처우를 해서는 아니 된다.

ⓒ 고용노동부장관의 시정조치 등(법 제53조)
- 고용노동부장관은 사업주가 사업장의 기계·설비 등(건설물 또는 그 부속 건설물 및 기계·기구·설비·원재료)에 대하여 안전 및 보건에 관하여 고용노동부령으로 정하는 필요한 조치를 하지 아니하여 근로자에게 현저한 유해·위험이 초래될 우려가 있다고 판단될 때에는 해당 기계·설비 등에 대하여 시정조치(사용중지·대체·제거 또는 시설의 개선, 그 밖에 안전 및 보건에 관하여 고용노동부령으로 정하는 필요한 조치)를 명할 수 있다.
- 시정조치명령을 받은 사업주는 해당 기계·설비 등에 대하여 시정조치를 완료할 때까지 시정조치명령 사항을 사업장 내에 근로자가 쉽게 볼 수 있는 장소에 게시하여야 한다.
- 고용노동부장관은 사업주가 해당 기계·설비 등에 대한 시정조치명령을 이행하지 아니하여 유해·위험 상태가 해소 또는 개선되지 아니하거나, 근로자에 대한 유해·위험이 현저히 높아질 우려가 있는 경우에는 해당 기계·설비 등과 관련된 작업의 전부 또는 일부의 중지를 명할 수 있다.
- 사용중지 명령 또는 작업중지 명령을 받은 사업주는 그 시정조치를 완료한 경우에는 고용노동부장관에게 사용중지 또는 작업중지의 해제를 요청할 수 있다.
- 고용노동부장관은 해제 요청에 대하여 시정조치가 완료되었다고 판단될 때에는 사용중지 또는 작업중지를 해제하여야 한다.

ⓔ 중대재해 발생 시 사업주의 조치(법 제54조)
- 사업주는 중대재해가 발생하였을 때에는 즉시 해당 작업을 중지시키고 근로자를 작업장소에서 대피시키는 등 안전 및 보건에 관하여 필요한 조치를 하여야 한다.
- 사업주는 중대재해가 발생한 사실을 알게 된 경우에는 고용노동부령으로 정하는 바에 따라 지체 없이 고용노동부장관에게 보고하여야 한다. 다만, 천재지변 등 부득이한 사유가 발생한 경우에는 그 사유가 소멸된 때부터 지체 없이 보고하여야 한다(시행규칙 제67조).
  - 발생 개요 및 피해 상황
  - 조치 및 전망
  - 그 밖의 중요한 사항

ⓜ 중대재해 발생 시 고용노동부장관의 작업중지조치(법 제55조)
- 고용노동부장관은 중대재해가 발생하였을 때 다음의 어느 하나에 해당하는 작업으로 인하여 해당 사업장에 산업재해가 다시 발생할 급박한 위험이 있다고 판단되는 경우에는 그 작업의 중지를 명할 수 있다.
  - 중대재해가 발생한 해당 작업
  - 중대재해가 발생한 작업과 동일한 작업
- 고용노동부장관은 토사·구축물의 붕괴, 화재·폭발, 유해하거나 위험한 물질의 누출 등으로 인하여 중대재해가 발생하여 그 재해가 발생한 장소 주변으로 산업재해가 확산될 수 있다고 판단되는 등 불가피한 경우에는 해당 사업장의 작업을 중지할 수 있다.
- 고용노동부장관은 사업주가 작업중지의 해제를 요청한 경우에는 작업중지 해제에 관한 전문가 등으로 구성된 심의위원회의 심의를 거쳐 고용노동부령으로 정하는 바에 따라 작업중지를 해제하여야 한다.
- 작업중지 해제의 요청 절차 및 방법, 심의위원회의 구성·운영, 그 밖에 필요한 사항은 고용노동부령으로 정한다.

ⓗ 중대재해 원인조사 등(법 제56조)
- 고용노동부장관은 중대재해가 발생하였을 때에는 그 원인 규명 또는 산업재해 예방대책 수립을 위하여 그 발생 원인을 조사할 수 있다.
- 고용노동부장관은 중대재해가 발생한 사업장의 사업주에게 안전보건개선계획의 수립·시행, 그 밖에 필요한 조치를 명할 수 있다.
- 누구든지 중대재해 발생 현장을 훼손하거나 고용노동부장관의 원인조사를 방해해서는 아니 된다.

- 중대재해가 발생한 사업장에 대한 원인조사의 내용 및 절차, 그 밖에 필요한 사항은 고용노동부령으로 정한다.
ⓐ 산업재해 발생 은폐 금지 및 보고 등(법 제57조)
- 사업주는 산업재해가 발생하였을 때에는 그 발생 사실을 은폐해서는 아니 된다.
- 사업주는 고용노동부령으로 정하는 바에 따라 산업재해의 발생 원인 등을 기록하여 보존하여야 한다.
- 사업주는 고용노동부령으로 정하는 산업재해에 대해서는 그 발생 개요·원인 및 보고 시기, 재발방지 계획 등을 고용노동부령으로 정하는 바에 따라 고용노동부장관에게 보고하여야 한다.

⑤ 사업장의 산업재해 발생건수 등의 공표(법 제10조)
㉠ 개요
- 고용노동부장관은 산업재해를 예방하기 위하여 대통령령으로 정하는 사업장의 근로자 산업재해 발생건수, 재해율 또는 그 순위 등을 공표하여야 한다.
- 고용노동부장관은 도급인의 사업장(도급인이 제공하거나 지정한 경우로서 도급인이 지배·관리하는 대통령령으로 정하는 장소를 포함) 중 대통령령으로 정하는 사업장에서 관계수급인 근로자가 작업을 하는 경우에 도급인의 산업재해 발생건수 등에 관계수급인의 산업재해 발생건수 등을 포함하여 공표하여야 한다.
- 고용노동부장관은 산업재해 발생건수 등을 공표하기 위하여 도급인에게 관계수급인에 관한 자료의 제출을 요청할 수 있다. 요청을 받은 자는 정당한 사유가 없으면 이에 따라야 한다.
- 공표의 절차 및 방법, 그 밖에 필요한 사항은 고용노동부령으로 정한다.

㉡ 산업재해 발생건수 등을 공표해야 하는 사업장(시행령 제10조)
- 산업재해로 인한 사망자가 연간 2명 이상 발생한 사업장
- 사망만인율(연간 상시근로자 1만명당 발생하는 사망자수의 비율)이 규모별 같은 업종의 평균사망만인율 이상인 사업장
- 중대산업사고가 발생한 사업장
- 산업재해 발생 사실을 은폐한 사업장
- 산업재해의 발생에 관한 보고를 최근 3년 이내 2회 이상 하지 않은 사업장

㉢ 산업재해 발생건수 등을 공표해야 하는 도급인이 지배·관리하는 장소(시행령 제11조)
- 토사·구축물·인공구조물 등이 붕괴될 우려가 있는 장소
- 기계·기구 등이 넘어지거나 무너질 우려가 있는 장소
- 안전난간의 설치가 필요한 장소
- 비계 또는 거푸집을 설치하거나 해체하는 장소
- 건설용 리프트를 운행하는 장소
- 지반을 굴착하거나 발파작업을 하는 장소
- 엘리베이터홀 등 근로자가 추락할 위험이 있는 장소
- 석면이 붙어 있는 물질을 파쇄하거나 해체하는 작업을 하는 장소
- 공중 전선에 가까운 장소로서 시설물의 설치·해체·점검 및 수리 등의 작업을 할 때 감전의 위험이 있는 장소
- 물체가 떨어지거나 날아올 위험이 있는 장소
- 프레스 또는 전단기를 사용하여 작업하는 장소
- 차량계 하역운반기계 또는 차량계 건설기계를 사용하여 작업하는 장소
- 전기 기계·기구를 사용하여 감전의 위험이 있는 작업을 하는 장소
- 철도산업발전기본법에 따른 철도차량(도시철도법에 따른 도시철도차량을 포함)에 의한 충돌 또는 협착의 위험이 있는 작업을 하는 장소
- 그 밖에 화재·폭발 등 사고 발생 위험이 높은 장소로서 고용노동부령으로 정하는 장소

㉣ 통합공표대상 사업장(시행령 제12조) : 다음의 어느 하나에 해당하는 사업이 이루어지는 사업장으로서, 도급인이 사용하는 상시근로자 수가 500명 이상이고 도급인 사업장의 사고사망만인율(질병으로 인한 사망재해자를 제외하고 산출한 사망만인율)보다 관계수급인의 근로자를 포함하여 산출한 사고사망만인율이 높은 사업장
- 제조업
- 철도운송업
- 도시철도운송업
- 전기업

⑥ 기 타
  ㉠ 사업장에서의 서류보관기간
    • 2년 : 노사협의체의 회의록
    • 3년
      - 안전보건관리책임자·안전관리자·보건관리자·안전보건관리담당자 및 산업보건의의 선임에 관한 서류
      - 안전조치 및 보건조치에 관한 사항으로서 고용노동부령으로 정하는 사항을 적은 서류
      - 산업재해의 발생 원인 등 기록
      - 화학물질의 유해성·위험성 조사에 관한 서류
      - 작업환경측정에 관한 서류
      - 건강진단에 관한 서류
    • 그 외
      - 작업환경측정 결과를 기록한 서류는 보존(전자적 방법으로 하는 보존 포함)기간을 5년으로 한다. 다만, 고용노동부장관이 정하여 고시(작업환경측정 및 정도관리 등에 관한 고시)하는 물질에 대한 기록이 포함된 서류는 그 보존기간을 30년으로 한다.
      - 석면 해체·제거작업에 관한 서류 중 고용노동부령으로 정하는 서류(안전인증 신청서(첨부서류를 포함) 및 심사와 관련하여 인증기관이 작성한 서류, 안전검사 신청서 및 검사와 관련하여 안전검사기관이 작성한 서류)를 30년 동안 보존하여야 한다.
      - 사업주는 송부받은 건강진단 결과표 및 근로자가 제출한 건강진단 결과를 증명하는 서류(이들 자료가 전산입력된 경우에는 그 전산입력된 자료)를 5년간 보존해야 한다. 다만, 고용노동부장관이 정하여 고시(근로자 건강진단 실시기준)하는 물질을 취급하는 근로자에 대한 건강진단 결과의 서류 또는 전산입력자료는 30년간 보존해야 한다.
  ㉡ 시기 또는 기간
    • 지체 없이 : 사업주가 사업장에서 중대재해가 발생한 사실을 알게 된 경우 관할 지방고용노동관서의 장에게 보고하여야 하는 시기
    • 매월 1회 이상 : 도급 사업의 안전보건에 관한 협의체 회의 주기
    • 6개월 이내 : 자율안전확인대상 기계·기구 등의 안전에 관한 성능이 자율안전기준에 맞지 아니하게 된 경우 자율안전확인표시의 사용을 금지하거나 자율안전기준에 맞게 개선하도록 명할 수 있는 기간
  ㉢ 산업안전보건법에 따라 사업주는 유해하거나 위험한 작업에 종사하는 근로자에게 필요한 안전조치 및 보건조치 외에 작업과 휴식의 적정한 배분, 그밖에 근로시간과 관련된 근로조건의 개선을 통하여 근로자의 건강보호를 위한 조치를 하여야 하는 작업(법 제139조 제2항, 시행령 제99조)
    • 갱내에서 하는 작업
    • 다량의 고열물체를 취급하는 작업과 현저히 덥고 뜨거운 장소에서 하는 작업
    • 다량의 저온물체를 취급하는 작업과 현저히 춥고 차가운 장소에서 하는 작업
    • 라듐방사선이나 엑스선, 그 밖의 유해 방사선을 취급하는 작업
    • 유리, 흙, 돌, 광물의 먼지가 심하게 날리는 장소에서 하는 작업
    • 강렬한 소음이 발생하는 장소에서 하는 작업
    • 착암기(바위에 구멍을 뚫는 기계) 등에 의하여 신체에 강렬한 진동을 주는 작업
    • 인력으로 중량물을 취급하는 작업
    • 납·수은·크롬·망간·카드뮴 등의 중금속 또는 이황화탄소·유기용제, 그 밖에 고용노동부령으로 정하는 특정 화학물질의 먼지, 증기 또는 가스가 많이 발생하는 장소에서 하는 작업

10년간 자주 출제된 문제

2-1. 산업안전보건법령상 안전·보건진단을 받아 안전보건개선계획을 수립·제출하도록 명할 수 있는 사업장이 아닌 것은?
① 근로자가 안전수칙을 준수하지 않아 중대재해가 발생한 사업장
② 산업재해율이 같은 업종 평균산업재해율의 2배 이상인 사업장
③ 작업환경 불량, 화재·폭발 또는 누출사고 등으로 사회적 물의를 일으킨 사업장
④ 직업병에 걸린 사람이 연간 2명 이상(상시근로자 1천명 이상 사업장의 경우 3명 이상) 발생한 사업장

2-2. 다음 중 산업안전보건법령상 안전보건개선계획에 관한 설명으로 틀린 것은?
① 지방고용노동관서의 장은 안전보건개선계획서의 작성 여부를 검토하여 그 결과를 사업주에게 통보하여야 한다.
② 지방고용노동관서의 장은 안전보건개선계획의 작성 여부 검토 결과에 따라 필요하다고 인정하면 해당 계획서의 보완을 명할 수 있다.
③ 안전보건개선계획서에는 시설, 안전보건관리체제, 안전보건교육, 산업재해 예방 및 작업환경의 개선을 위하여 필요한 사항이 포함되어야 한다.
④ 안전보건개선계획의 수립·시행명령을 받은 사업주는 고용노동부장관이 정하는 바에 따라 안전보건개선계획서를 작성하여 그 영향을 받은 날부터 30일 이내에 관할 지방고용노동관서의 장에게 제출하여야 한다.

2-3. 산업안전보건기준에 관한 기준에 따른 크레인, 이동식 크레인, 리프트(자동차정비용 리프트 포함)를 사용하여 작업을 할 때 작업 시작 전에 공통적으로 점검해야 하는 사항은?
① 바퀴의 이상 유무
② 전선 및 접속부 상태
③ 브레이크 및 클러치의 기능
④ 작업면의 기울기 또는 요철 유무

2-4. 크레인을 사용하여 작업을 하는 때 작업 시작 전 점검사항이 아닌 것은?
① 권과방지장치·브레이크·클러치 및 운전장치의 기능
② 방호장치의 이상 유무
③ 와이어로프가 통하고 있는 곳의 상태
④ 주행로의 상측 및 트롤리가 횡행하는 레일의 상태

2-5. 산업안전보건기준에 관한 규칙에 따른 고소작업대를 사용하여 작업을 하는 때의 작업 시작 전 점검사항에 해당하지 않는 것은?
① 작업면의 기울기 또는 요철 유무
② 아웃트리거 또는 바퀴의 이상 유무
③ 비상정지장치 및 비상하강장치 기능의 이상 유무
④ 충전장치를 포함한 홀더 등의 결함 상태의 이상 유무

2-6. 지게차의 작업시작 전 점검사항이 아닌 것은?
① 권과방지장치, 브레이크, 클러치 및 운전장치 기능의 이상 유무
② 하역장치 및 유압장치 기능의 이상 유무
③ 제동장치 및 조종 장치 기능의 이상 유무
④ 전조등, 후미등, 방향지시기 및 경보장치 기능의 이상 유무

2-7. 산업안전보건법상 고용노동부장관이 사업장의 산업재해 발생건수, 재해율 또는 그 순위 등을 공표할 수 있는 사업장이 아닌 것은?
① 중대산업사고가 발생한 사업장
② 산업재해의 발생에 관한 보고를 최근 2년 이내 1회 이상 하지 않은 사업장
③ 연간 산업재해율이 규모별 같은 업종의 평균재해율 이상인 사업장 중 상위 10[%] 이내에 해당되는 사업장
④ 산업재해로 연간 사망재해자가 2명 이상 발생한 사업장으로서 사망만인율이 규모별 같은 업종의 평균 사망만인율 이상인 사업장

|해설|

2-1
안전·보건진단을 명할 수 있는 사업장(시행령 제49조)
- 산업재해율이 같은 업종 평균산업재해율의 2배 이상인 사업장
- 사업주가 필요한 안전조치 또는 보건조치를 이행하지 아니하여 중대재해가 발생한 사업장
- 직업성 질병자가 연간 2명 이상(상시근로자 1천명 이상 사업장의 경우 3명 이상) 발생한 사업장
- 그 밖에 작업환경 불량, 화재·폭발 또는 누출사고 등으로 사업장 주변까지 피해가 확산된 사업장으로서 고용노동부령으로 정하는 사업장

2-2
안전보건개선계획의 제출(시행규칙 제61조)
안전보건개선계획서를 제출해야 하는 사업주는 안전보건개선계획서 수립·시행명령을 받은 날부터 60일 이내에 관할 지방고용노동관서의 장에게 해당 계획서를 제출(전자문서로 제출하는 것 포함)해야 한다.

| 해설 |

2-3, 2-4

산업안전보건기준에 관한 규칙 별표 3

- 크레인을 사용하여 작업하기 전 점검사항
  - 권과방지장치·브레이크·클러치 및 운전장치의 기능
  - 주행로의 상측 및 트롤리(Trolley)가 횡행하는 레일의 상태
  - 와이어로프가 통하고 있는 곳의 상태
- 이동식 크레인을 사용하여 작업을 하기 전 점검사항
  - 권과방지장치 그 밖의 경보장치의 기능
  - 브레이크·클러치 및 조정장치의 기능
  - 와이어로프가 통하고 있는 곳 및 작업장소의 지반 상태
- 리프트를 사용하여 작업을 하기 전 점검사항
  - 방호장치·브레이크 및 클러치의 기능
  - 와이어로프가 통하고 있는 곳 및 작업장소의 지반 상태

2-5

고소작업대를 사용하여 작업을 하는 때의 작업 시작 전 점검사항

- 비상정지장치 및 비상하강방지장치 기능의 이상 유무
- 과부하방지장치의 작동 유무(와이어로프 또는 체인구동방식의 경우)
- 아웃트리거 또는 바퀴의 이상 유무
- 작업면의 기울기 또는 요철 유무
- 활선작업용 장치의 경우 홈·균열·파손 등 그 밖의 손상 유무

2-6

지게차를 사용하여 작업하기 전 점검사항

- 제동장치 및 조종장치 기능의 이상
- 하역장치 및 유압장치 기능의 이상
- 바퀴의 이상 유무
- 전조등·후미등·방향지시기 및 경보장치 기능의 이상 유무

2-7

공표대상 사업장(시행령 제10조)

- 산업재해로 인한 사망자가 연간 2명 이상 발생한 사업장
- 사망만인율(연간 상시근로자 1만명당 발생하는 사망재해자 수의 비율)이 규모별 같은 업종의 평균 사망만인율 이상인 사업장
- 중대산업사고가 발생한 사업장
- 산업재해 발생 사실을 은폐한 사업장
- 산업재해의 발생에 관한 보고를 최근 3년 이내 2회 이상 하지 않은 사업장

정답 2-1 ① 2-2 ④ 2-3 ③ 2-4 ② 2-5 ④ 2-6 ① 2-7 ②

핵심이론 03 | 도급 시 산업재해 예방

① 도급의 제한

㉠ 유해한 작업의 도급 금지(법 제58조)

- 사업주는 근로자의 안전 및 보건에 유해하거나 위험한 작업으로서 다음의 어느 하나에 해당하는 작업을 도급하여 자신의 사업장에서 수급인의 근로자가 그 작업을 하도록 해서는 아니 된다.
  - 도금작업
  - 수은, 납 또는 카드뮴을 제련, 주입, 가공 및 가열하는 작업
  - 허가대상물질을 제조하거나 사용하는 작업
- 사업주는 상기 작업에도 불구하고 다음의 어느 하나에 해당하는 경우에는 상기 작업을 도급하여 자신의 사업장에서 수급인의 근로자가 그 작업을 하도록 할 수 있다.
  - 일시·간헐적으로 하는 작업을 도급하는 경우
  - 수급인이 보유한 기술이 전문적이고 사업주(수급인에게 도급을 한 도급인으로서의 사업주)의 사업 운영에 필수 불가결한 경우로서 고용노동부장관의 승인을 받은 경우
- 고용노동부장관의 승인을 받으려는 경우에는 고용노동부령으로 정하는 바에 따라 고용노동부장관이 실시하는 안전 및 보건에 관한 평가를 받아야 한다.
- 승인의 유효기간은 3년의 범위에서 정한다.
- 고용노동부장관은 유효기간이 만료되는 경우에 사업주가 유효기간의 연장을 신청하면 승인의 유효기간이 만료되는 날의 다음 날부터 3년의 범위에서 고용노동부령으로 정하는 바에 따라 그 기간의 연장을 승인할 수 있다. 이 경우 사업주는 안전 및 보건에 관한 평가를 받아야 한다.

㉡ 도급의 승인(법 제59조, 시행령 제51조)

- 사업주는 자신의 사업장에서 안전 및 보건에 유해하거나 위험한 작업 중 급성 독성, 피부 부식성 등이 있는 물질의 취급 등 대통령령으로 정하는 작업을 도급하려는 경우에는 고용노동부장관의 승인을 받아야 한다.

- 급성 독성, 피부 부식성 등이 있는 물질의 취급 등 대통령령으로 정하는 작업
  - 중량비율 1[%] 이상의 황산, 불화수소, 질산 또는 염화수소를 취급하는 설비를 개조·분해·해체·철거하는 작업 또는 해당 설비의 내부에서 이루어지는 작업(다만, 도급인이 해당 화학물질을 모두 제거한 후 증명자료를 첨부하여 고용노동부장관에게 신고한 경우는 제외)
  - 산업재해보상보험 및 예방심의위원회의 심의를 거쳐 고용노동부장관이 정하는 작업
- 이 경우 사업주는 고용노동부령으로 정하는 바에 따라 안전 및 보건에 관한 평가를 받아야 한다.

ⓒ 도급의 승인 시 하도급 금지(법 제60조) : 연장승인 또는 변경승인 및 승인을 받은 작업을 도급받은 수급인은 그 작업을 하도급할 수 없다.

② 적격 수급인 선정 의무(법 제61조) : 사업주는 산업재해 예방을 위한 조치를 할 수 있는 능력을 갖춘 사업주에게 도급하여야 한다.

② **도급인의 안전조치 및 보건조치**

㉠ 안전보건총괄책임자(법 제62조, 시행령 제52조, 제53조)
- 도급인은 관계수급인 근로자가 도급인의 사업장에서 작업하는 경우에는 그 사업장의 안전보건관리책임자를 도급인의 근로자와 관계수급인 근로자의 산업재해를 예방하기 위한 업무를 총괄하여 관리하는 안전보건총괄책임자로 지정하여야 한다. 이 경우 안전보건관리책임자를 두지 아니하여도 되는 사업장에서는 그 사업장에서 사업을 총괄하여 관리하는 사람을 안전보건총괄책임자로 지정하여야 한다.
- 안전보건총괄책임자를 지정하여야 하는 사업의 종류와 사업장의 상시근로자 수, 안전보건총괄책임자의 직무·권한, 그 밖에 필요한 사항은 대통령령으로 정한다.
- 안전보건총괄책임자 지정 대상사업(사업의 종류 및 사업장의 상시근로자 수)
  - 관계수급인에게 고용된 근로자를 포함한 상시근로자가 100명(선박 및 보트 건조업, 1차 금속 제조업 및 토사석 광업의 경우에는 50명) 이상
  - 관계수급인의 공사금액을 포함한 해당 공사의 총공사금액이 20억원 이상인 건설업
- 안전보건총괄책임자의 직무
  - 위험성평가의 실시에 관한 사항
  - 작업의 중지
  - 도급 시 산업재해 예방조치
  - 산업안전보건관리비의 관계수급인 간의 사용에 관한 협의·조정 및 그 집행의 감독
  - 안전인증대상기계 등과 자율안전확인대상기계 등의 사용 여부 확인

ⓒ 도급인의 안전조치 및 보건조치(법 제63조) : 도급인은 관계수급인 근로자가 도급인의 사업장에서 작업하는 경우에 자신의 근로자와 관계수급인 근로자의 산업재해를 예방하기 위하여 안전 및 보건시설의 설치 등 필요한 안전조치 및 보건조치를 하여야 한다. 다만, 보호구 착용의 지시 등 관계수급인 근로자의 작업행동에 관한 직접적인 조치는 제외한다.

ⓒ 도급에 따른 산업재해 예방조치(법 제64조)
- 도급인은 관계수급인 근로자가 도급인의 사업장에서 작업하는 경우 다음의 사항을 이행하여야 한다.
  - 도급인과 수급인을 구성원으로 하는 안전 및 보건에 관한 협의체의 구성 및 운영
  - 작업장 순회점검
  - 관계수급인이 근로자에게 하는 안전보건교육을 위한 장소 및 자료의 제공 등 지원
  - 관계수급인이 근로자에게 하는 안전보건교육의 실시 확인
  - 다음 어느 하나의 경우에 대비한 경보체계 운영과 대피방법 등 훈련
    ⓐ 작업장소에서 발파작업을 하는 경우
    ⓑ 작업장소에서 화재·폭발, 토사·구축물 등의 붕괴 또는 지진 등이 발생한 경우
  - 위생시설 등 고용노동부령으로 정하는 시설의 설치 등을 위하여 필요한 장소의 제공 또는 도급인이 설치한 위생시설 이용의 협조
  - 같은 장소에서 이루어지는 도급인과 관계수급인 등의 작업에 있어서 관계수급인 등의 작업시기·내용, 안전조치 및 보건조치 등의 확인
  - 관계수급인 등의 작업 혼재로 인하여 화재·폭발 등 대통령령으로 정하는 위험이 발생할 우려가 있는 경우 관계수급인 등의 작업시기·내용 등의 조정

- 도급인은 고용노동부령으로 정하는 바에 따라 자신의 근로자 및 관계수급인 근로자와 함께 정기적 또는 수시로 작업장의 안전 및 보건에 관한 점검을 하여야 한다.
- 안전 및 보건에 관한 협의체 구성 및 운영, 작업장 순회점검, 안전보건교육 지원, 그 밖에 필요한 사항은 고용노동부령으로 정한다.

ⓓ 협의체의 구성 및 운영(시행규칙 제79조)
- 협의체는 도급인인 사업주 및 그의 수급인인 사업주 전원으로 구성하여야 한다.
- 협의해야 하는 사항
  - 작업의 시작시간
  - 작업 또는 작업장 간의 연락방법
  - 재해 발생 위험이 있는 경우 대피방법
  - 작업장에서의 위험성평가의 실시에 관한 사항
  - 사업주와 수급인 또는 수급인 상호 간의 연락방법 및 작업공정의 조정
- 협의체는 매월 1회 이상 정기적으로 회의를 개최하고 그 결과를 기록·보존하여야 한다.

ⓔ 도급사업 시의 안전·보건조치(시행규칙 제80조)
- 도급인은 작업장 순회점검을 다음의 구분에 따라 실시하여야 한다.
  - 2일에 1회 이상 : 건설업, 제조업, 토사석 광업, 서적·잡지 및 기타 인쇄물 출판업, 음악 및 기타 오디오물 출판업, 금속 및 비금속 원료 재생업 등
- 상기 이외의 사업은 1주일에 1회 이상 순회점검을 한다.
- 관계수급인은 도급인이 실시하는 순회점검을 거부·방해 또는 기피하여서는 안 되며, 점검 결과 도급인의 시정요구가 있으면 이에 따라야 한다.
- 도급인은 관계수급인이 실시하는 근로자의 안전·보건교육에 필요한 장소 및 자료의 제공 등을 요청받은 경우 협조해야 한다.
- 도급인이 지배·관리하는 장소(시행령 제11조)
  - 토사·구축물·인공구조물 등이 붕괴될 우려가 있는 장소
  - 기계·기구 등이 넘어지거나 무너질 우려가 있는 장소
  - 안전난간의 설치가 필요한 장소
  - 비계 또는 거푸집을 설치하거나 해체하는 장소
  - 건설용 리프트를 운행하는 장소
  - 지반을 굴착하거나 발파작업을 하는 장소
  - 엘리베이터홀 등 근로자가 추락할 위험이 있는 장소
  - 석면이 붙어 있는 물질을 파쇄하거나 해체하는 작업을 하는 장소
  - 공중 전선에 가까운 장소로서 시설물의 설치·해체·점검 및 수리 등의 작업을 할 때 감전의 위험이 있는 장소
  - 물체가 떨어지거나 날아올 위험이 있는 장소
  - 프레스 또는 전단기를 사용하여 작업하는 장소
  - 차량계 하역운반기계 또는 차량계 건설기계를 사용하여 작업하는 장소
  - 전기 기계·기구를 사용하여 감전의 위험이 있는 작업을 하는 장소
  - 철도산업발전기본법에 따른 철도차량(도시철도법에 따른 도시철도차량을 포함)에 의한 충돌 또는 협착의 위험이 있는 작업을 하는 장소
  - 그 밖에 화재·폭발 등 사고 발생 위험이 높은 장소로서 고용노동부령으로 정하는 장소

ⓕ 도급사업의 합동 안전·보건점검(시행규칙 제82조)
- 도급인이 작업장의 안전 및 보건에 관한 점검을 할 때에는 다음의 사람으로 점검반을 구성하여야 한다.
  - 도급인(같은 사업 내에 지역을 달리하는 사업장이 있는 경우에는 그 사업장의 안전보건관리책임자)
  - 관계수급인(같은 사업 내에 지역을 달리하는 사업장이 있는 경우에는 그 사업장의 안전보건관리책임자)
  - 도급인 및 관계수급인 근로자 각 1명(관계수급인의 근로자의 경우에는 해당 공정에만 해당)
- 정기 안전·보건점검의 실시 횟수
  - 건설업, 선박 및 보트 건조업의 경우 : 2개월에 1회 이상
  - 상기 사업을 제외한 사업 : 분기에 1회 이상

ⓧ 도급인의 안전 및 보건에 관한 정보 제공(법 제65조, 시행령 제54조)
- 다음의 작업을 도급하는 자는 그 작업을 수행하는 수급인 근로자의 산업재해를 예방하기 위하여 고용노동부령으로 정하는 바에 따라 해당 작업 시작 전에 수급인에게 안전 및 보건에 관한 정보를 문서로 제공하여야 한다.
    - 폭발성·발화성·인화성·독성 등의 유해성·위험성이 있는 화학물질 중 고용노동부령으로 정하는 화학물질 또는 그 화학물질을 포함한 혼합물을 제조·사용·운반 또는 저장하는 반응기·증류탑·배관 또는 저장탱크로서, 고용노동부령으로 정하는 설비를 개조·분해·해체 또는 철거작업
    - 상기에 따른 설비의 내부에서 이루어지는 작업
    - 질식 또는 붕괴의 위험이 있는 작업으로서 대통령령으로 정하는 작업
        ⓐ 산소결핍, 유해가스 등으로 인한 질식의 위험이 있는 장소로서 고용노동부령으로 정하는 장소에서 이루어지는 작업
        ⓑ 토사·구축물·인공구조물 등의 붕괴 우려가 있는 장소에서 이루어지는 작업
- 도급인이 안전 및 보건에 관한 정보를 해당 작업 시작 전까지 제공하지 아니한 경우에는 수급인이 정보 제공을 요청할 수 있다.
- 도급인은 수급인이 제공받은 안전 및 보건에 관한 정보에 따라 필요한 안전조치 및 보건조치를 하였는지를 확인하여야 한다.
- 수급인은 요청에도 불구하고 도급인이 정보를 제공하지 아니하는 경우에는 해당 도급작업을 하지 아니할 수 있다. 이 경우 수급인은 계약의 이행 지체에 따른 책임을 지지 아니한다.

ⓞ 도급인의 관계수급인에 대한 시정조치(법 제66조)
- 도급인은 관계수급인 근로자가 도급인의 사업장에서 작업을 하는 경우에 관계수급인 또는 관계수급인 근로자가 도급받은 작업과 관련하여 이 법 또는 이 법에 따른 명령을 위반하면 관계수급인에게 그 위반행위를 시정하도록 필요한 조치를 할 수 있다. 이 경우 관계수급인은 정당한 사유가 없으면 그 조치에 따라야 한다.
- 도급인은 수급인 또는 수급인 근로자가 도급받은 작업과 관련하여 이 법 또는 이 법에 따른 명령을 위반하면 수급인에게 그 위반행위를 시정하도록 필요한 조치를 할 수 있다. 이 경우 수급인은 정당한 사유가 없으면 그 조치에 따라야 한다.

③ 건설업 등의 산업재해 예방
  ㉠ 총공사금액 50억원 이상 건설공사의 발주자에게 공사계획·설계·시공 등 전 과정에서 조치의무 부여(법 제67조, 시행령 제55조)
  - 건설공사 계획단계 : 해당 건설공사에서 중점적으로 관리하여야 할 유해·위험요인과 이의 감소방안을 포함한 기본안전보건대장을 작성할 것
  - 건설공사 설계단계 : 계획단계의 기본안전보건대장을 설계자에게 제공하고, 설계자로 하여금 유해·위험요인의 감소방안을 포함한 설계안전보건대장을 작성하게 하고 이를 확인할 것
  - 건설공사 시공단계 : 건설공사발주자로부터 건설공사를 최초로 도급받은 수급인에게 설계단계에 따른 설계안전보건대장을 제공하고, 그 수급인에게 이를 반영하여 안전한 작업을 위한 공사안전보건대장을 작성하게 하고 그 이행 여부를 확인할 것
  ㉡ 안전보건조정자(법 제68조, 시행령 제56조, 제57조)
  - 2개 이상의 건설공사를 도급한 건설공사발주자는 그 2개 이상의 건설공사가 같은 장소에서 행해지는 경우에 작업의 혼재로 인하여 발생할 수 있는 산업재해를 예방하기 위하여 건설공사 현장에 안전보건조정자를 두어야 한다.
  - 안전보건조정자를 두어야 하는 건설공사의 금액, 안전보건조정자의 자격·업무, 선임방법, 그 밖에 필요한 사항은 대통령령으로 정한다.
  - 안전보건조정자의 자격
    - 산업안전지도사 자격을 가진 사람
    - 발주청이 발주하는 건설공사인 경우 발주청이 선임한 공사감독자
    - 다음의 어느 하나에 해당하는 사람으로서 해당 건설공사 중 주된 공사의 책임감리자
      ⓐ 공사감리자
      ⓑ 감리업무를 수행하는 사람
      ⓒ 감리자
      ⓓ 감리원

- ⓔ 해당 건설공사에 대하여 감리업무를 수행하는 사람
- 종합공사에 해당하는 건설현장에서 안전보건관리책임자로서 3년 이상 재직한 사람
- 건설안전기술사
- 건설안전기사 또는 산업안전기사 자격을 취득한 후 건설안전 분야에서 5년 이상의 실무경력이 있는 사람
- 건설안전산업기사 또는 산업안전산업기사 자격을 취득한 후 건설안전 분야에서 7년 이상의 실무경력이 있는 사람
- 안전보건조정자를 두어야 하는 건설공사발주자는 분리하여 발주되는 공사의 착공일 전날까지 안전보건조정자를 선임하거나 지정하여 각각의 공사 도급인에게 그 사실을 알려야 한다.
- 안전보건조정자의 업무
  - 같은 장소에서 이루어지는 각각의 공사 간에 혼재된 작업 파악
  - 혼재된 작업으로 인한 산업재해 발생의 위험성 파악
  - 혼재된 작업으로 인한 산업재해를 예방하기 위한 작업의 시기·내용 및 안전보건조치 등의 조정
  - 각각의 공사 도급인의 안전보건관리책임자 간 작업내용에 관한 정보 공유 여부의 확인
- 안전보건조정자는 업무를 수행하기 위하여 필요한 경우 해당 공사의 도급인과 관계수급인에게 자료 제출을 요구할 수 있다.

ⓒ 공사기간 단축 및 공법 변경 금지(법 제69조)
- 건설공사발주자 또는 건설공사도급인(건설공사발주자로부터 해당 건설공사를 최초로 도급받은 수급인 또는 건설공사의 시공을 주도하여 총괄·관리하는 자)은 설계도서 등에 따라 산정된 공사기간을 단축해서는 아니 된다.
- 건설공사발주자 또는 건설공사도급인은 공사비를 줄이기 위하여 위험성이 있는 공법을 사용하거나 정당한 사유 없이 정해진 공법을 변경해서는 아니 된다.

ⓔ 건설공사 기간의 연장(법 제70조)
- 건설공사발주자는 다음의 어느 하나에 해당하는 사유로 건설공사가 지연되어 해당 건설공사도급인이 산업재해 예방을 위하여 공사기간의 연장을 요청하는 경우에는 특별한 사유가 없으면 공사기간을 연장하여야 한다.
  - 태풍·홍수 등 악천후, 전쟁·사변, 지진, 화재, 전염병, 폭동, 그 밖에 계약 당사자가 통제할 수 없는 사태의 발생 등 불가항력의 사유가 있는 경우
  - 건설공사발주자에게 책임이 있는 사유로 착공이 지연되거나 시공이 중단된 경우
- 건설공사의 관계수급인은 불가항력의 사유 또는 건설공사도급인에게 책임이 있는 사유로 착공이 지연되거나 시공이 중단되어 해당 건설공사가 지연된 경우에 산업재해 예방을 위하여 건설공사도급인에게 공사기간의 연장을 요청할 수 있다. 이 경우 건설공사도급인은 특별한 사유가 없으면 공사기간을 연장하거나 건설공사발주자에게 그 기간의 연장을 요청하여야 한다.
- 건설공사 기간의 연장 요청 절차, 그 밖에 필요한 사항은 고용노동부령으로 정한다.

ⓜ 설계변경의 요청(법 제71조, 시행령 제58조)
- 건설공사도급인은 해당 건설공사 중에 대통령령으로 정하는 가설구조물의 붕괴 등으로 산업재해가 발생할 위험이 있다고 판단되면, 건축·토목 분야의 전문가 등 대통령령으로 정하는 전문가의 의견을 들어 건설공사발주자에게 해당 건설공사의 설계 변경을 요청할 수 있다. 다만, 건설공사발주자가 설계를 포함하여 발주한 경우는 그러하지 아니하다.
- 대통령령으로 정하는 가설구조물
  - 높이 31[m] 이상인 비계
  - 작업발판 일체형 거푸집 또는 높이 5[m] 이상인 거푸집 동바리(타설된 콘크리트가 일정 강도에 이르기까지 하중 등을 지지하기 위하여 설치하는 부재)
  - 터널의 지보공(무너지지 않도록 지지하는 구조물) 또는 높이 2[m] 이상인 흙막이 지보공
  - 동력을 이용하여 움직이는 가설구조물

- 건축·토목 분야의 전문가 등 대통령령으로 정하는 전문가 : 공단 또는 다음의 어느 하나에 해당하는 사람으로서 해당 건설공사도급인 또는 관계수급인에게 고용되지 않은 사람을 말한다.
  - 건축구조기술사(토목공사 및 구조물의 경우는 제외)
  - 토목구조기술사(토목공사로 한정)
  - 토질 및 기초기술사(구조물의 경우로 한정)
  - 건설기계기술사(구조물의 경우로 한정)
- 고용노동부장관으로부터 공사중지 또는 유해위험방지계획서의 변경명령을 받은 건설공사도급인은 설계 변경이 필요한 경우 건설공사발주자에게 설계 변경을 요청할 수 있다.
- 건설공사의 관계수급인은 건설공사 중에 가설구조물의 붕괴 등으로 산업재해가 발생할 위험이 있다고 판단되면 전문가의 의견을 들어 건설공사도급인에게 해당 건설공사의 설계 변경을 요청할 수 있다. 이 경우 건설공사도급인은 그 요청받은 내용이 기술적으로 적용이 불가능한 명백한 경우가 아니면 이를 반영하여 해당 건설공사의 설계를 변경하거나 건설공사발주자에게 설계 변경을 요청하여야 한다.
- 설계 변경 요청을 받은 건설공사발주자는 그 요청받은 내용이 기술적으로 적용이 불가능한 명백한 경우가 아니면 이를 반영하여 설계를 변경하여야 한다.
- 설계 변경의 요청 절차·방법, 그 밖에 필요한 사항은 고용노동부령으로 정한다. 이 경우 미리 국토교통부장관과 협의하여야 한다.

ⓑ 건설공사 등의 산업안전보건관리비 계상(법 제72조)
- 건설공사발주자가 도급계약을 체결하거나 건설공사의 시공을 주도하여 총괄·관리하는 자(건설공사발주자로부터 건설공사를 최초로 도급받은 수급인은 제외)가 건설공사 사업계획을 수립할 때에는 고용노동부장관이 정하여 고시하는 바에 따라 산업안전보건관리비(산업재해 예방을 위하여 사용하는 비용)를 도급금액 또는 사업비에 계상하여야 한다.
- 고용노동부장관은 산업안전보건관리비의 효율적인 사용을 위하여 다음의 사항을 정할 수 있다.
  - 사업의 규모별·종류별 계상 기준
  - 건설공사의 진척 정도에 따른 사용비율 등 기준
  - 그 밖에 산업안전보건관리비의 사용에 필요한 사항
- 건설공사도급인은 산업안전보건관리비를 사용하고 고용노동부령으로 정하는 바에 따라 그 사용명세서를 작성하여 건설공사 종료 후 1년간 보존하여야 한다.
- 선박의 건조 또는 수리를 최초로 도급받은 수급인은 사업계획을 수립할 때에는 고용노동부장관이 정하여 고시하는 바에 따라 산업안전보건관리비를 사업비에 계상하여야 한다.
- 건설공사도급인 또는 선박의 건조 또는 수리를 최초로 도급받은 수급인은 산업안전보건관리비를 산업재해 예방 외의 목적으로 사용해서는 아니 된다.

ⓢ 건설공사의 산업재해 예방 지도(법 제73조, 시행령 제59조, 제60조, 별표 18)
- 대통령령으로 정하는 건설공사의 건설공사발주자 또는 건설공사도급인(건설공사발주자로부터 건설공사를 최초로 도급받은 수급인은 제외)은 해당 건설공사를 착공하려는 경우 지정받은 전문기관(이하 건설재해예방전문지도기관)과 건설 산업재해 예방을 위한 지도계약을 체결하여야 한다.
- 기출지도 계약 체결 대상 건설공사 및 체결 시기(대통령령으로 정하는 건설공사)
  - 공사금액 1억원 이상 120억원(종합공사를 시공하는 업종의 토목공사업에 속하는 공사는 150억원) 미만인 공사를 하는 자
  - 건축허가의 대상이 되는 공사를 하는 자
- 다음의 어느 하나에 해당하는 공사를 하는 자는 제외
  - 공사기간이 1개월 미만인 공사
  - 육지와 연결되지 않은 섬 지역(제주특별자치도는 제외)에서 이루어지는 공사
  - 사업주가 안전관리자의 자격을 가진 사람을 선임(같은 광역지방자치단체의 구역 내에서 같은 사업주가 시공하는 셋 이하의 공사에 대하여 공동으로 안전관리자의 자격을 가진 사람 1명을 선임한 경우를 포함)하여 안전관리자의 업무만 전담하도록 하는 공사
  - 유해위험방지계획서를 제출해야 하는 공사

- 건설공사의 건설공사발주자 또는 건설공사도급인(건설공사도급인은 건설공사발주자로부터 건설공사를 최초로 도급받은 수급인은 제외)은 건설 산업재해 예방을 위한 지도계약(이하 기술지도계약)을 해당 건설공사 착공일의 전날까지 체결해야 한다.
- 건설재해예방전문지도기관은 건설공사도급인에게 산업재해 예방을 위한 지도를 실시하여야 하고, 건설공사도급인은 지도에 따라 적절한 조치를 하여야 한다.
- 건설재해예방전문지도기관의 지도업무의 내용, 지도대상 분야, 지도의 수행방법, 그 밖에 필요한 사항은 대통령령으로 정한다.
- 건설재해예방전문지도기관의 지도 기준(시행령 별표 18)
    - 건설재해예방전문지도기관의 지도대상 분야
        ⓐ 건설공사 지도 분야
        ⓑ 전기공사, 정보통신공사 및 소방시설공사 지도 분야
    - 기술지도계약
        ⓐ 건설재해예방전문지도기관은 건설공사발주자로부터 기술지도계약서 사본을 받은 날부터 14일 이내에 이를 건설현장에 갖춰 두도록 건설공사도급인(건설공사발주자로부터 해당 건설공사를 최초로 도급받은 수급인만 해당한다)을 지도하고, 건설공사의 시공을 주도하여 총괄·관리하는 자에 대해서는 기술지도계약을 체결한 날부터 14일 이내에 기술지도계약서 사본을 건설현장에 갖춰 두도록 지도해야 한다.
        ⓑ 건설재해예방전문지도기관이 기술지도계약을 체결할 때에는 고용노동부장관이 정하는 전산시스템을 통해 발급한 계약서를 사용해야 하며, 기술지도계약을 체결한 날부터 7일 이내에 전산시스템에 건설업체명, 공사명 등 기술지도계약의 내용을 입력해야 한다.
    - 기술지도 횟수
        ⓐ 기술지도는 특별한 사유가 없으면 다음의 계산식에 따른 횟수로 하고, 공사 시작 후 15일 이내마다 1회 실시하되, 공사금액이 40억원 이상인 공사에 대해서는 공사에 해당하는 지도 분야의 지도인력기준에 해당하는 사람이 8회마다 한 번 이상 방문하여 기술지도를 해야 한다.

        $$기술지도 횟수(회) = \frac{공사기간(일)}{15일}$$

        (단, 소수점은 버린다)
        ⓑ 공사가 조기에 준공된 경우, 기술지도계약이 지연되어 체결된 경우 및 공사기간이 현저히 짧은 경우 등의 사유로 기술지도 횟수 기준을 지키기 어려운 경우에는 그 공사의 공사감독자(공사감독자가 없는 경우에는 감리자)의 승인을 받아 기술지도 횟수를 조정할 수 있다.
    - 기술지도 한계 및 기술지도 지역
        ⓐ 건설재해예방전문지도기관의 사업장 지도 담당 요원 1명당 기술지도 횟수는 1일당 최대 4회로 하고, 월 최대 80회로 한다.
        ⓑ 건설재해예방전문지도기관의 기술지도 지역은 건설재해예방전문지도기관으로 지정을 받은 지방고용노동관서 관할지역으로 한다.
    - 기술지도업무의 내용
        ⓐ 건설재해예방전문지도기관은 기술지도를 할 때에는 공사의 종류, 공사 규모, 담당 사업장 수 등을 고려하여 건설재해예방전문지도기관의 직원 중에서 기술지도 담당자를 지정해야 한다.
        ⓑ 건설재해예방전문지도기관은 기술지도 담당자에게 건설업에서 발생하는 최근 사망사고 사례, 사망사고의 유형과 그 유형별 예방 대책 등에 대하여 연 1회 이상 교육을 실시해야 한다.
        ⓒ 건설재해예방전문지도기관은 산업안전보건법 등 관계 법령에 따라 건설공사도급인이 산업재해 예방을 위해 준수해야 하는 사항을 기술지도해야 하며, 기술지도를 받은 건설공사도급인은 그에 따른 적절한 조치를 해야 한다.

ⓓ 건설재해예방전문지도기관은 건설공사도급인이 기술지도에 따라 적절한 조치를 했는지 확인해야 하며, 건설공사도급인 중 건설공사발주자로부터 해당 건설공사를 최초로 도급받은 수급인이 해당 조치를 하지 않은 경우에는 건설공사발주자에게 그 사실을 알려야 한다.

- 기술지도 결과의 관리
  ⓐ 건설재해예방전문지도기관은 기술지도를 한 때마다 기술지도 결과보고서를 작성하여 지체 없이 다음의 구분에 따른 사람에게 알려야 한다.

관계수급인의 공사금액을 포함한 해당 공사의 총공사금액이 20억원 이상인 경우	해당 사업장의 안전보건총괄책임자
관계수급인의 공사금액을 포함한 해당 공사의 총공사금액이 20억원 미만인 경우	해당 사업장을 실질적으로 총괄하여 관리하는 사람

  ⓑ 건설재해예방전문지도기관은 기술지도를 한 날부터 7일 이내에 기술지도 결과를 전산시스템에 입력해야 한다.
  ⓒ 건설재해예방전문지도기관은 관계수급인의 공사금액을 포함한 해당 공사의 총공사금액이 50억원 이상인 경우에는 건설공사도급인이 속하는 회사의 사업주와 중대재해 처벌 등에 관한 법률에 따른 경영책임자 등에게 매 분기 1회 이상 기술지도 결과보고서를 송부해야 한다.
  ⓓ 건설재해예방전문지도기관은 공사 종료 시 건설공사의 건설공사발주자 또는 건설공사도급인(건설공사도급인은 건설공사발주자로부터 건설공사를 최초로 도급받은 수급인은 제외한다)에게 고용노동부령으로 정하는 서식에 따른 기술지도 완료증명서를 발급해 주어야 한다.

- 기술지도 관련 서류의 보존 : 건설재해예방전문지도기관은 기술지도계약서, 기술지도결과보고서, 그 밖에 기술지도 업무수행에 관한 서류를 기술지도 계약이 종료된 날부터 3년 동안 보존해야 한다.

◎ 건설재해예방전문지도기관(법 제74조, 시행령 제61조, 별표 19)
- 건설재해예방전문지도기관으로 지정받을 수 있는 자
  - 산업안전지도사(전기안전 또는 건설안전 분야의 산업안전지도사만 해당)
  - 건설 산업재해 예방업무를 하려는 법인
- 건설재해예방전문지도기관이 갖추어야 할 설비
  - 건설공사 지도 분야 : 가스농도측정기, 산소농도측정기, 접지저항측정기, 절연저항측정기, 조도계
  - 전기공사, 정보통신공사 및 소방시설공사 지도 분야 : 가스농도측정기, 산소농도측정기, 접지저항측정기, 절연저항측정기, 조도계, 고압경보기, 검전기
- 건설재해예방전문지도기관의 지정 절차, 그 밖에 필요한 사항은 대통령령으로 정한다.
- 고용노동부장관은 건설재해예방전문지도기관에 대하여 평가하고 그 결과를 공개할 수 있다. 이 경우 평가의 기준·방법, 결과의 공개에 필요한 사항은 고용노동부령으로 정한다.
- 지정 취소의 경우
  - 거짓이나 그 밖의 부정한 방법으로 지정을 받은 경우
  - 업무 정지기간 중에 업무를 수행한 경우
- 업무의 정지(6개월 이내 기간)
  - 지정 요건을 충족하지 못한 경우
    지정받은 사항을 위반하여 업무를 수행한 경우
  - 그 밖에 대통령령으로 정하는 사유에 해당하는 경우
    ⓐ 지도업무 관련 서류를 거짓으로 작성한 경우
    ⓑ 정당한 사유 없이 지도업무를 거부한 경우
    ⓒ 지도업무를 게을리하거나 지도업무에 차질을 일으킨 경우
    ⓓ 지도업무의 내용, 지도대상 분야 또는 지도의 수행방법을 위반한 경우
    ⓔ 지도를 실시하고 그 결과를 고용노동부장관이 정하는 전산시스템에 3회 이상 입력하지 않은 경우
    ⓕ 지도업무와 관련된 비치서류를 보존하지 않은 경우

ⓖ 법에 따른 관계 공무원의 지도·감독을 거부·방해 또는 기피한 경우
- 지정이 취소된 자는 지정이 취소된 날부터 2년 이내에는 건설재해예방전문지도기관으로 지정받을 수 없다.
㉣ 안전 및 보건에 관한 협의체 등의 구성·운영에 관한 특례(법 제75조, 시행령 제63조, 제64조)
- 대통령령으로 정하는 규모의 건설공사의 건설공사도급인은 노사협의체(해당 건설공사 현장에 근로자위원과 사용자위원이 같은 수로 구성되는 안전 및 보건에 관한 협의체)를 대통령령으로 정하는 바에 따라 구성·운영할 수 있다.
- 노사협의체의 설치 대상 : '대통령령으로 정하는 규모의 건설공사'란 공사금액이 120억원(종합공사를 시공하는 업종의 토목공사업은 150억원) 이상인 건설공사
- 노사협의체의 구성
  - 근로자위원
    ⓐ 도급 또는 하도급 사업을 포함한 전체 사업의 근로자대표
    ⓑ 근로자대표가 지명하는 명예산업안전감독관 1명(다만, 명예산업안전감독관이 위촉되어 있지 않은 경우에는 근로자대표가 지명하는 해당 사업장 근로자 1명)
    ⓒ 공사금액이 20억원 이상인 공사의 관계수급인의 각 근로자대표
  - 사용자위원
    ⓐ 도급 또는 하도급 사업을 포함한 전체 사업의 대표자
    ⓑ 안전관리자 1명
    ⓒ 보건관리자 1명(보건관리자 선임대상 건설업으로 한정)
    ⓓ 공사금액이 20억원 이상인 공사의 관계수급인의 각 대표자
- 노사협의체의 근로자위원과 사용자위원은 합의하여 노사협의체에 공사금액이 20억원 미만인 공사의 관계수급인 및 관계수급인 근로자대표를 위원으로 위촉할 수 있다.
- 노사협의체의 근로자위원과 사용자위원은 합의하여 건설기계를 직접 운전하는 사람(제67조제2호에 따른 사람)을 노사협의체에 참여하도록 할 수 있다.
- 건설공사도급인이 노사협의체를 구성·운영하는 경우에는 산업안전보건위원회 및 안전 및 보건에 관한 협의체를 각각 구성·운영하는 것으로 본다.
- 노사협의체의 회의는 정기회의와 임시회의로 구분하여 개최하되 정기회의는 2개월마다 노사협의체의 위원장이 소집하며, 임시회의는 위원장이 필요하다고 인정할 때에 소집한다.
㉤ 기계·기구 등에 대한 건설공사도급인의 안전조치(법 제76조, 시행령 제66조)
- 건설공사도급인은 자신의 사업장에서 타워크레인 등 대통령령으로 정하는 기계·기구 또는 설비 등이 설치되어 있거나 작동하고 있는 경우 또는 이를 설치·해체·조립하는 등의 작업이 이루어지고 있는 경우에는 필요한 안전조치 및 보건조치를 하여야 한다.
- 타워크레인 등 대통령령으로 정하는 기계·기구 또는 설비 등
  - 타워크레인
  - 건설용 리프트
  - 항타기(해머나 동력을 사용하여 말뚝을 박는 기계) 및 항발기(박힌 말뚝을 빼내는 기계)
④ 그 밖의 고용형태에서의 산업재해 예방
㉠ 특수형태 근로종사자에 대한 안전조치 및 보건조치(법 제77조, 시행령 제67조)
- 계약의 형식에 관계없이 근로자와 유사하게 노무를 제공하여 업무상의 재해로부터 보호할 필요가 있음에도 근로기준법 등이 적용되지 아니하는 사람으로서 다음의 요건을 모두 충족하는 사람(이하 특수형태 근로종사자)의 노무를 제공받는 자는 특수형태 근로종사자의 산업재해 예방을 위하여 필요한 안전조치 및 보건조치를 하여야 한다.
  - 대통령령으로 정하는 직종에 종사할 것
  - 주로 하나의 사업에 노무를 상시적으로 제공하고 보수를 받아 생활할 것
  - 노무를 제공할 때 타인을 사용하지 아니할 것

- 특수형태근로종사자의 범위(대통령령으로 정하는 직종 : 9개 직종)
  - 보험설계사·우체국보험의 모집을 전업으로 하는 사람
  - 건설기계 운전자(27종) : 불도저, 굴착기, 로더, 지게차, 스크레이퍼, 덤프트럭, 기중기, 모터그레이더, 롤러, 노상안정기, 콘크리트배칭플랜트, 콘크리트피니셔, 콘크리트살포기, 콘크리트믹서트럭, 콘크리트펌프, 아스팔트믹싱플랜트, 아스팔트피니셔, 아스팔트살포기, 골재살포기, 쇄석기, 공기압축기, 천공기, 항타 및 항발기, 자갈채취기, 준설선, 특수건설기계, 타워크레인
  - 학습지 방문강사, 교육 교구 방문강사, 그 밖에 회원의 가정 등을 직접 방문하여 아동이나 학생 등을 가르치는 사람
  - 골프장 캐디
  - 택배기사
  - 퀵서비스기사
  - 대출모집인
  - 신용카드회원 모집인
  - 대리운전기사
- 특수형태 근로종사자에 대한 안전조치 및 보건조치

적용대상 (건설기계는 별도)	산업안전보건법 및 안전보건기준 관련 법령
보험설계사· 우체국 보험 모집원 학습지교사 대출모집인 신용카드 회원모집인	• 휴게시설 구비 • 공기정화설비 가동, 사무실 청결관리 등 사무실에서의 건강장해 예방 • 책상·의자의 높낮이 조절, 적절한 휴식시간 부여 등 컴퓨터 단말기 조작업무에 대한 조치 • 고객의 폭언 등에 대한 대처방법 등을 포함한 대응지침 제공 및 관련교육 실시
골프장 캐디	• 해당 작업(장)의 지형·지반·지층 상태 등에 대한 사전조사 및 작업계획서 작성 등 • 휴게시설, 세척시설, 구급용구 등의 구비 • 차량계 하역운반기계를 사용하여 작업 시 승차석이 아닌 위치에 근로자 탑승 금지 • 운전 시작 전 근로자 배치·교육, 작업방법, 방호장치 등 확인 및 위험방지를 위하여 필요한 조치

적용대상 (건설기계는 별도)	산업안전보건법 및 안전보건기준 관련 법령

골프장 캐디	• 차량계 하역운반기계 등을 사용하는 작업을 할 때에 기계가 넘어지거나 굴러 떨어짐으로써 근로자에게 위험을 미칠 우려가 있는 경우 기계 유도자 배치, 부동침하방지 등 조치
	• 차량계 하역운반기계 등을 사용하여 작업을 하는 경우에 하역 또는 운반 중인 화물이나 차량계 하역운반기계 등에 접촉되어 근로자가 위험해질 우려 있는 장소에 근로자 출입 금지
	• 꽂음접속기 설치·사용 시 서로 다른 전압의 접속기가 서로 접속되지 아니한 구조의 것을 사용할 것 등*
	• 미끄럼방지 신발 착용 확인 및 지시
	• 고객 폭언 등에 의한 산업재해 예방 조치*
	  - 고객의 폭언 등에 대한 대처방법 등 포함한 지침 제공
	  - 업무의 일시적 중단 또는 전환
	  - 휴게시간의 연장
	  - 고객의 폭언 등으로 인한 건강장해 관련 치료 및 상담 지원
	  - 관할 수사기관 또는 법원에 증거물 등 제출
	※ 단, *표시된 조치는 골프장 캐디에게 건강장해가 발생하거나 발생할 현저한 우려가 있는 경우에 한함

퀵서비스기사	• 승차용 안전모를 착용하도록 지시 • 전조등, 제동등, 후미등, 후사경 또는 제동장치 불량 이륜자동차 탑승 제한 지시 • 업무에 이용하는 이륜자동차의 전조등, 제동등, 후미등, 후사경 또는 제동장치가 정상적으로 작동되는지 정기적으로 확인 • 고객의 폭언 등에 대한 대처방법 등 포함한 지침 제공
건설기계 운전자	• 작업장에서 넘어짐 또는 미끄러짐 방지, 청결 유지, 적정 조도 유지 등 • 안전한 통로와 계단의 설치, 안전난간 설치, 비상구 설치, 통로 설치 등 • 분진의 흩날림 방지 • 오염된 바닥 세척 • 낙하물에 의한 위험방지, 위험물질 보관 등 • 차량계 하역운반기계 등을 사용하는 작업 시 해당 작업(장)의 지형·지반·지층 상태 등에 대한 사전조사 및 작업계획서 작성 등

적용대상 (건설기계는 별도)	산업안전보건법 및 안전보건기준 관련 법령
건설기계 운전자	• 크레인·이동식 크레인 등을 사용하여 근로자를 운반하거나 근로자를 달아 올린 상태에서의 작업 종사 금지 • 작업장에서 넘어짐 또는 미끄러짐 방지, 청결 유지, 적정 조도 유지 등 • 안전한 통로와 계단의 설치, 안전난간 설치, 비상구 설치, 통로 설치 등 • 분진의 흩날림 방지 • 오염된 바닥 세척 • 낙하물에 의한 위험방지, 위험물질 보관 등 • 차량계 하역운반기계 등을 사용하는 작업 시 해당 작업(장)의 지형·지반·지층 상태 등에 대한 사전조사 및 작업계획서 작성 등 • 크레인·이동식 크레인 등을 사용하여 근로자를 운반하거나 근로자를 달아 올린 상태에서의 작업 종사 금지 • 운전 시작 전 근로자 배치·교육, 작업방법, 방호장치 등 확인 및 위험방지를 위하여 필요한 조치 • 차량계 하역운반기계, 차량계 건설기계를 사용하여 작업 시 제한속도 설정 및 운전자가 준수하도록 할 것 • 차량계 하역운반기계, 차량계 건설기계 운전자가 운전 위치 이탈 시 원동기 정지 등 필요한 사항 준수 • 차량계 하역운반기계 등을 사용 시 기계유도자 배치, 근로자 접촉 방지, 화물 적재 시 안전조치 등 • 컨베이어 등을 사용하는 경우 이탈 및 역주행 방지 장치, 비상정지장치 등을 설치 • 중량물을 운반하거나 취급하는 경우 하역운반기계·운반용구를 사용하여야 함 • 화물취급 작업 시 섬유로프 점검, 하역작업장의 안전조치 등 실시
택배기사	• 근골격계부담작업으로 인한 건강장해 예방 조치 • 업무에 이용하는 자동차의 제동장치가 정상적으로 작동되는지 정기적으로 확인 • 고객의 폭언 등에 대한 대처방법 등이 포함된 지침 제공
대리운전기사	고객의 폭언 등에 대한 대처방법 등이 포함된 지침 제공

• 건설기계 운전자, 골프장 캐디, 택배기사, 퀵서비스기사, 대리운전기사로부터 노무를 제공받는 자는 최초 노무 제공 계약 시 정기교육 및 특별교육 실시

교육과정	교육시간
최초 노무 제공 시 교육	2시간 이상(단기간 작업 또는 간헐적 작업에 노무를 제공하는 경우에는 1시간 이상 실시하고, 특별교육을 실시한 경우는 면제)
특별교육	16시간 이상(최초 작업에 종사하기 전 4시간 이상 실시하고 12시간은 3개월 이내에서 분할하여 실시 가능)
	단기간 작업 또는 간헐적 작업인 경우에는 2시간 이상

교육내용 (각 특수형태 근로종사자의 직무에 적합한 내용 교육)
– 기계·기구의 위험성과 작업의 순서 및 동선에 관한 사항 – 작업 개시 전 점검에 관한 사항, 정리정돈 및 청소에 관한 사항 – 사고 발생 시 긴급조치에 관한 사항, 산업보건 및 직업병 예방에 관한 사항 – 물질안전보건자료에 관한 사항, 직무스트레스 예방 및 관리에 관한 사항 – 산업안전보건법 및 일반관리에 관한 사항 – 물질안전보건자료에 관한 사항 – 직무스트레스 예방 및 관리에 관한 사항 – 산업안전보건법령 및 일반관리에 관한 사항

강사자격
– 자체교육 시 안전보건관리책임자, 관리감독자, 안전관리자, 보건관리자, 안전보건관리담당자, 산업보건의, 안전보건공단에서 실시하는 해당 분야의 강사요원 교육과정 이수자, 산업안전지도사 또는 산업보건지도사 등 교육 가능 – 교육은 안전보건교육기관에 위탁 가능

- 특수형태 근로종사자로부터 노무를 제공받는 자는 특수형태 근로종사자가 최초 노무제공 또는 변경된 작업에 경험이 있을 경우 최초 노무 제공 시 교육 또는 특별교육시간을 다음 기준에 따라 실시 가능

구 분		교육시간
최초 노무 제공 시	한국표준산업분류의 세분류 중 같은 종류의 업종에 6개월 이상 근무한 경험이 있는 특수형태 근로종사자로부터 이직 후 1년 이내에 최초 노무를 제공받는 경우	최초 노무 제공 시 교육시간의 100분의 50 이상
특별교육	특별교육 대상작업에 6개월 이상 근무한 경험이 있는 특수형태 근로종사자 중 다음 하나에 해당하는 경우 - 이직 후 1년 이내에 이직 전과 동일한 특별교육 대상작업에 종사하는 경우 - 같은 사업장 내 다른 작업에 배치된 후 1년 이내에 배치 전과 동일한 특별교육 대상 작업에 종사하는 경우	특별교육 시간의 100분의 50 이상
도급인 사업장	최초 노무 제공 시 교육 또는 특별교육을 이수한 특수형태 근로종사자가 같은 도급인의 사업장 내에서 이전에 하던 업무와 동일한 업무에 종사하는 경우	소속 사업장의 변경에도 불구하고 해당 특수형태 근로종사자에 대한 최초 노무 제공 시 교육 또는 특별교육 면제

- 벌칙 : 특수형태 근로종사자로부터 노무를 제공받는 자가 안전보건조치 의무 위반 시 1,000만원 이하의 과태료, 안전보건교육 의무 위반 시 500만원 이하의 과태료 부과
- 정부는 특수형태 근로종사자의 안전 및 보건의 유지·증진에 사용하는 비용의 일부 또는 전부를 지원할 수 있다.

ⓒ 배달종사자에 대한 안전조치(법 제78조, 산업안전보건기준에 관한 규칙 제673조)
- 이동통신단말장치로 물건의 수거·배달 등을 중개하는 자는 그 중개를 통하여 이륜자동차로 물건을 수거·배달 등을 하는 사람의 산업재해 예방을 위하여 필요한 안전조치 및 보건조치를 하여야 한다.
    - 이동통신단말장치의 소프트웨어에 이륜자동차로 물건의 수거·배달 등을 하는 사람이 등록하는 경우 이륜자동차를 운행할 수 있는 면허 및 안전모의 보유 여부 확인
    - 이동통신단말장치의 소프트웨어를 통하여 운전자의 준수사항 등(운전자는 운전 중에는 휴대용 전화를 사용하지 아니할 것, 운전자가 운전 중 볼 수 있는 위치에 영상이 표시되지 아니하도록 할 것 등) 안전운행 및 산업재해 예방에 필요한 사항을 정기적으로 고지
    - 물건의 수거·배달 등을 중개하는 자는 물건의 수거·배달 등에 소요되는 시간에 대해 산업재해를 유발할 수 있을 정도로 제한하여서는 아니 됨

ⓒ 가맹본부의 산업재해 예방조치(법 제79조, 시행령 제69조)
- 산업재해 예방조치 시행대상(대통령령으로 정하는 가맹본부) : 정보공개서(직전 사업연도 말 기준으로 등록된 것)상 업종이 다음의 어느 하나에 해당하는 경우로서 가맹점의 수가 200개 이상인 가맹본부를 말한다.
    - 대분류가 외식업인 경우
    - 대분류가 도소매업으로서 중분류가 편의점인 경우
- 가맹본부는 가맹점사업자에게 가맹점의 설비나 기계, 원자재 또는 상품 등을 공급하는 경우에 가맹점사업자와 그 소속 근로자의 산업재해 예방을 위하여 다음의 조치를 하여야 한다.
    - 가맹점의 안전 및 보건에 관한 프로그램의 마련·시행
    - 가맹본부가 가맹점에 설치하거나 공급하는 설비·기계 및 원자재 또는 상품 등에 대하여 가맹점사업자에게 안전 및 보건에 관한 정보 제공
- 안전 및 보건에 관한 프로그램
    - 가맹본부의 안전보건경영방침 및 안전보건 활동 계획
    - 가맹본부의 프로그램 운영 조직 구성, 역할 및 가맹점사업자에 대한 안전보건교육 지원 체계
    - 가맹점 내 위험요소 및 예방대책 등을 포함한 가맹점 안전보건매뉴얼

- 가맹점의 재해 발생에 대비한 가맹본부 및 가맹점사업자의 조치사항
• 가맹본부가 산업재해 예방조치 의무를 위반한 경우 3천만원 이하의 과태료 부과

10년간 자주 출제된 문제

3-1. 산업안전보건법령상 같은 장소에서 행하여지는 사업으로서 사업의 일부를 분리하여 도급을 주는 사업의 경우 산업재해를 예방하기 위한 조치로 구성·운영하는 안전·보건에 관한 협의체의 회의 주기로 옳은 것은?

① 매월 1회 이상
② 2개월 간격의 1회 이상
③ 3개월 내의 1회 이상
④ 6개월 내의 1회 이상

3-2. 건설공사도급인은 건설공사 중에 가설구조물의 붕괴 등 산업재해가 발생할 위험이 있다고 판단되면 건축·토목 분야의 전문가의 의견을 들어 건설공사 발주자에게 해당 건설공사의 설계변경을 요청할 수 있는데, 이러한 가설구조물의 기준으로 옳지 않은 것은?

① 높이 20[m] 이상인 비계
② 작업발판 일체형 거푸집 또는 높이 6[m] 이상인 거푸집 동바리
③ 터널의 지보공 또는 높이 2[m] 이상인 흙막이 지보공
④ 동력을 이용하여 움직이는 가설구조물

|해설|

3-2
높이 31[m] 이상인 비계

정답 3-1 ① 3-2 ①

핵심이론 04 | 유해·위험기계 등에 대한 조치

① 유해하거나 위험한 기계·기구에 대한 방호조치
  ㉠ 방호조치의 개요(법 제80조, 시행령 제70조, 별표 20)
    • 누구든지 동력으로 작동하는 기계·기구로서 다음의 어느 하나에 해당하는 것은 고용노동부령으로 정하는 방호조치를 하지 아니하고는 양도, 대여, 설치 또는 사용에 제공하거나 양도·대여의 목적으로 진열해서는 아니 된다.
      - 작동 부분에 돌기 부분이 있는 것
      - 동력전달 부분 또는 속도조절 부분이 있는 것
      - 회전기계에 물체 등이 말려 들어갈 부분이 있는 것
    • 사업주는 방호조치가 정상적인 기능을 발휘할 수 있도록 방호조치와 관련되는 장치를 상시적으로 점검하고 정비하여야 한다.
    • 사업주와 근로자는 방호조치를 해체하려는 경우 등 고용노동부령으로 정하는 경우에는 필요한 안전조치 및 보건조치를 하여야 한다.
  ㉡ 유해·위험방지를 위한 방호조치를 하지 아니하고는 양도·대여·설치·사용에 제공하거나 양도 대여를 목적으로 진열해서는 아니 되는 기계·기구 : 예초기, 원심기, 공기압축기, 금속절단기, 지게차, 포장기계(진공포장기, 래핑기로 한정)
  ㉢ 대여자 등이 안전조치 등을 해야 하는 기계·기구·설비 및 건축물(시행령 별표 21) : 사무실 및 공장용 건축물, 이동식 크레인, 타워크레인, 불도저, 모터 그레이더, 로더, 스크레이퍼, 스크레이퍼 도저, 파워셔블, 드래그라인, 클램셸, 버킷굴착기, 트렌치, 항타기, 항발기, 어스드릴, 천공기, 어스오거, 페이퍼드레인머신, 리프트, 지게차, 롤러기, 콘크리트 펌프, 고소작업대(총 24종류)
  ㉣ 타워크레인 설치·해체업의 인력·시설 및 장비 기준(시행령 별표 22)
    • 인력기준 : 다음의 어느 하나에 해당하는 사람 4명 이상을 보유할 것
      - 타워크레인 설치·해체기능사의 자격을 취득한 사람

- 판금제관기능사 또는 비계기능사의 자격을 취득한 사람(2025년 12월 31일까지 해당 자격을 취득한 사람으로 한정)
- 타워크레인 설치·해체작업 교육기관에서 지정된 교육을 이수하고 수료시험에 합격한 사람으로서 합격 후 5년이 지나지 않은 사람
- 타워크레인 설치·해체작업 교육기관에서 보수교육을 이수한 후 5년이 지나지 않은 사람
- 시설기준 : 사무실
- 장비기준
  - 렌치류(토크렌치, 해머렌치 및 전동임팩트렌치 등 볼트, 너트, 나사 등을 죄거나 푸는 공구)
  - 드릴링머신(회전축에 드릴을 달아 구멍을 뚫는 기계)
  - 버니어캘리퍼스(자로 재기 힘든 물체의 두께, 지름 따위를 재는 기구)
  - 트랜싯(각도를 측정하는 측량기기로 같은 수준의 기능 및 성능의 측량기기를 갖춘 경우도 인정)
  - 체인블록 및 레버블록(체인 또는 레버를 이용하여 중량물을 달아 올리거나 수직·수평·경사로 이동시키는 데 사용하는 기구)
  - 전기테스터기
  - 송수신기
- 등록한 사항 중 다음의 대통령령으로 정하는 중요한 사항을 변경할 때에도 또한 같다.
  - 업체의 명칭(상호)
  - 업체의 소재시
  - 대표자의 성명

② 안전인증
  ㉠ 안전인증대상 기계·설비, 방호장치, 보호구(법 제84조, 시행령 제74조)

기계·설비 (9품목)	프레스, 전단기 및 절곡기, 크레인, 리프트, 압력용기, 롤러기, 사출성형기, 고소작업대, 곤돌라
방호장치 (9품목)	프레스 및 전단기 방호장치, 양중기용 과부하방지장치, 보일러 압력방출용 안전밸브, 압력용기 압력방출용 안전밸브, 압력용기 압력방출용 파열판, 절연용 방호구 및 활선작업용 기구, 방폭구조 전기기계·기구 및 부품, 가설기자재, 산업용 로봇 방호장치
보호구 (12품목)	안전모(추락 및 감전 위험방지용), 안전화, 안전장갑, 방진 마스크, 방독 마스크, 송기 마스크, 전동식 호흡보호구, 보호복, 안전대, 보안경(차광 및 비산물 위험방지용), 용접용 보안면, 방음용 귀마개 또는 귀덮개

  ㉡ 안전인증(법 제84조)
  - 안전인증대상기계 등을 제조하거나 수입하는 자(설치·이전하거나 주요 구조 부분을 변경하는 자를 포함)는 안전인증대상 기계 등이 안전인증기준에 맞는지에 대하여 고용노동부장관이 실시하는 안전인증을 받아야 한다.
  - 고용노동부장관은 다음의 어느 하나에 해당하는 경우에는 고용노동부령으로 정하는 바에 따라 안전인증의 전부 또는 일부를 면제할 수 있다.
    - 연구·개발을 목적으로 제조·수입하거나 수출을 목적으로 제조하는 경우
    - 고용노동부장관이 정하여 고시하는 외국의 안전인증기관에서 인증받은 경우
    - 다른 법령에 따라 안전성에 관한 검사나 인증을 받은 경우로서 고용노동부령으로 정하는 경우
  - 안전인증대상 기계 등이 아닌 유해·위험기계 등을 제조하거나 수입하는 자가 그 유해·위험기계 등의 안전에 관한 성능 등을 평가받으려면 고용노동부장관에게 안전인증을 신청할 수 있다. 이 경우 고용노동부장관은 안전인증기준에 따라 안전인증을 할 수 있다.
  - 고용노동부장관은 안전인증을 받은 자가 안전인증기준을 지키고 있는지를 3년 이하의 범위에서 고용노동부령으로 정하는 주기마다 확인하여야 한다. 다만, 안전인증의 일부를 면제받은 경우에는 고용노동부령으로 정하는 바에 따라 확인의 전부 또는 일부를 생략할 수 있다.
  - 안전인증을 받은 자는 안전인증을 받은 안전인증대상 기계 등에 대하여 고용노동부령으로 정하는 바에 따라 제품명, 모델명, 제조수량, 판매수량 및 판매처 현황 등의 사항을 기록하여 보존하여야 한다.
  - 고용노동부장관은 근로자의 안전 및 보건에 필요하다고 인정하는 경우 안전인증대상 기계 등을 제조·수입 또는 판매하는 자에게 고용노동부령으로 정하는 바에 따라 해당 안전인증대상기계 등의 제

ⓒ 안전인증의 표시(법 제85조)
- 안전인증을 받은 자는 안전인증을 받은 유해·위험기계 등이나 이를 담은 용기 또는 포장에 고용노동부령으로 정하는 바에 따라 안전인증표시를 하여야 한다.
- 안전인증을 받은 유해·위험기계 등이 아닌 것은 안전인증표시 또는 이와 유사한 표시를 하거나 안전인증에 관한 광고를 해서는 아니 된다.
- 안전인증을 받은 유해·위험기계 등을 제조·수입·양도·대여하는 자는 안전인증표시를 임의로 변경하거나 제거해서는 아니 된다.
- 고용노동부장관은 다음의 어느 하나에 해당하는 경우에는 안전인증표시나 이와 유사한 표시를 제거할 것을 명하여야 한다.
  - 안전인증을 받은 유해·위험기계 등이 아닌 것에 안전인증표시나 이와 유사한 표시를 한 경우
  - 안전인증이 취소되거나 안전인증표시의 사용금지명령을 받은 경우

ⓓ 안전인증의 취소 및 금지, 시정(법 제86조)
- 안전인증의 취소 경우 : 거짓이나 그 밖의 부정한 방법으로 안전인증을 받은 경우
- 6개월 이내의 기간을 정하여 안전인증표시의 사용을 금지하거나 안전인증기준에 맞게 시정하도록 명할 수 있는 경우
  - 안전인증을 받은 유해·위험기계 등의 안전에 관한 성능 등이 안전인증기준에 맞지 아니하게 된 경우
  - 정당한 사유 없이 안전인증 확인을 거부, 방해 또는 기피하는 경우
- 안전인증이 취소된 자는 안전인증이 취소된 날부터 1년 이내에는 취소된 유해·위험기계 등에 대하여 안전인증을 신청할 수 없다.

ⓔ 안전인증대상 기계 등의 제조 금지 등(법 제87조)
- 누구든지 다음의 어느 하나에 해당하는 안전인증대상 기계 등을 제조·수입·양도·대여·사용하거나 양도·대여의 목적으로 진열할 수 없다.
  - 안전인증을 받지 아니한 경우(안전인증이 전부 면제되는 경우는 제외)
  - 안전인증기준에 맞지 아니하게 된 경우
  - 안전인증이 취소되거나 안전인증표시의 사용금지명령을 받은 경우
- 고용노동부장관은 규정을 위반하여 안전인증대상 기계 등을 제조·수입·양도·대여하는 자에게 고용노동부령으로 정하는 바에 따라 그 안전인증대상 기계 등을 수거하거나 파기할 것을 명할 수 있다.

ⓕ 안전인증기관(법 제88조, 시행령 제75조)
- 고용노동부장관은 안전인증 업무 및 확인업무를 위탁받아 수행할 기관을 안전인증기관으로 지정할 수 있다.
- 안전인증기관으로 지정받을 수 있는 자
  - 공 단
  - 다음의 어느 하나에 해당하는 기관으로서 안전인증기관의 인력·시설 및 장비기준(시행령 별표 23)에 따른 인력·시설 및 장비를 갖춘 기관
    ⓐ 산업 안전·보건 또는 산업재해 예방을 목적으로 설립된 비영리법인
    ⓑ 기계 및 설비 등의 인증·검사, 생산기술의 연구개발·교육·평가 등의 업무를 목적으로 설립된 공공기관
- 지정의 취소(법 제21조)
  - 거짓이나 그 밖의 부정한 방법으로 지정을 받은 경우
  - 업무 정지기간 중에 업무를 수행한 경우
- 6개월 이내의 기간을 정하여 그 업무의 정지를 명할 수 있는 경우
  - 지정 요건을 충족하지 못한 경우
  - 지정받은 사항을 위반하여 업무를 수행한 경우
  - 그 밖에 대통령령으로 정하는 사유에 해당하는 경우(시행령 제28조)
    ⓐ 안전인증 관련 서류를 거짓으로 작성한 경우
    ⓑ 정당한 사유 없이 안전인증 업무를 거부한 경우
    ⓒ 안전인증 업무를 게을리하거나 업무에 차질을 일으킨 경우

- ⓓ 안전인증 업무를 수행하지 않고 위탁 수수료를 받은 경우
- ⓔ 안전인증 업무와 관련된 비치서류를 보존하지 않은 경우
- ⓕ 안전인증 업무 수행과 관련한 대가 외에 금품을 받은 경우
- ⓖ 법에 따른 관계 공무원의 지도·감독을 거부·방해 또는 기피한 경우
  - 지정이 취소된 자는 지정이 취소된 날부터 2년 이내에는 안전인증기관으로 지정받을 수 없다.
- ⓧ 안전인증심사의 종류 및 방법(시행규칙 제110조)
  - 유해·위험기계 등이 안전인증기준에 적합한지를 확인하기 위하여 안전인증기관이 하는 심사의 종류
    - 예비심사 : 기계 및 방호장치·보호구가 유해·위험기계 등인지를 확인하는 심사(안전인증을 신청한 경우만 해당)
    - 서면심사 : 유해·위험기계 등의 종류별 또는 형식별로 설계도면 등 유해·위험기계 등의 제품기술과 관련된 문서가 안전인증기준에 적합한지에 대한 심사
    - 기술능력 및 생산체계 심사 : 유해·위험기계 등의 안전성능을 지속적으로 유지·보증하기 위하여 사업장에서 갖추어야 할 기술능력과 생산체계가 안전인증기준에 적합한지에 대한 심사이다. 다음에 해당하는 경우에는 기술능력 및 생산체계 심사를 생략한다.
      - ⓐ 방호장치 및 보호구를 고용노동부장관이 정하여 고시하는 수량 이하로 수입하는 경우
      - ⓑ 개별 제품심사를 하는 경우
      - ⓒ 안전인증(형식별 제품심사를 하여 안전인증을 받은 경우로 한정)을 받은 후 같은 공정에서 제조되는 같은 종류의 안전인증대상 기계 등에 대하여 안전인증을 하는 경우
    - 제품심사 : 유해·위험기계 등이 서면심사 내용과 일치하는지와 유해·위험기계 등의 안전에 관한 성능이 안전인증기준에 적합한지에 대한 심사
    - 다음의 심사는 유해·위험기계 등급별로 고용노동부장관이 정하여 고시하는 기준에 따라 어느 하나만을 받는다.
      - ⓐ 개별 제품심사 : 서면심사 결과가 안전인증기준에 적합할 경우에 유해·위험기계 등 모두에 대하여 하는 심사(안전인증을 받으려는 자가 서면심사와 개별 제품심사를 동시에 할 것을 요청하는 경우 병행 가능)
      - ⓑ 형식별 제품심사 : 서면심사와 기술능력 및 생산체계 심사 결과가 안전인증기준에 적합할 경우에 유해·위험기계 등의 형식별로 표본을 추출하여 하는 심사(안전인증을 받으려는 자가 서면심사, 기술능력 및 생산체계 심사와 형식별 제품심사를 동시에 할 것을 요청하는 경우 병행 가능)
  - 안전인증기관은 안전인증신청서를 제출받으면 다음의 구분에 따른 심사 종류별 기간 내에 심사해야 한다. 다만, 제품심사의 경우 처리기간 내에 심사를 끝낼 수 없는 부득이한 사유가 있을 때에는 15일의 범위에서 심사기간을 연장할 수 있다.
    - 예비심사 : 7일
    - 서면심사 : 15일(외국에서 제조한 경우는 30일)
    - 기술능력 및 생산체계 심사 : 30일(외국에서 제조한 경우는 45일)
    - 제품심사
      - ⓐ 개별 제품심사 : 15일
      - ⓑ 형식별 제품심사 : 30일(방호장치와 보호구는 60일)
  - 안전인증기관은 심사가 끝나면 안전인증을 신청한 자에게 심사결과통지서를 발급해야 하고, 심사 결과가 모두 적합한 경우 안전인증서를 함께 발급해야 한다.
  - 안전인증기관은 안전인증대상 기계 등이 특수한 구조 또는 재료로 제조되어 안전인증기준의 일부를 적용하기 곤란할 경우 해당 제품이 안전인증기준과 같은 수준 이상의 안전에 관한 성능을 보유한 것으로 인정(안전인증을 신청한 자의 요청이 있거나 필요하다고 판단되는 경우를 포함)되면 한국산업표준 또는 관련 국제규격 등을 참고하여 안전인증기준의 일부를 생략하거나 추가하여 심사를 할 수 있다.

- 안전인증기관은 안전인증대상 기계 등이 안전인증기준과 같은 수준 이상의 안전에 관한 성능을 보유한 것으로 인정되는지와 해당 안전인증대상 기계 등에 생략하거나 추가하여 적용할 안전인증기준을 심의·의결하기 위하여 안전인증심의위원회를 설치·운영해야 한다. 이 경우 안전인증심의위원회의 구성·개최에 걸리는 기간은 심사기간에 산입하지 않는다.

③ 자율안전
  ㉠ 자율안전확인 신고(법 제89조)
   - 자율안전확인대상 기계 등(안전인증대상 기계 등이 아닌 유해·위험기계 등으로서 대통령령으로 정하는 것)을 제조하거나 수입하는 자는 자율안전확인대상 기계 등의 안전에 관한 성능이 자율안전기준(고용노동부장관이 정하여 고시하는 안전기준)에 맞는지 자율안전확인하여 고용노동부장관에게 신고(신고한 사항을 변경하는 경우를 포함)하여야 한다.
   - 자율안전확인신고 면제의 경우
     - 연구·개발을 목적으로 제조·수입하거나 수출을 목적으로 제조하는 경우
     - 안전인증을 받은 경우(안전인증이 취소되거나 안전인증표시의 사용금지명령을 받은 경우는 제외)
     - 다른 법령에 따라 안전성에 관한 검사나 인증을 받은 경우로서 고용노동부령으로 정하는 경우
  ㉡ 자율안전확인대상 기계·설비, 방호장치, 보호구(법 제89조, 시행령 제77조)

기계·설비 (10품목)	연삭기 또는 연마기(휴대형은 제외), 산업용 로봇, 혼합기, 파쇄기 또는 분쇄기, 식품가공용 기계(파쇄·절단·혼합·제면기만 해당), 컨베이어, 자동차정비용 리프트, 공작기계(선반, 드릴기, 평삭·형삭기, 밀링만 해당), 고정형 목재가공용 기계(둥근톱, 대패, 루타기, 띠톱, 모떼기 기계만 해당), 인쇄기
방호장치 (7품목)	아세틸렌 용접장치용 또는 가스집합 용접장치용 안전기, 교류 아크용접기용 자동전격방지기, 롤러기 급정지장치, 연삭기 덮개, 목재 가공용 둥근톱 반발 예방장치와 날 접촉 예방장치, 동력식 수동대패용 칼날 접촉 방지장치, 가설기자재(안전인증 대상 제외)
보호구 (3품목)	안전모(안전인증대상 안전모 제외), 보안경(안전인증대상 보안경 제외), 보안면(안전인증대상 보안면 제외)

  ㉢ 자율안전확인의 표시 등(법 제90조)
   - 자율안전확인대상을 신고한 자는 자율안전확인대상 기계 등이나 이를 담은 용기 또는 포장에 고용노동부령으로 정하는 바에 따라 자율안전확인표시를 하여야 한다.
   - 신고된 자율안전확인대상 기계 등이 아닌 것은 자율안전확인표시 또는 이와 유사한 표시를 하거나 자율안전확인에 관한 광고를 해서는 아니 된다.
   - 신고된 자율안전확인대상 기계 등을 제조·수입·양도·대여하는 자는 자율안전확인표시를 임의로 변경하거나 제거해서는 아니 된다.
   - 고용노동부장관은 다음에 해당하는 경우에는 자율안전확인표시나 이와 유사한 표시를 제거할 것을 명하여야 한다.
     - 규정을 위반하여 자율안전확인표시나 이와 유사한 표시를 한 경우
     - 거짓이나 그 밖의 부정한 방법으로 신고를 한 경우
     - 자율안전확인표시의 사용금지명령을 받은 경우
  ㉣ 자율안전확인표시의 사용 금지(법 제91조) : 고용노동부장관은 신고된 자율안전확인대상 기계 등의 안전에 관한 성능이 자율안전기준에 맞지 아니하게 된 경우에는 신고한 자에게 6개월 이내의 기간을 정하여 자율안전확인표시의 사용을 금지하거나 자율안전기준에 맞게 시정하도록 명할 수 있다.
  ㉤ 자율안전확인대상 기계 등의 제조 등의 금지(법 제92조)
   - 누구든지 다음에 해당하는 자율안전확인대상 기계 등을 제조·수입·양도·대여·사용하거나 양도·대여의 목적으로 진열할 수 없다.
     - 신고를 하지 아니한 경우
     - 거짓, 그 밖의 부정한 방법으로 신고를 한 경우
     - 자율안전확인대상 기계 등의 안전에 관한 성능이 자율안전기준에 맞지 아니하게 된 경우
     - 자율안전확인표시의 사용금지명령을 받은 경우
   - 고용노동부장관은 규정을 위반하여 자율안전확인대상 기계 등을 제조·수입·양도·대여하는 자에게 고용노동부령으로 정하는 바에 따라 그 자율안전확인대상 기계 등을 수거하거나 파기할 것을 명할 수 있다.

④ 안전검사
  ㉠ 안전검사의 개요(법 제93조, 시행규칙 제124조, 제125조)
    • 안전검사대상기계 등(유해하거나 위험한 기계·기구·설비로서 대통령령으로 정하는 것)을 사용하는 사업주(근로자를 사용하지 아니하고 사업을 하는 자를 포함)는 안전검사대상기계 등의 안전에 관한 성능이 고용노동부장관이 정하여 고시하는 검사기준에 맞는지에 대하여 안전검사를 받아야 한다.
    • 안전검사대상기계 등을 사용하는 사업주와 소유자가 다른 경우에는 안전검사대상 기계 등의 소유자가 안전검사를 받아야 한다.
    • 안전검사의 면제 : 다음의 경우와 같이 안전검사대상 기계 등이 다른 법령에 따라 안전성에 관한 검사나 인증을 받은 경우로서 고용노동부령으로 정하는 경우에는 안전검사를 면제할 수 있다.
    • 건설기계관리법에 따른 검사를 받은 경우(안전검사 주기에 해당하는 시기의 검사로 한정)
      - 고압가스 안전관리법에 따른 검사를 받은 경우
      - 광산안전법에 따른 검사 중 광업시설의 설치·변경공사 완료 후 일정한 기간이 지날 때마다 받는 검사를 받은 경우
      - 선박안전법의 규정에 따른 검사를 받은 경우
      - 에너지이용 합리화법에 따른 검사를 받은 경우
      - 원자력안전법에 따른 검사를 받은 경우
      - 위험물안전관리법에 따른 정기점검 또는 정기검사를 받은 경우
      - 전기안전관리법에 따른 검사를 받은 경우
      - 항만법에 따른 검사를 받은 경우
      - 소방시설 설치 및 관리에 관한 법률에 따른 자체점검을 받은 경우
      - 화학물질관리법에 따른 정기검사를 받은 경우
    • 안전검사의 신청
      - 안전검사를 받아야 하는 자는 안전검사신청서를 검사주기 만료일 30일 전에 안전검사기관(안전검사 업무를 위탁받은 기관)에 제출(전자문서에 의한 제출 포함)해야 한다.
      - 안전검사 신청을 받은 안전검사기관은 검사주기 만료일 전후 각각 30일 이내에 해당 기계·기구 및 설비별로 안전검사를 해야 한다. 이 경우 해당 검사기간 이내에 검사에 합격한 경우에는 검사주기 만료일에 안전검사를 받은 것으로 본다.
  ㉡ 안전검사대상(법 제93조, 시행령 제78조)

안전검사 (15품목)	프레스, 전단기, 크레인(정격 하중 2[ton] 미만은 제외), 리프트, 압력용기, 곤돌라, 국소 배기장치(이동식 제외), 원심기(산업용만 해당), 롤러기(밀폐형 구조 제외), 사출성형기(형 체결력 294[kN] 미만 제외), 고소작업대(화물자동차 또는 특수자동차에 탑재한 고소작업대로 한정), 컨베이어, 산업용 로봇, 혼합기, 파쇄기 또는 분쇄기

  ㉢ 안전검사의 주기(시행규칙 제126조)

크레인(이동식 크레인 제외), 리프트(이삿짐운반용 리프트 제외), 곤돌라	사업장에 설치가 끝난 날부터 3년 이내에 최초 안전검사를 실시하되, 그 이후부터 2년마다(건설현장에서 사용하는 것은 최초로 설치한 날부터 6개월마다)
이동식 크레인, 이삿짐운반용 리프트 및 고소작업대	신규등록 이후 3년 이내에 최초 안전검사를 실시하되, 그 이후부터 2년마다
프레스, 전단기, 압력용기, 국소 배기장치, 원심기, 롤러기, 사출성형기, 컨베이어, 산업용 로봇, 혼합기, 파쇄기 또는 분쇄기	사업장에 설치가 끝난 날부터 3년 이내에 최초 안전검사를 실시하되, 그 이후부터 2년마다(공정안전보고서를 제출하여 확인을 받은 압력용기는 4년마다)

  ㉣ 안전검사합격증명서 발급(법 제94조)
    • 고용노동부장관은 안전검사에 합격한 사업주에게 고용노동부령으로 정하는 바에 따라 안전검사합격증명서를 발급하여야 한다.
    • 안전검사합격증명서를 발급받은 사업주는 그 증명서를 안전검사대상 기계 등에 붙여야 한다.
  ㉤ 안전검사대상 기계 등의 사용 금지(법 제95조)
    • 안전검사를 받지 아니한 안전검사대상 기계 등
    • 안전검사에 불합격한 안전검사대상 기계 등
  ㉥ 안전검사기관(법 제96조, 시행령 제79조, 제80조)
    • 고용노동부장관은 안전검사 업무를 위탁받아 수행하는 기관을 안전검사기관으로 지정할 수 있다.
    • 안전검사기관으로 지정 요건
      - 공 단

- 다음의 어느 하나에 해당하는 기관으로서 안전검사기관의 인력·시설 및 장비 기준 별표 24에 따른 인력·시설 및 장비를 갖춘 기관
    ⓐ 산업안전·보건 또는 산업재해 예방을 목적으로 설립된 비영리법인
    ⓑ 기계 및 설비 등의 인증·검사, 생산기술의 연구개발·교육·평가 등의 업무를 목적으로 설립된 공공기관
- 고용노동부장관은 안전검사기관에 대하여 평가하고 그 결과를 공개할 수 있다. 이 경우 평가의 기준·방법 및 결과의 공개에 필요한 사항은 고용노동부령으로 정한다.
- 지정의 취소
    - 거짓이나 부정한 방법으로 지정을 받은 경우
    - 업무 정지기간 중에 업무를 수행한 경우
- 6개월 이내의 기간을 정하여 그 업무의 정지를 명할 수 있는 경우
    - 지정 요건을 충족하지 못한 경우
    - 지정받은 사항을 위반하여 업무를 수행한 경우
    - 그 밖에 대통령령으로 정하는 사유에 해당하는 경우
        ⓐ 안전검사 관련 서류를 거짓으로 작성한 경우
        ⓑ 정당한 사유 없이 안전검사 업무를 거부한 경우
        ⓒ 안전검사 업무를 게을리하거나 업무에 차질을 일으킨 경우
        ⓓ 안전검사·확인의 방법 및 절차를 위반한 경우
        ⓔ 법에 따른 관계 공무원의 지도·감독을 거부·방해 또는 기피한 경우
- 지정이 취소된 자는 지정이 취소된 날부터 2년 이내에는 각각 해당 안전검사기관으로 지정받을 수 없다.
ⓧ 자율검사프로그램에 따른 안전검사(법 제98조)
- 안전검사를 받아야 하는 사업주가 근로자대표와 협의(근로자를 사용하지 아니하는 경우는 제외)하여 자율검사프로그램(검사기준, 검사주기 등을 충족하는 검사프로그램)을 정하고 고용노동부장관의 인정을 받아 다음에 해당하는 사람으로부터 자율검사프로그램에 따라 안전검사대상 기계 등에 대하여 자율안전검사를 받으면 안전검사를 받은 것으로 본다.
    - 고용노동부령으로 정하는 안전에 관한 성능검사와 관련된 자격 및 경험을 가진 사람
    - 고용노동부령으로 정하는 바에 따라 안전에 관한 성능검사 교육을 이수하고 해당 분야의 실무 경험이 있는 사람
- 자율검사프로그램의 유효기간은 2년으로 한다.
- 사업주는 자율안전검사를 받은 경우에는 그 결과를 기록하여 보존하여야 한다.
- 자율안전검사를 받으려는 사업주는 자율안전검사기관에 자율안전검사를 위탁할 수 있다.
- 자율검사프로그램에 포함되어야 할 내용, 자율검사프로그램의 인정 요건, 인정방법 및 절차, 그 밖에 필요한 사항은 고용노동부령으로 정한다.
◎ 자율검사프로그램의 인정 등(시행규칙 제132조)
- 자율검사프로그램을 인정받기 위한 충족요건
    - 검사원을 고용하고 있을 것(자율안전검사기관에 위탁한 경우에는 충족한 것으로 간주)
    - 검사를 할 수 있는 장비를 갖추고 이를 유지·관리할 수 있을 것(자율안전검사기관에 위탁한 경우 충족한 것으로 간주)
    - 안전검사 주기의 2분의 1에 해당하는 주기(크레인 중 건설현장 외에서 사용하는 크레인의 경우에는 6개월)마다 검사를 할 것
    - 자율검사프로그램의 검사기준이 안전검사기준을 충족할 것
- 자율검사프로그램에 포함되어야 할 내용
    - 안전검사대상 기계 등의 보유 현황
    - 검사원 보유 현황과 검사를 할 수 있는 장비 및 장비 관리방법(자율안전검사기관에 위탁한 경우에는 위탁을 증명할 수 있는 서류 제출)
    - 안전검사대상기계 등의 검사주기 및 검사기준
    - 향후 2년간 안전검사대상 기계 등의 검사수행계획
    - 과거 2년간 자율검사프로그램 수행 실적(재신청의 경우만 해당)
- 자율검사프로그램을 인정받으려는 자는 자율검사프로그램인정신청서에 자율검사프로그램을 확인할 수 있는 서류 2부를 첨부하여 공단에 제출해야 한다.
- 자율검사프로그램인정신청서를 제출받은 공단은 행정정보의 공동이용을 통하여 다음에 해당하는 서류를 확인해야 한다.
    - 법인 : 법인등기사항증명서

- 개인 : 사업자등록증(신청인이 확인에 동의하지 않는 경우에는 그 사본을 첨부)
- 공단은 자율검사프로그램인정신청서를 제출받은 경우에는 15일 이내에 인정 여부를 결정
- 공단은 신청받은 자율검사프로그램을 인정하는 경우에는 자율검사프로그램인정서에 인정증명도장을 찍은 자율검사프로그램 1부를 첨부하여 신청자에게 발급
- 공단은 신청받은 자율검사프로그램을 인정하지 않는 경우에는 자율검사프로그램부적합통지서에 부적합한 사유를 밝혀 신청자에게 통지

ⓧ 자율검사프로그램 인정의 취소 등(법 제99조)
- 인정의 취소 : 거짓이나 그 밖의 부정한 방법으로 자율검사프로그램을 인정받은 경우
- 시정명령(인정받은 자율검사프로그램의 내용에 따라 검사를 하도록 하는 등)
  - 자율검사프로그램을 인정받고도 검사를 하지 아니한 경우
  - 인정받은 자율검사프로그램의 내용에 따라 검사를 하지 아니한 경우
  - 고용노동부장관의 인정을 받은 자 또는 자율안전검사기관이 검사를 하지 아니한 경우
- 사업주는 자율검사프로그램의 인정이 취소된 안전검사대상기계 등을 사용해서는 아니 된다.

ⓩ 자율안전검사기관(법 제100조)
- 자율안전검사기관이 되려는 자는 대통령령으로 정하는 인력·시설 및 장비 등의 요건을 갖추어 고용노동부장관의 지정을 받아야 한다.
- 고용노동부장관은 자율안전검사기관에 대하여 평가하고 그 결과를 공개할 수 있다. 이 경우 평가의 기준·방법 및 결과의 공개에 필요한 사항은 고용노동부령으로 정한다.
- 자율안전검사기관의 지정 절차, 그 밖에 필요한 사항은 고용노동부령으로 정한다.
- 지정의 취소
  - 거짓이나 부정한 방법으로 지정을 받은 경우
  - 업무 정지기간 중에 업무를 수행한 경우
- 6개월 이내의 기간을 정하여 그 업무의 정지를 명할 수 있는 경우
  - 지정 요건을 충족하지 못한 경우
  - 지정받은 사항을 위반하여 업무를 수행한 경우
  - 그 밖에 대통령령으로 정하는 사유에 해당하는 경우
    ⓐ 검사 관련 서류를 거짓으로 작성한 경우
    ⓑ 정당한 사유 없이 검사업무의 수탁을 거부한 경우
    ⓒ 검사업무를 하지 않고 위탁 수수료를 받은 경우
    ⓓ 검사업무에 차질을 일으키거나 업무를 게을리한 경우
    ⓔ 검사업무와 관련된 비치서류를 보존하지 않은 경우
    ⓕ 검사업무 수행과 관련한 대가 외에 금품을 받은 경우
    ⓖ 법에 따른 관계 공무원의 지도·감독을 거부·방해 또는 기피한 경우
- 지정이 취소된 자는 지정이 취소된 날부터 2년 이내에는 자율안전검사기관으로 지정받을 수 없다.

⑤ 유해위험기계 등의 검사와 지원
㉠ 성능시험(법 제101조, 시행령 제83조)
- 고용노동부장관은 안전인증대상 기계 등 또는 자율안전확인대상 기계 등의 안전성능의 저하 등으로 근로자에게 피해를 주거나 줄 우려가 크다고 인정하는 경우에는 대통령령으로 정하는 바에 따라 유해·위험기계 등을 제조하는 사업장에서 제품 제조과정을 조사할 수 있으며, 제조·수입·양도·대여하거나 양도·대여의 목적으로 진열된 유해·위험기계 등을 수거하여 안전인증기준 또는 자율안전기준에 적합한지에 대한 성능시험을 할 수 있다.
- 제품 제조과정 조사는 안전인증대상 기계 등 또는 자율안전확인대상 기계 등이 안전인증기준 또는 자율안전기준에 맞게 제조되었는지를 대상으로 한다.
- 고용노동부장관은 유해·위험 기계 등의 성능시험을 하는 경우에는 제조·수입·양도·대여하거나 양도·대여의 목적으로 진열된 유해·위험기계 등 중에서 그 시료를 수거하여 실시한다.

- 제품 제조과정 조사 및 성능시험의 절차 및 방법 등에 관하여 필요한 사항은 고용노동부령으로 정한다.
  ㄴ. 유해·위험기계 등 제조사업 등의 지원(법 제102조)
  - 고용노동부장관은 다음에 해당하는 자에게 유해·위험기계 등의 품질, 안전성 또는 설계, 시공 능력 등의 향상을 위하여 예산의 범위에서 필요한 지원을 할 수 있다.
    - 다음에 해당하는 것의 안전성 향상을 위하여 지원이 필요하다고 인정되는 것을 제조하는 자
      ⓐ 안전인증대상 기계 등
      ⓑ 자율안전확인대상 기계 등
      ⓒ 그 밖에 산업재해가 많이 발생하는 유해·위험기계 등
    - 작업환경 개선시설을 설계·시공하는 자
  - 지원을 받으려는 자는 고용노동부령으로 정하는 인력·시설 및 장비 등의 요건을 갖추어 고용노동부장관에게 등록하여야 한다.
  - 등록 취소 : 거짓이나 그 밖의 부정한 방법으로 등록한 경우
  - 1년의 범위에서 지원 제한
    - 등록 요건에 적합하지 아니하게 된 경우
    - 안전인증이 취소된 경우
  - 고용노동부장관은 지원받은 자가 다음에 해당하는 경우에는 지원한 금액 또는 지원에 상응하는 금액을 환수하여야 한다.
    - 거짓이나 그 밖의 부정한 방법으로 지원받은 경우(지원한 금액에 상당하는 액수 이하의 금액 추가 환수 가능)
    - 지원 목적과 다른 용도로 지원금을 사용한 경우
    - 등록이 취소된 경우
  - 고용노동부장관은 등록을 취소한 자에 대하여 등록을 취소한 날부터 2년 이내의 기간을 정하여 등록을 제한할 수 있다.
  - 지원내용, 등록 및 등록 취소, 환수 절차, 등록 제한 기준, 그 밖에 필요한 사항은 고용노동부령으로 정한다.

  ㄷ. 유해·위험기계 등의 안전 관련 정보의 종합관리(법 제103조)
  - 고용노동부장관은 사업장의 유해·위험기계 등의 보유 현황 및 안전검사 이력 등 안전에 관한 정보를 종합관리하고, 해당 정보를 안전인증기관 또는 안전검사기관에 제공할 수 있다.
  - 고용노동부장관은 정보의 종합관리를 위하여 안전인증기관 또는 안전검사기관에 사업장의 유해·위험기계 등의 보유 현황 및 안전검사 이력 등의 필요한 자료를 제출하도록 요청할 수 있다. 이 경우 요청을 받은 기관은 특별한 사유가 없으면 그 요청에 따라야 한다.
  - 고용노동부장관은 정보의 종합관리를 위하여 유해·위험기계 등의 보유현황 및 안전검사 이력 등 안전에 관한 종합정보망을 구축·운영하여야 한다.

⑥ 공정안전보고서(법 제44~46조)
  ㄱ. 개 요
  - 대통령령으로 정하는 유해·위험설비를 보유한 사업장의 사업주는 중대산업사고(위험물질 누출, 화재, 폭발 등으로 인하여 사업장 내의 근로자에게 즉시 피해를 주거나 사업장 인근지역에 피해를 줄 수 있는 사고)를 예방하기 위하여 공정안전보고서를 작성하여 고용노동부장관에게 제출하여 심사를 받아야 한다. 이 경우 공정안전보고서의 내용이 중대산업사고를 예방하기 위하여 적합하다고 통보받기 전에는 관련 설비를 가동하여서는 아니 된다.
  - 사업주는 공정안전보고서를 작성할 때에는 산업안전보건위원회의 심의를 거쳐야 한다. 다만, 산업안전보건위원회가 설치되어 있지 아니한 사업장의 경우에는 근로자대표의 의견을 들어야 한다.
  - 고용노동부장관은 공정안전보고서를 고용노동부령으로 정하는 바에 따라 심사하여 그 결과를 사업주에게 서면으로 알려 주어야 한다. 이 경우 근로자의 안전 및 보건의 유지·증진을 위하여 필요하다고 인정하는 경우에는 그 공정안전보고서의 변경을 명할 수 있다.
  - 사업주는 심사를 받은 공정안전보고서를 사업장에 갖추어 두어야 한다.
  - 사업주와 근로자는 심사를 받은 공정안전보고서(보완한 공정안전보고서 포함)의 내용을 지켜야 한다.

- 사업주는 심사를 받은 공정안전보고서의 내용을 실제로 이행하고 있는지의 여부에 대하여 고용노동부장관의 확인을 받아야 한다.
- 사업주는 심사를 받은 공정안전보고서의 내용을 변경하여야 할 사유가 발생한 경우에는 지체 없이 이를 보완하여야 한다.
- 고용노동부장관은 공정안전보고서의 이행 상태를 정기적으로 평가할 수 있다.
- 고용노동부장관은 공정안전보고서의 이행 상태를 평가한 결과 보완 상태가 불량한 사업장의 사업주에게는 공정안전보고서의 변경을 명할 수 있으며, 이에 따르지 아니하는 경우 공정안전보고서를 다시 제출하도록 명할 수 있다.

ⓛ 공정안전보고서의 제출대상(시행령 제43조)
- 공정안전관리(PSM)의 적용대상 사업장
  - 원유 정제처리업
  - 기타 석유 정제물 재처리업
  - 석유화학계 기초화학물질 제조업 또는 합성수지 및 기타 플라스틱물질 제조업
  - 질소 화합물, 질소·인산 및 칼리질 화학비료 제조업 중 질소질 비료 제조
  - 복합비료 제조업(복합비료의 단순 혼합 또는 배합에 의한 경우는 제외)
  - 화학 살균·살충제 및 농업용 약제 제조업(농약 원제 제조만 해당)
  - 화학 및 불꽃제품 제조업

ⓒ 공정안전보고서의 제출대상업종이 아닌 사업장의 공정안전보고서 제출대상 여부
- R의 값이 1 이상인 사업장은 공정안전보고서를 제출한다.
- $R = \sum \dfrac{C_n}{T_n}$

  (여기서, C_n : 위험물질 각각의 제조, 취급, 저장량, T_n : 위험물질 각각의 규정량)

ⓔ 상기에도 불구하고 유해하거나 위험한 설비로 보지 않는 설비
- 원자력 설비
- 군사시설
- 사업주가 해당 사업장 내에서 직접 사용하기 위한 난방용 연료의 저장설비 및 사용설비
- 도매·소매시설
- 차량 등의 운송설비
- 액화석유가스의 충전·저장시설
- 가스공급시설
- 그 밖에 고용노동부장관이 누출·화재·폭발 등의 사고가 있더라도 그에 따른 피해의 정도가 크지 않다고 인정하여 고시하는 설비

ⓜ 공정안전보고서에 포함되어야 하는 사항(시행령 제44조)
- 공정안전자료
- 공정위험성평가서
- 안전운전계획
- 비상조치계획
- 그 밖에 공정상의 안전과 관련하여 고용노동부장관이 필요하다고 인정하여 고시하는 사항

ⓗ 공정안전자료에 포함하여야 할 세부내용(시행규칙 제50조)
- 유해·위험물질에 대한 물질안전보건자료
- 취급·저장하고 있거나 취급·저장하려는 유해·위험물질의 종류 및 수량
- 유해하거나 위험한 설비의 목록 및 사양
- 유해하거나 위험한 설비의 운전방법을 알 수 있는 공정도면
- 각종 건물·설비의 배치도
- 위험설비의 안전설계·제작 및 설치 관련 지침서
- 폭발위험장소의 구분도 및 전기단선도

ⓢ 안전운전계획에 포함되어야 할 항목(시행규칙 제50조)
- 안전작업허가
- 안전운전지침서
- 설비점검·검사 및 보수계획, 유지계획 및 지침서
- 가동 전 점검지침
- 변경요소 관리계획
- 근로자 등 교육계획
- 자체감사 및 사고조사계획
- 도급업체 안전관리계획
- 그 밖에 안전운전에 필요한 사항(비상조치계획에 따른 교육계획은 아님)

- ◎ 공정안전보고서의 작성·제출(법 제44조)
  - 사업주는 사업장에 설비로부터의 위험물질 누출, 화재 및 폭발 등으로 인하여 사업장 내의 근로자에게 즉시 피해를 주거나 사업장 인근 지역에 피해를 줄 수 있는 중대산업사고를 예방하기 위하여 공정안전보고서를 작성하고 고용노동부장관에게 제출하여 심사를 받아야 한다. 공정안전보고서의 내용이 중대산업사고를 예방하기 위하여 적합하다고 통보받기 전에는 관련된 유해하거나 위험한 설비를 가동해서는 아니 된다.
  - 설비의 주요 구조 부분을 변경함에 따라 공정안전보고서를 제출하여야 하는 경우(시행령 제45조, 공정안전보고서의 제출·심사·확인 및 이행상태평가 등에 관한 규정 제2조)
    - 반응기를 교체(같은 용량과 형태로 교체되는 경우는 제외)하거나 추가로 설치하는 경우 또는 이미 설치된 반응기를 변형하여 용량을 늘리는 경우
    - 생산설비 및 부대설비(유해·위험물질의 누출·화재·폭발과 무관한 자동화창고·조명설비 등은 제외)가 교체 또는 추가되어 늘어나게 되는 전기정격용량의 총합이 300[kW] 이상인 경우
    - 플레어스택을 설치 또는 변경하는 경우
- ㉡ 공정안전보고서의 심사(법 제45조)
  - 고용노동부장관은 공정안전보고서를 고용노동부령으로 정하는 바에 따라 심사하여 그 결과를 사업주에게 서면으로 알려 주어야 한다. 이 경우 근로자의 안전 및 보건의 유지·증진을 위하여 필요하다고 인정하는 경우에는 그 공정안전보고서의 변경을 명할 수 있다.
  - 사업주는 심사를 받은 공정안전보고서를 사업장에 갖추어 두어야 한다.
- ㉢ 공정안전보고서 심사기준에 있어 공정배관계장도(P&ID)에 반드시 표시되어야 할 사항
  - 안전밸브의 크기 및 설정압력
  - 동력기계와 장치의 주요 명세
  - 장치의 계측제어시스템과의 상호관계(물질 및 열수지는 아님)
- ㉣ 공정안전보고서의 이행(법 제46조)
  - 사업주와 근로자는 심사를 받은 공정안전보고서(보완한 공정안전보고서를 포함)의 내용을 지켜야 한다.
  - 사업주는 심사를 받은 공정안전보고서의 내용을 실제로 이행하고 있는지 여부에 대하여 고용노동부령으로 정하는 바에 따라 고용노동부장관의 확인을 받아야 한다.
  - 심사를 받은 공정안전보고서의 내용을 변경하여야 할 사유가 발생한 경우에는 지체 없이 그 내용을 보완하여야 한다.
  - 고용노동부장관은 고용노동부령으로 정하는 바에 따라 공정안전보고서의 이행 상태를 정기적으로 평가할 수 있다.
  - 고용노동부장관은 평가 결과, 보완 상태가 불량한 사업장의 사업주에게는 공정안전보고서의 변경을 명할 수 있으며, 이에 따르지 아니하는 경우 공정안전보고서를 다시 제출하도록 명할 수 있다.

10년간 자주 출제된 문제

4-1. 산업안전보건법령에 따른 안전인증기준에 적합한지를 확인하기 위하여 안전인증기관이 하는 심사의 종류가 아닌 것은?

① 서면심사
② 예비심사
③ 제품심사
④ 완성심사

4-2. 산업안전보건법령상 안전인증대상 기계·기구 등에 해당하지 않는 것은?

① 곤돌라
② 고소작업대
③ 활선작업용 기구
④ 교류 아크용접기용 자동전격방지기

4-3. 산업안전보건법령상 자율안전확인대상 기계·기구 등에 포함되지 않는 것은?

① 곤돌라
② 연삭기
③ 컨베이어
④ 자동차정비용 리프트

4-4. 산업안전보건법령상 안전검사대상 유해·위험기계 등이 아닌 것은?

① 리프트
② 전단
③ 압력용기
④ 밀폐형 구조 롤러기

4-5. 다음 중 산업안전보건법령상 건설현장에서 사용하는 크레인의 안전검사의 주기로 옳은 것은?

① 최초로 설치한 날부터 1개월마다 실시
② 최초로 설치한 날부터 3개월마다 실시
③ 최초로 설치한 날부터 6개월마다 실시
④ 최초로 설치한 날부터 1년마다 실시

4-6. 산업안전보건법에 따라 공정안전보고서에 포함되어야 하는 사항 중 공정안전보건자료의 세부내용에 해당하는 것은?

① 공정위험성평가서
② 안전운전지침서
③ 건물·설비의 배치도
④ 도급업체 안전관리계획

| 해설 |

4-1
산업안전보건법 시행규칙 제110조
안전인증기관이 하는 심사의 종류 : 예비심사, 서면심사, 기술능력 및 생산체계 심사, 제품심사

4-2
안전인증대상 기계·설비, 방호장치, 보호구(법 제84조, 시행령 제74조)

기계·설비 (9품목)	프레스, 전단기 및 절곡기, 크레인, 리프트, 압력용기, 롤러기, 사출성형기, 고소작업대, 곤돌라
방호장치 (9품목)	프레스 및 전단기 방호장치, 양중기용 과부하 방지장치, 보일러 압력방출용 안전밸브, 압력용기 압력방출용 안전밸브, 압력용기 압력방출용 파열판, 절연용 방호구 및 활선작업용 기구, 방폭구조 전기기계·기구 및 부품, 가설기자재, 산업용 로봇 방호장치
보호구 (12품목)	안전모(추락 및 감전 위험방지용), 안전화, 안전장갑, 방진 마스크, 방독 마스크, 송기 마스크, 전동식 호흡보호구, 보호복, 안전대, 보안경(차광 및 비산물 위험방지용), 용접용 보안면, 방음용 귀마개 또는 귀덮개

4-3
자율안전확인대상 기계·설비, 방호장치, 보호구(법 제89조, 시행령 제77조)

기계·설비 (10품목)	연삭기 또는 연마기(휴대형은 제외), 산업용 로봇, 혼합기, 파쇄기 또는 분쇄기, 식품가공용 기계(파쇄·절단·혼합·제면기만 해당), 컨베이어, 자동차정비용 리프트, 공작기계(선반, 드릴기, 평삭·형삭기, 밀링만 해당), 고정형 목재가공용 기계(둥근톱, 대패, 루타기, 띠톱, 모떼기 기계만 해당), 인쇄기
방호장치 (7품목)	아세틸렌 용접장치용 또는 가스집합 용접장치용 안전기, 교류 아크용접기용 자동전격방지기, 롤러기 급정지장치, 연삭기 덮개, 목재 가공용 둥근톱 반발 예방장치와 날 접촉 예방장치, 동력식 수동대패용 칼날 접촉 방지장치, 가설기자재(안전인증 대상 제외)
보호구 (3품목)	안전모(안전인증대상 안전모 제외), 보안경(안전인증대상 보안경 제외), 보안면(안전인증대상 보안면 제외)

|해설|

4-4
안전검사대상(법 제93조, 시행령 제78조)

안전검사 (15품목)	프레스, 전단기, 크레인(정격 하중 2[ton] 미만은 제외), 리프트, 압력용기, 곤돌라, 국소 배기장치(이동식 제외), 원심기(산업용만 해당), 롤러기(밀폐형 구조 제외), 사출성형기(형 체결력 294[kN] 미만 제외), 고소작업대(화물자동차 또는 특수자동차에 탑재한 고소작업대로 한정), 컨베이어, 산업용 로봇, 혼합기, 파쇄기 또는 분쇄기

4-5
안전검사의 주기(시행규칙 제126조)

크레인(이동식 크레인 제외), 리프트(이삿짐 운반용 리프트 제외), 곤돌라	사업장에 설치가 끝난 날부터 3년 이내에 최초 안전검사를 실시하되, 그 이후부터 2년마다(건설현장에서 사용하는 것은 최초로 설치한 날부터 6개월마다)
이동식 크레인, 이삿짐운반용 리프트 및 고소작업대	신규등록 이후 3년 이내에 최초 안전검사를 실시하되, 그 이후부터 2년마다
프레스, 전단기, 압력용기, 국소 배기장치, 원심기, 롤러기, 사출성형기, 컨베이어, 산업용 로봇, 혼합기, 파쇄기 또는 분쇄기	사업장에 설치가 끝난 날부터 3년 이내에 최초 안전검사를 실시하되, 그 이후부터 2년마다(공정안전보고서를 제출하여 확인을 받은 압력용기는 4년마다)

4-6
공정안전보고서에 포함되어야 하는 사항(시행령 제44조)
- 공정안전자료
- 공정위험성평가서
- 안전운전계획
- 비상조치계획
- 그 밖에 공정상의 안전과 관련하여 고용노동부장관이 필요하다고 인정하여 고시하는 사항

공정안전자료에 포함하여야 할 세부내용(시행규칙 제50조)
- 유해·위험물질에 대한 물질안전보건자료
- 취급·저장하고 있거나 취급·저장하려는 유해·위험물질의 종류 및 수량
- 유해하거나 위험한 설비의 목록 및 사양
- 유해하거나 위험한 설비의 운전방법을 알 수 있는 공정도면
- 각종 건물·설비의 배치도
- 위험설비의 안전설계·제작 및 설치 관련 지침서
- 폭발위험장소의 구분도 및 전기단선도

정답 4-1 ④ 4-2 ④ 4-3 ① 4-4 ④ 4-5 ③ 4-6 ③

핵심이론 05 | 안전보건표지와 색채, 표시

① 표지와 색채, 표시의 개요
  ㉠ 공장 내 안전보건표지 부착 이유
    - 인간행동의 변화 통제
    - 안전의식 고취
  ㉡ 안전보건표지 제작 시 유의사항
    - 안전보건표지는 그 표시내용을 근로자가 빠르고 쉽게 알아볼 수 있는 크기로 제작하여야 한다.
    - 안전보건표지 속의 그림 또는 부호의 크기는 안전보건표지의 크기와 비례하여야 하며, 안전보건표지 전체 규격의 30[%] 이상이 되어야 한다.
    - 안전보건표지는 쉽게 파손되거나 변형되지 아니하는 재료로 제작하여야 한다.
    - 야간에 필요한 안전보건표지는 야광물질을 사용하는 등 쉽게 알아볼 수 있도록 제작하여야 한다.
    - 색채의 색도기준 : 색상 명도/채도
      예 빨간색, 7.5R 4/14
  ㉢ 안전인증표시
    - 안전증표

안전인증대상 기계·기구	안전인증대상 기계·기구 이외
KCs	S

    - 안전증표의 색상 : 테두리와 문자는 청색, 기타 부분은 백색

② 금지표지
  ㉠ 금지표지의 종류 : 출입금지, 보행금지, 차량통행금지, 사용금지, 탑승금지, 금연, 화기금지, 물체이동금지
    - 출입금지 표지의 종류 : 금지유해물질취급 실험실 등, 허가대상물질 작업장, 석면취급 및 해체·제거 작업장

ⓒ 금지표지의 색깔 : 바탕(흰색)/기본모형(빨간색)/관련 부호·그림(검은색)

출입금지	보행금지	차량통행금지	사용금지
탑승금지	금 연	화기금지	물체이동금지

③ 경고표지 : 산업안전보건표지일람표에 의거하여, 재해를 사전에 방지하기 위해 사용하는 안전표지의 일종으로 노란색 바탕에 검정색 삼각테로 이루어지며 내용은 삼각형 중앙에 검정색으로 표시하는 안전표지

ⓐ 경고표지의 종류
- 마름모형(◇) : 인화성 물질 경고, 산화성 물질 경고, 폭발성 물질 경고, 급성독성 물질 경고, 발암성·변이원성·생식독성·전신독성·호흡기과민성 물질 경고, 부식성물질 경고

인화성 물질	산화성 물질	폭발성 물질
급성독성 물질	발암성 등	부식성 물질

- 삼각형(△) : 방사성 물질 경고, 고압전기 경고, 매달린 물체 경고, 낙하물 경고, 고온 경고, 저온 경고, 몸균형 상실 경고, 레이저광선 경고, 위험장소 경고

낙하물	고 온	저 온
몸균형상실	레이저광선	위험장소
방사성물질	고압전기	매달린 물체

ⓑ 경고표지의 색깔 : 바탕(노란색)/기본모형·관련 부호·그림(검은색)(단, 인화성 물질 경고, 산화성 물질 경고, 폭발성 물질 경고, 급성독성 물질 경고, 발암성·변이원성·생식독성·전신독성·호흡기과민성 물질 경고, 부식성물질 경고 등의 경우 바탕은 무색, 기본모형은 빨간색 또는 검은색)

④ 지시표지
ⓐ 지시표지의 종류 : 보안경 착용, 방독 마스크 착용, 방진 마스크 착용, 보안면 착용, 안전모 착용, 귀마개 착용, 안전화 착용, 안전장갑 착용, 안전복 착용
ⓑ 지시표지의 기본도형

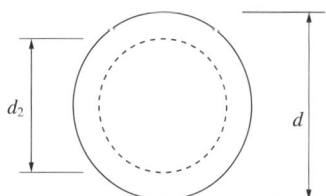

- 색도기준 : 2.5PB 4/10
- $d_2 = 0.8d$
- $d \geq 0.025L$
- L : 안전보건표지를 인식할 수 있거나 인식해야 할 안전거리

ⓒ 지시표지의 색깔 : 바탕(파란색)/관련 그림(흰색)

보안경	방독 마스크	방진 마스크
보안면	안전모	귀마개
안전화	안전장갑	안전복

⑤ 안내표지
  ㉠ 안내표지의 종류 : 녹십자 표지, 응급구호 표지, 들것, 세안장치, 비상용 기구, 비상구, 좌·우측 비상구
  ㉡ 안내표지의 색깔 : 바탕(흰색)/기본모형·관련 부호(녹색), 바탕(녹색)/관련 부호·그림(흰색)

녹십자	응급구호	들 것	세안장치
비상용 기구	비상구	좌측 비상구	우측 비상구

⑥ 출입금지표지
  ㉠ 출입금지표지의 종류 : 허가대상유해물질 취급, 석면 취급 및 해체·제거, 금지유해물질 취급
  ㉡ 출입금지표지의 색깔 : 글자는 흰색 바탕에 흑색, 다음 글자는 적색
  ※ 안전보건표지의 제작에 있어 안전보건표지 속의 그림 또는 부호의 크기는 안전보건표지의 크기와 비례하여야 하며 안전보건표지 전체 규격의 30[%] 이상이 되어야 한다.

⑦ 색채(시행규칙 별표 8)
  ㉠ 빨간색
    • 색도기준 : 7.5R 4/14
    • 용도 : 금지(정지신호, 소화설비 및 그 장소, 유해행위의 금지), 경고(화학물질 취급장소에서의 유해·위험경고)
  ㉡ 노란색
    • 색도기준 : 5Y 8.5/12
    • 용도 : 경고(화학물질 취급장소에서의 유해·위험경고 이외의 위험경고, 주의표지 또는 기계방호물)
  ㉢ 파란색
    • 색도기준 : 2.5PB 4/10
    • 용도 : 지시(특정행위의 지시 및 사실의 고지)
  ㉣ 녹 색
    • 색도기준 : 2.5G 4/10
    • 용도 : 안내(비상구 및 피난소, 사람 또는 차량의 통행표지)
  ㉤ 흰 색
    • 색도기준 : N9.5
    • 용도 : 파란색 또는 녹색에 대한 보조색
  ㉥ 검은색
    • 색도기준 : N0.5
    • 용도 : 문자 및 빨간색 또는 노란색에 대한 보조색

10년간 자주 출제된 문제

5-1. 산업안전보건법령상 안전보건표지의 종류 중 금지표지에 해당하지 않는 것은?

① 탑승금지
② 금 연
③ 사용금지
④ 접촉금지

5-2. 산업안전보건법령상의 안전보건표지 중 지시표지의 종류가 아닌 것은?

① 안전대 착용
② 귀마개 착용
③ 안전복 착용
④ 안전장갑 착용

5-3. 산업안전보건법상 안전보건표지의 종류와 형태 기준 중 안내표지의 종류가 아닌 것은?

① 금 연
② 들 것
③ 비상용 기구
④ 세안장치

5-4. 산업안전보건법령에 따른 안전보건표지의 종류별 해당 색채기준 중 틀린 것은?

① 금연 : 바탕은 흰색, 기본 모형은 검은색, 관련 부호 및 그림은 빨간색
② 인화성물질경고 : 바탕은 무색, 기본모형은 빨간색(검은색도 가능)
③ 보안경착용 : 바탕은 파란색, 관련 그림은 흰색
④ 고압전기경고 : 바탕은 노란색, 기본모형 관련 부호 및 그림은 검은색

|해설|

5-1

금지표지의 종류 : 출입금지, 보행금지, 차량통행금지, 사용금지, 탑승금지, 금연, 화기금지, 물체이동금지

5-2

지시표지의 종류 : 보안경 착용, 방독 마스크 착용, 방진 마스크 착용, 보안면 착용, 안전모 착용, 귀마개 착용, 안전화 착용, 안전장갑 착용, 안전복 착용

5-3

안내표지의 종류 : 녹십자 표지, 응급구호 표지, 들것, 세안장치, 비상용 기구, 비상구, 좌측 비상구, 우측 비상구

5-4

금연은 금지표지이므로 바탕은 흰색, 기본 모형은 빨간색, 관련 부호 및 그림은 검은색으로 해야 한다.

정답 5-1 ④ 5-2 ① 5-3 ① 5-4 ①

CHAPTER 02 산업심리 및 교육

제1절 산업심리

핵심이론 01 | 산업심리의 개요

① 산업안전심리의 요소
  ㉠ 산업안전심리의 5대 요소
    - 동기(Motive) : 능동적인 감각에 의한 자극에서 일어난 사고의 결과로서, 사람의 마음을 움직이는 원동력이 된다.
    - 기질(Temper) : 감정적인 경향이나 반응에 관계되는 성격의 한 측면이다.
    - 감정(Emotion) : 인간이 순간순간에 나타내는 희노애락을 말한다. 순간적으로 나타내는 감정은 정신상태에 커다란 영향을 미치므로 안전사고에서 중요한 요소가 된다. 또한 어떤 감정을 장시간 지속하는 것은 개성의 결함이다. 감정의 불안정은 안전사고 발생의 심리적 요인에 해당된다.
    - 습성(Habits) : 한 종에 속하는 개체의 대부분에서 볼 수 있는 일정한 생활양식으로 본능, 학습, 조건반사 등에 따라 형성된다.
    - 습관(Custom) : 생활체가 어떤 행동을 할 때 생기는 객관적인 동요이다.
  ㉡ 습관에 영향을 주는 4요소 : 동기, 기질, 감정, 습성
  ㉢ 안전심리에서 중요시되는 인간요소 : 개성 및 사고력

② 심리검사 : 인간의 심리적 특성(성격, 지능, 적성 등)을 파악하기 위하여 여러 도구를 이용하여 양적·질적으로 측정하고 평가하는 일련의 절차
  ㉠ 심리검사가 산업에 활용되는 내용
    - 기업 내의 숨은 인재를 발견하는 데 도움이 된다.
    - 종업원의 인사상담에 도움을 준다.
    - 관리, 감독자가 부하를 바로 알고, 감독하는 데 도움을 준다.
  ㉡ 심리검사의 구비요건 : 타당성, 신뢰성, 표준화
    - 타당성(타당도) : 측정하고자 하는 것을 실제로 잘 측정하는지의 여부를 판별하는 정도
      - 준거 관련 타당도 : 예측변인이 준거와 얼마나 관련되는지를 나타낸 타당도
      - 구인 타당도 : 심리적 개념이나 논리적 구인을 측정하는 정도
      - 내용 타당도 : 평가하려고 하는 내용을 얼마나 충실히 측정하는가의 정도
      - 예측 타당도 : 검사 결과가 피험자의 미래 행동이나 특성을 얼마나 정확하고 완전하게 예언하는가의 정도이다. 입사 시 적성검사에서 높은 점수를 받은 사람일수록 입사 후에 업무수행이 우수한 것으로 나타났다면, 이 검사는 예측 타당도가 높은 것이다.
    - 신뢰성 : 측정하고자 하는 심리적 개념을 일관성 있게 측정하는 정도
    - 표준화 : 검사의 실시부터 채점과 해석에 이르기까지 과정 및 절차를 단일화하여 검사 시행이나 채점과 해석에서 검사자의 주관적 의도 및 해석이 개입될 수 없도록 하는 것이다. 사용하는 검사의 재료, 검사받는 시간, 피검사에게 주어지는 지시, 피검사의 질문에 대한 검사자의 처리방식, 검사 장소 및 분위기까지도 모두 표준화해야 한다.
  ㉢ 심리검사의 종류
    - 지능검사 : 지적 능력을 측정하기 위한 검사
      - 지적 능력
        ⓐ 새로운 환경에 적응하는 능력
        ⓑ 문제해결능력
        ⓒ 추상적 사상을 다루는 능력
        ⓓ 목적지향적으로 행동하고 합리적으로 사고하고 환경을 효과적으로 다루는 개인의 종합적 능력
    - 적성검사(능력검사) : 특정활동이나 작업수행에 필요한 현재 능력의 상태나 발전 가능성을 측정하기 위한 검사
    - 흥미검사 : 예술, 기계, 스포츠 등 다양한 활동영역에 대한 개인의 흥미 정도를 측정하기 위한 검사
    - 성격검사 : 성격의 특징 또는 성격 유형을 진단하기 위한 검사

- 신체능력검사 : 근력, 순발력, 전반적인 신체 조정 능력, 체력 등을 측정하기 위한 검사
③ 산업심리 관련 제반사항
  ㉠ 과학적 관리법
    - 초기 산업심리학 형성에 영향을 미쳤다.
    - 공학자 테일러(F. Taylor)가 창시자이다.
    - 시간-동작 연구를 적용하여 작업방법을 효율화시켰다.
    - 생산의 효율성을 상당히 향상시켰다.
    - 직무를 고도로 전문화, 분업화 및 표준화했다.
    - 과업중심의 관점으로 일을 설계한다.
    - 차별성과급제를 도입했다.
    - 인센티브를 도입함으로써 작업자들을 동기화시킬 수 있다.
  ㉡ 연구기준의 요건
    - 적절성 : 의도된 목적에 부합하여야 한다.
    - 신뢰성 : 반복 실험 시 재현성이 있어야 한다.
    - 무오염성 : 측정하고자 하는 변수 이외의 다른 변수의 영향을 받아서는 안 된다.
    - 민감도 : 피실험자 사이에서 볼 수 있는 예상 차이점에 비례하는 단위로 측정해야 한다.
  ㉢ 친구를 선택하는 기준에 대한 경험적 연구에서 검증된 사실의 예
    - 우리는 신체적으로 매력적인 사람을 좋아한다.
    - 우리는 우리를 좋아하는 사람을 좋아한다.
    - 우리는 우리와 유사한 성격을 지닌 사람을 좋아한다.
    - 우리는 우리와 나이가 비슷한 사람을 좋아한다.
  ㉣ 기업경영 조건 중 우선순위의 단계적 배열 : 안전 – 품질 – 생산
  ㉤ 시간에 따른 행동 변화의 4단계 : 지식 변화 – 태도 변화 – 개인적 행동 변화 – 집단 성취 변화
  ㉥ 창의력
    - 문제를 해결하기 위하여 정보나 지식을 독특한 방법으로 조합하여 참신하고 유용한 아이디어를 생성해 내는 능력
    - 창의력 발휘를 위한 3가지 요소 : 전문지식, 상상력, 내적동기
  ㉦ 효과 있는 안전의식 고취방법
    - 안전교육 실시
    - 안전포스터 부착
    - 안전경진대회 개최(안전규칙에 관한 책자 배포는 효과가 없다)
  ㉧ 사람의 기술 분류 : 정신적 – 조작적 – 인식적 – 언어적
  ㉨ 전경-배경(Figure-ground) 분리 현상 : 환경을 이해할 때 어떤 자극들은 정보로서 처리하고 다른 것들은 무시하여 구분해서 처리하는 현상

10년간 자주 출제된 문제

1-1. 산업안전심리의 5대 요소가 아닌 것은?
① 동기(Motive)   ② 기질(Temper)
③ 감정(Emotion)   ④ 지능(Intelligence)

1-2. 직무에 적합한 근로자를 위한 심리검사는 합리적 타당성을 갖추어야 한다. 이러한 합리적 타당성을 얻는 방법으로만 나열된 것은?
① 구인 타당도, 공인 타당도
② 구인 타당도, 내용 타당도
③ 예언적 타당도, 공인 타당도
④ 예언적 타당도, 안면 타당도

1-3. 심리검사의 종류에 관한 설명으로 맞는 것은?
① 성격검사 : 인지능력이 직무수행을 얼마나 예측하는지 측정한다.
② 신체능력검사 : 근력, 순발력, 전반적인 신체 조정 능력, 체력 등을 측정한다.
③ 기계적성검사 : 기계를 다루는 데 있어 예민성, 색채, 시각, 청각적 예민성을 측정한다.
④ 지능검사 : 제시된 진술문에 대하여 어느 정도 동의하는지에 관해 응답하고, 이를 척도점수로 측정한다.

|해설|

1-1
산업안전심리의 5대 요소 : 동기, 기질, 감정, 습성, 습관

1-2
합리적 타당성을 얻는 방법 : 구인 타당도, 내용 타당도

1-3
① 성격검사 : 성격의 특징 또는 성격 유형을 진단하기 위한 검사
③ 기계적성검사 : 기계를 다루는 데 있어 필요한 현재 능력의 상태나 발전 가능성을 측정하기 위한 검사
④ 지능검사 : 지적 능력을 측정하기 위한 검사

정답 1-1 ④ 1-2 ② 1-3 ②

핵심이론 02 | 안전조직행동론

① 인간의 행동특성에 관한 레빈(Lewin)의 식
인간의 행동(B)은 개인의 자질 혹은 성격(P)과 심리학적 환경 혹은 작업환경(E)과의 상호함수관계에 있다.
$B = f(P \cdot E)$
- B : Behavior(인간의 행동)
- f : Function(함수)
- P : Personality(인간의 조건인 자질 혹은 소질, 개체 : 연령, 경험, 성격(개성), 지능, 심신 상태 등)
- E : Environment(심리적 환경 : 작업환경(조명, 온도, 소음), 인간관계 등)

② 인간의 동작(행동)에 영향을 주는 요인 : 내적 조건(요인), 외적 조건(요인)
  ㉠ 내적 조건
  - 소질(적성, 개성) : 지능, 지각, 시각기능, 운동, 기민, 성격, 태도
  - 일반심리 : 착오, 부주의, 신념, 무의적 조건반사, 리듬
  - 근무경력 : 연령, 경험, 교육
  - 의욕 : 지위, 대우, 후생, 흥미, 기분
  - 심신상태 : 피로, 질병, 수면, 휴식, 약물, 술
  ㉡ 외적 조건
  - 인간관계 : 직장, 가정, 사회, 경제, 문화
  - 자연 : 온도, 습도, 기압, 천후 환기
  - 물리적 조건 : 소음, 조명, 진동, 환기, 도로구조, 차륜구조, 설비
  - 공간적 조건 : 통로, 공간, 배치, 고저
  - 시간적 조건 : 노동시간, 교대, 속도
  - 높이, 폭, 길이, 크기 등의 조건
  - 대상물의 동적 성질에 따른 조건
  - 지각선택에 영향을 미치는 외적 요인 : 대비(Contrast), 재현(Repetition), 강조(Intensity)

③ 태도와 행동 : 인간이 행동을 형성하는 데 태도의 영향력이 크다.
  ㉠ 태도(Attitude)의 3가지 구성요소 : 인지적 요소, 정서적 요소, 행동경향 요소
  ㉡ 태도 형성의 기능 4가지
  - 적응기능
  - 자아방위적인 기능
  - 가치표현적 기능
  - 탐구적 기능
  ㉢ 태도와 인간의 행동특성
  - 태도가 결정되면 장시간 동안 유지된다.
  - 태도의 기능에는 작업적응, 자아방어, 자기표현 등이 있다.
  - 행동결정을 판단하고 지시하는 내적 행동체계라고 할 수 있다.
  - 개인의 심적 태도교정보다 집단의 심적 태도교정이 용이하다.
  ㉣ 모랄 서베이(Morale Survey, 태도조사 또는 사기조사) : 면접법, 질문지법, 문답법, 통계법, 관찰법, 사례연구법, 실험연구법, 집단토의법, 투사법
  - 면접법
  - 질문지법
  - 문답법
  - 통계법 : 지각, 조퇴, 결근, 사고상해율, 이직 등을 통계·분석하는 기법
  - 관찰법 : 종업원의 근무실태를 지속적으로 관찰하여 문제점을 찾아내는 기법
  - 사례연구법(Case Study) : 사례를 제시하고 문제가 되는 사실들과 그의 상호관계에 대해 검토하고 대책을 토의하는 방식의 토의법을 적용하는 기법
  - 실험연구법 : 실험그룹과 통제그룹을 구분하고 상황설정 및 자극을 주어 태도 변화를 조사하는 기법
  - 집단토의법
  - 투사법

④ 사고와 행동
  ㉠ 사고와 연결되는 인간의 행동특성
  - 간결성의 원리
    - 인간의 심리활동에 있어서 최소에너지에 의해 목적을 달성하려는 경향
    - 착오, 착각, 생략, 단락 등 사고의 심리적 요인을 야기하는 원인이 된다.
    - 작업장의 정리정돈의 태만 등 생략행위를 유발하는 심리적 요인
  - 돌발적인 사태하에서는 인간의 주의력이 집중된다.
  - 안전태도가 불량한 사람은 리스크 테이킹의 빈도가 높다.

- 자아의식이 약하거나 스트레스에 저항력이 약한 자는 동조경향(동조행동)을 나타내기 쉽다.
- 순간적으로 대피하는 경우에 우측보다 좌측으로 몸을 피하는 경향이 높다.
- 주의의 일점집중현상

ⓒ 무의식 동작 : 대뇌를 거치지 않고 중추신경이 외부의 자극을 받아 근육활동을 일으키는 동작
- 사람은 심신에 부담 주는 의식행동보다 무의식 동작을 하려고 한다.
- 인간은 작업에 익숙해지면 무의식 동작이 증가한다.
- 무의식 동작은 최단거리를 거쳐 나타낸다.
- 무의식 동작은 외계의 변화에 대응능력이 거의 없다.
- 무의식 동작에는 외계의 능력에 대응하는 능력이 어느 정도 있다.

ⓒ 사고요인이 되는 정신적 요소 중 개성적 결함요인
- 도전적인 마음
- 과도한 집착력
- 다혈질 및 인내심 부족

ⓔ 사고에 관한 표현
- 사고는 변형된 사상(Strained Event)이다.
- 사고는 원하지 않는 사상(Undesired Event)이다.
- 사고는 비효율적인 사상(Inefficient Event)이다.
- 사고는 비계획적인 사상(Unplaned Event)이다.

⑤ 사고경향

㉠ 사고경향성이론
- 어떠한 사람이 다른 사람보다 사고를 더 잘 일으킨다는 이론이다.
- 특정 환경보다는 개인의 성격에 의해 훨씬 더 사고가 일어나기 쉽다.
- 사고를 많이 내는 여러 명의 특성을 측정하여 사고를 예방하는 것이다.
- 검증하기 위한 효과적인 방법은 다른 두 시기 동안에 같은 사람의 사고기록을 비교하는 것이다.

ⓒ 사고 비유발자의 특성
- 의욕과 집착력이 강하다.
- 주의력 범위가 넓고 편중되어 있지 않다.
- 상황판단이 정확하며 추진력이 강하다.
- 자기의 감정을 통제할 수 있고 온건하다.

ⓒ 재해누발자의 유형
- 미숙성 누발자
  - 기능 미숙자
  - 환경에 익숙하지 못한 자
- 상황성 누발자
  - 작업에 어려움이 많은 자
  - 기계설비의 결함이 존재하여 발생되는 자
  - 심신에 근심이 있는 자
  - 환경상 주의력 집중의 곤란에 의해 발생되는 자
- 습관성 누발자
- 소질성 누발자
  - 재해누발 소질요인 : 성격적·정신적 결함, 신체적 결함
  - 도덕성이 결여되어 있는 자
  - 과도한 자존심이 있는 자
  - 지능, 성격, 시각기능에 문제가 있는 자

ⓔ 재해발생원인설
- 기회설
  - 재해가 다발하는 이유는 개인의 영향보다는 종사 작업에 위험성이 많고, 위험한 작업을 수행하고 있기 때문이라는 설
  - 기회설과 관계되는 재해누발 소지자는 상황성 누발자이다.
- 암시설
  - 재해를 한번 경험한 사람은 신경과민 등 심리적인 압박을 받게 되어 대처능력이 떨어져 재해가 빈번하게 발생된다는 설
  - 암시설과 관계되는 재해누발 소지자는 습관성 누발자이다.
- 경향설 : 근로자 가운데에 재해 빈발의 소질성 누발자가 있다는 설
- 미숙설 : 기능 미숙으로 인하거나 환경에 익숙하지 못하기 때문에 재해를 누발한다는 설

⑥ 동작분석(Motion Study)

㉠ 동작분석의 목적
- 표준동작의 설정·설계
- 동작 계열의 개선
- 작업의 모션마인드(Motion Mind) 체질화

ⓒ 동작개선의 원칙
  • 동작이 자동적으로 이루어지는 순서로 할 것
  • 관성, 중력, 기계력 등을 이용할 것
  • 작업장의 높이를 적당히 하여 피로를 줄일 것
⑦ 작업표준
  ㉠ 작업표준의 목적
    • 위험요인의 제거
    • 손실요인의 제거
    • 작업의 효율화
    • 작업공정의 합리화
  ㉡ 작업표준의 올바른 작성순서 : 작업의 분류 및 정리 → 작업분해 → 동작순서 및 급소를 정함 → 작업표준안 작성 → 작업표준의 제정과 교육 실시
  ㉢ 작업표준의 작성 시 검토할 사항(유의사항)
    • 동작의 순서를 바르게 한다.
    • 동작의 수는 될 수 있는 대로 적게 한다.
    • 원자재 가공물 등을 움직일 때에는 되도록 중력을 이용한다.
    • 작업표준은 관리 감독자가 관리하고 꾸준히 개선하며 전원이 관심을 가지고 운영한다.
    • 작업표준은 그 사업장의 독자적인 것으로 개개의 작업에 적응되는 내용일 것
    • 재해가 발생할 가능성이 높은 작업부터 먼저 착수한다.
    • 작업표준은 구체적이어야 하며 생산성과 품질을 고려하여야 한다.
  ㉣ 안전기술 향상의 저해요인에서 표준작업이 정착되지 않거나 저해되는 경우
    • 신체적 조건의 배려 소홀
    • 작업 표준에 대한 감독자의 무관심
    • 작업표준의 내용 부족
  ㉤ 작업에 소요되는 표준시간을 구하기 위해 사용되는 PTS법(Predetermined Time Standards)의 종류 : Method Time Measurement법, Work Factor법, Basic Motion Times법 등
  ㉥ 표준작업을 작성하기 위한 TWI(Training Within Industry)과정에서 활용하는 작업개선 기법 4단계
    • 작업분해
    • (요소작업의) 세부내용 검토
    • 직업분석(으로 새로운 방법 전개)
    • 새로운 방법의 적용
⑧ 작업과 행동
  ㉠ 작업동기에 있어 행동의 3가지 결정요인 : 능력, 동기, 상황적 제약조건
  ㉡ 동작 실패의 원인이 되는 조건 중 작업강도와 관련이 있는 것 : 작업량, 작업속도, 작업시간
  ㉢ 작업특성의 조건 파악과 관계있는 것 : 작업 종류의 형태, 작업수준, 작업조건
  ㉣ 건설공사에서 사고 예방을 위한 사고 발생 위험성의 사전 예측이 어려운 이유는 건설업의 안전상 특성 중 하나인 작업환경의 특수성 때문이다.
  ㉤ 작업장에서의 사고 예방을 위한 조치
    • 모든 사고는 사고자료가 연구될 수 있도록 철저히 조사되고 자세히 보고되어야 한다.
    • 안전의식고취운동의 포스터는 처참한 장면과 함께 부정적인 문구의 사용하면 비효과적이다.
    • 안전장치는 생산을 방해하면 안 되고, 그것이 제 위치에 있지 않으면 기계가 작동되지 않도록 설계되어야 한다.
    • 감독자와 근로자는 특수한 기술뿐만 아니라 안전에 대한 태도교육을 받아야 한다.
⑨ 연·습
  ㉠ 연습의 개요
    • 새로운 기술과 학습, 산업훈련에서 연습은 매우 중요하다.
    • 충분한 연습으로 완전히 학습한 후에도 일정량의 연습을 계속하는 것을 초과학습이라고 한다.
    • 초과학습은 행동을 거의 반사적으로 일어나게 해준다.
    • 기술을 배울 때는 적극적인 연습과 피드백이 있어야 부적절하고 비효과적 반응을 제거할 수 있다.
  ㉡ 연습의 방법 : 전습법(집중연습), 분습법(배분연습)
    • 전습법(Whole Method)
      - 교육훈련 과정에서 학습자료를 한꺼번에 묶어서 일괄적으로 연습한다.
      - 망각이 적다.
      - 학습에 필요한 반복이 적다.
      - 연합이 생긴다.
      - 시간과 노력이 적게 든다.

- 분습법(Part Method)
  - 어린이에게 적합하다.
  - 학습효과가 빨리 나타난다.
  - 주의와 집중력의 범위를 좁히는 데 적합하다.
  - 길고 복잡한 학습에 적합하다.

10년간 자주 출제된 문제

2-1. 인간의 행동에 대하여 심리학자 레빈(K. Lewin)은 다음과 같은 식으로 표현했다. 이때 각 요소에 대한 내용으로 틀린 것은?

$$B = f(P \cdot E)$$

① B : Behavior(행동)
② f : Function(함수관계)
③ P : Person(개체)
④ E : Engineering(기술)

2-2. 사고경향성이론에 관한 설명으로 틀린 것은?

① 개인의 성격보다는 특정 환경에 의해 훨씬 더 사고가 일어나기 쉽다.
② 어떠한 사람이 다른 사람보다 사고를 더 잘 일으킨다는 이론이다.
③ 사고를 많이 내는 여러 명의 특성을 측정하여 사고를 예방하는 것이다.
④ 검증하기 위한 효과적인 방법은 다른 두 시기 동안에 같은 사람의 사고기록을 비교하는 것이다.

2-3. 반복적인 재해발생자를 상황성 누발자와 소질성 누발자로 나눌 때, 상황성 누발자의 재해유발 원인에 해당하는 것은?

① 저지능인 경우
② 소심한 성격인 경우
③ 도덕성이 결여된 경우
④ 심신에 근심이 있는 경우

2-4. 동작분석의 목적이 아닌 것은?

① 표준동작의 설정
② 동작 계열의 개선
③ 동작의 유연성 확보
④ 작업의 모션마인드(Motion Mind) 체질화

2-5. 다음 중 작업표준의 주목적으로 볼 수 없는 것은?

① 위험요인의 제거
② 손실요인의 제거
③ 경영의 보편화
④ 작업의 효율화

|해설|

2-1
E : Environment(환경)

2-2
사고경향성 이론에 따르면 특정 환경보다는 개인의 성격에 의해 훨씬 더 사고가 일어나기 쉽다.

2-3
저지능인 경우, 소심한 성격인 경우, 도덕성이 결여된 경우 등은 소질성 누발자의 재해유발 원인에 해당된다.

2-4
동작분석의 목적
- 표준동작의 설정
- 동작 계열의 개선
- 작업동작에 대한 분석과 능률 향상
- 작업의 모션마인드 체질화

2-5
작업표준의 목적
- 위험요인의 제거
- 손실요인의 제거
- 작업의 효율화
- 작업공정의 합리화

정답 2-1 ④ 2-2 ① 2-3 ④ 2-4 ③ 2-5 ③

핵심이론 03 | 조직심리학

① 주의(Attention) : 의식작용이 있는 일에 집중하거나 행동의 목적에 맞추어 의식수준이 집중되는 심리 상태로, 주의와 반응의 목적은 대부분 서로 의존적이다.
  ㉠ 주의 혹은 주의력의 특성 : 선택성, 변동성(단속성), 방향성, 지속성 등
    • 선택성
      - 소수의 특정 자극에 한정해서 선택적으로 주의를 기울이는 기능이다.
      - 시각 정보 등을 받아들일 때 주의를 기울이면 시선이 집중되는 곳의 정보는 잘 받아들이지만, 주변부의 정보는 놓치기 쉽다.
      - 인간의 주의력은 한계가 있어 여러 작업에 대해 선택적으로 배분된다.
      - 여러 종류의 자극을 지각할 때 소수의 특정한 것을 선택하여 집중한다.
      - 여러 자극을 지각할 때 소수의 현란한 자극에 선택적 주의를 기울이는 경향이 있다.
      - 동시에 두 가지 일에 중복하여 집중하기 어렵다.
      - 많은 것에 대하여 동시에 주의를 기울이기 어렵다.
    • 변동성(단속성)
      - 인간의 주의집중은 일정한 수준을 지키지 못한다.
      - 주의집중은 리듬을 가지고 변한다.
      - 주의집중 시 주기적으로 부주의의 리듬이 존재한다.
    • 방향성
      - (공간적으로 보면 시선의 주시점만 인지하는 기능으로) 한 지점에 주의를 집중하면 다른 곳의 주의는 약해진다.
      - 의식이 과잉 상태가 되면 판단능력은 둔화되거나 정지 상태가 된다.
      - 주의력을 강화하면 그 기능은 향상된다.
      - 주의는 중심에서 벗어나면 급격히 저하된다.
    • 지속성
      - 인간의 주의력은 장시간 유지되기 어렵다.
      - 고도의 주의는 장시간 지속할 수 없다.
  ㉡ 주의의 수준(의식수준의 단계)

단계	의식모드	의식작용	행동 상태	신뢰성	뇌파 형태
Phase 0	무의식, 실신	없음 (Zero)	수면·뇌발작	없음 (Zero)	델타파
Phase I	• 정상 이하 의식수준의 저하 • 의식 둔화 (의식 흐림)	부주의 (Inactive)	피로, 단조로움, 졸음	0.9 이하	세타파
Phase II	• 정상(느긋한 기분) • 의식의 이완상태	수동적 (Passive)	안정된 행동, 휴식, 정상작업	0.99~0.99999	알파파
Phase III	• 정상(분명한 의식) • 명료한 상태	능동적 (Active) 위험예지 주의력 범위 넓음	판단을 동반한 행동, 적극적 행동	0.999999 이상	알파파~베타파
Phase IV	과긴장, 흥분 상태	주의의 치우침, 판단 정지	감정흥분, 긴급, 당황, 공포반응	0.9 이하	베타파

  • 신뢰성이 가장 높은 의식수준의 단계는 Phase III이다.
  • Phase IV는 돌발사태의 발생으로 인하여 주의의 일점집중현상이 일어나는 인간의 의식수준 단계이다.

② 부주의 : 목적수행을 위한 행동 전개과정에서 목적으로부터 이탈하는 심리적·신체적 변화의 현상이다.
  ㉠ 부주의 현상(부주의 발생원인) : 의식의 단절, 의식의 우회, 의식수준의 저하, 의식의 혼란, 의식의 과잉
    • 의식의 단절 : 질병
    • 의식의 우회 : 작업 도중 걱정, 고뇌, 욕구불만 등에 의해서 발생되는 부주의 현상(걱정, 고뇌, 욕구불만)
    • 의식수준의 저하 : 혼미한 정신 상태에서 심신의 피로나 단조로운 반복작업 시 일어나는 현상(피로)
    • 의식의 혼란 : 외부자극의 애매모호
    • 의식의 과잉 : 작업을 하고 있을 때 긴급 이상 상태 또는 돌발사태가 되면 순간적으로 긴장하게 되어 판단능력의 둔화 또는 정지 상태가 되는 것
  ㉡ 부주의 발생원인(대책)
    • 외적 원인 : 기상조건, 주위 환경조건의 불량, 작업환경조건의 악화, 작업조건의 불량·악화, 높은 작업강도, 작업순서의 부적당·부자연성(인간공학적 접근)

- 내적 원인 : 경험 부족 및 미숙련, 소질적 문제(적성 배치), 의식의 우회(카운슬링), 미경험(안전교육)
  - 의식의 우회에서 오는 부주의를 최소화하기 위한 방법으로 카운슬링(상담)이 가장 적절하다.
  - 의식의 우회에 대한 원인 : 작업 도중의 걱정, 고뇌, 욕구불만
- 정신적 측면 : 집중력, 스트레스, 작업의욕, 안전의식(주의력 집중훈련, 스트레스 해소, 작업의욕, 안전의식의 제고)
- 기능 및 작업측면 : 표준작업 부재·미준수(표준작업의 습관화), 적성 미고려(적성을 고려한 작업배치), 작업조건 열악(작업조건의 개선, 안전작업 실시, 적응력 증강)
- 설비 및 환경측면 : 표준작업제도, 설비 및 작업 안전화, 안전대책

ⓒ (부주의)사고방지 대책에 있어 기능 및 작업측면의 대책 : 표준작업의 습관화, 적성 배치, 안전작업 방법 습득, 작업조건 개선

ⓔ (부주의)사고방지 대책에 있어 정신적 측면에 대한 대책 : 안전의식 제고, 스트레스 해소, 주의력 집중훈련, 작업의욕 고취

ⓜ (부주의)사고방지 대책에 있어 설비 및 환경 측면의 대책 : 작업환경과 설비의 안전화, 긴급 안전작업대책 수립, 표준 작업제도의 도입

③ 착각현상

ⓐ 착각 : 감각적으로 물리현상을 왜곡하는 지각현상
- 착각은 인간의 노력으로 고칠 수 없다.
- 정보의 결함이 있으면 착각이 일어난다.
- 착각은 인간측의 결함에 의해서 발생한다.
- 환경조건이 나쁘면 착각은 쉽게 일어난다.

ⓑ 착시현상 : 사물의 크기, 형태, 빛깔 등 객관적인 성질과 눈으로 본 성질 간에 차이가 발생하는 현상
- 기하학적 착시 : 일정한 모양의 도형이라도 우리가 도형을 보는 방향, 각도, 주변 환경을 통합적으로 인지하는 가운데 실제 도형의 모양이 다르게 보이는 것
- 원근 착시 : 크면 가까운 것, 작으면 멀리 있는 것이라는 고정관념에 의해 발생하는 착시현상
- 반전 착시 : 같은 도형이지만 음영 변화에 따라 다른 도형으로 보이는 현상

- 착시현상의 예
  - 델뵈프(Delboeuf) 착시 : 가운데 있는 두 개의 검은 원은 같은 크기이지만 오른쪽 원이 더 커 보인다.

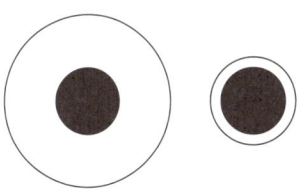

  - 루빈의 컵(Rubin's Vase) : 가운데 흰 부분은 꽃병처럼 보이지만 검은 부분은 두 사람이 얼굴을 맞대고 있는 것처럼 보인다. 루빈의 꽃병이라고도 한다.

  - 로저 셰퍼드(Roger Shepherd) 탁자 : 두 탁자의 윗판은 정확하게 같은 모양이지만 오른쪽의 탁자가 더 두꺼워 보인다.

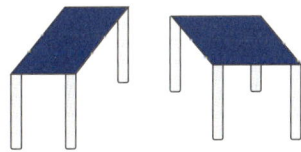

  - 뮌스터버그(Münsterberg) 착시 : 가로 선분은 모두 수평이지만 마치 휘어져 있는 것처럼 보인다.

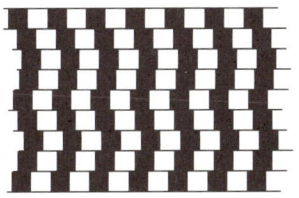

- 뮐러-라이어(Müller-Lyer) 착시 : 두 선분은 같은 길이이지만 양끝에 붙어 있는 화살표의 영향으로 길이가 다르게 보인다. 그림을 보면 아래쪽 선분이 더 길어 보인다.

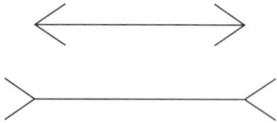

- 분트(Wundt) 착시 : 수직으로 그어진 직선 2개가 휘어져 보인다(헤링 착시와 같은 원리).

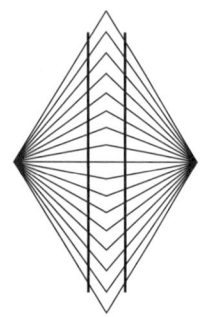

- 샌더(Sander)의 평행사변형 : 그림에서 선분 BC가 AB보다 길이가 길어 보이지만 실제로 두 선분의 길이는 같다.

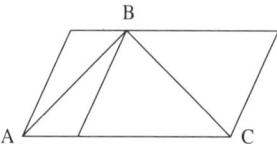

- 오비슨(Obison) 착시 : 왼쪽 아래에 있는 원은 굽어진 것처럼 보이지만 완전한 원이다.

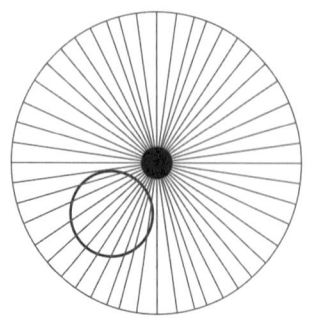

- 애덜슨(Adelsen)의 체커 그림자 : A가 있는 사각형은 짙은 회색 사각형이고, B가 있는 사각형은 옅은 회색 사각형으로 보이지만 두개의 사각형은 같은 색이다.

- 에렌슈타인(Ehrenstein) 착시
  ⓐ 각 십자가의 끝 격자 부분에 원 모양이 보이는 것 같지만 실제로는 아무것도 없다.

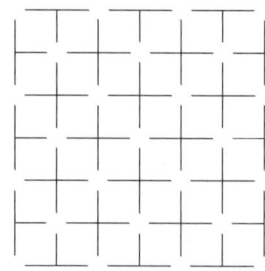

  ⓑ 동심원 안에 있는 마름모가 좀 일그러져 보이지만 실제는 정상이다.

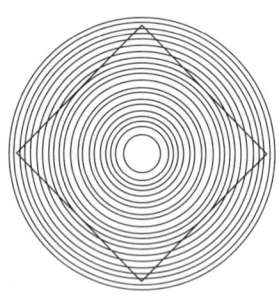

- 재스트로(Jastrow) 착시 : 두 개의 도형이 완전히 같은 모양이다. 그러나 밑에 있는 도형 B가 더 커 보인다.

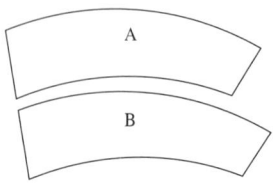

- 쵤러(Zöller) 착시 : 평행인 선이 평행이 아닌 것처럼 보이는 착시현상

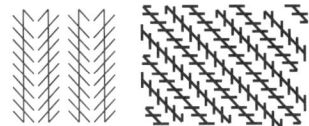

- 카니자의 삼각형(Kanizsa's Triangle) : 가운데에 삼각형이 보이지만 실제로는 아무것도 없는 빈 공간이다.

- 쾰러(Köhler) 착시(윤곽 착오) : 평행의 호를 보고 이어서 직선을 본 경우에 직선이 호와의 반대 방향에 보이는 현상

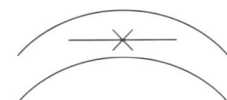

- 티치너 서클(Titchener's Circle), 에빙하우스(Ebbinghaus) 착시 : 바깥 원들의 중심에 있는 검은색 원은 같은 크기이지만 바깥의 원들의 영향을 받아 크기가 다르게 보인다(윤곽착오).

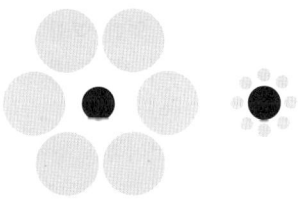

- 폰조(Ponzo) 착시 : 원근법을 보여 주는 주변의 사선 때문에 같은 크기이지만 뒤에 있는 선분의 길이가 더 길어 보인다.

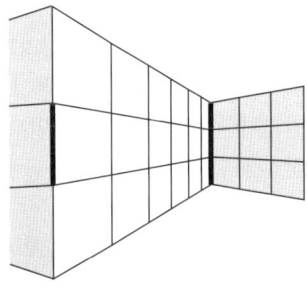

- 포겐도르프(Poggendorff) 착시 : 왼쪽의 선은 오른쪽의 아래 선의 연장선에 있지만 오른쪽의 윗선과 연결되어 있는 것처럼 보인다(위치착오).

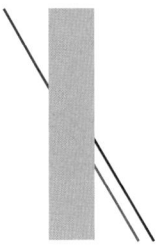

- 프레이저(Fraser) 착시 : 검은색과 흰색 사각형으로 이루어진 원이 연결된 것처럼 보이지만 실제로는 동심원을 이루고 있고 서로 연결되어 있지 않다.

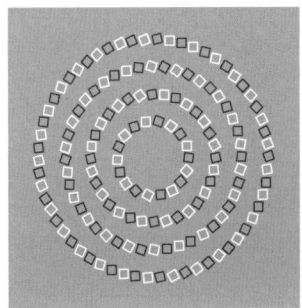

- 하만 그리드(Harman Grid) 효과 : 각 사각형의 교차점에 검은색 원이 보이지만 실제로는 아무것도 없다.

- 헤링(Hering)의 착시 : 두 직선은 실제로는 평행이지만 주변에 있는 사선의 영향 때문에 선의 중간 부분이 바깥쪽으로 휘어진 것처럼 보인다(분할착오).

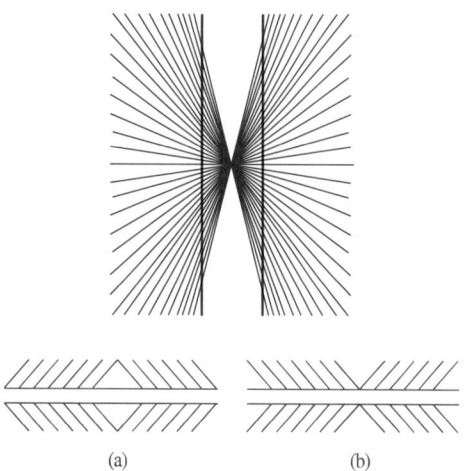

(a)는 양단이 벌어져 보이고, (b)는 중앙이 벌어져 보인다.
- 헬름홀츠(Helmholtz)의 착시 : (a)는 세로로 길게 보이고, (b)는 가로로 길게 보인다.

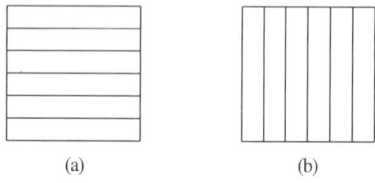

ⓒ 운동의 착각현상(시지각, 착시현상) : 자동운동, 유도운동, 가현운동
 • 자동운동
  - 암실 내에서 하나의 광점을 보고 있으면 그 광점이 움직이는 것처럼 보이는 현상
  - 암실에서 수[m] 거리에 정지된 소광점을 놓고 그것을 한동안 응시하면 광점이 움직여 여러 방향으로 퍼져나가는 것처럼 보이는 현상
  - 자동운동은 광점이 작을수록, 대상이 단순할수록, 광의 강도가 작을수록, 시야의 다른 부분이 어두운 것일수록 발생되기 쉽다.
 • 유도운동
  - 움직이지 않는 것이 움직이는 것처럼 느껴지는 현상
  - 인간의 착각현상 중에서 실제로 움직이지 않는 것이 어느 기준의 이동에 의하여 움직이는 것처럼 느끼는 현상
  - 경부선 하행선 열차를 타고 있는데 똑같은 역에 정차해 있던 상행선 열차가 갑자기 움직이면 자신이 타고 있던 하행선 열차가 움직인 것 같은 착각을 한다.
 • 가현운동
  - 객관적으로는 움직이지 않지만 마치 움직이는 것처럼 느끼는 심리현상
  - 착시현상 중에서 실제로는 움직이지 않는데도 움직이는 것처럼 느끼는 심리적인 현상
  - 인간의 착각현상 중 영화의 영상방법과 같이 객관적으로 정지되어 있는 대상에 시간 간격을 두고 연속적으로 보이거나 소멸시킬 경우 운동하는 것처럼 인식되는 현상
  - 인간의 착각현상 가운데 객관적으로 정지하고 있는 대상물이 급속히 나타나거나 소멸하는 것으로 인하여 일어나는 운동으로 마치 대상물이 운동하는 것처럼 인식되는 현상
  - 영화영상의 방법으로 쓰이는 현상
  - 2개의 정지대상을 0.06초의 시간 간격으로 다른 장소에 제시하면 마치 한 개의 대상이 이동한 것처럼 보이는 베타운동은 대표적인 가현운동으로, 필름에 의한 영화 화면에 응용된다.

④ 착오(Mistake) : 위치, 순서, 패턴, 형상, 기억오류 등 외부요인에 의해 나타나는 것
 ㉠ 인간착오의 메커니즘 : 위치의 착오, 패턴의 착오, 형의 착오 등
 ㉡ 대뇌의 Human Error로 인한 착오요인 : 인지과정 착오, 조치과정 착오, 판단과정 착오
 ㉢ 착오는 상황을 잘못 해석하거나 목표에 대한 이해가 부족한 경우 발생한다.
 ㉣ 인지과정의 착오 : 생리·심리적 능력의 부족, 정보량 저장의 한계, 감각차단현상, 정서 불안정
  • 감각차단현상 : 단조로운 업무가 장시간 지속될 때 작업자의 감각기능 및 판단능력이 둔화 또는 마비되는 현상
 ㉤ 판단과정의 착오요인 : 능력 부족, 정보 부족, 자기합리화, 합리화의 부족, 작업조건 불량, 환경조건 불비

ⓑ 조작과정(조치과정)의 착오요인 : 작업자의 기능 미숙·기술 부족, 작업경험의 부족
ⓢ 억측판단(리스크 테이킹, Risk Taking) : 위험을 감수하고 행동에 나서는 것
- 억측판단은 객관적인 위험을 작업자 나름대로 판단하여 위험을 수용하고 행동에 옮기는 것으로 발생요인은 부적절한 태도이다.
- 발생배경
  - 희망적인 관측 : '그때도 그랬으니까 이번에도 괜찮겠지' 하고 하며 실행에 나서는 경우
  - 정보나 지식의 불확실 : 확실한 정보를 갖고 있지 않거나 지식이 부족한 상태임에도 행동을 하는 경우
  - 과거의 선입관 : 그러한 행위로 과거에 성공한 경험이 있어 이에 대한 선입관을 갖고 행동에 나서는 것
  - 초조한 심정 : 일을 빨리 끝내고 싶은 마음, 즉 초조한 심정으로 인해 충분한 고민 없이 행동에 나서는 것
- 억측판단의 예
  - 자동차를 운전할 때 신호가 바뀌기 전에 신호가 바뀔 것을 예상하고 자동차를 출발시키는 행동
  - 경보기가 울려도 기차가 오기까지 아직 시간이 있다고 판단하여 건널목을 건너다 사고를 당한 경우
  - 신호등이 녹색에서 적색으로 바뀌어도 차가 움직이기까지 아직 시간이 있다고 생각하여 건널목을 건너는 경우
  - 작업공정 중에 규정된 내로 수행하지 않고 자기 주관대로 괜찮다고 추측하여 행동한 결과 재해가 발생한 경우

⑤ 적응기제(Adjustment Mechanism) : 방어기제, 도피기제, 공격기제
㉠ 방어기제 : 보상(대상), 합리화, 동일시, 승화, 투사, 모방, 암시, 치환, 반동형성, 대리형성
- 합리화 : 그럴듯한 구실이나 변명을 통해 실패를 정당화하는 것
  - 신포도형 : 목표를 부정하거나 과소평가하는 유형
    ㉮ 목표달성에 실패한 사람이 처음부터 그것을 원하지 않았다고 하는 것, 대학입학시험에서 떨어진 학생이 원래 그 학교가 싫어서 붙어도 가지 않을 생각이었다고 말하는 것
  - 투사형 : 자기의 실패나 결함을 다른 대상에게 책임을 전가시키는 유형
    ㉮ 자신의 잘못에 대해 조상 탓하는 것, 축구 선수가 공을 잘못 찬 후 신발 탓을 하는 것
  - 달콤한 레몬형 : 불만족한 현실을 긍정하거나 과대평가하는 유형
    ㉮ 자신이 처한 상황이 원하지 않는 것임에도 자신이 원하는 상황이었다고 하는 것, 지방으로 좌천된 사람이 지방이 공기도 좋고 물가도 낮아 살기가 더 좋다고 하는 것
  - 전가형 : 변명거리를 내세워 자신이 한 행동의 결과를 정당화하려는 유형
    ㉮ 시험성적이 나쁜 학생이 부모에게 야단을 맞자, 결석한 날 공부한 것에서 문제가 나왔기 때문이라고 변명하는 것
- 동일시(Identification) : 다른 사람의 행동 양식이나 태도를 투입시키거나 그와 반대로 다른 사람 가운데서 자기의 행동양식이나 태도와 비슷한 것을 발견하는 것
- 승화 : 억압당한 욕구가 사회적·문화적으로 가치 있는 목적으로 향하도록 노력함으로써 욕구를 충족하는 것
- 투사(Projection) : 자기 속에 억압된 것을 다른 사람의 것으로 생각하는 것
  - 감정의 투사 : 자신이 지니고 있는 감정이나 욕구가 상대에게 있다고 여기는 것
  - 책임의 전가 : 원하지 않는 일의 원인과 책임이 다른 사람이나 대상에게 있다고 여기는 것
- 모방(Imitation) : 남의 행동이나 판단을 표본으로 하여 그것과 같거나 그것에 가까운 행동 또는 판단을 취하려는 것
- 암시(Suggestion) : 다른 사람으로부터의 판단이나 행동을 무비판적으로 논리적, 사실적 근거 없이 받아들이는 것

㉡ 도피기제 : 고립, 퇴행, 억압, 백일몽(환상)
- 고립 : 욕구불만의 대상에서 도피하여 그 대상과 접촉하지 않으려는 기제이다. 사업이나 정치에 실패한 사람이 은둔생활을 하는 것이 이에 해당된다.
- 퇴행 : 자신의 욕구를 충족시킬 수 없을 때 유아시절의 감정이나 태도로 돌아가서 욕구를 충족시키려고 하는 기제이다.

- 억압 : 자신의 욕구가 쉽게 달성될 수 없을 때 그것을 자신의 의식에서 지워서 안정을 유지하는 기제이다. 부끄러운 일이나 수치스러운 일, 무서웠던 일을 무의식 세계로 감추려는 형태로 나타난다.
- 백일몽 : 욕구를 성취할 수 없을 때 꿈과 같은 공상세계에서 자신의 욕구를 충족시키는 상상으로 욕구 불만을 일시적으로 해소하려는 기제이다.

ⓒ 공격기제 : 직접적 공격기제(물리적 힘에 의존한 폭행, 싸움, 기물 파손 등), 간접적 공격기제(조소, 비난, 중상모략, 폭언, 욕설 등)

ⓔ 욕구저지반응의 기제에 관한 가설 : 고착가설, 퇴행가설, 공격가설

⑥ 수퍼(D. E. Super)의 이론
ⓐ 수퍼의 역할이론
- 역할 연기(Role Playing) : 자아탐구의 수단인 동시에 자아실현의 수단
- 역할 기대(Role Expectation) : 자기 자신의 역할을 기대하고 감수하는 자는 자기 직업에 충실하다.
- 역할 조성(Role Shaping) : 제반 역할이 발생할 때 역할에 따라 적응하여 실현을 위해 일을 구하기도 하지만, 불응이나 거부감을 나타내기도 한다.
- 역할 갈등(Role Conflict) : 작업에 대하여 상반된 역할이 기대되는 것

ⓑ 슈퍼(Super)의 직업발달이론(자아개념이론)에서의 직업 발달과정 또는 직업생활의 단계 : 성장 - 탐색 - 확립 - 유지 - 쇠퇴

- 성장기(출생~14세) : 욕구와 환상이 지배적이나 사회 참여활동이 증가하고 현실검증이 생김에 따라 흥미와 능력을 중시하는 단계이다. 이는 다음의 단계로 세분화된다.
  - 환상기(4~10세) : 아동의 욕구가 지배적이며 역할수행이 중시된다.
  - 흥미기(11~12세) : 진로의 목표와 내용을 결정하는데 있어서 아동의 흥미가 중시된다.
  - 능력기(13~14세) : 진로 선택에 능력을 중시하며 직업에서 훈련조건을 중시한다.
- 탐색기(15~24세) : 학교생활, 여가생활 등의 일을 통한 경험으로 자신에 대한 탐색과 자신의 역할수행에 대한 관심이 높아지며 직업에 대한 탐색을 시도하려는 단계이다.
  - 잠정기(15~17세) : 개인은 자신의 욕구, 흥미, 능력, 가치와 취업 기회 등을 고려하기 시작하고 잠정적으로 진로를 선택해 본다.
  - 전환기(18~21세) : 개인은 장래의 직업 세계에 필요한 교육이나 훈련을 받으며, 자신의 자아개념을 확립하려고 한다. 이 시기에는 현실적 요인을 중시한다.
  - 시행기(22~24세) : 개인은 자신에게 적합하다고 판단되는 직업을 선택해 종사하기 시작한다.
- 확립기(25~44세) : 자신에게 적합한 직업분야를 발견하고 자신의 생활의 안정을 위해 노력한다.
  - 수정기(25~30세) : 개인은 자신이 선택한 일의 세계가 적합치 않을 경우에 적합한 일을 발견할 때까지 몇 차례 변화를 시도한다.
  - 안정기(31~44세) : 개인의 진로유형이 안정되는 시기로, 개인은 그의 직업세계에서 안정, 만족감, 소속감, 지위 등을 갖는다.
- 유지기(45~64세) : 직업 세계에서 자신의 위치가 확고해지며, 자신의 자리를 유지하기 위해 노력하며, 안정된 삶을 살아가는 시기이다.
- 쇠퇴기(65세 이후) : 모든 기능이 쇠퇴함에 따라 직업 세계에서 은퇴하게 되므로, 자신이 해 오던 일의 활동이 변화되고 또 다른 자신의 일에 대한 활동을 찾게 되는 시기이다.

⑦ 심리학적 제반현상
ⓐ 자기효능감(Self-efficacy) : 어떤 과업을 성취할 수 있는 자신의 능력에 대한 스스로의 믿음
ⓑ 피그말리온(Pygmalion)효과 : 기대감
ⓒ 후광효과 : 한 가지 특성에 기초하여 그 사람의 모든 측면을 판단하는 인간의 경향성
ⓓ 최근효과
ⓔ 초두효과
ⓕ 대상물에 대해 지름길을 사용하여 판단할 때 발생하는 지각의 오류 : 후광효과, 최근효과, 초두효과

⑧ 조직심리관련 제반사항
ⓐ 지각(Perception)
- 인간이 환경을 지각할 때 가장 먼저 일어나는 요인은 선택이다.
- 지각집단화의 원리(게슈탈트 이론 5가지 원리)

- 유사성의 원리 : 유사한 요소끼리 그룹지어 하나의 패턴으로 보려는 원리

  ● ● ● ● ● ● ◆ ◆ ◆ ◆ ◆ ◆
  ● ● ● ● ● ● ◆ ◆ ◆ ◆ ◆ ◆
  ● ● ● ● ● ● ◆ ◆ ◆ ◆ ◆ ◆

- 단순성의 원리 : 주어진 조건하에서 최대한 가장 단순하게 인지하는 원리
- 근접성의 법칙 : 시공간적으로 서로 가까이 있는 것들을 지각적으로 함께 집단화해서 보는 원리
- 연속성의 원리 : 요소들이 부드러운 연속을 따라 함께 묶여 지각된다는 원리
- 폐쇄성의 원리(통폐합의 원리) : 기존의 지식을 토대로 완성되지 않은 형태를 완성시켜 인지하는 원리

ⓒ 기 억
- 기억은 과거의 행동이 미래의 행동에 영향을 주는 것이다.
- 기억의 과정 : 기명 → 파지 → 회상(재생) → 재인
  - 기명(Memorizing) : 사물의 인상을 마음속에 간직하는 것
  - 파지(Retention) : 학습된 행동이 지속되는 것 (과거의 학습경험을 통하여 학습된 행동이 현재와 미래에 지속되는 것)
  - 회상(Recall, 재생) : 보존된 인상이 떠오르는 것
  - 재인(Recognition) : 과거에 경험했던 것과 비슷한 상황에서 떠오르는 현상

ⓒ 망 각
- 경험한 내용이나 학습된 행동을 다시 생각하여 작업에 적용하지 아니하고 방치함으로써 경험의 내용이나 인상이 약해지거나 소멸되는 현상
- 에빙하우스(Ebbinghaus)의 연구결과, 망각률이 50[%]를 초과하는 최초의 경과시간은 1시간이다.

ⓔ 연상 : 어떤 자극을 받았을 때 그것에 의하여 과거에 기억했던 것들 중에서 어떤 의미가 환기되어 오는 현상

ⓕ 욕구저지를 일으키게 하는 장해에 대한 반응의 분류 : 장해우위형, 자아방위형, 욕구고집형

ⓖ 인간의 착상심리
- 얼굴을 보면 지능의 정도를 알 수 있다.
- 아래턱이 마른 사람은 의지가 약하다.
- 인간의 능력은 태어날 때부터 동일하다.
- 느린 사람은 민첩한 사람보다 착오가 적다.

10년간 자주 출제된 문제

3-1. 주의의 특성으로 볼 수 없는 것은?
① 타당성 ② 변동성
③ 선택성 ④ 방향성

3-2. 주의(Attention)에 대한 특성으로 가장 거리가 먼 것은?
① 고도의 주의는 장시간 지속할 수 없다.
② 주의와 반응의 목적은 대부분의 경우 서로 독립적이다.
③ 동시에 두 가지 일에 중복하여 집중하기 어렵다.
④ 여러 종류의 자극을 지각할 때 소수의 특정한 것을 선택하여 집중한다.

3-3. 부주의의 발생원인 중 외적 조건에 해당하지 않는 것은?
① 작업순서 부적당
② 작업 및 환경조건 불량
③ 기상조건
④ 경험 부족 및 미숙련

3-4. 부주의에 의한 사고방지대책 중 정신적 대책과 가장 거리가 먼 것은?
① 적성 배치   ② 주의력 집중훈련
③ 표준작업의 습관화 ④ 스트레스 해소 대책

3-5. 착시현상 중에서 실제로는 움직이지 않는데도 움직이는 것처럼 느껴지는 심리적인 현상을 무엇이라 하는가?
① 잔 상
② 원근 착시
③ 가현운동
④ 침착성 및 도덕성의 결여

3-6. 인간의 욕구에 대한 적응기제(Adjustment Mechanism)를 공격적 기제, 방어적 기제, 도피적 기제로 구분할 때 다음 중 도피적 기제에 해당하는 것은?
① 보 상 ② 고 립
③ 승 화 ④ 합리화

3-7. 다음 중 수퍼(Super. D. E.)의 역할이론에 해당되지 않는 것은?
① 역할 연기(Role Playing)
② 역할 조성(Role Shaping)
③ 역할 유지(Role Maintenance)
④ 역할 기대(Role Expectation)

| 해설 |

3-1
주의의 특성에는 선택성, 변동성, 방향성, 지속성이 있다.

3-2
주의와 반응의 목적은 대부분 서로 의존적이다.

3-3
부주의 발생 외적조건
- 작업순서의 부적당
- 높은 작업 강도
- 주의 환경조건 불량
- 절박한 작업상황
- 작업이 너무 복잡하거나 단조로울 때
- 평상시와 다른 환경

3-4
부주의에 의한 사고방지대책 중 정신적 대책
- 적성 배치
- 주의력 집중훈련
- 스트레스 해소
- 작업의욕 고취

3-5
가현운동 : 인간의 착각 현상 중 영화의 영상 방법과 같이 객관적으로 정지되어 있는 대상에 시간적 간격을 두고 연속적으로 보이거나 소멸시킬 경우 운동하는 것처럼 인식되는 현상

3-6
- 도피기제 : 고립, 퇴행, 억압, 백일몽(환상)
- 보상, 승화, 합리화 등은 방어적 기제에 해당된다.

3-7
수퍼(Super. D. E.)의 역할이론 : 역할 연기, 역할 기대, 역할 형성, 역할 갈등

정답 3-1 ① 3-2 ② 3-3 ④ 3-4 ② 3-5 ③ 3-6 ② 3-7 ③

핵심이론 04 | 동기부여(Motivation)

① 동기부여의 개요
　㉠ 동기유발 요인 : 안정, 적응도, 경제, 독자성, 의사소통, 인정, 책임, 참여, 기회, 성과, 권력 등
　㉡ 동기유발 방법의 예
　　• 결과의 지식을 알려 준다.
　　• 안전의 참가치를 인식시킨다.
　　• 상벌제도를 효과적으로 활용한다.
　　• 동기유발의 수준을 적절하게 한다.
　㉢ 외적 동기유발 방법
　　• 외적 동기유발은 외적 보상(강화, 유인 등)에 의하여 생기는 동기유발이다.
　　• 상, 벌, 경쟁, 협동, 보상 등이 동기유발 수단으로 사용된다.
　　• 성취수준이 낮은 학습자들은 외적으로 동기유발이 되기 쉽다.
　　• 경쟁과 협동을 유발시킨다.
　　• 경쟁심을 일으키도록 한다.
　　• 학습의 결과를 알려 준다.
　　• 적절한 상벌에 의한 학습의욕을 환기시킨다.
　㉣ 내적 동기유발 방법
　　• 내적 동기유발은 보상 없이 활동에 적극 참여했을 때 자기 자신의 내적 보상(동기, 기분, 자발적 흥미나 요구, 욕구, 의지 등)에 의하여 생기는 동기유발이다.
　　• 칭찬, 격려, 인정 등이 동기유발 수단으로 사용된다.
　　• 지적 호기심, 학습의 만족감, 성취감 등에 의해 유발된다.
　　• 성취수준이 높은 학습자들은 내적 동기유발이 되기 쉽다.
　　• 안전목표를 명확히 설정한다.
　　• 안전활동의 결과를 평가, 검토하도록 한다.
　　• 동기유발 수준을 적절하게 설정한다.
　　• 학습자의 요구수준에 맞는 교재를 제시한다.
　㉤ 동기부여이론 : 인간이 행동하게 되는 이유를 찾는 이론(내용이론과 과정이론)
　　• 내용이론 : 동기부여에 영향을 미치는 실질적인 내용·요인들에 초점을 두는 이론으로, 욕구의 정체와 종류, 충족 여부에 관심을 둔다. 인간은 만족되지

않은 내적 욕구를 가지고 있으며 이러한 욕구를 충족시키기 위하여 동기유발이 된다고 가정한다. 동기부여이론은 종업원들의 행동에 영향을 미치는 욕구를 밝혀내기 위해 개인을 평가하거나 분석하는 데 중점을 두고, 이를 만족시키는 방법을 모색한다. X·Y이론(맥그리거), 욕구 5단계이론(매슬로), ERG이론(알더퍼), 위생-동기이론(허즈버그), 데이비스이론, 성취동기이론(맥클리랜드) 등이 내용이론에 속한다.

- 과정이론 : 동기부여가 이루어지는 과정과 동기부여를 이끄는 변수들의 상호작용에 초점을 둔 이론으로, 인간은 자신이 바라는 미래의 보상을 획득하기 위해 동기유발이 된다고 가정한다. 과정이론은 종업원들에게 할당되는 보상이 그들의 행동에 영향을 미치는 과정에 중점을 둔다. 목표설정이론(로크), 형평이론(아담스), 기대이론(브룸), 자기관리이론(칸퍼), 인지적 평가이론(데시), 상호작용이론, 통제이론, 직무특성이론 등이 과정이론에 속한다.

② X이론, Y이론(맥그리거, McGregor)
  ㉠ X이론의 가정 : 현대 산업사회에서 인간은 게으르고 태만하며, 수동적이고 타인의 지배받기를 즐긴다.
  ㉡ Y이론의 가정
    - 대부분의 사람들은 조건만 적당하면 책임뿐만 아니라 그것을 추구할 능력이 있다.
    - 목적에 투신하는 것은 성취와 관련된 보상과 함수관계에 있다.
    - 근로에 육체적, 정신적 노력을 쏟는 것은 놀이나 휴식만큼 자연스럽다.
  ㉢ X이론과 Y이론의 비교

구 분	X이론	Y이론
인간관	게으름, 타율적	부지런함, 자율적
신뢰감	불신 만연	신뢰도 우수
연관된 철학	성악설	성선설
욕구 특성	• 물질(저차원) • 보수의 인상, 배꼽높이	• 정신(고차원) • 직무의 확장, 작업환경의 개선, 자아의 실현
표출 특성	의무와 타성	책임과 창조력
적합 관리방식	명령·통제에 의한 규제 관리방식	자기통제와 목표에 의한 관리방식
국가 차원	저개발국형	선진국형
관리처방	• 권위주의적 리더십 • 경제적 보상체제 강화 • 면밀한 감독과 엄격한 통제 • 상부책임제도의 강화	• 민주주의적 리더십 • 만족감과 직무 확장 • 분권화와 권한의 위임 • 자체평가제도의 활성화

③ 욕구 5단계이론(매슬로, Maslow)
  ㉠ 욕구계층 5단계 순서
    - 1단계 : 생리적 욕구
      - 인간의 가장 기본적인(기초적인) 욕구
      - 가장 저차원적인 욕구
      - 배고픔 등의 가장 기초적인 현상
      - 인간이 충족시키고자 추구하는 욕구에 있어 가장 강력한 욕구
    - 2단계 : 안전에 대한 욕구
    - 3단계 : 사회적 욕구
    - 4단계 : 존경의 욕구
      - 존경과 긍지에 대한 욕구
      - 명예, 신망, 위신, 지위 등과 관계가 깊은 욕구
    - 5단계 : 자아실현의 욕구
      - 가장 고차원적인 욕구
      - 자기의 잠재력을 최대한 살리고, 자기가 하고 싶었던 일을 실현하려는 인간의 욕구
      - 편견 없이 받아들이는 성향
      - 타인과의 거리를 유지하며 사생활을 즐기거나 창의적 성격으로 봉사하며, 특별히 좋아하는 사람과 긴밀한 관계를 유지하려는 인간의 욕구
  ㉡ 특 징
    - 행동은 충족되지 않은 욕구에 의해 결정되고 좌우된다.
    - 위계에서 생존을 위해 기본이 되는 욕구들이 우선적으로 충족되어야 한다.
    - 하위단계의 욕구가 충족되어야 더 높은 단계의 욕구가 발생한다.
    - 개인은 가장 기본적인 욕구로부터 시작하여 위계상 상위 욕구로 올라가면서 자신의 욕구를 체계적으로 충족시킨다.
    - 기본적인 욕구는 선천적인 성질을 지닌다.

- 인간의 생리적 욕구에 대한 의식적 통제가 어려운 차례로 나열한 순서 : 호흡의 욕구 → 안전의 욕구 → 해갈의 욕구 → 배설의 욕구
ⓒ 관리감독자의 능력과 매슬로의 5단계 욕구 성장과정의 연관성
- 기본적 능력 – 생리적 욕구
- 기술적 능력 – 안전의 욕구
- 인간적 능력 – 사회적 욕구
- 포괄적 능력 – 존경의 욕구
- 종합적 능력 – 자아실현의 욕구

④ ERG이론(알더퍼, Alderfer) : 여러 개의 욕구가 동시에 활성화될 수 있다.
㉠ 인간의 기본적인 3가지 욕구
- 존재(생존)의 욕구(E ; Existence)
- 관계의 욕구(R ; Relatedness)
- 성장의 욕구(G ; Growth)
㉡ 매슬로와 알더퍼의 욕구위계 비교
- 매슬로의 욕구위계 중 가장 상위에 있는 욕구는 자아실현의 욕구이다.
- 매슬로는 욕구의 위계성을 강조하여, 하위의 욕구가 충족된 후에 상위욕구가 생긴다고 주장하였다.
- 알더퍼는 매슬로와 달리 여러 개의 욕구가 동시에 활성화될 수 있다고 주장하였다.
- 알더퍼의 생존욕구는 매슬로의 생리적 욕구, 안전의 욕구의 개념과 유사하고, 알더퍼의 관계의 욕구는 매슬로의 사회적 욕구의 개념과 유사하다.

⑤ 위생-동기이론 또는 2요인이론(허즈버그, Herzberg) : 인간 내면의 욕구는 위생요인과 동기요인이 동시에 존재한다.
㉠ 위생요인 : 거짓 동기(불충족 시 불만족), 불만족요인
- 물질적 욕구에 대한 보상
- 생존, 환경 등의 인간의 동물적 욕구 반영
- 임금(급여), 승진, 지위, 작업조건, 인간관계(대인관계), 복지 혜택, 배고픔, 호기심, 애정, 감독(기술, 형태), 관리규칙 등
㉡ 동기요인 : 참동기(충족 시 만족), 만족요인
- 정신적 욕구에 대한 만족
- 성취, 인정 등의 자아실현을 하려는 인간의 독특한 경향 반영
- 일의 내용, 작업 자체, 성취감, 존경, 인정, 권력, 자율성 부여와 권한위임, 책임감, 자기발전

ⓒ 타 동기이론과의 연관성

구 분	위생요인	동기요인
X이론·Y이론	X이론	Y이론
욕구 5단계이론	생리적·안전·사회적 욕구	존경·자아실현의 욕구

㉣ 허즈버그의 일을 통한 동기부여 원칙
- 새롭고 어려운 업무의 부여
- 작업자에게 불필요한 통제 배제
- 자기과업을 위한 작업자의 책임감 증대
- 작업자에게 완전하고 자연스러운 단위의 도급작업을 부여할 수 있도록 일을 조정
- 정기보고서를 통하여 작업자에게 직접적인 정보 제공
- 특정작업 수행 기회 부여
㉤ 허즈버그가 제안한 직무충실(직무확충)의 원리
- 종업원들에게 직무에 부가되는 자유와 권위를 부여한다.
- 완전하고 자연스러운 작업 단위 제공한다.
- 여러 가지 규모를 제거하여 개인적 책임감을 증대한다.
- 책임을 지고 일하는 동안에는 통제를 줄인다.
- 자신의 일에 대해서 책임을 지도록 한다.
- 직무에서 자유를 제공하기 위하여 부가적 권위를 부여한다.
- 전문가가 될 수 있도록 전문화된 과제들을 부과한다.

⑥ 데이비스(Davis)의 동기부여이론
㉠ 경영의 성과 = 인간의 성과 × 물적인 성과
㉡ 인간의 성과(Human Performance)
= 능력(Ability) × 동기유발(Motivation)
- 능력(Ability) = 지식(Knowledge) × 기능(Skill)
- 동기유발(Motivation)
= 상황(Situation) × 태도(Attitude)

⑦ 기타 동기부여이론
㉠ 목표설정이론(E. A. Locke, G. Latham)
- 목표는 구체적이어야 한다.
- 목표는 도전적이어야 한다.
- 목표의 난이도가 높아야 한다.
- 목표는 측정 가능해야 한다.
- 목표는 실현 가능해야 한다.
- 목표는 그 달성에 필요한 시간의 제한을 명시한다.

- 피드백이 중요하다.
- 목표 설정과정에서 종업원의 참여가 중요하다.

ⓒ 형평이론(공평성이론, J. S. Adams)
- 지각에 기초한 이론이므로 자기 자신을 지각하고 있는 사람을 개인이라고 한다.
- 개인은 이익을 추구하며, 집단 내에서 자신이 투자한 자원과 이를 통해 얻은 교환물의 가치에 대해 공정성을 평가한다. 즉, 공정성이나 불공정성을 인지한다.
- 작업동기는 타인, 시스템, 자신의 투입대비 성과 결과로 비교한다.
- 투입(Input)이란 일반적인 자격, 교육수준, 노력 등을 의미한다.
- 산출 또는 성과(Outcome)란 개인이 직무수행의 결과로 받는 급여, 지위, 평가, 직업 안정성, 명예, 기타 부가 보상 등을 의미한다.
- 투입의 비율이 산출과 비슷해지면 직업에 대한 더 큰 만족감을 가지게 된다.

ⓒ 기대이론(V. H. Vroom)
- 구성원 각자의 동기부여 정도가 업무에서의 행동양식을 결정한다는 이론이다.
- 수행과 성과 간의 관계를 의미하는 것은 도구성이다.
- 성과를 나타냈을 때 보상이 있을 것이라는 수단성을 높이는 데 유의해야 할 점
  - 보상의 약속을 철저히 지킨다.
  - 신뢰할 만한 성과의 측정방법을 사용한다.
  - 보상에 대한 객관적인 기준을 사전에 명확히 제시한다.

ⓔ 티핀(Tiffin)의 동기유발 요인
- 공식적 자극 : 특권 박탈, 승진, 작업계획의 선택
- 비공식적 자극 : 칭찬

10년간 자주 출제된 문제

4-1. 맥그리거(McGregor)의 X, Y이론에 있어 X이론의 관리 처방으로 적절하지 않은 것은?
① 자체평가제도의 활성화
② 경제적 보상체제의 강화
③ 권위주의적 리더십의 확립
④ 면밀한 감독과 엄격한 통제

4-2. 맥그리거(Douglas McGregor)의 X, Y이론에서 Y이론에 관한 설명으로 틀린 것은?
① 인간은 서로 신뢰하는 관계를 가지고 있다.
② 인간은 문제해결에 많은 상상력과 재능이 있다.
③ 인간은 스스로의 일을 책임하에 자주적으로 행한다.
④ 인간은 원래부터 강제 통제하고 방향을 제시할 때 적절한 노력을 한다.

4-3. 다음 중 매슬로(A. H. Maslow)의 인간욕구 5단계 이론을 올바르게 나열한 것은?
① 안전에 대한 욕구 → 사회적 욕구 → 생리적 욕구 → 존경에 대한 욕구 → 자아실현의 욕구
② 생리적 욕구 → 안전에 대한 욕구 → 사회적 욕구 → 존경에 대한 욕구 → 자아실현의 욕구
③ 안전에 대한 욕구 → 생리적 욕구 → 사회적 욕구 → 존경에 대한 욕구 → 자아실현의 욕구
④ 생리적 욕구 → 사회적 욕구 → 안전에 대한 욕구 → 존경에 대한 욕구 → 자아실현의 욕구

4-4. 허즈버그(Herzberg)의 2요인이론 중 동기요인(Motivator)에 해당하지 않는 것은?
① 성 취
② 작업조건
③ 인 정
④ 작업 자체

| 해설 |

4-1

X이론의 관리처방
- 권위주의적 리더십
- 경제적 보상체제 강화
- 면밀한 감독과 엄격한 통제
- 상부책임제도의 강화

Y이론의 관리처방
- 민주주의적 리더십
- 만족감과 직무확장
- 분권화와 권한의 위임
- 자체평가제도의 활성화

4-2

'인간은 원래부터 강제 통제하고 방향을 제시할 때 적절한 노력을 한다.'는 것은 X이론이다.

4-3

매슬로(A. H. Maslow)의 인간욕구 5단계 이론 : 생리적 욕구 → 안전에 대한 욕구 → 사회적 욕구 → 존경에 대한 욕구 → 자아실현의 욕구

4-4

작업조건은 위생요인에 해당된다.

정답 4-1 ① 4-2 ④ 4-3 ② 4-4 ②

핵심이론 05 | 집단과 사회행동

① 집단(Group)

㉠ 호손연구 또는 호손실험(Hawthorne)
- 호손(공장)실험 : 산업심리학이 발전하던 1920년대에 시작된 일련의 연구로, 원래 조명도와 생산성의 관계를 밝히기 위해 시작되었으나 결과적으로 생산성, 작업능률에는 사원들의 태도, 감독자, 비공식집단의 중요성 등 인간관계가 복잡하게 영향을 미친다는 것을 확인한 실험이다.
- 물리적 작업환경 이외에 심리적 요인이 생산성에 영향을 미친다는 것을 알아냈다.
- 호손연구는 작업환경에서 물리적인 작업조건보다는 근로자의 심리적인 태도 및 감정이 직무수행에 큰 영향을 미친다는 결과를 밝혀낸 대표적인 연구이며 주 실험자는 메이요(E. Mayo)이다.
- 호손실험은 인간적 상호작용의 중요성을 강조한다.
- 호손실험에서 작업자의 작업능률에 영향을 미치는 주요한 요인은 인간관계이다.
- 호손효과 : 조직에서 새로운 제도나 프로그램을 도입하였을 때 처음에는 호기심 때문에 긍정적인 효과가 발생하나 시간이 지나면서 신기함이 감소하여 원래의 상태로 돌아간다는 현상

㉡ 집단의 구분
- 1차 집단과 2차 집단
  - 1차 집단(Primary Group) : 혈연, 지연, 직장과 같이 장기간 육체적, 정서적으로 매우 밀접한 집단
  - 2차 집단(Secondary Group) : 사교집단과 같이 일상생활에서 임시적으로 접촉하는 집단
- 공식집단과 비공식집단
  - 공식집단(Formal Group) : 회사나 군대처럼 의도적으로 설립되어 능률성과 과학적 합리성을 강조하는 집단
  - 비공식집단(Informal Group) : 인간관계를 강조하며 자연발생적이고 감정의 논리에 따라 운영되는 집단으로 동호회나 향우회가 대표적이다.
    ⓐ 비공식집단은 조직구성원의 태도, 행동 및 생산성에 지대한 영향력을 행사한다.
    ⓑ 가장 응집력이 강하고 우세한 비공식집단은 수평적 동료집단이다.

ⓒ 혼합적 또는 우선적 동료집단은 각기 상이한 부서에 근무하는 직위가 다른 성원들로 구성된다.
ⓓ 비공식집단은 관리영역 밖에 존재하고 조직표에 나타나지 않는다.
- 성원집단과 준거집단
  - 성원집단(Membership Group) : 특정 개인이 어떤 상태의 지위나 조직 내 신분을 원하는데 아직 그 위치에 있지 않은 사람들의 집단
  - 준거집단(Reference Group) : 자신의 삶의 기준이 되는 집단
- 세력집단과 비세력집단
  - 세력집단(In Group) : 혈연이나 지연과 같이 장기간 육체적, 정서적으로 매우 밀접한 집단
  - 비세력집단(Out Group) : 세력집단의 영향을 받는 하부 집단
- 통제적 집단행동과 비통제적 집단행동
  - 통제적 집단행동 : 관습, 유행, 제도적 행동 등
  - 비통제적 집단행동 : 군중, 모브(폭동), 패닉(이상적인 상황하에서 방어적인 행동특성으로 보이는 집단행동), 심리적 전염 등

ⓒ 집단의 기능
- 응집력 발생(집단 내에 머물도록 하는 내부의 힘을 응집력이라고 한다)
- 행동의 규범존재
  - 집단의 규범은 집단을 유지하고 집단의 목표를 달성하기 위해 만들어진 것이다.
  - 개선이나 그 밖의 사유로 변경될 수 있다.
- 집단의 목표 설정(집단이 하나의 집단으로서의 역할을 수행하기 위해서는 집단목표가 있어야 한다)

ⓒ 집단의 효과 : 시너지효과, 동조효과(응집력), 견물효과
- 시너지효과(Synergy Effect) : 두 개 이상의 서로 다른 개체가 힘을 합쳐 둘이 지닌 힘 이상의 효과를 내는 현상
- 동조효과(응집력) : 집단의 압력에 의해 다수의 의견을 따르게 되는 현상
- 견물효과

ⓒ 집단에서의 인간관계 메커니즘 : 모방, 암시, 동일시(동일화), 일체화, 투사, 커뮤니케이션, 공감 등

ⓑ 의사소통망(커뮤니케이션의 유형) : 조직 내 구성원들 간에 정보를 교환하는 경로구조이며, 형태에 따라서 쇠사슬형, 수레바퀴형, Y형, 원형, 완전연결형(개방형) 등의 5가지로 구분된다. 쇠사슬형에서 완전연결형으로 갈수록 권한의 집중도는 낮아지고, 의사결정의 수용도와 조직 구성원들의 몰입도, 만족도는 높아진다. 의사결정의 속도는 일반적으로 쇠사슬형과 완전연결형의 경우가 가장 빠르다. 단지 개인의 이해관계가 민감할 때 완전연결형의 경우는 오히려 의사결정의 속도가 늦어질 수 있다.

ⓢ 집단의 응집력 : 집단의 내부로부터 생기는 힘
- 구성원들이 서로에게 매력적으로 끌리어 목표를 효율적으로 달성하는 정도
- 집단의 사기, 정신, 구성원들에게 주는 매력의 정도, 과업에 대한 구성원의 관심도
- 집단응집성지수

$$= \frac{\text{실제상호선호관계의 수}}{\text{가능한 상호선호관계의 총수}} = \frac{N}{{}_nC_2}$$

(N : 구성원의 수)

- 집단의 응집성이 높아지는 조건
  - 가입하기 어려울수록
  - 집단의 구성원이 적을수록
  - 외부의 위협이 있을수록
  - 함께 보내는 시간이 많을수록
  - 과거에 성공한 경험이 있을수록

ⓞ 소시오메트리(Sociometry) : 구성원 상호 간의 선호도를 기초로 집단 내부의 동태적 상호관계 분석방법
- 구성원들 간의 좋고 싫은 감정을 관찰, 검사, 면접 등을 통하여 분석한다.
- 소시오메트리 연구조사에서 수집된 자료들은 소시오그램과 소시오메트릭스 등으로 분석한다.
- 집단 구성원 간의 상호관계 유형과 집결유형 선호인물 등을 도출할 수 있다.
- 소시오그램은 집단 내의 하위 집단들과 내부의 세부집단과 비세력집단을 구분할 수 있다.
- 소시오메트릭스는 소시오그램에서 나타나는 집단 구성원들 간의 관계를 수치에 의하여 계량적으로 분석할 수 있다.

- 선호신분지수(Choice Status Index)

  $= \dfrac{\text{선호총계}}{\text{구성원 수}-1}$
  - 구성원들의 선호도를 나타낸다.
  - 가장 높은 점수를 얻는 구성원 : 집단의 자생적 리더
- ㉢ 역할갈등
  - 구성원들의 역할기대와 실제 역할행동 간의 차이로 구성원들의 역할에 대한 기대와 행동이 일치하지 않는 현상
  - 역할갈등의 원인 : 역할마찰, 역할 부적합, 역할 모호성
- ㉣ 집단 간 갈등의 요인
  - 제한된 자원
  - 집단 간의 목표 차이
  - 동일한 사안을 바라보는 집단 간의 인식 차이
  - 과업목적과 기능에 따른 집단 간 견해와 행동경향의 차이
- ㉤ 집단 간 갈등의 해소방안
  - 공동의 문제 설정
  - 상위 목표의 설정
  - 집단 간 접촉 기회의 증대
  - 사회적 범주화 편향의 최소화
  - 제한된 자원 해소를 위한 자원 확충
  - 갈등관계에 있는 집단들의 구성원들의 직무 순환
  - 집단 통합, 조직 개편
- ㉥ 조하리(Johari's Window)의 창 : 갈등, 의사소통의 심리구조를 4영역으로 나누어 설명한다.
  - 은폐영역(Hidden Area) : 자신은 알고 있으나 남에게 감추어진 창으로, 나만 알고 있는 공개하기 싫은 자아 스타일이다. 자신은 알고 있으나 남에게는 감추어진 부분이 매우 많고, 말하기보다 듣기를 좋아하고, 매사에 비밀이 많아 다른 사람들이 접근하기 어려운 타입이다. 좀 더 솔직하고 확실하게 자신의 의견이나 주장을 내세우도록 노력하여 자기공개의 방향으로 개선하여 마음의 창을 넓혀 나가야 한다.
  - 미지영역(Unknown Area) : 자신도 남도 알 수 없는 미지의 창으로, 매사에 소극적인 타입이다. 이 타입은 좀 더 적극적인 행동을 가지고 자신의 의견이나 주장을 솔직하게 표현하고, 타인에게 관심을 가져야 하며, 회의에서도 자신의 주장을 확실히 펴고, 다른 사람의 이야기를 잘 경청하는 등의 개선을 통하여 자기개방과 타인에 관심을 주는 방향으로 창을 넓혀나가야 한다.
  - 맹인영역(Blind Area) : 남은 알고는 있으나 정작 자신은 알지 못하여 깨닫지 못하는 창이다. 소문 등에 대해서 남은 알고 있으나 자신은 알지 못하는 부분이 많고, 다른 사람의 말을 듣기보다는 자기가 말하는 것을 좋아하며 다른 사람을 무시하는 독단적인 경향이 있다. 타인에게 관심을 주는 방향으로 개선하여 개방된 창으로 넓혀나가야 한다.
  - 개방영역(Open Area) : 자신과 남이 다 알 수 있는 개방된 창이다. 남도 알고 자신도 알고 있는 부분이 넓어서 원만한 인간관계를 가지며, 다른 사람들에게 관심을 가져 주기도 하고 자신의 의견이나 주장을 솔직하게 표현하기도 한다. 대인관계 시 가장 바람직한 유형이다.
- ㉦ 응집력에 따른 집단의 유형
  - 화합분산형 : 직장 구성원 간에는 비교적 호의적인 관계가 유지되지만 직장에 대한 응집력이 미약한 유형이다.
  - 대립분산형 : 직장에 대한 애착이나 소속감이 없다. 직장은 단지 소득을 얻는 곳이고, 직장 구성원 간에 감정적 갈등이 심하며 직장 내 인간관계에 구심점이 없는 유형이다.
  - 화합응집형 : 직장 구성원 간에 긍정적인 감정과 친밀감이 높고 직장에 대한 소속감과 단결력이 높은 유형이다.
  - 대립분리형 : 직장 구성원들이 서로 적대시하는 2개 이상의 하위 집단으로 분리되어 있는 유형으로, 하위 집단끼리는 서로 반목하지만 한 하위 집단 내에는 친밀감이나 응집력이 높다.
- ② 사회행동
  - ㉠ 사회행동의 기본형태
    - 협력 : 조력, 분업 등
    - 대립 : 공격, 경쟁 등
    - 도피 : 고립, 정신병, 자살 등
  - ㉡ 의사소통 과정의 4가지 구성요소 : 발신자, 수신자, 메시지, 채널
  - ㉢ 인간관계 관리기법으로 커뮤니케이션의 개선방안 : 제안제도, 고충처리제도, 인사상담제도 등
  - ㉣ 인간관계를 효과적으로 맺기 위한 원칙

- 상대방을 있는 그대로 인정한다.
- 상대방에게 지속적인 관심을 보인다.
- 취미나 오락 등 같거나 유사한 활동에 참여한다.
- 상대방으로 하여금 당신이 그를 좋아한다는 것을 알게 한다.

㉤ 산업심리와 인간관계에 작용하는 요소
- 집단과의 거리
- 자기속성
- 사교상의 위치

10년간 자주 출제된 문제

5-1. 호손(Hawthorne)실험에서 작업자의 작업능률에 영향을 미치는 주요한 요인은 무엇인가?

① 작업조건　　② 생산기술
③ 임금수준　　④ 인간관계

5-2. 집단 간의 갈등요인으로 옳지 않은 것은?

① 욕구 좌절
② 제한된 자원
③ 집단 간의 목표 차이
④ 동일한 사안을 바라보는 집단 간의 인식 차이

5-3. 어느 부서 직원 6명의 선호관계를 분석한 결과, 다음과 같은 소시오그램이 작성되었다. 이 부서의 집단응집성지수는 얼마인가?(단, 그림에서 실선은 선호관계, 점선은 거부관계를 나타낸다)

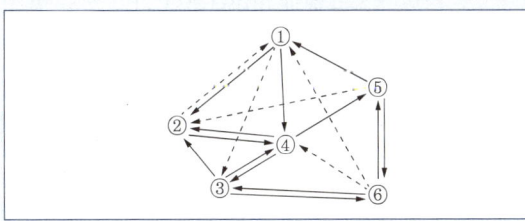

① 0.13　　② 0.27
③ 0.33　　④ 0.47

5-4. 인간관계를 효과적으로 맺기 위한 원칙과 가장 거리가 먼 것은?

① 상대방을 있는 그대로 인정한다.
② 상대방에게 지속적인 관심을 보인다.
③ 취미나 오락 등 같거나 유사한 활동에 참여한다.
④ 상대방으로 하여금 당신이 그를 좋아한다는 것을 숨긴다.

|해설|

5-1

호손(Hawthorne)실험은 작업자의 작업능률에 사원들의 태도, 감독자, 비공식집단의 중요성 등 인간관계가 복잡하게 영향을 미친다는 것을 확인한 실험이다.

5-2

집단 간의 갈등요인
- 제한된 자원
- 집단 간의 목표 차이
- 동일한 사안을 바라보는 집단 간의 인식 차이
- 과업목적과 기능에 따른 집단 간 견해와 행동경향의 차이

5-3

$$집단응집성지수 = \frac{실제상호선호관계의 수}{가능한 상호선호관계의 총수} = \frac{N}{{}_nC_2}$$

$$= \frac{4}{(5 \times 6)/(2 \times 1)} ≒ 0.27$$

5-4

상대방으로 하여금 당신이 그를 좋아한다는 것을 알게 한다.

정답 5-1 ④　5-2 ①　5-3 ②　5-4 ④

핵심이론 06 | 리더십과 헤드십

① 리더십(Leadership)
  ㉠ 리더십의 개요
   • 어떤 특정한 목표 달성을 지향하고 있는 상황하에서 행사되는 대인 간의 영향력
   • 공통된 목표 달성을 지향하도록 사람에게 영향을 미치는 것
   • 주어진 상황 속에서 목표 달성을 위해 개인 또는 집단의 활동에 영향을 미치는 과정
   • 리더(지도자)로서의 일반적인 구비요건 : 화합성, 통찰력, 조직의 이익 추구성, 정서적 안정성 및 활발성
   • 집단에서 리더의 구비요건 : 화합성, 통찰력, 판단력
  ㉡ French와 Raven이 제시한, 리더가 가지고 있는 세력(권한)의 유형 : 합법적 권한, 보상적 권한, 전문성의 권한, 강압적 권한, 준거적 권한
   • 합법적 권한 : 권력 행사자가 보유하고 있는 조직 내 지위에 기초한 권한
   • 보상적 권한 : 리더가 부하의 능력에 대하여 차별적 성과급을 지급하는 권한으로 부하에게 승진, 보너스, 임금 인상 등을 베풀 수 있는 힘에서 나온다.
   • 전문성의 권한 : 지식이나 기술에 바탕을 두고 영향을 미침으로써 얻는 권한이다.
     - 전문가로서의 리더 : 이용 가능한 정보나 기술에 관한 정보원으로서의 역할을 수행하는 리더의 유형
   • 강압적 권한 : 부하를 처벌할 수 있는 권한이다. 견책, 나쁜 인사고과로 부하에게 영향을 미침으로써 얻는 권한이다. 종업원의 바람직하지 않은 행동들에 대해 해고, 임금 삭감, 견책 등을 사용하여 처벌한다.
   • 준거적 권한 : 부하들로부터 호감과 존경을 받는 리더 개인의 매력으로부터 나온다.
  ※ 조직이 리더에게 부여하는 권한 : 합법적 권한, 보상적 권한, 강압적 권한, 준거적 권한
  ※ 리더 자신에 의해 생성되는 권한 : 전문성의 권한
  ※ 위임된 권한 : 목표 달성을 위하여 부하 직원들이 상사를 존경하여 상사와 함께 일하고자 할 때 상사에게 부여되는 권한
  ㉢ 리더십을 결정하는 주요한 3가지 요소
   • 리더의 특성과 행동
   • 부하의 특성과 행동
   • 리더십이 발생하는 상황의 특성
  ㉣ 성실하며 성공적인 리더의 공통적인 소유 속성
   • 뛰어난 업무 수행능력
   • 강력한 조직능력
   • 자신 및 상사에 대한 긍정적인 태도
   • 조직의 목표에 대한 충성심
   • 강한 출세 욕구
  ㉤ 성공한 리더들의 특성
   • 높은 성취 욕구를 가지고 있다.
   • 실패에 대한 강한 예견과 두려움을 가지고 있다.
   • 상사에 대한 강한 긍정적 의식과 부하직원에 대한 관심이 크다.
   • 부모로부터의 정서적 독립을 하고, 현실지향적이다.
  ㉥ 성공적인 리더가 가지는 중요한 관리기술
   • 매 순간 신중하게 의사결정을 한다.
   • 집단의 목표를 구성원과 함께 정한다.
   • 구성원이 집단과 어울리도록 협조한다.
   • 자신이 아니라 집단에 대해 많은 관심을 가진다.
  ㉦ 리더십이론의 발전과정 : 특성이론 → 행동이론 → 상황이론 → 변혁적 리더십이론
   • 특성이론(특질접근법)
     - 성공적인 리더는 어떤 특성을 가지고 있는가를 연구하는 리더십이론
     - 리더의 기능수행과 리더로서의 지위 획득 및 유지가 리더 개인의 성격이나 자질에 의존한다는 리더십이론
     - 통솔력이 리더 개인의 특별한 성격과 자질에 의존한다는 이론
   • 행동이론(행동접근법) : 리더가 나타내는 반복적인 행동 유형을 찾아내고, 어떤 유형이 가장 효과적인지를 밝히려는 리더십이론
   • 상황이론(상황접근법) : 리더십 상황에 적합한 효과적인 리더십 행동을 개념화한 이론
   • 변혁적 리더십이론 : 기존의 모든 리더십을 거래적 리더십이라고 하며, 카리스마 리더십을 비거래적 리더십이라고 주장하는 리더십이론
  ㉧ 의사결정과정(지휘형태 또는 업무추진방법)에 따른 리더십의 분류(아이오와대학모형) : 전제형(권위형) 리더십, 자유방임형 리더십, 민주형 리더십

- 전제형(권위형) 리더십
  - 리더가 모든 정책을 단독으로 결정하기 때문에 부하 직원들은 오로지 따르기만 하면 된다는 유형이다.
  - 리더 자신의 신념과 판단을 최상으로 믿는다.
  - 리더가 모든 정책을 결정한다.
- 자유방임형 리더십 : 리더는 대외적인 상징적 존재에 불과하며 소극적으로 조직활동에 참가한다. 자유방임형 리더십에 따른 집단구성원의 반응은 다음과 같다.
  - 낭비 및 파손품이 많다.
  - 업무의 양과 질이 저하된다.
  - 리더를 타인으로 간주하기 쉽다.
  - 개성이 강하고, 연대감이 없어진다.
- 민주형 리더십 : 과업을 계획하고 수행하는 데 있어서 구성원과 함께 책임을 공유하고, 인간에 대하여 높은 관심을 갖는 리더십
  - 조직구성원들의 의사를 종합하여 결정한다.
  - 집단 토론이나 집단 결정을 통해서 정책을 결정한다.
  - 의사 교환이 비교적 자유롭다.
  - 자발적 행동이 많이 나타난다.
  - 구성원 간의 상호관계가 원만하다.
  - 집단 구성원들이 리더를 존경한다.

ⓒ 리더의 행동 스타일에 따른 리더십의 분류(미시건대학모형)
  - 부하중심적 리더십 : 부하와의 관계 중시, 부하의 자발적 참여 유도
  - 직무중심적 리더십 : 생산과업 중시, 공식 권한과 권력에 의존, 치밀한 감독

ⓒ 관리 그리드이론(Managerial Grid)

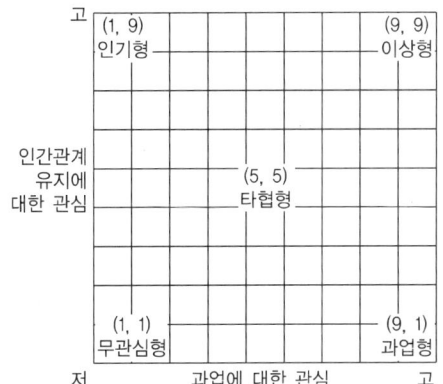

- 무관심형(Impoverished) : 그리드 (1, 1)에 해당하며, 과업과 인간관계 유지에 대한 관심이 모두 낮다. 주어진 리더의 역할을 수행하는 데 최소한의 노력만 하는 리더십 유형이다.
- 과업형(Task) : 그리드 (9, 1)에 해당한다. 인간관계유지에는 매우 낮은 관심을 보이지만, 과업에 대해서는 매우 높은 관심을 보이는 리더십 유형이다.
- 인기형(Country Club) : 그리드 (1, 9)에 해당하며, 과업에 관심이 낮은 반면 인간관계유지에 대한 관심은 매우 높다. 구성원과의 만족한 인간관계와 친밀한 분위기 조성을 중요시하는 리더십 유형이다.
- 타협형(Middle of the Road) : 그리드 (5, 5)에 해당하며, 과업과 인간관계 유지를 절충하여 적당한 수준의 성과를 지향하는 리더십 유형이다.
- 이상형(Team) : 그리드 (9, 9)에 해당하며, 과업과 인간관계 유지에 모두 높은 관심을 보인다. 종업원의 자아실현의 욕구를 만족시켜주고 신뢰와 존경의 인간관계를 통하여 과업을 달성하려는 가장 바람직한 리더십 유형이다.

ⓒ 상황적합성이론 : 관계지향적 리더십, 과업지향적 리더십
- 관계지향적 리더십의 리더가 나타내는 대표적인 행동 특징
  - 우호적이며 가까이 하기 쉽다.
  - 집단구성원들을 동등하게 대한다.
  - 어떤 결정에 대해 자세히 설명해 준다.
- 과업지향적 리더십의 리더가 나타내는 대표적인 행동 특징 : 집단구성원들의 활동을 조정한다.

ⓒ 경로-목표이론 : 리더십의 유효성은 리더십 스타일과 종업원 특성, 작업환경 특성 변수 간의 상호작용에 달려 있다.
- 지시적 리더십 : 도구적·수단적 리더십이라고도 하며, 권위주의적으로 부하들을 지시·조정해 나가는 리더십 스타일이다.
  - 외적 통제 성향인 부하는 지시적 리더의 행동을 좋아한다.
  - 부하의 능력이 우수하면 지시적 리더행동은 효율적이지 못하다.
  - 과업이 구조화되어 있으면 지시적 행동은 비효율적이다.

- 후원적 리더십 : 하급자들의 욕구와 복지에 관심을 보이며, 온정적이고 친밀한 집단 분위기를 이끄는 리더십 스타일이다.
- 참여적 리더십 : 직원들과 원만한 관계를 유지하며 그들의 의견을 존중하여 의사결정에 반영하는 리더십이다.
  - 하급자들에게 자문을 구하며 제안을 이끌어내며, 정보를 공유하고 하급자들의 의견을 의사결정에 많이 반영시킨다.
  - 내적 통제성을 갖는 부하는 참여적인 리더의 행동을 좋아한다.
- 성취지향적 리더십 : 하급자들에게 높은 수준의 목표설정과 의욕적인 목표 달성 행동을 강조하면서 자신감을 불어넣어 주는 리더십 스타일이다. 공식적 활동을 중요시하지 않는다.

㉑ 기 타
- 허시(Hersey)와 블랜차드(Blandchard)가 주장한 상황적 리더십 이론
  - 리더십의 4가지 유형 : 지시적 리더십(Telling), 설득적 리더십(Selling), 참여적 리더십(Participation), 위임적 리더십(Delegating)
  - 효과적인 리더행동은 상황특성에 따라 다르며, 이러한 상황 특성은 부하의 성숙수준을 통하여 측정한다.
- 피들러(Fiedler)의 상황(연계성)리더십이론
  - 중요시하는 상황적 요인 : 과제의 구조화, 리더와 부하 간의 관계, 리더의 직위상 권한
  - 가장 일하기 힘들었던 동료를 평가하는 척도에서 점수가 높은 리더의 특성은 배려적이다.
- 인지자원이론(피들러)에서 스트레스를 적게 받는 상황이라면 지능이 우수한 리더가 효율적이다.
- 리더-부하교환이론 : 리더와 부하가 서로 영향을 준다는 리더십이론으로서 부하들의 능력 및 기술, 리더가 부하들을 신뢰하는 정도 등에 따라 리더가 부하들을 서로 다르게 대우한다고 가정하는 이론
- 셀프 리더십과 수퍼 리더십(초리더십)
  - 셀프 리더십 : 자율적으로 업무를 추진하고, 자기조절능력을 지닌 리더십
  - 수퍼 리더십 : 부하들의 역량을 개발하여 부하들로 하여금 자율적으로 업무를 추진하게 하고, 스스로 자기조절능력을 갖게 만드는 리더십(셀프 리더를 길러내는 리더십)
- 거래적 리더십(교환적 리더십)과 변환적 리더십(카리스마적 리더십)
  - 교환적 리더십 : 목표를 설정하고 그에 따르는 보상을 약속함으로써 부하를 동기화하려는 리더십
  - 변혁적 리더십
    ⓐ 구성요인 : 개인적 배려, 비전 제시, 카리스마 등
    ⓑ 변혁적 리더십 리더의 주요한 특성 : 비전 제시 능력, 개인적 매력, 수사학적 능력 등

② 헤드십(Headship)
  ㉠ 공식적인 권위를 근거로 구성원을 조정하며 움직이게 하는 능력
  ㉡ 헤드십의 특성
  - 권한의 근거는 법적이며 공식적이다.
  - 권한의 행사는 임명된 헤드이다.
  - 지휘의 형태는 권위주의적이다.
  - 상사와 부하의 관계는 지배적이다.
  - 상사와 부하의 사회적 간격은 넓다.

③ 리더십과 헤드십의 비교

구 분	리더십	헤드십
권한의 근거	개인능력 (밑으로부터 동의)	법적이며 공식적 (위로부터 위임)
권한의 행사	선출된 리더	임명된 헤드
지휘의 형태	민주주의적	권위주의적
상사와 부하의 관계	개인적	지배적
상사와 부하의 사회적 간격	좁다.	넓다.

10년간 자주 출제된 문제

6-1. 조직이 리더에게 부여하는 권한으로 볼 수 없는 것은?
① 합법적 권한   ② 강압적 권한
③ 보상적 권한   ④ 전문성의 권한

6-2. 다음 중 자유방임형 리더십에 따른 집단구성원의 반응으로 볼 수 없는 것은?
① 낭비 및 파손품이 많다.
② 업무의 양과 질이 우수하다.
③ 리더를 타인으로 간주하기 쉽다.
④ 개성이 강하고, 연대감이 없어진다.

|해설|

6-1
전문성의 권한은 리더(지도자) 자신에 의해 생성되는 권한이다.

6-2
자유방임형 리더십에서는 업무의 양과 질이 저하된다.

정답 6-1 ④ 6-2 ②

핵심이론 07 | 생체리듬·피로·스트레스

① 생체리듬(Biorhythm)
  ㉠ 생체리듬의 종류 : 육체적 리듬, 감성적 리듬, 지성적 리듬
    • 육체적 리듬(P) : 일반적으로 23일을 주기로 반복되며, 신체적 컨디션의 율동적 발현(식욕, 활동력 등)과 밀접한 관계를 갖는 리듬
    • 감성적 리듬(S) : 일반적으로 28일을 주기로 반복되며 주의력, 예감 등과 관련된 리듬
    • 지성적 리듬(I) : 일반적으로 33일을 주기로 반복되며 상상력, 사고력, 기억력 또는 의지, 판단 및 비판력 등과 깊은 관련성을 갖는 리듬
  ㉡ 생체리듬의 특징
    • 생체상의 변화는 하루 중에 일정한 시간 간격을 두고 교환된다.
    • 안정기(+)와 불안정기(-)의 교차점을 위험일이라고 한다(각각의 리듬이 (+)에서 (-)로 변화하는 점이 위험일이다).
    • 생체리듬에서 중요한 점은 낮에는 신체활동이 유리하며, 밤에는 휴식이 더욱 효율적이라는 것이다.
    • 몸이 흥분한 상태일 때는 교감신경이 우세하고 수면을 취하거나 휴식을 할 때는 부교감신경이 우세하다.
    • 주간에 상승하는 생체리듬 : 체온, 혈압, 맥압, 맥박수, 체중, 말초운동기능 등
    • 야간에 상승하는 생체리듬 : 수분, 염분량 등

② 피로(Fatigue)
  ㉠ 피로의 정의
    • 의학적 : 지치고 탈진되며 에너지가 고갈된 느낌
    • 사전적 : 심한 신체적, 정신적 활동 후 탈진하여 기능을 상실한 상태
    • 일반적 : 일상적인 활동 후 회복되지 않아 비정상적으로 기운이 없는 상태
  ㉡ 피로의 종류
    • 급성피로와 만성피로
      - 급성피로 : 신체활동이나 정신작업 후에 나타나는 불가피한 피로
      - 만성피로 : 피로가 누적되어 쉽게 회복되지 않는 상태(축적피로)
    • 생리적 피로(신체적 피로)와 심리적 피로(정신적 피로)

- 생리적 피로 : 육체적 활동에 의해 근육조직의 산소 고갈로 발생하는 신체능력 감소 및 생리적 손상
- 심리적 피로 : 계속되는 작업에서 수행 감소를 주관적으로 지각하는 것을 의미
- 심리적 피로와 생리적 피로는 항상 동반해서 발생하지 않는다.
- 작업수행이 감소하더라도 피로를 느끼지 않을 수 있고, 수행이 잘되더라도 피로를 느낄 수 있다.
- 일과성 피로와 축적피로
  - 일과성 피로 : 생활에서 오는 피로
  - 축적피로 : 피로가 풀리지 않고 축적되는 상태(만성 피로)
- 국소피로와 전신피로
  - 국소피로 : 근육기관 또는 신경계 등의 신체 일부에 오는 피로
  - 전신피로 : 전신을 사용하는 작업이나 운동 대상으로 인한 에너지 소모와 피로감이 크고 회복이 느린 피로

ⓒ 피로의 원인
- 젖산 축적에 따른 신체의 산성화
- 불규칙한 생활
- 과열과 과욕
- 생활 환경
- 정신적인 피로
- 피로를 가져오는 내부요인 : 경험, 책임감, 습관 등
- 피로를 가져오는 외부요인 : 대인관계 등

ⓔ 피로의 증상과 현상
- 피로의 증상 : 불쾌감의 증가, 흥미의 상실, 작업능률의 감퇴, 식욕의 감소, 순환기 증상, 소화기 증상, 호흡기 증상, 눈의 증상, 귀의 증상, 신진대사 증상, 골격과 근육계의 이상, 비뇨기계 증상, 중추신경계 증상 등
- 피로의 현상 : 객관적 피로, 중추신경의 피로, 반사운동신경 피로, 근육피로, 안색 변화, 원기 저하, 호흡, 순환계의 변화, 근육의 변화, 신경의 변화, 소화기의 변화, 정신의 변화 등

ⓜ 피로의 관찰
- 작업자의 정신적 피로를 관찰할 수 있는 변화 : 작업태도의 변화, 사고활동의 변화, 작업동작 경로의 변화
- 작업자의 육체적 피로를 관찰할 수 있는 변화 : 대사기능의 변화

ⓑ 피로 단계 : 잠재기, 현재기, 진행기, 축적피로기
- 제1기 잠재기
  - 외관상 능률의 저하가 나타나는 시기로서 지각적으로는 거의 느끼지 못한다.
  - 질병 중에 생기는 전신적인 위화감과 구별이 어렵다.
- 제2기 현재기
  - 확실한 능률 저하의 시기로서 피로의 증상을 지각하고 자율신경의 불안 상태가 나타난다.
  - 이상 발한, 구갈, 두통, 탈력감이 있고, 특히 관절이나 근육통이 수반되어 신체를 움직이기 귀찮아지는 단계
- 제3기 진행기
  - 제2기의 피로현상이 있음에도 불구하고 충분한 휴식 없이 정신작업이나 운동을 계속하면 차츰 회복이 곤란한 상태에 빠진다.
  - 부득이하게 활동을 중지해야 하고 수일 간의 휴양이 필요하다.
- 제4기 축적피로기
  - 연이어 무리한 활동을 계속할 때는 만성적으로 피로가 축적되어 일종의 질병이 된다.
  - 수개월에서 수년에 걸쳐 요양을 받아야 한다.

ⓢ 피로의 측정방법 : 생리학적 방법, 심리학적 방법, 생화학적 방법
- 생리학적 피로측정방법
  - 검사항목 : 근력・근활동, 대뇌피질활동, 호흡순환기능, 반사역치, 인지역치(플리커, Flicker) 등

  ■ **점멸융합주파수**(FFF ; Flicker-Fusion Frequency)
  - 중추신경계의 정신적 피로도의 척도로 사용된다.
  - 빛의 검출성에 영향을 주는 인자 중의 하나이다.
  - 점멸속도는 점멸융합주파수보다 일반적으로 느려야 한다.
  - 점멸속도가 약 30[Hz] 이상이면 불이 계속 켜진 것처럼 보인다.
  - 별칭 : 플리커(Flicker), CFF(Critical Flicker Fusion)값 등
  - 플리커값은 감각기능검사(정신, 신경기능검사)의 측정대상 항목에 해당한다.
  - 용도 : 피로 정도의 척도

  - 검사종류 : EEG(뇌파검사 또는 뇌전도, 플리커검사), EMG(근전도검사), ECG(심전도검사), GSR(전기피부반응), EOG(안구반응), 심폐검사

(호흡기능검사), 순환기능검사, 자율신경기능검사, 안구운동, 운동기능검사, 대뇌활동측정법, 청력검사, 근점거리계검사, 자각적 방법(자각증상, 자각피로도 등), 타각적 방법(표정, 태도, 자세, 동작, 궤적, 단위동작소요시간, 작업량, 작업 과오 등)
- ECG(심전도검사)
  ⓐ 심장근육의 활동 정도를 측정하는 전기생리 신호로 신체적 작업부하 평가 등에 사용
  ⓑ 심전도계 : 심장 박동주기 동안 심근의 전기적 신호를 피부에 부착한 전극들로부터 측정하는 것으로, 심장이 수축과 확장을 할 때 일어나는 전기적 변동을 기록한 것
• 심리학적 측정방법
  - 검사항목 : 전신자각증상, 연속반응시간, 변별역치, 정신작업, 피부저항, 동작분석, 행동기록, 집중유지기능 등
  - 검사종류 : 정신·신경적 기능검사, 심적기능검사, GSR(피부전기반사검사) 등
• 생화학적 측정방법
  - 검사항목 : 혈액(혈액성분, 혈단백, 응혈시간, 혈색소농도), 오줌(단백뇨, 요 중의 스테로이드량, 요교질배설량, 요전해질), 아드레날린 배설량, 부신피질기능 등
  - 검사종류 : 혈액검사, 요검사
ⓞ 작업에 수반된 피로의 회복대책
• 휴식과 수면을 취한다(피로의 회복대책으로 가장 효과적인 방법).
• 충분한 영양을 섭취한다.
• 마사지, 목욕이나 가벼운 체조를 한다.
• 동적 작업을 정적 작업으로 바꾼다.
• 비타민B, 비타민C 등의 적정한 영양제를 보급한다.
• 생활의 리듬을 되찾는다.
• 심호흡법을 이용한다.
• 운동에 따른 급성피로의 회복
ⓩ 허시(Alfred Bay Hershey)의 피로회복법
• 단조로움이나 권태감에 의한 피로의 대책
  - 동작의 교대방법 등을 가르친다.
  - 일의 가치를 교육한다.
  - 휴 식

• 신체적 긴장에 의한 피로의 대책 : 운동, 휴식 등에 의해 긴장을 풀 것
• 정신적 긴장에 의한 피로의 대책
  - 용의주도한 작업계획을 수립, 이행한다.
  - 불필요한 마찰을 배제할 것
• 정신적 노력에 의한 피로의 대책 : 휴식, 양성훈련
• 천후에 의한 피로의 대책 : 작업장의 온도, 습도, 통풍 등을 조절한다.
ⓩ 작업에 수반되는 피로의 예방대책
• 작업부하를 줄일 것
• 불필요한 마찰을 배재할 것
• 작업속도를 적절하게 조정할 것
• 근로시간과 휴식을 적절하게 취할 것

③ 스트레스(Stress)
㉠ 스트레스의 정의
• 신체에서 생성되는 어떠한 요구에 대한 신체의 불특정한 반응
• 인간의 심신에 만들어진 어떤 요구에 자기의 몸과 마음이 반응하는 방식
• 어떠한 새롭고, 위협적이고, 흥분되는 상황에 대한 신체반응
㉡ 스트레스의 원인
• 외적 원인(External Stressor)
  - 물리적 환경 : 소음, 강력한 빛, 더위, 폐쇄적인 공간 등
  - 사회적 환경 : 무례함, 명령, 다른 사람과의 격돌 등
  - 조직의 환경 : 규칙, 규정, 형식적 절차, 마감시간 등
  - 개인적 사건 : 친족의 죽음, 실직, 승진, 결혼, 이혼 등
  - 일상적 사건 : 출근, 퇴근, 기계 고장, 열쇠 분실 등
  - 외부로부터 오는 자극요인 : (직장에서의) 대인관계 갈등과 대립, 죽음, 질병, 경제적 어려움, 가족관계 갈등, 자신의 건강문제 등
• 내적 원인(Internal Stressor)
  - 생활양식 : 카페인 섭취, 흡연, 음주, 수면 부족, 과도한 스케줄 등
  - 부정적인 자신과의 대화 : 비관적인 생각, 자기 비판, 혹평 등

- 마음의 올가미 : 비현실적인 기대, 과장되고 경직된 사고 등
- 스트레스가 생기기 쉬운 개인 특성 : A형 성격, 완벽주의자, 일벌레
- 마음속에서 발생되는 내적 자극요인 : 자존심의 손상, 현실에의 부적응, 출세욕의 좌절감과 자만심의 상승, 도전의 좌절과 자만심의 상충, 지나친 과거에의 집착과 허탈, 업무상의 죄책감 등
- 대부분의 스트레스는 내적 요인에서 기인한다.

ⓒ NIOSH(미국 국립산업안전보건연구원)의 직무스트레스 모형에서 분류한 직무스트레스 요인 : 작업요인, 조직요인, 환경요인, 완충작용요인
- 작업요인 : 작업속도, 교대 근무
- 조직요인 : 관리유형
- 환경요인 : 조명, 소음
- 완충작용요인 : 대응능력

ⓔ 스트레스에 대한 반응 사유
- 개인 차이의 이유 : 성(性)의 차이, 강인성의 차이, 자기존중감의 차이 등
- 공통 이유 : 작업시간의 차이

ⓜ 스트레스에 영향을 미치는 직무 관련 요인 : 역할 모호성, 역할갈등, 역할 과중, 역할 과부하 등이 있으며, 역할 모호성과 역할갈등을 합쳐 역할 스트레스로 정의한다.
- 역할 모호성 : 자신의 역할이 무엇인지 잘 모르는 상태이다.
- 역할갈등
  - 역할에 대한 기대가 상충하거나 불일치하는 것이며, 스트레스의 개인적 원인 중 한 직무의 역할 수행이 다른 역할과 모순되는 현상이다.
  - 역할 모호성하에서 또는 다른 원인들에 의해 역할기대에 어긋나는 상태이다.
  - 역할을 선택할 때 다른 책임을 무시해야 하는 상황이다.
- 역할 과중 : 달성할 수 있는 것보다 더 많은 역할과 책임감을 떠안고 있는 현실을 인지하고, 많은 역할 가운데 더 중요한 역할을 선택해야 하는 상황을 의미한다.
- 역할 과부하 : 조직에 의한 스트레스 요인으로 역할 수행자에 대한 요구가 개인의 능력을 초과하거나 자신이 믿는 것보다 어떤 일을 보다 급하게 하거나 부주의하게 만드는 상황을 의미한다.

ⓗ 스트레스로 인해 나타나는 분노의 관리방안
- 분노를 한꺼번에 묶어서 쏟아 내지 마라.
- 분노를 상대방에게 표현할 때에는 가능한 한 상대방 대신 본인을 중심으로 진술하라.
- 분노를 억제하지 말고 표현하되 분노에 휩싸이지 마라.
- 분노를 표현하기 위해서는 적절한 시간과 장소를 선택하라.

ⓢ 스트레스에 대한 연구 결과
- 조직에서 스트레스를 일으키는 대부분의 원인들은 역할 속성과 관련된다.
- 스트레스는 분노, 좌절, 적대, 흥분 등과 같은 보다 강렬하고 격앙된 정서 상태를 일으킨다.
- A유형의 종업원들이 B유형의 종업원들보다 스트레스를 더 받는다.
- 내적통제형의 종업원들이 외적통제형의 종업원들보다 스트레스를 덜 받는다.
- 작업환경 복잡성에 따른 직무스트레스 수준과 작업 효율성 간의 관계를 설명하는 역 U자형 가설 : 작업환경 복잡성이 증가함에 따라서 직무 스트레스가 커지며, 적정 수준까지는 작업 효율성도 함께 증가하다가 그 이후부터는 작업 효율성이 감소한다.
- 스트레스는 환경의 요구가 지나쳐 개인의 능력한계를 벗어날 때 발생한다.
- 스트레스 요인에는 소음, 진동, 열 등과 같은 환경적인 영향뿐만 아니라 개인적인 심리적 요인들도 포함한다.
- 사람이 스트레스를 받으면 감각기관과 신경이 예민해진다.
- 역기능 스트레스는 스트레스의 반응이 부정적이고, 불건전한 결과로 나타나는 현상이다.
- 스트레스 수준이 증가할수록 수행성과는 급격하게 감소한다.

ⓞ 스트레스 관리대책
- 개인적 차원에서의 스트레스 관리대책 : 긴장이완법, 적절한 운동, 적절한 시간관리 등
- 조직적 차원에서의 스트레스 관리대책 : 직무 재설계 등

10년간 자주 출제된 문제

7-1. 다음 중 생체리듬(Biorhythm)의 종류에 해당하지 않는 것은?

① 지성적 리듬 ② 육체적 리듬
③ 감정적 리듬 ④ 안정적 리듬

7-2. 생체리듬에 관한 설명으로 틀린 것은?

① 각각의 리듬이 (−)로 최대인 점이 위험일이다.
② 육체적 리듬은 'P'로 나타내며, 23일을 주기로 반복된다.
③ 감성적 리듬은 'S'로 나타내며, 28일을 주기로 반복된다.
④ 지성적 리듬은 'I'로 나타내며, 33일을 주기로 반복된다.

7-3. 다음 중 피로 측정법이 아닌 것은?

① 심리학적 방법
② 물리학적 방법
③ 생화학적 방법
④ 자각적 방법과 타각적 방법

7-4. 다음 중 작업에 수반되는 피로의 예방대책과 가장 거리가 먼 것은?

① 작업부하를 크게 할 것
② 불필요한 마찰을 배재할 것
③ 작업속도를 적절하게 조정할 것
④ 근로시간과 휴식을 적절하게 취할 것

7-5. 스트레스(Stress)에 영향을 주는 요인 중 환경이나 외적 요인에 해당하는 것은?

① 자존심의 손상
② 현실에의 부적응
③ 도전의 좌절과 자만심의 상충
④ 직장에서의 대인관계 갈등과 대립

7-6. 스트레스에 반응하는 데 있어서 개인 차이의 이유로 적합하지 않은 것은?

① 성(性)의 차이 ② 강인성의 차이
③ 작업시간의 차이 ④ 자기존중감의 차이

|해설|

7-1
생체리듬의 종류
- 육체적 리듬(P)
- 감성적 리듬(S)
- 지성적 리듬(I)

7-2
각각의 리듬이 (+)에서 (−)로 변화하는 점이 위험일이다.

7-3
피로의 측정법은 생리학적 방법, 심리학적 방법, 생화학적 방법으로 분류된다. 자각적 방법과 타각적 방법은 생리학적 방법에 속한다.

7-4
작업 시 수반되는 피로를 예방하려면 작업부하를 줄여야 한다.

7-5
스트레스의 환경 및 외적 요인
강한 빛, 열, 폐쇄적 환경, 타인의 무례함과 충돌, 조직사회, 친·인척의 죽음, 직업 상실, 승진과 같은 생활의 큰 사건, 통근 등 일상의 복잡한 일 등

7-6
작업시간의 차이는 개인 차이의 이유가 아니라, 공통의 이유이다.

정답 7-1 ④ 7-2 ① 7-3 ② 7-4 ① 7-5 ④ 7-6 ③

핵심이론 08 | 직업 적성과 직무

① 직업 적성 또는 직무 적성
  ㉠ 직업 적성의 개요
    - 직업 적성은 단기적 집중 직업훈련을 통해서 개발이 가능하지 않으므로 신중하게 사용해야 한다.
    - 적성의 기본요소 : 지능
    - 작업자 적성의 요인 : 지능, 성격(인간성), 흥미(연령은 작업자 적성의 요인이 아님)
    - 인간의 적성을 발견하는 방법 : 자기이해, 계발적 경험, 적성검사 등
    - 인간의 적성과 안전의 관계 : 사생활에 중대한 변화가 있는 사람이 사고를 유발할 가능성이 높으므로, 그러한 사람들에게는 특별한 배려가 필요하다.
    - 측정된 행동에 의한 심리검사로 미네소타 사무직 검사, 개정된 미네소타 필기형 검사, 벤 니트 기계이해 검사가 측정하려고 하는 심리검사의 유형은 적성검사이다.
    - 어떤 일을 함에 있어 타인과 비교하여 적은 노력으로 좋은 결과를 가져오게 하는 사람이 있는데, 이런 경우와 관련 있는 것은 성능 적성이다.
    - 시각적 판단검사의 세부 검사내용 : 형태비교검사, 공구판단검사, 명칭판단검사
    - 사무적 적성과 기계적 적성
      - 사무적 적성 : 지각의 정확도
      - 기계적 적성 : 기계적 이해, 공간의 시각화, 손과 팔의 솜씨
  ㉡ 적성배치
    - 적성배치의 효과 : 근로의욕의 고취, 재해사고의 예방, 자아실현 기회 부여 등
    - 적성배치에 있어서 고려되어야 할 기본사항
      - 적성검사를 실시하여 개인의 능력을 파악한다.
      - 직무평가를 통해 자격수준을 정한다.
      - 인사권자의 객관적인 평가에 따른다.
      - 인사관리의 기준원칙을 준수한다.
  ㉢ 직업 적성검사
    - 적성검사는 작업행동을 예언하는 것을 목적으로 사용한다.
    - 직업 적성검사는 직무수행에 필요한 잠재적인 특수능력을 측정하는 도구이다.
    - 직업 적성검사를 이용하여 훈련 및 승진대상자를 평가하는 데 사용할 수 있다.
    - 사원선발용 적성검사는 작업행동을 예언하는 것을 목적으로 사용한다.
    - 직업 적성검사 항목 : 지능, 형태식별능력, 운동속도 등
    - 직업 적성검사의 특징 : 타당성(Validity), 신뢰성(Reliability), 객관성(Objectivity), 표준화(Standardization), 규준(Norms)
  ㉣ Y-G 성격검사(Yutaka-Guilford)
    - A형(평균형) : 조화적, 적응적
    - B형(우편형) : 정서 불안정, 활동적, 외향적, 불안전, 부적응, 적극형
    - C형(좌편형) : 안정, 소극적, 온순, 비활동, 내향적
    - D형(우하형) : 안정, 적응, 적극형, 정서 안정, 사회 적응, 활동적, 대인관계 양호
    - E형(좌하형) : 불안정, 부적응, 수동형(D형과 반대 성향)

② 직무(Job)
  ㉠ 직무분석(Job Analysis)
    - 직무에서 수행하는 과업과 직무를 수행하는 데 요구되는 인적 자질에 의해 직무내용을 정의하는 공식적인 절차
    - 조직에서 특정 직무에 적합한 사람을 선발하기 위해 어떤 특성이 필요한지 파악하기 위해 직무를 조사하는 활동
  ㉡ 직무분석(을 위한 자료 수집)방법 : 관찰법, 면접법, 설문지법, 중요사건법 등
    - 관찰법은 직무의 시작에서 종료까지 많은 시간이 소요되는 직무에 적용하기 곤란하다.
    - 면접법은 자료의 수집에 많은 시간과 노력이 들고, 수량화된 정보를 얻기 힘들다.
    - 설문지법은 많은 사람들로부터 짧은 시간 내에 정보를 얻을 수 있으며, 질적인 자료보다 양적인 자료를 얻을 수 있다.
    - 중요사건법은 일상적인 수행에 관한 정보를 수집하므로 해당 직무에 대한 포괄적인 정보를 얻을 수 없다.
  ㉢ 직무분석의 산출물 : 직무기술서, 직무명세서
    - 직무기술서(Job Description)에 포함되어야 하는 내용 : 직무의 직종, 수행되는 과업, 직무 수행방법 등

- 직무명세서(Job Specification)에 포함되어야 하는 내용 : 작업자에게 요구되는 능력(기술수준, 교육수준, 작업경험 등)
ㄹ 직무분석을 통해 얻은 정보의 활용 : 모집 및 인사선발, 교육 및 훈련, 직무수행평가, 배치 및 경력 개발, 정원관리, 임금관리 등
ㅁ 직무평가(Job Evaluation) : 조직 내에서 각 직무마다 임금수준을 결정하기 위해 직무들의 상대적 가치를 조사하는 것
ㅂ 직무평가의 방법 : 서열법, 분류법, 요소비교법 등
ㅅ 직무수행평가를 위해 개발된 척도
  - 행동기준평정척도(BARS ; Behaviorally Anchor Rating Scales) : 척도상의 점수에 그 점수를 설명하는 구체적 직무행동 내용이 제시된 평정척도
  - 행동관찰척도(BOS ; Behavioral Observation Scales) : 직무성과 달성을 위해 요구되는 행동의 빈도를 몇 단계 척도로 하여 측정하는 방식
ㅇ 직무의 개발
  - 직무순환(Job Rotation) : 배치 전환에 의한 조직의 유연성을 높이기 위한 방법의 하나로, 종업원의 직무영역을 변경시켜 다방면의 경험, 지식 등을 쌓게 하는 방안
  - 직무확대(Job Enlargement) : 작업자의 수평적 직무영역을 확대하는 방안
    - 종업원들에게 완전하고 자연스러운 작업단위를 제공한다.
    - 종업원들에게 직무에 부가되는 자유와 권위를 주어야 한다.
    - 종업원들에게 비반복적이고 약간 난이도가 있는 업무를 수행하도록 한다.
    - 종업원들이 전문가가 될 수 있도록 전문화된 임무를 배당한다.
  - 직무확충(Job Enrichment) : 작업자의 수직적 직무 권한을 확대하는 방안
    - 작업내용을 다양화하고 자율성과 책임감을 높이도록 개선하여 작업자의 의욕을 향상시키고 작업수행, 만족, 안전, 결근 등의 문제를 해결하기 위해서 허즈버그 등이 개발한 직무 재설계 방법
    - Y형 사람에게는 효과가 있으나 X형 사람에게는 부작용이 나타난다.
ㅈ 직무수행 준거가 갖추어야 할 바람직한 3가지 일반적인 특성 : 적절성, 안정성, 실용성
ㅊ 직무수행에 대한 예측변인 개발 시 작업표본(Work Sample)의 제한점
  - 주로 기계를 다루는 직무나 사물조작을 포함하는 직무에 효과적이다.
  - 작업표본은 개인이 현재 무엇을 할 수 있는지를 평가할 수 있지만 미래의 잠재력을 평가할 수는 없다.
  - 훈련생보다 경력자 선발에 적합하다.
  - 실시하는 데 시간과 비용이 많이 든다.
  - 개인검사이므로 감독과 통제가 요구된다.
ㅋ 직무 수행성과에 대한 효과적인 피드백의 원칙
  - 직무 수행성과가 낮을 때, 그 원인을 능력 부족의 탓으로 돌리는 것보다 노력 부족의 탓으로 돌리는 것이 더 효과적이다.
  - 긍정적 피드백을 먼저 제시하고 그 다음에 부정적 피드백을 제시하는 것이 효과적이다.
  - 피드백은 개인의 수행성과뿐만 아니라 집단의 수행성과에도 영향을 준다.
  - 직무 수행성과에 대한 피드백의 효과가 항상 긍정적이지는 않다.
ㅌ 뮤친스키(Muchinsky)가 제시한 직무만족과 연관된 여러 가지 의사소통 요소와의 관계
  - 정보통제는 직무만족과 반비례적인 관계이다.
  - 의사소통에서 지각된 정보의 정확성이 증가하면 직무만족도도 증가된다.
  - 의사소통에 대한 만족이 상승되면 직무만족의 속성도 상승된다.
  - 대면적 의사소통이 원만하지 못하면 직무만족도가 감소된다.

10년간 자주 출제된 문제

8-1. 다음 중 인간의 적성을 발견하는 방법으로 가장 적당하지 않은 것은?
① 작업분석
② 계발적 경험
③ 자기이해
④ 적성검사

8-2. 다음 중 직무분석을 위한 자료 수집방법에 관한 설명으로 옳은 것은?
① 관찰법은 직무의 시작에서 종료까지 많은 시간이 소요되는 직무에 적용하기 쉽다.
② 면접법은 자료 수집에 많은 시간과 노력이 들고, 수량화된 정보를 얻기가 힘들다.
③ 중요사건법은 일상적인 수행에 관한 정보를 수집하므로 해당 직무에 대한 포괄적인 정보를 얻을 수 있다.
④ 설문지법은 많은 사람들로부터 짧은 시간 내에 정보를 얻을 수 있으며, 양적인 자료보다 질적인 자료를 얻을 수 있다.

8-3. 일반적으로 직무분석을 통해 얻은 정보의 활용으로 보기 어려운 것은?
① 인사 선발
② 교육 및 훈련
③ 배치 및 경력 개발
④ 팀 빌딩

|해설|

8-1
인간의 적성을 발견하는 방법 : 자기이해, 계발적 경험, 적성검사 등

8-2
① 관찰법은 직무의 시작에서 종료까지 많은 시간이 소요되는 직무에 적용하기 곤란하다.
③ 중요사건법은 일상적인 수행에 관한 정보를 수집하므로 해당 직무에 대한 포괄적인 정보를 얻을 수 없다.
④ 설문지법은 많은 사람들로부터 짧은 시간 내에 정보를 얻을 수 있으며, 질적인 자료보다 양적인 자료를 얻을 수 있다.

8-3
직무분석을 통해 얻은 정보의 활용 : 모집 및 인사 선발, 교육 및 훈련, 직무 수행평가, 배치 및 경력 개발, 정원관리, 임금관리 등

정답 8-1 ① 8-2 ② 8-3 ④

제2절 안전보건교육

핵심이론 01 | 안전보건교육의 개요

① 교육의 목적과 목표
  ㉠ 교육의 목적
    • 교육목적은 교육이념에 근거한다.
    • 교육목적은 개념상 이념이나 목표보다 광범위하고 포괄적이다.
    • 교육목적의 기능으로는 방향의 지시, 교육활동의 통제 등이 있다.
  ㉡ 교육의 목표
    • 교육 및 훈련의 범위 정립
    • 교육 보조자료의 준비 및 사용지침
    • 교육훈련의 의무와 책임한계의 명시
    • 교육목표는 교육목적의 하위개념으로 학습경험을 통한 피교육자들의 행동 변화를 지칭한다.
② 안전보건교육의 목적과 목표
  ㉠ 안전보건교육의 목적
    • 행동의 안전화
    • (작업)환경의 안전화
    • 인간정신의 안전화(의식의 안전화)
    • 설비와 물자의 안전화
    • 재해 발생에 필요한 요소들을 교육하여 재해 방지
    • 생산성 및 품질 향상 기여
    • 작업자에게 안정감 부여 및 기업의 신뢰감 부여
    • 작업자를 산업재해로부터 미연에 방지
    • 재해의 발생으로 인한 직접적 및 간접적 경제적 손실 방지
    • 직간접적 경제적 손실 방지
  ㉡ 안전보건교육의 목표
    • 교육 및 훈련의 범위 정립
    • 작업에 의한 안전행동의 습관화
③ 교육의 3요소, 교육지도, 교육내용
  ㉠ 교육의 3요소 : 강사(교사), 교육생(학생), 교재(매개체)
    • 교재의 선택기준
      - 가치 있고 역동적인 것이어야 한다.
      - 사회성과 시대성에 걸맞은 것이어야 한다.
      - 설정된 교육목적을 달성할 수 있는 것이어야 한다.

- 교육대상에 따라 흥미, 필요, 능력 등에 적합하다.
- 교육내용의 양은 가능한 최소요구량(최소핵심내용)이어야 한다.

ⓒ 교육지도의 5단계 : 원리의 제시 → 관련된 개념의 분석 → 가설의 설정 → 자료의 평가 → 결론

ⓒ 교육지도의 원칙
- 피교육자 중심의 교육을 실시한다.
- 동기부여를 한다.
- 5관을 활용한다.
- 한 번에 한 가지씩 교육을 실시한다.
- 쉬운 것부터 어려운 것으로 실시한다.
- 과거부터 현재, 미래의 순서로 실시한다.
- 많이 사용하는 것에서 적게 사용하는 순서로 실시한다.

ⓔ 교육내용의 선정원리 : 타당성(적절성)의 원리, 동기유발의 원리, 기회의 원리, 가능성의 원리, 다목적 달성의 원리, 전이 가능성의 원리, 동목적 다경험의 원리, 유용성의 원리

ⓜ 교육내용 조직의 원리 : 계속성의 원리, 계열성의 원리, 통합성의 원리, 균형성의 원리, 다양성의 원리

④ **안전교육의 필요성 · 계획 · 기본방향**
ⓐ 안전교육의 필요성
- 재해현상은 무상해사고를 제외하고, 대부분 물건과 사람의 접촉점에서 일어난다.
- 재해는 물건의 불안전한 상태에서 의해서 일어날 뿐만 아니라 사람의 불안전한 행동에 의해서도 일어날 수 있다.
- 현실적으로 생긴 재해는 그 원인과 관련된 요소가 매우 많아 반복적 실험을 통하여 재해환경을 복원하는 것이 불가능하다.
- 재해의 발생을 보다 많이 방지하기 위해서는 인간의 지식이나 행동을 변화시킬 필요가 있다.

ⓑ 안전교육의 직접적 필요성
- 누적된 지식의 활용을 통한 사업장 안전 추구
- 생산기술 및 안전시책의 변화에 대한 보완
- 반복교육으로 정착화

ⓒ 직장에서 안전교육의 필요성 분석
- 개인분석이란 사고경향성이 큰 사원을 가려내서 구체적으로 그 사원에게 어떤 내용의 안전교육을 할 것인지 분석하는 것이다.
- 조직수준의 분석은 안전사고에 의한 조직 효율성 저하 및 비용을 진단하고 교육훈련을 통해서 개선할 것인지를 평가하는 것이다.
- 과제분석이란 안전사고가 자주 발생하거나 위험성이 큰 과제를 찾아내고 그 과제에 대해서 안전교육이 필요한지 분석하는 것이다.

ⓓ 안전교육 계획의 수립 및 추진 진행 순서 : 교육의 필요점 발견 → 교육대상 결정 → 교육 준비 → 교육 실시 → 교육의 성과를 평가

ⓔ 안전 · 보건교육계획의 수립 시 고려해야 할 사항
- 현장의 의견을 충분히 반영한다.
- 대상자의 필요한 정보를 수집한다.
- 안전교육 시행체계와의 연관성을 고려한다.
- 정부규정(법규정) 교육은 물론이며 그 이상의 교육을 한다.

ⓕ 안전보건교육(준비)계획에 포함해야 할 사항
- 교육의 목표 및 목적
- 교육의 종류 및 대상
- 교육의 과목 및 내용
- 교육기간 및 시간
- 교육장소 및 방법
- 교육 담당자 및 강사

ⓖ 안전교육의 기본방향
- 안전작업을 위한 교육
- 사고 사례 중심의 안전교육
- 안전의식 향상을 위한 교육

⑤ **안전보건교육의 종류**
ⓐ 개 요
- 안전교육은 불안전 상태와 불안전한 행동 등에 대하여 교육대상에 맞는 수준으로 체득시켜 안전하게 활동하는 방법과 마음을 갖도록 가르치는 것이다.
- 안전교육은 크게 지식교육, 문제해결교육, 기능교육, 태도교육의 4가지로 분류할 수 있고, 교육의 효과를 높이기 위한 추후지도, 정신교육 등이 있다.
- 안전보건교육의 3단계 : 안전지식교육 → 안전기능교육 → 안전태도교육
- 교육별 안전교육의 내용(방법)
  - 지식교육 : 시청각교육
  - 기능교육 : 현장실습교육
  - 태도교육 : 안전작업 동작지도

- ⓛ 지식교육
  - 근로자가 지켜야 할 규정의 숙지를 위한 교육으로, 안전보건교육의 첫 단계이다.
  - 인지적인 것이다.
  - 인간의 감각에 의해서 감지할 수 없는 위험성이 존재한다는 것을 교육한다.
  - 재해 발생원리 및 잠재위험을 이해시킨다.
  - 작업에 관련된 취약점과 이에 대응되는 작업방법을 알도록 한다.
  - 지식은 사물에 관하여 분명히 알고 있는 사실이지만, 지식이 새로운 다른 지식을 만들어낼 수는 없다.
  - 인간은 지식을 바르게 사용하고 문제를 발견 및 해결하는 능력을 키울 수 있다.
  - 풍부한 지식을 지닌 사람은 많은 문제를 발견하고 적절한 판단과 행동으로서 해결할 수 있다.
  - 지식교육의 내용
    - 재해 발생의 원인을 이해시킨다.
    - 안전의 5요소에 잠재된 위험을 이해시킨다.
    - 작업에 필요한 법규, 규정, 기준과 수칙을 습득시킨다.
    - 안전규정 숙지를 위한 교육
    - 기능·태도교육에 필요한 기초지식 주입을 위한 교육
    - 안전의식의 향상 및 안전에 대한 책임감 주입을 위한 교육
- ⓒ 문제해결교육
  - 관찰력의 분석과 종합능력을 기르는 데 요점을 둔 안전교육
  - 지식을 작업에서의 사람과 물건의 움직임 중에서 불합리와 위험을 찾아내고 해결하는 지혜로 승화시키는 교육
  - 일방적·획일적으로 행해지는 경우가 많다.
  - 예 위험예지훈련
- ⓔ 기능교육
  - 현장실습을 통한 경험 체득과 이해를 목적으로 하는 단계
  - 교육대상자 스스로 같은 것을 반복하여 행하는 개인의 시행착오에 의해서만 점차 그 사람에게 형성되는 교육
  - 작업과정에서의 잘못된 행동을 학습자의 직접 반복된 시행착오를 통해서 그 시점 요령을 점차 체득하여 안전에 대한 숙련성을 높인다.
  - 안전에 관한 기능교육의 주목적은 안전의 수단을 이해·습득시켜 현장활동의 안전을 실천하는 능력을 기르는 것이다.
  - 교육기간이 길다.
  - 작업동작을 표준화시킨다.
  - 작업능력 및 기술능력을 부여한다.
  - 일방적·획일적으로 행해지는 경우가 많다.
  - 기능교육의 내용
    - 표준작업 방법대로 시범을 보이고 실습을 시킨다(표준작업 방법대로 작업을 행하도록 함).
    - 기계장치, 계기류의 조작방법을 몸에 익힌다.
    - 방호장치관리 기능을 습득한다.
- ⓜ 태도교육
  - 별칭 : 예의범절교육
  - 올바른 행동의 습관화 및 가치관을 형성하도록 하는 교육이다.
  - 직장규율과 안전규율 등을 몸에 익히기에 적합한 교육이다.
  - 안전을 위해 실행해야 하는 것은 반드시 실행하고, 해서는 안 되는 것은 절대 하지 않는다는 태도를 가지게 하는 교육이다.
  - 심리적인 것이다.
  - 안전행동의 기초이므로 경영관리·감독자측이 모두 일체가 되어 추진되어야 한다.
  - 안전을 위한 학습된 기능을 스스로 발휘하도록 태도를 형성하게 된다.
  - 의욕을 갖게 하고 가치관 형성교육을 한다.
  - 강요나 벌칙보다는 반복 설명·설득, 칭찬과 격려를 하는 것이 중요하다.
  - 교육의 기회나 수단이 다양하고 광범위하다.
  - 태도교육의 내용
    - 안전작업에 대한 몸가짐에 관하여 교육한다.
    - 직장규율, 안전규율을 몸에 익힌다.
    - 작업에 대한 의욕을 갖도록 한다.
    - 작업동작 및 표준작업방법의 습관화

- 작업 전후의 점검·검사요령의 정확화 및 습관화
- 공구·보호구 등의 취급과 관리자세 확립
- 안전에 대한 가치관 형성
• 태도교육을 통한 안전태도 형성요령(안전태도교육의 기본과정)
- 1단계 : 청취한다.
- 2단계 : 이해·납득시킨다.
- 3단계 : 모범을 보인다.
- 4단계 : 평가한다.
- 5단계 : 장려한다.
- 6단계 : 처벌한다.
ⓑ 추후지도 : 지식, 기능, 태도교육을 반복 실시하며 특히 태도교육에 중점을 둔다.
ⓐ 정신교육
• 인명존중의 이념을 함양시키고, 안전의식 고취와 주의집중력 및 긴장상태를 유지시키기 위한 교육
• 정신상태가 잘못되면 불안전한 행동으로 나타나고 불안전한 행동은 안전사고에 연결되므로 잘못된 정신 상태를 교육으로 교정하여야 한다.

⑥ 안전교육훈련방법(교육훈련지도방법)의 4단계 또는 안전교육 지도안 또는 강의안 구성의 4단계
㉠ 도 입
• 학습 준비 단계
• 관심과 흥미를 가지고 심신의 여유를 주는 단계
㉡ 제 시
• 작업 설명 단계
• 교육내용을 한 번에 하나하나씩 나누어 확실하게 설명하여 이해시켜야 하는 단계
• 상대의 능력에 따라 교육하고 내용을 확실하게 이해시키고 납득시키는 설명 단계
㉢ 적 용
• 실습 단계
• 피교육자로 하여금 작업습관의 확립과 토론을 통한 공감을 가지도록 응용하는 단계
• 과제를 주어 문제를 해결시키거나 습득시키는 단계
㉣ 확 인
• 총괄 단계
• 교육내용을 정확하게 이해하였는가를 테스트하는 단계
㉤ 위험물의 성질 및 취급에 관한 안전교육 지도안을 4단계로 구분하여 작성 시의 내용
• 도입 : 위험 정도를 말한다.
• 제시 : 위험물 취급물질을 설명한다.
• 적용 : 상호 간의 토의를 한다.
• 확인 : 취급상 제규정을 준수, 확인한다.
㉥ 각 단계별 소요시간

단 계		강의식 교육	토의식 교육
1	도 입	5분	
2	제 시	40분	10분
3	적 용	10분	40분
4	확 인	5분	

⑦ 안전교육 강의안의 작성
㉠ 강의안의 작성원칙 : 구체적, 논리적, 실용적
㉡ 강의안의 작성 기술방법
• 조목열거식 : 교육할 내용을 항목별로 구분하여 핵심요점사항만 간결하게 정리하여 기술하는 방법
• 시나리오식 : 영화나 연극의 각본을 작성하듯이 강의안을 작성하는 방법
• 게임방식 : 게임을 통하여 교육에 대한 흥미와 재미를 자아낼 수 있도록 강의안을 작성하는 방법
• 혼합형 방식 : 조목열거식, 시나리오식, 게임방식 등을 혼합하여 강의안을 작성하는 방법

⑧ 교육훈련의 평가
㉠ 교육훈련 평가의 목적
• 작업자의 적정 배치를 위하여
• 지도방법을 개선하기 위하여
• 학습지도를 효과적으로 하기 위하여
㉡ 교육에 있어서 학습평가(도구)의 기본 기준 또는 교육평가의 5요건
• 타당성 : 측정하고자 하는 것을 실제로 잘 측정하는지의 여부를 판별하는 정도
• 신뢰성 : 측정하고자 하는 것을 일관성 있게 측정하는 정도
• 객관성 : 측정의 결과에 대해 누가 보아도 일치되는 의견이 나올 수 있는 성질
• 확실성 : 측정이 애매모호하지 않고 의미가 명확한 정도
• 실용성(경제성) : 측정 전반에서의 소요비용, 시간, 노력 등의 절약 정도
㉢ 교육훈련 평가의 4단계 : 반응단계 → 학습단계 → 행동단계 → 결과단계

⑨ 교육형태의 분류
  ㉠ 교육 의도에 따른 분류 : 형식적 교육, 비형식적 교육
  ㉡ 교육 성격에 따른 분류 : 일반교육, 교양교육, 특수교육
  ㉢ 교육방법에 따른 분류 : 강의형 교육, 개인교수형 교육, 실험형 교육, 토론형 교육, 자율학습형 교육
  ㉣ 교육내용에 따른 분류 : 실업교육, 직업교육, 고등교육
  ㉤ 교육차원에 따른 분류 : 가정교육, 학교교육, 사회교육
⑩ 교육훈련 관련 제반사항
  ㉠ 교육훈련을 통하여 기업의 차원에서 기대할 수 있는 효과
    • 리더십과 의사소통 기술이 향상된다.
    • 작업시간이 단축되어 노동비용이 감소된다.
    • 인적자원의 관리비용이 감소되는 경향이 있다.
    • 직무만족과 직무충실화로 인하여 직무태도가 개선된다.
  ㉡ 기업이 갖고 있는 교육훈련 특성
    • 기업의 필요로 공식적으로 실시된다.
    • 필요시 집중적으로 실시한다.
    • 궁극적인 목표는 직무능력 향상과 조직효과성의 증진이다.
    • 교육훈련 시 경제적이고 능률적인 것이 필요하다(경제적이고 능률적인 면을 고려해야 함).
    • 같은 교재로 교육훈련이 실시되는 것이 많다.
  ㉢ 안전프로그램
    • 안전프로그램을 실행하는 것은 제1선 감독자이다.
    • 잠재인원을 찾기 위해 모든 재해사고를 철저히 조사해야 한다.
    • 안전하게 작업하는 방법을 종업원에게 교육, 지도한다.
    • 대책이 시행되고 있지 않은 잠재위험도 반드시 찾도록 노력한다.
    • 안전하게 작업하고 싶다는 의욕을 종업원에게 심어준다.
  ㉣ 교육프로그램의 타당도를 평가할 수 있는 차원 : 전이 타당도, 조직 내 타당도, 조직 간 타당도
  ㉤ 교육훈련프로그램을 만들기 위한 단계
    • 요구분석을 실시한다(가장 우선시되어야 함).
    • 종업원이 자신의 직무에 대하여 어떤 생각을 갖고 있는지 조사한다.
    • 직무평가를 실시한다.
    • 적절한 훈련방법을 파악한다.
  ㉥ 사고 예방훈련프로그램 포함내용
    • 직무지식
    • 안전에 대한 태도
    • 사고사례보고서
  ㉦ 심리학적 측면에서 신규 채용자 교육의 유의점
    • 신규 채용자를 부드러운 태도로 대한다.
    • 젊은 사람의 특성을 파악한다.
    • 신규 채용자의 입장을 고려한다.
    • 신규 채용자 개개인의 특성을 파악한다.
  ㉧ 작업지도교육 단계
    • 제1단계 : 학습할 준비를 시킨다(제1단계는 작업을 배우고 싶은 의욕을 갖도록 하는 작업지도교육 단계).
    • 제2단계 : 작업을 설명한다.
    • 제3단계 : 작업을 시켜본다.
    • 제4단계 : 가르친 뒤 살펴본다.

10년간 자주 출제된 문제

1-1. 안전보건교육의 목적이 아닌 것은?
① 행동의 안전화
② 작업환경의 안전화
③ 의식의 안전화
④ 노무관리의 적정화

1-2. 다음 중 교육지도의 원칙과 가장 거리가 먼 것은?
① 한 번에 한 가지씩 교육을 실시한다.
② 쉬운 것부터 어려운 것으로 실시한다.
③ 과거부터 현재, 미래의 순서로 실시한다.
④ 적게 사용하는 것에서 많이 사용하는 순서로 실시한다.

1-3. 안전교육 준비계획에 포함되어야 할 사항이 아닌 것은?
① 교육평가
② 교육대상
③ 교육방법
④ 교육과정

10년간 자주 출제된 문제

1-4. 다음 중 안전보건교육의 종류별 교육요점으로 옳지 않은 것은?
① 태도교육은 의욕을 갖게 하고 가치관 형성교육을 한다.
② 기능교육은 표준작업 방법대로 시범을 보이고 실습을 시킨다.
③ 추후지도교육은 재해 발생원리 및 잠재위험을 이해시킨다.
④ 지식교육은 작업에 관련된 취약점과 이에 대응되는 작업방법을 알도록 한다.

1-5. 교육에 있어서 학습평가의 기본기준에 해당되지 않는 것은?
① 타당도   ② 신뢰도
③ 주관도   ④ 실용도

|해설|

1-1
안전보건교육의 목적
- 행동의 안전화
- (작업)환경의 안전화
- 인간정신의 안전화(의식의 안전화)
- 설비와 물자의 안전화

1-2
교육지도 시 많이 사용하는 것에서 적게 사용하는 순서로 실시한다.

1-3
안전교육 준비계획에 포함될 사항
- 교육대상자
- 교육기간
- 교육방법
- 교육 실시자
- 교육 진행 절차

1-4
재해발생원리 및 잠재위험을 이해시키는 교육은 추후지도교육이 아니라 지식교육에 해당된다.

1-5
교육에 있어서 학습평가(도구)의 기본기준 또는 교육평가의 5요건에는 타당성, 신뢰성, 객관성, 확실성, 실용성(경제성)이 있다.

정답 1-1 ④ 1-2 ④ 1-3 ① 1-4 ③ 1-5 ③

핵심이론 02 | 교육심리학

① 교육심리학의 개요
  ㉠ 주제, 학습목표, 학습성과
    - 주제 : 목표달성을 위한 테마
    - 학습목표 : 학습을 통하여 달성하려는 지표
    - 학습성과 : 학습목적을 세분하여 구체적으로 결정한 것
  ㉡ 학습목적의 3요소
    - 목표(Goal)
    - 주제(Subject)
    - 학습정도(Level of Learning)
      - 주제를 학습시킬 학습범위와 내용의 정도
      - 학습정도의 4단계 순서 : 인지 → 지각 → 이해 → 적용
  ㉢ 교육의 본질적인 면에서 본 교육의 기능
    - 사회적 기능
    - 개인 환경으로서의 기능
    - 문화 전달과 창조적 기능
  ㉣ 기억과정의 순서와 행동반응의 순서
    - 기억과정의 순서 : 기명 → 파지 → 재생 → 재인
    - 행동반응의 순서 : 자극 → 욕구 → 판단 → 행동
  ㉤ 학습의 전개단계에서 주제를 논리적으로 체계화함에 있어 적용하는 방법
    - 많이 사용하는 것에서 적게 사용하는 것으로
    - 미리 알려져 있는 것에서 미지의 것으로
    - 전체적인 것에서 부분적인 것으로
    - 간단한 것에서 복잡한 것으로
  ㉥ 5관 활용 교육효과(이해도)
    - 시각효과 : 60[%]   · 청각효과 : 20[%]
    - 촉각효과 : 15[%]   · 미각효과 : 3[%]
    - 후각효과 : 2[%]

② 학습전이
  ㉠ 학습전이는 한 번 학습한 결과가 다른 학습이나 반응에 영향을 주는 것으로, 특히 학습효과를 설명할 때 많이 사용된다.
  ㉡ 학습전이의 조건
    - 유사성 : 선행학습과 후행학습 사이에 유사성이 있을 때 전이가 잘 일어난다.

- 학습의 정도 : 선행학습이 철저하고 완전히 이루어질수록 전이가 잘 일어난다.
- 시간적 간격 : 선행학습과 후행학습 사이에 시간 간격이 너무 길면 전이가 잘 일어나지 않는다.
- 지적 능력 : 학습자의 지적 능력이 높을수록 전이가 잘 일어난다.
- 학습의 원리와 방법 : 학습자가 학습의 원리와 방법을 잘 알면 전이가 잘 일어난다.

ⓒ 학습전이가 일어나기 쉽고 좋은 상황
- 정보가 적은 소단위로 제시될 때
- 훈련 상황이 실제 작업 장면과 유사할 때
- 다양하지 않은 한 가지의 훈련기법이 사용될 때
- '사람 - 직무 - 조직'을 통합시키기 위한 조치를 시행할 때

ⓓ 학습전이의 이론 : 형식도야설, 동일요소설, 일반화설, 형태이조설
- 형식도야설(로크, Locke) : 인간의 정신능력은 기억력, 추리력, 상상력, 의지력 등으로 구성되어 있는데 교과를 통해 이를 단련시키면 어떤 분야에도 적용할 수 있는 능력인 형식이 생긴다는 이론으로, 능력심리학에 근거를 둔다. 교과는 정신능력을 단련시킬 수 있으므로 교과 내용의 반복 연습과 단순 암기도 중요하게 작용한다.
- 동일요소설(손다이크, Thorndike) : 전이는 최초의 학습상황과 동일한 요소가 새로운 상황에 많이 있을 때 잘 일어난다는 이론이다.
- 일반화설(주드, Judd) : 일반적인 법칙이나 원리를 학습했을 때 새로운 상황에서 전이가 잘 일어난다는 이론이다.
- 형태이조설(브루너, Bruner) : 개개의 사실이나 현상들의 관계를 발견해 낼 수 있는 능력이 학습되면, 사실과 현상을 보는 눈이 생겨서 새로운 상황에 잘 적용될 수 있다는 이론이다.
※ 일반화설은 먼저 일반적인 법칙을 가르치면 전이가 잘 일어난다는 이론이고, 형태이조설은 개개의 사실과 현상들을 통해서 일반적인 법칙을 이해하고 찾아내도록 가르치면 전이가 잘 일어난다는 이론이다.

ⓔ 전이 타당성(타당도)
- 전이 타당성(타당도)은 교육프로그램의 타당도가 교육에 의해 종업원들의 직무수행이 어느 정도 향상되었는지를 나타내는 것이다.
- 교육훈련의 전이 타당도를 높이기 위한 방법
  - 훈련상황과 직무상황 간의 유사성을 최대화한다.
  - 훈련내용과 직무내용 간에 튼튼한 고리를 만든다.
  - 피훈련자들이 배운 원리를 완전히 이해할 수 있도록 해 준다.
  - 피훈련자들이 훈련에서 배운 기술, 과제 등을 가능한 한 풍부하게 경험할 수 있도록 해 준다.

ⓕ 교육지도의 효율성을 높이는 원리인 훈련전이(Transfer of Training)
- 훈련상황이 가급적 실제상황과 유사할수록 전이효과는 높아진다.
- 훈련전이란 훈련기간에 학습된 내용이 실무상황으로 옮겨져서 사용되는 정도이다.
- 실제 직무수행에서 훈련된 행동이 나타날 때 보상이 따르면 전이효과는 높아진다.
- 훈련생은 훈련과정에 대한 사전정보가 많을수록 왜곡된 반응을 보이지 않는다.

ⓖ 전이의 종류
- 긍정적 전이 : 이전에 학습한 것이 새로운 상황에서도 잘 기억되고 적용되는 전이
- 부정적 전이(소극적 전이) : 이전에 학습한 것이 다음 과제를 학습하는 데 방해되는 전이
- 수평적 전이 : 학습한 것이 학습한 내용과 다르지만 서로 비슷한 수준의 과제를 수행할 때 적용되는 전이
- 수직적 전이 : 이전에 학습한 것이 그보다 상위 수준의 과제를 학습하는 데 적용되는 전이

③ 학습 관련 원리
ⓐ 학습지도의 원리 : 직관의 원리(감각의 원리), 개별화의 원리, 사회화의 원리, 자발성의 원리, 통합의 원리, 목적의 원리
- 직관의 원리(감각의 원리) : 구체적인 사물을 제시하거나 경험시킴으로써 효과를 보게 되는 원리
- 개별화의 원리 : 학습자가 지니고 있는 각자의 요구와 능력 등에 알맞은 학습활동의 기회를 마련해 주어야 한다는 원리

- 사회화의 원리 : 공동학습을 통해서 협력적이고 우호적인 학습을 통해서 지도하는 원리
- 자발성의 원리(자기활동의 원리) : 내적 동기가 유발된 학습이어야 한다는 원리
- 통합의 원리 : 교재, 인격, 생활지도, 지도 방향의 통합을 통하여 생활 중심의 통합교육을 하는 원리
- 목적의 원리 : 학습목표가 분명하게 인식되었을 때 자발적이고 적극적인 학습활동을 하게 된다는 원리

ⓒ 학습경험조직의 원리 : 계속성의 원리, 계열성의 원리, 통합성의 원리

ⓒ 안전교육의 학습경험 선정원리 : 기회의 원리, 가능성의 원리, 동기유발의 원리, 다목적 달성의 원리, 다경험의 원리, 다성과의 원리, 만족의 원리, 협동의 원리

ⓒ 성인학습의 원리
- 자발학습의 원리(자발적인 학습 참여의 원리)
- 상호학습의 원리
- 참여교육의 원리(참여와 공존의 원리)
- 자기주도성의 원리(직접경험의 원리)
- 현실성과 실제지향성의 원리
- 탈정형성의 원리
- 다양성과 이질성의 원리
- 과정중심의 원리
- 경험중심의 원리
- 유희의 원리

ⓒ 존 듀이(Dewey)에 의한 안전교육의 분류 : 목적의식에 따라서 형식교육과 비형식교육으로 구분했으며 형식적 교육과 비형식적 교육은 서로 밀접하므로 서로 관계없이 발전할 수 없다.
- 형식적 교육
  - 좁은 의미의 교육과 일치하는 개념이다.
  - 개인의 환경조건에 따라서 자연발생적으로 이루어진다.
  - 학교 안전교육
- 비형식적 교육
  - 교육이념과 목적에 따라서 계획적으로 일정기간 동안 이루어진다.
  - 체험형 안전교육

ⓗ 기술교육의 형태 중 존 듀이의 사고과정 5단계
- 1단계 : 시사를 받는다(Suggestion).
- 2단계 : 머리로 생각한다(Intellectualization).
- 3단계 : 가설을 설정한다(Hypothesis).
- 4단계 : 추론한다(Reasoning).
- 5단계 : 행동에 의하여 가설을 검토한다.

ⓢ 하버드학파의 교수법
- 1단계 : 준비(Preparation)
- 2단계 : 교시(Presentation)
- 3단계 : 연합(Association)
- 4단계 : 총괄(Generalization)
- 5단계 : 응용(Application)

ⓞ 기술교육(교시법)의 4단계
- 1단계(Preparation) : 준비단계
- 2단계(Presentation) : 일을 하여 보여주는 단계
- 3단계(Performance) : 일을 시켜보는 단계
- 4단계(Follow Up) : 보습지도의 단계

④ **교육심리학의 연구방법** : 관찰법, 실험법, 조사법, 검사법, 사례연구법, 일기법, 자서전법, 일화기록법, 투사법

㉠ 관찰법 : 연구자가 확인하고 있는 그대로 기록한 내용을 토대로 분석하는 연구방법

㉡ 실험법 : 변인 사이의 인과관계를 밝히고자 할 때 주로 사용되는 연구방법

㉢ 조사법 : 사실의 존재를 파악하여 사실 그대로 기술하고 해석하는 연구방법

㉣ 검사법 : 여러 검사를 통하여 특성들의 존재를 파악하고 그들 간의 관계 정도를 알아보는 연구방법

㉤ 사례연구법 : 특기할만한 행동특성을 보인 개인이나 소집단을 계속 관찰하여 행동의 원인을 추적하고 조치를 취한 후 어떤 변화가 일어나는지를 연구하는 방법

㉥ 일기법 : 개인의 일기를 통하여 자발적인 기록, 장기간의 변화에 대한 기록, 자기표현에 집중하여 심리발전의 과정을 알아보는 연구방법

㉦ 자서전법 : 개인의 어린 시절 또는 청년 시절을 회고·기록하게 하여 정신적·신체적·사회적·정서적 성장 발달의 경향과 과정을 파악하려는 연구방법

㉧ 일화기록법 : 개인의 행동 발달과 성격 이해에 도움이 될 수 있도록 학생의 행동사례를 사실자료(Raw Materials) 그대로 기록하는 연구방법

㉨ 투사법 : 인간의 내면에서 일어나고 있는 심리적 사고에 대하여 사물을 이용하여 인간의 성격을 알아보는 연구방법

⑤ 학습이론
  ㉠ 자극과 반응이론(S-R이론) : 조건반사설, 조작적 조건화설(강화이론), 시행착오설
    • 조건반사설(파블로프, Pavlov) : 반응을 유발하지 않는 중립자극(종소리)과 반응을 일으키는 무조건자극(음식)을 반복적인 과정을 통해 짝지어 줌으로써 중립자극이 조건자극이 되는 현상을 설명하여 조건화에 의해 새로운 행동이 성립한다는 이론(개실험)
      - 학습이론의 원리 : 시간의 원리, 강도의 원리, 일관성의 원리, 계속성의 원리
      - 고전적 조건형성이론의 적용 : 학습된 무기력, 체계적 둔감화, 혐오적 치료 등
    • 조작적 조건화설 또는 강화이론(스키너, Skinner)
      - 유기체가 어떤 행동을 한 뒤에 보상이 주어지면 그 행동을 또 하게 되고, 벌이 주어지면 그 행동을 하지 않게 된다는 이론(쥐실험)
      - 인간의 동기에 대한 이론 중 자극, 반응, 보상의 세 가지 핵심변인을 가지고 있으며, 표출된 행동에 따라 보상을 주는 방식에 기초한 동기이론
      - 긍정적 강화, 부정적 강화, 처벌 등이 이론의 원리에 속하며, 사람들이 바람직한 결과를 이끌어 내기 위해 단지 어떤 자극에 대해 수동적으로 반응하는 것이 아니라 환경상의 어떤 능동적인 행위를 한다는 이론
      - 종업원들의 수행을 높이기 위해서는 보상이 필요하다.
      - 정적강화란 반응 후 음식이나 칭찬 등의 이로운 자극을 주었을 때 반응 발생률이 높아지는 것이다.
      - 부적강화란 반응 후 처벌이나 비난 등의 해로운 자극이 주어져서 반응 발생률이 감소하는 것이다.
      - 부분강화에 의하면 학습은 빠른 속도로 진행되지만, 학습효과는 서서히 사라진다.
      - 처벌은 더 강한 처벌에 의해서만 그 효과가 지속되는 부작용이 있다.
    • 시행착오설(손다이크, Thorndike) : 문제해결을 위해 여러 가지 반응을 시도하다가 우연히 성공하여 행동의 변화를 가져온다는 이론(고양이실험)
      - 내적, 외적의 전체 구조를 새로운 시점에서 파악하여 행동하는 것
      - 시행착오설에 의한 학습의 법칙 : 효과의 법칙, 연습의 법칙, 준비성의 법칙

  ㉡ 인지(형태)이론 : 통찰설, 장이론 또는 장설, 신호형태설 또는 기호형태설
    • 통찰설(쾰러, Köhler) : 주어진 지각장과 무관했던 구성요소들이 경험과 재구성에 의하여 목적과 수단이 연결되어 문제가 해결되는 문제해결 학습이론(A-ha 현상)
    • 장이론 또는 장설(레빈, Lewin) : 인간의 행동을 개인과 환경의 함수관계로 설명한 이론
      - 장(Field) : 유기체의 행동을 결정하는 모든 요인의 복합적인 상황
      - 생활 공간 : 행동을 지배하는 그 순간의 시간적, 공간적 조건으로 개인과 환경으로 구성됨.
      - 행동 방정식 : $B = f(P \cdot E)$
    • 신호형태설 혹은 기호형태설(톨만, Tolman)
      - 기호-형태 : 학습의 목표, 목표 달성의 수단 간의 관계
      - 학습의 형태 : 대리적 시행착오학습, 잠재학습, 장소학습

  ㉢ 절충설 : 사회학습이론, 가네의 학습이론, 발견학습이론, 발생인식론
    • 사회학습이론(반두라, Bandura) : 관찰학습
      - 관찰학습의 과정 : 주의집중과정-파지과정-운동재생과정-동기유발과정
      - 강화의 유형과 작용 : 강화, 대리 강화, 자기조정, 자기효능감
      - 관찰학습의 전형 : 직접모방전형, 동일시전형, 무시행학습전형, 동시학습전형, 고전적 대리조건형성
    • 가네(Gagne)의 학습이론
      - 학습과정 : 동기유발-포착-획득-파지-재생-일반화-성취-평가
      - 학습의 구성요소 : 언어정보영역, 지적기능의 영역, 인지전략영역, 태도영역, 운동기능영역
      - 8가지 위계적 학습형태 : 신호학습 → 자극반응학습 → 연쇄학습 → 언어연상의 학습 → 변별학습 → 개념학습 → 원리학습 → 문제해결학습
    • 발견학습이론(브루너, Bruner)
      - 인지발달 : 행동적 단계-영상적 단계-상징적 단계

- 인지과정의 단계 : 지식 획득 – 지식 변환 – 지식의 적절성 검토 – 수행과제 변환
- 발견학습의 특징 : 자기개념의 형성, 정보의 조직적 활용, 융통성, 끈기
- 발견학습의 과정 : 문제의 발견 – 가설의 설정 – 가설의 검증 – 적용
  - 발생인식론(피아제, Piaget)
    - 주 개념 : 도식, 동화와 조절, 평형화, 내면화
    - 인지발달의 단계 : 감각운동기 – 전조작기 – 구체적 조작기 – 형식적 조작기
- ㉣ 인간주의 학습이론 : 자유로운 학습 분위기를 조성하여 전인의 발달을 목적으로 하는 이론
  - 욕구단계설(매슬로, Maslow)
    - 동기위계 : 결핍동기(생리적 욕구, 안전의 욕구, 사회적 욕구, 존경의 욕구), 성취동기(자아실현의 욕구, 지식과 이해의 욕구, 심미적 욕구)
    - 학습목표 : 자아실현
  - 자유학습이론(로저스, Rogers)
    - 주 개념 : 유의미학습, 자유학습이론, 자기실현 경향성으로서의 동기
    - 학습목표 : 완전기능인(경험에 대한 개방성, 실존적인 삶, 자신에 대한 신뢰, 자유 의식감과 창조성)
- ㉤ 정신분석학적 이론
  - 융(Jung)의 성격양향설
  - 프로이트(Freud)의 심리성적 발달이론
  - 에릭슨(Erikson)의 심리사회적 발달이론
- ㉥ 안드라고지(Andragogy, 성인교육학) 모델에 기초한 학습자로서의 성인의 특징
  - 성인들은 왜 배워야 하는지에 대해 알고자 하는 욕구를 가지고 있다.
  - 성인들은 자기주도적 학습을 선호한다.
  - 성인들은 다양한 경험을 가지고 학습에 참여한다.
  - 성인들은 과제 중심적으로 학습하고자 한다.
  - 성인들은 학습을 하려는 강한 내외적 동기를 가지고 있다.

⑥ 수업매체
  ㉠ 컴퓨터 수업(Computer Assisted Instruction)
    - 개인차를 최대한 고려할 수 있다.
    - 학습자가 능동적으로 참여하고, 실패율이 낮다.
    - 교사와 학습자가 시간을 효과적으로 이용할 수 있다.
    - 학생의 학습과 과정을 과학적으로 평가할 수 있다.
  ㉡ 인쇄매체
    - 다양한 주제에 대하여 다양한 형태로 쉽게 이용할 수 있다.
    - 학습목표의 유형이나 학습장소 등에 크게 구애받지 않고 사용될 수 있다.
    - 휴대하기 간편하며, 이용할 때 특별한 장비를 필요로 하지 않는다.
    - 적절하게 설계된 인쇄자료는 특별한 노력을 기울이지 않아도 쉽게 이용할 수 있다.
    - 인쇄자료의 제작 및 구입은 다른 매체에 비하여 비교적 저렴한 편이며, 재사용도 가능하다.
    - 독해수준(Reading Level)에 영향을 받는다.
    - 사전지식(Prior Knowledge)이 필요할 수 있다.
    - 학습자들은 인쇄자료를 단지 기억하기 위한 보조물로 인식할 수 있다.
    - 좁은 지면에 많은 단어가 인쇄되어 있을 경우, 학습자들의 인지적 부담이 가중된다.
    - 인쇄자료는 일방적으로 정보를 제시한다.
    - 인쇄자료는 일차원적인 평면 위에 정적인 정보를 제시한다.
    - 교육과정이 사전에 특정 위원회 등을 통해 결정되므로, 교과서는 교사에 의해서가 아니라 사전에 결정되는 경우가 대부분이다.
  ㉢ 그래픽 자료
    - 언어와 마찬가지로 사상을 전달한다.
    - 언어 묘사에 비하여 사진은 지속성이 있으며 간편하고 오랫동안 인상에 남는다.
    - 현상을 효과적으로 압축하고 간결한 모양으로 바꾸어 표현한 것이다.
    - 보관하기 편하고 반복 사용할 수 있다.
    - 정적 매개체로서 평면적이다.
    - 비교 연구할 수 있으며 학습자의 연구심을 유발한다.
    - 상징적 언어를 지니며 정지된 상태로서 동작을 시사한다.
    - 요점을 강조하는 데 효과적이다.

10년간 자주 출제된 문제

2-1. 다음 중 학습목적의 3요소가 아닌 것은?
① 목표(Goal)
② 주제(Subject)
③ 학습정도(Level of Learning)
④ 학습방법(Method of Learning)

2-2. 다음 중 학습전이의 조건으로 가장 거리가 먼 것은?
① 유의성　　　　② 시간적 간격
③ 학습 분위기　　④ 학습자의 지능

2-3. 교육지도의 효율성을 높이는 원리인 훈련전이(Transfer of Training)에 관한 설명으로 틀린 것은?
① 훈련상황이 가급적 실제상황과 유사할수록 전이효과는 높아진다.
② 훈련전이란 훈련기간에 학습된 내용이 실무상황으로 옮겨져서 사용되는 정도이다.
③ 실제 직무수행에서 훈련된 행동이 나타날 때 보상이 따르면 전이효과는 높아진다.
④ 훈련생은 훈련과정에 대한 사전정보가 없을수록 왜곡된 반응을 보이지 않는다.

2-4. 다음 중 하버드학파의 학습지도법에 속하지 않는 것은?
① 지시(Order)
② 준비(Preparation)
③ 교시(Presentation)
④ 총괄(Generalization)

2-5. 스키너(Skinner)의 학습이론을 강화이론이라고 한다. 강화에 대한 설명으로 틀린 것은?
① 처벌은 더 강한 처벌에 의해서만 그 효과가 지속되는 부작용이 있다.
② 부분강화에 의하면 학습은 서서히 진행되지만, 빠른 속도로 학습효과가 사라진다.
③ 부적강화란 반응 후 처벌이나 비난 등의 해로운 자극이 주어져서 반응 발생률이 감소하는 것이다.
④ 정적강화란 반응 후 음식이나 칭찬 등의 이로운 자극을 주었을 때 반응 발생률이 높아지는 것이다.

2-6. 시행착오설에 의한 학습법칙에 해당하지 않는 것은?
① 효과의 법칙　　② 일관성의 법칙
③ 연습의 법칙　　④ 준비성의 법칙

2-7. 다음 중 안드라고지 모델에 기초한 학습자로서의 성인의 특징이 아닌 것은?
① 성인들은 주제중심적으로 학습하고자 한다.
② 성인들은 자기주도적으로 학습하고자 한다.
③ 성인들은 다양한 경험을 가지고 학습에 참여한다.
④ 성인들은 왜 배워야 하는지에 대해 알고자 하는 욕구를 가지고 있다.

|해설|

2-1
학습목적의 3요소
• 목표(Goal) : 학습을 통해 이루려는 지표
• 주제(Subject) : 목적 달성을 위한 중심내용
• 학습정도(Level of Learning) : 학습의 내용범위와 내용정도

2-2
학습전이의 조건
• 유사성 : 선행학습과 후행학습 사이에 유사성이 있을 때 전이가 잘 일어난다.
• 학습의 정도 : 선행학습이 철저하고 완전하게 이루어질수록 전이가 잘 일어난다.
• 시간적 간격 : 선행학습과 후행학습 사이에 시간 간격이 너무 길면 전이가 잘 일어나지 않는다.
• 지적 능력 : 학습자의 지적 능력이 높을수록 전이가 잘 일어난다.
• 학습의 원리와 방법 : 학습자가 학습의 원리와 방법을 잘 알면 전이가 잘 일어난다.

2-3
훈련생은 훈련과정에 대한 사전정보가 많을수록 왜곡된 반응을 보이지 않는다.

2-4
하버드학파의 학습지도법 : 준비, 교시, 연합, 총괄, 응용

2-5
부분강화에 의하면 학습은 빠른 속도로 진행되지만, 학습효과는 서서히 사라진다.

2-6
손다이크의 3가지 학습법칙
• 효과의 법칙(Law of Effect)
• 연습(실행)의 법칙(Law of Exercise)
• 준비성의 법칙(Law of Readiness)

2-7
성인들은 과제중심적으로 학습하고자 한다.

정답 2-1 ④　2-2 ③　2-3 ④　2-4 ①　2-5 ②　2-6 ②　2-7 ①

핵심이론 03 | 교육훈련의 종류와 기법

① 교육훈련의 종류
  ㉠ 형태별 교육훈련의 종류 : 개별 안전교육(OJT), 집단 안전교육(Off JT), 안전교육을 위한 카운슬링
   • 개별 안전교육(OJT) : 일을 통한 안전교육, 상급자에 의한 안전교육, 안전기능교육의 추가지도
   • 집단 안전교육(Off JT) : 주로 집체식 교육
   • OJT와 Off JT의 장단점

구 분	직장 내 교육훈련(OJT ; On the Job Training)	직장 외 교육훈련(Off JT ; Off the Job Training)
별 칭	직무현장훈련	집합교육훈련
장 점	• 직장 실정에 맞는 구체적·실제적 지도교육 가능 • 훈련받은 내용의 즉시 활용 가능 • 훈련에 필요한 업무 지속성(계속성) 유지 가능 • 개개인에게 적절한 지도훈련 가능 • 직장의 직속상사에 의한 교육 가능 • 상사, 동료 간 협동정신 강화 • 효과가 곧 업무에 나타나며 훈련의 좋고 나쁨에 따라 개선 용이 • 훈련효과에 의해 상호 신뢰 및 이해도 증가 • 용이한 실사와 저렴한 훈련비용 • 훈련으로 종업원 동기부여 가능	• 현장작업과 관계없이 계획적인 훈련이 가능 • 다수 근로자들에 대한 통일적·일괄적·조직적·체계적 훈련 가능 • 외부 우수한 전문가 위촉 전문교육 실시 가능 • 효과적이고, 특별한 교재·교구·설비 등 이용 가능 • 직무부담에서 벗어나 훈련에 전념하므로 훈련효과가 높음 • 타 직장 근로자와 지식·경험 교류 가능 • 교육전용시설 또는 그 밖의 교육을 실시하기에 적합한 시설에서 실시하기에 적합함
단 점	• 다수의 종업원이 동시에 훈련하기 어려움 • 원재료 낭비 • 작업과 훈련이 모두 철저하지 못할 가능성이 있음 • 잘못된 관행 전수 가능성이 있음 • 통일된 내용을 가진 훈련이 어려움 • 우수한 상사가 반드시 우수한 교사는 아님	• 작업시간이 감소됨 • 비용이 많이 소요됨 • 훈련시설의 설치로 경제적 부담 가중 • 훈련의 결과를 현장에 바로 즉시 쓸 수 있는 것은 아님
교육 형태	도제식 교육, 코칭, 멘토링, 직무순환 등	강의법, 집단토론, 사례연구, 역할연기 등

• 안전교육을 위한 카운슬링(Counseling) : 문답방식에 의한 안전지도
  – 개인적 카운슬링의 방법 : 직접적인 충고, 설득적 방법, 설명적 방법
  – 카운슬링의 효과 : 정신적 스트레스 해소, 안전 동기부여, 안전태도 형성
  – 카운슬링의 순서 : 장면 구성 → 내담자와의 대화 → 의견 재분석 → 감정 표출 → 감정의 명확화

㉡ 관리감독자훈련(TWI ; Training Within Industry) : 주로 관리감독자를 교육대상자로 하며 직무지식, 작업방법, 작업지도, 인간관계, 작업안전, 작업개선 등을 교육내용으로 하는 기업 내 정형교육
  • JKT(Job Knowledge Training) : 직무지식훈련
  • JMT(Job Method Training) : 작업방법훈련
  • JIT(Job Instruction Training) : 작업지도훈련(직장 내 부하직원에 대하여 가르치는 기술과 관련이 가장 깊은 기법)
  • JRT(Job Relation Training) : 인간관계훈련(부하 통솔법을 주로 다루는 것)
  • JST(Job Safety Training) : 작업안전훈련
  • 작업개선기법단계 : 작업분해, 요소작업의 세부내용검토, 직업분석으로 새로운 방법 전개

㉢ CCS(Civil Communication Section)
  • 별칭 : ATP(Administration Training Program)
  • 정책의 수립, 조작, 통제 및 운영 등의 내용을 교육하는 안전교육방법
  • 처음에는 일부 회사의 톱 매니지먼트에 대하여만 행하여졌으나 그 후 널리 보급되었다.
  • 매주 4일, 4시간씩 9주간(총 128시간) 훈련

㉣ MTP(Management Training Program)
  • 별칭 : FEAF(Far East Air Forces)
  • 한 반에 10~15명씩 구성하여 2시간씩 20회에 걸쳐 훈련한다.
  • 관리의 기능, 조직의 원칙, 조직의 운영, 시간관리, 훈련의 관리 등을 교육내용으로 한다.
  • 총교육시간 : 40시간

㉤ ATT(American Telephone & Telegram)
  • 교육대상 계층에 제한이 없으며 한 번 훈련받은 관리자는 그 부하인 감독자의 지도원이 될 수 있다.

- 1차 훈련과 2차 훈련으로 진행된다.
  - 1차 훈련 : 1일 8시간씩 2주간 실시
  - 2차 훈련 : 문제 발생 시 수시로 실시
- 작업의 감독, 인사관계, 고객관계, 종업원의 향상, 공구 및 자료보고기록, 개인작업의 개선, 안전, 복무조정 등의 내용을 교육한다.

ⓗ 실험실 훈련집단(T-Group)
- 대인관계 훈련프로그램
- 집단상황에서 자신과 타인 및 집단에 대한 민감성을 증진시키는 훈련프로그램

② 교육훈련기법의 분류 : 강의법, 토의법, 문제해결법, 구안법, 협동학습법, 발견학습법, 문제중심학습법, 프로그램학습법, 역할연기법(실연법), 사례연구법, 모의법, 시청각교육법, 면접 등

㉠ 강의법(Lecture Method)
- 수업의 도입이나 초기단계에 적용한다. 단시간에 많은 내용을 많은 인원의 대상자에게 교육할 때 사용하는 방법으로, 가장 적절한 교육방법이다.
- 새로운 과업 및 작업단위의 도입단계에 유효하다.
- 시간에 대한 계획과 통제가 용이하다.
- 많은 내용이나 새로운 것을 체계적으로 교육할 수 있다.
- 타 교육에 비하여 교육시간 조절이 용이하다.
- 난해한 문제에 대하여 평이하게 설명이 가능하다.
- 다수의 인원을 대상으로 동시에 단시간 동안 교육이 가능하다.
- 다수의 인원에게 동시에 많은 지식과 정보의 전달이 가능하다.
- 전체적인 교육내용(전망)을 제시하는 데 유리하다.
- 여러 가지 수업매체를 동시에 활용할 수 있다.
- 사실, 사상을 시간, 장소의 제한 없이 제시할 수 있다.
- 다른 방법에 비해 경제적이다.
- 기능적, 태도적인 내용의 교육이 어렵지만, 학습자의 태도, 정서 등의 강화를 위한 학습에 효과적이다.
- 도입 단계의 내용
  - 동기를 유발한다.
  - 수강생의 주의를 집중한다.
  - 주제의 단원을 알려 준다.
- 제시 단계에서 가장 많은 시간이 소요된다.
- 다른 교육방법에 비해 피교육자의 참여가 제약되므로 참여도가 낮다.
- 교육의 집중도나 흥미의 정도가 낮다.
- 강사와 학습자가 시간을 효과적으로 이용할 수 없다.
- 교육대상집단 내 수준차로 인해 교육의 효과가 감소할 가능성이 있다.
- 개인차를 고려한 학습이 불가능하다.
- 수강자 개개인의 학습진도를 조절하기 어렵다.
- 학습자의 개성과 능력을 최대화할 수 없다.
- 상대적으로 피드백이 부족하다.
- 참가자 개개인에게 동기를 부여하기 어렵다.

㉡ 토의법(Discussion Method)
- 공동학습의 일종이다.
- 알고 있는 지식을 심화시키거나 어떠한 자료에 대해 보다 명료한 생각을 갖도록 하기 위하여 실시하는 교육방법으로 가장 적합하다.
- 현장의 관리감독자를 교육하기 위한 가장 바람직한 교육방식이다.
- 전개 단계에서 가장 효과적인 수업방법이다.
- 적용 단계에서 시간이 가장 많이 소요된다.
- 개방적인 의사소통과 협조적인 분위기 속에서 학습자의 적극적인 참여가 가능하다.
- 집단활동의 기술을 개발하고 민주적인 태도를 배울 수 있다.
- 비형식적인 토의집단을 구성하여 자유로운 토론을 한다.
- 협력, 집단사고를 통하여 집단적으로 결론을 도출한다.
- 집단으로서의 결속력, 팀워크의 기반이 생긴다.
- 피교육자 개개인의 학습 정도 파악과 조절이 용이하다.
- 준비와 계획 단계뿐만 아니라 진행과정에서도 많은 시간이 소요된다.
- 토의법이 효과적으로 활용되는 경우
  - 피교육생들의 태도를 변화시키고자 할 때
  - 피교육생들이 토의를 할 수 있는 적정 수준일 때
  - 피교육생들 간에 학습능력의 차이가 크지 않을 때
  - 피교육생들이 토의 주제를 어느 정도 인지하고 있을 때
- 토의법의 유형 : 원탁토의, 패널(배심토의), 포럼(공개토의), 버즈세션, 심포지엄, 세미나, 그룹토의, 대화

- 패널(Panel, 배심토의) : 참가자 앞에서 소수의 전문가들이 과제에 관한 견해를 발표하고 토론한 뒤 참가자 전원이 참가하여 사회자의 진행에 따라 토의하는 방법
- 포럼(Forum, 공개토의) : 새로운 자료나 교재를 제시하고 피교육자로 하여금 문제점을 제기하도록 하거나 여러 가지 방법으로 의견을 발표하게 하여 다시 깊게 파고들어 청중과 토론자 간 활발한 의견 개진과 합의를 도출해 가는 토의방법
- 버즈세션(Buzz Session)
  ⓐ 참가자가 다수인 경우에 전원을 토의에 참가시키기 위한 방법으로, 소집단을 구성하여 회의를 진행시키는 토의방법이다.
  ⓑ 6명씩 소집단으로 구분하고 집단별로 각각의 사회자를 선발하여 6분간씩 자유토의를 행하여 의견을 종합하는 방법으로, 6-6회의라고도 한다.
- 심포지엄(Symposium) : 몇 사람의 전문가가 과제에 관한 견해를 발표한 뒤에 참가자가 의견이나 질문을 하면서 토의하는 방법이다.

ⓒ 문제해결법(Problem Solving Method)
- 별칭 : 문제법(Problem Method)
- 경험중심의 학습법이다.
- 생활하고 있는 현실적인 장면에서 당면하는 여러 문제들에 대한 해결방안을 찾아내는 것으로 지식, 기능, 태도, 기술 등을 종합적으로 획득하도록 하는 학습방법이다.
- 반성적 사고를 통하여 문제해결을 한다.
- 문제해결을 위한 유용한 기술을 배울 수 있는 경험을 제공한다.
- 문제를 자립적으로 해결하려는 기본태도를 습득시킨다.
- 문제를 자립적으로 해결하려는 기본태도를 습득시킨다.
- 교육적인 상황과 일상생활에 다양한 문제를 다룰 수 있다.
- 문제해결 접근을 위한 효과적 수단이다.
- 주어진 상황에 대한 이해력과 정보를 발전시키는 데 일차적인 경험을 학습자들이 할 수 있다.
- 과정 : 문제 인식 → 자료 수집 → 가설 설정 → 실행검증 → 일반화

ⓔ 구안법(Project Method)
- 별칭 : 투사법
- 의식적으로 의견을 발표하게 함으로써 보다 심층적인 내면의 사고나 태도를 알아내는 방법이다.
- 의식적으로 의견을 발표하도록 하여 인간의 내면에서 일어나고 있는 심리적 상태를 사물과 연관시켜 인간의 성격을 알아보는 방법이다.
- 학습자가 마음속에 생각하고 있는 것을 외부에 구체적으로 실현하고 형상화하기 위해서 스스로 계획을 세워 수행하는 학습활동으로 이루어지는 방식이다.
- 현실적이고 경험중심의 학습법이다.
- 스스로 계획을 세워 수행하는 학습방법이다.
- 학습을 실제 생활과 결부시킬 수 있다.
- 동기부여가 충분하다.
- 작업에 대하여 창조력이 생긴다.
- 학습자의 흥미에서 출발하여 동기유발, 주도성 및 책임감을 훈련한다.
- 창조적, 구성적 태도를 기를 수 있다.
- 자발적이고 능동적인 학습이 가능하다.
- 협동성, 지도성, 희생정신 등을 향상시킨다.
- 우수한 학습자가 학습을 독점할 우려가 있다.
- 문제해결을 위한 자료가 많이 사용되어 자료를 구하기 어렵다.
- 수업이 무질서해질 우려가 있다.
- 교재의 논리적인 체계가 무너질 수 있다.
- 감상적인 면의 학습을 등한시할 우려가 있다.
- 시간과 에너지가 많이 소비된다.
- 구안법의 4단계의 순서 : 목적 → 계획 → 수행 → 평가

ⓜ 협동학습법(Cooperative Learning)
- 경쟁하지 않고 협동을 통하여 동일한 학습목표를 정한다.
- 소외감과 적대감을 해소시키고 자신감을 높인다.
- 확산적 사고를 높이며 상호작용 기능이 발달된다.
- 제한된 과학기자재를 공동으로 활용할 수 있다.
- 과정보다 결과를 중시하고 집단과정만 강조될 수도 있다.
- 잘못 이해된 것을 집단적으로 따라갈 수 있다.

ⓗ 발견학습법(Discovery Learning)
- 학문중심의 학습법이다.
- 교사는 최소한의 지도를 하고 학습자 스스로 탐구하여 깨닫고 문제를 해결하게 한다.
- 적극적인 태도를 기른다.
- 학습효과의 전이를 중시한다.
- 결과보다는 과정과 방법, 발견활동 등을 중시한다.
- 수업의 계획과 구조가 필요하다.
- 모든 지식을 스스로 발견하기가 어려우며 시간이 오래 걸린다.
- 교육훈련 시 발견학습적인 관점에서 필요한 자료 : 계획에 필요한 자료, 탐구에 필요한 자료, 발전에 필요한 자료
- 과정 : 문제 발견 → 가설 설정 → 가설검증 → 적용

ⓢ 문제중심학습법(PBL ; Problem-Based Learning)
- 팀학습과 자기주도적 학습을 모두 활용한다.
- 학습자의 주도적 교육환경을 제공하여 적극적이고 자율적인 학습을 한다.
- 문제해결능력, 메타인지능력, 협동학습능력을 배우는 학습자중심의 학습이다.
- 교사는 과제를 제시하고, 학습자는 상호 간 공동으로 문제해결방안을 강구한다.
- 노력에 비해 학습능률이 낮다.
- 평가방법의 기준을 정하기 어렵다.

ⓞ 프로그램학습법
- 학습자가 프로그램 자료를 이용하여 자신의 학습속도에 맞춰 단독으로 학습하는 교육방식이다.
- 프로그램학습의 원리 : 점진접근의 원리, 적극적 반응의 원리, 즉시 확인의 원리(강화의 원리), 학습자 검증의 원리, 자기진도의 원리
- 스키너(Skinner)의 조작적 조건형성원리에 의해 개발된 것으로 자율적 학습이 특징이다.
- 한 강사가 많은 수의 학습자를 지도할 수 있다.
- 학습자의 학습과정을 쉽게 알 수 있다.
- 지능, 학습적성, 학습속도 등 개인차를 충분히 고려할 수 있다.
- 매 반응마다 피드백이 주어지기 때문에 학습자가 흥미를 갖는다.
- 학습내용 습득 여부를 즉각적으로 피드백받을 수 있다.
- 기본개념학습, 논리적인 학습에 유리하다.
- 교재 개발에 많은 시간과 노력이 드는 것이 단점이다.
- 여러 가지 수업매체를 동시에 다양하게 활용할 수 없다.
- 문제해결력, 적용력, 평가력 등 고등정신을 기르는 데 불리하다.
- 학습자의 사회성이 결여되기 쉽다.

ⓩ 역할연기법 또는 실연법(Role Playing)
- 자기해방과 타인 체험을 목적으로 하는 체험활동을 통해 대인관계에 있어서의 태도변용이나 통찰력, 자기이해를 목표로 개발된 교육기법이다.
- 참가자에게 일정한 역할을 주어 실제로 연기를 시켜 봄으로써 자기의 역할을 보다 확실히 인식할 수 있도록 체험학습을 시키는 방법이다.
- 학습자가 이미 설명을 듣거나 시험을 보고 알게 된 지식이나 기능을 강사의 감독 아래 직접 연습하여 적용할 수 있도록 하는 교육방법
- 무의식적인 내용의 표현 기회를 준다.
- 피교육자의 동작과 직접적으로 관련이 있다.
- 수업의 중간이나 마지막 단계에 행하는 것으로 언어학습이나 문제해결학습에 효과적이다.
- 참가자에게 흥미와 체험감을 주며 아는 것과 행동하는 것의 차이를 인식시켜 줄 수 있다.
- 문제의 배경에 대하여 통찰하는 능력을 높임으로써 감수성이 향상된다.
- 자기태도의 반성과 창조성이 생기고, 발표력이 향상된다.
- 흥미를 갖고, 문제에 적극적으로 참가한다.
- 의견 발표에 자신이 생기고, 관찰력이 풍부해진다.
- 높은 수준의 의사결정에 대한 훈련에 효과를 기대할 수 없다.
- 정도가 높은 의사결정의 훈련에는 부적합하다.
- 목적이 명확하지 않고, 다른 방법과 병용하지 않으면 높은 효과를 기대할 수 없다.
- 역할연기법 학습의 원칙
  - 관찰에 의한 학습
  - 실행에 의한 학습
  - 피드백에 의한 학습
  - 분석과 개념화를 통한 학습

ⓩ 사례연구법(Case Study)
- 사례를 제시하고, 그 문제점에 대해서 검토하고 대책을 토의한다.
- 문제를 다양한 관점에서 바라보게 된다.
- 강의법에 비해 실제 업무현장에의 전이를 촉진한다.
- 강의법에 비해 현실적인 문제에 대한 학습이 가능하다.
- 의사소통 기술(Communication Skill)이 향상된다.

㉠ 모의법(Simulation Method)
- 시간의 소비가 많다.
- 시설의 유지비가 많이 든다.
- 학생 대 교사의 비율이 높다.
- 단위시간당 교육비가 많이 든다.

㉡ 시청각교육법
- 교재의 구조화를 기할 수 있다.
- 대규모 수업체제의 구성이 용이하다.
- 교수의 평준화가 가능하다.
- 학습자에게 공통경험을 형성시켜 줄 수 있다.
- 학습의 다양성과 능률화를 기할 수 있다.
- 학생들의 사회성을 향상시킬 수 있다.

㉣ 면접(Interview)
- 파악하고자 하는 연구과제에 대해 언어를 매개로 구조화된 질의응답을 통하여 교육하는 기법이다.
- 지원자에 대한 긍정적인 정보보다 부정적인 정보가 더 중요하게 영향을 미친다.
- 면접자는 면접 초기와 마지막에 제시된 정보에 많은 영향을 받는다.
- 한 지원자에 대한 평가는 바로 앞의 지원자에 의해 영향을 받는다.
- 지원자의 성과 직업에 있어서 전통적 고정관념은 지원자와 면접자 간의 성의 일치 여부보다 더 많은 영향을 미친다.

10년간 자주 출제된 문제

3-1. OJT(On the Job Training)의 장점이 아닌 것은?
① 직장의 실정에 맞게 실제적 훈련이 가능하다.
② 대상자의 개인별 능력에 따라 훈련의 진도를 조정하기 쉽다.
③ 교육훈련 대상자가 교육훈련에만 몰두할 수 있어 학습효과가 높다.
④ 교육을 통한 훈련효과에 의해 상호 신뢰 이해도가 높아진다.

3-2. 안전교육방법 중 Off JT(Off the Job Training)교육의 특징이 아닌 것은?
① 훈련에만 전념하게 된다.
② 전문가를 강사로 활용할 수 있다.
③ 개개인에게 적절한 지도훈련이 가능하다.
④ 다수의 근로자에게 조직적 훈련이 가능하다.

3-3. 강의법의 장점으로 볼 수 없는 것은?
① 강의시간에 대한 조정이 용이하다.
② 학습자의 개성과 능력을 최대화할 수 있다.
③ 난해한 문제에 대하여 평이하게 설명이 가능하다.
④ 다수의 인원에서 동시에 많은 지식과 정보의 전달이 가능하다.

3-4. 교육방법 중 토의법이 효과적으로 활용되는 경우가 아닌 것은?
① 피교육생들의 태도를 변화시키고자 할 때
② 인원이 토의를 할 수 있는 적정 수준일 때
③ 피교육생들 간에 학습능력의 차이가 클 때
④ 피교육생들이 토의 주제를 어느 정도 인지하고 있을 때

3-5. 다음 중 프로그램학습법(Programmed Self-instruction Method)의 장점이 아닌 것은?
① 학습자의 사회성을 높이는 데 유리하다.
② 한 강사가 많은 수의 학습자를 지도할 수 있다.
③ 지능, 학습적성, 학습속도 등 개인차를 충분히 고려할 수 있다.
④ 매 반응마다 피드백이 주어지기 때문에 학습자가 흥미를 갖는다.

10년간 자주 출제된 문제

3-6. 다음 중 역할연기(Role Playing)에 의한 교육의 장점을 설명한 것으로 틀린 것은?
① 관찰능력을 높이고 감수성이 향상된다.
② 자기의 태도에 반성과 창조성이 생긴다.
③ 정도가 높은 의사결정의 훈련으로서 적합하다.
④ 의견 발표에 자신이 생기고, 고찰력이 풍부해진다.

|해설|

3-1
교육훈련 대상자가 교육훈련에만 몰두할 수 있어 학습효과가 높은 것은 Off JT의 장점이다.

3-2
개개인에게 적절한 지도훈련이 가능한 것은 OJT의 특징이다.

3-3
강의법은 학습자의 개성과 능력을 최대화할 수 없다.

3-4
토의법은 피교육생들 간에 학습능력의 차이가 크지 않을 때 효과적이다.

3-5
프로그램학습법은 학습자의 사회성이 결여되기 쉽다.

3-6
역할연기교육은 정도가 높은 의사결정의 훈련에는 부적합하다.

정답 3-1 ③ 3-2 ② 3-3 ③ 3-4 ② 3-5 ① 3-6 ③

핵심이론 04 | 안전보건교육(법, 시행령, 시행규칙, 안전보건규칙)

① 안전보건교육의 개요와 교육시간
  ㉠ 개요(법 제29조, 시행규칙 제26조, 제27조)
    • 사업주는 소속 근로자에게 고용노동부령으로 정하는 바에 따라 정기적으로 안전보건교육을 하여야 한다.
    • 사업주는 근로자를 채용할 때와 작업내용을 변경할 때에는 그 근로자에게 고용노동부령으로 정하는 바에 따라 해당 작업에 필요한 안전보건교육을 하여야 한다. 다만, 안전보건교육을 이수한 건설 일용근로자를 채용하는 경우에는 그러하지 아니하다.
    • 사업주는 근로자를 유해하거나 위험한 작업에 채용하거나 그 작업으로 작업내용을 변경할 때에는 안전보건교육 외에 고용노동부령으로 정하는 바에 따라 유해하거나 위험한 작업에 필요한 안전보건교육을 추가로 하여야 한다.
    • 안전보건교육을 고용노동부장관에게 등록한 안전보건교육기관에 위탁할 수 있다.
    • 근로자에 대한 안전·보건에 관한 교육을 사업주가 자체적으로 실시하는 경우, 교육을 실시할 수 있는 사람
      - 안전보건관리책임자
      - 관리감독자
      - 안전관리자(안전관리전문기관에서 안전관리자의 위탁업무를 수행하는 사람 포함)
      - 보건관리자(보건관리전문기관에서 보건관리자의 위탁업무를 수행하는 사람 포함)
      - 안전보건관리담당자(안전관리전문기관 및 보건관리전문기관에서 안전보건관리담당자의 위탁업무를 수행하는 사람을 포함)
      - 산업보건의
      - 공단에서 실시하는 해당 분야의 강사요원 교육과정을 이수한 사람
      - 산업안전지도사 또는 산업보건지도사
      - 산업안전보건에 관하여 학식과 경험이 있는 사람으로서 고용노동부장관이 정하는 기준에 해당하는 사람
    • 안전보건교육의 전부 또는 일부 미실시 가능의 경우
      - 사업장의 산업재해 발생 정도가 고용노동부령으로 정하는 기준에 해당하는 경우

- 근로자가 건강관리에 관한 교육 등 고용노동부령으로 정하는 교육을 이수한 경우
- 관리감독자가 산업안전 및 보건업무의 전문성 제고를 위한 교육 등 고용노동부령으로 정하는 교육을 이수한 경우
- 해당 근로자가 채용 또는 변경된 작업에 경험이 있는 경우는 안전보건교육의 전부 또는 일부를 하지 아니할 수 있다.

ⓒ 산업안전보건 관련 교육과정별 교육시간(시행규칙 별표 4)
- 근로자 안전보건교육시간

교육과정	교육대상	교육시간
정기교육	사무직 종사 근로자	매 반기 6시간 이상
	그 밖의 근로자 - 판매업무에 직접 종사하는 근로자	매 반기 6시간 이상
	그 밖의 근로자 - 판매업무에 직접 종사하는 근로자 외의 근로자	매 반기 12시간 이상
채용 시 교육	일용근로자 및 근로계약기간이 1주일 이하인 기간제근로자	1시간 이상
	근로계약기간이 1주일 초과 1개월 이하인 기간제근로자	4시간 이상
	그 밖의 근로자	8시간 이상
작업내용 변경 시 교육	일용근로자 및 근로계약기간이 1주일 이하인 기간제근로자	1시간 이상
	그 밖의 근로자	2시간 이상
특별교육	일용근로자 및 근로계약기간이 1주일 이하인 기간제근로자(타워크레인을 사용하는 작업 시 신호업무 하는 작업에 종사하는 근로자 제외)	2시간 이상
	일용근로자 및 근로계약기간이 1주일 이하인 기간제근로자(타워크레인을 사용하는 작업 시 신호업무 하는 작업에 종사하는 근로자 한정)	8시간 이상
	일용근로자 및 근로계약기간이 1주일 이하인 기간제근로자를 제외한 근로자	- 16시간 이상(최초 작업에 종사하기 전 4시간 이상 실시하고 12시간은 3개월 이내에서 분할하여 실시 가능) - 단기간 작업 또는 간헐적 작업인 경우에는 2시간 이상

교육과정	교육대상	교육시간
건설업 기초안전·보건교육	건설 일용근로자	4시간 이상

- '일용근로자'란 근로계약을 1일 단위로 체결하고 그날의 근로가 끝나면 근로관계가 종료되어 계속 고용이 보장되지 않는 근로자를 말한다.
- 일용근로자가 채용 시 교육 또는 특별교육에 따른 교육을 받은 날 이후 1주일 동안 같은 사업장에서 같은 업무의 일용근로자로 다시 종사하는 경우에는 이미 받은 위 표의 채용 시 교육 또는 특별교육에 따른 교육을 면제한다.
- 다음의 어느 하나에 해당하는 경우는 정기교육부터 특별교육까지의 규정에도 불구하고 해당 교육과정별 교육시간의 2분의 1 이상을 그 교육시간으로 한다.
  ⓐ 영 별표 1 제1호에 따른 사업
  ⓑ 상시근로자 50명 미만의 도매업, 숙박 및 음식점업
- 근로자가 다음의 어느 하나에 해당하는 안전교육을 받은 경우에는 그 시간만큼 위 표의 정기교육에 따른 해당 반기의 정기교육을 받은 것으로 본다.
  ⓐ 방사선작업종사자 정기교육
  ⓑ 정기안전교육
  ⓒ 유해화학물질 안전교육
- 근로자가 신규안전교육을 받은 때에는 그 시간만큼 위 표의 채용 시 교육에 따른 채용 시 교육을 받은 것으로 본다.
- 방사선 업무에 관계되는 작업에 종사하는 근로자가 방사선작업종사자 신규교육 중 직장교육을 받은 때에는 그 시간만큼 특별교육 중 방사선 업무에 관계되는 작업(의료 및 실험용은 제외) 특별교육을 받은 것으로 본다.

- 관리감독자 안전보건교육시간

교육과정	교육시간
정기교육	연간 16시간 이상
채용 시 교육	8시간 이상
작업내용 변경 시 교육	2시간 이상
특별교육	16시간 이상(최초 작업에 종사하기 전 4시간 이상 실시하고, 12시간은 3개월 이내에서 분할하여 실시 가능)
	단기간 작업 또는 간헐적 작업인 경우에는 2시간 이상

- 안전보건관리책임자 등에 대한 교육시간

교육대상	교육시간	
	신규교육	보수교육
- 안전보건관리책임자	6시간 이상	6시간 이상
- 안전관리자, 안전관리 전문기관의 종사자	34시간 이상	24시간 이상
- 보건관리자, 보건관리 전문기관의 종사자	34시간 이상	24시간 이상
- 건설재해예방 전문지도 기관의 종사자	34시간 이상	24시간 이상
- 석면조사기관의 종사자	34시간 이상	24시간 이상
- 안전보건관리담당자	–	8시간 이상
- 안전검사기관, 자율안전검사기관의 종사자	34시간 이상	24시간 이상

- 특수형태근로종사자에 대한 안전보건교육

교육과정	교육시간
최초 노무 제공 시 교육	2시간 이상(단기간 작업 또는 간헐적 작업에 노무를 제공하는 경우에는 1시간 이상 실시하고, 특별교육을 실시한 경우는 면제)
특별교육	16시간 이상(최초 작업에 종사하기 전 4시간 이상 실시하고 12시간은 3개월 이내에서 분할하여 실시가능)
	단기간 작업 또는 간헐적 작업인 경우에는 2시간 이상

※ 일반형 화물자동차나 특수용도형 화물자동차로 위험물질을 운송하는 사람이 유해화학물질 안전교육을 받은 경우에는 그 시간만큼 최초 노무제공 시 교육을 실시하지 않을 수 있다.

- 검사원 성능검사 교육시간 : 28시간 이상

② 교육대상별 교육내용(시행규칙 별표 5)
  ㉠ 근로자 안전보건교육내용
    - 근로자 정기안전보건교육내용
      - 산업안전 및 사고 예방에 관한 사항
      - 산업보건 및 직업병 예방에 관한 사항
      - 위험성 평가에 관한 사항
      - 건강증진 및 질병 예방에 관한 사항
      - 유해·위험 작업환경 관리에 관한 사항
      - 산업안전보건법 및 산업재해보상보험 제도에 관한 사항
      - 직무스트레스 예방 및 관리에 관한 사항
      - 직장 내 괴롭힘, 고객의 폭언 등으로 인한 건강장해 예방에 관한 사항
    - 채용 시의 교육 및 작업내용 변경 시의 교육
      - 산업안전 및 사고 예방에 관한 사항
      - 산업보건 및 직업병 예방에 관한 사항
      - 위험성 평가에 관한 사항
      - 산업안전보건법령 및 산업재해보상보험 제도에 관한 사항
      - 직무스트레스 예방 및 관리에 관한 사항
      - 직장 내 괴롭힘, 고객의 폭언 등으로 인한 건강장해 예방 및 관리에 관한 사항
      - 기계·기구의 위험성과 작업의 순서 및 동선에 관한 사항
      - 작업 개시 전 점검에 관한 사항
      - 정리정돈 및 청소에 관한 사항
      - 사고 발생 시 긴급조치에 관한 사항
      - 물질안전보건자료에 관한 사항
    - 특별안전보건교육 대상작업별 교육내용
      - 특수형태 근로종사자에 대한 안전보건교육 최초 노무 제공 시 교육
        ⓐ 산업안전 및 사고 예방에 관한 사항
        ⓑ 산업보건 및 직업병 예방에 관한 사항
        ⓒ 건강증진 및 질병 예방에 관한 사항
        ⓓ 유해·위험 작업환경 관리에 관한 사항
        ⓔ 산업안전보건법령 및 산업재해보상보험 제도에 관한 사항
        ⓕ 직무스트레스 예방 및 관리에 관한 사항
        ⓖ 직장 내 괴롭힘, 고객의 폭언 등으로 인한 건강장해 예방 및 관리에 관한 사항

ⓗ 기계·기구의 위험성과 작업의 순서 및 동선에 관한 사항
ⓘ 작업 개시 전 점검에 관한 사항
ⓙ 정리정돈 및 청소에 관한 사항
ⓚ 사고 발생 시 긴급조치에 관한 사항
ⓛ 물질안전보건자료에 관한 사항
ⓜ 교통안전 및 운전안전에 관한 사항
ⓝ 보호구 착용에 관한 사항

- 특별교육 대상 작업별 교육

작업명	교육내용
〈공통내용〉 제1호부터 제39호까지의 작업	채용 시의 교육 및 작업내용 변경 시의 교육
〈개별내용〉	
1. 고압실 내 작업(잠함공법이나 그 밖의 압기공법으로 대기압을 넘는 기압인 작업실 또는 수갱 내부에서 하는 작업만 해당)	• 고기압 장해의 인체에 미치는 영향에 관한 사항 • 작업의 시간·작업방법 및 절차에 관한 사항 • 압기공법에 관한 기초지식 및 보호구 착용에 관한 사항 • 이상 발생 시 응급조치에 관한 사항 • 그 밖에 안전·보건관리에 필요한 사항
2. 아세틸렌 용접장치 또는 가스집합 용접장치를 사용하는 금속의 용접·용단 또는 가열작업(발생기·도관 등에 의하여 구성되는 용접장치만 해당)	• 용접 흄, 분진 및 유해광선 등의 유해성에 관한 사항 • 가스용접기, 압력조정기, 호스 및 취관두 등의 기기점검에 관한 사항 • 작업방법·순서 및 응급처치에 관한 사항 • 안전기 및 보호구 취급에 관한 사항 • 화재예방 및 초기대응에 관한 사항 • 그 밖에 안전·보건관리에 필요한 사항
3. 밀폐된 장소(탱크 내 또는 환기가 극히 불량한 좁은 장소)에서 하는 용접작업 또는 습한 장소에서 하는 전기용접 작업	• 작업 순서, 안전작업방법 및 수칙에 관한 사항 • 환기설비에 관한 사항 • 전격 방지 및 보호구 착용에 관한 사항 • 질식 시 응급조치에 관한 사항 • 작업환경 점검에 관한 사항 • 그 밖에 안전·보건관리에 필요한 사항
4. 폭발성·물반응성·자기반응성·자기발열성 물질, 자연발화성 액체·고체 및 인화성 액체의 제조 또는 취급 작업(시험연구를 위한 취급작업은 제외)	• 폭발성·물반응성·자기반응성·자기발열성 물질, 자연발화성 액체·고체 및 인화성 액체의 성질이나 상태에 관한 사항 • 폭발 한계점, 발화점 및 인화점 등에 관한 사항 • 취급방법 및 안전수칙에 관한 사항 • 이상 발견 시의 응급처치 및 대피 요령에 관한 사항 • 화기·정전기·충격 및 자연발화 등의 위험 방지에 관한 사항 • 작업 순서, 취급주의사항 및 방호거리 등에 관한 사항 • 그 밖에 안전·보건관리에 필요한 사항
5. 액화석유가스·수소가스 등 인화성 가스 또는 폭발성 물질 중 가스의 발생장치 취급 작업	• 취급가스의 상태 및 성질에 관한 사항 • 발생장치 등의 위험 방지에 관한 사항 • 고압가스 저장설비 및 안전취급방법에 관한 사항 • 설비 및 기구의 점검요령 • 그 밖에 안전·보건관리에 필요한 사항
6. 화학설비 중 반응기, 교반기·추출기의 사용 및 세척 작업	• 각 계측장치의 취급 및 주의에 관한 사항 • 투시창·수위 및 유량계 등의 점검 및 밸브의 조작주의에 관한 사항 • 세척액의 유해성 및 인체에 미치는 영향에 관한 사항 • 작업 절차에 관한 사항 • 그 밖에 안전·보건관리에 필요한 사항
7. 화학설비의 탱크 내 작업	• 차단장치·정지장치 및 밸브 개폐장치의 점검에 관한 사항 • 탱크 내의 산소농도 측정 및 작업환경에 관한 사항 • 안전보호구 및 이상 발생 시 응급조치에 관한 사항 • 작업절차·방법 및 유해·위험에 관한 사항 • 그 밖에 안전·보건관리에 필요한 사항
8. 분말·원재료 등을 담은 호퍼(하부가 깔대기 모양으로 된 저장통)·저장창고 등 저장탱크의 내부작업	• 분말·원재료의 인체에 미치는 영향에 관한 사항 • 저장탱크 내부작업 및 복장보호구 착용에 관한 사항 • 작업의 지정·방법·순서 및 작업환경 점검에 관한 사항 • 팬·풍기(風旗) 조작 및 취급에 관한 사항 • 분진 폭발에 관한 사항 • 그 밖에 안전·보건관리에 필요한 사항
9. 다음에 정하는 설비에 의한 물건의 가열·건조작업 ① 건조설비 중 위험물 등에 관계되는 설비로 속부피가 1[m³] 이상인 것 ② 건조설비 중 위험물 등 외의 물질에 관계되는 설비로서, 연료를 열원으로 사용하는 것(그 최대연소소비량이 매 시간당 10[kg] 이상인 것만 해당) 또는 전력을 열원으로 사용하는 것(정격소비전력이 10[kW] 이상인 경우만 해당)	• 건조설비 내외면 및 기기기능의 점검에 관한 사항 • 복장보호구 착용에 관한 사항 • 건조 시 유해가스 및 고열 등이 인체에 미치는 영향에 관한 사항 • 건조설비에 의한 화재·폭발 예방에 관한 사항

작업명	교육내용
10. 다음에 해당하는 집재장치(집재기·가선·운반기구·지주 및 이들에 부속하는 물건으로 구성되고, 동력을 사용하여 원목 또는 장작과 숯을 담아 올리거나 공중에서 운반하는 설비)의 조립, 해체, 변경 또는 수리작업 및 이들 설비에 의한 집재 또는 운반 작업 ① 원동기의 정격출력이 7.5[kW]를 넘는 것 ② 지간의 경사거리 합계가 350[m] 이상인 것 ③ 최대사용하중이 200[kg] 이상인 것	• 기계의 브레이크 비상정지장치 및 운반경로, 각종 기능 점검에 관한 사항 • 작업 시작 전 준비사항 및 작업방법에 관한 사항 • 취급물의 유해·위험에 관한 사항 • 구조상의 이상 시 응급처치에 관한 사항 • 그 밖에 안전·보건관리에 필요한 사항
11. 동력에 의하여 작동되는 프레스기계를 5대 이상 보유한 사업장에서 해당 기계로 하는 작업	• 프레스의 특성과 위험성에 관한 사항 • 방호장치 종류와 취급에 관한 사항 • 안전작업방법에 관한 사항 • 프레스 안전기준에 관한 사항 • 그 밖에 안전·보건관리에 필요한 사항
12. 목재가공용 기계(둥근톱기계, 띠톱기계, 대패기계, 모떼기기계 및 라우터기(목재를 자르거나 홈을 파는 기계)만 해당하며, 휴대용은 제외)를 5대 이상 보유한 사업장에서 해당 기계로 하는 작업	• 목재가공용 기계의 특성과 위험성에 관한 사항 • 방호장치의 종류와 구조 및 취급에 관한 사항 • 안전기준에 관한 사항 • 안전작업방법 및 목재 취급에 관한 사항 • 그 밖에 안전·보건관리에 필요한 사항
13. 운반용 등 하역기계를 5대 이상 보유한 사업장에서의 해당 기계로 하는 작업	• 운반하역기계 및 부속설비의 점검에 관한 사항 • 작업 순서와 방법에 관한 사항 • 안전운전방법에 관한 사항 • 화물의 취급 및 작업신호에 관한 사항 • 그 밖에 안전·보건관리에 필요한 사항
14. 1[ton] 이상의 크레인을 사용하는 작업 또는 1[ton] 미만의 크레인 또는 호이스트를 5대 이상 보유한 사업장에서 해당 기계로 하는 작업(작업 시 신호업무를 하는 작업은 제외)	• 방호장치의 종류, 기능 및 취급에 관한 사항 • 걸고리·와이어로프 및 비상정지장치 등의 기계·기구 점검에 관한 사항 • 화물의 취급 및 안전작업방법에 관한 사항 • 신호방법 및 공동작업에 관한 사항 • 인양 물건의 위험성 및 낙하·비래(飛來)·충돌재해 예방에 관한 사항 • 인양물이 적재될 지반의 조건, 인양하중, 풍압 등이 인양물과 타워크레인에 미치는 영향 • 그 밖에 안전·보건관리에 필요한 사항

작업명	교육내용
15. 건설용 리프트·곤돌라를 이용한 작업	• 방호장치의 기능 및 사용에 관한 사항 • 기계, 기구, 달기체인 및 와이어 등의 점검에 관한 사항 • 화물의 권상·권하 작업방법 및 안전작업 지도에 관한 사항 • 기계·기구에 특성 및 동작원리에 관한 사항 • 신호방법 및 공동작업에 관한 사항 • 그 밖에 안전·보건관리에 필요한 사항
16. 주물 및 단조금속을 두들기거나 눌러서 형체를 만드는 일)작업	• 고열물의 재료 및 작업환경에 관한 사항 • 출탕·주조 및 고열물의 취급과 안전작업방법에 관한 사항 • 고열작업의 유해·위험 및 보호구 착용에 관한 사항 • 안전기준 및 중량물 취급에 관한 사항 • 그 밖에 안전·보건관리에 필요한 사항
17. 전압이 75[V] 이상인 정전 및 활선작업	• 전기의 위험성 및 전격 방지에 관한 사항 • 해당 설비의 보수 및 점검에 관한 사항 • 정전작업·활선작업 시의 안전작업방법 및 순서에 관한 사항 • 절연용 보호구, 절연용 보호구 및 활선작업용 기구 등의 사용에 관한 사항 • 그 밖에 안전·보건관리에 필요한 사항
18. 콘크리트 파쇄기를 사용하여 하는 파쇄작업(2[m] 이상인 구축물의 파쇄작업만 해당)	• 콘크리트 해체 요령과 방호거리에 관한 사항 • 작업안전조치 및 안전기준에 관한 사항 • 파쇄기의 조작 및 공통작업 신호에 관한 사항 • 보호구 및 방호장비 등에 관한 사항 • 그 밖에 안전·보건관리에 필요한 사항
19. 굴착면의 높이가 2[m] 이상이 되는 지반 굴착(터널 및 수직갱 외의 갱 굴착은 제외)작업	• 지반의 형태·구조 및 굴착 요령에 관한 사항 • 지반의 붕괴재해 예방에 관한 사항 • 붕괴 방지용 구조물 설치 및 작업방법에 관한 사항 • 보호구의 종류 및 사용에 관한 사항 • 그 밖에 안전·보건관리에 필요한 사항
20. 흙막이 지보공의 보강 또는 동바리를 설치하거나 해체하는 작업	• 작업안전 점검 요령과 방법에 관한 사항 • 동바리의 운반·취급 및 설치 시 안전작업에 관한 사항 • 해체작업 순서와 안전기준에 관한 사항 • 보호구 취급 및 사용에 관한 사항 • 그 밖에 안전·보건관리에 필요한 사항
21. 터널 안에서의 굴착작업(굴착용 기계를 사용하여 하는 굴착작업 중 근로자가 칼날 밑에 접근하지 않고 하는 작업은 제외) 또는 같은 작업에서의 터널 거푸집 지보공의 조립 또는 콘크리트 작업	• 작업환경의 점검요령과 방법에 관한 사항 • 붕괴 방지용 구조물 설치 및 안전작업 방법에 관한 사항 • 재료의 운반 및 취급·설치의 안전기준에 관한 사항 • 보호구의 종류 및 사용에 관한 사항 • 소화설비의 설치장소 및 사용방법에 관한 사항 • 그 밖에 안전·보건관리에 필요한 사항

작업명	교육내용
22. 굴착면의 높이가 2[m] 이상이 되는 암석의 굴착작업	• 폭발물 취급 요령과 대피 요령에 관한 사항 • 안전거리 및 안전기준에 관한 사항 • 방호물의 설치 및 기준에 관한 사항 • 보호구 및 신호방법 등에 관한 사항 • 그 밖에 안전·보건관리에 필요한 사항
23. 높이가 2[m] 이상인 물건을 쌓거나 무너뜨리는 작업(하역기계로만 하는 작업은 제외)	• 원부재료의 취급 방법 및 요령에 관한 사항 • 물건의 위험성·낙하 및 붕괴재해 예방에 관한 사항 • 적재방법 및 전도 방지에 관한 사항 • 보호구 착용에 관한 사항 • 그 밖에 안전·보건관리에 필요한 사항
24. 선박에 짐을 쌓거나 부리거나 이동시키는 작업	• 하역 기계·기구의 운전방법에 관한 사항 • 운반·이송경로의 안전작업방법 및 기준에 관한 사항 • 중량물 취급요령과 신호요령에 관한 사항 • 작업안전 점검과 보호구 취급에 관한 사항 • 그 밖에 안전·보건관리에 필요한 사항
25. 거푸집 동바리의 조립 또는 해체작업	• 동바리의 조립방법 및 작업 절차에 관한 사항 • 조립재료의 취급방법 및 설치기준에 관한 사항 • 조립 해체 시의 사고 예방에 관한 사항 • 보호구 착용 및 점검에 관한 사항 • 그 밖에 안전·보건관리에 필요한 사항
26. 비계의 조립·해체 또는 변경작업	• 비계의 조립 순서 및 방법에 관한 사항 • 비계작업의 재료 취급 및 설치에 관한 사항 • 추락재해 방지에 관한 사항 • 보호구 착용에 관한 사항 • 비계상부 작업 시 최대적재하중에 관한 사항 • 그 밖에 안전·보건관리에 필요한 사항
27. 건축물의 골조, 다리의 상부 구조 또는 탑의 금속제의 부재로 구성되는 것(5[m] 이상인 것만 해당)의 조립·해체 또는 변경작업	• 건립 및 버팀대의 설치 순서에 관한 사항 • 조립 해체 시의 추락재해 및 위험요인에 관한 사항 • 건립용 기계의 조작 및 작업 신호방법에 관한 사항 • 안전장비 착용 및 해체순서에 관한 사항 • 그 밖에 안전·보건관리에 필요한 사항
28. 처마 높이가 5[m] 이상인 목조건축물의 구조 부재의 조립이나 건축물의 지붕 또는 외벽 밑에서의 설치작업	• 붕괴·추락 및 재해 방지에 관한 사항 • 부재의 강도·재질 및 특성에 관한 사항 • 조립·설치 순서 및 안전작업방법에 관한 사항 • 보호구 착용 및 작업 점검에 관한 사항 • 그 밖에 안전·보건관리에 필요한 사항
29. 콘크리트 인공구조물(높이가 2[m] 이상인 것만 해당)의 해체 또는 파괴작업	• 콘크리트 해체기계의 점검에 관한 사항 • 파괴 시의 안전거리 및 대피 요령에 관한 사항 • 작업방법·순서 및 신호 방법 등에 관한 사항 • 해체·파괴 시의 작업안전기준 및 보호구에 관한 사항 • 그 밖에 안전·보건관리에 필요한 사항
30. 타워크레인을 설치(상승작업을 포함)·해체하는 작업	• 붕괴·추락 및 재해 방지에 관한 사항 • 설치·해체 순서 및 안전작업방법에 관한 사항 • 부재의 구조·재질 및 특성에 관한 사항 • 신호방법 및 요령에 관한 사항 • 이상 발생 시 응급조치에 관한 사항 • 그 밖에 안전·보건관리에 필요한 사항
31. 보일러(소형 보일러 및 다음에 정하는 보일러는 제외)의 설치 및 취급 작업 ① 몸통 반지름이 750[mm] 이하이고 그 길이가 1,300[mm] 이하인 증기보일러 ② 전열면적이 3[m²] 이하인 증기보일러 ③ 전열면적이 14[m²] 이하인 온수보일러 전열면적이 30[m²] 이하인 관류보일러	• 기계 및 기기 점화장치 계측기의 점검에 관한 사항 • 열관리 및 방호장치에 관한 사항 • 작업순서 및 방법에 관한 사항 • 그 밖에 안전·보건관리에 필요한 사항
32. 게이지 압력을 [cm²]당 1[kg] 이상으로 사용하는 압력용기의 설치 및 취급작업	• 안전시설 및 안전기준에 관한 사항 • 압력용기의 위험성에 관한 사항 • 용기 취급 및 설치기준에 관한 사항 • 작업안전 점검 방법 및 요령에 관한 사항 • 그 밖에 안전·보건관리에 필요한 사항
33. 방사선 업무에 관계되는 작업(의료 및 실험용은 제외)	• 방사선의 유해·위험 및 인체에 미치는 영향 • 방사선의 측정기기 기능의 점검에 관한 사항 • 방호거리·방호벽 및 방사선물질의 취급 요령에 관한 사항 • 응급처치 및 보호구 착용에 관한 사항 • 그 밖에 안전·보건관리에 필요한 사항
34. 밀폐공간에서의 작업	• 산소농도 측정 및 작업환경에 관한 사항 • 사고 시의 응급처치 및 비상 시 구출에 관한 사항 • 보호구 착용 및 보호 장비 사용에 관한 사항 • 작업내용·안전작업방법 및 절차에 관한 사항 • 장비·설비 및 시설 등의 안전점검에 관한 사항 • 그 밖에 안전·보건관리에 필요한 사항
35. 허가 또는 관리대상 유해물질의 제조 또는 취급작업	• 취급물질의 성질 및 상태에 관한 사항 • 유해물질이 인체에 미치는 영향 • 국소 배기장치 및 안전설비에 관한 사항 • 안전작업방법 및 보호구 사용에 관한 사항 • 그 밖에 안전·보건관리에 필요한 사항
36. 로봇작업	• 로봇의 기본원리·구조 및 작업방법에 관한 사항 • 이상 발생 시 응급조치에 관한 사항 • 안전시설 및 안전기준에 관한 사항 • 조작방법 및 작업순서에 관한 사항

작업명	교육내용
37. 석면해체·제거작업	• 석면의 특성과 위험성 • 석면 해체·제거의 작업방법에 관한 사항 • 장비 및 보호구 사용에 관한 사항 • 그 밖에 안전·보건관리에 필요한 사항
38. 가연물이 있는 장소에서 하는 화재위험작업	• 작업 준비 및 작업절차에 관한 사항 • 작업장 내 위험물, 가연물의 사용·보관·설치 현황에 관한 사항 • 화재위험작업에 따른 인근 인화성 액체에 대한 방호조치에 관한 사항 • 화재위험작업으로 인한 불꽃, 불티 등의 흩날림 방지조치에 관한 사항 • 인화성 액체의 증기가 남아 있지 않도록 환기 등의 조치에 관한 사항 • 화재감시자의 직무 및 피난교육 등 비상조치에 관한 사항 • 그 밖에 안전·보건관리에 필요한 사항
39. 타워크레인을 사용하는 작업 시 신호업무를 하는 작업	• 타워크레인의 기계적 특성 및 방호장치 등에 관한 사항 • 화물의 취급 및 안전작업방법에 관한 사항 • 신호방법 및 요령에 관한 사항 • 인양 물건의 위험성 및 낙하·비래·충돌재해 예방에 관한 사항 • 인양물이 적재될 지반의 조건, 인양하중, 풍압 등이 인양물과 타워크레인에 미치는 영향 • 그 밖에 안전·보건관리에 필요한 사항

ⓒ 관리감독자 안전보건교육
  • 관리감독자 정기안전보건교육내용
    – 산업안전 및 사고 예방에 관한 사항
    – 산업보건 및 직업병 예방에 관한 사항
    – 위험성평가에 관한 사항
    – 유해·위험 작업환경 관리에 관한 사항
    – 산업안전보건법령 및 산업재해보상보험 제도에 관한 사항
    – 직무스트레스 예방 및 관리에 관한 사항
    – 직장 내 괴롭힘, 고객의 폭언 등으로 인한 건강장해 예방 및 관리에 관한 사항
    – 작업공정의 유해·위험과 재해 예방대책에 관한 사항
    – 사업장 내 안전보건관리체제 및 안전·보건조치 현황에 관한 사항
    – 표준안전 작업방법 결정 및 지도·감독 요령에 관한 사항
    – 현장근로자와의 의사소통능력 및 강의능력 등 안전보건교육 능력 배양에 관한 사항
    – 비상시 또는 재해 발생 시 긴급조치에 관한 사항
    – 그 밖의 관리감독자의 직무에 관한 사항
  • 채용 시 교육 및 작업내용 변경 시 교육
    – 산업안전 및 사고 예방에 관한 사항
    – 산업보건 및 직업병 예방에 관한 사항
    – 위험성평가에 관한 사항
    – 산업안전보건법령 및 산업재해보상보험 제도에 관한 사항
    – 직무스트레스 예방 및 관리에 관한 사항
    – 직장 내 괴롭힘, 고객의 폭언 등으로 인한 건강장해 예방 및 관리에 관한 사항
    – 기계·기구의 위험성과 작업의 순서 및 동선에 관한 사항
    – 작업 개시 전 점검에 관한 사항
    – 물질안전보건자료에 관한 사항
    – 사업장 내 안전보건관리체제 및 안전·보건조치 현황에 관한 사항
    – 표준안전 작업방법 결정 및 지도·감독 요령에 관한 사항
    – 비상시 또는 재해 발생 시 긴급조치에 관한 사항
    – 그 밖의 관리감독자의 직무에 관한 사항
  • 특별교육 대상 작업별 교육

작업명	교육내용
〈공통내용〉	채용 시 교육 및 작업내용 변경 시 교육
〈개별내용〉	근로자 안전보건교육내용의 특별교육 대상 작업별 교육내용(공통내용은 제외)과 같음

ⓒ 건설업 기초 안전보건교육에 대한 내용 및 시간

교육 내용	시간
건설공사의 종류(건축·토목 등) 및 시공 절차	1시간
산업재해 유형별 위험요인 및 안전보건조치	2시간
안전보건관리체제 현황 및 산업안전보건 관련 근로자 권리·의무	1시간

ⓔ 안전보건관리책임자 등에 대한 교육내용

교육대상	교육내용	
	신규과정	보수과정
안전보건 관리책임자	• 관리책임자의 책임과 직무에 관한 사항 • 산업안전보건법령 및 안전·보건조치에 관한 사항	• 산업안전·보건정책에 관한 사항 • 자율안전·보건관리에 관한 사항

교육대상	교육내용	
	신규과정	보수과정
안전관리자 및 안전관리 전문기관 종사자	• 산업안전보건법령에 관한 사항 • 산업안전보건개론에 관한 사항 • 인간공학 및 산업심리에 관한 사항 • 안전보건교육방법에 관한 사항 • 재해 발생 시 응급처치에 관한 사항 • 안전점검·평가 및 재해 분석기법에 관한 사항 • 안전기준 및 개인보호구 등 분야별 재해 예방 실무에 관한 사항 • 산업안전보건관리비 계상 및 사용기준에 관한 사항 • 작업환경 개선 등 산업위생 분야에 관한 사항 • 무재해운동 추진기법 및 실무에 관한 사항 • 위험성평가에 관한 사항 • 그 밖에 안전관리자의 직무 향상을 위하여 필요한 사항	• 산업안전보건법령 및 정책에 관한 사항 • 안전관리계획 및 안전보건개선계획의 수립·평가·실무에 관한 사항 • 안전보건교육 및 무재해운동 추진실무에 관한 사항 • 산업안전보건관리비 사용기준 및 사용방법에 관한 사항 • 분야별 재해 사례 및 개선 사례에 관한 연구와 실무에 관한 사항 • 사업장 안전 개선기법에 관한 사항 • 위험성평가에 관한 사항 • 그 밖에 안전관리자 직무 향상을 위하여 필요한 사항
보건관리자 및 보건관리 전문기관 종사자	• 산업안전보건법령 및 작업환경 측정에 관한 사항 • 산업안전보건개론에 관한 사항 • 안전보건교육방법에 관한 사항 • 산업보건관리계획 수립·평가 및 산업역학에 관한 사항 • 작업환경 및 직업병 예방에 관한 사항 • 작업환경 개선에 관한 사항(소음·분진·관리대상 유해물질 및 유해광선 등) • 산업역학 및 통계에 관한 사항	• 산업안전보건법령, 정책 및 작업환경 관리에 관한 사항 • 산업보건관리계획 수립·평가 및 안전보건교육 추진 요령에 관한 사항 • 근로자 건강 증진 및 구급환자 관리에 관한 사항 • 산업위생 및 산업환기에 관한 사항 • 직업병 사례 연구에 관한 사항 • 유해물질별 작업환경 관리에 관한 사항 • 위험성평가에 관한 사항

교육대상	교육내용	
	신규과정	보수과정
보건관리자 및 보건관리 전문기관 종사자	• 산업환기에 관한 사항 • 안전보건관리의 체제·규정 및 보건관리자 역할에 관한 사항 • 보건관리계획 및 운용에 관한 사항 • 근로자 건강관리 및 응급처치에 관한 사항 • 위험성평가에 관한 사항 • 감염병 예방에 관한 사항 • 자살 예방에 관한 사항 • 그 밖에 보건관리자의 직무 향상을 위하여 필요한 사항	• 감염병 예방에 관한 사항 • 자살 예방에 관한 사항 • 그 밖에 보건관리자 직무 향상을 위하여 필요한 사항
건설재해예방 전문지도기관 종사자	• 산업안전보건법령 및 정책에 관한 사항 • 분야별 재해 사례 연구에 관한 사항 • 새로운 공법 소개에 관한 사항 • 사업장 안전관리기법에 관한 사항 • 위험성평가의 실시에 관한 사항 • 그 밖에 직무 향상을 위하여 필요한 사항	• 산업안전보건법령 및 정책에 관한 사항 • 분야별 재해사례 연구에 관한 사항 • 새로운 공법 소개에 관한 사항 • 사업장 안전관리기법에 관한 사항 • 위험성평가의 실시에 관한 사항 • 그 밖에 직무 향상을 위하여 필요한 사항
석면조사 기관 종사자	• 석면 제품의 종류 및 구별 방법에 관한 사항 • 석면에 의한 건강 유해성에 관한 사항 • 석면 관련 법령 및 제도에 관한 사항 • 법 및 산업안전보건 정책방향에 관한 사항 • 석면 시료채취 및 분석방법에 관한 사항 • 보호구 착용방법에 관한 사항 • 석면조사결과서 및 석면지도 작성방법에 관한 사항	• 석면 관련 법령 및 제도에 관한 사항 • 실내공기오염 관리 (또는 작업환경측정 및 관리)에 관한 사항 • 산업안전보건 정책방향에 관한 사항 • 건축물·설비 구조의 이해에 관한 사항 • 건축물·설비 내 석면 함유 자재 사용 및 시공·제거방법에 관한 사항 • 보호구 선택 및 관리방법에 관한 사항

교육대상	교육내용	
	신규과정	보수과정
석면조사 기관 종사자	• 석면 조사 실습에 관한 사항	• 석면 해체·제거작업 및 석면비산방지 계획 수립 및 평가에 관한 사항 • 건축물 석면 조사 시 위해도평가 및 석면 지도 작성·관리 실무에 관한 사항 • 건축 자재의 종류별 석면 조사 실무에 관한 사항
안전보건 관리담당자		• 위험성평가에 관한 사항 • 안전·보건교육방법에 관한 사항 • 사업장 순회점검 및 지도에 관한 사항 • 기계·기구의 적격품 선정에 관한 사항 • 산업재해 통계의 유지·관리 및 조사에 관한 사항 • 그 밖에 안전보건관리 담당자 직무 향상을 위하여 필요한 사항
안전검사 기관 및 자율안전 검사기관	• 산업안전보건법령에 관한 사항 • 기계, 장비의 주요장치에 관한 사항 • 측정기기 작동방법에 관한 사항 • 공통 점검사항 및 주요 위험요인별 점검내용에 관한 사항 • 기계, 장비의 주요안전장치에 관한 사항 • 검사 시 안전보건 유의사항 • 기계·전기·화공 등 공학적 기초지식에 관한 사항 • 검사원의 직무윤리에 관한 사항 • 그 밖에 종사자의 직무 향상을 위하여 필요한 사항	• 산업안전보건법령 및 정책에 관한 사항 • 주요 위험요인별 점검내용에 관한 사항 • 기계, 장비의 주요장치와 안전장치에 관한 심화과정 • 검사 시 안전보건 유의사항 • 구조해석, 용접, 피로, 파괴, 피해 예측, 작업 환기, 위험성평가 등에 관한 사항 • 검사대상 기계별 재해 사례 및 개선 사례에 관한 연구와 실무에 관한 사항 • 검사원의 직무윤리에 관한 사항 • 그 밖에 종사자의 직무 향상을 위하여 필요한 사항

ⓜ 검사원 성능검사 교육

설비명	교육내용
프레스 및 전단기	• 관계 법령 • 프레스 및 전단기 개론 • 프레스 및 전단기 구조 및 특성 • 검사기준 • 방호장치 • 검사장비 용도 및 사용방법 • 검사 실습 및 체크리스트 작성요령 • 위험검출 훈련
크레인	• 관계 법령 • 크레인 개론 • 크레인 구조 및 특성 • 검사기준 • 방호장치 • 검사장비 용도 및 사용방법 • 검사 실습 및 체크리스트 작성요령 • 위험검출 훈련 • 검사원 직무
리프트	• 관계 법령 • 리프트 개론 • 리프트 구조 및 특성 • 검사기준 • 방호장치 • 검사장비 용도 및 사용방법 • 검사 실습 및 체크리스트 작성요령 • 위험검출 훈련 • 검사원 직무
곤돌라	• 관계 법령 • 곤돌라 개론 • 곤돌라 구조 및 특성 • 검사기준 • 방호장치 • 검사장비 용도 및 사용방법 • 검사 실습 및 체크리스트 작성요령 • 위험검출 훈련 • 검사원 직무
국소배기장치	• 관계 법령 • 산업보건 개요 • 산업환기의 기본원리 • 국소환기장치의 설계 및 실습 • 국소배기장치 및 제진장치 검사기준 • 검사 실습 및 체크리스트 작성요령 • 검사원 직무
원심기	• 관계 법령 • 원심기 개론 • 원심기 종류 및 구조 • 검사기준 • 방호장치 • 검사장비 용도 및 사용방법 • 검사 실습 및 체크리스트 작성요령

설비명	교육내용
롤러기	• 관계 법령 • 롤러기 개론 • 롤러기 구조 및 특성 • 검사기준 • 방호장치 • 검사장비의 용도 및 사용방법 • 검사 실습 및 체크리스트 작성요령
사출성형기	• 관계 법령 • 사출성형기 개론 • 사출성형기 구조 및 특성 • 검사기준 • 방호장치 • 검사장비 용도 및 사용방법 • 검사 실습 및 체크리스트 작성요령
고소작업대	• 관계 법령 • 고소작업대 개론 • 고소작업대 구조 및 특성 • 검사기준 • 방호장치 • 검사장비의 용도 및 사용방법 • 검사 실습 및 체크리스트 작성요령
컨베이어	• 관계 법령 • 컨베이어 개론 • 컨베이어 구조 및 특성 • 검사기준 • 방호장치 • 검사장비의 용도 및 사용방법 • 검사 실습 및 체크리스트 작성요령
산업용 로봇	• 관계 법령 • 산업용 로봇 개론 • 산업용 로봇 구조 및 특성 • 검사기준 • 방호장치 • 검사장비 용도 및 사용방법 • 검사 실습 및 체크리스트 작성요령
압력용기	• 관계 법령 • 압력용기 개론 • 압력용기의 종류, 구조 및 특성 • 검사기준 • 방호장치 • 검사장비 용도 및 사용방법 • 검사실습 및 체크리스트 작성 요령 • 이상 시 응급조치
혼합기	• 관계 법령 • 혼합기 개론 • 혼합기 구조 및 특성 • 검사기준 • 방호장치 • 검사장비 용도 및 사용방법 • 검사실습 및 체크리스트 작성 요령
파쇄기 또는 분쇄기	• 관계 법령 • 파쇄기 또는 분쇄기 개론 • 파쇄기 또는 분쇄기 구조 및 특성 • 검사기준 • 방호장치 • 검사장비 용도 및 사용방법 • 검사실습 및 체크리스트 작성 요령

ⓑ 물질안전보건자료에 관한 교육내용
  • 대상화학물질의 명칭(또는 제품명)
  • 물리적 위험성 및 건강 유해성
  • 취급상의 주의사항
  • 적절한 보호구
  • 응급조치요령 및 사고 시 대처방법
  • 물질안전보건자료 및 경고표지를 이해하는 방법

③ 직무교육
  ㉠ 개요(법 제32조)
    • 다음에 해당하는 사람에게 안전보건교육기관에서 직무와 관련한 안전보건교육을 이수하도록 하여야 한다. 다만, 다른 법령에 따라 안전 및 보건에 관한 교육을 받는 등 고용노동부령으로 정하는 경우에는 안전보건교육의 전부 또는 일부를 하지 아니할 수 있다.
      - 안전보건관리책임자
      - 안전관리자
      - 보건관리자
      - 안전보건관리담당자
      - 다음의 기관에서 안전과 보건에 관련된 업무에 종사하는 사람
        ⓐ 안전관리전문기관
        ⓑ 보건관리전문기관
        ⓒ 건설재해예방전문지도기관
        ⓓ 안전검사기관
        ⓔ 자율안전검사기관
        ⓕ 석면조사기관
    • 상기 외의 부분 본문에 따른 안전보건교육의 시간·내용 및 방법, 그 밖에 필요한 사항은 고용노동부령으로 정한다.

ⓒ 안전보건관리책임자 등에 대한 직무교육(시행규칙 제29조)
- 다음에 해당하는 사람은 해당 직위에 선임(위촉의 경우를 포함)되거나 채용된 후 3개월(보건관리자가 의사인 경우는 1년) 이내에 직무를 수행하는 데 필요한 신규교육을 받아야 하며, 신규교육을 이수한 후 매 2년이 되는 날을 기준으로 전후 6개월 사이에 고용노동부장관이 실시하는 안전보건에 관한 보수교육을 받아야 한다.
  - 안전보건관리책임자
  - 안전관리자(안전관리자로 채용된 것으로 보는 사람을 포함)
  - 보건관리자
  - 안전보건관리담당자
  - 안전관리전문기관 또는 보건관리전문기관에서 안전관리자 또는 보건관리자의 위탁업무를 수행하는 사람
  - 건설재해예방전문지도기관에서 지도업무를 수행하는 사람
  - 안전검사기관에서 검사업무를 수행하는 사람
  - 자율안전검사기관에서 검사업무를 수행하는 사람
  - 석면조사기관에서 석면조사 업무를 수행하는 사람
- 직무교육을 실시하기 위한 집체교육, 현장교육, 인터넷원격교육 등의 교육방법, 직무교육기관의 관리, 그 밖에 교육에 필요한 사항은 고용노동부장관이 정하여 고시한다.

ⓒ 직무교육의 신청 등(시행규칙 제35조)
- 직무교육을 받으려는 자는 직무교육 수강신청서를 직무교육기관의 장에게 제출하여야 한다.
- 직무교육기관의 장은 직무교육을 실시하기 15일 전까지 교육 일시 및 장소 등을 직무교육 대상자에게 알려야 한다.
- 직무교육을 이수한 사람이 다른 사업장으로 전직하여 신규로 선임된 경우로서 선임신고 시 전직 전에 받은 교육이수증명서를 제출하면 해당 교육을 이수한 것으로 본다.
- 직무교육기관의 장이 직무교육을 실시하려는 경우에는 매년 12월 31일까지 다음 연도의 교육실시계획서를 고용노동부장관에게 제출(전자문서 제출 포함)하여 승인을 받아야 한다.

ⓔ 직무교육의 면제(시행규칙 제30조)
- 신규교육 면제자
  - 안전보건관리담당자
  - 이공계 전문대학 또는 이와 같은 수준 이상의 학교에서 학위를 취득하고, 해당 사업의 관리감독자로서의 업무(건설업의 경우는 시공실무경력)를 3년(4년제 이공계 대학 학위 취득자는 1년) 이상 담당한 후 고용노동부장관이 지정하는 기관이 실시하는 교육(1998년 12월 31일까지의 교육만 해당)을 받고 정해진 시험에 합격한 사람
  - 공업계 고등학교 또는 이와 같은 수준 이상의 학교를 졸업하고, 해당 사업의 관리감독자로서의 업무(건설업의 경우는 시공실무경력)를 5년 이상 담당한 후 고용노동부장관이 지정하는 기관이 실시하는 교육(1998년 12월 31일까지의 교육만 해당)을 받고 정해진 시험에 합격한 사람
  - 초·중등교육법에 따른 공업계 고등학교를 졸업하거나 고등교육법에 따른 학교에서 공학 또는 자연과학 분야 학위를 취득하고, 건설업을 제외한 사업에서 실무경력이 5년 이상인 사람으로서 고용노동부장관이 지정하는 기관이 실시하는 교육(2028년 12월 31일까지의 교육만 해당)을 받고 정해진 시험에 합격한 사람. 다만, 건설업을 제외한 사업의 사업장이면서 상시근로자 300명 미만인 사업장에서만 안전관리자가 될 수 있다.
- 보수교육의 면제
  - 다음에 해당하는 사람 또는 안전관리자로 채용된 것으로 보는 사람, 보건관리자로서 의사 및 간호사는 교육내용 중 고용노동부장관이 정하는 내용이 포함된 교육을 이수하고 해당 교육기관에서 발행하는 확인서를 제출하는 경우에는 보수교육을 면제한다.
    ⓐ 고압가스를 제조·저장 또는 판매하는 사업에서 선임하는 안전관리 책임자
    ⓑ 액화석유가스 충전사업·액화석유가스 집단공급사업 또는 액화석유가스 판매사업에서 선임하는 안전관리책임자
    ⓒ 도시가스사업법에 따라 선임하는 안전관리책임자

ⓓ 교통안전관리자의 자격을 취득한 후 해당 분야에 채용된 교통안전관리자
ⓔ 화약류를 제조·판매 또는 저장하는 사업에서 선임하는 화약류 제조보안책임자 또는 화약류관리보안책임자
ⓕ 전기사업자가 선임하는 전기안전관리자
- 다음에 해당하는 사람이 고용노동부장관이 정하여 고시하는 안전보건에 관한 교육을 이수한 경우
  ⓐ 안전보건관리책임자
  ⓑ 안전관리자(안전관리자로 채용된 것으로 보는 사람을 포함)
  ⓒ 보건관리자
  ⓓ 안전보건관리담당자
  ⓔ 안전관리전문기관 또는 보건관리전문기관에서 안전관리자 또는 보건관리자의 위탁 업무를 수행하는 사람
  ⓕ 건설재해예방전문지도기관에서 지도업무를 수행하는 사람
  ⓖ 안전검사기관에서 검사업무를 수행하는 사람
  ⓗ 자율안전검사기관에서 검사업무를 수행하는 사람
  ⓘ 석면조사기관에서 석면조사업무를 수행하는 사람

④ 안전보건교육기관(법 제33조, 시행규칙 제32조)
  ㉠ 안전보건교육을 하려는 자는 대통령령으로 정하는 인력·시설 및 장비 등의 요건을 갖추어 고용노동부장관에게 등록하여야 한다. 등록한 사항 중 대통령령으로 정하는 중요한 사항을 변경할 때에도 또한 같다.
  ※ 대통령령으로 정하는 중요한 사항
  • 교육기관의 명칭(상호)
  • 교육기관의 소재지
  • 대표자의 성명
  ㉡ 안전보건교육기관 평가
  • 고용노동부장관은 안전보건교육기관에 대하여 평가하고 그 결과를 공개할 수 있다.
  • 안전보건교육기관에 대한 평가 결과의 공개는 고용노동부 인터넷 홈페이지에 게시하는 방법으로 한다.
  • 평가 기준
    - 인력·시설 및 장비의 보유수준과 활용도
    - 교육과정의 운영체계 및 업무성과
    - 교육서비스의 적정성 및 만족도

⑤ 성능검사 교육 등(시행규칙 제131조)
  ㉠ 개요(시행규칙 제131조)
  • 고용노동부장관은 사업장에서 안전검사대상기계 등의 안전에 관한 성능검사 업무를 담당하는 사람의 인력 수급(需給) 등을 고려하여 필요하다고 인정하면 공단이나 해당 분야 전문기관으로 하여금 성능검사 교육을 실시하게 할 수 있다.
  • 교육 실시를 위한 교육방법, 교육 실시기관의 인력·시설·장비기준 등에 관하여 필요한 사항은 고용노동부장관이 정한다.
  ㉡ 성능검사교육(안전보건교육규정)
  • 교육을 받고자 하는 사람은 해당 교육기관에 교육수강신청서를 제출하여야 한다.
  • 교육대상자가 교육수강신청서를 제출할 때에는 교육 희망시기를 기재할 수 있다.
  • 교육기관은 교육대상자가 제출한 직무교육수강신청서 및 교육 희망시기를 고려하여 교육일정 등을 수립·변경하여야 한다.
  • 수강통지 및 등록
    - 성능검사 교육기관은 교육 수강통지서를 작성하여 교육수강이 확정된 교육생에게 통보하여야 한다.
    - 교육대상자는 직무교육기관이 지정하는 교육등록일시에 수강등록을 하여야 한다.
    - 교육수강통지서를 받은 교육대상자 중 부득이한 사유로 해당 날짜의 교육에 참석할 수 없는 경우에는 교육 실시 3일 전까지 교육연기신청서를 직무교육기관의 장에게 제출하여야 한다. 다만, 교육 연기는 1회에 한정한다.

⑥ 건설업 기초교육기관
  ㉠ 개요(법 제31조)
  • 건설업의 사업주는 건설 일용근로자를 채용할 때에는 그 근로자로 하여금 안전보건교육기관이 실시하는 안전보건교육을 이수하도록 하여야 한다. 다만, 건설 일용근로자가 그 사업주에게 채용되기 전에 안전보건교육을 이수한 경우에는 그러하지 아니하다.
  • 안전보건교육의 시간·내용 및 방법, 그 밖에 필요한 사항은 고용노동부령으로 정한다.

ⓛ 건설업 기초안전·보건교육기관의 등록신청(시행규칙 제33조)
- 건설업 기초안전·보건교육기관으로 등록을 하려는 자는 건설업 기초안전·보건교육기관 등록신청서에 다음의 서류를 첨부하여 공단에 제출하여야 한다.
  - 등록요건의 어느 하나에 해당함을 증명하는 서류
  - 인력기준을 갖추었음을 증명할 수 있는 자격증(국가기술자격증은 제외), 졸업증명서, 경력증명서 및 재직증명서 등 서류
  - 시설·장비기준을 갖추었음을 증명할 수 있는 서류와 시설·장비명세서
- 등록신청서를 제출받은 공단은 행정정보의 공동이용을 통하여 다음의 서류를 확인하여야 한다.
  - 국가기술자격증(신청인이 그 확인에 동의하지 않으면 그 사본을 첨부)
  - 법인등기사항 증명서(법인만 해당)
  - 사업자등록증(개인만 해당, 신청인이 그 확인에 동의하지 않으면 그 사본을 첨부)
- 공단은 등록신청서가 접수된 경우 접수일부터 15일 이내에 요건에 적합한지를 확인하고, 적합한 경우 그 결과를 고용노동부장관에게 보고하여야 한다.
- 고용노동부장관은 보고를 받은 날부터 7일 이내에 등록 적합 여부를 공단에 통보하여야 하고, 공단은 등록이 적합하다는 통보를 받은 경우 지체 없이 건설업 기초안전·보건교육기관의 등록증을 신청인에게 발급하여야 한다.
- 건설업 기초안전·보건교육기관이 등록 사항을 변경하려는 경우에는 건설업 기초안전·보건교육기관 변경신청서에 변경내용을 증명하는 서류 및 등록증(기재사항에 변경이 있는 경우만 해당)을 첨부하여 공단에 제출하여야 한다.
- 변경내용이 고용노동부장관이 정하는 경미한 사항의 경우 공단은 변경내용을 확인한 후 적합한 경우에는 지체 없이 등록사항을 변경하고, 등록증을 변경하여 발급(등록증의 기재사항에 변경이 있는 경우만 해당)할 수 있다.

ⓒ 건설업 기초교육기관 평가
- 공단은 다음의 평가항목 및 방법 등을 반영한 평가계획을 매년 수립하여 건설업기초교육기관 평가를 실시하여야 한다.
- 안전보건교육기관을 평가하는 기준
  ⓐ 인력·시설 및 장비의 보유수준과 활용도
  ⓑ 교육과정의 운영체계 및 업무성과
  ⓒ 교육서비스의 적정성 및 만족도
- 안전보건교육기관 평가항목 및 평가방법 등

평가분야	평가항목
운영체계	• 운영방침 및 업무관리체계 • 인적자원 보유 및 교육훈련 • 포상 및 행정처분 실적 • 종합화
업무성과	• 교육관리 • 교육생 관리 • 고객만족도 • 자체평가 및 개선노력 • 수시점검 결과

- 건설업 기초교육기관은 공단이 실시하는 평가에 적극 협조하여야 한다.
- 공단은 인터넷 등을 통하여 건설업 기초교육기관별 평가 결과를 공표할 수 있다.
- 공단은 평가계획 및 평가결과를 평가실시 및 평가결과 공표 전에 고용노동부장관에게 보고하여야 한다.

ⓔ 건설업 기초안전·보건교육기관 등록취소(시행규칙 34조)
- 공단은 취소 등 사유에 해당하는 사실을 확인한 경우에는 그 사실을 증명할 수 있는 서류를 첨부하여 해당 등록기관의 주된 사무소의 소재지를 관할하는 지방고용노동관서의 장에게 보고해야 한다.
- 지방고용노동관서의 장은 등록 취소 등을 한 경우에는 그 사실을 공단에 통보해야 한다.

ⓜ 건설업 기초교육의 면제
- 건설 일용근로자 중 다음에 해당하는 과정을 이수한 자는 건설업 기초안전보건교육을 이수한 것으로 본다.
  - 외국인근로자 고용 특례 대상자 외국인력정책위원회 위원장이 필요하다고 인정한 건설업 취업교육을 이수하고 건설업 취업인정증을 발급받은 경우(취업일 기준 건설업 취업인정증 유효기간이 남아 있는 경우로 한정한다)
- 건설근로자의 고용개선 등에 관한 훈련과정에서 건설업 기초교육을 이수한 경우

10년간 자주 출제된 문제

4-1. 산업안전보건법령상 사업 내 안전·보건교육 중 건설업 일용근로자에 대한 건설업 기초안전·보건교육의 교육시간으로 맞는 것은?

① 1시간　　② 2시간
③ 3시간　　④ 4시간

4-2. 다음 중 산업안전보건법령상 사업 내 안전·보건교육에 있어 '채용 시의 교육 및 작업내용 변경 시의 교육내용'에 해당하지 않는 것은?(단, 기타 산업안전보건법 및 일반관리에 관한 사항은 제외한다)

① 물질안전보건자료에 관한 사항
② 정리정돈 및 청소에 관한 사항
③ 사고 발생 시 긴급조치에 관한 사항
④ 유해·위험 작업환경 관리에 관한 사항

4-3. 산업안전보건법령상 사업 내 안전·보건교육에 있어 특별안전·보건교육 대상 작업에 해당하지 않는 것은?

① 굴착면의 높이가 5[m]되는 암석의 굴착작업
② 5[m]인 구축물을 대상으로 콘크리트 파쇄기를 사용하여 하는 파쇄작업
③ 흙막이 지보공의 보강 또는 동바리를 설치하거나 해체하는 작업
④ 휴대용 목재가공기계를 3대 보유한 사업장에서 해당 기계로 하는 작업

|해설|

4-1
근로자 안전보건교육(시행규칙 별표 4)

교육과정	교육대상		교육시간
정기교육	사무직 종사 근로자		매 반기 6시간 이상
	그 밖의 근로자	판매업무에 직접 종사하는 근로자	매 반기 6시간 이상
		판매업무에 직접 종사하는 근로자 외의 근로자	매 반기 12시간 이상
채용 시 교육	일용근로자 및 근로계약기간이 1주일 이하인 기간제근로자		1시간 이상
	근로계약기간이 1주일 초과 1개월 이하인 기간제근로자		4시간 이상
	그 밖의 근로자		8시간 이상
작업내용 변경 시 교육	일용근로자 및 근로계약기간이 1주일 이하인 기간제근로자		1시간 이상
	그 밖의 근로자		2시간 이상
특별교육	일용근로자 및 근로계약기간이 1주일 이하인 기간제근로자(타워크레인을 사용하는 작업 시 신호업무 하는 작업에 종사하는 근로자 제외)		2시간 이상
	일용근로자 및 근로계약기간이 1주일 이하인 기간제근로자(타워크레인을 사용하는 작업 시 신호업무 하는 작업에 종사하는 근로자 한정)		8시간 이상
	일용근로자 및 근로계약기간이 1주일 이하인 기간제근로자를 제외한 근로자		- 16시간 이상(최초 작업에 종사하기 전 4시간 이상 실시하고 12시간은 3개월 이내에서 분할하여 실시 가능) - 단기간 작업 또는 간헐적 작업인 경우에는 2시간 이상
건설업 기초안전·보건교육	건설 일용근로자		4시간 이상

4-2
채용 시의 교육 및 작업내용 변경 시의 교육(시행규칙 별표 5)
- 산업안전 및 사고 예방에 관한 사항
- 산업보건 및 직업병 예방에 관한 사항
- 위험성 평가에 관한 사항
- 산업안전보건법령 및 산업재해보상보험 제도에 관한 사항
- 직무스트레스 예방 및 관리에 관한 사항
- 직장 내 괴롭힘, 고객의 폭언 등으로 인한 건강장해 예방 및 관리에 관한 사항
- 기계·기구의 위험성과 작업의 순서 및 동선에 관한 사항
- 작업 개시 전 점검에 관한 사항
- 정리정돈 및 청소에 관한 사항
- 사고 발생 시 긴급조치에 관한 사항
- 물질안전보건자료에 관한 사항

4-3
특별안전·보건교육 대상 작업별 교육(시행규칙 별표 5)
목재가공용 기계(둥근톱기계, 띠톱기계, 대패기계, 모떼기기계 및 라우터기(목재를 자르거나 홈을 파는 기계)만 해당하며, 휴대용은 제외)를 5대 이상 보유한 사업장에서 해당 기계로 하는 작업

정답 4-1 ④　4-2 ④　4-3 ④

CHAPTER 03 인간공학 및 시스템안전공학

제1절 안전과 인간공학

핵심이론 01 | 인간공학의 개요와 인간 – 기계시스템

① 인간공학의 개요
  ㉠ 인간공학의 정의와 용어
    • 인간공학의 정의 : 인간의 특성과 한계능력을 공학적으로 분석, 평가하여 이를 복잡한 체계의 설계에 응용함으로써 효율을 최대로 활용할 수 있도록 하는 학문 분야
    • 인간공학을 나타내는 용어 : Ergonomics, Human Factors, Human Engineering, Man Machine System Engineering
  ㉡ 인간공학의(Ergonomics) 기원
    • 'Ergon(작업) + Nomos(법칙) + Ics(학문)'이 조합된 단어이다.
    • 1857년도에 폴란드의 교육자이며 과학자인 자스트러제보스키(Wojciech Jastrzebowski)가 신문기사에서 처음 사용하였다.
    • 군이나 군수회사에서 시작하여 민간기업으로 전파되었다.
    • 처음의 관련 학회는 미국, 영국, 독일을 중심으로 설립되었다.
  ㉢ 인간공학의 연구 목적
    • 인간공학의 궁극적인 목적 : 안전성 및 효율성 향상
    • 안전성 향상과 사고의 미연 방지
    • 작업의 능률성과 생산성 향상
    • 작업환경의 쾌적성 향상
    • 기계 조작의 능률성 향상
    • 에러 감소
    • 일과 일상생활에서 사용하는 도구, 기구 등의 설계에 있어서 인간을 우선적으로 고려한다.
    • 인간의 능력, 한계, 특성 등을 고려하면서 전체 인간 – 기계시스템의 효율을 증가시킨다.
    • 시스템이나 절차를 설계할 때 인간의 특성에 관한 정보를 체계적으로 응용한다.
  ㉣ 인간공학에 있어 기본적인 가정
    • 인간기능의 효율은 인간-기계시스템의 효율과 연계된다.
    • 인간에게 적절한 동기부여가 된다면 좀 더 나은 성과를 얻게 된다.
    • 장비, 물건, 환경 특성이 인간의 수행도와 인간-기계시스템의 성과에 영향을 준다.
    • 개인이 시스템에서 효과적으로 기능을 하지 못하면 시스템의 수행도는 저하된다.
  ㉤ 체계분석·설계에서의 인간공학적 노력의 효능을 산정하는 척도의 기준
    • 성능의 향상
    • 사용자의 수용도 향상
    • 작업숙련도의 증가
    • 사고 및 오용으로부터의 손실 감소
    • 훈련비용의 절감
    • 인력 이용률의 향상
    • 생산 및 보전의 경제성 향상
  ㉥ 인간공학의 기대효과
    • 생산성의 향상
    • 작업자의 건강 및 안전 향상
    • 직무만족도의 향상
    • 제품과 작업의 질 향상
    • 이직률 및 작업 손실시간의 감소
    • 산재손실비용의 감소
    • 기업 이미지와 상품 선호도 향상
    • 노사 간의 신뢰 구축
    • 선진 수준의 작업환경과 작업조건을 마련하여 국제 경쟁력 확보
  ㉦ 인간공학의 특징
    • 작업과 기계를 인간에 맞추는 설계 철학이 바탕이 된다.
    • 인간의 특성과 한계점을 고려하여 제품을 설계한다(인간의 특성과 한계점을 고려하여 제품을 변경).

- 인간공학 설계대상의 대상은 물건(Objects), 기계(Machinery), 환경(Environment) 등이다(인간이 사용하는 물건, 설비, 환경의 설계에 적용).
- 사물, 절차 등의 설계가 인간의 행동과 복지에 영향을 미친다고 믿는다.
- 과학적 방법과 객관적 자료에 바탕을 두고 가설을 시험하여 인간행동에 관한 기초자료를 얻는다.
- 인간의 생리적, 심리적인 면에서의 특성이나 한계점을 고려한다.
- 인간의 능력 및 한계와 설계 내용에 대한 평가에는 개인차가 있음을 인식한다.
- 인간과 기계설비의 관계를 조화로운 일체관계로 연결한다.
- 인간-기계시스템의 안전성을 높인다.
- 편리성, 쾌적성, 효율성을 높일 수 있다.
- 사고를 방지하고 안전성과 능률성을 높일 수 있다.

◎ 인간공학 연구·조사 기준의 요건(구비조건)
- 타당성(적절성) : 의도된 목적에 부합하여야 한다.
- 무오염성
  - 인간공학실험에서 측정변수가 다른 외적 변수에 영향을 받지 않도록 하는 요건
  - 측정하고자 하는 변수 이외의 다른 변수의 영향을 받아서는 안 된다.
- 기준척도의 신뢰성 : 반복성을 말하며 반복실험 시 재현성이 있어야 한다.
- 민감도 : 피실험자 사이에서 볼 수 있는 예상 차이점에 비례하는 단위로 측정해야 한다.

ⓩ 인간공학에 사용되는 인간기준(Human Criteria)의 4가지 기본유형
- 인간성능 척도
- 주관적 반응
- 생리학적 지표
- 사고 빈도

ⓩ 인간공학의 연구를 위한 수집 자료의 유형
- 성능 자료 : 자극에 대한 반응시간, 여러 가지 감각활동, 정신활동, 근육활동 등
- 주관적 자료 : 개인성능의 평점, 체계설계면에 대한 대안들의 평점, 체계에 사용되는 여러 가지 다른 유형의 정보에 판단된 중요도 평점, 의자의 안락도 평점 등
- 생리지표 : 동공확장 등

- 강도척도 : 어떤 목적을 위해서는 상해 발생 빈도가 적절한 기준이 된다.
- 신체적 특성

㉠ 인간공학 적용 분야
- 제품설계
- 공정설계
- 작업장 내 조사 및 연구
- 작업장(공간) 설계
- 장비·설비·공구 등의 설계와 배치
- 작업 관련 유해·위험작업분석
- 인간-기계 인터페이스 설계
- 작업환경 개선
- 재해·질병 예방

㉡ 인간공학 연구 수행
- 실험실 환경에서의 인간공학 연구 수행
  - 변수의 통제가 용이하다.
  - 주위환경의 간섭에 영향을 받지 않는다.
  - 실험 참가자들의 안전 확보가 용이하다.
  - 비용 절감이 가능하다.
  - 정확한 자료 수집이 용이하다.
  - 피실험자들의 자연스러운 반응을 기대하기 어렵다.
- 실제 현장에서의 인간공학 연구 수행
  - 일반화가 가능하다.
  - 사실성 측면이 유리하다.
  - 현실적인 작업변수의 설정이 가능하다.
  - 피실험자들의 자연스러운 반응을 기대할 수 있다.
  - 실험조건의 조절이나 변수의 통제가 용이하지 않다.
  - 주위환경의 간섭에 영향을 받기 쉽다.
  - 실험 참가자들의 안전 확보가 용이하지 않다.
  - 비용 절감이 쉽지 않다.
  - 정확한 자료 수집이 어렵다.

㉢ 호손연구 또는 호손실험(Hawthorne)
- 호손(공장)실험 : 산업심리학이 발전하던 1920년대에 시작된 일련의 연구로, 원래 조명도와 생산성의 관계를 밝히려고 시작되었다. 그러나 결과적으로 생산성, 작업능률에는 사원들의 태도, 감독자, 비공식 집단의 중요성 등 인간관계가 복잡하게 영향을 미친다는 것을 확인한 실험이다.

- 실험결과 : 조명강도를 높인 결과 작업자들의 생산성이 향상되었고, 그 후 다시 조명강도를 낮추어도 생산성에는 거의 변화가 없었다.
- 물리적 작업환경 이외에 심리적 요인이 생산성에 영향을 미친다는 것을 알아냈다.
- 호손연구는 작업환경에서 물리적인 작업조건보다는 근로자의 심리적인 태도 및 감정이 직무수행에 큰 영향을 미친다는 결과를 밝혀낸 대표적인 연구이며 주 실험자는 메이요(E. Mayo)이다.
- 호손실험은 인간적 상호작용의 중요성을 강조한다.
- 호손실험에서 작업자의 작업능률에 영향을 미치는 주요한 요인은 인간관계이다.
- 호손효과
  - 조직에서 새로운 제도나 프로그램을 도입하였을 때 처음에는 호기심 때문에 긍정적인 효과가 발생하나, 시간이 지나면서 신기함이 감소하여 원래의 상태로 돌아간다는 현상
  - 인간관계가 작업 및 작업 공간 설계에 못지않게 생산성에 큰 영향을 끼친다는 것을 암시하는 것
- 시간-동작연구에 대한 비판
  - 개인차를 고려하지 못한다.
  - 인간관계를 간과하였다.
  - 부적절한 표집을 사용한 연구이다.
  - 비교적 단순하고 반복적인 직무에만 적절하다.

ⓗ 인간공학 관련 제반사항
- Accident-liability Theory : 사고인과관계이론에 있어 특정상황에서는 사람들이 다소간에 사고를 일으키는 경향이 있고 이 성향은 영구적인 것이 아니라 시간에 따라 달라진다는 이론
- 평가연구 : 인간공학 연구방법 중 실제의 제품이나 시스템이 추구하는 특성 및 수준이 달성되는지를 비교하고 분석하는 것
- 작업 시의 정보 회로 : 표시 → 감각 → 지각 → 판단 → 응답 → 출력 → 조작
- 안전가치분석의 특징
  - 기능 위주로 분석한다.
  - 그룹 활동은 전원의 중지를 모은다.
  - 왜 비용이 드는가를 분석한다.
- VE(Value Engineering) 활동의 각 분석항목에 대한 안전성과의 관계
  - 검사 포장 - 육체 피로
  - 설비 - 사고재해 건수
  - 운반 Layout - 작업 피로
- 작업자세로 인한 부하를 분석하기 위하여 인체 주요 관절의 힘과 모멘트를 정역학적으로 분석하려고 할 때, 분석에 반드시 필요한 인체 관련 자료 : 관절각도, 분절(Segment) 무게, 분절 무게중심(관절의 종류는 아님)
- 작업설계를 할 때 인간요소적 접근방법 : 능률과 생산성을 강조
- 작업 설계 시의 딜레마(Dilemma) : 작업능률과 작업만족도 간의 딜레마
- 역치(Threshold Value) : 감각에 필요한 최소량의 에너지
  - 표시장치의 설계와 역치는 관련성이 깊다.
  - 에너지의 양이 증가할수록 차이역치는 증가한다.
  - 표시장치를 설계할 때는 신호의 강도를 역치 이상으로 설계하여야 한다.
  - 표적물체가 움직이거나 관측자가 움직이면 시력의 역치는 감소한다.

② 양립성 또는 모집단 전형(Compatibility)
  ㉠ 양립성의 정의
  - 자극-반응조합의 관계에서 인간의 기대와 모순되지 않는 성질
  - 인간의 기대에 맞는 자극과 반응의 관계
  - 인간이 기대하는 바와 자극 또는 반응들이 일치하는 관계
  - 제어장치와 표시장치의 연관성이 인간의 예상과 어느 정도 일치하는 것
  - 자극들 간, 반응들 간 또는 자극과 반응조합의 관계가 인간의 기대와 모순되지 않는 것
  - 자극-반응조합의 공간 또는 개념적 관계가 인간의 기대와 모순되지 않는 것
  ㉡ 양립성의 종류 : 개념 양립성, 양식 양립성, 운동 양립성, 공간 양립성
  - 개념 양립성
    - 어떠한 신호가 전달하려는 내용과 연관성이 있어야 하는 것

예1 위험신호는 빨간색, 주의신호는 노란색, 안전 신호는 파란색으로 표시하는 것
예2 빨간색을 돌리면 뜨거운 물이 나오는 수도꼭지
- 양식 양립성 : 청각적 자극 제시와 이에 대한 음성응답 과업에서 갖는 양립성
- 운동 양립성
  - 표시 및 조종장치에서 체계반응에 대한 운동 방향
  - 운동관계의 양립성을 고려한 동목(Moving Scale)형 표시장치의 바람직한 설계방법
    ⓐ 눈금과 손잡이가 같은 방향으로 회전하도록 설계한다.
    ⓑ 눈금의 숫자는 우측으로 증가하도록 설계한다.
    ⓒ 꼭지의 시계 방향 회전이 지시치를 증가시키도록 설계한다.
  예1 자동차 운전대를 시계 방향으로 돌리면 자동차 오른쪽으로 회전하도록 설계한다.
  예2 자동차를 운전하는 과정에서 우측으로 회전하기 위하여 핸들을 우측으로 돌린다.
  예3 6개의 표시장치를 수평으로 배열할 경우 해당 제어장치를 각각의 그 아래에 배치하면 좋아진다.
- 공간 양립성
  - 조작장치와 표시장치의 위치가 상호 연관되게 한다는 인간공학적 설계원칙
  - 제어장치와 표시장치에 있어 물리적 형태나 배열을 유사하게 설계하는 것
  - 표시장치와 이에 대응하는 조종장치 간의 위치 또는 배열이 인간의 기대와 모순되지 않아야 하는 것

ⓒ 양립성 관련 제반사항
- 새로운 기계를 설계하면서 레버를 위로 올리면 압력이 올라가도록 하고, 오른쪽 스위치를 누르면 오른쪽 전등이 켜지도록 하였을 때의 양립성의 유형 : 레버 - 운동 양립성, 스위치 - 공간 양립성
- 양립성의 효과가 클수록 코딩시간, 반응시간은 단축된다.
- 항공기 위치표시장치의 설계원칙에 있어 '항공기의 경우 일반적으로 이동 부분의 영상은 고정된 눈금이나 좌표계에 나타내는 것이 바람직하다.'에 해당하는 것은 '양립적 이동'이다.

③ 인간-기계시스템(Man-Machine System)
ⓐ 개 요
- 시스템이란 전체 목표를 달성하기 위한 유기적인 결합체이다.
- 인간-기계시스템이란 인간과 물리적 요소가 주어진 입력에 대해 원하는 출력을 내도록 결합되어 상호작용하는 집합체이다.
- 인간-기계시스템의 주목적 : 안전의 최대화와 능률의 극대화
- 인간-기계시스템의 구성요소에서 일반적으로 신뢰도가 가장 낮은 요소는 작업자이다.
- 조작상 인간 에러 발생 빈도수의 순서 : 정보 관련-표시장치-제어장치-시간 관련
- 인간-기계시스템 설계 시 인간공학적 해석방법 : 링크해석법, 웨이트식 중요빈도법, 공간지수법 등
- 계면(Interface) : 인간-기계시스템에서 인간과 기계가 만나는 면
- 인간-기계시스템에 대한 평가에서 평가척도나 기준(Criteria)으로서 관심의 대상되는 변수를 종속변수라고 한다.
- 인간공학에 사용되는 인간기준(Human Criteria)의 기본유형 : 주관적 반응, 생리학적 지표, 인간성능 척도, 사고 빈도
- 시스템기준(System Criteria) : 운용비, 신뢰도, 사용상의 용이성 등

ⓑ 인간-기계 통합 시스템 기본기능의 유형 : 정보 입력 → 감지 → 정보 보관 → 정보처리 및 의사결정 → 행동기능(신체제어 및 통신) → 출력

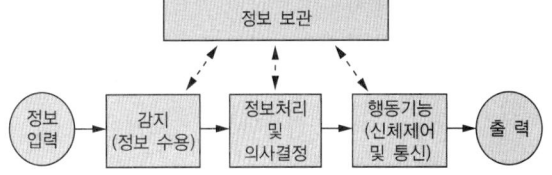

- 4대 기본기능 : 정보감지기능(정보의 수용), 정보보관기능(정보의 저장), 정보처리 및 의사결정 기능, 행동기능
- 정보감지기능(정보의 수용) : 인간의 감각기관 또는 기계 센서 이용
  - 시스템으로 들어오는 정보의 일부는 시스템 밖에서 발생(예 생산 지시, 화재경보 등)

- 정보의 일부는 시스템 자체의 내부에서 발생(예 피드백 데이터, 시스템 보관정보 등)
- 정보보관기능(정보의 저장) : 다른 3가지 기능 모두와 상호작용하는 기능
  - 인간의 보관정보는 기억된 학습내용
  - 그 외의 정보는 컴퓨터, 기록, 자료표 등과 같은 물리적 기구에 여러 가지 방법으로 보관
- 정보처리 및 의사결정 기능
  - 정보처리 : 감지한 정보를 가지고 수행하는 여러 종류의 조작처리과정
  - 의사결정 : 처리한 정보에 대한 정해진 반응
- 행동기능 : 내려진 의사결정의 결과로 발생하는 조작행위를 일컫는 기능
  - 정보를 받아들이는 인간-기계시스템에서 규칙성은 행동의 변수에 해당된다.
  - 음성은 행동기능에 속한다.
- 출력 : 인간-기계시스템에서 의사결정을 실행에 옮기는 과정에 해당되는 사항
  - 제품의 변화, 전달된 통신, 제공된 용역(Service) 등
  - 정보처리기능 중 정보 보관과 관계가 깊다.
  - 기계 조작 시 레버의 조작은 출력 응답에 속하는 반응이다.

ⓒ 인간-기계시스템의 3분류 : 수동 체계, 기계화 체계, 자동화 체계
- 수동 체계 : 입력된 정보를 근거로 자신의 신체적 에너지를 사용하여 수공구나 보조기구에 힘을 가하여 작업을 제어하는 시스템
  - 인간이 사용자나 동력원으로 기능하는 체계이다.
  - 인간이 동력원을 제공하고, 인간의 통제하에서 제품을 생산한다.
  - 수동제어시스템 : 연속적 추적제어, 프로그램제어, 시퀀셜제어
  - 장인과 공구 등
- 기계화 체계 : 기계에 의해 동력과 몇몇 다른 기능들이 제공되며, 인간이 원하는 반응을 얻기 위해 기계의 제어장치를 사용하여 제어기능을 수행하는 시스템이며 반자동 시스템이라고도 한다.
  - 표시장치로부터 정보를 얻어 조종장치를 통해 기계를 통제하는 시스템을 반자동 시스템이라 한다.
  - 운전자의 조종에 의해 운용되며 융통성이 없는 시스템이다.
  - 조종장치를 통한 인간의 통제 아래에서 기계가 동력원을 제공하는 시스템이다.
  - 동력기계화 체계와 고도로 통합된 부품으로 구성된다.
  - 기계는 동력원을 제공하고 인간의 통제하에서 제품을 생산한다.
  - 일반적으로 변화가 거의 없는 기능들을 수행한다.
  - 인간-기계시스템에서의 기계가 의미하는 것은 인간이 만든 모든 것이다.
  - 기계의 정보처리기능은 연역적 처리기능과 관련이 있다.
  - 공작기계, 자동차 등
- 자동화 체계(자동화시스템) : 체계가 감지, 정보 보관, 정보처리 및 의식 결정, 행동을 포함한 모든 임무를 수행하는 체계
  - 인간요소를 고려해야 한다.
  - 인간은 작업계획 수립, 작업상황 감시(모니터 이용), 정비 유지(설비보전), 프로그램 등의 작업을 담당한다.
  - 기계는 컴퓨터 등의 조종장치로 통제된다.
  - 인간-기계시스템에서 자동화 정도에 따라 분류할 때, 감시제어(Supervisory Control)시스템에서 인간의 주요 기능은 계획(Plan), 교시(Teach), 간섭(Intervene)이다.

ⓔ 인간-기계시스템 설계 시의 고려사항
- 인간 성능의 고려는 개발의 첫 단계에서부터 시작되어야 한다.
- 기능할당 시에 인간기능에 대한 초기의 주의가 필요하다.
- 일반적으로 인간은 주위가 이상하거나 예기치 못한 사건을 감지하여 대치하는 업무를 수행한다.
- 인간은 원칙을 적용하여 다양한 문제를 해결하는 능력이 기계에 비해 우월하다.
- 일반적으로 기계는 장시간 일관성이 있는 작업을 수행한다.

- 기계는 소음, 이상온도 등의 환경에서 수행하고, 인간은 주관적인 추산과 평가작업을 수행한다.
- 인간-컴퓨터 인터페이스 설계는 기계보다 인간의 효율이 우선적으로 고려되어야 한다.
- 인간과 기계가 모두 복수인 경우 기계보다 종합적인 효과를 우선적으로 고려한다.
- 인간이 수행해야 할 조작이 연속적인가 불연속적인가를 알아보기 위해 특정조사를 실시한다.
- 로크시스템(Lock System)에서 인간과 기계의 중간에 두는 시스템을 인터로크시스템(Inter-lock System)이라고 한다.
- 인터로크시스템(Inter-lock System)과 인트라로크시스템(Intra-lock System) 사이에는 트랜스로크시스템(Trans-lock System)을 둔다.
- 평가 초점은 인간 성능의 수용 가능한 수준이 되도록 시스템을 개선하는 것이다.
- 인간-기계시스템의 인간 성능(Human Performance)을 평가하는 실험을 수행할 때 평가의 기준이 되는 변수는 종속변수이다.
- 동작경제의 원칙이 만족되도록 고려하여야 한다.
- 대상이 되는 시스템이 위치할 환경조건이 인간에 대한 한계치를 만족하는가의 여부를 조사한다.

ⓒ 인간-기계시스템의 신뢰도
- 인간신뢰도
  - HEP(Human Error Probability, 인간과오확률) : 직무 내용이 시간에 따라 전개되지 않고 명확한 시작과 끝을 가지고 미리 잘 정의되어 있는 경우의 인간 신뢰도의 기본단위
  - 인간공학의 연구에서 기준척도의 신뢰성은 반복성을 의미한다.
  - 인간의 신뢰성 요인 중 의식수준은 경험연수, 지식수준, 기술수준 등에 의존하는 요인이다.
- 직렬시스템의 신뢰도 : $R_s = R_1 \times R_2 \times \cdots \times R_n$
- 병렬시스템의 신뢰도 :
  $R_s = 1 - (1-R_1)(1-R_2) \cdots (1-R_n)$
  예 인간과 기계의 신뢰도가 인간 0.40, 기계 0.95인 경우 병렬작업 시 전체 신뢰도 :
  $R_s = 1 - (1-0.4)(1-0.95) = 0.97$
- 인간-기계시스템의 신뢰도(R) :
  $R = (1-a)^n(1-b)^n$ (a : 조작자 오류율, n : 주어진 시간에서의 조작 횟수, b : 인간 오류 확률)
  예제 첨단경보시스템의 고장률은 0이다. 경계의 효과로 조작자 오류율은 0.01[t/h]이며 인간의 실수율은 균질하다고 가정한다. 이 시스템의 스위치 조작자는 1시간마다 스위치를 작동해야 하는데 인간 오류 확률이 0.001인 경우에 2시간에서 6시간 사이에 인간-기계시스템의 신뢰도는?
  인간-기계시스템의 신뢰도
  $R = (1-0.01)^4(1-0.001)^4 = 0.961 \times 0.996$
  $\simeq 0.957$
- 인간-기계시스템의 신뢰도 향상방법 : 중복설계, 부품 개선, 충분한 여유용량, Lock System, Fool-Proof System, Fail-Safe System 등

ⓑ 인간-기계시스템의 설계원칙
- 인체특성에 적합한 설계 : 인간의 특성을 고려한다.
- 양립성에 맞게 설계 : 시스템을 인간의 예상과 양립시킨다.
- 배열을 고려한 설계 : 표시장치나 제어장치의 중요성, 사용 빈도, 사용 순서, 기능에 따라 배치하도록 한다.

ⓢ 인간-기계시스템의 설계 6단계
- 1단계 : 시스템의 목표와 성능 명세 결정
  - 인간의 성능특성 : 속도, 정확성, 사용자 만족 등
- 2단계 : 시스템의 정의
- 3단계 : 기본설계
  - 활동내용 : 직무분석, 인간성능요건 명세, 작업설계, 기능할당(인간·하드웨어·소프트웨어)
  - 인간의 성능특성 : 속도, 정확성, 사용자 만족 등
- 4단계 : 인터페이스 설계(계면설계)
  - 계면은 작업 공간, 표시장치, 조종장치 등이다.
  - 인간과 기계의 조화성 3가지 차원 : 신체적 조화성, (인)지적 조화성, 감성적 조화성
  - 인터페이스(계면)를 설계할 때 감성적인 부문을 고려하지 않으면 진부감이 나타난다.
  - 이동전화의 설계에서 사용성 개선을 위해 사용자의 인지적 특성이 많이 고려되어야 하는 사용자 인터페이스 요소는 한글 입력방식이다.

- 5단계 : 보조물 설계
- 6단계 : 시험 및 평가

◎ 인간과 기계의 비교
- 일반적으로 인간이 현존하는 기계보다 우월한 기능
  - 문제해결에 독창성을 발휘한다.
  - 임기응변력이 기계보다 앞선다.
  - 완전히 새로운 해결책을 찾을 수 있다.
  - 원칙을 적용하여 다양한 문제를 해결한다.
  - 경험을 활용하여 행동 방향을 개선한다.
  - 다양한 경험을 토대로 하여 의사결정을 한다.
  - 관찰을 통해서 일반화하고 귀납적으로 추리한다.
  - 상황에 따라 변화하는 복잡한 자극의 형태를 식별한다.
  - 주위의 이상하거나 예기치 못한 사건들을 감지한다.
  - 어떤 운영방법이 실패할 경우 다른 방법을 선택한다.
  - 수신 상태가 나쁜 음극선관에 나타나는 영상과 같이 배경잡음이 심한 경우에도 신호를 인지할 수 있다.
  - 항공사진의 피사체나 말소리처럼 상황에 따라 변화하는 복잡한 자극의 형태를 식별할 수 있다.
- 현존하는 기계가 인간보다 우월한 기능(인공지능 제외)
  - 관찰을 통하지 않고 연역적으로 추리한다.
  - 인간보다 쉽게 피로하지 않는다.
  - 정보의 신속한 보관이 가능하다.
  - 명시된 절차에 따라 신속하고 정량적인 정보처리를 한다.
  - 암호화된 정보를 신속하게 대량으로 추리하고 보관한다.
  - 물리적인 양을 신속하게 계수하거나 측정한다.
  - 입력신호에 대해 신속하고 일관성 있게 반응한다.
  - 여러 개의 프로그램된 활동을 동시에 수행한다.
  - 소음 등 주위가 불안정한 상황에서도 효율적으로 작동한다.
  - 지속적인 단순 반복작업을 신뢰성 있게 수행한다.
  - 다양한 활동의 복합적 수행이 가능하다.

㉣ 인간-기계시스템을 평가하는 척도의 요건 : 적절성, 타당성, 무오염성, 신뢰성

㉭ 인간에 대한 감시(Monitoring)방법
- 직접적인 방법 : 생리학적 감시방법, 시간적 감시방법, 반응에 대한 감시방법
- 간접적인 방법 : 환경의 감시방법
- Visual Monitoring : 동작자의 태도를 보고 동작자의 상태를 파악하는 감시방법
- Self-Monitoring 방법 : 피로, 교통, 권태 등의 자각에 의해서 자신의 상태를 알고 행동하는 감시방법

㉮ 인간이 서로 마주하는 거리는 양자 간의 관계성 정도를 표현해 준다. 사회적 관계를 나타내는 사회적 거리는 120~360[cm]가 적당하다.

10년간 자주 출제된 문제

1-1. 다음 중 연구기준의 요건에 대한 설명으로 옳은 것은?

① 적절성 : 반복실험 시 재현성이 있어야 한다.
② 신뢰성 : 측정하고자 하는 변수 이외의 다른 변수의 영향을 받아서는 안 된다.
③ 무오염성 : 의도된 목적에 부합하여야 한다.
④ 민감도 : 피실험자 사이에서 볼 수 있는 예상 차이점에 비례하는 단위로 측정해야 한다.

1-2. 인간이 현존하는 기계를 능가하는 기능이 아닌 것은?(단, 인공지능은 제외한다)

① 원칙을 적용하여 다양한 문제를 해결한다.
② 관찰을 통해서 특수화하고 연역적으로 추리한다.
③ 주위의 이상하거나 예기치 못한 사건들을 감지한다.
④ 어떤 운용방법이 실패할 경우 새로운 다른 방법을 선택할 수 있다.

|해설|

1-1
① 적절성 : 의도된 목적에 부합하여야 한다.
② 신뢰성 : 반복실험 시 재현성이 있어야 한다.
③ 무오염성 : 측정하고자 하는 변수 이외의 다른 변수의 영향을 받아서는 안 된다.

1-2
인간은 관찰을 통해서 일반화하고 귀납적으로 추리한다.

정답 1-1 ④ 1-2 ②

핵심이론 02 | 작업환경관리

① 통 제

㉠ 피츠(Fitts)의 법칙
- 인간의 제어 및 조정능력을 나타내는 법칙
- 자동차 엑셀러레이터와 브레이크 간의 간격, 브레이크 폭, 소프트웨어상에서 메뉴나 버튼의 크기 등을 결정하는 데 사용할 수 있는 인간공학 법칙이다.
- 인간의 행동에 대한 속도와 정확성 간의 관계를 설명한다.
- 시작점에서 목표점까지 얼마나 빠르게 닿을 수 있는지를 예측한다.
- 표적이 작고 이동거리가 길수록 이동시간이 증가한다.
- 관련된 변수 : 표적의 너비, 시작점에서 표적까지의 거리, 작업의 난이도(Index of Difficulty)
- 이동시간(MT ; Movement Time)

$$MT = a + b\log_2\left(\frac{D}{W} + 1\right)$$

(여기서, a, b : 작업의 난이도에 따른 실험상수, D : 시작점에서 표적까지의 이동거리, W : 표적의 너비, 폭)

㉡ 통제장치의 유형(능률과 안전을 위한 기계의 통제수단)
- 양의 조절에 의한 통제 : 투입원료, 연료량, 전기량(전압·전류·저항), 음량, 회전량 등의 양을 조절하여 통제하는 장치(손잡이, 크랭크, 휠, 레버, 페달 등)
- 개폐에 의한 통제 : 스위치 온·오프로 동작을 시작하거나 중단하도록 통제하는 장치(손 푸시버튼, 발 푸시버튼, 수동식 변환, 토글스위치, 회전식 선택스위치 등)
- 반응에 의한 통제 : 계기, 신호 또는 감각에 의하여 행하는 통제장치(마우스, 트랙볼, 디지타이저, 라이트 팬 등)

㉢ 통제기기 선택 시 고려사항
- 통제기기와 작업의 관계
- 통제기기에 관한 정보
- 기계에 대한 통제기기의 역할
- 통제기기의 설치면적
- 통제기기의 작동속도 및 정밀도, 조작의 용이성 등

㉣ 통제기기의 특성
- 연속조절형태 : 손잡이, 크랭크, 핸들, 레버, 페달 등
- 불연속조절형태 : 푸시버튼, 스위치 등
  - 집단 설치에 가장 이상적인 형태 : 수동식 푸시버튼, 토글스위치
  - 조작시간이 짧은 순서 : 수동 푸시버튼 → 토글스위치 → 발 푸시버튼 → 로터리 스위치

㉤ 통제기기의 안전장치 : 푸시버튼의 요철면, 토글스위치의 커버, 잠금장치 등

㉥ 통제기기 선정조건
- 계기지침의 일치성 : 계기지침의 움직임 방향과 계기 대상물의 움직임 방향이 일치할 것
- 식별 용이성
- 특정 목적에 사용되는 통제기기는 여러 개를 조합하여 사용하는 것이 효과적이다.
- 통제기기가 복잡하고 정밀한 조절이 필요한 경우
  - 통제 대상물의 조절 빈도가 작을 때는 로터리 통제기기나 직선 통제기기를 선정
  - 돌리고 조절하는 2가지 운동을 동시에 해야 하는 연속조절 통제의 경우는 손잡이, 크랭크, 레버, 핸들, 페달 등을 선정
  - 설정 위치마다 저항을 강하게 주는 것이 바람직한 불연속통제의 경우는 수동 푸시버튼, 발 푸시버튼, 토글스위치, 로터리 스위치 등을 선정
- 조작력과 세팅범위가 중요한 경우는 통제표시비를 검토한다.

㉦ 통제표시비(C/D비 ; Control-Display Ratio)
- 통제기기와 표시장치의 이동비율
- 통제기기의 움직인 거리와 이동요소의 움직이는 거리(표시장치의 지침과 활자 등)의 비

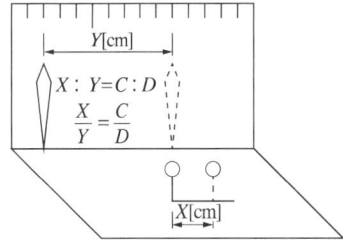

$C/D = X/Y$ (여기서, X : 통제기기의 변위량, Y : 표시장치의 변위량)

- 통제표시비(C/D비) 설계 시 고려하여야 하는 5가지 요소 : 계기의 크기, 공차, 목측거리(목시거리), 조작시간, 방향성
  - 계기의 크기는 너무 작거나 크지 않도록 적당한 크기로 설계한다.
  - 짧은 주행시간 내에 공차의 인정범위를 초과하지 않는 계기를 마련한다.
  - 목시거리가 길면 길수록 조절의 정확도는 떨어진다.
  - 통제기기시스템에서 발생하는 조작시간의 지연은 직접적으로 통제표시비가 가장 크게 작용하고 있다.
- 통제표시비는 연속 조종장치에 적용되는 개념이다.
- 통제표시비가 작을수록 민감한 제어장치이다.
- C/D비가 작을수록 이동시간이 짧다.
- 최적 C/D비는 1.08~2.20으로 알려져 있다.
- 최적의 통제표시비는 제어장치의 종류나 표시장치의 크기, 허용오차 등에 의해 달라진다.
- C/D비가 크다는 의미는 미세한 조종은 쉽지만 수행시간은 상대적으로 길다는 것이다.
- 통제표시비와 조작시간의 관계(Jenkins) : 조작시간에 포함되는 시간은 시각의 감지시간, 통제기기의 주행시간, 조정시간의 3요소이며 최적통제비는 1.18~2.42가 효과적이다.

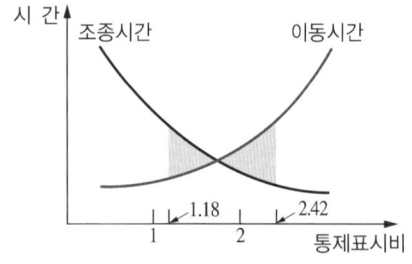

◎ 조종구(Ball Control)의 C/D비 또는 C/R비(조종—반응비, Control-Response Ratio)

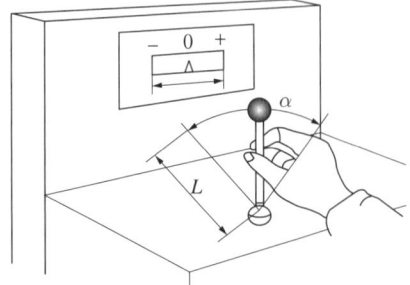

$$C/R = \frac{(\alpha/360°) \times 2\pi L}{\text{표시장치의 이동거리}}$$

[여기서, α : 조종장치가 움직인 각도, L : 통제기기의 회전반경(지레 길이)]

- 회전하는 조종장치가 선형 표시장치를 움직이는 경우이다.
- X가 조종장치의 변위량, Y가 표시장치의 변위량일 때 X/Y로 표현된다.
- Knob C/R비는 손잡이 1회전 시 움직이는 표시장치 이동거리의 역수로 나타낸다.
- 최적의 C/R비는 제어장치의 종류나 표시장치의 크기, 허용오차 등에 의해 달라진다.
- 최적의 조종반응비율은 조종장치의 조종시간과 표시장치의 이동시간이 교차하는 값이다.
- 연속 제어조종장치에서 정확도보다 속도가 중요하다면 C/R비를 1보다 낮게 조절하여야 한다.
- C/R비가 작을수록 민감한 제어장치이다.

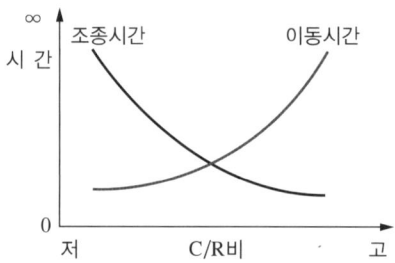

- 조종장치의 저항력 : 탄성저항, 점성저항, 관성, 정지 및 미끄럼 마찰 등
  - 점성저항
    ⓐ 갑작스런 속도의 변화를 막고 부드러운 제어동작을 유지하게 해 주는 저항이다.
    ⓑ 출력과 반대 방향으로 그 속도에 비례해서 작용하는 힘 때문에 생기는 항력으로 원활한 제어를 돕는다. 특히, 규정된 변위속도를 유지하는 효과를 가진 조종장치의 저항력이다.
- 조종장치의 오작동을 방지하는 방법
  - 오목한 곳에 둔다.
  - 필요시 조종장치를 덮거나 방호한다.
  - 작동을 위해서 힘이 요구되는 조종장치에는 저항을 제공한다.
  - 순서적 작동이 요구되는 작업일 때 순서를 지나치지 않도록 잠김장치를 설치한다.

② 빛
  ③ 빛 관련 개념과 척도
    • 광속(Luminous Flux, f)
      – 광원으로부터 방출되는 빛의 양(광원이 뿜어내는 빛의 총량)
      – 단위 : 루멘(Lumen)[lm]
        ⓐ 1[cd]의 점광원에서 반지름이 1[m]인 거리에서 단위면적 1[m²]에 비치는 빛의 양이다.
        ⓑ 1[lm]은 초 하나를 켜 두고 1[m] 떨어진 거리에서 느끼는 빛의 양이다.
    • 광도(Luminous Intensity, I)
      – 광원에서 특정 방향으로 발하는 빛의 세기
      – 단위면적당 표면에서 반사되는 광량
      – 단위 : 칸델라(Candela)[cd], Lambert[L], Foot-Lambert, nit[cd/m²]
      – 광도(I)
      $$I = \frac{\text{한 방향으로 방출되는 광속}}{\text{방향각도}} [\text{lm/sr} = \text{cd}]$$
    • 람베르트(L, Lambert) : 완전 발산 및 반사하는 표면에 표준 촛불로 1[cm] 거리에서 조명될 때 조도와 같은 광도
      – 단위시간당 한 발광점으로부터 투광되는 빛의 에너지양[cd]
      – 1[cd]는 촛불 하나의 밝기와 같다.
    • 조도(Illuminance, E) : 작업면의 밝기
      – 표면의 단위면적에 비추는 빛의 양 또는 광속 물체나 표면에 도달하는 빛이 단위면적당 밀도(광의 밀도)
      – 광속과 빛이 비춰지는 면적과의 비례
      – 조도(E) :
      $$E = \frac{\text{광속}}{(\text{조사면적})^2} [\text{lm/m}^2] = \frac{\text{광도}}{(\text{거리})^2} [\text{cd/m}^2]$$
      – 조도는 광속이 표면에 도달하는 방향으로부터 독립적이며, 광원의 밝기에 비례하고 거리의 제곱에 반비례한다. 반사체의 반사율과는 상관없이 일정한 값을 갖는다.
      – 단위 : 럭스(lx) 또는 풋캔들(fc)
        ⓐ 1[lx]는 1[m²]의 면적 위에 1[lm]의 광속이 균일하게 비춰질 때이다.
        ⓑ 1[lx]는 1[cd]의 점광원으로부터 1[m] 떨어진 구면에 비추는 광의 밀도이다.
        ⓒ 1[fc]는 1촉광의 점광원으로부터 1[Foot] 떨어진 곡면에 비추는 광의 밀도이다.
      – 조도의 기준을 결정하는 요소 : 시각기능, 작업부하, 경제성
      – 산업안전보건법의 최소 조도기준(조명수준) : 수술실 내 작업면 10,000~20,000[lx], 초정밀 작업 750[lx] 이상, 정밀작업 300[lx] 이상, 일반작업(보통작업) 150[lx] 이상, 그 밖의 작업 75[lx] 이상
      – 추천 조명수준 : 아주 힘든 검사작업 500[fc], 세밀한 조립작업 300[fc], 보통 기계작업이나 편지 고르기 100[fc], 드릴 또는 리벳작업 30[fc]
      [예제] 반사형 없이 모든 방향으로 빛을 발하는 점광원에서 5[m] 떨어진 곳의 조도가 120[lx]라면 2[m] 떨어진 곳의 조도는?
      $$\text{조도} = 120 \times \frac{5^2}{2^2} = 750 [\text{lx}]$$
    • 휘도(Luminance, L)
      – 빛을 내는 물체의 단위면적당 밝기의 정도
      – 물체의 표면에서 반사되는 빛의 양
      – 단위면적당 표면을 떠나는 빛의 양
      – 단위 : nit[cd/m²], [fL], [mL]
      – 휘도(L) : $L = \frac{\text{광도}}{(\text{조사면적})^2} [\text{cd/m}^2]$
    • 반사율(Reflectance)
      – 반사율 = $\frac{\text{표면에서 반사되는 빛의 양}}{\text{표면에 비치는 빛의 양}} = \frac{\text{휘도}}{\text{조도}}$
      – 반사율이 100[%]라면, 빛을 완전히 반사하는 것이다.
      – 실내면에서 빛의 추천 반사율 : 바닥 20~40[%], 가구 25~45[%], 벽 40~60[%], 천장 80~90[%]
    • 광속발산도(Luminance Ratio)
      – 대상의 면에서 발산되는 단위면적당 광속이며 단위는 [lm/m²]이다.
      – 광속발산도 = 광속/발산면적
      – 휘도와 비슷하다.
      – 간접적인 광원에 대한 빛의 양이다.

- 대비(Contrast)
  - 대비 = $\dfrac{배경 - 표적}{배경}$
  - 대비 = $\dfrac{L_b - L_t}{L_b}$ (L_b : 휘도 또는 종이의 반사율, L_t : 전체 휘도 또는 인쇄된 글자의 반사율)
  - 표적이 배경보다 어두울 경우 대비는 0~100 사이이며, 표적이 배경보다 밝을 경우의 대비는 0 이하이다.
- 소요조명[fc] = $\dfrac{L_b}{반사율}$
  (L_b : 휘도 또는 광속발산도[fL])
- 굴절력 : 굴절력 = $\dfrac{1}{L_1}$
  (L_1 : 초점거리 또는 명시거리[m])

ⓒ 조명
- 조명의 종류 : 국소조명, 완화조명, 전반조명, 투명조명, 직접조명, 간접조명, 반간접조명 등
  - 국소조명 : 작업면상의 필요한 장소에만 높은 조도를 취하는 조명방법
  - 전반조명 : 실내 전체를 일률적으로 밝히는 조명방법으로, 실내 전체가 밝아져 기분이 명랑해지고 눈의 피로가 적어서 사고나 재해가 적어지는 조명방식
  - 직접조명 : 강한 음영 때문에 근로자 눈의 피로도가 큰 조명방법
- 조명의 특징
  - 조명이 밝을수록 생산량은 증가하다가 적정영역 이상에서는 일정해진다.
  - 반사광은 세밀한 작업을 하는 데 불리하다.
  - 독서를 하는 경우에는 간접조명이 더 효과적이다.
  - 작업장의 경우 공간 전체에 빛이 골고루 퍼지게 하는 것이 좋다.
- 옥외의 자연조명에서 최적명시거리일 때 문자나 숫자의 높이에 대한 획폭비는 일반적으로 검은 바탕에 흰 숫자를 쓸 때는 1 : 13.3, 흰 바탕에 검은 숫자를 쓸 때는 1 : 4가 독해성이 최적이 된다.

ⓒ 시성능기준함수의 일반적인 수준 설정
- 현실상황에 적합한 조명수준이다.
- 표적탐지활동은 50~99[%]로 한다.
- 표적(Target)은 정적인 과녁에서 동적인 과녁으로 한다.
- 언제, 시계 내의 어디에, 과녁이 나타날지 알지 못하는 경우이다.
- 숫자와 색을 이용한 암호가 가장 좋다.

ⓔ 휘광 : 눈부심으로 성가신 느낌, 시성능 저하 등을 초래한다. 광원 또는 반사공은 시계 내에 있으면 성가신 느낌과 불편감을 주어 시성능을 저하시키는데, 이러한 광원으로부터의 직사휘광을 처리하는 방법은 다음과 같다.
- 휘광원 주위를 밝게 하여 광속발산비(휘도비, 광도비)를 줄인다.
- 광원을 시선에서 멀리 위치시킨다.
- 광원의 휘도를 줄이고 광원의 수를 늘린다.
- 창문을 높게 단다.
- 간접조명수준을 낮춘다.
- 가리개, 차양(Visor), 발(Blind), 갓(Hood) 등을 사용한다.
- 옥외 창 위에 들창(Overhang)을 설치한다.

ⓜ 암조응(Dark Adaptation)
- 눈이 어두운 곳에 순응하여 점차 보이는 현상
- 일반적으로 인간의 눈이 완전 암조응에 걸리는 데 소요되는 시간 : 30~40분

ⓗ 영상표시단말기(VDT ; Visual Display Terminal)
- 영상표시단말기의 종류 : CRT(음극선관) 화면, LCD(액정 표시) 화면, 가스플라스마 화면 등
- 화면반사를 줄이기 위해 산란식 간접조명을 사용한다.
- 영상표시단말기(VDT)를 사용하는 작업에 있어 일반적으로 화면과 그 인접 주변과의 광도비는 1 : 3이다.
- 화면과 화면에서 먼 주위의 휘도비는 1 : 10으로 한다.
- 눈의 피로를 줄이기 위해 VDT 화면과 종이 문서 간 밝기의 비는 최대 1 : 10을 넘지 않도록 한다.
- 조명의 수준이 높으면 자주 주위를 둘러봄으로써 수정체의 근육을 이완시키는 것이 좋다.
- 작업영역은 조명기구 바로 아래보다는 조명기구들 사이에 둔다.
- 작업대 주변에 영상표시단말기작업 전용의 조명등을 설치할 경우에는 영상표시단말기 취급근로자의 한쪽 또는 양쪽 면에서 화면·서류면·키보드 등에 조명이 균등하게 비치도록 설치하여야 한다.

- 작업실 내의 창·벽면 등은 반사되지 않는 재질로 하여야 하며, 조명은 화면과 명암의 대조가 심하지 않도록 하여야 한다.
- 영상표시단말기를 취급하는 작업장 주변환경의 조도를 화면의 바탕 색상이 검은색 계통일 때는 300[lx] 이상 500[lx] 이하, 화면의 바탕 색상이 흰색 계통일 때는 500[lx] 이상 700[lx] 이하를 유지하도록 하여야 한다.
- 화면을 바라보는 시간이 많은 작업일수록 화면 밝기와 작업대 주변 밝기의 차이를 줄이도록 하고, 작업 중 시야에 들어오는 화면·키보드·서류 등의 주요 표면 밝기를 가능한 한 같도록 유지하여야 한다.
- 창문에는 차광망 또는 커텐 등을 설치하여 직사광선이 화면·서류 등에 비치는 것을 방지하고, 필요에 따라 언제든지 그 밝기를 조절할 수 있도록 하여야 한다.
- 필터를 부착한 VDT 화면에 표시된 글자의 밝기는 줄어들지만 대비는 증가한다.

③ 음 또는 소음

㉠ 음 관련 이론
- 도플러(Doppler) 효과 : 발음원이 이동할 때, 그 진행 방향 쪽에서는 원래 발음원의 음보다 고음으로, 진행 방향 반대쪽에서는 저음으로 되는 현상
- 마스킹(Masking) 효과 : 어떤 소리에 의해 다른 소리가 파묻혀 들리지 않게 되는 현상
  - 피은폐된 한 음의 가청역치가 다른 은폐된 음 때문에 높아지는 현상이다.
  - 음의 한 성분이 다른 성분에 대한 귀의 감수성을 감소시키는 상황이다.
  - 음의 한 성분이 다른 성분에 대한 귀의 감수성을 감소시키는 작용이다.
  - 은폐음 때문에 피은폐음의 가청역치가 높아진다.
  - 순음에서 은폐효과가 가장 큰 것은 은폐음과 배음(Harmonic Overtone)의 주파수가 가까울 때이다.
  - 은폐효과의 예 : 배경음악에 실내소음이 묻히는 경우, 사무실의 자판 소리 때문에 말소리가 묻히는 경우
- 임피던스(Impedance) 효과 : 밀폐된 공간에서 발생되는 공기압력의 차이로 인하여 소리 전달이 방해되는 현상

㉡ 음과 소음
- 음(Sound) : 물체의 진동으로 인해 일어나는 공기 압력 변화에 의하여 발생
- 소음(Noise) : 원치 않은 소리(Unwanted Sound)
  - 소음이란 귀에 불쾌한 음이나 생활을 방해하는 음으로, 주어진 작업의 존재나 완수와 정보적인 관련이 없는 청각적 자극이다.
  - 불규칙음, 비주기적이고 고주파 음역의 특성을 나타내는 음이다.
  - 소음에는 익숙해지기 쉽다.
  - 소음계는 소음, 음압을 계측할 수 있다.
  - 소음의 피해는 정신적, 심리적인 것이 주가 된다.
  - 강한 소음에 노출되면 부신피질의 기능이 저하된다.
  - 간단하고 정규적인 과업의 퍼포먼스는 소음의 영향이 없으며 오히려 개선되는 경우도 있다.
  - 시력, 대비판별, 암시, 순응, 눈동작 속도 등 감각 능력은 모두 소음의 영향이 적다.
  - 운동 퍼포먼스는 균형과 관계되지 않는 한 소음에 의해 나빠지지 않는다.
  - 쉬지 않고 계속 실행하는 과업에 있어 소음은 부정적인 영향을 미친다.
  - 산업안전보건법에서 정한 물리적 인자의 분류기준에 있어서 소음성 난청을 유발할 수 있는 85[dB] 이상의 시끄러운 소리를 소음으로 규정한다.

㉢ 주파수(진동수, Frequency)
- 단위 : [Hz](1초 동안의 진동수)
- 소리의 크고 작은 느낌은 주로 강도의 함수이지만 진동수에 의해서도 일부 영향을 받는다.
- phon의 기준순음주파수는 1,000[Hz]이다.
- 주파영역 : 저주파 20[Hz] 이하, 가청주파수 20~20,000[Hz], 고주파 4,000~20,000[Hz], 초음파 20,000[Hz] 이상
- 소음에 대한 청력 손실이 가장 심각하게 노출되는 진동수 : 4,000[Hz]
- 가청범위에서의 청력 손실은 15,000[Hz] 근처의 높은 영역에서 가장 크게 나타난다.
- 시각을 주로 사용하는 작업에서 작업의 수행도를 가장 나쁘게 하는 진동수의 범위(시각 퍼포먼스가 가장 나빠지는 진동수) : 10~25[Hz]
- 저주파의 음은 고주파의 음만큼 크게 들리지 않는다.

- 사람의 귀는 모든 주파수의 음마다 다르게 반응한다.
- 일반적으로 낮은 주파수(100[Hz] 이하)에 덜 민감하고, 높은 주파수에 더 민감하다.

ㄹ) 주기 : 진동수의 역수

예) 1/100초 동안 발생한 3개의 음파를 나타낸 것이다.

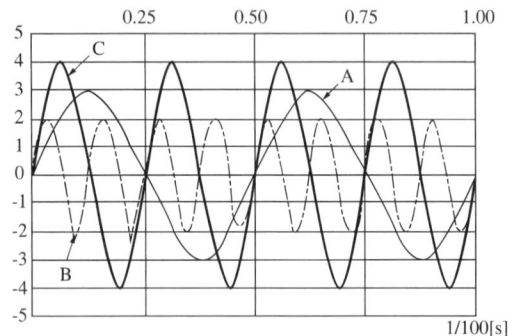

음의 세기가 가장 큰 것은 C 음파, 가장 높은 음은 B 음파이다.

ㅁ) 음량수준 평가척도 : phon, sone, 인식소음 수준(PNdB, PLdB 등)

- phon
  - 1,000[Hz]의 기준음과 같은 크기로 들리는 다른 주파수의 음의 크기
    예) 50[phon]은 1,000[Hz]에서 50[dB]이며, 이것은 100[Hz]에서는 60[dB]이다.
  - [phon]으로 표시한 음량수준 : 이 음과 같은 크기로 들리는 1,000[Hz] 순음의 음압수준[dB]
    예) 70[dB]의 1,000[Hz]는 70[phon]이다.

- sone : 어떤 음의 기준음과 비교한 배수
  - 1[sone] : 40[dB]의 음압수준을 가진 약 1,000[Hz] 순음의 크기
  - 1[sone] = 40[phon]
  - sone = $2^{\frac{[phon]-40}{10}}$

예) 1,000[Hz], 60[dB]인 음과 같은 높이임에도 4배 더 크게 들리는 소리의 음압수준 1,000[Hz], 60[dB]인 음의 크기는 60[phon]이므로

sone = $2^{\frac{[phon]-40}{10}} = 2^{\frac{60-40}{10}} = 4$[sone]이며, 이보다 4배가 더 크게 들리므로

$4 \times 4 = 16 = 2^{\frac{[phon]-40}{10}}$ 에서

[phon] = $10 \times \frac{\log 16}{\log 2} + 40 = 80$[phon] = 80[dB]

- PNdB(Perceived Noise Level) : 소음 측정에 이용되는 척도로 910~1,090[Hz]대의 소음 음압수준
- PLdB(Perceived Level of Noise) : 3,150[Hz]에 중심을 둔 1/3 옥타브 대음을 기준으로 사용

ㅂ) 데시벨(dB)
- 국내 규정상 1일 노출 횟수가 100일 때, 최대음압수준이 140[dB(A)]를 초과하는 충격소음에 노출되어서는 안 된다.
- 동일한 소음원에서 거리가 2배 증가하면 음압수준은 6[dB] 정도 감소한다.
- SPL은 상대적 특정 위치에서의 소음레벨로, SPL = $20\log\frac{P}{P_0}$ 이다. 경보사이렌으로부터 10[m] 떨어진 곳에서 음압수준이 140[dB]일 때, 100[m] 떨어진 곳에서 음의 강도

$[dB]_2 = [dB]_1 - 20\log\frac{l_2}{l_1}$

$= 140 - 20\log\frac{100}{10} = 120[dB]$

- 음압[dB(A)]과 허용노출시간[T]

[dB(A)]	90	95	100	105	110	115
T	8H	4H	2H	1H	30분	15분

- 강렬한 소음작업 : 90[dB] 이상의 소음이 1일 8시간 이상 발생되는 작업
- 90[dB(A)] 정도의 소음에 오랜 시간 노출되면 청력장애를 일으키게 된다.
- 115[dB] 이상의 소음에 노출되어서는 안 된다.
- 작업장의 설비 3대에서 각각 A[dB], B[dB], C[dB]의 소음이 발생되고 있을 때 작업장의 음압수준 $L = 10\log(10^{A/10} + 10^{B/10} + 10^{C/10})$[dB]
- 누적소음노출량측정기로 측정하였으며, OSHA에서 정한 95[dB(A)]의 허용시간을 4시간이라 가정할 때의 8시간 시간가중평균(TWA) :
TWA = $16.61 \times \log(D/100) + 90$[dB(A)]

(여기서, D : 소음노출량, $D = \frac{가동시간}{기준시간}$[%])

ㅅ) 음성통신에서의 소음환경지수
- AI(Articulation Index) : 명료도지수
- PSIL(Preferred-octave Speech Interference Level) : 음성간섭수준

- PNC(Preferred Noise Criteria Curves) : 선호소음판단 기준곡선
ⓒ 총소음량(TND)
  - 소음설계의 적합성 : TND 1 이하
  - TND 계산 및 소음설계의 적합성 판단
    예 3개 공정의 소음수준 측정결과 1공정은 100[dB]에서 1시간, 2공정은 95[dB]에서 1시간, 3공정은 90[dB]에서 1시간이 소요될 때, 총소음량(TND)과 소음설계의 적합성 판단(단, 90[dB]에서 8시간 노출될 때를 허용기준으로 하여, 5[dB] 증가할 때 허용시간은 1/2로 감소되는 법칙 적용) :
    $TND = \frac{1}{2} + \frac{1}{4} + \frac{1}{8} = 0.875$이며 TND가 1 이하로 나타났으므로 소음설계는 적합하다.
ⓧ 초음파 소음(Ultrasonic Noise)
  - 전형적으로 20,000[Hz] 이상이다.
  - 가청영역 위의 주파수를 갖는 소음이다.
  - 소음이 5[dB] 증가하면 허용기간은 반감한다.
  - 20,000[Hz] 이상에서 노출 제한은 110[dB]이다.
ⓩ 소음방지대책
  - 소음 음원에 대한 대책
    - 소음원의 통제를 중심으로 한 적극적인 대책이며 가장 효과적인 방법이다.
    - 소음 발생원 : 밀폐, 제거, 격리, 전달경로 차단
    - 설비 : 밀폐, 격리, 적절한 재배치, 저소음 설비 사용, 설비실의 차음벽 시공, 소음기 및 흡음장치 설치
  - 차폐장치 및 흡음재 사용
  - 진동 부분의 표면적 감소
  - 음향처리제, 방음보호구 등의 사용
  - 보호구 착용(귀마개 및 귀덮개 사용 등)
ⓚ 제한된 실내공간에서 소음문제의 음원에 대한 대책
  - 진동 부분의 표면적을 줄인다.
  - 소음의 전달경로를 차단한다.
  - 벽·천장·바닥에 흡음재를 부착한다.
④ 진 동
  ㉠ 진동 관련 이론
    - 하위헌스(Huygens)의 원리 : 파면상의 각 점에 언제나 그 점을 파원으로 하는 2차적인 구면파가 무수하게 생기고, 이것에 공통으로 접하는 곡면이 다음의 파면이 된다는 이론
    - 압전효과 : 기계진동에 의하여 물체에 힘이 가해질 때 전하를 발생하거나 전하가 가해질 때 진동 등을 발생시키는 현상
  ㉡ 진동방지용 재료로 사용되는 공기스프링의 특징
    - 공기량에 따라 스프링상수의 조절이 가능하다.
    - 공기의 압축성에 의해 감쇠특성이 크므로 미소진동의 흡수도 가능하다.
    - 공기탱크 및 압축기 등의 설치로 구조가 복잡하고 제작비가 비싸다.
    - 측면에 대한 강성은 약하다.
  ㉢ 진동에 의한 건강장해
    - 개 요
      - 작업장에 노출되는 진동은 진동수와 가속도에 따라 느끼는 감각이 다르다.
      - 진동은 크게 전신진동과 국소진동으로 구분할 수 있으며, 산업현장에서 노출되는 진동은 인체에 미치는 영향이 더 크고 직업병을 유발할 수 있다.
    - 전신진동
      - 진동수 3[Hz] 이하 : 신체도 함께 움직이고 동요감을 느끼며, 메스껍고 멀미가 난다.
      - 진동수 4~12[Hz] : 진동수가 증가하면 압박감과 동통감을 받게 되고, 심할 경우 공포감과 오한을 느낀다. 신체 각 부분이 진동에 반응해 고관절, 견관절 및 복부장기가 공명하여 부하된 진동에 대한 반응이 증폭된다.
      - 진동수 20~30[Hz] : 두개골이 공명하기 시작하여 시력 및 청력장애를 초래한다.
      - 진동수 60~90[Hz] : 안구가 공명하게 된다.
      - 일상생활에 노출되는 전신진동의 경우 어깨 뭉침, 요통, 관절통증 등의 영향을 미친다.
      - 과거 장시간 서서 흔들리는 버스에서 일한 버스 안내양의 경우 전신진동에 노출되어 상당수가 생리불순, 빈혈 등의 증상에 시달렸다고 한다.
    - 국소진동
      - 레이노현상(Raynaud's Phenomenon)
        ⓐ 압축공기를 이용한 진동공구를 사용하는 근로자의 손가락에 흔히 발생되는 증상으로, 손가락에 있는 말초혈관운동의 장애로 인하여 혈액순환이 저해되어 손가락이 창백해지고 동통을 느끼게 된다.

ⓑ 이러한 현상은 한랭한 환경에서 더욱 악화되며 이를 Dead Finger, White Finger라고도 한다.
ⓒ 발생원인은 공구의 사용법, 진동수, 진폭, 노출시간, 개인의 감수성 등과 관계된다.
- 뼈 및 관절의 장애
 ⓐ 심한 진동을 받으면 뼈, 관절 및 신경, 근육, 건인대, 혈관 등 연부조직에 병변이 나타난다.
 ⓑ 심한 경우 관절연골의 괴저, 천공 등 기형성 관절염, 이단성 골연골염, 가성관절염과 점액낭염, 건초염, 건의 비후, 근위축 등이 생기기도 한다.
- 진동에 의한 건강장해 예방
 - 진동에 의한 건강장해를 최소화하는 공학적인 방안은 진동의 댐핑과 격리이다.
 - 진동 댐핑이란 고무 등 탄성을 가진 진동흡수재를 부착하여 진동을 최소화하는 것이고 진동 격리란 진동 발생원과 작업자 사이의 진동 노출경로를 어긋나게 하는 것이다.
 - 이러한 공학적인 방안은 진동의 특성, 흡수재의 특성, 작업장 여건 등을 고려하여 신중히 검토한 후 적용하여야 한다.
 - 전동 수공구는 적절하게 유지보수하고 진동이 많이 발생되는 기구는 교체한다.
 - 작업시간은 매 1시간 연속 진동 노출에 대하여 10분 정도 휴식한다.
 - 지지대를 설치하는 등의 방법으로 작업자가 작업공구를 가능한 한 적게 접촉하게 한다.
 - 작업자가 적정한 체온을 유지할 수 있게 관리한다.
 - 손은 따뜻하고 건조한 상태를 유지한다.
 - 가능한 한 공구는 낮은 속력에서 작동되는 것을 선택한다.
 - 방진장갑 등 진동보호구를 착용한 후 작업한다.
 - 손가락의 진통, 무감각, 창백화 현상이 발생되면 즉각 전문 의료인에게 상담한다.
 - 니코틴은 혈관을 수축시키기 때문에 진동공구를 조작하는 동안 금연한다.
 - 관리자와 작업자는 국소진동에 대하여 건강상 위험성을 충분히 알고 있어야 한다.

ⓔ 진동이 인간 성능에 미치는 일반적인 영향
 • 진동은 진폭에 비례하여 시력을 손상시키며 10~25[Hz]에서 가장 심하다.
 • 진동은 진폭에 비례하여 추적능력을 손상시키며 5[Hz] 이하의 낮은 진동수에서 가장 심하다.
 • 안정되고 정확한 근육 조절을 요하는 작업은 진동에 의해서 저하된다.
 • 반응시간, 감시, 형태 식별 등 주로 중앙신경처리에 달린 임무는 진동의 영향을 덜 받는다.
 • 진동의 영향을 가장 많이 받는 인간의 성능은 추적(Tracking)작업(능력)이다.
ⓜ 진동 관련 제반사항
 • 진동에 의한 1차 설비진단법 중 정상, 비정상, 악화의 정도를 판단하기 위한 방법 : 상호판단, 비교판단, 절대판단
 • 정상진동 : 회전축이나 베어링의 마모 등으로 인해 변형되거나 회전의 불균형에 의하여 발생하는 진동
 • 진동의 영향을 가장 많이 받는 인간의 성능 : 추적(Tracking)능력
 • 추적작업, 시각적 인식작업, 수동제어작업 등은 진동의 영향을 받지만, 형태 식별작업은 진동의 영향을 거의 받지 않는다.

⑤ 온도·습도
 ㉠ 실효온도(ET ; Effective Temperature)
  • 실제로 감각되는 온도(실감온도)
  • 기온, 습도, 바람의 요소를 종합하여 실제로 인간이 느낄 수 있는 온도(실효온도지수 개발 시 고려한 인체에 미치는 열효과의 조건 : 온도, 습도, 공기 유동)
  • 온도, 습도 및 공기 유동이 인체에 미치는 열효과를 나타낸 것
  • 무풍 상태, 습도 100[%]일 때의 건구온도계가 가리키는 눈금을 기준으로 한다.
  • 온도와 습도 및 공기 유동이 인체에 미치는 열효과를 하나의 수치로 통합한 경험적 감각지수
  • 상대습도 100[%]일 때의 건구온도에서 느끼는 것과 동일한 온감
  • 사무실 또는 연구실의 감각온도 : 60~65[ET]
  • 실효온도의 종류 : Oxford 지수, WBGT 지수, Botsball 지수

- Oxford 지수(WD) : 습구온도와 건구온도의 단순가중치(가중평균값)

  WD = 0.85W + 0.15D

  (여기서, W : 습구온도, D : 건구온도)

- WBGT 지수(Wet-Bulb Globe Temperature, 습구흑구 온도지수)
  - 태양광이 내리쬐지 않는 옥내 또는 옥외의 경우
    : WBGT = 0.7NWB + 0.3G

    (여기서, NWB : 자연습구온도, G : 흑구온도)
  - 태양광이 내리쬐는 옥외의 경우 :
    WBGT = 0.7NWB + 0.2G + 0.1D

    (여기서, NWB : 자연습구온도, G : 흑구온도, D : 건구온도)

- Botsball 지수(BB 지수) : 열에 대한 인간반응의 지표이며 열스트레스 측정에 활용한다.

  BB = WBGT + (2.5~3.5)

ⓒ 불쾌지수 : 인체에 가해지는 온습도 및 기류 등의 외적변수를 종합적으로 평가한 지수
- 온도단위 [℃]일 때의 불쾌지수 계산식
  = 0.72 × (D + W) + 40.6
  (D : 건구온도[℃], W : 습구온도[℃])
- 온도단위 [℉]일 때의 불쾌지수 계산식
  = 0.4 × (D + W) + 15
  (D : 건구온도[℉], W : 습구온도[℉])
- 불쾌지수의 범위 : 쾌적함의 척도
  - 68 미만 : 전원이 쾌적함을 느낌
  - 68~75 : 불쾌감을 나타내기 시작
  - 75~80 : 일반인의 절반 정도가 불쾌감을 느낌
  - 80 이상 : 대부분의 사람이 불쾌감을 느낌

ⓒ 작업환경의 온열요소 : 기온(Temperature), 기습(Humidity), 기류(Air Movement)

ⓔ 공기의 온열조건 4요소 : 대류, 전도, 복사, 온도

ⓜ 적절한 온도의 작업환경이 추운 환경으로 변할 때, 우리의 신체가 수행하는 조절작용
- 몸이 떨리고 소름이 돋는다.
- 피부온도가 내려간다.
- 직장온도가 약간 올라간다.
- 많은 양의 혈액이 몸의 중심부를 순환한다.
- 피부를 경유하는 혈액순환량이 감소한다.

ⓗ 클로[clo] : 옷을 입었을 때 의복의 보온력 단위이다. 1[clo]는 2면 사이의 온도구배가 0.18[℃]일 때 1시간에 1[m^2]에 대해 1[cal]의 열통과를 허용하는 양이며, 총 보온율은 각 보온율의 값을 모두 더한 값이다.

ⓢ 고온에서 나타나는 생리적 반응
- 근육의 이완
- 체표면적의 증가
- 피부혈관의 확장
- 고온 스트레스에 의한 Q10효과 발생

  ※ Q10효과 : 고온 스트레스에 의하여 호흡량이 증가하여 체내 에너지 소모량이 증가하고 견디는 힘이 약해지는 현상

ⓞ 열중독증(Heat Illness)의 강도(저고순) :
열발진(Heat Rash) > 열경련(Heat Cramp) > 열소모(Heat Exhaustion) > 열사병(Heat Stroke)
- 열발진(Heat Rash)
- 열경련(Heat Cramp) : 고열환경에서 심한 육체노동 후에 탈수와 체내 염분농도 부족으로 근육의 수축이 격렬하게 일어나는 장해
- 열소모(Heat Exhaustion)
- 열사병(Heat Stroke)
  - 고온환경에 노출될 때 발한에 의한 체열방출이 방해를 받아 체내에 열이 축적되어 발생한다.
  - 뇌 온도의 상승으로 체온조절중추의 기능이 장해를 받게 된다.
  - 치료를 하지 않을 경우 100[%], 43[℃] 이상일 때에는 80[%], 43[℃] 이하일 때에는 40[%] 정도의 치명률을 가진다.

ⓩ 고열에 의한 건강장해 예방대책으로 작업조건 및 환경개선 두 가지 모두 관계되는 요소는 착의상태이다.

⑥ **열교환**

㉠ 작업환경에서 열교환에 영향을 주는 요소 : 기온(Temperature), 기습(Humidity), 기류(Air Movement)

㉡ 신체의 열교환과정
- 인체와 환경 사이에서 발생한 열교환작용의 교환경로 : 대류, 복사, 증발 등
- 신체 열 함량 변화량 $\Delta S = (M - W) \pm R \pm C - E$
  (M : 대사 열발생량, W : 수행한 일, R : 복사 열교환량, C : 대류 열교환량, E : 증발 열발산량)

- 인간과 주위의 열교환과정을 나타내는 열균형 방정식에 적용되는 요소 : 대류, 복사, 증발 등
  ㉢ 열압박 지수(HSI ; Heat Stress Index)
    • 열평형을 유지하기 위해서 증발해야 하는 발한량으로 열부하를 나타내는 지수
    • 열압박 지수 중 실효온도지수 개발 시 고려한 인체에 미치는 열효과의 조건 : 온도, 습도, 공기유동
    • 1일 작업량은 HSI를 활용하여 계산된 작업 지속시간(전체 시간에서 휴식시간을 제외한 시간)을 기준으로 계산한다.
⑦ 얼음과 드라이아이스 등을 취급하는 작업에 대한 대책
  ㉠ 더운 물과 더운 음식을 섭취한다.
  ㉡ 혈액순환을 위해 틈틈이 운동한다.
  ㉢ 오랫동안 한 장소에 고정하여 작업하지 않는다.
  ㉣ 반드시 면장갑을 끼고 사용한다.
  ㉤ 밀폐된 좁은 공간에서 드라이아이스를 취급할 때에는 호흡장애 또는 질식을 방지하기 위하여 공기를 환기시킬 배출구를 내야 한다.
  ㉥ 드라이아이스는 급격히 기체로 변하기 때문에 보온병과 같은 밀폐용기에 담을 경우 폭발 위험이 있으므로, 실험실에서도 드라이아이스를 시험관에 넣고 고무마개로 입구를 막아 보관하면 절대 안 된다.
⑧ 가속도
  ㉠ 가속도란 물체의 운동 변화율이다.
  ㉡ $1G$는 자유낙하하는 물체의 가속도인 $9.8[m/s^2]$에 해당한다.
  ㉢ 선형 가속도의 방향은 물체의 운동 방향이고 각가속도의 방향은 회전축의 방향이다.
  ㉣ 운동 방향이 전후방인 선형 가속도의 영향은 수직 방향보다 덜하다.
⑨ 불안전한 행동을 유발하는 상황에서의 위험처리기술
  ㉠ 위험 전가(Transfer)
  ㉡ 위험 보류(Retention)
  ㉢ 위험 감축(Reduction)

10년간 자주 출제된 문제

2-1. 다음 중 조종-반응비율(C/R비)에 관한 설명으로 틀린 것은?

① C/R비가 클수록 민감한 제어장치이다.
② 'X'가 조종장치의 변위량, 'Y'가 표시장치의 변위량일 때 X/Y로 표현한다.
③ Knob C/R비는 손잡이 1회전 시 움직이는 표시장치 이동거리의 역수로 나타낸다.
④ 최적의 C/R비는 제어장치의 종류나 표시장치의 크기, 허용오차 등에 의해 달라진다.

2-2. 반경 10[cm]의 조종구(Ball Control)를 30° 움직였을 때 표시장치는 1[cm] 이동하였다. 이때의 통제표시비(C/R)는 약 얼마인가?

① 2.56 ② 3.12
③ 4.05 ④ 5.24

2-3. 다음과 같은 실내 표면에서 일반적으로 추천 반사율의 크기를 맞게 나열한 것은?

| ㉠ 바 닥 | ㉡ 천 장 |
| ㉢ 가 구 | ㉣ 벽 |

① ㉠ < ㉣ < ㉢ < ㉡
② ㉣ < ㉠ < ㉢ < ㉡
③ ㉠ < ㉢ < ㉣ < ㉡
④ ㉣ < ㉡ < ㉠ < ㉢

2-4. 반사율이 85[%], 글자의 밝기가 400[cd/m²]인 VDT 화면에 350[lx]의 조명이 있다면 대비는 약 얼마인가?

① -2.8 ② -4.2
③ -5.0 ④ -6.0

2-5. 반사율이 60[%]인 작업 대상물에 대하여 근로자가 검사작업을 수행할 때 휘도(Luminance)가 90[fL]이라면 이 작업에서의 소요조명[fc]은 얼마인가?

① 75 ② 150
③ 200 ④ 300

10년간 자주 출제된 문제

2-6. 50[phon]의 기준음을 들려준 후 70[phon]의 소리를 듣는다면 작업자는 주관적으로 몇 배의 소리로 인식하는가?

① 1.4배 ② 2배
③ 3배   ④ 4배

2-7. 건습구온도계에서 건구온도가 24[℃]이고 습구온도가 20[℃]일 때, Oxford 지수는 얼마인가?

① 20.6[℃] ② 21.0[℃]
③ 23.0[℃] ④ 23.4[℃]

2-8. 적절한 온도의 작업환경이 추운 환경으로 변할때, 우리의 신체가 수행하는 조절작용이 아닌 것은?

① 발한(發汗)이 시작된다.
② 피부온도가 내려간다.
③ 직장온도가 약간 올라간다.
④ 많은 양의 혈액이 몸의 중심부를 순환한다.

|해설|

2-1
C/R비가 작을수록 민감한 제어장치이다.

2-2
$$C/R = \frac{(\alpha/360°) \times 2\pi L}{\text{표시장치의 이동거리}}$$
$$= \frac{(30°/360°) \times 2 \times 3.14 \times 10}{1} \simeq 5.24$$

2-3
실내 표면에서 빛의 추천 반사율
- 바닥 : 20~40[%]
- 가구 : 25~45[%]
- 벽 : 40~60[%]
- 천장 : 80~90[%]

2-4
휘도 $L_b = \dfrac{\text{반사율} \times \text{조도}}{\pi r^2} = \dfrac{0.85 \times 350}{3.14 \times 1^2} = 94.7[\text{cd/m}^2]$

전체 휘도 $L_t = \text{밝기} + \text{휘도} = 400 + 94.7 = 494.7[\text{cd/m}^2]$

대비 $= \dfrac{L_b - L_t}{L_b} = \dfrac{94.7 - 494.7}{94.7} \simeq -4.2$

2-5
소요조명 $= \dfrac{L_b}{\text{반사율}} = \dfrac{90}{0.6} = 150[\text{fc}]$

2-6
50[phon]의 sone $= 2^{\frac{[\text{phon}]-40}{10}} = 2^{\frac{50-40}{10}} = 2[\text{sone}]$이며

70[phon]의 sone $= 2^{\frac{[\text{phon}]-40}{10}} = 2^{\frac{70-40}{10}} = 8[\text{sone}]$이므로 작업자는 주관적으로 4배의 소리로 인식한다.

2-7
Oxford 지수(WD) $= 0.85W + 0.15D$
$= 0.85 \times 20 + 0.15 \times 24 = 20.6[℃]$

2-8
발한(發汗)이 시작되는 것이 아니라 몸이 떨리고 소름이 돋는다.

정답 2-1 ① 2-2 ④ 2-3 ③ 2-4 ② 2-5 ② 2-6 ④ 2-7 ① 2-8 ①

제2절 정보입력표시

핵심이론 01 정보입력표시의 개요

① 신호검출이론(SDT ; Signal Detection Theory)
  ㉠ 응답판별기준
    - 베타(Beta)값 : 기준점에서의 신호와 노이즈 곡선 높이의 비(신호/노이즈)
    - 두 정규분포곡선이 교차하는 부분에 판별기준이 놓였을 때 베타값은 $\beta = 1$이다.
    - 기준점이 오른쪽으로 이동할 때 : 말이 적어지며 긍정과 허위가 모두 적어지고 보수적이 된다(베타값이 증가하여 1보다 커진다).
    - 기준점이 왼쪽으로 이동할 때 : 말이 많아지며 긍정과 허위가 모두 많아지고 모험적이 된다(베타값이 감소하여 1보다 작아진다).
  ㉡ 특 징
    - 신호와 소음을 쉽게 식별할 수 없는 상황에 적용된다.
    - 일반적인 상황에서 신호검출을 간섭하는 소음이 있다.
    - 통제된 실험실에서 얻은 결과를 현장에 그대로 적용하기는 불가능하다.
    - 긍정(Hit), 허위(False Alarm), 누락(Miss), 부정(Correct Rejection)의 4가지 결과로 나눌 수 있다.
  ㉢ 적용대상 : 품질검사, 의학처방, 법정에서의 판정 등

② 정량적 표시장치 : 수치로 표시되는 표시장치
  ㉠ 정량적인 동적 표시장치 : 정목동침형, 정침동목형, 계수형
    - 정목동침형 표시장치 : 눈금이 고정되고 지침이 움직이는 형태의 정량적 표시장치
      - 일정한 범위에서 수치가 자주 또는 계속 변하는 경우 가장 유용한 표시장치이다.
      - 표시값, 측정값의 변화 방향이나 변화속도를 나타내는 데 가장 유리하다.
      - 대략적인 편차나 변화를 빨리 파악할 수 있어 정성적으로도 사용할 수 있다.
      - 동침(Moving Pointer)형 아날로그 표시장치는 바늘의 진행 방향과 증감속도에 대한 인식적인 암시신호를 얻는 것이 가능하다는 장점이 있다.
      예 시계
    - 정침동목형 표시장치 : 지침이 고정되고 눈금이 움직이는 형태의 정량적 표시장치
      - 동목(Moving Scale)형 아날로그 표시장치는 표시장치의 면적을 최소화할 수 있는 장점이 있다.
      예 나침판
    - 계수형 표시장치 : 전자적으로 숫자가 표시되는 형태의 정량적 표시장치
      - 관측하고자 하는 측정값을 가장 정확하게 읽을 수 있는 표시장치이다.
      - 전력계나 택시 요금계기와 같이 숫자로 표시되는 정량적인 동적 표시장치이다.
      - 계수형은 판독오차가 적다.
      - 조작상의 실수 없이 쉽게 조작할 수 있어 생산설비에 많이 사용된다.
      - 계수형 표시장치 사용이 적합한 경우 : 인접한 눈금에 대한 지침의 위치를 파악할 필요가 없는 경우, 수치를 정확히 읽어야 하는 경우, 짧은 판독 시간을 필요로 할 경우, 판독오차가 적은 것을 필요로 할 경우
      - 계수형 표시장치 사용이 부적합한 경우 : 표시장치에 나타나는 값들이 계속 변하는 경우
  ㉡ 정량적 표시장치의 특징
    - 정량적 표시장치의 눈금수열로 가장 인식하기 쉬운 것은 '1, 2, 3, …'이다.
    - 정확한 값을 읽어야 하는 경우 일반적으로 아날로그보다 디지털 표시장치가 유리하다.
    - 연속적으로 변화하는 양을 나타내는 데에는 일반적으로 디지털 표시장치보다 아날로그 표시장치가 유리하다.
    - 전력계에서와 같이 기계적 또는 전자적으로 숫자가 표시된다.
    - 표시장치에 숫자를 설계할 때 권장되는 표준 종횡비(Width-Height Ratio)는 약 3 : 5이다(한글은 1 : 1이다).
  ㉢ 아날로그 표시장치를 선택하는 일반적인 요구사항
    - 일반적으로 동목형보다 동침형을 선호한다.
    - 중요한 미세한 움직임이나 변화에 대한 정보를 표시할 때는 동침형을 사용한다.
    - 일반적으로 동침과 동목은 혼용하여 사용하지 않는다.

- 이동요소의 수동 조절이 필요할 때에는 눈금이 아니라 지침을 조절해야 한다.
- 온도계나 고도계에 사용되는 눈금이나 지침은 수직표시가 바람직하다.
- 눈금의 증가는 시계 방향이 적합하다.
- 아날로그 표시장치가 적합한 경우 : 비행기 고도의 변화율을 알고자 할 때, 자동차 시속을 일정한 수준으로 유지하고자 할 때, 색이나 형상을 암호화하여 설계할 때
- 아날로그 표시장치가 부적합한 경우 : 전력계와 같이 신속하고 정확한 값을 알고자 할 때

ⓔ 정량적 표시장치의 용어
- 눈금단위(Scale Unit) : 눈금을 읽는 최소단위
- 눈금범위(Scale Range) : 눈금의 최고치와 최저치의 차
- 수치 간격(Numbered Interval) : 눈금에 나타낸 인접 수치 사이의 차
- 눈금 간격(Graduation Interval) : 눈금의 최고치와 최저치의 간격

ⓜ 일반적인 조건에서 정량적 표시장치 두 눈금 사이의 간격 0.13[cm], 시야거리 142[cm]일 때 가장 적당한 눈금 사이의 간격(Y)

$$Y = \frac{0.13X}{0.71} = \frac{0.13 \times 1.42}{0.71} = 0.26 [cm]$$

ⓑ 정량적 자료를 정성적 판독의 근거로 사용하는 경우
- 미리 정해 놓은 몇 개의 한계범위에 기초하여 변수의 상태나 조건을 판정할 때
- 목표로 하는 어떤 범위의 값을 유지할 때
- 변화경향이나 변화율을 조사하고자 할 때

③ 정성적 표시장치
ⓐ 정성적 표시장치의 특징
- 연속적으로 변하는 변수의 대략적인 값이나 변화 추세, 변화율 등을 알고자 할 때 사용된다.
- 정성적 표시장치의 근본자료 자체는 정량적인 것이다.
- 색채부호가 부적합한 경우에는 계기판 표시구간을 형상부호화하여 나타낸다.
- 형태성 : 복잡한 구조 그 자체를 완전한 실체로 지각하는 경향이 있기 때문에 이 구조와 어긋나는 특성은 즉시 눈에 띈다.

ⓑ 정성적 자료를 정량적 판독의 근거로 사용하는 경우
- 세부형태를 확대하여 동일한 시각을 유지해야 할 때

④ 표시장치 관련 제반사항
ⓐ 묘사적 표시장치
- 대부분 위치나 구조가 변하는 경향이 있는 요소를 배경에 중첩시켜서 변화되는 상황을 나타내는 표시장치이다.
- 배경에 변화되는 상황을 중첩시켜 나타낸다.
- 조작자의 상황 파악을 향상시킨다.
- 항공기 이동 표시장치나 추적 표시장치에 적용한다.
- 외견형(Outside-in)은 항공기를 움직여서, 지평선을 고정시켜서 나타낸다.
- 내견형(Inside-in)은 항공기를 고정시켜서, 지평선을 움직여서 나타낸다.
- 보정추적 표시장치(Compensatory Tracking) : 목표와 추종요소의 상대적 위치의 오차만 표시한다.
- 추종추적 표시장치(Pursuit Tracking) : 목표와 추종요소의 이동을 모두 공통좌표계에 표시하므로 보정추적 표시장치보다 우월하다.

ⓑ 글자(문자-숫자)
- 획폭비 : 글자의 굵기와 글자의 높이의 비로, 최적독해성(최대 명시거리)를 주는 획폭비는 다음과 같다.
  - 양각(흰 바탕에 검은 글씨) : 1 : 8
  - 음각(검은 바탕에 흰 글씨) : 1 : 13.3
- 광삼현상(Irradiation) : 글자의 설계요소에 있어 검은 바탕에 쓰여진 흰 글자가 번지어 보이는 현상
  - 획폭비는 광삼현상과 관련성이 높다.
  - 광삼현상 때문에 음각의 경우는 양각보다 가늘어도 된다.
- 종횡비 : 글자의 폭과 높이의 비이며, 1 : 1이 적당하다. 3 : 5까지는 독해성에 영향이 없으며 숫자의 경우는 3 : 5를 표준으로 한다.

ⓒ 정적 표시장치와 동적 표시장치
- 정적(Static) 표시장치 : 그래프, 안전판, 도로지도판, 지도, 도표 등
- 동적(Dynamic) 표시장치 : 속도계, 교차로의 신호등, 온도계, 습도계, 고도계

② HUD(Head Up Display)
  - 자동차나 항공기의 앞유리 또는 차양판 등에 정보를 중첩 투사하는 표시장치이다.
  - 정량적, 정성적, 묘사적 표시장치 등 모든 종류의 정보를 표시한다.
  - 표시장치 배치 시의 기본요인 : 가시성, 관련성, 그룹편성

⑤ 암호와 부호
  ㉠ 암호화 또는 코드화(코딩, Coding)
    - 코딩(Coding) : 원래의 신호정보를 새로운 형태로 변화시켜 표시하는 것
    - 감각저장으로부터 정보를 작업 기억(Working Memory)으로 전달하기 위한 코드화 분류 : 시각 코드화, 음성 코드화, 의미 코드화
    - 작업자가 용이하게 기계・기구를 식별하도록 암호화(Coding)하는 방법 : 형상, 크기, 색채, 밝기 등
    - 일반적으로 대부분의 임무에서 시각적 암호의 효능에 대한 결과에서 가장 성능이 우수한 암호는 숫자 및 색 암호이다.
    - 암호 성능 우수 순서 : 숫자암호 - 영문자암호 - 기하학적 형상의 암호 - 구성암호
    - 좋은 코딩시스템의 요건 : 코드의 검출성, 코드의 식별성, 코드의 표준화
    - 정보의 촉각적 코드화(암호화) 방법 : 점자, 진동, 온도 등을 이용하며 크기를 이용한 코드화, 조종장치의 형상 코드화, 표면 촉감을 이용한 코드화 등이 있다.
    - 형상 암호화된 조종장치

다회전용	단회전용	이산멈춤위치용

    - 사람이 음원의 방향을 결정하는 주된 암시신호(Cue) : 소리의 강도차와 위상차
  ㉡ 암호체계 사용상의 일반적인 지침(특정한 목적을 위해 시각적 암호, 부호 및 기호를 의도적으로 사용할 때 반드시 고려하여야 할 사항) : 암호의 검출성, 암호의 변별성, 부호의 양립성, 부호의 의미, 암호의 표준화, 다차원 암호의 사용
    - 암호의 검출성 : 암호화한 자극은 감지장치나 사람이 감지할 수 있어야 한다.
    - 암호의 변별성 : 모든 암호의 표시는 다른 암호 표시와 구분(구별)될 수 있어야 한다.
    - 부호의 양립성 : 암호표시는 인간의 기대와 모순되지 않아야 한다. 자극과 반응 간의 관계가 인간의 기대와 모순되지 않아야 한다.
    - 부호의 의미 : 암호를 사용할 때에는 사용자가 그 뜻을 분명히 알 수 있어야 한다.
    - 암호의 표준화 : 암호를 표준화하여야 한다.
    - 다차원 암호의 사용 : 두 가지 이상의 암호 차원을 조합해서 사용하면 정보 전달이 촉진된다.
  ㉢ 시각적 부호의 종류
    - 묘사적 부호 : 사물의 행동을 단순하고 정확하게 한 부호(위험표지판의 해골과 뼈, 도로표지판의 걷는 사람, 소방안전표지판의 소화기 등)
    - 임의적 부호 : 부호가 이미 고안되어 있으므로 이를 배워야 하는 부호(교통표지판의 삼각형(주의, 경고표지), 사각형(안내표지), 원형(지시표지) 등)
    - 추상적 부호 : 별자리를 나타내는 12궁도

⑥ 반응시간 : 어떤 외부로부터 자극이 눈이나 귀를 통해 입력되어 뇌에 전달되고, 판단한 후 뇌의 명령이 신체 부위에 전달될 때까지의 시간
  ㉠ 단순 반응시간(Simple Reaction Time) : 하나의 특정한 자극만 발생할 때 반응에 걸리는 시간
    - 흔히 실험에서와 같이 자극을 예상하고 있을 때 전형적으로 반응시간은 약 0.15~0.2초이다.
    - 자극을 예상하지 못할 경우 일반적으로 반응시간은 단순 반응시간보다 0.1초 정도 더 증가된다.
    - 반응시간 : 청각(0.17초), 촉각(0.18초), 시각(0.20초), 미각(0.29초), 통각(0.70초)
      - 일반적으로 자극에 대한 단순 반응시간이 가장 빠른 감각은 청각(0.17초)이며, 가장 긴 감각은 통각(0.7초)이다.
      - 자극에 대한 단순 반응시간이 긴 순서 : 통각 - 압각 - 냉각 - 온각
  ㉡ 선택 반응시간
    - 외부로부터 별도의 반응을 요하는 여러 가지의 자극이 주어졌을 때 인간이 반응하는 데 소요되는 시간

- 선택 반응시간(T) : $T = a + b\log_2 N$
  (여기서, N : 자극의 수, a, b : 관련 동작 유형에 관계된 실험 상수)

⑦ 정보 관련 사항
  ㉠ 인식과 자극의 정보처리과정 3단계 : 인지단계 – 인식단계 – 행동단계
  ㉡ 정보의 제어유형 : Action, Selection, Data Entry 등은 성격이 같은 정보의 제어유형이지만, Setting은 성격이 다른 정보의 제어유형이다.
  ㉢ 매직넘버
    - Miller의 마법의 숫자
    - 인간이 절대 식별 시 작업기억 중에 유지할 수 있는 항목의 최대수는 7±2(5~9)이다.
  ㉣ 정보량(H 단위 : [bit])
    - 실현 가능성이 같을 때, 정보량 $H = \log_2 N$
      (여기서, N : 대안의 수)
    - 실현 가능성이 다를 때, 정보량 $H_i = \sum p_i \log_2\left(\dfrac{1}{p_i}\right)$
      (여기서, p_i : 대안 i의 실현 확률)
    - 코드의 설계 시 정보량을 가장 많이 전달할 수 있는 조합 : 다양한 크기와 밝기를 동시에 사용하는 조합
    - 한 자극 차원에서의 절대 식별수에 있어 순음의 경우 평균 식별수는 5 정도된다.
    - 인간의 정보처리능력의 한계는 시간적으로 표시하면 0.5초 이내이다(단, 계속 발생하는 신호의 뒷부분을 검출 할 수 없는 경우가 가끔 발생할 때의 시간).
    - A는 자극의 불확실성, B는 반응의 불확실성을 나타낼 때 C부분에 해당하는 것은 전달된 정보량이다.

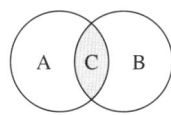

※ 정보량의 계산 사례
  - 인간이 절대 식별할 수 있는 대안의 최대범위 7의 정보량 : $H = \log_2 N = \log_2 7 = \dfrac{\log 7}{\log 2} \simeq 2.8$ [bit]
  - 사지선다형(사지택일형 문제의 정보량) :
    $H = \log_2 N = \log_2 4 = \log_2 2^2 = 2$ [bit]

- 동전 1개를 3번 던질 때 뒷면이 2번만 나오는 경우를 자극정보라고 한다면, 이때 얻을 수 있는 정보량 :
  $H' = H \times \dfrac{3}{8} = \log_2 N \times \dfrac{3}{8}$
  $= \log_2 8 \times \dfrac{3}{8} = \log_2 2^3 \times \dfrac{3}{8}$
  $= \log_2 2^3 \times \dfrac{3}{8} = \dfrac{9}{8} \simeq 1.13$ [bit]

- 인간의 반응시간을 조사하는 실험에서 0.1, 0.2, 0.3, 0.4의 점등 확률을 갖는 4개의 자극 전등이 전달하는 정보량 : $H = 0.1\log_2\left(\dfrac{1}{0.1}\right) + 0.2\log_2\left(\dfrac{1}{0.2}\right) + 0.3\log_2\left(\dfrac{1}{0.3}\right) + 0.4\log_2\left(\dfrac{1}{0.4}\right) \simeq 1.85$ [bit]

- 빨강, 노랑, 파랑의 3가지 색으로 구성된 신호등이 항상 하나의 색만 점등되며, 1시간 동안 파란색 등은 30분 동안, 빨간색 등과 노란색 등은 각각 15분 동안 점등될 때 신호등의 정보량 :
  $H = 0.5\log_2\left(\dfrac{1}{0.5}\right) + 2 \times 0.25\log_2\left(\dfrac{1}{0.25}\right) = 1.5$ [bit]

- 자극반응실험을 100회 반복 시 자극 A로 나타난 경우 1로 반응하고, 자극 B가 나타날 경우 2로 반응하는 것으로 하고 표와 같은 정보를 얻었을 때의 정보량

구 분	반응 1	반응 2
자극 A	50	–
자극 B	10	40

정보량 = 자극정보량 – 반응정보량
$= H(A) + H(B) - H(A, B)$
$= \left(0.5\log_2\dfrac{1}{0.5} + 0.5\log_2\dfrac{1}{0.5}\right)$
$\quad + \left(0.6\log_2\dfrac{1}{0.6} + 0.4\log_2\dfrac{1}{0.4}\right)$
$\quad - \left(0.5\log_2\dfrac{1}{0.5} + 0.1\log_2\dfrac{1}{0.1} + 0.4\log_2\dfrac{1}{0.4}\right)$
$= 1.0 + 0.97 - 1.36 = 0.61$

  ㉤ 고령자의 정보처리 작업설계 시 준수해야 할 지침
    - 표시신호를 더 크게 하거나 밝게 한다.
    - 개념, 공간, 운동 양립성을 낮은 수준으로 유지한다.
    - 정보처리능력에 한계가 있으므로 시분할요구량을 줄인다.
    - 제어표시장치 설계 시 불필요한 세부내용을 줄인다.

ⓗ 인간의 기억체계
- 감각 저장 : 정보가 잠깐 지속되었다가 정보의 코드화 없이 원래 상태로 되돌아가는 것
- 작업기억 저장
- 단기기억 저장
- 장기기억 저장

10년간 자주 출제된 문제

1-1. 정량적 표시장치에 관한 설명으로 맞는 것은?
① 정확한 값을 읽어야 하는 경우 일반적으로 디지털 표시장치보다 아날로그 표시장치가 유리하다.
② 동목(Moving Scale)형 아날로그 표시장치는 표시장치의 면적을 최소화할 수 있는 장점이 있다.
③ 연속적으로 변화하는 양을 나타내는 데에는 일반적으로 아날로그 표시장치보다 디지털 표시장치가 유리하다.
④ 동침(Moving Pointer)형 아날로그 표시장치는 바늘의 진행방향과 증감속도에 대한 인식적인 암시신호를 얻는 것이 불가능한 단점이 있다.

1-2. 정성적 표시장치의 설명으로 틀린 것은?
① 정성적 표시장치의 근본자료 자체는 정량적인 것이다.
② 전력계에서와 같이 기계적 또는 전자적으로 숫자가 표시된다.
③ 색채부호가 부적합한 경우에는 계기판 표시 구간을 형상부호화하여 나타낸다.
④ 연속적으로 변하는 변수의 대략적인 값이나 변화 추세, 변화율 등을 알고자 할 때 사용된다.

1-3. 다음 중 반응시간이 제일 빠른 감각기능은?
① 청 각   ② 촉 각
③ 시 각   ④ 미 각

1-4. 인간이 절대 식별할 수 있는 대안의 최대 범위는 대략 7이라고 한다. 이를 정보량의 단위인 [bit]로 표시하면 약 몇 [bit]가 되는가?
① 3.2   ② 3.0
③ 2.8   ④ 2.6

|해설|

1-1
① 정확한 값을 읽어야 하는 경우 일반적으로 아날로그보다 디지털 표시장치가 유리하다.
③ 연속적으로 변화하는 양을 나타내는 데에는 일반적으로 디지털 표시장치보다 아날로그 표시장치가 유리하다.
④ 동침(Moving Pointer)형 아날로그 표시장치는 바늘의 진행방향과 증감속도에 대한 인식적인 암시신호를 얻는 것이 가능하다는 장점이 있다.

1-2
전력계에서와 같이 기계적 또는 전자적으로 숫자가 표시되는 것은 정량적 표시장치이다.

1-3
① 청각 : 0.17초
② 촉각 : 0.18초
③ 시각 : 0.20초
④ 미각 : 0.29초

1-4
$$H = \log_2 N = \log_2 7 = \frac{\log 7}{\log 2} \simeq 2.8 [\text{bit}]$$

정답 1-1 ② 1-2 ② 1-3 ① 1-4 ③

핵심이론 02 | 시 각

① 시각의 개요
　㉠ 눈(Eye)
　　• 눈의 구조
　　　- 망막 : 시세포가 존재하며 인간의 눈 부위 중에서 실제로 빛을 수용하여 두뇌로 전달하는 역할을 한다.
　　　- 맥락막 : 0.2~0.5[mm]의 두께가 얇은 암흑갈색의 막으로, 색소세포가 있어 암실처럼 빛을 차단하면서 망막을 덮는다. 망막을 둘러싼 검은 막으로 어둠상자와 같은 역할을 한다.
　　　- 수정체 : 빛을 굴절시키는 렌즈의 역할을 한다.
　　　- 모양체 : 수정체의 두께를 변화시켜 원근을 조절한다.
　　　- 홍체 : 동공의 두께를 조절하여 받아들이는 빛의 양을 조절한다.
　　　- 각막 : 눈의 가장 바깥쪽 부분으로 최초로 빛이 통과되며 눈을 보호하는 역할을 한다.
　　• 인간-기계시스템에서 기계의 표시장치와 인간의 눈은 감지요소에 해당된다.
　　• 인간의 눈이 일반적으로 완전 암조응에 걸리는 데 소요되는 시간은 30~40분이다.
　　• 일반적으로 작업자의 정상적인 시선은 수평선을 기준으로 아래쪽으로 15° 정도이다.
　　• 보통 작업자의 정상적인 인간 시계는 200°이다.
　㉡ 시식별
　　• 시식별에 영향을 주는 조건 또는 인간의 식별기능에 영향을 주는 외적 요인 : 색채의 사용, 조명 또는 조도, (물체와 배경 간의) 대비 또는 대조도, 노출시간, 대소규격과 주요 세부사항에 대한 공간의 배분, 과녁 이동(표적물체의 이동, 관측자의 이동)
　　　※ 색상은 해당되지 않는다.
　　　- 과녁 이동 : 시식별에 영향을 미치는 인자 중 자동차를 운전하면서 도로변의 물체를 보는 경우에 주된 영향을 미치는 것
　㉢ 시각장치가 유리한 경우
　　• 메시지가(정보의 내용이) 긴 경우
　　• 메시지가(정보의 내용이) 복잡한 경우
　　• 정보가 어렵고 추상적일 때
　　• 메시지가(정보의 내용이) 즉각적인 행동을 요구하지 않는 경우
　　• 메시지(전언)가 공간적인 위치를 다루는 경우
　　• 메시지가 이후에 다시 참조되는 경우
　　• 직무상 수신자가 한곳에 머무르는 경우
　　• 수신자의 청각계통이 과부하 상태일 때
　　• 정보의 영구적인 기록이 필요할 때
　　• 여러 종류의 정보를 동시에 제시해야 할 때

② 시각 관련 법칙
　㉠ 게슈탈트(Gestalt)의 법칙
　　• 시각심리에서 형태식별의 논리적 배경을 정리한 법칙
　　• 게슈탈트의 4법칙 : 유사성, 접근성, 폐쇄성, 연속성
　　• 게슈탈트 : 시각정보의 조직화
　㉡ 힉-하이만(Hick-Hyman) 법칙
　　• 신호를 보고 조작 결정까지 걸리는 시간이 예측 가능한 법칙
　　• 자동생산시스템에서 3가지 고장유형에 따라 각기 다른 색의 신호등에 불이 들어오고, 운전원은 색에 따라 다른 조종장치를 조작할 때 운전원이 신호를 보고 어떤 장치를 조작해야 할지를 결정하기까지 걸리는 시간을 예측하기 위해서 사용할 수 있는 이론

③ 신호등·경고등·경보등
　㉠ 인간이 신호나 경고등을 지각하는 데 영향을 끼치는 인자
　　• 광원의 크기, 광속발산도 및 노출시간 : 섬광을 검출할 수 있는 절대역치는 광원의 크기, 광속발산도, 노출시간의 조합과 관계된다.
　　• 배경 불빛 : 신호등이 네온사인이나 크리스마스트리 등이 있는 지역에 설치되어 있는 경우 식별이 어려운 인자
　　• 등의 색깔(색광) : 효과척도가 빠른 순서는 적색, 녹색, 황색, 백색 순서이다.
　　• 점멸속도 : 점멸등의 경우 점멸속도는 깜박이는 불빛이 계속 켜진 것처럼 보이게 되는 점멸융합주파수보다 훨씬 작아야 한다. 주의를 끌기 위해서 초당 3~10회의 점멸속도에 지속시간 0.05초 이상이 적당하다.
　㉡ 경고등의 설계지침
　　• 3~10회/초(1초에 3~10회) 점멸시킨다.
　　• 일반 시야범위 내에 설치한다.

- 배경보다 2배 이상의 밝기를 사용한다.
- 일반적으로 1개의 경고등을 사용한다.

ⓒ 경보등의 설계 및 설치지침
- 신호 대 배경의 휘도대비가 클 때는 백색신호가 효과적이다.
- 광원의 노출시간이 1초보다 작으면 광속발산도는 커야 한다.
- 표적의 크기가 커짐에 따라 광도의 역치가 안정되는 노출시간은 감소한다.
- 배경광 중 점멸잡음광의 비율이 10[%] 이상이면 점멸등은 사용하지 않는 것이 좋다.
- 신호 및 경보등을 설계할 때 초당 3~10회의 점멸속도로 0.05초 이상의 지속시간이 가장 적합하다.

ⓔ 시각적 표시장치에서 지침의 일반적인 설계방법
- 뾰족한 지침을 사용한다.
- 뾰족한 지침의 선각은 약 30° 정도를 사용한다.
- 지침의 끝은 눈금과 맞닿게 하되, 겹치지 않도록 한다.
- 시차를 없애기 위해 지침을 눈금면에 밀착시킨다.
- 원형 눈금의 경우 지침의 색은 선단에서 눈금의 중심까지 칠한다.

ⓜ 감시체계를 보다 효과적으로 설계하기 위한 지침
- 시신호는 합리적으로 가능한 한 커야 한다(크기, 강도 및 지속시간을 포함).
- 시신호는 보이거나 탐지될 때까지 지속되거나 합리적으로 가능한 한 오래 지속되어야 한다.
- 시신호의 경우 신호가 나타날 수 있는 구역이 가능한 한 좁아야 한다.
- 통상 실제 신호 빈도를 통제하기는 힘들지만 가능하다면 시간당 최소 20회의 신호 빈도를 유지하는 것이 바람직하다.

④ 인체 시야
ⓘ 시야・시야각・시야의 넓이
- 시야(Visual Field) : 한 점을 응시하였을 때, 머리와 안구를 움직이지 않고 볼 수 있는 범위
- 시야각
  - 수평적 시계 : 내측 약 60°, 외측 약 100°
  - 수직적 시계 : 상측 50~60°, 하측 65~80° 정도
- 시야의 넓이 : 물체의 색에 따라 다르며 흰색, 파랑, 빨강, 노랑, 녹색 순으로 좁아지는데 보통 시야라 함은 백색시야를 뜻한다.

ⓒ 정보수용을 위한 작업자의 시각 영역
- 판별시야 : 시력, 색판별 등의 시각 기능이 뛰어나며 정밀도가 높은 정보를 수용할 수 있는 범위
- 유효시야 : 안구운동만으로 정보를 주시하고 순간적으로 특정 정보를 수용할 수 있는 범위
- 유도시야 : 제시된 정보의 존재를 판별할 수 있는 정도의 식별능력 밖에 없지만 인간의 공간좌표 감각에 영향을 미치는 범위
- 보조시야 : 정보수용 능력이 극도로 떨어지나 강력한 자극 등에 주시동작을 유발시키는 보조적 범위

10년간 자주 출제된 문제

청각적 표시장치와 시각적 표시장치 중 시각적 표시장치를 사용하는 경우로 옳은 것은?
① 정보가 간단할 때
② 정보가 일정기간 경과 후 재 참조될 때
③ 직무상 수신자가 자주 움직일 때
④ 정보전달이 즉각적인 행동을 요구할 때

|해설|

①, ③, ④의 경우에는 청각장치가 유리하다.

정답 ②

핵심이론 03 | 청각·촉각·후각

① 청 각
  ㉠ 청각의 개요
    • 청각은 자극반응시간(Reaction Time)이 가장 빠른 감각이다.
    • 음성 인식에서 이해도가 좋은 순서 : 문장 – 단어 – 음절 – 음소
    • MAMA(Minimum Audible Movement Angle) : 청각신호의 위치를 식별할 때 사용하는 척도
  ㉡ 인간의 귀
    • 외이(External Ear)는 귓바퀴와 외이도로 구성되며 귀를 보호하고 소리를 모으는 역할을 한다.
    • 중이(Middle Ear)에는 인두와 교통하여 고실의 내압을 조절하는 유스타키오관이 존재한다. 고막에 가해지는 미세한 압력의 변화를 증폭시킨다.
    • 내이(Inner Ear)는 신체의 평형감각수용기인 반고리관과 전정기관, 청각을 담당하는 와우(달팽이관)로 구성된다.
    • 고막은 외이도와 중이의 경계 부위에 위치해 있고, 음파를 진동으로 바꾸며 중이를 보호하는 방어벽 역할을 한다.
    • 중이소골(Ossicle)이 고막의 진동을 내이의 난원창(Oval Window)에 전달하는 과정에서 음파의 압력은 약 22배 정도 증폭된다.
  ㉢ 청각적 표시장치가 유리한 경우
    • 수신장소가 너무 밝거나 암순응이 요구될 때
    • 메시지가(정보의 내용이) 간단하고 짧은 경우
    • 메시지가 즉각적 행동을 요구하는 경우
    • 정보가 긴급할 때
    • 메시지가(정보의 내용)이 추후에 재참조되지 않는 경우
    • 직무상 수신자가 자주 움직이는 경우
    • 정보의 내용이 시간적인 사건을 다루는 경우
  ㉣ 음(소리)
    • 인간에게 음의 높고 낮은 감각을 주는 것은 음의 진동 주파수이다.
    • 소음에 의한 청력 손실이 가장 심각한 주파수 범위는 3,000~4,000[Hz]이다.
    • 1,000[Hz] 순음의 가청최소음압을 음의 강도표준치로 사용한다.
    • 일반적으로 음이 한 옥타브 높아지면 진동수는 2배 높아진다.
    • 복합음은 여러 주파수대의 강도를 표현한 주파수별 분포를 사용하여 나타낸다.
  ㉤ 청각적 표시장치의 설계 시 적용하는 일반원리
    • 양립성(Compatibility)은 인간의 기대와 모순되지 않는 성질이다.
    • 근사성(Approximation)이란 복잡한 정보를 나타내고자 할 때 2단계의 신호를 고려하는 것이다.
    • 분리성(Dissociability)이란 2가지 이상의 채널을 듣고 있다면 각 채널의 주파수가 분리되어 있어야 한다는 의미이다.
    • 검약성(Parsimony)이란 조작자에 대한 입력신호는 꼭 필요한 정보만을 제공하는 것이다.
  ㉥ 청각적 표시장치의 설계
    • 신호를 멀리 보내고자 할 때에는 낮은 주파수를 사용하는 것이 바람직하다.
    • 배경소음의 주파수와 다른 주파수의 신호를 사용하는 것이 바람직하다.
    • 신호가 장애물을 돌아가야 할 때는 500[Hz] 이하의 낮은 주파수를 사용하는 것이 바람직하다.
    • 경보는 청취자에게 위급상황에 대한 정보를 제공하는 것이 바람직하다.
    • 귀의 위치에서 신호의 강도는 110[dB]과 은폐가청 역치의 중간 정도가 적당하다.
    • 귀는 순음에 대하여 즉각적으로 반응하므로 순음의 청각적 신호는 0.5초 이내로 지속하면 된다.
    • 다차원 암호시스템을 사용할 경우 일반적으로 차원의 수가 적고 수준의 수가 많을 때보다 차원의 수가 많고 수준의 수가 적을 때 식별이 수월하다.
  ㉦ 청각적 표시장치에 관한 지침
    • 신호는 최소한 0.5~1초 동안 지속한다.
    • 신호는 배경소음과 다른 주파수를 이용한다.
    • 소음은 양쪽 귀에, 신호는 한쪽 귀에 들리게 한다.
    • 300[m] 이상 멀리 보내는 신호는 800[Hz] 전후의 주파수를 사용한다.
  ㉧ 경계 및 경보신호의 설계지침
    • 주의를 환기시키기 위하여 변조된 신호를 사용한다.
    • 배경소음의 진동수와 다른 진동수의 신호를 사용한다.

- 귀는 중음역에 민감하므로 500~3,000[Hz]의 진동수를 사용한다.
- 300[m] 이상의 장거리용으로는 1,000[Hz] 이하의 진동수를 사용한다.
- 장애물이 있는 경우에는 500[Hz] 이하의 진동수를 갖는 신호를 사용한다.
- 경보효과를 높이기 위해서 개시시간이 짧은 고감도 신호를 사용한다.

ⓒ 인간의 경계(Vigilance)현상에 영향을 미치는 조건
- 작업 시작 직후에는 검출률이 가장 높다.
- 검출능력은 작업 시작 후 빠른 속도로 저하된다(30~40분 후 검출능력은 50[%]로 저하).
- 오래 지속되는 신호는 검출률이 높다.
- 발생 빈도가 높은 신호는 검출률이 높다.
- 불규칙적인 신호에 대한 검출률이 낮다.
- 경고를 받고 나서부터 행동에 이르기까지 시간적인 여유가 있어야 한다.

ⓒ 소음 노출로 인한 청력 손실
- 초기의 청력손실은 4,000[Hz]에서 크게 나타난다.
- 청력 손실의 정도와 노출된 소음수준은 비례관계
- 약한 소음에 대해서는 노출기간과 청력 손실 간에 관계가 없다.
- 강한 소음에 대해서는 노출기간에 따라 청력 손실도 증가한다.
- 소음에 의한 청력 손실 유형 : 일시적인 청력 손실(일시적 역치 이동), 영구적인 청력 손실(영구적 난청), 음향성 외상, 돌발성 소음성 난청 등

ⓒ 소음성 난청 : 청각기관이 85[dB(A)] 이상의 매우 강한 소리에 지속적으로 노출되면 발생한다.
- 소음성 난청은 대부분 4[kHz]에서 가장 심하고, 아래 음역으로 확대되어 회화음역(500~4,000[Hz])까지 확대된다.
- 소음성 난청은 소음에 노출되는 시간이나 강도에 따라 일시적 난청과 영구적 난청이 나타날 수 있다.
- 소음성 난청은 자신이 인지하지 못하는 사이에 발생하며 치료가 안 되어 영구적인 장애를 남기는 질환이다.
- 특수건강진단에서 소음성 난청의 진단기준 : 청력검사 결과 500[Hz], 1,000[Hz], 2,000[Hz]의 평균 청력 손실이 30[dB]을 초과하고 4,000[Hz]의 청력 손실이 50[dB]을 초과하면 소음성 난청 유소견자로 판정한다.
- 소음성 난청 유소견자로 판정하는 구분은 D_1이다.
- 소음성 난청의 특성
  - 내이의 모세포에 작용하는 감각신경성 난청이다.
  - 농을 일으키지 않는다.
  - 소음 노출 중단 시 청력 손실이 진행되지 않는다.
  - 과거의 소음성 난청으로 소음 노출에 더 민감하게 반응하지 않는다.
  - 초기 고음역에서 청력 손실이 현저하다.
  - 지속적인 소음 노출이 단속적인 소음 노출보다 더 위험하다.

ⓔ 잡음 등이 개입되는 통신 악조건하에서 전달 확률이 높아지도록 전언 구성 시의 조치
- 표준 문장의 구조를 사용한다.
- 독립적인 음절보다 문장을 사용한다.
- 사용하는 어휘수를 가능한 한 적게 한다.
- 수신자가 사용하는 단어와 문장구조에 친숙해지도록 한다.

ⓟ 청각신호의 수신과 관련된 인간의 기능
- 청각신호 검출(Detection) : 신호의 존재 여부 결정
- 상대적 식별(Relative Judgement)
  - 어떤 특정한 정보를 전달하는 신호음이 불필요한 잡음과 공존할 때에 그 신호음을 구별하는 것
  - 2가지 이상의 신호가 근접하여 제시되었을 때 이를 구별하는 것
  - 위치 판별(Directional Judgement)이라고도 함
- 절대적 식별(Absolute Judgement) : 어떤 분류에 속하는 특정한 신호가 단독으로 제시되었을 때 이를 구별하는 것

② 촉각과 후각
 ㉠ 촉 각
- 촉감의 척도인 2점 문턱값(Two-point Threshold)이 감소하는 순서 : 손바닥 → 손가락 → 손가락 끝
- 인간의 감각반응속도가 빠른 순서 : 청각 – 촉각 – 시각 – 통각
- 인간의 감각반응속도가 느린 순서 : 통각 – 시각 – 촉각 – 청각
- 인체의 피부감각이 민감한 순서 : 통각 – 압각 – 냉각 – 온각
- 정보의 촉각적 암호화 방법 : 점자, 진동, 온도

- 조종장치를 촉각적으로 식별하기 위하여 암호화할 때 사용하는 방법
  - 형상을 이용한 암호화
  - 표면 촉감을 이용한 암호화
  - 크기를 이용한 암호화
- 크기가 다른 복수의 조종장치를 촉감으로 구별할 수 있도록 설계할 때 구별이 가능한 최소의 직경 차이와 최소의 두께 차이 : 직경 차이 1.3[cm], 두께 차이 0.95[cm]

ⓒ 후 각
- 후각은 절대적 식별능력이 가장 좋은 감각기관이다.
- 후각적 표시장치
  - 반복적 노출에 따라 민감성이 가장 쉽게 떨어지는 표시장치이다.
  - 사람은 냄새에 빨리 익숙해져서 노출 후에는 냄새의 존재를 느끼지 못한다.
  - 냄새의 확산을 통제하기 힘들다.
  - 냄새에 대한 민감도는 개인차가 있다.
  - 코가 막히면 민감도가 떨어진다.
  - 단순한 정보를 전달하는 데 유용하다.
  - 복잡한 정보를 전달하는 데는 유용하지 않다.
  - 시각적 표시장치에 비해 널리 사용되지 않지만, 가스누출탐지, 갱도탈출신호 등 경보장치 등에 이용된다.

10년간 자주 출제된 문제

3-1. 우리가 흔히 사용하는 시각적 표시장치와 청각적 표시장치 중 청각적 표시장치를 사용하는 것이 더 좋은 경우는?
① 전언이 공간적인 위치를 다룬 경우
② 수신자의 청각계통이 과부하 상태일 때
③ 직무상 수신자가 한곳에 머무르는 경우
④ 수신 장소가 너무 밝거나 암순응이 요구될 때

3-2. 소음 노출로 인한 청력 손실에 관한 내용 중 관계가 먼 것은?
① 초기의 청력 손실은 1,000[Hz]에서 크게 나타난다.
② 청력 손실의 정도와 노출된 소음수준은 비례관계가 있다.
③ 약한 소음에 대해서는 노출기간과 청력 손실 간에 관계가 없다.
④ 강한 소음에 대해서는 노출기간에 따라 청력 손실도 증가한다.

|해설|

3-1
①, ②, ③의 경우에는 시각적 표시장치가 유리하다.

3-2
초기의 청력 손실은 4,000[Hz]에서 크게 나타난다.

정답 3-1 ④ 3-2 ①

핵심이론 04 | 휴먼에러(Human Error)

① 휴먼에러의 개요
  ㉠ 인간전달함수(Human Transfer Function)의 결점
    • 입력의 협소성
    • 불충분한 직무 묘사
    • 시점적 제약성
  ㉡ 인간의 오류모형
    • 착각(Illusion) : 감각적으로 물리현상을 왜곡하는 지각현상
    • 착오(Mistake) : 상황해석을 잘못하거나 틀린 목표를 착각하여 행하는 인간의 실수
    • 실수(Slip)
      - 상황이나 목표의 해석은 정확하나 의도와는 다른 행동을 하는 것
      - 의도는 올바르지만, 행동이 의도한 것과는 다르게 나타나는 오류
      - 인간 실수의 개인특성 항목 : 심신기능, 건강 상태, 작업 부적응성 등(욕구결함은 아님)
    • 과오 또는 건망증(Lapse) : 기억의 실패에 기인하여 무엇을 잊어버리거나 부주의해서 행동수행을 실패하는 것
      - 인간이 과오를 범하기 쉬운 성격의 상황 : 공동작업, 장시간작업, 다경로 의사결정 등
    • 위반(Violation) : 알고 있음에도 의도적으로 따르지 않거나 무시한 경우
  ㉢ 대뇌 정보처리의 에러
    • 동작조작미스(Miss) : 운동중추에서 올바른 지령이 주어졌지만 운동 도중에 일으키는 미스(조작미스)
    • 기억판단미스(Miss) : 인간과오에서 의지적 제어가 되지 않고 결정을 잘못하는 것
    • 인지확인미스(Miss) : 작업정보의 입수로부터 감각중추에서 수행되는 인지까지에서 발생하는 미스
  ㉣ 인간-기계시스템에서 인간공학적 설계상의 문제로 발생하는 인간 실수의 원인
    • 서로 식별하기 어려운 표시기기(장치)와 조작구(조종장치)
    • 인체에 무리하거나 부자연스러운 지시
    • 의미를 알기 어려운 신호형태
    • 인체에 무리하거나 부자연스러운 지시
  ㉤ 인간이 과오를 범하기 쉬운 성격의 상황
    • 공동작업
    • 장시간 감시
    • 다경로 의사결정
  ㉥ 휴먼에러의 심리적 요인
    • 서두르게 되는 상황에 놓여 있는 경우
    • 절박한 상황에 놓여 있을 경우
  ㉦ 휴먼에러의 물리적 요인
    • 일이 너무 복잡한 경우
    • 일의 생산성이 너무 강조될 경우
    • 동일 형상의 것이 나란히 있을 경우
  ㉧ 작업특성 및 환경조건의 상태 악화로 인한 휴먼에러의 원인
    • 낮은 자율성
    • 혼동되는 신호의 탐색 및 검출
    • 판단과 행동에 복잡한 조건이 관련된 작업
  ㉨ 원인 차원의 휴먼에러 분류에 적용하는 라스무센(Rasmussen)의 정보처리모형에서 분류한 행동의 3분류
    • 숙련기반 행동(Skill-based Behavior)
    • 지식기반 행동(Knowledge-based Behavior)
      - 생소하거나 특수한 상황에서 발생하는 행동이다.
      - 부적절한 추론이나 의사결정에 의해 오류가 발생한다.
    • 규칙기반 행동(Rule-based Behavior)
      예 자동차가 우측 운행하는 한국의 도로에 익숙해진 운전자가 좌측 운행을 해야 하는 일본에서 우측 운행을 하다가 교통사고를 낸 경우
  ㉩ 인간정보처리 과정에서의 에러와 실패 연결
    • 입력에러-확인미스
    • 매개에러-결정미스
    • 출력에러-동작미스
  ㉪ 인간의 실수(Human Error)가 기계의 고장과 다른 점
    • 인간의 실수는 우발적으로 재발하는 유형이다.
    • 기계나 설비(Hardware)의 고장조건은 저절로 복구되지 않는다.
    • 인간은 기계와 달리 학습에 의해 성능을 계속 향상시킨다.
    • 인간 성능과 압박(Stress)은 비선형관계를 가져 압박이 중간 정도일 때 성능수준이 가장 높다.

ⓒ 휴먼에러 관련 제반사항
- 인간-기계시스템에서 인간의 실수가 발생하는 원인 : 입력착오, 처리착오, 출력착오
- 인간 실수의 주원인 : 인간 고유의 변화성
- 인간에러를 일으킬 수 있는 정신적 요소 : 방심과 공상, 개성적 결함요소, 판단력의 부족 등
- 인간의 실수 중 개인능력에 속하는 것 : 긴장수준, 피로 상태, 교육훈련(자질은 아님)
  - 에너지대사율, 체내 수분의 손실량, 흡기량의 억제도 등은 인간의 신뢰성과 관련된 여러 특성 중 긴장수준을 측정하기 위함이다.
- 작업기억 : 인간의 정보처리기능 중 그 용량이 7개 내외로 작아서 순간적 망각 등 인적 오류의 원인이 되는 것
  - 단기기억이라고도 한다.
  - 짧은 기간 정보를 기억하는 것이다.
  - 작업기억 내의 정보는 시간이 흐름에 따라 쇠퇴할 수 있다.
  - 리허설(Rehearsal)은 정보를 작업기억 내에 유지하는 좋은 방법이다.

② 휴먼에러의 종류
㉠ 휴먼에러 원인 레벨에 따른 분류
- Primary Error : 작업자 자신으로부터 발생한 오류
  - 안전교육을 통하여 제거할 수 있다.
  - 어떤 장치의 이상을 알려 주는 경보기가 있어서 그것이 울리면 일정시간 이내에 장치를 정지하고 상태를 점검하여 필요한 조치를 하게 될 때, 담당 작업자가 정지 조작을 잘못하여 장치에 고장이 발생하였다면 이때 작업자가 조작을 잘못한 실수가 이에 해당된다.
- Secondary Error : 작업조건이나 작업형태 중에서 다른 문제가 생겨서 그것 때문에 필요한 사항을 실행할 수 없는 오류이다.
- Command Error : (요구된 기능을 실행하고자 하여도 필요한 물건, 정보, 에너지 등의 공급이 없기 때문에) 작업자가 움직이려고 해도 움직일 수 없어 발생하는 오류이다.

㉡ 휴먼에러의 심리적 독립행동에 관한 분류 또는 행위적 관점에서 분류(Swain)
- Commission Error(실행오류 또는 작위오류, 수행적 과오) : 필요한 직무, 작업 또는 절차를 수행하였으나 잘못 수행한 오류
  - 필요한 작업이나 절차의 불확실한 수행으로 일어난 에러
  - 다른 것으로 착각하여 실행한 에러
  - 유형 : 선택착오, 순서착오, 시간착오 등
    예 부품을 빠뜨리고 조립하였다.
- Omission Error(생략오류 또는 누락오류, 생략적 과오) : 필요한 직무, 작업 또는 절차를 수행하지 않는데 기인한 오류
  예 가스밸브를 잠그는 것을 잊어 사고가 난 경우
- Sequential Error(순서오류) : 필요한 작업 또는 절차의 순서착오로 인한 과오로, 실행오류에 속한다.
- Timing Error(시간(지연)오류) : 시간적으로 발생된 오류로, 실행오류에 속한다.
  예 프레스 작업 중에 금형 내에 손이 오랫동안 남아 있어 발생한 재해의 경우
- Extraneous Error(과잉행동오류 또는 불필요한 오류) : 불필요한 작업 또는 절차를 수행함으로써 기인한 오류

㉢ 휴먼에러의 정보처리과정에 의한 분류 : 입력오류, 정보처리오류, 의사결정오류, 출력오류, 피드백오류
㉣ 휴먼에러의 작업별 오류 : 설계오류, 제조오류, 검사오류, 설치오류, 조작오류

③ 휴먼에러의 방지
㉠ 인간에러를 예방하기 위한 기법
- 작업상황의 개선
- 작업자의 변경
- 시스템의 영향 감소

㉡ 인간의 실수를 감소시킬 수 있는 방법
- 직무수행에 필요한 능력과 기량을 가진 사람을 선정함으로써 인간의 실수를 감소시킨다.
- 적절한 교육과 훈련을 통하여 인간의 실수를 감소시킨다.
- 인간의 과오를 감소시킬 수 있도록 제품이나 시스템을 설계한다(실수를 발생한 사람에게 주의나 경고를 주어 재발생하지 않도록 하는 조치는 바람직하지 않다).

ⓒ 예방설계와 보호설계
- 예방설계(Prevent Design) : 전적으로 오류를 범하지 않게는 할 수 없으므로 오류를 범하기 어렵도록 사물을 설계하는 방법
- 보호설계 : 사람이 오류를 범하기 어렵도록 사물을 설계하는 설계기법

ⓔ 휴먼에러 예방대책 중 인적 요인에 대한 대책
- 소집단 활동의 활성화
- 작업에 대한 교육 및 훈련
- 전문인력의 적재적소 배치

ⓜ 풀 프루프(Fool Proof) 설계 : 사람이 작업하는 기계장치에서 작업자가 실수를 하거나 오조작을 하여도 안전하게 유지되게 하는 안전설계방법
- 인간이 에러를 일으키기 어려운 구조나 기능을 가진다.
- 계기나 표시를 보기 쉽게 한다. 이른바 인체공학적 설계도 넓은 의미의 풀 프루프에 해당된다.
- 설비 및 기계장치 일부가 고장 난 경우 기능의 저하 및 전체 기능도 정지한다.
- 조작 순서가 잘못되어도 올바르게 작동한다.
  예 금형의 가드, 사출기의 인터로크장치, 카메라의 이중촬영 방지기구, 프레스의 안전블록이나 양수버튼, 크레인의 권과방지장치 등

ⓗ 페일세이프(Fail Safe) 설계 : 조작상의 과오로 기기의 일부에 고장이 발생하는 경우, 이 부분의 고장으로 인하여 사고가 발생하는 것을 방지하도록 설계하는 방법
- 페일세이프는 시스템 안전 달성을 위한 시스템 안전설계 단계 중 위험 상태의 최소화 단계에 해당한다.
- 페일세이프의 기본설계 개념
  - 오류가 발생하였더라도 피해를 최소화하는 설계
  - 과전압이 걸리면 전기를 차단하는 차단기, 퓨즈 등을 설치하여 오류가 재해로 이어지지 않도록 사고를 예방하는 설계
  - 기계나 그 부품에 고장이나 기능 불량이 생겨도 항상 안전하게 작동하는 안전화 설계
- 페일세이프의 원리(구조) : 다경로하중구조, 이중구조, 교대구조(대치구조), 하중경감구조
  - 다경로하중구조(Redundant Structure)
    ⓐ 여분의 구조
    ⓑ 여러 개의 부재를 통하여 하중이 전달되도록 하는 구조
    ⓒ 어느 하나의 부재 손상이 다른 부재에 영향을 끼치지 않고 비록 한 부재가 파손되더라도 요구하는 하중을 다른 부재가 담당하게 되는 구조
  - 이중구조(Double Structure)
    ⓐ 2개로 구성된 구조
    ⓑ 하나의 큰 부재 대신 2개의 작은 부재를 결합하여 하나의 부재와 같은 강도를 가지게 하는 구조
    ⓒ 어느 부분의 손상이 부재 전체의 파손에 이르는 것을 예방할 수 있는 구조
  - 교대구조 또는 대치구조(Back-up Structure) : 하나의 부재가 전체의 하중을 지탱하고 있을 경우, 지탱하던 부재가 파손될 것을 대비하여 준비된 예비적인 부재를 가지고 있는 구조
  - 하중경감구조(Load Dropping Structure)
    ⓐ 하나에 하나를 덧붙인 구조
    ⓑ 주변의 다른 부재로 하중을 전달시켜 파괴가 시작된 부재의 완전한 파괴를 방지할 수 있는 구조

- 기능적 안전화를 위하여 1차적으로 고려할 사항은 페일세이프(Fail Safe)이다.
- 페일세이프(Fail Safe) 설계의 기계설계상 본질적 안전화
  - 안전기능이 기계설비에 내장되어 있어야 한다.
  - 조작상 위험이 가능한 한 없도록 설계하여야 한다.
  - 풀 프루프(Fool Proof) 기능, 페일세이프(Fail Safe) 기능을 가져야 한다.
- 페일세이프(Fail Safe) 기능의 3단계
  - Fail-passive : 부품이 고장 나면 통상적으로 기계는 정지하는 방향으로 이동한다.
  - Fail-active : 부품이 고장 나면 기계는 경보를 울리는 가운데 짧은 시간 동안의 운전이 가능하다.
  - Fail-operational : 설비 및 기계장치의 일부가 고장 난 경우 기능의 저하를 가져오더라도 전체 기능은 정지하지 않고 다음 정기점검 시까지 운전이 가능한 방법이다. 부품에 고장이 발생해도 기계는 추후의 보수가 될 때까지 안전한 기능을 유지하며, 이것은 병렬계통 또는 대기여분(Stand-by Redundancy)계통으로 한 것이다.

- 항공기의 엔진은 페일세이프의 기능과 구조를 가진 장치이다.
ⓐ 인터로크(Inter-lock, 연동장치)
  - 기계의 각 작동 부분 상호 간을 전기적, 기구적, 공유압장치 등으로 연결해서 기계의 각 작동 부분이 정상으로 작동하기 위한 조건이 만족되지 않을 경우 자동적으로 그 기계를 작동할 수 없도록 하는 것
    예 사출기의 도어잠금장치, 자동화라인의 출입시스템, 리프트의 출입문 안전장치, 작동 중인 전자레인지의 문을 열면 작동이 자동으로 멈추는 기능과 가장 관련이 깊은 오류방지기능 등
ⓞ Tamper Proof
  - 안전장치가 부착되어 있으나 고의로 안전장치를 제거하는 것까지도 대비한 예방설계
  - 설비에 부착된 안전장치를 제거하면 설비가 작동되지 않도록 하는 안전설계
ⓩ 항공기나 우주선 비행 등에서 허위감각으로부터 생긴 방향감각의 혼란과 착각 등의 오판을 해결하는 방법
  - 주위의 다른 물체에 주의를 한다.
  - 비정상비행훈련을 반복하여 오판을 줄인다(허위감각으로부터 훈련을 반복).
  - 여러 가지 착각의 성질과 발생상황을 이해한다.
  - 정확한 방향감각 암시신호를 의존하는 것을 익힌다.

10년간 자주 출제된 문제

4-1. 다음은 인간에러(Human Error)에 관한 설명이다. 틀린 것은?

① 생략오류(Omission Error) : 필요한 작업 또는 절차를 수행하지 않는 데 기인한 에러
② 실행오류(Commission Error) : 필요한 작업 또는 절차의 수행 지연으로 인한 에러
③ 과잉행동오류(Extraneous Error) : 불필요한 작업 또는 절차를 수행함으로써 기인한 에러
④ 순서오류(Sequential Error) : 필요한 작업 또는 절차의 순서착오로 인한 에러

4-2. 원자력발전소 운전에서 발생 가능한 응급조치 중 성격이 다른 것은?

① 조작자가 표지(Label)를 잘못 읽어 틀린 스위치를 선택하였다.
② 조작자가 극도로 높은 압력 발생 이후 처음 60초 이내에 올바르게 행동하지 못하였다.
③ 조작자는 절차서 단계 중 마지막 점검목록인 수동점검밸브를 적절한 형태로 복귀시키지 않았다.
④ 조작자가 하나의 절차적 단계에서 2개의 긴밀하게 결부된 밸브 중에서 하나를 올바르게 조작하지 못하였다.

4-3. 안전교육을 받지 못한 신입직원이 작업 중 전극을 반대로 끼우려고 시도했으나, 플러그의 모양이 반대로는 끼울 수 없도록 설계되어 있어서 사고를 예방할 수 있었다. 작업자가 범한 오류와 이와 같은 사고예방을 위해 적용된 안전설계원칙으로 가장 적합한 것은?

① 누락(Omission) 오류, Fail Safe 설계원칙
② 누락(Omission) 오류, Fool Proof 설계원칙
③ 작위(Commision) 오류, Fail Safe 설계원칙
④ 작위(Commision) 오류, Fool Proof 설계원칙

|해설|

4-1
실행오류(Commission Error) : 필요한 작업이나 절차의 불확실한 수행으로 일어난 실수

4-2
①, ②, ④는 실행에러, ③은 생략에러이다.

4-3
문제의 상황과 같은 오류는 작위오류이며, 이때 적용된 안전설계원칙은 Fool Proof 설계원칙이다.

정답 4-1 ② 4-2 ③ 4-3 ④

제3절 인간계측·동작과 작업공간·작업생리학

핵심이론 01 | 인간계측

① 인간계측의 개요
  ㉠ 인체측정의 목적 : 인간공학적 설계를 위한 자료
  ㉡ 인체계측의 일반사항
    - 의자, 피복과 같이 신체모양과 치수와 관련성이 높은 설비의 설계에 중요하게 반영된다.
    - 일반적으로 몸의 측정 치수 : 구조적 치수(Structural Dimension), 기능적 치수(Functional Dimension)
    - 인체계측치의 활용 시에는 문화적 차이를 고려하여야 한다.
    - 인체계측치를 활용한 설계는 인간의 안락에는 영향을 미칠 뿐만 아니라 성능수행과 관련성이 깊다.
  ㉢ 인체치수
    - 구조적 인체치수
      – 표준 자세에서 움직이지 않는 상태를 측정하는 것이다.
      – 고정된 자세에서 마틴(Martin)식 인체측정기로 측정한다.
    - 기능적 인체치수
      – 움직이는 몸의 자세로부터 측정하는 것이다.
      – 공간이나 제품의 설계 시 움직이는 몸의 자세를 고려하기 위해 사용되는 인체치수이다.
      – 실제 작업 중 움직임을 계측하고, 자료를 취합하여 통계적으로 분석한다.
      – 정해진 동작에 있어 자세, 관절 등의 관계를 3차원 디지타이저(Digitizer), 모아레(Moire)법 등의 복합적인 장비를 활용하여 측정한다.
      – 특정작업에 국한된다.
  ㉣ 인체계측(인체 측정)의 분류
    - 정적 측정(구조적 치수 측정)
      – 표준자세에서 움직이지 않는 고정된 자세에서 피측정자를 인체측정기 등으로 측정하는 것
      – 위험구역의 울타리 설계 시 인체 측정자료 중 적용해야 할 인체치수로 적절하다.
    - 동적 측정(기능적 치수 측정) : 운전 또는 워드작업과 같이 인체의 각 부분이 서로 조화를 이루며 움직이는 자세에서 인체치수를 측정하는 것

  ㉤ 뼈(골격)
    - 신체를 지탱하는 역할을 하는 단단한 조직
    - 인간의 몸은 206개의 뼈로 구성되어 있다.
    - 뼈의 주요기능
      – 신체를 지지하고 형상을 유지하는 역할(인체의 지주, 신체의 지지)
      – 주요한 부분을 보호하는 역할(장기의 보호)
      – 신체활동을 수행하는 역할(근육 수축 시 지렛대 역할을 하여 운동을 도와주는 역할)
      – 조혈작용(골수의 조혈기능)
      – 무기질을 저장하는 역할(칼슘과 인 등의 무기질을 저장하고 공급해 주는 역할)
  ㉥ 관 절
    - 뼈와 뼈 사이가 서로 맞닿아 연결되어 있는 부위로 인체 전신의 뼈와 뼈 사이에 존재하며 몸의 활동을 가능하게 한다.
    - 관절의 구조 : 근육, 힘줄, 인대, 활막, 관절주머니, 연골 등
    - 관절의 종류
      – 섬유관절 : 마주하는 뼈들이 섬유성 결합조직에 의해 연결되어 있으며 대부분 움직임이 없는 부동관절
      – 연골관절 : 두 뼈 사이가 연골로 결합되어 있으며 뒤틀림이나 압박 시 제한된 움직임이 가능한 반가동관절
      – 윤활관절(가동관절) : 가장 일반적인 관절의 형태로 두 뼈 사이가 관절연골로 덮여있고, 이 관절연골 사이에는 활액으로 채워진 관절주머니가 있다.
        ⓐ 무축성 관절 : 손목뼈와 발목뼈 사이의 관절, 견쇄관절(견갑골의 견봉과 쇄골 원위부 사이의 평면관절)
        ⓑ 1축성 관절 : 경첩관절(팔꿈관절, 무릎관절, 손가락의 지절 간 관절), 중쇠관절(팔꿈치에서 아래팔을 회외(뒤침, Supination)와 회내(엎침, Pronation)를 할 때 요골과 척골이 만나는 근위부의 접점 부위, 다리의 정강뼈와 종아리뼈의 접점 부위)

ⓒ 2축성 관절 : 타원관절(아래팔 요골과 손목뼈 사이의 손목관절, 손가락의 중수지절 관절), 안장관절(손목뼈인 대능형골, 엄지손가락의 제1중수골(손허리뼈)이 접합하는 관절)

ⓓ 3축성 관절 : 절구관절 또는 구상관절(어깨관절, 고관절)

ⓢ 근 육
- 관절을 지탱하고 움직일 수 있게 힘을 제공하는 부분이다.
- 근섬유
  - Type Ⅰ 근섬유 또는 Type S 근섬유 : 근섬유의 직경이 작아서 큰 힘을 발휘하지 못하지만 장시간 지속시키고 피로가 쉽게 발생하지 않는 골격근의 근섬유(지근섬유, Slow Twitch)
  - Type Ⅱ 근섬유 또는 Type F 근섬유 : 근섬유의 직경이 커서 큰 힘을 발휘하고 단시간 지속시키지만 장시간 지속 시는 피로가 쉽게 발생하는 골격근의 근섬유(속근섬유, Fast Twitch)
  - 근섬유의 수축단위는 근원섬유라 하는데, 이것은 2가지 기본형의 단백질 필라멘트로 구성되어 있으며, 액틴이 마이오신 사이로 미끄러져 들어가는 현상으로 근육의 수축을 설명하기도 한다.
- 근 력
  - 최대 근력 : 인간이 낼 수 있는 최대의 힘으로, 지속적이지 않고 잠시 동안 낼 수 있다.
  - 인간이 상당히 오래 유지할 수 있는 힘은 근력의 15[%] 이하이다.
  - 근력에 영향을 주는 요인 : 동기, 성별, 훈련
- 아령을 사용하여 30분간 훈련한 후, 이두근의 근육수축작용에 대한 전기적인 신호데이터를 수집 및 분석하여 근육의 피로도와 활성도를 분석할 수 있다.

ⓞ 산소부채와 사정효과
- 산소부채(Oxygen Debt) : 작업이나 운동이 격렬해져서 근육에 생성되는 젖산의 제거속도가 생성속도에 미치지 못하면, 활동이 끝난 후에도 남아 있는 젖산을 제거하기 위하여 산소가 더 필요하게 되는 현상
- 사정효과(Range Effect) : 인간의 위치동작에 있어 눈으로 보지 않고 손을 수평면상에서 움직이는 경우 짧은 거리는 지나치고, 긴 거리는 못 미치는 경향

㉒ 조작자는 작은 오차에는 과잉반응을 하고, 큰 오차에는 과소반응을 한다.

㉚ 인간의 특성
- 인간은 글씨보다 그림을 더 빨리 인식한다.
- 인간은 글씨보다 색깔을 더 빨리 인식한다.
- 인간의 단기기억시간은 매우 짧고 제한적이다.
- 인간은 오감 중 시각을 통하여 가장 많은 정보를 받아들인다.

㉛ 인간계측 관련 제반사항
- 신체측정에는 동적측정과 정적측정이 있다.
- 인체측정학은 신체의 생화학적 특징은 다루지 않는다.
- 자세에 따른 신체치수의 변화가 있다고 가정한다.
- 인체측정은 주로 물리적 특성(무게, 무게중심, 체적, 운동범위, 관성 등)을 측정한다.
- 인간신뢰도분석기법 중 조작자행동나무(Operator Action Tree) 접근방법이 환경적 사건에 대한 인간의 반응을 위해 인정하는 활동 3가지 : 반응, 감지, 진단
- 인간의 신장이나 체중은 하루 중 시간의 경과와 함께 변화하는데, 신장의 경우 하루 중 기상 직후 측정하면 가장 큰 키를 얻을 수 있다.
- 평균신장을 측정하기 위한 피측정자의 수(n) : $n = \left(\dfrac{K\sigma}{E}\right)^2$ (여기서, K : 신뢰계수, σ : 모표준편차, E : 추정의 오차범위)

② 인체측정치의 응용원리(인체측정자료의 설계응용원칙) : 조절식 설계 → 극단치 설계 → 평균치 설계의 순이다.

㉠ 조절식 설계원칙(가변적 설계원칙)
- 5~95[%]의 90[%] 범위를 수용대상으로 설계(인체계측자료의 응용원칙에 있어 조절범위에서 수용하는 통상범위는 5~95[%tile] 정도이다)
- 인체계측치 이용 시 만족비율 95[%]의 조절 가능한 범위치수(제2.5백분위수에서 제97.5백분위수의 범위)를 적용
- 크기나 모양의 조절을 가능하게 하는 설계
- 여러 사람에 맞추어 조절할 수 있게 하는 조절식 설계
- 안락도 향상, 적용범위의 증대
- 적용 : 입식 작업대, 의자 높이, 책상 높이, 자동차 좌석 등

- ⓒ 극단치 설계원칙(극단적 설계원칙)
  - 5[%] 또는 95[%]의 설계
  - 인체계측 특성의 최고나 최저의 극단치로 설계
  - 거의 모든 사람들에게 편안함을 줄 수 있는 경우가 있다.
    - ⓔ 제어버튼의 설계에서 조작자와의 거리를 여성의 5백분위수를 이용하여 설계한다.
  - 최대집단치 설계원칙
    - 정규분포의 95[%] 이상의 최대치를 적용하는 설계
    - 큰 사람을 기준으로 한 설계는 인체측정치의 95[%tile]을 사용한다.
    - 적용 : 출입문의 크기, 통로, 탈출구, 비상구, 비상문, 강의용 책걸상의 너비, 버스 천장 높이, 버스 내 승객용 좌석 간의 거리, 위험구역의 울타리, 그네의 줄, 와이어로프의 사용중량 등
  - 최소집단치 설계원칙
    - 정규분포의 5[%] 이하의 최소치를 적용하는 설계
    - 적용 : 좌식 작업대의 높이, 선반의 높이, 강의용 책걸상의 깊이, 버스·지하철 손잡이, 조작자와 제어버튼 사이의 거리, 조종장치까지의 거리, 조작에 필요한 힘, 비상벨의 위치설계 등
- ⓒ 평균치 설계원칙(평균적 설계원칙)
  - 정규분포의 5~95[%] 사이의 분포가 가장 많은 구간을 적용하는 설계
  - 일반적인 경우에 보편적으로 적용하는 설계
  - 적용 : 일반적인 제품, 공구, 안내데스크, 은행의 접수대, 슈퍼마켓의 계산대, 공공장소의 의자, 공원의 벤치, 화장실의 변기 등

③ 양립성 또는 모집단 전형(Compatibility)
  - ⓐ 양립성의 정의
    - 자극-반응조합의 관계에서 인간의 기대와 모순되지 않는 성질
    - 인간의 기대에 맞는 자극과 반응의 관계
    - 제어장치와 표시장치의 연관성이 인간의 예상과 어느 정도 일치하는 것
  - ⓑ 양립성의 효과가 클수록 코딩시간, 반응시간은 단축된다.
  - ⓒ 양립성의 종류 : 개념 양립성, 양식 양립성, 운동 양립성, 공간 양립성
    - 개념 양립성
      - 어떠한 신호가 전달하려는 내용과 연관성이 있어야 하는 것
        - ⓔ 위험신호는 빨간색, 주의신호는 노란색, 안전신호는 파란색으로 표시하는 것, 빨간색을 돌리면 뜨거운 물이 나오는 수도꼭지
    - 양식 양립성 : 청각적 자극 제시와 이에 대한 음성응답 과업에서 갖는 양립성
    - 운동 양립성
      - 표시 및 조종장치에서 체계반응에 대한 운동 방향
      - 운동관계의 양립성을 고려한 동목(Moving Scale)형 표시장치의 바람직한 설계방법
        ⓐ 눈금과 손잡이가 같은 방향으로 회전하도록 설계한다.
        ⓑ 눈금의 숫자는 우측으로 증가하도록 설계한다.
        ⓒ 꼭지의 시계 방향 회전이 지시치를 증가시키도록 설계한다.
          ⓔ 자동차 운전대를 시계 방향으로 돌리면 자동차 오른쪽으로 회전하도록 설계한다.
    - 공간 양립성
      - 조작장치와 표시장치의 위치가 상호 연관되게 한다는 인간공학적 설계원칙
      - 표시장치와 이에 대응하는 조종장치 간의 위치 또는 배열이 인간의 기대와 모순되지 않아야 하는 것
    - 새로운 기계를 설계하면서 레버를 위로 올리면 압력이 올라가도록 하고, 오른쪽 스위치를 누르면 오른쪽 전등이 켜지도록 하였을 때의 양립성의 유형 : 레버 - 운동 양립성, 스위치 - 공간 양립성

④ 시 력
  - ⓐ 시력의 개요
    - 시력(VA ; Visual Acuity)의 정의
      - 시각의 뚜렷한 정도
      - 공간상에서 분리된 두 물체를 눈이 인지하는 능력
      - 시각계통의 공간적 해상도의 정도
    - 눈 안의 망막 초점의 선명함과 뇌의 해석기능의 민감도에 영향을 받는다.
    - 디옵터(Dioptor, D) : 사람 눈의 굴절률
      - [1/m] 단위의 초점거리

- 디옵터 계산식 : $D = \dfrac{1}{L_1} - \dfrac{1}{L_2}$ (L_1 : 초점거리 또는 명시거리[m], L_2 : 물체의 거리)

ⓒ 시력의 척도
- 최소 가분시력(Minimum Separable Acuity, 최소분리력)
  - 서로 떨어진 두 점을 구별할 수 있는 능력(E시표, 란돌트C)
  - 눈의 분해능(해상력)
  - 시각(Visual Angle)의 역수
  - 가장 보편적으로 사용되는 시력의 척도
  - 란돌트(Landolt) 고리에 있는 1.5[mm]의 틈을 5[m]의 거리에서 겨우 구분할 수 있는 사람의 최소가분시력은 약 1.0이다.
- 최소가시력 : 분리 상태와 관계없이 자극점 또는 물체의 유무를 판단하는 시력
- 최소가독력 : 어느 정도 작은 글자를 읽을 수 있는지의 정도
- 최소판별력 : 시야 내 여러 물체의 상호 위치관계(평행, 한쪽 끝이 가까움 등)의 인식력
- 배열시력(Vernier Acuity) : 둘 또는 그 이상의 물체들을 평면에 배열한 뒤 그것이 일렬로 서 있는지 판별하는 능력
- 동적시력(Dynamic Visual Acuity) : 움직이는 물체를 보는 능력
- 입체시력(Stereoscopic Acuity) : 거리가 있는 한 물체에 대한 약간 다른 상이 두 눈의 망막에 맺힐 때 이것을 구별하는 능력
- 최소지각시력(Minimum Perceptible Acuity) : 배경으로부터 한 점을 분간하는 능력

⑤ 명료도지수
ⓐ 말소리의 질에 대한 객관적인 측정방법
ⓑ 통화 이해도를 측정하는 지표
ⓒ 각 옥타브(Octave)대의 음성과 잡음의 데시벨(dB)값에 가중치를 곱하여 합계를 구한 값

ⓓ 명료도지수 계산의 예

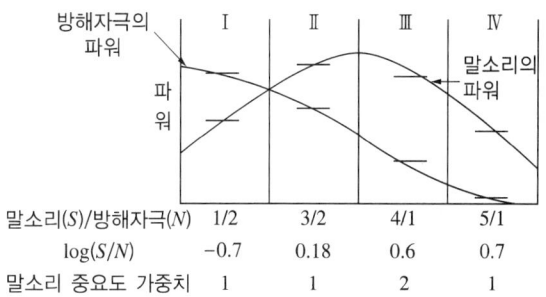

명료도지수 = $(-0.7 \times 1) + (0.18 \times 1) + (0.6 \times 2) + (0.7 \times 1) = 1.38$

⑥ 웨버(Weber)법칙 : 인간이 감지할 수 있는 외부의 물리적 자극 변화의 최소범위는 기준이 되는 자극의 크기에 비례하는 현상을 설명한 이론
ⓐ 웨버법칙은 주어진 자극에 대해 인간이 갖는 변화감지역을 표현하는 데 이용된다.
ⓑ 웨버(Weber)비 = $\dfrac{\Delta I}{I}$

(여기서, ΔI : 변화감지역, I : 표준자극)

ⓒ 웨버법칙의 특징
- Weber비는 분별의 질을 나타낸다.
- Weber비가 작을수록 분별력은 높아진다.
- 변화감지역(JND)이 작을수록 그 자극 차원의 변화를 쉽게 검출할 수 있다.
- 변화감지역(JND)은 사람이 50[%]를 검출할 수 있는 자극 차원의 최소 변화이다.

10년간 자주 출제된 문제

1-1. 다음 중 인체에서 뼈의 주요기능으로 볼 수 없는 것은?
① 인체의 지주
② 장기의 보호
③ 골수의 조혈기능
④ 영양소의 대사작용

1-2. 양립성의 종류에 해당하지 않는 것은?
① 기능 양립성
② 운동 양립성
③ 공간 양립성
④ 개념 양립성

|해설|

1-1
뼈의 주요기능
- 신체를 지지하고 형상을 유지하는 역할(인체의 지주, 신체의 지지)
- 주요한 부분을 보호하는 역할(장기의 보호)
- 신체활동을 수행하는 역할(근육 수축 시 지렛대 역할을 하여 운동을 도와주는 역할)
- 조혈작용(골수의 조혈기능)
- 무기질을 저장하는 역할(칼슘과 인 등의 무기질을 저장하고 공급해 주는 역할)

1-2
양립성의 종류 : 개념 양립성, 양식 양립성, 운동 양립성, 공간 양립성

정답 1-1 ④ 1-2 ①

핵심이론 02 | 동작과 작업공간

① 동작과 작업공간의 개요
  ㉠ 신체동작의 유형
   - 내선(Medial Rotation) : 몸의 중심선으로의 회전
   - 외선(Lateral Rotation) : 몸의 중심선으로부터의 회전
   - 내전(Adduction) : 몸의 중심선으로의 이동
   - 외전(Abduction) : 몸의 중심선으로부터의 이동
   - 굴곡(Flexion) : 신체 부위 간 각도의 감소
   - 신전(Extension) : 신체 부위 간 각도의 증가
  ㉡ 신체의 안정성을 증대시키는 조건
   - 모멘트의 균형을 고려한다.
   - 몸의 무게중심을 낮춘다.
   - 몸의 무게중심을 기저 내에 들게 한다.
   - 중심선이 기저면의 중앙에 있게 한다.
   - 기저면을 넓게 한다.
   - 마찰계수를 크게 한다.
   - 물체의 질량이 크며, 기울기가 작거나 신체의 분절이 잘 이루어질 때 안정성이 증가한다.
  ㉢ 동작의 합리화를 위한 물리적 조건
   - 고유진동을 이용한다.
   - 접촉면적을 작게 한다.
   - 대체로 마찰력을 감소시킨다.
   - 인체 표면에 가해지는 힘을 작게 한다.
  ㉣ 조종 장치의 우발작동을 방지하는 방법
   - 오목한 곳에 둔다.
   - 조종장치를 덮거나 방호한다.
   - 작동을 위해서 힘이 요구되는 조종장치에서는 저항을 제공한다.
   - 순서적 작동이 요구되는 작업일 때 순서를 지나치지 않도록 잠금장치를 설치한다.
  ㉤ (기계설비가 설계 사양대로 성능을 발휘하기 위한) 적정 윤활의 원칙
   - 적량의 규정
   - 올바른 주유방법(윤활법)의 선택(채용)
   - 윤활기간의 올바른 준수
  ㉥ 진전(Tremor)
   - 정지조정(Static Reaction)에서 문제가 되는 것은 진전(Tremor)이다.

- 정적자세를 유지할 때 진전(Tremor)을 가장 감소시키는 손의 위치 : 손이 심장 높이에 있을 때
- 정적자세 유지 시 진전(Tremor)을 감소시킬 수 있는 방법
  - 시각적인 참조가 있도록 한다.
  - 손이 심장 높이에 있도록 유지한다.
  - 작업대상물에 기계적 마찰이 있도록 한다.

ⓢ 색채 조절 : 인간의 심리적 조건을 충족시킴과 동시에 빛의 반사를 고려하여 기계설비의 배치에 도움이 되도록 색채를 합리적으로 사용하는 기술
- 인간행동에 대한 색채 조절의 기대효과 : 작업환경 개선, 생산 증진, 피로 감소, 작업능력 향상 등
- 경쾌하고 가벼운 느낌에서 느리고 둔한 색의 순서 : 백색 - 황색 - 녹색 - (등색) - (자색) - 적색 - 청색 - 흑색
- 팽창색에서 수축색으로 향하는 색의 순서 : 황색 - 등색 - 적색 - 자색 - 녹색 - 청색
- 안전색채와 기계장비 또는 배관의 연결
  - 시동스위치 : 녹색
  - 급정지스위치 : 적색
  - 고열기계 : 회청색
  - 증기배관 : 암적색
- 색 선택 시 고려사항
  - 색채 조절에 따라 기계의 본체에 가장 적합한 색상은 녹색계통이다.
  - 차분하고 밝은 색을 선택한다.
  - 밝은 색은 상부에, 어두운 색은 허부에 둔다.
  - 지붕은 주위의 환경과 조화를 이루도록 한다.
  - 창틀에는 흰빛으로 악센트를 준다.
  - 벽면은 주위 명도의 2배 이상으로 한다.
  - 자극이 강한 색은 피한다.
  - 백색은 시야의 범위가 가장 넓은 색상이지만, 순백색은 가능한 한 피한다.
- 명도(Value, Lightness)가 갖는 심리적인 과정
  - 명도가 높을수록 크게 보이고, 명도가 낮을수록 작게 보인다.
  - 명도가 높을수록 가깝게 보이고, 명도가 낮을수록 멀리 보인다.
  - 명도가 높을수록 가볍게 보이고, 명도가 낮을수록 무겁게 보인다.
  - 명도가 높을수록 빠르고 경쾌하게 느껴지고, 명도가 낮을수록 둔하고 느리게 보인다.
- 작업장 내의 색채 조절이 적합하지 못한 경우에 나타나는 상황
  - 안전표지가 너무 많아 눈에 거슬린다.
  - 현란한 색 배합으로 물체 식별이 어렵다.
  - 무채색으로만 구성되어 중압감을 느낀다.
  - 다양한 색채를 사용하면 작업의 집중도가 떨어진다.

ⓞ 선 자세와 앉은 자세의 비교
- 앉은 자세보다 서 있는 자세에서 혈액순환이 향상된다.
- 서 있는 자세보다 앉은 자세에서 균형감이 높다.
- 서 있는 자세보다 앉은 자세에서 정확한 팔 움직임이 가능하다.
- 서 있는 자세보다 앉은 자세에서 척추에 더 많은 해를 줄 수 있다.

ⓩ 작업만족도(Job Satisfaction)를 얻기 위한 수단
- 작업 확대(Job Enlargement)
- 작업 순환(Job Rotation)
- 작업 윤택화 또는 작업 충실화(Job Enrichment)

② 물건을 들어 올리는 작업에 대한 안전기준(NIOSH Lifting Guideline)

※ NIOSH ; National Institute for Occupational Safety and Health

㉠ 1981년 제정 내용
- 2개의 하한치(AL)와 상한치(MPL)로 구성된다.
- AL(Action Limit, 활동한계) : 거의 모든 사람들이 들어 올릴 수 있는 중량을 말하며 감시기준이라고도 한다.

  AL = IW × HM × VM × DM × FM
  - IW(Ideal Weight, 이상적 하중상수) : 23[kg]이며 최적의 환경에서 들기작업을 할 때의 최대 허용무게 또는 모든 조건이 가장 좋지 않을 경우 허용되는 최대 중량
  - HM(Horizontal Multiplier, 수평계수) : 시작점과 종점에서 측정한 두 발 뒤꿈치 뼈의 중점에서 손까지의 거리
  - VM(Vertical Multiplier, 수직계수) : 시작점과 종점에서 측정한 바닥에서 손까지의 거리
  - DM(Distance Multiplier, 거리계수) : 들기작업에서 수직으로 이동한 거리

- FM(Frequency Multiplier, 빈도계수) : 15분 동안 분당 평균 들어 올리는 횟수(회/분)
- MPL(Maximum Permissible Limit, 최대 허용기준) : 아주 소수의 사람들만이 들어 올릴 수 있는 중량이며 AL의 3배로 지정한다.

  MPL = 3 × AL

ⓒ 1991년 재조정 내용
- AL값과 MPL값이 현실화되지 않음을 지적하고 재조정하여 다음의 요소들을 추가하면서 AL, MPL 개념을 없애고 권장무게한계(RWL ; Recommended Weight of Lift)를 새로이 제정했다.
  - 비대칭계수(AM ; Asymmetry Multiplier) : 시작점과 종점에서 측정한 정면에서 비틀림 정도를 나타내는 각도
  - 커플링계수(CM ; Coupling Multiplier) : 드는 물체와 손과의 연결상태를 말하며 물체를 들 때에 미끄러지거나 떨어뜨리지 않도록 하는 손잡이 등의 상태로 양호(Good), 보통(Fair), 불량(Poor)으로 구분한다.
- 권장무게한계(RWL) : 건강한 작업자가 특정한 들기작업에서 실제 작업시간 동안 허리에 무리를 주지 않고 요통의 위험 없이 들 수 있는 무게의 한계

  RWL = IW × HM × VM × DM × AM × FM × CM

- 권장무게한계(RWL) 산출에 사용되는 평가요소 : 이상적 하중상수(IW : 23[kg]), 수평계수(HM), 수직계수(VM), 거리계수(DM), 비대칭계수(AM), 빈도계수(FM), 커플링계수(CM)
- 최적의 환경
  - 허리의 비틀림 없는 정면
  - 들기작업을 가끔씩 할 때($F < 0.2$, 5분에 1회 미만)
  - 작업물이 작업자 몸 가까이 있을 때($H = 15$[cm])
  - 수직위치(V) 75[cm] 이하
  - 작업자가 물체를 옮기는 거리의 수직이동거리(D) 25[cm] 이하
  - 커플링이 좋은 상태
- 들기지수(LI ; Lifting Index) : 실제 작업물의 무게와 RWL의 비이며 특정작업에서의 육체적 스트레스의 상대적인 양을 나타낸다. LI가 1.0보다 크다면 작업부하가 권장치보다 크다는 것이다.

$$LI = \frac{실제\ 작업무게}{권장\ 무게한계} = \frac{L}{RWL}$$

③ 동작경제의 원칙
  ㉠ 신체사용에 관한 원칙
  - 손의 동작은 유연하고 연속적이어야 한다.
  - 두 손의 동작은 동시에 시작해서 동시에 끝나야 한다.
  - 두 팔의 동작은 동시에 서로 반대 방향으로 대칭적으로 움직이도록 한다.
  - 동작이 급작스럽게 크게 바뀌는 직선동작은 피해야 한다.
  - 가능하다면 쉽고 자연스러운 리듬이 작업동작에 생기도록 작업을 배치한다.
  - 가능한 한 관성을 이용하여 작업하도록 한다.
  - 휴식시간을 제외하고는 양손이 같이 쉬지 않도록 한다.
  - 작업자가 작업 중에 자세를 변경할 수 있도록 한다.
  ㉡ 작업장 배치(Layout)에 관한 원칙
  - 공구나 재료는 작업동작이 원활하게 수행되도록 그 위치를 정해 준다.
  - 작업의 흐름에 따라 기계를 배치한다.
  - 인간이나 기계의 흐름을 라인화한다.
  - 운반작업을 기계화한다.
  - 중간마다 중복 부분을 없앤다.
  - 사람이나 물건의 이동거리를 단축하기 위해 기계배치를 집중화한다.
  - 비상시에 쉽게 대비할 수 있는 통로를 마련하고 사고 진압을 위한 활동 통로가 반드시 마련되어야 한다.
  - 공장 내외는 안전한 통로를 두어야 하며 통로는 선을 그어 작업장과 명확히 구별하도록 한다.
  - 기계설비의 주위는 항상 정리정돈하여 충분한 공간을 확보한다.
  - 작업장에서 구성요소를 배치할 때 공간의 배치원칙 : 사용 빈도의 원칙, 중요도의 원칙, 기능성의 원칙, 사용 순서의 원칙
    - 부품 배치의 원칙 중 부품의 일반적 위치 내에서의 구체적인 배치를 결정하기 위한 기준이 되는 것은 기능별 배치의 원칙과 사용 순서의 원칙이다.
    - 부품 배치의 원칙 중 기능적으로 관련된 부품들을 모아서 배치한다는 원칙은 기능별 배치의 원칙이다.

- 부품성능이 시스템 목표 달성의 긴요도에 따라 우선순위를 설정하는 부품 배치원칙에 해당하는 것은 중요성의 원칙이다.
- 흐름공정도(Flow Process Chart)에서 사용되는 기호

검 사		가공	운반	저장
수량검사	품질검사			
□	◇	○	⇨	▽

ⓒ 공구 및 설비 디자인에 관한 원칙
- 공구의 기능을 결합하여 사용하도록 한다.
- 손잡이의 단면이 원형을 이루어야 한다.
- 손잡이를 꺾고 손목을 꺾지 않는다.
- 일반적으로 손잡이의 길이는 95[%tile] 남성의 손 폭을 기준으로 한다.
- 동력공구의 손잡이는 두 손가락 이상으로 작동하도록 한다.
- 양손잡이를 모두 고려하여 설계한다.
- 손바닥 부위에 압박을 주지 않는 손잡이 형태로 설계한다.
- 동력공구 손잡이는 최소 두 손가락 이상으로 작동하도록 설계한다.
- 조직(Tissue)에 가해지는 압력을 피한다.
- 손목을 곧게 유지한다.
- 반복적인 손가락 동작을 피한다.
- 손잡이 접촉면적을 넓게 설계한다.
- 손잡이의 직경은 사용 용도에 따라 다르게 설계한다.
  - 힘을 요하는 손잡이의 직경 : 2.5~4[cm]
  - 정밀작업을 요하는 손잡이의 직경 : 0.75~1.5[cm]
  - 기존 키보드의 영문 키(Key)에 배당된 오른손과 왼손의 작업량 비율은 약 1 : 1.3이다.
  - 똑딱스위치 및 누름단추를 작동할 때에는 중심으로부터 25°쯤 되는 위치에 있을 때가 작동시간이 가장 짧다.

④ 근골격계 부담작업
  ㉠ 근골격계 부담작업의 종류
  - 하루에 총 2시간 이상 목, 어깨, 팔꿈치, 손목 또는 손을 사용하여 같은 동작을 반복하는 작업
  - 하루에 총 2시간 이상 머리 위에 손이 있거나 팔꿈치가 어깨 위에 있거나 팔꿈치를 몸통으로부터 들거나 팔꿈치를 몸통 뒤쪽에 위치하도록 하는 상태에서 이루어지는 작업
  - 하루에 총 2시간 이상 쪼그리고 앉거나 무릎을 굽힌 자세에서 이루어지는 작업
  - 하루에 총 2시간 이상 분당 2회 이상 4.5[kg] 이상의 물체를 드는 작업
  - 하루에 총 2시간 이상 시간당 10회 이상 손 또는 무릎을 사용하여 반복적으로 충격을 가하는 작업
  - 하루에 총 2시간 이상 지지되지 않는 상태에서 1[kg] 이상의 물건을 한 손의 손가락으로 집어 옮기거나 2[kg] 이상에 상응하는 힘을 가하여 손가락으로 물건을 쥐는 작업
  - 하루에 총 2시간 이상 지지되지 않은 상태에서 4.5[kg] 이상의 물건을 한 손으로 들거나 동일한 힘으로 쥐는 작업
  - 지지되지 않은 상태이거나 임의로 자세를 바꿀 수 없는 조건에서 하루에 총 2시간 이상 목이나 허리를 구부리거나 드는 상태에서 이루어지는 작업
  - 하루에 4시간 이상 집중적으로 자료입력 등을 위해 키보드 또는 마우스를 조작하는 작업
  - 하루에 10회 이상 25[kg] 이상의 물체를 드는 작업
  - 하루에 25회 이상 10[kg] 이상의 물체를 무릎 아래에서 들거나, 어깨 위에서 들거나, 팔을 뻗은 상태에서 드는 작업

  ㉡ 근골격계 부담작업을 하는 경우에 사업주가 근로자에게 알려야 하는 사항(기타 근골격계질환 예방에 필요한 사항 별도)
  - 근골격계 부담작업의 유해요인
  - 근골격계 질환의 징후와 증상
  - 올바른 작업자세와 작업도구, 작업시설의 올바른 사용방법

  ㉢ 근골격계질환의 발생원인(직접적인 유해요인)
  - 반복적인 동작
  - 부적절한 작업자세
  - 불편한 자세
  - 장시간 동안의 진동
  - 저온의 작업환경

- ② 근골격계질환 관련 유해요인조사
  - 유해요인조사는 근로자를 사용하는 모든 사업 또는 사업장에서 실시하며, 적용 제외 규정은 없다.
  - 정기조사의 경우 매 3년 이내, 수시조사의 경우 질환자 발생이나 새로운 작업 또는 설비 도입, 작업환경변경 시에 실시하며, 신설 사업장의 경우 신설일로부터 1년 이내에 조사한다.
  - 조사는 사업장 내 근골격계 부담작업 전체에 대한 전수조사를 원칙으로 한다.
  - 근골격계 부담작업 유해요인조사에는 유해요인 기본조사와 근골격계질환 증상조사가 포함된다.
  - 근골격계질환 유해요인조사방법(근골격계질환 예방을 위한 유해요인 평가방법) : OWAS, NLE, RULA, NASA-TLX
    - 인간공학적 평가기법 : OWAS, NLE, RULA
    - OWAS의 평가요소 : 허리, 상지, 하지, 무게(하중)
- ⑤ 근골격계 질환
  - 레이노 증후군 : 전동공구와 같은 진동이 발생하는 수공구를 장시간 사용하여 손과 손가락 통제능력의 훼손, 동통, 마비 증상 등을 유발하는 근골격계 질환
  - 결절종
  - 방아쇠수지병
  - 수근관 증후군
  - 요통(Alame Back)
    - 인력 물자 취급작업 중 발생되는 재해비중은 요통이 가장 많다.
    - 특히 인양작업 시 요통의 발생 빈도가 높다.
- ⑥ 근골격계 질환 예방
  - 들기작업 시 요통재해 예방을 위하여 고려해야 할 요소 : 들기 빈도, 손잡이 형상, 허리 비대칭 각도 등
  - 인양작업 시 요통재해 예방을 위하여 고려해야 할 요소
    - 작업대상물 하중의 수평 위치
    - 작업대상물의 인양 높이
    - 인양방법 및 빈도
    - 크기, 모양 등 작업대상물의 특성
- ⑤ 작업공간의 설계·작업대
  - ㉠ 작업공간 설계
    - 선반의 높이, 조작에 필요한 힘 등을 정할 때에는 최대치수를 하위 백분위수를 기준으로 적용한다.
    - 수평작업대에서의 정상작업영역은 상완을 자연스럽게 늘어뜨린 상태에서 전완을 뻗어 파악할 수 있는 영역이다.
    - 수평작업대에서의 최대작업영역은 전완과 상완을 곧게 펴서 파악할 수 있는 구역(55~65[cm])이다.
    - 작업공간 포락면(Work Space Envelope)
      - 한 장소에 앉아서 수행하는 작업활동에서 사람이 작업하는 데 사용하는 공간
      - 작업의 성질에 따라 포락면의 경계가 달라진다.
    - 정상작업 포락면 : 양팔을 뻗지 않은 상태에서 작업하는 데 사용하는 공간
    - 접근 제한요건 : 기록의 이용을 제한하는 조치(박물관의 미술품 전시와 같이 장애물 뒤의 타깃과의 거리를 확보하여 설계한다)
    - 작업역
      - 정상작업역 : 상완을 자연스럽게 수직으로 늘어뜨린 상태에서 전완만을 편하게 뻗어 파악할 수 있는 영역
      - 최대작업역 : 최대한 팔을 뻗친 거리로 작업자가 가끔 하는 작업의 구간
      - 선 작업자세로서 수리작업을 하는 작업역

        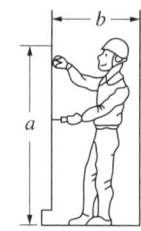

        $a = 180[cm]$, $b = 75[cm]$
      - 앉은 작업자세로서 수리작업을 하는 특수작업역

        $a = 110[cm]$, $b = 120[cm]$
  - ㉡ 작업대
    - 서서하는 작업에서 정밀한 작업, 경작업, 중작업 등을 위한 작업대의 높이의 기준이 되는 신체 부위는 팔꿈치이다.

- 일반작업 시의 작업대의 높이 : 팔꿈치 높이보다 5~10[cm] 정도 높게 설계한다.
- 중(重)작업 시의 작업대의 높이 : 팔꿈치 높이보다 15~25[cm] 정도 낮게 설계한다.

ⓒ 착석식 작업대의 높이 설계를 할 경우 고려해야 할 사항
- 의자의 높이 : 높이 조절식으로 설계한다.
- 대퇴 여유 : 대퇴부가 큰 사람이 작업면 하부 공간에서 자유롭게 움직일 수 있을 정도로 설계한다.
- 작업의 성격 : 섬세한 작업은 작업대를 약간 높게 설계하고 거친 작업은 작업대를 약간 낮게 설계한다.

⑥ 의자설계
ⓐ 일반적으로 의자설계의 원칙에서 고려해야 할 사항
- 체중의 분포
- 상반신의 안정
- 의자 좌판의 높이
- 의자 등판의 높이
- 의자 좌판의 깊이와 폭

ⓑ 의자설계의 인간공학적 원리
- 쉽게 조절할 수 있도록 한다(조절을 용이하게 만든다).
- 추간판에 가해지는 압력을 줄일 수 있도록 한다(디스크가 받는 압력을 줄인다).
- 등근육의 정적부하를 줄일 수 있도록 한다.
- 좋은 자세를 취할 수 있도록 하여야 한다.
- 요부전만을 유지할 수 있도록 한다(등받이의 굴곡을 요추의 굴곡과 일치시킨다).
- 자세 고정을 줄인다.
- 좌판 앞부분은 오금보다 높지 않아야 한다(의자 좌판의 높이 결정 시 사용할 수 있는 인체측정치는 앉은 오금의 높이이다).
- 좌판의 앞 모서리 부분은 5[cm] 정도 낮아야 한다.
- 의자에 앉아 있을 때 몸통에 안정을 주어야 한다.
- 사람이 의자에 앉았을 때 엉덩이의 좌골융기(Ischial Tuberosity) 또는 좌골관절에 일차적인 체중 집중이 이루어지도록 한다.

ⓒ 의자설계에 대한 조건(고려사항)
- 좌판은 엉덩이가 앞으로 미끄러지지 않는 재질과 구조로 설계한다.
- 좌판의 깊이는 작업자의 등이 등받이에 닿을 수 있도록 설계한다.
- 좌판의 깊이는 장딴지에 여유를 주고, 대퇴를 압박하지 않도록 작은 사람에게도 적합하도록 설계한다.
- 좌판의 높이와 너비는 큰 사람에게 적합하도록, 깊이는 작은 사람에 적합하도록 설계한다.
- 여러 사람이 사용하는 의자의 좌면 높이는 5[%] 오금높이를 기준으로 설계하는 것이 가장 적절하다.
- 등받이는 충분한 너비를 가지고 요추 부위부터 어깨부위까지 편안하게 지지하도록 설계한다.
- 체중분포는 두 좌골결절에서 둔부 주위로 갈수록 압력이 감소하는 형태가 되도록 한다.

ⓓ 강의용 책걸상을 설계할 때 고려해야 할 인체측정자료 응용원칙과 변수
- 최대 집단치 설계 : 너비
- 최소 집단치 설계 : 깊이
- 조절식 설계(가변적 설계) : 높이

10년간 자주 출제된 문제

2-1. 동작의 합리화를 위한 물리적 조건으로 적절하지 않는 것은?

① 고유 진동을 이용한다.
② 접촉면적을 크게 한다.
③ 대체로 마찰력을 감소시킨다.
④ 인체 표면에 가해지는 힘을 작게 한다.

2-2. 작업설계(Job Design) 시 철학적으로 고려해야 할 사항 중 작업만족도(Job Satisfaction)를 얻기 위한 수단으로 볼 수 없는 것은?

① 직업 감소(Job Reduce)
② 작업 순환(Job Rotation)
③ 작업 확대(Job Enlargement)
④ 작업 윤택화(Job Enrichment)

2-3. 다음 중 동작경제의 원칙에 있어 '신체 사용에 관한 원칙'에 해당하지 않는 것은?

① 두 손의 동작은 동시에 시작해서 동시에 끝나야 한다.
② 손의 동작은 유연하고 연속적인 동작이어야 한다.
③ 공구, 재료 및 제어장치는 사용하기 가까운 곳에 배치해야 한다.
④ 동작이 급작스럽게 크게 바뀌는 직선동작은 피해야 한다.

10년간 자주 출제된 문제

2-4. 의자설계의 인간공학적 원리로 틀린 것은?
① 쉽게 조절할 수 있도록 한다.
② 추간판의 압력을 줄일 수 있도록 한다.
③ 등근육의 적정부하를 줄일 수 있도록 한다.
④ 고정된 자세로 장시간 유지할 수 있도록 한다.

|해설|

2-1
접촉면적을 작게 한다.

2-2
작업만족도(Job Satisfaction)를 얻기 위한 수단
• 작업 확대(Job Enlargement)
• 작업 순환(Job Rotation)
• 작업 윤택화 또는 작업 충실화(Job Enrichment)

2-3
③은 작업장 배치에 관한 원칙에 해당된다.

2-4
의자는 고정된 자세로 장시간 유지하게 하면 안 되며, 좋은 자세를 취할 수 있도록 설계하여야 한다.

정답 2-1 ② 2-2 ① 2-3 ③ 2-4 ④

핵심이론 03 | 작업생리학

① 작업생리학의 개요
  ㉠ 작업생리학의 정의 : 근력을 이용한 작업수행에서 받는 다양한 스트레스와 연관된 신체(인간을 구성하는 조직체)의 생리학적 기능을 연구하는 학문
  ㉡ 작업생리학의 연구목적 : 작업자들이 과도한 피로 없이 원활한 작업수행을 할 수 있도록 한다.
  ㉢ 작업생리학 관련 제반사항
    • 작업수행 영향요소 : 작업의 본질, 환경, 신체적 요소, 심리적 요소, 훈련과 적응, 서비스 기능
    • 생체역학적 분석에 필요한 정보 : 거리, 중량(Weight), 각도 등
    • 대뇌의 활동수준에 1일 주기의 조석리듬이 존재하는데, 조석리듬 수준이 가장 낮아 재해사고의 가능성이 가장 높은 시간대는 오전 6시이다.
    • 인간의 반응체계에서 이미 시작된 반응을 수정하지 못하는 저항시간(Refractory Period)은 0.5초이다.

② 육체작업의 생리학적 부하 측정척도(인간의 생리적 부담척도) : 격렬한 육체적 작업의 작업부담평가 시 활용되며 측정변수는 맥박수, 산소소비량, 근전도 등이다.
  ㉠ 맥박수 : 심장이 제대로 뛰는지 관찰할 수 있는 건강지표
  ㉡ 근전도(EMG)
    • 전기적 생리신호 측정방법 중 근육의 활동도를 측정하는 방법이다.
    • 국부적 근육활동의 전기적 활성도를 기록하는 방법이다.
    • 국소적 근육활동의 척도로 가장 적합하다.
    • 간헐적으로 페달을 조작할 때 다리에 걸리는 부하를 평가하기에 가장 적당한 측정변수이다.
  ㉢ 산소소비량 : 대사율을 평가할 수 있는 지표
    • 1[L/min]의 산소 소비 시 5[kcal/min]의 에너지가 소비된다.
    • 산소소비량=(흡기 시 산소농도[%]×흡기량)−(배기 시 산소농도[%]×배기량)
    • 흡기량 = 배기량 $\times \dfrac{100 - O_2[\%] - CO_2[\%]}{79[\%]}$

예제 중량물 들기 작업을 수행하는데, 5분간의 산소 소비량을 측정한 결과, 90[L]의 배기량 중에 산소가 16[%], 이산화탄소가 4[%]로 분석되었을 때, 해당 작업에 대한 분당 산소소비량은?(단, 공기 중 질소는 79[vol%], 산소는 21[vol%]이다)

분당 흡기량 = 분당 배기량 × $\dfrac{100 - O_2[\%] - CO_2[\%]}{79[\%]}$

$= \dfrac{90}{5} \times \dfrac{100 - 16 - 4}{79} = 18 \times \dfrac{80}{79} \simeq 18.23[L]$

분당 산소소비량 = (흡기 시 산소농도[%] × 분당 흡기량) − (배기 시 산소농도[%] × 분당 배기량)

$= 0.21 \times 18.23 - 0.16 \times 18 \simeq 0.948[L/min]$

③ 정신적 작업부하(부담) 측정척도의 4가지 분류
  ㉠ 주임무 척도
  ㉡ 주관적 척도
  ㉢ 객관적 척도
  ㉣ 생리적 척도 : 직무수행 중에 계속해서 자료를 수집할 수 있고, 부수적인 활동이 필요 없는 장점을 가진 척도이다. 종류로는 부정맥지수, 점멸융합주파수(FFF), 뇌파도, 변화감지역(JND ; Just Noticeable Difference) 등이 있다.
  • 부정맥지수 : 심장이 불규칙하게 뛰는 정도를 나타내는 지수
  • (시각적) 점멸융합주파수(VFF) : 계속되는 자극들이 점멸하는 것처럼 보이지 않고, 연속적으로 느껴지는 주파수
    − 중추신경계 피로(정신 피로)의 척도로 사용할 수 있다.
    − 휘도만 같다면 색상은 영향을 주지 않는다(휘도가 동일한 색은 주파수 값에 영향을 주지 않는다).
    − 표적과 주변의 휘도가 같을 때 최대가 된다.
    − 주파수는 조명강도의 대수치에 선형적으로 비례한다.
    − 사람들 간에는 큰 차이가 있으나 개인의 경우 일관성이 있다.
    − 암조응 시에는 주파수가 감소한다.
    − 정신적으로 피로하면 주파수 값이 내려간다.
  • 뇌파도(EEG ; Electroencephalography) : 뇌전도라고도 하며 뇌신경 사이에 신호가 전달될 때 심신의 상태에 따라 다르게 나타나는 전기의 흐름으로, 뇌의 활동상황을 측정하는 가장 중요한 지표이다.
  • 변화감지역(JND ; Just Noticeable Difference)
    − 자극의 상대 식별에 있어 50[%]보다 더 높은 확률로 판단할 수 있는 자극의 차이이다.
    − JND가 작을수록 차원의 변화를 쉽게 검출할 수 있다.
    − 변화감지역이 가장 큰 음 : 높은 주파수와 작은 강도를 가진 음
    − 변화감지역이 가장 작은 음 : 낮은 주파수와 큰 강도를 가진 음

④ 스트레스(Stress)
  ㉠ 혈액 정보는 스트레스의 주요 척도에서 생리적 긴장의 화학적 척도에 해당한다.
  ㉡ 인체에 작용한 스트레스의 영향으로 발생된 신체반응의 결과인 스트레인(Strain)을 측정하는 척도
    • 인지적 활동 : 뇌파도(EEG)
    • 정신운동적 활동 : 안전도(眼電圖, EOG)
    • 국부적 근육활동 : 근전도(EMG)
    • 육체적 동적 활동 : 심박수(HR ; Heart Rate), 산소소비량
    • 육체적 정적 활동 : 갈바닉 피부 반응도(GSR ; Galvanic Skin Response)에 의한 피부 전기반사 측정
  ㉢ 스트레스에 반응하는 신체의 변화
    • 혈소판이나 혈액응고인자가 증가한다.
    • 더 많은 산소를 얻기 위해 호흡이 빨라진다.
    • 중요한 장기인 뇌・심장・근육으로 가는 혈류가 증가한다.
    • 상황 판단과 빠른 행동대응을 위해 감각기관은 매우 예민해진다.

⑤ 작업의 효율, 에너지 소비, 에너지대사
  ㉠ 작업의 효율
    • 작업효율[%] = $\dfrac{\text{한 일}}{\text{에너지 소비량}} \times 100[\%]$
    • 사람이 소비하는 에너지가 전부 유용한 일에 사용되는 것이 아니라 70[%]는 열로 소실되며, 일부는 물건을 들거나 받치고 있는 일 등의 비생산적인 정적 노력에 소비된다.
  ㉡ 에너지 소비
    • 에너지 소비수준에 영향을 미치는 인자 : 작업자세, 작업방법, 작업속도, 도구(도구설계)

- 근로자가 작업 중에 소모하는 에너지의 양을 측정하는 방법 중, 작업 중에 소비한 산소소모량을 가장 먼저 측정한다.
- 가장 작은 에너지를 사용하는 보행속도는 70[m/분]이다.
- 에너지 소비수준에 기초한 육체적 작업등급

작업등급	에너지소비량		심박수 [박동수/분]	산소 소비량 [L/분]
	[kcal/분]	[kcal/8시간, 일]		
휴 식	1.5	720 이하	60~70	0.3
매우 가벼운 작업	1.6~2.5	768~1,200	65~75	0.3~0.5
가벼운 작업	2.5~5.0	1,200~2,400	75~100	0.5~1.0
보통작업	5.0~7.5	2,400~3,600	100~125	1.0~1.5
힘든 작업	7.5~10.0	3,600~4,800	125~150	1.5~2.0
매우 힘든 작업	10.0~12.5	4,800~6,000	150~180	2.0~2.5
견디기 힘든 작업	12.5 이상	6,000 이상	180 이상	2.5 이상

- 작업등급이 보통작업이라면, 건강한 사람은 비교적 오래 일할 수 있다.
- 에너지소비량이 7.5[kcal/분] 이상인 작업은 자주 휴식을 취해야 한다.
- 8시간 동안 작업 시 남자는 5[kcal/분], 여자는 3.5[kcal/분]을 넘지 않는다.

ⓒ 에너지대사 : 체내에서 유기물을 합성하거나 분해할 때 반드시 뒤따르는 에너지의 전환

⑥ 에너지대사율(RMR)과 휴식시간

㉠ 에너지대사율(RMR ; Relative Metabolic Rate)
- RMR은 작업에 있어서 에너지 소요의 정도이다.
- 산소소모량으로 에너지소모량을 측정한다.
- 산소소비량을 측정할 때 더글라스 백(Douglas Bag)을 이용한다.
- 작업의 강도를 정확히 알 수 있게 한다.
- RMR이 높은 경우 사고 예방대책으로 휴식시간의 증가가 가장 적당하다.
- RMR은 작업대사량을 기초대사량으로 나눈 값이다.
- 작업대사량은 작업 시 소비에너지와 안정 시 소비에너지의 차로 나타낸다.
- 기초대사량(BMR ; Basic Metabolic Rate) : 생명을 유지하기 위한 최소한의 대사량
  - 생물체가 생명을 유지하는 데 필요한 최소한의 에너지량이다.
  - 아무것도 하지 않아도 하루 동안 소비되는 에너지량이다.
  - 신체를 유지하는 데 필요한 기본적인 에너지량이다.
  - 체온 유지, 혈액순환, 호흡활동, 심장박동 등을 위해 기초적인 생명활동을 위해 신진대사에 쓰이는 에너지량이다.

- $RMR = \dfrac{운동대사량}{기초대사량}$

  $= \dfrac{작업\ 시의\ 소비에너지 - 안정\ 시의\ 소비에너지}{기초대사량}$

  $= \dfrac{운동\ 시\ 산소소모량 - 안정\ 시\ 산소소모량}{산소소비량}$

- 에너지대사율과 작업강도

작업 구분	가벼운 작업	보통 작업	중(重) 작업	초중(超重) 작업
RMR 값	0~2	2~4	4~7	7 이상

㉡ 휴식시간(R)

- $R = T \times \dfrac{E - W}{E - 1.5}$

  (T : 총작업시간, E : 작업의 에너지소비율[kcal/분], W : 표준에너지소비량 또는 평균에너지소비량, R : 휴식 중 에너지소비량)

- 이 식은 다른 조건이 주어지지 않은 경우, $T = 60$, $W = 5$ (남성) 또는 $W = 4$로 하여 $R = 60 \times \dfrac{E - 5}{E - 1.5}$ 또는 $R = 60 \times \dfrac{E - 4}{E - 1.5}$의 식으로 표현되기도 한다.

[예제] PCB 납땜작업을 하는 작업자가 8시간 근무시간을 기준으로 수행하고 있고, 대사량을 측정한 결과 분당 산소소비량이 1.3[L/min]으로 측정되었다면, Murrell 방식을 적용할 때의 작업자의 노동활동은?
- 납땜 작업의 분당 에너지소비량 : 1[L/min]의 산소 소비 시 5[kcal/min]의 에너지가 소비되므로 분당 산소소비량이 1.3[L/min]으로 측정되었다면, 납땜작업의 분당 에너지소비량
  $= 5 \times 1.3 = 6.5 [\text{kcal/min}]$

- 납땜작업을 시작할 때 발생한 작업자의 산소결핍은 작업이 끝나야 해소된다.
- 8시간의 작업시간 중 필요한 휴식시간 :

$$R = T \times \frac{E-5}{E-1.5}$$
$$= 8 \times 60 \times \frac{6.5-5}{6.5-1.5} = \frac{480 \times 1.5}{5.0} = 144[min]$$

- 작업자는 NIOSH가 권장하는 평균에너지소비량을 따르고 있지 않다.

ⓒ 기초대사량 : 생명 유지에 필요한 단위시간당 에너지량
- 성인 기초대사량 : 1,500~1,800[kcal/일]
- 기초 + 여가대사량 : 2,300[kcal/일]
- 작업 시 정상적인 에너지소비량 : 4,300[kcal/일]

⑦ 질환 관련 사항
㉠ 지게차 운전자와 대형 운송차량 운전자는 동일한 직업성 질환의 위험요인에 노출된 것으로 본다.
㉡ 레이노병(Raynaud's Phenomenon, 레이노현상) : 국소진동에 지속적으로 노출된 근로자에게 발생할 수 있으며, 말초기관 장해로 손가락이 창백해지고 통증을 느끼는 질환이다.
㉢ 파킨슨병(PD ; Parkinson's Disease) : 떨림, 몸동작의 느려짐, 근육의 강직, 질질 끌며 걷기, 굽은 자세와 같은 증상들의 운동장애가 나타나는 진행형 신경퇴행성 질환이다.
㉣ 규폐증(Silicosis) : 규산 성분이 있는 돌가루가 폐에 쌓여 생기는 질환으로, 직업적으로 광부, 석공, 도공, 연마공 등에서 발생될 가능성이 있는 직업병이다.
㉤ C5-dip현상 : 소음에 장기간 노출되어 4,000[Hz] 부근에서의 청력이 급격히 저하하는 현상으로, 다장조의 도(C)에서 5옥타브 위의 음인 4,096[Hz]를 C5라고 한다.
㉥ 누적손상장애(CTDs)
- 단순반복작업으로 인하여 발생되는 건강장애이다.
- 손이나 특정 신체 부위에 발생된다.
- 발생인자 : 반복도가 높은 작업, 무리한 힘, 장시간의 진동, 저온 환경
㉦ 손목관증후군(CTS) : 손목을 반복적이고 지속적으로 사용하면 걸릴 수 있으며 정중 신경(Median Nerve)에 큰 손상을 준다.

10년간 자주 출제된 문제

3-1. 육체작업의 생리학적 부하측정척도가 아닌 것은?
① 맥박수
② 산소소비량
③ 근전도
④ 점멸융합주파수

3-2. 어느 철강회사의 고로작업라인에 근무하는 A씨의 작업강도가 힘든 중(重)작업으로 평가되었다면 해당되는 에너지대사율(RMR)의 범위로 가장 적절한 것은?
① 0~1
② 2~4
③ 4~7
④ 7~10

3-3. 휴식 중 에너지소비량은 1.5[kcal/min]이고, 어떤 작업의 평균에너지소비량이 6[kcal/min]이라고 할 때 60분간 총작업시간 내에 포함되어야 하는 휴식시간은 약 몇 분인가?(단, 기초대사를 포함한 작업에 대한 평균에너지소비량의 상한은 5[kcal/min]이다)
① 10.3
② 11.3
③ 12.3
④ 13.3

3-4. 손이나 특정 신체 부위에 발생하는 누적손상장애(CTDs)의 발생인자와 가장 거리가 먼 것은?
① 무리한 힘
② 다습한 환경
③ 장시간의 진동
④ 반복도가 높은 작업

|해설|

3-1
육체작업의 생리학적 부하 측정척도 : 격렬한 육체적 작업의 작업부담평가 시 활용되며 측정변수는 맥박수, 산소소비량, 근전도 등이다.

3-2
에너지대사율과 작업강도

작업 구분	가벼운 작업	보통 작업	중(重)작업	초중(超重)작업
RMR 값	0~2	2~4	4~7	7 이상

3-3
휴식시간 $R = T \times \frac{E-5}{E-1.5} = 60 \times \frac{6-5}{6-1.5} \approx 13.3[min]$

3-4
누적손상장애(CTDs)
- 단순반복작업으로 인하여 발생되는 건강장애
- 손이나 특정 신체 부위에 발생된다.
- 발생인자 : 반복도가 높은 작업, 무리한 힘, 장시간의 진동, 저온 환경

정답 3-1 ④ 3-2 ③ 3-3 ④ 3-4 ②

제4절 신뢰성 관리

핵심이론 01 신뢰성 관리의 개요

① 신뢰성의 개념
  ㉠ 신뢰성과 신뢰도
    - 신뢰성은 체계, 기기, 부품 등의 기능의 시간적 안정성을 나타내는 정도이다.
    - 신뢰성은 추상적인 의미이며, 신뢰도는 신뢰성을 확률로 나타낸 것이다.
  ㉡ 신뢰도와 불신뢰도
    - 신뢰도(고장을 일으키지 않을 확률) : $R(t) = e^{-\lambda t}$ (여기서, λ : 고장률, t : 시간)
    - 불신뢰도(고장을 일으킬 확률) : $F(t) = 1 - R(t)$
    - 신뢰도와 불신뢰도의 합은 1이다. $R(t) + F(t) = 1$
  ㉢ 고장률함수 : $\lambda(t) = \dfrac{f(t)}{R(t)}$ ($f(t)$: 고장밀도함수)
  ㉣ 인간신뢰도
    - HEP(Human Error Probability, 인간 오류율 또는 인간 오류 확률) : 직무의 내용이 시간에 따라 전개되지 않고 명확한 시작과 끝을 가지고 미리 잘 정의되어 있는 경우의 인간신뢰도의 기본단위
    - 인간공학의 연구에서 기준척도의 신뢰성은 반복성을 의미한다.

② 신뢰성 관련 확률분포
  ㉠ 정규분포
    - 데이터가 중심값 근처에 밀집되면서 좌우대칭의 종모양 형태로 나타나는 분포
    - 용도 : 평균 검추정
    [예제] 실린더블록에 사용하는 개스킷의 수명은 평균 10,000시간이며, 표준편차는 200시간으로 정규분포를 따르며, 표준정규분포상 $Z_1 = 0.8413$, $Z_2 = 0.9772$, 사용시간이 9,600시간일 때 개스킷의 신뢰도는?
    확률변수 X가 정규분포를 따르므로
    $N(\overline{X}, \sigma) = N(10{,}000, 200)$ 이며
    $P(\overline{X} > 9{,}600) = P\left(Z > \dfrac{9{,}600 - 10{,}000}{200}\right)$
    $= P(Z > -2) = P(Z \leq 2) = 0.9772 = 97.72[\%]$
  ㉡ 이항분포(Binomial Distribution)
    - n번 반복되는 베르누이시행에서 나타나는 각각의 결과를 $X_1, X_2, \cdots, X_n$이라고 할 때 성공 횟수 Y를 이항확률변수라고 하며 $Y = X_1 + X_2 + \cdots + X_n$으로 정의한다. 이항확률변수의 확률분포를 이항분포라고 하며 보통 모집단의 부적합품률의 로트로부터 채취한 샘플 중에서 발견되는 부적합품수의 확률 $X \sim B(n, p)$과 같이 표시한다.
    - 용도 : 부적합품률(불량률), 부적합품수, 출석률 등의 계수치 관리에 많이 사용한다.
  ㉢ 지수분포(Exponential Distribution)
    - 고장률함수 $\lambda(t) = \lambda$로 시간 변화에 관계없이 고장률이 일정한 경우의 분포이다.
    - 설비의 시간당 고장률이 일정하다고 하면 이 설비의 고장간격은 지수분포를 따른다(우발고장기).
  ㉣ 푸아송분포(Poisson Distribution)
    - 설비의 고장과 같이 특정시간 또는 구간에 어떤 사건의 발생 확률이 적은 경우 그 사건의 발생 횟수를 측정하는 데 가장 적합한 확률분포이다.
    - Poisson 과정 : 일반적으로 재해 발생 간격은 지수분포를 따르며, 일정기간 내에 발생하는 재해발생 건수는 푸아송분포를 따르는 확률변수들의 발생과정이다.
    - 용도 : 시료 크기가 불완전한 결점수관리, 사건(사고)수관리 등
    [예] 백화점 반려견코너에 시간당 방문하는 고객수, 시간당 현금자동인출기를 사용하는 이용자수, 월간지 한쪽 당 오자수, 서울특별시 성동구에 거주하는 연령 77세인 노인수, 하루 동안 잘못 걸려온 전화수 등
  ㉤ 와이블분포(Weibull Distribution)
    - 고장률함수 $\lambda(t)$가 상수, 증가 또는 감소함수인 수명분포들을 모형화할 때 적당한 분포
    - 신뢰성 모델로 가장 자주 사용되는 분포

③ 욕조곡선 : 고장의 발생 빈도를 도표화한 것을 고장률곡선이라고 하며, 욕조모양의 곡선을 보이기 때문에 욕조곡선(Bathtub Curve)으로 많이 부르며, 고장률을 제품수명주기 단계(초기, 정상가동, 마모)별로 나타내어 '제품수명특성곡선'이라고도 한다.

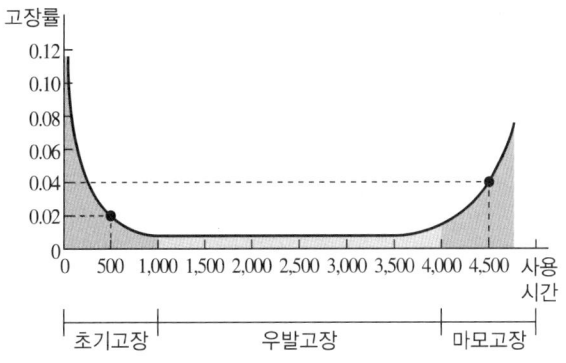

㉠ 초기고장기
- DFR(Decreasing Failure Rate)형 : 시간의 경과와 함께 고장률 감소
- 고장확률밀도함수 : 형상모수 $\alpha < 1$인 감마분포, $m < 1$인 와이블분포
- 특징 : 높은 초기 사망률(고장률), 점차 고장률 감소, 부품 수명이 짧음, 설계 불량 및 제작 불량에 의한 약점이 이 기간에 나타남, 예방보전(PM)은 불필요(무의미)하며 보전원은 설비를 점검하고 불량 개소를 발견하면 개선 및 수리하여 불량부품은 수시로 대체함

  예) 부품·부재의 마모, 열화에 생기는 고장, 부품·부재의 반복피로 등

- 원인 : 표준 이하의 재료 사용, 불충분한 품질관리, 낮은 작업 숙련도, 불충분한 디버깅, 취급기술 미숙련(교육 미흡), 제조기술 취약, 오염·과오, 부적절한 설치·조립, 부적절한 저장·포장·수송(운송)·운반 중의 부품 고장
- 조치 : 번인, 스크리닝, 디버깅, 보전예방
  - 번인(Burn-in) : 초기고장기간 동안 모든 고장에 대하여 연속적인 개량보전을 실시하면서 규정된 환경에서 모든 아이템의 기능을 동작시켜 하드웨어의 신뢰성을 향상시키는 과정
  - 스크리닝(Screening) : 공정 종료 직후나 부품 완성 직후에는 양품이 나왔더라도 다음 공정이나 사용에 들어가면 불량이 발생하는 것을 미연에 방지하기 위해 다음 공정이나 사용 시 적용될 스트레스보다 더 큰 스트레스를 가해서 선별하는 시험
  - 디버깅(Debugging) : 초기고장을 경감시키기 위해 아이템 사용 개시 전 또는 사용 개시 후의 초기에 아이템을 동작시켜 부적합을 검출하거나 제거하는 개선방법
    ⓐ 실제 사용에 앞서서 최대허용 정격조건 등의 가혹한 조건으로 수 시간 내지 수일간 동작시켜 초기고장의 원인으로 되어 있는 고장원을 되도록 짧은 시간 내에 토해 내도록 하는 과정이다.
    ⓑ 기계설비 고장유형 중 기계의 초기결함을 찾아내 고장률을 안정시키는 디버깅 기간은 초기고장에 나타난다.
  - 보전예방(MP ; Maintenance Prevention) : 설비보전 정보와 신기술을 기초로 신뢰성, 조작성, 보전성, 안전성, 경제성 등이 우수한 설비의 선정, 조달 또는 설계를 통하여 궁극적으로 설비의 설계, 제작 단계에서 보전활동이 불필요한 체제를 목표로 하는 설비보전방법

㉡ 우발고장기(성장기, 청년기)
- CFR(Constant Failure Rate)형 : 시간이 경과해도 고장률은 일정하다(우발고장기간은 고장률이 비교적 낮고 일정한 현상이 나타난다).
- 고장확률밀도함수 : 형상모수 $\alpha = 1$인 감마분포, $m = 1$인 와이블분포, 지수분포
- 특징 : 사망률(고장률)이 낮고 안정적, 고장률은 거의 일정 추세(고장률 일정형으로 규정고장률을 나타내는 기간이며 유효수명을 보임), 고장정지시간을 감소시키는 것이 가장 중요, 설비보전원의 고장 개소의 감지능력을 향상시키기 위한 교육훈련 필요, 일정한 고장률을 저하시키기 위해서 개선·개량이 절대적으로 필요, 예비품 관리가 중요함(예) 순간적 외력에 의한 파손)
- 원인 : 미흡한 안전계수, 예상치 이상의 과부하, 무리한 사용, 사용자 과오, 최선검사방법으로도 탐지되지 않은 결함, 부적절한 PM 주기, 디버깅에서도 발견되지 않은 결함, 미검증된 고장, 예방보전에 의해서도 예방될 수 없는 고장, 천재지변 등
- 조치 : 극한상황을 고려한 설계, 충분한 안전계수를 고려한 설계, 사후보전(BM)

ⓒ 마모고장(노년기)
- IFR(Increasing Failure Rate)형 : 시간의 경과와 함께 고장률 증가(마모고장기간의 고장형태는 증가형이다)
- 고장확률밀도함수 : 형상모수 $\alpha > 1$인 감마분포, $m > 1$인 와이블분포, 정규분포
- 특징 : 사망률(고장률) 급상승, 부품의 마모나 열화에 의하여 고장 증가(고장률 증가형) 사전에 미리 파악하고 일상점검 시 청소·급유·조정 등을 잘 하면 열화속도는 현저히 떨어지고 부품 수명은 길어짐
- 원인 : 부식, 산화, 마모, 피로, 노화, 퇴화, 불충분한 정비, 부적절한 오버홀(Overhaul), 수축, 균열 등(부식 또는 산화로 인하여 마모고장이 일어난다)
- 조처 : 예방보전(PM)

④ 불 대수(Boolean Algebra)
㉠ 불 대수의 정의 : 기호에 따라 논리함수를 표현하는 수학적인 방법으로 논리적인 상관관계를 주로 다루며 0(거짓)과 1(참)의 2가지 값만을 처리한다.
㉡ 불 대수의 관계식
- 항등법칙(전체 및 공집합) : $A \cdot 1 = A$, $A \cdot 0 = 0$, $A + 0 = A$, $A + 1 = 1$
- 동일법칙(동정법칙) : $A \cdot A = A$, $A + A = A$
- 보원법칙 : $\overline{\overline{A}} = A$
- 상호법칙(보원법칙) : $A \cdot \overline{A} = 0$, $A + \overline{A} = 1$
- 교환법칙 : $A \cdot B = B \cdot A$, $A + B = B + A$
- 결합법칙 : $A(B \cdot C) = (A \cdot B)C$, $A + (B + C) = (A + B) + C$
- 분배법칙 : $A(B + C) = (A \cdot B) + (A \cdot C)$, $A + (B \cdot C) = (A + B) \cdot (A + C)$
- 흡수법칙 : $A(A + B) = A$, $A + (A \cdot B) = A$
  $A(A + B) = A \cdot A + A \cdot B = A + A \cdot B$
  $= A(1 + B) = A \cdot 1 = A$
- 드모르간법칙 : $\overline{A \cdot B} = \overline{A} + \overline{B}$, $\overline{A + B} = \overline{A} \cdot \overline{B}$
- 기타 : $A + A \cdot B = A + B$, $A + AB = A$,
  $A + \overline{A} \cdot B = A + B$, $(A + B) \cdot (\overline{A} + B)$
  $= A \cdot \overline{A} + A \cdot B + \overline{A} \cdot B + B \cdot B$
  $= 0 + B(A + \overline{A}) + B = B + B = B$

⑤ 시스템의 안전
㉠ 시스템 안전관리의 주요 업무
- 시스템 안전에 필요한 사항의 동일성 식별
- 안전활동의 계획, 조직 및 관리
- 시스템 안전활동 결과의 평가
- 생산시스템의 비용과 효과분석
㉡ 시스템 안전기술관리를 정립하기 위한 절차 : 안전분석 → 안전 사양 → 안전설계 → 안전 확인
㉢ 시스템의 운용단계(시스템 안전의 실증과 감시단계)에서 이루어져야 할 주요한 시스템 안전부문의 작업
- 제조, 조립 및 시험단계에서 확정된 고장의 정보피드백시스템 유지
- 위험 상태의 재발방지를 위해 적절한 개량조치 강구
- 안전성 손상 없이 사용설명서의 변경과 수정을 평가
- 운용, 안전성 수준 유지를 보증하기 위한 안전성 검사
- 운용, 보전 및 위급 시 절차를 평가하여 설계 시 고려사항과 같은 타당성 여부 식별
㉣ 운용상의 시스템 안전에서 검토 및 분석해야 할 사항
- 사고조사에 참여
- 고객에 의한 최종 성능검사
- 시스템의 보수 및 폐기

10년간 자주 출제된 문제

1-1. 어떤 전자기기의 수명은 지수분포를 따르며, 그 평균수명은 10,000시간이라고 한다. 이 기기를 계속 사용하였을 때 10,000시간 동안 고장 없이 작동할 확률은?

① $1 - e^{-1}$　　② e^{-1}
③ $1/2$　　④ 1

1-2. 다음 중 초기고장과 마모고장의 고장형태와 그 예방대책에 관한 연결이 잘못된 것은?

① 초기고장 – 감소형 – 번인(Burn-in)
② 초기고장 – 감소형 – 디버깅(Debugging)
③ 마모고장 – 증가형 – 예방보전(PM)
④ 마모고장 – 증가형 – 스크리닝(Screening)

1-3. 프레스에 설치된 안전장치의 수명은 지수분포를 따르며 평균수명은 100시간이다. 새로 구입한 안전장치가 50시간 동안 고장 없이 작동할 확률(A)과 이미 400시간을 사용한 안전장치가 앞으로 100시간 이상 견딜 확률(B)는 얼마인가?

① A : 0.368, B : 0.368
② A : 0.607, B : 0.368
③ A : 0.368, B : 0.607
④ A : 0.607, B : 0.607

1-4. 다음 불 대수 관계식 중 틀린 것은?

① $A + \overline{A} \cdot B = A + B$
② $\overline{A \cdot B} = \overline{A} + \overline{B}$
③ $\overline{A + B} = \overline{A} \cdot \overline{B}$
④ $A(A + B) = A$

|해설|

1-1
$R(t) = e^{-\lambda t} = e^{-\frac{1}{10,000} \times 10,000} = e^{-1}$

1-2
스크리닝(Screening)은 초기고장의 예방대책에 해당된다.

1-3
A : $R(t) = e^{-\lambda t} = e^{-0.01 \times 50} = 0.607$
B : $R(t) = e^{-\lambda t} = e^{-0.01 \times 100} = 0.368$

1-4
$\overline{A + B} = \overline{A} \cdot \overline{B}$

정답 1-1 ②　1-2 ④　1-3 ②　1-4 ③

핵심이론 02 | 시스템의 신뢰도

① 시스템 신뢰도의 개요
　㉠ 시스템의 성공적 퍼포먼스를 확률로 나타낸 것이다.
　㉡ 수리가 가능한 시스템의 평균수명(MTBF)은 평균고장률(λ)과 반비례관계가 성립한다.

② 직렬구조
　㉠ 직렬구조의 특징
　　• 시스템의 직렬구조는 시스템의 어느 한 부품이 고장나면 시스템이 고장 나는 구조이다.
　　• 직렬시스템에서는 부품들 중 최소수명을 갖는 부품에 의해 시스템 수명이 정해진다.
　　• 직렬시스템을 구성하는 부품들 중에서 각 부품이 동일한 신뢰도를 가질 경우 직렬구조의 신뢰도는 병렬구조에 비해 신뢰도가 낮다.
　㉡ 직렬시스템의 신뢰도와 수명
　　• 직렬시스템의 신뢰도 :
　　　$R_s = R_1 \times R_2 \times \cdots \times R_n = \prod_{i=1}^{n} R_i$
　　• 직렬시스템의 수명 : $\text{MTTFs} = \text{MTTF} \times \frac{1}{n}$
　　　(MTTF : 구성요소의 수명, n : 구성요소의 수)

[예제]
　• 전자회로에 4개의 트랜지스터(고장률 : 0.00001/시간)와 20개의 저항(고장률 : 0.000001/시간)이 직렬로 연결되어 있을 때의 신뢰도는?
　　$R(t) = e^{-\lambda t} = e^{-(0.00001 \times 4 + 0.000001 \times 20)t} = e^{-0.00006t}$

　• 자동차의 타이어 1개가 파열될 확률이 0.01일 때 신뢰도는?
　　$R_s = (1 - 0.01)^4 \simeq 0.96$

　• 평균고장시간이 4×10^8시간인 요소 4개가 직렬체계를 이루었을 때의 시스템수명은?
　　$\frac{4 \times 10^8}{4} = 1 \times 10^8$시간

　• 작업자 1인과 불량탐지기 1대가 동시에 완제품을 검사하며 불량품에 대한 작업자의 발견 확률이 0.9이고, 불량탐지기의 발견 확률이 0.8일 때 불량품이 품질검사에서 발견되지 않고 통과될 확률은?(단, 작업자와 불량탐지기의 불량 발견 확률은 서로 독립)
　　$(1 - 0.9)(1 - 0.8) = 0.1 \times 0.2 = 0.02 = 2.0[\%]$

③ 병렬구조

㉠ 병렬구조의 특징
- 시스템의 직렬구조는 시스템의 어느 한 부품이 고장 나더라도 시스템이 고장 나지 않는 구조이다.
- 구성 부품이 모두 고장 나야 고장이 발생되는 구조이다.
- 요소의 수가 많을수록 고장의 기회는 줄어든다.
- 요소의 중복도가 늘어날수록 시스템의 수명은 길어진다(수리가 불가능한 n개의 구성요소가 병렬구조를 갖는 설비는 중복도 $(n-1)$가 늘어날수록 수명이 길어진다).
- 병렬시스템에서는 부품들 중 최대수명을 갖는 부품에 의해 시스템 수명이 정해진다.
- 요소의 어느 하나라도 정상이면 시스템은 정상이다.
- 병렬시스템을 구성하는 부품들 중에서 각 부품이 동일한 신뢰도를 가질 경우 병렬구조의 신뢰도는 직렬구조에 비해 신뢰도가 높다.
- 기계 또는 설비에 이상이나 오동작이 발생하여도 안전사고를 발생시키지 않도록 2중 또는 3중으로 통제를 가하도록 한 체계의 예 : 다경로하중구조, 하중경감구조, 교대구조 등

㉡ 병렬시스템의 신뢰도와 수명
- 병렬시스템의 신뢰도 :
$$R_s = 1-(1-R_1)(1-R_2)\cdots(1-R_n) = 1-(F_1)(F_2)\cdots(F_n)$$
$$= 1-\prod_{i=1}^{n}F_i = 1-\prod_{i=1}^{n}(1-R_i)$$
- 병렬시스템의 수명 :
$$\text{MTTFs} = \text{MTTF}\times\left(1+\frac{1}{2}+\cdots+\frac{1}{n}\right)$$
(MTTF : 구성요소의 수명, n : 구성요소의 수)

[예제]
- 병렬로 이루어진 두 요소의 신뢰도가 각각 0.7일 경우 시스템 전체의 신뢰도는?
$R_s = 1-(1-0.7)^2 \simeq 0.91$
- 인간과 기계의 신뢰도가 인간 0.40, 기계 0.95인 경우 병렬작업 시 전체 신뢰도는?
$R_s = 1-(1-0.4)(1-0.95) = 0.97$

- 날개가 2개인 비행기의 양 날개에 엔진이 각각 2개씩 있고, 양 날개에서 각각 최소한 1개의 엔진은 작동을 해야 추락하지 않고 비행할 수 있을 때 각 엔진의 신뢰도가 각각 0.9, 각 엔진은 독립적으로 작동의 조건에서 이 비행기가 정상적으로 비행할 신뢰도는? 한쪽 날개에서 엔진이 하나도 작동하지 않을 확률은 $(1-0.9)^2$이며, 한쪽 날개에서 적어도 하나의 엔진이 작동할 확률은 $1-(1-0.9)^2$이다. 양쪽 날개 각각에서 적어도 하나씩의 엔진이 작동하여야 하므로 신뢰도는 $R_s = [1-(1-0.9)^2]^2 \simeq 0.98$이다.

- 신뢰도 계산

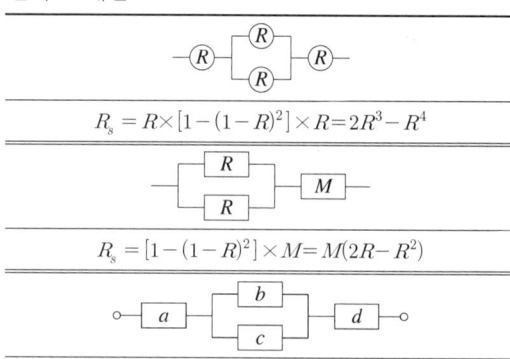

$R_s = R\times[1-(1-R)^2]\times R = 2R^3-R^4$

$R_s = [1-(1-R)^2]\times M = M(2R-R^2)$

a와 b의 신뢰도가 각각 0.8, c와 d의 신뢰도가 각각 0.6일 때, 시스템의 신뢰도
$R_s = R_a\times[1-(1-R_b)(1-R_c)]\times R_d$
$= 0.8\times[1-(1-0.8)(1-0.6)]\times 0.6 = 0.4416$

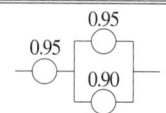

$R_s = 0.95\times[1-(1-0.95)(1-0.90)] = 0.9453$

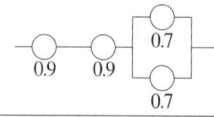

$R_s = 0.9\times 0.9\times[1-(1-0.7)^2] = 0.7371$

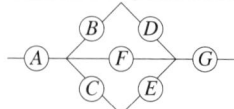

$R_s = 0.9\times 0.9\times[1-(1-0.75)(1-0.63)]\times 0.9$
$= 0.6616$

$R_s = A\times[1-(1-B\times D)(1-F)(1-C\times E)]\times G$

④ n 중 k구조(k out of n 시스템)
  ㉠ n개의 부품으로 구성된 시스템에서 k개 이상의 부품이 작동하면 시스템이 정상적으로 가동되는 구조이다.
  ㉡ n 중 k 시스템의 신뢰도
  - $R_s = \sum_{i=k}^{n} \binom{n}{i} R^i (1-R)^{n-i}$
  - 2 out of 3 시스템의 신뢰도 :
    $R_s = {}_3C_2 R^2(1-R)^1 + {}_3C_3 R^3(1-R)^0$
    $= R^2(3-2R) = e^{-2\lambda t}(3-2e^{-\lambda t})$

⑤ 신뢰성 관리대상
  ㉠ 신뢰성 관리대상은 고유 신뢰성(Inherent Reliability, R_i)과 사용 신뢰성(Use Reliability, R_u)으로 구분된다.
  ㉡ 작동(운용, 동작) 신뢰성(R_0) = 고유 신뢰성(R_i) × 사용 신뢰성(R_u)
  ㉢ 고유 신뢰성(R_i) : 제품 자체가 지닌 신뢰성으로 기획·원자재 구매·설계·시험·제조·검사 등 제품이 만들어지는 모든 단계에서의 신뢰성이다. 신뢰성 설계(제품의 수명을 연장하고 고장을 적게 하는 것)와 품질관리활동(공정관리, 공정해석에 의해 기술적 요인을 찾아서 이를 시정하는 것)에 의해 유지·개선된다.
  ㉣ 사용 신뢰성(R_u)
  - 제품이 만들어진 후 설계나 제조과정에서 형성된 제품의 고유 신뢰성이 유지 및 관리되도록 하는 신뢰성이다.
  - 제품 제조 후 모든 단계(포장·수송·배송·보관·취급 조작·보전기술·보전방식·조업기술·A/S·교육훈련 등)에서의 신뢰성이다.
  - 사후봉사(After Sales Service)는 사용자를 어느 정도 만족시키며 사용 신뢰성을 개선한다.
  - 품질표시는 제품의 사용 신뢰성을 높일 수 있다.

⑥ 시스템의 신뢰성 증대방안
  ㉠ 고유 신뢰성 증대방안
  - 병렬설계(리던던시 설계) 적용
  - 디레이팅 기술 적용(부품의 전기적·기계적·열적·기타 작동조건의 고부하(Stress)를 경감시킬 수 있는 기술)
  - 고신뢰도 부품 사용
  - 고장 후 영향을 줄이기 위한 구조적 설계방안 강구(Fail Safe, Fool Proof 설계)
  - 부품과 제품의 번인(Burn-in) 테스트
  ㉡ 사용 신뢰성 증대방안
  - 보전기술 적용(예방보전, 개량보전, 예지보전, 보전예방)
  - 적절한 점검주기와 횟수 결정
  - 적절한 보관조건 설정
  - 연속 작동시간 감소
  - 보장, 보관, 운송, 판매 등 모든 과정의 철저한 관리

10년간 자주 출제된 문제

2-1. 다음 그림과 같은 압력탱크 용기에 연결된 두 개의 안전밸브의 신뢰도를 구하고자 한다. 2개의 밸브 중 하나만 작동되어도 안전하다고 하고, 안전밸브 하나의 신뢰도를 r이라고 할 때 안전밸브 전체의 신뢰도는?

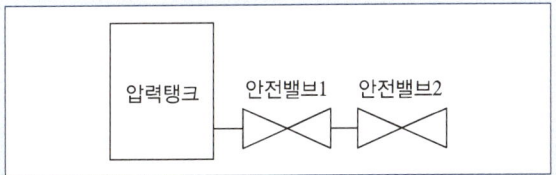

① r^2
② $2r - r^2$
③ $r(1-r)$
④ $(1-r)^2$

2-2. 각각 1.2×10^4[h]의 수명을 가진 요소 4개가 병렬계를 이룰 때 이 계의 수명은 얼마인가?
① 3.0×10^3[h]
② 1.2×10^4[h]
③ 2.5×10^4[h]
④ 4.8×10^4[h]

10년간 자주 출제된 문제

2-3. 다음 그림과 같이 7개의 기기로 구성된 시스템의 신뢰도는 약 얼마인가?

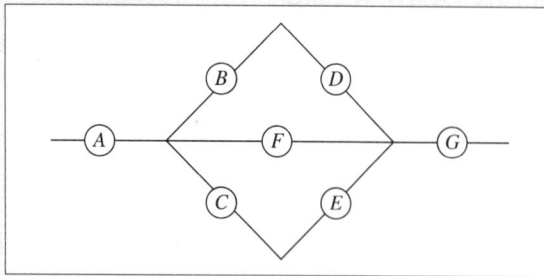

[신뢰도]
$A = G : 0.75$
$B = C = D = E : 0.8$
$F : 0.9$

① 0.5427
② 0.6234
③ 0.5552
④ 0.9740

|해설|

2-1
문제의 그림은 직렬로 보이지만, 2개의 밸브 중 하나만 작동되어도 안전하다고 하므로 이 시스템은 병렬시스템이다.
병렬시스템의 신뢰도
$R_s = 1 - (1-R_1)(1-R_2) = 1 - (1-r)(1-r)$
$\quad = 1 - (1 - 2r + r^2) = 2r - r^2$

2-2
병렬시스템의 수명
$MTTFs = MTTF \times \left(1 + \dfrac{1}{2} + \cdots + \dfrac{1}{n}\right)$
$\quad = 1.2 \times 10^4 \times \left(1 + \dfrac{1}{2} + \dfrac{1}{3} + \dfrac{1}{4}\right)$
$\quad = 1.2 \times 10^4 \times 2.083 = 2.5 \times 10^4 [h]$

2-3
$R = A \times [1 - (1 - B \times D)(1 - F)(1 - C \times E)] \times G$
$\quad = 0.75 \times [1 - (1 - 0.8^2)(1 - 0.9)(1 - 0.8^2)] \times 0.75$
$\quad = 0.75 \times 0.987 \times 0.75$
$\quad \simeq 0.5552$

정답 2-1 ② 2-2 ③ 2-3 ③

핵심이론 03 | 시스템 위험분석기법

① PHA(Preliminary Hazard Analysis, 예비위험분석)
  ㉠ PHA의 정의
    - 복잡한 시스템을 설계, 가동하기 전의 구상단계에서 시스템의 근본적인 위험성을 평가하는 가장 기초적인 위험도분석기법
    - 시스템 내에 존재하는 위험을 파악하기 위한 목적으로 시스템 설계 초기단계에 수행되는 위험분석기법
    - 시스템 안전프로그램에서의 최초 단계 해석으로 시스템 내의 위험한 요소가 어떤 위험 상태에 있는가를 정성적으로 평가하는 방법
  ㉡ PHA의 목적 : 시스템의 구상단계에서 시스템 고유의 위험 상태를 식별하여 예상되는 위험수준을 결정하기 위한 것
  ㉢ 예비위험분석에서 달성하기 위하여 노력하여야 하는 4가지 주요 사항
    - 시스템에 관한 주요 사고를 식별하고 개략적인 말로 표시할 것
    - 사고 발생 확률을 계산할 것
    - 사고를 초래하는 요인을 식별할 것
    - 식별된 위험을 4가지 범주로 분류할 것
  ㉣ PHA의 식별된 4가지 사고 카테고리
    - 범주Ⅰ 파국적 상태(Catastrophic) : 부상 및 시스템의 중대한 손해를 초래하는 상태
    - 범주Ⅱ 중대 상태(위기 상태, Critical) : 작업자의 부상 및 시스템의 중대한 손해를 초래하거나 작업자의 생존 및 시스템의 유지를 위하여 즉시 수정조치를 필요로 하는 상태
    - 범주Ⅲ 한계적 상태(Marginal) : 작업자의 부상 및 시스템의 중대한 손해를 초래하지 않고, 대처 또는 제어할 수 있는 상태
    - 범주Ⅳ 무시 가능 상태(Negligible) : 작업자의 생존 및 시스템의 유지가 가능한 상태

ⓓ 위험성평가 매트릭스 분류(MIL-STD-882B)와 위험 발생 빈도

구 분	레벨	파국적	위기적	한계적	무시가능	연간발생확률
자주 발생하는(Frequent)	A	고	고	심 각	중	10^{-1} 이상
가능성이 있는(Probable)	B	고	고	심 각	중	$10^{-2} \sim 10^{-1}$
가끔 발생하는(Occasional)	C	고	심 각	중	저	$10^{-3} \sim 10^{-2}$
거의 발생하지 않은(Remote)	D	심 각	중	중	저	$10^{-6} \sim 10^{-3}$
가능성이 없는(Improbable)	E	중	중	중	저	10^{-6} 이상

ⓑ 위험성을 예측 평가하는 단계 : 위험성 도출 – 위험성 평가 – 위험성 관리

ⓢ Chapanis가 정의한 위험의 확률수준과 그에 따른 위험발생률(발생빈도)
- 자주 발생하는(Frequent) : 10^{-2}/day
- 보통 발생하는(Usually) : 10^{-3}/day
- 가끔 발생하는(Occasional) : 10^{-4}/day
- 거의 발생하지 않은(Remote) : 10^{-5}/day
- 극히 발생할 것 같지 않는(Extremely Unlikely) : 10^{-6}/day
- 전혀 발생하지 않는(Impossible) : 10^{-8}/day

② FHA(Functional Hazard Analysis, 결함위험분석)
  ㉠ Failure를 유발하는 기능(Function)을 찾아내는 기법
  ㉡ FHA의 특징
   - 개발 초기, 시스템 정의 단계에서 적용한다.
   - 하향식(Top-down)으로 분석을 반복한다.
   - 브레인스토밍을 통해 기능과 관련된 위험을 정의하고 위험이 미칠 영향, 영향의 심각성을 정의한다.
  ㉢ FHA 사용양식

프로그램 :　　　　　　시스템 :

#1	#2	#3	#4	#5	#6	#7	#8	#9
구성요소 명칭	구성요소 위험방식	시스템 작동방식	서브시스템에서 위험영향	서브시스템, 대표적 시스템 위험영향	환경적 요인	위험영향을 받을 수 있는 2차 요인	위험수준	위험관리

③ FMEA(Failure Mode & Effects Analysis, 잠재적 고장형태영향분석)
  ㉠ 설계된 시스템이나 기기의 잠재적인 고장모드(Mode)를 찾아내고, 가동 중에 고장이 발생하였을 경우 미치는 영향을 검토 평가하고, 영향이 큰 고장모드에 대하여는 적절한 대책을 세워 고장을 미연에 방지하는 방법
  ㉡ FMEA의 특징
   - 고장 발생을 최소로 하고자 하는 경우에 가장 유효한 기법이다.
   - 설계 평가뿐만 아니라 공정의 평가나 안전성의 평가 등에도 널리 활용된다.
   - 물적 요소가 분석대상이 된다.
   - 시스템해석기법은 정성적·귀납적 분석법 등에 사용된다.
   - 전체 요소의 고장을 유형별로 분석할 수 있다.
   - 비전문가도 짧은 훈련으로 사용할 수 있다.
   - 서식이 간단하고 비교적 적은 노력으로 분석이 가능하다.
   - 시스템 수명주기의 개발단계에서 적용된다.
   - 분석방법에 대한 논리적 배경이 약하다.
   - 해석영역이 물체에 한정되기 때문에 인적 원인해석이 곤란하다.
   - 각 요소 간 영향해석이 어려워 2가지 이상 동시 고장은 해석이 곤란하다.
   - 서브시스템 분석 시 FTA보다 효과적이지는 않다.
   - 해석영역이 물체에 한정되기 때문에 인적원인 해석이 곤란하다.
   - Human Error의 검출이 어렵다.
  ㉢ FMEA 실시를 위한 기본방침의 결정에 있어서 분명하게 해 둘 필요가 있는 사항
   - 시스템 임무의 기본적 목적
   - 시스템 운용단계
   - 환경 스트레스나 동작 스트레스의 한계 부여
  ㉣ FMEA에서 고장 평점을 결정하는 5가지 평가요소 : 기능적 고장 영향의 중요도(C_1), 영향을 미치는 시스템의 범위(C_2), 고장 발생의 빈도(C_3), 고장방지의 가능성(C_4), 신규설계의 정도(C_5)
  ㉤ 고장평점 : $C_r = C_1 \cdot C_2 \cdot C_3 \cdot C_4 \cdot C_5$

ⓑ FMEA의 표준적인 실시절차
- 1단계 : 시스템 구성의 기본적 파악
- 2단계 : 상위 체계의 고장 영향분석
- 3단계 : 기능 블록과 신뢰도 블록 다이어그램 작성 (대상시스템의 분석)
- 4단계 : 고장의 유형과 그 영향의 해석
- 5단계 : 치명도 해석과 개선책의 검토

ⓢ 고장 발생 확률(β)과 고장의 영향
- $\beta = 1$: 실제 손실
- $0.1 \leq \beta < 1$: 예상되는 손실
- $0 < \beta < 0.1$: 가능한 손실
- $\beta = 0$: 영향 없음

ⓞ 위험성 분류
- Category Ⅰ : 파국적 고장(Catastrophic)
  - 생명 또는 가옥의 상실
  - 생명의 상실로 이어질 염려가 있는 고장
- Category Ⅱ : 중대 고장(위기 고장, Critical)
  - 사명수행의 실패
  - 작업자의 생존 및 시스템의 유지를 위하여 즉시 수정조치를 필요로 하는 고장
- Category Ⅲ : 한계적 고장(Marginal)
  - 작업자의 부상 및 시스템의 중대한 손해를 초래하지 않고, 대처 또는 제어할 수 있는 고장
- Category Ⅳ : 무시 가능 고장(Negligible)
  - 영향 없음
  - 작업자의 생존 및 시스템의 유지가 가능한 고장

④ ETA
㉠ ETA(Event Tree Analysis, 사건수분석)
- 디시전 트리(Decision Tree)를 재해사고분석에 이용한 경우의 분석법이며, 설비의 설계단계에서부터 사용단계까지의 각 단계에서 위험을 분석하는 귀납적이며 정량적인 시스템 위험분석기법
- 사고 시나리오에서 연속된 사건들의 발생경로를 파악하고 평가하기 위한 귀납적이고 정량적인 시스템 안전프로그램
- 사고의 발단이 되는 초기 사상이 발생할 경우 그 영향이 시스템에서 어떤 결과(정상 또는 고장)로 진전해 가는지를 나뭇가지가 갈라지는 형태로 분석하는 방법
- '화재 발생'이라는 시작(초기)사상에 대하여, 화재 감지기, 화재 경보, 스프링클러 등의 성공 또는 실패 작동여부와 그 확률에 따른 피해 결과를 분석하는 데 가장 적합한 위험분석기법이다.

[예제] A, B, C에 해당되는 확률값

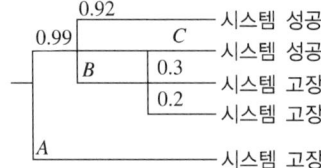

$A = 1 - 0.99 = 0.01$
$B = 1 - 0.992 = 0.008$
$C = 1 - (0.3 + 0.2) = 0.5$

⑤ CA와 FMECA
㉠ CA(Criticality Analysis : 치명도해석법 또는 위험도분석)
- 고장이 직접 시스템의 손실과 인명의 사상에 연결되는 높은 위험도를 가진 요소나 고장의 형태에 따른 분석법
- 항공기의 안정성 평가에 널리 사용되는 기법으로서 각 중요 부품의 고장률, 운용형태, 보정계수, 사용시간 비율 등을 고려하여 정량적, 귀납적으로 부품의 위험도를 평가하는 분석기법
- FMEA를 실시한 결과 고장등급이 높은 고장모드(Ⅰ, Ⅱ)가 시스템이나 기기의 고장에 어느 정도 기여하는가를 정량적으로 계산하고, 고장모드가 시스템에 미치는 영향을 정량적으로 평가하는 방법
- 치명도 지수 :

$$C_r = \sum_{n=1}^{j} (\alpha \cdot \beta \cdot K_A \cdot K_E \cdot \lambda_G \cdot t)_n$$

n : 구성품의 치명적 고장모드번호
  $(n = 1, 2, \cdots, j)$
K_A : 운용 시 고장률 보정계수
K_E : 운용 시 환경조건의 수정계수
λ_G : 시간당 또는 사이클당 기준 고장률 또는 통상 고장률
t : 임무당 동작시간(또는 횟수)
α : λ_G 중에 해당 고장이 차지하는 비율
β : 해당 고장이 발생하는 경우에도 치명도 영향이 발생할 확률

ⓛ FMECA(Failure Mode Effect and Criticality Analysis, 고장형태·영향 및 치명도분석) : FMEA + CA, 고장의 형태, 영향해석은 본래 정성적 분석방법이나 이를 정량적으로 보완하기 위하여 개발된 위험 분석법이다.
- 치명도해석을 위해서는 정량적 데이터가 필요하므로 고장데이터를 수집 및 해석하여 고장률을 명확히 알고 있지 않으면 안 된다(신규 제품설계평가에 FMECA는 잘 사용하지 않고 FMEA만 사용).

⑥ THERP(Technique for Human Error Rate Prediction, 인간실수율예측기법)
㉠ 인간의 과오(Human Error)를 정량적으로 평가하고 분석하는 데 사용하는 기법, HRA(Human Reliability Analysis) Handbook라고도 한다.
㉡ 사고원인 가운데 인간의 과오에 기인된 원인분석, 확률을 계산함으로써 제품의 결함을 감소시키고, 인간공학적 대책을 수립하는 데 사용되는 분석기법이다.
㉢ 작업자가 계기판의 수치를 읽고 판단하여 밸브를 잠그는 작업을 수행한다고 할 때, 이 작업자의 실수확률을 예측하는 데 가장 적합한 기법이다.
㉣ 사고 전개과정에서 발생 가능한 모든 인간오류를 파악해 내고 이를 모델링하고 정량화하는 인간신뢰도의 평가방법으로는 THERP 이외에도 HCR, SLIM, CIT, TCRAM, OAT 등이 있다.
- HCR(Human Cognitive Reliability) : 작업수행도에 영향을 미치는 직업수행도 형성요인(Performance Shaping Factors)들의 영향을 고려하고 허용된 시간 내에 인간이 인지과정을 통하여 적절히 반응할 수 있는가 하는 확률의 변화를 반영하는 기법이다.
- SLIM(Successful Likelihood Index Method) : 인적오류에 영향을 미치는 수행특성인자의 영향력을 고려하여 오류 확률을 평가하는 방법으로 수행특성인자의 평가를 통해 해당 직무의 성공가능지수(SLI ; Success Likelihood Index)를 구한다.
- CIT(Critical Incident Technique, 위급사건기법 또는 중요사건기법, 결정적 사건기법)
  - 해당 직업에 종사하는 사람 또는 그 직업에 대해 잘 아는 사람들이 직업현장에서 직접 관찰한 효과적이거나 비효과적인 행동에 대한 다양한 결정적인 일화(Critical Incident)들을 수집하고 이를 분석한 후 몇 가지 범주로 분류하는 기법
  - 사고나 위험, 오류 등의 정보를 근로자의 직접 면접, 조사 등을 사용하여 수집하고, 인간-기계시스템 요소들의 관계 규명 및 중대 작업 필요조건 확인을 통한 시스템 개선을 수행하는 기법
- TCRAM(Task Criticality Rating Analysis Method, 직무위급도분석법)
- OAT(Operator Action Tree : 조작자행동나무)
  - 사고가 시작된 이후에 발생하는 사건의 전개과정에서의 인적오류분석을 대상으로 한다.
  - 환경적 사건에 대한 인간의 반응을 위해 인정하는 활동방법은 감지, 진단, 반응이다.
  - 진단을 위해 가용한 시간이 조작자의 실패 확률을 압도한다고 가정한다.
  - 주어진 시간이 짧으면 작업자가 상황을 정확히 진단하는 데 실패하기 쉽다.
  - 가용한 시간과 실수 확률의 관계를 나타내는 시간 신뢰도 곡선(TRC ; Time-Reliability Curve)을 이용한다.

⑦ MORT(Management Oversight and Risk Tree)
㉠ 1970년에 산업안전을 목적으로 개발된 시스템 안전프로그램으로 ERDA(미에너지연구개발청, W. G. Johnson)에 의해 개발된 것으로 관리·설계·생산·보전 등의 넓은 범위의 안전성을 검토하기 위한 기법이다.
㉡ 특 징
- FTA와 동일한 논리적 방법을 사용한다.
- 관리·설계·생산·보전 등 광범위한 범위에 걸쳐 안전을 도모한다.
- 원자력산업과 같이 이미 안전이 확보되어 있는 장소에서 관리, 설계, 생산, 보전 등 광범위하고 추가적인 고도의 안전 달성을 목적으로 한다.

⑧ OHA(Operating Hazard Analysis, 운용위험분석)
㉠ 정 의
- 다양한 업무활동에서 제품의 사용과 함께 발생할 수 있는 위험성을 분석하는 방법
- 시스템이 저장되어 이동되고 실행됨에 따라 발생하는 작동시스템의 기능이나 과업, 활동으로부터 발생되는 위험에 초점을 맞추어 진행하는 위험분석방법

ⓛ OHA의 특징
  - 인간공학, 교육훈련, 인간과 기계 사이의 상호작용을 바탕으로 하여 제품의 사용과 보전에 따르는 위험성을 분석한다.
  - 시스템의 정의 및 개발단계에서 실행한다.
  - 시스템의 기능, 과업, 활동으로부터 발생하는 위험에 초점을 둔다.
  - 안전의 기본적 관련 사항으로 시스템의 서비스, 훈련, 취급, 저장, 수송하기 위한 특수한 절차가 준비되어야 한다.
  - 위험 또는 안전장치의 제공, 안전방호구를 제거하기 위한 설계 변경이 준비되어야 한다.
  - 일반적으로 결함위험분석(FHA)이나 예비위험분석(PHA)보다 일반적으로 간단하다.
  - 제품의 생산에서 보전, 시험, 운송, 저장, 운전, 훈련 및 폐기까지의 제품 수명의 전반에 걸쳐 사람과 설비에 관련된 위험을 발견하고 제어하여 제품의 안전요건을 결정한다.
  - 제품 안전에 관한 의사결정의 근거를 제공할 수 있다.
  - 시스템이 저장되고 실행됨에 따라 발생하는 작동시스템 기능 등의 위험에 초점을 맞춘다.
  - 시스템이 저장, 이동, 실행됨에 따라 발생하는 작동 시스템의 기능이나 과업, 활동으로부터 발생되는 위험분석에 사용한다.
ⓒ 운용 및 지원 위험분석(O & SHA) : 생산, 보전, 시험, 운반, 저장, 비상탈출 등에 사용되는 인원, 설비에 관하여 위험을 동정(同定)하고 제어하며, 그들의 안전요건을 결정하기 위하여 실시하는 분석기법
⑨ OSA(Operating Safety Analysis, 운영안전성분석) : 제품 개발사이클의 제조, 조립 및 시험단계에서 실시한다.

10년간 자주 출제된 문제

3-1. 다음 중 복잡한 시스템을 설계, 가동하기 전의 구상단계에서 시스템의 근본적인 위험성을 평가하는 가장 기초적인 위험도 분석기법은?

① 예비위험분석(PHA)
② 결함수분석법(FTA)
③ 운용 안전성 분석(OSA)
④ 고장의 형태와 영향분석(FMEA)

3-2. FMEA의 장점이라고 할 수 있는 것은?

① 분석방법에 대한 논리적 배경이 강하다.
② 물적, 인적요소 모두가 분석대상이 된다.
③ 서식이 간단하고 비교적 적은 노력으로 분석이 가능하다.
④ 두 가지 이상의 요소가 동시에 고장 나는 경우에도 분석이 용이하다.

3-3. FMEA에서 고장평점을 결정하는 5가지 평가요소에 해당하지 않는 것은?

① 생산능력의 범위
② 고장 발생의 빈도
③ 고장방지의 가능성
④ 영향을 미치는 시스템의 범위

|해설|

3-1
PHA(Preliminary Hazard Analysis, 예비위험분석)
- 시스템 내에 존재하는 위험을 파악하기 위한 목적으로 시스템 설계 초기단계에 수행되는 위험분석기법
- 시스템 안전프로그램에서의 최초 단계 해석으로 시스템 내의 위험한 요소가 어떤 위험 상태에 있는가를 정성적으로 평가하는 방법

3-2
① 분석방법에 대한 논리적 배경이 약하다.
② 물적 요소가 분석대상이 된다.
④ 각 요소 간 영향해석이 어려워 2가지 이상 동시 고장은 해석이 곤란하다.

3-3
FMEA에서 고장평점을 결정하는 5가지 평가요소 : 기능적 고장 영향의 중요도, 영향을 미치는 시스템의 범위, 고장 발생의 빈도, 고장방지의 가능성, 신규설계의 정도

정답 3-1 ① 3-2 ③ 3-3 ①

핵심이론 04 | 결함수분석

① 결함수분석(FTA)의 개요
  ㉠ FTA(Fault Tree Analysis)
    - 톱다운(Top-down) 접근방법으로 일반적 원리로부터 논리절차를 밟아서 각각의 사실이나 명제를 이끌어내는 연역적 평가기법
    - 시스템 고장을 발생시키는 사상과 그 원인의 인과관계를 논리기호를 사용하여 나뭇가지 모양의 그림으로 나타낸 고장나무를 만들고, 이에 의거하여 시스템의 고장확률을 구함으로써 문제되는 부분을 찾아내어 시스템의 신뢰성을 개선하는 계량적 고장해석 및 신뢰성 평가기법
    - 최초 Watson이 군용으로 고안하였다.
  ㉡ 결함수분석의 기대효과
    - 사고원인 규명의 간편화
    - 사고원인 분석의 정량화, 일반화
    - 시스템의 결함 진단
    - 노력시간의 절감
    - 안전점검 체크리스트 작성
  ㉢ FTA 분석을 위한 기본적인 가정
    - 모든 기존사상은 정상사상과 관련되어 있다.
    - 기본사상들의 발생은 독립적이다.
    - 기본사상의 조건부 발생 확률은 이미 알고 있다.
    - 중복사상은 있을 수 있다.
  ㉣ FTA의 특징
    - 연역적 방법으로 원인을 규명한다('그것이 발생하기 위해서는 무엇이 필요한가?'라는 것은 연역적이다).
    - 톱다운(Top-down) 접근방식이다.
    - 시스템의 전체적인 구조를 그림으로 나타낼 수 있다.
    - 시스템에서 고장이 발생할 수 있는 부분을 쉽게 찾을 수 있다.
    - 기능적 결함의 원인을 분석하는 데 용이하다.
    - 잠재위험을 효율적으로 분석한다.
    - 시스템 고장의 잠재원인을 추적할 수 있다.
    - 계량적 데이터가 축적되면 정량적 분석이 가능하다.
    - 정성적 분석, 정량적 분석이 모두 가능하다.
    - 짧은 시간에 점검할 수 있다.
    - 비전문가라도 쉽게 할 수 있다.
    - 특정사상에 대한 해석을 한다.
    - 논리기호를 사용하여 해석한다.
    - 소프트웨어나 인간의 과오까지도 포함한 고장해석이 가능하다.
    - 복잡하고, 대형화된 시스템의 신뢰성 분석이 가능하다.
    - 정량적으로 재해 발생 확률을 구한다.
    - 재해 확률의 목표치는 정해야 한다.
    - 재해 발생의 원인들을 Tree상으로 표현할 수 있다.
  ㉤ 결함수 작성의 5가지 원칙
    - General Rule Ⅰ(Ground Rule Ⅰ) : 결함을 정확하게 파악하여 사상 박스(Event Boxes)에 써넣는다.
    - General Rule Ⅱ(Ground Rule Ⅱ) : 결함이 부품결함에 있다면 사상을 부품결함으로 분류한다. 아니면 사상을 시스템 결함으로 분류한다.
    - No Miracle Rule : 일단 악화되기 시작하여 재해로 발전하여 가는 과정 중에 자연적으로 또는 다른 사건의 발생으로 인해 재해연쇄가 중지되는 경우는 없다.
    - Complete-the-Gate Rule : 특별 게이트에 대한 모든 입력들의 어느 하나의 입력분석에 착수하기 전에 모든 입력물들은 완벽하게 정의되어야 한다.
    - No-Gate-to-Gate Rule : 게이트 입력들은 적절하게 결함사상으로 정의되어야 하며, 게이트들 각각 독립적이어야 한다.
  ㉥ FT 작성방법
    - FT를 작성한 다음 정상사상의 발생확률을 구한다.
    - 정성·정량적으로 해석·평가하기 전에 FT를 간소화해야 한다.
    - 정상(Top)사상과 기본사상과의 관계는 논리게이트를 이용해 도해한다.
    - FT를 작성하려면 먼저 분석대상시스템을 완전히 이해하여야 한다.
    - FT 작성을 쉽게 하기 위해서는 정상(Top)사상을 구체적으로 선정해야 한다.
  ㉦ 결함수분석에 의한 재해사례 연구 순서 : 목표사상 선정 → 사상마다 재해원인 규명 → FT도 작성 → 개선계획 작성 → 개선안 실시계획
  (Top사상 정의 → Cut Set을 구한다 → Minimal Cut Set을 구한다 → FT도를 작성한다 → 개선계획 작성 → 개선안 실시계획)

◎ FTA의 중요도 지수
- 구조 중요도 : 기본사상의 발생 확률을 문제로 하지 않고 결함수의 구조상, 각 기본사상이 갖는 지명성을 나타내는 중요도
- 확률 중요도 : 각 기본사상의 발생 확률이 증감하는 경우 정상사상의 발생 확률에 어느 정도 영향을 미치는가를 반영하는 지표로서 수리적으로는 편미분계수와 같은 의미를 갖는 FTA의 중요도
- 치명 중요도 : 기본사상 발생 확률의 변화율에 대한 정상사상 발생 확률 변화의 비로서 시스템 설계의 측면에서 이해하기에 편리한 중요도

ⓒ FTA를 수행함에 있어 기본사상들의 발생이 서로 독립인가 아닌가의 여부를 파악하기 위해서는 공분산값을 계산해 보는 것이 가장 적합하다.

ⓒ 재해 예방 측면에서 시스템의 FT에서 상부측 정상사상의 가장 가까운 쪽에 OR게이트를 인터로크나 안전장치 등을 활용하여 AND게이트로 바꿔 주면 이 시스템의 재해율이 급격하게 감소한다.

② 논리기호(사상기호)와 명칭

기본사상	결함사상	통상사상	생략사상	전이기호
○	▢	⌂	◇	△

㉠ 기본사상
- 더 이상의 세부적인 분류가 필요 없는 사상
- 더 이상 전개되지 않는 기본적인 사상 또는 발생 확률이 단독으로 얻어지는 낮은 레벨의 기본적인 사상

㉡ 결함사상
- 두 가지 상태 중 하나가 고장 또는 결함으로 나타나는 비정상적인 사상
- 해석하고자 하는 사상인 정상사상과 중간사상에 사용하는 사상

㉢ 통상사상 : 시스템의 정상적인 가동 상태에서 일어날 것이 기대되는 사상

㉣ 생략사상(최후사상)
- 불충분한 자료로 결론을 내릴 수 없어 더 이상 전개할 수 없는 사상
- 사상과 원인의 관계를 충분히 알 수 없거나 필요한 정보를 얻을 수 없기 때문에 더 이상 전개할 수 없는 최후의 사상
- 작업 진행에 따라 해석이 가능할 때는 다시 속행함

㉤ 전이기호(이행기호) : 다른 부분으로의 이행 또는 연결을 나타내는 기호

③ FT도에 사용되는 게이트

AND게이트	OR게이트	부정게이트	우선적 AND게이트
			a_i a_j a_k

조합 AND게이트	위험지속 게이트	배타적 OR게이트	억제게이트

㉠ AND게이트
- 입력사상이 모두 발생해야지만 출력사상이 발생하는 게이트
- 논리곱의 게이트(확률 계산은 각 입력사상의 곱으로 한다)

㉡ OR게이트
- 입력사상이 어느 하나라도 발생하면 출력사상이 발생하는 게이트
- 논리합의 게이트

㉢ 부정게이트 : 입력과 반대되는 현상으로 출력되는 게이트

㉣ 우선적 AND게이트
- 여러 개의 입력사상이 정해진 순서에 따라 순차적으로 발생해야만 결과가 출력되는 게이트
- 입력현상 중에 어떤 현상이 다른 현상보다 먼저 일어난 때에 출력현상이 생기는 게이트

㉤ 조합 AND게이트
- 3개의 입력현상 중 임의의 시간에 2개가 발생하면 출력이 생기는 게이트
- 3개 이상의 입력현상 중 2개가 발생할 경우 출력이 생기는 게이트

㉥ 위험지속게이트 : 입력현상이 생겨서 어떤 일정한 시간이 지속된 때에 출력이 생기는 게이트로, 그 시간이 지속되지 않으면 출력은 생기지 않음

㉦ 배타적 OR게이트 : OR게이트이지만 2개 또는 그 이상의 입력이 동시에 존재하는 경우 출력이 일어나지 않는 게이트

ⓒ 억제게이트(Inhibit Gate)
- 조건부 사건이 발생하는 상황하에서 입력현상이 발생할 때 출력현상이 발생되는 게이트이다.
- 입력현상이 일어나 조건을 만족하면 출력현상이 생기고, 만약 조건이 만족되지 않으면 출력이 생기지 않는 게이트이다. 조건은 수정기호 내에 기입한다.

④ FT도의 연습
㉠ FT도에서 시스템에 고장이 발생할 확률 :
$T = 1 - (1 - X_1)(1 - X_2)$

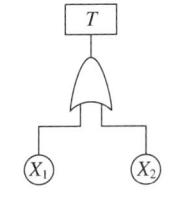

㉡ FT도에서 정상사상이 발생할 확률

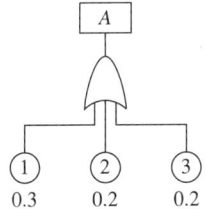

- $A = 1 - (1 - 0.3)(1 - 0.2)^2 = 0.552$

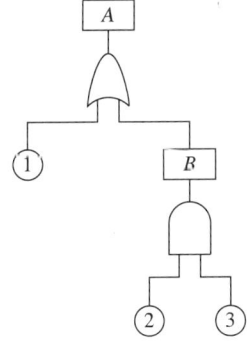

- $A = 1 - (1 - ①)(1 - B)$
  $= 1 - (1 - ①)[1 - (② \times ③)]$

㉢ 결함수의 간략화(간소화)

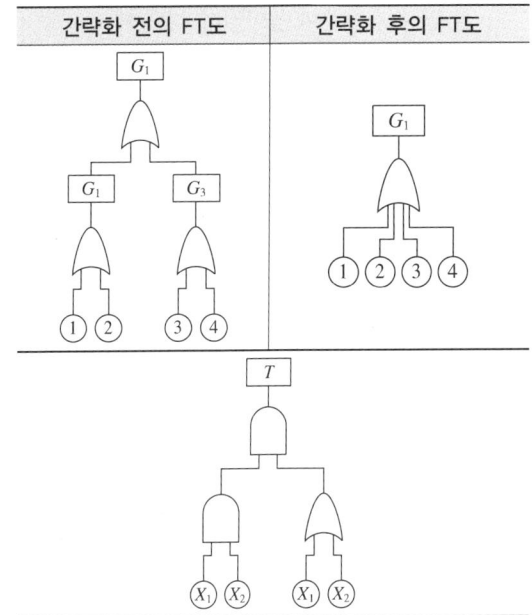

간략화 전의 FT도	간략화 후의 FT도

이 경우는 $T = (X_1 \cdot X_2)[1 - (1 - X_1)(1 - X_3)]$으로 접근하면 안 되며, 다음과 같이 간소화 절차를 따른다.
$T = (X_1 \cdot X_2)(X_1 + X_3) = X_1(X_1 \cdot X_2) + X_3(X_1 \cdot X_2)$
$= X_1 \cdot X_2 + X_1 \cdot X_2 \cdot X_3 = X_1(X_2 + X_2 \cdot X_3)$
$= X_1[X_2(1 + X_3)] = X_1 \cdot X_2$

⑤ 컷셋과 미니멀 컷셋
㉠ 컷셋(Cut Set)
- 특정조합의 기본사상들이 동시에 모두 결함이 발생하였을 때 정상사상을 일으키는 기본사상의 집합이다.
- 그 속에 포함되어 있는 모든 기본사상이 일어났을 때에 정상사상을 일으키는 기본사상의 집합이다.
- 시스템의 약점을 표현한 셋이다.
- 일반적으로 Fussell(퍼셀) 알고리즘을 이용한다.

㉡ 미니멀 컷셋(Minimal Cut Set, 최소 컷셋)
- 정상사상(Top사상)을 일으키는 최소한의 집합이다.
- 사고에 대한 시스템의 약점을 표현한다.
- 시스템의 위험성을 나타낸다.
- 컷셋 중에 타 컷셋을 포함하고 있는 것을 배제하고 남은 컷셋들을 의미한다.
- 중복되는 사상의 컷셋 중 다른 컷셋에 포함되는 셋을 제거한 컷셋과 중복되지 않는 사상의 컷셋을 합한 것이 최소 컷셋이다.

- 일반적으로 시스템에서 최소 컷셋의 개수가 늘어나면 위험수준이 높아진다.
- 일반적으로 시스템에서 최소 컷셋 내의 사상개수가 적어지면 위험수준은 높아진다.
- 경보장치설치, 안전장치설치, 절차 및 교육훈련 개발, 최소 리스크를 위한 설계 등 반복되는 사건이 많이 있는 경우 FTA의 최소 컷셋과 관련된 알고리즘 : Fussell Algorithm, Boolean Algorithm, Limnios & Ziani Algorithm
- 반복사상이 없는 경우 일반적으로 Fussell(퍼셀) 알고리즘을 이용한다.
- Fussell의 알고리즘으로 최소 컷셋을 구하는 방법
  - 중복 및 반복되는 사건이 많지 않은 경우에 적용하기 적합하고 매우 간편하다.
  - 톱(Top)사상을 일으키기 위해 필요한 최소한의 컷셋이 최소 컷셋이다.
  - AND게이트는 항상 컷셋의 크기를 증가시킨다.
  - OR게이트는 항상 컷셋의 수를 증가시킨다.
  - 불 대수(Boolean Algebra)이론을 적용하여 시스템 고장을 유발시키는 모든 기본사상들의 조합을 구한다.

[예제]
정상사상이 발생하는 최소 컷셋의 $P(T)$ (단, 각 사상의 발생 확률 : A = 0.4, B = 0.3, C = 0.3)

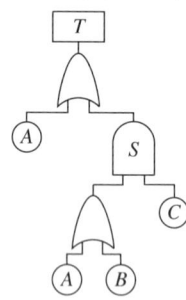

$P(T) = 1 - (1-A)(1-S)$
$= 1 - (1-0.4)[1 - 0.03 \times 0.03]$
$= 1 - 0.6 \times 0.91 = 0.454$

- 최소 컷셋 찾기 1

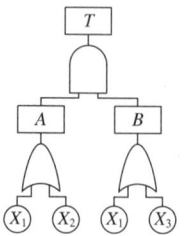

$T = A \cdot B = (X_1 + X_2) \cdot (X_1 + X_3)$
$= X_1 X_1 + X_1 X_3 + X_1 X_2 + X_2 X_3$
$= X_1 + X_1 X_3 + X_1 X_2 + X_2 X_3$

$X_1(1 + X_3 + X_2) + X_2 X_3 = X_1 + X_2 X_3$ 이므로, 최소 컷셋은 $[X_1]$, $[X_2, X_3]$ 이다.

- 최소 컷셋 찾기 2(단, ①, ②, ③, ④는 각 부품의 고장 확률, 집합 {1, 2}는 ①, ② 부품이 동시에 고장 나는 경우)

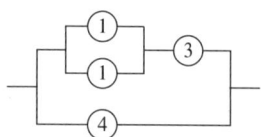

①, ②를 A로 표시하고 A와 ③을 B로 표시하여 FT도를 작성하면 아래 그림으로 표시된다.

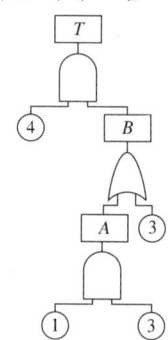

$T = ④ \cdot B = ④ \cdot (①② + ③) = ①②④ + ③④$
이므로, 최소 컷셋은 {1, 2, 4}, {3, 4}이다.

- 최소 컷셋 찾기 3(단, Fussell의 알고리즘을 따른다)

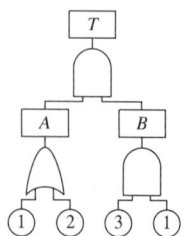

$$T = A \cdot B = (①+②)(③\cdot①)$$
$$= ①(③\cdot①) + ②(③\cdot①)$$
$$= ③\cdot① + ①\cdot②\cdot③$$
$$= ①(③+②\cdot③) = ①[③(1+②)]$$
$$= ①\cdot③$$

이므로 최소 컷셋은 {1, 3}이다.

※ 결함수분석으로 Minimal Cut Set을 구한 결과는 $k_1=\{1, 2\}$, $k_2=\{1, 3\}$, $k_3=\{2, 3\}$와 같았다. 각 기본사상의 발생 확률을 q_i ($i=1, 2, 3$)이라고 할 때 정상사상의 발생확률함수 구하기
$$T = 1 - (1 - q_1q_2 - q_1q_3 - q_2q_3 + 2q_1q_2q_3)$$
$$= q_1q_2 + q_1q_3 + q_2q_3 - 2q_1q_2q_3$$

⑥ 패스셋과 미니멀 패스셋
  ㉠ 패스셋(Path Set)
    • 정상사상이 일어나지 않는 기본사상의 집합
    • 시스템에 고장이 발생하지 않도록 하는 모든 사상의 집합
    • 그 속에 포함되는 기본사상이 일어나지 않았을 때 처음으로 정상사상이 일어나지 않는 기본사상의 집합
    • 시스템 신뢰도 측면에서, 성공수(Success Tree)의 정상사상을 발생시키는 기본사상들의 최소 집합
    • 동일한 시스템에서 패스셋과 컷셋의 개수는 다름
  ㉡ 미니멀 패스셋(Minimal Path Set, 최소 패스셋)
    • 필요한 최소한의 패스셋
    • FTA에서 시스템의 기능을 살리는 데 필요한 최소 요인의 집합
    • 결함수의 쌍대결함수를 구하고, 컷셋을 찾아내어 결함(사고)을 예방할 수 있는 최소의 조합
    • 고장이나 실수를 일으키지 않으면 정상사상(Top Event)은 일어나지 않는다고 하는 것으로 시스템의 신뢰도를 나타낸다.
    • 미니멀 패스셋을 구하기 위해서는 미니멀 컷셋의 상대성을 이용한다.
    [예제]
    - 최소 패스셋 찾기
      패스셋 $[X_2, X_3, X_4]$, $[X_1, X_3, X_4]$, $[X_3, X_4]$ 중 최소 패스셋 찾기(X_4 : 중복사상)
      $$T = (X_2+X_3+X_4)\cdot(X_1+X_3+X_4)\cdot(X_3+X_4)$$
      이므로, 최소 패스셋은 $[X_3, X_4]$이다.

FT도

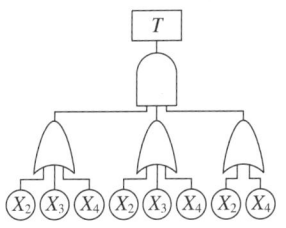

- 최소 패스셋과 신뢰도 구하기(단, 각 부품의 신뢰도는 각각 0.90)

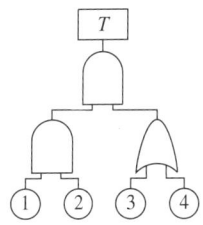

TF도의 변환

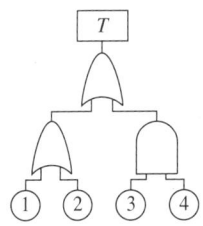

$T = (①+②)+(③\cdot④)$이므로, 최소 패스셋은 {1}, {2}, {3, 4}이며,
신뢰도는
$$R(t) = 1 - \{1 - [1-(1-0.9)^2]\}(1-0.9^2)$$
$$= 1 - (1-0.99)(1-0.81) = 0.9981$$

⑦ 결함수분석의 정량화 절차 : 결함수분석의 정량화는 정상사상에 대하여 구성된 결함수를 정량적으로 분석하여 이용 불능도를 계산하는 단계로서 다음과 같이 수행한다.
  ㉠ 구성된 결함수로부터 정상사상을 유발시키는 사상들의 조합을 불 대수(Boolean Algebra)로 표현한다.
  ㉡ 불 대수를 풀어 정상사상을 유발시키는 기본사상들의 조합인 최소 컷셋(Minimal Cutsets)를 구한다.
  ㉢ 각각의 최소 컷셋에 포함된 기본사상의 확률값을 대입하여 최소 컷셋에 대한 확률값을 구한다.
  ㉣ 정상사상을 유발시키는 모든 최소 컷셋에 대한 발생확률을 더하여 정상사상에 대한 확률을 산출한다.
  ㉤ 각 기본사상이 정상사상에 미치는 중요도 분석을 수행하여 기본사상의 중요도를 계산한다.

10년간 자주 출제된 문제

4-1. 결함수분석의 기대효과와 가장 관계가 먼 것은?

① 시스템의 결함 진단
② 시간에 따른 원인 분석
③ 사고원인 규명의 간편화
④ 사고원인 분석의 정량화

4-2. 결함수분석법(FTA)의 특징으로 볼 수 없는 것은?

① Top-down 형식
② 특정사상에 대한 해석
③ 정성적 해석의 불가능
④ 논리기호를 사용한 해석

4-3. FTA(Fault Tree Analysis)에 사용되는 논리기호와 명칭이 올바르게 연결된 것은?

① ◇ : 전이기호
② ▭ : 기본사상
③ ⬠ : 통상사상
④ ○ : 결함사상

4-4. 다음 그림과 같이 FTA로 분석된 시스템에서 현재 모든 기본사상에 대한 부품이 고장 난 상태이다. 부품 X_1부터 부품 X_5까지 순서대로 복구한다면 어느 부품을 수리 완료하는 순간부터 시스템이 정상 가동되겠는가?

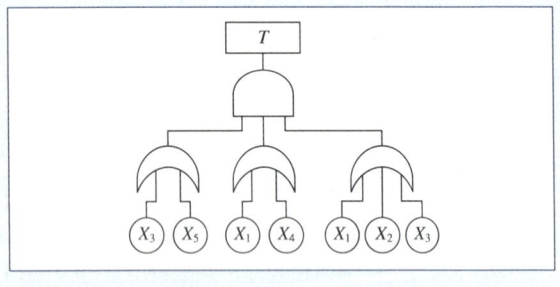

① X_1
② X_2
③ X_3
④ X_4

4-5. 어떤 결함수를 분석하여 Minimal Cut Set을 구한 결과 다음과 같았다. 각 기본사상의 발생 확률을 $q_i(i=1, 2, 3)$이라고 할 때 정상사상의 발생확률함수로 맞는 것은?

$$k_1 = [1, 2], \ k_2 = [1, 3], \ k_3 = [2, 3]$$

① $q_1q_2 + q_1q_2 - q_2q_3$
② $q_1q_2 + q_1q_3 - q_2q_3$
③ $q_1q_2 + q_1q_3 + q_2q_3 - q_1q_2q_3$
④ $q_1q_2 + q_1q_3 + q_2q_3 - 2q_1q_2q_3$

4-6. 다음 FT도에서 최소 컷셋을 올바르게 구한 것은?

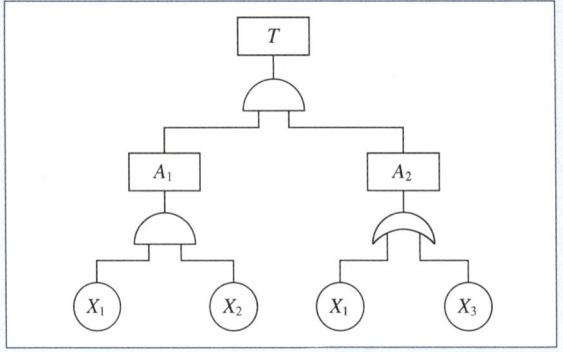

① (X_1, X_2)
② (X_1, X_3)
③ (X_2, X_3)
④ (X_1, X_2, X_3)

4-7. 다음 중에서 FTA에서 사용되는 Minimal Cut Set에 대한 설명으로 틀린 것은?

① 사고에 대한 시스템의 약점을 표현한다.
② 정상사상(Top사상)을 일으키는 최소한의 집합이다.
③ 시스템에 고장이 발생하지 않도록 하는 사상의 집합이다.
④ 일반적으로 Fussell Algorithm을 이용한다.

|해설|

4-1

결함수분석의 기대효과
- 사고원인 규명의 간편화
- 사고원인 분석의 정량화, 일반화
- 시스템의 결함 진단
- 노력시간의 절감
- 안전점검 체크리스트 작성

4-2

결함수분석법(FTA)은 정성적 해석도 가능하다.

4-3

① : 생략사상, ② : 결함사상, ④ : 기본사상

4-4

상부는 AND게이트, 하부는 OR게이트이다. 부품 X_1부터 부품 X_5까지 순서대로 복구할 때, 부품 X_1 복구 시 하부 2번째 게이트와 3번째 게이트는 출력되어도 첫 번째 게이트는 출력이 안 일어나므로 시스템이 정상 가동되지 않는다. 다음에 부품 X_2를 복구하여도 첫 번째 게이트가 출력되지 않고, 그 다음에 부품 X_3를 복구하면 첫 번째 게이트도 출력이 나오므로 부품 X_3를 수리 완료하는 순간부터 시스템은 정상 가동된다.

4-5

$$T = 1 - (1 - q_1q_2 - q_1q_3 - q_2q_3 + 2q_1q_2q_3)$$
$$= q_1q_2 + q_1q_3 + q_2q_3 - 2q_1q_2q_3$$

4-6

$$T = (X_1 \cdot X_2)(X_1 + X_3) = X_1(X_1 \cdot X_2) + X_3(X_1 \cdot X_2)$$
$$= X_1 \cdot X_2 + X_1 \cdot X_2 \cdot X_3 = X_1(X_2 + X_2 \cdot X_3)$$
$$= X_1[X_2(1 + X_3)] = X_1 \cdot X_2 \text{이므로,}$$

최소 컷셋은 (X_1, X_2)이다.

4-7

시스템에 고장이 발생하지 않도록 하는 사상의 집합은 Path Set이다.

정답 4-1 ② 4-2 ③ 4-3 ③ 4-4 ③ 4-5 ④ 4-6 ① 4-7 ③

핵심이론 05 | 유해위험방지조치

① 개 요

㉠ 근로자대표의 통지 요청(법 제35조) : 근로자대표는 사업주에게 다음 사항을 통지하여 줄 것을 요청할 수 있고, 사업주는 이에 성실히 따라야 한다.
- 산업안전보건위원회(노사협의체를 구성·운영하는 경우에는 노사협의체)가 의결한 사항
- 안전보건진단 결과에 관한 사항
- 안전보건개선계획의 수립·시행에 관한 사항
- 도급인의 이행사항
- 물질안전보건자료에 관한 사항
- 작업환경 측정에 관한 사항
- 그 밖에 고용노동부령으로 정하는 안전 및 보건에 관한 사항

㉡ 안전조치(법 제38조)
- 사업주는 다음의 어느 하나에 해당하는 위험으로 인한 산업재해를 예방하기 위하여 필요한 조치를 하여야 한다.
  - 기계·기구, 그 밖의 설비에 의한 위험
  - 폭발성, 발화성 및 인화성 물질 등에 의한 위험
  - 전기, 열, 그 밖의 에너지에 의한 위험
- 사업주는 굴착, 채석, 하역, 벌목, 운송, 조작, 운반, 해체, 중량물 취급, 그 밖의 작업을 할 때 불량한 작업방법 등에 의한 위험으로 인한 산업재해를 예방하기 위하여 필요한 조치를 하여야 한다.
- 사업주는 근로자가 다음의 어느 하나에 해당하는 장소에서 작업을 할 때 발생할 수 있는 산업재해를 예방하기 위하여 필요한 조치를 하여야 한다.
  - 근로자가 추락할 위험이 있는 장소
  - 토사·구축물 등이 붕괴할 우려가 있는 장소
  - 물체가 떨어지거나 날아올 위험이 있는 장소
  - 천재지변으로 인한 위험이 발생할 우려가 있는 장소
- 안전조치에 관한 구체적인 사항은 고용노동부령으로 정한다.

㉢ 보건조치(법 제39조)
- 사업주는 다음의 어느 하나에 해당하는 건강장해를 예방하기 위하여 보건조치를 하여야 한다.

- 원재료·가스·증기·분진·흄(Fume, 열이나 화학반응에 의하여 형성된 고체증기가 응축되어 생긴 미세입자)·미스트(Mist, 공기 중에 떠다니는 작은 액체방울)·산소결핍·병원체 등에 의한 건강장해
- 방사선·유해광선·고열·한랭·초음파·소음·진동·이상기압 등에 의한 건강장해
- 사업장에서 배출되는 기체·액체 또는 찌꺼기 등에 의한 건강장해
- 계측감시, 컴퓨터 단말기 조작, 정밀공작 등의 작업에 의한 건강장해
- 단순 반복작업 또는 인체에 과도한 부담을 주는 작업에 의한 건강장해
- 환기·채광·조명·보온·방습·청결 등의 적정기준을 유지하지 아니하여 발생하는 건강장해
- 폭염·한파에 장시간 작업함에 따라 발생하는 건강장해
- 사업주가 하여야 하는 보건조치에 관한 구체적인 사항은 고용노동부령으로 정한다.

ⓒ 고객의 폭언 등으로 인한 건강장해 예방조치 등(법 제41조)
- 사업주는 고객응대근로자(주로 고객을 직접 대면하거나 정보통신망을 통하여 상대하면서 상품을 판매하거나 서비스를 제공하는 업무에 종사하는 근로자)에 대하여 폭언 등(고객의 폭언, 폭행, 그 밖에 적정 범위를 벗어난 신체적·정신적 고통을 유발하는 행위)으로 인한 건강장해를 예방하기 위하여 고용노동부령으로 정하는 바에 따라 필요한 조치를 하여야 한다.
- 사업주는 업무와 관련하여 고객 등 제3자의 폭언 등으로 근로자에게 건강장해가 발생하거나 발생할 현저한 우려가 있는 경우에는 다음의 대통령령으로 정하는 필요한 조치를 하여야 한다.
  - 업무의 일시적 중단 또는 전환
  - 휴게시간의 연장
  - 폭언 등으로 인한 건강장해 관련 치료 및 상담 지원
  - 관할 수사기관 또는 법원에 증거물·증거서류를 제출하는 등 폭언 등으로 인한 고소, 고발 또는 손해배상 청구 등을 하는 데 필요한 지원
- 근로자는 사업주에게 상기에 따른 조치를 요구할 수 있고, 사업주는 근로자의 요구를 이유로 해고 또는 그 밖의 불리한 처우를 해서는 아니 된다.

② 유해위험방지계획서
ⓐ 유해위험방지계획서의 작성·제출(법 제42조)
- 사업주는 다음의 어느 하나에 해당하는 경우에는 이 법 또는 이 법에 따른 명령에서 정하는 유해위험방지계획서를 작성하여 고용노동부령으로 정하는 바에 따라 고용노동부장관에게 제출하고 심사를 받아야 한다. 다만, 사업주 중 산업재해 발생률 등을 고려하여 고용노동부령으로 정하는 기준에 해당하는 사업주는 유해위험방지계획서를 스스로 심사하고, 그 심사결과서를 작성하여 고용노동부장관에게 제출하여야 한다.
  - 대통령령으로 정하는 사업의 종류 및 규모에 해당하는 사업으로서 해당 제품의 생산공정과 직접적으로 관련된 건설물·기계·기구 및 설비 등 전부를 설치·이전하거나 그 주요 구조 부분을 변경하려는 경우
  - 유해하거나 위험한 작업 또는 장소에서 사용하거나 건강장해를 방지하기 위하여 사용하는 기계·기구 및 설비로서 대통령령으로 정하는 기계·기구 및 설비를 설치·이전하거나 그 주요 구조 부분을 변경하려는 경우
  - 대통령령으로 정하는 크기, 높이 등에 해당하는 건설공사를 착공하려는 경우
- 건설공사를 착공하려는 사업주(상기 외의 부분 단서에 따른 사업주는 제외)는 유해위험방지계획서를 작성할 때 건설안전 분야의 자격 등 고용노동부령으로 정하는 자격을 갖춘 자의 의견을 들어야 한다.
- 공정안전보고서를 고용노동부장관에게 제출한 경우에는 해당 유해·위험설비에 대해서는 유해위험방지계획서를 제출한 것으로 본다.
- 고용노동부장관은 제출된 유해위험방지계획서를 고용노동부령으로 정하는 바에 따라 심사하여 그 결과를 사업주에게 서면으로 알려 주어야 한다. 이 경우 근로자의 안전 및 보건의 유지·증진을 위하여 필요하다고 인정하는 경우에는 해당 작업 또는 건설공사를 중지하거나 유해위험방지계획서를 변경할 것을 명할 수 있다.

- 사업주는 스스로 심사하거나 고용노동부장관이 심사한 유해위험방지계획서와 그 심사결과서를 사업장에 갖추어 두어야 한다.
- 건설공사를 착공하려는 사업주로서 유해위험방지계획서 및 그 심사결과서를 사업장에 갖추어 둔 사업주는 해당 건설공사의 공법의 변경 등으로 인하여 그 유해위험방지계획서를 변경할 필요가 있는 경우에는 이를 변경하여 갖추어 두어야 한다.

ⓛ 유해위험방지계획서 제출대상 사업(시행령 제42조) : 다음의 어느 하나에 해당하는 사업으로서 전기 계약용량이 300[kW] 이상인 경우
- 금속가공제품 제조업(기계 및 가구 제외)
- 비금속 광물제품 제조업
- 기타 기계 및 장비 제조업
- 자동차 및 트레일러 제조업
- 식료품 제조업
- 고무제품 및 플라스틱제품 제조업
- 목재 및 나무제품 제조업
- 기타 제품 제조업
- 1차 금속 제조업
- 가구 제조업
- 화학물질 및 화학제품 제조업
- 반도체 제조업
- 전자부품 제조업

ⓒ 기계·기구 및 설비의 설치·이전 등으로 인해 유해위험방지계획서를 제출하여야 하는 대상 기계·기구 및 설비
- 금속이나 그 밖의 광물의 용해로
- 화학설비
- 건조설비
- 가스집합 용접장치
- 근로자의 건강에 상당한 장해를 일으킬 우려가 있는 물질로서 고용노동부령으로 정하는 물질의 밀폐·환기·배기를 위한 설비

ⓛ 대통령령으로 정하는 크기, 높이 등에 해당하는 건설공사
- 다음의 어느 하나에 해당하는 건축물 또는 시설 등의 건설·개조 또는 해체 공사
  - 지상 높이가 31[m] 이상인 건축물 또는 인공구조물
  - 연면적 30,000[m^2] 이상인 건축물

- 연면적 5,000[m^2] 이상인 시설로서 다음의 어느 하나에 해당하는 시설
  ⓐ 문화 및 집회시설(전시장 및 동물원·식물원은 제외)
  ⓑ 판매시설, 운수시설(고속철도의 역사 및 집배송시설은 제외)
  ⓒ 종교시설
  ⓓ 의료시설 중 종합병원
  ⓔ 숙박시설 중 관광숙박시설
  ⓕ 지하도상가
  ⓖ 냉동·냉장 창고시설
- 연면적 5,000[m^2] 이상인 냉동·냉장 창고시설의 설비공사 및 단열공사
- 최대 지간 길이(다리의 기둥과 기둥의 중심 사이 거리)가 50[m] 이상인 다리의 건설 등 공사
- 터널의 건설 등 공사
- 다목적댐, 발전용댐, 저수용량 2천만[ton] 이상의 용수 전용 댐 및 지방상수도 전용 댐의 건설 등 공사
- 깊이 10[m] 이상인 굴착공사

ⓜ 유해위험방지계획서의 제출(시행규칙 제42조)
- 제출기관 : 한국산업안전보건공단
- 제조업의 경우 : 사업장별로 관련 서류를 첨부하여 해당 작업 15일 전까지 2부를 해당기관에 제출
- 건설업의 경우 : 해당 공사 착공 전날까지 관련 기관에 제출
- 유해위험방지계획서를 제출한 사업주는 해당 건설물·기계·기구 및 설비의 시운전단계에서, 건설공사 중 6개월 이내마다 다음의 사항에 관하여 공단의 확인을 받아야 한다(시행규칙 제46조).
  - 유해위험방지계획서의 내용과 실제공사 내용이 부합하는지의 여부
  - 유해위험방지계획서 변경내용의 적정성
  - 추가적인 유해·위험요인의 존재 여부
- 유해위험방지계획서의 건설안전 분야 자격(시행규칙 제43조)
  - 건설안전 분야 산업안전지도사
  - 건설안전기술사 또는 토목·건축 분야 기술사
  - 건설안전산업기사 이상의 자격을 취득한 후 건설안전 관련 실무경력이 건설안전기사 이상의 자격은 5년, 건설안전산업기사 자격은 7년 이상인 사람

- 대통령령으로 정하는 사업의 종류 및 규모에 해당하는 사업으로서 해당 제품의 생산 공정과 직접적으로 관련된 건설물·기계·기구 및 설비 등 전부를 설치·이전하거나 그 주요 구조부분을 변경하려는 경우
  - 건축물 각 층의 평면도
  - 기계·설비의 개요를 나타내는 서류
  - 기계·설비의 배치도면
  - 원재료 및 제품의 취급, 제조 등의 작업방법의 개요
  - 그 밖에 고용노동부장관이 정하는 도면 및 서류
- 유해하거나 위험한 작업 또는 장소에서 사용하거나 건강장해를 방지하기 위하여 사용하는 기계·기구 및 설비로서 대통령령으로 정하는 기계·기구 및 설비를 설치·이전하거나 그 주요 구조부분을 변경하려는 경우
  - 설치장소의 개요를 나타내는 서류
  - 설비의 도면
  - 그 밖에 고용노동부장관이 정하는 도면 및 서류
- 대통령령으로 정하는 크기, 높이 등에 해당하는 건설공사를 착공하려는 경우
  - 공사 개요 및 안전보건관리계획(시행규칙 별표 10)
    ⓐ 공사 개요서
    ⓑ 공사현장의 주변 현황 및 주변과의 관계를 나타내는 도면(매설물 현황 포함)
    ⓒ 전체 공정표
    ⓓ 산업안전보건관리비 사용계획서
    ⓔ 안전관리 조직표
    ⓕ 재해 발생 위험 시 연락 및 대피방법
  - 작업 공사 종류별 유해위험방지계획

ⓑ 산업안전보건법령상 유해위험방지계획서의 심사결과에 따른 구분·판정 : 적정, 조건부 적정, 부적정 (시행규칙 제45조)
- 적정 : 근로자의 안전과 보건을 위하여 필요한 조치가 구체적으로 확보되었다고 인정되는 경우
- 조건부 적정 : 근로자의 안전과 보건을 확보하기 위하여 일부 개선이 필요하다고 인정되는 경우
- 부적정 : 건설물·기계·기구 및 설비 또는 건설공사가 심사기준에 위반되어 공사 착공 시 중대한 위험 발생의 우려가 있거나 계획에 근본적 결함이 있다고 인정되는 경우

ⓐ 유해위험방지계획서 이행의 확인(법 제43조)
- 유해위험방지계획서에 대한 심사를 받은 사업주는 고용노동부령으로 정하는 바에 따라 유해위험방지계획서의 이행에 관하여 고용노동부장관의 확인을 받아야 한다.
- 사업주는 고용노동부령으로 정하는 바에 따라 유해위험방지계획서의 이행에 관하여 스스로 확인하여야 한다. 다만, 해당 건설공사 중에 근로자가 사망(교통사고 등 고용노동부령으로 정하는 경우는 제외)한 경우에는 고용노동부령으로 정하는 바에 따라 유해위험방지계획서의 이행에 관하여 고용노동부장관의 확인을 받아야 한다.
- 고용노동부장관은 확인 결과 유해위험방지계획서대로 유해위험방지를 위한 조치가 되지 아니하는 경우에는 고용노동부령으로 정하는 바에 따라 시설 등의 개선, 사용 중지 또는 작업 중지 등 필요한 조치를 명할 수 있다.
- 시설 등의 개선, 사용 중지 또는 작업 중지 등의 절차 및 방법, 그 밖에 필요한 사항은 고용노동부령으로 정한다.

10년간 자주 출제된 문제

5-1. 산업안전보건법령에 따라 제조업 중 유해위험방지계획서 제출대상 사업의 사업주가 유해위험방지계획서를 제출하고자 할 때 첨부하여야 하는 서류에 해당하지 않는 것은?(단, 기타 고용노동부장관이 정하는 도면 및 서류 등은 제외한다)

① 공사개요서
② 기계·설비의 배치도면
③ 기계·설비의 개요를 나타내는 서류
④ 원재료 및 제품의 취급, 제조 등의 작업방법의 개요

5-2. 산업안전보건법령상 유해하거나 위험한 장소에서 사용하는 기계·기구 및 설비를 설치·이전하는 경우 유해위험방지계획서를 작성, 제출하여야 하는 대상이 아닌 것은?

① 화학설비   ② 금속 용해로
③ 건조설비   ④ 전기용접장치

5-3. 다음 중 산업안전보건법령상 유해위험방지계획서의 심사결과에 따른 구분·판정의 종류에 해당하지 않는 것은?

① 보 류   ② 부적정
③ 적 정   ④ 조건부 적정

| 해설 |

5-1

제조업 등 유해위험방지계획서 제출서류(시행규칙 제42조)
- 건축물 각 층의 평면도
- 기계·설비의 개요를 나타내는 서류
- 기계·설비의 배치도면
- 원재료 및 제품의 취급, 제조 등의 작업방법의 개요

5-2

기계·기구 및 설비의 설치·이전 등으로 인해 유해위험방지계획서를 제출하여야 하는 대상(시행령 제42조)
- 금속이나 그 밖의 광물의 용해로
- 화학설비
- 건조설비
- 가스집합 용접장치
- 근로자의 건강에 상당한 장해를 일으킬 우려가 있는 물질로서 고용노동부령으로 정하는 물질의 밀폐·환기·배기를 위한 설비

5-3
- 산업안전보건법령상 유해위험방지계획서의 심사결과에 따른 구분·판정 : 적정, 조건부 적정, 부적정(시행규칙 제45조)
  - 적정 : 근로자의 안전과 보건을 위하여 필요한 조치가 구체적으로 확보되었다고 인정되는 경우
  - 조건부 적정 : 근로자의 안전과 보건을 확보하기 위하여 일부 개선이 필요하다고 인정되는 경우
  - 부적정 : 건설물·기계·기구 및 설비 또는 건설공사가 심사기준에 위반되어 공사 착공 시 중대한 위험 발생의 우려가 있거나 계획에 근본적 결함이 있다고 인정되는 경우
- 산업안전보건법령상 유해위험방지계획서의 심사결과에 따른 구분, 판정에 해당하지 않는 것으로 '보류, 면제, 일부 적정' 등이 출제된다.

정답 5-1 ① 5-2 ④ 5-3 ①

핵심이론 06 | 위험성 평가

① 위험성 평가의 개요

㉠ 위험의 기본 3요소 : 사고 시나리오(S_i), 사고 발생확률(P_i), 파급효과 또는 손실(X_i)

㉡ 위험 조정을 위해 필요한 방법(위험조정기술) : 위험회피(Avoidance), 위험 감축(Reduction), 보류(Retention)

㉢ 시스템의 수명주기 5단계 : 구상 – 정의 – 개발 – 생산 – 운전

단계	내용	적용기법
제1단계	시스템 구상	• 시스템안전계획(SSP) 작성 • PHA작성 • 안전성에 관한 정보 및 문서파일 작성 • 포함되는 사고가 방침 설정과정에서 고려되기 위한 구상 정식화 회의 참가	PHA 실행
제2단계	시스템 정의		PHA 실행, FHA 적용
제3단계	시스템 개발		FHA 적용
제4단계	시스템 생산		
제5단계	시스템 운전	시스템 안전프로그램에 대하여 안전점검기준에 따른 평가를 내리는 시점	

㉣ 안전성 평가항목 : 기계설비에 대한 평가, 작업공정에 대한 평가, 레이아웃에 대한 평가
- 기계설비의 안진성 평가 시 정밀진단기술 : 파단면 해석, 강제열화테스트, 파괴테스트 등

㉤ 기계설비의 안전성 평가 시 본질적인 안전을 진전시키기 위하여 조치해야 할 사항
- 재해를 분석하여 인적 또는 물적 원인의 대책을 실시한다.
- 작업자 측에 실수나 잘못이 있어도 기계설비 측에서 이를 보완하여 안전을 확보한다.
- 작업방법, 작업속도, 작업자세 등을 작업자가 안전하게 작업할 수 있는 상태로 강구한다.
- 기계설비의 유압회로나 전기회로에 고장이 발생하거나 정전 등 이상 상태 발생 시 안전한 방향으로 이행하도록 한다.

ⓗ 위험의 분석 및 평가단계 : 위험관리의 안전성 평가에서 발생 빈도보다는 손실에 중점을 두며, 기업 간 의존도 한 가지 사고가 여러 가지 손실을 수반하는가 하는 안전에 미치는 영향의 강도를 평가하는 단계이다. 유의할 사항은 다음과 같다.
- 기업 간의 의존도는 어느 정도인지 점검한다.
- 발생의 빈도보다는 손실의 규모에 중점을 둔다.
- 한 가지의 사고가 여러 가지 손실을 수반하는지 확인한다.

ⓢ 사고 예방 및 최소한의 조치사항(4가지)의 순서 : 사고 발생 가능성을 감소시키기 위한 안정성 필요사항을 설계에 반영 → 필요시 사고 예방을 위한 특수한 안전장치를 설계하여 시스템에 반영 → 안정성에 관한 절차를 시험절차서와 사용 및 보전설명서에 포함 → 작업자의 방호가 필요한 곳에서는 경고표지 및 방호책 마련

ⓩ 설계단계의 위험 및 운용성 검토에서 위험을 억제하기 위한 직접적인 조치
- 공정의 변경(방법, 원료 등)
- 공정조건의 변경(압력, 온도 등)
- 작업방법의 변경

ⓩ 위험성평가에 활용하는 안전보건 정보
- 작업표준, 작업절차 등에 관한 정보
- 기계·기구, 설비 등의 사양서
- 물질안전보건자료(MSDS) 등의 유해위험요인 정보
- 기계·기구, 설비 등의 공정 흐름과 작업 주변의 환경에 관한 정보
- 같은 장소에서 사업의 일부 또는 전부를 도급을 주어 행하는 작업이 있는 경우 혼재 작업의 위험성 및 작업 상황 등에 관한 정보
- 재해사례, 재해통계 등에 관한 정보
- 작업환경 측정 결과, 근로자 건강진단 결과 정보
- 건물 및 설비의 배치(위치)도, 전기 단선도, 공정 흐름도 등
- 그 밖에 위험성평가에 참고가 되는 자료 등

② 위험성평가 시 위험의 크기를 결정하는 방법
㉠ 행렬법(Matrix) : 부상 또는 질병의 발생 가능성(빈도)과 중대성(강도)의 정도를 종축과 횡축으로 척도화하여 중대성과 가능성의 정도에 따라 미리 위험성이 할당된 표를 통해 위험성을 추정하는 방법이다. 위험성의 크기는 가능성과 중대성의 조합이다.

㉡ 곱셈법 : 부상 또는 질병의 발생 가능성과 중대성을 일정한 척도에 의해 각각 수치화한 뒤 곱셈하여 위험성을 추정하는 방법이다. 위험성의 크기는 가능성(빈도)과 중대성(강도)의 곱이다.

㉢ 덧셈법 : 부상 또는 질병의 발생 가능성과 중대성(심각성)을 일정한 척도에 의해 각각 추정하여 수치화한 뒤, 이것을 더하여 위험성을 추정하는 방법이다. 위험성의 크기는 가능성(빈도)과 중대성(강도)의 합이다.

㉣ 분기법 : 부상 또는 질병의 발생 가능성과 중대성(심각성)을 단계적으로 분기해 나가는 방식으로 위험성을 추정하는 방법이다.

③ 시스템 안전(System Safety)
㉠ 시스템 안전의 개요
- 시스템의 안전관리 및 안전공학을 정확히 적용시켜 위험을 파악한다(시행착오에 의해 위험을 파악하는 것을 방지한다).
- 위험을 파악, 분석, 통제하는 접근방법이다.
- 수명주기 전반에 걸쳐 안전을 보장하는 것을 목표로 한다.
- 처음에는 국방과 우주항공 분야에서 필요성이 제기되었다.
- 시스템 안전에 필요한 사항에 대한 동일성을 식별하여야 한다.
- 타 시스템의 프로그램 영역을 중복시키지 않아야 한다.
- 안전활동의 계획, 안전조직과 관리를 철저히 한다.
- 시스템 안전의 목표를 적시에 유효하게 실현하기 위해 프로그램의 해석, 검토 및 평가를 실시하여야 한다.

㉡ 시스템 안전을 위한 잠재위험 요소의 검출방법
- 잠재위험 최소화를 위한 설계 체크리스트
- 경보장치와 방호장치 체크리스트
- 방법상의 잠재위험제거 체크리스트

㉢ 시스템 안전기술관리를 정립하기 위한 절차 : 안전분석 → 안전사양 → 안전설계 → 안전확인

㉣ 시스템 안전관리의 내용(주요업무)
- 안전활동의 계획 및 조직과 관리
- 시스템 안전프로그램의 해석과 검토 및 평가
- 다른 시스템 프로그램 영역과의 조정
- 시스템 안전에 필요한 사람의 동일성에 대한 식별
- 시스템 안전활동 결과의 평가

ⓜ 운용상의 시스템 안전에서 검토 및 분석해야 할 사항
- 사고조사에의 참여
- 고객에 의한 최종 성능검사
- 시스템의 보수 및 폐기

ⓑ 시스템의 제조, 설치 및 시험단계에서 이루어지는 시스템 안전 부문의 주된 작업
- 운용안전성분석(OSA)의 실시
- 제조환경이 제품의 안전설계를 손상하지 않도록 산업안전보건 기준에 부합되도록 할 것
- 시스템 안전성 위험분석(SSHA)에서 지정된 전 조치의 실시를 보증하는 계통적인 감시·확인프로그램을 확립 실시할 것

④ 시스템 안전(프로그램)계획(SSPP)
㉠ 시스템 안전(프로그램)계획은 시스템 안전을 확보하기 위한 기본지침을 계획한 프로그램이다.
㉡ 포함사항 : 계획의 개요, 안전조직, 계약조건, 관련 부문과의 조정, 안전기준 및 해석, 안정성 평가, 안전자료의 수집과 갱신, 경과와 결과의 보고 등
㉢ 시스템 안전프로그램의 목표사항으로 보증할 필요가 있는 것
- 사명 및 필요사항과 모순되지 않는 안전성의 시스템 설계에 의한 구체화
- 신재료 및 신제조, 시험기술의 채용 및 사용에 따른 위험의 최소화
- 유사한 시스템 프로그램에 의하여 작성된 과거 안전성 데이터의 고찰 및 이용
㉣ 시스템 안전프로그램의 개발단계에서 이루어져야 할 사항
- 위험분석으로 FMEA가 적용된다.
- 설계의 수용 가능성을 위해 보다 완벽한 검토를 한다.
- 이 단계의 모형분석과 검사결과는 OHA의 입력자료로 사용된다.

⑤ 안정성 평가(Safety Assessment)의 기본원칙 6단계 : 관계자료의 작성 준비 또는 정비(검토) – 정성적 평가 – 정량적 평가 – 안전대책 – 재해 정보에 의한 재평가 – FTA에 의한 재평가
㉠ 1단계 : 관계자료의 작성 준비 또는 정비(검토)
- 관계자료의 조사항목 : 입지에 관한 도표(입지조건), 화학설비배치도, 건조물의 평면도·단면도·입면도, 제조공정의 개요, 기계실 및 전기실의 평면도·단면도·입면도, 공정계통도, 공정기기 목록, 운전요령, 요원배치계획, 배관이나 계장 등의 계통도, 제조공정상 일어나는 화학반응, 원재료·중간체·제품 등의 물리·화학적인 성질 및 인체에 미치는 영향 등
㉡ 2단계 : 정성적 평가(공정작업을 위한 작업규정 유무)
- 화학설비의 안정성 평가에서 정성적 평가의 항목
  - 설계 관계 항목 : 입지조건, 공장 내의 배치, 건조물, 소방설비
  - 운전 관계 항목 : 원재료·중간체·제품, 공정, 공정기기, 수송·저장
㉢ 3단계 : 정량적 평가
- 화학설비의 안정성 평가에서 정량적 평가의 5항목 : 취급물질, 조작, 화학설비 용량, 온도, 압력
- 상기 5항목에 대해 A급(10점), B급(5점), C급(2점), D급(0점)으로 등급 분류
- 점수 합산 결과에 따른 등급 분류
  - 16점 이상 : 위험등급 Ⅰ
  - 11점 이상~15점 이하 : 위험등급 Ⅱ
  - 10점 이하 : 위험등급 Ⅲ
㉣ 4단계 : 안전대책
- 설비대책
- 관리적 대책 : 적정한 인원 배치, 교육훈련, 보전
㉤ 5단계 : 재해정보에 의한 재평가(설계내용에 동종 플랜트 또는 동종장치에서 파악한 재해 정보를 적용시켜 재평가)
㉥ 6단계 : FTA에 의한 재평가(위험도의 등급이 Ⅰ에 해당하는 플랜트에 대해서는 다시 FTA에 의한 재평가)

⑥ HAZOP(Hazard and Operability, 위험 및 운전성 검토) 기법
㉠ 이상상태(설계 의도에서 벗어나는 일탈현상)를 찾아내어 공정의 위험요소와 운전상의 문제점을 도출하는 방법
㉡ 전제조건
- 두 개 이상의 기기 고장이나 사고는 일어나지 않는 것으로 간주한다.
- 조작자는 위험한 상황이 일어났을 때 그것을 인식할 수 있고, 충분한 시간이 있는 경우 필요한 조치사항을 취하는 것으로 간주한다.
- 안전장치는 필요할 때 정상 동작하는 것으로 간주한다.

- 장치 자체는 설계 및 제작 사양에 맞게 제작된 것으로 간주한다.
ⓒ HAZOP기법에서 사용하는 가이드워드
  - As Well as : 성질상의 증가
  - More/Less : 정량적인 증가 또는 감소
  - No/Not : 디자인 의도의 완전한 부정
  - Other Than : 완전한 대체
  - Part of : 성질상의 감소
  - Reverse : 디자인 의도의 논리적 반대
ⓓ 위험 및 운전성 검토(HAZOP)의 성패를 좌우하는 중요 요인
  - 검토에 사용된 도면이나 자료들의 정확성
  - 팀의 기술능력과 통찰력
  - 발견된 위험의 심각성을 평가할 때 그 팀의 균형감각을 유지할 수 있는 능력
ⓔ HAZOP 분석기법의 특징
  - 프로젝트의 모든 단계에 적용이 가능하다.
  - 학습 및 적용이 쉽다.
  - 기법 적용에 큰 전문성을 요구하지 않는다.
  - 다양한 관점을 가진 팀 단위 수행이 가능하다.
  - 안전상 문제뿐 아니라 운전상의 문제점도 확인 가능하다.
  - 설계팀의 지식 부족보다는 장치 설비의 복잡함으로 인한 문제점을 도출할 수 있다.
  - 평가 대상 및 위험 요소의 누락 가능성을 최소화한다.
  - 검토 결과에 따라 정량적 평가를 위한 자료를 제공할 수 있다.
  - 시간과 비용이 많이 소요된다(팀 구성 및 구성원의 참여 소요기간이 과다하다).
  - 접근방법이 지루하며 시간이 오래 걸린다.
  - 위험과는 무관한 잠재위험요소를 검토할 수 있다.

10년간 자주 출제된 문제

6-1. 다음 중 시스템안전계획(SSPP ; System Safety Program Plan)에 포함되어야 할 사항으로 가장 거리가 먼 것은?
① 안전조직
② 안전성의 평가
③ 안전자료의 수집과 갱신
④ 시스템의 신뢰성 분석비용

6-2. 화학설비의 안전성 평가단계 중 '관계 자료의 작성 준비'에 있어 관계자료의 조사항목과 가장 관계가 먼 것은?
① 온도, 압력
② 화학설비 배치도
③ 공정기기 목록
④ 입지에 관한 도표

6-3. 염산을 취급하는 A 업체에서는 신설 설비에 관한 안전성 평가를 실시해야 한다. 다음 중 정성적 평가 단계에 있어 설계와 관련된 주요 진단 항목에 해당하는 것은?
① 공장 내의 배치
② 제조공정의 개요
③ 재평가 방법 및 계획
④ 안전보건교육 훈련계획

6-4. 다음 중 화학설비에 대한 안전성 평가에 있어 정량적 평가 항목에 해당되지 않는 것은?
① 공 정
② 취급물질
③ 압 력
④ 화학설비 용량

6-5. 다음은 Z(주)에서 냉동저장소 건설 중 건물 내 바닥 방수 도포 작업 시 발생된 가연성 가스가 폭발하여 작업자 2명이 사망한 재해보고서를 토대로 가연성 가스를 누출한 설비의 안전성에 대한 정량적 평가표이다. 다음 중 위험등급 Ⅱ에 해당하는 항목으로만 나열한 것은?

항목분류	A급	B급	C급	D급
취급물질	O			O
화학설비의 용량	O	O	O	
온 도		O	O	O
조 작	O		O	O
압 력	O	O		O

① 압력, 조작
② 취급물질, 압력
③ 온도, 조작
④ 화학설비의 용량, 온도

10년간 자주 출제된 문제

6-6. 다음 중 안전성 평가의 기본원칙 6단계에 해당되지 않는 것은?
① 정성적 평가 ② 관계 자료의 정비검토
③ 안전대책 ④ 작업 조건의 평가

6-7. HAZOP기법에서 사용하는 가이드워드와 그 의미가 잘못 연결된 것은?
① Other Than : 기타 환경적인 요인
② No/Not : 디자인 의도의 완전한 부정
③ Reverse : 디자인 의도의 논리적 반대
④ More/Less : 정량적인 증가 또는 감소

|해설|

6-1
시스템 안전계획 포함사항 : 계획의 개요, 안전조직, 계약조건, 관련 부문과의 조정, 안전기준 및 해석, 안정성 평가, 안전자료의 수집과 갱신, 경과와 결과의 보고 등

6-2
관계 자료의 작성 준비는 1단계이며 온도, 압력은 3단계인 정량적 평가단계에서의 조사항목에 속한다.

6-3
① 공장 내의 배치 : 정성적 평가 단계(2단계)
② 제조공정의 개요 : 관계자료의 작성 준비 또는 정비(검토) 단계(1단계)
③ 재평기 방법 및 계획 : 재해정보에 의한 재평가(5단계)
④ 안전보건교육 훈련계획 : 안전대책(4단계)

6-4
정량적 평가항목 : 취급물질, 화학설비의 용량, 온도, 압력, 조작 등

6-5
- 취급물질 = A + D = 10 + 0 = 10이므로 위험등급 Ⅲ
- 화학설비 용량 = A + B + C = 10 + 5 + 2 = 17이므로 위험등급 Ⅰ
- 온도 = B + C + D = 5 + 2 + 0 = 7이므로 위험등급 Ⅲ
- 조작 = A + C + D = 10 + 2 + 0 = 12이므로 위험등급 Ⅱ
- 압력 = A + B + D = 10 + 5 + 0 = 15이므로 위험등급 Ⅱ

6-6
안정성 평가(Safety Assessment)의 기본원칙 6단계 : 관계자료의 작성준비 또는 정비(검토) – 정성적 평가 – 정량적 평가 – 안전대책 – 재해 정보에 의한 재평가 – FTA에 의한 재평가

6-7
① Other Than : 완전한 대체

정답 6-1 ④ 6-2 ① 6-3 ④ 6-4 ① 6-5 ① 6-6 ④ 6-7 ①

핵심이론 07 | 설비보전관리

① 설비보전관리의 개요
  ㉠ 기계설비는 사용하면 마모나 부식, 파손 등으로 열화 현상이 나타나며 열화의 진도는 보전(Maintenance 수리나 정비)을 행하면서 시간적으로 지연할 수 있다.
  ㉡ 설비관리의 지표 : 신뢰성, 보전성, 경제성

② 설비보전의 종류
  ㉠ 사후보전 또는 돌발보전(BM ; Breakdown Maintenance) : 고장 정지 또는 유해한 성능 저하를 초래한 뒤 수리하는 보전방법이다.
  ㉡ 예방보전(PM ; Preventive Maintenance) : 일정기간마다 실시하는 설비보전활동으로, 주기보전(TBM ; Time Based Maintenance)이라고도 한다.
  ㉢ 개량보전(CM ; Corrective Maintenance) : 설비의 개선, 개조 등으로 보다 보전성이 우수한 설비를 만들어내는 보전방법이다.
  ㉣ 예지보전(PM ; Predictive Maintenance) : 열화의 조기 발견과 고장을 미연에 방지하기 위한 보전으로, 설비수명 예지에 의한 가장 경제적인 보전시기를 결정하여 최적 조건에 의한 수명 연장을 도모한다. 상태보전(CBM ; Condition Based Maintenance)이라고도 한다.
  ㉤ 보전예방(MP ; Maintenance Prevention) : 설비보전 정보와 신기술을 기초로 신뢰성, 조작성, 보전성, 안전성, 경제성 등이 우수한 설비의 선정, 조달 또는 설계를 통하여 궁극적으로 설비의 설계, 제작단계에서 보전활동이 불필요한 체제를 목표로 하는 설비보전방법이다.
  ㉥ 일상보전(RM ; Routine Maintenance) : 설비의 열화를 방지하고 그 진행을 지연시켜 설비 수명을 연장하기 위한 설비의 점검, 청소, 주유, 교체 등을 수행하는 보전방법이다.
  ㉦ 생산보전(PM ; Productive Maintenance) : 설비 전 생애를 대상으로 생산성을 제고시키는 가장 경제적인 보전방법이다.
  ㉧ TPM(Total Productive Maintenance) : 설비를 더욱 더 효율 좋게 사용하는 것(종합적 효율화)을 목표로 하고 보전예방, 예방보전, 개량보전 등 설비의 생애에 맞는 PM의 Total System을 확립하며 설비를 계획하는 사람, 사용하는 사람, 보전하는 사람 등 모든 관계자가 Top에서부터 제일선까지 전원이 참가하

여 자주적인 소집단활동에 의해 PM을 추진하는 활동이다.
③ 설비보전조직
　㉠ 집중보전 : 보전요원이 특정관리자 밑에 상주하면서 보전활동을 실시한다.
　　• 전 공장에 대한 판단으로 중점보전이 수행될 수 있다.
　　• 분업/전문화가 진행되어 전문적인 고도의 보전기술을 갖게 된다.
　　• 직종 간의 연락이 좋고 공사관리가 쉽다.
　　• 현장감독이 곤란하다.
　　• 작업일정의 조정이 어렵다.
　㉡ 지역보전 : 특정지역에 분산·배치되어 보전확률을 실시한다.
　㉢ 부문보전 : 각 부서별·부문별로 보전요원을 배치하여 보전활동을 실시한다.
　㉣ 절충보전 : 이상의 3가지 보전방식의 장점을 절충한 방식이다.
④ 보전관리지표(보전효과 측정 평가요소)
　㉠ 평균 고장률(λ)
　　• $\lambda = \dfrac{N}{t}$
　　（여기서, N : 설비 고장건수, t : 설비 가동시간）
　　• 설비고장도수율이라고도 한다.
　㉡ MTBF(Mean Time Between Failure, 평균고장간격)
　　• 시스템, 부품 등의 고장 간 동작시간 평균치
　　• $\text{MTBF} = \dfrac{\text{총가동시간}}{\text{고장건수}} = \dfrac{1}{\lambda}$
　　（여기서, λ : 평균 고장률）
　　• MTBF 분석표 : 신뢰성과 보전성 개선을 목적으로 한 효과적인 보전기록 자료
　　• 직렬시스템의 $\text{MTBFs} = \dfrac{1}{n\lambda}$
　　（여기서, λ : 평균 고장률, n : 구성부품수）
　　• 병렬시스템의 $\text{MTBFs} = \dfrac{1}{\lambda} + \dfrac{1}{2\lambda} + \cdots + \dfrac{1}{n\lambda}$
　　（여기서, λ : 평균 고장률, n : 구성부품수）
　　• MTBF = MTTF + MTTR
　㉢ MTTF(Mean Time To Failure, 평균고장시간)
　　• 시스템, 부품 등이 고장 나기까지 동작시간의 평균치
　　• 시스템, 부품 등의 평균수명
　　• $\text{MTBF} = \dfrac{\text{총가동시간}}{\text{고장건수}}$
　　• 직렬시스템의 $\text{MTTFs} = \text{MTTF} \times \dfrac{1}{n}$
　　（여기서, n : 구성부품수）
　　• 병렬시스템의
　　　$\text{MTTFs} = \text{MTTF} \times \left(1 + \dfrac{1}{2} + \cdots + \dfrac{1}{n}\right)$
　　（여기서, n : 구성부품수）
　㉣ MTTR(Mean Time To Repair, 평균수리시간)
　　• 총수리시간을 그 기간의 수리 횟수로 나눈 시간
　　• $\text{MTTR} = \dfrac{\text{고장수리시간}}{\text{고장횟수}}$
　㉤ MTBR(Mean Time Between Repair, 작동에러평균시간) : 수리에서 수리까지의 평균시간(평균수리 간격)
　㉥ 가용도(Availability)
　　• 별칭 : 가용성, 이용률, 설비의 가동성
　　• 일정기간에 시스템이 고장 없이 가동될 확률
　　• $A = \dfrac{\text{MTTF}}{\text{MTTF} + \text{MTTR}}$
　　　　$= \dfrac{\text{MTBF}}{\text{MTBF} + \text{MTTR}} = \dfrac{\text{MTTF}}{\text{MTBF}}$
　　（여기서, A : 가용도）
　　• $A = \dfrac{\mu}{\lambda + \mu}$
　　（여기서, μ : 평균수리율, λ : 평균고장률）
　㉦ 제품단위당 보전비 $= \dfrac{\text{총보전비}}{\text{제품수량}}$
　㉧ 운전 1시간당 보전비 $= \dfrac{\text{총보전비}}{\text{설비운전시간}}$
　㉨ 계획공사율 $= \dfrac{\text{계획공사공수}}{\text{전체 공수}}$
　㉩ 설비종합효율 = 시간가동률 × 성능가동률 × 양품률
　　• 시간가동률 = (부하시간 − 정지시간)/부하시간
　　• 성능가동률 = 속도가동률 × 정미가동률
　　• 정미가동률 = (생산량 × 기준주기시간)/(부하시간 − 정지시간)
　　• 양품률 = 양품수량/전체 생산량

⑤ TPM
  ㉠ TPM 중점활동
    • 5가지 기둥(기본활동) : 설비효율화 개별개선활동, 자주보전활동, 계획보전활동, 교육훈련활동, 설비 초기관리활동
      – 자주보전활동 : 작업자 본인이 직접 운전하는 설비의 마모율 저하를 위하여 설비의 윤활관리를 일상에서 직접 행하는 활동
    • 8대 중점활동 : 5가지 기둥(기본활동) + 품질보전활동, 관리부문효율화활동, 안전·위생·환경관리활동
  ㉡ 자주보전 7단계
    • 1단계 초기청소 : 설비 본체를 중심으로 하는 먼지 더러움을 완전히 없앤다.
    • 2단계 발생원, 곤란부위대책 수립 : 먼지, 더러움의 발생원 비산방지나 청소 급유의 곤란 부위를 개선하고 청소 급유의 시간 단축을 도모한다.
    • 3단계 청소·급유·점검기준의 작성 : 단시간으로 청소·급유·더 조이기를 확실히 할 수 있도록 행동기준을 작성한다.
    • 4단계 총점검 : 점검매뉴얼에 의한 점검기능교육과 총점검 실시에 의한 설비 미흡의 적출과 복원을 한다.
    • 5단계 자주점검 : 자주점검 체크시트의 작성 실시로 오퍼레이션의 신뢰성을 향상시킨다.
    • 6단계 정리정돈 : 자주보전의 시스템화, 즉 각종 현장관리항목의 표준화실시, 작업의 효율화, 품질 안전의 확보를 꾀한다.
    • 7단계 자주관리의 확립 : MTBF 분석기록을 확실하게 해석하여 설비개선을 꾀한다.
⑥ 설비개선활동
  ㉠ 개선의 ECRS의 원칙
    • Eliminate(제거)
    • Combine(결합)
    • Rearrange(재조정)
    • Simplify(단순화)
  ㉡ Fail Operational
    • 설비 및 기계장치의 일부가 고장 난 경우 기능의 저하를 가져오더라도 전체 기능은 정지하지 않고 다음 정기점검 시까지 운전이 가능하도록 하는 방법

  • 적용 예 : 부품에 고장이 있더라도 플레이너 공작기계를 가장 안전하게 운전할 수 있는 방법으로 활용
㉢ Fool Proofing System : 휴먼에러방지시스템

10년간 자주 출제된 문제

7-1. 기업에서 보전효과 측정을 위해 일반적으로 사용되는 평가요소를 잘못 나타낸 것은?

① 제품단위당 보전비 = 총보전비/제품수량
② 설비고장도수율 = 설비가동시간/설비고장건수
③ 계획공사율 = 계획공사공수(工數)/전공수(全工數)
④ 운전 1시간당 보전비 = 총보건비/설비운전시간

7-2. 한 대의 기계를 100시간 동안 연속 사용한 경우 6회의 고장이 발생하였고, 이때의 총고장 수리시간이 15시간이었다. 이 기계의 MTBF(Mean Time Between Failure)는 약 얼마인가?

① 2.51
② 14.17
③ 15.25
④ 16.67

7-3. 한 화학공장에는 24개의 공정제어회로가 있으며, 4,000시간의 공정 가동 중 이 회로에는 14번의 고장이 발생하였고 고장이 발생하였을 때마다 회로는 즉시 교체되었다. 이 회로의 평균고장시간(MTTF)은 약 얼마인가?

① 6,857시간
② 7,571시간
③ 8,240시간
④ 9,800시간

|해설|

7-1
설비고장도수율 = 설비고장건수/설비가동시간

7-2
$$\text{MTBF} = \frac{\text{총가동시간}}{\text{고장건수}} = \frac{100-15}{6} \simeq 14.17$$

7-3
$$\text{MTBF} = \frac{\text{총가동시간}}{\text{고장건수}} = \frac{24 \times 4,000}{14} \simeq 6,857 \text{시간}$$

정답 7-1 ② 7-2 ② 7-3 ①

CHAPTER 04 건설시공학

제1절 시공 일반

핵심이론 01 시공 일반의 개요

① 건축시공관리의 기본
  ㉠ 현대 건축시공의 변화에 따른 특징
    • 인공지능빌딩의 출현
    • 건설시공법의 건식화
    • 도심지 지하 심층화에 따른 신기술 발달
    • 건축 구성재 및 부품의 PC화·규격화
  ㉡ 시공의 관리요소
    • 3대 요소 : 원가관리, 공정관리, 품질관리
    • 4대 요소 : 3대 요소 + 안전관리
    • 5대 요소 : 4대 요소 + 환경관리
    • 6대 요소 : 5대 요소 + 기상관리
  ㉢ 착공단계에서의 공사계획을 수립할 때 우선 고려해야 하는 사항
    • 현장 직원의 조직 편성
    • 예정공정표의 작성
    • 실행예산 편성
  ㉣ 관리자·감리자의 업무
    • 공사 착공단계에서 현장관리자가 계획해야 할 일 : 현장인원 편성, 가설물 설치계획, 공정표 작성
    • 공사감리자 업무 : 공정 및 기성고 산정, 설계 변경사항 검토, 시공계획·공정표의 검토 승인
    • 현장감독원과 감리자가 사전에 협의해야 하는 사항
      - 원척도의 작성
      - 재료의 반입 및 반출검사
      - 공사현장의 재해방지
  ㉤ 일반적인 공사의 시공속도
    • 시공속도를 느리게 할수록 직접비는 감소된다.
    • 시공속도를 빠르게 할수록 간접비는 감소된다.
    • 급속공사를 강행할수록 품질은 나빠진다.
    • 시공속도는 간접비와 직접비의 합이 최소가 되도록 하는 것이 가장 적절하다.

  ㉥ 비산먼지 발생사업 신고 적용대상 규모기준
    • 건축물 축조공사로 연면적 1,000[m^2] 이상
    • 굴정공사로 총연장 200[m] 이상 또는 굴착토사량 200[m^3] 이상
    • 토목공사로 구조물 용적합계 1,000[m^3] 이상, 공사면적 1,000[m^2] 이상 또는 총연장 200[m] 이상
    • 조경공사로 면적 합계 5,000[m^2] 이상
    • 지반조성공사 중 건축물해체공사로 연면적 3,000[m^2] 이상
    • 토공사 및 정지공사로 공사면적 합계 1,000[m^2] 이상(농지 정리를 위한 공사의 경우는 제외)
  ㉦ 건축물의 지하공사에서의 계측관리
    • 계측관리의 목적은 위험의 징후를 발견하는 것이다.
    • 계측관리의 중점관리사항으로 흙막이 변위에 따른 배면지반의 침하가 있다.
    • 계측관리는 인적이 많고 위험이 우려되는 곳에 설치하여 주기적으로 실시한다.
    • 일일 점검항목으로는 흙막이 벽체, 주변 지반, 지하수위 및 배수량 등이 있다.
  ㉧ 가치공학(Value Engineering)
    • 가치 공식 : 기능/비용
    • 가치공학적 사고방식
      - 고정관념 제거
      - 기능 중심의 사고
      - 사용자 중심의 사고
      - 생애비용을 고려한 최소의 총비용
      - 팀 설계의 조직적 노력(집단사고)
  ㉨ 공사계약 중 재계약 조건
    • 설계도면 및 시방서(Specification)의 중대결함 및 오류에 기인한 경우
    • 계약상 현장조건 및 시공조건이 다른 경우
    • 계약사항에 중대한 변경이 있는 경우
  ㉩ 건설공사에서 발생하는 클레임 유형
    • 계약문서의 결함에 따른 클레임
    • 현장조건 변경에 따른 클레임
    • 작업범위 관련 클레임

- 공사 지연에 의한 클레임
㉠ 시공 일반 관련 제반사항
  - 건축시공의 현대화 방안 중 3S System : 작업의 단순화, 작업의 표준화, 작업의 전문화
  - 생산수단 5M : Men(사람), Methods(방법), Materials(재료), Machines(기계), Money(자금)
  - 공사순서 : 도면 → 적산 → 견적 → 공사
  - 공사현장에서 실시하는 공무적 현장관리 : 자재관리, 노무관리, 안전관리 건축공사 기간을 결정하는 요소 중 1차적으로 가장 큰 영향을 주는 것은 건물의 규모 및 용도이다.
  - EC : 건설사업이 대규모화, 고도화, 다양화, 전문화되어감에 따라 단순 기술에 의한 시공만이 아닌 고부가가치를 추구하기 위하여 업무영역 확대를 의미한다.
  - 지하구조물의 설계시공 시 부력 대처방법 : 고정하중의 부가방법, 록-앵커(Rock Anchor)공법, 배수(Draining)공법 등
  - 공사의 도급계약에 명시하여야 할 사항(첨부서류가 아닌 계약서상 내용) : 공사내용, 공사대금액 및 대금지급일, 지급방법, 공사착수의 시기와 공사완성의 시기, 도급인에게 인도할 시기, 위약금·기타 손해배상에 관한 규정, 하자담보책임기간 및 담보방법, 분쟁의 해결방법 등

② 설계도서
  ㉠ 설계도서는 설계도면, 설계명세서, 공사시방서, 발주청이 특히 필요하다고 인정하여 요구한 부대도면과 그 밖의 관련 서류이다.
  ㉡ 설계도서의 작성요령
    - 설계도서는 누락된 부분이 없고 현장기술자들이 쉽게 이해하여 정확하게 시공할 수 있도록 상세히 작성할 것
    - 설계도서에는 관계 중앙행정기관의 장이 정한 시설물별 내진설계 기준에 따라 내진설계 내용을 구체적으로 밝힐 것
    - 공사시방서(건설공사의 계약도서에 포함된 시공기준)는 표준시방서 및 전문시방서를 기본으로 하여 작성하되, 공사의 특수성, 지역 여건, 공사방법 등을 고려하여 기본설계 및 실시설계도면에 구체적으로 표시할 수 없는 내용과 공사 수행을 위한 시공방법, 자재의 성능·규격 및 공법, 품질시험 및 검사 등 품질관리, 안전관리, 환경관리 등에 관한 사항을 기술할 것
    - 교량 등 구조물을 설계하는 경우에는 설계방법을 구체적으로 밝힐 것
    - 설계보고서에는 신기술과 기존 공법에 대하여 시공성, 경제성, 안전성, 유지관리성, 환경성 등을 종합적으로 비교·분석하여 해당 건설공사에 적용할 수 있는지를 검토한 내용을 포함시킬 것

③ 시방서(Specification) : 건설공사의 기술력 및 환경성 향상과 품질 확보를 위해 일반적으로 사용재료의 치수와 품질, 시공방법 및 완성품의 기술적 요구사항 등을 수록한 것으로서, 도면과 함께 시공에 필요한 주요 요소이다.
  ㉠ 시방서의 작성원칙
    - 시공자가 정확하게 시공하도록 설계자의 의도를 상세히 기술한다.
    - 공사 전반에 대한 지침을 세밀하고 간단명료하게 서술한다.
    - 재료의 성능, 성질, 품질의 허용범위 등을 명확하게 규명한다.
    - 도면과 시방서에 차이가 있을 때는 감독기술자의 지시에 따른다.
    - 공법의 정밀도와 마무리 정도를 명확하게 규정한다.
    - 시방서의 작성 순서는 공사 진행 순서와 일치하도록 하는 것이 합리적이다.
    - 규격을 모두 시방서에 기입하지는 않는다.
    - 설계도면에 표시된 내용과 중복되지 않게 작성한다.
    - 지정 고시된 신재료 또는 신기술을 적극 활용한다.
  ㉡ 시방서에 기재해야 할 사항
    - 사용 재료의 품질시험방법
    - 각 부위별 시공방법
    - 각 부위별 사용 재료의 품질
  ㉢ 국내 시방서 운영체계에 의한 시방서의 종류
    - 표준시방서
      - 각 직종에 공통으로 적용되는 공사 전반에 관해 규정한 시방서
      - 정부가 시설물의 안전 및 공사 시행의 적정성과 품질 확보 등을 위하여 시설물별로 정한 표준적인 시공기준으로서 건설공사의 발주자(이하 발주자), 건설엔지니어링사업자 또는 건축사가 공사시방서를 작성하거나 검토할 때 활용하기 위한 시공기준

- 전문시방서(특기시방서)
  - 해당 공사의 특수한 조건에 따라 표준시방서에 대하여 추가, 변경, 삭제를 규정한 시방서
  - 발주기관이 시설물별 표준시방서를 기본으로 모든 공종을 대상으로 하여 특정한 공사의 시공 또는 공사시방서의 작성에 활용하기 위한 종합적인 시공기준
- 공사시방서(특정공사용 시방서)
  - 표준시방서 또는 전문시방서를 기본으로 개별공사의 특성에 맞게 편집, 수정하여 작성한 해당 공사용 시방서
  - 표준시방서 및 전문시방서를 기본으로 하여 작성한 것으로서 공사의 특수성, 지역 여건, 공사방법 등을 고려하여 기본설계 및 실시설계도면에 구체적으로 표시할 수 없는 내용과 공사수행을 위한 시공방법, 자재의 성능, 규격 및 공법, 품질관리, 안전관리, 환경관리 등에 관한 사항을 기술한 건설공사 계약도서에 포함된 시공기준

ⓒ 사용목적에 따른 시방서의 종류 : 표준시방서, 특기시방서(전문시방서), 공사시방서, 안내시방서, 개요시방서, 자재생산업자시방서
  - 안내시방서 : 공사시방서 작성 시 참고, 지침이 되는 시방서로 가이드시방서 또는 참고시방서라고도 한다.
  - 개요시방서 : 설계자가 초기 사업 진행단계에서 설명용으로 작성되며 약술시방서 또는 개략시방서라고도 한다.
  - 자재생산업자시방서 : 자재의 성능 규격 및 시공방법 등 자재의 사용 및 시공지식에 관한 정보자료로 공사시방서 작성 시와 자재 구입 시 참고자료로 활용할 수 있도록 자재생산업자가 작성하는 시방서

ⓜ 내용에 따른 시방서의 종류
  - 일반시방서 : 입찰요구조건과 계약조건으로 구분되는 비기술적 사항을 표기한 시방서
  - 기술시방서 : 설계도면으로 표시할 수 없는 공사 전반에 걸친 기술적인 사항을 규정하는 시방서

ⓗ 작성방법에 따른 시방서의 종류
  - 서술시방서 : 필요한 제품이나 재료 또는 특정장비와 이에 필요한 작업방법을 자세히 서술하는 시방서이다. 고유의 상품명은 사용하지 않는다.
  - 성능시방서 : 제품 자체가 아니라 제품의 성능만을 기술하고 최종결과치를 서술하는 시방서
  - 참조규격 : 자재의 성능, 규격, 시험방법에 대한 표준규격으로 안내시방서나 공사시방서 작성 시 이용된다.

ⓢ 시방서 및 설계도서가 서로 상이할 때의 우선순위
  - 설계도면과 공사시방서가 상이할 때는 공사시방서를 우선한다.
  - 설계도면과 내역서가 상이할 때는 설계도면을 우선한다.
  - 일반시방서와 전문시방서가 상이할 때는 전문시방서를 우선한다.
  - 설계도면과 상세도면이 상이할 때는 상세도면을 우선한다.

④ 적산과 견적
  ㉠ 적산(Survey) : 도면에 따라 재료의 양, 공사 인원 등을 산정하는 일련의 과정
  ㉡ 견적(Estimate) : 적산된(산정된) 재료의 양, 공사 인원수에 따라 공사금액을 산정하는 과정
    - 견적 순서 : 수량조사 → 단가 → 가격 → 집계 → 현장경비 → 일반관리비 부담 → 이윤

⑤ 건축공사 견적방법
  ㉠ 명세 견적 : 완성된 설계도면, 시방서에 준해서 정확한 물량을 산출 및 집계, 정리한 다음 공사의 실제상황에 맞는 적절한 단가를 조사한 후 명기하여 견적하는 방법
    - 발주자의 공사 예정 가격, 수주자의 공사 입찰금액, 실행예산, 설계 변경 등의 적산에 사용되며 각각의 중요한 공사비를 결정한다.
    - 가장 정확한 공사비의 산출이 가능한 견적방법이다.
    - 별칭 : 정밀 견적, 최종 견적, 상세 견적, 입찰 견적
  ㉡ 개산 견적 : 설계가 시작되기 전에 프로젝트의 실행 가능성을 알아보거나 설계의 초기단계 또는 진행단계에서 여러 설계대안의 경제성을 평가하기 위하여 수행되는 것
    - 단위기준에 의한 견적 : 단위설비별 견적, 단위면적당 견적(가장 많이 사용), 단위체적당 견적
    - 비례기준에 의한 견적 : 가격비율에 의한 견적, 수량비율에 의한 견적

⑥ 원 가
  ㉠ 건설공사 원가관리의 개요
    - 원가관리는 원가수치를 이용하여 원가 절감을 목적으로 원가 통계를 하는 것이다.

- 총원가와 순공사원가
  - 총원가는 순공사원가와 일반관리비, 이윤을 합친 것이다.
  - 공사원가는 재료비와 노무비, 경비를 합친 것이다.
- 사후원가란 건물이 완성된 뒤에 실제로 발생한 공사비이다.
- 원가 계산의 구분 : 제조원가, 공사원가, 용역원가
- 원가 계산의 비목 : 원가계산은 재료비, 노무비, 경비, 일반관리비 및 이윤으로 구분 작성한다.
- 비목별 가격 결정의 원칙
  - 재료비 = 재료량 × 단위당 가격
  - 노무비 = 노무량 × 단위당 가격
  - 경비 = 소요(소비)량 × 단위당 가격
  - 일반관리비 : 공사원가에 따른 비율[%]로 계상
  - 이윤 : 노무비, 경비, 일반관리비의 15[%] 이하로 계상

ⓒ 제조원가 : 제조과정에서 발생한 재료비, 노무비, 경비의 합계액
- 재료비 : 직접재료비, 간접재료비
  - 직접재료비 : 계약목적물의 실체를 형성하는 물품의 가치
    ⓐ 주요재료비 : 계약목적물의 기본적 구성형태를 이루는 물품의 가치
    ⓑ 부분품비 : 계약목적물에 원형대로 부착되어 그 조성 부분이 되는 매입부품·수입부품·외장재료 및 외주품의 가치(경비로 계상되는 것은 제외)
  - 간접재료비 : 계약목적물의 실체를 형성하지는 않지만, 제조에 보조적으로 소비되는 물품의 가치
    ⓐ 소모재료비 : 기계오일, 접착제, 용접가스, 장갑, 연마재 등 소모성 물품의 가치
    ⓑ 소모공구·기구·비품비 : 내용년수 1년 미만으로서 감가상각대상에서 제외되는 소모성 공구·기구·비품의 가치
    ⓒ 포장재료비 : 제품 포장에 소요되는 재료의 가치
  - 재료의 구입과정에서 해당 재료에 직접 관련되어 발생하는 운임, 보험료, 보관비 등의 부대비용은 재료비로서 계산한다. 다만, 재료 구입 후 발생되는 부대비용은 경비의 각 비목으로 계산한다.
  - 계약목적물의 제조 중에 발생되는 작업설, 부산품, 연산품 등은 그 매각액 또는 이용가치를 추산하여 재료비로부터 공제한다.
- 노무비 : 직접노무비, 간접노무비
  - 직접노무비 : 제조현장에서 계약목적물을 완성하기 위하여 직접 작업에 종사하는 종업원 및 노무자에 의하여 제공되는 노동력의 대가(기본급, 제수당, 상여금, 퇴직급여충당금 등)
  - 간접노무비 : 직접 제조작업에 종사하지는 않지만, 작업현장에서 보조작업에 종사하는 노무자, 종업원과 현장감독자 등의 기본급과 제수당, 상여금, 퇴직급여충당금의 합계액
- 경비 : 제품의 제조를 위하여 소비된 제조원가 중 재료비, 노무비를 제외한 원가로, 기업의 유지를 위한 관리활동 부문에서 발생하는 일반관리비와 구분된다(전력비, 수도광열비, 운반비, 감가상각비, 수리수선비, 특허권사용료, 기술료, 연구개발비, 시험검사비, 지급임차료, 보험료, 복리후생비, 보관비, 외주가공비, 산업안전보건관리비, 소모품비, 여비·교통비·통신비, 세금과 공과금, 폐기물처리비, 도서인쇄비, 지급수수료, 법정부담금, 그 밖의 법정경비 등).

> ■ 제조원가의 일반관리비와 이윤
> - 일반관리비 : 기업의 유지를 위한 관리활동 부문에서 발생하는 제비용으로서 제조원가에 속하지 않는 모든 영업비용 중 판매비 등을 제외한 비용(임원과 사무실직원의 급료, 제수당, 퇴직급여충당금, 복리후생비, 여비, 교통·통신비, 수도광열비, 세금과 공과금, 지급임차료, 감가상각비, 운빈비, 차량비, 경상시험연구개발비, 보험료 등)을 말하며 기업손익계산서를 기준하여 산정한다.
> - 이윤 : 영업이익(비영리법인의 경우에는 목적사업 이외의 수익사업에서 발생하는 이익)으로, 제조원가 중 노무비, 경비와 일반관리비의 합계액(이 경우 기술료 및 외주가공비는 제외)에 이윤을 25[%]를 초과하여 계상할 수 없다.

ⓒ 공사원가 : 공사시공과정에서 발생한 재료비, 노무비, 경비의 합계액
- 재료비 : 직접재료비 및 간접재료비
  - 직접재료비 : 공사목적물의 실체를 형성하는 물품의 가치
    ⓐ 주요재료비 : 공사목적물의 기본적 구성형태를 이루는 물품의 가치

- ⓑ 부분품비 : 공사목적물에 원형대로 부착되어 그 조성 부분이 되는 매입부품, 수입부품, 외장재료 및 외주품의 가치(경비로 계상되는 것을 제외)
- 간접재료비 : 공사목적물의 실체를 형성하지는 않으나 공사에 보조적으로 소비되는 물품의 가치
    - ⓐ 소모재료비 : 기계오일·접착제·용접가스·장갑 등 소모성 물품의 가치
    - ⓑ 소모공구·기구·비품비 : 내용년수 1년 미만으로서 감가상각대상에서 제외되는 소모성 공구·기구·비품의 가치
    - ⓒ 가설재료비 : 비계, 거푸집, 동바리 등 공사목적물의 실체를 형성하는 것은 아니나 동 시공을 위하여 필요한 가설재의 가치
- 노무비 : 직접노무비, 간접노무비(내용 및 산정방식은 제조원가의 경우와 동일)
- 경비 : 공사의 시공을 위하여 소요되는 공사원가 중 재료비, 노무비를 제외한 원가로, 기업의 유지를 위한 관리활동 부문에서 발생하는 일반관리비와 구분된다(전력비, 수도광열비, 운반비, 기계경비, 특허권사용료, 기술료, 연구개발비, 품질관리비, 가설비, 지급임차료, 보험료, 복리후생비, 보관비, 외주가공비, 산업안전보건관리비, 소모품비, 여비·교통비·통신비, 세금과 공과금, 폐기물처리비, 도서인쇄비, 지급수수료, 환경보전비, 보상비, 안전관리비, 건설근로자퇴직공제부금비, 관급자재 관리비, 법정부담금, 그 밖의 법정경비(위에서 열거한 항목 외에 법령에 따라 의무적으로 지급해야 하는 경비)

■ 일반관리비와 이윤
- 일반관리비 : 제조원가와 동일하나, 다음과 같이 공사규모별로 체감 적용한다.

종합공사		전문, 전기, 정보통신, 소방공사 및 그 밖의 공사	
공사원가	일반관리비율[%]	공사원가	일반관리비율[%]
50억원 미만	6.0	5억원 미만	6.0
50억원 이상~300억원 미만	5.5	5억원 이상~30억원 미만	5.5
300억원 이상	5.0	30억원 이상	5.0

- 이윤 : 영업이익으로 공사원가 중 노무비, 경비와 일반관리비의 합계액(이 경우 기술료 및 외주가공비는 제외)에 이윤율 15[%]를 초과하여 계상할 수 없다.

ⓔ 용역원가 : 노무비(인건비), 경비, 일반관리비 등으로 구분 작성
ⓜ 실적공사비에 의한 예정 가격 : 직접공사비, 간접공사비, 일반관리비, 이윤, 공사손해보험료 및 부가가치세의 합계액
- 직접공사비 : 계약목적물의 시공에 직접적으로 소요되는 비용이며 재료비, 직접노무비, 직접공사경비 등으로 구분된다.
    - 재료비 : 계약목적물의 실체를 형성하거나 보조적으로 소비되는 물품의 가치
    - 직접노무비 : 공사현장에서 계약목적물을 완성하기 위하여 직접작업에 종사하는 종업원과 노무자의 기본급과 제수당, 상여금 및 퇴직급여충당금의 합계액
    - 직접공사경비 : 공사의 시공을 위하여 소요되는 기계경비, 운반비, 전력비, 가설비, 지급임차료, 보관비, 외주가공비, 특허권 사용료, 기술료, 보상비, 연구개발비, 품질관리비, 폐기물처리비 및 안전점검비
- 간접공사비 : 공사의 시공을 위하여 공통적으로 소요되는 법정경비 및 기타 부수적인 비용이며 간접노무비, 산재보험료, 고용보험료, 국민건강보험료, 국민연금보험료, 건설근로자퇴직공제부금비, 안전관리비, 환경보전비, 기타 관련 법령에 규정되어 있거나 의무가 지워진 경비로서 공사원가계산에 반영토록 명시된 법정경비, 기타간접공사경비(수도광열비, 복리후생비, 소모품비, 여비, 교통비, 통신비, 세금과공과, 도서인쇄비 및 지급수수료) 등이 이에 해당된다.

- 일반관리비 : 기업의 유지를 위한 관리활동 부문에서 발생하는 제비용이며 직접공사비와 간접공사비의 합계액에 일반관리 비율을 곱하여 계산한다. 다만, 일반관리 비율은 공사 규모별로 다음과 같이 정한 비율을 초과할 수 없다.

종합공사		전문, 전기, 정보통신, 소방공사 및 그 밖의 공사	
직접공사비 + 간접공사비	일반관리 비율[%]	직접공사비 + 간접공사비	일반관리 비율[%]
50억원 미만	6.0	5억원 미만	6.02
50억원 이상~ 300억원 미만	5.5	5억원 이상~ 30억원 미만	5.5
300억원 이상	5.0	30억원 이상	5.0

- 이윤 : 영업이익으로 직접공사비, 간접공사비 및 일반관리비의 합계액에 이윤율을 곱하여 계산한다. 다만, 이윤율은 10[%]를 초과할 수 없다.
- 공사손해보험료 : 공사손해보험 가입비용
- 부가가치세의 합계액

⑦ QC 7가지 도구(시공의 품질관리를 위한 7가지 도구)
  ㉠ 파레토 차트(Pareto Chart) : 해결해야 할 품질문제를 발견하고 어떤 문제부터 해결할 것인가를 결정하기 위해 가로축을 따라 요인들의 발생 빈도를 내림차순으로 표시한 막대그래프로, 주요 불량항목의 파악에 사용된다. 이탈리아의 경제학자 알프레도 파레토(Alfred Pareto)의 이름을 딴 파레토 치트는 조셉 쥬란(Joseph Juran)에 의해 처음으로 품질관리 분야에 적용되었다. 문제의 원인은 '사소한 다수(Trivial Many)'와 '중요한 소수(Vital Few)'로 분류할 수 있다. 중요한 20[%]의 원인이 전체 문제의 80[%]를 발생시키기 때문에, 특히 '20 : 80의 법칙'이라고도 한다.
  ㉡ 특성요인도(원인결과도표, Fishbone Diagram, 물고기 뼈 그림 또는 어골도, 이시카와 다이어그램, 인과관계도표) : 일의 결과(특성)와 그것에 영향을 미치는 원인(요인)을 계통적으로 정리한 그림이다. 특성에 대하여 어떤 요인이 어떤 관계로 영향을 미치고 있는지 명확히 하여 원인 규명을 쉽게 할 수 있도록 하는 기법이다. 불량원인을 찾아내는 데 유용하다. 회의기법으로 브레인스토밍을 많이 활용한다.
  ㉢ 체크시트 : 종류별로 데이터를 취하거나, 확인단계에서 누락, 오류 등을 없애기 위해 간단히 체크해서 결과를 쉽게 알 수 있도록 만든 도표이다.
  ㉣ 히스토그램 : 분산이나 분포형태를 쉽게 볼 수 있도록 데이터를 도식화한 도표이다.
  ㉤ 산점도 : 특성(결과)과 요인(원인)의 관계를 규명하고 관계를 시각적으로 표현하는 기법으로, 주로 문제해결을 위한 사전 원인조사 단계에서 G사용한다.
  ㉥ 층별(Stratification) : 집단을 구성하고 있는 문제(데이터)를 어떤 특징에 따라 몇 개의 그룹으로 구분하여, 품질에 대한 영향 정도를 파악하는 기법이다(층별 대신 관리도를 QC 7가지 도구에 포함시키기도 함).
  ㉦ 그래프 : 데이터를 도형으로 나타내어 수량의 크기를 비교하거나 수량의 변화 형태를 알기 쉽게 나타낸 그림이다.
    - 막대그래프 : 양의 크기를 막대의 길이로 표현한 것으로서 수량의 상대적 크기를 비교할 때 자주 사용된다. 시간적인 변화를 나타내는 데는 적합하지 않지만, 어느 특정 시점에서의 수량을 상호 비교하고자 할 경우에 사용하면 좋다.
    - 꺾은선그래프 : 가로축에 시간, 세로축에 수량을 잡고, 데이터를 차례로 타점하고 그것을 꺾은선으로 이은 그래프이다.
    - 원그래프 : 원그래프는 원 전체를 100[%]로 보고 각 부분의 비율을 원의 부채꼴 면적으로 표현한 그래프이다. 전체와 부분, 부분과 부분의 비율을 볼 때 사용한다. 원그래프에서 항목은 일반적으로 시계방향에 따라 크기순으로 배열한다.
    - 띠그래프 : 시간의 경과에 따른 구성비율의 변화를 쉽게 볼 수 있도록 해 주는 그래프이다. 원리는 원그래프와 같지만 전체를 가느다란 직사각형의 띠로 나타내고, 띠(직사각형)의 면적을 각 항목의 구성비율에 따라 구분한다.
    - 레이더 차트 : 평가항목이 여러 개일 경우 항목수에 따라 원을 같은 간격으로 나누고, 그 선 위에 점을 찍고 그 점을 이어 항목별 균형을 한눈에 볼 수 있도록 해 주는 그래프이다.
  ㉧ 관리도 : 재해 발생 건수 등의 추이를 파악하여 목표관리를 행하는 데 필요한 월별 재해 발생건수를 그래프화 하여 관리선을 설정·관리하는 통계분석방법이다(관리도 대신 층별을 QC 7가지 도구에 포함시키기도 함).

10년간 자주 출제된 문제

1-1. 현대 건축시공의 변화에 따른 특징과 거리가 먼 것은?
① 인공지능빌딩의 출현
② 건설시공법의 습식화
③ 도심지 지하 심층화에 따른 신기술 발달
④ 건축 구성재 및 부품의 PC화·규격화

1-2. 공사 중 시방서 및 설계도서가 서로 상이할 때의 우선순위에 관한 설명으로 옳지 않은 것은?
① 설계도면과 공사시방서가 상이할 때는 설계도면을 우선한다.
② 설계도면과 내역서가 상이할 때는 설계도면을 우선한다.
③ 일반시방서와 전문시방서가 상이할 때는 전문시방서를 우선한다.
④ 설계도면과 상세도면이 상이할 때는 상세도면을 우선한다.

1-3. 다음의 건설공사 원가계산에 관한 설명 중 잘못 기술한 것은 어느 것인가?
① 노무비는 크게 직접노무비와 간접노무비로 나눈다.
② 재료비는 공사목적물의 실체를 형성하는 것만을 말하며 직접재료비, 가설재료비, 간접재료비로 나눈다.
③ 직접노무비는 작업에 종사하는 종업원, 노무자의 기본급, 제수당, 퇴직급여 등이 포함된다.
④ 공사원가란 시공과정에서 필요한 재료비, 노무비, 경비의 합계액이다.

1-4. 시공의 품질관리를 위하여 사용하는 통계적 도구가 아닌 것은?
① 작업표준   ② 파레토도
③ 관리도   ④ 산포도

해설

1-1
건설 시공법의 건식화

1-2
설계도면과 공사시방서가 서로 상이할 경우 설계도면과 공사시방서 중 최선의 공사시공을 위하여 우선되어야 할 내용으로 설계도면 또는 공사시방서를 확정한 후 그 확정된 내용에 따라 물량내역서를 일치시킨다.

1-3
공사목적물의 실체를 형성하는 것은 직접재료비이다.

1-4
품질관리 통계적 도구 : 파레토도, 특성요인도, 도수분포도, 관리도, 특성요인도, 체크시트, 산포도, 층별

정답 1-1 ② 1-2 ① 1-3 ② 1-4 ①

핵심이론 02 | 공사발주방식

① 공사발주방식의 개요
  ㉠ 일반적인 입찰의 순서 : 입찰 공고 → 설계도서 배부 → 현장 설명 및 질의응답 → 적산 및 견적기간 → 입찰 등록 → 입찰 → 개찰 → 낙찰 → 계약
  ㉡ 건설공사의 입찰 및 계약의 순서 : 입찰 통지 → 현장 설명 → 입찰 → 개찰 → 낙찰 → 계약
  ㉢ 부대입찰제도
    • 발주자가 입찰자로 하여금 입찰내역서상에 동 입찰 금액을 구성하는 공사 중 하도급할 공종, 하도급금액 등 하도급에 관한 사항을 기재하여 입찰서와 함께 제출하도록 하는 제도
    • 건설업계의 하도급 계열화를 촉진하고 불공정 하도급 거래를 예방하고자 운영되는 제도
  ㉣ 공개경쟁입찰제도
    • 일반업자에게 균등한 기회를 준다.
    • 응찰자가 많으므로 담합의 소지가 작다.
    • 경쟁으로 인한 공사비가 절감된다.
    • 입찰 참가자가 많아지면 사무가 번잡하고 경비가 많이 든다.
    • 부적격업자에게 낙찰될 우려가 있다.
  ㉤ 제한적 최저가 낙찰제 : 예정 가격 대비 85[%] 이상 입찰자 중 가장 낮은 금액으로 입찰한 자를 선정하는 방식으로, 최저가 낙찰자를 통한 덤핑의 우려를 방지할 목적을 지니고 있다.
  ㉥ 특명입찰 : 건축주가 시공회사의 신용, 자산, 공사경력, 보유기술 등을 고려하여 그 공사에 가장 적격한 단일 업체에게 입찰시키는 방법이다.
  ㉦ CM 제도
    • 대리인형 CM(CM for Fee) 방식
      - 프로젝트 전반에 걸쳐 발주자의 컨설턴트 역할을 수행한다.
      - 독립된 공종별 수급자는 대리인과 공사계약을 한다.
    • 시공자형 CM(CM at Risk) 방식
      - 공사관리자의 능력에 의해 사업의 성패가 좌우된다.
      - CM조직이 직접 공사를 수행하기도 한다.
  ㉧ 공사계약 방식의 분류
    • 공사실시 방식에 따른 종류 : 직영공사 방식, 분할도급 방식, 공동도급 방식, 턴키도급 방식, CM 방식, 파트너링 방식, 일식도급 방식, PM 방식 등
    • 대가지급 방식에 따른 종류 : 정액도급 방식, 단가도급 방식, BOT 방식, 실비정산 보수가산도급 방식, 설비한정비율 보수가산 방식, 장기계속계약 방식 등

② 공사방식의 종류
  ㉠ 직영공사
    • 입찰이나 계약 등 복잡한 수속이 필요 없다.
    • 특수한 상황에 비교적 신속하게 대처할 수 있다.
    • 수속이 줄어들고 임기응변처리가 가능하다.
    • 직영으로 운영하므로 공사비가 증가될 수 있다.
    • 의사소통이 원활하지 않아 공사기간이 지연될 수 있다.
    • 적합한 공사 : 공사 중 설계 변경이 빈번한 공사, 아주 중요한 시설물공사, 군 비밀상 부득이한 공사, 공사현장관리가 비교적 복잡하지 않은 공사 등
  ㉡ 공동도급방식(Joint Venture Contract) : 1개의 회사가 단독으로 도급을 수행하기에는 규모가 클 경우 또는 복수 공사일 때 2개 이상의 회사가 임시로 결합하여 연대 책임으로 공사를 하고 공사 완성 후 해산하는 방식이다.
    • 2인 이상의 도급자가 공동으로 기업체를 만들기 때문에 자금 부담이 경감된다.
    • 기술, 자본 및 위험부담 등을 분산시킬 수 있다.
    • 공사수급의 경쟁완화수단이 된다.
    • 각 회사의 상호신뢰와 협조로써 긍정적인 효과를 거둘 수 있다.
    • 기술·자본·융자력·신용도 등이 증대된다.
    • 공사 진행이 수월하다.
    • 신기술 및 신공법을 적용할 경우 상호 기술의 확충 및 새로운 경험을 얻을 수 있다.
    • 기술의 확충, 강화 및 경험의 증대효과를 얻을 수 있다.
    • 정밀시공이 가능하다.
    • 주문자로서는 시공의 확실성을 기대할 수 있다(시공이 확실).
    • 공사비가 많이 든다.

- 공동도급 구성원 상호 간에 이해충돌이 발생할 수 있으며 현장관리가 용이하지 않다.
- 문제 발생 시 책임 소재가 명확하지 않을 수 있다.

ⓒ 분할도급 발주방식
- 공구별 분할도급 : 대규모 공사 시 한 현장 안에서 여러 지역별로 공사를 분리하여 발주하는 방식
  - 각 공구마다 총괄도급으로 하는 것이 보통이다.
  - 중소업자에게 균등한 기회를 주고 업자 상호 간의 경쟁으로 공사기일 단축, 시공기술 향상 및 공사의 높은 성과를 기대할 수 있어 유리하다.
  - 지하철공사, 고속도로공사 및 대규모 아파트단지 등의 공사에 채용하면 가장 효과적이다.
- 공정별 분할도급 : 후속공사를 다른 업자로 바꾸거나 후속공사 금액의 결정이 용이하지 않다.
- 직종별, 공종별 분할도급 : 전문직종으로 분할하여 도급을 주는 것으로 건축주의 의도를 철저하게 반영시킬 수 있다.
- 전문공종별 분할도급 : 전문공종으로 분할하여 도급을 주는 것으로 건축주의 의도를 철저하게 반영시킬 수 있다. 설비업자의 자본, 기술이 강화되어 능률이 향상된다.

ⓓ CM 방식(공사관리계약 방식, Construction Management Contract)
- 시공 시 단계별 시공법을 적용할 수 있어 설계 및 시공 기간을 단축할 수 있다.
- 설계과정에서 설계가 시공에 미치는 영향을 예측할 수 있어 설계도서의 현실성을 향상시킬 수 있다.
- 설계자와 시공자 사이의 마찰을 감소시킬 수 있다.
- 기획 및 설계과정에서 발주자와 설계자 간의 의견 대립 없이 설계대안 및 특수공법의 적용이 가능하다.
- 시공자의 의견이 설계 전 과정에 걸쳐 충분히 반영될 수 없다.

ⓔ BOT방식(Build-Operate-Transfer contract) : 도급자가 자금을 조달하고 설계, 엔지니어링, 시공의 전부를 도급받아 시설물을 완성하고 그 시설을 일정 기간 운영하는 것으로, 운영 수입으로부터 투자자금을 회수한 후 발주자에게 그 시설을 인도하는 방식
- 사회간접자본(SOC ; Social Overhead Capital)의 민간투자 유치에 많이 이용되고 있다.
- 수입을 수반한 공공 또는 공익프로젝트(유료도로, 도시철도, 발전소 등)에 많이 이용한다.

ⓕ 실비정산보수가산도급(Cost Plus Fee Contract) : 설계도와 시방서가 명확하지 않거나, 설계는 명확하지만 공사비 총액을 산출하기 곤란하고 발주자가 양질의 공사를 기대할 때에 채택될 수 있는 가장 타당한 방식
- 복잡한 변경이 예상되는 공사나 긴급을 요하는 공사로서 설계도서의 완성을 기다리지 않고 착공하는 경우에 적합하다.
- 설계와 시공의 중첩이 가능한 단계별 시공이 가능하게 되어 공사기간을 단축할 수 있다.
- 설계 변경 및 공사 중 발생되는 돌발상황에 적절히 대처할 수 있다.
- 발주자의 위험성이 증가되고 행정적인 절차가 증가된다.

ⓖ 설계시공일괄입찰도급(턴키도급, Turn-key Base) : 주문받은 건설업자가 대상 계획의 기업, 금융, 토지조달, 설계, 시공 등을 포괄하는 도급계약방식(주문자가 필요로 하는 모든 것을 조달하여 주문자에게 인도하는 방식)
- 책임 소재를 일원화할 수 있다.
- 공사기간을 단축할 수 있다.
- 공사비를 절감할 수 있다.
- 입찰업체들의 과당경쟁이 나타난다.
- 턴키 수주자들의 이익이 감소될 수 있다.
- 입찰 참여업체가 제한될 수 있고 참여업체 간 담합 가능성이 생길 수 있다.

ⓗ 파트너링(Partnering) 방식 : 발주자가 직접 설계와 시공에 참여하고 프로젝트 관련자들이 상호 신뢰를 바탕으로 팀을 구성해서 프로젝트의 성공과 상호 이익 확보를 공동 목표로 하여 프로젝트를 추진하는 공사수행 방식

ⓘ 실비한정비율 보수가산식 : 실비에 제한을 붙이고 시공자에게 제한된 금액 이내에 공사를 완성할 책임을 주는 공사방식

ⓙ 장기계속 계약방식 : 총공사금액을 부기(附記)한 뒤 해당연도 예산범위 내에서 차수별로 계약을 체결하여 수년에 걸쳐서 공사를 이행하는 계약방식

ⓒ 일식도급 : 한 공사를 전부 도급자에게 맡겨 재료, 노무, 현장시공업무 일체를 일괄하여 시행시키는 방법으로, 공사비가 확정되고 책임한계가 명료하며, 공사관리가 용이하다.

ⓔ PM방식(Project Management) : 건설프로젝트의 기획·설계·시공·감리·분양·유지관리 등 프로젝트의 초기 단계에서부터 최종 단계에 이르기까지의 사업전반에 대해 발주자의 입장에서 건설관리업무의 전부 또는 일부를 수행하는 방식

10년간 자주 출제된 문제

2-1. 도급업자의 선정방식 중 공개경쟁입찰에 대한 설명으로 틀린 것은?

① 입찰 참가자가 많아지면 사무가 번잡하고 경비가 많이 든다.
② 부적격업자에게 낙찰될 우려가 없다.
③ 담합의 우려가 작다.
④ 경쟁으로 인해 공사비가 절감된다.

2-2. 분할도급 발주방식 중 지하철공사, 고속도로공사 및 대규모 아파트단지 등의 공사에 채용하면 가장 효과적인 것은?

① 직종별 공종별 분할도급
② 공정별 분할도급
③ 공구별 분할도급
④ 전문공종별 분할도급

2-3. 다음 중 공사관리계약(Construction Management Contract) 방식의 장점이 아닌 것은?

① 시공 시 단계별 시공법을 적용할 수 있어 설계 및 시공기간을 단축할 수 있다.
② 설계과정에서 설계가 시공에 미치는 영향을 예측할 수 있어 설계도서의 현실성을 향상시킬 수 있다.
③ 기획 및 설계과정에서 발주자와 설계자 간의 의견 대립 없이 설계대안 및 특수공법의 적용이 가능하다.
④ 시공자의 의견이 설계 전 과정에 걸쳐 충분히 반영될 수 있다.

2-4. 공동도급방식의 장점에 관한 설명으로 옳지 않은 것은?

① 각 회사의 상호 신뢰와 협조로써 긍정적인 효과를 거둘 수 있다.
② 공사의 진행이 수월하며 위험부담이 분산된다.
③ 기술의 확충, 강화 및 경험의 증대효과를 얻을 수 있다.
④ 시공이 우수하고 공사비를 절약할 수 있다.

2-5. 다음 각 도급공사에 관한 설명으로 옳지 않은 것은?

① 분할도급은 전문공종별, 공정별, 공구별 분할도급으로 나눌 수 있으며, 이 경우 재료는 건축주가 직접 조달하여 지급하고 노무만 도급하는 것이다.
② 공동도급이란 대규모 공사에 대하여 여러 개의 건설회사가 공동 출자 기업체를 조직하여 도급하는 방식이다.
③ 공구별 분할도급은 대규모 공사에서 지역별로 분리하여 발주하는 방식이다.
④ 일식도급은 한 공사를 전부 도급자에게 맡겨 재료, 노무, 현장시공업무 일체를 일괄하여 시행시키는 방법이다.

|해설|

2-1
공개경쟁입찰은 부적격업자에게 낙찰될 우려가 있다.

2-2
① 직종별 공종별 분할도급 : 전문직종이나 각 공종별로 분할하여 발주하는 방법이다.
② 공정별 분할도급 : 시공을 과정별로 나누어 도급을 주는 방식으로, 분할적으로 발주가 가능하다.
④ 전문공종별 분할도급 : 전기나 기계 등 전문적인 공사를 분할하여 전문업자에게 발주하는 방법으로 질과 능률이 향상된다.

2-3
공사관리계약방식은 시공자의 의견이 설계 전 과정에 걸쳐 충분히 반영될 수 없다.

2-4
공급도급방식은 시공이 확실하지만 공사비가 많이 든다.

2-5
분할도급은 전문공종별, 공정별, 공구별 분할도급으로 나눌 수 있으며 재료와 노무를 모두 도급한다.

정답 2-1 ② 2-2 ③ 2-3 ④ 2-4 ④ 2-5 ①

핵심이론 03 | 공사계획

① 공사계획의 개요
  ㉠ 시공계획의 순서 : 계약조건 확인 → 설계도서 파악 → 현지조사 → 주요 수량 파악 → 시공계획 입안
  ㉡ 건축시공계획 수립에 있어 우선순위에 따른 고려사항(건설공사의 시공계획 수립 시 작성해야 할 사항)
    • 현장관리조직 계획 수립
    • 공종별 재료량 및 품셈
    • (상세) 공정표 작성
    • 실행예산의 편성 및 조정
    • 노무, 기계재료 등의 조달, 사용계획에 따른 수송계획 수립
    • 재해방지대책(계획)
  ㉢ 건설현장 개설 후 공사 착공을 위한 공사계획 수립 순서
    • 현장 투입 직원 조직 편성
    • 공정표 작성
    • 실행예산의 편성 및 통제계획
    • 하도급업체 선정(건설현장 개설 후 공사 착공을 위한 공사계획 수립 시 가장 먼저 해야 할 사항은 현장 투입 직원 조직 편성이다)
  ㉣ 착공을 위한 공사계획에 필요한 사항
    • 설계도면, 공사시방서 숙지
    • 현장 여건 조사
    • 공사의 특성과 공종별 공사 수량 파악
    • 공정표 작성
    • 실행예산의 편성 및 통제계획
    • 하도급업체 선정
  ㉤ 철근 콘크리트 공사의 일정계획에 영향을 주는 주요 요인
    • 건축물의 규모
    • 요구 품질 및 정밀도 수준
    • 거푸집의 존치기간 및 전용 횟수
    • 강우, 강설, 바람 등의 기후조건
  ㉥ LOB(Line Of Balance) 기법 : 반복작업에서 각 작업조의 생산성을 유지시키면서 그 생산성을 기울기로 하는 직선으로 각 반복작업의 진행을 표시하여 전체 공사를 도식화하는 기법

② 프로젝트 일정관리
  ㉠ 간트차트(Gantt Chart) : 생산계획, 작업계획과 실제 작업량을 작업일정에, 시간을 작업표시판에 가로 막대선으로 표시하는 전통적인 일정관리기법(계획과 통제기능을 동시 수행)
    • 일정계획의 변경에 융통성 내지는 탄력성이 작다.
    • 작업의 계획과 실적 내지는 결과를 명확히 파악할 수 있다.
    • 작업장별로 작업의 성과를 파악 및 비교할 수 있다.
    • 사용이 간편하고 비용이 적게 든다.
  ㉡ PERT/CPM
    • 변화에 대한 신속한 대책 수립이 가능하다.
    • 비용과 관련된 최적안 선택이 가능하다.
    • 작업 선후 관계가 명확하고 책임 소재 파악이 쉽다.
    • 주 공정(Critical Path)에 의해서 공정 우선순위를 쉽게 파악할 수 있다.
    • PERT와 CPM의 비교

PERT	• 미국 NASA에서 Time을 위주로 개발하였다. • 간트도표의 단점을 보완한 기법이다. • 활동시간이 확률적인 경우에 사용한다. • 활동의 소요시간은 베타분포를 따른다고 가정한다. • 3점 추정한다.
CPM	• 미국 Dupont사에서 Cost를 위주로 개발하였다. • 활동시간뿐 아니라 비용도 같이 고려한다. • 주로 활동의 소요시간을 정확히 추정할 수 있는 경우에 적합하다. • 시간 단축을 하기 위해서는 주 경로상의 활동 중 비용구배가 가장 작은 활동을 택하여 단축한다. • 1점 추정한다.

  ㉢ 네트워크 공정표
    • 네트워크 공정표의 특징
      – 공사 단축 가능 요소의 발견이 용이하다.
      – 작업 상호 간의 관련성은 알기 쉽다.
      – 개개의 작업 관련이 도시되어 있어 내용을 알기 쉽다.
      – 작성자 이외의 사람도 이해하기 쉽다.
      – 공사의 진척관리를 정확히 알 수 있다.
      – 공정계획 관리면에서 신뢰도가 높다.
      – 다른 공정표에 비해 작성시간이 많이 필요하다.
      – 작성 및 검사에 특별한 기능이 요구된다.
      – 진척관리에 있어서 특별한 연구가 필요하다.

- 네트워크 공정표의 용어 설명
  - Event : 작업의 결합점, 개시점 또는 종료점
  - Activity : 프로젝트를 구성하는 단위작업
  - Path : 네트워크 중 둘 이상의 작업을 잇는 경로
  - Dummy : 네트워크에서 바로 표현할 수 없는 작업 상호관계를 도시
  - 결합점 : 네트워크에서 작업과 작업 또는 더미와 더미를 결합하는 프로젝트의 개시점과 완료점
  - Slack : 결합점이 가지는 여유시간
  - Float : 작업의 여유시간
  - DF(Dependent Float) : 후속작업의 토탈 플로트에 영향을 주는 플로트
  - EST : 후속작업의 가장 빠른 개시시간
  - 자유여유(FF) : EST에 영향을 주지 않는 범위 내에서 한 작업이 가질 수 있는 여유시간
  - 전체여유(TF) : 가장 빠른 개시시간에 시작해 가장 늦은 종료시간으로 종료할 때 생기는 여유시간
  - 간섭여유(IF) 또는 종속여유(DF) : 후속작업의 가장 빠른 개시시간에는 지연을 초래하나 전체적인 공사기간을 지연시키지 않는 범위 내에서 한 작업이 가질 수 있는 여유시간이다.
    DF = TF − FF = LFT − 후속작업의 EST
- 주 공정(CP ; Critical Path) : 개시 결합 전에서 종료 결합점에 이르는 가상 긴 경로
  - TF가 0(Zero)인 작업을 주 공정작업이라 한다.
  - 총공기는 공사 착수부터 공사 완공까지의 소요시간의 합계이며, 최장시간이 소요되는 경로이다.
  - 주 공정은 고정적이거나 절대적인 것이 아니고 가변적이다.
  - 주 공정에 대한 공기단축이 가능하다.

㉣ PDM(Precedence Diagramming Method) : 선후행 도형법
- 한 공종의 작업이 하나의 숫자로 표기되고 컴퓨터에 적용하기 용이한 이점 때문에 많이 사용된다.
- 각 작업은 Node로 표기하고, 더미(Dummy Activity)의 사용이 불필요하며, 화살표는 단순히 작업의 선후관계만을 나타낸다.
- FS(Finish-to-Start), SS(Start-to-Start), FF(Finish-to-Finish), SF(Start-to-Finish) 등의 4가지 유형의 연관관계를 이용하여 각 활동(Activity)을 연결하여 공정표를 만든다. 이를 통해 각 활동의 지연시간을 계산할 수 있다.
- Node의 길이로 시간척도(Time Scale)를 표현할 수 있다.
- 복잡한 CPM 공정표 구현이 가능하다.
- 다양한 관계성(Relationship) 표기가 가능하다.
- 네트워크가 간단하고 도식적이기 때문에 네트워크의 독해가 빠르다.
- 시간척도의 표기가 어렵다.

㉤ 자원과 일정의 최적배분 : 계획공정도가 작성되고 이로부터 작업일정과 주 공정이 결정되면 그 프로젝트를 수행함에 있어 투입자원의 제약 내지 일정의 제약으로 어려울 때가 있는데 이 경우 자원 조정(자원제약)과 일정 조정(일정제약)으로 해결 가능하다.

- 최소비용에 의한 일정 단축 : 정상적인 계획(Normal Program)에 의해 수립된 공기(일정)가 계약기간보다 긴 경우나 공사가 지연되어 전체 공기의 연장이 예상되는 경우 공기단축이 불가피하다. 이런 경우는 각 활동(요소작업의 소요공기 추정치(t_e))를 재검토하고 주 공정상의 활동 병행 가능성을 검토하며 계획공정의 로직 변경 등을 우선 검토하여 공사비 증가 없이 전체 일정을 단축할 수 있는지를 검정한다.
- 최소비용 계획법(MCX ; Minimum Cost Expedition) : 주 공정상의 요소직업 중 비용 구배(Cost Slope)가 가장 낮은 요소의 작업부터 1단위 시간씩 단축해 가는 방법이다. 활동의 소요시간은 정상소요시간과 긴급 소요시간으로 구분할 수 있으며, 이에 따른 비용도 정상비용과 긴급비용이 다르게 발생된다. 이때 단위당 증가하는 비용, 즉 증분비용을 비용구배라고 한다.

• 비용구배 = $\dfrac{\text{특급비용} - \text{정상비용}}{\text{정상시간} - \text{특급시간}}$

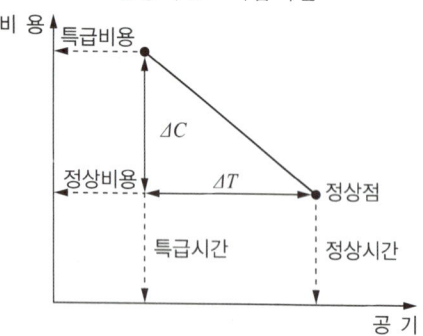

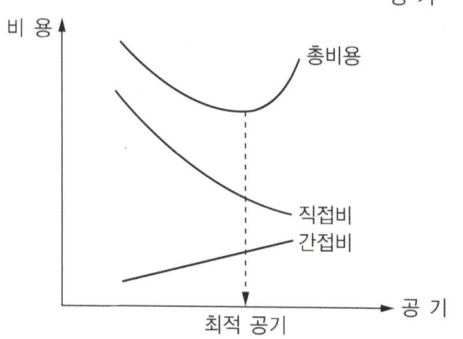

10년간 자주 출제된 문제

3-1. 건축시공계획 수립에 있어 우선순위에 따른 고려사항으로 가장 거리가 먼 것은?

① 공종별 재료량 및 품셈
② 재해방지대책
③ 공정표 작성
④ 원척도(原尺圖)의 제작

3-2. 철근 콘크리트 공사의 일정계획에 영향을 주는 주요 요인이 아닌 것은?

① 요구 품질 및 정밀도 수준
② 거푸집의 존치기간 및 전용 횟수
③ 시공상세도 작성기간
④ 강우, 강설, 바람 등의 기후조건

3-3. 네트워크 공정표의 장점이 아닌 것은?

① 개개의 작업 관련이 도시되어 있어 내용이 알기 쉽다.
② 공정계획 관리면에서 신뢰도가 높다.
③ 작성자 이외의 사람도 이해하기 쉽다.
④ 작성 및 검사에 특별한 기능이 요구된다.

3-4. 다음 중 네트워크 공정표의 단점이 아닌 것은?

① 다른 공정표에 비하여 작성시간이 많이 필요하다.
② 작성 및 검사에 특별한 기능이 요구된다.
③ 진척관리에 있어서 특별한 연구가 필요하다.
④ 개개의 작업 관련이 도시되어 있어 내용을 알기 어렵다.

3-5. 네트워크 공정표의 주 공정(Critical Path)에 관한 설명으로 옳지 않은 것은?

① TF가 0(Zero)인 작업을 주 공정작업이라 한다.
② 총공기는 공사 착수부터 공사 완공까지의 소요시간의 합계이며, 최장시간이 소요되는 경로이다.
③ 주 공정은 고정적이거나 절대적인 것이 아니고 가변적이다.
④ 주 공정에 대한 공기 단축은 불가능하다.

3-6. 다음 네트워크 공정표에서 결합점 ②에서의 가장 늦은 완료 시각은?

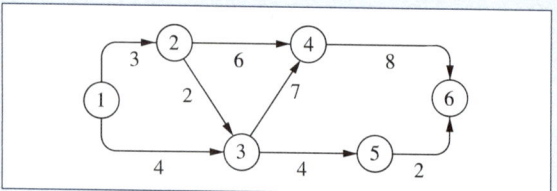

① 2
② 3
③ 4
④ 5

| 해설 |

3-1
건축시공계획 수립에 있어 우선순위에 따른 고려사항(건설공사의 시공계획 수립 시 작성할 사항)
- 현장관리조직 계획 수립
- 공종별 재료량 및 품셈
- (상세) 공정표 작성
- 실행예산의 편성 및 조정
- 노무, 기계재료 등의 조달, 사용계획에 따른 수송계획 수립

3-2
철근 콘크리트 공사의 일정계획에 영향을 주는 주요 요인
- 건축물의 규모
- 요구 품질 및 정밀도 수준
- 거푸집의 존치기간 및 전용 횟수
- 강우, 강설, 바람 등의 기후조건

3-3
작성 및 검사에 특별한 기능이 요구되는 것은 네트워크 공정표의 단점이다.

3-4
네트워크 공정표는 개개의 작업 관련이 도시되어 있어 내용을 알기 쉽다.

3-5
주 공정에 대한 공기 단축이 가능하다.

3-6
- 주 공정선 : ① → ② → ③ → ④ → ⑥
- 주 공정시각 : 3 + 2 + 7 + 8 = 20
- 결합점 ②에서의 가장 늦은 완료 시각 = 20 - (8 + 7 + 2)

정답 3-1 ④ 3-2 ③ 3-3 ④ 3-4 ④ 3-5 ④ 3-6 ②

핵심이론 04 | 용 접

① 용접의 개요
  ㉠ 철골공사에서 부재의 용접접합의 특징
    - 단면 결손이 없어 이음효율이 높다.
    - 무소음, 무진동 방법이다.
    - 불량용접 검사가 쉽지 않다.
    - 기후나 기온에 따라 영향을 받는다.
  ㉡ 플럭스(Flux) : 철골가공 및 용접에 있어 자동용접의 경우 용접봉의 피복재 역할로 쓰이는 분말상의 재료
  ㉢ 위빙(Weaving) : 용접봉의 용접 방향을 서로 엇갈리게 움직여서 용가금속을 용착시키는 운봉방법
  ㉣ 철골공사의 용접작업 시 맞댐용접의 앞벌림 모양 : I자형, U자형, H자형 등
  ㉤ 철골용접부의 공정별 검사항목 중 용접 전 검사항목 : 트임새 모양, 모아대기법, 구속법

② 철골·철근용접 접합의 종류
  ㉠ 맞댐용접 또는 개선용접(Butt Welding) : 형강의 판재를 개선하여 용접. 기둥, 보 등 주요 구조 부재의 용접방법

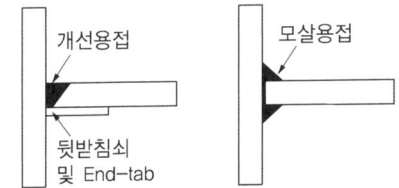

  ㉡ 모살용접(Fillet Welding, 필렛용접) : 형강의 판재를 개선하지 않고 용접하는 용접방법
    - 플레이트 두께가 너무 얇아 개선이 어려운 경우 또는 보강 플레이트 등에 적용한다.
    - 모살용접의 유효 면적은 유효 길이에 유효 목 두께를 곱한 것으로 한다.
    - 모살용접의 유효 길이는 모살용접의 총길이에서 2배의 모살 사이즈를 공제한 값으로 해야 한다.
    - 모살용접의 유효 목 두께는 모살 사이즈의 0.707배로 한다.
    - 구멍 모살과 슬롯 모살용접의 유효 길이는 목 두께의 중심을 잇는 용접 중심선의 길이로 한다.
    - 모살용접 부위가 전단면을 받도록 부재를 배열하는 것이 좋다. 따라서 부재가 인장과 전단 또는 압축과 전단을 동시에 받도록 하는 것보다 전단만 받도록 부재를 배열하는 것이 바람직하다.

- 모살용접은 편평하거나 약간 볼록한 표면을 갖도록 하는 것이 좋다.
- 파괴시험에 의하면 모살용접은 목 부분을 가로질러 45° 방향으로 전단파괴된다.
- 모살용접부의 치수 구분

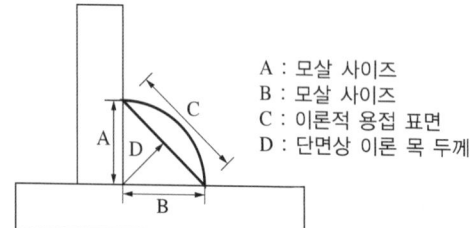

A : 모살 사이즈
B : 모살 사이즈
C : 이론적 용접 표면
D : 단면상 이론 목 두께

③ 용접방법의 종류
  ㉠ 피복아크용접(Shielded Arc Welding)
    - 금속심선에 피복재를 바른 용접봉을 사용한 용접으로서 손용접으로 가장 많이 사용된다.
    - 아크에 의한 고열로 피복재가 기화하면서 공기 중의 산소나 질소의 침입을 막고, 내부 심선은 용착금속으로 용융되어 모재와 결합된다.
  ㉡ 가스실드아크용접(Gas Shield Arc Welding)
    - 피복되지 않은 금속심선 주위에 가스(CO_2 등)를 분출시켜 아크를 보호하고 외부의 공기 침입을 방지하는 손용접 방법이다.
    - 피복재가 아닌 가스로 실드효과를 내므로 바람이 강한 경우 방풍장치가 요구된다.
    - 피복아크용접보다 시공속도가 빠르다.
    - 용접에 의한 변형이 작다.
    - 피복재의 함입 우려가 없으나 고가이다.
  ㉢ 서브머지드아크용접(Submerged Arc Welding)
    - 모재 표면 위에 플럭스(Flux)를 살포하여 플럭스 속에 용접봉을 꽂아 넣는 자동아크용접이다.
    - 공장에서 수행하는 기계에 의한 자동용접이다.
    - Built-up Beam 제작 시 웨브(Web)와 플랜지(Flange)를 용접하는 등 난이도가 높고, 긴 이음부를 연속적으로 용접해야 하는 경우에 적용된다.
    - 이음부 표면에 미세한 입상의 플럭스를 뿌리고, 금속심선을 플럭스 속에 집어넣은 상태에서 용접하므로 플럭스가 내부 아크를 보호한다.
    - 양호한 용접 품질을 기대할 수 있다.
    - 대형 용접부에 적용한다.
  ㉣ 일렉트로슬래그용접(Electro Slag Welding) : 와이어와 용융 슬래그 사이에 통전된 전류의 저항열을 이용하여 용접하는 특수한 용접방법이다.
    - 50[mm] 이상의 후판용접에 적합하다.
    - 용접속도가 빠르다.
    - 변형이 작다.
    - 탄소강, 스테인리스강 등 일부에만 적용 가능하다.
    - 수직으로 한정된다.
    - 용접이 시작되면 중단 없이 끝까지 용접해야 한다.
    - 19[mm] 이하는 적용 불능하다.
    - 복잡한 형상에는 적용하기 곤란하다.
  ㉤ 탄산가스아크용접(CO_2 Gas Welding)
    - 아르곤 헬륨 같은 불활성 가스 대신 값싼 탄산가스를 이용한 용접방법이다.
    - 탄산가스는 아르곤 헬륨 등과 같은 불활성 가스가 아니어서 고온 상태의 아크 중에서는 산화성이 크므로, 보통 피복되지 않은 용접봉을 사용할 경우 용접부에는 블로 홀 및 그 밖의 결함이 생기기 쉽다.
    - 이와 같은 결점을 제거하기 위하여 망간, 실리콘 등을 탈산제로 하는 망간-규소계 와이어를 사용하거나 값싼 탄산가스 산소 등의 혼합 가스를 쓰는 탄산가스-산소아크용접법을 주로 사용한다.
  ㉥ 가스압접 : 철근 콘크리트용 봉강의 단면을 산소-아세틸렌불꽃 등을 사용하여 가열하고 기계적 압력을 가하여 용접한 맞대기이음이다.
    - 가스압접의 특징
      - 가스압접에 사용하는 철근 콘크리트용 봉강은 SD 350 이하 및 SD 400W, SD 500W에만 적용한다.
      - 압접작업은 철근을 완전히 조립하기 전에 행한다.
      - 접합온도는 대략 1,200~1,300[℃]이다.
      - 철근의 지름이나 종류가 같은 것을 압접하는 것이 좋다.
      - 기둥, 보 등의 압접 위치는 한곳에 집중되지 않도록 한다.
      - 철근 조립부가 단순하게 정리되어 콘크리트 타설이 용이하다.
      - 겹친이음이 없어 경제적이다.
      - 철근의 조작 변화가 작다.
      - 불량 부분의 검사가 용이하지 않다.

- 외관검사 결과 불합격된 철근 가스압접 이음부의 조치 내용
  - 철근 중심축의 편심량이 규정값을 초과했을 때는 압접부를 떼어내고 재압접한다.
  - 압접 돌출부의 지름 또는 길이가 규정값에 미치지 못하였을 경우는 재가열하여 압력을 가해 소정의 압접 돌출부로 만든다.
  - 형태가 심하게 불량하거나 압접부에 유해하다고 인정되는 결함이 생긴 경우는 압접부를 잘라내고 재압접한다.
  - 심하게 구부러졌을 때는 재가열하여 수정한다.
  - 압접면의 엇갈림이 규정값을 초과했을 때는 압접부를 잘라내고 재압접한다.
  - 재가열 또는 압접부를 절삭하여 재압접으로 보정한 경우에는 보정 후 외관검사를 실시한다.

④ 용접결함(용접불량)
  ㉠ 언더컷(Under Cut) : 운봉 불량, 전류 과대, 용접봉의 선택 부적합 등으로 인하여 용접의 끝부분에서 용착금속이 채워지지 않고 홈처럼 우묵하게 남게 되는 결함
  ㉡ 용입 불량 : 너무 빠른 속도, 전류 과소 등으로 인하여 용입이 제대로 안 되는 결함
  ㉢ 크랙 : 전류 과대, 모재 불량 등으로 인하여 용접부에 균열이 발생하는 결함
  ㉣ 크레이터 : 전류 과대, 운봉 부적합 등으로 인히여 오목하게 패이는 결함
  ㉤ 오버랩(Overlap) : 용접금속과 모재가 융합되지 않고 단순히 겹쳐지는 결함
  ㉥ 블로 홀(Blow Hole, 공기구멍) : 용융금속이 응고할 때 방출가스가 남아서 생긴 기포나 작은 틈이 생기는 결함
  ㉦ 피트(Pit) : 용접부에 미세한 홈이 생기는 결함
  ㉧ 슬래그(Slag, 감싸들기) : 용접할 때 용착금속의 표면에 비금속의 물질이 생기는 결함
  ㉨ 스패터(Spatter) : 용접 시 튀어나온 슬래그 및 금속 입자가 굳은 결함
  ㉩ 피시아이(Fish Eye) : 용접부에 생기는 은색 반점의 결함

⑤ 용접 주의사항 및 재해방지대책
  ㉠ 강구조 부재의 용접 시 예열에 관한 사항
    • 모재의 표면온도가 0[℃] 미만인 경우는 적어도 20[℃] 이상 예열한다.
    • 모재의 최소예열과 용접층간 온도는 강재의 성분과 강재의 두께 및 용접구속 조건을 기초로 하여 설정한다. 최소 예열 및 층간온도는 용접 절차서에 규정한다. 최대 예열온도는 공사감독자의 별도의 승인이 없는 경우 230[℃] 이하로 한다.
    • 이종금속 간에 용접을 할 경우는 예열과 층간온도는 상위등급을 기준으로 하여 실시한다.
    • 두꺼운 재료나 높은 구속을 받는 이음부 및 보수용접에서는 균열방지나 층상균열을 최소화하기 위해 규정된 최소 온도 이상으로 예열한다.
    • 용접부 부근의 대기온도가 −20[℃]보다 낮은 경우는 용접을 금지한다. 그러나 주위온도를 상승시킨 경우, 용접부 부근의 온도를 요구되는 수준으로 유지할 수 있으면 대기온도가 −20[℃]보다 낮아도 용접작업을 수행할 수 있다.
    • 버너로 예열하는 경우에는 개선면에 직접 가열해서는 안 된다.
    • 온도관리는 용접선에서 75[mm] 떨어진 위치에서 표면온도계 또는 온도초크 등에 의하여 온도관리를 한다.
    • 온도저하를 고려하여 아크발생 시의 온도가 규정 온도인 것을 확인하고, 이 온도를 기준으로 예열 직후의 계측온도로 설정한다.
  ㉡ 철골 부재 용접 시 주의사항
    • 용접할 모재의 표면에 있는 녹, 페인트, 유분 등은 제거하고 작업한다.
    • 용접할 모재의 표면에 녹·유분 등이 있으면 접합부에 공기포가 생기고 용접부의 재질을 약화시키므로 와이어 브러시로 청소한다.
    • 강우 및 강설 등으로 모재의 표면이 젖어 있을 때나 심한 바람이 불 때는 용접하지 않는다.
    • 용접봉을 교환하거나 다층용접일 때는 슬래그와 스패터를 제거한다.
    • 기온이 0[℃] 이하가 되면 용접하지 않도록 한다.
    • 용접 시 발생하는 가스 등으로 질식 또는 중독되지 않도록 환기 또는 기타 필요한 조치를 해야 한다.

- 용접할 소재는 수축 변형 및 마무리에 대한 고려로 치수에 여분을 두어야 한다.
- 용접으로 인하여 모재에 균열이 생긴 때에는 원칙적으로 모재를 교환한다.
- 용접자세는 부재의 위치를 조절하여 가능한 한 아래보기로 한다.
- 수축량이 가장 큰 부분부터 먼저 용접하고 수축량이 작은 부분은 맨 나중에 용접한다.

ⓒ 철강공사의 현장용접 시 재해방지법
- 개로전압이 낮은 용접기를 사용한다.
- 전격방지기를 설치한다.
- 가죽장갑, 가죽구두 등을 착용한다.
- 용접기의 바깥상자를 접지한다.

10년간 자주 출제된 문제

4-1. 외관검사 결과 불합격된 철근 가스압접 이음부의 조치내용으로 옳지 않은 것은?

① 심하게 구부러졌을 때는 재가열하여 수정한다.
② 압접면의 엇갈림이 규정값을 초과했을 때는 재가열하여 수정한다.
③ 형태가 심하게 불량하거나 압접부에 유해하다고 인정되는 결함이 생긴 경우는 압접부를 잘라내고 재압접한다.
④ 철근 중심축의 편심량이 규정값을 초과했을 때는 압접부를 떼어내고 재압접한다.

4-2. 다음 각 용접 불량에 대한 원인으로 적절하지 않은 것은?

① 언더컷 – 운봉 불량, 전류 과대, 용접봉의 선택 부적합
② 용입 불량 – 너무 느린 속도, 전류 과대
③ 크레이터 – 전류 과대, 운봉 부적합
④ 크랙 – 전류 과대, 모재 불량

4-3. 철골공사에서 용접결함을 뜻하지 않는 것은?

① 피트(Pit)
② 블로 홀(Blow hole)
③ 오버 랩(Overlap)
④ 가우징(Gouging)

4-4. 철골 부재 용접 시 주의사항 중 옳지 않은 것은?

① 용접할 모재의 표면에 있는 녹, 페인트, 유분 등은 제거하고 작업한다.
② 기온이 0[°C] 이하가 되면 용접하지 않도록 한다.
③ 용접 시 발생하는 가스 등으로 질식 또는 중독되지 않도록 환기 또는 기타 필요한 조치를 해야 한다.
④ 용접할 소재는 정확한 시공과 정밀도를 위하여 치수에 여분을 두지 말아야 한다.

|해설|

4-1
압접면의 엇갈림이 규정값을 초과했을 때는 압접부를 잘라내고 재압접한다.

4-2
용입 불량 – 너무 빠른 속도, 전류 과소

4-3
철골공사의 용접결함 종류 : 비드 외관 불량, 스패터, 피트, 블로 홀, 슬래그 혼입, 오버 랩, 용입 부족, 균열 등

4-4
용접할 소재는 수축 변형 및 마무리에 대한 고려를 위하여 치수에 여분을 두어야 한다.

정답 4-1 ② 4-2 ② 4-3 ④ 4-4 ④

핵심이론 05 | 비파괴검사

① 콘크리트 구조물의 비파괴검사법
  ㉠ 슈미트해머법(표면경도시험법)
    • 콘크리트 표면 타격에 따른 반발강도로 표면경도를 측정하여 이 측정치로부터 콘크리트의 압축강도를 판정하는 비파괴검사방법이다.
    • 형상치수와 관계없이 적용 가능하나 구조체의 두께는 10[cm] 이상이다.
  ㉡ 초음파탐상검사(UT ; Ultrasonic Testing)
    • 초음파는 20,000[Hz] 이상의 음파이다.
    • 초음파를 사용하여 속도 및 파형으로 강도 등을 측정한다.
    • 콘크리트의 강도, 두께, 피복 두께, 내부결함, 균열 깊이, 내동결 융해성 등을 측정한다.
    • 사용 주파수가 높을수록 지향성은 우수하지만 음파 감쇠가 커진다.
    • 필름이 필요 없고 검사속도가 빠르다.
    • T형 접합 등 X선으로 불가능한 부분의 검사가 가능하다.
    • 주요 구조접합부에서 가장 많이 사용된다.
    • 기록 근거가 없고 검사원의 기량에 따라 판단결과가 상이할 수 있다.
  ㉢ 슈미트해머법과 초음파법 병행법
    • 반발강도와 초음파 속도파형을 이용하여 콘크리트의 압축강도를 측정한다.
    • 가장 정밀하고 실용적인 측정방법이다.
    • 강도 추정 정밀도가 우수하다.
  ㉣ 방사선투과법(RT ; Radiography Testing)
    • 엑스선, 감마선 등의 방사선을 사용하여 철근의 위치, 지름, 피복 두께, 내부결함, PC강선의 파단, 콘크리트의 밀실도, 매설관의 위치 등을 측정한다.
    • 기록으로 남길 수 있다.
    • 측정 위치에 따라 측정 제약을 받는다.
    • 방사선은 유해하므로 취급에 각별한 주의가 필요하다.
    • 가격이 비싸다.
  ㉤ 인발법 : 드릴링 후 매입한 앵커의 인발내력으로 강도를 측정한다.
  ㉥ 육안검사(외관검사) : 눈으로 외관 상태를 검사한다.

② 강구조물의 비파괴검사법
  ㉠ 초음파탐상검사(UT ; Ultrasonic Testing)
    • 인간의 귀로 들을 수 없는 주파수를 갖는 초음파를 사용하여 결함을 검출하는 방법이다.
    • 초음파탐상법의 종류 : 반사식, 투과식, 공진식
    • 철골용접이음 후 용접부의 내부결함 검출을 위하여 실시하는 검사로, 빠르고 경제적이어서 현장에서 주로 사용하는 초음파를 이용한 비파괴검사법이다.
    • 재료 내부의 균열결함을 확인할 수 있다.
    • 용접부에 발생한 미세균열, 용입 부족, 융합 불량의 검출에 적합하다.
    • 건설현장의 두께가 두꺼운 철골구조물 용접결함 확인을 위한 비파괴검사 중 모재의 결함 및 두께 측정이 가능하다.
  ㉡ 방사선투과법(RT ; Radiography Testing)
    • 재료 및 용접부의 내부결함검사에 적합하다.
    • 용접부의 균열, 블로 홀의 검출검사를 한다.
    • 측정 부재의 두께가 25~30[mm]가 적당하며, 측정 부재의 두께가 두꺼우면 정확도가 감소된다.
    • 투과사진에 영향을 미치는 인자는 크게 콘트라스트(명암도)와 명료도로 나누어 검토할 수 있다.
    • 투과사진의 콘트라스트에 영향을 미치는 인자 : 방사선의 선질, 필름의 종류, 현상액의 강도
    • 투과사진의 상질을 점검할 때 확인해야 하는 항목 : 투과도계의 식별도, 시험부의 사진농도 범위, 계조계의 값
    • 필름의 밀착성이 좋지 않은 건축물에서는 검출이 우수하지 못하다.
  ㉢ 자기분말탐상법(MT ; Magnetic Particle Testing)
    • 강자성체의 결함을 찾을 때 사용하는 비파괴시험으로 표면 또는 표층(표면에서 수 [mm] 이내)에 결함이 있을 경우 누설자속을 이용하여 육안으로 결함을 검출하는 시험법이다.
    • 비파괴검사방법 중 육안으로 결함을 검출하는 시험법이다.
    • 자분탐상검사에서 사용하는 자화방법 : 축통전법, 전류관통법, 극간법
    • 균열이나 언더컷 등의 미세한 표면결함의 측정이 용이하다.

- 용접부 깊이 10[mm] 이상의 결함은 검출이 곤란하다.
- 알루미늄 등의 비자성재료에는 적용할 수 없다.

② (액체)침투탐상검사(PT ; Liquid Penetrant Testing)
- 침투력이 강한 적색 또는 형광성의 침투액을 물체의 표면 개구 결함에 침투시켜 직접 또는 자외선 등으로 관찰하여 결함장소와 크기를 판별하는 비파괴검사법이다.
- 검사물 표면의 균열이나 피트 등의 결함을 비교적 간단하고 신속하게 검출할 수 있다. 특히, 비자성 금속재료의 검사에 자주 이용된다.
- 침투탐상검사는 액체의 모세관현상을 이용한다.
- 내부결함의 검출은 불가능하다.
- 현장에서 사용 중인 크레인의 거더 밑면에 균열이 발생되어 이를 확인하려고 하는 경우 가장 편리한 비파괴검사방법이다.
- 작업순서 : 전처리 → 침투처리 → 세척처리 → 현상처리 → 관찰 → 후처리
- 표면결함 측정만 가능하고 용접부의 검사에만 적용한다.
- 비금속재료에도 적용 가능하다.
- 검사방법이 간단하다.

⑤ 육안검사(외관검사)
- 눈으로 외관 상태를 검사한다.
- 용접결함을 찾기 위한 외관검사는 용접을 한 용접공이나 용접관리 기술자가 하는 것이 원칙이다.

10년간 자주 출제된 문제

5-1. 철골용접 부위의 비파괴검사에 관한 설명으로 옳지 않은 것은?

① 방사선검사는 필름의 밀착성이 좋지 않은 건축물에서도 검출이 우수하다.
② 침투탐상검사는 액체의 모세관현상을 이용한다.
③ 초음파탐상검사는 인간의 귀로 들을 수 없는 주파수를 갖는 초음파를 사용하여 결함을 검출하는 방법이다.
④ 외관검사는 용접을 한 용접공이나 용접관리 기술자가 하는 것이 원칙이다.

5-2. 철골공사에서 용접작업 종료 후 용접부의 안전성을 확인하기 위해 실시하는 비파괴검사의 종류에 해당되지 않는 것은?

① 방사선검사　　　　② 침투탐상검사
③ 반발경도검사　　　④ 초음파탐상검사

5-3. 콘크리트 구조물의 품질관리에서 활용되는 비파괴검사 방법과 가장 거리가 먼 것은?

① 슈미트해머법　　　② 방사선투과법
③ 초음파법　　　　　④ 자기분말탐상법

|해설|

5-1
방사선검사는 필름의 밀착성이 좋지 않은 건축물에서는 검출이 우수하지 못하다.

5-2
철용접부 비파괴검사의 종류
- 침투탐상검사(PT)
- 자분탐상검사(MT)
- 초음파탐상검사(UT)
- 방사선검사(RT-γ선)
- 방사선검사(RT-X선)
- 와류탐상(ECT)

5-3
콘크리트 구조물의 품질관리에서 활용되는 비파괴검사 : 관입저항법, 인발법, 내시경법, 표면타격법, 초음파법, 자기법, 전위법, 전자파법, 적외선법, 방사선법, 슈미트해머법 등

정답 5-1 ①　5-2 ③　5-3 ④

제2절 토공사

핵심이론 01 | 토공사의 개요

① 흙의 개요
  ㉠ 흙의 특성
    - 흙은 비선형재료이며, 응력-변형률 관계가 일정하게 정의되지 않는다.
    - 흙의 성질은 본질적으로 비균질, 비등방성이다.
    - 흙의 거동은 연약지반에 하중이 작용하면 시간의 변화에 따라 압밀침하가 발생한다.
    - 점토대상이 되는 흙은 지표면 밑에 있기 때문에 지반의 구성과 공학적 성질은 시추를 통해서 자세히 판명된다.
    - 실트는 알의 크기가 모래보다 작고 육안으로 헤아릴 수 없으나 대체로 모래와 같다. 알은 구형에 가깝고 끈기가 없는 흙이며 동상에 노출되기 쉽다.
    - 토공사에서 토사 파내기 경사각이 가장 큰 지반은 건조진흙이다.
    - 압밀량(압밀시간) : 점토 > 실트 > 모래
    - 롬(Loam)토 : 모래 + 실트 + 점토의 혼합토
    - 지정공사 시 사용되는 모래의 장기 허용압축강도의 범위 : 20~40[t/m²]
  ㉡ 흙입자의 입경 분류
    - Clay(진흙) : 0.001~0.005[mm]
    - Silt(실트) : 0.005~0.05[mm]
    - Sand(모래) : 0.02~0.05[mm]
  ㉢ 흙의 구성
    - 흙요소의 3가지 성분 : 토립자(흙입자), 물, 공기
    - 간극 또는 공극(Void) : 물과 공기가 차지하는 부분

② 흙의 성질
  ㉠ 흙의 상대정수
    - 흙의 간극비(공극비, Void Ratio, e) :
    $$e = \frac{공기 + 물의\ 체적}{흙의\ 체적} = \frac{간극의\ 체적}{토립자의\ 체적} = \frac{V_v}{V_s}$$
    - 간극률(공극률, Prosity, n) :
    $$n = \frac{간극의\ 체적}{흙\ 전체의\ 체적} = \frac{V_v}{V} \times 100[\%]$$
    - 함수비(Water Content, w) :
    $$w = \frac{물의\ 무게}{토립자의\ 무게} = \frac{W_w}{W_s} \times 100[\%]$$
    - 함수율(Ratio of Moisture, w') :
    $$w' = \frac{물의\ 무게}{흙\ 전체의\ 무게} = \frac{W_w}{W} \times 100[\%]$$
    - 포화도(Degree of Saturation, S_r) :
    $$S_r = \frac{물의\ 체적}{간극의\ 체적} = \frac{V_w}{V_v} \times 100[\%]$$
  ㉡ 상대정수의 상호관계
    - 간극비(e)와 간극률(n)의 관계 :
    $$e = \frac{n}{1-n},\ n = \frac{e}{1+e}$$
    - 함수비(w)·토립자(W_s)의 무게·흙 전체의 무게(W)의 관계 :
    $$W_s = \frac{W}{1 + \frac{w}{100}}$$
    - 물의 무게(W_w)·함수비(w)·흙 전체의 무게(W)의 관계 :
    $$W_w = \frac{w \cdot W}{100 + w}$$
    - 포화도(S)·간극비(e)·비중(G_s)·함수비(w)의 상관관계 :
    $$S \cdot e = G_s \cdot w$$
  ㉢ 예민비(Sensitivity Ratio) : 흙의 이김에 의해 약해지는 정도
    - 예민비 $= \dfrac{자연\ 시료의\ 강도}{이긴\ 시료의\ 강도}$
    - 예민비가 4 이상이면 예민비가 크다고 하며, 점토는 4~10, 모래는 약 1 정도이다.
  ㉣ 간극수압 : 흙속에 포함된 물에 의한 상향 수압
    - 간극수압은 지반의 강도를 저하시키며 물이 깊을수록 커진다.
    - 전응력에서 간극수압을 뺀 것이 유효응력이다.
    - 간극수압은 웰 포인트 공법, 샌드드레인 공법과 관계가 깊다.

ⓜ 압밀과 다짐

압밀(Consolidation)	다짐(Compaction)
점토지반에서 하중을 가해 흙 속의 간극수를 제거하는 것이다. 하중을 받는 점토지반에서 물과 공기가 빠져나가 흙입자 간 간격이 좁아진다.	사질지반에서 외력으로 공기를 제거하여 압축시키는 것이며 밀도, 지지력, 강도 등을 증가시킨다.
• 점토에서 발생 • 흙속의 간극수를 배제하는 것 • 장기압밀침하 • 침하량이 비교적 큼 • 소성변형 발생	• 사질지반에서 발생 • 흙속의 공극을 제거하는 것 • 단기적 침하 발생 • 흙의 역학적 물리적 성질 개선 • 탄성적 변형 발생

ⓗ 투수성
- 터파기 공사에서 투수성은 배수공사와 지하수처리에 매우 중요하다.
- 흙의 투수계수 : 매질의 유체통과능력을 나타내는 지수로서 유선의 직각 방향의 단위면적을 통해 단위체적의 지하수가 단위시간당 흐르는 양
  - 비례요인 : 공극비, 포화도, 유체의 밀도
  - 반비례요인 : 유체의 점성계수
  - 점착력이 강한 점토층은 투수성이 적고, 압밀되기도 한다.
  - 모래층은 점착력이 비교적 작거나 무시할 수 있는 정도이며 투수가 잘된다.
- 다르시의 법칙(Darcy's Law)
  - 중력작용에 의해 물이 흙속으로 흐를 때 유량을 계산하는 기본이 되는 식
  - 투수량은 시료의 길이(L)에 반비례하고 단면적(A)에 비례한다.
  - 침투수량(Q) = 투수계수(K) × 수두경사(i) × 단면적(A)($i = \Delta h / L$)
  - 투수계수가 크면 침투량과 간극비가 크고, 포화도가 클수록 투수계수도 증가한다.

ⓢ 흙의 휴식각
- 휴식각
  - 흙의 흘러내림이 자연정지될 때 흙의 경사면과 수평면이 이루는 각도
  - 흙입자의 부착력이나 응집력 등을 무시한 조건에서 흙의 마찰력만으로 중력에 대해 안정된 비탈면과 원 지반이 이루는 사면각도
- 별칭 : 안식각, 자연경사각

- 특 징
  - 흙의 종류, 함수량 등에 따라 다르다.
  - 터파기의 경사는 휴식각의 2배 정도로 한다.
  - 습윤 상태에서 휴식각은 모래 30~45°, 흙 25~45° 정도이다.
  - 흙의 휴식각은 흙의 마찰력, 응집력 등에 관계없이 동일하다.
  - 기초파기 시 토사의 붕괴 우려가 있는 경우, 휴식각을 참조하여 구배를 잡는다.

ⓞ 흙의 지내력도
- 지반의 장기 허용응력
- 지내력이 큰 순서 : 경암반 > 연암반 > 자갈 > 자갈과 모래의 혼합물 > 모래가 섞인 점토 또는 롬토 > 모래 > 점토

ⓩ 전단강도
- 흙의 전단강도(τ) : 흙에 발생하는 전단력에 대항하는 최대의 저항력
- 기초하중이 흙의 전단강도 이상이 되면 흙은 붕괴되고 기초는 침하되며, 그 이하가 되면 흙은 안정되고 기초는 지지된다.
- 쿨롱의 법칙에 의한 전단강도 계산 공식 : 전단강도 $\tau = \sigma \tan\phi + C$(여기서, σ : 수직응력, ϕ : 내부마찰각, $\tan\phi$: 마찰계수, C : 점착력)
- 흙속의 전단응력을 증대시키는 원인
  - 자연 또는 인공에 의한 지하공동의 형성
  - 함수비의 증가에 따른 흙자체의 단위체적당 중량의 증가
  - 지진, 폭파에 의한 진동 발생
  - 균열 내에 작용하는 수압 증가

ⓩ 점토질과 사질지반의 비교

구 분	사 질	점 토
투수계수	크다.	작다.
가소성	없다.	크다.
압밀속도	빠르다.	느리다.
내부마찰각	크다(40~45°).	없다(0°).
점착성	없다.	크다.
전단강도	크다.	작다.
동결 피해	적다.	크다.
불교란시료	채취가 어렵다.	채취가 쉽다.

㉠ 토공사에서 성토재료의 일반조건
- 다져진 흙의 전단강도가 크고 압축성이 작을 것
- 함수율이 낮은 토사일 것
- 시공장비의 주행성이 확보될 수 있을 것
- 필요한 다짐 정도를 쉽게 얻을 수 있을 것
- 흙의 연경도 : 점착성이 있는 흙의 함수량이 점차 감소되면서 액성 상태 → 소성 상태 → 반고체 상태 → 고체 상태로 변하는 성질

③ 토질시험(Soil Test)
㉠ 전단시험 : 일면전단시험, 베인테스트, 일축압축시험, 삼축압축시험
- 일면전단시험
- 베인테스트(Vane Test) : 연약한 점토지반의 점착력을 판별하기 위하여 실시하는 현장시험
- 일축압축시험(KS F 2314) : 흙의 압축강도와 예민비를 결정하는 시험
- 삼축압축시험

㉡ 흙의 연경도시험(아터버그한계시험) : 액체 상태의 흙이 건조되면서 액성, 소성, 반고체, 고체 상태의 경계선과 관련된 시험
- 스웨덴의 아터버그(Atterberg)가 제시한 시험방법에 따라 세립토의 성질을 나타내는 지수인 아터버그한계(Atterberg Limits : 흙의 연경도 변화 한계)를 구한다.
- 액성한계시험은 소성 상태와 액성 상태 사이의 한계를 알기 위한 시험이다.
- 수성한계시험은 흙속에 수분이 거의 없고 바삭바삭한 상태의 정도를 알아보기 위해 실시하는 시험이다.

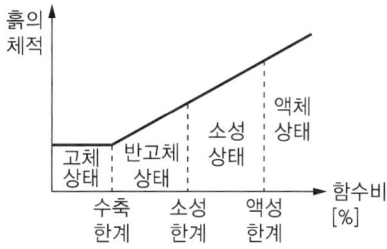

- 액성한계(LL ; Liquid Limit) : 액체 상태에서 소성 상태로 변할 때의 함수비
  - 소성 상태와 액성 상태 사이의 한계이다.
  - 액성한계가 크면, 수축과 팽창도 크다.
  - 점토분을 많이 함유하면 액성한계, 공극비가 크다.
  - 액성한계가 크면, 밀도는 작아진다.
  - 액성한계에서는 모든 흙의 강도가 거의 같은 값을 갖는다.
- 소성한계(PL ; Plastic Limit) : 흙이 소성 상태에서 반고체 상태로 바뀔 때의 함수비
  - 흙이 소성 상태에서 반고체 상태로 옮겨지는 한계이다.
  - 소성 한계는 소성 상태에서 가장 작은 함수비를 가진다.
  - 흙의 역학적 성질을 추정할 때 예비적 자료로 이용한다.
  - 소성한계에서는 각종 흙의 강도가 서로 다른 것이 보통이다.
- 수축한계(SL ; Shrinkage Limit) : 시료를 건조시켜서 함수비를 감소시키면 흙은 수축해서 부피가 감소하지만, 어느 함수비 이하에서는 부피가 변화하지 않는다. 이때의 최대 함수비를 수축한계라고 한다.

㉢ 표준관입시험
- 63.5[kg] 무게의 추를 76[cm] 높이에서 자유낙하시켜 타격하는 시험이다.
- 사질지반에 적용하며, 점토지반에서는 편차가 커서 신뢰성이 떨어진다.
- N치(N-Value)는 지반을 30[cm] 굴진하는 데 필요한 타격 횟수이다.
- 50/3의 표기에서 50은 타격 횟수, 3은 굴진수치를 의미한다.
- 타격횟수(N치)에 따른 모래의 상대밀도
  - 0~4 : 몹시 느슨함
  - 4~10 : 느슨함
  - 10~30 : 조밀함
  - 50 이상 : 대단히 조밀함

㉣ 동적재하시험 : 시험말뚝에 변형률계(Strain Gauge)와 가속도계(Accelero Meter)를 부착하여 말뚝항타에 의한 파형으로부터 지지력을 구하는 시험

㉤ 사질토시험에서 얻을 수 있는 값 : 내부마찰각, 액상화 평가, 탄성계수 등(체적압축계수는 아님)

㉥ 기타 시험 : 함수비시험, 예민비시험, 정적재하시험, 인발시험

④ 계측기기
  ㉠ 지중경사계(Inclinometer) : 지중 또는 지하 연속벽의 중앙에 설치하여 흙막이가 배면측압에 의해 기울어짐을 파악하여 지중 수평변위를 측정
  ㉡ 지중침하계(Extensometer) : 지중에 설치하여 흙막이 배면의 지반이 토사 유출 또는 수위변동으로 침하하는 정도를 파악하여 지중 수직변위를 측정
  ㉢ 지표침하계(Surface Settlement System) : 현장 주위 지반에 대한 구조물의 침하 및 융기 정도를 측정
  ㉣ 지하수위계(Water Level Meter) : 지반 내 지하수위의 변화를 측정
  ㉤ 간극수압계(Piezometer) : 지중의 간극수압을 측정
  ㉥ 건물경사계(Tilt Meter) : 인접 구조물의 경사(기울기) 및 변형상태를 측정하여 주변 지반의 변위를 파악하고 해당 구조물의 안전도 여부를 검토
  ㉦ 크랙변형량 측정기 또는 균열계(Crack Gauge) : 지상의 인접 구조물의 균열 정도를 파악
  ㉧ 하중계(Load Cell) : 흙막이 배면에 작용하는 측압 또는 어스앵커의 인장력을 측정
  ㉨ 변형률계(Strain Gauge) : 흙막이 버팀대(Strut)의 변형 정도를 측정
  ㉩ 토압계(Soil Pressure Gauge) : 흙막이 배면에 작용하는 토압을 측정
  ㉪ 진동측정계(Vibrometer) : 진동의 변위, 속도, 가속도를 측정하고 기록
  ㉫ 소음측정기(Sound Level Meter) : 건설현장 주변의 소음수준을 측정
  ㉭ 기 타
    • 층별침하계(Differential Settlement System) : 지층별 침하량을 측정
    • 디스펜서(Dispenser) : AE제 계량장치
    • 워싱턴미터(Washington Meter) : 공기량 측정기
    • 이넌데이터(Inundator) : 기계적으로 모래를 계량
    • 리바운드 기록지(Rebound Check Sheet) : 동역학적 공식에 의해서 말뚝의 지지력을 구할 때, 말뚝과 지반의 탄성변형량을 측정하는 방법인 리바운드 체크(Rebound Check)에 사용
  ㉮ 계측 관련 제반 사항
    • 깊이 10.5[m] 이상의 굴착 시 설치해야 할 계측기기 : 수위계, 경사계, 하중 및 침하계, 응력계
    • 개착식 흙막이 벽의 계측 내용 : 경사 측정, 지하수위 측정, 변형률 측정 등

⑤ 흙의 현상(흙막이 피해의 원인)
  ㉠ 히빙현상(Heaving)
    • 정 의
      – 연질의 점토지반에서 흙막이 바깥에 있는 흙의 중량과 지표 위의 적재하중 중량에 못 견디어 저면 흙이 붕괴되고 흙막이 바깥에 있는 흙이 안으로 밀려 불룩하게 되는 현상
      – 점토지반의 토공사에서 흙막이 밖에 있는 흙이 안으로 밀려 들어와 내측 흙이 부풀어 오르는 현상
      – 하부 지반이 열악한 경우 흙파기 저면선에 대하여 흙막이 바깥에 있는 흙의 중량과 지표적 재하중을 이기지 못하고 흙이 붕괴되어서 흙막이 바깥 흙이 안으로 밀려들어와 불룩하게 되는 현상
      – 연약한 점토지반에서 지반의 강도가 굴착 규모에 비해 부족할 경우에 흙이 돌아 나오거나 굴착 바닥면이 융기하는 현상
    • 발생 양상
      – 배면의 토사가 붕괴된다.
      – 지보공이 파괴된다.
      – 굴착저면이 솟아오른다.
    • 발생원인
      – 흙막이 벽 내·외부 흙의 중량 차이
      – 연약 점토질 지반에서 배면토의 중량이 굴착부 바닥의 지지력 이상이 되었을 때
      – 연약 점토질 지반에서 배면토의 중량이 굴착부 바닥의 지지력 이상이 되었을 때 주로 발생한다.
      – 연약 점토지반에서 굴착면의 융기로 발생한다.
    • 방지대책
      – 지하수 유입을 막는다.
      – 주변 수위를 낮춘다.
      – 굴착면에 토사 등으로 하중을 가한다.
      – 아일랜드컷 공법 등으로 굴착방식을 개선한다.
      – 굴착 주변을 웰 포인트(Well Point) 공법과 병행한다.
      – 시트파일(Sheet Pile) 등의 근입심도를 검토한다.
      – 굴착배면의 상재하중을 제거하여 토압을 최대한 낮춘다.
      – 흙막이 배면의 표토를 제거하여 토압을 경감한다.

- 흙막이 벽(체)의 관입 깊이(근입 깊이)를 깊게 한다.
- 굴착저면에 토사 등 하중(인공중력)을 증가시킨다.
- 소단 굴착을 실시하여 소단부 흙의 중량이 바닥을 누르게 한다.
- 흙막이 벽체 배면의 지반을 개량하여 흙의 전단강도를 높인다.
- 전면의 굴착 부분을 남겨 두어 흙의 중량으로 대항하게 한다.
- 굴착 예정 부분의 일부를 미리 굴착하여 기초 콘크리트를 타설한다.
- 1.3[m] 이하 굴착 시에는 버팀대를 설치한다.
- 버팀대, 브래킷, 흙막이를 점검한다.

ⓒ 액상화 현상(Liquefaction)
- 정 의
  - 모래질 지반에서 포화된 가는 모래에 충격을 가하면 모래가 수축하여 정(正)의 공극수압이 발생하여 유효응력이 감소해서 전단강도가 떨어져서 순간침하가 발생하는 현상
  - 흙막이에 대한 수밀성이 불량하여 널말뚝의 틈새로 물과 토사가 흘러들어, 기초저면의 모래지반을 들어올리는 현상
  - 포화된 느슨한 모래가 진동과 같은 동하중을 받으면 부피가 감소되어 간극수압이 상승하여 유효응력이 감소하는 현상
  - 사질토층에서 지진, 진동 등에 의하여 간극수압의 상승으로 유효응력이 감소하여 전단저항을 상실하여 액체와 같이 급격히 변형을 일으키는 현상
  - 포화된 느슨한 모래가 진동이나 지진 등의 충격을 받아 입자들이 재배열되어 약간 수축하며, 큰 과잉간극수압을 유발하게 되고, 그 결과로 유효응력과 전단강도가 크게 감소하여 모래가 유체처럼 거동하는 현상
- 발생 양상
  - 부동침하
  - 지반 이동
  - 작은 건축물의 부상
- 발생원인 : 흙이 유효응력을 상실할 때 발생한다.
- 방지대책
  - Well Point 공법 적용(가장 직접적이고 효과적인 대책)
  - 모래 입경이 굵고, 불균일한 모래층 지반으로 치환
  - 사질지반 내 시멘트 등의 안전재료를 혼합하여 지반을 고결
  - 입도가 불량한 재료를 입도가 양호한 재료로 치환
  - 지하수위를 저하시키고 포화도를 낮추기 위해 깊은 우물(Deep Well)을 사용
  - 밀도를 증가하여 한계간극비 이하로 상대밀도를 유지하는 방법 강구

ⓒ 보일링 현상(Boiling)
- 정 의
  - 사질지반 굴착 시 굴착부와 지하수위의 차가 있을 때 수두차에 의하여 삼투압이 생겨 흙막이 벽 근입부분을 침식하는 동시에 모래가 액상화되어 솟아오르는 현상
  - 투수성이 좋은 사질지반에서 흙막이 벽 뒷면의 수위가 높아서 지하수가 흙막이 벽을 돌아서 모래와 같이 솟아오르는 현상
  - 사질지반일 경우, 지반 저부에서 상부를 향하여 흐르는 물의 압력이 모래의 자중 이상이 되면 모래입자가 심하게 교란되는 현상
  - 지하수위가 높은 모래지반을 굴착할 때 발생하는 현상
  - 아랫부분의 토사가 수압을 받아 균착한 곳으로 밀려나와 굴착 부분을 다시 메우는 현상
- 발생 양상
  - 사질토가 솟아오른다.
  - 저면에 액상화 현상이 나타난다.
  - 흙막이 보의 지지력이 저하되며, 흙막이 벽의 지지력이 상실된다.
  - 시트파일(Sheet Pile) 등의 저면에 분사현상이 발생한다.
    예 강변 근처 흙막이 공사 중 굴착 바닥에서 물과 모래가 솟아올라 흙막이가 붕괴되었다.
- 발생원인
  - 굴착부와 배면부의 지하수위의 수두차(흙막이 벽 배면의 수위가 높을 때)

- 지하수위가 높은 지반을 굴착할 때 주로 발생한다.
- 지반 굴착 시 굴착부와 지하수위차가 있을 때 주로 발생한다.
- 연약 사질토 지반의 경우 주로 발생한다.
- 연약 점토지반에서 굴착면이 융기할 경우 발생한다.
- 굴착저면에서의 액상화 현상에 기인하여 발생한다.
- 흙막이 벽의 근입장 깊이가 부족할 경우 발생한다.
- 방지대책
  - 지하수위를 저하시킨다.
  - 공사기간 중 웰 포인트로 지하수면을 낮춘다.
  - 흙막이 벽의 근입장을 불투수층까지 깊게 한다.
  - 수밀성이 큰 흙막이 벽을 선정한다.

ⓔ 동상현상(Frost Heave)
- 정의 : 물이 결빙되는 위치로 지속적으로 유입되는 조건에서 온도가 하강함에 따라 토중수가 얼어 생성된 결빙 크기가 계속 커져(부피가 약 9[%] 정도 증대) 지표면이 부풀어 오르는 현상
- 발생 양상
  - 동상에 노출되기 가장 쉬운 흙은 실트이다.
  - 땅이 얼어 지표면이 부풀어 오른다.
- 발생원인
  - 높은 지하수위
  - 모관수의 상승
  - 동결이 쉽게 되는 흙
  - 낮은 온도
- 방지대책
  - 배수구 등을 설치하여 지하수위를 저하시킨다.
  - 모관수의 상승을 차단하기 위해 조립토의 차단층을 지하수위보다 높은 위치에 설치한다.
  - 동결 깊이 위의 흙을 동결하기 어려운 재료로 치환한다.
  - 외기와 단열시키기 위해 포장 아래에 단열재(Insulation)를 설치한다.
  - 지표의 흙을 화학처리하여 동결온도를 낮춘다.
  - 보온장치를 설치한다.

ⓜ 파이핑 현상(Piping)
- 정 의
  - 흙막이에 대한 수밀성이 불량하여 널말뚝의 틈새로 물과 토사가 흘러들어, 기초저면의 모래지반을 들어 올리는 현상
  - 수위차가 있는 지반 중에서 파이프 형태의 수맥이 생겨 사질층의 물이 배출되는 현상
- 발생 양상
  - 물이 샌다.
  - 모래지반을 들어올린다.
- 발생원인 : 수밀성이 작은 흙막이 벽의 구멍 이음새로 물이 배출되어 발생
- 방지대책 : 지하수위 저하, 수밀성이 좋은 흙막이 벽 선정, 밀실하게 시공

ⓗ 부동침하 현상
- 정의 : 구조물의 기초지반이 침하하여 구조물의 여러 부분에서 불균등하게 침하를 일으키는 현상
- 발생 양상
  - 인장력에 직각방향으로 균열이 발생된다.
  - 균열도해
- 발생원인 : 연약층, 연약층 두께의 상이, 경사지반, 이질 지층, 낭떠러지, 일부 증축, 무리한 증축, 지하수위 변경, 지하구멍, 이질 지정, 일부 지정, 메운땅 흙막이, 인접 건물 근접 시공 등
- 방지대책
  - 상부구조에 대한 대책 : 건물의 경량화, 건물 평면 길이 단축, 인접 건물과의 거리 증가, 건물의 중량배분 고려 등
  - 하부구조에 대한 대책 : 경질지반 지지, 지하실 설치, (마찰)지지말뚝 사용, 온통기초 시공, 독립기초 경우 상호 간 연결(지중보 시공), 지반의 지지력증대(지반개량공법) 등

ⓢ 흙의 현상 관련 제반사항
- 흙의 침하(Settlement)현상
  - 탄성침하 : 하중을 제거하면 원상회복되는 침하 현상
  - 압밀침하(Consolidation Settlement) : 물로 포화된 점토에 다지기를 하면 압축하중으로 지반이 침하하는데, 이로 인하여 간극수압이 높아져 물이 배출되면서 흙의 간극이 감소하는 현상이

다. 탄성침하 후 장기간 발생하는 침하현상으로 하중을 제거해도 침하 상태로 남는 침하현상이며, 지반은 투수성이 작아서 압밀시간이 장기간 계속된다.
- 2차 압밀침하(Creep, 압밀침하) : 압밀침하 완료 후에도 계속되는 침하현상
- 샌드벌킹(Sand Bulking)현상 : 모래에 물이 흡수되어 체적이 팽창되는 현상
  - 물의 표면장력 때문에 발생한다.
  - 함수율 6~12[%](10[%] 정도)에서 체적 팽창은 최대가 되고, 중량은 최소가 된다.
  - 체적 변화는 모래의 함수율과 입자 크기에 따라 좌우된다.
- 벌킹(Bulking)현상 : 표면장력이 흙입자의 이동을 막고 조밀하게 다져지는 것을 방해하는 현상
- 연화(Frost Boil)현상 : 추운 겨울에 땅이 얼었다가 녹을 때 흙속으로 수분이 들어가 지반이 약화되는 현상
- 리칭(Leaching)현상 : 점토질 흙의 간극에 포함되어 있는 염류가 지하수나 담수에 의해 외부로 빠져나가 지지력이 약화되고 강도가 저하되는 현상으로 용탈현상이라고도 한다.

⑥ 토공기계
  ㉠ 벌개작업용 토공기계 : 불도저, 레이크도저
  • 불도저(Bulldozer)
    - 벌개, 굴착, 운반, 땅끝 손질, 다지기, 정지 등에 사용되는 토공기계이다.
    - 트랙터 앞쪽에 블레이드를 90°로 부착한 것이며, 블레이드를 상하로 조종하면서 작업을 수행할 수 있다.
    - 블레이드를 앞뒤로 10° 정도 경사시킬 수 있으나 좌우 및 상하로는 각도 조정을 못한다.
    - 주로 직선 송토작업, 굴토작업, 거친 배수로 매몰작업 등에 이용된다.
    - 일반적으로 불도저란 스트레이트도저(Straight Dozer)를 말한다.
  • 레이크 도저(Rake Dozer) : 블레이드 대신에 레이크(갈퀴)를 설치한 도저로, 주로 나무뿌리나 잡목을 제거하는 데 이용된다.

  ㉡ 굴착용 토공기계 : 파워셔블, 백호, 클램셸, 드래그라인, 로더, 트렌처, 스크레이퍼, 리퍼, 준설선, 불도저
  • 파워셔블(Power Shovel) : 기계가 위치한 지면보다 높은 장소의 땅을 굴착 및 운반하는 데 적합하며, 산지에서의 토공사 및 암반으로부터 점토질까지도 굴착할 수 있는 토공기계이다.
  • 백호(Backhoe) : 기계가 위치한 지면보다 낮은 장소를 굴착하는 데 적합하고, 비교적 굳은 지반의 토질에서도 사용 가능한 장비로 굴착, 싣기, 도랑파기 등에 이용된다.
  • 클램셸(Clam Shell) : 위치한 지면보다 낮은 우물통과 같은 협소한 장소의 흙을 굴착(수직 굴착, 수중 굴착)하고 퍼 올리며 자갈 등을 적재할 수 있는 토공기계로 굴착, 싣기에 이용된다.
  • 드래그라인(Drag Line) : 지면에 기계를 두고 깊이 8[m] 정도의 연약한 지반의 깊은 기초 흙파기를 할 때 사용하는 토공기계이다.
  • 로더(Loader) : 버킷으로 토사를 굴착하며 적재하는 기계이며 트랙터셔블(Tractor Shovel), 셔블로더라고도 한다.
  • 트렌처(Trencher) : 일정한 폭의 구덩이를 연속으로 파며, 좁고 깊은 도랑 파기에 가장 적당한 토공장비이다.
  • 스크레이퍼(Scraper) : 흙을 깎으면서 동시에 기체 내에 담아 운반하고 깔기 작업을 겸할 수 있다. 작업거리는 100~1,500[m] 정도의 중장거리용으로 쓰이는 토공기계로 굴착, 싣기, 운반, 정지 등에 이용되며 캐리올 스크레이퍼(Carryall Scraper)라고도 한다.
  • 리퍼(Ripper) : 아스팔트 포장도로 노반 파쇄 또는 토사 중에 있는 암석 제거에 적합한 토공기계이다. 굴착이 곤란한 경우, 발파가 어려운 암석의 파쇄 굴착 또는 암석 제거에 적합하다.
  • 준설선 : 수중에서 토사를 굴착, 준설, 매립 등을 하는 토공기계이며 선박의 형태를 지닌다.

  ㉢ 싣기(적재, 성토)용 토공기계 : 파워셔블, 백호, 클램셸, 트랙터셔블, 스크레이퍼, 벨트콘베이어, 준설선
  ㉣ 운반용 토공기계 : 불도저, 트랙터셔블, 스크레이퍼, 덤프트럭, 벨트콘베이어, 지게차, 준설선
  ㉤ 땅끝손질용 토공기계 : 불도저, 모터그레이더, 스크레이퍼

- 모터그레이더(Motor Grader) : 지면을 절삭하고 평활하게 다듬기 위한 대패와 같은 역할을 하는 토공기계이다.
ⓑ 함수비 조절용 토공기계 : 스태빌라이저, 모터그레이더, 살수차
- 스태빌라이저(Stabilizer) : 입도 조정 및 아스팔트 유제나 시멘트의 첨가 혼합 등 노반안정처리에 사용되는 토공기계이다.
ⓢ 다지기용 토공기계 : 로드롤러, 타이어롤러, 탬핑롤러, 진동롤러, 진동콤팩터, 래머, 불도저
- 로드롤러(Road Roller) : 2개 이상의 평활한 강제 원통을 차륜으로 한 자주식 다짐용 토공기계이며 전동식 롤러를 다르게 칭하는 명칭이다.
- 타이어롤러(Tire Roller) : 로드롤러의 일종으로 철륜 대신에 고무타이어를 장착하여 평활하게 주행하면서 다지는 토공기계이다.
- 탬핑롤러(Tamping Roller) : 철륜(롤러) 표면에 다수의 돌기를 붙여 접지면적을 작게 하여 접지압을 증가시킨 토공기계이다.
- 진동롤러(Vibrating Roller) : 아스팔트 콘크리트 등의 다지기에 효과적으로 사용되는 토공기계이다.
- 진동콤팩터(Vibro Compactor) : 내마모성이 좋은 두꺼운 강이나 주강제의 다짐판 위에 정착된 진동기를 엔진의 동력으로 회전시켜 발생한 진동 원심력으로 다짐판을 진동시켜 다짐효과를 좋게 한 다짐용 토공기계이다.
- 래머(Rammer) : 엔진의 실린더를 동체로 하고 하부에 타격판을 설치한 구조이다. 단기통엔진의 폭발력을 이용하여 기체를 도약시켰다가 낙하 충격에 너지를 흙에 주어 다지는 토공기계이다.
ⓞ 정지(整地, 흙깔기)용 토공기계 : 불도저, 모터그레이더, 스크레이퍼
ⓩ 도랑파기용 토공기계 : 트랜처, 백호
ⓐ 말뚝박기용 토공기계 : 디젤해머
- 디젤해머(Diesel Hammer) : 압축·폭발 타격력을 이용하여 말뚝을 박는 기계이다. 타격 정밀도가 높지만, 타격 시 소음이 커서 도심지 공사에는 부적당하고, 램의 낙하 높이 조정이 곤란하다.

⑦ 기타 토공사 관련 제반사항
㉠ 토공사(Earth Work) : 구조물을 시공함에 있어서 기초나 지하실을 구축하기 위해 필요한 지반면까지의 공간을 굴착하고, 완료한 뒤에 지반면까지 다시 메우는 작업을 가리키는 공사의 총칭이다.
㉡ 토공사의 작업 흐름도

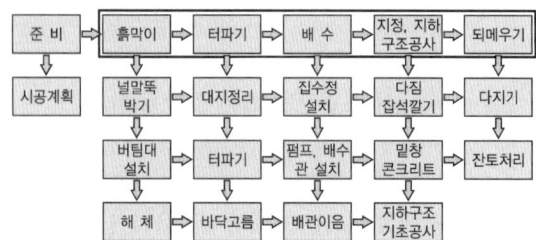

㉢ 연약지반
- 강도가 약하고 압축성이 큰 지반
- 간극비와 함수비가 높은 지반
- 사실토 : $N \leq 10$
- 점토 : $N \leq 4$

㉣ 흙막이 공사에서 나무 널말뚝을 사용할 수 있는 최대 깊이는 4[m]이다.
㉤ 토공사에서 일반 흙으로 되메우기 할 경우 두께 약 30[cm] 정도의 간격마다 다짐밀도의 규정 또는 공사 시방서에서 요구하는 다짐밀도로 다진다.
㉥ 벤치마크 : 신축할 건축물 높이의 기준이 되는 주요 가설물로, 이동의 위험이 없는 인근 건물의 벽 또는 담자에 설치하는 것

10년간 자주 출제된 문제

1-1. 자연 상태로서의 흙 강도가 1[MPa]이고, 이긴 상태로의 강도는 0.2[MPa]라면 이 흙의 예민비는?

① 0.2
② 2
③ 5
④ 10

1-2. 지반의 성질에 대한 설명으로 옳지 않은 것은?

① 점착력이 강한 점토층은 투수성이 작고 압밀되기도 한다.
② 흙에서 토립자 이외의 물과 공기가 점유하고 있는 부분을 간극이라고 한다.
③ 모래층은 점착력이 비교적 작거나 무시할 수 있는 정도이며 투수가 잘된다.
④ 흙의 예민비는 보통 그 흙의 함수비로 표현된다.

1-3. 수직응력 $\sigma = 0.2$[MPa], 점착력 $C = 0.05$[MPa], 내부마찰각 $\phi = 20°$의 흙으로 구성된 사면의 전단강도는?

① 0.08[MPa]
② 0.12[MPa]
③ 0.16[MPa]
④ 0.2[MPa]

1-4. 연질의 점토지반에서 흙막이 바깥에 있는 흙의 중량과 지표 위의 적재하중 중량에 못 견디어 저면 흙이 붕괴되고 흙막이 바깥에 있는 흙이 안으로 밀려 불룩하게 되는 현상을 무엇이라고 하는가?

① 보일링 파괴
② 히빙 파괴
③ 파이핑 파괴
④ 언더피닝

1-5. 다음 중 토공사의 장비로 거리가 먼 것은?

① 로더(Loader)
② 파워셔블(Power Shovel)
③ 가이데릭(Guy Derrick)
④ 클램셸(Clamshell)

1-6. 터파기용 기계장비 가운데 장비의 작업면보다 상부의 흙을 굴착하는 장비는?

① 불도저(Bulldozer)
② 모터 그레이더(Motor Grader)
③ 클램셸(Clam Shell)
④ 파워셔블(Power Shovel)

1-7. 토공작업 시 굴착과 싣기를 동시에 할 수 있는 토공장비가 아닌 것은?

① 모터그레이더(Motor Grader)
② 파워셔블(Power Shovel)
③ 백호(Back Hoe)
④ 트랙터셔블(Tractor Shovel)

| 해설 |

1-1

예민비 = $\dfrac{\text{자연 시료의 강도}}{\text{이긴 시료의 강도}} = \dfrac{1}{0.2} = 5$

1-2

- 예민비(Sensitivity Ratio) : 자연 상태의 흙의 강도를 이긴 상태의 흙의 강도로 나눈 값
- 함수비 : 물 무게를 토립자의 무게로 나눈 값

1-3

사면의 전단강도
$S = C + \sigma \tan\phi = 0.05 + 0.2\tan 20° \simeq 0.12$[MPa]

1-4

① 보일링(Boiling) : 사질지반 굴착 시 굴착부와 지하수위의 차가 있을 때 수두차에 의하여 삼투압이 생겨 흙막이 벽 근입부분을 침식하는 동시에 모래가 액상화되어 솟아오르는 현상
③ 파이핑(Piping) : 흙막이에 대한 수밀성이 불량하여 널말뚝의 틈새로 물과 토사가 흘러들어, 기초저면의 모래지반을 들어 올리는 현상
④ 언더피닝(Underpinning) : 구조물에 인접하여 새로운 기초를 건설하기 위해서 인접한 구조물의 기초보다 더 깊게 지반을 굴착할 경우에 기존의 구조물을 보호하기 위하여 그 기초를 보강하는 대책

1-5

가이데릭(Guy Derrick) : 360° 회전 가능한 고정 선회식의 기중기이다. 붐(Boom)의 기복·회전으로 짐을 이동시키는 장치로 철골 조립작업, 항만하역 등에 사용되는 건설공사용 기계이다.

1-6

① 불도저(Bulldozer) : 벌개, 굴착, 운반, 땅끝 손질, 다지기, 정지 등을 수행하는 장비
② 모터 그레이더(Motor Grader) : 지면을 절삭하고 평활하게 다듬기 위한 토공기계의 대패와도 같은 산업기계
③ 클램셸(Clam Shell) : 위치한 지면보다 낮은 우물통과 같은 협소한 장소의 흙을 굴착(수직 굴착, 수중 굴착)하고 퍼 올리며 자갈 등을 적재할 수 있는 토공기계

1-7

모터그레이더(Motor Grader)는 지면을 절삭하고 평활하게 다듬기 위한 토공기계의 대패와 같은 산업기계이다. 굴착과 싣기를 동시에 할 수 있는 토공기계는 아니다.

정답 1-1 ③ 1-2 ④ 1-3 ② 1-4 ② 1-5 ③ 1-6 ④ 1-7 ①

핵심이론 02 | 지반조사

① 지반조사의 개요
  ㉠ 지반조사의 목적
    • 토질의 성질 파악
    • 지층의 분포 파악
    • 지하수위 및 피압수 파악
    • 공사장 주변 구조물의 보호
    • 경제적 설계 및 시공 시 안전 확보
    • 구조물 위치 선정 및 설계 계산
  ㉡ 지반조사보고서의 내용
    • 지반공학적 조건
    • 표준관입시험치, 콘관입저항치 결과분석
    • 건설할 구조물 등에 대한 지반특성
  ㉢ 지반조사 중 예비조사단계에서 흙막이 구조물의 종류에 맞는 형식을 선정하기 위한 조사항목
    • 지형이나 지하수위, 우물 등의 현황조사
    • 인접 구조물의 크기, 기초의 형식 및 그 현황조사
    • 인근 지반의 지반조사자료나 시공자료의 수집
    • 기상조건 변동에 따른 영향 검토
    • 주변의 환경(하천, 지표지질, 도로, 교통 등)
  ㉣ 지반조사의 간격 및 깊이
    • 조사 간격은 지층 상태, 구조물 규모에 따라 정한다.
    • 지층이 복잡한 경우에는 이미 조사한 간격 사이에 보완조사를 실시한다.
    • 절토, 개착, 터널구간은 기반암의 심도 2[m]까지 확인한다.
    • 조사 깊이는 액상화 문제가 있는 경우에는 모래층 하단에 있는 단단한 지지층까지 조사한다.
  ㉤ 지반조사 시 유의사항
    • 먼저 기존의 조사자료와 대조한 후 각종 지반 조사를 실시한다.
    • 과거 또는 현재의 지층 표면의 변천사항을 조사한다.
    • 상수면의 위치와 지하 유수 방향을 조사한다.
    • 지하 매설물 유무와 위치를 파악한다.
  ㉥ 토질의 주상도
    • 토질시험이나 표준관입시험 등을 통하여 지층 경연, 지층 서열 상태, 지하수위 등을 조사하여 지층의 단면상태를 축적으로 표시한 예측도
    • 별칭 : 시추주상도
    • 지질조사를 하는 지역의 지층 순서를 결정하는 데 이용된다.
    • 토질주상도에 기재되는 항목 : 조사지역, 작성자, 날짜, 보링 종류, 보링방법, 지하수위, 지층 두께, 지층구성 상태, 심도에 따른 토질 및 색조, N값, 샘플링 방법 등
    • 지반조사의 방법 : 지하탐사법, 보링(Boring), 샘플링(Sampling), 사운딩(Sounding), 지내력시험

② 지하탐사법
  ㉠ 터파보기
    • 직경 60~90[cm], 깊이 1.5~3.0[m], 간격 5~10[m]로 대지 일부를 시험파기하여 지층 상태로 내력을 추정하는 탐사법이다.
    • 토질, 지하수위를 조사한다.
  ㉡ 탐사간(짚어보기)
    • 9~45[mm] 정도의 철봉을 땅속에 박아서 그 침하력으로 지층의 깊이를 추정하는 탐사법이다.
    • 수개소에서 시행한다.
  ㉢ 물리적 탐사법
    • 광대한 지하 구성층의 대략적 탐사방법
    • 종류 : 탄성파식, 전기저항식 지하탐사, 음파탐사, 중력탐사, 방사능 탐사법 등
      - 전기저항식 지하탐사(Electric Resistivity Prospecting) : 지층의 변화 심도를 측정하는 데 적합한 지반조사 방법

③ 보링(Boring) : 지반을 천공하고 토질의 시료를 채취하여 지층상황을 판단하는 방법
  ㉠ 보링의 구성기구 : Bit(칼날), Rod(쇠막대), Core Tube(시료채취용), Casing(외관 : 공벽 보호)
  ㉡ 보링의 목적
    • 주상도 작성
    • 토질조사(토질시험)
    • 시료 채취
    • 지하수위 측정
    • 보링 구멍 내의 원위치시험
    • 지내력 측정
  ㉢ 특 징
    • 지중을 천공하여 토사채취가 가능하다.
    • 지중 토질의 분포, 흙의 층상 및 구성을 알 수 있다.
    • 토질주상도를 그릴 수 있다.

- 보링의 깊이는 경미한 건물에서는 기초 폭의 1.5~2.0배 정도로 한다.
- 보링은 부지 내에서 3개소 이상으로 행하는 것이 바람직하다.
- 보링 간격은 30[m] 정도로 하고, 중간지점은 물리적 지하탐사법에 의해 보충한다.
- 보링구멍은 수직으로 파는 것이 중요하다.

② 보링방법
- 회전식 보링(Rotary Boring) : 연속적으로 시료를 채취할 수 있어 지층의 변화를 비교적 정확히 알 수 있는 보링법이다. 회전 천공 후 이수(泥水)를 사용하고, 불교란시료 채취가 가능하다.
- 수세식 보링(Wash Boring) : 연약한 토사에 수압을 이용하여 탐사하고 이수를 사용한다. 물을 분사하여 흙과 물을 같이 배출·침전시켜 토질을 판정한다.
- 충격식 보링(Percussion Boring) : 와이어로프 끝에 비트를 달고 60~70[cm]의 낙하충격으로 토사, 암석을 파쇄 후 천공 베일러(Bailer)로 퍼내고 이수를 사용한다. 경질층의 깊은 굴착에 적합하다.
- 오거 보링(Auger Boring) : Auger를 회전하여 시료를 채취하는 방법으로, 얕은 지반에 많이 사용하며 시료교란의 결점이 있다. 10[m] 이하는 핸드오거, 10[m] 이상은 기계오거를 사용한다.

㉤ 시추이수(Boring Mud) : 이수는 회전식 보링에서 슬라임 배제와 굴착기구의 냉각을 위하여 이용한다. 시추작업 시에 공벽을 불투수성으로 만들고 이수압으로 공벽의 붕괴를 방지하며, 유출수 억제, 슬라임 침하방지 및 윤활작용 등의 장점이 있다. 따라서 이러한 기능을 갖기 위해서는 적당한 비중, 점도, 안정성 등이 필요하다. 이수의 주재료는 물과 벤토나이트이며 필요에 따라 안정제, 점도강하제 등을 첨가한다.

④ 샘플링(Sampling) : 보링 후 교란시료 또는 불교란시료를 채취하는 것

㉠ Thinwall Sampling
- 연약한 점토층(N : 0~4)을 대상으로 얇은 황동관을 꾹 눌러서 시료를 채취한다.
- 불교란시료의 채취가 목적이며 삼축압축시험, 압밀시험 등을 수행한다.
- 필요 지름은 85[mm] 이상, 샘플 튜브는 두께 1.1~1.3[mm](황동 또는 강재)

㉡ Composite Sampling
- 다소 굳은 점토층(N : 0~8)을 대상으로 샘플링관을 굴진하여 시료를 채취한다.
- 필요 지름은 85[mm] 이상, 샘플 튜브는 두께 1.3[mm](황동 또는 강재)

⑤ 사운딩(Sounding) : 로드에 붙인 저항체를 지중에 넣고 관입, 회전, 빼올리기 등의 저항으로부터 토층의 성상을 탐사하는 방법이다. 탐사방법으로는 표준관입시험, 스웨덴식·화란식 관입시험, 베인시험 등이 있다.

㉠ 표준관입시험(Standard Penetration Test)
- 정 의
  - 로드 끝에 샘플러를 부착하고 63.5[kg]의 추를 76[cm] 높이에서 낙하시켜 30[cm] 관입시키는 데 필요한 타격 횟수 N을 구하고 동시에 샘플러로 시료를 채취하는 시험
  - 모래의 전단력의 차이에 의해 모래의 불교란시료를 채취하기 곤란한 경우, 현지의 지반에서 직접 밀도를 측정하는 시험방법
- 표준관입시험의 N치에서 추정 가능한 사항
  - 사질토의 상대밀도, 간극비, 내부 마찰각, 침하에 대한 허용지지력, 액상화 가능성 파악, 탄성계수
  - 선단지지층이 사질토지반일 때 말뚝 지지력
  - 점성토의 컨시스턴시, 일축압축강도, 전단강도, 비배수점착력, 기초지반의 허용지지력
- 특 징
  - 63.5[kg] 무게의 추를 76[cm] 높이에서 자유낙하하여 타격하는 시험이다.
  - 주로 사질토 지반에서 지반의 경도, 다짐 상태의 상대치를 정량적으로 알기 위해 N값을 구하는 시험이다.
  - 사질지반의 토질조사를 할 때 가장 신뢰성이 있는 방법이다.
  - 사질지반에 적용하며, 점토지반에서는 편차가 커서 신뢰성이 떨어진다.
  - N값(N-value)은 지반을 30[cm] 굴진하는 데 필요한 타격 횟수를 의미한다.
  - 타격횟수(N값)에 따른 모래의 상대밀도
    ⓐ 0~4 : 몹시 느슨함
    ⓑ 4~10 : 느슨함

ⓒ 10~30 : 조밀함
ⓓ 50 이상 : 대단히 조밀함
- 50/3의 표기에서 50은 타격 횟수, 3은 굴진수치를 의미한다.
ⓛ 스웨덴식 관입시험(Swedish Penetration Test) - 정적 사운딩
• 로드 선단에 스크루 포인트를 부착하여 5~100[kg]의 추 무게로 관입시키고, 더 회전시켰을 때의 관입량을 측정하는 방법이다.
• 자갈 이외의 대부분 지형에 적용 가능하며 최대 심도는 25~30[m]이다.
ⓒ 화란식 원추관입시험(Dutch Cone Penetration Test) - 정적 사운딩
• 로드에 원추를 부착하고 정적으로 압입(2[cm/s])하여 흙의 강도나 변형 특성을 시험
• 자갈 이외의 대부분 지반에 적용가능하다.
ⓔ 베인시험 : +자의 저항날개를 로드 선단에 붙여 지중에 박아가며 회전시켜 그때의 최대저항치에서 지반의 전단강도를 구하는 시험법
• 10[m] 이내의 연한 점토질 지반의 점착력, 전단강도 측정에 적합하다.
• 깊은 지반을 테스트할 경우, 지반 샘플을 획득한 후 실험실에서 측정한다.
⑥ 지내력시험(Soil Bearing Test) : 가장 적합한 기초구조를 결정하기 위해 실시한다.
㉠ 평판재하시험
• 시험은 원칙적으로 예정 기초저면에서 행한다.
• 재하판은 정방형 또는 원형으로 면적 0.2[m²]의 것을 표준으로 한다.
• 재하판은 두께 25[mm]의 철판재로서 면적 0.2[m²]의 것을 표준으로 하여 45[cm]각의 판이 쓰인다.
• 침하의 증가량이 2시간에 약 0.1[mm] 비율 이하가 될 때 침하가 정지한 것으로 본다.
• 24시간 경과 후 침하량 증가가 0.1[mm] 이하일 때 총침하량을 측정한다.
• 총침하량이 20[mm]에 도달했을 때의 하중을 구하여 단기 허용지내력을 구한다.
- 지내력시험을 한 결과 침하곡선이 다음 그림과 같이 항복상황을 나타냈을 때 이 지반의 단기하중에 대한 허용지내력은 12[ton/m²]이다.

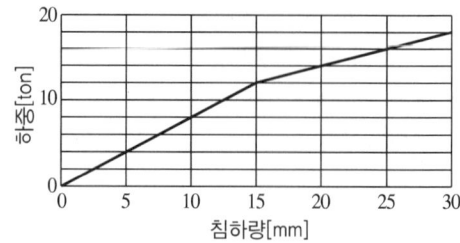

• 시험하중은 예정 파괴하중을 5회 이상 나누어 재하하는 것이 좋다.
• 장기하중에 대한 허용지내력은 단기하중 허용지내력의 절반이다.
• 장기하중의 지내력은 단기 하중지내력의 1/2, 총 침하량의 1/2, 침하 정지 상태의 1/2, 파괴 시 하중의 1/3 중 작은 값으로 결정한다.
• 매회 재하는 1[ton] 이하 또는 예정파괴하중의 1/5 이하로 한다.
ⓛ 말뚝재하시험(Pile Loading Test)
• 목적 : 말뚝 길이의 결정, 말뚝관입량 결정, 지지력 추정
• 별칭 : 말뚝기초재하시험, 말뚝박기시험
• 특 징
- 해머의 중량은 말뚝 중량의 1/2 이상으로 통상 2~3배 정도로 한다.
- 공이가 떨어지는 높이는 가벼운 공이는 2~3[m], 무거운 공이는 1~2[m]로 한다.
- 말뚝은 연속적으로 타격하되 휴식시간을 두지 않는다.
- 소정의 침하량에 도달하면 그 이상 무리하게 박지 않는다.
- 최종 관입량은 5회 또는 10회 타격한 평균값을 적용한다.
- 타격 횟수 5회에 총관입량이 60[mm] 이하일 경우의 말뚝은 박히는 데 거부현상을 일으키는 것으로 본다.
• 종류 : 압축재하시험(정재하시험, 동재하시험), 수평재하시험, 인발재하시험, 정동적재하시험, SPLT 등
- 정재하시험 : 지반조건에 큰 변화가 없는 경우 전체 말뚝수의 1[%] 이상(말뚝이 100개 미만인 경우에도 최소 1개) 실시하거나 구조물별 1회 이

상 실시한다. 현재까지 알려진 방법 중에서 가장 신뢰도가 높다. 종류로는 사하중재하방법, 반력말뚝재하방법, 어스앵커재하방법 등이 있다.
- 동재하시험 : 시험말뚝에 변형률계(Strain Gauge)와 가속도계(Accelero Meter)를 부착하여 말뚝항타에 의한 파형으로부터 지지력을 구하는 시험이다(초기항타, 재항타).
- 수평재하시험 : 수평 방향 외력을 받는 말뚝의 거동을 추정하기 위한 시험이다. 말뚝의 거동에 영향을 주는 요소로는 말뚝의 강성, 말뚝 폭, 재하 높이, 말뚝머리 고정조건, 지반조건, 하중의 성질 등이 있다.
- 인발재하시험 : 말뚝 기초의 주면마찰력에 대한 시험
- 정동적재하시험(Statnamic Test) : 원리는 포탄 발사 시의 작용-반작용과 유사하다. 실린더 내부의 추진연료 연소 시 발생하는 가스압을 이용하여 반력하중을 밀어 올리는 반작용으로, 말뚝의 두부에 하중을 가하는 시험이다. 실적이 많지는 않지만 서해대교에 적용한 실적이 있다.
- SPLT(Simple Pile Load Test, 간편재하시험) : 기성 말뚝에 사용되는 것으로 강관말뚝 하부에 철제 분리 선단부를 설치하고 말뚝을 항타하여 말뚝이 시공된 다음 강관말뚝 중공부에 하중전달장치를 설치하고 주면마찰력을 반력으로 이용한 재하시험방법이다.

10년간 자주 출제된 문제

2-1. 지질조사에서 보링에 관한 설명 중 옳지 않은 것은?
① 보링의 깊이는 경미한 건물에서는 기초 폭의 1.5~2.0배 정도로 한다.
② 보링은 부지 내에서 2개소 이내로 행하는 것이 바람직하다.
③ 보링 간격은 30[m] 정도로 하고, 중간지점은 물리적 지하탐사법에 의해 보충한다.
④ 보링구멍은 수직으로 파는 것이 중요하다.

2-2. 지내력 시험에서 평판재하시험에 관한 기술로 옳지 않은 것은?
① 시험은 예정기초저면에서 행한다.
② 시험하중은 예정파괴하중을 한꺼번에 재하하는 것이 좋다.
③ 장기하중에 대한 허용지내력은 단기하중 허용지내력의 절반이다.
④ 재하판은 정방형 또는 원형으로 면적 0.2[m²]의 것을 표준으로 한다.

|해설|

2-1
보링은 부지 내에서 3개소 이상으로 행하는 것이 바람직하다.

2-2
시험하중은 예정파괴하중을 5회 이상 나누어 재하하는 것이 좋다.

정답 2-1 ② 2-2 ②

핵심이론 03 | 토공사의 공법

① 흙파기 공법(터파기 공법)
  ㉠ 트렌치 컷 공법(Trench Cut Method)
    • 정 의
      - 굴착지반이 연약하여 구조물 위치 전체를 동시에 파내지 않고 측벽을 먼저 파내고 그 부분의 기초와 지하구조체를 축조한 다음 중앙부의 나머지 부분을 파내어 지하구조물을 완성하는 흙파기 공법
      - 측벽이나 주열선 부분을 먼저 파내고 그 부분에 기초와 지하구조체를 축조한 다음 중앙부의 나머지 부분을 파내어 지하구조물을 완성해 가는 공법
      - 대지 경계선 가장자리를 굴착하여 구조물을 시공한 후 중앙 부위 굴착 및 구조물을 시공하여 지하구조물을 완성하는 공법
      - 지반이 연약하여 오픈 컷을 실시할 수 없거나 지하구조체의 면적이 넓어 흙막이 가설비가 과다할 때 적용하는 공법
    • 특 징
      - 지반이 연약하고 히빙의 우려가 있어 온통파기(터파기 평면 전체를 한 번에 굴착하기)를 할 수 없거나 광대하여 버팀대를 가설해도 그 변형이 심하여 실질적으로 불가능할 때 채택한다.
      - 공사기간이 길어지고 널말뚝을 이중으로 박아야 한다.
      - 중앙부 공간을 야적장으로 활용 가능하고, 지반이 연약해도 사용 가능하다.
      - 버팀대(지보재)의 길이가 짧아서 처짐이나 변형이 작다.
      - 공기가 길고 흙막이 이중설치로 비경제적이라 주로 특수한 경우에 사용한다.
  ㉡ 아일랜드 컷 공법(Island Cut Method)
    • 정 의
      - 대지 주위의 흙파기면에 따라 널말뚝을 박은 다음, 널말뚝 주변부의 흙을 남기면서 중앙부의 흙을 파고 그 부분에 기초 또는 지하구조체를 축소한 후, 이를 지점으로 흙막이 버팀대로 경사지게 가설하여 널말뚝 주변의 흙을 파내는 터파기 공법
      - 비탈면을 남기고 중앙부를 먼저 흙파기한 후 구조물을 축조하고, 경사 버팀대 또는 수평 버팀대를 이용하여 잔여 주변부를 흙파기하여 구조물을 완성시키는 공법
      - 비탈면 오픈 컷과 흙막이 공법을 혼용한 공법이다.
    • 특 징
      - 지보공 및 가설재 절약, 공기 단축, 깊이가 얕고 건축물의 범위가 넓은 공사에 적합하다.
      - 내부 굴착에 중장비 사용이 가능하다.
      - 깊은 흙파기에서는 불리하다.
      - 오픈 컷보다는 공기가 불리하다.
  ㉢ 흙막이 오픈 컷 공법
    • 정의 : 별도의 흙막이 없이 경사면을 취하여 공사부지를 확보하는 흙파기 공법
    • 특 징
      - 주로 지반이 양호하고 대지 여유가 있을 때 사용한다.
      - 경사면의 높이는 3~6[m], 중간참의 폭은 2~3[m], 비탈면 보호, 배수로, 집수정(물저장고) 설치
      - 흙막이 벽이나 가설구조물이 없으므로 경제적이다.
      - 가설구조물의 장애가 없으므로 시공능률이 높다.
      - 공기 단축이 가능하고 배수가 용이하다.
      - 사면의 보호가 필요하고, 넓은 부지가 필요하다.
      - 깊은 굴착 시 비경제적이며 되메우기 토량이 많다.
  ㉣ 경사 오픈 컷 공법 : 흙막이 벽이나 가설구조물 없이 굴착하는 공법으로, 비탈면 오픈 컷 공법이라고도 한다.

② 흙막이 공법
  ㉠ 흙막이 공법 선정 시 고려사항
    • 흙막이 해체 고려
    • 안전하고 경제적인 공법 선택
    • 차수성이 높은 공법 선택
    • 지반성장에 적합한 공법 선택
    • 구축하기 쉬운 공법 선택
  ㉡ 흙막이 벽 설치공법의 종류
    • 흙막이 지지방식에 의한 분류 : 자립식 공법, 수평 버팀대 공법, 어스앵커 공법, 경사 오픈 컷 공법, 타이로드 공법
      - 자립공법 : 흙막이 벽 벽체의 근입 깊이에 의해 흙막이 벽을 지지하는 공법

- 흙막이 구조방식에 의한 분류 : H-Pile 공법, 강제(철제)널말뚝공법, 목제널말뚝공법, 엄지(어미)말뚝식 공법, 지하연속벽 공법, Top Down Method 공법
- 연약지반의 침하로 인한 문제를 예방하기 위한 점토질 지반의 개량공법 : 생석회말뚝공법, 페이퍼드레인공법, 샌드드레인공법, 여성토공법 등

ⓒ H-말뚝(Pile) 토류판 공법
- 흙막이 공법이란 : 일정 간격으로 H-pile(어미말뚝)을 박고 기계로 굴토해 내려가면서 판을 끼워서 흙막이 벽을 형성하는 공법
- 별칭 : 엄지말뚝 가로널 공법
- 특 징
  - 토류판은 낙엽송, 소나무 등 생나무를 사용한다.
  - 공사비가 비교적 저렴하고, 시공이 단순하다.
  - 어미말뚝은 회수 가능하다.
  - 응력부담재인 강제의 연직 H-형강을 중심 간격 1.5~1.8[m]의 일정한 간격으로 미리 지중에 타입시킨다.
  - 띠장의 간격 감소 및 버팀대 좌우 좌굴방지를 위해서 가새나 귀잡이가 필요한 공법이다.
  - 지하수가 많은 지반에는 차수공법을, 인접 가옥이 접근하여 있을 때는 언더피닝공법을 채용한다.

ⓒ 강제널말뚝공법(Steel Sheet Pile Method)
- 널말뚝(Sheet Pile, 시트파일)
  - 널말뚝의 이음은 강도적으로 이탈되지 않는 것으로 한다.
  - 가급적 틈이 작은 것이 좋다.
  - 인장을 받아도 끊어지지 않는 것이 좋다.
  - 큰 토압, 수압에 견디며 일반적으로 널리 쓰이는 강제널말뚝은 라르센(Larssen)이다.
  - 강제널말뚝에는 U형, Z형, H형, 박스형 등이 있다.
- 널말뚝 시공 시 주의해야 할 내용
  - 널말뚝은 수직 방향으로 똑바로 박는다.
  - 널말뚝의 끝부분은 기초파기 바닥면보다 깊이 박도록 한다.
  - 널말뚝 끝부분에서 용수에 의한 토사 유출이 발생할 수 있다.
- 특 징
  - 깊은 지지층까지 박을 수 있다.
  - 철재 판재를 사용하므로 수밀성이 좋다.
  - 비교적 경질지반이며 지하수가 많은 지반에 적용 가능하다.
  - 깊이 4[m] 이상에서 많이 쓰고 라르센식이 강성이 크고 랜섬(Ransom)식이 가장 많이 사용된다.
  - 휨모멘트에 대한 저항이 크다.
  - 말뚝의 절단·가공 및 현장접합이 가능하다.
  - 타입 시에 지반의 체적 변형이 작아 항타가 쉽다.
  - 타입 시에는 지반의 체적 변형이 작아 항타가 쉽고 이음부를 볼트나 용접접합에 의해서 말뚝의 길이를 자유롭게 늘일 수 있다.
  - 용접접합 등에 의해 파일의 길이 연장이 가능하다.
  - 몇 회씩 재사용이 가능하다.
  - 적당한 보호처리를 하면 물 위나 아래에서도 수명이 길다.
  - 무소음 설치가 어렵다.
  - 도심지에서는 소음, 진동 때문에 무진동 유압장비에 의해 실시해야 한다.
  - 관입, 철거 시 주변 지반침하가 일어난다.
- 적 용
  - 지하수가 많고 수압이 커서 차수막이 필요한 경우
  - 기초파기가 깊어서 토압이 많이 걸리고 흙막이 강성이 필요한 경우
  - 경질지층으로 타입 시 재료의 강성이 요구되는 경우

ⓒ 버팀대식 흙막이 공법
- 정 의
  - 시가지에서 가장 일반적으로 사용되는 공법
  - 흙막이 벽 안쪽에 띠장, 버팀대 및 지지말뚝을 설치하여 지지하는 방식
- 특 징
  - 대지 전체에 건축물을 세울 수 있고 시공이 용이하다.
  - 되메우기가 적고 공기가 짧다.
- 경사버팀대 공법(Raker Method)
  - 부재가 적게 든다.
  - 가설비가 적게 들고 버팀대의 길이가 짧아 변형이 작다.
  - 버팀대가 짧으므로 수축이나 접합부의 유동이 작다.

- 레이커 내의 구조물 시공 시 작업 공간이 좁고 작업성이 나쁘다.
- 지하 부분의 구조물을 2회로 나누어 시공하므로 공기가 길어진다.
- 연약한 지반에서는 사면의 안정에 문제가 있으며 깊은 굴착에는 적합하지 않다.

• 수평버팀대 공법(스트러트 공법, Strut Method)
- 지지방식이 단순하고 시공실적이 많다.
- 토질에 대해 영향을 작게 받는다.
- 인근 대지로 공사범위가 넘어가지 않는다.
- 강재를 전용함에 따라 재료비가 비교적 적게 든다.
- 고저차가 크거나 상이한 구조일 경우 균형 잡기가 어렵다.
- 가설구조물로 인하여 중장비작업이나 토량 제거 작업의 능률이 저하된다.
- 공기지연에 의하여 상대적으로 공사비가 상승된다.

ⓑ 어스앵커 공법(Earth Anchor Method)
• 정 의
- 널말뚝 후면부를 천공하고 인장재를 삽입하여 경질지반에 정착시킴으로써 흙막이널을 지지시키는 공법
- 흙막이 배면을 드릴로 천공하여 앵커체와 모르타르를 주입 경화시켜 버팀대 대신 강재의 인장력으로 토압을 지지하는 공법
- 별칭 : 타이로드 공법(Tie-rod Method)

• 특 징
- 앵커체가 각각의 구조체이므로 적용성이 좋다.
- 앵커에 프리스트레스를 주기 때문에 흙막이 벽의 변형을 방지하고 주변 지반의 침하를 최소한으로 억제할 수 있다.
- 본 구조물의 바닥과 기둥의 위치에 관계없이 앵커를 설치할 수도 있다.
- 지보공(버팀대)이 불필요하다.
- (지보공이 없으므로) 넓은 작업장 확보가 가능하다.
- 작업능률 증대 및 기계화 시공 공기가 단축된다.
- 깊은 굴착 시 스트러트 공법보다 경제적이다.
- 정착부 그라우트(Grout)의 밀봉을 목적으로 패커(Packer)를 설치한다.
- 주변대지 사용에 의한 민원인의 동의가 필요하다.
- 앵커 정착 부위의 토질이 불확실한 경우는 위험하다.
- 지하 매설물 등으로 시공이 어려울 수 있다.
- 인근 구조물, 지중 매설물에 따라 시공이 곤란하다.
- 비교적 고가이다.

ⓢ 소일네일링(Soil Nailing) 공법
• 지반에 보강재(철근)을 삽입하여 흙과 보강재 사이의 마찰력이나 보강재의 인장응력으로 지반을 안정화하는 공법
• 작업공간 확보가 용이하고 인접건물 및 지하매설물이 위치한 곳에서 근접 시공이 가능하다.
• 소일네일링 공법의 적용한계를 가지는 지반조건
- 지하수와 관련된 문제가 있는 지반
- 일반시설물 및 지하구조물, 지중 매설물이 집중되어 있는 지반, 잠재적으로 동결 가능성이 있는 지층

ⓞ 이코스파일 공법(ICOS Method) : 지수 흙막이 벽으로 말뚝 구멍을 하나 걸러서 뚫고 콘크리트를 부어 넣어 만든 후, 말뚝과 말뚝 사이에 다음 말뚝구멍을 뚫어 흙막이 벽을 완성하는 공법
※ 연속 콘크리트벽 흙막이 공법 : ICOS 공법, OWS 공법, Auger Pile 공법 등

ⓩ 슬러리 월 공법(Slurry Wall Method)
• 정 의
- 특수 굴착기와 안정액(Bentonite)을 사용하여 지반의 붕괴를 방지하면서 굴착하고 그 속에 철근망을 넣고 콘크리트를 타설하여 지중에 연속으로 철근 콘크리트 흙막이 벽(벽체)을 조성·설치하는 공법
- 안내벽(Guide Wall)을 설치한 후 안정액(Bentonite)을 공급하면서 클램셸로 선행 굴착하고, 회전식 유압굴착기를 이용하여 지반을 굴착하면서 안정액을 채워 굴착면의 공벽 붕괴를 방지하고 철근망 삽입 후 콘크리트를 타설하여 연속벽을 설치하는 공법
• 별칭 : 지하 연속벽 공법(Diaphragm Wall Method), 지중 연속벽 공법 등
• 시공순서 : 가이드 월 설치 → 굴착 → 슬라임 제거 → 인터로킹 파이프 설치 → 지상 조립철근 삽입 → 콘크리트 타설 → 인터로킹 파이프 제거

- 벤토나이트 용액(안정액)의 사용목적
  - 굴착 공벽의 붕괴방지
  - 지하수 유입방지(차수)
  - 굴착부 마찰저항 감소
  - 슬라임 등의 부유물 배제효과
- 가이드 월 설치목적
  - 굴착공, 인접 지반의 붕괴방지
  - 굴착기계의 이동
  - 철근망 거치
  - 중량물 지지
- 특 징
  - 저소음, 저진동 장비를 사용하는 친환경 공법이다.
  - 진동, 소음이 작다.
  - 저진동, 저소음의 기계화 시공으로 도심지 밀집지역 및 기존 구조물 근접지역에서도 원활한 공사를 수행한다.
  - 인접 건물의 근접 시공이 가능하며 수직 방향의 연속성이 확보된다.
  - 단면강성이 높다.
  - 벽체의 강성이 크고 완벽한 차수성이 보장되므로 굴착에 따른 지층이완 및 지반침하방지가 가능하다.
  - 흙막이 벽 자체의 강도, 강성이 우수하기 때문에 연약지반의 변형 및 이면침하를 최소한으로 억제할 수 있다.
  - 벽 두께를 자유롭게 설계할 수 있다.
  - 기존의 토류공법에 비해 초심도(120[m])까지 시공이 가능하다.
  - 근입 및 수밀성이 좋아 지하수 과다, 전석층, 연약지반 등의 악조건에도 비교적 안전한 공법이다.
  - 차수성이 우수하여 별도의 차수공법이 불필요하다.
  - 안전성 확보가 용이하다.
  - 지반조건에 좌우되지 않는다.
  - 본 구조물 옹벽으로 이용 가능하므로 지하 공간 이용을 극대화한다.
  - 경질 또는 연약지반에도 적용 가능하다.
  - 토사층, 전석층, 암반 등 다양한 지반조건에 적용이 가능하다.
  - 수직관리가 용이하다.
  - 수직도가 양호하여 지하구조물의 영구 벽체 또는 구조물의 기초로 이용이 가능하다.
  - 주변 침하가 적다.
  - 흙막이 벽 및 물막이 벽의 기능도 갖고 있다.
  - 본 구조물로 이용이 가능하다.
  - 인접 건물의 경계선까지 시공이 가능하다.
  - 인접 건물과 근접 시공이 가능하다.
  - 영구 지하벽이나 깊은 기초로 활용하기도 한다.
  - 다른 흙막이 벽에 비해 공사비가 많이 든다.
  - 상당한 기술이 요구되며, 전문인력이 필요하다.
  - 굴착 중 안정액처리가 용이하지 않다.
  - 벤토나이트 이수처리가 곤란하다.
  - 공벽 붕괴의 우려가 있다.
  - 기계, 부대설비가 대형이어서 소규모 현장의 시공에 부적당하다.
  - 지질 상태 파악과 지질에 따른 장비·대책을 보완한다.
  - 굴착 중 옹벽이 붕괴(지하수 등 영향)될 수 있다.
  - 구조상 연결부위의 문제점이 있다.
  - 상당한 기술 축적이 요구된다.
  - 수직도가 양호하여 지하구조물의 영구 벽체 또는 구조물의 기초로 이용 가능하다.
  - 공사용 특수장비 및 플랜트 시설이 크고 복잡하여 일정 규모(약 400평) 이상의 대지에 적합하다.
  - 공사비가 상대적으로 고가이다(공사비 단순 비교 시).
- ㉢ 톱다운 공법(Top-down Method)
  - 정 의
    - 지하연속벽과 기둥을 시공한 후 영구구조물 슬래브를 시공하여 벽체를 지지하면서 위에서 아래로 굴착하면서 동시에 지상층도 시공하는 공법
    - 주변 지반의 침하가 적고 진동과 소음이 작아 도심지대 심도 굴착에 유리한 공법
    - 지하 터파기와 지상의 구조체 공사를 병행하여 시공하는 공법
    - 별칭 : 역타공법
  - 특 징
    - 1층 바닥을 기준으로 상방향, 하방향, 양쪽 방향으로 공사가 가능하다.

- 굴토작업이 슬래브 하부에서 진행되므로 작업능률 및 작업환경조건이 저하된다.
- 건물의 지하구조체에 시공이음이 많아 건물 방수에 대한 우려가 크다.
- 지상과 지하를 동시에 시공할 수 있으므로 공기를 절감할 수 있다.
- 지하연속벽을 본 구조물의 벽체로 이용한다.
- 지하 굴착 시 소음 및 분진방지가 가능하다.

③ 지반개량공법
  ㉠ 지반개량공법의 개요
    • 지반개량은 물, 공기의 제거, 연약지반 제거 등을 통하여 인위적으로 흙의 성질을 개량하는 것이다.
    • 지반개량의 목적
      - 지반의 지지력 증강
      - 기초의 부동침하 및 균열방지
      - 조성 택지의 안전성 확보
      - 기초 및 말뚝의 가로저항력 증진
      - 사질지반의 액상화 방지
  ㉡ 지반개량공법의 분류
    • 사질지반의 지반개량공법 : 웰 포인트 공법, 바이브로 플로테이션 공법, 동다짐공법, 진동부유공법, 다짐말뚝공법, 다짐모래말뚝공법(컴포저 공법), 그라우팅 공법(약액주입공법), 폭파다짐공법, 전기충격공법, 전기・화학적 공법, 석회안정처리공법, 이온교환공법, 치환공법, 샌드드레인 공법, 페이퍼드레인 공법, 여성토공법 등
    • 점토질 지반의 지반개량공법 : 샌드드레인 공법, PBD 공법, 치환공법, 압밀공법, 생석회말뚝(Chemico Pile) 공법, 침투압공법, 전기침투공법(전기탈수법, 전기화학적 고결방법), 동결공법, 페이퍼드레인(Paper Drain) 공법 등
    • 강제압밀공법 또는 강제압밀탈수공법 : 프리로딩 공법, 페이퍼드레인 공법, 샌드드레인 공법 등
    • 연약지반의 지반개량공법 : 수위저하법, 샌드드레인 공법, 웰 포인트 공법, 성토공법, 그라우팅 공법, JSP 등
    • 지반개량을 위한 지정공법 : 샌드드레인 공법, 페이퍼드레인 공법, 치환공법 등
    • 지반개량 지정공사 중 응결공법 : 시멘트처리공법, 석회처리공법, 심층혼합처리공법 등

  • 배수공법
    - 강제배수공법 : 웰 포인트 공법, 전기침투공법, 깊은 우물 공법 등
    - 지하수가 많은 지반을 탈수하여 건조한 지반으로 만들기 위한 공법 : 웰 포인트 공법, 샌드드레인 공법, 깊은 우물 공법, 석회말뚝공법
    - 지하수 처리에 사용되는 배수공법 : 집수정(집수통)공법(Sump Pit Method), 웰 포인트 공법, 전기침투공법

④ 주요 지반개량공법
  ㉠ 깊은 우물(Deep Well) 공법
    • 지름 0.3~1.5[m], 깊이 7[m] 정도의 우물을 굴착하여 이 속에 우물측관을 삽입하고 속으로 유입하는 지하수를 수중 모터펌프로 양수하여 지하수위를 낮추는 배수공법이다.
    • 지하용수량이 많고 투수성이 큰 사질지반에 적합하다.
  ㉡ 웰 포인트 공법(Well Point Method)
    • 정 의
      - 배수에 의한 연약 지반의 안정공법에서 지름 3~5[cm] 정도의 파이프 끝에 여과기를 달아 1~3[m] 간격으로 때려 박고, 이를 수평으로 굵은 파이프에 연결하여 진공으로 물을 빨아냄으로써 지하수위를 저하시키는 공법
      - 기초파기를 하는 주위에 양수관을 박아 배수함으로써 지하수위를 낮추어 안전하게 굴착하는 특수한 기초파기공법
      - 지중에 필터가 달린 흡수기를 1~3[m] 간격으로 설치하고 펌프로 지하수를 빨아올림으로써 지하수위를 낮추는 공법
      - 지름 50[cm]의 특수관을 1~3[m] 간격으로 관입하고 모래를 투입한 후 진동다짐하여 탈수통로를 형성시키는 방법
      - 별칭 : 일시적인 사질토 개량공법
    • 목적 : 사질지반의 보일링현상 방지와 강도 증진
    • 특 징
      - 지하수위를 낮추는 공법이다.
      - 점토질지반보다는 사질지반에 유효한 공법이다.

- 지하수위 상승으로 포화된 사질토 지반의 액상화 현상을 방지하기 위한 가장 직접적이고 효과적인 대책이다.
- 흙의 전단저항이 증가된다.
- 연약지반의 압밀 촉진 등에 이용된다.
- 지반 내의 기압이 대기압보다 낮아져서 토층은 대기압에 의해 다져진다.
- 수평 흡상관에 연결하여 배수하고, 1단 설치 시 수위는 5~7[m] 낮출 수 있으며, 깊은 지하수는 다단식으로 설치하여 배수한다.
- 1~3[m]의 간격으로 파이프를 지중에 박는다.
- 흙막이의 토압이 경감된다.
- 주변 대지의 압밀침하 가능성이 있다.
- 인접 지반의 침하를 일으키는 경우가 있다.
- 인접지 침하의 우려에 따른 주의가 필요하다.

ⓒ 동다짐공법(Dynamic Compaction Method)
- 정의 : 무게추, 나무나 콘크리트 말뚝을 이용하여 사질 지반을 다짐 강화시키는 공법
- 특 징
  - 시공 시 지반진동에 의한 공해문제가 발생하기도 한다.
  - 지반 내에 암괴 등의 장애물이 있어도 적용이 가능하다.
  - 특별한 약품이나 자재를 필요로 하지 않는다.
  - 깊은 심도의 지반개량에 대해서는 초대형 장비가 필요하다.

ⓔ 바이브로 플로테이션 공법(Vibrofloatation Method)
- 수평 방향으로 진동하는 직경 20[cm]의 봉상 바이브로플로테이션으로 사수와 진동을 동시에 일으켜 빈틈에 모래나 자갈을 채워 지반을 다지는 공법
- 별칭 : 진동부유공법
- 특 징
  - 사질지반에 사용하는 탈수공법이다.
  - 공기가 빠르고 10[m] 정도 개량에 유효하다.
  - 내진효과가 있다.

ⓜ 다짐모래말뚝공법(SCP ; Sand Compaction Pile Method)
- 특수 파이프를 관입하여 모래 투입 후 진동 다짐하여 압축파일을 형성한다.
- Vibrofloatation보다 5배 이상 강한 기계를 사용한다.

ⓗ 그라우팅 공법
- 정 의
  - 지반의 누수방지 또는 지반개량을 위하여 지반 내부의 틈 또는 굵은 알 사이의 공극에 시멘트죽(시멘트 페이스트) 또는 교질규산염이 생기는 약액 등을 주입하여 흙의 투수성을 저하하는 공법
  - 응결제를 주입 고결시키는 공법
  - 별칭 : 약액주입공법
- 고결제 : 시멘트, 벤토나이트, 아스팔트액 등
- 표층안정처리공법 : 시멘트나 석회 사용
- 심층혼합처리공법 : 기계적 혼합처리, 분사혼합처리공법

ⓢ 샌드드레인 공법(Sand Drain Method)
- 정 의
  - 지반에 지름 40~60[cm]의 구멍을 뚫고 모래말뚝을 타입한 후, 위로부터 하중을 가하여 점토질 지반을 압밀함으로써 모래기둥을 통해 흙속의 물을 탈수하는 공법
  - 별칭 : 선행재하공법(Pre-loading Method)
- 특 징
  - 연약점토지반에 사용하는 탈수공법이다.
  - 모래 말뚝을 이용하여 점토지반을 탈수하여 지반을 강화한다.
  - 모래기둥의 간격은 1.5~3[m], 깊이는 10[m] 정도이다.

ⓞ PBD(Plastic Board Drain) 공법
- 정의 : 모래 대신 합성수지로 된 카드보드를 박아 압밀배수를 촉진하는 공법
- 특 징
  - 샌드드레인보다 시공속도가 빠르고 배수효과가 양호하다.
  - 타설본수가 2~3배 필요하고 장시간 사용 시 배수효과가 감소한다.

ⓩ 생석회공법(화학적 공법)
- 모래 대신 CaO(석회) 사용한 공법으로 수분 흡수 시 체적의 2배로 팽창한다. 강력한 팽창력·탈수력을 가졌다.
- 공해, 인체 피해의 단점이 있다.

ⓩ 침투압공법 : 삼투압현상을 이용한 공법으로, 반투막 통을 넣고 그 안에 농도가 큰 용액을 넣어 점토의 수분을 탈수시킨다.
ⓚ 동결공법
- 1.5~3인치 동결관을 박고 액체질소나 프레온 가스를 주입시킨다.
- 드라이 아이스 사용도 가능하다.
ⓔ 전기침투공법 : 불투수성 연약점토지반에 적용하며, 전기탈수법, 전기화학적 고결방법이다.
ⓟ 치환공법 : 1~3[m] 정도의 박층을 사질토로 치환하는 공법이다.
ⓗ JSP(Jumbo Special Pile) : 지반개량공법으로 초고압(200[kg/cm^2])의 분사를 이용하여 연약지반의 지내력을 증대시키는 지반고결주입공법이다.

⑤ 토공사 공법 분류 관련 제반사항
㉠ 사면보호공법 : 식생공, 뿜어붙이기공, 블록공, 떼붙임공, 소일시멘트공, 돌망태공 등
- 사면보호공법 중 구조물에 의한 보호공법 : 블록공, 돌쌓기공, 현장타설 콘크리트 격자공, 뿜어붙이기공
- 식생공 : 식물을 생육시켜 그 뿌리로 사면의 표층토를 고정시켜 빗물에 의한 침식, 동상, 이완 등을 방지하고, 녹화에 의한 경관 조성을 목적으로 시공하는 사면보호공법
㉡ 토사붕괴의 방지공법 : 배수공, 압성토공, 공작물의 설치
㉢ 개착식 터널공법 : 지표면에서 소정의 위치까지 파내려 간 후 구조물을 축조하고 되메운 후 지표면을 원상태로 복구시키는 공법
㉣ 직접 기초의 터파기 공법 : 개착공법, 트렌치 컷 공법, 아일랜드 컷 공법
㉤ 구조물 해체작업으로 사용되는 공법 : 압쇄공법, 잭공법, 절단공법, 대형 브레이커 공법, 전도공법, 철해머공법, 화약발파공법, 핸드브레이커 공법, 팽창압공법, 쐐기타입공법, 화염공법, 통전공법

10년간 자주 출제된 문제

3-1. 굴착지반이 연약하여 구조물 위치 전체를 동시에 파내지 않고 측벽을 먼저 파내고 그 부분의 기초와 지하구조체를 축조한 다음 중앙부의 나머지 부분을 파내어 지하구조물을 완성하는 흙파기 공법은?

① 트렌치 컷(Trench Cut) 공법
② 아일랜드 컷(Island Cut) 공법
③ 흙막이 오픈 컷(Open Cut) 공법
④ 비탈면 오픈 컷(Open Cut) 공법

3-2. 톱다운공법(Top-down)에 관한 설명으로 옳지 않은 것은?

① 역타공법이라고도 한다.
② 굴토작업이 슬래브 하부에서 진행되므로 작업능률 및 작업 환경조건이 개선되며, 공사비가 절감된다.
③ 건물의 지하구조체에 시공이음이 많아 건물 방수에 대한 우려가 크다.
④ 지상과 지하를 동시에 시공할 수 있으므로 공기를 절감할 수 있다.

3-3. 흙막이 공법 중 슬러리 월 공법(Slurry Wall Method)에 관한 설명으로 옳지 않은 것은?

① 진동, 소음이 작다.
② 인접 건물의 경계선까지 시공이 가능하다.
③ 차수효과가 확실하다.
④ 기계, 부대설비가 소형이어서 소규모 현장의 시공에 적당하다.

3-4. 웰 포인트(Well Point) 공법에 대한 설명으로 옳지 않은 것은?

① 점토질지반보다는 사질지반에 유효한 공법이다.
② 지반 내의 기압이 대기압보다 높아져서 토층은 대기압에 의해 다져진다.
③ 지하수위를 낮추는 공법이다.
④ 인접 지반의 침하를 일으키는 경우가 있다.

3-5. 지반개량 공법 중 동다짐(Dynamic Compaction)공법의 특징으로 옳지 않은 것은?

① 시공 시 지반진동에 의한 공해문제가 발생하기도 한다.
② 지반 내에 암괴 등의 장애물이 있으면 적용이 불가능하다.
③ 특별한 약품이나 자재를 필요로 하지 않는다.
④ 깊은 심도의 지반개량에 대해서는 초대형 장비가 필요하다.

|해설|

3-1
② 아일랜드 컷(Island Cut) 공법 : 대지 주위의 흙파기면에 따라 널말뚝을 박은 다음, 널말뚝 주변부의 흙을 남기면서 중앙부의 흙을 파고, 그 부분에 기초 또는 지하구조체를 축소한 후, 이를 지점으로 흙막이 버팀대로 경사지게 가설하여 널말뚝 주변의 흙을 파내는 터파기 공법
③ 흙막이 오픈 컷(Open Cut) 공법 : 별도의 흙막이 없이 경사면을 취하여 공사 부지를 확보하는 흙파기 공법
④ 비탈면 오픈 컷(Open Cut) 공법 : 흙막이 벽이나 가설구조물 없이 굴착하는 공법으로 경사 오픈 컷 공법이라고도 한다.

3-2
톱다운공법은 굴토작업이 슬래브 하부에서 진행되므로 작업능률 및 작업환경 조건이 저하된다.

3-3
슬러리 월 공법은 기계, 부대설비가 대형이어서 소규모 현장의 시공에 부적당하다.

3-4
웰 포인트 공법은 지반 내의 기압이 대기압보다 낮아져서 토층은 대기압에 의해 다져진다.

3-5
동다짐공법은 지반 내에 암괴 등의 장애물이 있어도 적용이 가능하다.

정답 3-1 ① 3-2 ② 3-3 ② 3-4 ④ 3-5 ②

제3절 기초공사

핵심이론 01 지 정

① 지정의 개요
  ㉠ 지정 및 기초공사의 용어
   • 기초(Foundation) : 기둥, 벽 등 구조물로부터 작용하는 하중을 지반 또는 지정에 전달시키기 위해 설치된 건축물 최하단부의 구조부이다. 건물의 상부하중을 지반에 안전하게 전달시키는 구조 부분이다.
   • 지정 : 기초를 안전하게 지지하거나 지반의 내력을 보강하기 위하여 기초 하부에 제공되는 지반다짐으로, 지반개량 및 말뚝박기 등을 한 부분이다.
   • 견칫돌 : 크고 작은 2개의 면을 가진 네모뿔(사각주) 모양으로 가공한 돌이다. 석축에 쓰이며, 치수는 앞면(큰 면)이 30×30[cm] 미만이고, 뒷굄 길이(큰 면과 작은 면 사이의 길이)는 큰 면의 약 1.5배(45[cm] 안팎)이다. 사용하는 돌의 종류는 화강암질이나 안산암질 등의 경암이다.
   • 달구 : 집터 등의 땅을 다지는 데 쓰는 기구로 굵고 둥근 나무토막에 2~4개의 자루가 달려 있다. 나무토막으로 만든 것을 목달구라 하고, 쇳덩이로 된 것을 쇠달구라고 한다.
   • 동결심도 : 지반이 동결되는 깊이
   • 드레인 재료 : 지반개량을 목적으로 간극수 유출을 촉진하는 수로의 역할을 하는 재료
   • 부마찰력 : 연약지반을 관통한 지지말뚝에서 연약지반이 침하하면서 하향으로 말뚝을 끌어 내리려는 변 마찰력
   • 슬라임(Slime) : 지반을 천공할 때 천공벽 또는 공저에 모인 침전물이다. 보링, 현장타설말뚝 등의 시공을 위한 지반 굴착 시에 생기는 미세한 굴착 찌꺼기(침전물)로서, 지상으로 배출되지 않고 굴착 저면 부근에 남아 있다가 굴착 중지와 동시에 곧바로 침전된 것과 순환수 또는 공내수 중에 떠 있던 미립자가 굴착 중지 후 시간이 경과함에 따라 서서히 굴착 저면부에 침전한 것
   • 원위치시험 : 대상 현장의 위치에서 지반의 특성을 직접 조사하는 시험

- 잡석(Rubble) : 지름이 15[cm] 안팎의 모양이 고르지 않은 막 생긴 돌로, 잡석지정 등에 쓰인다.
- 재하시험(Loading Test) : 흙의 지지력이나 지반 내력 확인을 위해 행하는 원위치시험
- 제물지정 : 경질지반에서 아무런 지정을 하지 않고 직접 기초를 구축하는 방법
- 피어(Pier) : 지름이 큰 말뚝으로 타격이 아닌 굴착으로 된 것

ⓒ 지 정
- 기초를 보강하거나 지반의 지내력을 향상시키기 위해 만든 구조부
- 건축물을 안전하게 지탱하기 위하여 기초를 보강하거나 지반의 내력을 보강하는 지반다지기, 잡석다지기, 말뚝다지기, 버림 콘크리트 등을 말한다.
- 버림 콘크리트 지정
  - 버림 콘크리트는 기초 시공 구조 콘크리트 타설 전에 바닥면을 고르고 시멘트 페이스트가 땅으로 유출되는 것을 막기 위하여 얇게 타설하는 콘크리트를 말한다.
  - 최소 두께 5~6[cm] 정도의 콘크리트가 필요하다.
  - 버림 콘크리트는 기초의 일부로 취급하지 않으며, 밑창 콘크리트(Subslab Concrete)라고도 한다.
  - 버림 콘크리트는 기초저부의 먹매김을 용이하게 하기 위해 필요하므로 생략하지 않는 것이 좋다. 잡석이나 자갈지정이 있는 경우에도 생략하지 않는 것이 일반적이다.

ⓒ 지정의 분류
- 보통지정(얕은 지정) : 잡석지정, 모래지정, 자갈지정, 밑창 콘크리트 지정, 긴 주춧돌 지정
- 말뚝지정(깊은 지정) : 무리말뚝의 말뚝 한 개가 받는 지지력을 단일말뚝의 지지력보다 감소되는 것이 보통이다.
  - 지지력 전달 및 용도에 의한 분류 : 지지말뚝, 마찰말뚝, 다짐말뚝, 억류말뚝, 횡력저항말뚝, 인장말뚝
  - 재료 및 제조방법에 의한 분류 : 나무말뚝, 기성 콘크리트 말뚝, 강재말뚝, 매입말뚝, 현장타설 콘크리트 말뚝

ⓔ 기성말뚝 세우기에 관한 표준시방서 규정(KCS 11 50 15)
- 시공기계는 말뚝이 소정의 위치에 정확하게 설치될 수 있도록 견고한 지반 위의 정확한 위치에 설치하여야 한다.
- 말뚝을 정확하고도 안전하게 세우기 위해서는 정확한 규준틀을 설치하고 중심선 표시를 용이하게 해야 하며, 말뚝을 세운 후 검측은 직교하는 두 방향으로부터 하여야 한다.
- 말뚝의 연직도나 경사도는 1/50 이내로 하고, 말뚝 박기 후 평면상의 위치가 설계도면의 위치로부터 $D/4$(D는 말뚝의 바깥지름)와 100[mm] 중 큰 값 이상으로 벗어나지 않아야 한다.

② 보통 지정(얕은 지정)
ⓐ 잡석지정 : 지름 10~25[cm] 정도의 호박돌을 전단력에 유리하도록 옆으로 세워 깔고 사이사이에 사춤자갈을 넣어 다지는 지정
- 기초 콘크리트 타설 시 흙의 혼입을 방지하기 위해 사용한다.
- 수직 지지력이나 수평 지지력에 대한 효과는 작다.
- 두께는 100~300[mm] 정도, 사춤자갈의 양은 잡석량의 30[%]이다(예를 들면, 잡석지정의 다짐량이 5[m³]일 때 틈막이로 넣는 자갈의 양은 1.5[m³]이다).
- 기초공사에서 잡석지정을 하는 목적
  - 이완된 지표면을 다진다.
  - 구조물의 안정을 유지한다.
  - 버림 콘크리트의 양을 절약할 수 있다(콘크리트 두께 절약).
  - 기초 또는 바다 밑의 방습 및 배수처리에 이용된다.
  - 보강효과가 있다.
ⓑ 모래지정 : 지반이 연약하고 2[m] 이내 굳은 층이 있을 때 그 연약층을 파내고 모래를 넣어 물다짐하는 지정
- 1[m] 정도 시공한다.
- 모래는 장기 허용압축강도가 20~40[t/m²] 정도로 큰 편이어서 잘 다져 지정으로 쓸 경우 효과적이다.
ⓒ 자갈지정 : 잡석 대신 자갈을 두께 5~10[cm] 정도로 깔고 다짐하는 지정
- 굳은 지반에 사용하는 지정이다.
- 4.5[cm] 정도의 자갈, 깬 자갈, 모래가 섞인 것을 6~12[cm] 정도 설치한다.

- 잡석 대신 시공하거나 하부가 경질 토질일 때 시공한다.
ⓛ 밑창 콘크리트 지정 : 먹매김을 위해 잡석, 자갈지정 위에 배합비 1 : 3 : 6의 콘크리트를 두께 5[cm] 정도로 깔아 놓은 지정
- 잡석이나 자갈 위 기초 부분의 먹매김을 위해 사용한다.
- 먹매김을 용이하게 하고, 거푸집 설치 및 철근 배근을 용이하게 한다.
- 콘크리트 설계기준 강도는 15[MPa] 이상의 것을 두께 5~6[cm] 정도로 설계한다.
- 잡석, 자갈 다짐 위에 5~6[cm] 정도 콘크리트를 편편히 친다.
ⓜ 긴 주춧돌 지정 : 간단한 건물에서 비교적 지반이 깊을 때 긴 주축돌(또는 콘크리트관)을 세운 지정
- 지름 30[cm] 정도의 토관을 기초 저면에 설치한다.
- 한옥 건축에서는 주춧돌로 화강석을 사용한다.

③ 지지력 전달 및 용도에 의한 말뚝지정의 분류
㉠ 지지말뚝(Bearing Pile) : 상부구조의 하중을 경질지반에 도달시켜 지지하게 하는 말뚝이다.
㉡ 마찰말뚝(Friction Pile) : 연약층이 깊어 굳은 층에 지지할 수 없을 때 말뚝의 지지력이 말뚝과 지반의 마찰력에 의존하는 말뚝이다.
㉢ 다짐말뚝(Compaction Pile) : 말뚝을 지반에 타입하여 지반의 간극을 말뚝의 부피만큼 감소시켜서 지반이 다져지는 효과를 얻기 위하여 사용하는 말뚝으로, 주로 느슨한 사질지반의 개량에 사용된다. 다짐말뚝의 길이는 다짐 이전의 흙의 상대밀도, 다짐 후의 흙의 필요 상대밀도, 필요한 다짐 깊이 등과 같은 요소에 따라 달라진다.
㉣ 억류말뚝(Sliding Control Pile, 활동억제말뚝) : 사면 등의 활동을 억제하거나 중지시킬 목적으로 유동 중인 지반에 설치하는 말뚝으로, 충분한 전단강도를 얻기 위하여 직경 2~3[m]로 시공한다.
㉤ 횡력저항말뚝(Lateral Load Bearing Pile, 수평 저항말뚝) : 말뚝에 작용하는 수평력은 말뚝의 강성과 주변 지반, 특히 지표 부근 표층의 지반반력으로 저항하므로 말뚝과 지반의 상성이 충분히 확보되어야 한다. 수평하중을 지지하는 데는 연직말뚝보다 경사말뚝을 이용하는 것이 더 바람직하다.
㉥ 인장말뚝(Tension Pile) : 주로 인발력에 저항하도록 계획된 말뚝으로, 마찰말뚝과 원리는 같으나 힘의 방향이 다르다. 말뚝 자체가 인장력을 받으므로 인장에 강한 재질을 사용한다.

④ 재료 및 제조방법에 의한 말뚝지정(깊은 지정)의 분류
㉠ 나무말뚝
- 중심 간격, 길이, 지지력
  - 중심 간격 : 2.5D 또는 60[cm] 이상
  - 길이 : 7[m] 이하
  - 지지력 : 최대 100[kN]
- 주로 소나무, 낙엽송 등 부패에 강한 생나무를 사용한다.
- 부식방지를 위하여 나무말뚝을 상수면 이하에 박는다.
- 적용 이음법 : 파이프이음법, 꺾쇠이음법, 덧댐이음법 등

㉡ 기성 콘크리트 말뚝
- 중심 간격, 길이, 지지력
  - 중심 간격 : 2.5D 또는 75[cm] 이상
  - 길이 : 15[m] 이하
  - 지지력 : 최대 500[kN]
- 특 징
  - 주근 6개 이상, 철근량 0.8[%] 이상, 피복 두께 3[cm] 이상이다.
  - 말뚝이음 부위에 대한 신뢰성이 낮다.
  - 재료의 균질성이 우수하다.
  - 자재하중이 커서 운반과 시공에 각별한 주의가 필요하다.
  - 시공과정상의 항타로 인하여 자재 균열의 우려가 높다.
- 종류 : 철근 콘크리트 말뚝, PC 말뚝, PHC 말뚝
- 철근 콘크리트 말뚝머리와 기초의 접합
  - 말뚝머리의 길이가 짧은 경우는 기초저면까지 보강하여 시공한다.
  - 말뚝머리 철근은 기초에 30[cm] 이상의 길이로 정착한다.
  - 말뚝머리와 기초의 확실한 정착을 위해 파일 앵커링을 시공한다.
  - 해머로 말뚝머리를 때려 두부를 정리하면, 본체에 균열이 생겨 응력손실이 발행하여 설계내력을 상실하게 되므로, 커팅 위치를 정한 다음 두부

- 를 커팅기계로 정리해야 한다.
- PHC 말뚝(원심력 고강도 프리스트레스트 콘크리트 말뚝)
  - 고강도 콘크리트에 프리스트레스를 도입하여 제조한 말뚝이다.
  - 설계기준 강도 78.5[MPa](800[kgf/cm^2]) 정도의 말뚝이다.
  - 강재는 특수 PC강선을 사용한다.
  - 내구성·휨저항성·지지력이 우수하며, 60[m]까지 항타가 가능하다.
  - 견고한 지반까지 항타가 가능하며, 지지력 증강에 효과적이다.
  - 타입 시 인장파괴가 없다.
  - 이음방법 중 용접식 이음의 강성이 가장 우수하고 안전하여 많이 사용된다.
  - 이음부의 신뢰성이 우수하다.
  - 중간 경질층 관통이 용이하다.
  - 프리텐션방식의 원심력 PHC 파일(Pretensioned High Stress Concrete)이 가장 많이 사용된다.
  - 말뚝 표기기호 : PHC-A·450-12의 경우 각 기호의 의미
    ⓐ PHC : 말뚝의 명칭(원심력 고강도 프리스트레스트 콘크리트 말뚝)
    ⓑ A : 말뚝의 종류(A종)
    ⓒ 450 : 말뚝의 바깥지름(450[mm])
    ⓓ 12 : 말뚝 길이(12[m])
- 말뚝이음법 : 충전식 이음, 용접식 이음, 볼트식 이음, 장부식 이음 등
  - 원심력 고강도 프리스트레스트 콘크리트 말뚝(PHC말뚝)의 이용방법 중 건설현장에서 강성이 가장 우수하고 안전하여 많이 사용하는 이음방법은 용접식 이음이다.

ⓒ 강재 말뚝
- 중심 간격, 길이, 지지력
  - 중심 간격 : 2D 또는 75[cm] 이상
  - 길이 : 70[m] 이하
  - 지지력 : 최대 1,000[kN]
- 특 징
  - 지지층에 깊이 관입할 수 있고, 지지력이 크다.
  - 중량이 가볍고 단면적이 작다.
  - 무게가 가벼우므로 운반 취급이 용이하다.
  - 휨저항이 크고, 길이 조절이 가능하다.
  - 지지력이 크고 이음이 안전하고 강하며 확실하여 장척말뚝에 적당하다.
  - 충격에 대한 저항성이 크다.
  - 경질층에 타입이 가능하고 인발이 조용하다.
  - 자재의 이음 부위가 안전하여 소요 길이의 조정이 자유롭다.
  - 상부구조물과의 결합이 용이하다.
  - 깊은 기초에 사용한다.
  - 강재이기 때문에 균질한 재료로서 대량 생산이 가능하고 재질에 대한 신뢰성이 크다.
  - 표준관입시험 N값 50 정도의 경질지반에도 사용이 가능하다.
  - 강한 타격에도 견디며 다져진 중간 지층의 관통도 가능하다.
  - 지중에서의 부식 우려가 높다.
  - 재료비가 비싸다.
- 종류 : 강관 말뚝과 H형강 말뚝이 있으며 선단(Shoe)은 개방형과 폐쇄형이 있다.
- 부식방지법 : 판 두께 증가법, 방청도료를 도포하는 방법, 시멘트 피복법, 합성수지피복법, 전기도금법 등
- 말뚝이음법 : 용접이음에 의한 강접합

ⓔ 매입말뚝
- 중심 간격, 길이, 지지력
  - 중심 간격 : 2D 이상
  - 길이 : RC & 강재
  - 지지력 : 500~1,000[kN]
- SIP 공법(Soil Cement Injected Precast Pile) : 지지층까지 오거로 굴착한 후 시멘트 밀크를 주입하고 말뚝을 압입하는 매입공법으로, 프리보링공법이라고도 한다.

ⓜ 현장타설 콘크리트 말뚝
- 중심 간격, 길이, 지지력
  - 중심 간격 : 2D 또는 D + 1[m] 이상
  - 길이 : 30~90[m]
  - 지지력 : 2,000~9,000[kN]
- 주근 6개 이상, 철근량 0.4[%] 이상, 피복 두께 6[cm] 이상이다.

ⓑ 레진 콘크리트 말뚝 : 자갈, 모래 등 골재를 시멘트 대신 플라스틱으로 굳혀서 만든 말뚝으로, 내약품성이 높아 온천지, 화학계 공장 등에 사용한다.

10년간 자주 출제된 문제

1-1. 기초공사에 있어 지정에 관한 설명 중 옳지 않은 것은?

① 긴 주춧돌 지정 – 지름 30[cm] 정도의 토관을 기초저면에 설치하고, 한옥 건축에서는 주춧돌로 화강석을 사용한다.
② 밑창 콘크리트 지정 – 콘크리트 설계기준 강도는 15[MPa] 이상의 것을 두께 5~6[cm] 정도로 설계한다.
③ 잡석지정 – 수직 지지력이나 수평 지지력에 대한 효과가 매우 크다.
④ 모래지정 – 모래는 장기 허용압축강도가 20~40[t/m^2] 정도로 큰 편이어서 잘 다져 지정으로 쓸 경우 효과적이다.

1-2. 철근 콘크리트 말뚝머리와 기초의 접합에 대한 설명으로 옳지 않은 것은?

① 말뚝머리는 커팅 위치를 정한 다음 해머로 때려 두부를 정리한다.
② 말뚝머리 길이가 짧은 경우는 기초저면까지 보강하여 시공한다.
③ 말뚝머리 철근은 기초에 30[cm] 이상의 길이로 정착한다.
④ 말뚝머리와 기초의 확실한 정착을 위해 파일앵커링을 시공한다.

1-3. 강관말뚝지정의 장점으로 옳지 않은 것은?

① 강한 타격에도 견디며 다져진 중간 지층의 관통도 가능하다.
② 지지력이 크고 이음이 안전하고 강하며 확실하므로 장척말뚝에 적당하다.
③ 상부구조와의 결합이 용이하다.
④ 방부력이 뛰어나 내구성이 우수하다.

|해설|

1-1
잡석지정 : 기초 콘크리트 타설 시 흙의 혼입을 방지하기 위해 사용하며 수직 지지력이나 수평 지지력에 대한 효과는 작다.

1-2
해머로 말뚝머리는 때려 두부를 정리하면, 본체에 균열이 생겨 응력손실이 발행하여 설계내력을 상실하게 되므로 커팅위치를 정한 다음 두부를 커팅기계로 정리해야 한다.

1-3
강관말뚝지정은 지중에서의 부식 우려가 높으므로 방부력이 나쁘고 내구성이 좋지 않다.

정답 1-1 ③ 1-2 ① 1-3 ④

핵심이론 02 | 현장타설 콘크리트 말뚝

① 개 요

㉠ 정 의
- 지반 굴착으로 인한 공벽의 붕괴를 방지하기 위해 철근 콘크리트를 채워 넣는 강관인 강관케이싱 설치 후, 내부에 철근 콘크리트를 시공하는 방식
- 미리 제작된 말뚝 대신 현장에서 굴착기계로 정해진 깊이까지 지반을 천공하고 철근망을 삽입 후 콘크리트를 타설, 형성하는 말뚝공법

㉡ 별칭 : 피어지정, 피어기초, 제자리 콘크리트 말뚝

㉢ 특 징
- 무진동, 무소음공법이다.
- 중량구조물을 설치하는 데 있어서 지반이 연약하거나, 말뚝으로도 수직지지력이 부족하고 그 시공이 불가능한 경우, 기초지반의 교란을 최소화해야 할 경우에 채용한다.
- 굴착된 흙을 직접 탐사할 수 있고 지지층의 상태를 확인할 수 있다.
- 피어기초를 채용한 국내의 초고층 건축물에는 63빌딩이 있다.
- 경제성, 안정성, 시공성이 좋기 때문에 대형 교량을 지지하는 다양한 기초형식으로 널리 적용되고 있다.
- 기둥의 수직, 수평을 맞추기 쉽다.
- 기둥의 위치 변경이 용이하다.
- 시공장비가 대형이다.
- 다른 기초형식에 비하여 공기 및 비용이 많이 소요된다. 특히, 기후가 악조건일 경우 공기가 길어질 수 있고 비용이 증가한다.
- 외부에 사용된 강관케이싱은 콘크리트 타설을 위한 거푸집 역할을 수행하기 때문에 해상조건에서는 회수되지 못하고 현장에 그대로 남겨진다.
- 시공 시 안정액을 사용하기 때문에 환경오염 발생의 문제가 있다.
- 현장에서 콘크리트를 타설하기 때문에 균일한 품질 관리가 어렵다.
- 별도의 양생기간을 필요로 하여 공사기간이 길어진다.

※ 심초공법 : 지반으로부터 수직방향으로 구멍(연직갱)을 형성하도록 굴착 및 굴착된 연직갱으로 콘크리트를 타설하여 콘크리트 기초를 시공하는 현장

타설 말뚝공법이다. 이 공법은 일반적으로 인력굴착으로 실시되어 왔으나 기계 굴착에 의한 방법도 개발되었다.

② 관입 공법
  ㉠ 컴프레서 파일(Compressor Pile) : 끝이 뾰쪽한 추로 천공하고, 끝이 둥근 추로 콘크리트를 다져 넣은 다음 평면진 추로 다지는 공법
  ㉡ 심플렉스 파일(Simplex Pile) : 굳은 지반에 외관을 처박고 콘크리트를 추로 다져 넣으며 외관을 빼내는 공법
  ㉢ 페데스털 파일(Pedestal Pile) : 외관과 내관의 2중관을 소정의 위치까지 박은 다음, 내관은 빼내고 관 내에 콘크리트를 부어 넣고 내관을 넣어 다지며 외관을 서서히 빼 올리면서 콘크리트 구근을 만드는 말뚝
  ㉣ 프랭키파일 공법(Franky Pile)
    • 구근이 될 콘크리트를 되게 반죽하여 강관에 채우고 원하는 지지층에 도달할 때까지 그 위를 드롭해머로 타격한다.
    • 소정의 깊이까지 도달하면 마개를 빼내고 강관 내의 콘크리트에 타격을 가하면 콘크리트가 강관 외부로 밀려 나와서 구근을 형성한다.
    • 이를 지속적으로 반복하면 돌기가 많은 말뚝이 형성되며 강관 주변 지반이 압축되어 강도가 증가된다.
    • 케이싱 내부에서 콘크리트만 해머로 타격하므로 소음과 진동이 작다.
  ㉤ 레이몬드파일 공법(Raymond Pile)
    • 얇은 철판의 외관에 심대를 넣어 처박은 후 심대를 빼내고 콘크리트를 다져넣는 방법으로 말뚝을 만드는 공법
    • 내·외관을 소정의 깊이까지 박은 후에 내관을 빼낸 후, 외관에 콘크리트를 부어 넣어 지중에 콘크리트 말뚝을 형성하는 공법

③ 굴착공법
  ㉠ 베노토공법(Benoto Method)
    • 정 의
      - 프랑스 베노토 회사에서 개발한 대구경 굴착기(Hammer Grab)를 써서 케이싱을 삽입하고 내부에 콘크리트를 채워 제자리 콘크리트 말뚝을 만드는 올 케이싱(All Casing) 공법
      - 케이싱 튜브를 요동장치로 왕복요동 회전시키면서 유압잭으로 땅 속에 관입시키고 그 내부를 해머 그랩(Hammer Grab)으로 굴착하고 굴착공 내에 철근을 세운 후 콘크리트를 타설하면서 케이싱 튜브를 뽑아내어 현장타설 말뚝을 축조하는 공법
    • 별칭 : 올 케이싱 공법
    • 특 징
      - 케이싱을 지반에 압입해 가면서 관 내부 토사를 특수한 버킷으로 굴착 배토한다.
      - 말뚝 구멍의 굴착 후에는 철근 콘크리트 말뚝을 제자리치기한다.
      - 직경은 1~2[m]이며 굴착 심도는 25~60[m]이다.
      - 긴 말뚝(50~60[m])의 시공이 가능하다.
      - 암반을 제외한 모든 토질에 적당하다.
      - 여러 지질에 안전하고 정확하게 시공할 수 있다.
      - 주위의 지반에 영향을 주는 일 없이 안전하고 확실하게 시공할 수 있다.
      - 공벽의 붕괴가 없고 슬라임 제거가 확실하다.
      - 붕괴성 있는 자갈층에 적당하다.
      - 장척말뚝, 경사말뚝 시공이 가능하다.
      - 수직도와 정밀도가 우수하다.
      - 기계가 대형이고 복잡하다.
      - 기계 및 부속기기의 가격이 비싸 시공경비가 높다.
      - 공사비가 고가이며 속도가 느리다.
      - 수상시공에는 부적합하다.
      - 케이싱 튜브(Casing Tube)를 뽑을 때 철근이 떠오를 우려가 있다(케이싱 인발 시 철근공상현상이 우려된다).
  ㉡ 어스드릴공법(Earth Drill Method)
    • 정 의
      - 회전식 드릴링 버킷으로 필요한 깊이까지 굴착하고, 그 굴착공에 철근을 삽입하고 콘크리트를 타설하여 지름 1~2[m] 정도의 대구경 제자리 말뚝을 형성하는 공법
      - 기초 굴착방법 중 굴착 공에 철근망을 삽입하고 콘크리트를 타설하여 말뚝을 형성하는 공법으로 안정액으로 벤토나이트 용액을 사용하고 표층부에서만 케이싱을 사용한다.
    • 별칭 : 칼웰드 공법(Calweld Method)

- 특 징
  - 굴착 심도는 30~40[m], 직경은 0.6~1.5[m](최대 2[m])이다.
  - 벤토나이트와 스탠딩 파이프로 공벽을 보호하여 수직도를 유지한다.
  - 제자리 콘크리트 파일 중 진동, 소음이 가장 작다.
  - 기계가 비교적 소형으로 굴착속도가 빠르다.
  - 좁은 장소에서도 작업이 가능하고 지하수가 없는 점성토, 경질 점토질 굴착이 용이하다.
  - 슬라임(Slime)처리가 불확실하여 말뚝의 초기 침하 우려가 있다.
  - 점토, 실트 층에 주로 적용한다.
  - 붕괴하기 쉬운 모래층, 자갈층에는 부적당하다.
  - 말뚝의 초기 침하와 지지력 감소 우려가 있다.

ⓒ 이코스파일공법(ICOS Pile Method)
- 정 의
  - 제자리 콘크리트 말뚝박기 공법 중 말뚝이라기보다는 지수벽(止水壁)을 만드는 공법이다. 말뚝 구멍을 하나 걸러서 뚫고 콘크리트를 부어 넣어 만들고 말뚝과 말뚝 사이에 다음 말뚝 구멍을 뚫어 만들면 흙막이 벽이 되는 것으로서 도시 소음방지 또는 근접 건물의 침하 우려 시 유효한 공법이다.
  - 케이싱을 사용하지 않고 벤토나이트액을 굴착 구멍에 넣어 액압에 의해 붕괴를 방지하고 철근 콘크리트 말뚝 또는 연속벽을 만드는 공법이다.
  - 이탈리아 이코스사가 개발한 현장타설 콘크리트 말뚝/벽공법이다.
- 별칭 : 주열식 흙막이공법
- 특 징
  - 말뚝이라기보다는 지수벽(止水壁)을 만드는 공법이다.
  - 도시 소음방지에 유효하다.
  - 근접 건물의 침하 우려 시 유효하다.

ⓒ RCD 공법(Reverse Circulation Drill Method)
- 정 의
  - 리버스 서큘레이션 드릴로 대구경의 구멍을 파고 철근망을 삽입한 후 콘크리트를 타설하여 현장타설 말뚝을 만드는 공법
  - 드릴 로드의 끝에서 물을 빨아올려 굴착 토사를 물과 함께 지상으로 끌어올려 말뚝 구멍을 굴착하는 공법
  - 순환수와 함께 지반을 굴착하고 배출시키면서 공 내에 철근망을 삽입, 콘크리트를 타설하여 말뚝기초를 형성하는 현장타설 말뚝공법
  - 지하수보다 2[m] 이상 높게 물을 채워서 2[t/m^2] 이상의 정수압에 의해서 공벽의 붕괴를 방지하고 비트의 회전에 의해서 굴착한 다음 철근 콘크리트 말뚝을 형성하는 공법
- 별칭 : 역순환공법
- 특 징
  - 현장타설 말뚝공법 중 가장 대구경이며 깊은 심도의 시공이 가능하다.
  - 유연한 지반부터 암반까지 모두 굴착 가능하다(모래, 점토, 실트층, 세사층, 암반층에 사용 가능하다).
  - 지름은 0.8~3.0[m], 굴착 심도는 30~70[m]로 심도 60[m] 이상의 말뚝을 형성한다.
  - 지하수위보다 2[m] 이상 물을 채워 정수압(20[kN/m^2])으로 공벽을 유지한다.
  - 수압에 의해 공벽면을 안정시킨다.
  - 굴착 심도가 깊고 효율이 양호하다.
  - 케이싱이 불필요하고 수상(해상)작업이 가능하다.
  - 시공속도가 빠르고 유지비가 비교적 경제적이다.
  - 다량의 물이 필요하다.
  - 정수압 관리가 어렵고 적절하지 못하면 공벽 붕괴의 원인이 된다.
  - 드릴파이프 지경보다 큰 호박돌이 존재할 경우 굴착이 곤란하다.

ⓜ SCW 공법(Soil Cement Wall Method)
- 다축 오거를 사용하여 지반을 천공하고 선단으로부터 시멘트 밀크 혼합액을 분출시켜 굴착토와 혼합하여 소일 시멘트 벽을 조성하는 공법
- 차수성이 높고 점성토에서도 비교적 양질의 벽체 형성 가능(차수성이 특수 공법보다 좋다)
- 저소음, 저진동, 벽 두께, 벽 길이를 자유롭게 시공 가능
- 철근, H형강, 강관, 시트 파일 등을 압입 시공하여 보강

④ 특수공법(프리팩트파일 공법)
  ㉠ CIP 공법(Cast In Place Prepacked Pile Method)
    • 정 의
      – 지반천공장비로 소정의 심도까지 천공하여 토사를 배출시킨 후 공 내에 H-Pile 또는 철근망을 삽입하고 콘크리트 또는 모르타르(Mortar)를 타설하는 주열식 현장타설 말뚝으로 가설 흙막이, 물막이 연속 벽체 등으로 사용하는 공법
      – 지하수가 없는 비교적 경질인 지층에서 어스오거로 구멍을 뚫고 그 내부에 철근과 자갈을 채운 후 미리 삽입해 둔 파이프를 통해 저면에서부터 모르타르를 채워 올라오게 하는 공법
      – 어스오거로 천공 후 철근망과 자갈을 채운 후 주입관을 통해 모르타르를 주입하여 제자리 말뚝을 형성하는 공법
    • 특 징
      – 지하수 없는 경질지층에 적합하다.
      – 주열식 강성체로서 토류벽 역할을 한다.
      – 강성이 MIP, PIP, SCW보다 우수하다.
      – 소음 및 진동이 작다.
      – 협소한 장소에도 시공이 가능하다.
      – 굴착을 깊게 하면 수직도가 떨어진다.
    • CIP 말뚝의 강성을 확보하기 위한 방법
      – 공벽 붕괴방지를 위한 케이싱을 설치하고 구멍을 뚫어야 하며, 콘크리트 타설 후 양생되기 전에 인발한다.
      – 구멍은 풍화암 이하까지 뚫어 말뚝 선단이 충분한 지지력이 나오도록 시공한다.
      – 콘크리트 타설 시 재료가 분리되지 않도록 한다.
    ※ 트레미 관(Tremie Pipe) : 콘크리트 타설 시 지하굴착공사 중 깊은 구멍 속이나 수중에서 재료가 분리되지 않게 타설할 수 있는 기구이다. 수중 콘크리트나 지표면 이하에서 콘크리트 타설 시 재료 분리를 방지하기 위해 사용하는 상단부의 머리 부분에 설치하는 나팔관 깔때기 입구를 가진 수밀성이 있는 관이다.
  ㉡ MIP 공법(Mixed In Place Pile Method)
    • 정 의
      파이프 회전봉의 선단에 커터(Cutter)를 장치한 것으로 지중을 파고 다시 회전시켜 빼내면서 모르타르를 분출시켜 지중에 소일 콘크리트 파일(Soil Concrete Pile)을 형성시킨 말뚝 중공관으로 된 회전축 선단에서 모르타르를 분출시키면서 토사를 굴착하여 토사와 모르타르를 혼합 교반하여 만드는 소일 시멘트 말뚝오거를 뽑아낸 뒤 필요에 따라 철근망 삽입하는 공법
    • 특징 : 사질 및 자갈층에 적합하다.
  ㉢ PIP 공법(Packed In Place Method)
    • 정의 : 스크루 오거로 굴착 후 흙과 오거를 끌어올리면서 오거 선단을 통해 모르타르를 주입하여 제자리 말뚝을 형성하는 공법
    • 특 징
      – 오거를 인발한 후 철근망 또는 H형강 삽입한다.
      – 비교적 연약지반에서 사용한다.

구 분	CIP	PIP	MIP	SCW
장 비	어스오거 (Earth Auger)	스크루 오거 (Screw Auger)	중공오거	다축오거
시공 순서	천공 후 철골망, 자갈 채움 후 모르타르 주입	오거를 끌어올리면서 모르타르 주입(필요 시 철근망 건입)	굴착과 동시에 모르타르를 주입하며 흙과 혼합 교반	다축오거로 굴착과 동시에 모르타르를 주입하여 흙과 혼합 교반
적용 지반	경암 제외 모든 지반	비교적 연약지반	사질층, 자갈층	점성토
차수성	CIP, PIP, MIP < SCW			
강 성	CIP > PIP, MIP, SCW			

10년간 자주 출제된 문제

2-1. 피어기초공사에 대한 설명으로 옳지 않은 것은?

① 중량구조물을 설치하는 데 있어서 지반이 연약하거나 말뚝으로도 수직 지지력이 부족하고 그 시공이 불가능한 경우와 기초지반의 교란을 최소화해야 할 경우에 채용한다.
② 굴착된 흙을 직접 탐사할 수 있고 지지층의 상태를 확인할 수 있다.
③ 무진동, 무소음공법이며, 여타 기초형식에 비하여 공기 및 비용이 적게 소요된다.
④ 피어기초를 채용한 국내 초고층 건축물에는 63빌딩이 있다.

2-2. 기초공사 시 활용되는 현장타설 콘크리트 말뚝공법에 해당되지 않는 것은?

① 어스드릴(Earth Drill)공법
② 베노토말뚝(Benoto Pile)공법
③ 리버스 서큘레이션(Reverse Circulation Pile) 공법
④ 프리보링(Preboring)공법

2-3. 제자리 콘크리트 말뚝지정 중 베노토 파일의 특징에 관한 설명으로 옳지 않은 것은?

① 기계가 저가이고 굴착속도가 비교적 빠르다.
② 케이싱을 지반에 압입해 가면서 관 내부 토사를 특수한 버킷으로 굴착 배토한다.
③ 말뚝 구멍의 굴착 후에는 철근 콘크리트 말뚝을 제자리치기 한다.
④ 여러 지질에 안전하고 정확하게 시공할 수 있다.

2-4. 리버스 서큘레이션 드릴(RCD)공법의 특징으로 옳지 않은 것은?

① 드릴 로드 끝에서 물을 빨아올리면서 말뚝 구멍을 굴착하는 공법이다.
② 지름 0.8~3.0[m], 심도 60[m] 이상의 말뚝을 형성한다.
③ 시공 시 소량의 물로 가능하며, 해상작업이 불가능하다.
④ 세사층 굴착이 가능하나 드릴파이프 지경보다 큰 호박돌이 존재할 경우 굴착이 곤란하다.

| 해설 |

2-1
무진동, 무소음공법이지만, 여타 기초형식에 비하여 공기 및 비용이 많이 소요된다. 특히, 기후가 악조건일 경우 공기가 길어질 수 있고 비용이 증가된다.

2-2
프리보링(Preboring)공법은 지지층까지 오거로 굴착한 후 시멘트 밀크를 주입하고 말뚝을 압입하는 매입공법으로 SIP 공법(Soil Cement Injected Precast Pile)이라고도 한다. 현장타설 콘크리트 말뚝공법에 해당되지 않는다.

2-3
기계가 고가이고 굴착속도가 느리다.

2-4
시공 시 다량의 물이 사용되며 해상작업이 가능하다.

정답 2-1 ③ 2-2 ④ 2-3 ① 2-4 ③

핵심이론 03 | 기초

① 기초의 개요
  ㉠ 기초
    - 건물의 상부에서 오는 하중을 받아 지정 또는 지반에 안전하게 전달시키는 구조부이다.
    - 기둥 및 벽 등에서 오는 하중을 지정에 전달하는 역할을 하며, 주로 철근 콘크리트로 이루어진다.
  ㉡ 기초공사의 순서
    먹매김 → 거푸집 조립 → 철근배근 → 콘크리트 타설 → 양생 → 거푸집 해체 → 되매우기 → 다짐
  ㉢ 지정형식에 따른 기초의 분류
    - 직접 기초(얕은 기초) : 기초 슬래브에 따라서 독립기초, 복합기초, 줄기초(연속기초), 온통기초로 나눈다.
    - 피어기초(깊은 기초) : 인력굴착기초(심초기초), 기계굴착 기초
    - 잠함기초(케이슨 기초) : 개방잠함기초, 용기잠함기초, 박스케이슨

② 직접 기초(얕은 기초) 또는 기초 슬래브 형식에 따른 분류
  ㉠ 독립기초(Independent Footing) : 기둥 하나에 기초판이 하나인 기초
  ㉡ 복합기초(Combination Footing) : 2개 이상의 기둥을 1개의 기초판으로 받게 한 기초
  ㉢ 연속기초(Strip Footing, 줄기초) : 연속된 기초판이 벽, 기둥을 지지하는 기초(조적조의 벽기초, 철근 콘크리트의 연결기초)
  ㉣ 온통기초(Matt Foundation) : 건물 하부 전체 또는 지하실 전체를 기초판으로 구성한 기초

③ 잠함기초(케이슨 기초)
  ㉠ 정의
    - 육상 또는 수상에서 건조된 케이슨 구조물을 자중 또는 적재하중에 의하여 소정의 깊이까지 침하시키는 기초
    - 수상이나 지상에서 미리 제작한 속이 빈 콘크리트 또는 강재구조물을 자중이나 적재하중을 가하여 지지층까지 침하시킨 후 그 바닥을 콘크리트로 막고 모래, 자갈 또는 콘크리트 등으로 속 채움을 하여 설치하는 기초
  ㉡ 별칭 : 케이슨 기초
  ㉢ 잠함기초가 적합한 경우
    - 수심 25[m] 이하 수중에 기초를 시공할 경우
    - 중간층에 자갈층 등이 존재하여 말뚝시공이 곤란한 경우
    - 대규모 수평하중이 작용하는 구조물인 경우
    - 상부구조가 장대교량 등으로 강성이 크고 지진에 대한 안정성이 요구되는 경우
  ㉣ 특징
    - 수직 방향, 수평 방향의 하중에 대하여 비교적 신뢰성이 높은 지지력을 보임
    - 지지층을 확인할 수 있어 확실한 시공 가능
    - 지지력에 대해서 단면 치수, 근입 깊이 등을 조절할 수 있어 유연한 설계 가능
    - 연약한 지반이나 수심이 깊은 곳에서도 시공이 가능(연약한 곳에서는 초기 침하에 주의)
    - 시공 시 진동이나 소음이 작음
    - 우기 시 시공이 가능하므로 합리적인 공정관리 가능
    - 시공 시 인접 구조물에 대한 영향은 양압력에 의한 경우가 많음
    - 경사지에서 시공 시 편압에 주의를 요함
    - 공기는 비교적 긺
    - 노동집약적 시공이므로 안전관리에 각별한 주의를 기울여야 함
    - 관련 설비가 고정식이 많아 경비가 높고 소규모 기초에는 비경제적임
  ㉤ 종류
    - 개방잠함 공법(Open Caisson Method)
      - 정의
        ⓐ 우물통 같이 뚜껑이 없는 케이슨을 설치하고 안쪽 흙을 굴착함에 따라 구조물을 침하시켜 소정의 깊이까지 도달시키는 공법
        ⓑ 상하부가 열려 있는 콘크리트통을 사전에 구축하여 구체 저면의 흙을 내부에서 굴착, 배출시키면서 케이슨을 침하시키고, 이런 구축과 굴착 침하의 작업을 반복하여 소정의 깊이까지 도달시키는 공법
      - 별칭 : 오픈 케이슨 공법, 우물통 기초공법
      - 특징
        ⓐ 침하 깊이에 제한을 받지 않는다.

ⓑ 기계설비가 간단하다.
　　ⓒ 공사비가 비교적 저렴하다.
　　ⓓ 지하수가 많은 지반에는 침하가 잘되지 않는다.
　　ⓔ 건물 내부에서 작업하므로 기후의 영향을 받지 않는다.
　　ⓕ 소음 발생이 작다.
　　ⓖ 중앙 부분을 실의 내부 갓 둘레 부분보다 먼저 판다.
　　ⓗ 케이슨 저부의 지지력 및 토질구조 파악이 곤란하다.
　　ⓘ 굴착 시 보일링이나 히빙의 우려가 있다.
　　ⓙ 장애물이 있는 경우 굴착이 지연된다.
　　ⓚ 경사 수정이 곤란하다.
　　ⓛ 시공 깊이에 제한이 없으며, 기계설비가 비교적 간단하다.
　　ⓜ 공사비가 뉴매틱 케이슨 기초에 비하여 상대적으로 저렴하다.
　　ⓝ 굴착 위치가 부정확하게 되어 치우친 굴착을 할 가능성이 있다.
　　ⓞ 기초지반의 토질상태를 직접 확인할 수 없고, 큰 전석 등의 장애물이 있을 시 공사가 어려워진다.
　　ⓟ 수중 타설한 저부 콘크리트 품질에 문제가 생길 수 있다.
　　ⓠ 주변지반의 융기(Heaving)나 분사(Boiling) 현상이 발생하기 쉽다.
　　ⓡ 케이슨 저부에 발생하는 슬라임을 깨끗이 제거하기 어렵다.

• 용기잠함 공법(Pneumatic Caisson Method)
　– 정 의
　　ⓐ 케이슨 저부를 슬래브로 막아 작업실을 만들고 이 작업실에 압축공기를 넣어서 공기압력에 의해 지하수의 유입, 분사, 팽창현상을 막으면서 인력 굴착에 의하여 케이슨을 침하시키는 방법이다.
　　ⓑ 용수가 심한 곳 또는 강, 바다 등의 토사 유입이 심한 곳에 많이 사용되는 공법으로, 압축공기에 의해 작업식을 고기압으로 하여 용수를 배제하면서 굴착하여 기초 구조체를 침하시켜 나간다.
　　ⓒ 대형 구조물의 기초시공을 위한 공법의 한 종류이다. 육상에서 제작한 케이슨을 해상 위치에 설치한 후 케이슨 선단 부분의 천장을 막아서 아래에 작업 공간을 설치하고, 작업실 내부에 압축공기를 보내어 지하의 수압에 대응하는 압력의 공기를 보내고, 건조한 상태의 실내로 작업원이 들어가 토사를 굴착·배토하여 케이슨을 지지기반에 침하시키는 공법이다.
　– 별칭 : 뉴매틱 케이슨 기초공법, 공기 케이슨 공법
　– 특 징
　　ⓐ 주위의 지하수위를 변동시키지 않고 작업이 가능하다.
　　ⓑ 건공법(Dry Work)이므로 공정이 빠르다.
　　ⓒ 토층의 확인이 가능하고 지지력 실험도 가능하다.
　　ⓓ 경사 발생도 적고 경사 수정도 쉽다.
　　ⓔ 침매하중의 증감이 쉽고 오픈 케이슨에 비하여 중심 위치가 낮아 기울어짐이 작다.
　　ⓕ 수중이 아니므로 저부 콘크리트는 신뢰가 높다.
　　ⓖ 수중 콘크리트를 사용하지 않아 콘크리트 품질 측면에서 신뢰성이 높다.
　　ⓗ 지지지반을 직접 확인할 수 있어 신뢰성이 높다.
　　ⓘ 어떠한 지반 상태에서도 굴착이 가능하여 공사기간을 순수하기가 용이하나.
　　ⓙ 용수량이 극히 많을 때 사용한다.
　　ⓚ 기계설비비가 높다.
　　ⓛ 케이슨병이 발생할 수 있다.
　　ⓜ 전력, 기계설비를 사용하므로 공사비가 많이 든다.
　　ⓝ 고기압 상태에서 작업하므로 숙련된 경험자가 시공하여야 하기 때문에 노무비가 비싸다.

• 박스케이슨(Box Caisson) : 육상에서 제작한 저면이 폐단면인 케이슨을 해상에서 예인하여 미리 수평하게 정지된 지지층에 거취하고 박스의 내부를 모래, 자갈, 콘크리트 또는 물로 채워 침하시키는 공법

④ 언더피닝공법(Underpinning Method)
  ㉠ 언더피닝공법의 정의
    • 인접한 건물 또는 구조물의 침하방지를 목적으로 기존 건물의 지반과 기초를 보강하는 공법의 총칭
    • 인접 구조물보다 깊은 위치에 근접하여 지하 구조물을 건설할 경우에 인접 건물의 기초 등을 보호하기 위해 실시하는 기초 보강공법
    • 기존 건물 또는 공작물의 기초나 지정을 보강하거나, 거기에 새로운 기초를 삽입하거나, 지지면을 더 깊은 지반에 옮겨 안전하게 하기 위한 지반개량공법
    • 기존에 구축된 건축물 가까이에서 건축공사를 실시할 경우 기존 건축물의 지반과 기초를 보강하는 공법
    • 구조물에 인접하여 새로운 기초를 건설하기 위해서 인접한 구조물의 기초보다 더 깊게 지반을 굴착할 경우에 기존의 구조물을 보호하기 위하여 그 기초를 보강하는 대책
    • 구축하고자 하는 지하 구조물이 인접 구조물보다 깊은 위치에 근접하여 건설할 경우에 주변 지반과 인접 건축물 기초의 침하에 대한 우려 때문에 실시하는 기초 보강공법
    • 가설구조물에 대하여 기초 부분을 신설, 개축 또는 증축하는 공사에 기초를 보강하기 위하여 시공하는 공법으로, 기존 구조물의 기능을 유지하고 인접 구조물이나 지반에 피해가 없도록 하는 공법
    • 기존에 구축된 건축물 가까이에서 건축공사를 실시할 경우 기존 건축물의 지반과 기초를 보강하는 공법
  ㉡ 언더피닝공법의 분류
    • 차단공법 : 이중널말뚝공법, 차단벽 설치공법
    • 직접지지법 : Jacked Pier, 헬리컬 파일공법(브래킷 이용 지지)
    • 보강공법
      - 강재말뚝보강법 : 헬리컬 파일공법, 마이크로 파일공법
      - 약액주입법 : 모르타르 및 약액주입법 등
      - 기초 보강법 : 기초 하부의 보, 기둥을 첨가하여 지지
  ㉢ 잭을 이용한 직접 지지(Jacked Piers) 공법 : 부동침하가 발생한 건축물 주변에 소구경의 스틸 파이프와 유압 잭을 설치하여 침하된 부분을 서로 다른 힘으로 지지하여 부동 침하를 해소하는 공법
  ㉣ 헬리컬 파일(Helical Pile) 공법 : 스크루가 달린 마이크로 파일을 지반에 회전 압입한 후 브래킷과 유압 잭을 이용하여 기존건물의 기초를 지지하는 공법
  ㉤ 마이크로 파일(Micro Piles) : 대상 건축물 주변을 보링 굴착하고 모르타르를 주입한 후 소구경의 마이크로 파일을 삽입하여 기존 기초를 보강하는 공법
  ㉥ 약액주입공법 : 대상 건축물 기초 저면을 굴착한 후 모르타르나 고결재 등의 약액을 주입하여 대상 지반을 고결경화하는 공법
  ㉦ 기초 보강법 : 기존 기초의 하부면을 굴착한 후 거푸집을 만들고 콘크리트를 타설하여 기초의 두께를 보강하는 공법

10년간 자주 출제된 문제

3-1. 개방잠함공법(Open Caisson Method)에 대한 설명으로 옳은 것은?

① 건물 외부 작업이므로 기후의 영향을 많이 받는다.
② 지하수가 많은 지반에는 침하가 잘되지 않는다.
③ 소음 발생이 크다.
④ 실의 내부 갓 둘레 부분을 중앙 부분보다 먼저 판다.

3-2. 기초공사 중 언더피닝(Underpinning)공법에 해당하지 않는 것은?

① 2중 널말뚝공법   ② 전기침투공법
③ 강제말뚝공법   ④ 약액주입법

|해설|
3-1
① 건물 내부 작업이므로 기후의 영향을 받지 않는다.
③ 소음 발생이 작다.
④ 중앙 부분을 실의 내부 갓 둘레 부분보다 먼저 판다.

3-2
언더피닝(Underpinning)공법의 종류 : 2중 널말뚝공법, 차단 벽 설치공법, 강제말뚝공법, 약액주입법, 기초 보강법 등

정답 3-1 ② 3-2 ②

제4절 철근 콘크리트공사

핵심이론 01 거푸집공사

① 거푸집공사의 개요
  ㉠ 용어
    • 거푸집(Formwork, Form, Mold)
      - 콘크리트 구조물이 필요한 강도를 발현할 수 있을 때까지 구조물을 지지하여 구조물의 형상과 치수를 설계도서대로 유지시키기 위한 가설구조물의 총칭
      - 부어 넣은 콘크리트가 소정의 형상과 치수를 유지하며 소정의 강도에 도달하기까지 지지하는 가설구조물의 총칭
      - 지지틀의 총칭(콘크리트를 부어 넣어 콘크리트 구조체를 형성하는 거푸집 널과 이것을 정확한 위치로 유지시켜 주는 동바리)
      - 콘크리트를 일정한 형상과 치수로 유지시켜 주며 그 경화에 필요한 수분의 누출을 방지하고 외기의 영향을 방지하는 콘크리트의 적절한 양생의 목적으로 쓰이는 가설물
      - 콘크리트의 타입 시 변형, 파열 또는 도괴하지 않도록 충분한 강성 및 강도가 필요하며 시공 위치에서 조립하여 콘크리트를 타설한 다음 작은 유닛(Unit)으로 해체함
    • 시스템 거푸집(System Form) : 미리 기둥 거푸집, 벽 거푸집, 보 거푸집 등을 지상에서 제작한 다음 시공 위에서 조립만 하거나, 딜형 시에는 대형 유닛(Unit)으로 해체하여 다음 사용 장소에서 그대로 전용할 수 있는 거푸집
    • 가새 : 거푸집동바리 구조에서 수평하중의 안전성을 확보하기 위해 대각선 방향으로 설치하는 부재
    • 간격재 : 거푸집 간격 유지와 철근 또는 긴장재나 쉬스가 소정의 위치와 간격을 유지시키기 위하여 쓰이는 콘크리트, 모르타르제, 금속제 또는 플라스틱 부품
    • 거푸집 긴결재(Form Tie) : 기둥이나 벽체 거푸집과 같이 마주 보는 거푸집에서 거푸집 널을 일정한 간격으로 유지시켜 주는 동시에 콘크리트 측압을 최종적으로 지지하는 역할을 하는 인장부재로 매립형과 관통형으로 구분함
    • 거푸집 널 : 거푸집의 일부로서 콘크리트에 직접 접하는 목재나 금속 등의 판류로, 수밀성이 요구됨
    • 동바리
      - 수평 부재를 받쳐 주고 상부하중을 하부로 전달하는 기둥 같은 역할을 하는 압축부재(받침기둥)
      - 타설된 콘크리트가 소정의 강도를 얻기까지 고정하중 및 시공하중 등을 지지하기 위하여 설치하는 부재 또는 작업 장소가 높은 경우 발판, 재료 운반이나 위험물 낙하방지를 위해 설치하는 임시 지지대
    • 멍에 : 장선과 직각 방향으로 설치하여 장선을 지지하며 거푸집 긴결재나 동바리(받침기둥)로 하중을 전달하는 수평 부재
    • 모인 옹이 지름비 : 부재의 길이 중 15[cm] 이내에 집중되어 있는 각 옹이 지름의 합계를 부재 폭으로 나눈 백분율
    • 박리제(Form Oil) : 콘크리트 표면에서 거푸집 널을 떼어내기 쉽게 하기 위하여 미리 거푸집 널에 도포하는 물질
    • 버팀대 : 수직 거푸집(벽, 기둥)의 수평 안전성 확보와 터짐방지를 위해 경사지게 설치하는 부재
    • 솟음(캠버, Camber) : 보, 슬래브 및 트러스 등에서 그의 정상적 위치 또는 형상으로부터 처짐을 고려하여 상향으로 들어 올리는 것 또는 들어 올린 크기
    • 수직 띠장 : 수직 거푸집(벽, 기둥, 보측판)에서 거푸집 널의 뒷면에 설치하는 수평 띠장에 직각으로 설치하는 수직 부재
    • 수평 띠장 : 수직 거푸집(벽, 기둥, 보측판)에서 거푸집 널의 뒷면에 설치하는 수직 띠장에 직각으로 설치하는 수평 부재
    • 수평 연결재 : 동바리의 좌굴 길이를 줄이고 수평 이동을 방지하도록 동바리 부재를 수평으로 연결한 부재
    • 시스템 동바리(Prefabricated Shoring System) : 수직재, 수평재, 가새 등 각각의 부재를 공장에서 미리 생산하여 현장에서 조립하여 거푸집을 지지하는 지주 형식의 동바리와 강제 갑판 및 철재 트러스 조립보 등을 이용하여 수평으로 설치하여 지지하는 보 형식의 동바리를 지칭함

- U헤드 : 멍에에 가해진 하중을 동바리로 전달하기 위하여 동바리 상부에 정착하여 사용하는 U형태의 연결 지지재
- 옹이 지름비 : 옹이가 있는 재면에서 부재의 너비에 대한 옹이 지름의 백분율
- 장선 : 거푸집 널을 지지하여 멍에로 하중을 전달하는 부재
- 폼라이너(Formliner) : 콘크리트 표면에 문양을 넣기 위하여 거푸집 널에 별도로 부착하는 부재
- 폼행거(Form Hanger) : 콘크리트 상판을 받치는 보 형식의 동바리재를 영구 구조물의 보 등에 매다는 형식으로 사용하는 부속품
- 포스트텐셔닝(Post Tensioning) : 콘크리트의 경화 후 사전에 매설한 시스관을 통하여 PS 강재(강선)에 인장력을 주는 것

ⓛ 거푸집의 특기사항
- 콘크리트 표면에 타일붙임 등의 마감을 할 경우에는 표면이 거칠도록 한 거푸집이 필요하다.
- 거푸집공사비는 건축공사비에서의 비중이 높으므로, 설계단계부터 거푸집공사의 개선과 합리화 방안을 연구하는 것이 바람직하다.
- 거푸집 동바리의 구성요소는 파이프서포트, 강관틀 지주, 조립강주식 지주, 윙서포트, 수평 지지보, 시스템 서포트 등이다.
- 건설현장에서 사용되는 작업발판 일체형 거푸집의 종류 : 갱폼(Gang Form), 슬립폼(Slip Form), 클라이밍 폼(Climbing Form) 등

ⓒ 콘크리트 구조체의 품질에 미치는 거푸집의 영향과 역할
- 콘크리트가 응결하기까지의 형상, 치수의 확보
- 콘크리트 수화반응의 원활한 진행 보조
- 철근의 피복 두께 확보

ⓔ 콘크리트 타설 시 거푸집에 작용하는 측압
- 굳지 않은 콘크리트 측압은 붓기 속도, 붓기 높이, 시공 부위에 따라 계산한다.
- 거푸집의 강성이 클수록 측압이 커진다.
- 부재의 수평 단면이 클수록 측압이 크다.
- 슬럼프가 클수록 측압이 크다.
- 배합이 좋을수록 측압이 크다.
- 묽은 콘크리트일수록 측압이 크다.
- 벽 두께가 두꺼울수록 측압이 커진다.
- 거푸집 표면이 평활하면 측압이 크다.
- 콘크리트 타설속도가 빠를수록 크다.
- 부어 넣는 속도가 빠를수록 측압이 크다.
- 콘크리트의 다지기가 강할수록 측압이 크다.
- 다짐이 충분할수록 측압이 커진다.
- 진동기를 사용하여 다질수록 측압이 커진다.
- 조강시멘트 등을 활용하면 측압이 작아진다.
- 반배합이 부배합보다 측압이 작다.
- 철근량이 적을수록 측압이 크다.
- 대기의 온도가 낮을수록 측압이 커진다.

ⓜ 거푸집의 강도 및 강성에 대한 구조 계산 시 고려할 사항 : 작업하중(수직하중, 수평하중), 충격하중, 콘크리트 측압, 콘크리트 자중 등

ⓗ 바닥판 거푸집의 구조계산 시 고려해야 하는 연직하중
- 고정하중 : 콘크리트 무게(굳지 않은 콘크리트 중량)와 거푸집 무게를 합한 하중
- 작업하중 : 작업원, 장비하중, 시공하중, 충격하중 등을 포함한 하중

② 거푸집공사용 자재
ⓐ 거푸집판 : 콘크리트와 직접 접촉하여 구조물의 표면 형태를 조성한다.
ⓑ 장선 : 거푸집판의 변형을 방지하며 콘크리트의 측압 또는 하중을 거푸집판으로부터 전달받는다.
ⓒ 보강재 : 거푸집 널과 장선을 지지하고 콘크리트 측압을 전달받아 변형이 되지 않도록 유지시켜 주는 부재이다.
- 1차 보강재 : 장선을 직접 지지하는 수평 또는 수직 보강재
- 2차 보강재 : 1차 보강재를 지지하는 수평 또는 수직 보강재

ⓓ 동바리 : 타설된 콘크리트가 소정의 강도를 얻기까지 고정하중 및 시공하중 등을 지지하기 위하여 설치하는 부재이다.
ⓔ 긴결재 : 거푸집을 고정하여 작업 중의 콘크리트 측압을 최종적으로 부담한다.
- 칼럼밴드(Column Band) : 기둥에서 바깥쪽으로 감싸서 측압에 의해 거푸집이 벌어지는 것을 방지한다.
- 폼타이(Form Tie)
  - 콘크리트를 부어 넣을 때 거푸집이 벌어지거나 우그러들지 않게 연결, 고정하는 긴결재

- 거푸집 패널을 일정한 간격으로 양면을 유지시키고 콘크리트 측압을 지지하는 긴결재
- 주로 벽체나 보에서 사용된다.
- 플랫타이(Flat Tie) : 거푸집과 거푸집 사이를 일정한 간격으로 유지 및 고정시켜 내부에 콘크리트 타설을 하여 콘크리트가 양생되도록 하고 콘크리트 양생 후 매립되는 유로폼 시공 시 사용되는 소모성 자재
- ㉥ 격리재(Separator) : 콘크리트의 측압력을 부담하지 않고 철판제, 철근제, 파이프제 또는 모르타르제 등을 사용하여 거푸집 상호 간의 간격을 일정하게 유지한다.

③ 일반 거푸집의 종류
  ㉠ 목재 거푸집(Wood Form)
    • 가공이 용이하고 콘크리트 보온성이 우수하다.
    • 재료의 신축성이 적어 누수 위험이 없다.
    • 무게가 무겁고 표면 손상이 우려된다.
  ㉡ 강재 거푸집(Metal Form)
    • 철판과 앵글 등으로 패널 제작된 거푸집이다.
    • 콘크리트 타설면이 평활하다.
    • 제물치장용, 시스템 거푸집 등 사용된다.
    • 표면이 매끄러워 마감재 부착이 어려우므로 콘크리트 표면에 모르타르, 플라스터 또는 타일붙임 등의 마감을 할 경우에는 사용하지 않는다.
  ㉢ 유로폼(Euro Form)
    • 정 의
      - 경량형강과 합판으로 구성되며, 건물의 평면 형상이 규격화되어 표준형태의 거푸집을 변형시키지 않고 조립함으로써 현장 제작에 소요되는 인력을 줄여 생산성을 향상시키고 자재의 전용횟수를 증대시키는 목적으로 사용되는 거푸집 패널
      - 공장에서 경량형강과 합판을 사용하여 벽판이나 바닥판용 거푸집을 제작한 것으로, 현장에서 못을 쓰지 않고 간단히 조립할 수 있는 거푸집
    • 별칭 : 철재 패널폼, 철재 거푸집
    • 특 징
      - 가장 초보적인 단계의 시스템 거푸집이지만, 시스템거푸집으로 분류하지는 않는다.
      - 합판거푸집에 비해 정밀도가 높고 타 거푸집과의 조합이 대체로 쉽다.
      - 공장 제작하여 일정 횟수 사용 후 합판 교체 및 프레임 교정 등 보수작업은 현장에서도 가능하다.
      - 전용 횟수는 60회 정도 가능하며 15회 정도 사용 후에는 합판 교체, 프레임 교정 및 도장을 한다.
      - 모든 구조물에 적용하나 가장 많이 적용되는 곳은 아파트이다.
      - 부재 조립, 해체, 운반을 인력에 의존하므로 인력소모가 많고 시공속도가 늦다.
      - 곡면 시공이 어렵고, 높은 측압에 약하다.
  ㉣ 알루미늄 거푸집(Aluminum Form)
    • 주요 시공 부위는 내부벽체, 슬래브, 계단실 벽체이며, 슬래브 필러 시스템에 있어서 해체가 간편하다.
    • 경량으로 설치시간이 단축된다.
    • 이음매(Joint) 감소로 견출작업이 감소된다.
    • 녹이 슬지 않는 장점이 있으며 전용횟수가 많다.

④ 시스템거푸집(System Form)

벽체 전용	갱폼, 클라이밍폼, 오토클라이밍폼, 슬라이딩폼, 슬립폼, 무폼타이거푸집, 1회용 리브라스거푸집
바닥 전용	플라잉폼, 와플폼, 덱플레이트폼
벽체+바닥용	터널폼, 트레블링폼
무지주공법	보우빔, 페코빔

  ㉠ 갱폼(Gang Form)
    • 정 의
      - 크게 거푸집판과 보강재가 일체로 된 기본 패널로, 작업을 위한 작업 발판대 및 수직도 조정과 횡력을 지지하는 빗버팀대로 구성되어 있는 대형 바닥 거푸집
      - 부재의 조립, 분해를 반복하지 않고 대형화, 단순화하여 한 번에 설치하고 해체하는 거푸집
    • 특 징
      - 가설비 절약이 가능하다.
      - 미장공사를 생략할 수 있다.
      - 공기가 단축되고 인건비가 절약된다.
      - 경제적인 전용 횟수는 30~40회 정도이다.
      - 타워크레인 등의 시공장비에 의해 한 번에 설치가 가능하다.
      - 대형화 패널 자체에 버팀대와 작업대를 부착하여 유닛(Unit)화한다.
      - 수직, 수평 분할 타설 공법을 활용하여 전용도를 높인다.
      - 조립, 분해 없이 설치와 탈형만 함에 따라 인력과 비용이 절감된다.

- 콘크리트 이음 부위(Joint) 감소로 마감이 단순해지고 비용이 절감된다.
- 1개 현장 사용 후 합판을 교체하여 재사용하는 것이 가능하다.
- 현장 제작, 공장 제작이 모두 가능하다(근거리 운반 시에는 공장 제작을 하며 원거리 운반 시에는 현장제작을 한다).
- 두꺼운 벽체 구축에 적합하다.
- 주로 고층 아파트, 콘도미니엄, 병원, 사무소 같은 벽식구조 건물에 사용된다.
- 제작 장소 및 해체 후 보관 장소가 필요하다.
- 설치와 탈형을 위하여 타워크레인, 이동식 크레인(Mobile Crane)같은 양중장비가 필요하다.
- 초기 투자비가 비싸다.
- 거푸집 조립시간이 필요하다.
- 공사 초기 제작기간이 길다.
- 기능공의 교육 및 숙달기간이 필요하다.
- 중량으로 취급이 용이하지 않다.

ⓒ 클라이밍폼
- 거푸집과 벽체 마감공사를 위한 비계틀을 일체화시킨 거푸집
- 고층 구조물의 내부 코어시스템에 적합하다.

ⓒ 오토클라이밍폼(ACS ; Automatic Climbing System)
- 거푸집과 거푸집작업을 위한 발판으로 구성되어 있는 시스템폼이다.
- 자체 발판에서 모든 거푸집작업과 철근작업, 콘크리트작업이 가능하다.
- 부착된 유압장치시스템을 이용하여 상승한다.
- 타설 후 다음 위층까지 유압시스템으로 자동 인양되기 때문에 안전 시공은 물론 공기 단축도 가능하다.
- 콘크리트 타설 14~16시간 경과 후 콘크리트가 8[MPa] 이상의 강도를 가지게 되면 거푸집을 탈영하여 상승시킨다.
- 초고층 건축물 시공 시 코어 선행 시공에 유리하다.
- 잠실 롯데월드타워에 적용 실적이 있다(롯데월드타워는 1층에서 123층까지 경사면을 따라 평면이 줄어드는 구조로, ACS가 상승함에 따라 작업발판이 같이 줄어드는 오토 슬라이딩시스템(Auto Sliding System)을 세계 최초로 적용했다).

ⓔ 슬라이딩폼(Sliding Form) : 요크(Yoke), 로드(Rod), 유압잭(Jack)을 이용하여 거푸집을 연속적으로 이동시키면서 콘크리트를 타설할 수 있는 시스템 거푸집
- 별칭 : 슬립폼(Slip Form)
- 특 징
  - 요크(Yoke)로 벽거푸집을 상향 이동하는 수직용 거푸집이다.
  - 거푸집의 높이는 약 1.2[m]이고 하부가 약간 넓게 되어 있다.
  - 수평, 수직적으로 반복된 구조물을 시공이음 없이 균일한 형상으로 시공할 수 있다.
  - 1일 5~10[m] 정도 수직 시공이 가능하므로 시공 속도가 빠르다.
  - 마감작업이 아래에서 동시에 진행되므로 공정이 단순화된다.
  - 형상 및 치수가 정확하며 시공오차가 적다.
  - 시공이음이 없으므로 수밀성, 차폐성이 높은 구조물의 시공이 가능하다.
  - 작업대와 비계틀이 동시에 올라가기 때문에 안전성이 높다.
  - 타설작업과 마감작업이 동시에 진행되므로 공정이 단순하다.
  - 거푸집 수직 상승, 단면 변화가 없는 구조물인 사일로(Silo), 교각, 고층빌딩의 코어에 적용된다.
  - 구조물 형태에 따른 사용 제약이 있다.
  - 돌출부가 있는 곳에는 사용할 수 없다.

ⓜ 무폼타이거푸집(Tie-less Formwork)
- 정 의
  - 지하 합벽거푸집에서 측압에 대비하여 버팀대를 삼각형으로 일체화한 공법
  - 한쪽 면에만 거푸집을 설치하여 폼타이 없이 거푸집에 작용하는 콘크리트 측압을 지지하도록 만든 거푸집
- 별칭 : 브레이스 프레임(Brace Frame)
- 특 징
  - 벽체거푸집 설치 시 벽체 양면에 거푸집 설치가 곤란할 때 적합하다.
  - 기푸집을 지지하기 위하여 브레이스 프레임을 사용한다.

- 폼타이용 철물에 의한 누수가 방지되며 폼타이 설치를 위한 용접작업 등의 번거로움이 생략된다.
- 공법이 단순하고 거푸집의 설치품과 해체품이 감소된다.
- 사용 횟수에 대한 전용률이 매우 높다.
- 주로 흙막이 벽 공사 시 사용된다.
- 하부 앵커 매입을 위한 지지층이 필요하다.
- 앵커 매입 시 콘크리트 측압구조 계산이 필요하다.
- 앵커 매입 후 지지력시험(인발시험)을 실시한다.
- 앵커 매입 길이는 콘크리트 또는 경질지반에 260~430[mm] 정도 매입한다.

ⓑ 1회용 리브라스 거푸집(Rib Lath Form)
- 정의 : 라스(Lath)를 이용하여 제작하며 사용 후 해체공사가 생략되는 매립형 거푸집
- 별칭 : 리브라스, 메탈라스거푸집, 매입형 철망거푸집, 비탈형 일회용 거푸집
- 특 징
  - 기존 폼에 대비하여 부력이 작다.
  - 공기가 대폭 단축된다.
  - 원가 절감이 가능하다(양중장비 불필요, 타이볼트 불필요, 정리 및 청소비 절감).
  - 가공성이 용이하다(휨가공이 간단하다).
  - 부피 최소화가 가능하다.
  - 마감작업(미장작업, 타일작업)이 우수하다.
  - 콘크리트 품질이 향상된다.
  - 건축 폐기물이 감소된다.
  - 기존 거푸집과 병용이 가능하다.
  - 부실시공을 방지한다.
  - 작업 안정성이 향상된다(측압이 60[%]로 타설 시 붕괴 위험 감소).
  - 경사지붕, 종합운동장 경사 부분에 활용 가능하다.
  - 라스비용이 추가된다.
  - 면처리 마감의 경우 사용이 불가하다(방수공종은 가능).
  - 시멘트 페이스트가 유출될 가능성이 있다.
  - 콘크리트 강도와 차수에 영향을 줄 수 있다.
  - 지수판 설치가 어렵다.

ⓐ 플라잉폼(Flying Form)
- 정의 : 바닥전용 거푸집으로서 거푸집 널에 거푸집판, 장선, 멍에, 서포트 등을 기계적인 요소로 하여 일체로 제작하여 부재화한 대형 바닥판 시스템 거푸집
- 별칭 : 테이블폼(Table Form)
- 특 징
  - 제작방법은 갱폼과 동일하다.
  - 경제적인 전용 횟수는 30~40회 이상이며 갱폼과 조합되어 사용한다.
  - 수평, 수직 방향으로 이동이 가능하다.
  - 조립, 분해가 생략되므로 설치시간이 단축되며, 인력이 절감된다.
  - 거푸집의 처짐이 적다.
  - 합판을 제외한 주요부재의 재사용이 가능하다.
  - 수직, 수평적인 반복 모듈을 가진 구조물에 적용효과가 높기 때문에 아파트, 호텔, 병원 등의 건축물뿐만 아니라 초고층 철근 콘크리트 건물 또는 지하 주차장과 같은 지하 구조물에도 적용된다.
  - 장비가 필요하다.
  - 초기 투자비가 크다.

ⓞ 터널폼(Tunnel Form)
- 정 의
  - 벽과 바닥의 콘크리트 타설을 한 번에 가능하게 하기 위하여 벽체 및 슬래브 거푸집을 일체로 제작하여 한 번에 설치하고 해체할 수 있도록 한 시스템거푸집
  - 벽식 철근 콘크리트 구조를 시공할 경우, 벽과 바닥의 콘크리트 타설을 한 번에 가능하게 하기 위하여 벽체용 거푸집과 슬래브거푸집을 일체로 제작하여 한 번에 설치하고 해체할 수 있는 거푸집
- 특 징
  - 벽체 및 슬래브거푸집을 일체로 제작한다.
  - 패널 단위로 공장에서 제작하며 운반상의 편의를 위하여 반조립 및 완전 해체하여 현장에서 조립한다.
  - 거푸집의 전용 횟수는 약 100회 정도이다.
  - 노무 절감, 공기 단축이 가능하다.

- 이 폼의 종류에는 트윈 셸(Twin Shell)과 모노 셸(Mono Shell)이 있다.
- 주로 아파트 벽식구조물 그리고 토목공사에 사용한다.
ⓧ 트래블링폼(Travelling Form) : 수평활동 거푸집이며 거푸집 전체를 그대로 떼어 다음 장소로 이동시켜 사용할 수 있도록 한 시스템 거푸집이다.
- 해체 및 이동이 편리하다.
- 터널, 교량, 지하철 등에 주로 적용된다.
- 건축분야에서 셸(Shell), 아치, 돔 같은 건축물에도 적용된다.
ⓧ 와플폼(Waffle Form) : 무량판 시공 시 두 방향으로 된 상자형 기성재 거푸집으로 특수한 거푸집 가운데 무량판구조 또는 평판구조와 관계가 가장 깊은 거푸집이다.
㉠ 덱플레이트폼(Deck Plate Form) : 콘크리트 슬래브의 거푸집 패널 또는 바닥판 및 지붕판으로 사용하는 것
㉡ 보빔(Bow Beam) : 수평 조절이 불가능하며 처짐을 고려해야 하는 무지주 수평 지지보
㉢ 페코빔(Pecco Beam) : 6.4[m]까지 수평 조절 신축이 가능한 무지주공법의 무지주 수평 지지보

⑤ 거푸집의 가공
㉠ 기둥거푸집 시공
- 합판을 사용할 경우 세워서 사용하며 가능한 한 절단하지 않고 정척대로 사용한다.
- 기둥거푸집의 길이는 슬래브 두께와 슬래브용 거푸집판의 두께를 제외한 치수에 슬래브의 표면 상태를 고려하여 1~2[cm] 짧게 제작한다.
㉡ 보거푸집 가공
- 합판 패널은 정척물을 절단하지 않으며, 패널의 나누기는 스팬의 양단에서 할당하여 중앙에서 보조패널을 사용한다.
- 큰 보의 길이는 기둥과 기둥의 콘크리트 내측 치수로 하여 양단을 기둥 패널 위에 놓는다.
㉢ 대형 패널의 가공
- 사방 직각 상태의 확인은 'ㄱ'자를 만들어 확인한다.
- 높이는 층고보다 크게 한다.
㉣ 계단 거푸집 가공 : 계단의 높이와 폭은 실측도를 기준으로 운반을 고려하여 측판을 가공한다.

⑥ 먹매김작업
㉠ 기준(주심, 벽심) 먹줄 내는 방법
- 일반층의 기준 먹줄은 주근이나 벽근에 있어서 먹줄을 칠 수 없기 때문에 표시 먹줄은 중심에서 1[m] 거리에 내고 이것을 기준으로 하여 각 부분(기둥, 벽, 출입구)의 먹줄을 시공도에 따라서 정확히 친다.
- 밑층의 기준 먹줄은 윗층으로 옮기기 위하여 표시 먹줄과 일치하는 위치에 각 10~15[cm] 정도의 구멍을 내는 것이 필요할 때가 있다.
㉡ 기준이 되는 중심에서 도면의 치수에 따라 정확히 각 부에 치수를 내고 먹매김하여 표시한다. 각 먹줄의 단부는 나중에 거푸집을 조립할 때 볼 수 있도록 여분의 길이로 10~20[cm] 정도를 늘여 기둥의 코너나 벽 등에 표시해 둔다.

⑦ 거푸집의 조립
㉠ 거푸집 조립 순서
- 거푸집 조립 순서는 건축물의 구조에 따라 약간씩 상이하나 일반적으로 밑에서 위로 순차적으로 조립한다.
- 거푸집 조립 순서 : 기초 옆(기초보) 거푸집 → 기초판, 기초보 철근배근 → 기둥 철근을 기초에 정착 → 기초판 콘크리트 타설 → 기둥 철근배근 → 기둥 거푸집, 벽 한 면 거푸집 → 벽의 철근배근 → 벽의 한 면 거푸집 → 보 밑창판, 옆판 및 바닥판 거푸집 → 보 및 바닥판 철근배근 → 콘크리트 타설
㉡ 기초거푸집
- 기초판 옆은 패널 또는 두꺼운 널을 사용하고, 먼저 기초 밑창 콘크리트 윗면의 먹매김에 따라 짜 대고 외부에는 이동이 없도록 버팀대 등을 써서 튼튼하게 고정한다.
- 기초판 윗면의 경사가 6/10(35°) 이상이 되면 경사면에 거푸집 널을 대야 한다. 이것은 콘크리트가 가득 채워짐에 따라 위로 떠오르게 되므로 철선으로 기초판 철근에 당겨 조여 매 둔다.
㉢ 기둥거푸집의 조립
- 거푸집을 4면에 세워 대고, 띠장은 모서리를 상하로 교차시켜 내밀어 여기에 기둥 멍에를 세워 대고 볼트 조임 또는 긴장철선을 두 줄로 감고 조인다.
- 기둥 위는 보 물림 자리를 따내고, 밑은 청소 구멍을 낸다.

- 기둥 거푸집의 수직 정밀도는 거푸집 전체에 영향을 미치므로 보거푸집이나 벽거푸집을 설치하기 전에 수직 상태를 정확히 유지해 둔다.
ㄹ 벽거푸집 조립
  - 벽의 거푸집은 먼저 벽 한쪽에 패널을 짜 대고 철근 배근을 병행하며 보, 바닥판의 거푸집을 그 위에 접속시키고 배근 및 설비작업이 완료되면 검사를 받고 맞은편 거푸집을 짜 댄다.
  - 멍에 설치 간격은 일반적으로 하부에서 75[cm] 정도, 위에서 90~110[cm] 정도, 철선 조임 간격은 하부 75[cm], 중앙 90[cm], 상부 100~110[cm] 정도로 배치한다.
  - 벽 하부에는 청소 구멍을 내고, 개구부는 벽의 한쪽 거푸집을 짠 다음 소요 치수로 가설문틀 또는 두꺼운 널 등으로 개구부 둘레를 막고 가새를 대어 변형을 방지한다. 창문 밑은 콘크리트가 위로 밀려올라올 우려가 있을 경우 정지판을 댄다.
  - 세퍼레이터, 폼타이의 간격은 층고, 재료의 종류, 콘크리트의 타설방법에 따라 다르므로 충분히 검토하여 설치한다.
ㅁ 보거푸집 조립
  - 보거푸집은 일반적으로 밑판과 옆판을 따로 짜서 조립하거나 함께 짜서 건다.
  - 밑판을 먼저 받침기둥, 깔대, 보 밑 멍에로 받쳐 짠 다음 옆판을 댄다. 옆판은 밑판보다 먼저 떼어낼 수 있게 하며 밑판과 옆판의 연결부에서 시멘트 페이스트(Cement Paste)가 누출되지 않도록 견고하게 밀착시킨다.
ㅂ 슬래브거푸집 조립
  - 먼저 받침기둥 위에 멍에를 걸고, 벽 옆, 보 옆에는 장선받이를 대고 여기에 장선을 패널 크기에 맞추어 대고 패널을 깐다.
  - 합판을 사용할 경우 가능한 한 정척을 사용할 수 있도록 조립하고 마무리 부분은 보조판으로 마무리한다.
  - 설치 전에 기둥, 보와 슬래브가 직각이 되는지의 여부를 검사하고 슬래브 바닥에 요철 부분이 없도록 한다.
ㅅ 받침기둥 조립(지주)
  - 간격은 그 크기와 하중을 고려하여 정한다.
  - 하중은 한 개의 받침기둥이 받는 면적의 콘크리트 무게의 배의 값을 취하고, 기둥은 단면과 좌굴 길이로 산출한다.
  - 받침기둥 밑은 두 개의 쐐기를 쳐서 높이를 조절한다.
  - 보, 바닥판 등의 거푸집의 지주는 될 수 있는 대로 통째로 쓰고, 특별히 긴 것 외에는 3단 이상 이어 쓰지 않는다.
  - 보 및 바닥판의 거푸집은 중앙에서 간 사이(Span)의 1/300~1/500 정도로 추켜올린다.
ㅇ 계단, 차양 거푸집 조립 : 숙련공으로 작업 배치하며, 미리 공작도 또는 원척도를 작성하고 그에 따라 가공 조립한다.
ㅈ 거푸집 조립작업 관리
  - 조립 작업 중 성과관리 : 거푸집은 시공계획도서 및 시방요령서에 의거하여 조립작업 중 다음 항목에 의한 작업관리를 실시한다.
    - 먹매김의 정확성
    - 거푸집 가공재의 치수, 모양
    - 거푸집 조립 정밀도
    - 지주 나누기, 방법
    - 거푸집 이동방지처리
    - 거푸집 틈 사이 막기
    - 정착물의 위치
    - 타 공사와의 관계
  - 공기지연의 원인 및 대책
    - 공기지연의 원인
      ⓐ 시공순서의 낭비, 무리 또는 실수
      ⓑ 연관 작업과의 전후 연결 상태 열악
      ⓒ 해당 증만의 지연 여부
      ⓓ 작업원의 기능도 수준
      ⓔ 작업원 부족
    - 대 책
      ⓐ 작업의 능률화
      ⓑ 재료 공급의 능률화
      ⓒ 조기 예측에 의한 조기 대비
⑧ **거푸집의 존치기간과 해체**
  ㄱ 거푸집의 존치기간
    - 거푸집은 그 회전 사용상 또는 다음 공사 추진을 위해서는 빨리 철거해야 하지만 거푸집 존치기간은 콘크리트 강도에 중대한 관계가 있으므로 상당 기간 동안 거푸집을 존치해야 한다.

- 존치기간은 시멘트 종류, 천우, 기온, 하중, 보양 등의 상태에 따라 다르므로 그 경과기간 동안 엄밀히 조사 기록한다.
- 거푸집은 콘크리트의 보양과 변형의 우려가 없고 충분한 강도가 날 때까지 존치해야 한다.
- 콘크리트 보양 도중 최저기간 5[℃] 이하로 되었을 때는 1일을 반일로 한다.
- 0[℃] 이하인 때에는 존치기간에 계산하지 않는다.
- 거푸집 제거 후는 콘크리트 표면을 7일간은 습윤 상태로 보양해야 한다.

ⓒ 거푸집의 해체
- 거푸집 및 동바리는 콘크리트가 자중 및 시공 중에 가해지는 하중을 지지할 수 있는 강도를 가질 때까지 해체할 수 없다.
- 거푸집 및 동바리의 해체시기 및 순서는 시멘트의 성질, 콘크리트의 배합, 구조물의 종류와 중요도, 부재의 종류 및 크기, 부재가 받는 하중, 콘크리트 내부의 온도와 표면온도의 차이 등을 고려하여 결정하고 책임기술자의 승인을 받아야 한다.
- 내구성이 중요한 구조물에서는 콘크리트의 압축강도가 10[MPa] 이상일 때 거푸집 널을 해체할 수 있다.
- 거푸집 널 존치기간 중 평균기온이 10[℃] 이상인 경우, 콘크리트 재령이 표준의 재령 이상 경과하면 압축강도시험을 하지 않고도 해체할 수 있다.

ⓓ 콘크리트 표준시방서에 따른 거푸집 널의 해체시기
- 콘크리트의 압축강도를 시험할 경우 거푸집 널의 해체시기

부 재		콘크리트 압축강도(f_{cu})
확대 기초, 보, 기둥 등의 측면		5[MPa] 이상
슬래브 및 보의 밑면, 아치 내면	단층구조의 경우	설계기준 압축강도의 2/3배 이상 또한 최소 14[MPa] 이상
	다층구조인 경우	설계기준 압축강도 이상(필러 동바리 구조를 이용할 경우는 구조 계산에 의해 기간을 단축할 수 있음. 단, 이 경우라도 최소 강도는 14[MPa] 이상으로 함)

- 콘크리트의 압축강도를 시험하지 않을 경우 거푸집 널의 해체시기(기초, 보, 기둥 및 벽의 측면)

구 분	조강 포틀랜드 시멘트	• 보통 포틀랜드 시멘트 • 고로슬래그시멘트(1종) • 포틀랜드포졸란시멘트(A종) • 플라이애시시멘트(1종)	• 고로슬래그 시멘트(2종) • 포틀랜드포졸란시멘트(B종) • 플라이애시 시멘트(2종)
20[℃] 이상	2일	3일	4일
20[℃] 미만 10[℃] 이상	3일	4일	6일

- 보, 슬래브 및 아치 하부의 거푸집 널은 원칙적으로 동바리를 해체한 후에 해체한다. 그러나 구조 계산으로 안전성이 확보된 양의 동바리를 현 상태대로 유지하도록 설계, 시공된 경우 콘크리트를 10[℃] 이상 온도에서 4일 이상 양생한 후 사전에 책임기술자의 승인을 받아 해체할 수 있다.
- 동바리 해체 후 해당 부재에 가해지는 전 하중이 설계하중을 초과하는 경우에는 전술한 존치기간에 관계없이 하중에 의하여 유해한 균열이 발생하지 않고 충분히 안전하다는 것을 구조 계산으로 확인한 후 책임기술자의 승인을 받아 해체할 수 있다.

ⓔ 거푸집 및 동바리를 해체한 직후의 재하
- 거푸집 및 동바리를 해체한 직후 구조물에 재하하는 하중은 콘크리트의 강도, 구조물의 종류, 작용하중의 종류와 크기 등을 고려하여 유해한 균열이나 기타 손상이 발생하지 않는 범위 이내로 한다.
- 동바리를 해체한 후에도 유해한 하중이 재하될 경우에는 동바리를 적절하게 재설치하여야 한다. 또한 시공 중의 고층 건물의 경우 최소 3개층에 걸쳐 동바리를 설치한다.

ⓕ 해체작업
- 해체작업 개시 전에 해체책임자로 하여금 해체지역에 작업 안전상 출입금지구역으로 표시한다.
- 진동, 충격에 의한 콘크리트의 손상이 없도록 순서 있게 해체한다.
- 순서 : 기둥 벽의 폼타이 및 기타 보강재 → 기둥패널 → 슬래브, 작은 보 지주 및 보강재 → 슬래브 작은 보 패널 → 큰 보 지주 및 보강재 → 큰 보 패널

- 재료의 전용을 고려하여 패널 파손 등의 거푸집 손모를 극소화할 수 있도록 소 범위로 순서에 맞추어 조용히 해체한다.
- 높은 곳의 거푸집을 해체할 때에는 특히 안전에 유의한다.

ⓑ 지주 바꾸어 세우기
- 거푸집공사에서 지주 바꿔 대기 순서 : 큰 보 – 작은 보 – 바닥판
- 지주는 먼저 큰 보의 일부에서부터 거푸집을 제거하여 바꾸어 세운 다음 다른 부분으로 옮기고 순차적으로 작은 보, 바닥 슬래브 순으로 시행한다.
- 지주를 바꾸어 세울 동안 그 상부의 작업을 제한하여 하중을 적게 하고 집중하중을 받는 지주는 그대로 두어야 한다.
- 바꾸어 세운 지주는 쐐기, 기타 자재로 튼튼히 받쳐 그 전의 지주와 같은 지지력이 작용하도록 한다.
- 지주는 콘크리트 타설 후 4주가 경과하면 제거할 수 있다.

ⓢ 거푸집 해체 후 정리정돈
- 해체한 거푸집은 콘크리트가 묻은 것은 떨어내고 수선하여 재사용할 수 있도록 정리정돈한다.
- 재료의 정리는 전용 가능 여부를 판단할 수 있도록 종류, 규격별로 구분한다.
- 한곳에 지나치게 많은 재료를 적치하지 않는다.
- 정리작업 중 재료에 손상이 없도록 조심하게 취급하고 오래되어 낡은 거푸집은 재사용하지 말고 즉시 반출한다.

ⓞ 거푸집 해체를 위한 검사항목(거푸집 해체 시 확인해야 할 사항)
- 수직, 수평부재의 존치기간 준수 여부
- 소요의 강도 확보 이전에 지주의 교환 여부
- 거푸집 해체용 콘크리트 압축강도 확인시험 실시 여부

⑨ 현장 품질관리
ⓖ 거푸집 검사 : 거푸집은 조립 중간 단계에서 치수 정밀도를 확인해 두지 않으면 최종 단계에서 수정하기 어렵기 때문에 사전검사를 실시함으로써 치수의 착오방지, 사고방지, 정밀도의 향상을 꾀할 수 있다.

- 수직검사 : 기둥, 벽의 경우 검사대상에서 조금 떨어져 수직추를 내리고 거푸집의 상단과 하단에서 거리를 측정하여 허용오차 범위 내에 들어있는지 조사한다.
- 수평 및 높이의 검사
    - 슬래브 및 보의 수평과 높이를 검사한다.
    - 거푸집 위의 기둥과 기둥 사이에 30~40[cm] 높이에 수평실을 띄우고 수평 및 슬래브 두께를 조사하거나 레벨로 검사한다.
- 관통 구멍, 매설물의 확인
- 서포트 등 지주검사
- 연결 철물 검사
- 기타 청소 상태

ⓛ 거푸집 및 동바리의 품질 검사 기준

항목	시험·검사 방법	시기·횟수	판정기준
거푸집, 동바리의 재료 및 체결재의 종류, 재질, 형상 치수	외관 검사	거푸집, 동바리 조립 전	지정한 품질 및 치수의 것일 것
동바리의 배치	외관 검사 및 스케일에 의한 측정	동바리 조립 후	경화한 콘크리트 부재는 거푸집의 허용오차규정에 적합할 것
조임재의 위치 및 수량	외관 검사 및 스케일에 의한 측정	콘크리트 타설 전	
거푸집의 형상 치수 및 위치	스케일에 의한 측정	콘크리트 타설 전 및 타설 도중	
거푸집과 최외측 철근의 거리	스케일에 의한 측정		철근피복 허용오차 규정에 적합할 것

⑩ 거푸집 관련 사고 및 대책
ⓖ 거푸집 사고의 응급처치
- 거푸집이 압출되었을 때
    - 가로 멍에 아래 주변의 패널이 압출되면 콘크리트 타설을 중단하고 띠장 끝에 쐐기형 테이퍼를 만들고 가로 멍에와 패널 사이를 두들겨 박아 고정한다.
    - 가로 멍에의 일부가 처지기 시작하면 콘크리트 타설을 중단하고 가로 멍에 사이에 볼트 송곳을 꽂아 양나사 볼트로 조인다.
    - 받치 없는 패널 중간부가 압출되면 볼트 송곳으로 패널에 관통 구멍을 뚫어 양나사 볼트를 끼우고 짧은 띠장목이나 원형파이프 등으로 조인다.

- 세로 멍에의 중간이 처지기 시작하면 콘크리트 타설을 중단하고 볼트 송곳으로 관통 구멍을 뚫고 짧은 가로 멍에를 대고 W형 와셔로 조인다.
- 시멘트 페이스트의 누출을 발견하였을 때 : 넝마 등으로 신속히 메운 다음 급결 모르타르나 석고 등과 같은 급경성재료로 누출 부위를 막거나 각목이나 얇은 철판, 판자를 붙여 막는다.

ⓒ 콘크리트 타설과 관련하여 거푸집 붕괴사고방지를 위하여 우선적으로 검토·확인하여야 할 사항
- 콘크리트 측압 확인
- 조임철물 배치 간격 검토
- 콘크리트의 단기 집중 타설 여부 검토
- 부재 간 강성 차이 고려
- 동바리의 균등한 긴장도 유지
- 동바리 연결부 강도 확보

ⓒ 거푸집과 관련한 사고방지대책
- 저온 시 콘크리트 타설을 피한다.
- 합판패널은 표면 나뭇결에 수직으로 하여 띠장이나 멍에를 댄다.
- 부재 간 강성 차이가 커서 부재 간 강성 차이가 많은 것과는 조합을 피한다.
- 장시간 진동기(Vibrator) 사용, 집중적 투입을 피한다.
- 콘크리트 측압의 실태를 파악해야 하고, 조임철물의 강도 관점에서 거푸집 시공계획을 검토, 확인한다.
  - 콘크리트 측압의 파악(개량산정방식, 현장경험방식)
  - 콘크리트 측압에 맞는 거푸집 두께 선정, 띠장, 멍에 간격 검토
  - 조임철물 배치 간격을 검토한다.
  - 조임철물의 조임강도를 균일하게 한다.
  - 콘크리트 타설계획을 수립하여 돌려가며 타설한다.

10년간 자주 출제된 문제

1-1. 콘크리트 타설 시 거푸집에 작용하는 측압에 관한 설명으로 옳지 않은 것은?

① 기온이 낮을수록 측압은 작아진다.
② 거푸집의 강성이 클수록 측압은 커진다.
③ 진동기를 사용하여 다질수록 측압은 커진다.
④ 조강시멘트 등을 활용하면 측압은 작아진다.

1-2. 거푸집공사에 사용되는 자재와 역할에 대한 설명 중 옳지 않은 것은?

① 거푸집공사에 사용되는 주요 부재를 거푸집판, 장선, 보강재, 동바리, 긴결재 등이 있다.
② 거푸집판은 콘크리트와 직접 접촉하여 구조물의 표면형태를 조성한다.
③ 장선은 거푸집판의 변형을 방지하며 콘크리트의 측압 또는 하중을 거푸집판으로부터 전달받는다.
④ 칼럼밴드는 벽거푸집의 양면을 조여 주며, 폼타이는 기둥 거푸집의 변형을 방지한다.

1-3. 갱폼(Gang Form)에 관한 설명으로 옳지 않은 것은?

① 타워크레인, 이동식 크레인 같은 양중장비가 필요하다.
② 벽과 바닥의 콘크리트 타설을 한 번에 가능하게 하기 위하여 벽체 및 슬래브거푸집을 일체로 제작한다.
③ 공사 초기 제작기간이 길고 투자비가 큰 편이다.
④ 경제적인 전용 횟수는 30~40회 정도이다.

1-4. 슬라이딩 폼(Sliding Form)에 관한 설명으로 옳지 않은 것은?

① 1일 5~10[m] 정도 수직시공이 가능하므로 시공속도가 빠르다.
② 타설작업과 마감작업을 병행할 수 없어 공정이 복잡하다.
③ 구조물 형태에 따른 사용 제약이 있다.
④ 형상 및 치수가 정확하며 시공오차가 작다.

10년간 자주 출제된 문제

1-5. 고층 건축물 시공 시 적용되는 거푸집에 대한 설명으로 옳지 않은 것은?

① ACS(Automatic Climbing System) 거푸집은 거푸집에 부착된 유압장치시스템을 이용하여 상승한다.
② ACS(Automatic Climbing System) 거푸집은 초고층 건축물 시공 시 코어 선행 시공에 유리하다.
③ 알루미늄거푸집의 주요 시공 부위는 내부 벽체, 슬래브, 계단실 벽체이며, 슬래브 필러시스템에 있어서 해체가 간편하다.
④ 알루미늄거푸집은 녹이 슬지 않는 장점이 있으나 전용 횟수가 작다.

1-6. 철근 콘크리트공사 중 거푸집 해체를 위한 검사가 아닌 것은?

① 각종 배관슬리브, 매설물, 인서트, 단열재 등 부착 여부
② 수직, 수평부재의 존치기간 준수 여부
③ 소요의 강도 확보 이전에 지주의 교환 여부
④ 거푸집 해체용 압축강도 확인시험 실시 여부

1-7. 콘크리트 타설과 관련하여 거푸집 붕괴사고 방지를 위하여 우선적으로 검토·확인하여야 할 사항 중 가장 거리가 먼 것은?

① 콘크리트 측압 확인
② 조임철물 배치 간격 검토
③ 콘크리트의 단기 집중 타설 여부 검토
④ 콘크리트의 강도 측정

| 해설 |

1-1
기온이 낮을수록 측압은 커진다.

1-2
- 칼럼밴드는 기둥에서 바깥쪽으로 감싸서 측압에 의해 거푸집이 벌어지는 것을 방지한다.
- 폼타이는 거푸집 패널을 일정한 간격으로 양면을 유지시키고 콘크리트 측압을 지지하며 주로 벽체나 보에서 사용된다.

1-3
벽과 바닥의 콘크리트 타설을 한 번에 가능하게 하기 위하여 벽체 및 슬래브거푸집을 일체로 제작한 것은 갱폼이 아니라 터널폼이다.

1-4
타설작업과 마감작업이 동시에 진행되므로 공정이 단순하다.

1-5
알루미늄거푸집은 녹이 슬지 않는 장점이 있으며 전용 횟수가 많다.

1-6
철근 콘크리트공사 중 거푸집 해체를 위한 검사
- 수직, 수평부재의 존치기간 준수 여부
- 소요의 강도 확보 이전에 지주의 교환 여부
- 거푸집 해체용 콘크리트 압축강도 확인시험 실시 여부

1-7
거푸집 붕괴사고 방지를 위하여 우선적으로 검토·확인하여야 할 사항
- 콘크리트 측압 확인
- 조임철물 배치 간격 검토
- 콘크리트의 단기 집중 타설 여부 검토
- 부재 간 강성 차이 고려
- 동바리의 균등한 긴장도 유지
- 동바리 연결부 강도 확보

정답 1-1 ① 1-2 ④ 1-3 ② 1-4 ② 1-5 ④ 1-6 ① 1-7 ④

핵심이론 02 | 철근공사

① 철근공사의 개요
  ㉠ 철근의 개요
   • 철근의 호칭과 공칭지름(KS D 3504)

호 칭	공칭지름[mm]
D10	9.53
D13	12.7
D16	15.9
D19	19.1
D22	22.2
D25	25.4
D29	28.6
D32	31.8
D35	34.9

  ㉡ 철근과 콘크리트의 부착을 위한 장치 : 이형철근, 철근의 정착, 철근 끝부분 갈고리(Hook)
   • 이형 철근 : 마디와 리브(Rib)가 있는 원형철근
    − 콘크리트와의 부착력이 우수하다.
    − 보통의 원형철근보다 부착력이 40[%] 정도 이상 크다.
    − 부착력이 크기 때문에 이음 정착 길이를 짧게 할 수 있다.
    − 장소에 따라서는 갈고리(Hook)를 생략할 수도 있다.
   • 철근의 정착
   • 철근 끝부분 갈고리(Hook)
  ㉢ 철근 피복 두께 확보의 목적
   • 내화성, 내구성 확보
   • 내염성, 부착성 확보
   • 구조내력의 확보
   • 콘크리트의 유동성 확보
   • 철근의 방청으로 녹 발생 방지
   • 철근의 좌굴방지
   • 철근과 콘크리트의 부착응력 확보
   • 화재, 중성화 등으로부터 철근 보호

  ㉣ 철근 콘크리트공사 시 철근의 최소 피복 두께(KDS 14 20 50)

콘크리트 타설 위치	해당 부위	철근 종류	최소 피복 두께
수중 콘크리트	−	−	100[mm]
흙속의 영구적인 콘크리트	−	−	75[mm]
흙에 접하거나 옥외 공기에 직접 노출되는 콘크리트	−	D19 이상	50[mm]
흙에 접하거나 옥외 공기에 직접 노출되는 콘크리트	−	D16 이하 (지름 16[mm] 이하)	40[mm]
옥외의 공기나 흙에 직접 접하지 않는 콘크리트	슬래브, 벽체, 장선	D35 초과	40[mm]
옥외의 공기나 흙에 직접 접하지 않는 콘크리트	슬래브, 벽체, 장선	D35 이하	20[mm]
옥외의 공기나 흙에 직접 접하지 않는 콘크리트	보, 기둥	−	40[mm]

  ㉤ 철근 관련 특기사항
   • 철근은 주로 부재에 발생하는 인장응력, 전단응력에 저항하는 역할을 하며 압축응력과는 큰 관계가 없다.
   • 건설공사 현장의 철근재료 실험항목 : 인장강도시험, 휨시험, 연신율시험
   • 경량 형강
    − 단면이 작은 얇은 강판을 냉간 성형하여 만든 것이다.
    − 조립 또는 도장 및 가공 등의 목적으로 측판에 구멍을 뚫을 수 있다.
    − 가설구조물 등에 많이 사용된다.
    − 휨내력은 우수하나 판 두께가 얇아 국부 좌굴이나 녹막이 등에 주의할 필요가 있다.
    − 경량형강공사에 사용되는 부재 중 지붕에서 지붕내력을 받는 경사진 구조부재로서 트러스와 달리 하현재가 없는 것은 래프터이다.
   • 용접철망 : 철선을 직교하여 배열하고 그들의 교점을 전기저항용접하여 격자모양으로 만든 시트이다. 소재가 되는 철선은 냉간 가공하여 생산하는 콘크리트 보강용 철선이다.
    − 항복강도 및 인장강도가 높아 자재소요량 절감 및 경량화가 용이하다.
    − 배근작업 시 발생하는 자투리의 손실을 극소화한다.
    − 공장에서 철저하게 품질을 관리하여 용접철망 제품을 생산하므로 높은 품질의 자재를 확보할 수 있다.
    − 인건비가 절감되고 공기가 단축된다.

- 시공이 간편하여 배근작업 및 결속시간이 철근 대비 30~50[%]로 단축된다.
- 기능 숙련자가 불필요하며 초보자도 작업이 가능하다.
- 사전 조립용으로 부재의 응력분포가 균등하고 균열제어에 효과적이다.
- 용접철망은 지름이 6~9[mm] 범위의 작은 값을 주 대상으로 하므로 현장에서 운반, 절단, 굽힘 등의 작업을 손쉽게 할 수 있다.
- 작은 직경 철망의 좁은 배근 간격으로 균열제어에 유리하다.
- 매뉴얼화된 지침에 따라 설계하므로 자재 물량이 감소한다.
- PC 구조용, 공항활주로, 일반도로와 차도, 터널, 지하도, 하수시설, 산비탈, 강둑, 위험방지용 설비, 울타리, 축사, 디스플레이 등 다양하게 사용한다.

② 철근가공
  ㉠ 철근가공계획 단계에서의 검토사항
   • 재료 저장 및 가공 장소
   • 가공 및 저장의 설비
   • 재료 저장 및 가공공장
  ㉡ 철근의 공작도(Shop Drawing) : 현장에서 철근의 모양, 치수, 길이, 이음 위치, 가공 등을 명확히 작성한 도면
   • 공작도 작성목적(효과, 필요성)
    - 시공 정밀도의 향상으로 구조적 안정성 확보
    - 인력과 철근 손실 감소로 경제성 향상
    - 계획적인 시공관리 및 시공성 향상
    - 기계화 시공 및 철근의 선조립 공법 활성화
    - 철근작업의 편리성 도모
   • 공작도의 종류 : 기초 상세도, 기둥 및 벽 상세도, 보 상세도, 바닥판 상세도
   • 작성요령
    - 기초 상세도
     ⓐ 다른 부위와 접속되는 철근의 정착 및 다른 부재와의 관계를 명확히 기입한다.
     ⓑ 벽, 바닥판, 기초보 등이 접속되는 철근의 정착과 기둥 주근의 정착을 기입한다.
     ⓒ 철골일 경우는 앵커볼트의 위치, 정착방법 등을 기입한다.
     ⓓ 지하실에서는 벽, 바닥판 방수층 및 마무리 바닥 등의 관계를 기입한다.
    - 기둥 및 벽 상세도
     ⓐ 기둥철근의 층 높이에 맞추어 적당한 이음 위치를 정하고 띠철근의 지름, 길이 등을 기입한다.
     ⓑ 기초에 철근 전착 부분 및 기둥 단면이 줄어드는 구부림 위치를 표기한다.
     ⓒ 띠철근은 지름, 형상, 길이, 배치, 간격 및 기호 등을 기입한다.
    - 보 상세도
     ⓐ 큰 보는 동일 보의 수량, 주근, 늑근의 지름·형상·길이·배치 간격 등을 기입한다.
     ⓑ 벤트바(Bent Bar)의 굽힘 높이, 수평 부분, 경사 부분, 마구리 길이 등을 기입한다.
     ⓒ 벤트바(Bent Bar)는 가공 후 보의 기호를 그대로 사용한다.
     ⓓ 늑근은 단면이 같은 보는 공통 기호로 하는 것이 편리하다.
     ⓔ 상부 늑근과 중간 늑근이 있을 때는 형상 및 수량을 정확하게 산정한다.
    - 바닥판 상세도
     ⓐ 기둥 중심선을 기준으로 작은 보와 큰 보의 중심선, 벽의 위치, 계단 시작 부분, 개구부, 배관, 샤프트 등의 위치를 명시한다.
     ⓑ 기호, 판의 두께, 주근 방향, 지름, 길이, 굽힘위치, 배근 간격 등을 명시한다.
     ⓒ 천장 바탕은 배관용 인서트, 칸막이벽, 장선 등의 고정철물을 배치한다.

③ 철근의 이음 : 겹침이음, 기계식 이음, 용접이음, 가스압접
  ㉠ 겹침이음
   • 두 철근의 겹침 길이를 충분히 하여 원래 철근의 힘이 콘크리트의 부착응력에 의하여 이어지는 철근으로 전달되도록 하는 이음방법이다.
   • 부착균열 파괴를 일으키지 않도록 이음 위치, 겹이음 길이, 피복 두께, 철근 간격 등을 선정하여야 한다.
  ㉡ 기계식 이음 : 나사를 가지는 슬리브 또는 커플러, 에폭시나 모르타르 또는 용융금속 등을 충전한 슬리브, 클립이나 편체 등의 보조장치 등을 이용한 이음이다. 시공성, 품질, 적용성 등이 우수하여 많이 사용

되며 대형 구조물, 내진설계의 이음에 유리하다. 이음부의 성능에 따라 그 적용 부위가 각각 다르며 이음부의 성능이 우수한 제품일수록 구조물의 이음위치에 관계없이 사용할 수 있다.

- 나사 가공이음 : 연결하고자 하는 철근의 단부에 절삭 또는 전조 가공으로 수나사부를 만들고 이를 암나사가 가공된 커플러와 체결하여 이음하는 방법으로, 단부 부풀림 나사가공, 스웨이징 나사가공, 절삭테이퍼 나사가공 등이 사용될 수 있다.
- 편체식 이음 : 연결하고자 하는 철근에 별도의 선단가공을 하지 않고 내부 편체와 이를 구속할 수 있는 부품 등을 현장 조립하여 이음하는 방법으로, 내부 편체, 슬리브, 커플러로 구성된다.
- 압착이음 : 슬리브 내에 철근을 삽입하고 슬리브를 냉간에서 압착 가공하여 이형철근의 마디와 맞물리게 함으로써 이음하는 방법이다. 압착방법에는 슬리브의 축에 평행하게 힘을 가하는 연속압착과 축에 직각 방향으로 힘을 가하는 단속압착이 있다.
- 커플러 : 철근의 두 축을 연결하는 연결구로서 기계적 철근이음방법에 사용되는 제품을 통칭한다.
- 충전식 이음 : 접합하고자 하는 두 철근 사이에 약간 헐거운 슬리브를 끼운 후 슬리브 내에 충진재료를 채워 넣어 접합하는 방식이다. 이 방식은 나선철근과 같은 특수한 철근이 필요 없고, 기존의 이형철근을 그대로 사용할 수 있는 방식으로서 충진하는 재료에 의해 모르타르 충진이음, 용융금속 충진이음의 두 가지로 나눈다.
  - 모르타르 충진이음 : 강관과 이형철근 사이에 모르타르를 충진하여 이형철근의 마디에서 발생하는 응력을 모르타르를 통하여 강관으로 전달하는 방식이다. 강관과 이형철근 사이에 ±5[mm] 정도의 클리어런스(Clearance)가 있어 슬리브의 형상이 다른 이음보다 크게 되는 반면, 철근과 강관의 공극이 커서 시공오차의 흡수가 비교적 용이하고, 이음 시 철근의 신축이 없어 프리캐스트 부재의 이음에 적절한 방법이다. 충진하는 모르타르는 무기질계의 무수축 모르타르이고, 강도는 700~1,000[kg/cm^2] 정도이다.
    ⓐ 선모르타르 주입방식 : 결속하고자 하는 한쪽 철근에 커플러를 설치한 후 커플러 내에 모르타르를 채운 후 다른 한쪽 철근을 삽입하여 결속하는 방식
    ⓑ 후모르타르 주입방식 : 결속하고자 하는 한쪽 철근에 커플러를 설치한 후 다른 한쪽 철근을 삽입하고 슬리브 하부에 있는 모르타르 주입구를 통하여 모르타르를 주입하는 방식
  - 용융금속충진이음(Cad Welding) : 모르타르 대신에 용융금속을 충진하는 방식이다.
    ⓐ 기후의 영향이 작고 화재 위험이 감소된다.
    ⓑ 각종 이형철근에 대한 적용범위가 넓다.
    ⓒ 예열 및 냉각이 불필요하고 용접시간이 짧다.
    ⓓ 실시간 육안검사가 가능하지 않다.
    ⓔ 이음부에서 충진재를 가열하는 장치가 필요하므로 크기가 대형으로 구성된다.
- 병용이음 : 기존의 이음을 조합하여 개발된 기술로서 나사이음, 모르타르 충진이음과 나선이음, 강관압착이음 등이 있으며, 주로 프리캐스트 콘크리트 부재의 이음에 사용된다.

ⓒ 용접이음
- 이음방법 중 가장 강성이 우수하고 안전하다.
- 자동용접인 경우 품질이 균일하고, 피로강도에 강하다.
- 순간격 확보가 기계적 이음보다 유리하다.
- 시공이 어렵고, 시공시간이 길다.
- 시공비용이 높고, 용접 상태의 확인 점검이 어렵다.
- 고강도 철근은 용접 주변의 철근강도가 저하된다.
- 작업이 까다로워 숙련공이 필요하다.

ⓓ 가스압접
- 미국에서 철도 레일의 이음매용으로 개발된 기술을 일본에서 철근이음에 응용한 기술로서, 현재 미국에서는 철근의 이음으로 사용되지 않는다.
- 2개의 철근 단부를 맞대어 놓고 산소-아세틸렌가스 불꽃으로 약 1,300[℃]로 가열하여 철근을 고상 상태에서 압력을 가하여 접합면을 그라인더(전기숫돌)로 깨끗이 마무리해서 시공하여야 한다.
- 상온가공 원칙에 의한 검토가 필요하다.
- 고강도 철근(SD40 이상)은 고탄소, 고망간강으로 이루어지므로 압접 후 취약부가 발생할 수 있으므로 철저한 품질관리가 요구된다.

ⓓ 철근이음의 검사
- 겹침이음 : 위치, 이음길이
- 가스압접이음 : 위치, 외관검사, 초음파탐상검사, 인장시험
- 기계적 이음의 검사항목 : 위치, 외관검사, 인장시험
- 용접이음 : 외관검사, 용접부의 내부결함, 인장시험

ⓔ 철근이음의 특기사항
- 철근의 이음부는 구조 내력상 취약점이 되는 곳이다.
- 이음 위치는 되도록 응력이 큰 곳을 피하도록 한다.
- 철근의 이음 위치는 큰 인장력이 생기는 곳을 피한다.
- 동일 개소에 철근수의 반 이상을 이어서는 안 된다.
- 이음이 한곳에 집중되지 않도록 엇갈리게 교대로 분산시켜야 한다.
- 경미한 압축근의 이음 길이는 20배 정도를 할 수 있다.
- 지름이 서로 다른 주근을 잇는 경우에는 가는 주근 지름으로 한다.
- D35를 초과하는 철근은 겹침이음을 할 수 없다. 다만, 서로 다른 크기의 철근을 압축부에서 겹침이음 하는 경우 D35 이하의 철근과 D35를 초과하는 철근은 겹침이음을 할 수 있다.

④ 철근의 정착
㉠ 정착 : 철근이 힘을 받을 때 뽑힘, 미끄러짐 변형이 생기지 않도록 응력을 발휘하도록 하는 최소한의 묻힘 깊이

㉡ 정착 길이에 영향을 미치는 요인
- 콘크리트의 강도
- 철근의 강도
- 철근의 지름, 크기
- 표준 갈고리의 유무
- 철근의 순간격
- 최소 피복 두께

㉢ 철근의 정착 위치
- 지중보의 주근은 기초 또는 기둥에 정착한다.
- 기둥의 주근은 기초에 정착한다.
- 벽체의 주근(벽철근)은 기둥, 보, 기초 또는 바닥판에 정착한다.
- 보의 주근은 기둥에 정착한다.
- 큰 보의 주근은 보에 정착한다.
- 슬래브의 주근은 보나 벽에 정착한다.
- 바닥 철근은 보 또는 벽체에 정착한다.
- 직교하는 단부 보의 밑에 기둥이 없을 때는 상호 간에 정착한다.

㉣ 철근이음 및 정착의 특기사항
- 철근의 이음 및 정착 길이는 압축력 또는 작은 인장력을 받는 곳은 주근 지름의 25배 이상, 큰 인장력을 받는 곳은 40배 이상으로 한다.
- 이음의 겹침 길이, 정착 길이는 갈고리(훅) 중심 간의 거리로 한다.
- 훅의 길이는 이음의 겹침 길이, 정착 길이의 산정에 포함하지 않는다.
- 큰 인장력을 받는 곳일수록 철근의 정착 길이는 길다.
- 철근를 정착하지 않으면 구조체가 큰 외력을 받을 때 철근과 콘크리트가 분리될 수 있다.
- 철근의 정착은 기둥이나 보의 중심을 벗어난 위치에 둔다.

⑤ 철근의 간격
㉠ 철근 콘크리트공사에서 철근과 철근의 순간격(최소 배근간격)은 굵은 골재 최대 치수에 최소 4/3배 이상으로 하여야 한다.

㉡ 철근 고임재 및 간격재의 배치 표준(KCS 14 20 11)

부 위	종 류	수량 또는 배치간격
기 초	강재, 콘크리트	8개/4[m²], 20개/16[m²]
지중보	강재, 콘크리트	• 간격은 1.5[m] • 단부는 1.5[m] 이내
벽, 지하 외벽	강재, 콘크리트	• 상단 보 밑에서 0.5[m] • 중단은 상단에서 1.5[m] 이내 • 횡 간격은 1.5[m] • 단부는 1.5[m] 이내
기 둥	강재, 콘크리트	• 상단은 보 밑 0.5[m] 이내 • 중단은 주각과 상단의 중간 • 기둥 폭 방향은 1[m] 미만 2개, 1[m] 이상 3개
보	강재, 콘크리트	• 간격은 1.5[m] • 단부는 1.5[m] 이내
슬래브	강재, 콘크리트	• 간격은 상·하부 철근 각각 가로, 세로 1[m]

㉢ 철근 콘크리트공사에 있어서 도면에 특별한 지시가 없는 경우 철근의 최소배근간격(순간격)은 사용 자갈의 최대 입경의 1.25배로 한다.

⑥ 철근의 조립
  ㉠ 철근 조립 순서
    - 철근콘크리트 구조의 철근 선조립 공법의 순서 : 시공도 작성 – 공장절단 – 가공 – 이음·조립 – 운반 – 현장부재 양중 – 이음·설치
    - 일반적인 철근의 조립순서 : 기둥철근 → 벽철근 → 보철근 → 바닥철근 → 계단철근
    - 철근공사의 배근순서 : 기둥 → 벽 → 보 → 슬래브
  ㉡ 철근공사 시 철근의 조립 관련 제반사항
    - 철근이 바른 위치를 확보할 수 있도록 결속선으로 결속하여야 한다.
    - 철근은 조립한 다음 장기간 경과한 경우에는 콘크리트의 타설 전에 다시 조립검사를 하고 청소하여야 한다.
    - 경미한 황갈색의 녹이 발생한 철근은 일반적으로 콘크리트와의 부착을 해치지 않으므로 사용해도 좋다.
    - 철근의 피복두께를 정확하게 확보하기 위해 적절한 간격으로 고임재 및 간격재를 배치하여야 한다.
    - 슬래브에서 4변 고정인 경우 철근배근을 가장 많이 하여야 하는 부분은 짧은 방향의 주열대이다.
    - 메탈터치(Metal Touch) : 철근기둥의 이음부분 면을 절삭가공기를 사용하여 마감하고 충분히 밀착시킨 이음

10년간 자주 출제된 문제

2-1. 철근의 피복 두께 확보목적과 가장 거리가 먼 것은?
① 내화성 확보
② 내구성 확보
③ 구조내력의 확보
④ 블리딩현상 방지

2-2. 철근의 이음방법에 해당되지 않는 것은?
① 겹침이음
② 병렬이음
③ 기계식 이음
④ 용접이음

2-3. 철근의 정착에 대한 설명 중 옳지 않은 것은?
① 철근을 정착하지 않으면 구조체가 큰 외력을 받을 때 철근과 콘크리트가 분리될 수 있다.
② 큰 인장력을 받는 곳일수록 철근의 정착 길이는 길다.
③ 훅의 길이는 정착 길이에 포함하여 산정한다.
④ 철근의 정착은 기둥이나 보의 중심을 벗어난 위치에 둔다.

2-4. 철근 콘크리트 구조에서 철근의 정착 위치로 틀린 것은?
① 기둥의 주근은 기초에 정착한다.
② 작은 보의 주근은 기둥에 정착한다.
③ 지중보의 주근은 기초에 정착한다.
④ 벽체의 주근은 기둥 또는 큰 보에 정착한다.

2-5. 철근 콘크리트 공사에 있어서 철근이 D19, 굵은 골재의 최대 치수는 25[mm]일 때 철근과 철근의 순간격으로 옳은 것은?
① 37.5[mm] 이상
② 33.3[mm] 이상
③ 29.5[mm] 이상
④ 27.8[mm] 이상

| 해설 |

2-1
블리딩현상과 피복 두께는 관련이 없다.
철근 피복 두께 확보의 목적
- 내화성, 내구성 확보
- 내염성, 부착성 확보
- 구조내력의 확보
- 콘크리트의 유동성 확보
- 철근의 방청으로 녹 발생 방지
- 철근의 좌굴방지
- 철근과 콘크리트의 부착응력 확보
- 화재, 중성화 등으로부터 철근 보호

2-2
철근 이음방법 : 겹침이음, 가스압접이음, 기계식 이음, 나사이음, 슬리브압착이음 용접이음 등

2-3
훅의 길이는 정착 길이의 산정에 포함하지 않는다.

2-4
작은 보의 주근은 보에 정착한다.

2-5
철근과 철근의 순간격 $= 25 \times \dfrac{4}{3} \approx 33.3[\text{mm}]$ 이상

정답 2-1 ④ 2-2 ② 2-3 ③ 2-4 ② 2-5 ②

핵심이론 03 │ 콘크리트공사

① 콘크리트공사의 개요

㉠ 철근 콘크리트의 개요
- 철근 콘크리트 : 목재나 철재 등으로 거푸집을 만들고 철근을 배근한 후 콘크리트를 타설하여 굳힌 구조
- 콘크리트 속에 철근을 넣는 이유 : 콘크리트는 압축강도에 비해 상대적으로 인장강도 등이 약하므로 이를 철근으로 보강하기 위해서이다.
- 철근 콘크리트의 재료 : 철근, 시멘트, 골재, 잔골재(모래), 굵은 골재(자갈), 혼화재, 물
- 철근 콘크리트 구조의 특징
  - 철근과 콘크리트의 선팽창계수가 거의 같다.
  - 철근은 인장력을, 콘크리트는 압축력을 부담한다.
  - 콘크리트는 알칼리성으로 산성인 철근의 부식을 방지한다.
  - 강도가 강하여 대형 구조물을 만들 수 있다.
  - 자유로운 모양을 만들 수 있다.
  - 화재에 강하다.
  - 창문을 크게 낼 수 있고 고층구조가 가능하다.
  - 형태의 변경이나 파괴, 철거가 용이하지 않다.
  - 공사가 복잡하고 공기가 길다.
  - 인건비가 많이 든다.
  - 부실시공과 하자의 우려가 있다.
- 콘크리트의 열팽창계수 : $1 \times 10^{-5}/[℃]$

㉡ 철근 콘크리트 공사 관련 제반사항
- 철근 콘크리트 공사의 순서 : 철근배근 → 거푸집 조립 → 지보공 설치 → 콘크리트 타설 → 양생 → 탈형 → 지보공 해체
- 철근 콘크리트 공사의 일정계획에 영향을 주는 주요 요인
  - 요구 품질 및 정밀도 수준
  - 거푸집의 존치기간 및 전용 횟수
  - 강우, 강설, 바람 등의 기후조건
- 콘크리트의 시공성에 영향을 주는 요소 : 슬럼프, 슬럼프 플로, 공기량
- 콘크리트의 시공성에 영향을 주는 요인 중 공기량 1[%] 증가 시, 슬럼프는 2[%] 증가하며 압축강도는 4~6[%] 감소한다.

- 커튼월 : 초고층 건축물의 외벽시스템에 적용 시공하며 금속 커튼월 시공 시 구체 부착철물의 설치 위치 연직 방향 허용차는 10[mm]이다.
ⓒ 콘크리트 강도 : 콘크리트 강도는 압축강도, 곡강도, 인장강도, 전단강도 등의 강도 이외에도 철근과의 부착강도, 피로강도 등이 있지만, 콘크리트의 압축강도는 다른 강도에 비해서 현저하게 높으며, 특히 콘크리트의 28일 강도는 콘크리트 구조물의 설계기준에 사용되기 때문에 항상 정보가 필요한 강도이다. 일반적으로 콘크리트 강도라고 부르는 것은 압축강도를 말한다.
  - 압축강도의 정의
    - 설계기준강도 : 구조계산에서 기준으로 하는 콘크리트의 압축강도
    - 배합강도 : 콘크리트의 배합을 정할 때 목표로 하는 압축강도로 품질의 표준편차 및 양생온도 등을 고려하여 설계기준강도에 할증한 것
    - 호칭강도 : 레디믹스트 콘크리트 발주 시 구입자가 지정하는 강도
    - 구조체 보정강도 : 설계기준강도 및 내구설계기준강도 중 큰 쪽의 강도에 조합강도를 정하기 위한 기준으로 하는 재령의 표준양생공시체 압축강도와 구조체 콘크리트 강도관리 재령의 구조체 콘크리트 압축강도와의 차에 의한 보정치를 더한 강도
    - 구조체 콘크리트 강도 : 구조체 안에서 발달한 콘크리트의 압축강도
    - 기온보정강도 : 설계기준강도에 콘크리트 타설로부터 구조체 콘크리트의 강도관리 재령까지 기간의 예상평균기온에 따르는 콘크리트의 강도보정치를 더한 값
    - 양생온도 보정강도 : 품질기준강도에 콘크리트 타설부터 구조체 콘크리트 강도관리 재령가지 기간의 예상평균양생온도에 의한 콘크리트 강도보정치를 더한 강도, 매스콘크리트의 경우는 여기에 예상최고온도에 의한 콘크리트 강도의 보정계수를 곱하여 산정된 강도
  - 콘크리트의 강도는 대체로 물-시멘트비로 결정된다.
  - 물-시멘트비는 콘크리트의 강도 및 내구성 증가에 가장 큰 영향을 미친다.
  - 일정한 물-시멘트비의 콘크리트에 공기연행제를 넣으면 워커빌리티를 증진시키는 이점은 있으나 강도는 약간 저하된다.
  - 콘크리트의 인장강도는 압축강도의 약 1/10~1/13 정도이다.
  - 콘크리트공사에서 현장에 반입된 콘크리트는 일정 간격으로 강도시험을 실시하여야 하는데 KS F 4009에서 규정을 따를 때 콘크리트 체적 150[m^3]당 강도시험 1회를 실시한다.
  - 설계도서에서 별도로 정한 바가 없는 경우, 밑창 콘크리트 지정공사에서 밑창 콘크리트 설계기준 강도는 15[MPa] 이상이다.
  - 콘크리트 압축강도 시험
    - 콘크리트 압축강도를 조사하기 위해 슈미트해머를 이용하여 반발경도를 측정한 후 강도를 계산할 때 실시하는 보정의 종류 : 타격 방향에 따른 보정, 타격 각도에 대한 보정, 콘크리트 습윤 상태에 따른 보정, 콘크리트 재령에 따른 보정, 압축응력에 따른 보정
    - 표준양생을 실시한 재령 28일을 기준으로 한다.
    - 일반적으로 콘크리트를 지탱하지 않는 부위인 보의 측면, 기둥, 벽의 거푸집 널을 24시간 이상 양생한 후 시험을 통해 확인하여 해체할 수 있는 콘크리트의 압축강도는 5[MPa]이다.
    - 한중 콘크리트에서 초기동해방지에 필요한 콘크리트의 압축강도는 5[N/mm^2]이다.
    - '슬래브 및 보의 밑면' 부재를 대상으로 콘크리트 압축강도를 시험할 경우 거푸집 널의 해체가 가능한 콘크리트표준시방서의 콘크리트 압축강도 기준 : 설계기준 압축강도의 2/3배 이상 또는 최소 14[MPa] 이상
  - 콘크리트 강도 관련 제반사항
    - 강관틀 비계에서 두꺼운 콘크리트판 등의 견고한 기초 위에 설치하는 틀의 기둥관 1개당 수직하중의 한도는 24,500[N]이다.
    - 콘크리트는 내화성이 강하지만 장기간 화재를 당하면 시멘트 경화물과 골재가 각각 다른 팽창수축거동을 하여 각 구성재료의 분리현상이 일어나 콘크리트의 강도가 저하되고 단부이 구속력 등에 의해 발생한 열응력에 의해 균열이 발생한다.

ㄹ) 콘크리트의 압축강도에 영향을 주는 요소
- 콘크리트 구성 재료의 물성과 품질, 물/시멘트비, 공기량, 골재 등의 배합, 혼합·다짐 등의 콘크리트의 초기 취급방법, 양생·대기조건 및 구조물 특성 등의 경화 콘크리트의 환경으로 구분된다. 또한 같은 콘크리트에서도 공시체의 형상 및 크기, 하중속도 등의 시험방법 및 환경에 의해서도 크게 영향을 받는다.
- 골재의 입도가 작아지면 동일 Slump를 유지하기 위한 단위수량이 증가하기 때문에 배합보정이 이루어지지 않으면 압축강도는 감소한다.
- 골재의 입형이 납작하거나 모가 나면 실적률도 작기 때문에, 세골재 특히 모래를 많이 필요로 하게 되고 단위수량이 증가하기 때문에 배합보정이 없으면 압축강도가 감소한다.
- 골재 중에 점토 및 미분이 많으면 동일 Slump를 얻기 위해서 단위수량을 많이 필요로 하게 되고, 또한 시멘트 Paste와의 접착을 방해하기 때문에 압축강도가 감소된다.
- 골재 중에 약한 골재, 균열이 내부적으로 있는 골재는 압축강도를 감소시킨다.
- 일반적으로 물-시멘트비가 같으면 시멘트의 강도가 큰 경우 압축강도가 크다.
- 동일한 재료를 사용하였을 경우에 물-시멘트비가 작을수록 압축강도가 크다.
- 충분한 콘크리트 다짐이 이루어져 있을 때는 설계한 콘크리트 강도를 충분히 얻을 수 있지만, 다짐이 불충분하면 콘크리트 압축강도는 저하된다.
- 초기의 양생 건조속도가 크면 초기재령에서의 콘크리트 강도는 높게 나타나지만, 이후의 강도증진은 거의 일어나지 않는다.
- 시멘트는 수화과정에서 물이 필요하기 때문에 물의 증발을 방지해야 하며, 심지어는 추가적인 물의 공급이 이루어져야 한다. 충분한 물의 공급이 이루어지지 않으면 콘크리트의 압축강도는 50[%] 이상 감소한다.
- 양생온도가 높을수록 콘크리트의 초기강도는 높아진다.
- 콘크리트의 초기 양생온도가 낮을수록 장기강도가 증진된다.
- 습윤양생을 실시하게 되면 일반적으로 압축강도는 증진된다.

ㅁ) 콘크리트 측압
- 콘크리트 측압은 콘크리트 타설 시 측면에 작용하는 밀어내는 힘이다.
- 콘크리트 측압 산정 시 고려 요소 : 벽 두께, 슬럼프값, 재료의 비중, 철근 양, 타설속도, 타설 높이, 기온 등
- 콘크리트 측압에 미치는 영향
  - 콘크리트의 비중이 클수록 측압이 크다.
  - 콘크리트의 단위중량(밀도)이 클수록 측압이 크다.
  - 거푸집의 강성이 클수록 측압이 크다.
  - 진동다짐의 정도가 클수록 측압이 크다.
  - 콘크리트의 슬럼프(Slump)값이 클수록 측압이 크다.
  - 거푸집 수평 단면이 클수록 측압이 크다.
  - 단면이 넓을수록 측압이 크다.
  - 벽 두께가 두꺼울수록 측압이 크다.
  - 콘크리트의 높이가 높을수록 측압이 크다.
  - 콘크리트 타설 높이가 높을수록 측압이 크다.
  - 진동기를 사용하여 다질수록 측압이 크다.
  - 콘크리트의 다지기가 강할수록 측압이 크다.
  - 묽은 콘크리트일수록 측압이 크다.
  - 콘크리트 타설속도가 빠를수록 측압이 크다.
  - 콘크리트 부어넣기 속도가 빠를수록 측압이 크다.
  - 거푸집의 투수성이 작을수록 측압이 크다.
  - 철근의 양이 적을수록 측압이 크다.
  - 거푸집 속의 콘크리트 온도가 낮을수록 측압이 크다.
  - 대기의 온도, 습도가 낮을수록 측압이 크다.
  - 조강시멘트 등을 활용하면 측압은 작아진다.

ㅂ) 배합설계
- 소요 콘크리트의 품질이 가장 경제적으로 얻어질 수 있도록 각종 조건의 범위 내에서 각 재료별 구성비율을 결정하는 작업이다.
- 소요강도 및 양호한 워커빌리티 확보를 가능하게 한다.
- 콘크리트의 일반적인 배합설계의 순서 : 설계기준강도결정(소요강도 결정) → 배합강도 결정 → 시멘트강도 결정(산정) → 물-시멘트비 결정 → 슬럼프값 결정 → 시방배합 산출·조정 → 현장배합 결정(환산)

- 콘크리트 배합설계의 조건
  - 소정의 강도를 가질 것
  - 소정의 슬럼프를 가질 것
  - 워커빌리티가 좋을 것
  - 미세한 공기량이 최대한 적을 것
- 굵은 골재의 최대 치수 : 질량비로 90[%] 이상을 통과시키는 체 중에서 최소 치수의 체눈의 호칭치수
  - 예를 들면, 굵은 골재 최대 치수 40[mm]란 40[mm]보다 큰 것이 있다면 10[%]까지는 허용되며 90[%] 이상의 골재가 40[mm] 이하라는 의미이다.
  - 일반적인 구조물 : 20[mm] 또는 25[mm]
  - 단면이 큰 구조물 : 40[mm]
  - 무근 콘크리트 구조물 : 40[mm], 부재 최소 치수의 1/4을 초과해서는 안 됨

ⓐ 콘크리트의 재료 분리
- 재료 분리의 원인
  - 콘크리트의 플라스티시티(Plasticity)가 작은 경우
  - 잔골재율이 작은 경우
  - 단위수량이 지나치게 큰 경우
  - 굵은 골재의 최대 치수가 지나치게 큰 경우
- 재료 분리의 감소
  - 잔골재율이 클수록 분리경향은 감소한다.
  - 잔골재의 조립률이 작을수록 분리경향은 작아진다.
  - 굵은 골재와 모르타르의 비중차가 작을수록 분리경향은 작아진다.
  - 모르타르의 점도가 커질수록 분리경향은 작아진다.

ⓞ 콘크리트의 품질관리
- 레미콘을 받는 지점에서 콘크리트의 강도시험을 실시한다.
- 사용 콘크리트량 100~150[m^3]마다 1회 이상 시험한다.
- 1회 시험의 강도는 3개의 공시체를 제작하여 시험한 평균값으로 한다.
- 공시체는 (20±3)[℃]의 표준양생을 한다.

② 굳지 않은 콘크리트의 성질
  ㉠ 개 요
  - 굳지 않은 콘크리트의 성질의 의미 : 비빔 직후부터 거푸집 내에 부어 넣어 소정의 강도를 발휘할 때까지의 콘크리트에 대한 총칭이며 반죽 상태의 콘크리트와 응결 및 경화과정의 콘크리트로 나누기도 한다.
  - 굳지 않은 콘크리트의 구비조건
    - 소요의 워커빌리티와 공기량, 필요에 따라 소정의 온도 및 단위용적 질량을 확보할 것
    - 운반, 타설, 다짐 및 표면 마감의 각 시공단계에 있어서 작업이 용이하게 이루어질 것
    - 시공 전후에 있어서 재료 분리 및 품질의 변화가 작을 것
    - 작업이 종료될 때까지 소정의 워커빌리티를 유지한 후 정상속도로 응결, 경화할 것
    - 거푸집에 타설된 침하 균열이나 초기 균열이 발생하지 않을 것
  - 굳지 않은 콘크리트의 성질의 종류 : 워커빌리티(작업성), 컨시스턴시(반죽 질기), 플라시티시티(성형성), 피니셔빌리티(마감성)

  ㉡ 워커빌리티(Workability)
  - 정 의
    - 반죽 질기(컨시스턴시)에 의한 부어 넣기의 난이도 정도 및 재료 분리에 저항하는 정도
    - 굳지 않은 모르타르 또는 콘크리트의 성질
    - 시공공정에 있어 재료의 분리를 발생시키지 않고, 시공법에 따른 정당한 연도를 가지는 작업성에 관련된 콘크리트의 성질
    - 별칭 : 시공성, 시공연도
  - 워커빌리티의 특징
    - 정성적인 것을 정량적으로 표시하기 어렵다.
    - 콘크리트 강도 변화를 가장 작게 주고 시공연도를 조절하는 방법은 모래, 자갈을 증감하는 방법이다.
  - 콘크리트의 워커빌리티를 측정하는 시험방법 : 슬럼프시험, 흐름시험, 캐리볼 관입시험, 비비시험, 리몰딩시험, 다짐계수시험 등

- 슬럼프시험(Slump Test)

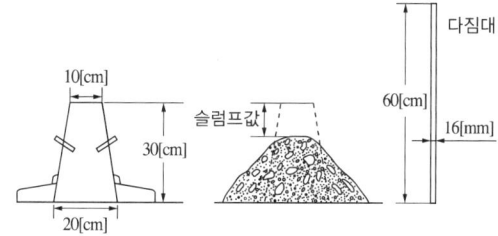

ⓐ 콘크리트의 시공연도를 측정하기 위하여 행한다.
ⓑ 수밀한 철판을 수평으로 놓고 중앙 위에 슬럼프콘을 놓는다.
ⓒ 슬럼프콘의 치수는 윗지름 10[cm], 밑지름 20[cm], 높이가 30[cm]이다.
ⓓ 슬럼프콘에 콘크리트를 3층으로 분할하여 채운다.
ⓔ 혼합한 콘크리트를 1/3씩 3층으로 나누어 채운다.
ⓕ 매 회마다 표준철봉으로 25회씩 균일하게 다진다.
ⓖ 슬럼프콘을 수직으로 천천히 들어올려, 30[cm] 높이의 콘크리트가 가라앉은 값을 슬럼프값으로 한다.
ⓗ 슬럼프값이 높은 경우 콘크리트는 묽은 비빔이다.

슬럼프값	좋은 상태	나쁜 상태
15~19 [cm]	균등하게 퍼지고 끈기가 충분하다.	끈기가 없고 부분적으로 무너진다.
	콘크리트 주위를 탭핑한 경우	
	무너지지만 급격히 무너지지 않고 연속적으로 변하여 균일하게 퍼지며 끈기가 있다.	불균일하게 무너진다.
20~22 [cm]	미끈하게 균일하게 퍼지고(넓혀지고) 물, 시멘트, 골재의 분리가 없다. 판을 기울이면 흐른다.	중앙부에 굵은 골재만 모이며 아래쪽은 페이스트가 흘러 분리된다. 판을 기울이면 페이스트만 흐른다.

ⓘ 콘크리트가 무너지거나 일정하게 침하하지 않는 경우는 슬럼프시험 적용의 의미가 없다.
ⓙ 슬럼프값이 3~18[cm] 정도의 범위를 넘는 콘크리트는 슬럼프시험이 아닌 다른 시험방법을 적용하여야 한다.
ⓚ 굵은 골재의 최대 치수가 40[mm]를 넘는 경우에는 체로 쳐서 이를 제거한 후 시험을 실시하여야 한다.
ⓛ 시험에 사용하는 시료는 시공 직전 또는 콘크리트 혼합이 끝난 즉시 채취하여 시험하여야 한다.
ⓜ 전 과정을 2분 30초 이내에 시행하여야 한다.
ⓝ 최소 2회 이상 시행하여 평균값을 취하여야 한다.
ⓞ 구조물 종류별 슬럼프의 표준값

구조물의 종류		슬럼프값[mm]
철근 콘크리트	일반적인 경우	80~150
	단면이 큰 경우	60~120
	수밀 콘크리트	80 이하
무근 콘크리트	일반적인 경우	50~150
	단면이 큰 경우	50~100
포장 콘크리트	도로, 공항	25 이하
댐 콘크리트		20~50

- 흐름시험(Flow Test) : 콘크리트를 상하운동시켜서 흘러 퍼지는 정도를 측정하여 유동성을 평가하는 방법
  ⓐ 흐름시험판 위에 몰드(254×171×127[mm])를 놓고, 콘크리트를 2층으로 투입하여 각 25회씩 다진다.
  ⓑ 몰드를 수직으로 들어 올리고 흐름시험판을 15초 동안 15회 속도로 낙하시킨다.
  ⓒ 콘크리트가 흩어져서 퍼진 지름을 6방향에서 측정하여 평균값(D)을 산정한다.
  ⓓ 흐름값[%] = (시험 후의 지름(D) - 원지름 254[mm])/254[mm] × 100
  ⓔ 일부러 충격을 주어서 재료를 분리시키므로 좋은 방법은 아니다.
- 캘리볼 관입시험(Kelly Ball Penetration Test) : 구의 자중에 의한 관입 깊이로서 콘크리트의 반죽질기를 평가하는 방법
  ⓐ 무게 13.6[kg]의 반구를 굳지 않은 콘크리트 표면에 놓았을 때, 구가 자중에 의하여 콘크리트 속으로 가라앉는 관입 깊이를 측정한다.
  ⓑ 시간이 걸리지 않고 개인오차도 적으므로 현장 측정에 편리하다.
  ⓒ 포장 콘크리트와 같이 평면으로 타설된 콘크리트의 반죽 질기의 측정에 편리하다.
  ⓓ 관입값의 1.5~2배가 슬럼프값과 거의 비슷하다.
- 다짐계수시험(Compacting Factor Test)
  ⓐ 세 용기(상, 중, 하)에 차례로 콘크리트를 낙하시켜 하의 용기에 채워진 콘크리트의 중량(w)을 측정한다.
  ⓑ 동일한 용기에 콘크리트를 충분히 채워 다진 후 중량(W)을 측정한다.
  ⓒ 중량비(=w/W)를 구하여 워커빌리티의 척도로 사용한다.
  ⓓ 슬럼프가 매우 작고, 진동다짐을 실시하는 콘크리트에 유효하다.
- 비비시험(Vee-Bee Test) : 슬럼프시험과 리몰딩시험을 조합한 시험이며 진동대식 반죽질기시험이라고도 한다.
  ⓐ 진동대 위에 원통 용기를 고정시켜 놓고 그 속에 슬럼프시험과 동일한 조작을 실시한다.
  ⓑ 콘크리트 윗면에 투명한 원판을 얹어 놓고 용기를 진동시켜 콘크리트가 원판에 완전히 접할 때까지의 시간(Second)을 측정하여 VB값 또는 침하도라고 한다.
  ⓒ 슬럼프시험으로 측정하기 어려운 된 반죽 콘크리트에 적용하기 좋다.
- 리몰딩시험(Remolding Test)
  ⓐ 슬럼프 몰드 속에 콘크리트를 채우고 원판을 콘크리트 면 위에 얹는다.
  ⓑ 흐름시험판에 약 6[mm]의 상하운동을 주어 콘크리트가 유동한다.
  ⓒ 원통 내외에서의 콘크리트의 높이가 같아질 때까지 요하는 반복 진동 횟수로서 반죽 질기를 나타낸다.
- 슬럼프, VB값, 다짐계수의 비교

구 분	슬럼프	다짐계수	VB값[초]
매우 된 반죽	0	0.65~0.68	32~18
된 반죽	0~2.5	0.75~0.78	18~5
보통 반죽	2.5~5.0	0.83~0.85	5~3
묽은 반죽	10.0~12.5	0.92~0.95	2
매우 묽은 반죽	15.0	0.95	1

• 콘크리트의 수화작용 및 워커빌리티에 영향을 미치는 요소(인자)에 관한 사항
  - 시멘트의 분말도가 클수록 수화작용이 빠르고 워커빌리티가 좋아진다.
  - 단위수량을 증가시킬수록 재료분리가 증가되어 워커빌리티가 나빠진다.
  - 비빔시간이 길어질수록 수화작용을 촉진시켜 워커빌리티가 저하된다.
  - 쇄석의 사용은 워커빌리티를 저하시킨다.
  - AE제를 혼입하면 워커빌리티가 좋아진다.
  - 골재의 입도가 적당하면 워커빌리티가 좋다.
  - 시멘트의 성질에 따라 워커빌리티가 달라진다.
  - 일정한 물-시멘트비의 콘크리트에 공기연행제를 넣으면 워커빌리티를 증진시키는 이점은 있으나 강도는 약간 저하된다.

- 깬 자갈이나 깬 모래를 사용할 경우, 잔골재율이 커지고 단위수량이 증가되므로 워커빌리티의 개량이 필요하다.
ⓒ 컨시스턴시(Consistency)
- 정 의
  - 반죽이 되거나 진 정도
  - 수량에 의해서 변화하는 유동성의 정도
  - 시멘트 풀, 모르타르 또는 콘크리트의 성질
  - 흙의 변형, 유동에 대한 저항 정도
- 별칭 : 연경도, 점조도, 반죽 질기, 끈기도
- 단위수량의 다소에 따른 콘크리트의 연도를 나타내는 것으로, 콘크리트의 전단저항 및 유동속도와 관계있다.
- 보통 슬럼프시험에 의한 슬럼프값으로 표시한다.
- 컨시스턴시의 한계 : 흙의 액상체, 소성체, 반고체, 고체 등의 함수비 경계로 각각 액성한계, 소성한계, 수축한계라고 한다. 이 중에서 가장 선호되는 흙은 강도가 가장 높은 소성한계에 있는 흙이다.
- 소성지수 : 액성한계와 소성한계의 차이이며, 입자의 수분 보유력이 작은 흙은 소성지수가 작고 작은 함수비의 변화에도 고체에서 쉽게 액체로 변한다. 반대로 점토는 수분을 다량 함유하고 있으므로 소성지수가 크기 때문에 고체에서 쉽게 액체로 변하지 않는다.
- 컨시스턴시에 영향을 미치는 요인
  - 단위수량이 많을수록 커진다.
  - 콘크리트의 온도가 낮을수록 커진다.
  - 잔골재율이 작을수록 커진다.
  - 공기연행량이 많아지면 커진다.
ⓓ 플라스티시티(Plasticity)
- 거푸집 제거 시 허물어지거나 재료가 분리되지 않는 성질
- 거푸집 등의 형상에 순응하여 채우기 쉽고 분리가 일어나지 않는 성질
ⓔ 피니셔빌리티(Finishability)
- 마무리하기 쉬운 정도
- 마감성의 난이를 표시하는 성질
ⓕ 펌퍼빌리티(Pumpability)
- 펌프압송성
- 펌프용 콘크리트의 워커빌리티를 판단하는 하나의 궤도로 사용된다.

③ 콘크리트 타설
  ㉠ 개 요
  - 콘크리트 타설은 (기초) → 기둥 → 벽체 → 계단 → 보 → 바닥판의 순서로 한다.
  - 트레미(Tremi)관 : 지하 굴착공사 중 깊은 구멍 속이나 수중에서 콘크리트 타설 시 재료가 분리되지 않게 타설할 수 있는 기구
  - 콘크리트 타워에 의한 콘크리트 타설에서 콘크리트가 마지막으로 통과하는 곳은 플로어 호퍼이다.
  ㉡ 콘크리트 타설 관련 공정의 순서 : 배처 플랜트 → 운반(믹싱트럭) → 현장시험 → 펌핑(압송) → 운반(배관) → 타설 → 양생
  - 배처 플랜트

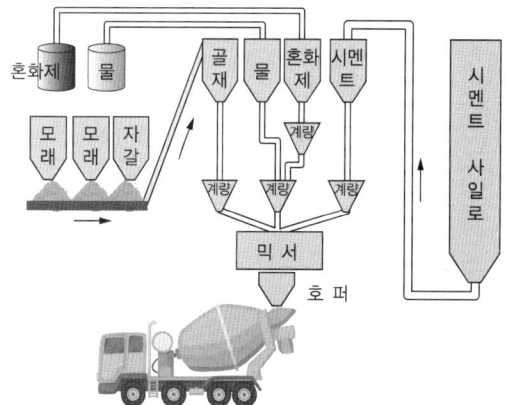

  - 운반(믹싱 트럭)
    - 콘크리트 운반시간의 한도

KS F 4009	콘크리트 표준시방서		건축공사표준시방서		
혼합 직후부터 배출까지	혼합 직후부터 타설 완료까지		혼합 직후부터 타설 완료까지		
	외기온도	일반	외기온도	고내구성	일반
	25 이상	90분	25 이상	60분	90분
90분	25 이하	120분	25 이하	90분	120분

    - 콘크리트 운반시간이 초과된 경우의 문제점
      ⓐ 유동성 감소, 공기량 감소, 콘크리트 온도 상승, 응결 진행
      ⓑ 컨시스턴시, 워커빌리티 감소
      ⓒ 시공 불량, 내구성 결함
      ⓓ 미충전부, 콜드 조인트 발생

- 현장시험 : 슬럼프시험, 공기량 측정, 염분 측정, 압축강도시험(공시체 제작)
- 펌핑(압송) : 압력에 의해 콘크리트를 먼 곳으로 보내는 작업
- 운반(배관)

ⓒ 타설 방법
- 주름관(Flexible Hose) 타설
  - 가장 보편적인 타설방법
  - 초기 투자비가 적다.
  - 작업이 간편하다.
  - 타설 시 무거워서 인력 조정이 어렵다.
  - 무게로 인해 작업효율이 떨어진다.
  - 타설 시 철근이 흐트러지거나 스페이서가 파손되어 구조 품질이 저하된다.
- 슈트(Chute) 타설
  - 효율이 높고 타설속도가 빠르다.
  - 높은 위치나 먼 거리로 이송할 수 없다.
- 크레인과 버킷을 이용한 타설
  - 버킷의 개폐가 용이하되 새지 않는 구조여야 한다.
  - 크레인으로 버킷을 운반하면 연직, 수평 이동이 가능하다.
  - 콘크리트에 진동을 적게 줄 수 있다.
  - 운반시간이 길어질 수 있다.
  - 타설속도가 느리다.
- 분배기를 이용한 타설
  - 철근배근에 영향을 주지 않는다.
  - 최소한 인력의 작업수행이 가능하다.
  - 작업 진행이 빠르고 반경이 넓다.
  - 장비를 올리기 위한 양중장비가 필요하다(무게 1.3[ton])
  - 초기비용이 많이 든다.
- CPB(Concrete Placing Boom)를 이용한 압송타설
  - CPB는 펌프에서 배관을 통해 압송된 콘크리트를 튜블러 마스트(Tubular Mast)에 설치된 붐(Boom)을 이용하여 콘크리트 타설 위치에 포설하는 장치이다.
  - 초고층 건물에 효과가 높다.
  - 철근배근에 영향을 주지 않는다.
  - 최소한의 인력의 작업수행이 가능하다.
  - 소규모 현장에서는 비경제적이다.
  - CPB 타설 순서 : 고압펌프 가동 → 호퍼(콘크리트) → 고압펌핑 → 파이프라인 배송 → CPB 타설 → 타설 잔량 → 폐콘크리트처리 → 청소·작업 종료

ⓓ 콘크리트타설 공법
- VH 분리타설법 : 수직 부재인 기둥·벽, 수평 부재인 보·슬래브를 구획하여 타설하는 공법
- VH 동시타설법 : 수직 부재인 기둥·벽, 수평 부재인 보·슬래브를 동시에 타설하는 공법
- NATM 공법 : 암반을 천공하고 화약을 충진하여 발파한 후 스틸리브(Steel Rib) 및 와이어메시(Wire Mesh)를 설치하고 숏크리트(Shot Crete)를 타설하여 시공하는 타설공법
- TBM 공법(Tunnel Boring Machine Method) : 터널 굴착기를 동원해 암반을 압쇄하거나 절삭해 굴착하는 기계식 굴착공법
- 개착식 공법(Open Cut) : 땅을 판 후 각종 콘크리트관 등을 매설하는 방법이다. 지하 터널을 구축하는데 필요한 폭을 지상으로부터 굴착하기 위하여 흙막이 벽이나 버팀대 및 띠장 등의 지보공을 설치하여 토사의 붕괴를 막으며 굴착을 진행한다.
- 비개착식 공법 : 도로를 굴착하지 않고 기계를 사용하거나 폭파시켜 지하에 터널 등을 만드는 공정
- 실드공법 : 실드(Shield)라고 하는 단단한 원통형의 철강재 외각을 가진 굴진기를 추진시켜 터널을 굴착하는 공법

ⓔ 콘크리트 타설 시 주의사항
- 운반거리가 먼 곳으로부터 타설을 시작한다.
- 타설할 위치와 가까운 곳에서 낙하시킨다.
- 자유낙하 높이를 작게 한다.
- 콘크리트를 수직으로 낙하한다.
- 거푸집, 철근에 콘크리트를 충돌시키지 않는다.
- 콘크리트의 재료 분리를 방지하기 위하여 횡류, 즉 옆에서 흘러 넣지 않도록 한다.
- 타설 시 콘크리트가 매입 철근에 충격을 주지 않도록 주의한다.
- 콜드조인트가 생기지 않도록 한다.
- 비비기로부터 타설 시까지 시간은 외기온도 25[℃] 이상에서는 1.5시간을 넘어서는 안 된다.

- 타설 시 콘크리트의 재료 분리는 가능한 한 적게 일어나도록 해야 한다.
- 타설한 콘크리트를 거푸집 안에서 횡 방향으로 이동시켜서는 안 된다.

ⓑ 콘크리트 타설작업을 할 때 준수해야 할 사항
- 당일의 작업을 시작하기 전에 해당 작업에 관한 거푸집 및 동바리 등의 변형·변위 및 지반의 침하 유무 등을 점검하고 이상이 있는 경우 보수할 것
- 작업 중 지보공·거푸집 동바리 등의 이상 유무를 점검하여 이상을 발견한 때에는 근로자를 대피시킬 것
- 설계도서상의 콘크리트 양생기간을 준수하여 거푸집동바리 등을 해체할 것
- 높은 곳으로부터 콘크리트를 타설할 때는 호퍼로 받아 거푸집 내에 꽂아 넣는 슈트를 통해서 부어 넣어야 한다.
- 한곳에만 치우쳐서 콘크리트를 타설하지 않도록 주의한다.
- 콘크리트를 타설하는 경우에는 편심이 발생하지 않도록 골고루 분산하여 타설할 것

ⓢ 수중 콘크리트 타설작업 시 준수사항(수중 콘크리트 타설의 원칙)
- 수중 콘크리트는 시멘트의 유실, 레이턴스의 발생을 방지하기 위해 물막이를 설치하여 물을 정지시킨 정수 중에서 타설하여야 한다. 완전히 물막이를 할 수 없는 경우에도 유속은 $50[mm^2/s]$ 이하로 하여야 한다.
- 콘크리트를 수중에 낙하시키면 재료 분리가 일어나고 시멘트가 유실되기 때문에 콘크리트는 수중에 낙하시키지 않아야 한다.
- 콘크리트 면을 가능한 한 수평하게 유지하면서 소정의 높이 또는 수면상에 이를 때까지 연속해서 타설하여야 한다. 수중에서 타설할 때에 1회 연속해서 타설해 올라가는 높이가 너무 클 경우 거푸집에 작용하는 측압에 의해 거푸집이 변형되고 모르타르가 누출할 염려가 있으므로 거푸집의 강도 및 조립에 주의하여야 한다.
- 물과 접촉하는 부분의 콘크리트 재료 분리를 적게 하기 위하여 타설하는 도중에 가능한 한 콘크리트가 흐트러지지 않도록 물을 휘젓거나 펌프의 선단 부분을 이동시키지 않아야 하며, 콘크리트가 경화될 때까지 물의 유동을 방지하여야 한다.
- 한 구획의 콘크리트 타설을 완료한 후 레이턴스를 모두 제거하고 다시 타설하여야 한다.
- 수중 콘크리트를 시공할 때 시멘트가 물에 씻겨서 흘러나오지 않도록 트레미나 콘크리트 펌프를 사용해서 타설하여야 한다. 그러나 부득이한 경우나 소규모 공사의 경우 밑열림 상자나 밑열림 포대를 사용할 수 있다.

ⓞ 콘크리트의 진동다짐에 대한 사항
- 콘크리트의 밀실화를 유지하기 위하여 진동기를 사용한다.
- 진동기는 하층 콘크리트에 10[cm] 정도 삽입하여 상하층 콘크리트를 일체화시킨다.
- 진동기는 될 수 있는 대로 수직 방향으로 사용한다.
- 진동기는 수직(연직) 방향으로 찔러 넣고 간격은 약 50[cm] 이하로 한다.
- 진동기를 가지고 거푸집 속의 콘크리트를 옆 방향으로 이동시켜서는 안 된다.
- 진동기를 뺄 때는 서서히 뽑아 구멍이 남지 않도록 한다.
- 내부 진동기는 콘크리트로부터 천천히 빼내어 구멍이 남지 않도록 한다.
- 내부 진동기는 콘크리트를 수직 방향으로 이동시킬 목적으로 사용한다.
- 진동기를 넣고 나서 뺄 때까지 시간은 보통 5~15초가 적당하다.
- 진동의 효과는 봉의 직경, 진동수, 진폭 등에 따라 다르며, 진동수가 클수록 다짐효과가 크다.
- 여러 층으로 나누어 진동다지기를 할 때는 진동기를 하층의 콘크리트 속으로 찔러 넣는다.
- 진동다지기를 할 때에는 내부 진동기를 하층의 콘크리트 속으로 0.1[m] 정도 찔러 넣는다.
- 1개소당 진동시간은 다짐할 때 시멘트풀이 표면 상부로 약간 부상하기까지가 적절하다.
- 묽은 반죽에서 진동다짐은 크게 효과가 없다.
- 된비빔 콘크리트의 진동다짐
  - 진동다짐의 효과가 좋지만 구조체의 철근에는 진동을 주지 않아야 한다.
  - 유효한 다짐시간은 관찰과 경험에 의하여 결정하는 것이 좋다.
  - 진동기의 사용 간격은 60[cm]를 넘지 않도록 한다.

- 진동기를 빼낼 때는 서서히 뽑아 구멍이 남지 않도록 한다.
ⓒ 콘크리트 타설 시 이음부에 관한 사항
- 타설이음부의 위치, 형상 및 처리방법은 구조 내력 및 내구성을 손상하지 않는 것이어야 하고, 공사시방서 또는 설계도면서에 의하여 정한다.
- 공사시방서 또는 설계도면서에 규정되어 있지 않는 경우에는 다음에 의해 필요한 사항을 정하여 담당원의 승인을 받는다.
  - 타설이음부의 위치는 구조부재의 내력의 영향이 가장 작은 곳에 정하도록 하며 다음을 표준으로 한다.
    ⓐ 보, 바닥 슬래브 및 지붕 슬래브의 수직 타설이음부는 스팬의 중앙 부근에 주근과 직각방향으로 설치한다.
    ⓑ 기둥 및 벽의 수평 타설이음부는 바닥 슬래브(지붕 슬래브), 보의 하단에 설치하거나 바닥 슬래브, 보, 기초보의 상단에 설치한다.
  - 콘크리트의 타설이음면은 레이턴스나 취약한 콘크리트 등을 제거하여 새로 타설하는 콘크리트와 일체가 되도록 처리한다.
  - 타설이음부의 콘크리트는 살수 등에 의해 습윤시킨다. 다만, 타설이음면의 물은 콘크리트 타설 전에 고압공기 등에 의해 제거한다.
  - 타설이음부의 일체성 확보 또는 수밀성 확보를 위하여 특별한 조치를 강구하는 경우에는 적절한 방법을 정하여 담당원의 승인을 받는다.
  - 콘크리트 타설 시작 후 할 수 없이 타설을 중지하는 경우 타설이음부의 위치, 형상 및 처리방법은 상기의 내용에 준한다.
ⓩ 콘크리트 타설과 관련하여 거푸집 붕괴사고방지를 위하여 우선적으로 검토·확인하여야 할 사항
- 콘크리트 측압 확인
- 조임철물 배치 간격 검토
- 콘크리트의 단기 집중 타설 여부 검토

④ 콘크리트 이어붓기
ⓐ 콘크리트 이어붓기의 위치
- 보, 바닥판의 이음은 그 간 사이의 중앙부에 수직으로 한다.
- 캔틸레버 내민보나 바닥판은 이어붓지 않는다.
- 바닥판은 그 간 사이의 중앙부에 작은 보가 있을 때는 작은 보 너비의 2배 정도 떨어진 곳에서 이어붓는다.
- 벽은 문꼴 등 끊기 쉽고, 막기, 떼어내기에 편리한 곳에 수직 또는 수평으로 한다.
- 아치의 이음은 아치축에 직각으로 설치한다.
- 기둥은 기초판, 연결보 또는 바닥판 위에서 수평으로 한다.
- 보 및 슬래브는 전단력이 작은 스팬의 중앙부에 수직으로 한다.

ⓒ 콘크리트 이어붓기 방법
- 구조물의 강도에 영향을 주지 않는 곳에서 실시한다.
- 이음 길이가 짧아지는 위치에서 실시한다.
- 시공 순서에 차질이 생기지 않는 곳에서 실시한다.
- 이음 위치는 대체로 단면이 작은 곳에 둔다.
- 이음면이 되도록 수평, 수직이 되게 해야 한다.
- 콘크리트 이어붓기에 있어서의 조인트 : Control Joint, Construction Joint, Sliding Joint
- 철근 콘크리트 타설에서 외기온이 25[℃] 미만일 때 이어붓기 시간 간격의 한도는 150분이다.

⑤ 양 생
ⓐ 양생의 개요
- 콘크리트의 만족스러운 함수비와 온도를 유지하기 위한 것
- 콘크리트의 설계강도와 경도를 얻기 위해 콘크리트의 치기와 마무리가 끝난 직후에 시작된다.
- 양생의 필요성
  - 예측강도의 발현
  - 내구성의 향상
  - 사용성과 미관의 향상

ⓒ 콘크리트 양생 관련 제반사항
- 콘크리트 표면은 연속적으로 습윤상태이어야 하며 마무리가 끝난 후 최소한 7일 동안 증발을 막아야 한다.
- 콘크리트 표면의 건조에 의한 내부 콘크리트 중의 수분증발방지를 위해 습윤양생을 실시한다.
- 콘크리트를 부어 넣은 후 수분의 급격한 증발이나 직사광선에 의한 온도 상승을 막고 습윤 상태가 유지되도록 양생한다.

- 습도 유지를 위하여 액체방수막용 양생제, 방수지 등을 사용한다.
- 동해를 방지하기 위해 5[℃] 이상을 유지한다.
- 일반적으로 양생 시는 살수를 금지하지만, 거푸집판이 건조될 우려가 있는 경우에는 살수해야 한다.
- 응결 중 진동 등의 외력을 방지해야 한다.
- 콘크리트의 초기 양생온도가 낮을수록 장기강도가 증진된다.
- 양생 시 초기 재령에서 건조하면 수밀성은 작아진다.
- 응결 중 진동 등의 외력을 방지해야 한다.
- 콘크리트의 습윤양생기간은 건조수축에 크게 영향을 주며 이 기간이 길면 길수록 건조수축은 증가한다.
- 콘크리트는 온도가 내려가면 경화가 지연되므로 동절기에 타설할 경우에는 충분히 양생하여야 한다.
- 공시체는 (20±3)[℃]의 표준양생을 한다.
- 설계도서상의 콘크리트 양생기간을 준수하여 거푸집동바리 등을 해체한다.

⑥ **콘크리트의 줄눈(메지)**: 타일과 타일 사이의 마감재로 이음이라고도 하며 시공 줄눈, 기능 줄눈으로 구분한다.

㉠ 시공 줄눈(컨스트럭션 조인트, Construction Joint)
- 시공 줄눈은 경화된 콘크리트에 새로 콘크리트를 이어붓기함으로 발생되는 줄눈으로, 구조적으로 꼭 필요한 줄눈이라기보다는 시공과정상 발생한다.
- 시공상 필요한 줄눈으로 콘크리트의 강도, 내구성, 수밀성 등을 면밀히 검토하여 시공해야 한다.
- 설치목적
    - 거푸집 재료의 반복 사용
    - 콘크리트 검사
    - 대형 구조물의 온도 상승방지
- 시공 이음 설치 위치
    - 될 수 있는 대로 전단력이 작은 위치에 설치하고, 부재의 압축력이 작용하는 방향과 직각이 되도록 하는 것이 원칙이다.
    - 1회 타설량 및 시공에 무리가 없는 곳
    - 이음 길이와 면적이 최소가 되는 곳
    - 아치는 아치축에 직각 방향
    - 캔틸레버 보는 시공이음 금지
- 시공 이음 시 유의사항
    - 이음부의 시공에 있어서는 설계에 정해져 있는 이음의 위치와 구조는 지켜져야 한다.
    - 부득이 전단력이 큰 위치에 시공이음을 하는 경우 이음 부위에 장부 또는 홈을 둔다.
    - 구조물의 강도, 내구성, 수밀성 및 외관을 해치지 않도록 위치, 방향, 시공방법을 준수한다.
    - 외부의 염분에 의한 피해를 입을 우려가 있는 해양, 항만 콘크리트 구조물에는 되도록 이음을 두지 않는다.
    - 수밀을 요하는 콘크리트에 있어서는 소요될 수밀성이 얻어지도록 적절한 간격으로 시공 이음부를 두어야 한다.
    - 시공이음을 두는 경우 구콘크리트 표면의 레이턴스, 품질이 나쁜 콘크리트, 달라 붙지 않은 골재는 제거하여야 한다.
    - 시공이음 부위가 될 콘크리트 면은 경화가 쇠솔 등으로 면을 거칠게 하여 충분히 습윤 상태로 양생한다.

㉡ 콜드 조인트(Cold Joint)
- 콘크리트 공사의 시공과정 중 휴식시간 등으로 응결하기 시작한 콘크리트에 새로운 콘크리트를 이어칠 때 일체화가 저해되어 생기는 줄눈이다.
- 콘크리트 타설 중 경화가 시작된 콘크리트에 이어치기하여 발생하는 조인트이다.
- 콜드조인트는 내구성 저하 및 중성화의 원인이 되므로 조인트가 발생하지 않도록 하여야 한다.
- 콜드조인트로 인한 피해
    - 내구성 저하
    - 철근의 부식
    - 중성화의 요인
    - 수밀성 저하
    - 누수의 원인
    - 마감재의 균열
- 방지대책
    - 콘크리트 운반 및 타설계획을 철저하게 한다.
    - 레미콘 배차계획 및 간격을 철저하게 엄수한다.
    - 이어치기는 1시간 이내에 완료한다.
    - 여름철에는 응결지연제를 계획한다.
    - 분말도가 낮은 시멘트를 사용한다.
    - 재진동 다짐을 한다(1시간 넘으면 구콘크리트에 100[mm] 관입).

ⓒ 익스팬션 조인트(Expansion Joint, 팽창줄눈 또는 팽창이음, 신축이음)
- 익스팬션 조인트는 온도 변화, 건조수축, 기초의 침하 등에 의해 발생하는 변위를 수용하기 위해 균열 발생이 예상되는 위치에 설치하는 이음으로, 구조체를 완전히 분리시켜 분리줄눈(Isolation Joint)라고도 한다.
- 설치목적
  - 콘크리트의 팽창과 수축을 조절
  - 부동침하가 예상될 경우
  - 진동방지
- 설치가 필요한 경우
  - 건물의 길이가 긴 경우
  - 지반 또는 기초가 다른 경우
  - 서로 다른 구조가 연결되는 경우
  - 건물이 증축될 경우
  - 평면형상이 복잡할 경우
- 시공 시 유의사항
  - 양쪽의 구조물 또는 부재가 구속되지 않는 구조이어야 한다.
  - 필요에 따라 이음재, 지수판 등을 배치하여야 한다.
  - 단차를 피할 필요가 있는 경우에는 장부나 홈을 두거나 전단 연결재(Dowel Bar)를 사용하는 것이 좋다.

ⓔ 조절줄눈(균열유도줄눈, Control Joint)
- 조절줄눈은 결함 부위로 균열의 집중을 유도하기 위해 균열이 생길 만한 구조물의 부재에 미리 결함 부위를 만들어 두는 것이다.
- 균열줄눈 수축으로 인한 균열을 방지하기 위해 단면결손 부위로 균열을 유도하는 줄눈으로, 수축줄눈(Contraction Joint) 또는 맹줄눈(Dummy Joint)라고도 한다.
- 설치목적 : 균열유도줄눈 위치에서만 균열이 일어나도록 유도하기 위함이다.
- 설치 위치
  - 단면의 변화로 균열이 예상되는 곳
  - 개구부 주위
  - 옥상의 보호 콘크리트
- 시공 시 유의사항
  - 깊이는 단면의 1/4 이상으로 한다(유효단면 감소율 : 20~25[%]).
  - 줄눈 설치 간격은 슬래브 두께의 24~36배이다.
  - 코킹은 끊어지지 않고 연속되게 설치한다.

ⓜ 지연줄눈(Delay Joint)
- 지연줄눈은 건물의 일정한 부위를 남겨 놓고(수축대) 콘크리트를 타설하고 초기 수축 이후에 콘크리트를 타설하는 부위이다.
- 수축대는 좌우 부분 타설 후 약 4~6주가 경과한 후에 타설하는 것을 원칙으로 하며, 수축대 간의 거리는 약 60[cm] 내외로 설치한다.
- 설치목적 : 건조수축에 의한 콘크리트 균열을 최소화하기 위함이다.
- 설치 위치
  - 수축대의 설치 위치는 1 스팬의 중앙부로 한다.
  - 기초를 제외한 모든 부재에 적용한다.
- 시공 시 주의사항
  - 줄눈의 경계면 처리는 시공줄눈과 같게 시공한다.
  - 수축대는 좌우 부분 타설 후 약 4~6주가 경과한 후에 타설한다.
  - 겹침이음 길이는 직경의 45배 이상으로 한다.
  - 수축대 좌우 스팬은 수축대 부분 양생이 완료될 때까지 지지한다.

ⓗ 줄눈의 형태 : 평줄눈, 세로줄눈, 치장줄눈, 블록줄눈, 오목줄눈, 민줄눈, 통줄눈, 실줄눈
- 평줄눈 : 벽돌, 블록 등 조적공사에서 가장 많이 이용되는 치장줄눈 형태
- 세로줄눈은 통상적으로 막힌줄눈으로 하며, 통줄눈이 생기지 않게 해야 한다.
- 치장줄눈은 벽돌로 쌓은 후 가급적 늦게 하는 것이 좋다.

⑦ 콘크리트의 현상 및 대책
  ㉠ 콘크리트의 중성화
  - 정 의
    - 경화 콘크리트 중의 알칼리성분이 탄산가스 등의 침입으로 중화되는 현상
    - 콘크리트 중의 수산화석회가 탄산가스에 의해서 중화되는 현상

- 콘크리트가 시간이 지남에 따라 공기 중의 탄산가스의 작용을 받아 콘크리트 중의 수산화칼슘이 서서히 탄산칼슘으로 변해가면서 콘크리트가 알카리성을 상실해 가는 현상
- 시멘트의 수화반응에서 생성되는 수산화칼슘은 pH 12~13 정도의 알칼리성을 나타내며, 이 수산화칼슘은 대기 중에 있는 약산성의 이산화탄소와 접촉, 반응하여 pH 8~10 정도의 탄산칼슘과 물로 변화하는 현상
- 중성화의 화학반응식 : $Ca(OH)_2 + CO_2 \rightarrow CaCO_3 + H_2O \uparrow$

• pH 농도에 따른 상태
- 최초의 콘크리트는 pH 12~13 정도의 강알칼리성이다(수산화칼슘).
- 콘크리트 내부가 pH 11 이상이면 철근의 표면에 부동태막을 형성하여 산소가 존재해도 녹슬지 않는다.
- 콘크리트 내부가 pH 11보다 낮아지면 부동태막이 파괴되어 철근에 녹이 발생되고, 체적이 철근의 2.5배 정도로 팽창된다.
- 중성화현상으로 탄산칼슘으로 변화된 부분은 pH 8.5~10 정도가 된다.
- pH 7이면, 콘크리트가 완전하게 중성화되어 내구성을 다한 것이다.

• 특 징
- 중성화는 철근의 부식을 촉진시키고 내구성을 저하시킨다.
- 중성화는 콘크리트의 균열원인이 된다.
- 콘크리트 중에 있는 강재는 콘크리트의 중성화가 진행되면 철근의 부동태 피막이 파괴되어 녹이 발생한다.
- 중성화가 진행되어도 콘크리트의 강도, 기타의 물리적 성질은 거의 변화지 않는다.
- 중성화는 공기 중의 탄산가스에 의해 영향을 받는다.
- 물-시멘트비가 클수록 중성화는 빨라진다.
- 온도는 높고 습도는 낮을수록 중성화속도가 빠르다.
- 실내의 정성화속도가 실외보다 빠르다.
- 골재 자체의 공극이 크고, 불순물이 함유된 골재는 중성화속도가 빠르다.
- 경량 골재는 중성화속도가 빠르다.
- 중성화의 깊이는 시멘트 품질, 골재의 품질 등에 의해 영향을 받는다.
- 중성화의 측정을 위하여 페놀프탈레인 1[%] 용액을 분사시켰을 때, 알칼리성 부위는 적색으로 변색되지만, 중성화된 부위는 무색이다.
- 정상적인 콘크리트가 경화할 경우 규산칼슘 수화물과 수산화칼슘이 생성되어 수산화칼슘에 의해 콘크리트는 강알칼리성을 나타낸다.

• 중성화 억제대책
- 물-시멘트비를 낮춘다.
- 단위시멘트량을 증대시킨다.
- 철근을 피복한다.
- AE감수제나 고성능감수제를 사용한다.
- 표면활성제를 사용한다.
- 산화칼슘(CaO)을 다량 함유한 시멘트를 사용한다.
- 조강 포틀랜드시멘트를 사용한다.

ⓒ 콘크리트의 건조수축(Drying Shrinkage)
• 정 의
- 하중과는 관계없이 콘크리트의 수분 증발에 의하여 발생되어 체적이 감소되는 현상이다.
- 수분이 장기간에 걸쳐 증발하면서 발생하는 수축현상으로, 그 결과로 균열이 발생된다.

• 건조수축 균열의 발생과정
- 건조에 의해서 발생하는 콘크리트 수축이 구속되지 않을 경우 콘크리트에 균열은 발생하지 않는다.
- 수축작용의 구속은 인장응력을 유발시킨다.
- 인장응력이 콘크리트의 인장강도에 도달하면 콘크리트는 균열이 발생한다.
- 초기에는 표면의 건조수축이 커서 표면에 인장응력이 유발되어 표면균열을 유발한다.
- 계속적인 건조수축이 진행됨에 따라 균열이 콘크리트 부재 내부로 깊숙이 전파된다.

• 특 징
- 콘크리트 부재는 표면으로부터 내부로 건조해 들어가기 때문에 표면에는 인장응력이 발생하고, 부재 내부에는 철근이 건조수축을 방해하려는 압축응력이 발생한다.

- 시멘트의 제조성분(조성성분, 화학성분)에 따라 수축량이 다르다.
- 시멘트의 분말도에 따라 건조수축량은 변화한다.
- 골재의 성질에 따라 수축량이 다르다.
- 시멘트량의 다소에 따라 수축량이 다르다.
- 사암이나 점판암을 골재로 이용한 콘크리트는 수축량이 크다.
- 사암이나 점판암을 골재로 사용하는 경우 수축량이 증가한다.
- 경량 콘크리트는 건조수축이 크다.
- 콘크리트의 습윤양생기간은 건조수축에 크게 영향을 주며 이 기간이 길면 길수록 건조수축은 많아진다.
- C_3A가 많을수록 수축을 증가시킨다.
- 골재 중에 포함된 미립분이나 점토, 실트는 일반적으로 건조수축을 증대시킨다.
- 경화한 콘크리트의 건조수축은 초기에 급격히 진행하고 시간이 경과함에 따라 완만하게 진행된다.
- 콘크리트는 물을 흡수하면 팽창하고 건조하면 수축한다.
- 단위수량이 증가되면 수축량은 증가한다.
- 단위수량이 동일한 경우 단위시멘트량을 증가시켜도 수축량은 크게 변하지 않는다.
- 일반적으로 건조개시 재령의 영향은 거의 받지 않는다.
- 된비빔일수록 수축량이 작다.

• 건조수축 억제대책
- AE제 및 감수제를 사용한다.
- 석영, 석회암, 화강암 등을 골재재료로 사용한다.
- 배합 시 가능한 한 단위수량을 적게 한다.
- 된비빔을 적용한다.
- 골재의 탄성계수가 크고 경질인 것을 사용한다.

ⓒ 크리프(Creep)
• 하중 증가 없이 시간이 경과함에 따라 변형이 증가되는 현상
• 크리프에 영향을 미치는 요인
- 크리프 증가요인 : 물-시멘트비, 단위시멘트량, 온도, 응력
- 크리프 감소요인 : 상대습도, 콘크리트 강도 및 재령, 체적, 부재 치수, 증기양생, 골재의 입도, 압축철근의 효과적 배근 등

ⓔ 응결 : 시멘트에 약간의 물을 첨가하여 혼합시키면 가소성 있는 페이스트가 얻어지지만, 시간이 지나면 유동성을 잃고 응고하는 현상

ⓜ 염 해
• 염해는 콘크리트와 무관하게 철근 자체가 열화되는 것이다.
• 철근 콘크리트의 염해로 인한 철근 부식방지대책
- 철근 피복 두께를 충분히 확보한다.
- 물-시멘트비가 작은 콘크리트를 타설한다.
- 콘크리트 중의 염소이온량을 적게 한다.
- 수밀 콘크리트를 만들고 콜드 조인트가 없게 시공한다.
- 에폭시 수지 도장 철근을 사용한다.
- 방청제 투입을 고려한다.
- 전기제어 방식을 취한다.

ⓗ 시멘트의 수화열 : 콘크리트의 균열원인이 된다.

ⓢ 알칼리 골재반응
• 시멘트의 알칼리 성분과 골재를 구성하는 실리카광물이 반응하여 콘크리트를 팽창시키는 반응이다.
• 콘크리트의 균열원인이 된다.
• 팝아웃(Pop Out)현상과 관계가 깊은 콘크리트 내구성 저하의 원인이다.

⑧ **콘크리트의 종류**

㉠ AE 콘크리트(Air Entrained Concrete) : 콘크리트의 내부에 미세한 공기포를 함유하는 콘크리트
• 공기연행 콘크리트라고도 한다.
• 콘크리트의 워커빌리티가 양호하다.
• AE제만 사용하는 것보다는 감수제를 병용하면 워커빌리티 개선에 더욱 효과가 크다.
• 물-시멘트비가 동일한 경우 압축강도가 낮다.
• 동결융해에 대한 저항성이 크다.
• 블리딩 등의 재료 분리가 적다.
• 동결융해작용에 대한 내동해성이 좋다.
• 한중 콘크리트에는 AE 콘크리트를 사용하는 것을 원칙으로 한다.
• 시공연도가 좋고 재료 분리가 적다.
• 단위수량을 줄일 수 있다.

- 제물지창 콘크리트 시공에 적당하다.
- 철근과의 부착력은 감소한다.
- 연행공기가 7[%] 이상이면 내구성이 저하된다.
- 연행공기가 1[%] 증가하면 콘크리트의 강도는 4~6[%] 감소된다.

ⓛ 한중 콘크리트 : 콘크리트 시공 시 동결을 방지하는 콘크리트
- 한중 콘크리트 사용시기
  - 하루의 평균기온이 4[℃] 이하인 기상조건하에서의 콘크리트 공사 시 적용한다.
  - 동절기 중이나 동절기 전후 기온에 따라 적용한다.
- 기온에 따른 시공방법

기 온	시공방법
0~4[℃]	간단한 주의와 보온
-3~0[℃]	재료(물, 골재)의 가열 및 적절한 보온
-3[℃] 이하	재료(물, 골재)의 가열 및 적절한 보온 그리고 급열

- 한중 콘크리트 관련 제반사항
  - 시멘트 등의 재료를 차갑지 않게 저장한다.
  - 골재는 얼음, 눈의 혼입 및 동결을 방지할 수 있는 적절한 시설에 저장한다.
  - 배합강도 및 물-결합재비는 적산온도방식에 의해 결정할 수 있다.
    ※ 적산온도 : 양생시간과 양생온도의 곱으로 성숙도(Maturity)라고도 하며 수화반응률과 초기강도의 추정에 사용된다.
  - W/C비(물-시멘트비, 물-결합재비)를 하절기 공사 때보다 약간 낮게 한다(원칙적으로 60[%] 이하).
  - 단위수량은 초기 동해를 작게 하기 위하여 소요의 워커빌리티를 유지할 수 있는 범위 내에서 되도록 적게 정하여야 한다.
  - 한중 콘크리트에는 AE 콘크리트(공기연행 콘크리트)를 사용하는 것을 원칙으로 한다.
  - 콘크리트 중의 연행기포가 많을수록 동결융해저항성은 높아지나 강도가 떨어질 수 있다.
  - AE제, AE감수제 및 고성능 AE감수제 중 어느 한 종류는 반드시 사용한다.
  - 필요시 재료(물, 골재)를 가열하여 사용한다.
  - 콘크리트 비비기에서 재료를 가열할 경우, 물 또는 골재를 가열한다.
  - 재료를 가열하는 경우, 물을 가열하는 것을 원칙으로 한다.
  - 시멘트 가열은 금지하고 골재는 직접 불꽃에 대어 가열하는 것을 금지한다.
  - 부어 넣을 때의 콘크리트 온도는 10~20[℃]이다.
  - 이어붓기면이나 거푸집, 철근에 얼음이나 눈이 있으면 이를 제거한다.
  - 초기동해방지에 필요한 콘크리트의 압축강도는 $5[N/mm^2]$이다.
  - 빙설이 혼입된 골재는 원칙적으로 비빔에 사용하지 않는다.
  - 주로 실외에서 이루어지므로 관리가 어렵다.

ⓒ 경량 콘크리트
- 경량 콘크리트의 종류 : 신더(Cinder) 콘크리트, 톱밥 콘크리트, 경량기포 콘크리트(ALC)
- 보통 콘크리트와 비교한 경량 콘크리트의 특징
  - 자중이 작고 건물 중량이 경감된다.
  - 단열효과가 우수하다.
  - 강도가 작은 편이다.
  - 건조수축이 크다.
  - 내화성이 크고 열전도율이 작으며 방음효과가 크다.
- 경량 콘크리트의 골재로서 슬래그(Slag)를 사용하기 전 물 축임을 하는 이유는 시멘트가 수화하는 데 필요한 수량을 확보하기 위해서이다.
- 서머콘(Thermo-con) : 자갈, 모래 등의 골재를 사용하지 않고 시멘트와 물 그리고 발포제를 배합하여 만드는 일종의 경량 콘크리트이다.

ⓔ ALC(Autoclaved Lightweight Concrete)
- 정 의
  - 포화증기 양생 경량 기포 콘크리트
  - 오토클레이브(Auto Clave)에 포화증기에서 양생한 경량 기포 콘크리트
  - 무수한 기포를 독립적으로 분산시켜 중량을 가볍게 한 기포 콘크리트의 일종
  - 석회에 시멘트와 기포제(AL.Powder)를 넣어 다공질화한 혼합물을 고온, 고압(온도 약 180[℃], 압력 $10[kg/cm^2]$)에서 증기 양생시킨 경량 기포 콘크리트의 일종

- 특 징
  - ALC의 3대 특징 : 경량성, 내화성, 단열성
  - 규산질, 석회질 원료를 주원료로 하여 기포제와 발포제를 첨가하여 만든다.
  - 주원료는 생석회·시멘트 등의 석회질 원료, 규사·규석·플라이애시 등의 규산질 원료 및 기포제(발포)로 사용되는 알루미늄 분말 등이 있다.
  - 제반 물리적 특성은 일반적으로 비중과 밀접한 관계가 있다.
  - ALC 블록 0.5품의 절건비중은 0.45 초과 0.55 미만이다.
  - 경량이며 단열성, 내화성, 흡음성, 차음성 등이 우수하다.
  - 내화성이 우수하나 불연성 재료는 아니다.
  - 경량이므로 인력에 의한 취급이 가능하다.
  - 필요에 따라 현장에서 절단 및 가공이 용이하다.
  - 열전도율은 보통 콘크리트의 약 1/10 정도로 단열성이 우수하다.
  - 시공성이 우수하다.
  - 안정된 결정질을 가진다.
  - 건조수축률이 작으므로 균열 발생이 적다.
  - 흡음률은 10~20[%] 정도로 비닐막을 붙이면 더욱 향상시킬 수 있다.
  - 오토클레이브 내에서 고온, 고압 상태로 양생된다.
  - 다공질이어서 가공 시 톱을 사용할 수 있다.
  - 주로 지붕, 바닥, 벽재, 비내력벽으로 사용된다.
  - 보통 콘크리트에 비하여 중성화(탄산화)의 우려가 높다.
  - 중성화방지를 위한 대책이 필요하다.
  - 다공질이므로 흡수성이 높은 편이다.
  - 수밀성, 방수성은 떨어진다.
  - 동해에 대한 저항성이 낮으므로 동해에 대비하여 방수·방습처리가 필요하다.
  - 압축강도가 작아서 구조재로서는 부적합하다.
  - 압축강도에 비해서 휨강도나 인장강도는 상당히 약하다.
- ㉢ 진공 콘크리트(Vacuum Concrete)
  - 콘크리트 타설 후 진공압출에 의하여 물/시멘트비가 감소한다.
  - 콘크리트의 초기강도가 높아진다.
  - 콘크리트의 내구성이 증대된다.
  - 콘크리트의 압축강도가 증대된다.
  - 콘크리트의 경화수축량이 크게 감소한다.
  - 콘크리트의 장기강도가 증가한다.
  - 콘크리트의 동해저항성이 증대된다.
- ㉣ 매스 콘크리트
  - 부재 또는 구조물의 치수가 커서 시멘트의 수화열에 의한 온도 상승 및 강하를 고려하여 설계·시공해야 하는 콘크리트
  - 매스 콘크리트용으로 사용할 수 있는 시멘트 : 중용열 포틀랜드시멘트, 고로시멘트
  - 매스 콘크리트의 시공
    - 매스 콘크리트는 수화열이 작은 시멘트를 사용한다.
    - 내부온도가 최고온도에 달한 후는 보온하여 중심부의 온도 강하속도가 크지 않도록 양생한다.
    - 부어 넣는 콘크리트의 온도는 일반적으로 35[°C] 이하로서 공사시방서에 따른다.
    - 이어붓기 시간 간격은 외기온이 25[°C] 미만일 때는 120분으로 한다.
    - 28일을 초과하는 재령을 기준으로 계획 배합을 정할 경우, 기준으로 하는 재령은 91일까지로 한다.
  - 매스 콘크리트의 균열방지대책
    - 저발열성 시멘트를 사용한다.
    - 저열 포틀랜드시멘트, 중용열 포틀랜드시멘트를 사용한다.
    - 파이프쿨링을 한다.
    - 공재 치수를 크게 한다.
    - 물–시멘트비를 낮춘다.
    - 포졸란계 혼화재를 사용한다.
    - 온도균열지수에 의한 균열 발생을 검토한다.
- ㉤ 유동화 콘크리트(Flowing Concrete)
  - 정 의
    - 미리 비빈 베이스 콘크리트에 유동화제를 첨가하여 유동성을 증대시킨 콘크리트
    - 콘크리트에 유동화제(고성능 감수제)를 혼합하여 콘크리트의 유동성을 일시적으로 증가시킨 콘크리트

- 별칭 : 유동 콘크리트, 고유동 콘크리트, Fluidized Concrete, Superplasticized Concrete
- 슬럼프의 기준

구 분	베이스 콘크리트	유동화 콘크리트
보통 콘크리트	150[mm] 이하	210[mm] 이하
경량골재 콘크리트	180[mm] 이하	

- 콘크리트의 유동성 증대를 목적으로 사용하는 유동화제의 주성분 : 나프탈렌설폰산염계 축합물, 멜라민설폰산염계 축합물, 변성 리그닌설폰산계 축합물
- 특 징
  - 콘크리트의 품질을 변화시키는 것이 아니라 치기, 다짐 등 시공성을 개선하는 것으로, 단위 수량 및 단위 시멘트량의 감소로 온도 균열방지 및 콘크리트의 고품질화에 유용하다.
  - 된비빔 콘크리트의 품질을 그대로 발휘하면서 시공능률을 향상시킨다.
  - 높은 강도, 내구성, 수밀성을 갖는 콘크리트를 얻을 수 있다.
  - 건조수축이 통상의 묽은 비빔 콘크리트보다 작아진다.
  - 베이스 콘크리트의 단위수량은 185[kg/m²] 이하로 한다.
  - 유동화제라고 하는 분산성능이 높은 혼화제를 혼입한 것이다.
  - 유동화 콘크리트의 공기량은 공사시방서에 정한 바가 없을 때 보통 콘크리트는 4.5[%], 경량 콘크리트는 5[%]를 표준으로 한다.
  - 유동화제는 원액으로 사용하고, 미리 정한 소정의 양을 한꺼번에 첨가한다.
  - 유동화제의 계량은 질량 또는 용적으로 계량하고, 그 계량오차는 1회에 3[%] 이내로 한다.
- ⓞ 프리스트레스트 콘크리트 : 고강도 강선을 사용하여 인장응력을 미리 부여함으로써 단면을 작게 하면서 큰 응력을 받을 수 있는 콘크리트
- ⓩ 프리플레이스트 콘크리트
  - 정 의
    - 특정한 입도를 가진 굵은 골재를 거푸집에 채워 넣고 그 굵은 골재 사이의 공극에 특수한 모르타르를 적당한 압력으로 주입하여 만드는 콘크리트
    - 조골재를 먼저 투입한 후 골재와 골재 사이 빈 틈에 시멘트 모르타르를 주입하여 제작하는 방식의 콘크리트
  - 프리플레이스트 콘크리트에 사용되는 골재
    - 굵은 골재의 최소 치수는 15[mm] 이상, 굵은 골재의 최대 치수는 부재 단면 최소 치수의 1/4 이하, 철근 콘크리트의 경우 철근 순간격의 2/3 이하로 하여야 한다.
    - 굵은 골재의 최대 치수와 최소 치수와의 차이를 크게 하면 굵은 골재의 실적률이 커지고, 주입 모르타르의 소요량이 적어진다.
    - 대규모 프리플레이스트 콘크리트를 대상으로 할 경우, 굵은 골재의 최소 치수를 크게 하는 것이 효과적이다.
    - 골재의 적절한 입도 분포를 위해 일반적으로 굵은 골재의 최대 치수는 최소 치수의 2~4배 정도로 한다.
  - 프리플레이스트 콘크리트의 서중 시공 시 유의사항
    - 애지데이터 안의 모르타르 저류시간을 짧게 한다.
    - 수송관 주변의 온도를 내려 준다.
    - 응결을 지연시키며 유동성을 크게 한다.
    - 비빈 후 즉시 주입한다.
- ⓩ 중량 콘크리트 : 방사선 차폐용, 방사선 차단용 벽체 등에 사용하는 콘크리트이며, 골재로는 중정석이 적합하다.
- ⓚ 프리캐스트 콘크리트(PC ; Precast Concrete)
  - 대규모 공사에 적용하는 것이 유리하다.
  - 기후의 영향을 받지 않으므로 일반 콘크리트 공사보다 동절기 공사에 유리하다.
  - RC 공사에 비해 일체성 확보에 불리하다.
  - 자유로운 형상 제작이 어려우므로 설계상의 제약이 따른다.
- ⓔ 서중 콘크리트
  - 시멘트는 고온의 것을 사용하지 않아야 하고, 골재 및 물은 가능한 한 낮은 온도의 것을 사용한다.
  - 표면활성제는 공사시방서에 정한 바가 없을 때에는 AE 감수제 지연형 등을 사용한다.

- 콘크리트를 부어 넣은 후 수분의 급격한 증발이나 직사광선에 의한 온도 상승을 막고 습윤 상태가 유지되도록 양생한다.
- 서중 콘크리트 타설 시 슬럼프 저하나 수분의 급격한 증발 등의 우려가 있으므로, 이러한 문제점을 해결하기 위해 AE 감수제 지연형을 혼화재료로 사용한다.

㉤ 섬유보강 콘크리트 : 섬유 혼입률이 크면 단위수량, 잔골재율이 커지고 블리딩 또는 재료 분리가 일어난다.

㉥ 제치장 콘크리트(Exposed Concrete) : 노출되는 콘크리트면 자체가 치장이 되게 마무리한 콘크리트
- 별칭 : 제물치장 콘크리트, 치장 콘크리트
- 타설 콘크리트면 자체가 치장이 되게 마무리한 자연 그대로의 콘크리트이다.
- 재료의 절약은 물론 구조물 자중을 경감할 수 있다.
- 거푸집이 견고하고 흠이 없도록 정확성을 기해야 하기 때문에 상당한 비용과 노력비가 증대한다.
- 시멘트는 일반적으로 동일 회사, 동일 색을 사용한다.
- 철근의 피복은 보통 때보다 두껍게 하는 것이 좋다.
- 슈트에 의하지 않고 손차로 운반하여 벽, 기중에 직접 떨어뜨리지 않고 일단 비빔판에 받아 가만히 각삽으로 떠넣는다.
- 구조물에 균열과 이로 인한 백화가 나타난 경우 재시공 및 보수가 쉽지 않다.

㉮ 레디믹스트 콘크리트(레미콘)(KS F 4009)
- 사용재료
  - 시멘트 : KS L 5201, KS L 5210, KS L 5211, KS L 5401의 규격에 접합한 것을 사용한다.
  - 골재 : 깨끗하고 단단하며 내구적인 것으로 적당한 입도를 가지며 점토덩어리, 유기물, 가늘고 긴 돌조각 등의 해로운 양을 포함해서는 안 된다. 또한, 잔골재의 염분(NaCl)은 0.04[%] 이하이어야 한다.
  - 혼화재료 : 콘크리트 및 강재에 해로운 영향을 주지 않는 것이어야 한다.
- 종류 : 보통 콘크리트, 경량 콘크리트, 포장 콘크리트, 고강도 콘크리트
- 공기량

콘크리트의 종류	공기량[%]	공기량의 허용오차[%]
보통 콘크리트	4.5	±1.5
경량 콘크리트	5.5	
포장 콘크리트	4.5	
고강도 콘크리트	3.5	

- 운반 차량에 특수보온시설을 하여야 할 외기온도 기준은 30[℃] 이상 또는 0[℃] 이하이다.
- 강 도
  - 1회(공시체 3개)의 시험결과는 구입자가 지정한 호칭 강도값의 85[%] 이상이어야 한다.
  - 3회(공시체 9개)의 시험결과 평균값은 구입자가 지정한 호칭 강도값 이상이어야 한다.
  - 강도시험에서 공시체의 재령은 지정이 없는 경우 28일, 지정이 있는 경우는 구입자가 지정한 일수로 한다.
- 슬럼프와 허용오차

슬럼프[cm]	허용오차[mm]
25	±10
50 및 65	±15
80 이상	±25

- 슬럼프 플로와 허용오차

슬럼프 플로[cm]	허용오차[mm]
500	±75
600	±100
700	±100

- 염화물 함유량 : 레디믹스트 콘크리트의 염화물 함유량은 염소이온(Cl^-)량으로서 $0.30[kg/m^3]$ 이하로 한다. 다만, 구입자의 승인을 얻은 경우에는 $0.60[kg/m^3]$ 이하로 할 수 있다.
- 레디믹스트 콘크리트의 비빔 시작부터 부어 넣기 종료까지의 외기 기온 25[℃] 이상일 때 시간 한도와 1회 강도시험을 할 경우 주문강도 : 1.5시간, 85[%] 이상
- 재료 저장설비
  - 시멘트 : 시멘트의 저장설비는 종류에 따라 구분하고, 시멘트의 풍화를 방지할 수 있어야 한다.
  - 공기량 : 종류, 품종별로 칸을 막아 크고 작은 골재가 분리되지 않도록 한다. 바닥은 콘크리트 등으로 하고, 배수시설을 하며 이물질이 혼입되

지 않는 것으로 한다. 최대 출하량의 1일분 이상에 상당하는 골재량을 저장할 수 있는 크기로 한다.
- 이송 : 균등한 골재를 공급할 수 있는 것이어야 한다.
- 혼화재료 : 혼화재료의 품질에 변화가 생기지 않도록 한다.
• 레디믹스트 콘크리트의 규격 표시 : 굵은 골재 최대 치수 - 압축강도 - 슬럼프값

㉯ 수밀 콘크리트(Watertight Concrete)
• 콘크리트 자체의 밀도를 높여서 수밀성을 크게 하고 투수성과 투습성을 작게 만든 콘크리트이다.
• 수밀 콘크리트의 제조
- 물-시멘트비는 55[%] 이하로 한다.
- 워커빌리티(시공연도)를 좋게 하기 위하여 AE제를 쓴다.
- 골재는 둥글고 굳은 것을 사용한다.
- 콘크리트의 다짐을 충분히 하여야 하므로 손다짐을 피한다.
• 수밀 콘크리트공사에서의 배합
- 콘크리트의 소요 슬럼프는 가급적 작게 한다.
- 혼화제를 사용하며, 이때 공기량은 4[%] 정도 이하가 되게 한다.
- 배합은 콘크리트의 소요품질이 얻어지는 범위 내에서 단위 굵은 골재량을 가급적 크게 한다.
- 배합은 콘크리트의 소요품질이 얻어지는 범위 내에서 단위수량 및 물-시멘트비를 가급적 작게 한다.
- 콘크리트의 소요 슬럼프는 되도록 작게 하여 180[mm]를 넘지 않도록 하며, 콘크리트 타설이 용이할 때에는 120[mm] 이하로 한다.
- 콘크리트의 워커빌리티를 개선시키기 위해 공기연행제, 공기연행감수제 또는 고성능공기연행감수제를 사용하는 경우라도 공기량은 4[%] 이하가 되게 한다.
- 물-결합재비는 50[%] 이하를 표준으로 한다.

㉰ 프리팩트 콘크리트

㉱ 콘크리트 폴리머 복합재료(Concrete Polymer Composite) : 콘크리트 제조 시에 사용하는 결합재의 일부 또는 전부를 고분자 화학구조를 가지는 폴리머로 대체시켜 제조한 콘크리트

• 종류 : 폴리머 시멘트 콘크리트, 폴리머 콘크리트, 폴리머 함침 콘크리트
• 특 징
- 조기에 고강도(압축강도 800~1,000[kg/cm^2])를 나타내 부재 단면을 작게 할 수 있어 경량화가 가능하다.
- 탄성계수는 일반 시멘트 콘크리트보다 약간 작으며, 크리프는 폴리머 결합재의 종류 및 양과 온도에 따라 다르나 일반 시멘트 콘크리트와 큰 차이는 없다.
- 수밀성과 기밀성의 면에서 거의 완전한 구조이므로 흡수 및 투수에 대한 저항성과 기체의 투과에 대한 저항성이 우수하다.
- 폴리머 결합재의 높은 접착성 때문에 시멘트 콘크리트, 타일, 금속, 목재, 벽돌 등 각종 건설재료와의 접착이 용이하다.
- 내약품성, 내마모성, 내충격성 및 전기절연성이 양호하다.
- 가연성인 폴리머 결합재를 함유하기 때문에 난연성 및 내구성은 불량하다.
• 폴리머 시멘트 콘크리트(PCC ; Polymer Cement Concrete) : 일반 시멘트 콘크리트의 혼합 시에 수용성 또는 분산형 폴리머를 병행·투입하여 만든 콘크리트이다. 콘크리트의 경화과정에 폴리머 반응이 진행되며, 사용 폴리머에 따라 외부에서 열을 가하여 경화를 촉진시키기도 한다.
- 모르타르, 강재, 목재 등의 각종 재료와 잘 접착한다.
- 방수성 및 수밀성이 우수하고 동결융해에 대한 저항성이 양호하다.
- 휨, 인장강도 및 신장능력이 우수하다.
- 접착성과 내구적 특성을 많이 요구하는 부분, 즉 교량상판 덧씌우기, 바닥 미장재, 콘크리트 팻칭재료 등으로 많이 사용되고 있다.
• 폴리머 콘크리트(PC ; Polymer Concrete) : 결합재로서 시멘트를 사용하지 않고 폴리머만을 골재와 결합하여 콘크리트를 제조한 것이다. 휨강도, 압축강도, 인장강도가 현저하게 개선·향상되며, 조기에 고강도를 발현하기 때문에 단면의 축소에 따른 경량화가 가능하다. 마모저항, 충격저항, 내약품성, 동결융해저항성, 내부식성 등 강도특성과 내구성이 우수

하기 때문에 구조물에 다양하게 이용된다. 폴리머 시멘트 모르타르는 종래의 시멘트계 미장마감재보다 내구성이 우수하고, 특히 보수재로서 성능과 가격의 균형이 좋기 때문에 수요가 증가하고 있다. 또한, 우수한 특성을 이용하여 맨홀, FRP 복합관 및 패널, 고강도 파일, 인조대리석 등의 공장(프리캐스트)제품과 댐방수로의 복공, 수력발전소 감세공의 복공, 온천지 건물의 기초 등 현장타설공사에 사용된다.
- 폴리머 함침 콘크리트(PIC ; Polymer Impregnated Concrete) : 경화 콘크리트의 성질을 개선할 목적으로 콘크리트 부재에 폴리머를 침투시켜 제조된 콘크리트이다. PIC는 함침시킬 부재를 건조시켜 폴리머가 침투될 공간을 형성한 후 시멘트 콘크리트 공극에 폴리머를 가압, 감압 및 중력으로 침투시키는 방법이 사용되며, 폴리머 함침 정도에 따라 완전함침, 부분함침으로 분류된다. PIC는 마모저항성, 포장재료의 성능 개선, 프리스트레스트 콘크리트의 내구성 개선 등에 유리하다. 주요 용도로는 기존 콘크리트 구조물 표면의 경화, 강도, 수밀성, 내약품성과 중성화에 대한 저항성 및 내마모성 등의 향상을 도모할 목적으로 고속도로의 포장과 댐의 보수공사 및 지붕슬래브의 방수공사 등에 활용이 된다.
  - 폴리머 함침을 하지 않은 기본재료에 비하여 강도와 탄성이 크다.
  - 폴리머 함침을 하지 않은 기본재료에 비하여 내약품성이 우수하다.
  - 폴리머 함침을 하지 않은 기본재료에 비하여 수밀성이 양호하다.

⑨ 구조의 형태(구조시스템)
  ㉠ 철근 콘크리트 구조(Reinforced Concrete Structure)
    • 철근 콘크리트 구조란 : 철근으로 보강한 콘크리트 구조
    • 별칭 : 강구조
    • 조명 : RC조
    • 특 징
      - 고층 주택이나 지하층을 만들기에 유리하다.
      - 형태의 구성이 자유롭다.
      - 재료가 풍부하고 구입이 용이하다.
      - 내화성, 내구성, 내진성, 내풍압성이 우수하다.
      - 중량이 무겁다.
      - 공사비가 많이 든다.
      - 기후의 영향을 많이 받는다.
      - 직류 및 교류에 의해서 피해를 입는다.
  ㉡ 철골 구조(Steel Frame Structure)
    • 구조상 중요한 부분에 형강, 강판, 강관 등의 강재를 사용한 콘크리트 구조
    • 조명 : S조
    • 특 징
      - 에펠탑, 엠파이어스테이트빌딩 등에 적용한 구조이다.
      - 부재를 미리 공장에서 만들어 반입하므로, 현장작업이 신속하고 공기를 단축시킨다.
      - 내화성이 부족하여 고가의 내화피복이 필요하다.
  ㉢ 철근 철골콘크리트 구조(Steel Frame Reinforced Concrete Structure)
    • 철골을 중심으로 그 주위를 철근으로 둘러싸고 콘크리트를 박아 넣어 단일체로 만든 콘크리트 구조
    • 별칭 : 합성구조
    • 조명 : SRC조
    • 특 징
      - 고층 건물에 많이 적용한다.
      - 내화성이 우수하다.
      - 철근 콘크리트 주조보다 가볍다.
      - 국부적 보강이 가능하다.
      - 접합부 시공이 용이하다.
      - 휨응력에 대한 저항성이 우수하다.
      - RC조보다 10[%] 정도가 비싸다.
  ㉣ 콘크리트 충전강관 구조(Concrete Filled steel Tube)
    • 콘크리트 충전 시 내부 콘크리트와 외부 강관의 역적 거동에서의 합성구조
    • 조명 : CFT조
    • 별칭 : 강관 구조, 강관파이프 구조, 강재파이프 구조
    • 특 징
      - 일명 제4의 구조시스템이라고 한다.
      - 경량이며 외관이 경쾌하다.
      - 휨 강성 및 비틀림 강성이 크다.
      - 국부 좌굴, 가로 좌굴에 유리하다(일반 형강에 비하여 국부 좌굴에 유리하다).
      - 콘크리트 충전 시 별도의 거푸집이 필요 없다.

- 접합부 용접기술이 발달한 일본 등에서 활성화되어 있다.
- 접합부 및 관끝의 절단가공이 간단하지 않다.

⑩ 콘크리트 구조물의 보수·보강공법
  ㉠ 구조보강법 : 충진공법, 주입공법, 강재보강공법, 단면증대공법
  - 충진공법 : 균열에 따라 콘크리트 표면을 V-cut 또는 U-cut하며, 수지모르타르, 팽창성 시멘트 모르타르 등을 채우는 공법으로 균열이 비교적 클 경우에 강도 회복을 목적으로 쓰인다.
  - 주입공법 : 균열의 표면뿐만 아니라 내부까지 충진시키는 공법이며, 충진공법과 마찬가지로 균열이 비교적 클 경우에 강도 회복을 목적으로 쓰인다.
  - 강재보강공법
    - 강재앵커공법 : 보강을 목적으로 이용되며 균열을 가로질러 꺾쇠형 앵커를 설치한다.
    - 프리스트레스 이용공법 : 균열의 직각 방향으로 PC 강선을 배치하여 긴장시키는 공법이다.
  - 단면증대공법(강판보강공법) : 콘크리트면에 강판을 접착시켜 기존의 콘크리트와 강판을 일체화시키는 공법
  - 강판압착공법 : 강판의 접착면에 접착제(에폭시수지)를 도포하여 콘크리트면에 앵커볼트로 압착시키는 공법
  - 탄소섬유부착공법 : 보강을 요하는 기존 철근 콘크리트 구조물의 슬래브 밑면, 보의 밑면과 측면, 기둥 등에 탄소섬유 시트를 에폭시수지로 힘침 적층하여 기존 구조물에 접착 일체화하여 내하력을 증대시키는 보강공법

  ㉡ 외관보강법 : 표면처리공법
  - 표면처리공법 : 균열을 따라 콘크리트 표면에 피막을 형성하여 주는 공법으로 균열 폭이 0.2[mm] 이하의 경우로 강도회복을 요하지 않는 경우에 사용되는 공법
    - 피막용 재료로는 에폭시계 수지 또는 타르에폭시를 사용한다.
    - 콘크리트 표면을 와이어브러시로 문질러 부착물을 제거하고 물로 청소한 후 충분히 건조시킨 다음 보수한다.
  - 콘크리트 표면 등의 기포 같은 구멍은 퍼티(Putty)로 채운 다음 시공한다.

10년간 자주 출제된 문제

3-1. 콘크리트 측압에 관한 설명으로 옳지 않은 것은?
① 콘크리트의 비중이 클수록 측압이 크다.
② 외기의 온도가 낮을수록 측압이 크다.
③ 거푸집의 강성이 작을수록 측압이 크다.
④ 진동다짐의 정도가 클수록 측압이 크다.

3-2. 보통 콘크리트와 비교한 AE 콘크리트의 성질에 관한 설명으로 옳지 않은 것은?
① 콘크리트의 워커빌리티가 양호하다.
② 동일 물-시멘트비인 경우 압축강도가 높다.
③ 동결융해에 대한 저항성이 크다.
④ 블리딩 등의 재료 분리가 적다.

3-3. 한중 콘크리트의 제조에 대한 설명으로 틀린 것은?
① 콘크리트의 비빔온도는 기상조건 및 시공조건 등을 고려하여 정한다.
② 재료를 가열하는 경우, 물 또는 골재를 가열하는 것을 원칙으로 하며, 골재는 직접 불꽃에 대어 가열한다.
③ 타설 시의 콘크리트 온도는 5[℃] 이상, 20[℃] 미만으로 한다.
④ 빙설이 혼입된 골재, 동결 상태의 골재는 원칙적으로 비빔에 사용하지 않는다.

3-4. ALC의 특징에 관한 설명으로 옳지 않은 것은?
① 흡수율이 낮은 편이며 동해에 대해 방수·방습처리가 불필요하다.
② 열전도율은 보통콘크리트의 약 1/10 정도로 단열성이 우수하다.
③ 건조수축률이 작으므로 균열 발생이 작다.
④ 경량으로 인력에 의한 취급이 가능하고, 필요에 따라 현장에서 절단 및 가공이 용이하다.

3-5. 다음은 진공 콘크리트(Vacuum Concrete)에 대하여 기술한 것이다. 틀린 것은?
① 콘크리트 타설 후 진공 압출에 의하여 물/시멘트 비가 감소한다.
② 콘크리트의 초기강도가 낮아진다.
③ 콘크리트의 내구성이 증대된다.
④ 콘크리트의 압축강도가 증대된다.

10년간 자주 출제된 문제

3-6. 보통 콘크리트와 비교한 경량 콘크리트의 특징이 아닌 것은?
① 자중이 작고 건물 중량이 경감된다.
② 강도가 작은 편이다.
③ 건조수축이 작다.
④ 내화성이 크고 열전도율이 작으며 방음효과가 크다.

3-7. 콘크리트의 워커빌리티(Workability)에 관한 설명으로 옳지 않은 것은?
① 과도하게 비빔시간이 길면 시멘트의 수화를 촉진하여 워커빌리티가 나빠진다.
② 단위수량을 너무 증가시키면 재료 분리가 생기기 쉽기 때문에 워커빌리티가 좋아진다고 볼 수 없다.
③ AE제를 혼입하면 워커빌리티가 좋아진다.
④ 깬 자갈이나 깬 모래를 사용할 경우, 잔골재율을 작게 하고 단위수량을 감소시키므로 워커빌리티가 좋아진다.

3-8. 보통 콘크리트의 슬럼프시험 결과 중 균등한 슬럼프를 나타내는 가장 좋은 상태는?

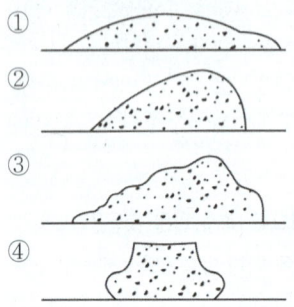

3-9. 레디믹스트 콘크리트(Ready Mixed Concrete)의 슬럼프가 80[mm] 이상일 때 슬럼프 허용오차 기준으로 옳은 것은?
① ±10[mm] ② ±15[mm]
③ ±20[mm] ④ ±25[mm]

3-10. 콘크리트 타설 시 일반적인 주의사항으로 옳지 않은 것은?
① 운반거리가 가까운 곳부터 타설을 시작한다.
② 자유낙하 높이를 작게 한다.
③ 콘크리트를 수직으로 낙하한다.
④ 거푸집, 철근에 콘크리트를 충돌시키지 않는다.

3-11. 콘크리트 타설 후 진동다짐에 대한 설명으로 틀린 것은?
① 진동기는 하층 콘크리트에 10[cm] 정도 삽입하여 상·하층 콘크리트를 일체화시킨다.
② 진동기는 가능한 연직 방향으로 찔러 넣는다.
③ 진동기를 빼낼 때는 서서히 뽑아 구멍이 남지 않도록 한다.
④ 된비빔 콘크리트의 경우 구조체의 철근에 진동을 주어 진동효과를 좋게 한다.

3-12. 콘크리트 이어붓기의 위치에 관한 설명으로 옳지 않은 것은?
① 보, 바닥판의 이음은 그 간 사이의 중앙부에 수직으로 한다.
② 캔틸레버 내민보나 바닥판은 지점 부분에서 수직으로 한다.
③ 기둥은 기초판, 연결보 또는 바닥판 위에서 수평으로 한다.
④ 아치의 이음은 아치축에 직각으로 설치한다.

3-13. 다음의 콘크리트의 중성화와 철근 부식에 관한 설명 중 적절하지 않은 것은 어느 것인가?
① pH 11 이상의 환경에서는 철근 표면에 시멘트 페이스트 피막이 생겨 부식을 방지한다.
② 정상적인 콘크리트가 경화할 경우 규산칼슘 수화물과 수산화칼슘이 생성된다.
③ 공기 중의 탄산가스의 작용을 받아 수산화칼슘이 탄산칼슘으로 변해가며 알칼리성을 상실해 가는 것을 중성화라 한다.
④ 수산화칼슘에 의해 콘크리트는 강알칼리성을 나타낸다.

3-14. 철근 콘크리트에서 염해로 인한 철근 부식방지대책으로 옳지 않은 것은?
① 콘크리트 중의 염소이온량을 적게 한다.
② 에폭시수지 도장 철근을 사용한다.
③ 방청제 투입을 고려한다.
④ 물-시멘트비를 크게 한다.

3-15. 콘크리트 충전강관구조(CFT)에 관한 설명으로 옳지 않은 것은?
① 일반 형강에 비하여 국부 좌굴에 불리하다.
② 콘크리트 충전 시 내부의 콘크리트와 외부 강관의 역학적 거동에서 합성구조라 볼 수 있다.
③ 콘크리트 충전 시 별도의 거푸집이 필요하지 않다.
④ 접합부 용접기술이 발달한 일본 등에서 활성화되어 있다.

| 해설 |

3-1
거푸집의 강성이 클수록 측압이 크다.

3-2
물-시멘트비가 동일한 경우 압축강도가 낮다.

3-3
재료를 가열하는 경우, 물을 가열하는 것을 원칙으로 하고 골재는 직접 불꽃에 대어 가열하는 것을 금지한다.

3-4
ALC는 흡수율이 높고 동해에 대해 방수·방습처리가 필요하다.

3-5
진공 콘크리트는 초기강도가 높아진다.

3-6
경량 콘크리트는 건조수축이 크다.

3-7
깬 자갈이나 깬 모래를 사용할 경우, 잔골재율이 커지고 단위수량이 증가되므로 워커빌리티의 개량이 필요하다.

3-8
① 무너지긴 하지만 급격히 무너지지 않고, 점착성이 있으나 연속적으로 변하여 균일하게 퍼진다.
② 점착성이 없고, 전체가 불균일하며 부분적으로 허물어진다.
③ 탭핑에 의해 불균일하게 무너진다.
④ 균등하게 퍼지고 충분한 점성이 있다.

3-9
슬럼프와 허용오차

슬럼프[cm]	허용오차[mm]
25	±10
50 및 65	±15
80 이상	±25

3-10
콘크리트는 운반거리가 먼 곳부터 타설을 시작한다.

3-11
된비빔 콘크리트의 경우 진동다짐의 효과가 좋지만, 구조체의 철근에는 진동을 주지 않아야 한다.

3-12
캔틸레버 내민보나 바닥판은 이어붓지 않는다.

3-13
콘크리트 내부가 pH 11 이상이면 산소가 존재해도 녹슬지 않지만, 콘크리트 내부가 pH 11보다 낮아지면 철근에 녹이 발생되고 체적이 철근의 2.5배 정도로 팽창된다.

3-14
철근 콘크리트에서 염해로 인해 철근 부식을 방지하기 위해서는 물-시멘트비를 낮춘다.

3-15
콘크리트 충전강관구조는 일반 형강에 비하여 국부 좌굴에 유리하다.

정답 3-1 ③ 3-2 ② 3-3 ② 3-4 ① 3-5 ② 3-6 ③ 3-7 ④ 3-8 ④
3-9 ④ 3-10 ① 3-11 ④ 3-12 ② 3-13 ① 3-14 ④ 3-15 ①

제5절 철골공사

핵심이론 01 | 철골공사의 개요

① 철골작업공작
  ㉠ 철골공사의 용어
   - 가용접(Tack Weld) : 조립의 목적으로만 사용되는 단속용접
   - 게이지 라인(Gauge Line) : 한 열의 리벳 중심을 통하는 선
   - 드라이비트(Drivit) : 리벳접합 및 콘크리트 못을 박을 경우 화약의 폭발력을 이용하는 공구
   - 드리프트 핀(Drift Pin) : 철골의 리벳 구멍 중심을 맞추는 공구
   - 리머(Reamer) : 뚫은 구멍의 지름을 정확하고 보기 좋게 가심하는 공구
   - 리벳 홀더(Rivet Holder) : 불에 달군 리벳을 판금의 구멍에 넣고 그 머리를 누르면서 받쳐 주는 공구
   - 메탈 터치(Metal Touch) : 철근기둥의 이음 부분면을 절삭가공기를 사용하여 마감하고 충분히 밀착시킨 이음
   - 밀 스케일(Mill Scale) : 압연강재가 냉각될 때 표면에 생기는 산화철의 피복
   - 밀 시트(Mill Sheet) : 철강제품의 품질보증을 위해 공인된 시험기관에 의한 제조업체의 품질보증서
   - 스캘럽(Scallop) : 철골 부재 용접 시 이음 및 접합 부위의 용접선이 교차되어 재용접된 부위가 열영향을 받아 취약해지기 때문에 모재에 부채꼴 모양의 모따기를 한 것
   - 스터드(Stud) : 철골보와 콘크리트 슬래브를 연결하는 시어 커넥터(Shear Connector)의 역할을 하는 부재
   - 플럭스(Flux) : 자동용접 시 용접봉의 피복재 역할을 하는 분말상의 재료
  ㉡ 철골공사의 가공작업 순서 : 원척도 → 본뜨기 → 금매김 → 절단 → 구멍 뚫기 → 가조립 → 리벳치기
  ㉢ 철골공사 현장에 자재 반입 시 치수검사 항목
   - 기둥 폭 및 층 높이 검사
   - 휨 정도 및 뒤틀림 검사
   - 브래킷의 길이 및 폭, 각도 검사
  ㉣ 철골공사 시 사전 안전성 확보를 위해 공작도에 반영하여야 할 사항
   - 외부 비계받이
   - 기둥승강용 트랩
   - 방망 설치용 부재
  ㉤ 철골공사에서 베이스 플레이트 설치기준
   - 이동식 공법에 사용하는 모르타르는 무수축 모르타르로 한다.
   - 앵커볼트 설치 시 베이스 플레이트 위치의 콘크리트는 설계도면 레벨보다 30~50[mm] 낮게 타설한다.
   - 모르타르의 두께는 30[mm] 이상 50[mm] 이내로 한다.
   - 모르타르의 크기는 200[mm] 각 또는 직경 200[mm] 이상으로 한다.
   - 베이스 플레이트 설치 후 그라우팅처리한다.
   - 베이스 모르타르는 철골 설치 전 3일 이상 양생하여야 한다.
  ㉥ 강구조물 부재 제작 시 마킹(금긋기)
   - 강판 위에 주요부재를 마킹할 때에는 주된 응력의 방향과 압연방향을 일치시켜야 한다.
   - 마킹 시 구조물이 완성된 후 부재로서 남을 곳에는 원칙적으로 강판에 상처를 내어서는 안 된다(특히, 고강도강 및 휨 가공하는 연강의 표면에는 펀치, 정 등에 의한 흔적을 남겨서는 안 된다. 단, 절단, 구멍 뚫기, 용접 등으로 제거되는 경우에는 무방하다).
   - 주요부재의 강판에 마킹할 때에는 펀치(Punch) 등을 사용하지 않아야 한다.
   - 마킹 시 용접열에 의한 수축여유를 고려하여 최종 교정, 다듬질 후 정확한 치수를 확보할 수 있도록 조치해야 한다.
   - 마킹검사는 띠철이나 형판 또는 자동가공기(CNC)를 사용하여 정확히 마킹되었는가를 확인하고 재질, 모양, 치수 등에 대한 검토와 마킹이 현도에 의한 띠철, 형판대로 되어 있는지 검사해야 한다.
  ㉦ 철골공사 관련 제반사항
   - 고장력볼트의 조임은 임팩트렌치 및 토크렌치를 사용한다.
   - 기온이 0[℃] 이하일 때는 특별한 조치를 하는 경우를 제외하고 용접을 해서는 안 된다.

- 기초콘크리트를 시공할 때의 고정매립공법은 앵커볼트의 기능이 완전히 발휘되는 우수한 공법이나 시공의 정밀도가 요구된다.
- 철골공사의 미장 및 뿜칠공법 검사 시 시공면적 5[m^2]당 1개소를 핀 등으로 두께를 확인한다.

② **절단 및 개선(그루브)가공**
  ㉠ 절단 및 개선가공에 관한 일반사항
  - 주요 부재의 강판 절단은 주된 응력의 방향과 압연방향을 일치시켜 절단함을 원칙으로 하며 절단작업 착수 전에 재단도를 작성해야 한다.
  - 강재의 절단은 강재의 형상과 치수를 고려하여 기계절단, 가스절단, 플라스마절단, 레이저절단 등을 적용한다.
  - 절단할 강재의 표면에 녹, 기름, 도료가 부착되어 있는 경우에는 제거 후 절단해야 한다.
  - 용접선의 교차 부분 또는 한 부재를 다른 부재에 접합시킬 때 불필요한 접촉을 피하기 위하여 모퉁이 따기를 할 경우에는 10[mm] 이상 둥글게 해야 한다.
  - 설계도서에서 메탈 터치가 지정되어 있는 부분은 페이싱 머신 또는 로터리 플래너 등의 절삭가공기를 사용하여 부재가 서로 충분히 밀착하도록 가공한다.
  - 절단면의 정밀도가 절삭가공기의 경우와 동일하게 확보할 수 있는 기계절단기(Cold Saw)를 이용한 경우, 절단 연단부는 그대로 두어도 좋다.
  - 스캘럽(Scallop) 가공은 절삭기 공기 또는 부속장치가 달린 수동 가스절단기를 사용한다.
  - 건축구조물의 개선가공 및 스캘럽 가공은 해당 설계도서의 시방서에 따른다.
  - 교량의 주요 부재 및 2차 부재의 모서리는 약 1[mm] 이상 모따기 또는 반지름을 가지도록 그라인드 가공 처리해야 한다.
  - 교량의 플레이트거더 및 박스거더의 웨브판은 설계에서 주어진 처짐과 제작 중에 발생하는 부의 처짐을 고려하여 절단해야 한다. 상하 플랜지에 부착되는 종횡 리브 및 스터드의 용접에 의해 부가 처지는 크기를 정하여 가조립 정도 기준에 적합하도록 대비해야 한다.

  ㉡ 강재절단
  - 가스절단을 하는 경우, 원칙적으로 자동가스절단기를 이용한다.
  - 채움재, 띠철, 형강, 판 두께 13[mm] 이하의 연결판, 보강재 등은 전단 절단할 수 있다.
  - 절단선 부위가 손상을 입은 경우에는 손상부를 제거할 수 있도록 깎아 내거나 그라인더로 평활하게 마무리해야 한다.

③ **철골작업 공작의 종류**
  ㉠ 강재의 절단작업
  - 기계절단법 : 가장 정밀하게 절단하는 톱절단방법이 대표적이다.
  - 가스절단법
  - 플라스마 절단법

  ㉡ 리밍(Reaming)
  - 철골 부재 조립 시 구멍의 위치가 다소 다를 때 구멍을 맞추기 위한 작업이다.
  - 리밍작업 시 철골 구멍을 다듬는 절삭공구인 리머(Reamer)를 사용한다.

  ㉢ 녹막이 칠 작업
  - 철골구조의 녹막이 칠 작업을 실시하는 곳
    - 콘크리트에 매입되지 않는 부분
    - 현장용접 예정 부위에 인접하는 양측 50[cm] 이내
    - 리벳머리
  - 철골구조의 녹막이 칠 작업을 피해야 할 곳
    - 콘크리트에 매입되는 부분
    - 현장에서 깎기 마무리가 필요한 부분
    - 고력볼트 마찰접합부의 마찰면
    - 폐쇄형 단면을 한 부재의 밀폐된 면
    - 조립상 표면접합이 되는 면
    - 볼트접합부

  ㉣ 보수도장 작업
  - 보수도장이 필요한 부위
    - 현장용접 부위
    - 현장접합 재료의 손상 부위
    - 현장접합에 의한 볼트류의 두부, 너트, 와셔
    - 운반 또는 양중 시 생긴 손상 부위
  - 보수도장을 피해야 할 부위
    - 현장에서 깎기 마무리가 필요한 부위
    - 조립 시 표면 접합이 되는 부위

④ 철골작업용 장비
  ㉠ 절단용 장비 : 핵 소(Hack Saw), 앵글커터(Angle Cutter), 프릭션소(Friction Saw) 등
  ㉡ 변형 바로잡기 장비 : 프릭션 프레스(Friction Press), 플레이트 스트레이닝 롤(Plate Straining Roll), 파워

⑤ 내화피복공법
  ㉠ 습식공법 : 타설공법, 미장공법, 뿜칠공법, 조적공법
    • 타설공법
      - 아직 굳지 않은 경량 콘크리트나 기포 모르타르 등을 강재 주위에 거푸집을 설치하여 타설한 후 경화시켜 철골을 내화피복하는 공법
      - 별칭 : 콘크리트 타설공법
      - 사용재료 : 콘크리트, 경량 콘크리트
      - 제작이 용이하다.
      - 구조체와의 일체화로 시공성이 양호하다.
      - 표면 마감이 용이하다.
      - 소요중량이 크고 시공시간이 오래 걸린다.
    • 미장공법
      - 메탈 라스 및 용접철망을 부착하여 단열 모르타르로 미장하는 공법
      - 용접철망을 부착하여 경량 모르타르, 펄라이트 모르타르와 플라스터 등을 바름하는 공법이다.
      - 사용재료 : 철망 모르타르, 철망 펄라이트 모르타르
      - 신뢰성이 우수하다.
      - 부분시공에 많이 사용된다.
      - 넓은 면적의 시공이 곤란하다.
      - 작업시간이 오래 걸린다.
      - 기계화 시공이 곤란하다.
    • 뿜칠공법
      - 철골 표면에 접착제를 혼합한 내화피복재를 뿜어서 내화피복하는 공법
      - 별칭 : 록울(Rockwool) 뿜칠공법
      - 사용재료 : 뿜칠 암면, 습식 뿜칠 암면, 뿜칠 모르타르, 뿜칠 플라스터, 실리카, 알루미나계열 모르타르
      - 피복된 철골의 형상에 대해 제약이 적다.
      - 복잡한 형상이나 큰 면적에 내화피복하기 용이하다.
      - 내열성 및 간접 단열 흡음효과가 좋다.
      - 시공기간이 짧다.
      - 재료 손실률이 크다.
      - 피복 두께, 비중 등의 관리가 어렵다.
    • 조적공법
      - 콘크리트 블록, 벽돌, 석재 등으로 철골 주위에 쌓는 공법
      - 사용재료 : 콘크리트, 경량 콘크리트 블록, 돌(석재), 벽돌
      - 충격에 비교적 강하다.
      - 박리의 우려가 없다.
      - 시공시간이 길다.
  ㉡ 건식공법 : 성형판공법, 세라믹울피복공법
    • 성형판(붙임)공법
      - 철골 주위에 접착제와 철물 등을 설치하고 그 위에 내화단열성이 우수한 각종 성형판을 붙이는 공법
      - 별칭 : 성형판붙임공법
      - 사용재료 : 무기섬유 혼입 규산칼슘판, 무기섬유 강화 석고보드, 석면 시멘트판, ALC판, PC판, 석면규산칼슘판, 석면성형판, 조립식 패널, 경량 콘크리트 패널, 프리캐스트 콘크리트판 등
      - 주로 기둥과 보의 내화피복에 사용된다.
      - 재료 및 품질관리가 용이하다.
      - 작업환경이 양호하다.
      - 보양기간이 오래 걸린다.
      - 충격에 약하다.
    • 세라믹울피복공법 : 세라믹울로 철골을 피복하는 공법으로 철골 보와 기둥에 적용된다.
      - 세라믹울은 내화성능과 고온안정성이 우수하고 열전도율이 낮다.
      - 시공기간이 단축된다.
      - 가벼우므로 경량화가 가능하다.
      - 시공상 피복부위를 절개를 하여야 하는 경우 그 재료의 유연성이 뛰어나 시공장소에 구애를 받지 않고 시공이 가능하다.
      - 시공 시에 재단이나 절단 시에 먼지가 비산될 수 있고 시공 후에도 외기에 노출이 되면 생활환경이나 구조의 내구성에 불리한 영향을 미칠 수 있기 때문에 작업환경이나 구조의 마감에 신중을 기해야 한다.
  ㉢ 합성공법 : 이종재료적층공법, 이질재료적층공법
    • 이종재료적층공법
      - 바탕에는 석면성형판, 상부에는 질석 Plaster로 마무리하는 공법이다.

- 건식공사나 습식공사의 단점을 보완한 공법이다.
- 건축물 마감의 평탄성이 좋다.
- 이질재료적층공법
  - 외부는 PC판으로 하고 내부 규산칼슘판으로 마감하는 공법이다.
  - 내부 마감제품과 이질재료를 접합하는 공법이다.
  - 초고층 건물의 외벽공사를 경량화할 때 주로 사용된다.
② 복합공법
  - 정의
    - 하나의 제품으로 2가지 기능을 충족시키는 공법이다.
    - 외부 커튼월과 내화피복, 천장공사의 천장마감과 내화피복기능을 충족시킨다.
  - 복합공법의 종류
    - 외벽 ALC패널 붙이기 : 외벽마감과 동시에 내화피복성능이 향상된다.
    - 천장, 멤브레인 공법 : 흡음성과 동시에 내화피복성능이 향상된다.

⑥ 경량 철골공사
  ㉠ 경량 철골공사의 개요
    - 경량 철골을 뼈대로 사용해 설치하는 공사이다.
    - 목재를 뼈대로 사용하는 경우, 공기가 짧고 일정 수준의 방화성 및 차음성을 기대할 수 있다.
    - 주재료는 경량 철골과 집성 석고보드이다.
    - 경량 철골공사는 경량 천장공사 및 건식벽공사로 구분할 수 있다.
  ㉡ 녹막이도장
    - 경량 철골구조물에 이용되는 강재는 판 두께가 얇아서 녹막이 조치가 필요하다.
    - 강제는 물의 고임에 의해 부식될 수 있기 때문에 부재배치에 충분히 주의하고, 필요에 따라 물구멍을 설치하는 등 부재를 건조한 상태로 유지한다.
    - 녹막이도장의 도막은 노화, 타격 등에 의한 화학적, 기계적 열화에 따라 재도장을 할 수 있다.
    - 재도장이 곤란한 건축물 및 녹이 발생하기 쉬운 환경에 있는 건축물의 녹막이는 녹막이 용융아연도금을 활용한다.

10년간 자주 출제된 문제

1-1. 철골공사에서 베이스 플레이트 설치기준에 관한 설명으로 옳지 않은 것은?

① 이동식 공법에 사용하는 모르타르는 무수축 모르타르로 한다.
② 앵커볼트 설치 시 베이스 플레이트 위치의 콘크리트는 설계도면 레벨보다 30~50[mm] 낮게 타설한다.
③ 베이스 플레이트 설치 후 그라우팅처리한다.
④ 베이스 모르타르의 양생은 철골 설치 전 1일 정도면 충분하다.

1-2. 내화피복의 공법과 재료의 연결이 옳지 않은 것은?

① 타설공법 - 콘크리트, 경량 콘크리트
② 조적공법 - 콘크리트, 경량 콘크리트 블록, 돌, 벽돌
③ 미장공법 - 뿜칠 플라스터, 알루미나 계열 모르타르
④ 뿜칠공법 - 뿜칠 암면, 습식 뿜칠 암면, 뿜칠 모르타르

1-3. 철골 부재가공 시 절단면의 상태가 가장 양호하게 되는 절단방법은?

① 전단절단
② 자동가스절단
③ 전기아크절단
④ 톱절단

1-4. 철골구조의 녹막이 칠 작업을 실시하는 곳은?

① 콘크리트에 매입되지 않는 부분
② 고력볼트 마찰접합부의 마찰면
③ 폐쇄형 단면을 한 부재의 밀폐된 면
④ 조립상 표면접합이 되는 면

1-5. 철골작업 중 녹막이 칠을 피해야 할 부위에 해당하지 않는 것은?

① 콘크리트에 매립되는 부분
② 현장에서 깎기 마무리가 필요한 부분
③ 현장용접 예정 부위에 인접하는 양측 50[cm] 이내
④ 고력볼트 마찰접합부의 마찰면

| 해설 |

1-1
베이스 모르타르는 철골 설치 전 3일 이상 양생하여야 한다.

1-2
미장공법 - 철망 모르타르

1-3
철골 부재가공 시 절단면의 상태가 가장 양호하게 되는 절단방법은 톱절단방법이다.

1-4
철골구조의 녹막이 칠 작업을 실시하는 곳
- 콘크리트에 매입되지 않는 부분
- 현장용접 예정 부위에 인접하는 양측 50[cm] 이내
- 리벳머리

1-5
철골구조의 녹막이 칠 작업을 피해야 할 곳
- 콘크리트에 매입되는 부분
- 현장에서 깎기 마무리가 필요한 부분
- 고력볼트 마찰접합부의 마찰면
- 폐쇄형 단면을 한 부재의 밀폐된 면
- 조립상 표면접합이 되는 면
- 볼트접합부

정답 1-1 ④ 1-2 ③ 1-3 ④ 1-4 ① 1-5 ③

핵심이론 02 | 철골 세우기

① 철골 세우기의 개요
  ㉠ 철골 세우기 순서 : 기둥중심선 먹매김 → 기초볼트 위치 재점검 → 베이스 플레이트의 높이 조정용 플레이트고정 → 기둥 세우기 → 주각부 모르타르 채움
  ㉡ 현장 철골 세우기 작업 순서 : 앵커볼트 매립 → 세우기 → 볼트 가조립 → 변형 바로잡기 → 볼트 본조립
  ㉢ 철골 세우기 계획을 수립할 때 철골 제작공장과 협의해야 할 사항
    - 반입시간의 확인
    - 반입 부재수의 확인
    - 부재 반입의 순서 확인
  ㉣ 세우기 장비 선정 시 검토사항
    - 입지조건의 검토
    - 세우기 장비의 소음 영향
    - 건물 형태에 의한 검토
    - 인양하중의 검토
    - 작업반경 검토
  ㉤ 철골 건립기계 선정 시 사전 검토사항
    - 부재의 최대 중량 등 : 부재의 형상 및 치수(길이, 폭 및 두께), 접합부의 위치, 브래킷의 내민 치수, 건물의 높이 등을 확인하여 철골의 건립형식이나 건립 작업상의 문제점, 관련 가설비 등의 검토결과와 부재의 최대중량을 고려하여 건립장비의 종류 및 설치위치를 선정하고, 부재수량에 따라 건립공정을 검토하여 건립기간 및 건립장비의 대수를 결정하여야 한다.
    - 건립기계의 출입로, 설치장소, 기계조립에 필요한 면적, 이동식 크레인은 건물주위 주행통로의 유무, 타워크레인과 가이데릭 등 기초 구조물을 필요로 하는 고정식 기계는 기초구조물을 설치할 수 있는 공간과 면적 등을 검토하여야 한다.
    - 건립기계의 소음영향 : 이동식 크레인의 엔진소음은 부근의 환경을 해칠 우려가 있으므로 학교, 병원, 주택 등이 가까운 경우에는 소음을 측정·조사하고 소음허용치를 초과하지 않도록 관계법에서 정하는 바에 따라 처리하여야 한다.
    - 건물형태 등 : 건물의 길이 또는 높이 등 건물의 형태에 적합한 건립기계를 선정하여야 한다.

- 작업반경 등 : 타워크레인, 가이데릭, 삼각데릭 등 고정식 건립기계의 경우, 그 기계의 작업반경이 건물전체를 수용할 수 있는지 여부, 붐이 안전하게 인양할 수 있는 하중범위, 수평거리, 수직높이 등을 검토하여야 한다.

② 철골 세우기 공사

㉠ 철골 세우기에 있어서의 주의사항
- 가조임 볼트수는 현장치기 리벳수의 1/5 이상을 표준으로 한다.
- 기둥은 독립되지 않도록 바로 보로 연결한다.
- 기둥의 베이스 플레이트는 중심선 및 높이를 정확히 설치한다.
- 세운 철골에 달아 올리는 철골이 충돌되지 않도록 한다.
- 지붕트러스 등 구성재를 달아 올릴 때에 반대하중으로 변형되기 쉬운 것은 보강하거나, 지주를 세워 대고 조립한다.
- 조립된 철골이 변형, 도괴되는 위험에 대비하여 수직, 수평 방향에 가새로 보강한다.
- 작업 중에는 강재를 끌거나 굴리는 것은 피해야 하며, 이미 세워 놓은 부재에 부딪히지 않도록 해야 한다.

㉡ 앵커볼트(Anchor Bolt) 묻기
- 고정매입법 : 기초 콘크리트 시공 시 앵커볼트를 정확한 위치에 고정시켜 콘크리트를 치기 때문에 시공이 간단하지 않다.
- 기둥매입법 : 앵커볼트를 완전히 매입하지 않고 상부에 함석판을 끼우고 콘크리트를 시공한다.
- 나중매입법 : 기초 콘크리트에 앵커볼트를 묻을 구멍을 내두었다가 나중에 고정한다. 경미한 구조나 앵커볼트의 지름이 작은 경우에 사용한다.

㉢ 기초상부 고름질법
- 철골구조의 베이스 플레이트를 완전 밀착시키기 위한 방법이다.
- 기초상부는 베이스판이 완전 수평이 되도록 해야 하는데 이것이 어려울 경우, 소정의 기둥 저면에 30~50[mm] 낮게 콘크리트를 치고 표면을 거칠게 하는 다음의 방법으로 마무리 모르타르를 바른다.

- 전면바름(마무리)법 : 기둥 밑의 주변에서 각 면 30[mm] 정도 더 넓게 전면을 모르타르 바름을 한다.

- 나중채워넣기중심바름법 : 기둥 중심부의 작은 면적만 지정된 높이로 비빔모르타르를 바르고 기둥을 세운 후 사방에서 모르타르를 채워 넣는다.

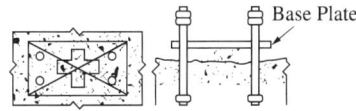

- 나중채워넣기법 : 베이스 플레이트 중앙에 구멍을 내고 베이스 플레이트 4귀에 Level Net나 철판 괴임으로 수평 조절하고 기둥을 세운 후 모르타르를 구멍으로 다져 넣는다.

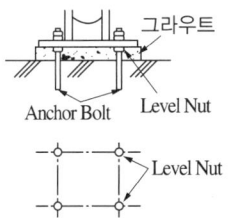

③ 철골 세우기 기계설비

㉠ 스티프 레그 데릭(Stiff Leg Derrick)
- 수평 이동이 용이하므로 건물의 층수가 적을 때 또는 당김줄을 마음대로 맬 수 없을 때 가장 유리한 철골 세우기용 기계이다.
- 회전범위가 270°이다.

㉡ 가이데릭(Guy Derrick)
- 주기둥 붐으로 구성되어 있고, 6~8본의 지선으로 지탱되며 주각부에 붐을 설치하면 360° 회전이 가능하다.
- 인양하중이 크고 경우에 따라서 쌓아올림도 가능하지만, 타워크레인에 비하여 선회성이 떨어지므로 인양하중이 클 때 필요할 뿐이다.

㉢ 삼각데릭
- 가이 데릭과 비슷하나 주기둥을 지탱하는 직선 대신에 2본의 다리에 의해 고정된 양중장비

- 특 징
  - 삼각형 토대 밑에 바퀴가 있어 수평 이동이 가능하다.
  - 붐(Boom)의 길이가 마스트(Mast)보다 길다.
  - 회전범위는 270°, 작업범위는 180°이다.
  - 층수가 적고 긴 평면 건물의 작업에 적당하다.
  - 성능은 가이데릭과 거의 같다.
  - 비교적 높이가 낮고 넓은 면적의 건물에 유리하다.
  - 최상층 철골 위에 설치하여 타워크레인 해체 후 사용하거나 증축공사인 경우 기존 건물 옥상 등에 설치하여 사용되고 있다.
  - 당김줄을 이음대로 맬 수 없을 때 사용한다.

ㄹ) 트럭크레인(Truck Crane)
- 운반작업에 편리하고 평면적인 넓은 장소에 기동력 있게 작업할 수 있는 철골용 기계장비이다.
- 장거리 기동성이 있고 붐을 현장에서 조립하여 소정의 길이를 얻을 수 있다.
- 한 장소에서 360° 선회작업이 가능하다.
- 소형에서 대형까지 다양하다.
- 기계식 트럭크레인 인양하중이 150[ton]까지 가능한 대형도 있다.

ㅁ) 진폴데릭(Gin Pole Derrick)
- 소규모이거나 가이데릭으로 할 수 없는 펜트하우스 등의 돌출부에 쓰이고 중량재료를 달아 올리기에 편리한 철골 세우기용 기계설비이다.
- 통나무 강관 또는 철골 등으로 기둥을 세우고 3본 이상 지선을 매어 기둥을 경사지게 세워 기둥 끝에 활차를 달고 원치에 연결시켜 권상시키는 것이다.
- 간단하게 설치할 수 있으며 경미한 건물의 철골 건립에 사용된다.

ㅂ) 플레이트 스트레이닝 롤(Plate Straining Roll) : 철골의 변형을 바로잡기 위한 장비이다.

10년간 자주 출제된 문제

2-1. 철골공사에서 세우기 계획을 수립할 때 철골 제작공장과 협의해야 할 사항이 아닌 것은?
① 반입 철골의 중량 확인
② 반입시간의 확인
③ 반입 부재수의 확인
④ 부재 반입의 순서 확인

2-2. 철골 세우기에서 앵커볼트(Anchor Bolt) 묻기의 설명 중 옳지 않은 것은?
① 고정매입법은 기초 콘크리트 시공 시 앵커볼트를 정확한 위치에 고정시켜 콘크리트를 치기 때문에 시공이 간단하다.
② 가동매입법은 앵커볼트를 완전히 매입하지 않고 상부에 함석판을 끼우고 콘크리트를 시공한다.
③ 나중매입법은 기초 콘크리트에 앵커볼트를 묻을 구멍을 내두었다가 나중에 고정한다.
④ 나중매입법은 경미한 구조에 이용된다.

2-3. 철골공사의 기초상부 고름질 방법에 해당되지 않는 것은?
① 전면바름마무리법
② 나중채워넣기중심바름법
③ 나중매입공법
④ 나중채워넣기법

2-4. 다음 중 철골 세우기용 기계가 아닌 것은?
① Stiff Leg Derrick
② Guy Derrick
③ Pneumatic Hammer
④ Truck Crane

| 해설 |

2-1
철골세우기 계획을 수립할 때 철골 제작공장과 협의해야 할 사항
- 반입시간의 확인
- 반입 부재수의 확인
- 부재 반입의 순서 확인

2-2
고정매입법은 기초 콘크리트 시공 시 앵커볼트를 정확한 위치에 고정시켜 콘크리트를 치기 때문에 시공이 간단하지 않다.

2-3
기초상부 고름질 방법
- 전면바름마무리법
- 나중채워넣기중심바름법
- 나중채워넣기법
- 나중채워넣기십자바름법

2-4
Pneumatic Hammer는 철골 세우기용 기계가 아니라 굴착용 기계·기구이다.

정답 2-1 ① 2-2 ① 2-3 ③ 2-4 ③

제6절 조적공사

핵심이론 01 조적공사의 개요

① 조적공사(Masonry Work)란
  ㉠ 조적공사는 대공사(토목공사, 골조공사) 이후 바탕공사, 마감공사 전에 진행하는 공사이다.
  ㉡ 설치목적(내력벽, 간막이, 방수·방습, 치장 등)에 따라서 재료, 쌓기방식, 긴결방식 등이 달라진다.

② 조적공사의 분류
  ㉠ 재료에 따른 분류
   - 콘크리트 벽돌(시멘트 벽돌)
     - A, B종 : 경량골재 벽돌
     - C종 1급 : 내력벽용 벽돌
     - C종 2급 : 비내력벽용 벽돌
   - 콘크리트 블록(시멘트 블록) : 기본 블록, 가로근용 블록, 마구리형 블록, 반블록, 코너 블록 등
   - 경량 콘크리트 블록(시멘트 패널) : 콘크리트판에 셀룰로이드 섬유소와 실리카 샌드 등을 보강하여 고온고압증기로 쪄서 양생처리한 패널
   - ALC 블록, ALC 패널(경량기포 콘크리트) : 고온고압에서 양생한 콘크리트 건축자재이며 단열, 차음, 내화성 등이 우수하다.
   - 점토벽돌(치장 벽돌) : 외장용 벽돌이며 디자인에 따라 다양한 제품과 규격의 선택이 가능하다.
   - 유리 블록 : 유리를 블록화하여 습식 모르타르 및 건식 기결재로 쌓아 올리는 벽체방식
  ㉡ 쌓기 방식의 따른 분류
   - 길이 쌓기 : 길 방향으로만 쌓는 방식
   - 마구리 쌓기 : 마구리가 보이는 방향으로 쌓는 방식이다. 벽돌을 내 쌓기할 때 일반적으로 이용되는 쌓기 방식이며 가장 튼튼한 쌓기 방식이다.
   - 영식 쌓기 : 한 켜는 길이로 쌓고 다음 켜는 마구리 쌓기로 하는 것으로 통줄눈이 생기지 않고 모서리 벽 끝에 이오토막을 사용하는 가장 튼튼한 쌓기 방식이다. 벽돌 쌓기에서 도면 또는 공사시방서에서 정한 바가 없을 때에는 영식 쌓기를 적용한다.

- 화란식 쌓기 : 기본은 영식과 같지만, 길이켜에서 벽이나 모서리 부분에 칠오토막을 사용하며 영식에 비해서 시공이 간편한 방식이다. 모서리가 튼튼하게 시공되므로 가장 많이 사용되는 방식이다.
- 불식 쌓기 : 매 켜에 길이 쌓기와 마구리 쌓기가 번갈아 나오는 벽돌 쌓기 방식이며 온장 외에 반절, 이오토막, 칠오토막을 사용하여 모서리를 맞춘다. 내부에 통줄눈이 많이 생긴다.
- 미식 쌓기 : 치장벽돌을 사용하여 벽체의 앞면 5~6 켜까지는 길이 쌓기로 하고, 그 위 한 켜는 마구리 쌓기로 하여 본벽돌벽에 물려 쌓는 쌓기 방식이다.
- 통줄눈 쌓기 : 블록과 같이 사춤 모르타르나 수직 보강재(철근)를 하여야 하는 경우의 쌓기 방식이다.
- 공간 쌓기 : 주벽체와 안벽체 사이에 단열재나 배관, 배선이 설치되는 경우 사이를 띄어 쌓는 방식이다.
- 내민켜 매달아 쌓기 : 외장 쌓기면의 모서리, 문설주, 인방부 등을 입체적으로 내밀어 쌓는 방식이다.
- 영롱 쌓기
  - 벽돌 벽면에 구멍을 내어 쌓는 방식으로 장식적인 효과를 내는 쌓기 방식
  - 개구부 아치 쌓기나 구멍이 얼기설기나게 개방감이 있는 벽면을 구성하는 쌓기 방식
- 옆 세워 쌓기 : 마구리를 세워 쌓는 방식
ⓒ 부위별 조적공사의 분류 : 벽식(조적)구조의 내력벽 공사, 지하 이중벽(방습벽) 공사, 파라펫보호벽 공사, 실내 칸막이벽 공사, 외부 치장벽 공사 등

③ 조적조와 조적공사 관련 제반사항
ⓐ 조적조의 특징
- 조적재는 기본적으로 압축재이다.
- 압축력에는 강하나 인장력에는 약하다.
- 횡력에 약하다.
- 습기가 생기므로 공간 쌓기를 하여 방지한다.
- 조적조의 각종 거동을 흡수하는 균열방지장치로 신축줄눈, 본드브레이크, 플렉시블앵커, 조인트비드 등이 있다.

ⓑ 조적공사의 특기사항
- 조적공사에서 가장 심각한 하자는 균열이다.
- 외벽 벽돌의 백화현상은 재료의 흡수율과 줄눈관리의 미비 때문이다.
- 시스템공법은 균열 및 백화 등의 문제를 체계적으로 해결할 수 있다.
- 부실한 벽돌 쌓기는 후속공정의 하자와 직결된다.
- 조적조의 벽체와 일체가 되어 건물의 강도를 높이고 하중을 균등하게 전달하기 위하여 조적조의 벽체 상부에 철근 콘크리트 테두리 보를 설치한다.
- 소규모 건축물의 구조기준에 따라 조적조로 담을 쌓을 경우 최대 높이 기준은 3[m] 이하이다.
- 2층 또는 3층의 조적조 건물에 있어서 최상층 조적조 내력벽의 높이는 4[m]를 넘을 수 없다.
- 조적식 구조에서 건축물 높이가 5[m] 미만, 벽의 길이가 8[m] 이상일 때의 1층 내력벽 두께는 최소 190[mm] 이상이어야 한다.
- 조적조의 내력벽으로 둘러싸인 부분의 최대 가능 면적은 80[m^2]이다.

10년간 자주 출제된 문제

한 켜는 길이로 쌓고 다음 켜는 마구리 쌓기로 하는 것으로 통줄눈이 생기지 않고 모서리 벽 끝에 이오토막을 사용하는 가장 튼튼한 쌓기 방식은?

① 영식 쌓기
② 화란식 쌓기
③ 불식쌓기
④ 미식 쌓기

|해설|

영식 쌓기는 길이 쌓기와 마구리 쌓기를 번갈아 사용하는 방식으로 가장 튼튼한 쌓기 방식이다. 마구리켜에서 벽이나 모서리 부분은 반절이나 이오토막을 사용하여 끝선을 맞춘다.

정답 ①

| 핵심이론 02 | 벽돌공사

① 벽돌공사의 개요
  ㉠ 벽돌 관련 제반사항
    • 벽돌의 품질을 결정하는 가장 중요한 사항 : 흡수율 및 압축강도
    • 표준형 벽돌 4.5B 벽돌 쌓기일 경우 벽돌벽의 두께 : 89[cm]
    • 벽돌 벽면 중간에서 내 쌓기를 할 경우 한켜씩 1/8B 정도 내 쌓기를 한다.
    • 벽돌공사에서 직교하는 벽돌벽의 한쪽을 나중 쌓기로 할 때에 그 부분에 벽돌물림자리를 벽돌 한켜 거름으로 1/4B 정도 들여 쌓는다.
    • 벽돌, 블록 등 조적공사에서 일반적으로 가장 많이 이용되는 치장줄눈 형태는 평줄눈이다.
  ㉡ 벽돌의 치수(KS L 4201)
    • 표준형 (점토)벽돌의 치수 및 허용차

구 분	길 이	너 비	두 께
치수[mm]	190	90	57
	230	90	57
	290	90	48
허용차[mm]	±5.0	±3.0	±2.5

    • 표준형 내화벽돌 보통형의 기본치수[mm] : 230×114×65
    • 내화벽돌 줄눈의 표준 너비 : 6[mm]
  ㉢ 모르타르량과 배합비
    • 필요한 모르타르량[m³]

벽 두께	0.5B	1.0B	1.5B	2.0B
모르타르량	0.25	0.33	0.35	0.36

    – 상기 데이터는 기본 벽돌 규격 190×90×57[mm]을 기준으로 한 것이다.
    – 모르타르량은 할증률을 고려한 벽돌의 구입량이 아닌 정미량에만 적용된다.
    – 단위수량은 벽돌 1,000장을 기준으로 한다.
    ㉮ 기본벽돌(190×90×57)을 기준으로 1.5B 쌓기 할 때 벽돌 2,000매 쌓는 데 필요한 모르타르량은 0.7[m³]이다.
    • 치장줄눈용 모르타르 용적 배합비(잔골재/결합재)의 비율은 0.5~1.5이며 보통 1 : 1 정도로 한다.
  ㉣ 소요 벽돌 매수의 계산
    • 벽 두께에 따른 1[m²]당 벽돌 소요 매수의 기준

벽 두께	0.5B	1.0B	1.5B	2.0B	2.5B	3.0B
매 수	75	149	224	298	373	447

    – 상기 데이터의 기본 벽돌 규격은 190×90×57[mm]이고, 줄눈 너비 10[mm]일 때를 기준으로 한 것이다.
    – 벽돌의 할증률은 붉은 벽돌일 때 3[%], 시멘트 벽돌일 때 5[%]로 한다.
    • 상기의 기준에 벽돌공사 면적을 곱하면 총소요 벽돌 매수가 계산된다.

② 벽돌공사 제반사항
  ㉠ 벽돌쌓기 시 사전준비 사항
    • 줄기초, 연결보 및 바다 콘크리트의 쌓기면은 작업 전에 청소하고, 오목한 곳은 모르타르로 수평지게 고른다(그 모르타르가 굳은 다음 접착면은 적절히 물 축이기를 하고 벽돌쌓기를 시작한다).
    • 붉은 벽돌은 벽돌쌓기 하루 전에 벽돌더미에 물 호스로 충분히 젖게 하여 표면에 습도를 유지한 상태로 준비하고, 더운 하절기에는 벽돌더미에 여러 시간 물 뿌리기를 하여 표면이 건조하지 않게 해서 사용한다.
    • 콘크리트 벽돌은 쌓기 직전에 물을 축이지 않는다.
    • 벽돌에 부착된 흙이나 먼지는 깨끗이 제거한다.
    • 모르타르는 배합과 보강 등에 필요한 자재의 품질 및 수량을 확인한다.
    • 모르타르는 지정한 배합으로 하되 시멘트와 모래는 건비빔으로 하고, 사용할 때에는 쌓기에 지장이 없는 유동성이 확보되도록 물을 가하고 충분히 반죽하여 사용한다.
    • 벽돌공사를 하기 전에 바탕점검을 하고 구체 콘크리트에 필요한 정착철물의 정확한 배치, 정착철물이 콘크리트 구체에 견고하게 정착되었는지 여부 등 공사의 착수에 지장이 없는가를 확인한다.
  ㉡ 벽돌(쌓기)공사사항
    • 모르타르는 벽돌강도와 같은 정도의 것을 쓰고, 굳기 시작한 것은 쓰지 않는다.
    • 사춤 모르타르는 매 켜마다 하는 것이 좋다.
    • 사춤 모르타르는 일반적으로 3~5켜마다 한다.
    • 줄눈 사용 모르타르의 강도는 벽돌강도보다 작으면 안 된다.

- 벽돌은 충분히 물축임을 한 후 쌓는다.
- 내화벽돌은 건조 상태에서 시공한다.
- 붉은 벽돌은 쌓기 전에 그 흡수성에 따라 적절히 물축이기를 하여 쌓고, 시멘트 벽돌은 쌓기 전에 물축이기를 하지 아니한다.
- 벽돌벽이 블록벽과 서로 직각으로 만날 때는 연결철물을 만들어 블록 3단마다 보강하며 쌓는다.
- 하루 벽돌의 쌓는 높이(벽돌의 1일 쌓기 높이)는 1.2[m]를 표준으로 하고 최대 1.5[m] 이내로 한다 (하루 쌓기 높이는 1.2~1.5[m] 정도이다).
- 연속되는 벽면의 일부를 트이게 하여 나중 쌓기로 할 때에는 그 부분을 층단 들여 쌓기로 한다.
- 벽돌 쌓기는 도면 또는 공사시방서에서 정한 바가 없을 때에는 영식 쌓기 또는 화란식 쌓기로 한다.
- 벽돌은 각부가 가급적 동일한 높이로 쌓아 올리도록 한다.
- 벽돌은 균일한 높이로 쌓고 굳기 전에 벽돌을 움직이지 않도록 한다.
- 통줄눈, 실줄눈은 반드시 피하여야 한다.
- 세로줄눈은 통줄눈이 생기지 않도록 하고, 한 켜 거름으로 수직 일직선 상에 오도록 배치한다.
- 치장줄눈은 되도록 짧은 시일에 하는 것이 좋다.
- 둥근줄눈은 외관이 부드러워 좋으나 벽돌 접착부의 시공이 곤란하다.
- 가로 및 세로줄눈의 너비는 도면 또는 공사시방서에서 정한 바가 없으면 10[mm]를 표준으로 한다.
- 규준틀에 의하여 벽돌 나누기를 정확히 하고 토막벽돌이 생기지 않게 한다.
- 내력벽 쌓기의 경우 세워 쌓기나 옆 쌓기는 피하는 것이 좋다.
- 벽돌은 품질, 등급별로 정리하여 사용하는 순서별로 쌓아 둔다.
- 하루 일이 끝날 때에 켜에 차가 나면 층단 들여 쌓기로 하여 다음 날 일과 연결이 쉽게 한다.

ⓒ 벽돌 치장면의 청소방법
- 벽돌 치장면에 부착된 모르타르 등의 오염은 물과 솔을 사용하여 제거하며 필요에 따라 온수를 사용하는 것이 좋다.
- 오염물을 제거한 후에는 즉시 충분히 물세척을 반복한다.
- 오염물이 떨어진 것은 물 또는 온수에 중성세제를 사용하여 세정한다.
- 세제세척은 물 또는 온수에 중성세제를 사용하여 세정한다.
- 산세척은 모르타르와 매입철물을 부식시키기 때문에 일반적으로 사용하지 않는다. 특히, 수평부재와 부재 수평부 등의 물이 고여 있는 장소에는 사용하지 않는다.
- 산세척은 다른 방법으로 오염물을 제거하기 곤란한 장소에 적용하고, 그 범위는 가능한 작게 한다.
- 부득이 산세척을 실시하는 경우는 담당원 입회하에 매입철물 등의 금속부를 적절히 보양하고, 표면수가 안정하게 잔류하도록 벽돌을 물축임한 후에 3[%] 이하의 묽은 염산을 사용하여 실시한다.
- 산세척은 오염물을 제거한 후 즉시 충분히 물세척을 반복한다.

ⓔ 벽돌공사에서 한중시공일 때의 보양조치
- 평균기온이 0~4[℃]인 경우에는, 내후성이 강한 덮개로 덮어서 조적조를 눈비로부터 보호해야 한다.
- 평균기온이 -4~0[℃]인 경우에는 내후성이 강한 덮개로 완전히 덮어서 조적조를 24시간 동안 보호해야 한다.
- 평균기온이 -7~-4[℃]인 경우에는 보온덮개로 완전히 덮거나 다른 방한시설로 조적조를 24시간 동안 보호해야 한다.
- 평균기온 -7[℃] 이하인 경우에는 울타리와 보조열원, 전기담요, 적외선 발열램프 등을 이용하여 조적조를 동결온도 이상으로 유지하여야 한다.

ⓜ 건설현장에서 시멘트 벽돌 쌓기 시공 중에 1일 벽돌 쌓기 기준 높이를 초과하여 높게 쌓을 경우 붕괴사고가 일어날 수 있다.

③ 벽돌벽의 균열
  ㉠ 벽돌벽 균열의 원인
  - 벽돌 및 모르타르의 강도 부족은 벽돌벽 균열결함에 대한 사항 중 시공상 결함에 속한다.
  - 벽돌벽 두께, 높이에 대한 벽체강도 부족
  - 불리한 개구부의 크기 및 배치의 불균형
  - 기초의 부동침하
  ㉡ 벽돌벽 균열 방지대책
  - 건물의 평면·입면의 불균형을 초래하지 않는다.
  - 벽돌벽의 길이, 높이에 비해 두께가 부족하거나 벽체강도가 부족하지 않도록 한다.

- 온도 변화와 신축을 고려한 컨트롤 조인트(Control Joint)를 설치한다.
- 모르타르의 강도는 벽돌강도보다 크게 한다.

④ 백화현상(百花, Efflorescence)
  ㉠ 백화현상의 개요
  - 점토벽돌벽을 쌓은 후 외부에 흰가루가 돋는 현상이다.
  - 물이 증발하면서 벽돌이나 타일 표면에 하얗고 고운 분말형태의 수용성 염분 가루가 생기는 현상이다.
  - 마그네시아시멘트는 재료 배합 시 간수($MgCl_2$)를 사용하여 백화현상이 많이 발생되는 재료이다.
  - 백화현상이 발생될 수 있는 곳 : 조적조 벽, 벽돌벽체, 점토벽돌 외부 등

  ㉡ 백화현상 발생의 3가지 동시 만족 조건(필요충분조건)
  - 벽체에 수용성 염분의 존재
  - 염분이 충분히 녹을 만한 바탕면의 습기
  - 녹은 염분이 표면으로 전이될 수 있는 통로

  ㉢ 백화현상의 원인
  - 타일 등의 시유소성한 제품은 시멘트 중의 경화체가 백화의 주된 요인이 된다.
  - 작업성이 나쁠수록 모르타르의 수밀성이 저하되어 투수성이 커지고, 투수성이 커지면 백화 발생이 커지게 된다.
  - 물-시멘트비가 커지면 잉여수가 증대되고, 이 잉여수가 증발할 때 가용 성분의 용출을 발생시켜 백화 발생의 원인이 된다.

  ㉣ 백화현상을 방지하기 위한 대책
  - 물-시멘트비를 감소시킨다.
  - 잘 구워진 벽돌을 사용한다.
  - 줄눈 모르타르에 방수제를 바른다(넣는다, 혼합한다).
  - 10[%] 이하의 흡수율을 가진 양질의 벽돌을 사용한다.
  - 흡수율이 작은 벽돌이나 타일을 사용한다.
  - 흡수율이 작은 소성이 잘된 양질의 벽돌을 사용한다(흡수율이 작고 고온소성된 벽돌을 사용한다).
  - 흡수율이 작고, 질이 좋은 벽돌 및 모르타르를 사용하여 줄눈을 치밀하게 한다.
  - 벽돌이나 줄눈에 빗물이 들어가지 않는 구조로 한다.
  - 줄눈으로 비가 새어들지 않도록 방수처리한다.
  - 벽돌벽의 상부에 비막이(빗물막이)를 설치한다.
  - 벽면에 빗물이 스며들지 못하도록 실리콘계의 도료를 바른다.
  - 벽면의 돌출 부분에 차양, 루버 등을 설치한다.
  - 차양, 돌림대를 설치하여 빗물이 벽체에 직접 흘러내리지 않게 한다.
  - 쌓기 후 전용발수제를 발라 벽면에 수분 흡수를 방지한다.
  - 벽돌면에 실리콘을 뿜칠한다.
  - 파라핀 도료를 발라 염류가 나오는 것을 방지한다.
  - 분말도가 큰 시멘트를 사용한다.
  - 조립률이 큰 모래를 사용한다.
  - 수용성 염류가 적은 소재를 사용한다.
  - 줄눈 모르타르의 단위 시멘트량을 적게 한다.
  - 벽돌 벽면에 발생하는 백화의 방지대책

10년간 자주 출제된 문제

2-1. 벽돌벽 두께 1.0B, 벽 높이 2.5[m], 길이 8[m]인 벽면에 소요되는 점토벽돌의 매수는 얼마인가?(단, 규격은 190 × 90 × 57[mm], 할증은 3[%]로 하며, 소수점 이하 결과는 올림하여 정수 매로 표기)

① 2,980매
② 3,070매
③ 3,278매
④ 3,542매

2-2. 벽돌쌓기에 관한 설명으로 옳지 않은 것은?

① 붉은 벽돌은 쌓기 전에 벽돌을 완전히 건조시켜야 한다.
② 하루 벽돌의 쌓는 높이는 1.2[m]를 표준으로 하고 최대 1.5[m] 이내로 한다.
③ 벽돌벽이 블록벽과 서로 직각으로 만날 때는 연결철물을 만들어 블록 3단마다 보강하며 쌓는다.
④ 연속되는 벽면의 일부를 트이게 하여 나중 쌓기로 할 때에는 그 부분을 층단 들여 쌓기로 한다.

2-3. 조적조 벽에 생기는 백화현상을 방지하기 위한 대책으로 부적합한 것은?

① 줄눈 모르타르에 방수제를 바른다.
② 흡수율이 작고 고온소성된 벽돌을 사용한다.
③ 벽돌면에 실리콘을 뿜칠한다.
④ 줄눈 모르타르에 석회를 사용한다.

| 해설 |

2-1
소요 점토벽돌 매수
149 × (2.5 × 8) × 1.03 ≒ 3,070매

2-2
붉은 벽돌은 쌓기 전에 그 흡수성에 따라 적절히 물축이기를 하여 쌓고, 시멘트 벽돌은 쌓기 전에 물축이기를 하지 않는다.

2-3
백화현상을 방지하기 위한 대책
• 건조된 벽돌을 사용한다.
• 겨울과 장마철은 피한다.
• 쌓기 후 전용발수제를 발라 벽면에 수분 흡수를 방지한다.
• 해사는 피하고, 강의 상류 모래를 사용한다.
• 모르타르 혼합 시 깨끗한 물을 사용한다.
• 창호나 다른 재료와의 접촉 부분은 코킹처리를 한다.

정답 2-1 ② 2-2 ① 2-3 ④

핵심이론 03 | 블록공사

① 콘크리트 블록조(Concrete Block)
  ㉠ 개요(KS F 4002)
  • 속 빈 콘크리트 블록의 기본 블록치수(단위 : [mm])
    − 390 × 190 × 190
    − 390 × 190 × 150
    − 390 × 190 × 100
  • 속 빈 콘크리트 블록의 품질

구 분	기건 비중	전 단면적에 대한 압축 강도[N/mm²]	흡수율 [%]
A종 블록	1.7 미만	4 이상	−
B종 블록	1.9 미만	6 이상	−
C종 블록	−	8 이상	10 이하

  − A종 블록과 B종 블록은 경량 골재를 사용한 경량 블록이다.
  − 보통 골재만을 사용한 블록은 C종 블록에 적합하여야 한다.
  − 전 단면적은 가압면(길이×두께)으로서, 속 빈 부분 및 블록 양끝의 오목하게 들어간 부분의 면적도 포함한다.
  • 콘크리트 블록공사의 중공벽(Cavity Wall) 쌓기 중 긴결 철물의 수직 간격은 45[cm] 이하가 적당하다.
  • 블록 쌓기 전 과정 순서 : 시공도 작성 → 규준틀 작성 → 가설형틀 설치 → 블록의 선별 및 마름질하기 → 블록 나누기 → 비계발판 설치
  • 블록 쌓기 시공 순서 : 접착면 청소 → 세로규준틀 설치 → 규준 쌓기 → 중간부 쌓기 → 줄눈 누르기 및 파기 → 치장줄눈
  • 단순조적조 블록 쌓기를 한다.

  ㉡ 콘크리트 블록 쌓기
  • 블록은 살 두께가 큰 편을 위로 하여 쌓는다.
  • 세로줄눈은 통상적으로 막힌줄눈으로 한다.
  • 기초 및 바닥면 윗면은 충분히 물축이기를 해야 한다.
  • 하루의 쌓기 높이는 1.5[m](블록 7켜 정도) 이내를 표준으로 한다.
  • 하루 쌓기의 높이는 7켜 정도가 적당하다.
  • 보강근은 모르타르 또는 그라우트를 사춤하기 전에 배근하고 고정한다.

- 인방 블록은 창문틀의 좌우 옆 턱에 200[mm] 이상 물린다.
- 모서리 등 기준이 되는 부분을 정확하게 쌓은 다음 수평실을 친다.

ⓒ 단순조적 블록공사 시 방수 및 방습처리
- 블록 벽체가 지반면에 접촉하는 부분에는 수평 방습층을 두고 그 위치, 재료 및 공법은 도면 또는 공사시방서에 따르고, 그 정함이 없을 때에는 마루 밑이나 콘크리트 바닥판 밑에 접근되는 가로줄눈의 위치에 두고 액체방수 모르타르를 10[mm] 두께로 블록 윗면 전체에 바른다.
- 물빼기 구멍은 콘크리트의 윗면에 두거나 물끊기 및 방습층 등의 바로 위에 둔다. 그 구멍의 크기, 간격, 재료 및 구성방법 등은 도면 또는 공사시방서에 따른다. 도면 또는 공사시방서에서 정한 바가 없을 때에는 직경 10[mm] 이내, 간격 1.2[m]마다 1개소로 한다. 또한 블록 빈속의 밑창에 모르타르를 바깥쪽으로 약간 경사지게 펴 깔고 블록을 쌓거나 10[mm] 정도의 물흘림 홈을 두어 블록의 빈속에 고인 물이 물빼기 구멍으로 흘러내리게 한다.
- 물빼기 구멍에는 다른 지시가 없는 한 직경 6[mm], 길이 100[mm] 되는 폴리에틸렌 플라스틱 튜브를 만들어 집어넣는다.

② 보강 콘크리트 블록조(Steel Reinforced Concrete Block)

㉠ 보강 콘크리트 블록조의 개요
- 보강 콘크리트 블록조는 철근과 콘크리트를 부어 보강한 블록조이다.
- 수직하중, 수평하중에 견딜 수 있는 구조로 가장 이상적인 블록 구조이다.
- 3층 정도가 적당하다.

㉡ 철근 콘크리트 보강 블록공사의 제반사항
- 블록은 살 두께가 두꺼운 쪽을 위로 하여 쌓는다.
- 줄눈은 통줄눈이 되게 하는 것이 보통이다.
- 블록의 공동에 보강근을 배치하고 콘크리트를 다져 넣기 때문에 세로줄눈은 통줄눈으로 하는 것이 좋다.
- 보강블록은 모르타르, 콘크리트 사춤이 용이하도록 원칙적으로 통줄눈 쌓기로 한다.
- 블록 1일 쌓기 높이는 6~7켜 이하로 한다(블록 7켜는 약 1.5[m]이다).
- 벽의 세로근은 원칙적으로 이음을 만들지 않는다.
- 세로근은 원칙적으로 기초, 테두리보에서 윗층의 테두리보까지 잇지 않고 배근하여 그 정착길이는 철근 직경의 40배 이상으로 한다.
- 벽의 세로근은 구부리지 않고 항상 진동 없이 설치한다.
- 블록의 모르타르 접착면은 적당히 물축이기를 하여 경화에 지장이 없도록 한다.
- 블록을 쌓을 때 지나치게 물축이기하면 팽창수축으로 벽체에 균열이 생기기 쉬우므로, 접착면에 적당히 물을 축여 모르타르 경화강도에 지장이 없도록 한다.
- 보강 블록공사 시 철근은 굵은 것보다 가는 철근을 많이 넣는 것이 좋다.
- 벽체를 일체화시키기 위한 철근 콘크리트조의 테두리 보의 춤은 내력벽 두께의 1.5배 이상으로 한다.
- 가로근은 배근 상세도에 따라 가공하되, 그 단부는 180°의 갈고리로 구부려 배근한다.
- 가로근의 모서리는 서로 $40D$(D : 철근지름) 이상으로 정착시킨다(가로 근의 정착 길이는 $40D$ 이상으로 하며 단부는 180° 갈고리를 둔다).
- 가로근의 간격은 60[cm] 또는 80[cm]로 하며, 단부는 갈고리를 만들어 배근한다.

③ ALC 블록공사

㉠ ALC 블록공사의 개요
- ALC(Autoclaved Lightweight Aerated Concrete Block) 블록이란 고온고압으로 증기양생한 콘크리트 블록이다.
- 별칭 : 경량기포 콘크리트 블록
- 용도 : 건축물의 내외벽, 칸막이벽 등

㉡ ALC 블록공사의 비내력벽 쌓기에 대한 기준
- 슬래브나 방습 턱 위에 고름 모르타르를 10~20[mm] 두께로 깐 후 첫단 블록을 올려놓고 고무망치 등을 이용하여 수평을 잡는다.
- 블록의 제작치수 중 높이에 대한 편차가 규정 높이에 대한 허용차 범위 +1[mm], -3[mm]를 초과하는 경우, 인접 블록과 높이편차를 맞춘 후 쌓기 모르타르를 사용하여 조절한다.
- 쌓기 모르타르는 교반기를 사용하여 배합하며, 1시간 이내에 사용해야 한다.

- 쌓기 모르타르는 블록의 두께와 동일한 폭을 갖는 전용 흙손을 사용하여 바른다. 또한, 시공 시 흘러나온 모르타르는 경화되기 전에 빨리 긁어낸다.
- 줄눈의 두께는 1~3[mm] 정도로 한다.
- 블록 상·하단의 겹침 길이는 블록 길이의 1/3~1/2을 원칙으로 하고, 100[mm] 이상으로 한다. 단, 보강블록쌓기의 경우에는 공사시방서에 따른다.
- 블록은 가급적 각 부분이 균등한 높이가 되도록 쌓아가며, 하루 쌓기 높이는 1.8[m]를 표준으로 하고, 최대 2.4[m] 이내로 한다. 벽체 길이가 긴 경우는 담당원과 협의한 후 적정조치를 취한 후 쌓기를 한다.
- 연속되는 벽면의 일부를 트이게 하여 나중 쌓기로 할 경우 그 부분을 층단 떼어 쌓기로 한다.
- 모서리 및 교차부 쌓기는 끼어 쌓기를 원칙으로 하여 통줄눈이 생기지 않도록 한다. 직각으로 만나는 벽체의 한편을 나중에 쌓을 때는 층단 쌓기로 하며, 부득이한 경우 담당원의 승인을 얻어 층단으로 켜거름 들여 쌓기로 하거나 이음보강철물을 사용한다.

10년간 자주 출제된 문제

3-1. 콘크리트 블록 쌓기에 대한 설명으로 틀린 것은?
① 보강근은 모르타르 또는 그라우트를 사춤하기 전에 배근하고 고정한다.
② 블록은 살 두께가 작은 편을 위로 하여 쌓는다.
③ 인방 블록은 창문틀의 좌우 옆 턱에 200[mm] 이상 물린다.
④ 모서리 등 기준이 되는 부분을 정확하게 쌓은 다음 수평실을 친다.

3-2. 보강콘크리트 블록조에 관한 설명으로 옳지 않은 것은?
① 블록은 살 두께가 두꺼운 쪽을 위로 하여 쌓는다.
② 보강블록은 모르타르, 콘크리트 사춤이 용이하도록 원칙적으로 막힌줄눈 쌓기로 한다.
③ 블록 1일 쌓기 높이는 6~7켜 이하로 한다.
④ 2층 건축물인 경우 세로근은 원칙적으로 기초, 테두리보에서 윗층의 테두리 보까지 잇지 않고 배근한다.

3-3. ALC 블록공사에 관한 내용으로 옳지 않은 것은?
① 쌓기 모르타르는 교반기를 사용하여 배합하며, 1시간 이내에 사용해야 한다.
② 줄눈의 두께는 3~5[mm] 정도로 한다.
③ 하루 쌓기 높이는 1.8[m]를 표준으로 하며, 최대 2.4[m] 이내로 한다.
④ 연속되는 벽면의 일부를 트이게 하여 나중 쌓기로 할 경우 그 부분을 층단 떼어 쌓기로 한다.

|해설|

3-1
블록은 살 두께가 큰 편을 위로 하여 쌓는다.

3-2
보강블록은 모르타르, 콘크리트 사춤이 용이하도록 원칙적으로 통줄눈 쌓기로 한다.

3-3
줄눈의 두께는 1~3[mm] 정도로 한다.

정답 3-1 ② 3-2 ② 3-3 ②

핵심이론 04 | 석공사

① 석공사의 개요
  ㉠ 돌 쌓기 방식(석축 쌓기 공법) : 돌 쌓기는 특별히 명시하지 않는 한 찰 쌓기로 한다.
   • 메 쌓기(Dry Masonry) : 모르타르나 콘크리트를 사용하지 않고 돌만 쌓는 방식이다.
     - 뒷면의 물이 잘 빠지기 때문에 토압이 증가될 염려가 없다.
     - 쌓는 높이에 제한을 받는다.
     - 비탈면에 용수가 심할 때와 뒷 토압이 적을 때 사용된다.
     - 성토의 경우 메 쌓기의 한계 높이는 약 3[m]로 한다.
   • 찰 쌓기(Wet Masonry) : 돌과 돌 사이에 모르타르를 다져 넣고, 뒷 고임에 콘크리트를 채워 넣는 돌 쌓기 방식이다.
     - 뒷면의 배수에 유의해야 한다.
     - 돌 쌓기 2[m³]마다 지름 약 3[cm] 정도의 대나무 통이나 PVC파이프 등으로 물배기 구멍을 설치하여야 한다.
     - 찰 쌓기는 메 쌓기보다 뒷면 토압을 약간 많이 받을 때 또는 제방 등 침수될 우려가 있는 개소에 설치한다.
     - 성토의 경우 한계 높이는 약 7[m]로 한다.
   • 기 타
     - 막돌 쌓기(허튼층 쌓기) : 면이 네모진 야산석, 둥근석, 잡석 등의 돌을 수평줄눈이 부분적으로 연속되게 쌓는 방식이며, 2~3개 높이의 놀로 수평 쌓기를 한다.
     - 완자 쌓기 : 네모돌을 수평줄눈이 부분적으로만 연속되게 쌓고, 일부 상하 세로줄눈이 통하게 쌓는 돌 쌓기 방식이다.
     - 건 쌓기 : 돌 뒤에 뒷 고임돌만 다져가며 쌓는 방식이다.
     - 마름돌 쌓기 : 일정한 크기로 자른 직각 단면과 길이가 긴 장대석, 각석 등의 돌을 다듬지 않고 그대로 쌓는 방식이며, 줄눈 너비가 일정하므로 수평 쌓기에 유리하다.
     - 바른층 쌓기 : 돌 쌓기의 1켜 높이를 모두 동일하게 쌓는 방식이며 막돌이라도 일정한 것을 사용하면 바른층 쌓기가 가능하다.
  ㉡ 석재의 사용
   • 석재 중에서 대리석은 빛깔과 무늬가 아름다워 건축의 장식재로 많이 사용되지만, 열에 약하고 풍화되기 쉽다.
   • 석재의 최대 치수는 운반상, 가공상 등의 제반조건을 고려하여 정해야 한다.
   • 석재는 압축력을 받는 곳에 사용하는 것이 좋다.
   • 석재는 석질이 균질한 것을 사용해야 한다.
  ㉢ 석재 사용상 주의사항
   • 동일 건축물에는 동일 석재로 시공한다.
   • 석재를 다듬어 사용할 때는 그 질이 균질한 것을 사용한다.
   • 외벽, 도로포장용 석재는 연석 사용을 피한다.
   • 휨, 인장강도가 약하므로 압축응력을 받는 곳에 사용한다.
   • 의장, 바닥 사용 시에는 내수성과 산에 강한 것을 사용한다.
   • 1[m³] 이상 석재는 구조상 안전을 위하여 가급적 낮은 곳에 사용한다.
   • 석재는 중량이 크므로 최대 치수는 운반상의 문제를 고려하여 정한다.
   • 되도록 흡수율이 낮은 석재를 사용한다.
   • 가공 시 예각은 피한다.
  ㉣ 대리석 붙이기
   • 대리석은 실외보다는 주로 내장용으로 많이 사용한다.
   • 대리석 붙이기 연결철물은 #10~#20의 황동쇠선을 사용한다.
   • 대리석 붙이기 최하단은 충격에 쉽게 파손되므로 충진재를 넣는다.
   • 대리석은 시멘트 모르타르로 붙이면 알칼리성분에 의하여 변색·오염될 수 있다.
  ㉤ 판석재 돌 붙이기의 안전시공과 관련한 주의사항
   • 돌 붙이는 모체(콘크리트벽, 조적벽체 등)의 균열 및 바탕면의 상태가 양호한지 점검한다.
   • 판석재 돌 붙이기는 하부가 충격에 약하여 파손되기 쉬우므로 모르타르 사춤을 실시한다.

- 판석재 돌 붙이기는 비계 위의 한곳에 높이 쌓아 놓고 작업하면 위험하다.
- 건식붙임공법의 경우는 파스너(Fastener)가 돌 무게를 충분히 견딜 수 있는 구조로 해야 한다.

ⓑ 석공사공법의 분류
- 습식공법 : 온통사춤공법, 간이사춤공법
- 건식공법 : 앵커긴결(파스너)공법, 스틸백프레임공법, 메탈트러스 공법, GPC 공법
- 절충공법 : 반건식공법

ⓢ 석공사 관련 제반사항
- 석재공사에서 석재를 시공할 때 사용되는 부속재료 : 꽂임촉, 앵커(Anchor), 파스너(Fastener)
- 석축에 신축 줄눈을 설치하는 일반적인 간격 : 10~20[m]
- 석재의 다듬기 시공 순서 : 혹 떼기 → 정다듬 → 도드락다듬 → 잔다듬 → 갈기

② 습식 석공사공법
  ㉠ 온통사춤공법
  - 적용 가능한 벽 높이는 4[m] 이하이다.
  - 외벽시공 시 주의
    - 습식공법에서 줄눈에 실링재를 사용할 경우 사춤 모르타르에 의해 부식하거나 변색이 발생하므로 치장줄눈용 모르타르를 사용한다.
    - 사춤 모르타르 대신 시멘트 마른 가루를 채울 경우 백화현상이 발생하므로 시멘트 가루 주입을 금지한다.
    - 나왕에 물이 침투할 경우 석재가 붉은색으로 변색되므로 설치 시 쐐기, 받침목 등에 나왕 사용을 금지한다.
    - 구조체 균열이 생기면 석재면도 균열이 우려된다.
  ㉡ 간이사춤공법
  - 외부 화단 등 낮은 부분에 앵커 및 철근을 설치하지 않고 철선 및 탕개, 쐐기를 이용하여 석재를 고정하고 모르타르를 사춤하는 방법이 많이 사용된다.
  - 동절기 습식공법은 5° 이상, 건식은 −10° 이상에서 한다.

③ 건식 석공사공법
  ㉠ 건식 석공사공법의 특징과 유의사항
  - 습식공법은 석재가 구체와 일체가 되어 외력에 대응하는 반면, 건식공법은 꽂임촉, 파스너, 앵커 등으로 풍압력, 지진력, 층간변위를 흡수하는 형식이다.
  - 석재의 건식 붙임에 사용되는 모든 구조재 또는 트러스 철물, 긴결철물은 녹막이처리를 한다.
  - 석재의 색상, 석질, 가공 형상, 마감 정도, 물리적 성질 등이 동일한 것으로 한다.
  - 건식 석재 붙임에 사용되는 앵커볼트, 너트, 와셔 등은 주철제를 사용한다.
  - 화강석 특유의 무늬를 제외한 눈에 띄는 반점 등을 제거한다.
  - 하지철물의 부식문제와 내부단열재 설치문제 등이 나타날 수 있다.
  - 하지철물의 길이, 두께 등 부식문제와 내부단열재 설치문제, 풍하중, 지진하중에 대한 구조계산을 충분히 검토하여 작업한다.
  - 실란트(Sealant) 유성분에 의한 석재면의 오염문제는 비오염성 실란트로 대체하거나 Open Joint 공법으로 대체하기도 한다.
  - 강재트러스, 트러스지지공법 등 건식공법은 시공정밀도가 우수하고, 작업능률이 개선되며, 공기 단축이 가능하다.
  - 건식공법에서는 모르타르를 사용하지 않으므로 백화현상이 방지된다.
  - 촉구멍 깊이는 기준보다 2[mm] 이상 더 깊이 천공한다.
  - 석재는 두께 30[mm] 이상을 사용한다.
  - 석재의 하부는 지지용으로, 석재의 상부는 고정용으로 설치한다.
  ㉡ 앵커긴결(파스너) 공법 : 건물 벽체에 독립적인 긴결방식으로 설치해 나가면서 구조 바탕에 앵커를 사용하여 석재를 붙여나가는 공법이다. 일반적으로 사용하는 재료는 앵커, 볼트, 연결철물 등이다.
  - 모르타르를 사용하지 않으므로 백화현상이나 공기 지연의 문제가 없다.
  - 앵커에 의해 석재, 판재별로 지지하므로 상부하중이 하부로 전달되지 않는다.

- 석재와 구조체 사이의 공간으로 단열효과, 벽체 내부 결로방지효과가 있다.
- 연결철물용 앵커와 석재는 파스너를 사용하여 고정한다.
- 연결철물의 장착을 위한 세트 앵커용 구멍을 45[mm] 정도로 천공하고 캡이 구조체보다 5[mm] 정도 깊게 삽입하여 외부의 충격에 대처한다.
- 연결철물은 석재의 상하 및 양단에 설치하여 하부의 것은 지지용으로, 상부의 것은 고정용으로 사용한다.
- 판석재와 철재가 직접 접촉하는 부분에는 적절한 완충재를 사용한다.
- 파스너
    - 파스너 형식
        ⓐ 그라우팅(더블 파스너) 방식 : 에폭시 충전성이 문제가 되므로 층간변위가 크거나 고층의 경우 부적합하다.
        ⓑ (논 그라우팅) 싱글파스너 방식 : 조정을 한 번에 해야 하므로 정밀도 조정이 어렵고, 조정 가능범위가 작다.
        ⓒ (논 그라우팅) 더블파스너 방식 : 슬로트 홀로 오차 조정이 가능하므로 비교적 작업이 용이하며, 가장 많이 쓰인다.
    - 파스너 선정기준 : 구조 계산에 의해 최소 처짐을 $L/180$ 또는 60[mm] 이내로 하며 STS304를 사용한다.
    - 파스너 기본개념 : 내부 공간 길이에 따라 한 장의 돌 무게를 지탱하도록 계산한다.
    - 하자 발생요인 : 상부 석재의 하중이 하부 석재로 전달되어 계산 이상의 하중이 발생할 때
ⓒ 스틸백프레임 공법(Steel Back Frame System) : 방청페인트 또는 아연도금한 각파이프를 구조체에 긴결시킨 후 석재를 파스너로 긴결시키는 공법이다.
- 커튼월의 멀리온타입과 같은 개념으로 스틸프레임(Steel Frame)의 열에 의한 신축을 고려하여 각층 연결 시 익스팬션 조인트(Expansion Joint)를 설치한다.
- 석재 내부에 단열재를 설치하므로 시공 후 우수에 의해 누수를 반드시 확인해야 한다.
- 단열재는 석재면으로부터 간격을 멀리하고 은박지 등 방습지를 바른다.
- 프레임과 파스너 사이에는 네오프렌 고무를 끼워 이질재의 이온 전달에 의한 부식을 방지한다.
ⓔ 메탈트러스 공법(Metal Truss System) : 유닛화된 구조체에 석재를 현장의 지상에서 시공한 뒤 구조체와 일체가 된 유닛 석재 패널을 인양장비를 사용하여 조립식으로 설치하는 공법이다. 강재트러스지지공법이라고도 한다.
- 공사기간이 단축된다.
- 위험요소가 감소된다.
- 가설장비(비계, 곤돌라 등)가 불필요하다.
- 패널설치용 크레인을 제외한 장비가 불필요하다.
- 단순하고 반복적인 외벽마감에 적용 가능하다.
- 강재트러스와 구조체의 응력 전달체계, 트러스와 트러스 사이에 설치될 창호의 하중에 의한 처짐 검토 등에 대한 구조 계산서를 제출하여 승인을 받는다.
- 실물모형시험 등을 통하여 풍하중 등에 대한 안전성, 수밀성, 기밀성 등을 확인받아야 한다.
- 타워크레인에 의한 양중은 스프레더 빔, 와이어 등을 이용하여 트러스 부재가 기울어지거나 과도한 응력이 걸리지 않도록 시공하여야 한다.
ⓜ GPC 공법 : 마감재인 화강석판을 외부에 선설치한 PC를 생산하여 현장에서 조립하는 PC 커튼월 공법의 일종이다.
- GPC 공사의 성패요인은 자재 수급 및 악천후에 대한 대책 수립에 있다.
- 석공사와 골조의 동시 시공으로 공기를 단축하고 원가 절감을 한다.
- 외부 고소작업의 기계화 시공에 따른 안전성 확보가 가능하다.
- 재래식 석골사를 위한 장식 기둥 및 보를 RC조에서 철골조로 변경하여 공기를 단축한다.
- 공종 단순화에 의한 생력화를 실현한다.
- 석재의 선정
    - 사용실적이 있고, 변색·백화가 없었던 석재를 사용하고, 투수성을 확인한다.
    - 석재 두께는 25[mm] 이상이며 시어 커넥터(Shear Connector) 구멍을 핸드드릴로 시공할 경우는 30[mm] 이상이다.

- 시어 커넥터의 배치
  - 가로세로 균등 배치
  - 횡 방향(긴 방향) 배치
  - 석재 균열 시 탈락방지를 고려
  - 석재 단부 위치 고려
- GPC 배면처리 : 방수, 방습, 비석재 오염성, 방수적 일체성, 변형 추종성, 비산방지성, 내구성
- 수지의 종류 : 2액형(에폭시 + 폴리설파이드계), 1액형(에폭시 + 변성고무계, 공기 중 습기로 경화)

④ 절충 공법 : 반건식공법
  ㉠ 특 징
  - 시공방법이 비교적 간단하다.
  - 석재 고유의 무늬를 살릴 수 있다.
  - 비교적 작은 (60~80[mm]) 마감치수로 내부공간 활용이 가능하다.
  - 내부 벽체 시공에 가장 일반적으로 쓰인다.
  - 내벽 대리석 또는 화강석을 실줄눈(2~3[mm])으로 시공하는 경우에 적용한다.
  ㉡ 시공 시 유의사항
  - 석고는 접착력이 약하여 가벼운 충격에도 돌과 이탈하여 아래로 흘러내리므로 사용 시 동선이나 스테인리스봉으로 감싸야 한다.
  - 석고를 사용하는 공법이므로 외부에 사용할 수 없다.
  - 차량 이동통로 및 화물 적재, 하차 공간 등 충격이 발생할 수 있는 부위는 사춤을 하여 석재 손상에 대비해야 한다.

10년간 자주 출제된 문제

4-1. 석재붙임을 위한 앵커긴결공법에서 일반적으로 사용하지 않는 재료는?
① 앵 커
② 볼 트
③ 연결철물
④ 모르타르

4-2. 석재 사용상의 주의사항 중 옳지 않은 것은?
① 동일 건축물에는 동일 석재로 시공하도록 한다.
② 석재를 다듬어 사용할 때는 그 질이 균질한 것을 사용하여야 한다.
③ 인장 및 휨모멘트를 받는 곳에 보강용으로 사용한다.
④ 외벽, 도로포장용 석재는 연석 사용을 피한다.

4-3. 석공사에서 건식공법에 관한 설명으로 옳지 않은 것은?
① 하지철물의 부식문제와 내부단열재 설치문제 등이 나타날 수 있다.
② 긴결 철물과 채움 모르타르로 붙여 대는 것으로 외벽공사 시 빗물이 스며들이 들뜸, 백화현상 등이 발생하지 않도록 한다.
③ 실란트(Sealant) 유성분에 의한 석재면의 오염문제는 비오염성 실란트로 대체하거나 오픈 조인트(Open Joint)공법으로 대체하기도 한다.
④ 강재트러스, 트러스지지공법 등 건식공법은 시공 정밀도가 우수하고, 작업능률이 개선되며, 공기 단축이 가능하다.

|해설|

4-1
모르타르는 앵커긴결공법에서 일반적으로 사용하지 않는 재료이다.

4-2
인장강도, 휨강도가 약하므로 인장 및 휨모멘트를 받는 곳에 사용하지 않고 압축응력을 받는 곳에 사용한다.

4-3
건식공법에서는 모르타르를 사용하지 않으므로 백화현상이 방지된다.

정답 4-1 ④ 4-2 ③ 4-3 ②

CHAPTER 05 건설재료학

핵심이론 01 | 건설재료 일반

① 재료의 기계적 성질(역학적 성능)
   ㉠ 경도(Hardness) : 재료의 단단한 정도
   ㉡ 강성(Stiffness) : 외력을 받았을 때 변형에 저항하는 성질
   ㉢ 전성 : 재료를 두들길 때 얇게 펴지는 성질
   ㉣ 연성 : 가늘고 길게 늘어나는 성질
   ㉤ 인성(Toughness) : 질긴 성질
   ㉥ 취성(Brittleness) : 작은 변형에도 파괴되는 성질
   ㉦ 탄성(Elasticity) : 힘을 제거하면 본래 상태로 되돌아가려는 성질
   ㉧ 소성(Plasticity) : 힘을 제거해도 본래 상태로 돌아가지 않고 영구 변형이 남는 성질
   ㉨ 피로파괴 : 재료의 하중이 반복하여 작용할 때 정적 강도보다 낮은 강도에서 파괴되는 것

② 건축구조재료의 요구성질(성능)
   ㉠ 역학적 성질 : 물체의 운동에 관한 성질
      • 강도, 강성, 탄성, 소성, 내피로성 등
      • 역학적 성질은 마감재료에서 필요성이 가장 작다.
   ㉡ 물리적 성질 : 비중, 밀도, 융점, 팽창계수, 비열 등
   ㉢ 화학적 성질 : 내부식성, 방청성, 내열성, 내화성 등

③ 제품 품질시험의 종류
   ㉠ 기와 : 휨강도, 흡수율
   ㉡ 타일 : 뒤틀림과 치수의 불규칙도, 흡수율, 내균열성, 내마모성, 꺾임강도, 내동해성, 내약품성, 미끄럼저항성
   ㉢ 벽돌 : 압축강도, 흡수율 등
   ㉣ 내화벽돌 : 내화도, 압축강도, 하중연화점 등

④ 건설재료 관련 제반사항
   ㉠ 환경표지 : 건설자재의 환경성에 대한 일정기준을 정하여 에너지 절약, 유해물질 저감, 자원의 절약 등을 유도하기 위하여 제품에 부여하는 인증제도
   ㉡ 콘크리트, 석재, 알루미늄 등은 화재 시 가열에 대하여 연소되지 않고 방화상 유해한 변형, 균열 등 기타 손상을 일으키지 않으며, 유해한 연기나 가스를 발생하지 않는 불연재료에 해당된다.
   ㉢ 바닥재
      • 하중조건에 대응하는 강도 및 강성을 가져야 한다.
      • 바닥이 미끄럽지 않을 정도의 마찰계수를 지녀야 한다.
      • 자연석과 인조석은 일반적으로 차갑고 단단하므로 거주 성능이 나쁘다.
      • 아스팔트계 시트는 내유성, 내산성이 우수하나 내알칼리성이 나쁘다.
      • 탄성우레탄수지 바름바닥 : 적당한 탄성이 있고, 내마모성, 흡습성이 있어 아파트, 학교, 병원 복도 등에 사용되는 바닥마감재
      • 리놀륨 : 리녹신에 수지, 고무물질, 코르크분말 등을 섞어 마포(Hemp Cloth) 등에 발라 두꺼운 종이 모양으로 압면·성형한 바닥마감재
   ㉣ 가류고무 : 생고무에 유황을 혼합하여 그 물리적, 화학적 성질을 개량하여 전선피복, 파이프, 호스, 스펀지 등에 사용되는 고무

10년간 자주 출제된 문제

1-1. 건축구조재료의 요구성능에는 역학적 성능, 화학적 성능, 방화·내화성능 등이 있는데 그중 역학적 성능에 해당되지 않는 것은?

① 내열성　　② 강 도
③ 강 성　　④ 내피로성

1-2. 다음 제품의 품질시험으로 옳지 않은 것은?

① 기와 : 흡수율과 인장강도
② 타일 : 흡수율
③ 벽돌 : 흡수율과 압축강도
④ 내화벽돌 : 내화도

|해설|
1-1
내열성은 내화 성능에 해당된다.
1-2
기와 : 휨강도, 흡수율

정답 1-1 ①　1-2 ①

핵심이론 02 | 목 재

① 목재의 개요

㉠ 목재의 장단점

장 점	단 점
• 가볍고 가공이 용이하다.	• 화재에 약하다.
• 비중에 비해 강도가 크다.	• 흡수성, 흡습성이 커서 변형되기 쉽다.
• 음(音)의 흡수, 차단성이 크다.	• 습기가 많은 곳에서 부식하기 쉽다.
• 충격, 진동 등의 흡수성이 크다.	• 충해나 풍화에 의해 내구성이 떨어진다.
• 열전도율이 작아 보온, 방한이 우수하다.	• 큰 부재를 얻기 어렵다.
• 열전도도가 아주 낮아 여러 가지 보온재료로 사용된다.	• 계절, 방향, 부분에 따라 강도 변화가 심하다.
• 재료의 선택이 다양하고, 재생이 가능하다.	• 목재 자체의 부분적 조직의 결함을 갖고 있다(옹이, 썩음, 껍질박이, 송진구멍 등).
• 종류가 많고 각각 다른 무늬가 있어 외관이 수려하여 가구재, 내장재로 적합하다.	

㉡ 목재의 취급단위

구 분		단위	[m³]	재(才)	bf
입방 [m]	1[m]×1[m] ×1[m]	[m³]	1	299.475	488.475
재(才)	1치×1치 ×12자	재(才)	0.00324	1	1.42
보드 피트	1′×12″ ×12″	bf	0.00228	0.703	1
섬(石)				83.3	

㉢ 목재의 치수 표시

• 제재치수 : 제재 시 톱날의 중심 간 거리로 표시하는 목재치수이며 일반재, 구조재, 수장재에 사용된다.

• 제재 정치수 : 제재하여 나온 목재 자체의 정미치수이며 일반재에 사용된다.

• 마무리치수(Finishing Size) : 제재목을 치수에 맞추어 깎고 다듬어 대패질로 마무리한 치수이며, 창호재, 가구재 등에 사용된다. 마무리치수보다 3.5 [cm] 더 크게 주문한다.

② 침엽수와 활엽수

침엽수(Soft Wood)	활엽수(Hard Wood)
• 단단한 잎을 가진 수목의 총칭이다. • 잎이 바늘처럼 가늘고 길다. • 섬유세포의 길이가 길다. • 나무결이 곧고 연하며, 비중이 작아 가볍다. • 탄력성이 있으며, 내구성이 우수하다. • 줄기가 곧게 뻗어 기둥 등의 구조재로 적당하다. • 성장이 느려 사용하기까지 30년 정도 걸린다. • 종류로는 낙엽송, 노송나무, 삼나무, 소나무, 은행나무, 잣나무, 전나무 등이 있다. • 목조 건물의 기둥이나 침목 등과 같이 건축이나 토목시설의 구조재료로 사용된다. • 침엽수의 수지구는 수지의 분비, 이동, 저장의 역할을 한다.	• 넓은 잎을 가진 수목의 총칭이다. • 일반적으로 침엽수에 비해 치밀하고 단단하다. • 연하고 잎이 넓고 세포의 길이가 짧다. • 물관의 지름이 크며, 세포막의 벽이 얇아 질기지 못하다. • 수선은 침엽수에서는 가늘어 잘 보이지 않으나 활엽수에는 잘 나타난다. • 도관은 활엽수에만 있는 관으로 변재에서 수액을 운반하는 역할을 한다. • 변재는 심재보다 수피 쪽에 가까이 위치한다. • 목세포는 가늘고 긴 모양으로 침엽수에서는 가도관 역할을 한다. • 무늬가 아름답지만 잘 부러지는 경향이 있다. • 다양한 종류로 성질이 일정하지 않다. • 종류로는 느티나무, 단풍나무, 떡갈나무, 나왕, 밤나무, 오동나무, 참나무 등이 있다. • 목리(내부요소 등 구성요소가 줄모양으로서 육안으로 보이는 것)가 곧은 것이 적어 구조재로는 사용되지 않는다. • 목리의 변화가 많아 아름다운 무늬를 띤 것이 있고, 이것을 얇게 잘라 치장합판의 표면재(가구재, 장식재)로 널리 사용한다.

◎ 목재 중의 수분
- 자유수
  - 세포 내공, 세포와 세포 사이에 포함된 수분이다.
  - 이동이 쉬워서 자유수의 증감은 목재의 중량과 열, 전기, 충격에 대한 성질에 영향을 준다.
- 흡착수(결합수)
  - 세포막 중에 세포질과 결합 흡착된 수분이다.
  - 이동이 곤란하고 수축, 팽창에 영향을 준다.
  - 목재의 물리적 또는 기계적 성질에 많은 영향을 미친다.

⑪ 목재의 나뭇결(목리)
- 널결(Flat Grain) : 목재를 연륜(나이테)에 접선방향으로 켠 목재면에 나타나는 물결모양(곡선모양)의 나뭇결로 결이 거칠고 불규칙하다.
- 곧은결(Straight Grain) : 목재를 연륜(나이테)에 직각방향으로 켠 목재면에 나타나는 평행선상의 나뭇결로 일반적으로 외관이 아름답고 널결에 비해 수축변형이 적으며 마모율도 낮다.
- 무늿결 : 나뭇결이 여러 가지 원인으로 인하여 불규칙하지만 아름다운 무늬를 나타내는 상태의 나뭇결
- 엇결 : 목섬유가 꼬여 나뭇결이 엇갈나게 나타나는 상태의 나뭇결

⊗ 목재 관련 제반사항
- 생목의 도장이 곤란하다.
- 물속에 담가 둔 목재, 땅 속 깊이 묻은 목재 등은 산소부족으로 균의 생육이 정지되고 썩지 않는다.
- 섬유포화점(Fiber Saturation Point)
  - 목재에서 흡착수만이 최대 한도로 존재하고 있는 상태점이다.
  - 세포 사이의 수분은 건조되고, 섬유에만 수분이 존재하는 상태를 말한다.

② 목재의 조직(구조)
㉠ 수심 : 나무의 중심으로 색깔이 진하다.
㉡ 춘재(Spring Wood) : 봄과 여름에 생긴 세포로 이루어진 부분
- 세포는 크고 세포막은 얇고 연하다.
- 거칠고 색이 엷다.
㉢ 추재(Autumn Wood) : 가을과 겨울에 생긴 세포로 이루어진 부분
- 추재의 세포막은 춘재의 세포막보다 두껍고 조직이 치밀하다.
- 세포는 작고 세포막은 두껍고 치밀하다.
- 조직이 치밀하고 색이 짙다.
㉣ 나이테(연륜, Annual Ring) : 춘재와 추재의 1쌍의 너비를 합한 것
- 횡단면상에 나타나는 동심원 조직이다.
- 목재의 성질을 판별하는 주요 요소이다.
- 연륜밀도가 클수록 강도가 크다.
- 침엽수보다 활엽수에서 더 확실하게 나타난다.

- 연중 기후의 변화가 없는 열대지방에서는 형성되지 않거나 명확하지 않다.
ⓜ 심 재
- 수심의 주위에 둘러져 있는 생활기능이 줄어든 세포의 집합이다.
- 심재가 변재보다 신축 등 변형이 작다.
- 일반적으로 심재가 변재보다 단단하여 강도가 크다.
- 심재가 변재보다 내후성, 내구성이 크다.
ⓑ 변 재
- 심재 외측과 수피 내측 사이에 있는 생활세포의 집합이다.
- 수액의 통로이며 양분 저장소이다.
- 변재가 심재보다 다량의 수액을 포함하고 있어 비중이 작다.
- 심재보다 수축이 크다.

③ 목재의 비중
  ㉠ 비중의 개요
    - 비중은 같은 체적의 4[℃]의 물의 중량과 비교한 값이다.
    - 목재의 비중은 수종, 세포의 크기, 세포막의 두께, 이들의 상호 연관성, 함수 정도 등에 따라 다르다.
    - 비중이 큰 나무는 단단하며 수축, 팽창, 변형이 크고 색채가 진한 것이 많다.
    - 비중이 클 경우 건조속도가 늦고 가공이 힘들다.
    - 목재의 영계수는 비중에 비례하고, 무거운 것일수록 단단하다.
  ㉡ 목재 비중의 종류
    - 생재 비중 : 수목을 벌채한 직후의 비중
    - 진 비중
      - 공극을 함유하지 않는 비중이다.
      - 실질 중량/실질 용량
      - 물을 포함하지 않은 세포벽의 진 비중은 목재의 종류에 관계없이 거의 일정하며 그 수치는 1.54(또는 1.5)이다.
    - 통상 비중 : 공극을 함유한 용적 중량이며 일반적으로 목재의 비중은 기건 상태의 겉보기 비중(0.4~0.6 정도) 함수율에 따라 생재 비중, 기건 비중, 표준 비중, 절건 비중 등으로 구분된다.
      - 기건 비중 : 대기 중에 장기간 방치하였을 때의 비중
      - 절건 비중(절대건조 비중) : 수분을 포함하고 있지 않을 때의 비중

④ 함수율과 공극률
  ㉠ 함수율 : 목재 중에 수분을 전건 상태의 목재 무게로 나누어 100을 곱한 값
    - 함수율 $= \dfrac{건조\ 전\ 중량 - 전건\ 중량}{전건\ 중량} \times 100[\%]$
    - 목재가 대기의 온도와 습도에 맞게 평형에 도달한 상태를 의미하는 기건 상태의 함수율은 약 15[%]이다.
    - 목재에서 흡착수만이 최대 한도로 존재하고 있는 상태인 섬유포화점(Fiber Saturation Point)의 함수율은 중량비로 약 30[%] 정도이다.
  ㉡ 공극률
    $= \left[\dfrac{절대건조밀도 - 단위용적당\ 질량}{절대건조밀도}\right] \times 100[\%]$
    또는 $\left[1 - \dfrac{절대건조\ 비중}{진비중}\right] \times 100[\%]$ (여기서, 진비중 : 1.5 또는 1.54)

⑤ 목재의 강도와 경도
  ㉠ 인장강도 : 목재를 양방향에서 잡아당기는 외부의 힘에 대한 저항력
    - 가력 방향이 섬유 방향의 평행인 경우 가장 크다.
    - 가력 방향이 섬유 방향의 직각인 경우 가장 작다.
  ㉡ 압축강도 : 목재의 양방향에서 내부로 미는 힘에 대한 저항력
    - 가력 방향이 섬유 방향과 평행인 경우 가장 크다.
    - 가력 방향이 섬유 방향과 직각인 경우 가장 작다.
    - 기건 비중이 클수록 압축강도는 증가한다.
    - 옹이가 있으면 압축강도는 저하되고 옹이 지름이 클수록 더욱 감소한다.
  ㉢ 전단강도 : 목재에 전단력(Shearing Force)을 가할 때 재료가 전단파괴가 일어나는 최대 응력
    - 가력 방향이 섬유 방향의 평행인 경우 가장 작다.
    - 가력 방향이 섬유 방향의 직각인 경우 가장 크다.
  ㉣ 휨강도 : 목재의 양 끝을 받친 상태에서 가해지는 하중에 의한 힘에 저항하는 힘의 크기
  ㉤ 경 도
    - 목재의 면 중에서 마구리 면이 약간 크고, 무늬결과 곧은결의 차이는 크지 않다.

- 춘재보다 추재부의 경도가 크다.
- 목재의 비중이 크고, 수지의 함유량이 클수록 경도가 크다.
- 목재의 함수율이 작을수록 경도가 크다.

ⓗ 목재의 강도 관련 제반사항
- 목재의 강도와 경도는 같은 수종이라도 산지, 수령, 수간에서의 위치, 연륜, 연륜의 폭, 옹이나 목재의 흠, 비중, 함수율, 가력 방향 등에 따라 다르다.
- 목재는 비중에 비하여 강도가 크다.
- 목재의 비중과 강도는 대체로 비례한다.
- 섬유포화점 이상에서는 강도의 변화가 거의 없다.
- 섬유포화점 이하에서는 함수율 감소에 따라 강도가 증대한다.
- 섬유포화점 이하에서 인성은 감소한다.
- 목재의 건조는 중량을 경감시키지만 강도는 증가된다.
- 벌목의 계절은 목재의 강도에 영향을 끼친다.
- 일반적으로 응력의 방향이 섬유 방향에 평행인 경우 압축강도가 인장강도보다 작다.
- 목재의 섬유 방향의 강도의 일반적인 대소관계 : 인장강도 > 휨강도 > 압축강도 > 전단강도
- 옹이가 많을수록 인장강도, 압축강도, 휨강도 등이 감소한다.
- 소나무(육송)의 강도
  - 소나무의 강도 중 휨강도가 가장 크다.
  - 소나무의 비강도는 매우 우수하다.

⑥ 목재의 성질
㉠ 목재의 역학적 성질
- 목재 섬유 평행방향에 대한 인장강도가 다른 여러 강도 중 가장 크다.
- 목재를 휨부재로 사용하여 외력에 저항할 때는 압축, 인장, 전단력이 동시에 일어난다.
- 목재의 전단강도는 섬유간의 부착력, 섬유의 곧음, 수선의 유무 등에 의해 결정된다.
- 목재의 압축강도는 옹이가 있는 경우 감소한다.

㉡ 목재의 신축(용적변화, 팽창수축)
- 증가요인 : 비중, 밀도, 변재, 연륜의 접선 방향(널결, 널결폭, 널결 방향), 급속하게 건조된 목재
- 감소요인 : 심재, 연륜에 직각 방향(곧은결, 곧은결 폭, 곧은결 방향), 완만히 건조된 목재
- 섬유 방향은 거의 수축하지 않는다.
- 변재는 심재보다 신축이 크다.
- 신축의 정도는 수종에 따라 상이하다.
- 함수율 변화에 따른 신축 변형이 크지만, 섬유포화점 이상에서는 함수율의 변화에 따른 신축 변동이 거의 없다.
- 수축이 과도하거나 고르지 못하면 할열, 비틀림 등이 생긴다.

㉢ 열전도율과 열적 성질
- 목재는 공극을 많이 함유하기 때문에 열전도율이 작아서 보온재로 사용된다.
- 목재는 불에 타는 단점이 있으나 열전도율이 낮아 여러 가지 용도로 사용된다.
- 열전도율은 함수율과 깊은 관계가 있다.
- 섬유에 평행한 방향의 열전도율은 섬유 직각 방향의 열전도율보다 크다.
- 목재 섬유 방향의 열전도율은 직각 방향의 약 2배가 된다.
- 겉보기 비중이 작은 목재일수록 열전도율이 작다.
- 가벼운 목재일수록 착화되기 쉽다.

㉣ 목재 화재 시 온도별 대략적인 상태 변화
- 100[℃] 이상 : 수분이 증발하기 시작하면서 분자수준에서 분해된다.
- 160[℃] 이상 : 점차 착색하여 탄화된 외관을 나타낸다.
- 200[℃] 이상 : 열분해가 급속하게 일어난다.
- 240[℃](225~260[℃]) : 목재의 인화점(Flash Point)이며 인화점 이상에서 가연성 가스가 발생하고, 불꽃을 내면 가연성 가스에 불이 붙으나 나무에는 불이 붙지 않는다.
- 260[℃](230~280[℃]) : 목재의 착화점(Burning Point)으로, 이 온도에서는 화원에 의해 분해가스가 인화되어 목재에 착염되고 연소되기 시작한다. 260[℃]로 장시간 가열하면 자연발화가 되기 때문에 이 온도가 화재위험온도라고 할 수 있다. 가연성 가스가 더욱 많아지고 불꽃에 의하여 목재에 불이 붙는다.
- 260~350[℃] : 열분해가 가속화된다.
- 450[℃](400~490[℃]) : 목재의 발화점(Ignition Point)이며 이 온도에서는 자연발화(별도의 화원이 없어도 착염하여 연소가 시작)한다.

ⓐ 목재의 내연성 및 방화
- 목재의 방화는 목재 표면에 불연소성 피막을 도포 또는 형성시켜 화염의 접근을 방지하는 조치를 한다.
- 방화재로는 방화페인트, 규산나트륨 등이 있다.
- 목재가 열에 닿으면 먼저 수분이 증발하고 160[℃] 이상이 되면 소량의 가연성 가스가 유출된다.
- 목재는 260[℃]에서 장시간 가열하면 자연발화하게 되는데, 이 온도를 화재위험온도라고 한다.

ⓑ 목재의 소리에 대한 성질 : 소리가 목재에 닿으면 흡수되고, 통과도 되고, 반사하기도 한다. 흡수하는 성질을 이용하여 건축물의 방음재로, 통과나 반사되는 성질을 이용하여 악기재료로 사용된다.

ⓒ 목재의 전기에 대한 성질
- 섬유 방향에 따라서 전기전도율이 다르다.
- 목재의 전기전도율은 함수율이 클수록 증가한다.
- 목재의 전기저항은 비중과 관련 있다.
- 건조된 목재는 전기적으로 부도체이나 함수율 증가에 따라 도체가 되기도 하는데, 목재의 함수율 측정기는 이 원리를 이용한 것이다.

⑦ 목재의 건조
ⓐ 목재 건조의 목적
- 목재수축에 의한 손상방지
- 목재강도의 증가
- 목재중량의 경감
- 균류 발생의 방지(균류에 의한 부식방지)
- 도장성의 개선
- 전기절연성의 증가

ⓑ 목재 건조의 특성
- 건조재는 부식 가능성이 감소된다.
- 건조재는 수축 변형이 감소된다.
- 건조재의 함수율이 적을수록 강도는 증가된다.
- 온도가 높을수록 건조속도는 빠르다.
- 풍속이 빠를수록 건조속도는 빠르다.
- 목재의 비중이 작을수록 건조속도는 빠르다.
- 목재의 두께가 두꺼울수록 건조시간이 길어진다.
- 침엽수가 활엽수보다 건조가 빠르다.
- 생체를 수중에 일정기간 침수시키면 건조기간이 단축된다.

ⓒ 목재의 천연 건조의 특성
- 넓은 잔적(Piling) 장소가 필요하다.
- 비교적 균일한 건조가 가능하다.
- 기후와 입지의 영향을 많이 받는다.
- 열기건조의 예비건조로서 효과가 크다.

ⓓ 목재 건조법
- 침수 건조 : 생목을 수중에 수침시켜 수액을 용실(溶失)시킨 후 대기 건조시키는 방법이다.
- 열기 건조 : 건조실에 목재를 쌓고 온도, 습도, 풍속 등을 인위적으로 조절하면서 건조시키는 방법이다.

⑧ 목재의 흠(결점)
ⓐ 갈라짐 : 목질 부분의 수축에 의해 생긴 흠
ⓑ 껍질박이 : 수목이 성장 도중 세로 방향의 외상으로 수피가 말려 들어가 생긴 흠
ⓒ 썩정이 : 부패균이 목재 내부에 침입하여 섬유를 파괴시켜 생긴 흠
ⓓ 옹이 : 나무의 줄기에서 가지가 뻗어 나간 곳에 생기는 결점
ⓔ 지선 : 목재 내부에서 수지가 흘러나와 생긴 흠
ⓕ 컴프레션 페일러 : 벌채 시의 충격이나 그 밖의 생리적 원인으로 인하여 세로축에 직각으로 섬유가 절단된 형태

⑨ 목재의 방부
ⓐ 목재의 방부법
- 침지법 : 크레오소트유와 같은 방부제 용액에 담가 공기(산소)를 차단하여 방부처리하는 방법
- 표면탄화법 : 균에게 양분을 제공하는 목재 표면의 3~10[mm] 정도를 태워서 방부처리하는 방법
- 가압주입법 : 압력용기 속에 목재를 넣어서 처리하는 방법으로 가장 신속하고 효과적이다.
- 도포법 : 목재를 충분히 건조시킨 후 솔 등으로 약제(크레오소트유, 콜타르 칠, 아스팔트 방부칠 등)를 도포 및 뿜칠하여 방부처리하는 가장 간단한 방법이다.

ⓑ 방부처리 대상
- 건축용재
  - 내력 부분에 사용하는 목재로서 벽돌, 콘크리트, 흙, 기타 이와 유사한 함수성 물체에 접하는 부분에 사용하는 목재
  - 지표면상 1[m] 이하의 높이에 있는 기둥·가새 및 토대 등 부후의 우려가 있는 곳에 사용하는 목재

- 부엌과 욕실 부분의 축조 및 상판 등에 사용하는 목재
- 지붕재로 사용하는 목재로서 수시로 물을 접하는 풍판, 박공판, 서까래(부연 포함), 사래, 평고대 등에 사용하는 목재
- 땅에 묻히거나, 땅과 접하고 있거나, 물과 접하고 있는 기초공사용 피어(Pier)·부교·잔교·선창 등에 사용하는 목재
- 냉동창고와 같이 내부와 외부의 온도차에 의해 결로가 생기기 쉬운 곳에 사용하는 목재

- 토목용재
  - 철도 목침목 : 교량침목, 분기침목, 이음매침목, 지하철 단목 등으로 KS F 3005(가압식 크레오소트유 방부 침목)에 의해 처리하는 목침목
  - 교량 : 목조교량의 다리발, 도리 및 들보
  - 토류판 : 지하철공사, 도로공사 및 건축공사 등에 사용하는 흙받이용 목재로 3년 이상 계속 사용해야 할 목재
  - 사방공사용 목재 : 목재를 사용하는 사방공사 용재로 내구연한 3년 이상을 요구하는 목재
  - 항목 : 물에 잠기는 목재
  - 갱목 : 광산에서 내구연한 1년 이상을 요구하는 갱도용 목재

- 공업용재 : 전선드럼, 팰릿, 오니처리장 교반용재, 냉각탑재, 전주, 기계받침목 등

- 조경용재
  - 토공시설 : 목책, 목보도, 목블럭, 옹벽, 토류판, 화단, 모래밭 경계, 덱(Deck), 계단, 방음벽 등
  - 휴양시설 : 정자, 휴게실, 전망대, 산막, 방가로, 야외 탁자, 야외 벤치, 파고라, 목교 등
  - 놀이시설 : 복합놀이시설, 그네, 미끄럼틀, 시소, 평균대, 균형잡기대, 철봉대 등
  - 교양시설 : 야외 극장, 야외 음악당, 야외 관람석 등
  - 편의시설 : 화장실, 시계탑, 음수대, 버스승강장, 가로등 등
  - 관리시설 : 매표소, 안내판, 전화박스, 쓰레기통, 수목지주대 등

ⓒ 목재 방부처리 시 주의사항
- 방부처리한 목재는 인체에 해롭지 않고, 금속재를 녹슬게 하지 않아야 한다.
- 직접 우수를 맞는 곳에 쓴 방부처리 목재는 방수성이 있어야 한다.
- 화재의 위험이 있는 장소에는 방부처리물이 마감 표면 위로 흘러나오지 않도록 내화처리해야 한다.
- 방부처리에 지장이 없을 정도로 건조처리된 목재의 함수량은 운반 전 18[%] 정도이다.

ⓓ 목재방부제의 종류
- 수용성 목재방부제 : 물에 용해해서 사용하는 목재방부제
- 유화성 목재방부제 : 유성·유용성 목재방부제를 유화제로 유화하여 물로 희석해서 사용하는 목재방부제
- 유용성 목재방부제 : 경유, 등유 및 유기용제를 용매로 용해하여 사용하는 목재방부제
- 유성 목재방부제 : 원액의 상태에서 사용하는 유상의 목재방부제
- 마이크로나이즈드(Micronized) 목재방부제 : 성분을 초미립자 크기로 기계적으로 분쇄하고 물에 분산시켜 희석해서 사용하는 목재방부제

- 목재방부제의 종류 및 기호

목재방부제의 종류			기 호
수용성	구리·알킬암모늄 화합물계	1호	ACQ-1
		2호	ACQ-2
	크롬·플루오르화구리·아연화합물계		CCFZ
	산화크롬·구리화합물계		ACC
	크롬·구리·붕소화합물계		CCB
	구리·아졸화합물계	1호	CUAZ-1
		2호	CUAZ-2
		3호	CUAZ-3
	구리·사이크로헥실다이아제늄다이옥시-음이온화합물계	1호	CuHDO-1
		2호	CuHDO-2
		3호	CuHDO-3
	붕소·붕산화합물계		BB
	알킬암모늄 화합물계		AAC
유화성	지방산 금속염계		NCU
			NZN

목재방부제의 종류		기호
유용성	펜타클로로페놀	PCP
	유기아이오딘화합물계	IPBC
	유기아이오딘·인화합물계	IPBCP
	지방산 금속염계	NCU
		NZN
	테부코나졸·프로피코나졸· 3-아이오딘-2-프로피닐 부틸카바메이트	Tebuconazole, Propiconazole, IPBC
유성	크레오소트유 1호	A-1
	크레오소트유 2호	A-2
마이크로 나이즈드	마이크로나이즈드 구리·알킬암모늄화합물	MCQ

ⓜ 대표적인 목재방부제
- 크레오소트유(Creosote Oil)
  - 목재용 유성방부제의 대표적인 방부제이다.
  - 방부성이 우수하다.
  - 처리재는 갈색으로 가격이 저렴하여 많이 사용되는 방부제이다.
  - 독성이 적다.
  - 자극적인 냄새, 악취가 난다.
  - 흑갈색으로 외관이 미려하지 않아 눈에 보이지 않는 토대, 기둥, 도리 등에 이용된다.
- PCP(Penta-Chloro Phenol) 방부제
  - 유용성(油溶性) 방부제이다.
  - 방부력이 매우 우수하다.
  - 자극적인 냄새가 난다.
  - 인체에 피해를 주어 사용이 규제되고 있다.
- 기타 목재방부제
  - 황산구리 1[%]의 수용액 : 방부성은 좋으나 철재를 부식시키며 인체에 유해하다.
  - 유성 페인트 : 방부·방습효과가 있고, 착색이 자유로워 외관을 미화하는 데 효과적이다.

⑩ 내화·방화·신축방지
  ㉠ 목재의 내화
   - 목재의 발화온도는 450[℃] 이상이다.
   - 목재의 밀도가 클수록 착화가 어렵다.
   - 수산화나트륨 도포는 목재의 방화에 효과적이다.
   - 목재의 대단면화는 안전한 목재방화법이다.

  ㉡ 목재의 방화
   - 목재 표면에 방화페인트 도포, 불연소성 피막 도포 또는 형성으로 화염의 접근을 방지한다.
   - 암모니아염류의 약제를 도포 주입하여 가연성 가스의 발생을 적게 하거나 인화를 곤란하게 한다.
   - 목재 표면에 플라스터바름을 하여 위험온도에 달하지 않도록 한다.
   - 목재의 방화제 종류 : 방화페인트, 암모니아염류(인산암모늄, 붕산암모늄 등), 제2인산암모늄, 인산나트륨, 규산나트륨, 수산화나트륨 등

  ㉢ 목재의 신축(용적변화, 팽창수축)을 감소시키는 방법
   - 사용하기 전에 충분히 건조시켜 균일한 함수율이된 것을 사용할 것
   - 가능한 한 곧은결 목재를 사용할 것
   - 가능한 한 고온처리된 목재를 사용할 것
   - 파라핀, 크레오소트 등을 침투시켜 사용할 것

⑪ 목재 제품
  ㉠ 경질 섬유판(Hard Fiber Board)
   - 펄프를 접착제로 제판하여 양면을 열압건조시킨 것이다.
   - 비중이 0.8 이상이다(비중 0.8~1.0).
   - 가로와 세로의 신축이 거의 같으므로 비틀림이 없다.
   - 표면이 평활하고 경도와 내마모성이 크다.
   - 시공과 가공이 용이하다.
   - 강도 및 경도가 비교적 큰 보드(Board)가 수장판으로 사용된다.

  ㉡ 무늬목(Wood Veneer) : 아름다운 원목을 종이처럼 얇게 벗겨내 합판 등의 표면에 부착시켜 장식재로 사용된다.

  ㉢ MDF(Medium-Density Fiberboard, 중밀도 섬유판재)
   - 나무를 가공할 때 생기는 톱밥이나 남은 나무에서 섬유질만 분리해서 접착제를 바르고 강한 압력으로 압축한 목재 제품이다.
   - 직사각형으로 자른 얇은 나뭇조각을 서로 직각으로 겹쳐지게 배열하고 방수성 수지로 강하게 압축가공한 보드이다.
   - 목재 조각을 고온·고압하에 섬세하게 특수접착제와 함께 열압성형한 섬유판(Fiber Board)으로, 비중은 0.4~0.8이다.

- 작업이 용이하고 싸다.
- 수축, 팽창이 거의 없다.
- 천연목재보다 강도가 크고 변형이 작다.
- 재질이 천연목재보다 균일하다.
- 한 번 고정철물을 사용한 곳에는 재시공이 어렵다.
- 나무의 질감이 유지되지 않는다.
- 충격에 약한 편이고, 나사못 유지력이 약하다.
- 습기에 약하다.
- 도료를 흡수하므로 도장이 어렵다. 따라서 도장을 하려면 접착제로 표면에 무늬목을 붙이거나 퍼티를 그 위에 바르고 도장하는 불편함이 따른다.

㉣ 연질 섬유판(Soft Insulation Board)
- 비중이 0.40 이하인 섬유판이다.
- 천장널, 차음판 등으로 쓰인다.
- Semi-rigid 연질 섬유판은 비중이 0.02~0.15이다.
- Rigid 연질 섬유판은 비중이 0.15~0.40이다.

㉤ OSB(Oriented Strand Board) : 길고 얇은 나뭇조각들을 표면층은 보드방향으로, 심층은 보드의 횡 방향으로 배열시키고, 내수수지로 압착가공한 보드이다. 밀도와 강도가 높고 내장용, 외장용으로 사용한다.

㉥ 집성목재(집성재)
- 제재판재 또는 소각재 등의 각판재를 서로 섬유 방향으로 평행하게 길이·너비 및 두께 방향으로 겹쳐 접착제로 붙여서 만든 것이다.
- 요구된 치수, 형태의 재료를 비교적 용이하게 제조할 수 있다.
- 충분히 건조된 건조재를 사용하므로 비틀림 변형 등이 생기지 않는다.
- 목재의 강도를 인공적으로 자유롭게 조절할 수 있다.
- 소판이나 소각재의 부산물 등을 이용하여 접착, 접합에 의해 소요 형상의 인공목재를 제조할 수 있다.
- 판재와 각재를 접착제로 결합시켜 대재(大材)를 얻을 수 있다.
- 보, 기둥 등의 구조재료로 사용할 수 있다.
- 옹이, 균열 등의 결점을 제거하거나 분산시켜 균질의 인공목재로 사용할 수 있다.
- 임의의 단면 형상을 갖도록 제작할 수 있어 목재 활용면에서 경제적이다.
- 응력에 따라 필요한 단면을 만들 수 있다.
- 길고 단면이 큰 부재를 만들 수 있다.
- 구조용 집성재의 품질기준에 따른 구조용 집성재의 집착강도시험 : 침지박리시험, 블록전단시험, 삶음박리시험 등

㉦ 코르크판(Cork Board) : 코르크나무의 수피를 분말로 가열, 성형, 접착하여 만든 제품이다. 유공판으로 단열성·흡음성 등이 있어 천장 등에 흡음재로 사용된다.

㉧ 코펜하겐 리브(Copenhagen Rib) : 강당, 집회장 등의 음향 조절용으로 쓰이거나 일반 건물 벽의 수장재로 사용하여 음향효과를 거둘 수 있는 목재 가공품으로 표면은 요철로 처리되어 있다.

㉨ 파키트리 보드(Parquetry Board) : 견목재판을 두께 9~15[mm], 너비 60[mm], 길이는 너비의 3~5배로 한 것으로, 제혀쪽매로 하고 표면은 상대패로 마감한 판재이다.

㉩ 파키트리 블록(Parquetry Block) : 파키트리 보드를 3~5장씩 상호 접합하여 각판으로 만들어 방습처리한 것으로, 모르타르나 철물을 사용하여 콘크리트 마루 바닥용으로 사용되는 것이다.

㉠ 파키트리 패널(Parquetry Panel) : 두께 9~15[mm], 너비 60[mm] 길이는 너비의 정수배로 양측면은 제혀쪽매로 가공한 우수한 마루판재이다.

㉡ 파티클 보드(Particle Board)
- 목재, 기타 식물의 섬유질소편(식물 섬유질을 작은 조각으로 잘게 썰거나(절삭) 파쇄한 것)을 충분히 건조시킨 후 합성수지와 같은 유기질 접착제를 첨가하여 열압 제조한 목재 제품
- 별칭 : 칩보드

㉢ 파티클 보드 치장판(Dressed Particle Board) : 보드의 표면을 아름답게 치장한 것으로 표면의 치장층에 따라 다음과 같이 구분한다.
- 단판처리 파티클 보드 치장판 : 표면에 치장 단판을 접착하여 만든 것
- 플라스틱 처리 파티클 보드 치장판 : 보드의 표면에 합성수지계 시트 또는 필름을 접착하여 만든 것
- 도장 파티클 보드 치장판 : 표면에 합성수지 도료를 사용하여 소부도장처리한 것

㉣ 플로어링 블록(Flooring Block)
- 판자의 한쪽 옆에는 홈을 내고 다른 쪽에는 촉을 만들어 끼워 맞추기 편리하도록 만든 가공재이다.

- 두께 1.5~2[cm]인 판 3~4매를 철물로 뒷면과 마구리를 쪽매한 장식용 판재로 되어 있다.
- 콘크리트 기초 바닥에 시멘트 모르타르 밀착 접착으로 시공되어 내구력이 반영구적이다.
- 방음력, 보온력이 우수하다.
- 자연목질 원형 그대로 유지하여 적용범위가 매우 양호하다.
- 참나무, 느티나무, 미송, 나왕 등과 같이 무늬가 아름답고 단단한 목재가 이용된다.
- 바닥재로 사용된다(학교 교실, 유치원, 보육원, 병원, 사무실, 공장(실내용), 상가 등).

㉮ 합 판
- 3장 이상의 단판(Veneer)을 섬유 방향이 서로 직교하도록 홀수로 적층하면서 접착시켜 합친 판이다.
- 방향에 따른 강도차가 작아 균일한 강도의 재료를 얻을 수 있다.
- 곡면가공을 해도 균열이 생기지 않는다.
- 여러 가지 아름다운 무늬를 얻을 수 있다.
- 함수율 변화에 의한 신축 변형이 작다.
- 함수율 변화에 따라 팽창·수축의 방향성이 없다.
- 뒤틀림이나 변형이 작은 비교적 큰 면적의 평면재료를 얻을 수 있다.
- 표면가공법으로 흡음효과를 낼 수 있고 의장적 효과도 높일 수 있다.

㉯ 듀리졸(Durisol) : 목모(Wood Wool)시멘트판을 개선한 것으로서 목모시멘트판의 목모 대신에 폐기목재의 삭편(Particle)을 방부·방수처리 등의 화학처리를 하여 제작한 것으로 목편시멘트판이라고도 부른다.
- 비교적 두꺼운 판 또는 공동블록으로 제작된다.
- 판상형으로 된 것이 많으나 블록 또는 철근보강의 슬래브판 등도 있다.
- 마루, 지붕, 천장, 벽 등의 구조체, 경량의 방화보온재 등으로 사용된다.
- 성형 양생 후 잘 건조시키지 않으면 사용 후 수축 변형될 수 있다.

※ 연질섬유판, 코르크판, 코펜하겐 리브판 등은 흡음성을 이용하는 주요 용도가 유사한 목재 제품들이다.

10년간 자주 출제된 문제

2-1. 목재 조직에 관한 설명으로 옳지 않은 것은?
① 추재의 세포막은 춘재의 세포막보다 두껍고 조직이 치밀하다.
② 변재는 심재보다 수축이 크다.
③ 변재는 수심의 주위에 둘려져 있는 생활기능이 줄어든 세포의 집합이다.
④ 침엽수의 수지구는 수지의 분비, 이동, 저장의 역할을 한다.

2-2. 목재의 심재와 변재를 비교한 설명 중 옳지 않은 것은?
① 심재가 변재보다 다량의 수액을 포함하고 있어 비중이 작다.
② 심재가 변재보다 신축이 작다.
③ 심재가 변재보다 내후성, 내구성이 크다.
④ 일반적으로 심재가 변재보다 강도가 크다.

2-3. 건조 전 중량 5[kg]인 목재를 건조시켜 전건 중량이 4[kg]이 되었다면 이 목재의 함수율은 몇 [%]인가?
① 8
② 20
③ 25
④ 40

2-4. 목재의 절대건조 비중이 0.45일 때 목재 내부의 공극률은 대략 얼마인가?
① 10[%]
② 30[%]
③ 50[%]
④ 70[%]

2-5. 목재의 강도에 관한 설명으로 옳지 않은 것은?
① 목재의 건조는 중량을 경감시키지만 강도에는 영향을 끼치지 않는다.
② 벌목의 계절은 목재의 강도에 영향을 끼친다.
③ 일반적으로 응력의 방향이 섬유 방향에 평행인 경우 압축강도가 인장강도보다 작다.
④ 섬유포화점 이하에서는 함수율 감소에 따라 강도가 증대한다.

2-6. 목재의 신축에 관한 설명으로 옳은 것은?
① 동일 나뭇결에서 심재는 변재보다 신축이 크다.
② 섬유포화점 이상에서는 함수율의 변화에 따른 신축 변동이 크다.
③ 일반적으로 곧은결 폭보다 널결 폭이 신축의 정도가 크다.
④ 신축의 정도는 수종과 상관없이 일정하다.

10년간 자주 출제된 문제

2-7. 다음 중 목재의 건조 목적이 아닌 것은?

① 전기절연성의 감소
② 목재수축에 의한 손상방지
③ 목재강도의 증가
④ 균류에 의한 부식방지

2-8. 목재의 방부법으로 옳지 않은 것은?

① 침지법
② 표면탄화법
③ 가압주입법
④ 훈연법

|해설|

2-1
심재는 수심의 주위에 둘러져 있는 생활기능이 줄어든 세포의 집합이다.

2-2
변재가 심재보다 다량의 수액을 포함하고 있어 비중이 작다.

2-3
$$함수율 = \frac{건조\ 전\ 중량 - 전건\ 중량}{전건\ 중량} \times 100[\%]$$
$$= \frac{5-4}{4} \times 100[\%] = 25[\%]$$

2-4
$$공극률 = \left[1 - \frac{절대건조\ 비중}{1.54}\right] \times 100[\%]$$
$$= \left[1 - \frac{0.45}{1.5}\right] \times 100[\%] = 70[\%]$$

2-5
목재의 건조는 중량을 경감시키고, 강도는 증가한다.

2-6
① 동일 나뭇결에서 변재는 심재보다 신축이 크다.
② 섬유포화점 이상에서는 함수율의 변화에 따른 신축 변동이 거의 없다.
④ 신축의 정도는 수종에 따라 상이하다.

2-7
목재를 건조시키면 전기절연성이 증가한다.

2-8
목재의 방부법

- 침지법 : 크레오소트유와 같은 방부제 용액에 담가 공기(산소)를 차단하여 방부처리하는 방법
- 표면탄화법 : 균에게 양분을 제공하는 목재 표면의 3~10[mm] 정도를 태워서 방부처리하는 방법
- 가압주입법 : 압력용기 속에 목재를 넣어서 처리하는 방법으로, 가장 신속하고 효과적이다.
- 도포법 : 목재를 충분히 건조시킨 후 솔 등으로 약제(크레오소트유, 콜타르 칠, 아스팔트 방부칠 등)를 도포 및 뿜칠하여 방부처리하는 가장 간단한 방법이다.

정답 2-1 ③ 2-2 ① 2-3 ③ 2-4 ④ 2-5 ① 2-6 ③ 2-7 ① 2-8 ④

핵심이론 03 | 점토재

① 점토재의 개요

㉠ 점 토
- 천연산의 미세한 입자의 집합체로 습하면 가소성을 나타내고, 마르면 강성을 나타내며, 충분히 고온에서 구우면 소결하는 재료이다.
- 장석, 운모 및 규석으로 되어 있는 화강암과 기타 화성암이 열수작용이나 풍화작용을 받아서 생긴 생성물이며, 1차 점토와 2차 점토로 구분된다.
  - 1차 점토(잔류 점토) : 반응이 일어난 장소에 그대로 머물러 있거나 풍수작용을 받아 이동했더라도 멀리 가서 퇴적하지 않고 근방에 남아 있는 점토
  - 2차 점토(침적 점토) : 풍수작용을 심하게 받아 반응하여 생긴 장소에서 멀리 이동하고 천연적인 수비작용을 받아서 미세한 입자만 한곳에 모여 퇴적된 상태로 된 점토로, 비교적 양질이지만 유기물을 포함한다.
  - 1차 점토와 2차 점토의 비교

구 분	1차 점토	2차 점토
입자의 크기	크다.	작다.
가소성	낮다.	높다.
협잡물(철분, 유기물 등)	적다.	많다.
색 깔	백색에 가깝다.	색이 진하다.
건조강도	약하다.	강하다.

- 점토의 일반적인 종류

종 류	성 질	용 도
자 토	순백색이며 내화성이 우수하나 가소성은 부족하다.	도자기
내화 점토	회백색, 담색이며 내화도는 1,500[℃] 이상이며 가소성이 있다.	내화벽돌, 도자기, 유약원료
석기 점토	유색의 경고하고 치밀한 구조로 내화도가 높고 가소성이 있다.	유색 도기의 원료
석회질 점토	백색이며 용해되기 쉽다.	연질 도기의 원료
사질 점토	적갈색으로 내화성이 부족하다.	보통 벽돌, 기와, 토관의 원료

㉡ 점토의 성분
- 점토의 주성분 : 실리카(규산 SiO), 알루미나(Al_2O_3)
- 점토의 부성분 : 산화철(Fe_2O_3), 석회(CaO), 소다(Na_2O), 마그네시아(MgO), 산화칼륨(K_2O)
  - 부성분이 많으면 건조수축이 커서 고급 도자기 원료로 부적합하다.
  - 산화철(Fe_2O_3)이 많을수록 점토의 소성 색상은 짙은 적색이 된다.
- 입도(입자의 크기)는 보통 2[μm] 이하의 미립자지만 모래알 정도의 것(조립)도 약간 포함되어 있다.

㉢ 점토의 성질
- 비중은 일반적으로 2.5~2.6의 범위이다.
- 함수율은 모래가 포함되지 않은 것은 30~100[%]의 범위이다.
- 공극률(기공률)은 점토의 입자 간에 존재하는 모공용적으로 입자의 형상, 크기에 관계한다.
- 인장강도는 점토의 조직에 관계하며 입자의 크기가 큰 영향을 준다.
- 압축강도는 인장강도의 약 5배 정도이다.
- 점토를 가공소성하여 냉각하면 금속성의 강성을 나타낸다.
- 점토 제품의 색상은 철산화물 또는 석회물질에 의해 나타난다.
- 철산화물이 많으면 적색이 되고, 석회물질이 많으면 황색을 띤다.
- 점토를 소성하면 용적, 비중 등의 변화가 일어나며 강도가 현저히 증대된다.
- 저온으로 소성된 제품은 화학 변화를 일으키기 쉽다.
- 소성수축은 점토 내 휘발분의 양, 조직, 용융도 등이 영향을 준다.
- 수축은 건조 및 소성 시 일어나며, 건조수축은 점토의 조직에 관계하는 이외에 가하는 수량도 영향을 준다.
- 점토 제품의 성형에 있어 가장 중요한 성질은 가소성이다.
  - 습윤 상태에서는 가소성이 좋다.
  - 양질의 점토는 습윤 상태에서 현저한 가소성을 나타낸다.

- 점토의 가소성은 점토입자가 미세할수록 좋고 미세한 부분은 콜로이드의 특성을 가지고 있다.
- 가소성이 너무 크면 모래 또는 샤모트 등을 혼합하여 조절한다.
- 점토의 소성온도는 점토의 성분이나 제품의 종류에 따라 다르다.

② 점토 제품의 제조공정 : 점도 조절 → 혼합 → 원료 배합(반죽) → 성형 → 건조 → (시유) → 소성
- 점도 조절 : 원토 입고 및 수분을 조절한다.
- 혼합 : 각 제품별 혼합비에 맞춰 분쇄 및 혼합한다.
- 원료 배합(반죽) : 조합된 점토에 물을 부어 비벼 수분이나 경도를 균질하게 하고, 필요한 점성을 부여한다.
- 성형 : 진공성형을 통해 원료 속의 공기를 제거한 후 압축성형한다.
- 건조 : 자연건조 또는 소성가마의 여열을 이용한다.
- 시유 : 건조된 성형 제품에 다양한 색의 유약을 입혀 내식성, 내마모성, 광택효과를 향상시킨다.
- 소성 : 보통 터널요에 넣어서 서서히 가열시킨다.

⑩ 점토재 관련 제반사항
- 점토 제품에서 SK번호가 의미하는 것은 소성온도의 표시이다.
- 아스팔트 타일, 염화비닐 타일, 리놀륨 등은 건물 바닥용 제품들이다.
- 외벽용 타일 붙임재료로는 시멘트 모르타르가 가장 적합하다.

⑪ 세라믹
- 세라믹은 비금속 무기재료를 쓰고, 제조공정에 있어서 고온처리를 받은 생성물이다.
- 주원료는 가소성 부분(점토), 결정 부분(규석), 유리상 부분(장석) 등이다.
  - 가소성 부분 : 점토는 미세한 입자로 구성되어 있고 그 콜로이드성분이 성형에 필요한 가소성이나 작업성을 부여한다.
  - 결정 부분 : 규석은 내화성 결정부분으로 소지에 기계적 강도를 준다.
  - 유리상 부분 : 장석은 결합제 또는 유리상을 이루어 접착의 역할을 한다.
  - 이외에도 백운석, 석회석, 마그네사이트, 활석, 납석, 도석이나 유기첨가물 등이 사용된다.
- 세라믹의 특징 : 내열성, 내식성, 내마모성 등이 우수하지만 취성이 커서 잘 깨진다.

② 점토소성 제품(타일) 재료의 종류
㉠ 토기 : 소성온도 900[℃], 흡수율 20[%], 불투명 유색이며 기와벽돌 토관으로 사용된다.
㉡ 도기 : 소성온도 1,300[℃], 흡수율 10[%], 불투명 백색이며 실내벽용으로 사용된다.
㉢ 석기 : 소성온도 1,400[℃], 흡수율 5[%], 불투명 유색이며 외부 바닥용으로 사용된다.
㉣ 자기 : 소성온도 1,450[℃], 흡수율 1[%], 반투명 백색이며 주로 바닥용으로 사용된다.
- 양질의 도토 또는 장석분을 원료로 하는 점토 제품이다.
- 소성온도는 약 1,230~1,460[℃]로 점토소성 제품 중 가장 고온이다.
- 흡수율이 1[%] 이하로 흡수성이 극히 작다.
- 반투명한 백색을 띈다.
- 두드리면 청음이 발생한다.
- 조직이 치밀하고 도기나 석기에 비해 강하다.
- 점토소성 제품 중 경도와 강도가 가장 크다.
- 내장 타일, 외장 타일, 바닥 타일, 모자이크 타일, 고급 타일, 위생도기 등에 사용된다.

㉤ 건축용 세라믹 제품
- 점토 벽돌은 콘크리트벽돌에 비해 압축강도와 내투수성이 우수하다.
- 테라코타
  - 건축물의 패러핏, 주두 등의 장식에 사용되는 공동의 대형 점토제품이다.
  - 주로 석기질 점토나 철분이 많은 점토를 원료로 사용한다.
- 일반적으로 모자이크 타일 및 내장 타일은 건식법, 외장 타일은 습식법에 의해 제조된다.
- 다공벽돌은 내부의 무수히 많은 구멍으로 인해 절단, 못치기 등의 가공성이 우수하다.

③ 벽 돌
㉠ 경량 벽돌 : 저급점토, 목탄가루, 톱밥 등을 혼합하여 성형 후 소성한 것으로 단열과 방음성이 우수한 벽돌
㉡ 내화 벽돌
- 내화점토를 원료로 하여 소성한 벽돌이다.
- 제게르콘(SK) 26 이상(약 1,580[℃])의 내화도이다.

- 내화도 범위는 1,500~2,000[℃]이다.
- 내화 벽돌의 주원료 광물은 납석이다.
- 제품에 따라 내화온도가 다르다.
- 비중이 보통 점토 벽돌보다 높은 편이다.
- 규격치수는 표준형 점토 벽돌과 다르며 약간 크다.

ⓒ 다공 벽돌 : 점토에 톱밥, 겨, 탄가루 등을 혼합, 소성한 것으로 방음, 흡음성이 좋다.

ⓒ 오지 벽돌 : 벽돌에 오지물을 칠해 소성한 벽돌로서, 건물의 내·외장 또는 장식물의 치장에 쓰인다.

ⓒ 이형 벽돌 : 형상, 치수가 규격에서 정한 바와 다른 벽돌로서 특수한 구조체에 사용될 목적으로 제조된다.

ⓑ 점토 벽돌 또는 치장 벽돌
- 점토에 모래와 점성 조절 및 색 조절을 위해 석회를 가하여 혼합한 후 1,200[℃] 정도에서 소성하여 용도에 적합한 형태로 성형한 벽돌이다.
- 외부에 노출되는 마감용 벽돌로서 벽돌면의 색깔, 형태, 표면의 질감 등의 효과를 얻기 위한 벽돌이다. 치장 벽돌이라고도 한다.
- 내구성, 내수성이 강한 불연재, 내수재이다.
- 점토 벽돌의 종류는 품질에 따라 크게 미장 벽돌과 유약 벽돌로 구분할 수 있다.
- 겉모양이 균일하고 사용상 해로운 균열이나 결함 등이 없어야 한다.
- 구조용으로 사용이 가능하나 주로 건축물의 외장, 실내 치장용 마감재 등으로 널리 사용된다.
- 점토 벽돌의 품질(KS L 4201)

구 분	1종	2종
흡수율[%]	10.0 이하	15.0 이하
압축강도[MPa]	24.50 이상	14.70 이상

ⓐ 포도 벽돌
- 연와토 등을 원료로 하여 식염유로 시유소성한 벽돌이다.
- 경질이며 흡습성이 작은 특성이 있다.
- 도로나 마룻바닥에 까는 두꺼운 벽돌이다.

④ 타일 : 바닥, 벽 등의 표면을 피복하기 위하여 만든 평판상의 점토질 소성 제품

㉠ 고무계 타일 : 연질 타일계 바닥재이며, 내마모성이 우수하고 내소성이 있다.

㉡ 논슬립 타일(Non-slip Tile)
- 미끄럼 방지 타일이다.
- 표면의 거친 정도와 미끄러운 정도에 따라 구분한다.
- 계단의 미끄럼방지용으로 사용된다.

㉢ 리놀륨계 타일 : 연질 타일계이면서 유지계 바닥재이며, 내유성이 우수하고 탄력성이 있으나 내알칼리성, 내마모성, 내수성 등이 약하다.

㉣ 모자이크 타일
- 면적이 90[cm²] 이하인 타일이다.
- 유닛화하여 판매된다.
- 두께는 보통 4~8[mm] 정도이다.
- 강도가 낮고 정사각형과 직사각형, 원형 및 타원형 등이 있다.
- 바닥, 벽 등에 사용된다.

㉤ 스크래치 타일 : 표면이 긁힌 모양인 외장형 타일로, 습식제법으로 만든 성형품이다.

㉥ 아스팔트 타일 : 아스팔트와 구마론-인덴수지를 혼합하여 전충제, 안료를 섞어 열압성형한 두께 3[mm], 크기 30[cm] 정도의 탄력 있고 아름다운 표면을 가진 타일로 바닥 수장재에 사용되며 아스타일이라고도 한다.

㉦ 전도성 타일 : 연질 타일계 바닥재이며 주로 정전기 발생이 우려되는 반도체, 전기전자 제품의 생산장소에 사용된다.

㉧ 클링커 타일 : 식염유를 바른 진한 다갈색 타일로서, 다른 타일에 비해 두께가 두껍고 홈줄을 넣은 외부 바닥용 특수 타일이다.

㉨ 폴리싱 타일 : 표면을 연마하여 고광택을 유지하도록 만든 시유 타일로 대형 타일에 많이 사용되며, 천연화강석의 색깔과 무늬가 표면에 나타나게 만들 수 있는 타일이다.

⑤ 백화와 동해

㉠ 점토 제품 시공 후 발생하는 백화
- 타일 등의 시유소성한 제품은 시멘트 중의 경화체가 백화의 주된 요인이 된다.
- 작업성이 나쁠수록 모르타르의 수밀성이 저하되어 투수성이 커지고, 투수성이 커지면 백화 발생이 커진다.
- 점토 제품의 흡수율이 크면 모르타르 중의 함유수를 흡수하여 백화 발생을 유발한다.

- 물-시멘트비가 커지면 잉여수가 증대되고, 이 잉여수가 증발할 때 가용성분의 용출을 발생시켜 백화 발생의 원인이 된다.
ⓒ 점토 제품에 발생하는 백화현상 방지대책
  - 흡수율이 작은 벽돌이나 타일을 사용한다.
  - 벽돌이나 줄눈에 빗물이 들어가지 않는 구조로 한다.
  - 줄눈 모르타르의 단위 시멘트량을 줄인다.
  - 수용성 염류가 적은 소재를 사용한다.
ⓒ 동해 : 점토 제품에서 점토 제품 자체가 흡수한 수분이 동결함에 따라 생기는 균열과 제품 뒷면에 물이 스며들어 그것이 얼어서 제품을 박리시키는 현상

10년간 자주 출제된 문제

3-1. 점토에 관한 설명 중 틀린 것은?
① 점토의 색상은 철산화물 또는 석회물질에 의해 나타난다.
② 점토의 가소성은 점토입자가 미세할수록 좋다.
③ 압축강도와 인장강도는 거의 비슷하다.
④ 소성수축은 점토 내 휘발분의 양, 조직, 융용도 등이 영향을 준다.

3-2. 양질의 도토 또는 장석분을 원료로 하며, 흡수율이 1[%] 이하로 거의 없으며 소성온도가 약 1,230~1,460[℃]인 점토 제품은?
① 토 기
② 석 기
③ 자 기
④ 도 기

3-3. 다음의 각종 벽돌에 대한 설명 중 옳지 않은 것은?
① 내화 벽돌은 내화 점토를 원료로 하여 소성한 벽돌로서 내화도는 1,500~2,000[℃]의 범위이다.
② 다공 벽돌은 점토에 톱밥, 겨, 탄가루 등을 혼합, 소성한 것으로 방음, 흡음성이 좋다.
③ 이형 벽돌은 형상, 치수가 규격에서 정한 바와 다른 벽돌로서 특수한 구조체에 사용될 목적으로 제조된다.
④ 포도 벽돌은 벽돌에 오지물을 칠해 소성한 벽돌로서, 건물의 내외장 또는 장식물의 치장에 쓰인다.

3-4. 건축용 세라믹 제품에 대한 설명 중 옳지 않은 것은?
① 다공벽돌은 내부의 무수히 많은 구멍으로 인해 절단, 못치기 등의 가공성이 우수하다.
② 테라코타는 건축물의 패러핏, 주두 등의 장식에 사용되는 공동의 대형 점토제품이다.
③ 위생도기는 철분이 많은 장석점토를 주원료로 사용한다.
④ 일반적으로 모자이크타일 및 내장타일은 건식법, 외장타일은 습식법에 의해 제조된다.

| 해설 |

3-1
압축강도는 인장강도의 약 5배 정도이다.

3-2
자 기
- 양질의 도토 또는 장석분을 원료로 하는 점토 제품이다.
- 소성온도가 약 1,230~1,460[℃]로 점토소성제품 중 가장 고온이다.
- 흡수율이 1[%] 이하로 흡수성이 극히 작다.
- 반투명한 백색을 띤다.
- 두드리면 청음이 발생한다.
- 조직이 치밀하고 도기나 석기에 비해 강하다.
- 점토소성 제품 중 경도와 강도가 가장 크다.
- 모자이크 타일, 고급 타일, 위생도기 등에 사용된다.

3-3
오지 벽돌은 벽돌에 오지물을 칠해 소성한 벽돌로서, 건물의 내·외장 또는 장식물의 치장에 쓰인다. 포도 벽돌은 경질이며 흡습성이 적은 특성이 있다. 도로나 마룻바닥에 까는 두꺼운 벽돌로서, 원료로 연와토 등을 쓰고 식염유로 시유소성한 벽돌이다.

3-4
위생도기는 철분이 적은 장석점토(고령토)를 주원료로 사용한다.

정답 3-1 ③ 3-2 ③ 3-3 ④ 3-4 ③

핵심이론 04 | 콘크리트의 재료

① 콘크리트 재료의 개요
  ㉠ 보통 콘크리트는 화학적으로 알칼리성이다.
  ㉡ 콘크리트 재료 관련 제반 계산식

  - 물-시멘트비(W/C비) = $\dfrac{\text{물 무게}}{\text{시멘트 무게}}$

  - 골재의 공극률
    = $\dfrac{\text{절대건조밀도} - \text{단위용적질량}}{\text{절대건조밀도}} \times 100[\%]$

  - 골재의 표면건조 포화상태의 비중
    = $\dfrac{\text{표면건조 포화상태의 시료중량}}{\text{표면건조포화상태의 시료중량} - \text{시료의 수중중량}}$

  - 골재의 절대건조상태의 비중
    = $\dfrac{\text{절대건조상태의 시료중량}}{\text{표면건조포화상태의 시료중량} - \text{시료의 수중중량}}$

  - 골재의 흡수율
    = $\dfrac{\text{표면건조포화상태의 시료중량} - \text{절대건조상태의 시료중량}}{\text{절대건조상태의 시료중량}} \times 100[\%]$
    = $\dfrac{\text{표건중량} - \text{절건중량}}{\text{절건중량}} \times 100[\%]$

  - 표면수율
    = $\dfrac{\text{습윤상태의 모래의 중량} - \text{표건중량}}{\text{표건중량}} \times 100[\%]$
    = $\dfrac{\text{표면수포함 자갈중량} - \text{표건중량}}{\text{표건중량}} \times 100[\%]$

  - 크리프 계수 = $\dfrac{\text{크리프변형량}}{\text{초기탄성변형량}}$

  ㉢ 콘크리트의 열적 성질 및 내구성
    - 콘크리트 열팽창계수는 상온의 범위에서 $1 \times 10^{-5}/[℃]$ 전후이며 500[℃]에 이르면 가열 전에 비하여 약 40[%]의 강도 발현을 나타낸다.
    - 콘크리트의 내동해성을 확보하기 위해서는 흡수율이 적은 골재를 이용하는 것이 좋다.
    - 콘크리트에 염화물이온이 일정량 이상 존재하면 철근 표면의 부동태피막이 파괴되어 철근 부식을 유발하기 쉽다.
    - 공기량이 동일한 경우 경화 콘크리트의 기포간극계수가 작을수록 내동해성은 좋아진다.

  ㉣ 콘크리트에 사용되는 신축이음(Expansion Joint)재료에 요구되는 성능조건
    - 콘크리트의 수축에 순응할 수 있는 탄성
    - 콘크리트의 팽창에 대한 유연성
    - 콘크리트에 잘 접착하는 접착성
    - 콘크리트 이음 사이의 충분한 수밀성
    - 우수한 내구성 및 내부식성

  ㉤ 콘크리트의 건조수축
    - 시멘트의 조성분에 따라 수축량이 다르다.
    - 시멘트의 화학성분이나 분말도에 따라 건조수축량이 변화한다.
    - 일반적으로 시멘트량의 다소에 따라 수축량이 다르다.
    - 콘크리트는 물을 흡수하면 팽창하고 건조하면 수축한다.
    - 사암이나 점판암을 골재로 이용한 콘크리트는 수축량이 크고, 석영과 석회암을 이용한 것은 작다.
    - 경화한 콘크리트의 건조수축은 초기에 급격히 진행하고 시간이 경과함에 따라 완만히 진행된다.
    - 골재 중에 포함된 미립분이나 점토, 실트는 일반적으로 건조수축을 증대시킨다.
    - C_3A가 많을수록 수축을 증가시킨다.
    - 단위수량이 증가되면 수축량은 증가한다.
    - 골재의 탄성계수가 크고 경질인 만큼 작아진다.
    - 된비빔일수록 수축량이 작다.
    - 콘크리트의 건조수축을 작게 하기 위해서 배합 시 가능한 한 단위수량을 적게 한다.
    - AE제 및 감수제는 건조수축을 감소시킨다.
    - 단위수량이 동일한 경우 단위 시멘트량을 증가시켜도 수축량은 크게 변하지 않는다.
    - 일반적으로 건조 개시 재령의 영향은 거의 받지 않는다.

  ㉥ 블리딩현상
    - 물-시멘트비가 클수록 블리딩은 증가한다.
    - 골재와 시멘트 페이스트의 부착력을 저하시킨다.
    - 철근과 시멘트 페이스트의 부착력을 저하시킨다.
    - 콘크리트의 수밀성을 저하시킨다.
    - 콘크리트의 이상 응결을 일으킨다.
    - 콘크리트 표면에 발생하는 백색의 미세한 침전물질은 블리딩에 의해 발생한다.

- 콘크리트 타설 후 블리딩현상으로 콘크리트 표면에 물과 함께 떠오르는 미세한 물질을 레이턴스(Laitance)라고 한다.
- 블리딩과 콘크리트 마감면 근처의 침강균열의 관계는 밀접하다.
- AE제, 감수제의 사용은 블리딩량을 저감시키는 데 효과가 있다.

ⓢ 콘크리트에 발생하는 크리프 변형
- 하중이 클수록 크다.
- 작용응력, 재하응력이 클수록 크리프는 크다.
- 재하 재령이 짧으면(빠를수록) 크리프는 크다.
- 부재의 단면치수가 작으면 크리프는 커진다.
- 부재의 건조 정도가 높을수록 크다.
- 단위수량이 많을수록 크다.
- 물-시멘트비가 클수록 크리프는 크다.
- 시멘트 페이스트가 묽을수록 크리프는 크다.
- 시멘트 페이스트의 양이 많으면 크리프는 커진다 (시멘트량이 많을수록 크리프는 크다).
- 재하 초기에 증가가 현저하고, 장기화될수록 증가율은 작아지고 보통 3~4년에 정지한다.
- 크리프는 응력집중을 감소시키고 균열 발생의 위험성을 줄이는 효과가 있다.

ⓞ 콘크리트 공기량
- 콘크리트를 진동시키면 공기량이 감소한다.
- 콘크리트의 온도가 높으면 공기량이 줄어든다.
- 비빔시간이 길면 길수록 공기량은 감소한다.
- AE 콘크리트의 공기량은 보통 3~6[%]를 표준으로 한다.
- 공기량 1[%]의 증가에 대해 플레인 콘크리트와 동일한 물-시멘트비의 경우 4~6[%]의 압축강도가 저하된다.
- 공기량이 지나치게 많아지면 작업성은 좋아지지만, 강도는 저하된다.
- 운반 및 진동다짐에 의해 공기량이 감소하므로 비비기를 할 때 소요공기량보다 1/6~1/4 정도 많게 한다.
- 연행공기량의 변동을 작게 하기 위해 잔골재 입도를 일정하게 유지하며, 조립률의 변동은 ±0.1 이하로 억제한다.

ⓩ 부순 모래를 이용한 콘크리트
- 강모래를 이용한 콘크리트와 동일한 슬럼프를 얻기 위해서는 단위수량이 5~10[%] 더 필요하다.
- 미세한 분말량이 많아지면 공기량이 줄어들기 때문에 필요시 공기량을 증가시킨다.
- 콘크리트의 압축강도는 미세한 분말량이 10[%] 이하이면 큰 차이가 없다.
- 미세한 분말량이 많아짐에 따라 응결의 초결시간과 종결시간이 빨라진다.

ⓒ 콘크리트의 탄산화
- 탄산가스의 농도, 온도, 습도 등 외부 환경조건도 탄산화속도에 영향을 준다.
- 물-시멘트비가 클수록 탄산화의 진행속도가 빠르다.
- 탄산화된 부분은 페놀프탈레인액을 분무해도 착색되지 않는다.
- 일반적으로 보통 콘크리트가 경량골재 콘크리트보다 탄산화속도가 느리다.

② 시멘트
  ㉠ 시멘트의 개요
  - 시멘트(Cement) : 물과 반응하여 경화하는 광물질의 분말
  - 시멘트의 종류마다 비중, 분말도, 응결시간, 강도, 물리적 성질 등이 다르다.
  - 시멘트시험의 종류에는 비중시험, 분말도시험, 안정성시험, 강도시험 등이 있다.
  - 시멘트에 대한 각 특성과 관련된 시험
    - 비중(약 3.15) : 르샤틀리에(Le Chatelier) 비중병
    - 분말도 : 블레인(Blain) 공기투과장치
    - 안정성 : 오토클레이브 팽창도시험
    - 수화열 : 단열열량계(Insulated Calorimeter)
  - KS L 5201(포틀랜드시멘트)에 규정된 시멘트의 물리성능 품질항목 : 분말도, 안정도, 응결시간, 수화열 및 압축강도
  - 시멘트의 분말도
    - 분말도가 클수록 시멘트 분말이 미세하다.
    - 분말도는 시멘트의 성능 중 수화반응, 블리딩, 초기강도 등에 크게 영향을 준다.
    - 분말도가 클수록 비표면이 넓어져서 수화반응이 촉진되므로 응결이 빠르고 초기강도의 발현이 빠르다.

- 분말도가 클수록 수밀성, 내구성이 좋아지고 초기강도가 커진다.
- 분말도가 클수록 콘크리트 시공 시 점성이 커서 재료 분리가 방지되므로 워커빌리티가 좋아진다.
- 분말도가 큰 시멘트일수록 수화열이 높고 시멘트 페이스트의 점성이 높다.
- 분말도가 클수록 균열 발생이 크고 풍화가 쉬우며 장기강도는 저하된다.
- 시멘트의 분말도는 너무 크거나 작아도 좋지 않으므로, 적절한 범위에서 관리해야 한다.
- 시멘트의 분말도시험으로는 블레인법, 체분석법, 피크노미터법 등이 있다.
• 시멘트의 안정도(안정성) : 시멘트가 경화될 때 용적이 팽창하는 정도
    - 시멘트가 응결 및 경화하는 과정에서 이상 팽창이나 수축으로 안정성을 해쳐 균열을 일으키면 강도 및 내구성을 저하시킬 수 있다.
    - 시멘트의 안정성을 해치는 요인인 유리석회(Free CaO), 마그네시아(MgO), 아황산(SO_3)의 함유량이 규정치 이상으로 다량 함유되었을 때 나타난다.
    - 시멘트의 안정도 시험방법으로는 오토클레이브(Autoclave : 고압솥)를 이용하여, KS L 5107(시멘트의 오토클레이브 팽창도 시험방법)에 따라 최초 시험체의 길이와 오토클레이브 양생 후 길이 변화 정도를 팽창도로 계산한다.
• 시멘트 클링커 화합물
    - C_3S의 양이 많을수록 조강성을 나타낸다.
    - C_2S의 양이 많을수록 강도의 발현이 서서히 된다.
    - 재령 1년에서 C_4AF의 강도는 매우 낮다.
    - 시멘트의 수축률을 감소시키기 위해서는 C_3A를 감소시켜야 한다.
• 시멘트의 수경률을 구하는 식에서 분자에 속하는 것은 CaO이다.
• 시멘트의 수화작용과 수화열
    - 일반적으로 비표면적이 큰 시멘트일수록 수화작용이 빠르고 충분히 행해진다.
    - 수화열은 시멘트의 종류, 화학 조성, 물-시멘트비, 분말도 등에 의해서 달라진다.
    - 수화열의 감소와 황산염 저항성을 높이려면 시멘트의 알루민산3칼슘(C_3A)의 양을 감소시켜야 한다.
• 시멘트의 응결 : 시멘트에 약간의 물을 첨가하여 혼합시키면 가소성이 있는 페이스트가 얻어지지만 시간이 지나면 유동성을 잃고 응고하는 현상이다.
    - 신선한 시멘트로서 분말도, 온도, 알루미네이트 비율 등이 높거나 수량이 적으면 응결이 빨라진다.
    - 시멘트의 응결 및 강도 증진은 분말도가 클수록 빨라진다.
    - 시멘트 응결은 첨가된 석고의 질과 양에 영향을 받는다.
    - 물-시멘트비가 클 때, 습도가 높거나 석고량이 많으면 응결이 늦어진다.
    - 시멘트는 응결경화 시 수축성 균열이 생겨 변형이 일어난다.
    - 응결이 진행된 시멘트를 콘크리트에 사용함에 따른 결과 : 단위수량 증가, 균열 발생, 강도 저하, 슬럼프 감소
• 시멘트 풍화 : 시멘트가 습기를 흡수하여 생성된 수산화칼슘과 공기 중의 탄산가스가 작용하여 탄산칼슘을 생성하는 작용이다.
    - 시멘트 저장 중 공기와 접촉하여 공기 중의 수분 및 이산화탄소를 흡수하면서 나타나는 수화반응이다.
    - 풍화한 시멘트는 감열 감량이 증가한다.
    - 시멘트가 풍화하면 밀도가 떨어진다.
    - 시멘트가 풍화하면 응결이 느려지고, 경화 후의 강도가 저하된다.
    - 풍화는 고온다습한 경우 급속도로 진행된다.
    - 시멘트 풍화의 척도로 강열 감량이 사용된다.
• 시멘트의 저장 및 사용
    - 시멘트는 종류별로 구분하여 풍화되지 않도록 저장하고, 입하된 순서대로 사용한다.
    - 시멘트를 쌓아 올리는 높이는 13포대 이하로 하는 것이 바람직하다.
    - 지상에서 30[cm] 이상 떨어진 바닥판 위에 쌓는다.
    - 외부 공기가 차단된 곳에 보관한다.
    - 통풍이 안 되고 방습이 되는 창고에서 입하 순서대로 사용한다.

- 덩어리 시멘트는 사용을 금지한다.
- 시멘트 창고
  - 바닥구조는 일반적으로 마루널깔기로 한다.
  - 창고의 크기는 시멘트 100포당 2~3[m²]로 하는 것이 바람직하다.
  - 공기가 잘 통하지 않도록 개구부를 가능한 한 작게 한다.
  - 벽은 널판붙임으로 하고 장기간 사용하는 것은 함석붙이기로 한다.
- 시멘트의 종류
  - KS L 5201에 정의된 포틀랜드시멘트의 종류

1종	보통 포틀랜드시멘트
2종	중용열 포틀랜드시멘트
3종	조강 포틀랜드시멘트
4종	저열 포틀랜드시멘트
5종	내황산염 포틀랜드시멘트

  - 혼합 시멘트 : 고로시멘트, 포졸란시멘트, 메이슨리시멘트, 플라이애시시멘트, 실리카시멘트
- 포틀랜드 시멘트(Portland Cement) : 수경성의 칼슘실리케이트를 주성분으로 한 클링커에 적당량의 석고를 가하고 미세하게 분쇄하여 제조된 시멘트이다. 3가지 주요 성분은 석회(CaO), 실리카(SiO_2), 알루미나(Al_2O_3)이며 실리카, 알루미나, 산화철 및 석회를 혼합하여 사용한다.
- 혼합 시멘트(Blended Cement) : 포틀랜드시멘트를 주체로 하여 이것에 포조란, 급랭한 고로 슬래그 등의 실리카질, 석회질을 주성분으로한 재료를 혼합한 시멘트이다.

ⓛ 보통 포틀랜드시멘트(Ordinary Portland Cement) : 가장 일반적으로 사용되고 있는 포틀랜드시멘트
- 포틀랜드시멘트의 주원료로 쓰이는 것은 석회석과 점토이다.
- 포틀랜드시멘트의 주요 화합물을 구성하는 4가지 성분 : $2CaO \cdot SiO_2$, $3CaO \cdot SiO_2$, $3CaO \cdot Al_2O_3$, Fe_2O_3
- 주성분은 석회(CaO), 실리카(SiO_2), 알루미나(Al_2O_3), 산화철(Fe_2O_3) 등이며 이중에서 석회(CaO)의 함유량이 가장 많고 산화철(Fe_2O_3)의 함유량이 가장 적다.
- 제조 시 급속한 응결을 막기 위하여 석고를 혼합한다.
- 시멘트의 비표면적이 너무 크면 풍화되기 쉽고 수화열에 의한 축열량이 커진다.
- 분말도는 시멘트의 성능 중 초기강도, 블리딩 등에 크게 영향을 준다.
- 분말도가 작을수록 풍화에 잘 견디며 사용 후 균열이 잘 생기지 않는다.
- 시멘트의 수화반응속도는 재령, 온도, 혼화제 등의 요인에 의해 영향을 받아 좌우된다.
- 시멘트의 응결시간은 분말도가 높을수록(미세한 것일수록), 수(水)량이 많고 온도가 높을수록 짧아진다.
- 한국산업표준에 따른 보통 포틀랜드시멘트가 물과 혼합한 후 응결이 시작되는 시간은 1시간 이후부터이다.
- 시멘트의 안정성 측정법으로 오토클레이브 팽창도 시험방법이 있다.
- 시멘트의 비중은 소성온도나 성분에 의하여 다르며, 동일한 시멘트인 경우에 풍화한 것일수록 작아진다.

ⓒ 중용열 포틀랜드시멘트(Moderate Heat Portland Cement) : 특히 수화열이 작아지도록 조정한 포틀랜드 시멘트이다.
- 시멘트의 발열량을 저감시킬 목적으로 제조한 시멘트이다.
- C_3S나 C_3A가 적고, 장기강도를 지배하는 C_2S를 많이 함유한 시멘트이다.
- 수화속도를 지연시켜 수화열을 작게 한 시멘트이다.
- 안전성, 내침식성, 내황산염성, 내구성 등이 우수하다.
- 내황산염성이 우수하므로 댐공사에 사용 가능하다.
- 매스 콘크리트의 균열을 방지 또는 감소시킨다.
- 건조수축이 작고 화학저항성이 일반적으로 크다.
- 시멘트의 수화반응에서 발생하는 수화열이 가장 낮다.
- 건조수축이 작고 발열량이 적다.
- 매스 콘크리트, 수밀 콘크리트에 사용된다.
- 건축용 매스 콘크리트용, 댐공사, 방사능차폐용 등으로 사용된다.

ⓒ 조강 포틀랜드시멘트(High-early-strength Portland Cement) : 강도의 발현이 빨리되도록 조정한 포틀랜드 시멘트이다.
- 분말도가 크다.

- C_3S가 다량 혼입되어 있다.
- 규산3석회 성분과 석고 성분이 많다.
- 수축이 커진다.
- 한중공사에 사용이 가능하다.
- 공사속도를 빨리 할 수 있다.
- 수화열량이 많으며 초기의 강도 발현이 가능하다.
- 경화에 따른 수화열이 크다.
- 긴급공사, 동절기 공사에 주로 사용된다.

ⓜ 저열 포틀랜드시멘트 : 벨라이트시멘트라고도 한다.
- 대규모 지하구조물, 댐 등 매스 콘크리트의 수화열에 의한 균열 발생을 억제하기 위해 벨라이트의 비율을 높인 시멘트이다.
- 초기강도가 낮다.
- 수화열이 낮다.
- 주로 긴급공사, 동절기 공사에 사용된다.

ⓗ 내황산염 포틀랜드시멘트 : 황산염의 침식작용에 대한 저항성이 크도록 알루민산칼슘을 적게 조정한 포틀랜드시멘트이다.
- 내황산성이다.
- 화학저항성이 크다.
- 초기강도가 낮다.
- 해수공사, 화학공사 폐수처리설비 등에 사용된다.

ⓢ 백색 포틀랜드시멘트(White Portland Cement) : 시멘트 풀의 색이 경화 후에도 백색이 되도록 산화철을 적게(0.5[%]) 사용한 포틀랜드시멘트이다.
- KS L 5201가 아니라 KS L 5204에 정의되어 있다.
- 제조 시 흰색의 석회석을 사용한다.
- 제조 시 사용하는 점토에는 산화철이 가능한 한 포함되지 않도록 한다.
- 보통 포틀랜드시멘트에 비하여 강도가 높다.
- 안료를 섞어 착색 시멘트를 만들 수 있다.
- 건물 내외면의 마감, 각종 인조석 제조에 사용된다.

ⓞ 알루미나시멘트(Alumina Cement) : 수경성의 칼슘알루미네이트를 주성분으로 한 클링커를 미세하게 분쇄하여 제조하는 시멘트이다.
- 보크사이트와 석회석을 원료로 한다.
- 해수저항성, 내화성이 크다.
- 초기강도가 높다.
- 강도 발현속도가 매우 빠르다.

- 건조수축이 작으며 장기에 걸친 강도의 증진으로 장기강도는 높다.
- 수화열이 높다.
- 수화작용 시 발열량이 매우 크다.
- 분해온도가 높다(1,300[℃] 이상).
- 초기강도를 요하는 공사, 한중공사, 해수공사, 내화 콘크리트 구조물 등에 적합하다.
- 발열량이 커서 양생할 때 주의해야 한다.

ⓩ 고로시멘트(Portland Blast-furnace Slag Cement) : 급랭한 고로슬래그를 사용한 혼합시멘트
- 포틀랜드시멘트 클링커에 급랭한 고로슬래그를 혼합한 시멘트이다.
- 포틀랜드시멘트 클링커에 철용광로에서 나온 슬래그를 급랭하여 혼합하고 이에 응결시간 조절용 석고를 첨가하여 분쇄한 시멘트이다.
- 보통 포틀랜드시멘트에 비하여 비중이 작다.
- 팽창균열이 없고 내열성, 내해수성 및 화학적 저항성이 뛰어나다.
- 잠재수경성의 성질을 가지고 있다.
- 초기강도(단기강도)는 작으나 장기강도는 크다(초기강도는 약간 낮으나 장기강도는 보통 포틀랜드시멘트와 같거나 그 이상이 된다).
- 다량으로 사용하게 되면 콘크리트의 화학저항성 및 수밀성, 알칼리골재반응 억제 등에 효과적이다.
- 응결시간이 느리기 때문에 특히 겨울철 공사에 주의를 요한다.
- 모르타르나 콘크리트의 거푸집을 접하지 않는 자유표면은 경화불량에서 오는 약화현상이 따르기 쉽다.
- 수화열량이 적다.
- 수화열량이 적어 매스 콘크리트용으로 사용할 수 있다.
- 수화열이 낮고 수축률이 적어 댐이나 항만공사 등에 적합하다.
- 해수·공장폐수·하수 등에 접하는 콘크리트에 적합하다.

ⓩ 플라이애시시멘트(Portland Fly-ash Cement) : 플라이애시를 사용한 혼합시멘트
- 화력발전소 등에서 완전연소한 미분탄의 회분과 포틀랜드시멘트를 혼합한 것이다.
- 수화할 때 불용성 규산칼슘 수화물을 생성한다.

- 장기강도가 높다.
- 초기강도는 낮으나 장기강도 발현이 좋다.
- 수밀성, 화학저항성, 해수저항성이 크다.
- 워커빌리티가 좋다.
- 수화열이 낮다.
- 건조수축이 작다.
- 매스 콘크리트용, 댐 콘크리트, 해안 제방, 화학공장의 폐수처리설비 등에 적합하다.

㉠ 실리카시멘트(Silica Cement) : 플라이애시 이외의 포조란을 사용한 혼합시멘트로 포틀랜드포졸란시멘트라고도 한다.
- 장기강도가 크다.
- 콘크리트의 워커빌리티를 좋게 한다.
- 화학저항성 및 내수성, 수밀성, 내해수성이 우수하다.
- 블리딩이 감소한다.
- 알칼리골재반응에 의한 팽창의 저지에 유효하다.
- 저온에서는 응결이 느려진다.
- 건조수축은 약간 증가된다.
- 공극충전효과가 있고 수밀성이 뛰어나서 수밀성 콘크리트를 얻기 용이하다.
- 화학적 저항성이 크므로 주로 단면이 큰 구조물, 해안공사 등에 사용된다.

㉢ 폴리머 시멘트
- 시멘트에 폴리머(고분자 재료)를 다량 혼입하여 콘크리트의 성능을 개선시키기 위하여 사용되는 시멘트
- 성능 개선항목 : 방수성, 내약품성, 변형성능

㉣ 마그네시아시멘트 : 재뉴 배합 시 간수($MgCl_2$)를 시용하여 백화현상이 많이 발생되는 시멘트

③ 골재(Aggregate)
㉠ 골재의 정의(콘크리트 표준시방서)
- 잔골재
  - 자연 상태 또는 가공 후의 모든 골재에 적용하는 기준 : 10[mm]체를 통과하고, 5[mm]체를 거의 다 통과하며, 0.08[mm]체에 거의 다 남는 골재
  - 시방 배합을 정할 때의 적용기준 : 5[mm]체를 통과하고, 0.08[mm]체에 다 남는 골재
- 굵은 골재
  - 자연 상태 또는 가공 후의 모든 골재에 적용하는 기준 : 5[mm]체에 거의 다 남는 골재
  - 시방 배합을 정할 때의 적용기준 : 5[mm]체에 다 남는 골재
  - 굵은 골재의 비중은 표면건조 포화 상태의 골재 비중이다.
  - 굵은 골재의 비중은 보통 2.6~2.7 정도이다.
  - 일반적으로 비중이 2.5 미만이고, 흡수량이 3[%] 이상인 굵은 골재는 콘크리트 재료용으로 부적합하다.
  - 굵은 골재는 채취장소 및 풍화 정도에 따라 비중과 흡수량이 변하기 쉽다.
  - 표면건조 포화 상태의 시료를 만들 때 골재 내부의 수분이 증발하지 않도록 주의해야 한다.
  - 수중 중량을 측정할 때 철망태가 완전히 물에 잠기게 한다.
  - 시험은 2회 이상 실시하며, 시험값의 차이가 비중시험은 0.02 이하이고, 흡수량시험은 0.05[%] 이하이어야 한다.

㉡ 골재의 일반적인 분류
- 천연골재 : 강모래, 바다모래, 산모래, 강자갈, 바다자갈, 산자갈 등
- 인공골재 : 부순 골재, 부순 자갈, 고로슬래그, 인공경량골재, 중량골재 등

㉢ 절건비중에 따른 골재의 분류
- 초경량골재 : 절건비중 1.0 미만인 화산암, 펄라이트
  - 펄라이트(Pearlite) : 화산작용으로 생긴 진주암을 850~1,200[℃]로 가열, 팽창시켜 만든 인공투양의 초경량골재
- 경량골재 : 절건비중 1.0 이상~2.0 미만인 화신암, 팽창혈암
- 보통골재 : 절건비중 2.0 이상~3.0 미만인 고로슬래그, 강자갈, 쇄석
- 중량골재 : 절건비중 3.0 이상인 중정석, 자철광

㉣ 골재의 특징
- 골재는 콘크리트의 워커빌리티에 영향을 미친다.
- 골재의 입도를 수치로 나타내는 지표로는 조립률을 이용한다.
- 골재의 입도분포를 측정하기 위한 시험은 체가름시험으로 한다.
- 골재는 밀도가 크고, 내구성이 커서 풍화가 잘되지 않아야 한다.

- 골재의 선팽창계수에 의해 영향을 받을 수 있는 콘크리트의 성질은 온도 변화에 대한 저항성이다.
- 콘크리트나 모르타르를 만들 때 물, 시멘트와 함께 혼합하는 모래, 자갈 및 부순 돌 기타 유사한 재료를 골재라고 한다.
- 일반적으로 골재의 강도는 시멘트 페이스트 강도 이상이 되어야 한다.
- 골재의 강도는 콘크리트 중에 경화한 모르타르의 강도 이상이 요구된다.
- 골재에 포함된 부식토, 석탄 등의 유기물은 콘크리트의 경화를 방해하여 콘크리트 강도를 떨어뜨린다.
- 콘크리트 중 골재가 차지하는 용적은 절대용적으로 80[%]를 넘지 않도록 한다.
- 콘크리트용의 잔골재와 굵은 골재를 구분하는 체눈금의 크기는 5[mm]체를 기준으로 한다.
- 무근 콘크리트에 바다모래를 사용할 경우 염화물 함유량의 허용한도를 따로 정하지 않아도 된다.
- 잔골재로서 사용할 모래의 흡수율은 3.0[%] 이하의 값을 표준으로 한다.
- 경량골재는 콘크리트의 중량을 경감시킬 목적으로 사용한다.
- 화학적으로 불안정한 골재는 사용할 수 없다.
- 실트, 점토, 운모 등의 미립분은 골재와 시멘트의 부착을 나쁘게 한다.
- 경량 콘크리트의 골재로서 슬래그(Slag)를 사용하기 전 물축임하는 이유는 시멘트가 수화하는 데 필요한 수량을 확보하기 위해서이다.
- 부순 굵은 골재에 대한 품질규정치가 KS에 정해진 항목 : 절대건조밀도, 흡수율, 안정성 등
- 굵은 골재가 아닌 경우, 골재의 단위용적질량을 계산할 때 골재의 절대건조 상태를 기준으로 한다.
- 쇄석을 골재로 사용하는 콘크리트의 최대 결점은 시공 연도가 불량하다는 것이다.
- 중량 콘크리트의 골재로는 중정석, 철광석, 적철광 등의 비중이 큰 것을 사용한다.
- 양질의 골재를 사용하고, 밀실하게 다져진 보통 콘크리트에 있어서 강도에 가장 큰 영향을 주는 요인은 물-시멘트비이다.
- 콘크리트용 골재 중 깬 자갈
  - 깬 자갈의 원석은 안삼암·화강암 등이 많이 사용된다.
  - 깬 자갈을 사용한 콘크리트는 동일한 워커빌리티의 보통자갈을 사용한 콘크리트보다 단위수량이 일반적으로 약 10[%] 정도 많이 요구된다.
  - 콘크리트용 굵은 골재로 깬 자갈을 사용할 때는 한국산업표준(KS F 2527)에서 정한 품질에 적합한 것으로 한다.
  - 깬 자갈을 사용한 콘크리트는 강자갈을 사용한 콘크리트보다 시멘트 페이스트와의 부착성능이 매우 높다.
  - 깬 자갈을 사용한 콘크리트가 동일한 시공연도의 보통 콘크리트보다 시멘트 페이스트와의 부착력이 높다.

㉲ 골재의 함수 상태
- 함수량 : 습윤 상태의 골재 내외에 함유하는 전체 수량
- 흡수량 : 표면건조내부포수 상태의 골재 중에 포함하는 수량
- 습윤 상태 : 골재입자의 내부에 물이 채워져 있고, 표면에도 물이 부착되어 있는 상태
- 표면건조포화 상태 : 골재입자의 표면에 물은 없으나 내부의 공극에는 물이 가득 차있는 상태
- 공기 중 건조 상태 : 실내에 방치한 경우 골재입자의 표면과 내부의 일부가 건조한 상태
- 표면수량
  - 함수량과 흡수량의 차
  - 습윤 상태의 수량에서 표건 상태의 수량을 뺀 것
- 유효흡수량 : 표면건조포화 상태와 기건 상태의 수량과의 차를 말한다.
- 전함수량 : 습윤 상태의 수량에서 절건 상태의 수량을 뺀 것
- 기건함수량 : 기건 상태의 수량에서 절건 상태의 수량을 뺀 것

ⓗ 골재의 실적률
- 실적률은 골재입형의 양부를 평가하는 지표이다.
- 부순 자갈(깬 자갈)의 실적률은 그 입형 때문에 강자갈의 실적률보다 작다.
- 실적률 산정 시 골재의 비중은 절대건조 상태의 비중이다.
- 실적률 산정 시 골재의 밀도는 절대건조 상태의 밀도이다.
- 골재의 단위용적 중량이 동일하면 밀도, 비중이 작을수록 실적률도 크다.

ⓢ 실적률이 큰 골재로 이루어진 콘크리트의 특성
- 시멘트 페이스트의 양이 적어 콘크리트 제조 시 경제성이 좋다.
- 내구성이 증대된다.
- 투수성, 흡습성의 감소를 기대할 수 있다.
- 건조수축 및 수화열이 감소된다.

ⓞ 콘크리트용 골재의 조건(요구성능, 품질요건)
- 물리화학적으로 안정성이 있을 것
- 골재 표면이 매끄럽지 않고 거칠 것
- 넓적하거나 길죽한 것, 예각으로 된 것이 아닐 것
- 골재의 강도는 경화한 시멘트 페이스트 강도보다 클 것
- 골재의 입형이 둥글고 구형에 가까울 것
- 밀실한 콘크리트를 만들 수 있는 입형과 입도를 가질 것
- 입형은 가능한 한 편평하고, 세장하지 않을 것
- 입노가 고르고 연속적인 입도분포를 가질 것
- 입도는 조립에서 세립까지 연속적으로 균등히 혼입되어 있을 것
- 먼지 또는 유기불순물을 포함하지 않을 것
- 청정, 견경(堅勁), 내구성 및 내화성이 있을 것
- 소요의 내화성과 내구성을 가질 것

ⓩ 골재의 유해물 함유량 허용값(KS F 2527)

구 분	전체 시료에 대한 최대 질량 백분율[%]	
	잔골재	굵은 골재
점토덩어리[%]	1.0	0.25
연한 석편[%]	–	5.0
0.08[mm]체 통과량 – 콘크리트 표면이 마모를 받는 경우 – 그 밖의 부분	3.0 5.0	1.0 1.0
밀도 2.0[g/cm³]의 액체에 뜨는 것(석탄, 갈탄 등) – 콘크리트 표면이 중요한 부분 – 그 밖의 부분	0.5 1.0	0.5 1.0
염화물(NaCl 환산량)	0.04	–

- 점토덩어리와 연한 석편의 합이 5[%]를 넘으면 안 된다.
- 염화물은 무근 콘크리트에 사용할 경우에는 적용하지 않는다.

ⓩ 철근 콘크리트용 골재에 포함된 불순물의 종류와 그 영향
- 진흙 : 콘크리트 강도 저하, 건조수축 증가
- 푸민산 : 시멘트 수화반응과 경화 방해, 콘크리트 강도 저하
- 당분 : 응결 지연, 수화열 감소
- 염분 : 철근 부식 촉진, 철근 콘크리트 내구성 저하

ⓚ 굵은 골재의 분리
- 굳지 않은 콘크리트의 성질 중 모르타르 부분에서 굵은 골재가 분리되어 불균일하게 존재하는 상태를 말한다.
- 굵은 골재의 분리에 영향을 주는 인자 : 단위수량, 골재의 종류, 골재의 입형

ⓣ 골재의 취급 및 저장
- 골재는 잔골재, 굵은 골재 및 각 종류별로 저장하고, 먼지, 흙 등의 유해물의 혼입을 막는다.
- 골재의 받아들이기, 저장 및 취급에 있어서는 대소의 알이 분리하지 않도록 먼지, 잡물 등이 혼입되지 않도록 주의하여야 한다.
- 철근 콘크리트의 골재로서 불가피하게 해사를 사용할 경우 반드시 중점을 두어 취해야 할 조치 : 충분히 물에 씻어 사용한다.

- 최대 치수가 65[mm] 이상인 굵은 골재는 적당한 체(Sieve)로 쳐서 대소 2종으로 분리시켜 저장하는 것이 좋다.
- 골재의 표면수가 일정하도록 저장해야 한다. 이를 위해 적당한 배수시설이 필요하고, 저장설비는 골재시험이 가능해야 한다.
- 굵은 골재 취급 시 크고 작은 입자가 분리되지 않도록 한다.
- 골재는 빙설의 혼입이나 동결을 막기 위해 적당한 시설을 갖추어 저장해야 한다.
- 골재는 직사광선을 피하기 위해 적당한 시설을 갖추어 저장해야 한다.

④ 혼화제(混和劑)

㉠ 콘크리트 혼화제의 개요
- 혼화제 : 콘크리트를 만들 때 시멘트, 물, 골재 이외의 재료를 적당량 첨가하여 콘크리트의 여러 성질을 개선 및 향상시킬 목적으로 소량 사용되는 재료로서 배합 시 용적계산에 포함되지 않음
- 혼화제의 역할
  - 콘크리트의 워커빌리티 개선
  - 강도 및 내구성 증진
  - 응결 및 경화시간 조절
  - 발열량 저감
  - 수밀성의 증진 및 철근의 부식방지
  - 시멘트의 사용량 절약
  - 기타 특수 성능 개선 부여
- 혼화제의 계면활성작용 : 기포작용, 분산작용, 습윤작용 등
- 콘크리트의 물성을 개선하기 위하여 시멘트 중량의 1[%] 정도를 사용한다.
- 혼화제의 취급 및 저장
  - 품질 변화가 일어나지 않도록 저장하고 종류별로 저장한다.
  - 장기간 저장한 혼화제나 품질에 이상이 인정된 혼화제는 사용하기 전에 시험을 실시하여 그 성능이 저하되지 않았다는 것을 확인한 후 사용하여야 한다.
  - 방습적인 사일로 또는 창고 등에 품종별로 구분하여 저장하고 입하된 순서대로 사용하여야 한다.
  - 혼화재 취급 시 비산하지 않도록 주의한다.
  - 먼지, 기타 불순물이 혼입되지 않도록 한다.
  - 액상혼화제는 분리되거나 변질되거나 동결되지 않도록 하고, 분말상의 혼화제는 습기를 흡수하거나 굳어지는 일이 없도록 저장하여야 한다.

㉡ 콘크리트용 화학혼화제(KS F 2560)
- 계면(표면)활성작용에 따라 콘크리트 성질을 개선하기 위하여 사용되는 혼화제이다.
- 계면활성작용은 기포, 분산, 습윤작용을 포함한다.
- 콘크리트용 화학혼화제의 종류 : AE제, 감수제, AE감수제, 고성능감수제

기포작용	AE제
습윤 및 분산작용	감수제
기포, 습윤 및 분산작용	AE감수제
분산성이 더욱 뛰어난 경우	고성능감수제
기타 특수목적용	방청제, 방수제, 발포제 및 수중 불분리성 혼화제 등

㉢ AE제(Air-Entraining Admixtures)
- 콘크리트용 계면활성제(Surface Active Agent)의 일종으로 콘크리트 내부에 독립된 미세기포를 균일하게 발생시켜 콘크리트의 워커빌리티 개선과 동결융해에 대한 저항성을 갖도록 하기 위해 사용하는 혼화제이다.
- 워커빌리티를 개선한다(공기량이 1[%] 증가하면, 슬럼프는 약 2.5[cm] 증가한다).
- 내구성 및 수밀성을 증대시킨다.
- 시공 연도를 향상시키고, 단위수량을 감소시킨다.
- 작업성능이나 동결융해에 대한 저항성을 향상시킨다.
- 동결융해저항성의 향상을 위한 AE 콘크리트의 최적 공기량은 3~5[%] 정도이다.
- 기포가 시멘트 및 골재의 미립자를 떠오르게 하거나 물의 이동을 도와 단위수량을 감소시켜 블리딩 등의 재료 분리를 감소시킨다.
- 콘크리트 공극 중의 물의 동결에 의한 팽창응력을 기포가 흡수함으로써 동결융해에 대한 내구성을 개선한다.
- 소량 사용하므로 계량에 주의한다(계량오차 3[%] 이하).
- 깨끗한 물에 희석하여 충분히 교반해야 한다.

- 공기량이 지나치게 많아지면 콘크리트의 작업성은 좋아지지만 강도가 저하되므로, AE제 사용량에 주의해야 한다.
- 비빔시간 및 온도에 주의해야 한다.

ⓒ 감수제
- 감수제는 시멘트 입자를 분산시킴으로써 콘크리트 타설 시 소요의 워커빌리티를 얻는 데 필요한 단위수량을 감소시키는 것을 주목적으로 하는 혼화제이다.
- 감수제를 이용하여 시멘트 분산작용의 효과를 얻을 수 있다.
- 감수제는 감수작용이 대부분 입자의 분산효과에 의해서 생기므로 시멘트 분산제라고도 한다.

ⓜ AE 감수제(AE Water-reducing Admixtures)
- AE 감수제는 콘크리트 중에 미세기포를 연행시키면서 작업성을 향상시키고 동시에 분산효과에 의해 단위수량을 감소시키는 혼화제로서 기포, 분산, 습윤작용을 한다.
- 워커빌리티에 필요한 단위수량 10~16[%]가 감소된다.
- 동일한 워커빌리티 및 강도의 콘크리트를 얻기 위하여 요구되는 단위 시멘트량을 감소시킨다.
- 수밀성 향상 및 내약품성, 동결융해저항성을 증대시킨다.
- 응결시간을 조절한다.
- 표준형, 지연형, 촉진형이 있다.
- 건조수축을 감소시킨다.

ⓑ 고성능감수제(Superplasticizer)
- 시멘트의 응결지연성 및 공기연행성이 없기 때문에 다량 첨가가 가능하고 단위수량의 대폭 감소 및 대단히 우수한 시멘트 입자의 분산능력을 가지고 있다.
- 고강도 콘크리트용 감수제, 유동화제가 있다.

ⓢ 방청제(Corrosion-inhibiting Admixtures)
- 해사를 잔골재로 하는 경우, 염화칼슘을 섞는 경우, 염분이 포함된 흙에 접촉하는 경우 등 철근 콘크리트의 방청(부식방지)을 목적으로 하는 혼화제이다.
- 염화물로 강재 부식을 억제한다.
- 부식 프로세스(철근 부식 → 부피 팽창 → 균열 발생 → 철근 부식 촉진 → 콘크리트 성능 저하)를 방지한다.

ⓞ 방수제(Water-proofing Admixtures)
- 모르타르, 콘크리트의 흡수성/투수성을 줄일 목적으로 사용하는 혼화제이다.
- 콘크리트 내부의 공극이 될 혼합수를 감소시킨다.
- 콘크리트 내부에 불투수층 또는 불투수성막을 형성한다.
- 시판되는 방수제 중 방수효과는 있으나 콘크리트의 다른 성질을 해치는 경우가 있으므로, 사용 전 충분한 검토가 필요하다.

ⓩ 발포제(Gas-forming Admixtures)
- 시멘트를 혼입시켜 화학반응에 의해 발생하는 가스를 이용하여 기포를 발생시키는 혼화제이다.
- 발포작용을 이용하는 기포/가스발생제이다.
- PSC용 그라우트에 사용하여 모르타르나 시멘트풀을 팽창시켜 굵은 골재의 간극이나 PSC 강재의 주위를 충분히 잘 채워지게 하여 부착을 좋게 한다.

ⓧ 수중 불분리성 혼화제 : 콘크리트에 수용성 고분자(콘크리트용 수중 불분리성 혼화제)를 첨가하여 점조성을 부여하면 수중 자유낙하에 의한 물의 세척작용을 받아도 시멘트와 골재의 분리를 막아 수중 콘크리트의 용이한 시공을 가능하게 하는데 이를 수중 불분리성 혼화제라고 한다.

ⓚ 지연제
- 시멘트의 경화시간을 지연시키는 용도로 사용되는 재료이다.
- 서중 콘크리트, 매스 콘크리트 등에 석고를 혼합하여 응결을 지연시킨다.
- 지연제로는 일반적으로 리그닌설폰산염, 옥시기본산, 인산염 등이 사용된다.

ⓣ 촉진제(Accelerator Admixtures)
- 시멘트의 수화작용을 촉진하는 혼화제로서 염화칼슘 또는 염화칼슘을 포함한 감수제가 사용되며, 보통 시멘트 중량의 2[%] 이하를 사용한다.
- 응결을 촉진시켜 콘크리트의 조기강도를 크게 한다.
- 조기강도를 증진시키지만 2[%] 이상은 효과가 없으며, 오히려 강도 저하를 유발한다.
- 조기 발열 증가, 조기강도 증대 및 동결온도 저하가 유발되므로 한중 콘크리트에 유효하다.
- 콘크리트의 응결이 빠르므로, 운반, 타설, 다지기 작업을 신속하게 해야 한다.

- 지하철이나 전철 구간에 있는 터널의 철근 콘크리트에서는 철근은 녹이 슬고 콘크리트는 균열이 생기기 쉽다.
- PSC 강재에 접촉하면 부식과 녹이 생기기 쉽다.
- 황산염에 대한 화학저항성이 작다.

㉣ 경화제
- 염화칼슘은 경화 촉진을 목적으로 이용되는 혼화제이다.
- 킨즈시멘트 제조 시 무수석고의 경화를 촉진시키기 위해 사용하는 혼화재료는 백반이다.

㉤ 기타 혼화제
- 증점제 : 점성, 응집작용 등을 향상시켜 재료 분리를 억제하는 혼화제
- 급결제(Quick-setting Admixtures) : 콘크리트의 응결시간을 매우 빨리 하기 위해 사용하는 혼화제이다. 모르타르나 콘크리트의 뿜어 뿌리기 공법이나 그라우트에 의한 지수공법 등에 사용된다.
  ※ 테라초판 : 대리석, 화강암 등의 부순 골재, 안료, 시멘트 등을 혼합한 콘크리트로 성형하고 경화한 후 표면을 연마하고 광택을 내어 마무리한 제품

⑤ **혼화재(混和材)** : 콘크리트의 워커빌리티 향상, 수화열 감소, 수축 저감, 알칼리성 감소 등을 목적으로 혼합하여 사용하는 재료로서 혼합량이 많아 배합 시 용적계산에 포함

㉠ 포졸란(Pozzolan)
- 주성분은 실리카질 물질(SiO_2)이며 그 자체는 수경성이 없으나 포졸란 반응을 통하여 불용성 화합물을 만드는 광물질 미분말의 재료이다.
- 포졸란 반응은 실리카시멘트의 가용성 SiO_2 등이 수화 시 생기는 수산화칼슘($Ca(OH)_2$)과 결합하여 불용성 규산칼슘 수화물을 생성하는 반응이다.
- 포졸란 재료
  - 천연산 : 화산재, 규조토, 규산백토
  - 인공재료 : 고로슬래그, 소성점토, 플라이애시, 혈암
- 워커빌리티가 좋아진다.
- 블리딩 및 재료 분리가 감소한다.
- 강도의 증진이 늦지만, 장기강도는 크다.
- 발열량이 적으므로, 단면이 큰 콘크리트에 적합하다.
- 해수에 대한 화학적 저항성이 크다.
- 인장강도와 신장률이 크다.
- 입자, 모양 및 표면 상태가 좋지 않거나 조립이 많은 것은 단위수량(水量)을 증가시키며, 건조수축이 크다.

㉡ 플라이애시(Fly-ash)
- 석탄을 연료로 하는 화력발전소에서 미분탄을 약 1,400~1,500[℃]의 고온으로 연소시켰을 때 회분이 용융되어 고온의 연소가스와 더불어 굴뚝에 이르는 도중에 급격히 냉각되어 표면장력에 의해 구형으로 생성되는 미세한 분말로서, 집진장치를 사용하여 모은 인공 포졸란의 일종이다.
- 단위수량이 적어져서 블리딩현상이 감소한다.
- 콘크리트 내부의 알칼리성을 감소시키기 때문에 중성화를 촉진시킬 염려가 있다.
- 콘크리트 수화 초기 시의 발열량을 감소시키고 장기적으로 시멘트가 석회와 결합하여 장기강도를 증진시키는 효과가 있다.
- 입자가 구형이라 유동성이 증가되어 단위수량을 감소시키므로, 콘크리트의 워커빌리티의 개선, 펌핑성을 향상시킨다.
- 알칼리골재반응에 의한 팽창을 감소시키고 콘크리트의 수밀성을 향상시킨다.
- 콘크리트의 워커빌리티를 좋게 하고 사용 수량을 감소시킨다.
- 초기 재령의 강도는 다소 작으나 장기 재령의 강도는 증가한다.
- 시멘트의 수화열에 의한 균열 발생을 억제한다.
- 건조수축이 감소되므로 매스 콘크리트에 사용 가능하다.
- 황산염에 대한 저항성을 증가시키기 위하여 사용한다.
- 콘크리트의 양생시간은 다소 길어진다.

㉢ 고로슬래그(Blast Furnace Slag)
- 고로의 윗부분에 떠다니는 잔재로서 철광석의 불순물이 섞인 SiO_2(실리카), Al_2O_3(알루미나) 등을 주성분으로하는 암석이 석회석으로부터의 CaO(석회) 성분과 화합하여 고온으로 용해된 상태로 존재한다.

- 초기강도는 낮지만 슬래그의 잠재 수경성 때문에 장기강도는 크다.
- 치밀한 콘크리트를 얻을 수 있어 수밀성 및 염분차폐성이 향상된다.
- 적절한 치환율을 설정하면 알칼리실리카(ASR)반응 억제효과가 향상된다.
- 포틀랜드시멘트의 수화반응에서 생성되는 $Ca(OH)_2$ (수산화칼슘)이 감소하여 내해수성, 내화학성이 향상된다.
- 슬래그 수화에 의한 포졸란반응으로 공극 충전효과 및 알칼리골재반응억제효과가 크다.
- 발열속도가 저감되어 수화열과 콘크리트의 온도 상승을 억제한다.
- 수화열에 의한 온도 상승의 대폭적인 억제가 가능하므로 매스 콘크리트 공사에 적합하다.
- 고로슬래그 쇄석
  - 철을 생산하는 과정에서 용광로에서 생기는 광재를 공기 중에서 서서히 냉각시켜 경화된 것을 파쇄하여 입도를 고른 것이다.
  - 다른 암석을 사용한 콘크리트보다 고로슬래그 쇄석을 사용한 콘크리트의 건조수축이 더 작다.
  - 투수성은 보통골재를 사용한 콘크리트보다 크다.
  - 다공질이기 때문에 흡수율이 높으므로 충분히 살수하여 사용하는 것이 좋다.

② 실리카퓸 : 화학적 저항성을 증대시키고 블리딩을 저감시키는 혼화재

◎ 팽창제(Expansive Producing Admixtures)
- 시멘트 및 물과 함께 혼합하면 수화반응에 의하여 에트링가이트 또는 수산화칼슘 등을 생성하여 모르타르 또는 콘크리트를 팽창시키는 작용을 하는 혼화재료이다.
- 콘크리트의 건조수축을 감소시켜 균열 및 변형 등을 방지한다.
- 화학적 프리스트레스의 도입에 따른 균열내력 증대 및 단면 축소가 일어난다.
- 팽창력 이용에 따른 충전효과가 있다.
- 재령 7일까지 충분한 습윤양생을 유지해야 한다.
- 콘크리트의 수밀성은 감소된다.
- 혼합량이 지나치게 많으면 팽창균열을 유발한다.

10년간 자주 출제된 문제

4-1. 콘크리트 배합 시 시멘트 $1[m^3]$, 물 2,000[L]인 경우 물-시멘트비는?(단, 시멘트의 비중은 3.15이다)

① 약 15.7[%]　② 약 20.5[%]
③ 약 50.4[%]　④ 약 63.5[%]

4-2. 절대건조밀도가 $2.6[g/cm^3]$이고, 단위용적질량이 $1,750[kg/m^3]$인 굵은 골재의 공극률은?

① 30.5[%]　② 32.7[%]
③ 34.7[%]　④ 36.2[%]

4-3. 표면건조포화 상태의 잔골재 500[g]을 건조시켜 기건 상태에서 측정한 결과 460[g], 절대건조 상태에서 측정한 결과 440[g]이었다. 흡수율[%]은?

① 8[%]　② 8.7[%]
③ 12[%]　④ 13.6[%]

4-4. 습윤 상태의 모래 780[g]을 건조로에서 건조시켜 절대건조상태 720[g]으로 되었다. 이 모래의 표면수율은?(단, 이 모래의 흡수율은 5[%]이다)

① 3.08[%]　② 3.17[%]
③ 3.33[%]　④ 3.5[%]

4-5. 자갈 시료의 표면수를 포함한 중량이 2,100[g]이고 표면건조내부포화 상태의 중량이 2,090[g]이며 절대건조 상태의 중량이 2,070[g]이라면 흡수율과 표면수율은 약 몇 [%]인가?

① 흡수율 : 0.48[%], 표면수율 : 0.48[%]
② 흡수율 : 0.48[%], 표면수율 : 1.45[%]
③ 흡수율 : 0.97[%], 표면수율 : 0.48[%]
④ 흡수율 : 0.97[%], 표면수율 : 1.45[%]

4-6. 어떤 재료의 초기 탄성변형량이 2.0[cm]이고 크리프(Creep)변형량이 4.0[cm]라면 이 재료의 크리프 계수는 얼마인가?

① 0.5　② 1.0
③ 2.0　④ 4.0

10년간 자주 출제된 문제

4-7. 콘크리트에 사용되는 신축이음(Expansion Joint)재료에 요구되는 성능조건이 아닌 것은?
① 콘크리트의 수축에 순응할 수 있는 탄성
② 콘크리트의 팽창에 대한 저항성
③ 우수한 내구성 및 내부식성
④ 이음 사이의 충분한 수밀성

4-8. 콘크리트의 건조수축에 관한 설명으로 옳지 않은 것은?
① 시멘트의 조성분에 따라 수축량이 다르다.
② 시멘트량의 다소에 따라 일반적으로 수축량이 다르다.
③ 된비빔일수록 수축량이 크다.
④ 골재의 탄성계수가 크고 경질인 만큼 작아진다.

4-9. 콘크리트의 블리딩현상에 의한 성능 저하와 가장 거리가 먼 것은?
① 골재와 시멘트 페이스트의 부착력 저하
② 철근과 시멘트 페이스트의 부착력 저하
③ 콘크리트의 수밀성 저하
④ 콘크리트의 응결성 저하

4-10. 콘크리트에 발생하는 크리프에 대한 설명으로 틀린 것은?
① 시멘트 페이스트가 묽을수록 크리프는 크다.
② 작용응력이 클수록 크리프는 크다.
③ 재하 재령이 느릴수록 크리프는 크다.
④ 물-시멘트비가 클수록 크리프는 크다.

4-11. 시멘트의 분말도에 대한 설명 중 옳지 않은 것은?
① 분말도가 클수록 수화반응이 촉진된다.
② 분말도가 클수록 초기강도는 작으나 장기강도는 크다.
③ 분말도가 클수록 시멘트 분말이 미세하다.
④ 분말도가 너무 크면 풍화되기 쉽다.

4-12. 다음 중 시멘트에 대한 설명으로 맞는 것은?
① 시멘트가 풍화하면 응결이 빨라지지만, 경화 후의 강도가 저하된다.
② 시멘트 응결은 첨가된 석고의 질과 양에 큰 영향을 받지 않는다.
③ 시멘트의 분말도가 크고 온도가 높을수록 응결은 늦어진다.
④ 시멘트의 수화열은 시멘트의 종류, 화학 조성, 물-시멘트비, 분말도 등에 의해서 달라진다.

4-13. 보통 포틀랜드시멘트에 대한 설명으로 옳지 않은 것은?
① 시멘트의 응결시간은 분말도가 미세한 것일수록, 수량이 많고 온도가 낮을수록 짧아진다.
② 시멘트의 안정성 측정법으로 오토클레이브 팽창도 시험방법이 있다.
③ 시멘트의 비중은 소성온도나 성분에 의하여 다르며, 동일한 시멘트인 경우에 풍화한 것일수록 작아진다.
④ 시멘트의 비표면적이 너무 크면 풍화하기 쉽고 수화열에 의한 축열량이 커진다.

4-14. 고로시멘트의 특징에 대한 설명으로 옳지 않은 것은?
① 해수에 대한 내식성이 작다.
② 초기강도는 작으나 장기강도는 크다.
③ 잠재수경성의 성질을 가지고 있다.
④ 수화열량이 적어 매스 콘크리트용으로 사용이 가능하다.

4-15. 콘크리트의 재료로 사용되는 골재에 관한 설명으로 옳지 않은 것은?
① 골재는 밀도가 크고, 내구성이 커서 풍화가 잘되지 않아야 한다.
② 콘크리트나 모르타르를 만들 때 물, 시멘트와 함께 혼합하는 모래, 자갈 및 부순 돌 기타 유사한 재료를 골재라고 한다.
③ 콘크리트 중 골재가 차지하는 용적은 절대용적으로 50[%]를 넘지 않도록 한다.
④ 일반적으로 골재의 강도는 시멘트 페이스트 강도 이상이 되어야 한다.

4-16. 다음 중 골재의 함수 상태에 관한 설명으로 옳지 않은 것은?
① 함수량이란 습윤 상태의 골재의 내외에 함유하는 전체수량을 말한다.
② 흡수량이란 표면건조 내부포수상태의 골재 중에 포함하는 수량을 말한다.
③ 유효흡수량이란 절건상태와 기건상태의 골재 내에 함유된 수량과의 차를 말한다.
④ 표면수량이란 함수량과 흡수량의 차를 말한다.

10년간 자주 출제된 문제

4-17. 콘크리트용 골재의 요구성능에 관한 설명으로 옳지 않은 것은?
① 골재의 강도는 경화한 시멘트 페이스트 강도보다 클 것
② 골재의 표면은 매끄러울 것
③ 골재의 입형이 둥글고 입도가 고를 것
④ 먼지 또는 유기불순물을 포함하지 않을 것

4-18. 콘크리트 혼화재 중 하나인 플라이애시가 콘크리트에 미치는 작용에 관한 설명으로 옳지 않은 것은?
① 콘크리트 내부의 알칼리성을 감소시키기 때문에 중성화를 촉진시킬 염려가 있다.
② 콘크리트 수화 초기 시의 발열량을 감소시키고 장기적으로 시멘트가 석회와 결합하여 장기강도를 증진시키는 효과가 있다.
③ 입자가 구형이라 유동성이 증가되어 단위수량을 감소시키므로, 콘크리트의 워커빌리티의 개선, 펌핑성을 향상시킨다.
④ 알칼리골재반응에 의한 팽창을 증가시키고 콘크리트의 수밀성을 약화시킨다.

|해설|

4-1

물-시멘트비(W/C비) $= \dfrac{\text{물 무게}}{\text{시멘트 무게}}$

$= \dfrac{2}{3.15} \times 100[\%] \approx 63.5[\%]$

4-2

골재의 공극률 $= \dfrac{\text{절대건조밀도} - \text{단위용적질량}}{\text{절대건조밀도}} \times 100[\%]$

$= \dfrac{2.6 - 1.75}{2.6} \times 100[\%] \approx 32.7[\%]$

4-3

흡수율 $= \dfrac{a-b}{b} \times 100[\%]$

$= \dfrac{500-440}{440} \times 100[\%] \approx 13.6[\%]$

a : 표면건조포화 상태에서의 골재 무게
b : 절대건조 상태에서의 골재 무게

4-4

흡수율 $= 5[\%] = 0.05$

$= \dfrac{\text{표건중량} - \text{절건중량}}{\text{절건중량}} = \dfrac{\text{표건중량} - 720}{720}$ 에서

표건중량 $= 720 + 0.05 \times 720 = 756$

표면수율 $= \dfrac{\text{습윤상태의 모래의 중량} - \text{표건중량}}{\text{표건중량}} \times 100[\%]$

$= \dfrac{780 - 756}{756} \times 100[\%] \approx 3.17[\%]$

4-5

흡수율 $= \dfrac{\text{표건중량} - \text{절건중량}}{\text{절건중량}}$

$= \dfrac{2,090 - 2,070}{2,070} \times 100[\%] \approx 0.97[\%]$

표면수율 $= \dfrac{\text{표면수포함 자갈중량} - \text{표건중량}}{\text{표건중량}} \times 100[\%]$

$= \dfrac{2,100 - 2,090}{2,090} \times 100[\%] \approx 0.48[\%]$

4-6

크리프 계수 $= \dfrac{\text{크리프변형량}}{\text{초기탄성변형량}} = \dfrac{4.0}{2.0} = 2.0$

4-7
신축이음재료는 여름과 겨울의 온도 차이 때문에 콘크리트의 팽창에 대한 유연성이 있어야 한다.

4-8
건조수축에 영향을 주는 것
- 시멘트 제조성분에 따라 건조수축에 영향을 준다.
- 골재의 크거나 흡수율이 작을수록 수축량은 작아진다.
- 시멘트와 물의 배합비에서 물의 양이 많을수록 수축량은 증가한다.
- 혼화제의 영향에 의해 수축량이 다르다.

4-9
콘크리트에 블리딩현상이 발생하면 철근 및 골재의 콘크리트의 부착이 나빠진다. 또한 강도나 내력 저하의 원인이 되고, 수밀성이 저하된다.

4-10
재하 재령이 짧거나 빠를수록 크리프는 크다.

4-11
분말도가 클수록 초기강도는 크다. 그러나 너무 크면 풍화되기 쉽다.

| 해설 |

4-12
① 시멘트가 풍화하면 응결이 느려지고, 경화 후의 강도가 저하된다.
② 시멘트 응결은 첨가된 석고의 질과 양에 영향을 받는다.
③ 시멘트의 분말도가 크고 온도가 높을수록 응결은 빨라진다.

4-13
시멘트의 응결시간은 분말도가 높을수록(미세한 것일수록), 수(水)량이 많고 온도가 높을수록 짧아진다.

4-14
고로시멘트의 특징 : 시간이 지남에 따라 강도가 높고, 수화열이 낮아 콘크리트 균열이 발생하지 않으며, 화학저항성이 우수하고, 내해수성·내화성·방수성이 뛰어나다.

4-15
콘크리트 중 골재가 차지하는 용적은 절대용적으로 80[%]를 넘지 않도록 한다.

4-16
유효흡수량이란 표면건조포화 상태와 기건 상태의 수량과의 차를 말한다.

4-17
골재의 표면은 매끄럽지 않고 거칠어야 한다.

4-18
알칼리골재반응에 의한 팽창을 감소시키고 콘크리트의 수밀성을 향상시킨다.

정답 4-1 ④ 4-2 ② 4-3 ④ 4-4 ② 4-5 ③ 4-6 ③ 4-7 ② 4-8 ③
4-9 ④ 4-10 ③ 4-11 ② 4-12 ② 4-13 ① 4-14 ① 4-15 ③
4-16 ③ 4-17 ② 4-18 ④

핵심이론 05 | 금속재

① 금속재의 개요

㉠ 금속의 이온화경향
- 금속이 수용액에서 전자를 잃고 양이온이 되려는 성질
- 이온화경향이 큰 금속일수록 반응성이 커서 전자를 잃고 산화되기 쉽다.

칼륨	칼슘	나트륨	마그네슘	알루미늄	아연	철	니켈	주석	납	수소	구리	수은	은	백금	금
K	Ca	Na	Mg	Al	Zn	Fe	Ni	Sn	Pb	H	Cu	Hg	Ag	Pt	Au

← 이온화 경향이 크다. = 반응성이 크다. = 산화되기 쉽다.

칼륨	K
칼슘	Ca
나트륨	Na
마그네슘	Mg
알루미늄	Al
아연	Zn
철	Fe
니켈	Ni
주석	Sn
납	Pb
수소	H
구리	Cu
수은	Hg
은	Ag
백금	Pt
금	Au

이온화 경향이 크다.
=
반응성이 크다.
=
산화되기 쉽다.

- 이온화경향이 큰 금속과 이온화경향이 작은 금속의 이온 사이에 산화-환원반응이 일어난다.

㉡ 금속부식에 관한 대책
- 가능한 한 이종 금속을 인접 또는 접촉(접속)시키지 말 것
- 균질한 것을 선택하고, 사용할 때 큰 변형을 주지 않도록 할 것
- 큰 변형을 준 것은 가능한 한 풀림하여 사용할 것
- 표면을 곱고 평활하고 깨끗이 하며, 가능한 한 건조상태로 유지할 것
- 부분적으로 녹이 발생하면 즉시 제거할 것

㉢ 금속 제품 건설재료(창호철물)
- 나이트 래치(Night Latch) : 외부에서는 열쇠, 내부에서는 작은 손잡이를 틀어 열 수 있는 실린더장치로 된 자물쇠

- 논슬립(Non Slip) : 계단의 계단코에 부착하여 미끄러짐, 파손 및 마모를 방지하기 위한 것이다. 알루미늄 논슬립, 스테인리스 논슬립, 테이프 논슬립, PVC 논슬립 등이 있으며 건식공법시공이 가능하다.
- 도어 볼트(Door Bolt) : 미서기문에 설치하여 잠그게 하는 것
- 도어 스테이(Door Stay, 문버팀쇠) : 열려진 문을 버티어 고정시키는 개폐조정기
- 도어 스톱(Door Stop) : 열린 문을 받아 충돌에 의한 벽의 파손을 보호하고 문을 고정시키는 장치
- 도어 체크(Door Check) : 열린 여닫이문을 저절로 닫히게 하는 것
- 도어 행거(Door Hanger) : 접문의 이동장치에 쓰이는 것
- 듀벨 : 2개의 목재를 접합할 때 두 부재 사이에 끼워 볼트와 병용하여 전단력에 저항하도록 한 철물
- 드라이브 핀(Drive Pin) : 일종의 못박기총을 사용하여 콘크리트나 강재 등에 박는 특수못
- 드롭 헤드(Drop Head) : 철재 거푸집에서 사용되는 철물로 지주를 제거하지 않고 슬래브 거푸집만 제거할 수 있도록 한 철물
- 래버터리 힌지(Lavatory Hinge) : 열린 문이 자동으로 닫힐 때 완전히 닫히지 않고 조금 열려 있게 하는 철물이다. 스프링 힌지의 일종으로, 공중화장실 등에 사용된다.
- 메탈 라스 : 얇은 연강판에 일정한 간격으로 연속적으로 마름모꼴의 그물눈 구멍을 내고 늘여 철망모양의 그물처럼 만든 것으로, 천장·벽 등의 미장(모르타르바름) 바탕용으로 사용되는 재료
- 스프링 힌지(Spring Hinge, 자유경첩) : 창호를 안팎으로 자유로이 여닫을 수 있게 하는 철물
- 앵커볼트(Anchor Bolt) : 철골기둥이나 기계장치를 연결하기 위하여 콘크리트의 기초에 매립하여 사용하는 고정철물
- 와이어 라스 및 메탈 라스 : 천장, 벽 등의 모르타르바름 바탕용 금속재료
- 와이어 메시(Wire Mesh)
  - 연강 철선을 전기용접하여 정방형 또는 장방형으로 만든 것으로 블록을 쌓을 때나 보호 콘크리트를 타설할 때 사용하며, 균열을 방지하고 교차부분을 보강하기 위해 사용하는 금속 제품
  - 콘크리트 다짐바닥, 콘크리트 도로포장의 전열방지를 위해 사용된다.
- 익스팬션 볼트(Expansion Bolt) : 콘크리트, 벽돌 등의 면에 띠장, 창문틀, 문틀 등의 다른 부재를 고정하기 위하여 묻어두는 특수볼트로 확장볼트 또는 팽창볼트라고도 한다.
- 인서트(Insert) : 콘크리트 슬래브 밑에 설치하여 반자틀, 기타 구조물을 달아매고자 할 때 달대볼트의 걸침이 되는 수장철물
- 조이너(Joiner)
  - 아연도금철판제·경금속제·황동제의 얇은 판을 프레스한 제품으로, 천장이나 내벽판류의 접합부처리를 위한 덮개이다.
  - 천장, 벽 등에 보드류를 붙이고 그 이음새를 감추고 누르는 데 쓰인다.
- 줄눈대(Metallic Joiner) : 인조석 갈기 및 테라조 현장갈기 등에 사용되는 구획용 철물
- 지도리 : 장부가 구멍에 끼어 돌게 만든 철물로서 회전창에 사용되는 것
- 창개폐조정기(Sash Adjuster) : 여닫이창을 열어 젖혔을 때 문짝이 바람에 의하여 움직이지 않도록 조정하는 장치
- 코너비드(Corner Bead) : 기둥, 벽 등의 모서리를 보호하기 위하여 미장바름질을 할 때 붙이는 보호용 철물
- 크레센트(Crescent) : 미서기창 또는 오르내리창의 잠금용 철물
- 펀칭 메탈(Punching Metal) : 얇은 강판에 마름모꼴의 구멍을 연속적으로 뚫어 그물처럼 만든 것으로, 환기공이나 방열기 등의 덮개 등으로 사용된다.
- 플로어 힌지(Floor Hinge, 바닥지도리) : 한쪽에서 열면 저절로 닫히는 장치이며 창호용 철물 중 경첩으로 유지할 수 없는 무거운 자재 여닫이문에 쓰이는 철물이다.
- 피벗 힌지(Pivot Hinge) : 암돌저귀와 숫돌저귀를 서로 끼워 회전하여 여닫게 한 장치로, 경첩 대신 촉을 사용하여 여닫이문을 회전시킨다.

② 철강재료
  ㉠ 철강재료의 개요
   • 금속재료의 일반적인 성질
     - 일반적으로 결정구조를 갖고 있다.

- 강도와 탄성계수가 크다.
- 경도 및 내마모성이 크다.
- 비중이 큰 편이다.
- 일반적으로 소성가공이 가능하다.
- 열전도율과 전기전도율이 크고 어느 정도의 내부식성이 있다.
- 저온에서의 전자 이동은 순수한 금속일수록 용이하다.
- 밀시트(Mill Sheet) : 철골공사에서 강재의 기계적 성질, 화학성분, 외관 및 치수공차 등 재원과 제조회사 확인으로 제품의 품질 확보를 위해 공인된 시험기관에서 발행하는 검사증명서
- 제강법의 종류 : 도가니제강법, 평로제강법, 전기로제강법
- 철강재료의 종류 : 순철, 강, 합금강, 주철, 주강
- 내진 건축구조용 강재 SN 355 B에서 각 기호의 의미
  - S : Steel
  - N : New Structure
  - 355 : 최저 항복강도 355[N/mm^2]
  - B : 용접성에 있어 중간 정도의 품질
- SN 355 B의 특징(Structural Steels for Building with Improved Seismic Resistance)
  - 내진 건축구조물에 사용된다.
  - 강재의 두께가 6[mm] 이상 40[mm] 이하일 때 최소 항복강도가 355[N/mm^2]이다.
  - 용접성에 있어 중간 정도의 품질을 갖고 있다.
- 주조성이 좋은 철의 순서 : 주철 > 강 > 순철

ⓒ 철강재료의 성질
- 인성 : 잘 안 깨지는 질긴 성질
- 취성 : 작은 변형에도 파괴되는 성질
- 강재의 인장강도
  - 인장강도 : $\sigma_{max} = \dfrac{W_{max}}{A}$

  (여기서, W_{max} : 최대 하중, A : 단면적)
  - 강재의 인장강도가 최대가 될 경우의 탄소 함유량의 범위는 0.8~1.0[%] 정도이다.
- 강재의 온도에 따른 기계적 성질
  - 200~300[℃] : 인장강도가 가장 크고 신율이 가장 작다. 상온에서 좀 더 굳고 취약한 청열취성을 나타낸다.
  - 250~300[℃] : 강재의 인장강도 최댓값을 갖는다.
  - 500[℃] 정도 : 인장강도가 상온에서의 인장강도의 약 1/2로 된다.
  - 600[℃] 정도 : 인장강도가 상온에서의 인장강도의 약 1/3로 된다.
- 강재탄소의 함유량이 0[%]에서 0.8[%]로 증가함에 따른 제반 물성의 변화
  - 증가 : 경도, 인장강도, 항복점, 비열, 전기저항
  - 감소 : 연성, 전성, 신율, 용접성, 비중, 열팽창계수, 열전도율
- 건설용 또는 건축용 강재(철근, 철골, 리벳 등)의 재료시험 항목 : 인장강도시험, 굽힘시험, 연신율시험 등

ⓒ 일반 구조용 강재의 응력-변형률 곡선
- 구조용 강재에 인장력을 가하게 되면 응력-변형도(Stress-Strain Curve) 선도를 얻을 수 있다.
- 강재 시편의 인장시험 시 나타나는 응력-변형률 곡선

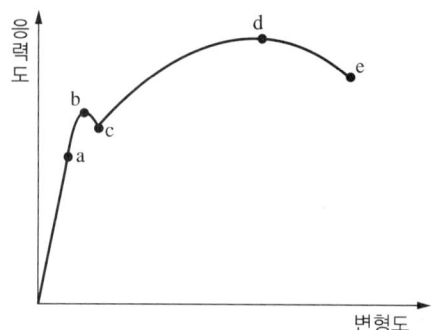

a : 비례한계, b : 상항복점, c : 하항복점, d : 인장강도

- 상위항복점 이후에 하위항복점이 나타난다.
- 하위항복점까지 가력한 후 외력을 제거하면 변형은 원상으로 회복되지 않는다.
- 인장강도점에서 응력값이 가장 크게 나타난다.
- 냉간성형한 강재는 항복점이 명확하지 않다.
- 탄성한계 : 재료에 가해진 외력을 제거한 후에도 영구변형되지 않고 원형으로 되돌아올 수 있는 한계이며, 탄성구간의 기울기이다.

ⓔ 탄소강
- 강의 일반적인 성질
  - 탄소강의 물리적 성질은 탄소량에 따라 직선적으로 변화한다.
  - 인장강도는 탄소량에 관계되며 조직성분 중 페라이트의 인장강도가 가장 낮다.

- 동일한 성분의 탄소강이라도 온도에 따라 그 기계적 성질은 매우 달라진다.
- 연신율은 온도 상승에 따라 감소하다가 인장강도가 최대가 되는 온도에서 최소로 되다가 점차 다시 증가한다.
- 탄소강의 분류와 용도
  - 특별 극연강 : 전신선
  - 극연강 : 리벳, 철선, 용접관
  - 연강 : 조선용 판
  - 반연강 : 건축, 조선용 판
  - 반경강 : 레일, 볼트, 축
  - 경강 : 공구, 실린더재
  - 최경강 : 외륜, 축
- 경량 형강
  - 단면이 작은 얇은 강판을 냉간성형하여 만든 것이다.
  - 조립 또는 도장 및 가공 등의 목적으로 축판에 구멍을 뚫을 수 있다.
  - 가설구조물 등에 많이 사용된다.
  - 휨내력은 우수하나 판 두께가 얇아 국부 좌굴이나 녹막이 등에 주의할 필요가 있다.
- 일반구조용 압연강재(Rolled Steels for General Structure)의 항복강도와 인장강도(KS D 3503)

기 호		항복강도[N/mm²]				인장강도[N/mm²]
Old	New	강재의 두께[mm]				
		16 이하	16 초과 40 이하	40 초과 100 이하	100 초과	
SS 330	SS 235	235 이상	225 이상	205 이상	195 이상	330~450
SS 400	SS 275	275 이상	265 이상	245 이상	235 이상	410~550
SS 490	SS 315	315 이상	305 이상	295 이상	275 이상	490~630
SS 540	SS 410	410 이상	400 이상	–	–	540 이상
SS 590	SS 450	450 이상	440 이상	–	–	590 이상
–	SS 550	550 이상	540 이상			690 이상

- TMC 강재 : 부재 두께의 증가에 따른 강도저하, 용접성 확보 등에 대응하기 위해 열간압연 시 냉각조건을 조절하여 냉각속도에 의해 강도를 상승시킨 구조용 특수강재

ⓜ 합금강(특수강)
- 스테인리스강
  - 스테인리스강은 크롬 및 니켈 등을 함유하며 탄소량이 적고 내식성이 우수하다.
  - 스테인리스 강재의 종류 중에서 건축재료로 가장 많이 사용되고, 내·외장과 설비 등 모든 용도에 적합한 것은 STS 304이다.
- 고장력 볼트
  - 재해의 위험이 작다.
  - 피로강도가 높다.
  - 현장 시공설비가 간단하다.
  - 소음이 작다.
- 고력볼트접합의 특징
  - 접합부의 강성이 크다.
  - 불량 개소의 수정이 용이하다.
  - 너트가 풀리지 않는다.
  - 노동력 절약, 공기 단축이 된다.
- 구조용 특수강 : 탄소강에 니켈, 망간 등을 첨가하여 강인성을 높인 것이다.
- 구조용 비자성강 : 초고층 인텔리전트 빌딩, 핵융합로 등과 같이 강력한 자기장이 발생할 가능성이 있는 철골 구조물의 강재, 철근 콘크리트용 봉강으로 사용되는 철강재료
- 내후성강 : 부식되는 정노가 보통 강의 1/3~1/10 정도이다.

ⓑ 주 철
- 92~96[%]의 철을 함유하고 나머지는 크롬·규소·망간·유황·인 등으로 구성되어 있다.
- 탄소량은 2.5~5[%]이고 주조성이 매우 양호하여 복잡한 형상도 쉽게 성형할 수 있다.
- 창호철물, 자물쇠, 맨홀 뚜껑 등의 재료로 사용된다.
- 인서트의 재질로는 주철이 가장 적당하다.

ⓢ 열처리 : 소정의 성질을 얻기 위해 가열과 냉각을 조합반복하여 행하는 조작
- 열처리에는 담금질, 풀림, 뜨임, 불림 등의 처리방식이 있다.

- 담금질(Quenching) : 강의 경도를 증가시키기 위하여 아공석강의 경우 A_3 변태점 + 50[℃], 공석강과 과공석강의 경우 A_1 변태점 + 50[℃]까지 가열했다가 급랭시키는 열처리 공법
- 풀림(Annealing) : 강을 연화하거나 내부응력을 제거할 목적으로 강을 적당한 온도(800~1,000[℃])로 일정한 시간 가열한 후에 노(爐) 안에서 천천히 냉각시키는 열처리 공법
- 뜨임(Tempering) : 담금질 후 저하된 인성을 높이기 위하여 A_1 변태점(723[℃]) 이하의 온도까지 가열한 후 서냉시키는 열처리 공법
- 불림(Normalizing) : 강의 열처리 중에서 조직을 개선하고 결정을 미세화하기 위해 800~1,000[℃]로 가열하여 소정의 시간까지 유지한 후 대기 중에서 냉각시키는 열처리 공법

ⓒ 철강의 부식 및 방식
- 개 요
  - 철강의 표면은 대기 중의 습기나 탄산가스와 반응하여 녹을 발생시킨다.
  - 공기나 탄산가스가 적은 땅 속이 대기 중보다 오히려 부식이 적다.
- 철재의 표면 부식방지처리법(금속 부식에 대한 대책 또는 방식방법)
  - 유성 페인트나 광명단을 도포할 것
  - 시멘트 모르타르로 피복할 것
  - 아스팔트, 콜타르를 도포할 것
  - 방식법 중 아연피복은 대기 중에서 상당히 내구력이 있다.
  - 가능한 한 이종 금속은 이를 인접, 접속시켜 사용하지 않을 것
  - 균질한 것을 선택하고 사용할 때 큰 변형을 주지 않도록 할 것
  - 큰 변형을 준 것은 가능한 한 풀림하여 사용할 것
  - 표면을 평활, 청결하게 하고 가능한 한 건조 상태로 유지할 것
  - 큰 변형을 준 것은 가능한 한 풀림하여 사용할 것
  - 상이한 금속은 두 금속을 인접 또는 접촉시켜 사용하지 말 것

ⓩ 비절삭 가공공법
- 단조 : 소성변형을 이용한 비절삭 가공공법
- 압연 : 구조용 강재의 가공에 주로 쓰인다.
- 압출가공 : 재료의 움직이는 방향에 따라 전방압출과 후방압출로 분류할 수 있다.

③ 비철재료
㉠ 동(구리)
- 전기 및 열전도율이 매우 크다.
- 건조한 공기 중에서는 산화하지 않는다.
- 전연성이 풍부하므로 가공하기 쉽다(연성이고 가공성이 풍부하다).
- 대기 중에서는 비교적 내구성이 좋다.
- 박판으로 제작하여 지붕재로 이용되며 못, 판재, 선, 봉 등으로도 이용된다.
- 습기가 있거나 탄산가스가 있으면 녹이 발생한다.
- 맑은 물에는 침식되지 않으나 해수에는 침식된다.
- 암모니아에 침식된다.
- 알칼리성에 약해 시멘트, 콘크리트 등에 접하는 곳에서 부식속도가 빠르므로 주의해야 한다.
- 황 동
  - 구리와 아연을 주체로 한 합금이다.
  - 장신구, 악기, 수도꼭지, 식기, 가구, 불판, 밸브, 탄피, 파이프 등에 사용된다.
  - 아연 함유량에 따른 황동의 성질
    ⓐ 아연 함유량 30[%] 부근에서 최대의 연신율을 나타낸다.
    ⓑ 인장강도는 아연 함유량 40[%] 부근에서 최댓값을 나타내고, 그 이상에서 급히 감소한다.
    ⓒ 아연 함유량이 35~45[%]인 것은 고온가공을 하는 데 적절하다.
    ⓓ 아연 함유량이 50[%] 이상의 황동은 구조용으로 부적합하다.
- 청 동
  - 구리와 주석을 주체로 한 합금이다.
  - 건축장식부품 또는 미술공예 재료로 사용된다.
  - 황동과 비교하여 주조성과 내식성이 더욱 우수하다.

㉡ 알루미늄(알루미늄 창호의 특징)
- 비중은 약 2.7, 융점은 약 660[℃] 정도이다.
- 비중은 철의 약 1/3 정도이다.
- 연질이며 강도가 낮다.
- 대기 중에 방치하면, 표면에 산화알루미늄의 피막이 형성되어 내구적이다.

- 순도가 높을수록 내식성과 전연성이 좋다.
- 압연, 인발 등의 가공성이 좋다.
- 융점이 낮기 때문에 용해주조도가 좋다.
- 열팽창, 수축이 철보다 매우 크다.
- 열, 전기전도성이 동 다음으로 크다.
- 반사율이 높다.
- 공작이 자유롭고 기밀성이 우수하다.
- 도장 등 색상이 자유도가 있다.
- 상온에서 판, 선으로 압연가공하면 경도와 인장강도는 증가하고 연신율은 감소한다.
- 응력-변형곡선은 강재와 같은 명확한 항복점이 없다.
- 산과 알칼리에 약하다.
- 알칼리나 해수에 침식되기 쉽다.
- 콘크리트에 접하면 부식되기 쉽다.
- 흙속에 매몰된 경우에 부식되기 쉽다.
- 이종 금속과 접촉하면 부식된다(알루미늄판과 강판을 접촉하여 사용하면 알루미늄판이 부식된다).
- 부식률은 대기 중의 습도와 염분 함유량 등에 관계되며 0.08[mm/년] 정도이다.
- 내화성이 부족하다.
- 강제 창호에 비해 내화성이 약하다.

ⓒ 니 켈
- 전연성이 풍부하다.
- 내식성이 우수하다.
- 청백색의 광택이 있다.
- 대부분의 구조용 특수강에는 니켈을 함유한다.

ⓔ 납(연)
- 비중이 11.4로 아주 크다.
- 연질이며 전연성과 가공성, 주조성이 풍부하다.
- 청백색의 광택이 있다.
- 융점이 낮으며 중성액에서 내식성이 우수하다.
- 공기 중에서 탄산연($PbCO_3$) 등이 표면에 생겨 내부를 보호한다.
- X선 차단효과가 큰 금속이다.
- 방사선실의 방사선차폐용으로 사용된다(방사선을 잘 차단하므로 X선을 사용하는 개소에 방호용으로 사용된다).
- 강산이나 강알칼리에 약해 콘크리트에 침식될 수 있다.
- 인장강도가 극히 작은 금속이다.

ⓜ 주 석
- 주조성・단조성은 좋지만, 인장강도가 낮다.
- 인체에 무해하며 유기산에 침식되지 않으므로 식품보관용 용기류에 이용된다.
- 전연성, 신율이 크고 동합금・감마합금・땜납 등의 합금성분, 박판, 주석도강판 등으로 이용된다.
- 강산, 강알칼리에는 침식하지만 중성에는 내식성을 갖는다.

ⓗ 아 연
- 건조한 공기 중에서는 거의 산화되지 않는다.
- 일반 대기나 수중에서는 내식성이 크다.
- 주 용도는 철판의 아연도금이다.
- 묽은 산류에 쉽게 용해된다.
- 산 및 알칼리에 약하다.
- 인장강도나 연신율이 낮기 때문에 열간가공하여 결정을 미세화하여 가공성을 높일 수 있다.
- 이온화경향이 크고 철에 의해 침식된다.
- 구리(Cu), 철(Fe), 안티몬(Sb) 등의 불순물은 부식을 심하게 촉진시키고, 수은(Hg)은 수소 과전압을 상승시켜 부식을 억제한다.

ⓢ 타이타늄
- 산성에 강하므로 지붕재에 이용된다.
- 타이타늄합금은 은백색의 굳은 금속원소로서, 불순물이 포함되면 강해지는 경향이 있다. 스테인리스강보다 우수한 내식성을 갖는 합금이다.

10년간 자주 출제된 문제

5-1. 다음 중 이온화경향이 가장 큰 금속은?
① Mg
② Al
③ Fe
④ Cu

5-2. 건설용 강재(철근 등)의 재료시험 항목에서 일반적으로 제외되는 것은?
① 압축강도시험
② 인장강도시험
③ 굽힘시험
④ 연신율시험

5-3. 다음 그림은 일반구조용 강재의 응력-변형률 곡선이다. 이에 대한 설명으로 옳지 않은 것은?

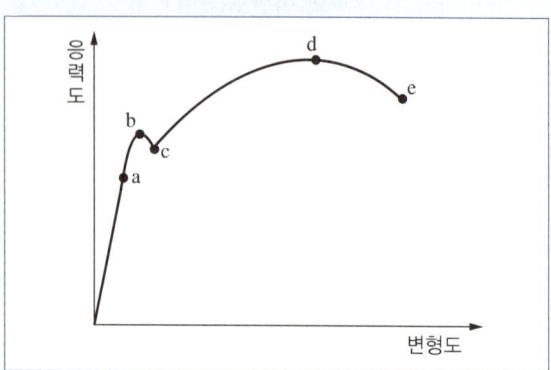

① a는 비례한계이다.
② b는 탄성한계이다.
③ c는 하위항복점이다.
④ d는 인장강도이다.

5-4. 강재 시편의 인장시험 시 나타나는 응력-변형률 곡선에 관한 설명으로 옳지 않은 것은?
① 하위항복점까지 가력한 후 외력을 제거하면 변형은 원상으로 회복된다.
② 인장강도점에서 응력값이 가장 크게 나타난다.
③ 냉간성형한 강재는 항복점이 명확하지 않다.
④ 상위항복점 이후에 하위항복점이 나타난다.

5-5. 강재 탄소의 함유량이 0[%]에서 0.8[%]로 증가함에 따른 제반 물성 변화에 대한 설명으로 옳지 않은 것은?
① 인장강도는 증가한다.
② 항복점은 커진다.
③ 신율은 증가한다.
④ 경도는 증가한다.

5-6. 강재의 인장강도는 온도에 따라 다른데 인장강도가 최대가 되는 경우의 온도는?
① 20~30[℃]
② 100~150[℃]
③ 250~300[℃]
④ 500~550[℃]

5-7. 강의 가공과 처리에 관한 설명으로 옳지 않은 것은?
① 소정의 성질을 얻기 위해 가열과 냉각을 조합 반복하여 행한 조작을 열처리라고 한다.
② 열처리에는 단조, 불림, 풀림 등의 처리방식이 있다.
③ 압연은 구조용 강재의 가공에 주로 쓰인다.
④ 압출가공은 재료의 움직이는 방향에 따라 전방압출과 후방압출로 분류할 수 있다.

5-8. 금속 부식에 대한 대책으로 틀린 것은?
① 가능한 한 이종 금속은 이를 인접, 접속시켜 사용하지 않을 것
② 균질한 것을 선택하고 사용할 때 큰 변형을 주지 않도록 할 것
③ 큰 변형을 준 것은 가능한 한 풀림하여 사용할 것
④ 표면을 거칠게 하고 가능한 한 습윤 상태로 유지할 것

5-9. 다음 각 비철금속에 관한 설명으로 옳지 않은 것은?
① 알루미늄 : 융점이 낮기 때문에 용해주조도는 좋으나 내화성이 부족하다.
② 납 : 비중이 11.4로 아주 크고 연질이며 전연성이 크다.
③ 구리 : 건조한 공기 중에서는 산화하지 않으나, 습기가 있거나 탄산가스가 있으면 녹이 발생한다.
④ 주석 : 주조성과 단조성은 좋지 않으나 인장강도가 커서 선재(線材)로 주로 사용된다.

5-10. 알루미늄의 특성으로 옳지 않은 것은?
① 순도가 높을수록 내식성이 좋지 않다.
② 알칼리나 해수에 침식되기 쉽다.
③ 콘크리트에 접하거나 흙속에 매몰된 경우에 부식되기 쉽다.
④ 내화성이 부족하다.

| 해설 |

5-1

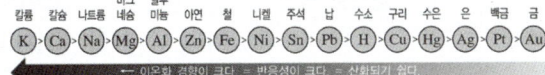

칼륨	칼슘	나트륨	마그네슘	알루미늄	아연	철	니켈
K	Ca	Na	Mg	Al	Zn	Fe	Ni
주석	납	수소	구리	수은	은	백금	금
Sn	Pb	H	Cu	Hg	Ag	Pt	Au

5-2
건설용 또는 건축용 강재(철근, 철골, 리벳 등)의 재료시험 항목에는 인장강도시험, 굽힘시험, 연신율시험 등이 있다.

5-3
b는 상항복점이다.

5-4
하위항복점까지 가력한 후 외력을 제거하면 변형은 원상으로 회복되지 않는다.

5-5
- 강재 탄소의 함유량이 0[%]에서 0.8[%]로 증가함에 따른 제반 물성의 변화
  - 증가 : 경도, 인장강도, 항복점, 비열, 전기저항
  - 감소 : 연성, 전성, 신율, 용접성, 비중, 열팽창계수, 열전도율

5-6
온도에 따른 강재의 인장강도
- 200~300[℃] : 인장강도가 가장 크고 신율이 가장 작다. 상온에서 좀 더 굳고 취약한 청열취성을 나타낸다.
- 250~300[℃] : 강재의 인장강도 최댓값을 갖는다.
- 500[℃] 정도 : 인장강도가 상온에서의 인장강도의 약 1/2로 된다.
- 600[℃] 정도 : 인장강도가 상온에서의 인장강도의 약 1/3로 된다.

5-7
단조는 열처리 공법이 아니라 소성변형을 이용한 비절삭 가공공법이다.

5-8
금속 부식을 방지하기 위해서는 표면을 평활, 청결하게 하고 가능한 한 건조 상태로 유지해야 한다.

5-9
주석 : 주조성과 단조성은 좋지만, 인장강도가 낮다. 전연성, 신율이 크고 동합금·감마합금·땜납 등의 합금성분, 박판, 주석도강판 등으로 이용된다.

5-10
순도가 높을수록 내식성과 전연성이 좋다.

정답 5-1 ① 5-2 ① 5-3 ② 5-4 ① 5-5 ① 5-6 ③ 5-7 ②
5-8 ④ 5-9 ④ 5-10 ①

핵심이론 06 | 미장재

① 미장재의 개요

⊙ 미장재의 용어
- **플라스터(Plaster)** : 석고 또는 석회, 물, 모래 등의 성분으로 이루어져 마르면 경화하는 성질을 응용하여 벽·천장 등을 도장하는 데 사용하는 풀모양의 건축재로, 석고 플라스터와 돌로마이트 플라스터로 대별한다.
- 석회와 소석회
  - 석회 : 보통 석회석을 소성한 생석회
  - 소석회 : 생석회를 가수소화시킨 수산화석회로 회반죽의 원료로 사용되며, 응결수축이 일어나면 균열이 발생된다.
  - 제품 : 돌로마이트 플라스터, 회반죽
- 석고와 소석고
  - 석고 : 무색 또는 백색·회백색, 때로는 황색·적색, 드물게는 암회색의 단사정계에 속하는 광물
  - 소석고 : 석고석을 소성한 것으로 분쇄기로 미세하게 분말화하여 사용한다.
  - 응결 시 극소로 팽창된다.
  - 제품 : 석고 플라스터
- 건비빔 : 혼합한 미장재료에 아직 반죽용 물을 섞지 않은 상태
- 고름질 : 바름 두께 또는 마감 두께가 두꺼울 때 또는 요철이 심할 때 초벌바름 위에 발라 붙여 주는 것 또는 그 바름층
- 규준바름 : 미장바름 시 바름면의 규준이 되기도 하고, 규준대 고르기에 닿는 면이 되기 위해 기준선에 맞춰 미리 둑모양 또는 덩어리 모양으로 발라 놓은 것 또는 바르는 작업
- 규준설치 : 미장바름 시 바름면의 규준이 되기도 하고, 규준대 고르기에 닿는 면이 되기 위해 코너비드 등 각종 비드 또는 규준대를 설치하는 것 또는 설치작업
- 눈먹임 : 인조석 갈기 또는 테라초 현장 갈기의 갈아내기 공정에 있어서 작업면의 종석이 빠져나간 구멍 부분 및 기포를 메우기 위해 그 배합에서 종석을 제외하고 반죽한 것을 작업면에 발라 밀어 넣어 채우는 것

- 덧먹임 : 바르기의 접합부 또는 균열의 틈새, 구멍 등에 반죽된 재료를 밀어 넣어 때우는 것
- 라스먹임 : 메탈 라스, 와이어 라스 등의 바탕에 모르타르 등을 최초로 발라 붙이는 것
- 물비빔 : 건비빔된 미장재료에 물을 부어 바를 수 있도록 반죽된 상태
- 회사벽 : 석회죽에 모래, 회백토 등을 섞어 반죽한 것을 외바탕 등 흙벽의 마감바름이나, 회반죽 마무리바름 이전 고름질이나 재벌바름으로 사용하기 위해 바르는 벽

ⓒ 건축용 뿜칠마감재의 조성
- 안료 : 내알칼리성, 내후성, 착색력, 색조의 안정
- 유동화제 : 재료를 유동화시키는 재료(물이나 유기용제 등)
- 골재 : 치수 안정성을 향상시키고 흡음성, 단열성 등의 성능 개선(모래, 석분, 펄프입자, 질석 등)
- 결합재 : 물리적, 화학적으로 고체화하여 미장바름의 주체가 되는 재료(시멘트, 석고, 돌로마이트 플라스터 등)

② 미장바탕
ⓐ 미장바탕의 개요
- 미장바탕은 미장마감층이 구조체에 결합되는 부분이다.
- 미장마감을 장기적, 단기적으로 안전하게 지지하여 마감의 균열, 박리 등의 결함을 방지하고 단열성과 차음성을 확보한다.

ⓑ 미장바탕이 갖추어야 할 조건
- 미장층보다 강도와 강성이 클 것
- 미장층과 유효한 접착강도를 얻을 수 있을 것
- 미장층과 유해한 화학반응을 하지 않을 것
- 미장층의 경화, 건조에 지장을 주지 않을 것
- 미장층의 시공에 적합한 평면 상태와 흡수성을 가질 것

ⓒ 미장바탕의 종류
- 콘크리트바탕
  - 균열, 오물, 레이턴스, 과도한 요철이 없어야 한다.
  - 철근간격재, 나뭇조각 등을 제거한다.
  - 이어치기 부분 등 누수가 우려되는 부분은 방수처리한다.
- 프리캐스트 콘크리트바탕
  - 조립 시 손상 부분, 패널의 접합 부분 등은 모르타르 등으로 매운다.
  - 표면의 오물, 박리제, 레이턴스 등은 제거하고, 깨끗하게 청소한다.
- 콘크리트블록 및 벽돌바탕
  - 쌓기에 사용되는 줄눈재는 적용 미장재료와의 적합성을 고려한다.
  - 건조수축이 작은 것을 사용한다.
- ALC 바탕 : 접합부의 경사, 턱솔 등은 적절한 방법으로 제거한다.
- 와이어 라스 및 메탈 라스바탕 : 와이어 라스는 KS F 4551, 메탈 라스는 KS F 4552에 합격한 제품을 사용한다.
- 외바탕 : 중기가 곧고 가는 나뭇가지, 수수깡을 40~60[mm]로 쪼개어 만든 것으로 한다.
- 기타 바탕 : 석고보드판, 목모 및 목편 시멘트판, 졸대, 스터코, 알루미늄박판 등을 사용한다.

③ 바름공정
ⓐ 바름공사의 조건
- 바탕과 양호한 접착을 얻을 수 있고 박리하지 않을 것
- 치수 안정성이 좋고 균열이 발생하지 않을 것
- 마감층으로서 요구되는 형태인 평탄성을 갖출 것

ⓑ 바름공정의 분류
- 바탕조정 : 경도의 바탕 결합을 조정 또는 바탕의 흡입을 조정하여 초벌바름과 바탕과의 적합성을 형성시키는 공정이다.
- 초벌바름 : 바탕과의 접착을 주목적으로 하며, 바탕의 요철을 완화시키는 공정이다.
- 재벌바름 : 바탕과의 마감바름을 연결하는 공정으로 치수 안정성이 요구되며, 얇은 바름을 가능하게 하고 더욱 평탄하고 흡입이 균일하도록 바른다.
- 정벌바름 : 치장을 목적으로 하는 공정이며 균열이 발생하기 쉬운 재료에서는 균열방지를 위해 보통 얇게 바른다. 표면의 요철 문양 등은 이 과정에서 만든다.
- 마감바름 : 요철의 흙손누름작업 후 표면을 연마 처리한다.

④ 재료 배합 및 비빔
  ㉠ 재료 배합 : 미장재료의 배합은 사용재료의 종류, 경화기구, 수축성, 마무리의 종류 등에 따라 다르고 각 공사에 따라 다르지만, 원칙적으로 바탕에 가까운 바름층일수록 부배합으로, 정벌바름에 가까울수록 빈배합으로 한다.
  ㉡ 재료비빔 : 기계비빔과 손비빔이 있으며 균일해질 때까지 충분히 섞는다.
  ㉢ 재료 혼합 시 유의사항
    • 석고플라스터에 시멘트, 소석회, 돌로마이트 플라스터 등을 혼합하여 사용하면 안 된다.
    • 결합재, 골재, 혼합재료 등을 미리 공장에서 배합한 기배합재료를 사용할 때는 제조업자가 지정한 폴리머분산제 및 물 이외의 다른 재료를 혼합해서는 안 된다.

⑤ 바름공법과 양생
  ㉠ 바름공법
    • 흙손바름
      - 초벌바름은 흙손으로 충분히 누르고 눈에 뜨일 정도의 틈이 생기지 않도록 한다.
      - 바름면의 흙손작업은 갈라지거나 들뜨는 것을 방지하기 위하여 바름층이 굳기 전에 끝낸다.
      - 바름 표면의 흙손바름 및 흙손누름작업은 물기가 걷히는 상태를 확인하며 작업한다.
    • 뿜칠바름
      - 뿜칠바름은 얼룩, 흘러내리기, 공기방울 등의 결함이 없도록 작업한다.
      - 압송뿜칠기계로 20[mm]를 넘는 부위에 두껍게 바름할 경우는 초벌, 재벌, 정벌 3회 뿜칠바름을 하고, 두께 10[mm] 정도의 부위는 정벌뿜칠만을 밑바름, 윗바름으로 나누어 계속 바른다.
  ㉡ 양생
    • 건물에 진동을 주어 작업에 영향이 있을 경우에는 담당원과 협의하여 처리한다.
    • 바름작업 전 또는 도중에 근접한 다른 부재나 마감면 등이 오손되지 않도록 적절히 양생한다.
    • 내장바름면의 조기 건조 및 오염방지를 위하여 통풍이나 일조를 피하기 위한 창문을 설치한다.
    • 외장바름면에서는 직사광선, 바람, 비 등을 막기 위해 시트양생을 한다.
    • 한랭기에는 따뜻한 날을 선택하여 시공하도록 한다.

⑥ 미장재료의 구성재료
  ㉠ 결합재료
    • 물리적, 화학적으로 고체화하여 미장바름의 주체가 되는 재료이다.
    • 경화되어 바름벽에 필요한 강도를 발휘시키기 위한 재료로서, 바름벽의 기본 소재가 된다.
    • 무정형의 미장재료를 경화시키는 결합체 : 석고 플라스터, 합성수지, 아스팔트 등
  ㉡ 골재 : 결합재의 결점인 수축균열, 점성 및 보수성의 부족을 보완하고 응결경화시간의 조절, 치장의 목적으로 사용되는 재료이다.
  ㉢ 혼화재료 : 착색, 방수, 방동, 내화, 단열, 차음, 음향, 응결시간 조정, 강도 증진, 작업성 증대 등의 효과를 얻기 위하여 사용되는 재료이다.
    • 착색재 : 착색을 위한 재료로 합성산화철, 카본블랙, 이산화망간, 산화크롬 등이 있다.
    • 방수효과를 위한 재료
      - 공극충전 : 소석회, 점토, 석분
      - 화학반응 : 물유리, 지방산
    • 응결시간 조절을 위한 재료
      - 촉진제 : 미장재료의 응결시간을 단축시킬 목적으로 첨가하는 재료로 염화칼슘(염화석회), 물유리 등이 있다.
      - 지연제 : 미장재료의 응결시간을 지연시킬 목적으로 첨가하는 재료로 규산소다 등이 있다.
    • 작업성 개선, 재료의 경제성 개선을 위한 재료 : 플라이애시, 포졸란재료, 규산백토, 가용성 백토, 화산회, 규조토 등
  ㉣ 보강재료 : 미장재료의 고체화에 관계하지 않고 성질 개선에 사용되는 재료로 여물, 풀, 수염 등이 있다.
    • 여물
      - 바름 중에는 보수성을 향상시키고, 바름 후에는 건조에 따라 생기는 균열을 방지한다.
      - 바름에 있어서 재료에 끈기를 주어 처져 떨어지는 것이나 흘러내림을 방지한다.
      - 흙손질이 쉽게 퍼져 나가도록 하는 효과가 있다(흙손질을 용이하게 하는 효과가 있다).
      - 여물의 섬유는 연하고 가늘고 색이 옅고 부드러운 것일수록 상품이다.

- 종류로는 짚, 삼, 종이, 털 여물 등이 있다.
- 풀(해초풀) : 끈기를 부여하고 점성력, 부착력 증진을 위해 첨가된다.
- 수염 : 회반죽의 박리 탈락을 방지하는 역할을 하며, 잘 건조되고 질긴 청마, 종려털 또는 마닐라삼 등을 사용한다.

⑦ 미장재료의 분류
㉠ 기경성 재료 : 공기 중에서만 경화되는 미장재
- 공기 중의 탄산가스(CO_2)와 반응하여 경화한다.
- 통풍이 필요하고, 경화시간이 길다.
- 가소성이 커서 재료 반죽 시 풀, 여물(Hair)이 필요 없다.
- 경화 시 수축률이 크다.
- 오래두었다가 사용가능하다.
- 기경성 재료의 종류
  - 진흙질 : 진흙, 새벽흙
  - 석회질 : 회반죽, 회사벽, 소석회, 돌로마이트 플라스터

㉡ 수경성 재료 : 공기 중이나 수중 어느 곳에서도 경화되는 미장재
- 물과 반응하여 경화된다.
- 내수성 및 강도가 크다.
- 통풍이 필요 없고, 경화시간이 짧다.
- 통풍이 잘되지 않는 지하실의 미장재료로서 적절하다.
- 반죽해서 바로 사용한다.
- 수경성 재료의 종류
  - 석고질 : 석고 플라스터(순석고 플라스터, 혼합석고 플라스터, 보드용 플라스터), 무수석고(경석고 플라스터 또는 킨즈시멘트)
  - 시멘트 모르타르
  - 인조석바름, 테라초현장바름, 마그네시아시멘트
- 수경성 재료 중에서 시멘트 모르타르는 시공 후 강재의 초기 부식을 유발하지 않지만 석고 플라스터, 마그네시아시멘트, 경석고 플라스터 등에서는 초기 부식이 유발된다.

㉢ 화학경화성 재료
- 사용재료 간의 화학반응으로 경화하는 재료이다.
- 종류 : 2액형 에폭시수지 바닥마감재

㉣ 고화성 재료
- 액체가 고체 상태로 변화하여 경화하는 재료이다.
- 종류 : 용융 아스팔트 바닥마감재, 아스팔트 모르타르

⑧ 기경성 미장재
㉠ 돌로마이트 플라스터
- 돌로마이트 석회에 모래와 여물, 물을 혼합하여 사용하는 미장재료
- 소석회에 비해 점성이 높고 작업성이 좋다.
- 응결시간이 길어서 바르기 좋다.
- 변색, 냄새, 곰팡이가 없으며 보수성이 크다.
- 회반죽에 비해 조기강도 및 최종강도가 크다.
- 착색이 쉽다.
- 여물을 혼입해도 건조수축이 크다.
- 건조수축(수축성)이 크기 때문에 균열이 생기기 쉽다.

㉡ 회반죽
- 회반죽은 소석회에 모래, 해초풀, 여물 등을 혼합하여 바르는 미장재료이다.
- 목조 바탕, 콘크리트 블록 및 벽돌 바탕 등에 바른다.
- 회반죽의 균열을 방지하기 위하여 회반죽에 여물을 넣는다.
- 해초풀은 접착력 증대를 위해 사용된다.
- 회반죽바름에 사용하는 해초풀은 채취 후 1~2년 경과된 것이 좋다.
- 경화건조에 의한 수축률은 미장바름 중 큰 편이다.
- 회반죽에 석고를 약간 혼합하면 수축균열을 방지할 수 있다.
- 건조에 소요되는 시간이 길다.

㉢ 소석회
- 생석회에 물을 첨가하면 소석회가 된다.
- KS L 9007에서 규정하는 미장재료로 사용되는 소석회의 주요 품질 평가항목 : 분말도 잔량, 점도계수, 경도계수

⑨ 수경성 미장재
㉠ 시멘트 모르타르 : 시멘트(결합재)와 모래(골재)를 물과 혼합하여 사용하는 수경성 미장재료

- 시멘트 모르타르의 분류

시멘트 모르타르의 분류		구성 성분
보통 모르타르	보통시멘트 모르타르 (일반용)	시멘트, 모래
	백시멘트 모르타르 (치장용)	백시멘트, 색소, 돌가루, 모래
방수 모르타르	액체 방수 모르타르 (간이방수용)	시멘트, 염화칼슘, 물유리계
	발수제 모르타르 (간이방수용)	시멘트, 지방산비누, 아스팔트계
	규산질 모르타르 (충전용)	시멘트, 규산질광물, 모래
특수 모르타르	차폐 모르타르 (방사선차단용)	시멘트, 바라이트분말, 모래
	질석 모르타르 (경량용)	시멘트, 질석
	석면 모르타르 (균열방지용)	시멘트, 석면, 모래
	합성수지 혼화 모르타르 (경도, 치밀성, 광택, 특수치장용)	시멘트, 각종 합성수지, 모래

- 특 징
  - 내수성과 강도가 크다.
  - 건유에 의하여 얻어진 것은 경유를 가하여 증류하고, 수분을 제거하여 정제한다.
  - 인화점은 60~160[℃]이며, 흑색 또는 흙갈색을 띤다.
  - 방부제로도 이용되나 크레오소트유에 비하여 효과가 떨어진다.
  - 화강암 표면에 묻은 시멘트 모르타르의 제거 시 염산을 사용한다.
- 시멘트 모르타르 미장바름 방법
  - 1회의 바름 두께는 바닥의 경우를 제외하고 6[mm]를 표준으로 한다.
  - 모르타르의 배합 용적비는 초벌바름의 경우 1 : 2 또는 1 : 3이다.
  - 초벌바름 후 방치기간은 1주일 이상으로 한다.
  - 각이 진 면, 모서리 면, 구석 면에는 비드를 사용하여 보호한다.
- 기성 배합 모르타르바름
  - 현장에서의 시공이 간편하다.
  - 공장에서 미리 배합하므로 재료가 균질하다.
  - 접착력 강화제가 혼입되기도 한다.
  - 주로 바름 두께가 얇은 경우에 많이 쓰인다.

ⓒ 석고 플라스터(Gypsum Plaster)
- 석고의 화학성분은 황산칼슘이다.
- 석고의 종류는 결정수의 유무에 따라 무수석고, 반수석고(소석고), 이수석고의 3가지가 있다.
- 무수석고는 경화가 늦기 때문에 경화촉진제를 필요로 한다.
- 건축용 석고의 대부분은 반수석고를 주원료로 한다.
- 반수석고는 가수 후 20~30분에 급속경화한다.
- 내화성이 우수하다.
- 경화, 건조 시 치수 안정성이 우수하다.
- 무수축성의 성질이 있다.
- 물에 용해되는 성질이 있어 물을 사용하는 장소에는 부적합하다.
- 시멘트에 비해 경화속도가 빠르다.
- 목재에 접할 경우 방부효과가 있다.
- 원칙적으로 해초 또는 풀즙을 사용하지 않는다.
- 회반죽에 석고를 약간 첨가하면 수축균열을 방지할 수 있는 효과가 있다.
- 석고판(석고보드)
  - 신축성이 작고 경량이다.
  - 신축변형이 작아 균열의 위험이 작다.
  - 내화성이 좋고 페인트 칠이 가능하다.
  - 화재 시 화염과 열의 확산을 지연시킨다.
  - 연소나 석회화하기 전까지 100[℃] 이상의 열을 전달하지 않는다.
  - 부식이 안 되고 충해가 없다.
  - 흡수성이 크므로 흡수로 인한 강도의 저하가 우려된다.
- 무수석고에 경화촉진제로서 화학처리한 것을 경석고 플라스터라고 한다.

ⓒ 마그네시아시멘트
- 고급 시멘트의 일종으로 마그네시아(MgO)를 염화마그네슘의 용액에 섞어서 만든다.
- 단기간에 응결한다.
- 일단 응결경화한 것은 아주 굳어서 쉽게 상하지 않는다.
- 화장 타일이나 인조 대리석에 쓰이고 외관이 아름답다.

ㄹ. 경석고 플라스터(킨즈시멘트)
- 비교적 강도가 크고, 응결시간이 길며, 부착은 양호하나 강재를 녹슬게 하는 성분도 포함한다.
- 균열저항성이 매우 크다.
- 소석고보다 응결속도가 느리다.
- 표면강도가 크고 광택이 있다.
- 습윤 시 팽창이 크다.
- 다른 석고계의 플라스터와 혼합을 피해야 한다.
- 고온소성의 무수석고에 특별한 화학처리를 한 것

⑩ 기타 미장바름 및 재료
 ㄱ. 인조석바름(Artificial Stone Finish) : 모르타르바름바탕을 한 것 위에 종석과 보통 포틀랜드시멘트 또는 백색 포틀랜드시멘트와 안료, 돌가루 등을 배합한 후 반죽하여 바르고 씻어내기, 갈기 또는 잔다듬 등으로 마무리하여 천연의 석재와 유사하게 만든 것이다.
 ㄴ. 테라초바름(Terrazzo Finish) : 알이 크고 좋은 종석을 쓰고 갈기 횟수를 늘려 갈아낸 인조석의 일종이다. 현장바름(바닥)과 공장 제작 테라초판(벽)이 있다.
 ㄷ. 섬유벽바름 : 각종 섬유상의 재료를 접착제로 접합해서 벽에 바른 것이다. 균열의 염려가 적고 방음, 단열성이 크고 현장작업이 용이하다.
 ㄹ. 흙벽바름 : 진흙, 모래, 짚여물 등을 물반죽하여 외바탕, 신자바탕 등에 바르는 재래식 공법이다.
 ㅁ. 특수바름
- 리신바름 : 돌로마이트에 화강석 부스러기, 색모래, 안료 등을 섞어 정벌바름하고 충분히 굳지 않았을 때 표면에 거친 솔, 얼레빗 같은 것으로 긁어 거친 면으로 마무리하는 일종의 인조석 바름이다.
- 라프코트 : 시멘트, 모래, 잔자갈, 안료 등을 섞어 이긴 것을 바탕바름이 마르기 전에 뿌려 붙이거나 바르는 일종의 인조석바름이다.
- 모조석 : 백시멘트와 종석, 안료를 혼합하여 만든 것으로 천연석고와 유사한 외관을 가진 인조석이다.

10년간 자주 출제된 문제

6-1. 미장공사의 바탕조건으로 옳지 않은 것은?
① 미장층보다 강도는 크지만 강성은 작을 것
② 미장층과 유해한 화학반응을 하지 않을 것
③ 미장층의 경화, 건조에 지장을 주지 않을 것
④ 미장층의 시공에 적합한 흡수성을 가질 것

6-2. 미장재료 중 공기 중의 탄산가스와 반응하여 화학 변화를 일으켜 경화하는 것은?
① 순석고 플라스터
② 돌로마이트 플라스터
③ 시멘트 모르타르
④ 보드용 석고 플라스터

6-3. 돌로마이트 플라스터에 관한 설명으로 옳지 않은 것은?
① 건조수축에 대한 저항성이 크다.
② 소석회에 비해 점성이 높고 작업성이 좋다.
③ 변색, 냄새, 곰팡이가 없으며 보수성이 크다.
④ 회반죽에 비해 조기강도 및 최종강도가 크다.

6-4. 석고 플라스터에 대한 설명으로 옳지 않은 것은?
① 시멘트에 비해 경화속도가 느리다.
② 내화성을 갖는다.
③ 경화, 건조 시 치수 안정성을 갖는다.
④ 물에 용해되는 성질이 있어 물을 사용하는 장소에는 부적합하다.

6-5. 미장공사용 재료에 대한 설명으로 틀린 것은?
① 돌로마이트 플라스터는 소석회보다 점성이 낮아 풀이 필요하며 건조수축이 작은 특징이 있다.
② 회반죽바름은 소석회를 사용한다.
③ 회반죽바름에 사용하는 해초풀은 채취 후 1~2년 경과된 것이 좋다.
④ 석고 플라스터는 경화 · 건조 시 치수 안정성이 우수하다.

| 해설 |

6-1
미장공사의 바탕조건
- 미장층보다 강도나 강성이 커야 한다.
- 미장층과 유해한 화학반응을 하지 않아야 한다.
- 미장층과 경화, 건조에 지장을 주지 않아야 한다.
- 미장층 시공에 적합한 평면 상태나 흡수성을 가져야 한다.
- 미장층과 유효한 접착강도를 얻을 수 있어야 한다.

6-2
미장재료 중 공기 중의 탄산가스와 반응하여 화학 변화를 일으켜 경화하는 재료는 기경성 미장재이다. 돌로마이트 플라스터는 대표적인 기경성 미장재이다. ①, ③, ④는 수경성 미장재에 해당된다.

6-3
돌로마이트 플라스터는 건조수축(수축성)에 대한 저항성이 낮고, 수축성이 크기 때문에 균열이 생기기 쉽다.

6-4
석고 플라스터는 시멘트에 비해 경화속도가 빠르다.

6-5
돌로마이트 플라스터는 소석회보다 점성이 높아 풀이 필요하지 않고 건조수축이 큰 특징이 있다.

정답 6-1 ① 6-2 ② 6-3 ① 6-4 ① 6-5 ①

핵심이론 07 | 합성수지

① 합성수지의 개요
　㉠ 합성수지의 성질(플라스틱의 성질)
- 가소성, 성형성, 가공성, 내수성, 내화학성, 전기절연성 등이 좋아 건설재료로 광범위하게 사용되고 있다.
- 전성, 연성이 크다.
- 피막이 강하다.
- 접착성이 크고, 기밀성과 안정성이 큰 것이 많다.
- 탄력성이 크다.
- 내약품성이 우수하다.
- 유리와 같은 파쇄성이 없다.
- 투광률이 비교적 큰 것이 있어 유리 대용의 효과를 가진 것이 있다.
- 착색이 자유로우며 형태와 표면이 매끈하고 미관이 좋다.
- 일반적으로 투명 또는 백색의 물질이므로 적합한 안료나 염료를 첨가함에 따라 광범위하게 채색이 가능하다.
- 흡수율, 투수율이 작아 방수효과가 좋다.
- 압축강도가 인장강도보다 크다.
- 상호 간 계면 접착이 잘되며 금속, 콘크리트, 목재, 유리 등 다른 재료에도 잘 부착된다.
- 플라스틱의 내수성 및 내투습성은 폴리초산비닐 등 일부를 제외하고 극히 양호하다.
- 타 재료와의 부착성이 좋아 접착제, 실링재로 널리 사용된다.
- 내열성, 내화성이 좋지 않다.
- 비교적 저온에서 연화, 연질된다.
- 열에 의한 체적 변화가 크고 열팽창계수가 온도 변화에 따라 다르다.
- 탄성계수가 강재보다 작다.
- 마모가 많다.
- 강성과 강도가 작아 구조재료로 부적합하다.
- 경도가 높지 않아서 마멸되기 쉬운 곳에 사용하면 효과적이지 못하다.
- 수명이 반영구적이어서 환경오염의 우려가 있다.
- 콘크리트 구조물의 강도보강용 섬유소재로 적당한 재료 : 유리섬유, 탄소섬유, 아라미드섬유 등

ⓛ 플라스틱 건설재료의 현장적용 시 고려사항
- 마감 부분에 사용하는 경우 표면의 흠, 얼룩 변형이 생기지 않도록 하고, 필요에 따라 종이나 천 등으로 보호하여 양생한다.
- 열경화성 접착제에 경화제 및 촉진제 등을 혼입하여 사용할 경우, 심한 발열이 생기지 않도록 적정량의 배합을 한다.
- 두께 2[mm] 이상의 열경화성 평판을 현장에서 가공할 경우, 가열가공하지 않도록 한다.
- 열가소성 평판의 곡면가공은 반지름을 판 두께의 300배 이내로 하는 것이 좋다.
- 열가소성 플라스틱 재료들은 열팽창계수가 크므로 경질판의 정착에 있어서 열에 의한 팽창 및 수축여유를 고려해야 한다.
- 직사일광에 의한 자외선폭로나 열적 변화의 영향 등에 따라 강도 저하, 노화 등이 발생된다.
- 하중과 신장이 훅의 법칙에 적용되지 않으며, 응력 변화에 있어서 명확한 탄성한계의 구별이 용이하지 않다.
- 플라스틱은 일반적으로 투명 또는 백색의 물질이므로 적합한 안료나 염료를 첨가함에 따라 광범위하게 채색이 가능하다.
- 플라스틱은 상호 간 계면 접착이 잘되며, 금속, 콘크리트, 목재, 유리 등 다른 재료에도 잘 부착된다.
- 플라스틱은 일반적으로 전기절연성이 상당히 양호하다.

ⓒ 합성수지의 분류
- 열가소성 수지
  - 종류 : 메타크릴수지(아크릴수지), 플루오린수지, 셀룰로이드, (폴리)염화비닐수지(PVC), 초산비닐수지, 폴리스티렌수지(PS), 폴리아마이드수지, 폴리에틸렌수지(PE), 폴리우레탄수지(PU), 폴리카보네이트수지(PC), 폴리프로필렌수지(PP) 등
  - 열변형 온도가 높은 순서[℃]
    ⓐ 폴리카보네이트(PC) : 140
    ⓑ 폴리프로필렌(PP) : 100
    ⓒ 폴리스티렌(PS) : 95
    ⓓ 폴리에틸렌(PE) : 85
    ⓔ 폴리염화비닐(PVC) : 70

- 열경화성수지 : 멜라민수지, 실리콘수지, 알키드수지, 에폭시수지, 요소수지, 우레탄수지, 페놀수지, 폴리에스테르수지, 푸란수지

② 열가소성 수지
ⓐ 메타크릴수지(아크릴수지)
- 학술용어는 PMMA(Poly Methyl Methacrylate)수지이며, 흔히 아크릴수지로 통용된다.
- 투광성이 높고 경량이며 내후성과 내약품성, 역학적 성질이 뛰어나기 때문에 유리 대용품으로서 광범위하게 이용되고 있는 열가소성 수지이다.
- 플라스틱 중에서 무색 투명성이 가장 높고 외관도 매우 아름다워 플라스틱의 여왕으로 불린다.
- 가열하면 연화 또는 용해하여 가소성이 되고, 냉각하면 경화하는 재료이다.
- 투명도가 높아 유기유리라고 불린다.
- 분자구조가 쇄상구조로 이루어져 있다.
- 무색투명하여 착색이 자유롭다.
- 내충격강도가 크다.
- 상온에서도 절단·가공이 용이하다.
- 무색투명한 특성과 유리에 비하여 비중이 50[%] 정도로 가벼운 고유의 특성 때문에 유기유리라고 인식될 정도로 다양하면서도 고유의 용도를 가진다.
- 무색 상태에서는 가시광선을 전 파장에 걸쳐 거의 흡수하지 않으며, 발군의 내후성도 가지고 있을 뿐만 아니라 착색성, 성형성, 강도 등도 우수하여 광범위한 용도 전개가 가능하다.
- 표면에 상처가 나기 쉽고, 열과 흡수에 의한 팽창이 크며 유기용제에 침해될 수 있다.
- 아크릴수지의 성형품은 색조가 선명하고 광택이 있어 아름답지만 내용제성이 약해 상처 나기 쉽다.
- 단점을 개선하여 자동차의 테일 램프 커버와 조명기구, 광학기구, 광고 표시판, 창틀재료, 형광등 커버 등 조명관계뿐 아니라 액정 디스플레이용 도광판 재료, 일상생활에서 흔히 보는 가정용 자재, 건축자재, 가전, IT, 자동차 분야 등 여러 분야에서 사용된다.
- 평판, 골판 등의 각종 형태의 성형품으로 만들어 채광판, 도어판, 칸막이벽 등에 쓰인다.

ⓑ 플루오린수지
- 플루오린(불소)을 포함한 올레핀을 중합시켜 얻어진 합성수지이다.

- 내열성, 내약품성, 내후성, 전기절연성 등이 우수하다.
- 마찰계수가 작다.
- 고온에도 안정된 불연성을 지닌 엔지니어링 플라스틱으로 이용된다.

ⓒ 셀룰로이드(Celluloid)
- 나이트로셀룰로스(질산섬유소)에 장뇌를 섞어 압착하여 만든 반투명한 합성수지이다.
- 인류가 개발한 최초의 플라스틱이다.
- 약한 산 또는 알칼리에 강하다.
- 아세톤, 에테르, 알코올, 산에틸, 아세트산아밀 등의 유기용제에 녹는다.
- 내화성이 약하여 불에 타기 쉽다(나이트로셀룰로스가 들어 있으므로 인화되기 쉽고, 온도가 어느 정도까지 높아지면 자연발화할 위험도 있다).
- 화장용구, 완구, 문방구, 필름 등 여러 방면에 사용되다가 현재는 열가소성 플라스틱으로 대체되면서 탁구공 이외에는 거의 쓰이지 않는다.

ⓔ (폴리)염화비닐수지(PVC)
- 내산, 내알칼리성 및 내후성이 우수하다.
- 염화비닐의 화학구조를 보면 탄소 주쇄에 염소가 붙어 있다. 측쇄의 염소는 무겁기 때문에 경질 플라스틱이다. 또한, 염소가 비석유계의 특징을 가지고 있기 때문에 내약품성이 우수하며, 연소되기 어렵다.
- 경질 염화비닐과 연질 염화비닐로 나누어진다.
  - 경질 염화비닐 : 기계적 특성이 우수하고, 내약품성, 난연성, 내후성 등이 우수하여 파이프, 빗물 통 등 건재나 탱크 등 공업용 자재로서 널리 사용된다.
  - 연질 염화비닐 : 가소제를 가하여 부드럽게 한 재료로 고무호스, 전선의 피복재, 비닐하우스 등의 농업용 필름, 인조피혁, 비치볼이나 부표와 같은 완구 등에 사용된다.
- 연소하면 유해한 염소가 발생하여 산성비, 다이옥신 발생의 원인이 되므로 포장자재나 일용품에 대한 사용을 피하는 것이 좋다.
- 리사이클 면에서는 비철금속(알루미늄)과 플라스틱(폴리염화비닐)을 포함하는 폐기물 등을 그 구성 물질인 비철금속과 플라스틱으로 선별하고, 각각을 원료로서 재이용할 수 있게 선별하여 회수하고 있다(예를 들면, 알루미늄과 폴리염화비닐을 포함하는 폐기물을 분쇄한 다음 소용돌이 전류선별기를 이용하여 알루미늄과 염화비닐로 분리하여 원료로 사용한다).

ⓜ 초산비닐수지
- 초산비닐모노머를 중합하여 만든 열가소성 합성수지이다.
- 접착성이 우수하다.
- 투명성, 내광성, 접착성 등이 뛰어나지만 내수, 내알칼리, 내후성에 결점이 있으며 이것을 개질하기 위해서 아크릴산 에스테르나 스티렌이 공중합 성분으로 사용된다.
- 유리전이온도가 실온 부근이기 때문에 성형재료로는 사용하지 못한다.
- 약산, 약알칼리에는 영향을 받지 않지만 강산, 강알칼리에는 침식되고 에탄올, 벤젠, 아세톤, 기타 많은 유기용매에 녹는다. 단, 물, 에틸렌글리콜, 글리세린, 사이클로헥산, 솔벤트나프타, 테레빈유, N-부틸에테르등에는 녹지 않으며 프로필알코올, 부틸알코올, 에틸에테르, 자일렌 등에는 팽윤한다.
- 접착제, 도료(페인트), 수지가공제 등으로 널리 사용된다.

ⓑ 폴리스티렌수지(PS)
- 발포제로서 보드상으로 성형하여 사용되는 열가소성 수지이다.
- 투명성, 성형성, 기계적 강도, 내수성은 좋지만 내충격성이 약하다.
- (넓은 판으로 만든) 단열재, 천장재, 블라인드, 전기용품, 냉장고 내부 상자, 장식품, 일용품 등에 사용된다.

ⓢ 폴리아마이드수지(PA)
- 엔지니어링 플라스틱(EP)의 일종으로 기계적 성질, 특히 내충격성이 우수한 결정성 합성수지이다.
- 나일론수지 또는 나일론이라고 한다.
- 강도, 경량성, 착색성, 내유성, 내열성, 내마모성, 내약품성 등이 우수하다.
- 표면경도가 우수하고 마찰계수가 작은 자기윤활성 합성수지이다.

- 녹는점이 높고 흡수성이 우수하다.
- 흡수에 의한 다소의 치수 변화가 있으며 물성도 변화한다.
- 수분을 흡수하면, 기계적 강도는 저하되나 유연성, 내충격성은 증가한다.
- 전기특성과 저온특성이 뛰어나고 자기소화성이 있다.
- 특히, 저온충격에 강해 겨울철 스포츠 용품류에 많이 적용된다.
- 용도 : 반기계부품(캠, 기어, 베어링, 나이론보일, 밸브 시트, 볼트, 너트, 패킹), 자동차부품(카브레이터니들밸브, 오일리저브탱크, 스피드미터기어, 와이어하네스넥터), 전기부품(코일보빈, 와셔, 기어류, 냉장차 도어래치, 커넥터, 플러그, 전선결속재), 건재부품(섀시부품, 도어래치, 커튼롤러), 잡화(무반동 해머헤드, 라이터몸체, 행거북, 빗, 옷솔), 압출품(시트, 튜브, 필름, 모노필라멘트), 스포츠용품(스키부츠, 롤러블레이드, 볼링핀)

◎ 폴리에틸렌수지(PE)
- 내수성, 내약품성, 전기절연성이 우수하고 두께가 얇은 시트를 만들어 건축용 방수재료로 이용된다. 내화학성의 파이프로도 쓰이지만, 도료로서의 사용은 곤란한 합성수지이다.
- 얇은 시트나 내화학성의 파이프로 이용된다.
- 상온에서 유백색의 탄성이 있는 열가소성 수지이다.
- 도장재료로서 사용은 적당하지 않다.

㉣ 폴리우레탄수지(PU)
- 분자 중에 우레탄 결합을 가진 합성수지이다.
- 탄성, 강인성, 인장강도, 내마모성, 내노화성, 내유성, 내용제성, 저온특성 등이 우수하다.
- 가수분해하기 쉽고, 산·알칼리에 비교적 약하다.
- 열이나 빛의 작용으로 황변화한다.
- 우레탄고무, 도료접착제, 도막방수재, 실링재, 기포성 보온재 등으로 사용된다.

㉲ 폴리카보네이트수지(PC)
- 방향족 폴리탄산에스테르 결합을 갖는 열가소성 수지이다.
- 자연색에서는 투명으로 약간 갈색을 띠고 있다.
- 엔지니어링 플라스틱의 대표적인 재료이다.
- 열가소성 수지 중에서 충격강도가 가장 우수하다.
- 인장강도, 벤딩강도, 충격강도 등 기계적 강도가 강하다.
- 내열성, 내한성, 내전압, 고주파 특성, 내후성, 치수안정성 등이 우수하다.
- 자기소화성이 있다.
- 오일, 약산, 알코올, 강산, 알칼리, 벤젠에 강하다.
- 접착, 인쇄가 가능하다.
- 글라스 파이버(유리질 섬유)나 카본 섬유를 혼입하여 강화형으로 제작가능하다.
- 용도 : 카메라 보디, 시계케이스 부품, 자동차 부품, 렌즈류, 모터 커버, 헬멧, TV, VTR 부품, 단자판, 커넥터, 휴대폰 케이스 등에 사용된다.

㉱ 폴리프로필렌수지(PP)
- 프로필렌 모노머의 조합으로 만들어진 열가소성 합성수지이다.
- 물성은 폴리에틸렌(PE)과 유사하나, 스트레스 분쇄 특성, 투명성, 항장력 등에 있어 PE보다 우수하다.
- 다른 수지에 비해서 비중이 작아서(0.82~0.92) 물에 뜨는 가장 가벼운 플라스틱이다.
- 결정성 수지로 인장강도, 경도는 결정화도가 높으면 커지지만, 충격강도는 떨어진다.
- 원색은 PE와 같이 불투명한 유백색이지만, 기본 색상은 반투명이다.
- 폴리에틸렌보다 다소 가볍고, 내열성도 좋다(120[℃]에 견딘다).
- 낮은 온도에서는 폴리에틸렌보다 잘 부서진다(-5[℃] 이하에서 취화한다).
- 경첩 힌지성(경첩처럼 접었다 펼쳤다하는 데 견디는 성질)이 우수하며, 반복적으로 접었다 펼쳤다 해도 절단되지 않는다(100만회 반복해도 견딘다).
- 전기적 특성, 무해성, 식품위생성, 착색성 등이 우수하다.
- 표면처리를 하지 않으면 인쇄, 접착이 어렵고 열용접, 고주파 용접은 가능하다.
- 산, 알칼리, 염수, 알코올, 가솔린, 오일에 강하다.
- 구리, 놋쇠, 철 등의 중금속에 접촉해 사용하면 열화(산화열화)가 눈에 띄게 촉진되어 수명이 단축되므로 구리(동)와 접촉을 피해야 한다.
- 가연성으로 매우 잘 타고 밝은 불꽃을 내며 중심부는 푸른빛을 낸다.

- 연소 시 파라핀냄새가 난다.
- 용도 : 컨테이너, 하우징, 안경집, 보석케이스, 경첩이 일체로 된 용기의 뚜껑, 파일철(문구류), 플라스틱 의자(생필품), 고주파 절연 부품, 시트류, 필름 등에 사용된다.

③ 열경화성 수지
  ㉠ 멜라민수지
  - 수지성형품 중에서 표면경도가 크고 아름다운 광택을 지니면서 착색이 자유롭고 내열성이 우수한 수지로 마감재, 전기부품 등에 활용되는 열경화성 합성수지이다.
  - 표면경도가 크고 압축성형한 판은 내장재로 쓰인다.
  - 내열성, 내수성, 내약품성이 좋지 않다.
  - 멜라민 치장판 : 합성수지 제품 중 경도가 크지만 내열, 내수성이 부족하여 외장재로는 부적당하며 내장재, 가구재로 사용된다.

  ㉡ 실리콘수지
  - 내열성, 내한성이 우수하여 −60~260[℃]의 범위에서 안정하다.
  - 탄성, 내열성, 내후성, 내약품성이 우수하다. 특히, 내열성이 가장 우수하다.
  - 접착제, 도료, 방수피막, 콘크리트의 발수성 방수도료 등에 적당하다.
  - 발수성이 있기 때문에 건축물, 전기절연물 등의 방수에 쓰인다.
  - 도료로 사용할 경우 알루미늄 분말의 안료를 혼합한 것은 내화성이 우수하다.
  - 내열성이 크고 발수성을 나타내어 방수제로 쓰이며 저온에서도 탄성이 있어 개스킷(Gasket), 패킹(Packing)의 원료로 쓰인다.

  ㉢ 알키드수지 : 폴리에스테르수지의 일종으로 내후성, 접착성이 우수하여 주로 페인트, 바니시, 래커 등의 도료로 사용되는 수지이다.

  ㉣ 에폭시수지
  - 내수성, 내식성, 전기절연성, 접착성, 내약품성 등이 매우 우수하다.
  - 경화 시 휘발성이 없으므로 용적의 감소가 극히 작다.
  - 급경성으로 내알칼리성 등의 내화학성이나 접착력이 크다.
  - 금속, 플라스틱재, 석재, 글라스, 고무, 도자기, 콘크리트 등의 접착에 모두 사용된다.
  - 유기용제에는 침식된다.
  - 알루미늄과 같은 경금속 접착에 가장 적합한 합성수지이다.

  ㉤ 요소수지 : 무색이어서 착색이 자유롭고, 내수성이 크며, 내수합판의 접착제로 사용된다.

  ㉥ 우레탄수지
  - 질기고 신축성이 우수하다.
  - 내수성, 내약품성, 내구성이 우수하다.
  - 유용성이기 때문에 이용상 제약이 따른다.
  - 전기절연체, 구조재, 기포단열재, 기포쿠션, 탄성섬유 등에 사용되며, 신축성이 좋아서 고무의 대체물질로도 사용된다.

  ㉦ 페놀수지(베이클라이트)
  - 페놀과 폼알데하이드와의 부가축합물로 구성된 열경화성 합성수지이다.
  - 내열성, 내약품성, 치수안정성, 난연성, 전기절연성 등이 우수하다.
  - 고무, 유리와 같은 유기, 무기 충전재와 복합해서 사용하는 경우가 많다.
  - 알칼리에 약하고, 착색이 자유롭지 못하다.
  - 취성이 있어서 잘 깨진다.
  - 용도 : 전기·전자부품(PCB 절연판, 전열 가전제품 등), 기계부품, 자동차부품 등의 성형재료, 판·막대·관 등의 적층품(積層品), 일용잡화에 이르기까지 폭 넓은 분야에 이용되고 있다.

  ㉧ 폴리에스테르 수지
  - 전기절연성, 내열성이 우수하고, 특히 내약품성이 뛰어나다.
  - 불포화성이며 유리섬유로 보강하여 강화플라스틱(FRP)의 제조에 사용된다(유리와의 접착성이 좋고 유리섬유와 적층하여 사용된다).
  - 건축용으로는 글라스섬유로 강화된 평판 또는 판상 제품이 주로 사용되며 욕조, 도료, 접착제 및 레진 콘크리트 등에도 이용된다.
  - 폴리에스테르 강화판 : 유리섬유를 폴리에스테르수지에 혼입하여 가압·성형한 판으로 내구성이 좋아 내외 수장재로 사용하는 합성수지이다.
  - 가성소다나 알칼리에 약하다.

ⓩ 푸란수지
- 내산성, 내알칼리성, 접착성 등이 우수하다.
- 도료, 화학공장의 벽돌, 타일 붙이기의 접착제 등으로 사용된다.

④ 플라스틱 제품
  ㉠ 강화 폴리에스테르판 : 보통 FRP판이라고 하며, 내·외장재, 가구재 등으로 사용되며 구조재로도 사용 가능한 플라스틱 제품
  ㉡ 렉스판 : PVC계 강화복합수지 위에 융착 프린팅 공정을 거친 벽, 천장용 패널로서 내약품성, 내화학성, 방수성, 방음, 방습효과가 우수하다. 허니콤(Honey Comb) 공법으로 결로현상을 방지할 수 있어 욕실, 사우나, 수영장의 천장과 벽에 주로 사용하는 합성수지 제품
  ㉢ 비닐레더(Vinyl Leather)
    - 최초의 인조가죽이다.
    - 직물이나 편물의 바닥포에 염화비닐수지를 필름상으로 코팅하여 만든다.
    - 염화비닐을 발포하여 스폰지상으로 만들어 탄력성을 부여한다.
    - 스폰지상으로 만들어 탄력성을 부여한다.
    - 표면을 가압하여 매끄럽게 만든다.
    - 색채, 모양, 무늬 등을 자유롭게 할 수 있다.
    - 면포로 된 것은 찢어지지 않고 튼튼하다.
    - 두께는 0.5~1[mm]이고, 길이는 10[m] 두루마리로 만든다.
    - 통기성, 투습성이 작다.
    - 가구, 벽지, 천장지 등으로 사용된다.
    - 내열성이 좋지 않아 다림질을 금지한다.
    - 환경오염의 문제가 있다.
  ㉣ 합성피혁
    - 비닐레더보다 천연가죽에 가깝다.
    - 일반 부직포나 직물에 염화비닐수지 이외의 합성수지, 즉 폴리아마이드, 폴리우레탄 등의 수지를 이용하여 스폰지상의 다공질을 만들어 탄력성을 부여한다.
    - 표면을 가열, 가압하거나 접착제처리나 에나멜 가공처리를 해 준다.
    - 통기성과 투습성이 천연가죽에 가깝고 천연가죽보다 물에 강한 성질을 갖고 있어 구두, 가방, 벨트를 비롯한 피복재료로 이용된다.

10년간 자주 출제된 문제

7-1. 합성수지에 관한 설명으로 옳지 않은 것은?
① 투광율이 비교적 큰 것이 있어 유리 대용의 효과를 가진 것이 있다.
② 착색이 자유로우며 형태와 표면이 매끈하고 미관이 좋다.
③ 흡수율, 투수율이 작으므로 방수효과가 좋다.
④ 경도가 높아서 마멸되기 쉬운 곳에 사용하면 효과적이다.

7-2. 플라스틱 건설재료의 현장 적용 시 고려사항에 관한 설명으로 옳지 않은 것은?
① 열가소성 플라스틱 재료들은 열팽창계수가 작으므로 경질판의 정착에 있어서 열에 의한 팽창 및 수축여유는 고려하지 않아도 좋다.
② 마감 부분에 사용하는 경우 표면의 흠, 얼룩 변형이 생기지 않도록 하고 필요에 따라 종이, 천 등으로 보호하여 양생한다.
③ 열경화성 접착제에 경화제 및 촉진제 등을 혼입하여 사용할 경우, 심한 발열이 생기지 않도록 적정량의 배합을 한다.
④ 두께 2[mm] 이상의 열경화성 평판을 현장에서 가공할 경우, 가열가공하지 않도록 한다.

7-3. 다음 중 열경화성 수지에 속하지 않는 것은?
① 에폭시수지   ② 페놀수지
③ 아크릴수지   ④ 요소수지

7-4. 합성수지 재료에 관한 설명으로 옳지 않은 것은?
① 에폭시수지는 접착성은 우수하나 경화 시 휘발성이 있어 용적의 감소가 매우 크다.
② 요소수지는 무색이어서 착색이 자유롭고 내수성이 크며 내수합판의 접착제로 사용된다.
③ 폴리에스테르수지는 전기절연성, 내열성이 우수하고 특히 내약품성이 뛰어나다.
④ 실리콘수지는 내약품성, 내후성이 좋으며 방수피막 등에 사용된다.

7-5. 발포제로서 보드상으로 성형하여 단열재로 널리 사용되며 건축물의 천장재, 블라인드 등에 널리 쓰이는 열가소성 수지는?
① 알키드수지   ② 요소수지
③ 폴리스티렌수지   ④ 실리콘수지

10년간 자주 출제된 문제

7-6. 에폭시수지에 관한 설명으로 옳지 않은 것은?

① 에폭시수지 접착제는 급경성으로 내알칼리성 등의 내화학성이나 접착력이 크다.
② 에폭시수지 접착제는 금속, 석재, 도자기, 글라스, 콘크리트, 플라스틱재 등의 접착에 모두 사용된다.
③ 에폭시수지 도료는 충격 및 마모에 약해 내부 방청용으로 사용된다.
④ 경화 시 휘발성이 없으므로 용적의 감소가 극히 작다.

| 해설 |

7-1
합성수지는 경도가 높지 않아서 마멸되기 쉬운 곳에 사용하면 효과적이지 못하다.
합성수지의 특징
- 가벼움에 비해 기계적 강도나 전기절연성이 우수하다.
- 작업성이 좋다.
- 내식성, 내열성, 내산성, 내수성이 좋다.
- 열팽창계수가 다른 플라스틱에 비해 낮다.
- 투명하여 유리 대용의 효과를 가진다.

7-2
열가소성 플라스틱 재료들은 열팽창계수가 크므로 경질판의 정착에 있어서 열에 의한 팽창 및 수축여유를 고려해야 한다.

7-3
아크릴수지는 열가소성 수지에 해당된다. 열경화성 수지에는 멜라민수지, 실리콘수지, 알키드수지, 에폭시수지, 요소수지, 우레탄수지, 페놀수지, 폴리에스테르수지, 푸란수지 등이 있다.

7-4
에폭시수지는 접착성이 우수하며 휘발성분이 없다.

7-5
폴리스티렌수지 : 투명성, 성형성, 기계적 강도, 내수성은 좋지만 내충격성이 약하다. 발포제를 사용하여 넓은 판으로 만들어 단열재로서 널리 사용되며, 장식품과 일용품으로도 성형하여 사용되는 열가소성 수지이다.

7-6
에폭시수지 도료는 접착성, 내식성, 내약품성 등이 매우 우수하다.

정답 7-1 ④ 7-2 ① 7-3 ③ 7-4 ① 7-5 ③ 7-6 ③

핵심이론 08 | 도 료

① 도료의 개요
  ㉠ 도료(Paint)
  - 물체 표면의 보호, 겉모양, 모양의 변화, 그 밖의 것을 목적으로 하여 사용하는 재료의 일종
  - 유동 상태에서 물체의 표면에 바르면 얇은 막이 되고, 해당 건조방법에 따라 건조시키면 물체 표면에 고착되어 고체의 연속적인 도막이 형성되는 것
  - 도료를 포함하는 액상 또는 분말 형태의 물질로 바탕에 도장하면 바탕 보호 및 겉모양 장식 기능 또는 특수한 기능을 갖는 것
  - 고체 물질의 표면에 칠하여 고체 도막을 만들어 물체의 표면을 보호하고, 아름답게 하는 유동성 물질
  - 물체의 표면에 도포하여 건조된 피막층을 형성시킴으로써 물체에 소기의 성능을 부여하는 유동 상태의 화학 제품
  - 물체의 표면에 도막을 입히기 위한 재료

  ㉡ 도료의 특징
  - 물체의 표면을 피복하기가 간단하고 용이하다.
  - 피막의 갱신이 자유롭고 경제적이다.
  - 붓 도장 이외의 다른 방법으로도 도장하기 쉽다.
  - 유동체이기 때문에 물체에 부착하여 얇은 도막을 형성하는 성능이 있다.
  - 도막은 일반적으로 기계적 강도가 크고 화학적인 면에도 안정하다.
  - 물체의 보호 및 미장이 가능하다.

  ㉢ 도료의 기능
  - 물체의 보호기능 : 방습, 방청, 방식, 내유, 내약품성 등
  - 외관이나 형상의 미장기능 : 색, 광택의 변화, 미관, 표식, 입체화 등
  - 광학적 기능 : 형광, 축광, 발광, 태양열 반사 또는 흡수 등
  - 열적 기능 : 내열, 방화, 색에 의한 온도의 지시 등
  - 기계적 기능 : 탄성, 윤활, 경도 부여 등
  - 전기·전자적 기능 : 전기절연, 대전방지, 전파 흡수, 전자파 차폐 등
  - 생물저항기능 : 곰팡이방지, 항균, 살충, 방충 등

② 도료의 구성요소
　㉠ 도료 구성의 개요
　　• 도료의 주성분은 도막(Film of Paint) 형성 성분인 전색제(Vehicle)와 안료 성분으로 되어 있다.
　　　- 전색제 : 투명 도료에 해당하는 것으로, 안료 등을 분산시켜 도료에 유동성을 주는 성분으로 중합체, 용제, 첨가제를 총칭하며 클리어라고도 한다.
　　　- 안료 : 도막에 색채를 부여하는 성분
　　• 안료, 중합체, 용제, 첨가제를 도료의 4대 구성요소라고 한다.
　㉡ 안료(Pigment)
　　• 안료의 특징
　　　- 도료에 백과 적 등의 색을 부여한다.
　　　- 착색안료는 내구력을 증가시킨다.
　　　- 방청안료는 금속의 녹을 방지한다.
　　　- 녹방지용 안료는 연단, 징크로메이트, 크롬산아연 등이 있다(방청 도료 : 알루미늄 도료, 에칭 프라이머, 워시 프라이머, 징크로메이트 도료, 광명단 도료 등).
　　　- 광택을 조절한다.
　　　- 도막강도를 증가시킨다.
　　　- 체질안료는 가격이 저렴하다.
　　• 안료의 종류
　　　- 착색안료 : 산화타이타늄(TiO_2), 카본블랙(Carbon Black) 등
　　　- 금속분 : Al Paste 등
　　　- 체질안료 : 활석 분말 등
　　　- 소광안료 : 합성 실리카(Silicar) 등
　　　- 방청안료 : 산화아연(ZnO), 아연 분말(Zn Dust) 등
　　• 무기안료의 색상별 분류
　　　- 적색안료 : 산화청, 연단 등
　　　- 황색안료 : 황연, 황토 등
　　　- 녹색안료 : 에메랄드 블루 등
　　　- 청색안료 : 프러시안블루, 코발트그린 등
　　　- 백색안료 : 산화타이타늄, 아연화, 연백 등
　　　- 흑색안료 : 카본블랙 등
　㉢ 중합체 : 수지, 기름의 총칭
　　• 도료의 성능을 좌우하는 중요한 성분이다.
　　• 멜라민수지 도료, 에폭시수지 도료 등의 명칭은 그 안에 함유되는 중합체의 명칭이다.

　　• 액체 상태
　　　- 건성유 : 아마인유, 대두유 등
　　　- 개량 건성유 : 말레인산화유 등
　　　- 액체 합성수지 : 불포화폴리에스테르 등
　　　- 천연페놀
　　• 고체 상태
　　　- 천연수지 : 레진, 셸락, 단말고무 등
　　　- 가공수지 : 에스테르 고무, 석탄로진, 마레인산화 레진 등
　　　- 고체합성수지 : 알키드수지, 아미노수지, 아크릴수지, 에폭시수지 등
　　　- 섬유소유도체 : 나이트로셀룰로스 등
　　　- 고무유도체 : 염화고무 등
　　　- 수용성 결합체 : 수용성 수지 등
　㉣ 용제(Solvent) : 용질을 녹여 용액을 만드는 액체
　　• 용제로 물, 알코올, 에스테르, 케톤, 탄화수소 등이 사용된다.
　　• 도료의 도막을 형성하는 데 필요한 유동성(평활성)을 얻기 위하여 첨가한다.
　　• 중합체를 용해하여 도장의 건조속도를 조절한다.
　　• 작업성을 좋게 한다.
　　• 일반적으로 유기용제를 사용하나 물을 사용할 때도 있다.
　㉤ 첨가제(Additives) : 도료의 제조에서부터 도료 도장 후 건조되어 내구력을 지속시킬 때까지 각 단계에서 도료에 필요한 기능을 충분히 발휘할 수 있도록 첨가되는 성분이다.
　　• 도료에 소량을 가하여 도료의 성상을 조정하는 성분이다.
　　• 유기물질, 무기물질 등으로 되어 있으며 소량을 첨가하여 도료, 도막의 물리적·화학적 기능을 부여하여 물성을 향상시키는 원료이다.
　　• 첨가제의 종류
　　　- 분산제 : 안료를 조색제 중에 균일하게 안정한 상태로 분산시키는 데 사용
　　　- 가소제 : 도료에 유연성, 내구성, 내한성을 부여하기 위해 사용
　　　- 건조제 : 도장 후 도막의 건조를 촉진하여 건조시간 단축 및 경화성을 좋게 하기 위해 사용

- 침강방지제 : 도료가 저장 중에 응집하여 침전되는 것을 방지
- 소포제 : 도료를 제조할 때나 도장 시에 발생 가능한 기포를 방지하기 위해 사용
- 색분리방지제 : 도료의 저장 중에 분산된 안료가 응집하여 색이 변하거나, 도장 시의 색 분리현상을 방지하여 원하는 색상을 얻기 위해 사용
- 소광제 : 도막의 광택을 감소시켜 무광효과를 향상시키기 위함
- 방부제 : 보관 시 부패방지 및 곰팡이 번식 감소

• 건조제의 종류
- 상온에서 기름에 용해되는 건조제 : 리사지, 연단, 초산염, 이산화망간, 붕산망간, 수산망간
- 상온에서 기름에 용해되지 않는 건조제 : 연(Pb), 망간, 코발트의 수지산, 지방산의 염류

• 첨가제가 전혀 함유되지 않는 도료도 있다.

③ 도료의 분류
㉠ 도막 주성분에 의한 분류 : 유성 도료, 수성 도료, 알키드수지 도료, 에폭시수지 도료, 우레탄수지 도료 등
㉡ 도료 형태(도료 성상)에 의한 분류 : 조합페인트, 에멀션페인트, 분체도료, 용제형 도료 등
㉢ 도막 형성방법에 의한 분류 : 자연건조형 도료, 강제건조형 도료, 자외선 경화도료, 전자선 경화도료 등
㉣ 도장방법에 의한 분류 : 붓질도장용, 스프레이도장용, 정전도장용, 침지도료, 전착도료 등
㉤ 도막 상태에 의한 분류 : 광택도료, 무광택도료, 투명도료, 형광도료 등
㉥ 도막성능에 의한 분류 : 방청도료, 내산도료, 내유도료, 시온도료, 내열도료 등
㉦ 용도에 의한 분류 : 자동차용, 항공기용, 선박용, 건축용, 목재용, 중방식용 도료 등
㉧ 중합체의 종류에 따른 종류 : 비닐수지도료, 페놀수지도료 등
㉨ 도료의 기능면에 따른 종류 : 서피서(Surfacer), 마무리 도장(Top Coat), 실러, 언더코트(Under Coat), 퍼티, 프라이머, 프라이머 서피스, 필러 등
㉩ 피도장물에 따른 종류 : 콘크리트용 도료, 유리용 도료 등

㉮ 건조 형태 및 수지 종류에 의한 분류

구 분	건조기구	수지 종류	용도	특 징
1액형	산화건조	• 오 일 • 알키드	• 일반철재용 • 건축용	• 가격이 저렴하다. • 내약품성이 불량하다. • 내구성이 떨어진다.
	휘발건조	염화고무비닐	중방식용	• 작업성이 우수하다. • 내약품성이 우수하다. • 보수도장이 용이하다. • 내열성이 나쁘다.
		아크릴	건축용	
		래 커	• 목재용 • 자동차용	
	가열경화	• 아미노 알키드 • 가열건조형 에폭시 • 분체도료 • 열경화 아크릴 • 실리콘	• 공업용 • PCM용	• 물성이 우수하다. • 양산작업이 가능하다. • 열처리 설비가 필요하다.
2액형	상온경화	• 에폭시 • 우레탄 • 실리케이트	• 중방식용 • 건축용	• 내약품성이 우수하다. • 내수성이 우수하다.
		• 불포화 • 폴리에스테르	• FRP용 • 목재용	• 내유성이 우수하다. • 기계적 물성 우수하다. • 가격이 비싸다.
		• 콜타르에폭시 • 콜타르우레탄	• 침수부위용 • 탱크 내부용	• 내수성이 우수하다. • 색상이 제한된다.

④ 유성 도료(Oil Base Paint)
㉠ 유성 도료의 개요
• 콩기름, 들기름, 아마인유, 오동나무기름, 물고기기름 등을 가열시켜 만든 기름에 건조제를 첨가한 보일유(Boiled Oil)와 안료를 서로 잘 혼합한 유색 불투명한 도료이다.
• 보일유와 안료를 혼합한 것이 유성 도료이다.
• 유성 도료의 종류
- 에나멜(Enamel) : 철재 및 목재에 칠하는 일반적인 유성도료
- 래커(Lacquer) : 주로 목재에 칠하는 도료
- 바니시(Vanish) : 목재 및 장판에 칠하는 투명한 도료
• 특 징
- 도장이 용이하며 도막은 유연성 및 내후성이 좋다.
- 붓바름 작업성이 좋다.
- 내후성이 우수하다.

- 휘발성분이 적기 때문에 1회에 후도막이 가능하고, 용제 휘발에 기인하는 핀 홀(Pin Hole) 현상이 생기지 않는다.
- 도장에 미치는 온도, 습도의 영향이 작다.
- 철재 표면에 대해 도장성이 좋기 때문에, 철재에 잘 부착하여 녹방지 효과가 좋다.
- 도막이 견고하나 바탕의 재질을 살릴 수 없다.
- 건조시간이 길다.
- 내알칼리성이 떨어지므로 모르타르, 콘크리트 바탕에 부적합하다.
- 내수성, 내용제성, 내약품성이 떨어진다.

ⓒ 유성 에나멜 페인트 : 유성 도료에 속하며 안료에 유성 바니시를 혼합한 액상재료이다.
- 유성 바니시를 비히클(Vehicle, 전색제)로 하여 안료를 첨가한 것을 말한다.
- 시너(Thinner)를 희석제로 사용한다.
- 유성 페인트와 비교하여 접착력, 도막의 평활 정도, 광택, 경도 등이 뛰어나다.
- 도막이 견고할 뿐만 아니라 광택도 좋다.
- 수성 페인트나 유성 페인트 위의 도장도 무난하다.
- 내오염성이 좋다.
- 무광, 반광, 유광 등의 형태로 생산된다.
- 색상은 유색만 가능하고 투명은 없다.
- 냄새가 심하고 인체에 유해하다.
- 문, 몰딩 목재, 철제 등의 도장에 사용된다.
- 알루미늄 페인트는 유성 에나멜 페인트의 일종이다.
  - 금속 알루미늄 분말과 유성 바니시로 구성된다.
  - 분리가 적고 솔질이 용이하다.

ⓒ 래커(Lacquer)
- 특 징
  - 시너를 희석제로 사용한다.
  - 기존의 칠을 녹일 수 있어서 도막을 제거 및 도장이 가능하다.
  - 래커 위의 도장은 래커가 가장 적합하다.
  - 무광, 반광, 유광 등의 형태로 생산된다.
  - 투명, 유색이 모두 가능하다.
  - 매우 유독하다.
  - 바니시와 같은 마감코팅제의 대용으로도 사용된다.
  - 도막이 빠르게 건조되지만 내구성이 좋지 않다.

- 종 류
  - 클리어 래커(Clear Lacquer) : 안료가 들어가지 않는 도료로서 주로 목재면의 투명도장에 쓰이고 오일니스에 비하여 도막이 얇으나 견고하며, 담색으로 우아한 광택이 있어서 목재바탕의 무늬를 살리기 위해 사용된다. 내후성이 좋지 않아 내부용으로 주로 쓰인다.
  - 래커 에나멜 : 불투명 도료로서 클리어 래커에 안료를 첨가한 것을 말한다. 뉴트로셀룰로스 등의 천연수지를 이용한 자연건조형으로 단시간에 도막이 형성된다.

ⓔ 바니시 : 합성수지, 아스팔트, 안료 등에 건성유나 용제를 첨가한 도료
- 휘발성 바니시
  - 로크(Lock), 래커(Lacquer) 등이 있다.
  - 건조가 빠르다.
  - 도막이 얇고 부착력이 약하다.
- 유성 바니시
  - 유용성 수지를 건조성 기름에 가열·용해하여 이것을 휘발성 용제로 희석한 도장재료이다.
  - 수지를 지방유와 가열 융합하고, 건조제를 첨가한 다음 용제를 사용하여 희석한다.
  - 광택이 있다.
  - 강인하며 내구성과 내수성이 크다.
  - 건물의 외장용 도료로 부적합하다.
  - 투명도료이며, 목재마감에도 사용가능하다.
- 오일 바니시 : 도장공사에 사용되는 투명 도료

⑤ 수성 도료(Water Paint) : 도료를 칠하기 쉽게 하는 데 쓰는 희석용제로 물을 사용하는 도료
㉠ 수성 도료의 개요
- 수성 도료의 종류
  - 에멀션(Emulsion)계
  - 골재를 넣은 에멀션(Emulsion)계
  - 수용성 합성수지계
  - 도막 형성방법에 따라 열경화형과 자연경화형으로 분류
    ⓐ 열경화형 : 스티렌-부타디엔계와 아크릴산-에스테르계가 있다. 자동차 차체 하부 도장용 전착 도료로 널리 이용되고 있는데, 소재와의 밀착을 좋게 하기 위해 표면에 미리 도포하는

초벌칠용 도료로 사용된다. 또한, 식품이나 음료용 깡통의 코팅용 도료로도 사용된다.
ⓑ 자연경화형 : 아세트산비닐계 등이 있으며 주로 건축물의 실내·실외용 도료로 스프레이로 도장하는 경우가 많다. 주로 에멀션 도료가 이용되고 있다.

- 특 징
  - 독성이 없다.
  - 물이 용제역할을 하고 있어서 화재나 환경오염의 우려가 없다.
  - 재료로는 아교, 전분, 카세인 등이 활용된다.
  - 회반죽 면 또는 모르타르 면의 칠에 적당하다.
  - 도막은 일단 마르면 내수성이 있고 내염기성도 좋기 때문에 콘크리트, 모르타르 등에 사용할 수 있다.
  - 에멀션을 형성하고 있는 수지의 작은 입자가 융합해서 도막을 이루기 때문에 광택은 별로 없다.

ⓒ 에멀션 도료(Emulsion Paint) : 수성 도료에 합성수지와 유화제를 섞은 도료
- 별칭 : 합성수지 에멀션 페인트, 수성 에멀션 페인트, 라텍스 페인트(Latex Paint) 등
- 종류 및 용도
  - 초산비닐계 에멀션 도료 : 하부 도장용
  - 아크릴계 에멀션 도료 : 일반 건축용 수성 도료
- 특 징
  - 물이 증발하면서 수지입자가 경화하는 융착건조 경화를 한다.
  - 비닐계, 아크릴계, 비닐 아크릴 공중합계 라텍스를 도막 형성 주요소로 하고 있다.
  - 라텍스에 점도부여제 및 분산제, 습윤제, 곰팡이 방지제, 방부제, 소포제 등이 첨가되어 제조된다.
  - 용제를 사용하지 않기 때문에 용제 냄새가 없고 화재 및 위생상의 염려가 적다.
  - 붓 작업이 쉽고 건조가 빠르다.
  - 콘크리트면, 석고보드 바탕 등에 사용된다.
  - 콘크리트, 모르타르, 플라스틱 등 알칼리성 피도면에도 도장이 가능하다.
  - 저온에서 연속도막 형성되지 않고 광택 도막이 얻기 어렵다.
  - 취급이 간단하고 속건성이며 작업성이 양호하다.
  - 색채가 다양하다.
  - 난연성이며 내수성, 내후성, 은폐력, 내산성, 내알칼리성이 우수하다.
  - 부드러운 표면 마감이 가능하다.
  - 무해하고 냄새가 적게 난다.
  - 비교적 저렴하다.
  - 시공된 지 얼마 되지 않은 콘크리트 면 도장에 유리하다.
  - 광택이 없다.
  - 내오염성과 평활성이 좋지 않다.
  - 실내용 마감재로 가장 많이 사용된다.
- 유성 페인트나 바니시와 비교한 합성수지 도료의 전반적인 특성
  - 도막이 단단한 편이다.
  - 건조시간이 빠른 편이다.
  - 내산, 내알칼리성을 가지고 있다.
  - 방화성이 더 우수한 편이다.

⑥ 수지 도료
㉠ 아미노알키드수지 도료 : 가열건조형에 속한다.
㉡ 아크릴수지 도료(Acrylic Resin Paint) : 아크릴산이나 메타크릴산 등의 에스테르로부터의 중합체인 아크릴 수지로 만든 도료
- 메타크릴산메틸에스테르의 중합체가 대표적이다.
- 무색, 투명하며 빛, 특히 자외선이 보통 유리보다도 잘 투과한다.
- 옥외에 노출시켜도 변색하지 않고 내약품성도 좋으며 전기절연성, 내수성이 모두 양호하다.
- 종류 : 아크릴 래커, 가열건조 도료, 에멀션 도료
- 용도 : 금속마감용 도장, 자동차, 가정용 전기 제품류, 가드레일, 사무용 기기, 기계 부품류 도장 등
- 특 징
  - 내후성이 특히 우수하며 광택 및 색상 보유력이 우수하다.
  - 도막의 제반 물성이 양호하다.
  - 내약품성, 부착성이 뛰어나다.
㉢ 알키드수지 도료(Alkyd Resin Paint) : 다염기산(주로 무수프탈산)과 다가 알코올(글리세린 및 펜타에리트리톨)의 에스테르를 기재로 해서 다시 각종 기름 또는 지방산에 변성한 합성수지를 도막 주요소로 한 상온 건조 도료

- 알키드수지는 알키드수지 도료의 주원료일 뿐만 아니라 아미노알키드 수지도료, 나이트로셀룰로스 래커, 인쇄 잉크용 등으로도 아주 중요한 원료로서 도료용 합성수지로는 가장 많이 사용된다.
- 종 류
  - 로진 변성 알키드수지 도료(Rosin Modified Alkyd Resin) : 건조, 경도, 광택이 좋고 가격이 싸나 유연성 및 내후성이 나쁘다. 하지 도료, 완구용, 농기구용 및 인쇄 잉크용으로 사용된다.
  - 페놀 변성 알키드수지 도료(Phenol Modified Alkyd Resin) : 경도, 부착성, 내약품성이 우수하나 내후성이 나빠서 하지 도료, 농기구용 및 공업용으로 사용된다.
  - 스티렌 변성 알키드수지 도료(Styrene Modified Alkyd Resin) : 건조성이 매우 좋으나 다른 도료와 혼합되지 않고 층간 부착 및 내용제성이 좋지 않다. 빠른 건조를 필요로 하는 경우 및 보수용, 인쇄용 잉크, 광택 니스 등에 사용된다.
- 용 도
  - 건축용 : 옥내·외 및 피도물의 재질에 관계없이 건재, 철 구조물, 설비, 합판 등에 광범위하게 사용한다.
  - 선박용 : 주로 장유성 도료를 사용한다.
  - 차량용 : 대형 차량의 내·외장, 프레임용 흑색 에나멜 등에 사용
- 특 징
  - 도막이 강하고 부착성 및 내후성이 좋다.
  - 색조 및 광택이 좋고 색상 보유성이 좋다.
  - 도막의 내수성, 내용제성, 내열성 등이 비교적 좋다.
  - 사용하기 쉽고 가격이 저렴하다.
  - 내알칼리성이 약하다.

ⓔ 에폭시수지 도료(Epoxy Resin Paint) : 수지 말단에 반응성이 풍부한 에폭시기가 있고 적당한 지점에 OH 기가 있다. 따라서 이러한 관능기를 이용해 다양한 변성 및 가교반응을 행하는 것이 가능한 도료이다.
  - 에폭시수지 도료의 종류
    - 상온 건조 에폭시수지 도료
    - 저온/고온 건조 에폭시수지 도료
  - 용도 : 철재 소재 하부 도장(프라이머, Primer)용 및 내약품성 도료에 사용된다.
  - 특 징
    - 부착성이 좋으며, 특히 내약품성, 내식성이 뛰어나다.
    - 전색제로서 강도와 후막형성이 매우 우수하다.
    - 접착력이 우수하므로 금속, 플라스틱, 고무, 유리, 도자기, 피혁, 목재 등 다양한 소재의 접착이 가능하다.
    - 빈티지 바닥이나 노출 콘크리트 바닥 같은 경우 기본적으로 바닥 수평미장 후 투명 에폭시마감을 많이 한다.
    - 옥외 폭로 시 광택 소실 및 초킹(Chalking)현상이 발생한다.
    - 도막 향상을 위하여 하도(프라이머), 중도, 상도로 나누어진다.
    - 무용제와 수용성으로 구분된다.
      ⓐ 무용제 에폭시는 상가 주차장, 아파트 주차장의 바닥 도장에 많이 사용된다.
      ⓑ 수용성 에폭시는 수영장, 오수정화시설, 물탱크 등에 사용된다.

ⓜ 염화비닐수지 에나멜 : 자연에서 용제가 증발하여 표면에 피막이 형성되어 굳는 도료이다.

ⓗ 우레탄수지 도료(Urethane Resin Paint) : 우레탄 결합(-OCONH⁻)을 도막 중에 지닌 도료
  - 도막 형성 요소 중에 우레탄 결합을 포함하지 않아도 도막 형성 반응과정에서 우레탄 결합이 만들어지는 도료를 우레탄 도료라고 한다.
  - 종류 및 용도
    - 2액형 우레탄 수지도료 : 콘크리트 주차장의 바닥재용
    - 블록형 폴리우레탄 수지도료 : 전기 절연재료
    - 습기 경화형 폴리우레탄 수지도료 : 목공, 플라스틱 도장용
  - 특 징
    - 부착성이 우수하다.
    - 내약품성이 우수하다.
    - 내마모성이 뛰어나다.
    - 무광, 반광, 유광 등의 형태로 생산된다.
    - 투명, 유색이 모두 가능하다.
    - 황변되기 쉬우나 무황변 이소시아네이트 경화제를 사용하면 방지할 수 있다.

- 도막을 두껍게 칠하려면 여러 번 칠해야 하지만 여러 번의 공정 없이 한 공정으로 두꺼운 도막을 칠할 수 있다.
- 건조시간이 길어서 밀폐된 공간에서 작업한다.
- 가구의 상도마감재로 많이 사용되며 방수제로도 사용된다.

ⓢ 실리콘수지 도료(Silicon Resin Paint)
- 특 징
  - 내열성이 특히 우수하고 내한성, 내후성도 좋다.
  - 안료 분산성이 좋다.
  - 내한성이 우수하여 저온 시의 물성 변화가 적다.
  - 전기절연성이 좋고, 내수성이 우수하다.
  - 열이나 빛에 대한 안정성이 좋아 도막의 황변현상, 초킹, 광택의 소실 등이 일어나지 않고 장기간에 걸쳐 안정한 성능을 나타내는 특성을 갖고 있다.
  - 밀착성은 약간 떨어진다.
  - 가격이 비싸다.
- 용도 : 전기절연 도료, 내열 도료, 고내구성 도료 등

ⓞ 징크로메이트 도료 : 크롬산 아연을 안료로 하고 알키드수지를 전색제로 한 것으로 알루미늄 녹막이 초벌칠에 적당하다.

ⓩ 프탈산수지 에나멜 : 내알칼리성이 약하다.

ⓧ 합성수지 스프레이 코딩제 : 알키드수지, 아크릴수지, 에폭시수지, 초산비닐수지를 용제에 녹여서 착색제를 혼입하여 만든 재료로 내화학성, 내후성, 내식성 및 치장효과가 있는 내·외장 도장재료

⑦ 기타 도료
㉠ 광명단
- 금속재료의 녹막이를 위하여 사용하는 바탕칠 도료이다.
- 철재의 방청제로 사용되지만, 목재의 방부제로는 사용되지 않는다.

㉡ 보일유와 보일드유
- 보일유 : 아마인유 등의 건조성 지방유를 가열연화시켜 건조제를 첨가한 것으로 단독으로 도료에 이용되는 경우는 거의 없다.
- 보일드유 : 철골작업에서 용접 예정 부위의 녹막이칠 재료로 적합하다.

㉢ 셸락니스
- 목부의 옹이땜, 송진막이, 스밈막이 등에 사용된다.
- 내후성이 약하다.

㉣ 퍼티(Putty) : 도장할 곳의 파임, 균열, 구멍 등의 결함을 매워 도장재가 매끈하게 마감되도록 사용되는 도료로, 살붙임용의 도료, 안료분을 많이 함유하고 대부분은 페이스트상이다. 탄산칼슘, 연백, 아연화 등의 충전재를 각종 건성유로 반죽한 것이다. 현장에서는 보통 '빠데'라는 용어를 많이 사용한다.
- 페인트 퍼티 : 건성유에 연백 또는 안료를 더하여 만든 것으로 주로 유성 페인트의 바탕 만들기에 사용되는 퍼티
- 오일 퍼티 : 래커 에나멜, 프탈산수지 에나멜 등의 도장을 할 때 하도에 적합한 페이스트상·불투명·산화건조성 도료이다. 작업성, 내구성 및 내유성이 좋아 일반적으로 사용하지만 건조가 느리고 두꺼운 도장으로 하게 되면 내부 건조가 불량해진다. 내기후성이 필요한 장소에 사용한다. 건조시간이 길고 몇 회를 더 희박하게 주걱으로 부착하여야 하므로 폴리에스테르 퍼티를 더 많이 사용한다.
- 래커퍼티 : 건조는 빠르지만 표면이 너무 얇고 두꺼운 도장은 할 수 없다.
- 캐슈(수지)퍼티 : 작업성이 좋고 건조성도 양호하지만 두꺼운 도장은 할 수 없다.
- 비닐계 퍼티 : 작업성이 비교적 좋은 내유성과 내약품성도 양호하나 건조시간이 길다.
- 사이즈 퍼티 : 황모가루와 골드 사이즈를 반죽한 것으로 오일퍼티에 반죽하거나 카본블랙 등의 안료를 첨가하여 만든다. 물 연마가 용이하다.
- 폴리에스테르 퍼티 : 취급이 번잡하나 도장막 두께가 얇은 곳이 적기 때문에 1회의 퍼티 부착으로 오일퍼티 2~3배의 도장막 두께로 할 수 있다. 특히, 주물 표면과 같은 거친 면을 평탄하게 하는 데 적당하고, 내유성과 내절삭유성도 우수하다. 무용제형으로 두꺼운 도장을 할 수 있으므로 이상적이지만, 연마작업성이 약간 단단하고 2액성이기 때문에 사용시간이 짧으므로 주의해야 한다.

⑧ 도료 관련 제반사항
  ㉠ 도료별 특성 요약
    • 유성 페인트 : 건조시간이 길고 내알칼리성이 떨어진다.
    • 수성 페인트 : 광택이 없고 내마모성이 작다.
    • 수지성 페인트 : 내산, 내알칼리성이 우수하다.
    • 알루미늄 페인트 : 분리가 적고 솔질이 용이하다.
  ㉡ 수직면으로 도장하였을 경우 도장 직후에 도막이 흘러내리는 현상의 발생원인
    • 두껍게 도장하였을 때
    • 지나친 희석으로 점도가 낮을 때
    • 저온으로 건조시간이 길 때
    • 에어리스(Airless) 도장 시 팁이 크거나 2차압이 낮아 분무가 잘 안 되었을 때
  ㉢ 도료의 저장 중 또는 용기 내 방치 시 도료의 표면에 피막이 형성되는 현상의 발생원인
    • 피막방지제의 부족이나 건조제가 과잉일 경우
    • 용기 내에 공간이 커서 산소의 양이 많을 경우
    • 사용 잔량을 뚜껑을 열어둔 채 방치하였을 경우
  ㉣ 도장결함 중 주름 발생현상의 방지대책
    • 적당한 도막 두께로 도장한다.
    • 충분히 건조 후 도장한다.
    • Mn, Co는 주름 발생이 쉬우므로 Zn을 첨가한다.
    • 증발속도가 빠른 용제의 사용을 금한다.
    • 용해력을 조절한다.
    • 직사광선을 피하고 온도를 맞춘다.
    • 도포 후 즉시 직사광선을 쬐이지 않는다.
  ㉤ 시딩(Seeding) : 도료의 저장 중 온도의 상승 및 저하의 반복작용에 의해 도료 내에 작은 결정이 무수히 발생하며 도장 시 도막에 좁쌀모양이 생기는 현상

10년간 자주 출제된 문제

8-1. 도장공사에 사용되는 유성도료에 관한 설명으로 옳지 않은 것은?

① 아마인유 등의 건조성 지방유를 가열연화시켜 건조제를 첨가한 것을 보일유라고 한다.
② 보일유와 안료를 혼합한 것이 유성 페인트이다.
③ 유성 페인트는 내알칼리성이 우수하다.
④ 유성 페인트는 내후성이 우수하다.

8-2. 건물의 외장용 도료로 가장 적합하지 않은 것은?

① 유성 페인트
② 수성 페인트
③ 합성수지 에멀션 페인트
④ 유성 바니시

8-3. 수직면으로 도장하였을 경우 도장 직후에 도막이 흘러내리는 현상의 발생원인과 가장 거리가 먼 것은?

① 얇게 도장하였을 때
② 지나친 희석으로 점도가 낮을 때
③ 저온으로 건조시간이 길 때
④ Airless 도장 시 팁이 크거나 2차압이 낮아 분무가 잘 안 되었을 때

|해설|

8-1
유성 페인트는 알칼리에 약하므로 콘크리트, 모르타르 플라스틱 면에는 부적당하다.

8-2
유성 바니시
• 유용성 수지를 건조성 기름에 가열·용해하여 이것을 휘발성 용제로 희석한 도장재료이다.
• 광택이 있다.
• 강인하며 내구성과 내수성이 크다.
• 건물의 외장용 도료로 부적합하다.

8-3
두껍게 도장하였을 때

정답 8-1 ③ 8-2 ④ 8-3 ①

핵심이론 09 | 접착제

① 접착제의 개요

  ㉠ 접착제(Adhesive) : 물체 사이에 개재함으로써 물체를 결합시킬 수 있는 물질

  ㉡ 건축용 접착제로서 요구되는 성능
  - 경화 시 체적 수축 등의 변형을 일으키지 않을 것
  - 진동, 충격의 반복에 잘 견딜 것
  - 사용 시 유동성이 있을 것
  - 취급이 용이하고 독성이 없을 것
  - 고화 시 체적수축 등에 의한 내부변형을 일으키지 않을 것
  - 장기 부하(장기 하중)에 의한 크리프가 없을 것
  - 내열성, 내약품성, 내수성 등이 있고 가격이 저렴할 것

  ㉢ 접착제 관련 용어
  - 2액형 접착제(Two Componet Adhesive, Two-pat Adhesive) : 2개의 성분(주제와 경화제 또는 가교제 등)으로 나누어져 있고 사용 직전에 혼합되어 강화하는 접착제
  - 가교제(Crosslinking Agent) : 접착제 성분을 화학적으로 결합시켜 3차원의 그물 구조를 형성시키는 물질
  - 가소제(Plasticizer) : 접착제에 배합하여 유리전이점이나 융점을 저하시켜 가소성을 부여하는 물질
  - 개방 방치시간(Open Assembly Time) : 접착제를 도포하여 압착할 때까지 피착재를 공기 중에 방치해 두는 시간
  - 건식 접착강도(Dry Strength) : 온도 (23±2)[℃], 습도 (50±5)[%] RH에서의 접착강도
  - 겔화(Gelation) : 증발, 냉각 또는 화학 변화 등에 의하여 접착제가 액체에서 반고체 상태로 변화하는 것
  - 결함부(Starved Joint) : 충분한 접착력을 얻는 데 필요한 접착제의 양이 부족한 접합부
  - 경화(Cure) : 물리적 작용 또는 화학반응에 의하여 접착제의 구조가 변하여 접착 특성을 발현시키는 과정
  - 고유 접착(Specific Adhesion) : 접착제와 피착재가 분자 간 힘, 수소결합, 공유결합, 이온결합 등에 의하여 결합하는 접착
  - 고화(Hardening, Solidification) : 물리적 작용에 의하여 접착제의 상태가 변화하여 접착 특성을 발현시키는 것
  - 구조용 접착제(Structural Adhesive) : 장기간 큰 하중에 견디고 지속해서 쓸 수 있는 접착제
  - 단판(Veneer) : 칼로 깎은 두께 0.2~6[mm] 정도의 목재 박판
  - 단판적층재(LVL ; Laminated Veneer Lumber) : 단판의 섬유 방향을 평행으로 적층한 판 재료
  - 도포시멘트(Dope Cement) : 접착할 플라스틱과 같은 종류의 플라스틱의 용제 용액
  - 도포기(Spreader) : 롤 등에 의하여 일정량의 접착제를 도포하는 기계
  - 백화(Blushing) : 접착제 피막의 표면에 흐림이 생기는 현상
  - 본드 브레이커(Bond Breaker) : U자형 줄눈에 충전하는 실링재를 밑면에 접착시키지 않기 위해 붙이는 테이프로 3면 접착에 의한 파단을 방지하기 위한 것
  - 블로킹(Blocking) : 경화된 접착제가 접촉하였을 때에 생기는 좋지 않은 접착제의 성질
  - 사접(Mitre) : 각능과 상단, 하단면 이외에는 이음매를 나타내지 않는 구석 각부의 접합방법
  - 세팅(Setting) : 화학적 또는 물리적 작용(중합, 산화, 겔화, 수화, 냉각 또는 휘발성 성분의 휘산 등)에 의하여 접착강도가 발현되는 과정
  - 스카프 접합(Scarf Joint) : 2개의 피착재의 끝면을 접합하는 경우 접착면이 경사되어 있는 피착재끼리의 접합방법
  - 앵커효과(Anchor Effect) : 접착제가 피착재의 표면에 있는 공극에 침입·고화하여, 못 또는 쐐기와 같은 일을 하는 것
  - 어셈블리(Assembly) : 접착제를 도포한 부재를 압착·접착이 되는 상태로 겹쳐 쌓는 것
  - 에지 접착(Edge Gluing) : 판을 옆으로 폭넓게 나열하여 접착하는 접합방법
  - 오버레이(Overlay) : 각종 재료의 표면에 플라스틱, 종이, 천, 금속박판, 극히 얇은 단판 등을 붙이는 것

- 오버랩(Overlap) : 2개의 피착재를 접합하는 것
- 오픈타임(Open Time) : 접착제를 피착재에 도포하고 나서 접착될 때까지의 접착 가능한 시간
- 웰드본딩(Weldbonding) : 점용접과 접착의 복합기술로 금속 접합하는 것
- 유성 코킹재(Oil Based Caulking Compound) : 진색재(천연유지, 합성유지, 알키드수지 등)와 광물질 충전제(석면, 탄산칼슘 등)를 혼합하여 제조한 페이스트상의 실링재. 상대 변위의 작은 줄눈의 실에 사용된다.
- 일액형 접착제(One-componet Adhesive, One-part Adhesive) : 다른 성분의 첨가 없이 적당한 수단(빛, 열, 전자선 등)에 의하여 경화하는 접착제
- 자기접착(Autohesion) : 분자고리가 서로 확산함으로써 물질이 접합하는 것
- 잔류변형(Residual Strain) : 열팽창계수가 다른 두 종류의 피착재를 접착했을 때 또는 가열경화한 접착물을 상온으로 되돌렸을 때 생긴 접착 접합부에 남는 변형
- 접촉각(Contact Angle) : 액체가 고체면에 접촉되어 있을 때 액면과 고체면이 이루는 각
- 주제(Base Resin) : 2성분 또는 그 이상의 반응형 접착제에 있어서 반응성 수지를 함유한 성분
- 집성재(Laminated Wood, Glued Lamination Board) : 두께 5~50[mm] 정도의 판재나 소각재를 사용하여 섬유 방향을 길이 방향으로 맞추어서 접합한 재료
- 칙사현상(Stringiness) : 접착제가 부착된 표면을 분리시킬 때 생기는 무수한 실이 늘어나는 현상
- 콜(Caul) : 압착작업 시 피착재의 한 면 또는 양면에 사용하는 판
- 파티클 보드(Particle Board) : 목재를 깎고, 파쇄하여 잘게 만든 것에 접착제를 가하여 열압축성형한 판재료
- 프라이머(Primer) : 피착재와 접착제 또는 실링재와의 접착성을 향상시키기 위하여 미리 피착재 표면에 도포하는 바탕처리 재료
- 플러시 패널(Flush Panel) : 목질재료 등의 양면에 합판 등을 접착시킨 속이 빈 구조의 경량 패널
- A단계(A-stage) : 열경화성 수지 생성반응의 초기 상태로, 이 상태의 수지는 어떤 종류의 용제에 용해하고 가열하면 용융한다.
- B단계(B-stage) : 열경화성 수지의 경화 중간 상태로, 이 상태의 수지는 가열하면 연화하고 어떤 종류의 용제에 접하면 팽윤하지만 완전히 용융·용해하지는 않는다.
- C단계(C-stage) : 열경화수지 경화반응의 최종 상태로, 이 상태의 수지는 불용성이며 완전경화한 접착층 중의 열경화성 수지는 이 상태에 있다.

㉣ 천연계 접착제
- 동물성 접착제 : 아교, 젤라틴 접착제, 카세인 접착제, 알부민 접착제, 어교 접착제
- 식물성 접착제 : 전분계 접착제, 대두단백 접착제, 덱스트린 접착제, 탄닌 접착제, 로진 접착제

② 접착제의 종류
㉠ 나이트릴고무제 접착제 : 연질 염화비닐의 접착에 적합하다.
㉡ 멜라민수지 접착제
- 열경화성수지 접착제로 내수성이 우수하여 목재의 접합, 내수합판용에 사용된다.
- 순백색 또는 투명 백색이다.
- 멜라민과 폼알데하이드로 제조된다.
㉢ 비닐수지 접착제
- 용제형과 에멀션(Emulsion)형이 있다.
- 작업성이 좋다.
- 내열성 및 내수성이 좋지 않아 옥외 사용에는 적당하지 않다.
- 목재 접착에 사용 가능하다.
- 가격이 저렴하고 작업성이 좋다.
- 에멀션형은 카세인의 대용품으로 사용된다.
㉣ 실리콘수지 접착제
- 내수성과 내열성이 매우 우수하다.
- 내한성, 내약품성이 우수하다.
- 탄성을 지니고 있고, 내후성도 우수하다.
㉤ (동물질) 아교 : 비교적 접착력이 크고 취급하기 용이하나 내수성이 부족하다.
㉥ 아스팔트 접착제
- 아스팔트를 주체로 하여 이에 용제를 가하고 광물질 분말을 첨가한 풀모양의 접착제이다.

- 아스팔트 타일, 시트, 루핑 등의 접착용으로 사용한다.
- 화학약품에 대한 내성이 크다.
- 접착성이 양호하고 습기를 방지할 수 있다.

ⓢ 에폭시수지 접착제
- 주제와 경화제로 이루어진 2성분형이 대부분이다.
- 비스페놀과 에피클로로하이드린의 반응에 의해 얻을 수 있다.
- 경화제가 필요하다. 접착제의 성능을 지배하는 것은 경화제이다.
- 기본 점성이 크다.
- 금속, 석재, 도자기, 유리, 콘크리트, 플라스틱 등의 접합에 이용되고 내구력, 내수성, 내약품성이 매우 우수하여 만능형 접착제라고도 한다.
- 급경성으로 내알칼리성 등의 내화학성이나 접착력이 크다.
- 내수성, 내약품성, 내습성, 전기절연성이 우수하다.
- 경화 시 휘발성이 없으므로 용적의 감소가 극히 작다.
- 접착할 때 압력을 가할 필요가 없다.
- 피막이 단단하지만, 유연성은 떨어진다.
- 가격이 비싸다.

ⓞ 요소수지 접착제
- 가격이 저렴하여 일반적으로 가장 널리 이용되고 있는 접착제이다.
- 상온 및 고온(95~130[℃])에서 경화된다.
- 목공용에 적당하며 목재 접합, 내수합판 제조, 실내용 합판, 집성재, 파티클보드 및 그 밖의 일반 목공용 접착제로 가장 많이 사용되고 있다.
- 목재에 대한 상태접착력이 강하다.
- 수용성 또는 알코올용성으로서 사용하기 편리하다.
- 열수에는 약하다.
- 내수성과 내구성이 부족하다.

ⓩ 초산비닐수지 접착제
- 합성수지계 접착제 중 내수성이 가장 나쁘다.
- 초산비닐수지 에멀션은 목공용으로 사용된다.

ⓒ 카세인 접착제(아교) : 우유를 주원료로 하여 만든 단백질계 접착제

ⓚ 페놀수지 접착제
- 용제형과 에멀션형(수용형), 분말형, 멜라민・초산비닐 등과 공중합시킨 것도 있다.
- 완전히 경화하면 적동색을 띤다.
- 가열가압에 의해 두꺼운 합판도 쉽게 접합할 수 있다.
- 목재, 금속, 플라스틱 및 이들 이종재료 간의 접착에 사용된다.
- 내수성, 내열성, 내한성이 우수하다.
- 기온이 20[℃] 이하에서는 충분한 접착력을 발휘하기 어렵다.

ⓣ 폴리우레탄수지 접착제 : 도료 접착제로 사용되는 수지

ⓟ 푸란수지 접착제
- 합성수지 접착제 중에서 접착력이 가장 우수하다.
- 목재는 물론이며 온도를 조절하여 고무, 유리, 금속, 천, 도자기 등의 접착이 가능하다.
- 화학공장의 벽돌, 타일 붙이기의 접착제 등으로 사용된다.

10년간 자주 출제된 문제

9-1. 비닐수지 접착제에 관한 설명으로 옳지 않은 것은?
① 용제형과 에멀션(Emulsion)형이 있다.
② 작업성이 좋다.
③ 내열성 및 내수성이 우수하다.
④ 목재 접착에 사용 가능하다.

9-2. 아스팔트 접착제에 관한 설명으로 옳지 않은 것은?
① 아스팔트 접착제는 아스팔트를 주체로 하여 이에 용제를 가하고 광물질 분말을 첨가한 풀모양의 접착제이다.
② 아스팔트 타일, 시트, 루핑 등의 접착용으로 사용한다.
③ 화학약품에 대한 내성이 크다.
④ 접착성은 양호하지만 습기를 방지하지 못한다.

9-3. 에폭시수지 접착제에 관한 설명으로 옳지 않은 것은?
① 비스페놀과 에피클로로하이드린의 반응에 의해 얻을 수 있다.
② 내수성, 내습성, 전기절연성이 우수하다.
③ 접착제의 성능을 지배하는 것은 경화제라고 할 수 있다.
④ 피막이 단단하지 못하나 유연성은 매우 우수하다.

|해설|

9-1
비닐수지 접착제는 내열성 및 내수성이 좋지 않다.

9-2
아스팔트 접착제는 접착성이 우수할 뿐만 아니라 습기를 방지할 수 있다.

9-3
에폭시수지 접착은 피막이 단단하지만 유연성은 떨어진다.

정답 9-1 ③ 9-2 ④ 9-3 ④

핵심이론 10 | 석 재

① 석재의 개요
  ㉠ 암석의 구조를 나타내는 용어
   - 석리 : 암석을 구성하고 있는 조암광물의 집합 상태에 따라 생기는 모양으로 암석조직상의 갈라진 금이다. 화성암의 석기를 결정질과 비결정질로 나눌 수 있다.
   - 석목 : 암석이 가장 쪼개지기 쉬운 면으로, 절리보다 불분명하지만 방향이 대부분 일치되어 있다.
   - 엽리 : 변형작용의 결과로 암석 내에 새로운 면 구조를 형성하는 것
   - 절리 : 암석 특유의 천연적으로 갈라진 금으로, 규칙적인 것과 불규칙적인 것이 있다.
   - 층리 : 퇴적암 및 변성암에 나타나는 퇴적할 당시의 지표면과 방향이 거의 평행한 절리이다.
   - 편리 : 변성암에 생기는 절리로서 방향이 불규칙하고 얇은 판자모양으로 갈라지는 성질이 있다.
  ㉡ 석재의 일반적인 성질
   - 우수한 점 : 내구성, 내마모성, 내수성, 내화학성, 압축강도, 불연성
   - 열악한 점 : 가공성, 인성, 내충격성
   - 일반적으로 화강암, 안산암 등의 화성암 종류가 내마모성이 크다.
   - 석재의 공극률이란 암석의 총부피에 대한 공극 부피의 비로 정의된다.
   - 색조와 광택이 있어 외관이 장중하고 미려하다.
   - 같은 종류의 석재라도 산지나 조직에 따라 다양한 외관과 색조를 나타낸다.
   - 외관이 장중하고, 치밀한 것은 갈면 광택이 난다.
   - 석재의 중량은 운반, 가공, 강도 등을 판단하는 데 중요한 요소이고, 조성광물과 조직의 조밀 등에 관계된다.
   - 석재의 내구성
     - 석재의 내구성은 조지, 조암광물의 종류, 기후 및 풍토, 노출 상태 등에 따라 달라진다.
     - 비중이 클수록 내구성이 크다.
     - 조암광물이 미립자, 등입자일수록 내구성이 크다.
     - 흡수율은 동결과 융해에 대한 내구성의 지표가 된다.
     - 흡수율이 큰 다공질일수록 동해를 받기 쉽다.

- 조암광물 중에 황화물, 철분 함유 광물, 탄산마그네시아, 탄산칼슘 등은 풍화되기 쉽다.
- 공극률
  - 공극률이 클수록 내화성이 좋다.
  - 석재의 공극률이 크면 동결융해 반복으로 동해되기 쉽다.
  - 석재의 공극률은 산지와 밀접한 관계가 있으며, 고압에서 생산되는 심성암 등은 공극률이 작다.
- 단 점
  - 장스팬 구조(큰 간 사이 구조)에는 부적합하다.
  - 취도계수가 크고 내충격성이 떨어진다.

ⓒ 석재의 강도
- 석재는 비중의 대소로 강도나 내구성의 정도를 추정할 수 있다.
- 비중이 클수록 강도가 크다.
- 석재의 강도는 보통 압축강도를 말하며 구조용으로 사용할 경우 압축력을 받는 부분에 사용해야 한다.
- 석재의 압축강도가 큰 순서 : 화강암 > 대리석 > 사암 > 응회암
- 석재의 구성입자가 작을수록 압축강도가 크다.
- 인장강도는 압축강도의 1/10~1/30 정도이다.
- 석재의 함수율이 높을수록 강도가 저하된다.

ⓓ 석재의 화학적 성질
- 석재는 공기 중의 탄산가스나 약산의 빗물에 의해 침식한다.
- 석재의 융해는 공기오염에 의한 빗물의 영향이 크다.
- 일반적으로 규산분을 많이 함유한 석재는 내산성이 크고, 석회분을 포함한 것은 내산성이 작다.
- 조암광물 중 장석, 방해석 등은 산류의 침식을 쉽게 받는다.
- 산류를 취급하는 곳의 바닥재는 황철광, 갈철광 등을 포함하지 않아야 한다.
- 응회암, 사암은 대리석보다 내화성이 좋다.

ⓔ 석재 선정 시 유의사항
- 선명도가 높고 성분이 균질하며 결집력과 강도가 높고 색상이 일정할 것
- 단일 석산에서 생산되며 공급이 가능할 것
- 강도가 강하여 풍압, 충격 등 외부의 물리적 작용에 강할 것
- 흡수율이 작을 것
- 쇼어경도, 비중 및 탄성파속도가 클 것
- 철분 함유량이 낮을 것, 특히 철분 함유량이 많은 석재 사용 시에는 산화현상으로 표면이 변질될 우려가 높다.

ⓕ 석재의 단기보전법
- 페인트, 건성유 등으로 도포한다(단점 : 석재 색채가 손상됨).
- 컬러비누의 8[%] 수용액을 바르고 그 후에 명반수 5[%]를 칠한다(단점 : 석재 색채가 손상됨).
- 테르펜(Terpene)유에 1/4의 백납을 가열, 용해시킨 액을 도포한다. 이것은 약간 석재를 변색시키나 대리석 등에 이용한다.
- 물유리를 2~3배의 수용액으로 해서 충분히 도포한다.

ⓖ 석재 관련 제반사항
- 견치석 : 각 변이 30[cm] 정도의 4각추형 네모뿔의 석재로서 석축공사에 사용된다.

ⓗ 석재의 흡수율 : $\dfrac{\text{침수 후 질량} - \text{건조 상태의 질량}}{\text{건조상태의 질량}}$

ⓘ 석재의 비중 : 표면건조 포화 상태의 비중
$= \dfrac{\text{건조 상태의 질량}}{\text{표면건조 포화 상태의 질량} - \text{수중 질량}}$

② 결점치 등급

㉠ 결점에 관한 용어
- 구부러짐 : 석재의 표면 및 측면이 구부러진 것
- 균열 : 석재의 표면 및 측면이 금이 가서 터진 것
- 얼룩 : 석재의 표면이 부분적으로 색조가 균일하지 않은 것
- 썩음 : 석재 중에 쉽게 떨어져 나갈 정도의 이질 부분
- 빠진 조각 : 석재의 겉모양 면의 모서리 부분이 작게 깨진 것
- 오목 : 석재의 표면이 들어간 것
- 반점 : 석재 면의 표면에 부분적으로 생긴 반점모양의 색 얼룩
- 구멍 : 석재의 표면 및 측면에 나타나는 구멍
- 물듦 : 석재의 표면에 다른 재료의 색깔이 붙은 것

- ⓒ 석재의 결점
  - 치수의 부정확, 구부러짐, 얼룩, 썩음, 빠진 조각, 오목 철분 등이 사용에 지장이 있을 정도로 함유된 것 등이 있다.
  - 연석은 상기 외 반점 및 구멍이 추가된다.
  - 치장용은 특히 색조 또는 조직의 불균일 및 물듦이 있다.
- ⓒ 석재의 품질
  - 1등급 : 크기는 비슷하고 결점이 조금도 없는 것
  - 2등급 : 결점이 심하지 않은 것
  - 3등급 : 결점이 실용상 지장이 없는 것
③ 석재의 가공 및 시공
  - ㉠ 석재의 인력가공에 의한 가공 순서(돌다듬기의 시공 순서) : 혹두기 → 정다듬 → 도드락다듬 → 잔다듬 → 물갈기
    - 혹두기 : 쇠메로 쳐서 요철이 없게 대강 다듬는 정도의 돌 표면 마무리작업으로 거친 정도에 따라 큰 혹두기, 중 혹두기, 작은 혹두기로 구분한다.
    - 정다듬 : 혹두기 면을 정으로 평활하게 하는 돌 표면 마무리작업으로 거친 정다듬, 중 정다듬, 고운 정다듬, 줄 정다듬으로 구분한다.
    - 도드락다듬 : 도드락망치로 석재 표면을 다듬어 표면을 평활하게 하는 작업으로 다듬은 능률적이지만 자국이 생기므로 물갈기 등에는 쓰지 않는 것이 좋다. 건축물에서 주로 치장재로 쓰이고 다듬는 정도에 따라 거친 도드락다듬질, 중 도드락다듬질, 고운 도드락다듬로 구분한다.
    - 잔다듬 : 양날망치를 사용하여 정다듬, 도드락한 면을 일정 방향으로 찍어 다듬는 돌 표면 마무리작업으로 연질의 석재를 다듬을 때 쓰는 방법이다. 다듬는 정도에 따라 거친 잔다듬, 중 잔다듬, 고운 잔다듬으로 구분한다.
    - 물갈기 : 화강암, 대리석 등의 잔다듬한 면을 금강사, 카보런덤, 모래 등을 뿌리고 물을 주면서 연마기로 갈아 내는 작업으로, 광택을 낼 때는 산화석을 펠트에 발라 연마한다. 정도에 따라 거친 갈기, 중 갈기, 본 갈기, 광내기로 구분한다.
  - ㉡ 석재의 시공
    - 습식공법 : 모르타르를 석재의 후면에 주입시켜 고정시키는 방법
      - 개량압착공법이 있다.
      - 공사비가 저렴하다.
      - 소규모 구조물에 적합하다.
      - 고도의 기술을 요하지 않는다.
      - 하중 분산이 안 되므로 면적이 크거나 높은 구조물에는 부적합하다.
      - 장기공사에는 부적합하다.
      - 수분이 침투할 경우 백화현상이 발생하기가 쉽다.
      - 모르타르 경화시간으로 시공능률이 저하된다.
    - 건식공법 : 모르타르를 사용하지 않고 볼트류의 철물로만 고정시키는 방법
      - 앵커긴결공법, 강제트러스지지공법, GPC 공법 등이 있다.
      - 고층 건물에 유리하다.
      - 모체 사이에 공벽(공기단열층)이 있으므로 결로방지에 효과적이다.
      - 상부 판재의 하중이 하부에 전달되지 않는다.
      - 재료 손실이 많다.
      - 작업상황에 따라 연결철물이 증가하는 등의 비용상승의 소지가 많다.
      - 강풍 시 꽂임촉 둘레의 파단현상으로 석재 두께에 한계가 있다.
      - 건식공법 적용이 불가능한 석재가 있다.
  - ㉢ 석재 시공 시 유의하여야 할 사항(석재 사용상의 주의점)
    - 동일 건축물에는 동일 석재로 시공하도록 한다.
    - 취급상 치수는 최대 1[m³] 이내로 하며 중량이 큰 것은 높은 곳에 사용하지 않는다.
    - 석재를 구조재로 사용할 경우 직압력재로 사용하여야 한다.
    - 중량이 큰 것은 높은 곳에 사용하지 않는다.
    - 외벽, 특히 콘크리트 표면 첨부용 석재는 경석을 사용하여야 한다.
    - 석재는 취약하므로 구조재는 직압력재로만 사용한다.
    - 석재의 예각부는 결손되기 쉽고 풍화방지에 나쁜 영향을 미친다.
    - 석공사에서 촉 구멍 고정을 위하여 사용되는 재료에는 유황, 납, 모르타르 등이 있다.

④ 석재의 분류와 용도
  ㉠ 암석의 분류
   • 화성암(Igneous Rock) : 마그마가 지표에 분출되거나 지각에 관입하여 냉각, 고결된 암석
   • 퇴적암(Sedimentary Rock) : 풍화・침식된 암석이나 생물의 유해가 쌓여 굳어진 암석
   • 변성암(Metamorphic Rock) : 높은 압력과 온도로 인해 화학성분의 가감이나 교대가 일어난 암석

암석의 분류	해당 암석
화성암	• 심성암 : 화강암, 화강섬록암, 섬록암, 섬장암, 몬조니암, 반려암, 감람암, 회장암, 킴벌라이트, 페그마타이트 • 반심성암 : 아플라이트, 석영반암, 섬록반암, 섬장반암, 유문반암, 휘록암 • 화산암 : 흑요암, 조면암, 유문암, 응회암, 안산암, 현무암, 행인상 현무암, 부석, 암재
퇴적암	• 쇄설성 퇴적암 : 역암, 사암, 미사암, 이암, 혈암(셰일), 응회암 • 화학적 퇴적암 : 석회암, 석고, 암염, 처트, 철광층 • 유기적 퇴적암 : 석회암, 백악, 규조토, 처트, 석탄, 아스팔트
변성암	• 파쇄암 : 압쇄암, 슈도타킬라이트, 안구편마암 • 광역 변성암 : 점판암, 천매암, 편암, 편마암, 규암, 각섬암, 대리암 • 접촉 변성암 : 혼펠스 • 기타 변성암 : 사문암

⑤ 화성암
  ㉠ 심성암(화강암, 화강섬록암, 섬록암, 섬장암, 몬조니암, 반려암, 듀나이트, 킴벌라이트)
   • 화강암(Granite)
    - 화강암을 구성하는 3가지 주요 성분 : 석영, 장석, 운모
    - 내구성과 강도가 우수하다(마모, 풍화 등에 대한 내구성이 크다).
    - 외관이 수려하다.
    - 화강암의 색은 주로 장석에 좌우되는데, 보통 석영, 장석, 운모의 혼합으로 흑색, 백색, 분홍색의 반점무늬를 지닌다.
    - 전반적인 색상은 밝은 회백색이다.
    - 흑운모, 각섬석, 휘석 등은 검은색을 띤다.
    - 산화철을 포함하면 미홍색을 띤다.
    - 결정체의 크고 작음에 따라 외관과 강도가 다르다.
    - 바탕색과 반점이 미려하므로 외장, 내장, 구조재, 도로포장재, 콘크리트 골재 등에 사용된다.
    - 견고하고 대형재가 생산되므로 구조재로 사용된다.
    - 경도가 크기 때문에 세밀한 조각 등에 적당하지 않다.
    - 화재 시 화강암이 파괴되는 이유는 각 조암 광물들의 팽창계수가 다르기 때문이다.
    - 함유 광물의 열팽창계수가 달라 내화성이 약하다.
    - 내화도가 낮아서 고열을 받는 곳에 부적당하다.
    - 내화도는 응회암보다 낮다.
    - 내구연한은 75~200년 정도로 다른 석재에 비하여 비교적 수명이 길다.
    - 너무 단단하여 건축용 휨재나 조각 등에는 부적당하다.
    - 화강암은 콘크리트용 골재, 외부 장식재에 적합하다.
   • 화강섬록암(Granodiorite) : 이산화규소의 함유량이 60~65[%]이고 석영, 사장석, 칼륨장석, 흑운모 등이 주성분인 중성 반심성암이다. 연마하여 바닥 장식재로 이용하거나 거친 면을 그대로 활용하여 외벽 장식재 또는 축대를 쌓는 데 쓰인다.
   • 섬록암(Diorite) : 주로 사장석과 다량의 유색 광물로 이루어진 조립 완정질의 화성암이다. 묘비석, 기둥, 정원용 수조, 물병 등을 만들기도 하지만 매우 단단한 암석이라서 조각이나 연마가 쉽지 않다.
   • 섬장암(Syenite) : 이산화규소의 함유량이 60[%] 내외이고, 사장석과 각섬석이 들어 있는 중성 심성암이다. 매우 드문 화성암으로, 화강암이나 반려암의 주변에서 소량 산출된다.
   • 몬조니암(Monzonite) : 정장석과 사장석의 함량이 비슷한 암석으로 완정질이며, 등립질의 심성암이다. 주로 회백색을 띠고, 육안으로는 섬록암과 구별이 어렵다.
   • 반려암(Gabbro) : 조립질 또는 세립질의 완정질이고 등립질인 심성암으로, 주 구성광물은 Ca-사장석과 휘석이 각 50[%] 정도이다. 녹흑색, 암흑색의 유색 광물(휘석, 감람석 등)에 담회색의 사장석이 섞여 있으며, 대양지각의 하부를 구성하는 암석이다.

- 감람암(Peridotite) : 크롬, 철광으로 된 흑록색의 치밀한 석질의 화성암으로, 이것이 변질된 사문암(Serpentine), 사회암은 건축 장식재로 이용된다. 사문암(Serpentine)을 감람석이라고도 한다. 감람암은 마그마 분화과정에서 가라앉은 무거운 광물들로 구성된 초고철질암이며, 맨틀을 구성하는 암석이다. 암록색, 흑록색의 짙은 색을 가진 완정질의 조립질 암석으로 주로 암맥, 암상의 형태로 산출된다. 주 구성광물은 감람석(Olivine)이며 각섬석과 휘석을 동반한다. 감람암 중 감람석이 대부분인 것을 듀나이트 또는 더나이트(Dunite)라 하고 이 밖에 유색광물의 함량에 따라 각섬석감람암, 휘석감람암 등으로 구별된다.
- 회장암(Anorthosite) : Ca-사장석(Plagioclase)이 90~100[%]로 거의 대부분을 함유한 반려암체의 한 종류로, 암상이나 선캄브리아대의 거대한 저반으로 산출된다. 휘석(Pyroxene), 감람석(Olivine)과 같은 고철질의 광물 함유량은 적다.
- 킴벌라이트(Kimberlite) : 운모를 함유하는 감람암이다. 주로 감람석, 금운모, 크롬투휘석, 사문석으로 이루어지고 회타이타늄석, 휘석, 자철석 등도 함유한다. 어떤 것은 다이아몬드를 포함하는 경우도 있다.
- 페그마타이트(Pegmatite) : 마그마가 냉각되는 도중 일부 유동성이 큰 마그마가 이미 고결된 암석이나 그 주위를 뚫고 들어가 매우 큰 결정으로 된 암석이다.

ⓒ 반심성암(아플라이트, 석영반암, 섬록반암, 섬장반암, 유문반암, 휘록암)
- 애플라이트(Aplite) : 석영, 알칼리 장석(세니딘, 정장석, 알바이트), 흑운모, 백운모 등으로 구성되며 백색 내지 담회색을 띤다. 모자이크와 같은 조직을 보이기도 하며 입자는 매우 작고 괴상 내지 호상구조를 보인다.
- 석영반암(Quartz Porphyry) : 광물성분과 화학성분은 화강암과 비슷하나, 반상조직이고 석기가 세립질인 반심성암이다. 반정은 주로 석영, 정장석, 사장석 등이며 규장질, 미화강암질, 미문상조직을 보여준다. 암맥 또는 용암류로 산출되며 화강암의 주변부에 수반되어 화강암질 마그마가 비교적 빠르게 냉각되어 만들어지기도 한다. 산과 알칼리에 강하다.
- 섬록반암(Diorite Porphyry) : 섬록암과 화학성분, 광물 조성이 흡사한 반심성암으로 회록색, 흑회색, 갈록색을 띠며 완정질 구조이다. 반정으로는 사장석, 각섬석, 휘석이 있으며, 주위의 미정질 부분은 반정과 유사한 광물들과 중성장석으로 구성된다.
- 섬장반암(Syenite Porphyry) : 섬장암과 동일한 화학성분을 가지며, 주로 장석을 포함한다. 각섬석과 흑운모가 섞인 미정질 석기 속에 정장석이 반정으로 된 반심성암이다.
- 유문반암(Rhyolite Porphyry) : 유문암과 동일한 화학성분과 광물 구성을 가지며, 미정질의 석기 속에 석영, 장석의 반정이 포함된 반심성암이다.
- 휘록암(Diabase) : 암색, 흑색, 회록색을 보여주는 고철질의 반심성암으로 조립현무암의 성분광물이 다소 변질하여 녹색을 띠게 되며 주성분광물로 Ca-사장석과 고철질광물(주로 휘석)을 다량 포함한다. 반려암에 비해 휘석이 적으며 현무암보다 조립질이다. 영문식으로는 조립현무암과 동의어이며, 이에 두 암석을 구분하지 않고 같은 암석으로 보기도 한다.

ⓒ 화산암 : 경량골재에 적합하다(흑요암, 조면암, 유문암, 응회암, 안산암, 현무암, 행인상 현무암, 부석, 암재).
- 흑요암(흑요석, Obsidian) : 현미경으로도 입자의 식별이 어려운 유리질의 화산암으로, 깨진 자국이 유리광택을 낸다. 흑색 외에 적색, 녹색, 갈색을 띠는 것도 있으며 1[%] 이하의 수분을 함유하고 있다. 용암이 분출하여 급속히 냉각되어 만들어졌다. 화학성분은 대부분 규산이 풍부한 유문암에 가깝다. 가열하면 팽창하는 특성이 있어 내화연료로 이용되며 아름다운 것은 가공하여 장신구로 이용되기도 한다. 펄라이트(진주암)는 흑요석 등을 분쇄해서 고열로 가열 팽창시킨 경량골재이다.
- 조면암(Trachyte) : 섬장암과 화학성분이 같은 화산암으로, 풍화되면 거친 표면을 나타낸다. 회색 또는 담홍색을 띠며 반정으로 정장석을 가진다. 석기는 K-장석과 사장석으로 되어 있고, 소량의 흑운모, 각섬석, 휘석을 포함하며 드물게 석기가 유리질인 경우도 있다. 현미경 없이는 입자의 식별이 어려운 비현정질이며, 석영조면암에 비해 규산이 적고 알칼리 성분이 많다.

- 유문암(Rhyolite) : 광물 및 화학성분은 화강암과 비슷하며, 마그마가 지표에서 빠르게 냉각되어 미정질 또는 유리질 조직을 보이는 화산암이다. 담홍색, 담회색, 백색을 보이며 화산암체가 평행하게 유동한 흔적이 나타나는 유상구조가 특징이다. 석영조면암에 유상구조가 나타나면 유문암이라고 한다.
- 응회암(Tuff) : 화산 분출로 인하여 공기 중으로 날아가는 고체물질을 화산쇄설물이라고 하는데, 이 중 지름이 2[mm] 이하인 고체물질을 화산분진이라고 한다. 화산활동에 의해 방출된 작은 입자의 화산분진이 퇴적, 고화되어 생성된 화산쇄설암을 응회암이라고 한다. 화산쇄설암의 광물 구성은 분출 당시의 주위의 암석 종류와 분출된 마그마의 암질에 따라 매우 다양하게 나타나며, 퇴적과 암석화 과정이 매우 불균질하게 이루어지므로 암석 내 광물들을 분석하여 일반화하기 어렵다. 다공질이고 내화도가 높으므로 특수 장식재나 경량골재, 내화재 등에 사용된다.
- 안산암(Andesite) : 현무암 다음으로 흔한 화산암으로 담회색, 회색, 갈색, 갈회색을 띠며 섬록암과 광물조성이 같다. 사장석이 많이 함유되어 있고 각섬석, 휘석, 흑운모 등의 반정이 유리질, 미정질의 석기 속에 들어 있는 중성암이다. 장식재에 적합하다.
- 현무암(Basalt)
  - 치밀한 고철질 화산암으로 주성분 광물은 Ca-사장석과 휘석이다.
  - 입자가 잘거나 석질이 치밀하고 견고하다.
  - 색은 검은색, 암회색이다.
  - 토대석, 석축에 쓰인다.
- 행인상 현무암(Amygdaloidal Basalt) : 기공들이 다른 광물질로 채워진 것을 행인상(Amygdaloidal) 구조라고 하는데, 행인상 현무암은 행인상 구조가 나타나는 현무암이다.
- 부석(Pumice) : 유리질인 용암에 기공이 많아 다공상 구조를 보이며, 특히 물에 뜰 정도로 가벼운 암석이다. 화학성분은 유문암에 가까운 것이 대부분이며 백색 또는 담회색을 띤다. 상대적으로 가벼운 화산분진들이 다양하게 섞여 있어 광물 구성의 분포범위가 넓으나, 대부분 유문암과 광물성분이 같다.
- 암재(Scoria) : 산성 마그마 기원의 부석과 달리 암재는 염기성 및 중성 마그마에서 유래되었고, 기공이 많으나 부석에 비해 파편이 무거워 물에 뜨지 않는다. 대부분 암회색이며 유리질과 결정이 섞여 있다. 암재는 분출되는 용암의 성분과 광물 구성이 같지만, 화산 분출 시 암체에서 분리된 여러 종류의 암편들도 같이 포함될 수 있어 명확한 광물 구성의 분석이 어렵다.

⑥ 퇴적암
  ㉠ 쇄설성 퇴적암(역암, 사암, 미사암, 이암, 셰일, 응회암)
  - 역암(Conglomerate) : 자갈이 교결되어 있는 암석이다.
  - 사암(Sandstone)
    - 사암 중 규산질사암이 가장 강하고 내구성이 크지만 가공이 어렵다.
    - 규산질사암의 강도는 석회질사암의 강도보다 높다.
  - 미사암(Siltstone) : 석영, 장석, 운모 등의 작은 입자로 된 퇴적물인 미사가 주성분인 쇄설성 퇴적암이다.
  - 이암(Mudstone) : 점토(Clay)와 미사(Silt)와 같이 매우 작은 입자로 이루어진 퇴적암으로 셰일(Shale)과 매우 유사하지만, 얇은 엽리층과 쪼개짐이 나타나지 않는 점이 다르다. 흰색 또는 연한 갈색을 띠며 표면이 매끄럽고 손톱으로도 잘 긁힌다. 쇄설성의 석영(Quartz), 장석(Feldspar), 운모(Mica) 등이 혼합되어 구성되며 석회분을 많이 포함하는 이암을 이회암(Marl)이라고 한다.
  - 혈암(셰일, Shale) : 입자의 크기가 작은 진흙으로 된 점토가 오랜 세월 퇴적되어 쌓이면서 단단하게 굳어지면서 형성된 암석이다. 가루로 만들어 벽돌과 시멘트를 만드는 데 사용한다.
  - 응회암(응회석)
    - 다공질이고 내화도가 높다.
    - 가공이 용이하다.
    - 흡수성이 높다.
    - 강도가 낮다.
    - 건축용으로는 부적합하다.
    - 특수장식재나 경량골재, 내화재 등에 사용된다.
  ㉡ 화학적 퇴적암(석회암, 석고, 암염, 처트, 철광층)
  - 석회암(석회석)
    - 석회, 시멘트의 원료로 사용된다.
    - 석질이 치밀하다.
    - 내화성이 부족하다.

- 내구연한이 매우 짧다.
- 석고(Gypsum) : 황산칼슘($CaSO_4$)을 주성분으로 하는 매우 부드러운 황산염 광물이다. 미세한 알갱이의 석고가 큰 덩어리를 형성하고 있는 것은 설화석고이고, 섬유모양을 이루는 것은 섬유석고이다. 의료, 장식, 미술재료, 건축자재 등 다양한 분야에서 사용된다.
- 암염 : 바닷물이 증발하여 소금이 광물로 남아 있는 것으로, 염화나트륨($NaCl$)으로 구성되며 석염 또는 돌소금이라고도 한다.
- 처트(Chert) : 규산질의(Silica, SiO_2) 화학적 침전물로서 치밀하고 굳은 암석이다.
- 철광층 : 주로 적철석으로 이루어져 있으며, 때로 자철석도 발견된다. 검은색을 띠는 것이 일반적이나, 풍화의 결과로 적색을 보이기도 한다. 층리의 발달은 비교적 불량한 편이며 처트와 교호하며 나타난다.

ⓒ 유기적 퇴적암 : 석회암, 백악, 규조토, 처트, 석탄, 아스팔트

⑦ 변성암

㉠ 파쇄암(압쇄암, 슈도타킬라이트, 안구편마암)
- 압쇄암(Mylonite) : 조성은 압쇄되기 이전의 암석에 따라 다양하며 습곡 및 단층 등에 의한 미끄러짐에 의해 부서져서 생성된다. 변성 정도는 매우 낮으며, 낮은 온도와 강한 전단응력에 의해 형성된다. 대부분 몹시 부서진 듯한 느낌을 주며, 때로 입자들이 길게 신장되어 갈린 듯한 모양도 보인다.
- 슈도타킬라이트(Pseudotachylite) : 조성은 압쇄되기 이전의 암석에 따라 다양하며 습곡 및 단층 등에 의해 암석이 미끄러질 때 순간적으로 높은 열이 발생하여 부분 용융이 일어나고, 이 용융물이 주변의 암석을 뚫고 들어가서 생긴다. 대부분 검은색을 띠며, 활면을 따라 세맥상으로 관입한 것처럼 보인다.
- 안구편마암(Augen Gneiss) : 규장질로 구성되며 안구 편마암의 성인에 대해서는 의견이 많으나, 압쇄작용에 의해 만들어진 경우는 비교적 온도와 압력이 높은 곳에서 큰 결정들이 전단응력에 의해 변형받아 형성된다. 눈(Eye)과 같은 모양을 나타낸다.

㉡ 광역변성암(점판암, 천매암, 편암, 편마암, 규암, 각섬암, 대리암)
- 점판암(슬레이트, Slate)
  - 변성암이지만 재결정정도가 매우 약하며 세립질이라서 퇴적암으로 간주되기도 한다.
  - 천연슬레이트, 지붕재에 적합하다.
- 천매암(Phyllite) : 회색 계통의 밝은색을 띠며, 약간 만곡된 엽리를 보인다. 개개의 엽리는 육안으로 구분이 불가능하며, 매우 작은 입자들로 구성되어 있다.
- 편암(Schist) : 천매암이 좀 더 광역 변성작용을 받아 형성되며 운모의 종류에 따라 은색 내지 회색(운모가 백운모일 때) 및 갈색 내지 검은색(운모가 흑운모일 때)을 띠며, 엽리가 얇게 잘 발달한다.
- 편마암(Gneiss) : 편암이 좀 더 광역 변성작용을 받아 형성되며 화강암 내지 정사암으로부터 형성된 것은 밝은색을 띠지만, 이질성분이 증가할수록 흑운모의 양이 증가하여 어두운 색을 띤다. 편마구조를 잘 보인다.
- 규암(규석, Quartzite) : 타일의 소지 중 규산을 화학성분으로 한 석영·수정 등의 광물이며, 소지 속에서 미분화한다. 도자기 속에 넣으면 점성을 제거하는 효과가 있다.
- 각섬암(Amphibolite) : 주로 검은색을 보이나, 사장석의 양에 따라 진녹색을 보이기도 한다.
- 대리암(대리석, Marble)
  - 석회암이 변성(변화되어 결정화)된 것이다.
  - 주성분은 탄산석회이다.
  - 강도가 우수하고 색채와 결이 아름답다.
  - 석질이 치밀하고 연마하면 아름다운 광택을 낸다.
  - 흡수율이 매우 작다.
  - 산에 약하다.
  - 내화성이 낮고 풍화되기 쉽다.
  - 실외용으로는 부적합하다.
  - 실내 장식재, 조각재로 사용된다.
- 트래버틴(Travertine)
  - 대리석의 일종이다.
  - 석질이 불균일하고 다공질이다.
  - 변성암으로 황갈색의 반문이 있고 갈면 광택이 난다.
  - 탄산석회를 포함한 물에서 침전, 생성된 것이다.
  - 우아한 실내 장식재, 특수 내장재로 사용된다.
- 테라초(Terrazzo)
  - 대리석, 화강석을 종석으로 하는 인조석의 일종이다.

- 대리석의 쇄석, 백색시멘트, 안료, 물을 혼합하여 매끈한 면에 타설한다.
- 타설 및 경화 후 가공 연마하여 대리석처럼 미려한 광택을 내도록 마감한 제품이다.

ⓒ 접촉 변성암(혼펠스)
- 혼펠스(Hornfels) : 주로 셰일로부터 변성된 암색의 접촉 변성암으로, 재결정된 입상조직이며 방향성이 없는 모자이크 구조를 갖는 세립질(1[mm] 이하) 변성암을 총칭한다. 편리는 없거나 불량하고 마치 쇠뿔을 부러뜨렸을 때의 모양과 비슷하다. 석영, 운모, 장석, 흑연이 주요 구성광물이며 접촉광물인 홍주석, 근청석도 포함된다.

ⓔ 기타 변성암(사문암)
- 사문암(Serpentinite)
  - 암녹색 바탕에 흑백색의 아름다운 무늬가 있다.
  - 경질이다.
  - 풍화성이 있다.
  - 구조용으로는 부적합하다.
  - 외장재보다는 내장마감용 석재로 이용된다.

⑧ 조암광물
ⓘ 개요
- 조암광물은 암석을 이루고 있는 주된 광물이다.
- 6대 조암광물 : 석영, 장석, 운모, 각섬석, 휘석, 감람석
  - 무색광물 : 석영, 장석
  - 유색광물 : 운모, 각섬석, 휘석, 감람석
- 8대 구성원소 : 산소, 규소, 알루미늄, 철, 칼슘, 나트륨, 칼륨, 마그네슘
- 암석 구성물질 대부분이 산화물이므로 산소가 가장 많은 성분을 차지한다.
- 모든 조암광물은 산소와 규소를 포함하는 규산염광물이다.
- 조암광물 중 장석이 가장 많은 부피비를 차지하고 그 다음은 석영이다.

ⓛ 운모(Mica)
- 운모의 개요
  - 완벽한 판상의 쪼개짐을 가지는 특정한 규산염 광물들에 대한 총칭이다.
  - 화성암, 변성암, 퇴적암에 널리 분포한다.
  - 화성암에 속하는 화강암 중에 석영 및 장석과 함께 혼재하는 중요한 조암광물의 하나이지만, 화강암뿐 아니라 여러 종류의 암석 중에도 있으며 토양 속에도 존재한다.
  - 대부분의 운모는 단사정계이며 육각 판상의 결정형을 가진다.
  - 돌비늘이라고 한다.
  - 완벽한 판상의 쪼개짐은 운모의 특징적인 층상의 원자 배열 때문이다.
  - 운모의 종류로는 백운모, 흑운모, 금운모, 레피돌라이트, 일라이트 등이 있으며, 화성작용과 변성작용에 의해 생성된다. 흔히 존재하는 운모는 흑운모이며, 흑운모는 백운모에 비해 안정도가 떨어진다.
  - 절연성이 뛰어나고 화학적으로 안정하기 때문에 축전기와 절연체의 원료로 사용된다.

- 질석(Vermiculite)
  - 운모계 광석을 800~1,000[℃] 정도로 가열팽창시켜 체적이 5~6배로 된 다공질의 경석이다.
  - 일반적으로 금운모나 흑운모의 변질산물인 함수운모이다.
  - 광물 중에서 유일하게 흡수수와 층간수 및 결정수의 3가지 수분을 함유하고 있는 특유의 광물이다.
  - 콘크리트 블록, 벽돌, 각종 형상 및 공동품의 경량, 보온, 방음, 결로방지의 목적으로 시멘트와 배합하여 제조, 사용된다.

- 팽창질석
  - 질석을 급격한 고열로 가열하면 질석의 층간에 있는 수분이 수증기로 기화되어 압력이 발생하며, 이 압력이 방출되면서 질석이 박리팽창하여 만들어진다.
  - 비중이 매우 낮고 우수한 단열성 및 불연성, 소음차단효과 및 수분 흡습효과, 물리충격 흡수효과, 증량재, 충진재의 효과가 있다.
  - 양이온 치환능력(CEC ; Cation Exchange Capacity)이 우수하여 오염정화제 또는 유기물 흡착제로도 사용된다.
  - 단열보온재, 토양개량제, 미생물흡착제, 화재진화용, 경량화 목적의 충진재 또는 증량재, 방향제, 탈취제, 특수화물 운송용 포장재, 갯지렁이 포장보관재, 자연소재의 가정용 벽지 등으로 사용된다.

ⓒ 방해석(Calcite)
- 개요
  - 탄산염 광물의 일종으로, 탄산칼슘($CaCO_3$)이 가장 안정적으로 배열된 결정구조체이다.
  - 방해석은 퇴적암, 변성암에 널리 분포한다.
  - 석회암과 대리석의 주성분이다.
  - 석회암은 미정질 방해석이 주성분이며, 대리암은 석회암이 변성작용을 받아 생긴 것이다.
  - 방해석은 직사각형이 옆으로 약간 비스듬하게 누워 있는 모양과 각진 것이 많다.
- 특징
  - 일반적으로는 투명하고 유리 광택이나 진주 빛의 광택이 난다.
  - 불순물이 섞여 있으면 불투명한 색을 띤다.
  - 불순물에 따라 노란색, 하늘색, 연두색, 형광빛 등 다양한 색을 띤다.
  - 묽은 염산과 만나면 반응하여 이산화탄소를 방출한다.
  - 결정이 잘 발달한 방해석에서는 육안으로 복굴절을 관찰할 수 있다.
  - 산에 쉽게 용해된다.

10년간 자주 출제된 문제

10-1. 석재의 일반적인 성질에 관한 설명으로 옳지 않은 것은?

① 화강암의 내구연한은 75~200년 정도로서 다른 석재에 비하여 비교적 수명이 길다.
② 흡수율은 동결과 융해에 대한 내구성의 지표가 된다.
③ 인장강도는 압축강도의 1/10~1/30 정도이다.
④ 비중이 클수록 강도가 크며, 공극률이 클수록 내화성이 작다.

10-2. 석재 시공 시 유의하여야 할 사항으로 옳지 않은 것은?

① 외벽, 특히 콘크리트 표면 첨부용 석재는 연석을 사용하여야 한다.
② 동일 건축물에는 동일 석재로 시공하도록 한다.
③ 석재를 구조재로 사용할 경우 직압력재로 사용하여야 한다.
④ 중량이 큰 것은 높은 곳에 사용하지 않는다.

10-3. 석재에 관한 설명으로 옳지 않은 것은?

① 석회암은 석질이 치밀하나 내화성이 부족하다.
② 현무암은 석질이 치밀하여 토대석, 석축에 쓰인다.
③ 테라초는 대리석을 종석으로 한 인조석의 일종이다.
④ 화강암은 석회, 시멘트의 원료로 사용된다.

10-4. 석재의 종류와 용도가 잘못 연결된 것은?

① 화산암 – 경량골재
② 화강암 – 콘크리트용 골재
③ 대리석 – 조각재
④ 응회암 – 건축용 구조재

10-5. 트래버틴(Travertine)에 대한 설명으로 옳지 않은 것은?

① 석질이 불균일하고 다공질이다.
② 특수 외장용 장식재로 주로 사용된다.
③ 변성암으로 황갈색의 반문이 있다.
④ 탄산석회를 포함한 물에서 침전, 생성된 것이다.

|해설|

10-1
석재의 강도는 비중에 비례하며, 공극률이 클수록 내화성도 크다.

10-2
외벽, 특히 콘크리트 표면 첨부용 석재는 경석을 사용하여야 한다.

10-3
석회암(석회석)은 석회, 시멘트의 원료로 사용된다.

10-4
응회암은 가공이 용이하나 흡수성이 높고 강도가 낮아 건축용 구조재로는 부적당하다.

10-5
트래버틴은 대리석과 동일하지만 석질이 불균일하고 다공질이며, 황갈색의 반문이 있고 아치가 있어 특수 내장재로서 사용된다.

정답 10-1 ④ 10-2 ① 10-3 ④ 10-4 ④ 10-5 ②

핵심이론 11 | 기타 건설재료

① 유 리
  ㉠ 정 의
   • 무기질의 물체로서, 녹았다가 냉각될 때 결정화가 일어나지 않은 채 고체화된 것 또는 동결된 냉각 액체
   • 규사, 소다회, 탄산석회 등의 혼합물을 고온에서 녹인 후 냉각하는 과정에서 결정화가 일어나지 않은 채 고체화되면서 생기는 투명도가 높은 물질
  ㉡ 유리의 성질(특징)
   • 성형, 가공하기 쉽다.
   • 열전도율 및 열팽창률이 작다.
   • 전기의 절연체이다.
   • 광선에 대한 성질은 유리의 성분, 두께, 표면의 평활도 등에 따라 다르다.
   • 유리의 굴절률은 1.45~1.65 정도이고, 납을 함유하면 높아진다.
   • 투명하고 등방성이다.
   • 물에 녹지 않고 변질되지 않는다.
   • 내열성이지만 온도의 급변에 약하다.
   • 약한 산에는 침식되지 않지만 염산·황산·질산 등에는 서서히 침식된다.
   • 단단하고 부서지기 쉽다.
   • 조성의 화학량론적인 제약이 없다.
   • 넓은 의미의 안전유리로 망입유리, 접합유리, 강화유리 등이 있다.
   • 풍화작용이 발생할 수 있다.
   ※ 풍화작용 : 풍우 등의 반복되는 충격작용으로 공중의 탄산가스나 암모니아, 황화수소, 아황산가스 등에 의한 표면 변색이나 감모가 발생되는 것
  ㉢ 유리의 종류
   • 강화유리 : 판유리를 약 600[℃]로 가열한 후 특수장치로 가압냉풍을 유리면 전체에 고르게 뿜으면 내응력이 발생하는데, 보통판유리보다 6배 정도 휨강도가 높고 200[℃] 이상 견딘다. 검사항목으로는 플로트 판유리검사에서 실시하는 치수, 두께, 겉모양, 만곡 이외에 파쇄시험, 숏백시험, 내충격시험, 투영시험 등이 있다.
    - 유리 표면에 강한 압축응력층을 만들어 파괴강도를 증가시킨 것이다.
    - 강도는 플로트 판유리에 비해 3~5배 정도이다.
    - 주로 출입문이나 계단 난간, 안전성이 요구되는 칸막이 등에 사용된다.
    - 깨질 때는 판유리 전체가 파편으로 잘게 부서진다.
   • 거울유리 : 유리면에 은이나 알루미늄의 염류를 환원 부착시킨 것이다.
   • 내열유리 : 규산분이 많은 유리로서 성분은 석영유리에 가깝다. 열팽창계수가 작고 연화 온도가 높아 내열성이 강하므로 금고실, 난로 앞의 가리개, 방화용의 작은 창에 사용된다.
   • 로이유리(Low-E Glass) : 열적외선을 반사하는 은 소재 도막으로 코팅하여 방사율과 열관류율을 낮추고 가시광선 투과율을 높인 유리로서 일반적으로 복층 유리로 제조하여 사용한다.
   • 배강도 유리 : 플로트판유리를 연화점부근(약 700[℃])까지 가열 후 양 표면에 냉각공기를 흡착시켜 유리의 표면에 20 이상 60 이하 [N/mm^2]의 압축응력층을 갖도록 한 가공유리. 내풍압 강도, 열깨짐 강도 등은 동일한 두께의 플로트판유리의 2배 이상의 성능을 가진다. 그러나 제품의 절단은 불가능하다.
   • 망입유리 : 유리판 중심에 철사 등을 넣은 것으로 방화, 방도, 위험한 천장, 엘리베이터 문, 진동이 심한 장소 등에 쓰인다.
   • 마판유리 : 두께는 3~15[mm]이고 보통유리의 후판과는 구별된다. 투명, 반투명, 불투명으로 가구, 진열용 창, 거울, 차량용 창 등에 쓰인다.
   • 무늬유리 : 한 면에 접합점을 넣은 것으로 무색인 것은 시야가 차단되며, 확산광을 얻을 수 있다.
   • 반사유리 : 플로트유리 표면에 일정 두께의 반사막을 입힌 유리이다. 실내에서 보이며, 외부에서는 거울처럼 보여 거울유리라고도 한다. 열흡수유리보다 열전도가 작아 공기 조화 및 열적요구를 저감시킬 수 있다.
   • 방탄유리 : 합유리를 두껍게(여러 겹) 하거나 강화유리를 여러 장 접착하여 합유리화한 것이다.
   • 보통판유리 : 건축물에 사용되는 유리로 제조 상태에서 평활한 면을 가진 것이다.
   • 복층유리 : 2장 이상의 판유리 사이에 공기층을 만들어 조합한 특수유리로 방서, 단열, 방음이 뛰어나며 결로 현상의 발생이 적다.

- 붕규산유리 : 내열성이 좋아서 내열식기에 사용하기에 적합하다.
- 스테인드 유리 : 색유리를 쓰거나 색을 칠하여 무늬나 그림을 나타낸 판유리로서 착색유리라고도 한다. 각종 색유리의 작은 조각을 도안에 맞추어 절단해서 조립하고 그 접합부를 H자형 단면의 납제끈으로 끼워 맞춰 모양을 낸 것이다. 색유리의 면적 두께에 따라 투영되는 빛이 각양각색을 이루어 가볍고 밝은 빛에서부터 심오한 빛에 이르기까지 오묘하게 모든 색채를 연출할 수 있으며 교회건축의 창, 상업건축의 장식용으로 사용된다.
- 스팬드럴유리(Spandrel Glass)
  - 판유리 한쪽 면에 세라믹질의 도료를 도장한 후 고온에서 융착, 반강화시킨 불투명의 장식용 유리이다.
  - 강화공정에서 열처리를 하므로 일반유리에 비해서 내구성 및 강도가 높고 열에 강하다.
  - 다양한 색상을 나타낼 수 있어서 각종 인테리어에 응용 가능하다.
  - 색상이 다양하고 중후한 질감을 갖고 있으며 건축물의 모양에 따라 선택의 폭이 넓다.
  - 건축물의 외벽 층간이나 내·외부 장식용 유리로 사용한다.
  - 스팬드럴 부분의 보, 기둥 및 기타 구조재 등을 감추기 위해서 창이나 커튼월에 끼워 넣는다.
- 에칭유리(Etching Glass) : 유리가 불화수소에 부식하는 성질을 이용하여 5[mm] 이상 판유리 면에 그림, 문자 등을 새긴 유리이다.
- 접합유리 : 박판유리를 2매 이상으로 붙여 파손되어도 파편이 튀지 않는 안전유리이다.
- 프리즘판유리 : 지하실 채공용에 사용된다.

㉣ 특수유리와 사용장소의 조합
- 진열용 창 : 마판유리
- 병원의 일광욕실 : 자외선투과유리
- 채광용 지붕 : 프리즘유리
- 형틀 없는 문 : 강화유리
- 건축의 내외장재, 칸막이 : 무늬유리

㉤ 콘크리트 보강용으로 사용되고 있는 유리섬유
- 가격이 저렴하고 밀도가 매우 낮다.
- 고온에 견디며, 불에 타지 않는다.
- 화학적 내구성이 있기 때문에 부식되지 않는다.
- 전기절연성이 크다.
- 강도가 매우 높고 내마모성이 크다.
- 흡수성이 낮다.
- 부서지기 쉬우며 잘 부러진다.

㉥ 유리공사에 사용되는 자재
- 구조 개스킷 : 클로로프렌 고무 등으로 압출성형에 의해 제조되어 유리의 보호 및 지지기능과 수밀기능을 지닌 개스킷으로서 지퍼 개스킷이라고도 불린다. 일반적으로 PC콘크리트에 사용되는 Y형 개스킷과 금속프레임에 사용되는 H형 개스킷이 있다.
- 그레이징 개스킷 : 염화비닐 등으로 압출성형에 의해 제조된 유리끼움용 부재료로서 U형 그레이징 채널과 J형 그레이징 비드가 있다.
- 단열간봉(Warm-Edge Spacer) : 복층 유리의 간격을 유지하며 열전달을 차단하는 재료로, 기존의 열전도율이 높은 알루미늄 간봉의 취약한 단열문제를 해결하기 위한 방법으로 Warm-Edge Technology를 적용한 간봉이다. 고단열 및 창호에서의 결로방지를 위한 목적으로 적용된다.
- 백업재 : 실링 시공인 경우에 부재의 측면과 유리면 사이의 면 클리어런스 부위에 연속적으로 충전하여 유리를 고정하고 시일 타설시 시일 받침 역할을 하는 부재료로서 일반적으로 폴리에틸렌 폼, 발포고무, 중공솔리드고무 등이 사용된다.
- 세팅 블록 : 새시 하단부의 유리끼움용 부재료로서 유리의 자중을 지지하는 고임재
- 스페이서 : 유리 끼우기 홈의 측면과 유리면 사이의 면 클리어런스를 주며, 유리의 위치를 고정하는 블록
- 에틸렌비닐아세테이트(EVA ; Ethylene Vinylacetate) : 접합 유리 소재로 사용
- 열선 반사 유리 : 판유리의 한쪽 면에 열선반사막을 코팅하여 일사열의 차폐성능을 높인 유리
- 완충재 : 충격 시 유리 절단면과 새시의 직접적인 접촉을 방지하기 위해서 새시의 좌우 측면에 끼우는 고무블록으로서 주로 개폐창호에 사용된다.
- 측면 블록 : 새시 내에서 유리가 일정한 면 클리어런스를 유지토록 하며, 새시의 양측면에 대해 중심에 위치하도록 하는 재료로 품질관리를 위해 새시 공장 생산 시 부착하여 출고하는 것을 원칙으로 한다.

- 폴리비닐부티랄(PVB ; Poly Vinyl Butyral) : 필름(PVB ; Poly Vinyl Butyral) 재질의 접합 유리용 필름
- 흡습제 : 작은 기공을 수억 개 갖고 있는 입자로 기체분자를 흡착하는 성질에 의해 밀폐공간에 건조상태를 유지하는 재료

◈ 유리의 열파손
- 유리의 열파손은 유리의 중앙부와 주변부와의 온도차로 인해 응력이 발생하여 파손되는 현상으로 판유리온도차가 60[℃] 이상이 되면 열파손이 발생한다.
- 열파손의 특징
  - 색유리에 많이 발생한다.
  - 동절기의 맑은 날 오전에 많이 발생한다.
  - 두께가 두꺼울수록 열팽창응력이 크다.
  - 균열은 프레임에 직각으로 시작하여 경사지게 진행된다.
- 열파손 방지대책
  - 판유리와 차양막 사이를 최소 10[cm] 이상의 일정간격을 유지한다.
  - 냉난방된 공기가 유리에 직접 닿지 않도록 한다.
  - 유리에 필름부착, 페인트칠 등을 하지 않는다.
  - 절단면을 매끄럽게 처리한다.
  - 유리와 프레임은 확실히 단열시킨다.
  - 판유리와 차양막 사이의 내부 공기가 통기되도록 한다.
  - 스팬드럴(Spandrel)부의 내부 공기가 밖으로 유출될 수 있도록 한다.
  - 반경화유리나 강화유리를 사용한다.

② 벽 지
  ㉠ 종이벽지
   - 펄프 종이 위에 패턴과 컬러를 인쇄한 벽지이다.
   - 가격이 저렴하고 도배가 쉽다.
   - 밀착력이 우수하고 시멘트벽 위에 바로 시공이 가능하다.
   - 통기성이 우수하다.
   - 시공비용 및 시간이 절약된다.
   - 먼지를 많이 흡수하고 퇴색되기 쉽다.
  ㉡ 합지벽지
   - 종이 위에 종이를 붙여 만든 벽지이다.
   - 천연 종이를 사용하여 친환경적이고 인체에 해가 없다.
   - 가격이 저렴하다.
   - 컬러와 디자인이 다양하다.
   - 내구성, 질감, 색감이 떨어진다.
   - 벽지의 이음매를 서로 포개어 붙이기 때문에 시공의 흔적이 남는다.
   - 벽이나 석고보드에 바로 시공하기 때문에 벽에 우는 부위나 돌출 부분이 생길 수 있다.
   - 곰팡이와 얼룩이 생기기 쉽고, 쉽게 제거되지 않는다.
   - 시간이 지나면 변색될 수 있다.
  ㉢ 실크벽지
   - 표면 질감이 실크처럼 부드러워서 실크벽지라고 하지만, PVC를 코팅한 벽지이어서 PVC 벽지라고도 한다.
   - 일반적으로 가장 많이 사용하는 벽지이다.
   - 표면에 약간의 광택이 있고 오염물질이 묻었을 때 물걸레로 쉽게 제거할 수 있다.
   - 내구성이 좋다.
   - 이중도배를 통해 우는 부위나 돌출 부분이 생기지 않아 말끔하게 시공할 수 있다.
   - 색과 다양한 패턴을 사용할 수 있으므로 다양한 인테리어 스타일을 연출할 수 있다.
   - 겹쳐지는 부분이 없어 시공 흔적이 남지 않고 수명이 길다.
   - 합지벽지보단 가격이 비싼 편이지만 장기적으로는 더 경제적이다.
   - PVC 코팅이 되어있기 때문에 통기성과 흡수성이 부족하고 코팅제에서 유해물질이 나올 수 있다.
  ㉣ 한지벽지
   - 한국적 소재의 세계적 상품화의 의미가 있는 벽지이다.
   - 기존 한지의 약한 강도와 컬러 및 디자인의 단조로움을 극복하여 미적 감각과 실용성을 보강한 자연친화적인 벽지이다.
   - 습도 조절력과 내구성이 강하며 표면 촉감이 쾌적하고 부드럽다.
   - 전통적이면서도 고급스러운 분위기를 자아낸다.
   - 호텔이나 고급 아파트, 한식 상업공간에 적용하여 전통적인 분위기를 연출할 수 있다.

ⓜ 초경벽지
- 갈포로 제작된 것이 주종을 이루는 우리나라 고유의 전통 민속공예벽지이다.
- 갈포 외에도 왕골을 이용한 완포, 완심벽지, 황마벽지, 아바카벽지 등 원료가 다양하며, 이에 따라 품목도 여러 가지 종류가 있다.
- 자연에서 채취한 식물을 가공한 것을 소재로 하므로 자연적인 감각과 방음효과 등이 우수하다.
- 수공예벽지라는 점에서 서양인들이 매우 선호하는 벽지 중 하나이다.

ⓑ 비닐벽지
- 물청소가 가능하고 시공이 용이하다.
- 색상과 디자인이 다양하다.
- 오염되더라도 청소가 용이하다.
- 통기성 부족으로 결로의 우려가 있다.
- 종이벽지보다 비싸고 천연벽지나 타 특수벽지보다는 싸다.

ⓢ 직물벽지
- 섬유벽지라고도 한다.
- 자연적인 감각을 느낄 수 있다.
- 색상이 다양하고 화려하다.
- 흡음 및 방음효과, 단열효과가 우수하다.
- 섬유만이 가지는 부드러운 재질감과 입체감이 있다.
- 종이벽지나 비닐벽지에 비해 먼지를 많이 흡수하고, 퇴색하기 쉽고, 오염에 약하다.
- 가격이 비싼 편이다.

ⓞ 친환경벽지
- 종이 위에 옥수수, 황토, 소나무, 쑥, 라벤더 등 자연에서 추출한 성분을 사용하여 코팅한 벽지이다.
- 식물성 수지코팅으로 인체에 해로운 환경호르몬 배출이 적다.
- 자연스러운 색감을 나타낸다.
- 습도 조절, 실내 공기 정화, 항균 등의 기능을 통해 친환경적인 환경을 제공한다.
- 아토피와 같은 질병을 개선하는 데 도움을 줄 수 있다.
- 일반적인 벽지에 비해 벽지의 가격이 비싸다.
- 일반적인 벽지에 비해 시공이 어렵고 시공비가 많이 든다.

③ 단열재
㉠ 단열재의 분류
- 유기질 단열재료 : 폴리스틸렌폼(발포폴리스틸렌), 압출폴리스티렌폼(압출발포폴리스틸렌), 폴리우레탄폼(초연질, 연질, 반경질, 경질), 수성연질폼, 연질섬유판, 셀룰로스 보온재, 셀룰로스섬유판, 폴리에스테르흡음단열재, 페놀폼, 우레아폼 등
- 무기질 단열재료 : 규산칼슘판, 유리면(Glass Wool), 석면, 암면, 질석, 펄라이트 보온재, 세라믹파이버

㉡ 단열재의 구비조건
- 내화성이 좋을 것
- 열전도율이 낮고 비중이 클 것
- 내부식성이 좋을 것
- 흡수율이 낮을 것

㉢ 일반적으로 단열재에 습기나 물기가 침투하면 열전도율이 높아져 단열성능이 나빠진다.

㉣ 유기질 단열재의 종류
- 폴리스틸렌폼(발포폴리스틸렌) : 대표적인 발포합성수지 유기질 단열재로 단열성, 강도, 방습성, 방수성, 시공성, 내약품성 등이 우수하며 가볍지만, 내열온도가 낮다. 건물보온재, 완충포장재, 아이스박스, 장식용 구조용재 등에 사용된다.
- 압출폴리스티렌폼(압출발포폴리스틸렌) : 강도, 단열성 등이 우수하며 흡수성과 흡습성이 거의 없고 수명이 길다. 건축물 보온재, 특수건축용, 토목용, 축사용 등에 사용된다.
- 폴리우레탄폼 : Polyol과 Isocyanate를 주제로 하여 발포제, 촉매제, 안정제, 난연제 등을 혼합시켜 얻어지는 발포 생성물의 유기질 단열재로 주로 고성능 단열재로 사용되고 있으며 특히 보랭용 단열재로 전 산업에 걸쳐 사용 되고 있다. 폼의 겉보기 밀도를 비교적 자유롭게 조절할 수 있으며, 현장에서 간단히 발포시킬 수 있다. 사용하는 원료 글리콜의 종류에 따라 폴리에테르폼과 폴리에스터폼으로 나눌 수 있는데, 앞의 것은 유연성이 좋고 뒤의 것은 공업용 폼으로 쓰기에 알맞게 딱딱하다. 따라서 이와 같이 만들어지는 폼은 초연질·연질·반경질·경질 등의 여러 가지 굳기를 가진다.

- 수성연질폼 : 일반 우레탄폼 단열재와 비슷하지만 물을 베이스로 한 단열재이기 때문에 친환경적인 뿜칠형 유기질 단열재이다. 단열재 재료 1[%]에 공기가 99[%]로 이루어진 단열기포 형상이며 Spray 분사로 100배의 팽창 효과를 지닌다. 열전도율 측면이나 기존 섬유단열재의 문제점인 열교현상을 방지하는 최신공법이나 별도의 기계장치가 필요하고 재료가 고가인 단점을 갖고 있다. 난연성 제품으로 화재 시 유해가스가 발생하지 않으며 매끄러운 면에도 접착성이 우수하다.
- 연질섬유판 : A급(목재편), B급(면조각, 볏집, 펄프 등)의 식물섬유에 높은 열을 가한 후 내수제를 첨가하여 성형한 유기질 단열재
- 셀룰로스섬유판(섬유셀룰로스화이버) : 천연의 목질섬유 등을 원료로 하고, 내구성, 발수성, 방수성 등을 부여하기 위한 약품처리를 하여 제조하는 유기질 단열재
- 셀룰로스 보온재 : 재생된 식물성 섬유셀룰로스화이버에 난연재 등의 첨가제를 첨가하여 공기를 주입하거나 부어넣을 수 있는 상태로 제조한 유기질 단열재
- 폴리에스터흡음단열재 : 폴리에스터 100[%]를 열압착시켜 제조한 유기질 단열재이며 항균 및 방취 효과, 난연성(소화성)이 우수하며 연소 시 유독가스가 생기지 않으므로 건물의 벽, 천장, 바닥 등의 흡음 단열 내외장재로 사용된다.
- 페놀폼 : 내열성, 치수안정성, 내약품성 등이 우수하지만, 기계적 물성이 낮고 흡습성이 약간 높다. 건축물 보온대, 흡음재 등으로 사용된다.
- 우레아폼 : 요소수지를 경화제와 공기를 사용하여 현장에서 발포시켜 시공부위에 주입 또는 분사시키는 유기질 단열재로 요소수지계 원료이므로 가격이 저렴하고 내열성도 다소 높은 편이다. 분사식 단열재의 일종으로서 현장시공이 편리하다. 석유수지계 원료인 폴리우레탄 폼과 단열성, 방음성 등이 유사하여 사용 시 이들을 구분하지 않고 사용한다.

㉱ 무기질 단열재의 종류
- 규산칼슘판 : 규산질 분말과 석회분말을 오토클래이브 중에서 반응시켜 얻은 겔에 보강섬유를 첨가하여 프레스 성형을 거쳐 제조하며 내열성과 기계강도가 뛰어나 철골 내화피복재로 주로 이용되고 있으며, 결정의 종류에 따라 최고 사용온도 650~1,000[℃]까지 가능한 무기질 단열재
- 유리면(Glass Wool) : 불규칙적으로 조합된 섬유사이의 고정공기를 이용하여 단열성과 흡음성을 갖게 한 무게가 가벼운 무기질 단열재로 송풍 덕트 등에 감아서 열손실을 막는 용도 등으로 사용된다.
- 석면(Asbestos) : 사문암 또는 각섬암이 열과 압력을 받아 변질하여 섬유 모양의 결정질이 된 것으로 단열재·보온재 등으로 사용되었으나, 인체 유해성으로 사용이 규제되고 있는 무기질 단열재
- 암면(Rock Wool) : 암석으로부터 인공적으로 만들어진 내열성이 높은 광물섬유를 이용하여 만든 무기질 단열재로 불연성, 경량성, 단열, 흡음성, 내구성의 특징을 갖춰 건축설비, 플랜트 설비의 단열재 및 방·내화 재료로서 널리 사용된다. 그러나 흡수성이 있으며 시공이 어렵고 강도가 약하여 바닥용으로는 부적당하다.
- 질석(Vermiculite) : 운모계 광석으로 1,000[℃]에서 소성한 유공형의 무기질 단열재로 비중 0.2~0.4, 흡수율 90% 정도이다. 단열성, 보온성, 불연성, 방음성 등이 우수하며 결로를 방지한다.
- 펄라이트 보온재 : 진주석 등을 800~1,200[℃]로 가열 팽창시킨 구상입자제품으로 단열, 흡음, 보온 목적으로 사용되는 무기질 단열재이다. 건축 단열재, 화학공장의 고온 단열재로 사용된다. 가볍고 단열성, 내화성, 내화학성, 흡음효과 등이 우수하지만, 곰팡이에 부식될 수 있으며 흡습성이 크므로 외부 마감재료로는 사용이 불가하다.
- 세라믹 파이버 : 1,000[℃] 이상의 고온에서도 견디는 섬유로 본래 공업용 가열로의 내화 단열재로 사용되어 왔고 건축용, 철골의 내화 피복재로 많이 쓰이는 무기질 단열재

④ 실링재
　㉠ 실링재의 개요
　　• 각종 접합부 또는 틈에 기밀, 수밀을 유지하기 위해 충진하는 재료
　　• 실링재의 분류
　　　- 탄성 실링재 : 실란트
　　　- 비탄성 실링재 : 코킹
　　• 건설현장에서는 실링재를 통틀어 코킹이라고도 한다.
　㉡ 건축용 코킹재료의 일반적인 특징
　　• 수축률이 작다.
　　• 내부의 점성이 지속된다.
　　• 내산·내알칼리성이 있다.
　　• 각종 재료에 접착이 잘된다.
　㉢ 초고층 건축물의 외벽시스템에 적용되고 있는 커튼월의 연결부 줄눈에 사용되는 실링재의 요구 성능
　　• 줄눈을 구성하는 각종 부재에 잘 부착하는 것
　　• 줄눈 주변부에 오염현상을 발생시키지 않는 것
　　• 줄눈부의 방수기능을 잘 유지하는 것
　　• 줄눈에 발생하는 무브먼트(Movement)에 잘 견뎌낼 것
　㉣ 건축물의 창호나 조인트의 충전재로서 사용되는 실(Seal)재
　　• 퍼티 : 탄산칼슘, 연백, 아연화 등의 충전재를 각종 건성유로 반죽한 것이다.
　　• 유성 코킹재 : 석면, 탄산칼슘 등의 충전재와 천연 유지 등을 혼합한 것으로 접착성, 가소성이 풍부하다.
　　• 2액형 실링재 : 휘발성분이 거의 없어 충전 후의 체적변화가 작고 온도 변화에 따른 안정성도 우수하다.
　　• 아스팔트성 코킹재 : 아스팔트에 광물분말이나 합성고무 등을 첨가한 코킹재이며 고온에 약하다.
　　• 개스킷(Gasket) : 수밀성, 기밀성 확보를 위하여 유리와 새시의 접합부, 패널의 접합부 등에 사용되는 재료로서, 내후성이 우수하고 부착이 용이하다. 형상에 따라 H형, Y형, ㄷ형으로 나누어진다.

⑤ 방수재
　㉠ 방수재의 개요
　　• 멤브레인(Membrane)방수 : 아스팔트방수, 합성고분자 시트방수, 도막방수
　㉡ 도막방수 : 도료 상태의 방수재를 바탕면에 여러 번 칠하여 상당한 살 두께의 방수막(얇은 수지피막)을 만드는 방수법
　　• 도막방수의 형태 : 에멀션형, 용제형, 에폭시계형
　　• 도막방수에 사용되는 재료 : 아크릴고무 도막재, 고무아스팔트 도막재, 우레탄고무 도막재
　　• 에폭시 도막재 : 내약품성, 내마모성이 우수하여 화학공장의 방수층을 겸한 바닥 마무리로 적합하다.
　　• 우레탄고무계 도막재 : 지붕 및 일반 바닥에 가장 일반적으로 사용되는 것으로 주제와 경화제를 일정 비율 혼합하여 사용하는 2성분형과 주제와 경화제가 이미 혼합된 1성분형으로 나누어지는 도막방수재
　　• 합성고분자 도막방수 : 콘크리트 바탕에 이음새 없는 방수피막을 형성하는 공법으로, 도료 상태의 방수재를 여러번 칠하여 방수막을 형성하는 방수공법
　㉢ 벤토나이트 방수재료
　　• 팽윤특성을 지닌 가소성이 높은 광물이다.
　　• 염분의 농도가 높은 해수 등에서는 벤토나이트 성분의 Na이온과 염수성분의 Na이온이 화학적으로 반응하지 않고 층간구조에 밀실하게 채워져 오히려 팽창 및 젤(Gel)화를 억제시킴으로써 현탁액의 입자들이 집합되어 팽창압을 잃어버리고, 부스러지는 현상(침강현상)이 나타나므로 염분을 포함한 해수에서는 벤토나이트의 팽창반응이 약화되어 차수력이 약해진다.
　　• 콘크리트 시공 조인트용 수팽창 지수재로 사용된다.
　　• 콘크리트 믹서를 이용하여 혼합한 벤토나이트와 토사를 롤러로 전압하여 연약한 지반을 개량한다.
　㉣ 방수공법
　　• 합성고분자 도막방수 : 콘크리트 바탕에 이음새 없는 방수피막을 형성하는 공법으로, 도료 상태의 방수재를 여러 번 칠하여 방수막(얇은 수지피막)을 형성하는 방수효과를 얻는 방수공법으로 도막방수라고도 하며 에멀션형, 용제형, 에폭시계 등이 있다.
　　• 시트방수
　　• 아스팔트 루핑방수
　　• 시멘트 모르타르 방수
　　• 규산질 침투성 도포방수

- 지하실 방수공법 중 바깥방수의 단점
  - 하자 보수가 용이하지 않다.
  - 바탕처리를 따로 만들어야 한다.
  - 안방수에 비해 비용이 고가이다.
  - 시공방법이 복잡하여 공기가 많이 소요된다.

⑥ 아스팔트(역청)

㉠ 아스팔트의 분류
- 천연 아스팔트 : 로크(Rock) 아스팔트, 레이크(Lake) 아스팔트, 샌드(Sand) 아스팔트, 아스팔타이트(Asphaltite)
- 석유 아스팔트 : 스트레이트(Straight) 아스팔트, 블론(Blown) 아스팔트, 아스팔트 시멘트, 컷백(Cutback) 아스팔트, 유화(Emulsified) 아스팔트, 개질(Modified) 아스팔트

㉡ 아스팔트의 양부를 판별하는 주요 성질 : 침입도, 신도(伸度), 연화점
- 아스팔트의 침입도, 점도, 경도, 연신도 등에 가장 큰 영향을 주는 것은 온도이다.
- 침입도
  - 역청재료의 반죽질기(Consistency)를 표시한 수치로 온도가 25[℃]인 시료를 용기 내에 넣고 100[g]의 표준침을 낙하시켜 5초 동안의 관입 깊이가 0.1[mm]일 때 침입도를 1로 한다.
  - 침입도값과 역청재의 온도는 비례한다.
  - 아스팔트의 물리적 성질에 있어 아스팔트의 견고성 정도를 침입도로 평가한다.
  - 한냉지에서 사용하는 방수공사용 아스팔트의 침입도는 큰 쪽이 좋다.
- 아스팔트를 용융시키는 온도는 아스팔트의 연화점에 140[℃]를 더한 것을 최고한도로 한다.

㉢ 천연 아스팔트의 종류
- 로크(Rock) 아스팔트 : 다공성의 석회암과 사암에 아스팔트가 스며들어 생긴 것이며 아스팔트 함유량은 10[%] 정도이다. 잘게 부수어 도로포장에 사용한다.
- 레이크(Lake) 아스팔트 : 아스팔트가 호수와 같은 모양으로 지표면에 노출되어 있는 것
- 샌드(Sand) 아스팔트 : 모래층 속에 아스팔트가 스며들어 이루어진 것
- 아스팔타이트(Asphaltite) : 천연석유가 지층의 갈라진 틈과 암석의 깨진 틈에 침입한 후 지열이나 공기 등의 작용으로 장기간 그 내부에서 중합반응 또는 축합반응을 일으켜 탄성력이 풍부한 화합물이다. 길소나이트(Gilsonite), 그라하마이트(Grahamite), 글랜스피치(Glance Pitch) 등이 있다. 암석의 균열 등에 석유가 스며들어 오랜 세월에 걸쳐 아스팔트로 변질된 것이므로 불순물이 거의 없는 아스팔트이다.

㉣ 석유 아스팔트의 종류
- 스트레이트(Straight) 아스팔트 : 원유를 상압증류탑(CDU)에서 증류시킨 후 상압잔사유를 다시 감압증류하여 얻은 최종잔류분에 분해되지 않는 역청질이 많이 함유되어 있는 것
  - 점착성, 방수성은 우수하지만 연화점이 비교적 낮고 내후성 및 온도에 의한 변화정도가 커 지하실 방수공사 이외에 사용하지 않는다.
  - 감온성, 신장성, 점착성, 방수성이 풍부하다.
  - 연화점이 비교적 낮고 온도에 의한 변화가 크다.
  - 다양한 석유계 아스팔트의 원료로 사용된다.
  - 주로 지하실 방수공사에 사용된다.
- 블론(Blown) 아스팔트 : 가열한 스트레이트 아스팔트 또는 경질의 감압증류잔사유에 압축공기를 불어넣어 아스팔트 구성분자끼리 축중합반응을 일으켜 분자량을 크게 한 것이다. 아스팔트 시멘트에 비교하여 감온성이 적어 상온에서 고체상태이나 내열성, 내구성이 뛰어나 건축재 등 산업용에 많이 사용한다. 아스팔트 루핑의 생산에 사용되며 도로포장에서는 시멘트포장의 채움재(Joint Filler)로 사용된다.

■ 블론 아스팔트와 스트레이트 아스팔트의 비교
- 감온성 : 스트레이트 아스팔트 > 블론 아스팔트
- 신장성 : 스트레이트 아스팔트 > 블론 아스팔트
- 점착성 : 스트레이트 아스팔트 > 블론 아스팔트
- 연화점 : 스트레이트 아스팔트 < 블론 아스팔트

- 아스팔트 시멘트 : 도로포장용으로 사용되는 반고체상태의 아스팔트
- 컷백(Cutback) 아스팔트 : 반고체 상태인 도로포장용 아스팔트(아스팔트 시멘트)의 불편함을 개선하여 액체화한 아스팔트로 상온에서 액체상태로 만들기 위해 사용되는 용제의 종류에 따라 급속경화형, 중속경화형, 완속경화형으로 구분한다.

- 유화(Emulsified) 아스팔트 : 아스팔트를 미세한 입자로 만들어 물에 분산시킨 것
- 개질(Modified) 아스팔트 : 특정 용도의 도로포장에 사용하기 위하여 아스팔트시멘트에 합성수지나 고무 등을 첨가하여 포장성능을 개선한 아스팔트

ⓜ 아스팔트 제품
- 아스팔트 루핑
  - 아스팔트 펠트의 양면에 블론 아스팔트를 가열·용융시켜 피복한 것이다.
  - 평지붕의 방수층, 슬레이트평판, 금속판 등의 지붕깔기 바탕에 이용된다.
- 아스팔트 모르타르 : 아스팔트에 모래·쇄석·석분 등의 골재를 가열·혼합한 것으로 주로 바닥공사재료로 사용된다. 빛깔은 흑색 외에 안료를 첨가한 갈색도 있다. 내수성·내습성·내마모성 및 적당한 탄력성이 있고 보행에 따른 소음이 없기 때문에 공장·창고·시험실·통로 등의 바닥포장에 쓰인다. 또 열절연성이 좋아 보온성이 있고, 신축에 의한 균열이 적다. 바닥포장을 할 때는 이것을 바닥 위에 깔고 롤러로 눌러 펴고 다시 인두로 표면을 평탄하게 한다.
- 아스팔트 블록
  - 아스팔트 모르타르를 벽돌형으로 만든 것이다.
  - 화학공장의 내약품 바닥마감재로 이용된다.
- 아스팔트 컴파운드(Asphalt Compound) : 블론 아스팔트의 내열성, 내한성 등의 성능을 개량하기 위해 동식물성 유지와 광물질 분말을 혼입한 것이다.
- 아스팔트 코팅(Asphalt Coating)
  - 블론 아스팔트를 휘발성 용제에 녹이고 석면, 광물질분말, 안정제 등을 가하여 만든 아스팔트 제품이다.
  - 점도가 높고 방수, 접합부 충전 등에 사용된다.
- 아스팔트 펠트(Asphalt Felt)
  - 유기천연섬유 또는 석면섬유를 결합한 원지에 연질의 스트레이트 아스팔트를 침투시킨 것이다.
  - 목면, 마사, 양모, 폐지 등을 혼합하여 만든 원지에 스트레이트 아스팔트를 침투시킨 두루마리 제품으로 흡수성이 크기 때문에 단독으로 사용하는 경우 방수효과가 적어 주로 아스팔트방수의 중간층 재료로 이용된다.

- 아스팔트 프라이머
  - 솔, 롤러 등으로 용이하게 도포할 수 있도록 아스팔트를 휘발성 용제에 용해한 비교적 저점도의 액체로서 방수시공의 첫째 공정에 쓰는 바탕처리재이다.
  - 블론 아스팔트를 용제에 녹인 것으로 액상을 하고 있다.
  - 아스팔트 프라이머를 도포하고 건조한 후 아스팔트 루핑의 붙임작업을 행한다.
  - 아스팔트 방수의 바탕처리제, 아스팔트 타일의 바탕처리재로 사용된다.
  - 아스팔트 방수시공을 할 때 타방재와의 밀착용으로 사용한다.
- 지붕공사에 사용되는 아스팔트싱글(Asphalt Shingle) 제품
  - 일반 아스팔트 싱글 : 단위중량 $10.3[kg/m^2]$ 이상 $12.5[kg/m^2]$ 미만
  - 중량 아스팔트 싱글 : 단위중량 $12.5[kg/m^2]$ 이상 $14.2[kg/m^2]$ 미만
  - 초중량 아스팔트 싱글 : 단위중량 $14.2[kg/m^2]$ 이상
  - 무기질 섬유 제품 싱글
    ⓐ 밑면에 접착제가 도포된 제품으로 설계도면이나 공사 시방서에서 별도로 명시되지 않은 경우에는 $4[kg/m^2]$ 이상의 무게를 가진 제품
    ⓑ 유리섬유 제품의 아스팔트 싱글은 풍압에 대한 고려가 필요하지 않은 일반적인 경우에는 $9.27[kg/m^2]$ 이상인 제품을 사용하고 풍압에 대한 고려가 필요한 경우에는 $12.5[kg/m^2]$ 이상의 제품을 사용한다.

10년간 자주 출제된 문제

11-1. 다음 중 특수유리와 사용장소의 조합이 적절하지 않은 것은?

① 진열용 창 : 무늬유리
② 병원의 일광욕실 : 자외선투과유리
③ 채광용 지붕 : 프리즘유리
④ 형틀 없는 문 : 강화유리

11-2. 건축용 코킹재료의 일반적인 특징에 관한 설명으로 옳지 않은 것은?

① 수축률이 크다.
② 내부의 점성이 지속된다.
③ 내산·내알칼리성이 있다.
④ 각종 재료에 접착이 잘된다.

11-3. 다음 중 멤브레인(Membrane) 방수에 속하지 않는 것은?

① 규산질 침투성 도포방수
② 아스팔트방수
③ 합성고분자 시트방수
④ 도막방수

11-4. 역청재료의 침입도 시험에서 중량 100[g]의 표준침이 5초 동안에 10[mm] 관입했다면 이 재료의 침입도는?

① 1
② 10
③ 100
④ 1,000

11-5. 아스팔트계 방수재료에 대한 설명 중 틀린 것은?

① 아스팔트 프라이머는 블론 아스팔트를 용제에 녹인 것으로 액상이다.
② 아스팔트 펠트는 유기천연섬유 또는 석면섬유를 결합한 원지에 연질의 블론 아스팔트를 침투시킨 것이다.
③ 아스팔트 루핑은 아스팔트 펠트의 양면에 블론 아스팔트를 가열·용융시켜 피복한 것이다.
④ 아스팔트 컴파운드는 블론 아스팔트의 성능을 개량하기 위해 동식물성 유지와 광물질 분말을 혼입한 것이다.

|해설|

11-1
무늬유리는 건축의 내외장재, 칸막이 등에 사용되며 진열용 창으로는 마판유리가 사용된다.

11-2
건축용 코킹재료는 수축률이 작다.

11-3
멤브레인(Membrane) 방수의 종류 : 아스팔트방수, 합성고분자 시트방수, 도막방수, 시멘트 모르타르 방수 등

11-4
온도가 25[℃]인 시료를 용기 안에 넣고 100[g]의 표준침을 낙하시켜 5초 동안의 관입 깊이가 0.1[mm]일 때의 침입도가 1이므로, 10[mm] 관입했다면 이 재료의 침입도는 100이다.

11-5
아스팔트 펠트는 유기천연섬유 또는 석면섬유를 결합한 원지에 연질의 스트레이트 아스팔트를 침투시킨 것이다.

정답 11-1 ① 11-2 ① 11-3 ① 11-4 ③ 11-5 ②

CHAPTER 06 건설안전기술

제1절 건설안전기술의 개요

핵심이론 01 | 건설공사 안전의 개요

① 건설공사 안전 관련 사항
  ㉠ 건설공사 안전관리 순서 : 계획(Plan) → 실시(Do) → 검토(Check) → 조치(Action)
  ㉡ 건설업의 안전관리자 인원기준(산업안전보건법 시행령 별표 3)
  ※ 전후 15기간 : 전체 공사기간을 100으로 할 때 공사시작에서 15에 해당하는 기간과 공사 종료 전의 15에 해당하는 기간 동안

인 원	공사금액	전후 15기간
1명 이상	• 50억원 이상(관계수급인은 100억원 이상) 120억원 미만(토목공사업의 경우는 150억원 미만) • 120억원 이상(토목공사업의 경우는 150억원 이상) 800억원 미만	-
2명 이상	800억원 이상 1,500억원 미만	1명 이상
3명 이상	1,500억원 이상 2,200억원 미만	2명 이상
4명 이상	공사금액 2,200억원 이상 3,000억원 미만	2명 이상
5명 이상	공사금액 3,000억원 이상 3,900억원 미만	3명 이상
6명 이상	공사금액 3,900억원 이상 4,900억원 미만	3명 이상
7명 이상	공사금액 4,900억원 이상 6,000억원 미만	4명 이상
8명 이상	공사금액 6,000억원 이상 7,200억원 미만	4명 이상
9명 이상	공사금액 7,200억원 이상 8,500억원 미만	5명 이상
10명 이상	공사금액 8,500억원 이상 1조원 미만	5명 이상
11명 이상	1조원 이상(매 2,000억원(2조원 이상부터는 매 3,000억원)마다 1명씩 추가)	선임 대상 안전관리자 수의 2분의 1(소수점 이하는 올림) 이상

  • 철거공사가 포함된 건설공사의 경우 철거공사만 이루어지는 기간은 전체 공사기간에는 산입되나 전체 공사기간 중 전후 15에 해당하는 기간에는 산입되지 않는다. 이 경우 전체 공사기간 중 전후 15에 해당하는 기간은 철거공사만 이루어지는 기간을 제외한 공사기간을 기준으로 산정한다.
  • 철거공사만 이루어지는 기간에는 공사금액별로 선임해야 하는 최소 안전관리자 수 이상으로 안전관리자를 선임해야 한다.
  ㉢ 안전관리의 문제점
    • 건설공사 시공 전 단계에서의 안전관리의 문제점 : 발주자의 조사, 설계 발주능력 미흡 등
    • 건설공사 시공단계에서의 안전관리의 문제점 : 발주자의 감독 소홀
    • 건설공사 시공 후의 안전관리의 문제점 : 사용자의 시설 운영관리 능력 부족
  ㉣ 건설현장에서 작업환경을 측정해야 할 작업
    • 산소결핍작업(산소결핍은 공기 중 산소농도가 18[%] 미만일 때를 의미)
    • 탱크 내 도장작업
    • 터널 내 천공작업
    • 건물 내부 도장작업
  ㉤ 건설공사 위험성 평가
    • 건설물, 기계·기구, 설비 등에 의한 유해·위험요인을 찾아내어 위험성을 결정하고 그 결과에 따른 조치를 하는 것이다.
    • 사업주는 위험성 평가의 실시내용 및 결과를 기록·보존하여야 한다.
    • 위험성평가기록물의 보존기간은 3년 이상이다.
    • 위험성평가기록물에는 평가대상의 유해·위험요인, 위험성 결정의 내용 등이 포함된다.
  ㉥ 구축물 등에 대한 구조검토, 안전진단 등의 안전성 평가를 하여 근로자에게 미칠 위험성을 미리 제거해야 하는 경우
    • 구축물 등의 인근에서 굴착·항타작업 등으로 침하·균열 등이 발생하여 붕괴 위험이 예상될 경우

- 구축물 등에 지진, 동해(凍害), 부동침하(不同沈下) 등으로 균열・비틀림 등이 발생했을 경우
- 구축물 등이 그 자체의 무게・적설・풍압 또는 그 밖에 부가되는 하중 등으로 붕괴 등의 위험이 있을 경우
- 화재 등으로 구축물 등의 내력이 심하게 저하됐을 경우
- 오랜 기간 사용하지 않던 구축물 등을 재사용하게 되어 안전성을 검토해야 하는 경우
- 구축물 등의 주요구조부(건축법에 따른 주요구조부)에 대한 설계 및 시공 방법의 전부 또는 일부를 변경하는 경우
- 그 밖의 잠재위험이 예상될 경우

ⓐ 총괄 안전관리계획의 수립기준(건설기술 진흥법 시행규칙 별표 7)
- 건설공사의 개요
- 현장 특성분석(현장여건분석, 시공단계의 위험요소・위험성 및 그에 대한 저감대책, 공사장 주변 안전관리대책, 통행안전시설의 설치 및 교통소통 계획)
- 현장운영계획(안전관리조직, 공정별 안전점검계획, 안전관리비 집행계획, 안전교육계획, 안전관리계획 이행보고 계획)
- 비상시 긴급조치계획

ⓞ 안전율 : 안전의 정도를 표시하는 것으로서 재료의 파괴응력도와 허용응력도의 비율을 말한다.

② 시설물의 안전 및 유지관리에 관한 특별법(시설물안전법)
㉠ 시설물의 안전 및 유지관리 기본계획의 수립・시행 : 국토교통부장관은 시설물이 안전하게 유지관리될 수 있도록 하기 위하여 5년마다 시설물의 안전 및 유지관리에 관한 기본계획을 수립・시행하여야 한다. 기본계획에는 다음의 사항이 포함되어야 한다(시설물안전법 제5조).
- 시설물의 안전 및 유지관리에 관한 기본목표 및 추진방향에 관한 사항
- 시설물의 안전 및 유지관리체계의 개발, 구축 및 운영에 관한 사항
- 시설물의 안전 및 유지관리에 관한 정보체계의 구축・운영에 관한 사항
- 시설물의 안전 및 유지관리에 필요한 기술의 연구・개발에 관한 사항
- 시설물의 안전 및 유지관리에 필요한 인력의 양성에 관한 사항
- 그 밖에 시설물의 안전 및 유지관리에 관하여 대통령령으로 정하는 사항

㉡ 시설물의 안전관리에 관한 특별법에 따라 관리주체는 시설물의 안전 및 유지관리계획을 소관 시설물별로 매년 수립・시행하여야 하는데, 이때 안전 및 유지관리계획에 반드시 포함되어야 하는 사항(시설물안전법 제6조)
- 시설물의 적정한 안전과 유지관리를 위한 조직・인원 및 장비의 확보에 관한 사항
- 긴급상황 발생 시 조치체계에 관한 사항
- 시설물의 설계・시공・감리 및 유지관리 등에 관련된 설계도서의 수집 및 보존에 관한 사항
- 안전점검 또는 정밀안전진단의 실시에 관한 사항
- 보수・보강 등 유지관리 및 그에 필요한 비용에 관한 사항
- 시설물의 상시관리를 위한 수시점검에 관한 사항

㉢ 시설물의 종류(시설물안전법 제7조)
- 제1종 시설물 : 공중의 이용 편의와 안전을 도모하기 위하여 특별히 관리할 필요가 있거나 구조상 안전 및 유지관리에 고도의 기술이 필요한 대규모 시설물로서 다음의 어느 하나에 해당하는 시설물 등 대통령령으로 정하는 시설물
  - 고속철도 교량, 연장 500[m] 이상의 도로 및 철도 교량
  - 고속철도 및 도시철도 터널, 연장 1,000[m] 이상의 도로 및 철도 터널
  - 갑문시설 및 연장 1,000[m] 이상의 방파제
  - 다목적댐, 발전용댐, 홍수전용댐 및 총저수용량 1천만[ton] 이상의 용수전용댐
  - 21층 이상 또는 연면적 5만[m^2] 이상의 건축물
  - 하구둑, 포용저수량 8천만[ton] 이상의 방조제
  - 광역상수도, 공업용수도, 1일 공급능력 3만[ton] 이상의 지방상수도

- 제2종 시설물 : 제1종시설물 외에 사회기반시설 등 재난이 발생할 위험이 높거나 재난을 예방하기 위하여 계속적으로 관리할 필요가 있는 시설물로서 다음의 어느 하나에 해당하는 시설물 등 대통령령으로 정하는 시설물
  - 연장 100[m] 이상의 도로 및 철도 교량
  - 고속국도, 일반국도, 특별시도 및 광역시도 도로터널 및 특별시 또는 광역시에 있는 철도터널
  - 연장 500[m] 이상의 방파제
  - 지방상수도 전용댐 및 총저수용량 1백만[ton] 이상의 용수전용댐
  - 16층 이상 또는 연면적 3만[m²] 이상의 건축물
  - 포용저수량 1천만[ton] 이상의 방조제
  - 1일 공급능력 3만[ton] 미만의 지방상수도
- 제3종 시설물 : 제1종 시설물 및 제2종 시설물 외에 안전관리가 필요한 소규모 시설물

㉣ 안전등급별 안전점검 및 정밀안전진단의 실시 시기(시설물의 안전 및 유지관리에 관한 특별법 시행령 별표 3)

안전등급	정기안전점검	정밀안전점검		정밀안전진단	성능평가
		건축물	건축물 외 시설물		
A등급	반기에 1회 이상	4년에 1회 이상	3년에 1회 이상	6년에 1회 이상	5년에 1회 이상
B·C 등급		3년에 1회 이상	2년에 1회 이상	5년에 1회 이상	
D·E 등급	1년에 3회 이상	2년에 1회 이상	1년에 1회 이상	4년에 1회 이상	

- 준공 또는 사용승인 후부터 최초 안전등급이 지정되기 전까지의 기간에 실시하는 정기안전점검은 반기에 1회 이상 실시한다.
- 제1종 및 제2종 시설물 중 D·E등급 시설물의 정기안전점검은 해빙기·우기·동절기 전 각각 1회 이상 실시한다. 이 경우 해빙기 전 점검시기는 2월·3월로, 우기 전 점검시기는 5월·6월로, 동절기 전 점검시기는 11월·12월로 한다.
- 공동주택의 정기안전점검은 공동주택관리법에 따른 안전점검(지방자치단체의 장이 의무관리대상이 아닌 공동주택에 대하여 안전점검을 실시한 경우에는 이를 포함)으로 갈음한다.
- 최초로 실시하는 정밀안전점검은 시설물의 준공일 또는 사용승인일(구조형태의 변경으로 시설물로 된 경우에는 구조형태의 변경에 따른 준공일 또는 사용승인일)을 기준으로 3년 이내(건축물은 4년 이내)에 실시한다. 다만, 임시 사용승인을 받은 경우에는 임시 사용승인일을 기준으로 한다.
- 최초로 실시하는 정밀안전진단은 준공일 또는 사용승인일(준공 또는 사용승인 후에 구조형태의 변경으로 제1종 시설물로 된 경우에는 최초 준공일 또는 사용승인일) 후 10년이 지난 때부터 1년 이내에 실시한다. 다만, 준공 및 사용승인 후 10년이 지난 후에 구조형태의 변경으로 인하여 제1종 시설물로 된 경우에는 구조형태의 변경에 따른 준공일 또는 사용승인일부터 1년 이내에 실시한다.
- 최초로 실시하는 성능평가는 성능평가대상시설물 중 제1종 시설물의 경우에는 최초로 정밀안전진단을 실시하는 때, 제2종 시설물의 경우에는 하자담보책임기간이 끝나기 전에 마지막으로 실시하는 정밀안전점검을 실시하는 때에 실시한다. 다만, 준공 및 사용승인 후 구조형태의 변경으로 인하여 성능평가대상시설물로 된 경우에는 정밀안전점검 또는 정밀안전진단을 실시하는 때에 실시한다.
- 정밀안전점검 및 정밀안전진단의 실시 주기는 이전 정밀안전점검 및 정밀안전진단을 완료한 날을 기준으로 한다. 다만, 정밀안전점검 실시 주기에 따라 정밀안전점검을 실시한 경우에도 정밀안전진단을 실시한 경우에는 그 정밀안전진단을 완료한 날을 기준으로 정밀안전점검의 실시 주기를 정한다.
- 정밀안전점검, 긴급안전점검 및 정밀안전진단의 실시 완료일이 속한 반기에 실시하여야 하는 정기안전점검은 생략할 수 있다.
- 정밀안전진단의 실시 완료일부터 6개월 전 이내에 그 실시 주기의 마지막 날이 속하는 정밀안전점검은 생략할 수 있다.
- 성능평가 실시 주기는 이전 성능평가를 완료한 날을 기준으로 한다.
- 증축, 개축 및 리모델링 등을 위하여 공사 중이거나 철거 예정인 시설물로서, 사용되지 않는 시설물에 대해서는 국토교통부장관과 협의하여 안전점검, 정밀안전진단 및 성능평가의 실시를 생략하거나 그 시기를 조정할 수 있다.

ⓔ 안전점검 및 정밀안전진단 결과보고(시설물안전법 법 제17조 및 시행령 제13조)
- 안전점검 및 정밀안전진단을 실시한 자는 안전점검 및 정밀안전진단을 완료한 경우에는 관리주체 및 시장·군수·구청장에게 서면 또는 전자문서로 안전점검 및 정밀안전진단 결과보고서를 작성하여 제출해야 한다.
- 관리주체는 결과보고서를 안전점검 및 정밀안전진단을 완료한 날부터 30일 이내에 공공관리주체의 경우에는 소속 중앙행정기관 또는 시·도지사에게, 민간관리주체의 경우에는 관할 시장·군수·구청장에게 각각 제출하여야 한다.
- 국토교통부장관은 결과보고서와 그 작성의 기초가 되는 자료를 부실하게 작성한 것으로 판단하는 때에는 부실의 정도 등을 고려하여 매우 불량, 불량 및 미흡으로 구분하여 판단한다.
- 안전점검 및 정밀안전진단을 실시한 자가 결과보고서를 작성할 때에는 다음의 사항을 지켜야 한다.
  - 다른 안전점검 및 정밀안전진단 결과보고서의 내용을 복제하여 안전점검 및 정밀안전진단 결과보고서를 작성하지 아니할 것
  - 안전점검 및 정밀안전진단 결과보고서와 그 작성의 기초가 되는 자료를 거짓으로 또는 부실하게 작성하지 아니할 것
  - 안전점검 및 정밀안전진단 결과보고서와 그 작성의 기초가 되는 자료를 국토교통부령으로 정하는 기간 동안 보존할 것
- 복제, 거짓 또는 부실 작성의 구체적인 판단기준은 국토교통부령으로 정한다.
- 관리주체 및 시장·군수·구청장은 안전점검 및 정밀안전진단 결과보고서를 국토교통부장관에게 제출하여야 한다.
- 국토교통부장관은 관리주체 및 시장·군수·구청장이 결과보고서를 제출하지 아니하는 경우에는 기한을 정하여 제출을 명할 수 있다.
- 통보방법 및 제출 시기·방법 등에 필요한 사항은 대통령령으로 정한다.

③ 안전보건관리계획
ⓐ 안전보건관리계획의 개요(안전보건관리계획 수립 시 기본계획 내지는 기본적인 고려 요소)
- 안전보건관리계획의 초안 작성자로 가장 적합한 사람은 안전스태프(Staff)이다.
- 타 관리계획과 균형이 되어야 한다.
- 안전보건의 저해요인을 확실히 파악해야 한다.
- 경영층의 기본방향을 명확하게 근로자에게 나타내야 한다.
- 계획의 목표는 점진적인 높은 수준으로 한다.
- 전체 사업장 및 직장 단위로 구체적으로 계획한다.
- 사후형보다는 사전형의 안전대책을 채택한다.
- 여러 개의 안을 만들어 최종안을 채택한다.
- 계획의 실시 중 필요에 따라 변동될 수 있다.
- 대기업의 경우 표준계획서를 작성하여 모든 사업장에 동일하게 적용하기는 무리이다.

ⓑ 공사현장에서 안전관리계획 수립원칙
- 실천가능할 것
- 회사방침과 일관성이 있을 것
- 해당공사현장의 특성에 적합하고 구체적일 것
- 시공기술, 기계·자재 등 실제 관리계획과 균형이 있을 것

ⓒ 총괄 안전관리계획서의 작성내용
- 공사개요
- 안전관리조직
- 공정별 안전점검계획
- 공사장 및 주변 안전점검계획
- 통행안전시설설치 및 교통소통계획
- 안전관리비 집행계획
- 안전교육계획

ⓓ 안전관리계획을 수립해야 하는 건설공사(건설기술진흥법 시행령 제98조제1항)
원자력시설공사는 제외하며, 해당 건설공사가 산업안전보건법에 따른 유해위험방지계획을 수립해야 하는 건설공사에 해당하는 경우에는 해당 계획과 안전관리계획을 통합하여 작성할 수 있다.
- 제1종 시설물 및 제2종 시설물의 건설공사(유지관리를 위한 건설공사는 제외)

- 지하 10[m] 이상을 굴착하는 건설공사(굴착 깊이 산정 시 집수정(물저장고), 엘리베이터 피트 및 정화조 등의 굴착 부분은 제외하고, 토지에 높낮이 차가 있는 경우 굴착 깊이의 산정방법은 건축법 시행령을 따름)
- 폭발물을 사용하는 건설공사로서 20[m] 안에 시설물이 있거나 100[m] 안에 사육하는 가축이 있어 해당 건설공사로 인한 영향을 받을 것이 예상되는 건설공사
- 10층 이상 16층 미만인 건축물의 건설공사와 다음의 리모델링 또는 해체공사
  - 10층 이상인 건축물의 리모델링 또는 해체공사
  - 수직증축형 리모델링
- 건설기계관리법에 따라 등록된 다음의 어느 하나에 해당하는 건설기계가 사용되는 건설공사
  - 천공기(높이가 10[m] 이상인 것만 해당)
  - 항타 및 항발기
  - 타워크레인
- 가설구조물을 사용하는 건설공사
- 상기 건설공사 외의 건설공사로서 다음의 어느 하나에 해당하는 공사
  - 발주자가 안전관리가 특히 필요하다고 인정하는 건설공사
  - 해당 지방자치단체의 조례로 정하는 건설공사 중에서 인·허가기관의 장이 안전관리가 특히 필요하다고 인정하는 건설공사

㉤ 건설사업자와 주택건설등록업자는 안전관리계획을 수립하여 발주청 또는 인·허가기관의 장에게 제출하는 경우에는 미리 공사감독자 또는 건설사업관리기술인의 검토·확인을 받아야 하며, 건설공사를 착공하기 전에 발주청 또는 인·허가기관의 장에게 제출해야 한다. 안전관리계획의 내용을 변경하는 경우에도 또한 같다(건설기술진흥법 시행령 제98조제2항).

㉥ 안전관리계획을 제출받은 발주청 또는 인·허가기관의 장은 안전관리계획의 내용을 검토하여 안전관리계획을 제출받은 날부터 20일 이내에 건설업자 또는 주택건설등록업자에게 그 결과를 통보해야 한다(건설기술진흥법 시행령 제98조제3항).

㉦ 발주청 또는 인·허가기관의 장이 안전관리계획의 내용을 심사하는 경우에는 건설안전점검기관에 검토를 의뢰하여야 한다. 다만, 제1종 시설물 및 제2종 시설물의 건설공사의 경우에는 국토안전관리원에 안전관리계획의 검토를 의뢰하여야 한다(건설기술진흥법 시행령 제98조제4항).

㉧ 발주청 또는 인·허가기관의 장은 안전관리계획의 검토결과를 다음 구분에 따라 판정한 후 적정 및 조건부 적정(보완이 필요한 사유 포함)의 경우는 승인서를 건설업자 또는 주택건설등록업자에게 발급해야 한다.
- 적정 : 안전에 필요한 조치가 구체적이고 명료하게 계획되어 건설공사의 시공상 안전성이 충분히 확보되어 있다고 인정될 때
- 조건부 적정 : 안전성 확보에 치명적인 영향을 미치지는 아니하지만 일부 보완이 필요하다고 인정될 때
- 부적정 : 시공 시 안전사고가 발생할 우려가 있거나 계획에 근본적인 결함이 있다고 인정될 때

㉨ 발주청 또는 인·허가기관의 장은 건설업자 또는 주택건설등록업자가 제출한 안전관리계획서가 부적정 판정을 받은 경우에는 안전관리계획의 변경 등 필요한 조치를 해야 한다.

㉩ 발주청 또는 인·허가기관의 장은 안전관리계획서 사본 및 검토결과를 건설업자 또는 주택건설등록업자에게 통보한 날부터 7일 이내에 국토교통부장관에게 제출해야 한다.

㉪ 국토교통부장관은 제출받은 안전관리계획서 및 계획서 검토결과가 다음의 어느 하나에 해당하여 건설안전에 위험을 발생시킬 우려가 있다고 인정되는 경우에는 안전관리계획서 및 계획서 검토결과의 적정성을 검토할 수 있다.
- 건설업자 또는 주택건설등록업자가 안전관리계획을 성실하게 수립하지 않았다고 인정되는 경우
- 발주청 또는 인·허가기관의 장이 안전관리계획서를 성실하게 검토하지 않았다고 인정되는 경우
- 그 밖에 안전사고가 자주 발생하는 공종이 포함된 건설공사의 안전관리계획서 및 계획서 검토결과 등 국토교통부장관이 정하여 고시하는 사항에 해당하는 경우

ⓒ 시정명령 등 필요한 조치를 하도록 요청받은 발주청 및 인·허가기관의 장은 건설업자 및 주택건설등록업자에게 안전관리계획서 및 계획서 검토결과에 대한 수정이나 보완을 명해야 하며, 수정이나 보완조치가 완료된 경우에는 7일 이내에 국토교통부장관에게 제출해야 한다.

ⓔ 안전관리계획서 및 계획서 검토결과의 적정성 검토와 그에 필요한 조치 등에 관한 세부적인 절차 및 방법은 국토교통부장관이 정하여 고시한다.

④ 흙막이 지보공(산업안전보건기준에 관한 규칙 제347조)

㉠ 토사붕괴에 따른 재해를 방지하기 위한 흙막이 지보공 설비를 구성하는 부재 : 흙막이판, 말뚝, 띠장, 버팀대 등

㉡ 흙막이 지보공의 조립도에 명시되어야 할 사항
- 부재의 재질
- 부재의 배치
- 부재의 치수
- 설치방법과 순서

㉢ 흙막이 지보공의 정기점검사항(정기점검하여 이상 발견 시 즉시 보수하여야 하는 사항)
- 부재의 손상·변형·부식·변위 및 탈락의 유무와 상태
- 버팀대의 긴압의 정도
- 부재의 접속부, 부착 및 교차부의 상태
- 침하의 정도

㉣ 흙막이 지보공의 안전조치
- 굴착내면에 배수로 설치
- 지하매설물에 대한 조사 실시
- 조립도의 작성 및 작업 순서 준수
- 흙막이 지보공에 대한 조사 및 점검 철저

⑤ 산업안전보건관리비(건설업 산업안전보건관리비 계상 및 사용기준 제7조)

㉠ 개요
- 재료비와 직접노무비의 합계액을 계상대상으로 한다.
- 안전관리비 계상기준은 산업재해보상 보험법의 적용을 받는 공사 중 총 공사금액 2천만원 이상인 공사에 적용한다.
- 전기공사로서 저압·고압 또는 특별고압 작업으로 이루어지는 공사로서 단가계약에 의하여 행하는 공사에 대하여는 총계약금액을 기준으로 적용한다.
- 발주자 또는 자기공사자는 설계변경 등으로 대상액의 변동이 있는 경우는 안전관리비를 조정계상한다.
- 재해예방 전문지도기관의 지도를 필요로 하는 산업안전보건법령상 공사금액기준을 만족한) 공사기간이 1개월 이상인 공사의 경우, 재해예방 전문지도기관의 지도를 받아야 한다.

㉡ 산업안전관리비 계정항목과 계정내역(사용항목과 사용내역)
- 안전관리자·보건관리자의 임금 등
  - 안전관리 또는 보건관리 업무만을 전담하는 안전관리자 또는 보건관리자의 임금과 출장비 전액(지방고용노동관서에 선임 보고한 날부터 발생한 비용에 한정)
  - 안전관리 또는 보건관리 업무를 전담하지 않는 안전관리자 또는 보건관리자의 임금과 출장비의 각각 2분의 1에 해당하는 비용(지방고용노동관서에 선임 보고한 날부터 발생한 비용에 한정)
  - 안전관리자를 선임한 건설공사 현장에서 산업재해 예방 업무만을 수행하는 작업지휘자, 유도자, 신호자 등의 임금 전액
  - 작업을 직접 지휘·감독하는 직·조·반장 등 관리감독자의 직위에 있는 자가 업무를 수행하는 경우에 지급하는 업무수당(임금의 10분의 1 이내)

- 안전시설비 등
  - 산업재해 예방을 위한 안전난간, 추락방호망, 안전대 부착설비, 방호장치(기계·기구와 방호장치가 일체로 제작된 경우, 방호장치 부분의 가액에 한함) 등 안전시설의 구입·임대 및 설치 등을 위해 소요되는 비용
  - 산업재해예방시설자금 융자금 지원사업 및 보조금 지급사업 운영규정에 따른 '스마트안전장비 지원사업' 및 건설기술진흥법에 따른 스마트 안전장비 구입·임대 비용. 다만, 제4조에 따라 계상된 산업안전보건관리비 총액의 10분의 2를 초과할 수 없다.

- 용접 작업 등 화재 위험작업 시 사용하는 소화기의 구입·임대비용
• 보호구 등
- 보호구의 구입·수리·관리 등에 소요되는 비용
- 근로자가 보호구를 직접 구매·사용하여 합리적인 범위 내에서 보전하는 비용
- 규정에 따른 안전관리자 등의 업무용 피복, 기기 등을 구입하기 위한 비용
- 안전관리자 및 보건관리자가 안전보건 점검 등을 목적으로 건설공사 현장에서 사용하는 차량의 유류비·수리비·보험료
• 안전보건진단비 등
- 유해위험방지계획서의 작성 등에 소요되는 비용
- 안전보건진단에 소요되는 비용
- 작업환경 측정에 소요되는 비용
- 그 밖에 산업재해예방을 위해 법에서 지정한 전문기관 등에서 실시하는 진단, 검사, 지도 등에 소요되는 비용
• 안전보건교육비 등
- 규정에 따라 실시하는 의무교육이나 이에 준하여 실시하는 교육을 위해 건설공사 현장의 교육 장소 설치·운영 등에 소요되는 비용
- 산업재해 예방이 주된 목적인 교육을 실시하기 위해 소요되는 비용
- 응급의료에 관한 법률에 따른 안전보건교육 대상자 등에게 구조 및 응급처치에 관한 교육을 실시하기 위해 소요되는 비용
- 안전보건관리책임자, 안전관리자, 보건관리자가 업무수행을 위해 필요한 정보를 취득하기 위한 목적으로 도서, 정기간행물을 구입하는 데 소요되는 비용
- 건설공사 현장에서 안전기원제 등 산업재해 예방을 기원하는 행사를 개최하기 위해 소요되는 비용. 다만, 행사의 방법, 소요된 비용 등을 고려하여 사회통념에 적합한 행사에 한한다.
- 건설공사 현장의 유해·위험요인을 제보하거나 개선방안을 제안한 근로자를 격려하기 위해 지급하는 비용

• 근로자 건강장해예방비 등
- 법·영·규칙에서 규정하거나 그에 준하여 필요로 하는 각종 근로자의 건강장해 예방에 필요한 비용
- 중대재해 목격으로 발생한 정신질환을 치료하기 위해 소요되는 비용
- 감염병의 예방 및 관리에 관한 법률에 따른 감염병의 확산 방지를 위한 마스크, 손소독제, 체온계 구입비용 및 감염병병원체 검사를 위해 소요되는 비용
- 휴게시설을 갖춘 경우 온도, 조명 설치·관리기준을 준수하기 위해 소요되는 비용
- 건설공사 현장에서 근로자 심폐소생을 위해 사용되는 자동심장충격기(AED) 구입에 소요되는 비용
- 온열·한랭질환으로부터 근로자 건강장해를 예방하기 위한 임시 휴게시설 설치·해체·임대 비용 및 냉·난방기기의 임대 비용
• 건설재해예방전문지도기관의 지도에 대한 대가로 자기공사자가 지급하는 비용
• 중대재해 처벌 등에 관한 법률 시행령에 해당하는 건설사업자가 아닌 자가 운영하는 사업에서 안전보건 업무를 총괄·관리하는 3명 이상으로 구성된 본사 전담조직에 소속된 근로자의 임금 및 업무수행 출장비 전액. 다만, 계상된 산업안전보건관리비 총액의 20분의 1을 초과할 수 없다.
• 위험성평가 또는 중대재해 처벌 등에 관한 법률 시행령에 따라 유해·위험요인 개선을 위해 필요하다고 판단하여 산업안전보건위원회 또는 노사협의체에서 사용하기로 결정한 사항을 이행하기 위한 비용(산업안전보건위원회 또는 노사협의체가 없는 현장의 경우에는 근로자의 의견을 들어 안전 및 보건에 관한 협의체에서 결정한 사항을 이행하기 위한 비용). 다만, 계상된 산업안전보건관리비 총액의 100분의 15를 초과할 수 없다.
ⓒ 산업안전보건관리비 항목 중 사용 불가 내역
• (계약예규)예정가격작성기준 중 각 호(단, 14호는 제외)에 해당되는 비용

- 다른 법령에서 의무사항으로 규정한 사항을 이행하는 데 필요한 비용
- 근로자 재해예방 외의 목적이 있는 시설·장비나 물건 등을 사용하기 위해 소요되는 비용
- 환경관리, 민원 또는 수방대비 등 다른 목적이 포함된 경우

㉣ 산업안전보건관리비의 효율적인 집행을 위하여 고용노동부장관이 정할 수 있는 기준
- 사업의 규모별·종류별 계상 기준
- 건설공사의 진척 정도에 따른 사용비율 등 기준
- 그 밖에 산업안전보건관리비의 사용에 필요한 사항

㉤ 공사 종류와 규모별 안전관리비 계상기준(건설업 산업안전보건관리비 계상 및 사용기준 별표 1)
(2025.1.1. 시행)

구 분	5억원 미만	5억원 이상 50억원 미만		50억원 이상	영 별표 5에 따른 보건관리자 선임대상 건설공사의 적용비율[%]
		비율 (×)	기초액 (C)		
건축공사	3.11 [%]	2.28 [%]	4,325,000원	2.37 [%]	2.64[%]
토목공사	3.15 [%]	2.53 [%]	3,300,000원	2.60 [%]	2.73[%]
중건설공사	3.64 [%]	3.05 [%]	2,975,000원	3.11 [%]	3.39[%]
특수건설공사	2.07 [%]	1.59 [%]	2,450,000원	1.64 [%]	1.78[%]

- 대상액이 5억원 이상 50억원 미만인 경우는 대상액에 별표 1에서 정한 비율을 곱한 금액에 기초액을 합한 금액으로 한다.
- 대상액이 5억원 미만 또는 50억원 이상인 경우는 대상액에 별표 1에서 정한 비율을 곱한 금액으로 한다.
- 대상액이 명확하지 않은 경우(재료비와 직접노무비를 구분하기 어려운 경우 등)는 도급계약 또는 자체사업계획상 책정된 총공사금액의 10분의 7(= 70[%])에 해당하는 금액을 대상액으로 하고 별표 1에서 정한 기준에 따라 계상한다.

㉥ 공사 진척에 따른 산업안전보건관리비의 최소 사용기준(건설업 산업안전보건관리비 계상 및 사용기준 별표 3)

공정률	50[%] 이상 70[%] 미만	70[%] 이상 90[%] 미만	90[%] 이상
최소 사용기준	50[%] 이상	70[%] 이상	90[%] 이상

㉦ 건설공사도급인은 고용노동부장관이 정하는 바에 따라 해당 건설공사를 위하여 계상된 산업안전보건관리비를 그가 사용하는 근로자와 그의 관계수급인이 사용하는 근로자의 산업재해 및 건강장해예방에 사용하고, 그 사용명세서를 매월 작성하고 건설공사 종료 후 1년간 보존해야 한다.

⑥ 기계 안전 관련 사항
㉠ 안전율(안전계수)
- 안전의 정도를 표시하는 것으로서 재료의 파괴응력도와 허용응력도의 비율을 의미
- 재료 자체의 필연성 중에 잠재된 우연성을 감안하여 계산한 산정식
- 안전율(S)

$$S = \frac{기준강도}{허용응력} = \frac{파괴응력도}{허용응력도} = \frac{극한강도}{허용응력}$$
$$= \frac{인장강도}{허용응력}\left(= \frac{극한하중}{최대설계하중} = \frac{파괴하중}{최대하중}\right)$$

- 안전율의 선택값(작은 것 → 큰 것) : 정하중 < 반복하중 < 교번하중 < 충격하중(상기와 같이 하중 중에서 안전율을 가장 취하여야 하는 힘의 종류는 충격하중이다)
- 안전율 또는 허용응력의 결정 시 고려사항 : 재료품질, 하중·응력의 정확성, 제조공법·정밀도, 하중종류, 부품모양, 사용장소 등
- 취성재료의 안전율은 연성재료의 경우보다 크게 하여야 한다.
- 안전율 산정공식(Cardullo) : $S = abcd$
  여기서, a : 극한강도/탄성강도 혹은 극한강도/허용응력
  b : 하중의 종류(정하중은 1이며 교번하중은 극한강도/피로한도)
  c : 하중속도(정하중은 1, 충격하중은 2)
  d : 재료조건

○ 유해하거나 위험한 기계·기구에 대한 방호조치(산업안전보건법 제80조) : 유해·위험 방지를 위한 방호조치를 하지 아니하고는 양도, 대여, 설치 또는 사용에 제공하거나 양도·대여의 목적으로 진열해서는 아니 되는 동력 작동 기계·기구와 그 방호조치

No	동력 작동 기계·기구	방호조치
1	예초기	날접촉 예방장치
2	원심기	회전체 접촉 예방장치
3	공기압축기	압력방출장치
4	금속절단기	날접촉 예방장치
5	지게차	헤드 가드, 백 레스트, 전조등, 후미등, 안전벨트
6	포장기계(진공포장기, 래핑기로 한정)	구동부 방호 연동장치
7	작동 부분에 돌기 부분이 있는 것	묻힘형으로 하거나 덮개를 부착할 것
8	동력전달 부분 또는 속도 조절 부분이 있는 것	덮개를 부착하거나 방호망을 설치할 것
9	회전기계에 물체 등이 말려 들어갈 부분이 있는 것	물림점에는 덮개 또는 울을 설치할 것

※ 1~6 : 대통령령으로 정한 것
※ 물림점 : 롤러나 톱니바퀴 등 반대 방향의 두 회전체에 물려 들어가는 위험점

ⓒ 대여자 등이 안전조치 등을 해야 하는 기계·기구·설비 및 건축물(산업안전보건법 시행령 별표 21) : 사무실 및 공장용 건축물, 이동식 크레인, 타워크레인, 불도저, 모터 그레이더, 로더, 스크레이퍼, 스크레이퍼 도저, 파워셔블, 드래그라인, 클램셸, 버킷굴삭기, 트렌치, 항타기, 항발기, 어스드릴, 천공기, 어스오거, 페이퍼드레인머신, 리프트, 지게차, 롤러기, 콘크리트 펌프, 고소작업대, 그 밖에 산업재해보상보험및예방심의위원회 심의를 거쳐 고용노동부장관이 정하여 고시하는 기계, 기구, 설비 및 건축물 등

ⓓ 안전시설비 등에 의해 안전관리비로 사용할 수 없는 가시설물 : 외부비계, 작업발판, 가설계단, 가설통로, 사다리. 안전통로, 안전발판, 안전계단 등

ⓔ 안전관리비로 사용할 수 있는 안전표지 등 : 출입금지판, 접근금지판, 현수막, 안전표어(포스터), 안전탑, 무재해기록판, 안전수칙판, 안전완장, 안전 스티커, 안전깃발 등

ⓕ 개인보호구 및 안전장구 구입비로 사용불가 내역 : 안전·보건관리자가 선임되지 않은 현장에서 안전·보건업무를 담당하는 현장관계자용 무전기·카메라·컴퓨터·프린터 등 업무용 기기, 근로자에게 일률적으로 지급하는 보랭·보온장구, 감리원이나 외부에서 방문하는 인사에게 지급하는 보호구 등

⑦ 전기 안전 관련 사항
  ㉠ 인체가 감전되었을 때 그 위험도에 영향을 미치는 요소
    • 인체의 통전전류가 클수록 위험성은 커진다.
    • 같은 크기의 전류에서는 감전시간이 길 경우에 위험성은 커진다.
    • 같은 전류의 크기라도 심장 쪽으로 전류가 흐를 때 위험성은 커진다.
    • 상용주파수의 직류전원보다 교류전원이 더 위험하다.
  ㉡ 감전재해의 직접적인 요인
    • 통전전류의 크기
    • 통전시간의 크기
    • 통전경로
  ㉢ 교류아크용접기를 사용하여 용접할 때 자동전격방지장치를 사용하여야 하는 장소
    • 철골 등의 전도성이 높은 접지물이 신체에 접촉하기 쉬운 장소
    • 선박의 2중바닥 또는 파이프, 탱크의 내부
    • 돔(Dome)의 내부와 같은 전도체에 둘러싸인 극히 좁은 장소

10년간 자주 출제된 문제

1-1. 흙막이 지보공을 조립하는 경우 미리 조립도를 작성하여야 하는데 이 조립도에 명시되어야 할 사항과 가장 거리가 먼 것은 어느 것인가?

① 부재의 배치
② 부재의 치수
③ 부재의 긴압 정도
④ 설치방법과 순서

1-2. 흙막이 지보공을 설치하였을 때 정기적으로 점검하여야 할 사항과 거리가 먼 것은?

① 경보장치의 작동 상태
② 부재의 손상·변형·부식·변위 및 탈락의 유무와 상태
③ 버팀대의 긴압의 정도
④ 부재의 접속부·부착부 및 교차부의 상태

1-3. 건설업 산업안전보건관리비 중 안전시설비로 사용할 수 없는 것은?

① 안전통로
② 비계에 추가 설치하는 추락방지용 안전난간
③ 사다리 전도방지장치
④ 통로의 낙하물 방호선반

1-4. 공정률이 65[%]인 건설현장의 경우 공사 진척에 따른 산업안전보건관리비의 최소 사용기준으로 옳은 것은?

① 40[%] 이상
② 50[%] 이상
③ 60[%] 이상
④ 70[%] 이상

|해설|

1-1
조립도(산업안전보건기준에 관한 규칙 제346조)
사업주는 흙막이 지보공을 조립하는 경우 미리 그 구조를 검토한 후 조립도를 작성하여 그 조립도에 따라 조립하도록 해야 하는데 흙막이판·말뚝·버팀대 및 띠장 등 부재의 배치·치수·재질 및 설치방법과 순서가 명시되어야 한다.

1-2
흙막이 지보공의 정기점검사항(정기 점검하여 이상 발견 시 즉시 보수하여야 하는 사항, 산업안전보건기준에 관한 규칙 제347조)
- 부재의 손상·변형·부식·변위 및 탈락의 유무와 상태
- 버팀대의 긴압의 정도
- 부재의 접속부, 부착 및 교차부의 상태
- 침하의 정도

1-3
건설업 산업안전보건관리비 계상 및 사용기준 별표 2
비계·통로·계단에 추가 설치하는 추락방지용 안전난간, 사다리 전도방지장치, 틀비계에 별도로 설치하는 안전난간·사다리, 통로의 낙하물방호선반 등은 안전시설비로 사용가능하다.

1-4
공사진척에 따른 산업안전보건관리비의 최소 사용기준(건설업 산업안전보건관리비 계상 및 사용기준 별표 3)

공정률	50[%] 이상 70[%] 미만	70[%] 이상 90[%] 미만	90[%] 이상
사용기준	50[%] 이상	70[%] 이상	90[%] 이상

정답 1-1 ③　1-2 ①　1-3 ①　1-4 ②

핵심이론 02 | 건설업 유해위험방지계획

① 유해위험방지계획서
  ㉠ 건설공사 유해위험방지계획서 제출대상 공사(법 제42조)
    • 다음의 건축물 또는 시설 등의 건설·개조 또는 해체의 공사
      - 지상 높이가 31[m] 이상인 건축물 또는 인공구조물
      - 연면적 3만[m²] 이상인 건축물
      - 연면적 5천[m²] 이상인 시설 : 문화 및 집회시설(전시장 및 동물원·식물원은 제외), 판매시설, 운수시설(고속철도의 역사 및 집배송시설은 제외), 종교시설, 의료시설 중 종합병원, 숙박시설 중 관광숙박시설, 지하도 상가, 냉동·냉장 창고시설
    • 연면적 5천[m²] 이상인 냉동·냉장 창고시설의 설비공사 및 단열공사
    • 최대 지간 길이(다리의 기둥과 기둥의 중심 사이의 거리)가 50[m] 이상인 다리의 건설 등 공사
    • 터널의 건설 등 공사
    • 다목적댐, 발전용댐, 저수용량 2천만[ton] 이상의 용수 전용댐 및 지방상수도 전용댐의 건설 등 공사
    • 깊이 10[m] 이상인 굴착공사
② 유해위험방지계획 관련 제반사항
  ㉠ 구축물 등에 대한 구조검토, 안전진단 등의 안전성평가를 하여 근로자에게 미칠 위험성을 미리 제거해야 하는 경우
    • 구축물 등의 인근에서 굴착·항타작업 등으로 침하·균열 등이 발생하여 붕괴 위험이 예상될 경우
    • 구축물 등이 그 자체의 무게·적설·풍압 또는 그 밖에 부가되는 하중 등으로 붕괴 등의 위험이 있을 경우
    • 화재 등으로 구축물 등의 내력이 심하게 저하됐을 경우
  ㉡ 사업주가 유해위험방지계획서 제출 후 건설공사 중 6개월 이내마다 안전보건공단의 확인사항을 받아야 할 내용(시행규칙 제46조)
    • 유해위험방지계획서의 내용과 실제 공사내용이 부합하는지의 여부
    • 유해위험방지계획서 변경내용의 적정성
    • 추가적인 유해위험요인의 존재 여부

10년간 자주 출제된 문제

2-1. 다음 중 산업안전보건법령에 따라 건설업 중 유해위험방지계획서를 작성하여 고용노동부장관에게 제출하여야 하는 공사에 해당하지 않는 것은?
① 터널 건설공사
② 깊이 10[m] 이상인 굴착공사
③ 최대 지간 길이가 31[m] 이상인 교량 건설공사
④ 다목적댐, 발전용댐 및 저수용량 2천만[ton] 이상의 용수 전용댐, 지방상수도 전용댐 건설공사

2-2. 유해위험방지계획서 제출 시 첨부서류가 아닌 것은?
① 공사현장의 주변현황 및 주변과의 관계를 나타내는 도면
② 공사개요서
③ 전체 공정표
④ 작업 인부의 배치를 나타내는 도면 및 서류

|해설|
2-1
최대 지간 길이(다리의 기둥과 기둥의 중심 사이의 거리)가 50[m] 이상인 다리의 건설 등 공사

2-2
유해위험방지계획서 첨부서류(산업안전보건법 시행규칙 별표 10)
• 공사 개요 및 안전보건관리계획
  - 공사개요서
  - 공사현장의 주변현황 및 주변과의 관계를 나타내는 도면(매설물 현황 포함)
  - 전체 공정표
  - 산업안전보건관리비 사용계획서(안전관리자 등의 인건비 및 각종 업무수당, 안전시설비, 개인보호구 및 안전장구 구입비, 안전진단비, 안전·보건교육비 및 행사비, 근로자 건강관리비, 건설재해예방 기술지도비, 본사 사용비 등)
  - 안전관리 조직표
  - 재해 발생 위험 시 연락 및 대피방법
• 작업 공사 종류별 유해위험방지계획

정답 2-1 ③ 2-2 ④

제2절 건설기계

핵심이론 01 건설기계의 개요

① 건설기계의 분류와 형식신고의 대상
　㉠ 건설기계의 범위(건설기계관리법 시행령 별표 1) : 총 27종
　　• 불도저 : 무한궤도 또는 타이어식인 것
　　• 굴착기 : 무한궤도 또는 타이어식으로 굴착장치를 가진 자체중량 1[ton] 이상인 것
　　• 로더 : 무한궤도 또는 타이어식으로 적재장치를 가진 자체중량 2[ton] 이상인 것(차체 굴절식 조향장치가 있는 자체중량 4[ton] 미만인 것은 제외)
　　• 지게차 : 타이어식으로 들어올림장치와 조종석을 가진 것(전동식으로 솔리드타이어를 부착한 것 중 도로가 아닌 장소에서만 운행하는 것은 제외)
　　• 스크레이퍼 : 흙·모래의 굴착 및 운반장치를 가진 자주식인 것
　　• 덤프트럭 : 적재용량 12[ton] 이상인 것(적재용량 12[ton] 이상 20[ton] 미만의 것으로 화물 운송에 사용하기 위하여 자동차관리법에 의한 자동차로 등록된 것은 제외)
　　• 기중기 : 무한궤도 또는 타이어식으로 강재의 지주 및 선회장치를 가진 것(궤도(레일)식인 것은 제외)
　　• 모터그레이더 : 정지장치를 가진 자주식인 것
　　• 롤러 : 조종석과 전압장치를 가진 자주식인 것, 피견인 진동식인 것
　　• 노상안정기 : 노상안정장치를 가진 자주식인 것
　　• 콘크리트 배칭플랜트 : 골재저장통·계량장치 및 혼합장치를 가진 것으로서, 원동기를 가진 이동식인 것
　　• 콘크리트 피니셔 : 정리 및 사상장치를 가진 것으로, 원동기를 가진 것
　　• 콘크리트 살포기 : 정리장치를 가진 것으로, 원동기를 가진 것
　　• 콘크리트 믹서트럭 : 혼합장치를 가진 자주식인 것(재료의 투입·배출을 위한 보조장치가 부착된 것을 포함)
　　• 콘크리트 펌프 : 콘크리트 배송능력이 5[m³/h] 이상으로 원동기를 가진 이동식과 트럭적재식인 것
　　• 아스팔트 믹싱플랜트 : 골재 공급장치·건조가열장치·혼합장치·아스팔트 공급장치를 가진 것으로, 원동기를 가진 이동식인 것
　　• 아스팔트 피니셔 : 정리 및 사상장치를 가진 것으로 원동기를 가진 것
　　• 아스팔트 살포기 : 아스팔트 살포장치를 가진 자주식인 것
　　• 골재 살포기 : 골재 살포장치를 가진 자주식인 것
　　• 쇄석기 : 20[kW] 이상의 원동기를 가진 이동식인 것
　　• 공기압축기 : 공기 토출량이 2.83[m³/min](7[kg/m²] 기준) 이상의 이동식인 것
　　• 천공기 : 천공장치를 가진 자주식인 것
　　• 항타 및 항발기 : 원동기를 가진 것으로, 해머 또는 뽑는 장치의 중량이 0.5[ton] 이상인 것
　　• 자갈 채취기 : 자갈 채취장치를 가진 것으로, 원동기를 가진 것
　　• 준설선 : 펌프식·버킷식·디퍼식 또는 그래브식으로 비자항식인 것(선박으로 등록된 것은 제외)
　　• 타워크레인 : 수직타워의 상부에 위치한 지브(Jib)를 선회시켜 중량물을 상하, 전후 또는 좌우로 이동시킬 수 있는 것으로서, 원동기 또는 전동기를 가진 것(공장등록대장에 등록된 것은 제외)
　　• 특수건설기계 : 상기의 규정에 따른 건설기계와 유사한 구조 및 기능을 가진 기계류로서 국토교통부장관이 따로 정하는 것
　㉡ 건설기계 형식신고의 대상(건설기계관리법 시행령 제11조) : 불도저, 굴착기(무한궤도식), 로더(무한궤도식), 지게차, 스크레이퍼, 기중기(무한궤도식), 롤러, 노상안정기, 콘크리트 배칭플랜트, 콘크리트 피니셔, 콘크리트 살포기, 아스팔트 믹싱플랜트, 아스팔트 피니셔, 골재 살포기, 쇄석기, 공기압축기, 천공기(무한궤도식), 항타 및 항발기, 자갈 채취기, 준설선, 특수건설기계
　㉢ 차량계 건설기계(안전보건규칙 별표 6)
　　• 도저형 건설기계 : 불도저, 스트레이트도저, 틸트도저, 앵글도저, 버킷도저 등
　　• 모터그레이더(Motor Grader) : 땅을 고르는 기계
　　• 로더 : 포크 등 부착물 종류에 따른 용도 변경형식을 포함
　　• 스크레이퍼(Scraper) : 흙을 절삭·운반하거나 펴 고르는 등의 작업을 하는 토공기계

- 크레인형 굴착기계 : 클램셸, 드래그라인 등
- 굴착기 : 브레이커, 크러셔, 드릴 등 부착물 종류에 따른 용도 변경 형식을 포함
- 항타기 및 항발기
- 천공용 건설기계 : 어스드릴, 어스오거, 크롤러드릴, 점보드릴 등
- 지반 압밀침하용 건설기계 : 샌드 드레인머신, 페이퍼 드레인머신, 팩 드레인머신 등
- 지반다짐용 건설기계 : 타이어롤러, 매커덤롤러, 탠덤롤러 등
- 준설용 건설기계 : 버킷준설선, 그래브준설선, 펌프준설선 등
- 콘크리트 펌프카
- 덤프트럭
- 콘크리트 믹서 트럭
- 도로포장용 건설기계 : 아스팔트 살포기, 콘크리트 살포기, 아스팔트 피니셔, 콘크리트 피니셔 등
- 골재 채취 및 살포용 건설기계(쇄석기, 자갈채취기, 골재살포기 등)
- 상기와 유사한 구조 또는 기능을 갖는 건설기계로서 건설작업에 사용하는 것

② 건설기계안전기준에 적합하여야 하는 건설기계의 구조 및 장치(건설기계관리법 시행령 제10조의2)
  ㉠ 건설기계의 구조 : 길이·너비 및 높이, 최저 지상고, 총중량, 중량분포, 최대 안전경사각도, 최소 회전반경, 접지부분 및 접지압력
  ㉡ 건설기계의 장치 : 원동기(동력발생장치) 및 동력전달장치, 주행장치, 조종장치, 조향장치, 제동장치, 완충장치, 연료장치 및 최고속도제한장치, 그 밖의 전기·전자장치, 차체 및 차대, 연결장치 및 견인장치, 승차장치 및 물품적재장치, 창유리, 소음방지장치, 배기가스발산장치, 전조등·번호등·후미등·제동등·차폭등·후퇴등, 그 밖의 등화장치, 경음기 및 경보장치, 방향지시등, 그 밖의 지시장치, 후사경·창닦이기, 그 밖의 시야를 확보하는 장치, 속도계·주행거리계·운행기록계, 그 밖의 계기, 소화기 및 방화장치, 내압용기 및 그 부속장치, 그 밖에 건설기계의 안전운행 및 사용에 필요한 장치로서 국토교통부령으로 정하는 장치

③ 건설기계 안전의 개요
  ㉠ 무한궤도식 장비와 타이어식(차륜식) 장비
    - 무한궤도식 장비
      - 경사지반에서의 작업에 유리하다.
      - 땅을 다지는 데 효과적이다.
      - 기동성이 좋지 않다.
      - 승차감과 주행성이 나쁘다.
    - 타이어식(차륜식) 장비
      - 기동성이 좋다.
      - 승차감과 주행성이 좋다.
      - 경사지반에서의 작업에 부적당하다.
  ㉡ 차량계 건설기계, 차량계 하역운반기계의 운전자가 운전 위치를 이탈하는 경우 준수해야 할 사항(안전보건규칙 제99조)
    - 포크, 버킷, 디퍼 등의 장치를 가장 낮은 위치 또는 지면에 내려 둘 것
    - 원동기를 정지시키고 브레이크를 확실히 거는 등 차량계 하역운반기계 등, 차량계 건설기계의 갑작스러운 이동을 방지하기 위한 조치를 할 것
    - 시동키를 운전대에서 분리시킬 것(다만, 운전석에 잠금장치를 하는 등 운전자가 아닌 사람이 운전하지 못하도록 조치한 경우에는 그러하지 아니하다)
  ㉢ 굴착기계의 운행 시 안전대책
    - 버킷이나 다른 부수장치 등에 사람을 태우지 않는다.
    - 운전반경 내에 사람이 있을 때는 운행을 정지하여야 한다.
    - 안전반경 내에 사람이 있을 때는 회전을 중지한다.
    - 장비의 주차 시 버킷을 지면에 놓아야 한다.
    - 장비의 주차 시 경사지나 굴착작업장으로부터 충분히 이격시켜 주차한다.
    - 전선 밑에서는 주의하여 작업하여야 하며, 전선과 안전장치의 안전간격을 유지하여야 한다.
    - 전선이나 구조물 등에 인접하여 붐을 선회해야 될 작업에는 사전에 회전반경, 높이제한 등 방호조치를 강구한다.
  ㉣ 미리 작업장소의 지형 및 지반상태 등에 적합한 제한속도를 정하지 않아도 되는 차량계 건설기계의 속도 기준 : 최대 제한속도 10[km/h] 이하

ⓜ 설치 이전하는 경우 안전인증을 받아야 하는 기계기구 : 크레인, 리프트, 곤돌라 등
ⓑ 차량계 건설기계를 사용하여 작업 시 기계의 전도·전락 등에 의한 근로자의 위험을 방지하기 위하여 유의하여야 할 사항(차량계 건설기계를 사용하여 작업할 때에 그 기계가 넘어지거나 굴러 떨어짐으로써 근로자가 위험해질 우려가 있는 경우에 조치하여야 할 사항)
- 갓길의 붕괴방지
- 지반의 (부동)침하방지
- 노폭(도로폭)의 유지
- 해당 건설기계를 유도하는 자의 배치

ⓢ 차량계 건설기계를 사용하는 작업 시 작업계획서에 포함해야 할 사항
- 사용하는 차량계 건설기계의 종류 및 성능(능력)
- 차량계 건설기계의 운행경로
- 차량계 건설기계에 의한 작업방법(차량계 건설기계의 유지보수방법이나 차량계 건설기계의 유도자 배치 관련 사항 등은 아님)

ⓞ 체인(Chain)의 폐기대상
- 균열, 흠이 있는 것
- 뒤틀림 등 변형이 현저한 것
- 전장이 원래 길이의 5[%]를 초과하여 늘어난 것
- 링(Ring)의 단면 지름의 감소가 원래 지름의 10[%] 마모된 것

10년간 자주 출제된 문제

1-1. 다음 중 차량계 건설기계 속하지 않는 것은?
① 불도저
② 스크레이퍼
③ 타워크레인
④ 항타기

1-2. 차량계 건설기계를 사용하여 작업할 때에 그 기계가 넘어지거나 굴러 떨어짐으로써 근로자가 위험해질 우려가 있는 경우에 조치하여야 할 사항과 거리가 먼 것은?
① 갓길의 붕괴방지
② 작업반경 유지
③ 지반의 부동침하방지
④ 도로폭의 유지

1-3. 차량계 건설기계를 사용하여 작업을 하는 때에 작업계획에 포함되지 않아도 되는 사항은?
① 사용하는 차량계 건설기계의 종류 및 성능
② 차량계 건설기계의 운행경로
③ 차량계 건설기계에 의한 작업방법
④ 차량계 건설기계 사용 시 유도자 배치 위치

|해설|

1-1
차량계 건설기계 : 도저형 건설기계, 모터그레이더, 스크레이퍼, 크레인형 굴착기계, 굴착기, 항타기 및 항발기, 천공용 건설기계, 지반 압밀침하용 건설기계, 지반다짐용 건설기계, 준설용 건설기계, 콘크리트 펌프카, 덤프트럭, 콘크리트 믹스 트럭, 도로포장용 건설기계 등

1-3
차량계 건설기계를 사용하여 작업하고자 할 때 작업계획서에 포함되어야 할 사항(산업안전보건기준에 관한 규칙 별표 4)
- 사용하는 차량계 건설기계의 종류 및 성능
- 차량계 건설기계의 운행경로
- 차량계 건설기계에 의한 작업방법

정답 1-1 ③ 1-2 ② 1-3 ④

핵심이론 02 | 주요 건설기계의 종류

① 도저(Dozer)의 종류

㉠ 불도저(Bulldozer)
- 트랙터에 블레이드(배토판)를 장착한 것으로 굴착, 운반, 절토, 집토, 정지 등의 작업에 사용된다.
- 트랙터 앞쪽에 블레이드를 90°로 부착한 것이며, 블레이드를 상하로 조종하면서 작업을 수행할 수 있다.
- 블레이드를 앞뒤로 10° 정도 경사시킬 수 있으나 좌우 및 상하로는 각도 조정을 못한다.
- 주로 직선 송토작업, 굴토작업, 거친 배수로 매몰작업 등에 이용된다.
- 일반적으로 불도저라고 하면 스트레이트 도저를 말한다.
- 적정작업 : 벌개, 굴착, 운반, 땅끝 손질, 다지기, 정지
- 일반적으로 거리 60[m] 이하의 배토작업에 사용된다.
- 운반거리가 짧아 토공 운반이 긴 경우는 로더와 덤프트럭을 병행하여 사용한다.
- 무한궤도식 불도저는 기울기가 30°인 지면을 올라갈 수 있어야 한다.
- 무한궤도식 불도저는 기울기가 30°인 지면에서 정지상태를 유지할 수 있는 제동장치 및 제동잠금장치를 갖추어야 한다.

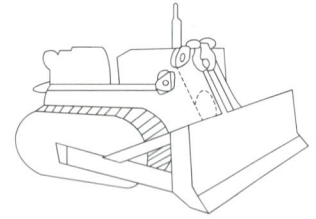

㉡ 틸트도저(Tilt Dozer)
- 블레이드를 레버로 조정할 수 있으며, 좌우를 상하 25~30°까지 기울일 수 있는 도저이다.
- 수평면을 기준으로 하여 블레이드를 좌우로 15[cm](최대 30[cm]) 정도 기울일 수 있어 블레이드 한쪽 끝 부분에 힘을 집중시킬 수 있다.
- 주로 V형 배수로 굴착, 언 땅 및 굳은 땅 파기, 나무뿌리 뽑기, 바위 굴리기 등에 이용된다.

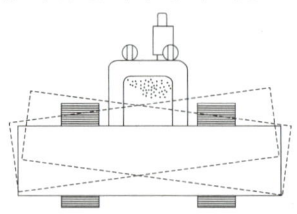

㉢ 앵글도저(Angle Dozer)
- 블레이드의 길이가 길고 낮으며 블레이드면이 진행방향의 중심선에 대하여 좌우을 전후로 20~30°의 경사각도로 회전시킬 수 있어서 흙을 측면으로 보낼 수 있는 도저이다.
- 트랙터 빔을 기준으로 블레이드를 좌우로 20~30° 정도 각을 만들 수 있어서 토사를 한쪽 방향으로 밀어낼 수 있다.
- 스트레이트도저나 틸트도저보다 블레이드 길이가 길고 폭이 좁다.
- 주로 매몰작업, 측능절단(산허리 깎기)작업, 지균작업 등에 이용된다.

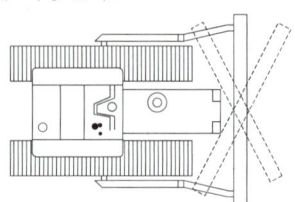

㉣ 버킷도저(Bucket Dozer) : 배토판 대신 큰 버킷이 달려 있어서 굴착기보다 더 많은 흙을 담아 옮길 수 있는 도저이다.

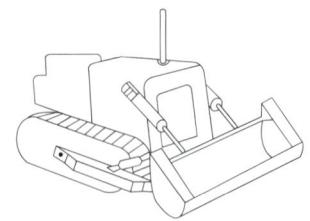

㉤ 힌지도저(Hinge Dozer)
- 앵글 도저보다 큰 각으로 움직일 수 있다.
- 흙을 깎아 옆으로 밀어내면서 전진한다.

- 제설, 제토작업 및 다량의 흙을 전방으로 밀고 가는 데 적합하다.

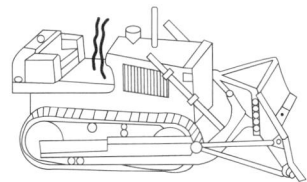

ⓑ 레이크도저(Rake Dozer) : 블레이드 대신에 레이크(갈퀴)를 설치한 도저이며 주로 나무뿌리나 잡목을 제거하는 데 이용된다.

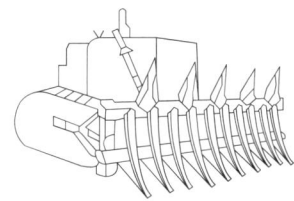

ⓢ U형 도저(U-type Dozer) : 블레이드 좌우를 U자형으로 만든 것이다. 블레이드가 대용량이므로 석탄, 나뭇조각, 부드러운 흙 등 비교적 비중이 작은 것의 운반처리에 적합하다.

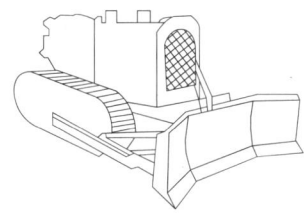

ⓞ 기타 도저
- 습지도저(Wet Type Dozer) : 트랙슈가 삼각형으로 된 것이며, 접지압력이 0.1~0.3[kgf/cm²] 정도이다.
- 트리밍도저(Trimming Dozer) : 좁은 장소에서 곡물, 소금, 설탕, 철광석 등을 내밀거나 끌어당겨 모으는 데 효과적으로 이용된다.

ⓩ 불도저의 최소 소요 대수 계산 : 근거리 토공작업에서 불도저로 토량 91,080[m³]을 60일에 작업을 끝내려고 할 때(1시간당 작업량 = 23[m³/h], 1일 작업시간 = 8시간, 1일 효율(가동률) = 75[%])

불도저의 최소 소요 대수 계산

$= \dfrac{91,080}{23 \times 8 \times 60 \times 0.75} = 11$[대]

ⓧ 불도저를 이용한 작업 중 안전조치사항
- 작업 종료와 동시에 삽날을 지면에 내리고 주차 제동장치를 건다.
- 모든 조종간은 엔진 시동 전에 중립 위치에 놓는다.
- 장비의 승차 및 하차 시에는 뛰어내리거나 뛰어오르지 말고 안전하게 잡고 오르내린다.
- 야간작업 시는 자주 장비에서 내려와 장비 주위를 살피며 점검하여야 한다.

② 굴착기
㉠ 굴착기의 개요
- 100분의 25(무한궤도식 굴착기는 100분의 30을 말한다) 기울기의 견고한 건조 지면을 올라갈 수 있고, 정지 상태를 유지할 수 있는 제동장치 및 제동장금장치를 갖추어야 한다.
- 타이어식 굴착기는 견고한 땅 위에서 자체중량 상태로 좌우로 25°까지 기울여도 넘어지지 않는 구조이어야 한다. 이 경우 굴착기의 자세는 주행자세로 한다.
- 굴착기계로 채석작업 시 근로자의 작업장에 후진하여 접근하거나 전락할 우려가 있을 때 사고를 방지하기 위하여 유도자를 배치하여야 한다.
- 브레이커 : 셔블계 굴착기에 부착하며, 유압을 이용하여 콘크리트의 파괴, 빌딩 해체, 도로 파괴 등에 사용한다.

㉡ 굴착기의 구조(주요 3부) : 선회체(상부), 구동체(하부), 전부장치(작업부)
- 선회체(상부) : 하부의 구동체 위에 설치되어 회전하는 부분으로 상부 선회체 프레임, 선회장치, 엔진, 운전기구, 유압장치, 평형추 및 작업장치 등으로 구성된다.
- 구동체(하부) : 상부 선회체와 작업장치의 하중을 지지하고 작업에 유의하여 전후로 이동시키는 장치이다.
- 전부장치(작업부) : 붐, 암, 버킷으로 구성된다.
- 붐(Boom) : 상부 선회체의 앞쪽에 연결핀으로 설치하여 암 및 버킷 등을 지지하고 굴착 시 충격에 견딜 수 있도록 균열, 만곡 및 절단된 곳이 없어야 한다.
- 암(Arm) : 버킷과 붐을 연결하는 구조로 굴착 시의 충격에 견딜 수 있어야 한다.
- 버킷(Bucket) : 최대 작업반경 상태에서 버킷 끝단의 기울기의 변화량이 10분당 5° 이내이어야 한다.

㉢ 굴착작업 시 굴착시기와 작업장소를 정할 때 사전조사 사항(굴착작업 시 근로자의 위험을 방지하기 위한 해당 작업, 작업장에 대한 사전조사 항목)
- 형상·지질 및 지층의 상태

- 매설물 등의 유무 또는 (흐름) 상태
- 지반의 지하수위 상태
- 균열·함수·용수 및 동결의 유무 또는 상태

㉣ 굴착기계의 분류 : 버킷계, 셔블계
- 버킷계 굴착기계 : 버킷 래더, 버킷 휠 엑스카베이터, 트렌처
  - 버킷 래더(Bucket Ladder) : 연약한 토질에 적합하며 주로 하천조사, 수로 설치, 자갈 채취 등에 사용된다.
  - 버킷 굴착기(Bucket Wheel Excavator) : 토사, 연압 굴착에 적합하며 주로 도로 건설, 매립조사의 토취 등에 사용된다.
  - 트렌처(Trencher) : 주로 하수관, 가스관, 수도관, 석유송유관, 암거 등의 도랑 굴착에 사용된다.
- 셔블계 굴착기계 : 파워셔블, 백호, 클램셸, 드래그라인
  - 파워셔블은 기계가 서 있는 지면보다 높은 곳을 파는 작업에 적합하며 백호, 클램셸, 드래그라인 등은 주행기 면보다 하방의 굴착에 적합하다.
  - 항상 뒤쪽의 카운터웨이트의 회전반경을 측정한 후 작업에 임한다.
  - 작업 시에는 항상 사람의 접근에 특별히 주의한다.
  - 유압계통 분리 시에는 붐을 지면에 놓고 엔진을 정지시킨 후 유압을 제거한다.
  - 장비의 주차 시는 경사지나 굴착작업장으로부터 충분히 이격시켜 주차하고 버킷은 반드시 지면에 놓아야 한다.

㉤ 셔블계 굴착기계
- 파워셔블(Power Shovel) : 기계가 위치한 지면보다 높은 장소의 땅을 굴착하는 데 적합하며 산지에서의 토공사 및 암반으로부터 점토질까지도 굴착할 수 있는 굴착기계이다. 굴착은 디퍼(Dipper)가 행하며 굴착과 싣기 작업에 이용되므로 굴착과 운반차량과의 조합시공에 적절하다.
- 백호(Backhoe) : 장비가 위치한 지면보다 낮은 장소를 굴착하는 데 적합한 장비이며 토질의 구멍 파기나 도랑 파기 등에 이용된다.
  - 보통 많이 볼 수 있는 굴착기(Excavator)이다.
  - 비교적 굳은 지반의 토질에서도 사용 가능하다.
  - 굴착, 싣기, 도랑 파기 등의 작업에 이용된다.
  - 경사로나 연약지반에서는 타이어식보다 무한궤도식이 안전하다.
  - 작업계획서를 작성하고 계획에 따라 작업을 실시하여야 한다.
  - 작업장소의 지형 및 지반 상태 등에 적합한 제한 속도를 정하고 운전자로 하여금 이를 준수하도록 하여야 한다.
  - 작업 중 승차석 외의 위치에 근로자를 탑승시켜서는 안 된다.
  - 백호의 단위시간당 추정 굴착량[m³] : $Q = nqkf\eta$
    ($n : \dfrac{1시간}{사이클타임}$, q : 버킷용량[m³], k : 굴착계수, f : 굴착토의 용적변화계수, η : 작업효율)

- 클램셸(Clam Shell) : 수중 굴착 및 구조물의 기초 바닥 등과 같은 협소하고 매우 깊은 범위의 굴착과 호퍼작업에 가장 적당한 굴착기계
  - 위치한 지면보다 낮은 우물통과 같은 협소한 장소의 흙을 굴착(수직 굴착, 수중 굴착)하고 퍼 올리며 자갈 등을 적재할 수 있는 토공기계이다.
  - 잠함 안의 굴착에 사용된다.
  - 좁은 곳의 수직 파기를 할 때 사용한다.
  - 수면 아래의 자갈, 실트 또는 모래를 굴착하고, 준설선에 많이 사용된다.
  - 수중 굴착공사가 가능하며, 잠함 안의 굴착에 사용된다.
  - 건축구조물의 기초 등 정해진 범위의 깊은 굴착에 적합하다.
  - 협소한 장소의 흙을 퍼 올린다.
  - 연한 지반에 적합하다.
  - 연약한 지반이나 수중 굴착과 자갈 등을 싣는 데 적합하다.
  - 토사를 파내는 형식으로 깊은 흙 파기용, 흙막이의 버팀대가 있어 좁은 곳, 케이슨(Caisson) 내의 굴착 등에 적합하다.

- 드래그라인(Drag Line)
  - 지면에 기계를 두고 깊이 8[m] 정도의 연약한 지반의 깊은 기초 흙 파기를 할 때 사용하는 건설기계이다.
  - 주로 하상 굴착이나 골재 채취에 이용되는 굴착기계이다.

- 적정작업 : 굴착
- 모래 채취에 많이 사용된다.
- 긴 붐(Boom)과 로프를 이용해 굴착반경이 크다.
- 토질이 매우 단단한 경우에는 부적합하다.
- 기계의 설치 지반보다 낮은 곳을 파는 데 유리하다.
- 넓은 범위의 굴착이 가능하다.
- 주로 수로, 골재 채취용으로 많이 사용된다.

③ 로더(Loader)
  ㉠ 로더의 개요
  - 토사를 굴착하여 들어 올린 다음 이동하여 덤프트럭 등에 적재하는 건설기계이다.
  - 버킷으로 토사를 굴착하며 적재하는 기계이며 트랙터셔블(Tractor Shovel), 셔블로더라고도 한다.
  - 셔블계 굴착기계와는 달리 적재하면서 본체를 움직일 수 있다.
  ㉡ 주의사항
  - 점검 시 버킷은 가장 하위의 위치에 내려놓는다.
  - 시동 시에는 사이드 브레이크를 잠근 채 시동을 건다.
  - 경사면을 오를 때는 전진으로 주행하고 내려올 때는 후진으로 주행한다.
  - 운전자가 운전석에서 나올 때는 버킷을 내려놓은 상태에서 이탈한다.

④ 스크레이퍼(Scraper)
  ㉠ 스크레이퍼의 개요
  - 흙을 깎으면서 동시에 기체 내에 담아 운반하고 깔기 작업을 겸할 수 있다. 작업거리 100~1,500[m] 정도의 중장거리용으로 쓰이는 것으로 토공용 차량계 건설기계이다.
  - 차체 및 바닥의 용기를 아래로 기울여 전진하면서 얇게 흙을 깎아 내고 토사가 채워지면 위로 올리고 뚜껑을 덮어 운반하는 초대형 차량계 건설기계이다.
  - 굴착, 싣기(적재), 운반, 하역, 정지(흙깔기) 등의 작업을 하나의 기계로 연속적으로 행할 수 있다.
  - 별칭 : 캐리올스크레이퍼(Carryall Scraper)
  - 적정작업 : 굴착, 싣기, 운반, 정지
  ㉡ 스크레이퍼의 특징
  - 비행장과 같이 대규모 정지작업에 적합하다.
  - 피견인식, 자주식으로 구분된다.
  - 중량이 크며 대량의 토사를 원거리 운반할 수 있다.
  - 원거리 운반에 부적절한 불도저를 대신한다.
  - 고속운전이 가능하며 토공비가 적게 든다.

⑤ 모터그레이더(Motor Grader)
  ㉠ 모터그레이더의 개요
  - 지면을 절삭하여 평활하게 다듬기 위한 토공기계의 대패와도 같은 산업기계이다.
  ㉡ 모터그레이더의 특징
  - 노면의 성형과 정지작업에 적합하다.
  - 땅을 고르게 해 주는 작업인 정지작업에 적합하다.
  - 도로면 끝손질, 옆도랑 파기, 비탈 끝손질, 잔디 벗기기 등 각종 사면절삭 및 평탄작업에 사용되는 대형 건설기계이다.
  - 굴착과 싣기를 동시에 할 수 있는 기계와는 거리가 멀다.

⑥ 롤 러
  ㉠ 탬핑롤러(Tamping Roller)
  - 철륜(롤러) 표면에 다수의 돌기를 붙여 접지면적을 작게 하여 접지압을 증가시킨 롤러이다.
  - 흙의 혼합효과가 발생하므로 점성토 지반, 점착력이 큰 진흙다짐에 적합하다.
  - 다짐의 유효 깊이가 깊으므로 깊은 다짐이나 고함수비 지반, 점성토 지반의 다짐에 많이 이용된다.
  - 돌기가 전압층에 매입되어 풍화암을 파쇄하고 흙 속의 간극수압을 제거하는 데 적합하다.
  ㉡ 머캐덤롤러(Macadam Roller) : 앞쪽에 한 개의 조향륜 롤러와 뒤축에 두 개의 롤러가 배치된 것으로(2축 3륜), 하층 노반다지기, 아스팔트 포장에 주로 쓰이는 장비
  ㉢ 탠덤롤러(Tandem Roller) : 앞뒤 두 개의 차륜이 있으며(2축 2륜) 각각의 차축이 평행으로 배치된 것으로 찰흙, 점성토 등의 두꺼운 흙을 다짐하는 데는 적당하지만 단단한 각재를 다지는 데는 부적당한 기계
  ㉣ 진동롤러(Vibrating Roller) : 노반, 소일시멘트, 아스팔트 콘크리트 등의 다지기에 효과적으로 사용된다.

⑦ 항타기 또는 항발기
  ㉠ 항타기 또는 항발기의 무너짐을 방지하기 위한 준수사항
  - 연약한 지반에 설치하는 경우에는 아웃트리거·받침 등 지지구조물의 침하를 방지하기 위하여 깔판·받침목 등을 사용할 것

- 시설 또는 가설물 등에 설치하는 경우에는 그 내력을 확인하고 내력이 부족하면 그 내력을 보강할 것
- 아웃트리거・받침 등 지지구조물이 미끄러질 우려가 있는 경우에는 말뚝 또는 쐐기 등을 사용하여 해당 지지구조물을 고정시킬 것
- 궤도 또는 차로 이동하는 항타기 또는 항발기에 대해서는 불시에 이동하는 것을 방지하기 위하여 레일클램프(Rail Clamp) 및 쐐기 등으로 고정시킬 것
- 상단 부분은 버팀대・버팀줄로 고정하여 안정시키고, 그 하단 부분은 견고한 버팀・말뚝 또는 철골 등으로 고정시킬 것

ⓛ 항타기 또는 항발기의 권상용 와이어로프

- 권상용 와이어로프의 안전계수 $S = \dfrac{절단하중}{최대하중}$
- 항타기 또는 항발기의 권상용 와이어로프는 추 또는 해머가 최저의 위치에 있을 때 또는 널말뚝을 빼어내기 시작한 때를 기준으로 하여 권상장치의 드럼에 최소한 2회 감기고 남을 수 있는 길이어야 한다.
- 사용금지 규정
  - 이음매가 있는 것
  - 와이어로프의 한 꼬임(가닥)에서 끊어진 소선(필러선 제외)의 수가 10[%] 이상인 것
  - 지름 감소가 공칭지름의 7[%]를 초과하는 것
  - 심하게 변형 또는 부식된 것
  - 꼬임, 비틀림 등이 있는 것
  - 열과 전기충격에 의해 손상된 것

ⓒ 항타기 또는 항발기 도르래의 부착 등

- 항타기나 항발기에 도르래나 도르래 뭉치를 부착하는 경우에는 부착부가 받는 하중에 의하여 파괴될 우려가 없는 브래킷, 새클 및 와이어로프 등으로 견고하게 부착하여야 한다.
- (항타기나 항발기의 구조상 권상용 와이어로프가 꼬일 우려가 있는 경우) 항타기 또는 항발기의 권상장치 드럼축과 권상장치로부터 첫 번째 도르래의 축 간의 거리는 권상장치 드럼폭의 15배 이상으로 하여야 한다.
- (항타기나 항발기의 구조상 권상용 와이어로프가 꼬일 우려가 있는 경우) 도르래는 권상장치의 드럼 중심을 지나야 하며 축과 수직면상에 있어야 한다.

ⓔ 항타기 또는 항발기의 사용 시 준수사항

- 해머의 운동에 의하여 공기호스와 해머의 접속부가 파손되거나 벗겨지는 것을 방지하기 위하여 그 접속부가 아닌 부위를 선정하여 공기호스를 해머에 고정시킬 것
- 공기를 차단하는 장치를 해머의 운전자가 쉽게 조작할 수 있는 위치에 설치할 것
- 항타기 또는 항발기의 권상장치의 드럼에 권상용 와이어로프가 꼬인 경우에는 와이어로프에 하중을 걸어서는 아니 된다.
- 항타기 또는 항발기의 권상장치에 하중을 건 상태로 정지하여 두는 경우에는 쐐기장치 또는 역회전방지용 브레이크를 사용하여 제동하는 등 확실하게 정지시켜야 한다.

⑧ 기 타

㉠ 리퍼(Ripper) : 아스팔트 포장도로의 노반의 파쇄 또는 토사 중에 있는 암석제거에 가장 적당한 장비이다. 굴착이 곤란한 경우 발파가 어려운 암석의 파쇄굴착 또는 암석제거에 적합하다.

㉡ 드래그셔블 : 암(Arm) 끝에 매단 셔블을 사용하여 기계 위치보다 낮은 장소에 있는 흙을 굴착, 싣기에 적합한 굴착기료, 단단한 토질의 굴착이나 정확한 굴착이 가능하므로 기초터 파기, 도랑터 파기에 사용한다.

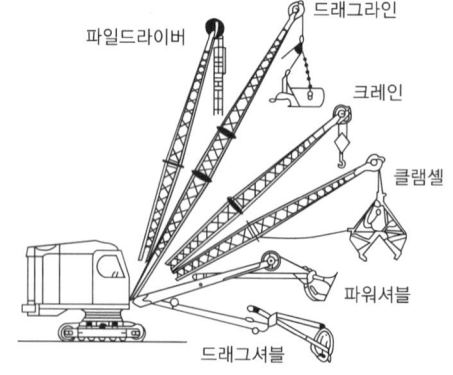

10년간 자주 출제된 문제

2-1. 다음 중 백호(Backhoe)의 운행방법으로 적절하지 않은 것은?

① 경사로나 연약지반에서는 무한궤도식보다는 타이어식이 안전하다.
② 작업계획서를 작성하고 계획에 따라 작업을 실시하여야 한다.
③ 작업장소의 지형 및 지반 상태 등에 적합한 제한속도를 정하고 운전자로 하여금 이를 준수하도록 하여야한다.
④ 작업 중 승차석 외의 위치에 근로자를 탑승시켜서는 안 된다.

2-2. 다음 조건에 따른 백호의 단위시간당 추정 굴착량으로 옳은 것은?

- 버킷용량 : 0.5[m³]
- 사이클타임 : 20초
- 작업효율 : 0.9
- 굴착계수 : 0.7
- 굴착토의 용적변화계수 : 1.25

① 94.5[m³] ② 80.5[m³]
③ 76.3[m³] ④ 70.9[m³]

2-3. 항타기 또는 항발기의 권상용 와이어로프의 절단하중이 100[ton]일 때 와이어로프에 걸리는 최대 하중을 얼마까지 할 수 있는가?

① 20[ton] ② 33.3[ton]
③ 40[ton] ④ 50[ton]

|해설|

2-1
경사로나 연약지반에서는 타이어식보다는 무한궤도식이 안전하다.

2-2
백호의 단위시간당 추정 굴착량
$Q = nqkf\eta = \dfrac{3,600}{20} \times 0.5 \times 0.7 \times 1.25 \times 0.9 \approx 70.9[m^3]$

2-3
안전계수 $S = \dfrac{절단하중}{최대하중}$에서 $5 = \dfrac{100}{최대하중}$이므로

최대하중 $= \dfrac{100}{5} = 20[ton]$

정답 2-1 ① 2-2 ④ 2-3 ①

핵심이론 03 | 양중기

① 양중기의 개요

㉠ 양중기의 종류 : 크레인(호이스트 포함), 이동식 크레인, 리프트(이삿짐 운반용의 경우는 적재하중 0.1[ton] 이상), 곤돌라, 승강기

㉡ 와이어로프(Wire Rope)의 개요

- 와이어로프의 구성요소 : 소선, 스트랜드, 심강
- 와이어로프 구성기호 예 : '6×19'는 6꼬임(스트랜드 수), 19개선(소선수)
- 와이어로프의 표기방법 예 : 6×Fi(25) + IWRC B종 20[mm]
  - 6 : 로프의 구성으로 스트랜드수가 6꼬임
  - Fi : 형태기호(S, W, Fi, Ws)
  - (25) : 스트랜드를 구성하는 소선의 수가 25개
  - IWRC : 심강의 종류
  - B종 : 종별(심강의 인장강도)
  - 20[mm] : 로프의 지름
- 와이어로프의 안전율(S) : $S = \dfrac{NP}{Q}$

  (여기서, N : 로프의 가닥수, P : 와이어로프의 파단하중, Q : 안전하중)
- 와이어로프 안전율(S)의 기준
  - 근로자가 탑승하는 운반구를 지지하는 경우 : $S = 10$ 이상
  - 화물의 하중을 직접지지 하는 경우 : $S = 5$ 이상
  - 훅, 섀클, 클램프, 리프팅 빔의 경우 : $S = 3$ 이상
  - 그 밖의 경우 : $S = 4$ 이상
- 와이어로프의 지름 감소에 대한 폐기기준 : 공칭지름의 7[%] 초과 시 폐기
- 와이어로프의 호칭 : 꼬임의 수량(Strand 수) × 소선의 수량(Wire 수)
- 로프에 걸리는 하중(장력) : $w = w_1 + w_2 = w_1 + \dfrac{w_1 a}{g}$

  (여기서, w_1 : 정하중, w_2 : 동하중, a : 권상 가속도, g : 중력 가속도)

- 와이어로프 소켓 멈춤방법

쐐기법	브리지법
개방법	밀폐법

- 타워크레인을 와이어로프로 지지하는 경우, 와이어로프의 설치각도는 수평면에서 60° 이내로 하되 지지점은 4개소 이상으로 하고, 같은 각도로 설치할 것
- 와이어로프를 절단하여 고리걸이 용구를 제작할 때 절단방법은 기계적 절단방법이 적합하다.
- 윈치(Winch) : 밧줄이나 쇠사슬을 감았다 풀었다 함으로써 무거운 물건을 위아래로 옮기는 기계의 총칭이며 드럼의 직경이 D, 로프의 직경이 d인 윈치에서 D/d가 클수록 로프의 수명은 길어진다.

ⓒ 와이어로프의 꼬임
- 보통 꼬임(Ordinary Lay)
  - S꼬임, Z꼬임 등이 있다.
  - 스트랜드의 꼬임 방향과 로프의 꼬임 방향이 반대이다.
  - 로프의 변형이나 하중을 걸었을 때 저항성이 크다.
  - 킹크의 발생이 작다.
  - 로프의 끝이 자유로이 회전하는 경우나 킹크가 생기기 쉬운 곳에 적당하다.
  - 취급이 용이하다.
  - 선박, 육상작업 등에 많이 사용된다.
  - 소선의 외부 길이가 짧아서 마모되기 쉽다.
- 랭꼬임(Lang's Lay)
  - 스트랜드의 꼬임 방향과 로프의 꼬임 방향이 같다.
  - 소선의 접촉 길이가 길다.
  - 내마모성, 유연성, 내피로성이 우수하다.
  - 수명이 길다.
  - 꼬임의 풀기가 쉽다.
  - 로프의 끝이 자유로이 회전하는 경우나 킹크가 생기기 쉬운 곳에 부적당하다.

ⓓ 양중기에 사용 불가능한 와이어로프의 기준(와이어로프의 폐기대상)
- 이음매가 있는 것
- 와이어로프의 한 꼬임(스트랜드)에서 끊어진 소선의 수가 10[%] 이상인 것
- 지름의 감소가 공칭지름의 7[%]를 초과하는 것
- 꼬인 것
- 심하게 변형 또는 부식된 것
- 열과 전기충격에 의해 손상된 것
- ※ 상기 사항들은 항타기 또는 항발기의 권상용 와이어로프의 경우도 동일하게 적용

ⓔ 양중기에 사용 불가능한 달기체인의 기준(체인의 폐기대상)
- 길이의 증가가 제조시보다 5[%]를 초과한 것
- 링의 단면지름의 감소가 제조 시 링 지름의 10[%]를 초과한 것
- 균열이 있거나 심하게 변형된 것

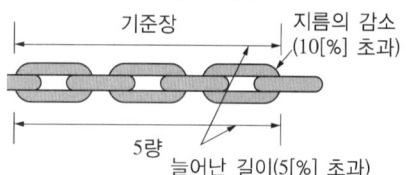

ⓕ 양중기에서 사용되는 해지장치 : 와이어로프가 훅에서 이탈하는 것을 방지하는 장치

ⓖ 레버풀러(Lever Puller) 또는 체인블록(Chain Block)을 사용하는 경우 훅의 입구(Hook Mouth) 간격이 제조자가 제공하는 제품사양서 기준으로 10[%] 이상 벌어진 것은 폐기하여야 한다.

ⓗ 양중기(승강기 제외) 및 달기구를 사용하여 작업하는 운전자 또는 작업자가 보기 쉬운 곳에 해당 양중기에 대해 표시하여야 하는 내용 : 정격하중, 운전속도, 경고표시 등(달기구는 정격하중만 표시)

ⓘ 방호장치의 조정
- 크레인, 이동식 크레인, 리프트, 곤돌라, 승강기 등의 양중기에 과부하방지장치, 권과방지장치, 비상정지장치 및 제동장치, 그 밖의 방호장치(승강기의 파이널 리밋 스위치, 속도조절기, 출입문 인터로크 등)가 정상적으로 작동될 수 있도록 미리 조정해 두어야 한다.

- 권과방지장치는 훅·버킷 등 달기구의 윗면(그 달기구에 권상용 도르래가 설치된 경우에는 권상용 도르래의 윗면)이 드럼, 상부 도르래, 트롤리프레임 등 권상장치의 아랫면과 접촉할 우려가 있는 경우에 그 간격이 0.25[m] 이상(직동식 권과방지장치는 0.05[m] 이상)이 되도록 조정하여야 한다.
- 권과방지장치를 설치하지 않은 크레인에 대해서는 권상용 와이어로프에 위험표시를 하고 경보장치를 설치하는 등 권상용 와이어로프가 지나치게 감겨서 근로자가 위험해질 상황을 방지하기 위한 조치를 하여야 한다.

ㅊ 양중기 과부하방지장치의 일반적인 공통사항
- 과부하방지장치 작동 시 경보음과 경보램프가 작동되어야 하며 양중기는 작동이 되지 않아야 한다. 단, 크레인은 과부하상태 해지를 위하여 권상된 만큼 권하시킬 수 있다.
- 외함은 납봉인 또는 시건할 수 있는 구조이어야 한다.
- 외함의 전선 접촉부분은 고무 등으로 밀폐되어 물과 먼지 등이 들어가지 않도록 한다.
- 과부하방지장치와 타 방호장치는 기능에 서로 장애를 주지 않도록 부착할 수 있는 구조이어야 한다.
- 방호장치의 기능을 제거 또는 정지할 때 양중기의 기능도 동시에 정지할 수 있는 구조이어야 한다.
- 과부하방지장치는 방호장치 안전인증 고시 별표 2의2 각 호의 시험 후 정격하중의 1.1배 권상 시 경보와 함께 권상동작이 정지되고 횡행과 주행동작이 불가능한 구조이어야 한다. 단, 타워크레인은 정격하중의 1.05배 이내로 한다.
- 과부하방지장치에는 정상동작상태의 녹색램프와 과부하 시 경고 표시를 할 수 있는 붉은색램프와 경보음을 발하는 장치 등을 갖추어야 하며, 양중기 운전자가 확인할 수 있는 위치에 설치해야 한다.

ㅋ 양중기의 자체검사 내용(주기 : 6월에 1회 이상. 단, 리프트 및 타워크레인은 3월에 1회 이상, 승강기 및 차량정비용 간이리프트 제외)
- 과부하방지장치, 권과방지장치 그 밖의 방호장치의 이상유무
- 브레이크 및 클러치의 이상유무
- 와이어로프 및 달기체인의 손상유무
- 훅 등 달기기구의 손상유무
- 배선, 집전장치, 배전반, 개폐기 및 제어반의 이상유무

② 크레인의 안전
  ① 크레인의 개요
  - 크레인과 호이스트
    - 크레인(Crane) : 동력을 사용하여 중량물을 매달아 상하 및 좌우(수평 또는 선회)로 운반하는 것을 목적으로 하는 기계 또는 기계장치
    - 호이스트(Hoist) : 훅이나 그 밖의 달기구 등을 사용하여 화물을 권상 및 횡행 또는 권상동작만을 하여 양중하는 것
  - 건설용 크레인의 종류
    - 고정식 크레인 : 타워크레인
    - 이동식 크레인 : 트럭 크레인, 휠 크레인, 크롤러 크레인, 러핑 크레인
  - 산업용 크레인의 종류 : 천정 크레인(오버헤드 크레인), 지브 크레인, 겐트리 크레인, 케이블 크레인 등
  - 정격하중
    - 중량물 운반 시 크레인에 매달아 올릴 수 있는 최대 하중으로부터 달아올리기 기구의 중량에 상당하는 하중을 제외한 하중
    - 크레인 또는 데릭에서 붐 각도 및 작업반경별로 작용시킬 수 있는 최대 하중에서 훅(Hook), 와이어로프 등 달기구의 중량을 공제한 하중
    - 지브가 없는 크레인의 정격하중(Rated Load) : 크레인의 권상(호이스트)하중에서 훅, 그랩 또는 버킷 등 달기구의 중량에 상당하는 하중을 뺀 하중
  - 권상하중(Hoisting Load) : 짐을 싣고 상승할 수 있는 최대하중
  - 정격속도(Rated Speed) : 크레인에 정격하중에 상당하는 하중을 매달고 권상, 주행, 선회 또는 횡행할 수 있는 최고속도
  - 안전밸브의 조정 : 유압을 동력으로 사용하는 크레인의 과도한 압력상승을 방지하기 위한 안전밸브에 대하여 정격하중(지브 크레인은 최대의 정격하중)을 건 때의 압력 이하로 작동되도록 조정하여야 한다. 다만, 하중시험 또는 안전도시험을 하는 경우 그러하지 아니하다.
  - 헤지(Hedge)장치(훅걸이용 와이어로프 등이 훅으로부터 벗겨지는 것을 방지하기 위한 장치)를 구비한 크레인을 사용하여야 하여야 한다.

- 지브 크레인을 사용하여 작업을 하는 경우에 크레인 명세서에 적혀 있는 지브의 경사각(인양하중이 3[ton] 미만인 지브 크레인의 경우에는 제조한 자가 지정한 지브의 경사각)의 범위에서 사용하도록 하여야 한다.
- 같은 주행로에 병렬로 설치되어 있는 주행 크레인의 수리·조정 및 점검 등의 작업을 하는 경우, 주행로상이나 그 밖에 주행 크레인이 근로자와 접촉할 우려가 있는 장소에서 작업을 하는 경우 등에 주행 크레인끼리 충돌하거나 주행 크레인이 근로자와 접촉할 위험을 방지하기 위하여 감시인을 두고 주행로상에 스토퍼(Stopper)를 설치하는 등 위험 방지 조치를 하여야 한다.
- 갠트리 크레인 등과 같이 작업장 바닥에 고정된 레일을 따라 주행하는 크레인의 새들(Saddle) 돌출부와 주변 구조물 사이의 안전공간이 40[cm] 이상 되도록 바닥에 표시를 하는 등 안전공간을 확보하여야 한다.
- 순간풍속이 30[m/s]를 초과하는 바람이 불어올 우려가 있는 경우 옥외에 설치되어 있는 주행 크레인에 대하여 이탈방지장치를 작동시키는 등 이탈 방지를 위한 조치를 하여야 한다.
- 순간풍속이 30[m/s]를 초과하는 바람이 불거나 중진(中震) 이상 진도의 지진이 있은 후에 옥외에 설치되어 있는 양중기를 사용하여 작업을 하는 경우에는 미리 기계 각 부위에 이상이 있는지를 점검하여야 한다.
- 크레인에서 일반적인 권상용 와이어로프 및 권상용 체인의 안전율 기준은 5 이상이다.
- 훅, 섀클 등의 철구로서 변형된 것은 크레인의 고리 걸이용구로 사용하여서는 아니 된다.
- 사업주는 크레인의 하중시험을 실시한 경우 그 결과를 3년간 보존해야 한다.

ⓛ 크레인의 설치·조립·수리·점검 또는 해체 작업 시의 조치사항
- 작업순서를 정하고 그 순서에 따라 작업을 할 것
- 작업을 할 구역에 관계 근로자가 아닌 사람의 출입을 금지하고 그 취지를 보기 쉬운 곳에 표시할 것
- 비, 눈, 그 밖에 기상상태의 불안정으로 날씨가 몹시 나쁜 경우에는 그 작업을 중지시킬 것
- 작업장소는 안전한 작업이 이루어질 수 있도록 충분한 공간을 확보하고 장애물이 없도록 할 것
- 들어 올리거나 내리는 기자재는 균형을 유지하면서 작업을 하도록 할 것
- 크레인의 성능, 사용조건 등에 따라 충분한 응력(應力)을 갖는 구조로 기초를 설치하고 침하 등이 일어나지 않도록 할 것
- 규격품인 조립용 볼트를 사용하고 대칭되는 곳을 차례로 결합하고 분해할 것

ⓒ 건설물 등과의 사이 통로
- 주행 크레인 또는 선회 크레인과 건설물 또는 설비와의 사이에 통로를 설치하는 경우 그 폭을 0.6[m] 이상으로 하여야 한다. 다만, 그 통로 중 건설물의 기둥에 접촉하는 부분에 대해서는 0.4[m] 이상으로 할 수 있다.
- 상기의 통로 또는 주행궤도 상에서 정비·보수·점검 등의 작업을 하는 경우 그 작업에 종사하는 근로자가 주행하는 크레인에 접촉될 우려가 없도록 크레인의 운전을 정지시키는 등 필요한 안전 조치를 하여야 한다.

㉣ 건설물 등의 벽체와 통로와의 간격 : 최대 0.3[m] 이하
- 크레인의 운전실 또는 운전대를 통하는 통로의 끝과 건설물 등의 벽체의 간격
- 크레인거더의 통로의 끝과 크레인거더와의 간격
- 크레인거더의 통로로 통하는 통로의 끝과 건설물 등의 벽체와의 간격

㉤ 크레인의 방호장치 : 권과방지장치, 과부하방지장치, 비상정지장치, 브레이크장치(제동장치), 충돌방지장치(천장크레인)
- 권과방지장치 : 강선의 과다감기를 방지하는 장치로 과도하게 한계를 벗어나 계속적으로 감아올리는 일이 동력을 차단하고 작동을 정지시키는 장치이며 리밋스위치가 사용된다.
  - 크레인의 와이어로프가 감기면서 붐 상단까지 훅이 따라 올라올 때 더 이상 감기지 않도록 하여 크레인 작동을 자동으로 정지시키는 안전장치이다.
  - 권과방지장치의 달기구 윗면이 권선장치의 아랫면과 접촉할 우려가 있는 경우에는 25[cm] 이상 간격이 되도록 조정하여야 한다(단, 직동식 권과장치의 경우는 제외).

- 권과방지장치를 설치하지 않은 크레인에 대해서는 권상용 와이어로프에 위험표시를 하고 경보장치를 설치하는 등 권상용 와이어로프가 지나치게 감겨서 근로자가 위험해질 상황을 방지하기 위한 조치를 하여야 한다.
- 크레인의 훅, 버킷 등 달기구 윗면이 드럼 상부 도르래 등 권상장치의 아랫면과 접촉할 우려가 있을 때 작동식 권과방지장치의 조정 간격은 0.05[m] 이상으로 한다.
- 과부하방지장치 : 크레인의 사용 중 하중이 정격을 초과하였을 때 자동적으로 상승이 정지되면서 경보음을 발생하는 장치이다. 운반물의 중량이 초과되지 않도록 과부하방지장치를 설치하여야 한다.
- 비상정지장치 : 작업 중에 이상발견 또는 긴급히 정지시켜야 할 경우에는 비상정지장치를 사용할 수 있도록 설치하여야 한다.
- 브레이크장치 : 크레인을 필요한 상황에서는 즉시 운전을 중지시킬 수 있도록 브레이크장치를 설치한다.

ⓑ 크레인을 사용하여 작업을 할 때 작업시작 전에 점검하여야 하는 사항
- 권과방지장치·브레이크·클러치 및 운전장치의 기능
- 주행로의 상측 및 트롤리가 횡행하는 레일의 상태
- 와이어로프가 통하고 있는 곳의 상태

ⓢ 크레인 작업 시 조치사항
- 인양할 하물을 바닥에서 끌어당기거나 밀어내는 작업을 하지 아니할 것
- 유류드럼이나 가스통 등 운반 도중에 떨어져 폭발하거나 누출될 가능성이 있는 위험물 용기는 보관함(또는 보관고)에 담아 안전하게 매달아 운반할 것
- 고정된 물체를 직접 분리·제거하는 작업을 하지 아니할 것
- 미리 근로자의 출입을 통제하여 인양 중인 하물이 작업자의 머리 위로 통과하지 않도록 할 것
- 인양할 하물이 보이지 아니하는 경우에는 어떠한 동작도 하지 아니할 것(신호하는 사람에 의하여 작업을 하는 경우는 제외)

ⓞ 크레인 작업의 안전수칙
- 작업 전에 아웃트리거를 설치한다.
- 붐을 세운 채로 현장을 주행하지 않는다.
- 화물인양 시 능력표와 비교한 후 인양한다.
- 화물을 인양한 채 운전석 이탈을 절대 금지한다.
- 크레인 운전은 자격을 갖춘 자 또는 면허를 소지한 지정된 운전자만이 하여야 한다.
- 작업시작 전 기계의 고장유무를 확인하고 필히 시운전을 실시한다.
- 동시에 3가지 조작을 하지 말아야 한다.
- 급격하게 감아올리거나 감아 내려서는 안 된다.
- 체인이나 로프가 비뚤어진 채로 매달아 올려서는 안 된다.
- 크레인 운전자에 대해 신호는 단 한 사람만 해야 한다.
- 크레인 신호수는 규정된 복장을 착용하고 규정된 신호방법으로 명확하고 확실하게 해야 한다.
- 물건중심부에 훅을 위치시켰나 확인한 후 권상신호를 해야 한다.
- 제한하중을 초과한 인양을 피하고 로프의 상태를 확인한다.
- 운전 중에 청소, 주유 또는 정비를 하지 말아야 한다.
- 크레인 작업반경 내에는 사람의 접근을 금하며 작업자 머리 위나 통로 위에 위치하지 않아야 한다.

ⓩ 조종석이 설치되지 아니한 크레인에 대한 조치사항
- 고용노동부장관이 고시하는 크레인의 제작기준과 안전기준에 맞는 무선원격제어기 또는 펜던트 스위치를 설치·사용할 것
- 무선원격제어기 또는 펜던트 스위치를 취급하는 근로자에게는 작동요령 등 안전조작에 관한 사항을 충분히 주지시킬 것
- 타워크레인을 사용하여 작업을 하는 경우 타워크레인마다 근로자와 조종 작업을 하는 사람 간에 신호 업무를 담당하는 사람을 각각 두어야 한다.

ⓩ 크레인에 전용 탑승설비를 설치하고 근로자를 달아 올린 상태에서 작업에 종사시킬 경우 근로자의 추락 위험을 방지하기 위하여 실시해야 할 조치사항
- 안전대나 구명줄의 설치
- 탑승설비의 하강 시 동력하강방법을 사용

- 탑승설비가 뒤집히거나 떨어지지 않도록 필요한 조치
- 안전난간의 설치(안전난간의 설치가능구조의 경우)
ⓒ 크레인 등 건설장비의 가공전선로 접근 시 안전대책
- 안전 이격거리를 유지하고 작업한다.
- 장비의 조립, 준비 시부터 가공전선로에 대한 감전방지수단을 강구한다.
- 장비사용현장의 장애물, 위험물 등을 점검 후 작업계획을 수립한다.
- 장비를 가공전선로 밑에 보관하지 않는다.
ⓒ 크레인이 가공전선로에 접촉하였을 때 운전자의 조치사항
- 접촉된 가공 전선로로부터 크레인이 이탈되도록 크레인을 조정한다.
- 크레인 밖에서는 크레인 반대 방향으로 탈출한다.
- 운전석에서 일어나 크레인 몸체에 접촉되지 않도록 주의하여 크레인 밖으로 점프하여 뛰어내린다.
ⓔ 호이스트작업의 안전수칙
- 사람은 절대로 호이스트 탑승을 금한다.
- 운전자 이외는 운전조작을 금한다.
- 규격 이상의 하중을 걸지 않는다.
- 화물은 1[ton] 이상 적재를 금한다.
- 호이스트 운전자에 대해 신호는 단 한 사람만 해야 하며 신호는 명확하고 확실하게 해야 한다.
- 작업시작 전 기계의 고장유무를 확인하고 필히 시운전을 실시한다.
- 와이어로프는 급격하게 감아 올리거나 감아 내려서는 안 된다.
- 체인이나 로프가 비뚤어진 채로 매달아 올리지 않는다.
- 물건 중심부에 훅을 위치시켰거나 확인한 후 권상신호를 해야 한다.
- 제한하중을 초과한 인양을 피하고 로프의 상태를 확인한다.
- 운전 중에 청소, 주유 또는 정비를 하지 말아야 한다.
- 호이스트 작업반경 내에는 사람의 접근을 금하며 작업자 머리 위나 통로 위에 위치하지 않아야 한다.
- 호이스트 고장 시에는 운전을 즉시 중지하고 해당 부서에 통보하여 조치를 받아야 한다.
- 짐을 매단 채 방치하지 않는다.
- 주행 시는 사람이 짐에 타서 운전하지 않아야 한다.
- 짐의 무게 중심의 바로 위에서 달아 올린다.

③ 타워크레인의 안전
ⓐ 타워크레인의 개요
- 타워크레인(Tower Crane)은 고층건물의 건설용에 사용되는 고정식 양중기이다.
- 작업방식에 따른 분류
  - 기복형 : 붐 상하로 오르내린다.
  - 수평형 : 수평을 유지하고 트롤리호이스트가 움직인다.
- 설치방식에 따른 분류
  - 정착식 : 콘크리트 또는 철골 등의 기초면에 공정
  - 이동식 : 레일 위를 주행
- 타워크레인 선정을 위한 사전 검토사항 : 인양능력, 작업반경, 붐의 높이 등
- 건설작업용 타워크레인의 안전장치 : 권과방지장치, 과부하방지장치, 브레이크 장치, 비상정지장치 등
- 사용자는 정격하중이 5[ton]인 타워크레인을 대상으로 매 2년마다 정기검사를 실시해야 한다.
ⓑ 특 징
- 유압잭을 이용한 Self Climbing으로 건물 높이에 따라 점차 상향으로 올라가며 작업한다(베이스 고정방식과 베이스 클라이밍 방식).
- 초고층 작업이 용이하고 인접건물에 장애가 없이 360° 작업이 가능하며 가장 능률이 좋은 기계이다.
- 작업반경이 크고 높이를 필요로 하는 빌딩이나 아파트 건설에 사용된다.
ⓒ 타워크레인 작업을 중지해야 하는 순간풍속의 기준
- 설치·수리·점검 또는 해체 작업의 정지 : 10[m/s] 초과
- 운전작업 중지 : 15[m/s] 초과
ⓓ 타워크레인을 벽체에 지지하는 경우에 준수해야 할 사항
- 서면심사에 관한 서류(형식승인서류 포함) 또는 제조사의 설치작업설명서 등에 따라 설치할 것
- 서면심사 서류 등이 없거나 명확하지 아니한 경우에는 건축구조·건설기계·기계안전·건설안전기술사 또는 건설안전분야 산업안전지도사의 확인을 받아 설치하거나 기종별·모델별 공인된 표준방법으로 설치할 것

- 콘크리트구조물에 고정시키는 경우에는 매립이나 관통 또는 이와 같은 수준 이상의 방법으로 충분히 지지되도록 할 것
- 건축 중인 시설물에 지지하는 경우에는 그 시설물의 구조적 안정성에 영향이 없도록 할 것

ⓒ 타워크레인을 와이어로프로 지지하는 경우에 준수해야 할 사항
- 서면심사에 관한 서류(형식승인서류 포함) 또는 제조사의 설치작업설명서 등에 따라 설치하거나 서면심사 서류 등이 없거나 명확하지 아니한 경우에는 건축구조·건설기계·기계안전·건설안전기술사 또는 건설안전분야 산업안전지도사의 확인을 받아 설치하거나 기종별·모델별 공인된 표준방법으로 설치할 것
- 와이어로프를 고정하기 위한 전용 지지프레임을 사용할 것
- 와이어로프의 설치각도는 수평면에서 60° 이내로 하되, 지지점은 4개소 이상으로 하고, 같은 각도로 설치할 것
- 와이어로프와 그 고정부위는 충분한 강도와 장력을 갖도록 설치하고, 와이어로프를 클립·섀클(Shackle, 연결고리) 등의 고정기구를 사용하여 견고하게 고정시켜 풀리지 아니하도록 하며, 사용 중에는 충분한 강도와 장력을 유지하도록 할 것
- 와이어로프가 가공전선에 근접하지 않도록 할 것

ⓑ 타워크레인 사용 시 지켜야 할 사항
- 작업자가 기중자재에 올라타는 일은 절대로 금해야 한다.
- 크레인에는 정격하중을 초과하는 하중을 걸어서 사용해서는 안 된다.
- 기중장비의 드럼에 감겨진 쇠줄은 적어도 두 바퀴 이상 남아 있어야 한다.

④ 이동식 크레인의 안전
ⓐ 이동식 크레인의 개요
- 이동식 크레인 : 원동기를 내장하고 있는 것으로서 불특정 장소에 스스로 이동할 수 있는 크레인으로 동력을 사용하여 중량물을 매달아 상하 및 좌우(수평 또는 선회)로 운반하는 설비로서 기중기 또는 화물·특수자동차의 작업부에 탑재하여 화물운반 등에 사용하는 기계 또는 기계장치
- 정격총하중
  - 크레인 지브의 경사각 및 길이 또는 지브에 따라 훅, 슬링(인양로프 또는 인양용구) 등의 달기기구의 중량을 포함하여 인양할 수 있는 최대 하중
  - 최대 하중(붐 길이 및 작업반경에 따라 결정)과 부가하중(훅과 그 이외의 인양 도구들의 무게)을 합한 하중
- 정격하중
  - 최대 하중에서 훅, 슬링 등의 달기기구의 중량을 제외한 실 인양 무게
  - 이동식 크레인의 지브나 붐의 경사각 및 길이에 따라 부하할 수 있는 최대 하중에서 인양기구(훅, 그래브 등)의 무게를 뺀 하중
- 충격하중 : 인양작업 중 갑작스러운 하중 전이에 의해 순간적으로 충격이 슬링 등에 전달되어 부재나 장비에 과도한 동적 변화를 가져오게 하는 하중
- 아웃트리거 : 전도 사고를 방지하기 위하여 장비의 측면에 부착하여 전도 모멘트에 대하여 효과적으로 지탱할 수 있도록 한 장치
- 작업반경 : 이동식 크레인의 선회중심선으로부터 훅의 중심선까지의 수평거리
- 최대 작업반경 : 이동식크레인으로 작업이 가능한 최대치
- 기본안전하중 : 줄걸이 용구(와이어로프 등) 1개를 가지고 안전율을 고려하여 수직으로 매달 수 있는 최대 무게
- 파단하중 : 줄걸이 용구(와이어로프 등) 1개가 절단(파단)에 이를 때까지의 최대 하중
- 인양높이 : 지면으로부터 훅까지의 수직거리
- 최대 인양높이 : 크레인의 인양높이표의 최고점
- 인양하중표 : 정격하중값 이내에서 작업을 실시할 수 있도록 작업반경 및 붐길이에 따른 정격 총하중이 명기된 표를 말하며, 기종별로 규정된 아웃트리거 최대 펼침 길이를 기준으로 한다.
- 스토퍼(Stopper) : 같은 주행로에 병렬로 설치되어 있는 주행 크레인에서 크레인끼리 충돌이나 근로자에 접촉하는 것을 방지하는 방호장치
- 폭풍 시 옥외에 설치되어 있는 주행 크레인의 이상유무 점검, 이탈방지를 위한 조치 등을 해야 하는 풍속 기준은 순간풍속 30[m/s]를 초과하는 경우이다.

ⓛ 이동식 크레인의 작업 중 안전수칙(이동식 크레인 작업 시 준수해야 할 사항)
- 운전사는 반드시 면허를 받은 자이어야 한다.
- 전력선 근처에서의 작업 시 붐과 전력선과의 거리는 최소 2[m] 이상 간격을 유지한다.
- 인양물 위에 작업자가 탑승한 채로 이동을 금지하여야 한다.
- 부득이한 경우 전용 탑승설비를 설치하여 근로자를 탑승시킬 수 있다.
- 제한된 지브의 경사각 범위에서만 작업을 해야 한다.
- 훅 해지장치를 사용하여 인양물이 훅에서 이탈하는 것을 방지하여야 한다.
- 크레인의 인양작업 시 전도 방지를 위하여 아웃트리거 설치 상태를 점검하여야 한다.
- 이동식 크레인 제작사의 사용기준에서 제시하는 지브의 각도에 따른 정격하중을 준수하여야 한다.
- 인양물의 무게 중심, 주변 장애물 등을 점검하여야 한다.
- 슬링(와이어로프, 섬유벨트 등), 훅 및 해지장치, 섀클 등의 상태를 수시 점검하여야 한다.
- 권과방지장치, 과부하방지장치 등의 방호장치를 수시 점검하여야 한다.
- 인양물의 형상, 무게, 특성에 따른 안전조치와 줄걸이 와이어로프의 매단각도는 60° 이내로 하여야 한다.
- 이동식 크레인 인양작업 시 신호수를 배치하여야 하며, 운전원은 신호수의 신호에 따라 인양작업을 수행하여야 한다.
- 충전전로에 인근 작업 시 붐의 길이만큼 이격하거나 충전전로 인근에서 차량·기계장치 작업을 준수하고, 신호수를 배치하여 고압선에 접촉하지 않도록 하여야 한다.
- 카고 크레인 적재함에 승·하강 시에는 부착된 발판을 딛고 천천히 이동하여야 한다.
- 이동식 크레인의 제원에 따른 인양작업 반경과 지브의 경사각에 따른 정격하중 이내에서 작업을 시행하여야 한다.
- 인양물의 충돌 등을 방지하기 위하여 인양물을 유도하기 위한 보조 로프를 사용하여야 한다.
- 긴 자재는 경사지게 인양하지 않고 수평을 유지하여 인양하도록 하여야 한다.

ⓒ 가설다리에서 이동식 크레인으로 작업 시 주의사항
- 다리강도에 대해 담당자와 함께 확인한다.
- 작업하중이 과하중으로 되지 않는지 확인한다.
- 가설다리를 이동하는 경우는 진동을 크게 발생하지 않도록 하여 운전한다.

ⓔ 트럭 크레인(Truck Crane)

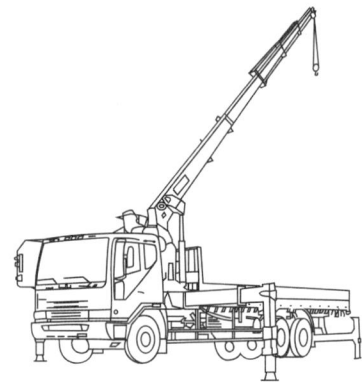

- 트럭의 차대에 상부회전체와 작업장치를 설치한 크레인이다.
- 트럭 운전실과 크레인 조종실이 별도로 설치되어 있다.
- 안정성 유지를 위해 4개의 아웃트리거(Outrigger, 대차로부터 빔을 수평으로 돌출시키고, 그 선단에 설치한 잭으로 지지하여 작업 시의 안정성을 유지하기 위한 크레인 안전장치)가 장착된다.
- 기동성이 좋고 경사주행 능력이 우수하다.
- 기중작업 시 안정성이 크다.
- 접지압이 크므로 연약지반에는 부적합하다.

ⓜ 휠 크레인(Wheel Crane)
- 고무 타이어가 장착된 크레인이다.
- 원동기가 한 대이며 한 군데에서 운전한다.
- 트럭 크레인보다 속도가 느리다.

ⓗ 크롤러 크레인(Crawler Crane)

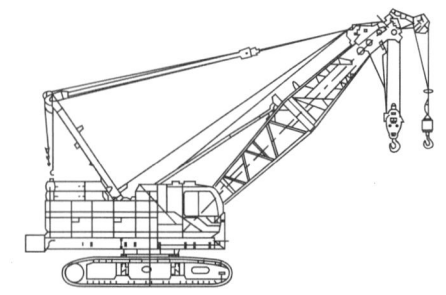

- 트럭 크레인의 타이어 대신 크롤러를 장착한 것으로 외부 받침대를 갖고 있지 않아 트럭 크레인보다 하중 인양 시 안정성이 약하다.
- 크롤러식 타워크레인과 같지만 직립 고정된 붐 끝에 기복이 가능한 보조붐을 가지고 있다.
- 별칭 : 캐터필러 크레인, 궤도 크레인, 무한궤도식 크레인, 붐크레인, 서비스 크레인 등
- 무거운 화물을 싣고 내리고 운반과 굴토 작업을 하며 기둥을 박는 작업이 가능하다.
- 인양효율이 우수하여 대규모 현장에서 많이 사용된다.
- 아웃트리거는 없지만, 3° 이내의 경사지 작업은 가능하다.
- 지반이 연약한 곳이나 좁은 곳에서도 작업을 할 수 있다.
- 붐의 조립, 해체장소를 고려해야 한다.
- 운반 시 수송차가 필요하다.
- 기동성이 떨어지고 이동 시 비용이 많이 든다.
- 크롤러의 폭을 넓게 할 수 있는 형을 사용할 경우에는 최대폭을 고려하여 계획한다.

ⓐ 러핑크레인 : 상하기복형으로 협소한 공간에서 작업이 용이하고 장애물이 있을 때 효과적인 장비로서 초고층건축물 공사에 많이 사용되는 장비

⑤ **리프트의 안전**

㉠ 리프트의 개요
- 리프트 : 동력을 사용하여 사람이나 화물을 운반하는 것을 목적으로 하는 기계설비
- 리프트의 종류 : 건설용 리프트, 산업용 리프트, 자동차정비용 리프트, 이삿짐운반용 리프트
  - 건설용 리프트 : 동력을 사용하여 가이드레일(운반구를 지지하여 상승 및 하강 동작을 안내하는 레일)을 따라 상하로 움직이는 운반구를 매달아 사람이나 화물을 운반할 수 있는 설비 또는 이와 유사한 구조 및 성능을 가진 것으로 건설현장에서 사용하는 것
  - 산업용 리프트 : 동력을 사용하여 가이드레일을 따라 상하로 움직이는 운반구를 매달아 화물을 운반할 수 있는 설비 또는 이와 유사한 구조 및 성능을 가진 것으로 건설현장 외의 장소에서 사용하는 것
  - 자동차정비용 리프트 : 동력을 사용하여 가이드레일을 따라 움직이는 지지대로 자동차 등을 일정한 높이로 올리거나 내리는 구조의 리프트로서 자동차 정비에 사용하는 것
  - 이삿짐운반용 리프트 : 연장 및 축소가 가능하고 끝단을 건축물 등에 지지하는 구조의 사다리형 붐에 따라 동력을 사용하여 움직이는 운반구를 매달아 화물을 운반하는 설비로서 화물자동차 등 차량 위에 탑재하여 이삿짐 운반 등에 사용하는 것
- 리프트의 정격속도 : 화물을 싣고 상승할 때의 최고속도
- 리프트의 안전장치(방호장치) : 권과방지장치, 리밋스위치, 과부하방지장치, 비상정지장치
- 운반구의 내부에만 탑승조작장치가 설치되어 있는 리프트를 사람이 탑승하지 아니한 상태로 작동하게 해서는 아니 된다.
- 리프트 조작반에 잠금장치를 설치하는 등 관계 근로자가 아닌 사람이 리프트를 임의로 조작함으로써 발생하는 위험을 방지하기 위하여 필요한 조치를 하여야 한다.
- 리프트의 피트 등의 바닥을 청소하는 경우 운반구의 낙하에 의한 근로자의 위험을 방지하기 위하여 다음의 조치를 하여야 한다.
  - 승강로에 각재 또는 원목 등을 걸칠 것
  - 각재 또는 원목 위에 운반구를 놓고 역회전방지기가 붙은 브레이크를 사용하여 구동모터 또는 윈치(Winch)를 확실하게 제동해 둘 것
- 순간풍속이 35[m/s]를 초과하는 바람이 불어올 우려가 있는 경우 건설용 리프트(지하에 설치되어 있는 것은 제외)에 대하여 받침의 수를 증가시키는 등 그 붕괴 등을 방지하기 위한 조치를 하여야 한다.
- 리프트 운반구를 주행로 위에 달아 올린 상태로 정지시켜 두어서는 아니 된다.

㉡ 리프트작업의 안전수칙
- 물건의 적재상태를 확인할 것
- 리밋스위치, 와이어로프 등의 이상유무를 확인할 것
- 적재량을 초과하지 말 것
- 가이드롤의 이상유무를 확인할 것
- 본체의 이상유무를 확인할 것
- 본체 문은 정확히 닫아 잠글 것
- 안전걸이를 완전히 걸고 운전할 것

- 상하 서로 신호 후 운전할 것
- 운전 중 필요 이외 사람의 접근을 금할 것
- 아래층에서 역 조작하여 승강기를 내리지 말 것
- 본체를 도중에 방치하지 말 것
- 운전 중 이상이 발생할 경우 스위치를 끄고, 즉시 고장수리 후 운전할 것
- 사람이 타고 승강하지 말 것

ⓒ 리프트의 설치·조립·수리·점검 또는 해체 작업 시의 조치사항
- 작업을 지휘하는 사람을 선임하여 그 사람의 지휘 하에 작업을 실시할 것
- 작업을 할 구역에 관계 근로자가 아닌 사람의 출입을 금지하고 그 취지를 보기 쉬운 장소에 표시할 것
- 비, 눈, 그 밖에 기상상태의 불안정으로 날씨가 몹시 나쁜 경우에는 그 작업을 중지시킬 것
- 작업을 지휘하는 사람이 이행해야 할 사항
  - 작업방법과 근로자의 배치를 결정하고 해당 작업을 지휘하는 일
  - 재료의 결함 유무 또는 기구 및 공구의 기능을 점검하고 불량품을 제거하는 일
  - 작업 중 안전대 등 보호구의 착용 상황을 감시하는 일

ⓔ 이삿짐운반용 리프트의 안전사항
- 이삿짐운반용 리프트를 사용하는 근로자에게 운전방법 및 고장이 났을 경우의 조치방법을 주지시켜야 한다.
- 이삿짐 운반용 리프트 전도방지를 위한 준수사항
  - 아웃트리거가 정해진 작동위치 또는 최대전개위치에 있지 않는 경우(아웃트리거 발이 닿지 않는 경우를 포함)에는 사다리 붐 조립체를 펼친 상태에서 화물 운반작업을 하지 않을 것
  - 사다리 붐 조립체를 펼친 상태에서 이삿짐 운반용 리프트를 이동시키지 않을 것
  - 지반의 부동침하 방지 조치를 할 것
- 이삿짐 운반용 리프트 운반구로부터 화물이 빠지거나 떨어지지 않도록 하기 위한 낙하방지 조치사항
  - 화물을 적재 시 하중이 한쪽으로 치우치지 않도록 할 것
  - 적재화물이 떨어질 우려가 있는 경우에는 화물에 로프를 거는 등 낙하방지 조치를 할 것

⑥ 곤돌라의 안전
ⓐ 곤돌라 안전의 개요
- 곤돌라(Gondola) : 달기발판 또는 운반구, 승강장치, 그 밖의 장치 및 이들에 부속된 기계부품에 의하여 구성되고, 와이어로프 또는 달기강선에 의하여 달기발판 또는 운반구가 전용 승강장치에 의하여 오르내리는 설비를 말한다.
- 적재하중 : 암(Arm)을 가진 곤돌라에서는 암을 최소의 경사각으로 한 상태에서 그 구조상 작업대에 사람 또는 화물을 싣고 상승시킬 수 있는 최대 하중을 말하며 하강 전용곤돌라에서는 그 구조상 작업대에 사람 또는 화물을 적재할 수 있는 최대 하중을 말한다.
- 정격속도 : 곤돌라의 작업대에 적재하중에 상당하는 하중을 싣고 상승시킬 경우의 최고속도를 말한다.
- 허용하강속도 : 곤돌라의 작업대에 적재하중에 상당하는 하중을 적재하고 하강할 경우에 허용되는 최고속도를 말한다.

ⓑ 곤돌라의 방호장치 : 권과방지장치, 권과리밋(리밋스위치), 과부하방지장치, 제동장치, 비상정지장치, 기계적 보조장치 등
- 과부하 방지장치는 적재하중을 초과하여 적재 시 주 와이어로프에 걸리는 과부하를 감지하여 경보와 함께 승강되지 않는 구조일 것
- 권과방지장치는 권과를 방지하기 위하여 자동적으로 동력을 차단하고 작동을 제동하는 기능을 가질 것
- 기어·축·커플링 등의 회전부분에는 덮개나 울이 설치되어 있을 것
- 비상정지장치는 컨트롤패널 및 상하 이동장치에 부착되어 있어 비상 시 버튼을 누르면 곤돌라 작동이 중지된다.

ⓒ 곤돌라작업의 안전수칙
- 안전검사필증이 부착되어 있는지 확인한다.
- 호선과 곤돌라의 고정상태를 확인한다.
- 호선 갑판 상부에서 곤돌라에 탑승하기 위한 승강 사다리 설치상태를 확인한다.
- 와이어로프, 달기체인, 훅, 섀클 등 하중이 걸리는 부분을 확인한다.
- 권과방지장치, 과부하방지장치, 비상정지스위치 등 방호장치 기능을 확인한다.

- 작업대의 각 조립부 파손 및 조임 상태, 수평조작 및 유지 상태를 확인한다.
- 안전벨트 비치, 생명줄 설치, 안전로프 상태를 확인한다.
- 기타 각종 볼트, 너트의 죔 상태, 펜던트 작동상태, 전원케이블 상태를 확인한다.
- 바스켓이 파손된 것은 없는지 내부에 불필요한 물건은 없는지 확인한다.
- 와이어로프의 단선, 마모, 킹크 등의 상태를 확인한다.
- 작업을 위해 설치된 족장 등 선체 구조물과 접촉되는지 주시하면서 작업한다.
- 작업대로부터 작업공구, 부재 등이 낙하·비래하지 않도록 조치하고 작업한다.
- 작업대의 수평상태를 수시로 확인 조정하면서 작업한다.
- 곤돌라 조작은 지정한자 외에는 못하도록 조치한다.
- 작업은 꼭 작업대가 정지한 후 실시한다.
- 작업대의 잘 보이는 곳에 적재하중을 표시하고 적재하중을 초과하는 무게는 싣지 않는다.
- 작업대 안에서 발판, 사다리 등을 사용하지 않는다.
- 곤돌라의 운반구에 근로자를 탑승시켜서는 아니 된다. 다만, 추락에 의한 위험방지를 위하여 다음의 조치를 한 경우에는 그러하지 아니하다.
    - 운반구가 뒤집히거나 떨어지지 아니하도록 필요한 조치를 할 것
    - 안전대 및 구명줄을 설치하고, 안전난간의 설치가 가능한 구조인 경우에는 안전난간을 설치할 것

⑦ 승강기의 안전

㉠ 승강기의 개요
- 승강기 : 건축물이나 고정된 시설물에 설치되어 일정한 경로에 따라 사람이나 화물을 승강장으로 옮기는 데에 사용되는 설비로서 다음의 것을 말한다.
    - 승객용 엘리베이터 : 사람의 운송에 적합하게 제조·설치된 엘리베이터
    - 승객화물용 엘리베이터 : 사람의 운송과 화물 운반을 겸용하는 데 적합하게 제조·설치된 엘리베이터
    - 화물용 엘리베이터 : 화물 운반에 적합하게 제조·설치된 엘리베이터로서 조작자 또는 화물취급자 1명은 탑승할 수 있는 것(적재용량이 300[kg] 미만인 것은 제외)
    - 소형화물용 엘리베이터 : 음식물이나 서적 등 소형 화물의 운반에 적합하게 제조·설치된 엘리베이터로서 사람의 탑승이 금지된 것
    - 에스컬레이터 : 일정한 경사로 또는 수평로를 따라 위·아래 또는 옆으로 움직이는 디딤판을 통해 사람이나 화물을 승강장으로 운송시키는 설비
- 승강기의 구성장치 : 가이드레일, 권상장치, 완충기 등
- 승강기의 방호장치 : 과부하방지장치, 파이널리밋스위치, 비상정지장치, 조속기, 출입문 인터로크 등
- 순간풍속이 35[m/s]를 초과하는 바람이 불어올 우려가 있는 경우 옥외에 설치되어 있는 승강기에 대하여 받침의 수를 증가시키는 등 승강기가 무너지는 것을 방지하기 위한 조치를 하여야 한다.

㉡ 사업장에 승강기의 설치·조립·수리·점검 또는 해체 작업 시 조치사항
- 작업을 지휘하는 사람을 선임하여 그 사람의 지휘하에 작업을 실시할 것
- 작업을 할 구역에 관계 근로자가 아닌 사람의 출입을 금지하고 그 취지를 보기 쉬운 장소에 표시할 것
- 비, 눈, 그 밖에 기상상태의 불안정으로 날씨가 몹시 나쁜 경우에는 그 작업을 중지시킬 것
- 작업을 지휘하는 사람이 이행하여야 하는 사항 : 리프트의 경우와 같다.

㉢ 승강기의 안전수칙
- 안전장치(비상정지장치) 내부진면 출입문의 작동상태를 확인하고 이상이 있을 때는 운행하지 않는다.
- 사용 전 작동방법 및 비상시 조치요령을 숙지한다.
- 적재용량 이하로 운반하며 돌출적재를 하지 않는다.
- 승강기의 바닥면과 건물의 바닥면이 일치됨을 확인 후 운행한다.
- 운전자 이외의 작업자 탑승을 금지한다.
- 운전 중 내부 전면 출입문에 기대지 않는다.
- 출입문 작동 시 출입을 금한다.
- 승강기 작동이 완전히 멈춘 후 출입한다.
- 화물용 승강기에는 절대 탑승할 수 없다.
- 적재중량을 초과해서 싣지 않는다.

- 책임자는 와이어, 감속기 주유점검을 정기적으로 실시한다.
- 승강기의 문이 완전히 닫힌 후 운전한다.
- 안전장치에 이상이 있을 때는 운행하지 않는다.
- 운전책임자 외에는 절대 운전해서는 안 된다.
- 운행 중 이상이 발견되면 즉시 보고 후 조치를 받는다.

10년간 자주 출제된 문제

3-1. 다음 중 양중기에 해당되지 않는 것은?
① 어스드릴
② 크레인
③ 리프트
④ 곤돌라

3-2. 다음 중 양중기에 사용되는 와이어로프의 사용금지 규정으로 옳지 않은 것은?
① 이음매가 있는 것
② 와이어로프의 한 꼬임에서 끊어진 소선의 수가 10[%] 이상인 것
③ 심하게 변형 또는 부식된 것
④ 지름의 감소가 공칭지름의 5[%] 이상인 것

3-3. 강풍이 불어올 때 타워크레인의 운전작업을 중지하여야 하는 순간풍속의 기준으로 옳은 것은?
① 순간풍속이 초당 10[m] 초과
② 순간풍속이 초당 15[m] 초과
③ 순간풍속이 초당 25[m] 초과
④ 순간풍속이 초당 30[m] 초과

3-4. 타워크레인을 와이어로프로 지지하는 경우에 준수해야 할 사항으로 옳지 않은 것은?
① 와이어로프를 고정하기 위한 전용 지지프레임을 사용할 것
② 와이어로프 설치각도는 수평면에서 60° 이상으로 하되, 지지점은 4개소 미만으로 할 것
③ 와이어로프와 그 고정 부위는 충분한 강도와 장력을 갖도록 설치할 것
④ 와이어로프가 가공전선에 근접하지 않도록 할 것

3-5. 옥외에 설치되어 있는 주행크레인에 대하여 이탈방지장치를 작동시키는 등 그 이탈을 방지하기 위한 조치를 하여야 하는 순간풍속에 대한 기준으로 옳은 것은?
① 순간풍속이 초당 10[m]를 초과하는 바람이 불어올 우려가 있는 경우
② 순간풍속이 초당 20[m]를 초과하는 바람이 불어올 우려가 있는 경우
③ 순간풍속이 초당 30[m]를 초과하는 바람이 불어올 우려가 있는 경우
④ 순간풍속이 초당 40[m]를 초과하는 바람이 불어올 우려가 있는 경우

3-6. 다음 그림과 같이 두 곳에 줄을 달아 중량물을 들어올릴 때, 힘 P의 크기에 관한 설명으로 옳은 것은?

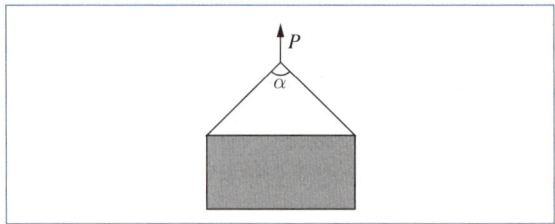

① 매단 줄의 각도(α)가 0°일 때 최소가 된다.
② 매단 줄의 각도(α)가 60°일 때 최소가 된다.
③ 매단 줄의 각도(α)가 120°일 때 최소가 된다.
④ 매단 줄의 각도(α)와 상관없이 모두 같다.

3-7. 다음 그림과 같이 750[kgf]의 화물을 인양하려 할 때 와이어로프 한 가닥에 작용되는 장력(T)은?

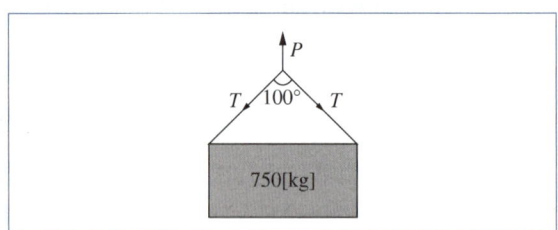

① 750[kgf]
② 583[kgf]
③ 375[kgf]
④ 241[kgf]

|해설|

3-1
양중기의 종류(산업안전보건기준에 관한 규칙 제132조)
- 크레인(호이스트 포함)
- 이동식 크레인
- 리프트(이삿짐 운반용 리프트의 경우에는 적재하중이 0.1[ton] 이상으로 한정)
- 곤돌라
- 승강기

3-2
와이어로프 사용금지 규정(산업안전보건기준에 관한 규칙 제63조)
- 이음매가 있는 것
- 와이어로프의 한 꼬임(스트랜드, Strand)에서 끊어진 소선(필러선 제외)의 수가 10[%] 이상
- 지름의 감소가 공칭지름의 7[%]를 초과하는 것
- 꼬인 것
- 심하게 변형되거나 부식된 것
- 열과 전기충격에 의해 손상된 것

3-3
사업주는 순간풍속이 초당 10[m]를 초과하는 경우 타워크레인의 설치·수리·점검 또는 해체작업을 중지하여야 하며, 순간풍속이 초당 15[m]를 초과하는 경우에는 타워크레인의 운전작업을 중지하여야 한다.

3-4
와이어로프 설치각도는 수평면에서 60° 이내로 하되, 지지점은 4개소 이상으로 하고 같은 각도로 설치할 것

3-5
폭풍 시 옥외에 설치되어 있는 주행크레인의 이상 유무 점검, 이탈방지를 위한 조치 등을 해야 하는 풍속기준은 순간풍속 30[m/s] 초과되는 경우이다.

3-6
힘 P의 크기는 매단 줄의 각도(α)와 상관없이 모두 같다.

3-7
$\cos\dfrac{\theta}{2} = \dfrac{w/2}{T}$ 이므로 $T = \dfrac{750/2}{\cos 50°} = \dfrac{375}{\cos 50°} \approx 583.4[kgf]$

정답 3-1 ① 3-2 ④ 3-3 ② 3-4 ① 3-5 ③ 3-6 ④ 3-7 ②

핵심이론 04 | 지게차

① 안정 모멘트와 안정도

㉠ 안정 모멘트 관계식 : $M_1 < M_2$, $W_a < G_b$

(여기서, M_1 : 화물의 모멘트, M_2 : 지게차의 모멘트, W : 화물의 중량, a : 앞바퀴의 중심부터 화물의 중심까지의 최단거리, G : 지게차 자체중량, b : 앞바퀴의 중심부터 지게차 중심까지의 최단거리)

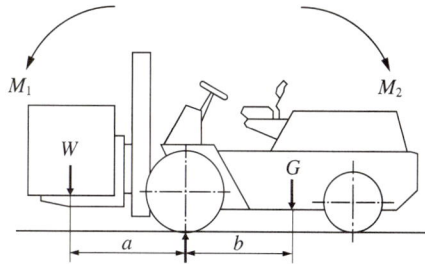

㉡ 안정도
- 작업 또는 주행 시 안정도 이하로 유지해야 한다.
- 주행과 하역작업의 안정도가 다르다.
- 전후 안정도와 좌우 안정도가 다르다.
- 안정도는 등판능력과는 무관하다.
- 지게차의 전후 안정도(S_{fr}) : $S_{fr} = \dfrac{h}{l} \times 100[\%]$

    (여기서, h : 높이, l : 수평거리)
    - 무부하·부하 상태에서 주행 시 전후 안정도는 18[%] 이내이어야 한다.
    - 부하 상태에서 하역작업 시의 전후 안정도 : 5[ton] 미만의 경우는 4[%] 이내, 5[ton] 이상은 3.5[%] 이내
- 좌우 안정도
    - 무부하 상태에서 주행 시의 지게차의 좌우 안정도(S_{lr})는 $S_{lr} = 15 + 1.1V[\%]$ 이내이어야 한다(V : 구내 최고속도[km/h]).
    - 부하 상태에서 하역작업 시의 좌우 안정도는 6[%] 이내이어야 한다.

② 지게차 안전 관련 제반사항
　㉠ 지게차를 이용한 작업을 안전하게 수행하기 위한 장치 : 헤드가드, 전조등 및 후미등, 백레스트 등
　　• 사업주는 전조등과 후미등을 갖추지 아니한 지게차를 사용해서는 안 된다. 다만, 작업을 안전하게 수행하기 위하여 필요한 조명이 확보되어 있는 장소에서 사용하는 경우에는 그렇지 않다.
　　• 사업주는 지게차 작업 중 근로자와 충돌할 위험이 있는 경우에는 지게차에 후진경보기와 경광등을 설치하거나 후방감지기를 설치하는 등 후방을 확인할 수 있는 조치를 해야 한다.
　　• 사업주는 다음에 따른 적합한 헤드가드(Head Guard)를 갖추지 아니한 지게차를 사용해서는 아니 된다. 다만, 화물의 낙하에 의하여 지게차의 운전자에게 위험을 미칠 우려가 없는 경우에는 그러하지 아니하다.
　　　- 강도는 지게차 최대 하중의 2배 값(4[ton]을 넘는 값에 대해서는 4[ton]으로 한다)의 등분포정하중에 견딜 수 있을 것
　　　- 상부틀 각 개구의 폭 또는 길이가 16[cm] 미만일 것
　　　- 운전자가 앉아서 조작하거나 서서 조작하는 지게차의 헤드가드는 한국산업표준에서 정하는 높이 기준 이상일 것
　　• 백레스트(Backrest)는 지게차에서 통상적으로 갖추고 있어야 하나, 마스트의 후방에서 화물이 낙하함으로써 근로자에게 위험을 미칠 우려가 없는 때에는 반드시 갖추지 않아도 된다.
　　• 사업주는 지게차에 의한 하역운반작업에 사용하는 팰릿(Pallet) 또는 스키드(Skid)는 다음에 해당하는 것을 사용하여야 한다.
　　　- 적재하는 화물의 중량에 따른 충분한 강도를 가질 것
　　　- 심한 손상·변형 또는 부식이 없을 것
　　• 사업주는 앉아서 조작하는 방식의 지게차를 운전하는 근로자에게 좌석 안전띠를 착용하도록 하여야 한다.
　　• 지게차를 운전하는 근로자는 좌석 안전띠를 착용하여야 한다.

　㉡ 지게차의 헤드가드가 갖추어야 하는 사항
　　• 강도는 지게차의 최대 하중의 2배 값(4[ton]을 넘는 값에 대해서는 4[ton]으로 한다)의 등분포 정하중에 견딜 수 있을 것
　　• 상부틀 각 개구의 폭 또는 길이가 16[cm] 미만일 것
　　• 운전자가 앉아서 조작하거나 서서 조작하는 지게차의 헤드가드는 한국산업표준에서 정하는 높이 기준 이상일 것(입식 : 1.88[m], 좌식 : 0.903[m])
　㉢ 작업장 내 운반이 주목적인 구내 운반차의 제동장치 준수사항
　　• 조명이 없는 장소에서 작업 시 전조등과 후미등을 갖출 것
　　• 운전석이 차 실내에 있는 것은 좌우에 한 개씩 방향지시기를 갖출 것
　　• 운전석이 차 실내에 있는 것은 좌우에 한개씩 방향지시기를 갖출 것
　　• 전조등과 후미등을 갖출 것. 다만, 작업을 안전하게 하기 위하여 필요한 조명이 있는 장소에서 사용하는 구내운반차에 대해서는 그러하지 아니하다.
　㉣ 지게차 운전 시의 안전사항
　　• 짐을 들어올린 상태로 출발, 주행하여야 한다.
　　• 적재하물이 크고 현저하게 시계를 방해할 때에는 유도자를 붙여 차를 유도시키는 등의 조치를 취해야 한다.
　　• 철판 또는 각목을 다리 대용으로 하여 통과할 때는 반드시 강도를 확인한다.
　　• 짐을 싣고 내리막길을 내려갈 때는 후진으로 천천히 운행한다.
　　• 주행 시 포크는 반드시 운전자의 눈높이보다 낮게 올리고 운전해야 한다.
　　• 일반적으로 백레스트를 갖추지 않은 지게차는 사용해서는 안 된다.
　　• 짐을 인양한 밑으로 사람을 통과시키는 것을 금한다.
　　• 마스트 이상 짐을 높게 실어서는 안 된다.

10년간 자주 출제된 문제

4-1. 산업안전보건법에서 지게차 사용 시 적합한 헤드가드로서의 요건으로 옳은 것은?

① 강도는 지게차의 최대 하중의 1.5배 값의 등분포하중에 견딜 수 있을 것
② 상부틀의 각 개구의 폭 또는 길이가 20[cm] 미만일 것
③ 운전자가 앉아서 조작하는 방식의 지게차에 있어서는 운전자 좌석의 상면에서 헤드가드의 상부틀 하면까지의 높이가 0.903[m] 이상일 것
④ 운전자가 서서 조작하는 방식의 지게차에 있어서는 운전석의 바닥면에서 헤드가드의 상부틀 하면까지의 높이가 0.903[m] 이상일 것

4-2. 지게차 운전 시의 안전사항에 해당되지 않는 것은?

① 짐을 들어 올린 상태로 출발, 주행하여야 한다.
② 적재하물이 크고 현저하게 시계를 방해할 때에는 유도자를 붙여 차를 유도시키는 등의 조치를 취해야 한다.
③ 짐을 싣고 내리막길을 내려갈 때는 전진으로 천천히 운행할 것
④ 철판 또는 각목을 다리 대용으로 하여 통과할 때는 반드시 강도를 확인할 것

|해설|

4-1
① 강도는 지게차의 최대하중의 2배값의 등분포하중에 견딜 수 있을 것
② 상부틀 각 개구의 폭 또는 길이가 16[cm] 미만일 것
④ 운전자가 앉아서 조작하거나 서서 조작하는 지게차의 헤드가드는 한국산업표준에서 정하는 높이 기준 이상일 것(입식 : 1.88[m], 좌식 : 0.903[m])

4-2
짐을 싣고 내리막 길을 내려갈 때는 후진으로 천천히 운행할 것

정답 4-1 ③ 4-2 ③

제3절 건설 가시설물과 구조물

핵심이론 01 | 건설 가시설물

① 건설 가시설물의 개요
  ㉠ 가설구조물의 특징
    • 부재의 결합이 매우 간단하다(부재 결합이 간략하여 불안전 결합이다).
    • 구조물이라는 통상의 개념이 확고하지 않으며 조립의 정밀도가 낮다.
    • 연결재가 적은 구조로 되기 쉬우므로 연결부가 약하다.
    • 사용부재가 과소단면이거나 결함재료를 사용하기 쉽다.
    • 구조상의 결함이 있는 경우 중대재해로 이어질 수 있다.
    • 도괴재해의 가능성이 크다.
    • 추락재해 가능성이 크다.
  ㉡ 가설공사에서의 동력 사용 관련 사항
    • 동력은 전동기 또는 내연기관이 많이 쓰인다.
    • 전력에 관한 사항은 전력회사 방침에 따라야 한다.
    • 동력을 사용할 때는 변압기, 변전실, 배전반 등을 전문업자의 시공으로 설비해야 한다.
    • 가설공사이어도 전력은 현장원이 가설하면 안 된다.
  ㉢ 비계를 변경한 후 작업 전 비계의 점검사항
    • 발판재료의 손상여부 및 부착 또는 걸림 상태
    • 당해 비계의 연결부 또는 접속부의 풀림 상태
    • 연결재료 및 연결철물의 손상 또는 부식 상태
    • 손잡이의 탈락여부
    • 기둥의 침하·변형·변위 또는 흔들림 상태
    • 로프의 부착상태 및 매단장치의 흔들림 상태
  ㉣ 안전시설비의 적용
    • 안전시설비로 사용할 수 없는 것 : 안전통로, 안전발판, 안전계단 등의 공사 수행에 필요한
    • 안전시설비로 사용할 수 있는 것 : 비계에 추가설치하는 추락방지용 안전난간, 사다리 전도방지장치, 통로의 낙하물 방호선반 등

ⓒ 건설물 관련 제반사항
- 가설구조물의 갖추어야 할 3대 구비요건 : 안전성, 작업성, 경제성
- 공통가설공사 항목 : 비계설비, 양중설비, 가설울타리 등
- 좌 굴
  - 양끝이 힌지(Hinge)인 기둥에 수직하중을 가하면 기둥이 수평방향으로 휘게 되는 현상
  - 가설구조물 부재의 강성이 부족하여 가늘고 긴 부재가 압축력에 의하여 파괴되는 현상
- 클램프 : 비계, 거푸집동바리 등을 조립하는 경우 강재와 강재의 접속부 또는 교차부를 연결시키기 위한 전용 철물

② 건설공사에 사용되는 비계
  ㉠ 비계의 개요
  - 비계의 부재 중 기둥과 기둥을 연결시키는 부재 : 띠장, 장선, 가새
  - 비계에서 벽 고정을 하고 기둥과 기둥을 수평재나 가새로 연결하는 이유는 좌굴을 방지하기 위해서이다.
  - 비계의 종류 : 통나무비계, 강관비계(단관비계, 강관틀비계), 달비계, 달대비계, 말비계, 이동식 비계, 시스템비계
  - 외줄비계, 쌍줄비계 또는 돌출비계에 대해서는 다음에서 정하는 바에 따라 벽이음 및 버팀을 설치한다(다만, 창틀의 부착 또는 벽면의 완성 등의 작업을 위하여 벽이음 또는 버팀을 제거하는 경우, 그 밖에 작업의 필요상 부득이한 경우로서 해당 벽이음 또는 버팀 대신 비계기둥 또는 띠장에 사재(斜材)를 설치하는 등 비계가 넘어지는 것을 방지하기 위한 조치를 한 경우에는 그러하지 아니하다).
    - 강관비계의 조립 간격

구 분	수직 방향	수평 방향
단관비계	5[m]	
틀비계(높이 5[m] 미만 제외)	6[m]	8[m]

  - 강관・통나무 등의 재료를 사용하여 견고한 것으로 할 것
  - 인장재와 압축재로 구성된 경우에는 인장재와 압축재의 간격을 1[m] 이내로 할 것
  - 비계재료의 연결・해체작업을 하는 경우에는 폭 20[cm] 이상의 발판을 설치하고 근로자로 하여금 안전대를 사용하도록 하는 등 추락을 방지하기 위한 조치를 할 것

  ㉡ 비계재료
  - 비계발판의 재료
    - 비계발판은 목재 또는 합판을 사용하여야 하며, 기타 자재를 사용할 경우에는 별도의 안전조치를 하여야 한다.
    - 제재목인 경우에 있어서는 장섬유질의 경사가 1 : 15 이하이어야 하고 충분히 건조된 것(함수율 15~20[%] 이내)을 사용하여야 하며 변형, 갈라짐, 부식 등이 있는 자재를 사용해서는 아니 된다.
    - 재료의 강도상 결점은 다음에 따른 검사에 적합하여야 한다.
      ⓐ 발판의 폭과 동일한 길이 내에 있는 결점치수의 총합이 발판폭의 1/4을 초과하지 않을 것
      ⓑ 결점 개개의 크기가 발판의 중앙부에 있는 경우 발판폭의 1/5, 발판의 갓 부분에 있을 때는 발판폭의 1/7을 초과하지 않을 것
      ⓒ 발판의 갓면에 있을 때는 발판 두께의 1/2을 초과하지 않을 것
      ⓓ 발판의 갈라짐은 발판폭의 1/2을 초과해서는 아니되며 철선, 띠철로 감아서 보존할 것
    - 비계발판의 치수는 폭이 두께의 5~6배 이상이어야 하며 발판 폭은 40[cm] 이상, 두께는 3.5[cm] 이상, 길이는 3.6[cm] 이내이어야 한다.
    - 비계발판은 하중과 간격에 따라서 응력의 상태가 달라지므로 다음의 허용응력을 초과하지 않도록 설계하여야 한다.

(단위 : [kg/cm²])

허용응력도 목재의 종류	압 축	인장 또는 휨	전 단
적송, 흑송, 회목	120	135	10.5
삼송, 전나무, 가문비나무	90	105	7.5

  - 통나무 재료
    - 비계용 통나무는 장선을 제외하고 서로 대체 활용할 수 있으므로 압축, 인장 및 휨 등 외력이 작용하여도 충분히 견딜 수 있어야 한다.

- 형상이 곧고 나뭇결이 바르며 큰 옹이, 부식, 갈라짐 등 흠이 없고 건조된 것으로 썩거나 다른 결점이 없어야 한다.
- 통나무의 직경은 밑동에서 1.5[m] 되는 지점에서의 지름이 10[cm] 이상이고 끝마구리의 지름은 4.5[cm] 이상이어야 한다.
- 휨 정도는 길이의 1.5[%] 이내이어야 한다.
- 밑동에서 끝마무리까지의 지름의 감소는 1[m]당 0.5~0.7[cm]가 이상적이나 최대 1.5[cm]를 초과하지 않아야 한다.
- 결손과 갈라진 길이는 전체 길이의 1/5 이내이고 깊이는 통나무 직경의 1/4을 넘지 않아야 한다.
- 강관 및 강관틀비계 재료 : 고용노동부장관이 정하는 가설기자재 성능 검정규격에 합격한 것을 사용하여야 한다.
- 결속재료 : 통나무비계의 결속재료로 사용되는 철선은 직경 3.4[mm]의 #10 내지 직경 4.2[mm]의 #8의 소성 철선(철선 길이 1개소 150[cm] 이상) 또는 #16 내지 #18의 아연도금 철선(철선 길이 1개소 500[cm] 이상)을 사용하며, 결속재료는 모두 새것을 사용하고 재사용하지 아니한다.

ⓒ 건설공사에 사용되는 비계시공의 공통사항
- 외부비계는 별도로 설계된 경우를 제외하고는 구조체에서 300[mm] 이내로 떨어져 쌍줄비계로 설치하되, 별도의 작업발판을 설치할 수 있는 경우에는 외줄비계로 할 수 있다.
- 비계기둥과 구조물 사이에는 근로자의 추락을 방지하기 위하여 추락방호소치들 실시하여야 한다.
- 비계는 강관비계 등으로 하되 시공 여건, 안전도 및 경제성을 고려하여 공사감독자의 승인을 받아 동등 규격 이상의 재질로 변경 · 적용할 수 있다.
- 비계는 시공에 편리하고 안전하도록 공사의 종류, 규모, 장소 및 공기구 등에 따라 적합한 재료 및 방법으로 견고하게 설치하고 유지 보존에 항상 주의한다.
- 이 기준에 해당하는 사항 이외의 재료 및 구조 등은 건축법 및 산업안전보건법, 기타 관련법에 따른다.
- 높이 31[m] 이상인 비계구조물 및 그 밖의 발주자 또는 인 · 허가기관의 장이 필요하다고 인정한 구조물에 대해서는 비계공사 일반사항(KCS 21 60 05 1.5.3(1))에 따른다.

ⓓ 통나무비계(가설공사 표준안전 작업지침 제7조)
- 비계기둥의 밑둥은 호박돌, 잡석 또는 깔판 등으로 침하방지조치를 취하여야 하고 지반이 연약한 경우에는 땅에 매립하여 고정시켜야 한다.
- 비계기둥의 간격은 띠장 방향에서 1.5[m] 내지 1.8[m] 이하, 장선 방향에서는 1.5[m] 이하이어야 한다.
- 띠장 방향에서 1.5[m] 이하로 할 때에는 통나무 지름이 10[cm] 이상이어야 하며, 띠장 간격은 1.5[m] 이하로 하여야 하고 지상에서 첫 번째 띠장은 3[m] 정도의 높이에 설치하여야 한다.
- 비계기둥의 간격은 1.8[m] 이하로 하고 인접한 비계기둥의 이음은 동일 높이에 있지 않도록 하여야 한다.
- 비계기둥은 겹침이음하는 경우 1[m] 이상 겹처대고 2개소 이상 결속하여야 하며, 맞댄이음을 하는 경우 쌍기둥틀로 하거나 1.8[m] 이상의 덧댐목을 대고 4개소 이상 결속하여야 한다.
- 벽 연결은 수직 방향에서 5.5[m] 이하, 수평 방향에서는 7.5[m] 이하 간격으로 연결하여야 한다.
- 기둥 간격 10[m] 이내마다 45° 각도의 처마 방향 가새를 비계기둥 및 띠장에 결속하고, 모든 비계기둥은 가새에 결속하여야 한다.
- 작업대에는 안전난간을 설치하여야 한다.
- 작업대 위의 공구, 재료 등에 대해서는 낙하물 방지조치를 취해야 한다.

ⓔ 강관비계(안전보건규칙 제59조~제61조)
- 강관비계 조립 시의 준수사항
  - 비계기둥에는 미끄러지거나 침하하는 것을 방지하기 위하여 밑받침철물을 사용하거나 깔판, 받침목 등을 사용하여 밑둥잡이를 설치하는 등의 조치를 할 것
  - 강관의 접속부 또는 교차부는 적합한 부속철물을 사용하여 접속하거나 단단히 묶을 것
  - 교차 가새로 보강할 것
  - 외줄비계, 쌍줄비계 또는 돌출비계에 대해서는 다음에서 정하는 바에 따라 벽이음 및 버팀을 설치할 것. 다만, 창틀의 부착 또는 벽면의 완성 등의 작업을 위하여 벽이음 또는 버팀을 제거하는 경우, 그 밖에 작업의 필요상 부득이한 경우로서 해당 벽이음 또는 버팀 대신 비계기둥 또는

띠장에 사재(斜材)를 설치하는 등 비계가 넘어지는 것을 방지하기 위한 조치를 한 경우에는 그러하지 아니하다.
  ⓐ 강관비계의 조립 간격은 다음의 기준에 적합하도록 할 것

강관비계의 종류	조립 간격(단위 : [m])	
	수직 방향	수평 방향
단관비계	5	5
틀비계(높이 5[m] 미만인 것은 제외)	6	8

  ⓑ 강관·통나무 등의 재료를 사용하여 견고한 것으로 할 것
  ⓒ 인장재와 압축재로 구성된 경우에는 인장재와 압축재의 간격을 1[m] 이내로 할 것
- 가공전로에 근접하여 비계를 설치하는 경우에는 가공전로를 이설하거나 가공전로에 절연용 방호구를 장착하는 등 가공전로와의 접촉을 방지하기 위한 조치를 할 것

• 비계기둥
- 비계기둥의 간격은 띠장 방향에서는 1.85[m] 이하, 장선(長線) 방향에서는 1.5[m] 이하로 할 것. 다만, 다음의 어느 하나에 해당하는 작업의 경우에는 안전성에 대한 구조검토를 실시하고 조립도를 작성하면 띠장 방향 및 장선 방향으로 각각 2.7[m] 이하로 할 수 있다.
  ⓐ 선박 및 보트 건조작업
  ⓑ 그 밖에 장비 반입·반출을 위하여 공간 등을 확보할 필요가 있는 등 작업의 성질상 비계기둥 간격에 관한 기준을 준수하기 곤란한 작업
- 비계기둥은 이동이나 흔들림을 방지하기 위해 수평재, 가새 등으로 안전하고 단단하게 고정되어야 한다.
- 비계기둥의 바닥은 작용한 하중을 안전하게 기초에 전달할 수 있도록 깔목 또는 받침철물을 사용하거나 견고한 기초 위에 놓여야 한다.
- 비계기둥의 밑둥에 받침 철물을 사용하는 경우 인접하는 비계기둥과 밑둥잡이로 연결한다. 연약지반에서는 소요폭의 깔판을 비계기둥에 3본 이상 연결되도록 깔아댄다. 다만, 이 깔판에 받침철물을 고정했을 때는 밑둥잡이를 생략할 수 있다.
- 비계기둥의 제일 윗부분으로부터 31[m] 되는 지점 밑부분의 비계기둥은 2개의 강관으로 묶어 세울 것. 다만, 브래킷 등으로 보강하여 2개의 강관으로 묶을 경우 이상의 강도가 유지되는 경우에는 그러하지 아니하다.
- 비계기둥 1개에 작용하는 하중은 7.0[kN] 이내이어야 한다.
- 비계기둥 간의 적재하중은 400[kg]을 초과하지 않도록 할 것
- 비계기둥과 구조물 사이의 간격은 별도로 설계된 경우를 제외하고는 추락방지를 위하여 300[mm] 이내이어야 한다.

• 띠 장
- 띠장 간격은 2.0[m] 이하로 할 것. 다만, 작업의 성질상 이를 준수하기가 곤란하여 쌍기둥틀 등에 의하여 해당 부분을 보강한 경우에는 그러하지 아니하다.
- 띠장의 수직 간격은 1.5[m] 이하로 한다. 다만, 지상으로부터 첫 번째 띠장은 통행을 위해 강관의 좌굴이 발생되지 않는 한도 내에서 2[m] 이내로 설치할 수 있다.
- 띠장을 연속해서 설치할 경우에는 겹침이음으로 하며, 겹침이음을 하는 띠장 간의 이격거리는 순간격이 100[mm] 이내가 되도록 하여 교차되는 비계기둥에 클램프로 결속한다. 다만, 전용의 강관조인트를 사용하는 경우에는 겹침이음한 것으로 본다.
- 띠장의 이음위치는 각각의 띠장끼리 최소 300[mm] 이상 엇갈리게 한다.
- 띠장은 비계기둥의 간격이 1.8[m]일 때는 비계기둥 사이의 하중한도를 4.0[kN]으로 하고, 비계기둥의 간격이 1.8[m] 미만일 때는 그 역비율로 하중한도를 증가할 수 있다.

• 장 선
- 장선은 비계의 내·외측 모든 기둥에 결속하여야 한다.
- 장선 간격은 1.5[m] 이하로 한다. 또한, 비계기둥과 띠장의 교차부에서는 비계기둥에 결속하며, 그 중간 부분에서는 띠장에 결속하여야 한다.

- 작업발판을 맞댐형식으로 깔 경우, 장선은 작업 발판의 내민 부분이 100~200[mm]의 범위가 되도록 간격을 정하여 설치하여야 한다.
- 장선은 띠장으로부터 50[mm] 이상 돌출하여 설치한다. 또한 바깥쪽 돌출 부분은 수직 보호망 등의 설치를 고려하여 일정한 길이가 되도록 한다.

• 가 새
- 대각으로 설치하는 가새는 비계의 외면으로 수평면에 대해 40~60° 방향으로 설치하며, 비계기둥에 결속한다. 가새의 배치 간격은 약 10[m]마다 교차하는 것으로 한다.
- 기둥 간격 10[m]마다 45° 각도의 처마 방향 가새를 설치해야 하며, 모든 비계기둥은 가새에 결속하여야 한다.
- 가새와 비계기둥과의 교차부는 회전형 클램프로 결속한다.
- 수평가새는 벽이음재를 부착한 높이에 각 스팬마다 설치하여 보강한다.

• 벽이음
- 벽이음재의 배치 간격은 벽 이음재의 성능과 작용하중을 고려한 구조설계에 따르며, 수직 방향 5[m] 이하, 수평 방향 5[m] 이하로 설치하여야 한다(벽 연결은 수직으로 5[m], 수평으로 5[m] 이내마다 연결하여야 한다).
- 벽이음 위치는 비계기둥과 띠장의 결합 부근으로 하며, 벽면과 직각이 되도록 설치하고, 비계의 최상단과 가상자리 끝에도 벽이음재를 설치하여야 한다.

• 특수한 경우 : 중량물을 비계발판에 놓아 두는 경우와 같이 특수한 용도일 때 또는 출입구 및 개구부 등은 각각의 경우에 따라 강도 계산을 하여 안전하도록 한다.

• 강관의 강도 식별 : 사업주는 바깥지름 및 두께가 같거나 유사하면서 강도가 다른 강관을 같은 사업장에서 사용하는 경우 강관에 색 또는 기호를 표시하는 등 강관의 강도를 알아볼 수 있는 조치를 하여야 한다.

ⓗ 강관틀비계

• 주 틀
- 비계기둥의 밑동에는 밑받침철물을 사용하여야 하며 밑받침에 고저차가 있는 경우에는 조절형 밑받침철물을 사용하여 각각의 강관틀 비계가 항상 수평 및 수직을 유지하도록 할 것
- 높이가 20[m]를 초과하거나 중량물의 적재를 수반하는 작업을 할 경우에는 주틀 간의 간격을 1.8[m] 이하로 할 것
- 주틀 간에 교차가새를 설치하고 최상층 및 5층 이내마다 수평재를 설치할 것
- 길이가 띠장 방향으로 4[m] 이하이고 높이가 10[m]를 초과하는 경우에는 10[m] 이내마다 띠장 방향으로 버팀기둥을 설치할 것
- 전체 높이는 원칙적으로 40[m]를 초과할 수 없으며, 높이가 20[m]를 초과하는 경우나 중량작업을 하는 경우에는 내력상 중요한 틀의 높이를 2[m] 이하로 하고, 주틀의 간격을 1.8[m] 이하로 하여야 한다.
- 주틀의 간격이 1.8[m]일 경우에는 주틀 사이의 하중한도를 4.0[kN]으로 하고, 주틀의 간격이 1.8[m] 이내일 경우에는 그 역비율로 하중한도를 증가할 수 있다.
- 주틀의 기둥 1개당 수직하중의 한도는 견고한 기초 위에 설치하게 될 경우에는 24.5[kN]으로 한다. 다만, 깔판이 우그러들거나 침하의 우려가 있을 때 또는 특수한 구조일 때는 규정에 따라 이 값을 낮추어야 한다.
- 연결용 통로, 출입구 및 개구부 등에서 내력상 충분히 안전한 경우에는 주틀의 높이 및 간격을 전술한 규정보다 크게 할 수 있다.
- 주틀의 기둥재 바닥은 작용한 하중을 안전하게 기초에 전달할 수 있도록 받침 철물을 사용하거나, 견고한 기초 위에 놓여져야 한다. 다만, 주틀의 바닥에 고저 차가 있을 경우에는 조절형 받침 철물을 사용하여 각 주틀을 수평과 수직으로 유지하여야 하며, 연약지반에서는 받침 철물의 하부에 적당한 접지면적을 확보할 수 있도록 깔판을 깔아댄다.

- 주틀의 최상부와 5단 이내마다 띠장틀 또는 수평재를 설치하여야 한다.
- 비계의 모서리 부분에서는 주틀 상호 간을 비계용 강관과 클램프로 견고히 결속하고 주틀의 개구부에는 난간을 설치하여야 한다.
• 교차가새
  - 주틀 간에 교차가새를 설치하고 최상층 및 5층 이내마다 수평재를 설치하여야 한다.
  - 교차가새는 각 단, 각 스팬마다 설치하고 결속 부분은 진동 등으로 탈락하지 않도록 이탈방지를 하여야 한다.
  - 작업상 부득이하게 일부의 교차가새를 제거해야 할 때에는 그 사이에 수평재 또는 띠장틀을 설치하고 벽이음재가 설치되어 있는 단은 해체하지 않아야 한다.
• 벽이음 : 수직 방향으로 6[m], 수평 방향으로 8[m] 이내마다 벽이음을 할 것
• 보강재
  - 띠장 방향으로 길이 4[m] 이하이고, 높이 10[m]를 초과할 때는 높이 10[m] 이내마다 띠장 방향으로 유효한 보강틀을 설치한다(띠장 방향으로 길이가 4[m] 이하이고, 높이 10[m]를 초과하는 경우 높이 10[m] 이내마다 띠장 방향으로 버팀기둥을 설치하여야 한다).
  - 보틀 및 내민틀(캔틸레버)은 수평가새 등으로 옆흔들림을 방지할 수 있도록 보강해야 한다.
• 그 외의 다른 사항은 강관비계에 준한다.

ⓧ 시스템비계
• 수직재・수평재・가새재를 견고하게 연결하는 구조가 되도록 할 것
• 수직재
  - 수직재와 수평재는 직교되게 설치하여야 하며, 체결 후 흔들림이 없어야 한다.
  - 수직재를 연약 지반에 설치할 경우에는 수직하중에 견딜 수 있도록 지반을 다지고 두께 45[mm] 이상의 깔목을 소요폭 이상으로 설치하거나 콘크리트, 강재 표면 및 단단한 아스팔트 등의 침하방지조치를 하여야 한다.
  - 시스템비계 최하부에 설치하는 수직재는 받침철물의 조절너트와 밀착되도록 설치하여야 하며, 수직과 수평을 유지하여야 한다. 이때 수직재와 받침철물의 겹침 길이는 받침철물 전체 길이의 3분의 1 이상이 되도록 하여야 한다(비계 밑단의 수직재와 받침철물은 밀착되도록 설치하고, 수직재와 받침철물의 연결부의 겹침 길이는 받침철물 전체 길이의 3분의 1 이상이 되도록 할 것).
  - 수직재와 수직재의 연결은 전용의 연결조인트를 사용하여 견고하게 연결하고, 연결 부위가 탈락 또는 꺾어지지 않도록 하여야 한다.
• 수평재
  - 수평재는 수직재와 직각으로 설치하여야 하며, 체결 후 흔들림이 없도록 견고하게 설치할 것
  - 수평재는 수직재에 연결핀 등의 결합방법에 의해 견고하게 결합되어 흔들리거나 이탈되지 않도록 하여야 한다.
  - 안전난간의 용도로 사용되는 상부수평재의 설치 높이는 작업 발판면으로부터 0.9[m] 이상이어야 하며, 중간수평재는 설치 높이의 중앙부에 설치(설치 높이가 1.2[m]를 넘는 경우에는 2단 이상의 중간수평재를 설치하여 각각의 사이 간격이 0.6[m] 이하가 되도록 설치)하여야 한다.
• 가새
  - 대각으로 설치하는 가새는 비계의 외면으로 수평면에 대해 40~60° 방향으로 설치하며 수평재 및 수직재에 결속한다.
  - 가새의 설치 간격은 시공 여건을 고려하여 구조 검토를 실시한 후에 설치하여야 한다.
• 벽이음
  - 벽이음재의 배치 간격은 안전보건규칙 제69조에 따라 제조사가 정한 기준에 따라 설치한다.

◎ 이동식 비계
• 이동식 비계의 바퀴에는 뜻밖의 갑작스러운 이동 또는 전도를 방지하기 위하여 브레이크, 쐐기 등으로 바퀴를 고정시킨 다음 비계의 일부를 견고한 시설물에 고정하거나 아웃트리거를 설치하는 등 필요한 조치를 해야 한다.
• 승강용 사다리는 견고하게 설치할 것

- 비계의 최상부에서 작업하는 경우에는 안전난간을 설치할 것
- 작업발판은 항상 수평을 유지하고 작업발판 위에서 안전난간을 딛고 작업하거나 받침대 또는 사다리를 사용하여 작업하지 않도록 할 것
- 작업발판의 최대 적재하중은 250[kg]을 초과하지 않도록 할 것
- 안전담당자의 지휘하에 작업을 행하여야 한다.
- 이동식 비계의 조립 전에 구조, 강도, 기능 및 재료 등에 결함이 없는지 면밀히 검토하며, 조립도에 따라 설치한다.
- 부재의 접속부, 교차부는 확실하게 연결하여야 한다.
- 작업대에는 안전난간을 설치하여야 하며 낙하물 방지조치를 설치하여야 한다.
- 작업이 이루어지는 상단에는 안전난간과 발끝막이판을 설치하며, 부재의 이음부, 교차부는 사용 중 쉽게 탈락하지 않도록 결합하여야 한다.
- 작업상 부득이하거나 승강을 위하여 안전난간을 분리할 때에는 작업 후 즉시 재설치하여야 한다.
- 작업대의 발판은 전면에 걸쳐 빈틈없이 깔아야 한다.
- 이동할 때에는 작업원이 없는 상태이어야 한다.
- 비계의 이동에는 충분한 인원배치를 하여야 한다.
- 이동 시 작업지휘자는 방향과 높이 측정을 하려고 비계 위에 탑승하지 말 것
- 비계의 최대높이는 밑변 최소 폭의 4배 이하이어야 한다.
- 비계의 일부를 건물에 체결하여 이동, 전도 등을 방지하여야 한다.
- 불의의 이동을 방지하기 위한 제동장치를 반드시 갖추어야 한다.
- 발바퀴에는 제동장치를 반드시 갖추어야 하고 이동할 때를 제외하고는 항상 작동시켜 두어야 한다.
- 경사면에서 사용할 경우에는 각종 잭을 이용하여 주틀을 수직으로 세워 작업 바닥의 수평이 유지되도록 하여야 한다.
- 낙하물의 위험이 있는 경우에는 유효한 천장을 설치한다.
- 최대 적재하중을 표시하여야 한다.
- 안전모를 착용하여야 하며 지지로프를 설치하여야 한다.
- 재료, 공구의 오르내리기에는 포대, 로프 등을 이용하여야 한다.
- 작업장 부근에 고압선 등이 있는가를 확인하고 적절한 방호조치를 취하여야 한다.
- 상하에서 동시에 작업을 할 때에는 충분한 연락을 취하면서 작업을 하여야 한다.

㉦ 달비계(산업안전보건기준에 관한 규칙 제63조)
- 달기체인과 달기틀은 방호장치 자율안전기준에 적합하여야 한다.
- 달기구의 안전계수
  - 근로자가 탑승하는 운반구를 지지하는 달기 와이어로프 또는 달기체인의 경우 : 10 이상
  - 화물의 하중을 직접 지지하는 달기 와이어로프 또는 달기체인의 경우 : 5 이상
  - 훅, 섀클, 클램프, 리프팅 빔의 경우 : 3 이상
  - 그 밖의 경우 : 4 이상
- 달비계의 (재사용하는) 달기체인의 사용금지 기준
  - 달기체인의 길이가 달기체인이 제조된 때의 길이의 5[%]를 초과한 것
  - 링의 단면 지름이 달기체인이 제조된 때의 해당 링 지름의 10[%]를 초과하여 감소한 것
  - 균열이 있거나 심하게 변형된 것
- 달비계 와이어로프의 사용금지 기준
  - 이음매가 있는 것
  - 와이어로프의 한 꼬임에서 끊어진 소선의 수가 10[%] 이상인 것(필러선 제외, 비자전로프의 경우에는 끊어진 소선의 수가 와이어로프 호칭지름의 6배 길이 이내에서 4개 이상이거나 호칭지름 30배 길이 이내에서 8개 이상)
  - 지름의 감소가 공칭지름의 7[%]를 초과하는 것
  - 심하게 변형되거나 부식된 것
  - 꼬인 것
  - 열과 전기충격에 의해 손상된 것
- 달기강선 및 달기강대는 심하게 손상·변형 또는 부식된 것을 사용하지 않도록 할 것
- 달기 와이어로프, 달기체인, 달기강선, 달기강대 또는 달기 섬유로프는 한쪽 끝을 비계의 보 등, 다른 쪽 끝을 내민 보, 앵커볼트 또는 건축물의 보 등에 각각 풀리지 않도록 설치할 것

- 작업발판의 재료는 뒤집히거나 떨어지지 않도록 비계의 보 등에 연결하거나 고정시킬 것
- 비계가 흔들리거나 뒤집히는 것을 방지하기 위하여 비계의 보·작업발판 등에 버팀을 설치하는 등 필요한 조치를 할 것
- 선반비계에서는 보의 접속부 및 교차부를 철선·이음철물 등을 사용하여 확실하게 접속시키거나 단단하게 연결시킬 것
- 와이어로프, 달기체인, 달기강선 또는 달기로프는 한쪽 끝을 비계의 보 등, 다른 쪽 끝을 영구 구조체에 각각 부착시켜야 한다.
- 체인을 이용한 달비계의 체인, 띠장 및 장선의 간격은 1.5[m] 이내로 하며, 작업발판과 철골보의 거리는 0.5[m] 이상을 유지하여야 한다.
- 비계를 달아매는 체인은 보와 띠장을 고리형으로 체결하여야 한다. 체인이 짧은 경우에는 달대각의 최대각도가 45° 이하가 되도록 하여야 한다.
- 체인을 이용한 달비계의 외부로 돌출되는 띠장과 장선의 길이는 1[m] 정도로 하여 끝을 맞추되, 그 끝에는 미끄럼막이를 설치하여야 한다.
- 달기틀의 설치 간격은 1.8[m] 이하로 하며, 철골보에 확실하게 체결하여야 한다.
- 작업 바닥의 테두리 부분에 낙하물 방지를 위한 발끝막이판과 추락 방지를 위한 안전난간을 설치하여야 한다. 다만, 안전난간의 설치가 곤란하거나 작업 필요상 임의로 난간을 해체하여야 하는 경우에는 망을 치거나 안전대를 사용하여야 한다.
- 안전난간이 설치된 외부 면과 외부로 돌출된 부분에는 추락방호망을 설치하여야 한다.
- 비계의 보, 작업발판에 버팀을 설치하는 등의 동요 또는 이탈을 방지하기 위한 조치를 하여야 한다.
- 작업 바닥 위에서 받침대나 사다리를 사용하지 않아야 한다.
- 달비계에 자재를 적재하지 않아야 한다.
- 비계의 승강 시에는 작업발판의 수평이 유지되도록 하여야 한다.
- 승강하는 경우 작업대는 수평을 유지하도록 하여야 한다.
- 와이어로프를 설치할 경우에는 와이어로프용 부속철물을 사용하여야 하며, 와이어로프는 수리하여 사용하지 않아야 한다.
- 와이어로프의 일단은 권상기(권양기)에 확실히 감겨 있어야 하며 권상기(권양기)에는 제동장치를 설치하여야 한다.
- 와이어로프의 변동 각이 90°보다 작은 권상기의 지름은 와이어로프 지름의 10배 이상이어야 하며, 변동 각이 90° 이상인 경우에는 15배 이상이어야 한다.
- 달기틀에 설치된 작업발판과 보조재 등을 매달고 이동할 경우에는 낙하하지 않도록 고정시켜야 한다.
- 안전담당자의 지휘하에 작업을 진행하여야 한다.
- 허용하중 이상의 작업원이 타지 않도록 하여야 한다.
- 작업발판은 40[cm] 이상의 폭이어야 하며, 틈새가 없도록 하고 움직이지 않게 고정하여야 한다.
- 발판 위 약 10[cm] 위까지 발끝막이판을 설치한다.
- 난간은 안전난간을 설치하고, 움직이지 않게 고정한다.
- 작업 성질상 안전난간을 설치하는 것이 곤란하거나 임시로 안전난간을 해체하여야 하는 경우에는 방망을 치거나 안전대를 착용하여야 한다.
- 안전모와 안전대를 착용하여야 한다.
- 달비계 위에서는 각립사다리 등을 사용해서는 안 된다.
- 난간 밖에서 작업하지 않도록 하여야 한다.
- 달비계의 동요 또는 전도를 방지할 수 있는 장치를 하여야 한다.
- 급작스런 행동으로 인한 비계의 동요, 전도 등을 방지하여야 한다.
- 추락에 의한 근로자의 위험을 방지하기 위하여 달비계에 구명줄을 설치하여야 한다.
- 근로자의 추락 위험을 방지하기 위하여 달비계에 안전대 및 구명줄을 설치하고, 안전난간을 설치할 수 있는 구조인 경우에는 안전난간을 설치할 것
- 사업주는 달비계에서 근로자에게 작업을 시키는 경우 작업을 시작하기 전에 그 달비계에 대하여 점검하고 이상을 발견하면 즉시 보수하여야 한다.
- 작업의자형 달비계 설치 시 준수사항
  - 달비계의 작업대는 나무 등 근로자의 하중을 견딜 수 있는 강도의 재료를 사용하여 견고한 구조로 제작할 것

- 작업대의 모서리 네 개에 로프를 매달아 작업대가 뒤집히거나 떨어지지 않도록 연결할 것
- 작업용 섬유로프는 콘크리트에 매립된 고리, 건축물의 콘크리트 또는 철재 구조물 등 두 개 이상의 견고한 고정점에 풀리지 않도록 결속할 것
- 작업용 섬유로프와 구명줄은 다른 고정점에 결속되도록 할 것
- 작업하는 근로자의 하중을 견딜 수 있을 정도의 강도를 가진 작업용 섬유로프, 구명줄 및 고정점을 사용할 것
- 근로자가 작업용 섬유로프에 작업대를 연결하여 하강하는 방법으로 작업을 하는 경우 근로자의 조종 없이는 작업대가 하강하지 않도록 할 것
- 작업용 섬유로프 또는 구명줄이 결속된 고정점의 로프는 다른 사람이 풀지 못하게 하고 작업 중임을 알리는 경고표지를 부착할 것
- 작업용 섬유로프와 구명줄이 건물이나 구조물의 끝부분, 날카로운 물체 등에 의하여 절단되거나 마모될 우려가 있는 경우에는 로프에 이를 방지할 수 있는 보호 덮개를 씌우는 등의 조치를 할 것
- 달비계에 다음의 작업용 섬유로프 또는 안전대의 섬유벨트를 사용하지 않을 것
    ⓐ 꼬임이 끊어진 것
    ⓑ 심하게 손상되거나 부식된 것
    ⓒ 2개 이상의 작업용 섬유로프 또는 섬유벨트를 연결한 것
    ⓓ 작업높이보다 길이가 짧은 것
- 근로자의 추락 위험을 방지하기 위하여 다음의 조치를 할 것
    ⓐ 달비계에 구명줄을 설치할 것
    ⓑ 근로자에게 안전대를 착용하도록 하고 근로자가 착용한 안전줄을 달비계의 구명줄에 체결하도록 할 것

ⓩ 말비계
- 지주부재의 하단에는 미끄럼방지장치를 하고, 근로자가 양측 끝부분에 올라서서 작업하지 않도록 한다.
- 지주부재와 수평면의 기울기를 75° 이하로 하고, 지주부재와 지주부재 사이를 고정시키는 보조부재를 설치할 것(각 부에는 미끄럼 방지장치를 하여야 하며, 제일 상단에 올라서서 작업하지 말아야 한다)
- 말비계용 사다리는 기둥재(지주부재)와 수평면의 각도는 75° 이하, 기둥재와 받침대와의 각도는 85° 이하가 되도록 설치한다.
- 말비계의 높이가 2[m]를 초과한 경우에는 작업발판의 폭을 40[cm] 이상으로 한다.
- 말비계의 각 부재는 구조용 강재나 알루미늄 합금재 등을 사용하여야 한다.
- 말비계에는 벌어짐을 방지하는 장치와 기둥재의 밑동에 미끄럼방지장치가 있어야 한다.
- 말비계의 설치 높이는 2[m] 이하이어야 한다.
- 말비계는 수평을 유지하여 한쪽으로 기울지 않도록 하여야 한다.
- 말비계는 벌어짐을 방지할 수 있는 구조이어야 하며, 이동하지 않도록 견고히 고정하여야 한다.
- 계단실에서는 보조지지대나 수평연결 등을 하여 말비계가 전도되지 않도록 하여야 한다.
- 말비계에 사용되는 작업발판의 전체 폭은 0.4[m] 이상, 길이는 0.6[m] 이상으로 한다.
- 작업발판의 돌출 길이는 100~200[mm] 정도로 하며, 돌출된 장소에서는 작업하지 않아야 한다.
- 작업발판 위에서 받침대나 사다리를 사용하지 않아야 한다.
- 사다리의 각부는 수평하게 놓아서 상부가 한쪽으로 기울지 않도록 하여야 한다.

㉠ 브래킷비계
- 비계기둥과 연결되는 부분에 이탈방지기능이 있는 것이어야 한다.
- 벽용 브래킷 설치 간격은 수평 방향 1.8[m] 이내로 한다. 다만, 구조 검토에 의해 안전성을 확인한 경우에는 브래킷 설치 간격을 초과하여 설치할 수 있다.
- 선반 브래킷을 사용할 경우에는 비계기둥과 띠장의 교차부에 설치하여야 한다.
- 브래킷을 설치하기 전에 구조 검토결과에 의한 콘크리트 압축강도 및 앵커의 매입 깊이에 따른 인발저항강도를 확인하여야 한다.
- 브래킷이 설치된 이후에는 앵커볼트, 지지마찰판 등의 조임 상태 등을 검사하여야 한다.

- ㉠ 선반 브래킷을 설치한 층에는 수평가새 등으로 옆 흔들림이 방지될 수 있도록 보강하여야 한다.
  - 브래킷 고정에 사용된 앵커는 브래킷 철거 후에 제거하고, 필요시 그 구멍을 메워야 한다.
- ㉢ 달대비계
  - 사업주는 달대비계를 조립하여 사용하는 경우 하중에 충분히 견딜 수 있도록 조치하여야 한다.
  - 달대비계를 매다는 철선은 #8 소성철선을 사용하며 4가닥 정도로 꼬아서 하중에 대한 안전계수가 8 이상 확보되어야 한다.
  - 철근을 사용할 때에는 19[mm] 이상을 쓰며 근로자는 반드시 안전모와 안전대를 착용하여야 한다.
- ㉣ 달비계 또는 높이 5[m] 이상의 비계를 조립·해체하거나 변경하는 작업을 하는 경우의 준수사항
  - 근로자가 관리감독자의 지휘에 따라 작업하도록 할 것
  - 조립·해체 또는 변경의 시기·범위 및 절차를 그 작업에 종사하는 근로자에게 주지시킬 것
  - 조립·해체 또는 변경 작업구역에는 해당 작업에 종사하는 근로자가 아닌 사람의 출입을 금지하고 그 내용을 보기 쉬운 장소에 게시할 것
  - 비, 눈, 그 밖의 기상상태의 불안정으로 날씨가 몹시 나쁜 경우에는 그 작업을 중지시킬 것
  - 비계재료의 연결·해체작업을 하는 경우에는 폭 20[cm] 이상의 발판을 설치하고 근로자로 하여금 안전대를 사용하도록 하는 등 추락을 방지하기 위한 조치를 할 것
  - 재료·기구 또는 공구 등을 올리거나 내리는 경우에는 근로자가 달줄 또는 달포대 등을 사용하게 할 것
  - 강관비계 또는 통나무비계를 조립하는 경우 쌍줄로 하여야 한다. 단, 별도의 작업발판을 설치할 수 있는 시설을 갖춘 경우에는 외줄로 할 수 있다.
- ㉤ 비계를 조립·해체하거나 또는 변경한 후 그 비계에서 작업을 할 때 당해 작업 시작 전에 점검하여야 하는 사항
  - 발판 재료의 손상 여부 및 부착 또는 걸림 상태
  - 해당 비계의 연결부 또는 접속부의 풀림 상태
  - 연결 재료 및 연결 철물의 손상 또는 부식 상태
  - 손잡이의 탈락 여부
  - 기둥의 침하, 변형, 변위 또는 흔들림 상태
  - 로프의 부착 상태 및 매단 장치의 흔들림 상태
- ㉮ 비계의 조립·해체 또는 변경작업의 특별안전보건교육 내용
  - 비계의 조립순서 및 방법에 관한 사항
  - 비계작업의 재료취급 및 설치에 관한 사항
  - 추락재해방지에 관한 사항
  - 보호구 착용에 관한 사항
  - 비계상부작업 시 최대 적재하중에 관한 사항
  - 그 밖에 안전·보건관리에 필요한 사항
- ㉯ 고소 가설작업대
  - 수급인은 시공 시 공급자가 제시한 고소 가설작업대의 설치 및 해체 방법과 안전수칙을 준수하여야 한다.
  - 작업대에는 안전난간을 설치하여야 한다.
  - 작업대의 구조는 추락 및 낙하물 방지조치를 설치하여야 한다.
  - 작업발판 설치가 필요한 경우에는 쌍줄비계이어야 하며, 연결 및 이음철물은 가설기자재 성능검정규격에 규정된 것을 사용하여야 한다.
  - 고소 가설작업대는 숙련된 기술자에 의하여 시공되어야 하며, 그 외의 경우 시공 전 근로자에게 고소 가설작업대에 대한 충분한 교육을 실시하여야 한다.
  - 고소 가설작업대 설치 및 해체작업은 사전작업방법, 작업 순서, 점검항목, 점검기준 등에 관한 안전작업 계획을 수립하고, 작업 시 관리감독자를 지정하여 감독하도록 하여야 한다.
  - 고소 가설작업대의 외관상 휨이나 변형이 없는지, 설계도면의 치수와 잘 맞는지 점검한 후 정확히 조립하도록 한다.
  - 고소 가설작업대에는 근로자가 안전하게 구조물 내부에서 작업발판으로 출입, 이동할 수 있도록 작업발판의 연결하고, 이동통로를 설치하여야 한다.
  - 고소 가설작업대 근로자는 가설작업대와 작업발판에 충격을 가하지 않도록 주의하여야 한다.
  - 고소 가설작업대의 활동속도는 콘크리트가 부담하는 전하중을 고려하여 콘크리트가 발휘하여야 하는 압축강도, 품질, 시공조건 등을 고려하여 결정하여야 한다.

- 타워크레인으로 고소 가설작업대를 인양하는 경우 고소 가설작업대 하중 및 인양장비의 단계별 양중하중에 대한 사전 검토를 수행하여야 하며 보조로프를 사용하여 고소 가설작업대의 출렁임을 최소화하여야 한다.
- 설치 후 고소 가설작업대의 조립 상태, 뒤틀림 및 변형 여부, 부속철물의 위치와 간격, 접합 정도와 용접부의 이상 유무를 확인하여야 한다.
- 앵커볼트는 조립도에 의한 체결 상태 및 매입 길이를 확인하여야 하며, 피로하중으로 인한 고소 가설작업대의 낙하를 방지하기 위해 앵커볼트는 주기적으로 점검하여 상태에 따라 교체하여야 한다.
- 고소 가설작업대 해체는 공사감독자의 감독하에 실시하여야 하며, 해체작업을 하는 동안 고소 가설작업대 내부에는 허가된 근로자만이 있어야 한다.

③ 거푸집 동바리

㉠ 거푸집 동바리의 개요
- 콘크리트 타설을 위한 거푸집 동바리의 구조 검토 시 가장 선행되어야 할 작업은 가설물에 작용하는 하중 및 외력의 종류, 크기 산정 등이다.
- 거푸집의 종류 : 메탈 폼, 슬라이딩 폼, 와플 폼, 페코 빔
- 작업발판 일체형 거푸집 : 갱 폼, 슬립 폼, 클라이밍 폼, 터널라이닝 폼 등
- 슬라이딩 폼 : 로드(Rod), 유압잭(Jack) 등을 이용하여 거푸집을 연속적으로 이동시키면서 콘크리트를 타설할 때 사용되는 것으로 사일로(Silo)공사 등에 적합한 거푸집
- 시스템 동바리 : 규격화·부품화된 수직재, 수평재 및 가새재 등의 부재를 현장에서 조립하여 거푸집으로 지지하는 동바리 형식
- 파이프 서포트의 좌굴하중(P_B) : $P_B = n\pi^2 \dfrac{EI}{l^2}$

(여기서, n : 단말계수 또는 기둥의 고정계수, l : 기둥의 길이, I : 기둥의 최소단면 2차 모멘트 또는 관성모멘트)

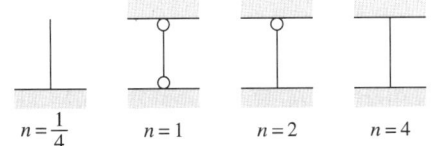

- 거푸집의 일반적인 조립순서 : 기둥 → 보받이 내력벽 → 큰 보 → 작은 보 → 바닥판 → 내벽 → 외벽
- 층고가 높은 슬래브 거푸집 하부에 적용하는 무지주 공법 : 보우빔(Bow Beam), 철근일체형 덱플레이트(Deck Plate), 페코빔(Pecco Beam)

㉡ 거푸집동바리에 작용하는 하중
- 연직방향하중 : 거푸집의 자중, 철근콘크리트의 자중, 콘크리트중량, 적재되는 시공기계 등의 중량, 작업자중량, 고정하중, 작업하중, 충격하중
- 횡하중 : 콘크리트 측압, 풍하중, 지진하중

㉢ 거푸집동바리 조립도에 명시해야 할 사항 : 부재의 명칭, 부재의 재질, 부재의 규격(단면규격), 설치간격, 이음방법

㉣ 강재 거푸집과 비교한 합판 거푸집의 특성
- 외기 온도의 영향이 적다.
- 녹이 슬지 않으므로 보관하기 쉽다.
- 중량이 가볍다.
- 보수가 간단하다.

㉤ 거푸집 작업 시 안전담당자의 직무
- 안전한 작업방법을 결정하고 작업을 지휘하는 일
- 재료, 기구의 유무를 점검하고 불량품을 제거하는 일
- 작업 중 안전대 및 안전모 등 보호구 착용상태를 감시하는 일

㉥ 거푸집 동바리 조립 시의 준수사항(안전보건규칙 제332조, 제333조)
- 받침목이나 깔판의 사용, 콘크리트 타설, 말뚝박기 등 동바리의 침하를 방지하기 위한 조치를 할 것
- 동바리의 상하 고정 및 미끄러짐 방지 조치를 할 것
- 상부·하부의 동바리가 동일 수직선상에 위치하도록 하여 깔판·받침목에 고정시킬 것
- 개구부 상부에 동바리를 설치하는 경우에는 상부하중을 견딜 수 있는 견고한 받침대를 설치할 것
- U헤드 등의 단판이 없는 동바리의 상단에 멍에 등을 올릴 경우에는 해당 상단에 U헤드 등의 단판을 설치하고, 멍에 등이 전도되거나 이탈되지 않도록 고정시킬 것
- 동바리의 이음은 같은 품질의 재료를 사용할 것
- 강재의 접속부 및 교차부는 볼트·클램프 등 전용철물을 사용하여 단단히 연결할 것

- 거푸집의 형상에 따른 부득이한 경우를 제외하고는 깔판이나 받침목은 2단 이상 끼우지 않도록 할 것
- 깔판이나 받침목을 이어서 사용하는 경우에는 그 깔판·받침목을 단단히 연결할 것
- 동바리로 사용하는 파이프 서포트의 경우
  - 파이프 서포트를 3개 이상 이어서 사용하지 않도록 할 것
  - 파이프 서포트를 이어서 사용하는 경우에는 4개 이상의 볼트 또는 전용철물을 사용하여 이을 것
  - 높이가 3.5[m]를 초과하는 경우에는 높이 2[m] 이내마다 수평연결재를 2개 방향으로 만들고 수평연결재의 변위를 방지할 것
- 동바리로 사용하는 강관틀의 경우
  - 강관틀과 강관틀 사이에 교차가새를 설치할 것
  - 최상단 및 5단 이내마다 동바리의 측면과 틀면의 방향 및 교차가새의 방향에서 5개 이내마다 수평연결재를 설치하고 수평연결재의 변위를 방지할 것
  - 최상단 및 5단 이내마다 동바리의 틀면의 방향에서 양단 및 5개틀 이내마다 교차가새의 방향으로 띠장틀을 설치할 것
- 동바리로 사용하는 조립강주의 경우 : 조립강주의 높이가 4[m]를 초과하는 경우에는 높이 4[m] 이내마다 수평연결재를 2개 방향으로 설치하고 수평연결재의 변위를 방지할 것
- 시스템 동바리(규격화·부품화된 수직재, 수평재 및 가새재 등의 부재를 현장에서 조립하여 거푸집을 지지하는 지주 형식의 동바리)의 경우
  - 수평재는 수직재와 직각으로 설치해야 하며, 흔들리지 않도록 견고하게 설치할 것
  - 연결철물을 사용하여 수직재를 견고하게 연결하고, 연결부위가 탈락 또는 꺾어지지 않도록 할 것
  - 수직 및 수평하중에 대해 동바리의 구조적 안정성이 확보되도록 조립도에 따라 수직재 및 수평재에는 가새재를 견고하게 설치할 것
  - 동바리 최상단과 최하단의 수직재와 받침철물은 서로 밀착되도록 설치하고 수직재와 받침철물의 연결부의 겹침길이는 받침철물 전체길이의 3분의 1 이상 되도록 할 것
- 보 형식의 동바리[강제 갑판(Steel Deck), 철재트러스 조립 보 등 수평으로 설치하여 거푸집을 지지하는 동바리]의 경우
  - 접합부는 충분한 걸침 길이를 확보하고 못, 용접 등으로 양끝을 지지물에 고정시켜 미끄러짐 및 탈락을 방지할 것
  - 양끝에 설치된 보 거푸집을 지지하는 동바리 사이에는 수평연결재를 설치하거나 동바리를 추가로 설치하는 등 보 거푸집이 옆으로 넘어지지 않도록 견고하게 할 것
  - 설계도면, 시방서 등 설계도서를 준수하여 설치할 것
- 해당 작업을 하는 구역에는 관계 근로자가 아닌 사람의 출입을 금지할 것
- 비, 눈, 그 밖의 기상상태의 불안정으로 날씨가 몹시 나쁜 경우에는 그 작업을 중지할 것
- 재료, 기구 또는 공구 등을 올리거나 내리는 경우에는 근로자로 하여금 달줄·달포대 등을 사용하도록 할 것
- 낙하·충격에 의한 돌발적 재해를 방지하기 위하여 버팀목을 설치하고 거푸집 및 동바리를 인양장비에 매단 후에 작업을 하도록 하는 등 필요한 조치를 할 것
- 양중기로 철근을 운반할 경우에는 두 군데 이상 묶어서 수평으로 운반할 것
- 작업위치의 높이가 2[m] 이상일 경우에는 작업발판을 설치하거나 안전대를 착용하게 하는 등 위험 방지를 위하여 필요한 조치를 할 것

④ 흙막이 지보공
  ㉠ 토사붕괴에 따른 재해를 방지하기 위한 흙막이 지보공 설비를 구성하는 부재 : 흙막이판, 말뚝, 띠장, 버팀대 등
  ㉡ 흙막이 지보공의 조립도에 명시되어야 할 사항
   - 부재의 재질
   - 부재의 배치
   - 부재의 치수
   - 설치방법과 순서
  ㉢ 흙막이 지보공의 정기점검사항(정기적으로 점검하여 이상발견 시 즉시 보수하여야 하는 사항)

- 부재의 손상·변형·부식·변위 및 탈락의 유무와 상태
- 부재의 접속부, 부착 및 교차부의 상태
- 버팀대의 긴압의 정도
- 침하의 정도

② 흙막이 지보공의 안전조치
- 굴착배면에 배수로 설치
- 지하매설물에 대한 조사 실시
- 조립도의 작성 및 작업순서 준수
- 흙막이 지보공에 대한 조사 및 점검 철저

⑤ 사다리

㉠ 옥외용 사다리 : 철재를 원칙으로 하며, 길이가 10[m] 이상인 때에는 5[m] 이내의 간격으로 계단참을 두어야 하고 사다리 전면의 사방 75[cm] 이내에는 장애물이 없어야 한다.

㉡ 목재사다리
- 재질은 건조된 것으로 옹이, 갈라짐, 홈 등의 결함이 없고 곧은 것이어야 한다.
- 수직재와 발 받침대는 장부촉 맞춤으로 하고 사개를 파서 제작하여야 한다.
- 발 받침대의 간격은 25~35[cm]로 하여야 한다.
- 이음 또는 맞춤부분은 보강하여야 한다.
- 벽면과의 이격거리는 20[cm] 이상으로 하여야 한다.

㉢ 철재사다리
- 수직재와 발 받침대는 횡좌굴을 일으키지 않도록 충분한 강도를 가진 것으로 하여야 한다.
- 발 받침대는 미끄러짐을 방지하기 위한 미끄럼방지장치를 하여야 한다.
- 받침대의 간격은 25~35[cm]로 하여야 한다.
- 사다리 몸체 또는 전면에 기름 등과 같은 미끄러운 물질이 묻어 있어서는 아니 된다.

㉣ 이동식 사다리
- 기둥과 수평면과의 각도 75° 이하로 해야 한다.
- 폭은 최소 30[cm] 이상으로 할 것
- 재료는 심한 손상, 부식 등이 없는 것으로 할 것
- 발판의 간격은 동일하게 할 것
- 길이가 6[m]를 초과해서는 안 된다.
- 다리의 벌림은 벽 높이의 1/4 정도가 적당하다.

- 벽면 상부로부터 최소한 60[cm] 이상의 연장길이가 있어야 한다.

㉤ 미끄럼방지 장치
- 사다리 지주의 끝에 고무, 코르크, 가죽, 강스파이크 등을 부착시켜 바닥과의 미끄럼을 방지하는 안전장치가 있어야 한다.
- 쐐기형 강스파이크는 지반이 평탄한 맨땅 위에 세울 때 사용하여야 한다.
- 미끄럼방지 판자 및 미끄럼 방지 고정쇠는 돌마무리 또는 인조석 깔기마감 한 바닥용으로 사용하여야 한다.
- 미끄럼방지 발판은 인조고무 등으로 마감한 실내용을 사용하여야 한다.

㉥ 기계사다리
- 추락방지용 보호손잡이 및 발판이 구비되어야 한다.
- 작업자는 안전대를 착용하여야 한다.
- 사다리가 움직이는 동안에는 작업자가 움직이지 않도록 사전에 충분한 교육을 시켜야 한다.

㉦ 연장사다리
- 연장사다리를 이용하여 도르래와 당김줄에 의하여 임의의 길이로 연장 또는 축소시킬 수 있다.
- 총 길이는 15[m]를 초과할 수 없다.
- 사다리의 길이를 고정시킬 수 있는 잠금쇠와 브래킷을 구비하여야 한다.
- 도르래 및 로프는 충분한 강도를 가진 것이어야 한다.

㉧ 사다리 작업
- 안전하게 수리될 수 없는 사다리는 작업장 외로 반출시켜야 한다.
- 사다리는 작업장에서 위로 60[cm] 이상 연장되어 있어야 한다.
- 상부와 하부가 움직일 염려가 있을 때는 작업자 이외의 감시자가 있어야 한다.
- 부서지기 쉬운 벽돌 등을 받침대로 사용하여서는 안 된다.
- 작업자는 복장을 단정히 하여야 하며, 미끄러운 장화나 신발을 신어서는 안 된다.
- 지나치게 부피가 크거나 무거운 짐을 운반하는 것을 피하여야 한다.

- 출입문 부근에 사다리를 설치할 경우에는 반드시 감시자가 있어야 한다.
- 금속사다리는 전기설비가 있는 곳에서는 사용하지 말아야 한다.
- 사다리를 다리처럼 사용하여서는 안 된다.

⑥ 가설통로
  ㉠ 가설통로의 기본 구조
  - 견고한 구조로 할 것
  - 경사는 30° 이하로 할 것(계단을 설치하거나 높이 2[m] 미만의 가설통로로서 튼튼한 손잡이를 설치한 경우에는 예외)
  - 경사가 15°를 초과하는 경우에는 미끄러지지 아니하는 구조로 할 것
  - 추락할 위험이 있는 장소에는 안전난간을 설치할 것(작업장의 부득이한 경우에는 필요한 부분만 임시로 해체가능)
  - 수직갱에 가설된 통로의 길이가 15[m] 이상인 경우에는 10[m] 이내마다 계단참을 설치할 것
  - 건설공사에 사용하는 높이 8[m] 이상인 비계다리에는 7[m] 이내마다 계단참을 설치할 것

  ㉡ 가설 경사로
  - 시공하중 또는 폭풍, 진동 등 외력에 대하여 안전하도록 설계하여야 한다.
  - 경사로는 항상 정비하고 안전통로를 확보하여야 한다.
  - 경사가 15°를 초과하는 경우에는 미끄러지지 아니하는 구조로 할 것
  - 비탈면의 경사각은 30° 이내로 한다(계단을 설치하거나 높이 2[m] 미만의 가설통로로서 튼튼한 손잡이를 설치한 경우에는 예외).
  - 미끄럼막이 간격

경사각	미끄럼막이 간격	경사각	미끄럼막이 간격
30°	30[cm]	22°	40[cm]
29°	33[cm]	19°20′	43[cm]
27°	35[cm]	17°	45[cm]
24°15′	37[cm]	14°	47[cm]

  - 경사로의 폭은 최소 90[cm] 이상이어야 한다.
  - 건설공사에 사용하는 높이 8[m] 이상인 비계다리에는 7[m] 이내마다 계단참을 설치할 것
  - 수직갱에 가설된 통로의 길이가 15[m] 이상인 경우에는 10[m] 이내마다 계단참을 설치할 것
  - 추락방지용 안전난간을 설치하여야 한다.
  - 추락의 위험이 있는 장소에는 안전난간을 설치할 것(작업상 부득이한 때에는 필요한 부분에 한하여 임시로 이를 해체할 수 있다).
  - 목재는 미송, 육송 또는 그 이상의 재질을 가진 것이어야 한다.
  - 경사로 지지기둥은 3[m] 이내마다 설치하여야 한다.
  - 발판은 폭 40[cm] 이상으로 하고, 틈은 3[cm] 이내로 설치하여야 한다.
  - 발판이 이탈하거나 한쪽 끝을 밟으면 다른 쪽이 들리지 않게 장선에 결속하여야 한다.
  - 결속용 못이나 철선이 발에 걸리지 않아야 한다.

  ㉢ 통로발판
  - 근로자가 작업 및 이동하기에 충분한 넓이가 확보되어야 한다.
  - 추락의 위험이 있는 곳에는 안전난간이나 철책을 설치하여야 한다.
  - 발판을 겹쳐 이음하는 경우 장선 위에서 이음을 하고 겹침길이는 20[cm] 이상으로 하여야 한다.
  - 발판 1개에 대한 지지물은 2개 이상이어야 한다.
  - 작업발판의 최대 폭은 1.6[m] 이내이어야 한다.
  - 작업발판 위에는 돌출된 못, 옹이, 철선 등이 없어야 한다.
  - 비계발판의 구조에 따라 최대 적재하중을 정하고 이를 초과하지 않도록 하여야 한다.

  ㉣ 사다리식 통로
  - 견고한 구조로 할 것
  - 심한 손상·부식 등이 없는 재료를 사용할 것
  - 발판의 간격은 일정하게 할 것
  - 발판과 벽과의 사이는 15[cm] 이상의 간격을 유지할 것
  - 폭은 30[cm] 이상으로 할 것
  - 사다리가 넘어지거나 미끄러지는 것을 방지하기 위한 조치를 할 것
  - 사다리의 상단은 걸쳐놓은 지점으로부터 60[cm] 이상 올라가도록 할 것
  - 사다리식 통로의 길이가 10[m] 이상인 경우에는 5[m] 이내마다 계단참을 설치할 것

- 사다리식 통로의 기울기는 75° 이하로 할 것. 다만, 고정식 사다리식 통로의 기울기는 90° 이하로 하고, 그 높이가 7[m] 이상인 경우에는 다음의 구분에 따른 조치를 할 것
  - 등받이울이 있어도 근로자 이동에 지장이 없는 경우 : 바닥으로부터 높이가 2.5[m] 되는 지점부터 등받이울을 설치할 것
  - 등받이울이 있으면 근로자가 이동이 곤란한 경우 : 한국산업표준에서 정하는 기준에 적합한 개인용 추락 방지 시스템을 설치하고 근로자로 하여금 한국산업표준에서 정하는 기준에 적합한 전신안전대를 사용하도록 할 것
- 접이식 사다리 기둥은 사용 시 접혀지거나 펼쳐지지 않도록 철물 등을 사용하여 견고하게 조치할 것
- 사다리의 앞쪽에 장애물이 있는 경우는 사다리의 발판과 장애물과의 사이 간격은 60[cm] 이상으로 할 것(단, 장애물이 일부분일 경우는 발판과의 사이 간격은 40[cm] 이상으로 할 수 있다)

ⓜ 작업장 통로
- 통로의 주요 부분에는 통로표시를 하고, 근로자가 안전하게 통행할 수 있도록 하여야 한다.
- 통로에는 75[lx] 이상의 조명시설을 하여야 한다.
- 통로면으로부터 높이 2[m] 이내에는 장애물이 없도록 하여야 한다.
- 수직갱에 가설된 통로의 길이가 15[m] 이상인 때에는 10[m] 이내마다 계단참을 설치하여야 한다.
- 추락의 위험이 있는 곳에는 안전난간을 설치한다.
- 건설공사에 사용하는 높이 8[m] 이상인 비계다리는 7[m] 이내마다 계단참을 설치한다.

⑦ 가설도로

㉠ 공사용 가설도로
- 도로는 장비 및 차량이 안전하게 운행할 수 있도록 견고하게 설치한다.
- 도로는 배수를 위하여 경사지게 설치하거나 배수시설을 설치한다.
- 도로와 작업장이 접하여 있을 경우에는 방책 등을 설치한다.
- 차량의 속도제한표지를 부착한다.

㉡ 공사용 가설도로를 설치하여 사용함에 있어서의 준수사항
- 도로의 표면은 장비 및 차량이 안전운행할 수 있도록 유지·보수하여야 한다.
- 장비사용을 목적으로 하는 진입로, 경사로 등은 주행하는 차량통행에 지장을 주지 않도록 만들어야 한다.
- 도로와 작업장높이에 차가 있을 때는 바리케이드 또는 연석 등을 설치하여 차량의 위험 및 사고를 방지하도록 하여야 한다.
- 도로는 배수를 위해 도로 중앙부를 약간 높게 하거나 배수시설을 하여야 한다.
- 운반로는 장비의 안전운행에 적합한 도로의 폭을 유지하여야 하며, 모든 커브는 통상적인 도로폭보다 좀 더 넓게 만들고 시계에 장애가 없도록 만들어야 한다.
- 커브 구간에서는 차량이 가시거리의 절반 이내에서 정지할 수 있도록 차량의 속도를 제한하여야 한다.
- 최고 허용경사도는 부득이한 경우를 제외하고는 10[%]를 넘어서는 안 된다.
- 필요한 전기시설(교통신호등 포함), 신호수, 표지판, 바리케이드, 노면표지등을 교통 안전운행을 위하여 제공하여야 한다.
- 안전운행을 위하여 먼지가 일어나지 않도록 물을 뿌려주고 겨울철에는 눈이 쌓이지 않도록 조치하여야 한다.

㉢ 우회로
- 교통량을 유지시킬 수 있도록 계획되어야 한다.
- 시공 중인 교량이니 높은 구조물의 밑을 통과해서는 안 되며 부득이 시공 중인 교량이나 높은 구조물의 밑을 통과하여야 할 경우에는 필요한 안전조치를 하여야 한다.
- 모든 교통통제나 신호등은 교통법규에 적합하도록 하여야 한다.
- 우회로는 항시 유지·보수되도록 확실한 점검을 실시하여야 하며 필요한 경우에는 가설등을 설치하여야 한다.
- 우회로의 사용이 완료되면 모든 것을 원상복구하여야 한다.

⑧ 고소작업대(산업안전보건기준에 관한 규칙 제186조)
  ㉠ 개 요
    - 고소작업대(MEWP ; Mobile Elevated Work Platform)란 작업자가 탈 수 있는 작업대를 승강시켜 높이가 2[m] 이상인 장소에서 작업을 하기 위하여 사용하는 것으로 작업대가 상승, 하강하는 설비 중에서 동력을 사용하여 스스로 이동할 수 있는 작업차량 또는 설비를 말한다.
    - 고소작업대의 주요 구조부 : 작업대, 연장구조물(지브), 차대, 구동장치 및 공·유압계통, 제어반
  ㉡ 고소작업대 설치 기준
    - 작업대를 와이어로프 또는 체인으로 올리거나 내릴 경우에는 와이어로프 또는 체인이 끊어져 작업대가 떨어지지 아니하는 구조여야 하며, 와이어로프 또는 체인의 안전율은 5 이상일 것
    - 작업대를 유압에 의해 올리거나 내릴 경우에는 작업대를 일정한 위치에 유지할 수 있는 장치를 갖추고 압력의 이상저하를 방지할 수 있는 구조일 것
    - 권과방지장치를 갖추거나 압력의 이상상승을 방지할 수 있는 구조일 것
    - 붐의 최대 지면경사각을 초과 운전하여 전도되지 않도록 할 것
    - 작업대에 정격하중(안전율 5 이상)을 표시할 것
    - 작업대에 끼임·충돌 등 재해를 예방하기 위한 가드 또는 과상승방지장치를 설치할 것
    - 조작반의 스위치는 눈으로 확인할 수 있도록 명칭 및 방향표시를 유지할 것
  ㉢ 고소작업대 설치 준수사항
    - 바닥과 고소작업대는 가능하면 수평을 유지하도록 할 것
    - 갑작스러운 이동을 방지하기 위하여 아웃트리거 또는 브레이크 등을 확실히 사용할 것
  ㉣ 고소작업대 이동 시 준수사항
    - 작업대를 가장 낮게 내릴 것
    - 작업자를 태우고 이동하지 말 것. 다만, 이동 중 전도 등의 위험예방을 위하여 유도하는 사람을 배치하고 짧은 구간을 이동하는 경우에는 작업대를 가장 낮게 내린 상태에서 작업자를 태우고 이동할 수 있다.
    - 이동통로의 요철상태 또는 장애물의 유무 등을 확인할 것
  ㉤ 고소작업대 사용 시의 준수사항
    - 작업자가 안전모·안전대 등의 보호구를 착용하도록 할 것
    - 관계자가 아닌 사람이 작업구역에 들어오는 것을 방지하기 위하여 필요한 조치를 할 것
    - 안전한 작업을 위하여 적정수준의 조도를 유지할 것
    - 전로(電路)에 근접하여 작업을 하는 경우에는 작업감시자를 배치하는 등 감전사고를 방지하기 위하여 필요한 조치를 할 것
    - 작업대를 정기적으로 점검하고 붐·작업대 등 각 부위의 이상 유무를 확인할 것
    - 전환스위치는 다른 물체를 이용하여 고정하지 말 것
    - 작업대는 정격하중을 초과하여 물건을 싣거나 탑승하지 말 것
    - 작업대의 붐대를 상승시킨 상태에서 탑승자는 작업대를 벗어나지 말 것. 단, 작업대에 안전대 부착설비를 설치하고 안전대를 연결하였을 때에는 그러하지 아니하다.

⑨ 나머지 건설 가시설물
  ㉠ 안전난간
    - 안전난간의 구성요소 : 상부난간대, 중간난간대, 발끝막이판, 난간기둥
    - 표준안전난간의 설치장소 : 흙막이지보공의 상부, 중량물 취급개구부, 작업대 등
    - 공구 등 물체가 작업발판에서 지상으로 낙하되지 않도록 하기 위하여 안전난간대에 폭목(Toe Board)을 댄다.
    - 상부 난간대는 바닥면·발판 또는 경사로의 표면으로부터 90[cm] 이상 120[cm] 이하의 높이를 유지할 것
    - 발끝막이판은 바닥면 등으로부터 10[cm] 이상의 높이를 유지할 것
    - 난간대는 지름 2.7[cm] 이상의 금속제 파이프나 그 이상의 강도를 가진 재료일 것
    - 안전난간은 임의의 점에서 임의의 방향으로 움직이는(구조적으로 가장 취약한 지점에서 가장 취약한 방향으로 작용하는) 100[kg] 이상의 하중에 견딜 수 있는 튼튼한 구조일 것

- 상부 난간대와 중간 난간대는 난간길이 전체에 걸쳐 바닥면과 평행을 유지할 것
- 난간기둥은 상부 난간대와 중간 난간대를 견고하게 떠받칠 수 있도록 적정간격을 유지할 것

ⓒ 작업장 출입구
- 출입구의 위치, 수 및 크기가 작업장의 용도와 특성에 맞도록 할 것
- 출입구에 문을 설치하는 경우에는 근로자가 쉽게 열고 닫을 수 있도록 할 것
- 주된 목적이 하역운반기계용인 출입구에는 인접하여 보행자용 출입구를 따로 설치할 것
- 하역운반기계의 통로와 인접하여 있는 출입구에서 접촉에 의하여 근로자에게 위험을 미칠 우려가 있는 경우에는 비상등·비상벨 등 경보장치를 할 것
- 계단이 출입구와 바로 연결된 경우에는 작업자의 안전한 통행을 위하여 그 사이에 1.2[m] 이상 거리를 두거나 안내표지 또는 비상벨 등을 설치할 것(단, 출입구에 문을 설치하지 아니한 경우에는 그러하지 아니 하다)

ⓒ 작업발판(비계(달비계, 달대비계 및 말비계는 제외)의 높이가 2[m] 이상인 작업장소에 설치하는 작업발판)
- 작업발판의 설치가 필요한 비계의 높이는 최소 2[m] 이상으로 한다.
- 작업발판의 폭이 40[cm] 이상이 되도록 한다.
- 발판재료 간의 틈은 3[cm] 이하로 한다.
- 작업발판이 뒤집히거나 떨어지지 아니 하도록 2개 이상의 지지물에 연결하거나 고정한다.
- 추락의 위험성이 있는 장소에는 안전난간을 설치한다.
- 작업발판의 지지물은 하중에 의하여 파괴될 우려가 없는 것을 사용한다.
- 작업발판을 작업에 따라 이동시킬 경우에는 위험방지에 필요한 조치를 한다.

ⓔ (가설)계단 및 계단참
- 높이가 3[m]를 넘는 계단에는 높이 3[m] 이내마다 진행방향으로 길이 1.2[m] 이상의 계단참을 설치할 것
- 높이 1[m] 이상인 계단의 개방된 측면에는 안전난간을 설치할 것
- 계단을 설치할 때 폭은 1[m] 이상으로 할 것
- 너비가 3[m]를 넘는 계단에는 계단의 중간에 너비 3[m] 이내마다 난간을 설치할 것. 단, 계단의 단높이가 15[cm] 이하이고, 계단의 단너비가 30[cm] 이상인 경우에는 그러하지 아니하다.
- 계단의 유효 높이(계단의 바닥 마감면부터 상부 구조체의 하부 마감면까지의 연직방향의 높이)는 2.1[m] 이상으로 할 것
- 계단 및 계단참의 너비(옥내계단에 한정), 계단의 단높이 및 단너비의 칫수 기준(돌음계단의 단너비는 그 좁은 너비의 끝부분으로부터 30[cm]의 위치에서 측정)

구 분	유효너비	단높이	단너비
초등학교의 계단	150[cm] 이상	16[cm] 이하	26[cm] 이상
중·고등학교의 계단	150[cm] 이상	18[cm] 이하	26[cm] 이상
문화 및 집회시설(공연장·집회장 및 관람장)·판매시설	150[cm] 이상	18[cm] 이하	26[cm] 이상
• 계단을 설치하려는 층이 지상층인 경우 : 해당 층의 바로 위층부터 최상층(상부층 중 피난층이 있는 경우에는 그 아래층)까지의 거실 바닥면적의 합계가 200[m²] 이상인 경우 • 계단을 설치하려는 층이 지하층인 경우 : 지하층 거실 바닥면적의 합계가 100[m²] 이상인 경우	120[cm] 이상	–	–
기타의 계단	60[cm] 이상	–	–

- 계단을 설치하는 경우 단면으로부터 2[m] 이내의 공간에 장애물이 없도록 할 것
- 난간의 기둥간격은 120~150[cm]로 하며 적절한 조명설비를 갖춘다.
- 계단 및 계단참을 설치하는 경우 매 [m²]당 500[kg] 이상의 하중에 견딜 수 있는 강도를 가진 구조로 설치하여야 하며, 안전율은 4 이상으로 하여야 한다.
- 계단 및 승강구 바닥을 구멍이 있는 재료로 만드는 경우 렌치나 그 밖의 공구 등이 낙하할 위험이 없는 구조로 하여야 한다.

- 계단을 대체하여 설치하는 경사로의 기준
  - 경사도는 1 : 8을 넘지 아니할 것
  - 표면을 거친 면으로 하거나 미끄러지지 아니하는 재료로 마감할 것
  - 경사로의 직선 및 굴절부분의 유효너비는 장애인·노인·임산부 등의 편의증진보장에 관한 법률이 정하는 기준에 적합할 것
ⓒ 말 뚝
  - 말뚝의 종류 : 나무말뚝, 강말뚝, RC말뚝, PC말뚝
  - 말뚝을 절단할 때 내부응력에 가장 큰 영향을 받는 말뚝은 PC말뚝이다.

10년간 자주 출제된 문제

1-1. 강관틀 비계를 조립하여 사용하는 경우 준수해야 하는 사항으로 옳지 않은 것은?

① 길이가 띠장 방향으로 4[m] 이하이고, 높이가 10[m]를 초과하는 경우에는 10[m] 이내마다 띠장 방향으로 버팀기둥을 설치할 것
② 높이가 20[m]를 초과하거나 중량물의 적재를 수반하는 작업을 할 경우에는 주틀 간의 간격을 1.8[m] 이하로 할 것
③ 주틀 간에 교차가새를 설치하고 최상층 및 10층 이내마다 수평재를 설치할 것
④ 수직 방향으로 6[m], 수평 방향으로 8[m] 이내마다 벽이음을 할 것

1-2. 산업안전보건법령에 따른 거푸집 동바리를 조립하는 경우의 준수사항으로 옳지 않은 것은?

① 개구부 상부에 동바리를 설치하는 경우에는 상부하중을 견딜 수 있는 견고한 받침대를 설치할 것
② 동바리의 이음은 맞댄이음이나 장부이음으로 하고 같은 품질의 제품을 사용할 것
③ 강재와 강재의 접속부 및 교차부는 철선을 사용하여 단단히 연결할 것
④ 거푸집이 곡면인 경우에는 버팀대의 부착 등 그 거푸집의 부상(浮上)을 방지하기 위한 조치를 할 것

1-3. 가설통로의 설치 기준으로 옳지 않은 것은?

① 추락할 위험이 있는 장소에는 안전난간을 설치할 것
② 경사가 10°를 초과하는 경우에는 미끄러지지 아니하는 구조로 할 것
③ 경사는 30° 이하로 할 것
④ 건설공사에 사용하는 높이 8[m] 이상인 비계다리에는 7[m] 이내마다 계단참을 설치할 것

1-4. 건설현장에 설치하는 사다리식 통로의 설치기준으로 옳지 않은 것은?

① 발판과 벽의 사이는 15[cm] 이상의 간격을 유지할 것
② 발판의 간격은 일정하게 할 것
③ 사다리의 상단은 걸쳐 놓은 지점으로부터 60[cm] 이상 올라가도록 할 것
④ 부두 또는 안벽의 선을 따라 통로를 설치하는 경우에는 폭을 50[cm] 이상으로 할 것

1-5. 근로자 추락 등의 위험을 방지하기 위한 안전난간의 설치 기준으로 옳지 않은 것은?

① 상부 난간대와 중간 난간대는 난간 길이 전체에 걸쳐 바닥면등과 평행을 유지할 것
② 발끝막이판은 바닥면 등으로부터 20[cm] 이하의 높이를 유지할 것
③ 난간대는 지름 2.7[cm] 이상의 금속제 파이프나 그 이상의 강도가 있는 재료일 것
④ 안전난간은 구조적으로 가장 취약한 지점에서 가장 취약한 방향으로 작용하는 100[kg] 이상의 하중에 견딜 수 있는 튼튼한 구조일 것

1-6. 외줄비계·쌍줄비계 또는 돌출비계는 벽이음 및 버팀을 설치하여야 하는데 강관비계 중 단관비계로 설치할 때의 조립 간격으로 옳은 것은?(단, 수직 방향, 수평 방향의 순서임)

① 4[m], 4[m]
② 5[m], 5[m]
③ 5.5[m], 7.5[m]
④ 6[m], 8[m]

1-7. 비계의 높이가 2[m] 이상인 작업장소에 작업발판을 설치할 경우 준수하여야 할 기준으로 틀린 것은?

① 작업발판의 폭은 30[cm] 이상으로 할 것
② 발판재료 간의 틈은 3[cm] 이하로 할 것
③ 추락의 위험성이 있는 장소에는 안전난간을 설치할 것
④ 발판재료는 뒤집히거나 떨어지지 아니하도록 2 이상의 지지물에 연결하거나 고정시킬 것

1-8. 건설현장의 가설계단 및 계단참을 설치하는 경우 얼마 이상의 하중에 견딜 수 있는 강도를 가진 구조로 설치하여야 하는가?

① 200[kg/m²]
② 300[kg/m²]
③ 400[kg/m²]
④ 500[kg/m²]

10년간 자주 출제된 문제

1-9. 흙막이 지보공을 조립하는 경우 미리 조립도를 작성하여야 하는데 이 조립도에 명시되어야 할 사항과 가장 거리가 먼 것은 어느 것인가?
① 부재의 배치
② 부재의 치수
③ 부재의 긴압정도
④ 설치방법과 순서

1-10. 흙막이 지보공을 설치하였을 때 정기적으로 점검하여야 할 사항과 거리가 먼 것은?
① 경보장치의 작동상태
② 부재의 손상·변형·부식·변위 및 탈락의 유무와 상태
③ 버팀대의 긴압의 정도
④ 부재의 접속부·부착부 및 교차부의 상태

|해설|

1-1
주틀 간에 교차가새를 설치하고 최상층 및 5층 이내마다 수평재를 설치할 것

1-2
강재와 강재의 접속부 및 교차부는 볼트·클램프 등 전용철물을 사용하여 단단하게 연결한다.

1-3
경사가 15°를 초과하는 경우에는 미끄러지지 않는 구조로 할 것

1-4
부두 또는 안벽의 선을 따라 통로를 설치하는 경우에는 폭을 90[cm] 이상으로 할 것

1-5
발끝막이판은 바닥면 등으로부터 10[cm] 이상의 높이를 유지할 것

1-6
단관비로 설치 시의 조립 간격은 수직 방향, 수평 방향 각각 5[m]이다.

1-7
작업발판의 폭이 40[cm] 이상이 되도록 한다.

1-8
건설현장의 가설계단 및 계단참을 설치하는 경우 500[kg/m²] 이상의 하중에 견딜 수 있는 강도를 가진 구조로 설치하여야 한다.

1-9
흙막이 지보공의 조립도에 명시되어야 할 사항과 가장 거리가 먼 것으로 부재의 긴압정도, 버팀대의 긴압정도 등이 출제된다.

1-10
흙막이 지보공을 설치하였을 때 정기점검사항에 해당되지 않는 것으로 경보장치의 작동상태, 검지부의 이상유무, 설계상 부재의 경제성 검토, 지표수의 흐름상태, 낙반에 대한 위험성, 굴착깊이의 정도 등이 출제된다.

정답 1-1 ③ 1-2 ③ 1-3 ② 1-4 ④ 1-5 ② 1-6 ②
1-7 ① 1-8 ④ 1-9 ③ 1-10 ①

핵심이론 02 | 건설구조물

① 건물 기초에서 발파 허용진동치 규제기준
   ㉠ 문화재 : 0.2[cm/s]
   ㉡ 주택, 아파트 : 0.5[cm/s]
   ㉢ 상가 : 1.0[cm/s]
   ㉣ 철골콘크리트 빌딩 : 1.0~4.0[cm/s]

② 콘크리트
   ㉠ 콘크리트의 개요
      • 겨울철 공사 중인 건축물의 벽체 콘크리트 타설 시 거푸집이 터져서 콘크리트가 쏟아지는 사고 발생의 추정원인 : 콘크리트의 타설속도가 빨랐다.
      • 콘크리트의 압축강도(σ_c) : $\sigma_c = \dfrac{W}{A}$
      (여기서, W : 하중, A : 단면적)
   ㉡ 콘크리트 강도에 영향을 주는 요소
      • 양생온도와 습도
      • 타설 및 다지기
      • 콘크리트 재령 및 배합
      • 물-시멘트비
   ㉢ 콘크리트 타설작업 시 (거푸집의) 측압에 영향을 미치는 인자
      • 비례요인 : 슬럼프, 타설속도(부어넣기속도), 콘크리트의 타설 높이, 다짐, 거푸집 수밀성, 거푸집의 부재 단면, 거푸집의 강도, 거푸집 표면의 평활도, 거푸집의 수밀성, 시공연도(Workability), 콘크리트의 비중, 응결시간이 빠른 시멘트(조강시멘트 등), 묽은 콘크리트
      • 반비례요인 : 기온(외기의 온도, 거푸집 속의 콘크리트 온도), 철근의 양, 거푸집의 투수성, 습도
   ㉣ 콘크리트 타설작업 시 안전수칙(산업안전보건기준에 관한 규칙 제334조)
      • 타설 순서는 계획에 의하여 실시하여야 한다.
      • 당일의 작업을 시작하기 전에 해당 작업에 관한 거푸집 및 동바리의 변형·변위 및 지반의 침하 유무 등을 점검하고 이상이 있으면 보수할 것
      • 작업 중에는 감시자를 배치하는 등의 방법으로 거푸집 및 동바리의 변형·변위 및 침하 유무 등을 확인해야 하며, 이상이 있으면 작업을 중지하고 근로자를 대피시킬 것
      • 진동기는 적절히 사용해야 하며 지나친 진동은 거푸집 도괴의 원인이 될 수 있으므로 각별하게 주의해야 한다.
      • 설계도서상의 콘크리트 양생기간을 준수하여 거푸집 및 동바리를 해체할 것
      • 콘크리트를 치는 도중에는 지보공·거푸집 등의 이상 유무를 확인한다.
      • 콘크리트를 한곳에만 치우쳐서 타설하지 않도록 주의한다.
      • 콘크리트를 타설하는 경우에는 편심이 발생하지 않도록 골고루 분산하여 타설할 것
      • 높은 곳으로부터 콘크리트를 타설할 때는 호퍼로 받아 거푸집 내에 꽂아 넣는 슈트를 통해서 부어 넣어야 한다.
      • 콘크리트 타설작업 시 거푸집 붕괴의 위험이 발생할 우려가 있으면 충분한 보강조치를 할 것
      • 슬래브 콘크리트 타설은 이어붓기를 피하고 일시에 전체를 타설하도록 하여야 한다.
      • 손수레로 콘크리트를 운반할 때에는 손수레를 타설하는 위치까지 천천히 운반하여 거푸집에 충격을 주지 않도록 타설하여야 한다.

③ 철골
   ㉠ 철골의 개요
      • 선창의 내부에서 화물취급작업을 하는 근로자가 안전하게 통행할 수 있는 설비를 설치하여야 하는 기준은 갑판의 윗면에서 선창 밑바닥까지의 깊이가 최소 1.5[m]를 초과할 때이다.
      • 철골기둥, 빔 및 트러스 등의 철골구조물을 일체화 또는 지상에서 조립하는 이유는 고소작업을 감소하기 위한 것이다.
   ㉡ 데릭(Derrick) : 주기둥(마스트)을 일정한 지점에 보조로프로 고정시키고 붐을 이용하여 하물을 회전 운반하는 기계이다.
      • 설비비가 싸고 설치, 해체, 이동, 운전, 취급이 용이하다.
      • 건설공사용, 구조물의 조립용 등 옥외 하역설비로 사용된다.
      • 크레인에 비하여 설치수나 사용 용도가 적다.
      • 종류 : 가이데릭, 스티프레그데릭(삼각데릭), 진폴데릭

ⓒ 철골 건립기계의 종류
- 가이데릭(Guy Derrick) : 360° 회전 가능한 고정 선회식의 기중기로 붐(Boom)의 기복·회전으로 짐을 이동시키는 장치로 철골조립작업, 항만하역 등에 사용된다.
- 스티프레그데릭(Stiff Leg Derrick) : 삼각데릭이라고도 하며 가이데릭과 비슷하나 주기둥을 지탱하는 직선 대신에 2본의 다리로 고정하는 양중용 철골 세우기(건립)기계이다. 수평이동을 하면서 세우기를 할 수 있고 작업회전범위는 270° 정도이며, 가이데릭과 성능은 거의 같다. 수평이동이 용이하므로 건물의 층수가 적은 긴 평면일 때 또는 당김줄을 마음대로 맬 수 없을 때 가장 유리한 철골세우기용 기계이다.
- 진폴데릭(Gin Pole Derrick) : 소규모이거나 가이데릭으로 할 수 없는 펜트하우스 등의 돌출부에 쓰이고 중량재료를 달아 올리기에 편리한 철골 건립기계이다.
- 트럭크레인(Truck Crane) : 운반작업에 편리하고 평면적인 넓은 장소에 기동력 있게 작업할 수 있는 철골 건립기계이다.

ⓔ 철골 건립기계 선정 시 사전 검토사항
- 부재의 최대 중량 등 : 부재의 형상 및 치수(길이, 폭 및 두께), 접합부의 위치, 브래킷의 내민 치수, 건물의 높이 등을 확인하여 철골의 건립형식이나 건립 작업상의 문제점, 관련 가설설비 등의 검토결과와 부재의 최대중량을 고려하여 건립장비의 종류 및 설치위치를 선정하고, 부재수량에 따라 건립공정을 검토하여 건립기간 및 건립장비의 대수를 결정하여야 한다.
- 건립기계의 출입로, 설치장소, 기계조립에 필요한 면적, 이동식 크레인은 건물주위 주행통로의 유무, 타워크레인과 가이데릭 등 기초 구조물을 필요로 하는 고정식 기계는 기초구조물을 설치할 수 있는 공간과 면적 등을 검토하여야 한다.
- 건립기계의 소음영향 : 이동식 크레인의 엔진소음은 부근의 환경을 해칠 우려가 있으므로 학교, 병원, 주택 등이 가까운 경우에는 소음을 측정·조사하고 소음허용치를 초과하지 않도록 관계법에서 정하는 바에 따라 처리하여야 한다.
- 건물형태 등 : 건물의 길이 또는 높이 등 건물의 형태에 적합한 건립기계를 선정하여야 한다.
- 작업반경 등 : 타워크레인, 가이데릭, 삼각데릭 등 고정식 건립기계의 경우, 그 기계의 작업반경이 건물전체를 수용할 수 있는지 여부, 붐이 안전하게 인양할 수 있는 하중범위, 수평거리, 수직높이 등을 검토하여야 한다.

ⓜ 철골공사 시의 안전작업방법 및 준수사항
- 철골부재 반입 시 시공순서가 빠른 부재는 상단부에 위치하도록 한다.
- 구명줄 설치 시 마닐라로프 직경 16[mm]를 기준으로 하여 설치하고 작업방법을 충분히 검토하여야 한다.
- 철골 조립작업에서 안전한 작업발판과 안전난간을 설치하기가 곤란한 경우의 안전대책은 안전대 및 구명로프를 사용하고 안전벨트를 착용하는 것이다.
- 철골공사의 용접, 용단작업에 사용되는 가스의 용기는 40[℃] 이하로 보존해야 한다.

ⓗ 철골보 인양 시 준수해야 할 사항
- 클램프는 수평으로 두 군데 이상의 위치에 설치하여야 한다.
- 클램프로 부재를 체결할 때는 클램프의 정격용량 이상 매달지 않아야 한다.
- 철골보의 두 곳을 매어 인양시킬 때 와이어로프의 내각은 60° 이하이어야 한다.
- 인양 와이어로프의 매달기 각도는 양변 60°를 기준한다.
- 인양용 와이어로프의 체결지점은 수평부재의 1/3 지점을 기준으로 한다.
- 인양 와이어로프는 훅의 중심에 걸어야 한다.
- 훅은 용접의 경우 용접규격을 반드시 확인한다.
- 흔들리거나 선회하지 않도록 유도 로프로 유도한다.

ⓢ 건립 중 강풍에 의한 풍압 등 외압에 대한 내력이 설계에 고려되었는지 확인하여야 하는 철골구조물
- 이음부가 현장용접인 구조물
- 높이 20[m] 이상인 건물
- 기둥이 타이플레이트(Tie Plate)인 구조물
- 구조물의 폭과 높이의 비가 1:4 이상인 구조물
- 연면적당 철골량이 50[kg/m^2] 이하인 구조물
- 단면구조에 현저한 차이가 있는 구조물

◎ 철골건립준비를 할 때 준수하여야 할 사항
- 지상작업장에서 건립준비 및 기계·기구를 배치할 경우에는 낙하물의 위험이 없는 평탄한 장소를 선정하여 정비하고 경사지에는 작업대나 임시 발판 등을 설치하는 등 안전조치를 한 후 작업하여야 한다.
- 건립작업에 지장을 주는 수목이 있다면 제거하여야 한다.
- 사용 전에 기계·기구에 대한 정비 및 보수를 철저히 실시하여야 한다.
- 기계에 부착된 앵커 등 고정장치와 기초구조 등을 확인하여야 한다.

ⓩ 철골공사 시 사전안전성 확보를 위해 공작도에 반영하여야 할 사항
- 외부비계받이
- 기둥승강용 트랩
- 방망설치용 부재
- 구명줄설치용 고려
- 와이어걸이용 고려
- 난간설치용 부재
- 비계연결용 부재
- 방호선반설치용 부재
- 양중기설치용 보강재

ⓒ 철골구조의 앵커볼트 매립과 관련된 준수사항
- 기둥 중심은 기준선 및 인접 기둥의 중심에서 5[mm] 이상 벗어나지 않을 것
- 앵커볼트는 매립 후에 수정하지 않도록 설치할 것
- 베이스플레이트의 하단은 기준 높이 및 인접 기둥의 높이에서 3[mm] 이상 벗어나지 않을 것
- 앵커볼트는 기둥 중심에서 2[mm] 이상 벗어나지 않을 것

㉠ 철골작업을 중지하여야 하는 기준
- (10분간의 평균)풍속이 초당 10[m] 이상인 경우
- 강우량이 시간당 1[mm] 이상인 경우
- 강설량이 시간당 1[cm] 이상인 경우

㉡ 철골작업에서의 승강로 설치기준
- 근로자가 수직방향으로 이동하는 철골부에는 답단간격이 30[cm] 이내인 고정된 승강로를 설치하여야 한다.
- 수평방향 철골과 수직방향 철골이 연결되는 부분에는 연결작업을 위하여 작업발판 등을 설치한다.

④ 옹 벽
㉠ 개 요
- 옹벽은 토압에 저항하여 그 붕괴를 방지하기 위하여 축조하는 구조물을 말한다.
- 옹벽은 흙 또는 암반으로부터 안정을 유지할 수 없는 곳에서 붕괴를 방지하고 사용목적에 따른 기능을 수행하기 위해서 설치하는 구조물이다.
- 옹벽의 안정조건에서 활동에 대한 저항력 옹벽에 작용하는 수평력보다 최소 1.5배 이상 되어야 한다.

㉡ 옹벽 파손 및 붕괴의 원인
- 안정조건 검토 미흡
- 마찰력 감소
- 높은 옹벽
- 재하중 부족
- 뒷굽길이 부족
- 연약한 지반
- 저판면적 부족
- 배수불량
- 함수 증가에 따른 배면 이상토압 작용
- 뒷채움 재료 및 시공불량

㉢ 옹벽 안정조건의 검토사항
- 활동(Sliding)에 대한 안전검토
  - 안정조건 : $F_s = \dfrac{저판마찰력}{수평력} \geq 1.5$ (활동에 대한 저항력은 옹벽에 작용하는 수평력의 최소 1.5배 이상이어야 한다)
  - 대책 : Shear Key 설치, 말뚝기초시공
- 전도(Overturning)에 대한 안전검토
  - 안정조건 : $F_s = \dfrac{전도저항모멘트}{전도모멘트} \geq 2.0$
  - 대책 : 자중증대, 뒷굽길이 증대, 옹벽높이를 낮춤, Counter Weight 설치, 앵커(Anchor) 설치
- 지반 지지력(Settlement)에 대한 안전검토(또는 침하에 대한 안전검토)
  - 안정조건 :
  $$F_s = \dfrac{지반극한지지력}{지반최대반력(지반허용지지력)} \geq 3.0$$
  - 대책 : 저판면적확대, 지반개량, 그라우팅(Grouting) 공법 적용 및 탈수

ⓔ 폭우 시 옹벽배면의 배수시설이 취약하면 옹벽저면을 통하여 침투수(Seepage)의 수위가 올라가서 옹벽의 안정에 다음과 같이 영향을 미친다.
- 옹벽배면토의 단위수량증가로 인한 수직저항력 감소
- 옹벽바닥면에서의 양압력 증가
- 수평저항력(수동토압)의 감소
- 포화 또는 부분 포화에 따른 뒷채움용 흙무게의 증가

10년간 자주 출제된 문제

2-1. 지름이 15[cm]이고 높이가 30[cm]인 원기둥 콘크리트 공시체에 대해 압축강도시험을 한 결과 460[kN]에 파괴되었다. 이때 콘크리트 압축강도는?

① 16.2[MPa]
② 21.5[MPa]
③ 26[MPa]
④ 31.2[MPa]

2-2. 콘크리트 강도에 영향을 주는 요소로 거리가 먼 것은?

① 거푸집 모양과 형상
② 양생온도와 습도
③ 타설 및 다지기
④ 콘크리트 재령 및 배합

2-3. 콘크리트 타설작업 시 거푸집의 측압에 영향을 미치는 인자들에 관한 설명으로 옳지 않은 것은?

① 슬럼프가 클수록 작다.
② 타설속도가 빠를수록 크다.
③ 거푸집 속의 콘크리트 온도가 낮을수록 크다.
④ 콘크리트의 타설 높이가 높을수록 크다.

2-4. 다음은 산업안전보건기준에 관한 규칙의 콘크리트 타설작업에 관한 사항이다. 빈칸에 들어갈 적절한 용어는?

당일의 작업을 시작하기 전에 해당 작업에 관한 거푸집 동바리 등의 (㉠), 변위 및 (㉡) 등을 점검하고 이상을 발견한 때에는 이를 보수할 것

① ㉠ 변 형 ㉡ 지반의 침하 유무
② ㉠ 변 형 ㉡ 개구부 방호설비
③ ㉠ 균 열 ㉡ 깔 판
④ ㉠ 균 열 ㉡ 지주의 침하

2-5. 콘크리트 타설작업 시 안전에 대한 유의사항으로 옳지 않은 것은?

① 콘크리트를 치는 도중에는 지보공·거푸집 등의 이상 유무를 확인한다.
② 높은 곳으로부터 콘크리트를 타설할 때는 호퍼로 받아 거푸집 내에 꽂아 넣는 슈트를 통해서 부어 넣어야 한다.
③ 진동기를 가능한 한 많이 사용할수록 거푸집에 작용하는 측압상 안전하다.
④ 콘크리트를 한곳에만 치우쳐서 타설하지 않도록 주의한다.

2-6. 건립 중 강풍에 의한 풍압 등 외압에 대하 내력이 설계에 고려되었는지 확인하여야 하는 철골구조물에 해당하지 않는 것은?

① 이음부가 현장용접인 건물
② 높이 15[m]인 건물
③ 기둥이 타이플레이트(Tie Plate)인 구조물
④ 구조물의 폭과 높이의 비가 1:5인 건물

2-7. 철골보 인양 시 준수해야 할 사항으로 옳지 않은 것은?

① 인양 와이어로프의 매달기 각도는 양변 60°를 기준으로 한다.
② 클램프로 부재를 체결할 때는 클램프의 정격용량 이상 매달지 않아야 한다.
③ 클램프는 부재를 수평으로 하는 한곳의 위치에만 사용하여야 한다.
④ 인양 와이어로프는 훅의 중심에 걸어야 한다.

2-8. 철골 건립 준비를 할 때 준수하여야 할 사항과 가장 거리가 먼 것은?

① 지상 작업장에서 건립 준비 및 기계·기구를 배치할 경우에는 낙하물의 위험이 없는 평탄한 장소를 선정하여 정비하고 경사지에는 작업대나 임시발판 등을 설치하는 등 안전조치를 한 후 작업하여야 한다.
② 건립작업에 다소 지장이 있다하더라도 수목은 제거하여서는 안 된다.
③ 사용 전에 기계·기구에 대한 정비 및 보수를 철저히 실시하여야 한다.
④ 기계에 부착된 앵커 등 고정장치와 기초구조 등을 확인하여야 한다.

10년간 자주 출제된 문제

2-9. 다음 중 철골작업을 중지하여야 하는 기준으로 옳은 것은?
① 풍속이 초당 1[m] 이상인 경우
② 강우량이 시간당 1[cm] 이상인 경우
③ 강설량이 시간당 1[cm] 이상인 경우
④ 10분간 평균풍속이 초당 5[m] 이상인 경우

|해설|

2-1
콘크리트의 압축강도
$$\sigma_c = \frac{W}{A} = \frac{460 \times 10^3 [\text{N}]}{\frac{3.14 \times 15^2}{4} \times 10^2 [\text{mm}^2]} \approx 26.04 [\text{MPa}]$$

2-2
콘크리트 강도에 영향을 주는 요소
- 양생온도와 습도
- 타설 및 다지기
- 콘크리트 재령 및 배합
- 물-시멘트비

2-3
거푸집 측압에 영향을 미치는 인자
- 온도나 습도가 높으면 측압이 작아진다.
- 철근량이 많을수록 측압이 작아진다.
- 콘크리트 타설속도가 빠를수록 측압이 크다.
- 묽은 콘크리트일수록 측압이 크다.
- 비중이 클수록 측압이 크다.
- 표면이 평활하면 측압이 크다.
- 단면이 클수록 측압이 크다.
- 진동기로 다질수록 측압이 크다.
- 슬럼프가 클수록 크다.

2-4
콘크리트의 타설작업(산업안전보건기준에 관한 규칙 제334조)
당일의 작업을 시작하기 전에 해당 작업에 관한 거푸집 및 동바리의 변형, 변위 및 지반의 침하 유무 등을 점검하고 이상을 발견한 때에는 이를 보수할 것

2-5
진동기는 적절히 사용해야 하며 지나친 진동은 거푸집 도괴의 원인이 될 수 있으므로 각별하게 주의해야 한다.

2-6
철골공사표준안전작업지침 제3조
- 높이 20[m] 이상의 구조물
- 구조물의 폭과 높이의 비가 1:4 이상인 구조물
- 단면구조에 현저한 차이가 있는 구조물
- 연면적당 철골량이 50[kg/m²] 이하인 구조물
- 기둥이 타이플레이트(Tie Plate)형인 구조물
- 이음부가 현장용접인 구조물

2-7
클램프는 수평으로 두 군데 이상의 위치에 설치하여야 한다.

2-8
건립작업에 지장을 주는 수목이 있다면 제거하여야 한다.

2-9
① 풍속이 초당 10[m] 이상인 경우
② 강우량이 시간당 1[mm] 이상인 경우
④ 10분간 풍속이 초당 10[m] 이상인 경우

정답 2-1 ③　2-2 ①　2-3 ①　2-4 ①　2-5 ③　2-6 ②
　　　　2-7 ③　2-8 ②　2-9 ③

제4절 해체·운반·하역

핵심이론 01 해 체

① 해체의 개요
  ㉠ 사업주는 해체작업 시 작업을 지휘하는 자를 선임하여야 한다.
  ㉡ 해체작업용 기계기구 : 압쇄기, 대형 브레이커, 철제해머, 화약류, 핸드 브레이커, 팽창제, 절단톱, 잭(재키), 쐐기타입기, 화염방사기, 절단줄톱
  ㉢ 압쇄기를 사용한 건물해체 순서 : 슬래브 → 보 → 벽체 → 기둥
  ㉣ 구조물 해체방법으로 사용되는 공법 : 압쇄공법, 잭공법, 절단공법
  ㉤ 해체공사에 따른 직접적인 공해방지대책을 수립해야 되는 대상 : 소음 및 분진, 폐기물, 지반침하

② 해체작업용 기계기구
  ㉠ 압쇄기 : 셔블에 설치하며 유압조작에 의해 콘크리트 등에 강력한 압축력을 가해 파쇄하는 것
    • 사전에 압쇄기의 중량, 작업충격을 고려하고, 차체 지지력을 초과하는 중량의 압쇄기 부착을 금지
    • 압쇄기 부착과 해체에는 경험이 많은 사람으로서, 선임된 자에 한하여 실시한다.
    • 압쇄기 연결구조부는 보수점검을 수시로 하여야 한다.
    • 배관 접속부의 핀, 볼트 등 연결구조의 안전 여부를 점검하여야 한다.
    • 절단날은 마모가 심하기 때문에 적절히 교환하여야 하며 교환 대체품목을 항상 비치하여야 한다.
  ㉡ 대형 브레이커 : 통상 셔블에 설치하여 사용한다.
    • 대형 브레이커는 중량, 작업 충격력을 고려하고, 차체 지지력을 초과하는 중량의 브레이커 부착을 금지한다.
    • 대형 브레이커의 부착과 해체에는 경험이 많은 사람으로서 선임된 자에 한하여 실시하여야 한다.
    • 유압작동구조, 연결구조 등의 주요구조는 보수점검을 수시로 하여야 한다.
    • 유압식일 경우에는 유압이 높기 때문에 수시로 유압호스가 새거나 막힌 곳이 없는가를 점검하여야 한다.
    • 해체대상물에 따라 적합한 형상의 브레이커를 사용하여야 한다.
  ㉢ 철제 해머 : 해머를 크레인 등에 부착하여 구조물에 충격을 주어 파쇄하는 것
    • 해머는 해체대상물에 적합한 형상과 중량의 것을 선정하여야 한다.
    • 해머는 중량과 작업반경을 고려하여 차체의 붐, 프레임 및 차체 지지력을 초과하지 않도록 설치하여야 한다.
    • 해머를 매달은 와이어로프의 종류와 직경 등은 적절한 것을 사용하여야 한다.
    • 해머와 와이어로프의 결속은 경험이 많은 사람으로서 선임된 자에 한하여 실시하도록 하여야 한다.
    • 킹크, 소선절단, 단면이 감소된 와이어로프는 즉시 교체하여야 하며 결속부는 사용 전후 항상 점검하여야 한다.
  ㉣ 화약류
    • 해체작업용 화약류 : 저폭속 패쇄약, 저폭속 폭약, 다이너마이트 등
    • 화약류에 의한 발파 파쇄 해체 시에는 사전에 시험발파에 의한 폭력, 폭속, 진동치속도 등에 파쇄능력과 진동, 소음의 영향력을 검토하여야 한다.
    • 소음, 분진, 진동으로 인한 공해대책, 파편에 대한 예방대책을 수립하여야 한다.
    • 화약류 취급은 법, 총포도검화약류단속법 등 관계법에서 규정하는 바에 의하여 취급하여야 하며 화약 저장소 설치기준을 준수하여야 한다.
    • 시공 순서는 화약취급절차에 의한다.
  ㉤ 핸드 브레이커 : 작은 부재의 파쇄에 유리하고 소음·진동 및 분진이 발생되므로 작업원은 보호구를 착용하여야 하고 특히 작업원의 작업시간을 제한하여야 하는 장비이다.
    • 압축공기, 유압의 급속한 충격력에 의거 콘크리트 등을 해체할 때 사용한다.
    • 좁은 장소의 작업에 유리하고 타공법과 병행하여 사용할 수 있다.
    • 기본적으로 현장 정리가 잘 되어 있어야 한다.
    • 끌의 부러짐을 방지하기 위하여 작업자세는 하향 수직방향으로 유지하도록 하여야 한다.
    • 기계는 항상 점검하고, 호스의 꼬임·교차 및 손상 여부를 점검하여야 한다.
    • 작업 전 기계에 대한 점검을 철저히 한다.

ⓑ 팽창제 : 광물의 수화반응에 의한 팽창압을 이용하여 파쇄하는 공법에 사용한다.
- 팽창제와 물의 시방 혼합비율을 확인하여야 한다.
- 천공 직경이 너무 작거나 크면 팽창력이 작아 비효율적이므로, 천공 직경은 30 내지 50[mm] 정도를 유지하여야 한다.
- 천공 간격은 콘크리트 강도에 의하여 결정되나 30[cm] 내지 70[cm] 정도를 유지하도록 한다.
- 팽창제를 저장하는 경우에는 건조한 장소에 보관하고 직접 바닥에 두지 말고 습기를 피하여야 한다.
- 개봉된 팽창제는 사용하지 말아야 하며 쓰다 남은 팽창제 처리에 유의하여야 한다.

ⓢ 절단톱 : 회전날 끝에 다이아몬드 입자를 혼합 경화하여 제조된 절단톱으로 기둥, 보, 바닥, 벽체를 적당한 크기로 절단하여 해체하는 공법에 사용한다.
- 작업현장은 정리정돈이 잘되어야 한다.
- 절단기에 사용되는 전기시설과 급수, 배수설비를 수시로 정비, 점검하여야 한다.
- 회전날에는 접촉방지 커버를 부착하도록 하여야 한다.
- 회전날의 조임상태는 안전한지 작업 전에 점검하여야 한다.
- 절단 중 회전날을 냉각시키는 냉각수는 충분한지 점검하고 불꽃이 많이 비산되거나 수증기 등이 발생되면 과열된 것이므로 일시 중단한 후 작업을 실시하여야 한다.
- 절단 방향을 직선을 기준하여 절단하고 부재 중에 철근 등이 있어 절단이 안 될 경우에는 최소 단면으로 절단하여야 한다.
- 절단기는 매일 점검하고 정비해 두어야 하며 회전 구조부에는 윤활유를 주유해 두어야 한다.

ⓞ 잭(Jack) : 구조물의 부재 사이에 잭을 설치한 후 국소부에 압력을 가해 해체하는 공법에 사용한다.
- 잭을 설치하거나 해체할 때는 경험이 많은 사람으로서, 선임된 자에 한하여 실시하도록 하여야 한다.
- 유압호스 부분에서 기름이 새거나, 접속부에 이상이 없는지를 확인하여야 한다.
- 장시간 작업의 경우에는 호스의 커플링과 고무가 연결된 곳에 균열이 발생될 우려가 있으므로 마모율과 균열에 따라 적정한 시기에 교환하여야 한다.
- 정기, 특별, 수시점검을 실시하고 결함사항은 즉시 개선, 보수, 교체하여야 한다.

ⓩ 쐐기타입기 : 직경 30[mm] 내지 40[mm] 정도의 구멍 속에 쐐기를 박아 넣어 구멍을 확대하여 해체하는 것
- 구멍에 굴곡이 있으면 타입기 자체에 큰 응력이 발생하여 쐐기가 휠 우려가 있으므로 굴곡이 없도록 천공하여야 한다.
- 천공 구멍은 타입기 삽입 부분의 직경과 거의 같도록 하여야 한다.
- 쐐기가 절단 및 변형된 경우는 즉시 교체하여야 한다.
- 보수점검은 수시로 하여야 한다.

ⓧ 화염방사기 : 구조체를 고온으로 용융시키면서 해체하는 것
- 고온의 용융물이 비산하고 연기가 많이 발생되므로 화재 발생에 주의하여야 한다.
- 소화기를 준비하여 불꽃비산에 의한 인접 부분의 발화에 대비하여야 한다.
- 작업자는 방열복, 마스크, 장갑 등의 보호구를 착용하여야 한다.
- 산소용기가 넘어지지 않도록 밑받침 등으로 고정시키고 빈 용기와 채워진 용기의 저장을 분리하여야 한다.
- 용기 내 압력은 온도에 의해 상승하기 때문에 항상 40[℃] 이하로 보존하여야 한다.
- 호스는 결속물로 확실하게 결속하고, 균열되었거나 노후한 것은 사용하지 말아야 한다.
- 게이지의 작동을 확인하고 고장 및 작동 불량품은 교체하여야 한다.

ⓚ 절단줄톱 : 와이어에 다이아몬드 절삭날을 부착하여, 고속 회전시켜 절단 해체하는 공법에 사용한다.
- 절단작업 중 줄톱이 끊어지거나, 수명이 다할 경우에는 줄톱의 교체가 어려우므로 작업 전에 충분히 와이어를 점검하여야 한다.
- 절단대상물의 절단면적을 고려하여 줄톱의 크기와 규격을 결정하여야 한다.
- 절단면에 고온이 발생하므로 냉각수 공급을 적절히 하여야 한다.
- 구동축에는 접촉방지 커버를 부착하도록 하여야 한다.

③ 해체공사 전 확인
  ㉠ 해체대상 구조물 조사사항
    • 구조(철근 콘크리트조, 철골 철근 콘크리트조 등)의 특성 및 생수, 층수, 건물높이 기준층 면적
    • 평면 구성 상태, 폭, 층고, 벽 등의 배치 상태
    • 부재별 치수, 배근 상태, 해체 시 주의하여야 할 구조적으로 약한 부분
    • 해체 시 전도의 우려가 있는 내·외장재
    • 설비기구, 전기배선, 배관설비 계통의 상세 확인
    • 구조물의 설립 연도 및 사용목적
    • 구조물의 노후 정도, 재해(화재, 동해 등) 유무
    • 증설, 개축, 보강 등의 구조 변경 현황
    • 해체공법의 특성에 의한 비산각도, 낙하반경 등의 사전 확인
    • 진동, 소음, 분진의 예상치 측정 및 대책방법
    • 해체물의 집적 운반방법
    • 재이용 또는 이설을 요하는 부재현황
    • 기타 해당 구조물 특성에 따른 내용 및 조건
  ㉡ 부지상황 조사사항
    • 부지 내 공지 유무, 해체용 기계설비 위치, 발생재 처리 장소
    • 해체공사 착수에 앞서 철거, 이설, 보호해야 할 필요가 있는 공사 장애물 현황
    • 접속도로의 폭, 출입구 개수 및 매설물의 종류 및 개폐 위치
    • 인근 건물동수 및 거주지 현황
    • 도로 상황조사, 가공 고압선 유무
    • 차량 대기 장소 유무 및 교통량(통행인 포함)
    • 진동, 소음 발생 영향권 조사
  ㉢ 철거작업 시 지중장애물 사전조사항목
    • 기존 건축물의 설계도, 시공기록 확인
    • 가스, 수도, 전기 등 공공매설물 확인
    • 시험굴착, 탐사 확인
④ 해체공사 안전시공
  ㉠ 안전 일반
    • 작업구역 내에는 관계자 이외의 자에 대하여 출입을 통제하여야 한다.
    • 강풍, 폭우, 폭설 등 악천후 시에는 작업을 중지하여야 한다.
    • 사용 기계기구 등을 인양하거나 내릴 때에는 그물망이나 그물포대 등을 사용하도록 하여야 한다.
    • 외벽과 기둥 등을 전도시키는 작업을 할 경우에는 전도낙하 위치 검토 및 파편 비산거리 등을 예측하여 작업반경을 설정하여야 한다.
    • 전도작업을 수행할 때에는 작업자 이외의 다른 작업자는 대피시키도록 하고 완전 대피 상태를 확인한 다음 전도시키도록 하여야 한다.
    • 해체 건물 외곽에 방호용 비계를 설치하여야 하며 해체물의 전도, 낙하, 비산의 안전거리를 유지하여야 한다.
    • 파쇄공법의 특성에 따라 방진벽, 비산차단벽, 분진억제 살수시설을 설치하여야 한다.
    • 작업자 상호 간의 적정한 신호규정을 준수하고 신호방식 및 신호기기 사용법은 사전교육에 의해 숙지되어야 한다.
    • 적정한 위치에 대피소를 설치하여야 한다.
  ㉡ 압쇄기 사용공법
    • 항시 중기의 안전성을 확인하고 중기침하로 인한 위험을 사전에 제거하도록 조치하여야 하며 중기 작업구조의 지반다짐을 확인하고 편평도는 1/100 이내이어야 한다.
    • 중기의 작업 가능 높이보다 높은 부분 해체 시에는 해체물을 깔고 올라가 작업을 하고, 이때에는 중기전도로 인한 사고가 발생되지 않도록 조치하여야 한다.
    • 중기 운전자는 경험이 많은 자격 소유자이어야 한다.
    • 중기 작업반경 내와 해체물의 낙하가 예상되는 지역에 대하여는 출입을 제한하여야 한다.
    • 해체작업 중 발생되는 분진의 비산을 막기 위해 살수할 경우에는 살수 작업자와 중기 운전자는 서로 상황을 확인하여야 한다.
    • 외벽을 해체할 때에는 비계 철거 작업자와 서로 연락하여야 하고 벽과 연결된 비계는 외벽 해체 직전에 철거하여야 한다.
    • 상층 부분의 보와 기둥, 벽체를 해체할 경우는 해체물이 비산, 낙하할 위험이 있으므로 해체구조 바로 아래층에 수평 낙하물 방호책을 설치해서 해체물이 비산, 낙하되지 않도록 하여야 한다.
    • 높은 곳에서 가스로 철근을 절단할 경우에는 항상 안전대 부착설비를 하고 안전대를 착용하여야 한다.

- 압쇄기에 의한 파쇄작업은 슬래브, 보, 벽체, 기둥의 순서로 해체하여야 한다.
ⓒ 압쇄공법과 대형 브레이커 공법 병용
- 압쇄기로 슬래브, 보, 내벽 등을 해체하고 대형 브레이커로 기둥을 해체할 때에는 장비 간의 안전거리를 충분히 확보하여야 한다.
- 대형 브레이커와 엔진으로 인한 소음을 최대한 줄일 수 있는 수단을 강구하여야 하며 소음진동기준은 관계법에서 정하는 바에 따라 처리하도록 하여야 한다.
ⓔ 대형 브레이커 공법과 전도공법 병용
- 전도작업은 작업 순서가 임의로 변경될 경우 대형 재해의 위험을 초래하므로 사전 작업계에 따라 작업하여야 하며 순서에 의한 단계별 작업을 확인하여야 한다.
- 전도작업 시에는 미리 일정 신호를 정하여 작업자에게 주지시켜야 하며 안전한 거리에 대피소를 설치하여야 한다.
- 전도를 목적으로 절삭할 부분은 시공계획 수립 시 결정하고 절삭되지 않는 단면으로 안전하게 유지되도록 하여 계획과 반대 방향의 전도를 방지하여야 한다.
- 기둥 철근 절단 순서는 전도 방향의 전면, 양측면, 마지막으로 뒷부분 철근을 절단하고, 반대 방향 전도를 방지하기 위해 전도 방향 전면 철근을 2본 이상 남겨 두어야 한다.
- 벽체의 절삭 부분 철근 절단 시는 가로 철근을 아래에서 윗쪽으로, 세로 철근을 중앙에서 양단 방향으로 순차적으로 절단하여야 한다.
- 인장 와이어로프는 2본 이상이어야 하며 대상구조물의 규격에 따라 적정한 위치를 선정하여야 한다.
- 와이어로프를 끌어당길 때에는 서서히 하중을 가하도록 하고 구조체가 넘어지지 않을 때에도 반동을 주어 당겨서는 안 되며, 예정 하중으로 넘어지지 않을 때는 가력을 중지하고 절삭 부분을 더 깎아내어 자중에 의하여 전도되도록 유도하여야 한다.
- 대상물의 전도 시 분진발생을 억제하기 위해 전도물과 완충재에는 물을 충분히 뿌려야 한다. 또한, 전도작업은 반드시 연속해서 실시하고, 그날 중으로 종료 시키도록 하며 절삭한 상태로 방치해서는 안 된다.

- 전도작업 전에 비계와 벽의 연결재는 철거되었는지를 확인하고 방호시트 및 기타 작업 진행에 따라 해체하도록 하여야 한다.
ⓜ 철 해머 공법과 전도공법 병용
- 크레인 설치 위치의 적정 여부를 확인하여야 하며 붐 회전반경 및 해머사양을 사전에 확인하여야 한다.
- 철 해머를 매단 와이어로프는 사용 전 반드시 점검하도록 하고 작업 중에도 와이어로프가 손상하지 않도록 주의하여야 한다.
- 철 해머 작업반경 내와 해체물이 낙하·전도·비산하는 구간을 설정하고, 통행인의 출입을 통제한다.
- 슬래브와 보 등과 같이 수평재는 수직으로 낙하시켜 해체하고 벽, 기둥 등은 수평으로 선회시켜 타격에 의해 해체하도록 한다. 특히 벽과 기둥의 상단을 타격하지 않도록 하여야한다.
- 기둥과 벽은 철 해머를 수평으로 선회시켜 원심력에 의한 타격력으로 해체하며, 이때 선회거리와 속도 등의 조건을 사전에 검토하여야 한다.
- 분진 발생방지조치를 하여야 하며 방진벽, 비산파편 방지망 등을 설치하여야 한다.
- 철근 절단은 높은 곳에서 시행되므로 안전대 부착 설비를 설치하여 안전대를 사용하고 무리한 작업을 피하여야 한다.
- 철 해머공법에 의한 해체작업은 작업방식이 복합적이어서 현장의 혼란과 위험을 초래하게 되므로 정리 정돈에 노력하여야 하며 위험작업 구간에는 안전담당자를 배치하여야 한다.
ⓗ 화약 발파공법
- 화약류 취급 시 유의사항
  - 폭발물을 보관하는 용기를 취급할 때는 불꽃을 일으킬 우려가 있는 철제기구나 공구를 사용해서는 안 된다.
  - 화약류는 해당 사항에 대해 양도양수허가증의 수량에 의해 반입하고 사용 시 필요한 분량만을 용기로부터 반출하여 즉시 사용하도록 한다.
  - 불발된 화약은 천공구멍에 고무호스로 물을 주입하여 그 물의 힘으로 메지(Tamping)와 화약류를 회수한다.
  - 화약류를 취급하는 용기는 목재 그 밖의 전기가 통하지 않는 견고한 구조로 한다.

- 낙뢰의 위험이 있는 경우에는 비전기식 뇌관을 사용한다.
- 화약류에 충격을 주거나, 던지거나, 떨어뜨리지 않도록 한다.
- 화약류는 화로나 모닥불 부근 또는 그라인더(Grinder)를 사용하고 있는 부근에서는 취급하지 않도록 한다.
- 전기뇌관은 전지, 전선, 전기모터, 기타의 전기설비 부근에 접촉되지 않도록 한다.
- 화약, 폭약, 화공약품은 각각 다른 용기에 수납하여야 한다.
- 사용하고 남은 화약류는 발파현장에 남겨 놓지 않고 화약류 취급소에 반납하도록 한다.
- 화약고나 다량의 폭발물이 있는 곳에서는 뇌관장치를 하지 않도록 한다.
- 화약류 취급 시에는 항상 도난에 유의하여 출입자 명부를 비치함과 동시에 과부족이 발생되지 않도록 한다.
- 화약류를 멀리 떨어진 현장에 운반할 때에는 정해진 포대나 상자 등을 사용하도록 한다.
- 화약, 폭약 및 도화선과 뇌관 등을 운반할 때에는 한 사람이 한꺼번에 운반하지 말고 여러 사람이 각기 종류별로 나누어 별개 용기에 넣어 운반하도록 한다.
- 화약류 운반 시에는 운반자의 능력에 알맞은 양을 운반하여야 한다.
- 발파기를 사전에 점검하고 작동 불가 및 불능 시 즉시 교체하여야 한다.
- 화약류의 운반 시에는 화기나 전선의 부근을 피하며, 넘어지지 않게 하고 떨어뜨리거나 부딪히지 않도록 유의하여야 한다.

• 화약발파 공사 시 유의사항
- 장약 전에 구조물 부근에 누설전류와 지전류 및 발화성 물질의 유무를 확인하여야 한다.
- 전기 뇌관 결선 시 결선 부위는 방수 및 누전방지를 위해 절연테이프를 감아야 한다.
- 발파방식은 순발 및 지발을 구분하여 계획하고 사전에 필히 도통시험에 의한 도화선 연결 상태를 점검하여야 한다.
- 발파작업 시 출입금지구역을 설정하여야 한다.
- 점화신호(깃발 및 사이렌 등의 신호)의 확인을 하여야 한다.
- 폭발 여부가 확실하지 않을 때는 지발전기뇌관 발파 시는 5분, 그 밖의 발파에서는 15분 이내에 현장에 접근해서는 안 된다.
- 발파 시 발생하는 폭풍압과 비산석을 방지할 수 있는 방호막을 설치해야 한다.
- 1단 발파 후 후속발파 전에 반드시 전회의 불발된 장약을 확인하고 발견 시 제거 후 후속발파를 실시하여야 한다.

ⓧ 팽창제에 의해 해체작업에서 사용물질 취급상의 안전기준
• 팽창제와 물의 혼합비율을 확인할 것
• 구멍이 너무 작으면 팽창력이 작아 비효과적이고, 너무 커도 좋지 않다.
• 천공의 직경은 30~50[mm] 정도로 유지한다.
• 천공간격은 콘크리트 강도에 의해 결정되나 30~70[cm] 정도가 적당하다.
• 팽창제를 저장하는 경우 건조한 장소에 보관하고 직접 바닥에 두지 말고 습기를 피할 것
• 개봉된 팽창제는 사용하지 않아야 하며 쓰다 남은 팽창제 처리에 유의할 것

◎ 해체작업용 기계·기구 취급관련 제반사항
• 압쇄기의 중량 등을 고려 자체에 무리를 초래하는 중량의 압쇄기 부착을 금지하여야 한다.
• 압쇄기 부착과 해체에는 경험이 풍부한 사람이 해야 한다.
• 압쇄기와 대형 브레이커(Breaker)는 파워셔블 등에 설치하여 사용한다.
• 철제 해머(Hammer)는 크롤러 크레인 등에 설치하여 사용한다.
• 핸드 브레이커(Hand Breaker) 사용 시는 경사보다는 수직으로 파쇄하는 것이 적절하다.
• 팽창제 사용 천공 직경은 30~50[mm] 정도를 유지하여야 한다.
• 팽창제 천공 간격은 콘크리트 강도에 의하여 결정되나 30~70[cm] 정도가 적당하다.
• 절단톱의 회전날에는 접촉방지 커버를 설치한다.

⑤ 해체공사·작업
  ㉠ 건물 등 해체작업 시 해체작업계획서에 포함하여야 할 사항
    • 사업장 내 연락방법
    • 해체작업용 기계·기구 등의 작업계획서
    • 해체작업용 화학류 등의 사용계획서
    • 해체의 방법 및 해체순서 도면
    • 가설설비·방호설비·환기설비 및 살수·방화설비 등의 방법
    • 해체물의 처분계획(주변 민원처리계획은 아니다)
    • 그 밖에 안전·보건에 관련된 사항
  ㉡ 타워크레인의 설치·조립·해체작업을 하는 때에 작성하는 작업계획서에 포함시켜야 할 사항
    • 타워크레인의 종류 및 형식
    • 설치·조립 및 해체 순서
    • 작업인원의 구성 및 직업근로자의 역할범위
    • 작업도구·장비·가설설비 및 방호설비
    • 법규에 따른 지지 방법
  ㉢ 해체작업 지휘자가 이행하여야 할 사항(관리감독자의 유해·위험방지업무에서 높이 5[m] 이상의 비계를 조립·해체하거나 변경하는 작업과 관련된 직무수행 내용)
    • 작업방법과 근로자의 배치를 결정하고 해당 작업을 지휘하고 작업 진행 상태를 감시하는 일
    • 재료의 결함 유무 또는 기구 및 공구의 기능을 점검하고 불량품을 제거하는 일
    • 작업 중 안전대 등 보호구의 착용상황을 감시하는 일
    • 기구·공구·안전대 및 안전모 등의 기능을 점검하고 불량품을 제거하는 일
  ㉣ 건축물의 해체공사
    • 압쇄기와 대형 브레이커는 파워셔블 등에 설치하여 사용한다.
    • 철제 해머는 크레인 등에 설치하여 사용한다.
    • 핸드 브레이커 사용 시 경사를 주지 말고 수직으로 파쇄하는 것이 좋다.
    • 절단톱의 회전날에는 접촉방지 커버를 설치한다.
  ㉤ 거푸집 해체작업 시 유의사항
    • 거푸집 및 지보공(동바리)의 해체는 순서에 의하여 실시하여야 하며 안전담당자를 배치하여야 한다.
    • 거푸집 및 지보공(동바리)은 콘크리트 자중 및 시공 중에 가해지는 기타 하중에 충분히 견딜만한 강도를 가질 때까지는 해체하지 아니하여야 한다.
    • 해체작업을 할 때에는 안전모 등 안전 보호장구를 착용하도록 하여야 한다.
    • 거푸집 해체작업장 주위에는 관계자를 제외하고는 출입을 금지시켜야 한다.
    • 상하 동시 작업은 원칙적으로 금지하여 부득이한 경우에는 긴밀히 연락을 하며 작업을 하여야 한다.
    • 거푸집 해체 때 구조체에 무리한 충격이나 큰 힘에 의한 지렛대 사용은 금지하여야 한다.
    • 보 또는 슬래브 거푸집을 제거할 때에는 거푸집의 낙하충격으로 인한 작업원의 돌발적 재해를 방지하여야 한다.
    • 해체된 거푸집이나 각목 등에 박혀있는 못 또는 날카로운 돌출물은 즉시 제거하여야 한다.
    • 해체된 거푸집이나 각목은 재사용 가능한 것과 보수하여야 할 것을 선별, 분리하여 적치하고 정리정돈을 하여야 한다.
    • 기타 제3자의 보호조치에 대하여도 완전한 조치를 강구하여야 한다.
    • 거푸집을 떼어내는 순서는 하중을 받지 않는 부분을 먼저 떼어낸다. 그러므로 연직부재의 거푸집은 수평부재의 거푸집보다 빨리 떼어낸다.
  ㉥ 도심지 폭파해체공법
    • 장기간 발생하는 진동, 소음이 작다.
    • 해체 속도가 빠르다.
    • 주위의 구조물에 영향이 크다.
    • 많은 분진 발생으로 민원을 발생시킬 우려가 있다.
⑥ 해체작업에 따른 공해방지
  ㉠ 소음 및 진동
    • 잔동수의 범위는 1~90[Hz]이다.
    • 일반적으로 연직진동이 수평진동보다 크다.
    • 진동의 전파거리는 예외적인 것을 제외하면 진동원에서부터 100[m] 이내이다.
    • 지표에 있어 진동의 크기는 일반적으로 지진의 진도급이라고 하는 미진에서 강진의 범위에 있다.
    • 공기압축기 등은 적당한 장소에 설치하여야 하며 장비의 소음 진동기준은 관계법에서 정하는 바에 따라서 처리하여야 한다.

- 전도공법의 경우 전도물 규모를 작게 하여 중량을 최소화하며 전도대상물의 높이도 되도록 작게 하여야 한다.
- 철 해머공법의 경우 해머의 중량과 낙하 높이를 가능한 한 낮게 하여야 한다.
- 현장 내에서는 대형 부재로 해체하며 장외에서 잘게 파쇄하여야 한다.
- 인접 건물의 피해를 줄이기 위해 방음·방진목적의 가시설을 설치하여야 한다.

ⓒ 분진 : 분진 발생을 억제하기 위하여 직접 발생 부분에 피라미드식, 수평살수식으로 물을 뿌리거나 간접적으로 방진시트, 분진차단막 등의 방진벽을 설치하여야 한다.

ⓒ 지반침하 : 지하실 등을 해체할 경우에는 해체작업 전에 대상건물의 깊이, 토질, 주변상황 등과 사용하는 중기 운행 시 수반되는 진동 등을 고려하여 지반침하에 대비하여야 한다.

ⓒ 폐기물 : 해체작업 과정에서 발생하는 폐기물은 관계 법에서 정하는 바에 따라 처리하여야 한다.

⑦ 해체공법(파쇄공법)

㉠ 핸드브레이커(Hand Breaker) 공법 : 압축기에서 보낸 압축공기에 의해 정(Chisel)을 작동시켜 정 끝의 급속한 반복충격력으로 구조물을 파쇄하는 공법

㉡ 강구(Steel Ball) 공법 : 강구를 크레인의 선단에 매달아 강구를 수직(상하) 또는 수평으로 구조물에 부딪치게 하여 그 충격력으로 구조물을 파쇄하고 노출 철근을 가스절단하면서 구조물을 해체하는 공법

㉢ 마이크로파(Microwave) 공법 : 마이크로파를 콘크리트에 조사하여 콘크리트 속의 물분자와 분극작용을 촉진시켜 발열을 일으키게 하여 발열과 함께 함유 수분의 비등에 의한 증기압에 의해 파쇄하는 공법으로 전자파 발생장치가 필요하다. 무소음, 무진동에 가깝고 전처리할 필요가 없지만, 전자파가 인체에 조사되면 위험하므로 누설방지가 필요하다.

㉣ 록잭(Rock Jack) 공법 : 파쇄하고자 하는 구조물에 구멍을 천공하여 이 구멍에 가력봉을 삽입하고 가력봉에 유압을 가압하여 천공한 구멍을 확대시킴으로써 구조물을 파쇄하는 공법

㉤ 압쇄기(유압브레이커)에 의한 공법 : 유압기를 이용하여 압쇄기 안에 콘크리트를 넣고 압쇄하는 공법

10년간 자주 출제된 문제

1-1. 다음 중 건물 해체용 기구와 거리가 먼 것은?
① 압쇄기　　② 스크레이퍼
③ 잭　　　　④ 철 해머

1-2. 사업주는 리프트를 조립 또는 해체 작업할 때 작업을 지휘하는 자를 선임하여야 한다. 이때 작업을 지휘하는 자가 이행하여야 할 사항으로 거리가 먼 것은?
① 근로자의 배치를 결정하고 해당 작업을 지휘하는 일
② 기구 및 공구의 기능을 점검하고 불량품을 제거하는 일
③ 운전방법 또는 고장 났을 때의 처치방법 등을 근로자에게 주지시키는 일
④ 작업 중 안전대 등 보호구의 착용상황을 감시하는 일

1-3. 구조물 해체작업 시 해체계획에 포함되지 않는 것은?
① 사업장 내 연락방법
② 악천후 시 작업계획
③ 해체방법 및 해체순서 도면
④ 가설설비, 방호설비, 환기설비 등의 방법

|해설|

1-1
건물해체용 기구 : 압쇄기, 대형 브레이커, 철 해머, 화약류, 핸드 브레이커, 절단톱, 잭 등

1-2
산업안전보건기준에 관한 규칙 제156조
- 작업방법과 근로자의 배치를 결정하고 해당 작업을 지휘하는 일
- 재료의 결함 유무 또는 기구 및 공구의 기능을 점검하고 불량품을 제거하는 일
- 작업 중 안전대 등 보호구의 착용상황을 감시하는 일

1-3
건물 등 해체작업 시 해체작업계획서에 포함하여야 할 사항
- 사업장 내 연락방법
- 해체작업용 기계·기구 등의 작업계획서
- 해체작업용 화학류 등의 사용계획서
- 해체의 방법 및 해체순서 도면
- 가설설비·방호설비·환기설비 및 살수·방화설비 등의 방법
- 해체물의 처분계획(주변 민원처리계획은 아니다)
- 그 밖에 안전·보건에 관련된 사항

정답 1-1 ②　1-2 ③　1-3 ②

핵심이론 02 | 운 반

① 운반의 개요
  ㉠ 취급·운반의 원칙
    - 직선운반을 할 것
    - 연속운반을 할 것
    - 운반작업을 집중하여 시킬 것
    - 생산을 최고로 하는 운반을 생각할 것
    - 최대한 시간과 경비를 절약할 수 있는 운반방법을 고려할 것
  ㉡ 운반의 3조건
    - 운반(취급)거리는 최소화시킬 것
    - 손이 가지 않는 작업기법일 것
    - 운반(이동)은 기계화할 것

② 운반의 안전
  ㉠ 인력운반작업의 안전수칙
    - 보조기구를 효과적으로 사용한다.
    - 물건을 들고 일어날 때는 허리보다 무릎의 힘으로 일어선다.
    - 물건을 들어 올릴 때는 팔과 무릎을 이용하여 척추는 곧게 편다.
    - 허리를 구부리지 말고 곧은 자세로 하여 양손으로 들어올린다.
    - 중량은 체중의 40[%]가 적당하다.
    - 물건은 최대한 몸에서 가까이 하여 들어올린다.
    - 긴 물건이나 구르기 쉬운 물건은 가능한 한 인력운반을 피한다.
    - 부득이하게 길이가 긴 물건을 인력운반해야 할 경우에는 앞쪽을 높게 하여 운반한다.
    - 단독으로 긴 물건을 어깨에 메고 운반할 때 앞쪽을 위로 올린 상태로 운반한다.
    - 부득이하게 원통인 물건을 인력운반해야 할 경우 절대로 굴려서 운반하면 안 된다.
    - 2인 이상 공동으로 운반할 때에는 체력과 신장이 비슷한 사람이 작업하며, 물건의 무게가 균등하도록 운반한다. 긴 물건을 어깨에 메고 운반할 때에는 같은 쪽의 어깨에 보조를 맞추며 작업 지휘자가 있는 경우 지휘자의 신호에 의해 호흡을 맞춰 운반한다.
    - 무거운 물건은 공동작업으로 실시한다.
    - 운반 시의 시선은 진행 방향을 향하고, 뒷걸음으로 운반하여서는 안 된다.
    - 무거운 물건을 운반할 때 무게중심이 높은 하물은 인력으로 운반하지 않는다.
    - 어깨높이보다 높은 위치에서 하물을 들고 운반하여서는 안 된다.
  ㉡ 철근 인력운반의 안전수칙
    - 운반할 때에는 양끝을 묶어 운반한다.
    - 긴 철근은 두 사람이 한 조가 되어 어깨메기로 운반하는 것이 좋다.
    - 운반 시 1인당 무게는 25[kg] 정도가 적당하며 무리한 운반을 삼가야 한다.
    - 긴 철근을 한 사람이 운반할 때는 한쪽을 어깨에 메고, 한쪽 끝을 땅에 끌면서 운반한다.
    - 내려놓을 때는 천천히 내려놓고 던지지 않아야 한다.
    - 공동작업 시 신호에 따라 작업한다.

10년간 자주 출제된 문제

2-1. 취급 · 운반의 원칙으로 옳지 않은 것은?

① 곡선운반을 할 것
② 운반작업을 집중하여 시킬 것
③ 생산을 최고로 하는 운반을 생각할 것
④ 연속운반을 할 것

2-2. 운반작업 시 주의사항으로 옳지 않은 것은?

① 단독으로 긴 물건을 어깨에 메고 운반할 때에는 뒤쪽을 위로 올린 상태로 운반한다.
② 운반 시의 시선은 진행 방향을 향하고 뒷걸음으로 운반하여서는 안 된다.
③ 무거운 물건을 운반할 때 무게중심이 높은 하물은 인력으로 운반하지 않는다.
④ 어깨높이보다 높은 위치에서 하물을 들고 운반하여서는 안 된다.

2-3. 철근 인력운반에 대한 설명으로 옳지 않은 것은?

① 운반할 때에는 중앙부를 묶어 운반한다.
② 긴 철근은 두 사람이 한 조가 되어 어깨메기로 운반하는 것이 좋다.
③ 운반 시 1인당 무게는 25[kg] 정도가 적당하다.
④ 긴 철근을 한 사람이 운반할 때는 한쪽을 어깨에 메고 한쪽 끝을 땅에 끌면서 운반한다.

|해설|

2-1
취급 · 운반 시 곡선운반이 아닌 직선운반을 해야 한다.

2-2
운반작업 시 단독으로 긴 물건을 어깨에 메고 운반할 때에는 앞쪽을 위로 올린 상태로 운반한다.

2-3
철근을 인력으로 운반할 때에는 양끝을 묶어 운반한다.

정답 2-1 ① 2-2 ① 2-3 ①

핵심이론 03 | 하 역

① 화물 취급작업 등

㉠ 화물 운반용이나 고정용으로 사용을 금하는 섬유로프 등(안전보건규칙 제387조)
- 꼬임이 끊어진 것
- 심하게 손상되거나 부식된 것

㉡ 차량 등에서 화물을 내리는 작업을 하는 경우에 해당 작업에 종사하는 근로자에게 쌓여 있는 화물 중간에서 화물을 빼내도록 해서는 아니 된다(안전보건규칙 제389조).

㉢ 부두 · 안벽 등 하역작업을 하는 하역작업장의 조치기준(안전보건규칙 제390조)
- 작업장 및 통로의 위험한 부분에는 안전하게 작업할 수 있는 조명을 유지할 것
- 부두 또는 안벽의 선을 따라 통로를 설치하는 경우에는 폭을 90[cm] 이상으로 할 것
- 육상에서의 통로 및 작업장소로서 다리 또는 선거(船渠) 갑문을 넘는 보도 등의 위험한 부분에는 안전난간 또는 울타리 등을 설치할 것

㉣ 바닥으로부터의 높이가 2[m] 이상되는 하적단(포대 · 가마니 등으로 포장된 화물이 쌓여 있는 것만 해당)과 인접 하적단 사이의 간격을 하적단의 밑부분을 기준하여 10[cm] 이상으로 하여야 한다(안전보건규칙 제391조).

㉤ 하적단의 붕괴 등에 의한 위험방지(안전보건규칙 제392조)
- 하적단의 붕괴 또는 화물의 낙하에 의하여 근로자가 위험해질 우려가 있는 경우에는 그 하적단을 로프로 묶거나 망을 치는 등 위험을 방지하기 위하여 필요한 조치를 하여야 한다.
- 하적단을 쌓는 경우에는 기본형을 조성하여 쌓아야 한다.
- 하적단을 헐어내는 경우에는 위에서부터 순차적으로 층계를 만들면서 헐어내어야 하며, 중간에서 헐어내서는 아니 된다.

㉥ 화물 적재 시의 준수사항(안전보건규칙 제393조)
- 침하 우려가 없는 튼튼한 기반 위에 적재할 것
- 건물의 칸막이나 벽 등이 화물의 압력에 견딜 만큼의 강도를 지니지 아니한 경우에는 칸막이나 벽에 기대어 적재하지 않도록 할 것
- 불안정할 정도로 높이 쌓아 올리지 말 것

- 하중이 한쪽으로 치우치지 않도록 쌓을 것
ⓢ 적하와 양하
- 적하 : 부두 위의 화물에 혹을 걸어 선내에 적재하기까지의 작업
- 양하 : 선내의 화물을 부두 위에 내려놓고 혹을 풀기까지의 작업

② 항만하역작업
㉠ 통행설비의 설치 등(안전보건규칙 제394조) : 갑판의 윗면에서 선창 밑바닥까지의 깊이가 1.5[m]를 초과하는 선창의 내부에서 화물 취급작업을 하는 경우에 그 작업에 종사하는 근로자가 안전하게 통행할 수 있는 설비를 설치하여야 한다(다만, 안전하게 통행할 수 있는 설비가 선박에 설치되어 있는 경우에는 그러하지 아니하다).
㉡ 급성 중독물질 등에 의한 위험 방지(안전보건규칙 제395조) : 항만하역작업을 시작하기 전에 그 작업을 하는 선창 내부, 갑판 위 또는 안벽 위에 있는 화물 중에 급성 독성물질이 있는지를 조사하여 안전한 취급방법 및 누출 시 처리방법을 정하여야 한다.
㉢ 무포장 화물의 취급방법(안전보건규칙 제396조)
- 선창 내부의 밀·콩·옥수수 등 무포장 화물을 내리는 작업을 할 때에는 시프팅 보드(Shifting Board), 피더박스(Feeder Box) 등 화물 이동방지를 위한 칸막이벽이 넘어지거나 떨어짐으로써 근로자가 위험해질 우려가 있는 경우에는 그 칸막이벽을 해체한 후 작업하도록 하여야 한다.
- 진공흡입식 언로더(Unloader) 등의 하역기계를 사용하여 무포장 화물을 하역할 때 그 하역기계의 이동 또는 작동에 따른 흔들림 등으로 인하여 근로자가 위험해질 우려가 있는 경우에는 근로자의 접근을 금지하는 등 필요한 조치를 하여야 한다.
㉣ 선박승강설비의 설치(안전보건규칙 제397조)
- 300[ton]급 이상의 선박에서 하역작업을 하는 경우에 근로자들이 안전하게 오르내릴 수 있는 현문 사다리를 설치하여야 하며, 이 사다리 밑에 안전망을 설치하여야 한다.
- 현문 사다리는 견고한 재료로 제작된 것으로 너비는 55[cm] 이상이어야 하고, 양측에 82[cm] 이상의 높이로 울타리를 설치하여야 하며, 바닥은 미끄러지지 않도록 적합한 재질로 처리되어야 한다.
- 현문 사다리는 근로자의 통행에만 사용하여야 하며, 화물용 발판 또는 화물용 보관으로 사용하도록 해서는 아니 된다.
㉤ 통선 등에 의한 근로자 수송 시의 위험 방지(안전보건규칙 제398조) : 통선(通船) 등에 의하여 근로자를 작업장소로 수송하는 경우 그 통선 등이 정하는 탑승정원을 초과하여 근로자를 승선시켜서는 아니 되며, 통선 등에 구명용구를 갖추어 두는 등 근로자의 위험 방지에 필요한 조치를 취하여야 한다.
㉥ 수상의 목재·뗏목 등의 작업 시 위험방지(안전보건규칙 제399조) : 물 위의 목재·원목·뗏목 등에서 작업을 하는 근로자에게 구명조끼를 착용하도록 하여야 하며, 인근에 인명구조용 선박을 배치하여야 한다.
㉦ 베일포장화물의 취급(안전보건규칙 제400조) : 양화장치를 사용하여 베일포장으로 포장된 화물을 하역하는 경우에 그 포장에 사용된 철사·로프 등에 혹을 걸어서는 아니 된다.
㉧ 동시 작업의 금지(안전보건규칙 제401조) : 같은 선창 내부의 다른 층에서 동시에 작업을 하도록 해서는 아니 된다. 다만, 방망 및 방포 등 화물의 낙하를 방지하기 위한 설비를 설치한 경우에는 그러하지 아니하다.
㉨ 양하작업 시의 안전조치(안전보건규칙 제402조)
- 양화장치 등을 사용하여 양하작업을 하는 경우에 선창 내부의 화물을 안전하게 운반할 수 있도록 미리 해치(Hatch)의 수직 하부에 옮겨 놓아야 한다.
- 화물을 옮기는 경우에는 대차 또는 스내치 블록(Snatch Block)을 사용하는 등 안전한 방법을 사용하여야 하며, 화물을 슬링 로프(Sling Rope)로 연결하여 직접 끌어내는 등 안전하지 않은 방법을 사용해서는 아니 된다.
㉩ 혹 부착 슬링의 사용(안전보건규칙 제403조) : 양화장치 등을 사용하여 드럼통 등의 화물권상작업을 하는 경우에 그 화물이 벗어지거나 탈락하는 것을 방지하는 구조의 해지장치가 설치된 혹부착 슬링을 사용하여야 한다(다만, 작업의 성질상 보조슬링을 연결하여 사용하는 경우 화물에 직접 연결하는 혹은 그러하지 아니하다).

㋚ 로프 탈락 등에 의한 위험방지(안전보건규칙 제404조) : 양화장치 등을 사용하여 로프로 화물을 잡아당기는 경우에 로프나 도르래가 떨어져 나감으로써 근로자가 위험해질 우려가 있는 장소에 근로자를 출입시켜서는 아니 된다.

③ 차량계 하역운반기계의 점검
  ㉠ 작업 시작 전 차륜의 이상 유무를 점검할 것
  ㉡ 화물을 차량계 하역운반기계에 싣는 작업 또는 내리는 작업을 할 때 해당 작업의 지휘자가 준수해야 할 사항
   • 작업 순서 및 그 순서마다의 작업방법을 정하고 작업을 지휘할 것
   • 기구와 공구를 점검하고 불량품을 제거할 것
   • 해당 작업을 하는 장소에 관계 근로자가 아닌 사람이 출입하는 것을 금지할 것
   • 로프 풀기 작업 또는 덮개 벗기기 작업은 적재함의 화물이 떨어질 위험이 없음을 확인한 후에 하도록 할 것

④ 하역의 안전수칙
  ㉠ 화물 취급작업과 관련한 위험방지를 위해 조치하여야 할 사항
   • 작업장 및 통로의 위험한 부분에는 안전하게 작업할 수 있는 조명을 유지할 것
   • 차량 등에서 화물을 내리는 작업을 하는 경우에 해당 작업에 종사하는 근로자에게 쌓여 있는 화물 중간에서 화물을 빼내노록 하지 말 것
   • 육상에서의 통로 및 작업장소로서 다리 또는 선거 갑문을 넘는 보도 등의 위험한 부분에는 안전난간 또는 울타리 등을 설치할 것
  ㉡ 화물취급작업 시 준수사항
   • 꼬임이 끊어지거나 심하게 부식된 섬유로프는 화물 운반용으로 사용해서는 아니 된다.
   • 섬유로프 등을 사용하여 화물 취급작업을 하는 경우에 해당 섬유로프 등을 점검하고 이상을 발견한 섬유로프 등을 즉시 교체하여야 한다.
   • 하역작업을 하는 장소에서 작업장 및 통로의 위험한 부분에는 안전하게 작업할 수 있는 조명을 유지한다.
  ㉢ 차량계 하역 운반기계 등에 화물을 적재하는 경우의 준수사항
   • 하중이 한쪽으로 치우치지 않도록 적재할 것
   • 구내 운반차 또는 화물자동차의 경우 화물의 붕괴 또는 낙하에 의한 위험을 방지하기 위하여 화물에 로프를 거는 등 필요한 조치를 할 것
   • 운전자의 시야를 가리지 않도록 화물을 적재할 것
   • 화물을 적재하는 경우 최대 적재량을 초과하지 않을 것
   • 화물을 차량계 하역운반기계에 적재 또는 적하 시 작업 지휘자를 지정하여야 하는 기준 : 단위화물의 무게 100[kg] 이상
  ㉣ 차량계 하역운반기계 등에 단위화물의 무게가 100[kg] 이상인 화물을 싣는 작업 또는 내리는 작업을 하는 경우에 해당 작업 지휘자가 준수하여야 할 사항
   • 작업 순서 및 그 순서마다의 작업방법을 정하고 작업을 지휘할 것
   • 기구와 공구를 점검하고 불량품을 제거할 것
   • 로프 풀기 작업 또는 덮개 벗기기 작업은 적재함의 화물이 떨어질 위험이 없음을 확인한 후에 하도록 할 것
   • 해당 작업을 하는 장소에 관계 근로자가 아닌 사람이 출입하는 것을 금지할 것
  ㉤ 차량계 하역운반기계의 안전조치사항
   • 최대 제한속도가 시속 10[km]를 초과하는 차량계 건설기계를 사용하여 작업을 하는 경우, 미리 작업 장소의 지형 및 지반 상태 등에 적합한 제한속도를 정하고 운전자로 하여금 준수하도록 할 것
   • 차량계 건설기계의 운전자가 운전위치를 이탈하는 경우, 해당 운전자로 하여금 포크 및 버킷 등의 하역장치를 가장 낮은 위치에 둘 것
   • 차량계 하역운반기계 등에 화물을 적재하는 경우 하중이 한쪽으로 치우치지 않도록 적재할 것
   • 차량계 건설기계를 사용하여 작업을 하는 경우 승차석이 아닌 위치에 근로자를 탑승시키지 말 것
   • 사업주는 바닥으로부터 짐 윗면까지의 높이가 2[m] 이상인 화물자동차에 짐을 싣는 작업 또는 내리는 작업을 하는 경우에는 근로자의 추가 위험을 방지하기 위하여 해당 작업에 종사하는 근로자가 바닥과 적재함의 뒷면 간을 안전하게 오르내리기 위한 설비를 설치하여야 한다.

ⓑ 화물운반하역작업 중 걸이작업
- 와이어로프 등은 크레인의 훅 중심에 걸어야 한다.
- 인양 물체의 안정을 위하여 2줄걸이 이상을 사용하여야 한다.
- 매다는 각도는 60° 이내로 하여야 한다.
- 매달린 물체 위에 근로자를 탑승시키지 않아야 한다.

ⓢ 차량계 하역운반기계를 사용하는 작업을 할 때 그 기계가 넘어지거나 굴러 떨어짐으로써 근로자에게 위험을 미칠 우려가 있는 경우에 우선적으로 조치하여야 할 사항
- 해당 기계에 대한 유도자 배치
- 지반의 부동침하방지조치
- 갓길 붕괴방지조치
- 충분한 도로의 폭 유지

10년간 자주 출제된 문제

3-1. 차량계 하역운반기계 등에 화물을 적재하는 경우에 준수하여야 할 사항으로 옳지 않은 것은?

① 하중이 한쪽으로 치우쳐서 효율적으로 적재되도록 할 것
② 구내 운반차 또는 화물자동차의 경우 화물의 붕괴 또는 낙하에 의한 위험을 방지하기 위하여 화물에 로프를 거는 등 필요한 조치를 할 것
③ 운전자의 시야를 가리지 않도록 화물을 적재할 것
④ 최대 적재량을 초과하지 않도록 할 것

3-2. 산업안전보건법상 차량계 하역운반기계 등에 단위화물의 무게가 100[kg] 이상인 화물을 싣는 작업 또는 내리는 작업을 하는 경우에 해당 작업 지휘자가 준수하여야 할 사항과 가장 거리가 먼 것은?

① 작업 순서 및 그 순서마다의 작업방법을 정하고 작업을 지휘할 것
② 기구와 공구를 점검하고 불량품을 제거할 것
③ 대피방법을 미리 교육하는 일
④ 로프 풀기 작업 또는 덮개 벗기기 작업은 적재함의 화물이 떨어질 위험이 없음을 확인한 후에 하도록 할 것

|해설|

3-1
화물은 하중이 한쪽으로 치우치지 않도록 적재해야 한다.

3-2
작업 지휘자가 준수하여야 할 사항
- 작업 순서 및 그 순서마다의 작업방법을 정하고 작업을 지휘할 것
- 기구 및 공구를 점검하고 불량품을 제거할 것
- 해당 작업을 행하는 장소에 관계 근로자 외의 자의 출입을 금지할 것
- 로프를 풀거나 덮개를 벗기는 작업을 행하는 때에는 적재함의 화물이 낙하할 위험이 없음을 확인한 후에 해당 작업을 하도록 할 것

정답 3-1 ① 3-2 ③

제5절 건설재해 및 대책

핵심이론 01 | 굴착공사 안전작업

① 굴착공사 관련 지질조사
   ㉠ 사전조사
      • 기본적인 토질에 대한 조사
        - 조사대상 : 지형, 지질, 지층, 지하수, 용수, 식생 등
        - 조사내용
          ⓐ 주변에 기 절토된 경사면의 실태조사
          ⓑ 지표, 토질에 대한 답사 및 조사로 토질 구성(표토, 토질, 암질), 토질구조(지층의 경사, 지층, 파쇄대의 분포, 변질대의 분포), 지하수 및 용수의 형상 등의 실태 조사
          ⓒ 사운딩
          ⓓ 시 추
          ⓔ 물리탐사(탄성파조사)
          ⓕ 토질시험 등
      • 굴착작업 전 가스관, 상하수도관, 지하케이블, 건축물의 기초 등 지하 매설물에 대하여 조사하고 굴착 시 이에 대한 안전조치를 하여야 한다.
   ㉡ 굴착작업에서 지반의 붕괴 또는 매설물, 기타 지하 공작물의 손괴 등에 의하여 근로자에게 위험이 미칠 우려가 있을 때 작업장소 및 그 주변에 대한 사전 지반 조사사항
      • 형상·지질 및 지층의 상태
      • 매설물 등의 유무 또는 (흐름) 상태
      • 지반의 지하수위 상태
      • 균열·함수·용수 및 동결의 유무 또는 상태
   ㉢ 시공 중의 조사 : 공사 진행 중 이미 조사된 결과와 상이한 상태가 발생한 경우 조사를 보완(정밀조사) 실시하여야 하며 결과에 따라 작업계획을 재검토하여야 할 경우에는 공법이 결정될 때까지 공사를 중지하여야 한다.

② 굴착작업
   ㉠ 인력 굴착
      • 공사 전 준비 준수사항
        - 작업계획, 작업내용을 충분히 검토하고 이해하여야 한다.
        - 공사물량 및 공기에 따른 근로자의 소요 인원을 계획하여야 한다.
        - 굴착 예정지의 주변상황을 조사하여 조사결과 작업에 지장을 주는 장애물이 있는 경우 이설, 제거, 거치보전계획을 수립하여야 한다.
        - 시가지 등에서 공중재해에 대한 위험이 수반될 경우 예방대책을 수립하여야 하며 가스관, 상하수도관, 지하 케이블 등의 지하 매설물에 대한 방호조치를 하여야 한다.
        - 작업에 필요한 기기, 공구 및 자재의 수량을 검토, 준비하고 반입방법에 대하여 계획하여야 한다.
        - 예정된 굴착방법에 적절한 토사 반출방법을 계획하여야 한다.
        - 관련 작업(굴착기계·운반기계 등의 운전자, 흙막이공, 혈틀공, 철근공, 배관공 등)의 책임자 상호 간의 긴밀한 협조와 연락을 충분히 하여야 하며 수기신호, 무선통신, 유선통신 등의 신호체제를 확립한 후 작업을 진행시켜야 한다.
        - 지하수 유입에 대한 대책을 수립하여야 한다.
      • 일일 준비 준수사항
        - 작업 전에 반드시 작업장소의 불안전한 상태 유무를 점검하고 미비점이 있을 경우 즉시 조치하여야 한다.
        - 근로자를 적절히 배치하여야 한다.
        - 사용하는 기기, 공구 등을 근로자에게 확인시켜야 한다.
        - 근로자의 안전모 착용 및 복장 상태, 추락의 위험이 있는 고소작업자는 안전대를 착용하고 있는가 등을 확인하여야 한다.
        - 근로자에게 당일의 작업량, 작업방법을 설명하고, 작업의 단계별 순서와 안전상의 문제점에 대하여 교육하여야 한다.
        - 작업장소에 관계자 이외의 자가 출입하지 않도록 하고, 위험장소에는 근로자가 접근하지 않도록 출입금지 조치를 하여야 한다.
        - 굴착된 흙이 차량으로 운반될 경우 통로를 확보하고 굴착자와 차량 운전자가 상호 연락할 수 있도록 하되, 그 신호는 고용노동부장관이 고시한 크레인작업표준신호지침에서 정하는 바에 의한다.

- 굴착작업 시 준수사항
  - 안전담당자의 지휘하에 작업하여야 한다.
  - 지반의 종류에 따라서 정해진 굴착면의 높이와 기울기로 진행시켜야 한다.
  - 굴착면 및 흙막이 지보공의 상태를 주의하여 작업을 진행시켜야 한다.
  - 굴착면 및 굴착심도기준을 준수하여 작업 중 붕괴를 예방하여야 한다.
  - 굴착토사나 자재 등을 경사면 및 토류벽 천단부 주변에 쌓아 두어서는 안 된다.
  - 매설물, 장애물 등에 항상 주의하고 대책을 강구한 후에 작업하여야 한다.
  - 용수 등의 유입수가 있는 경우 반드시 배수시설을 한 뒤에 작업을 하여야 한다.
  - 수중펌프나 벨트컨베이어 등 전동기기를 사용할 경우는 누전차단기를 설치하고 작동 여부를 확인하여야 한다.
  - 산소 결핍의 우려가 있는 작업장은 규정을 준수하여야 한다.
  - 도시가스 누출, 메탄가스 등의 발생이 우려되는 경우에는 화기를 사용하여서는 안 된다.
- 절토 시 준수사항
  - 상부에서 붕락 위험이 있는 장소에서의 작업은 금하여야 한다.
  - 상·하부 동시작업은 금지하여야 하나 부득이한 경우 다음 조치를 실시한 후 작업하여야 한다.
    ⓐ 견고한 낙하물 방호시설 설치
    ⓑ 부석 제거
    ⓒ 작업장소에 불필요한 기계 등의 방치 금지
    ⓓ 신호수 및 담당자 배치
  - 굴착면이 높은 경우는 계단식으로 굴착하고 소단의 폭은 수평거리 2[m] 정도로 하여야 한다.
  - 사면경사 1 : 1 이하이며 굴착면이 2[m] 이상일 경우는 안전대 등을 착용하고 작업해야 하며 부석이나 붕괴하기 쉬운 지반은 적절한 보강을 하여야 한다.
  - 급경사에는 사다리 등을 설치하여 통로로 사용하여야 하며 도괴하지 않도록 상·하부를 지지물로 고정시키며, 장기간 공사 시에는 비계 등을 설치하여야 한다.
  - 용수가 발생하면 즉시 작업책임자에게 보고하고 배수 및 작업방법에 대해서 지시를 받아야 한다.
  - 우천 또는 해빙으로 토사 붕괴가 우려되는 경우에는 작업 전 점검을 실시하여야 하며, 특히 굴착면 천단부 주변에는 중량물의 방치를 금하며 대형 건설기계 통과 시에는 적절한 조치를 확인하여야 한다.
  - 절토면을 장기간 방치할 경우는 경사면을 가마니 쌓기, 비닐 덮기 등 적절한 보호조치를 하여야 한다.
  - 발파암반을 장기간 방치할 경우는 낙석방지용 방호망을 부착하고, 모르타르를 주입하며 그라우팅, 록볼트 설치 등의 방호시설을 하여야 한다.
  - 암반이 아닌 경우는 경사면에 도수로, 산마루 측구 등 배수시설을 설치하여야 하며, 제3자가 근처를 통행할 가능성이 있는 경우는 안전시설과 안전표지판을 설치하여야 한다.
  - 벨트컨베이어를 사용할 경우는 경사를 완만하게 하여 안정된 상태를 유지하도록 하여야 하며, 컨베이어 양단면에 스크린 등의 설치로 토사의 전락을 방지하여야 한다.
- 트렌치 굴착 시의 준수사항
  - 통행자가 많은 장소에서 굴착하는 경우 굴착장소에 방호울 등을 사용하여 접근을 금지시키고, 식별이 용이한 장소에 안전 표지판을 설치하여야 한다.
  - 야간에는 작업장에 충분한 조명시설을 하여야 하며 가시설물은 형광벨트, 경광등 등을 설치하여야 한다.
  - 굴착 시는 원칙적으로 흙막이 지보공을 설치하여야 한다.
  - 흙막이 지보공을 설치하지 않는 경우 굴착 깊이는 1.5[m] 이하로 하여야 한다.
  - 수분을 많이 포함한 지반의 경우나 뒷채움 지반인 경우 또는 차량이 통행하여 붕괴하기 쉬운 경우에는 반드시 흙막이 지보공을 설치하여야 한다.
  - 굴착폭은 작업 및 대피가 용이하도록 충분한 넓이를 확보하여야 하며, 굴착 깊이가 2[m] 이상일 경우에는 1[m] 이상의 폭으로 한다.
  - 흙막이널판만을 사용할 경우는 널판 길이의 1/3 이상의 근입장을 확보하여야 한다.

- 용수가 있는 경우는 펌프로 배수하여야 하며, 흙막이 지보공을 설치하여야 한다.
- 굴착면 천단부에는 굴착토사와 자재 등의 적재를 금하며 굴착 깊이 이상 떨어진 장소에 적재하도록 하고, 건설기계가 통행할 가능성이 있는 장소에는 별도의 장비통로를 설치하여야 한다.
- 브레이커 등을 이용하여 파쇄하거나 견고한 지반을 분쇄할 경우에는 진동을 방지할 수 있는 장갑을 착용하도록 하여야 한다.
- 컴프레서는 작업이나 통행에 지장이 없는 장소에 설치하여야 한다.
- 벨트컨베이어를 이용하여 굴착토를 반출할 경우는 다음의 사항을 준수하여야 한다.
    ⓐ 기울기가 완만하도록(표준 30° 이하) 하고 안정성이 있으며 비탈면이 붕괴되지 않도록 설치하며, 가대등을 이용하여 가능한 한 굴착면에 가깝도록 설치하며 작업장소에 따라 조금씩 이동한다.
    ⓑ 벨트컨베이어를 이동할 경우는 작업책임자를 선임하고 지시에 따라 이동해야 하며 전원스위치, 내연기관 등은 반드시 단락조치 후 이동한다.
    ⓒ 회전 부분에 말려들지 않도록 방호조치를 하여야 하며, 비상정지장치가 있어야 한다.
    ⓓ 큰 옥석 등의 석괴는 적재시키지 않아야 하며 부득이 할 경우는 운반 중 낙석, 전락방지를 위한 컨베이어 양단부에 스크린 등의 방호조치를 하여야 한다.
- 가스관, 상하수도관, 케이블 등의 지하 매설물이 발견되면 공사를 중지하고 작업책임자의 지시에 따라 방호조치 후 굴착을 실시하며, 매설물을 손상시켜서는 안 된다.
- 바닥면의 굴착 심도를 확인하면서 작업한다.
- 굴착 깊이가 1.5[m] 이상인 경우는 사다리, 계단 등 승강설비를 설치하여야 한다.
- 굴착된 도량 내에서 휴식을 취하여서는 안 된다.
- 매설물을 설치하고 뒷채움을 할 경우에는 30[cm] 이내마다 충분히 다지고 필요시 물다짐 등 시방을 준수하여야 한다.
- 작업 도중 굴착된 상태로 작업을 종료할 경우는 방호울, 위험표지판을 설치하여 제3자의 출입을 금지시켜야 한다.

• 기초굴착 시 준수사항
- 사면굴착 및 수직면 굴착 등 오픈컷트 공법에 있어 흙막이 벽 또는 지보공 안전담당자를 반드시 선임하여 구조, 특징 및 작업 순서를 충분히 숙지한 후 순서에 의해 작업하여야 한다.
- 버팀재를 설치하는 구조의 흙막이 지보공에서는 스트러트, 띠장, 사보강재 등을 설치하고 하부작업을 하여야 한다.
- 기계굴착과 병행하여 인력굴착작업을 수행할 경우는 작업분담구역을 정하고 기계의 작업반경 내에 근로자가 들어가지 않도록 해야 하며, 담당자 또는 기계신호수를 배치하여야 한다.
- 버팀재, 사보강재 위로 통행을 해서는 안 되며, 부득이하게 통행할 경우에는 폭 40[cm] 이상의 안전통로를 설치하고 통로에는 표준안전난간을 설치하고 안전대를 사용하여야 한다.
- 스트러트 위에는 중량물을 놓아서는 안 되며, 부득이한 경우는 지보공으로 충분히 보강하여야 한다.
- 배수펌프 등은 용수 시 항상 사용할 수 있도록 정비하여 두고 이상 용출수가 발생할 경우 작업을 중단하고 즉시 작업책임자의 지시를 받는다.
- 지표수 등이 유입하지 않도록 차수시설을 하고 경사면에 추락이나 낙하물에 대한 방호조치를 한다.
- 작업 중에는 흙막이 지보공의 시방을 준수하고 스트러트 또는 흙막이 벽의 이상 상태에 주의하며 이상 토압이 발생하여 지보공 또는 벽에 변형이 발생되면 즉시 작업책임자에게 보고하고 지시를 받아야 한다.
- 점토질 및 사질토의 경우에는 히빙 및 보일링현상에 대비하여 사전조치를 하여야 한다.

ⓒ 기계굴착
• 터널식 굴착방법 : ASSM공법, NATM공법, 실드공법, TBM공법 등
- ASSM(American Steel Supported Method) 공법 : 광산에서 사용하던 재래식 굴착공법으로 주변 지반의 작업 하중을 철재 Arch 지보와 콘크리트 라이닝을 주지보체로 활용해 지지하는 NATM

터널 공법 이전의 터널 시공에 적용해왔다. NATM은 암반 자체를 주지보재로 이용하는 반면에 ASSM은 지반이완으로 침하하는 암반을 목재나 스틸리브(Steel Rib)로 하중을 지지하므로 안전성이 낮다.
- NATM(New Austrian Tunneling Method) 공법 : 지반의 본래 강도를 유지시켜서 지반 자체를 주지보재로 이용하는 굴착공법이다. 지반 변화에 대한 적응성이 좋고 적용 단면의 범위가 넓어 일반적 조건 하에서는 경제성이 우수하다. 연약 지반에서 극경암까지 적용 가능하며, 재래공법에 비해 지반 변형이 적고, 계측을 통한 시공의 안정성의 보장이 가능할 뿐만 아니라, 경제적인 터널 구축이 가능하다.
- 실드(Shield) 공법 : 기존의 NATM 공법보다 진보한 공법으로 터널 굴착과 동시에 터널 벽면에 몇 개의 강재나 콘크리트 세그먼트로 이루어진 링을 순차적으로 조립하면서 전진하는 굴착공법으로 재래식 터널 공법 적용 시 겪게 되는 지반 침하와 각종 소음 및 진동 등의 건설 공해를 최소화할 수 있는 굴착공법이다.
- TBM(Tunnel Boring Machine) 공법 : 터널 굴착 단면에 맞는 원형 Hard Rock Tunnel Boring Machine을 사용해 굴진하고, 이를 뒤따라가면서 숏크리트(Shotcrete) 작업을 병행하는 전단면 기계굴착에 의한 공법이다. TBM의 터널 시공은 원형의 단면으로 굴착하므로 재래의 천공 및 발파를 반복하는 시공과 달리 역학적으로 안정된 무진동, 무발파, 기계화 굴착의 특징이 있으며 지반 굴착에 따른 지반 변형을 최소화함으로써 시공중 안정성을 최대한 확보할 수 있으며, 소음 진동에 의한 환경 피해를 최소화해 안전하고 청결한 갱내작업 환경을 유지할 수 있는 친환경적 터널 굴착공법이다.

• 기계에 의한 굴착작업 시 고려사항
- 공사의 규모, 주변환경, 토질, 공사기간 등의 조건을 고려한 적절한 기계를 선정하여야 한다.
- 작업 전에 기계의 정비 상태를 정비기록표 등에 의해 확인하고 다음의 사항을 점검하여야 한다.
  ⓐ 낙석, 낙하물 등의 위험이 예상되는 작업 시 견고한 헤드가드 설치 상태
  ⓑ 브레이크 및 클러치의 작동 상태
  ⓒ 타이어 및 궤도차륜 상태
  ⓓ 경보장치 작동 상태
  ⓔ 부속장치의 상태
- 정비 상태가 불량한 기계는 투입하면 안 된다.
- 장비의 진입로와 작업장에서의 주행로를 확보하고 다짐도, 노폭, 경사도 등의 상태를 점검한다.
- 굴착된 토사의 운반통로, 노면의 상태, 노폭, 기울기, 회전반경 및 교차점, 장비의 운행 시 근로자의 비상대피처 등에 대해서 조사하여 대책을 강구하여야 한다.
- 인력굴착과 기계굴착을 병행할 경우 각각의 작업 범위와 작업 추진 방향을 명확히 하고 기계의 작업반경 내에 근로자가 출입하지 않도록 방호설비를 하거나 감시인을 배치한다.
- 발파, 붕괴 시 대피장소가 확보되어야 한다.
- 장비 연료 및 정비용 기구 공구 등의 보관장소가 적절한지를 확인하여야 한다.
- 운전자가 자격을 갖추었는지를 확인하여야 한다.
- 덤프트럭 등을 이용하여 굴착된 토사를 운반할 경우는 유도자와 교통정리원을 배치하여야 한다.

• 기계굴착작업 시 준수사항
- 운전자의 건강 상태를 확인하고 과로시키지 않아야 한다.
- 운전자 및 근로자는 안전모를 착용해야 한다.
- 운전자 외에는 승차를 금지시켜야 한다.
- 운전석 승강장치를 부착하여 사용하여야 한다.
- 운전을 시작하기 전에 제동장치 및 클러치 등의 작동 유무를 반드시 확인하여야 한다.
- 통행인이나 근로자에게 위험이 미칠 우려가 있는 경우는 유도자의 신호에 의해서 운전하여야 한다.
- 규정된 속도를 지켜 운전해야 한다.
- 정격용량을 초과하는 가동은 금지하여야 하며 연약지반의 노견, 경사면 등의 작업에서는 담당자를 배치하여야 한다.
- 기계의 주행로는 충분한 폭을 확보해야 하며 노면의 다짐도가 충분하게 하고 배수조치를 하며 기존도로를 이용할 경우 청소에 유의하고 필요한 장소에 담당자를 배치한다.

- 시가지 등 인구 밀집지역에서는 매설물 등을 확인하기 위하여 줄파기 등 인력굴착을 선행한 후 기계굴착을 실시하여야 한다. 또한 매설물이 손상을 입는 경우는 즉시 작업책임자에게 보고하고 지시를 받아야 한다.
- 갱이나 지하실 등 환기가 잘 안 되는 장소에서는 환기가 충분히 되도록 조치하여야 한다.
- 전선이나 구조물 등에 인접하여 붐을 선회해야 될 작업에는 사전에 회전반경, 높이 제한 등 방호조치를 강구하고 유도자의 신호에 의하여 작업을 하여야 한다.
- 비탈면 천단부 주변에는 굴착된 흙이나 재료 등을 적재해서는 안 된다.
- 위험장소에는 장비 및 근로자, 통행인이 접근하지 못하도록 표지판을 설치하거나 감시인을 배치하여야 한다.
- 장비를 차량으로 운반해야 될 경우에는 전용 트레일러를 사용하여야 하며, 널빤지로 된 발판 등을 이용하여 적재할 경우에는 장비가 전도되지 않도록 안전한 기울기, 폭 및 두께를 확보해야 하며 발판 위에서 방향을 바꾸어서는 안 된다.
- 작업의 종료나 중단 시에는 장비를 평탄한 장소에 두고 버킷 등을 지면에 내려놓아야 하며 부득이한 경우에는 바퀴에 고임목 등으로 받쳐 전락 및 구동을 방지하여야 한다.
- 장비는 해당 작업목적 이외에는 사용하여서는 안 된다.
- 장비에 이상이 발견되면 즉시 수리하고 부속장치를 교환하거나 수리할 때에는 안전담당자가 점검하여야 한다.
- 부착물을 들어 올리고 작업할 경우에는 안전지주, 안전블록 등을 사용하여야 한다.
- 작업 종료 시에는 장비관리책임자가 열쇠를 보관하여야 한다.
- 낙석 등의 위험이 있는 장소에서 작업할 경우는 장비에 헤드가드 등 견고한 방호장치를 설치하여야 하며 전조등, 경보장치 등이 부착되지 않은 기계를 운전시켜서는 안 된다.
- 흙막이 지보공을 설치할 경우는 지보공부재의 설치 순서에 맞도록 굴착을 진행시켜야 한다.
- 조립된 부재에 장비의 버킷 등이 닿지 않도록 신호자의 신호에 의해 운전하여야 한다.
- 상하 작업을 동시에 할 경우의 유의사항
  ⓐ 상부로부터의 낙하물 방호설비를 한다.
  ⓑ 굴착면 등에 있는 부석 등을 완전히 제거한 후 작업을 한다.
  ⓒ 사용하지 않는 기계, 재료, 공구 등을 작업장소에 방치하지 않는다.
  ⓓ 작업은 책임자의 감독하에 진행한다.

ⓒ 발파에 의한 굴착
- 발파작업 시 준수사항
  - 발파작업에 대한 천공, 장전, 결선, 점화, 불발 잔약의 처리 등은 선임된 발파책임자가 하여야 한다.
  - 발파면허를 소지한 발파책임자의 작업 지휘하에 발파작업을 하여야 한다.
  - 발파 시에는 반드시 발파시방에 의한 장약량, 천공장, 천공구경, 천공각도, 화약 종류, 발파방식을 준수하여야 한다.
  - 암질 변화 구간의 발파는 반드시 시험발파를 선행하여 실시하고 암질에 따른 발파시방을 작성하여야 하며 진동치, 속도, 폭력 등 발파 영향력을 검토하여야 한다.
  - 암질 변화 구간 및 이상 암질의 출현 시 반드시 암질 판별을 실시하여야 하며, 암질 판별의 기준은 다음과 같다.
    ⓐ RQD[%]
    ⓑ 탄성파속도[m/s]
    ⓒ RMR
    ⓓ 일축압축강도[kg/cm^2]
    ⓔ 진동치속도[cm/s = kine]
  - 발파시방을 변경하는 경우 반드시 시험발파를 실시하여야 하며 진동파속도, 폭력, 폭속 등의 조건에 의해 적정한 발파시방이어야 한다.
  - 주변 구조물 및 인가 등 피해대상물이 인접한 위치의 발파는 진동치속도가 0.5[cm/s]을 초과하지 아니하여야 한다.
  - 터널의 경우(NATM 기준) 계측관리사항 기준은 다음의 사항을 적용하며 지속적 관찰에 의한 보강대책을 강구하여야 한다. 또한 이상 변위가 나타나면 즉시 작업 중단 및 장비, 인력 대피조치를 하여야 한다.

ⓐ 내공변위 측정
ⓑ 천단침하 측정
ⓒ 지중, 지표침하 측정
ⓓ 록볼트 축력 측정
ⓔ 숏크리트 응력 측정
- 화약 양도양수허가증을 정기적으로 확인하여 사용기간, 사용량 등을 확인하여야 한다.
- 작업책임자는 발파작업 지휘자와 발파시간, 대피장소, 경로, 방호의 방법에 대하여 충분히 협의하여 작업자의 안전을 모도하여야 한다.
- 낙반, 부석의 제거가 불가능할 경우 부분 재발파, 록볼트, 포어폴링 등의 붕괴방지를 실시하여야 한다.
- 발파작업을 할 경우는 적절한 경보 및 근로자와 제3자의 대피 등의 조치를 취한 후에 실시하여야 하며, 발파 후에는 불발 잔약의 확인과 진동에 의한 2차 붕괴 여부를 확인하고 낙반·부석처리를 완료한 후 작업을 재개하여야 한다.

• 화약류의 운반 시 준수사항
- 화약류는 반드시 화약류 취급책임자로부터 수령하여야 한다.
- 화약류의 운반은 반드시 운반대나 상자를 이용하며 소분하여 운반하여야 한다.
- 용기에 화약류와 뇌관을 함께 운반하지 않는다.
- 화약류, 뇌관 등은 충격을 주지 않도록 신중하게 취급하고 화기에 가까이 해서는 안 된다.
- 발파 후 굴착작업을 할 때는 불발 잔약의 유무를 반드시 확인하고 작업한다.
- 전석의 유무를 조사하고 소정의 높이와 기울기를 유지하고 굴착작업을 한다.

ⓛ 옹벽 축조를 위한 굴착
• 옹벽을 축조 시에는 불안전한 급경사가 되게 하거나 좁은 장소에서 작업할 때에는 위험을 수반하게 되므로 다음의 사항을 준수하여야 한다.
- 수평 방향의 연속시공을 금하며, 브럭으로 나누어 단위시공 단면적을 최소화하여 분단시공을 한다.
- 하나의 구간을 굴착하면 방치하지 말고, 즉시 버팀 콘크리트를 타설하고 기초 및 본체 구조물 축조를 마무리한다.
- 절취경사면에 전석, 낙석의 우려가 있고 장기간 방치할 경우에는 숏크리트, 록볼트, 네트, 캔버스 및 모르타르 등으로 방호한다.
- 작업 위치의 좌우에 만일의 경우에 대비한 대피통로를 확보하여 둔다.

ⓜ 깊은 굴착작업
• 깊은 굴착작업 착공 전 조사
- 지질의 상태에 대해 충분히 검토하고 작업책임자와 굴착공법 및 안전조치에 대하여 정밀한 계획을 수립하여야 한다.
- 지질조사 자료는 정밀하게 분석되어야 하며, 지하수위, 토사 및 암반의 심도 및 층 두께, 성질 등이 명확하게 표시되어야 한다.
- 착공지점의 매설물 여부를 확인하고 매설물이 있는 경우 이설 및 거치 보전 등 계획 변경을 한다.
- 지하수위가 높은 경우 차수벽 설치계획을 수립하여야 하며, 차수벽 또는 지중 연속벽 등의 설치는 토압 계산에 의하여 실시되어야 한다.
- 토사 반출 목적으로 복공구조의 시설을 필요로 할 경우에는 반드시 적재하중 조건을 고려하여 구조계산에 의한 지보공을 설치하여야 한다.
- 깊이 10.5[m] 이상의 굴착의 경우 아래의 계측기기의 설치에 의하여 흙막이 구조의 안전을 예측하여야 하며, 설치가 불가능할 경우 트랜싯 및 레벨측량기에 의해 수직·수평변위 측정을 실시하여야 한다.
ⓐ 수위계
ⓑ 경사계
ⓒ 하중 및 침하계
ⓓ 응력계
- 계측기기 판독 및 측량 결과 수직·수평변위량이 허용범위를 초과할 경우, 즉시 작업을 중단하고, 장비 및 자재의 이동, 배면 토압의 경감조치, 가설 지보공 구조의 보완 등 긴급조치를 취하여야 한다.
- 히빙 및 보일링에 대한 긴급대책을 사전에 강구하여야 하며, 흙막이 지보공 하단부 굴착 시 이상 유무를 정밀하게 관측하여야 한다.
- 깊은 굴착의 경우 경질암반에 대한 발파는 반드시 시험발파에 의한 발파시방을 준수하여야 하며

엄지말뚝, 중간말뚝, 흙막이 지보공 벽체의 진동 영향력이 최소가 되게 하여야 한다. 경우에 따라 무진동 파쇄방식의 계획을 수립하여 진동을 억제하여야 한다.
- 배수계획을 수립하고 배수능력에 의한 배수장비와 배수경로를 설정하여야 한다.

• 깊은 굴착작업 시 준수사항
- 신호수를 정하고 표준신호방법에 의해 신호하여야 한다.
- 작업조는 가능한 한 숙련자로 하고, 반드시 작업 책임자를 배치하여야 한다.
- 작업 전 점검은 책임자가 하고 확인한 결과를 기록하여야 한다.
- 산소결핍의 위험이 있는 경우는 안전담당자를 배치하고 산소농도 측정 및 기록을 하게 한다. 또한, 메탄가스가 발생할 우려가 있는 경우는 가스측정기에 의한 농도기록을 하여야 한다.
- 작업장소의 조명 및 위험 개소의 유무 등에 대하여 확인하여야 한다.

• 토사 반출용 고정식 크레인 및 호이스트 등을 조립하여 사용할 경우의 준수사항
- 토사단위 운반 용량에 기준한 버킷이어야 하며, 기계의 제원은 안전율을 고려한 것이어야 한다.
- 기초를 튼튼히 하고 각부는 파일에 고정하여야 한다.
- 윈치는 이동, 침하되지 않도록 설치하여야 하고 와이어로프는 설비 등에 접촉하여 마모되지 않도록 주의하여야 한다.
- 잔토 반출용 개구부에는 견고한 철책, 난간 등을 설치하고 안전표지판을 설치하여야 한다.
- 개구부는 버킷의 출입에 지장이 없는 가능한 한 작은 것으로 하고, 버킷의 경로는 철근 등을 이용 가이드를 설치하여야 한다.

• 굴착작업 시 준수사항
- 굴착은 계획된 순서에 의해 작업을 실시하여야 한다.
- 굴착 깊이가 최소 1.5[m] 이상인 경우 사다리, 계단 등 승강설비를 설치하여야 한다.
- 작업 전에 산소농도를 측정하고 산소량은 18[%] 이상이어야 하며, 발파 후 반드시 환기설비를 작동시켜 가스를 배출한 후 작업하여야 한다.
- 연결고리구조의 시트파일 또는 라이너플레이트를 설치한 경우 틈새가 생기지 않도록 정확히 하여야 한다.
- 시트파일의 설치 시 수직도는 1/100 이내이어야 한다.
- 시트파일의 설치는 양단의 요철 부분을 반드시 겹치고 소정의 핀으로 지반에 고정하여야 한다.
- 링은 시트파일에 소정의 볼트를 긴결하여 확실하게 설치하여야 한다.
- 토압이 커서 링이 변형될 우려가 있는 경우 스트러트 등으로 보강하여야 한다.
- 라이너플레이트의 이음에는 상하 교합이 되도록 하여야 한다.
- 굴착 및 링의 설치와 동시에 철사다리를 설치 연장하여야 한다. 철사다리는 굴착 바닥면과 1[m] 이내가 되게 하고 버킷의 경로, 전선, 닥트 등이 배치하지 않는 곳에 설치하여야 한다.
- 용수가 발생한 때에는 신속하게 배수하여야 한다.
- 수중펌프에는 감전방지용 누전차단기를 설치하여야 한다.

• 자재의 반입 및 굴착토사의 처리 시 준수사항
- 버킷은 훅에 정확히 걸고 상하작업 시 이탈되지 않도록 하여야 한다.
- 버킷에 부착된 토사는 반드시 제거하고 상하작업을 하여야 한다.
- 자재, 기구의 반입, 반출에는 낙하하지 않도록 확실하게 매달고 훅에는 해지장지 등을 이용하여 이탈을 방지하여야 한다.
- 아크용접을 할 경우 반드시 자동전격방지장치와 누전차단기를 설치하고 접지를 해야 한다.
- 인양물의 하부에는 출입하지 않아야 한다.
- 개구부에서 인양물을 확인할 경우 근로자는 반드시 안전대 등을 이용하여야 한다.

③ 구조물 등의 인접작업
㉠ 지하매설물이 있는 경우
• 지하 매설물 인접작업 시 매설물 종류, 매설 깊이, 선형 기울기, 지지방법 등에 대하여 굴착작업을 착수하기 전에 사전조사를 실시하여야 한다.

- 취 급
  - 시가지 굴착 등을 할 경우에는 도면 및 관리자의 조언에 의하여 매설물의 위치를 파악한 후 줄파기작업 등을 시작하여야 한다.
  - 굴착에 의하여 매설물이 노출되면 반드시 관계기관, 소유자 및 관리자에게 확인시키고 상호 협조하여 지주나 지보공 등을 이용하여 방호조치를 취하여야 한다.
  - 매설물의 이설 및 위치 변경, 교체 등은 관계기관(자)과 협의하여 실시되어야 한다.
  - 최소 1일 1회 이상은 순회점검하여야 하며 점검에는 와이어로프의 인장 상태, 거치구조의 안전 상태, 특히 접합 부분을 중점적으로 확인하여야 한다.
  - 매설물에 인접하여 작업할 경우는 주변지반의 지하수위가 저하되어 압밀침하될 가능성이 많고, 매설물이 파손될 우려가 있으므로 곡관부의 보강, 매설물 벽체 누수 등 매설물의 관계기관(자)과 충분히 협의하여 방지대책을 강구하여야 한다.
  - 가스관과 송유관 등이 매설된 경우는 화기 사용을 금하여야 하며 부득이 용접기 등을 사용해야 될 경우는 폭발방지조치를 취한 후 작업을 하여야 한다.
- 노출된 매설물을 되메우기 할 경우는 매설물의 방호를 실시하고 양질의 토사를 이용하여 충분한 다짐을 하여야 한다.

ⓒ 기존 구조물이 인접하여 있는 경우
- 기존 구조물에 인접한 굴착작업 시 준수사항
  - 기존 구조물의 기초 상태와 지질조건 및 구조형태 등에 대하여 조사하고 작업방식, 공법 등 충분한 대책과 작업상의 안전계획을 확인한 후 작업하여야 한다.
  - 기존 구조물과 인접하여 굴착하거나 기존 구조물의 하부를 굴착하여야 할 경우에는 그 크기, 높이, 하중 등을 충분히 조사하고 굴착에 의한 진동, 침하, 전도 등 외력에 대해서 충분히 안전한가를 확인하여야 한다.
- 기존 구조물의 지지방법에 있어서의 준수사항
  - 기존 구조물의 하부에 파일, 가설슬래브 구조 및 언더피닝공법 등의 대책을 강구하여야 한다.
  - 붕괴방지 파일 등에 브래킷을 설치하여 기존 구조물을 방호하고 기존 구조물과의 사이에는 모래, 자갈, 콘크리트, 지반보강약액재 등을 충진하여 지반의 침하를 방지하여야 한다.
  - 기존 구조물의 침하가 예상되는 경우에는 토질, 토층 등을 정밀조사하고 유효한 혼합시멘트, 약액 주입공법, 수평·수직보강 말뚝공법 등으로 대책을 강구하여야 한다.
  - 웰 포인트 공법 등이 행하여지는 경우 기존 구조물의 침하에 충분히 주의하고 침하가 될 경우에는 라우팅, 화학적 고결방법 등으로 대책을 강구하여야 한다.
  - 지속적으로 기존 구조물의 상태에 주의하고, 작업장 주위에는 비상투입용 보강재 등을 준비하여 둔다.
- 소규모 구조물의 방호에 있어서의 준수사항
  - 맨홀 등 소규모 구조물이 있는 경우에는 굴착 전에 파일 및 가설가대 등을 설치한 후 매달아 보강하여야 한다.
  - 옹벽, 블록벽 등이 있는 경우에는 철거 또는 버팀목 등으로 보강한 후에 굴착작업을 하여야 한다.

④ 굴착공사 관련 제반사항
㉠ 굴착작업 시 토사 등의 붕괴 또는 낙하에 의하여 근로자에게 위험을 미칠 우려가 있는 경우에 사전에 필요한 조치
- 방호망의 설치
- 흙막이 지보공의 설치
- 근로자의 출입금지 조치

㉡ 기울기 및 높이의 기준
- 붕괴위험방지를 위한 굴착면의 기울기 기준(산업안전보건기준에 관한 규칙 별표 11)
  [2023.11.14. 개정]

지반의 종류	굴착면의 기울기
모 래	1 : 1.8
연암 및 풍화암	1 : 1.0
경 암	1 : 0.5
그 밖의 흙	1 : 1.2

  - 굴착면의 기울기는 굴착면의 높이에 대한 수평거리의 비율을 말한다.

- 굴착면의 경사가 달라서 기울기를 계산하기가 곤란한 경우에는 해당 굴착면에 대하여 지반의 종류별 굴착면의 기울기에 따라 붕괴의 위험이 증가하지 않도록 위 표의 지반의 종류별 굴착면의 기울기에 맞게 해당 각 부분의 경사를 유지해야 한다.

ⓒ 토석붕괴의 원인(굴착공사표준안전작업지침 제28조)
- 토석붕괴의 외적 원인
  - 사면, 법면의 경사 및 기울기의 증가
  - 절토 및 성토 높이의 증가
  - 공사에 의한 진동 및 반복하중의 증가
  - 지표수 및 지하수의 침투에 의한 토사중량의 증가
  - 지진, 차량, 구조물의 하중작용
  - 토사 및 암석의 혼합 층 두께
- 토석붕괴의 내적 원인
  - 절토 사면의 토질·암질
  - 성토 사면의 토질 구성 및 분포
  - 토석의 강도 저하

ⓔ 붕괴의 형태
- 토사의 미끄러져 내림(Sliding)은 광범위한 붕괴현상으로 일반적으로 완만한 경사에서 완만한 속도로 붕괴한다.
- 토사의 붕괴는 사면 천단부 붕괴, 사면중심부 붕괴, 사면하단부 붕괴의 형태이며 작업 위치와 붕괴 예상 지점의 사전조사를 필요로 한다.
- 얇은 표층의 붕괴는 경사면이 침식되기 쉬운 토사로 구성된 경우 지표수와 지하수가 침투하여 경사면이 부분적으로 붕괴된다. 절토 경사면이 암반인 경우에도 파쇄가 진행됨에 따라서 균열이 많이 발생되고, 풍화하기 쉬운 암반인 경우에는 표층부 침식 및 절리발달에 의해 붕괴가 발생된다.
- 깊은 절토 법면의 붕괴는 사질암과 전석토층으로 구성된 심층부의 단층이 경사면 방향으로 하중응력이 발생하는 경우 전단력, 점착력 저하에 의해 경사면의 심층부에서 붕괴될 수 있으며, 이러한 경우 대량의 붕괴재해가 발생된다.
- 성토경사면의 붕괴는 성토 직후에 붕괴 발생률이 높으며, 다짐 불충분 상태에서 빗물이나 지표수, 지하수 등이 침투되어 공극수압이 증가되어 단위중량 증가에 의해 붕괴가 발생된다. 성토 자체에 결함이 없어도 지반이 약한 경우는 붕괴되며, 풍화가 심한 급경사면과 미끄러져 내리기 쉬운 지층구조의 경사면에서 일어나는 성토 붕괴의 경우에는 성토된 흙의 중량이 지반에 부가되어 붕괴된다.

ⓜ 경사면의 안정성을 확인하기 위한 검토사항
- 지질조사 : 층별 또는 경사면의 구성 토질구조
- 토질시험 : 최적함수비, 삼축압축강도, 전단시험, 점착도 등의 시험
- 사면붕괴이론적 분석 : 원호활절법, 유한요소법 해석
- 과거의 붕괴된 사례유무
- 토층의 방향과 경사면의 상호관련성
- 단층, 파쇄대의 방향 및 폭
- 풍화의 정도
- 용수의 상황

ⓗ 토사 붕괴의 발생을 예방하기 위한 조치사항
- 적절한 경사면의 기울기를 계획하여야 한다.
- 경사면의 기울기가 처음의 계획과 차이가 발생되면 즉시 재검토하여 계획을 변경시켜야 한다.
- 활동할 가능성이 있는 토석은 제거하여야 한다.
- 경사면의 하단부에 압성토 등 보강공법으로 활동에 대한 저항대책을 강구하여야 한다.
- 말뚝(강관, H형강, 철근 콘크리트)을 타입하여 지반을 강화시킨다.

ⓢ 굴착공사에 있어서 비탈면 붕괴를 방지하기 위하여 행하는 대책
- 지표수의 침투를 막기 위해 표면배수공을 한다.
- 지하수위를 내리기 위해 수평 배수공을 설치한다.
- 비탈면 하단을 성토한다.
- 비탈면 하부에 토사를 적재한다.
- 비가 올 경우를 대비하여 측구를 설치하거나 굴착 사면에 비닐을 덮는 등의 조치로 빗물 등의 침투에 의한 붕괴재해를 예방한다.

ⓞ 잠함 또는 우물통의 내부에서 굴착작업을 할 때의 준수사항
- 굴착 깊이가 20[m]를 초과하는 경우에는 해당 작업 장소와 외부의 연락을 위한 통신설비 등을 설치하여야 한다.
- 산소결핍의 우려가 있는 경우에는 산소의 농도를 측정하는 자를 지명하여 측정하도록 한다.
- 근로자가 안전하게 승강하기 위한 설비를 설치한다.

- 측정결과, 산소결핍이 인정될 경우에는 송기를 위한 설비를 설치하여 필요한 양의 공기를 공급하여야 한다.
- 잠함 또는 우물통의 급격한 침하에 의한 위험방지를 위해 바닥으로부터 천장 또는 보까지의 높이는 최소 1.8[m] 이상으로 하여야 한다.

ⓩ 토사 붕괴의 발생을 예방하기 위한 점검사항
  - 전 지표면의 답사
  - 경사면의 지층 변화부 상황 확인
  - 부석의 상황 변화의 확인
  - 용수의 발생 유무 또는 용수량의 변화 확인
  - 결빙과 해빙에 대한 상황의 확인
  - 각종 경사면 보호공의 변위, 탈락 유무
  - 점검시기는 작업 전·중·후, 비온 후, 인접 작업구역에서 발파한 경우에 실시한다.

ⓩ 굴착기계의 운행 시 안전대책
  - 버킷에 사람의 탑승을 허용해서는 안 된다.
  - 운전반경 내에 사람이 있을 때 회전하여서는 안 된다.
  - 장비의 주차 시 경사지나 굴착작업장으로부터 충분히 이격시켜 주차한다.
  - 전선이나 구조물 등에 인접하여 붐을 선회해야 될 작업에는 사전에 회전반경, 높이 제한 등 방호조치를 강구한다.

㉠ 기타 사항
  - 동시작업의 금지 : 붕괴 토석의 최대 도달거리 범위 내에서 굴착공사, 배수관의 매설, 콘크리트 타설작업 등을 할 경우에는 적절한 보강대책을 강구하여야 한다.
  - 붕괴의 속도는 높이에 비례하므로 수평 방향의 활동에 대비하여 작업장 좌우에 피난통로 등을 확보하여야 한다.
  - 2차 재해의 방지 : 작은 규모의 붕괴가 발생되어 인명구출 등 구조작업 도중에 대형 붕괴의 재차 발생을 방지하기 위하여 붕괴면의 주변상황을 충분히 확인하고 2중 안전조치를 강구한 후 복구작업에 임하여야 한다.

10년간 자주 출제된 문제

1-1. 붕괴위험방지를 위한 굴착면의 기울기 기준으로 옳지 않은 것은?(단, 굴착면의 기울기는 굴착면의 높이에 대한 수평거리의 비율이다)

① 모래는 1 : 1.8이다.
② 연암은 1 : 1.5이다.
③ 풍화암은 1 : 1.0이다.
④ 경암은 1 : 0.5이다.

1-2. 다음 중 토사붕괴의 내적원인인 것은?

① 토석의 강도 저하
② 사면법면의 기울기 증가
③ 절토 및 성토 높이 증가
④ 공사에 의한 진동 및 반복하중 증가

1-3. 토석붕괴의 원인 중 외적 원인에 해당되지 않는 것은?

① 토석의 강도 저하
② 작업 진동 및 반복하중의 증가
③ 사면, 법면의 경사 및 기울기의 증가
④ 절토 및 성토 높이의 증가

1-4. 굴착공사에 있어서 비탈면 붕괴를 방지하기 위하여 행하는 대책이 아닌 것은?

① 지표수의 침투를 막기 위해 표면 배수공을 한다.
② 지하수위를 내리기 위해 수평 배수공을 설치한다.
③ 비탈면 하단을 성토한다.
④ 비탈면 상부에 토사를 적재한다.

1-5. 잠함 또는 우물통의 내부에서 굴착작업을 할 때의 준수사항으로 옳지 않은 것은?

① 굴착 깊이가 10[m]를 초과하는 경우에는 해당 작업장소와 외부의 연락을 위한 통신설비 등을 설치하여야 한다.
② 산소결핍의 우려가 있는 경우에는 산소의 농도를 측정하는 자를 지명하여 측정하도록 한다.
③ 근로자가 안전하게 승강하기 위한 설비를 설치한다.
④ 측정결과, 산소의 결핍이 인정될 경우에는 송기를 위한 설비를 설치하여 필요한 양의 공기를 공급하여야 한다.

| 해설 |

1-1
굴착면의 기울기 기준(굴착면의 높이 : 수평거리)

지반의 종류	굴착면의 기울기
모 래	1 : 1.8
연암 및 풍화암	1 : 1.0
경 암	1 : 0.5
그 밖의 흙	1 : 1.2

1-2
토사 붕괴 외적 원인
- 사면, 법면의 경사 및 기울기의 증가
- 절토 및 성토 높이의 증가
- 공사에 의한 진동 및 반복하중의 증가
- 지표수 및 지하수의 침투에 의한 토사중량의 증가
- 지진, 차량, 구조물의 하중작용
- 토사 및 암석의 혼합 층 두께

토사 붕괴 내적 원인
- 절토 사면의 토질·암질
- 성토 사면의 토질구성 및 분포
- 토석의 강도 저하

1-3
토석의 강도 저하는 토석 붕괴의 내적 원인이다.

1-4
비탈면 붕괴를 방지하기 위해서는 비탈면 하부에 토사를 적재해야 한다.

1-5
굴착 깊이가 20[m]를 초과하는 경우에는 해당 작업장소와 외부의 연락을 위한 통신설비 등을 설치하여야 한다.

정답 1-1 ② 1-2 ① 1-3 ③ 1-4 ④ 1-5 ①

핵심이론 02 | 건설재해 및 대책 각론

① 개요
  ㉠ 가설구조물에서 많이 발생하는 중대재해의 유형
   - 도괴재해
   - 낙하물에 의한 재해
   - 추락재해
  ㉡ 사면(Slope)
   - 사면의 안정 계산 고려사항 : 흙의 점착력, 흙의 내부마찰각, 흙의 단위중량
   - 사면파괴의 형태(유한사면의 종류) : 저부파괴(바닥면파괴), 사면선단파괴, 사면내파괴, 국부전단파괴
     - 저부파괴 : 유한사면에서 사면기울기가 비교적 완만한 점성토에서 주로 발생되는 사면파괴의 형태
   - 사면의 수위가 급격하게 하강할 때 사면의 붕괴위험이 가장 크다.
   - 사면붕괴 요인 : 사면의 기울기, 사면의 노핑, 흙의 내부마찰각
   - 암반사면의 파괴형태 : 평면파괴, 원호파괴, 쐐기파괴, 전도파괴
   - 일반적인 토석 붕괴의 형태 : 절토면의 붕괴, 미끄러져 내림(Sliding), 성토법면의 붕괴
   - 토석 붕괴의 위험이 있는 사면에서 작업할 경우의 유의사항 및 조치 : 동시작업의 금지, 대피 공간의 확보, 2차 재해의 방지, 방호망의 설치
  ㉢ 토사(토석)붕괴 발생 예방조치사항
   - 적절한 경사면의 기울기를 계획한다.
   - 활동의 가능성이 있는 토석을 제거한다.
   - 활동에 의한 붕괴를 방지하기 위해 비탈면, 법면의 하단을 다진다.
   - 말뚝(강관, H형강, 철근 콘크리트)을 박아 지반을 강화시킨다.
   - 지표수가 침투되지 않도록 배수시키고 지하수위 저하를 위해 수평 보링을 하여 배수시킨다.
  ㉣ 토류벽 붕괴 예방에 관한 조치
   - 웰 포인트(Well Point) 공법 등에 의해 수위를 저하시킨다.
   - 가능한 한 근입 깊이를 길게 한다.

- 어스앵커(Earth Anchor)시공을 한다.
- 토류벽 인접 지반에 중량물 적치를 피한다.

ⓒ 사면지반 개량공법 : 전기화학적 공법, 석회안정처리 공법, 이온교환 방법, 주입 공법, 시멘트안정처리 공법, 석회안전처리 공법, 소결 공법 등

ⓑ 법면 붕괴에 의한 재해 예방조치
- 지표수와 지하수의 침투를 방지한다.
- 법면의 경사를 줄인다.
- 절토 및 성토높이를 낮춘다.
- 토질의 상태에 따라 구배조건을 다르게 한다.

② 터 널

㉠ 터널굴착작업 시 시공계획 또는 작업계획서에 포함되어야 할 사항
- 굴착방법
- 터널 지보공 및 복공의 시공방법과 용수의 처리방법
- 굴착방법 환기 또는 조명시설의 설치방법

㉡ 터널 굴착공사에서 뿜어붙이기 콘크리트의 효과
- 암반의 크랙(Crack)을 보강한다.
- 굴착면의 요철을 줄이고 응력집중을 최대한 감소시킨다.
- 록볼트의 힘을 지반에 분산시켜 전달한다.
- 굴착면을 덮음으로써 지반의 침식을 방지한다.

㉢ 터널 지보공의 조립도에 명시하여야 할 사항
- 재료의 재질
- 설치간격
- 이음방법
- 단면규격

㉣ 터널 지보공을 설치한 때 수시 점검하여 이상 발견 시 즉시 보강하거나 보수해야 할 사항
- 부재의 손상·변형·부식·변위 탈락의 유무 및 상태
- 부재의 긴압 정도
- 기둥침하의 유무 및 상태
- 부재의 접속부 및 교차부의 상태

㉤ 터널 지보공을 조립하거나 변경하는 경우에 조치하여야 하는 사항(안전보건규칙 제364조)
- 주재(主材)를 구성하는 1세트의 부재는 동일 평면 내에 배치할 것
- 목재의 터널 지보공은 그 터널 지보공의 각 부재의 긴압 정도가 균등하게 되도록 할 것
- 기둥에는 침하를 방지하기 위하여 받침목을 사용하는 등의 조치를 할 것
- 강(鋼)아치 지보공의 조립은 다음 사항을 따를 것
  - 조립 간격은 조립도에 따를 것
  - 주재가 아치작용을 충분히 할 수 있도록 쐐기를 박는 등 필요한 조치를 할 것
  - 연결볼트 및 띠장 등을 사용하여 주재 상호 간을 튼튼하게 연결할 것
  - 터널 등의 출입구 부분에는 받침대를 설치할 것
  - 낙하물이 근로자에게 위험을 미칠 우려가 있는 경우에는 널판 등을 설치할 것
- 목재 지주식 지보공은 다음의 사항을 따를 것
  - 주기둥은 변위를 방지하기 위하여 쐐기 등을 사용하여 지반에 고정시킬 것
  - 양끝에는 받침대를 설치할 것
  - 터널 등의 목재 지주식 지보공에 세로 방향의 하중이 걸림으로써 넘어지거나 비틀어질 우려가 있는 경우에는 양끝 외의 부분에도 받침대를 설치할 것
  - 부재의 접속부는 꺾쇠 등으로 고정시킬 것
- 강아치 지보공 및 목재지주식 지보공 외의 터널 지보공에 대해서는 터널 등의 출입구 부분에 받침대를 설치할 것

ⓑ 터널공사 시 인화성 가스가 일정 농도 이상으로 상승하는 것을 조기에 파악하기 위하여 자동경보장치의 작업시작 전 점검해야 할 사항
- 계기의 이상 유무
- 검지부의 이상 유무
- 경보장치의 작동 상태

ⓢ 터널 등의 건설작업을 하는 경우에 낙반 등에 의하여 근로자가 위험해질 우려가 있는 경우에 필요한 조치
- 터널 지보공을 설치한다.
- 록볼트를 설치한다.
- 부석을 제거한다.

ⓞ 파일럿(Pilot) 터널 : 본 터널을 시공하기 전에 터널에서 약간 떨어진 곳에 지질조사, 환기, 배수, 운반 등의 상태를 알아보기 위하여 설치하는 터널

③ 발파작업
  ㉠ 발파의 작업기준(발파작업 시 폭발, 붕괴재해 예방을 위해 준수하여야 할 사항)
   - 얼어붙은 다이너마이트를 화기에 접근시키거나 그 밖의 고열물에 직접 접촉시키는 등 위험한 방법으로 융해되지 않도록 할 것
   - 화약이나 폭약을 장전하는 경우에는 그 부근에서 화기를 사용하거나 흡연하지 않도록 할 것
   - 장전구는 마찰·충격·정전기 등에 의한 폭발의 위험이 없는 안전한 것을 사용할 것
   - 발파공의 충진재료는 점토·모래 등 발화성 또는 인화성의 위험이 없는 재료를 사용할 것
   - 점화 후 장전된 화약류가 폭발하지 아니한 경우 또는 장전된 화약류의 폭발 여부를 확인하기 곤란한 경우에는 다음 사항을 따를 것
     - 전기뇌관에 의한 경우에는 발파모선을 점화기에서 떼어 그 끝을 단락시켜 놓는 등 재점화되지 않도록 조치하고 그때부터 5분 이상 경과한 후가 아니면 화약류의 장전장소에 접근시키지 않도록 할 것
     - 전기뇌관 외의 것에 의한 경우에는 점화한 때부터 15분 이상 경과한 후가 아니면 화약류의 장전장소에 접근시키지 않도록 할 것
   - 전기뇌관에 의한 발파의 경우 점화하기 전에 화약류를 장전한 장소로부터 30[m] 이상 떨어진 안전한 장소에서 전선에 대하여 저항측정 및 도통(도통)시험을 할 것
  ㉡ 터널공사의 전기발파작업
   - 미지전류의 유무에 대하여 확인하고 미지전류가 0.01[A] 이상일 때에는 전기발파를 하지 않아야 한다.
   - 전기발파기는 충분한 기동이 있는지의 여부를 사전에 점검하여야 한다.
   - 도통시험기는 소정의 저항치가 나타나는가에 대해 사전에 점검하여야 한다.
   - 약포에 뇌관을 장치할 때에는 반드시 전기뇌관의 저항을 측정하여 소정의 저항치에 대하여 오차가 ±0.1[Ω] 이내에 있는가를 확인하여야 한다.
   - 발파모선의 배선에 있어서는 점화장소를 발파현장에서 충분히 떨어져 있는 장소로 하고 물기나 철관, 궤도 등이 없는 장소를 택하여야 한다.
   - 점화장소는 발파현장이 잘 보이는 곳이어야 하며 충분히 떨어져 있는 안전한 장소로 택하여야 한다.
   - 전선은 점화하기 전에 화약류를 충진한 장소로부터 30[m] 이상 떨어진 안전한 장소에서 도통시험 및 저항시험을 하여야 한다.
   - 점화는 충분한 허용량을 갖는 발파기를 사용하고 규정된 스위치를 반드시 사용하여야 한다.
   - 점화는 선임된 발파책임자가 행하고 발파기의 핸들을 점화할 때 이외는 시건장치를 하거나 모선을 분리하여야 하며 발파책임자의 엄중한 관리하에 두어야 한다.
   - 발파 후 즉시 발파모선을 발파기로부터 분리하고 그 단부를 절연시킨 후 재점화되지 않도록 하여야 한다.
   - 발파 후 30분 이상 경과한 후가 아니면 발파장소에 접근하지 않아야 한다.
  ㉢ 터널공사에서 발파작업 시 안전대책(발파 표준안전작업지침 제4조)
   - 발파작업을 할 때 발생할 수 있는 산업재해를 예방하기 위하여 다음의 사항을 포함한 작업계획서를 작성하여 해당 근로자에게 알리고, 작업계획서에 따라 발파작업책임자가 작업을 지휘하도록 할 것
     - 발파 작업장소의 지형, 지질 및 지층의 상태
     - 발파작업 방법 및 순서(발파패턴 및 규모 등 중요사항을 포함)
     - 발파 작업장소에서 굴착기계 등의 운행경로 및 작업방법
     - 토사·구축물 등의 붕괴 및 물체가 떨어지거나 날아오는 것을 예방하기 위해 필요한 안전조치
     - 뇌우나 모래폭풍이 접근하고 있는 경우 화약류 취급이나 사용 등 모든 작업을 중지하고 근로자들을 안전한 장소로 대피하는 방안
     - 발파공별로 시차를 두고 발파하는 지발식 발파를 할 때 비산, 진동 등의 제어대책
   - 발파작업으로 인해 토사·구축물 등이 붕괴하거나 물체가 떨어지거나 날아올 위험이 있는 장소에는 관계 근로자가 아닌 사람의 출입을 금지할 것
   - 화약류, 발파기재 등을 사용 및 관리, 취급, 폐기하거나, 사업장에 반입할 때에는 총포화약법 및 제조사의 사용지침에서 정하는 바에 따를 것
   - 화약류를 사용, 취급 및 관리하는 장소 인근에서는 화기사용, 흡연 등의 행위를 금지할 것

- 발파기와 발파기의 스위치 또는 비밀번호는 발파작업책임자만 취급할 수 있도록 조치하고, 발파기에 발파모선을 연결할 때는 발파작업책임자의 지휘에 따를 것
- 발파를 하기 전에는 발파에 사용하는 뇌관의 수량을 파악해야 하며, 발파 후에는 폭발한 뇌관의 수량을 확인할 것
- 수중발파에 사용하는 뇌관의 각선(뇌관의 관체와 연결된 전기선 또는 시그널튜브를 말함)은 수심을 고려하여 그 길이를 충분히 확보하고, 수중에서 결선(結線)하는 각선의 개소는 가능한 한 적게 할 것
- 도심지 발파 등 발파에 주의를 요구하는 장소에서는 실제 발파하기 전에 공인기관 또는 이에 상응하는 자의 입회하에 시험발파를 실시하여 안전성을 검토할 것

④ 추락
  ㉠ 개요
   - 추락의 정의 : 고소 근로자가 위치에너지의 상실로 인해 하부로 떨어지는 것
   - 사업주는 높이 또는 깊이가 2[m]를 초과하는 장소에서 작업하는 경우 해당 작업에 종사하는 근로자가 안전하게 승강하기 위한 건설용 리프트 등의 설비를 설치해야 한다. 단, 승강설비를 설치하는 것이 작업의 성질상 곤란한 경우에는 그렇지 않다.
   - 개구부 : 건설공사에서 발코니 단부, 엘리베이터 입구, 재료 반입구 등과 같이 벽면 혹은 바닥에 추락의 위험이 우려되는 장소
   - 추락방지설비·보호구 : 안전방망, 방호선반, 안전대, 안전난간, 울타리 등
   - 높이 2[m] 이상인 높은 작업장소의 개구부에서 추락을 방지하기 위한 것 : 보호난간, 안전대, 방망
  ㉡ 안전방망 : 작업발판 및 통로의 끝이나 개구부로서 근로자가 추락할 위험이 있는 장소에서 난간 등의 설치가 매우 곤란하거나 작업의 필요상 임시로 난간 등을 해체하여야 하는 경우에 설치하여야 하는 것
   - 안전방망은 추락자를 보호할 수 있는 설비로서 작업대 설치가 어렵거나 개구부 주위로 난간설치가 어려운 곳에 설치하는 재해방지설비이며 방망, 안전망, 방지망, 낙하물 방지망, 추락방호망 등이라고도 한다.

- 방망에 표시해야 할 사항 : 제조자명, 제조연월, 재봉치수, 그물코, (신품인 때의) 방망의 강도
- 추락재해방지를 위한 방망의 그물코 규격 기준 : 사각 또는 마름모로서 크기 10[cm] 이하
- 안전방망의 설치위치는 가능하면 작업면으로부터 가까운 지점에 설치하여야 하며, 작업면으로부터 망의 설치지점까지의 수직거리는 10[m]를 초과하지 아니할 것
- 안전방망은 수평으로 설치하고, 망의 처짐은 짧은 변 길이의 12[%] 이상이 되도록 할 것
- 건축물 등의 바깥쪽으로 설치하는 경우 망의 내민 길이는 벽면으로부터 3[m] 이상 되도록 할 것
- 건물 외부에 낙하물 방지망을 설치할 경우 수평면과의 가장 적절한 각도는 20° 이상 30° 이하이다.
- 항만하역작업 시 근로자 승강용 현문사다리 및 안전망을 설치하여야 하는 선박은 최소 300[ton] 이상일 경우이다.
- 방망사의 신품에 대한 인장강도[kg]

구 분	그물코 5[cm]	그물코 10[cm]
매듭 있는 방망	110	200
매듭 없는 방망	–	240

- 방망사의 폐기 시 인장강도[kg]

구 분	그물코 5[cm]	그물코 10[cm]
매듭 있는 방망	60	135
매듭 없는 방망	–	150

- 방망의 허용낙하높이(L : 1개의 방망일 때 단변방향의 길이[m], A : 장변방향 방망의 지지간격[m])

높이종류/조건		$L < A$	$L \geq A$
낙하높이 (H_1)	단일방망	$\frac{1}{4}(L+2A)$	$\frac{3}{4}L$
	복합방망	$\frac{1}{5}(L+2A)$	$\frac{3}{5}L$
방망과 바닥면 높이 (H_2)	10[cm] 그물코	$\frac{0.85}{4}(L+3A)$	$0.85L$
	5[cm] 그물코	$\frac{0.95}{4}(L+3A)$	$0.95L$
방망의 처짐길이(S)		$\frac{1}{4}\frac{1}{3}(L+2A) \times \cdots$	$\frac{3}{4}L \times \frac{1}{3}$

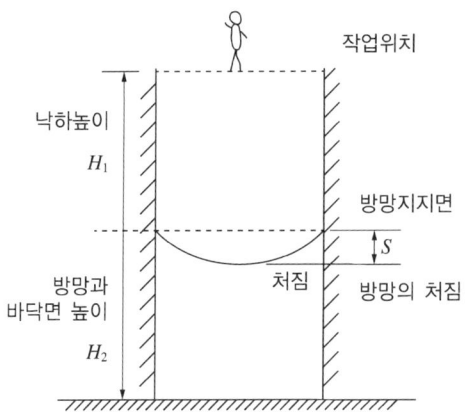

- 지지점의 강도
  - 방망 지지점은 600[kg]의 외력에 견딜 수 있는 강도를 보유하여야 한다(단, 연속적인 구조물이 방망 지지점인 경우의 외력이 다음 식에 계산한 값에 견딜 수 있는 것은 제외한다).

    $F = 200B$

    (여기서, F : 외력[kg], B : 지지점 간격[m])
  - 지지점의 응력은 다음에 따라 규정한 허용응력 값 이상이어야 한다.

구 분	압 축	인 장	전 단	휨	부 착
일반구조용 강재	2,400	2,400	1,350	2,400	-
콘크리트	4주 압축강도의 2/3	4주 압축강도의 1/15	-	-	14 (경량골재사용 시 12)

- 방망의 정기시험은 사용개시 후 1년 이내에 실시한다.

ⓒ 높이 또는 깊이 2[m] 이상의 추락할 위험이 있는 장소에서 작업을 할 때 필수 착용 보호구이며 이때 필수적으로 지급되어야 하는 보호구인 안전대의 보관장소의 환경조건
- 통풍이 잘되며 습기가 없는 곳
- 화기 등이 근처에 없는 곳
- 부식성 물질이 없는 곳
- 직사광선이 닿지 않는 곳

ⓒ 근로자의 추락 등의 위험을 방지하기 위한 안전난간의 설치기준
- 상부 난간대와 중간 난간대는 난간길이 전체에 걸쳐 바닥면 등과 평행을 유지할 것
- 발끝막이판은 바닥면 등으로부터 10[cm] 이상의 높이를 유지할 것
- 난간대는 지름 2.7[cm] 이상의 금속제 파이프나 그 이상의 강도가 있는 재료일 것
- 안전난간은 구조적으로 가장 취약한 지점에서 가장 취약한 방향으로 작용하는 100[kg] 이상의 하중에 견딜 수 있는 튼튼한 구조일 것

ⓜ 울타리의 설치 : 사업주는 근로자에게 작업 중 또는 통행 시 전락(轉落)으로 인하여 근로자가 화상·질식 등의 위험에 처할 우려가 있는 케틀(Kettle), 호퍼(Hopper), 피트(Pit) 등이 있는 경우에 그 위험을 방지하기 위하여 필요한 장소에 높이 90[cm] 이상의 울타리를 설치하여야 한다.

ⓗ 추락의 위험이 있는 개구부에 대한 방호조치
- 안전난간, 울타리, 수직형 추락방망 등으로 방호조치를 한다.
- 충분한 강도를 가진 구조의 덮개를 뒤집히거나 떨어지지 않도록 설치한다.
- 어두운 장소에서도 식별이 가능한 개구부 주의 표지를 부착한다.

ⓢ 지붕 위에서의 위험 방지(산업안전보건기준에 관한 규칙 제45조)
- 근로자가 지붕 위에서 작업을 할 때에 추락하거나 넘어질 위험이 있는 경우에는 다음의 조치를 해야 한다.
  - 지붕의 가장자리에 안전난간을 설치할 것
  - 채광창(Skylight)에는 견고한 구조의 덮개를 설치할 것
  - 슬레이트 등 강도가 약한 재료로 덮은 지붕에는 폭 30[cm] 이상의 발판을 설치할 것
- 작업 환경 등을 고려할 때 상기의 조치를 하기 곤란한 경우에는 추락방호망을 설치해야 한다(단, 작업 환경 등을 고려할 때 추락방호망을 설치하기 곤란한 경우에는 근로자에게 안전대를 착용하도록 하는 등 추락 위험을 방지하기 위하여 필요한 조치를 해야 한다).

ⓞ 추락재해를 방지하기 위한 고소작업 감소대책
- 철골기둥과 빔을 일체구조화
- 지붕트러스의 일체화 또는 지상에서 조립
- 안전난간 설치
- 악천후 시의 작업금지

- 조명유지
- 승강설비 설치

ⓒ 근로자가 추락으로 인한 부상을 당하지 않기 위한 지면으로부터 안전대 고정점까지의 높이(H) :

$$H = l_1 + \Delta l_1 + \frac{l_2}{2}$$

(여기서, l_1 : 로프의 길이, Δl_1 : 로프의 늘어난 길이, l_2 : 근로자의 신장)

⑤ 낙 하
  ㉠ 채석작업
    • 채석작업계획에 포함되어야 하는 사항
      - 발파방법
      - 암석의 분할방법
      - 암석의 가공장소
      - 굴착면의 높이와 기울기
      - 표토 또는 용수의 처리방법
    • 채석작업 시 지반붕괴 또는 토석낙하로 인하여 근로자에게 발생우려가 있는 위험방지 조치사항
      - 점검자를 지명하고 당일 작업 시작 전에 작업장소 및 그 주변 지반의 부석과 균열의 유무와 상태, 함수·용수 및 동결상태의 변화를 점검할 것
      - 점검자는 발파 후 그 발파 장소와 그 주변의 부석 및 균열의 유무와 상태를 점검할 것
      - 사업주는 지반의 붕괴, 토사 등의 비래(飛來) 등으로 인한 근로자의 위험을 방지하기 위하여 인접한 채석장에서의 발파 시기·부석 제거 방법 등 필요한 사항에 관하여 그 채석장과 연락을 유지해야 한다.
      - 사업주는 채석작업(갱내에서의 작업은 제외)을 하는 경우에 붕괴 또는 낙하에 의하여 근로자를 위험하게 할 우려가 있는 토석·입목 등을 미리 제거하거나 방호망을 설치하는 등 위험을 방지하기 위하여 필요한 조치를 하여야 한다.
  ㉡ 물체가 떨어지거나 날아올 위험이 있을 때의 재해예방대책
    • 낙하물방지망 설치(작업 중이던 미장공이 상부에서 떨어지는 공구에 의해 상해를 입었다면, 낙하물 방지시설 설치에 대한 결함이 있던 경우이다)
    • 수직보호망 설치
    • 방호선반 설치
    • 출입금지구역 설정
    • 안전모 등의 보호구 착용(격벽설치는 아니다)
  ㉢ 낙하물에 의한 위험방지 조치의 기준
    • 높이가 최소 3[m] 이상인 곳에서 물체를 투하하는 때에는 적당한 투하설비를 설치하거나 감시인을 배치하여야 한다.
    • 낙하물방지망은 높이 10[m] 이내마다 설치한다.
    • 방호선반 설치 시 내민 길이는 벽면으로부터 2[m] 이상으로 한다.
    • 낙하물방지망의 설치각도는 수평면과 20~30°를 유지한다.

⑥ 그 밖의 건설재해대책
  ㉠ 지하매설물의 인접작업 시 안전지침
    • 사전조사
    • 매설물의 방호조치
    • 지하매설물의 파악
  ㉡ 구축물의 풍압·지진 등에 의한 붕괴 또는 전도 위험을 예방하기 위한 조치
    • 설계도면, 시방서, 건축물의 구조기준 등에 관한 규칙에 따른 구조설계도서, 해체계획서 등 설계도서를 준수하여 필요한 조치를 해야 한다.
  ㉢ 건설현장에서 높이 5[m] 이상의 콘크리트 교량 설치작업 시 재해예방을 위한 준수사항
    • 작업을 하는 구역에는 관계 근로자가 아닌 사람의 출입을 금지할 것
    • 재료, 기구 또는 공구 등을 올리거나 내릴 경우에는 근로자로 하여금 달줄·달포대 등을 사용하도록 할 것
    • 중량물 부재를 크레인 등으로 인양하는 경우에는 부재에 인양용 고리를 견고하게 설치하고, 인양용 로프는 부재에 두 군데 이상 결속하여 인양하여야 하며, 중량물이 안전하게 거치되기 전까지는 걸이 로프를 해제시키지 아니할 것
    • 자재나 부재의 낙하·전도 또는 붕괴 등에 의하여 근로자에게 위험을 미칠 우려가 있을 경우에는 출입금지구역의 설정, 자재 또는 가설시설의 좌굴 또는 변형 방지를 위한 보강재 부착 등의 조치를 할 것

② 차량계 건설기계의 사용에 의한 위험의 방지를 위한 사항
- 암석의 낙하 등에 의한 위험이 예상될 때 차량용 건설기계인 불도저, 로더, 트랙터 등에 견고한 헤드 가드를 갖추어야 한다.
- 차량계 건설기계로 작업 시 전도 또는 전락 등에 의한 근로자의 위험을 방지하기 위한 노견의 붕괴방지, 지반침하방지 조치를 해야 한다.
- 차량계 건설기계의 붐, 암 등을 올리고 그 밑에서 수리·점검작업 등을 할 때 안전지주 또는 안전블록을 사용해야 한다.
- 항타기 및 항발기 사용 시 버팀대만으로 상단부분을 안정시키는 때에는 세 개 이상으로 하고 그 하단부분을 고정시켜야 한다.

⑩ 건설현장에서 사용하는 임시조명기구에 대한 안전대책
- 모든 조명기구에는 외부의 충격으로부터 보호될 수 있도록 보호망을 씌워야 한다.
- 이동식 조명기구의 배선은 유연성이 좋은 코드선을 사용해야 한다.
- 이동식 조명기구의 손잡이는 절연 재료로 제작해야 한다.
- 이동식 조명기구를 일정한 장소에 고정시킬 경우에는 견고한 받침대를 사용해야 한다.

⑪ 건설작업장에서 재해예방을 위해 작업조건에 따라 근로자에게 지급하고 착용하도록 하여야 할 보호구
- 물체가 떨어지거나 날아올 위험 또는 근로자가 추락할 위험이 있는 작업 : 안전모
- 높이 또는 깊이 2[m] 이상의 추락할 위험이 있는 장소에서 하는 작업 : 안전대
- 물체의 낙하·충격, 물체에의 끼임, 감전 또는 정전기의 대전에 의한 위험이 있는 작업 : 안전화
- 물체가 흩날릴 위험이 있는 작업 : 보안경
- 용접 시 불꽃이나 물체가 흩날릴 위험이 있는 작업 : 보안면
- 감전의 위험이 있는 작업 : 절연용 보호구
- 고열에 의한 화상 등의 위험이 있는 작업 : 방열복
- 선창 등에서 분진이 심하게 발생하는 하역작업 : 방진마스크
- −18[℃] 이하인 급냉동어창에서 하는 하역작업 : 방한모·방한복·방한화·방한장갑
- 물건을 운반하거나 수거·배달하기 위하여 도로교통법 제2조제18호가목5)에 따른 이륜자동차 또는 같은 법 제2조제19호에 따른 원동기장치자전거를 운행하는 작업 : 도로교통법 시행규칙 제32조제1항 각 호의 기준에 적합한 승차용 안전모
- 물건을 운반하거나 수거·배달하기 위해 도로교통법 제2조제21호의2에 따른 자전거 등을 운행하는 작업 : 도로교통법 시행규칙 제32조제2항의 기준에 적합한 안전모

⑫ 중량물 취급작업 시 작업계획서에 포함시켜야 할 사항
- 추락위험을 예방할 수 있는 안전대책
- 낙하위험을 예방할 수 있는 안전대책
- 전도위험을 예방할 수 있는 안전대책
- 협착위험을 예방할 수 있는 안전대책
- 붕괴위험을 예방할 수 있는 안전대책

10년간 자주 출제된 문제

2-1. 토석 붕괴방지방법에 대한 설명으로 옳지 않은 것은?
① 말뚝(강관, H형강, 철근 콘크리트)을 박아 지반을 강화시킨다.
② 활동의 가능성이 있는 토석을 제거한다.
③ 지표수가 침투되지 않도록 배수시키고 지하수위 저하를 위해 수평 보링을 하여 배수시킨다.
④ 활동에 의한 붕괴를 방지하기 위해 비탈면, 법면의 상단을 다진다.

2-2. 터널 붕괴를 방지하기 위한 지보공에 대한 점검사항과 가장 거리가 먼 것은?
① 부재의 긴압 정도
② 부재의 손상·변형·부식·변위 탈락의 유무 및 상태
③ 기둥침하의 유무 및 상태
④ 경보장치의 작동 상태

2-3. 터널작업에 있어서 자동경보장치가 설치된 경우에 이 자동경보장치에 대하여 당일의 작업 시작 전 점검하여야 할 사항이 아닌 것은?
① 계기의 이상 유무
② 검지부의 이상 유무
③ 경보장치의 작동 상태
④ 환기 또는 조명시설의 이상 유무

2-4. 신품의 추락방지망 중 그물코의 크기가 10[cm]인 매듭방망의 인장강도 기준으로 옳은 것은?
① 100[kgf] 이상
② 200[kgf] 이상
③ 300[kgf] 이상
④ 400[kgf] 이상

2-5. 물체가 떨어지거나 날아올 위험이 있을 때의 재해 예방대책과 거리가 먼 것은?
① 낙하물방지망 설치
② 출입금지구역 설정
③ 안전대 착용
④ 안전모 착용

|해설|

2-1
활동에 의한 붕괴를 방지하기 위해 비탈면, 법면의 하단을 다진다.

2-2
산업안전보건기준에 관한 규칙 제366조(터널지보공 점검사항)
• 부재의 손상·변형·부식·변위 탈락의 유무 및 상태
• 부재의 긴압 정도
• 부재의 접속부 및 교차부의 상태
• 기둥침하의 유무 및 상태

2-3
산업안전보건기준에 관한 규칙 제350조
자동경보장치에 대하여 당일 작업 시작 전 다음 사항을 점검하고 이상을 발견하면 즉시 보수하여야 한다.
• 계기의 이상 유무
• 검지부의 이상 유무
• 경보장치의 작동 상태

2-4
신품의 추락방지망 중 그물코의 크기가 10[cm]인 매듭방망의 인장강도는 200[kgf/m²] 이상이다.

2-5
안전대는 보호구가 아니다.
산업안전보건기준에 관한 규칙 제14조
사업주는 작업으로 인하여 물체가 떨어지거나 날아올 위험이 있는 경우 낙하물 방지망, 수직보호망 또는 방호선반의 설치, 출입금지구역의 설정, 보호구의 착용 등 위험을 방지하기 위하여 필요한 조치를 하여야 한다.

정답 2-1 ④ 2-2 ④ 2-3 ④ 2-4 ② 2-5 ③

교육은 우리 자신의 무지를 점차 발견해 가는 과정이다.

– 윌 듀란트 –

교육이란 사람이 학교에서 배운 것을 잊어버린 후에 남은 것을 말한다.

– 알버트 아인슈타인 –

PART 02

과년도 + 최근 기출복원문제

#기출유형 확인 #상세한 해설 #최종점검 테스트

2019~2022년	과년도 기출문제	회독 CHECK 1 2 3
2023년	과년도 기출복원문제	회독 CHECK 1 2 3
2024년	최근 기출복원문제	회독 CHECK 1 2 3

2019년 제1회 과년도 기출문제

제1과목 산업안전관리론

01 산업안전보건법령상 안전관리자를 2인 이상 선임하여야 하는 사업에 해당하지 않는 것은?

① 공사금액이 1,000억인 건설업
② 상시 근로자가 500명인 통신업
③ 상시 근로자가 1,500명인 운수업
④ 상시 근로자가 600명인 식료품 제조업

해설
상시 근로자가 500명인 통신업의 경우 안전관리자를 1인 이상 선임한다.

02 아담스(Adams)의 재해연쇄이론에서 작전적 에러(Operational Error)로 정의한 것은?

① 선천적 결함
② 불안전한 상태
③ 불안전한 행동
④ 경영자나 감독자의 행동

해설
재해연쇄이론의 작전적 에러는 경영자나 감독자의 에러이다.

03 보호구 안전인증 고시에 따른 안전화 종류에 해당하지 않는 것은?

① 경화 안전화
② 발등 안전화
③ 정전기 안전화
④ 고무제 안전화

해설
안전화의 종류(보호구 안전인증 고시 별표 2) : 가죽제 안전화, 고무제 안전화, 정전기 안전화, 발등 안전화, 절연화, 절연장화, 화학물질용 안전화

04 천재지변 발생 직후 기계설비의 수리 등을 할 경우 또는 중대재해 발생 직후 등에 행하는 안전점검을 무엇이라 하는가?

① 임시점검
② 자체점검
③ 수시점검
④ 특별점검

해설
특별점검 : 천재지변 발생 직후 기계설비의 수리 등을 할 경우 또는 중대재해 발생 직후 등에 행하는 안전점검

05 재해사례연구를 할 때 유의해야 될 사항으로 틀린 것은?

① 과학적이어야 한다.
② 논리적인 분석이 가능해야 한다.
③ 주관적이고 정확성이 있어야 한다.
④ 신뢰성이 있는 자료수집이 있어야 한다.

해설
③ 객관적이고 정확성이 있어야 한다.

정답 1 ② 2 ④ 3 ① 4 ④ 5 ③

06 무재해운동 추진의 3대 기둥으로 볼 수 없는 것은?

① 최고경영자의 경영자세
② 노동조합의 협의체 구성
③ 직장 소집단 자주 활동의 활성화
④ 관리감독자에 의한 안전보건의 추진

해설
무재해운동을 추진하기 위한 중요한 3대 기둥
- 집단 자주활동의 활성화
- 최고경영자의 엄격한 경영자세
- 관리감독자(Line)의 적극적 추진

07 건설기술진흥법상 안전관리계획을 수립해야 하는 건설공사에 해당하지 않는 것은?

① 15층 건축물의 리모델링
② 지하 15[m]를 굴착하는 건설공사
③ 항타 및 항발기가 사용되는 건설공사
④ 높이가 21[m]인 비계를 사용하는 건설공사

해설
안전관리계획의 수립(건설기술진흥법 시행령 제98조)
- 시설물의 안전 및 유지관리에 관한 특별법 따른 1종시설물 및 2종시설물의 건설공사
- 지하 10[m] 이상을 굴착하는 건설공사
- 폭발물을 사용하는 건설공사로서 20[m] 안에 시설물이 있거나 100[m] 안에 사육하는 가축이 있어 해당 건설공사로 인한 영향을 받을 것이 예상되는 건설공사
- 10층 이상 16층 미만인 건축물의 건설공사
- 다음의 리모델링 또는 해체공사
  - 10층 이상인 건축물의 리모델링 또는 해체공사
  - 주택법 따른 수직증축형 리모델링
- 건설기계관리법에 따라 등록된 다음에 해당하는 건설기계가 사용되는 건설공사
  - 천공기(높이가 10[m] 이상만 해당)
  - 항타 및 항발기
  - 타워크레인
- 가설구조물을 사용하는 건설공사
- 다음에 해당하는 공사
  - 발주자가 안전관리가 특히 필요하다고 인정하는 건설공사
  - 해당 지방자치단체의 조례로 정하는 건설공사 중에서 인·허가기관의 장이 안전관리가 특히 필요하다고 인정하는 건설공사

08 상시 근로자 수가 100명인 사업장에서 1년간 6건의 재해로 인하여 10명의 부상자가 발생하였고, 이로 인한 근로손실일수는 12일, 휴업일수는 68일이었다. 이 사업장의 강도율은 약 얼마인가?(단, 1일 9시간씩 연간 290일 근무하였다)

① 0.58 ② 0.67
③ 22.99 ④ 100

해설

$$강도율 = \frac{근로손실일수}{연근로시간수} \times 10^3$$

$$= \frac{10 \times 12 + \left(68 \times \frac{290}{365}\right)}{100 \times 9 \times 290} \times 1,000 \simeq 0.67$$

09 재해발생원인의 연쇄관계상 재해의 발생원인을 관리적인 면에서 분류한 것과 가장 관계가 먼 것은?

① 인적 원인 ② 기술적 원인
③ 교육적 원인 ④ 작업관리상 원인

해설
인적 원인은 직접원인 분류에 해당되며 불안전한 행동을 야기한다.

10 하베이(Harvey)가 제시한 '안전의 3E'에 해당하지 않는 것은?

① Education ② Enforcement
③ Economy ④ Engineering

해설
하베이(Harvey)가 제시한 '안전의 3E' : Education, Enforcement, Engineering

11 안전표지 종류 중 금지표시에 대한 설명으로 옳은 것은?

① 바탕은 노란색, 기본모양은 흰색, 관련부호 및 그림은 파란색
② 바탕은 노란색, 기본모양은 흰색, 관련부호 및 그림은 검은색
③ 바탕은 흰색, 기본모양은 빨간색, 관련부호 및 그림은 파란색
④ 바탕은 흰색, 기본모양은 빨간색, 관련부호 및 그림은 검은색

해설
금지표시 : 바탕은 흰색, 기본모양은 빨간색, 관련부호 및 그림은 검은색

12 크레인(이동식은 제외한다)은 사업장에 설치한 날로부터 몇 년 이내에 최초 안전검사를 실시하여야 하는가?

① 1년　　② 2년
③ 3년　　④ 5년

해설
크레인(이동식 제외)은 사업장에 설치가 끝난 날로부터 3년 이내에 최초 안전검사를 실시하여야 한다.

13 다음 중 소규모 사업장에 가장 적합한 안전관리조직의 형태는?

① 라인형 조직
② 스태프형 조직
③ 라인-스태프 혼합형 조직
④ 복합형 조직

해설
② 스태프형 조직 : 중규모(100~1,000명 이내)
③ 라인-스태프 혼합형 조직 : 대규모(1,000명 이상)

14 위험예지훈련 4라운드(Round) 중 목표설정 단계의 내용으로 가장 적절한 것은?

① 위험 요인을 찾아내고, 가장 위험한 것을 합위하여 결정한다.
② 가장 우수한 대책에 대하여 합의하고, 행동계획을 결정한다.
③ 브레인스토밍을 실시하여 어떤 위험이 존재하는가를 파악한다.
④ 가장 위험한 요인에 대하여 브레인스토밍 등을 통하여 대책을 세운다.

해설
① 2단계 본질추구
③ 1단계 현상파악
④ 3단계 대책수립

15 안전보건관리계획의 개요에 관한 설명으로 틀린 것은?

① 타 관리계획과 균형이 되어야 한다.
② 안전보건의 저해요인을 확실히 파악해야 한다.
③ 계획의 목표는 점진적으로 낮은 수준의 것으로 한다.
④ 경영층의 기본방침을 명확하게 근로자에게 나타내야 한다.

해설
③ 계획의 목표는 점진적인 높은 수준으로 한다.

16 다음과 같은 재해가 발생하였을 경우 재해의 원인분석으로 옳은 것은?

> 건설현장에서 근로자가 비계에서 마감작업을 하던 중 바닥으로 떨어져 머리가 바닥에 부딪혀 사망하였다.

① 기인물 : 비계, 가해물 : 마감작업, 사고유형 : 낙하
② 기인물 : 바닥, 가해물 : 비계, 사고유형 : 추락
③ 기인물 : 비계, 가해물 : 바닥, 사고유형 : 낙하
④ 기인물 : 비계, 가해물 : 바닥, 사고유형 : 추락

해설

재해 내용	사고유형	기인물	가해물
건설현장에서 근로자가 비계에서 마감작업을 하던 중 바닥으로 떨어져 머리가 바닥에 부딪혀 사망하였다.	추락	비계	바닥

17 사고예방대책의 기본원리 5단계 중 3단계의 분석평가에 대한 내용으로 옳은 것은?

① 위험 확인
② 현장 조사
③ 사고 및 활동 기록 검토
④ 기술의 개선 및 인사조정

해설
하인리히의 사고예방대책의 기본원리 5단계
- 1단계 안전조직 : 안전활동방침 및 계획수립(안전관리규정작성, 책임·권한부여, 조직편성)
- 2단계 사실의 발견 : 현상파악, 문제점 발견(사고 점검·검사 및 사고조사 실시, 자료수집, 작업분석, 위험확인, 안전회의 및 토의, 사고 및 안전활동기록의 검토)
- 3단계 분석·평가 : 현장조사
- 4단계 시정책의 선정 : 대책의 선정 혹은 시정방법선정(기술적 개선, 안전관리 행정업무의 개선, 기술교육을 위한 훈련의 개선)
- 5단계 : 시정책 적용(Adaption of Remedy)

18 재해손실비용에 있어 직접손실비용이 아닌 것은?

① 요양급여
② 장해급여
③ 상병보상연금
④ 생산중단손실비용

해설
- 직접비용 : 치료비, 휴업급여, 장해급여, 유족급여, 간병급여, 직업재활급여, 장례비 등
- 간접비용 : 부상자를 비롯한 직원의 시간손실, 이익의 감소, 생산손실비, 기계, 공구 재료 등의 재산손실 등

19 산업안전보건법상 지방고용노동관서의 장이 사업주에게 안전관리자나 보건관리자를 정수 이상으로 증원하게 하거나 교체하여 임명할 것을 명령할 수 있는 경우는?

① 사망재해가 연간 1건 발생한 경우
② 중대재해가 연간 2건 발생한 경우
③ 관리자가 질병의 사유로 3개월 이상 해당 직무를 수행할 수 없게 된 경우
④ 해당 사업장의 연간재해율이 같은 업종의 평균재해율의 1.5배 이상인 경우

해설
안전관리자 등의 증원 등(산업안전보건법 시행규칙 제12조)
- 해당 사업장의 연간재해율이 같은 업종의 평균재해율의 2배 이상인 경우
- 중대재해가 연간 2건 이상 발생한 경우(다만, 해당 사업장의 전년도 사망만인율이 같은 업종의 평균 사망만인율 이하인 경우는 제외)
- 관리자가 질병이나 그 밖의 사유로 3개월 이상 직무를 수행할 수 없게 된 경우
※ 해당 법의 개정으로 ②는 3건에서 2건으로 변경됨

20 산업안전보건법령에 따른 산업안전보건위원회의 구성에 있어 사용자 위원에 해당하지 않는 자는?

① 안전관리자
② 명예산업안전감독관
③ 해당 사업의 대표자가 지명한 9인 이내 해당 사업장 부서의 장
④ 보건관리자의 업무를 위탁한 경우 대행기관의 해당 사업장 담당자

해설
산업안전보건위원회의 사용자위원(산업안전보건법 시행령 제35조)
- 해당 사업의 대표자
- 안전관리자(안전관리자를 두어야 하는 사업장으로 한정, 안전관리자의 업무를 안전관리전문기관에 위탁한 사업장의 경우에는 그 안전관리전문기관의 해당 사업장 담당자) 1명
- 보건관리자(보건관리자를 두어야 하는 사업장으로 한정, 보건관리자의 업무를 보건관리전문기관에 위탁한 사업장의 경우에는 그 보건관리전문기관의 해당 사업장 담당자) 1명
- 산업보건의(해당 사업장에 선임되어 있는 경우로 한정)
- 해당 사업의 대표자가 지명하는 9명 이내의 해당 사업장 부서의 장

제2과목 산업심리 및 교육

21 현대 조직이론에서 작업자의 수직적 직무 권한을 확대하는 방안에 해당하는 것은?

① 직무순환(Job Rotation)
② 직무분석(Job Analysis)
③ 직무확충(Job Enrichment)
④ 직무평가(Job Evaluation)

해설
직무확충 혹은 직무충실화(Job Enrichment) : 작업자의 수직적 직무 권한을 확대하는 방안

22 주의(Attention)에 대한 특성으로 가장 거리가 먼 것은?

① 고도의 주의는 장시간 지속할 수 없다.
② 주의와 반응의 목적은 대부분의 경우 서로 독립적이다.
③ 동시에 두 가지 일에 중복하여 집중하기 어렵다.
④ 여러 종류의 자극을 지각할 때 소수의 특정한 것을 선택하여 집중한다.

23 OJT(On the Job Training)의 특징에 관한 설명으로 틀린 것은?

① 다수의 근로자에게 조직적 훈련이 가능하다.
② 상호 신뢰 및 이해도가 높아진다.
③ 개개인에게 적절한 지도훈련이 가능하다.
④ 직장의 실정에 맞게 실제적 훈련이 가능하다.

해설
① 다수의 근로자에게 조직적 훈련이 가능한 것은 Off JT의 특징이다.
OJT(On the Job Training)의 장점
- 추상적이지 않고 직장의 실정에 맞는 실제적 훈련이 가능하다.
- 교육을 통하여 상사와 부하 간의 의사소통과 신뢰감이 깊어진다.
- 개개인에 대한 효율적인 지도훈련이 가능하다.
- 즉시 업무에 연결될 수 있고, 효과가 즉각적으로 나타난다.

24 다음은 각기 다른 조직 형태의 특성을 설명한 것이다. 각 특징에 해당하는 조직형태를 연결한 것으로 맞는 것은?

> a. 중규모 형태의 기업에서 시장상황에 따라 인적자원을 효과적으로 활용하기 위한 형태이다.
> b. 목적지향적이고 목적달성을 위해 기존의 조직에 비해 효율적이며 유연하게 운영될 수 있다.

① a : 위원회 조직, b : 프로젝트 조직
② a : 사업부제 조직, b : 위원회 조직
③ a : 매트릭스형 조직, b : 사업부제 조직
④ a : 매트릭스형 조직, b : 프로젝트 조직

해설
- 매트릭스형 조직 : 중규모 형태의 기업에서 시장상황에 따라 인적자원을 효과적으로 활용하기 위한 형태이다.
- 프로젝트 조직 : 목적지향적이고 목적달성을 위해 기존의 조직에 비해 효율적이며 유연하게 운영될 수 있다.

25 적응기제(Adjustment Mechanism) 중 도피기제에 해당하는 것은?

① 투 사   ② 보 상
③ 승 화   ④ 고 립

해설
- 투사, 보상, 승화, 합리화 등은 방어적 기제에 해당된다.
- 도피기제 : 고립, 퇴행, 억압 등

26 토의식 교육지도에서 시간이 가장 많이 소요되는 단계는?

① 도 입   ② 제 시
③ 적 용   ④ 확 인

해설
토의식 교육지도에서 시간이 가장 많이 소요되는 단계는 적용단계이다.

27 어느 부서의 직원 6명의 선호 관계를 분석한 결과, 다음과 같은 소시오그램이 작성되었다. 이 부서의 집단응집성지수는 얼마인가?(단, 그림에서 실선은 선호관계, 점선은 거부관계를 나타낸다)

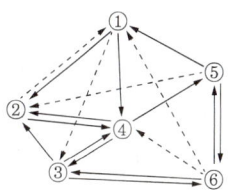

① 0.13   ② 0.27
③ 0.33   ④ 0.47

해설
$$집단응집성지수 = \frac{실제상호선호관계의 수}{가능한 상호선호관계의 총수} = \frac{N}{{}_nC_2}$$
$$= \frac{4}{(5 \times 6)/(2 \times 1)} \approx 0.27$$

28 목표를 설정하고 그에 따르는 보상을 약속함으로써 부하를 동기화하려는 리더십은?

① 교환적 리더십
② 변혁적 리더십
③ 참여적 리더십
④ 지시적 리더십

해설
- 변혁적 리더십 : 조직의 변화 주도, 관리 등 현대 사회의 환경과 조직의 실정에 적합한 리더십 유형으로 리더와 구성원들 간의 상호작용이 가장 중요하다.
- 참여적 리더십 : 결정에 부하들의 생각, 정보, 선호들을 이끌어내어 반영하며, 결정권한을 위임하기도 한다.
- 지시적 리더십 : 독재적인 리더십으로 구성원들에게 자신의 결정을 지시와 명령을 한다.

29 어느 철강회사의 고로작업라인에 근무하는 A씨의 작업강도가 힘든 중작업으로 평가되었다면 해당되는 에너지대사율(RMR)의 범위로 가장 적절한 것은?

① 0~1
② 2~4
③ 4~7
④ 7~10

해설
에너지대사율과 작업강도

작업 구분	가벼운 작업	보통 작업	중(重) 작업	초중(超重) 작업
RMR 값	0~2	2~4	4~7	7 이상

30 관리감독자 훈련(TWI)에 관한 내용이 아닌 것은?

① Job Relation
② Job Method
③ Job Synergy
④ Job Instruction

해설
관리감독자 훈련(TWI) : Job Knowledge(직무지식), Job Relation(부하통솔법), Job Method(작업개선법), Job Instruction(작업지도법), Job Safety(안전관리법)

31 맥그리거(Douglas McGregor)의 Y이론에 해당되는 것은?

① 인간은 게으르다.
② 인간은 남을 잘 속인다.
③ 인간은 남에게 지배받기를 즐긴다.
④ 인간은 부지런하고 근면하며, 적극적이고 자주적이다.

해설
①, ②, ③은 X이론에 해당된다.

32 사회행동의 기본형태와 내용이 잘못 연결된 것은?

① 대립 - 공격, 경쟁
② 조직 - 경쟁, 통합
③ 협력 - 조력, 분업
④ 도피 - 정신병, 자살

해설
사회행동의 기본형태 : 협력, 대립, 도피
- 협력 : 조력, 분업 등
- 대립 : 공격, 경쟁 등
- 도피 : 고립, 정신병, 자살 등

33 수업의 중간이나 마지막 단계에 행하는 것으로써 언어학습이나 문제해결 학습에 효과적인 학습법은?

① 강의법　② 실연법
③ 토의법　④ 프로그램법

해설
실연법 : 수업의 중간이나 마지막 단계에 행하는 것으로써 언어학습이나 문제해결 학습에 효과적인 학습법

34 사고경향성이론에 관한 설명으로 틀린 것은?

① 개인의 성격보다는 특정 환경에 의해 훨씬 더 사고가 일어나기 쉽다.
② 어떠한 사람이 다른 사람보다 사고를 더 잘 일으킨다는 이론이다.
③ 사고를 많이 내는 여러 명의 특성을 측정하여 사고를 예방하는 것이다.
④ 검증하기 위한 효과적인 방법은 다른 두 시기 동안에 같은 사람의 사고기록을 비교하는 것이다.

해설
특정 환경보다는 개인의 성격에 의해 훨씬 더 사고가 일어나기 쉽다.

35 매슬로(Maslow)의 욕구위계를 바르게 나열한 것은?

① 안전의 욕구 – 생리적 욕구 – 사회적 욕구 – 자아실현의 욕구 – 인정받으려는 욕구
② 안전의 욕구 – 생리적 욕구 – 사회적 욕구 – 인정받으려는 욕구 – 자아실현의 욕구
③ 생리적 욕구 – 사회적 욕구 – 안전의 욕구 – 인정받으려는 욕구 – 자아실현의 욕구
④ 생리적 욕구 – 안전의 욕구 – 사회적 욕구 – 인정받으려는 욕구 – 자아실현의 욕구

해설
매슬로(A.H Maslow)의 인간욕구 5단계 이론 : 생리적 욕구 → 안전에 대한 욕구 → 사회적 욕구 → 존경에 대한 욕구 → 자아실현의 욕구

36 반복적인 재해발생자를 상황성 누발자와 소질성 누발자로 나눌 때, 상황성 누발자의 재해유발 원인에 해당하는 것은?

① 저지능인 경우
② 소심한 성격인 경우
③ 도덕성이 결여된 경우
④ 심신에 근심이 있는 경우

해설
• 상황성 누발자 : 작업이 어렵거나, 기계나 설비에 결함이 있거나, 심신에 근심이 있거나 주의력 집중 곤란
• 습관성 누발자 : 재해를 겪은 후 겁쟁이, 신경과민을 가진 사람
• 소질성 누발자 : 재해의 원인이 될 수 있는 요소인 낮은 지능, 비협조적인 성격, 도덕성 결여, 소심한 성격 등을 가진 사람

정답　33 ②　34 ①　35 ④　36 ④

37 학습경험 조직의 원리와 가장 거리가 먼 것은?

① 가능성의 원리
② 계속성의 원리
③ 계열성의 원리
④ 통합성의 원리

해설
학습경험조직의 원리 : 계속성의 원리, 계열성의 원리, 통합성의 원리

38 안전보건교육의 종류별 교육요점으로 틀린 것은?

① 태도교육은 의욕을 갖게 하고 가치관 형성교육을 한다.
② 기능교육은 표준작업 방법대로 시범을 보이고 실습을 시킨다.
③ 추후지도교육은 재해발생원리 및 잠재위험을 이해시킨다.
④ 지식교육은 작업에 관련된 취약점과 이에 대응되는 작업방법을 알도록 한다.

해설
재해발생원리 및 잠재위험을 이해시키는 교육은 추후지도교육이 아니라 지식교육에 해당된다.

39 평가도구의 기본적인 기준이 아닌 것은?

① 실용도(實用度)
② 타당도(妥當度)
③ 신뢰도(信賴度)
④ 습숙도(習熟度)

해설
교육에 있어서 학습평가(도구)의 기본 기준 또는 교육평가의 5요건 : 타당성, 신뢰성, 객관성, 확실성, 실용성(경제성)

40 부주의가 발생하는 경우에 있어 자동차를 운전할 때 신호가 바뀌기 전에 신호가 바뀔 것을 예상하고 자동차를 출발시키는 행동과 관련된 것은?

① 억측판단
② 근도반응
③ 착시현상
④ 의식의 우회

해설
억측판단 : 부주의가 발생하는 경우에 있어 자동차를 운전할 때 신호가 바뀌기 전에 신호가 바뀔 것을 예상하고 자동차를 출발시키는 행동과 관련된 것

정답 37 ① 38 ③ 39 ④ 40 ①

제3과목: 인간공학 및 시스템안전공학

41 FMEA의 장점이라 할 수 있는 것은?

① 분석방법에 대한 논리적 배경이 강하다.
② 물적, 인적요소 모두가 분석대상이 된다.
③ 서식이 간단하고 비교적 적은 노력으로 분석이 가능하다.
④ 두 가지 이상의 요소가 동시에 고장나는 경우에도 분석이 용이하다.

[해설]
① 분석방법에 대한 논리적 배경이 약하다.
② 물적 요소가 분석대상이 된다.
④ 두 가지 이상의 요소가 동시에 고장 나는 경우에는 분석이 용이하지 않다.

42 시스템의 수명주기 단계 중 마지막 단계인 것은?

① 구상단계
② 개발단계
③ 운전단계
④ 생산단계

[해설]
시스템의 수명주기 5단계: 구상 – 정의 – 개발 – 생산 – 운전

43 인체계측자료의 응용원칙 중 조절 범위에서 수용하는 통상의 범위는 얼마인가?

① 5~95[%tile]   ② 20~80[%tile]
③ 30~70[%tile] ④ 40~60[%tile]

[해설]
인체계측자료의 응용원칙 중 조절 범위에서 수용하는 통상의 범위는 5~95[%tile]이다.

44 의도는 올바른 것이었지만, 행동이 의도한 것과는 다르게 나타나는 오류를 무엇이라 하는가?

① Slip   ② Mistake
③ Lapse   ④ Violation

[해설]
인간의 오류 모형
- 착오(Mistake): 상황을 잘못 해석하거나 목표에 대한 이해가 부족한 경우
- 실수(Slip): 상황이나 목표의 해석은 정확하나 의도와는 다른 행동을 한 경우
- 건망증(Lapse): 일련의 과정에서 일부를 빠뜨리거나 기억의 실패
- 위반(Violation): 정해진 규칙을 고의로 무시

45 음량수준을 측정할 수 있는 3가지 척도에 해당되지 않는 것은?

① sone   ② 럭스
③ phon   ④ 인식소음 수준

[해설]
음량수준을 측정할 수 있는 3가지 척도: sone, phon, 인식소음 수준

정답 41 ③ 42 ③ 43 ① 44 ① 45 ②

46 산업안전보건법령에 따라 제조업 중 유해위험방지계획서 제출대상 사업의 사업주가 유해위험방지계획서를 제출하고자 할 때 첨부하여야 하는 서류에 해당하지 않는 것은?(단, 기타 고용노동부장관이 정하는 도면 및 서류 등은 제외한다)

① 공사개요서
② 기계·설비의 배치도면
③ 기계·설비의 개요를 나타내는 서류
④ 원재료 및 제품의 취급, 제조 등의 작업방법의 개요

해설
제조업 유해위험방지계획서의 첨부서류(산업안전보건법 시행규칙 제42조)
• 건축물 각 층의 평면도
• 기계·설비의 배치도면
• 원재료 및 제품의 취급, 제조 등 작업방법의 개요
• 기계·설비의 개요를 나타내는 서류

47 동작 경제 원칙에 해당되지 않는 것은?

① 신체사용에 관한 원칙
② 작업장 배치에 관한 원칙
③ 사용자 요구 조건에 관한 원칙
④ 공구 및 설비 디자인에 관한 원칙

해설
동작 경제 원칙
• 신체사용에 관한 원칙
• 작업장 배치에 관한 원칙
• 공구 및 설비 디자인에 관한 원칙

48 인간-기계시스템의 설계를 6단계로 구분할 때, 첫 번째 단계에서 시행하는 것은?

① 기본설계
② 시스템의 정의
③ 인터페이스 설계
④ 시스템의 목표와 성능명세 결정

해설
인간-기계시스템의 설계 6단계 : 시스템의 목표와 성능 명세 결정 → 시스템의 정의 → 기본설계 → 인터페이스설계 → 보조물 설계 → 시험 및 평가

49 FT도에 사용되는 다음 게이트의 명칭은?

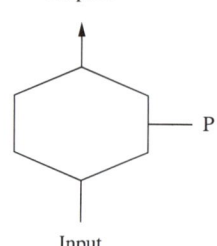

① 부정게이트
② 억제게이트
③ 배타적 OR게이트
④ 우선적 AND게이트

해설

① 부정게이트

③ 배타적 OR게이트

④ 우선적 AND게이트

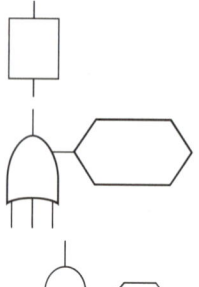

50 FTA에서 시스템의 기능을 살리는 데 필요한 최소 요인의 집합을 무엇이라 하는가?

① Critical Set
② Minimal Gate
③ Minimal Path
④ Boolean Indicated Cut Set

해설
Minimal Path : 시스템의 기능을 살리는 데 필요한 최소 요인의 집합

51 다음의 각 단계를 결함수분석법(FTA)에 의한 재해사례의 연구순서대로 나열한 것은?

┌─────────────────────────┐
│ ㉠ 정상사상의 선정   │
│ ㉡ FT도 작성 및 분석   │
│ ㉢ 개선 계획의 작성   │
│ ㉣ 각 사상의 재해원인 규명   │
└─────────────────────────┘

① ㉠ → ㉡ → ㉢ → ㉣
② ㉠ → ㉣ → ㉢ → ㉡
③ ㉠ → ㉢ → ㉡ → ㉣
④ ㉠ → ㉣ → ㉡ → ㉢

해설
결함수분석(FTA)에 의한 재해사례 연구순서 : 톱(정상)사상의 선정 → 사상마다 재해원인 및 요인규명 → FT도 작성 → 개선계획 작성 → 개선안 실시계획

52 쾌적 환경에서 추운 환경으로 변화 시 신체의 조절작용이 아닌 것은?

① 피부온도가 내려간다.
② 직장온도가 약간 내려간다.
③ 몸이 떨리고 소름이 돋는다.
④ 피부를 경유하는 혈액 순환량이 감소한다.

해설
② 직장온도가 약간 올라간다.

53 정신적 작업 부하에 관한 생리적 척도에 해당하지 않는 것은?

① 부정맥 지수   ② 근전도
③ 점멸융합주파수 ④ 뇌파도

해설
정신적 작업 부하에 관한 생리적 척도 : 부정맥 지수, 점멸융합주파수, 뇌파도 등

54 인간-기계시스템의 연구 목적으로 가장 적절한 것은?

① 정보 저장의 극대화
② 운전 시 피로의 평준화
③ 시스템의 신뢰성 극대화
④ 안전의 극대화 및 생산능률의 향상

해설
인간-기계시스템의 연구 목적 : 안전의 극대화 및 생산능률의 향상

정답 50 ③ 51 ④ 52 ② 53 ② 54 ④

55 생명유지에 필요한 단위시간당 에너지량을 무엇이라 하는가?

① 기초대사량　② 산소소비율
③ 작업대사량　④ 에너지소비율

해설
기초대사량 : 생명유지에 필요한 단위시간당 에너지량

56 점광원으로부터 0.3[m] 떨어진 구면에 비추는 광량이 5[Lumen]일 때, 조도는 약 몇 [lx]인가?

① 0.06　② 16.7
③ 55.6　④ 83.4

해설
조도 $= \dfrac{5}{0.3^2} \approx 55.6[\text{lx}]$

57 염산을 취급하는 A 업체에서는 신설 설비에 관한 안전성 평가를 실시해야 한다. 정성적 평가단계의 주요 진단 항목에 해당하는 것은?

① 공장 내의 배치
② 제조공정의 개요
③ 재평가 방법 및 계획
④ 안전·보건교육 훈련계획

해설
① 공장 내의 배치 : 정성적 평가 단계(2단계)
② 제조공정의 개요 : 관계자료의 작성준비 혹은 정비(검토) 단계 (1단계)
③ 재평가 방법 및 계획 : 재해정보에 의한 재평가(5단계)
④ 안전·보건교육 훈련계획 : 안전대책(4단계)

58 음압수준이 70[dB]인 경우, 1,000[Hz]에서 순음의 phon치는?

① 50[phon]　② 70[phon]
③ 90[phon]　④ 100[phon]

해설
음압수준이 70[dB]인 경우, 1,000[Hz]에서 순음의 phon치는 70[phon]이다.

59 수리가 가능한 어떤 기계의 가용도(Availability)는 0.9이고, 평균수리시간(MTTR)이 2시간일 때, 이 기계의 평균수명(MTBF)은?

① 15시간　② 16시간
③ 17시간　④ 18시간

해설
가용도 $A = \dfrac{\text{MTBF}}{\text{MTBF} + \text{MTTR}}$ 에서
$0.9 = \dfrac{\text{MTBF}}{\text{MTBF} + 2}$ 이므로 MTBF $= 18[\text{h}]$

60 실린더블록에 사용하는 개스킷의 수명은 평균 10,000시간이며, 표준편차는 200시간으로 정규분포를 따른다. 사용시간이 9,600시간일 경우에 신뢰도는 약 얼마인가?(단, 표준정규분포표에서 $u_{0.8413}=1$, $u_{0.9772}=2$이다)

① 84.13[%]　② 88.73[%]
③ 92.72[%]　④ 97.72[%]

해설
확률변수 X가 정규분포를 따르므로 $N(\overline{X},\sigma)=N(10{,}000,\ 200)$
$P(\overline{X}>9{,}600)=P\left(Z>\dfrac{9{,}600-10{,}000}{200}\right)=P(Z>-2)$
$=P(Z\le 2)=0.9772=97.72[\%]$

제4과목 건설시공학

61 철근 콘크리트부재의 피복두께를 확보하는 목적과 거리가 먼 것은?

① 철근이음 시 편의성
② 내화성 확보
③ 철근의 방청
④ 콘크리트의 유동성 확보

해설
철근 콘크리트부재의 피복두께를 확보하는 목적
• 내화성 확보
• 철근의 방청
• 콘크리트의 유동성 확보
• 내구성 확보

62 철골공사에서 철골세우기 순서가 옳게 연결된 것은?

  A. 기초 볼트위치 재점검
  B. 기둥 중심선 먹매김
  C. 기둥 세우기
  D. 주각부 모르타르 채움
  E. Base Plate의 높이 조정용 Plate 고정

① A → B → C → D → E
② B → A → E → C → D
③ B → A → C → D → E
④ E → D → B → A → C

해설
철골세우기 순서
기둥중심선 먹매김 → 기초볼트위치 재점검 → 베이스플레이트의 높이조정용 플레이트고정 → 기둥세우기 → 주각부 모르타르채움

63 지반개량공법 중 강제압밀 또는 강제압밀탈수공법에 해당하지 않는 것은?

① 프리로딩공법
② 페이퍼드레인공법
③ 고결공법
④ 샌드드레인공법

해설
강제압밀 또는 강제압밀탈수공법 : 프리로딩공법, 페이퍼드레인공법, 샌드드레인공법 등

64 거푸집이 콘크리트 구조체의 품질에 미치는 영향과 역할이 아닌 것은?

① 콘크리트가 응결하기까지의 형상, 치수의 확보
② 콘크리트 수화반응의 원활한 진행을 보조
③ 철근의 피복두께 확보
④ 건설 폐기물의 감소

해설
④ 건설 폐기물이 증가한다.

65 다음 중 철근공사의 배근순서로 옳은 것은?

① 벽 → 기둥 → 슬래브 → 보
② 슬래브 → 보 → 벽 → 기둥
③ 벽 → 기둥 → 보 → 슬래브
④ 기둥 → 벽 → 보 → 슬래브

해설
철근공사의 배근순서 : 기둥 → 벽 → 보 → 슬래브

정답 61 ① 62 ② 63 ③ 64 ④ 65 ④

66 철근 콘크리트에서 염해로 인한 철근부식 방지대책으로 옳지 않은 것은?

① 콘크리트 중의 염소 이온량을 적게 한다.
② 에폭시 수지 도장 철근을 사용한다.
③ 방청제 투입을 고려한다.
④ 물-시멘트비를 크게 한다.

해설
④ 물-시멘트비를 작게 한다.

67 공사 중 시방서 및 설계도서가 서로 상이할 때의 우선순위에 관한 설명으로 옳지 않은 것은?

① 설계도면과 공사시방서가 상이할 때는 설계도면을 우선한다.
② 설계도면과 내역서가 상이할 때는 설계도면을 우선한다.
③ 일반시방서와 전문시방서가 상이할 때는 전문시방서를 우선한다.
④ 설계도면과 상세도면이 상이할 때는 상세도면을 우선한다.

해설
공사계약일반조건 제19조의2
설계도면과 공사시방서가 상이한 경우로서 물량내역서가 설계도면과 상이하거나 공사시방서와 상이한 경우에는 설계도면과 공사시방서중 최선의 공사시공을 위하여 우선되어야 할 내용으로 설계도면 또는 공사시방서를 확정한 후 그 확정된 내용에 따라 물량내역서를 일치시킨다.

68 건축시공의 현대화 방안 중 3S System과 거리가 먼 것은?

① 작업의 표준화
② 작업의 단순화
③ 작업의 전문화
④ 작업의 기계화

해설
건축시공의 현대화 방안 중 3S System
• 작업의 표준화
• 작업의 단순화
• 작업의 전문화

69 개방잠함공법(Open Caisson Method)에 관한 설명으로 옳은 것은?

① 건물외부 작업이므로 기후의 영향을 많이 받는다.
② 지하수가 많은 지반에서는 침하가 잘 되지 않는다.
③ 소음발생이 크다.
④ 실의 내부 갓 둘레부분을 중앙 부분보다 먼저 판다.

해설
① 건물내부 작업이므로 기후의 영향을 받지 않는다.
③ 소음발생이 적다.
④ 중앙 부분을 실의 내부 갓 둘레부분보다 먼저 판다.

정답 66 ④ 67 ① 68 ④ 69 ②

70 분할도급 발주방식 중 지하철공사, 고속도로공사 및 대규모 아파트단지 등의 공사에 채용하면 가장 효과적인 것은?

① 직종별 공종별 분할도급
② 공정별 분할도급
③ 공구별 분할도급
④ 전문공종별 분할도급

해설
공구별 분할도급 : 대규모공사에서 지역별로 공사를 분리하여 발주하는 방식이고 각 공구마다 총괄도급으로 하는 것이 보통이며, 중소업자에게 균등기회를 주고 또 업자 상호 간의 경쟁으로 공사기일단축, 시공기술향상 및 공사의 높은 성과를 기대할 수 있어 유리한 도급방법

71 연질의 점토지반에서 흙막이 바깥에 있는 흙의 중량과 지표위에 적재하중의 중량에 못 견디어 저면 흙이 붕괴되고 흙막이 바깥에 있는 흙이 안으로 밀려 불룩하게 되는 현상을 무엇이라고 하는가?

① 보일링 파괴
② 히빙 파괴
③ 파이핑 파괴
④ 언더 피닝

해설
① 보일링(Boiling) : 사질지반 굴착 시, 굴착부와 지하수위차가 있을 때 수두차에 의하여 삼투압이 생겨 흙막이 벽 근입부분을 침식하는 동시에 모래가 액상화되어 솟아오르는 현상
③ 파이핑(Piping) : 흙막이에 대한 수밀성이 불량하여 널말뚝의 틈새로 물과 토사가 흘러들어, 기초저면의 모래지반을 들어 올리는 현상
④ 언더피닝(Underpinning) : 구조물에 인접하여 새로운 기초를 건설하기 위해서 인접한 구조물의 기초보다 더 깊게 지반을 굴착할 경우에 기존의 구조물을 보호하기 위하여 그 기초를 보강하는 대책

72 프리플레이스트 콘크리트의 서중 시공 시 유의사항으로 옳지 않은 것은?

① 애지데이터 안의 모르타르 저류시간을 짧게 한다.
② 수송관 주변의 온도를 높여 준다.
③ 응결을 지연시키며 유동성을 크게 한다.
④ 비빈 후 즉시 주입한다.

해설
② 수송관 주변의 온도를 낮춰 준다.

73 잡석지정의 다짐량이 5[m³]일 때 틈막이로 넣는 자갈의 양으로 가장 적당한 것은?

① 0.5[m³]
② 1.5[m³]
③ 3.0[m³]
④ 5.0[m³]

해설
틈막이로 넣는 자갈의 양은 잡석지정의 다짐량의 30[%]이므로 $5 \times 0.3 = 1.5[m^3]$ 이다.

74 석공사에서 건식공법에 관한 설명으로 옳지 않은 것은?

① 하지철물의 부식문제와 내부단열재 설치문제 등이 나타날 수 있다.
② 긴결 철물과 채움 모르타르로 붙여 대는 것으로 외벽공사 시 빗물이 스며들어 들뜸, 백화현상 등이 발생하지 않도록 한다.
③ 실란트(Sealant) 유성분에 의한 석재면의 오염문제는 비오염성 실란트로 대체하거나, Open Joint 공법으로 대체하기도 한다.
④ 강재트러스, 트러스지지공법 등 건식공법은 시공정밀도가 우수하고, 작업능률이 개선되며, 공기단축이 가능하다.

해설
② 건식 공법에서는 모르타르를 사용하지 않으므로 백화현상이 방지된다.

75 PERT/CPM의 장점이 아닌 것은?

① 변화에 대한 신속한 대책수립이 가능하다.
② 비용과 관련된 최적안 선택이 가능하다.
③ 작업선후 관계가 명확하고 책임소재 파악이 용이하다.
④ 주공정(Critical Path)에 의해서만 공기관리가 가능하다.

해설
④ 모든 공정에 의해서 공기관리가 가능하다.

76 콘크리트 타설 시 거푸집에 작용하는 측압에 관한 설명으로 옳지 않은 것은?

① 기온이 낮을수록 측압은 작아진다.
② 거푸집의 강성이 클수록 측압은 커진다.
③ 진동기를 사용하여 다질수록 측압은 커진다.
④ 조강시멘트 등을 활용하면 측압은 작아진다.

해설
① 기온이 낮을수록 측압은 커진다.

77 내화피복의 공법과 재료와의 연결이 옳지 않은 것은?

① 타설공법 – 콘크리트, 경량 콘크리트
② 조적공법 – 콘크리트, 경량 콘크리트 블록, 돌, 벽돌
③ 미장공법 – 뿜칠 플라스터, 알루미나 계열 모르타르
④ 뿜칠공법 – 뿜칠 암면, 습식 뿜칠 암면, 뿜칠 모르타르

해설
③ 미장공법 : 철망 모르타르, 철망 파라이트 모르타르

78 철골공사의 기초상부 고름질 방법에 해당되지 않는 것은?

① 전면바름마무리법
② 나중채워넣기중심바름법
③ 나중매입공법
④ 나중채워넣기법

해설
기초상부 고름질 방법
- 전면바름 마무리법
- 나중채워넣기 중심바름법
- 나중채워넣기법
- 나중채워넣기 십자바름법

79 보강 콘크리트 블록조 공사에서 원칙적으로 기초 및 테두리보에서 위층의 테두리보까지 잇지 않고 배근하는 것은?

① 세로근
② 가로근
③ 철 선
④ 수평횡근

해설
세로근 : 보강 콘크리트 블록조 공사에서 원칙적으로 기초 및 테두리보에서 위층의 테두리보까지 잇지 않고 하는 배근

80 말뚝재하시험의 주요 목적과 거리가 먼 것은?

① 말뚝길이의 결정
② 말뚝 관입량 결정
③ 지하수위 추정
④ 지지력 추정

해설
말뚝재하시험의 주요 목적 : 변위량, 건전도, 시공방법 및 시공장비 적합성, 말뚝길이의 결정, 말뚝 관입량 결정, 지지력 추정 등

제5과목 건설재료학

81 합성수지 재료에 관한 설명으로 옳지 않은 것은?

① 에폭시 수지는 접착성은 우수하나 경화 시 휘발성이 있어 용적의 감소가 매우 크다.
② 요소 수지는 무색이어서 착색이 자유롭고 내수성이 크며 내수합판의 접착제로 사용된다.
③ 폴리에스테르 수지는 전기절연성, 내열성이 우수하고 특히 내약품성이 뛰어나다.
④ 실리콘 수지는 내약품성, 내후성이 좋으며 방수피막 등에 사용된다.

해설
① 에폭시 수지는 접착성이 우수하며 휘발성분이 없다.

82 목재의 건조특성에 관한 설명으로 옳지 않은 것은?

① 온도가 높을수록 건조속도는 빠르다.
② 풍속이 빠를수록 건조속도는 빠르다.
③ 목재의 비중이 클수록 건조속도는 빠르다.
④ 목재의 두께가 두꺼울수록 건조시간이 길어진다.

해설
③ 목재의 비중이 클수록 건조속도는 느리다.

83 부재 혹은 구조물의 치수가 커서 시멘트의 수화열에 의한 온도상승 및 강하를 고려하여 설계·시공해야 하는 콘크리트를 무엇이라 하는가?

① 매스 콘크리트
② 한중 콘크리트
③ 고강도 콘크리트
④ 수밀 콘크리트

해설
매스 콘크리트 : 부재 혹은 구조물의 치수가 커서 시멘트의 수화열에 의한 온도상승 및 강하를 고려하여 설계·시공해야 하는 콘크리트

84 목재의 내연성 및 방화에 관한 설명으로 옳지 않은 것은?

① 목재의 방화는 목재 표면에 불연소성 피막을 도포 또는 형성시켜 화염의 접근을 방지하는 조치를 한다.
② 방화제로는 방화페인트, 규산나트륨 등이 있다.
③ 목재가 열이 닿으면 먼저 수분이 증발하고 160[℃] 이상이 되면 소량의 가연성가스가 유출된다.
④ 목재는 450[℃]에서 장시간 가열하면 자연발화하게 되는데, 이 온도를 화재위험온도라고 한다.

해설
목재는 450[℃]에서 장시간 가열하면 자연발화 하게 되는데, 이 온도를 자연발화온도라고 한다.

85 점토제품에서 SK번호가 의미하는 바로 옳은 것은?

① 점토원료를 표시
② 소성온도를 표시
③ 점토제품의 종류를 표시
④ 점토제품 제법 순서를 표시

해설
점토제품에서 SK번호는 소성온도를 의미한다.

86 다음 중 역청재료의 침입도값과 비례하는 것은?

① 역청재의 중량
② 역청재의 온도
③ 대기압
④ 역청재의 비중

해설
역청재료의 침입도와 온도는 서로 비례한다.

87 표면을 연마하여 고광택을 유지하도록 만든 시유타일로 대형 타일에 많이 사용되며, 천연화강석의 색깔과 무늬가 표면에 나타나게 만들 수 있는 것은?

① 모자이크 타일
② 징크패널
③ 논슬립타일
④ 폴리싱타일

해설
폴리싱타일 : 표면을 연마하여 고광택을 유지하도록 만든 시유타일로 대형 타일에 많이 사용되며, 천연화강석의 색깔과 무늬가 표면에 나타나게 만들 수 있는 타일

88 투명도가 높으므로 유기유리라고도 불리며 무색 투명하여 착색이 자유롭고 상온에서도 절단·가공이 용이한 합성수지는?

① 폴리에틸렌 수지
② 스티롤 수지
③ 멜라민 수지
④ 아크릴 수지

해설
아크릴 수지 : 평판 성형되어 유리대체재로서 사용되는 것으로 유기질 유리라고 불리우는 합성수지

89 다음 중 원유에서 인위적으로 만든 아스팔트에 해당하는 것은?

① 블론 아스팔트
② 로크 아스팔트
③ 레이크 아스팔트
④ 아스팔타이트

해설
블론 아스팔트 : 스트레이트 아스팔트에 공기를 불어넣어, 중합·산화·축합(縮合) 등을 시켜서 제조한 것으로 단단하며 연화점도 높다. 탄성과 충격저항도 크고 온도에 의한 굳기변화도 적다. 주로 방수가공용으로 사용한다.

90 강재 시편의 인장시험 시 나타나는 응력-변형률 곡선에 관한 설명으로 옳지 않은 것은?

① 하위항복점까지 가력한 후 외력을 제거하면 변형은 원상으로 회복된다.
② 인장강도점에서 응력값이 가장 크게 나타난다.
③ 냉간성형한 강재는 항복점이 명확하지 않다.
④ 상위항복점 이후에 하위항복점이 나타난다.

해설
① 하위항복점까지 가력한 후 외력을 제거하면 변형은 원상으로 회복되지 않는다.

91 유리가 불화수소에 부식하는 성질을 이용하여 5[mm] 이상 판유리면에 그림, 문자 등을 새긴 유리는?

① 스테인드유리   ② 망입유리
③ 에칭유리   ④ 내열유리

해설
에칭유리 : 유리가 불화수소에 부식하는 성질을 이용하여 5[mm] 이상 판유리면에 그림, 문자 등을 새긴 유리

92 회반죽에 여물을 넣는 가장 주된 이유는?

① 균열을 방지하기 위하여
② 점성을 높이기 위하여
③ 경화를 촉진하기 위하여
④ 내수성을 높이기 위하여

해설
회반죽에 여물을 넣는 가장 주된 이유는 균열을 방지하기 위함이다.

93 기성 배합 모르타르 바름에 관한 설명으로 옳지 않은 것은?

① 현장에서의 시공이 간편하다.
② 공장에서 미리 배합하므로 재료가 균질하다.
③ 접착력 강화제가 혼입되기도 한다.
④ 주로 바름 두께가 두꺼운 경우에 많이 쓰인다.

해설
④ 주로 바름 두께가 얇은 경우에 많이 쓰인다.

94 골재의 입도분포를 측정하기 위한 시험으로 옳은 것은?

① 플로 시험
② 블레인 시험
③ 체가름 시험
④ 비카트침 시험

해설
체가름 시험 : 체를 이용하여 골재의 입도분포를 측정하기 위한 시험

95 다음 미장재료 중 기경성(氣硬性)이 아닌 것은?

① 회반죽
② 경석고 플라스터
③ 회사벽
④ 돌로마이트 플라스터

해설
② 경석고 플라스터는 수경성이다.

96 도료 중 주로 목재면의 투명도장에 쓰이고, 오일 니스에 비하여 도막이 얇으나 견고하며, 담색으로서 우아한 광택이 있고 내부용으로 쓰이는 것은?

① 클리어 래커(Clear Lacquer)
② 에나멜 래커(Enamel Lacquer)
③ 에나멜 페인트(Enamel Paint)
④ 하이 솔리드 래커(High Solid Lacquer)

해설
클리어 래커(Clear Lacquer) : 안료가 들어가지 않은 투명하여 목재면의 투명도장에 쓰이고 오일 니스에 비하여 도막이 얇으나 견고하며, 담색으로서 우아한 광택이 있고 내부용으로 쓰이는 도료이다.

97 강화유리의 검사항목과 거리가 먼 것은?

① 파쇄시험
② 쇼트백시험
③ 내충격성시험
④ 촉진노출시험

해설
강화유리의 검사항목으로는 플로트 판유리검사에서 실시하는 치수, 두께, 겉모양, 만곡 이외에 파쇄시험, 쇼트백시험, 내충격시험, 투영시험 등이 있다.

98 목재의 신축에 관한 설명으로 옳은 것은?

① 동일 나뭇결에서 심재는 변재보다 신축이 크다.
② 섬유포화점 이상에서는 함수율의 변화에 따른 신축 변동이 크다.
③ 일반적으로 곧은 결폭보다 널 결폭이 신축의 정도가 크다.
④ 신축의 정도는 수종과는 상관없이 일정하다.

해설
① 동일 나뭇결에서 변재는 심재보다 신축이 크다.
② 섬유포화점 이상에서는 함수율의 변화에 따른 신축 변동이 거의 없다.
④ 신축의 정도는 수종에 따라 상이하다.

99 창호용 철물 중 경첩으로 유지할 수 없는 무거운 자재 여닫이문에 쓰이는 철물은?

① 도어 스톱
② 래버터리 힌지
③ 도어 체크
④ 플로어 힌지

해설
플로어 힌지 : 문이 한쪽으로만 열리게 되어 있는 경첩으로, 유지할 수 없는 무거운 자재여닫이문에 쓰이는 철물이다.

100 오토클레이브(Auto Clave)에 포화증기 양생한 경량 기포 콘크리트의 특징으로 옳은 것은?

① 열전도율은 보통 콘크리트와 비슷하여 단열성은 약한 편이다.
② 경량이고 다공질이어서 가공 시 톱을 사용할 수 있다.
③ 불연성 재료로 내화성이 매우 우수하다.
④ 흡음성과 차음성은 비교적 약한 편이다.

해설
경량 기포 콘크리트의 특징
• 열전도율은 보통콘크리트의 약 1/10 정도로 단열성이 우수하다.
• 내화성이 우수하나 불연성 재료는 아니다.
• 흡음성과 차음성이 우수하다.
• 중량이 보통 콘크리트의 1/4로 가볍다.
• 제품변형이 거의 없다.
• 흡수성이 커서 패널 사용 시 방수코팅 필요하다.

제6과목 건설안전기술

101 승강기 강선의 과다감기를 방지하는 장치는?

① 비상정지장치   ② 권과방지장치
③ 해지장치   ④ 과부하방지장치

해설
권과방지장치 : 승강기 강선이 지나치게 많이 감기는 것을 방지하는 장치이다.

102 일반건설공사(갑)로서 대상액이 5억원 이상 50억원 미만 인 경우에 산업안전보건관리비의 비율 (가) 및 기초액 (나)으로 옳은 것은?

① (가) 1.86[%], (나) 5,349,000원
② (가) 1.99[%], (나) 5,499,000원
③ (가) 2.35[%], (나) 5,400,000원
④ (가) 1.57[%], (나) 4,411,000원

해설
공사 종류와 규모별 안전관리비 계상기준(건설업 산업안전보건관리비 계상 및 사용기준 별표 1)
[2025년 1월 1일 이전 적용]

구 분	5억원 미만	5억원 이상 50억원 미만		50억원 이상	영 별표 5에 따른 보건관리자 선임대상 건설공사의 적용비율 [%]
		비율 (×)	기초액 (C)		
일반건설공사(갑)	2.93[%]	1.86[%]	5,349,000원	1.97[%]	2.15[%]
일반건설공사(을)	3.09[%]	1.99[%]	5,499,000원	2.10[%]	2.29[%]
중건설공사	3.43[%]	2.35[%]	5,400,000원	2.44[%]	2.66[%]
철도・궤도 신설공사	2.45[%]	1.57[%]	4,411,000원	1.66[%]	1.8[%]
특수 및 그 밖의 건설공사	1.85[%]	1.20[%]	3,250,000원	1.27[%]	1.38[%]

[2025년 1월 1일부터 적용]

구 분	5억원 미만	5억원 이상 50억원 미만		50억원 이상	영 별표 5에 따른 보건관리자 선임대상 건설공사의 적용비율[%]
		비율 (×)	기초액 (C)		
건축 공사	3.11 [%]	2.28 [%]	4,325,000원	2.37 [%]	2.64[%]
토목 공사	3.15 [%]	2.53 [%]	3,300,000원	2.60 [%]	2.73[%]
중건설 공사	3.64 [%]	3.05 [%]	2,975,000원	3.11 [%]	3.39[%]
특수 건설 공사	2.07 [%]	1.59 [%]	2,450,000원	1.64 [%]	1.78[%]

103 철골건립준비를 할 때 준수하여야 할 사항과 가장 거리가 먼 것은?

① 지상 작업장에서 건립준비 및 기계·기구를 배치할 경우에는 낙하물의 위험이 없는 평탄한 장소를 선정하여 정비하고 경사지에는 작업대나 임시발판 등을 설치하는 등 안전조치를 한 후 작업하여야 한다.
② 건립작업에 다소 지장이 있다하더라도 수목은 제거하여서는 안 된다.
③ 사용 전에 기계기구에 대한 정비 및 보수를 철저히 실시하여야 한다.
④ 기계에 부착된 앵커 등 고정장치와 기초구조 등을 확인하여야 한다.

해설
② 건립작업에 지장을 주는 수목이 있다면 제거하여야 한다.

104 건설작업장에서 근로자가 상시 작업하는 장소의 작업면 조도기준으로 옳지 않은 것은?(단, 갱 내 작업장과 감광재료를 취급하는 작업장의 경우는 제외)

① 초정밀 작업 : 600[lx] 이상
② 정밀작업 : 300[lx] 이상
③ 보통작업 : 150[lx] 이상
④ 초정밀, 정밀, 보통작업을 제외한 기타 작업 : 75[lx] 이상

해설
초정밀 작업 : 750[lx] 이상

105 추락방지용 방망의 그물코의 크기가 10[cm]인 신품 매듭방망사의 인장강도는 몇 [kg] 이상이어야 하는가?

① 80
② 110
③ 150
④ 200

해설
신품 추락방지망의 기준 인장강도[kgf/m²]

구 분	그물코 5[cm]	그물코 10[cm]
매듭 있는 방망	110	200
매듭 없는 방망	–	240

106 흙막이 지보공을 설치하였을 때 정기적으로 점검하여야 할 사항과 거리가 먼 것은?

① 경보장치의 작동상태
② 부재의 손상·변형·부식·변위 및 탈락의 유무와 상태
③ 버팀대의 긴압(緊壓)의 정도
④ 부재의 접속부, 부착부 및 교차부의 상태

해설
흙막이 지보공의 정기점검사항(정기 점검하여 이상 발견 시 즉시 보수하여야 하는 사항, 산업안전보건기준에 관한 규칙 제347조)
• 부재의 손상·변형·부식·변위 및 탈락의 유무와 상태
• 부재의 접속부, 부착 및 교차부의 상태
• 버팀대의 긴압의 정도
• 침하의 정도

103 ② 104 ① 105 ④ 106 ①

107 강관비계 조립 시의 준수사항으로 옳지 않은 것은?

① 비계기둥에는 미끄러지거나 침하하는 것을 방지하기 위하여 밑받침철물을 사용한다.
② 지상높이 4층 이하 또는 12[m] 이하인 건축물의 해체 및 조립 등의 작업에서만 사용한다.
③ 교차가새로 보강한다.
④ 외줄비계·쌍줄비계 또는 돌출비계에 대해서는 벽이음 및 버팀을 설치한다.

해설
강관비계 조립 시의 준수사항(산업안전보건기준에 관한 규칙 제59조)
- 비계기둥에는 미끄러지거나 침하하는 것을 방지하기 위하여 밑받침철물을 사용하거나 깔판·받침목 등을 사용하여 밑둥잡이를 설치하는 등의 조치를 할 것
- 강관의 접속부 또는 교차부(交叉部)는 적합한 부속철물을 사용하여 접속하거나 단단히 묶을 것
- 교차 가새로 보강할 것
- 외줄비계·쌍줄비계 또는 돌출비계에 대해서는 다음에서 정하는 바에 따라 벽이음 및 버팀을 설치할 것
  - 강관비계의 조립 간격은 기준에 적합하도록 할 것
  - 강관·통나무 등의 재료를 사용하여 견고한 것으로 할 것
  - 인장재(引張材)와 압축재로 구성된 경우에는 인장재와 압축재의 간격을 1[m] 이내로 할 것
- 가공전로(架空電路)에 근접하여 비계를 설치하는 경우에는 가공전로를 이설(移設)하거나 가공전로에 절연용 방호구를 장착하는 등 가공전로와의 접촉을 방지하기 위한 조치를 할 것

108 달비계의 구조에서 달비계 작업발판의 폭은 최소 얼마 이상이어야 하는가?

① 30[cm]   ② 40[cm]
③ 50[cm]   ④ 60[cm]

해설
작업발판 폭을 40[cm] 이상으로 하고 틈새가 없도록 할 것

109 건설업 중 교량건설 공사의 경우 유해위험방지계획서를 제출하여야 하는 기준으로 옳은 것은?

① 최대 지간길이가 40[m] 이상인 교량건설 등 공사
② 최대 지간길이가 50[m] 이상인 교량건설 등 공사
③ 최대 지간길이가 60[m] 이상인 교량건설 등 공사
④ 최대 지간길이가 70[m] 이상인 교량건설 등 공사

해설
유해위험방지계획서를 제출해야 할 대상공사(산업안전보건법 시행령 제42조)
- 지상높이가 31[m] 이상인 건축물 또는 인공구조물
- 연면적 3만[m²] 이상인 건축물
- 연면적 5천[m²] 이상인 시설로서 다음의 어느 하나에 해당하는 시설
  - 문화 및 집회시설(전시장 및 동물원·식물원은 제외)
  - 판매시설, 운수시설(고속철도의 역사 및 집배송시설은 제외)
  - 종교시설
  - 의료시설 중 종합병원
  - 숙박시설 중 관광숙박시설
  - 지하도상가
  - 냉동·냉장 창고시설
- 연면적 5천[m²] 이상인 냉동·냉장 창고시설의 설비공사 및 단열공사
- 최대 지간길이(다리의 기둥과 기둥의 중심사이의 거리)가 50[m] 이상인 다리의 건설 등 공사
- 터널의 건설 등 공사
- 다목적댐, 발전용댐, 저수용량 2천만[ton] 이상의 용수 전용 댐 및 지방상수도 전용 댐의 건설 등 공사
- 깊이 10[m] 이상인 굴착공사

110 다음 중 방망에 표시해야 할 사항이 아닌 것은?

① 방망의 신축성
② 제조자명
③ 제조년월
④ 재봉 치수

해설
방망에 표시해야 할 사항 : 제조자명, 제조연월, 재봉치수, 그물코, (신품인 때의) 방망의 강도

정답 107 ② 108 ② 109 ② 110 ①

111 산업안전보건법령에 따른 거푸집 동바리를 조립하는 경우의 준수사항으로 옳지 않은 것은?

① 개구부 상부에 동바리를 설치하는 경우에는 상부하중을 견딜 수 있는 견고한 받침대를 설치할 것
② 동바리의 이음은 맞댄이음이나 장부이음으로 하고 같은 품질의 제품을 사용할 것
③ 강재와 강재의 접속부 및 교차부는 철선을 사용하여 단단히 연결할 것
④ 거푸집이 곡면인 경우에는 버팀대의 부착 등 그 거푸집의 부상(浮上)을 방지하기 위한 조치를 할 것

해설
③ 강재와 강재의 접속부 및 교차부는 볼트·클램트 등 전용철물을 사용하여 단단히 연결한다.

112 중량물을 운반할 때의 바른 자세로 옳은 것은?

① 허리를 구부리고 양손으로 들어올린다.
② 중량은 보통 체중의 60[%]가 적당하다.
③ 물건은 최대한 몸에서 멀리 떼어서 들어올린다.
④ 길이가 긴 물건은 앞쪽을 높게 하여 운반한다.

해설
① 허리를 펴고 양손으로 들어올린다.
② 중량은 체중의 40[%]가 적당하다.
③ 물건은 최대한 몸에서 가깝게 하여 들어올린다.

113 건설현장에서 높이 5[m] 이상인 콘크리트 교량의 설치작업을 하는 경우 재해예방을 위해 준수해야 할 사항으로 옳지 않은 것은?

① 작업을 하는 구역에는 관계 근로자가 아닌 사람의 출입을 금지할 것
② 재료, 기구 또는 공구 등을 올리거나 내릴 경우에는 근로자로 하여금 크레인을 이용하도록 하고 달줄, 달포대 등의 사용을 금하도록 할 것
③ 중량물 부재를 크레인 등으로 인양하는 경우에는 부재에 인양용 고리를 견고하게 설치하고, 인양용 로프는 부재에 두 군데 이상 결속하여 인양하여야 하며, 중량물이 안전하게 거치되기 전까지는 걸이로프를 해체시키지 아니할 것
④ 자재나 부재의 낙하·전도 또는 붕괴 등에 의하여 근로자에게 위험을 미칠 우려가 있을 경우에는 출입금지구역의 설정, 자재 또는 가설시설의 좌굴(坐屈) 또는 변형 방지를 위한 보강재 부착 등의 조치를 할 것

해설
교량 설치·작업 시 준수사항(산업안전보건기준에 관한 규칙 제369조)
- 작업을 하는 구역에는 관계 근로자가 아닌 사람의 출입을 금지할 것
- 재료, 기구 또는 공구 등을 올리거나 내릴 경우에는 근로자로 하여금 달줄, 달포대 등을 사용하도록 할 것
- 중량물 부재를 크레인 등으로 인양하는 경우에는 부재에 인양용 고리를 견고하게 설치하고, 인양용 로프는 부재에 두 군데 이상 결속하여 인양하여야 하며, 중량물이 안전하게 거치되기 전까지는 걸이로프를 해체시키지 아니할 것
- 자재나 부재의 낙하·전도 또는 붕괴 등에 의하여 근로자에게 위험을 미칠 우려가 있을 경우에는 출입금지구역의 설정, 자재 또는 가설시설의 좌굴 또는 변형 방지를 위한 보강재 부착 등의 조치를 할 것

114 구축물이 풍압·지진 등에 의하여 붕괴 또는 전도하는 위험을 예방하기 위한 조치와 가장 거리가 먼 것은?

① 설계도서에 따라 시공했는지 확인
② 건설공사 시방서에 따라 시공했는지 확인
③ 건축물의 구조기준 등에 관한 규칙에 따른 구조기준을 준수했는지 확인
④ 보호구 및 방호장치의 성능검정 합격품을 사용했는지 확인

> **해설**
> 구축물 등의 안전 유지(산업안전보건기준에 관한 규칙 제51조)
> 사업주는 구축물 등이 고정하중, 적재하중, 시공·해체 작업 중 발생하는 하중, 적설, 풍압(風壓), 지진이나 진동 및 충격 등에 의하여 전도·폭발하거나 무너지는 등의 위험을 예방하기 위하여 설계도면, 시방서(示方書), 건축물의 구조기준 등에 관한 규칙에 따른 구조설계도서, 해체계획서 등 설계도서를 준수하여 필요한 조치를 해야 한다.

115 사다리식 통로 등을 설치하는 경우 고정식 사다리식 통로의 기울기는 최대 몇 도 이하로 하여야 하는가?

① 60°　② 75°
③ 80°　④ 90°

> **해설**
> 사다리식 통로의 기울기는 75° 이하로 할 것. 다만, 고정식 사다리식 통로의 기울기는 90° 이하로 하고, 그 높이가 7[m] 이상인 경우에는 다음의 구분에 따른 조치를 할 것
> • 등받이울이 있어도 근로자 이동에 지장이 없는 경우 : 바닥으로부터 높이가 2.5[m] 되는 지점부터 등받이울을 설치할 것
> • 등받이울이 있으면 근로자가 이동이 곤란한 경우 : 한국산업표준에서 정하는 기준에 적합한 개인용 추락 방지 시스템을 설치하고 근로자로 하여금 한국산업표준에서 정하는 기준에 적합한 전신안전대를 사용하도록 할 것

116 사질지반 굴착 시, 굴착부와 지하수위차가 있을 때 수두차에 의하여 삼투압이 생겨 흙막이 벽 근입부분을 침식하는 동시에 모래가 액상화되어 솟아오르는 현상은?

① 동상현상
② 연화현상
③ 보일링현상
④ 히빙현상

> **해설**
> ① 동상(Frost Heave) : 물이 결빙되는 위치로 지속적으로 유입되는 조건에서 온도가 하강함에 따라 토중수가 얼어 생성된 결빙크기가 계속 커져 지표면이 부풀어 오르는 현상
> ② 연화현상(Frost Boil) : 얼어있던 지반이 기온이 상승하면 얼음이 녹아, 녹은 물이 적절하게 빠지지 않아 흙은 젖게 되어 지반이 연약해지고 강도가 떨어지는 현상
> ③ 보일링(Boiling) : 사질지반 굴착 시, 굴착부와 지하수위차가 있을 때 수두차에 의하여 삼투압이 생겨 흙막이 벽 근입부분을 침식하는 동시에 모래가 액상화되어 솟아오르는 현상

117 달비계(곤돌라의 달비계는 제외)의 최대적재하중을 정하는 경우에 사용하는 안전계수의 기준으로 옳은 것은?

① 달기 체인의 안전계수 : 10 이상
② 달기 강대와 달비계의 하부 및 상부지점의 안전계수(목재의 경우) : 2.5 이상
③ 달기 와이어로프의 안전계수 : 5 이상
④ 달기 강선의 안전계수 : 10 이상

> **해설**
> • 달기 와이어로프 및 달기 강선의 안전계수 : 10 이상
> • 달기 체인 및 달기 훅의 안전계수 : 5 이상
> • 달기 강대와 달비계의 하부 및 상부 지점의 안전계수 : 강재(鋼材)의 경우 2.5 이상, 목재의 경우 5 이상
> ※ 2024.6.28. 산업안전보건기준에 관한 규칙 개정으로 제55조의 해당 내용 삭제됨

정답 114 ④　115 ④　116 ③　117 ④

118 부두·안벽 등 하역작업을 하는 장소에서 부두 또는 안벽의 선을 따라 통로를 설치하는 경우에는 폭을 최소 얼마 이상으로 해야 하는가?

① 70[cm]   ② 80[cm]
③ 90[cm]   ④ 100[cm]

해설
부두·안벽 등 하역작업을 하는 장소에서 부두 또는 안벽의 선을 따라 통로를 설치하는 경우에는 폭을 최소 90[cm] 이상으로 해야 한다.

119 타워크레인(Tower Crane)을 선정하기 위한 사전 검토사항으로서 가장 거리가 먼 것은?

① 붐의 모양
② 인양능력
③ 작업반경
④ 붐의 높이

해설
타워크레인 선정을 위한 사전 검토사항 : 인양능력, 작업반경, 붐의 높이 등

120 건설현장에서 근로자의 추락재해를 예방하기 위한 안전난간을 설치하는 경우 그 구성요소와 거리가 먼 것은?

① 상부난간대
② 중간난간대
③ 사다리
④ 발끝막이판

해설
건설현장에서 근로자의 추락재해를 예방하기 위한 안전난간을 설치하는 경우 그 구성요소 : 상부난간대, 중간난간대, 발끝막이판, 난간기둥

2019년 제2회 과년도 기출문제

제1과목 산업안전관리론

01 산업안전보건법령상 담배를 피워서는 안 될 장소에 사용되는 금연 표지에 해당하는 것은?

① 지시표지 ② 경고표지
③ 금지표지 ④ 안내표지

해설
금지표지의 종류(산업안전보건법 시행규칙 별표 6) : 출입금지, 보행금지, 차량통행금지, 사용금지, 탑승금지, 금연, 화기금지, 물체이동금지

02 시설물의 안전관리에 관한 특별법령에 제시된 등급별 정기안전점검의 실시 시기로 옳지 않은 것은?

① A등급인 경우 반기에 1회 이상이다.
② B등급인 경우 반기에 1회 이상이다.
③ C등급인 경우 1년에 3회 이상이다.
④ D등급인 경우 1년에 3회 이상이다.

해설
안전점검, 정밀안전진단 및 성능평가의 실시 시기(시설물의 안전 및 유지관리에 관한 특별법 시행령 별표 3)

안전 등급	정기 안전 점검	정밀안전점검		정밀 안전 진단	성능 평가
		건축물	건축물 외 시설물		
A등급	반기에 1회 이상	4년에 1회 이상	3년에 1회 이상	6년에 1회 이상	5년에 1회 이상
B·C 등급		3년에 1회 이상	2년에 1회 이상	5년에 1회 이상	
D·E 등급	1년에 3회 이상	2년에 1회 이상	1년에 1회 이상	4년에 1회 이상	

03 산업안전보건법령상 내전압용 절연장갑의 성능기준에 있어 절연장갑의 등급과 최대사용전압이 옳게 연결된 것은?(단, 전압은 교류로 실횻값을 의미한다)

① 00등급 : 500[V] ② 0등급 : 1,500[V]
③ 1등급 : 11,250[V] ④ 2등급 : 25,500[V]

해설
절연장갑의 등급별 최대사용전압과 적용 색상

등 급	최대사용전압[V]		색 상
	교류(실횻값)	직 류	
00	500	750	갈 색
0	1,000	1,500	빨간색
1	7,500	11,250	흰 색
2	17,000	25,500	노란색
3	26,500	39,750	녹 색
4	36,000	54,000	등 색

04 다음 중 안전관리의 근본이념에 있어 그 목적으로 볼 수 없는 것은?

① 사용자의 수용도 향상
② 기업의 경제적 손실예방
③ 생산성 향상 및 품질 향상
④ 사회복지의 증진

해설
안전관리의 근본이념
- 인도주의의 바탕으로 된 인간존중
- 기업의 경제적 손실예방
- 생산성 향상 및 품질 향상
- 사회복지의 증진
- 대외 여론 개선으로 신뢰성 향상

정답 1 ③ 2 ③ 3 ① 4 ①

05 다음 설명에 가장 적합한 조직의 형태는?

- 과제중심의 조직
- 특정과제를 수행하기 위해 필요한 자원과 재능을 여러 부서로부터 임시로 집중시켜 문제를 해결하고, 완료 후 다시 본래의 부서로 복귀하는 형태
- 시간적 유한성을 가진 일시적이고 잠정적인 조직

① 스태프(Staff)형 조직
② 라인(Line)식 조직
③ 기능(Function)식 조직
④ 프로젝트(Project) 조직

해설

프로젝트(Project) 조직
- 과제중심의 조직(과제별로 조직을 구성)
- 특정과제를 수행하기 위해 필요한 자원과 재능을 여러 부서로부터 임시로 집중시켜 문제를 해결하고, 완료 후 다시 본래의 부서로 복귀하는 형태
- 시간적 유한성을 가진 일시적이고 잠정적인 조직
- 플랜트, 도시개발 등 특정한 건설 과제를 처리
- 목적지향적이고 목적달성을 위해 기존의 조직에 비해 효율적이며 유연하게 운영될 수 있다.

06 통계적 재해원인 분석방법 중 특성과 요인관계를 도표로 하여 어골상으로 세분화한 것으로 옳은 것은?

① 관리도
② Cross도
③ 특성요인도
④ 파레토(Pareto)도

해설

① 관리도 : 재해 발생 건수 등의 추이를 파악하여 목표관리를 행하는 데 필요한 월별 재해발생건수를 그래프화 하여 관리선을 설정 관리하는 통계분석방법
② 크로스도(Cross Diagram) : 데이터를 집계하고 표로 표시하여 요인별 결과내역을 교차한 크로스 그림을 작성하여 2개 이상의 문제관계를 분석하는 통계분석기법
④ 파레토도 : 작업현장에서 발생하는 작업 환경 불량이나 고장, 재해 등의 내용을 분류하고 그 건수와 금액을 크기순으로 나열하여 작성한 그래프

07 근로자 수가 400명, 주당 45시간씩 연간 50주를 근무하였고, 연간재해건수는 210건으로 근로손실일수가 800일이었다. 이 사업장의 강도율은 약 얼마인가?(단, 근로자의 출근율은 95[%]로 계산한다)

① 0.42
② 0.52
③ 0.88
④ 0.94

해설

$$강도율 = \frac{근로손실일수}{연근로시간수} \times 10^3$$

$$= \frac{800}{400 \times 45 \times 50 \times 0.95} \times 10^3 \simeq 0.94$$

08 다음 중 재해조사를 할 때의 유의사항으로 가장 적절한 것은?

① 재발방지 목적보다 책임소재 파악을 우선으로 하는 기본적 태도를 갖는다.
② 목격자 등이 증언하는 사실 이외의 추측하는 말도 신뢰성 있게 받아들인다.
③ 2차 재해예방과 위험성에 대한 보호구를 착용한다.
④ 조사자의 전문성을 고려하여 단독으로 조사하며, 사고 정황을 주관적으로 추정한다.

해설

① 책임소재 파악을 우선으로 하는 것보다 재발방지를 목적으로 하는 기본적 태도를 갖는다.
② 목격자 등이 증언하는 사실 이외의 추측되는 말은 참고로만 활용한다.
④ 객관적 입장에서 재해방지를 우선으로 하여 조사하며, 조사는 2인 이상이 한다.

09 산업안전보건법령상 사업주가 안전관리자를 선임한 경우, 선임한 날부터 며칠 이내에 고용노동부장관에게 증명할 수 있는 서류를 제출하여야 하는가?

① 7일　　② 14일
③ 30일　　④ 60일

해설
안전관리자의 선임(산업안전보건법 시행령 제16조)
사업주가 안전관리자를 선임한 경우, 선임한 날부터 14일 이내에 고용노동부장관에게 증명할 수 있는 서류를 제출하여야 한다.

10 재해손실비 평가방식 중 시몬즈(Simonds)방식에서 재해의 종류에 관한 설명으로 옳지 않은 것은?

① 무상해사고는 의료조치를 필요로 하지 않은 상해사고를 말한다.
② 휴업상해는 영구 일부 노동불능 및 일시 전노동불능 상해를 말한다.
③ 응급조치상해는 응급조치 또는 8시간 이상의 휴업의료 조치 상해를 말한다.
④ 통원상해는 일시 일부 노동불능 및 의사의 통원조치를 요하는 상해를 말한다.

해설
응급조치상해는 응급조치 또는 8시간 미만의 휴업의료 조치 상해를 말한다.

11 위험예지훈련에 대한 설명으로 옳지 않은 것은?

① 직장이나 작업의 상황 속 잠재 위험요인을 도출한다.
② 행동하기에 앞서 위험요소를 예측하는 것을 습관화하는 훈련이다.
③ 위험의 포인트나 중점실시 사항을 지적·확인한다.
④ 직장 내에서 최대 인원의 단위로 토의하고 생각하며 이해한다.

해설
위험예지훈련 4Round
• 1단계(현상파악) : 모두가 토의를 통하여 위험요인을 발견하는 단계
• 2단계(본질추구) : '위험의 포인트'를 결정하여 모두 지적하고 확인하는 단계
• 3단계(대책수립) : 각자의 입장에서 발견한 위험요소를 극복하기 위한 방법을 이야기하는 단계
• 4단계(목표설정) : 대책들을 공감하고 팀의 행동목표를 설정하고 지적 및 확인하는 단계

12 산업안전보건법령상 건설업의 도급인 사업주가 작업장을 순회점검하여야 하는 주기로 올바른 것은?

① 1일에 1회 이상
② 2일에 1회 이상
③ 3일에 1회 이상
④ 7일에 1회 이상

해설
도급사업 시의 안전·보건조치 등(산업안전보건법 시행규칙 제80조)
다음의 사업은 2일에 1회 이상 순회점검을 해야 한다.
• 건설업
• 제조업
• 토사석 광업
• 서적, 잡지 및 기타 인쇄물 출판업
• 음악 및 기타 오디오물 출판업
• 금속 및 비금속 원료 재생업

13 산업안전보건법령상 안전보건관리규정에 포함해야 할 내용이 아닌 것은?

① 안전보건교육에 관한 사항
② 사고조사 및 대책수립에 관한 사항
③ 안전보건관리 조직과 그 직무에 관한 사항
④ 산업재해보상보험에 관한 사항

해설
안전보건관리규정의 작성(산업안전보건법 제25조)
- 안전 및 보건에 관한 관리조직과 그 직무에 관한 사항
- 안전보건교육에 관한 사항
- 작업장의 안전 및 보건 관리에 관한 사항
- 사고조사 및 대책 수립에 관한 사항
- 그 밖에 안전 및 보건에 관한 사항

14 다음에서 설명하는 무재해운동 추진기법으로 옳은 것은?

> 작업현장에서 그때 그 장소의 상황에 즉응하여 실시하는 위험예지활동으로서 즉시즉응법이라고도 한다.

① TBM(Tool Box Meeting)
② 삼각 위험예지훈련
③ 자문자답카드 위험예지훈련
④ 터치 앤드 콜(Touch and Call)

해설
TBM 위험예지훈련(Tool Box Meeting)
- 팀의 일체감, 연대감을 조성할 수 있고 동시에 대뇌 구피질에 좋은 이미지를 불어 넣어 안전행동을 하도록 하는 방법
- 작업원 전원 상호대화를 통하여 스스로 생각하고 납득하게 하기 위한 작업장의 안전회의 방식
- 별칭 : 즉시즉응법

15 재해의 원인 중 물적 원인(불안전한 상태)에 해당하지 않는 것은?

① 보호구 미착용
② 방호장치의 결함
③ 조명 및 환기불량
④ 불량한 정리 정돈

해설
불안전한 행동(인적원인) : 기계기구 잘못 사용, 불안전한 속도 조작, 위험물 취급 부주의, 불안전한 자세 및 동작, 감독 및 연락의 부족, 복장, 보호구의 잘못된 사용, 위험장소에 접근, 안전장치 제거 등

16 산업안전보건법령상 양중기의 종류에 포함되지 않는 것은?

① 곤돌라
② 호이스트
③ 컨베이어
④ 이동식 크레인

해설
양중기(산업안전보건기준에 관한 규칙 제132조)
- 크레인(호이스트 포함)
- 이동식 크레인
- 리프트(이삿짐운반용 리프트의 경우에는 적재하중이 0.1[ton] 이상으로 한정)
- 곤돌라
- 승강기

정답 13 ④ 14 ① 15 ① 16 ③

17 산업안전보건법령상 공사 금액이 얼마 이상인 건설업 사업장에서 산업안전보건위원회를 설치·운영하여야 하는가?

① 80억원 ② 120억원
③ 250억원 ④ 700억원

해설
공사 금액 120억원 이상인 건설업 사업장에서는 산업안전보건위원회를 설치·운영하여야 한다.

18 산업안전보건법령상 자율안전확인대상 기계·기구 등에 포함되지 않는 것은?

① 곤돌라
② 연삭기
③ 컨베이어
④ 자동차정비용 리프트

해설
자율안전확인대상 기계·설비(산업안전보건법 시행령 제77조)
- 연삭기(硏削機) 또는 연마기(휴대형은 제외)
- 산업용 로봇
- 혼합기
- 파쇄기 또는 분쇄기
- 식품가공용 기계(파쇄·절단·혼합·제면기만 해당)
- 컨베이어
- 자동차정비용 리프트
- 공작기계(선반, 드릴기, 평삭·형삭기, 밀링만 해당)
- 고정형 목재가공용 기계(둥근톱, 대패, 루타기, 띠톱, 모떼기 기계만 해당)
- 인쇄기

19 사고예방대책의 기본원리 5단계 중 제2단계의 사실의 발견에 관한 사항에 해당되지 않는 것은?

① 사고조사
② 안전회의 및 토의
③ 교육과 훈련의 분석
④ 사고 및 안전활동기록의 검토

해설
하인리히의 사고예방대책의 기본원리 5단계
- 1단계 안전조직 : 안전활동방침 및 계획수립(안전관리규정작성, 책임·권한부여, 조직편성)
- 2단계 사실의 발견 : 현상파악, 문제점 발견(사고 점검·검사 및 사고조사 실시, 자료수집, 작업분석, 위험확인, 안전회의 및 토의, 사고 및 안전활동기록의 검토)
- 3단계 분석·평가 : 현장조사
- 4단계 시정책의 선정 : 대책의 선정 혹은 시정방법선정(기술적 개선, 안전관리 행정업무의 개선, 기술교육을 위한 훈련의 개선)
- 5단계 : 시정책 적용(Adaption of Remedy)

20 산업안전보건법령상 안전검사대상 유해·위험기계 등에 포함되지 않는 것은?

① 리프트
② 전단기
③ 압력용기
④ 밀폐형 구조 롤러기

해설
안전검사대상 유해·위험 기계(산업안전보건법 시행령 제78조)
- 프레스
- 전단기
- 크레인(정격 하중이 2[ton] 미만 제외)
- 리프트
- 압력용기
- 곤돌라
- 국소 배기장치(이동식 제외)
- 원심기(산업용만 해당)
- 롤러기(밀폐형 구조 제외)
- 사출성형기(형 체결력 294[kN] 미만 제외)
- 고소작업대(화물자동차 또는 특수자동차에 탑재한 고소작업대로 한정)
- 컨베이어
- 산업용 로봇
- 혼합기
- 파쇄기 또는 분쇄기

제2과목 산업심리 및 교육

21 리더의 기능수행과 리더로서의 지위 획득 및 유지가 리더 개인의 성격이나 자질에 의존한다는 리더십 이론은?

① 행동이론 ② 상황이론
③ 관리이론 ④ 특성이론

해설
특성이론 : 리더의 기능수행과 리더로서의 지위 획득 및 유지가 리더 개인의 성격이나 자질에 의존한다는 리더십 이론

22 다음 중 직무분석을 위한 자료수집 방법에 관한 설명으로 옳은 것은?

① 관찰법은 직무의 시작에서 종료까지 많은 시간이 소요되는 직무에 적용하기 쉽다.
② 면접법은 자료의 수집에 많은 시간과 노력이 들고, 수량화된 정보를 얻기가 힘들다.
③ 중요사건법은 일상적인 수행에 관한 정보를 수집하므로 해당 직무에 대한 포괄적인 정보를 얻을 수 있다.
④ 설문지법은 많은 사람들로부터 짧은 시간 내에 정보를 얻을 수 있으며, 양적인 자료보다 질적인 자료를 얻을 수 있다.

해설
① 관찰법은 직무의 시작에서 종료까지 많은 시간이 소요되는 직무에 적용하기 곤란하다.
③ 중요사건법은 일상적인 수행에 관한 정보를 수집하므로 해당 직무에 대한 포괄적인 정보를 얻을 수 없다.
④ 설문지법은 많은 사람들로부터 짧은 시간 내에 정보를 얻을 수 있으며, 질적인 자료보다 양적인 자료를 얻을 수 있다.

23 생활하고 있는 현실적인 장면에서 당면하는 여러 문제들에 대한 해결방안을 찾아내는 것으로 지식, 기능, 태도, 기술 등을 종합적으로 획득하도록 하는 학습방법으로 옳은 것은?

① 롤 플레잉(Role Playing)
② 문제법(Problem Method)
③ 버즈 세션(Buzz Session)
④ 케이슨 메소드(Case Method)

해설
- 롤플레잉(Role Playing) : 자기 해방과 타인체험을 목적으로 하는 체험활동을 통해 대인관계에서의 태도 변용이나 통찰력, 자기이해를 목표로 개발된 집단 심리요법의 교육 기법
- 버즈세션(Buzz Session) : 참가자가 많은 경우 모두를 토의에 참가시키기 위해 작은 집단으로 나눠 토의를 진행하는 방법

24 교재의 선택기준으로 옳지 않은 것은?

① 정적이며 보수적이어야 한다.
② 사회성과 시대성에 걸맞은 것이어야 한다.
③ 설정된 교육목적을 달성할 수 있는 것이어야 한다.
④ 교육대상에 따라 흥미, 필요, 능력 등에 적합해야 한다.

해설
① 역동적이며 사회성과 시대성에 걸맞은 것이어야 한다.

25 안전교육방법 중 수업의 도입이나 초기단계에 적용하며, 많은 인원에 대하여 단시간에 많은 내용을 동시 교육하는 경우에 사용되는 방법으로 가장 적절한 것은?

① 시 범 ② 반복법
③ 토의법 ④ 강의법

해설
강의법 : 수업의 도입이나 초기단계에 적용하며, 많은 인원에 대하여 단시간에 많은 내용을 동시 교육하는 경우에 사용되는 방법으로 가장 적절한 안전교육방법

26 인간 부주의의 발생원인 중 외적 조건에 해당하지 않는 것은?

① 작업조건 불량
② 작업순서 부적당
③ 경험 부족 및 미숙련
④ 환경조건 불량

해설
부주의 발생 외적요인
- 작업 순서의 부적당
- 높은 작업 강도
- 주의 환경조건 불량
- 절박한 작업상황
- 작업이 너무 복잡하거나 단조로울 때
- 평상시와 다른 환경

27 합리화의 유형 중 자기의 실패나 결함을 다른 대상에게 책임을 전가시키는 유형으로, 자신의 잘못에 대해 조상 탓을 하거나 축구 선수가 공을 잘못 찬 후 신발 탓을 하는 등에 해당하는 것은?

① 망상형 ② 신포도형
③ 투사형 ④ 달콤한 레몬형

해설
투사형 : 자기의 실패나 결함을 다른 대상에게 책임을 전가시키는 유형으로, 자신의 잘못에 대해 조상 탓을 하거나 축구 선수가 공을 잘못 찬 후 신발 탓을 하는 등에 해당하는 합리화 유형

28 인간의 경계(Vigilance)현상에 영향을 미치는 조건의 설명으로 가장 거리가 먼 것은?

① 작업시작 직후에는 검출률이 가장 낮다.
② 오래 지속되는 신호는 검출률이 높다.
③ 발생빈도가 높은 신호는 검출률이 높다.
④ 불규칙적인 신호에 대한 검출률이 낮다.

해설
① 작업시작 직후에는 검출률이 가장 높다.

29 아담스(Adams)의 형평이론(공평성)에 대한 설명으로 틀린 것은?

① 성과(Outcome)란 급여, 지위, 인정 및 기타 부가 보상 등을 의미한다.
② 투입(Input)이란 일반적인 자격, 교육수준, 노력 등을 의미한다.
③ 작업동기는 자신의 투입대비 성과 결과만으로 비교한다.
④ 지각에 기초한 이론이므로 자기 자신을 지각하고 있는 사람을 개인(Person)이라 한다.

해설
③ 작업동기는 타인, 시스템, 자신의 투입대비 성과 결과로 비교한다.

30 교육훈련을 통하여 기업의 차원에서 기대할 수 있는 효과로 옳지 않은 것은?

① 리더십과 의사소통기술이 향상된다.
② 작업시간이 단축되어 노동비용이 감소된다.
③ 인적자원의 관리비용이 증대되는 경향이 있다.
④ 직무만족과 직무충실화로 인하여 직무태도가 개선된다.

해설
③ 인적자원의 관리비용이 감소되는 경향이 있다.

31 집단 간의 갈등 요인으로 옳지 않은 것은?

① 욕구좌절
② 제한된 자원
③ 집단 간의 목표 차이
④ 동일한 사안을 바라보는 집단 간의 인식 차이

해설
집단 간의 갈등 요인
• 제한된 자원
• 집단 간의 목표 차이
• 동일한 사안을 바라보는 집단 간의 인식 차이
• 과업목적과 기능에 따른 집단 간 견해와 행동경향의 차이

32 스텝 테스트, 슈나이더 테스트는 어떠한 방법의 피로 판정 검사인가?

① 타액검사
② 반사검사
③ 전신적 관찰
④ 심폐검사

해설
스텝 테스트, 슈나이더 테스트는 심폐검사의 피로판정검사이다.

33 안전 교육 시 강의안의 작성 원칙에 해당되지 않는 것은?

① 구체적　　② 논리적
③ 실용적　　④ 추상적

해설
안전 교육 시 강의안은 구체적으로 작성해야 한다.

34 S-R이론 중에서 긍정적 강화, 부정적 강화, 처벌 등이 이론의 원리에 속하며, 사람들이 바람직한 결과를 이끌어 내기 위해 단지 어떤 자극에 대해 수동적으로 반응하는 것이 아니라 환경상의 어떤 능동적인 행위를 한다는 이론으로 옳은 것은?

① 파블로프(Pavlov)의 조건반사설
② 손다이크(Thorndike)의 시행착오설
③ 스키너(Skinner)의 조작적 조건화설
④ 구쓰리에(Guthrie)의 접근적 조건화설

해설
스키너(Skinner)의 조작적 조건화설 : 인간을 스스로의 의지를 지니고 있는 존재로 정의하고, 긍정적 강화, 부정적 강화, 처벌 등이 이론의 원리에 속하며, 사람들이 바람직한 결과를 이끌어 내기 위해 단지 어떤 자극에 대해 수동적으로 반응하는 것이 아니라 환경상의 어떤 능동적인 행위를 한다는 이론

35 산업안전보건법령상 산업안전·보건 관련 교육과정별 교육시간 중 교육대상별 교육시간이 맞게 연결된 것은?

① 일용근로자의 채용 시 교육 : 2시간 이상
② 일용근로자의 작업내용 변경 시 교육 : 1시간 이상
③ 사무직 종사 근로자의 정기교육 : 매분기 2시간 이상
④ 관리감독자의 지위에 있는 사람의 정기교육 : 연간 6시간 이상

해설
근로자 안전보건교육(산업안전보건법 시행규칙 별표 4)

교육과정	교육대상		교육시간
정기교육	사무직 종사 근로자		매 반기 6시간 이상
	그 밖의 근로자	판매업무에 직접 종사하는 근로자	매 반기 6시간 이상
		판매업무에 직접 종사하는 근로자 외의 근로자	매 반기 12시간 이상
채용 시 교육	일용근로자 및 근로계약기간이 1주일 이하인 기간제근로자		1시간 이상
	근로계약기간이 1주일 초과 1개월 이하인 기간제근로자		4시간 이상
	그 밖의 근로자		8시간 이상
작업내용 변경 시 교육	일용근로자 및 근로계약기간이 1주일 이하인 기간제근로자		1시간 이상
	그 밖의 근로자		2시간 이상
특별교육	일용근로자 및 근로계약기간이 1주일 이하인 기간제근로자(타워크레인을 사용하는 작업 시 신호업무 하는 작업에 종사하는 근로자 제외)		2시간 이상
	일용근로자 및 근로계약기간이 1주일 이하인 기간제근로자(타워크레인을 사용하는 작업 시 신호업무 하는 작업에 종사하는 근로자 한정)		8시간 이상
	일용근로자 및 근로계약기간이 1주일 이하인 기간제근로자를 제외한 근로자		- 16시간 이상(최초 작업에 종사하기 전 4시간 이상 실시하고 12시간은 3개월 이내에서 분할하여 실시 가능) - 단기간 작업 또는 간헐적 작업인 경우에는 2시간 이상
건설업 기초안전·보건교육	건설 일용근로자		4시간 이상

※ 산업안전보건법 시행규칙 개정(2023.9.27.)으로 내용 변경

36 안전교육의 3단계 중, 현장실습을 통한 경험체득과 이해를 목적으로 하는 단계는?

① 안전지식교육   ② 안전기능교육
③ 안전태도교육   ④ 안전의식교육

해설
안전기능교육 : 현장실습을 통한 경험체득과 이해를 목적으로 하는 단계

37 실제로는 움직임이 없으나 시각적으로 움직임이 있는 것처럼 느끼는 심리적인 현상으로 옳은 것은?

① 잔상효과   ② 가현운동
③ 후광효과   ④ 기하학적 착시

해설
가현운동 : 인간의 착각 현상 중 영화의 영상 방법과 같이 객관적으로 정지되어 있는 대상에 시간적 간격을 두고 연속적으로 보이거나 소멸시킬 경우 운동하는 것처럼 인식되는 현상

38 조직 구성원의 태도는 조직성과와 밀접한 관계가 있다. 태도(Attitude)의 3가지 구성요소에 포함되지 않는 것은?

① 인지적 요소   ② 정서적 요소
③ 행동경향 요소   ④ 성격적 요소

해설
태도(Attitude)의 3가지 구성요소 : 인지적 요소, 정서적 요소, 행동경향 요소

39 작업 환경에서 물리적인 작업조건보다는 근로자의 심리적인 태도 및 감정이 직무수행에 큰 영향을 미친다는 결과를 밝혀낸 대표적인 연구로 옳은 것은?

① 호손 연구   ② 플래시보 연구
③ 스키너 연구   ④ 시간-동작연구

해설
호손 연구 : 작업 환경에서 물리적인 작업조건보다는 근로자의 심리적인 태도 및 감정이 직무수행에 큰 영향을 미쳤다는 결과를 밝혀낸 대표적인 연구

40 심리검사 종류에 관한 설명으로 맞는 것은?

① 성격 검사 : 인지능력이 직무수행을 얼마나 예측하는지 측정한다.
② 신체능력 검사 : 근력, 순발력, 전반적인 신체 조정 능력, 체력 등을 측정한다.
③ 기계적성 검사 : 기계를 다루는데 있어 예민성, 색채, 시각, 청각적 예민성을 측정한다.
④ 지능 검사 : 제시된 진술문에 대하여 어느 정도 동의 하는지에 관해 응답하고, 이를 척도점수로 측정한다.

해설
① 성격검사 : 성격의 특징 또는 성격 유형을 진단하기 위한 검사
③ 기계적성검사 : 기계를 다루는데 있어 필요한 현재 능력의 상태나 발전가능성을 측정하기 위한 검사
④ 지능검사 : 지적 능력을 측정하기 위한 검사

36 ② 37 ② 38 ④ 39 ① 40 ②

제3과목 인간공학 및 시스템안전공학

41 FT도에 사용하는 기호에서 3개의 입력 현상 중 임의의 시간에 2개가 발생하면 출력이 생기는 기호의 명칭은?

① 억제게이트
② 조합 AND게이트
③ 배타적 OR게이트
④ 우선적 AND게이트

해설
조합 AND게이트 : 3개의 입력 현상 중 임의의 시간에 2개가 발생하면 출력이 생기는 게이트

42 고장형태와 영향분석(FMEA)에서 평가요소로 틀린 것은?

① 고장발생의 빈도
② 고장의 영향 크기
③ 고장방지의 가능성
④ 기능적 고장 영향의 중요도

해설
FMEA에서 고장평점을 결정하는 5가지 평가요소
• 기능적 고장영향의 중요도(C_1)
• 영향을 미치는 시스템의 범위(C_2)
• 고장발생의 빈도(C_3)
• 고장방지의 가능성(C_4)
• 신규설계의 정도(C_5)

43 소음방지 대책에 있어 가장 효과적인 방법은?

① 음원에 대한 대책
② 수음자에 대한 대책
③ 전파경로에 대한 대책
④ 거리감쇠와 지향성에 대한 대책

해설
소음방지 대책에 있어 가장 효과적인 방법은 음원에 대한 대책이다.

44 다음 그림과 같이 7개의 기기로 구성된 시스템의 신뢰도는 약 얼마인가?(단, 네모 안의 숫자는 각 부품의 신뢰도이다)

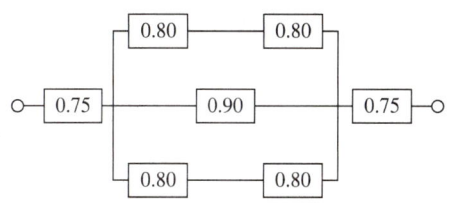

① 0.5552
② 0.5427
③ 0.6234
④ 0.9740

해설
시스템의 신뢰도
$R_s = 0.75 \times [1-(1-0.8^2)(1-0.9)(1-0.8^2)] \times 0.75$
$= 0.75 \times 0.987 \times 0.75 = 0.55521$

정답 41 ② 42 ② 43 ① 44 ①

45
산업안전보건법에 따라 유해위험방지계획서의 제출 대상 사업은 해당 사업으로서 전기 계약용량이 얼마 이상인 사업을 말하는가?

① 150[kW]　② 200[kW]
③ 300[kW]　④ 500[kW]

해설
유해위험방지계획서 제출 대상(산업안전보건법 시행령 제42조)
유해위험방지계획서의 제출대상 사업은 해당 사업으로서 전기 계약용량이 300[kW] 이상인 사업을 말한다.

46
화학설비에 대한 안전성 평가(Safety Assessment)에서 정량적 평가 항목이 아닌 것은?

① 습도　② 온도
③ 압력　④ 용량

해설
정량적 평가항목 : 취급물질, 화학설비의 용량, 온도, 압력, 조작 등

47
인간의 오류모형에서 '알고 있음에도 의도적으로 따르지 않거나 무시한 경우'를 무엇이라 하는가?

① 실수(Slip)　② 착오(Mistake)
③ 건망증(Lapse)　④ 위반(Violation)

해설
인간의 오류 모형
- 착오(Mistake) : 상황을 잘못 해석하거나 목표에 대한 이해가 부족한 경우
- 실수(Slip) : 상황이나 목표의 해석은 정확하나 의도와는 다른 행동을 한 경우
- 건망증(Lapse) : 일련의 과정에서 일부를 빠뜨리거나 기억의 실패
- 위반(Violation) : 정해진 규칙을 고의로 무시

48
아령을 사용하여 30분간 훈련한 후, 이두근의 근육 수축작용에 대한 전기적인 신호 데이터를 모았다. 이 데이터들을 이용하여 분석할 수 있는 것은 무엇인가?

① 근육의 질량과 밀도
② 근육의 활성도와 밀도
③ 근육의 피로도와 크기
④ 근육의 피로도와 활성도

해설
④ 아령을 사용하여 30분간 훈련한 후, 이두근의 근육 수축작용에 대한 전기적인 신호 데이터들을 이용하여 근육의 피로도와 활성도를 분석할 수 있다.

49
신체 부위의 운동에 대한 설명으로 틀린 것은?

① 굴곡(Flexion)은 부위 간의 각도가 증가하는 신체의 움직임을 의미한다.
② 외전(Abduction)은 신체 중심선으로부터 이동하는 신체의 움직임을 의미한다.
③ 내선(Adduction)은 신체의 외부에서 중심선으로 이동하는 신체의 움직임을 의미한다.
④ 외선(Lateral Rotation)은 신체의 중심선으로부터 회전하는 신체의 움직임을 의미한다.

해설
굴곡(Flexion)은 부위 간의 각도가 감소하는 신체의 움직임을 의미한다.

정답 45 ③　46 ①　47 ④　48 ④　49 ①

50 공정안전관리(PSM ; Process Safety Management)의 적용대상 사업장이 아닌 것은?

① 복합비료 제조업
② 농약 원제 제조업
③ 차량 등의 운송 설비업
④ 합성수지 및 기타 플라스틱물질 제조업

해설
공정안전보고서의 제출대상(공정안전관리(PSM)의 적용대상 사업장)
- 원유 정제처리업
- 기타 석유정제물 재처리업
- 석유화학계 기초화학물질 제조업 또는 합성수지 및 기타 플라스틱물질 제조업
- 질소 화합물, 질소·인산 및 칼리질 화학비료 제조업 중 질소질 비료 제조
- 복합비료 및 기타 화학비료 제조업 중 복합비료 제조(단순혼합 또는 배합에 의한 경우는 제외)
- 화학 살균·살충제 및 농업용 약제 제조업[농약 원제(原劑) 제조만 해당]
- 화약 및 불꽃제품 제조업

51 어떤 결함수를 분석하여 Minimal Cut Set을 구한 결과 다음과 같았다. 각 기본사상의 발생확률을 q_i, $i=1, 2, 3$이라 할 때 정상사상의 발생확률함수로 맞는 것은?

$$k_1=[1, 2],\ k_2=[1, 3],\ k_3=[2, 3]$$

① $q_1q_2 + q_1q_2 - q_2q_3$
② $q_1q_2 + q_1q_3 - q_2q_3$
③ $q_1q_2 + q_1q_3 + q_2q_3 - q_1q_2q_3$
④ $q_1q_2 + q_qq_3 + q_2q_3 - 2q_1q_2q_3$

해설
$T = 1 - (1 - q_1q_2 - q_1q_3 - q_2q_3 + 2q_1q_2q_3)$
$= q_1q_2 + q_1q_3 + q_2q_3 - 2q_1q_2q_3$

52 n개의 요소를 가진 병렬시스템에 있어 요소의 수명(MTTF)이 지수 분포를 따를 경우, 이 시스템의 수명을 구하는 식으로 맞는 것은?

① $\mathrm{MTTF} \times n$
② $\mathrm{MTTF} \times \dfrac{1}{n}$
③ $\mathrm{MTTF}\left(1 + \dfrac{1}{2} + \cdots + \dfrac{1}{n}\right)$
④ $\mathrm{MTTF}\left(1 \times \dfrac{1}{2} \times \cdots \times \dfrac{1}{n}\right)$

해설
병렬시스템에서의 시스템 수명 : $\mathrm{MTTF}\left(1 + \dfrac{1}{2} + \cdots + \dfrac{1}{n}\right)$

53 결함수분석의 기대효과와 가장 관계가 먼 것은?

① 시스템의 결함 진단
② 시간에 따른 원인 분석
③ 사고원인 규명의 간편화
④ 사고원인 분석의 정량화

해설
결함수분석의 기대효과
- 사고원인 규명의 간편화
- 사고원인 분석의 정량화, 일반화
- 시스템의 결함진단
- 노력시간의 절감
- 안전점검 체크리스트 작성

정답 50 ③ 51 ④ 52 ③ 53 ②

54 인간전달함수(Human Transfer Function)의 결점이 아닌 것은?

① 입력의 협소성
② 시점적 제약성
③ 정신운동의 묘사성
④ 불충분한 직무 묘사

해설
인간전달함수(Human Transfer Function)의 결점
- 입력의 협소성
- 불충분한 직무묘사
- 시점적 제약성

55 다음과 같은 실내 표면에서 일반적으로 추천반사율의 크기를 맞게 나열한 것은?

| ㉠ 바 닥 | ㉡ 천 장 |
| ㉢ 가 구 | ㉣ 벽 |

① ㉠ < ㉣ < ㉢ < ㉡
② ㉣ < ㉠ < ㉡ < ㉢
③ ㉠ < ㉢ < ㉣ < ㉡
④ ㉣ < ㉡ < ㉠ < ㉢

해설
실내 면에서 빛의 추천 반사율
- 바닥 : 20~40[%]
- 가구 : 25~45[%]
- 벽 : 40~60[%]
- 천장 : 80~90[%]

56 인간공학에 대한 설명으로 틀린 것은?

① 인간이 사용하는 물건, 설비, 환경의 설계에 적용된다.
② 인간을 작업과 기계에 맞추는 설계 철학이 바탕이 된다.
③ 인간-기계 시스템이 안전성과 편리성, 효율성을 높인다.
④ 인간의 생리적, 심리적인 면에서 특성이나 한계점을 고려한다.

해설
② 작업과 기계를 인간을 위한 설계 철학이 바탕이 된다.

57 정성적 표시장치의 설명으로 틀린 것은?

① 정성적 표시장치의 근본 자료 자체는 정량적인 것이다.
② 전력계에서와 같이 기계적 혹은 전자적으로 숫자가 표시된다.
③ 색채 부호가 부적합한 경우에는 계기판 표시 구간을 형상 부호화하여 나타낸다.
④ 연속적으로 변하는 변수의 대략적인 값이나 변화추세, 변화율 등을 알고자 할 때 사용된다.

해설
② 전력계에서와 같이 기계적 혹은 전자적으로 숫자가 표시되는 것은 정량적 표시장치이다.

정답 54 ③ 55 ③ 56 ② 57 ②

58 착석식 작업대의 높이 설계를 할 경우 고려해야 할 사항과 가장 관계가 먼 것은?

① 의자의 높이 ② 작업의 성질
③ 대퇴 여유   ④ 작업대의 형태

해설
착석식 작업대의 높이 설계를 할 경우 고려해야 할 사항
• 의자의 높이 : 높이 조절식으로 설계한다.
• 대퇴여유 : 작업면 하부 공간이 대퇴부가 큰 사람이 자유롭게 움직일 수 있을 정도로 설계한다.
• 작업의 성격 : 섬세한 작업은 작업대를 약간 높게 하고 거친 작업은 작업대를 약간 낮게 설계한다.

59 음량수준을 평가하는 척도와 관계없는 것은?

① HSI   ② phon
③ dB   ④ sone

해설
음량수준 평가척도 : phon, sone, 인식소음 수준(PNdB, PLdB 등)

60 빨강, 노랑, 파랑의 3가지 색으로 구성된 교통신호등이 있다. 신호등은 항상 3가지 색 중 하나가 켜지도록 되어 있다. 1시간 동안 조사한 결과, 파란등은 총 30분 동안, 빨간등과 노란등은 각각 총 15분 동안 켜진 것으로 나타났다. 이 신호등의 총 정보량은 몇 [bit]인가?

① 0.5   ② 0.75
③ 1.0   ④ 1.5

해설
신호등의 정보량
$H = 0.5\log_2\left(\dfrac{1}{0.5}\right) + 2 \times 0.25\log_2\left(\dfrac{1}{0.25}\right) = 1.5[bit]$

제4과목 건설시공학

61 강말뚝의 특징에 관한 설명으로 옳지 않은 것은?

① 휨강성이 크고 자중이 철근 콘크리트말뚝보다 가벼워 운반취급이 용이하다.
② 강재이기 때문에 균질한 재료로서 대량생산이 가능하고 재질에 대한 신뢰성이 크다.
③ 표준관입시험 N값 50정도의 경질지반에도 사용이 가능하다.
④ 지중에서 부식되지 않으며 타 말뚝에 비하여 재료비가 저렴한 편이다.

해설
④ 부식이 잘되며 타 말뚝에 비하여 재료비가 비싼 편이다.

62 바닥판 거푸집의 구조계산 시 고려해야 하는 연직하중에 해당하지 않는 것은?

① 굳지 않은 콘크리트 중량
② 작업하중
③ 충격하중
④ 굳지 않은 콘크리트 측압

해설
바닥판 거푸집의 구조계산 시 고려해야 하는 연직하중
• 철근, 콘크리트 등의 자중
• 콘크리트 운반차나 기계설비 등의 장비와 작업자의 자중
• 자재의 쌓임, 충격 등으로 인한 하중

정답 58 ④ 59 ① 60 ④ 61 ④ 62 ④

63 원가절감에 이용되는 기법 중 VE(Value Engineering)에서 가치를 정의하는 공식은?

① 품질/비용 ② 비용/기능
③ 기능/비용 ④ 비용/품질

해설
VE(Value Engineering)에서 가치를 정의하는 공식 = 기능/비용

64 실비에 제한을 붙이고 시공자에게 제한된 금액 이내에 공사를 완성할 책임을 주는 공사방식은?

① 실비비율 보수가산식
② 실비정액 보수가산식
③ 실비한정비율 보수가산식
④ 실비준동률 보수가산식

해설
실비한정비율 보수가산식 : 실비에 제한을 붙이고 시공자에게 제한된 금액 이내에 공사를 완성할 책임을 주는 공사방식

65 그림과 같이 H-400×400×30×50인 형강재의 길이가 10[m]일 때 이 형강의 개산 중량으로 가장 가까운 값은?(단, 철의 비중은 7.85[ton/m³])

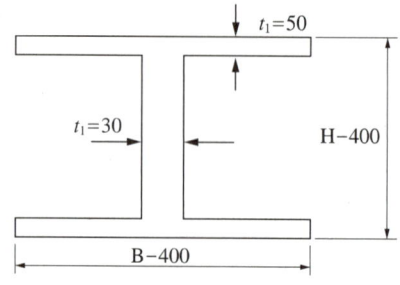

① 1[ton] ② 4[ton]
③ 8[ton] ④ 12[ton]

해설
형강의 중량
$W = dV = 7.85 \times (0.4 \times 0.4 - 0.37 \times 0.3) \times 10 \simeq 3.85 \simeq 4[\text{ton}]$

66 다음 보기에서 일반적인 철근의 조립순서로 옳은 것은?

| A. 계단철근 | B. 기둥철근 | C. 벽철근 |
| D. 보철근 | E. 바닥철근 | |

① A-B-C-D-E
② B-C-D-E-A
③ A-B-C-E-D
④ B-C-A-D-E

해설
일반적인 철근의 조립순서 : 기둥철근 → 벽철근 → 보철근 → 바닥철근 → 계단철근

정답 63 ③ 64 ③ 65 ② 66 ②

67 깊이 7[m] 정도의 우물을 파고 이곳에 수중 모터펌프를 설치하여 지하수를 양수하는 배수공법으로 지하용수량이 많고 투수성이 큰 사질지반에 적합한 것은?

① 집수정(Sump Pit)공법
② 깊은 우물(Deep Well)공법
③ 웰 포인트(Well Point)공법
④ 샌드 드레인(Sand Drain)공법

해설
깊은 우물(Deep Well)공법 : 깊이 7[m] 정도의 우물을 파고 이곳에 수중 모터펌프를 설치하여 지하수를 양수하는 배수공법으로 지하용수량이 많고 투수성이 큰 사질지반에 적합한 공법

68 벽돌, 블록 등 조적공사에서 일반적으로 가장 많이 이용되는 치장줄눈 형태는?

① 평줄눈 ② 볼록줄눈
③ 오목줄눈 ④ 민줄눈

해설
벽돌, 블록 등 조적공사에서 일반적으로 가장 많이 이용되는 치장줄눈 형태는 평줄눈이다.

69 철골작업용 장비 중 절단용 장비로 옳은 것은?

① 프릭션 프레스(Friction Press)
② 플레이트 스트레이닝 롤(Plate Straining Roll)
③ 파워 프레스(Power Press)
④ 핵 소(Hack Saw)

해설
④ 핵 소(Hack Saw)는 절단용 장비이다.

70 어스앵커 공법에 관한 설명 중 옳지 않은 것은?

① 인근구조물이나 지중매설물에 관계없이 시공이 가능하다.
② 앵커체가 각각의 구조체이므로 적용성이 좋다.
③ 앵커에 프리스트레스를 주기 때문에 흙막이 벽의 변형을 방지하고 주변 지반의 침하를 최소한으로 억제할 수 있다.
④ 본 구조물의 바닥과 기둥의 위치에 관계 없이 앵커를 설치할 수도 있다.

해설
① 인근구조물이나 지중매설물에 따라 시공이 곤란하다.

71 건설현장에서 시멘트 벽돌쌓기 시공 중에 붕괴사고가 가장 많이 일어날 것으로 예상할 수 있는 경우는?

① 0.5B쌓기를 1.0B쌓기로 변경하여 쌓을 경우
② 1일 벽돌쌓기 기준높이를 초과하여 높게 쌓을 경우
③ 습기가 있는 시멘트 벽돌을 사용할 경우
④ 신축줄눈을 설치하지 않고 시공할 경우

해설
1일 벽돌쌓기 기준높이를 초과하여 높게 쌓을 경우 붕괴사고가 일어날 것으로 예상할 수 있다.

정답 67 ② 68 ① 69 ④ 70 ① 71 ②

72 시간이 경과함에 따라 콘크리트에 발생되는 크리프(Creep)의 증가원인으로 옳지 않은 것은?

① 단위 시멘트량이 적을 경우
② 단면의 치수가 작을 경우
③ 재하시기가 빠를 경우
④ 재령이 짧을 경우

해설
크리프에 영향을 미치는 요인
- 크리프 증가 요인 : 물-시멘트비, 단위시멘트량, 온도, 응력
- 크리프 감소 요인 : 상대습도, 콘크리트 강도 및 재령, 체적, 부재치수, 증기양생, 골재의 입도, 압축철근의 효과적 배근 등

73 콘크리트 타설과 관련하여 거푸집 붕괴사고 방지를 위하여 우선적으로 검토·확인하여야 할 사항 중 가장 거리가 먼 것은?

① 콘크리트 측압 확인
② 조임철물 배치간격 검토
③ 콘크리트의 단기 집중타설 여부 검토
④ 콘크리트의 강도 측정

해설
거푸집 붕괴사고 방지를 위하여 우선적으로 검토·확인하여야 할 사항
- 콘크리트 측압 확인
- 조임철물 배치간격 검토
- 콘크리트의 단기 집중타설 여부 검토
- 부재 간 강성 차이 고려
- 동바리의 균등한 긴장도 유지
- 동바리 연결부 강도 확보

74 터파기용 기계장비가운데 장비의 작업면보다 상부의 흙을 굴착하는 장비는?

① 불도저(Bull Dozer)
② 모터그레이더(Motor Grader)
③ 클램셸(Clam Shell)
④ 파워셔블(Power Shovel)

해설
① 불도저(Bull Dozer) : 벌개, 굴착, 운반, 땅끝손질, 다지기, 정지 등을 수행하는 장비
② 모터 그레이더(Motor Grader) : 지면을 절삭하고 평활하게 다듬기 위한 토공기계의 대패와도 같은 산업기계
③ 클램셸(Clam Shell) : 위치한 지면보다 낮은 우물통과 같은 협소한 장소의 흙을 굴착(수직굴착, 수중굴착)하고 퍼올리며 자갈 등을 적재할 수 있는 토공기계

75 다음 중 콘크리트에 AE제를 넣어주는 가장 큰 목적은?

① 압축강도 증진
② 부착강도 증진
③ 워커빌리티 증진
④ 내화성 증진

해설
콘크리트에 AE제를 넣어주는 가장 큰 목적은 워커빌리티의 증진이다.

76 다음 설명에 해당하는 공사낙찰자 선정방식은?

> 예정가격 대비 85[%] 이상 입찰자 중 가장 낮은 금액으로 입찰한 자를 선정하는 방식으로, 최저가 낙찰자를 통한 덤핑의 우려를 방지할 목적을 지니고 있다.

① 부찰제
② 최저가 낙찰제
③ 제한적 최저가 낙찰제
④ 최적격 낙찰제

해설
제한적 최저가 낙찰제 : 예정가격 대비 85[%] 이상 입찰자 중 가장 낮은 금액으로 입찰한 자를 선정하는 방식으로, 최저가 낙찰자를 통한 덤핑의 우려를 방지할 목적을 지니고 있다.

77 철근 콘크리트 구조의 철근 선조립 공법의 순서로 옳은 것은?

① 시공도 작성 – 공장절단 – 가공 – 이음·조립 – 운반 – 현장부재양중 – 이음·설치
② 공장절단 – 시공도 작성 – 가공 – 이음·조립 – 이음·설치 – 운반 – 현장부재양중
③ 시공도 작성 – 가공 – 공장절단 – 운반 – 현장부재양중 – 이음·조립 – 이음·설치
④ 시공도 작성 – 공장절단 – 운반 – 가공 – 이음·조립 – 현장부재양중 – 이음·설치

해설
철근 콘크리트 구조의 철근 선조립 공법의 순서 : 시공도 작성 – 공장절단 – 가공 – 이음·조립 – 운반 – 현장부재양중 – 이음·설치

78 용접불량의 일종으로 용접의 끝부분에서 용착금속이 채워지지 않고 홈처럼 우묵하게 남아 있는 부분을 무엇이라 하는가?

① 언더컷
② 오버랩
③ 크레이터
④ 크 랙

해설
언더컷 : 용접의 끝부분에서 용착금속이 채워지지 않고 홈처럼 우묵하게 남아 있는 부분

79 기초공사 중 언더피닝(Under Pinning) 공법에 해당하지 않는 것은?

① 2중 널말뚝 공법
② 전기침투 공법
③ 강재말뚝 공법
④ 약액주입법

해설
언더피닝(Under Pinning) 공법의 종류 : 2중 널말뚝 공법, 차단벽설치 공법, 강제말뚝 공법, 약액주입법, 기초보강법 등

80 네트워크 공정표의 주공정(Critical Path)에 관한 설명으로 옳지 않은 것은?

① TF가 0(Zero)인 작업을 주공정작업이라 한다.
② 총 공기는 공사착수에서부터 공사완공까지의 소요시간의 합계이며, 최장시간이 소요되는 경로이다.
③ 주공정은 고정적이거나 절대적인 것이 아니고 가변적이다.
④ 주공정에 대한 공기단축은 불가능하다.

해설
④ 주공정에 대한 공기단축이 가능하다.

정답 76 ③ 77 ① 78 ① 79 ② 80 ④

제5과목 건설재료학

81 콘크리트의 건조수축에 관한 설명으로 옳지 않은 것은?

① 시멘트의 조성분에 따라 수축량이 다르다.
② 시멘트량의 다소에 따라 일반적으로 수축량이 다르다.
③ 된비빔일수록 수축량이 크다.
④ 골재의 탄성계수가 크고 경질인 만큼 작아진다.

해설
건조수축에 영향을 주는 것
- 시멘트 제조성분에 따라 건조수축에 영향을 준다.
- 골재의 크기나 흡수율이 작을수록 수축량은 작아진다.
- 시멘트와 물의 배합비에서 물의 양이 많을수록 수축량은 증가한다.
- 혼화제의 영향에 의해 수축량이 다르다.

82 플라스틱 건설재료의 현장적용 시 고려사항에 관한 설명으로 옳지 않은 것은?

① 열가소성 플라스틱 재료들은 열팽창계수가 작으므로 경질판의 정착에 있어서 열에 의한 팽창 및 수축 여유는 고려하지 않아도 좋다.
② 마감부분에 사용하는 경우 표면의 흠, 얼룩변형이 생기지 않도록 하고 필요에 따라 종이, 천 등으로 보호하여 양생한다.
③ 열경화성 접착제에 경화제 및 촉진제 등을 혼입하여 사용할 경우, 심한 발열이 생기지 않도록 적정량의 배합을 한다.
④ 두께 2[mm] 이상의 열경화성 평판을 현장에서 가공할 경우, 가열가공하지 않도록 한다.

해설
① 열가소성 플라스틱 재료들은 열팽창계수가 크므로 경질판의 정착에 있어서 열에 의한 팽창 및 수축 여유를 고려해야 한다.

83 내열성이 크고 발수성을 나타내어 방수제로 쓰이며, 저온에서도 탄성이 있어 Gasket, Packing의 원료로 쓰이는 합성수지는?

① 페놀 수지
② 폴리에스테르 수지
③ 실리콘 수지
④ 멜라민 수지

해설
③ 실리콘 수지 : 내열성이 크고 발수성을 나타내어 방수제로 쓰이며, 저온에서도 탄성이 있어 Gasket, Packing의 원료로 쓰이는 합성수지

84 ALC 제품에 관한 설명으로 옳지 않은 것은?

① 보통콘크리트에 비하여 중성화의 우려가 높다.
② 열전도율은 보통콘크리트의 1/10 정도이다.
③ 압축강도에 비해서 휨강도나 인장강도는 상당히 약하다.
④ 흡수율이 낮고 동해에 대한 저항성이 높다.

해설
④ 흡수율이 높고 동해에 대해 방수·방습처리가 필요하다.

85 시멘트의 경화시간을 지연시키는 용도로 일반적으로 사용하고 있는 지연제와 거리가 먼 것은?

① 리그닌설폰산염
② 옥시카르본산
③ 알루민산소다
④ 인산염

해설
시멘트의 경화시간을 지연시키는 용도로 일반적으로 사용하고 있는 지연제 : 리그닌설폰산염, 옥시카르본산, 인산염

86 부순 굵은 골재에 대한 품질규정치가 KS에 정해져 있지 않은 항목은?

① 압축강도 ② 절대건조밀도
③ 흡수율 ④ 안정성

해설
부순 굵은 골재에 대한 품질규정치가 KS에 정해진 항목 : 절대건조밀도, 흡수율, 안정성, 마모율, 0.08[mm]체 통과량 등

87 다음 목재가공품 중 주요 용도가 나머지 셋과 다른 것은?

① 플로어링블록(Flooring Block)
② 연질섬유판(Soft Fiber Insulation Board)
③ 코르크판(Cork Board)
④ 코펜하겐 리브판(Copenhagen Rib Board)

해설
연질섬유판, 코르크판, 코펜하겐 리브판 등은 흡음성을 이용하는 주요 용도가 유사한 목재 제품들이다.

88 특수도료의 목적상 방청도료에 속하지 않는 것은?

① 알루미늄 도료
② 징크로메이트 도료
③ 형광도료
④ 에칭프라이머

해설
특수도료의 목적상 방청도료 : 알루미늄 도료, 징크로메이트 도료, 에칭프라이머

89 건축용으로 판재지붕에 많이 사용되는 금속재료는?

① 철 ② 동
③ 주석 ④ 니켈

해설
② 건축용으로 판재지붕에 많이 사용되는 금속재료는 동(Cu)이다.

90 대규모 지하구조물, 댐 등 매스콘크리트의 수화열에 의한 균열발생을 억제하기 위해 벨라이트의 비율을 높인 시멘트는?

① 보통 포틀랜드 시멘트
② 저열 포틀랜드 시멘트
③ 실리카흄 시멘트
④ 팽창 시멘트

해설
저열 포틀랜드 시멘트 : 대규모 지하구조물, 댐 등 매스콘크리트의 수화열에 의한 균열발생을 억제하기 위해 벨라이트의 비율을 높인 시멘트

정답 86 ① 87 ① 88 ③ 89 ② 90 ②

91 콘크리트의 강도 및 내구성 증가에 가장 큰 영향을 주는 것은?

① 물과 시멘트의 배합비
② 모래와 자갈의 배합비
③ 시멘트와 자갈의 배합비
④ 시멘트와 모래의 배합비

해설
콘크리트의 강도 및 내구성 증가에 가장 큰 영향을 주는 것은 물과 시멘트의 배합비이다.

92 금속 중 연(鉛)에 관한 설명으로 옳지 않은 것은?

① X선 차단효과가 큰 금속이다.
② 산, 알칼리에 침식되지 않는다.
③ 공기 중에서 탄산연($PbCO_3$) 등이 표면에 생겨 내부를 보호한다.
④ 인장강도가 극히 작은 금속이다.

해설
연(鉛)은 납(Pb)을 말한다. 납은 강산이나 강알칼리에는 약하므로 콘크리트에 침식될 수 있다.

93 비닐수지 접착제에 관한 설명으로 옳지 않은 것은?

① 용제형과 에멀션(Emulsion)형이 있다.
② 작업성이 좋다.
③ 내열성 및 내수성이 우수하다.
④ 목재 접착에 사용가능하다.

해설
③ 비닐수지 접착제는 내열성 및 내수성이 좋지 않다.

94 기건상태에서의 목재의 함수율은 약 얼마인가?

① 5[%] 정도
② 15[%] 정도
③ 30[%] 정도
④ 45[%] 정도

해설
기건상태에서의 목재의 함수율은 15[%] 정도이다.

95 진주석 등을 800~1,200[℃]로 가열 팽창시킨 구상입자 제품으로 단열, 흡음, 보온 목적으로 사용되는 것은?

① 암면 보온판
② 유리면 보온판
③ 카세인
④ 펄라이트 보온재

해설
펄라이트 보온재 : 진주석 등을 800~1,200[℃]로 가열 팽창시킨 구상입자 제품으로 단열, 흡음, 보온 목적으로 사용되는 보온재

정답 91 ① 92 ② 93 ③ 94 ② 95 ④

96 아스팔트 제품에 관한 설명으로 옳지 않은 것은?

① 아스팔트 프라이머 – 블론 아스팔트를 용제에 녹인 것으로 아스팔트 방수, 아스팔트 타일의 바탕처리재로 사용된다.
② 아스팔트 유제 – 블론 아스팔트를 용제에 녹여 석면, 광물질분말, 안정제를 가하여 혼합한 것으로 점도가 높다.
③ 아스팔트 블록 – 아스팔트 모르타르를 벽돌형으로 만든 것으로 화학공장의 내약품 바닥마감재로 이용된다.
④ 아스팔트 펠트 – 유기천연섬유 또는 석면섬유를 결합한 원지에 연질의 스트레이트 아스팔트를 침투시킨 것이다.

해설
아스팔트 코팅 : 블론 아스팔트를 용제에 녹여 석면, 광물질분말, 안정제를 가하여 혼합한 것으로 점도가 높다.

97 목재의 강도에 관한 설명으로 옳지 않은 것은?

① 함수율이 섬유포화점 이상에서는 함수율이 증가하더라도 강도는 일정하다.
② 함수율이 섬유포화점 이하에서는 함수율이 감소할수록 강도가 증가한다.
③ 목재의 비중과 강도는 대체로 비례한다.
④ 전단강도의 크기가 인장강도 등 다른 강도에 비하여 크다.

해설
④ 전단강도의 크기가 인장강도 등 다른 강도에 비하여 작다.

98 코너비드(Corner Bead)의 설치위치로 옳은 것은?

① 벽의 모서리   ② 천장 달대
③ 거푸집   ④ 계단 손잡이

해설
코너비드(Corner Bead)의 설치위치는 벽의 모서리이다.

99 공시체(천연산 석재)를 (105±2)[℃]로 24시간 건조한 상태의 질량이 100[g], 표면건조 포화상태의 질량이 110[g], 물 속에서 구한 질량이 60[g]일 때 이 공시체의 표면건조 포화상태의 비중은?

① 2.2   ② 2
③ 1.8   ④ 1.7

해설
석재의 표면건조 포화상태의 비중
$= \dfrac{\text{건조상태의 질량}}{\text{표면건조포화상태의 질량} - \text{수중질량}} = \dfrac{100}{110-60} = 2$

100 AE 콘크리트에 관한 설명으로 옳지 않은 것은?

① 시공연도가 좋고 재료분리가 적다.
② 단위수량을 줄일 수 있다.
③ 제물치장 콘크리트 시공에 적당하다.
④ 철근에 대한 부착강도가 증가한다.

해설
④ 철근에 대한 부착강도가 감소한다.

제6과목 건설안전기술

101 건설업 산업안전보건관리비의 사용내역에 대하여 수급인 또는 자기공사자는 공사 시작 후 몇 개월마다 1회 이상 발주자 또는 감리원의 확인을 받아야 하는가?

① 3개월　　② 4개월
③ 5개월　　④ 6개월

해설
건설업 산업안전 보건관리비의 사용내역에 대하여 도급인은 공사 시작 후 6개월마다 1회 이상 발주자 또는 감리자의 확인을 받아야 한다(건설업 산업안전보건관리비 계상 및 사용기준 제9조).
※ 2022.6.2.부로 일부 개정됨

102 거푸집 해체작업 시 유의사항으로 옳지 않은 것은?

① 일반적으로 수평부재의 거푸집은 연직부재의 거푸집보다 빨리 떼어낸다.
② 해체된 거푸집이나 각목 등에 박혀 있는 못 또는 날카로운 돌출물은 즉시 제거하여야 한다.
③ 상하 동시 작업은 원칙적으로 금지하여 부득이한 경우에는 긴밀히 연락을 위하며 작업을 하여야 한다.
④ 거푸집 해체작업장 주위에는 관계자를 제외하고는 출입을 금지시켜야 한다.

해설
일반적으로 수평부재의 거푸집은 연직부재의 거푸집보다 늦게 떼어낸다.

103 그물코의 크기가 5[cm]인 매듭 방망사의 폐기 시 인장강도 기준으로 옳은 것은?

① 200[kg]　　② 100[kg]
③ 60[kg]　　④ 30[kg]

해설
폐기 추락방지망의 기준 인장강도[kgf/m²]

구 분	그물코 5[cm]	그물코 10[cm]
매듭 있는 방망	60	135
매듭 없는 방망	–	150

104 다음은 가설통로를 설치하는 경우의 준수사항이다. ( ) 안에 알맞은 숫자를 고르면?

> 건설공사에 사용하는 높이 8[m] 이상인 비계다리에는 ( )[m] 이내마다 계단참을 설치할 것

① 7　　② 6
③ 5　　④ 4

해설
건설공사에 사용하는 높이 8[m] 이상인 비계다리에는 7[m] 이내마다 계단참을 설치할 것

105 흙막이 가시설 공사 시 사용되는 각 계측기 설치 목적으로 옳지 않은 것은?

① 지표침하계 – 지표면 침하량 측정
② 수위계 – 지방 내 지하수위의 변화 측정
③ 하중계 – 상부 적재하중 변화 측정
④ 지중경사계 – 지중의 수평 변위량 측정

해설
하중계 : 어스앵커, 버팀보 등의 실제 축하중 변화 측정

정답 101 ④　102 ①　103 ③　104 ①　105 ③

106 차량계 하역운반기계 등에 화물을 적재하는 경우에 준수하여야 할 사항으로 옳지 않은 것은?

① 하중이 한쪽으로 치우쳐서 효율적으로 적재되도록 할 것
② 구내운반차 또는 화물자동차의 경우 화물의 붕괴 또는 낙하에 의한 위험을 방지하기 위하여 화물에 로프를 거는 등 필요한 조치를 할 것
③ 운전자의 시야를 가리지 않도록 화물을 적재할 것
④ 최대적재량을 초과하지 않도록 할 것

해설
① 하중이 한쪽으로 치우치지 않도록 적재할 것

107 다음 중 유해위험방지계획서를 작성 및 제출하여야 하는 공사에 해당되지 않는 것은?

① 지상높이가 31[m]인 건축물의 건설·개조 또는 해체
② 최대 지간 길이가 50[m]인 교량건설 등 공사
③ 깊이가 9[m]인 굴착공사
④ 터널 건설 등의 공사

해설
③ 깊이 10[m] 이상인 굴착공사

108 차량계 하역운반기계를 사용하는 작업을 할 때, 그 기계가 넘어지거나 굴러 떨어짐으로써 근로자에게 위험을 미칠 우려가 있는 경우에 우선적으로 조치하여야 할 사항과 가장 거리가 먼 것은?

① 해당 기계에 대한 유도자배치
② 지반의 부동침하 방지조치
③ 갓길붕괴 방지조치
④ 경보장치 설치

해설
④ 경보장치 설치는 무관하다.

109 안전대의 종류는 사용구분에 따라 벨트식과 안전그네식으로 구분되는데 이 중 안전그네식에만 적용하는 것은?

① 추락방지대, 안전블록
② 1개 걸이용, U자 걸이용
③ 1개 걸이용, 추락방지대
④ U자 걸이용, 안전블록

해설
추락방지대, 안전블록은 안전그네식에만 적용한다.

110 건설현장의 가설계단 및 계단참을 설치하는 경우 얼마 이상의 하중에 견딜 수 있는 강도를 가진 구조로 설치하여야 하는가?

① 200[kg/m²]   ② 300[kg/m²]
③ 400[kg/m²]   ④ 500[kg/m²]

해설
건설현장의 가설계단 및 계단참을 설치하는 경우 500[kg/m²] 이상의 하중에 견딜 수 있는 강도를 가진 구조로 설치하여야 한다.

111 다음은 달비계 또는 높이 5[m] 이상의 비계를 조립·해체하거나 변경하는 작업을 하는 경우에 대한 내용이다. (　)에 알맞은 숫자는?

> 비계재료의 연결·해체작업을 하는 경우에는 폭 (　)[cm] 이상의 발판을 설치하고 근로자로 하여금 안전대를 사용하도록 하는 등 추락을 방지하기 위한 조치를 할 것

① 15　　② 20
③ 25　　④ 30

해설
비계 등의 조립·해체 및 변경(산업안전보건기준에 관한 규칙 제57조)
비계재료의 연결·해체작업을 하는 경우에는 폭 20[cm] 이상의 발판을 설치하고 근로자로 하여금 안전대를 사용하도록 하는 등 추락을 방지하기 위한 조치를 할 것

112 다음은 사다리식 통로 등을 설치하는 경우의 준수사항이다. (　) 안에 들어갈 숫자로 옳은 것은?

> 사다리의 상단은 걸쳐놓은 지점으로부터 (　)[cm] 이상 올라가도록 할 것

① 30　　② 40
③ 50　　④ 60

해설
사다리식 통로 등의 구조(산업안전보건기준에 관한 규칙 제24조)
사다리의 상단은 걸쳐놓은 지점으로부터 60[cm] 이상 올라가도록 할 것

113 보통 흙의 건조된 지반을 흙막이 지보공 없이 굴착하려 할 때 적합한 굴착면의 기울기 기준으로 옳은 것은?

① 1 : 1~1.5　　② 1 : 0.5~1 : 1
③ 1 : 1.8　　④ 1 : 2

해설
• 굴착면의 기울기 기준(수직거리 : 수평거리)[2021.11.19. 개정]

지반의 종류		굴착면의 기울기
보통 흙	습 지	1 : 1 ~ 1 : 1.5
	건 지	1 : 0.5 ~ 1 : 1
암반	풍화암	1 : 1.0
	연 암	1 : 1.0
	경 암	1 : 0.5

• 굴착면의 기울기 기준(굴착면의 높이 : 수평거리)[2023.11.14. 개정]

지반의 종류	굴착면의 기울기
모 래	1 : 1.8
연암 및 풍화암	1 : 1.0
경 암	1 : 0.5
그 밖의 흙	1 : 1.2

114 터널 지보공을 설치한 경우에 수시로 점검하여 이상을 발견 시 즉시 보강하거나 보수해야 할 사항이 아닌 것은?

① 부재의 손상·변형·부식·변위·탈락의 유무 및 상태
② 부재의 긴압의 정도
③ 부재의 접속부 및 교차부의 상태
④ 계측기 설치상태

해설
터널 지보공 붕괴 방지(산업안전보건기준에 관한 규칙 제366조)
사업주는 터널 지보공을 설치한 경우에 다음의 사항을 수시로 점검하여야 하며, 이상을 발견한 경우에는 즉시 보강하거나 보수하여야 한다.
• 부재의 손상·변형·부식·변위 탈락의 유무 및 상태
• 부재의 긴압 정도
• 부재의 접속부 및 교차부의 상태
• 기둥침하의 유무 및 상태

115 크레인 또는 데릭에서 붐각도 및 작업반경별로 작용시킬 수 있는 최대하중에서 훅(Hook), 와이어로프 등 달기구의 중량을 공제한 하중은?

① 작업하중　　② 정격하중
③ 이동하중　　④ 적재하중

해설
② 정격하중 : 크레인 또는 데릭에서 붐각도 및 작업반경별로 작용시킬 수 있는 최대하중에서 훅(Hook), 와이어로프 등 달기구의 중량을 공제한 하중

116 근로자에게 작업 중 또는 통행 시 전락(轉落)으로 인하여 근로자가 화상·질식 등의 위험에 처할 우려가 있는 케틀(Kettle), 호퍼(Hopper), 피트(Pit) 등이 있는 경우에 그 위험을 방지하기 위하여 최소 높이 얼마 이상의 울타리를 설치하여야 하는가?

① 80[cm] 이상　　② 85[cm] 이상
③ 90[cm] 이상　　④ 95[cm] 이상

해설
울타리 설치(산업안전보건기준에 관한 규칙 제48조)
사업주는 근로자에게 작업 중 또는 통행 시 굴러 떨어짐으로 인하여 근로자가 화상·질식 등의 위험에 처할 우려가 있는 케틀(Kettle, 가열 용기), 호퍼(Hopper, 깔때기 모양의 출입구가 있는 큰 통), 피트(Pit, 구덩이) 등이 있는 경우에 그 위험을 방지하기 위하여 필요한 장소에 높이 90[cm] 이상의 울타리를 설치하여야 한다.

117 강관비계의 설치 기준으로 옳은 것은?

① 비계기둥의 간격은 띠장방향에서는 1.5[m] 이상 1.8[m] 이하로 하고, 장선방향에서는 2.0[m] 이하로 한다.
② 띠장 간격은 1.8[m] 이하로 설치하되, 첫 번째 띠장은 지상으로부터 2[m] 이하의 위치에 설치한다.
③ 비계기둥 간의 적재하중은 400[kg]을 초과하지 않도록 한다.
④ 비계기둥의 제일 윗부분으로부터 21[m]되는 지점 밑부분의 비계기둥은 2개의 강관으로 묶어세운다.

해설
강관비계의 구조(산업안전보건기준에 관한 규칙 제60조)
• 비계기둥의 간격은 띠장 방향에서는 1.85[m] 이하, 장선(長線) 방향에서는 1.5[m] 이하로 할 것. 다만, 다음의 어느 하나에 해당하는 작업의 경우에는 안전성에 대한 구조검토를 실시하고 조립도를 작성하면 띠장 방향 및 장선 방향으로 각각 2.7[m] 이하로 할 수 있다.
　- 선박 및 보트 건조작업
　- 그 밖에 장비 반입·반출을 위하여 공간 등을 확보할 필요가 있는 등 작업의 성질상 비계기둥 간격에 관한 기준을 준수하기 곤란한 작업
• 띠장 간격은 2.0[m] 이하로 할 것(다만, 작업의 성질상 이를 준수하기가 곤란하여 쌍기둥틀 등에 의하여 해당 부분을 보강한 경우에는 그러하지 아니하다)
• 비계기둥의 제일 윗부분으로부터 31[m] 되는 지점 밑부분의 비계기둥은 2개의 강관으로 묶어세울 것(다만, 브래킷(Bracket, 까치발) 등으로 보강하여 2개의 강관으로 묶을 경우 이상의 강도가 유지되는 경우에는 그러하지 아니하다)
• 비계기둥 간의 적재하중은 400[kg]을 초과하지 않도록 할 것

118 터널굴착작업을 하는 때 미리 작성하여야 하는 작업계획서에 포함되어야 할 사항이 아닌 것은?

① 굴착의 방법
② 암석의 분할방법
③ 환기 또는 조명시설을 설치할 때에는 그 방법
④ 터널지보공 및 복공의 시공방법과 용수의 처리방법

해설
터널굴착작업 시 시공계획 또는 작업계획서에 포함되어야 할 사항
- 굴착의 방법
- 터널 지보공 및 복공의 시공방법과 용수의 처리방법
- 환기 또는 조명시설을 설치할 때에는 그 방법

119 비계(달비계, 달대비계 및 말비계는 제외한다)의 높이가 2[m] 이상인 작업 장소에 설치하여야 하는 작업발판의 기준으로 옳지 않은 것은?

① 작업발판의 폭은 40[cm] 이상으로 하고, 발판재료 간의 틈은 3[cm] 이하로 할 것
② 추락의 위험이 있는 장소에는 안전난간을 설치할 것
③ 작업발판의 지지물은 하중에 의하여 파괴될 우려가 없는 것을 사용할 것
④ 작업발판재료는 뒤집히거나 떨어지지 않도록 1개 이상의 지지물에 연결하거나 고정시킬 것

해설
작업발판의 구조(산업안전보건기준에 관한 규칙 제56조)
- 발판재료는 작업할 때의 하중을 견딜 수 있도록 견고한 것으로 할 것
- 작업발판의 폭은 40[cm] 이상으로 하고, 발판재료 간의 틈은 3[cm] 이하로 할 것(다만, 외줄비계의 경우에는 고용노동부장관이 별도로 정하는 기준에 따른다)
- 선박 및 보트 건조작업의 경우 선박블록 또는 엔진실 등의 좁은 작업공간에 작업발판을 설치하기 위하여 필요하면 작업발판의 폭을 30[cm] 이상으로 할 수 있고, 걸침비계의 경우 강관기둥 때문에 발판재료 간의 틈을 3[cm] 이하로 유지하기 곤란하면 5[cm] 이하로 할 수 있다. 이 경우 그 틈 사이로 물체 등이 떨어질 우려가 있는 곳에는 출입금지 등의 조치를 하여야 한다.
- 추락의 위험이 있는 장소에는 안전난간을 설치할 것(다만, 작업의 성질상 안전난간을 설치하는 것이 곤란한 경우, 작업의 필요상 임시로 안전난간을 해체할 때에 추락방호망을 설치하거나 근로자로 하여금 안전대를 사용하도록 하는 등 추락위험 방지 조치를 한 경우에는 그러하지 아니하다)
- 작업발판의 지지물은 하중에 의하여 파괴될 우려가 없는 것을 사용할 것
- 작업발판재료는 뒤집히거나 떨어지지 않도록 둘 이상의 지지물에 연결하거나 고정시킬 것
- 작업발판을 작업에 따라 이동시킬 경우에는 위험 방지에 필요한 조치를 할 것

120 건립 중 강풍에 의한 풍압 등 외압에 대한 내력이 설계에 고려되었는지 확인하여야 하는 철골구조물의 기준으로 옳지 않은 것은?

① 높이 20[m] 이상의 구조물
② 구조물의 폭과 높이의 비가 1 : 4 이상인 구조물
③ 이음부가 공장 제작인 구조물
④ 연면적당 철골량이 50[kg/m^2] 이하인 구조물

해설
철골공사표준안전작업지침 제3조
- 높이 20[m] 이상의 구조물
- 구조물의 폭과 높이의 비가 1 : 4 이상인 구조물
- 단면구조에 현저한 차이가 있는 구조물
- 연면적당 철골량이 50[kg/m^2] 이하인 구조물
- 기둥이 타이플레이트(Tie Plate)형인 구조물
- 이음부가 현장용접인 구조물

2019년 제4회 과년도 기출문제

제1과목 산업안전관리론

01 산업안전보건법상 안전보건개선계획서에 포함되어야 하는 사항이 아닌 것은?

① 시설의 개선을 위하여 필요한 사항
② 작업환경의 개선을 위하여 필요한 사항
③ 작업절차의 개선을 위하여 필요한 사항
④ 안전·보건교육의 개선을 위하여 필요한 사항

해설
안전보건개선계획의 제출(산업안전보건법 시행규칙 제61조)
안전보건개선계획서에는 시설, 안전보건관리체제, 안전보건교육, 산업재해 예방 및 작업환경의 개선을 위하여 필요한 사항이 포함되어야 한다.

02 상해의 종류 중, 스치거나 긁히는 등의 마찰력에 의하여 피부표면이 벗겨진 상해는?

① 자 상　　② 타박상
③ 창 상　　④ 찰과상

해설
찰과상 : 스치거나 긁히는 등의 마찰력에 의하여 피부표면이 벗겨진 상해

03 다음 재해사례의 분석 내용으로 옳은 것은?

> 작업자가 벽돌을 손으로 운반하던 중 떨어뜨려 벽돌이 발등에 부딪혀 발을 다쳤다.

① 사고유형 : 낙하, 기인물 : 벽돌, 가해물 : 벽돌
② 사고유형 : 충돌, 기인물 : 손, 가해물 : 벽돌
③ 사고유형 : 비래, 기인물 : 사람, 가해물 : 손
④ 사고유형 : 추락, 기인물 : 손, 가해물 : 벽돌

해설
벽돌이 낙하하여 발등에 부딪혀 발생된 사고이므로 사고유형은 낙하이며, 벽돌은 이 사고에서의 기인물이자 가해물이다.

04 근로자 150명이 작업하는 공장에서 50건의 재해가 발생했고, 총 근로손실일수가 120일 일 때의 도수율은 약 얼마인가?(단, 하루 8시간씩 연간 300일을 근무한다)

① 0.01　　② 0.3
③ 138.9　　④ 333.3

해설
$$도수율 = \frac{재해발생건수}{연근로시간수} \times 10^6$$
$$= \frac{50}{(150 \times 8 \times 300) - 120} \times 10^6 \simeq 138.9$$

정답 1 ③ 2 ④ 3 ① 4 ③

05 산업안전보건법령상 안전관리자의 업무와 거리가 먼 것은?

① 물질안전보건자료의 게시 또는 비치에 관한 보좌 및 조언·지도
② 해당사업장의 안전교육계획의 수립 및 안전교육 실시에 관한 보좌 및 조언·지도
③ 사업장 순회점검·지도 및 조치의 건의
④ 산업재해 발생의 원인 조사·분석 및 재발 방지를 위한 기술적 보좌 및 조언·지도

해설
안전관리자의 업무(산업안전보건법 시행령 제18조)
- 산업안전보건위원회 또는 안전 및 보건에 관한 노사협의체에서 심의·의결한 업무와 해당 사업장의 안전보건관리규정 및 취업규칙에서 정한 업무
- 위험성평가에 관한 보좌 및 지도·조언
- 안전인증대상기계 등과 자율안전확인대상기계 등 구입 시 적격품의 선정에 관한 보좌 및 지도·조언
- 해당 사업장 안전교육계획의 수립 및 안전교육 실시에 관한 보좌 및 지도·조언
- 사업장 순회점검, 지도 및 조치 건의
- 산업재해 발생의 원인 조사·분석 및 재발 방지를 위한 기술적 보좌 및 지도·조언
- 산업재해에 관한 통계의 유지·관리·분석을 위한 보좌 및 지도·조언
- 법 또는 법에 따른 명령으로 정한 안전에 관한 사항의 이행에 관한 보좌 및 지도·조언
- 업무 수행 내용의 기록·유지
- 그 밖에 안전에 관한 사항으로서 고용노동부장관이 정하는 사항

06 시몬즈 방식으로 재해코스트를 산정할 때, 재해의 분류와 설명의 연결로 옳은 것은?

① 무상해사고 - 20달러 미만의 재산손실이 발생한 사고
② 휴업상해 - 영구 전노동 불능
③ 응급조치상해 - 일시 전노동 불능
④ 통원상해 - 일시 일부노동 불능

해설
① 무상해사고 : 인명손실과 무관하며 의료조치를 필요로 하지 않은 상해사고
② 휴업상해 : 영구 일부노동 불능상해, 일시 전노동 불능상해
③ 응급조치상해 : 응급조치 또는 8시간 미만의 휴업의료조치 상해

07 안전·보건에 관한 노사협의체의 구성·운영에 대한 설명으로 틀린 것은?

① 노사협의체는 근로자와 사용자가 같은 수로 구성되어야 한다.
② 노사협의체의 회의 결과는 회의록으로 작성하여 보존하여 한다.
③ 노사협의체의 회의는 정기회의와 임시회의로 구분하되, 정기회의는 3개월마다 소집한다.
④ 노사협의체는 산업재해 예방 및 산업재해가 발생한 경우의 대피방법 등에 대하여 협의하여야 한다.

해설
③ 노사협의체의 회의는 정기회의와 임시회의로 구분하고, 정기회의는 2개월마다 소집하고, 임시회의는 위원장이 필요하다고 인정할 때에 소집한다.

08 시설물안전법령에 명시된 안전점검의 종류에 해당하는 것은?

① 일반안전점검
② 특별안전점검
③ 정밀안전점검
④ 임시안전점검

해설
정의(시설물의 안전 및 유지관리에 관한 특별법 제2조)
- 안전점검 : 경험과 기술을 갖춘 자가 육안이나 점검기구 등으로 검사하여 시설물에 내재되어 있는 위험요인을 조사하는 행위를 말하며, 점검목적 및 점검수준을 고려하여 국토교통부령으로 정하는 바에 따라 정기안전점검 및 정밀안전점검으로 구분한다.
- 정밀안전진단 : 시설물의 물리적·기능적 결함을 발견하고 그에 대한 신속하고 적절한 조치를 하기 위하여 구조적 안전성과 결함의 원인 등을 조사·측정·평가하여 보수·보강 등의 방법을 제시하는 행위를 말한다.
- 긴급안전점검 : 시설물의 붕괴·전도 등으로 인한 재난 또는 재해가 발생할 우려가 있는 경우에 시설물의 물리적·기능적 결함을 신속하게 발견하기 위하여 실시하는 점검을 말한다.

09 산업안전보건법령상 사업주의 책무와 가장 거리가 먼 것은?

① 쾌적한 작업환경을 조성하고 근로조건을 개선할 것
② 해당 사업장의 안전·보건에 관한 정보를 근로자에게 제공할 것
③ 안전·보건의식을 북돋우기 위한 홍보·교육 및 무재해운동 등 안전문화를 추진할 것
④ 관련법과 법에 따른 명령에서 정하는 산업재해 예방을 위한 기준을 지킬 것

해설
사업주의 의무(산업안전보건법 제5조)
- 산업안전법과 이 법에 따른 명령으로 정하는 산업재해 예방을 위한 기준
- 근로자의 신체적 피로와 정신적 스트레스 등을 줄일 수 있는 쾌적한 작업환경의 조성 및 근로조건 개선
- 해당 사업장의 안전 및 보건에 관한 정보를 근로자에게 제공

10 각 계층의 관리감독자들이 숙련된 안전관찰을 행할 수 있도록 훈련을 실시함으로써 사고를 미연에 방지하여 안전을 확보하는 안전관찰훈련기법은?

① THP 기법 ② TBM 기법
③ STOP 기법 ④ TD-BU 기법

해설
STOP 기법 : 각 계층의 관리감독자들이 숙련된 안전관찰을 행할 수 있도록 훈련을 실시함으로써 사고를 미연에 방지하여 안전을 확보하는 안전관찰훈련기법

11 산업안전보건법령상 AB형 안전모에 관한 설명으로 옳은 것은?

① 물체의 낙하 또는 비래에 의한 위험을 방지 또는 경감하기 위한 것
② 물체의 낙하 또는 비래 및 추락에 의한 위험을 방지 또는 경감시키기 위한 것
③ 물체의 낙하 또는 비래에 의한 위험을 방지 또는 경감하고, 머리부위 감전에 의한 위험을 방지하기 위한 것
④ 물체의 낙하 또는 비래 및 추락에 의한 위험을 방지 또는 경감하고, 머리부위 감전에 의한 위험을 방지하기 위한 것

해설
- AB형 안전모 : 물체의 낙하 또는 비래 및 추락에 의한 위험을 방지 또는 경감시키기 위한 것
- AE형 안전모 : 물체의 낙하 또는 비래에 의한 위험을 방지 또는 경감하고, 머리부위 감전에 의한 위험을 방지하기 위한 것
- ABE형 안전모 : 물체의 낙하 또는 비래 및 추락에 의한 위험을 방지 또는 경감하고, 머리부위 감전에 의한 위험을 방지하기 위한 것

12 재해예방의 4원칙이 아닌 것은?

① 손실우연의 원칙
② 예방가능의 원칙
③ 사고연쇄의 원칙
④ 원인계기의 원칙

해설
재해예방의 4원칙 : 원인계기의 원칙, 손실우연의 법칙, 대책선정의 원칙, 예방가능의 원칙

13 산업안전보건법령상 안전·보건표지의 색채와 사용사례의 연결이 틀린 것은?

① 빨간색(7.5R 4/14) – 탑승금지
② 파란색(2.5PB 4/10) – 방진 마스크 착용
③ 녹색(2.5G 4/10) – 비상구
④ 노란색(5Y 6.5/12) – 인화성물질 경고

해설
노란색
- 색도기준 : 5Y 8.5/12
- 용도 : 경고(화학물질 취급장소에서의 유해·위험경고 이외의 위험경고, 주의표지 또는 기계방호물)

14 일상점검 내용을 작업 전, 작업 중, 작업종료로 구분할 때, 작업 중 점검 내용으로 거리가 먼 것은?

① 품질의 이상 유무
② 안전수칙의 준수 여부
③ 이상소음 발생 여부
④ 방호장치의 작동 여부

해설
수시점검(일상점검) : 작업자에 의해 매일 작업 전, 중, 후에 해당 작업설비에 대하여 수시로 실시하는 점검
- 일상점검 중 작업 전에 수행되는 내용 : 주변의 정리정돈, 주변의 청소상태, 설비의 방호장치점검 등
- 작업 중 점검 내용 : 품질의 이상 유무, 안전수칙의 준수 여부, 이상소음 발생 여부

15 참모식 안전조직의 특징으로 옳은 것은?

① 100명 미만의 소규모 사업장에 적합하다.
② 생산부분은 안전에 대한 책임과 권한이 없다.
③ 명령과 보고가 상하관계뿐이므로 간단명료하다.
④ 조직원 전원을 자율적으로 안전 활동에 참여시킬 수 있다.

해설
참모식 안전조직의 특징
- 100~1,000명의 근로자가 근무하는 중규모 사업장에 주로 적용한다.
- 안전업무를 관장하는 전문부분(Staff)은 안전관리 계획안을 작성하고, 실시계획을 추진하며, 이를 위한 정보의 수집과 활용한다.
- 생산부분은 안전에 대한 책임과 권한이 없다.
- 안전지식 및 기술 축적이 용이하다.
- 경영자에 대한 조언과 자문역할을 한다.
- 안전정보의 수집이 용이하고 빠르다.
- 안전에 관한 명령과 지시와 관련해 다툼이 일어나기 쉽고, 통제가 어렵다.

16 무재해 운동 기본이념의 3대 원칙이 아닌 것은?

① 무의 원칙
② 선취의 원칙
③ 합의의 원칙
④ 참가의 원칙

해설
무재해 운동 기본이념의 3대 원칙 : 무의 원칙, 선취의 원칙, 참가의 원칙

17 다음에 해당하는 법칙은?

> 어떤 공장에서 330회의 전도사고가 일어났을 때, 그 가운데 300회는 무상해사고, 29회는 경상, 중상 또는 사망은 1회의 비율로 사고가 발생한다.

① 버드 법칙　　② 하인리히 법칙
③ 더글라스 법칙　④ 자베타키스 법칙

해설
하인리히 법칙 : 330회의 전도사고가 일어났을 때, 그 가운데 300회는 무상해사고, 29회는 경상, 중상 또는 사망은 1회의 비율로 사고가 발생한다.

18 재해원인분석에 사용되는 통계적 원인분석 기법의 하나로, 사고의 유형이나 기인물 등의 분류항목을 큰 순서대로 도표화하는 기법은?

① 관리도　　　② 파레토도
③ 특성요인도　④ 크로스분석도

해설
① 관리도 : 재해 발생 건수 등의 추이를 파악하여 목표관리를 행하는 데 필요한 월별 재해발생건수를 그래프화 하여 관리선을 설정 관리하는 통계분석방법
② 파레토도 : 작업현장에서 발생하는 작업 환경 불량이나 고장, 재해 등의 내용을 분류하고 그 건수와 금액을 크기순으로 나열하여 작성한 그래프
③ 특성요인도 : 특성과 요인관계를 도표로 하여 어골상으로 세분화한 통계적 재해원인 분석방법
④ 크로스도(Cross Diagram) : 데이터를 집계하고 표로 표시하여 요인별 결과내역을 교차한 크로스 그림을 작성하여 2개 이상의 문제관계를 분석하는 통계분석기법

19 신규 채용 시의 근로자 안전·보건교육은 몇 시간 이상 실시해야 하는가?(단, 일용근로자를 제외한 근로자인 경우이다)

① 3시간　　② 8시간
③ 16시간　④ 24시간

해설
※ 산업안전보건법 시행규칙 개정(2023.9.27.)으로 내용 변경되어 정답없음(개정 전 정답 ②)

근로자 안전보건교육(산업안전보건법 시행규칙 별표 4)

교육과정	교육대상		교육시간
정기교육	사무직 종사 근로자		매 반기 6시간 이상
	그 밖의 근로자	판매업무에 직접 종사하는 근로자	매 반기 6시간 이상
		판매업무에 직접 종사하는 근로자 외의 근로자	매 반기 12시간 이상
채용 시 교육	일용근로자 및 근로계약기간이 1주일 이하인 기간제근로자		1시간 이상
	근로계약기간이 1주일 초과 1개월 이하인 기간제근로자		4시간 이상
	그 밖의 근로자		8시간 이상
작업내용 변경 시 교육	일용근로자 및 근로계약기간이 1주일 이하인 기간제근로자		1시간 이상
	그 밖의 근로자		2시간 이상
특별교육	일용근로자 및 근로계약기간이 1주일 이하인 기간제근로자(타워크레인을 사용하는 작업 시 신호업무 하는 작업에 종사하는 근로자 제외)		2시간 이상
	일용근로자 및 근로계약기간이 1주일 이하인 기간제근로자(타워크레인을 사용하는 작업 시 신호업무 하는 작업에 종사하는 근로자 한정)		8시간 이상
	일용근로자 및 근로계약기간이 1주일 이하인 기간제근로자를 제외한 근로자		- 16시간 이상(최초 작업에 종사하기 전 4시간 이상 실시하고 12시간은 3개월 이내에서 분할하여 실시 가능) - 단기간 작업 또는 간헐적 작업인 경우에는 2시간 이상
건설업 기초안전·보건교육	건설 일용근로자		4시간 이상

정답　17 ②　18 ②　19 정답없음

20 산업안전보건법상 산업안전보건위원회의 정기회의 개최 주기로 올바른 것은?

① 1개월마다　　② 분기마다
③ 반년마다　　④ 1년마다

해설
산업안전보건위원회의 회의 등(산업안전보건법 시행령 제37조)
- 산업안전보건위원회의 회의는 정기회의와 임시회의로 구분하되, 정기회의는 분기마다 산업안전보건위원회의 위원장이 소집하며, 임시회의는 위원장이 필요하다고 인정할 때에 소집한다.
- 회의는 근로자위원 및 사용자위원 각 과반수의 출석으로 개의(開議)하고 출석위원 과반수의 찬성으로 의결한다.
- 근로자대표, 명예산업안전감독관, 해당 사업의 대표자, 안전관리자 또는 보건관리자는 회의에 출석할 수 없는 경우에는 해당 사업에 종사하는 사람 중에서 1명을 지정하여 위원으로서의 직무를 대리하게 할 수 있다.
- 산업안전보건위원회는 다음의 사항을 기록한 회의록을 작성하여 갖추어 두어야 한다.
  - 개최 일시 및 장소
  - 출석위원
  - 심의 내용 및 의결·결정 사항
  - 그 밖의 토의사항

제2과목　산업심리 및 교육

21 굴착면의 높이가 2[m] 이상인 암석의 굴착작업에 대한 특별안전보건교육 내용에 포함되지 않는 것은? (단, 그 밖의 안전·보건 관리에 필요한 사항은 제외한다)

① 지반의 붕괴재해 예방에 관한 사항
② 보호구 및 신호방법 등에 관한 사항
③ 안전거리 및 안전기준에 관한 사항
④ 폭발물 취급 요령과 대피 요령에 관한 사항

해설
굴착면의 높이가 2[m] 이상이 되는 암석의 굴착작업을 할 때의 특별안전보건교육 내용
- 폭발물 취급 요령과 대피 요령에 관한 사항
- 안전거리 및 안전기준에 관한 사항
- 방호물의 설치 및 기준에 관한 사항
- 보호구 및 신호방법 등에 관한 사항
- 그 밖에 안전·보건관리에 필요한 사항

22 인간의 착각현상 중 실제로 움직이지 않지만 어느 기준의 이동에 의하여 움직이는 것처럼 느껴지는 착각현상의 명칭으로 적합한 것은?

① 자동운동　　② 잔상현상
③ 유도운동　　④ 착시현상

해설
유도운동 : 실제로 움직이지 않지만 어느 기준의 이동에 의하여 움직이는 것처럼 느껴지는 착각현상

23 피로의 측정분류 시 감각기능검사(정신·신경기능검사)의 측정대상 항목으로 가장 적합한 것은?

① 혈 압　　② 심박수
③ 에너지대사율　　④ 플리커

해설
피로의 측정분류 시 감각기능검사(정신·신경기능검사)의 측정대상 항목으로 가장 적합한 것은 플리커(Flicker)이다.

24 동일 부서 직원 6명의 선호 관계를 분석한 결과 다음과 같은 소시오그램이 작성되었다. 이 소시오그램에서 실선은 선호관계, 점선은 거부관계를 나타낼 때, 4번 직원의 선호신분 지수는 얼마인가?

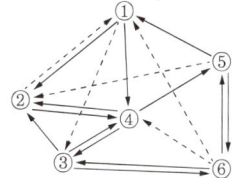

① 0.2
② 0.33
③ 0.4
④ 0.6

해설
선호신분지수(Choice Status Index)
$= \dfrac{\text{선호총계}}{\text{구성원 수}-1} = \dfrac{2}{6-1} = 0.4$

25 강의식 교육에 대한 설명으로 틀린 것은?
① 기능적, 태도적인 내용의 교육이 어렵다.
② 사례를 제시하고, 그 문제점에 대해서 검토하고 대책을 토의한다.
③ 수강사의 집중도나 흥미의 정도가 낮다.
④ 짧은 시간동안 많은 내용을 전달해야 하는 경우에 적합하다.

해설
강의식 교육방법
- 강사가 강의를 통해 교육하고자 하는 내용을 교육하는 방법
- 가장 많은 시간을 소비하는 단계는 제시단계이다.
- 한 번에 많은 사람이 지식을 부여받는다.
- 시간의 계획과 통제가 편리하다.
- 전체적인 교육내용을 제시하는 데 유리하며, 체계적인 교육이 가능하다.
- 강사의 입장에서 시간의 조정이 가능하다.
- 다수의 인원에게 동시에 많은 지식과 정보의 체계적인 전달이 가능하다.
- 참가자의 동기유발이 어렵고, 수동적으로 참가하기 쉽다.
- 일방적 교육으로 학습결과의 개별화나 사회화가 어렵다.

26 상호신뢰 및 성선설에 기초하여 인간을 긍정적 측면으로 보는 이론에 해당하는 것은?
① T-이론
② X-이론
③ Y-이론
④ Z-이론

해설
Y-이론 : 상호신뢰 및 성선설에 기초하여 인간을 긍정적 측면으로 보는 이론

27 직장규율, 안전규율 등을 몸에 익히기에 적합한 교육의 종류에 해당하는 것은?
① 지능 교육
② 기능 교육
③ 태도 교육
④ 문제해결 교육

해설
태도교육 : 지식교육, 기능교육과 함께 안전교육의 종류 중 하나로서 생활지도, 작업동작지도 등을 통한 안전의 습관화를 위한 교육이다.

28 MTP(Management Training Program) 안전교육 방법의 총 교육시간으로 가장 적합한 것은?
① 10시간
② 40시간
③ 80시간
④ 120시간

해설
MTP(Management Training Program) 안전교육 방법의 총 교육시간은 40시간이다.

29 레빈(Lewin)의 행동방정식 $B = f(P \cdot E)$에서 P의 의미로 맞는 것은?

① 주어진 환경
② 인간의 행동
③ 주어진 직무
④ 개인적 특성

해설
- B : Behavior(행동)
- f : Function(함수관계)
- P : Person(개체)
- E : Environment(환경)

30 리더십의 권한 역할 중 '부하를 처벌할 수 있는 권한'에 해당하는 것은?

① 위임된 권한
② 합법적 권한
③ 강압적 권한
④ 보상적 권한

해설
강압적 권한 : 부하를 처벌할 수 있는 권한. 견책, 나쁜 인사고과로 부하에게 영향을 미침으로써 얻는 권한이다. 종업원의 바람직하지 않은 행동들에 대해 해고, 임금삭감, 견책 등을 사용하여 처벌한다.

31 그림과 같이 수직 평행인 세로의 선들이 평행하지 않는 것으로 보이는 착시현상에 해당하는 것은?

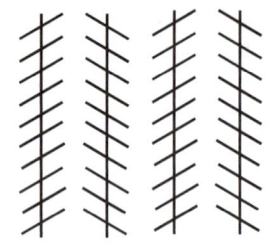

① 죌러(Zöller)의 착시
② 쾰러(Köhler)의 착시
③ 헤링(Hering)의 착시
④ 포겐도르프(Poggendorff)의 착시

해설
죌러(Zöller) 착시 : 평행인 선이 평행이 아닌 것처럼 보이는 착시현상

32 과업과 직무를 수행하는 데 요구되는 인적 자질에 의해 직무의 내용을 정의하는 절차에 해당하는 것은?

① 직무분석(Job Analysis)
② 직무평가(Job Evaluation)
③ 직무확충(Job Enrichment)
④ 직무만족(Job Satisfaction)

해설
① 직무분석(Job Analysis) : 과업과 직무를 수행하는 데 요구되는 인적 자질에 의해 직무의 내용을 정의하는 절차

33 동기부여에 관한 이론 중 동기부여 요인을 중요시하는 내용이론에 해당하지 않는 것은?

① 브룸의 기대이론
② 알더퍼의 ERG이론
③ 매슬로의 욕구위계설
④ 허즈버그의 2요인 이론(이원론)

해설
① 브룸의 기대이론은 과정이론에 해당된다.
내용이론의 이론: 매슬로 욕구위계설, 알더퍼의 ERG이론, 맥그리거의 X·Y이론, 허즈버그의 이원론, 머레이의 명시적 욕구이론 등

34 남의 행동이나 판단을 표본으로 하여 그것과 같거나 혹은 그것에 가까운 행동 또는 판단을 취하려는 인간관계 메커니즘으로 맞는 것은?

① Projection
② Imitation
③ Suggestion
④ Identification

해설
② 모방(Imitation): 남의 행동이나 판단을 표본으로 하여 그것과 같거나 혹은 그것에 가까운 행동 또는 판단을 취하려는 인간관계 메커니즘

35 집단 심리요법의 하나로 자기 해방과 타인체험을 목적으로 하는 체험활동을 통해 대인관계에서의 태도 변용이나 통찰력, 자기이해를 목표로 개발된 교육 기법에 해당하는 것은?

① 롤플레잉(Role Playing)
② OJT(On The Job Training)
③ ST(Sensitivity Training) 훈련
④ TA(Transactional Analysis) 훈련

해설
① 롤플레잉(Role Playing): 자기 해방과 타인체험을 목적으로 하는 체험활동을 통해 대인관계에서의 태도 변용이나 통찰력, 자기이해를 목표로 개발된 집단 심리요법의 교육 기법

36 비통제의 집단행동에 해당하는 것은?

① 관 습
② 유 행
③ 모 브
④ 제도적 행동

해설
비통제의 집단행동의 종류: 군중(Crowd), 모브(Mob), 패닉(Panic), 심리적 전염(Mental Epidemic)

37 작업지도 기법의 4단계 중 그 작업을 배우고 싶은 의욕을 갖도록 하는 단계로 맞는 것은?

① 제1단계: 학습할 준비를 시킨다.
② 제2단계: 작업을 설명한다.
③ 제3단계: 작업을 시켜 본다.
④ 제4단계: 작업에 대해 가르친 뒤 살펴본다.

해설
제1단계(학습할 준비를 시킨다)는 작업을 배우고 싶은 의욕을 갖도록 하는 단계이다.

정답 33 ① 34 ② 35 ① 36 ③ 37 ①

38 동작실패의 원인이 되는 조건 중 작업강도와 관련이 가장 적은 것은?

① 작업량 ② 작업속도
③ 작업시간 ④ 작업환경

해설
동작실패의 원인이 되는 조건 중 작업강도와 관련이 있는 것 : 작업량, 작업속도, 작업시간

39 작업장에서의 사고예방을 위한 조치로 틀린 것은?
① 감독자와 근로자는 특수한 기술뿐 아니라 안전에 대한 태도도 교육받아야 한다.
② 모든 사고는 사고 자료가 연구될 수 있도록 철저히 조사되고 자세히 보고되어야 한다.
③ 안전의식고취 운동에서 포스터는 긍정적인 문구보다 부정적인 문구를 사용하는 것이 더 효과적이다.
④ 안전장치는 생산을 방해해서는 안 되고, 그것이 제 위치에 있지 않으면 기계가 작동되지 않도록 설계되어야 한다.

해설
③ 안전의식고취 운동에서 포스터는 부정적인 문구보다 긍정적인 문구를 사용하는 것이 더 효과적이다.

40 에빙하우스(Ebbinghaus)의 연구결과에 따른 망각률이 50[%]를 초과하게 되는 최초의 경과시간은 얼마인가?

① 30분 ② 1시간
③ 1일 ④ 2일

해설
에빙하우스의 망각곡선에 따르면 최초의 정보는 1시간이 지나면 50[%]를 잊어버린다.

제3과목 인간공학 및 시스템안전공학

41 다음 FT도에서 각 요소의 발생확률이 요소 ①과 요소 ②는 0.2, 요소 ③은 0.25, 요소 ④는 0.3일 때, A사상의 발생확률은 얼마인가?

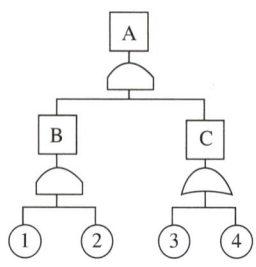

① 0.007 ② 0.014
③ 0.019 ④ 0.071

해설
- $B = 0.2 \times 0.2 = 0.04$
- $C = 1 - (1 - 0.25)(1 - 0.3) = 0.475$
- $A = B \times C = 0.04 \times 0.475 = 0.019$

42 정성적 시각 표시장치에 관한 사항 중 다음에서 설명하는 특성은?

> 복잡한 구조 그 자체를 완전한 실체로 지각하는 경향이 있기 때문에, 이 구조와 어긋나는 특성은 즉시 눈에 띈다.

① 양립성 ② 암호화
③ 형태성 ④ 코드화

해설
③ 형태성 : 복잡한 구조 그 자체를 완전한 실체로 지각하는 경향이 있기 때문에, 이 구조와 어긋나는 특성은 즉시 눈에 띈다.

정답 38 ④ 39 ③ 40 ② 41 ③ 42 ③

43 산업안전보건법령에 따라 기계·기구 및 설비의 설치·이전 등으로 인해 유해위험방지계획서를 제출하여야 하는 대상에 해당하지 않는 것은?

① 건조설비
② 공기압축기
③ 화학설비
④ 가스집합 용접장치

> **해설**
> 기계·기구 및 설비의 설치·이전 등으로 인해 유해위험방지계획서를 제출하여야 하는 대상 기계·기구 및 설비(산업안전보건법 시행령 제42조)
> • 금속이나 그 밖의 광물의 용해로
> • 화학설비
> • 건조설비
> • 가스집합 용접장치
> • 근로자의 건강에 상당한 장해를 일으킬 우려가 있는 물질로서 고용노동부령으로 정하는 물질의 밀폐·환기·배기를 위한 설비

44 인체측정자료에서 극단치를 적용하여야 하는 설계에 해당하지 않는 것은?

① 계산대
② 문 높이
③ 통로 폭
④ 조종장치까지의 거리

> **해설**
> 계산대는 평균치를 적용하여야 하는 설계에 해당된다.

45 작위실수(Commission Error)의 유형이 아닌 것은?

① 선택착오
② 순서착오
③ 시간착오
④ 직무누락착오

> **해설**
> ④ Commission Error(실행오류 또는 작위오류) : 필요한 작업이나 절차의 불확실한 수행으로 일어난 에러(다른 것으로 착각하여 실행한 에러)로, 유형으로는 선택착오, 순서착오, 시간착오 등이 있다.

46 인간-기계 통합체계의 유형에서 수동체계에 해당하는 것은?

① 자동차
② 공작기계
③ 컴퓨터
④ 장인과 공구

> **해설**
> ④ 인간, 기계 통합체계의 유형에서 장인과 공구는 수동체계에 해당한다.

47 각 기본사상의 발생확률이 증감하는 경우 정상사상의 발생확률에 어느 정도 영향을 미치는가를 반영하는 지표로서 수리적으로는 편미분계수와 같은 의미를 갖는 FTA의 중요도 지수는?

① 확률 중요도
② 구조 중요도
③ 치명 중요도
④ 비구조 중요도

> **해설**
> • 구조 중요도 : 시스템의 구조에 따라 발생하는 시스템 고장의 영향을 평가하는 지표
> • 치명중요도 : 시스템 고장확률에 미치는 부품고장확률의 기여도를 반영하는 지표

정답 43 ② 44 ① 45 ④ 46 ④ 47 ①

48 동작경제의 원칙 중 신체사용에 관한 원칙에 해당하지 않는 것은?

① 손의 동작은 유연하고 연속적인 동작이어야 한다.
② 두 손의 동작은 같이 시작해서 동시에 끝나도록 한다.
③ 동작이 급작스럽게 크게 바뀌는 직선동작은 피해야 한다.
④ 공구, 재료 및 제어장치는 사용하기 용이하도록 가까운 곳에 배치한다.

해설
④는 작업장 배치에 관한 원칙에 해당된다.

49 일반적으로 재해 발생 간격은 지수분포를 따르며, 일정기간 내에 발생하는 재해발생 건수는 푸아송분포를 따른다고 알려져 있다. 이러한 확률변수들의 발생과정을 무엇이라고 하는가?

① Poisson 과정
② Bernoulli 과정
③ Wiener 과정
④ Binomial 과정

해설
① 푸아송(Poisson) 과정 : 일반적으로 재해 발생 간격은 지수분포를 따르며, 일정기간 내에 발생하는 재해발생 건수는 Poisson분포를 따르는 확률변수들의 발생과정

50 한 화학공장에 24개의 공정제어회로가 있다. 4,000시간의 공정 가동 중 이 회로에서 14건의 고장이 발생하였고, 고장이 발생하였을 때마다 회로는 즉시 교체되었다. 이 회로의 평균고장시간은 약 얼마인가?

① 6,857시간 ② 7,571시간
③ 8,240시간 ④ 9,800시간

해설
$$\text{MTTF} = \frac{\text{총가동시간}}{\text{고장건수}} = \frac{24 \times 4,000}{14} \approx 6,857 \text{시간}$$

51 압박이나 긴장에 대한 척도 중 생리적 긴장의 화학적 척도에 해당하는 것은?

① 혈 압 ② 호흡수
③ 혈액 성분 ④ 심전도

해설
③ 혈액 성분은 압박이나 긴장에 대한 척도 중 생리적 긴장의 화학적 척도에 해당한다.

52 사용조건을 정상사용조건보다 강화하여 적용함으로써 고장발생시간을 단축하고, 검사비용의 절감효과를 얻고자 하는 수명시험은?

① 중도중단시험
② 가속수명시험
③ 감속수명시험
④ 정시중단시험

해설
② 가속수명시험 : 사용조건을 정상사용조건보다 강화하여 적용함으로써 고장발생시간을 단축하고, 검사비용의 절감효과를 얻고자 하는 수명시험

정답 48 ④ 49 ① 50 ① 51 ③ 52 ②

53 다음 중 안전성 평가 단계가 순서대로 올바르게 나열된 것으로 옳은 것은?

① 정성적 평가 – 정량적 평가 – FTA에 의한 재평가 – 재해정보로부터 재평가 – 안전대책
② 정량적 평가 – 재해정보로부터의 재평가 – 관계 자료의 작성준비 – 안전대책 – FTA에 의한 재평가
③ 관계 자료의 작성준비 – 정성적 평가 – 정량적 평가 – 안전대책 – 재해정보로부터의 재평가 – FTA에 의한 재평가
④ 정량적 평가 – 재해정보로부터의 재평가 – FTA에 의한 재평가 – 관계자료의 작성준비 – 안전대책

해설
안전성 평가 단계 순서 : 관계 자료의 작성준비 – 정성적 평가 – 정량적 평가 – 안전대책 – 재해정보로부터의 재평가 – FTA에 의한 재평가

54 A작업장에서 1시간 동안에 480[Btu]의 일을 하는 근로자의 대사량은 900[Btu]이고, 증발 열손실이 2,250[Btu], 복사 및 대류로부터 열이득이 각각 1,900[Btu] 및 80[Btu]라 할 때, 열축적은 얼마인가?

① 100[Btu] ② 150[Btu]
③ 200[Btu] ④ 250[Btu]

해설
신체 열함량 변화량
$\Delta S = (M - W) + R + C - E$
$= (900 - 480) + 1,900 + 80 - 2,250 = 150[\text{Btu}]$
(여기서, M : 대사 열발생량, W : 수행한 일, R : 복사 열교환량, C : 대류 열교환량, E : 증발 열발산량)

55 국제표준화기구(ISO)의 수직전동에 대한 피로-저감숙달경계(Fatigue-Decreased Proficiency Boundary) 표준 중 내구수준이 가장 낮은 범위로 옳은 것은?

① 1~3[Hz]   ② 4~8[Hz]
③ 9~13[Hz]   ④ 14~18[Hz]

56 산업 현장에서는 생산설비에 부착된 안전장치를 생산성을 위해 제거하고 사용하는 경우가 있다. 이와 같이 고의로 안전장치를 제거하는 경우에 대비한 예방 설계 개념으로 옳은 것은?

① Fail Safe
② Fool Proof
③ Lock Out
④ Tamper Proof

해설
④ Tamper Proof : 안전장치가 부착되어 있으나 고의로 안전장치를 제거하는 것까지도 대비한 예방설계

정답 53 ③ 54 ② 55 ② 56 ④

57 FT도에서 사용되는 다음 기호의 명칭으로 맞는 것은?

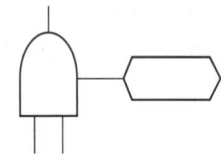

① 부정게이트
② 수정기호
③ 위험지속기호
④ 배타적 OR게이트

해설

① 부정게이트

④ 배타적 OR게이트

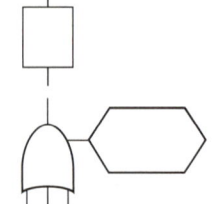

58 음의 은폐(Masking)에 대한 설명으로 옳지 않은 것은?

① 은폐음 때문에 피은폐음의 가청역치가 높아진다.
② 배경음악에 실내소음이 묻히는 것은 은폐효과의 예시이다.
③ 음의 한 성분이 다른 성분에 대한 귀의 감수성을 감소시키는 작용이다.
④ 순음에서 은폐효과가 가장 큰 것은 은폐음과 배음(Harmonic Overtone)의 주파수가 멀 때이다.

해설
④ 순음에서 은폐효과가 가장 큰 것은 은폐음과 배음(Harmonic Overtone)의 주파수가 가까울 때이다.

59 기계시스템은 영구적으로 사용하며, 조작자는 한 시간마다 스위치를 작동해야 되는데 인간오류확률(HEP)은 0.001이다. 2시간에서 4시간까지 인간-기계 시스템의 신뢰도로 옳은 것은?

① 91.5[%]
② 96.6[%]
③ 98.7[%]
④ 99.8[%]

해설
인간-기계시스템의 신뢰도
$R = (1-a)^n (1-b)^n$
$= (1-0)^2 (1-0.001)^2 = 1 \times 0.998 \approx 99.8[\%]$

60 예비위험분석(PHA)은 어느 단계에서 수행되는가?

① 구상 및 개발단계
② 운용단계
③ 발주서 작성단계
④ 설치 또는 제조 및 시험단계

해설
시스템 수명주기 6단계
• 1단계 : 구상(Concept)단계 – 예비위험분석(PHA)
• 2단계 : 정의(Definition)단계 – 시스템 안전성 위험분석(SSHA) 및 생산물의 적합성을 검토
• 3단계 : 개발(Development)단계
• 4단계 : 생산(Production)단계
• 5단계 : 운전(Deployment)단계 – 사고조사 참여, 기술변경의 개발, 고객에 의한 최종 성능검사, 시스템 안전 프로그램에 대하여 안전점검 기준에 따른 평가
• 6단계 : 폐기단계

제4과목 건설시공학

61 벽돌을 내쌓기 할 때, 일반적으로 이용되는 벽돌쌓기 방법은?

① 마구리쌓기
② 길이쌓기
③ 옆세워쌓기
④ 길이세워쌓기

해설
벽돌을 내쌓기 할 때, 일반적으로 이용되는 벽돌쌓기 방법은 마구리쌓기이다.

62 조적공사의 백화현상을 방지하기 위한 대책으로 옳지 않은 것은?

① 석회를 혼합한 줄눈 모르타르를 활용하여 바른다.
② 흡수율이 낮은 벽돌을 사용한다.
③ 쌓기용 모르타르에 파라핀 도료와 같은 혼화제를 사용한다.
④ 돌림대, 차양 등을 설치하여 빗물이 벽체에 직접 흘러내리지 않게 한다.

해설
백화현상을 방지하기 위한 대책
- 건조된 벽돌을 사용한다.
- 겨울과 장마철을 피한다.
- 쌓기 후 전용발수제를 발라 벽면에 수분흡수를 방지한다.
- 해사는 피하고, 강의 상류 모래를 사용한다.
- 모르타르 혼합 시 깨끗한 물을 사용한다.
- 창호나 다른 재료와의 접촉 부분은 코킹처리를 한다.

63 강관말뚝지정의 특징에 해당되지 않는 것은?

① 강한 타격에도 견디며 다져진 중간지층의 관통도 가능하다.
② 지지력이 크고 이음이 안전하고 강하므로 장척말뚝에 적당하다.
③ 상부구조와의 결합이 용이하다.
④ 길이 조절이 어려우나 재료비가 저렴한 장점이 있다.

해설
길이 조절이 가능하나 재료비가 비싸다.

64 지하수위 저하공법 중 강제배수공법이 아닌 것은?

① 전기침투 공법
② 웰포인트 공법
③ 표면배수 공법
④ 진공 Deep Well 공법

해설
강제배수공법 : 전기침투 공법, 웰포인트 공법, 진공 Deep Well 공법

65. 콘크리트의 압축강도를 시험하지 않을 경우 거푸집널의 해체시기로 옳은 것은?(단, 기타 조건은 아래와 같음)

- 평균기온 : 20[℃] 이상
- 보통 포틀랜드 시멘트 사용
- 대상 : 기초, 보, 기둥 및 벽의 측면

① 2일 ② 3일
③ 4일 ④ 6일

해설
콘크리트의 압축강도를 시험하지 않을 경우 거푸집널의 해체 시기(기초, 보, 기둥 및 벽의 측면)

구 분	조강 포틀랜드 시멘트	보통 포틀랜드 시멘트 고로 슬래그 시멘트(1종) 포틀랜드포졸란 시멘트(A종) 플라이 애시 시멘트(1종)	고로 슬래그 시멘트(2종) 포틀랜드포졸란 시멘트(B종) 플라이 애시 시멘트(2종)
20[℃] 이상	2일	3일	4일
20[℃] 미만 10[℃] 이상	3일	4일	6일

66. 거푸집 공사에 적용되는 슬라이딩폼 공법에 관한 설명으로 옳지 않은 것은?

① 형상 및 치수가 정확하며 시공오차가 적다.
② 마감작업이 동시에 진행되므로 공정이 단순화된다.
③ 1일 5~10[m] 정도 수직시공이 가능하다.
④ 일반적으로 돌출물이 있는 건축물에 많이 적용된다.

해설
슬라이딩폼
- 수평 및 수직으로 반복된 구조물을 시공이음 없이 균일하게 시공하기 위해 사용되는 거푸집의 종류이다.
- 로드(Rod)・유압잭(Jack) 등을 이용하여 거푸집을 연속적으로 이동시키면서 콘크리트를 타설한다.
- 원자력 발전소의 원자로격납용기(Containment Vessel), Silo공사 등에 적합한 거푸집이다.

67. 강구조용 강재의 절단 및 개선가공에 관한 사항으로 옳지 않은 것은?

① 주요 부재의 강판 절단은 주된 응력의 방향과 압연방향을 직각으로 교차하여 절단함을 원칙으로 한다.
② 절단할 강재의 표면에 녹, 기름, 도료가 부착되어 있는 경우에는 제거 후 절단해야 한다.
③ 용접선의 교차부분 또는 한 부재를 다른 부재에 접합시킬 때 불필요한 접촉을 피하기 위하여 모퉁이 따기를 할 경우에는 10[mm] 이상 둥글게 해야 한다.
④ 스캘럽 가공은 절삭 가공기 또는 부속장치가 달린 수동가스 절단기를 사용한다.

해설
주요 부재의 강판 절단은 주된 응력의 방향과 압연방향을 일치시켜 절단함을 원칙으로 하며 절단작업 착수 전 재단도를 작성해야 한다.

68. 콘크리트 타설에 관한 설명으로 옳은 것은?

① 콘크리트 타설은 바닥판 → 보 → 계단 → 벽체 → 기둥의 순서로 한다.
② 콘크리트 타설은 운반거리가 먼 곳부터 시작한다.
③ 콘크리트 타설할 때에는 다짐이 잘 되도록 타설 높이를 최대한 높게 한다.
④ 콘크리트 타설 준비 시 콘크리트가 닿았을 때 흡수할 우려가 있는 곳은 미리 건조시켜 두어야 한다.

해설
① 콘크리트 타설은 (기초)→기둥→벽체→계단→보→바닥판의 순서로 한다.
③ 자유낙하 높이를 작게 한다.
④ 콘크리트 타설 준비 시 콘크리트를 건조시키면 안 된다.

정답 65 ② 66 ④ 67 ① 68 ②

69 기성콘크리트 말뚝의 특징에 관한 설명으로 옳지 않은 것은?

① 말뚝이음 부위에 대한 신뢰성이 떨어진다.
② 재료의 균질성이 부족하다.
③ 자재하중이 크므로 운반과 시공에 각별한 주의가 필요하다.
④ 시공과정상의 항타로 인하여 자재균열의 우려가 높다.

해설
② 재료의 균질성이 좋다.

70 설계도와 시방서가 명확하지 않거나 설계는 명확하지만 공사비 총액을 산출하기 곤란하고 발주자가 양질의 공사를 기대할 때, 채택될 수 있는 가장 타당한 방식은?

① 실비정산 보수가산식 도급
② 단가 도급
③ 정액 도급
④ 턴키 도급

해설
① 실비정산 보수가산식 도급 : 설계도와 시방서가 명확하지 않거나 설계는 명확하지만 공사비 총액을 산출하기 곤란하고 발주자가 양질의 공사를 기대할 때, 채택될 수 있는 가장 타당한 방식

71 철골공사에서 용접접합의 장점과 거리가 먼 것은?

① 강재량을 절약할 수 있다.
② 소음을 방지할 수 있다.
③ 일체성 및 수밀성을 확보할 수 있다.
④ 접합부의 품질검사가 매우 간단하다.

해설
④ 접합부의 품질검사가 간단하지 않다.

72 웰포인트 공법에 관한 설명으로 옳지 않은 것은?

① 지하수위를 낮추는 공법이다.
② 1~3[m]의 간격으로 파이프를 지중에 박는다.
③ 주로 사질지반에 이용하면 유효하다.
④ 기초파기에 히빙 현상을 방지하기 위해 사용한다.

해설
굴착주변을 웰포인트공법과 병행하면 히빙현상을 방지할 수는 있다.

73 프리스트레스 하지 않는 부재의 현장치기 콘크리트의 최소 피복 두께 기준 중 가장 큰 것은?

① 수중에 치는 콘크리트
② 흙에 접하여 콘크리트를 친 후 영구히 흙에 묻혀 있는 콘크리트
③ 옥외의 공기에 흙에 직접 접하지 않는 콘크리트 중 슬래브
④ 옥외의 공기나 흙에 직접 접하지 않는 콘크리트 중 벽체

해설
프리스트레스 하지 않는 부재의 현장치기 콘크리트의 최소 피복 두께 기준 중 가장 큰 것은 수중에 치는 콘크리트이다.

정답 69 ② 70 ① 71 ④ 72 ④ 73 ①

74 품질관리(TQC)를 위한 7가지 도구 중에서 불량수, 결점수 등 셀 수 있는 데이터가 분류 항목별로 어디에 집중되어 있는가를 알기 쉽도록 나타낸 그림은?

① 히스토그램
② 파레토도
③ 체크시트
④ 산포도

해설
체크시트 : 불량수, 결점수 등 셀 수 있는 데이터가 분류 항목별로 어디에 집중되어 있는가를 알기 쉽도록 나타낸 그림

75 시방서의 작성원칙으로 옳지 않은 것은?

① 지정고시된 신재료 또는 신기술을 적극 활용한다.
② 공사 전반에 대한 지침을 세밀하고 간단명료하게 서술한다.
③ 공종을 세밀하게 나누고, 단위 시방의 수를 최대한 늘려 상세히 서술한다.
④ 시공자가 정확하게 시공하도록 설계자의 의도를 상세히 기술한다.

해설
시방서의 작성원칙
• 시공자가 정확하게 시공하도록 설계자의 의도를 상세히 기술한다.
• 공사 전반에 대한 지침을 세밀하고 간단명료하게 서술한다.
• 재료의 성능, 성질, 품질의 허용 범위 등을 명확하게 규명한다.
• 도면과 시방서와의 차이가 있을 때, 감독기술자의 지시에 따른다.
• 공법의 정밀도와 마무리 정도를 명확하게 규정한다.
• 시방서의 작성순서는 공사진행순서와 일치하도록 함이 합리적이다.
• 규격을 모두 시방서에 기입하지는 않는다.
• 설계도면에 표시된 내용과 중복되지 않게 작성한다.
• 지정고시된 신재료 또는 신기술을 적극 활용한다.

76 슬래브에서 4변 고정인 경우 철근배근을 가장 많이 하여야 하는 부분은?

① 단변 방향의 주간대
② 단변 방향의 주열대
③ 장변 방향의 주간대
④ 장변 방향의 주열대

해설
슬래브에서 4변 고정인 경우 철근배근을 가장 많이 하여야 하는 부분 : 단변 방향의 주열대

77 Top Down 공법의 특징으로 옳지 않은 것은?

① 1층 바닥 기준으로 상방향, 하방향 중 한쪽 방향으로만 공사가 가능하다.
② 공기단축이 가능하다.
③ 타 공법 대비 주변지반 및 인접건물에 미치는 영향이 작다.
④ 소음 및 진동이 적어 도심지 공사로 적합하다.

해설
1층 바닥 기준으로 상방향, 하방향 양쪽 방향으로 공사가 가능하다.

78 철재 거푸집에서 사용되는 철물로 지주를 제거하지 않고 슬래브 거푸집만 제거할 수 있도록 한 철물은?

① 와이어 클리퍼(Wire Clipper)
② 캠버(Camber)
③ 드롭 헤드(Drop Head)
④ 베이스 플레이트(Base Plate)

해설
드롭 헤드(Drop Head) : 철재 거푸집에서 사용되는 철물로 지주를 제거하지 않고 슬래브 거푸집만 제거할 수 있도록 한 철물

79 콘크리트 다짐 시 진동기의 사용에 관한 설명으로 옳지 않은 것은?

① 진동다지기를 할 때에는 내부진동기를 하층의 콘크리트 속으로 0.1[m] 정도 찔러 넣는다.
② 1개소당 진동시간은 다짐할 때 시멘트풀이 표면 상부로 약간 부상하기까지가 적절하다.
③ 내부진동기는 콘크리트로부터 천천히 빼내어 구멍이 남지 않도록 한다.
④ 내부진동기는 콘크리트를 횡방향으로 이동시킬 목적으로 사용한다.

해설
내부진동기는 콘크리트를 수직방향으로 이동시킬 목적으로 사용한다.

80 다음과 같이 정상 및 특급공기와 공비가 주어질 경우 비용구배(Cost Slope)는?

정 상		특 급	
공 기	공 비	공 기	공 비
20일	120,000원	15일	180,000원

① 9,000[원/일]
② 12,000[원/일]
③ 15,000[원/일]
④ 18,000[원/일]

해설
$$\text{비용구배} = \frac{\text{특급비용} - \text{정상비용}}{\text{정상시간} - \text{특급시간}}$$
$$= \frac{180,000 - 120,000}{20 - 15} = 12,000[\text{원/일}]$$

제5과목 건설재료학

81 목재의 수축팽창에 관한 설명으로 옳지 않은 것은?

① 변재는 심재보다 수축률 및 팽창률이 일반적으로 크다.
② 섬유포화점 이상의 함수상태에서는 함수율이 클수록 수축률 및 팽창률이 커진다.
③ 수종에 따라 수축률 및 팽창률에 상당한 차이가 있다.
④ 수축이 과도하거나 고르지 못하면, 할렬, 비틀림 등이 생긴다.

해설
함수율 변화에 따른 신축변형이 크지만, 섬유포화점 이상에서는 함수율의 변화에 따른 신축 변동이 거의 없다.

82 경질섬유판(Hard Fiber Board)에 관한 설명으로 옳은 것은?

① 밀도가 0.3[g/cm^3] 정도이다.
② 소프트 텍스라고도 불리며 수장판으로 사용된다.
③ 소판이나 소각재의 부산물 등을 이용하여 접착, 접합에 의해 소요 형상의 인공목재를 제조할 수 있다.
④ 펄프를 접착제로 제판하여 양면을 열압 건조시킨 것이다.

해설
① 비중이 0.8 이상이다(비중 0.8~1.0).
② 강도 및 경도가 비교적 큰 보드(Board)로 수장판으로 사용된다.
③ 집성재이다.

83 다음 중 열경화성 수지에 속하지 않는 것은?
① 멜라민 수지
② 요소 수지
③ 폴리에틸렌 수지
④ 에폭시 수지

해설
③ 폴리에틸렌 수지는 열가소성 수지이다.

84 콘크리트에 사용되는 혼화재인 플라이애시에 관한 설명으로 옳지 않은 것은?
① 단위 수량이 커져 블리딩 현상이 증가한다.
② 초기 재령에서 콘크리트 강도를 저하시킨다.
③ 수화 초기의 발열량을 감소시킨다.
④ 콘크리트의 수밀성을 향상시킨다.

해설
① 단위 수량이 적어져서 블리딩 현상이 감소한다.

85 점토에 관한 설명으로 옳지 않은 것은?
① 습윤상태에서 가소성이 좋다.
② 압축강도는 인장강도의 약 5배 정도이다.
③ 점토를 소성하면 용적, 비중 등의 변화가 일어나며 강도가 현저히 증대된다.
④ 점토의 소성온도는 점토의 성분이나 제품의 종류에 상관없이 같다.

해설
④ 점토의 소성온도는 점토의 성분이나 제품의 종류에 따라 다르다.

86 도막방수에 사용되지 않는 재료는?
① 염화비닐 도막재
② 아크릴고무 도막재
③ 고무아스팔트 도막재
④ 우레탄고무 도막재

해설
도막방수에 사용되지 않는 재료: 아크릴고무 도막재, 고무아스팔트 도막재, 우레탄고무 도막재

87 각 창호철물에 관한 설명으로 옳지 않은 것은?
① 피벗힌지(Pivot Hinge) : 경첩 대신 촉을 사용하여 여닫이문을 회전시킨다.
② 나이트래치(Night Latch) : 외부에서는 열쇠, 내부에서는 작은 손잡이를 틀어 열 수 있는 실린더장치로 된 것이다.
③ 크레센트(Crescent) : 여닫이문의 상하단에 붙여 경첩과 같은 역할을 한다.
④ 래버터리힌지(Lavatory Hinge) : 스프링 힌지의 일종으로 공중용 화장실 등에 사용된다.

해설
③ 크레센트(Crescent) : 미서기창 또는 오르내리창의 잠금용 철물

정답 83 ③ 84 ① 85 ④ 86 ① 87 ③

88 집성목재의 사용에 관한 설명으로 옳지 않은 것은?

① 판재와 각재를 접착재로 결합시켜 대재(大材)를 얻을 수 있다.
② 보, 기둥 등의 구조재료로 사용할 수 없다.
③ 옹이, 균열 등의 결점을 제거하거나 분산시켜 균질의 인공목재로 사용할 수 있다.
④ 임의의 단면 형상을 갖도록 제작할 수 있어 목재 활용면에서 경제적이다.

해설
② 보, 기둥 등의 구조재료로 사용할 수 있다.

89 다음 도료 중 방청도료에 해당하지 않는 것은?

① 광명단 도료
② 다채무늬 도료
③ 알루미늄 도료
④ 징크로메이트 도료

해설
② 방청도료 : 광명단 도료, 알루미늄 도료, 징크로메이트 도료

90 강화유리에 관한 설명으로 옳지 않은 것은?

① 유리 표면에 강한 압축응력층을 만들어 파괴강도를 증가시킨 것이다.
② 강도는 플로트 판유리에 비해 3~5배 정도이다.
③ 주로 출입문이나 계단 난간, 안전성이 요구되는 칸막이 등에 사용된다.
④ 깨어질 때는 판유리 전체가 파편으로 잘게 부서지지 않는다.

해설
④ 깨어질 때는 판유리 전체가 파편으로 잘게 부서진다.

91 수밀성, 기밀성 확보를 위하여 유리와 새시의 접합부, 패널의 접합부 등에 사용되는 재료로서 내후성이 우수하고 부착이 용이한 특징이 있으며, 형상이 H형, Y형, ㄷ형으로 나누어지는 것은?

① 유리퍼티(Glass Putty)
② 2액형 실링재(Two-Part Liquid Sealing Compound)
③ 개스킷(Gasket)
④ 아스팔트코킹(Asphalt Caulking Materials)

92 콘크리트의 탄산화에 관한 설명으로 옳지 않은 것은?

① 탄산가스의 농도, 온도, 습도 등 외부환경조건도 탄산화 속도에 영향을 준다.
② 물-시멘트비가 클수록 탄산화의 진행속도가 빠르다.
③ 탄산화된 부분은 페놀프탈레인액을 분무해도 착색되지 않는다.
④ 일반적으로 보통 콘크리트가 경량골재 콘크리트보다 탄산화 속도가 빠르다.

해설
④ 일반적으로 보통 콘크리트가 경량골재 콘크리트보다 탄산화 속도가 느리다.

93 골재의 실적률에 관한 설명으로 옳지 않은 것은?

① 실적률은 골재 입형의 양부를 평가하는 지표이다.
② 부순 자갈의 실적률은 그 입형 때문에 강자갈의 실적률보다 적다.
③ 실적률 산정 시 골재의 밀도는 절대건조 상태의 밀도를 말한다.
④ 골재의 단위용적질량이 동일하면 골재의 밀도가 클수록 실적률도 크다.

해설
골재의 단위용적 중량이 동일하면 밀도, 비중이 작을수록 실적률도 크다.

94 다음 중 강(鋼)의 열처리와 관계없는 용어는?

① 불 림   ② 담금질
③ 단 조   ④ 뜨 임

해설
단조는 강의 열처리 공법이 아니라 재료의 소성변형을 이용한 비절삭 가공 공법이다.

95 석고보드의 특성에 관한 설명으로 옳지 않은 것은?

① 흡수로 인해 강도가 현저하게 저하된다.
② 신축변형이 커서 균열의 위험이 크다.
③ 부식이 안 되고 충해를 받지 않는다.
④ 단열성이 높다.

해설
② 신축변형이 작아 균열의 위험이 적다.

96 보통 포틀랜드시멘트에 관한 설명으로 옳지 않은 것은?

① 시멘트의 응결시간은 분말도가 작을수록, 또 수량이 많고 온도가 낮을수록 짧아진다.
② 시멘트의 안정성 측정법으로 오토클레이브 팽창도 시험방법이 있다.
③ 시멘트의 비중은 소성온도나 성분에 따라 다르며, 동일 시멘트인 경우에 풍화한 것일수록 작아진다.
④ 시멘트의 비표면적이 너무 크면 풍화하기 쉽고 수화열에 의한 축열량이 커진다.

해설
① 시멘트의 응결시간은 분말도가 높을수록(미세한 것일수록), 또 수(水)량이 많고 온도가 높을수록 짧아진다.

정답 92 ④ 93 ④ 94 ③ 95 ② 96 ①

97 안료를 적은 양의 물로 용해하여 수용성 교착제와 혼합한 분말상태의 도료는?

① 수성 페인트
② 바니시
③ 래커
④ 에나멜 페인트

> **해설**
> 수성 페인트 : 안료를 적은 양의 물로 용해하여 수용성 교착제와 혼합한 분말상태의 도료

98 프리플레이스트 콘크리트에 사용되는 골재에 관한 설명으로 옳지 않은 것은?

① 굵은 골재의 최소 치수는 15[mm] 이상, 굵은 골재의 최대 치수는 부재단면 최소 치수의 1/4 이하, 철근 콘크리트의 경우 철근 순간격의 2/3 이하로 하여야 한다.
② 굵은 골재의 최대 치수와 최소 치수와의 차이를 작게 하면 굵은 골재의 실적률이 커지고 주입모르타르의 소요량이 적어진다.
③ 대규모 프리플레이스트 콘크리트를 대상으로 할 경우, 굵은 골재의 최소 치수를 크게 하는 것이 효과적이다.
④ 골재의 적절한 입도 분포를 위해 일반적으로 굵은 골재의 최대 치수는 최소 치수의 2~4배 정도로 한다.

> **해설**
> 굵은 골재의 최대 치수와 최소 치수와의 차이를 크게 하면 굵은 골재의 실적률이 커지고, 공극률이 작아져 주입모르타르의 소요량이 적어진다.

99 콘크리트 구조물의 강도 보강용 섬유소재로 적당하지 않은 것은?

① PCP
② 유리섬유
③ 탄소섬유
④ 아라미드섬유

> **해설**
> 콘크리트 구조물의 강도 보강용 섬유소재 : 유리섬유, 탄소섬유, 아라미드섬유 등

100 내약품성, 내마모성이 우수하여 화학공장의 방수층을 겸한 바닥 마무리로 가장 적합한 것은?

① 에폭시 도막방수
② 아스팔트 방수
③ 무기질 침투방수
④ 합성고분자 방수

> **해설**
> ① 에폭시 도막방수 : 내약품성, 내마모성이 우수하여 화학공장의 방수층을 겸한 바닥 마무리로 가장 적합한 도막방수

제6과목 건설안전기술

101 거푸집 동바리 등을 조립하는 경우에 준수하여야 할 사항으로 옳지 않은 것은?

① 거푸집이 곡면의 경우에는 버팀대의 부착 등 그 거푸집의 부상(浮上)을 방지하기 위한 조치를 할 것
② 동바리의 이음은 맞댄이음이나 장부이음으로 하고 같은 품질의 재료를 사용할 것
③ 동바리로 사용하는 강관(파이프 서포트는 제외)은 높이 2[m] 이내마다 수평연결재를 4개 방향으로 만들고 수평연결재의 변위를 방지할 것
④ 동바리 사용하는 파이프 서포트는 3개 이상 이어서 사용하지 않도록 할 것

해설
③ 동바리로 사용하는 강관(파이프 서포트는 제외)은 높이 2[m] 이내마다 수평연결재를 2개 방향으로 만들고 수평연결재의 변위를 방지할 것

102 공사용 가설도로를 설치하는 경우 준수해야 할 사항으로 옳지 않은 것은?

① 도로는 장비와 차량이 안전하게 운행할 수 있도록 견고하게 설치한다.
② 도로는 배수에 관계없이 평탄하게 설치한다.
③ 도로와 작업장이 접하여 있을 경우에는 방책 등을 설치한다.
④ 차량의 속도제한 표지를 부착한다.

해설
가설도로(산업안전보건기준에 관한 규칙 제379조)
• 도로는 장비와 차량이 안전하게 운행할 수 있도록 견고하게 설치할 것
• 도로와 작업장이 접하여 있을 경우에는 울타리 등을 설치할 것
• 도로는 배수를 위하여 경사지게 설치하거나 배수시설을 설치할 것
• 차량의 속도제한 표지를 부착할 것

103 단관비계를 조립하는 경우 벽이음 및 버팀을 설치할 때의 수평방향 조립간격 기준으로 옳은 것은?

① 3[m] ② 5[m]
③ 6[m] ④ 8[m]

해설
강관비계의 조립간격(산업안전보건기준에 관한 규칙 별표 5)

강관비계의 종류	조립간격(단위 : [m])	
	수직방향	수평방향
단관비계	5	5
틀비계(높이 5[m] 미만 제외)	6	8

104 유해위험방지계획서를 제출해야 될 대상 공사의 기준으로 옳은 것은?

① 최대 지간길이가 50[m] 이상인 교량 건설 등 공사
② 다목적댐, 발전용댐 및 저수용량 1,000만[ton] 이상의 용수 전용 댐, 지방상수도 전용 댐 등의 공사
③ 깊이가 8[m] 이상인 굴착공사
④ 연면적 3,000[m²] 이상의 냉동·냉장창고시설의 설비공사 및 단열공사

해설
유해위험방지계획서를 제출해야 할 대상공사(산업안전보건법 시행령 제42조)
• 지상높이가 31[m] 이상인 건축물 또는 인공구조물
• 연면적 3만[m²] 이상인 건축물
• 연면적 5천[m²] 이상인 시설로서 다음의 어느 하나에 해당하는 시설
 – 문화 및 집회시설(전시장 및 동물원·식물원은 제외)
 – 판매시설, 운수시설(고속철도의 역사 및 집배송시설은 제외)
 – 종교시설
 – 의료시설 중 종합병원
 – 숙박시설 중 관광숙박시설
 – 지하도상가
 – 냉동·냉장 창고시설
• 연면적 5천[m²] 이상인 냉동·냉장 창고시설의 설비공사 및 단열공사
• 최대 지간길이(다리의 기둥과 기둥의 중심사이의 거리)가 50[m] 이상인 다리의 건설 등 공사
• 터널의 건설 등 공사
• 다목적댐, 발전용댐, 저수용량 2천만[ton] 이상의 용수 전용 댐 및 지방상수도 전용 댐의 건설 등 공사
• 깊이 10[m] 이상인 굴착공사

105 토질시험 중 액체 상태의 흙이 건조되어 가면서 액성, 소성, 반고체, 고체 상태의 경계선과 관련된 시험의 명칭은?

① 아터버그한계시험
② 압밀시험
③ 삼축압축시험
④ 투수시험

해설
① 아터버그한계시험 : 액체 상태의 흙이 건조되어 가면서 액성, 소성, 반고체, 고체 상태의 경계선과 관련된 토질시험

106 인력운반 작업에 대한 안전 준수사항으로 옳지 않은 것은?

① 보조기구를 효과적으로 사용한다.
② 긴 물건은 뒤쪽을 높이고 원통인 물건은 굴려서 운반한다.
③ 물건을 들어올릴 때에는 팔과 무릎을 이용하며 척추는 곧게 한다.
④ 무거운 물건은 공동작업으로 실시한다.

해설
인력운반 작업에 대한 안전 준수사항
• 긴 물건이나 구르기 쉬운 물건은 인력운반을 될 수 있는 대로 피한다.
• 부득이 하게 길이가 긴 물건을 인력 운반해야 할 경우에는 앞쪽을 높게 하여 운반한다.
• 부득이 하게 원통인 물건을 인력 운반해야 할 경우 절대로 굴려서 운반하면 안 된다.

107 철골작업을 할 때 악천후에는 작업을 중지하도록 하여야 하는데 그 기준으로 옳은 것은?

① 강설량이 분당 1[cm] 이상인 경우
② 강우량이 시간당 1[cm] 이상인 경우
③ 풍속이 초당 10[m] 이상인 경우
④ 기온이 28[℃] 이상인 경우

해설
철골작업을 중지하여야 하는 기준
• (10분간의 평균)풍속이 초당 10[m] 이상인 경우
• 강우량이 시간당 1[mm] 이상인 경우
• 강설량이 시간당 1[cm] 이상인 경우

108 굴착작업을 하는 경우 근로자의 위험을 방지하기 위하여 작업장의 지형·지반 및 지층상태 등에 대하여 실시하여야 하는 사전조사 내용으로 옳지 않은 것은?

① 형상·지질 및 지층의 상태
② 균열·함수(숨水)·용수 및 동결의 유무 또는 상태
③ 지상의 배수 상태
④ 매설물 등의 유무 또는 상태

해설
굴착작업 전 사전조사(산업안전보건기준에 관한 규칙 별표 4)
• 형상·지질 및 지층의 상태
• 매설물 등의 유무 또는 (흐름) 상태
• 지반의 지하수위 상태
• 균열·함수·용수 및 동결의 유무 또는 상태

정답 105 ① 106 ② 107 ③ 108 ③

109 건설업 산업안전보건관리비 중 안전시설비로 사용할 수 있는 항목에 해당하는 것은?

① 각종 비계, 작업발판, 가설계단·통로, 사다리 등
② 비계·통로·계단에 추가 설치하는 추락방지용 안전난간
③ 절토부 및 성토부 등의 토사유실 방지를 위한 설비
④ 작업장 간 상호 연락, 작업 상황 파악 등 통신수단으로 활용되는 통신시설·설비

해설

공사진척에 따른 안전 관리비 사용기준(건설업 산업안전보건관리비 계상 및 사용기준 별표 2)
비계·통로·계단에 추가 설치하는 추락방지용 안전난간, 사다리 전도방지장치, 틀비계에 별도로 설치하는 안전난간·사다리, 통로의 낙하물방호선반 등은 안전시설비로 사용 가능하다.
※ 해당 법 조항 삭제됨(2022.6.2. 개정)

110 작업으로 인하여 물체가 떨어지거나 날아올 위험이 있는 경우 그 위험을 방지하기 위하여 필요한 조치사항으로 거리가 먼 것은?

① 낙하물방지망의 설치
② 출입금지구역의 설정
③ 보호구의 착용
④ 작업지휘자 선정

해설

낙하물에 의한 위험의 방지(산업안전보건기준에 관한 규칙 제14조)
사업주는 작업으로 인하여 물체가 떨어지거나 날아올 위험이 있는 경우 낙하물 방지망, 수직보호망 또는 방호선반의 설치, 출입금지구역의 설정, 보호구의 착용 등 위험을 방지하기 위하여 필요한 조치를 하여야 한다.

111 구축물 또는 이와 유사한 시설물에 대하여 자중(自重), 적재하중, 적설, 풍압(風壓), 지진이나 진동 및 충격 등에 의하여 붕괴·전도·도괴·폭발하는 등의 위험을 예방하기 위하여 필요한 조치로 거리가 먼 것은?

① 설계도서에 따라 시공했는지 확인
② 건설공사 시방서(示方書)에 따라 시공했는지 확인
③ 소방시설법령에 의해 소방시설을 설치했는지 확인
④ 건축물의 구조기준 등에 관한 규칙에 따른 구조기준을 준수했는지 확인

해설

구축물 등의 안전 유지(산업안전보건기준에 관한 규칙 제51조)
사업주는 구축물 등이 고정하중, 적재하중, 시공·해체 작업 중 발생하는 하중, 적설, 풍압(風壓), 지진이나 진동 및 충격 등에 의하여 전도·폭발하거나 무너지는 등의 위험을 예방하기 위하여 설계도면, 시방서(示方書), 건축물의 구조기준 등에 관한 규칙에 따른 구조설계도서, 해체계획서 등 설계도서를 준수하여 필요한 조치를 해야 한다.

112 건설작업장에서 재해예방을 위해 작업조건에 따라 근로자에게 지급하고 착용하도록 하여야 할 보호구로 옳지 않은 것은?

① 물체가 떨어지거나 날아올 위험 또는 근로자가 추락할 위험이 있는 작업 : 안전모
② 높이 또는 깊이 2[m] 이상의 추락할 위험이 있는 장소에서 하는 작업 : 안전대
③ 용접 시 불꽃이나 물체가 흩날릴 위험이 있는 작업 : 보안경
④ 물체의 낙하·충격, 물체에의 끼임, 감전 또는 정전기의 대전에 의한 위험이 있는 작업 : 안전화

해설

③ 용접 시 불꽃이나 물체가 흩날릴 위험이 있는 작업 : 보안면

정답 109 ② 110 ④ 111 ③ 112 ③

113 차량계 건설기계 작업 시 그 기계가 넘어지거나 굴러 떨어짐으로써 근로자가 위험해질 우려가 있는 경우에 필요한 조치사항으로 거리가 먼 것은?

① 변속기능의 유지
② 갓길의 붕괴방지
③ 도로 폭의 유지
④ 지반의 부동침하방지

해설
전도 등의 방지(산업안전보건기준에 관한 규칙 제199조)
사업주는 차량계 건설기계를 사용하는 작업할 때에 그 기계가 넘어지거나 굴러 떨어짐으로써 근로자가 위험해질 우려가 있는 경우에는 유도하는 사람을 배치하고 지반의 부동침하 방지, 갓길의 붕괴 방지 및 도로 폭의 유지 등 필요한 조치를 하여야 한다.

114 갱 내에 설치한 사다리식 통로에 권상장치가 설치된 경우 권상장치와 근로자의 접촉에 의한 위험이 있는 장소에 설치해야 하는 것은?

① 판자벽
② 울
③ 건널다리
④ 덮개

해설
갱내 통로 등의 위험 방지(산업안전보건기준에 관한 규칙 제25조)
사업주는 갱내에 설치한 통로 또는 사다리식 통로에 권상장치(卷上裝置)가 설치된 경우 권상장치와 근로자의 접촉에 의한 위험이 있는 장소에 판자벽이나 그 밖에 위험 방지를 위한 격벽(隔壁)을 설치하여야 한다.

115 52[m] 높이로 강관비계를 세우려면 지상에서 몇 [m]까지 2개의 강관으로 묶어 세워야 하는가?

① 11[m]
② 16[m]
③ 21[m]
④ 26[m]

해설
강관비계의 구조(산업안전보건기준에 관한 규칙 제60조)
비계기둥의 제일 윗부분으로부터 31[m] 되는 지점 밑부분의 비계기둥은 2개의 강관으로 묶어세울 것(다만, 브래킷(Bracket, 까치발) 등으로 보강하여 2개의 강관으로 묶을 경우 이상의 강도가 유지되는 경우에는 그러하지 아니하다)

116 보호구 자율안전확인 고시에 따른 안전모의 시험항목에 해당되지 않는 것은?

① 전처리
② 착용높이측정
③ 충격흡수성시험
④ 절연시험

해설
추락 및 감전 위험방지용 안전모의 시험방법(보호구 안전인증 고시 별표 1의 2)
안전모의 시험항목 : 전처리, 착용높이측정, 내관통성시험, 충격흡수성시험, 내전압성시험, 내수성시험, 난연성시험, 턱끈풀림시험, 측면변형시험, 금속용융물분사시험

정답 113 ① 114 ① 115 ③ 116 ④

117 강관틀비계를 조립하여 사용하는 경우 준수해야 할 기준으로 옳지 않은 것은?

① 비계기둥의 밑둥에는 밑받침 철물을 사용하여야 하며 밑받침에 고저차(高低差)가 있는 경우에는 조절형 밑받침 철물을 사용하여 각각의 강관틀비계가 항상 수평 및 수직을 유지하도록 할 것
② 높이가 20[m]를 초과하고 중량물의 적재를 수반하는 작업을 할 경우에는 주틀 간의 간격을 1.8[m] 이하로 할 것
③ 주틀 간의 교차 가새를 설치하고 최상층 및 5층 이내마다 수평재를 설치할 것
④ 수직방향으로 5[m], 수평방향으로 5[m] 이내마다 벽이음을 할 것

해설
④ 수직방향으로 6[m], 수평방향으로 8[m] 이내마다 벽이음을 할 것
강관틀비계(산업안전보건기준에 관한 규칙 제62조)
- 비계기둥의 밑둥에는 밑받침 철물을 사용하여야 하며 밑받침에 고저차(高低差)가 있는 경우에는 조절형 밑받침철물을 사용하여 각각의 강관틀비계가 항상 수평 및 수직을 유지하도록 할 것
- 높이가 20[m]를 초과하거나 중량물의 적재를 수반하는 작업을 할 경우에는 주틀 간의 간격을 1.8[m] 이하로 할 것
- 주틀 간에 교차 가새를 설치하고 최상층 및 5층 이내마다 수평재를 설치할 것
- 길이가 띠장 방향으로 4[m] 이하이고 높이가 10[m]를 초과하는 경우에는 10[m] 이내마다 띠장 방향으로 버팀기둥을 설치할 것

118 체인(Chain)의 폐기 대상이 아닌 것은?

① 균열, 흠이 있는 것
② 뒤틀림 등 변형이 현저한 것
③ 전장이 원래 길이의 5[%]를 초과하여 늘어난 것
④ 링(Ring)의 단면 지름의 감소가 원래 지름의 5[%] 정도 마모된 것

해설
달비계의 구조(산업안전보건기준에 관한 규칙 제63조)
다음의 어느 하나에 해당하는 달기 체인을 달비계에 사용해서는 아니 된다.
- 달기 체인의 길이가 달기 체인이 제조된 때의 길이의 5[%]를 초과한 것
- 링의 단면지름이 달기 체인이 제조된 때의 해당 링의 지름의 10[%]를 초과하여 감소한 것
- 균열이 있거나 심하게 변형된 것

119 물체가 떨어지거나 날아올 위험을 방지하기 위한 낙하물 방지망 또는 방호선반을 설치할 때 수평면과의 적정한 각도는?

① 10~20°   ② 20~30°
③ 30~40°   ④ 40~45°

해설
낙하물 방지망 또는 방호선반을 설치하는 경우(산업안전보건기준에 관한 규칙 제14조)
- 높이 10[m] 이내마다 설치하고, 내민 길이는 벽면으로부터 2[m] 이상으로 할 것
- 수평면과의 각도는 20° 이상 30° 이하를 유지할 것

120 콘크리트 타설작업을 하는 경우 안전대책으로 옳지 않은 것은?

① 당일의 작업을 시작하기 전에 해당 작업에 관한 거푸집 동바리 등의 변형·변위 및 지반의 침하 유무 등을 점검하고 이상이 있으면 보수할 것
② 작업 중에는 거푸집동바리 등의 변형·변위 및 침하 유무 등을 감시할 수 있는 감시자를 배치하여 이상이 있으면 작업을 중지하고 근로자를 대피시킬 것
③ 설계도서상의 콘크리트 양생기간을 준수하여 거푸집동바리 등을 해체할 것
④ 슬래브의 경우 한쪽부터 순차적으로 콘크리트를 타설하는 등 편심을 유발하여 빠른 시간 내 타설이 완료되도록 할 것

해설
④ 콘크리트를 타설하는 경우에는 편심이 발생하지 않도록 골고루 분산하여 타설할 것

2020년 제1·2회 통합 과년도 기출문제

제1과목 산업안전관리론

01 다음은 산업안전보건법령상 공정안전보고서의 제출 시기에 관한 기준 내용이다. ( ) 안에 들어갈 내용을 올바르게 나열한 것은?

> 사업주는 산업안전보건법 시행령에 따라 유해하거나 위험한 설비의 설치·이전 또는 주요 구조부분의 변경공사의 착공일 (㉠)전까지 공정안전보고서를 (㉡) 작성하여 해당기관에 제출하여야 한다.

① ㉠ 1일, ㉡ 2부
② ㉠ 15일, ㉡ 1부
③ ㉠ 15일, ㉡ 2부
④ ㉠ 30일, ㉡ 2부

해설
사업주는 유해·위험설비의 설치·이전 또는 주요 구조부분의 변경공사의 착공일 30일 전까지 공정안전보고서를 2부 작성하여 해당기관에 제출하여야 한다.

02 안전보건관리조직 중 스태프(Staff)형 조직에 관한 설명으로 옳지 않은 것은?

① 안전정보수집이 신속하다.
② 안전과 생산을 별개로 취급하기 쉽다.
③ 권한 다툼이나 조정이 용이하여 통제수속이 간단하다.
④ 스태프 스스로 생산라인이 안전업무를 행하는 것은 아니다.

해설
③ 권한 다툼이나 조정이 용이하여 통제수속이 간단한 조직은 라인형 조직이다.

03 다음 중 시설물의 안전 및 유지관리에 관한 특별법상 시설물 정기안전점검의 실시 시기로 옳은 것은?(단, 시설물의 안전등급이 A등급인 경우)

① 반기에 1회 이상
② 1년에 1회 이상
③ 2년에 1회 이상
④ 3년에 1회 이상

해설
안전점검, 정밀안전진단 및 성능평가의 실시 시기(시설물의 안전 및 유지관리에 관한 특별법 시행령 별표 3)

안전등급	정기안전점검	정밀안전점검		정밀안전진단	성능평가
		건축물	건축물 외 시설물		
A등급	반기에 1회 이상	4년에 1회 이상	3년에 1회 이상	6년에 1회 이상	5년에 1회 이상
B·C등급		3년에 1회 이상	2년에 1회 이상	5년에 1회 이상	
D·E등급	1년에 3회 이상	2년에 1회 이상	1년에 1회 이상	4년에 1회 이상	

정답 1 ④ 2 ③ 3 ①

04 정보서비스업의 경우, 상시근로자의 수가 최소 몇 명 이상일 때 안전보건관리규정을 작성하여야 하는가?

① 50명 이상
② 100명 이상
③ 200명 이상
④ 300명 이상

해설
안전보건관리규정을 작성해야 할 사업의 종류 및 상시근로자 수

사업의 종류	상시근로자 수
농 업	300명 이상
어 업	
소프트웨어 개발 및 공급업	
컴퓨터 프로그래밍, 시스템 통합 및 관리업, 영상·오디오물 제공 서비스업	
정보서비스업	
금융 및 보험업	
임대업(부동산 제외)	
전문, 과학 및 기술 서비스업(연구개발업 제외)	
사업지원 서비스업	
사회복지 서비스업	
위의 사업을 제외한 사업	100명 이상

05 100명의 근로자가 근무하는 A기업체에서 1주일에 48시간, 연간 50주를 근무하는데 1년에 50건의 재해로 총 2,400일의 근로손실일수가 발생하였다. A기업체의 강도율은?

① 10
② 24
③ 100
④ 240

해설
$$강도율 = \frac{근로손실일수}{연근로시간수} \times 10^3 = \frac{2,400}{100 \times 48 \times 50} \times 10^3 = 10$$

06 아파트 신축 건설현장에 산업안전보건법령에 따른 안전·보건표지를 설치하려고 한다. 용도에 따른 표지의 종류를 올바르게 연결한 것은?

① 금연 – 지시표시
② 비상구 – 안내표시
③ 고압전기 – 금지표시
④ 안전모 착용 – 경고표시

해설
① 금연 : 금지표시
③ 고압전기 : 경고표시
④ 안전모 착용 : 지시표시

07 기계설비의 안전에 있어서 중요 부분의 피로, 마모, 손상, 부식 등에 대한 장치의 변화 유무 등을 일정 기간마다 점검하는 안전점검의 종류는?

① 수시점검
② 임시점검
③ 정기점검
④ 특별점검

해설
① 수시점검(일상점검) : 작업자에 의해 매일 작업 전, 중, 후에 해당 작업설비에 대하여 수시로 실시하는 점검
② 임시점검 : 사고발생 이후 곧바로 외부전문가에 의하여 실시하는 점검
④ 특별점검 : 기계, 기구 또는 설비를 신설하거나 변경 또는 고장 수리 시 실시하는 안전점검

정답 4 ④ 5 ① 6 ② 7 ③

08 하인리히 사고예방대책 5단계의 각 단계와 기본 원리가 잘못 연결된 것은?

① 제1단계 – 안전조직
② 제2단계 – 사실의 발견
③ 제3단계 – 점검 및 검사
④ 제4단계 – 시정 방법의 선정

해설
하인리히의 사고예방대책의 기본원리 5단계
- 1단계 : 안전조직
- 2단계 : 사실의 발견
- 3단계 : 분석·평가
- 4단계 : 시정책의 선정
- 5단계 : 시정책 적용(Adaption of Remedy)

09 산업안전보건법령상 사업주의 의무에 해당하지 않는 것은?

① 산업재해 예방을 위한 기준 준수
② 사업장의 안전 및 보건에 관한 정보를 근로자에게 제공
③ 산업안전 및 보건 관련 단체 등에 대한 지원 및 지도·감독
④ 근로자의 신체적 피로와 정신적 스트레스 등을 줄일 수 있는 쾌적한 작업환경의 조성 및 근로조건 개선

해설
사업주의 의무(산업안전보건법 제5조)
- 산업안전법과 이 법에 따른 명령으로 정하는 산업재해 예방을 위한 기준
- 근로자의 신체적 피로와 정신적 스트레스 등을 줄일 수 있는 쾌적한 작업환경의 조성 및 근로조건 개선
- 해당 사업장의 안전 및 보건에 관한 정보를 근로자에게 제공

10 시몬즈(Simonds)의 총재해 코스트 계산방식 중 비보험 코스트 항목에 해당하지 않는 것은?

① 사망재해 건수
② 통원상해 건수
③ 응급조치 건수
④ 무상해 사고 건수

해설
① 사망재해 건수는 보험코스트에 해당된다.
비보험 코스트
- 무상해 사고건수
- 통원상해 건수
- 응급조치 건수
- 휴업상해 건수

11 위험예지훈련의 4라운드 기법에서 문제점을 발견하고 중요 문제를 결정하는 단계는?

① 현상파악
② 본질추구
③ 목표설정
④ 대책수립

해설
위험예지훈련의 4라운드 기법
- 1단계(현상파악) : 모두가 토의를 통하여 위험요인을 발견하는 단계
- 2단계(본질추구) : '위험의 포인트'를 결정하여 모두 지적하고 확인하는 단계
- 3단계(대책수립) : 각자의 입장에서 발견한 위험요소를 극복하기 위한 방법을 이야기하는 단계
- 4단계(목표설정) : 대책들을 공감하고 팀의 행동목표를 설정하고 지적 및 확인하는 단계

12 재해조사의 주된 목적으로 옳은 것은?

① 재해의 책임소재를 명확히 하기 위함이다.
② 동일 업종의 산업재해 통계를 조사하기 위함이다.
③ 동종 또는 유사재해의 재발을 방지하기 위함이다.
④ 해당 사업장의 안전관리 계획을 수립하기 위함이다.

해설
재해조사의 목적
- 동종 및 유사 재해 재발방지(주된 목적)
- 재해 발생원인 및 결함 규명
- 재해예방자료 수집

13 위험예지훈련의 기법으로 활용하는 브레인스토밍(Brain Storming)에 관한 설명으로 옳지 않은 것은?

① 발언은 누구나 자유분방하게 하도록 한다.
② 가능한 한 무엇이든 많이 발언하도록 한다.
③ 타인의 아이디어를 수정하여 발언할 수 없다.
④ 발표된 의견에 대하여는 서로 비판을 하지 않도록 한다.

해설
③ 타인의 의견을 수정하여 발언할 수 있다.
브레인스토밍의 4원칙 : 비판금지, 자유분방, 대량발언, 수정발언

14 버드(Frank Bird)의 도미노 이론에서 재해발생 과정에 있어 가장 먼저 수반되는 것은?

① 관리의 부족
② 전술 및 전략적 에러
③ 불안전한 행동 및 상태
④ 사회적 환경과 유전적 요소

해설
버드(Frank Bird)의 도미노 이론에서의 재해발생 과정 순서
- 1단계 : 관리(제어)부족(재해발생의 근원적 원인)
- 2단계 : 기본원인(기원)
- 3단계 : 징후발생(직접원인)
- 4단계 : 접촉발생(사고)
- 5단계 : 상해발생(손해, 손실)

15 재해사례연구의 진행순서로 옳은 것은?

① 재해 상황의 파악 → 사실의 확인 → 문제점 발견 → 근본적 문제점 결정 → 대책수립
② 사실의 확인 → 재해 상황의 파악 → 근본적 문제점 결정 → 문제점 발견 → 대책수립
③ 문제점 발견 → 사실의 확인 → 재해 상황의 파악 → 근본적 문제점 결정 → 대책수립
④ 재해 상황의 파악 → 문제점 발견 → 근본적 문제점 결정 → 대책수립 → 사실의 확인

정답 12 ③ 13 ③ 14 ① 15 ①

16 사고예방대책의 기본원리 5단계 시정책의 적용 중 3E에 해당하지 않은 것은?

① 교육(Education) ② 관리(Enforcement)
③ 기술(Engineering) ④ 환경(Environment)

해설
사고예방대책의 기본원리 5단계 시정책의 적용 중 3E : 교육(Education), 관리(Enforcement), 기술(Engineering)

17 다음 중 산업재해발생의 기본 원인 4M에 해당하지 않는 것은?

① Media ② Material
③ Machine ④ Management

해설
산업재해발생의 기본 원인 4M : Man, Machine, Media, Management

18 산업안전보건법령상 안전보건총괄책임자의 직무에 해당하지 않는 것은?

① 도급 시 산업재해 예방조치
② 위험성평가의 실시에 관한 사항
③ 해당 사업장 안전교육계획의 수립에 관한 보좌 및 지도·조언
④ 산업안전보건관리비의 관계수급인 간의 사용에 관한 협의·조정 및 그 집행의 감독

해설
안전보건총괄책임자의 직무(산업안전보건법 시행령 제53조)
• 위험성평가의 실시에 관한 사항
• 산업재해 및 중대재해 발생 시 작업의 중지
• 도급 시 산업재해 예방조치
• 산업안전보건관리비의 관계수급인 간의 사용에 관한 협의·조정 및 그 집행의 감독
• 안전인증대상기계 등과 자율안전확인대상기계 등의 사용 여부 확인

19 보호구 안전인증제품에 표시할 사항으로 옳지 않은 것은?

① 규격 또는 등급
② 형식 또는 모델명
③ 제조번호 및 제조연월
④ 성능기준 및 시험방법

해설
안전인증제품에 표시해야 하는 사항(보호구 안전인증 고시 제34조)
형식 또는 모델명, 규격 또는 등급, 제조자명, 제조번호 및 제조연월, 안전인증 번호

20 산업안전보건법령상 자율안전확인대상 기계 등에 해당하지 않는 것은?

① 연삭기 ② 곤돌라
③ 컨베이어 ④ 산업용 로봇

해설
자율안전확인대상 기계·설비, 방호장치, 보호구(산업안전보건법 제89조, 시행령 제77조)

기계·설비 (10품목)	연삭기 또는 연마기(휴대형은 제외), 산업용 로봇, 혼합기, 파쇄기 또는 분쇄기, 식품가공용 기계(파쇄·절단·혼합·제면기만 해당), 컨베이어, 자동차정비용 리프트, 공작기계(선반, 드릴기, 평삭·형삭기, 밀링만 해당), 고정형 목재가공용 기계(둥근톱, 대패, 루타기, 띠톱, 모떼기 기계만 해당), 인쇄기
방호장치 (7품목)	아세틸렌 용접장치용 또는 가스집합 용접장치용 안전기, 교류 아크용접기용 자동전격방지기, 롤러기 급정지장치, 연삭기 덮개, 목재 가공용 둥근톱 반발 예방장치와 날 접촉 예방장치, 동력식 수동대패용 칼날 접촉 방지장치, 가설기자재(안전인증 대상 제외)
보호구 (3품목)	안전모(안전인증대상 안전모 제외), 보안경(안전인증대상 보안경 제외), 보안면(안전인증대상 보안면 제외)

정답 16 ④ 17 ② 18 ③ 19 ④ 20 ②

제2과목 산업심리 및 교육

21 집단 간 갈등의 해소방안으로 틀린 것은?

① 공동의 문제 설정
② 상위 목표의 설정
③ 집단 간 접촉 기회의 증대
④ 사회적 범주화 편향의 최대화

해설
집단 간 갈등의 해소방안
• 사회적 범주화 편향의 최소화
• 공동의 문제 설정
• 상위 목표의 설정
• 집단 간 접촉 기회의 증대
• 제한된 자원 해소를 위한 자원 확충
• 갈등관계에 있는 집단들의 구성원들의 직무 순환
• 집단 통합, 조직 개편

22 의사소통의 심리구조를 4영역으로 나누어 설명한 조하리의 창(Johari's Windows)에서 '나는 모르지만 다른 사람은 알고 있는 영역'을 무엇이라 하는가?

① Blind Area
② Hidden Area
③ Open Area
④ Unknown Area

해설
② 은폐 영역(Hidden Area) : 자신은 알고 있으나 남에게 감추어진 영역
③ 개방 영역(Open Area) : 자신과 남이 다 알 수 있는 개방된 영역
④ 미지 영역(Unknown Area) : 자신도 남도 알 수 없는 미지의 영역

23 Project Method의 장점으로 볼 수 없는 것은?

① 창조력이 생긴다.
② 동기부여가 충분하다.
③ 현실적인 학습방법이다.
④ 시간과 에너지가 적게 소비된다.

해설
④ 시간과 에너지가 많이 소비된다.

24 존 듀이(Jone Dewey)의 5단계 사고과정을 순서대로 나열한 것으로 맞는 것은?

㉠ 행동에 의하여 가설을 검토한다.
㉡ 가설(Hypothesis)을 설정한다.
㉢ 지식화(Intellectualization)한다.
㉣ 시사(Suggestion)를 받는다.
㉤ 추론(Reasoning)한다.

① ㉤ → ㉡ → ㉣ → ㉠ → ㉢
② ㉣ → ㉢ → ㉡ → ㉤ → ㉠
③ ㉤ → ㉢ → ㉡ → ㉣ → ㉠
④ ㉣ → ㉠ → ㉡ → ㉢ → ㉤

해설
존 듀이의 사고과정 5단계
• 1단계 : 시사를 받는다(Suggestion).
• 2단계 : 지식화한다(Intellectualization).
• 3단계 : 가설을 설정한다(Hypothesis).
• 4단계 : 추론한다(Reasoning).
• 5단계 : 행동에 의하여 가설을 검토한다.

정답 21 ④ 22 ① 23 ④ 24 ②

25 주의(Attention)에 대한 설명으로 틀린 것은?

① 주의력의 특성은 선택성, 변동성, 방향성으로 표현된다.
② 한 자극에 주의를 집중하여도 다른 자극에 대한 주의력은 약해지지 않는다.
③ 여러 종류의 자극을 지각할 때 소수의 특정한 것을 선택하여 집중하는 특성을 갖는다.
④ 의식작용이 있는 일에 집중하거나 행동의 목적에 맞추어 의식수준이 집중되는 심리상태를 말한다.

해설
한 자극에 주의를 집중하면 다른 자극에 대한 주의력은 약해진다.

26 안전교육 계획수립 및 추진에 있어 진행순서를 나열한 것으로 맞는 것은?

① 교육의 필요점 발견 → 교육대상 결정 → 교육준비 → 교육 실시 → 교육의 성과를 평가
② 교육대상 결정 → 교육의 필요점 발견 → 교육준비 → 교육 실시 → 교육의 성과를 평가
③ 교육의 필요점 발견 → 교육 준비 → 교육대상 결정 → 교육 실시 → 교육의 성과를 평가
④ 교육대상 결정 → 교육 준비 → 교육의 필요점 발견 → 교육 실시 → 교육의 성과를 평가

해설
안전교육 계획수립 및 추진 진행순서
교육의 필요점 발견 → 교육대상 결정 → 교육 준비 → 교육 실시 → 교육의 성과를 평가

27 인간의 동작특성을 외적 조건과 내적 조건으로 구분할 때 내적 조건에 해당하는 것은?

① 경력
② 대상물의 크기
③ 기온
④ 대상물의 동적 성질

해설
내적 조건 : 근무경력, 적성, 개성 등의 조건

28 산업안전보건법령상 사업 내 안전보건교육 중 관리감독자의 지위에 있는 사람을 대상으로 실시하여야 할 정기교육의 교육시간으로 맞는 것은?

① 연간 1시간 이상
② 매 분기 3시간 이상
③ 연간 16시간 이상
④ 매 분기 6시간 이상

해설
관리감독자 안전보건교육시간

교육과정	교육시간
정기교육	연간 16시간 이상
채용 시 교육	8시간 이상
작업내용 변경 시 교육	2시간 이상
특별교육	16시간 이상(최초 작업에 종사하기 전 4시간 이상 실시하고, 12시간은 3개월 이내에서 분할하여 실시 가능)
	단기간 작업 또는 간헐적 작업인 경우에는 2시간 이상

정답 25 ② 26 ① 27 ① 28 ③

29 교육방법에 있어 강의방식의 단점으로 볼 수 없는 것은?

① 학습내용에 대한 집중이 어렵다.
② 학습자의 참여가 제한적일 수 있다.
③ 인원대비 교육에 필요한 비용이 많이 든다
④ 학습자 개개인의 이해도를 파악하기 어렵다.

해설
강의방식은 인원대비 교육에 필요한 비용이 적게 든다(장점).

30 리더십의 행동이론 중 관리 그리드(Managerial Grid)에서 인간에 대한 관심보다 업무에 대한 관심이 매우 높은 유형은?

① (1,1)형 　② (1,9)형
③ (5,5)형 　④ (9,1)형

해설
① (1,1)형 : 무관심형, 인간에 대한 관심이나 업무에 대한 관심 모두 매우 낮은 유형
② (1,9)형 : 인기형, 업무에 대한 관심보다 인간에 대한 관심이 매우 높은 유형
③ (5,5)형 : 타협형, 인간에 대한 관심이나 업무에 대한 관심 모두 중간인 유형

31 교육의 3요소로만 나열된 것은?

① 강사, 교육생, 사회인사
② 강사, 교육생, 교육자료
③ 교육자료, 지식인, 정보
④ 교육생, 교육자료, 교육장소

해설
교육의 3요소 : 강사(교사), 교육생(학생), 교육자료(매개체)

32 판단과정 착오의 요인이 아닌 것은?

① 자기 합리화 　② 능력 부족
③ 작업경험 부족 　④ 정보 부족

해설
③ 작업경험 부족은 조작과정의 착오요인에 해당한다.
판단과정의 착오요인
능력 부족, 정보 부족, 자기합리화, 합리화의 부족, 작업조건 불량, 환경조건 불비

33 직업적성검사 중 시각적 판단검사에 해당하지 않는 것은?

① 조립검사 　② 명칭 판단검사
③ 형태 비교검사 　④ 공구 판단검사

해설
시각적 판단검사의 세부 검사 내용 : 형태 비교검사, 공구 판단검사, 명칭 판단검사

34 조직에 의한 스트레스 요인으로 역할 수행자에 대한 요구가 개인의 능력을 초과하거나 주어진 시간과 능력이 허용하는 것 이상을 달성하도록 요구받고 있다고 느끼는 상황을 무엇이라 하는가?

① 역할 갈등 　② 역할 과부하
③ 업무수행 평가 　④ 역할 모호성

해설
① 역할 갈등 : 역할에 대한 기대가 상충하거나 불일치하는 것이며 스트레스의 개인적 원인 중 한 직무의 역할 수행이 다른 역할과 모순되는 현상
③ 업무수행 평가 : 업무수행을 잘했는지를 평가하는 것
④ 역할 모호성 : 자신의 역할이 무엇인지 잘 모르는 상태이다.

정답 29 ③　30 ④　31 ②　32 ③　33 ①　34 ②

35 매슬로(Abraham Maslow)의 욕구위계설에서 제시된 5단계의 인간의 욕구 중 허즈버그(Herzberg)가 주장한 2요인(인자)이론의 동기요인에 해당하지 않는 것은?

① 성취 욕구
② 안전의 욕구
③ 자아실현의 욕구
④ 존경의 욕구

해설
② 안전의 욕구는 위생요인에 해당된다.
동기요인 : 참동기(충족 시 만족), 만족요인
- 정신적 욕구에 대한 만족
- 성취, 인정 등의 자아실현을 하려는 인간의 독특한 경향 반영
- 일의 내용, 작업 자체, 성취감, 존경, 인정, 권력, 자율성 부여와 권한위임, 책임감, 자기발전

36 인간의 행동특성에 있어 태도에 관한 설명으로 맞는 것은?

① 인간의 행동은 태도에 따라 달라진다.
② 태도가 결정되면 단시간 동안만 유지된다.
③ 집단의 심적 태도교정보다 개인의 심적 태도교정이 용이하다
④ 행동결정을 판단하고, 지시하는 외적 행동체계라고 할 수 있다.

해설
② 태도가 결정되면 장시간 유지된다.
③ 개인의 심적 태도교정보다 집단의 심적 태도교정이 용이하다
④ 행동결정을 판단하고, 지시하는 내적 행동체계라고 할 수 있다.

37 손다이크(Thorndike)의 시행착오설에 의한 학습법칙과 관계가 가장 먼 것은?

① 효과의 법칙
② 연습의 법칙
③ 동일성의 법칙
④ 준비성의 법칙

해설
시행착오설에 의한 학습의 법칙
효과의 법칙(Effect), 연습의 법칙(Exercise), 준비성의 법칙(Readiness)

38 산업안전보건법령상 근로자 정기안전보건교육의 교육내용이 아닌 것은?

① 산업안전 및 사고 예방에 관한 사항
② 건강증진 및 질병 예방에 관한 사항
③ 산업보건 및 직업병 예방에 관한 사항
④ 작업공정의 유해·위험과 재해 예방대책에 관한 사항

해설
④ 작업공정의 유해·위험과 재해 예방대책에 관한 사항은 관리감독자 정기안전보건교육내용에 속한다.
근로자 정기안전보건교육내용
- 산업안전 및 사고 예방에 관한 사항
- 산업보건 및 직업병 예방에 관한 사항
- 건강증진 및 질병 예방에 관한 사항
- 유해·위험 작업환경 관리에 관한 사항
- 산업안전보건법 및 일반관리에 관한 사항
- 직무스트레스 예방 및 관리에 관한 사항
- 직장 내 괴롭힘, 고객의 폭언 등으로 인한 건강장해 예방에 관한 사항
- 위험성 평가에 관한 사항

정답 35 ② 36 ① 37 ③ 38 ④

39 에너지소비량(RMR)의 산출방법으로 맞는 것은?

① $\dfrac{\text{작업 시의 소비에너지} - \text{기초대사량}}{\text{안정 시의 소비에너지}}$

② $\dfrac{\text{전체 소비에너지} - \text{작업 시의 소비에너지}}{\text{기초대사량}}$

③ $\dfrac{\text{작업 시의 소비에너지} - \text{안정 시의 소비에너지}}{\text{기초대사량}}$

④ $\dfrac{\text{작업 시의 소비에너지} - \text{안정 시의 소비에너지}}{\text{안정 시의 소비에너지}}$

해설

$\text{RMR} = \dfrac{\text{운동대사량}}{\text{기초대사량}}$

$= \dfrac{\text{작업 시의 소비에너지} - \text{안정 시의 소비에너지}}{\text{기초대사량}}$

$= \dfrac{\text{운동 시 산소소모량} - \text{안정 시 산소소모량}}{\text{산소소비량}}$

40 레빈의 3단계 조직변화모델에 해당되지 않는 것은?
① 해빙단계
② 체험단계
③ 변화단계
④ 재동결단계

해설
레빈의 3단계 조직변화모델 : 해빙단계, 변화단계, 재동결단계

제3과목 인간공학 및 시스템안전공학

41 인체에서 뼈의 주요 기능이 아닌 것은?
① 인체의 지주 ② 장기의 보호
③ 골수의 조혈 ④ 근육의 대사

해설
뼈의 주요기능
• 신체를 지지하고 형상을 유지하는 역할(인체의 지주, 신체의 지지)
• 주요한 부분을 보호하는 역할(장기의 보호)
• 신체활동을 수행하는 역할(근육수축 시 지렛대 역할을 하여 운동을 도와주는 역할)
• 조혈작용(골수의 조혈기능)
• 무기질을 저장하는 역할(칼슘과 인 등의 무기질을 저장하고 공급해 주는 역할)

42 FT도에서 사용하는 기호 중 다음 그림과 같이 OR게이트이지만, 2개 또는 그 이상의 입력이 동시에 존재할 때 출력이 생기지 않은 경우 사용하는 것은?

① 부정 OR게이트 ② 배타적 OR게이트
③ 억제게이트   ④ 조합 OR게이트

해설
※ 저자 의견
해당 문제의 지문으로 답은 ② 배타적 OR게이트가 맞습니다. 해당 문제의 그림에 오류가 있는 것으로 보입니다. 배타적 OR게이트의 그림은 다음 표를 참고 하십시오.

FT도에 사용되는 게이트

AND게이트	OR게이트	부정게이트	우선적 AND게이트

조합 AND게이트	위험지속 게이트	배타적 OR게이트	억제게이트

43 손이나 특정 신체부위에 발생하는 누적손상장애(CTD)의 발생인자와 가장 거리가 먼 것은?

① 무리한 힘
② 다습한 환경
③ 장시간의 진동
④ 반복도가 높은 작업

해설
누적손상장애(CTD)의 발생인자 : 반복도가 높은 작업, 무리한 힘, 장시간의 진동, 저온 환경

44 FTA에 의한 재해사례 연구순서 중 2단계에 해당하는 것은?

① FT도의 작성
② 톱 사상의 선정
③ 개선계획의 작성
④ 사상의 재해원인을 규명

해설
결함수 분석(FTA)에 의한 재해사례 연구순서 : 목표사상 선정 → 사상마다 재해원인 규명 → FT도 작성 → 개선계획 작성 → 개선안 실시계획

45 산업안전보건법령상 사업주가 유해위험방지계획서를 제출할 때에는 사업장 별로 관련서류를 첨부하여 해당 작업 시작 며칠 전까지 해당 기관에 제출하여야 하는가?

① 7일   ② 15일
③ 30일 ④ 60일

해설
산업안전보건법령상 사업주가 유해위험방지계획서를 제출할 때에는 사업장 별로 관련서류를 첨부하여 해당 작업 시작 15일 전까지 해당 기관에 제출하여야 한다.

46 반사율이 85[%], 글자의 밝기가 400[cd/m²]인 VDT 화면에 350[lx]의 조명이 있다면 대비는 약 얼마인가?

① −6.0   ② −5.0
③ −4.2   ④ −2.8

해설
휘도 $L_b = \dfrac{반사율 \times 조도}{\pi r^2} = \dfrac{0.85 \times 350}{3.14 \times 1^2} \simeq 94.7 [\text{cd/m}^2]$

전체 휘도 $L_t = 밝기 + 휘도 = 400 + 94.7 = 494.7 [\text{cd/m}^2]$

대비 $= \dfrac{L_b - L_t}{L_b} = \dfrac{94.7 - 494.7}{94.7} \simeq -4.2$

47 휴먼 에러(Human Error)의 요인을 심리적 요인과 물리적 요인으로 구분할 때, 심리적 요인에 해당하는 것은?

① 일이 너무 복잡한 경우
② 일의 생산성이 너무 강조될 경우
③ 동일 형상의 것이 나란히 있을 경우
④ 서두르거나 절박한 상황에 놓여있을 경우

해설
④는 심리적 요인에 해당되며, 나머지는 모두 물리적 요인에 해당된다.

48 각 부품의 신뢰도가 다음과 같을 때 시스템의 전체 신뢰도는 약 얼마인가?

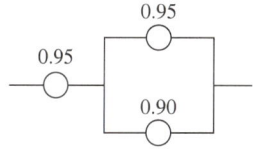

① 0.8123   ② 0.9453
③ 0.9553   ④ 0.9953

해설
$R_s = 0.95 \times [1 - (1-0.95)(1-0.90)] \simeq 0.9453$

49 시스템 안전 MIL-STD-882B 분류기준의 위험성 평가 매트릭스에서 발생빈도에 속하지 않는 것은?

① 거의 발생하지 않는(Remote)
② 전혀 발생하지 않는(Impossible)
③ 보통 발생하는(Reasonably Probable)
④ 극히 발생하지 않을 것 같은(Extremely Improbable)

> **해설**
> ② 전혀 발생하지 않는(Impossible) → 가능성이 없는(Improbable)

50 적절한 온도의 작업환경에서 추운 환경으로 온도가 변할 때 우리의 신체가 수행하는 조절작용이 아닌 것은?

① 발한(發汗)이 시작된다.
② 피부의 온도가 내려간다.
③ 직장(直腸)온도가 약간 올라간다.
④ 혈액의 많은 양이 몸의 중심부를 위주로 순환한다.

> **해설**
> 발한(發汗)이 시작되는 것이 아니라 몸이 떨리고 소름이 돋는다.

51 의자설계 시 고려해야 할 일반적인 원리와 가장 거리가 먼 것은?

① 자세고정을 줄인다.
② 조정이 용이해야 한다.
③ 디스크가 받는 압력을 줄인다.
④ 요추 부위의 후만곡선을 유지한다.

> **해설**
> 요부전만을 유지할 수 있도록 한다(등받이의 굴곡을 요추의 굴곡과 일치시킨다).

52 인체계측자료의 응용원칙이 아닌 것은?

① 기존 동일 제품을 기준으로 한 설계
② 최대치수와 최소치수를 기준으로 한 설계
③ 조절범위를 기준으로 한 설계
④ 평균치를 기준으로 한 설계

> **해설**
> **인체계측자료의 응용원칙**
> • 극단치 설계원칙(최대치수와 최소치수를 기준으로 한 설계)
> • 조절식 설계원칙(조절범위를 기준으로 한 설계)
> • 평균치 설계원칙(평균치를 기준으로 한 설계)

53 컷셋(Cut Set)과 패스셋(Path Set)에 관한 설명으로 옳은 것은?

① 동일한 시스템에서 패스셋의 개수와 컷셋의 개수는 같다.
② 패스셋은 동시에 발생했을 때 정상사상을 유발하는 사상들의 집합이다.
③ 일반적으로 시스템에서 최소 컷셋의 개수가 늘어나면 위험 수준이 높아진다.
④ 최소 컷셋은 어떤 고장이나 실수를 일으키지 않으면 재해는 일어나지 않는다고 하는 것이다.

> **해설**
> ① 동일한 시스템에서 패스셋과 컷셋의 개수는 다르다.
> ② 컷셋은 동시에 모두 결함을 발생하였을 때 정상사상을 일으키는 기본사상의 집합이다.
> ④ 최소 패스셋은 어떤 고장이나 실수를 일으키지 않으면 재해는 일어나지 않는다고 하는 것이다.

정답 49 ② 50 ① 51 ④ 52 ① 53 ③

54 모든 시스템에서 안전분석에서 제일 첫 번째 단계의 분석으로 실행되고 있는 시스템을 포함한 모든 것의 상태를 인식하고 시스템의 개발단계에서 시스템 고유의 위험상태를 식별하여 예상되고 있는 재해의 위험수준을 결정하는 것을 목적으로 하는 위험분석 기법은?

① 결함위험분석(FHA ; Fault Hazard Analysis)
② 시스템위험분석(SHA ; System Hazard Analysis)
③ 예비위험분석(PHA ; Preliminary Hazard Analysis)
④ 운용위험분석(OHA ; Operating Hazard Analysis)

해설
PHA(Preliminary Hazard Analysis, 예비위험분석) : 제품 관련 정보가 적은 상태에서도 비교적 쉽게 수행할 수 있으므로 여러 가지 위험성 분석기법 중 가장 먼저 수행되는 기법이며 이후에 FHA(Fault Hazard Analysis, 결함위험분석), SHA(System Hazard Analysis, 제품위험분석), OHA(Operating Hazard Analysis, 운용위험분석) 등이 진행된다. PHA는 본격적인 위험분석을 수행하기 위한 준비단계에서의 위험분석을 의미하며 미 육군의 군용규격 MIL-STD-882로부터 유래된다. 이 기법으로 제품설계 안에 내재되어 있거나 관련되어 있는 위험요인, 위험상황, 사건 등을 제품설계 초기단계에서 구명해낸다. 즉, 제품 내의 어디에 어떤 위험요소가 존재하는지, 어느 정도의 위험 상태에 있는지, 안전기준 및 시설의 수준은 어떠한지 등을 정성적으로 평가한다. 이를 통하여 제품설계사항의 변경 및 수정으로 인한 비용이나 시간 중 적어도 안전 측면에 기인하는 것을 제거하거나 최소화한다.

55 다음 FT도에서 시스템에 고장이 발생할 확률은 약 얼마인가?(단, X_1과 X_2의 발생확률은 각각 0.05, 0.03이다)

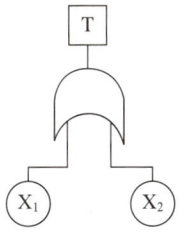

① 0.0015
② 0.0785
③ 0.9215
④ 0.9985

해설
$T = 1 - (1 - 0.05)(1 - 0.03) = 0.0785$

56 조종장치를 촉각적으로 식별하기 위하여 사용되는 촉각적 코드화의 방법으로 옳지 않은 것은?

① 색감을 활용한 코드화
② 크기를 이용한 코드화
③ 조종장치의 형상 코드화
④ 표면 촉감을 이용한 코드화

해설
조종장치의 촉각적 코드화(암호화)는 형상, 표면촉감, 크기 등의 3가지를 이용한다.
• 형상을 이용한 암호화 : 조종장치 선택 시 상호간에 혼동이 안 되도록 형상으로 식별하게 하는 것이다. 미공군에서는 15종류의 노브(Knob, 손잡이 꼭지)를 고안하였으며 이들은 용도에 따라 다회전용, 단회전용, 이산멈춤위치용의 3종류로 구분된다.
• 표면촉감을 이용한 암호화 : 매끄러운 면, 세로홈(Flute), 깔쭉한 면(Knurl) 등의 3가지 표면촉감으로 식별한다.
• 크기를 이용한 암호화 : 이것은 형상을 이용한 경우보다는 잘 구별되지는 않으나 적절한 경우도 있다. 직경은 1.3[cm], 두께는 0.95[cm] 정도의 차이가 있으면 촉감에 의한 식별이 가능하다.

57 인간-기계 시스템을 설계할 때에는 특정기능을 기계에 할당하거나 인간에게 할당하게 된다. 이러한 기능 할당과 관련된 사항으로 옳지 않은 것은?(단, 인공지능과 관련된 사항은 제외한다)

① 인간은 원칙을 적용하여 다양한 문제를 해결하는 능력이 기계에 비해 우월하다.
② 일반적으로 기계는 장시간 일관성이 있는 작업을 수행하는 능력이 인간에 비해 우월하다.
③ 인간은 소음, 이상온도 등의 환경에서 작업을 수행하는 능력이 기계에 비해 우월하다.
④ 일반적으로 인간은 주위가 이상하거나 예기치 못한 사건을 감지하여 대처하는 능력이 기계에 비해 우월하다.

해설
기계는 소음, 이상온도 등의 환경에서 작업을 수행하는 능력이 인간에 비해 우월하다.

58 화학설비에 대한 안전성 평가 중 정량적 평가항목에 해당되지 않는 것은?

① 공정   ② 취급물질
③ 압력   ④ 화학설비용량

> **해설**
> 화학설비의 안정성 평가에서 정량적 평가의 5항목 : 취급물질, 조작, 화학설비용량, 온도, 압력

59 시각 장치와 비교하여 청각 장치 사용이 유리한 경우는?

① 메시지가 길 때
② 메시지가 복잡할 때
③ 정보 전달 장소가 너무 소란할 때
④ 메시지에 대한 즉각적인 반응이 필요할 때

> **해설**
> ④번의 경우 청각장치가 유리하며 나머지의 경우는 시각장치가 유리하다.

60 인간공학 연구조사에 사용되는 기준의 구비조건과 가장 거리가 먼 것은?

① 다양성   ② 적절성
③ 무오염성   ④ 기준 척도의 신뢰성

> **해설**
> 연구기준의 요건
> • 적절성 : 의도된 목적에 부합하여야 한다.
> • 신뢰성 : 반복 실험 시 재현성이 있어야 한다.
> • 무오염성 : 측정하고자 하는 변수 이외의 다른 변수의 영향을 받아서는 안 된다.
> • 민감도 : 피실험자 사이에서 볼 수 있는 예상 차이점에 비례하는 단위로 측정해야 한다.

제4과목 건설시공학

61 흙을 이김에 의해서 약해지는 강도를 나타내는 흙의 성질은?

① 간극비   ② 함수비
③ 예민비   ④ 항복비

> **해설**
> 예민비(Sensitivity Ratio) : 흙의 이김에 의해 약해지는 정도
> • 예민비 = $\dfrac{\text{자연 시료의 강도}}{\text{이긴 시료의 강도}}$
> • 예민비가 4 이상이면 예민비가 크다고 하며 점토는 4~10, 모래는 약 1 정도이다.

62 콘크리트 타설 중 응결이 어느 정도 진행된 콘크리트에 새로운 콘크리트를 이어치면 시공불량이음부가 발생하여 경화 후 누수의 원인 및 철근의 녹 발생 등 내구성에 손상을 일으키는 것은?

① Expansion Joint
② Construction Joint
③ Cold Joint
④ Sliding Joint

> **해설**
> ① Expansion Joint : 온도변화, 건조수축, 기초의 침하 등에 의해 발생하는 변위를 수용하기 위해 균열발생이 예상되는 위치에 설치하는 이음
> ② Construction Joint : 경화된 콘크리트에 새로 콘크리트를 이어붓기 함으로 발생되는 줄눈
> ④ Sliding Joint : 쉽게 활동할 수 있도록 한 줄눈으로 바닥판 또는 보의 지지를 단순지지로 만들기 위한 줄눈

정답 58 ① 59 ④ 60 ① 61 ③ 62 ③

63 표준관입시험의 N 치에서 추정이 곤란한 사항은?

① 사질토의 상대밀도와 내부 마찰각
② 선단지지층이 사질토지반일 때 말뚝 지지력
③ 점성토의 전단강도
④ 점성토 지반의 투수 계수와 예민비

해설
표준관입시험의 N 치에서 추정 가능한 사항
- 사질토의 상대밀도, 간극비, 내부 마찰각, 침하에 대한 허용지지력, 액상화 가능성 파악, 탄성계수
- 선단지지층이 사질토지반일 때 말뚝 지지력
- 점성토의 컨시스턴시, 일축압축강도, 전단강도, 비배수점착력, 기초지반의 허용지지력

64 공동도급(Joint Venture Contract)의 장점이 아닌 것은?

① 융자력의 증대
② 위험의 분산
③ 이윤의 증대
④ 시공의 확실성

해설
공사비가 많이 들어서 이윤이 증대되지는 않는다.

65 철골 내화피복공법의 종류에 따른 사용재료의 연결이 옳지 않은 것은?

① 타설공법 - 경량콘크리트
② 뿜칠공법 - 압면 흡음판
③ 조적공법 - 경량콘크리트 블록
④ 성형판붙임공법 - ALC판

해설
뿜칠공법-뿜칠 암면, 습식 뿜칠 암면, 뿜칠 모르타르, 뿜칠 플라스터, 실리카, 알루미나계열 모르타르

66 기초공사 시 활용되는 현장타설 콘크리트 말뚝공법에 해당되지 않는 것은?

① 어스드릴(Earth Drill) 공법
② 베노토 말뚝(Benoto Pile) 공법
③ 리버스서큘레이션(Reverse Circulation Pile) 공법
④ 프리보링(Preboring) 공법

해설
프리보링(Preboring) 공법은 지지층까지 오거로 굴착 후 시멘트 밀크를 주입하고 말뚝을 압입하는 매입 공법으로 SIP 공법(Soil Cement Injected Precast Pile)이라고도 하는 매설 공법이며 현장타설콘크리트 말뚝공법에 해당되지 않는다.

67 벽돌벽 두께 1.0B, 벽높이 2.5[m], 길이 8[m]인 벽면에 소요되는 점토벽돌의 매수는 얼마인가?(단, 규격은 190×90×57[mm], 할증은 3[%]로 하며, 소수점 이하 결과는 올림하여 정수매로 표기)

① 2,980매
② 3,070매
③ 3,278매
④ 3,542매

해설
소요 점토벽돌 매수 = $149 \times (2.5 \times 8) \times 1.03 \simeq 3,070$매

정답 63 ④ 64 ③ 65 ② 66 ④ 67 ②

68 금속제 천장틀 공사 시 반자틀의 적정한 간격으로 옳은 것은?(단, 공사시방서가 없는 경우)

① 450[mm] 정도
② 600[mm] 정도
③ 900[mm] 정도
④ 1,200[mm] 정도

해설
금속제 천장틀 공사 시 반자틀의 적정한 간격 : 900[mm] 정도

69 철근이음에 관한 설명으로 옳지 않은 것은?

① 철근의 이음부는 구조내력상 취약점이 되는 곳이다.
② 이음위치는 되도록 응력이 큰 곳을 피하도록 한다.
③ 이음이 한 곳에 집중되지 않도록 엇갈리게 교대로 분산시켜야 한다.
④ 응력 전달이 원활하도록 한 곳에서 철근수의 반 이상을 이어야 한다.

해설
철근이음의 특기사항
- 철근의 이음부는 구조내력상 취약점이 되는 곳이다.
- 이음위치는 되도록 응력이 큰 곳을 피하도록 한다.
- 철근의 이음위치는 큰 인장력이 생기는 곳을 피한다.
- 동일개소에 철근수의 반 이상을 이어서는 안 된다.
- 이음이 한 곳에 집중되지 않도록 엇갈리게 교대로 분산시켜야 한다.
- 경미한 압축근의 이음길이는 20배 정도를 할 수 있다.
- 지름이 서로 다른 주근을 잇는 경우에는 가는 주근 지름으로 한다.
- D35를 초과하는 철근은 겹침이음을 할 수 없다. 다만, 서로 다른 크기의 철근을 압축부에서 겹침이음하는 경우 D35 이하의 철근과 D35를 초과하는 철근은 겹침이음을 할 수 있다.

70 철골용접이음 후 용접부의 내부결함 검출을 위하여 실시하는 검사로써 빠르고 경제적이어서 현장에서 주로 사용하는 초음파를 이용한 비파괴검사법은?

① MT(Magnetic particle Testing)
② UT(Ultrasonic Testing)
③ RT(Radiography Testing)
④ PT(Liquid Penetrant Testing)

해설
① MT(Magnetic particle Testing) : 자력을 이용한 비파괴검사법
② UT(Ultrasonic Testing) : 초음파를 이용한 비파괴검사법
③ RT(Radiography Testing) : 방사선을 이용한 비파괴검사법
④ PT(Liquid Penetrant Testing) : 침투액을 이용한 비파괴검사법

71 건설의 전 과정에 걸쳐 프로젝트를 보다 효율적이고 경제적으로 수행하기 위하여 각 부문의 전문가들로 구성된 통합관리기술을 발주자에게 서비스하는 것을 무엇이라고 하는가?

① Cost Management
② Cost Manpower
③ Construction Manpower
④ Construction Management

해설
Construction Management : 건설의 전 과정에 걸쳐 프로젝트를 보다 효율적이고 경제적으로 수행하기 위하여 각 부문의 전문가들로 구성된 통합관리기술을 발주자에게 서비스하는 것

72 네트워크공정표에서 후속작업의 가장 빠른 개시시간(EST)에 영향을 주지 않는 범위 내에서 한 작업이 가질 수 있는 여유시간을 의미하는 것은?

① 전체여유(TF)
② 자유여유(FF)
③ 간섭여유(IF)
④ 종속여유(DF)

해설
① 전체여유(TF) : 가장 빠른 개시시간에 시작해 가장 늦은 종료시간으로 종료할 때 생기는 여유시간
② 자유여유(FF) : 후속작업의 가장 빠른 개시시간(EST)에 영향을 주지 않는 범위 내에서 한 작업이 가질 수 있는 여유시간
③, ④ 간섭여유(IF) 또는 종속여유(DF) : 후속작업의 가장 빠른 개시시간에는 지연을 초래하나 전체적인 공사기간을 지연시키지 않는 범위 내에서 한 작업이 가질 수 있는 여유시간

73 강구조물 제작 시 절단 및 개선(그루브)가공에 관한 일반사항으로 옳지 않은 것은?

① 주요 부재의 강판 절단은 주된 응력의 방향과 압연방향을 직각으로 교차시켜 절단함을 원칙으로 하며, 절단작업 착수 전 재단도를 작성해야 한다.
② 강재의 절단은 강재의 형상, 치수를 고려하여 기계절단, 가스절단, 플라즈마 절단 등을 적용한다.
③ 절단할 강재의 표면에 녹, 기름, 도료가 부착되어 있는 경우에는 제거 후 절단해야 한다.
④ 용접선의 교차부분 또는 한 부재를 다른 부재에 접합시킬 때 불필요한 접촉을 피하기 위하여 모퉁이따기를 할 경우에는 10[mm] 이상 둥글게 해야 한다.

해설
주요 부재의 강판 절단은 주된 응력의 방향과 압연방향을 일치시켜 절단함을 원칙으로 하며 절단작업 착수 전 재단도를 작성해야 한다.

74 공사계약방식 중 직영공사방식에 관한 설명으로 옳은 것은?

① 사회간접자본(SOC ; Social Overhead Capital)의 민간투자유치에 많이 이용되고 있다.
② 영리목적의 도급공사에 비해 저렴하고 재료선정이 자유로운 장점이 있으나, 고용기술자 등에 의한 시공관리능력이 부족하면 공사비 증대, 시공성의 결함 및 공기가 연장되기 쉬운 단점이 있다.
③ 도급자가 자금을 조달하고 설계, 엔지니어링, 시공의 전부를 도급받아 시설물을 완성하고 그 시설을 일정기간 운영하는 것으로, 운영수입으로부터 투자자금을 회수한 후 발주자에게 그 시설을 인도하는 방식이다.
④ 수입을 수반한 공공 혹은 공익 프로젝트(유료도로, 도시철도, 발전도 등)에 많이 이용되고 있다.

해설
①, ③, ④는 BOT방식(Build-Operate-Transfer contract)의 설명이다.

75 보강블록 공사 시 벽 가로근의 시공에 관한 설명으로 옳지 않은 것은?

① 가로근은 배근 상세도에 따라 가공하되 그 단부는 90°의 갈구리로 구부려 배근한다.
② 모서리에 가로근의 단부는 수평방향으로 구부려서 세로근의 바깥쪽으로 두르고, 정착길이는 공사시방서에 정한 바가 없는 한 40d 이상으로 한다.
③ 창 및 출입구 등의 모서리 부분에 가로근의 단부를 수평방향으로 정착할 여유가 없을 때에는 갈구리로 하여 단부 세로근에 걸고 결속선으로 결속한다.
④ 개구부 상하부의 가로근을 양측 벽부에 묻을 때의 정착길이는 40d 이상으로 한다.

해설
가로근은 배근 상세도에 따라 가공하되 그 단부는 180°의 갈구리로 구부려 배근한다.

정답 72 ② 73 ① 74 ② 75 ①

76 철근배근 시 콘크리트의 피복두께를 유지해야 되는 가장 큰 이유는?

① 콘크리트의 인장강도 증진을 위하여
② 콘크리트의 내구성, 내화성 확보를 위하여
③ 구조물의 미관을 좋게 하기 위하여
④ 콘크리트 타설을 쉽게 하기 위하여

해설
철근배근 시 콘크리트의 내구성, 내화성 확보를 위하여 콘크리트의 피복두께를 유지해야 한다.

77 흙막이 지지공법 중 수평버팀대 공법의 특징에 관한 설명으로 옳지 않은 것은?

① 가설구조물이 적어 중장비작업이나 토량제거작업의 능률이 좋다.
② 토질에 대해 영향을 적게 받는다.
③ 인근 대지로 공사범위로 넘어가지 않는다.
④ 고저차가 크거나 상이한 구조인 경우 균형을 잡기 어렵다.

해설
가설구조물로 인하여 중장비작업이나 토량제거작업의 능률이 저하된다.

78 터널폼에 관한 설명으로 옳지 않은 것은?

① 거푸집의 전용횟수는 약 10회 정도로 매우 적다.
② 노무 절감, 공기단축이 가능하다.
③ 벽체 및 슬래브거푸집을 일체로 제작한 거푸집이다.
④ 이 폼의 종류에는 트윈 셸(Twin Shell)과 모노 셸(Mono Shell)이 있다.

해설
거푸집의 전용횟수는 약 100회 정도이다.

79 철근 콘크리트 공사에서 거푸집의 간격을 일정하게 유지시키는데 사용되는 것은?

① 클램프   ② 셰어 커넥터
③ 세퍼레이터   ④ 인서트

해설
철근 콘크리트 공사에서 거푸집의 간격을 일정하게 유지시키는 데 사용되는 것을 세퍼레이터라고 한다.

80 지정에 관한 설명으로 옳지 않은 것은?

① 잡석지정-기초 콘크리트 타설 시 흙의 혼입을 방지하기 위해 사용한다.
② 모래지정-지반이 단단하며 건물이 중량일 때 사용한다.
③ 자갈지정-굳은 지반에 사용되는 지정이다.
④ 밑창 콘크리트지정-잡석이나 자갈 위 기초부분의 먹매김을 위해 사용한다.

해설
모래지정 : 지반이 연약하고 2[m] 이내 굳은 층이 있을 때 그 연약층을 파내고 모래를 넣어 물다짐하는 지정

정답 76 ② 77 ① 78 ① 79 ③ 80 ②

제5과목 건설재료학

81 도료의 저장 중 또는 용기 내 방치 시 도료의 표면에 피막이 형성되는 현상의 발생 원인과 가장 관계가 먼 것은?

① 피막방지제의 부족이나 건조제가 과잉일 경우
② 용기 내의 공간이 커서 산소의 양이 많을 경우
③ 부적당한 신너로 희석하였을 경우
④ 사용잔량을 뚜껑을 열어둔 채 방치하였을 경우

해설
도료의 저장 중 또는 용기 내 방치 시 도료의 표면에 피막이 형성되는 현상의 발생 원인
- 피막방지제의 부족이나 건조제가 과잉일 경우
- 용기 내에 공간이 커서 산소의 양이 많을 경우
- 사용잔량을 뚜껑을 열어둔 채 방치하였을 경우

82 다음 중 무기질 단열재에 해당하는 것은?

① 발포폴리스티렌 보온재
② 셀룰로스 보온재
③ 규산칼슘판
④ 경질폴리우레탄폼

해설
- 유기질 단열재료 : 폴리스틸렌폼(발포 폴리스틸렌), 압출폴리스티렌폼(압출발포폴리스틸렌), 폴리우레탄폼(초연질, 연질, 반경질, 경질), 수성연질폼, 연질섬유판, 셀룰로스섬유판, 폴리에스터흡음단열재, 페놀폼, 우레아폼 등
- 무기질 단열재료 : 규산칼슘판, 유리면(Glass Wool), 석면, 암면, 질석, 펄라이트 보온재, 세라믹파이버 등

83 통풍이 잘 되지 않는 지하실의 미장재료로서 가장 적합하지 않은 것은?

① 시멘트 모르타르
② 석고 플라스터
③ 킨즈 시멘트
④ 돌로마이트 플라스터

해설
돌로마이트 플라스터는 공기 중에서만 경화되는 기경성의 미장재이므로 통풍이 잘 되지 않는 지하실의 미장재료로서 부적합하다. 나머지는 모두 공기 중이나 수중 어느 곳에서도 경화되는 수경성 미장재에 해당된다.

84 지붕공사에 사용되는 아스팔트싱글 제품 중 단위중량이 10.3[kg/m²] 이상 12.5[kg/m²] 미만인 것은?

① 경량 아스팔트 싱글
② 일반 아스팔트 싱글
③ 중량 아스팔트 싱글
④ 초중량 아스팔트 싱글

해설
지붕공사에 사용되는 아스팔트싱글(Asphalt Shingle)제품
- 일반 아스팔트 싱글 : 단위중량 10.3[kg/m²] 이상 12.5[kg/m²] 미만
- 중량 아스팔트 싱글 : 단위중량 12.5[kg/m²] 이상 14.2[kg/m²] 미만
- 초중량 아스팔트 싱글 : 단위중량 14.2[kg/m²] 이상

85 점토 벽돌 1종의 압축강도는 최소 얼마 이상인가?

① 17.85[MPa] ② 19.53[MPa]
③ 20.59[MPa] ④ 24.50[MPa]

해설
점토 벽돌의 품질(KS L 4201)

구 분	1종	2종
흡수율[%]	10.0 이하	15.0 이하
압축강도[MPa]	24.50 이상	14.70 이상

86 골재의 함수상태에 따른 질량이 다음과 같을 경우 표면수율은?

- 절대건조상태 : 490g
- 표면건조상태 : 500g
- 습윤상태 : 550g

① 2[%]   ② 3[%]
③ 10[%] ④ 15[%]

해설
$$표면수율 = \frac{습윤상태의\ 모래의\ 중량 - 표건중량}{표건중량} \times 100[\%]$$
$$= \frac{550-500}{500} \times 100[\%] = 10[\%]$$

87 콘크리트의 건조수축에 관한 설명으로 옳지 않은 것은?

① 시멘트의 제조성분에 따라 수축량이 다르다.
② 골재의 성질에 따라 수축량이 다르다.
③ 시멘트량의 다소에 따라 수축량이 다르다.
④ 된비빔일수록 수축량이 많다.

해설
된비빔일수록 수축량이 작다.

88 목재의 나뭇결 중 아래의 설명에 해당하는 것은?

나이테에 직각방향으로 켠 목재면에 나타나는 나뭇결로 일반적으로 외관이 아름답고 수축변형이 적으며 마모율도 낮다.

① 무늿결   ② 곧은결
③ 널 결   ④ 엇 결

해설
① 무늿결 : 나뭇결이 여러 가지 원인으로 인하여 불규칙하지만 아름다운 무늬를 나타내는 상태의 나뭇결
② 곧은결(Straight Grain) : 목재를 연륜에 직각방향으로 켠 목재면에 나타나는 평행선상의 나뭇결로 일반적으로 외관이 아름답고 널결에 비해 수축변형이 적으며 마모율도 낮다.
③ 널결(Flat Grain) : 목재를 연륜에 접선방향으로 켠 목재면에 나타나는 물결모양의 나뭇결로 결이 거칠고 불규칙하다.
④ 엇결 : 목섬유가 꼬여 나뭇결이 어긋나게 나타나는 상태의 나뭇결

89 조이너(Joiner)의 설치목적으로 옳은 것은?

① 벽, 기둥 등의 모서리에 미장 바름의 보호
② 인조석깔기에서의 신축균열방지나 의장효과
③ 천장에 보드를 붙인 후 그 이음새를 감추기 위한 목적
④ 환기구멍이나 라디에이터의 덮개역할

해설
조이너(Joiner)는 천장, 벽 등에 보드를 붙인 후 그 이음새를 감추고 누르기 위한 목적으로 설치된다.

90 각 석재별 주용도를 표기한 것으로 옳지 않은 것은?

① 화강암 : 외장재
② 석회암 : 구조재
③ 대리석 : 내장재
④ 점판암 : 지붕재

해설
석회암 : 내장재, 시멘트의 원료

91 암석의 구조를 나타내는 용어에 관한 설명으로 옳지 않은 것은?

① 절리란 암석 특유의 천연적으로 갈라진 금을 말하며, 규칙적인 것과 불규칙적인 것이 있다.
② 층리란 퇴적암 및 변성암에 나타나는 퇴적할 당시의 지표면과 방향이 기의 평행한 절리를 말한다.
③ 석리란 암석이 가장 쪼개지기 쉬운 면을 말하며, 절리보다 불분명하지만 방향이 대체로 일치되어 있다.
④ 편리란 변성암에 생기는 절리로서 방향이 불규칙하고 얇은 판자모양으로 갈라지는 성질을 말한다.

해설
- 석리 : 암석을 구성하고 있는 조암광물의 집합상태에 따라 생기는 모양으로 암석조직상의 갈라진 금이다. 화성암의 석기를 결정질과 비결정질로 나눌 수 있다.
- 석목 : 암석이 가장 쪼개지기 쉬운 면을 말하며, 절리보다 불분명하지만 방향이 대체로 일치되어 있다.

92 강은 탄소함유량의 증가에 따라 인장강도가 증가하지만 어느 이상이 되면 다시 감소한다. 이때 인장강도가 가장 큰 시점의 탄소함유량은?

① 약 0.9[%]   ② 약 1.8[%]
③ 약 2.7[%]   ④ 약 3.6[%]

해설
강재의 인장강도가 최대가 될 경우의 탄소 함유량의 범위는 0.8~1.0[%] 정도이다.

93 아스팔트의 물리적 성질에 관한 설명으로 옳은 것은?

① 감온성은 블론 아스팔트가 스트레이트 아스팔트보다 크다.
② 연화점은 블론 아스팔트가 스트레이트 아스팔트보다 낮다.
③ 신장성은 스트레이트 아스팔트가 블론 아스팔트보다 크다.
④ 점착성은 블론 아스팔트가 스트레이트 아스팔트보다 크다.

해설
스트레이트 아스팔트(Straight Asphalt)는 신장성, 점착성, 방수성은 우수하지만, 연화점이 비교적 낮고 내후성 및 온도에 의한 변화 정도가 커 지하실 방수공사 이외에 사용하지 않는다.

94 킨즈시멘트 제조 시 무수석고의 경화를 촉진시키기 위해 사용하는 혼화재료는?

① 규산백토   ② 플라이애시
③ 화산회   ④ 백반

해설
킨즈시멘트 제조 시 무수석고의 경화를 촉진시키기 위해 사용하는 혼화재료는 백반이다.

정답 90 ② 91 ③ 92 ① 93 ③ 94 ④

95 초기강도가 아주 크고 초기 수화발열이 커서 긴급공사나 동절기 공사에 가장 적합한 시멘트는?

① 알루미나시멘트　② 보통포틀랜드시멘트
③ 고로시멘트　　　④ 실리카시멘트

해설
알루미나시멘트는 초기강도가 아주 크고 초기 수화발열이 커서 긴급공사나 동절기 공사, 한중공사, 해수공사 등에 적합하다.

96 일반적으로 단열재에 습기나 물기가 침투하면 어떤 현상이 발생하는가?

① 열전도율이 높아져 단열성능이 좋아진다.
② 열전도율이 높아져 단열성능이 나빠진다.
③ 열전도율이 낮아져 단열성능이 좋아진다.
④ 열전도율이 낮아져 단열성능이 나빠진다.

해설
일반적으로 단열재에 습기나 물기가 침투하면 열전도율이 높아져 단열성능이 나빠진다.

97 도장재료 중 래커(Lacquer)에 관한 설명으로 옳지 않은 것은?

① 내구성은 크나 도막이 느리게 건조된다.
② 클리어래커는 투명래커로 도막은 얇으나 견고하고 광택이 우수하다.
③ 클리어래커는 내후성이 좋지 않아 내부용으로 주로 쓰인다.
④ 래커에나멜은 불투명 도료로서 클리어래커에 안료를 첨가한 것을 말한다.

해설
① 도막이 빠르게 건조된다.

98 도료의 건조제 중 상온에서 기름에 용해되지 않는 것은?

① 붕산망간　　　② 이산화망간
③ 초산염　　　　④ 코발트의 수지산

해설
건조제의 종류
• 상온에서 기름에 용해되는 건조제 : 리사지, 연단, 초산염, 이산화망간, 붕산망간, 수산망간
• 상온에서 기름에 용해되지 않는 건조제 : 연(Pb), 망간, 코발트의 수지산, 지방산의 염류

99 시멘트의 분말도에 관한 설명으로 옳지 않은 것은?

① 분말도가 클수록 수화반응이 촉진된다.
② 분말도가 클수록 초기강도는 작으나 장기강도는 크다.
③ 분말도가 클수록 시멘트 분말이 미세하다.
④ 분말도가 너무 크면 풍화되기 쉽다.

해설
② 분말도가 클수록 초기강도는 크다.

100 목재의 방부처리법 중 압력용기 속에 목재를 넣어 처리하는 방법으로 가장 신속하고 효과적인 방법은?

① 가압주입법
② 생리적 주입법
③ 표면탄화법
④ 침지법

해설
가압주입법 : 압력용기 속에 목재를 넣어 처리하는 방법으로 가장 신속하고 효과적인 목재 방부 처리법

정답　95 ①　96 ②　97 ①　98 ④　99 ②　100 ①

제6과목 건설안전기술

101 지면보다 낮은 땅을 파는 데 적합하고 수중굴착도 가능한 굴착기계는?

① 백 호
② 파워셔블
③ 가이데릭
④ 파일드라이버

해설
① 백호(Backhoe) : 장비가 위치한 지면보다 낮은 장소를 굴착하는 데 적합한 장비이며 토질의 구멍파기나 도랑파기 등에 이용된다.
② 파워셔블(Power Shovel) : 기계가 위치한 지면보다 높은 장소의 땅을 굴착하는데 적합하며 산지에서의 토공사 및 암반으로부터 점토질까지도 굴착할 수 있는 굴착기계
③ 가이데릭(Guy Derrick) : 360° 회전 가능한 고정 선회식의 기중기로 붐(Boom)의 기복·회전으로 짐을 이동시키는 장치로 철골조립작업, 항만하역 등에 사용되는 건설공사용 기계이다.
④ 파일드라이버(Piledriver) : 지지기반이 깊을 때 미리 제작되어 있는 말뚝 또는 널말뚝을 박는 기초공사용 중장비이며 현장에서는 항타기라고 부른다.

102 굴착공사에서 비탈면 또는 비탈면 하단을 성토하여 붕괴를 방지하는 공법은?

① 배수공
② 배토공
③ 공작물에 의한 방지공
④ 압성토공

103 작업장에 계단 및 계단참을 설치하는 경우 매 제곱미터 당 최소 몇 킬로그램 이상의 하중에 견딜 수 있는 강도를 가진 구조로 설치하여야 하는가?

① 300[kg]
② 400[kg]
③ 500[kg]
④ 600[kg]

해설
계단 및 계단참을 설치하는 경우 매 [m²]당 최소 500[kg] 이상의 하중에 견딜 수 있는 강도를 가진 구조로 설치하여야 하며, 안전율은 4 이상으로 하여야 한다.

104 작업으로 인하여 물체가 떨어지거나 날아올 위험이 있는 경우 필요한 조치와 가장 거리가 먼 것은?

① 투하설비 설치
② 낙하물 방지망 설치
③ 수직보호망 설치
④ 출입금지구역 설정

해설
투하설비 설치는 높이가 최소 3[m] 이상인 곳에서 물체를 투하하는 때에 낙하물에 의한 위험방지 조치의 기준에 해당된다.

105 크레인의 운전실 또는 운전대를 통하는 통로의 끝과 건설물 등의 벽체의 간격은 최대 얼마 이하로 하여야 하는가?

① 0.2[m]
② 0.3[m]
③ 0.4[m]
④ 0.5[m]

해설
크레인의 운전실 또는 운전대를 통하는 통로의 끝과 건설물 등의 벽체의 간격은 최대 0.3[m] 이하로 하여야 한다.

정답 101 ① 102 ④ 103 ③ 104 ① 105 ②

106 철골공사 시 안전작업방법 및 준수사항으로 옳지 않은 것은?

① 강풍, 폭우 등과 같은 악천우 시에는 작업을 중지하여야 하며 특히 강풍 시에는 높은 곳에 있는 부재나 공구류가 낙하비래하지 않도록 조치하여야 한다.
② 철골부재 반입 시 시공순서가 빠른 부재는 상단부에 위치하도록 한다.
③ 구명줄 설치 시 마닐라 로프 직경 10[mm]를 기준하여 설치하고 작업방법을 충분히 검토하여야 한다.
④ 철골보의 두 곳을 매어 인양시킬 때 와이어로프의 내각은 60° 이하이어야 한다.

해설
구명줄 설치 시 마닐라 로프 직경 16[mm]를 기준하여 설치하고 작업방법을 충분히 검토하여야 한다.

108 공정률이 65[%]인 건설현장의 경우 공사 진척에 따른 산업안전보건관리비의 최소 사용기준으로 옳은 것은?(단, 공정률은 기성공정률을 기준으로 함)

① 40[%] 이상   ② 50[%] 이상
③ 60[%] 이상   ④ 70[%] 이상

해설
공사진척에 따른 산업안전보건관리비의 최소 사용기준

공정률	50[%] 이상 70[%] 미만	70[%] 이상 90[%] 미만	90[%] 이상
최소 사용기준	50[%] 미만	70[%] 이상	90[%] 이상

107 강관비계의 수직방향 벽이음 조립간격[m]으로 옳은 것은?(단, 틀비계이며 높이가 5[m] 이상일 경우)

① 2[m]   ② 4[m]
③ 6[m]   ④ 9[m]

해설
강관비계의 조립간격

강관비계의 종류	조립간격(단위 : [m])	
	수직방향	수평방향
단관비계	5	5
틀비계(높이가 5[m] 미만 제외)	6	8

109 달비계에 사용이 불가한 와이어로프의 기준으로 옳지 않은 것은?

① 이음매가 있는 것
② 와이어로프의 한 꼬임에서 끊어진 소선의 수가 7[%] 이상인 것
③ 지름의 감소가 공칭지름의 7[%]를 초과하는 것
④ 심하게 변형되거나 부식된 것

해설
와이어로프의 한 꼬임에서 끊어진 소선의 수가 10[%] 이상인 것

110 구축물에 안전진단 등 안전성 평가를 실시하여 근로자에게 미칠 위험성을 미리 제거하여야 하는 경우가 아닌 것은?

① 구축물 또는 이와 유사한 시설물의 인근에서 굴착·항타작업 등으로 침하·균열 등이 발생하여 붕괴의 위험이 예상될 경우
② 구조물, 건축물, 그 밖의 시설물이 그 자체의 무게·적설·풍압 또는 그 밖에 부가되는 하중 등으로 붕괴 등의 위험이 있을 경우
③ 화재 등으로 구축물 또는 이와 유사한 시설물의 내력(耐力)이 심하게 저하되었을 경우
④ 구축물의 구조체가 안전 측으로 과도하게 설계가 되었을 경우

111 흙막이 지보공을 설치하였을 때 정기적으로 섬검하여 이상 발견 시 즉시 보수하여야 할 사항이 아닌 것은?

① 굴착 깊이의 정도
② 버팀대의 긴압의 정도
③ 부재의 접속부·부착부 및 교차부의 상태
④ 부재의 손상·변형·부식·변위 및 탈락의 유무와 상태

해설
정기점검하여 이상발견 시 즉시 보수하여야 하는 사항
• 부재의 손상·변형·부식·변위 및 탈락의 유무와 상태
• 부재의 접속부, 부착 및 교차부의 상태
• 버팀대의 긴압의 정도
• 침하의 정도

112 달비계의 최대 적재하중을 정하는 경우 그 안전계수 기준으로 옳지 않은 것은?

① 달기와이어로프 및 달기강선의 안전계수 : 10 이상
② 달기체인 및 달기 훅의 안전계수 : 5 이상
③ 달기강대와 달비계의 하부 및 상부지점의 안전계수 : 강재의 경우 3 이상
④ 달기강대와 달비계의 하부 및 상부지점의 안전계수 : 목재의 경우 5 이상

해설
달기강대와 달비계의 하부 및 상부지점의 안전계수 : 강재의 경우 2.5 이상
※ 2024.6.28. 산업안전보건기준에 관한 규칙 개정으로 제55조의 해당 내용 삭제됨

113 다음은 안전대와 관련된 설명이다. 아래 내용에 해당되는 용어로 옳은 것은?

로프 또는 레일 등과 같은 유연하거나 단단한 고정줄로서 추락발생 시 추락을 저지시키는 추락방지대를 지탱해 주는 줄모양의 부품

① 안전블록
② 수직구명줄
③ 죔 줄
④ 보조죔줄

해설
① 안전블록 : 안전그네와 연결하여 추락발생 시 추락을 억제할 수 있는 자동잠김장치가 갖추어져 있고 죔줄이 자동적으로 수축되는 장치
② 수직구명줄 : 로프 또는 레일 등과 같은 유연하거나 단단한 고정줄로서 추락발생 시 추락을 저지시키는 추락방지대를 지탱해 주는 줄모양의 부품
③ 죔줄 : 벨트 또는 안전그네를 구명줄 또는 구조물 등 그 밖의 걸이설비와 연결하기 위한 줄모양의 부품
④ 보조죔줄 : 안전대를 U자 걸이로 사용할 때 U자 걸이를 위해 훅 또는 카라비너를 지탱벨트의 D링에 걸거나 떼어낼 때 잘못하여 추락하는 것을 방지하기 위한 링과 걸이설비연결에 사용하는 훅 또는 카라비너를 갖춘 줄모양의 부품

정답 110 ④ 111 ① 112 ③ 113 ②

114 사업주가 유해위험방지계획서 제출 후 건설공사 중 6개월 이내마다 안전보건공단의 확인을 받아야 할 내용이 아닌 것은?

① 유해위험방지 계획서의 내용과 실제공사 내용이 부합하는지 여부
② 유해위험방지 계획서 변경 내용의 적정성
③ 자율안전관리 업체 유해·위험방지 계획서 제출·심사 면제
④ 추가적인 유해·위험요인의 존재 여부

해설
안전보건공단의 확인사항을 받아야 할 내용(산업안전보건법 시행규칙 제46조)
- 유해위험방지계획서의 내용과 실제공사내용이 부합하는지 여부
- 유해위험방지계획서 변경내용의 적정성
- 추가적인 유해·위험요인의 존재 여부

115 다음 중 방망사의 폐기 시 인장강도에 해당하는 것은?(단, 그물코의 크기는 10[cm]이며 매듭없는 방망의 경우임)

① 50[kg]   ② 100[kg]
③ 150[kg]   ④ 200[kg]

해설
폐기 추락방지망의 기준 인장강도[kg]

구 분	그물코 5[cm]	그물코 10[cm]
매듭 있는 방망	60	135
매듭 없는 방망	-	150

116 산업안전보건법령에 따른 지반의 종류별 굴착면의 기울기 기준으로 옳지 않은 것은?

① 보통 흙 습지 − 1 : 1 ~ 1 : 1.5
② 보통 흙 건지 − 1 : 0.3 ~ 1 : 1
③ 풍화암 − 1 : 1.0
④ 연암 − 1 : 1.0

해설
- 굴착면의 기울기 기준(수직거리 : 수평거리)[2021.11.19. 개정]

지반의 종류		굴착면의 기울기
보통 흙	습 지	1 : 1 ~ 1 : 1.5
	건 지	1 : 0.5 ~ 1 : 1
암반	풍화암	1 : 1.0
	연 암	1 : 1.0
	경 암	1 : 0.5

- 굴착면의 기울기 기준(굴착면의 높이 : 수평거리)[2023.11.14. 개정]

지반의 종류	굴착면의 기울기
모 래	1 : 1.8
연암 및 풍화암	1 : 1.0
경 암	1 : 0.5
그 밖의 흙	1 : 1.2

117 가설통로의 설치에 관한 기준으로 옳지 않은 것은?

① 경사는 30° 이하로 한다.
② 건설공사에 사용하는 높이 8[m] 이상인 비계다리에는 7[m] 이내마다 계단참을 설치한다.
③ 작업상 부득이한 경우에는 필요한 부분에 한하여 안전난간을 임시로 해체할 수 있다.
④ 수직갱에 가설된 통로의 길이가 10[m] 이상인 경우에는 5[m] 이내마다 계단참을 설치한다.

해설
수직갱에 가설된 통로의 길이가 15[m] 이상인 경우에는 10[m] 이내마다 계단참을 설치한다.

118 콘크리트 타설 시 거푸집 측압에 관한 설명으로 옳지 않은 것은?

① 기온이 높을수록 측압은 크다.
② 타설속도가 클수록 측압은 크다.
③ 슬럼프가 클수록 측압은 크다.
④ 다짐이 과할수록 측압은 크다.

해설
기온이 높을수록 측압이 작아진다.

119 해체공사 시 작업용 기계기구의 취급 안전기준에 관한 설명으로 옳지 않은 것은?

① 철제해머와 와이어로프의 결속은 경험이 많은 사람으로서 신임된 자에 한하여 실시하도록 하여야 한다.
② 팽창제 천공간격은 콘크리트 강도에 의하여 결정되나 70~120[cm] 정도를 유지하도록 한다.
③ 쐐기타입으로 해체 시 천공구멍은 타입기 삽입부분의 직경과 거의 같아야 한다.
④ 화염방사기로 해체작업 시 용기 내 압력은 온도에 의해 상승하기 때문에 항상 40[℃] 이하로 보존해야 한다.

해설
팽창제 천공간격은 콘크리트 강도에 의하여 결정되나 30~70[cm] 정도를 유지하도록 한다.

120 굴착과 싣기를 동시에 할 수 있는 토공기계가 아닌 것은?

① Power Shovel
② Tractor Shovel
③ Back Hoe
④ Motor Grader

해설
모터그레이더(Motor Grader)는 지면을 절삭하고 평활하게 다듬기 위한 토공기계의 대패와도 같은 산업기계이며 굴착과 싣기를 동시에 할 수 있는 토공기계가 아니다.

2020년 제3회 과년도 기출문제

제1과목 산업안전관리론

01 다음은 안전보건개선계획의 제출에 관한 기준 내용이다. ( ) 안에 알맞은 것은?

> 안전보건개선계획서를 제출해야 하는 사업주는 안전보건개선계획서 수립·시행 명령을 받은 날부터 ( )일 이내에 관할 지방고용노동관서의 장에게 해당 계획서를 제출(전자문서로 제출하는 것을 포함한다)해야 한다.

① 15　　② 30
③ 45　　④ 60

해설
안전보건개선계획서를 제출해야 하는 사업주는 안전보건개선계획서 수립·시행 명령을 받은 날부터 60일 이내에 관할 지방고용노동관서의 장에게 해당 계획서를 제출(전자문서로 제출하는 것을 포함한다)해야 한다.

02 재해의 간접적 원인과 관계가 가장 먼 것은?
① 스트레스
② 안전수칙의 오해
③ 작업준비 불충분
④ 안전방호장치 결함

해설
안전방호장치 결함은 재해의 직접적 원인에 해당한다.

03 산업안전보건법령상 금지표지에 속하는 것은?

① 　②
③ 　④

해설
④ 탑승금지
① 규정에 없는 표시임
② 방독 마스크
③ 급성독성물질

04 재해예방의 4원칙에 해당하지 않는 것은?
① 예방가능의 원칙
② 원인계기의 원칙
③ 손실필연의 원칙
④ 대책선정의 원칙

해설
재해예방의 4원칙
• 원인계기의 원칙
• 대책선정의 원칙
• 손실우연의 원칙
• 예방가능의 원칙

05 위험예지훈련 4R(라운드) 중 2R(라운드)에 해당하는 것은?

① 목표설정　　② 현상파악
③ 대책수립　　④ 본질추구

해설
위험예지훈련의 4라운드(4R) : 현상파악 → 본질추구 → 대책수립 → 목표설정

06 산업안전보건법령상 공정안전보고서에 포함되어야 하는 내용 중 공정안전자료의 세부 내용에 해당하는 것은?

① 안전운전지침서
② 공정위험성평가서
③ 도급업체 안전관리계획
④ 각종 건물·설비의 배치도

해설
①, ③은 안전운전계획에 포함되어야 할 항목이고 ②는 공정안전보고서에 포함되어야 하는 사항이다.

07 도수율이 25인 사업장의 연간 재해발생 건수는 몇 건인가?(단, 이 사업장의 해당 연도 총근로시간은 80,000시간이다)

① 1건　　② 2건
③ 3건　　④ 4건

해설
도수율 = $\dfrac{재해발생건수}{연근로시간수} \times 10^6$ 에서

$25 = \dfrac{재해발생건수}{80,000} \times 10^6$ 이므로

∴ 연간 재해발생건수 = $\dfrac{25 \times 80,000}{10^6} = 2$ 건

08 산업안전보건법령상 안전인증대상 기계 또는 설비에 속하지 않는 것은?

① 리프트　　② 압력용기
③ 곤돌라　　④ 파쇄기

해설
안전인증대상 기계·설비, 방호장치, 보호구(법 제84조, 시행령 제74조)

기계·설비 (9품목)	프레스, 전단기 및 절곡기, 크레인, 리프트, 압력용기, 롤러기, 사출성형기, 고소작업대, 곤돌라
방호장치 (9품목)	프레스 및 전단기 방호장치, 양중기용 과부하방지장치, 보일러 압력방출용 안전밸브, 압력용기 압력방출용 안전밸브, 압력용기 압력방출용 파열판, 절연용 방호구 및 활선작업용 기구, 방폭구조 전기기계·기구 및 부품, 가설기자재, 산업용 로봇 방호장치
보호구 (12품목)	안전모(추락 및 감전 위험방지용), 안전화, 안전장갑, 방진 마스크, 방독 마스크, 송기마스크, 전동식 호흡보호구, 보호복, 안전대, 보안경(차광 및 비산물 위험방지용), 용접용 보안면, 방음용 귀마개 또는 귀덮개

09 보호구 안전인증 고시에 따른 가죽제 안전화의 성능시험방법에 해당되지 않는 것은?

① 내답발성시험
② 박리저항시험
③ 내충격성시험
④ 내전압성시험

해설
가죽제 안전화의 성능시험항목 : 내답발성시험, 내압박성시험, 내충격성시험, 박리저항시험 등

정답 5 ④　6 ④　7 ②　8 ④　9 ④

10 브레인스토밍의 4가지 원칙 내용으로 옳지 않은 것은?

① 비판하지 않는다.
② 자유롭게 발언한다.
③ 가능한 정리된 의견만 발언한다.
④ 타인의 생각에 동참하거나 보충발언해도 좋다.

해설
브레인스토밍의 4원칙 : 비판금지, 자유분방, 대량발언, 수정발언

11 재해손실비의 평가방식 중 시몬즈 방식에서 비보험 코스트에 반영되는 항목에 속하지 않는 것은?

① 휴업상해 건수
② 통원상해 건수
③ 응급조치 건수
④ 무손실사고 건수

해설
무손실사고 건수가 아니라 무상해사고(인명손실과 무관) 건수이다.

12 재해의 발생형태 중 재해가 일어난 장소나 그 시점에 일시적으로 요인이 집중되어 사고가 발생하는 유형은?

① 연쇄형   ② 복합형
③ 결합형   ④ 단순자극형

해설
단순자극형 : 집중형이라고도 하며 재해가 일어난 장소나 그 시점에 일시적으로 요인이 집중하여 재해가 발생하는 사고 유형이다.

13 기계, 기구 또는 설비를 신설하거나 변경 또는 고장 수리 시 실시하는 안전점검의 종류는?

① 정기점검   ② 수시점검
③ 특별점검   ④ 임시점검

해설
① 정기점검(계획점검) : 일정 기간마다 정기적으로 기계·기구의 상태를 점검하는 것을 말하며 매주, 매월, 매분기 등 법적 기준에 맞도록 또는 자체 기준에 따라 해당 책임자가 실시하는 점검
② 수시점검(일상점검) : 작업자에 의해 매일 작업 전, 중, 후에 해당 작업설비에 대하여 수시로 실시하는 점검
④ 임시점검 : 사고발생 이후 곧바로 외부전문가에 의하여 실시하는 점검

14 산업안전보건법령상 중대재해에 속하지 않는 것은?

① 사망자가 2명 발생한 재해
② 부상자가 동시에 7명 발생한 재해
③ 직업성 질병자가 동시에 11명 발생한 재해
④ 3개월 이상의 요양이 필요한 부상자가 동시에 3명 발생한 재해

해설
부상 또는 직업성 질병자가 동시에 10명 이상 발생한 재해

정답 10 ③ 11 ④ 12 ④ 13 ③ 14 ②

15 다음 중 재해 발생 시 긴급조치사항을 올바른 순서로 배열한 것은?

> ㉠ 현장보존
> ㉡ 2차 재해방지
> ㉢ 피재기계의 정지
> ㉣ 관계자에게 통보
> ㉤ 피해자의 응급처리

① ㉤ → ㉢ → ㉡ → ㉠ → ㉣
② ㉢ → ㉤ → ㉣ → ㉡ → ㉠
③ ㉢ → ㉤ → ㉣ → ㉠ → ㉡
④ ㉢ → ㉤ → ㉠ → ㉣ → ㉡

해설
재해 발생 시 긴급조치 순서 : 피재기계의 정지 → 피해자의 응급처리 → 관계자에게 통보 → 2차 재해방지 → 현장보존

16 안전관리는 PDCA 사이클의 4단계를 거쳐 지속적인 관리를 수행하여야 한다. 다음 중 PDCA 사이클의 4단계를 잘못 나타낸 것은?

① P : Plan
② D : Do
③ C : Check
④ A : Analysis

해설
A : Action

17 직계(Line)형 안전조직에 관한 설명으로 옳지 않은 것은?

① 명령과 보고가 간단명료하다.
② 안전정보의 수집이 빠르고 전문적이다.
③ 안전업무가 생산현장 라인을 통하여 시행된다.
④ 각종 지시 및 조치사항이 신속하게 이루어 진다.

해설
안전정보의 수집이 빠르고 전문적인 조직은 참모식 안전조직이다.

18 안전보건관리계획 수립 시 고려할 사항으로 옳지 않는 것은?

① 타 관리계획과 균형이 맞도록 한다.
② 안전보건을 저해하는 요인을 확실히 파악해야 한다.
③ 수립된 계획은 안전보건관리활동의 근거로 활용된다.
④ 과거실적을 중요한 것으로 생각하고, 현재 상태에 만족해야 한다.

해설
안전보건관리계획 수립 시 기본계획 내지는 기본적인 고려요소
• 안전보건관리계획의 초안작성자로 가장 적합한 사람은 안전스태프(Staff)이다.
• 타 관리계획과 균형이 되어야 한다.
• 안전보건의 저해요인을 확실히 파악해야 한다.
• 경영층의 기본방향을 명확하게 근로자에게 나타내야 한다.
• 계획의 목표는 점진적인 높은 수준으로 한다.
• 전체 사업장 및 직장 단위로 구체적으로 계획한다.
• 사후형보다는 사전형의 안전대책을 채택한다.
• 여러 개의 안을 만들어 최종안을 채택한다.
• 계획의 실시 중 필요에 따라 변동될 수 있다.
• 대기업의 경우 표준계획서를 작성하여 모든 사업장에 동일하게 적용하기는 무리이다.

19 산업안전보건법령상 건설공사도급인은 산업안전보건관리비의 사용명세서를 건설공사 종료 후 몇 년간 보존해야 하는가?

① 1년 ② 2년
③ 3년 ④ 5년

해설
산업안전보건법령상 건설공사도급인은 산업안전보건관리비의 사용명세서를 작성하여 건설공사 종료 후 1년간 보존해야 한다.

20 산업안전보건법령에 따른 안전보건총괄책임자의 직무에 속하지 않는 것은?

① 도급 시 산업재해 예방조치
② 위험성평가의 실시에 관한 사항
③ 안전인증대상기계와 자율안전확인대상기계 구입 시 적격품의 선정에 관한 지도
④ 산업안전보건관리비의 관계수급인 간의 사용에 관한 협의·조정 및 그 집행의 감독

해설
③ 안전인증대상기계 등과 자율안전확인대상기계 등의 사용 여부 확인

제2과목 산업심리 및 교육

21 판단과정에서의 착오 원인이 아닌 것은?

① 능력부족 ② 정보부족
③ 감각차단 ④ 자기합리화

해설
판단과정의 착오요인 : 능력부족, 정보부족, 자기합리화, 합리화의 부족, 작업조건 불량, 환경조건 불비

22 안전교육에서 안전기술과 방호장치관리를 몸으로 습득시키는 교육방법으로 가장 적절한 것은?

① 지식교육 ② 기능교육
③ 해결교육 ④ 태도교육

해설
① 지식교육 : 근로자가 지켜야 할 규정의 숙지를 위한 교육
③ 해결교육 : 관찰력의 분석과 종합능력을 기르는 데 요점을 둔 안전교육
④ 태도교육 : 올바른 행동의 습관화 및 가치관을 형성하도록 하는 교육

23 교육방법 중 하나인 사례연구법의 장점으로 볼 수 없는 것은?

① 의사소통 기술이 향상된다.
② 무의식적인 내용의 표현 기회를 준다.
③ 문제를 다양한 관점에서 바라보게 된다.
④ 강의법에 비해 현실적인 문제에 대한 학습이 가능하다.

해설
② 무의식적인 내용의 표현 기회를 주는 교육방법은 역할연기법이다.

정답 19 ① 20 ③ 21 ③ 22 ② 23 ②

24 조직에 있어 구성원들의 역할에 대한 기대와 행동은 항상 일치하지는 않는다. 역할 기대와 실제 역할 행동 간에 차이가 생기면 역할 갈등이 발생하는데, 역할 갈등의 원인으로 가장 거리가 먼 것은?

① 역할 마찰
② 역할 민첩성
③ 역할 부적합
④ 역할 모호성

해설
역할 갈등의 원인 : 역할 마찰, 역할 부적합, 역할 모호성

25 안전교육의 형태와 방법 중 Off JT(Off the Job Training)의 특징이 아닌 것은?

① 공통된 대상자를 대상으로 일관적으로 교육할 수 있다.
② 업무 및 사내의 특성에 맞춘 구체적이고 실제적인 지도교육이 가능하다.
③ 외부의 전문가를 강사로 초청할 수 있다.
④ 다수의 근로자에게 조직적 훈련이 가능하다.

해설
② 업무 및 사내의 특성에 맞춘 구체적이고 실제적인 지도교육이 가능한 것은 OJT의 특징에 해당된다.

26 다음 중 ATT(American Telephone & Telegram) 교육훈련기법의 내용이 아닌 것은?

① 인사관계
② 고객관계
③ 회의의 주관
④ 종업원의 향상

해설
ATT(American Telephone & Telegram) 교육훈련기법의 내용 : 작업의 감독, 인사관계, 고객관계, 종업원의 향상, 공구 및 자료보고기록, 개인작업의 개선, 안전, 복무조정 등

27 다음 중 학습전이의 조건으로 가장 거리가 먼 것은?

① 학습 정도
② 시간적 간격
③ 학습 분위기
④ 학습자의 지능

해설
학습전이의 조건 : 유사성, 학습 정도, 시간적 간격, 학습자의 지능(지적 능력), 학습의 원리와 방법

28 다음 중 산업안전심리의 5대 요소가 아닌 것은?

① 동 기   ② 감 정
③ 기 질   ④ 지 능

해설
산업안전심리의 5대 요소 : 동기, 기질, 감정, 습성, 습관

정답 24 ② 25 ② 26 ③ 27 ③ 28 ④

29 다음 중 사고에 관한 표현으로 틀린 것은?

① 사고는 비변형된 사상(Unstrained Event)이다.
② 사고는 비계획적인 사상(Unplaned Event)이다.
③ 사고는 원하지 않는 사상(Undesired Event)이다.
④ 사고는 비효율적인 사상(Inefficient Event)이다.

해설
① 사고는 변형된 사상(Strained Event)이다.

30 다음 중 역할연기(Role Playing)에 의한 교육의 장점으로 틀린 것은?

① 관찰능력을 높이고 감수성이 향상된다.
② 자기의 태도에 반성과 창조성이 생긴다.
③ 정도가 높은 의사결정의 훈련으로서 적합하다.
④ 의견 발표에 자신이 생기고 고찰력이 풍부해진다.

해설
③ 정도가 높은 의사결정의 훈련으로서는 부적합하다.

31 미국 국립산업안전보건연구원(NIOSH)이 제시한 직무스트레스 모형에서 직무스트레스 요인을 작업요인, 조직요인, 환경요인으로 구분할 때 조직요인에 해당하는 것은?

① 관리유형 ② 작업속도
③ 교대근무 ④ 조명 및 소음

해설
① 관리유형 : 조직요인
② 작업속도 : 작업요인
③ 교대근무 : 작업요인
④ 조명 및 소음 : 환경요인

32 집단이 가지는 효과로 두 개 이상의 서로 다른 개체가 힘을 합쳐 둘이 지닌 힘 이상의 효과를 내는 현상은?

① 시너지효과 ② 동조효과
③ 응집성효과 ④ 자생적효과

해설
시너지효과(Synergy Effect) : 두 개 이상의 서로 다른 개체가 힘을 합쳐 둘이 지닌 힘 이상의 효과를 내는 현상

33 부주의의 발생방지 방법은 발생 원인별로 대책을 강구해야 하는데 다음 중 발생 원인의 외적 요인에 속하는 것은?

① 의식의 우회
② 소질적 문제
③ 경험·미경험
④ 작업순서의 부자연성

해설
④는 발생 원인의 외적 요인에 해당되며 나머지는 모두 내적 요인에 해당된다.

34 다음 중 안전교육의 목적과 가장 거리가 먼 것은?

① 생산성이나 품질의 향상에 기여한다.
② 작업자를 산업재해로부터 미연에 방지한다.
③ 재해의 발생으로 인한 직접적 및 간접적 경제적 손실을 방지한다.
④ 작업자에게 작업의 안전에 대한 자신감을 부여하고 기업에 대한 충성도를 증가시킨다.

해설
작업자에게 작업의 안전에 대한 자신감을 부여하고 기업에 대한 애사심을 증가시킨다.

35 상황성 누발자의 재해유발원인으로 가장 적절한 것은?

① 소심한 성격
② 주의력의 산만
③ 기계설비의 결함
④ 침착성 및 도덕성의 결여

해설
③은 상황성 누발자의 재해유발원인에 해당되며 나머지는 모두 소질성 누발자의 재해유발원인에 해당된다.

36 다음 중 안전교육방법에 있어 도입단계에서 가장 적합한 방법은?

① 강의법
② 실연법
③ 반복법
④ 자율학습법

해설
안전교육방법에 있어 도입단계에서 가장 적합한 방법은 강의법이다.

37 직무와 관련한 정보를 직무명세서(Job Specification)와 직무기술서(Job Description)로 구분할 경우 직무기술서에 포함되어야 하는 내용과 가장 거리가 먼 것은?

① 직무의 직종
② 수행되는 과업
③ 직무수행 방법
④ 작업자의 요구되는 능력

해설
④는 직무명세서에 포함되어야 하는 내용이다.

38 레빈(Lewin)이 제시한 인간의 행동특성에 관한 법칙에서 인간의 행동(B)은 개체(P)와 환경(E)의 함수관계를 가진다고 하였다. 다음 중 개체(P)에 해당하는 요소가 아닌 것은?

① 연 령
② 지 능
③ 경 험
④ 인간관계

해설
인간관계는 환경(E)에 해당되는 요소이다.

정답 34 ④ 35 ③ 36 ① 37 ④ 38 ④

39 인간의 동기에 대한 이론 중 자극, 반응, 보상의 3가지 핵심변인을 가지고 있으며, 표출된 행동에 따라 보상을 주는 방식에 기초한 동기이론은?

① 강화이론　　② 형평이론
③ 기대이론　　④ 목표설정이론

해설
② 형평이론(공평성이론) : 지각에 기초한 이론이므로 자기 자신을 지각하고 있는 사람을 개인이라 한다. 개인은 이익을 추구하며, 집단 내에서 자신이 투자한 자원과 이를 통해 얻어진 교환물의 가치에 대해 공정성을 평가한다. 즉, 공정성이나 불공정성을 인지한다.
③ 기대이론 : 구성원 각자의 동기부여 정도가 업무에서의 행동 양식을 결정한다는 이론
④ 목표설정이론 : 리더와 종업원이 같이 목표를 설정하여 동기를 부여한다는 이론이다.

40 다음 중 피들러(Fiedler)의 상황 연계성 리더십 이론에서 중요시 하는 상황적 요인에 해당하지 않는 것은?

① 과제의 구조화
② 부하의 성숙도
③ 리더의 직위상 권한
④ 리더와 부하 간의 관계

해설
피들러(Fiedler)의 상황(연계성)리더십이론
• 중요시 하는 상황적 요인 : 과제의 구조화, 리더와 부하간의 관계, 리더의 직위상 권한
• 가장 일하기 힘들었던 동료를 평가하는 척도에서 점수가 높은 리더의 특성은 배려적이다.

제3과목　인간공학 및 시스템안전공학

41 인간공학을 기업에 적용할 때의 기대효과로 볼 수 없는 것은?

① 노사 간의 신뢰 저하
② 작업손실시간의 감소
③ 제품과 작업의 질 향상
④ 작업자의 건강 및 안전 향상

해설
노사 간의 신뢰 구축

42 눈과 물체의 거리가 23[cm], 시선과 직각으로 측정한 물체의 크기가 0.03[cm]일 때 시각(분)은 얼마인가?(단, 시각은 600 이하이며, Radian 단위를 분으로 환산하기 위한 상수값은 57.3과 60을 모두 적용하여 계산하도록 한다)

① 0.001　　② 0.007
③ 4.48　　④ 24.55

해설
시각(각도) $= \dfrac{크기}{거리} = \dfrac{0.03}{23}[\text{rad}] = \dfrac{0.03}{23} \times \dfrac{180}{\pi} \times 60 \simeq 4.48(분)$

43 그림과 같은 FT도에서 $F_1 = 0.015$, $F_2 = 0.02$, $F_3 = 0.05$이면, 정상사상 T가 발생할 확률은 약 얼마인가?

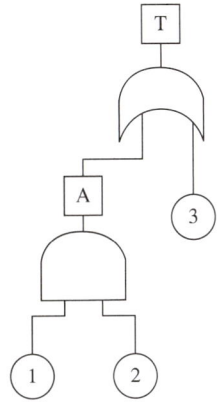

① 0.0002
② 0.0283
③ 0.0503
④ 0.9500

해설
$T = 1 - (1-③)(1-A) = 1 - (1-③)[1-(①×②)]$
$= 1 - (1-③)(1-A) = 1 - (1-0.05)[1-(0.015×0.02)]$
$\simeq 0.0503$

44 차폐효과에 대한 설명으로 옳지 않은 것은?
① 차폐음과 배음의 주파수가 가까울 때 차폐효과가 크다.
② 헤어드라이어 소음 때문에 전화 음을 듣지 못한 것과 관련이 있다.
③ 유의적 신호와 배경 소음의 차이를 신호/소음(S/N) 비로 나타낸다.
④ 차폐효과는 어느 한 음 때문에 다른 음에 대한 감도가 증가되는 현상이다.

해설
차폐효과는 어느 한 음 때문에 다른 음에 대한 감도가 감소되는 현상이다.

45 FTA에서 사용되는 최소 컷셋에 관한 설명으로 옳지 않은 것은?
① 일반적으로 Fussell Algorithm을 이용한다.
② 정상 사상(Top Event)을 일으키는 최소한의 집합이다.
③ 반복되는 사건이 많은 경우 Limnios와 Ziani Algorithm을 이용하는 것이 유리하다.
④ 시스템에 고장이 발생하지 않도록 하는 모든 사상의 집합이다.

해설
④는 패스셋에 관한 설명이다.

46 인간 에러(Human Error)에 관한 설명으로 틀린 것은?
① Omission Error : 필요한 작업 또는 절차를 수행하지 않는 데 기인한 에러
② Commission Error : 필요한 작업 또는 절차의 수행지연으로 인한 에러
③ Extraneous Error : 불필요한 작업 또는 절차를 수행함으로써 기인한 에러
④ Sequential Error : 필요한 작업 또는 절차의 순서 착오로 인한 에러

해설
필요한 작업 또는 절차의 수행지연으로 인한 에러는 Timing Error이다.

47 NIOSH Lifting Guideline에서 권장무게한계(RWL) 산출에 사용되는 계수가 아닌 것은?

① 휴식 계수
② 수평 계수
③ 수직 계수
④ 비대칭 계수

해설
권장무게한계(RWL) 산출에 사용되는 평가요소
• 수평거리
• 수직거리
• 비대칭각도

48 HAZOP 기법에서 사용하는 가이드 워드와 의미가 잘못 연결된 것은?

① No/Not – 설계 의도의 완전한 부정
② More/Less – 정량적인 증가 또는 감소
③ Part of – 성질상의 감소
④ Other than – 기타 환경적인 요인

해설
④ Other than : 완전한 대체(전혀 의도하지 않은)

49 화학설비의 안정성 평가에서 정량적 평가의 항목에 해당되지 않는 것은?

① 훈련
② 조작
③ 취급물질
④ 화학설비용량

해설
정량적 평가항목 : 취급물질, 조작, 화학설비용량, 온도, 압력

50 그림과 같이 FTA로 분석된 시스템에서 현재 모든 기본사상에 대한 부품이 고장 난 상태이다. 부품 X_1부터 부품 X_5까지 순서대로 복구한다면 어느 부품을 수리 완료하는 시점에서 시스템이 정상가동 되는가?

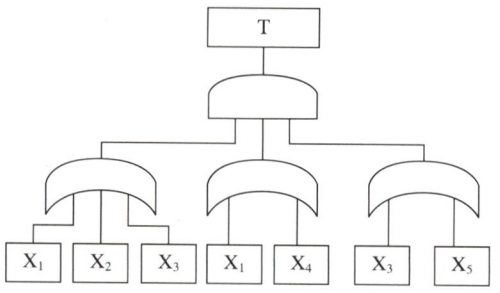

① 부품 X_2
② 부품 X_3
③ 부품 X_4
④ 부품 X_5

해설
현재 모든 기본사상에 대한 부품이 고장 난 상태는 X_1~X_5 모두가 고장이라는 의미이므로 당연히 T도 고장 난 상태이다. 정상 사상 바로 밑에 AND 사상과 연결되었으므로 그 밑의 3개의 OR 사상이 모두 복구되어야 가동된다. 부품 X_1부터 X_5까지를 순서대로 복구해보면,
X_1 복구 : 1번 OR 2번 OR 복구 그러나 3번OR 고장으로 여전히 고장
X_2 복구 : 복구와 동일하므로 변경 없으며, X_3 복구하면, 3번 OR 복구되므로 3개의 OR이 모두 복구되어 정상사상 복구에 따라서 시스템이 정상으로 가동된다.

51 설비의 고장과 같이 발생확률이 낮은 사건의 특정시간 또는 구간에서의 발생횟수를 측정하는데 가장 적합한 확률분포는?

① 이항분포(Binomial Distribution)
② 푸아송분포(Poisson Distribution)
③ 와이블분포(Weibull Distribution)
④ 지수분포(Exponential Distribution)

해설
푸아송분포(Poisson Distribution) : 설비의 고장과 같이 특정시간 또는 구간에 어떤 사건의 발생 확률이 적은 경우 그 사건의 발생 횟수를 측정하는 데 가장 적합한 확률분포이다.

53 후각적 표시장치(Olfactory Display)와 관련된 내용으로 옳지 않은 것은?

① 냄새의 확산을 제어할 수 없다.
② 시각적 표시장치에 비해 널리 사용되지 않는다.
③ 냄새에 대한 민감도의 개별적 차이가 존재한다.
④ 경보 장치로서 실용성이 없기 때문에 사용되지 않는다.

해설
후각적 표시장치
- 여러 냄새에 대한 민감도의 개인차가 심하고, 코가 막히면 민감도가 떨어지고, 사람은 냄새에 빨리 익숙해져서 노출 후에는 냄새의 존재를 느끼지 못하고, 냄새의 확산을 제어할 수 없다.
- 시각적 표시장치에 비해 널리 사용되지 않지만, 가스누출탐지, 갱도 탈출신호 등 경보장치 등에 이용된다.

52 그림과 같이 신뢰도 95[%]인 펌프 A가 각각 신뢰도 90[%]인 밸브 B와 밸브 C의 병렬밸브계와 직렬계를 이룬 시스템의 실패확률은 약 얼마인가?

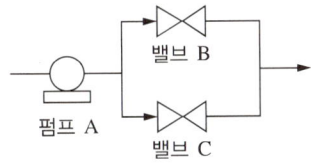

① 0.0091
② 0.0595
③ 0.9405
④ 0.9811

해설
실패확률 $= 1 - 0.95 \times [1 - (1-0.9)(1-0.9)] = 0.0595$

54 산업안전보건기준에 관한 규칙상 '강렬한 소음 작업'에 해당하는 기준은?

① 85[dB] 이상의 소음이 1일 4시간 이상 발생하는 작업
② 85[dB] 이상의 소음이 1일 8시간 이상 발생하는 작업
③ 90[dB] 이상의 소음이 1일 4시간 이상 발생하는 작업
④ 90[dB] 이상의 소음이 1일 8시간 이상 발생하는 작업

해설
강렬한 소음 작업 : 90[dB] 이상의 소음이 1일 8시간 이상 발생하는 작업

55 Sander와 McCormick의 의자설계의 일반적인 원칙으로 옳지 않은 것은?

① 요부 후만을 유지한다.
② 조정이 용이해야 한다.
③ 등근육의 정적부하를 줄인다.
④ 디스크가 받는 압력을 줄인다.

해설
① 요부전만을 유지할 수 있도록 한다(등받이의 굴곡을 요추의 굴곡과 일치시킨다).

56 직무에 대하여 청각적 자극 제시에 대한 음성 응답을 하도록 할 때 가장 관련 있는 양립성은?

① 공간적 양립성
② 양식 양립성
③ 운동 양립성
④ 개념적 양립성

해설
양식 양립성 : 청각적 자극 제시와 이에 대한 음성응답 과업에서 갖는 양립성

57 인간이 기계보다 우수한 기능으로 옳지 않은 것은? (단, 인공지능은 제외한다)

① 암호화된 정보를 신속하게 대량으로 보관할 수 있다.
② 관찰을 통해서 일반화하여 귀납적으로 추리한다.
③ 항공사진의 피사체나 말소리처럼 상황에 따라 변화하는 복잡한 자극의 형태를 식별할 수 있다.
④ 수신 상태가 나쁜 음극선관에 나타나는 영상과 같이 배경 잡음이 심한 경우에도 신호를 인지할 수 있다.

해설
①은 기계가 인간보다 우수한 기능이다.

58 다음은 유해위험방지계획서의 제출에 관한 설명이다. ( ) 안의 들어갈 내용으로 옳은 것은?

> 산업안전보건법령상 '대통령령으로 정하는 사업의 종류 및 규모에 해당하는 사업으로서 해당 제품의 생산 공정과 직접적으로 관련된 건설물·기계·기구 및 설비 등 일체를 설치·이전하거나 그 주요 구조부분을 변경하려는 경우'에 해당하는 사업주는 유해위험방지 계획서에 관련 서류를 첨부하여 해당 작업 시작 (㉠)까지 공단에 (㉡)부를 제출하여야 한다.

① ㉠ : 7일 전, ㉡ : 2
② ㉠ : 7일 전, ㉡ : 4
③ ㉠ : 15일 전, ㉡ : 2
④ ㉠ : 15일 전, ㉡ : 4

해설
산업안전보건법령상 '대통령령으로 정하는 사업의 종류 및 규모에 해당하는 사업으로서 해당 제품의 생산 공정과 직접적으로 관련된 건설물·기계·기구 및 설비 등 전부를 설치·이전하거나 그 주요 구조부분을 변경하려는 경우'에 해당하는 사업주는 유해위험방지계획서에 관련 서류를 첨부하여 해당 작업 시작 15일 전까지 공단에 2부를 제출하여야 한다.

59 컴퓨터 스크린 상에 있는 버튼을 선택하기 위해 커서를 이동시키는 데 걸리는 시간을 예측하는 데 가장 적합한 법칙은?

① Fitts의 법칙
② Lewin의 법칙
③ Hick의 법칙
④ Weber의 법칙

해설
피츠(Fitts)의 법칙 : 동작시간법칙으로, 시작점에서 목표점까지 얼마나 빠르게 닿을 수 있는지 예측한다.

60 THERP(Technique for Human Error Rate Prediction)의 특성에 대한 설명으로 옳은 것을 모두 고른 것은?

㉠ 인간-기계 계(System)에서 여러 가지의 인간의 에러와 이에 의해 발생할 수 있는 위험성의 예측과 개선을 위한 기법
㉡ 인간의 과오를 정성적으로 평가하기 위하여 개발된 기법
㉢ 가지처럼 갈라지는 형태의 논리구조와 나무 형태의 그래프를 이용

① ㉠, ㉡
② ㉠, ㉢
③ ㉡, ㉢
④ ㉠, ㉡, ㉢

해설
㉡ THERP는 인간의 과오를 정량적으로 평가하고 분석하기 위하여 개발된 기법이다.

제4과목 건설시공학

61 지반조사 시 시추주상도 보고서에서 확인사항과 거리가 먼 것은?

① 지층의 확인
② Slime의 두께 확인
③ 지하수위 확인
④ N값의 확인

해설
시추주상도(토질의 주상도)보고서에서의 확인사항 : 조사지역, 작성자, 날짜, 보링종류, 보링방법, 지하수위, 지층두께, 지층구성상태, 심도에 따른 토질 및 색조, N값, 샘플링 방법 등

62 CM 제도에 관한 설명으로 옳지 않은 것은?

① 대리인형 CM(CM for fee) 방식은 프로젝트 선반에 걸쳐 발주자의 컨설턴트 역할을 수행한다.
② 시공자형 CM(CM at risk) 방식은 공사관리자의 능력에 의해 사업의 성패가 좌우된다.
③ 대리인형 CM(CM for fee) 방식에 있어서 독립된 공종별 수급자는 공사관리자와 공사계약을 한다.
④ 시공자형 CM(CM at risk) 방식에 있어서 CM조직이 직접 공사를 수행하기도 한다.

해설
③ 대리인형 CM(CM for fee) 방식에 있어서 독립된 공종별 수급자는 대리인과 공사계약을 한다.

63 철근 콘크리트의 부재별 철근의 정착위치로 옳지 않은 것은?

① 작은 보의 주근은 기둥에 정착한다.
② 기둥의 주근은 기초에 정착한다.
③ 바닥철근은 보 또는 벽체에 정착한다.
④ 지중보의 주근은 기초 또는 기둥에 정착한다.

해설
① 작은 보의 주근은 보에 정착한다.

64 지하 연속벽 공법에 관한 설명으로 옳지 않은 것은?

① 흙막이 벽의 강성이 적어 보장재를 필요로 한다.
② 지수벽의 기능도 갖고 있다.
③ 인접건물의 경계선까지 시공이 가능하다.
④ 암반을 포함한 대부분의 지반에 시공이 가능하다.

해설
흙막이 벽의 강성이 크므로 보장재가 필요 없다. 흙막이 벽 자체의 강도, 강성이 우수하기 때문에 연약지반의 변형 및 이면침하를 최소한으로 억제할 수 있다.

65 콘크리트를 타설 시 주의사항으로 옳지 않은 것은?

① 콘크리트는 그 표면이 한 구획 내에서는 거의 수평이 되도록 타설하는 것을 원칙으로 한다.
② 한 구획 내의 콘크리트는 타설이 완료될 때까지 연속해서 타설하여야 한다.
③ 타설한 콘크리트를 거푸집 안에서 횡 방향으로 이동시켜 밀실하게 채워질 수 있도록 한다.
④ 콘크리트 타설의 1층 높이는 다짐능력을 고려하여 결정하여야 한다.

해설
타설한 콘크리트를 거푸집 안에서 횡 방향으로 이동시켜서는 안 된다.

66 다음 [보기]의 블록쌓기 시공순서로 옳은 것은?

보기
A. 접착면 청소
B. 세로규준틀 설치
C. 규준 쌓기
D. 중간부 쌓기
E. 줄눈 누르기 및 파기
F. 치장줄눈

① A → D → B → C → F → E
② A → B → D → C → F → E
③ A → C → B → D → E → F
④ A → B → C → D → E → F

해설
블록쌓기 시공순서 : 접착면 청소 → 세로규준틀 설치 → 규준 쌓기 → 중간부 쌓기 → 줄눈 누르기 및 파기 → 치장줄눈

67 말뚝지정 중 강재말뚝에 관한 설명으로 옳지 않은 것은?

① 기성콘크리트말뚝에 비해 중량으로 운반이 쉽지 않다.
② 자재의 이음 부위가 안전하여 소요길이의 조정이 자유롭다.
③ 지중에서의 부식 우려가 높다.
④ 상부구조물과의 결합이 용이하다.

해설
① 무게가 가벼우므로 운반취급이 용이하다.

68 벽돌공사 중 벽돌쌓기에 관한 설명으로 옳지 않은 것은?

① 가로 및 세로줄눈의 너비는 도면 또는 공사시방서에 정한 바가 없을 때에는 10[mm]를 표준으로 한다.
② 벽돌쌓기는 도면 또는 공사시방서에서 정한 바가 없을 때에는 불식쌓기 또는 미식쌓기로 한다.
③ 연속되는 벽면의 일부를 트이게 하여 나중쌓기로 할 때에는 그 부분을 층단 들여쌓기로 한다.
④ 벽돌은 각부를 가급적 동일한 높이로 쌓아 올라가고, 벽면의 일부 또는 국부적으로 높게 쌓지 않는다.

해설
② 벽돌쌓기는 도면 또는 공사시방서에서 정한 바가 없을 때에는 영식쌓기로 한다.

69 강구조 건축물의 현장조립 시 볼트시공에 관한 설명으로 옳지 않은 것은?

① 마찰내력을 저감시킬 수 있는 틈이 있는 경우에는 끼움판을 삽입해야 한다.
② 볼트조임 작업 전에 마찰접합면의 흙, 먼지 또는 유해한 도료, 유류, 녹, 밀스케일 등 마찰력을 저감시키는 불순물을 제거해야 한다.
③ 1군의 볼트조임은 가장자리에서 중앙부의 순으로 한다.
④ 현장조임은 1차 조임, 마킹, 2차 조임(본조임), 육안검사의 순으로 한다.

해설
강구조공사 표준시방서
1군의 볼트조임은 중앙부에서 가장자리의 순으로 한다.

70 프리플레이스트 콘크리트 말뚝으로 구멍을 뚫어 주입관과 굵은 골재를 채워 넣고 관을 통하여 모르타르를 주입하는 공법은?

① MIP 파일(Mixed In Place pile)
② CIP 파일(Cast In Place pile)
③ PIP 파일(Packed In Place pile)
④ NIP 파일(Nail In Place pile)

해설
① MIP 파일(Mixed In Place pile) : 파이프 회전봉의 선단에 커터(Cutter)를 장치한 것으로 지중을 파고 다시 회전시켜 빼내면서 모르타르를 분출시켜 지중에 소일 콘크리트 파일(Soil Concrete pile)을 형성시킨 말뚝
② CIP 파일(Cast In Place pile) : 프리플레이스트 콘크리트 말뚝으로 구멍을 뚫어 주입관과 굵은 골재를 채워 넣고 관을 통하여 모르타르를 주입하는 공법
③ PIP 파일(Packed In Place pile) : 스크루오거로 굴착 후 흙과 오거를 끌어올리면서 오거 선단을 통해 모르타르를 주입하여 제자리 말뚝을 형성하는 공법

71 각 거푸집 공법에 관한 설명으로 옳지 않은 것은?

① 플라잉폼 : 벽체 전용거푸집으로 거푸집과 벽체 마감공사를 위한 비계틀을 일체로 조립한 거푸집을 말한다.
② 갱폼 : 대형벽체거푸집으로서 인력절감 및 재사용이 가능한 장점이 있다.
③ 터널폼 : 벽체용, 바닥용 거푸집을 일체로 제작하여 벽과 바닥 콘크리트를 일체로 하는 거푸집 공법이다.
④ 트래블링폼 : 수평으로 연속된 구조물에 적용되며 해체 및 이동에 편리하도록 제작된 이동식 거푸집공법이다.

해설
플라잉폼(Flying Form) : 바닥전용 거푸집으로서 거푸집 널에 거푸집판, 장선, 멍에, 서포트 등을 기계적인 요소로 하여 일체로 제작하여 부재화한 대형 바닥판 시스템거푸집

72 철골부재 절단 방법 중 가장 정밀한 절단방법으로 앵글커터(Angle Cutter) 등으로 작업하는 것은?

① 가스절단   ② 전단절단
③ 톱절단   ④ 전기절단

해설
톱절단 : 철골부재 절단 방법 중 가장 정밀한 절단방법으로 앵글커터(Angle Cutter) 등으로 작업하는 것

73 철근 이음의 종류 중 기계적 이음의 검사항목에 해당되지 않는 것은?

① 위 치   ② 초음파 탐사검사
③ 인장시험   ④ 외관검사

해설
기계적 이음의 검사항목 : 위치, 외관검사, 인장시험

74 기초굴착 방법 중 굴착 공에 철근망을 삽입하고 콘크리트를 타설하여 말뚝을 형성하는 공법이며, 안정액으로 벤토나이트 용액을 사용하고 표층부에서만 케이싱을 사용하는 것은?

① 리버스 서큘레이션공법
② 베노토공법
③ 심초공법
④ 어스드릴공법

해설
① 리버스 서큘레이션공법 : 리버스 서큘레이션 드릴로 대구경의 구멍을 파고 철근망을 삽입한 후 콘크리트를 타설하여 현장타설 말뚝을 만드는 공법
② 베노토공법 : 케이싱 튜브를 요동장치로 왕복요동 회전시키면서 유압잭으로 땅속에 관입시키고 그 내부를 해머 그랩(Hammer Grab)으로 굴착하고 굴착공 내에 철근을 세운 후 콘크리트를 타설하면서 케이싱 튜브를 뽑아내어 현장타설 말뚝을 축조하는 공법
③ 심초공법 : 지반으로부터 수직방향으로 구멍(연직갱)을 형성하도록 굴착 및 굴착된 연직갱으로 콘크리트를 타설하여 콘크리트 기초를 시공하는 현장 타설 말뚝공법이다. 이 공법은 일반적으로 인력굴착으로 실시되나 최근에는 기계 굴착에 의한 방법도 개발되었다.

75 거푸집 설치와 관련하여 다음 설명에 해당하는 것으로 옳은 것은?

> 보, 슬래브 및 트러스 등에서 그의 정상적 위치 또는 형상으로부터 처짐을 고려하여 상향으로 들어 올리는 것 또는 들어 올린 크기

① 폼타이 ② 캠 버
③ 동바리 ④ 턴버클

해설
① 폼타이(Form Tie) : 콘크리트를 부어넣을 때 거푸집이 벌어지거나 우그러들지 않게 연결, 고정하는 긴결재
③ 동바리 : 타설된 콘크리트가 소정의 강도를 얻기까지 고정하중 및 시공하중 등을 지지하기 위하여 설치하는 부재
④ 턴버클(Turnbuckle) : 줄을 당겨 죄는 기구로 양편에 서로 반대 방향의 수나사가 있어 이것을 회전시켜 양쪽에 이은 줄을 당겨 조인다.

76 단순조적 블록공사 시 방수 및 방습처리에 관한 설명으로 옳지 않은 것은?

① 방습층은 도면 또는 공사시방서에서 정한 바가 없을 때에는 마루 밑이나 콘크리트 바닥판 밑에 접근되는 세로줄눈의 위치에 둔다.
② 물빼기 구멍은 콘크리트의 윗면에 두거나 물끊기 및 방습층 등의 바로 위에 둔다.
③ 도면 또는 공사시방서에서 정한 바가 없을 때 물빼기 구멍의 직경은 10[mm] 이내, 간격 1.2[m]마다 1개소로 한다.
④ 물빼기 구멍에는 다른 지시가 없는 한 직경 6[mm], 길이 100[mm]되는 폴리에틸렌 플라스틱 튜브를 만들어 집어넣는다.

해설
방습층은 도면 또는 공사시방서에서 정한 바가 없을 때에는 마루 밑이나 콘크리트 바닥판 밑에 접근되는 가로줄눈의 위치에 두고 액체방수 모르타르를 10[mm] 두께로 블록 전체에 바른다.

77 대규모공사에서 지역별로 공사를 분리하여 발주하는 방식이며 공사기일단축, 시공기술향상 및 공사의 높은 성과를 기대할 수 있어 유리한 도급방법은?

① 전문공종별 분할도급
② 공정별 분할도급
③ 공구별 분할도급
④ 직종별 공종별 분할도급

해설
공구별 분할도급 : 대규모 공사 시 한 현장 안에서 여러 지역별로 공사를 분리하여 발주하는 방식으로 중소업자에게 균등한 기회를 주고 업자 상호 간의 경쟁으로 공사기일 단축, 시공기술 향상 및 공사의 높은 성과를 기대할 수 있어 유리하다. 지하철공사, 고속도로 공사 및 대규모 아파트단지 등의 공사에 채용하면 가장 효과적이다.

78 콘크리트 공사 시 콘크리트를 2층 이상으로 나누어 타설할 경우 허용 이어치기 시간간격의 표준으로 옳은 것은?(단, 외기온도가 25[℃] 이하일 경우이며, 허용 이어치기 시간간격은 하층 콘크리트 비비기 시작에서부터 콘크리트 타설 완료한 후, 상층 콘크리트가 타설되기까지의 시간을 의미)

① 2.0시간 ② 2.5시간
③ 3.0시간 ④ 3.5시간

해설
허용 이어치기 시간간격의 표준(KCS 14 20 10)

외기온도	허용 이어치기 시간간격
25[℃] 초과	2.0시간
25[℃] 이하	2.5시간

정답 75 ② 76 ① 77 ③ 78 ②

79 품질관리를 위한 통계 수법으로 이용되는 7가지 도구(Tools)를 특징별로 조합한 것 중 잘못 연결된 것은?

① 히스토그램 – 분포도
② 파레토그램 – 영향도
③ 특성요인도 – 원인결과도
④ 체크시트 – 상관도

해설
④ 산점도 – 상관도

80 강구조부재의 내화피복공법이 아닌 것은?

① 조적공법
② 세라믹울 피복공법
③ 타설공법
④ 메탈라스공법

해설
내화피복공법
- 습식공법 : 타설공법, 미장공법, 뿜칠공법, 조적공법
- 건식공법 : 성형판공법, 세라믹울 피복공법
- 합성공법 : 이종재료적층공법, 이질재료적층공법
- 복합공법 : 외벽 ALC패널붙이기, 천장·멤브레인공법

제5과목 건설재료학

81 목재 제품 중 합판에 관한 설명으로 옳지 않은 것은?

① 방향에 따른 강도차가 작다.
② 곡면가공을 하여도 균열이 생기지 않는다.
③ 여러 가지 아름다운 무늬를 얻을 수 있다.
④ 함수율 변화에 의한 신축변형이 크다.

해설
④ 함수율 변화에 의한 신축변형이 작다.

82 금속재료의 일반적인 부식 방지를 위한 대책으로 옳지 않은 것은?

① 가능한 다른 종류의 금속을 인접 또는 접촉시켜 사용한다.
② 가공 중에 생긴 변형은 뜨임질, 풀림 등에 의해서 제거한다.
③ 표면은 깨끗하게 하고, 물기나 습기가 없도록 한다.
④ 부분적으로 녹이 나면 즉시 제거한다.

해설
① 가능한 다른 종류의 금속을 인접 또는 접촉시켜 사용하지 않는다.

83 어떤 재료의 초기 탄성변형량이 2.0[cm]이고 크리프(Creep) 변형량이 4.0[cm]라면 이 재료의 크리프 계수는 얼마인가?

① 0.5   ② 1.0
③ 2.0   ④ 4.0

해설
크리프 계수 = $\dfrac{\text{크리프 변형량}}{\text{초기탄성 변형량}} = \dfrac{4.0}{2.0} = 2.0$

84 미장공사에서 사용되는 바름재료 중 여물에 관한 설명으로 옳지 않은 것은?

① 바름에 있어서 재료에 끈기를 주어 흘러내림을 방지한다.
② 흙손질을 용이하게 하는 효과가 있다.
③ 바름 중에는 보수성을 향상시키고, 바름 후에는 건조에 따라 생기는 균열을 방지한다.
④ 여물의 섬유는 질기고 굵으며, 색이 짙고 뻣뻣한 것일수록 양질의 제품이다.

해설
여물의 섬유는 여물의 섬유는 연하고 가늘고 색이 옅고 부드러운 것일수록 상품이다.

85 리녹신에 수지, 고무물질, 코르크분말 등을 섞어 마포(Hemp Cloth) 등에 발라 두꺼운 종이모양으로 압면·성형한 제품은?

① 스펀지 시트
② 리놀륨
③ 비닐 시트
④ 아스팔트 타일

해설
리놀륨 : 리녹신에 수지, 고무물질, 코르크분말 등을 섞어 마포(Hemp Cloth) 등에 발라 두꺼운 종이모양으로 압면·성형한 제품

86 플로트판유리를 연화점부근까지 가열 후 양 표면에 냉각공기를 흡착시켜 유리의 표면에 20 이상 60 이하 [N/mm^2]의 압축응력층을 갖도록 한 가공유리는?

① 강화유리
② 열선반사유리
③ 로이유리
④ 배강도유리

해설
배강도 유리 : 플로트판유리를 연화점부근(약 700[℃])까지 가열 후 양 표면에 냉각공기를 흡착시켜 유리의 표면에 20 이상 60 이하 [N/mm^2]의 압축응력층을 갖도록 한 가공유리. 내풍압 강도, 열깨짐 강도 등은 동일한 두께의 플로트판유리의 2배 이상의 성능을 가진다.

87 고로시멘트의 특성에 관한 설명으로 옳지 않은 것은?

① 수화열이 낮고 수축률이 적어 댐이나 항만공사 등에 적합하다.
② 보통 포틀랜드시멘트에 비하여 비중이 크고 풍화에 대한 저항성이 뛰어나다.
③ 응결시간이 느리기 때문에 특히 겨울철 공사에 주의를 요한다.
④ 다량으로 사용하게 되면 콘크리트의 화학저항성 및 수밀성, 알칼리골재반응 억제 등에 효과적이다.

해설
② 보통 포틀랜드시멘트에 비하여 비중이 작고 내열성, 내해수성 및 화학적 저항성이 뛰어나다.

정답 84 ④ 85 ② 86 ④ 87 ②

88 점토의 성분 및 성질에 관한 설명으로 옳지 않은 것은?

① Fe_2O_3 등의 부성분이 많으면 제품의 건조수축이 크다.
② 점토의 주성분은 실리카, 알루미나이다.
③ 소성 색상은 석회물질이 많을수록 짙은 적색이 된다.
④ 가소성은 점토입자가 미세할수록 좋다.

해설
산화철(Fe_2O_3)이 많을수록 점토의 소성 색상은 짙은 적색이 된다.

89 블리딩현상이 콘크리트에 미치는 가장 큰 영향은?

① 공기량이 증가하여 결과적으로 강도를 저하시킨다.
② 수화열을 발생시켜 콘크리트에 균열을 발생시킨다.
③ 콜드조인트의 발생을 방지한다.
④ 철근과 콘크리트의 부착력 저하, 수밀성 저하의 원인이 된다.

90 통풍이 좋지 않은 지하실에 사용하는 데 가장 적합한 미장재료는?

① 시멘트 모르타르
② 회사벽
③ 회반죽
④ 돌로마이트 플라스터

해설
통풍이 좋지 않은 지하실에 사용하는 데 가장 적합한 미장재료는 수경성 미장재인 시멘트 모르타르이며 나머지는 모두 공기 중에서만 경화되는 미장재인 기경성 재료에 해당된다.

91 다음 중 알루미늄과 같은 경금속 접착에 가장 적합한 합성수지는?

① 멜라민수지
② 실리콘수지
③ 에폭시수지
④ 푸란수지

해설
에폭시수지
- 내수성, 내식성, 전기절연성, 접착성, 내약품성 등이 매우 우수하다.
- 경화 시 휘발성이 없으므로 용적의 감소가 극히 적다.
- 급경성으로 내알칼리성 등의 내화학성이나 접착력이 크다.
- 금속, 플라스틱재, 석재, 글라스, 고무, 도자기, 콘크리트 등의 접착에 모두 사용된다.
- 유기용제에는 침식된다.
- 알루미늄과 같은 경금속 접착에 가장 적합한 합성수지이다.

92 비철금속에 관한 설명으로 옳지 않은 것은?

① 청동은 구리와 아연을 주체로 한 합금으로 건축용 장식철물에 사용된다.
② 알루미늄은 산 및 알칼리에 약하다.
③ 아연은 산 및 알칼리에 약하나 일반대기나 수중에서는 내식성이 크다.
④ 동은 전기 및 열전도율이 매우 크다.

해설
청동은 구리와 주석을 주체로 한 합금이다.

93 유리공사에 사용되는 자재에 관한 설명으로 옳지 않은 것은?

① 흡습제는 작은 기공을 수억 개 갖고 있는 입자로 기체분자를 흡착하는 성질에 의해 밀폐공간에 건조상태를 유지하는 재료이다.
② 세팅 블록은 새시 하단부의 유리끼움용 부재료로서 유리의 자중을 지지하는 고임재이다.
③ 단열간봉은 복층유리의 간격을 유지하는 재료로 알루미늄간봉을 말한다.
④ 백업재는 실링 시공인 경우에 부재의 측면과 유리면 사이에 연속적으로 충전하여 유리를 고정하는 재료이다.

해설
단열간봉은 복층유리의 간격을 유지하는 재료로 알루미늄간봉의 취약한 단열문제를 해결하기 위한 방법으로 Warm-Edge Technology를 적용한 간봉이다.

94 석재를 성인에 의해 분류하면 크게 화성암, 수성암, 변성암으로 대별되는데 다음 중 수성암에 속하는 것은?

① 사문암   ② 대리암
③ 현무암   ④ 응회암

해설
① 사문암 : 변성암
② 대리암 : 변성암
③ 현무암 : 화성암

95 다음 중 단백질계 접착제에 해당하는 것은?

① 카세인 접착제
② 푸란수지 접착제
③ 에폭시수지 접착제
④ 실리콘수지 접착제

해설
카세인 접착제는 우유를 주원료로 하여 만든 단백질계 접착제이며 나머지는 모두 합성수지계 접착제에 해당된다.

96 콘크리트의 압축강도에 영향을 주는 요인에 관한 설명으로 옳지 않은 것은?

① 양생온도가 높을수록 콘크리트의 초기강도는 낮아진다.
② 일반적으로 물-시멘트비가 같으면 시멘트의 강도가 큰 경우 압축강도가 크다.
③ 동일한 재료를 사용하였을 경우에 물-시멘트비가 작을수록 압축강도가 크다.
④ 습윤양생을 실시하게 되면 일반적으로 압축강도는 증진된다.

해설
① 양생온도가 높을수록 콘크리트의 초기강도는 높아지고, 콘크리트의 초기 양생온도가 낮을수록 장기강도가 증진된다.

정답 93 ③ 94 ④ 95 ① 96 ①

97 목재 또는 기타 식물질을 절삭 또는 파쇄하고 소편으로 하여 충분히 건조시킨 후 합성수지 접착제와 같은 유기질의 접착제를 첨가하여 열압제판한 보드로서 상판, 칸막이벽, 가구 등에 사용되는 것은?

① 파키트리 보드 ② 파티클 보드
③ 플로링 보드 ④ 파키트리 블록

해설
파티클 보드(Particle Board, 칩보드) : 목재, 기타 식물의 섬유질소편(식물 섬유질을 작은 조각으로 잘게 썰거나(절삭) 파쇄한 것)을 충분히 건조시킨 후 합성수지와 같은 유기질 접착제를 첨가하여 열압 제조한 목재 제품

98 고로슬래그 쇄석에 관한 설명으로 옳지 않은 것은?

① 철을 생산하는 과정에서 용광로에서 생기는 광재를 공기 중에서 서서히 냉각시켜 경화된 것을 파쇄하여 입도를 고른 것이다.
② 다른 암석을 사용한 콘크리트보다 고로슬래그 쇄석을 사용한 콘크리트가 건조수축이 매우 큰 편이다.
③ 투수성은 보통골재를 사용한 콘크리트보다 크다.
④ 다공질이기 때문에 흡수율이 높다.

해설
② 다른 암석을 사용한 콘크리트보다 고로슬래그 쇄석을 사용한 콘크리트의 건조수축이 더 작다.

99 목재의 강도에 관한 설명으로 옳지 않은 것은?

① 목재의 건조는 중량을 경감시키지만 강도에는 영향을 끼치지 않는다.
② 벌목의 계절은 목재의 강도에 영향을 끼친다.
③ 일반적으로 응력의 방향이 섬유방향에 평행인 경우 압축강도가 인장강도보다 작다.
④ 섬유포화점 이하에서는 함수율 감소에 따라 강도가 증대한다.

해설
① 목재의 건조는 중량을 경감시키지만 강도는 증가된다.

100 목재용 유성 방부제의 대표적인 것으로 방부성이 우수하나, 악취가 나고 흑갈색으로 외관이 불미하여 눈에 보이지 않는 토대, 기둥, 도리 등에 이용되는 것은?

① 유성페인트
② 크레오소트 오일
③ 염화아연 4[%] 용액
④ 불화소다 2[%] 용액

해설
크레오소트 오일 : 방부성이 우수하나, 악취가 나고 흑갈색으로 외관이 불미하여 눈에 보이지 않는 토대, 기둥, 도리 등에 이용되는 대표적인 목재용 유성 방부제

제6과목 건설안전기술

101 터널작업 시 자동경보장치에 대하여 당일의 작업시작 전 점검하여야 할 사항으로 옳지 않은 것은?

① 검지부의 이상 유무
② 조명시설의 이상 유무
③ 경보장치의 작동 상태
④ 계기의 이상 유무

해설
터널공사 시 인화성 가스가 일정농도 이상으로 상승하는 것을 조기에 파악하기 위하여 자동경보장치의 작업시작 전 점검해야 할 사항
- 계기의 이상유무
- 검지부의 이상유무
- 경보장치의 작동상태

102 장비 자체보다 높은 장소의 땅을 굴착하는 데 적합한 장비는?

① 파워셔블(Power Shovel)
② 불도저(Bulldozer)
③ 드래그라인(Drag Line)
④ 클램셸(Clam Shell)

해설
파워셔블(Power Shovel) : 기계가 위치한 지면보다 높은 장소의 땅을 굴착 및 운반하는 데 적합하며, 산지에서의 토공사 및 암반으로부터 점토질까지도 굴착할 수 있는 토공기계

103 산업안전보건관리비계상기준에 따른 일반건설공사(갑), 대상액 '5억원 이상~50억원 미만'의 안전관리비 비율 및 기초액으로 옳은 것은?

① 비율 : 1.86[%], 기초액 : 5,349,000원
② 비율 : 1.99[%], 기초액 : 5,499,000원
③ 비율 : 2.35[%], 기초액 : 5,400,000원
④ 비율 : 1.57[%], 기초액 : 4,411,000원

해설
공사 종류와 규모별 안전관리비 계상기준(건설업 산업안전보건관리비 계상 및 사용기준 별표 1)
[2025년 1월 1일 이전 적용]

구 분	5억원 미만	5억원 이상 50억원 미만		50억원 이상	영 별표 5에 따른 보건관리자 선임 대상 건설공사의 적용비율[%]
		비율(×)	기초액(C)		
일반건설공사(갑)	2.93[%]	1.86[%]	5,349,000원	1.97[%]	2.15[%]
일반건설공사(을)	3.09[%]	1.99[%]	5,499,000원	2.10[%]	2.29[%]
중건설공사	3.43[%]	2.35[%]	5,400,000원	2.44[%]	2.66[%]
철도·궤도 신설공사	2.45[%]	1.57[%]	4,411,000원	1.66[%]	1.8[%]
특수 및 그 밖의 건설공사	1.85[%]	1.20[%]	3,250,000원	1.27[%]	1.38[%]

[2025년 1월 1일부터 적용]

구 분	5억원 미만	5억원 이상 50억원 미만		50억원 이상	영 별표 5에 따른 보건관리자 선임대상 건설공사의 적용비율[%]
		비율(×)	기초액(C)		
건축공사	3.11[%]	2.28[%]	4,325,000원	2.37[%]	2.64[%]
토목공사	3.15[%]	2.53[%]	3,300,000원	2.60[%]	2.73[%]
중건설공사	3.64[%]	3.05[%]	2,975,000원	3.11[%]	3.39[%]
특수건설공사	2.07[%]	1.59[%]	2,450,000원	1.64[%]	1.78[%]

104 본 터널(Main Tunnel)을 시공하기 전에 터널에서 약간 떨어진 곳에 지질조사, 환기, 배수, 운반 등의 상태를 알아보기 위하여 설치하는 터널은?

① 프리패브(Prefab) 터널
② 사이드(Side) 터널
③ 실드(Shield) 터널
④ 파일럿(Pilot) 터널

해설
본 터널(Main Tunnel)을 시공하기 전에 터널에서 약간 떨어진 곳에 지질조사, 환기, 배수, 운반 등의 상태를 알아보기 위하여 설치하는 터널은 파일럿(Pilot) 터널이다(파일럿은 미리 해보는 것을 의미한다).

105 추락방지망 설치 시 그물코의 크기가 10[cm]인 매듭 있는 방망의 신품에 대한 인장강도 기준으로 옳은 것은?

① 100[kgf] 이상
② 200[kgf] 이상
③ 300[kgf] 이상
④ 400[kgf] 이상

해설
신품 추락방지망의 기준 인장강도[kg]

구 분	그물코 5[cm]	그물코 10[cm]
매듭 있는 방망	110	200
매듭 없는 방망	–	240

106 지반의 종류가 다음과 같을 때 굴착면의 기울기 기준으로 옳은 것은?

보통 흙의 습지

① 1 : 0.5 ~ 1 : 1
② 1 : 1 ~ 1 : 1.5
③ 1 : 1.0
④ 1 : 1.0

해설
• 굴착면의 기울기 기준(수직거리 : 수평거리)[2021.11.19. 개정]

지반의 종류		굴착면의 기울기
보통 흙	습 지	1 : 1 ~ 1 : 1.5
	건 지	1 : 0.5 ~ 1 : 1
암반	풍화암	1 : 1.0
	연 암	1 : 1.0
	경 암	1 : 0.5

• 굴착면의 기울기 기준(굴착면의 높이 : 수평거리)[2023.11.14. 개정]

지반의 종류	굴착면의 기울기
모 래	1 : 1.8
연암 및 풍화암	1 : 1.0
경 암	1 : 0.5
그 밖의 흙	1 : 1.2

107 다음 중 해체작업용 기계기구로 가장 거리가 먼 것은?

① 압쇄기
② 핸드 브레이커
③ 철제해머
④ 진동롤러

해설
진동롤러는 해체작업용 기계기구가 아니라 다짐용 기계기구이다.

108 토질시험 중 연약한 점토 지반의 점착력을 판별하기 위하여 실시하는 현장시험은?

① 베인테스트(Vane Test)
② 표준관입시험(SPT)
③ 하중재하시험
④ 삼축압축시험

해설
베인테스트(Vane Test) : 연약한 점토 지반의 점착력을 판별하기 위하여 실시하는 현장 토질시험

정답 104 ④ 105 ② 106 ② 107 ④ 108 ①

109 다음은 강관틀비계를 조립하여 사용하는 경우 준수해야할 기준이다. ( ) 안에 알맞은 숫자를 나열한 것은?

> 길이가 띠장방향으로 (A)[m] 이하이고 높이가 (B)[m]를 초과하는 경우에는 (C)[m] 이내마다 띠장방향으로 버팀기둥을 설치할 것

① A : 4, B : 10, C : 5
② A : 4, B : 10, C : 10
③ A : 5, B : 10, C : 5
④ A : 5, B : 10, C : 10

해설
길이가 띠장방향으로 4[m] 이하이고 높이가 10[m]를 초과하는 경우에는 10[m] 이내마다 띠장방향으로 버팀기둥을 설치할 것

110 터널 등의 건설작업을 하는 경우에 낙반 등에 의하여 근로자가 위험해질 우려가 있는 경우에 필요한 직접적인 조치사항과 거리가 먼 것은?

① 터널 지보공 설치
② 부석의 제거
③ 울 설치
④ 록볼트 설치

해설
터널 등의 건설작업을 하는 경우에 낙반 등에 의하여 근로자가 위험해질 우려가 있는 경우에 필요한 조치
- 터널 지보공을 설치한다.
- 록볼트를 설치한다.
- 부석을 제거한다.

111 콘크리트 타설을 위한 거푸집동바리의 구조검토 시 가장 선행되어야 할 작업은?

① 각 부재에 생기는 응력에 대하여 안전한 단면을 산정한다.
② 가설물에 작용하는 하중 및 외력의 종류, 크기를 산정한다.
③ 하중 및 외력에 의하여 각 부재에 생기는 응력을 구한다.
④ 사용할 거푸집동바리의 설치간격을 결정한다.

해설
콘크리트 타설을 위한 거푸집동바리의 구조검토 시 힘을 알아야 설계 개시가 가능하므로 가장 선행되어야 할 작업은 가설물에 작용하는 하중 및 외력의 종류, 크기를 산정하는 일이다.

112 동력을 사용하는 항타기 또는 항발기에 대하여 무너짐을 방지하기 위하여 준수하여야 할 기준으로 옳지 않은 것은?

① 연약한 지반에 설치하는 경우에는 각부(脚部)나 가대(架臺)의 침하를 방지하기 위하여 깔판·깔목 등을 사용할 것
② 각부나 가대가 미끄러질 우려가 있는 경우에는 말뚝 또는 쐐기 등을 사용하여 각부나 가대를 고정시킬 것
③ 버팀대만으로 상단부분을 안정시키는 경우에는 버팀대는 3개 이상으로 하고 그 하단 부분은 견고한 버팀·말뚝 또는 철골 등으로 고정시킬 것
④ 버팀줄만으로 상단 부분을 안정시키는 경우에는 버팀줄을 2개 이상으로 하고 같은 간격으로 배치할 것

해설
버팀줄만으로 상단부분을 안정시키는 경우에는 버팀줄을 3개 이상으로 하고 같은 간격으로 배치할 것
※ 2022.10.18. 산업안전보건기준에 관한 규칙 개정으로 제209조의 해당 내용 삭제됨

정답 109 ② 110 ③ 111 ② 112 ④

113 타워크레인을 자립고(自立高) 이상의 높이로 설치할 때 지지벽체가 없어 와이어로프로 지지하는 경우의 준수사항으로 옳지 않은 것은?

① 와이어로프를 고정하기 위한 전용 지지프레임을 사용할 것
② 와이어로프 설치각도는 수평면에서 60° 이내로 하되, 지지점은 4개소 이상으로 하고, 같은 각도로 설치할 것
③ 와이어로프와 그 고정부위는 충분한 강도와 장력을 갖도록 설치하되, 와이어로프를 클립·섀클(Shackle) 등의 기구를 사용하여 고정하지 않도록 유의할 것
④ 와이어로프가 가공전선(架空電線)에 근접하지 않도록 할 것

[해설]
와이어로프와 그 고정부위는 충분한 강도와 장력을 갖도록 설치하되, 와이어로프를 클립·섀클(Shackle) 등의 기구를 사용하여 고정하도록 유의할 것

114 다음 중 유해위험방지계획서 제출 대상공사가 아닌 것은?

① 지상높이가 30[m]인 건축물 건설공사
② 최대 지간 길이가 50[m]인 교량건설공사
③ 터널 건설공사
④ 깊이가 11[m]인 굴착공사

[해설]
① 지상높이가 31[m]인 건축물 또는 인공구조물

115 사다리식 통로의 길이가 10[m] 이상일 때 얼마 이내마다 계단참을 설치하여야 하는가?

① 3[m] 이내마다
② 4[m] 이내마다
③ 5[m] 이내마다
④ 6[m] 이내마다

[해설]
사다리식 통로의 길이가 10[m] 이상일 때 5[m] 이내마다 계단참을 설치하여야 한다.

116 항만하역작업에서의 선박승강설비 설치기준으로 옳지 않은 것은?

① 200[ton]급 이상의 선박에서 하역작업을 하는 경우에 근로자들이 안전하게 오르내릴 수 있는 현문(舷門) 사다리를 설치하여야 하며, 이 사다리 밑에 안전망을 설치하여야 한다.
② 현문 사다리는 견고한 재료로 제작된 것으로 너비는 55[cm] 이상이어야 한다.
③ 현문 사다리의 양측에는 82[cm] 이상의 높이로 울타리를 설치하여야 한다.
④ 현문 사다리는 근로자의 통행에만 사용하여야 하며, 화물용 발판 또는 화물용 보판으로 사용하도록 해서는 아니 된다.

[해설]
① 300[ton]급 이상의 선박에서 하역작업을 하는 경우에 근로자들이 안전하게 오르내릴 수 있는 현문(舷門) 사다리를 설치하여야 하며, 이 사다리 밑에 안전망을 설치하여야 한다.

117 다음은 말비계를 조립하여 사용하는 경우에 관한 준수사항이다. ( ) 안에 들어갈 내용으로 옳은 것은?

> • 지주부재와 수평면의 기울기를 (A)° 이하로 하고 지주부재와 지주부재 사이를 고정시키는 보조부재를 설치할 것
> • 말비계의 높이가 2[m]를 초과하는 경우에는 작업발판의 폭을 (B)[cm] 이상으로 할 것

① A : 75, B : 30
② A : 75, B : 40
③ A : 85, B : 30
④ A : 85, B : 40

해설
• 지주부재와 수평면의 기울기를 75° 이하로 하고 지주부재와 지주부재 사이를 고정시키는 보조부재를 설치할 것
• 말비계의 높이가 2[m]를 초과하는 경우에는 작업발판의 폭을 40[cm] 이상으로 할 것

118 비계의 부재 중 기둥과 기둥을 연결시키는 부재가 아닌 것은?

① 띠 장
② 장 선
③ 가 새
④ 작업발판

해설
비계의 부재 중 기둥과 기둥을 연결시키는 부재 : 띠장, 장선, 가새

119 운반작업을 인력운반작업과 기계운반작업으로 분류할 때 기계운반작업으로 실시하기에 부적당한 대상은?

① 단순하고 반복적인 작업
② 표준화되어 있어 지속적이고 운반량이 많은 작업
③ 취급물의 형상, 성질, 크기 등이 다양한 작업
④ 취급물이 중량인 작업

120 거푸집동바리 등을 조립하는 경우에 준수하여야 할 안전조치기준으로 옳지 않은 것은?

① 동바리로 사용하는 강관은 높이 2[m] 이내마다 수평연결재를 2개 방향으로 만들고 수평연결재를 2개 방향으로 만들고 수평연결재의 변위를 방지할 것
② 동바리로 사용하는 파이프 서포트는 3개 이상 이어서 사용하지 않도록 할 것
③ 동바리로 사용하는 파이프 서포트를 이어서 사용하는 경우에는 3개 이상의 볼트 또는 전용철물을 사용하여 이을 것
④ 동바리로 사용하는 강관틀과 강관틀 사이에는 교차가새를 설치할 것

해설
③ 동바리로 사용하는 파이프 서포트를 이어서 사용하는 경우에는 4개 이상의 볼트 또는 전용철물을 사용하여 이을 것

2020년 제4회 과년도 기출문제

제1과목 산업안전관리론

01 위험예지훈련 4라운드의 진행방법을 올바르게 나열한 것은?

① 현상파악 → 목표설정 → 대책수립 → 본질추구
② 현상파악 → 본질추구 → 대책수립 → 목표설정
③ 현상파악 → 본질추구 → 목표설정 → 대책수립
④ 본질추구 → 현상파악 → 목표설정 → 대책수립

해설
위험예지훈련 4라운드의 진행순서 : 현상파악 → 본질추구 → 대책수립 → 목표설정

02 재해예방의 4원칙에 속하지 않는 것은?

① 손실우연의 원칙
② 예방교육의 원칙
③ 원인계기의 원칙
④ 예방가능의 원칙

해설
재해예방의 4원칙 : 원인계기의 원칙, 손실우연의 원칙, 대책선정의 원칙, 예방가능의 원칙

03 A사업장의 도수율이 18.9일 때 연천인율은 얼마인가?

① 4.53
② 9.46
③ 37.86
④ 45.36

해설
- 도수율 $= \dfrac{\text{재해발생건수}}{\text{연근로시간수}} \times 10^6 = \dfrac{\text{연천인율}}{2.4} = 18.9$
- 연천인율 $= 2.4 \times 18.9 = 45.36$

04 산업안전보건법령상 관리감독자가 수행하는 안전 및 보건에 관한 업무에 속하지 않는 것은?

① 해당 작업의 작업장 정리정돈 및 통로 확보에 대한 확인·감독
② 해당 작업에서 발생한 산업재해에 관한 보고 및 이에 대한 응급조치
③ 해당 사업장 안전교육계획의 수립 및 안전교육 실시에 관한 보좌 및 지도·조언
④ 관리감독자에게 소속된 근로자의 작업복·보호구 및 방호장치의 점검과 그 착용·사용에 관한 교육·지도

해설
③은 안전관리자의 업무에 해당된다.

정답 1② 2② 3④ 4③

05 산업안전보건법령상 안전 및 보건에 관한 노사협의체의 근로자위원 구성 기준 내용으로 옳지 않은 것은?(단, 명예산업안전감독관이 위촉되어 있는 경우)

① 근로자대표가 지명하는 안전관리자 1명
② 근로자대표가 지명하는 명예산업안전감독관 1명
③ 도급 또는 하도급 사업을 포함한 전체 사업의 근로자대표
④ 공사금액이 20억원 이상인 공사의 관계수급인의 각 근로자대표

해설
노사협의체의 근로자위원 구성(산업안전보건법 시행령 제64조)
- 도급 또는 하도급 사업을 포함한 전체 사업의 근로자대표
- 근로자대표가 지명하는 명예산업안전감독관 1명(다만, 명예산업안전감독관이 위촉되어 있지 않은 경우에는 근로자대표가 지명하는 해당 사업장 근로자 1명)
- 공사금액이 20억원 이상인 공사의 관계수급인의 각 근로자대표

06 브레인스토밍(Brain Storming)의 원칙에 관한 설명으로 옳지 않은 것은?

① 최대한 많은 양의 의견을 제시한다.
② 누구나 자유롭게 의견을 제시할 수 있다.
③ 타인의 의견에 대하여 비판하지 않도록 한다.
④ 타인의 의견을 수정하여 본인의 의견으로 제시하지 않도록 한다.

해설
수정발언
- Combination & Improvement are Sought
- 타인의 의견을 수정하여 발언한다.
- 타인의 아이디어에 편승해서 덧붙여서 발언한다.

07 안전관리의 수준을 평가하는데 사고가 일어나는 시점을 전후하여 평가를 한다. 다음 중 사고가 일어나기 전의 수준을 평가하는 사전평가활동에 해당하는 것은?

① 재해율 통계
② 안전활동률 관리
③ 재해손실 비용 산정
④ Safe-T-Score 산정

해설
안전활동률(R. P. Blake)
- 안전관리활동의 결과를 정량적으로 판단하는 기준이며 사고가 일어나기 전의 수준을 평가하는 사전평가활동이다.
- 일정기간 동안의 안전활동상태를 나타낸 것이다.
- 안전관리활동의 결과를 정량적으로 판단하는 기준이다.
- 안전활동률 = $\dfrac{\text{안전활동건수}}{\text{근로시간수} \times \text{평균근로자 수}} \times 10^6$

08 시설물의 안전 및 유지관리에 관한 특별법상 국토교통부장관은 시설물이 안전하게 유지관리 될 수 있도록 하기 위하여 몇 년마다 시설물의 안전 및 유지관리에 관한 기본계획을 수립·시행하여야 하는가?

① 2년 ② 3년
③ 5년 ④ 10년

해설
국토교통부장관은 시설물이 안전하게 유지관리 될 수 있도록 하기 위하여 5년마다 시설물의 안전 및 유지관리에 관한 기본계획을 수립·시행하여야 한다.

정답 5 ① 6 ④ 7 ② 8 ③

09 산업안전보건법령상 해당 사업장의 연간 재해율이 같은 업종의 평균재해율의 2배 이상인 경우 사업주에게 관리자를 정수 이상으로 증원하게 하거나 교체하여 임명할 것을 명할 수 있는 자는?

① 시·도지사
② 고용노동부장관
③ 국토교통부장관
④ 지방고용노동관서의 장

해설
지방고용노동관서의 장은 해당 사업장의 연간재해율이 같은 업종의 평균재해율의 2배 이상인 경우 사업주에게 안전관리자·보건관리자·안전보건관리담당자를 정수 이상으로 증원하게 하거나 교체하여 임명할 것을 명할 수 있다.

10 재해의 간접원인 중 기술적 원인에 속하지 않는 것은?

① 경험 및 훈련의 미숙
② 구조, 재료의 부적합
③ 점검, 정비, 보존 불량
④ 건물, 기계장치의 설계 불량

해설
경험 및 훈련의 미숙은 안전교육적 원인에 해당된다.

11 보호구 안전인증 고시에 따른 추락 및 감전 위험방지용 안전모의 성능시험대상에 속하지 않는 것은?

① 내유성   ② 내수성
③ 내관통성 ④ 턱끈 풀림

해설
안전모의 시험성능기준 항목 : 내관통성, 충격흡수성, 내전압성, 내수성, 난연성, 턱끈풀림

12 재해의 통계적 원인분석 방법 중 사고의 유형, 기인물 등 분류 항목을 큰 순서대로 도표화한 것은?

① 관리도   ② 파레토도
③ 크로스도   ④ 특성요인도

해설
① 관리도(Control Chart) : 재해발생건수 등의 추이에 대해 한계선을 설정하여 목표관리를 수행하는 재해통계분석기법
③ 크로스도(Cross Diagram) : 데이터를 집계하고 표로 표시하여 요인별 결과내역을 교차한 크로스 그림을 작성하여 2개 이상의 문제관계를 분석하는 통계분석기법
④ 특성요인도(Cause & Effect Diagram) : 재해문제 특성과 원인의 관계를 찾아가면서 도표로 만들어 재해발생의 원인을 찾아내는 통계분석기법

13 시설물의 안전 및 유지관리에 관한 특별법상 다음과 같이 정의되는 용어는?

> 시설물의 물리적·기능적 결함을 발견하고 그에 대한 신속하고 적절한 조치를 하기 위하여 구조적 안전성과 결함의 원인 등을 조사·측정·평가하여 보수·보강 등의 방법을 제시하는 행위

① 성능평가   ② 정밀안전진단
③ 긴급안전점검 ④ 정기안전진단

해설
정밀안전진단 : 시설물의 물리적·기능적 결함을 발견하고 그에 대한 신속하고 적절한 조치를 하기 위하여 구조적 안전성과 결함의 원인 등을 조사·측정·평가하여 보수·보강 등의 방법을 제시하는 행위

14 다음 중 재해조사의 목적 및 방법에 관한 설명으로 적절하지 않은 것은?

① 재해조사는 현장보존에 유의하면서 재해발생 직후에 행한다.
② 피해자 및 목격자 등 많은 사람으로부터 사고 시의 상황을 수집한다.
③ 재해조사의 1차적 목표는 재해로 인한 손실 금액을 추정하는 데 있다.
④ 재해조사의 목적은 동종재해 및 유사재해의 발생을 방지하기 위함이다.

해설
재해조사의 1차적 목표는 동종재해 및 유사재해의 발생을 방지하는 데 있다.

15 사업장의 안전·보건관리계획 수립 시 유의사항으로 옳은 것은?

① 사고발생 후의 수습대책에 중점을 둔다.
② 계획의 실시 중에는 변동이 없어야 한다.
③ 계획의 목표는 점진적으로 수준을 높이도록 한다.
④ 대기업의 경우 표준계획서를 작성하여 모든 사업장에 동일하게 적용시킨다.

해설
① 사고발생 전의 사전대책에 중점을 둔다.
② 계획의 실시 중 필요에 따라 변동될 수 있다.
④ 대기업의 경우 표준계획서를 작성하여 모든 사업장에 동일하게 적용하기는 무리이다.

16 안전보건관리조직의 유형 중 직계(Line)형에 관한 설명으로 옳은 것은?

① 대규모의 사업장에 적합하다.
② 안전지식이나 기술축적이 용이하다.
③ 안전지시나 명령이 신속히 수행된다.
④ 독립된 안전참모 조직을 보유하고 있다.

해설
① 100명 이하의 소규모 사업장이나 기업에 적합하다.
② 안전지식이나 기술축적이 힘들다.
④ 독립된 안전참모 조직을 보유하고 있지 않다.

17 다음 중 웨버(D. A. Weaver)의 사고 발생 도미노 이론에서 '작전적 에러'를 찾아내기 위한 질문의 유형과 가장 거리가 먼 것은?

① What
② Why
③ Where
④ Whether

해설
작전적 에러를 찾아내기 위한 질문의 유형 : What, Why, Whether

18 산업안전보건법령에 따른 안전보건표지의 종류 중 지시표지에 속하는 것은?

① 화기 금지
② 보안경 착용
③ 낙하물 경고
④ 응급구호표지

해설
① 화기 금지 : 금지표지
② 보안경 착용 : 지시표지
③ 낙하물 경고 : 경고표지
④ 응급구호표지 : 안내표지

정답 14 ③ 15 ③ 16 ③ 17 ③ 18 ②

19 산업안전보건기준에 관한 규칙상 공기압축기를 가동할 때의 작업시작 전 점검사항에 해당하지 않는 것은?

① 윤활유의 상태
② 언로드밸브의 기능
③ 압력방출장치의 기능
④ 비상정지장치 기능의 이상 유무

해설
공기압축기 가동 작업시작 전 점검사항
- 공기저장 압력용기의 외관상태
- 드레인밸브의 조작 및 배수
- 압력방출장치의 기능
- 언로드밸브의 기능
- 윤활유의 상태
- 회전부의 덮개 또는 울
- 그 밖의 연결부위의 이상유무

20 다음 중 하인리히(H. W. Heinrich)의 재해코스트 산정방법에서 직접손실비와 간접손실비의 비율로 옳은 것은?(단, 비율은 '직접손실비 : 간접손실비'로 표현한다)

① 1 : 2
② 1 : 4
③ 1 : 8
④ 1 : 10

해설
하인리히(H. W. Heinrich)의 재해코스트 산정방법에서 직접손실비와 간접손실비의 비율은 1 : 4이다.

제2과목 산업심리 및 교육

21 안전보건교육을 향상시키기 위한 학습지도의 원리에 해당되지 않는 것은?

① 통합의 원리
② 자기활동의 원리
③ 개별화의 원리
④ 동기유발의 원리

해설
학습지도의 원리 : 직관의 원리, 개별화의 원리, 사회화의 원리, 자발성의 원리(자기활동의 원리), 통합의 원리, 목적의 원리

22 생체리듬(Biorhythm)에 대한 설명으로 옳은 것은?

① 각각의 리듬이 (−)에서의 최저점에 이르렀을 때를 위험일이라 한다.
② 감성적 리듬은 영문으로 S라 표시하며, 23일을 주기로 반복된다.
③ 육체적 리듬은 영문으로 P라 표시하며, 28일을 주기로 반복된다.
④ 지성적 리듬은 영문으로 I라 표시하며, 33일을 주기로 반복된다.

해설
① 각각의 리듬이 (+)에서 (−)로 변화하는 점이 위험일이다.
② 감성적 리듬은 영문으로 S라 표시하며, 28일을 주기로 반복된다.
③ 육체적 리듬은 영문으로 P라 표시하며, 23일을 주기로 반복된다.

정답 19 ④ 20 ② 21 ④ 22 ④

23 다음 중 안전교육을 위한 시청각교육법에 대한 설명으로 가장 적절한 것은?

① 지능, 적성, 학습속도 등 개인차를 충분히 고려할 수 있다.
② 학습자들에게 공통의 경험을 형성시켜줄 수 있다.
③ 학습의 다양성과 능률화에 기여할 수 없다.
④ 학습자료를 시간과 장소에 제한 없이 제시할 수 있다.

해설
① 지능, 적성, 학습속도 등 개인차를 고려할 수 없다.
③ 학습의 다양성과 능률화에 기여할 수 있다.
④ 학습자료 제시에 시간과 장소에 제한이 있다.

24 새로운 기술과 학습에서는 연습이 매우 중요하다. 연습 방법과 관련된 내용으로 틀린 것은?

① 새로운 기술을 학습하는 경우에는 일반적으로 배분연습보다 집중연습이 더 효과적이다.
② 교육훈련과정에서는 학습자료를 한꺼번에 묶어서 일괄적으로 연습하는 방법을 집중연습이라고 한다.
③ 충분한 연습으로 완전학습한 후에도 일정량 연습을 계속하는 것을 초과학습이라고 한다.
④ 기술을 배울 때는 적극적 연습과 피드백이 있어야 부적절하고 비효과적인 반응을 제거할 수 있다.

25 다음 중 교육지도의 원칙과 가장 거리가 먼 것은?

① 반복적인 교육을 실시한다.
② 학습자에게 동기부여를 한다.
③ 쉬운 것부터 어려운 것으로 실시한다.
④ 한 번에 여러 가지의 내용을 실시한다.

해설
④ 한 번에 한 가지의 내용을 실시한다.

26 직무수행평가 시 평가자가 특정 피평가자에 대해 구체적으로 잘 모름에도 불구하고 모든 부분에 대해 좋게 평가하는 오류는?

① 후광오류
② 엄격화오류
③ 중앙집중오류
④ 관대화오류

해설
후광오류 : 평가자가 특정 피평가자에 대해 구체적으로 잘 모름에도 불구하고 모든 부분에 대해 좋게 평가하는 오류

정답 23 ② 24 ① 25 ④ 26 ①

27 다음 중 정상적 상태이지만 생리적 상태가 휴식할 때에 해당하는 의식수준은?

① Phase Ⅰ
② Phase Ⅱ
③ Phase Ⅲ
④ Phase Ⅳ

해설
주의의 수준(의식수준의 단계)

단계	의식모드	의식작용	행동 상태	신뢰성	뇌파 형태
Phase 0	무의식, 실신	없음 (Zero)	수면·뇌발작	없음 (Zero)	델타파
Phase Ⅰ	• 정상 이하 의식수준의 저하 • 의식 둔화 (의식 흐림)	부주의 (Inactive)	피로, 단조로움, 졸음	0.9 이하	세타파
Phase Ⅱ	• 정상(느긋한 기분) • 의식의 이완상태	수동적 (Passive)	안정된 행동, 휴식, 정상작업	0.99~0.99999	알파파
Phase Ⅲ	• 정상(분명한 의식) • 명료한 상태	능동적 (Active) 위험예지 주의력 범위 넓음	판단을 동반한 행동, 적극적 행동	0.999999 이상	알파파~베타파
Phase Ⅳ	과긴장, 흥분 상태	주의의 치우침, 판단 정지	감정흥분, 긴급, 당황, 공포반응	0.9 이하	베타파

28 다음 중 하버드 학파의 5단계 교수법에 해당되지 않는 것은?

① 추론한다.
② 교시한다.
③ 연합시킨다.
④ 총괄시킨다.

해설
하버드학파의 교수법
• 1단계 : 준비(Preparation)
• 2단계 : 교시(Presentation)
• 3단계 : 연합(Association)
• 4단계 : 총괄(Generalization)
• 5단계 : 응용(Application)

29 다음 중 리더십과 헤드십에 관한 설명으로 옳은 것은?

① 헤드십은 부하와의 사회적 간격이 좁다.
② 헤드십에서의 책임은 상사에 있지 않고 부하에 있다.
③ 리더십의 지휘형태는 권위주의적인 반면, 헤드십의 지휘형태는 민주적이다.
④ 권한행사 측면에서 보면 헤드십은 임명에 의하여 권한을 행사할 수 있다.

해설
리더십과 헤드십의 비교

구 분	리더십	헤드십
권한의 근거	개인능력 (밑으로부터 동의)	법적이며 공식적 (위로부터 위임)
권한의 행사	선출된 리더	임명된 헤드
지휘의 형태	민주주의	권위주의적
상사와 부하의 관계	개인적	지배적
상사와 부하의 사회적 간격	좁다.	넓다.

30 다음 중 산업안전심리의 5대 요소에 속하지 않는 것은?

① 감 정
② 습 관
③ 동 기
④ 시 간

해설
산업안전심리의 5대 요소 : 동기, 기질, 감정, 습성, 습관

31 인간의 착각현상 가운데 암실 내에서 하나의 광점을 보고 있으면 그 광점이 움직이는 것처럼 보이는 것을 자동운동이라 하는데 다음 중 자동운동이 생기기 쉬운 조건이 아닌 것은?

① 광점이 작을 것
② 대상이 단순할 것
③ 광의 강도가 클 것
④ 시야의 다른 부분이 어두울 것

해설
자동운동은 광점이 작을수록, 대상이 단순할수록, 광의 강도가 작을수록, 시야의 다른 부분이 어두운 것일수록 발생되기 쉽다.

32 다음 중 데이비스(K. Davis)의 동기부여 이론에서 '능력(Ability)'을 올바르게 표현한 것은?

① 기능(Skill) × 태도(Attitude)
② 지식(Knowledge) × 기능(Skill)
③ 상황(Situation) × 태도(Attitude)
④ 지식(Knowledge) × 상황(Situation)

해설
인간의 성과(Human Performance) = 능력(Ability) × 동기유발(Motivation)
• 능력(Ability) = 지식(Knowledge) × 기능(Skill)
• 동기유발(Motivation) = 상황(Situation) × 태도(Attitude)

33 인간이 충족시키고자 추구하는 욕구에 있어 가장 강력한 욕구는?

① 생리적 욕구
② 안전의 욕구
③ 자아실현의 욕구
④ 애정 및 귀속의 욕구

해설
생리적 욕구는 본능적인 욕구로 인간이 충족시키고자 추구하는 욕구에 있어 가장 강력한 욕구이다.

34 다음 중 면접 결과에 영향을 미치는 요인들에 관한 설명으로 틀린 것은?

① 한 지원자에 대한 평가는 바로 앞의 지원자에 의해 영향을 받는다.
② 면접자는 면접 초기와 마지막에 제시된 정보에 의해 많은 영향을 받는다.
③ 지원자에 대한 부정적 정보보다 긍정적 정보가 더 중요하게 영향을 미친다.
④ 지원자의 성과 직업에 있어서 전통적 고정관념은 지원자와 면접자 간의 성의 일치여부보다 더 많은 영향을 미친다.

해설
③ 지원자에 대한 긍정적 정보보다 부정적 정보가 더 중요하게 영향을 미친다.

정답 31 ③ 32 ② 33 ① 34 ③

35 안전사고와 관련하여 소질적 사고 요인이 아닌 것은?

① 시각기능　　② 지 능
③ 작업자세　　④ 성 격

> **해설**
> 안전사고와 관련한 소질적 사고 요인 : 지능, 지각, 시각기능, 운동, 기민, 성격, 태도

36 교육 및 훈련방법 중 다음의 특징을 갖는 방법은?

- 다른 방법에 비해 경제적이다.
- 교육 대상 집단 내 수준차로 인해 교육의 효과가 감소할 가능성이 있다.
- 상대적으로 피드백이 부족하다.

① 강의법　　② 사례연구법
③ 세미나법　　④ 감수성 훈련

> **해설**
> **강의법**(Lecture Method)
> - 수업의 도입이나 초기단계에 적용하며, 단시간에 많은 내용을 많은 인원의 대상자에게 교육하는 경우에 사용되는 방법으로 가장 적절한 교육방법이다.
> - 새로운 과업 및 작업단위의 도입단계에 유효하다.
> - 시간에 대한 계획과 통제가 용이하다.
> - 많은 내용이나 새로운 것을 체계적으로 교육할 수 있다.
> - 타 교육에 비하여 교육시간 조절이 용이하다.
> - 다른 방법에 비해 경제적이다.
> - 교육 대상 집단 내 수준차로 인해 교육의 효과가 감소할 가능성이 있다.
> - 상대적으로 피드백이 부족하다.

37 다음 중 관계지향적 리더가 나타내는 대표적인 행동 특징으로 볼 수 없는 것은?

① 우호적이며 가까이 하기 쉽다.
② 집단구성원들을 동등하게 대한다.
③ 집단구성원들의 활동을 조정한다.
④ 어떤 결정에 대해 자세히 설명해준다.

> **해설**
> ③은 과업지향적 리더의 특징에 해당된다.

38 다음 중 주의의 특성에 관한 설명으로 틀린 것은?

① 변동성이란 주의집중 시 주기적으로 부주의의 리듬이 존재함을 말한다.
② 방향성이란 주의는 항상 일정한 수준을 유지할 수 있으므로 장시간 고도의 주의집중이 가능함을 말한다.
③ 선택성이란 인간은 한 번에 여러 종류의 자극을 지각·수용하지 못함을 말한다.
④ 선택성이란 소수의 특정 자극에 한정해서 선택적으로 주의를 기울이는 기능을 말한다.

> **해설**
> **방향성**
> - (공간적으로 보면 시선의 주시점만 인지하는 기능으로) 한 지점에 주의를 집중하면 다른 곳의 주의는 약해진다.
> - 의식이 과잉상태인 경우 판단능력의 둔화 또는 정지상태가 된다.
> - 주의력을 강화하면 그 기능은 향상된다.
> - 주의는 중심에서 벗어나면 급격히 저하된다.

정답 35 ③　36 ①　37 ③　38 ②

39 안전교육의 강의안 작성 시 교육할 내용을 항목별로 구분하여 핵심 요점사항만을 간결하게 정리하여 기술하는 방법은?

① 게임 방식
② 시나리오식
③ 조목열거식
④ 혼합형 방식

해설
조목열거식 : 교육할 내용을 항목별로 구분하여 핵심 요점사항만을 간결하게 정리하여 기술하는 방법

40 교육방법 중 OJT(On the Job Training)에 속하지 않는 교육방법은?

① 코 칭
② 강의법
③ 직무순환
④ 멘토링

해설
강의법은 Off JT에서 사용된다.

제3과목 인간공학 및 시스템안전공학

41 결함수분석법에서 Path Set에 관한 설명으로 옳은 것은?

① 시스템의 약점을 표현한 것이다.
② Top사상을 발생시키는 조합이다.
③ 시스템이 고장 나지 않도록 하는 사상의 조합이다.
④ 시스템고장을 유발시키는 필요불가결한 기본사상들의 집합이다.

해설
③ 시스템에 고장 나지 않도록 하는 모든 사상의 조합

42 촉감의 일반적인 척도의 하나인 2점 문턱값(Two-point Threshold)이 감소하는 순서대로 나열된 것은?

① 손가락 → 손바닥 → 손가락 끝
② 손바닥 → 손가락 → 손가락 끝
③ 손가락 끝 → 손가락 → 손바닥
④ 손가락 끝 → 손바닥 → 손가락

해설
2점 문턱값(Two-point Threshold)이 감소하는 순서 : 손바닥 → 손가락 → 손가락 끝

정답 39 ③ 40 ② 41 ③ 42 ②

43 결함수분석의 기호 중 입력사상이 어느 하나라도 발생할 경우 출력사상이 발생하는 것은?

① NOR GATE
② AND GATE
③ OR GATE
④ NAND GATE

해설
OR GATE
- 입력사상이 어느 하나라도 발생할 경우 출력사상이 발생하는 게이트
- 논리합의 게이트

44 FTA 결과 다음과 같은 패스셋을 구하였다. 최소 패스셋(Minimal Path Sets)으로 옳은 것은?

$$\{X_2, X_3, X_4\}$$
$$\{X_1, X_3, X_4\}$$
$$\{X_3, X_4\}$$

① $\{X_3, X_4\}$
② $\{X_1, X_3, X_4\}$
③ $\{X_2, X_3, X_4\}$
④ $\{X_2, X_3, X_4\}$와 $\{X_3, X_4\}$

해설
$T = (X_2 + X_3 + X_4) \cdot (X_1 + X_3 + X_4) \cdot (X_3 + X_4)$ 이므로 최소 패스셋은 $[X_3, X_4]$ 이다.

45 인체측정에 대한 설명으로 옳은 것은?

① 인체측정은 동적측정과 정적측정이 있다.
② 인체측정학은 인체의 생화학적 특징을 다룬다.
③ 자세에 따른 인체치수의 변화는 없다고 가정한다.
④ 측정항목에 무게, 둘레, 두께, 길이는 포함되지 않는다.

해설
② 인체측정학은 인체의 물리적 특징을 다룬다.
③ 자세에 따른 인체치수의 변화가 있다고 가정한다.
④ 측정항목에 무게, 둘레, 두께, 길이가 포함된다.

46 시스템 안전분석 방법 중 예비위험분석(PHA)단계에서 식별하는 4가지 범주에 속하지 않는 것은?

① 위기 상태
② 무시가능 상태
③ 파국적 상태
④ 예비조처 상태

해설
예비위험분석(PHA)단계에서 식별하는 4가지 범주 : 파국적 상태, 위기 상태(중대 상태), 한계적 상태, 무시가능 상태

47 다음은 불꽃놀이용 화학물질취급설비에 대한 정량적 평가이다. 해당 항목에 대한 위험등급이 올바르게 연결된 것은?

항 목	A(10점)	B(5점)	C(2점)	D(0점)
취급물질	○	○	○	
조 작		○		○
화학설비의 용량	○		○	
온 도	○	○		
압 력		○	○	○

① 취급물질 – Ⅰ등급, 화학설비의 용량 – Ⅰ등급
② 온도 – Ⅰ등급, 화학설비의 용량 – Ⅱ등급
③ 취급물질 – Ⅰ등급, 조작 – Ⅳ등급
④ 온도 – Ⅱ등급, 압력 – Ⅲ등급

해설

항 목	점수합산	위험등급
취급물질	17	Ⅰ등급
조 작	5	Ⅲ등급
화학설비의 용량	12	Ⅱ등급
온 도	15	Ⅱ등급
압 력	7	Ⅲ등급

48 인간-기계 시스템에서 시스템의 설계를 다음과 같이 구분할 때 제3단계인 기본설계에 해당되지 않는 것은?

> 1단계 : 시스템의 목표와 성능 명세 결정
> 2단계 : 시스템의 정의
> 3단계 : 기본설계
> 4단계 : 인터페이스설계
> 5단계 : 보조물 설계
> 6단계 : 시험 및 평가

① 화면설계 ② 작업설계
③ 직무분석 ④ 기능할당

해설
제3단계(기본설계) : 직무분석, 인간성능요건명세, 작업설계, 기능할당(인간·하드웨어·소프트웨어)

49 어떤 소리가 1,000[Hz], 60[dB]인 음과 같은 높이임에도 4배 더 크게 들린다면, 이 소리의 음압수준은 얼마인가?

① 70[dB] ② 80[dB]
③ 90[dB] ④ 100[dB]

해설
1,000[Hz], 60[dB]인 음의 크기는 60[phon]이고,
$sone = 2^{\frac{[phon]-40}{10}} = 2^{\frac{60-40}{10}} = 4[sone]$ 이며
이보다 4배가 더 크게 들리므로
$4 \times 4 = 16 = 2^{\frac{[phon]-40}{10}}$ 에서
$[phon] = 10 \times \frac{\log 16}{\log 2} + 40 = 80[phon] = 80[dB]$

50 연구 기준의 요건과 내용이 옳은 것은?

① 무오염성 : 실제로 의도하는 바와 부합해야 한다.
② 적절성 : 반복 실험 시 재현성이 있어야 한다.
③ 신뢰성 : 측정하고자 하는 변수 이외의 다른 변수의 영향을 받아서는 안 된다.
④ 민감도 : 피실험자 사이에서 볼 수 있는 예상 차이점에 비례하는 단위로 측정해야 한다.

해설
① 무오염성 : 측정하고자 하는 변수 이외의 다른 변수의 영향을 받아서는 안 된다.
② 적절성 : 실제로 의도하는 바와 부합해야 한다.
③ 신뢰성 : 반복 실험 시 재현성이 있어야 한다.

51 어느 부품 1,000개를 100,000시간 동안 가동하였을 때 5개의 불량품이 발생하였을 경우 평균동작시간(MTTF)은?

① 1×10^6시간 ② 2×10^7시간
③ 1×10^8시간 ④ 2×10^9시간

해설
$$\text{MTTF} = \frac{\text{총가동시간}}{\text{고장건수}} = \frac{1,000 \times 100,000}{5} = 2 \times 10^7 \text{시간}$$

52 시스템 안전분석 방법 중 HAZOP에서 '완전대체'를 의미하는 것은?

① Not ② Reverse
③ Part of ④ Other than

해설
① NO/NOT : 디자인 의도의 완전한 부정
② REVERSE : 디자인 의도의 논리적 반대
③ PART OF : 성질상의 감소

53 실린더블록에 사용하는 개스킷의 수명 분포는 $X \sim N(10,000, 200^2)$인 정규분포를 따른다. $t = 9,600$시간일 경우에 신뢰도($R(t)$)는?(단, $P(Z \leq 1) = 0.8413$, $P(Z \leq 1.5) = 0.9332$, $P(Z \leq 2) = 0.9772$, $P(Z \leq 3) = 0.9987$이다)

① 84.13[%] ② 93.32[%]
③ 97.72[%] ④ 99.87[%]

해설
확률변수 X가 정규분포를 따르므로
$N(\overline{X}, \sigma) = N(10,000, 200)$이며
$P(\overline{X} > 9,600) = P\left(Z > \frac{9,600 - 10,000}{200}\right) = P(Z > -2)$
$= P(Z \leq 2) = 0.9772 = 97.72[\%]$

54 신체활동의 생리학적 측정법 중 전신의 육체적인 활동을 측정하는 데 가장 적합한 방법은?

① Flicker 측정
② 산소소비량 측정
③ 근전도(EMG) 측정
④ 피부전기반사(GSR) 측정

해설
산소소비량 측정은 대사율(에너지 소모율)을 평가할 수 있는 지표로 전신의 육체적인 활동을 측정하는데 적합하다.

55 신호검출이론(SDT)의 판정결과 중 신호가 없었는데도 있었다고 말하는 경우는?

① 긍정(Hit)
② 누락(Miss)
③ 허위(False Alarm)
④ 부정(Correct Rejection)

해설
허위(False Alarm) : 신호검출이론(SDT)의 판정결과, 신호가 없었는데도 있었다고 말하는 경우

56 가스밸브를 잠그는 것을 잊어 사고가 발생했다면 작업자는 어떤 인적오류를 범한 것인가?

① 생략오류(Omission Error)
② 시간지연오류(Time Error)
③ 순서오류(Sequential Error)
④ 작위적오류(Commission Error)

해설
생략오류(Omission Error, 누락오류) : 필요한 직무, 작업 또는 절차를 수행하지 않는데 기인한 오류

57 산업안전보건법령상 유해위험방지계획서의 제출 대상 제조업은 전기 계약용량이 얼마 이상인 경우에 해당되는가?(단, 기타 예외사항은 제외한다)

① 50[kW] ② 100[kW]
③ 200[kW] ④ 300[kW]

해설
대통령령으로 정하는 사업의 종류 및 규모에 해당하는 사업으로서 전기 계약용량이 300[kW] 이상인 경우 사업주는 유해위험방지에 관한 사항을 적은 계획서를 작성하여 고용노동부령으로 정하는 바에 따라 고용노동부장관에게 제출하고 심사를 받아야 한다.

58 다음 중 열중독증(Heat Illness)의 강도를 올바르게 나열한 것은?

ⓐ 열소모(Heat Exhaustion)
ⓑ 열발진(Heat Rash)
ⓒ 열경련(Heat Cramp)
ⓓ 열사병(Heat Stroke)

① ⓒ < ⓑ < ⓐ < ⓓ
② ⓒ < ⓑ < ⓓ < ⓐ
③ ⓑ < ⓒ < ⓐ < ⓓ
④ ⓑ < ⓓ < ⓐ < ⓒ

해설
열중독증(Heat Illness)의 강도 : 열발진(Heat Rash) < 열경련(Heat Cramp) < 열소모(Heat Exhaustion) < 열사병(Heat Stroke)

59 암호체계의 사용 시 고려해야 될 사항과 거리가 먼 것은?

① 정보를 암호화한 자극은 검출이 가능하여야 한다.
② 다차원의 암호보다 단일차원화된 암호가 정보 전달이 촉진된다.
③ 암호를 사용할 때는 사용자가 그 뜻을 분명히 알 수 있어야 한다.
④ 모든 암호 표시는 감지장치에 의해 검출될 수 있고, 다른 암호 표시와 구별될 수 있어야 한다.

해설
다차원 암호의 사용 : 두 가지 이상의 암호 차원을 조합해서 사용하면 정보 전달이 촉진된다.

60 사무실 의자나 책상에 적용할 인체 측정 자료의 설계 원칙으로 가장 적합한 것은?

① 평균치 설계
② 조절식 설계
③ 최대치 설계
④ 최소치 설계

해설
사무실 의자나 책상에 적용할 인체 측정 자료의 설계 원칙은 조절식 설계원칙이다.

정답 57 ④ 58 ③ 59 ② 60 ②

제4과목 건설시공학

61 철골공사의 내화피복공법에 해당하지 않는 것은?

① 표면탄화법 ② 뿜칠공법
③ 타설공법 ④ 조적공법

해설
내화피복공법
- 습식공법 : 타설공법, 미장공법, 뿜칠공법, 조적공법
- 건식공법 : 성형판공법, 세라믹울피복공법
- 합성공법 : 이종재료적층 공법, 이질재료적층 공법
- 복합공법 : 외벽 ALC패널 붙이기, 천장·멤브레인 공법

62 강관틀비계에서 주틀의 기둥관 1개당 수직하중의 한도는 얼마인가?(단, 견고한 기초 위에 설치하게 될 경우)

① 16.5[kN] ② 24.5[kN]
③ 32.5[kN] ④ 38.5[kN]

해설
주틀의 기둥 1개당 수직하중의 한도는 견고한 기초 위에 설치하게 될 경우에는 24.5[kN]으로 한다.

63 고압증기양생 경량기포콘크리트(ALC)의 특징으로 거리가 먼 것은?

① 열전도율이 보통 콘크리트의 1/10 정도이다.
② 경량으로 인력에 의한 취급이 가능하다.
③ 흡수율이 매우 낮은 편이다.
④ 현장에서 절단 및 가공이 용이하다.

64 콘크리트 타설 시 진동기를 사용하는 가장 큰 목적은?

① 콘크리트 타설 시 용이함
② 콘크리트의 응결, 경화 촉진
③ 콘크리트의 밀실화 유지
④ 콘크리트의 재료 분리 촉진

해설
콘크리트의 밀실화를 유지하기 위해 진동기를 사용한다.

65 철골용접 부위의 비파괴검사에 관한 설명으로 옳지 않은 것은?

① 방사선검사는 필름의 밀착성이 좋지 않은 건축물에서도 검출이 우수하다.
② 침투탐상검사는 액체의 모세관현상을 이용한다.
③ 초음파탐상검사는 인간의 귀로 들을 수 없는 주파수를 갖는 초음파를 사용하여 결함을 검출하는 방법이다.
④ 외관검사는 용접을 한 용접공이나 용접관리 기술자가 하는 것이 원칙이다.

해설
① 필름의 밀착성이 좋지 않은 건축물에서는 검출이 우수하지 못하다.

66 단순조적 블록쌓기에 관한 설명으로 옳지 않은 것은?

① 단순조적 블록쌓기의 세로줄눈은 도면 또는 공사시방서에서 정한 바가 없을 때에는 막힌 줄눈으로 한다.
② 살두께가 작은 편을 위로 하여 쌓는다.
③ 줄눈 모르타르는 쌓은 후 줄눈누르기 및 줄눈파기를 한다.
④ 특별한 지정이 없으면 줄눈은 10[mm]가 되게 한다.

해설
② 살두께가 큰 편을 위로 하여 쌓는다.

67 네트워크공정표의 단점이 아닌 것은?

① 다른 공정표에 비하여 작성시간이 많이 필요하다.
② 작성 및 검사에 특별한 기능이 요구된다.
③ 진척관리에 있어서 특별한 연구가 필요하다.
④ 개개의 관련 작업이 도시되어 있지 않아 내용을 알기 어렵다.

해설
④ 개개의 관련 작업이 도시되어 있어서 내용을 알기 쉽다(장점).

68 주문받은 건설업자가 대상 계획의 기업, 금융, 토지조달, 설계, 시공 등을 포괄하는 도급계약방식을 무엇이라 하는가?

① 설비청산 보수가산도급
② 정액도급
③ 공동도급
④ 턴키도급

해설
턴키도급 : 주문받은 건설업자가 대상 계획의 기업, 금융, 토지조달, 설계, 시공 등을 포괄하는 도급계약방식

69 ALC 블록공사 시 내력벽 쌓기에 관한 내용으로 옳지 않은 것은?

① 쌓기 모르타르는 교반기를 사용하여 배합하며, 1시간 이내에 사용해야 한다.
② 가로 및 세로줄눈의 두께는 3~5[mm] 정도로 한다.
③ 하루 쌓기 높이는 1.8[m]를 표준으로 하며, 최대 2.4[m] 이내로 한다.
④ 연속되는 벽면의 일부를 나중쌓기로 할 때에는 그 부분을 층단 떼어쌓기로 한다.

해설
② 가로 및 세로줄눈의 두께는 1~3[mm] 정도로 한다.

70 시험말뚝에 변형률계(Strain Gauge)와 가속도계(Accelerometer)를 부착하여 말뚝항타에 의한 파형으로부터 지지력을 구하는 시험은?

① 정적재하시험
② 동적재하시험
③ 비비시험
④ 인발시험

해설
동적재하시험 : 시험말뚝에 변형률계(Strain Gauge)와 가속도계(Accelerometer)를 부착하여 말뚝항타에 의한 파형으로부터 지지력을 구하는 시험

정답 66 ② 67 ④ 68 ④ 69 ② 70 ②

71 지하 합벽거푸집에서 측압에 대비하여 버팀대를 삼각형으로 일체화한 공법은?

① 1회용 리브라스거푸집
② 와플거푸집
③ 무폼타이거푸집
④ 단열거푸집

해설
지하 합벽거푸집에서 측압에 대비하여 버팀대를 삼각형으로 일체화한 공법으로 한쪽 면에만 거푸집을 설치하여 폼타이 없이 거푸집에 작용하는 콘크리트 측압을 지지하도록 만든 거푸집

72 부재별 철근의 정착위치에 관한 설명으로 옳지 않은 것은?

① 작은 보의 주근은 슬래브에 장착한다.
② 기둥의 주근은 기초에 정착한다.
③ 바닥철근은 보 또는 벽체에 정착한다.
④ 벽철근은 기둥, 보 또는 바닥판에 정착한다.

73 다음은 표준시방서에 따른 기성말뚝 세우기 작업 시 준수사항이다. ( ) 안에 들어갈 내용으로 옳은 것은? (단, 보기항의 D는 말뚝의 바깥지름임)

말뚝의 연직도나 경사도는 (A) 이내로 하고, 말뚝박기 후 평면상의 위치가 설계도면의 위치로부터 (B)와 100[mm] 중 큰 값 이상으로 벗어나지 않아야 한다.

① A : 1/100, B : $D/4$
② A : 1/150, B : $D/4$
③ A : 1/100, B : $D/2$
④ A : 1/150, B : $D/2$

해설
※ 기성말뚝 세우기에 관한 표준시방서(KCS 11 50 15) 개정(2021년)으로 정답없음(개정 전 정답 ①)
말뚝의 연직도나 경사도는 1/50 이내로 하고, 말뚝박기 후 평면상의 위치가 설계도면의 위치로부터 $D/4$와 100[mm] 중 큰 값 이상으로 벗어나지 않아야 한다.

74 제자리 콘크리트 말뚝지정 중 베노토 파일의 특징에 관한 설명으로 옳지 않은 것은?

① 기계가 저가이고 굴착속도가 비교적 빠르다.
② 케이싱을 지반에 압입해 가면서 관 내부 토사를 특수한 버킷으로 굴착 배토한다.
③ 말뚝구멍의 굴착 후에는 철근 콘크리트 말뚝을 제자리치기 한다.
④ 여러 지질에 안전하고 정확하게 시공할 수 있다.

해설
① 기계가 고가이고 굴착속도가 느리다.

정답 71 ③ 72 ① 73 정답없음 74 ①

75 철골 공사 중 현장에서 보수도장이 필요한 부위에 해당되지 않는 것은?

① 현장용접을 한 부위
② 현장접합재료의 손상부위
③ 조립상 표면접합이 되는 면
④ 운반 또는 양중 시 생긴 손상부위

해설
보수도장이 필요한 부위
- 현장용접부위
- 현장접합재료의 손상부위
- 현장접합에 의한 볼트류의 두부, 너트, 와셔
- 운반 또는 양중 시 생긴 손상부위

76 웰 포인트(Well Point)공법에 관한 설명으로 옳지 않은 것은?

① 강제배수공법의 일종이다.
② 투수성이 비교적 낮은 사질실트층까지도 배수가 가능하다.
③ 흙의 안전성을 대폭 향상시킨다.
④ 인근 건축물의 침하에 영향을 주지 않는다.

해설
인근 건축물의 침하를 일으키는 경우가 있다.

77 갱폼(Gang Form)에 관한 설명으로 옳지 않은 것은?

① 타워크레인, 이동식 크레인 같은 양중장비가 필요하다.
② 벽과 바닥의 콘크리트 타설을 한 번에 가능하게 하기 위하여 벽체 및 슬래브거푸집을 일체로 제작한다.
③ 공사초기 제작기간이 길고 투자비가 큰편이다.
④ 경제적인 전용횟수는 30~40회 정도이다.

해설
②는 터널폼에 관한 설명이다.

78 철골기둥의 이음부분 면을 절삭가공기를 사용하여 마감하고 충분히 밀착시킨 이음에 해당하는 용어는?

① 밀 스케일(Mill Scale)
② 스캘럽(Scallop)
③ 스패터(Spatter)
④ 메탈터치(Metal Touch)

해설
메탈터치(Metal Touch) : 철골기둥의 이음부분 면을 절삭가공기를 사용하여 마감하고 충분히 밀착시킨 이음

79 공사의 도급계약에 명시하여야 할 사항과 가장 거리가 먼 것은?(단, 첨부서류가 아닌 계약서 상 내용을 의미)

① 공사내용
② 구조설계에 따른 설계방법의 종류
③ 공사착수의 시기와 공사완성의 시기
④ 하자담보책임기간 및 담보방법

해설
공사의 도급계약에 명시하여야 할 사항(첨부서류가 아닌 계약서 상 내용) : 공사내용, 공사대금액 및 대금지급일, 지급방법, 공사착수의 시기와 공사완성의 시기, 도급인에게 인도할 시기, 위약금·기타 손해배상에 관한 규정, 하자담보책임기간 및 담보방법, 분쟁의 해결방법 등

80 지하연속벽(Slurry Wall) 굴착 공사 중 공벽붕괴의 원인으로 보기 어려운 것은?

① 지하수위의 급격한 상승
② 안정액의 급격한 점도 변화
③ 물다짐하여 매립한 지반에서 시공
④ 공사 시 공법의 특성으로 발생하는 심한 진동

해설
진동, 소음이 적으므로 공사 시 심한 진동이 발생되지 않는다.

제5과목 건설재료학

81 다음 미장재료 중 수경성 재료인 것은?

① 회반죽
② 회사벽
③ 석고 플라스터
④ 돌로마이트 플라스터

해설
석고 플라스터는 수경성 재료이고 나머지는 모두 기경성 재료이다.

82 부재 두께의 증가에 따른 강도저하, 용접성 확보 등에 대응하기 위해 열간압연 시 냉각조건을 조절하여 냉각속도에 의해 강도를 상승시킨 구조용 특수강재는?

① 일반구조용 압연강재
② 용접구조용 압연강재
③ TMC 강재
④ 내후성 강재

해설
TMC 강재 : 부재 두께의 증가에 따른 강도저하, 용접성 확보 등에 대응하기 위해 열간압연 시 냉각조건을 조절하여 냉각속도에 의해 강도를 상승시킨 구조용 특수강재

79 ② 80 ④ 81 ③ 82 ③

83 다음 중 고로시멘트의 특징으로 옳지 않은 것은?

① 고로시멘트는 포틀랜드시멘트 클링커에 급랭한 고로슬래그를 혼합한 것이다.
② 초기강도는 약간 낮으나 장기강도는 보통 포틀랜드시멘트와 같거나 그 이상이 된다.
③ 보통 포틀랜드시멘트에 비해 화학저항성이 매우 낮다.
④ 수화열이 적어 매스콘크리트에 적합하다.

해설
보통 포틀랜드시멘트에 비하여 비중이 작고 팽창균열이 없고 내열성, 내해수성 및 화학적 저항성이 뛰어나다.

84 목재를 이용한 가공제품에 관한 설명으로 옳은 것은?

① 집성재는 두께 1.5~3[cm]의 널을 접착제로 섬유평행방향으로 겹쳐 붙여서 만든 제품이다.
② 합판은 3매 이상의 얇은 판을 1매마다 접착제로 섬유평행방향으로 겹쳐 붙여서 만든 제품이다.
③ 연질 섬유판은 두께 50[mm], 너비 100[mm]의 긴 판에 표면을 리브로 가공하여 만든 제품이다.
④ 파티클 보드는 코르크나무의 수피를 분말로 가열, 성형, 접착하여 만든 제품이다.

해설
② 합판은 3장 이상의 단판(Veneer)을 섬유방향이 서로 직교하도록 홀수로 적층하면서 접착시켜 합친 판이다.
③ 연질 섬유판은 비중이 0.40 이하인 섬유판이며 천장널, 차음판 등으로 쓰인다.
④ 파티클 보드는 목재, 기타 식물의 섬유질소편(식물 섬유질을 작은 조각으로 잘게 썰거나(절삭) 파쇄한 것)을 충분히 건조시킨 후 합성수지와 같은 유기질 접착제를 첨가하여 열압 제조한 목재 제품이다.

85 플라스틱 제품 중 비닐레더(Vinyl Leather)에 관한 설명으로 옳지 않은 것은?

① 색채, 모양, 무늬 등을 자유롭게 할 수 있다.
② 면포로 된 것은 찢어지지 않고 튼튼하다.
③ 두께는 0.5~1[mm]이고, 길이는 10[m]의 두루마리로 만든다.
④ 커튼, 테이블크로스, 방수막으로 사용된다.

해설
가구, 벽지, 천장지 등으로 사용된다.

86 알루미늄의 성질에 관한 설명으로 옳지 않은 것은?

① 비중이 철에 비해 약 1/3 정도이다.
② 황산, 인산 중에서는 침식되지만 염산 중에서는 침식되지 않는다.
③ 열, 전기의 양도체이며 반사율이 크다.
④ 부식률은 대기 중의 습도와 염분함유량, 불순물의 양과 질 등에 관계되며 0.08[mm/년] 정도이다.

해설
② 산이나 알칼리 모두에 약하다.

87 목재 건조 시 생재를 수중에 일정기간 침수시키는 주된 이유는?

① 재질을 연하게 만들어 가공하기 쉽게 하기 위하여
② 목재의 내화도를 높이기 위하여
③ 강도를 크게 하기 위하여
④ 건조기간을 단축시키기 위하여

해설
목재 건조 시 건조기간을 단축시키기 위하여 생재를 수중에 일정기간 침수시킨다.

정답 83 ③ 84 ① 85 ④ 86 ② 87 ④

88 다음 중 방청도료에 해당되지 않는 것은?

① 광명단조합페인트
② 클리어 래커
③ 에칭프라이머
④ 징크로메이트 도료

해설
방청도료 : 알루미늄 도료, 에칭프라이머, 워시프라이머, 징크로메이트 도료, 광명단 도료 등

89 보통 시멘트 콘크리트와 비교한 폴리머 시멘트 콘크리트의 특징으로 옳지 않은 것은?

① 유동성이 감소하여 일정 워커빌리티를 얻는 데 필요한 물-시멘트비가 증가한다.
② 모르타르, 강재, 목재 등의 각종 재료와 잘 접착한다.
③ 방수성 및 수밀성이 우수하고 동결융해에 대한 저항성이 양호하다.
④ 휨, 인장강도 및 신장능력이 우수하다.

해설
유동성이 증가하여 일정 워커빌리티를 얻는 데 필요한 물-시멘트비가 감소한다.

90 실리콘(Silicon)수지에 관한 설명으로 옳지 않은 것은?

① 실리콘수지는 내열성, 내한성이 우수하여 -60~260[℃]의 범위에서 안정하다.
② 탄성을 지니고 있고, 내후성도 우수하다.
③ 발수성이 있기 때문에 건축물, 전기 절연물 등의 방수에 쓰인다.
④ 도료로 사용할 경우 안료로서 알루미늄 분말을 혼합한 것은 내화성이 부족하다.

해설
④ 도료로 사용할 경우 알루미늄 분말의 안료를 혼합한 것은 내화성이 우수하다.

91 다음 제품 중 점토로 제작된 것이 아닌 것은?

① 경량벽돌
② 테라코타
③ 위생도기
④ 파키트리 패널

해설
파키트리 패널(Parquetry Panel) : 두께 9~15[mm], 너비 60[mm] 길이는 너비의 정수배로 양측면은 제혀쪽매로 가공한 우수한 마루판재이다.

88 ② 89 ① 90 ④ 91 ④

92 다음 각 도료에 관한 설명으로 옳지 않은 것은?

① 유성 페인트 : 건조시간이 길고 피막이 튼튼하고 광택이 있다.
② 수성 페인트 : 유성페인트에 비하여 광택이 매우 우수하고 내구성 및 내마모성이 크다.
③ 합성수지 페인트 : 도막이 단단하고 내산성 및 내알칼리성이 우수하다.
④ 에나멜 페인트 : 건조가 빠르고, 내수성 및 내약품성이 우수하다.

해설
② 수성 페인트는 광택이 없고 내마모성이 작다.

93 경질 우레탄폼 단열재에 관한 설명으로 옳지 않은 것은?

① 규격은 한국산업표준(KS)에 규정되어 있다.
② 공사현장에서 발포시공이 가능하다.
③ 사용시간이 경과함에 따라 부피가 팽창하는 결점이 있다.
④ 초저온 장치용 보랭재로 사용된다.

해설
③ 사용시간이 경과해도 부피가 팽창하지 않는다.

94 콘크리트용 골재의 요구 성능에 관한 설명으로 옳지 않은 것은?

① 골재의 강도는 경화한 시멘트페이스트 강도보다 클 것
② 골재의 형태가 예각이며, 표면은 매끄러울 것
③ 골재의 입형이 둥글고 입도가 고를 것
④ 먼지 또는 유기불순물을 포함하지 않을 것

해설
② 골재는 넓적하거나 길쭉한 것, 예각이 아니어야 하고 표면은 거칠어야 한다.

95 양질의 도토 또는 장석분을 원료로 하며, 흡수율이 1[%] 이하로 거의 없고 소성온도가 약 1,230~1,460[℃]인 점토 제품은?

① 토 기   ② 석 기
③ 자 기   ④ 도 기

해설
자 기
• 소성온도는 약 1,230~1,460[℃]로 점토소성 제품 중 가장 고온이다.
• 반투명 백색이며 주로 바닥용으로 사용된다.
• 양질의 도토 또는 장석분을 원료로 하는 점토 제품이다.

정답 92 ② 93 ③ 94 ② 95 ③

96 콘크리트의 워커빌리티(Workability)에 관한 설명으로 옳지 않은 것은?

① 과도하게 비빔시간이 길면 시멘트의 수화를 촉진하여 워커빌리티가 나빠진다.
② 단위수량을 너무 증가시키면 재료분리가 생기기 쉽기 때문에 워커빌리티가 좋아진다고 볼 수 없다.
③ AE제를 혼입하면 워커빌리티가 좋아진다.
④ 깬 자갈이나 깬 모래를 사용할 경우, 잔골재율을 작게 하고 단위수량을 감소시켜 워커빌리티가 좋아진다.

해설
④ 깬 자갈이나 깬 모래를 사용할 경우, 잔골재율이 커지고 단위수량이 증가되므로 워커빌리티의 개량이 필요하다.

97 건축물에 사용되는 천장마감재의 요구 성능으로 옳지 않은 것은?

① 내충격성
② 내화성
③ 흡음성
④ 차음성

해설
천장마감재에 내충격성은 특별히 요구되지 않는다.

98 세라믹재료의 일반적인 특성에 관한 설명으로 옳지 않은 것은?

① 내열성, 화학저항성이 우수하다.
② 전·연성이 매우 뛰어나 가공이 용이하다.
③ 단단하고, 압축강도가 높다.
④ 전기절연성이 있다.

해설
세라믹재료는 취성이 커서 잘 깨진다.

99 한중 콘크리트의 배합에 관한 설명으로 옳지 않은 것은?

① 한중 콘크리트에는 일반콘크리트만을 사용하고, AE콘크리트의 사용을 금한다.
② 단위수량은 초기동해를 적게 하기 위하여 소요의 워커빌리티를 유지할 수 있는 범위 내에서 되도록 적게 정하여야 한다.
③ 물-결합재비는 원칙적으로 60[%] 이하로 하여야 한다.
④ 배합강도 및 물-결합재비는 적산온도방식에 의해 결정할 수 있다.

해설
① 한중 콘크리트에는 AE제, AE감수제 및 고성능 AE감수제 중 어느 한 종류는 반드시 사용한다.

100 유리의 주성분 중 가장 많이 함유되어 있는 것은?

① CaO
② SiO_2
③ Al_2O_3
④ MgO

해설
유리의 주성분 중 가장 많이 함유되어 있는 것은 이산화규소(SiO_2)이다.

제6과목 건설안전기술

101 비계의 높이가 2[m] 이상인 작업장소에 설치하는 작업발판의 설치기준으로 옳지 않은 것은?(단, 달비계, 달대비계 및 말비계는 제외)

① 작업발판의 폭은 40[cm] 이상으로 한다.
② 작업발판재료는 뒤집히거나 떨어지지 않도록 하나 이상의 지지물에 연결하거나 고정시킨다.
③ 발판재료 간의 틈은 3[cm] 이하로 한다.
④ 작업발판의 지지물은 하중에 의하여 파괴될 우려가 없는 것을 사용한다.

해설
작업발판재료는 뒤집히거나 떨어지지 않도록 2개 이상의 지지물에 연결하거나 고정시킨다.

102 NATM공법 터널공사의 경우 록볼트 작업과 관련된 계측결과에 해당되지 않는 것은?

① 내공변위 측정 결과
② 천단침하 측정 결과
③ 인발시험 결과
④ 진동 측정 결과

해설
시공(터널공사표준안전작업지침-NATM공법 제21조)
록볼트 작업의 표준시공방식으로서 시스템 볼팅을 실시하여야 하며 인발시험, 내공 변위측정, 천단침하측정, 지중변위측정 등의 계측결과로부터 다음에 해당될 때에는 록볼트의 추가시공을 하여야 한다.
- 터널벽면의 변형이 록 볼트 길이의 약 6[%] 이상으로 판단되는 경우
- 록볼트의 인발시험 결과로부터 충분한 인발내력이 얻어지지 않는 경우
- 록볼트 길이의 약 반 이상으로부터 지반 심부까지의 사이에 축력분포의 최대치가 존재하는 경우
- 소성영역의 확대가 록볼트 길이를 초과한 것으로 판단되는 경우

103 거푸집동바리 등을 조립하는 경우에 준수하여야 할 사항으로 옳지 않은 것은?

① 깔목의 사용, 콘크리트 타설, 말뚝박기 등 동바리의 침하를 방지하기 위한 조치를 할 것
② 개구부 상부에 동바리를 설치하는 경우에는 상부하중을 견딜 수 있는 견고한 받침대를 설치할 것
③ 거푸집이 곡면인 경우에는 버팀대의 부착 등 그 거푸집의 부상(浮上)을 방지하기 위한 조치를 할 것
④ 동바리의 이음은 맞댄이음이나 장부이음을 피할 것

해설
④ 동바리의 이음은 맞댄이음이나 장부이음으로 하고 같은 품질의 재료를 사용할 것

104 불도저를 이용한 작업 중 안전조치사항으로 옳지 않은 것은?

① 작업종료와 동시에 삽날을 지면에서 띄우고 주차 제동장치를 건다.
② 모든 조종간은 엔진 시동 전에 중립 위치에 놓는다.
③ 장비의 승차 및 하차 시 뛰어내리거나 오르지 말고 안전하게 잡고 오르내린다.
④ 야간작업 시 자주 장비에서 내려와 장비 주위를 살피며 점검하여야 한다.

해설
① 작업종료와 동시에 삽날을 지면에 내리고 주차 제동장치를 건다.

정답 101 ② 102 ④ 103 ④ 104 ①

105 콘크리트 타설작업과 관련하여 준수하여야 할 사항으로 가장 거리가 먼 것은?

① 당일의 작업을 시작하기 전에 해당 작업에 관한 거푸집동바리 등의 변형·변위 및 지반의 침하 유무 등을 점검하고 이상이 있으면 보수할 것
② 콘크리트를 타설하는 경우에는 편심이 발생하지 않도록 골고루 분산하여 타설할 것
③ 진동기의 사용은 많이 할수록 균일한 콘크리트를 얻을 수 있으므로 가급적 많이 사용할 것
④ 설계도서상의 콘크리트 양생기간을 준수하여 거푸집동바리 등을 해체할 것

해설
③ 진동기는 적절히 사용해야 하며 지나친 진동은 거푸집 도괴의 원인이 될 수 있으므로 각별하게 주의해야 한다.

106 화물취급작업과 관련한 위험방지를 위해 조치하여야 할 사항으로 옳지 않은 것은?

① 하역작업을 하는 장소에서 작업장 및 통로의 위험한 부분에는 안전하게 작업할 수 있는 조명을 유지할 것
② 하역작업을 하는 장소에서 부두 또는 안벽의 선을 따라 통로를 설치하는 경우에는 폭을 50[cm] 이상으로 할 것
③ 차량 등에서 화물을 내리는 작업을 하는 경우에 해당 작업에 종사하는 근로자에게 쌓여 있는 화물 중간에서 화물을 빼내도록 하지 말 것
④ 꼬임이 끊어진 섬유로프 등을 화물운반용 또는 고정용으로 사용하지 말 것

해설
하역작업을 하는 장소에서 부두 또는 안벽의 선을 따라 통로를 설치하는 경우에는 폭을 90[cm] 이상으로 할 것

107 유해위험방지계획서를 제출하려고 할 때 그 첨부서류와 가장 거리가 먼 것은?

① 공사 개요서
② 산업안전보건관리비 작성요령
③ 전체 공정표
④ 재해발생 위험 시 연락 및 대피방법

해설
유해위험방지계획서 첨부서류(산업안전보건법 시행규칙 별표 10)
- 공사 개요서
- 공사현장의 주변 현황 및 주변과의 관계를 나태는 도면(매설물 현황 포함)
- 전체 공정표
- 산업안전보건관리비 사용계획서
- 안전관리 조직표
- 재해발생 위험 시 연락 및 대피방법

108 건설재해대책의 사면보호공법 중 식물을 생육시켜 그 뿌리로 사면의 표층토를 고정하여 빗물에 의한 침식, 동상, 이완 등을 방지하고, 녹화에 의한 경관조성을 목적으로 시공하는 것은?

① 식생공
② 실드공
③ 뿜어 붙이기공
④ 블록공

해설
식생공: 식물을 생육시켜 그 뿌리로 사면의 표층토를 고정하여 빗물에 의한 침식, 동상, 이완 등을 방지하고, 녹화에 의한 경관조성을 목적으로 시공하는 것

정답 105 ③ 106 ② 107 ② 108 ①

109 건설현장에 설치하는 사다리식 통로의 설치기준으로 옳지 않은 것은?

① 발판과 벽과의 사이는 15[cm] 이상의 간격을 유지할 것
② 발판의 간격은 일정하게 할 것
③ 사다리의 상단은 걸쳐놓은 지점으로부터 60[cm] 이상 올라가도록 할 것
④ 사다리식 통로의 길이가 10[m] 이상인 경우에는 3[m] 이내마다 계단참을 설치할 것

해설
④ 사다리식 통로의 길이가 10[m] 이상인 경우에는 5[m] 이내마다 계단참을 설치할 것

110 표준관입시험에 관한 설명으로 옳지 않은 것은?

① N치(N-value)는 지반을 30[cm] 굴진하는 데 필요한 타격횟수를 의미한다.
② N치가 4~10일 경우 모래의 상대밀도는 매우 단단한 편이다.
③ 63.5[kg] 무게의 추를 76[cm] 높이에서 자유낙하하여 타격하는 시험이다.
④ 사질지반에 적용하며, 점토지반에서는 편차가 커서 신뢰성이 떨어진다.

해설
N치가 50 이상일 경우 모래의 상대밀도는 매우 조밀하여 단단한 편이다.

111 건설공사의 산업안전보건관리비 계상 시 대상액이 구분되어 있지 않은 공사는 도급계약 또는 자체사업 계획상의 총 공사금액 중 얼마를 대상액으로 하는가?

① 50[%]   ② 60[%]
③ 70[%]   ④ 80[%]

해설
건설공사의 산업안전보건관리비 계상 시 대상액이 구분되어 있지 않은 공사는 도급계약 또는 자체 사업계획상의 총공사금액 중 70[%]를 대상액으로 한다.

112 흙막이 지보공을 설치하였을 경우 정기적으로 점검하고 이상을 발견하면 즉시 보수하여야 하는 사항과 가장 거리가 먼 것은?

① 부재의 접속부·부착부 및 교차부의 상태
② 버팀대의 긴압(緊壓)의 정도
③ 부재의 손상·변형·부식·변위 및 탈락의 유무와 상태
④ 지표수의 흐름 상태

해설
흙막이 지보공의 정기점검사항(정기점검하여 이상발견 시 즉시 보수하여야 하는 사항)
• 부재의 손상·변형·부식·변위 및 탈락의 유무와 상태
• 부재의 접속부, 부착 및 교차부의 상태
• 버팀대의 긴압의 정도
• 침하의 정도

113 작업발판 및 통로의 끝이나 개구부로서 근로자가 추락할 위험이 있는 장소에서 난간등의 설치가 매우 곤란하거나 작업의 필요상 임시로 난간등을 해체하여야 하는 경우에 설치하여야 하는 것은?

① 구명구
② 수직보호망
③ 석면포
④ 추락보호망

해설
개구부 등의 방호조치(산업안전보건기준에 관한 규칙 제43조)
작업발판 및 통로의 끝이나 개구부로서 근로자가 추락할 위험이 있는 장소에서 난간 등의 설치가 매우 곤란하거나 작업의 필요상 임시로 난간 등을 해체하여야 하는 경우에 설치하여야 하는 것은 추락보호망이다.

114 산업안전보건법령에 따른 양중기의 종류에 해당하지 않는 것은?

① 곤돌라
② 리프트
③ 클램셸
④ 크레인

해설
양중기의 종류 : 크레인(호이스트 포함), 이동식 크레인, 리프트(이삿짐운반용의 경우는 적재하중 0.1[ton] 이상), 곤돌라, 승강기

115 철골용접부의 내부결함을 검사하는 방법으로 가장 거리가 먼 것은?

① 알칼리반응시험
② 방사선투과시험
③ 자기분말탐상시험
④ 침투탐상시험

해설
철골용접부의 내부결함을 검사하는 방법 : 초음파탐상시험, 방사선투과시험, 자기분말탐상시험, 침투탐상시험 등의 비파괴시험법

116 도심지 폭파해체공법에 관한 설명으로 옳지 않은 것은?

① 장기간 발생하는 진동, 소음이 적다.
② 해체 속도가 빠르다.
③ 주위의 구조물에 끼치는 영향이 적다.
④ 많은 분진 발생으로 민원을 발생시킬 우려가 있다.

해설
③ 주위의 구조물에 끼치는 영향이 크다.

117 근로자의 추락 등의 위험을 방지하기 위한 안전난간의 설치요건에서 상부난간대를 120[cm] 이상 지점에 설치하는 경우 중간난간대를 최소 몇 단 이상 균등하게 설치하여야 하는가?

① 2단 ② 3단
③ 4단 ④ 5단

[해설]
근로자의 추락 등의 위험을 방지하기 위한 안전난간의 설치요건에서 상부난간대를 120[cm] 이상 지점에 설치하는 경우 중간난간대를 최소 2단 이상 균등하게 설치하고 난간의 상하 간격은 60[cm] 이하가 되도록 한다.

118 말비계를 조립하여 사용하는 경우 지주부재와 수평면의 기울기는 얼마 이하로 하여야 하는가?

① 65° ② 70°
③ 75° ④ 80°

[해설]
말비계를 조립하여 사용하는 경우 지주부재와 수평면의 기울기는 75° 이하로 하고, 지주부재와 지주부재 사이를 고정시키는 보조부재를 설치해야 한다.

119 지반 등의 굴착 시 위험을 방지하기 위한 연암 지반 굴착면의 기울기 기준으로 옳은 것은?

① 1 : 0.3 ② 1 : 0.4
③ 1 : 0.5 ④ 1 : 0.6

[해설]
• 굴착면의 기울기 기준(수직거리 : 수평거리)[2021.11.19. 개정]

지반의 종류		굴착면의 기울기
보통 흙	습 지	1 : 1 ~ 1 : 1.5
	건 지	1 : 0.5 ~ 1 : 1
암반	풍화암	1 : 1.0
	연 암	1 : 1.0
	경 암	1 : 0.5

• 굴착면의 기울기 기준(굴착면의 높이 : 수평거리)[2023.11.14. 개정]

지반의 종류	굴착면의 기울기
모 래	1 : 1.8
연암 및 풍화암	1 : 1.0
경 암	1 : 0.5
그 밖의 흙	1 : 1.2

120 흙막이 공법을 흙막이 지지방식에 의한 분류와 구조방식에 의한 분류로 나눌 때 다음 중 지지방식에 의한 분류에 해당하는 것은?

① 수평버팀대식 흙막이 공법
② H-Pile 공법
③ 지하연속벽 공법
④ Top Down Method 공법

[해설]
• 흙막이 지지방식에 의한 분류 : 자립식 공법, 수평버팀대 공법, 어스앵커 공법, 경사오픈컷 공법, 타이로드 공법
• 흙막이 구조방식에 의한 분류 : H-Pile 공법, 강제(철제)널말뚝 공법, 목제널말뚝 공법, 엄지(어미)말뚝식 공법, 지하연속벽 공법, Top Down Method 공법

2021년 제1회 과년도 기출문제

제1과목 산업안전관리론

01 안전관리에 있어 5C운동(안전행동실천운동)에 속하지 않는 것은?

① 통제관리(Control)
② 청소청결(Cleaning)
③ 정리정돈(Clearance)
④ 전심전력(Concentration)

해설
안전행동실천운동(5C운동)
- Correctness(복장단정)
- Clearance(정리·정돈)
- Cleaning(청소·청결)
- Concentration(전심전력)
- Checking(점검확인)

02 연평균 200명의 근로자가 작업하는 사업장에서 연간 2건의 재해가 발생하여 사망이 2명, 50일의 휴업일수가 발생했을 때, 이 사업장의 강도율은?(단, 근로자 1명당 연간근로시간은 2,400시간으로 한다)

① 약 15.7
② 약 31.3
③ 약 65.5
④ 약 74.3

해설
강도율 = $\dfrac{\text{근로손실일수}}{\text{연근로시간수}} \times 10^3$

$= \dfrac{2 \times 7{,}500 + 50 \times \dfrac{300}{365}}{200 \times 2{,}400} \times 10^3 \simeq 31.3$

03 산업안전보건법령상 안전보건표지의 색채와 색도기준의 연결이 옳은 것은?(단, 색도기준은 한국산업표준(KS)에 따른 색의 3속성에 의한 표시방법에 따른다)

① 흰색 : N0.5
② 녹색 : 5G 5.5/6
③ 빨간색 : 5R 4/12
④ 파란색 : 2.5PB 4/10

해설
① 흰색 : N9.5
② 녹색 : 2.5G 4/10
③ 빨간색 : 7.5R 4/14

04 위험예지훈련의 문제해결 4단계(4R)에 속하지 않는 것은?

① 현상파악
② 본질추구
③ 대책수립
④ 후속조치

해설
위험예지훈련의 4라운드(4R) : 현상파악 → 본질추구 → 대책수립 → 목표설정

정답 1 ② 2 ② 3 ④ 4 ④

05 산업안전보건법령상 건설업의 경우 안전보건관리규정을 작성하여야 하는 상시근로자수 기준으로 옳은 것은?

① 50명 이상
② 100명 이상
③ 200명 이상
④ 300명 이상

해설
안전보건관리규정을 작성하여야 할 사업장 규모별 종류(산업안전보건법 시행규칙 별표 2)
- 상시 근로자 300명 이상을 사용하는 사업장 : 농업, 어업, 소프트웨어 개발 및 공급업, 컴퓨터 프로그래밍, 시스템 통합 및 관리업, 영상·오디오물 제공 서비스업, 정보서비스업, 금융 및 보험업, 임대업(부동산 제외), 전문·과학 및 기술 서비스업(연구개발업 제외), 사업지원 서비스업, 사회복지 서비스업
- 상시 근로자 100명 이상을 사용하는 사업장 : 상기 사업을 제외한 사업

06 작업자가 기계 등의 취급을 잘못해도 사고가 발생하지 않도록 방지하는 기능은?

① Back Up 기능
② Fail Safe 기능
③ 다중계화 기능
④ Fool Proof 기능

해설
④ 풀 프루프(Fool Proof) 설계 : 사람이 작업하는 기계장치에서 작업자가 실수를 하거나 오조작을 하여도 안전하게 유지되게 하는 안전설계방법
② 페일 세이프(Fail Safe) 설계 : 조작상의 과오로 기기의 일부에 고장이 발생하는 경우, 이 부분의 고장으로 인하여 사고가 발생하는 것을 방지하도록 설계하는 방법

07 시설물의 안전 및 유지관리에 관한 특별법상 다음과 같이 정의되는 것은?

> 시설물의 붕괴, 전도 등으로 인한 재난 또는 재해가 발생할 우려가 있는 경우에 시설물의 물리적·기능적 결함을 신속하게 발견하기 위하여 실시하는 점검

① 긴급안전점검
② 특별안전점검
③ 정밀안전점검
④ 정기안전점검

해설
① 긴급안전점검 : 시설물의 붕괴, 전도 등으로 인한 재난 또는 재해가 발생할 우려가 있는 경우에 시설물의 물리적·기능적 결함을 신속하게 발견하기 위하여 실시하는 점검
③ 정밀안전점검 : 시설물의 상태를 판단하고 시설물이 점검 당시의 사용요건을 만족시키고 있는지 확인하며 시설물 주요 부재의 상태를 확인할 수 있는 수준의 외관조사 및 측정·시험장비를 이용한 조사를 실시하는 안전점검
④ 정기안전점검 : 시설물의 상태를 판단하고 시설물이 점검 당시의 사용요건을 만족시키고 있는지 확인할 수 있는 수준의 외관조사를 실시하는 안전점검

08 재해의 분석에 있어 사고유형, 기인물, 불안전한 상태, 불안전한 행동을 하나의 축으로 하고, 그것을 구성하고 있는 몇 개의 분류 항목을 크기가 큰 순서대로 나열하여 비교하기 쉽게 도시한 통계 양식의 도표는?

① 직선도
② 특성요인도
③ 파레토도
④ 체크리스트

해설
통계에 의한 재해원인 분석방법 또는 사고의 원인 분석방법
- 파레토도(Pareto Diagram) : 사고의 유형, 기인물 등 분류항목을 큰 순서대로 도표화하여 재해원인을 찾아내는 통계분석기법
- 특성요인도(Cause & Effect Diagram) : 재해문제의 특성과 원인의 관계를 찾아가면서 도표로 만들어 재해발생의 원인을 찾아내는 통계분석기법
- 관리도(Control Chart) : 재해 발생건수 등의 추이에 대해 한계선을 설정하여 목표관리를 수행하는 재해통계분석기법
- 크로스도(Cross Diagram) : 데이터를 집계하고 표로 표시하여 요인별 결과 내역을 교차한 크로스 그림을 작성하여 2개 이상의 문제관계를 분석하는 통계분석기법

09 산업안전보건법령상 안전관리자의 업무에 명시되지 않은 것은?

① 사업장 순회점검, 지도 및 조치 건의
② 물질안전보건자료의 게시 또는 비치에 관한 보좌 및 지도·조언
③ 산업재해에 관한 통계의 유지·관리·분석을 위한 보좌 및 지도·조언
④ 해당 사업장 안전교육계획의 수립 및 안전교육 실시에 관한 보좌 및 지도·조언

해설
안전관리자의 업무(산업안전보건법 시행령 제18조)
- 산업안전보건위원회 또는 안전 및 보건에 관한 노사협의체에서 심의·의결한 업무와 해당사업장의 안전보건관리규정 및 취업규칙에서 정한 업무
- 위험성평가에 관한 보좌 및 지도·조언
- 안전인증대상기계 등과 자율안전확인대상기계 등 구입 시 적격품의 선정에 관한 보좌 및 지도·조언
- 해당 사업장 안전교육계획의 수립 및 안전교육실시에 관한 보좌 및 지도·조언
- 사업장 순회점검, 지도 및 조치 건의
- 산업재해발생의 원인 조사·분석 및 재발방지를 위한 기술적 지도·조언
- 산업재해에 관한 통계의 유지·관리·분석을 위한 보좌 및 지도·조언
- 법 또는 법에 따른 명령으로 정한 안전에 관한 사항의 이행에 관한 보좌 및 지도·조언
- 업무수행 내용의 기록·유지
- 그 밖에 안전에 관한 사항으로서 고용노동부장관이 정하는 사항

10 재해조사 시 유의사항으로 틀린 것은?

① 인적, 물적 양면의 재해요인을 모두 도출한다.
② 책임 추궁보다 재발 방지를 우선하는 기본태도를 갖는다.
③ 목격자 등이 증언하는 사실 이외의 추측의 말은 참고만 한다.
④ 목격자의 기억보존을 위하여 조사는 담당자 단독으로 신속하게 실시한다.

해설
조사는 2인 이상이 실시한다.

11 재해발생의 간접 원인 중 교육적 원인에 속하지 않는 것은?

① 안전수칙의 오해
② 경험훈련의 미숙
③ 안전지식의 부족
④ 작업지시 부적당

해설
작업지시 부적당은 관리적 원인에 해당한다.

12 산업안전보건법령상 산업안전보건관리비 사용명세서는 건설공사 종료 후 얼마간 보존해야 하는가?(단, 공사가 1개월 이내에 종료되는 사업은 제외한다)

① 6개월간　　② 1년간
③ 2년간　　　④ 3년간

해설
산업안전보건관리비의 사용(산업안전보건법 시행규칙 제89조)
건설공사도급인은 산업안전보건관리비를 사용하는 해당 건설공사의 금액(고용노동부장관이 정하여 고시하는 방법에 따라 산정한 금액을 말함)이 4,000만원 이상인 때에는 고용노동부장관이 정하는 바에 따라 매월(건설공사가 1개월 이내에 종료되는 사업의 경우에는 해당 건설공사가 끝나는 날이 속하는 달을 말함) 사용명세서를 작성하고, 건설공사 종료 후 1년 동안 보존해야 한다.

13 보호구 안전인증 고시상 성능이 다음과 같은 방음용 귀마개(기호)로 옳은 것은?

> 저음부터 고음까지 차음하는 것

① EP-1 ② EP-2
③ EP-3 ④ EP-4

해설
귀마개의 종류와 등급
- 귀마개 1종(EP-1 : Ear Plug-1) : 저음~고음 차음
- 귀마개 2종(EP-2 : Ear Plug-2) : (주로) 고음 차음(회화음 영역인 저음은 차음하지 않음)

14 산업안전보건기준에 관한 규칙상 지게차를 사용하는 작업을 하는 때의 작업 시작 전 점검사항에 명시되지 않은 것은?

① 제동장치 및 조종장치 기능의 이상 유무
② 하역장치 및 유압장치 기능의 이상 유무
③ 와이어로프가 통하고 있는 곳 및 작업장소의 지반상태
④ 전조등·후미등·방향지시기 및 경보장치 기능의 이상 유무

해설
지게차 작업시작 전 점검사항
- 제동장치 및 조종장치 기능의 이상 유무
- 하역장치 및 유압장치 기능의 이상 유무
- 바퀴의 이상 유무
- 전조등·후미등·방향지시기 및 경보장치 기능의 이상 유무

15 산업안전보건법령상 산업안전보건위원회의 심의·의결사항에 명시되지 않은 것은?(단, 그 밖에 해당 사업장 근로자의 안전 및 보건을 유지·증진시키기 위하여 필요한 사항은 제외)

① 사업장의 산업재해 예방계획의 수립에 관한 사항
② 산업재해에 관한 통계의 기록 및 유지에 관한 사항
③ 작업환경측정 등 작업환경의 점검 및 개선에 관한 사항
④ 안전장치 및 보호구 구입 시 적격품 여부 확인에 관한 사항

해설
산업안전보건위원회의 심의·의결사항(법 제24조)
- 사업장의 산업재해 예방계획의 수립에 관한 사항
- 안전보건관리규정의 작성 및 변경에 관한 사항
- 안전보건교육에 관한 사항
- 작업환경측정 등 작업환경의 점검 및 개선에 관한 사항
- 근로자의 건강진단 등 건강관리에 관한 사항
- 산업재해에 관한 통계의 기록 및 유지에 관한 사항
- 산업재해의 원인 조사 및 재발 방지대책 수립에 관한 사항 중 중대재해에 관한 사항
- 유해하거나 위험한 기계·기구·설비를 도입한 경우 안전 및 보건 관련 조치에 관한 사항
- 그 밖에 해당 사업장 근로자의 안전 및 보건을 유지·증진시키기 위하여 필요한 사항

16 재해손실비 중 직접비에 속하지 않는 것은?

① 요양급여
② 장해급여
③ 휴업급여
④ 영업손실비

해설
영업손실비는 간접비에 해당한다.

17 버드(F. Bird)의 사고 5단계 연쇄성 이론에서 제3단계에 해당하는 것은?

① 상해(손실)
② 사고(접촉)
③ 직접원인(징후)
④ 기본원인(기원)

> **해설**
> 버드(F. Bird)의 사고 5단계 연쇄성 이론
> • 1단계 : 관리(제어)부족(재해발생의 근원적 원인)
> • 2단계 : 기본원인(기원)
> • 3단계 : 징후발생(직접 원인)
> • 4단계 : 접촉발생(사고)
> • 5단계 : 상해발생(손해, 손실)

18 브레인스토밍(Brain Storming) 4원칙에 속하지 않는 것은?

① 비판수용
② 대량발언
③ 자유분방
④ 수정발언

> **해설**
> 브레인스토밍(Brain Storming) 4원칙 : 비판금지, 자유분방, 대량발언, 수정발언

19 산업안전보건법령상 안전인증대상 기계 등에 명시되지 않은 것은?

① 곤돌라
② 연삭기
③ 사출성형기
④ 고소작업대

> **해설**
> 안전인증대상 기계·설비, 방호장치, 보호구(법 제84조, 시행령 제74조)
>
> | 기계 또는 설비(9품목) | 프레스, 전단기 및 절곡기, 크레인, 리프트, 압력용기, 롤러기, 사출성형기, 고소작업대, 곤돌라 |
> |---|---|
> | 방호장치 (9품목) | 프레스 및 전단기 방호장치, 양중기용 과부하방지장치, 보일러 압력방출용 안전밸브, 압력용기 압력방출용 안전밸브, 압력용기 압력방출용 파열판, 절연용 방호구 및 활선작업용 기구, 방폭구조 전기기계·기구 및 부품, 가설기자재, 산업용 로봇 방호장치 |
> | 보호구 (12품목) | 안전모(추락 및 감전 위험방지용), 안전화, 안전장갑, 방진마스크, 방독마스크, 송기마스크, 전동식 호흡보호구, 보호복, 안전대, 보안경(차광 및 비산물 위험방지용), 용접용 보안면, 방음용 귀마개 또는 귀덮개 |

20 안전관리조직의 유형 중 라인형에 관한 설명으로 옳은 것은?

① 대규모 사업장에 적합하다.
② 안전지식과 기술축적이 용이하다.
③ 명령과 보고가 상하관계뿐이므로 간단명료하다.
④ 독립된 안전참모 조직에 대한 의존도가 크다.

> **해설**
> ① 대규모 사업장에 적합한 조직은 직계-참모식 안전조직(Line-Staff형 혼합 안전조직)이다.
> ② 안전지식과 기술축적이 용이한 조직은 참모식 안전조직(Staff형 안전조직)이다.
> ④ 직계-참모식 안전조직(Line-Staff형 혼합 안전조직)에서는 독립된 안전참모 조직에 대한 의존도가 일반적으로 크지만, 반대로 활용도가 낮을 수도 있다.

제2과목 산업심리 및 교육

21 정신상태 불량에 의한 사고의 요인 중 정신력과 관계되는 생리적 현상에 해당되지 않는 것은?

① 신경계통의 이상
② 육체적 능력의 초과
③ 시력 및 청각의 이상
④ 과도한 자존심과 자만심

해설
과도한 자존심과 자만심은 정신상태 불량으로 일어나는 안전사고요인 중 개성적 결함요소에 해당한다.

22 선발용으로 사용되는 적성검사가 잘 만들어졌는지를 알아보기 위한 분석방법과 관련이 없는 것은?

① 구성 타당도
② 내용 타당도
③ 동등 타당도
④ 검사-재검사 신뢰도

23 상황성 누발자의 재해유발 원인과 가장 거리가 먼 것은?

① 기능 미숙 때문에
② 작업이 어렵기 때문에
③ 기계설비에 결함이 있기 때문에
④ 환경상 주의력의 집중이 혼란되기 때문에

해설
기능 미숙은 미숙성 누발자의 재해유발 원인에 해당한다.

24 생산작업의 경제성과 능률 제고를 위한 동작경제의 원칙에 해당하지 않는 것은?

① 신체의 사용에 의한 원칙
② 작업장의 배치에 관한 원칙
③ 작업표준 작성에 관한 원칙
④ 공구 및 설비 디자인에 관한 원칙

해설
동작경제의 원칙
• 신체의 사용에 의한 원칙
• 작업장의 배치에 관한 원칙
• 공구 및 설비 디자인에 관한 원칙

25 매슬로(Maslow)의 욕구 5단계를 낮은 단계에서 높은 단계의 순서내로 나열한 것은?

① 생리적 욕구 → 안전 욕구 → 사회적 욕구 → 자아실현의 욕구 → 인정의 욕구
② 생리적 욕구 → 안전 욕구 → 사회적 욕구 → 인정의 욕구 → 자아실현의 욕구
③ 안전 욕구 → 생리적 욕구 → 사회적 욕구 → 자아실현의 욕구 → 인정의 욕구
④ 안전 욕구 → 생리적 욕구 → 사회적 욕구 → 인정의 욕구 → 자아실현의 욕구

해설
매슬로(Maslow)의 욕구 5단계 : 생리적 욕구 → 안전 욕구 → 사회적 욕구 → 인정의 욕구 → 자아실현의 욕구

정답 21 ④ 22 ③ 23 ① 24 ③ 25 ②

26 강의계획 시 설정하는 학습목적의 3요소에 해당하는 것은?

① 학습방법
② 학습성과
③ 학습자료
④ 학습정도

해설
학습목적의 3요소
- 목표(Goal)
- 주제(Subject)
- 학습정도(Level of Learning)

27 집단과 인간관계에서 집단의 효과에 해당하지 않는 것은?

① 동조효과
② 견물효과
③ 암시효과
④ 시너지효과

해설
집단의 효과 : 시너지효과, 동조효과(응집력), 견물효과

28 안전보건교육의 단계별 교육 중 태도교육의 내용과 가장 거리가 먼 것은?

① 작업동작 및 표준작업방법의 습관화
② 안전장치 및 장비 사용 능력의 빠른 습득
③ 공구·보호구 등의 관리 및 취급태도의 확립
④ 작업지시·전달·확인 등의 언어·태도의 정확화 및 습관화

해설
② 안전장치 및 장비 사용 능력의 빠른 습득은 기능교육에 해당한다.
태도교육의 내용
- 안전작업에 대한 몸가짐에 관하여 교육한다.
- 직장규율, 안전규율을 몸에 익힌다.
- 작업에 대한 의욕을 갖도록 한다.
- 작업동작 및 표준작업방법의 습관화
- 작업전후의 점검·검사요령의 정확화 및 습관화
- 공구·보호구 등의 취급과 관리자세 확립
- 안전에 대한 가치관 형성

29 OJT(On the Job Training)의 장점이 아닌 것은?

① 개개인에게 적절한 지도훈련이 가능하다.
② 전문가를 강사로 초빙하는 것이 가능하다.
③ 훈련에 필요한 업무의 계속성이 끊어지지 않는다.
④ 직장의 실정에 맞게 실제적 훈련이 가능하다.

해설
② 전문가를 강사로 초빙하는 것이 가능한 것은 Off JT(Off the Job Training)이다.

정답 26 ④ 27 ③ 28 ② 29 ②

30 인간의 심리 중에는 안전수단이 생략되어 불안전 행위를 나타내는 경우가 있다. 안전수단이 생략되는 경우로 가장 적절하지 않은 것은?

① 의식과잉이 있을 때
② 교육훈련을 실시할 때
③ 피로하거나 과로했을 때
④ 부적합한 업무에 배치될 때

해설
안전수단이 생략되어 불안전 행위가 나타나는 경우
- 의식과잉이 있는 경우
- 피로하거나 과로한 경우
- 작업장의 환경적인 분위기 때문에
- 조명·소음 등 주변 환경의 영향이 있는 경우
- 작업에 익숙하다고 생각할 때

31 산업안전심리학에서 산업안전심리의 5대 요소에 해당하지 않는 것은?

① 감정
② 습성
③ 동기
④ 피로

해설
산업안전심리의 5대 요소 : 동기, 기질, 감정, 습성, 습관

32 구안법(Project Method)의 단계를 올바르게 나열한 것은?

① 계획 → 목적 → 수행 → 평가
② 계획 → 목적 → 평가 → 수행
③ 수행 → 평가 → 계획 → 목적
④ 목적 → 계획 → 수행 → 평가

해설
구안법(Project Method)의 단계 : 목적 → 계획 → 수행 → 평가

33 산업안전보건법령상 근로자 안전·보건교육에서 채용 시 교육 및 작업내용 변경 시의 교육에 해당하는 것은?

① 사고 발생 시 긴급조치에 관한 사항
② 건강증진 및 질병 예방에 관한 사항
③ 유해·위험 작업환경 관리에 관한 사항
④ 작업공정의 유해·위험과 재해 예방대책에 관한 사항

해설
채용 시 교육 및 작업내용 변경 시 교육
- 산업안전 및 사고 예방에 관한 사항
- 산업보건 및 직업병 예방에 관한 사항
- 산업안전보건법령 및 산업재해보상보험 제도에 관한 사항
- 직무스트레스 예방 및 관리에 관한 사항
- 직장 내 괴롭힘, 고객의 폭언 등으로 인한 건강장해 예방 및 관리에 관한 사항
- 기계·기구의 위험성과 작업의 순서 및 동선에 관한 사항
- 작업 개시 전 점검에 관한 사항
- 정리정돈 및 청소에 관한 사항
- 사고 발생 시 긴급조치에 관한 사항
- 물질안전보건자료에 관한 사항

34 학습이론 중 S-R 이론에서 조건반사설에 의한 학습이론의 원리에 해당되지 않는 것은?

① 시간의 원리
② 일관성의 원리
③ 기억의 원리
④ 계속성의 원리

해설
조건반사설에 의한 학습이론의 원리 : 시간의 원리, 강도의 원리, 일관성의 원리, 계속성의 원리

정답 30 ② 31 ④ 32 ④ 33 ① 34 ③

35 허시(Hersey)와 블랜차드(Blanchard)의 상황적 리더십 이론에서 리더십의 4가지 유형에 해당하지 않는 것은?

① 통제적 리더십
② 지시적 리더십
③ 참여적 리더십
④ 위임적 리더십

해설
허시(Hersey)와 블랜차드(Blanchard)의 리더십의 4가지 유형
• 지시적 리더십(Telling)
• 설득적 리더십(Selling)
• 참여적 리더십(Participation)
• 위임적 리더십(Delegating)

36 안전교육 훈련의 기술교육 4단계에 해당하지 않는 것은?

① 준비단계
② 보습지도의 단계
③ 일을 완성하는 단계
④ 일을 시켜보는 단계

해설
기술교육(교시법)의 4단계
• 1단계(Preparation) : 준비단계
• 2단계(Presentation) : 일을 하여 보여주는 단계
• 3단계(Performance) : 일을 시켜보는 단계
• 4단계(Follow Up) : 보습지도의 단계

37 휴먼에러의 심리적 분류에 해당하지 않는 것은?

① 입력오류(Input Error)
② 시간지연오류(Time Error)
③ 생략오류(Omission Error)
④ 순서오류(Sequential Error)

해설
① 입력오류(Input Error)는 휴먼에러의 정보처리과정에 의한 분류에 해당한다.
휴먼에러의 심리적 분류
• Commission Error(실행오류 또는 작위오류, 수행적 과오)
• Omission Error(생략오류 또는 누락오류, 생략적 과오)
• Sequential Error(순서오류)
• Timing Error(시간(지연)오류)
• Extraneous Error(과잉행동오류 또는 불필요한 오류)

38 다음 설명에 해당하는 안전교육방법은?

> ATP라고도 하며, 당초 일부 회사의 톱 매니지먼트(Top Management)에 대하여만 행하여졌으나, 그 후 널리 보급되었으며, 정책의 수립, 조직, 통제 및 운영 등의 교육내용을 다룬다.

① TWI(Training Within Industry)
② CCS(Civil Communication Section)
③ MTP(Management Training Program)
④ ATT(American Telephone & Telegram Co.)

해설
CCS(Civil Communication Section)
• 별칭 : ATP(Administration Training Program)
• 정책의 수립, 조작, 통제 및 운영 등의 내용을 교육하는 안전교육 방법
• 당초 일부 회사의 톱 매니지먼트에 대해서만 행해졌으나 그 후 널리 보급되었다.
• 매주 4일, 4시간씩 9주간(총 128시간) 훈련

39 다음은 리더가 가지고 있는 어떤 권력의 예시에 해당하는가?

> 종업원의 바람직하지 않은 행동들에 대해 해고, 임금 삭감, 견책 등을 사용하여 처벌한다.

① 보상권력
② 강압권력
③ 합법권력
④ 전문권력

해설
권력의 예시
① 보상권력 : 성과가 우수한 부하에게 승진, 보너스, 임금인상 등을 베푼다.
③ 합법권력 : 지위에 따른 권한을 효과적으로 발휘한다.
④ 전문권력 : 부하 직원에게 업무 추진에 도움이 되는 기술지도, 전문가의 역량에 대한 조언 등을 한다.

40 몹시 피로하거나 단조로운 작업으로 인하여 의식이 뚜렷하지 않은 상태의 의식 수준으로 옳은 것은?

① Phase Ⅰ
② Phase Ⅱ
③ Phase Ⅲ
④ Phase Ⅳ

해설
② Phase Ⅱ : 정상(느긋한 기분), 의식의 이완상태
③ Phase Ⅲ : 정상(분명한 의식), 명료한 상태
④ Phase Ⅳ : 과긴장, 흥분상태

제3과목 인간공학 및 시스템안전공학

41 불필요한 작업을 수행함으로써 발생하는 오류로 옳은 것은?

① Command Error
② Extraneous Error
③ Secondary Error
④ Commission Error

해설
Extraneous Error(과잉행동오류 또는 불필요한 오류) : 불필요한 작업 또는 절차를 수행함으로써 기인한 오류

42 동작경제의 원칙에 해당하지 않는 것은?

① 공구의 기능을 각각 분리하여 사용하도록 한다.
② 두 팔의 동작은 동시에 서로 반대방향으로 대칭적으로 움직이도록 한다.
③ 공구나 재료는 작업동작이 원활하게 수행되도록 그 위치를 정해준다.
④ 가능하다면 쉽고도 자연스러운 리듬이 작업동작에 생기도록 작업을 배치한다.

해설
① 공구의 기능을 결합하여 사용하도록 한다.

43 컷셋(Cut Sets)과 최소 패스셋(Minimal Path Sets)의 정의로 옳은 것은?

① 컷셋은 시스템 고장을 유발시키는 필요최소한의 고장들의 집합이며, 최소 패스셋은 시스템의 신뢰성을 표시한다.
② 컷셋은 시스템 고장을 유발시키는 기본고장들의 집합이며, 최소 패스셋은 시스템의 불신뢰도를 표시한다.
③ 컷셋은 그 속에 포함되어 있는 모든 기본사상이 일어났을 때 정상사상을 일으키는 기본사상의 집합이며, 최소 패스셋은 시스템의 신뢰성을 표시한다.
④ 컷셋은 그 속에 포함되어 있는 모든 기본사상이 일어났을 때 정상사상을 일으키는 기본사상의 집합이며, 최소 패스셋은 시스템의 성공을 유발하는 기본사상의 집합이다.

해설
- 컷셋 : 모든 기본 사상이 일어났을 때 정상사상을 일으키는 기본사상의 집합
- 최소 패스셋 : 고장이나 실수를 일으키지 않으면 재해는 일어나지 않는다고 하는 것으로 시스템의 신뢰성을 표시한다.

44 다음 시스템의 신뢰도 값은?

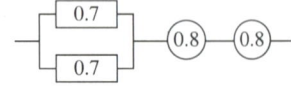

① 0.5824   ② 0.6682
③ 0.7855   ④ 0.8642

해설
$R_s = [1-(1-0.7)^2] \times 0.8 \times 0.8 = 0.5824$

45 Chapanis가 정의한 위험의 확률수준과 그에 따른 위험발생률로 옳은 것은?

① 전혀 발생하지 않는(Impossible) 발생빈도 : 10^{-8}/day
② 극히 발생할 것 같지 않는(Extremely Unlikely) 발생빈도 : 10^{-7}/day
③ 거의 발생하지 않은(Remote) 발생빈도 : 10^{-6}/day
④ 가끔 발생하는(Occasional) 발생빈도 : 10^{-5}/day

해설
② 극히 발생할 것 같지 않는(Extremely Unlikely) 발생빈도 : 10^{-6}/day
③ 거의 발생하지 않은(Remote) 발생빈도 : 10^{-5}/day
④ 가끔 발생하는(Occasional) 발생빈도 : 10^{-3}/day

46 화학설비에 대한 안전성 평가 중 정성적 평가방법의 주요 진단 항목으로 볼 수 없는 것은?

① 건조물   ② 취급물질
③ 입지 조건   ④ 공장 내 배치

해설
화학설비의 안정성 평가에서 정성적 평가의 항목
- 설계 관계 항목 : 입지 조건, 공장 내의 배치, 건조물, 소방설비
- 운전 관계 항목 : 원재료·중간체·제품, 공정, 공정기기, 수송·저장

47 불(Boole) 대수의 정리를 나타낸 관계식으로 틀린 것은?

① $A \cdot A = A$ ② $A + \overline{A} = 0$
③ $A + AB = A$ ④ $A + A = A$

해설
$A + \overline{A} = 1$, $A \cdot \overline{A} = 0$

48 인체측정 자료를 장비, 설비 등의 설계에 적용하기 위한 응용원칙에 해당하지 않는 것은?

① 조절식 설계
② 극단치를 이용한 설계
③ 구조적 치수 기준의 설계
④ 평균치를 기준으로 한 설계

해설
인체측정치의 응용원리(인체측정 자료의 설계응용원칙) : 조절식 설계, 극단치 설계, 평균치 설계

49 작업공간의 배치에 있어 구성요소 배치의 원칙에 해당하지 않는 것은?

① 기능성의 원칙
② 사용빈도의 원칙
③ 사용순서의 원칙
④ 사용방법의 원칙

해설
작업장에서 구성요소를 배치할 때, 공간의 배치원칙 : 사용빈도의 원칙, 중요도의 원칙, 기능성의 원칙, 사용순서의 원칙

50 인간의 위치 동작에 있어 눈으로 보지 않고 손을 수평면상에서 움직이는 경우 짧은 거리는 지나치고, 긴 거리는 못 미치는 경향이 있는데 이를 무엇이라고 하는가?

① 사정효과(Range Effect)
② 반응효과(Reaction Effect)
③ 간격효과(Distance Effect)
④ 손동작효과(Hand Action Effect)

해설
사정효과(Range Effect) : 인간의 위치 동작에 있어 눈으로 보지 않고 손을 수평면상에서 움직이는 경우 짧은 거리는 지나치고, 긴 거리는 못 미치는 경향을 말한다.

51 다음 현상을 설명한 이론은?

> 인간이 감지할 수 있는 외부의 물리적 자극 변화의 최소 범위는 표준 자극의 크기에 비례한다.

① 피츠(Fitts) 법칙
② 웨버(Weber) 법칙
③ 신호검출이론(SDT)
④ 힉-하이만(Hick-Hyman) 법칙

해설
② 웨버(Weber) 법칙 : 인간이 감지할 수 있는 외부의 물리적 자극 변화의 최소 범위는 기준이 되는 자극의 크기에 비례하는 현상을 설명한 이론
① 피츠(Fitts) 법칙 : 동작시간 법칙으로, 시작점에서 목표점까지 얼마나 빠르게 닿을 수 있는지 예측한다.
③ 신호검출이론(SDT ; Signal Detection Theory) : 불확실한 상황에서 결정을 내리는 방법으로 신호탐지는 관찰자의 민감도와 반응 편향에 달려 있다.
④ 힉-하이만(Hick-Hyman) 법칙 : 신호를 보고 조작 결정까지 걸리는 시간이 예측 가능한 법칙

52 시각적 표시장치보다 청각적 표시장치를 사용하는 것이 더 유리한 경우는?

① 정보의 내용이 복잡하고 긴 경우
② 정보가 공간적인 위치를 다룬 경우
③ 직무상 수신자가 한 곳에 머무르는 경우
④ 수신 장소가 너무 밝거나 암순응이 요구될 경우

해설
수신 장소가 너무 밝거나 암순응이 요구될 경우는 시각적 표시장치보다 청각적 표시장치를 사용하는 것이 더 유리하지만, ①, ②, ③은 시각적 표시장치가 청각적 표시장치보다 더 유리하다.

53 서브시스템, 구성요소, 기능 등의 잠재적 고장형태에 따른 시스템의 위험을 파악하는 위험분석기법으로 옳은 것은?

① ETA(Event Tree Analysis)
② HEA(Human Error Analysis)
③ PHA(Preliminary Hazard Analysis)
④ FMEA(Failure Mode and Effect Analysis)

해설
④ FMEA(Failure Mode & Effects Analysis, 잠재적 고장형태 영향 분석) : 설계된 시스템이나 기기의 잠재적인 고장 모드(Mode)를 찾아내고, 가동 중에 고장이 발생하였을 경우 미치는 영향을 검토 평가하고, 영향이 큰 고장 모드에 대하여는 적절한 대책을 세워 고장을 미연에 방지하는 방법(설계 평가뿐만 아니라 공정의 평가나 안전성의 평가 등에도 널리 활용)

54 정신작업 부하를 측정하는 척도를 크게 4가지로 분류할 때 심박수의 변동, 뇌 전위, 동공 반응 등 정보처리에 중추신경계 활동이 관여하고 그 활동이나 징후를 측정하는 것은?

① 주관적(Subjective) 척도
② 생리적(Physiological) 척도
③ 주임무(Primary Task) 척도
④ 부임무(Secondary Task) 척도

해설
생리적(Physiological) 척도 : 심박수의 변동, 뇌 전위, 동공 반응 등 정보처리에 중추신경계 활동이 관여하고 그 활동이나 징후를 측정하는 것

55 그림과 같은 FT도에서 정상사상 T의 발생 확률은? (단, X_1, X_2, X_3의 발생 확률은 각각 0.1, 0.15, 0.1이다)

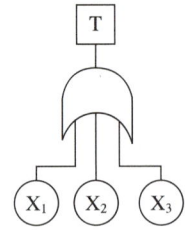

① 0.3115
② 0.35
③ 0.496
④ 0.9985

해설
$A = 1 - (1-0.1)(1-0.15)(1-0.1) = 0.3115$

56 인간이 기계보다 우수한 기능이라 할 수 있는 것은? (단, 인공지능은 제외한다)

① 일반화 및 귀납적 추리
② 신뢰성 있는 반복 작업
③ 신속하고 일관성 있는 반응
④ 대량의 암호화된 정보의 신속한 보관

해설
일반화 및 귀납적 추리는 일반적으로 인간이 기계보다 우수한 기능이라 할 수 있으나 ②, ③, ④는 기계가 인간보다 우수한 기능에 해당한다.

57 시스템의 수명 및 신뢰성에 관한 설명으로 틀린 것은?

① 병렬설계 및 디레이팅 기술로 시스템의 신뢰성을 증가시킬 수 있다.
② 직렬시스템에서는 부품들 중 최소 수명을 갖는 부품에 의해 시스템 수명이 정해진다.
③ 수리가 가능한 시스템의 평균 수명(MTBF)은 평균 고장률(λ)과 정비례 관계가 성립한다.
④ 수리가 불가능한 구성요소로 병렬구조를 갖는 설비는 중복도가 늘어날수록 시스템 수명이 길어진다.

> **해설**
> 수리가 가능한 시스템의 평균 수명(MTBF)은 평균 고장률(λ)과 반비례 관계가 성립한다.

58 산업안전보건법령상 해당 사업주가 유해위험방지계획서를 작성하여 제출해야하는 대상은?

① 시·도지사
② 관할 구청장
③ 고용노동부장관
④ 행정안전부장관

> **해설**
> 유해위험방지계획서의 작성·제출 등(산업안전보건법 제42조)
> 사업주는 유해·위험 방지에 관한 사항을 적은 계획서(유해위험방지계획서)를 작성하여 고용노동부령으로 정하는 바에 따라 고용노동부장관에게 제출하고 심사를 받아야 한다.

59 작업면상의 필요한 장소만 높은 조도를 취하는 조명은?

① 완화조명
② 전반조명
③ 투명조명
④ 국소조명

> **해설**
> **국소조명** : 작업면상의 필요한 장소만 높은 조도를 취하는 조명

60 자동차를 생산하는 공장의 어떤 근로자가 95[dB(A)]의 소음수준에서 하루 8시간 작업하며 매 시간 조용한 휴게실에서 20분씩 휴식을 취한다고 가정하였을 때, 8시간 시간가중평균(TWA)은?(단, 소음은 누적 소음노출량측정기로 측정하였으며, OSHA에서 정한 95[dB(A)]의 허용시간은 4시간이라 가정한다)

① 약 91[dB(A)]
② 약 92[dB(A)]
③ 약 93[dB(A)]
④ 약 94[dB(A)]

> **해설**
> 소음노출량$(D) = \dfrac{가동시간}{기준시간} = \dfrac{8 \times [(60-20)/60]}{4} \times 100$
> $\simeq 133[\%]$
> TWA $= 16.61 \times \log(D/100) + 90$
> $= 16.61 \times \log(133/100) + 90 \simeq 92[\text{dB}(A)]$
> (작업환경측정 및 정도관리 등에 관한 고시 제36조 참조)

정답 57 ③ 58 ③ 59 ④ 60 ②

제4과목 건설시공학

61 시공의 품질관리를 위한 7가지 도구에 해당되지 않는 것은?

① 파레토그램
② LOB 기법
③ 특성요인도
④ 체크시트

해설
QC 7가지 도구(시공의 품질관리를 위한 7가지 도구) : 파레토그램, 특성요인도, 체크시트, 히스토그램, 산점도, 층별, 그래프

62 벽돌공사 시 벽돌 쌓기에 관한 설명으로 옳은 것은?

① 연속되는 벽면의 일부를 트이게 하여 나중 쌓기로 할 때에는 그 부분을 층단 들여쌓기로 한다.
② 벽돌 쌓기는 도면 또는 공사시방서에서 정한 바가 없을 때에는 미식 쌓기 또는 불식 쌓기로 한다.
③ 하루의 쌓기 높이는 1.8[m]를 표준으로 한다.
④ 세로줄눈은 구조적으로 우수한 통줄눈이 되도록 한다.

해설
② 벽돌 쌓기는 도면 또는 공사시방서에서 정한 바가 없을 때에는 영식 쌓기 또는 화란식 쌓기로 한다.
③ 하루 벽돌의 쌓는 높이는 1.2[m]를 표준으로 하고 최대 1.5[m] 이내로 한다.
④ 세로줄눈은 통줄눈이 생기지 않게 한다.

63 다음 설명에 해당하는 공정표의 종류로 옳은 것은?

> 한 공종의 작업이 하나의 숫자로 표기되고 컴퓨터에 적용하기 용이한 이점 때문에 많이 사용되고 있다. 각 작업은 Node로 표기하고 더미의 사용이 불필요하며 화살표는 단순히 작업의 선후관계만을 나타낸다.

① 횡선식 공정표
② CPM
③ PDM
④ LOB

해설
PDM(Precedence Diagramming Method, 선후행도형법)
• 한 공종의 작업이 하나의 숫자로 표기되고 컴퓨터에 적용하기 용이한 이점 때문에 많이 사용된다.
• 각 작업은 Node로 표기하고 더미(Dummy Activity)의 사용이 불필요하며 화살표는 단순히 작업의 선후관계만을 나타낸다.
• FS(Finish-to-Start), SS(Start-to-Start), FF(Finish-to-Finish), SF(Start-to-Finish) 등의 4가지 유형의 연관관계를 이용하여 각 Activity를 연결하여 공정표를 만들고, 이를 통해 각 Activity의 지연시간을 계산할 수 있다.
• Node의 길이로 시간척도(Time Scale)를 표현할 수 있다.
• 복잡한 CPM 공정표 구현이 가능하다.
• 다양한 관계성(Relationship) 표기가 가능하다.
• 네트워크가 간단하고 도식적이기 때문에 네트워크의 독해가 빠르다.
• 시간척도의 표기가 어렵다.

64 콘크리트 구조물의 품질관리에서 활용되는 비파괴시험(검사) 방법으로 경화된 콘크리트 표면의 반발경도를 측정하는 것은?

① 슈미트해머시험
② 방사선투과시험
③ 자기분말탐상시험
④ 침투탐상시험

해설
슈미트해머시험(표면경도시험법)
• 콘크리트 표면 타격에 따른 반발강도로 표면경도를 측정하여 이 측정치로부터 콘크리트의 압축강도를 측정하는 비파괴검사방법이다.
• 형상치수와 관계없이 적용 가능하나 구조체의 두께는 10[cm] 이상이다.

정답 61 ② 62 ① 63 ③ 64 ①

65 일명 테이블폼(Table Form)으로 불리는 것으로 거푸집널에 장선, 멍에, 서포트 등을 기계적인 요소로 부재화한 대형 바닥판 거푸집은?

① 갱폼(Gang Form)
② 플라잉폼(Flying Form)
③ 유로폼(Euro Form)
④ 트래블링폼(Traveling Form)

해설

플라잉폼(Flying Form) : 바닥전용 거푸집으로서 거푸집 널에 거푸집 판, 장선, 멍에, 서포트 등을 기계적인 요소로 하여 일체로 제작하여 부재화한 대형 바닥판 시스템거푸집
- 별칭 : 테이블폼(Table Form)
- 제작방법은 갱폼과 동일하다.
- 경제적인 전용횟수는 30~40회 이상이며 갱폼과 조합되어 사용한다.
- 수평, 수직방향으로 이동이 가능하다.
- 조립, 분해가 생략되므로 설치시간이 단축되며, 인력이 절감된다.
- 거푸집의 처짐이 적다.

66 시험말뚝에 변형률계(Strain Gauge)와 가속도계(Accelerometer)를 부착하여 말뚝항타에 의한 파형으로부터 지지력을 구하는 시험은?

① 정재하시험
② 비비시험
③ 동재하시험
④ 인발시험

해설

① 정재하시험 : 지반조건에 큰 변화가 없는 경우 전체 말뚝수의 1[%] 이상(말뚝이 100개 미만인 경우에도 최소 1개) 실시하거나 구조물별 1회 이상 실시한다. 현재까지 알려진 방법 중에서 가장 신뢰도가 높다. 종류로는 사하중재하방법, 반력말뚝재하방법, 어스앵커재하방법 등이 있다.
② 비비시험(Vee-Bee Test) : 슬럼프시험과 리몰딩시험을 조합한 시험이며 진동대식 반죽질시험이라고도 한다.
④ 인발시험 : 말뚝기초의 주면마찰력에 대한 시험

67 콘크리트공사 시 철근의 정착위치에 관한 설명으로 옳지 않은 것은?

① 작은 보의 주근은 벽체에 정착한다.
② 큰 보의 주근은 기둥에 정착한다.
③ 기둥의 주근은 기초에 정착한다.
④ 지중보의 주근은 기초 또는 기둥에 정착한다.

해설

작은 보의 주근은 보에 정착한다.

68 지반개량 지정공사 중 응결 공법이 아닌 것은?

① 플라스틱 드레인공법
② 시멘트 처리공법
③ 석회 처리공법
④ 심층혼합 처리공법

해설

응결 공법 : 시멘트 처리공법, 석회 처리공법, 심층혼합 처리공법 등

정답 65 ② 66 ③ 67 ① 68 ①

69 공사계약 중 재계약 조건이 아닌 것은?

① 설계도면 및 시방서(Specification)의 중대결함 및 오류에 기인한 경우
② 계약상 현장조건 및 시공조건이 상이(Difference)한 경우
③ 계약사항에 중대한 변경이 있는 경우
④ 정당한 이유 없이 공사를 착수하지 않은 경우

해설
공사계약 중 재계약 조건
- 설계도면 및 시방서(Specification)의 중대결함 및 오류에 기인한 경우
- 계약상 현장조건 및 시공조건이 다른 경우
- 계약사항에 중대한 변경이 있는 경우

70 콘크리트에서 사용하는 호칭강도의 정의로 옳은 것은?

① 레디믹스트 콘크리트 발주 시 구입자가 지정하는 강도
② 구조계산 시 기준으로 하는 콘크리트의 압축강도
③ 재령 7일의 압축강도를 기준으로 하는 강도
④ 콘크리트의 배합을 정할 때 목표로 하는 압축강도로 품질의 표준편차 및 양생온도 등을 고려하여 설계기준강도에 할증한 것

해설
② 설계기준강도
③ 재령 7일 강도
④ 배합강도

71 다음 조건에 따른 백호의 단위시간당 추정 굴착량으로 옳은 것은?

- 버킷용량 : 0.5[m³]
- 사이클타임 : 20초
- 작업효율 : 0.9
- 굴착계수 : 0.7
- 굴착토의 용적 변화계수 : 1.25

① 94.5[m³]   ② 80.5[m³]
③ 76.3[m³]   ④ 70.9[m³]

해설
백호의 단위시간당 추정 굴착량
$Q = nqkf\eta = \dfrac{3,600}{20} \times 0.5 \times 0.7 \times 1.25 \times 0.9 \approx 70.9[\text{m}^3]$

72 강구조 부재의 용접 시 예열에 관한 설명으로 옳지 않은 것은?

① 모재의 표면온도가 0[℃] 미만인 경우는 적어도 20[℃] 이상 예열한다.
② 이종금속 간에 용접을 할 경우는 예열과 층간온도는 하위등급을 기준으로 하여 실시한다.
③ 버너로 예열하는 경우에는 개선면에 직접 가열해서는 안 된다.
④ 온도관리는 용접선에서 75[mm] 떨어진 위치에서 표면온도계 또는 온도 초크 등에 의하여 온도관리를 한다.

정답 69 ④ 70 ① 71 ④ 72 ②

73 공동도급방식의 장점에 해당하지 않는 것은?

① 위험의 분산
② 시공의 확실성
③ 이윤 증대
④ 기술 자본의 증대

해설
공사비가 많이 들어서 이윤은 감소한다.

74 지하수가 없는 비교적 경질인 지층에서 어스오거로 구멍을 뚫고 그 내부에 철근과 자갈을 채운 후, 미리 삽입해 둔 파이프를 통해 저면에서부터 모르타르를 채워 올라오게 한 것은?

① 슬러리 월   ② 시트 파일
③ CIP 파일   ④ 프랭키 파일

해설
CIP 파일 : 지하수가 없는 비교적 경질인 지층에서 어스오거로 구멍을 뚫고 그 내부에 철근과 자갈을 채운 후, 미리 삽입해 둔 파이프를 통해 저면에서부터 모르타르를 채워 올라오게 한 것
- 지하수 없는 경질지층에 적합하다.
- 주열식 강성체로서 토류벽 역할을 한다.
- 강성이 MIP, PIP, SCW보다 우수하다.
- 소음 및 진동이 적다.
- 협소한 장소에도 시공이 가능하다.
- 굴착을 깊게 하면 수직도가 떨어진다.

75 기초의 종류 중 지정형식에 따른 분류에 속하지 않는 것은?

① 직접 기초   ② 피어 기초
③ 복합 기초   ④ 잠함 기초

해설
지정형식에 따른 기초의 분류
- 직접 기초(얕은 기초) : 기초슬래브에 따라서 독립 기초, 복합 기초, 줄 기초(연속 기초), 온통 기초로 나눈다.
- 피어 기초(깊은 기초) : 인력굴착 기초(심초 기초), 기계굴착 기초
- 잠함 기초(케이슨 기초) : 개방잠함 기초, 용기잠함 기초, 박스케이슨

76 철골공사에서 발생할 수 있는 용접불량에 해당되지 않는 것은?

① 스캘럽(Scallop)
② 언더컷(Under Cut)
③ 오버랩(Over Lap)
④ 피트(Pit)

해설
① 스캘럽(Scallop) : 철골부재 용접 시 이음 및 접합부위의 용접선이 교차되어 재용접된 부위가 열영향을 받아 취약해지기 때문에 모재에 부채꼴 모양의 모따기를 한 것
② 언더컷(Under Cut) : 운봉불량, 전류과대, 용접봉의 선택 부적합 등으로 인하여 용접의 끝부분에서 용착금속이 채워지지 않고 홈처럼 우묵하게 남게 되는 용접불량
③ 오버랩(Over Lap) : 용접금속과 모재가 융합되지 않고 단순히 겹쳐지는 용접불량
④ 피트(Pit) : 용접부에 미세한 홈이 생기는 용접불량

77 미장공법, 뿜칠공법을 통한 강구조부재의 내화피복 시공 시 시공면적 얼마 당 1개소 단위로 핀 등을 이용하여 두께를 확인하여야 하는가?

① $2[m^2]$ ② $3[m^2]$
③ $4[m^2]$ ④ $5[m^2]$

해설
미장공법, 뿜칠공법을 통한 강구조부재의 내화피복 시공 시 시공면적 $5[m^2]$당 1개소 단위로 핀 등을 이용하여 두께를 확인하여야 한다.

78 다음은 표준시방서에 따른 철근의 이음에 관한 내용이다. 빈 칸에 공통으로 들어갈 내용으로 옳은 것은?

( )를 초과하는 철근은 겹침이음을 할 수 없다. 다만, 서로 다른 크기의 철근을 압축부에서 겹침이음 하는 경우 ( ) 이하의 철근과 ( )를 초과하는 철근은 겹침이음을 할 수 있다.

① D29 ② D25
③ D32 ④ D35

해설
D35를 초과하는 철근은 겹침이음을 할 수 없다. 다만, 서로 다른 크기의 철근을 압축부에서 겹침이음하는 경우 D35 이하의 철근과 D35를 초과하는 철근은 겹침이음을 할 수 있다.

79 슬라이딩폼(Sliding Form)에 관한 설명으로 옳지 않은 것은?

① 1일 5~10[m] 정도 수직시공이 가능하므로 시공속도가 빠르다.
② 타설작업과 마감작업을 병행할 수 없어 공정이 복잡하다.
③ 구조물 형태에 따른 사용 제약이 있다.
④ 형상 및 치수가 정확하며 시공오차가 적다.

해설
타설작업과 마감작업이 동시에 진행되므로 공정이 단순하다.

80 속빈 콘크리트 블록의 규격 중 기본 블록치수가 아닌 것은?(단, 단위 : [mm])

① 390×190×190
② 390×190×150
③ 390×190×100
④ 390×190×80

해설
속빈 콘크리트 블록의 기본 블록치수(단위 : [mm])
• 390×190×190
• 390×190×150
• 390×190×100

제5과목 건설재료학

81 석재의 종류와 용도가 잘못 연결된 것은?

① 화산암 – 경량골재
② 화강암 – 콘크리트용 골재
③ 대리석 – 조각재
④ 응회암 – 건축용 구조재

해설
응회암은 가공이 용이하나 흡수성이 높고 강도가 낮아 건축용 구조재로는 부적당하다.

82 표면건조포화상태 질량 500[g]의 잔골재를 건조시켜, 공기 중 건조상태에서 측정한 결과 460[g], 절대건조상태에서 측정한 결과 450[g]이었다. 이 잔골재의 흡수율은?

① 8[%]
② 8.8[%]
③ 10[%]
④ 11.1[%]

해설
흡수율
$= \dfrac{\text{표면건조포화상태에서의 골재의 무게} - \text{절대건조상태에서의 골재의 무게}}{\text{절대건조상태에서의 골재의 무게}} \times 100[\%]$
$= \dfrac{500-450}{450} \times 100[\%] \approx 11.1[\%]$

83 목재의 압축강도에 영향을 미치는 원인에 관한 설명으로 옳지 않은 것은?

① 기건비중이 클수록 압축강도는 증가한다.
② 가력방향이 섬유방향과 평행일 때의 압축강도가 직각일 때의 압축강도보다 크다.
③ 섬유포화점 이상에서 목재의 함수율이 커질수록 압축강도는 계속 낮아진다.
④ 옹이가 있으면 압축강도는 저하하고 옹이 지름이 클수록 더욱 감소한다.

해설
목재는 섬유포화점 이상에서는 강도의 변화가 거의 없다.

84 콘크리트용 혼화제의 사용 용도와 혼화제 종류를 연결한 것으로 옳지 않은 것은?

① AE 감수제 : 작업성능이나 동결융해 저항성능의 향상
② 유동화제 : 강력한 감수효과와 강도의 대폭적인 증가
③ 방청제 : 염화물에 의한 강재의 부식 억제
④ 증점제 : 점성, 응집작용 등을 향상시켜 재료분리를 억제

해설
② 유동화제 : 재료를 유동화시키는 재료(물이나 유기용제 등)

정답 81 ④ 82 ④ 83 ③ 84 ②

85 고강도 강선을 사용하여 인장응력을 미리 부여함으로서 큰 응력을 받을 수 있도록 제작된 것은?

① 매스 콘크리트
② 프리플레이스트 콘크리트
③ 프리스트레스트 콘크리트
④ AE 콘크리트

해설
③ 프리스트레스트 콘크리트 : 고강도 강선을 사용하여 인장응력을 미리 부여함으로써 단면을 적게 하면서 큰 응력을 받을 수 있는 콘크리트

86 유리의 중앙부와 주변부와의 온도 차이로 인해 응력이 발생하여 파손되는 현상을 유리의 열파손이라 한다. 열파손에 관한 설명으로 옳지 않은 것은?

① 색유리에 많이 발생한다.
② 동절기의 맑은 날 오전에 많이 발생한다.
③ 두께가 얇을수록 강도가 약해 열팽창응력이 크다.
④ 균열은 프레임에 직각으로 시작하여 경사지게 진행된다.

해설
③ 두께가 두꺼울수록 열팽창응력이 크다.

87 KS L 4201에 따른 1종 점토벽돌의 압축강도 기준으로 옳은 것은?

① 8.78[MPa] 이상
② 14.70[MPa] 이상
③ 20.59[MPa] 이상
④ 24.50[MPa] 이상

해설
점토 벽돌의 품질

구 분	1종	2종
흡수율[%]	10.0 이하	15.0 이하
압축강도[MPa]	24.50 이상	14.70 이상

88 아스팔트를 천연 아스팔트와 석유 아스팔트로 구분할 때 천연 아스팔트에 해당되지 않는 것은?

① 로크 아스팔트
② 레이크 아스팔트
③ 아스팔타이트
④ 스트레이트 아스팔트

해설
• 천연 아스팔트 : 로크(Rock) 아스팔트, 레이크(Lake) 아스팔트, 샌드(Sand) 아스팔트, 아스팔타이트(Asphaltite : 길소나이트(Gilsonite), 그라하마이트(Grahamite), 글랜스피치(Glance Pitch))
• 석유 아스팔트 : 스트레이트(Straight) 아스팔트, 아스팔트 시멘트, 컷백(Cutback) 아스팔트(급속경화형, 중속경화형, 완속경화형), 유화(Emulsified) 아스팔트, 블론(Blown) 아스팔트, 개질(Modified) 아스팔트

89 점토의 성질에 관한 설명으로 옳지 않은 것은?

① 양질의 점토는 건조상태에서 현저한 가소성을 나타내며, 점토 입자가 미세할수록 가소성은 나빠진다.
② 점토의 주성분은 실리카와 알루미나이다.
③ 인장강도는 점토의 조직에 관계하며 입자의 크기가 큰 영향을 준다.
④ 점토제품의 색상은 철산화물 또는 석회물질에 의해 나타난다.

해설
- 양질의 점토는 습윤상태에서 현저한 가소성을 나타낸다.
- 점토의 가소성은 점토입자가 미세할수록 좋고, 미세 부분은 콜로이드로서의 특성을 가지고 있다.

90 도료의 사용 용도에 관한 설명으로 옳지 않은 것은?

① 유성 바니쉬는 투명도료이며, 목재마감에도 사용 가능하다.
② 유성 페인트는 모르타르, 콘크리트면에 발라 착색방수피막을 형성한다.
③ 합성수지 에멀션페인트는 콘크리트면, 석고보드 바탕 등에 사용된다.
④ 클리어래커는 목재면의 투명도장에 사용된다.

해설
유성 페인트는 내알칼리성이 떨어지므로 모르타르, 콘크리트면에 부적합하다.

91 습윤상태의 모래 780[g]를 건조로에서 건조시켜 절대건조상태 720[g]으로 되었다. 이 모래의 표면수율은?(단, 이 모래의 흡수율은 5[%]이다)

① 3.08[%]   ② 3.17[%]
③ 3.33[%]   ④ 3.52[%]

해설

$$흡수율 = 5[\%] = 0.05 = \frac{표건중량 - 절건중량}{절건중량}$$

$$= \frac{표건중량 - 720}{720}에서$$

표건중량 $= 720 + 0.05 \times 720 = 756$

$$표면수율 = \frac{습윤상태의 모래의 중량 - 표건중량}{표건중량} \times 100[\%]$$

$$= \frac{780 - 756}{756} \times 100[\%] \approx 3.17[\%]$$

92 미장재료 중 회반죽에 관한 설명으로 옳지 않은 것은?

① 경화속도가 느린 편이다.
② 일반적으로 연약하고, 비내수성이다.
③ 여물은 접착력 증대를, 해초풀은 균열방지를 위해 사용된다.
④ 소석회가 주원료이다.

해설
여물은 균열방지를, 해초풀은 접착력 증대를 위해 사용된다.

정답 89 ① 90 ② 91 ② 92 ③

93 다음 합성수지 중 열가소성 수지가 아닌 것은?

① 알키드수지
② 염화비닐수지
③ 아크릴수지
④ 폴리프로필렌수지

해설
① 알키드수지는 열경화성 수지에 해당한다.
열가소성 수지 : 메타크릴수지(아크릴수지), 플루오린수지, 셀룰로이드, (폴리)염화비닐수지(PVC), 초산비닐수지, 폴리스티렌수지(PS), 폴리아마이드수지, 폴리에틸렌수지(PE), 폴리우레탄수지(PU), 폴리카보네이트수지(PC), 폴리프로필렌수지(PP) 등

94 전기절연성·내열성이 우수하고 특히 내약품성이 뛰어나며, 유리섬유로 보강하여 강화플라스틱(FRP)의 제조에 사용되는 합성수지는?

① 멜라민수지
② 불포화폴리에스테르수지
③ 페놀수지
④ 염화비닐수지

해설
불포화폴리에스테르수지 : 전기절연성·내열성이 우수하고 특히 내약품성이 뛰어나며, 유리섬유로 보강하여 강화플라스틱(FRP)의 제조에 사용되는 합성수지

95 강의 열처리 방법 중 결정을 미립화하고 균일하게 하기 위해 800~1,000[℃]까지 가열하여 소정의 시간까지 유지한 후에 로(爐)의 내부에서 서서히 냉각하는 방법은?

① 풀림
② 불림
③ 담금질
④ 뜨임질

해설
풀림(Annealing, 어닐링, 소둔) : 결정을 미립화하고 균일하게 하기 위해 800~1,000[℃]까지 가열하여 소정의 시간까지 유지한 후에 로(爐)의 내부에서 서서히 냉각하는 방법

96 단열재료에 관한 설명으로 옳지 않은 것은?

① 열전도율이 높을수록 단열성능이 좋다.
② 같은 두께인 경우 경량재료인 편이 단열에 더 효과적이다.
③ 일반적으로 다공질의 재료가 많다.
④ 단열재료의 대부분은 흡음성도 우수하므로 흡음재료로서도 이용된다.

해설
열전도율이 낮을수록 단열성능이 좋다.

97 목재 건조의 목적에 해당되지 않는 것은?

① 강도의 증진
② 중량의 경감
③ 가공성의 증진
④ 균류 발생의 방지

해설
목재 건조의 목적
- 목재 수축에 의한 손상 방지
- 목재 강도의 증가
- 목재 중량의 경감
- 균류 발생의 방지(균류에 의한 부식 방지)
- 도장성의 개선
- 전기절연성의 증가

98 금속 부식에 관한 대책으로 옳지 않은 것은?

① 가능한 한 이종 금속은 이를 인접, 접속시켜 사용하지 않을 것
② 균질한 것을 선택하고, 사용할 때 큰 변형을 주지 않도록 할 것
③ 큰 변형을 준 것은 가능한 한 풀림하여 사용할 것
④ 표면을 거칠게 하고 가능한 한 습윤상태로 유지할 것

해설
표면을 곱게 하고 가능한 한 건조상태로 유지할 것

99 콘크리트용 골재의 품질요건에 관한 설명으로 옳지 않은 것은?

① 골재는 청정·견경해야 한다.
② 골재는 소요의 내화성과 내구성을 가져야 한다.
③ 골재는 표면이 매끄럽지 않으며, 예각으로 된 것이 좋다.
④ 골재는 밀실한 콘크리트를 만들 수 있는 입형과 입도를 갖는 것이 좋다.

해설
- 골재의 표면이 매끄럽지 않고 거칠 것
- 넓적하거나 길죽한 것, 예각으로 된 것이 아닐 것

100 각 미장재료별 경화 형태로 옳지 않은 것은?

① 회반죽 : 수경성
② 시멘트 모르타르 : 수경성
③ 돌로마이트플라스터 : 기경성
④ 테라초 현장바름 : 수경성

해설
회반죽 : 기경성

정답 97 ③ 98 ④ 99 ③ 100 ①

제6과목 건설안전기술

101 유해위험방지계획서를 고용노동부장관에게 제출하고 심사를 받아야 하는 대상 건설공사 기준으로 옳지 않은 것은?

① 최대 지간 길이가 50[m] 이상인 다리의 건설 등 공사
② 지상높이 25[m] 이상인 건축물 또는 인공구조물의 건설 등 공사
③ 깊이 10[m] 이상인 굴착공사
④ 다목적댐, 발전용댐, 저수용량 2천만[ton] 이상의 용수 전용 댐 및 지방상수도 전용 댐의 건설 등 공사

[해설]
지상높이 31[m] 이상인 건축물 또는 인공구조물의 건설, 개조 또는 해체공사

102 사면보호 공법 중 구조물에 의한 보호 공법에 해당되지 않는 것은?

① 블록공
② 식생구멍공
③ 돌쌓기공
④ 현장타설 콘크리트 격자공

[해설]
사면보호 공법 중 구조물에 의한 보호 공법 : 블록공, 돌쌓기공, 현장타설 콘크리트 격자공, 뿜어붙이기공

103 미리 작업장소의 지형 및 지반상태 등에 적합한 제한 속도를 정하지 않아도 되는 차량계 건설기계의 속도 기준은?

① 최대 제한 속도가 10[km/h] 이하
② 최대 제한 속도가 20[km/h] 이하
③ 최대 제한 속도가 30[km/h] 이하
④ 최대 제한 속도가 40[km/h] 이하

[해설]
미리 작업장소의 지형 및 지반상태 등에 적합한 제한 속도를 정하지 않아도 되는 차량계 건설기계의 속도 기준 : 최대 제한 속도가 10[km/h] 이하

104 발파구간 인접구조물에 대한 피해 및 손상을 예방하기 위한 건물기초에서의 허용진동치[cm/s] 기준으로 옳지 않은 것은?(단, 기존 구조물에 금이 가 있거나 노후구조물 대상일 경우 등은 고려하지 않는다)

① 문화재 : 0.2[cm/s]
② 주택, 아파트 : 0.5[cm/s]
③ 상가 : 1.0[cm/s]
④ 철골콘크리트 빌딩 : 0.8~1.0[cm/s]

[해설]
철골콘크리트 빌딩 : 1.0~4.0[cm/s]

105 거푸집 동바리 등을 조립하는 경우에 준수하여야 하는 기준으로 옳지 않은 것은?

① 동바리로 사용하는 파이프 서포트를 이어서 사용하는 경우에는 3개 이상의 볼트 또는 전용철물을 사용하여 이을 것
② 동바리로 사용하는 강관은 높이 2[m] 이내마다 수평연결재를 2개 방향으로 만들 것
③ 깔목의 사용, 콘크리트 타설, 말뚝박기 등 동바리의 침하를 방지하기 위한 조치를 할 것
④ 동바리로 사용하는 파이프 서포트를 3개 이상 이어서 사용하지 않도록 할 것

해설
파이프 서포트를 이어서 사용하는 경우에는 4개 이상의 볼트 또는 전용철물을 사용하여 이을 것

106 안전계수가 4이고 2,000[MPa]의 인장강도를 갖는 강선의 최대 허용응력은?

① 500[MPa]
② 1,000[MPa]
③ 1,500[MPa]
④ 2,000[MPa]

해설
안전계수 $S = \dfrac{인장강도}{허용응력}$ 에서

허용응력 $= \dfrac{인장강도}{안전계수} = \dfrac{2,000}{4} = 500[MPa]$

107 화물을 적재하는 경우의 준수사항으로 옳지 않은 것은?

① 침하 우려가 없는 튼튼한 기반 위에 적재할 것
② 건물의 칸막이나 벽 등이 화물의 압력에 견딜 만큼의 강도를 지니지 아니한 경우에는 칸막이나 벽에 기대어 적재하지 않도록 할 것
③ 불안정할 정도로 높이 쌓아 올리지 말 것
④ 하중을 한쪽으로 치우치더라도 화물을 최대한 효율적으로 적재할 것

해설
하중이 한쪽으로 치우치지 않도록 하여 적재할 것

108 공사 진척에 따른 공정률이 다음과 같을 때 안전관리비 사용기준으로 옳은 것은?(단, 공정률은 기성공정률을 기준으로 함)

공정률 : 70[%] 이상, 90[%] 미만

① 50[%] 이상
② 60[%] 이상
③ 70[%] 이상
④ 80[%] 이상

해설
공정률이 70[%] 이상, 90[%] 미만일 경우, 공사진척에 따른 안전관리비 사용기준은 70[%] 이상이다.

109 차량계 건설기계를 사용하여 작업을 하는 경우 작업계획서 내용에 포함되지 않는 사항은?

① 사용하는 차량계 건설기계의 종류 및 성능
② 차량계 건설기계의 운행경로
③ 차량계 건설기계에 의한 작업방법
④ 차량계 건설기계 사용 시 유도자 배치 위치

해설
차량계 건설기계를 사용하여 작업하고자 할 때 작업계획서에 포함되어야 할 사항
- 사용하는 차량계 건설기계의 종류 및 성능
- 차량계 건설기계의 운행경로
- 차량계 건설기계에 의한 작업방법

110 산업안전보건법령에서 규정하는 철골작업을 중지하여야 하는 기후조건에 해당하지 않는 것은?

① 풍속이 초당 10[m] 이상인 경우
② 강우량이 시간당 1[mm] 이상인 경우
③ 강설량이 시간당 1[cm] 이상인 경우
④ 기온이 영하 5[℃] 이하인 경우

해설
철골작업을 중지하여야 하는 기준
- (10분간의 평균) 풍속이 초당 10[m] 이상인 경우
- 강우량이 시간당 1[mm] 이상인 경우
- 강설량이 시간당 1[cm] 이상인 경우

111 지하수위 상승으로 포화된 사질토 지반의 액상화 현상을 방지하기 위한 가장 직접적이고 효과적인 대책은?

① Well Point 공법 적용
② 동다짐 공법 적용
③ 입도가 불량한 재료를 입도가 양호한 재료로 치환
④ 밀도를 증가시켜 한계간극비 이하로 상대밀도를 유지하는 방법 강구

해설
지하수위 상승으로 포화된 사질토 지반의 액상화 현상을 방지하기 위한 가장 직접적이고 효과적인 대책은 Well Point 공법을 적용하는 것이다.

112 강관을 사용하여 비계를 구성하는 경우 준수하여야 할 기준으로 옳지 않은 것은?

① 비계기둥의 간격은 띠장 방향에서는 1.85[m] 이하, 장선(長線) 방향에서는 1.5[m] 이하로 할 것
② 띠장 간격은 2.0[m] 이하로 할 것
③ 비계기둥의 제일 윗부분으로부터 31[m]되는 지점 밑부분의 비계기둥은 3개의 강관으로 묶어 세울 것
④ 비계기둥 간의 적재하중은 400[kg]을 초과하지 않도록 할 것

해설
비계기둥의 제일 윗부분으로부터 31[m] 되는 지점 밑부분의 비계기둥은 2개의 강관으로 묶어 세울 것

113 이동식비계를 조립하여 작업을 하는 경우에 준수하여야 할 기준으로 옳지 않은 것은?

① 승강용사다리는 견고하게 설치할 것
② 비계의 최상부에서 작업을 하는 경우에는 안전난간을 설치할 것
③ 작업발판의 최대 적재하중은 400[kg]을 초과하지 않도록 할 것
④ 작업발판은 항상 수평을 유지하고 작업발판 위에서 안전난간을 딛고 작업을 하거나 받침대 또는 사다리를 사용하여 작업하지 않도록 할 것

해설
작업발판의 최대 적재하중은 250[kg]을 초과하지 않도록 할 것

114 가설통로를 설치하는 경우 준수하여야 할 기준으로 옳지 않은 것은?

① 경사는 30° 이하로 할 것
② 경사가 15°를 초과하는 경우에는 미끄러지지 아니하는 구조로 할 것
③ 추락할 위험이 있는 장소에는 안전난간을 설치할 것
④ 수직갱에 가설된 통로의 길이가 15[m] 이상인 경우에는 7[m] 이내마다 계단참을 설치할 것

해설
수직갱에 가설된 통로의 길이가 15[m] 이상인 경우에는 10[m] 이내마다 계단참을 설치할 것

115 흙의 투수계수에 영향을 주는 인자에 관한 설명으로 옳지 않은 것은?

① 포화도 : 포화도가 클수록 투수계수도 크다.
② 공극비 : 공극비가 클수록 투수계수는 작다.
③ 유체의 점성계수 : 점성계수가 클수록 투수계수는 작다.
④ 유체의 밀도 : 유체의 밀도가 클수록 투수계수는 크다.

해설
공극비 : 공극비가 클수록 투수계수는 크다.

116 거푸집 동바리 등을 조립 또는 해체하는 작업을 하는 경우의 준수사항으로 옳지 않은 것은?

① 재료, 기구 또는 공구 등을 올리거나 내리는 경우에는 근로자로 하여금 달줄·달포대 등의 사용을 금하도록 할 것
② 낙하·충격에 의한 돌발적 재해를 방지하기 위하여 버팀목을 설치하고 거푸집 동바리 등을 인양장비에 매단 후에 작업을 하도록 하는 등 필요한 조치를 할 것
③ 비, 눈, 그 밖의 기상상태의 불안정으로 날씨가 몹시 나쁜 경우에는 그 작업을 중지할 것
④ 해당 작업을 하는 구역에는 관계 근로자가 아닌 사람의 출입을 금지할 것

해설
재료, 기구 또는 공구 등을 올리거나 내리는 경우에는 근로자로 하여금 달줄·달포대 등을 사용하도록 할 것

정답 113 ③ 114 ④ 115 ② 116 ①

117 터널공사의 전기발파작업에 관한 설명으로 옳지 않은 것은?

① 전선은 점화하기 전에 화약류를 충진한 장소로부터 30[m] 이상 떨어진 안전한 장소에서 도통시험 및 저항시험을 하여야 한다.
② 점화는 충분한 허용량을 갖는 발파기를 사용하고 규정된 스위치를 반드시 사용하여야 한다.
③ 발파 후 발파기와 발파모선의 연결을 유지한 채 그 단부를 절연시킨 후 재점화가 되지 않도록 한다.
④ 점화는 선임된 발파책임자가 행하고 발파기의 핸들을 점화할 때 이외는 시건장치를 하거나 모선을 분리하여야 하며 발파책임자의 엄중한 관리하에 두어야 한다.

해설
※ 터널공사표준안전작업지침-NATM공법 개정(2023.7.1.)으로 정답없음(개정 전 정답 ③)

118 터널 지보공을 조립하거나 변경하는 경우에 조치하여야 하는 사항으로 옳지 않은 것은?

① 목재의 터널 지보공은 그 터널 지보공의 각 부재에 작용하는 긴압 정도를 체크하여 그 정도가 최대한 차이나도록 할 것
② 강(鋼)아치 지보공의 조립은 연결볼트 및 띠장 등을 사용하여 주재 상호 간을 튼튼하게 연결할 것
③ 기둥에는 침하를 방지하기 위하여 받침목을 사용하는 등의 조치를 할 것
④ 주재(主材)를 구성하는 1세트의 부재는 동일 평면 내에 배치할 것

해설
목재의 터널 지보공은 그 터널 지보공의 각 부재의 긴압 정도가 균등하게 되도록 할 것

119 다음 중 지하수위 측정에 사용되는 계측기는?

① Load Cell
② Inclinometer
③ Extensometer
④ Piezometer

해설
※ 출제오류로 모두 정답 처리됨
① 하중계(Load Cell) : 흙막이 배면에 작용하는 측압 또는 어스앵커의 인장력을 측정하는 계측기기
② 지중경사계(Inclinometer) : 지중 또는 지하 연속 벽의 중앙에 설치하여 흙막이 배면측압에 의해 기울어짐을 파악하여 지중 수평변위를 측정하는 계측기기
③ 지중침하계(Extensometer) : 지중에 설치하여 흙막이 배면의 지반이 토사 유출 또는 수위변동으로 침하하는 정도를 파악하여 지중 수직변위를 측정하여 하는 계측기기
④ 간극수압계(Piezometer) : 지중의 간극수압을 측정하는 계측기기

120 크레인 등 건설장비의 가공전선로 접근 시 안전대책으로 옳지 않은 것은?

① 안전 이격거리를 유지하고 작업한다.
② 장비를 가공전선로 밑에 보관한다.
③ 장비의 조립, 준비 시부터 가공전선로에 대한 감전방지 수단을 강구한다.
④ 장비 사용 현장의 장애물, 위험물 등을 점검 후 작업계획을 수립한다.

해설
크레인 등 건설장비의 가공전선로 접근 시 안전대책
• 안전 이격거리를 유지하고 작업한다.
• 장비의 조립, 준비 시부터 가공전선로에 대한 감전방지 수단을 강구한다.
• 장비 사용 현장의 장애물, 위험물 등을 점검 후 작업계획을 수립한다.
• 장비를 가공전선로 밑에 보관하지 않는다.

2021년 제2회 과년도 기출문제

제1과목 산업안전관리론

01 산업안전보건법령상 자율안전확인 안전모의 시험성능기준 항목으로 명시되지 않은 것은?

① 난연성
② 내관통성
③ 내전압성
④ 턱끈풀림

해설
보호구 자율안전확인 고시에 따른 안전모의 시험항목 : 전처리, 착용높이 측정, 내관통성 시험, 충격흡수성 시험, 난연성 시험, 턱끈풀림 시험, 측면변형 시험

02 산업재해의 발생 형태에 따른 분류 중 단순 연쇄형에 속하는 것은?(단, O는 재해발생의 각종 요소를 나타냄)

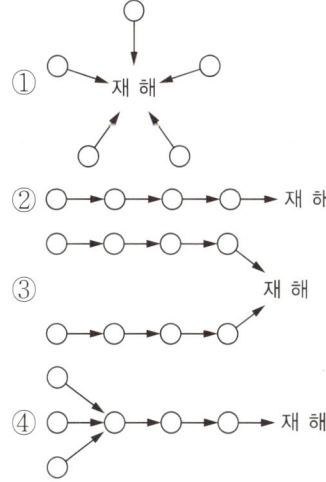

해설
① 집중형
③ 복합연쇄형
④ 복합형

03 산업안전보건법령상 안전인증대상 기계에 해당하지 않는 것은?

① 크레인
② 곤돌라
③ 컨베이어
④ 사출성형기

해설
안전인증대상 기계·설비, 방호장치, 보호구(법 제84조, 시행령 제74조)

기계·설비 (9품목)	프레스, 전단기 및 절곡기, 크레인, 리프트, 압력용기, 롤러기, 사출성형기, 고소작업대, 곤돌라
방호장치 (9품목)	프레스 및 전단기 방호장치, 양중기용 과부하 방지장치, 보일러 압력방출용 안전밸브, 압력용기 압력방출용 안전밸브, 압력용기 압력방출용 파열판, 절연용 방호구 및 활선작업용 기구, 방폭구조 전기기계·기구 및 부품, 가설기자재, 산업용 로봇 방호장치
보호구 (12품목)	안전모(추락 및 감전 위험방지용), 안전화, 안전장갑, 방진마스크, 방독마스크, 송기마스크, 전동식 호흡보호구, 보호복, 안전대, 보안경(차광 및 비산물 위험방지용), 용접용 보안면, 방음용 귀마개 또는 귀덮개

04 하인리히의 1 : 29 : 300 법칙에서 '29'가 의미하는 것은?

① 재해
② 중상해
③ 경상해
④ 무상해사고

해설
1 : 29 : 300 = 중상해 : 경상해 : 무상해

05 A 사업장에서는 산업재해로 인한 인적·물적 손실을 줄이기 위하여 안전행동실천운동(5C운동)을 실시하고자 한다. 5C운동에 해당하지 않는 것은?

① Control
② Correctness
③ Cleaning
④ Checking

해설
안전행동실천운동(5C운동)
• Correctness(복장단정)
• Clearance(정리·정돈)
• Cleaning(청소·청결)
• Concentration(전심전력)
• Checking(점검확인)

06 기계·기구, 설비의 신설, 변경 내지 고장 수리 시 실시하는 안전점검의 종류로 옳은 것은?

① 특별점검
② 수시점검
③ 정기점검
④ 임시점검

해설
특별점검 : 기계·기구, 설비의 신설, 변경 내지 고장 수리 시 실시하는 안전점검

07 건설기술진흥법령상 건설사고조사위원회의 구성 기준 중 다음 ( )에 알맞은 것은?

> 건설사고조사위원회는 위원장 1명을 포함한 ( )명 이내의 위원으로 구성한다.

① 9
② 10
③ 11
④ 12

해설
건설기술진흥법령상 건설사고조사위원회는 위원장 1명을 포함한 12명 이내의 위원으로 구성한다.

08 작업자가 불안전한 작업대에서 작업 중 추락하여 지면에 머리가 부딪혀 다친 경우의 기인물과 가해물로 옳은 것은?

① 기인물 - 지면, 가해물 - 지면
② 기인물 - 작업대, 가해물 - 지면
③ 기인물 - 지면, 가해물 - 작업대
④ 기인물 - 작업대, 가해물 - 작업대

해설

재해 내용	사고유형	기인물	가해물
작업자가 불안전한 작업대에서 작업 중 추락하여 지면에 머리가 부딪혀 다쳤다.	추락	작업대	지면

09 무재해운동의 이념 3원칙 중 잠재적인 위험 요인을 발견·해결하기 위하여 전원이 협력하여 각자의 위치에서 의욕적으로 문제해결을 실천하는 원칙은?

① 무의 원칙
② 선취의 원칙
③ 관리의 원칙
④ 참가의 원칙

해설
참가의 원칙
- 근로자 전원이 일체감을 조성하여 참여한다는 원칙
- 잠재적인 위험요인을 발견·해결하기 위하여 전원이 협력하여 각자의 위치에서 의욕적으로 문제해결을 실천하는 것을 의미한다.

10 하인리히의 사고예방대책 기본원리 5단계에 있어 '시정방법의 선정' 바로 이전 단계에서 행하여지는 사항으로 옳은 것은?

① 분 석
② 사실의 발견
③ 안전조직 편성
④ 시정책의 적용

해설
시정방법의 선정은 4단계이며 바로 이전 단계는 3단계 분석·평가의 단계이다.

11 산업안전보건법령상 산업안전보건위원회의 심의·의결사항으로 틀린 것은?(단, 그 밖에 해당 사업장 근로자의 안전 및 보건을 유지·증진시키기 위하여 필요한 사항은 제외한다)

① 사업장 경영체계 구성 및 운영에 관한 사항
② 작업환경측정 등 작업환경의 점검 및 개선에 관한 사항
③ 안전보건관리규정의 작성 및 변경에 관한 사항
④ 유해하거나 위험한 기계·기구·설비를 도입한 경우 안전 및 보건 관련 조치에 관한 사항

해설
산업안전보건위원회의 심의·의결사항
- 사업장의 산업재해 예방계획의 수립에 관한 사항
- 안전보건관리규정의 작성 및 변경에 관한 사항
- 안전보건교육에 관한 사항
- 작업환경측정 등 작업환경의 점검 및 개선에 관한 사항
- 근로자의 건강진단 등 건강관리에 관한 사항
- 산업재해에 관한 통계의 기록 및 유지에 관한 사항
- 산업재해의 원인 조사 및 재발 방지대책 수립에 관한 사항 중 중대재해에 관한 사항
- 유해하거나 위험한 기계·기구·설비를 도입한 경우 안전 및 보건 관련 조치에 관한 사항
- 그 밖에 해당 사업장 근로자의 안전 및 보건을 유지·증진시키기 위하여 필요한 사항

12 산업안전보건법령상 안전보건개선계획의 제출에 관한 사항 중 (   )에 알맞은 내용은?

> 안전보건개선계획서를 제출해야 하는 사업주는 안전보건개선계획서 수립·시행 명령을 받은 날부터 (   )일 이내에 관할 지방고용노동관서의 장에게 해당 계획서를 제출하여야 한다.

① 15
② 30
③ 60
④ 90

해설
안전보건개선계획서를 제출해야 하는 사업주는 안전보건개선계획서 수립·시행 명령을 받은 날부터 60일 이내에 관할 지방고용노동관서의 장에게 해당 계획서를 제출하여야 한다.

13 산업안전보건법령상 명예산업안전감독관의 업무에 속하지 않는 것은?(단, 산업안전보건위원회 구성 대상 사업의 근로자 중에서 근로자대표가 사업주의 의견을 들어 추천하여 위촉된 명예산업안전감독관의 경우)

① 사업장에서 하는 자체점검 참여
② 보호구의 구입 시 적격품의 선정
③ 근로자에 대한 안전수칙 준수 지도
④ 사업장 산업재해 예방계획 수립 참여

해설
명예산업안전감독관의 업무(법 제23조, 시행령 제32조)
- 사업장에서 하는 자체점검 참여 및 근로감독관이 하는 사업장 감독 참여
- 사업장 산업재해 예방계획 수립 참여 및 사업장에서 하는 기계·기구 자체검사 참석
- 법령을 위반한 사실이 있는 경우 사업주에 대한 개선 요청 및 감독기관에의 신고
- 산업재해 발생의 급박한 위험이 있는 경우 사업주에 대한 작업중지 요청
- 작업환경측정, 근로자 건강진단 시의 참석 및 그 결과에 대한 설명회 참여
- 직업성 질환의 증상이 있거나 질병에 걸린 근로자가 여러 명 발생한 경우 사업주에 대한 임시건강진단 실시 요청
- 근로자에 대한 안전수칙 준수 지도
- 법령 및 산업재해 예방정책 개선 건의
- 안전·보건 의식을 북돋우기 위한 활동 등에 대한 참여와 지원
- 그 밖에 산업재해 예방에 대한 홍보 등 산업재해 예방업무와 관련하여 고용노동부장관이 정하는 업무

14 산업안전보건법령상 다음 (　)에 알맞은 내용은?

> 안전보건관리규정의 작성대상사업의 사업주는 안전보건관리규정을 작성해야 할 사유가 발생한 날부터 (　) 이내에 안전보건관리규정의 세부내용을 포함한 안전보건관리규정을 작성하여야 한다.

① 10일　　② 15일
③ 20일　　④ 30일

해설
안전보건관리규정의 작성대상사업의 사업주는 안전보건관리규정을 작성해야 할 사유가 발생한 날부터 30일 이내에 안전보건관리규정의 세부내용을 포함한 안전보건관리규정을 작성하여야 한다.

15 산업안전보건법령상 안전보건표지의 용도가 금지일 경우 사용되는 색채로 옳은 것은?

① 흰 색　　② 녹 색
③ 빨간색　　④ 노란색

해설
- 금지표지 : 바탕(흰색)/기본모형(빨간색)/관련 부호·그림(검은색)
- 경고표지 : 바탕(노란색)/기본모형·관련 부호·그림(검은색)
- 지시표지 : 바탕(파란색)/관련 그림(흰색)
- 안내표지 : 바탕(흰색)/기본모형·관련 부호(녹색), 바탕(녹색)/관련 부호·그림(흰색)
- 출입금지표지 : 글자는 흰색 바탕에 흑색, 다음 글자는 적색

16 연평균근로자수가 400명인 사업장에서 연간 2건의 재해로 인하여 4명의 사상자가 발생하였다. 근로자가 1일 8시간씩 연간 300일을 근무하였을 때 이 사업장의 연천인율은?

① 1.85　　② 4.4
③ 5　　④ 10

해설
$$\text{연천인율} = \frac{\text{연간재해자수}}{\text{연평균근로자수}} \times 10^3$$
$$= \frac{4}{400} \times 10^3 = 10$$

17 하인리히의 재해손실비 평가방식에서 간접비에 속하지 않는 것은?

① 요양급여
② 시설복구비
③ 교육훈련비
④ 생산손실비

해설
요양급여는 직접비에 해당한다.

18 다음 설명하는 무재해운동 추진기법은?

> 피부를 맞대고 같이 소리치는 것으로서 팀의 일체감, 연대감을 조성할 수 있고 동시에 대뇌 피질에 좋은 이미지를 불어 넣어 안전행동을 하도록 하는 것

① 역할연기(Role Playing)
② TBM(Tool Box Meeting)
③ 터치 앤 콜(Touch and Call)
④ 브레인스토밍(Brain Storming)

해설
① 역할연기(Role Playing) : 자기 해방과 타인 체험을 목적으로 하는 체험활동을 통해 대인관계에 있어서의 태도 변용이나 통찰력, 자기이해를 목표로 개발된 교육기법
② TBM(Tool Box Meeting) : 팀의 일체감, 연대감을 조성할 수 있고 동시에 대뇌 구피질에 좋은 이미지를 불어 넣어 안전행동을 하도록 하는 방법
④ 브레인스토밍(Brain Storming) : 6~12명의 구성원으로 타인의 비판 없이 자유로운 토론을 통하여 잠재되어 있는 다량의 독창적인 아이디어를 이끌어내고 대안적 해결안을 찾기 위한 집단적 사고기법이며 위험예지훈련에서 활용하기에 적합한 기법

19 시설물의 안전 및 유지관리에 관한 특별법상 제1종 시설물에 명시되지 않은 것은?

① 고속철도 교량
② 25층인 건축물
③ 연장 300[m]인 철도 교량
④ 연면적이 70,000[m²]인 건축물

해설
연장 500[m] 이상의 도로 및 철도 교량

20 산업안전보건법령상 중대재해가 아닌 것은?

① 사망자가 1명 발생한 재해
② 부상자가 동시에 10명 발생한 재해
③ 직업성 질병자가 동시에 10명 발생한 재해
④ 1개월의 요양이 필요한 부상자가 동시에 2명 발생한 재해

해설
중대재해(Major Accident)
• 사망자가 1명 이상 발생한 재해
• 3개월 이상의 요양이 필요한 부상자가 동시에 2명 이상 발생한 재해
• 부상자 또는 직업성 질병자가 동시에 10명 이상 발생한 재해

제2과목　산업심리 및 교육

21 참가자 앞에서 소수의 전문가들이 과제에 관한 견해를 자유롭게 토의한 후 참가자 전원이 참가하여 사회자의 사회에 따라 토의하는 방법은?

① 포럼(Forum)
② 심포지엄(Symposium)
③ 버즈 세션(Buzz Session)
④ 패널 디스커션(Panel Discussion)

해설
① 포럼(Forum, 공개토의) : 새로운 자료나 교재를 제시하고 문제점을 피교육자로 하여금 제기하도록 하거나 의견을 여러 가지 방법으로 발표하게 하여 다시 깊게 파고들어서 청중과 토론자 간에 활발한 의견개진과 합의를 도출해가는 토의방법
② 심포지엄(Symposium) : 몇 사람의 전문가에 의하여 과제에 관한 견해를 발표한 뒤에 참가자로 하여금 의견이나 질문을 하게 하여 토의하는 방법
③ 버즈 세션(Buzz Session) : 참가자가 다수인 경우에 전원을 토의에 참가시키기 위한 방법으로 소집단을 구성하여 회의를 진행시키는 토의방법

22 교육법의 4단계 중 일반적으로 적용시간이 가장 긴 것은?

① 도 입　　② 제 시
③ 적 용　　④ 확 인

해설
각 단계별 소요시간

단 계		강의식 교육	토의식 교육
1	도 입	5분	
2	제 시	40분	10분
3	적 용	10분	40분
4	확 인	5분	

23 안전심리의 5대 요소에 관한 설명으로 틀린 것은?

① 기질이란 감정적인 경향이나 반응에 관계되는 성격의 한 측면이다.
② 감정은 생활체가 어떤 행동을 할 때 생기는 객관적인 동요를 뜻한다.
③ 동기는 능동적인 감각에 의한 자극에서 일어난 사고의 결과로서 사람의 마음을 움직이는 원동력이 되는 것이다.
④ 습성은 한 종에 속하는 개체의 대부분에서 볼 수 있는 일정한 생활양식으로 본능, 학습, 조건반사 등에 따라 형성된다.

해설
• 감정(Emotion) : 인간이 순간순간에 나타내는 희노애락을 말한다. 순간적으로 나타내는 감정은 정신상태에 커다란 영향을 미치므로 안전사고에서 중요한 요소가 된다. 또한 어떤 감정을 장시간 지속하는 것은 개성의 결함이다.
• 습관(Custom) : 생활체가 어떤 행동을 할 때 생기는 객관적인 동요를 뜻한다.

24 스트레스(Stress)에 영향을 주는 요인 중 환경이나 외적 요인에 해당하는 것은?

① 자존심의 손상
② 현실에의 부적응
③ 도전의 좌절과 자만심의 상충
④ 직장에서의 대인관계 갈등과 대립

해설
• 외부로부터 오는 자극요인 : (직장에서의) 대인관계 갈등과 대립, 죽음, 질병, 경제적 어려움, 가족관계 갈등, 자신의 건강문제 등
• 자존심의 손상, 현실에의 부적응, 도전의 좌절과 자만심의 상충 등은 내적 요인이다.

25 권한의 근거는 공식적이며, 지휘 형태가 권위주의적이고 임명되어 권한을 행사하는 지도자로 옳은 것은?

① 헤드십(Headship)
② 리더십(Leadership)
③ 멤버십(Membership)
④ 매니저십(Managership)

해설
헤드십(Headship) : 권한의 근거는 공식적이며, 지휘 형태가 권위주의적이고 임명되어 권한을 행사하는 지도자

26 다음의 내용에서 교육지도의 5단계를 순서대로 바르게 나열한 것은?

㉠ 가설의 설정
㉡ 결 론
㉢ 원리의 제시
㉣ 관련된 개념의 분석
㉤ 자료의 평가

① ㉢ → ㉣ → ㉠ → ㉤ → ㉡
② ㉠ → ㉢ → ㉣ → ㉤ → ㉡
③ ㉢ → ㉠ → ㉤ → ㉣ → ㉡
④ ㉠ → ㉢ → ㉤ → ㉣ → ㉡

해설
교육지도의 5단계 : 원리의 제시 → 관련된 개념의 분석 → 가설의 설정 → 자료의 평가 → 결론

27 호손(Hawthorne) 실험의 결과 생산성 향상에 영향을 준 가장 큰 요인은?

① 생산기술
② 임금 및 근로시간
③ 인간관계
④ 조명 등 작업환경

해설
호손(Hawthorne) 실험의 결과 : 인간관계가 생산성 향상에 영향을 준 가장 큰 요인이다.

28 훈련에 참가한 사람들이 직무에 복귀한 후에 실제 직무수행에서 훈련효과를 보이는 정도를 나타내는 것은?

① 전이 타당도
② 교육 타당도
③ 조직간 타당도
④ 조직 내 타당도

해설
전이 타당도 : 훈련에 참가한 사람들이 직무에 복귀한 후에 실제 직무수행에서 훈련효과를 보이는 정도

29 착각현상 중에서 실제로는 움직이지 않는데 움직이는 것처럼 느껴지는 심리적인 현상은?

① 잔 상
② 원근 착시
③ 가현운동
④ 기하학적 착시

해설
가현운동
• 객관적으로는 움직이지 않지만 마치 움직이는 것처럼 느껴지는 심리현상
• 착시현상 중에서 실제로는 움직이지 않는데도 움직이는 것처럼 느껴지는 심리적인 현상
• 인간의 착각현상 중 영화의 영상방법과 같이 객관적으로 정지되어 있는 대상에 시간적 간격을 두고 연속적으로 보이거나 소멸시킬 경우 운동하는 것처럼 인식되는 현상

정답 25 ① 26 ① 27 ③ 28 ① 29 ③

30 다음 설명의 리더십 유형은 무엇인가?

> 과업을 계획하고 수행하는 데 있어서 구성원과 함께 책임을 공유하고 인간에 대하여 높은 관심을 갖는 리더십

① 권위적 리더십
② 독재적 리더십
③ 민주적 리더십
④ 자유방임형 리더십

해설
민주적 리더십 : 과업을 계획하고 수행하는 데 있어서 구성원과 함께 책임을 공유하고 인간에 대하여 높은 관심을 갖는 리더십
- 조직구성원들의 의사를 종합하여 결정한다.
- 집단토론이나 집단결정을 통해서 정책을 결정한다.
- 의사교환이 비교적 자유롭다.
- 자발적 행동이 많이 나타난다.
- 구성원 간의 상호관계가 원만하다.
- 집단구성원들이 리더를 존경한다.

31 의식수준이 정상이지만 생리적 상태가 적극적일 때에 해당하는 것은?

① Phase 0
② Phase Ⅰ
③ Phase Ⅲ
④ Phase Ⅳ

해설
① Phase 0 : 무의식, 실신
② Phase Ⅰ : 정상 이하 의식수준의 저하, 의식 둔화(의식 흐림)
④ Phase Ⅳ : 과긴장, 흥분상태

32 직무수행 평가에 대한 효과적인 피드백의 원칙에 대한 설명으로 틀린 것은?

① 직무수행 성과에 대한 피드백의 효과가 항상 긍정적이지는 않다.
② 피드백은 개인의 수행 성과뿐만 아니라 집단의 수행 성과에도 영향을 준다.
③ 부정적 피드백을 먼저 제시하고 그 다음에 긍정적 피드백을 제시하는 것이 효과적이다.
④ 직무수행 성과가 낮을 때, 그 원인을 능력 부족의 탓으로 돌리는 것보다 노력 부족 탓으로 돌리는 것이 더 효과적이다.

해설
긍정적 피드백을 먼저 제시하고 그 다음에 부정적 피드백을 제시하는 것이 효과적이다.

33 안드라고지(Andragogy) 모델에 기초한 학습자로서의 성인의 특징과 가장 거리가 먼 것은?

① 성인들은 타인주도적 학습을 선호한다.
② 성인들은 과제 중심적으로 학습하고자 한다.
③ 성인들은 다양한 경험을 가지고 학습에 참여한다.
④ 성인들은 왜 배워야 하는지에 대해 알고자 하는 욕구를 가지고 있다.

해설
성인들은 자기주도적 학습을 선호한다.

34 안전태도교육 기본과정을 순서대로 나열한 것은?

① 청취 → 모범 → 이해 → 평가 → 장려·처벌
② 청취 → 평가 → 이해 → 모범 → 장려·처벌
③ 청취 → 이해 → 모범 → 평가 → 장려·처벌
④ 청취 → 평가 → 모범 → 이해 → 장려·처벌

해설
안전태도교육 기본과정 : 청취 → 이해 → 모범 → 평가 → 장려·처벌

35 산업심리에서 활용되고 있는 개인적인 카운슬링 방법에 해당하지 않는 것은?

① 직접 충고
② 설득적 방법
③ 설명적 방법
④ 토론적 방법

해설
산업심리에서 활용되고 있는 개인적인 카운슬링 방법 : 직접 충고, 설득적 방법, 설명적 방법

36 맥그리거(Douglas Mcgregor)의 X, Y이론 중 X이론과 관계 깊은 것은?

① 근면, 성실
② 물질적 욕구 추구
③ 정신적 욕구 추구
④ 자기통제에 의한 자율관리

해설
- X이론과 관계 깊은 것 : 게으름, 불성실, 물질적 욕구 추구, 명령·통제에 의한 타율관리
- Y이론과 관계 깊은 것 : 근면, 성실, 정신적 욕구 추구, 자기통제에 의한 자율관리

37 교육의 3요소를 바르게 나열한 것은?

① 교사 – 학생 – 교육재료
② 교사 – 학생 – 교육환경
③ 학생 – 교육환경 – 교육재료
④ 학생 – 부모 – 사회 지식인

해설
교육의 3요소 : 교사, 학생, 교육재료

38 어느 철강회사의 고로작업라인에 근무하는 A씨의 작업강도가 힘든 중(重)작업으로 평가되었다면 해당되는 에너지대사율(RMR)의 범위로 가장 적절한 것은?

① 0~1 ② 2~4
③ 4~7 ④ 7~10

해설
에너지대사율과 작업강도

작업 구분	가벼운 작업	보통 작업	중(重) 작업	초중(超重) 작업
RMR 값	0~2	2~4	4~7	7 이상

정답 34 ③ 35 ④ 36 ② 37 ① 38 ③

39 Off JT의 특징이 아닌 것은?

① 우수한 강사를 확보할 수 있다.
② 교재, 시설 등을 효과적으로 이용할 수 있다.
③ 개개인의 능력 및 적성에 적합한 세부 교육이 가능하다.
④ 다수의 대상자를 일괄적, 체계적으로 교육을 시킬 수 있다.

해설
개개인의 능력 및 적성에 적합한 세부 교육이 가능하지 않다.

40 인간의 적응기제(Adjustment Mechanism) 중 방어적 기제에 해당하는 것은?

① 보 상
② 고 립
③ 퇴 행
④ 억 압

해설
• 보상, 승화, 합리화 등은 방어적 기제에 해당한다.
• 고립, 퇴행, 억압 등은 도피적 기제에 해당한다.

제3과목 인간공학 및 시스템안전공학

41 FTA에서 사용하는 다음 사상기호에 대한 설명으로 맞는 것은?

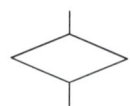

① 시스템 분석에서 좀 더 발전시켜야 하는 사상
② 시스템의 정상적인 가동상태에서 일어날 것이 기대되는 사상
③ 불충분한 자료로 결론을 내릴 수 없어 더 이상 전개할 수 없는 사상
④ 주어진 시스템의 기본사상으로 고장원인이 분석되었기 때문에 더 이상 분석할 필요가 없는 사상

해설
생략사상(최후사상)
• 불충분한 자료로 결론을 내릴 수 없어 더 이상 전개할 수 없는 사상
• 사상과 원인과의 관계를 충분히 알 수 없거나 필요한 정보를 얻을 수 없기 때문에 더 이상 전개할 수 없는 최후적 사상

42 FT도에서 시스템의 신뢰도는 얼마인가?(단, 모든 부품의 발생확률은 0.1이다)

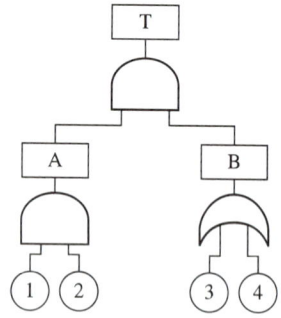

① 0.0033
② 0.0062
③ 0.9981
④ 0.9936

해설
$F_A = 0.1 \times 0.1 = 0.01$
$F_B = 1 - (1-0.1)^2 = 0.19$
$F_T = F_A \times F_B = 0.01 \times 0.19 = 0.0019$
$\therefore R_T = 1 - 0.0019 = 0.9981$

43 일반적으로 은행의 접수대 높이나 공원의 벤치를 설계할 때 가장 적합한 인체 측정 자료의 응용원칙은?

① 조절식 설계
② 평균치를 이용한 설계
③ 최대치수를 이용한 설계
④ 최소치수를 이용한 설계

해설
평균치를 이용한 설계 : 정규분포의 5~95[%] 사이의 가장 분포가 많은 구간을 적용하는 설계(일반적인 제품, 은행의 접수대 높이나 공원의 벤치, 슈퍼마켓의 계산대에 적용하기에 가장 적합)

44 감각저장으로부터 정보를 작업기억으로 전달하기 위한 코드화 분류에 해당되지 않는 것은?

① 시각 코드
② 촉각 코드
③ 음성 코드
④ 의미 코드

해설
감각저장으로부터 정보를 작업기억(Working Memory)으로 전달하기 위한 코드화 분류 : 시각 코드화, 음성 코드화, 의미 코드화

45 작업장의 설비 3대에서 각각 80[dB], 86[dB], 78[dB]의 소음이 발생되고 있을 때 작업장의 음압수준은?

① 약 81.3[dB]
② 약 85.5[dB]
③ 약 87.5[dB]
④ 약 90.3[dB]

해설
작업장의 음압수준
$L = 10\log(10^{8.0} + 10^{8.6} + 10^{7.8}) \simeq 87.5[dB]$

46 인간공학 연구방법 중 실제의 제품이나 시스템이 추구하는 특성 및 수준이 달성되는지를 비교하고 분석하는 연구는?

① 조사연구
② 실험연구
③ 분석연구
④ 평가연구

해설
평가연구 : 실제의 제품이나 시스템이 추구하는 특성 및 수준이 달성되는지를 비교하고 분석하는 연구

47 위험분석기법 중 고장이 시스템의 손실과 인명의 사상에 연결되는 높은 위험도를 가진 요소나 고장의 형태에 따른 분석법은?

① CA
② ETA
③ FHA
④ FTA

해설
CA(Criticality Analysis, 치명도해석법 또는 위험도분석)
• 항공기의 안정성 평가에 널리 사용되는 기법으로서 각 중요 부품의 고장률, 운용형태, 보정계수, 사용시간비율 등을 고려하여 정량적, 귀납적으로 부품의 위험도를 평가하는 분석기법
• 고장이 시스템의 손실과 인명의 사상에 연결되는 높은 위험도를 가진 요소나 고장의 형태에 따른 분석법

정답 43 ② 44 ② 45 ③ 46 ④ 47 ①

48 실효온도(Effective Temperature)에 영향을 주는 요인이 아닌 것은?

① 온 도　　② 습 도
③ 복사열　　④ 공기 유동

해설
실효온도(Effective Temperature)
- 실제로 감각되는 온도(실감온도)
- 기온, 습도, 바람의 요소를 종합하여 실제로 인간이 느낄 수 있는 온도(실효온도 지수 개발 시 고려한 인체에 미치는 열효과의 조건 : 온도, 습도, 공기 유동)
- 온도, 습도 및 공기 유동이 인체에 미치는 열효과를 나타낸 것
- 온도와 습도 및 공기 유동이 인체에 미치는 열효과를 하나의 수치로 통합한 경험적 감각지수
- 상대습도 100[%]일 때의 건구온도에서 느끼는 것과 동일한 온감

49 의도는 올바른 것이었지만, 행동이 의도한 것과는 다르게 나타나는 오류는?

① Slip　　② Mistake
③ Lapse　　④ Violation

해설
Slip : 의도는 올바른 것이었지만, 행동이 의도한 것과는 다르게 나타나는 오류

50 일반적인 화학설비에 대한 안정성 평가(Safety Assessment) 절차에 있어 안전대책 단계에 해당되지 않는 것은?

① 보 전　　② 위험도 평가
③ 설비적 대책　　④ 관리적 대책

해설
4단계 : 안전대책
- 설비대책
- 관리적 대책 : 적정한 인원배치, 교육훈련, 보전

51 인간-기계시스템 설계과정 중 직무분석을 하는 단계는?

① 제1단계 : 시스템의 목표와 성능명세 결정
② 제2단계 : 시스템의 정의
③ 제3단계 : 기본설계
④ 제4단계 : 인터페이스 설계

해설
3단계 : 기본설계
- 활동 내용 : 직무분석, 인간성능요건 명세, 작업설계, 기능할당(인간·하드웨어·소프트웨어)
- 인간의 성능특성 : 속도, 정확성, 사용자 만족 등

52 중량물 들기 작업 시 5분 간의 산소소비량을 측정한 결과 90[L]의 배기량 중에 산소가 16[%], 이산화탄소가 4[%]로 분석되었다. 해당 작업에 대한 산소소비량 [L/min]은 약 얼마인가?(단, 공기 중 질소는 79[vol%], 산소는 21[vol%]이다)

① 0.948　　② 1.948
③ 4.74　　④ 5.74

해설
분당 산소소비량[L/min]
= 0.21 × 분당 흡기량 − 0.16 × 분당 배기량
- 분당 배기량
$$V_2 = \frac{90}{5} = 18[L/min]$$
- 분당 흡기량
$$V_1 = \frac{100-16-4}{79} \times V_2 = \frac{80}{79} \times 18 = 18.227[L/min]$$
∴ 분당 산소소비량[L/min]
　= 0.21 × 분당 흡기량 − 0.16 × 분당 배기량
　= 0.21 × 18.227 − 0.16 × 18 ≒ 0.948[L/min]

53 시스템 수명주기에 있어서 예비위험분석(PHA)이 이루어지는 단계에 해당하는 것은?

① 구상단계　② 점검단계
③ 운전단계　④ 생산단계

해설
예비위험분석(PHA)이 이루어지는 단계는 구상단계이다.

54 어떤 설비의 시간당 고장률이 일정하다고 할 때 이 설비의 고장간격은 다음 중 어떤 확률분포를 따르는가?

① t분포
② 와이블분포
③ 지수분포
④ 아이링(Eyring) 분포

해설
설비의 시간당 고장률이 일정하다고 할 때 이 설비의 고장간격은 지수분포를 따른다.

55 정보를 전송하기 위해 청각적 표시장치보다 시각적 표시장치를 사용하는 것이 더 효과적인 경우는?

① 정보의 내용이 간단한 경우
② 정보가 후에 재참조되는 경우
③ 정보가 즉각적인 행동을 요구하는 경우
④ 정보의 내용이 시간적인 사건을 다루는 경우

해설
정보가 후에 재참조되는 경우 청각적 표시장치보다 시각적 표시장치를 사용하는 것이 더 효과적이지만, 나머지는 모두 청각적 표시장치의 사용이 더 유리하다.

56 욕조곡선에서의 고장 형태에서 일정한 형태의 고장률이 나타나는 구간은?

① 초기 고장구간
② 마모 고장구간
③ 피로 고장구간
④ 우발 고장구간

해설
④ 우발 고장구간 : 일정한 형태의 고장률(CFR)
① 초기 고장구간 : 감소 형태의 고장률(DFR)
② 마모 고장구간 : 증가 형태의 고장률(IFR)
③ 피로 고장구간 : 이러한 고장구간의 분류는 없음

57 설비보전 방법 중 설비의 열화를 방지하고 그 진행을 지연시켜 수명을 연장하기 위한 점검, 청소, 주유 및 교체 등의 활동은?

① 사후보전
② 개량보전
③ 일상보전
④ 보전예방

해설
일상보전(RM ; Routine Maintenance) : 설비의 열화를 방지하고 그 진행을 지연시켜 수명을 연장하기 위한 점검, 청소, 주유 및 교체 등의 활동

정답 53 ①　54 ③　55 ②　56 ④　57 ③

58 두 가지 상태 중 하나가 고장 또는 결함으로 나타나는 비정상적인 사건은?

① 톱사상
② 결함사상
③ 정상적인 사상
④ 기본적인 사상

해설
결함사상 : 두 가지 상태 중 하나가 고장 또는 결함으로 나타나는 비정상적인 사건

59 동작경제의 원칙과 가장 거리가 먼 것은?

① 급작스런 방향의 전환은 피하도록 할 것
② 가능한 관성을 이용하여 작업하도록 할 것
③ 두 손의 동작은 같이 시작하고 같이 끝나도록 할 것
④ 두 팔의 동작은 동시에 같은 방향으로 움직일 것

해설
두 팔의 동작은 동시에 서로 반대방향으로 대칭적으로 움직이도록 한다.

60 음량수준을 평가하는 척도와 관계없는 것은?

① dB
② HSI
③ phon
④ sone

해설
음량수준 평가척도 : phon, sone, 인식소음 수준(PNdB, PLdB 등)

제4과목 건설시공학

61 용접작업 시 주의사항으로 옳지 않은 것은?

① 용접할 소재는 수축변형이 일어나지 않으므로 치수에 여분을 두지 않아야 한다.
② 용접할 모재의 표면에 녹·유분 등이 있으면 접합부에 공기포가 생기고 용접부의 재질을 약화시키므로 와이어 브러시로 청소한다.
③ 강우 및 강설 등으로 모재의 표면이 젖어 있을 때나 심한 바람이 불 때는 용접하지 않는다.
④ 용접봉을 교환하거나 다층용접일 때는 슬래그와 스패터를 제거한다.

해설
용접할 소재는 수축변형 및 마무리에 대한 고려로 치수에 여분을 두어야 한다.

62 철근콘크리트 구조물(5~6층)을 대상으로 한 벽, 지하외벽의 철근 고임재 및 간격재의 배치표준으로 옳은 것은?

① 상단은 보 밑에서 0.5[m]
② 중단은 상단에서 2.0[m] 이내
③ 횡간격은 0.5[m]
④ 단부는 2.0[m] 이내

해설
② 중단은 상단에서 1.5[m] 이내
③ 횡간격은 1.5[m]
④ 단부는 1.5[m] 이내

정답 58 ② 59 ④ 60 ② 61 ① 62 ①

63 벽식 철근콘크리트 구조를 시공할 경우, 벽과 바닥의 콘크리트 타설을 한번에 가능하게 하기 위하여 벽체용 거푸집과 슬래브거푸집을 일체로 제작하여 한번에 설치하고 해체할 수 있도록 한 시스템 거푸집은?

① 유로폼   ② 클라이밍폼
③ 슬립폼   ④ 터널폼

해설
터널폼(Tunnel Form) : 벽식 철근콘크리트 구조를 시공할 경우, 벽과 바닥의 콘크리트 타설을 한번에 가능하게 하기 위하여 벽체용 거푸집과 슬래브거푸집을 일체로 제작하여 한번에 설치하고 해체할 수 있도록 한 시스템 거푸집
• 벽체 및 슬래브거푸집을 일체로 제작한다.
• 패널 단위로 공장에서 제작하며 운반상의 편의를 위하여 반조립 및 완전 해체하여 현장에서 조립한다.
• 거푸집의 전용횟수는 약 100회 정도이다.
• 노무 절감, 공기단축이 가능하다.
• 이 폼의 종류에는 트윈 셸(Twin Shell)과 모노 셸(Mono Shell)이 있다.
• 주로 아파트 벽식구조물 그리고 토목공사에 사용된다.

64 갱폼(Gang Form)에 관한 설명으로 옳지 않은 것은?

① 대형화 패널 자체에 버팀대와 작업대를 부착하여 유닛화한다.
② 수직, 수평 분할 타설 공법을 활용하여 전용도를 높인다.
③ 설치와 탈형을 위하여 대형 양중장비가 필요하다.
④ 두꺼운 벽체를 구축하기에는 적합하지 않다.

해설
두꺼운 벽체 구축에 적합하다.

65 철근콘크리트공사 중 거푸집 해체를 위한 검사가 아닌 것은?

① 각종 배관슬리브, 매설물, 인서트, 단열재 등 부착 여부
② 수직, 수평부재의 존치기간 준수 여부
③ 소요의 강도 확보 이전에 지주의 교환 여부
④ 거푸집 해체용 콘크리트 압축강도 확인시험 실시 여부

해설
거푸집 해체를 위한 검사 항목(거푸집 해체 시 확인해야 할 사항)
• 수직, 수평부재의 존치기간 준수 여부
• 소요의 강도 확보 이전에 지주의 교환 여부
• 거푸집 해체용 콘크리트 압축강도 확인시험 실시 여부

66 강재 중 SN 355 B에 관한 설명으로 옳지 않은 것은?

① 건축구조물에 사용된다.
② 냉간 압연강재이다.
③ 강재의 두께가 6[mm] 이상 40[mm] 이하일 때 최소 항복강도가 355[N/mm^2]이다.
④ 용접성에 있어 중간 정도의 품질을 갖고 있다.

해설
건축구조용 압연강재이다.

67 말뚝재하시험의 주요 목적과 거리가 먼 것은?

① 말뚝 길이의 결정   ② 말뚝 관입량 결정
③ 지하수위 추정   ④ 지지력 추정

해설
말뚝재하시험(Pile Loading Test)의 목적 : 말뚝 길이의 결정, 말뚝 관입량 결정, 지지력 추정

정답 63 ④ 64 ④ 65 ① 66 ② 67 ③

68
조적식 구조에서 조적식 구조인 내력벽으로 둘러싸인 부분의 최대 바닥면적은 얼마인가?

① 60[m²]　　② 80[m²]
③ 100[m²]　　④ 120[m²]

해설
조적식 구조인 내력벽으로 둘러싸인 부분의 최대 바닥면적은 80[m²]이다.

69
철골세우기용 기계설비가 아닌 것은?

① 가이데릭　　② 스티프레그데릭
③ 진 폴　　　④ 드래그라인

해설
- 철골세우기용 기계설비 : 스티프레그데릭, 가이데릭, 삼각데릭, 트럭크레인, 진폴(진폴데릭), 플레이트스트레이닝롤
- 드래그라인은 굴착기계에 해당한다.

70
철근의 피복두께 확보 목적과 가장 거리가 먼 것은?

① 내화성 확보
② 내구성 확보
③ 구조내력의 확보
④ 블리딩 현상 방지

해설
철근의 피복두께 확보 목적
- 내화성, 내구성 확보
- 내염성, 부착성 확보
- 구조내력의 확보
- 콘크리트의 유동성 확보
- 철근의 방청으로 녹 발생 방지
- 철근의 좌굴 방지
- 철근과 콘크리트의 부착응력 확보
- 화재, 중성화 등으로부터 철근 보호

71
유동화 콘크리트를 제조할 때 유동화제를 첨가하기 전 기본 배합 콘크리트인 베이스 콘크리트의 슬럼프 기준은?(단, 보통콘크리트의 경우)

① 150[mm] 이하
② 180[mm] 이하
③ 210[mm] 이하
④ 240[mm] 이하

해설
유동화 콘크리트를 제조할 때 유동화제를 첨가하기 전 기본 배합 콘크리트인 베이스 콘크리트의 슬럼프 기준은 150[mm] 이하이다(단, 보통콘크리트의 경우).

72
분할도급 발주방식 중 지하철공사, 고속도로공사 및 대규모 아파트단지 등의 공사에 채용하면 가장 효과적인 것은?

① 직종별 공종별 분할도급
② 공정별 분할도급
③ 공구별 분할도급
④ 전문공종별 분할도급

해설
공구별 분할도급 : 대규모 공사 시 한 현장 안에서 여러 지역별로 공사를 분리하여 발주하는 방식
- 각 공구마다 총괄도급으로 하는 것이 보통이다.
- 중소업자에게 균등기회를 주고 또 업자 상호 간의 경쟁으로 공사기일 단축, 시공기술 향상 및 공사의 높은 성과를 기대할 수 있어 유리하다.
- 지하철공사, 고속도로 공사 및 대규모 아파트단지 등의 공사에 채용하면 가장 효과적이다.

정답 68 ② 69 ④ 70 ④ 71 ① 72 ③

73 흙이 소성 상태에서 반고체 상태로 바뀔 때의 함수비를 의미하는 용어는?

① 예민비
② 액성한계
③ 소성한계
④ 소성지수

해설
소성한계(PL ; Plastic Limit)
• 흙이 소성 상태에서 반고체 상태로 옮겨지는 한계이다.
• 소성한계는 소성 상태에서 가장 작은 함수비를 가진다.
• 흙의 역학적 성질을 추정할 때 예비적 자료로 이용한다.
• 소성한계에서는 각종 흙의 강도가 서로 다른 것이 보통이다.

74 다음 네트워크 공정표에서 주공정선에 의한 총 소요공기(일수)로 옳은 것은?(단, 결함점간 사이의 숫자는 작업일수임)

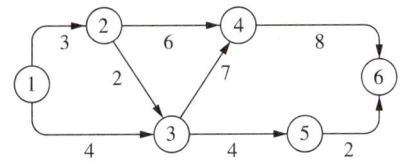

① 17일
② 19일
③ 20일
④ 22일

해설
• 주공정선 : ① → ② → ③ → ④ → ⑥
• 주공정선에 의한 총 소요공기(일수) : 3 + 2 + 7 + 8 = 20일

75 조적 벽면에서의 백화방지에 대한 조치로서 옳지 않은 것은?

① 소성이 잘 된 벽돌을 사용한다.
② 줄눈으로 비가 새어들지 않도록 방수처리한다.
③ 줄눈 모르타르에 석회를 혼합한다.
④ 벽돌벽의 상부에 비막이를 설치한다.

해설
줄눈 모르타르에 방수제를 바른다(넣는다, 혼합한다).

76 다음 각 기초에 관한 설명으로 옳은 것은?

① 온통기초 : 기둥 1개에 기초판이 1개인 기초
② 복합기초 : 2개 이상의 기둥을 1개의 기초판으로 받치게 한 기초
③ 독립기초 : 조적조의 벽을 지지하는 하부 기초
④ 연속기초 : 건물 하부 전체 또는 지하실 전체를 기초판으로 구성한 기초

해설
① 온통기초(Mat Foundation) : 건물 하부 전체 또는 지하실 전체를 기초판으로 구성한 기초
③ 독립기초(Independent Footing) : 기둥 하나에 기초판이 하나인 기초
④ 연속기초(Strip Footing, 줄기초) : 연속된 기초판이 벽, 기둥을 지지하는 기초(조적조의 벽기초, 철근콘크리트의 연결기초)

77 지반개량 공법 중 배수 공법이 아닌 것은?

① 집수정 공법
② 동결 공법
③ 웰 포인트 공법
④ 깊은 우물 공법

해설
동결 공법은 점토질 지반의 지반개량 공법에 해당한다.

78 발주자가 직접 설계와 시공에 참여하고 프로젝트 관련자들이 상호 신뢰를 바탕으로 Team을 구성해서 프로젝트의 성공과 상호이익 확보를 공동 목표로 하여 프로젝트를 추진하는 공사수행 방식은?

① PM(Project Management)방식
② 파트너링(Partnering)방식
③ CM(Construction Management)방식
④ BOT(Build Operate Transfer)방식

해설
① PM(Project Management)방식 : 건설프로젝트의 기획·설계·시공·감리·분양·유지관리 등 프로젝트의 초기단계에서부터 최종 단계에 이르기까지의 사업전반에 대해 발주자의 입장에서 건설관리업무의 전부 또는 일부를 수행하는 방식
③ CM(Construction Management)방식 : 시공 시 단계별 시공법을 적용할 수 있어 설계 및 시공 기간을 단축할 수 있는 방식
④ BOT(Build Operate Transfer)방식 : 도급자가 자금을 조달하고 설계, 엔지니어링, 시공의 전부를 도급받아 시설물을 완성하고 그 시설을 일정기간 운영하는 것으로, 운영수입으로부터 투자자금을 회수한 후 발주자에게 그 시설을 인도하는 방식

79 지하 연속벽 공법(Slurry Wall)에 관한 설명으로 옳지 않은 것은?

① 저진동, 저소음의 공법이다.
② 강성이 높은 지하구조체를 만든다.
③ 타 공법에 비하여 공기, 공사비 면에서 불리한 편이다.
④ 인접 구조물에 근접하도록 시공이 불가하여 대지이용의 효율성이 낮다.

해설
인접 구조물에 근접하도록 시공이 가능하여 대지이용의 효율성이 높다.

80 공사용 표준시방서에 기재하는 사항으로 거리가 먼 것은?

① 재료의 종류, 품질 및 사용처에 관한 사항
② 검사 및 시험에 관한 사항
③ 공정에 따른 공사비 사용에 관한 사항
④ 보양 및 시공상 주의사항

해설
공사용 표준시방서에 기재하는 사항
• 재료의 종류, 품질 및 사용처에 관한 사항
• 검사 및 시험에 관한 사항
• 보양 및 시공상 주의사항

정답 77 ② 78 ② 79 ④ 80 ③

제5과목 건설재료학

81 각종 금속에 관한 설명으로 옳지 않은 것은?

① 동은 건조한 공기 중에서는 산화하지 않으나, 습기가 있거나 탄산가스가 있으면 녹이 발생한다.
② 납은 비중이 비교적 작고 융점이 높아 가공이 어렵다.
③ 알루미늄은 비중이 철의 1/3 정도로 경량이며 열·전기전도성이 크다.
④ 청동은 구리와 주석을 주체로 한 합금으로 건축 장식부품 또는 미술공예 재료로 사용된다.

해설
납은 비중이 11.4로 크고 융점이 낮고 연질이며 전연성과 가공성, 주조성이 풍부하다.

82 목재의 함수율과 섬유포화점에 관한 설명으로 옳지 않은 것은?

① 섬유포화점은 세포 사이의 수분은 건조되고, 섬유에만 수분이 존재하는 상태를 말한다.
② 벌목 직후 함수율이 섬유포화점까지 감소하는 동안 강도 또한 서서히 감소한다.
③ 전건상태에 이르면 강도는 섬유포화점 상태에 비해 3배로 증가한다.
④ 섬유포화점 이하에서는 함수율의 감소에 따라 인성이 감소한다.

해설
벌목 직후 함수율이 섬유포화점까지 감소하는 동안 강도는 거의 변화하지 않지만, 섬유포화점 이하에서는 함수율 감소에 따라 강도가 증대하는 반면에 인성은 감소한다.

83 재료의 단단한 정도를 나타내는 용어는?

① 연 성
② 인 성
③ 취 성
④ 경 도

해설
① 연성 : 가늘고 길게 늘어나는 성질
② 인성 : 질긴 성질
③ 취성 : 잘 깨지는 성질(무른 성질)

84 콘크리트용 골재 중 깬 자갈에 관한 설명으로 옳지 않은 것은?

① 깬 자갈의 원석은 안삼암·화강암 등이 많이 사용된다.
② 깬 자갈을 사용한 콘크리트는 동일한 워커빌리티의 보통자갈을 사용한 콘크리트보다 단위수량이 일반적으로 약 10[%] 정도 많이 요구된다.
③ 깬 자갈을 사용한 콘크리트는 강자갈을 사용한 콘크리트보다 시멘트 페이스트와의 부착성능이 매우 낮다.
④ 콘크리트용 굵은 골재로 깬 자갈을 사용할 때는 한국산업표준(KS F 2527)에서 정한 품질에 적합한 것으로 한다.

해설
깬 자갈을 사용한 콘크리트는 강자갈을 사용한 콘크리트보다 시멘트 페이스트와의 부착성능이 매우 높다.

85 일종의 못박기총을 사용하여 콘크리트나 강재 등에 박는 특수못을 의미하는 것은?

① 드라이브 핀
② 인서트
③ 익스팬션 볼트
④ 듀벨

해설
② 인서트(Insert) : 콘크리트 슬래브 밑에 설치하여 반자틀, 기타 구조물을 달아매고자 할 때 달대볼트의 걸침이 되는 수장철물
③ 익스팬션 볼트(Expansion Bolt) : 콘크리트, 벽돌 등의 면에 띠장, 창문틀, 문틀 등의 다른 부재를 고정하기 위하여 묻어 두는 특수볼트로 확장볼트 또는 팽창볼트라고도 한다.
④ 듀벨 : 2개의 목재를 접합할 때 두 부재 사이에 끼워 볼트와 병용하여 전단력에 저항하도록 한 철물

86 다음 중 건축용 단열재와 거리가 먼 것은?

① 유리면(Glass Wool)
② 암면(Rock Wool)
③ 테라코타
④ 펄라이트판

해설
테라코타
- 점토소성 제품(타일) 재료로 사용되는 건축용 세라믹 제품의 일종이다.
- 건축물의 패러핏, 주두 등의 장식에 사용되는 공동의 대형 점토제품이다.
- 주로 석기질 점토나 상당히 철분이 많은 점토를 원료로 사용한다.

87 석고보드에 관한 설명으로 옳지 않은 것은?

① 부식이 잘 되고 충해를 받기 쉽다.
② 단열성, 차음성이 우수하다.
③ 시공이 용이하여 천장, 칸막이 등에 주로 사용된다.
④ 내수성, 탄력성이 부족하다.

해설
부식이 안 되고 충해가 없다.

88 주로 석기질 점토나 상당히 철분이 많은 점토를 원료로 사용하며, 건축물의 패러핏, 주두 등의 장식에 사용되는 공동의 대형 점토제품은?

① 테라초   ② 도관
③ 타일   ④ 테라코타

해설
① 테라초 : 대리석, 화강암 등의 부순골재, 안료, 시멘트 등을 혼합한 콘크리트로 성형하고 경화한 후 표면을 연마하고 광택을 내어 마무리한 제품
② 도관 : 활엽수에만 있는 관으로 변재에서 수액을 운반하는 역할을 한다.
③ 타일 : 점토소성 제품

89 경량 기포 콘크리트(Autoclaved Lightweight Concrete)에 관한 설명으로 옳지 않은 것은?

① 보통 콘크리트에 비하여 탄산화의 우려가 낮다.
② 열전도율은 보통 콘크리트의 약 1/10 정도로 단열성이 우수하다.
③ 현장에서 취급이 편리하고 절단 및 가공이 용이하다.
④ 다공질이므로 흡수성이 높은 편이다.

해설
보통 콘크리트에 비하여 탄산화(중성화)의 우려가 높다.

90 KS L 4201에 따른 1종 점토벽돌의 압축강도는 최소 얼마 이상이어야 하는가?

① 9.80[MPa] 이상
② 14.70[MPa] 이상
③ 20.59[MPa] 이상
④ 24.50[MPa] 이상

해설
점토벽돌의 품질

구 분	1종	2종
흡수율[%]	10.0 이하	15.0 이하
압축강도[MPa]	24.50 이상	14.70 이상

91 안료가 들어가지 않는 도료로서 목재면의 투명도장에 쓰이며, 내후성이 좋지 않아 외부에 사용하기에는 적당하지 않고 내부용으로 주로 사용하는 것은?

① 수성 페인트
② 클리어 래커
③ 래커 에나멜
④ 유성 에나멜

해설
① 수성 페인트 : 도료를 칠하기 쉽게 하는 데 쓰는 희석용제로 물을 사용하는 도료
③ 래커 에나멜 : 불투명 도료로서 클리어 래커에 안료를 첨가한 것
④ 유성 에나멜 : 유성 도료에 속하며 안료에 유성 바니시를 혼합한 액상재료

92 중량 5[kg]인 목재를 건조시켜 전건중량이 4[kg]이 되었다. 건조 전 목재의 함수율은 몇 [%]인가?

① 20[%]
② 25[%]
③ 30[%]
④ 40[%]

해설
$$함수율 = \frac{건조\ 전\ 중량 - 전건중량}{전건중량} \times 100[\%]$$
$$= \frac{5-4}{4} \times 100[\%] = 25[\%]$$

93 미장재료에 관한 설명으로 옳은 것은?
① 보강재는 결합재의 고체화에 직접 관계하는 것으로 여물, 풀, 수염 등이 이에 속한다.
② 수경성 미장재료에는 돌로마이트 플라스터, 소석회가 있다.
③ 소석회는 돌로마이트 플라스터에 비해 점성이 높고, 작업성이 좋다.
④ 회반죽에 석고를 약간 혼합하면 수축균열을 방지할 수 있는 효과가 있다.

해설
① 보강재는 결합재의 고체화에 직접 관계하지 않고 성질 개선에 사용되는 것으로 여물, 풀, 수염 등이 이에 속한다.
② 기경성 미장재료에는 돌로마이트 플라스터, 소석회가 있다.
③ 돌로마이트 플라스터는 소석회에 비해 점성이 높고, 작업성이 좋다.

94 아스팔트 침입도 시험에 있어서 아스팔트의 온도는 몇 [℃]를 기준으로 하는가?
① 15[℃]
② 25[℃]
③ 35[℃]
④ 45[℃]

해설
아스팔트 침입도 시험에 있어서 아스팔트의 온도는 25[℃]를 기준으로 한다.

95 실적률이 큰 골재로 이루어진 콘크리트의 특성이 아닌 것은?
① 시멘트 페이스트의 양이 커져 콘크리트 제조 시 경제성이 낮다.
② 내구성이 증대된다.
③ 투수성, 흡습성의 감소를 기대할 수 있다.
④ 건조수축 및 수화열이 감소된다.

해설
시멘트 페이스트의 양이 적어 콘크리트 제조 시 경제성이 높다.

96 석재의 화학적 성질에 관한 설명으로 옳지 않은 것은?
① 규산분을 많이 함유한 석재는 내산성이 약하므로 산을 접하는 바닥은 피한다.
② 대리석, 사문암 등은 내장재로 사용하는 것이 바람직하다.
③ 조암광물 중 장석, 방해석 등은 산류의 침식을 쉽게 받는다.
④ 산류를 취급하는 곳의 바닥재는 황철광, 갈철광 등을 포함하지 않아야 한다.

해설
규산분을 많이 함유한 석재는 내산성이 우수하다.

97 수화열의 감소와 황산염 저항성을 높이려면 시멘트에 다음 중 어느 화합물을 감소시켜야 하는가?

① 규산 3칼슘
② 알루민산 철4칼슘
③ 규산 2칼슘
④ 알루민산 3칼슘

해설
수화열의 감소와 황산염 저항성을 높이려면 시멘트의 알루민산 3칼슘의 양을 감소시켜야 한다.

98 유리가 불화수소에 부식하는 성질을 이용하여 5[mm] 이상 판유리면에 그림, 문자 등을 새긴 유리는?

① 스테인드 유리
② 망입 유리
③ 에칭 유리
④ 내열 유리

해설
① 스테인드 유리 : 색유리를 쓰거나 색을 칠하여 무늬나 그림을 나타낸 판유리로서 착색유리라고도 한다. 각종 색유리의 작은 조각을 도안에 맞추어 절단해서 조립하고 그 접합부를 H자형 단면의 납제끈으로 끼워 맞춰 모양을 낸 것이다. 색유리의 면적 두께에 따라 투영되는 빛이 각양각색을 이루어 가볍고 밝은 빛에서부터 심오한 빛에 이르기까지 오묘하게 모든 색채를 연출할 수 있으며 교회건축의 창, 상업건축의 장식용으로 많이 사용된다.
② 망입 유리 : 유리판 중심에 철사 등을 넣은 것으로 방화, 방도, 위험한 천장, 엘리베이터 문, 진동이 심한 장소 등에 쓰인다.
④ 내열 유리 : 규산분이 많은 유리로서 성분은 석영유리에 가깝다. 열팽창계수가 작고 연화 온도가 높아 내열성이 강하므로 금고실, 난로 앞의 가리개, 방화용의 작은 창에 사용된다.

99 아스팔트 방수시공을 할 때 바탕재와의 밀착용으로 사용하는 것은?

① 아스팔트 컴파운드
② 아스팔트 모르타르
③ 아스팔트 프라이머
④ 아스팔트 루핑

해설
① 아스팔트 컴파운드 : 블론 아스팔트의 내열성·내한성 등의 성능을 개량하기 위해 동식물성 유지와 광물질 분말을 혼입한 것이다.
② 아스팔트 모르타르 : 아스팔트에 모래·쇄석·석분 등의 골재를 가열·혼합한 만든 것으로 주로 바닥공사 재료로 사용된다. 빛깔은 흑색 외에 안료를 첨가한 갈색도 있다. 내수성·내습성·내마모성 및 적당한 탄력성이 있고 보행에 따른 소음이 없기 때문에 공장·창고·시험실·통로 등의 바닥포장에 쓰인다. 또 열절연성이 좋아 보온성이 있고, 신축에 의한 균열이 적다. 바닥포장을 할 때는 이것을 바닥 위에 깔고 롤러로 눌러 펴고 다시 인두로 표면을 평탄하게 한다.
④ 아스팔트 루핑 : 아스팔트 펠트의 양면에 블론 아스팔트를 가열·용융시켜 피복한 것이다.

100 인조석 갈기 및 테라초 헌장갈기 등에 사용되는 구획용 철물의 명칭은?

① 인서트(Insert)
② 앵커볼트(Anchor Bolt)
③ 펀칭메탈(Punching Metal)
④ 줄눈대(Metallic Joiner)

해설
① 인서트(Insert) : 콘크리트 슬래브 밑에 설치하여 반자틀, 기타 구조물을 달아매고자 할 때 달대볼트의 걸침이 되는 수장철물
② 앵커볼트(Anchor Bolt) : 철골기둥이나 기계장치를 연결하기 위하여 콘크리트의 기초에 매립하여 사용하는 고정철물
③ 펀칭메탈(Punching Metal) : 얇은 강판에 마름모꼴의 구멍을 연속적으로 뚫어 그물처럼 만든 것으로 환기공이나 방열기 등의 덮개 등으로 사용된다.

정답 97 ④ 98 ③ 99 ③ 100 ④

제6과목 건설안전기술

101 굴착공사에 있어서 비탈면 붕괴를 방지하기 위하여 실시하는 대책으로 옳지 않은 것은?

① 지표수의 침투를 막기 위해 표면 배수공을 한다.
② 지하수위를 내리기 위해 수평 배수공을 설치한다.
③ 비탈면 하단을 성토한다.
④ 비탈면 상부에 토사를 적재한다.

해설
비탈면 하부에 토사를 적재한다.

102 다음은 산업안전보건법령에 따른 시스템 비계의 구조에 관한 사항이다. (   ) 안에 들어갈 내용으로 옳은 것은?

> 비계 밑단의 수직재와 받침철물은 밀착되도록 설치하고, 수직재와 받침철물의 연결부의 겹침 길이는 받침철물 전체 길이의 (   ) 이상이 되도록 할 것

① 2분의 1 ② 3분의 1
③ 4분의 1 ④ 5분의 1

해설
비계 밑단의 수직재와 받침철물은 밀착되도록 설치하고, 수직재와 받침철물의 연결부의 겹침 길이는 받침철물 전체 길이의 3분의 1 이상이 되도록 할 것

103 콘크리트 타설 시 안전수칙으로 옳지 않은 것은?

① 타설순서는 계획에 의하여 실시하여야 한다.
② 진동기는 최대한 많이 사용하여야 한다.
③ 콘크리트를 치는 도중에는 거푸집, 지보공 등의 이상 유무를 확인하여야 한다.
④ 손수레로 콘크리트를 운반할 때에는 손수레를 타설하는 위치까지 천천히 운반하여 거푸집에 충격을 주지 아니하도록 타설하여야 한다.

해설
진동기는 적절히 사용해야 하며 지나친 진동은 거푸집 도괴의 원인이 될 수 있으므로 각별하게 주의해야 한다.

104 터널 지보공을 조립하는 경우에는 미리 그 구조를 검토한 후 조립도를 작성하고, 그 조립도에 따라 조립하도록 하여야 하는데 이 조립도에 명시하여야 할 사항과 가장 거리가 먼 것은?

① 이음방법
② 단면규격
③ 재료의 재질
④ 재료의 구입처

해설
터널 지보공의 조립도에 명시하여야 할 사항
- 재료의 재질
- 설치간격
- 이음방법
- 단면규격

정답 101 ④ 102 ② 103 ② 104 ④

105 산업안전보건법령에 따른 양중기의 종류에 해당하지 않는 것은?

① 고소작업차   ② 이동식 크레인
③ 승강기   ④ 리프트(Lift)

해설
양중기의 종류 : 크레인(호이스트 포함), 이동식 크레인, 리프트(이삿짐운반용의 경우는 적재하중 0.1[ton] 이상), 곤돌라, 승강기

106 가설통로 설치에 있어 경사가 최소 얼마를 초과하는 경우에는 미끄러지지 아니하는 구조로 하여야 하는가?

① 15°   ② 20°
③ 30°   ④ 40°

해설
가설통로 설치에 있어 경사가 최소 15°를 초과하는 경우에는 미끄러지지 아니하는 구조로 하여야 한다.

107 부두·안벽 등 하역작업을 하는 장소에서 부두 또는 안벽의 선을 따라 통로를 설치하는 경우에는 폭을 최소 얼마 이상으로 하여야 하는가?

① 85[cm]   ② 90[cm]
③ 100[cm]   ④ 120[cm]

해설
부두·안벽 등 하역작업을 하는 장소에서 부두 또는 안벽의 선을 따라 통로를 설치하는 경우에는 폭을 최소 90[cm] 이상으로 하여야 한다.

108 흙막이 가시설 공사 중 발생할 수 있는 보일링(Boiling) 현상에 관한 설명으로 옳지 않은 것은?

① 이 현상이 발생하면 흙막이 벽의 지지력이 상실된다.
② 지하수위가 높은 지반을 굴착할 때 주로 발생한다.
③ 흙막이벽의 근입장 깊이가 부족할 경우 발생한다.
④ 연약한 점토지반에서 굴착면의 융기로 발생한다.

해설
연약한 점토지반에서 굴착면의 융기로 발생하는 현상은 히빙(Heaving) 현상이다.

109 강관틀 비계를 조립하여 사용하는 경우 준수하여야 할 사항으로 옳지 않은 것은?

① 비계기둥의 밑둥에는 밑받침 철물을 사용할 것
② 높이가 20[m]를 초과하거나 중량물의 적재를 수반하는 작업을 할 경우에는 주틀 간의 간격을 1.8[m] 이하로 할 것
③ 주틀 간에 교차 가새를 설치하고 최하층 및 3층 이내마다 수평재를 설치할 것
④ 길이가 띠장 방향으로 4[m] 이하이고 높이가 10[m]를 초과하는 경우에는 10[m] 이내마다 띠장 방향으로 버팀기둥을 설치할 것

해설
주틀 간에 교차 가새를 설치하고 최상층 및 5층 이내마다 수평재를 설치할 것

110 장비가 위치한 지면보다 낮은 장소를 굴착하는 데 적합한 장비는?

① 트럭크레인
② 파워셔블
③ 백 호
④ 진 폴

> **해설**
> 백호(Backhoe) : 장비가 위치한 지면보다 낮은 장소를 굴착하는데 적합한 장비

111 건설공사도급인은 건설공사 중에 가설구조물의 붕괴 등 산업재해가 발생할 위험이 있다고 판단되면 건축·토목 분야의 전문가의 의견을 들어 건설공사 발주자에게 해당 건설공사의 설계변경을 요청할 수 있는데, 이러한 가설구조물의 기준으로 옳지 않은 것은?

① 높이 20[m] 이상인 비계
② 작업발판 일체형 거푸집 또는 높이 6[m] 이상인 거푸집 동바리
③ 터널의 지보공 또는 높이 2[m] 이상인 흙막이 지보공
④ 동력을 이용하여 움직이는 가설구조물

> **해설**
> 높이 31[m] 이상인 비계

112 거푸집 동바리 등을 조립하는 경우에 준수해야 할 기준으로 옳지 않은 것은?

① 동바리의 상하 고정 및 미끄러짐 방지조치를 하고, 하중의 지지상태를 유지한다.
② 강재와 강재의 접속부 및 교차부는 볼트·클램프 등 전용철물을 사용하여 단단히 연결한다.
③ 파이프 서포트를 제외한 동바리로 사용하는 강관은 높이 2[m]마다 수평연결재를 2개 방향으로 만들고 수평연결재의 변위를 방지할 것
④ 동바리로 사용하는 파이프 서포트는 4개 이상 이어서 사용하지 않도록 할 것

> **해설**
> 동바리로 사용하는 파이프 서포트는 3개 이상 이어서 사용하지 않도록 할 것

113 강관틀비계(높이 5[m] 이상)의 넘어짐을 방지하기 위하여 사용하는 벽이음 및 버팀의 설치간격 기준으로 옳은 것은?

① 수직방향 5[m], 수평방향 5[m]
② 수직방향 6[m], 수평방향 7[m]
③ 수직방향 6[m], 수평방향 8[m]
④ 수직방향 7[m], 수평방향 8[m]

> **해설**
> 강관비계의 조립 간격
>
> | 구 분 | 수직방향 | 수평방향 |
> |---|---|---|
> | 단관비계 | 5[m] | |
> | 틀비계(높이 5[m] 미만 제외) | 6[m] | 8[m] |

114 강관을 사용하여 비계를 구성하는 경우 준수해야 할 사항으로 옳지 않은 것은?

① 비계기둥의 간격은 띠장 방향에서는 1.85[m] 이하, 장선(長線) 방향에서는 1.5[m] 이하로 할 것
② 띠장 간격은 2.0[m] 이하로 할 것
③ 비계기둥의 제일 윗부분으로부터 31[m]되는 지점 밑부분의 비계기둥은 3개의 강관으로 묶어 세울 것
④ 비계기둥 간의 적재하중은 400[kg]을 초과하지 않도록 할 것

해설
비계기둥의 제일 윗부분으로부터 31[m]되는 지점 밑 부분의 비계기둥은 2개의 강관으로 묶어 세울 것

115 굴착과 싣기를 동시에 할 수 있는 토공기계가 아닌 것은?

① 트랙터 셔블(Tractor Shovel)
② 백호(Back Hoe)
③ 파워 셔블(Power Shovel)
④ 모터 그레이더(Motor Grader)

해설
모터 그레이더(Motor Grader)는 지면을 절삭하고 평활하게 다듬기 위한 토공기계의 대패와도 같은 산업기계이며 굴착과 싣기를 동시에 할 수 있는 토공기계가 아니다.

116 지반의 굴착 작업에 있어서 비가 올 경우를 대비한 직접적인 대책으로 옳은 것은?

① 측구 설치
② 낙하물 방지망 설치
③ 추락 방호망 설치
④ 매설물 등의 유무 또는 상태 확인

해설
비가 올 경우를 대비하여 측구를 설치하거나 굴착사면에 비닐을 덮는 등의 조치로 빗물 등의 침투에 의한 붕괴재해를 예방한다.

117 다음은 산업안전보건법령에 따른 산업안전보건관리비의 사용에 관한 규정이다. ( ) 안에 들어갈 내용을 순서대로 옳게 작성한 것은?

> 건설공사도급인은 고용노동부장관이 정하는 바에 따라 해당 건설공사를 위하여 계상된 산업안전보건관리비를 그가 사용하는 근로자와 그의 관계수급인이 사용하는 근로자의 산업재해 및 건강장해예방에 사용하고, 그 사용명세서를 (   ) 작성하고 건설공사 종료 후 (   )간 보존해야 한다.

① 매월, 6개월
② 매월, 1년
③ 2개월마다, 6개월
④ 2개월마다, 1년

해설
※ 2021.1.19. 산업안전보건법 시행규칙 개정으로 제89조의 내용이 변경됨
산업안전보건관리비의 사용(산업안전보건법 시행규칙 제89조)
건설공사도급인은 산업안전보건관리비를 사용하는 해당 건설공사의 금액(고용노동부장관이 정하여 고시하는 방법에 따라 산정한 금액을 말함)이 4,000만원 이상인 때에는 고용노동부장관이 정하는 바에 따라 매월(건설공사가 1개월 이내에 종료되는 사업의 경우에는 해당 건설공사가 끝나는 날이 속하는 달을 말함) 사용명세서를 작성하고, 건설공사 종료 후 1년 동안 보존해야 한다.

118 건설현장에서 작업으로 인하여 물체가 떨어지거나 날아올 위험이 있는 경우에 대한 안전조치에 해당하지 않는 것은?

① 수직보호망 설치
② 방호선반 설치
③ 울타리 설치
④ 낙하물 방지망 설치

해설
낙하물에 의한 위험의 방지(산업안전보건기준에 관한 규칙 제14조)
사업주는 작업으로 인하여 물체가 떨어지거나 날아올 위험이 있는 경우 낙하물 방지망, 수직보호망 또는 방호선반의 설치, 출입금지구역의 설정, 보호구의 착용 등 위험을 방지하기 위하여 필요한 조치를 하여야 한다.

119 산업안전보건법령에 따른 건설공사 중 다리 건설공사의 경우 유해위험방지계획서를 제출하여야 하는 기준으로 옳은 것은?

① 최대 지간 길이가 40[m] 이상인 다리의 건설 등 공사
② 최대 지간 길이가 50[m] 이상인 다리의 건설 등 공사
③ 최대 지간 길이가 60[m] 이상인 다리의 건설 등 공사
④ 최대 지간 길이가 70[m] 이상인 다리의 건설 등 공사

해설
다리 건설공사의 경우 유해위험방지계획서를 제출하여야 하는 기준 : 최대 지간 길이가 50[m] 이상인 다리의 건설 등 공사

120 산업안전보건법령에 따른 작업발판 일체형 거푸집에 해당되지 않는 것은?

① 갱폼(Gang Form)
② 슬립폼(Slip Form)
③ 유로폼(Euro Form)
④ 클라이밍폼(Climbing Form)

해설
작업발판 일체형 거푸집 : 갱폼, 슬립폼, 클라이밍폼, 터널라이닝폼 등

2021년 제4회 과년도 기출문제

제1과목 산업안전관리론

01 하인리히의 도미노 이론에서 재해의 직접 원인에 해당하는 것은?

① 사회적 환경
② 유전적 요소
③ 개인적인 결함
④ 불안전한 행동 및 불안전한 상태

해설
- 하인리히의 사고발생연쇄성이론(도미노 이론)의 재해발생 5단계 : 사회적 환경 및 유전적 요소 → 개인적 결함 → 불안전한 행동 및 불안전한 상태 → 사고 → 재해
- 재해의 직접 원인 : 불안전한 행동 및 불안전한 상태

02 안전관리조직의 형태 중 직계식 조직의 특징이 아닌 것은?

① 소규모 사업장에 적합하다.
② 안전에 관한 명령지시가 빠르다.
③ 안전에 대한 정보가 불충분하다.
④ 별도의 안전관리 전담요원이 직접 통제한다.

해설
별도의 안전관리 전담요원이 직접 통제하는 조직은 참모형 안전조직이다.

03 건설기술진흥법령상 안전점검의 시기·방법에 관한 사항으로 ( ) 안에 알맞은 내용은?

> 정기안전점검 결과 건설공사의 물리적·기능적 결함 등이 발견되어 보수·보강 등의 조치를 위하여 필요한 경우에는 ( )을 할 것

① 긴급점검
② 정기점검
③ 특별점검
④ 정밀안전점검

해설
정밀점검(정밀안전점검) : 정기안전점검 결과 건설공사의 물리적·기능적 결함 등이 발견되어 보수·보강 등의 조치를 위하여 필요한 경우에 실시하는 점검

04 산업안전보건법령상 타워크레인 지지에 관한 사항으로 ( ) 안에 알맞은 내용은?

> 타워크레인을 와이어로프로 지지하는 경우, 설치각도는 수평면에서 (㉠)도 이내로 하되, 지지점은 (㉡)개소 이상으로 하고, 같은 각도로 설치하여야 한다.

① ㉠ : 45, ㉡ : 3
② ㉠ : 45, ㉡ : 4
③ ㉠ : 60, ㉡ : 3
④ ㉠ : 60, ㉡ : 4

해설
타워크레인을 와이어로프로 지지하는 경우, 설치각도는 수평면에서 60° 이내로 하되, 지지점은 4개소 이상으로 하고, 같은 각도로 설치하여야 한다.

정답 1 ④ 2 ④ 3 ④ 4 ④

05 사고예방대책의 기본원리 5단계 중 3단계의 분석평가에 관한 내용으로 옳은 것은?

① 현장 조사
② 교육 및 훈련의 개선
③ 기술의 개선 및 인사조정
④ 사고 및 안전활동 기록 검토

해설
하인리히의 사고예방대책의 기본원리 5단계
- 1단계 안전조직 : 안전활동방침 및 계획수립(안전관리규정 작성, 책임·권한 부여, 조직 편성)
- 2단계 사실의 발견 : 현상파악, 문제점 발견(사고 점검·검사 및 사고조사 실시, 자료수집, 작업분석, 위험확인, 안전회의 및 토의, 사고 및 안전활동기록의 검토)
- 3단계 분석·평가 : 현장조사
- 4단계 시정책의 선정 : 대책의 선정 혹은 시정방법 선정(기술적 개선, 안전관리 행정업무의 개선, 기술교육을 위한 훈련의 개선)
- 5단계 : 시정책 적용(Adaption of Remedy)

06 산업안전보건법령상 노사협의체에 관한 사항으로 틀린 것은?

① 노사협의체 정기회의는 1개월마다 노사협의체의 위원장이 소집한다.
② 공사금액이 20억원 이상인 공사의 관계수급인의 각 대표자는 사용자 위원에 해당된다.
③ 도급 또는 하도급 사업을 포함한 전체 사업의 근로자대표는 근로자 위원에 해당된다.
④ 노사협의체의 근로자위원과 사용자위원은 합의하여 노사협의체에 공사금액이 20억원 미만인 공사의 관계수급인 및 관계수급인 근로자대표를 위원으로 위촉할 수 있다.

해설
노사협의체의 회의는 정기회의와 임시회의로 구분하여 개최하되, 정기회의는 2개월마다 노사협의체의 위원장이 소집하며, 임시회의는 위원장이 필요하다고 인정할 때에 소집한다.

07 버드(Bird)의 도미노 이론에서 재해발생과정 중 직접원인은 몇 단계인가?

① 1단계　　② 2단계
③ 3단계　　④ 4단계

해설
버드의 신연쇄성(사고발생도미노) 이론(사고 5단계 연쇄성 이론)
- 1단계 : 관리(제어)부족(재해발생의 근원적 원인)
- 2단계 : 기본원인(기원)
- 3단계 : 징후발생(직접 원인)
- 4단계 : 접촉발생(사고)
- 5단계 : 상해발생(손해, 손실)

08 산업안전보건법령상 상시근로자 20명 이상 50명 미만인 사업장 중 안전보건관리담당자를 선임하여야 할 업종이 아닌 것은?

① 임 업
② 제조업
③ 건설업
④ 하수, 폐수 및 분뇨 처리업

해설
안전보건관리담당자의 선임 등 : 다음의 어느 하나에 해당하는 사업의 사업주는 상시근로자 20명 이상 50명 미만인 사업장에 안전보건관리담당자를 1명 이상 선임해야 한다.
- 제조업
- 임 업
- 하수, 폐수 및 분뇨 처리업
- 폐기물 수집, 운반, 처리 및 원료 재생업
- 환경 정화 및 복원업

09 산업안전보건법령상 안전보건표지의 용도 및 색도 기준이 바르게 연결된 것은?

① 지시표지 : 5N 9.5
② 금지표지 : 2.5G 4/10
③ 경고표지 : 5Y 8.5/12
④ 안내표지 : 7.5R 4/14

해설
① 지시표지 : 2.5PB 4/10
② 금지표지 : 7.5R 4/14
④ 안내표지 : 2.5G 4/10

10 A 사업장에서 중상이 10명 발생하였다면 버드(Bird)의 재해구성비율에 의한 경상해자는 몇 명인가?

① 50명
② 100명
③ 145명
④ 300명

해설
중상 : 경상 : 무상해 사고(물적 손실) : 무상해·무사고(위험순간)
= 1 : 10 : 30 : 600에서, 중상이 10명이므로 경상은 100명이다.

11 산업재해 발생 시 조치 순서에 있어 긴급처리의 내용으로 볼 수 없는 것은?

① 현장 보존
② 잠재위험요인 적출
③ 관련 기계의 정지
④ 재해자의 응급조치

해설
긴급처리 : 관련 기계의 정지 → 재해자 구출 → 재해자의 응급조치 → 관계자 통보 → 2차 재해방지 → 현장 보존

12 산업안전보건법령상 안전보건진단을 받아 안전보건개선계획을 수립하여야 하는 대상을 모두 고른 것은?

㉠ 산업재해율이 같은 업종 평균 산업재해율의 2배 이상인 사업장
㉡ 사업주가 필요한 안전조치 또는 보건조치를 이행하지 아니하여 중대재해가 발생한 사업장
㉢ 상시근로자 1천명 이상 사업장에서 직업성 질병자가 연간 2명 이상 발생한 사업장

① ㉠, ㉡
② ㉠, ㉢
③ ㉡, ㉢
④ ㉠, ㉡, ㉢

해설
안전보건진단을 받아 안전보건개선계획을 수립할 대상(법 제47조, 시행령 제49조)
• 산업재해율이 같은 업종 평균 산업재해율의 2배 이상인 사업장
• 산업재해율이 같은 업종의 규모별 평균 산업재해율보다 높은 사업장
• 사업주가 필요한 안전조치 또는 보건조치를 이행하지 아니하여 중대재해가 발생한 사업장
• 대통령령으로 정하는 수 이상의 직업성 질병자가 발생한 사업장(직업성 질병자가 연간 2명 이상(상시근로자 1천명 이상 사업장의 경우 3명 이상) 발생한 사업장)
• 유해인자의 노출기준을 초과한 사업장
• 그 밖에 작업환경 불량, 화재·폭발 또는 누출 사고 등으로 사업장 주변까지 피해가 확산된 사업장으로서 고용노동부령으로 정하는 사업장

13 산업안전보건법령상 중대재해에 해당하지 않는 것은?

① 사망자 1명이 발생한 재해
② 12명의 부상자가 동시에 발생한 재해
③ 2명의 직업성 질병자가 동시에 발생한 재해
④ 5개월의 요양이 필요한 부상자가 동시에 3명 발생한 재해

해설
중대재해(Major Accident) : 산업재해 중 사망 등 재해 정도가 심하거나 다수의 재해자가 발생한 경우로서 고용노동부령으로 정하는 재해
• 사망자가 1명 이상 발생한 재해
• 3개월 이상의 요양이 필요한 부상자가 동시에 2명 이상 발생한 재해
• 부상자 또는 직업성 질병자가 동시에 10명 이상 발생한 재해

정답 9 ③ 10 ② 11 ② 12 ① 13 ③

14 TBM 활동의 5단계 추진법의 진행순서로 옳은 것은?

① 도입 → 확인 → 위험예지훈련 → 작업지시 → 정비점검
② 도입 → 정비점검 → 작업지시 → 위험예지훈련 → 확인
③ 도입 → 작업지시 → 위험예지훈련 → 정비점검 → 확인
④ 도입 → 위험예지훈련 → 작업지시 → 정비점검 → 확인

해설
TBM 활동의 5단계 추진법의 순서 : 도입 → 정비점검 → 작업지시 → 위험예지훈련 → 확인

15 보호구 안전인증 고시상 저음부터 고음까지 차음하는 방음용 귀마개의 기호는?

① EM ② EP-1
③ EP-2 ④ EP-3

해설
귀마개와 귀덮개의 종류와 등급
• 귀마개 1종(EP-1 : Ear Plug-1) : 저음~고음 차음
• 귀마개 2종(EP-2 : Ear Plug-2) : (주로) 고음 차음(회화음 영역인 저음은 차음하지 않음)
• 귀덮개(EM ; Ear Muff)

16 산업재해보상보험법령상 명시된 보험급여의 종류가 아닌 것은?

① 장례비 ② 요양급여
③ 휴업급여 ④ 생산손실급여

해설
보험급여는 직접비에 해당하며 생산손실급여는 간접비에 해당한다.

17 맥그리거의 X, Y이론 중 X이론의 관리처방에 해당하는 것은?

① 조직구조의 평면화
② 분권화와 권한의 위임
③ 자체평가제도의 활성화
④ 권위주의적 리더십의 확립

해설
①, ②, ③은 Y이론의 관리처방에 해당한다.

18 산업안전보건법령상 안전보건관리책임자의 업무에 해당하지 않는 것은?(단, 그 밖에 고용노동부령으로 정하는 사항은 제외한다)

① 근로자의 적정 배치에 관한 사항
② 작업환경의 점검 및 개선에 관한 사항
③ 안전보건관리규정의 작성 및 변경에 관한 사항
④ 안전장치 및 보호구 구입 시 적격품 여부 확인에 관한 사항

해설
안전보건관리책임자의 업무(법 제15조)
• 사업장의 산업재해 예방계획의 수립에 관한 사항
• 안전보건관리규정의 작성 및 변경에 관한 사항
• 안전보건교육에 관한 사항
• 작업환경 측정 등 작업환경의 점검 및 개선에 관한 사항
• 근로자의 건강진단 등 건강관리에 관한 사항
• 산업재해의 원인조사 및 재발방지대책수립에 관한 사항
• 산업재해에 관한 통계의 기록 및 유지에 관한 사항
• 안전장치 및 보호구 구입 시 적격품 여부 확인에 관한 사항
• 그 밖에 근로자의 유해·위험예방조치에 관한 사항으로서 고용노동부령이 정하는 사항

19 산업안전보건법령상 명시된 안전검사대상 유해하거나 위험한 기계·기구·설비에 해당하지 않는 것은?

① 리프트
② 곤돌라
③ 산업용 원심기
④ 밀폐형 롤러기

> **해설**
> 안전검사대상(법 제93조, 시행령 제78조)
>
> | 안전검사 (15품목) | 프레스, 전단기, 크레인(정격 하중 2[ton] 미만은 제외), 리프트, 압력용기, 곤돌라, 국소 배기장치(이동식 제외), 원심기(산업용만 해당), 롤러기(밀폐형 구조 제외), 사출성형기(형 체결력 294[kN] 미만 제외), 고소작업대(화물자동차 또는 특수자동차에 탑재한 고소작업대로 한정), 컨베이어, 산업용 로봇, 혼합기, 파쇄기 또는 분쇄기 |
> |---|---|

20 재해사례연구의 진행단계로 옳은 것은?

> ㄱ 대책수립
> ㄴ 사실의 확인
> ㄷ 문제점의 발견
> ㄹ 재해상황의 파악
> ㅁ 근본적 문제점의 결정

① ㄷ → ㄹ → ㄴ → ㅁ → ㄱ
② ㄷ → ㄹ → ㅁ → ㄴ → ㄱ
③ ㄹ → ㄴ → ㄷ → ㅁ → ㄱ
④ ㄹ → ㄷ → ㅁ → ㄴ → ㄱ

> **해설**
> 재해사례연구의 진행단계 : 재해상황의 파악 → 사실의 확인 → 문제점의 발견 → 근본적 문제점의 결정 → 대책수립

제2과목 산업심리 및 교육

21 인간 착오의 메커니즘으로 틀린 것은?

① 위치의 착오
② 패턴의 착오
③ 느낌의 착오
④ 형(形)의 착오

> **해설**
> 인간 착오의 메커니즘 : 위치의 착오, 패턴의 착오, 형의 착오 등

22 산업안전보건법령상 명시된 건설용 리프트·곤돌라를 이용한 작업의 특별교육 내용으로 틀린 것은?(단, 그 밖에 안전·보건관리에 필요한 사항은 제외한다)

① 신호방법 및 공동작업에 관한 사항
② 화물의 취급 및 작업방법에 관한 사항
③ 방호장치의 기능 및 사용에 관한 사항
④ 기계·기구에 특성 및 동작원리에 관한 사항

> **해설**
> 건설용 리프트·곤돌라를 이용한 작업의 특별교육 내용
> • 방호장치의 기능 및 사용에 관한 사항
> • 기계·기구, 달기체인 및 와이어 등의 점검에 관한 사항
> • 화물의 권상·권하 작업방법 및 안전작업 지도에 관한 사항
> • 기계·기구에 특성 및 동작원리에 관한 사항
> • 신호방법 및 공동작업에 관한 사항
> • 그 밖에 안전·보건관리에 필요한 사항

정답 19 ④ 20 ③ 21 ③ 22 ②

23 테일러(Taylor)의 과학적 관리와 거리가 가장 먼 것은?

① 시간-동작 연구를 적용하였다.
② 생산의 효율성을 상당히 향상시켰다.
③ 인간중심의 관점으로 일을 재설계한다.
④ 인센티브를 도입함으로써 작업자들을 동기화시킬 수 있다.

해설
인간중심의 관점으로 일의 재설계는 메이요의 호손실험에서 얻어진 인간관계론에 근거한다.

24 프로그램 학습법(Programmed Self-Instruction Method)의 단점은?

① 보충학습이 어렵다.
② 수강생의 시간적 활용이 어렵다.
③ 수강생의 사회성이 결여되기 쉽다.
④ 수강생의 개인적인 차이를 조절할 수 없다.

해설
① 보충학습이 가능하다.
② 수강생의 시간적 활용이 가능하다.
④ 수강생의 개인적인 차이를 조절할 수 있다.

25 작업의 어려움, 기계설비의 결함 및 환경에 대한 주의력의 집중혼란, 심신의 근심 등으로 인하여 재해를 많이 일으키는 사람을 지칭하는 것은?

① 미숙성 누발자
② 상황성 누발자
③ 습관성 누발자
④ 소질성 누발자

해설
상황성 누발자
• 작업에 어려움이 많은 자
• 기계설비의 결함이 존재하여 발생되는 자
• 심신에 근심이 있는 자
• 환경상 주의력의 집중이 혼란되기 때문에 발생되는 자

26 안전사고가 발생하는 요인 중 심리적인 요인에 해당하는 것은?

① 감정의 불안정
② 극도의 피로감
③ 신경계통의 이상
④ 육체적 능력의 초과

해설
②, ③, ④는 물리적 요인에 해당한다.

27 허즈버그(Herzberg)의 2요인 이론 중 동기요인(Motivator)에 해당하지 않는 것은?

① 성취
② 작업 조건
③ 인정
④ 작업 자체

해설
작업 조건은 위생요인에 해당한다.

정답 23 ③ 24 ③ 25 ② 26 ① 27 ②

28 작업의 강도를 객관적으로 측정하기 위한 지표로 옳은 것은?

① 강도율
② 작업시간
③ 작업속도
④ 에너지대사율(RMR)

해설
에너지대사율(RMR ; Relative Metabolic Rate)
- RMR은 작업에 있어서 에너지소요 정도이다.
- 산소소모량으로 에너지소모량을 측정한다.
- 산소소비량을 측정할 때 더글라스백(Douglas Bag)을 이용한다.
- 작업의 강도를 정확히 알 수 있게 한다.
- RMR이 높은 경우 사고예방대책으로 휴식시간의 증가가 가장 적당하다.
- RMR은 작업대사량을 기초대사량으로 나눈 값이다.
- 작업대사량은 작업 시 소비에너지와 안정 시 소비에너지의 차로 나타낸다.

29 지도자가 부하의 능력에 따라 차별적으로 성과급을 지급하고자 하는 리더십의 권한은?

① 전문성 권한
② 보상적 권한
③ 합법적 권한
④ 위임된 권한

해설
① 전문성 권한 : 지식이나 기술에 바탕을 두고 영향을 미침으로써 얻는 권한
③ 합법적 권한 : 권력 행사자가 보유하고 있는 조직 내 지위에 기초한 권한
④ 위임된 권한 : 목표 달성을 위하여 부하 직원들이 상사를 존경하여 상사와 함께 일하고자 할 때 상사에게 부여되는 권한

30 인간의 욕구에 대한 적응기제(Adjustment Mechanism)를 공격적 기제, 방어적 기제, 도피적 기제로 구분할 때 다음 중 도피적 기제에 해당하는 것은?

① 보 상
② 고 립
③ 승 화
④ 합리화

해설
보상, 승화, 합리화 등은 방어적 기제에 해당한다.

31 알더퍼(Alderfer)의 ERG 이론에서 인간의 기본적인 3가지 욕구가 아닌 것은?

① 관계욕구
② 성장욕구
③ 생리욕구
④ 존재욕구

해설
ERG 이론에서의 인간의 기본적인 3가지 욕구
- 존재(생존)의 욕구(E ; Existence)
- 관계의 욕구(R ; Relatedness)
- 성장의 욕구(G ; Growth)

32 주의력의 특성과 그에 대한 설명으로 옳은 것은?

① 지속성 : 인간의 주의력은 2시간 이상 지속된다.
② 변동성 : 인간은 주의 집중은 내향과 외향의 변동이 반복된다.
③ 방향성 : 인간이 주의력을 집중하는 방향은 상하좌우에 따라 영향을 받는다.
④ 선택성 : 인간의 주의력은 한계가 있어 여러 작업에 대해 선택적으로 배분된다.

해설
① 지속성 : 인간의 주의력은 장시간 유지되기 어렵다.
② 변동성 : 인간의 주의 집중은 일정한 수준을 지키지 못한다.
③ 방향성 : 한 지점에 주의를 집중하면 다른 곳의 주의는 약해진다.

정답 28 ④ 29 ② 30 ② 31 ③ 32 ④

33 파악하고자 하는 연구과제에 대해 언어를 매개로 구조화된 질의응답을 통하여 교육하는 기법은?

① 면접(Interview)
② 카운슬링(Counseling)
③ CCS(Civil Communication Section)
④ ATT(American Telephone & Telegram Co.)

해설
② 카운슬링(Counseling) : 문답방식에 의한 안전지도
③ CCS(Civil Communication Section) : 정책의 수립, 조작, 통제 및 운영 등의 내용을 교육하는 안전교육방법이며 ATP(Administration Training Program)라고도 한다.
④ ATT(American Telephone & Telegram) : 작업의 감독, 인사 관계, 고객 관계, 종업원의 향상, 공구 및 자료보고 기록, 개인작업의 개선, 안전, 복무조정 등의 내용을 교육하며 교육대상 계층에 제한이 없으며 한 번 훈련받은 관리자는 그 부하인 감독자에 대해 지도원이 될 수 있다. 1차 훈련과 2차 훈련으로 진행된다.

34 안전교육방법 중 새로운 자료나 교재를 제시하고, 거기에서의 문제점을 피교육자로 하여금 제기하게 하거나, 의견을 여러 가지 방법으로 발표하게 하고, 다시 깊게 파고들어서 토의하는 방법은?

① 포럼(Forum)
② 심포지엄(Symposium)
③ 버즈세션(Buzz Session)
④ 패널 디스커션(Panel Discussion)

해설
② 심포지엄(Symposium) : 몇 사람의 전문가에 의하여 과제에 관한 견해를 발표한 뒤에 참가자로 하여금 의견이나 질문을 하게 하여 토의하는 방법
③ 버즈세션(Buzz Session) : 참가자가 다수인 경우에 전원을 토의에 참가시키기 위한 방법으로 소집단을 구성하여 회의를 진행시키는 토의방법
④ 패널 디스커션(Panel Discussion) : 참가자 앞에서 소수의 전문가들이 과제에 관한 견해를 발표하고 토론한 뒤 참가자 전원이 참가하여 사회자의 사회에 따라 토의하는 방법

35 산업안전보건법령상 근로자 안전보건교육의 교육과정 중 건설 일용근로자의 건설업 기초 안전·보건교육 교육시간 기준으로 옳은 것은?

① 1시간 이상
② 2시간 이상
③ 3시간 이상
④ 4시간 이상

해설

교육과정	교육대상	교육시간
건설업 기초안전·보건교육	건설 일용근로자	4시간 이상

36 안전교육의 방법을 지식교육, 기능교육 및 태도교육 순서로 구분하여 맞게 나열한 것은?

① 시청각 교육 – 현장실습 교육 – 안전작업 동작지도
② 시청각 교육 – 안전작업 동작지도 – 현장실습 교육
③ 현장실습 교육 – 안전작업 동작지도 – 시청각 교육
④ 안전작업 동작지도 – 시청각 교육 – 현장실습 교육

해설
교육별 적절한 안전교육 방법

지식교육	기능교육	태도교육
시청각 교육	현장실습교육	안전작업 동작지도

37 OJT(On the Job Training)의 장점이 아닌 것은?

① 직장의 실정에 맞게 실제적 훈련이 가능하다.
② 교육을 통한 훈련효과에 의해 상호 신뢰이해도가 높아진다.
③ 대상자의 개인별 능력에 따라 훈련의 진도를 조정하기가 쉽다.
④ 교육훈련 대상자가 교육훈련에만 몰두할 수 있어 학습효과가 높다.

해설
교육훈련대상자가 교육훈련에만 몰두할 수 있어 학습효과가 높은 경우는 Off JT(Off the Job Training)이다.

38 학습목적의 3요소가 아닌 것은?

① 목표(Goal)
② 주제(Subject)
③ 학습정도(Level of Learning)
④ 학습방법(Method of Learning)

해설
학습목적의 3요소 : 목표, 주제, 학습 정도

39 학습된 행동이 지속되는 것을 의미하는 용어는?

① 회상(Recall)
② 파지(Retention)
③ 재인(Recognition)
④ 기명(Memorizing)

해설
② 파지(Retention) : 학습된 행동이 지속되는 것
① 회상(Recall, 재생) : 보존된 인상이 떠오르는 것
③ 재인(Recognition) : 과거에 경험했던 것과 비슷한 상황에 떠오르는 현상
④ 기명(Memorizing) : 사물의 인상을 마음속에 간직하는 것

40 작업자들에게 적성검사를 실시하는 가장 큰 목적은?

① 작업자의 협조를 얻기 위함
② 작업자의 인간관계 개선을 위함
③ 작업자의 생산능률을 높이기 위함
④ 작업자의 업무량을 최대로 할당하기 위함

해설
작업자들에게 적성검사를 실시하는 가장 큰 목적은 작업자의 생산능률을 높이기 위함이다.

정답 37 ④ 38 ④ 39 ② 40 ③

제3과목 인간공학 및 시스템안전공학

41 인간공학적 수공구 설계원칙이 아닌 것은?
① 손목을 곧게 유지할 것
② 반복적인 손가락 동작을 피할 것
③ 손잡이 접촉 면적을 작게 설계할 것
④ 조직(Tissue)에 가해지는 압력을 피할 것

해설
손잡이 접촉 면적을 넓게 설계할 것

42 NIOSH 지침에서 최대허용한계(MPL)는 활동한계(AL)의 몇 배인가?
① 1배 ② 3배
③ 5배 ④ 9배

해설
MPL(Maximum Permissible Limit, 최대허용기준) : 아주 소수의 사람들만이 들어 올릴 수 있는 중량이며 AL의 3배로 지정한다.
$MPL = 3 \times AL$

43 FMEA의 특징에 대한 설명으로 틀린 것은?
① 서브시스템 분석 시 FTA보다 효과적이다.
② 양식이 비교적 간단하고 적은 노력으로 특별한 훈련 없이 해석이 가능하다.
③ 시스템 해석기법은 정성적·귀납적 분석법 등에 사용된다.
④ 각 요소간 영향 해석이 어려워 2가지 이상 동시 고장은 해석이 곤란하다.

해설
서브시스템 분석 시는 FTA가 더 효과적이다.

44 인간공학에 대한 설명으로 틀린 것은?
① 제품의 설계 시 사용자를 고려한다.
② 환경과 사람이 격리된 존재가 아님을 인식한다.
③ 인간공학의 목표는 기능적 효과, 효율 및 인간 가치를 향상시키는 것이다.
④ 인간의 능력 및 한계에는 개인차가 없다고 인지한다.

해설
인간의 능력 및 한계에는 개인차가 있다고 인지한다.

45 인간-기계시스템에서의 여러 가지 인간에러와 그것으로 인해 생길 수 있는 위험성의 예측과 개선을 위한 기법은?
① PHA ② FHA
③ OHA ④ THERP

해설
① PHA(Preliminary Hazard Analysis, 예비위험분석) : 복잡한 시스템을 설계, 가동하기 전의 구상단계에서 시스템의 근본적인 위험성을 평가하는 가장 기초적인 위험도 분석기법
② FHA(Functional Hazard Analysis : 결함위험분석) : Failure를 유발하는 기능(Function)을 찾아내는 기법
③ OHA(Operating Hazard Analysis, 운용위험분석) : 다양한 업무 활동에서 제품의 사용과 함께 발생할 수 있는 위험성을 분석하는 방법

46 개선의 ECRS의 원칙에 해당하지 않는 것은?

① 제거(Eliminate)
② 결합(Combine)
③ 재조정(Rearrange)
④ 안전(Safety)

해설
개선의 ECRS의 원칙
- Eliminate(제거)
- Combine(결합)
- Rearrange(재조정)
- Simplify(단순화)

47 표시장치로부터 정보를 얻어 조종장치를 통해 기계를 통제하는 시스템은?

① 수동 시스템
② 무인 시스템
③ 반자동 시스템
④ 자동 시스템

해설
표시장치로부터 정보를 얻어 조종장치를 통해 기계를 통제하는 시스템을 반자동 시스템이라 한다.

48 Q10 효과에 직접적인 영향을 미치는 인자는?

① 고온 스트레스
② 한랭한 작업장
③ 중량물의 취급
④ 분진의 다량 발생

해설
Q10 효과 : 고온 스트레스에 의하여 호흡량이 증가하여 체내 에너지 소모량이 증가하고 견디는 힘이 약해지는 현상

49 결함수분석(FTA)에 의한 재해사례의 연구 순서로 옳은 것은?

㉠ FT(Fault Tree)도 작성
㉡ 개선안 실시계획
㉢ 톱 사상의 선정
㉣ 사상마다 재해원인 및 요인 규명
㉤ 개선계획 작성

① ㉡ → ㉣ → ㉢ → ㉤ → ㉠
② ㉢ → ㉣ → ㉠ → ㉤ → ㉡
③ ㉣ → ㉤ → ㉢ → ㉠ → ㉡
④ ㉤ → ㉢ → ㉡ → ㉠ → ㉣

해설
결함수 분석(FTA)에 의한 재해사례 연구순서 : 톱(Top) 사상의 선정 → 사상마다 재해원인 및 요인 규명 → FT도 작성 → 개선계획 작성 → 개선안 실시계획

50 물체의 표면에 도달하는 빛의 밀도를 뜻하는 용어는?

① 광 도
② 광 량
③ 대 비
④ 조 도

해설
④ 조도 : 물체의 표면에 도달하는 빛의 밀도
① 광도 : 광원에서 특정 방향으로 발하는 빛의 세기
② 광량 : 발광체가 빛을 내는 양(광속과 시간을 곱한 값)
③ 대비 : 밝은 부분과 어두운 부분 간의 밝기 차이(물체를 다른 물체와 배경과 구별할 수 있게 만들어 주는 시각적인 특성의 차이)

정답 46 ④ 47 ③ 48 ① 49 ② 50 ④

51 시각적 표시장치와 청각적 표시장치 중 시각적 표시장치를 선택해야 하는 경우는?

① 메시지가 긴 경우
② 메시지가 후에 재참조되지 않는 경우
③ 직무상 수신자가 자주 움직이는 경우
④ 메시지가 시간적 사상(Event)을 다룬 경우

해설
메시지가 긴 경우는 시각적 표시장치가 유리하며 나머지는 청각적 표시장치가 유리하다.

52 조작과 반응과의 관계, 사용자의 의도와 실제 반응과의 관계, 조종장치와 작동결과에 관한 관계 등 사람들이 기대하는 바와 일치하는 관계가 뜻하는 것은?

① 중복성
② 조직화
③ 양립성
④ 표준화

해설
양립성 혹은 모집단 전형(Compatibility)
• 자극-반응조합의 관계에서 인간의 기대와 모순되지 않는 성질
• 인간의 기대에 맞는 자극과 반응의 관계
• 제어장치와 표시장치의 연관성이 인간의 예상과 어느 정도 일치하는 것

53 FT도에 사용되는 다음 기호의 명칭은?

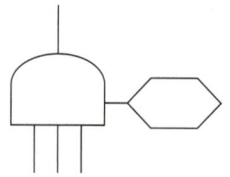

① 억제게이트
② 조합 AND게이트
③ 부정게이트
④ 배타적 OR게이트

해설
① 억제게이트 :
③ 부정게이트 :
④ 배타적 OR게이트 :

54 일정한 고장률을 가진 어떤 기계의 고장률이 시간당 0.008일 때 5시간 이내에 고장을 일으킬 확률은?

① $1+e^{0.04}$
② $1-e^{-0.004}$
③ $1-e^{0.04}$
④ $1-e^{-0.04}$

해설
불신뢰도(고장을 일으킬 확률)
$F(t) = 1-R(t) = 1-e^{-\lambda t} = 1-e^{-(0.008 \times 5)} = 1-e^{-0.04}$

51 ① 52 ③ 53 ② 54 ④

55 HAZOP 기법에서 사용하는 가이드워드와 그 의미가 틀린 것은?

① Other Than : 기타 환경적인 요인
② No/Not : 디자인 의도의 완전한 부정
③ Reverse : 디자인 의도의 논리적 반대
④ More/Less : 정량적인 증가 또는 감소

해설
Other Than : 완전한 대체

56 음압수준이 60[dB]일 때 1,000[Hz]에서 순음의 [phon]의 값은?

① 50[phon]
② 60[phon]
③ 90[phon]
④ 100[phon]

해설
1,000[Hz], 60[dB]인 음의 크기는 60[phon]이다.

57 인간의 오류모형에서 상황해석을 잘못하거나 목표를 잘못 이해하고 착각하여 행하는 경우를 뜻하는 용어는?

① 실수(Slip)
② 착오(Mistake)
③ 건망증(Lapse)
④ 위반(Violation)

해설
① 실수(Slip) : 상황이나 목표의 해석은 정확하나 의도와는 다른 행동을 하는 것
③ 건망증(Lapse) : 기억의 실패에 기인하여 무엇을 잊어버리거나 부주의해서 행동 수행을 실패하는 것
④ 위반(Violation) : 알고 있음에도 의도적으로 따르지 않거나 무시한 경우

58 프레스기의 안전장치 수명은 지수분포를 따르며 평균 수명이 1,000시간일 때 ㉠, ㉡에 알맞은 값은 약 얼마인가?

> ㉠ : 새로 구입한 안전장치가 향후 500시간 동안 고장 없이 작동할 확률
> ㉡ : 이미 1,000시간을 사용한 안전장치가 향후 500시간 이상 견딜 확률

① ㉠ : 0.606, ㉡ : 0.606
② ㉠ : 0.606, ㉡ : 0.808
③ ㉠ : 0.808, ㉡ : 0.606
④ ㉠ : 0.808, ㉡ : 0.808

해설
㉠ : $R(t) = e^{-\lambda t} = e^{-0.001 \times 500} \simeq 0.606$
㉡ : $R(t) = e^{-\lambda t} = e^{-0.001 \times 500} \simeq 0.606$

59 FT도에서 신뢰도는?(단, A발생확률은 0.01, B발생확률은 0.02이다)

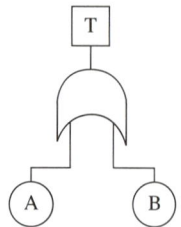

① 96.02[%]
② 97.02[%]
③ 98.02[%]
④ 99.02[%]

해설
$T = 1 - (1-0.01)(1-0.02) = 0.0298$
$R(t) = 1 - T = 1 - 0.0298 = 0.9702 = 97.02[\%]$

60 위험성 평가 시 위험의 크기를 결정하는 방법이 아닌 것은?

① 덧셈법
② 곱셈법
③ 뺄셈법
④ 행렬법

해설
위험성 평가 시 위험의 크기를 결정하는 방법 : 행렬법(Matrix), 곱셈법, 덧셈법, 분기법

제4과목 건설시공학

61 기존에 구축된 건축물 가까이에서 건축공사를 실시할 경우 기존 건축물의 지반과 기초를 보강하는 공법은?

① 리버스 서큘레이션 공법
② 언더피닝 공법
③ 슬러리 월 공법
④ 톱다운 공법

해설
① 리버스 서큘레이션 공법 : 드릴 로드 끝에서 물을 빨아올리면서 말뚝구멍을 굴착하는 공법
③ 슬러리 월 공법 : 특수 굴착기와 안정액(Bentonite)을 사용하여 지반의 붕괴를 방지하면서 굴착하고 그 속에 철근망을 넣고 콘크리트를 타설하여 지중에 연속으로 철근 콘크리트 흙막이벽(벽체)을 조성·설치하는 공법
④ 톱다운 공법 : 지하 터파기와 지상의 구조체 공사를 병행하여 시공하는 공법

62 다음은 기성말뚝 세우기에 관한 표준시방서 규정이다. ( ) 안에 순서대로 들어갈 내용으로 옳게 짝지어진 것은?(단, 보기항의 D는 말뚝의 바깥지름이다)

말뚝의 연직도나 경사도는 ( ) 이내로 하고, 말뚝박기 후 평면상의 위치가 설계도면의 위치로부터 ( )와 100[mm] 중 큰 값 이상으로 벗어나지 않아야 한다.

① 1/100, $D/4$ ② 1/100, $D/3$
③ 1/150, $D/4$ ④ 1/150, $D/3$

해설
※ 출제오류로 모두 정답 처리됨
기성말뚝 세우기에 관한 표준시방서 규정(2021년 개정) : 말뚝의 연직도나 경사도는 1/50 이내로 하고, 말뚝박기 후 평면상의 위치가 설계도면의 위치로부터 $D/4$(D는 말뚝의 바깥지름)와 100[mm] 중 큰 값 이상으로 벗어나지 않아야 한다.

63 철골공사에서 발생하는 용접 결함이 아닌 것은?

① 피트(Pit)
② 블로 홀(Blow Hole)
③ 오버랩(Over Lap)
④ 가우징(Gouging)

해설
철골공사에서 용접결함을 뜻하지 않는 것으로 '가우징(Gouging), 스캘럽(Scallop), 엔드탭(End Tab), 위핑(Weeping)' 등이 출제된다.

64 원심력 고강도 프리스트레스트 콘크리트말뚝의 이음 방법 중 가장 강성이 우수하고 안전하여 많이 사용하는 이음방법은?

① 충전식 이음
② 볼트식 이음
③ 용접식 이음
④ 강관말뚝이음

해설
PHC 말뚝(원심력 고강도 프리스트레스트 콘크리트 말뚝)
- 고강도콘크리트에 프리스트레스를 도입하여 제조한 말뚝이다.
- 설계기준강도 78.5[MPa](800[kgf/cm²]) 정도의 것을 말한다.
- 강재는 특수 PC강선을 사용한다.
- 내구성·휨저항성·지지력이 우수하며 60[m]까지 항타가 가능하다.
- 견고한 지반까지 항타가 가능하며 지지력 증강에 효과적이다.
- 타입 시 인장파괴가 없다.
- 이음방법 중 용접식 이음이 가장 강성이 우수하고 안전하여 많이 사용된다.
- 이음부의 신뢰성이 우수하다.
- 중간경질층 관통이 용이하다.

65 철근이음의 종류 중 나사를 가지는 슬리브 또는 커플러, 에폭시나 모르타르 또는 용융 금속 등을 충전한 슬리브, 클립이나 편체 등의 보조장치 등을 이용한 것을 무엇이라 하는가?

① 겹침이음
② 가스압접이음
③ 기계적 이음
④ 용접이음

해설
기계식 이음
- 나사를 가지는 슬리브 또는 커플러, 에폭시나 모르타르 또는 용융금속 등을 충전한 슬리브, 클립이나 편체 등의 보조장치 등을 이용한 이음이다.
- 시공성, 품질, 적용성 등이 우수하여 많이 사용되며 대형 구조물, 내진설계의 이음에 유리하다. 이음부의 성능에 따라 그 적용 부위가 각각 다르며 이음부의 성능이 우수한 제품일수록 구조물의 이음위치에 관계없이 사용할 수 있다.

66 RCD(리버스 서큘레이션 드릴)공법의 특징으로 옳지 않은 것은?

① 드릴파이프 직경보다 큰 호박돌이 있는 경우 굴착이 불가하다.
② 깊은 심도까지 굴착이 가능하다.
③ 시공속도가 빠른 장점이 있다.
④ 수상(해상)작업이 불가하다.

해설
케이싱이 불필요하고 수상(해상)작업이 가능하다.

67 보강블록공사 시 벽의 철근 배치에 관한 설명으로 옳지 않은 것은?

① 가로근은 배근 상세도에 따라 가공하되, 그 단부는 180°의 갈구리로 구부려 배근한다.
② 블록의 공동의 보강근을 배치하고 콘크리트를 다져 넣기 때문에 세로줄눈은 막힌줄눈으로 하는 것이 좋다.
③ 세로근은 기초 및 테두리보에서 위층의 테두리보까지 잇지 않고 배근하여 그 정착길이는 철근 직경의 40배 이상으로 한다.
④ 벽의 세로근은 구부리지 않고 항상 진동없이 설치한다.

해설
블록의 공동에 보강근을 배치하고 콘크리트를 다져 넣기 때문에 세로줄눈은 통줄눈으로 하는 것이 좋다.

68 철근공사 시 철근의 조립과 관련된 설명으로 옳지 않은 것은?

① 철근이 바른 위치를 확보할 수 있도록 결속선으로 결속하여야 한다.
② 철근은 조립한 다음 장기간 경과한 경우에는 콘크리트의 타설 전에 다시 조립검사를 하고 청소하여야 한다.
③ 경미한 황갈색의 녹이 발생한 철근은 콘크리트와의 부착이 매우 불량하므로 사용이 불가하다.
④ 철근의 피복두께를 정확하게 확보하기 위해 적절한 간격으로 고임재 및 간격재를 배치하여야 한다.

해설
경미한 황갈색의 녹이 발생한 철근은 일반적으로 콘크리트와의 부착을 해치지 않으므로 사용해도 좋다.

69 공사계약방식에서 공사실시 방식에 의한 계약제도가 아닌 것은?

① 일식도급
② 분할도급
③ 실비정산보수가산도급
④ 공동도급

해설
공사계약방식의 분류
- 공사실시방식에 따른 종류 : 직영공사방식, 분할도급방식, 공동도급방식, 턴키도급방식, CM방식, 파트너링방식, 일식도급방식, PM방식 등
- 대가지급방식에 따른 종류 : 정액도급방식, 단가도급방식, BOT방식, 실비정산보수가산도급방식, 설비한정비율보수가산방식, 장기계속계약방식 등

70 알루미늄 거푸집에 관한 설명으로 옳지 않은 것은?

① 경량으로 설치시간이 단축된다.
② 이음매(Joint) 감소로 견출작업이 감소된다.
③ 주요 시공 부위는 내부 벽체, 슬래브, 계단실 벽체이며, 슬래브 필러 시스템이 있어서 해체가 간편하다.
④ 녹이 슬지 않는 장점이 있으나 전용횟수가 매우 적다.

해설
알루미늄 거푸집(Aluminum Form)
- 주요 시공 부위는 내부 벽체, 슬래브, 계단실 벽체이며, 슬래브 필러 시스템에 있어서 해체가 간편하다.
- 경량으로 설치시간이 단축된다.
- 이음매(Joint) 감소로 견출작업이 감소된다.
- 녹이 슬지 않는 장점이 있으며 전용횟수가 많다.

67 ② 68 ③ 69 ③ 70 ④

71 철거작업 시 지중장애물 사전조사 항목으로 가장 거리가 먼 것은?

① 주변 공사장에 설치된 모든 계측기 확인
② 기존 건축물의 설계도, 시공기록 확인
③ 가스, 수도, 전기 등 공공매설물 확인
④ 시험굴착, 탐사 확인

해설
철거작업 시 지중장애물 사전조사 항목
• 기존 건축물의 설계도, 시공기록 확인
• 가스, 수도, 전기 등 공공매설물 확인
• 시험굴착, 탐사 확인

72 벽돌쌓기 시 사전준비에 관한 설명으로 옳지 않은 것은?

① 줄기초, 연결보 및 바닥 콘크리트의 쌓기면은 작업 전에 청소하고, 우묵한 곳은 모르타르로 수평지게 고른다.
② 벽돌에 부착된 흙이나 먼지는 깨끗이 제거한다.
③ 모르타르는 지정한 배합으로 하되 시멘트와 모래는 건비빔으로 하고, 사용할 때에는 쌓기에 지장이 없는 유동성이 확보되도록 물을 가하고 충분히 반죽하여 사용한다.
④ 콘크리트 벽돌은 쌓기 직전에 충분한 물축이기를 한다.

해설
콘크리트 벽돌은 쌓기 직전에 물을 축이지 않는다.

73 콘크리트는 신속하게 운반하여 즉시 타설하고, 충분히 다져야 하는데 비비기로부터 타설이 끝날 때까지의 시간은 원칙적으로 얼마를 넘어서면 안 되는가? (단, 외기온도가 25[℃] 이상일 경우)

① 1.5시간   ② 2시간
③ 2.5시간   ④ 3시간

해설
비비기로부터 타설 시까지 시간은 외기온도 25[℃] 이상에서는 1.5시간을 넘어서는 안 된다.

74 피어기초공사에 관한 설명으로 옳지 않은 것은?

① 중량구조물을 설치하는데 있어서 지반이 연약하거나 말뚝으로도 수직 지지력이 부족하여 그 시공이 불가능한 경우와 기초지반의 교란을 최소화해야 할 경우에 채용한다.
② 굴착된 흙을 직접 탐사할 수 있고 지지층의 상태를 확인할 수 있다.
③ 진동과 소음이 발생하는 공법이긴 하나 여타 기초형식에 비하여 공기 및 비용이 적게 소요된다.
④ 피어기초를 채용한 국내의 초고층 건축물에는 63빌딩이 있다.

해설
무진동, 무소음공법이지만, 여타 기초형식에 비하여 공기 및 비용이 많이 소요된다. 특히, 기후가 악조건일 경우 공기가 길어질 수 있고 비용이 증가된다.

75 다음 각 거푸집에 관한 설명으로 옳은 것은?

① 트래블링폼(Travelling Form) : 무량판 시공 시 2방향으로 된 상자형 기성재 거푸집이다.
② 슬라이딩폼(Sliding Form) : 수평활동 거푸집이며 거푸집 전체를 그대로 떼어 다음 사용 장소로 이동시켜 사용할 수 있도록 한 거푸집이다.
③ 터널폼(Tunnel Form) : 한 구획 전체의 벽판과 바닥판을 ㄱ자형 또는 ㄷ자형으로 짜서 이동시키는 형태의 기성재 거푸집이다.
④ 와플폼(Waffle Form) : 거푸집 높이는 약 1[m]이고 하부가 약간 벌어진 원형 철판 거푸집을 요크(Yoke)로 서서히 끌어올리는 공법으로 Silo 공사 등에 적당하다.

해설
① 트래블링폼(Travelling Form) : 수평활동 거푸집이며 거푸집 전체를 그대로 떼어 다음 장소로 이동시켜 사용할 수 있도록 한 시스템 거푸집이다.
② 슬라이딩폼(Sliding Form) : 거푸집 높이는 1~1.2[m]이고 하부가 약간 벌어진 원형 철판 거푸집을 요크(Yoke)로 서서히 끌어 올리는 공법으로 Silo 공사 등에 적당하다.
④ 와플폼(Waffle Form) : 무량판 시공 시 2방향으로 된 상자형 기성재 거푸집이다.

76 강구조물 부재 제작 시 마킹(금긋기)에 관한 설명으로 옳지 않은 것은?

① 주요 부재의 강판에 마킹할 때에는 펀치(Punch) 등을 사용하여야 한다.
② 강판 위에 주요 부재를 마킹할 때에는 주된 응력의 방향과 압연 방향을 일치시켜야 한다.
③ 마킹할 때에는 구조물이 완성된 후에 구조물의 부재로서 남을 곳에는 원칙적으로 강판에 상처를 내어서는 안 된다.
④ 마킹 시 용접열에 의한 수축 여유를 고려하여 최종 교정, 다듬질 후 정확한 치수를 확보할 수 있도록 조치해야 한다.

해설
주요 부재의 강판에 마킹할 때에는 펀치(Punch) 등을 사용하지 않아야 한다.

77 건축공사 시 각종 분할도급의 장점에 관한 설명으로 옳지 않은 것은?

① 전문공종별 분할도급은 설비업자의 자본, 기술이 강화되어 능률이 향상된다.
② 공정별 분할도급은 후속공사를 다른 업자로 바꾸거나 후속공사 금액의 결정이 용이하다.
③ 공구별 분할도급은 중소업자에 균등기회를 주고, 업자 상호간 경쟁으로 공사기일 단축, 시공기술향상에 유리하다.
④ 직종별, 공종별 분할도급은 전문직종으로 분할하여 도급을 주는 것으로 건축주의 의도를 철저하게 반영시킬 수 있다.

해설
공정별 분할도급은 후속공사를 다른 업자로 바꾸거나 후속공사 금액의 결정이 용이하지 않다.

75 ③ 76 ① 77 ②

78 두께 110[mm]의 일반구조용 압연강재 SS275의 항복강도(f_y) 기준값은?

① 275[MPa] 이상
② 265[MPa] 이상
③ 245[MPa] 이상
④ 235[MPa] 이상

해설
일반구조용 압연강재(Rolled Steels for General Structure)의 항복강도와 인장강도

기호		항복강도[MPa]				인장강도 [MPa]
Old	New	16[t] 이하	16[t] 초과 40[t] 이하	40[t] 초과 100[t] 이하	100[t] 초과	
SS 330	SS 235	235 이상	225 이상	205 이상	195 이상	330~450
SS 400	SS 275	275 이상	265 이상	245 이상	235 이상	410~550
SS 490	SS 315	315 이상	305 이상	295 이상	275 이상	490~630
SS 540	SS 410	410 이상	400 이상	–	–	540 이상
SS 590	SS 450	450 이상	440 이상	–	–	590 이상
–	SS 550	550 이상	540 이상	–	–	690 이상

79 건설사업이 대규모화, 고도화, 다양화, 전문화되어감에 따라 종래의 단순 기술에 의한 시공만이 아닌 고부가가치를 추구하기 위하여 업무 영역의 확대를 의미하는 것은?

① BTL   ② EC
③ BOT   ④ SOC

해설
EC : 건설사업이 대규모화, 고도화, 다양화, 전문화되어감에 따라 단순 기술에 의한 시공만이 아닌 고부가가치를 추구하기 위하여 업무 영역 확대를 의미하는 것

80 콘크리트 공사 시 시공이음에 관한 설명으로 옳지 않은 것은?

① 시공이음은 될 수 있는 대로 전단력이 작은 위치에 설치하고, 부재의 압축력이 작용하는 방향과 직각이 되도록 하는 것이 원칙이다.
② 외부의 염분에 의한 피해를 받을 우려가 있는 해양 및 항만 콘크리트 구조물 등에 있어서는 시공이음부를 최대한 많이 설치하는 것이 좋다.
③ 이음부의 시공에 있어서는 설계에 정해져 있는 이음의 위치와 구조는 지켜져야 한다.
④ 수밀을 요하는 콘크리트에 있어서는 소요의 수밀성이 얻어지도록 적절한 간격으로 시공이음부를 두어야 한다.

해설
외부의 염분에 의한 피해를 받을 우려가 있는 해양 및 항만 콘크리트 구조물 등에 있어서는 되도록 이음을 두지 않는다.

제5과목 건설재료학

81 건축재료의 성질을 물리적 성질과 역학적 성질로 구분할 때 물체의 운동에 관한 성질인 역학적 성질에 속하지 않는 항목은?

① 비 중
② 탄 성
③ 강 성
④ 소 성

해설
비중은 물리적 성질에 해당한다.

82 강재(鋼材)의 일반적인 성질에 관한 설명으로 옳지 않은 것은?

① 열과 전기의 양도체이다.
② 광택을 가지고 있으며, 빛에 불투명하다.
③ 경도가 높고 내마멸성이 크다.
④ 전성이 일부 있으나 소성변형 능력은 없다.

해설
강재는 어느 정도 전성이 있고 소성변형 능력이 좋다.

83 콘크리트 혼화재 중 하나인 플라이애시가 콘크리트에 미치는 작용에 관한 설명으로 옳지 않은 것은?

① 내황산염에 대한 저항성을 증가시키기 위하여 사용한다.
② 콘크리트 수화초기시의 발열량을 감소시키고 장기적으로 시멘트의 석회와 결합하여 장기강도를 증진시키는 효과가 있다.
③ 입자가 구형이므로 유동성이 증가되어 단위수량을 감소시키므로 콘크리트의 워커빌리티의 개선, 압송성을 향상시킨다.
④ 알칼리골재반응에 의한 팽창을 증가시키고 콘크리트의 수밀성을 약화시킨다.

해설
알칼리골재반응에 의한 팽창을 감소시키고 콘크리트의 수밀성을 강화시킨다.

84 대리석의 일종으로 다공질이며 황갈색의 반문이 있고 갈면 광택이 나서 우아한 실내 장식에 사용되는 것은?

① 테라초　　② 트래버틴
③ 석 면　　　④ 점판암

해설
트래버틴(Travertine)
• 대리석의 일종이다.
• 석질이 불균일하고 다공질이다.
• 변성암으로 황갈색의 반문이 있고 갈면 광택이 난다.
• 탄산석회를 포함한 물에서 침전, 생성된 것이다.
• 우아한 실내 장식재, 특수 내장재로 사용된다.

85 비스페놀과 에피클로로하이드린의 반응으로 얻어지며 주제와 경화제로 이루어진 2성분계의 접착제로서 금속, 플라스틱, 도자기, 유리 및 콘크리트 등의 접합에 널리 사용되는 접착제는?

① 실리콘수지 접착제
② 에폭시 접착제
③ 비닐수지 접착제
④ 아크릴수지 접착제

해설
에폭시 접착제
• 주제와 경화제로 이루어진 2성분형이 대부분이다.
• 비스페놀과 에피클로로하이드린의 반응에 의해 얻을 수 있다.
• 경화제가 필요하다. 접착제의 성능을 지배하는 것은 경화제라고 할 수 있다.
• 기본 점성이 크다.
• 금속, 석재, 도자기, 유리, 콘크리트, 플라스틱 등의 접합에 이용되고 내구력, 내수성, 내약품성이 매우 우수하여 만능형 접착제라고도 부른다.
• 급경성으로 내알칼리성 등의 내화학성이나 접착력이 크다.
• 내수성, 내약품성, 내습성, 전기절연성이 우수하다.
• 경화 시 휘발성이 없으므로 용적의 감소가 극히 적다.
• 접착할 때 압력을 가할 필요가 없다.
• 피막이 단단하지만 유연성이 떨어진다.
• 가격이 비싸다.

정답 82 ④ 83 ④ 84 ② 85 ②

86. 외부에 노출되는 마감용 벽돌로서 벽돌면의 색깔, 형태, 표면의 질감 등의 효과를 얻기 위한 것은?

① 광재벽돌 ② 내화벽돌
③ 치장벽돌 ④ 포도벽돌

해설
점토벽돌 또는 치장벽돌
- 점토에 모래와 점성조절 및 색조절을 위해 석회를 가하여 혼합한 후 1,200[℃] 정도에서 소성하여 용도에 적합한 형태로 성형한 벽돌
- 외부에 노출되는 마감용 벽돌로서 벽돌면의 색깔, 형태, 표면의 질감 등의 효과를 얻기 위한 벽돌이어서 치장벽돌로도 부른다.
- 내구성, 내수성이 강한 불연재, 내수재이다.
- 점토벽돌의 종류는 품질에 따라 크게 미장벽돌과 유약벽돌로 구분할 수 있다.
- 겉모양이 균일하고 사용상 해로운 균열이나 결함 등이 없어야 한다.
- 구조용으로 사용이 가능하나 주로 건축물의 외장, 실내 치장용 마감재 등으로 널리 사용된다.

87. 콘크리트의 블리딩 현상에 의한 성능 저하와 가장 거리가 먼 것은?

① 골재와 페이스트의 부착력 저하
② 철근과 페이스트의 부착력 저하
③ 콘크리트의 수밀성 저하
④ 콘크리트의 응결성 저하

해설
블리딩 현상
- 물시멘트비가 클수록 블리딩은 증가한다.
- 골재와 시멘트 페이스트의 부착력을 저하시킨다.
- 철근과 시멘트 페이스트의 부착력을 저하시킨다.
- 콘크리트의 수밀성을 저하시킨다.
- 콘크리트의 이상 응결을 일으킨다.
- 콘크리트 표면에 발생하는 백색의 미세한 침전 물질은 블리딩에 의해 발생한다.

88. 직사각형으로 자른 얇은 나뭇조각을 서로 직각으로 겹쳐지게 배열하고 방수성 수지로 강하게 압축 가공한 보드는?

① OSB
② MDF
③ 플로어링블록
④ 시멘트 사이딩

해설
① 직사각형으로 자른 얇은 나뭇조각을 서로 직각으로 겹쳐지게 배열하고 방수성 수지로 강하게 압축 가공한 보드이다.
MDF(Medium-Density Fiberboard, 중밀도 섬유판재)
- 나무를 가공할 때 생기는 톱밥이나 남은 나무에서 섬유질만을 분리해서 접착제를 바르고 강한 압력으로 압축한 목재 제품이다.
- 목재 조각을 고온, 고압 하에 섬세하게 특수 접착제와 함께 열압 성형한 섬유판(Fiber Board)으로 비중이 0.4~0.8인 것을 말한다.

89. 발포제로서 보드상으로 성형하여 단열재로 널리 사용되며 천장재, 전기용품, 냉장고 내부 상자 등으로 쓰이는 열가소성 수지는?

① 폴리스티렌수지
② 폴리에스테르수지
③ 멜라민수지
④ 메타크릴수지

해설
폴리스티렌수지(PS)
- 발포제로서 보드상으로 성형하여 사용되는 열가소성 수지이다.
- 투명성, 성형성, 기계적 강도, 내수성은 좋지만 내충격성이 약하다.
- (넓은 판으로 만든) 단열재, 천장재, 블라인드, 전기용품, 냉장고 내부 상자, 장식품, 일용품 등에 사용된다.

정답 86 ③ 87 ④ 88 ① 89 ①

90 블론 아스팔트의 내열성, 내한성 등을 개량하기 위해 동물섬유나 식물섬유를 혼합하여 유동성을 증대시킨 것은?

① 아스팔트 펠트(Asphalt Felt)
② 아스팔트 루핑(Asphalt Roofing)
③ 아스팔트 프라이머(Asphalt Primer)
④ 아스팔트 컴파운드(Asphalt Compound)

해설
아스팔트 컴파운드(Asphalt Compound) : 블론 아스팔트의 내열성, 내한성 등의 성능을 개량하기 위해 동식물성 유지와 광물질 분말을 혼입한 것이다.

91 목모시멘트판을 보다 향상시킨 것으로서 폐기목재의 삭편을 화학처리하여 비교적 두꺼운 판 또는 공동블록 등으로 제작하여 마루, 지붕, 천장, 벽 등의 구조체에 사용되는 것은?

① 펄라이트 시멘트판
② 후형 슬레이트
③ 석면 슬레이트
④ 듀리졸(Durisol)

해설
듀리졸(Durisol)
• 목모시멘트판을 보다 향상시킨 것으로서 목모시멘트판의 목모 대신에 폐기목재의 삭편을 방부·방수처리 등의 화학처리를 하여 제작한 것으로 목편시멘트판이라고도 부른다.
• 비교적 두꺼운 판 또는 공동블록으로 제작된다.
• 판상형으로 된 것이 많으나 블록 또는 철근보강의 슬래브판 등도 있다.
• 마루, 지붕, 천장, 벽 등의 구조체, 경량의 방화보온재 등으로 사용된다.
• 성형 양생 후 잘 건조시키지 않으면 사용 후 수축 변형될 수 있다.

92 역청재료의 침입도 시험에서 질량 100[g]의 표준침이 5초 동안에 10[mm] 관입했다면 이 재료의 침입도는 얼마인가?

① 1   ② 10
③ 100 ④ 1,000

해설
온도가 25[℃]인 시료를 용기 내에 넣고 100[g]의 표준침을 낙하시켜 5초 동안의 관입 깊이가 0.1[mm]일 때의 침입도가 1이므로 10[mm] 관입했다면 이 재료의 침입도는 100이다.

93 지름이 18[mm]인 강봉을 대상으로 인장시험을 행하여 항복하중 27[kN], 최대하중 41[kN]을 얻었다. 이 강봉의 인장강도는?

① 약 106.3[MPa]
② 약 133.9[MPa]
③ 약 161.1[MPa]
④ 약 182.3[MPa]

해설
강봉의 인장강도
$$\sigma = \frac{W}{A} = \frac{41 \times 1,000}{\frac{\pi}{4} \times 0.018^2} \simeq 161.1[\text{MPa}]$$

94 열경화성 수지에 해당하지 않는 것은?

① 염화비닐수지
② 페놀수지
③ 멜라민수지
④ 에폭시수지

해설
염화비닐수지는 열가소성 수지에 해당한다.

95 자기질 점토제품에 관한 설명으로 옳지 않은 것은?

① 조직이 치밀하지만, 도기나 석기에 비하여 강도 및 경도가 약한 편이다.
② 1,230~1,460[℃] 정도의 고온으로 소성한다.
③ 흡수성이 매우 낮으며, 두드리면 금속성의 맑은 소리가 난다.
④ 제품으로는 타일 및 위생도기 등이 있다.

해설
자기질 점토제품은 조직이 치밀하며 도기나 석기에 비하여 강도 및 경도가 강하다.

96 접착제를 동물질 접착제와 식물질 접착제로 분류할 때 동물질 접착제에 해당되지 않는 것은?

① 아교
② 덱스트린 접착제
③ 카세인 접착제
④ 알부민 접착제

해설
천연계 접착제
- 동물성 접착제 : 아교, 젤라틴 접착제, 카세인 접착제, 알부민 접착제, 어교 접착제
- 식물성 접착제 : 전분계 접착제, 대두단백 접착제, 덱스트린 접착제, 탄닌 접착제, 로진 접착제

97 대규모 지하구조물, 댐 등 매스콘크리트의 수화열에 의한 균열발생을 억제하기 위해 벨라이트의 비율을 중용열 포틀랜드시멘트 이상으로 높인 시멘트는?

① 저열 포틀랜드시멘트
② 보통 포틀랜드시멘트
③ 조강 포틀랜드시멘트
④ 내황산염 포틀랜드시멘트

해설
저열 포틀랜드시멘트 : 벨라이트 시멘트라고도 한다.
- 대규모 지하구조물, 댐 등 매스콘크리트의 수화열에 의한 균열발생을 억제하기 위해 벨라이트의 비율을 높인 시멘트
- 초기강도가 낮다.
- 수화열이 낮다.
- 긴급공사, 동절기 공사에 주로 사용된다.

98 목재의 방부처리법과 가장 거리가 먼 것은?

① 약제도포법
② 표면탄화법
③ 진공탈수법
④ 침지법

해설
목재의 방부처리법 : 침지법, 표면탄화법, 가압주입법, (약제)도포법 등

정답 95 ① 96 ② 97 ① 98 ③

99 2장 이상의 판유리 등을 나란히 넣고, 그 틈새에 대기압에 가까운 압력의 건조한 공기를 채우고 그 주변을 밀봉·봉착한 것은?

① 열선흡수유리
② 배강도 유리
③ 강화유리
④ 복층유리

해설
복층유리 : 2장 이상의 판유리 등을 일정한 간격으로 나란히 넣고, 그 틈새에 대기압에 가까운 압력의 건조공기를 채우고 그 주변을 밀봉·봉착한 특수유리로 방서, 단열, 방음이 뛰어나며 결로 현상의 발생이 적다.

100 미장재료의 구성재료에 관한 설명으로 옳지 않은 것은?

① 부착재료는 마감과 바탕재료를 붙이는 역할을 한다.
② 무기혼화재료는 시공성 향상 등을 위해 첨가된다.
③ 풀재는 강도증진을 위해 첨가된다.
④ 여물재는 균열방지를 위해 첨가된다.

해설
풀재는 끈기를 부여하고 점성력, 부착력 증진을 위해 첨가된다.

제6과목 건설안전기술

101 10[cm] 그물코인 방망을 설치한 경우에 망 밑부분에 충돌위험이 있는 바닥면 또는 기계설비와의 수직거리는 얼마 이상이어야 하는가?(단, L(1개의 방망일 때 단변방향길이) = 12[m], A(장변방향 방망의 지지간격) = 6[m])

① 10.2[m]
② 12.2[m]
③ 14.2[m]
④ 16.2[m]

해설
10[cm] 그물코의 경우 $L \geq A$
여기서, L : 1개의 방망일 때 단변방향의 길이,
A : 장변방향 방망의 지지간격의 길이)일 때 바닥면 또는 기계설비와의 수직거리(S)
$S = 0.85L = 0.85 \times 12 = 10.2[m]$

102 비계의 높이가 2[m] 이상인 작업장소에 작업발판을 설치할 때 그 폭은 최소 얼마 이상이어야 하는가?

① 30[cm]
② 40[cm]
③ 50[cm]
④ 60[cm]

해설
작업발판은 40[cm] 이상의 폭이어야 하며, 틈새가 없도록 하고 움직이지 않게 고정하여야 한다.

103 크레인의 와이어로프가 감기면서 붐 상단까지 훅이 따라 올라올 때 더 이상 감기지 않도록 하여 크레인 작동을 자동으로 정지시키는 안전장치로 옳은 것은?

① 권과방지장치
② 훅해지장치
③ 과부하방지장치
④ 속도조절기

해설
권과방지장치
- 과도하게 한계를 벗어나 계속적으로 감아올리는 일이 없도록 제한하는 장치
- 크레인의 와이어로프가 감기면서 붐 상단까지 훅이 따라 올라올 때 더 이상 감기지 않도록 하여 크레인 작동을 자동으로 정지시키는 안전장치이다.
- 권과방지장치의 달기구 윗면이 권선장치의 아랫면과 접촉할 우려가 있는 경우에는 25[cm] 이상 간격이 되도록 조정하여야 한다(단, 직동식 권과장치의 경우는 제외).
- 권과방지장치를 설치하지 않은 크레인에 대해서는 권상용 와이어로프에 위험표시를 하고 경보장치를 설치하는 등 권상용 와이어로프가 지나치게 감겨서 근로자가 위험해질 상황을 방지하기 위한 조치를 하여야 한다.

104 터널공사 시 자동경보장치가 설치된 경우에 이 자동경보장치에 대하여 당일 작업시작 전 점검하고 이상을 발견하면 즉시 보수하여야 하는 사항이 아닌 것은?

① 계기의 이상 유무
② 검지부의 이상 유무
③ 경보장치의 작동 상태
④ 환기 또는 조명시설의 이상 유무

해설
자동경보장치의 작업시작 전 점검해야 할 사항이 아닌 것으로 '환기 또는 조명시설의 이상 유무, 발열 여부' 등이 출제된다.

105 달비계의 구조에서 달비계 작업발판의 폭과 틈새기준으로 옳은 것은?

① 작업발판의 폭 30[cm] 이상, 틈새 3[cm] 이하
② 작업발판의 폭 40[cm] 이상, 틈새 3[cm] 이하
③ 작업발판의 폭 30[cm] 이상, 틈새 없도록 할 것
④ 작업발판의 폭 40[cm] 이상, 틈새 없도록 할 것

해설
달비계 작업발판의 폭과 틈새기준 : 작업발판의 폭 40[cm] 이상, 틈새 없도록 할 것

106 강관을 사용하여 비계를 구성하는 경우의 준수사항으로 옳지 않은 것은?

① 비계기둥의 간격은 띠장 방향에서는 1.85[m] 이하, 장선(長線) 방향에서는 1.5[m] 이하로 할 것
② 띠장 간격은 2.0[m] 이하로 할 것
③ 비계기둥 간의 적재하중은 400[kg]을 초과하지 않도록 할 것
④ 비계기둥의 제일 윗부분으로부터 31[m]되는 지점 밑부분의 비계기둥은 3개의 강관으로 묶어 세울 것

해설
비계기둥의 제일 윗부분으로부터 31[m] 되는 지점 밑부분의 비계기둥은 2개의 강관으로 묶어 세울 것. 다만, 브래킷 등으로 보강하여 2개의 강관으로 묶을 경우 이상의 강도가 유지되는 경우에는 그러하지 아니하다.

107 유해위험방지계획서 제출 시 첨부서류에 해당하지 않는 것은?

① 안전관리 조직표
② 전체 공정표
③ 공사현장의 주변 현황 및 주변과의 관계를 나타내는 도면
④ 교통처리계획

해설
- 첨부서류 : 공사 개요 및 안전보건관리계획, 작업공사 종류별 유해위험방지계획
- 공사 개요 및 안전보건관리계획 포함 사항 : 공사개요서, 공사현장의 주변 현황 및 주변과의 관계를 나타내는 도면(매설물현황 포함), 전체 공정표, 산업안전보건관리비사용계획, 안전관리조직표, 재해발생위험 시 연락 및 대피방법

108 흙막이 가시설 공사 시 사용되는 각 계측기 설치 목적으로 옳지 않은 것은?

① 지표침하계 – 지표면 침하량 측정
② 수위계 – 지반 내 지하수위의 변화 측정
③ 하중계 – 상부 적재하중 변화 측정
④ 지중경사계 – 인접지반의 수평 변위량 측정

해설
하중계(Load Cell) : 흙막이 배면에 작용하는 측압 또는 어스앵커의 인장력을 측정하는 계측기기

109 일반건설공사(갑)으로서 대상액이 5억원 이상 50억원 미만인 경우에 산업안전보건관리비의 비율(가) 및 기초액(나)으로 옳은 것은?

① (가) : 1.86[%], (나) : 5,349,000원
② (가) : 1.99[%], (나) : 5,499,000원
③ (가) : 2.35[%], (나) : 5,400,000원
④ (가) : 1.57[%], (나) : 4,411,000원

해설
공사 종류와 규모별 안전관리비 계상기준(건설업 산업안전보건관리비 계상 및 사용기준 별표 1)

[2025년 1월 1일 이전 적용]

구 분	5억원 미만	5억원 이상 50억원 미만		50억원 이상	영 별표 5에 따른 보건관리자 선임 대상 건설공사의 적용비율 [%]
		비율 (×)	기초액 (C)		
일반건설 공사(갑)	2.93[%]	1.86[%]	5,349,000원	1.97[%]	2.15[%]
일반건설 공사(을)	3.09[%]	1.99[%]	5,499,000원	2.10[%]	2.29[%]
중건설공사	3.43[%]	2.35[%]	5,400,000원	2.44[%]	2.66[%]
철도・궤도 신설공사	2.45[%]	1.57[%]	4,411,000원	1.66[%]	1.8[%]
특수 및 그 밖의 건설공사	1.85[%]	1.20[%]	3,250,000원	1.27[%]	1.38[%]

[2025년 1월 1일부터 적용]

구 분	5억원 미만	5억원 이상 50억원 미만		50억원 이상	영 별표 5에 따른 보건관리자 선임대상 건설공사의 적용비율[%]
		비율 (×)	기초액 (C)		
건축 공사	3.11[%]	2.28[%]	4,325,000원	2.37[%]	2.64[%]
토목 공사	3.15[%]	2.53[%]	3,300,000원	2.60[%]	2.73[%]
중건설 공사	3.64[%]	3.05[%]	2,975,000원	3.11[%]	3.39[%]
특수 건설 공사	2.07[%]	1.59[%]	2,450,000원	1.64[%]	1.78[%]

정답 107 ④ 108 ③ 109 ①

110 겨울철 공사 중인 건축물의 벽체 콘크리트 타설 시 거푸집이 터져서 콘크리트가 쏟아지는 사고가 발생하였다. 이 사고의 발생 원인으로 추정 가능한 사안 중 가장 타당한 것은?

① 진동기를 사용하지 않았다.
② 철근 사용량이 많았다.
③ 콘크리트의 슬럼프가 작았다.
④ 콘크리트의 타설속도가 빨랐다.

해설
겨울철 공사 중인 건축물의 벽체 콘크리트 타설 시 거푸집이 터져서 콘크리트가 쏟아지는 사고 발생의 추정 원인 : 콘크리트의 타설속도가 빨랐다.

111 다음은 산업안전보건법령에 따른 투하설비 설치에 관련된 사항이다. ( ) 안에 들어갈 내용으로 옳은 것은?

> 사업주는 높이가 ( )[m] 이상인 장소로부터 물체를 투하하는 때에는 적당한 투하설비를 설치하거나 감시인을 배치하는 등 위험방지를 위하여 필요한 조치를 하여야 한다.

① 1   ② 2
③ 3   ④ 4

해설
높이가 최소 3[m] 이상인 곳에서 물체를 투하하는 때에는 적당한 투하설비를 설치하거나 감시인을 배치하여야 한다.

112 작업 중이던 미장공이 상부에서 공구에 의해 상해를 입었다면 어느 부분에 대한 결함이 있었겠는가?

① 작업대 설치
② 작업방법
③ 낙하물 방지시설 설치
④ 비계 설치

해설
작업 중이던 미장공이 상부에서 떨어지는 공구에 의해 상해를 입었다면, 낙하물 방지시설 설치에 대한 결함이 있던 경우이다.

113 건설현장에서 동력을 사용하는 항타기 또는 항발기에 대하여 무너짐을 방지하기 위하여 준수하여야 할 사항으로 옳지 않은 것은?

① 버팀줄만으로 상단 부분을 안정시키는 경우에는 버팀줄을 4개 이상으로 하고 같은 간격으로 배치할 것
② 버팀대만으로 상단부분을 안정시키는 경우에는 버팀대는 3개 이상으로 하고 그 하단 부분은 견고한 버팀·말뚝 또는 철골 등으로 고정시킬 것
③ 궤도 또는 차로 이동하는 항타기 또는 항발기에 대해서는 불시에 이동하는 것을 방지하기 위하여 레일 클램프(Rail Clamp) 및 쐐기 등으로 고정시킬 것
④ 연약한 지반에 설치하는 경우에는 각부나 가대의 침하를 방지하기 위하여 깔판·깔목 등을 사용할 것

해설
버팀줄만으로 상단 부분을 안정시키는 경우에는 버팀줄을 3개 이상으로 하고, 같은 간격을 배치해야 한다.
※ 2022.10.18. 산업안전보건기준에 관한 규칙 개정으로 제209조의 해당 내용 삭제됨

114 토공사에서 성토용 토사의 일반조건으로 옳지 않은 것은?

① 다져진 흙의 전단강도가 크고 압축성이 작을 것
② 함수율이 높은 토사일 것
③ 시공장비의 주행성이 확보될 수 있을 것
④ 필요한 다짐 정도를 쉽게 얻을 수 있을 것

해설
함수율이 낮은 토사일 것

115 지반의 종류가 암반 중 풍화암일 경우 굴착면 기울기 기준으로 옳은 것은?

① 1 : 0.3
② 1 : 0.5
③ 1 : 0.8
④ 1 : 1.5

해설
• 굴착면의 기울기 기준(수직거리 : 수평거리)[2021.11.19. 개정]

지반의 종류		굴착면의 기울기
보통 흙	습 지	1 : 1 ~ 1 : 1.5
	건 지	1 : 0.5 ~ 1 : 1
암반	풍화암	1 : 1.0
	연 암	1 : 1.0
	경 암	1 : 0.5

• 굴착면의 기울기 기준(굴착면의 높이 : 수평거리)[2023.11.14. 개정]

지반의 종류	굴착면의 기울기
모 래	1 : 1.8
연암 및 풍화암	1 : 1.0
경 암	1 : 0.5
그 밖의 흙	1 : 1.2

116 차량계 건설기계를 사용하는 작업을 할 때에 그 기계가 넘어지거나 굴러떨어짐으로써 근로자가 위험해질 우려가 있는 경우에 필요한 조치로 가장 거리가 먼 것은?

① 지반의 부동침하 방지
② 안전통로 및 조도 확보
③ 유도하는 사람 배치
④ 갓길의 붕괴 방지 및 도로 폭의 유지

해설
차량계 하역운반기계를 사용하는 작업을 할 때 그 기계가 넘어지거나 굴러떨어짐으로써 근로자에게 위험을 미칠 우려가 있는 경우에 우선적으로 조치하여야 할 사항
• 해당 기계에 대한 유도자 배치
• 지반의 부동침하 방지 조치
• 갓길 붕괴 방지 조치
• 충분한 도로의 폭 유지

117 파쇄하고자 하는 구조물에 구멍을 천공하여 이 구멍에 가력봉을 삽입하고 가력봉에 유압을 가압하여 천공한 구멍을 확대시킴으로써 구조물을 파쇄하는 공법은?

① 핸드 브레이커(Hand Breaker) 공법
② 강구(Steel Ball) 공법
③ 마이크로파(Microwave) 공법
④ 록잭(Rock Jack) 공법

해설
① 핸드 브레이커(Hand Breaker) 공법 : 압축기에서 보낸 압축공기에 의해 정(Chisel)을 작동시켜 정 끝의 급속한 반복 충격력으로 구조물을 파쇄하는 공법
② 강구(Steel Ball) 공법 : 강구를 크레인의 선단에 매달아 강구를 수직(상하) 또는 수평으로 구조물에 부딪치게 하여 그 충격력으로 구조물을 파쇄하고 노출 철근을 가스절단하면서 구조물을 해체하는 공법
③ 마이크로파(Microwave) 공법 : 마이크로파를 콘크리트에 조사하여 콘크리트 속의 물분자와 분극작용을 촉진시켜 발열을 일으키게 하여 발열과 함께 함유수분의 비등에 의한 증기압에 의해 파쇄하는 공법으로 전자파 발생장치가 필요하다. 무소음, 무진동에 가깝고 전처리할 필요가 없지만, 전자파가 인체에 조사되면 위험하므로 누설방지가 필요하다.

118 이동식비계 조립 및 사용 시 준수사항으로 옳지 않은 것은?

① 비계의 최상부에서 작업을 하는 경우에는 안전난간을 설치할 것
② 승강용사다리는 견고하게 설치할 것
③ 작업발판은 항상 수평을 유지하고 작업발판 위에서 작업을 위한 거리가 부족할 경우에는 받침대 또는 사다리를 사용할 것
④ 작업발판의 최대 적재하중은 250[kg]을 초과하지 않도록 할 것

해설
작업발판은 항상 수평을 유지하고 작업발판 위에서 안전난간을 딛고 작업을 하거나 받침대 또는 사다리를 사용하여 작업하지 않도록 할 것

119 산업안전보건법령에 따른 중량물 취급작업 시 작업계획서에 포함시켜야 할 사항이 아닌 것은?

① 협착위험을 예방할 수 있는 안전대책
② 감전위험을 예방할 수 있는 안전대책
③ 추락위험을 예방할 수 있는 안전대책
④ 전도위험을 예방할 수 있는 안전대책

해설
중량물 취급작업 시 작업계획서에 포함시켜야 할 사항
• 추락위험을 예방할 수 있는 안전대책
• 낙하위험을 예방할 수 있는 안전대책
• 전도위험을 예방할 수 있는 안전대책
• 협착위험을 예방할 수 있는 안전대책
• 붕괴위험을 예방할 수 있는 안전대책

120 흙막이 지보공을 설치하였을 때에 정기적으로 점검하고 이상을 발견하면 즉시 보수하여야 하는 사항과 거리가 먼 것은?

① 부재의 손상·변형·부식·변위 및 탈락의 유무와 상태
② 부재의 접속부·부착부 및 교차부의 상태
③ 침하의 정도
④ 설계상 부재의 경제성 검토

해설
흙막이 지보공의 정기점검사항(정기점검하여 이상발견 시 즉시 보수하여야 하는 사항)
• 부재의 손상·변형·부식·변위 및 탈락의 유무와 상태
• 부재의 접속부, 부착 및 교차부의 상태
• 버팀대의 긴압의 정도
• 침하의 정도

정답 118 ③ 119 ② 120 ④

2022년 제1회 과년도 기출문제

제1과목 산업안전관리론

01 산업안전보건법령상 안전보건표지의 종류 중 안내표지에 해당되지 않는 것은?

① 금 연
② 들 것
③ 세안장치
④ 비상용기구

해설
금연표지는 금지표지에 해당한다.
※ 안내표지의 종류가 아닌 것으로 금연, 귀마개 착용, 출입구 등이 출제된다.

02 산업안전보건법령상 산업안전보건위원회에 관한 사항 중 틀린 것은?

① 근로자위원과 사용자위원은 같은 수로 구성된다.
② 산업안전보건회의의 정기회의는 위원장이 필요하다고 인정할 때 소집한다.
③ 안전보건교육에 관한 사항은 산업안전보건위원회의 심의·의결을 거쳐야 한다.
④ 상시근로자 50인 이상의 자동차 제조업의 경우 산업안전보건위원회를 구성·운영하여야 한다.

해설
산업안전보건위원회의 회의 등(산업안전보건법 시행령 제37조)
산업안전보건회의의 임시회의는 위원장이 필요하다고 인정할 때 소집한다.

03 재해원인 중 간접원인이 아닌 것은?

① 물적 원인
② 관리적 원인
③ 사회적 원인
④ 정신적 원인

해설
물적 원인은 직접원인에 해당한다.

04 산업재해통계업무처리규정상 재해 통계 관련 용어로 ( )에 알맞은 용어는?

( )는 근로복지공단의 유족급여가 지급된 사망자 및 근로복지공단에 최초요양신청서(재진요양신청이나 전원요양신청서는 제외)를 제출한 재해자 중 요양 승인을 받은 자(산재 미보고 적발 사망자수를 포함)로 통상의 출퇴근으로 발생한 재해는 제외한다.

① 재해자수
② 사망자수
③ 휴업재해자수
④ 임금근로자수

해설
재해자수는 근로복지공단의 유족급여가 지급된 사망자 및 근로복지공단에 최초요양신청서(재진요양신청이나 전원요양신청서는 제외)를 제출한 재해자 중 요양 승인을 받은 자(산재 미보고 적발 사망자수를 포함)로 통상의 출퇴근으로 발생한 재해는 제외한다.

정답 1① 2② 3① 4①

05 시몬즈(Simonds)의 재해손실비의 평가방식 중 비보험 코스트의 산정항목에 해당하지 않는 것은?

① 사망사고 건수
② 통원상해 건수
③ 응급조치 건수
④ 무상해사고 건수

> **해설**
> 사망사고는 보험 코스트의 산정항목에 해당된다.

06 산업안전보건법령상 용어와 뜻이 바르게 연결된 것은?

① '사업주대표'란 근로자의 과반수를 대표하는 자를 말한다.
② '도급인'이란 건설공사발주자를 포함한 물건의 제조·건설·수리 또는 서비스의 제공, 그 밖의 업무를 도급하는 사업주를 말한다.
③ '안전보건평가'란 산업재해를 예방하기 위하여 잠재적 위험성을 발견하고 그 개선대책을 수립할 목적으로 조사·평가하는 것을 말한다.
④ '산업재해'란 노무를 제공하는 사람이 업무에 관계되는 건설물·설비·원재료·가스·증기·분진 등에 의하거나 작업 또는 그 밖의 업무로 인하여 사망 또는 부상하거나 질병에 걸리는 것을 말한다.

> **해설**
> 정의(산업안전보건법 제2조)
> • 근로자대표 : 근로자의 과반수로 조직된 노동조합이 있는 경우에는 그 노동조합을 말한다.
> • 사업주 : 근로자를 사용하여 사업을 하는 자를 말한다.
> • 도급인 : 물건의 제조·건설·수리 또는 서비스의 제공, 그 밖의 업무를 도급하는 사업주(건설공사발주자는 제외)를 말한다.
> • 안전보건진단 : 산업재해를 예방하기 위하여 잠재적 위험성을 발견하고 그 개선대책을 수립할 목적으로 조사·평가하는 것을 말한다.

07 재해조사 시 유의사항으로 틀린 것은?

① 피해자에 대한 구급조치를 우선으로 한다.
② 재해조사 시 2차 재해예방을 위해 보호구를 착용한다.
③ 재해조사는 재해자의 치료가 끝난 뒤 실시한다.
④ 책임 추궁보다는 재발방지를 우선하는 기본태도를 가진다.

> **해설**
> 재해조사는 현장 보존을 위하여 재해 발생 직후에 바로 실시한다.

08 산업안전보건법령상 상시근로자 20명 이상 50명 미만인 사업장 중 안전보건관리담당자를 선임하여야 하는 업종이 아닌 것은?(단, 안전관리자 및 보건관리자가 선임되지 않은 사업장으로 한다)

① 임 업
② 제조업
③ 건설업
④ 환경정화 및 복원업

> **해설**
> 안전보건관리담당자의 선임 등(산업안전보건법 시행령 제24조)
> 다음의 어느 하나에 해당하는 사업의 사업주는 상시근로자 20명 이상 50명 미만인 사업장에 안전보건관리담당자를 1명 이상 선임해야 한다.
> • 제조업
> • 임 업
> • 하수, 폐수 및 분뇨 처리업
> • 폐기물 수집, 운반, 처리 및 원료 재생업
> • 환경정화 및 복원업

정답 5 ① 6 ④ 7 ③ 8 ③

09 건설기술진흥법령상 안전관리계획을 수립해야 하는 건설공사에 해당하지 않는 것은?

① 15층 건축물의 리모델링
② 지하 15[m]를 굴착하는 건설공사
③ 항타 및 항발기가 사용되는 건설공사
④ 높이가 21[m]인 비계를 사용하는 건설공사

해설
안전관리계획의 수립(건설기술진흥법 시행령 제98조)
안전관리계획을 수립해야 하는 건설공사는 다음과 같다(원자력시설공사는 제외하며, 해당 건설공사가 유해위험방지계획을 수립하여야 하는 건설공사에 해당하는 경우에는 해당 계획과 안전관리계획을 통합하여 작성할 수 있다).
- 1종시설물 및 2종시설물의 건설공사(유지관리를 위한 건설공사 제외)
- 지하 10[m] 이상을 굴착하는 건설공사(굴착 깊이 산정 시 집수정, 엘리베이터 피트 및 정화조 등의 굴착 부분 제외)
- 폭발물을 사용하는 건설공사로서 20[m] 안에 시설물이 있거나 100[m] 안에 사육하는 가축이 있어 해당 건설공사로 인한 영향을 받을 것이 예상되는 건설공사
- 10층 이상 16층 미만인 건축물의 건설공사
- 10층 이상인 건축물의 리모델링 또는 해체공사
- 수직 증축형 리모델링
- 천공기가 사용되는 건설공사(높이가 10[m] 이상인 것만 해당)
- 항타 및 항발기가 사용되는 건설공사
- 타워크레인이 사용되는 건설공사
- 가설구조물을 사용하는 건설공사
- 발주자가 안전관리가 특히 필요하다고 인정하는 건설공사
- 해당 지방자치단체의 조례로 정하는 건설공사 중에서 인·허가기관의 장이 안전관리가 특히 필요하다고 인정하는 건설공사

10 다음의 재해에서 기인물과 가해물로 옳은 것은?

> 공구와 자재가 바닥에 어지럽게 널려 있는 작업통로를 작업자가 보행 중 공구에 걸려 넘어져 통로 바닥에 머리를 부딪쳤다.

① 기인물 : 바닥, 가해물 : 공구
② 기인물 : 바닥, 가해물 : 바닥
③ 기인물 : 공구, 가해물 : 바닥
④ 기인물 : 공구, 가해물 : 공구

해설
'공구와 자재가 바닥에 어지럽게 널려 있는 작업통로를 작업자가 보행 중 공구에 걸려 넘어져 통로 바닥에 머리를 부딪쳤다.'의 경우 기인물은 공구, 가해물은 바닥이다.

11 보호구 안전인증 고시상 안전인증을 받은 보호구의 표시사항이 아닌 것은?

① 제조자명
② 사용유효기간
③ 안전인증번호
④ 규격 또는 등급

해설
안전인증 제품표시의 붙임(보호구 안전인증 고시 제34조) : 형식 또는 모델명, 규격 또는 등급, 제조자명, 제조번호 및 제조연월, 안전인증번호

12 위험예지훈련 진행방법 중 대책 수립에 해당하는 단계는?

① 제1라운드
② 제2라운드
③ 제3라운드
④ 제4라운드

해설
위험예지훈련의 4라운드(4R) : 현상 파악 → 본질 추구 → 대책 수립 → 목표 설정

13 산업안전보건법령상 안전보건관리규정을 작성해야 할 사업의 종류를 모두 고른 것은?(단, ㄱ~ㅁ은 상시근로자 300명 이상의 사업이다)

> ㄱ. 농 업
> ㄴ. 정보서비스업
> ㄷ. 금융 및 보험업
> ㄹ. 사회복지 서비스업
> ㅁ. 과학 및 기술 연구개발업

① ㄴ, ㄹ, ㅁ
② ㄱ, ㄴ, ㄷ, ㄹ
③ ㄱ, ㄴ, ㄷ, ㅁ
④ ㄱ, ㄷ, ㄹ, ㅁ

해설

안전보건관리규정을 작성해야 할 사업의 종류 및 상시근로자 수(산업안전보건법 시행규칙 별표 2)
- 상시근로자 300명 이상을 사용하는 사업장 : 농업, 어업, 소프트웨어 개발 및 공급업, 컴퓨터 프로그래밍, 시스템 통합 및 관리업, 영상·오디오물 제공 서비스업, 정보서비스업, 금융 및 보험업, 임대업(부동산 제외), 전문·과학 및 기술 서비스업(연구개발업 제외), 사업지원 서비스업, 사회복지 서비스업
- 상시근로자 100명 이상을 사용하는 사업장 : 상기 사업을 제외한 사업

14 산업안전보건법령상 중대재해의 범위에 해당하지 않는 것은?

① 사망자가 1명 발생한 재해
② 부상자가 동시에 10명 이상 발생한 재해
③ 2개월 이상의 요양이 필요한 부상자가 동시에 2명 이상 발생한 재해
④ 직업성 질병자가 동시에 10명 이상 발생한 재해

해설

중대재해(Major Accident)의 범위(산업안전보건법 시행규칙 제3조)
- 사망자가 1명 이상 발생한 재해
- 3개월 이상의 요양이 필요한 부상자가 동시에 2명 이상 발생한 재해
- 부상자 또는 직업성 질병자가 동시에 10명 이상 발생한 재해

15 1,000명 이상의 대규모 사업장에서 가장 적합한 안전관리조직의 형태는?

① 경영형
② 라인형
③ 스태프형
④ 라인-스태프형

해설

라인-스태프형 안전관리조직 : 1,000명 이상의 대규모 사업장에 가장 적합한 안전관리조직의 형태

16 A 사업장의 현황이 다음과 같을 때 A 사업장의 강도율은?

> - 상시근로자 : 200명
> - 요양재해건수 : 4명
> - 사망 : 1명
> - 휴업 : 1명(500일)
> - 연근로시간 : 2,400시간

① 8.33
② 14.53
③ 15.31
④ 16.48

해설

$$강도율 = \frac{근로손실일수}{연근로시간수} \times 10^3$$

$$= \frac{1 \times 7{,}500 + 1 \times 500 \times \frac{300}{365}}{200 \times 2{,}400} \times 10^3 \simeq 16.48$$

17 산업안전보건법령상 관계수급인 근로자가 도급인의 사업장에서 작업을 하는 경우 건설업 도급인의 작업장 순회점검주기는?

① 1일에 1회 이상
② 2일에 1회 이상
③ 3일에 1회 이상
④ 7일에 1회 이상

> **해설**
> 도급사업 시의 안전·보건조치 등(산업안전보건법 시행규칙 제80조)
> 산업안전보건법령상 관계수급인 근로자가 도급인의 사업장에서 작업을 하는 경우 건설업 도급인의 작업장 순회점검주기는 2일에 1회 이상이다.

18 재해사례연구의 진행단계로 옳은 것은?

┌─────────────────────┐
│ ㄱ. 사실의 확인   │
│ ㄴ. 대책의 수립   │
│ ㄷ. 문제점의 발견   │
│ ㄹ. 문제점의 결정   │
│ ㅁ. 재해 상황의 파악 │
└─────────────────────┘

① ㄷ → ㅁ → ㄱ → ㄹ → ㄴ
② ㄷ → ㅁ → ㄹ → ㄱ → ㄴ
③ ㅁ → ㄷ → ㄱ → ㄹ → ㄴ
④ ㅁ → ㄱ → ㄷ → ㄹ → ㄴ

> **해설**
> 재해사례연구의 진행단계 : 재해 상황의 파악 → 사실의 확인 → 문제점의 발견 → 문제점의 결정 → 대책의 수립

19 산업안전보건법령상 건설현장에서 사용하는 크레인의 안전검사주기는?(단, 이동식 크레인은 제외한다)

① 최초로 설치한 날부터 1개월마다 실시
② 최초로 설치한 날부터 3개월마다 실시
③ 최초로 설치한 날부터 6개월마다 실시
④ 최초로 설치한 날부터 1년마다 실시

> **해설**
> 안전검사의 주기와 합격표시 및 표시방법(산업안전보건법 시행규칙 제126조)
> 산업안전보건법령상 건설현장에서 사용하는 크레인은 최초로 설치한 날부터 6개월마다 안전검사를 실시해야 한다(이동식 크레인 제외).

20 재해예방의 4원칙에 해당하지 않는 것은?

① 손실적용의 원칙
② 원인연계의 원칙
③ 대책선정의 원칙
④ 예방가능의 원칙

> **해설**
> 재해예방의 4원칙 : 손실우연의 원칙, 대책선정의 원칙, 예방가능의 원칙, 원인연계(원인계기)의 원칙

정답 17 ② 18 ④ 19 ③ 20 ①

제2과목　산업심리 및 교육

21 감각 현상이 하나의 전체적이고 의미 있는 내용으로 체계화되는 과정을 의미하는 용어는?

① 유추(Analogy)
② 게슈탈트(Gestalt)
③ 인지(Cognition)
④ 근접성(Proximity)

해설
게슈탈트(Gestalt) : 자신의 욕구나 감정을 하나의 의미 있는 전체로 조직화하여 지각하는 것을 말하며, 감각 현상이 하나의 전체적이고 의미 있는 내용으로 체계화되는 과정이다.

22 다음에서 설명하는 리더십의 유형은?

> 과업 완수와 인간관계 모두에 있어 최대한의 노력을 기울이는 리더십 유형

① 과업형 리더십
② 이상형 리더십
③ 타협형 리더십
④ 무관심형 리더십

해설
① 과업형 리더십 : 과업 완수에 대한 관심은 매우 높으나 인간관계에 대한 관심은 매우 낮은 리더십 유형
③ 타협형 리더십 : 과업 완수와 인간관계에 있어 적당히 절충하는 리더십 유형
④ 무관심형 리더십 : 과업 완수와 인간관계 모두에 있어 관심도가 매우 낮은 리더십 유형

23 집단역학에서 소시오메트리(Sociometry)에 관한 설명 중 틀린 것은?

① 소시오메트리 분석을 위해 소시오매트릭스와 소시오그램이 작성된다.
② 소시오매트릭스에서는 상호작용에 대한 정량적 분석이 가능하다.
③ 소시오메트리는 집단 구성원들 간의 공식적 관계가 아닌 비공식적인 관계를 파악하기 위한 방법이다.
④ 소시오그램은 집단 구성원들 간의 선호, 거부 혹은 무관심의 관계를 기호로 표현하지만, 이를 통해 다양한 집단 내의 비공식적 관계에 대한 역학 관계는 파악할 수 없다.

해설
소시오그램 : 집단 구성원들 간의 선호, 거부 혹은 무관심의 관계를 기호로 표현한 것이다. 이를 통해 다양한 집단 내의 비공식적 관계에 대한 역학관계를 파악할 수 있으므로 친소관계나 소집단분포 등을 정확하게 분석할 수 있다.

24 생체리듬(Biorhythm)의 종류에 해당하지 않는 것은?

① Critical Rhythm
② Physical Rhythm
③ Intellectual Rhythm
④ Sensitivity Rhythm

해설
생체리듬(Biorhythm)의 종류 : Physical Rhythm(육체적 리듬), Intellectual Rhythm(지성적 리듬), Sensitivity Rhythm(감성적 리듬)

25 사회행동의 기본형태에 해당하지 않는 것은?

① 협 력　　② 대 립
③ 모 방　　④ 도 피

해설
사회행동의 기본형태 : 협력, 대립, 도피, 융합

26 OJT(On the Job Training)의 특징이 아닌 것은?

① 효과가 곧 업무에 나타난다.
② 직장의 실정에 맞는 실체적 훈련이다.
③ 다수의 근로자에게 조직적 훈련이 가능하다.
④ 교육을 통한 훈련 효과에 의해 상호 신뢰 이해도가 높아진다.

해설
다수의 근로자에게 조직적 훈련이 가능한 것은 Off JT의 특징에 해당한다.

27 어떤 과업을 성취할 수 있는 자신의 능력에 대한 스스로의 믿음을 나타내는 것은?

① 자아존중감(Self-esteem)
② 자기효능감(Self-efficacy)
③ 통제의 착각(Illusion of Control)
④ 자기중심적 편견(Egocentric Bias)

해설
자기효능감(Self-efficacy) : 자신의 일을 성공적으로 수행할 수 있는 능력이 있다고 믿는 기대와 신념으로, 어떤 과업을 성취할 수 있는 자신의 능력에 대한 스스로의 믿음을 나타낸다.

28 모랄서베이(Morale Survey)의 주요 방법으로 적절하지 않은 것은?

① 관찰법　　② 면접법
③ 강의법　　④ 질문지법

해설
모랄서베이(Morale Survey)의 주요 방법 : 통계에 의한 방법, 사례연구법, 관찰법, 실험연구법, 태도조사법(면접법, 질문지법, 집단토의법, 투사법) 등

29 산업안전보건법령상 2[m] 이상인 구축물을 콘크리트 파쇄기를 사용하여 파쇄작업을 하는 경우 특별교육의 내용이 아닌 것은?(단, 그 밖에 안전·보건관리에 필요한 사항은 제외한다)

① 작업안전조치 및 안전기준에 관한 사항
② 비계의 조립방법 및 작업 절차에 관한 사항
③ 콘크리트 해체 요령과 방호거리에 관한 사항
④ 파쇄기의 조작 및 공통작업 신호에 관한 사항

해설
2[m] 이상인 구축물을 콘크리트 파쇄기를 사용하여 파쇄작업을 하는 경우 특별교육의 내용(산업안전보건법 시행규칙 별표 5)
• 콘크리트 해체 요령과 방호거리에 관한 사항
• 작업안전조치 및 안전기준에 관한 사항
• 파쇄기의 조작 및 공통작업 신호에 관한 사항
• 보호구 및 방호장비 등에 관한 사항
• 그 밖에 안전·보건관리에 필요한 사항

정답 25 ③　26 ③　27 ②　28 ③　29 ②

30 안전보건교육에 있어 역할연기법의 장점이 아닌 것은?

① 흥미를 갖고, 문제에 적극적으로 참가한다.
② 자기 태도의 반성과 창조성이 생기고, 발표력이 향상된다.
③ 문제의 배경에 대하여 통찰하는 능력을 높임으로써 감수성이 향상된다.
④ 목적이 명확하고, 다른 방법과 병용하지 않아도 높은 효과를 기대할 수 있다.

해설
목적이 명확하지 않고, 다른 방법과 병용하지 않으면 역할연기법에서 높은 효과를 기대할 수 없다.

31 학습정도(Level of Learning)의 4단계에 해당하지 않는 것은?

① 회상(To Recall)
② 적용(To Apply)
③ 인지(To Recognize)
④ 이해(To Understand)

해설
학습정도(Level of Learning)의 4단계 : 지각(To Perceive), 적용(To Apply), 인지(To Recognize), 이해(To Understand)

32 스트레스 반응에 영향을 주는 요인 중 개인적 특성에 관한 요인이 아닌 것은?

① 심리상태
② 개인의 능력
③ 신체적 조건
④ 작업시간의 차이

해설
작업시간의 차이는 스트레스 반응에 영향을 주는 요인 중 개인적 특성과 거리가 멀다.

33 산업안전보건법령상 일용근로자의 작업내용 변경 시 교육시간의 기준은?

① 1시간 이상
② 2시간 이상
③ 3시간 이상
④ 4시간 이상

해설
작업내용 변경 시 교육시간(산업안전보건법 시행규칙 별표 4)
• 일용근로자 및 근로계약기간이 1주일 이하인 기간제근로자 : 1시간 이상
• 그 밖의 근로자 : 2시간 이상

34 교육심리학의 연구방법 중 인간의 내면에서 일어나고 있는 심리적 사고에 대하여 사물을 이용하여 인간의 성격을 알아보는 방법은?

① 투사법
② 면접법
③ 실험법
④ 질문지법

해설
투사법 : 인간의 내면에서 일어나고 있는 심리적 사고에 대하여 사물을 이용하여 인간의 성격을 알아보는 방법으로, 개인의 성격 특성을 발견하는 인성검사법이다.

정답 30 ④ 31 ① 32 ④ 33 ① 34 ①

35 안전교육의 3단계 중 작업방법, 취급 및 조작행위를 몸으로 숙달시키는 것을 목적으로 하는 단계는?

① 안전지식교육　② 안전기능교육
③ 안전태도교육　④ 안전의식교육

해설
작업방법, 취급 및 조작행위를 몸으로 숙달시키는 것을 목적으로 하는 단계는 안전기능교육에 해당한다.

36 호손(Hawthorne)연구에 대한 설명으로 옳은 것은?

① 소비자들에게 효과적으로 영향을 미치는 광고 전략을 개발했다.
② 시간-동작연구를 통해서 작업도구와 기계를 설계했다.
③ 채용과정에서 발생하는 차별요인을 밝히고 이를 시정하는 법적 조치의 기초를 마련했다.
④ 물리적 작업환경보다 근로자들의 의사소통 등 인간관계가 더 중요하다는 것을 알아냈다.

해설
호손(Hawthorne)연구는 물리적 작업환경보다 근로자들의 의사소통 등 인간관계가 더 중요하다는 결과를 도출한 연구이다.

37 지름길을 사용하여 대상물을 판단할 때 발생하는 지각의 오류가 아닌 것은?

① 후광효과　② 최근효과
③ 결론효과　④ 초두효과

해설
지름길을 사용하여 대상물을 판단할 때 발생하는 지각의 오류 : 후광효과, 최근효과, 초두효과 등

38 다음은 무엇에 관한 설명인가?

> 다른 사람으로부터의 판단이나 행동을 무비판적으로 받아들이는 것

① 모방(Imitation)
② 투사(Projection)
③ 암시(Suggestion)
④ 동일화(Identification)

39 산업심리의 5대 요소가 아닌 것은?

① 동기　② 기질
③ 감정　④ 지능

해설
산업심리의 5대 요소 : 동기, 감정, 습관, 습성, 기질

40 직무수행에 대한 예측변인 개발 시 작업표본(Work Sample)에 관한 사항 중 틀린 것은?

① 집단검사로 감독과 통제가 요구된다.
② 훈련생보다 경력자 선발에 적합하다.
③ 실시하는 데 시간과 비용이 많이 든다.
④ 주로 기계를 다루는 직무에 효과적이다.

해설
직무수행에 대한 예측변인 개발 시 작업표본(Work Sample)의 집단검사로 감독과 통제는 요구되지 않는다.

정답 35 ② 36 ④ 37 ③ 38 ③ 39 ④ 40 ①

제3과목 인간공학 및 시스템안전공학

41 태양광이 내리쬐지 않는 옥내의 습구흑구 온도지수 (WBGT) 산출식은?

① 0.6×자연습구온도 + 0.3×흑구온도
② 0.7×자연습구온도 + 0.3×흑구온도
③ 0.6×자연습구온도 + 0.4×흑구온도
④ 0.7×자연습구온도 + 0.4×흑구온도

해설
- 태양광이 내리쬐지 않는 옥내 또는 옥외의 습구흑구 온도지수 (WBGT) 산출식 : 0.7×자연습구온도 + 0.3×흑구온도
- 태양광이 내리쬐는 옥외의 습구흑구 온도지수(WBGT) 산출식 : 0.7×자연습구온도 + 0.2×흑구온도 + 0.1×건구온도

42 부품 배치의 원칙 중 기능적으로 관련된 부품들을 모아서 배치한다는 원칙은?

① 중요성의 원칙
② 사용 빈도의 원칙
③ 사용 순서의 원칙
④ 기능별 배치의 원칙

해설
기능별 배치의 원칙 : 기능적으로 관련된 부품들을 모아서 배치한다는 부품 배치의 원칙

43 인간공학의 목표와 거리가 가장 먼 것은?

① 사고 감소
② 생산성 증대
③ 안전성 향상
④ 근골격계질환 증가

해설
인간공학의 목표 중 하나는 근골격계질환을 예방하고 감소시키는 것이다.

44 시각적 식별에 영향을 주는 각 요소에 대한 설명 중 틀린 것은?

① 조도는 광원의 세기를 말한다.
② 휘도는 단위 면적당 표면에 반사 또는 방출되는 광량을 말한다.
③ 반사율은 물체의 표면에 도달하는 조도와 광도의 비를 말한다.
④ 광도 대비란 표적의 광도와 배경의 광도의 차이를 배경 광도로 나눈 값을 말한다.

해설
조도는 광원의 밝기를 말한다.

45 A사의 안전관리자는 자사 화학설비의 안전성 평가를 실시하고 있다. 그중 제2단계인 정성적 평가를 진행하기 위하여 평가 항목을 설계 관계 대상과 운전 관계 대상으로 분류하였을 때 설계 관계 항목이 아닌 것은?

① 건조물
② 공장 내 배치
③ 입지조건
④ 원재료, 중간제품

해설
화학설비의 안정성 평가에서 정성적 평가의 항목
- 설계 관계 항목 : 입지조건, 공장 내의 배치, 건조물, 소방설비
- 운전 관계 항목 : 원재료·중간체·제품, 공정, 공정기기, 수송·저장

정답 41 ② 42 ④ 43 ④ 44 ① 45 ④

46 양립성의 종류가 아닌 것은?

① 개념의 양립성
② 감성의 양립성
③ 운동의 양립성
④ 공간의 양립성

해설
- 양립성의 종류 : 개념의 양립성, 운동의 양립성, 공간의 양립성, 양식의 양립성
- 양립성의 종류에 속하지 않는 것으로 감성의 양립성, 기능 양립성, 형태 양립성, 인지 양립성 등이 출제된다.

47 그림과 같은 시스템에서 부품 A, B, C, D의 신뢰도가 모두 r로 동일할 때 이 시스템의 신뢰도는?

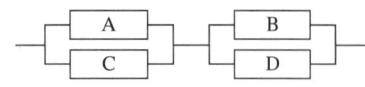

① $r(2-r^2)$
② $r^2(2-r)^2$
③ $r^2(2-r^2)$
④ $r^2(2-r)$

해설
시스템의 신뢰도
$R_s = [1-(1-r)^2] \times [1-(1-r)^2] = (2r-r^2)(2r-r^2)$
$\quad = 4r^2 - 4r^3 + r^4 = r^2(4-4r+r^2) = r^2(2-r)^2$

48 FTA에서 사용되는 논리게이트 중 입력과 반대되는 현상으로 출력되는 것은?

① 부정게이트
② 억제게이트
③ 배타적 OR게이트
④ 우선적 AND게이트

해설
② 억제게이트(Inhibit Gate) : 조건부 사건이 발생하는 상황하에서 입력현상이 발생할 때 출력현상이 발생되는 게이트
③ 배타적 OR게이트 : OR게이트이지만 두 개 또는 그 이상의 입력이 동시에 존재하는 경우 출력이 일어나지 않는 게이트
④ 우선적 AND게이트 : 여러 개의 입력사상이 정해진 순서에 따라 순차적으로 발생해야만 결과가 출력되는 게이트

49 어떤 결함수를 분석하여 Minimal Cut Set을 구한 결과 다음과 같았다. 각 기본사상의 발생확률은 q_i, $i=1$, 2, 3라 할 때, 정상사상의 발생확률함수로 맞는 것은?

$$k_1 = [1, 2], \ k_2 = [1, 3], \ k_3 = [2, 3]$$

① $q_1q_2 + q_1q_2 - q_2q_3$
② $q_1q_2 + q_1q_3 - q_2q_3$
③ $q_1q_2 + q_1q_3 + q_2q_3 - q_1q_2q_3$
④ $q_1q_2 + q_1q_3 + q_2q_3 - 2q_1q_2q_3$

해설
$T = 1 - (1 - q_1q_2 - q_1q_3 - q_2q_3 + 2q_1q_2q_3)$
$\quad = q_1q_2 + q_1q_3 + q_2q_3 - 2q_1q_2q_3$

정답 46 ② 47 ② 48 ① 49 ④

50
부품 고장이 발생하여도 기계가 추후 보수될 때까지 안전한 기능을 유지할 수 있도록 하는 기능은?

① Fail-Soft
② Fail-Active
③ Fail-Operational
④ Fail-Passive

해설
Fail-Operational : 부품에 고장이 있더라도 기계를 가장 안전하게 운전할 수 있는 방법

51
반사경 없이 모든 방향으로 빛을 발하는 점광원에서 3[m] 떨어진 곳의 조도가 300[lx]라면 2[m] 떨어진 곳에서 조도(lx)는?

① 375
② 675
③ 875
④ 975

해설
조도 $= 300 \times \dfrac{3^2}{2^2} = 675[lx]$

52
통화 이해도 척도로서 통화 이해도에 영향을 주는 잡음의 영향을 추정하는 지수는?

① 명료도 지수
② 통화 간섭 수준
③ 이해도 점수
④ 통화 공진 수준

해설
통화 간섭 수준 : 통화 이해도 척도로서 통화 이해도에 영향을 주는 잡음의 영향을 추정하는 지수

53
예비위험분석(PHA)에서 식별된 사고의 범주가 아닌 것은?

① 중대(Critical)
② 한계적(Marginal)
③ 파국적(Catastrophic)
④ 수용가능(Acceptable)

해설
예비위험분석(PHA)에서 식별된 사고의 4가지 범주(Category)
- 범주Ⅰ 파국적 상태(Catastrophic) : 부상 및 시스템의 중대한 손해를 초래하는 상태
- 범주Ⅱ 중대 상태(위기 상태)(Critical) : 작업자의 부상 및 시스템의 중대한 손해를 초래하거나 작업자의 생존 및 시스템의 유지를 위하여 즉시 수정조치를 필요로 하는 상태
- 범주Ⅲ 한계적 상태(Marginal) : 작업자의 부상 및 시스템의 중대한 손해를 초래하지 않고, 대처 또는 제어할 수 있는 상태
- 범주Ⅳ 무시가능 상태(Negligible) : 작업자의 생존 및 시스템의 유지가 가능한 상태

54
인간공학적 연구에 사용되는 기준 척도의 요건 중 다음 설명에 해당하는 것은?

> 기준 척도는 측정하고자 하는 변수 외의 다른 변수들의 영향을 받아서는 안 된다.

① 신뢰성
② 적절성
③ 검출성
④ 무오염성

해설
인간공학적 연구에 사용되는 기준 척도의 요건
- 적절성 : 의도된 목적에 부합하여야 한다.
- 신뢰성 : 반복 실험 시 재현성이 있어야 한다.
- 무오염성 : 측정하고자 하는 변수 이외의 다른 변수의 영향을 받아서는 안 된다.
- 민감도 : 피실험자 사이에서 볼 수 있는 예상 차이점에 비례하는 단위로 측정해야 한다.

55 James Reason의 원인적 휴먼에러 종류 중 다음 설명의 휴먼에러 종류는?

> 자동차가 우측 운행하는 한국의 도로에 익숙해진 운전자가 좌측 운행을 해야 하는 일본에서 우측 운행을 하다가 교통사고를 냈다.

① 고의 사고(Violation)
② 숙련 기반 에러(Skill Based Error)
③ 규칙 기반 착오(Rule Based Mistake)
④ 지식 기반 착오(Knowledge Based Mistake)

56 근골격계부담작업의 범위 및 유해요인조사방법에 관한 고시상 근골격계부담작업에 해당하지 않는 것은? (단, 상시작업을 기준으로 한다)

① 하루에 10회 이상 25[kg] 이상의 물체를 드는 작업
② 하루에 총 2시간 이상 쪼그리고 앉거나 무릎을 굽힌 자세에서 이루어지는 작업
③ 하루에 총 2시간 이상 시간당 5회 이상 손 또는 무릎을 사용하여 반복적으로 충격을 가하는 작업
④ 하루에 4시간 이상 집중적으로 자료 입력 등을 위해 키보드 또는 마우스를 조작하는 작업

[해설]
근골격계부담작업(근골격계부담작업의 범위 및 유해요인조사방법에 관한 고시 제3조)
하루에 총 2시간 이상 시간당 10회 이상 손 또는 무릎을 사용하여 반복적으로 충격을 가하는 작업

57 HAZOP 분석기법의 장점이 아닌 것은?

① 학습 및 적용이 쉽다.
② 기법 적용에 큰 전문성을 요구하지 않는다.
③ 짧은 시간에 저렴한 비용으로 분석이 가능하다.
④ 다양한 관점을 가진 팀 단위 수행이 가능하다.

[해설]
HAZOP 분석기법은 시간이 많이 소요되고 분석 비용이 많이 발생한다.

58 서브시스템 분석에 사용되는 분석방법으로 시스템 수명주기에서 ㉠에 들어갈 위험분석기법은?

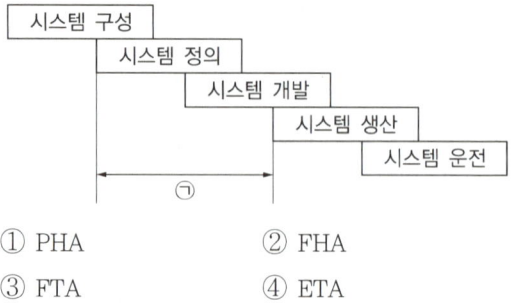

① PHA ② FHA
③ FTA ④ ETA

[해설]
FHA(Functional Hazard Analysis, 결함위험분석) : 실패(Failure)를 유발하는 기능(Function)을 찾아내는 기법으로 시스템의 정의단계부터 시스템 개발단계 중에 적용한다.

59 불(Boole) 대수의 관계식으로 틀린 것은?

① $A + \overline{A} = 1$
② $A + AB = A$
③ $A(A + B) = A + B$
④ $A + \overline{A}B = A + B$

해설
불(Boole) 대수의 흡수법칙 : $A(A + B) = A$

60 정신적 작업부하에 관한 생리적 척도에 해당하지 않는 것은?

① 근전도
② 뇌파도
③ 부정맥 지수
④ 점멸융합주파수

해설
근전도는 육체작업의 생리학적 부하측정 척도에 해당한다.

제4과목 건설시공학

61 석재붙임을 위한 앵커긴결 공법에서 일반적으로 사용하지 않는 재료는?

① 앵커
② 볼트
③ 모르타르
④ 연결 철물

해설
모르타르는 앵커긴결 공법에서 일반적으로 사용하지 않는 재료이다.

62 강제 널말뚝(Steel Sheet Pile) 공법에 관한 설명으로 옳지 않은 것은?

① 무소음 설치가 어렵다.
② 타입 시 체적 변형이 작아 항타가 쉽다.
③ 강제 널말뚝에는 U형, Z형, H형 등이 있다.
④ 관입, 철거 시 주변 지반침하가 일어나지 않는다.

해설
강제 널말뚝 공법은 관입, 철거 시 주변 지반침하가 일어난다.

정답 59 ③ 60 ① 61 ③ 62 ④

63 철근 조립에 관한 설명으로 옳지 않은 것은?

① 철근의 피복두께를 정확히 확보하기 위해 적절한 간격으로 고임재 및 간격재를 배치한다.
② 거푸집에 접하는 고임재 및 간격재는 콘크리트 제품 또는 모르타르 제품을 사용하여야 한다.
③ 경미한 황갈색의 녹이 발생한 철근은 일반적으로 콘크리트와의 부착을 해치므로 사용해서는 안 된다.
④ 철근의 표면에는 흙, 기름 또는 이물질이 없어야 한다.

해설
경미한 황갈색의 녹이 발생한 철근은 일반적으로 콘크리트와의 부착을 해치지 않으므로 조립에 사용할 수 있다.

64 소규모 건축물을 조적식 구조로 담을 쌓을 경우 최대 높이 기준으로 옳은 것은?

① 2[m] 이하
② 2.5[m] 이하
③ 3[m] 이하
④ 3.5[m] 이하

해설
소규모 건축물을 조적식 구조로 담을 쌓을 경우 최대 높이는 3[m] 이하로 한다.

65 필렛용접(Fillet Welding)의 단면상 이론 목 두께에 해당하는 것은?

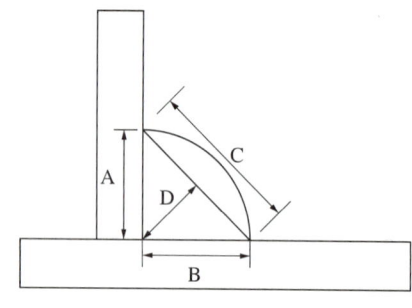

① A
② B
③ C
④ D

해설
필렛(모살)용접부의 치수 구분
- A : 모살 사이즈
- B : 모살 사이즈
- C : 이론적 용접 표면
- D : 단면상 이론 목 두께

66 네트워크 공정표에 사용되는 용어에 관한 설명으로 옳지 않은 것은?

① 크리티컬 패스(Critical Path) : 개시 결합점에서 종료 결합점에 이르는 가장 긴 경로
② 더미(Dummy) : 결합점이 가지는 여유시간
③ 플로트(Float) : 작업의 여유시간
④ 패스(Path) : 네트워크 중에서 둘 이상의 작업이 이어지는 경로

해설
네트워크 공정표에 사용되는 용어
- 더미(Dummy) : 네트워크에서 바로 표현할 수 없는 작업 상호관계를 도시
- Slack : 결합점이 가지는 여유시간

정답 63 ③ 64 ③ 65 ④ 66 ②

67 콘크리트의 측압에 영향을 주는 요소에 관한 설명으로 옳지 않은 것은?

① 콘크리트 타설속도가 빠를수록 측압은 커진다.
② 콘크리트 온도가 낮으면 경화속도가 느려 측압은 작아진다.
③ 벽 두께가 얇을수록 측압은 작아진다.
④ 콘크리트의 슬럼프값이 클수록 측압은 커진다.

해설
콘크리트 온도가 낮으면 경화속도가 느려 콘크리트의 측압이 커진다.

68 석공사에 사용하는 석재 중에서 수성암계에 해당하지 않는 것은?

① 사 암
② 석회암
③ 안산암
④ 응회암

해설
안산암(Andesite) : 화성암계에 해당하며 강도 및 내구성이 비교적 크고 내화성이 양호하다.

69 매스 콘크리트(Mass Concrete) 시공에 관한 설명으로 옳지 않은 것은?

① 매스 콘크리트의 타설온도는 온도균열을 제어하기 위한 관점에서 가능한 한 낮게 한다.
② 매스 콘크리트 타설 시 기온이 높을 경우에는 콜드조인트가 생기기 쉬우므로 응결촉진제를 사용한다.
③ 매스 콘크리트 타설 시 침하 발생으로 인한 침하균열을 예방을 하기 위해 재진동 다짐 등을 실시한다.
④ 매스 콘크리트 타설 후 거푸집 탈형 시 콘크리트 표면의 급랭을 방지하기 위해 콘크리트 표면을 소정의 기간 동안 보온해 주어야 한다.

해설
매스 콘크리트 타설 시 기온이 높을 경우에는 저발열 시멘트를 사용하거나 타설방법 개선 등을 통하여 콘크리트 온도를 낮춘다.

70 거푸집공사(Form Work)에 관한 설명으로 옳지 않은 것은?

① 거푸집널은 콘크리트의 구조체를 형성하는 역할을 한다.
② 콘크리트 표면에 모르타르, 플라스터 또는 타일붙임 등의 마감을 할 경우에는 평활하고 광택이 있는 면이 얻어질 수 있도록 철제 거푸집(Metal Form)을 사용하는 것이 좋다.
③ 거푸집공사비는 건축공사비에서의 비중이 높으므로, 설계단계부터 거푸집공사의 개선과 합리화 방안을 연구하는 것이 바람직하다.
④ 폼타이(Form Tie)는 콘크리트를 타설할 때, 거푸집이 벌어지거나 우그러들지 않게 연결, 고정하는 긴결재이다.

해설
철제 거푸집(Metal Form)을 사용하면 표면이 매끄러워 마감재 부착이 어려우므로 콘크리트 표면에 모르타르, 플라스터 또는 타일붙임 등의 마감을 할 경우에는 사용하지 않는다.

71 철근 콘크리트 말뚝머리와 기초와의 접합에 관한 설명으로 옳지 않은 것은?

① 두부를 커팅기계로 정리할 경우 본체에 균열이 생김으로 인해 응력손실이 발생하여 설계내력을 상실하게 된다.
② 말뚝머리 길이가 짧은 경우는 기초저면까지 보강하여 시공한다.
③ 말뚝머리 철근은 기초에 30[cm] 이상의 길이로 정착한다.
④ 말뚝머리와 기초와의 확실한 정착을 위해 파일 앵커링을 시공한다.

해설
말뚝머리를 해머로 때려 두부를 정리할 경우 본체에 균열이 생김으로 인해 응력손실이 발생하여 설계내력이 상실된다.

72 철근 콘크리트 보에 사용된 굵은 골재의 최대 치수가 25[mm]일 때, D22철근(동일 평면에서 평행한 철근)의 수평 순간격으로 옳은 것은?(단, 콘크리트를 공극 없이 칠 수 있는 다짐방법을 사용할 경우에는 제외)

① 22.2[mm] ② 25[mm]
③ 31.25[mm] ④ 33.3[mm]

해설
철근의 순간격
철근 콘크리트공사에서 철근과 철근의 순간격(최소 배근 간격)은 굵은 골재 최대 치수에서 최소 4/3배 이상으로 하여야 한다.

∴ 철근의 수평 순간격 $= 25 \times \dfrac{4}{3} \approx 33.3$[mm] 이상

73 철근의 피복두께를 유지하는 목적이 아닌 것은?

① 부재의 소요 구조 내력 확보
② 부재의 내화성 유지
③ 콘크리트의 강도 증대
④ 부재의 내구성 유지

해설
철근 콘크리트 부재의 피복두께를 확보하는 목적
- 부재의 소요 구조 내력 확보
- 부재의 내구성 유지
- 부재의 내화성 유지
- 철근의 방청
- 콘크리트의 유동성 확보

74 불량품, 결점, 고장 등의 발생건수를 현상과 원인별로 분류하고, 여러 가지 데이터를 항목별로 분류해서 문제의 크기 순서로 나열하여, 그 크기를 막대그래프로 표기한 품질관리 도구는?

① 파레토그램
② 특성요인도
③ 히스토그램
④ 체크시트

해설
파레토그램: 불량품, 결점, 고장 등의 발생건수를 현상과 원인별로 분류하고, 항목별로 분류한 데이터를 문제의 크기 순서로 나열하여, 그 크기를 막대그래프로 표기한 품질관리 도구

75 강구조 공사 시 앵커링(Anchoring)에 관한 설명으로 옳지 않은 것은?

① 필요한 앵커링 저항력을 얻기 위해서는 콘크리트에 피해를 주지 않도록 적절한 대책을 수립하여야 한다.
② 앵커볼트 설치 시 베이스플레이트 위치의 콘크리트는 설계도면 레벨보다 −50~−30[mm] 낮게 타설하고, 베이스플레이트 설치 후 그라우팅 처리한다.
③ 구조용 앵커볼트를 사용하는 경우 앵커볼트 간의 중심선은 기둥중심선으로부터 3[mm] 이상 벗어나지 않아야 한다.
④ 앵커볼트로는 구조용 혹은 세우기용 앵커볼트가 사용되어야 하고, 나중매입 공법을 원칙으로 한다.

해설
앵커볼트로는 구조용 혹은 세우기용 앵커볼트가 사용되어야 하고, 고정매입 공법을 원칙으로 한다.

76 모래 지반 흙막이 공사에서 널말뚝의 틈새로 물과 토사가 유실되어 지반이 파괴되는 현상은?

① 히빙 현상(Heaving)
② 파이핑 현상(Piping)
③ 액상화 현상(Liquefaction)
④ 보일링 현상(Boiling)

해설
파이핑 현상(Piping)
- 흙막이에 대한 수밀성이 불량하여 널말뚝의 틈새로 물과 토사가 흘러들어, 기초저면의 모래 지반을 들어 올리는 현상
- 수위차가 있는 지반 중에서 파이프 형태의 수맥이 생겨 사질층의 물이 배출되는 현상

77 공사관리계약(Construction Management Contract) 방식의 장점이 아닌 것은?

① 시공 시 단계별 시공법을 적용할 수 있어 설계 및 시공기간을 단축시킬 수 있다.
② 설계과정에서 설계가 시공에 미치는 영향을 예측할 수 있어 설계도서의 현실성을 향상시킬 수 있다.
③ 기획 및 설계과정에서 발주자와 설계자 간의 의견대립 없이 설계대안 및 특수 공법의 적용이 가능하다.
④ 대리인형 CM(CM For Fee) 방식은 공사비와 품질에 직접적인 책임을 지는 공사관리계약 방식이다.

해설
대리인형 CM(CM for Fee) 방식
- 프로젝트 전반에 걸쳐 발주자의 컨설턴트 역할을 수행한다.
- 독립된 공종별 수급자는 대리인과 공사계약을 한다.

78 철골구조의 내화피복에 관한 설명으로 옳지 않은 것은?

① 조적 공법은 용접철망을 부착하여 경량 모르타르, 펄라이트 모르타르와 플라스터 등을 바름하는 공법이다.
② 뿜칠 공법은 철골표면에 접착제를 혼합한 내화피복재를 뿜어서 내화피복을 한다.
③ 성형판 공법은 내화단열성이 우수한 각종 성형판을 철골 주위에 접착제와 철물 등을 설치하고 그 위에 붙이는 공법으로 주로 기둥과 보의 내화피복에 사용된다.
④ 타설 공법은 아직 굳지 않은 경량 콘크리트나 기포모르타르 등을 강재 주위에 거푸집을 설치하여 타설한 후 경화시켜 철골을 내화피복하는 공법이다.

해설
용접철망을 부착하여 경량 모르타르, 펄라이트 모르타르와 플라스터 등을 바름하는 공법은 미장 공법이며, 조적 공법은 콘크리트 블록, 벽돌, 석재 등으로 철골 주위에 쌓는 공법이다.

정답 75 ④ 76 ② 77 ④ 78 ①

79 철근 콘크리트에서 염해로 인한 철근의 부식방지대책으로 옳지 않은 것은?

① 콘크리트 중의 염소 이온량을 적게 한다.
② 에폭시 수지 도장 철근을 사용한다.
③ 방청제 투입을 고려한다.
④ 물-시멘트비를 크게 한다.

해설
물-시멘트비를 감소시켜 염해로 인한 철근의 부식을 방지한다.

80 웰 포인트 공법(Well Point Method)에 관한 설명으로 옳지 않은 것은?

① 사질 지반보다 점토질 지반에서 효과가 좋다.
② 지하 수위를 낮추는 공법이다.
③ 1~3[m]의 간격으로 파이프를 지중에 박는다.
④ 인접지 침하의 우려에 따른 주의가 필요하다.

해설
웰 포인트 공법은 점토질 지반보다 사질 지반에서 효과가 좋다.

제5과목 건설재료학

81 깬자갈을 사용한 콘크리트가 동일한 시공연도의 보통 콘크리트보다 유리한 점은?

① 시멘트 페이스트와의 부착력 증가
② 단위 수량 감소
③ 수밀성 증가
④ 내구성 증가

해설
깬자갈을 사용한 콘크리트는 동일한 시공연도의 보통 콘크리트보다 시멘트 페이스트와의 부착력이 우수하다.

82 목재를 작은 조각으로 하여 충분히 건조시킨 후 합성수지와 같은 유기질의 접착제를 첨가하여 열압 제판한 목재 가공품은?

① 파티클 보드(Particle Board)
② 코르크판(Cork Board)
③ 섬유판(Fiber Board)
④ 집성목재(Glulam)

해설
파티클 보드(Particle Board): 목재를 작은 조각으로 하여 충분히 건조시킨 후 합성수지와 같은 유기질의 접착제를 첨가하여 열압 제판한 목재 가공품

83 도료 상태의 방수재를 바탕면에 여러 번 칠하여 얇은 수지피막을 만들어 방수효과를 얻는 것으로 에멀션형, 용제형, 에폭시계 형태의 방수 공법은?

① 시트방수
② 도막방수
③ 침투성 도포방수
④ 시멘트 모르타르 방수

84 합성수지의 종류 중 열가소성 수지가 아닌 것은?

① 염화비닐 수지
② 멜라민 수지
③ 폴리프로필렌 수지
④ 폴리에틸렌 수지

> 해설
> 멜라민 수지는 열경화성 수지에 해당한다.

85 수성 페인트에 대한 설명으로 옳지 않은 것은?

① 수성 페인트의 일종인 에멀션 페인트는 수성 페인트에 합성수지와 유화제를 섞은 것이다.
② 수성 페인트를 칠한 면은 외관은 온화하지만 독성 및 화재 발생의 위험이 있다.
③ 수성 페인트의 재료로 아교·전분·카세인 등이 활용된다.
④ 광택이 없으며 회반죽면 또는 모르타르면의 칠에 적당하다.

> 해설
> 칠한 면의 외관은 온화하지만 독성 및 화재 발생의 위험이 있는 페인트는 유성 페인트이다.

86 금속판에 관한 설명으로 옳지 않은 것은?

① 알루미늄 판은 경량이고 열반사도 좋으나 알칼리에 약하다.
② 스테인리스 강판은 내식성이 필요한 제품에 사용된다.
③ 함석판은 아연도철판이라고도 하며 외관미는 좋으나 내식성이 약하다.
④ 연판은 X선 차단효과가 있고 내식성도 크다.

> 해설
> 함석판은 아연도철판이라고도 하며, 내식성은 좋으나 외관미가 좋지 않다.

87 다음 중 열전도율이 가장 낮은 것은?

① 콘크리트
② 코르크판
③ 알루미늄
④ 주 철

> 해설
> 열전도율[W/m·K]
> 알루미늄(204) > 주철(48) > 콘크리트(0.8~1.4) > 코르크판(0.05)

정답 83 ② 84 ② 85 ② 86 ③ 87 ②

88 콘크리트의 혼화재료 중 혼화제에 속하는 것은?
① 플라이애시
② 실리카퓸
③ 고로슬래그 미분말
④ 고성능 감수제

해설
- 혼화제(Chemical Admixture) : 콘크리트를 만들 때 시멘트, 물, 골재 이외의 재료를 적당량 첨가하여 콘크리트의 성질을 개선 및 향상시킬 목적으로 소량 사용되는 재료
- 콘크리트용 화학혼화제의 종류 : AE제, 감수제, AE감수제, 고성능 감수제, 방청제, 방수제, 발포제 및 수중불분리성 혼화제 등

89 점토의 성질에 관한 설명으로 옳지 않은 것은?
① 사질점토는 적갈색으로 내화성이 좋다.
② 자토는 순백색이며 내화성이 우수하나 가소성은 부족하다.
③ 석기점토는 유색의 견고치밀한 구조로 내화도가 높고 가소성이 있다.
④ 석회질점토는 백색으로 용해되기 쉽다.

해설
사질점토는 적갈색이며 내화성이 좋지 않다.

90 콘크리트에 AE제를 첨가했을 경우 공기량 증감에 큰 영향을 주지 않는 것은?
① 혼합시간
② 시멘트의 사용량
③ 주위온도
④ 양생방법

해설
콘크리트에 AE제를 첨가했을 경우 공기량 증감에 큰 영향을 주는 요인은 혼합시간, 시멘트의 사용량, 주위온도 등이다.

91 슬럼프시험에 대한 설명으로 옳지 않은 것은?
① 슬럼프시험 시 각 층을 50회 다진다.
② 콘크리트의 시공연도를 측정하기 위하여 행한다.
③ 슬럼프콘에 콘크리트를 3층으로 분할하여 채운다.
④ 슬럼프 값이 높을 경우 콘크리트는 묽은 비빔이다.

해설
슬럼프시험 시 각 층을 25회씩 다진다.

92 목재 섬유포화점의 함수율은 대략 얼마 정도인가?
① 약 10[%]
② 약 20[%]
③ 약 30[%]
④ 약 40[%]

93 각 창호철물에 관한 설명으로 옳지 않은 것은?
① 피벗힌지(Pivot Hinge) : 경첩 대신 촉을 사용하여 여닫이문을 회전시킨다.
② 나이트래치(Night Latch) : 외부에서는 열쇠, 내부에서는 작은 손잡이를 틀어 열 수 있는 실린더장치로 된 것이다.
③ 크레센트(Crescent) : 여닫이문의 상하단에 붙여 경첩과 같은 역할을 한다.
④ 래버터리힌지(Lavatory Hinge) : 스프링 힌지의 일종으로 공중용 화장실 등에 사용된다.

해설
크레센트(Crescent) : 미서기창 또는 오르내리창의 잠금용 철물

94 건축재료 중 마감재료의 요구성능으로 거리가 먼 것은?

① 화학적 성능
② 역학적 성능
③ 내구성능
④ 방화・내화성능

해설
마감재료의 요구성능 : 화학적 성능, 내구성능, 방화・내화성능 등

95 PVC바닥재에 대한 일반적인 설명으로 옳지 않은 것은?

① 보통 두께 3[mm] 이상의 것을 사용한다.
② 접착제는 비닐계 바닥재용 접착제를 사용한다.
③ 바닥시트에 이용하는 용접봉, 용접액 혹은 줄눈재는 제조업자가 지정하는 것으로 한다.
④ 재료 보관은 통풍이 잘되고 햇빛이 잘 드는 곳에 보관한다.

해설
재료는 통풍이 잘되고 햇빛이 잘 들지 않는 곳에 보관하는 것이 좋다.

96 점토기와 중 훈소와에 해당하는 설명은?

① 소소와에 유약을 발라 재소성한 기와
② 기와 소성이 끝날 무렵에 식염증기를 충만시켜 유약피막을 형성시킨 기와
③ 저급점토를 원료로 900~1,000[℃]로 소소하여 만든 것으로 흡수율이 큰 기와
④ 건조제품을 가마에 넣고 연료로 장작이나 솔잎 등을 써서 검은 연기로 그을려 만든 기와

해설
① 시유와
② 유약기와
③ 소소와

97 골재의 실적률에 관한 설명으로 옳지 않은 것은?

① 실적률은 골재 입형의 양부를 평가하는 지표이다.
② 부순 자갈의 실적률은 그 입형 때문에 강자갈의 실적률보다 작다.
③ 실적률 산정 시 골재의 밀도는 절대건조 상태의 밀도를 말한다.
④ 골재의 단위용적질량이 동일하면 골재의 비중이 클수록 실적률도 크다.

해설
골재의 실적률 : 골재의 단위용적 중 공극의 비율을 백분율로 나타낸 것이다. 골재의 단위용적질량이 동일하면 골재의 비중이 클수록 실적률이 작다.

정답 94 ② 95 ④ 96 ④ 97 ④

98 미장재료 중 돌로마이트 플라스터에 대한 설명으로 옳지 않은 것은?

① 보수성이 크고 응결시간이 길다.
② 소석회에 모래, 해초풀, 여물 등을 혼합하여 바르는 미장재료이다.
③ 회반죽에 비하여 조기강도 및 최종강도가 크고 착색이 쉽다.
④ 여물을 혼입하여도 건조수축이 크기 때문에 수축 균열이 발생한다.

해설
소석회에 모래, 해초풀, 여물 등을 혼합하여 바르는 미장재료는 회반죽이다.

99 파손방지, 도난방지 또는 진동이 심한 장소에 적합한 망입(網入)유리의 제조 시 사용되지 않는 금속선은?

① 철선(철사)
② 황동선
③ 청동선
④ 알루미늄선

100 목재의 결점 중 벌채 시의 충격이나 그 밖의 생리적 원인으로 인하여 세로축에 직각으로 섬유가 절단된 형태를 의미하는 것은?

① 수지낭
② 미숙재
③ 컴프레션 페일러
④ 옹 이

제6과목 건설안전기술

101 유해위험방지계획서 제출 시 첨부서류로 옳지 않은 것은?

① 공사현장의 주변 현황 및 주변과의 관계를 나타내는 도면
② 공사개요서
③ 전체 공정표
④ 작업인부의 배치를 나타내는 도면 및 서류

해설
유해위험방지계획서 첨부서류(산업안전보건법 시행규칙 별표 10)
대통령령으로 정하는 크기, 높이 등에 해당하는 건설공사를 착공하려는 경우
• 공사 개요 및 안전보건관리계획
  – 공사 개요서
  – 공사현장의 주변 현황 및 주변과의 관계를 나타내는 도면(매설물 현황 포함)
  – 전체 공정표
  – 산업안전보건관리비 사용계획서
  – 안전관리 조직표
  – 재해 발생 위험 시 연락 및 대피방법
• 작업공사 종류별 유해위험방지계획

102 추락 재해방지 설비 중 근로자의 추락재해를 방지할 수 있는 설비로 작업발판 설치가 곤란한 경우에 필요한 설비는?

① 경사로
② 추락방호망
③ 고정사다리
④ 달비계

정답 98 ② 99 ③ 100 ③ 101 ④ 102 ②

103 건설업 산업안전보건관리비 계상 및 사용기준에 따른 안전관리비의 개인보호구 및 안전장구 구입비 항목에서 안전관리비로 사용이 가능한 경우는?

① 안전·보건관리자가 선임되지 않은 현장에서 안전·보건업무를 담당하는 현장관계자용 무전기, 카메라, 컴퓨터, 프린터 등 업무용 기기
② 혹한·혹서에 장기간 노출로 인해 건강장해를 일으킬 우려가 있는 경우 특정 근로자에게 지급되는 기능성 보호장구
③ 근로자에게 일률적으로 지급하는 보랭·보온장구
④ 감리원이나 외부에서 방문하는 인사에게 지급하는 보호구

해설
사용기준(건설업 산업안전보건관리비 계상 및 사용기준 제7조)
• 보호구
 - 보호구의 구입·수리·관리 등에 소요되는 비용
 - 보호구를 직접 구매·사용하여 합리적인 범위 내에서 보전하는 비용
 - 안전관리자 등의 업무용 피복, 기기 등을 구입하기 위한 비용
 - 안전관리자 및 보건관리자가 안전보건 점검 등을 목적으로 건설공사 현장에서 사용하는 차량의 유류비·수리비·보험료

104 가설통로의 설치기준으로 옳지 않은 것은?

① 경사가 15°를 초과하는 때에는 미끄러지지 않는 구조로 한다.
② 건설공사에 사용하는 높이 8[m] 이상인 비계다리에는 7[m] 이내마다 계단참을 설치한다.
③ 수직갱에 가설된 통로의 길이가 15[m] 이상일 경우에는 15[m] 이내마다 계단참을 설치한다.
④ 추락의 위험이 있는 장소에는 안전난간을 설치한다.

해설
가설통로의 구조(산업안전보건기준에 관한 규칙 제23조)
수직갱에 가설된 통로의 길이가 15[m] 이상일 경우에는 10[m] 이내마다 계단참을 설치한다.

105 비계의 높이가 2[m] 이상인 작업장소에 작업발판을 설치할 경우 준수하여야 할 기준으로 옳지 않은 것은?

① 작업발판의 폭은 30[cm] 이상으로 한다.
② 발판재료 간의 틈은 3[cm] 이하로 한다.
③ 추락의 위험성이 있는 장소에는 안전난간을 설치한다.
④ 발판재료는 뒤집히거나 떨어지지 않도록 2개 이상의 지지물에 연결하거나 고정시킨다.

해설
작업발판의 구조(산업안전보건기준에 관한 규칙 제56조)
비계의 높이가 2[m] 이상인 작업장소에 작업발판을 설치할 경우 작업발판의 폭은 40[cm] 이상으로 한다.

106 가설구조물의 문제점으로 옳지 않은 것은?

① 도괴재해의 가능성이 크다.
② 추락재해 가능성이 크다.
③ 부재의 결합이 간단하나 연결부가 견고하다.
④ 구조물이라는 통상의 개념이 확고하지 않으며 조립의 정밀도가 낮다.

해설
가설구조물은 부재의 결합이 간단하나 연결부가 견고하지 않다.

정답 103 ② 104 ③ 105 ① 106 ③

107 거푸집 해체작업 시 유의사항으로 옳지 않은 것은?

① 일반적으로 수평부재의 거푸집은 연직부재의 거푸집보다 빨리 떼어낸다.
② 해체된 거푸집이나 각목 등에 박혀 있는 못 또는 날카로운 돌출물은 즉시 제거하여야 한다.
③ 상하 동시 작업은 원칙적으로 금지하여 부득이한 경우에는 긴밀히 연락을 취하며 작업을 하여야 한다.
④ 거푸집 해체작업장 주위에는 관계자를 제외하고는 출입을 금지시켜야 한다.

해설
거푸집을 떼어낼 때는 하중을 받지 않는 부분을 먼저 해체한다. 그러므로 수평부재의 거푸집보다 연직부재의 거푸집을 빨리 떼어낸다.

108 법면 붕괴에 의한 재해예방조치로서 옳은 것은?

① 지표수와 지하수의 침투를 방지한다.
② 법면의 경사를 증가시킨다.
③ 절토 및 성토높이를 증가시킨다.
④ 토질의 상태에 관계없이 구배조건을 일정하게 한다.

해설
법면 붕괴에 의한 재해예방조치
• 지표수와 지하수의 침투를 방지한다.
• 상부의 물이 비탈면으로 흐르지 않도록 배수구를 만든다.
• 5[m] 이내마다 계단참을 만든다.
• 물이 체류하지 않도록 적극적으로 배수한다.
• 비탈 끝이 파손되지 않도록 간단한 흙막이를 해 둔다.

109 취급·운반의 원칙으로 옳지 않은 것은?

① 운반작업을 집중하여 시킬 것
② 생산을 최고로 하는 운반을 생각할 것
③ 곡선운반을 할 것
④ 연속운반을 할 것

해설
취급·운반 시 직선운반을 할 것

110 철골작업 시 철골부재에서 근로자가 수직 방향으로 이동하는 경우에 설치하여야 하는 고정된 승강로의 최대 답단 간격은 얼마 이내인가?

① 20[cm] ② 25[cm]
③ 30[cm] ④ 40[cm]

해설
승강로의 설치(산업안전보건기준에 관한 규칙 제381조)
사업주는 근로자가 수직방향으로 이동하는 철골부재에는 답단 간격이 30[cm] 이내인 고정된 승강로를 설치하여야 하며, 수평방향 철골과 수직방향 철골이 연결되는 부분에는 연결작업을 위하여 작업발판 등을 설치하여야 한다.

111 재해사고를 방지하기 위하여 크레인에 설치된 방호장치로 옳지 않은 것은?

① 공기정화장치
② 비상정지장치
③ 제동장치
④ 권과방지장치

> **해설**
> 재해사고를 방지하기 위하여 크레인에 설치된 방호장치 : 비상정지장치, 제동장치, 권과방지장치 등

112 작업장 출입구 설치 시 준수해야 할 사항으로 옳지 않은 것은?

① 출입구의 위치, 수 및 크기가 작업장의 용도와 특성에 맞도록 한다.
② 출입구에 문을 설치하는 경우에는 근로자가 쉽게 열고 닫을 수 있도록 한다.
③ 주된 목적이 하역운반기계용인 출입구에는 보행자용 출입구를 따로 설치하지 않는다.
④ 계단이 출입구와 바로 연결된 경우에는 작업자의 안전한 통행을 위하여 그 사이에 1.2[m] 이상 거리를 두거나 안내표지 또는 비상벨 등을 설치한다.

> **해설**
> 작업장의 출입구(산업안전보건기준에 관한 규칙 제11조)
> 작업장 출입구 설치 시 주된 목적이 하역운반기계용인 출입구에는 인접하여 보행자용 출입구를 따로 설치한다.

113 옥외에 설치되어 있는 주행크레인에 대하여 이탈방지장치를 작동시키는 등 그 이탈을 방지하기 위한 조치를 하여야 하는 순간풍속에 대한 기준으로 옳은 것은?

① 순간풍속이 10[m/s]를 초과하는 바람이 불어올 우려가 있는 경우
② 순간풍속이 20[m/s]를 초과하는 바람이 불어올 우려가 있는 경우
③ 순간풍속이 30[m/s]를 초과하는 바람이 불어올 우려가 있는 경우
④ 순간풍속이 40[m/s]를 초과하는 바람이 불어올 우려가 있는 경우

> **해설**
> 폭풍에 의한 이탈 방지(산업안전보건기준에 관한 규칙 제140조)
> 사업주는 순간풍속이 30[m/s]를 초과하는 바람이 불어올 우려가 있는 경우 옥외에 설치되어 있는 주행 크레인에 대하여 이탈방지장치를 작동시키는 등 이탈 방지를 위한 조치를 하여야 한다.

114 지반 등의 굴착작업 시 연암의 굴착면 기울기로 옳은 것은?

① 1 : 0.3
② 1 : 0.5
③ 1 : 0.8
④ 1 : 1.0

> **해설**
> • 굴착면의 기울기 기준(수직거리 : 수평거리)[2021.11.19. 개정]
>
> | 지반의 종류 | | 굴착면의 기울기 |
> |---|---|---|
> | 보통 흙 | 습 지 | 1 : 1 ~ 1 : 1.5 |
> | | 건 지 | 1 : 0.5 ~ 1 : 1 |
> | 암반 | 풍화암 | 1 : 1.0 |
> | | 연 암 | 1 : 1.0 |
> | | 경 암 | 1 : 0.5 |
>
> • 굴착면의 기울기 기준(굴착면의 높이 : 수평거리)[2023.11.14. 개정]
>
> | 지반의 종류 | 굴착면의 기울기 |
> |---|---|
> | 모 래 | 1 : 1.8 |
> | 연암 및 풍화암 | 1 : 1.0 |
> | 경 암 | 1 : 0.5 |
> | 그 밖의 흙 | 1 : 1.2 |

115 사면지반개량 공법으로 옳지 않은 것은?

① 전기화학적 공법
② 석회안정처리 공법
③ 이온교환방법
④ 옹벽 공법

해설
사면지반개량 공법 : 전기화학적 공법, 석회안정처리 공법, 이온교환 방법, 주입 공법, 시멘트안정처리 공법, 석회안전처리 공법, 소결 공법 등

116 흙막이벽의 근입 깊이를 깊게 하고, 전면의 굴착 부분을 남겨 두어 흙의 중량으로 대항하게 하거나, 굴착 예정 부분의 일부를 미리 굴착하여 기초콘크리트를 타설하는 등의 대책과 가장 관계 깊은 것은?

① 파이핑 현상이 있을 때
② 히빙 현상이 있을 때
③ 지하 수위가 높을 때
④ 굴착 깊이가 깊을 때

해설
히빙 현상이 있을 때는 흙막이벽 근입 깊이를 깊게 하고, 전면의 굴착 부분을 남겨 두어 흙의 중량으로 대항하게 하거나, 굴착 예정 부분의 일부를 미리 굴착하여 기초콘크리트를 타설하는 등의 대책을 세운다.

117 사다리식 통로 등을 설치하는 경우 통로구조로서 옳지 않은 것은?

① 발판의 간격은 일정하게 한다.
② 발판과 벽과의 사이는 15[cm] 이상의 간격을 유지한다.
③ 사다리의 상단은 걸쳐놓은 지점으로부터 60[cm] 이상 올라가도록 한다.
④ 폭은 40[cm] 이상으로 한다.

해설
사다리식 통로 등의 구조(산업안전보건기준에 관한 규칙 제24조)
사다리식 통로 등을 설치하는 경우 폭은 30[cm] 이상으로 한다.

118 콘크리트 타설작업을 하는 경우에 준수해야 할 사항으로 옳지 않은 것은?

① 당일의 작업을 시작하기 전에 해당 작업에 관한 거푸집동바리 등의 변형·변위 및 지반의 침하 유무 등을 점검하고 이상이 있으면 보수한다.
② 작업 중에는 거푸집동바리 등의 변형·변위 및 침하 유무 등을 감시할 수 있는 감시자를 배치하여 이상이 있으면 작업을 빠른 시간 내 우선 완료하고 근로자를 대피시킨다.
③ 콘크리트 타설작업 시 거푸집 붕괴의 위험이 발생할 우려가 있으면 충분한 보강조치를 한다.
④ 콘크리트를 타설하는 경우에는 편심이 발생하지 않도록 골고루 분산하여 타설한다.

해설
작업 중에는 거푸집동바리 등의 변형·변위 및 침하 유무 등을 감시할 수 있는 감시자를 배치하여 이상이 있으면 작업을 정지하고 근로자를 대피시킨다.

정답 115 ④ 116 ② 117 ④ 118 ②

119 건설작업장에서 근로자가 상시 작업하는 장소의 작업면 조도기준으로 옳지 않은 것은?(단, 갱내 작업장과 감광재료를 취급하는 작업장의 경우는 제외)

① 초정밀작업 : 600[lx] 이상
② 정밀작업 : 300[lx] 이상
③ 보통작업 : 150[lx] 이상
④ 초정밀, 정밀, 보통작업을 제외한 기타 작업 : 75[lx] 이상

해설
조도(산업안전보건기준에 관한 규칙 제8조)
사업주는 근로자가 상시 작업하는 장소의 작업면 조도를 다음 기준에 맞도록 해야 한다. 다만, 갱내 작업장과 감광재료를 취급하는 작업장은 그렇지 않다.
- 초정밀작업 : 750[lx] 이상
- 정밀작업 : 300[lx] 이상
- 보통작업 : 150[lx] 이상
- 그 밖의 작업 : 75[lx] 이상

120 강관틀비계를 조립하여 사용하는 경우 준수해야 할 기준으로 옳지 않은 것은?

① 수직 방향으로 6[m], 수평 방향으로 8[m] 이내마다 벽이음을 할 것
② 높이가 20[m]를 초과하거나 중량물의 적재를 수반하는 작업을 할 경우에는 주틀 간의 간격을 2.4[m] 이하로 할 것
③ 길이가 띠장 방향으로 4[m] 이하이고, 높이가 10[m]를 초과하는 경우에는 10[m] 이내마다 띠장 방향으로 버팀기둥을 설치할 것
④ 주틀 간에 교차 가새를 설치하고 최상층 및 5층 이내마다 수평재를 설치할 것

해설
강관틀비계(산업안전보건기준에 관한 규칙 제62조)
강관틀비계를 조립하여 높이가 20[m]를 초과하거나 중량물의 적재를 수반하는 작업을 할 경우에는 주틀 간의 간격을 1.8[m] 이하로 할 것

정답 119 ① 120 ②

2022년 제2회 과년도 기출문제

제1과목 산업안전관리론

01 산업안전보건법령상 안전보건관리규정 작성에 관한 사항으로 ( ) 안에 알맞은 기준은?

> 안전보건관리규정을 작성하여야 할 사업의 사업주는 안전관리규정을 작성하여야 할 사유가 발생한 날부터 ( )일 이내에 안전보건관리규정을 작성해야 한다.

① 7 ② 14
③ 30 ④ 60

해설
안전보건관리규정의 작성(산업안전보건법 시행규칙 제25조)
안전보건관리규정을 작성하여야 할 사업의 사업주는 안전관리규정을 작성하여야 할 사유가 발생한 날부터 30일 이내에 안전보건관리규정을 작성해야 한다.

02 산업안전보건법령상 안전관리자를 2인 이상 선임하여야 하는 사업이 아닌 것은?(단, 기타 법령에 관한 사항은 제외한다)

① 상시근로자가 500명인 통신업
② 상시근로자가 700명인 발전업
③ 상시근로자가 600명인 식료품 제조업
④ 공사금액이 1,000억이며 공사 진행률(공정률) 20[%]인 건설업

해설
상시근로자가 500명인 통신업의 경우 안전관리자를 1인 이상 선임하여야 한다(산업안전보건법 시행령 별표 3).

03 산업재해보상보험법령상 보험급여의 종류를 모두 고른 것은?

> ㄱ. 장례비   ㄴ. 요양급여
> ㄷ. 간병급여 ㄹ. 영업손실비용
> ㅁ. 직업재활급여

① ㄱ, ㄴ, ㄹ ② ㄱ, ㄴ, ㄷ, ㅁ
③ ㄱ, ㄷ, ㄹ, ㅁ ④ ㄴ, ㄷ, ㄹ, ㅁ

해설
산업재해보상보험급여의 종류 : 요양급여, 휴업급여, 장해급여, 간병급여, 유족급여, 상병보상연금, 장례비, 직업재활급여

04 안전관리조직의 형태에 관한 설명으로 옳은 것은?

① 라인형 조직은 100명 이상의 중규모 사업장에 적합하다.
② 스태프형 조직은 권한 다툼의 해소나 조정이 용이하여 시간과 노력이 감소된다.
③ 라인형 조직은 안전에 대한 정보가 불충분하지만 안전지시나 조치에 대한 실시가 신속하다.
④ 라인·스태프형 조직은 1,000명 이상의 대규모 사업장에 적합하나 조직원 전원의 자율적 참여가 불가능하다.

해설
① 라인형 조직은 100명 이하의 소규모 사업장에 적합하다.
② 스태프형 조직은 권한 다툼이나 조정으로 인해 통제 수속이 복잡해지며 시간과 노력이 소모된다.
④ 라인·스태프형 조직은 1,000명 이상의 대규모 사업장에 적합하며 조직원 전원을 자율적으로 안전활동에 참여시킬 수 있다.

05
재해예방을 위한 대책 선정에 관한 사항 중 기술적 대책(Engineering)에 해당되지 않는 것은?

① 작업행정의 개선
② 환경설비의 개선
③ 점검 보존의 확립
④ 안전수칙의 준수

해설
대책 선정의 원칙 : 가장 효과적인 재해방지대책의 선정은 원인의 정확한 분석을 통해 얻어진다.
- 기술적 대책(Engineering) : 안전설계, 작업행정 개선, 안전기준 설정, 환경설비의 개선, 점검 보존 확립 등
- 교육적 대책(Education) : 안전교육·훈련 등
- 관리적 대책(Enforcement) : 적합한 기준 설정, 전 종업원의 기준 이해, 동기부여와 사기 향상, 각종 규정·수칙 준수, 경영자·관리자의 솔선수범 등

06
산업안전보건법령상 산업안전보건위원회의 심의·의결을 거쳐야 하는 사항이 아닌 것은?(단, 그 밖에 필요한 사항은 제외한다)

① 작업환경 측정 등 작업환경의 점검 및 개선에 관한 사항
② 산업재해에 관한 통계의 기록 및 유지에 관한 사항
③ 안전장치 및 보호구 구입 시 적격품 여부 확인에 관한 사항
④ 사업장의 산업재해 예방계획의 수립에 관한 사항

해설
산업안전보건위원회의 심의·의결을 거쳐야 하는 사항이 아닌 것으로 다음의 내용이 출제된다.
- 재해자에 관한 치료 및 재해보상에 관한 사항
- 산업재해에 관한 통계의 기록·유지에 관한 사항
- 근로자의 건강관리, 보건교육 및 건강증진 지도
- 안전장치 및 보호구 구입 시의 적격품 여부 확인에 관한 사항
- 사업장 경영체계 구성 및 운영에 관한 사항

07
산업안전보건법령상 안전보건표지의 색채를 파란색으로 사용하여야 하는 경우는?

① 주의표지
② 정지신호
③ 차량통행표지
④ 특정 행위의 지시

해설
① 주의표지 : 노란색
② 정지신호 : 빨간색
③ 차량통행표지 : 녹색

08
시설물의 안전 및 유지관리에 관한 특별법령상 안전등급별 정기안전점검 및 정밀안전진단 실시 시기에 관한 사항으로 (   )에 알맞은 기준은?

안전등급	정기안전점검	정밀안전진단
A등급	(ㄱ)에 1회 이상	(ㄴ)에 1회 이상

① ㄱ : 반기, ㄴ : 4년
② ㄱ : 반기, ㄴ : 6년
③ ㄱ : 1년, ㄴ : 4년
④ ㄱ : 1년, ㄴ : 6년

해설
안전점검, 정밀안전진단 및 성능평가의 실시 시기(시설물의 안전 및 유지관리에 관한 특별법 시행령 별표 3)

안전등급	정기안전점검	정밀안전점검		정밀안전진단	성능평가
		건축물	건축물 외 시설물		
A등급	반기에 1회 이상	4년에 1회 이상	3년에 1회 이상	6년에 1회 이상	5년에 1회 이상
B·C등급		3년에 1회 이상	2년에 1회 이상	5년에 1회 이상	
D·E등급	1년에 3회 이상	2년에 1회 이상	1년에 1회 이상	4년에 1회 이상	

정답 5 ④ 6 ③ 7 ④ 8 ②

09 다음의 재해사례에서 기인물과 가해물은?

> 작업자가 작업장을 걸어가던 중 작업장 바닥에 쌓여 있던 자재에 걸려 넘어지면서 바닥에 머리를 부딪쳐 사망하였다.

① 기인물 : 자재, 가해물 : 바닥
② 기인물 : 자재, 가해물 : 자재
③ 기인물 : 바닥, 가해물 : 바닥
④ 기인물 : 바닥, 가해물 : 자재

10 산업재해통계업무처리규정상 산업재해통계에 관한 설명으로 틀린 것은?

① 총요양근로손실일수는 재해자의 총요양기간을 합산하여 산출한다.
② 휴업재해자수는 근로복지공단의 휴업급여를 지급받은 재해자수를 의미하여, 체육행사로 인하여 발생한 재해는 제외된다.
③ 사망자수는 통상의 출퇴근에 의한 사망을 포함하여 근로복지공단의 유족급여가 지급된 사망자수를 말한다.
④ 재해자수는 근로복지공단의 유족급여가 지급된 사망자 및 근로복지공단에 최초요양신청서를 제출한 재해자 중 요양승인을 받은 자를 말한다.

[해설]
사망자수는 근로복지공단의 유족급여가 지급된 사망자(지방고용노동관서의 산재 미보고 적발 사망자를 포함)수를 말한다. 다만, 사업장 밖의 교통사고(운수업, 음식숙박업은 사업장 밖의 교통사고도 포함)·체육행사·폭력행위·통상의 출퇴근에 의한 사망, 사고 발생일로부터 1년을 경과하여 사망한 경우는 제외한다.

11 건설업 산업안전보건관리비 계상 및 사용기준상 건설업 안전보건관리비로 사용할 수 있는 것을 모두 고른 것은?

> ㄱ. 전담 안전·보건관리자의 인건비
> ㄴ. 현장 내 안전보건교육장 설치비용
> ㄷ. 전기사업법에 따른 전기안전대행비용
> ㄹ. 유해위험방지계획서의 작성에 소요되는 비용
> ㅁ. 재해예방전문지도기관에 지급하는 기술지도 비용

① ㄴ, ㄷ, ㄹ
② ㄱ, ㄴ, ㄹ, ㅁ
③ ㄱ, ㄷ, ㄹ, ㅁ
④ ㄱ, ㄴ, ㄷ, ㅁ

[해설]
사용기준(건설업 산업안전보건관리비 계상 및 사용기준 제7조)
• 안전관리자·보건관리자의 임금 등
 – 안전관리 또는 보건관리 업무만을 전담하는 안전관리자 또는 보건관리자의 임금과 출장비 전액(지방고용노동관서에 선임 보고한 날부터 발생한 비용에 한정)
• 안전보건진단비 등
 – 유해위험방지계획서의 작성 등에 소요되는 비용
 – 안전보건진단에 소요되는 비용
 – 작업환경 측정에 소요되는 비용
• 안전보건교육비 등
 – 의무교육이나 이에 준하여 실시하는 교육을 위해 건설공사 현장의 교육 장소 설치·운영 등에 소요되는 비용
 – 산업재해 예방이 주된 목적인 교육을 실시하기 위해 소요되는 비용
 – 안전보건관리책임자, 안전관리자, 보건관리자가 업무수행을 위해 필요한 정보를 취득하기 위한 목적으로 도서, 정기간행물을 구입하는 데 소요되는 비용

12 다음에서 설명하는 위험예지훈련 단계는?

- 위험요인을 찾아내는 단계
- 가장 위험한 것을 합의하여 결정하는 단계

① 현상 파악
② 본질 추구
③ 대책 수립
④ 목표 설정

해설
위험예지훈련 2단계(본질 추구)
- 위험요인을 찾아내는 단계
- 위험의 포인트를 결정하여 지적·확인하는 단계
- 문제점을 발견하고 중요 문제를 결정하는 단계
- 가장 위험한 것을 합의하여 결정하는 단계

13 산업안전보건법령상 안전검사대상 기계가 아닌 것은?

① 리프트
② 압력용기
③ 컨베이어
④ 이동식 국소 배기장치

해설
안전검사대상기계 등(산업안전보건법 시행령 제78조)
- 안전검사대상 기계(15품목) : 프레스, 전단기, 크레인(정격 하중 2[ton] 미만은 제외), 리프트, 압력용기, 곤돌라, 국소 배기장치(이동식 제외), 원심기(산업용만 해당), 롤러기(밀폐형 구조 제외), 사출성형기(형 체결력 294[kN] 미만 제외), 고소작업대(화물자동차 또는 특수자동차에 탑재한 고소작업대로 한정), 컨베이어, 산업용 로봇, 혼합기, 파쇄기 또는 분쇄기
- 안전검사대상 기계가 아닌 것으로 밀폐형 구조 롤러기, 밀폐형 롤러기, 교류 아크용접기, 정격하중이 2[ton] 미만인 크레인, 이동식 국소배기장치, 고소작업대, 이동식 크레인 등이 출제된다.

14 산업안전보건법령상 사업장에서 산업재해 발생 시 사업주가 기록·보존하여야 하는 사항이 아닌 것은? (단, 산업재해조사표와 요양신청서의 사본은 보존하지 않았다)

① 사업장의 개요
② 근로자의 인적사항
③ 재해 재발방지 계획
④ 안전관리자 선임에 관한 사항

해설
산업재해 발생 시 사업주가 기록·보존하여야 하는 사항(산업안전보건법 시행규칙 제72조)
- 사업장의 개요 및 근로자의 인적사항
- 재해발생 일시·장소
- 재해발생 원인 및 과정
- 재해 재발방지 계획

15 A사업장의 상시근로자수가 1,200명이다. 이 사업장의 도수율이 10.5이고, 강도율이 7.5일 때 이 사업장의 총요양근로손실일수(일)는?(단, 연근로시간수는 2,400시간이다)

① 21.6
② 216
③ 2,160
④ 21,600

해설
강도율 = $\dfrac{\text{근로손실일수}}{\text{연근로시간수}} \times 10^3$ 이므로,

$7.5 = \dfrac{\text{근로손실일수}}{1,200 \times 2,400} \times 10^3$

∴ 근로손실일수 = $\dfrac{7.5 \times 1,200 \times 2,400}{1,000} = 21,600$일

정답 12 ② 13 ④ 14 ④ 15 ④

16 산업재해의 기본원인으로 볼 수 있는 4M으로 옳은 것은?

① Man, Machine, Maker, Media
② Man, Management, Machine, Media
③ Man, Machine, Maker, Management
④ Man, Management, Machine, Material

해설
산업재해의 기본원인으로 볼 수 있는 4M은 Man, Management, Machine, Media이다.

17 보호구 안전인증 고시상 안전대 충격흡수장치의 동하중시험 성능기준에 관한 사항으로 ( ) 안에 알맞은 기준은?

- 최대 전달충격력은 (ㄱ)[kN] 이하이어야 함
- 감속거리는 (ㄴ)[mm] 이하이어야 함

① ㄱ : 6.0, ㄴ : 1,000
② ㄱ : 6.0, ㄴ : 2,000
③ ㄱ : 8.0, ㄴ : 1,000
④ ㄱ : 8.0, ㄴ : 2,000

해설
안전대 충격흡수장치의 동하중시험 성능기준(보호구 안전인증 고시 별표 9)
- 최대 전달충격력은 6.0[kN] 이하이어야 함
- 감속거리는 1,000[mm] 이하이어야 함

18 산업안전보건기준에 관한 규칙상 공기압축기 가동 전 점검사항을 모두 고른 것은?(단, 그 밖에 사항은 제외한다)

ㄱ. 윤활유의 상태
ㄴ. 압력방출장치의 기능
ㄷ. 회전부의 덮개 또는 울
ㄹ. 언로드밸브(Unloading Valve)의 기능

① ㄷ, ㄹ
② ㄱ, ㄴ, ㄷ
③ ㄱ, ㄴ, ㄹ
④ ㄱ, ㄴ, ㄷ, ㄹ

해설
공기압축기 가동 전 점검사항(산업안전보건기준에 관한 규칙 별표 3)
- 공기저장 압력용기의 외관 상태
- 드레인밸브(Drain Valve)의 조작 및 배수
- 압력방출장치의 기능
- 언로드밸브(Unloading Valve)의 기능
- 윤활유의 상태
- 회전부의 덮개 또는 울
- 그 밖의 연결 부위의 이상 유무

19 버드(Bird)의 재해구성비율 이론상 경상이 10건일 때 중상에 해당하는 사고 건수는?

① 1
② 30
③ 300
④ 600

해설
버드의 재해구성비율(1 : 10 : 30 : 600의 법칙)
중상 : 경상(물적, 인적 사고) : 무상해 사고(물적 손해만 발생한 사고) : 무상해・무사고 고장(위험순간, 아차사고) = 1 : 10 : 30 : 600

20 재해의 원인 중 불안전한 상태에 속하지 않는 것은?

① 위험장소 접근
② 작업환경의 결함
③ 방호장치의 결함
④ 물적 자체의 결함

> **해설**
> - 물적 원인(불안전한 상태) : 물(物) 자체의 결함, 생산라인(공정)의 결함, 사용설비의 설계 불량, 기계설비 및 장비의 결함, 방호장치의 결함, 방호장치 미설치, 부적절한 보호구, 작업환경의 결함(조명 및 환기 불량 등의 환경 불량), 주변 환경의 정리정돈 불량, 경계표시의 결함, 위험물질의 방치 등
> - 위험장소 접근은 인적 원인(불안전한 행동)에 해당한다.

제2과목 산업심리 및 교육

21 다음 적응기제 중 방어적 기제에 해당하는 것은?

① 고립(Isolation)
② 억압(Repression)
③ 합리화(Rationalization)
④ 백일몽(Day-dreaming)

> **해설**
> ①, ②, ④는 도피적 기제에 해당한다.

22 알고 있는 지식을 심화시키거나 어떠한 자료에 대해 보다 명료한 생각을 갖도록 하는 경우 실시하는 교육방법으로 가장 적절한 것은?

① 구안법   ② 강의법
③ 토의법   ④ 실연법

> **해설**
> 토의법(Discussion Method)
> - 공동학습의 일종이다.
> - 알고 있는 지식을 심화시키거나 어떠한 자료에 대해 보다 명료한 생각을 갖도록 하기 위하여 실시하는 교육방법으로 가장 적합하다.
> - 현장의 관리감독자 교육을 위하여 가장 바람직한 교육방식이다.
> - 전개단계에서 가장 효과적인 수업방법이다.

23 조직이 리더(Leader)에게 부여하는 권한으로 부하직원의 처벌, 임금 삭감을 할 수 있는 권한은?

① 강압적 권한   ② 보상적 권한
③ 합법적 권한   ④ 전문성의 권한

> **해설**
> ② 보상적 권한 : 리더가 부하의 능력에 대하여 차별적 성과급을 지급하는 권한
> ③ 합법적 권한 : 권력 행사자가 보유하고 있는 조직 내 지위에 기초한 권한
> ④ 전문성의 권한 : 지식이나 기술에 바탕을 두고 영향을 미침으로써 얻는 권한

24 운동에 대한 착각현상이 아닌 것은?

① 자동운동   ② 항상운동
③ 유도운동   ④ 가현운동

> **해설**
> 운동의 착각현상(시지각, 착시현상) : 자동운동, 유도운동, 가현운동

정답 20 ①   21 ③   22 ③   23 ①   24 ②

25 자동차 엑셀러레이터와 브레이크 간 간격, 브레이크 폭, 소프트웨어상에서 메뉴나 버튼의 크기 등을 결정하는 데 사용할 수 있는 인간공학법칙은?

① Fitts의 법칙
② Hick의 법칙
③ Weber의 법칙
④ 양립성 법칙

해설
피츠(Fitts)의 법칙
- 인간의 제어 및 조정능력을 나타낸다.
- 인간의 행동에 대한 속도와 정확성 간의 관계를 설명한다.
- 시작점에서 목표점까지 얼마나 빠르게 닿을 수 있는지를 예측한다.
- 자동차 엑셀러레이터와 브레이크 간 간격, 브레이크 폭, 소프트웨어상에서 메뉴나 버튼의 크기 등을 결정하는 데 사용한다.

26 개인적 카운슬링(Counseling)의 방법이 아닌 것은?

① 설득적 방법
② 설명적 방법
③ 강요적 방법
④ 직접적인 충고

해설
개인적 카운슬링의 방법 : 직접적인 충고, 설득적 방법, 설명적 방법

27 산업안전보건법령상 근로자 안전보건교육 중 특별교육 대상 작업에 해당하지 않는 것은?

① 굴착면의 높이가 5[m] 되는 지반 굴착작업
② 콘크리트 파쇄기를 사용하여 5[m]의 구축물을 파쇄하는 작업
③ 흙막이 지보공의 보강 또는 동바리를 설치하거나 해체하는 작업
④ 휴대용 목재가공기계를 세 대 보유한 사업장에서 해당 기계로 하는 작업

해설
목재가공기계(휴대용 제외)를 다섯 대 이상 보유한 사업장에서 해당 기계로 하는 작업(산업안전보건법 시행규칙 별표 5)

28 학습지도의 원리와 거리가 가장 먼 것은?

① 감각의 원리
② 통합의 원리
③ 자발성의 원리
④ 사회화의 원리

해설
학습지도의 원리 : 직관의 원리(감각의 원리), 개별화의 원리, 사회화의 원리, 자발성의 원리, 통합의 원리, 목적의 원리

29 매슬로(Maslow)의 욕구 5단계 중 안전욕구에 해당하는 단계는?

① 1단계
② 2단계
③ 3단계
④ 4단계

해설
매슬로(Maslow)의 욕구계층 순서
- 1단계 : 생리적 욕구
- 2단계 : 안전에 대한 욕구
- 3단계 : 사회적 욕구
- 4단계 : 존경의 욕구
- 5단계 : 자아실현의 욕구

정답 25 ① 26 ③ 27 ④ 28 ① 29 ②

30 생체리듬에 관한 설명 중 틀린 것은?

① 감각의 리듬이 (−)로 최대가 되는 경우에만 위험일이라고 한다.
② 육체적 리듬은 'P'로 나타내며, 23일을 주기로 반복된다.
③ 감성적 리듬은 'S'로 나타내며, 28일을 주기로 반복된다.
④ 지성적 리듬은 'I'로 나타내며, 33일을 주기로 반복된다.

> 해설
> 감각의 리듬이 (+)에서 (−)로 변화하는 점이 위험일이다.

31 에너지대사율(RMR)에 따른 작업의 분류에 따라 보통 작업의 RMR 범위는?

① 0~2   ② 2~4
③ 4~7   ④ 7~9

> 해설
> 에너지대사율과 작업강도

작업 구분	가벼운 작업	보통 작업	중(重) 작업	초중(超重) 작업
RMR값	0~2	2~4	4~7	7 이상

32 조직 구성원의 태도는 조직성과와 밀접한 관계가 있는데 태도(Attitude)의 세 가지 구성요소에 포함되지 않는 것은?

① 인지적 요소
② 정서적 요소
③ 성격적 요소
④ 행동경향 요소

> 해설
> 태도(Attitude)의 3가지 구성요소 : 인지적 요소, 정서적 요소, 행동경향 요소

33 다음에서 설명하는 학습방법은?

> 학생이 생활하고 있는 현실적인 장면에서 당면하는 여러 문제들을 해결해 나가는 과정으로 지식, 기능, 태도, 기술 등을 종합적으로 획득하도록 하는 학습방법

① 롤 플레잉(Role Playing)
② 문제법(Problem Method)
③ 버즈 세션(Buzz Session)
④ 케이스 메소드(Case Method)

> 해설
> 문제법(Problem Method)
> • 별칭 : 문제해결법(Problem Solving Method)
> • 경험중심의 학습법이다.
> • 생활하고 있는 현실적인 장면에서 당면하는 여러 문제들에 대한 해결방안을 찾아내는 것으로 지식, 기능, 태도, 기술 등을 종합적으로 획득하도록 하는 학습방법이다.
> • 반성적 사고를 통하여 문제를 해결한다.
> • 문제해결을 위한 유용한 기술을 배울 수 있는 경험을 제공한다.

정답 30 ① 31 ② 32 ③ 33 ②

34 호손(Hawthorne) 실험의 결과 작업자의 작업능률에 영향을 미치는 주요 원인으로 밝혀진 것은?

① 작업조건 ② 인간관계
③ 생산기술 ④ 행동규범의 설정

해설
호손(Hawthorne) 실험은 작업자의 작업능률에 영향을 미치는 주요 원인이 인간관계라는 사실을 밝혀낸 연구이다.

35 심리학에서 사용하는 용어로 측정하고자 하는 것을 실제로 적절히, 정확히 측정하는지의 여부를 판별하는 것은?

① 표준화 ② 신뢰성
③ 객관성 ④ 타당성

해설
타당성 : 심리학에서 사용하는 용어로 측정하고자 하는 것을 실제로 적절히, 정확히 측정하는지의 여부를 판별하는 것

36 Kirkpatrick의 교육훈련평가 4단계를 바르게 나열한 것은?

① 학습단계 → 반응단계 → 행동단계 → 결과단계
② 학습단계 → 행동단계 → 반응단계 → 결과단계
③ 반응단계 → 학습단계 → 행동단계 → 결과단계
④ 반응단계 → 학습단계 → 결과단계 → 행동단계

37 사고경향성 이론에 관한 설명 중 틀린 것은?

① 사고를 많이 내는 여러 명의 특성을 측정하여 사고를 예방하는 것이다.
② 개인의 성격보다는 특정 환경에 의해 훨씬 더 사고가 일어나기 쉽다.
③ 어떠한 사람이 다른 사람보다 사고를 더 잘 일으킨다는 이론이다.
④ 사고경향성을 검증하기 위한 효과적인 방법은 다른 두 시기 동안에 같은 사람의 사고기록을 비교하는 것이다.

해설
특정 환경보다는 개인의 성격에 의해 훨씬 더 사고가 일어나기 쉽다.

38 Off JT(Off the Job Training)의 특징으로 옳은 것은?

① 전문 강사를 초빙하는 것이 가능하다.
② 개개인에게 적절한 지도훈련이 가능하다.
③ 직장의 실정에 맞게 실제적 훈련이 가능하다.
④ 훈련에 필요한 업무의 계속성이 끊어지지 않는다.

해설
②, ③, ④는 OJT의 특징에 해당한다.

39 직무분석을 위한 정보를 얻는 방법과 거리가 가장 먼 것은?

① 관찰법
② 직무수행법
③ 설문지법
④ 서류함기법

해설
서류함기법(In-Basket) : 조직 내외의 다양한 이해관계자들과 관련 이슈를 해결하기 위하여 정해진 시간에 제반 자료를 보고 업무해결안을 작성하는 기법

40 산업안전보건법령상 타워크레인 신호작업에 종사하는 일용근로자의 특별교육 교육시간 기준은?

① 1시간 이상
② 2시간 이상
③ 4시간 이상
④ 8시간 이상

해설
안전보건교육 교육과정별 교육시간(산업안전보건법 시행규칙 별표 4)
타워크레인 신호작업에 종사하는 일용근로자의 특별교육시간은 8시간 이상으로 실시하여야 한다.

제3과목 인간공학 및 시스템안전공학

41 A작업의 평균 에너지소비량이 다음과 같을 때, 60분간의 총작업시간 내에 포함되어야 하는 휴식시간(분)은?

- 휴식 중 에너지소비량 : 1.5[kcal/min]
- A작업 시 평균 에너지소비량 : 6[kcal/min]
- 기초대사를 포함한 작업에 대한 평균 에너지소비량 상한 : 5[kcal/min]

① 10.3
② 11.3
③ 12.3
④ 13.3

해설
휴식시간 $R = T \times \dfrac{E-5}{E-1.5} = 60 \times \dfrac{6-5}{6-1.5} \approx 13.3 [\min]$

42 인간공학에 대한 설명으로 틀린 것은?

① 인간-기계 시스템의 안전성, 편리성, 효율성을 높인다.
② 인간을 작업과 기계에 맞추는 설계 철학이 바탕이 된다.
③ 인간이 사용하는 물건, 설비, 환경의 설계에 적용된다.
④ 인간의 생리적, 심리적인 면에서의 특성이나 한계점을 고려한다.

해설
인간공학은 작업과 기계를 인간에 맞추는 설계 철학이 바탕이 된다.

43 근골격계질환 작업분석 및 평가방법인 OWAS의 평가요소를 모두 고른 것은?

> ㄱ. 상 지
> ㄴ. 무게(하중)
> ㄷ. 하 지
> ㄹ. 허 리

① ㄱ, ㄴ
② ㄱ, ㄷ, ㄹ
③ ㄴ, ㄷ, ㄹ
④ ㄱ, ㄴ, ㄷ, ㄹ

해설
OWAS의 평가요소 : 허리, 상지, 하지, 무게(하중)

44 밝은 곳에서 어두운 곳으로 갈 때 망막에 시홍이 형성되는 생리적 과정인 암조응이 발생하는데 완전 암조응(Dark Adaptation)이 발생하는 데 소요되는 시간은?

① 약 3~5분
② 약 10~15분
③ 약 30~40분
④ 약 60~90분

해설
완전 암조응(Dark Adaptation)이 발생하는 데 소요되는 시간은 약 30~40분이다.

45 FTA(Fault Tree Analysis)에 관한 설명으로 옳은 것은?

① 정성적 분석만 가능하다.
② 복잡하고 대형화된 시스템의 신뢰성 분석 및 안정성 분석에 이용되는 기법이다.
③ FT에 동일한 사건이 중복되어 나타나는 경우 상향식(Bottom-up)으로 정상사건 T의 발생 확률을 계산할 수 있다.
④ 기초사건과 생략사건의 확률값이 주어지게 되더라도 정상사건의 최종적인 발생확률을 계산할 수 없다.

해설
① 정성적 분석, 정량적 분석 모두 가능하다.
③ 톱다운(Top-Down) 접근방식이다.
④ 기초사건과 생략사건의 확률값이 주어지면 정상사건의 최종적인 발생확률을 계산할 수 있다.

46 불(Boole) 대수의 정리를 나타낸 관계식 중 틀린 것은?

① $A \cdot 0 = 0$
② $A + 1 = 1$
③ $A \cdot \overline{A} = 1$
④ $A(A + B) = A$

해설
불(Boole) 대수의 상호(보원)법칙 : $A \cdot \overline{A} = 0$, $A + \overline{A} = 1$

47 FTA(Fault Tree Analysis)에서 사용되는 사상기호 중 통상의 작업이나 기계의 상태에서 재해의 발생원인이 되는 요소가 있는 것을 나타내는 것은?

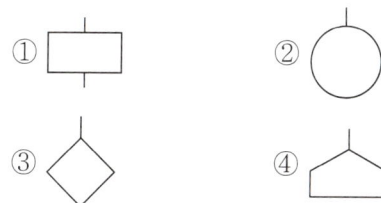

해설
통상의 작업이나 기계의 상태에서 재해의 발생원인이 되는 요소가 있는 것은 통상사상기호인 ④번이다.

48 HAZOP 기법에서 사용하는 가이드워드와 그 의미가 잘못 연결된 것은?

① Part of : 성질상의 감소
② As well as : 성질상의 증가
③ Other than : 기타 환경적인 요인
④ More/Less : 정량적인 증가 또는 감소

해설
Other than : 완전한 대체

49 다음 중 좌식작업이 가장 적합한 작업은?

① 정밀 조립작업
② 4.5[kg] 이상의 중량물을 다루는 작업
③ 작업장이 서로 떨어져 있으며 작업장 간 이동이 잦은 작업
④ 작업자의 정면에서 매우 높거나 낮은 곳으로 손을 자주 뻗어야 하는 작업

50 양식 양립성의 예시로 가장 적절한 것은?

① 자동차 설계 시 고도계 높낮이 표시
② 방사능 사업장에 방사능 폐기물 표시
③ 청각적 자극 제시와 이에 대한 음성 응답
④ 자동차 설계 시 제어장치와 표시장치의 배열

해설
양식 양립성은 청각적 자극 제시와 이에 대한 음성 응답 과업에서 갖는 양립성이다. 그 예시로 청각적 자극 제시와 이에 대한 음성 응답이 있다.

51 시스템의 수명곡선(욕조곡선)에 있어서 디버깅(Debugging)에 관한 설명으로 옳은 것은?

① 초기 고장의 결함을 찾아 고장률을 안정시키는 과정이다.
② 우발 고장의 결함을 찾아 고장률을 안정시키는 과정이다.
③ 마모 고장의 결함을 찾아 고장률을 안정시키는 과정이다.
④ 기계 결함을 발견하기 위해 동작시험을 하는 기간이다.

해설
디버깅(Debugging)은 초기 고장의 결함을 찾아 고장률을 안정시키는 과정이다.

정답 47 ④ 48 ③ 49 ① 50 ③ 51 ①

52 1[sone]에 관한 설명으로 ( ) 안에 알맞은 수치는?

> 1[sone] : (ㄱ)[Hz], (ㄴ)[dB]의 음압수준을 가진 순음의 크기

① ㄱ : 1,000, ㄴ : 1
② ㄱ : 4,000, ㄴ : 1
③ ㄱ : 1,000, ㄴ : 40
④ ㄱ : 4,000, ㄴ : 40

해설
1[sone] : 1,000[Hz], 40[dB]의 음압수준을 가진 순음의 크기

53 경계 및 경보신호의 설계지침으로 틀린 것은?

① 주의를 환기시키기 위하여 변조된 신호를 사용한다.
② 배경소음의 진동수와 다른 진동수의 신호를 사용한다.
③ 귀는 중음역에 민감하므로 500~3,000[Hz]의 진동수를 사용한다.
④ 300[m] 이상의 장거리용으로는 1,000[Hz]를 초과하는 진동수를 사용한다.

해설
300[m] 이상의 장거리용으로는 800[Hz] 전후의 진동수를 사용한다.

54 인간-기계 시스템에 관한 설명으로 틀린 것은?

① 자동 시스템에서는 인간요소를 고려하여야 한다.
② 자동차 운전이나 전기 드릴 작업은 반자동 시스템의 예시이다.
③ 자동 시스템에서 인간은 감시, 정비 유지, 프로그램 등의 작업을 담당한다.
④ 수동 시스템에서 기계는 동력원을 제공하고 인간의 통제하에서 제품을 생산한다.

해설
수동 시스템에서 인간은 동력원을 제공하고 기계는 인간의 통제하에서 제품을 생산한다.

55 n개의 요소를 가진 병렬 시스템에 있어 요소의 수명(MTTF)이 지수 분포를 따를 경우, 이 시스템의 수명으로 옳은 것은?

① $\text{MTTF} \times n$
② $\text{MTTF} \times \dfrac{1}{n}$
③ $\text{MTTF} \times \left(1 + \dfrac{1}{2} + \cdots + \dfrac{1}{n}\right)$
④ $\text{MTTF} \times \left(1 \times \dfrac{1}{2} \times \cdots \times \dfrac{1}{n}\right)$

해설
병렬 시스템에서의 시스템 수명 : $\text{MTTF} \times \left(1 + \dfrac{1}{2} + \cdots + \dfrac{1}{n}\right)$

56 다음에서 설명하는 용어는?

> 유해·위험요인을 파악하고 해당 유해·위험요인에 의한 부상 또는 질병의 발생 가능성(빈도)과 중대성(강도)을 추정·결정하고 감소대책을 수립하여 실행하는 일련의 과정을 말한다.

① 위험성 결정 ② 위험성 평가
③ 위험빈도 추정 ④ 유해·위험요인 파악

57 상황해석을 잘못하거나 목표를 잘못 설정하여 발생하는 인간의 오류 유형은?

① 실수(Slip) ② 착오(Mistake)
③ 위반(Violation) ④ 건망증(Lapse)

해설
① 실수(Slip) : 상황이나 목표의 해석은 정확하나 의도와는 다른 행동을 하는 것
③ 위반(Violation) : 상황을 알고 있음에도 의도적으로 따르지 않거나 무시한 경우
④ 과오 혹은 건망증(Lapse) : 기억의 실패에 기인하여 무엇을 잊어버리거나 부주의해서 행동 수행을 실패하는 것

58 위험분석기법 중 시스템 수명주기 관점에서 적용 시점이 가장 빠른 것은?

① PHA ② FHA
③ OHA ④ SHA

해설
PHA(예비위험분석) : 복잡한 시스템을 설계, 가동하기 전의 구상단계에서 시스템의 근본적인 위험성을 평가하는 가장 기초적인 위험도분석기법으로, 시스템 내에 존재하는 위험을 파악하기 위한 목적으로 시스템 설계 초기단계에 수행한다.

59 태양광선이 내리쬐는 옥외장소의 자연습구온도 20[℃], 흑구온도 18[℃], 건구온도 30[℃]일 때 습구흑구 온도지수(WBGT)는?

① 20.6[℃] ② 22.5[℃]
③ 25.0[℃] ④ 28.5[℃]

해설
태양광이 내리쬐는 옥외의 경우,
WBGT = 0.7NWB + 0.2G + 0.1D
(여기서, NWB : 자연습구온도, G : 흑구온도, D : 건구온도)
WBGT = 0.7NWB + 0.2G + 0.1D
= 0.7×20 + 0.2×18 + 0.1×30 = 20.6[℃]

60 그림과 같은 FT도에 대한 최소 컷셋(Minimal Cut Sets)으로 옳은 것은?(단, Fussell의 알고리즘을 따른다)

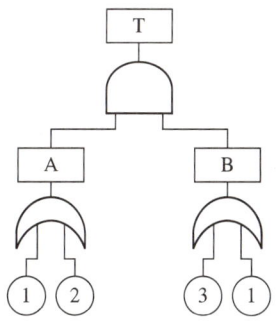

① {1, 2} ② {1, 3}
③ {2, 3} ④ {1, 2, 3}

해설
$T = A \cdot B = (①+②)(③ \cdot ①) = ①(③ \cdot ①) + ②(③ \cdot ①)$
$= ③ \cdot ① + ① \cdot ② \cdot ③ = ①(③ + ② \cdot ③)$
$= ①[③(1+②)]$
$= ① \cdot ③$ 이므로 최소 컷셋은 {1, 3}이다.

제4과목 건설시공학

61 통상적으로 스팬이 큰 보 및 바닥판의 거푸집을 걸 때에 스팬의 캠버(Camber)값으로 옳은 것은?

① 1/300~1/500
② 1/200~1/350
③ 1/150~1/250
④ 1/100~1/300

해설
캠버(Camber, 솟음)
- 보, 슬래브 등의 수평부재가 하중에 의해 처지는 것을 고려하여 상향으로 들어 올리는 것 또는 들어 올린 크기
- 통상적으로 스팬이 큰 보 및 바닥판의 거푸집을 걸 때에 스팬의 캠버(Camber)값 : 1/300~1/500

62 지반개량 공법 중 동다짐(Dynamic Compaction) 공법의 특징으로 옳지 않은 것은?

① 시공 시 지반진동에 의한 공해문제가 발생하기도 한다.
② 지반 내에 암괴 등의 장애물이 있으면 적용이 불가능하다.
③ 특별한 약품이나 자재를 필요로 하지 않는다.
④ 깊은 심도의 지반 개량에 대해서는 초대형 장비가 필요하다.

해설
동다짐 공법은 지반 내에 암괴 등의 장애물이 있어도 적용이 가능하다.

63 기성콘크리트 말뚝에 표기된 PHC-A · 450-12의 각 기호에 대한 설명으로 옳지 않은 것은?

① PHC : 원심력 고강도 프리스트레스트 콘크리트 말뚝
② A : A종
③ 450 : 말뚝 바깥지름
④ 12 : 말뚝 삽입 간격

해설
12 : 말뚝 길이(12[m])

64 흙막이 공법과 관련된 내용의 연결이 옳지 않은 것은?

① 버팀대 공법 - 띠장, 지지말뚝
② 지하연속법 - 안정액, 트레미관
③ 자립식 공법 - 안내벽, 인터로킹 파이프
④ 어스앵커 공법 - 인장재, 그라우팅

해설
- 자립식 공법 : 흙막이 벽 벽체의 근입 깊이에 의해 흙막이 벽을 지지하는 공법
- 안내벽, 인터로킹 파이프는 지하연속법과 관련된다.

65 흙막이 공법 중 지하연속벽(Slurry Wall) 공법에 대한 설명으로 옳지 않은 것은?

① 흙막이벽 자체의 강도, 강성이 우수하기 때문에 연약 지반의 변형 및 이면 침하를 최소한으로 억제할 수 있다.
② 차수성이 좋아 지하수가 많은 지반에도 사용할 수 있다.
③ 시공 시 소음, 진동이 작다.
④ 다른 흙막이벽에 비해 공사비가 적게 든다.

해설
지하연속벽 공법은 다른 흙막이벽에 비해 공사비가 많이 든다.

66 건축물의 지하공사에서 계측관리에 관한 설명으로 틀린 것은?

① 계측관리의 목적은 위험의 징후를 발견하는 것이다.
② 계측관리의 중점관리 사항으로는 흙막이 변위에 따른 배면 지반의 침하가 있다.
③ 계측관리는 인적이 뜸하고 위험이 적은 안전한 곳에 설치하여 주기적으로 실시한다.
④ 일일점검항목으로는 흙막이벽체, 주변 지반, 지하 수위 및 배수량 등이 있다.

해설
건축물의 지하공사 시 계측관리는 인적이 많고 위험이 우려되는 곳에 설치하여 주기적으로 실시한다.

67 벽 길이 10[m], 벽 높이 3.6[m]인 블록벽체를 기본블록(390[mm] × 190[mm] × 150[mm])으로 쌓을 때 소요되는 블록의 수량은?(단, 블록은 온장으로 고려하고, 줄눈 너비는 가로, 세로 10[mm], 할증은 고려하지 않음)

① 412매
② 468매
③ 562매
④ 598매

해설
소요 블록 수량은 줄눈 10[mm]를 기준으로 할 때 [m²]당 정미량은 12.5매를 적용하며 소요량으로 계산하려면 13매를 적용한다.
∴ 소요되는 블록의 수량 = 13 × (10 × 3.6) = 468매

68 외관 검사 결과 불합격된 철근 가스압접 이음부의 조치 내용으로 옳지 않은 것은?

① 심하게 구부러졌을 때는 재가열하여 수정한다.
② 압접면의 엇갈림이 규정값을 초과했을 때는 재가열하여 수정한다.
③ 형태가 심하게 불량하거나 또는 압접부에 유해하다고 인정되는 결함이 생긴 경우는 압접부를 잘라내고 재압접한다.
④ 철근중심축의 편심량이 규정값을 초과했을 때는 압접부를 떼어내고 재압접한다.

해설
외관 검사 결과 압접면의 엇갈림이 규정값을 초과했을 때는 압접부를 잘라내고 재압접한다.

69 철골부재 조립 시 구멍의 위치가 다소 다를 때 구멍을 맞추기 위한 작업은?

① 송곳뚫기(Drilling)
② 리밍(Reaming)
③ 펀칭(Punching)
④ 리벳치기(Riveting)

해설
철골부재 조립 시 구멍의 위치가 다소 다를 때 구멍을 맞추기 위해 리밍(Reaming)작업을 한다.

70 철골작업용 장비 중 절단용 장비로 옳은 것은?

① 프릭션 프레스(Friction Press)
② 플레이트 스트레이닝 롤(Plate Straining Roll)
③ 파워 프레스(Power Press)
④ 핵 소(Hack Saw)

해설
핵 소(Hack Saw)는 철골작업용 장비 중 절단용 장비로 적합하다.

71 시방서 및 설계도면 등이 서로 상이할 때의 우선순위에 대한 설명으로 옳지 않은 것은?

① 설계도면과 공사시방서가 상이할 때는 설계도면을 우선한다.
② 설계도면과 내역서가 상이할 때는 설계도면을 우선한다.
③ 표준시방서와 전문시방서가 상이할 때는 전문시방서를 우선한다.
④ 설계도면과 상세도면이 상이할 때는 상세도면을 우선한다.

해설
설계도면과 공사시방서가 상이할 때는 공사시방서를 우선한다.

72 예정가격범위 내에서 최저 가격으로 입찰한 자를 낙찰자로 선정하는 낙찰자 선정방식은?

① 최적격 낙찰제
② 제한적 최저가 낙찰제
③ 최저가 낙찰제
④ 적격심사 낙찰제

해설
① 최적격 낙찰제 : 이런 방식의 낙찰제는 없다.
② 제한적 최저가 낙찰제 : 예정가격 대비 85[%] 이상의 입찰자 중 가장 낮은 금액으로 입찰한 자를 선정하는 방식이며, 최저가 낙찰자를 통한 덤핑을 방지하는 것이 목적이다.
④ 적격심사 낙찰제 : 예정가격 이하의 최저가격으로 입찰한 자 순으로 공사수행능력과 입찰가격 등을 종합심사하여 일정 점수 이상 획득하면 낙찰자로 결정하는 제도로, 종합 낙찰제라고도 한다.

정답 69 ② 70 ④ 71 ① 72 ③

73 설계도와 시방서가 명확하지 않거나 설계는 명확하지만 공사비 총액을 산출하기 곤란하고 발주자가 양질의 공사를 기대할 때 채택될 수 있는 가장 타당한 도급방식은?

① 실비정산 보수가산식 도급
② 단가 도급
③ 정액 도급
④ 턴키 도급

해설
실비정산 보수가산식 도급(Cost Plus Fee Contract)
• 설계도와 시방서가 명확하지 않거나 설계는 명확하지만 공사비 총액을 산출하기 곤란하고 발주자가 양질의 공사를 기대할 때에 채택할 수 있는 가장 타당한 방식이다.
• 복잡한 변경이 예상되는 공사나 긴급을 요하는 공사로서 설계도서의 완성을 기다리지 않고 착공하는 경우에 적합하다.
• 설계와 시공의 중첩이 가능한 단계별 시공이 가능하게 되어 공사기간을 단축할 수 있다.
• 설계변경 및 공사 중 발생되는 돌발상황에 적절히 대처할 수 있다.
• 발주자의 위험성이 증가되고 행정적인 절차가 증가된다.

74 철근공사에 대한 설명으로 옳지 않은 것은?

① 조립용 철근은 철근을 구부리기 할 때 철근의 위치를 확보하기 위하여 쓰는 보조적인 철근이다.
② 철근의 용접부에 순간 최대 풍속 2.7[m/s] 이상의 바람이 불 때는 철근을 용접할 수 없으며, 풍속을 2.7[m/s] 이하로 저감시킬 수 있는 방풍시설을 설치하는 경우에만 용접할 수 있다.
③ 가스압접이음은 철근의 단면을 산소-아세틸렌 불꽃 등을 사용하여 가열하고 기계적 압력을 가하여 용접한 맞댐이음을 말한다.
④ D35를 초과하는 철근은 겹침이음을 할 수 없다. 다만, 서로 다른 크기의 철근을 압축부에서 겹침이음하는 경우 D35 이하의 철근과 D35를 초과하는 철근은 겹침이음을 할 수 있다.

해설
철근공사 시 조립용 철근은 주철근을 조립할 때 철근의 위치를 확보하기 위해 쓰는 보조적인 철근이다.

75 철골공사의 용접접합에서 플럭스(Flux)를 옳게 설명한 것은?

① 용접 시 용접봉의 피복제 역할을 하는 분말상의 재료
② 압연강판의 층 사이에 균열이 생기는 현상
③ 용접작업의 종단부에 임시로 붙이는 보조판
④ 용접부에 생기는 미세한 구멍

76 착공단계에서의 공사계획을 수립할 때 우선 고려하지 않아도 되는 것은?

① 현장 직원의 조직 편성
② 예정 공정표의 작성
③ 유지관리지침서의 변경
④ 실행예산 편성

해설
착공단계에서의 공사계획을 수립할 때 우선 고려해야 하는 사항
• 현장 직원의 조직 편성
• 예정 공정표의 작성
• 실행예산 편성

정답 73 ① 74 ① 75 ① 76 ③

77 AE 콘크리트에 관한 설명으로 옳은 것은?
① 공기량은 기계비빔이 손비빔의 경우보다 적다.
② 공기량은 비벼 놓은 시간이 길수록 증가한다.
③ 공기량은 AE제의 양이 증가할수록 감소하나 콘크리트의 강도는 증대한다.
④ 시공연도가 증진되고 재료 분리 및 블리딩이 감소한다.

해설
① 공기량은 손비빔이 기계비빔의 경우보다 적다.
② 공기량은 비벼 놓은 시간이 짧을수록 증가한다.
③ 공기량은 AE제의 양이 증가할수록 증가하나 콘크리트의 강도는 감소한다.

78 콘크리트의 고강도화와 관계가 적은 것은?
① 물-시멘트비를 작게 한다.
② 시멘트의 강도를 크게 한다.
③ 폴리머(Polymer)를 함침(含浸)한다.
④ 골재의 입자분포를 가능한 한 균일 입자분포로 한다.

해설
콘크리트를 고강도화하기 위해서는 골재의 입자분포를 가능한 한 불균일 입자분포로 한다.

79 벽돌쌓기법 중에서 마구리를 세워 쌓는 방식으로 옳은 것은?
① 옆세워 쌓기
② 허튼 쌓기
③ 영롱 쌓기
④ 길이 쌓기

해설
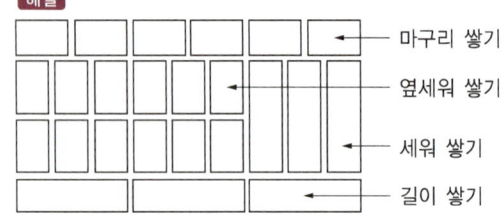

80 바닥판 거푸집의 구조 계산 시 고려해야 하는 연직하중에 해당하지 않는 것은?
① 작업하중
② 충격하중
③ 고정하중
④ 굳지 않은 콘크리트의 측압

해설
바닥판 거푸집의 구조 계산 시 고려해야 하는 연직하중
• 고정하중 : 콘크리트 무게(굳지 않은 콘크리트 중량)와 거푸집 무게를 합한 하중
• 작업하중 : 작업원, 장비하중, 시공하중, 충격하중 등을 포함한 하중

제5과목 건설재료학

81 플라이애시시멘트에 대한 설명으로 옳은 것은?
① 수화할 때 불용성 규산칼슘 수화물을 생성한다.
② 화력발전소 등에서 완전 연소한 미분탄의 회분과 포틀랜드시멘트를 혼합한 것이다.
③ 재령 1~2시간 안에 콘크리트 압축강도가 20[MPa]에 도달할 수 있다.
④ 용광로의 선철 제작 부산물을 급랭시키고 파쇄하여 시멘트와 혼합한 것이다.

해설
플라이애시시멘트(Portland Fly-ash Cement) : 플라이애시를 사용한 혼합 시멘트
- 화력발전소 등에서 완전 연소한 미분탄의 회분과 포틀랜드시멘트를 혼합한 것이다.
- 장기강도가 높다.
- 초기강도는 낮으나 장기강도 발현이 좋다.
- 수밀성, 화학저항성, 해수저항성이 크다.
- 수화할 때 불용성 규산칼슘 수화물을 생성한다.

82 건축용 접착제로서 요구되는 성능에 해당되지 않는 것은?
① 진동, 충격의 반복에 잘 견딜 것
② 취급이 용이하고 독성이 없을 것
③ 장기 부하에 의한 크리프가 클 것
④ 고화 시 체적 수축 등에 의한 내부 변형을 일으키지 않을 것

해설
건축용 접착제는 장기 부하에 의한 크리프가 없어야 한다.

83 골재의 함수 상태에서 유효흡수량의 정의로 옳은 것은?
① 습윤상태와 절대건조상태의 수량의 차이
② 표면건조포화상태와 기건상태의 수량의 차이
③ 기건상태와 절대건조상태의 수량의 차이
④ 습윤상태와 표면건조포화상태의 수량의 차이

84 도장재료 중 물이 증발하여 수지입자가 굳는 융착건조경화를 하는 것은?
① 알키드수지 도료
② 에폭시수지 도료
③ 불소수지 도료
④ 합성수지 에멀션 페인트

해설
합성수지 에멀션 페인트 : 수성 페인트에 합성수지와 유화제를 혼합한 도료로, 물이 증발하여 수지입자가 굳는 융착건조경화를 하며 내수성·내후성·내산성·내알칼리성 등이 우수하다.

85 목재의 역학적 성질에 대한 설명으로 옳지 않은 것은?
① 목재 섬유 평행 방향에 대한 인장강도가 다른 여러 강도 중 가장 크다.
② 목재의 압축강도는 옹이가 있으면 증가한다.
③ 목재를 휨부재로 사용하여 외력에 저항할 때는 압축, 인장, 전단력이 동시에 일어난다.
④ 목재의 전단강도는 섬유 간의 부착력, 섬유의 곧음, 수선의 유무 등에 의해 결정된다.

해설
목재의 압축강도는 옹이가 있으면 감소한다.

86 합판에 대한 설명으로 옳지 않은 것은?

① 단판을 섬유 방향이 서로 평행하도록 홀수로 적층하면서 접착시켜 합친 판을 말한다.
② 함수율 변화에 따라 팽창·수축의 방향성이 없다.
③ 뒤틀림이나 변형이 적은 비교적 큰 면적의 평면 재료를 얻을 수 있다.
④ 균일한 강도의 재료를 얻을 수 있다.

해설
합판 : 세 장 이상의 단판(Veneer)을 섬유 방향이 서로 직교하도록 홀수로 적층하면서 접착시켜 합친 판을 말한다.

87 미장 바탕의 일반적인 성능조건과 가장 거리가 먼 것은?

① 미장층보다 강도가 클 것
② 미장층과 유효한 접착강도를 얻을 수 있을 것
③ 미장층보다 강성이 작을 것
④ 미장층의 경화, 건조에 지장을 주지 않을 것

해설
미장 바탕은 미장층보다 강성이 커야 한다.

88 절대건조밀도가 2.6[g/cm³]이고, 단위용적질량이 1,750[kg/m³]인 굵은 골재의 공극률은?

① 30.5[%]   ② 32.7[%]
③ 34.7[%]   ④ 36.2[%]

해설
절대건조밀도 2.6[g/cm³] = 2,600[kg/m³]

$$\therefore 골재의\ 공극률 = \frac{절대건조밀도 - 단위용적질량}{절대건조밀도} \times 100[\%]$$

$$= \frac{2,600 - 1,750}{2,600} \times 100 \approx 32.7[\%]$$

89 목재의 내연성 및 방화에 대한 설명으로 옳지 않은 것은?

① 목재의 방화는 목재 표면에 불연소성 피막을 도포 또는 형성시켜 화염의 접근을 방지하는 조치를 한다.
② 방화재로는 방화페인트, 규산나트륨 등이 있다.
③ 목재가 열에 닿으면 먼저 수분이 증발하고 160[℃] 이상이 되면 소량의 가연성 가스가 유출된다.
④ 목재는 450[℃]에서 장시간 가열하면 자연발화하게 되는데, 이 온도를 화재위험온도라고 한다.

해설
목재는 260[℃]에서 장시간 가열하면 자연발화하게 되는데, 이 온도를 화재위험온도라고 한다.

90 금속의 부식방지를 위한 관리대책으로 옳지 않은 것은?

① 부분적으로 녹이 발생하면 즉시 제거할 것
② 큰 변형을 준 것은 가능한 한 풀림하여 사용할 것
③ 가능한 한 이종 금속을 인접 또는 접촉시켜 사용할 것
④ 표면을 평활하고 깨끗이 하며, 가능한 한 건조 상태로 유지할 것

해설
금속의 부식을 방지하기 위해 가능한 한 이종 금속을 인접 또는 접촉시키지 말아야 한다.

91 다음의 미장재료 중 균열저항성이 가장 큰 것은?

① 회반죽 바름
② 소석고 플라스터
③ 경석고 플라스터
④ 돌로마이트 플라스터

해설
경석고 플라스터(킨즈시멘트) : 무수석고에 경화촉진제로서 화학처리한 것
• 비교적 강도가 크고, 응결시간이 길며 부착은 양호하나 강재를 녹슬게 하는 성분도 포함한다.
• 균열저항성이 매우 크다.
• 소석고보다 응결속도가 느리다.
• 표면강도가 크고 광택이 있다.
• 습윤 시 팽창이 크다.
• 다른 석고계의 플라스터와 혼합을 피해야 한다.

92 점토의 물리적 성질에 관한 설명으로 옳지 않은 것은?

① 점토의 인장강도는 압축강도의 약 5배 정도이다.
② 입자의 크기는 보통 2[μm] 이하의 미립자이지만 모래알 정도의 것도 약간 포함되어 있다.
③ 공극률은 점토의 입자 간에 존재하는 모공용적으로 입자의 형상, 크기에 관계한다.
④ 점토입자가 미세하고, 양질의 점토일수록 가소성이 좋으나, 가소성이 너무 클 때는 모래 또는 샤모트를 섞어서 조절한다.

해설
점토의 압축강도는 인장강도의 약 5배 정도이다.

93 일반 콘크리트 대비 ALC의 우수한 물리적 성질로서 옳지 않은 것은?

① 경량성
② 단열성
③ 흡음·차음성
④ 수밀성, 방수성

해설
일반 콘크리트 대비 ALC의 수밀성, 방수성은 좋지 않다.

94 콘크리트 바탕에 이음새 없는 방수피막을 형성하는 공법으로, 도료상태의 방수재를 여러 번 칠하여 방수막을 형성하는 방수 공법은?

① 아스팔트 루핑 방수
② 합성고분자 도막 방수
③ 시멘트 모르타르 방수
④ 규산질 침투성 도포 방수

해설
합성고분자 도막 방수 : 콘크리트 바탕에 이음새 없는 방수피막을 형성하는 공법으로, 도료 상태의 방수재를 여러 번 칠하여 방수막을 형성하는 방수 공법

95 열경화성 수지가 아닌 것은?

① 페놀 수지 ② 요소 수지
③ 아크릴 수지 ④ 멜라민 수지

해설
아크릴 수지는 열가소성 수지에 해당한다.

96 블론 아스팔트(Blown Asphalt)를 휘발성 용제에 녹이고 광물분말 등을 가하여 만든 것으로 방수, 접합부 충전 등에 쓰이는 아스팔트 제품은?

① 아스팔트 코팅(Asphalt Coating)
② 아스팔트 그라우트(Asphalt Grout)
③ 아스팔트 시멘트(Asphalt Cement)
④ 아스팔트 콘크리트(Asphalt Concrete)

해설
아스팔트 코팅(Asphalt Coating) : 블론 아스팔트(Blown Asphalt)를 휘발성 용제에 녹이고 광물분말 등을 가하여 만든 것으로 방수, 접합부 충전 등에 쓰이는 아스팔트 제품

97 연강판에 일정한 간격으로 그물눈을 내고 늘여 철망 모양으로 만든 것으로 옳은 것은?

① 메탈라스(Metal Lath)
② 와이어메시(Wire Mesh)
③ 인서트(Insert)
④ 코너비드(Corner Bead)

해설
메탈라스(Metal Lath) : 연강판에 일정한 간격으로 그물눈을 내고 늘여 철망 모양으로 만든 것으로, 건축물의 벽이나 천장의 도장 구조에 사용하는 모르타르의 바탕재로 사용된다.

98 고로슬래그 쇄석에 대한 설명으로 옳지 않은 것은?

① 철을 생산하는 과정에서 용광로에서 생기는 광재를 공기 중에서 서서히 냉각시켜 경화된 것을 파쇄하여 만든다.
② 투수성은 보통골재의 경우보다 작으므로 수밀 콘크리트에 적합하다.
③ 고로슬래그 쇄석을 활용한 콘크리트는 다른 암석을 사용한 콘크리트보다 건조수축이 작다.
④ 다공질이기 때문에 흡수율이 크므로 충분히 살수하여 사용하는 것이 좋다.

해설
고로슬래그 쇄석의 투수성은 보통골재를 사용한 콘크리트보다 크다.

99 점토 제품 중 소성온도가 가장 고온이고 흡수성이 매우 작으며 모자이크 타일, 위생도기 등에 주로 쓰이는 것은?

① 토 기   ② 도 기
③ 석 기   ④ 자 기

해설
자 기
- 소성온도 1,450[℃], 흡수율 1[%], 반투명 백색이며 주로 바닥용으로 사용된다.
- 양질의 도토 또는 장석분을 원료로 하는 점토 제품이다.
- 소성온도가 약 1,230~1,460[℃]로 점토소성 제품 중 가장 고온이다.
- 흡수율이 1[%] 이하로 흡수성이 극히 작다.
- 두드리면 청음이 발생한다.
- 조직이 치밀하고 도기나 석기에 비해 강하다.
- 점토소성 제품 중 경도와 강도가 가장 크다.
- 내장 타일, 외장 타일, 바닥 타일, 모자이크 타일, 고급 타일, 위생도기 등에 사용된다.

100 목재에 사용되는 크레오소트 오일에 대한 설명으로 옳지 않은 것은?

① 냄새가 좋아서 실내에서도 사용이 가능하다.
② 방부력이 우수하고 가격이 저렴하다.
③ 독성이 적다.
④ 침투성이 좋아 목재에 깊게 주입된다.

해설
크레오소트 오일은 자극적인 냄새가 나므로 실내에서 사용할 수 없다.

제6과목 건설안전기술

101 건설업의 공사금액이 850억원일 경우 산업안전보건법령에 따른 안전관리자의 수로 옳은 것은?(단, 전체 공사기간을 100으로 할 때 공사 전후 15에 해당하는 경우는 고려하지 않는다)

① 1명 이상   ② 2명 이상
③ 3명 이상   ④ 4명 이상

해설
공사금액이 800억원 이상 1,500억원 미만인 건설업의 경우 산업안전보건법령에 따른 안전관리자를 최소 2명 이상 두어야 한다(산업안전보건법 시행령 별표 3).

102 건설현장에 거푸집동바리 설치 시 준수사항으로 옳지 않은 것은?

① 파이프서포트 높이가 4.5[m]를 초과하는 경우에는 높이 2[m] 이내마다 2개 방향으로 수평 연결재를 설치한다.
② 동바리의 침하 방지를 위해 깔목의 사용, 콘크리트 타설, 말뚝박기 등을 실시한다.
③ 강재와 강재의 접속부는 볼트 또는 클램프 등 전용철물을 사용한다.
④ 강관틀동바리는 강관틀과 강관틀 사이에 교차가새를 설치한다.

해설
거푸집동바리 등의 안전조치(산업안전보건기준에 관한 규칙 제332조)
동바리로 사용하는 강관(파이프서포트를 제외)에 대해서는 높이 2[m] 이내마다 수평 연결재를 2개 방향으로 만들고 수평 연결재의 변위를 방지할 것

103 가설통로를 설치하는 경우 준수해야 할 기준으로 옳지 않은 것은?

① 경사는 30° 이하로 할 것
② 경사가 25°를 초과하는 경우에는 미끄러지지 아니하는 구조로 할 것
③ 건설공사에 사용하는 높이 8[m] 이상인 비계다리에는 7[m] 이내마다 계단참을 설치할 것
④ 수직갱에 가설된 통로의 길이가 15[m] 이상인 때에는 10[m] 이내마다 계단참을 설치할 것

해설
가설통로의 구조(산업안전보건기준에 관한 규칙 제23조)
가설통로 설치 시 경사가 15°를 초과하는 경우에는 미끄러지지 아니하는 구조로 할 것

104 항타기 또는 항발기의 사용 시 준수사항으로 옳지 않은 것은?

① 증기나 공기를 차단하는 장치를 작업관리자가 쉽게 조작할 수 있는 위치에 설치한다.
② 해머의 운동에 의하여 증기호스 또는 공기호스와 해머의 접속부가 파손되거나 벗겨지는 것을 방지하기 위하여 그 접속부가 아닌 부위를 선정하여 증기호스 또는 공기호스를 해머에 고정시킨다.
③ 항타기나 항발기의 권상장치의 드럼에 권상용 와이어로프가 꼬인 경우에는 와이어로프에 하중을 걸어서는 안 된다.
④ 항타기나 항발기의 권상장치에 하중을 건 상태로 정지하여 두는 경우에는 쐐기장치 또는 역회전방지용 브레이크를 사용하여 제동하는 등 확실하게 정지시켜 두어야 한다.

해설
항타기 또는 항발기의 사용 시 공기를 차단하는 장치를 해머의 운전자가 쉽게 조작할 수 있는 위치에 설치한다(산업안전보건기준에 관한 규칙 제217조).

105 가설공사 표준안전 작업지침에 따른 통로발판을 설치하여 사용함에 있어 준수사항으로 옳지 않은 것은?

① 추락의 위험이 있는 곳에는 안전난간이나 철책을 설치하여야 한다.
② 작업발판의 최대 폭은 1.6[m] 이내이어야 한다.
③ 비계발판의 구조에 따라 최대 적재하중을 정하고 이를 초과하지 않도록 하여야 한다.
④ 발판을 겹쳐 이음하는 경우 장선 위에서 이음을 하고 겹침 길이는 10[cm] 이상으로 하여야 한다.

해설
통로발판(가설공사 표준안전 작업지침 제15조)
통로발판 설치 시 발판을 겹쳐 이음하는 경우 장선 위에서 이음을 하고 겹침 길이는 20[cm] 이상으로 하여야 한다.

106 토사 붕괴에 따른 재해를 방지하기 위한 흙막이 지보공 부재로 옳지 않은 것은?

① 흙막이판   ② 말 뚝
③ 턴버클   ④ 띠 장

해설
토사 붕괴에 따른 재해를 방지하기 위한 흙막이 지보공 설비를 구성하는 부재 : 흙막이판, 말뚝, 띠장, 버팀대 등

107 토사 붕괴원인으로 옳지 않은 것은?

① 경사 및 기울기 증가
② 성토 높이의 증가
③ 건설기계 등 하중작용
④ 토사중량의 감소

해설
토사중량의 증가는 토사 붕괴의 원인이 된다.

108 이동식 비계를 조립하여 작업을 하는 경우의 준수기준으로 옳지 않은 것은?

① 비계의 최상부에서 작업을 할 때에는 안전난간을 설치하여야 한다.
② 작업발판의 최대 적재하중은 400[kg]을 초과하지 않도록 한다.
③ 승강용 사다리는 견고하게 설치하여야 한다.
④ 작업발판은 항상 수평을 유지하고 작업발판 위에서 안전난간을 딛고 작업을 하거나 받침대 또는 사다리를 사용하여 작업하지 않도록 한다.

해설
이동식 비계(산업안전보건기준에 관한 규칙 제68조)
이동식 비계를 조립하여 작업을 하는 경우 작업발판의 최대 적재하중은 250[kg]을 초과하지 않도록 한다.

109 건설용 리프트의 붕괴 등을 방지하기 위해 받침의 수를 증가시키는 등 안전조치를 하여야 하는 순간풍속 기준은?

① 15[m/s] 초과
② 25[m/s] 초과
③ 35[m/s] 초과
④ 45[m/s] 초과

해설
붕괴 등의 방지(산업안전보건기준에 관한 규칙 제154조)
사업주는 순간풍속이 35[m/s]를 초과하는 바람이 불어올 우려가 있는 경우 건설용 리프트(지하에 설치되어 있는 것은 제외한다)에 대하여 받침의 수를 증가시키는 등 그 붕괴 등을 방지하기 위한 조치를 하여야 한다.

110 건설작업용 타워크레인의 안전장치로 옳지 않은 것은?

① 권과방지장치
② 과부하방지장치
③ 비상정지장치
④ 호이스트 스위치

해설
건설작업용 타워크레인의 안전장치 : 권과방지장치, 과부하방지장치, 비상정지장치 등

111 달비계에 사용하는 와이어로프의 사용금지 기준으로 옳지 않은 것은?

① 이음매가 있는 것
② 열과 전기 충격에 의해 손상된 것
③ 지름의 감소가 공칭지름의 7[%]를 초과하는 것
④ 와이어로프의 한 꼬임에서 끊어진 소선의 수가 7[%] 이상인 것

해설
달비계의 구조(산업안전보건기준에 관한 규칙 제63조)
와이어로프의 한 꼬임에서 끊어진 소선의 수가 10[%] 이상인 것

112 건설업 산업안전보건관리비 계상 및 사용 기준은 산업재해보상보험법의 적용을 받는 공사 중 총공사금액이 얼마 이상인 공사에 적용하는가?(단, 전기공사업법, 정보통신공사업법에 의한 공사는 제외)

① 4천만원
② 3천만원
③ 2천만원
④ 1천만원

해설
적용범위(건설업 산업안전보건관리비 계상 및 사용기준 제3조)
산업재해보상보험법의 적용을 받는 공사 중 총공사금액이 2천만원 이상인 공사에 적용한다(단, 전기공사업법, 정보통신공사업법에 의한 공사는 제외).

113 가설구조물의 특징으로 옳지 않은 것은?

① 연결재가 적은 구조로 되기 쉽다.
② 부재 결합이 간략하여 불안전 결합이다.
③ 구조물이라는 개념이 확고하여 조립의 정밀도가 높다.
④ 사용부재는 과소 단면이거나 결함재가 되기 쉽다.

해설
가설구조물의 경우 구조물이라는 개념이 확고하지 않아 조립의 정밀도가 높지 않다.

114 거푸집동바리의 침하를 방지하기 위한 직접적인 조치로 옳지 않은 것은?

① 수평연결재 사용
② 깔목의 사용
③ 콘크리트의 타설
④ 말뚝박기

해설
거푸집동바리의 침하를 방지하기 위한 직접적인 조치 : 받침목의 사용, 콘크리트 타설, 말뚝박기 등

115 건설공사의 유해위험방지계획서 제출 기준일로 옳은 것은?

① 당해 공사 착공 1개월 전까지
② 당해 공사 착공 15일 전까지
③ 당해 공사 착공 전날까지
④ 당해 공사 착공 15일 후까지

해설
사업주가 유해위험방지계획서를 제출할 때에는 건설공사 유해위험방지계획서에 서류를 첨부하여 해당 공사의 착공(유해위험방지계획서 작성 대상 시설물 또는 구조물의 공사를 시작하는 것을 말하며, 대지 정리 및 가설사무소 설치 등의 공사 준비기간은 착공으로 보지 않음) 전날까지 공단에 2부를 제출해야 한다(산업안전보건법 시행규칙 제42조).

116 건설업 중 유해위험방지계획서 제출대상 사업장으로 옳지 않은 것은?

① 지상 높이가 31[m] 이상인 건축물 또는 인공구조물, 연면적 30,000[m²] 이상인 건축물 또는 연면적 5,000[m²] 이상의 문화 및 집회시설의 건설공사
② 연면적 3,000[m²] 이상의 냉동·냉장 창고시설의 설비공사 및 단열공사
③ 깊이 10[m] 이상인 굴착공사
④ 최대 지간 길이가 50[m] 이상인 다리의 건설공사

해설
연면적 5,000[m²] 이상의 냉동·냉장 창고시설의 설비공사 및 단열공사(산업안전보건법 시행령 제42조)

117 사다리식 통로 등의 구조에 대한 설치 기준으로 옳지 않은 것은?

① 발판의 간격은 일정하게 할 것
② 발판과 벽과의 사이는 15[cm] 이상의 간격을 유지할 것
③ 사다리식 통로의 길이가 10[m] 이상인 때에는 7[m] 이내마다 계단참을 설치할 것
④ 사다리의 상단은 걸쳐 놓은 지점으로부터 60[cm] 이상 올라가도록 할 것

해설
사다리식 통로 등의 구조(산업안전보건기준에 관한 규칙 제24조)
사다리식 통로의 길이가 10[m] 이상인 때에는 5[m] 이내마다 계단참을 설치하여야 한다.

118 철골 건립 준비를 할 때 준수하여야 할 사항으로 옳지 않은 것은?

① 지상 작업장에서 건립 준비 및 기계기구를 배치할 경우에는 낙하물의 위험이 없는 평탄한 장소를 선정하여 정비하여야 한다.
② 건립작업에 다소 지장이 있다하더라도 수목은 제거하거나 이설하여서는 안 된다.
③ 사용 전에 기계기구에 대한 정비 및 보수를 철저히 실시하여야 한다.
④ 기계에 부착된 앵커 등 고정장치와 기초구조 등을 확인하여야 한다.

해설
건립준비(철공공사표준안전작업지침 제7조)
건립작업에 지장이 되는 수목은 제거하거나 이설하여야 한다.

119 고소작업대를 설치 및 이동하는 경우에 준수하여야 할 사항으로 옳지 않은 것은?

① 와이어로프 또는 체인의 안전율은 3 이상일 것
② 붐의 최대 지면경사각을 초과 운전하여 전도되지 않도록 할 것
③ 고소작업대를 이동하는 경우 작업대를 가장 낮게 내릴 것
④ 작업대에 끼임·충돌 등 재해를 예방하기 위한 가드 또는 과상승방지장치를 설치할 것

해설
고소작업대 설치 등의 조치(산업안전보건기준에 관한 규칙 제186조)
고소작업대를 설치 및 이동하는 경우에 와이어로프 또는 체인의 안전율은 5 이상이어야 한다.

120 터널공사에서 발파작업 시 안전대책으로 옳지 않은 것은?

① 발파 전 도화선 연결 상태, 저항치 조사 등의 목적으로 도통시험 실시 및 발파기의 작동상태에 대한 사전점검 실시
② 모든 동력선은 발원점으로부터 최소한 15[m] 이상 후방으로 옮길 것
③ 지질, 암의 절리 등에 따라 화약량에 대한 검토 및 시방 기준과 대비하여 안전조치 실시
④ 발파용 점화회선은 타 동력선 및 조명회선과 한 곳으로 통합하여 관리

해설
※ 터널공사표준안전작업지침-NATM공법 개정(2023.7.1.)으로 정답없음(개정 전 정답 ④)

발파작업 시 준수사항(발파 표준안전 작업지침 제4조)
• 발파작업을 할 때 발생할 수 있는 산업재해를 예방하기 위하여 다음의 사항을 포함한 작업계획서를 작성하여 해당 근로자에게 알리고, 작업계획서에 따라 발파작업책임자가 작업을 지휘하도록 할 것
  – 발파 작업장소의 지형, 지질 및 지층의 상태
  – 발파작업 방법 및 순서(발파패턴 및 규모 등 중요사항을 포함)
  – 발파 작업장소에서 굴착기계 등의 운행경로 및 작업방법
  – 토사·구축물 등의 붕괴 및 물체가 떨어지거나 날아오는 것을 예방하기 위해 필요한 안전조치
  – 뇌우나 모래폭풍이 접근하고 있는 경우 화약류 취급이나 사용 등 모든 작업을 중지하고 근로자들을 안전한 장소로 대피하는 방안
  – 발파공별로 시차를 두고 발파하는 지발식 발파를 할 때 비산, 진동 등의 제어대책
• 발파작업으로 인해 토사·구축물 등이 붕괴하거나 물체가 떨어지거나 날아올 위험이 있는 장소에는 관계 근로자가 아닌 사람의 출입을 금지할 것
• 화약류, 발파기재 등을 사용 및 관리, 취급, 폐기하거나, 사업장에 반입할 때에는 총포화약법 및 제조사의 사용지침에서 정하는 바에 따를 것
• 화약류를 사용, 취급 및 관리하는 장소 인근에서는 화기사용, 흡연 등의 행위를 금지할 것
• 발파기와 발파기의 스위치 또는 비밀번호는 발파작업책임자만 취급할 수 있도록 조치하고, 발파기에 발파모선을 연결할 때는 발파작업책임자의 지휘에 따를 것
• 발파를 하기 전에는 발파에 사용하는 뇌관의 수량을 파악해야 하며, 발파 후에는 폭발한 뇌관의 수량을 확인할 것
• 수중발파에 사용하는 뇌관의 각선(뇌관의 관체와 연결된 전기선 또는 시그널튜브를 말함)은 수심을 고려하여 그 길이를 충분히 확보하고, 수중에서 결선(結線)하는 각선의 개소는 가능한 한 적게 할 것
• 도심지 발파 등 발파에 주의를 요구하는 장소에서는 실제 발파하기 전에 공인기관 또는 이에 상응하는 자의 입회하에 시험발파를 실시하여 안전성을 검토할 것

2023년 제1회 과년도 기출복원문제

※ 이 책에 수록된 2023년 시험부터 시험이 CBT(컴퓨터 기반 시험)로 진행되어 수험자의 기억에 의해 문제를 복원하였습니다. 실제 시행문제와 일부 상이할 수 있음을 알려드립니다.

제1과목 산업안전관리론

01 연간 총근로시간 중에 발생하는 근로손실일수를 1,000시간당 발생하는 근로손실일수로 나타내는 식은?

① 강도율
② 도수율
③ 연천인율
④ 종합재해지수

해설
② 도수율(FR ; Frequency Rate of Injury) : 연근로시간 1,000,000시간에 대한 재해건수의 비율
③ 연천인율 : 연평균 근로자 1,000명에 대한 재해자수의 비율
④ 종합재해지수(FSI ; Frequency Severity Indicator) : 재해의 빈도와 상해의 강약도를 혼합하여 집계하는 지표

02 TBM(Tool Box Meeting)의 의미를 가장 잘 설명한 것은?

① 지시나 명령의 전달회의
② 공구함을 준비한 후 작업하라는 뜻
③ 작업원 전원의 상호 대화로 스스로 생각하고 납득하는 작업장 안전회의
④ 상사의 지시된 작업내용에 따른 공구를 하나하나 준비해야 한다는 뜻

해설
TBM(위험예지훈련, Tool Box Meeting) : 작업원 전원이 상호 대화를 통해 스스로 생각하고 납득하게 하기 위한 작업장의 안전회의 방식이다.
• 별칭 : 즉시즉응법
• 사전에 주제를 정하고 자료 등을 준비한다.
• 결론은 가급적 서두르지 않는다.
• TBM 활동의 5단계 추진법 순서 : 도입 → 점검 정비 → 작업 지시 → 위험예지훈련 → 확인

03 산업안전보건법령에 따라 공정안전보고서에 포함되어야 하는 사항 중 공정안전보건자료의 세부내용에 해당하는 것은?

① 공정위험성평가서
② 안전운전지침서
③ 건물·설비의 배치도
④ 도급업체 안전관리계획

해설
공정안전보고서에 포함하여야 할 세부내용(산업안전보건법 시행규칙 제50조)
• 취급·저장하고 있거나 취급·저장하려는 유해·위험물질의 종류 및 수량
• 유해·위험물질에 대한 물질안전보건자료
• 유해하거나 위험한 설비의 목록 및 사양
• 유해하거나 위험한 설비의 운전방법을 알 수 있는 공정도면
• 각종 건물·설비의 배치도
• 폭발위험장소 구분도 및 전기단선도
• 위험설비의 안전설계·제작 및 설치 관련 지침서
※ 공정안전자료의 세부내용에 해당하지 않는 것으로 '공정위험성평가서, 안전운전지침서, 도급업체 안전관리계획, 설비점검·검사 및 보수계획·유지계획 및 지침서, 비상조치계획에 따른 교육계획' 등이 출제된다.

04 사고연쇄성이론의 단계를 잘못 나열한 것은?

① Heinrich 이론 : 사회적 환경 및 유전적 요소 → 개인적 결함 → 불안전한 행동 및 불안전한 상태 → 사고 → 재해
② Bird 이론 : 제어(관리)의 부족 → 기본원인(기원) → 직접원인(징후발생) → 접촉발생(사고) → 상해발생(손해, 손실)
③ Adams 이론 : 기초원인 → 작전적 에러 → 전술적 에러 → 사고 → 재해
④ Weaver 이론 : 유전과 환경 → 인간의 결함 → 불안전한 행동과 상태 → 사고 → 상해

[해설]
아담스(Adams)의 사고연쇄성이론의 단계별 순서 : 관리구조 결함 → 작전적 에러 → 전술적 에러 → 사고 → 상해, 손해

05 시설물의 안전관리에 관한 특별법에 따라 관리주체는 시설물의 안전 및 유지관리계획을 소관 시설물별로 매년 수립·시행하여야 하는데 이때 안전 및 유지관리계획에 반드시 포함되어야 하는 사항으로 볼 수 없는 것은?

① 긴급상황 발생 시 조치체계에 관한 사항
② 안전과 유지관리에 필요한 비용에 관한 사항
③ 보호구 및 방호장치의 적용 기준에 관한 사항
④ 안전점검 또는 정밀안전진단 실시계획 및 보수·보강 계획에 관한 사항

[해설]
시설물의 안전 및 유지관리계획에 반드시 포함되어야 하는 사항 (시설물의 안전 및 유지관리에 관한 특별법 제6조)
• 시설물의 적정한 안전과 유지관리를 위한 조직·인원 및 장비의 확보에 관한 사항
• 긴급상황 발생 시 조치체계에 관한 사항
• 시설물의 설계·시공·감리 및 유지관리 등에 관련된 설계도서의 수집 및 보존에 관한 사항
• 안전점검 또는 정밀안전진단의 실시에 관한 사항
• 보수·보강 등 유지관리 및 그에 필요한 비용에 관한 사항
• 시설물의 상시관리를 위한 수시점검에 관한 사항

06 보호구 안전인증 고시에 따른 안전화 종류에 해당하지 않는 것은?

① 경화 안전화 ② 발등 안전화
③ 정전기 안전화 ④ 고무제 안전화

[해설]
안전화의 종류(보호구 안전인증 고시 별표 2) : 가죽제 안전화, 고무제 안전화, 정전기 안전화, 발등 안전화, 절연화, 절연장화, 화학물질용 안전화

07 하인리히(Heinrich)의 이론에 의한 재해 발생의 주요 원인에 있어 불안전한 행동에 의한 요인이 아닌 것은?

① 권한 없이 행한 조작
② 전문지식의 결여 및 기술, 숙련도 부족
③ 보호구 미착용 및 위험한 장비에서 작업
④ 결함 있는 장비 및 공구의 사용

[해설]
• 불안전한 행동에 의한 요인 : 권한 없이 행한 조작, 보호구 미착용 및 위험한 장비에서 작업, 결함 있는 장비 및 공구의 사용 등
• 부원인(Subcause) : 전문지식의 결여 및 기술, 숙련도 부족

08 자율검사프로그램을 인정받으려는 자가 한국 산업안전보건공단에 제출해야 하는 서류가 아닌 것은?

① 안전검사대상 기계 등의 보유 현황
② 안전검사대상 기계 등의 검사 주기 및 검사 기준
③ 안전검사대상 기계의 사용 실적
④ 향후 2년간 안전검사대상 기계 등의 검사수행 계획

[해설]
자율검사프로그램을 인정받으려는 자가 한국 산업안전보건공단에 제출해야 하는 서류(산업안전보건법 시행규칙 제132조)
• 안전검사대상 기계 등의 보유 현황
• 검사원 보유 현황과 검사를 할 수 있는 장비 및 장비 관리방법(자율안전검사기관에 위탁한 경우에는 위탁 증명 서류 제출)
• 안전검사대상 기계 등의 검사 주기 및 검사 기준
• 향후 2년간 안전검사대상 기계 등의 검사수행계획
• 과거 2년간 자율검사프로그램 수행 실적(재신청의 경우만 해당)

정답 4 ③ 5 ③ 6 ① 7 ② 8 ③

09 재해예방의 4원칙에 해당하지 않는 것은?

① 손실발생의 원칙 ② 원인계기의 원칙
③ 예방가능의 원칙 ④ 대책선정의 원칙

해설
재해예방의 4원칙 : 원인계기의 원칙(원인연계의 원칙), 손실우연의 원칙, 대책선정의 원칙, 예방가능의 원칙
※ 재해예방의 4원칙이 아닌 것으로 '선취해결의 원칙, 직관의 원칙, 상황의 원칙, 자주활동의 원칙, 통계방법의 원칙, 통계확률의 원칙, 원인추정의 원칙, 사실보존의 원칙, 현장보존의 원칙, 손실연계의 원칙, 손실발생의 원칙, 손실추정의 원칙, 사고조사의 원칙' 등이 출제된다.

10 근로자가 25[kg]의 제품을 운반하던 중에 발에 떨어져 신체장해등급 14등급의 재해를 당하였다. 재해의 발생형태, 기인물, 가해물을 모두 올바르게 나타낸 것은?

① 기인물 : 발, 가해물 : 제품, 재해발생형태 : 낙하
② 기인물 : 발, 가해물 : 발, 재해발생형태 : 추락
③ 기인물 : 제품, 가해물 : 제품, 재해발생형태 : 낙하
④ 기인물 : 제품, 가해물 : 발, 재해발생형태 : 낙하

해설

재해 내용	사고유형	기인물	가해물
근로자가 25[kg]의 제품을 운반하던 중에 제품이 발에 떨어져 신체장해등급 14등급의 재해를 당하였다.	낙하	제품	제품

11 산업안전보건법령상 안전보건관리규정을 작성하여야 할 사업 중에 정보서비스업의 상시 근로자 수는 몇 명 이상인가?

① 50 ② 100
③ 300 ④ 500

12 도수율이 12.57, 강도율이 17.45인 사업장에서 1명의 근로자가 평생 근무한다면 며칠의 근로손실이 발생하겠는가?(단, 1인 근로자의 평생근로 시간은 10^5시간이다)

① 1,257일 ② 126일
③ 1,745일 ④ 175일

해설

강도율 = $\dfrac{근로손실일수}{연근로시간수} \times 10^3$에서

$17.45 = \dfrac{근로손실일수}{100,000} \times 10^3$이므로

근로손실일수 = $17.45 \times 100 = 1,745$일

13 산업안전보건법상 산업안전보건위원회 심의·의결 사항이 아닌 것은?

① 산업재해 예방계획의 수립에 관한 사항
② 근로자의 건강진단 등 건강관리에 관한 사항
③ 재해자에 관한 치료 및 재해보상에 관한 사항
④ 안전보건관리규정의 작성 및 변경에 관한 사항

해설
산업안전보건위원회의 심의·의결사항(법 제24조)
- 사업장의 산업재해 예방계획의 수립에 관한 사항
- 안전보건관리규정의 작성 및 변경에 관한 사항
- 안전보건교육에 관한 사항
- 작업환경측정 등 작업환경의 점검 및 개선에 관한 사항
- 근로자의 건강진단 등 건강관리에 관한 사항
- 산업재해에 관한 통계의 기록 및 유지에 관한 사항
- 중대재해에 관한 사항
- 유해하거나 위험한 기계·기구·설비를 도입한 경우 안전 및 보건 관련 조치에 관한 사항
- 그 밖에 해당 사업장 근로자의 안전 및 보건을 유지·증진시키기 위하여 필요한 사항
※ 산업안전보건위원회의 심의·의결 사항이 아닌 것으로 출제되는 것
  - 재해자에 관한 치료 및 재해보상에 관한 사항
  - 산업재해에 관한 통계의 기록·유지에 관한 사항
  - 근로자의 건강관리, 보건교육 및 건강증진 지도
  - 안전장치 및 보호구 구입 시의 적격품 여부 확인에 관한 사항
  - 사업장 경영체계 구성 및 운영에 관한 사항

14 안전관리조직 중 Line-staff 조직의 단점에 해당하는 것은?

① 안전정보가 불충분하다.
② 생산부문은 안전에 대한 책임과 권한이 없다.
③ 명령계통과 조언 권고적 참여가 혼동되기 쉽다.
④ 생산부문에 협력하여 안전명령을 전달, 실시하여 안전과 생산을 별도로 취급하기 쉽다.

해설
① 직계식 조직의 단점이다.
②, ④ 참모식 조직의 단점이다.

15 A 사업장에서는 산업재해로 인한 인적·물적 손실을 줄이기 위하여 안전행동실천운동(5C운동)을 실시하고자 한다. 5C운동에 해당하지 않는 것은?

① Control
② Correctness
③ Cleaning
④ Checking

해설
안전행동실천운동(5C운동) : Correctness(복장 단정), Clearance(정리정돈), Cleaning(청소·청결), Concentration(전심전력), Checking(점검 확인)

16 산업안전보건법령상 안전보건표지에 관한 설명으로 옳지 않은 것은?

① 안전보건표지 속의 그림 또는 부호의 크기는 안전보건표지의 크기와 비례하여야 하며, 안전보건표지 전체 규격의 30[%] 이상이 되어야 한다.
② 안전보건표지는 쉽게 파손되거나 변형되지 않는 재료로 제작해야 한다.
③ 안전보건표지는 그 표시내용을 근로자가 빠르고 쉽게 알아볼 수 있는 크기로 제작하여야 한다.
④ 안전보건표지에는 야광물질을 사용하여서는 아니 된다.

해설
야간에 필요한 안전보건표지는 야광물질을 사용하는 등 쉽게 알아볼 수 있도록 제작하여야 한다(산업안전보건법 시행규칙 제40조).

17 산업안전보건법령상 안전검사대상 유해·위험기계 등이 아닌 것은?

① 곤돌라
② 이동식 국소 배기장치
③ 산업용 원심기
④ 산업용 로봇

해설
안전검사대상 유해·위험기계 등(법 제93조, 시행령 제78조)

안전검사 (15품목)	프레스, 전단기, 크레인(정격 하중 2[ton] 미만은 제외), 리프트, 압력용기, 곤돌라, 국소 배기장치(이동식 제외), 원심기(산업용만 해당), 롤러기(밀폐형 구조 제외), 사출성형기(형 체결력 294[kN] 미만 제외), 고소작업대(화물자동차 또는 특수자동차에 탑재한 고소작업대로 한정), 컨베이어, 산업용 로봇, 혼합기, 파쇄기 또는 분쇄기

정답 14 ③ 15 ① 16 ④ 17 ②

18 추락 및 감전 위험방지용 안전모의 난연성 시험성능 기준 중 모체가 불꽃을 내며 최소 몇 초 이상 연소되지 않아야 하는가?

① 3 ② 5
③ 7 ④ 10

19 통계에 의한 산업재해의 원인 분석 시 활용되는 기법과 가장 거리가 먼 것은?

① 관리도(Control Chart)
② 파레토도(Pareto Diagram)
③ 특성요인도(Cause & Effect Diagram)
④ FMEA(Failure Mode & Effects Analysis)

해설
FMEA(Failure Mode & Effects Analysis, 잠재적 고장형태영향분석) : 설계된 시스템이나 기기의 잠재적인 고장 모드(Mode)를 찾아내고, 가동 중에 고장이 발생하였을 경우 미치는 영향을 검토 평가하고, 영향이 큰 고장 모드에 대하여는 적절한 대책을 세워 고장을 미연에 방지하는 방법(설계 평가뿐만 아니라 공정의 평가나 안전성의 평가 등에도 널리 활용)

20 위험예지훈련의 기법으로 활용하는 브레인스토밍(Brain Storming)에 관한 설명으로 옳지 않은 것은?

① 발언은 누구나 자유분방하게 하도록 한다.
② 타인의 아이디어는 수정하여 발언할 수 없다.
③ 가능한 한 무엇이든 많이 발언하도록 한다.
④ 발표된 의견에 대하여는 서로 비판을 하지 않도록 한다.

해설
② 타인의 아이디어를 수정하여 발언할 수 있다.
브레인스토밍의 4원칙 : 비판금지, 자유분방, 대량발언, 수정발언

제2과목 산업심리 및 교육

21 교육훈련의 효과는 5관을 최대한 활용하여야 하는데 이 중 효과가 가장 큰 것은?

① 청각 ② 시각
③ 촉각 ④ 후각

해설
5관 활용 교육효과(이해도)
• 시각효과 : 60[%]
• 청각효과 : 20[%]
• 촉각효과 : 15[%]
• 미각효과 : 3[%]
• 후각효과 : 2[%]

22 매슬로(Maslow)의 안전욕구 5단계 이론에서 단계별 내용이 잘못 연결된 것은?

① 1단계 : 자아실현의 욕구
② 2단계 : 안전에 대한 욕구
③ 3단계 : 사회적 욕구
④ 4단계 : 존경에 대한 욕구

해설
매슬로(Maslow)의 욕구계층 5단계
• 1단계 : 생리적 욕구
• 2단계 : 안전에 대한 욕구
• 3단계 : 사회적 욕구
• 4단계 : 존경의 욕구
• 5단계 : 자아실현의 욕구

23 산업안전보건법령상 아세틸렌 용접장치 또는 가스집합 용접장치를 사용하여 행하는 금속의 용접·용단 또는 가열작업 시 작업자에게 특별안전보건교육을 시키고자 할 때 교육 내용이 아닌 것은?

① 용접 퓸, 분진 및 유해광선 등의 유해성에 관한 사항
② 작업방법·순서 및 응급처지에 관한 사항
③ 안전밸브의 취급 및 주의에 관한 사항
④ 안전기 및 보호구 취급에 관한 사항

해설
아세틸렌 용접장치 또는 가스집합 용접장치를 사용하는 금속의 용접·용단 또는 가열작업(발생기·도관 등에 의하여 구성되는 용접장치만 해당)을 할 때 교육내용(산업안전보건법 시행규칙 별표 5)
- 용접 퓸, 분진 및 유해광선 등의 유해성에 관한 사항
- 가스용접기, 압력조정기, 호스 및 취관두 등의 기기점검에 관한 사항
- 작업방법·순서 및 응급처치에 관한 사항
- 안전기 및 보호구 취급에 관한 사항
- 화재예방 및 초기대응에 관한 사항
- 그 밖에 안전·보건관리에 필요한 사항

24 그림과 같은 착시현상에 해당하는 것은?

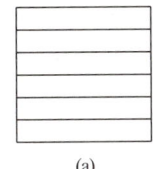
(a)

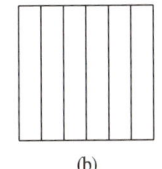
(b)

(a)는 세로로 길어 보이고, (b)는 가로로 길어 보인다.

① 밀러-라이어(Müller-Lyer)의 착시
② 헬름홀츠(Helmholtz)의 착시
③ 헤링(Hering)의 착시
④ 포겐도르프(Poggendorff)의 착시

해설
① 밀러-라이어(Müller-Lyer)의 착시 : 두 선분은 같은 길이이지만 양끝에 붙어 있는 화살표의 영향으로 길이가 다르게 보인다. 그림을 보면 아래쪽의 선분이 더 길어 보인다.

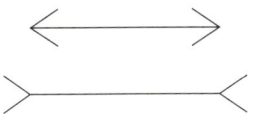

③ 헤링(Hering)의 착시 : 두 직선은 실제로는 평행이지만 주변에 있는 사선의 영향 때문에 선의 중간 부분이 바깥쪽으로 휘어진 것처럼 보인다(분할 착오).

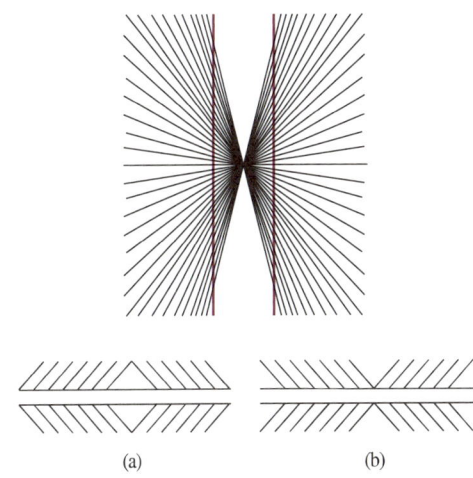

(a)는 양단이 벌어져 보이고, (b)는 중앙이 벌어져 보인다.

④ 포겐도르프(Poggendorff)의 착시 : 왼쪽의 선은 오른쪽의 아래 선의 연장선에 있지만, 오른쪽의 윗선과 연결되어 있는 것처럼 보인다(위치 착오).

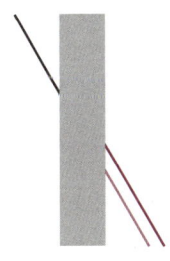

25 OJT(On the Job Tranining)에 관한 설명으로 옳은 것은?

① 집합교육형태의 훈련이다.
② 다수의 근로자에게 조직적 훈련이 가능하다.
③ 직장의 설정에 맞게 실제적 훈련이 가능하다.
④ 전문가를 강사로 활용할 수 있다.

해설
①, ②, ④는 Off JT(직장 외 교육훈련)의 설명이다.

26 산업안전보건법령상 사업 내 안전보건교육 교육과정이 아닌 것은?

① 특별교육
② 양성교육
③ 작업내용 변경 시의 교육
④ 건설업 기초안전보건교육

해설
사업 내 안전보건교육의 교육과정
- 근로자 정기안전보건교육
- 채용 시의 안전보건교육
- 작업내용 변경 시의 안전보건교육
- 특별안전보건교육
- 건설업 기초안전보건교육

27 부주의에 대한 설명 중 틀린 것은?

① 부주의는 거의 모든 사고의 직접 원인이 된다.
② 부주의라는 말은 불안전한 행위뿐만 아니라 불안전한 상태에도 통용된다.
③ 부주의라는 말은 결과를 표현한다.
④ 부주의는 무의식적 행위나 의식의 주변에서 행해지는 행위에 나타난다.

해설
부주의
- 부주의는 목적수행을 위한 행동 전개과정에서 목적으로부터 이탈하는 심리적, 신체적 변화의 현상을 말한다.
- 부주의는 사고의 위험이 불안전한 행위 외에 불안전한 상태에서도 적용된다는 것과 관계가 있다.
- 부주의라는 말은 불안전한 행위뿐만 아니라 불안전한 상태에도 통용된다.
- 부주의라는 말은 결과를 표현한다.
- 부주의는 무의식적 행위나 의식의 주변에서 행해지는 행위에 나타난다.

28 집단에 있어서 인간관계를 하나의 단면(斷面)에서 포착하였을 때 단면적(斷面的)인 인간관계가 생기는 기제(Mechanism)와 가장 거리가 먼 것은?

① 모 방
② 암 시
③ 습 관
④ 커뮤니케이션

해설
집단에서의 인간관계 메커니즘 : 모방, 암시, 동일시(동일화), 일체화, 투사, 커뮤니케이션, 공감 등

25 ③　26 ②　27 ①　28 ③

29 학습평가 도구의 기준 중 '측정의 결과에 대해 누가 보아도 일치되는 의견이 나올 수 있는 성질'은 어떤 특성인가?

① 타당성 ② 신뢰성
③ 객관성 ④ 실용성

해설
교육에 있어서 학습평가(도구)의 기본 기준 또는 교육평가의 5요건
- 객관성 : 측정의 결과에 대해 누가 보아도 일치되는 의견이 나올 수 있는 성질
- 타당성 : 측정하고자 하는 것을 실제로 잘 측정하는지의 여부를 판별하는 정도
- 신뢰성 : 측정하고자 하는 것을 일관성 있게 측정하는 정도
- 확실성 : 측정이 애매모호하지 않고 의미가 명확한 정도
- 실용성(경제성) : 측정 전반에서의 소요비용, 시간, 노력 등의 절약 정도

30 시청각교육법의 특징과 가장 거리가 먼 것은?

① 교재의 구조화를 기할 수 있다.
② 대규모 수업체제의 구성이 어렵다.
③ 학습의 다양성과 능률화를 기할 수 있다.
④ 학습자에게 공통경험을 형성시켜 줄 수 있다.

해설
시청각교육법
- 교재의 구조화를 기할 수 있다.
- 대규모 수업체제의 구성이 용이하다.
- 교수의 평준화가 가능하다.
- 학습자에게 공통경험을 형성시켜 줄 수 있다.
- 학습의 다양성과 능률화를 기할 수 있다.
- 학생들의 사회성을 향상시킬 수 있다.

31 다음은 리더가 가지고 있는 어떤 권력의 예시에 해당하는가?

> 종업원의 바람직하지 않은 행동들에 대해 해고, 임금 삭감, 견책 등을 사용하여 처벌한다.

① 보상권력 ② 강압권력
③ 합법권력 ④ 전문권력

해설
① 보상권력(보상적 권한) : 리더가 부하의 능력에 대하여 차별적 성과급을 지급하는 권력. 부하에게 승진, 보너스, 임금인상 등을 베풀 수 있는 힘에서 나온다.
③ 합법권력(합법적 권한) : 권력 행사자가 보유하고 있는 조직 내 지위에 기초한 권력이다.
④ 전문권력(전문성의 권한) : 지식이나 기술에 바탕을 두고 영향을 미침으로써 얻는 권력이다.

32 안전교육의 실시방법 중 토의법의 특징과 가장 거리가 먼 것은?

① 개방적인 의사소통과 협조적인 분위기 속에서 학습자의 적극적 참여가 가능하다.
② 집단활동의 기술을 개발하고 민주적인 태도를 배울 수 있다.
③ 다수의 인원에게 동시에 많은 지식과 정보의 전달이 가능하다.
④ 준비와 계획 단계뿐만 아니라 진행과정에서도 많은 시간이 소요된다.

해설
③은 강의법이다.

정답 29 ③ 30 ② 31 ② 32 ③

33 교육훈련의 전이 타당도를 높이기 위한 방법과 가장 거리가 먼 것은?

① 훈련상황과 직무상황 간의 유사성을 최소화한다.
② 훈련내용과 직무내용 간에 튼튼한 고리를 만든다.
③ 피훈련자들이 배운 원리를 완전히 이해할 수 있도록 해 준다.
④ 피훈련자들이 훈련에서 배운 기술, 과제 등을 가능한 한 풍부하게 경험할 수 있도록 해 준다.

해설
훈련상황과 직무상황 간의 유사성을 최대화한다.

34 생체리듬(Biorhythm)의 종류에 해당하지 않는 것은?

① 지적리듬   ② 신체리듬
③ 감성리듬   ④ 신경리듬

해설
생체리듬의 종류 : 육체적 리듬(신체리듬), 감성적 리듬(감성리듬), 지성적 리듬(지적리듬)
※ 생체리듬(Biorhythm)의 종류에 해당하지 않는 것으로 '안정적 리듬, 신경리듬' 등이 출제된다.

35 허시(Alfred Bay Hershey)의 피로회복법에서 단조로움이나 권태감에 의해 발생되는 피로에 대한 대책으로 가장 적합한 것은?

① 동작의 교대방법 등을 가르친다.
② 불필요한 마찰을 배제한다.
③ 작업장의 온도, 습도, 통풍 등을 조절한다.
④ 용의주도한 작업계획을 수립, 이행한다.

해설
②, ④ 정신적 긴장에 의한 피로의 대책이다.
③ 천후에 의한 피로의 대책이다.

36 직무수행에 대한 예측변인 개발 시 작업표본(Work Sample)의 제한점으로 볼 수 없는 것은?

① 주로 기계를 다루는 직무에 효과적이다.
② 훈련생보다 경력자 선발에 적합하다.
③ 실시하는 데 시간과 비용이 많이 든다.
④ 집단검사로 감독의 통제가 요구된다.

해설
직무수행에 대한 예측변인 개발 시 작업표본(Work Sample)의 제한점
- 주로 기계를 다루는 직무나 사물조작을 포함하는 직무에 효과적이다.
- 작업표본은 개인이 현재 무엇을 할 수 있는지를 평가할 수 있지만 미래의 잠재력을 평가할 수는 없다.
- 훈련생보다 경력자 선발에 적합하다.
- 실시하는 데 시간과 비용이 많이 든다.
- 개인검사이므로 감독과 통제가 요구된다.

37 안전태도교육의 내용 및 목표와 가장 거리가 먼 것은?

① 표준작업방법의 습관화
② 보호구 취급과 관리자세 확립
③ 방호 장치 관리 기능 습득
④ 안전에 대한 가치관 형성

해설
태도교육의 내용
- 안전작업에 대한 몸가짐에 관하여 교육함
- 직장규율, 안전규율을 몸에 익힘
- 작업에 대한 의욕을 갖도록 함
- 작업동작 및 표준작업방법의 습관화
- 작업 전후의 점검·검사요령의 정확화 및 습관화
- 공구·보호구 등의 취급과 관리자세 확립
- 안전에 대한 가치관 형성

정답 33 ① 34 ④ 35 ① 36 ④ 37 ③

38 직무기술서(Job Description)에 포함되어야 하는 내용과 가장 거리가 먼 것은?

① 직무의 직종
② 수행되는 과업
③ 직무수행 방법
④ 작업자에게 요구되는 능력

해설
④는 직무명세서(Job Specification)에 포함되어야 하는 내용이다.

39 스트레스(Stress)에 영향을 주는 요인 중 환경이나 외부를 통해서 일어나는 자극 요인에 해당하는 것은?

① 자존심의 손상
② 현실에의 부적응
③ 도전의 좌절과 자만심의 상충
④ 직장에서의 대인관계 갈등과 대립

해설
- 스트레스의 원인 중 외부로부터 오는 자극요인 : (직장에서의) 대인관계 갈등과 대립, 죽음, 질병, 경제적 어려움, 가족관계 갈등, 자신의 건강문제 등
- ①, ②, ③은 마음속에서 발생되는 내적 자극요인이다.

40 에빙하우스(Ebbinghaus)의 연구결과에 따른 망각율이 50[%]를 초과하게 되는 최초의 경과시간은?

① 30분   ② 1시간
③ 1일   ④ 2일

제3과목 인간공학 및 시스템안전공학

41 안전색채와 기계장비 또는 배관의 연결이 잘못된 것은?

① 시동스위치 – 녹색
② 급정지스위치 – 황색
③ 고열기계 – 회청색
④ 증기배관 – 암적색

해설
급정지스위치 – 적색

42 실린더블록에 사용하는 가스켓의 수명은 평균 10,000시간이며, 표준편차는 200시간으로 정규분포를 따른다. 사용시간이 9,600시간일 경우 이 가스켓의 신뢰도는 약 얼마인가?(단, 표준정규분포표에서 $u_{0.8413} = 1$, $u_{0.9772} = 2$이다)

① 84.13%   ② 88.73%
③ 92.72%   ④ 97.72%

해설
확률변수 X가 정규분포를 따르므로
$N(\bar{X}, \sigma) = N(10,000, 200)$이며
$P(\bar{X} > 9,600) = P\left(Z > \dfrac{9,600 - 10,000}{200}\right) = P(Z > -2)$
$= P(Z \leq 2) = 0.9772 = 97.72[\%]$

43 그림과 같이 FAT로 분석된 시스템에서 현재 모든 기본사상에 대한 부품이 고장 난 상태이다. 부품 X_1부터 부품 X_5까지 순서대로 복구한다면 어느 부품을 수리 완료하는 순간부터 시스템은 정상가동이 되겠는가?

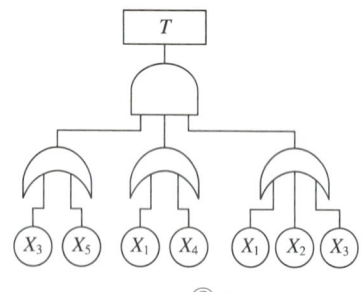

① X_1
② X_2
③ X_3
④ X_4

해설
상부는 AND게이트, 하부는 OR게이트이다. 부품 X_1부터 부품 X_5까지 순서대로 복구할 때 부품 X_1 복구 시 하부 2번째 게이트와 3번째 게이트는 출력되어도 첫 번째 게이트는 출력이 안 일어나므로 시스템이 정상가동되지 않는다. 다음에 부품 X_2를 복구하여도 첫 번째 게이트가 출력되지 않고 그다음에 부품 X_3를 복구하면 첫 번째 게이트도 출력이 나오므로 부품 X_3를 수리 완료하는 순간부터 시스템은 정상가동된다.

44 시스템 안전분석 방법 중 예비위험분석(PHA)단계에서 식별하는 4가지 범주에 속하지 않는 것은?

① 위기 상태
② 무시가능 상태
③ 파국적 상태
④ 예비조치 상태

해설
예비위험분석(PHA)에서 식별된 사고의 4가지 범주(Category)
• 범주Ⅰ 파국적 상태(Catastrophic) : 부상 및 시스템의 중대한 손해를 초래하는 상태
• 범주Ⅱ 중대 상태(위기 상태, Critical) : 작업자의 부상 및 시스템의 중대한 손해를 초래하거나 작업자의 생존 및 시스템의 유지를 위하여 즉시 수정조치를 필요로 하는 상태
• 범주Ⅲ 한계적 상태(Marginal) : 작업자의 부상 및 시스템의 중대한 손해를 초래하지 않고, 대처 또는 제어할 수 있는 상태
• 범주Ⅳ 무시가능 상태(Negligible) : 작업자의 생존 및 시스템의 유지가 가능한 상태

45 한 대의 기계를 100시간 동안 연속 사용한 경우 6회의 고장이 발생하였고, 이때의 총고장 수리시간이 15시간이었다. 이 기계의 MTBF(Mean Time Between Failure)는 약 얼마인가?

① 2.51
② 14.17
③ 15.25
④ 16.67

해설
$$\text{MTBF} = \frac{\text{총가동시간}}{\text{고장건수}} = \frac{100-15}{6} \approx 14.17$$

46 다음은 어떤 설계 응용 원칙을 적용한 사례인가?

> 제어버튼의 설계에서 조작자와의 거리를 여성의 5백분위수를 이용하여 설계하였다.

① 극단적 설계원칙
② 가변적 설계원칙
③ 평균적 설계원칙
④ 양립적 설계원칙

해설
극단치 설계(극단적 설계원칙)
• 5[%] 또는 95[%]의 설계
• 인체계측 특성의 최고나 최저의 극단치로 설계
• 거의 모든 사람에게 편안함을 줄 수 있는 경우가 있다.
 예 제어버튼의 설계에서 조작자와의 거리를 여성의 5백분위수를 이용하여 설계한다.

47 인간의 제어 및 조정능력을 나타내는 법칙인 Fitts's Law와 관련된 변수가 아닌 것은?

① 표적의 너비
② 표적의 색상
③ 시작점에서 표적까지의 거리
④ 작업의 난이도(Index of Difficulty)

정답 43 ③ 44 ④ 45 ② 46 ① 47 ②

48 발생확률이 각각 0.05, 0.08인 두 결함사상이 AND 조합으로 연결된 시스템을 FTA로 분석하였을 때 이 시스템의 신뢰도는 약 얼마인가?

① 0.004　　② 0.126
③ 0.874　　④ 0.996

해설
시스템의 신뢰도
$R_s = 1 - (0.05 \times 0.08) = 0.996$

49 인간공학에 있어서 일반적인 인간-기계 체계(Man-Machine System)의 구분으로 가장 적합한 것은?

① 인간 체계, 기계 체계, 전기 체계
② 전기 체계, 유압 체계, 내연기관 체계
③ 수동 체계, 반기계 체계, 반자동 체계
④ 자동화 체계, 기계화 체계, 수동 체계

해설
일반적인 인간-기계 시스템(Man-Machine System)의 구분 : 자동화 체계, 기계화 체계, 수동 체계

50 일반적으로 보통 기계작업이나 편지 고르기에 가장 적합한 조명수준은?

① 30[fc]　　② 100[fc]
③ 300[fc]　　④ 500[fc]

해설
추천 조명수준 : 아주 힘든 검사작업 500[fc], 세밀한 조립작업 300[fc], 보통 기계작업이나 편지 고르기 100[fc], 드릴 또는 리벳작업 30[fc]

51 의자를 설계하는 데 있어 적용할 수 있는 일반적인 인간공학적 원칙으로 가장 적절하지 않은 것은?

① 조절을 용이하게 한다.
② 요부 전만을 유지할 수 있도록 한다.
③ 등근육의 정적 부하를 높이도록 한다.
④ 추간판에 가해지는 압력을 줄일 수 있도록 한다.

해설
등근육의 정적 부하를 낮추도록 한다.

52 정성적 표시장치를 설명한 것으로 적절하지 않은 것은?

① 연속적으로 변하는 변수의 대략적인 값이나 변화추세, 변화율 등을 알고자 할 때 사용된다.
② 정성적 표시장치의 근본 자료 자체는 정량적인 것이다.
③ 색채 부호가 부적합한 경우에는 계기판 표시 구간을 형상 부호화하여 나타낸다.
④ 전력계에서와 같이 기계적 혹은 전자적으로 숫자가 표시된다.

해설
④는 정량적 표시장치의 특징이다.

53 HAZOP기법에서 사용하는 가이드워드와 그 의미가 잘못 연결된 것은?

① As well as : 성질상의 증가
② More/Less : 정량적인 증가 또는 감소
③ Part of : 성질상의 감소
④ Other Than : 기타 환경적인 요인

해설
Other Than : 완전한 대체

54 보전효과의 평가로 설비종합효율을 계산하는 식으로 옳은 것은?

① 설비종합효율 = 속도가동률×정미가동률
② 설비종합효율 = 시간가동률×성능가동률×양품률
③ 설비종합효율 = (부하시간 − 정지시간)/부하시간
④ 설비종합효율 = 정미가동률×시간가동률×양품률

55 실효온도(Effective Temperature)에 관한 설명으로 틀린 것은?

① 체온계로 입안의 온도를 측정한 값을 기준으로 한다.
② 실제로 감각되는 온도로서 실감온도라고 한다.
③ 온도, 습도 및 공기 유동이 인체에 미치는 열효과를 나타낸 것이다.
④ 상대습도 100[%]일 때의 건구온도에서 느끼는 것과 동일한 온감이다.

해설
무풍 상태, 습도 100[%]일 때의 건구온도계가 가리키는 눈금을 기준으로 한다.

56 그림과 같이 FT도에서 활용하는 게이트의 명칭은?

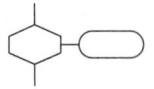

① 억제게이트
② 부정게이트
③ 배타적 OR게이트
④ 우선적 AND게이트

해설

② 부정게이트
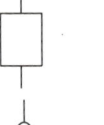

③ 배타적 OR게이트

④ 우선적 AND게이트
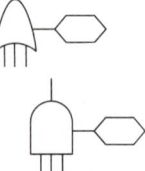

57 어느 철강회사의 고로작업라인에 근무하는 A씨의 작업강도가 힘든 중(重)작업으로 평가되었다면 해당하는 에너지대사율(RMR)의 범위로 가장 적절한 것은?

① 0~1   ② 2~4
③ 4~7   ④ 7~10

해설
에너지대사율과 작업강도

작업 구분	가벼운 작업	보통 작업	중(重) 작업	초중(超重) 작업
RMR 값	0~2	2~4	4~7	7 이상

58 동작경제의 원칙에 있어 '신체사용에 관한 원칙'에 해당하지 않는 것은?

① 두 손의 동작은 동시에 시작해서 동시에 끝나야 한다.
② 손의 동작은 유연하고 연속적인 동작이어야 한다.
③ 공구, 재료 및 제어장치는 사용하기 가까운 곳에 배치해야 한다.
④ 동작이 급작스럽게 크게 바뀌는 직선 동작은 피해야 한다.

해설
③은 작업장 배치에 관한 원칙에 해당된다.

59 시스템의 수명곡선에서 초기고장 기간에 발생하는 고장의 원인으로 볼 수 없는 것은?

① 사용자 과오
② 빈약한 제조기술
③ 불충분한 품질관리
④ 표준 이하의 재료를 사용

해설
사용자 과오는 우발고장 기간에 발생하는 고장의 원인이다.

60 말소리의 질에 대한 객관적 측정 방법으로 명료도지수를 사용하고 있다. 그림에서와 같은 경우 명료도지수는?

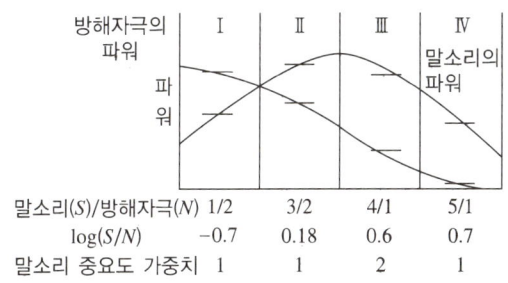

말소리(S)/방해자극(N)	1/2	3/2	4/1	5/1
$\log(S/N)$	-0.7	0.18	0.6	0.7
말소리 중요도 가중치	1	1	2	1

① 0.38
② 0.68
③ 1.38
④ 5.68

해설
명료도지수 $= (-0.7 \times 1) + (0.18 \times 1) + (0.6 \times 2) + (0.7 \times 1)$
$= 1.38$

제4과목 건설시공학

61 석공사에서 대리석 붙이기에 관한 내용으로 틀린 것은?

① 대리석은 실내보다는 주로 외장용으로 많이 사용한다.
② 대리석 붙이기 연결철물은 #10~#20의 황동쇠선을 사용한다.
③ 대리석 붙이기 최하단은 충격에 쉽게 파손되므로 충진재를 넣는다.
④ 대리석은 시멘트 모르타르로 붙이면 알칼리성분에 의하여 변색·오염될 수 있다.

해설
대리석은 실외보다는 주로 내장용으로 많이 사용한다.

62 흙막이 붕괴원인 중 히빙(Heaving) 파괴가 일어나는 주원인은?
① 흙막이 벽의 재료 차이
② 지하수의 부력차이
③ 지하수위의 깊이 차이
④ 흙막이벽 내·외부 흙의 중량 차이

63 철골구조의 내화피복에 대한 설명으로 틀린 것은?
① 조적공법은 용접철망을 부착하여 경량모르타르, 펄라이트 모르타르와 플라스터 등을 바름하는 공법이다.
② 뿜칠공법은 철골 표면에 접착제를 혼합한 내화피복재를 뿜어서 내화피복을 한다.
③ 성형판 공법은 내화단열성이 우수한 각종 성형판을 철골 주위에 접착제와 철물 등을 설치하고 그 위에 붙이는 공법으로 주로 기둥과 보의 내화피복에 사용된다.
④ 타설공법은 아직 굳지 않은 경량 콘크리트나 기포 모르타르 등을 강재 주위에 거푸집을 설치하여 타설한 후 경화시켜 철골을 내화피복하는 공법이다.

> 해설
> ①은 미장공법이며 조적 공법은 콘크리트 블록, 벽돌, 석재 등으로 철골 주위에 쌓는 공법이다.

64 CM 제도에 대한 설명으로 틀린 것은?
① 대리인형 CM(CM for Fee) 방식은 프로젝트 전반에 걸쳐 발주자의 컨설턴트 역할을 수행한다.
② 시공자형 CM(CM at Risk) 방식은 공사관리자의 능력에 의해 사업의 성패가 좌우된다.
③ 대리인형 CM(CM for Fee) 방식에 있어서 독립된 공종별 수급자는 공사관리자와 공사계약을 한다.
④ 시공자형 CM(CM at Risk) 방식에 있어서 CM조직이 직접공사를 수행하기도 한다.

> 해설
> 대리인형 CM(CM for Fee) 방식에 있어서 독립된 공종별 수급자는 대리인과 공사계약을 한다.

65 철근공사의 배근순서로 옳은 것은?
① 벽 → 기둥 → 슬래브 → 보
② 슬래브 → 보 → 벽 → 기둥
③ 벽 → 기둥 → 보 → 슬래브
④ 기둥 → 벽 → 보 → 슬래브

66 철골용접이음 후 용접부의 내부결함 검출을 위하여 실시하는 검사로서 빠르고 경제적이어서 현장에서 주로 사용하는 초음파를 이용한 비파괴검사법은?
① MT(Magnetic particle Testing)
② UT(Ultrasonic Testing)
③ RT(Radiography Testing)
④ PT(Liquid Penetrant Testing)

> 해설
> ① MT(Magnetic particle Testing) : 자력을 이용한 비파괴검사법
> ③ RT(Radiography Testing) : 방사선을 이용한 비파괴검사법
> ④ PT(Liquid Penetrant Testing) : 침투액을 이용한 비파괴검사법

정답 62 ④ 63 ① 64 ③ 65 ④ 66 ②

67 다음 조건의 굴착기로 2시간 작업할 경우의 작업량은 얼마인가?

- 버킷용량 : 0.8[m³]
- 사이클타임 : 40초
- 작업효율 : 0.8
- 굴착계수 : 0.7
- 굴착토의 용적변화계수 : 1.1

① 128.5[m³] ② 107.7[m³]
③ 88.7[m³] ④ 66.5[m³]

해설
작업량
$$Q = nqkf\eta = \frac{2 \times 3,600}{40} \times 0.8 \times 0.7 \times 1.1 \times 0.8 \approx 88.7[\text{m}^3]$$

68 흙막이 지지공법 중 수평버팀대 공법의 장단점에 대한 내용으로 옳지 않은 것은?

① 토질에 대해 영향을 적게 받는다.
② 가설구조물이 적어 중장비작업이나 토량제거작업의 능률이 좋다.
③ 인근 대지로 공사범위가 넘어가지 않는다.
④ 강재를 전용함에 따라 재료비가 비교적 적게 든다.

해설
수평버팀대 공법의 경우 가설구조물로 인하여 중장비작업이나 토량제거작업의 능률이 저하된다. 가설구조물이 적어 중장비작업이나 토량제거작업의 능률이 좋은 것은 경사 오픈 컷 흙막이 공법, 자립 흙막이 공법, 다단 흙막이 공법 등이다.

69 터널폼에 대한 설명으로 옳지 않은 것은?

① 거푸집의 전용 횟수는 약 10회 정도이다.
② 노무 절감, 공기 단축이 가능하다.
③ 벽체 및 슬래브거푸집을 일체로 제작한 거푸집이다.
④ 이 폼의 종류에는 트윈 셸(Twin Shell)과 모노 셸(Mono Shell)이 있다.

해설
거푸집의 전용 횟수는 약 100회 정도이다.

70 콘크리트 블록 쌓기에 대한 설명으로 옳지 않은 것은?

① 보강근은 모르타르 또는 그라우트를 사춤하기 전에 배근하고 고정한다.
② 블록은 살 두께가 작은 편을 위로 하여 쌓는다.
③ 인방 블록은 창문틀의 좌우 옆 턱에 200[mm] 이상 물린다.
④ 모서리 등 기준이 되는 부분을 정확하게 쌓은 다음 수평실을 친다.

해설
블록은 살 두께가 큰 편을 위로 하여 쌓는다.

71 자연상태로서의 흙의 강도가 1[MPa]이고, 이긴상태로의 강도는 0.2[MPa]라면 이 흙의 예민비는?

① 0.2 ② 2
③ 5 ④ 10

해설
예민비 = $\frac{\text{자연 시료의 강도}}{\text{이긴 시료의 강도}} = \frac{1}{0.2} = 5$

72 콘크리트 구조물의 보수·보강법 중 구조보강공법에 해당하지 않는 것은?

① 표면처리공법 ② 주입공법
③ 강재보강공법 ④ 단면증대공법

해설
구조보강공법 : 충진공법, 주입공법, 강재보강공법, 단면증대공법

73 원가구성 항목 중 직접공사비에 속하지 않는 것은?

① 외주비 ② 노무비
③ 경 비 ④ 일반관리비

해설
실적공사비에 의한 예정가격은 직접공사비, 간접공사비, 일반관리비, 이윤, 공사손해보험료 및 부가가치세의 합계액으로 구성된다.

74 흙의 휴식각에 대한 설명으로 옳지 않은 것은?

① 터파기의 경사는 휴식각의 2배 정도로 한다.
② 습윤 상태에서 휴식각은 모래 30~45°, 흙 25~45° 정도이다.
③ 흙의 흘러내림이 자연 정지될 때 흙의 경사면과 수평면이 이루는 각도를 말한다.
④ 흙의 휴식각은 흙의 마찰력, 응집력 등에 관계되나 함수량과는 관계없이 동일하다.

해설
흙의 휴식각은 흙의 마찰력, 응집력 등에 관계없이 동일하나 함수량에 따라 다르다.

75 한중 콘크리트의 제조에 대한 설명으로 옳지 않은 것은?

① 콘크리트의 비빔온도는 기상조건 및 시공조건 등을 고려하여 정한다.
② 재료를 가열하는 경우, 물 또는 골재를 가열하는 것을 원칙으로 하며, 골재는 직접 불꽃에 대어 가열한다.
③ 타설 시의 콘크리트 온도는 5[℃] 이상, 20[℃] 미만으로 한다.
④ 빙설이 혼입된 골재, 동결상태의 골재는 원칙적으로 비빔에 사용하지 않는다.

해설
재료를 가열하는 경우, 물을 가열하는 것을 원칙으로 하고 골재는 직접 불꽃에 대어 가열하는 것을 금지한다.

76 철골 공사 중 현장에서 보수도장이 필요한 부위에 해당하지 않는 것은?

① 현장용접 부위
② 현장접합 재료의 손상 부위
③ 조립상 표면접합이 되는 면
④ 운반 또는 양중 시 생긴 손상 부위

해설
보수도장이 필요한 부위
- 현장용접 부위
- 현장접합 재료의 손상 부위
- 현장접합에 의한 볼트류의 두부, 너트, 와셔
- 운반 또는 양중 시 생긴 손상 부위

정답 72 ① 73 ④ 74 ④ 75 ② 76 ③

77 강관말뚝지정의 장점에 해당하지 않는 것은?

① 강한 타격에도 견디며 다져진 중간지층의 관통도 가능하다.
② 지지력이 크고 이음이 안전하고 강하며 확실하므로 장척말뚝에 적당하다.
③ 상부구조와의 결합이 용이하다.
④ 방부력이 뛰어나 내구성이 우수하다.

해설
강관말뚝지정은 지중에서의 부식 우려가 높으므로 방부력이 나쁘고 내구성이 좋지 않다.

78 철근 콘크리트 공사의 일정계획에 영향을 주는 주요 요인이 아닌 것은?

① 요구 품질 및 정밀도 수준
② 거푸집의 존치기간 및 전용 횟수
③ 시공상세도 작성기간
④ 강우, 강설, 바람 등의 기후조건

해설
철근 콘크리트 공사의 일정계획에 영향을 주는 주요 요인
• 요구 품질 및 정밀도 수준
• 거푸집의 존치기간 및 전용 횟수
• 강우, 강설, 바람 등의 기후조건
※ 철근콘크리트 공사의 일정계획에 영향을 주는 주요 요인이 아닌 것으로 '시공상세도 작성기간, 시공도 작성기간' 등이 출제된다.

79 철근 용접이음 방식 중 Cad Welding 이음의 장점이 아닌 것은?

① 실시간 육안검사가 가능하다.
② 기후의 영향이 적고 화재 위험이 감소한다.
③ 각종 이형철근에 대한 적용범위가 넓다.
④ 예열 및 냉각이 필요 없고 용접시간이 짧다.

해설
용융금속충진이음(Cad Welding)
• 기후의 영향이 적고 화재 위험이 감소한다.
• 각종 이형철근에 대한 적용범위가 넓다.
• 예열 및 냉각이 불필요하고 용접시간이 짧다.
• 실시간 육안검사가 가능하지 않다.
• 이음부에서 충진재를 가열하는 장치가 필요하므로 크기가 대형으로 구성된다.

80 콘크리트의 진동다짐 진동기의 사용에 대한 설명으로 옳지 않은 것은?

① 진동기는 될 수 있는 대로 수직 방향으로 사용한다.
② 묽은 반죽에서 진동다짐은 크게 효과가 없다.
③ 진동의 효과는 봉의 직경, 진동수, 진폭 등에 따라 다르며, 진동수가 클수록 다짐효과가 크다.
④ 진동기는 신속하게 꽂아놓고 신속하게 뽑는다.

해설
진동기를 빼낼 때는 서서히 뽑아 구멍이 남지 않도록 한다.

제5과목 건설재료학

81 도막방수에 사용되지 않는 재료는?

① 염화비닐 도막재
② 아크릴고무 도막재
③ 고무아스팔트 도막재
④ 우레탄고무 도막재

해설
도막방수에 사용되는 재료 : 아크릴고무 도막재, 고무아스팔트 도막재, 우레탄고무 도막재

82 목재에 관한 설명으로 옳지 않은 것은?

① 심재가 변재보다 내후성, 내구성이 크다.
② 섬유포화점은 보통 함수율이 30[%] 정도일 때를 말한다.
③ 변재는 심재보다 수축이 크다.
④ 함수율이 증가하면 압축, 휨, 인장강도가 증가한다.

해설
일반적으로 함수율이 증가하면 압축, 휨, 인장강도가 감소한다.

83 프리플레이스트 콘크리트에 사용되는 골재에 관한 설명 중 옳지 않은 것은?

① 굵은 골재의 최소 치수는 15[mm] 이상, 굵은 골재의 최대 치수는 부재단면 최소치수의 1/4 이하, 철근 콘크리트의 경우 철근 순간격의 2/3 이하로 하여야 한다.
② 굵은 골재의 최대 치수와 최소 치수와의 차이를 작게 하면 굵은 골재의 실적률이 커지고 주입모르타르의 소요량이 적어진다.
③ 대규모 프리플레이스트 콘크리트를 대상으로 할 경우, 굵은 골재의 최소 치수를 크게 하는 것이 효과적이다.
④ 골재의 적절한 입도 분포를 위해 일반적으로 굵은 골재의 최대 치수는 최소 치수의 2~4배 정도로 한다.

해설
굵은 골재의 최대 치수와 최소 치수와의 차이를 크게 하면 굵은 골재의 실적률이 커지고 주입모르타르의 소요량이 적어진다.

84 아스팔트 접착제에 관한 설명 중 옳지 않은 것은?

① 아스팔트를 주체로 하여 이에 용제를 가하고 광물질 분말을 첨가한 풀모양의 접착제이다.
② 아스팔트 타일, 시트, 루핑 등의 접착용으로 사용한다.
③ 접착성은 양호하지만 습기를 방지하지 못한다.
④ 화학약품에 대한 내성이 크다.

해설
접착성이 양호하고 습기를 방지할 수 있다.

정답 81 ① 82 ④ 83 ② 84 ③

85 목재의 가공품 중 펄프를 접착제로 제판하여 양면을 열압 건조시킨 것으로 비중이 0.8 이상이며 수장판으로 사용하는 것은?

① 경질섬유판　② 파키트리보드
③ 반경질섬유판　④ 연질섬유판

86 강의 열처리 중에서 조직을 개선하고 결정을 미세화하기 위해 800~1,000[℃]로 가열하여 소정의 시간까지 유지한 후에 대기 중에서 냉각시키는 공법은?

① 담금질(Quenching)
② 뜨임(Tempering)
③ 불림(Normalizing)
④ 풀림(Annealing)

해설
- 담금질(Quenching) : 강의 경도를 증가시키기 위하여 아공석강의 경우 A_3 변태점+50[℃], 공석강과 과공석강의 경우 A_1 변태점+50[℃]까지 가열했다가 급랭시키는 열처리 공법
- 풀림(Annealing) : 강을 연화하거나 내부응력을 제거할 목적으로 강을 적당한 온도(800~1,000[℃])로 일정한 시간 가열한 후에 노(爐) 안에서 천천히 냉각시키는 열처리 공법
- 뜨임(Tempering) : 담금질 후 서하된 인성을 높이기 위하여 A_1 변태점(723[℃]) 이하의 온도까지 가열한 후 서냉시키는 열처리 공법

87 도료의 저장 중 온도의 상승 및 저하의 반복작용에 의해 도료 내에 작은 결정이 무수히 발생하며 도장시 도막에 좁쌀모양이 생기는 현상은?

① Skinning　② Seeding
③ Bodying　④ Sagging

88 석재의 명칭에 따른 용도로 옳지 않은 것은?

① 팽창질석 - 단열보온재
② 점판암 - 지붕재
③ 중정석 - 방사선 차단 콘크리트용 골재
④ 트래버틴(Travertine) - 외부바닥 장식재

해설
트래버틴(Travertine) : 우아한 실내 장식재, 특수 내장재로 사용된다.

89 굳지 않은 콘크리트의 성질을 표시하는 용어 중 컨시스턴시에 의한 부어넣기의 난이도 정도 및 재료분리에 저항하는 정도를 나타내는 것은?

① 플라스티시티
② 피니셔빌리티
③ 펌퍼빌리티
④ 워커빌리티

해설
- 플라스티시티(Plasticity)
  - 거푸집 제거 시 허물어지거나 재료가 분리되지 않는 성질
  - 거푸집 등의 형상에 순응하여 채우기 쉽고 분리가 일어나지 않는 성질
- 피니셔빌리티(Finishability)
  - 마무리하기 쉬운 정도
  - 마감성의 난이를 표시하는 성질
- 펌퍼빌리티(Pumpability)
  - 펌프압송성
  - 펌프용 콘크리트의 워커빌리티를 판단하는 하나의 궤도로 사용됨

90 실리카시멘트(Silica Cement)의 특징에 대한 설명으로 옳지 않은 것은?
① 저온에서는 응결이 느려진다.
② 공극충전효과가 없어 수밀성 콘크리트를 얻기 어렵다.
③ 콘크리트의 워커빌리티를 좋게 한다.
④ 화학적 저항성이 크므로 주로 단면이 큰 구조물, 해안공사 등에 사용된다.

해설
공극충전효과가 있고 수밀성이 뛰어나서 수밀성 콘크리트를 얻기 용이하다.

91 석재의 종류와 용도가 잘못 연결된 것은?
① 화산암 – 경량골재
② 화강암 – 콘크리트용 골재
③ 대리석 – 조각재
④ 응회암 – 건축용 구조재

해설
응회암은 가공이 용이하나 흡수성이 높고 강도가 낮아 건축용 구조재로는 부적당하다.

92 콘크리트용 골재의 요구 성능에 관한 설명으로 옳지 않은 것은?
① 골재의 강도는 경화한 시멘트페이스트 강도보다 클 것
② 골재의 형태가 예각이며, 표면은 매끄러울 것
③ 골재의 입형이 둥글고 입도가 고를 것
④ 먼지 또는 유기불순물을 포함하지 않을 것

해설
② 골재는 넓적하거나 길쭉한 것, 예각이 아니어야 하고 표면은 거칠어야 한다.

93 미장공사용 재료에 대한 설명으로 옳지 않은 것은?
① 돌로마이트 플라스터는 소석회보다 점성이 낮아 풀이 필요하며 건조수축이 적은 특징이 있다.
② 회반죽바름은 소석회를 사용한다.
③ 회반죽바름에 사용하는 해초풀은 채취 후 1~2년 경과된 것이 좋다.
④ 석고 플라스터는 경화·건조 시 치수 안정성이 우수하다.

해설
돌로마이트 플라스터는 소석회보다 점성이 높아 풀이 필요하지 않고 건조수축이 큰 특징이 있다.

94 초고층 건축물의 외벽시스템에 적용되고 있는 커튼월의 연결부 줄눈에 사용되는 실링재의 요구 성능으로 옳지 않은 것은?

① 줄눈을 구성하는 각종 부재에 잘 부착하는 것
② 줄눈 주변부에 오염현상을 발생시키지 않는 것
③ 줄눈부의 방수기능을 잘 유지하는 것
④ 줄눈에 발생하는 무브먼트(Movement)에 잘 저항하는 것

해설
줄눈에 발생하는 무브먼트(Movement)에 잘 견뎌낼 것

95 목재를 방부처리하는 방법 중 가장 간단한 것은?

① 가압주입법 ② 침지법
③ 도포법   ④ 표면탄화법

96 열가소성 수지 중 열변형 온도가 가장 높은 것은?

① 폴리염화비닐(PVC)
② 폴리스티렌(PS)
③ 폴리카보네이트(PC)
④ 폴리에틸렌(PE)

해설
열변형 온도[℃]
- 폴리카보네이트(PC) : 140
- 폴리염화비닐(PVC) : 70
- 폴리스티렌(PS) : 95
- 폴리에틸렌(PE) : 85

97 에너지절약, 유해물질 저감, 자원의 절약 등을 유도하기 위한 목적으로 건설자재의 환경성에 대한 일정기준을 정하여 제품에 부여하는 인증제도는?

① 환경표지   ② NEP인증
③ GD마크   ④ KS마크

해설
② NEP인증 : 국내기업, 연구기관 및 대학에서 개발한 신기술을 적용해 생산된 제품에 대하여 기술성, 성능, 품질의 우수성을 정부가 인정해 주는 제도
③ GD마크 : Good Design의 약자로 상품의 디자인, 기능, 품질 등을 심사하고 디자인이 우수한 상품에 부여되는 디자인분야를 정부가 인증한 마크
④ KS마크 : 품질에 부여하는 법정 임의 인증으로, 기업의 여건과 상황에 따라 선택적으로 받을 수 있는 인증

98 다음과 같은 특성을 가진 플라스틱의 종류는?

- 가열하면 연화 또는 융해하여 가소성이 되고, 냉각하면 경화하는 재료이다.
- 분자구조가 쇄상구조로 이루어져 있다.

① 멜라민수지   ② 아크릴수지
③ 요소수지   ④ 페놀수지

해설
메타크릴수지(아크릴수지)
- 가열하면 연화 또는 융해하여 가소성이 되고, 냉각하면 경화하는 재료이다.
- 투명도가 높아 유기유리로 불린다.
- 분자구조가 쇄상구조로 이루어져 있다.
- 무색투명하여 착색이 자유롭다.
- 내충격강도가 크다.
- 상온에서도 절단·가공이 용이하다.
- 평판, 골판 등의 각종 형태의 성형품으로 만들어 채광판, 도어판, 칸막이벽 등에 쓰인다.

정답 94 ④ 95 ③ 96 ③ 97 ① 98 ②

99 점토에 관한 설명 중 옳지 않은 것은?

① 점토의 색상은 철산화물 또는 석회물질에 의해 나타난다.
② 점토의 가소성은 점토입자가 미세할수록 좋다.
③ 압축강도와 인장강도는 거의 비슷하다.
④ 소성수축은 점토 내 휘발분의 양, 조직, 융융도 등이 영향을 준다.

해설
압축강도는 인장강도의 약 5배 정도이다.

100 플라스틱 재료의 일반적인 성질에 대한 설명 중 옳지 않은 것은?

① 일반적으로 투명 또는 백색의 물질이므로 적합한 안료나 염료를 첨가함에 따라 광범위하게 채색이 가능하다.
② 내수성 및 내투습성은 극히 양호하며, 가장 좋은 것은 폴리초산비닐이다.
③ 상호 간 계면접착이 잘되며, 금속, 콘크리트, 목재, 유리 등 다른 재료에도 잘 부착된다.
④ 일반적으로 전기절연성이 상당히 양호하다.

해설
플라스틱의 내수성 및 내투습성은 폴리초산비닐 등 일부를 제외하고 극히 양호하다.

제6과목 건설안전기술

101 콘크리트 타설 시 거푸집 측압에 대한 설명 중 옳지 않은 것은?

① 타설속도가 빠를수록 측압이 커진다.
② 거푸집의 투수성이 낮을수록 측압은 커진다.
③ 타설높이가 높을수록 측압이 커진다.
④ 콘크리트의 온도가 높을수록 측압이 커진다.

해설
거푸집 속의 콘크리트 온도가 낮을수록 측압이 크다.

102 건설업 산업안전보건관리비의 사용내역에 대하여 도급인은 공사 시작 후 몇 개월마다 1회 이상 발주자 또는 감리자의 확인을 받아야 하는가?

① 3개월　　② 4개월
③ 5개월　　④ 6개월

해설
도급인은 산업안전보건관리비 사용내역에 대하여 공사 시작 후 6개월마다 1회 이상 발주자 또는 감리자의 확인을 받아야 한다. 다만, 6개월 이내에 공사가 종료되는 경우에는 종료 시 확인을 받아야 한다(건설업 산업안전보건관리비 계상 및 사용기준 제9조).

103 철륜 표면에 다수의 돌기를 붙여 접지면적을 작게 하여 접지압을 증가시킨 롤러로서 고함수비 점성토 지반의 다짐작업에 적합한 롤러는?

① 탠덤롤러　　② 로드롤러
③ 타이어롤러　　④ 탬핑롤러

정답 99 ③　100 ②　101 ④　102 ④　103 ④

104 지반조사 중 예비조사단계에서 흙막이 구조물의 종류에 맞는 형식을 선정하기 위한 조사항목과 거리가 먼 것은?

① 흙막이 벽 축조여부판단 및 굴착에 따른 안정이 충분히 확보될 수 있는지 여부
② 인근 지반의 지반조사자료나 시공자료의 수집
③ 기상조건 변동에 따른 영향 검토
④ 주변의 환경(하천, 지표지질, 도로, 교통 등)

해설
지반조사 중 예비조사단계에서 흙막이 구조물의 종류에 맞는 형식을 선정하기 위한 조사항목
- 지형이나 지하수위, 우물 등의 현황조사
- 인접 구조물의 크기, 기초의 형식 및 그 현황조사
- 인근 지반의 지반조사자료나 시공자료의 수집
- 기상조건 변동에 따른 영향 검토
- 주변의 환경(하천, 지표지질, 도로, 교통 등)

105 철골작업을 중지하여야 하는 기준으로 옳은 것은?

① 1시간당 강설량이 1[cm] 이상인 경우
② 풍속이 초당 15[m] 이상인 경우
③ 진도 3 이상의 지진이 발생한 경우
④ 1시간당 강우량이 1[cm] 이상인 경우

해설
② 풍속이 초당 10[m] 이상인 경우
③ 진도의 기준은 없다.
④ 1시간당 강우량이 1[mm] 이상인 경우

106 훅걸이용 와이어로프 등이 훅으로부터 벗겨지는 것을 방지하기 위한 장치는?

① 해지장치　　② 권과방지장치
③ 과부하방지장치　　④ 턴버클

107 다음은 타워크레인을 와이어로프로 지지하는 경우의 준수해야 할 기준이다. 빈칸에 들어갈 알맞은 내용을 순서대로 옳게 나타낸 것은?

> 와이어로프 설치각도는 수평면에서 ( )° 이내로 하되, 지지점은 ( )개소 이상으로 하고, 같은 각도로 설치할 것

① 45, 4　　② 45, 5
③ 60, 4　　④ 60, 5

108 인력운반 작업에 대한 안전 준수사항으로 가장 거리가 먼 것은?

① 보조기구를 효과적으로 사용한다.
② 물건을 들어올릴 때는 팔과 무릎을 이용하며 척추는 곧게 편다.
③ 긴 물건은 뒤쪽으로 높이고 원통인 물건은 굴려서 운반한다.
④ 무거운 물건은 공동작업으로 실시한다.

해설
긴 물건이나 구르기 쉬운 물건은 인력운반을 될 수 있는 대로 피한다. 부득이 하게 길이가 긴 물건을 인력운반해야 할 경우 앞쪽을 높게 하여 운반하고 부득이 하게 원통인 물건을 인력운반해야 할 경우 절대로 굴려서 운반하면 안 된다.

109 강관틀비계의 벽이음에 대한 조립 간격 기준으로 옳은 것은?(단, 높이가 5[m] 미만인 경우 제외)

① 수직방향 5[m], 수평방향 5[m] 이내
② 수직방향 6[m], 수평방향 6[m] 이내
③ 수직방향 6[m], 수평방향 8[m] 이내
④ 수직방향 8[m], 수평방향 6[m] 이내

해설
강관비계의 조립 간격

구 분	수직방향	수평방향
단관비계	5[m]	5[m]
틀비계(높이 5[m] 미만 제외)	6[m]	8[m]

110 발파작업 시 폭발, 붕괴재해예방을 위해 준수하여야 할 사항으로 옳지 않은 것은?

① 발파공의 장전구는 마찰, 충격에 강한 강봉을 사용한다.
② 화약이나 폭약을 장전하는 경우에는 화기를 사용하거나 흡연을 하지 않도록 한다.
③ 발파공의 충진재료는 점토, 모래 등 발화성 또는 인화성의 위험이 없는 재료를 사용한다.
④ 얼어붙은 다이너마이트를 화기에 접근시키지 않는다.

해설
발파작업 준수사항(산업안전보건기준에 관한 규칙 제348조)
- 얼어붙은 다이너마이트는 화기에 접근시키거나 그 밖의 고열물에 직접 접촉시키는 등 위험한 방법으로 융해되지 않도록 할 것
- 화약이나 폭약을 장전하는 경우에는 그 부근에서 화기를 사용하거나 흡연을 하지 않도록 할 것
- 장전구는 마찰·충격·정전기 등에 의한 폭발의 위험이 없는 안전한 것을 사용할 것
- 발파공의 충진재료는 점토·모래 등 발화성 또는 인화성의 위험이 없는 재료를 사용할 것
- 점화 후 장전된 화약류가 폭발하지 아니한 경우 또는 장전된 화약류의 폭발 여부를 확인하기 곤란한 경우에는 다음 사항을 따를 것
  - 전기뇌관에 의한 경우에는 발파모선을 점화기에서 떼어 그 끝을 단락시켜 놓는 등 재점화되지 않도록 조치하고 그때부터 5분 이상 경과한 후가 아니면 화약류의 장전 장소에 접근시키지 않도록 할 것
  - 전기뇌관 외의 것에 의한 경우에는 점화한 때부터 15분 이상 경과한 후가 아니면 화약류의 장전 장소에 접근시키지 않도록 할 것
- 전기뇌관에 의한 발파의 경우 점화하기 전에 화약류를 장전한 장소로부터 30[m] 이상 떨어진 안전한 장소에서 전선에 대하여 저항측정 및 도통시험을 할 것

111 건설업 유해위험방지계획서 제출 시 첨부서류에 해당하지 않는 것은?

① 공사 개요서
② 산업안전보건관리비 사용계획서
③ 재해발생 위험 시 연락 및 대피방법
④ 특수공사계획

해설
공사 개요 및 안전보건관리계획(산업안전보건법 시행규칙 별표 10)
- 공사 개요서
- 공사현장의 주변 현황 및 주변과의 관계를 나타내는 도면(매설물 현황 포함)
- 전체 공정표
- 산업안전보건관리비 사용계획서
- 안전관리 조직표
- 재해발생 위험 시 연락 및 대피방법

112 추락재해 방지를 위한 방망의 그물코 규격기준으로 옳은 것은?

① 사각 또는 마름모로서 크기가 5[cm] 이하
② 사각 또는 마름모로서 크기가 10[cm] 이하
③ 사각 또는 마름모로서 크기가 15[cm] 이하
④ 사각 또는 마름모로서 크기가 20[cm] 이하

113 사면보호 공법 중 구조물에 의한 보호 공법에 해당하지 않는 것은?

① 현장타설 콘크리트 격자공
② 식생구멍공
③ 블럭공
④ 돌쌓기공

해설
사면보호 공법 중 **구조물에 의한 보호 공법** : 블록공, 돌쌓기공, 현장타설 콘크리트 격자공, 뿜어붙이기공

114 건립 중 강풍에 의한 풍압 등 외압에 대한 내력이 설계에 고려되었는지 확인하여야 하는 철골구조물이 아닌 것은?

① 이음부가 현장용접인 건물
② 높이 15[m]인 건물
③ 기둥이 타이플레이트(Tie Plate)형인 구조물
④ 구조물의 폭과 높이의 비가 1 : 4인 건물

해설
건립 중 강풍에 의한 풍압 등 외압에 대한 내력이 설계에 고려되었는지 확인해야 하는 구조안전의 위험이 큰 철골구조물(철골공사표준안전작업지침 제3조)
- 높이 20[m] 이상의 구조물
- 구조물의 폭과 높이의 비가 1 : 4 이상인 구조물
- 단면구조에 현저한 차이가 있는 구조물
- 연면적당 철골량이 50[kg/m²] 이하인 구조물
- 기둥이 타이플레이트(Tie Plate)형인 구조물
- 이음부가 현장용접인 구조물
※ 건립 중 강풍에 의한 풍압 등 외압에 대하 내력이 설계에 고려되었는지 확인하여야 하는 철골구조물에 해당하지 않는 것으로 '높이 15[m]인 건물, 높이 10[m] 이상의 구조물, 이음부가 공장제작인 구조물, 연면적당 철골량이 50[kg/m²] 혹은 60[kg/m²] 이상인 구조물, 단면이 일정한 구조물' 등이 출제된다.

115 달비계의 와이어로프의 사용금지 기준에 해당하지 않는 것은?

① 와이어로프의 한 꼬임에서 끊어진 소선의 수가 10[%] 이상인 것
② 지름의 감소가 공칭지름의 7[%]를 초과하는 것
③ 심하게 변형되거나 부식된 것
④ 균열이 있는 것

해설
달비계의 와이어로프의 사용금지 기준
- 이음매가 있는 것
- 와이어로프의 한 꼬임에서 끊어진 소선의 수가 10[%] 이상인 것(필러선 제외, 비자전로프의 경우에는 끊어진 소선의 수가 와이어로프 호칭지름의 6배 길이 이내에서 4개 이상이거나 호칭지름 30배 길이 이내에서 8개 이상)
- 지름의 감소가 공칭지름의 7[%]를 초과하는 것
- 심하게 변형되거나 부식된 것
- 꼬인 것
- 열과 전기충격에 의해 손상된 것

116 안전계수가 4이고 2,000[kg/cm²]의 인장강도를 갖는 강선의 최대허용응력은?

① 500[kg/cm²]
② 1,000[kg/cm²]
③ 1,500[kg/cm²]
④ 2,000[kg/cm²]

해설
안전계수 = $\dfrac{\text{인장강도}}{\text{허용응력}}$ 이므로

허용응력 = $\dfrac{\text{인장강도}}{\text{안전계수}} = \dfrac{2,000}{4} = 500[kg/cm^2]$

117 가설통로를 설치하는 경우 준수해야 할 기준으로 옳지 않은 것은?

① 건설공사에 사용하는 높이 8[m] 이상인 비계다리에는 5[m] 이내마다 계단참을 설치할 것
② 수직갱에 가설된 통로의 길이가 15[m] 이상이 경우에는 10[m] 이내마다 계단참을 설치할 것
③ 경사가 15°를 초과하는 경우에는 미끄러지지 아니하는 구조로 할 것
④ 추락할 위험이 있는 장소에는 안전난간을 설치할 것

해설
건설공사에 사용하는 높이 8[m] 이상인 비계다리에는 7[m] 이내마다 계단참을 설치할 것

정답 114 ② 115 ④ 116 ① 117 ①

118 다음은 달비계 또는 높이 5[m] 이상의 비계를 조립·해체하거나 변경하는 작업을 하는 경우의 준수사항이다. 빈칸에 알맞은 숫자는?

> 비계재료의 연결·해체작업을 하는 경우에는 폭 (　)[cm] 이상의 발판을 설치하고 근로자로 하여금 안전대를 사용하도록 하는 등 추락을 방지하기 위한 조치를 할 것

① 15　　② 20
③ 25　　④ 30

119 토공기계 중 클램셸(Clam Shell)의 용도에 대해 가장 잘 설명한 것은?

① 단단한 지반에 작업하기 쉽고 작업속도가 빠르며 특히 암반굴착에 적합하다.
② 수면하의 자갈, 실트 혹은 모래를 굴착하고 준설선에 많이 사용된다.
③ 상당히 넓고 얕은 범위의 점토질 지반 굴착에 적합하다.
④ 기계위치보다 높은 곳의 굴착, 비탈면 절취에 적합하다.

120 토석붕괴의 내적원인인 것은?

① 절토 및 성토 높이의 증가
② 사면, 법면의 기울기 증가
③ 토석의 강도 저하
④ 공사에 의한 진동 및 반복하중의 증가

해설
토석붕괴의 원인(굴착공사 표준안전 작업지침 제28조)
- 토석붕괴의 외적원인
  - 사면, 법면의 경사 및 기울기의 증가
  - 절토 및 성토 높이의 증가
  - 공사에 의한 진동 및 반복하중의 증가
  - 지표수 및 지하수의 침투에 의한 토사중량의 증가
  - 지진, 차량, 구조물의 하중작용
  - 토사 및 암석의 혼합 층 두께
- 토석붕괴의 내적원인
  - 절토 사면의 토질·암질
  - 성토 사면의 토질 구성 및 분포
  - 토석의 강도 저하

정답　118 ②　119 ②　120 ③

2023년 제2회 과년도 기출복원문제

제1과목 산업안전관리론

01 재해의 간접원인 중 기초원인에 해당하는 것은?

① 불안전한 상태   ② 관리적 원인
③ 신체적 원인   ④ 불안전한 행동

해설
기초원인
- 관리적 원인 : 안전수칙의 미제정, 작업량 과다, 정리정돈 미실시, 작업준비의 불충분, 안전장치의 기능문제
- 학교 교육적 원인 제거 등

02 안전점검의 종류 중 주기적으로 일정한 기간을 정하여 일정한 시설이나, 물건, 기계 등에 대하여 점검하는 방법은?

① 정기점검   ② 일상점검
③ 특별점검   ④ 임시점검

해설
- 일상점검 : 작업자에 의해 매일 작업 전, 중, 후에 해당 작업설비에 대하여 수시로 실시하는 점검
- 특별점검 : 천재지변 발생 직후 기계설비의 수리 등을 할 경우 또는 중대재해 발생 직후 등에 행하는 안전점검
- 임시점검 : 사고 발생 이후 곧바로 외부 전문가에 의하여 실시하는 점검

03 산업안전보건법령상 건설업의 경우 공사 금액이 얼마 이상인 사업장에 산업안전보건위원회를 설치·운영하여야 하는가?

① 80억원   ② 120억원
③ 150억원   ④ 700억원

04 직계식 안전조직의 특징이 아닌 것은?

① 명령과 보고가 간단명료하다.
② 안전 정보의 수집이 빠르고 전문적이다.
③ 각종 지시 및 조치사항이 신속하게 이루어진다.
④ 안전업무가 생산현장 라인을 통하여 시행된다.

해설
②는 참모식(Staff) 조직이다.

05 산업안전보건법령상 산업재해가 발생한 때에 사업주가 기록·보존하여야 하는 사항이 아닌 것은?

① 사업장의 개요 및 근로자의 인적사항
② 재해 발생의 일시 및 장소
③ 재해 발생의 원인 및 과정
④ 재해원인 수사요청 기록 및 근무상황일지

해설
산업재해 기록(산업안전보건법 시행규칙 제72조)
- 사업장의 개요 및 근로자의 인적사항
- 재해 발생의 일시 및 장소
- 재해 발생의 원인 및 과정
- 재해 재발방지 계획
※ 산업재해가 발생한 때에 사업주가 기록·보존하여야 하는 사항이 아닌 것으로 '재해원인 수사요청 기록 및 근무상황일지, 재해발생 개요 및 피해상황' 등이 출제된다.

06 재해사례연구법(Accident Analysis and Control Method)에서 활용하는 안전관리 열쇠 중 작업에 관계되는 것이 아닌 것은?

① 적성배치   ② 작업 순서
③ 이상 시 조치 ④ 작업방법 개선

해설
재해사례연구법(Accident Analysis and Control Method)에서 활용하는 안전관리 열쇠 중 작업에 관계되는 것 : 작업 순서, 작업방법 개선, 이상 시 조치 등

정답 1 ② 2 ① 3 ② 4 ② 5 ④ 6 ①

07 방독마스크의 선정방법으로 적합하지 않은 것은?

① 전면형은 되도록 시야가 좁을 것
② 착용자 자신이 스스로 안면과 방독마스크 안면부와의 밀착성 여부를 수시로 확인할 수 있을 것
③ 머리끈은 적당한 길이 및 탄력성을 갖고 길이를 쉽게 조절할 수 있을 것
④ 정화통 내부의 흡착제는 견고하게 충진되고 충격에 의해 외부로 노출되지 않을 것

해설
전면형은 되도록 시야가 넓을 것

08 산업안전보건법령상 조립·해체 작업장 입구에 설치하여야 할 출입금지 표지의 색채로 가장 적당한 것은?

① 바탕 : 노란색, 기본모형 : 검은색, 관련부호 : 검은색, 그림 : 검은색
② 바탕 : 흰색, 기본모형 : 빨간색, 관련부호 : 검은색, 그림 : 검은색
③ 바탕 : 흰색, 기본모형 : 녹색, 관련부호 : 녹색, 그림 : 검은색
④ 바탕 : 파란색, 기본모형 : 빨간색, 관련부호 : 흰색, 그림 : 검은색

해설
조립·해체 작업장 입구에 설치하여야 할 출입금지 표지의 색채(산업안전보건법 시행규칙 별표 7)
바탕 : 흰색, 기본모형 : 빨간색, 관련부호 : 검은색, 그림 : 검은색

09 안전보건개선계획서의 수립·시행명령을 받은 사업주는 그 명령을 받은 날부터 며칠 이내에 안전보건개선계획서를 작성하여 관할 지방고용노동관서의 장에게 제출해야 하는가?

① 15일
② 30일
③ 60일
④ 90일

해설
안전보건개선계획서를 제출해야 하는 사업주는 안전보건개선계획서 수립·시행 명령을 받은 날부터 60일 이내에 관할 지방고용노동관서의 장에게 해당 계획서를 제출(전자문서로 제출하는 것을 포함한다)해야 한다.

10 재해조사 발생 시 정확한 사고원인 파악을 위해 재해조사를 직접 실시하는 자가 아닌 것은?

① 사업주
② 현장관리감독자
③ 안전관리자
④ 노동조합 간부

해설
재해조사 발생 시 정확한 사고원인 파악을 위해 재해조사를 직접 실시하는 자 : 현장관리감독자, 안전관리자, 노동조합 간부 등

7 ① 8 ② 9 ③ 10 ①

11 산업안전보건관리비 계상기준표에 따른 건축공사 대상액 5억원 이상 50억원 미만의 안전관리비 적용비율 및 기초액으로 옳은 것은?

① 비율 : 1.86[%], 기초액 : 5,349,000원
② 비율 : 1.99[%], 기초액 : 5,499,000원
③ 비율 : 2.35[%], 기초액 : 5,400,000원
④ 비율 : 1.57[%], 기초액 : 4,411,000원

해설
공사 종류와 규모별 안전관리비 계상기준(건설업 산업안전보건관리비 계상 및 사용기준 별표 1)
[2025년 1월 1일 이전 적용]

구 분	5억원 미만	5억원 이상 50억원 미만		50억원 이상	영 별표 5에 따른 보건관리자 선임대상 건설공사의 적용비율[%]
		비율(×)	기초액(C)		
일반건설 공사(갑)	2.93[%]	1.86[%]	5,349,000원	1.97[%]	2.15[%]
일반건설 공사(을)	3.09[%]	1.99[%]	5,499,000원	2.10[%]	2.29[%]
중건설공사	3.43[%]	2.35[%]	5,400,000원	2.44[%]	2.66[%]
철도·궤도 신설공사	2.45[%]	1.57[%]	4,411,000원	1.66[%]	1.8[%]
특수 및 그 밖의 건설공사	1.85[%]	1.20[%]	3,250,000원	1.27[%]	1.38[%]

[2025년 1월 1일부터 적용]

구 분	5억원 미만	5억원 이상 50억원 미만		50억원 이상	영 별표 5에 따른 보건관리자 선임대상 건설공사의 적용비율[%]
		비율(×)	기초액(C)		
건축 공사	3.11[%]	2.28[%]	4,325,000원	2.37[%]	2.64[%]
토목 공사	3.15[%]	2.53[%]	3,300,000원	2.60[%]	2.73[%]
중건설 공사	3.64[%]	3.05[%]	2,975,000원	3.11[%]	3.39[%]
특수 건설 공사	2.07[%]	1.59[%]	2,450,000원	1.64[%]	1.78[%]

12 사업장 무재해운동 추진 및 운영에 관한 규칙에 있어 특정 목표 배수를 달성하여 그다음 배수 달성을 위한 새로운 목표를 재설정하는 경우 무재해 목표 설정기준으로 옳지 않은 것은?

① 업종은 무재해 목표를 달성한 시점에서의 업종을 적용한다.
② 무재해 목표를 달성한 시점 이후부터 즉시 다음 배수를 기산하여 업종과 규모에 따라 새로운 무재해 목표시간을 재설정한다.
③ 건설업의 규모는 재개시 시점에 해당하는 총공사금액을 적용한다.
④ 규모는 재개시 시점에 해당하는 달로부터 최근 6개월간의 평균 상시 근로자수를 적용한다.

해설
규모는 재개시 시점에 해당하는 달로부터 최근 1년간의 평균 상시 근로자수를 적용한다.

13 산업안전보건법령상 안전인증대상 방호장치에 해당하는 것은?

① 교류 아크용접기용 자동전격방지기
② 동력식 수동대패용 칼날 접촉 방지장치
③ 절연용 방호구 및 활선작업용 기구
④ 아세틸렌 용접장치용 또는 가스집합용접장치용 안전기

해설
①, ②, ④ 자율안전확인대상 방호장치

14 안전관리는 PDCA 사이클의 4단계를 거쳐 지속적인 관리를 수행하여야 한다. PDCA 사이클의 4단계를 잘못 나타낸 것은?

① P : Plan
② D : Do
③ C : Check
④ A : Analysis

해설
A : Action

15 사업장의 안전보건관리계획 수립 시 기본적인 고려 요소로 가장 적절한 것은?

① 대기업의 경우 표준계획서를 작성하여 모든 사업장에 동일하게 적용시킨다.
② 계획의 실시 중에는 변동이 없어야 한다.
③ 계획의 목표는 점진적인 높은 수준으로 한다.
④ 사고발생 후의 수습대책에 중점을 둔다.

해설
안전보건관리계획 수립 시 기본계획 내지는 기본적인 고려요소
• 계획의 목표는 점진적인 높은 수준으로 한다.
• 대기업의 경우 표준계획서를 작성하여 모든 사업장에 동일하게 적용하기는 무리이다.
• 계획의 실시 중 필요에 따라 변동될 수 있다.
• 사후형보다는 사전형의 안전대책을 채택한다.
• 안전보건관리계획의 초안작성자로 가장 적합한 사람은 안전스태프(Staff)이다.
• 타 관리계획과 균형이 되어야 한다.
• 안전보건의 저해요인을 확실히 파악해야 한다.
• 경영층의 기본방향을 명확하게 근로자에게 나타내야 한다.
• 전체 사업장 및 직장 단위로 구체적으로 계획한다.
• 여러 개의 안을 만들어 최종안을 채택한다.

16 시몬즈의 재해손실비 평가방식 중 비보험코스트에 반영되는 항목에 해당하지 않는 것은?

① 휴업상해 건수
② 통원상해 건수
③ 응급조치 건수
④ 무손실사고 건수

해설
비보험코스트
• 무상해사고 건수
• 통원상해 건수
• 응급조치 건수
• 휴업상해 건수

17 무재해운동 추진기법으로 볼 수 없는 것은?

① 위험예지훈련
② 지적확인
③ 터치 앤드 콜
④ 직무위급도분석

해설
직무위급도분석(TCRAM ; Task Criticality Rating Analysis Method)은 인간신뢰도의 평가방법의 한 가지이다.

18 산업안전보건법령상 중대재해가 아닌 것은?

① 사망자가 1명 발생한 재해
② 부상자가 동시에 7명 발생한 재해
③ 직업성 질병자가 동시에 10명 발생한 재해
④ 3개월 이상의 요양이 필요한 부상자가 동시에 2명 발생한 재해

해설
중대재해(Major Accident)
• 사망자가 1명 이상 발생한 재해
• 3개월 이상의 요양이 필요한 부상자가 동시에 2명 이상 발생한 재해
• 부상자 또는 직업성 질병자가 동시에 10명 이상 발생한 재해

19 하인리히(H. W. Heinrich)의 재해발생과 관련한 도미노이론에 포함되지 않는 단계는?

① 사고
② 개인적 결함
③ 제어의 부족
④ 사회적 환경 및 유전적 요소

해설
하인리히의 사고연쇄성이론(도미노이론)의 재해발생 5단계
사회적 환경 및 유전적 요소 → 개인적 결함 → 불안전한 행동 및 불안전한 상태 → 사고 → 재해

20 근로자수가 400명, 주당 45시간씩 연간 50주를 근무하였고, 연간재해건수는 210건으로 근로손실일수가 800일이었다. 이 사업장의 강도율은 약 얼마인가? (단, 근로자의 출근율은 95[%]로 계산한다)

① 0.42　② 0.52
③ 0.88　④ 0.94

해설
$$강도율 = \frac{근로손실일수}{연근로시간수} \times 10^3$$
$$= \frac{800}{400 \times 45 \times 50 \times 0.95} \times 10^3 \approx 0.94$$

제2과목 산업심리 및 교육

21 비공식집단에 관한 설명으로 가장 거리가 먼 것은?

① 비공식집단은 조직구성원의 태도, 행동 및 생산성에 지대한 영향력을 행사한다.
② 가장 응집력이 강하고 우세한 비공식 집단은 수직적 동료집단이다.
③ 혼합적 혹은 우선적 동료집단은 각기 상이한 부서에 근무하는 직위가 다른 성원들로 구성된다.
④ 비공식집단은 관리영역 밖에 존재하고 조직표에 나타나지 않는다.

해설
가장 응집력이 강하고 우세한 비공식 집단은 수평적 동료집단이다.

22 ATT(American Telephone & Telegram) 교육훈련기법의 내용으로 적절하지 않은 것은?

① 인사관계
② 고객관계
③ 회의의 주관
④ 종업원의 향상

해설
ATT(American Telephone & Telegram)
• 교육대상계층에 제한이 없으며 한 번 훈련받은 관리자는 그 부하인 감독자에 대해 지도원이 될 수 있다.
• 1차 훈련과 2차 훈련으로 진행된다.
　- 1차 훈련 : 1일 8시간씩 2주간 실시
　- 2차 훈련 : 문제 발생 시 수시로 실시
• 작업의 감독, 인사관계, 고객관계, 종업원의 향상, 공구 및 자료보고 기록, 개인작업의 개선, 안전, 복무조정 등의 내용을 교육한다.

23 피로의 측정방법에 있어 인지역치를 이용한 생리적 방법은?

① 광전비색계
② 뇌전도(EEG)
③ 근전도(EMG)
④ 점멸융합주파수(Flicker Fusion Frequency)

해설

점멸융합주파수(FFF ; Flicker Fusion Frequency)
- 중추신경계의 정신적 피로도의 척도로 사용된다.
- 빛의 검출성에 영향을 주는 인자 중 하나이다.
- 점멸속도는 점멸융합주파수보다 일반적으로 느려야 한다.
- 점멸속도가 약 30[Hz] 이상이면 불이 계속 켜진 것처럼 보인다.
- 별칭 : 플리커(Flicker), CFF(Critical Flicker Fusion)값 등
- 플리커값은 감각기능검사(정신, 신경기능검사)의 측정대상 항목에 해당한다.
- 용도 : 피로 정도의 척도

24 학습목적의 3요소가 아닌 것은?

① 목표(Goal)
② 주제(Subject)
③ 학습정도(Level of Learning)
④ 학습방법(Method of Learning)

해설
학습목적의 3요소가 아닌 것으로 '학습방법, 학습성과, 학습정도' 등이 출제된다.

25 카운슬링(Counseling)의 순서로 가장 올바른 것은?

① 장면 구성 → 내담자와의 대화 → 감정 표출 → 감정의 명확화 → 의견 재분석
② 장면 구성 → 내담자와의 대화 → 의견 재분석 → 감정 표출 → 감정의 명확화
③ 내담자와의 대화 → 장면 구성 → 감정 표출 → 감정의 명확화 → 의견 재분석
④ 내담자와의 대화 → 장면 구성 → 의견 재분석 → 감정 표출 → 감정의 명확화

26 산업안전보건법 시행규칙상 사업 내 안전보건교육에 있어 건설업 일용근로자의 기초안전·보건교육의 최소 교육시간으로 옳은 것은?

① 1시간
② 2시간
③ 3시간
④ 4시간

해설

근로자 안전보건교육시간(2023.9.27. 개정)

교육과정	교육대상		교육시간
정기교육	사무직 종사 근로자		매 반기 6시간 이상
	그 밖의 근로자	판매업무에 직접 종사하는 근로자	매 반기 6시간 이상
		판매업무에 직접 종사하는 근로자 외의 근로자	매 반기 12시간 이상
채용 시 교육	일용근로자 및 근로계약기간이 1주일 이하인 기간제근로자		1시간 이상
	근로계약기간이 1주일 초과 1개월 이하인 기간제근로자		4시간 이상
	그 밖의 근로자		8시간 이상
작업내용 변경 시 교육	일용근로자 및 근로계약기간이 1주일 이하인 기간제근로자		1시간 이상
	그 밖의 근로자		2시간 이상
특별교육	일용근로자 및 근로계약기간이 1주일 이하인 기간제근로자(타워크레인을 사용하는 작업 시 신호업무 하는 작업에 종사하는 근로자 제외)		2시간 이상
	일용근로자 및 근로계약기간이 1주일 이하인 기간제근로자(타워크레인을 사용하는 작업 시 신호업무 하는 작업에 종사하는 근로자 한정)		8시간 이상
	일용근로자 및 근로계약기간이 1주일 이하인 기간제근로자를 제외한 근로자		- 16시간 이상(최초 작업에 종사하기 전 4시간 이상 실시하고 12시간은 3개월 이내에서 분할하여 실시 가능) - 단기간 작업 또는 간헐적 작업인 경우에는 2시간 이상
건설업 기초안전· 보건교육	건설 일용근로자		4시간 이상

27 부주의에 의한 사고방지에 있어서 정신적 측면에 대책 사항과 가장 거리가 먼 것은?

① 적응력 향상
② 스트레스 해소
③ 작업의욕 고취
④ 주의력 집중 훈련

해설
부주의에 의한 사고 방지에 있어서 정신적 측면에 대책 사항 : 주의력 집중 훈련, 스트레스 해소, 작업의욕 고취, 안전의식의 제고

28 허즈버그(Herzberg)가 직무확충의 원리로서 제시한 내용과 거리가 가장 먼 것은?

① 책임을 지고 일하는 동안에는 통제를 추가한다.
② 자신의 일에 대해서 책임을 더 지도록 한다.
③ 직무에서 자유를 제공하기 위하여 부가적 권위를 부여한다.
④ 전문가가 될 수 있도록 전문화된 과제들을 부과한다.

해설
허즈버그가 제안한 직무충실(직무확충)의 원리
• 책임을 지고 일하는 동안에는 통제를 줄인다.
• 자신의 일에 대해서 책임을 지도록 한다.
• 직무에서 자유를 제공하기 위하여 부가적 권위를 부여한다.
• 전문가가 될 수 있도록 전문화된 과제들을 부과한다.
• 종업원들에게 직무에 부가되는 자유와 권위 부여한다.
• 완전하고 자연스러운 작업 단위 제공한다.
• 여러 가지 규모를 제거하여 개인적 책임감 증대한다.

29 부주의가 발생하는 경우에 있어 자동차를 운전할 때 신호가 바뀔 것을 예상하고 자동차를 출발시키는 행동과 관련된 것은?

① 억측판단　　② 근도반응
③ 착시현상　　④ 의식의 우회

해설
억측판단 : 객관적인 위험을 작업자 나름대로 판단하여 위험을 수용하고 행동에 옮기는 것으로 발생요인은 부적절한 태도이다.

30 심포지엄(Symposium)에 관한 설명으로 가장 적절한 것은?

① 먼저 사례를 발표하고 문제적 사실들과 그의 상호관계에 대하여 검토하고 대책을 토의하는 방법
② 몇 사람의 전문가가 과제에 관한 견해를 발표한 뒤에 참가자로 하여금 의견이나 질문을 하게 하여 토의하는 방법
③ 새로운 교재를 제시하고 거기에서의 문제점을 피교육자로 하여금 제기하게 하거나, 의견을 여러 가지 방법으로 발표하게 하고 다시 깊이 파고 들어서 토의하는 방법
④ 패널 멤버가 피교육자 앞에서 자유로이 토의하고, 뒤에 피교육자 전원이 참가하여 사회자의 사회에 따라 토의하는 방법

31 합리화의 유형에 있어 자기의 실패나 결함을 다른 대상에게 책임을 전가시키는 유형으로 자신의 잘못에 대해 조상 탓을 하거나 축구 선수가 공을 잘못 찬 후 신발 탓을 하는 등에 해당하는 것은?

① 신포도형　　② 투사형
③ 망상형　　　④ 달콤한 레몬형

해설
① 신포도형 : 목표를 부정하거나 과소평가하는 유형
③ 망상형 : 원하는 일이 마음대로 되지 않을 때 자신의 능력에 대해 허구적 신념을 가짐으로써 실패의 원인을 합리화시키는 유형
④ 달콤한 레몬형 : 불만족한 현실을 긍정하거나 과대평가하는 유형

32 직무분석 방법으로 가장 적합하지 않은 것은?
① 면접법　　② 관찰법
③ 실험법　　④ 설문지법

해설
직무분석 방법 : 면접법, 관찰법, 설문지법, 중요사건법 등

33 강의법에서 도입 단계의 내용으로 적절하지 않은 것은?
① 동기를 유발한다.
② 주제의 단원을 알려 준다.
③ 수강생의 주의를 집중시킨다.
④ 핵심이 되는 점을 가르쳐 준다.

해설
도입 단계 이후에 핵심이 되는 점을 가르쳐 준다.

34 안전태도교육 과정을 올바른 순서대로 나열한 것은?
① 청취 → 모범 → 이해 → 평가 → 장려·처벌
② 청취 → 평가 → 이해 → 모범 → 장려·처벌
③ 청취 → 이해 → 모범 → 평가 → 장려·처벌
④ 청취 → 평가 → 모범 → 이해 → 장려·처벌

해설
안전태도교육의 기본과정
• 1단계 : 청취한다.
• 2단계 : 이해·납득시킨다.
• 3단계 : 모범을 보인다.
• 4단계 : 평가한다.
• 5단계 : 장려한다.
• 6단계 : 처벌한다.

35 산업안전심리의 5대 요소에 속하지 않는 것은?
① 감정　　② 습관
③ 동기　　④ 시간

해설
산업안전심리의 5대 요소 : 동기, 기질, 감정, 습성, 습관

36 창의력을 발휘하려면 3가지 요소가 필요한데 이와 관련된 요소가 아닌 것은?
① 전문지식　　② 상상력
③ 업무몰입도　　④ 내적동기

37 교육지도의 원칙과 가장 거리가 먼 것은?
① 한 번에 한 가지씩 교육을 실시한다.
② 쉬운 것부터 어려운 것으로 실시한다.
③ 과거부터 현재, 미래의 순서로 실시한다.
④ 적게 사용하는 것에서 많이 사용하는 순서로 실시한다.

해설
많이 사용하는 것에서 적게 사용하는 순서로 실시한다.

정답　32 ③　33 ④　34 ③　35 ④　36 ③　37 ④

38 작업장에서의 사고예방을 위한 조치로 옳지 않은 것은?

① 모든 사고는 사고자료가 연구될 수 있도록 철저히 조사되고 자세히 보고되어야 한다.
② 안전의식고취운동의 포스터는 처참한 장면과 함께 부정적인 문구의 사용이 효과적이다.
③ 안전장치는 생산을 방해하면 안 되고, 그것이 제 위치에 있지 않으면 기계가 작동되지 않도록 설계되어야 한다.
④ 감독자와 근로자는 특수한 기술뿐만 아니라 안전에 대한 태도교육을 받아야 한다.

해설
안전의식고취운동의 포스터는 처참한 장면과 함께 부정적인 문구의 사용이 비효과적이다.

39 리더로서 일반적인 구비요건과 가장 거리가 먼 것은?

① 화합성
② 통찰력
③ 개인의 이익 추구성
④ 정서적 안정성 및 활발성

해설
조직의 이익을 추구해야 한다.

40 심리검사의 특징 중 측정하고자 하는 것을 실제로 잘 측정하는지의 여부를 판별하는 것을 무엇이라 하는가?

① 표준화　　② 신뢰성
③ 객관성　　④ 타당성

해설
• 표준화 : 검사의 실시부터 채점과 해석에 이르기까지 과정 및 절차를 단일화하여 검사 시행이나 채점과 해석에서 검사자의 주관적 의도 및 해석이 개입될 수 없도록 하는 것
• 신뢰성 : 측정하고자 하는 심리적 개념을 일관성 있게 측정하는 정도
• 객관성 : 측정의 결과에 대해 누가 보아도 일치되는 의견이 나올 수 있는 성질

제3과목 인간공학 및 시스템안전공학

41 롤러기 급정지장치의 종류가 아닌 것은?

① 어깨조작식　　② 손조작식
③ 복부조작식　　④ 무릎조작식

해설
롤러기 급정지장치의 종류(위험기계·기구 안전인증 고시 별표 5) : 손조작식, 복부조작식, 무릎조작식

42 인간공학적 설계대상에 해당하지 않는 것은?

① 물건(Objects)
② 기계(Machinery)
③ 환경(Environment)
④ 보전(Maintenance)

해설
인간공학 설계대상의 대상은 물건(Objects), 기계(Machinery), 환경(Environment) 등이다(인간이 사용하는 물건, 설비, 환경의 설계에 적용).

43 지브가 없는 크레인의 정격하중에 관한 정의로 옳은 것은?

① 짐을 싣고 상승할 수 있는 최대하중
② 크레인의 구조 및 재료에 따라 들어 올릴 수 있는 최대하중
③ 권상하중에서 훅, 그랩 또는 버킷 등 달기구의 중량에 상당하는 하중을 뺀 하중
④ 짐을 싣지 않고 상승할 수 있는 최대하중

해설
① 적재하중
② 권상하중
④ 이런 하중은 없다.

정답 38 ② 39 ③ 40 ④ 41 ① 42 ④ 43 ③

44 동력프레스기의 No Hand in Die 방식의 안전대책으로 옳지 않은 것은?

① 안전금형을 부착한 프레스
② 양수조작식 방호장치의 설치
③ 안전울을 부착한 프레스
④ 전용프레스의 도입

해설
양수조작식 방호장치의 설치는 동력프레스기의 Hand in Die 방식의 안전대책이다.

45 통상적으로 초음파는 몇 [Hz] 이상의 음파를 말하는가?

① 10,000 ② 20,000
③ 50,000 ④ 100,000

해설
통상적으로 초음파는 20,000[Hz] 이상의 음파를 말한다.

46 와이어로프의 구성요소가 아닌 것은?

① 소 선   ② 클 립
③ 스트랜드 ④ 심 강

해설
와이어로프의 구성요소 : 소선, 스트랜드, 심강

47 인지 및 인식의 오류를 예방하기 위해 목표와 관련하여 작동을 계획해야 하는데 특수하고 친숙하지 않은 상황에서 발생하며, 부적절한 분석이나 의사결정을 잘못하여 발생하는 오류는?

① 기능에 기초한 행동(Skill-based Behavior)
② 규칙에 기초한 행동(Rule-based Behavior)
③ 사고에 기초한 행동(Accident-based Behavior)
④ 지식에 기초한 행동(Knowledge-based Behavior)

해설
특수하고 친숙하지 않은 상황에서 발생하며, 부적절한 분석이나 의사결정을 잘못하여 발생하는 오류는 지식에 기초한 행동(Knowledge-based Behavior)이다.

48 경계 및 경보신호의 설계지침으로 옳지 않은 것은?

① 주의를 환기시키기 위하여 변조된 신호를 사용한다.
② 배경소음의 진동수와 다른 진동수의 신호를 사용한다.
③ 귀는 중음역에 민감하므로 500~3,000[Hz]의 진동수를 사용한다.
④ 300[m] 이상의 장거리용으로는 1,000[Hz]를 초과하는 진동수를 사용한다.

해설
300[m] 이상의 장거리용으로는 1,000[Hz] 이하의 진동수를 사용한다.

정답 44 ② 45 ② 46 ② 47 ④ 48 ④

49 국내 규정상 1일 노출횟수가 100일 때 최대 음압수준이 몇 [dB(A)]를 초과하는 충격소음에 노출되어서는 아니 되는가?

① 110
② 120
③ 130
④ 140

50 첨단 경보시스템의 고장율은 0이다. 경계의 효과로 조작자 오류율을 0.01[t/h]이며, 인간의 실수율은 균질(Homogeneous)한 것으로 가정한다. 또한, 이 시스템의 스위치 조작자는 1시간마다 스위치를 작동해야 하는데 인간오류확률(HEP ; Human Error Probablitty)이 0.001인 경우에 2시간에서 6시간 사이에 인간-기계시스템의 신뢰도는?

① 0.983
② 0.948
③ 0.957
④ 0.967

해설
인간-기계시스템의 신뢰도
$R = (1-a)^n (1-b)^n$
$= (1-0.01)^4 (1-0.001)^4 \simeq 0.957$
여기서, a : 조작자 오류율, n : 주어진 시간에서의 조작 횟수, b : 인간오류확률

51 전신육체적 작업에 대한 개략적 휴식시간의 산출공식으로 맞는 것은?(단, R은 휴식시간(분), E는 작업의 에너지소비율[kcal/분]이다)

① $R = E \times \dfrac{60-4}{E-2}$
② $R = 60 \times \dfrac{E-4}{E-1.5}$
③ $R = 60 \times (E-4) \times (E-2)$
④ $R = E \times (60-4) \times (E-1.5)$

해설
다른 조건이 주어지지 않은 경우 전신육체적 작업에 대한 개략적 휴식시간의 산출공식
$R = 60 \times \dfrac{E-4}{E-1.5}$

52 실험실 환경에서 수행하는 인간공학 연구의 장단점에 대한 설명으로 옳은 것은?

① 변수의 통제가 용이하다.
② 주위 환경의 간섭에 영향받기 쉽다.
③ 실험 참가자의 안전을 확보하기가 어렵다.
④ 피실험자의 자연스러운 반응을 기대할 수 있다.

해설
② 주위 환경의 간섭에 영향받지 않는다.
③ 실험 참가자의 안전을 확보하기가 용이하다.
④ 피실험자의 자연스러운 반응을 기대하기 어렵다.

53 정보의 촉각적 암호화 방법으로만 구성된 것은?

① 점자, 진동, 온도
② 초인종, 점멸등, 점자
③ 신호등, 경보음, 점멸등
④ 연기, 온도, 모스(Morse)부호

54 화학설비에 대한 안전성 평가방법 중 공장의 입지조건이나 공장 내 배치에 관한 사항은 어느 단계에서 하는가?

① 제1단계 : 관계자료의 작성 준비 또는 정비
② 제2단계 : 정성적 평가
③ 제3단계 : 정량적 평가
④ 제4단계 : 안전대책

55 특정한 목적을 위해 시각적 암호, 부호 및 기호를 의도적으로 사용할 때에 반드시 고려하여야 할 사항과 가장 거리가 먼 것은?

① 검출성　　② 변별성
③ 양립성　　④ 심각성

해설
암호체계 사용상의 일반적인 지침(특정한 목적을 위해 시각적 암호, 부호 및 기호를 의도적으로 사용할 때 반드시 고려하여야 할 사항) : 암호의 검출성, 암호의 변별성, 부호의 양립성, 부호의 의미, 암호의 표준화, 다차원 암호의 사용

56 산업안전보건법에 따라 유해위험방지계획서의 제출 대상 사업은 해당 사업으로서 전기 계약용량이 얼마 이상인 사업을 말하는가?

① 150[kW]　　② 200[kW]
③ 300[kW]　　④ 500[kW]

해설
산업안전보건법 시행령 제42조에 따라 유해위험방지계획서의 제출 대상 사업은 해당 사업으로서 전기 계약용량이 300[kW] 이상인 사업을 말한다.

57 FTA에서 활용하는 최소 컷셋(Minimal Cut Sets)에 관한 설명으로 맞는 것은?

① 해당 시스템에 대한 신뢰도를 나타낸다.
② 컷셋 중에 타 컷셋을 포함하고 있는 것을 배제하고 남은 컷셋들을 의미한다.
③ 어느 고장이나 에러를 일으키지 않으면 재해가 일어나지 않는 시스템의 신뢰성이다.
④ 기본사상이 일어나지 않을 때 정상사상(Top Event)이 일어나지 않는 기본사상의 집합이다.

해설
최소 컷셋(Minimal Cut Set)
- 컷셋 중에 타 컷셋을 포함하고 있는 것을 배제하고 남은 컷셋들을 의미한다.
- 정상사상(Top사상)을 일으키는 최소한의 집합이다.
- 사고에 대한 시스템의 약점을 표현한다.
- 시스템의 위험성을 나타낸다.
- 중복되는 사상의 컷셋 중 다른 컷셋에 포함되는 셋을 제거한 컷셋과 중복되지 않는 사상의 컷셋을 합한 것이 최소 컷셋이다.
- 일반적으로 시스템에서 최소 컷셋의 개수가 늘어나면 위험수준이 높아진다.
- 일반적으로 시스템에서 최소 컷셋 내의 사상개수가 적어지면 위험수준은 높아진다.

58 여러 사람이 사용하는 의자의 좌면 높이는 어떤 기준으로 설계하는 것이 가장 적절한가?

① 5[%] 오금높이
② 50[%] 오금높이
③ 75[%] 오금높이
④ 95[%] 오금높이

59 기계설비가 설계 사양대로 성능을 발휘하기 위한 적정 윤활의 원칙이 아닌 것은?

① 적량의 규정
② 주유방법의 통일화
③ 올바른 윤활법의 채용
④ 윤활기간의 올바른 준수

해설
(기계설비가 설계 사양대로 성능을 발휘하기 위한) 적정 윤활의 원칙
• 적량의 규정
• 올바른 주유방법(윤활법)의 선택(채용)
• 윤활기간의 올바른 준수

60 조도에 관련된 척도 및 용어 정의로 옳지 않은 것은?

① 조도는 거리의 제곱에 반비례한다.
② 칸델라는 단위 시간당 한 발광점으로부터 투광되는 빛의 에너지양이다.
③ 1럭스는 1[cd]의 점광원으로부터 1[m] 떨어진 구면에 비추는 광의 밀도이다.
④ 람베르트는 완전 발산 및 반사하는 표면에 표준 촛불로 1[m] 거리에서 조명될 때 조도와 같은 광도이다.

해설
람베르트(Lambert)는 완전 발산 및 반사하는 표면에 표준 촛불로 1[cm] 거리에서 조명될 때 조도와 같은 광도이다.

제4과목 건설시공학

61 지반조사에 관한 설명 중 옳지 않은 것은?

① 각종 지반조사를 먼저 실시한 후 기존의 조사자료와 대조하여 본다.
② 과거 또는 현재의 지층 표면의 변천사항을 조사한다.
③ 상수면의 위치와 지하 유수 방향을 조사한다.
④ 지하 매설물 유무와 위치를 파악한다.

해설
먼저 기존의 조사자료와 대조한 후 각종 지반조사를 실시한다.

62 대규모 공사 시 한 현장 안에서 여러 지역별로 공사를 분리하여 공사를 발주하는 방식은?

① 공정별 분할도급
② 공구별 분할도급
③ 전문공종별 분할도급
④ 직종별, 공종별 분할도급

해설
• 공정별 분할도급 : 후속공사를 다른 업자로 바꾸거나 후속공사 금액의 결정이 용이하지 않다.
• 전문공종별 분할도급 : 전문공종으로 분할하여 도급을 주는 것으로 건축주의 의도를 철저하게 반영시킬 수 있다. 설비업자의 자본, 기술이 강화되어 능률이 향상된다.
• 직종별, 공종별 분할도급 : 전문직종으로 분할하여 도급을 주는 것으로 건축주의 의도를 철저하게 반영시킬 수 있다.

63 속 빈 콘크리트 블록의 규격 중 기본 블록치수가 아닌 것은?(단, 단위 : [mm])

① 390×190×190
② 390×190×150
③ 390×190×100
④ 390×190×80

해설
속 빈 콘크리트 블록의 기본 블록치수(단위 : [mm])
• 390×190×190
• 390×190×150
• 390×190×100

64 골재에 대한 설명 중 옳지 않은 것은?

① 콘크리트용 골재는 청정, 견경, 내구성 및 내화성이 있어야 한다.
② 골재에 포함된 부식토, 석탄 등의 유기물은 콘크리트의 경화를 방해하여 콘크리트 강도를 떨어뜨리게 한다.
③ 실트, 점토, 운모 등의 미립분은 골재와 시멘트의 부착을 좋게 한다.
④ 골재의 강도는 콘크리트 중에 경화한 모르타르의 강도 이상이 요구된다.

해설
실트, 점토, 운모 등의 미립분은 골재와 시멘트의 부착을 나쁘게 한다.

65 고층 건축물 시공 시 적용되는 거푸집에 대한 설명으로 옳지 않은 것은?

① ACS(Automatic climbing system) 거푸집은 거푸집에 부착된 유압장치시스템을 이용하여 상승한다.
② ACS(Automatic climbing system) 거푸집은 초고층 건축물 시공 시 코어 선행 시공에 유리하다.
③ 알루미늄 거푸집의 주요 시공 부위는 내부벽체, 슬래브, 계단실 벽체이며, 슬래브 필러 시스템에 있어서 해체가 간편하다.
④ 알루미늄 거푸집은 녹이 슬지 않는 장점이 있으나 전용횟수가 적다.

해설
알루미늄 거푸집은 녹이 슬지 않는 장점이 있으며 전용횟수가 많다.

66 토공기계 중 흙의 적재, 운반, 정지의 기능을 가지고 있는 장비로서 일반적으로 중거리 정지공사에 많이 사용되는 장비는?

① 파워셔블 ② 캐리올 스크레이퍼
③ 앵글도저 ④ 탬퍼

해설
캐리올 스크레이퍼 : 흙을 깎으면서 동시에 기체 내에 담아 운반하고 깔기작업을 겸할 수 있으며, 100~1,500[m] 정도의 중장거리용으로 쓰이는 토공사용 기계이다. 굴착, 싣기(적재), 운반, 하역, 정지(흙깔기) 등의 작업을 하나의 기계로 연속적으로 행할 수 있다.

67 철근 콘크리트공사에서 철근과 철근의 순간격은 굵은 골재 최대 치수에 최소 몇 배 이상으로 하여야 하는가?

① 1배 ② 4/3배
③ 5/3배 ④ 2배

해설
철근의 순간격
철근 콘크리트공사에서 철근과 철근의 순간격(최소 배근 간격)은 굵은 골재 최대 치수에서 최소 4/3배 이상으로 하여야 한다.

68 기초굴착 방법 중 굴착공에 철근망을 삽입하고 콘크리트를 타설하여 말뚝을 형성하는 공법으로 안정액으로 벤토나이트 용액을 사용하고 표층부에서만 케이싱을 사용하는 것은?

① 리버스 서큘레이션 공법
② 베노토 공법
③ 심초 공법
④ 어스드릴 공법

해설
- RCD 공법(Reverse Circulation Drill Method) : 리버스 서큘레이션 드릴로 대구경의 구멍을 파고 철근망을 삽입한 후 콘크리트를 타설하여 현장타설 말뚝을 만드는 공법이다.
- 베노토 공법(Benoto Method) : 프랑스 베노토 회사에서 개발한 대구경 굴착기(Hammer Grab)를 써서 케이싱을 삽입하고 내부에 콘크리트를 채워 제자리 콘크리트 말뚝을 만드는 올 케이싱(All Casing) 공법이다.
- 심초 공법 : 지반으로부터 수직방향으로 구멍(연직갱)을 형성하도록 굴착 및 굴착된 연직갱으로 콘크리트를 타설하여 콘크리트 기초를 시공하는 현장타설 말뚝공법이다.

69 밑창 콘크리트 지정공사에서 밑창 콘크리트 설계기준 강도로 옳은 것은?(단, 설계도서에서 별도로 정한 바가 없는 경우)

① 12[MPa] 이상
② 13.5[MPa] 이상
③ 14.5[MPa] 이상
④ 15[MPa] 이상

70 강제널말뚝(Steel Sheet Pile) 공법에 관한 설명으로 옳지 않은 것은?

① 도심지에서는 소음, 진동 때문에 무진동 유압장비에 의해 실시해야 한다.
② 강제널말뚝에는 U형, Z형, H형, 박스형 등이 있다.
③ 타입 시에는 지반의 체적 변형이 작아 항타가 쉽고 이음부를 볼트나 용접접합에 의해서 말뚝의 길이를 자유로이 늘일 수 있다.
④ 비교적 연약지반이며 지하수가 많은 지반에는 적용이 불가능하다.

해설
비교적 경질지반이며 지하수가 많은 지반에 적용이 가능하다.

71 석재 사용상의 주의사항 중 옳지 않은 것은?

① 동일 건축물에는 동일 석재로 시공하도록 한다.
② 석재를 다듬어 사용할 때는 그 질이 균질한 것을 사용하여야 한다.
③ 인장 및 휨모멘트를 받는 곳에 보강용으로 사용한다.
④ 외벽, 도로포장용 석재는 연석 사용을 피한다.

해설
인장강도, 휨강도가 약하므로 인장 및 휨모멘트를 받는 곳에 사용하지 않고 압축응력을 받는 곳에 사용한다.

72 다음 설명에 해당하는 공정표의 종류로 옳은 것은?

> 한 공종의 작업이 하나의 숫자로 표기되고 컴퓨터에 적용하기 용이한 이점 때문에 많이 사용되고 있다. 각 작업은 Node로 표기하고 더미의 사용이 불필요하며 화살표는 단순히 작업의 선후관계만을 나타낸다.

① 횡선식 공정표
② CPM
③ PDM
④ LOB

해설
PDM(Precedence Diagramming Method, 선후행도형법)
• 한 공종의 작업이 하나의 숫자로 표기되고 컴퓨터에 적용하기 용이한 이점 때문에 많이 사용된다.
• 각 작업은 Node로 표기하고 더미(Dummy Activity)의 사용이 불필요하며 화살표는 단순히 작업의 선후관계만을 나타낸다.
• FS(Finish-to-Start), SS(Start-to-Start), FF(Finish-to-Finish), SF(Start-to-Finish) 등의 4가지 유형의 연관관계를 이용하여 각 활동(Activity)을 연결하여 공정표를 만들고, 이를 통해 각 활동의 지연 시간을 계산할 수 있다.
• Node의 길이로 시간척도(Time Scale)를 표현할 수 있다.
• 복잡한 CPM 공정표 구현이 가능하다.
• 다양한 관계성(Relationship) 표기가 가능하다.
• 네트워크가 간단하고 도식적이기 때문에 네트워크의 독해가 빠르다.
• 시간척도의 표기가 어렵다.

73 가치공학(Value Engineering)적 사고방식 중 옳지 않은 것은?

① 풍부한 경험과 직관 위주의 사고
② 기능 중심의 사고
③ 사용자 중심의 사고
④ 생애비용을 고려한 최소의 총비용

해설
가치공학적 사고방식
• 고정관념 제거
• 기능 중심의 사고
• 사용자 중심의 사고
• 생애비용을 고려한 최소의 총비용
• 팀 설계의 조직적 노력(집단사고)

정답 69 ④ 70 ④ 71 ③ 72 ③ 73 ①

74 철골 부재 조립 시 구멍의 위치가 다소 다를 때 구멍을 맞추기 위한 작업은?

① 송곳뚫기(Drilling) ② 리밍(Reaming)
③ 펀칭(Punching) ④ 리벳치기(Riveting)

해설

리밍(Reaming)
- 철골 부재 조립 시 구멍의 위치가 다소 다를 때 구멍을 맞추기 위한 작업이다.
- 리밍작업 시 철골 구멍을 다듬는 절삭공구인 리머(Reamer)를 사용한다.

75 다음 설명에 해당하는 용접결함으로 옳은 것은?

A. 용접 시 튀어나온 슬래그가 굳은 현상을 의미하는 것
B. 용접금속과 모재가 융합되지 않고 겹쳐지는 것을 의미하는 용접불량

① A : 슬래그(Slag) 감싸기
　B : 피트(Pit)
② A : 언더컷(Under Cut)
　B : 오버랩(Overlap)
③ A : 피트(Pit)
　B : 스패터(Spatter)
④ A : 스패터(Spatter)
　B : 오버랩(Overlap)

해설
- 스패터(Spatter) : 용접 시 튀어나온 슬래그 및 금속입자가 굳은 결함
- 오버랩(Overlap) : 용접금속과 모재가 융합되지 않고 단순히 겹쳐지는 결함
- 피트(Pit) : 용접부에 미세한 홈이 생기는 결함
- 언더컷(Under Cut) : 운봉 불량, 전류 과대, 용접봉의 선택 부적합 등으로 인하여 용접의 끝부분에서 용착금속이 채워지지 않고 홈처럼 우묵하게 남게 되는 결함

76 철근콘크리트 말뚝머리와 기초와의 접합에 대한 설명으로 옳지 않은 것은?

① 두부를 커팅기계로 정리할 경우 본체에 균열이 생김으로 응력손실이 발행하여 설계내력을 상실하게 된다.
② 말뚝머리 길이가 짧은 경우는 기초저면까지 보강하여 시공한다.
③ 말뚝머리 철근은 기초에 30[cm] 이상의 길이로 정착한다.
④ 말뚝머리와 기초와의 확실한 정착을 위해 파일 앵커링을 시공한다.

해설
해머로 말뚝머리를 때려 두부를 정리하면, 본체에 균열이 생겨 응력손실이 발행해 설계내력을 상실하게 되므로, 커팅 위치를 정한 다음 두부를 커팅기계로 정리해야 한다.

77 제치장 콘크리트(Exposed Concrete)에 관한 설명으로 옳지 않은 것은?

① 구조물에 균열과 이로 인한 백화가 나타난 경우 재시공 및 보수가 쉽다.
② 타설 콘크리트면 자체가 치장이 되게 마무리한 자연 그대로의 콘크리트를 말한다.
③ 재료의 절약은 물론 구조물 자중을 경감할 수 있다.
④ 거푸집이 견고하고 흠이 없도록 정확성을 기해야 하기 때문에 상당한 비용과 노력비가 증대한다.

해설
구조물에 균열과 이로 인한 백화가 나타난 경우 재시공 및 보수가 쉽지 않다.

78 콘크리트 부어 넣기에서 진동기를 사용하는 가장 큰 목적은?

① 콘크리트 타설의 용이함
② 콘크리트의 응결, 경화 촉진
③ 콘크리트의 밀실화 유지
④ 콘크리트의 재료 분리 촉진

79 기본벽돌(190×90×57)을 기준으로 1.5B 쌓기 할 때 벽돌 2,000매 쌓는 데 필요한 모르타르량은?

① 0.35[m³] ② 0.7[m³]
③ 0.45[m³] ④ 0.8[m³]

해설
기본벽돌(190×90×57) 1,000장 기준의 필요한 모르타르량[m³]

벽 두께	0.5B	1.0B	1.5B	2.0B
모르타르량	0.25	0.33	0.35	0.36

따라서, 기본벽돌(190×90×57)을 기준으로 1.5B 쌓기 할 때 벽돌 2,000매 쌓는데 필요한 모르타르량은 0.7[m³]이다.

80 철골구조의 베이스 플레이트를 완전 밀착시키기 위한 기초상부 고름질법에 속하지 않는 것은?

① 고정매입법
② 전면바름법
③ 나중채워넣기중심바름법
④ 나중채워넣기법

해설
철골구조의 베이스 플레이트를 완전 밀착시키기 위한 기초상부 고름질법에는 전면바름법, 나중채워넣기중심바름법, 나중채워넣기법 등이 있다.

제5과목 건설재료학

81 유성 페인트나 바니시와 비교한 합성수지 도료의 전반적인 특성으로 옳지 않은 것은?

① 도막이 단단하지 못한 편이다.
② 건조 시간이 빠른 편이다.
③ 내산, 내알칼리성을 가지고 있다.
④ 방화성이 더 우수한 편이다.

해설
도막이 단단한 편이다.

82 각종 금속의 성질에 관한 설명으로 옳지 않은 것은?

① 납은 융점이 높아 가공은 어려우나, 내알칼리성이 커서 콘크리트 중에 매입하여도 침식되지 않는다.
② 주석은 인체에 무해하며 유기산에 침식되지 않는다.
③ 동은 건조한 공기 중에서는 산화하지 않으나, 습기가 있거나 탄산가스가 있으면 녹이 발생한다.
④ 아연은 인장강도나 연신율이 낮기 때문에 열간가공하여 결정을 미세화하여 가공성을 높일 수 있다.

해설
납은 융점이 낮아 가공은 어렵지 않으나, 강산이나 강알칼리에는 약하므로 콘크리트에 침식될 수 있다.

83 목재의 결점 중 벌채 시의 충격이나 그 밖의 생리적 원인으로 인하여 세로축에 직각으로 섬유가 절단된 형태를 의미하는 것은?

① 수지낭　　② 미숙재
③ 컴프레션 페일러　　④ 옹 이

84 목재의 열적 성질에 관한 설명 중 옳지 않은 것은?

① 겉보기 비중이 작은 목재일수록 열전도율은 작다.
② 섬유에 평행한 방향의 열전도율이 섬유 직각 방향의 열전도율보다 작다.
③ 목재는 불에 타는 단점이 있으나 열전도율이 낮아 여러 가지 용도로 사용되고 있다.
④ 가벼운 목재일수록 착화되기 쉽다.

> **해설**
> 섬유에 평행한 방향의 열전도율이 섬유 직각 방향의 열전도율보다 크다.

85 강(鋼)과 비교한 알루미늄의 특징에 대한 내용 중 옳지 않은 것은?

① 강도가 작다.
② 전기전도율이 높다.
③ 열팽창률이 작다.
④ 비중이 작다.

> **해설**
> 열팽창률이 크다.

86 역청재료의 침입도 시험에서 100[g]의 표준침이 5초 동안에 10[mm] 관입했다면 이 재료의 침입도는?

① 1　　② 10
③ 100　　④ 1,000

> **해설**
> 온도가 25[℃]인 시료를 용기 내에 넣고 100[g]의 표준침을 낙하시켜 5초 동안의 관입 깊이가 0.1[mm]일 때의 침입도가 1이므로 10[mm] 관입했다면 이 재료의 침입도는 100이다.

87 목재의 내화성에 관한 설명 중 옳지 않은 것은?

① 목재의 발화온도는 450[℃] 이상이다.
② 목재의 밀도가 작을수록 착화가 어렵다.
③ 수산화나트륨 도포는 목재의 방화에 효과적이다.
④ 목재의 대단면화는 안전한 목재방화법이다.

> **해설**
> 목재의 밀도가 클수록 착화가 어렵다.

88 일반적으로 단열재에 습기나 물기가 침투하면 어떤 현상이 발생하는가?

① 열전도율이 높아져 단열성능이 좋아진다.
② 열전도율이 높아져 단열성능이 나빠진다.
③ 열전도율이 낮아져 단열성능이 좋아진다.
④ 열전도율이 낮아져 단열성능이 나빠진다.

> **해설**
> 일반적으로 단열재에 습기나 물기가 침투하면 열전도율이 높아져 단열성능이 나빠진다.

정답 83 ③　84 ②　85 ③　86 ③　87 ②　88 ②

89 유리섬유를 폴리에스테르수지에 혼입하여 가압·성형한 판으로 내구성이 좋아 내외 수장재로 사용하는 것은?

① 아크릴평판
② 멜라민치장판
③ 폴리스티렌투명판
④ 폴리에스테르강화판

해설
폴리에스테르강화판 : 유리섬유를 폴리에스테르수지에 혼입하여 가압·성형한 판으로 내구성이 좋아 내외 수장재로 사용하는 강화판이다.

90 자연에서 용제가 증발하여 표면에 피막이 형성되어 굳는 도료는?

① 유성조합페인트
② 염화비닐수지 에나멜
③ 에폭시수지 도료
④ 알키드수지 도료

해설
- 에폭시수지 도료(Epoxy Resin Paint) : 수지 말단에 반응성이 풍부한 에폭시기가 있고 적당한 지점에 OH기가 있다. 따라서 이러한 관능기를 이용해 다양한 변성 및 가교반응을 행하는 것이 가능한 도료이다.
- 알키드수지 도료(Alkyd Resin Paint) : 다염기산(주로 무수프탈산)과 다가 알코올(글리세린 및 펜타에리트리톨)의 에스테르를 기재로 해서 다시 각종 기름 또는 지방산에 변성한 합성수지를 도막 주요소로 한 상온 건조 도료이다.

91 타일의 소지(素地) 중 규산을 화학성분으로 한 석영·수정 등의 광물로서 도자기 속에 넣으면 점성을 제거하는 효과가 있으며, 소지 속에서 미분화하는 것은?

① 고령토
② 점 토
③ 규 석
④ 납 석

해설
규석은 규산을 화학성분으로 한 석영·수정 등의 광물로서 도자기 속에 넣으면 점성을 제거하는 효과가 있으며, 소지 속에서 미분화하는 타일의 소지로 이용된다.

92 점토 제품에서 SK번호란?

① 소성온도를 표시
② 점토원료를 표시
③ 점토 제품의 종류를 표시
④ 점토 제품 제법 순서를 표시

93 건성유에 연백 또는 안료를 더하여 만든 것으로 주로 유성페인트의 바탕만들기에 사용되는 퍼티는?

① 하드오일 퍼티
② 오일 퍼티
③ 페인트 퍼티
④ 캐슈(수지) 퍼티

해설
- 오일 퍼티 : 래커 에나멜, 프탈산수지 에나멜 등의 도장을 할 때 하도에 적합한 페이스트상·불투명·산화건조성 도료이다. 작업성, 내구성 및 내유성이 좋아 일반적으로 사용하지만 건조가 느리고 두꺼운 도장으로 하게 되면 내부 건조가 불량해진다. 내기후성이 필요한 장소에 사용한다. 건조시간이 길고 몇 회를 더 희박하게 주걱으로 부착하여야 하므로 폴리에스테르 퍼티를 더 많이 사용한다.
- 캐슈(수지) 퍼티 : 작업성이 좋고 건조성도 양호하지만 두꺼운 도장은 할 수 없다.

정답 89 ④ 90 ② 91 ③ 92 ① 93 ③

94 깬 자갈을 사용한 콘크리트가 동일한 시공연도의 보통 콘크리트보다 유리한 점은?

① 시멘트 페이스트와의 부착력 증가
② 수밀성 증가
③ 내구성 증가
④ 단위수량 감소

해설
콘크리트용 골재 중 깬 자갈
- 깬 자갈을 사용한 콘크리트가 동일한 시공연도의 보통 콘크리트보다 시멘트 페이스트와의 부착력이 높다.
- 깬 자갈의 원석은 안삼암·화강암 등이 많이 사용된다.
- 깬 자갈을 사용한 콘크리트는 동일한 워커빌리티의 보통자갈을 사용한 콘크리트보다 단위수량이 일반적으로 약 10[%] 정도 많이 요구된다.
- 콘크리트용 굵은 골재로 깬 자갈을 사용할 때는 한국산업표준(KS F 2527)에서 정한 품질에 적합한 것으로 한다.
- 깬 자갈을 사용한 콘크리트는 강자갈을 사용한 콘크리트보다 시멘트 페이스트와의 부착성능이 매우 높다.

95 시멘트 클링커 화합물에 대한 설명으로 옳지 않은 것은?

① C_3S양이 많을수록 조강성을 나타낸다.
② C_2S의 양이 많을수록 강도의 발현이 서서히 된다.
③ 재령 1년에서 C_4AF의 강도는 매우 낮다.
④ 시멘트의 수축률을 감소시키기 위해서는 C_3A를 증가시켜야 한다.

해설
시멘트의 수축률을 감소시키기 위해서는 C_3A를 감소시켜야 한다.

96 건축용 코킹재료의 일반적인 특징으로 옳지 않은 것은?

① 수축률이 크다.
② 내부의 점성이 지속된다.
③ 내산·내알칼리성이 있다.
④ 각종 재료에 접착이 잘된다.

해설
수축률이 작다.

97 고로슬래그 분말을 시멘트 혼화재로 사용한 콘크리트의 성질에 대한 설명 중 옳지 않은 것은?

① 초기강도는 낮지만 슬래그의 잠재 수경성 때문에 장기강도는 크다.
② 해수, 하수 등의 화학적 침식에 대한 저항성이 크다.
③ 슬래그 수화에 의한 포졸란반응으로 공극 충전 효과 및 알칼리골재반응 억제효과가 크다.
④ 슬래그를 함유하고 있어 건조수축에 대한 저항성이 크다.

해설
건조수축에 대한 저항성은 큰 차이가 없다.

98 안전성이 좋고 발열량이 적으며 내침식성, 내구성이 좋아 댐공사, 방사능차폐용 등으로 사용되는 시멘트는?

① 조강 포틀랜드 시멘트
② 보통 포틀랜드 시멘트
③ 알루미나 시멘트
④ 중용열 포틀랜드 시멘트

해설
중용열 포틀랜드 시멘트
- 시멘트의 발열량을 저감시킬 목적으로 제조한 시멘트이다.
- 안전성, 내침식성, 내황산염성, 내구성 등이 우수하다.
- 내황산염성이 우수하므로 댐공사에 사용 가능하다.
- 건축용 매스 콘크리트용, 댐공사, 방사능차폐용 등으로 사용된다.

99 표면건조포화상태의 잔골재 500[g]을 건조시켜, 기건상태에서 측정한 결과 460[g], 절대건조상태에서 측정한 결과 440[g]이었다. 이 잔골재의 흡수율은?

① 8[%]   ② 8.7[%]
③ 12[%] ④ 13.6[%]

해설
흡수율
$= \dfrac{\text{표면건조포화상태에서의 골재의 무게}-\text{절대건조상태에서의 골재의 무게}}{\text{절대건조상태에서의 골재의 무게}} \times 100[\%]$
$= \dfrac{500-440}{440} \times 100[\%] \approx 13.6[\%]$

100 플라스틱 재료에 관한 설명으로 옳지 않은 것은?

① 실리콘 수지는 내열성, 내한성이 우수한 수지로 콘크리트의 발수성 방수도료에 적당하다.
② 불포화 폴리에스테르 수지는 유리섬유로 보강하여 사용되는 경우가 많다.
③ 아크릴 수지는 투명도가 높아 유기유리로 불린다.
④ 멜라민 수지는 내수, 내약품성은 우수하나 표면경도가 낮다.

해설
멜라민 수지는 표면경도가 크나 내열성, 내수성, 내약품성이 좋지 않다.

제6과목 건설안전기술

101 산업안전보건기준에 관한 규칙에서 규정한 양중기의 종류에 해당하지 않는 것은?

① 이동식 크레인
② 승강기
③ 리프트(이삿짐운반용 리프트의 경우에는 적재하중이 0.1[ton] 이상인 것으로 한정)
④ 하이랜드(High Land)

해설
양중기에 해당하지 않는 것으로 '어스드릴, 컨베이어, 트롤리컨베이어, 지게차, 항타기, 하이랜드, 최대하중이 0.1[ton] 이상인 승강기, 최대하중이 0.25[ton] 미만인 승강기, 최대하중이 0.2[ton]인 인화공용승강기 등이 출제된다.

102 다음은 거푸집동바리 등을 조립하는 경우의 준수하상이다. 빈칸 안에 알맞은 내용을 순서대로 옳게 나열한 것은?

동바리로 사용하는 강관(파이프 서포트 제외)에 대하여는 다음 각목의 정하는 바에 의할 것
높이 ( ) 이내마다 수평연결재를 ( ) 방향으로 만들고 수평연결재의 변위를 방지할 것

① 1[m], 1개
② 1[m], 2개
③ 2[m], 1개
④ 2[m], 2개

정답 99 ④ 100 ④ 101 ④ 102 ④

103 터널 출입구 부근의 지반의 붕괴 또는 토석의 낙하에 의하여 근로자가 위험해질 우려가 있을 경우에 위험을 방지하기 위해 필요한 조치에 해당하는 것은?

① 물의 분사
② 보링에 의한 가스제거
③ 흙막이 지보공 설치
④ 감시인의 배치

해설
굴착작업에 있어서 지반의 붕괴 또는 토사 등의 낙하에 의해 근로자가 위험해질 우려가 있는 경우 사전에 필요한 조치
- 흙막이 지보공의 설치
- 방호망의 설치
- 근로자의 출입금지 조치

104 중량물 운반 시 크레인에 매달아 올릴 수 있는 최대 하중으로부터 달아올리기 기구의 중량에 상당하는 하중을 제외한 하중을 무엇이라 하는가?

① 정격하중
② 적재하중
③ 임계하중
④ 작업하중

해설
정격하중 : 중량물 운반 시 크레인에 매달아 올릴 수 있는 최대 하중으로부터 달아올리기 기구의 중량에 상당하는 하중을 제외한 하중

105 산업안전보건기준에 관한 규칙에 따른 굴착면의 기울기 기준으로 옳지 않은 것은?

① 보통 흙 습지 – 1 : 1 ~ 1 : 1.5
② 보통 흙 건지 – 1 : 0.3 ~ 1 : 1
③ 풍화암 – 1 : 1.0
④ 연암 – 1 : 1.0

해설
- 굴착면의 기울기 기준(수직거리 : 수평거리)[2021.11.19. 개정]

지반의 종류		굴착면의 기울기
보통 흙	습 지	1 : 1 ~ 1 : 1.5
	건 지	1 : 0.5 ~ 1 : 1
암반	풍화암	1 : 1.0
	연 암	1 : 1.0
	경 암	1 : 0.5

- 굴착면의 기울기 기준(굴착면의 높이 : 수평거리)[2023.11.14. 개정]

지반의 종류	굴착면의 기울기
모 래	1 : 1.8
연암 및 풍화암	1 : 1.0
경 암	1 : 0.5
그 밖의 흙	1 : 1.2

106 아파트의 외벽 도장 작업 시 추락방지를 위해 주로 수직 구명줄에 부착하여 사용하는 보호장구로 옳은 것은?

① 1개 걸이 전용
② 추락방지대
③ 2개 걸이 전용
④ U자 걸이 전용

해설
- 1개 걸이 : 죔줄의 한쪽 끝을 D링에 고정시키고 훅 또는 카라비너를 구조물 또는 구명줄에 고정시키는 걸이방법
- U자 걸이 : 안전대의 죔줄을 구조물 등에 U자 모양으로 돌린 뒤 훅 또는 카라비너를 D링에, 신축조절기를 각링 등에 연결하는 걸이방법

107 표준관입시험에서 30[cm] 관입에 필요한 타격횟수(N)가 50 이상일 때 모래의 상대밀도는 어떤 상태인가?

① 몹시 느슨하다. ② 느슨하다.
③ 보통이다. ④ 대단히 조밀하다.

해설
타격횟수(N치)에 따른 모래의 상대밀도
- 0~4 : 몹시 느슨함
- 4~10 : 느슨함
- 10~30 : 조밀함
- 50 이상 : 대단히 조밀함

108 강관비계(외줄·쌍줄 및 돌출비계)의 벽이음 및 버팀 설치에 관한 기준으로 옳은 것은?

① 인장재와 압축재와의 간격은 70[cm] 이내로 할 것
② 단관비계의 수직방향 조립간격은 7[m] 이하로 할 것
③ 틀비계의 수평방향 조립간격은 10[m] 이하로 할 것
④ 강관·통나무 등의 재료를 사용하여 견고한 것으로 할 것

해설
① 인장재와 압축재와의 간격은 1[m] 이내로 할 것
② 단관비계의 수직방향 조립간격은 5[m] 이하로 할 것
③ 틀비계의 수평방향 조립간격은 8[m] 이하로 할 것

109 철골 건립기계 선정 시 사전 검토사항과 가장 거리가 먼 것은?

① 입지조건 ② 인양물 종류
③ 건물형태 ④ 작업반경

해설
철골 건립기계 선정 시 사전검토사항 : 입지조건, 건물형태, 작업반경, 부재의 최대 중량 등

110 건립 중 강풍에 의한 풍압 등 외압에 대한 내력이 설계에 고려되었는지 확인하여야 하는 철골구조물이 아닌 것은?

① 높이 20[m] 이상인 구조물
② 폭과 높이의 비가 1:4 이상인 구조물
③ 연면적 당 철골량이 60[kg/m^2] 이상인 구조물
④ 이음부가 현장용접인 구조물

해설
건립 중 강풍에 의한 풍압 등 외압에 대한 내력이 설계에 고려되었는지 확인해야 하는 철골구조물(철골공사표준안전작업지침 제3조)
- 높이 20[m] 이상의 구조물
- 구조물의 폭과 높이의 비가 1:4 이상인 구조물
- 단면구조에 현저한 차이가 있는 구조물
- 연면적당 철골량이 50[kg/m^2] 이하인 구조물
- 기둥이 타이플레이트(Tie Plate)형인 구조물
- 이음부가 현장용접인 구조물
※ 건립 중 강풍에 의한 풍압 등 외압에 대한 내력이 설계에 고려되었는지 확인하여야 하는 철골구조물에 해당하지 않는 것으로 '높이 15[m]인 건물, 높이 10[m] 이상의 구조물, 이음부가 공장제작인 구조물, 연면적당 철골량이 50[kg/m^2] 혹은 60[kg/m^2] 이상인 구조물, 단면이 일정한 구조물' 등이 출제된다.

111 작업으로 인하여 물체가 떨어지거나 날아올 위험이 있는 경우 필요한 조치와 가장 거리가 먼 것은?

① 투하설비 설치
② 낙하물 방지망 설치
③ 수직보호망 설치
④ 출입금지구역 설정

해설
낙하물에 의한 위험의 방지(산업안전보건기준에 관한 규칙 제14조)
사업주는 작업으로 인하여 물체가 떨어지거나 날아올 위험이 있는 경우 낙하물 방지망, 수직보호망 또는 방호선반의 설치, 출입금지구역의 설정, 보호구의 착용 등 위험을 방지하기 위하여 필요한 조치를 하여야 한다.
※ 물체가 떨어지거나 날아올 위험이 있을 때의 재해예방대책과 거리가 먼 것으로 '안전대 착용, 울타리 설치, 작업지휘자 선정, 안전난간 설치, 투하설비 설치, 격벽설치' 등이 출제된다.

정답 107 ④ 108 ④ 109 ② 110 ③ 111 ①

112 인접구조물보다 깊은 위치에 근접하여 지하구조물을 건설할 경우에 인접건물의 기초 등을 보호하기 위해 실시하는 기초보강공법은?

① 어스앵커 공법
② 언더피닝 공법
③ CIP 공법
④ 지하연속벽 공법

해설
- 어스앵커 공법
  - 널말뚝 후면부를 천공하고 인장재를 삽입하여 경질지반에 정착시킴으로써 흙막이널을 지지시키는 공법
  - 흙막이 배면을 드릴로 천공하여 앵커체와 모르타르를 주입 경화시켜 버팀대 대신 강재의 인장력으로 토압을 지지하는 공법
- CIP 공법
  - 지반천공장비로 소정의 심도까지 천공하여 토사를 배출시킨 후 공 내에 H-Pile 또는 철근망을 삽입하고 콘크리트 또는 모르타르(Mortar)를 타설하는 주열식 현장타설 말뚝으로 가설 흙막이, 물막이 연속 벽체 등으로 사용하는 공법
  - 지하수가 없는 비교적 경질인 지층에서 어스오거로 구멍을 뚫고 그 내부에 철근과 자갈을 채운 후 미리 삽입해 둔 파이프를 통해 저면에서부터 모르타르를 채워 올라오게 하는 공법
  - 어스오거로 천공 후 철근망과 자갈을 채운 후 주입관을 통해 모르타르를 주입하여 제자리 말뚝을 형성하는 공법
- 슬러리 월 공법(지하연속벽 공법)
  - 특수 굴착기와 안정액(Bentonite)을 사용하여 지반의 붕괴를 방지하면서 굴착하고 그 속에 철근망을 넣고 콘크리트를 타설하여 지중에 연속으로 철근 콘크리트 흙막이 벽(벽체)을 조성·설치하는 공법
  - 안내벽(Guide Wall)을 설치한 후 안정액(Bentonite)을 공급하면서 클램셀로 선행 굴착하고, 회전식 유압굴착기를 이용하여 지반을 굴착하면서 안정액을 채워 굴벽면의 공벽 붕괴를 방지하고 철근망 삽입 후 콘크리트를 타설하여 연속벽을 설치하는 공법

113 차량계 건설기계의 전도 등에 방지하기 위한 조치와 거리가 먼 것은?

① 차체에 견고한 헤드가드를 갖춘다.
② 지반의 부동침하를 방지한다.
③ 갓길의 붕괴를 방지한다.
④ 충분한 도로의 폭을 유지한다.

해설
전도 등의 방지(산업안전보건기준에 관한 규칙 제199조)
사업주는 차량계 건설기계를 사용하는 작업할 때에 그 기계가 넘어지거나 굴러떨어짐으로써 근로자가 위험해질 우려가 있는 경우에는 유도하는 사람을 배치하고 지반의 부동침하 방지, 갓길의 붕괴 방지 및 도로 폭의 유지 등 필요한 조치를 하여야 한다.

114 그물코 크기가 가로, 세로 각각 10[cm]인 매듭방망사의 신품에 대해 등속인장시험을 하였을 경우 그 강도가 최소 얼마 이상이어야 하는가?

① 150[kg]
② 200[kg]
③ 220[kg]
④ 240[kg]

해설
신품 추락방지망의 기준 인장강도

구 분	그물코 5[cm]	그물코 10[cm]
매듭 있는 방망	110	200
매듭 없는 방망	–	240

115 달비계의 작업발판의 폭은 최소 얼마 이상으로 유지하여야 하는가?

① 25[cm]
② 30[cm]
③ 35[cm]
④ 40[cm]

116 항타기 및 항발기의 권상용 와이어로프의 사용 금지 기준에 해당하지 않는 것은?

① 와이어로프의 한 꼬임에서 끊어진 소선의 수가 8[%] 이상인 것
② 지름의 감소가 공칭지름의 7[%]를 초과하는 것
③ 심하게 변형되거나 부식된 것
④ 이음매가 있는 것

해설
와이어로프의 한 꼬임(가닥)에서 끊어진 소선(필러선 제외)의 수가 10[%] 이상인 것

117 이동식 비계를 조립하여 사용할 때 밑변 최소폭의 길이가 2[m]라면 이 비계의 사용가능한 최대 높이는?

① 4[m]
② 8[m]
③ 10[m]
④ 14[m]

해설
비계의 최대높이는 밑변 최소폭의 4배 이하이어야 하므로 밑변 최소폭의 길이가 2[m]라면 이 비계의 사용가능한 최대 높이는 8[m]이다 (가설공사 표준안전 작업지침 제13조).

118 다음은 강관을 사용하여 비계를 구성하는 경우에 대한 내용이다. ( ) 안에 들어갈 내용으로 옳은 것은?

> 비계기둥의 간격은 띠장 방향에서는 ( ), 장선 방향에서는 1.5[m] 이하로 할 것

① 1.2[m] 이하
② 1.5[m] 이상
③ 1.85[m] 이하
④ 2.0[m] 이상

119 가설통로의 설치에 관한 기준으로 옳지 않은 것은?

① 일반적으로 경사는 30° 이하로 한다.
② 건설공사에 사용하는 높이 8[m] 이상의 비계다리에는 7[m] 이내마다 계단참을 설치하여야 한다.
③ 작업상 부득이한 때에는 필요한 부분에 한하여 안전난간을 임시로 해체할 수 있다.
④ 수직갱에 가설된 통로의 길이가 10[m] 이상인 때에는 5[m] 이내마다 계단참을 설치하여야 한다.

해설
수직갱에 가설된 통로의 길이가 15[m] 이상인 때에는 10[m] 이내마다 계단참을 설치하여야 한다.

120 운반작업 시 주의사항으로 옳지 않은 것은?

① 단독으로 긴 물건을 어깨에 메고 운반할 때에는 뒤쪽을 위로 올린 상태로 운반한다.
② 운반 시의 시선은 진행방향을 향하고 뒷걸음 운반을 하여서는 안 된다.
③ 무거운 물건을 운반할 때 무게 중심이 높은 하물은 인력으로 운반하지 않는다.
④ 어깨높이보다 높은 위치에서 하물을 들고 운반하여서는 안 된다.

해설
단독으로 어깨에 메고 운반할 때에는 하물 앞부분 끝을 근로자 신장보다 약간 높게 하여 모서리, 곡선 등에 충돌하지 않도록 주의하여야 한다(운반하역 표준안전 작업지침 제9조).

정답 117 ② 118 ③ 119 ④ 120 ①

2024년 제1회 최근 기출복원문제

제1과목 산업안전관리론

01 재해 코스트 계산방식에 있어 시몬즈법을 사용할 경우 비보험 코스트의 항목으로 틀린 사항은?(단, A, B, C, D는 장애 정도별 비보험 코스트의 평균치를 의미한다)

① A × 휴업상해건수
② B × 통상상해건수
③ C × 응급조치건수
④ D × 중상해건수

[해설]
D × 무상해사고건수

02 산업안전보건법령상 고용노동부장관은 산업재해를 예방하기 위하여 필요하다고 인정할 때에 대통령령이 정하는 사업장의 산업재해 발생건수, 재해율 등을 공표할 수 있도록 하였는데 이에 관한 공표 대상 사업장의 기준으로 틀린 것은?

① 연간 산업재해율이 규모별 같은 업종의 평균재해율 이상인 사업장 중 상위 10[%] 이내에 해당되는 사업장
② 관련 법상 중대산업사고가 발생한 사업장
③ 관련 법상 산업재해의 발생에 관한 보고를 최근 3년 이내 2회 이상 하지 아니한 사업장
④ 산업재해로 연간 사망재해자가 2명 이상 발생한 사업장으로서 사망만인율이 규모별 같은 업종의 평균 사망만인율 이상인 사업장

[해설]
중대재해가 발생한 사업장으로서 해당 중대재해 발생연도의 연간 산업재해율이 규모별 같은 업종의 평균 재해율 이상인 사업장

03 도급인의 안전조치 및 보건조치에 대한 설명으로 옳지 않은 것은?

① 안전보건관리책임자를 두지 아니하여도 되는 사업장에서는 그 사업장에서 사업을 총괄하여 관리하는 사람을 안전보건총괄책임자로 지정하여야 한다.
② 협의체는 매월 1회 이상 정기적으로 회의를 개최하고 그 결과를 기록·보존하여야 한다.
③ 건설업, 제조업, 토사석 광업, 서적·잡지 및 기타 인쇄물 출판업, 음악 및 기타 오디오물 출판업, 금속 및 비금속 원료 재생업 등의 사업은 1주일에 1회 이상 순회점검한다.
④ 건설업, 선박 및 보트 건조업의 경우 정기 안전·보건점검의 실시 횟수는 2개월에 1회 이상해야 한다.

[해설]
건설업, 제조업, 토사석 광업, 서적·잡지 및 기타 인쇄물 출판업, 음악 및 기타 오디오물 출판업, 금속 및 비금속 원료 재생업 등의 사업은 2일에 1회 이상 순회점검한다.

04 안전관리 활동을 통하여 얻을 수 있는 효과로 가장 거리가 먼 것은?

① 생산성 향상
② 손실비용 고정
③ 사기진작
④ 신뢰성 도모

[해설]
안전관리를 잘 하면 재해발생건수가 감소하여 재해율이 낮아지고 손실비용도 줄어든다.

05 산업재해의 통계 분석 시 활용되는 기법과 가장 거리가 먼 것은?

① 관리도(Control Chart)
② 파레토도(Pareto Diagram)
③ 특성요인도(Characteristic Diagram)
④ FMEA(Failure Mode & Effect Analysis)

해설
FMEA(Failure Mode & Effect Analysis) : 설계된 시스템이나 기기의 잠재적인 고장 모드(Mode)를 찾아내고, 가동 중에 고장이 발생하였을 경우 미치는 영향을 검토 평가하고, 영향이 큰 고장 모드에 대하여는 적절한 대책을 세워 고장을 미연에 방지하는 방법(설계 평가뿐만 아니라 공정의 평가나 안전성의 평가 등에도 널리 활용)

06 다음 중 산업안전보건법령상 안전보건개선계획에 관한 설명으로 틀린 것은?

① 지방고용노동관서의 장은 안전보건개선계획서의 작성 여부를 검토하여 그 결과를 사업주에게 통보하여야 한다.
② 지방고용노동관서의 장은 안전보건개선계획의 작성 여부 검토 결과에 따라 필요하다고 인정하면 해당 계획서의 보완을 명할 수 있다.
③ 안전보건개선계획서에는 시설, 안전보건관리체제, 안전보건교육, 산업재해 예방 및 작업환경의 개선을 위하여 필요한 사항이 포함되어야 한다.
④ 안전보건개선계획의 수립 시행명령을 받은 사업주는 고용노동부장관이 정하는 바에 따라 안전보건개선계획서를 작성하여 그 영향을 받은 날부터 30일 이내에 관할 지방고용노동관서의 장에게 제출하여야 한다.

해설
안전보건개선계획의 제출(산업안전보건법 시행규칙 제61조)
안전보건개선계획의 수립 시행명령을 받은 사업주는 고용노동부장관이 정하는 바에 따라 안전보건개선계획서를 작성하여 그 영향을 받은 날부터 60일 이내에 관할 지방고용노동관서의 장에게 제출하여야 한다.

07 수급인이 보유한 기술이 전문적이고 사업주(수급인에게 도급을 한 도급인으로서의 사업주)의 사업 운영에 필수 불가결한 경우로서 고용노동부장관의 승인을 받은 경우, 승인의 유효기간은 몇 년의 범위에서 정하는가?

① 2　　② 3
③ 4　　④ 5

해설
수급인이 보유한 기술이 전문적이고 사업주(수급인에게 도급을 한 도급인으로서의 사업주)의 사업 운영에 필수 불가결한 경우로서 고용노동부장관의 승인을 받은 경우, 승인의 유효기간은 3년의 범위에서 정한다.

08 산업안전보건법령상 설치·이전하는 경우 안전인증을 받아야 하는 기계에 해당하지 않는 것은?

① 크레인　　② 리프트
③ 곤돌라　　④ 프레스

해설
안전인증대상기계 등(산업안전보건법 시행규칙 제107조)
- 설치·이전하는 경우 안전인증을 받아야 하는 기계 : 크레인, 리프트, 곤돌라
- 주요 구조 부분을 변경하는 경우 안전인증을 받아야 하는 기계 및 설비 : 프레스, 전단기 및 절곡기, 크레인, 리프트, 압력용기, 롤러기, 사출성형기, 고소작업대, 곤돌라

09 산업안전보건법령에 따라 건설업 중 유해위험방지계획서를 작성하여 고용노동부장관에게 제출하여야 하는 공사에 해당하지 않는 것은?

① 터널 건설 공사
② 깊이 10[m] 이상인 굴착공사
③ 최대 지간 길이가 31[m] 이상인 교량건설 공사
④ 다목적댐, 발전용댐 및 저수용량 2천만[ton] 이상의 용수전용댐, 지방상수도전용댐 건설공사

해설
최대 지간 길이가 31[m] 이상인 교량건설 공사가 옳으며 건설공사 유해위험방지계획서 제출대상 공사가 아닌 것으로 '최대 지간 길이가 31[m](혹은 40[m], 60[m], 70[m]) 이상인 교량건설공사, 연면적이 3,000[m²]인 냉동·냉장창고시설의 설비공사, 깊이가 5[m] 이상인 굴착공사, 깊이가 9[m](혹은 5.5[m], 8[m])인 굴착공사' 등이 출제된다.

10 산업재해발생의 기본 원인 4M에 해당하지 않는 것은?

① Media
② Material
③ Machine
④ Management

해설
산업재해발생의 기본 원인 4M : Man, Machine, Media, Management

11 다음 중 재해사례연구의 진행단계를 올바르게 나열한 것은?

① 재해상황의 파악 → 사실의 확인 → 문제점의 발견 → 문제점의 결정 → 대책의 수립
② 사실의 확인 → 재해상황의 파악 → 문제점의 발견 → 문제점의 결정 → 대책의 수립
③ 문제점의 발견 → 재해상황의 파악 → 사실의 확인 → 문제점의 결정 → 대책의 수립
④ 문제점의 발견 → 문제점의 결정 → 재해상황의 파악 → 사실의 확인 → 대책의 수립

해설
재해사례연구의 진행단계 : 재해상황의 파악 → 사실의 확인 → 문제점의 발견 → 문제점의 결정 → 대책의 수립

12 매슬로(Maslow)의 욕구이론에 관한 설명으로 틀린 것은?

① 행동은 충족되지 않은 욕구에 의해 결정되고 좌우된다.
② 기본적 욕구는 환경적 또는 후천적인 성질을 지닌다.
③ 개인의 가장 기본적인 욕구로부터 시작하여 위계상 상위 욕구로 올라가면서 자신의 욕구를 체계적으로 충족시킨다.
④ 위계(位階)에서 생존을 위해 기본이 되는 욕구들이 우선적으로 충족되어야 한다.

해설
기본적 욕구는 선천적인 성질을 지닌다.

13 안전검사대상 기계 등이 다른 법령에 따라 안전성에 관한 검사나 인증을 받은 경우로서 고용노동부령으로 정하는 안전검사를 면제할 수 있는 경우가 아닌 것은?

① 도시가스 안전관리법에 따른 검사를 받은 경우
② 건설기계관리법에 따른 검사를 받은 경우(안전검사 주기에 해당하는 시기의 검사로 한정)
③ 소방시설 설치유지 및 관리에 관한 법률에 따른 자체점검 등을 받은 경우
④ 원자력안전법에 따른 검사를 받은 경우

해설
안전검사의 면제 : 다음의 경우와 같이 안전검사대상 기계 등이 다른 법령에 따라 안전성에 관한 검사나 인증을 받은 경우로서 고용노동부령으로 정하는 경우에는 안전검사를 면제할 수 있다.
• 건설기계관리법에 따른 검사를 받은 경우(안전검사 주기에 해당하는 시기의 검사로 한정)
• 고압가스 안전관리법에 따른 검사를 받은 경우
• 광산안전법에 따른 검사 중 광업시설의 설치·변경공사 완료 후 일정한 기간이 지날 때마다 받는 검사를 받은 경우
• 선박안전법의 규정에 따른 검사를 받은 경우
• 에너지이용 합리화법에 따른 검사를 받은 경우
• 원자력안전법에 따른 검사를 받은 경우
• 위험물안전관리법에 따른 정기점검 또는 정기검사를 받은 경우
• 전기안전관리법에 따른 검사를 받은 경우
• 항만법에 따른 검사를 받은 경우
• 소방시설 설치 및 관리에 관한 법률에 따른 자체점검을 받은 경우
• 화학물질관리법에 따른 정기검사를 받은 경우

14 리스크의 3요소나 리스크 조정기술 4가지 중 어느 것에도 해당하지 않는 것은?

① 사고발생확률 ② 손실효과
③ 위험 회피   ④ 위험 감축

해설
• 리스크의 3요소 : 사고시나리오(S_t), 사고발생확률(P_t), 파급효과 또는 손실(X_t)
• 리스크 조정기술 4가지 : 위험 회피(Avoidance), 위험 감축(Reduction), 위험 전가, 위험 보류(Retention)

15 안전관리계획의 검토 결과의 판정에 해당하지 않는 것은?

① 적 정   ② 조건부 적정
③ 부적정   ④ 보 류

해설
안전관리계획의 검토 결과의 판정
• 적정 : 안전에 필요한 조치가 구체적이고 명료하게 계획되어 건설공사의 시공상 안전성이 충분히 확보되어 있다고 인정될 때
• 조건부 적정 : 안전성 확보에 치명적인 영향을 미치지는 아니하지만 일부 보완이 필요하다고 인정될 때
• 부적정 : 시공 시 안전사고가 발생할 우려가 있거나 계획에 근본적인 결함이 있다고 인정될 때

16 참모식 안전조직(Staff형 안전조직)의 특징에 대한 설명으로 부적절한 것은?

① 목적지향적이고 목적달성을 위해 기존의 조직에 비해 효율적이며 유연하게 운영될 수 있다.
② 생산부문은 안전에 대한 책임과 권한이 없다.
③ 안전에 관한 기술의 축적이 용이하다.
④ 안전업무가 표준화되어 직장에 정착하기 쉽다.

해설
목적지향적이고 목적달성을 위해 기존의 조직에 비해 효율적이며 유연하게 운영될 수 있다는 것은 프로젝트(Project) 조직의 특징에 해당한다.

정답 13 ① 14 ② 15 ④ 16 ①

17 에너지 접촉형태에 따른 사고발생의 종류에 해당하지 않는 것은?

① 에너지탐색형 ② 에너지충돌형
③ 에너지폭주형 ④ 에너지분포형

해설
에너지 접촉형태에 따른 사고발생의 종류
- 에너지접근형 : 사람이 에너지 활동 영역에 접근하여 일어나는 유형
- 에너지충돌형 : 사람이나 물체가 물체와 충돌하여 일어나는 유형
- 에너지폭주형 : 에너지가 폭주하여 일어나는 유형
- 에너지분포형 : 에너지가 사람 주위로 분포되어 일어나는 유형

18 500명의 상시 근로자가 있는 사업장에서 1년간 발생한 근로손실일수가 1,200일이고, 이 사업장의 도수율이 9일 때, 종합재해지수(FSI)는 얼마인가?(단, 근로자는 1일 8시간씩 연간 300일을 근무하였다)

① 2.0 ② 2.5
③ 2.7 ④ 3.0

해설
도수율 = 9

강도율 = $\dfrac{\text{근로손실일수}}{\text{연근로시간수}} \times 10^3 = \dfrac{1,200}{500 \times 8 \times 300} \times 10^3 = 1$

종합재해지수 FSI = $\sqrt{\text{도수율} \times \text{강도율}} = \sqrt{9 \times 1} = 3.0$

19 산업안전보건법령에 따른 안전·보건표지의 종류별 해당 색채기준 중 틀린 것은?

① 고압전기경고 : 바탕은 빨간색, 기본모형 관련 부호 및 그림은 검은색
② 인화성물질경고 : 바탕은 무색, 기본모형은 빨간색(검은색도 가능)
③ 보안경착용 : 바탕은 파란색, 관련 그림은 흰색
④ 금연 : 바탕은 흰색, 기본 모형은 빨간색, 관련 부호 및 그림은 검은색

해설
고압전기경고 : 바탕은 노란색, 기본모형 관련 부호 및 그림은 검은색

20 외국에서 제조한 유해·위험기계의 기술능력 및 생산체계 심사는 안전인증기관이 안정인증신청서 접수 후 며칠 이내에 심사해야 하는가?

① 15일 ② 30일
③ 45일 ④ 60일

해설
안전인증기관은 유해·위험기계에 대한 안전인증신청서를 제출받으면 다음의 구분에 따른 심사 종류별 기간 내에 심사해야 한다. 다만, 제품심사의 경우 처리기간 내에 심사를 끝낼 수 없는 부득이한 사유가 있을 때에는 15일의 범위에서 심사기간을 연장할 수 있다.
- 예비심사 : 7일
- 서면심사 : 15일(외국에서 제조한 경우는 30일)
- 기술능력 및 생산체계 심사 : 30일(외국에서 제조한 경우는 45일)
- 제품심사
  - 개별 제품심사 : 15일
  - 형식별 제품심사 : 30일(방호장치와 보호구는 60일)

정답 17 ① 18 ④ 19 ① 20 ③

제2과목 산업심리 및 교육

21 인간의 착각현상 가운데 암실 내에서 하나의 광점을 보고 있으면 그 광점이 움직이는 것처럼 보이는 것을 자동운동이라 하는데 다음 중 자동운동이 생기기 쉬운 조건이 아닌 것은?

① 광점이 작을 것
② 대상이 단순할 것
③ 광의 강도가 클 것
④ 시야의 다른 부분이 어두울 것

해설
광의 강도가 작을 것

22 다음의 특징을 지닌 교육훈련방법은?

- 집합교육형태의 훈련이다.
- 다수의 근로자에게 조직적 훈련이 가능하다.
- 전문가를 강사로 활용할 수 있다.

① OJT(On the Job Training)
② TWI(Training Within Industry)
③ Off JT(Off Job Training)
④ MTP(Management Training Program)

해설
① OJT(On the Job Training) : 직무현장훈련이므로 직장의 설정에 맞게 실제적 훈련이 가능하다.
② TWI(Training Within Industry, 관리감독자훈련) : 주로 관리감독자를 교육대상자로 하며 직무지식, 작업방법, 작업지도, 인간관계, 작업안전, 작업개선 등을 교육내용으로 하는 기업 내 정형교육
④ MTP(Management Training Program) : 10~15명을 한 반으로 2시간씩 20회에 걸쳐 관리의 기능, 조직의 원칙, 조직의 운영, 시간관리, 훈련의 관리 등을 교육내용으로 훈련한다.

23 태도교육을 통한 안전태도교육의 특징으로 적절하지 않은 것은?

① 청취한다.
② 모범을 보인다.
③ 권장, 평가한다.
④ 벌을 주지 않고 칭찬만 한다.

해설
적절한 벌과 칭찬을 병행한다.

24 안전교육의 실시방법 중 강의법의 특징으로 옳은 것은?

① 개방적인 의사소통과 협조적인 분위기 속에서 학습자의 적극적 참여가 가능하다.
② 집단활동의 기술을 개발하고 민주적 태도를 배울 수 있다.
③ 정해진 시간에 다양한 지식을 많은 학습자를 대상으로 동시 전달이 가능하다.
④ 준비와 계획 단계뿐만 아니라 진행 과정에서도 많은 시간이 소요된다.

해설
①, ②, ④는 토의법의 특징에 해당한다.

25 안전보건교육을 향상시키기 위한 학습지도의 원리에 해당하지 않는 것은?

① 통합의 원리
② 동기부여의 원리
③ 개별화의 원리
④ 자기활동의 원리

해설
학습지도의 원리 : 직관의 원리, 개별화의 원리, 사회화의 원리, 자발성의 원리(자기활동의 원리), 통합의 원리, 목적의 원리

정답 21 ③ 22 ③ 23 ④ 24 ③ 25 ②

26 아담스(Adams)의 형평이론(공평성)에 대한 설명으로 틀린 것은?

① 성과(Outcome)란 급여, 지위, 인정 및 기타 부가 보상 등을 의미한다.
② 투입(Input)이란 일반적인 자격, 교육수준, 노력 등을 의미한다.
③ 작업동기는 자신의 투입대비 성과 결과만으로 비교한다.
④ 지각에 기초한 이론이므로 자기 자신을 지각하고 있는 사람을 개인(Person)이라 한다.

해설
작업동기는 자신의 투입대비 성과 결과만으로 비교하지 않는다.

27 건설용 리프트·곤돌라를 이용한 작업의 특별교육 내용이 아닌 것은?

① 기계, 기구, 달기체인 및 와이어 등의 사용 및 보수에 관한 사항
② 화물의 권상·권하 작업방법 및 안전작업 지도에 관한 사항
③ 기계·기구에 특성 및 동작원리에 관한 사항
④ 신호방법 및 공동작업에 관한 사항

해설
건설용 리프트·곤돌라를 이용한 작업의 특별교육 내용
• 방호장치의 기능 및 사용에 관한 사항
• 기계, 기구, 달기체인 및 와이어 등의 점검에 관한 사항
• 화물의 권상·권하 작업방법 및 안전작업 지도에 관한 사항
• 기계·기구에 특성 및 동작원리에 관한 사항
• 신호방법 및 공동작업에 관한 사항
• 그 밖에 안전·보건관리에 필요한 사항

28 다음 그림처럼 왼쪽의 선은 오른쪽의 아래 선의 연장선에 있지만 오른쪽 위 선과 연결되어 있는 것처럼 보이는 착시현상은?

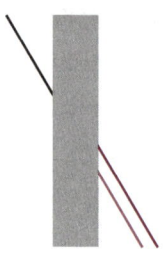

① 뮬러-라이어(Müller-Lyer)의 착시
② 헬름홀츠(Helmholtz)의 착시
③ 헤링(Hering)의 착시
④ 포겐도르프(Poggendorff)의 착시

해설
① 뮬러-라이어(Müller-Lyer)의 착시 : 두 선분은 같은 길이이지만 양끝에 붙어 있는 화살표의 영향으로 길이가 다르게 보인다. 그림을 보면 아래쪽의 선분이 더 길어 보인다.

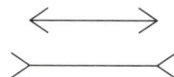

② 헬름홀츠(Helmholtz)의 착시 : (a)는 세로로 길게 보이고, (b)는 가로로 길게 보인다.

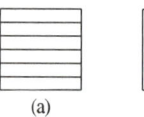

(a)　　　(b)

③ 헤링(Hering)의 착시(분할착오) : 두 직선은 실제로는 평행이지만 주변에 있는 사선의 영향 때문에 바깥쪽으로 휘어져 있는 것처럼 보인다.

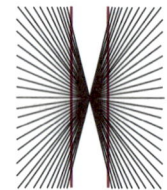

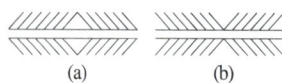

(a)　　　(b)

④ 포겐도르프(Poggendorff)의 착시 : 직선이 두 평행선이나 직사각형에 가려진 부분을 통과할 때 직선의 연속성이 지각되지 않는 현상(위치착오)

29 심리학적 현상과 관련된 설명으로 옳지 않은 것은?

① 자기효능감 : 어떤 과업을 성취할 수 있는 자신의 능력에 대한 스스로의 믿음
② 후광효과 : 한 가지 특성에 기초하여 그 사람의 모든 측면을 판단하는 인간의 경향성
③ 억측판단 : 위치, 순서, 패턴, 형상, 기억오류 등 외부적 요인에 의해 나타나는 것
④ 가현운동 : 객관적으로는 움직이지 않지만 마치 움직이는 것처럼 느껴지는 심리현상

[해설]
- 위치, 순서, 패턴, 형상, 기억오류 등 외부적 요인에 의해 나타나는 것은 착오(Mistake)라 한다.
- 억측판단(Risk Taking)은 주관적인 판단이나 희망적인 관찰에 의해 위험을 확인하지 않고 행동하는 것을 말한다. 억측판단은 안전에 대한 객관적인 증빙이나 확증이 없기 때문에 사고로 이어질 가능성이 높다.

30 맥그리거(McGregor)의 X, Y이론에 있어 X이론의 관리 처방으로 적절하지 않은 것은?

① 자체평가제도의 활성화
② 경제적 보상체제의 강화
③ 권위주의적 리더십의 확립
④ 면밀한 감독과 엄격한 통제

[해설]
자체평가제도의 활성화는 Y이론의 관리 처방에 해당된다.

31 스트레스에 대한 설명으로 적합하지 않은 것은?

① 스트레스는 환경의 요구가 지나쳐 개인의 능력 한계를 벗어날 때 발생한다.
② 스트레스 요인에는 소음, 진동, 열 등과 같은 환경 영향뿐만 아니라 개인의 심리적 요인들도 포함한다.
③ 사람이 스트레스를 받게 되면 감각기관과 신경이 예민해진다.
④ 역기능 스트레스는 스트레스의 반응이 긍정적이고, 건전한 결과로 나타나는 현상이다.

[해설]
역기능 스트레스는 스트레스의 반응이 부정적이고, 불건전한 결과로 나타나는 현상이다.

32 산업안전보건법령상 사업 내 안전·보건교육에 있어 '채용 시의 교육 및 작업내용 변경 시의 교육내용'에 해당하지 않는 것은?(단, 기타 산업안전보건법 및 일반관리에 관한 사항은 제외한다)

① 물질안전보건자료에 관한 사항
② 정리정돈 및 청소에 관한 사항
③ 사고 발생 시 긴급조치에 관한 사항
④ 유해·위험 작업환경 관리에 관한 사항

[해설]
채용 시의 교육 및 작업내용 변경 시의 교육 내용에 해당하지 않는 것으로 아래의 것들이 출제된다.
- 유해·위험 작업환경 관리에 관한 사항
- 유해·위험 기계·기구의 정비에 관한 사항
- 건강증진 및 질병예방에 관한 사항
- 직업성 질환예방에 관한 사항
- 사고발생 시 긴급조치에 관한 사항
- 작업안전지도요령에 관한 사항

정답 29 ③ 30 ① 31 ④ 32 ④

33 특정 개인이 어떤 상태의 지위나 조직 내 신분을 원하는데 아직 그 위치에 있지 않은 사람들의 집단을 무엇이라 하는가?

① 준거집단(Reference Group)
② 세력집단(In Group)
③ 비세력집단(Out Group)
④ 성원집단(Membership Group)

해설
① 준거집단(Reference Group) : 자신의 삶의 기준이 되는 집단
② 세력집단(In Group) : 혈연이나 지연과 같이 장기간 육체적, 정서적으로 매우 밀접한 집단
③ 비세력집단(Out Group) : 세력집단의 영향을 받는 하부 집단

34 집단역학에서 소시오메트리(Sociometry)에 관한 설명으로 틀린 것은?

① 구성원 상호 간의 선호도를 기초로 집단 내부의 정태적 상호관계를 분석하는 기법이다.
② 소시오그램은 집단 내의 하위 집단들과 내부의 세부집단과 비세력집단을 구분할 수 있다.
③ 소시오메트리 연구조사에서 수집된 자료들은 소시오그램과 소시오메트릭스 등으로 분석한다.
④ 소시오메트릭스는 소시오그램에서 나타나는 집단 구성원들 간의 관계를 수치에 의하여 계량적으로 분석할 수 있다.

해설
구성원 상호 간의 선호도를 기초로 집단 내부의 동태적 상호관계를 분석하는 기법이다.

35 역할연기(Role Playing)에 의한 교육의 특징을 설명한 것으로 틀린 것은?

① 관찰능력을 높이고 감수성이 향상된다.
② 자기의 태도에 반성과 창조성이 생긴다.
③ 매 반응마다 피드백이 주어지기 때문에 학습자가 흥미를 갖는다.
④ 정도가 높은 의사결정의 훈련에는 부적합하다.

해설
③은 프로그램학습법(Programmed Self-Instructional Method)의 특징에 해당한다.

36 인간의 일반적인 정보처리순서에서 행동실행 바로 전 단계에 해당하는 것은?

① 결 정   ② 자 극
③ 감 각   ④ 지 각

해설
인간의 정보처리순서
자극 → 감각 → 지각 → 결정(인지) → 행동실행

37 테일러(F. Taylor)가 창시한 과학적 관리법에 관한 설명으로 틀린 것은?

① 팀워크중심의 관점으로 일을 설계한다.
② 직무를 전문화, 분업화 및 표준화했다.
③ 차별성과급제를 도입했다.
④ 인센티브를 도입함으로써 작업자들을 동기화시킬 수 있다.

해설
과업중심의 관점으로 일을 설계한다.

38 사고 비유발자의 특성으로 옳은 것은?

① 주의력 범위가 좁지만 집착력이 강하다.
② 주의력이 다소 편중되어 있다.
③ 추진력은 보통이지만 상황판단이 정확하다.
④ 자기의 감정을 통제할 수 있고 온건하다.

해설
사고 비유발자의 특성
- 의욕과 집착력이 강하다.
- 주의력 범위가 넓고 편중되어 있지 않다.
- 상황판단이 정확하며 추진력이 강하다.
- 자기의 감정을 통제할 수 있고 온건하다.

39 주의의 수준(의식수준의 단계) 중 정상(분명한 의식)이며 명료한 상태는?

① Phase Ⅰ
② Phase Ⅱ
③ Phase Ⅲ
④ Phase Ⅳ

해설
① Phase Ⅰ : 정상 이하이며 의식수준의 저하, 의식 둔화(의식 흐림) 상태
② Phase Ⅱ : 정상(느긋한 기분)이며 의식의 이완 상태
④ Phase Ⅳ : 과긴장, 흥분 상태

40 성인학습의 원리로 가장 거리가 먼 것은?

① 자발학습의 원리
② 간접경험의 원리
③ 탈정형성의 원리
④ 유희의 원리

해설
성인학습의 원리
- 자발학습의 원리(자발적인 학습참여의 원리)
- 상호학습의 원리
- 참여교육의 원리(참여와 공존의 원리)
- 자기주도성의 원리(직접경험의 원리)
- 현실성과 실제지향성의 원리
- 탈정형성의 원리
- 다양성과 이질성의 원리
- 과정중심의 원리
- 경험중심의 원리
- 유희의 원리

제3과목 인간공학 및 시스템안전공학

41 에너지대사율(RMR)에 따른 작업의 분류에서 초중(超重)작업의 RMR 범위는?

① 5 이상
② 6 이상
③ 7 이상
④ 8 이상

해설
에너지대사율과 작업강도

작업 구분	가벼운 작업	보통 작업	중(重) 작업	초중(超重) 작업
RMR값	0~2	2~4	4~7	7 이상

42 상황해석을 잘못하거나 목표를 잘못 설정하여 발생하는 인간의 오류 모형은?

① 실수(Slip)
② 착오(Mistake)
③ 위반(Violation)
④ 건망증(Lapse)

해설
① 실수(Slip) : 상황이나 목표의 해석은 정확하나 의도와는 다른 행동을 하는 것
③ 위반(Violation) : 알고 있음에도 의도적으로 따르지 않거나 무시한 경우
④ 과오 혹은 건망증(Lapse) : 기억의 실패에 기인하여 무엇을 잊어버리거나 부주의해서 행동 수행을 실패하는 것

43 반경 10[cm]의 조종구(Ball Control)를 30° 움직였을 때 표시장치는 1[cm] 이동하였다. 이때의 통제표시비(C/R)는 약 얼마인가?

① 2.56
② 3.12
③ 4.05
④ 5.24

해설

$$C/R = \frac{(\alpha/360°) \times 2\pi L}{\text{표시장치의 이동거리}}$$

$$= \frac{(30°/360°) \times 2 \times 3.14 \times 10}{1}$$

$$\fallingdotseq 5.24$$

44 사업장 위험성평가를 효과적으로 실시하기 위하여 최초 위험성평가 시 사업주가 작성하여 지속적으로 관리해야 하는 위험성평가 실시규정에 포함되지 않는 사항은?

① 평가의 목적 및 방법
② 위험성평가 실행수준
③ 평가시기 및 절차
④ 근로자에 대한 참여·공유방법 및 유의사항

해설

사전준비(사업장 위험성평가에 관한 지침 제9조)
사업주는 위험성평가를 효과적으로 실시하기 위하여 최초 위험성평가 시 다음의 사항이 포함된 위험성평가 실시규정을 작성하고, 지속적으로 관리하여야 한다.
- 평가의 목적 및 방법
- 평가담당자 및 책임자의 역할
- 평가시기 및 절차
- 근로자에 대한 참여·공유방법 및 유의사항
- 결과의 기록·보존

45 FT도에서 최소 컷셋을 올바르게 구한 것은?

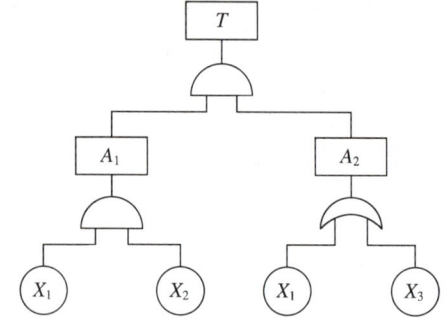

① (X_1, X_2)
② (X_1, X_3)
③ (X_2, X_3)
④ (X_1, X_2, X_3)

해설

$T = A_1 \cdot A_2$
$= (X_1 \cdot X_2)(X_1 + X_3)$
$= X_1(X_1 \cdot X_2) + X_3(X_1 \cdot X_2)$
$= X_1 \cdot X_2 + X_1 \cdot X_2 \cdot X_3$
$= X_1(X_2 + X_2 \cdot X_3)$
$= X_1[X_2(1 + X_3)]$
$= X_1 \cdot X_2$

이므로 최소 컷셋은 (X_1, X_2)이다.

43 ④ 44 ② 45 ①

46 소음이 1초 이상의 간격으로 발생하는 충격소음작업에 해당하지 않는 작업은?

① 115[dB] 이상의 소음이 1일 15분 이상 발생하는 작업
② 120[dB]을 초과하는 소음이 1일 1만회 이상 발생하는 작업
③ 130[dB]을 초과하는 소음이 1일 1천회 이상 발생하는 작업
④ 140[dB]을 초과하는 소음이 1일 1백회 이상 발생하는 작업

해설
- 소음작업 : 1일 8시간 작업을 기준으로 85[dB] 이상의 소음이 발생하는 작업
- 강렬한 소음작업
  - 90[dB] 이상의 소음이 1일 8시간 이상 발생하는 작업
  - 95[dB] 이상의 소음이 1일 4시간 이상 발생하는 작업
  - 100[dB] 이상의 소음이 1일 2시간 이상 발생하는 작업
  - 105[dB] 이상의 소음이 1일 1시간 이상 발생하는 작업
  - 110[dB] 이상의 소음이 1일 30분 이상 발생하는 작업
  - 115[dB] 이상의 소음이 1일 15분 이상 발생하는 작업
- 충격소음작업 : 소음이 1초 이상의 간격으로 발생하는 작업
  - 120[dB]을 초과하는 소음이 1일 1만회 이상 발생하는 작업
  - 130[dB]을 초과하는 소음이 1일 1천회 이상 발생하는 작업
  - 140[dB]을 초과하는 소음이 1일 1백회 이상 발생하는 작업

47 원인결과분석(CCA)의 평가흐름을 순서대로 나열한 것은?

㉠ 평가할 사건의 선정
㉡ 안전요소의 확인
㉢ 사건수의 구성
㉣ 결함수의 구성
㉤ 최소 컷셋 평가
㉥ 결과의 문서화

① ㉠ → ㉡ → ㉢ → ㉣ → ㉤ → ㉥
② ㉠ → ㉡ → ㉣ → ㉢ → ㉤ → ㉥
③ ㉡ → ㉢ → ㉠ → ㉣ → ㉤ → ㉥
④ ㉡ → ㉢ → ㉠ → ㉣ → ㉥ → ㉤

해설
원인결과분석(CCA ; Cause Consequence Analysis)은 FTA 및 ETA를 결합한 것으로, 잠재된 사고의 결과 및 근본적인 원인을 찾아내고, 사고결과와 원인 사이의 상호관계를 예측하며, 리스크를 정량적으로 평가하는 리스크 평가기법을 말한다. 원인결과분석의 평가흐름도는 다음과 같다.

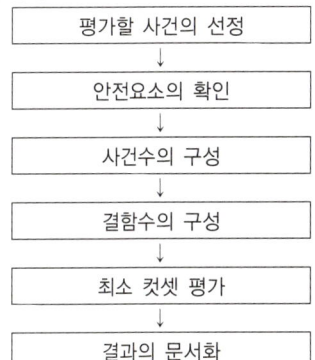

48 자동차를 타이어가 4개인 하나의 시스템으로 볼 때, 자동차의 신뢰도가 약 0.96이라면 타이어 1개가 파열될 확률은 약 얼마인가?

① 0.010　　② 0.012
③ 0.014　　④ 0.016

해설
타이어 1개가 파열될 확률을 x 라 하면
자동차의 신뢰도 $R_s = R_1 \times R_2 \times R_3 \times R_4$
∴ $0.96 \simeq (1-x)^4$
∴ $x = 1 - \sqrt[4]{0.96} \simeq 0.010$

49 동작경제의 원칙에 있어 '신체사용에 관한 원칙'에 해당하지 않는 것은?

① 두 손의 동작은 동시에 시작해서 동시에 끝나야 한다.
② 손의 동작은 유연하고 연속적인 동작이어야 한다.
③ 공구, 재료 및 제어장치는 사용하기 가까운 곳에 배치해야 한다.
④ 동작이 급작스럽게 크게 바뀌는 직선 동작은 피해야 한다.

해설
③은 작업장 배치에 관한 원칙에 해당된다.

50 인간-기계 시스템 설계과정 6단계를 순서대로 나열한 것은?

⊙ 시스템의 정의
ⓒ 시스템의 목표와 성능 명세 결정
ⓒ 기본설계
② 인터페이스설계
◎ 보조물 설계
⊕ 시험 및 평가

① ⓒ → ⊙ → ⓒ → ② → ◎ → ⊕
② ⊙ → ⓒ → ⓒ → ② → ◎ → ⊕
③ ⓒ → ⓒ → ⊙ → ② → ◎ → ⊕
④ ⓒ → ⓒ → ⊙ → ◎ → ② → ⊕

해설
인간-기계 시스템 설계과정 6단계
• 1단계 : 시스템의 목표와 성능 명세 결정
• 2단계 : 시스템의 정의
• 3단계 : 기본설계
• 4단계 : 인터페이스설계
• 5단계 : 보조물 설계
• 6단계 : 시험 및 평가

51 다음 중 4지선다형 문제의 정보량은 얼마인가?

① 1[bit]   ② 2[bit]
③ 3[bit]   ④ 4[bit]

해설
4지선다형(4지택일형) 문제의 정보량
$H = \log_2 N = \log_2 4 = \log_2 2^2 = 2[\text{bit}]$

52 Chapanis가 정의한 위험의 확률수준과 그에 따른 위험발생률로 틀린 것은?

① 전혀 발생하지 않는(Impossible) 발생빈도 : 10^{-8}/day
② 극히 발생할 것 같지 않는(Extremely Unlikely) 발생빈도 : 10^{-7}/day
③ 거의 발생하지 않는(Remote) 발생빈도 : 10^{-5}/day
④ 가끔 발생하는(Occasional) 발생빈도 : 10^{-3}/day

해설
극히 발생할 것 같지 않는(Extremely Unlikely) 발생빈도 : 10^{-6}/day

53 근골격계부담작업의 종류에 해당하지 않는 것은?

① 하루에 총 2시간 이상 목, 어깨, 팔꿈치, 손목 또는 손을 사용하여 같은 동작을 반복하는 작업
② 하루에 총 2시간 이상 시간당 5회 이상 손 또는 무릎을 사용하여 반복적으로 충격을 가하는 작업
③ 지지되지 않은 상태이거나 임의로 자세를 바꿀 수 없는 조건에서 하루에 총 2시간 이상 목이나 허리를 구부리거나 드는 상태에서 이루어지는 작업
④ 하루에 25회 이상 10[kg] 이상의 물체를 무릎 아래에서 들거나 어깨 위에서 들거나 팔을 뻗은 상태에서 드는 작업

해설
하루에 총 2시간 이상 시간당 10회 이상 손 또는 무릎을 사용하여 반복적으로 충격을 가하는 작업

54 일반적으로 의자설계의 원칙에서 고려해야 할 사항에 해당하지 않는 것은?

① 체중의 중심
② 상반신의 안정
③ 의자 등판의 높이
④ 의자 좌판의 깊이와 폭

해설
일반적으로 의자설계의 원칙에서 고려해야 할 사항
- 체중의 분포
- 상반신의 안정
- 의자 좌판의 높이
- 의자 등판의 높이
- 의자 좌판의 깊이와 폭

55 중량물 들기 작업 시 5분간의 산소소비량을 측정한 결과 90[L]의 배기량 중에 산소가 16[%], 이산화탄소가 4[%]로 분석되었다. 해당 작업에 대한 산소소비량[L/min]은 약 얼마인가?(단, 공기 중 질소는 79[vol%], 산소는 21[vol%]이다)

① 0.948   ② 1.948
③ 4.74   ④ 5.74

해설
분당 산소소비량[L/min] = 0.21 × 분당 흡기량 − 0.16 × 분당 배기량 = ?

- 분당 배기량 $V_2 = \dfrac{90}{5} = 18[\text{L/min}]$
- 분당 흡기량 $V_1 = \dfrac{100-16-4}{79} \times V_2 = \dfrac{80}{79} \times 18$
  $= 18.227[\text{L/min}]$

분당 산소소비량[L/min] = 0.21 × 분당 흡기량 − 0.16 × 분당 배기량
  = 0.21 × 18.227 − 0.16 × 18
  ≒ 0.948[L/min]

56 산업안전보건법령상 유해하거나 위험한 장소에서 사용하는 기계·기구 및 설비를 설치·이전하는 경우 유해위험방지계획서를 작성, 제출하여야 하는 대상이 아닌 것은?

① 화학설비   ② 금속 용해로
③ 건조설비   ④ 공기압축기

해설
유해위험방지계획서를 제출하여야 하는 대상에 해당하지 않는 것으로 '공기압축기, 전기용접장치' 등이 출제된다.

정답 53 ② 54 ① 55 ① 56 ④

57 어떤 전자기기의 수명은 지수분포를 따르며, 그 평균 수명은 10,000시간이라고 한다. 이 기기를 계속 사용하였을 때 10,000시간 동안 고장 없이 작동할 확률은?

① $1 - e^{-1}$
② e^{-1}
③ 1/2
④ 1

해설

$R(t) = e^{-\lambda t} = e^{-\frac{1}{10,000} \times 10,000} = e^{-1}$

58 염산을 취급하는 A 업체에서는 신설 설비에 관한 안전성 평가를 실시해야 한다. 다음 중 정성적 평가 단계에 있어 설계와 관련된 주요 진단 항목에 해당하는 것은?

① 공장 내의 배치
② 제조공정의 개요
③ 재평가 방법 및 계획
④ 안전보건교육 훈련계획

해설

① 공장 내의 배치 : 정성적 평가 단계(2단계)
② 제조공정의 개요 : 관계자료의 작성준비 혹은 정비(검토) 단계(1단계)
③ 재평가 방법 및 계획 : 재해정보에 의한 재평가(5단계)
④ 안전보건교육 훈련계획 : 안전대책(4단계)

59 몸의 중심선으로부터 밖으로 이동하는 신체 부위의 동작을 무엇이라 하는가?

① 외 전
② 외 선
③ 내 전
④ 내 선

해설

신체동작의 유형
- 내선(Medial Rotation) : 몸의 중심선으로의 회전
- 외선(Lateral Rotation) : 몸의 중심선으로부터의 회전
- 내전(Adduction) : 몸의 중심선으로의 이동
- 외전(Abduction) : 몸의 중심선으로부터의 이동
- 굴곡(Flexion) : 신체부위 간의 각도의 감소
- 신전(Extension) : 신체부위 간의 각도의 증가

60 위험 및 운전성 검토(HAZOP)에서의 전제조건으로 틀린 것은?

① 두 개 이상의 기기고장이나 사고는 일어나지 않는다.
② 조작자는 위험상황이 일어났을 때 그것을 인식할 수 있다.
③ 안전장치는 필요할 때 정상 동작하지 않는 것으로 간주한다.
④ 장치 자체는 설계 및 제작사양에 맞게 제작된 것으로 간주한다.

해설

안전장치는 필요할 때 정상 동작하는 것으로 간주한다.

정답 57 ② 58 ① 59 ① 60 ③

제4과목 건설시공학

61 콘크리트 타설 후 진동다짐에 관한 설명으로 옳지 않은 것은?

① 진동기는 하층 콘크리트에 10[cm] 정도 삽입하여 상하층 콘크리트를 일체화시킨다.
② 진동기는 가능한 연직방향으로 찔러 넣는다.
③ 진동기를 빼낼 때는 서서히 뽑아 구멍이 남지 않도록 한다.
④ 된비빔 콘크리트의 경우 구조체의 철근에 진동을 주어 진동효과를 좋게 한다.

해설
된비빔 콘크리트의 경우 진동다짐의 효과가 좋지만 구조체의 철근에는 진동을 주지 않아야 한다.

62 공사계약방식에서 공사실시 방식에 의한 계약제도가 아닌 것은?

① 일식도급
② 분할도급
③ 실비정산보수가산도급
④ 공동도급

해설
공사실시 방식에 의한 계약제도 : 일식도급 계약제도, 분할도급 계약제도, 공동도급 계약제도

63 흙막이 공법 선정 시 고려사항으로 틀린 것은?

① 흙막이 해체를 고려
② 안전하고 경제적인 공법 선택
③ 차수성이 낮은 공법 선택
④ 지반성상에 적합한 공법 선택

해설
차수성이 높은 공법 선택

64 다음 네트워크 공정표에서 결합점 ②에서의 가장 늦은 완료 시각은?

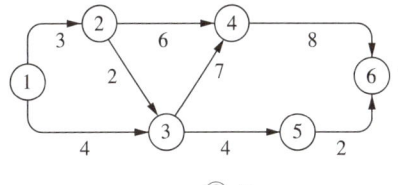

① 2
② 3
③ 4
④ 5

해설
• 주 공정선 : ① → ② → ③ → ④ → ⑥
• 주 공정시각 : 3 + 2 + 7 + 8 = 20
• 결합점 ②에서의 가장 늦은 완료 시각 = 20 − (8 + 7 + 2) = 3

65 조적공사와 관련된 사항으로 옳지 않은 것은?

① 소규모 건축물의 구조기준에 따라 조적조로 담을 쌓을 경우 최대 높이 기준은 4[m] 이하이다.
② 2층 또는 3층의 조적조 건물에 있어서 최상층의 조적조 내력벽 높이는 4[m]를 넘을 수 없다.
③ 조적식 구조에서 건축물 높이가 5[m] 미만, 벽의 길이가 8[m] 이상일 때의 1층 내력벽 두께는 최소 190[mm] 이상이어야 한다.
④ 조적조의 내력벽으로 둘러싸인 부분의 최대가능면적은 80[m²]이다.

해설
소규모 건축물의 구조기준에 따라 조적조로 담을 쌓을 경우 최대 높이 기준은 3[m] 이하이다.

정답 61 ④ 62 ③ 63 ③ 64 ② 65 ①

66 외관 검사 결과 불합격된 철근 가스압접 이음부의 조치 내용 중 잘라내거나 떼어내고 재압접을 해야 할 부위가 아닌 것은?

① 심하게 구부러진 부위
② 압접면의 엇갈림이 규정값을 초과했을 때의 압접부 부위
③ 형태가 심하게 불량한 압접부 부위
④ 철근중심축의 편심량이 규정값을 초과했을 때의 압접부 부위

[해설]
심하게 구부러졌을 때는 재가열하여 수정한다.

67 벽돌과 벽돌공사에 대한 설명으로 옳지 않은 것은?

① 흡수율 및 압축강도는 벽돌의 품질을 결정하는 가장 중요한 사항이다.
② 벽돌 벽면 중간에서 내쌓기를 할 경우 1켜씩 1/8B 정도 내쌓기를 한다.
③ 벽돌공사에서 직교하는 벽돌벽의 한쪽을 나중쌓기로 할 때 그 부분에 벽돌물림자리를 벽돌 한켜 거름으로 1/2B 정도 들여 쌓는다.
④ 벽돌, 블록 등 조적공사에서 일반적으로 가장 많이 이용되는 치장줄눈 형태는 평줄눈이다.

[해설]
벽돌공사에서 직교하는 벽돌벽의 한쪽을 나중쌓기로 할 때 그 부분에 벽돌물림자리를 벽돌 한켜 거름으로 1/4B 정도 들여쌓는다.

68 기초공사에서 잡석지정을 하는 목적에 해당하지 않는 것은?

① 구조물의 안정을 유지한다.
② 이완된 지표면을 다진다.
③ 철근의 피복두께를 확보한다.
④ 버림 콘크리트의 양을 절약할 수 있다.

[해설]
기초공사에서 잡석지정을 하는 목적
• 이완된 지표면을 다진다.
• 구조물의 안정을 유지한다.
• 버림 콘크리트의 양을 절약할 수 있다(콘크리트 두께 절약).
• 기초 또는 바닥 밑의 방습 및 배수처리에 이용된다.
• 보강효과가 있다.

69 철근콘크리트에서 염해로 인한 철근부식 방지대책으로 옳지 않은 것은?

① 콘크리트를 중성화시킨다.
② 에폭시 수지 도장 철근을 사용한다.
③ 방청제 투입을 고려한다.
④ 물-시멘트비를 감소시킨다.

[해설]
콘크리트의 중성화를 방지한다.

70 통상적으로 스팬이 큰 보 및 바닥판의 거푸집을 걸 때 스팬의 캠버(Camber) 값으로 옳은 것은?

① 1/300~1/500
② 1/200~1/350
③ 1/150~/1250
④ 1/100~1/300

[해설]
캠버(Camber, 솟음)
• 보, 슬래브 등의 수평부재가 하중에 의해 처지는 것을 고려하여 상향으로 들어 올리는 것 또는 들어 올린 크기
• 통상적으로 스팬이 큰 보 및 바닥판의 거푸집을 걸 때 스팬의 캠버(Camber) 값 : 1/300~1/500

71 건축물의 지하공사에서의 계측관리에 대한 설명으로 옳지 않은 것은?

① 계측관리의 목적은 위험의 징후를 발견하는 것이다.
② 계측관리의 중점관리사항으로 흙막이 변형에 따른 배면지반의 경화가 있다.
③ 계측관리는 인적이 많고 위험이 우려되는 곳에 설치하여 주기적으로 실시한다.
④ 일일점검항목으로는 흙막이벽체, 주변지반, 지하수위 및 배수량 등이 있다.

해설
계측관리의 중점관리사항으로 흙막이 변위에 따른 배면지반의 침하가 있다.

72 이오토막은 무엇을 말하는가?

① 벽돌 한 장의 길이를 4분의 1로 자른 크기
② 벽돌 한 장의 두께를 4분의 1로 자른 크기
③ 벽돌 한 장의 길이를 25[cm] 간격으로 자른 크기
④ 벽돌 한 장의 두께를 25[cm] 간격으로 자른 크기

해설
이오토막(二五토막) : 벽돌 한 장의 길이를 4분의 1로 자른 크기인 0.25에서 나온 말이다.

73 AE 콘크리트에 관한 설명으로 옳지 않은 것은?

① 시공연도가 좋고 재료분리가 적다.
② 단위수량을 줄일 수 있다.
③ 제물치장 콘크리트 시공에 적당하다.
④ 철근에 대한 부착강도가 증가한다.

해설
철근에 대한 부착강도가 감소한다.

74 흙막이에 대한 수밀성이 불량하여 널말뚝의 틈새로 물과 토사가 흘러들어, 기초저면의 모래지반을 들어 올리는 현상은?

① 히빙(Heaving)
② 보일링(Boiling)
③ 파이핑(Piping)
④ 언더피닝(Underpinning)

해설
① 히빙(Heaving) : 연질의 점토지반에서 흙막이 바깥에 있는 흙의 중량과 지표 위의 적재하중 중량에 못 견디어 저면 흙이 붕괴되고 흙막이 바깥에 있는 흙이 안으로 밀려 볼록하게 되는 현상
② 보일링(Boiling) : 사질지반 굴착 시 굴착부와 지하수위 차가 있을 때 수두차에 의하여 삼투압이 생겨 흙막이벽 근입부분을 침식하는 동시에 모래가 액상화되어 솟아오르는 현상
④ 언더피닝(Underpinning) : 구조물에 인접하여 새로운 기초를 건설하기 위해서 인접한 구조물의 기초보다 더 깊게 지반을 굴착할 경우에 기존의 구조물을 보호하기 위하여 그 기초를 보강하는 대책

75 다음 각 도급공사에 관한 설명으로 옳지 않은 것은?
① 분할도급은 전문공종별, 공정별, 공구별 분할도급으로 나눌 수 있으며 재료와 노무를 모두 도급한다.
② 공동도급이란 소규모 공사에 대하여 소규모의 건설회사가 공동출자 기업체를 조직하여 도급하는 방식이다.
③ 공구별 분할도급은 대규모 공사에서 지역별로 분리하여 발주하는 방식이다.
④ 일식도급은 한 공사 전부를 도급자에게 맡겨 재료, 노무, 현장시공업무 일체를 일괄하여 시행시키는 방법이다.

해설
공동도급이란 대규모 공사에 대하여 여러 개의 건설회사가 공동출자 기업체를 조직하여 도급하는 방식이다.

76 비산먼지 발생사업 신고 적용대상 규모기준으로 옳지 않은 것은?
① 굴정공사로 총 연장 200[m] 이상 또는 굴착토사량 300[m³] 이상
② 토목공사로 구조물 용적합계 1,000[m³] 이상, 공사면적 1,000[m²] 이상 또는 총연장 200[m] 이상
③ 조경공사로 면적합계 5,000[m²] 이상
④ 지반조성공사 중 건축물해체공사로 연면적 3,000[m²] 이상

해설
비산먼지 발생사업 신고 적용대상 규모기준
• 건축물 축조공사로 연면적 1,000[m²] 이상
• 굴정공사로 총 연장 200[m] 이상 또는 굴착토사량 200[m³] 이상
• 토목공사로 구조물 용적합계 1,000[m³] 이상, 공사면적 1,000[m²] 이상 또는 총연장 200[m] 이상
• 조경공사로 면적합계 5,000[m²] 이상
• 지반조성공사 중 건축물해체공사로 연면적 3,000[m²] 이상
• 토공사 및 정지공사로 공사면적합계 1,500[m²] 이상(농지정리를 위한 공사의 경우는 제외)

77 거푸집의 종류별 특징으로 틀린 것은?
① 터널폼은 벽체 및 슬래브거푸집을 별도로 제작한다.
② 갱폼은 두꺼운 벽체 구축에 적합하다.
③ 알루미늄거푸집의 주요 시공 부위는 내부벽체, 슬래브, 계단실 벽체이며, 슬래브 필러 시스템이 있어서 해체가 간편하다.
④ 유로폼은 현장제작에 소요되는 인력을 줄여 생산성을 향상시키고 자재의 전용횟수를 증대시키는 목적으로 사용된다.

해설
터널폼(Tunnel Form)은 벽체 및 슬래브거푸집을 일체로 제작한다.

78 피어기초공사에 관한 설명으로 옳지 않은 것은?
① 중량구조물을 설치하는 데 있어서 지반이 연약하거나 말뚝으로도 수직지지력이 부족하고 그 시공이 불가능한 경우와 기조지반의 교란을 최소화해야 할 경우에 채용한다.
② 굴착된 흙을 직접 탐사할 수 있고 지지층의 상태를 확인할 수 있다.
③ 무진동, 무소음공법이며, 여타 기초형식에 비하여 공기 및 비용이 적게 소요된다.
④ 피어기초를 채용한 국내의 초고층 건축물에는 63빌딩이 있다.

해설
무진동, 무소음공법이지만, 여타 기초형식에 비하여 공기 및 비용이 많이 소요된다. 특히, 기후가 악조건일 경우 공기가 길어질 수 있고 비용이 증가된다.

정답 75 ② 76 ① 77 ① 78 ③

79 절충공법(반건식공법)의 특징이 아닌 것은?

① 시공방법이 비교적 간단하다.
② 석재 고유의 무늬를 살릴 수 있다.
③ 비교적 큰 마감치수로 내부공간 활용이 가능하다.
④ 내벽 대리석을 실줄눈(2~3[mm])으로 시공하는 경우에 적용한다.

해설
절충공법(반건식공법)의 특징
- 시공방법이 비교적 간단하다.
- 석재 고유의 무늬를 살릴 수 있다.
- 비교적 작은 (60~80[mm]) 마감치수로 내부공간 활용이 가능하다.
- 내부 벽체 시공에 가장 일반적으로 쓰인다.
- 내벽 대리석 또는 화강석을 실줄눈(2~3[mm])으로 시공하는 경우에 적용한다.

80 석공사에서 건식공법에 관한 설명으로 옳지 않은 것은?

① 하지철물의 부식문제와 내부단열재 실치 문제 등이 감소된다.
② 건식공법에서는 모르타르를 사용하지 않으므로 백화현상이 방지된다.
③ 실란트(Sealant) 유성분에 의한 석재면의 오염 문제는 비오염성 실란트로 대체하거나, Open Joint 공법으로 대체하기도 한다.
④ 강재트러스, 트러스지지공법 등 건식공법은 시공정밀도가 우수하고, 작업능률이 개선되며, 공기단축이 가능하다.

해설
하지철물의 부식문제와 내부단열재 설치 문제 등이 나타날 수 있다.

제5과목 건설재료학

81 아스팔트 제품에 관한 설명으로 옳지 않은 것은?

① 아스팔트 코팅은 블론 아스팔트를 용제에 녹여 석면, 광물질분말, 안정제를 가하여 혼합한 것으로 점도가 높다.
② 아스팔트 유제는 블론 아스팔트를 용제에 녹여 석면, 광물질분말, 안정제를 가하여 혼합한 것으로 점도가 높다.
③ 아스팔트 블록은 아스팔트 모르타르를 벽돌형으로 만든 것으로 화학공장의 내약품 바닥마감재로 이용된다.
④ 아스팔트 펠트는 세라믹파이버를 결합한 원지에 경질의 스트레이트 아스팔트를 침투시킨 것이다.

해설
아스팔트 펠트는 유기천연섬유 또는 석면섬유를 결합한 원지에 연질의 스트레이트 아스팔트를 침투시킨 것이다.

82 ALC(Autoclaved Lightweight Concrete) 제조 시 기포제로 사용되는 것은?

① 알루미늄 분말
② 플라이애시
③ 규산백토
④ 실리카시멘트

해설
ALC(Autoclaved Lightweight Concrete) 제조 시 기포제로 사용되는 것은 알루미늄 분말이다.

83 점토 제품의 하나인 자기의 특징으로 옳지 않은 것은?

① 조직이 치밀하고 흡수율이 1[%] 이하로 매우 작다.
② 도기나 석기에 비해 약하며 두드리면 탁음이 발생한다.
③ 점토소성제품 중 경도와 강도가 가장 크다.
④ 모자이크타일, 고급타일, 위생도기 등에 사용된다.

해설
도기나 석기에 비해 강하며 두드리면 청음이 발생한다.

84 골재의 함수상태에 관한 설명으로 옳지 않은 것은?

① 유효흡수량이란 절건상태와 기건상태의 골재 내에 함유된 수량의 차를 말한다.
② 함수량이란 습윤상태의 골재의 내외에 함유하는 전체수량을 말한다.
③ 흡수량이란 표면건조 내부포수상태의 골재 중에 포함하는 수량을 말한다.
④ 표면수량이란 함수량과 흡수량의 차를 말한다.

해설
유효흡수량이란 표면건조포화상태와 기건상태의 수량과의 차를 말한다.

85 비닐수지 접착제에 관한 설명으로 옳지 않은 것은?

① 용제형과 에멀션(Emulsion)형이 있다.
② 작업성이 좋다.
③ 내열성 및 내수성이 우수하다.
④ 목재 접착에 사용가능하다.

해설
비닐수지 접착제는 내열성 및 내수성이 좋지 않다.

86 콘크리트 혼화재 중 하나인 플라이애시가 콘크리트에 미치는 작용에 관한 설명으로 옳지 않은 것은?

① 콘크리트 내부의 알칼리성을 감소시키기 때문에 중성화를 촉진시킬 염려가 있다.
② 콘크리트 수화 초기 시의 발열량을 감소시키고 장기적으로 시멘트가 석회와 결합하여 장기강도를 증진시키는 효과가 있다.
③ 입자가 구형이므로 유동성이 증가되어 단위수량을 감소시키므로 콘크리트의 워커빌리티의 개선, 펌핑성을 향상시킨다.
④ 알칼리골재반응에 의한 팽창을 증가시키고 콘크리트의 수밀성을 약화시킨다.

해설
알칼리골재반응에 의한 팽창을 감소시키고 콘크리트의 수밀성을 향상시킨다.

87 목재를 이용한 가공제품에 관한 설명으로 옳은 것은?

① 집성재는 두께 1.5~3[cm]의 널을 접착제로 섬유평행방향으로 겹쳐 붙여서 만든 제품이다.
② 합판은 3매 이상의 얇은 판을 1매마다 접착제로 섬유평행방향으로 겹쳐 붙여서 만든 제품이다.
③ 연질섬유판은 두께 50[mm], 너비 100[mm]의 긴 판에 표면을 리브로 가공하여 만든 제품이다.
④ 파티클보드는 코르크나무의 수피를 분말로 가열, 성형, 접착하여 만든 제품이다.

해설
② 합판은 3장 이상의 단판(Veneer)을 섬유방향이 서로 직교하도록 홀수로 적층하면서 접착시켜 합친 판이다.
③ 연질섬유판은 비중이 0.40 이하인 섬유판이며 천장널, 차음판 등으로 쓰인다.
④ 파티클보드는 목재, 기타 식물의 섬유질소편(식물 섬유질을 작은 조각으로 잘게 썰거나(절삭) 파쇄한 것)을 충분히 건조시킨 후 합성수지와 같은 유기질 접착제를 첨가하여 열압 제조한 목재 제품이다.

88 콘크리트의 혼화재료 중 혼화제에 속하는 것은?

① 플라이애시 ② 실리카퓸
③ 고로슬래그 미분말 ④ 방청제

해설
- 혼화제(Chemical Admixture) : 콘크리트를 만들 때 시멘트, 물, 골재 이외의 재료를 적당량 첨가하여 콘크리트의 여러 성질을 개선 및 향상시킬 목적으로 소량 사용되는 재료
- 콘크리트용 화학혼화제의 종류 : AE제, 감수제, AE감수제, 고성능 감수제, 방청제, 방수제, 발포제 및 수중불분리성 혼화제 등

89 목재재료 중 활엽수(Hard Wood)의 특징으로 틀린 것은?

① 일반적으로 침엽수에 비해 치밀하고 단단하다.
② 물관의 지름이 크며, 세포막의 벽이 얇아 질기지 못하다.
③ 무늬가 아름다우나 잘 부러지는 경향이 있다.
④ 줄기가 곧게 뻗어 기둥 등의 구조재로 적당하다.

해설
④는 침엽수(Soft Wood)의 특징에 해당한다.

90 파손방지, 도난방지 또는 진동이 심한 장소에 적합한 망입(網入)유리의 제조 시 사용되지 않는 금속선은?

① 철 선 ② 황동선
③ 텅스텐선 ④ 알루미늄선

해설
망입유리는 유리의 중앙부에 금속망이나 금속선을 삽입하여 성형한 유리재료로 파손방지, 도난방지 또는 진동이 심한 장소에 적합하다. 충격에 강하고 파손 시 비산이 방지되어 안전하므로 학교, 관공서, 공공시설, 방범 및 방화용, 제연설비나 인테리어용으로 널리 사용된다. 망입(網入)유리의 제조 시 금속선으로 철선(철사), 황동선, 알루미늄선 등이 사용된다.

91 멜라민수지 접착제에 관한 설명 중 틀린 것은?

① 내수성이 크다.
② 순백색 또는 투명백색이다.
③ 멜라민과 폼알데하이드로 제조된다.
④ 고무나 유리 접착에 적당하다.

해설
- 멜라민수지 접착제는 열경화성수지 접착제로 내수성이 우수하여 목재의 접합, 내수합판용에 사용된다.
- 고무나 유리의 접착에 적당한 접착제는 푸란수지 접착제이다.

92 비철금속에 관한 설명 중 옳은 것은?

① 동은 맑은 물에는 침식되지 않으나 해수에는 침식된다.
② 황동은 청동과 비교하여 주조성과 내식성이 더욱 우수하다.
③ 알루미늄은 동에 비해 융점이 높기 때문에 용해주조도가 좋지 않다.
④ 순도가 높은 알루미늄일수록 내식성과 전·연성이 작아진다.

해설
② 청동은 황동과 비교하여 주조성과 내식성이 더욱 우수하다.
③ 알루미늄은 동에 비해 융점이 낮기 때문에 용해주조도가 좋다.
④ 순도가 높은 알루미늄일수록 내식성과 전·연성이 크다.

정답 88 ④ 89 ④ 90 ③ 91 ④ 92 ①

93 도막방수에 사용되지 않는 재료는?

① 염화비닐 도막재
② 아크릴고무 도막재
③ 고무아스팔트 도막재
④ 우레탄고무 도막재

해설
도막방수에 사용되는 재료 : 에폭시 도막재, 아크릴고무 도막재, 고무아스팔트 도막재, 우레탄고무 도막재

94 석재의 명칭에 따른 용도가 틀린 것은?

① 팽창질석 : 단열보온재
② 점판암 : 특수 내장재
③ 중정석 : X선 차단 콘크리트용 골재
④ 트래버틴(Travertine) : 우아한 실내 장식재

해설
점판암 : 지붕재

95 실리카시멘트(Silica Cement)의 특징에 대한 설명으로 틀린 것은?

① 공극 충전 효과가 있고 수밀성이 뛰어나서 수밀성 콘크리트를 얻기 용이하다.
② 저온에서는 응결속도가 거의 일정해진다.
③ 콘크리트의 워커빌리티를 좋게 한다.
④ 화학적 저항성이 크므로 주로 단면이 큰 구조물, 해안공사 등에 사용된다.

해설
저온에서는 응결속도가 느려진다.

96 플라스틱 재료의 일반적인 성질에 대한 설명 중 틀린 것은?

① 플라스틱은 일반적으로 투명 또는 백색의 물질이므로 적합한 안료나 염료를 첨가함에 따라 상당히 광범위하게 채색이 가능하다.
② 플라스틱의 내수성 및 내투습성은 폴리초산비닐 등 일부를 제외하고는 극히 양호하다.
③ 플라스틱은 상호 간 계면접착이 잘 안 된다.
④ 플라스틱은 일반적으로 전기절연성이 상당히 양호하다.

해설
플라스틱은 상호 간 계면접착이 잘 되며, 금속, 콘크리트, 목재, 유리 등 다른 재료에도 잘 부착된다.

97 유성페인트나 바니시와 비교한 합성수지도료의 전반적인 특성에 관한 설명으로 옳지 않은 것은?

① 건조 시간이 느린 편이다.
② 도막이 단단한 편이다.
③ 내산, 내알칼리성을 가지고 있다.
④ 방화성이 더 우수한 편이다.

해설
건조 시간이 빠른 편이다.

정답 93 ① 94 ② 95 ② 96 ③ 97 ①

98 역청재료의 침입도 시험에서 중량 100[g]의 표준침이 5초 동안에 20[mm] 관입했다면 이 재료의 침입도는?

① 100
② 150
③ 200
④ 250

해설
온도가 25[℃]인 시료를 용기 내에 넣고 100[g]의 표준침을 낙하시켜 5초 동안의 관입 깊이가 0.1[mm]일 때의 침입도가 1이므로 20[mm] 관입했다면 이 재료의 침입도는 200이다.

99 시멘트 클링커 화합물에 대한 설명으로 옳지 않은 것은?

① C_3S양이 많을수록 조강성을 나타낸다.
② C_2S의 양이 많을수록 강도의 발현이 서서히 된다.
③ 시멘트의 수축률을 감소시키기 위해서는 C_3A를 감소시켜야 한다.
④ 재령 1년에서 C_4AF의 강도는 일정하다.

해설
재령 1년에서 C_4AF의 강도는 매우 낮다.

100 건축용 코킹재료의 일반적인 특징에 관한 설명으로 옳지 않은 것은?

① 수축률이 작다.
② 내부의 점성이 지속된다.
③ 내산·내알칼리성이 있다.
④ 접착성은 좋지 않다.

해설
각종 재료에 접착이 잘 된다.

제6과목 건설안전기술

101 와이어로프의 표기 '6 × Fi(25) + IWRC B종 20mm'에 대한 설명으로 틀린 것은?

① 6 : 로프의 구성으로 스트랜드수가 6꼬임
② (25) : 스트랜드를 구성하는 소선의 수가 25개
③ IWRC : 심강의 종류
④ B종 : 종별(심강의 항복강도)

해설
와이어로프의 표기 '6 × Fi(25) + IWRC B종 20mm'에 대한 설명
- 6 : 로프의 구성으로 스트랜드수가 6꼬임
- Fi : 형태기호(S, W, Fi, Ws)
- (25) : 스트랜드를 구성하는 소선의 수가 25개
- IWRC : 심강의 종류
- B종 : 종별(심강의 인장강도)
- 20mm : 로프의 지름

102 대여자 등이 안전조치 등을 해야 하는 기계·기구·설비 및 건축물에 해당하는 것을 모두 고른 것은?

㉠ 사무실 및 공장용 건축물
㉡ 스크레이퍼 도저
㉢ 페이퍼드레인머신
㉣ 산업용 로봇
㉤ 압력용기

① ㉠, ㉡
② ㉠, ㉡, ㉢
③ ㉠, ㉡, ㉢, ㉣
④ ㉠, ㉡, ㉢, ㉣, ㉤

해설
대여자 등이 안전조치 등을 해야 하는 기계·기구·설비 및 건축물(산업안전보건법 시행령 별표 21) : 사무실 및 공장용 건축물, 이동식 크레인, 타워크레인, 불도저, 모터 그레이더, 로더, 스크레이퍼, 스크레이퍼 도저, 파워셔블, 드래그라인, 클램셸, 버킷굴착기, 트렌치, 항타기, 항발기, 어스드릴, 천공기, 어스오거, 페이퍼드레인머신, 리프트, 지게차, 롤러기, 콘크리트 펌프, 고소작업대, 그 밖에 산업재해보상보험및예방심의위원회 심의를 거쳐 고용노동부장관이 정하여 고시하는 기계, 기구, 설비 및 건축물 등

103 산업안전보건법령상 유해위험방지계획서에 대한 설명으로 틀린 것은?

① 유해위험방지계획서는 고용노동부장관에게 제출하여야 한다.
② 유해위험방지계획서 작성대상공사를 착공하려고 하는 사업주는 일정한 자격을 갖춘 자의 의견을 들은 후 유해위험방지계획서를 작성하여 공사 착공 전일까지 공단에 2부를 제출해야 한다.
③ 고용노동부장관은 유해위험방지계획서를 심사하여 그 결과를 사업주에게 서면으로 알려 주어야 한다.
④ 고용노동부장관은 유해위험방지계획서를 심사한 후, 근로자의 안전 및 보건의 유지·증진을 위하여 필요하다고 인정하는 경우에는 유해위험방지계획서를 변경할 것을 명할 수 있지만, 해당 작업 또는 건설공사를 중지할 것을 명할 수는 없다.

> **해설**
> 고용노동부장관은 유해위험방지계획서를 심사한 후, 근로자의 안전 및 보건의 유지·증진을 위하여 필요하다고 인정하는 경우에는 해당 작업 또는 건설공사를 중지하거나 유해위험방지계획서를 변경할 것을 명할 수 있다.

104 다음 중 안전보건관리규정의 작성 시 유의사항으로 틀린 것은?

① 규정된 기준은 법정기준을 상회하여서는 안 된다.
② 관리자의 직무와 권한에 대한 부분은 명확하게 한다.
③ 작성 또는 개정 시 현장의 의견을 충분히 반영시킨다.
④ 정상 및 이상 시 사고발생에 대한 조치사항을 포함시킨다.

> **해설**
> 규정된 기준은 법정기준을 상회할 수 있다.

105 산업안전보건관리비계상기준에 따른 일반건설공사(갑), 대상액 '5억원 이상~50억원 미만'의 안전관리비 비율 및 기초액으로 옳은 것은?

① 비율 : 1.86[%], 기초액 : 5,349,000원
② 비율 : 1.99[%], 기초액 : 5,499,000원
③ 비율 : 2.35[%], 기초액 : 5,400,000원
④ 비율 : 1.57[%], 기초액 : 4,411,000원

> **해설**
> 공사 종류와 규모별 안전관리비 계상기준(건설업 산업안전보건관리비 계상 및 사용기준 별표 1)

[2025년 1월 1일 이전 적용]

구분	5억원 미만	5억원 이상 50억원 미만		50억원 이상	영 별표 5에 따른 보건관리자 선임 대상 건설공사의 적용비율 [%]
		비율(×)	기초액(C)		
일반건설공사(갑)	2.93[%]	1.86[%]	5,349,000원	1.97[%]	2.15[%]
일반건설공사(을)	3.09[%]	1.99[%]	5,499,000원	2.10[%]	2.29[%]
중건설공사	3.43[%]	2.35[%]	5,400,000원	2.44[%]	2.66[%]
철도·궤도신설공사	2.45[%]	1.57[%]	4,411,000원	1.66[%]	1.8[%]
특수 및 그 밖의 건설공사	1.85[%]	1.20[%]	3,250,000원	1.27[%]	1.38[%]

[2025년 1월 1일부터 적용]

구분	5억원 미만	5억원 이상 50억원 미만		50억원 이상	영 별표 5에 따른 보건관리자 선임대상 건설공사의 적용비율[%]
		비율(×)	기초액(C)		
건축공사	3.11[%]	2.28[%]	4,325,000원	2.37[%]	2.64[%]
토목공사	3.15[%]	2.53[%]	3,300,000원	2.60[%]	2.73[%]
중건설공사	3.64[%]	3.05[%]	2,975,000원	3.11[%]	3.39[%]
특수건설공사	2.07[%]	1.59[%]	2,450,000원	1.64[%]	1.78[%]

106 차량계 건설기계를 사용하는 작업 수행 시 기계가 넘어지거나 굴러 떨어져서 근로자가 위험해질 우려가 있는 경우에 필요한 조치로 옳지 않은 것은?

① 안전통로 및 조도의 확보
② 갓길 붕괴 방지 및 도로폭의 유지
③ 유도자의 배치
④ 지반의 부동침하 방지

해설
안전통로 및 조도의 확보는 차량계 건설기계를 사용하는 작업 수행 시 기계가 넘어지거나 굴러 떨어져서 근로자가 위험해질 우려가 있는 경우에 필요한 조치로는 거리가 멀다.

107 사업주는 높이가 최소 몇 [m] 이상인 곳에서 물체를 투하하는 때 적합한 투하설비를 설치해야 하는가?

① 1.5   ② 2
③ 2.5   ④ 3

해설
사업주는 높이가 최소 3[m] 이상인 곳에서 물체를 투하하는 때 적합한 투하설비를 설치하거나 감시인을 배치하는 등 위험방지를 위해 필요한 조치를 해야 한다.

108 달비계 작업발판의 폭과 틈새기준으로 옳은 것은?

① 작업발판의 폭 30[cm] 이상, 틈새 1[cm] 이하
② 작업발판의 폭 30[cm] 이상, 틈새 없을 것
③ 작업발판의 폭 40[cm] 이상, 틈새 없을 것
④ 작업발판의 폭 40[cm] 이상, 틈새 1[cm] 이하

해설
작업발판은 40[cm] 이상의 폭이어야 하며, 틈새가 없도록 하고 움직이지 않게 고정하여야 한다.

109 콘크리트 타설작업의 안전대책으로 옳지 않은 것은?

① 작업 시작 전 거푸집동바리 등의 변형, 변위 및 지반침하 유무를 점검한다.
② 작업 중 감시자를 배치하여 거푸집동바리 등의 변형, 변위 유무를 확인한다.
③ 설계도서상 콘크리트 양생기간을 준수하여 거푸집동바리 등을 잘 보존한다.
④ 슬래브 콘크리트 타설은 이어붓기를 피하고 일시에 전체를 타설하도록 하여야 한다.

해설
설계도서상 콘크리트 양생기간을 준수하여 거푸집동바리 등을 해체한다.

110 리프트의 설치·조립·수리·점검 또는 해체 작업 시 조치사항으로 틀린 것은?

① 작업을 지휘하는 사람을 선임하여 그 사람의 지휘하에 작업을 실시할 것
② 작업을 할 구역에 관계 근로자가 아닌 사람의 출입을 금지하고 그 취지를 보기 쉬운 장소에 표시할 것
③ 비, 눈, 그 밖에 기상상태의 불안정으로 날씨가 몹시 나쁜 경우에는 그 작업을 중지시킬 것
④ 재료의 결함 유무 또는 기구 및 공구의 기능을 점검하고 불량품을 제거하는 일은 작업자가 이행해야 할 사항에 해당한다.

해설
재료의 결함 유무 또는 기구 및 공구의 기능을 점검하고 불량품을 제거하는 일은 작업을 지휘하는 사람이 이행해야 할 사항 중 하나이다.

111 안전난간대에 폭목(Toe Board)을 대는 이유는?

① 작업자의 손을 보호하기 위하여
② 작업자의 작업능률을 높이기 위하여
③ 안전난간대의 강도를 높이기 위하여
④ 공구 등 물체가 작업발판에서 지상으로 낙하되지 않도록 하기 위하여

해설
안전난간대에 폭목(Toe Board)을 대는 이유는 공구 등 물체가 작업발판에서 지상으로 낙하되지 않도록 하기 위함이다.

112 붕괴위험방지를 위한 굴착면의 기울기 기준으로 옳지 않은 것은?(단, 굴착면의 기울기는 굴착면의 높이에 대한 수평거리의 비율을 말한다)

① 모래는 1 : 1.8이다.
② 연암은 1 : 1.5이다.
③ 풍화암은 1 : 1.0이다.
④ 경암은 1 : 0.5이다.

해설
굴착면의 기울기 기준(굴착면의 높이 : 수평거리)[2023.11.14. 개정]

지반의 종류	굴착면의 기울기
모 래	1 : 1.8
연암 및 풍화암	1 : 1.0
경 암	1 : 0.5
그 밖의 흙	1 : 1.2

113 히빙(Heaving)현상 방지대책으로 틀린 것은?

① 소단굴착을 실시하여 소단부 흙의 중량이 바닥을 누르게 한다.
② 흙막이 벽체 배면의 지반을 개량하여 흙의 전단강도를 높인다.
③ 부풀어 솟아오르는 바닥면의 토사를 제거한다.
④ 흙막이 벽체의 근입깊이를 깊게 한다.

해설
굴착저면에 토사 등 하중(인공중력)을 증가시킨다.

114 기초굴착 시 준수사항으로 옳지 않은 것은?

① 사면굴착 및 수직면 굴착 등 오픈컷 공법에 있어 흙막이벽 또는 지보공 안전담당자를 필히 선임하여 구조, 특징 및 작업순서를 충분히 숙지한 후 순서에 의해 작업하여야 한다.
② 버팀재, 사보강재 위로 통행을 해서는 안 되며, 부득이 통행할 경우에는 폭 50[cm] 이상의 안전통로를 설치하고 통로에는 표준안전난간을 설치하고 안전대를 사용하여야 한다.
③ 배수펌프 등은 용수 시 항상 사용할 수 있도록 정비하여 두고 이상 용출수가 발생할 경우 작업을 중단하고 즉시 작업책임자의 지시를 받는다.
④ 작업 중에는 흙막이지보공의 시방을 준수하고 스트러트 또는 흙막이벽의 이상 상태에 주의하며 이상토압이 발생하여 지보공 또는 벽에 변형이 발생되면 즉시 작업책임자에게 보고하고 지시를 받아야 한다.

해설
버팀재, 사보강재 위로 통행을 해서는 안 되며, 부득이 통행할 경우에는 폭 40[cm] 이상의 안전통로를 설치하고 통로에는 표준안전난간을 설치하고 안전대를 사용하여야 한다.

115 NATM공법 터널공사의 경우 록 볼트 작업과 관련된 계측결과에 해당하지 않는 것은?

① 내공변위 측정 결과
② 천단침하 측정 결과
③ 인발시험 결과
④ 진동 측정 결과

해설
NATM공법 터널공사의 경우 록 볼트 작업과 관련된 계측결과로는 내공변위 측정 결과, 천단침하 측정 결과, 인발시험 결과 등이 있다.

정답 111 ④ 112 ② 113 ③ 114 ② 115 ④

116 총괄 안전관리계획서에 작성할 내용으로 적합하지 않은 것은?

① 안전관리조직
② 공정별 안전점검계획
③ 통행안전시설설치 및 교통소통계획
④ 유해·위험장비의 사전점검계획

해설
총괄 안전관리계획서의 작성내용
- 공사개요
- 안전관리조직
- 공정별 안전점검계획
- 공사장 및 주변 안전점검계획
- 통행안전시설설치 및 교통소통계획
- 안전관리비 집행계획
- 안전교육계획

117 차량계 건설기계에 속하지 않는 것은?

① 불도저
② 스크레이퍼
③ 타워크레인
④ 항타기

해설
차량계 건설기계에 해당하지 않는 것으로 '타워크레인, 크레인, 브레이커, 가이데릭' 등이 출제된다.

118 셔블계 굴착기계에 대한 설명으로 옳지 않은 것은?

① 파워셔블은 기계가 서 있는 지면보다 높은 곳을 파는 작업에 적합하다.
② 백호, 클램셸, 드래그라인 등은 주행기면보다 하방의 굴착에 적합하다.
③ 앞쪽의 카운터웨이트의 회전반경을 측정한 후 작업에 임한다.
④ 유압계통 분리 시에는 붐을 지면에 놓고 엔진을 정지시킨 후 유압을 제거한다.

해설
항상 뒤쪽의 카운터웨이트의 회전반경을 측정한 후 작업에 임한다.

119 항타기 또는 항발기에 대한 설명으로 옳지 않은 것은?

① 항타기나 항발기에 도르래나 도르래 뭉치를 부착하는 경우에는 부착부가 받는 하중에 의하여 파괴될 우려가 없는 브래킷·섀클 및 와이어로프 등으로 견고하게 부착하여야 한다.
② 항타기나 항발기의 구조상 권상용 와이어로프가 꼬일 우려가 있는 경우는 항타기 또는 항발기의 권상장치 드럼축과 권상장치로부터 첫 번째 도르래의 축 간의 거리는 권상장치 드럼폭의 10배 이상으로 하여야 한다.
③ 해머의 운동에 의하여 공기호스와 해머의 접속부가 파손되거나 벗겨지는 것을 방지하기 위하여 그 접속부가 아닌 부위를 선정하여 공기호스를 해머에 고정시킨다.
④ 항타기 또는 항발기의 권상장치에 하중을 건 상태로 정지하여 두는 경우에는 쐐기장치 또는 역회전 방지용 브레이크를 사용하여 제동하는 등 확실하게 정지시켜 두어야 한다.

해설
항타기나 항발기의 구조상 권상용 와이어로프가 꼬일 우려가 있는 경우는 항타기 또는 항발기의 권상장치 드럼축과 권상장치로부터 첫 번째 도르래의 축 간의 거리는 권상장치 드럼폭의 15배 이상으로 하여야 한다.

120 철근 인력운반에 대한 설명으로 옳지 않은 것은?

① 운반할 때에는 양끝을 묶어 운반한다.
② 긴 철근은 세 사람이 한 조가 되어 두 사람은 어깨메기로 운반하고 나머지 한 사람은 주변 상황이 안전한지를 살핀다.
③ 운반 시 1인당 무게는 25[kg] 정도가 적당하다.
④ 긴 철근을 한사람이 운반할 때는 한쪽을 어깨에 메고 한쪽 끝을 땅에 끌면서 운반한다.

해설
긴 철근은 두 사람이 한 조가 되어 어깨메기로 운반하는 것이 좋다.

2024년 제2회 최근 기출복원문제

제1과목 산업안전관리론

01 산업안전보건법상 안전보건관리규정에 포함될 사항이 아닌 것은?

① 안전·보건관리조직과 직무
② 안전보건교육
③ 작업장 안전보건관리
④ 재해방지 대책수립

해설
안전보건관리규정의 작성(산업안전보건법 제25조)
- 안전 및 보건에 관한 관리조직과 그 직무에 관한 사항
- 안전보건교육에 관한 사항
- 작업장의 안전 및 보건 관리에 관한 사항
- 사고 조사 및 대책 수립에 관한 사항
- 그 밖에 안전 및 보건에 관한 사항

02 건설기술진흥법령상 안전관리계획을 수립해야 하는 건설공사로 옳지 않은 것은?

① 1종 시설물 및 2종 시설물의 건설공사(유지관리를 위한 건설공사 포함)
② 폭발물을 사용하는 건설공사로서 20[m] 안에 시설물이 있거나 100[m] 안에 사육하는 가축이 있어 해당 건설공사로 인한 영향을 받을 것이 예상되는 건설공사
③ 10층 이상 16층 미만인 건축물의 건설공사
④ 가설구조물을 사용하는 건설공사

해설
안전관리계획의 수립(건설기술진흥법 시행령 제98조)
원자력시설공사는 제외하며, 해당 건설공사가 유해위험방지계획을 수립하여야 하는 건설공사에 해당하는 경우에는 해당 계획과 안전관리계획을 통합하여 작성할 수 있다.
- 1종 시설물 및 2종 시설물의 건설공사(유지관리를 위한 건설공사 제외)
- 지하 10[m] 이상을 굴착하는 건설공사(굴착 깊이 산정 시 집수정, 엘리베이터 피트 및 정화조 등의 굴착 부분 제외)
- 폭발물을 사용하는 건설공사로서 20[m] 안에 시설물이 있거나 100[m] 안에 사육하는 가축이 있어 해당 건설공사로 인한 영향을 받을 것이 예상되는 건설공사
- 10층 이상 16층 미만인 건축물의 건설공사
- 10층 이상인 건축물의 리모델링 또는 해체공사
- 수직증축형 리모델링
- 천공기가 사용되는 건설공사(높이가 10[m] 이상인 것만 해당)
- 항타 및 항발기가 사용되는 건설공사
- 타워크레인이 사용되는 건설공사
- 가설구조물을 사용하는 건설공사
- 발주자가 안전관리가 특히 필요하다고 인정하는 건설공사
- 해당 지방자치단체의 조례로 정하는 건설공사 중에서 인·허가기관의 장이 안전관리가 특히 필요하다고 인정하는 건설공사

03 안전관리조직을 구성할 때의 고려할 사항으로 가장 거리가 먼 것은?

① 회사의 특성과 규모에 부합되게 조직되어야 한다.
② 조직 구성원의 책임과 권한이 어느 정도 중첩되도록 하여 상호체크 확인으로 업무 누락을 방지한다.
③ 조직의 기능을 충분히 발휘할 수 있도록 제도적 체계가 갖추어져야 한다.
④ 안전에 관한 지시나 명령이 작업현장에 전달되기 전에는 스태프의 기능이 발휘되도록 해야 한다.

해설
조직 구성원의 책임과 권한에 대하여 서로 중첩되지 않도록 한다.

04 재해조사 시 유의사항으로 옳지 않은 것은?
① 조사는 3인 이상이 실시한다.
② 사람, 기계설비, 양면의 재해요인을 모두 도출한다.
③ 책임추궁이나 책임소재 파악보다 재발방지 목적을 우선으로 하는 기본적 태도를 갖는다.
④ 과거의 사고경향, 사례조사기록 등을 참조한다.

해설
조사는 2인 이상이 실시한다.

05 '기계작업에 배치된 작업자가 반장의 지시를 받기 전에 정지된 선반을 운전시키면서 변속치차의 덮개를 벗겨내고 치차를 저속으로 운전하면서 급유하려고 할 때 오른손이 변속치차에 맞물려 손가락이 절단되었다'면 이때 기인물은 어느 것인가?
① 기계작업 ② 선반
③ 변속치차 ④ 덮개

해설
기인물은 재해의 근원이 되는 기계·장치나 기타의 물(物) 또는 환경이므로 이 경우는 선반이 기인물이다.

06 관계수급인 근로자가 도급인의 사업장에서 작업을 하는 경우 도급인이 이행하여야 하는 사항으로 가장 타당하지 않은 것은?
① 도급인을 주 구성원으로 하는 안전 및 보건에 관한 협의체의 구성 및 운영
② 작업장 순회점검
③ 관계수급인이 근로자에게 하는 안전보건교육을 위한 장소 및 자료의 제공 등 지원
④ 관계수급인이 근로자에게 하는 안전보건교육의 실시 확인

해설
도급인과 수급인을 구성원으로 하는 안전 및 보건에 관한 협의체의 구성 및 운영

07 매슬로(Maslow)의 욕구위계를 바르게 나열한 것은?
① 생리적 욕구 – 사회적 욕구 – 안전의 욕구 – 인정받으려는 욕구 – 자아실현의 욕구
② 생리적 욕구 – 안전의 욕구 – 사회적 욕구 – 인정받으려는 욕구 – 자아실현의 욕구
③ 안전의 욕구 – 생리적 욕구 – 사회적 욕구 – 인정받으려는 욕구 – 자아실현의 욕구
④ 안전의 욕구 – 생리적 욕구 – 사회적 욕구 – 자아실현의 욕구 – 인정받으려는 욕구

해설
매슬로(A. H. Maslow)의 인간욕구 5단계 이론 : 생리적 욕구 → 안전에 대한 욕구 → 사회적 욕구 → 존경에 대한 욕구 → 자아실현의 욕구

08 안전·보건표지 제작 시 유의사항에 해당하지 않는 것은?
① 안전·보건표지는 그 표시내용을 근로자가 빠르고 쉽게 알아볼 수 있는 크기로 제작하여야 한다.
② 안전·보건표지 속의 그림 또는 부호의 크기는 안전·보건표지의 크기와 비례하여야 하며, 안전·보건표지 전체 규격의 25[%] 이상이 되어야 한다.
③ 안전·보건표지는 쉽게 파손되거나 변형되지 아니하는 재료로 제작하여야 한다.
④ 안전·보건표지 색채의 물감은 변질되지 아니하는 것에 색채 고정원료를 배합하여 사용하여야 한다.

해설
안전·보건표지 속의 그림 또는 부호의 크기는 안전·보건표지의 크기와 비례하여야 하며, 안전·보건표지 전체 규격의 30[%] 이상이 되어야 한다.

정답 4 ① 5 ② 6 ① 7 ② 8 ②

09 자율안전확인 대상기계를 모두 고른 것은?

> ㉠ 연삭기 또는 연마기(휴대형은 제외)
> ㉡ 산업용 로봇
> ㉢ 머시닝센터
> ㉣ 파쇄기 또는 분쇄기
> ㉤ 식품가공용 기계(파쇄·절단·혼합·제면기만 해당)
> ㉥ 컨베이어
> ㉦ CNC 선반

① ㉠, ㉡, ㉢, ㉣, ㉤, ㉥, ㉦
② ㉠, ㉡, ㉣, ㉤, ㉥
③ ㉠, ㉢, ㉣, ㉤, ㉦
④ ㉠, ㉢, ㉣, ㉤, ㉥, ㉦

해설
자율안전확인 대상기계 : 연삭기 또는 연마기(휴대형은 제외), 산업용 로봇, 혼합기, 파쇄기 또는 분쇄기, 식품가공용 기계(파쇄·절단·혼합·제면기만 해당), 컨베이어, 자동차정비용 리프트, 공작기계(선반, 드릴기, 평삭·형삭기, 밀링만 해당), 고정형 목재가공용 기계(둥근톱, 대패, 루타기, 띠톱, 모떼기 기계만 해당), 인쇄기

10 다음 중 방진 마스크의 일반적인 구조로 적합하지 않은 것은?

① 배기밸브는 방진 마스크의 내부와 외부의 압력이 같은 경우 항상 열려 있도록 할 것
② 흡기밸브는 미약한 호흡에 대하여 확실하고 예민하게 작동하도록 할 것
③ 안면부 여과식 마스크는 여과재를 안면에 밀착시킬 수 있어야 할 것
④ 머리끈은 적당한 길이 및 탄력성을 갖고 길이를 쉽게 조절할 수 있을 것

해설
배기밸브는 방진 마스크의 내부와 외부의 압력이 같을 경우 항상 닫혀 있도록 할 것. 또한, 약한 호흡 시에도 확실하고 예민하게 작동하여야 하며 외부의 힘에 의하여 손상되지 않도록 덮개 등으로 보호되어 있을 것

11 재해발생의 주요원인 중 불안전한 상태에 해당하지 않는 것은?

① 기계설비 및 장비의 결함
② 부적절한 조면 및 환기
③ 작업장소의 정리·정돈 불량
④ 보호구 미착용

해설
보호구 미착용은 불안전한 행동에 해당한다.

12 안전보건조정자의 자격에 해당하지 않는 사람은?

① 산업안전지도사 자격을 가진 사람
② 발주청이 발주하는 건설공사인 경우 발주청이 선임한 공사감독자
③ 공사감리자로서 해당 건설공사 중 주된 공사의 책임감리자
④ 건설안전기사 자격을 취득한 후 건설안전 분야에서 3년 이상의 실무경력이 있는 사람

해설
건설안전기사 또는 산업안전기사 자격을 취득한 후 건설안전 분야에서 5년 이상의 실무경력이 있는 사람

13 TBM 위험예지훈련의 진행방법으로 가장 거리가 먼 것은?

① 인원은 5명 이하로 구성한다.
② 소요시간은 10분 정도가 바람직하다.
③ 리더는 주제의 주안점에 대하여 연구해둔다.
④ 작업현장에서 그때 그 장소의 상황에 즉응하여 실시한다.

해설
인원은 10명 이하로 구성한다.

14 무재해운동 추진의 3대 기둥으로 볼 수 없는 것은?

① 최고경영자의 경영자세
② 노동조합의 협의체 구성
③ 직장 소집단 자주 활동의 활발화
④ 관리감독자에 의한 안전보건의 추진

해설
무재해운동 추진의 3대 기둥으로 볼 수 없는 것으로 '노동조합의 협의체 구성, 새로운 리더십의 도입' 등이 출제된다.

15 600명의 상시 근로자가 있는 사업장에서 1년간 발생한 근로손실일수가 1,200일이고, 이 사업장의 도수율이 7일 때, 종합재해지수(FSI)는 약 얼마인가?(단, 근로자는 1일 8시간씩 연간 300일을 근무하였다)

① 2.21 ② 2.31
③ 2.41 ④ 2.51

해설
도수율 = 7

강도율 = $\dfrac{근로손실일수}{연근로시간수} \times 10^3 = \dfrac{1,200}{600 \times 8 \times 300} \times 10^3 = 0.83$

종합재해지수 $FSI = \sqrt{도수율 \times 강도율} = \sqrt{7 \times 0.83} = 2.41$

16 버드(Frank Bird)의 새로운 도미노 이론으로 연결이 옳은 것은?

① 제어의 부족 → 기본원인 → 직접원인 → 사고 → 상해
② 관리구조 → 작전적 에러 → 전술적 에러 → 사고 → 상해
③ 유전과 환경 → 인간의 결함 → 불안전한 행동 및 상태 → 재해 → 상해
④ 유전적 요인 및 사회적 환경 → 개인적 결함 → 불안전한 행동 및 상태 → 사고 → 상해

해설
버드(Frank Bird)의 새로운 도미노 이론 : 제어의 부족 → 기본원인 → 직접원인 → 사고 → 상해

17 공사규모가 70억원인 건설공사 현장에서 1일 200명의 근로자가 매일 10시간씩 근무를 하고 있다. 이 현장의 무재해 운동의 1배 목표를 30만 시간이라고 할 때 무재해 1배 목표는 며칠 후에 달성하는가?(단, 일요일이나 공유일은 없는 것으로 간주하며, 이 현장의 평균 결근율은 5[%]로 가정한다)

① 1,580일 ② 1,500일
③ 158일   ④ 80일

해설
무재해 1배 목표일수 = $\dfrac{300,000}{200 \times 10 \times 0.95} \simeq 158$일

18 방독 마스크 정화통의 종류와 외부 측면 색상의 연결이 옳은 것은?

① 유기화합물 – 황색
② 할로겐용 – 회색
③ 아황산용 – 녹색
④ 암모니아용 – 적색

해설
① 유기화합물 – 갈색
② 할로겐용 – 회색
③ 아황산용 – 노란색
④ 암모니아용 – 녹색

19 안전관리전문기관이 업무정지 기간 중에 업무를 수행한 경우에는 어떤 조치가 취해지는가?

① 즉시 지정이 취소된다.
② 경고 후 재발 시 지정이 취소된다.
③ 1천만원 이하의 벌금형에 처해진다.
④ 업무가 6개월 이내의 범위에서 정지된다.

해설
안전관리전문기관이 업무정지 기간 중에 업무를 수행한 경우에는 업무가 6개월 이내의 범위에서 정지되는 조치가 취해진다.

20 버드(Bird)의 재해구성 비율 이론에 따라 중상이 7건 발생한 경우 경상이 발생할 건수는?

① 35   ② 70
③ 140   ④ 210

해설
중상 : 경상 : 무상해 사고 : 무상해·무사고 고장 = 1 : 10 : 30 : 600
이므로 경상은 7 × 10 = 70건이 발생된다.

제2과목 산업심리 및 교육

21 집중발상법(Brainstorming)의 기본 규칙 중 틀린 것은?

① 아이디어의 질보다는 양을 추구한다.
② 떠오르는 아이디어는 어떤 것이든 관계없이 표현토록 한다.
③ 아이디어 산출과정에서 아이디어 평가는 하지는 않는다.
④ 구성원들은 다른 사람의 아이디어에 편승하지 않고 창의적인 발상을 내기 위한 노력을 해야 한다.

해설
구성원들은 가능한 한 다른 사람의 아이디어를 수정하고 확장하려고 노력해야 한다.

22 판단과정에서의 착오 원인이 아닌 것은?

① 능력부족   ② 정보부족
③ 감각차단   ④ 자기합리화

해설
감각차단은 판단과정에서의 착오 원인이 아니다.

정답 18 ② 19 ④ 20 ② 21 ④ 22 ③

23 피로 단계 중 이상발한, 구갈, 두통, 탈력감이 있고, 특히 관절이나 근육통이 수반되어 신체를 움직이기 귀찮아지는 단계는?

① 잠재기
② 현재기
③ 진행기
④ 축적피로기

해설
현재기 : 이상발한, 구갈, 두통, 탈력감이 있고, 특히 관절이나 근육통이 수반되어 신체를 움직이기 귀찮아지는 피로 단계

24 생체리듬에 관한 설명으로 틀린 것은?

① 각각의 리듬이 (+)에서 (−)로 변화하는 점이 위험일이다.
② 지성적 리듬은 'I'로 나타내며, 33일을 주기로 반복된다.
③ 육체적 리듬은 'P'로 나타내며, 23일을 주기로 반복된다.
④ 감성적 리듬은 'S'로 나타내며, 25일을 주기로 반복된다.

해설
감성적 리듬은 'S'로 나타내며, 28일을 주기로 반복된다.

25 산업안전보건법령상 일용직 근로자를 제외한 근로자 신규 채용 시 실시해야 하는 안전보건교육시간으로 맞는 것은?

① 8시간 이상
② 16시간 이상
③ 매분기 3시간
④ 매분기 6시간

해설
일용직 근로자를 제외한 근로자 신규 채용 시 실시해야 하는 안전보건교육은 8시간 이상 실시해야 한다.

26 성공적인 리더가 가지는 중요한 관리기술이 아닌 것은?

① 매 순간 신속하게 의사결정을 한다.
② 집단의 목표를 구성원과 함께 정한다.
③ 구성원이 집단과 어울리도록 협조한다.
④ 자신이 아니라 집단에 대해 많은 관심을 가진다.

해설
매 순간 신중하게 의사결정을 한다.

27 직무에 적합한 근로자를 위한 심리검사는 합리적 타당성을 갖추어야 한다. 이러한 합리적 타당성을 얻는 방법으로만 나열된 것은?

① 구인 타당도, 공인 타당도
② 구인 타당도, 내용 타당도
③ 예언적 타당도, 공인 타당도
④ 예언적 타당도, 안면 타당도

해설
합리적 타당성을 얻는 방법 : 구인 타당도, 내용 타당도

정답 23 ② 24 ④ 25 ① 26 ① 27 ②

28 안전교육 지도방법 중 OJT(On the Job Training)의 장점이 아닌 것은?

① 동기부여가 쉽다.
② 교육효과가 업무에 신속히 반영된다.
③ 다수의 대상자를 일괄적이고 조직적으로 교육할 수 있다.
④ 직장의 실태에 맞춘 구체적이고 실제적인 교육이 가능하다.

해설
다수의 대상자를 일괄적이고 조직적으로 교육할 수 있는 것은 Off JT의 장점이다.

29 인간의 행동에 대하여 심리학자 레빈(K. Lewin)은 다음과 같은 식으로 표현했다. 이때 각 요소에 대한 내용으로 틀린 것은?

$$B = f(P \cdot E)$$

① B : Behavior(행동)
② f : Function(함수관계)
③ P : Person(개체)
④ E : Engineering(기술)

해설
- B : Behavior(행동)
- f : Function(함수관계)
- P : Person(개체)
- E : Environment(환경)

30 부주의 발생의 외적 조건에 해당하지 않는 것은?

① 의식의 우회
② 높은 작업강도
③ 작업순서의 부적당
④ 주위 환경조건의 불량

해설
외적 조건에 해당하지 않는 것으로 '경험 부족 및 미숙련, 의식의 우회' 등이 출제된다.

31 동기유발(Motivation)방법이 아닌 것은?

① 결과의 지식을 알려준다.
② 안전의 참 가치를 인식시킨다.
③ 상벌제도를 효과적으로 활용한다.
④ 동기유발의 수준을 최대로 높인다.

해설
동기유발의 수준을 적절하게 한다.

32 프로그램 학습법(Programmed Self-instruction Method)의 장점이 아닌 것은?

① 학습자의 사회성을 높이는 데 유리하다.
② 한 강사가 많은 수의 학습자를 지도할 수 있다.
③ 지능, 학습적성, 학습속도 등 개인차를 충분히 고려할 수 있다.
④ 매 반응마다 피드백이 주어지기 때문에 학습자가 흥미를 갖는다.

해설
학습자의 사회성이 결여되기 쉽다.

정답 28 ③ 29 ④ 30 ① 31 ④ 32 ①

33 인간은 지각 과정에서 자극의 정보를 조직화하는 과정을 거치게 된다. 시각 정보의 조직화를 의미하는 용어는?

① 유추(Analogy) ② 게슈탈트(Gestalt)
③ 인지(Cognition) ④ 근접성(Proximity)

해설
게슈탈트(Gestalt) : 시각 정보의 조직화

34 시행착오설에 의한 학습법칙에 해당하는 것은?

① 시간의 법칙 ② 계속성의 법칙
③ 일관성의 법칙 ④ 준비성의 법칙

해설
시행착오설에 의한 학습법칙에 해당하지 않는 것으로 '일관성의 법칙, 시간의 법칙, 계속성의 법칙, 동이성의 법칙' 등이 출제된다.

35 산업안전보건법령상 사업 내 안전보건교육에 있어 건설 일용근로자의 건설업 기초안전보건교육의 교육시간으로 맞는 것은?

① 1시간 ② 2시간
③ 4시간 ④ 8시간

해설
- 1시간 : 일용근로자 채용 시의 교육(1시간 이상), 일용근로자의 작업내용변경 시의 교육시간(1시간 이상)
- 2시간 : 일용근로자를 제외한 근로자의 작업내용변경 시의 교육시간(2시간 이상), 일용근로자 특별교육시간(2시간 이상), 일용근로자를 제외한 근로자의 단기간 작업 또는 간헐적 작업에 대한 교육(2시간 이상)
- 3시간 : 사무직 종사 근로자의 정기교육(매분기 3시간 이상), 사무직 종사 근로자 외의 근로자 중 판매업무에 직접 종사하는 근로자(매분기 3시간 이상)
- 4시간 : 건설업 일용근로자의 건설업 기초안전보건교육(4시간 이상)
- 8시간 : 신규 채용 시의 근로자 안전보건교육

36 스트레스의 개인적 원인 중 한 직무의 역할 수행이 다른 역할과 모순되는 현상을 무엇이라고 하는가?

① 역할연기
② 역할기대
③ 역할조성
④ 역할갈등

해설
역할갈등 : 스트레스의 개인적 원인 중 한 직무의 역할 수행이 다른 역할과 모순되는 현상

37 이상적인 상황하에서 방어적인 행동 특징을 보이는 집단행동은?

① 군 중
② 패 닉
③ 모 브
④ 심리적 전염

해설
패닉 : 이상적인 상황하에서 방어적인 행동 특징을 보이는 집단행동

38 교육에 있어서 학습평가의 기본 기준에 해당하지 않는 것은?

① 타당도   ② 신뢰도
③ 주관도   ④ 실용도

해설
학습평가의 기본 기준에 해당하지 않는 것으로 '주관도, 습숙도' 등이 출제된다.

39 강의법에 관한 설명으로 맞는 것은?

① 학생들의 참여가 제약된다.
② 일부의 교과에만 적용이 가능하다.
③ 학급 인원수의 크기에 제약을 받는다.
④ 수업의 중간이나 마지막 단계에 적용한다.

해설
강의법(Lecture Method) : 수업의 도입이나 초기단계에 적용하며, 단시간에 많은 내용을 많은 인원의 대상자에게 교육하는 경우에 사용되는 방법으로 가장 적절한 교육방법이다. 그러나 학생들의 참여가 제약된다.

40 교육의 본질적 면에서 본 교육의 기능과 관련이 없는 것은?

① 사회적 기능
② 보수적 기능
③ 개인 환경으로서의 기능
④ 문화전달과 창조적 기능

해설
보수적 기능은 교육의 본질적 면에서 본 교육의 기능과 관련이 없다.

제3과목 인간공학 및 시스템안전공학

41 반사경 없이 모든 방향으로 빛을 발하는 점광원에서 4[m] 떨어진 곳의 조도가 100[lx]라면 2[m] 떨어진 곳의 조도는 몇 [lx]인가?

① 200   ② 300
③ 400   ④ 500

해설
조도 = $100 \times \dfrac{4^2}{2^2} = 400[lx]$

42 광원으로부터의 직사휘광을 처리하는 방법으로 적합하지 않은 것은?

① 휘광원 주위를 밝게 하여 광속발산비(휘도비, 광도비)를 줄인다.
② 광원을 시선에서 멀리 위치시킨다.
③ 광원의 휘도를 줄이고 광원의 수를 늘린다.
④ 간접조명수준을 높인다.

해설
간접조명수준을 낮춘다.

43 기계·기구를 이용한 작업 중 진동작업에 사용되는 기계·기구에 해당하지 않는 것은?

① 체인톱
② 수작업용 해머(Hammer)
③ 엔진 커터(Engine Cutter)
④ 임팩트 렌치(Impact Wrench)

해설
진동작업(산업안전보건기준에 관한 규칙 제512조)
다음의 어느 하나에 해당하는 기계·기구를 사용하는 작업을 말한다.
• 착암기
• 동력을 이용한 해머
• 체인톱
• 엔진 커터(Engine Cutter)
• 동력을 이용한 연삭기
• 임팩트 렌치(Impact Wrench)
• 그 밖에 진동으로 인하여 건강장해를 유발할 수 있는 기계·기구

44 산업안전보건법령상 유해위험방지계획서 제출 대상 사업은 기계 및 기구를 제외한 금속가공제품 제조업으로서 전기 계약용량이 몇 [kW] 이상인 사업을 말하는가?

① 100
② 200
③ 300
④ 400

해설
산업안전보건법령상 유해위험방지계획서 제출 대상 사업은 기계 및 기구를 제외한 금속가공제품 제조업으로서 전기 계약용량이 300 [kW] 이상인 사업을 말한다.

45 결함수분석법(FTA)에서의 미니멀 컷셋과 미니멀 패스셋에 관한 설명으로 맞는 것은?

① 미니멀 컷셋은 시스템의 신뢰성을 표시하는 것이다.
② 미니멀 패스셋은 시스템의 위험성을 표시하는 것이다.
③ 미니멀 패스셋은 시스템의 고장을 발생시키는 최소의 패스셋이다.
④ 미니멀 컷셋은 정상사상(Top Event)을 일으키기 위한 최소한의 컷셋이다.

해설
• 미니멀 컷셋(Minimal Cut Set, 최소 컷셋) : 정상사상(Top Event)을 일으키기 위한 최소한의 컷셋
• 미니멀 패스셋(Minimal Path Set, 최소 패스셋) : FTA에서 시스템의 기능을 살리는 데 필요한 최소 요인의 집합

46 시스템이 저장되어 이동되고 실행됨에 따라 발생하는 작동시스템의 기능이나 과업, 활동으로부터 발생되는 위험에 초점을 맞춘 위험분석 차트는?

① 결함수분석(FTA ; Fault Tree Analysis)
② 사상수분석(ETA ; Event Tree Analysis)
③ 결함위험분석(FHA ; Fault Hazard Analysis)
④ 운용위험분석(OHA ; Operating Hazard Analysis)

해설
운용위험분석(OHA ; Operating Hazard Analysis) : 시스템이 저장되어 이동되고 실행됨에 따라 발생하는 작동시스템의 기능이나 과업, 활동으로부터 발생되는 위험에 초점을 맞춘 위험분석 차트

정답 43 ② 44 ③ 45 ④ 46 ④

47 자동화시스템에서 인간의 기능으로 적절하지 않은 것은?

① 설비보전
② 작업계획 수립
③ 조종장치로 기계를 통제
④ 모니터로 작업상황 감시

해설
자동화체계(자동화시스템)
• 인간요소를 고려해야 한다.
• 인간은 작업계획 수립, 작업상황 감시(모니터 이용), 정비유지(설비보전), 프로그램 등의 작업을 담당한다.
• 기계는 컴퓨터 등의 조종장치로 통제된다.

48 조종장치의 오작동을 방지하는 방법 중 틀린 것은?

① 오목한 곳에 둔다.
② 필요시 조종장치를 덮거나 방호한다.
③ 작동을 위해서 힘이 요구되는 조종장치라도 저항을 제공하지 않아야 한다.
④ 순서적 작동이 요구되는 작업일 때 순서를 지나치지 않도록 잠금장치를 설치한다.

해설
작동을 위해서 힘이 요구되는 조종장치에는 저항을 제공한다.

49 시스템 분석 및 설계에 있어서 인간공학의 가치와 가장 거리가 먼 것은?

① 훈련비용의 절감
② 인력 이용률의 감축
③ 생산 및 보전의 경제성 증가
④ 사고 및 오용으로부터의 손실 감소

해설
인력 이용률의 향상

50 FT도에 사용되는 다음 기호의 명칭으로 옳은 것은?

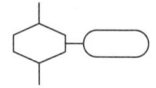

① 억제게이트
② 조합 AND게이트
③ 부정게이트
④ 배타적 OR게이트

해설

② 조합 AND게이트

③ 부정게이트

④ 배타적 OR게이트

51 의자 설계에 대한 조건 중 틀린 것은?

① 좌판의 깊이는 작업자의 등이 등받이에 닿을 수 있도록 설계한다.
② 좌판은 엉덩이가 앞으로 미끄러지지 않는 재질과 구조로 설계한다.
③ 좌판의 높이와 넓이는 작은 사람에게 적합하도록, 깊이는 큰 사람에 적합하도록 설계한다.
④ 등받이는 충분한 넓이를 가지고 요추 부위부터 어깨 부위까지 편안하게 지지하도록 설계한다.

해설
좌판의 높이와 넓이는 큰 사람에게 적합하도록, 깊이는 작은 사람에 적합하도록 설계한다.

52 프레스기의 안전장치 수명은 지수분포를 따르며 평균수명은 1,000시간이다. 새로 구입한 안전장치가 향후 500시간 동안 고장 없이 작동할 확률(㉠)과 이미 1,000시간을 사용한 안전장치가 향후 500시간 이상 견딜 확률(㉡)은 각각 얼마인가?

① ㉠ : 0.606, ㉡ : 0.606
② ㉠ : 0.707, ㉡ : 0.707
③ ㉠ : 0.808, ㉡ : 0.808
④ ㉠ : 0.909, ㉡ : 0.909

해설
㉠ : $R(t) = e^{-\lambda t} = e^{-0.001 \times 500} \simeq 0.606$
㉡ : $R(t) = e^{-\lambda t} = e^{-0.001 \times 500} \simeq 0.606$

53 습구온도 30[℃], 건구온도 35[℃] 일 때의 옥스퍼드(Oxford) 지수는 얼마인가?

① 30.45[℃] ② 30.65[℃]
③ 30.75[℃] ④ 30.85[℃]

해설
Oxford 지수(WD) $= 0.85W + 0.15D$
$= 0.85 \times 30 + 0.15 \times 35$
$= 30.75[℃]$

54 통화이해도를 측정하는 지표로서 각 옥타브(Octave) 대의 음성과 잡음의 데시벨(dB) 값에 가중치를 곱하여 합계를 구하는 것을 무엇이라 하는가?

① 명료도 지수
② 통화 간섭 수준
③ 이해도 지수
④ 소음 기준 곡선

해설
명료도 지수 : 통화이해도를 측정하는 지표로서 각 옥타브(Octave) 대의 음성과 잡음의 데시벨(dB) 값에 가중치를 곱하여 합계를 구하는 것

55 일반적으로 보통 작업자의 정상적인 시선으로 가장 적합한 것은?

① 수평선을 기준으로 위쪽 5° 정도
② 수평선을 기준으로 위쪽 15° 정도
③ 수평선을 기준으로 아래쪽 5° 정도
④ 수평선을 기준으로 아래쪽 15° 정도

해설
일반적으로 보통 작업자의 정상적인 시선으로 수평선을 기준으로 아래쪽 15° 정도가 적합하다.

56 50[phon]의 기준음을 들려준 후 70[phon]의 소리를 듣는다면 작업자는 주관적으로 몇 배의 소리로 인식하는가?

① 1.4배　② 2배
③ 3배　④ 4배

해설
50[phon]의 sone $= 2^{\frac{[phon]-40}{10}} = 2^{\frac{50-40}{10}} = 2[sone]$이며
70[phon]의 sone $= 2^{\frac{[phon]-40}{10}} = 2^{\frac{70-40}{10}} = 8[sone]$이므로 작업자는 주관적으로 4배의 소리로 인식한다.

57 작업자가 용이하게 기계·기구를 식별하도록 암호화(Coding)를 한다. 암호화 방법이 아닌 것은?

① 강도　② 형상
③ 크기　④ 색채

해설
암호화 방법 : 형상, 크기, 색채

58 손이나 특정 신체부위에 발생하는 누적손상장애(CTDs)의 발생인자와 가장 거리가 먼 것은?

① 무리한 힘
② 다습한 환경
③ 장시간의 진동
④ 반복도가 높은 작업

해설
누적손상장애(CTDs)의 발생 인자와 거리가 먼 것으로 '다습한 환경, 긴 작업주기' 등이 출제된다.

59 그림과 같이 FTA로 분석된 시스템에서 현재 모든 기본사상에 대한 부품이 고장 난 상태이다. 부품 X_1부터 부품 X_5까지 순서대로 복구한다면 어느 부품을 수리 완료하는 순간부터 시스템은 정상가동이 되겠는가?

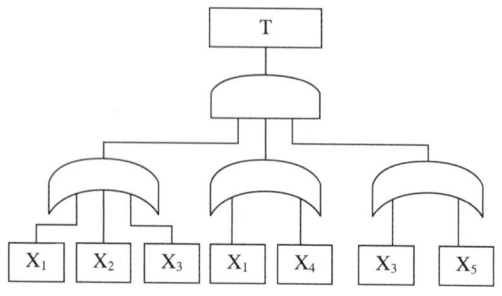

① 부품 X_2　② 부품 X_3
③ 부품 X_4　④ 부품 X_5

해설
상부는 AND게이트, 하부는 OR게이트이므로 부품 X_1부터 부품 X_5까지 순서대로 복구할 때, 부품 X_1 복구 시 하부 2번째 게이트와 3번째 게이트는 출력되어도 첫 번째 게이트는 출력이 안 일어나므로 시스템이 정상가동되지 않는다. 다음에 부품 X_2를 복구하여도 첫 번째 게이트가 출력되지 않고 그 다음에 부품 X_3를 복구하면 첫 번째 게이트도 출력이 나오므로 부품 X_3를 수리 완료하는 순간부터 시스템은 정상가동이 된다.

60 육체작업의 생리학적 부하측정 척도가 아닌 것은?

① 맥박수
② 산소소비량
③ 근전도
④ 점멸융합주파수

해설
육체작업의 생리학적 부하측정 척도가 아닌 것으로 '점멸융합주파수, 부정맥' 등이 출제된다.

제4과목 건설시공학

61 네트워크공정표에서 쓰이는 용어를 설명한 것으로 옳지 않은 것은?

① 자유여유(FF)는 최초의 개시일에 작업을 시작하고 후속작업을 최초개시일에 시작하여도 생기는 여유시간을 말한다.
② 종속여유(DF)는 후속작업의 전체여유(TF)에 영향을 주지 않는 여유시간을 말한다.
③ CP(Critical Path)는 네트워크상에서 전체 일정을 규제하는 작업과정으로 종속여유(DF)가 0인 과정을 말한다.
④ 전체여유(TF)는 최초의 개시일에 작업을 시작하여 가장 늦은 종료일에 완료할 때 생기는 여유시간을 말한다.

해설
종속여유(DF ; Dependant Float)는 후속작업의 전체여유(TF)에 영향을 주는 여유시간을 말하며 DF = TF + FF이다.

62 ALC 블록공사에 관한 내용으로 옳지 않은 것은?

① 쌓기 모르타르는 교반기를 사용하여 배합하며, 2시간 이내에 사용해야 한다.
② 줄눈의 두께는 1~3[mm] 정도로 한다.
③ 하루 쌓기 높이는 1.8[m]를 표준으로 하며, 최대 2.4[m] 이내로 한다.
④ 연속되는 벽면의 일부를 트이게 하여 나중쌓기로 할 경우 그 부분을 층단 떼어쌓기로 한다.

해설
쌓기 모르타르는 교반기를 사용하여 배합하며, 1시간 이내에 사용해야 한다.

63 일반적인 공사의 시공속도에 관한 설명으로 옳지 않은 것은?

① 시공속도를 느리게 할수록 직접비는 증가된다.
② 급속공사를 강행할수록 품질은 나빠진다.
③ 시공속도는 간접비와 직접비의 합이 최소가 되도록 함이 가장 적절하다.
④ 시공속도를 빠르게 할수록 간접비는 감소된다.

해설
시공속도를 느리게 할수록 직접비는 감소된다.

64 철근의 피복 효과에 대한 설명으로 가장 거리가 먼 것은?

① 철근 표면에 발생할 수 있는 부동태의 형성을 방지한다.
② 내구성과 내화성이 향상된다.
③ 중성화를 방지하고 철근의 좌굴을 방지한다.
④ 철근과 콘크리트의 부착응력을 확보한다.

해설
부동태 피막을 형성하여 내부식성을 향상시킨다.

65 석재 사용상 주의사항으로 옳지 않은 것은?

① 가공 시 가능한 예각으로 한다.
② 석재는 중량이 크고 운반에 제한이 따르므로 최대치를 정한다.
③ 되도록 흡수율이 낮은 석재를 사용한다.
④ 휨, 인장강도가 약하므로 인장응력을 크게 받지 않는 곳에 사용한다.

해설
가공 시 예각은 피한다.

66 철골부재의 절단작업에 대한 설명으로 틀린 것은?

① 철골부재의 절단작업은 강재의 형상과 치수를 고려하여 최적의 방법으로 한다.
② 톱절단법은 앵글커터(Angle Cutter) 등으로 절단작업을 하는 방법이며 가장 정밀한 절단방법이다.
③ 가스절단법은 자동가스절단기를 이용하여 절단하는 방법이며 가스절단면의 정밀도가 확보될 수 없는 것에 대해서는 톱절단으로 수정한다.
④ 전단절단하는 경우, 강재의 판 두께는 13[mm] 이하로 하며 절단면에 직각도를 상실한 흘림, 끌림 등이 발생한 경우는 그라인더 등으로 수정한다.

해설
가스절단법은 자동가스절단기를 이용하여 절단하는 방법이며 가스절단면의 정밀도가 확보될 수 없는 것에 대해서는 그라인더 등으로 수정한다.

67 철근콘크리트 공사에 있어서 굵은 골재의 최대치수가 30[mm]일 때 철근과 철근의 순간격(철근표면부터 인접철근까지 표면까지 거리)으로 옳은 것은?

① 30[mm] 이상
② 35[mm] 이상
③ 40[mm] 이상
④ 45[mm] 이상

해설
철근과 철근의 순간격 $= 30 \times \dfrac{4}{3} = 40[mm]$ 이상

68 벽돌벽 두께 1.5B, 벽높이 3.5[m], 길이 10[m]인 벽면에 소요되는 시멘트 벽돌의 매수는 얼마인가?(단, 규격은 190×90×57[mm], 할증은 5[%]로 하며, 소수점 이하 결과는 올림하여 정수 매로 표기)

① 6,592매
② 7,232매
③ 8,232매
④ 9,332매

해설
소요 점토벽돌 매수 $= 224 \times (3.5 \times 10) \times 1.05 \approx 8,232$매

69 조적공사 시 점토벽돌 외부에 발생하는 백화현상을 방지하기 위한 대책이 아닌 것은?

① 10[%] 이하의 흡수율을 가진 양질의 벽돌을 사용한다.
② 벽돌면 상부에 빗물막이를 설치한다.
③ 쌓기 후 전용발수제를 발라 벽면에 수분흡수를 방지한다.
④ 염분을 함유한 모래나 석회질이 섞인 모래를 사용한다.

해설
백화현상을 방지하기 위한 대책으로 부적합한 것으로 다음과 같은 것들이 출제된다.
- 줄눈 모르타르에 석회를 사용한다.
- 석회를 혼합한 줄눈 모르타르를 활용하여 바른다.
- 줄눈 모르타르에 석회를 첨가하여 줄눈을 밀실하게 한다.
- 소성이 잘되고 흡수율이 큰 벽돌을 사용한다.
- 물-시멘트비를 증가시킨다.
- 염분을 함유한 모래나 석회질이 섞인 모래를 사용한다.
- 줄눈 모르타르의 단위시멘트량을 높게 한다.

70 거푸집에 대한 설명으로 틀린 것은?

① 목재 거푸집(Wood Form)은 가공이 용이하고 콘크리트 보온성이 우수하다.
② 유로폼(Euro Form)은 합판거푸집에 비해 정밀도가 높고 타 거푸집과의 조합이 대체로 쉽다.
③ 알루미늄 거푸집(Aluminum Form)의 주요 시공 부위는 내부벽체, 슬래브, 계단실 벽체이며, 슬래브 필러 시스템에 있어서 해체가 간편하다.
④ 와플폼(Waffle Form)은 수평활동 거푸집이며 거푸집 전체를 그대로 떼어 다음 장소로 이동시켜 사용할 수 있도록 한 시스템 거푸집이다.

해설
- 수평활동 거푸집이며 거푸집 전체를 그대로 떼어 다음 장소로 이동시켜 사용할 수 있도록 한 시스템 거푸집은 트래블링폼(Travelling Form)이다.
- 와플폼(Waffle Form)은 무량판 시공 시 2방향으로 된 상자형 기성재 거푸집으로 특수한 거푸집 가운데 무량판구조 또는 평판구조와 관계가 가장 깊은 거푸집이다.

71 흙막이 공법에 대한 설명으로 틀린 것은?

① 버팀대식 흙막이 공법은 대지 전체에 건축물을 세울 수 있고 시공이 용이하다.
② 어스앵커 공법(Earth Anchor Method)은 앵커체가 각각의 구조체이므로 적용성이 좋다.
③ 소일네일링(Soil Nailing) 공법은 작업공간 확보가 용이하고 인접건물 및 지하매설물이 위치한 곳에서 근접 시공이 가능하다.
④ 슬러리 월 공법(Slurry Wall Method)은 말뚝구멍을 하나 걸러 뚫고 콘크리트를 부어넣은 후 다시 그 사이를 뚫어 콘크리트를 부어넣어 말뚝을 만드는 공법이다.

해설
- 말뚝구멍을 하나 걸러 뚫고 콘크리트를 부어넣은 후 다시 그 사이를 뚫어 콘크리트를 부어넣어 말뚝을 만드는 공법은 이코스파일 공법(ICOS Method)이다.
- 슬러리 월 공법(Slurry Wall Method)은 특수 굴착기와 안정액(Bentonite)을 사용하여 지반의 붕괴를 방지하면서 굴착하고 그 속에 철근망을 넣고 콘크리트를 타설하여 지중에 연속으로 철근콘크리트 흙막이벽(벽체)을 조성·설치하는 공법이다.

72 다음 모살용접(Fillet Welding)의 이론적 용접 표면에 해당하는 것은?

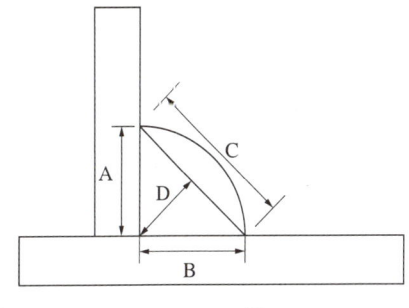

① A
② B
③ C
④ D

해설
필렛(모살)용접부의 치수 구분
- A : 모살 사이즈
- B : 모살 사이즈
- C : 이론적 용접 표면
- D : 단면상 이론 목 두께

73 건설공사 현장의 철근재료 시험항목에 속하지 않는 것은?

① 압축강도
② 인장강도
③ 굽힘성
④ 연신율

> **해설**
> - 압축강도시험은 콘크리트재료의 시험항목에 해당한다. 철근재료는 압축력을 받으면 바로 좌굴되므로 압축강도가 요구되는 곳에 사용되지 않는다.
> - 건설공사 현장의 철근재료 시험항목 6가지(KS D 3504) : 겉모양·치수 및 무게 시험, 항복강도 시험, 인장강도 시험, 연신율 시험, 굽힘성(휨) 시험, 화학성분 시험

74 직영공사에 관한 설명으로 옳은 것은?

① 직영으로 운영하므로 공사비가 감소된다.
② 의사소통이 원활하므로 공사기간이 단축된다.
③ 특수한 상황에 비교적 신속하게 대처할 수 있다.
④ 입찰이나 계약 등 복잡한 수속이 필요하다.

> **해설**
> ① 직영으로 운영하므로 공사비가 증가될 수 있다.
> ② 의사소통이 원활하지 않아 공사기간이 지연될 수 있다.
> ④ 입찰이나 계약 등 복잡한 수속이 필요 없다.

75 철골공사에서 베이스 플레이트 설치 기준에 관한 설명으로 옳지 않은 것은?

① 이동식 공법에 사용하는 모르타르는 무수축 모르타르로 한다.
② 베이스 모르타르는 철골 설치 전 3일 이상 양생하여야 한다.
③ 베이스 플레이트 설치 후 그라우팅 처리한다.
④ 앵커볼트 설치 시 베이스 플레이트 위치의 콘크리트는 설계도면 레벨보다 30~50[mm] 높게 타설한다.

> **해설**
> 앵커볼트 설치 시 베이스 플레이트 위치의 콘크리트는 설계도면 레벨보다 30~50[mm] 낮게 타설한다.

76 콘크리트공사용 재료의 취급 및 저장에 관한 설명으로 옳지 않은 것은?

① 시멘트는 종류별로 구분하여 풍화되지 않도록 저장한다.
② 골재는 잔골재, 굵은골재 및 각 종류별로 저장하고, 먼지, 흙 등 유해물의 혼입을 막도록 한다.
③ 골재는 잔·굵은 입자가 잘 분리되도록 취급하고, 물빠짐이 좋은 장소에 저장한다.
④ 혼화재료는 품질의 변화가 일어나지 않도록 저장하고 또한 종류별로 저장한다.

> **해설**
> 골재는 잔·굵은 입자가 잘 분리되지 않도록 취급하고, 물빠짐이 좋은 장소에 저장한다.

77 톱다운공법(Top-down)에 관한 설명으로 옳지 않은 것은?

① 역타공법이라고도 한다.
② 굴토작업이 슬래브 하부에서 진행되므로 작업능률 및 작업환경 조건이 개선되며, 공사비가 절감된다.
③ 건물의 지하구조체에 시공이음이 많아 건물방수에 대한 우려가 크다.
④ 지상과 지하를 동시에 시공할 수 있으므로 공기를 절감할 수 있다.

해설
굴토작업이 슬래브 하부에서 진행되므로 작업능률 및 작업환경 조건이 저하된다.

78 다음 조건에 따른 백호의 단위시간당 추정 굴착량은 약 몇 [m³]인가?

- 버킷용량 : 0.45[m³]
- 사이클타임 : 25초
- 작업효율 : 0.85
- 굴착계수 : 0.7
- 굴착토의 용적변화계수 : 1.25

① 37.23　② 48.20
③ 57.20　④ 66.63

해설
백호의 단위시간당 추정 굴착량
$Q = nqkfE = \dfrac{3,600}{25} \times 0.45 \times 0.7 \times 1.25 \times 0.85 \approx 48.20[\text{m}^3]$

79 기초의 종류에 관한 설명으로 옳은 것은?

① 온통기초 : 기둥 하나에 기초판이 하나인 기초
② 복합기초 : 2개 이상의 기둥을 1개의 기초판으로 받치게 한 기초
③ 독립기초 : 조적조의 벽기초, 철근콘크리트의 연결기초
④ 연속기초 : 건물 하부 전체 또는 지하실 전체를 기초판으로 구성한 기초

해설
① 온통기초 : 건물 하부 전체 또는 지하실 전체를 기초판으로 구성한 기초
③ 독립기초 : 기둥 하나에 기초판이 하나인 기초
④ 연속기초 : 조적조의 벽기초, 철근콘크리트의 연결기초

80 콘크리트 타설 시 거푸집에 작용하는 측압에 대한 설명으로 틀린 것은?

① 거푸집의 강성이 클수록 측압이 커진다.
② 묽은 콘크리트일수록 측압이 크다.
③ 콘크리트 타설속도가 느릴수록 크다.
④ 대기의 온도가 낮을수록 측압이 커진다.

해설
콘크리트 타설속도가 빠를수록 크다.

제5과목 건설재료학

81 각종 혼화 재료에 관한 설명으로 옳지 않은 것은?

① 플라이애시는 콘크리트의 장기강도를 증진하는 효과는 있으나 수밀성은 감소된다.
② 감수제를 이용하여 시멘트의 분산작용의 효과를 얻을 수 있다.
③ 염화칼슘은 경화촉진을 목적으로 이용되는 혼화제이다.
④ 발포제는 시멘트의 혼입시켜 화학반응에 의해 발생하는 가스를 이용하여 기포를 발생시키는 혼화제이다.

해설
플라이애시는 콘크리트의 장기강도를 증진하는 효과가 있으며 수밀성이 증가된다.

82 석재의 일반적인 성질에 관한 설명으로 옳지 않은 것은?

① 화강암의 내구연한은 75~200년 정도로서 다른 석재에 비하여 비교적 수명이 길다.
② 흡수율은 동결과 융해에 대한 내구성의 지표가 된다.
③ 인장강도는 압축강도의 1/10~1/30 정도이다.
④ 비중이 클수록 강도가 크며, 공극률이 클수록 내화성이 작다.

해설
비중이 클수록 강도가 크며, 공극률이 클수록 내화성이 좋다.

83 어떤 재료의 초기 탄성변형량이 2.5[cm]이고 크리프(Creep) 변형량이 5.5[cm]라면 이 재료의 크리프 계수는 얼마인가?

① 1.2
② 1.8
③ 2.2
④ 2.8

해설
$$\text{크리프 계수} = \frac{\text{크리프 변형량}}{\text{초기 탄성변형량}} = \frac{5.5}{2.5} = 2.2$$

84 한중 콘크리트에 관한 설명으로 옳지 않은 것은?(단, 콘크리트표준시방서를 기준으로 한다)

① 한중 콘크리트에는 공기연행 콘크리트를 사용하는 것을 원칙으로 한다.
② 단위수량은 초기동해를 적게 하기 위하여 소요의 워커빌리티를 유지할 수 있는 범위 내에서 되도록 적게 정하여야 한다.
③ 물-결합재비는 원칙적으로 50[%] 이하로 하여야 한다.
④ 배합강도 및 물-결합재비는 적산온도 방식에 의해 결정할 수 있다.

해설
물-결합재비는 원칙적으로 60[%] 이하로 하여야 한다.

정답 81 ① 82 ④ 83 ③ 84 ③

85 목재의 성질에 관한 설명으로 옳지 않은 것은?

① 물속에 담가 둔 목재, 땅속 깊이 묻은 목재 등은 산소부족으로 균의 생육이 정지되고 썩지 않는다.
② 목재의 함유수분 중 자유수는 목재의 중량과 열, 전기, 충격에 대한 성질에 영향을 준다.
③ 목재는 열전도가 커서 보온재료로도 사용된다.
④ 목재는 섬유포화점 이상의 함수상태에서는 함수율의 증감에도 불구하고 신축을 일으키지 않는다.

해설
목재는 열전도도가 아주 낮아 여러 가지 보온재료로 사용된다.

86 점토의 공학적 특성에 관한 설명으로 옳지 않은 것은?

① 인장강도는 점토의 조직에 관계하며 입자의 크기가 큰 영향을 준다.
② 점토제품의 색상은 철산화물 또는 석회질물질에 의해 나타난다.
③ 점토를 가공 소성하여 냉각하면 금속성의 강성을 나타낸다.
④ 사질점토는 적갈색으로 내화성이 높은 특성이 있다.

해설
사질점토는 적갈색으로 내화성이 부족하다.

87 고로시멘트에 대한 설명으로 틀린 것은?

① 포틀랜드시멘트 클링커에 철용광로에서 나온 슬래그를 급랭하여 혼합하고 이에 응결시간 조절용 석고를 첨가하여 분쇄한 것이다.
② 수화열량이 적어 매스콘크리트용으로도 사용할 수 있다.
③ 초기강도는 다소 높지만 장기강도 발현이 좋지 않다.
④ 알칼리골재반응 억제효과가 크고, 내해수성이 우수하다.

해설
초기강도는 다소 낮지만 장기강도 발현이 우수하다.

88 서중 콘크리트에 대한 설명으로 옳지 않은 것은?

① 시멘트는 고온의 것을 사용하지 않아야 한다.
② 골재 및 물은 가능한 한 낮은 온도의 것을 사용한다.
③ 표면활성제는 공사시방서에 정한 바가 없을 때에는 AE감수제 지연형 등을 사용한다.
④ 콘크리트를 부어 넣은 후 건조상태가 유지되도록 양생한다.

해설
콘크리트를 부어 넣은 후 수분의 급격한 증발이나 직사광선에 의한 온도 상승을 막고 습윤상태가 유지되도록 양생한다.

정답 85 ③ 86 ④ 87 ③ 88 ④

89 주제와 경화제로 이루어진 2성분형이 대부분으로 금속, 플라스틱, 도자기, 콘크리트의 접합에 이용되고 내구력, 내수성, 내약품성이 매우 우수하여 만능형 접착제로 불리는 것은?

① 에폭시수지 접착제
② 페놀수지 접착제
③ 아크릴수지 접착제
④ 폴리에스테르수지 접착제

해설
에폭시수지 접착제 : 주제와 경화제로 이루어진 2성분형이 대부분으로 금속, 플라스틱, 도자기, 콘크리트의 접합에 이용되고 내구력, 내수성, 내약품성이 매우 우수한 만능형 접착제

90 목재의 역학적 성질에서 가력방향이 섬유와 평행할 경우, 목재의 강도 중 크기가 가장 작은 것은?

① 압축강도
② 휨강도
③ 인장강도
④ 전단강도

해설
목재의 역학적 성질에서 가력방향이 섬유와 평행할 경우, 목재의 강도 중 크기가 가장 작은 것은 전단강도이다.

91 미장공사의 바탕조건으로 옳지 않은 것은?

① 미장층보다 강도와 강성이 클 것
② 미장층과 유해한 화학반응을 하지 않을 것
③ 미장층의 경화, 건조에 지장을 주지 않을 것
④ 미장층의 시공에 적합한 투수성을 가질 것

해설
미장층의 시공에 적합한 흡수성을 가질 것

92 비철금속의 성질 또는 용도에 관한 설명 중 옳지 않은 것은?

① 동은 전연성이 풍부하므로 가공하기 쉽다.
② 납은 산이나 알칼리에 강하므로 콘크리트에 침식되지 않는다.
③ 아연은 이온화 경향이 크고 철에 의해 침식된다.
④ 대부분의 구조용 특수강은 니켈을 함유한다.

해설
납은 강산이나 강알칼리에는 약하므로 콘크리트에 침식될 수 있다.

93 건축용 뿜칠마감재의 조성에 관한 설명 중 옳지 않은 것은?

① 안료 : 내알칼리성, 내후성, 착색력, 색조의 안정
② 유동화제 : 재료를 유동화시키는 재료(물이나 유기용제 등)
③ 골재 : 치수안정성을 향상시키고 흡음성, 단열성 등의 성능개선(모래, 석분, 펄프입자, 질석 등)
④ 결합재 : 바탕재의 강도를 유지하기 위한 재료 (금강사, 규사 등)

해설
결합재 : 물리적, 화학적으로 고체화하여 미장바름의 주체가 되는 재료(시멘트, 석고, 돌로마이트 플라스터 등)

94 합성수지계 접착제 중 내수성이 가장 좋지 않은 접착제는?

① 에폭시수지 접착제
② 초산비닐수지 접착제
③ 멜라민수지 접착제
④ 요소수지 접착제

해설
초산비닐수지 접착제는 내수성이 좋지 않다.

95 발포제로서 보드상으로 성형하여 단열재로 널리 사용되며 건축물의 천장재, 블라인드 등에 널리 쓰이는 열가소성 수지는?

① 알키드 수지 ② 요소 수지
③ 폴리스티렌 수지 ④ 실리콘 수지

해설
폴리스티렌 수지 : 투명성, 기계적 강도, 내수성은 좋지만 내충격성이 약하며, 발포제를 사용하여 넓은 판으로 만들어 단열재로서 널리 사용되며, 장식품과 일용품으로도 성형하여 사용되는 열가소성 수지

96 재료의 기계적 성질 중 재료에 외부 힘이 가해졌을 때 늘어나고 휘어도 완전히 파단되지 않고 결합을 견디는 성질, 즉 잘 파괴되지 않는 질긴 성질을 무엇이라 하는가?

① 취 성 ② 소 성
③ 탄 성 ④ 인 성

해설
① 취성(Brittleness) : 작은 변형에도 파괴되는 성질
② 소성(Plasticity) : 물체가 외력을 받으면 변형하고 외력을 제거해도 원형으로 복귀하지 않고 변형이 남아 있는 성질
③ 탄성(Elasticity) : 물체가 외력을 받으면 변형하고 외력을 제거하면 원형으로 복귀하는 성질

97 타이타늄과 그 합금에 대한 설명으로 옳지 않은 것은?

① 타이타늄은 은백색의 굳은 금속원소이다.
② 불순물이 포함되면 약해지는 경향이 있다.
③ 스테인리스강보다 우수한 내식성을 갖는다.
④ 열전도성과 탄성계수가 낮다.

해설
불순물이 포함되면 강해지는 경향이 있다.

98 미장재료에 대한 설명으로 옳지 않은 것은?

① 진흙, 회반죽, 돌로마이트 플라스터 등은 수경성 미장재료에 해당한다.
② 경석고 플라스터는 고온소성의 무수석고를 특별한 화학처리한 것으로 킨즈 시멘트라고도 하며 여물이 필요 없다.
③ 시멘트 모르타르는 통풍이 좋지 않은 지하실에 사용하는 데 적합하다.
④ 돌로마이트 플라스터는 자체에 점성이 있기 때문에 풀은 필요 없으나 수축이 크고 균열이 쉽게 발생되기 때문에 여물이 필요하다.

해설
- 진흙, 회반죽, 돌로마이트 플라스터 등은 기경성 미장재료에 해당한다.
- 수경성 미장재료로는 모르타르, 무수석고 플라스터, 석고 플라스터 등이 있다.
- 여물(Hair) : 흙을 이길 때, 바른 뒤 헤지지 않고 붙어 있도록 섞는 재료로 볏짚, 종이, 털 등이 있다.

99 시멘트의 성질에 관한 설명 중 옳지 않은 것은?

① 포틀랜드시멘트의 3가지 주요 성분은 실리카(SiO_2), 알루미나(Al_2O_3), 석회(CaO)이다.
② 시멘트는 응결경화 시 수축성 균열이 생겨 변형이 일어난다.
③ 슬래그의 함유량이 많은 고로 시멘트는 수화열의 발생량이 많다.
④ 시멘트의 응결 및 강도 증진은 분말도가 클수록 빨라진다.

해설
슬래그의 함유량이 많은 고로 시멘트는 수화열의 발생량이 적다.

100 목재방부제에 대한 설명으로 옳지 않은 것은?

① 아마인유 등의 건조성 지방유를 가열연화시켜서 건조제를 첨가한 것을 보일유(Boiled Oil)라고 한다.
② 크레오소트 오일은 유성 목재방부제로서 악취가 나고, 흑갈색으로 외관이 미려하지 않아 토대, 기둥 등에 이용된다.
③ 황산동 1[%] 용액, 염화아연 4[%] 용액, 불화소다 2[%] 용액 등은 유성 목재방부재에 해당한다.
④ 펜타클로로페놀(PCP)은 도장이 가능하고 색상은 무색으로 우수하나 가격이 비싸고 자극적인 냄새가 나며 독성이 있다.

해설
③ 황산동 1[%] 용액, 염화아연 4[%] 용액, 불화소다 2[%] 용액 등은 수용성 목재방부재에 해당한다.

제6과목 건설안전기술

101 건설공사 시공단계에 있어서 안전관리의 문제점에 해당하는 것은?

① 발주자의 조사, 설계 발주능력 미흡
② 용역자의 조사, 설계능력 부실
③ 발주자의 감독 소홀
④ 사용자의 시설 운영관리 능력 부족

해설
안전관리의 문제점
- 건설공사 시공 전 단계에서의 안전관리의 문제점 : 발주자의 조사, 설계 발주능력 미흡 등
- 건설공사 시공단계에서의 안전관리의 문제점 : 발주자의 감독 소홀
- 건설공사 시공 후의 안전관리의 문제점 : 사용자의 시설 운영관리 능력 부족

102 크레인의 안전과 관련된 사항으로 옳지 않은 것은?

① 순간풍속이 30[m/s]를 초과하는 바람이 불어올 우려가 있는 경우 옥외에 설치되어 있는 주행 크레인에 대하여 이탈 방지장치를 작동시키는 등 이탈 방지를 위한 조치를 하여야 한다.
② 순간풍속이 30[m/s]를 초과하는 바람이 불거나 중진(中震) 이상 진도의 지진이 있은 후에 옥외에 설치되어 있는 양중기를 사용하여 작업을 하는 경우에는 미리 기계 각 부위에 이상이 있는지를 점검하여야 한다.
③ 크레인에서 일반적인 권상용 와이어로프 및 권상용 체인의 안전율 기준은 3 이상이다.
④ 훅, 섀클 등의 철구로서 변형된 것은 크레인의 고리걸이용구로 사용하여서는 아니 된다.

해설
크레인에서 일반적인 권상용 와이어로프 및 권상용 체인의 안전율 기준은 5 이상이다.

103 다음의 설명의 ( )에 적합한 설비는 어느 것인가?

> 산업안전보건법 시행규칙에 의하면, ( )을 대여 받아 사용하는 원청업체는 이것의 설치·해체작업 전반을 영상으로 기록해 보존하고, 사용 중에는 장비나 인접 구조물 등과 충돌방지 조치를 해야 한다.

① 타워크레인
② 고소작업대
③ 항발기
④ 리프트

해설
산업안전보건법 시행규칙에 따라 타워크레인을 대여 받아 사용하는 원청업체는 타워크레인 설치·상승·해체작업 전반을 영상으로 기록해 보존하고, 사용 중에는 장비나 인접 구조물 등과 충돌방지 조치를 해야 한다.

해설
비상구의 설치(산업안전보건기준에 관한 규칙 제17조)
- 위험물질을 제조·취급하는 작업장과 그 작업장이 있는 출입구 외의 안전한 장소로 대피할 수 있는 비상구 1개 이상을 설치한다(단, 작업장 바닥면의 가로 및 세로가 각 3[m] 미만인 경우는 제외).
- 출입구와 같은 방향에 있지 않고, 출입구로부터 3[m] 이상 떨어져 있을 것
- 작업장의 각 부분으로부터 하나의 비상구 또는 출입구까지의 수평거리가 50[m] 이하가 되도록 할 것(단, 작업장이 있는 층에 피난층(직접 지상으로 통하는 출입구가 있는 층과 피난안전구역) 또는 지상으로 통하는 직통계단(경사로 포함)을 설치한 경우에는 그 부분에 한정하여 기준을 충족한 것으로 봄)
- 비상구의 너비는 0.75[m] 이상으로 하고 높이는 1.5[m] 이상으로 할 것
- 비상구의 문은 피난방향으로 열리도록 하고, 실내에서 항상 열 수 있는 구조로 할 것
- 비상구에 문을 설치하는 경우 항상 사용할 수 있는 상태로 유지할 것

104 비상구의 설치에 대한 설명 중 ( )에 알맞은 숫자를 순서대로 나열한 것은?

> - 출입구와 같은 방향에 있지 않고, 출입구로부터 ( )[m] 이상 떨어져 있을 것
> - 작업장의 각 부분으로부터 하나의 비상구 또는 출입구까지의 수평거리가 ( )[m] 이하가 되도록 할 것
> - 비상구의 너비는 ( )[m] 이상으로 하고 높이는 ( )[m] 이상으로 할 것

① 3, 40, 0.65, 1.2
② 3, 50, 0.75, 1.5
③ 4, 40, 0.65, 1.2
④ 4, 50, 0.75, 1.5

105 흙막이 지보공을 설치하였을 때 정기적으로 점검하여 이상 발견 시 즉시 보수하여야 할 사항이 아닌 것은?

① 굴착 깊이의 정도
② 버팀대의 긴압의 정도
③ 부재의 접속부·부착부 및 교차부의 상태
④ 부재의 손상·변형·부식·변위 및 탈락의 유무와 상태

해설
흙막이 지보공의 정기점검사항(정기점검하여 이상발견 시 즉시 보수)
- 부재의 손상·변형·부식·변위 및 탈락의 유무와 상태
- 부재의 접속부, 부착 및 교차부의 상태
- 버팀대의 긴압의 정도
- 침하의 정도

106 비계기둥의 간격에 대한 설명에서 ( )에 알맞은 숫자를 순서대로 나열한 것은?

> 비계기둥의 간격은 띠장 방향에서는 ( )[m] 이하, 장선 방향에서는 ( )[m] 이하로 할 것. 다만, 다음 각 목의 어느 하나에 해당하는 작업의 경우에는 안전성에 대한 구조검토를 실시하고 조립도를 작성하면 띠장 방향 및 장선 방향으로 각각 ( )[m] 이하로 할 수 있다.
> 가. 선박 및 보트 건조작업
> 나. 그 밖에 장비 반입·반출을 위하여 공간 등을 확보할 필요가 있는 등 작업의 성질상 비계기둥 간격에 관한 기준을 준수하기 곤란한 작업

① 1.85, 1.6, 2.5
② 1.85, 1.5, 2.7
③ 1.95, 1.6, 2.5
④ 1.95, 1.5, 2.7

해설
강관비계의 구조(산업안전보건기준에 관한 규칙 제60조)
비계기둥의 간격은 띠장 방향에서는 1.85[m] 이하, 장선(長線) 방향에서는 1.5[m] 이하로 할 것. 다만, 다음 각 목의 어느 하나에 해당하는 작업의 경우에는 안전성에 대한 구조검토를 실시하고 조립도를 작성하면 띠장 방향 및 장선 방향으로 각각 2.7[m] 이하로 할 수 있다.
가. 선박 및 보트 건조작업
나. 그 밖에 장비 반입·반출을 위하여 공간 등을 확보할 필요가 있는 등 작업의 성질상 비계기둥 간격에 관한 기준을 준수하기 곤란한 작업

107 콘크리트 타설 시 거푸집의 측압에 영향을 미치는 인자들에 관한 설명으로 옳지 않은 것은?

① 슬럼프가 클수록 작다.
② 타설속도가 빠를수록 크다.
③ 거푸집 속의 콘크리트 온도가 낮을수록 크다.
④ 콘크리트의 타설높이가 높을수록 크다.

해설
슬럼프가 클수록 크다.

108 산업안전보건기준에 관한 규칙에 따른 고소작업대를 사용하여 작업을 할 때 작업시작 전 점검사항에 해당하지 않는 것은?

① 작업면의 기울기 또는 요철 유무
② 아웃트리거 또는 바퀴의 이상 유무
③ 충전장치를 포함한 홀더 등의 결합상태의 이상 유무
④ 비상정지장치 및 비상하강 방지장치 기능의 이상 유무

해설
고소작업대를 사용하여 작업을 하는 때의 작업시작 전 점검사항
- 비상정지장치 및 비상하강 방지장치 기능의 이상 유무
- 과부하방지장치의 작동 유무(와이어로프 또는 체인구동방식의 경우)
- 아웃트리거 또는 바퀴의 이상 유무
- 작업면의 기울기 또는 요철 유무

109 흙막이 공법을 흙막이 지지방식에 의한 분류와 구조방식에 의한 분류로 나눌 때 다음 중 지지방식에 의한 분류에 해당하는 것은?

① 수평버팀대식 흙막이 공법
② H-Pile 공법
③ 지하연속벽 공법
④ Top Down Method 공법

해설
흙막이벽 설치공법의 종류
- 흙막이 지지방식에 의한 분류 : 자립식 공법, 수평버팀대 공법, 어스앵커 공법, 경사오픈컷 공법, 타이로드 공법
- 흙막이 구조방식에 의한 분류 : H-Pile 공법, 강제(철제)널말뚝 공법, 목제널말뚝 공법, 엄지(어미)말뚝식 공법, 지하연속벽 공법, Top Down Method 공법

110 항타기 및 항발기에 관한 설명으로 옳지 않은 것은?

① 도괴방지를 위해 시설 또는 가설물 등에 설치하는 때에는 그 내력을 확인하고 내력이 부족하면 그 내력을 보강해야 한다.
② 와이어로프의 한 꼬임에서 끊어진 소선(필러선을 제외한다)의 수가 10[%] 이상인 것은 권상용 와이어로프로 사용을 금한다.
③ 지름 감소가 공칭지름의 7[%]를 초과하는 것은 권상용 와이어로프로 사용을 금한다.
④ 권상용 와이어로프의 안전계수가 4 이상이 아니면 이를 사용하여서는 아니 된다.

해설
권상용 와이어로프의 안전계수가 5 이상이 아니면 이를 사용하여서는 아니 된다.

111 건설공사에 사용되는 비계시공의 공통사항으로 틀린 것은?

① 외부비계는 별도로 설계된 경우를 제외하고는 구조체에서 350[mm] 이내로 떨어져 쌍줄비계로 설치하되, 별도의 작업발판을 설치할 수 있는 경우에는 외줄비계로 할 수 있다.
② 비계는 강관비계 등으로 하되 시공 여건, 안전도 및 경제성을 고려하여 공사감독자의 승인을 받아 동등 규격 이상의 재질로 변경·적용할 수 있다.
③ 비계는 시공에 편리하고 안전하도록 공사의 종류, 규모, 장소 및 공기구 등에 따라 적합한 재료 및 방법으로 견고하게 설치하고 유지 보존에 항상 주의한다.
④ 높이 31[m] 이상인 비계구조물 및 그 밖의 발주자 또는 인·허가기관의 장이 필요하다고 인정한 구조물에 대해서는 비계공사 일반사항에 따른다.

해설
외부비계는 별도로 설계된 경우를 제외하고는 구조체에서 300[mm] 이내로 떨어져 쌍줄비계로 설치하되, 별도의 작업발판을 설치할 수 있는 경우에는 외줄비계로 할 수 있다.

112 차량계 건설기계의 사용에 의한 위험의 방지를 위한 사항으로 틀린 것은?

① 항타기 및 항발기 사용 시 버팀대만으로 상단부분을 안정시키는 때에는 2개 이상으로 하고 그 하단 부분을 고정시켜야 한다.
② 암석의 낙하 등에 의한 위험이 예상될 때 차량용 건설기계인 불도저, 로더, 트랙터 등에 견고한 헤드가드를 갖추어야 한다.
③ 차량계 건설기계로 작업 시 전도 또는 전락 등에 의한 근로자의 위험을 방지하기 위한 노견의 붕괴방지, 지반침하방지 조치를 해야 한다.
④ 차량계 건설기계의 붐, 암 등을 올리고 그 밑에서 수리·점검작업 등을 할 때 안전지주 또는 안전블록을 사용해야 한다.

해설
항타기 및 항발기 사용 시 버팀대만으로 상단부분을 안정시키는 때에는 3개 이상으로 하고 그 하단 부분을 고정시켜야 한다.

113 사다리식 통로 설치에 대한 설명으로 옳지 않은 것은?

① 발판과 벽과의 사이는 10[cm] 이상의 간격을 유지할 것
② 사다리의 상단은 걸쳐놓은 지점으로부터 60[cm] 이상 올라가도록 할 것
③ 사다리식 통로의 길이가 10[m] 이상인 경우에는 5[m] 이내마다 계단참을 설치할 것
④ 사다리식 통로의 기울기는 75° 이하로 할 것(다만, 고정식 사다리식 통로의 기울기는 90° 이하로 하고, 그 높이가 7[m] 이상인 경우에는 바닥으로부터 높이가 2.5[m]되는 지점부터 등받이울을 설치할 것)

해설
발판과 벽과의 사이는 15[cm] 이상의 간격을 유지할 것

114 지게차의 헤드가드(Head Guard)가 지녀야 할 조건으로 가장 거리가 먼 것은?(단, 화물의 낙하에 의하여 지게차의 운전자에게 위험을 미칠 우려가 없는 경우는 제외한다)

① 강도는 지게차의 최대하중의 2배 값의 등분포정하중에 견딜 수 있을 것
② 상부틀의 각 개구의 폭 또는 길이가 16[cm] 미만일 것
③ 우발적인 충돌에 견딜만한 충분한 강도를 지닐 것
④ 운전자가 앉아서 조작하거나 서서 조작하는 지게차의 헤드가드는 한국산업표준에서 정하는 높이 기준 이상일 것

해설
사업주는 다음에 따른 적합한 헤드가드(Head Guard)를 갖추지 아니한 지게차를 사용해서는 아니 된다. 다만, 화물의 낙하에 의하여 지게차의 운전자에게 위험을 미칠 우려가 없는 경우에는 그러하지 아니하다.
• 강도는 지게차의 최대하중의 2배 값(4[ton]을 넘는 값에 대해서는 4[ton]으로 한다)의 등분포정하중에 견딜 수 있을 것
• 상부틀의 각 개구의 폭 또는 길이가 16[cm] 미만일 것
• 운전자가 앉아서 조작하거나 서서 조작하는 지게차의 헤드가드는 한국산업표준에서 정하는 높이 기준 이상일 것

115 크레인 등 건설장비의 가공전선로 접근 시 안전대책으로 거리가 먼 것은?

① 안전 이격거리를 유지하고 작업한다.
② 장비의 조립, 준비 시부터 가공전선로에 대한 감전 방지 수단을 강구한다.
③ 장비 사용 현장의 장애물, 위험물 등을 점검 후 작업계획을 수립한다.
④ 장비를 가공전선로 밑에 보관한다.

해설
장비를 가공전선로 밑에 보관하지 않는다.

116 거푸집동바리 등을 조립하는 경우에 준수하여야 할 사항으로 옳지 않은 것은?

① 받침목의 사용, 콘크리트 타설, 말뚝박기 등 동바리의 침하를 방지하기 위한 조치를 할 것
② 개구부 상부에 동바리를 설치하는 경우에는 상부하중을 견딜 수 있는 견고한 받침대를 설치할 것
③ 동바리의 이음은 맞댄이음이나 장부이음으로 하고 같은 품질의 제품을 사용할 것
④ 거푸집이 곡면인 경우에는 버팀대의 부착 등 그 거푸집의 부침(浮沈)을 방지하기 위한 조치를 할 것

해설
거푸집이 곡면인 경우에는 버팀대의 부착 등 그 거푸집의 부상(浮上)을 방지하기 위한 조치를 할 것

정답 113 ① 114 ③ 115 ④ 116 ④

117 점화 후 장전된 화약류가 폭발하지 아니한 경우 또는 장전된 화약류의 폭발 여부를 확인하기 곤란한 경우에 따라야 할 사항에 대한 다음의 설명 중 ( )에 들어갈 내용으로 옳게 나열한 것은?

> • 전기뇌관에 의한 경우에는 발파모선을 점화기에서 떼어 그 끝을 단락시켜 놓는 등 재점화되지 않도록 조치하고 그때부터 (㉠) 이상 경과한 후가 아니면 화약류의 장전장소에 접근시키지 않도록 할 것
> • 전기뇌관 외의 것에 의한 경우에는 점화한 때부터 (㉡) 이상 경과한 후가 아니면 화약류의 장전장소에 접근시키지 않도록 할 것

① ㉠ : 5분   ㉡ : 10분
② ㉠ : 5분   ㉡ : 15분
③ ㉠ : 10분 ㉡ : 15분
④ ㉠ : 10분 ㉡ : 20분

해설
발파의 작업기준(산업안전보건기준에 관한 규칙 제348조)
점화 후 장전된 화약류가 폭발하지 아니한 경우 또는 장전된 화약류의 폭발 여부를 확인하기 곤란한 경우에는 다음의 사항을 따를 것
• 전기뇌관에 의한 경우에는 발파모선을 점화기에서 떼어 그 끝을 단락시켜 놓는 등 재점화되지 않도록 조치하고 그때부터 5분 이상 경과한 후가 아니면 화약류의 장전장소에 접근시키지 않도록 할 것
• 전기뇌관 외의 것에 의한 경우에는 점화한 때부터 15분 이상 경과한 후가 아니면 화약류의 장전장소에 접근시키지 않도록 할 것

118 굴착과 싣기를 동시에 할 수 있는 토공기계가 아닌 것은?

① Power Shovel
② Tractor Shovel
③ Back Hoe
④ Motor Grader

해설
모터그레이더(Motor Grader)는 지면을 절삭하고 평활하게 다듬기 위한 토공기계의 대패와도 같은 산업기계이며 굴착과 싣기를 동시에 할 수 있는 토공기계가 아니다.

119 지반조사의 목적에 해당하지 않는 것은?

① 토질의 성질 파악
② 지층의 분포 파악
③ 지하수위 및 피압수 파악
④ 구조물의 편심에 의한 적절한 침하 유도

해설
지반조사의 목적
• 토질의 성질 파악
• 지층의 분포 파악
• 지하수위 및 피압수 파악
• 공사장 주변 구조물의 보호
• 경제적 설계 및 시공 시 안전확보
• 구조물 위치선정 및 설계계산

120 강관틀비계를 조립하여 사용하는 경우 준수해야 할 기준으로 옳지 않은 것은?

① 수직 방향으로 6[m], 수평 방향으로 8[m] 이내마다 벽이음을 할 것
② 높이가 20[m]를 초과하거나 중량물의 적재를 수반하는 작업을 할 경우에는 주틀 간의 간격을 2.4[m] 이하로 할 것
③ 길이가 띠장 방향으로 4[m] 이하이고, 높이가 10[m]를 초과하는 경우에는 10[m] 이내마다 띠장 방향으로 버팀기둥을 설치할 것
④ 주틀 간에 교차 가새를 설치하고 최상층 및 5층 이내마다 수평재를 설치할 것

해설
강관틀비계(산업안전보건기준에 관한 규칙 제62조)
강관틀비계를 조립하여 높이가 20[m]를 초과하거나 중량물의 적재를 수반하는 작업을 할 경우에는 주틀 간의 간격을 1.8[m] 이하로 할 것

정답 117 ② 118 ④ 119 ④ 120 ②

참 / 고 / 문 / 헌

- 경태환, 「신연소·방화공학」, 동화기술, 2007
- 기도형, 「시스템적 산업안전관리론」, 한경사, 2018
- 김대식, 「최신산업인간공학」, 형설출판사, 2015
- 김민환, 「산업안전관리」, 지우북스, 2018
- 김병석, 「최신 산업안전관리론」, 형설출판사, 2018
- 남기천 외, 「건설시공학」, 한솔아카데미, 2019
- 남기천 외, 「토목시공학」, 한솔아카데미, 2019
- 박병호, 「경영학 강의」, 문운당, 2014
- 박병호, 「제조공정설계원론 제3판」, 문운당, 2017
- 박병호, 「기계설계산업기사」, 성안당, 2019
- 박병호, 「가스산업기사」, 시대고시기획, 2025
- 박병호, 「에너지관리기사」, 시대고시기획, 2025
- 박홍채, 오기동, 이윤복, 「내화물공학개론」, 두양사, 2012
- 박희석 외, 「인간공학」, 한경사, 2018
- 이근영, 「안전관리시스템」, 북넷, 2019
- 정병용, 「인간중심의 현대안전관리」, 민영사, 2019
- 정병용, 이동경, 「현대인간공학」, 민영사, 2016
- 정진우, 「안전관리론」, 청문각, 2018
- 정호신, 엄동석, 「용접공학」, 문운당, 2006
- 최병철, 「연소공학」, 문운당, 2016
- Turns, Stephen R., An Introduction to Combustion : Concepts and Applications, 3rd Edi., McGrawHill., 2012

[인터넷 사이트]
- 국가법령정보센터(http://www.law.go.kr)
- 국가건설기준센터(http://www.kcsc.re.kr)

Win-Q 건설안전기사 필기

개정4판1쇄 발행	2025년 05월 15일 (인쇄 2025년 03월 24일)
초 판 발 행	2021년 01월 05일 (인쇄 2020년 11월 20일)
발 행 인	박영일
책 임 편 집	이해욱
편 저	박병호
편 집 진 행	윤진영, 오현석
표지디자인	권은경, 길전홍선
편집디자인	정경일, 심혜림
발 행 처	(주)시대고시기획
출 판 등 록	제10-1521호
주 소	서울시 마포구 큰우물로 75 [도화동 538 성지 B/D] 9F
전 화	1600-3600
팩 스	02-701-8823
홈 페 이 지	www.sdedu.co.kr
I S B N	979-11-383-9024-8(13540)
정 가	38,000원

※ 저자와의 협의에 의해 인지를 생략합니다.
※ 이 책은 저작권법의 보호를 받는 저작물이므로 동영상 제작 및 무단전재와 배포를 금합니다.
※ 잘못된 책은 구입하신 서점에서 바꾸어 드립니다.

윙크

Win Qualification의 약자로서
자격증 도전에 승리하다의
의미를 갖는 시대에듀
자격서 브랜드입니다.

시대에듀

Win-Q

단기 합격을 위한 **완전 학습서** 시리즈

기술자격증 도전에 승리하다!

자격증 취득에 승리할 수 있도록
Win-Q시리즈가 완벽하게 준비하였습니다.

빨간키
핵심요약집으로
시험 전 최종점검

핵심이론
시험에 나오는 핵심만
쉽게 설명

빈출문제
꼭 알아야 할 내용을
다시 한번 풀이

기출문제
시험에 자주 나오는
문제유형 확인

NAVER 카페 | 대자격시대 – 기술자격 학습카페 | cafe.naver.com/sidaestudy / 응시료 지원이벤트

시대에듀가 만든
기술직 공무원 합격 대비서

테크 바이블 시리즈!
TECH BIBLE SERIES

기술직 공무원 기계일반
별판 | 26,000원

기술직 공무원 기계설계
별판 | 26,000원

기술직 공무원 물리
별판 | 23,000원

기술직 공무원 화학
별판 | 21,000원

기술직 공무원 재배학개론+식용작물
별판 | 35,000원

기술직 공무원 환경공학개론
별판 | 21,000원

www.sdedu.co.kr